化验员实用手册

第三版

夏玉宇　主编

化学工业出版社

·北京·

《化验员实用手册》第三版共二十六章，内容分四部分：（1）化验室基础包括：基本常数与化合物的物理化学常数；化验室建设、安全与管理、常用仪器设备、实验用水、化学试剂；计量单位及其换算；标准方法与标准物质；溶液配制、实验数据处理与分析实验中质量保证。（2）化学分析包括：各种样品的采集、预处理、制备与保存方法；物质的分离、纯化与富集方法；常用常数的测定方法；无机物与有机物的定性分析、重量分析、滴定分析与非水滴定。（3）仪器分析包括：紫外可见吸收光谱、分子荧光光谱；原子发射、原子吸收与原子荧光光谱；X射线荧光光谱、红外光谱与拉曼光谱；色层分析与电泳分析；气相色谱与高效液相色谱；离子色谱与超临界流体色谱；电化学分析；质谱分析；流动注射法等。（4）计算机在分析化学与实验仪器及其写作科技文章中的应用；着重介绍在科技文件创建、绘制电子表格、编辑公式计算、绘画有机物结构式及实验仪器图、制作演示文稿等计算机实用技术；科技文献、标准文献、化学化工与分析化学等信息资源的网络检索及其工具；科技报告与科学论文写作简介。

　　本书提供了大量、必需、较新、实用的常数、数据与分析方法，同时，给化验人员介绍了必需的基本知识、基本理论与基本技能。

　　本书是一部内容丰富、具体实用、综合性的手册，为具有职高、大专院校以上文化水平各行业（包括化工、冶金、地质、材料、农林、石油、食品、环保、卫生、轻工等）的化验人员与化验室必备书籍，同时对化学有关的大专院校师生、科研人员也很实用。

图书在版编目（CIP）数据

化验员实用手册/夏玉宇主编. —3版. —北京：
化学工业出版社，2012.8（2024.8重印）
ISBN 978-7-122-14181-1

Ⅰ.①化…　Ⅱ.①夏…　Ⅲ.①化验员-技术手册
Ⅳ.①TQ016-62

中国版本图书馆 CIP 数据核字（2012）第 082685 号

责任编辑：仇志刚	文字编辑：冯国庆
责任校对：边　涛	装帧设计：关　飞

出版发行：化学工业出版社（北京市东城区青年湖南街13号　邮政编码100011）
印　　装：北京盛通数码印刷有限公司
787mm×1092mm　1/16　印张90½　字数2831千字　2024年8月北京第3版第9次印刷

购书咨询：010-64518888　　　　　　　　售后服务：010-64518899
网　　址：http://www.cip.com.cn
凡购买本书，如有缺损质量问题，本社销售中心负责调换。

定　　价：248.00元　　　　　　　　　　　　　　　　　版权所有　违者必究

第三版前言

20世纪90年代，应化学工业出版社之邀，我们组织了几位从事分析化学教学和科研几十年、具有丰富教学与实践经验的大学老教师，编写了《化验员实用手册》（以下称《手册》），以满足广大化验人员对《手册》的迫切要求。《手册》自1998年8月出版发行至2004年修订第二版，直至2011年2月共十次印刷，总共销售近30000册，说明《手册》是深受广大读者欢迎与肯定的优秀图书。2009年春起，化学工业出版社多次向我们提出修订编写《手册》第三版，但该书主要的作者都是退休多年的70多岁老人，适宜参加编写的年轻人又难找到，编写《手册》第三版的繁重任务难以完成。经过一年多认真的考虑与准备，为了感谢读者对《手册》的厚爱，我们决心修订《手册》第三版。

《手册》坚持内容全面、实用、新颖及使用方便。《手册》保持二十六章的框架、编写格式及内容的深度与广度的特点。为此我们在内容上作了下面的安排。

（1）除保持有大量、必需、最新、常用的常数的特点外，《手册》还提供了化验室常用的玻璃与非玻璃器皿、电器设备、化验用水、化学试剂、分析仪器与零配件等有关规格、型号、生产厂家、管理与使用注意事项、安全防护等内容。有关章节中还简要地介绍了化验员必需的基础知识（基本理论、基本知识与基本技能）。

（2）为贯彻国家有关法规与国际接轨，对标准化、法定计量单位等做了比较详细的介绍。提供了计量单位的换算、有关分析化验方面的国家标准方法与国内标准物质等大量信息。

（3）为确保实验数据的准确、可靠与可比性，对仪器设备的校验、实验数据的处理、分析测试的质量保证等做了较详细的叙述。

（4）随着科学技术的发展，仪器分析所占的比重越来越大。因此《手册》对实验室中常见的仪器原理、设备管理、实验技术、方法应用等做了较多的介绍。

（5）随着计算机的发展与应用的普及，计算机技术对化验室及化学工作人员的重要性是公认的、必要的。因此，《手册》中专章叙述。

（6）分析化学文献的检索与科技文件的写作是化验人员经常遇到的工作与问题，《手册》做了专门介绍，将有益于读者需要时参考。

（7）分析化验方法繁多，数据量巨大，《手册》不可能包罗全部，《手册》提供有关国内外的期刊、大全、丛书、手册、辞典等资料信息及网站供读者选用。

（8）《手册》中出现的表，按章汇编成表目录，便于读者查找。

《手册》第三版除保持《手册》第一、第二版的形式、特点与内容外，做了如下重要的修改。

（1）增加必要的部分物理化学的常数，如稳定同位素、天然同位素及其相对丰度。常见放射性元素的性质、原子半径、元素的电离能等常数……

（2）由于计算机的技术发展太快，第二版中有关的内容已陈旧，故该章重新编写。第三版较详细地介绍了计算机在分析化学及分析仪器中的应用，着重在科技文件创建、绘制电子表格、编辑公式计算、绘画有机物结构式及实验仪器图、制作演示文稿等计算机实用技术等方面进行了介绍。这将有助于提高化验室人员的技术能力与写作科技文献能力。

（3）分析化学文献及其检索一章的内容也有较大的更新，大量地增加了互联网上科技文献、化学化工与分析化学等信息资源检索的工具与方法。

（4）电化学分析法一章作了适度的删改，增添了纳米电极内容，删减了部分陈旧内容。

（5）增加实验室常用仪器、电器设备、实验器材、药品试剂及仪器分析中各方法的新技术、新仪器、新材料、新备件等及其相关的网站。

（6）对《手册》第二版中的章、节、段，编排顺序不妥之处做了调整，删除陈旧内容，增添了新仪器、新材料、新方法的应用。

参加《手册》第三版编写人员有：李洁（第十三章～第十六章、第二十二章），朱燕（第二十章、第二十一章），张完白（第十九章、第二十三章），张敏莲（第二十四章），朱国斌（第二十五章），邵可声（第二十三章），夏玉宇（第一章～第十二章、第十七章、第十八章、第二十六章）。第三版全书由夏玉宇编纂、修改与定稿。

《手册》作为一部内容丰富的综合性的简明实用工具书，其体系与内容有待进一步探索与实践，《手册》中难免有不妥之处，恳请广大读者批评指正。

夏玉宇
2011 年 11 月于北京

第一版前言

应化学工业出版社的要求，我们组织了几位多年从事分析化学教学和科研、具有丰富实践和实验经验的人员，编写了这本《化验员实用手册》（以下简称《手册》），以满足广大化验人员的迫切需求。

编写时，力求《手册》内容全面、实用、新颖与使用方便。为此在内容上作了下面的安排，以保证《手册》具有一定的特点。

(1) 保持一般"手册"的特点，具有大量、必需、最新、常用的常数、数据与分离分析方法外，同时，在有关章节中，简要地介绍了化验员必须掌握的基础知识（基本理论、基本知识、基本技能）。

(2) 为贯彻国家有关法规与国际接轨，对法定计量单位、标准化等做了比较详细的介绍。对计量单位间的换算、分析化验方面的国家标准方法及国内的标准物质等提供了大量信息。

(3) 为确保实验数据的准确、可靠及其可比性，对仪器设备的校验、实验数据的处理、分析测试的质量保证等亦作了较详细的叙述。

(4) 随着科学技术的发展，仪器分析所占的比重越来越大，但目前，广大化验人员对仪器分析的知识基础较为薄弱，因此，《手册》对实验室中常见的仪器原理、设备管理、实验技术、方法应用及有关数据，做了较多的介绍。

(5) 随着计算机应用的普及，不少实验室、甚至家庭已拥有了计算机，化验用的仪器设备也逐渐地、不同程度地计算机化了，因此，计算机的管理与使用知识，也是化验人员必备的基础知识，《手册》中有一章专述。

(6) 分析化学文献的检索与科技文件的写作是化验人员常遇到的工作与问题，《手册》做了专门介绍，将有益于读者。

(7) 分析化验方法繁多，数据量巨大，《手册》不可能包罗全部，因此《手册》提供了分析化学有关的国内外期刊、大全、丛书、手册、词典等资料，供读者选用。

(8) 书中出现的表，按章汇编成表目录，便于读者查找。

参加《手册》编写人员有：朱丹（第七、八、九、十、十一章）、张完白（第十二、十八章）、夏满强、张完白（第二十一章）、郭荣芬（第十五、二十章）、李岩（第十三、十四、十七章）、朱国斌（第二十二章）、夏玉宇（第一、二、三、四、五、六、十六、十九、二十三章）。全书由夏玉宇负责编纂与定稿。

《手册》编写过程中，承蒙中国人民大学商品学系商品分析检测教研室、中国人民大学商品检验中心、测试分析中心、北京大学技术物理系仪器分析教研组、化学工业出版社等单位的大力支持和协助。中国人民大学商品学系刘程教授、邓务国博士，北京大学环境中心邵可声教授、北京大学技术物理系罗素金女士等对《手册》的出版都做了一定的贡献。清华大学化学系邓勃教授就《手册》提出了许多宝贵建议与意见，对《手册》的编写大有帮助。在此，对上述单位和个人表示诚挚的感谢。

作为一部综合性的实用手册，其体系与内容有待进一步探索与实践。

由于编者水平有限，加之时间较紧，《手册》中难免有不妥之处，恳请广大读者批评指正。

编　者
一九九八年七月

第二版前言

20世纪90年代，应化学工业出版社的要求，我们组织了几位从事分析化学教学和科研几十年、具有丰富实践与实验经验的人员，编写了这本《化验员实用手册》（以下称《手册》），以满足广大化验人员的迫切需求。《手册》自1999年3月第一次印刷至今已五次印刷发行，说明该《手册》深受广大读者欢迎。化学工业出版社及《手册》责任编辑建议我们对《手册》进行修改再版，进一步提高《手册》的内涵质量，扩大《手册》的社会效益。

再版《手册》时，力求内容全面、实用、新颖与使用方便，为此在内容上作了下面的安排，以保证《手册》具有一定的特点。

（1）除保持有大量、必需、最新、常用的常数的一般"手册"的特点外，《手册》还提供了化验室常用的玻璃与非玻璃仪器、电器设备、化验用水、化验试剂等有关规格、型号、生产厂家、管理与使用注意事项、安全防护的信息。在有关章节中，还简要地介绍了化验员必需的基础知识（基本理论、基本知识与基本技能）。

（2）为贯彻国家有关法规与国际接轨，对标准化、法定计量单位等做了比较详细的介绍。提供了计量单位的换算、有关分析化验方面的国家标准方法与国内的标准物质等大量信息。

（3）为确保实验数据的准确、可靠与可比性，对仪器设备的校验、实验数据的处理、分析测试的质量保证等作了较详细的叙述。

（4）随着科学技术的发展，仪器分析所占的比重越来越大，但目前广大化验人员对仪器分析的知识基础较为薄弱，因此《手册》对实验室中常见的仪器原理、设备管理、实验技术、方法应用及其有关数据，做了较多的介绍。

（5）随着计算机应用的普及，不少实验室，甚至家庭已拥有了计算机及上网条件，化验用的仪器设备也逐渐地、不同程度地计算机化了，因此，计算机的使用与管理知识也是化验人员必备的基础知识，将在《手册》再版中专章叙述。

（6）分析化学文献的检索与科技文件的写作是化验人员常遇到的工作与问题，《手册》再版时做了专门介绍，将有益于读者需要时参考。

（7）分析化验方法繁多，数据量巨大，《手册》不可能包罗全部，因此《手册》再版时提供了有关国内外的期刊、大全、丛书、手册、辞典等资料供读者选用。

（8）书中出现的表，按章汇编成表目录，便于读者查找。

《手册》第二版保持《手册》第一版的形式与特点，在《手册》第一版的基础上作了下列修改。

（1）增加了分析仪器、X射线荧光分析与质谱分析三章。增补了流动注射分析、近红外光谱与拉曼光谱、有机元素定性定量分析、样品前处理新方法、膜技术、固相萃取与固相微萃取、液膜萃取、等速电泳与毛细管电泳、离子色谱与超临界流体萃取色谱、薄层色谱扫描技术、环境样品的采集与保存、分立半导体器件与集成电路、显微镜、微波溶出、电化学阻抗谱等内容。

（2）提供了 2003 年底前有关分析检验方法的国家标准与我国现有的标准物质。

（3）增添了计算机网络技术及其在化学及化验室中的应用、网络的化学化工信息、常见的化学软件，与化学有关的重要的网址等。

（4）对《手册》第一版中个别章、节、段，编排顺序不妥之处做了重新调整，个别节段内容过于庞杂与陈旧的部分，给予了删除。

参加《手册》第二版编写人员有：张完白（第十九章、第二十三章、第八章、第二十四章部分），郭荣芬（第十五章、第二十一章），李岩（第十三章、第十四章、第十七章），朱丹、夏玉宇（第七章、第八章、第九章、第十章、第十一章），朱燕（第二十二章，第八章部分），朱国斌（第二十五章），夏满强（第二十四章），邵可声（电化学阻抗谱），夏玉宇（第一章、第二章、第三章、第四章、第五章、第六章、第十二章、第十六章、第十八章、第二十章、第二十六章）。全书由夏玉宇负责编纂、修改与定稿。

《手册》作为一部综合性的简明实用手册，其体系与内容有待进一步探索与实践，有待读者评估。基于编者水平所限，《手册》中难免不妥之处，恳请广大读者批评指正。

编　者

2004 年 6 月于北京

目 录

表 目 录

第一章 化 验 室

第一节 分析检验的作用与方法的分类

一、分析检验的作用

分析化学是研究物质化学组成的学科，它的任务是确定物质由哪些组分（元素、离子、基团或化合物）所组成，并确定该物质有关组分的含量以及鉴定物质的某些性质。要了解物质的组分、含量与性质，必须通过对该物质的分析检验。

分析检验不仅对化学各学科的发展起着重要的作用，而且对国民经济、科学技术的发展都具有重大实际意义。例如，农业生产中土壤性质、灌溉用水、化肥农药、作物生长过程及营养和毒物的研究都需要分析检验；在工业生产的各个方面，如资源的勘探开发与利用、原料的选择、工艺流程的控制、工业成品的质量、新产品的试制、新工艺流程的探索，以及"三废"（废水、废气、废渣）的处理及综合利用等，都必须以分析检验的结果为重要依据；环境质量的评估与管理、食品饲料和药品的质量监督与检查、材料的生产与试制、案件的侦破等都要进行分析检验；商品流通过程中，不管是国内贸易还是国际贸易，都要对商品质量及其变化进行监督与评估，要检验商品是否符合国家标准，是否有掺假、掺杂和伪造等行为，是否符合国家的法规，是否符合合同规定的质量要求，都依赖于分析检验；在科学技术领域中，只要涉及化学变化的内容，几乎都需用分析测试为手段，许多定律与理论都是用分析检验的方法加以确证的。可以说分析检验是人们认识与改造客观世界物质不可缺少的工具，是人们认识物质世界与指导生产实践的"眼睛"。

二、分析检验方法的分类

检验方法分为感官检验法、理化检验法和实际试用观察检验法三大类。

1. 感官检验

感官检验是以人的感觉器官为主要的检验器具，对物质的色、香、味、形、手感、音色等特性，在一定条件下作出判定和评价的检验。感官检验简便易行，特别适用于目前还不能用理化检验进行定量评价的商品和不具备昂贵、复杂仪器检验的企业和部门。近十几年发展起来的现代感官检验学，利用心理学、统计学和计算机等现代科技成果，收集和分析感官检验的结果，将不易确定的指标加以客观化、定量化，从而使感官检验更具有可靠性和可比性。感官检验涉及绝大多数商品的检验，检验质量的指标在判定商品质量方面起着重要的作用。

(1) 感官检验的分类　感官检验又分为视觉检验、嗅觉检验、味觉检验、触觉检验和听觉检验。

① 视觉检验　用视觉器官的感觉来确定商品的外形、结构、颜色、光泽以及表面的疵点等质量特性，是最重要的感官检验方法。

② 嗅觉检验　通过人的嗅觉器官检验商品的气味，进而评价商品质量的方法。嗅觉检验已广泛用于食品、药品、化妆品、香精、香料等商品的检验。

③ 味觉检验　利用人体的味觉器官（主要是舌头）来评价有一定滋味要求的商品，如食品、药品等的质量。

④ 触觉检验　利用人体的触觉感受器官来评价商品质量的方法，触觉是皮肤受到机械刺激而引起的感觉，包括触压觉和触摸觉。触觉检验主要用于评价纸张、塑料、纺织品以及食品的表面特性、弹性、强度、厚度、紧密程度、软硬度等质量特性。

⑤ 听觉检验　凭借人体听觉器官对声音的反应，用来评定玻璃陶瓷制品、金属制品、乐器、收录机、音响装置等。

（2）感官检验的方法　感官检验的方法有下列几种。

① 差别法　此法用于确定两种商品之间是否存在感官差别。具体方法有成对比较检验法、三点检验法、二一三检验法、五中取二检验法、A与非A检验法等。

② 标度和类别法　此法适用于两种以上商品的检验。在经过差别检验，确定样品差别明显的基础上，进一步估计样品大小或顺序，或估计样品归属的类别、等级。具体检验法有排序、分类、评估、评分和分等五种方式。

③ 分析或描述法　此法用来识别或尽可能定量指出存在于某样品中的特殊感官指标，以便同时定量和定性地表示一个或多个感官指标。具体方式分简单描述检验和定量描述检验两种。

（3）感官检验的一般要求

① 检验条件　感官检验应在专门的检验室内进行，检验室要与样品制备室分开。应给评价员创造一个安静、舒适、尽可能排除外界干扰的检验环境。检验室不宜太小，座位要舒适。室内温度、湿度和气流速度应符合要求。为避免评价员间彼此影响，须设置隔板。要避免无关的气味污染环境。应控制光的色彩和强度，颜色检验不能在一般灯光下进行。应限制音响，要尽可能地避免引起评价员分心的谈话和其他干扰。

② 对评价员的要求　实验室中感官检验的评价员与消费者偏爱检验的评价员不同。前者需要专门的选择与培训，后者只要有代表性，通常所说的评价员主要指前者。

评价员基本条件是：身体健康，不能有任何感觉方面的缺陷；各评价员之间有一致的和正常的敏感性；具有从事感官分析的兴趣；个人卫生条件较好，无明显个人气味；具有所检验商品的专业知识，并对所检验的商品无偏见。

为了保证检验工作的质量，要求评价员在感官分析期间保持正常的生理状态，在检验前一小时之内不抽烟、不吃东西，可喝开水，评价员身体不适时不能参加检验，也不能使用有气味的化妆品。感官检验所需评价员的数量，与所要求检验结果精度、检验方法、评价员水平等因素有关。通常要求的精度越高，方法的功效越低；评价员水平越低，需要评价员的数量增多。

用于选择、培训评价员的检验方法及样品，应与评价员将要实际使用的检验方法及样品一致。应让评价员使用同一方法进行多次检验，根据正确回答的比例数来判断评价员的检验水平。对评价员还应进行定期考核。

③ 对被检样品的要求　按有关的标准或合同规定进行抽样，要使被抽检样品具有代表性。

样品的制备方法，视样品本身性状及所关心的问题而定，对同种样品的制备方法应一致。样品盛装容器应选择合适，对检验结果无影响。

样品应编号并随机发给评价员。为防止产生感官疲劳，每次评价样品的数目不宜过多，具体数目取决于检验的性质和样品的类型。

④ 检验时间的选择　评价样品要有一定时间间隔，并选择适宜的检验时间。一般选择上午或下午的中间时间为宜，因此时评价员敏感性较高。

2. 理化检验

理化检验也就是通常所说的化验。理化检验法可分为物理法、化学法和生物法三种。

（1）物理法　被检验物质的性质和检验要求不同，采用的具体方法和测试仪器也各不相同，通常又可分为一般物理检验法以及光学、热学、力学、电学等检验法。

① 一般物理检验法　通过各种量具、量仪、天平、秤和专用仪器来测定物质的长度、细度、面积、体积、厚度、质量、密度、容量、粒度、表面粗糙度等一般物理特性的方法。

② 光学检验法　利用显微镜、折射仪、旋光仪等光学仪器来检验物质的方法。光学显微镜主要用来观察与测量物质的细微结构，如观察纤维、皮革、纸张、食品、半导体、金属表面等的结构。折射仪用于测定液体的折射率，常用于中间产品的质量控制和产品的质量分析，以及鉴定物质的纯度等。

③ 热学检验法　测定物质的热学特性，如熔点、凝固点、沸点、耐热性等的方法。玻璃制品、搪瓷制品、金属制品、化妆品、化工产品、塑料制品、橡胶制品和皮革制品等的热学特性与产品质

量密切相关。

④ 力学检验法　利用力学仪器测试物质的拉伸强度、抗压强度、抗冲击强度、抗疲劳强度、硬度、韧性、弹性、塑性等的方法。许多商品的力学性能与商品耐用性密切相关。

⑤ 电学检验法　利用电学仪器测定物质的电学特性，如电阻、电容、电压、介电常数、电流强度、静电性等的方法。

（2）化学法　根据分析任务、分析对象、操作原理、操作方法和具体要求的不同，化学法可分为许多种类。

① 根据分析任务可分为结构分析、定性分析和定量分析。结构分析是研究物质的分子结构或晶体结构。定性分析是鉴定分析物质是由哪些元素、原子团、官能团或化合物所组成。定量分析是测定物质中有关组分的含量。

② 根据分析对象可分为无机分析和有机分析。无机分析的对象是无机物，通常是要求鉴定试样是由哪些元素、离子、原子团或化合物所组成，各种成分的含量是多少，有时还要求测定它们存在的形式。而有机分析的对象是有机物，组成有机物的元素虽然为数不多，但结构却很复杂，不仅要求鉴定分析组成元素，更重要的是要进行官能团分析和结构分析。

③ 根据试样的用量可分为常量分析、半微量分析、微量分析和超微量分析。当试样质量大于0.1g，试样体积大于10mL时，称常量分析。试样质量在0.01～0.1g，试样体积1～10mL时，称半微量分析。试样质量在0.1～10mg，试样体积在0.01～1mL，称微量分析。若试样质量小于0.1mg，试样体积小于0.01mL时，称超微量分析。常量、半微量和微量分析并不表示被测组分的百分含量。通常根据被测组分的百分含量，又粗略地分为：当含量大于百分之一时称常量，含量在万分之一到百分之一间者称微量，小于万分之一称痕量。

④ 根据测定原理不同可分为化学分析和仪器分析。

化学分析法是以物质的化学反应为基础的分析方法，这种方法历史悠久，所以又称经典化学分析法，主要有重量法、容量法（滴定法）与比色法等。

以物质的物理和物理化学性质为基础，需要特殊仪器设备的分析方法称仪器分析法或物理化学分析法，其分类如图1-1所示。仪器分析使用面广，内容丰富，而且有下列共同的特点：a. 比化学分析法的重复性好、灵敏度高、分析速率快；b. 分析用样品量少，且有的方法不破坏样品；c. 容易发展成为在线分析法、遥测分析法；d. 对物质的结构分析能力远胜于化学分析法；e. 可进行微量分析。仪器分析也有其局限性：a. 设备昂贵，一次性投资很大，且对环境（如震动、磁场、温度、湿度等）以及电源、辅助设备等有特殊要求；b. 仪器分析法通常是相对测量法，需要用标准物质来进行对照实验；c. 样品常需进行预处理后才能进入仪器进行测定；d. 仪器结构大多较复杂，部件精密，出现故障时需要有维修保证，维修费用通常很贵；e. 仪器的运行费用有时也很高昂。

⑤ 根据分析检验的职责又可分为例行分析、仲裁分析、监测分析。例行分析是指一般化验室日常生产中的分析，又称常规分析。仲裁分析是不同单位对分析结果有争议时，要求有关单位（通常是权威、有影响、有水平的单位），用指定的方法（或标准方法）进行分析，以判断原分析结果的准确性。监测分析是商品（产品）质量的监督管理部门定期、不定期对商品（产品）质量进行抽查分析，以保证商品质量。

（3）生物法　生物法包括微生物检验法和生理学检验法。微生物检验法是对商品中有害微生物存在与否及数量进行检验的方法。有害微生物主要是指大肠杆菌、致病性微生物、霉腐微生物等，它们直接危害人体健康或危及商品的安全贮存。

生理学检验法是用来检测食品、饲料等的可消化性、发热量、维生素和矿物质以及某些毒物成分对机体的作用等。通常利用鼠、兔等动物进行。

3. 实际试用观察检验

药品的临床试验、饲料的动物喂养试验、化妆品的试用试验等都属于试用观察法。另外，商品质量的跟踪、销售部门的调查、访问用户等也是对商品质量检验的重要补充。

在商品检验中，为了缩短试验时间，尽快取得结果，摸清环境对商品影响的规律，对某些商品往往采用强化或加速的人工模拟试验方法，称为"环境试验"。常用的环境试验方法有以下几种。

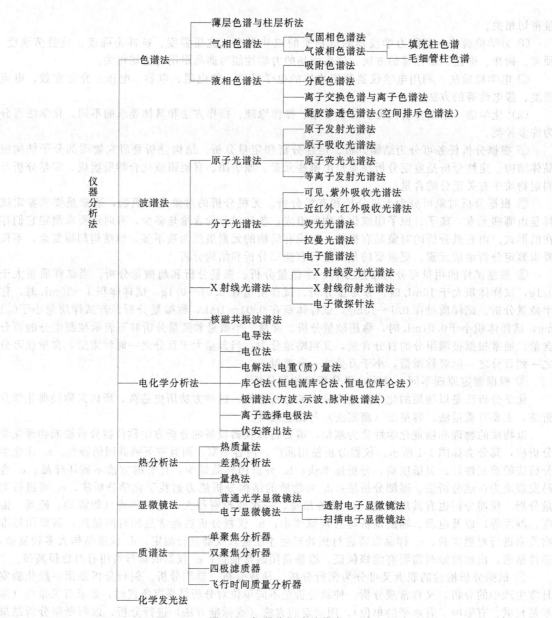

图 1-1　仪器分析法的分类

（1）高低温试验　高低温试验是检查商品在高低温条件下工作的可靠性。常把商品置于恒温箱（室）或低温箱（室）内进行。

（2）耐潮及防腐试验　耐潮试验是检查商品对潮湿空气影响的抵抗能力；防腐试验是检查商品对含盐水分或大气腐蚀的抵抗能力。耐潮试验把商品置于恒温恒湿的环境中进行；防腐试验把商品置于盐雾试验箱中进行。

（3）防霉试验　防霉试验是检查商品抵抗霉菌侵蚀的能力。将商品置于霉菌试验箱内，并将易于长霉的对比样品同时放入，将配好的混合霉菌孢子悬液均匀喷到商品与对比样品表面，观察生霉情况。

（4）防尘试验　检查商品在风沙、灰尘环境中，防尘结构的密封性和工作可靠性。防尘试验须在特定的防尘试验室内进行。

（5）密封试验　密封可理解为商品外壳的一种防护（防泄漏）能力。

（6）振动试验　检查商品经受振动的适应性，以及评价其结构的完好性。

此外，还有冲击和碰撞试验、抗拉试验、寿命试验等。

第二节 化验室的基本要求

一、化验室的分类与职责

化验室也就是理化分析实验室，在学校、工厂、企业、科学研究单位以及商品质量与安全卫生管理部门等各有其不同的性质。

学校实验室主要是为学生进行教学的基地，同时也为科研和生产服务。目前，许多学校的中心实验室，院、系、所、教研室所管辖的化验室也对社会及学校内部开放，接受化验任务。

一般工矿企业单位通常只设有简单的化验室，但大工矿企业、大公司则设有中心化验室、车间化验室等。车间化验室主要担负生产过程中成品、半成品的控制分析。中心化验室主要担负原料分析、产品质量的检验任务，并进行化验方法的研究、改进、推广、应用，以及配制、标定车间化验室所用的标准溶液等。

科学研究单位的化验室除为研究课题担负测试任务外，也进行分析检验方法的研究。

商品质量及安全卫生管理部门的化验室通常是国家各级职能机构，担负商品质量的监督和安全卫生的管理任务，它们使用的化验方法大多是国家标准方法，其化验结果具有一定的法律作用。

二、化验室用房的要求

化验室用房大致分为三类：化学分析室、精密仪器室、辅助室（办公室、贮藏室、钢瓶室等）。化验室一般要求远离灰尘、烟雾、噪声和震动源的环境中，不应建在交通要道、锅炉房、机房近旁，位置最好是南北朝向。化验室应用耐火或不易燃材料建成，注意防火性能，地面可采用水磨石，窗户要能防尘，室内采光要好。门应向外开，大的实验室应设两个出口，以便在发生事故时，人员容易撤离。化验室应有必要的防火与防爆设施。

1. 化学分析室

在化学分析室中要进行样品的化学处理和分析测定，常用一些电器设备及各种化学试剂，有关化学分析室的设计除应按上述要求外，还应注意以下几点。

（1）供水和排水　供水要保证必要的水压、水质和水量，水槽上要多装几个水龙头，室内总闸门应设在显眼易操作的地方，下水道应采用耐酸碱腐蚀的材料，地面要有地漏。

（2）供电　化验室内供电功率应根据用电总负荷设计，并留有余地，应有单相和三相电源，整个实验室要有总闸，各个单间应有分闸。照明用电与设备用电应分设线路。日夜运行的电器，如电冰箱应单独供电。烘箱、高温炉等高功率的电热设备应有专用插座、开关及熔断器。化验室照明应有足够亮度，最好使用日光灯。在室内及走廊要安装应急灯。

（3）通风设施　化验过程中常常产生有毒或易燃的气体，因此化验室要有良好的通风条件。通风设施通常有三种。

① 采用排风扇全室通风，换气次数通常为每小时五次。

② 在产生气体的上方设置局部排气罩。

③ 通风柜是化验室常用的局部排风设备。通风柜内应有热源、水源、照明装置等。通风柜采用防火防爆的金属材料或塑料制作，金属上涂防腐涂料，管道要能耐酸碱气体的腐蚀，风机应有减小噪声的装置并安装在建筑物顶层机房内，排气管应高于屋顶 2m 以上。一台排风机连接一个通风柜为好。

（4）实验台　台面应平整，不易碎裂，耐酸、碱及有机溶剂腐蚀，常用木材、塑料或水磨石预制板制成。通常木制台面上涂以大漆或三聚氰胺树脂、环氧树脂漆等。

（5）供煤气　有条件的化验室可安装管道煤气。

2. 精密仪器室

① 精密仪器价值昂贵、精密，多由光学材料和电器元件构成。因此要求精密仪器室具有防火、防潮、防震、防腐蚀、防尘、防有害气体侵蚀的功能。室温尽可能维持恒定或一定范围，如 18～25℃，相对湿度在 60%～70%。要求恒温的仪器应安装双层窗户及空调设备。窗户应有窗帘，避免阳光直接照射仪器。

② 使用水磨石地面与防静电地面，不宜使用地毯，因易积聚灰尘及产生静电。

③ 大型精密仪器应有专用地线，接地电阻要小于 4Ω，切勿与其他电热设备或水管、暖气管、煤气管相接。

④ 放置仪器的桌面要结实、稳固，四周要留下至少 50cm 的空间，以便操作与维修。

⑤ 原子吸收、发射光谱仪与高效液相色谱仪都应安装排风罩。室内应有良好通风。高压气体钢瓶，应放于室外另建的钢瓶室。

⑥ 根据需要加接交流稳压器与不间断电源。

⑦ 在精密仪器室就近设置相应的化学处理室。

3. 辅助室

药品贮藏室用于存放少量近期要用的化学药品，且要符合化学试剂的管理与安全存放条件（参看本章第九节）。一般选择干燥、通风的北屋，门窗应坚固，避免阳光直接照射，门朝外开，室内应安装排气扇，采用防爆照明灯具。少量的危险品，可用铁皮柜或水泥柜分类隔离存放。

第三节　化验室常用的玻璃仪器及石英制品

一、玻璃仪器的特性及化学组成

化验室经常大量地使用玻璃仪器，是因为玻璃具有一系列优良的性质，如高的化学稳定性、热稳定性、绝缘性，良好的透明度，一定的机械强度，并可按需要制成各种不同形状的产品。改变玻璃的化学组成，可以制出适应各种不同要求的玻璃。

玻璃的化学组成主要是：SiO_2、Al_2O_3、B_2O_3、Na_2O、K_2O、CaO、ZnO 等。表 1-1 列出了用于制造各种玻璃仪器的玻璃化学组成、性质及用途。

表 1-1　玻璃的化学组成、性质及用途

玻璃种类	通称	化 学 组 成/%						线膨胀系数/K^{-1}	耐热急变温差/℃	软化点/℃	主要用途
		SiO_2	Al_2O_3	B_2O_3	Na_2O K_2O	CaO	ZnO				
特硬玻璃	特硬料	80.7	2.1	12.8	3.8	0.6	—	22×10^{-7}	>270	820	制作耐热烧器
硬质玻璃	九五料	79.1	2.1	12.6	5.8	0.6	—	44×10^{-7}	>220	770	制作烧器产品
一般仪器玻璃	管料	74	4.5	4.5	12	3.3	1.7	71×10^{-7}	>140	750	制作滴管、吸管及培养皿等
量器玻璃	白料	73	5	4.5	13.2	3.8	0.6	73×10^{-7}	>120	740	制作量器等

从表 1-1 中看出，特硬玻璃和硬质玻璃含有较高的 SiO_2 和 B_2O_3 成分，属于高硼硅酸盐玻璃一类，具有较好的热稳定性、化学稳定性，能耐热急变温差，受热不易发生破裂，用于生产允许加热的玻璃仪器。

玻璃虽然有较好的化学稳定性，不受一般酸、碱、盐的侵蚀，但氢氟酸对玻璃有很强烈的腐蚀作用。故不能用玻璃仪器进行含有氢氟酸的实验。

碱液，特别是浓的或热的碱液，对玻璃也产生明显侵蚀。因此，玻璃容器不能用于长时间存放碱液，更不能使用磨口玻璃容器存放碱液。

二、常用玻璃仪器名称、规格、主要用途、使用注意事项

1. 常用的玻璃仪器

表 1-2 为常用玻璃仪器一览。

表 1-2　常用玻璃仪器一览

名　称	规　格	主 要 用 途	使 用 注 意
烧杯(普通型、印标)	容量(mL)：1、5、10、15、25、100、250、400、600、1000、2000	配制溶液、溶样	加热时杯内待加热溶液体积不要超过总容的 2/3；应放在石棉网上，使其受热均匀；一般不可烧干

名　称	规　格	主　要　用　途	使　用　注　意
三角烧瓶(锥形瓶)(具塞与无塞)	容量(mL):5、10、50、100、200、250、500、1000	加热处理试样和容量分析	除与上面相同的要求外,磨口三角瓶加热时要打开塞;非标准磨口要保持原配塞
碘(量)瓶	容量(mL):50、100、250、500、1000	碘量法或其他生成挥发性物质的定量分析	为防止内容物挥发,瓶口用水封;可垫石棉网加热
圆(平)底烧瓶(长颈、短颈、细口、广口、双口、三口)	容量(mL):50、100、250、500、1000	加热或蒸馏液体	一般避免直接火焰加热,应隔石棉网或套加热
圆底蒸馏瓶(支管有上、中、下三种)	容量(mL):30、60、125、250、500、1000	蒸馏	避免直接火焰加热
凯氏烧瓶(曲颈瓶)	容量(mL):50、100、300、600	消化有机物	避免直接火焰加热;可用于减压蒸馏
洗瓶(球形、锥形、平底带塞)	容量(mL):250、500、1000	装蒸馏水,洗涤仪器	可用圆平底烧瓶自制
量筒、量杯(具塞、无塞、量出式)	容量(mL):5、10、25、50、100、250、600、1000、2000	粗略地量取一定体积的液体	不应加热;不能在其中配溶液;不能在烘箱中烘;不能盛热溶液;操作时要沿壁加入或倒出溶液
容量瓶(无色、棕色,量入式,分等级)	容量(mL):10、25、100、150、200、250、500、1000	配制准确体积的标准溶液或被测溶液	要保持磨口原配;漏水的不能用;不能烘烤与直接加热,可用水浴加热
滴定管(酸式、碱式,分等级,量出式,无色、棕色)	容量(mL):10、50、100	容量分析滴定操作	活塞要原配;漏水不能使用;不能加热;不能存放碱液;酸式、碱式管不能混用
微量滴定管(分等级,酸式、碱式,量出式)	容量(mL):1、2、3、4、5、10	半微量或微量分析滴定操作	只有活塞式;其余注意事项同滴定管
自动滴定管(量出式)	容量(mL):5、10、25、50、100	自动滴定用	成套保管与使用
移液管(完全或不完全流出式)	容量(mL):1、2、5、10、20、25、50、100	准确地移取溶液	不能加热;要洗净
直管吸量管(完全或不完全流出式,分等级)	容量(mL):0.1、0.2、0.5、1、2、5、10、20、25、50、100	准确地移取溶液	不能加热;要洗净
称量瓶(分高、低形)	容量(mL):10、15、20、30、50	高形用于称量样品;低形用于烘样品	磨口要原配;烘烤时不可盖紧磨口;称量时不可直接用手拿取,应带指套或垫洁净纸条拿取
试剂瓶、细口瓶、广口瓶、下口瓶、种子瓶(棕色、无色)	容量(mL):30、60、125、250、500、1000、2000	细口瓶用于存放液体试剂;广口瓶用于装固体试剂;棕色瓶用于存放怕光试剂	不能加热;不能在瓶内配制溶液;磨口要原配;放碱液的瓶子应用橡皮塞,以免日久打不开
针筒(注射器)	容量(mL):1、5、10、50、100	吸取溶液	
滴瓶(棕色、无色)	容量(mL):30、60、125	装需滴加的试剂	不要将溶液吸入橡皮头内
漏斗(锥体角均为60°)	长颈(mm):口径30、60、75,管长150　短颈(mm):口径50、60、管长90、120	长颈漏斗用于定量分析过滤沉淀;短颈用于一般过滤	不可直接加热;根据沉淀量选择漏斗大小
分液漏斗(球形-长颈、锥形-短颈)	容量(mL):50、100、250、1000 刻度与无刻度	分开两相液体;用于萃取分离和富积	磨口必须原配;漏水的漏斗不能用;活塞要涂凡士林;长期不用时磨口处垫一张纸
试管(普通与离心试管)	容量(mL):5、10、15、20、50 刻度、无刻度	定性检验;离心分离	硬质玻璃的试管可直接在火上加热;离心试管只能在水浴上加热
比色管(刻度与不刻度,具塞与不具塞)	容量(mL):10、25、50、100	比色分析用	不可直接加热;非标准磨口必须原配;注意保持管壁透明,不可用去污粉刷洗

名 称	规 格	主 要 用 途	使 用 注 意
吸收管(气泡式、多孔滤板式、冲击式)	容量(mL):1～2、5～10	吸收气体样品中的被测物质	通过气体流量要适当;可两只管串联使用;磨口不能漏气;不可直接加热
冷凝管与分馏柱(直形、蛇形、球形、水冷却与空气冷却)	全长(mm):320、370、490	冷凝蒸馏出的蒸气,蛇形管用于低沸点液体蒸气	不可骤冷骤热;从下口进水,上口出水
抽气管(水流泵、水抽子)	分伽氏、爱氏、改良式三种	抽滤与造负压	
抽滤瓶	容量(mL):250、500、1000、2000	抽滤时接收滤液	属于厚壁容器,能耐负压;不可加热
表面皿	直径(mm):45、60、75、90、100、120	盖玻璃杯及漏斗等	不可直接加热;直径要大于所盖容器
研钵	直径(mm):70、90、105	研磨固体试样及试剂	不能撞击;不能烘烤
干燥器(无色、棕色,常压与抽真空)	直径(mm):150、180、210、300	保持烘干及灼烧过的物质的干燥;干燥制备的物质	底部要放干燥剂;盖磨口上涂适量凡士林;不可将赤热物体放入;放入物体后要间隔一定时间开盖以免盖子跳起
水蒸馏器(分一级、二级蒸馏水)	烧瓶容量(mL):500、1000、2000	制备蒸馏水	加沸石或素瓷,以防暴沸;要隔石棉网均匀加热
砂芯玻璃漏斗	孔径(mL):		须抽滤;不能冷热急热;不能抽滤氢氟酸、碱等;用毕立即洗净
G_1	20～30	滤除大沉淀及胶状沉淀物	
G_2	10～15	滤除大沉淀及气体洗涤	
G_3	4.5～9	滤除细沉淀及水银过滤	
G_4	3～4	滤除细沉淀物	
G_5	1.5～2.5	滤除较大杆菌及酵母	
G_6	1.5以下	滤除1.4～0.6μm的病菌	
硬质玻璃管	95料:直径3～8mm		
硬质玻璃棒	95料:直径5～11mm		
培养皿	直径(mm):60、75、95、100		
康卫扩散皿(具平板玻片)		测定物质扩散量	
密度瓶	容量(mL):5、10、25、50、100		
李氏比重瓶	容量250mL		
圆标本缸	直径(mm):200、200、200、225、250 高度(mm):200、280、300、225、250		
方标本缸(具磨砂边平玻盖)	长度(mm):55、80、90、100、102、103、130、150、150 宽度(mm):35、50、165、200、50、40、210、50、250 高度(mm):85、160、270、220、170、150、320、110、260		
气体洗瓶(球形、简形、孟氏、特氏)	容量(mL):125、250、500、1000		

2. 玻璃量器等级分类

一等玻璃量器用衡量法进行容积标定。二等玻璃量器用容量比较法进行容积标定。

凡分等级的玻璃量器，在其刻度上方的显著部位标明一等或二等字样。无上述字样记号的，均为二等量器，即其容积的标定为容量比较法，定量时标准环境温度为20℃。

量出式量器：即从量器中移出容积等于刻度表上的相应读数，标注符号"A"。

量入式量器：即注入量器中的容积等于刻度表上的相应读数，标注符号"E"。

北京、上海、沈阳、武汉、长沙、广州、成都、西安等地均有玻璃仪器商店经销上述玻璃产品。

3．部分特殊玻璃仪器

(1) 成套标准磨口组合仪器　可根据需要组装成蒸馏、分馏、精馏、萃取、升华、过滤、气体发生、真空干燥等装置，成为一套较完整的积木式仪器，组装、拆卸灵活，为有机物制备、生物化学和药物提取等实验提供方便。定型产品有半微量有机分析仪（甲型组合全套共38件；乙型组合全套共23件；丙型组合全套共13件；丁型组合全套共24件）和常量有机分析仪器（甲型组合全套共45件；乙型组合全套共17件）等。

标准磨口组合仪器的磨口磨塞均采用国际通用锥度，同类型规格接口可任意互换，接口严密，表示方法为：上口内径/磨面长度（均以mm计）。例如$\phi10/19$；$\phi4.5/23$；$\phi19/26$；$\phi24/29$；$\phi29/32$……

详情参看有关玻璃仪器产品目录。

(2) 成套特殊仪器

① 水分分析仪　适于石油油脂及其他有机物中所含水分的测定。由圆底烧瓶50mL；蒸馏接受管长135mm、直径17mm、全容积10mL、最小分度值为0.1mL或0.03mL；回流冷凝管等组成。

② 含砂测定器　容量500mL，全高343mm，粗管内径74～75mm，油管内径11.5～12mm，标准磨口24/20。

③ 测砷管　用于测定微量砷。

④ 凯氏定氮器（凯氏氮素蒸馏器）　用于测定有机物的含氮量。

⑤ 旋转蒸发器　用于浓缩液体。

⑥ 脂肪提取器（球形、蛇形）　包括回流冷凝管；连接管；平底烧瓶60mL、100mL、150mL、250mL、500mL、1000mL；提取筒内径30mm、33mm、35mm、45mm、47mm、68mm；长度110mm、130mm、160mm、180mm、200mm、240mm。

另外还有水分测定器、品氏黏度计、挥发油测定器、乌氏黏度计、蒸馏水器、干燥塔、组织研磨器等，如图1-2所示。

三、玻璃仪器的洗涤方法

化验室经常使用的各种玻璃仪器是否干净，常常影响到分析结果的可靠性与准确性，因此保证所使用的玻璃仪器干净是十分重要的。

洗涤玻璃仪器的方法很多，应根据实验的要求、污物性质和污染的程度来选用。通常黏附在仪器上的污物，有可溶性物质，也有不溶性物质和尘土，还有油污和有机物质。针对各种情况，可以分别采用下列洗涤方法。

(1) 用水刷洗　根据要洗涤的玻璃仪器的形状选择合适的毛刷，如试管刷、烧杯刷、瓶刷、滴定管刷等。用毛刷蘸水洗刷，可使可溶性物质溶去，也可使附着在仪器上的尘土和不溶物脱落下来，但往往洗不去油污和有机物质。

(2) 用合成洗涤剂或肥皂液洗　用毛刷蘸取洗涤剂少许，先反复刷洗，然后边刷边用水冲洗，直到当倾去水后，器壁不再挂水珠时，再用少量蒸馏水或去离子水分多次洗涤，洗去所沾自来水，即可使用。

为了提高洗涤效率，可将洗涤剂配成1%～5%的水溶液，加温浸泡要洗的玻璃仪器片刻后，再用毛刷刷洗。洗净的玻璃仪器倒置时，水流出后，器壁应不挂水珠，洁净透明。

(3) 用铬酸洗液洗　铬酸洗液是用研细的工业重铬酸钾20g，溶于加热搅拌的40g水中，然后慢慢地加入360g工业浓硫酸中配制而成，并贮存于玻塞玻璃瓶中备用。这种溶液具有很强的氧化性，对有机物的油污的去除能力特别强。在进行精确的定量实验时，往往遇到一些口小、管细的仪器很难用其他方法洗涤，就可用铬酸洗液来洗。要洗的仪器内加入少量铬酸洗液，倾斜并慢慢转动

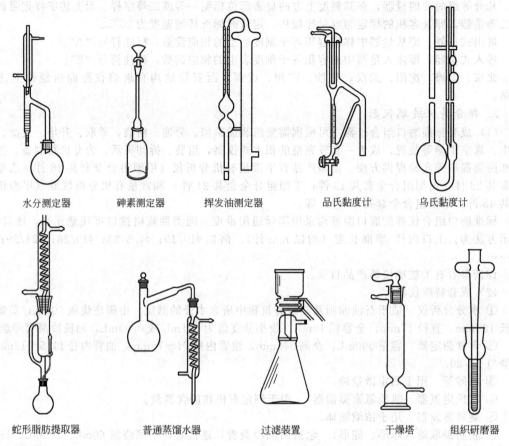

水分测定器　　砷素测定器　　挥发油测定器　　品氏黏度计　　乌氏黏度计

蛇形脂肪提取器　　普通蒸馏水器　　过滤装置　　干燥塔　　组织研磨器

图 1-2　部分成套特殊仪器

仪器，让仪器内壁全部被洗液湿润，转动几圈后，把铬酸洗液倒回原瓶内，然后用蒸馏水洗几遍。

如果要洗的玻璃仪器太脏，须先用自来水进行初洗。若采用温热铬酸洗液浸泡仪器一段时间，则洗涤效率可提高。铬酸洗液腐蚀性极强，易灼伤皮肤及损坏衣物，使用时应注意安全。铬酸洗液吸水性很强，应该随时注意把装洗液的瓶子盖严，以防吸水而降低去污能力。当铬酸洗液用到出现绿色时（重铬酸钾还原成硫酸铬的颜色），就失去了去污能力，不能继续使用。

若能用别的洗涤方法洗净的仪器，就不要用铬酸洗液，一因铬有一定的毒性；二因成本高。

（4）其他洗涤液

① 碱性乙醇洗液　用 6g NaOH 溶于 6mL 的水中，再加入 50mL 95％乙醇配成，贮于胶塞玻璃瓶中备用（久贮易失效）。可用于洗涤油脂、焦油、树脂沾污的仪器。

② 碱性高锰酸钾洗液　4g 高锰酸钾溶于水中，加入 10g 氢氧化钾，用水稀释至 100mL 而成。此液用于清洗油污或其他有机物质，洗后容器沾污处有褐色二氧化锰析出，可用 (1+1) 工业盐酸或草酸洗液、硫酸亚铁、亚硫酸钠等还原剂去除。

③ 草酸洗液　5～10g 草酸溶于 100mL 水中，加入少量浓盐酸。此溶液用于洗涤高锰酸钾洗后产生的二氧化锰。

④ 碘-碘化钾洗液　1g 碘和 2g 碘化钾溶于水中，用水稀释至 100mL 而成。用于洗涤硝酸银黑褐色残留污物。

⑤ 有机溶剂　苯、乙醚、丙酮、二氯乙烷、氯仿、乙醇、丙酮等可洗去油污或溶于该溶剂的有机物质。使用时注意安全，注意溶剂的毒性与可燃性。

⑥ (1+1) 工业盐酸或 (1+1) 硝酸　用于洗去碱性物质及大多数无机物残渣。采用浸泡与浸煮器具的方法。

⑦ 磷酸钠洗液　57g 磷酸钠和 285g 油酸钠，溶于 470mL 水中。用于洗涤残炭，先浸泡数分钟

之后再刷洗。

(5) 用于痕量分析的玻璃仪器的洗涤 要求洗去所吸附的极微量杂质离子。这就须把洗净的玻璃仪器用优级纯的 $(1+1)$ HNO_3 或 HCl 浸泡几十小时，然后用去离子水洗干净后使用。

(6) 砂芯玻璃滤器的洗涤 新的滤器使用前应以热浓盐酸或铬酸洗液边抽滤边清洗，再用蒸馏水洗净。使用后的砂芯玻璃滤器，针对不同沉淀物采用适当的洗涤剂洗涤。首先用洗涤剂、水反复抽洗或浸泡玻璃滤器，再用蒸馏水冲洗干净，在110℃烘干，保存在无尘的柜或有盖的容器中备用。若把砂芯玻璃滤器随意乱放，积存了灰尘，堵塞滤孔很难洗净。表1-3列出洗涤砂芯玻璃滤器的洗涤液可供选用。

表 1-3 洗涤砂芯玻璃滤器常用洗涤液

沉淀物	洗　涤　液
$AgCl$	$(1+1)$ 氨水或 $10\%Na_2S_2O_3$ 溶液
$BaSO_4$	100℃浓硫酸或 $EDTA-NH_3$ 溶液($3\%EDTA$ 二钠盐 $500mL$ 与浓氨水 $100mL$ 混合)，加热洗涤
汞渣	浓热 HNO_3
氧化铜	热 $KClO_4$ 或 HCl 混合液
有机物	铬酸洗液
脂肪	CCl_4 或其他适当的有机溶剂
细菌	浓 H_2SO_4 $7mL$，$NaNO_3$ $2g$，蒸馏水 $94mL$ 充分混匀

四、玻璃仪器的干燥

玻璃仪器应在每次实验完后洗净干燥备用。不同实验对玻璃仪器的干燥程度有不同的要求。一般定量分析用的烧杯、锥形瓶等仪器洗净后即可使用。而用于有机分析或合成的玻璃仪器常常是要求干燥的，有的要求无水，有的可容许微量水分，应根据不同要求来干燥仪器。

常用的干燥玻璃仪器方法如下。

(1) 晾干 不急用的、要求一般干燥的仪器，可在用蒸馏水刷洗后，倒去水分，置于无尘处让其自然干燥。可用安装有斜木钉的架子或有透气孔的柜子放置玻璃仪器。

(2) 烘干 洗净的玻璃倒去水分，放在 $105\sim120℃$ 电烘箱内烘干，也可放在红外灯干燥箱中烘干。称量用的称量瓶等在烘干后要放在干燥器中冷却和保存。厚壁玻璃仪器烘干时，要注意使烘箱温度慢慢上升，不能直接置于温度高的烘箱内，以免烘裂。玻璃量器不可放在烘箱中烘干。

(3) 热(冷)风吹干 对于急于干燥的或不适于放入烘箱的玻璃仪器可采用吹干的办法。通常是用少量乙醇或丙酮、乙醚将玻璃仪器荡洗，荡洗剂回收，然后用电吹风机吹，开始用冷风吹，当大部分溶剂挥发后再用热风吹至完全干燥，再用冷风吹去残余的蒸气，使其不再冷凝在容器内。此法要求通风好，防止中毒，不可有明火，以防有机溶剂蒸气燃烧爆炸。

五、玻璃仪器的管理

对于化验室中常用玻璃仪器应本着方便、实用、安全、整洁的原则进行管理。

① 建立购进、借出、破损登记制度。

② 仪器应按种类、规格顺序存放，并尽可能倒置放，既可自然控干，又能防尘。如烧杯等可直接倒扣于实验柜内，锥形瓶、烧瓶、量筒等可在柜子的隔板上钻孔，将仪器倒插于孔中，或插在木钉上。

③ 实验用完的玻璃仪器要及时洗净干燥，放回原处。

④ 移液管洗净后置于防尘的盒中或移液管架上。

⑤ 滴定管用毕，倒去内装溶液，用蒸馏水冲洗之后，注满蒸馏水，上盖玻璃短试管或塑料套管，也可倒置夹于滴定管架的夹上。

⑥ 比色皿用毕洗净，倒放在铺有滤纸的小磁盘中，晾干后放在比色皿盒中。

⑦ 带磨口塞的仪器，如容量瓶、比色管等最好在清洗前用小线或橡皮筋把瓶塞拴好，以免磨口混错而漏水。需要长期保存的磨口玻璃仪器要在塞间垫一片纸，以免日久粘住。

若磨口活塞(瓶塞)打不开时，如用力拧就会拧碎。凡土林等油状物质粘住活塞，可以用电吹风吹或微火慢慢加热使油类黏度降低，熔化后用木器轻敲塞子来打开。因仪器长期不用或尘土等将活塞粘住，可把它泡在水中，或在磨口缝隙处滴加几滴渗透力强的液体，如石油醚等溶剂或表面活性剂溶液等，过一段时间，可能打开。碱性物质粘住的活塞，可将器皿放于水中加热至沸，再用木棒轻敲塞子来打开。内有试剂的瓶塞打不开时，若瓶内是腐蚀性试剂如浓硫酸等，要在瓶外放好塑料桶以防瓶子破裂，操作者应注意安全，佩戴必要的防护用具，脸部不应与瓶口靠近。打开有毒蒸气的瓶口（如液溴）要在通风柜中操作。对于因结晶或碱金属盐沉积、碱粘住的瓶塞，把瓶口泡在水中或稀盐酸中，经过一段时间有可能打开。

⑧ 成套仪器如索氏提取器、蒸馏水装置、凯氏定氮仪等，用完后立即洗净，成套放在专用的包装盒中保存。

六、简单玻璃加工操作

化验室中经常要用一些小件玻璃仪器及零件，如滴管、玻棒、毛细管等，如能自己动手制作，既经济又方便。因此，化验人员掌握一些简单的玻璃灯工技术是很必要的。

1. 喷灯

加工玻璃常用煤气或天然气喷灯，外层通煤气或天然气，中心通压缩空气或氧气加空气，气体流量用开关调节。如果没有煤气，可用酒精喷灯，温度能达 1000℃，可用于加工简单零件。

2. 玻璃管的切割方法

加工前把玻璃管洗净、干燥，切割玻璃管常用以下两种方法。

（1）冷割　直径小于 25mm 玻璃管均可采用，先用扁锉或三角锉、砂轮片、金刚钻等划一深痕，并用手指蘸水或用湿布擦一下，两手紧握玻璃管，向两边并向下拉折，即可折断。为防止扎破手，握玻璃管时可垫布操作。注意掌握划痕与拉力方向，以获平整截面。

（2）热爆　适用于管径粗、管壁厚、切割长度短的玻璃。其方法是：在需要切割的玻璃管处划痕，另取一段直径 3～4mm 玻璃棒，一端在小火焰中烧成红色熔珠状，迅速放于划痕处，待熔珠硬化，立即以嘴吹气或滴一滴水在划痕上，使之骤冷，玻璃管即可爆断。

3. 拉制滴管

截取直径 8mm 左右管子一段，两手握住玻璃管的两端，在玻管要拉细处先用文火均匀预热，再加快熔融，并不断地转动玻璃管，当玻管发黄变软时，移离火焰并两手向两边缓慢地边拉边旋转玻璃管至所需长度，直至玻璃完全变硬方能停止转动。拉出的细管和原管要在同一轴线上，然后用锉刀截断。再将玻璃管另一端在火上烧熔，然后在石棉板（网）上轻压一下，使玻璃管端卷边且变大些，便于装住橡皮头。

灼热的玻璃管应放石棉网上冷却，不要放在桌上，以免烧焦桌面。不要用手去摸，以免烫伤。

4. 弯曲玻璃管

先将玻璃管用小火预热一下，然后双手持玻璃管把要弯曲的地方放在氧化焰中，增大玻璃管的受热面积，缓慢而均匀地转动玻璃管，两手用力要匀，以免玻璃管在火焰中扭曲，加热到玻璃管发黄变软时自火焰中移出，稍等一两秒使各部温度均匀，准确地把玻璃管弯成所需的角度。弯出的管子要求内侧不瘪，两侧不鼓，角度正确，不偏歪。弯好后，待玻璃管冷却变硬之后，才把它放在石棉网上继续冷却。

5. 拉毛细管

取一段直径 10mm、壁厚 1mm 左右的玻璃管，同上法在火焰上加热，当烧至发黄变软时移出火焰，两手握住玻璃管来回转动，同时向水平方向两边拉开，开始慢些，然后加快，拉成直径 1mm 左右毛细管。将合格的毛细管用锉刀轻锉一下，用手分成小段，两端再在火焰边缘用小火烧封，冷却后从中间截开，保存于试管内，供测熔点用。

将不适用的毛细管或玻璃管在火焰中反复对折熔拉若干次后，再拉成 1～2mm 粗细，截成小段，保存在瓶中，可作为蒸馏时防爆沸用的沸石代用品。

6. 玻璃刻记号

（1）氢氟酸腐蚀法　在要做记号（写字）的玻璃处刷上一层蜡，适用的蜡是蜂蜡或地蜡。用针刻字，滴上 50%～60% 氢氟酸或用浸过氢氟酸的纸片敷在刻痕上，放置 10min。也可用少许氟化钙粉涂于刻痕上，滴上一滴浓硫酸，放置 20min。然后用水洗去腐蚀剂，除去蜡层。用水玻璃调和一些锌白或软锰矿粉涂上，可使刻痕着色易见。

氢氟酸的腐蚀性极大，氟化钙遇酸也生成氢氟酸，如不慎侵入皮肤，可达骨骼，剧痛难治。因此，操作时要戴防护罩及塑料（或橡皮）防护手套，如氢氟酸沾到皮肤上要立即用大量水冲洗后泡在冰镇的70％乙醇或（1＋1）氯化苄烷铵的水或乙醇冰镇溶液中。

（2）扩散着色法（铜红法）　铜红扩散配方如下。

硫酸铜	2g	糊精粉	0.45g	胶水	0.33g
硝酸银	1g	甘油	0.18g	纯碱	0.24g
锌粉	0.15g	水	0.78g		

用此配方配制的浆料在玻璃上写字，然后进行热处理。普通料玻璃在450～480℃，硬料玻璃在500～550℃烘20min，使铜红原料扩散到玻璃中，冷却后洗去渣子，呈现清晰字迹。

七、石英玻璃与玛瑙仪器

1. 石英玻璃

石英玻璃的化学成分是二氧化硅，由于原料不同分为透明和半透明及不透明的熔融石英玻璃。透明石英玻璃是用天然、无色、透明的水晶高温熔炼而成的。半透明石英是由天然、纯净的脉石英或石英砂制成的，因其含有许多熔炼时未排净的气泡而呈半透明状。透明石英玻璃的理化性能优于半透明石英，主要用于制造玻璃仪器及光学仪器。

石英玻璃的线膨胀系数很小（5.5×10^{-7}），只为特硬玻璃的1/5。因此它能耐急冷急热，将透明的石英玻璃烧至红热，放到冷水也不会炸裂。石英玻璃的软化温度为1650℃，具有耐高温性能。石英玻璃含二氧化硅量在99.95％以上，纯度很高，具有良好的透明度。它的耐酸性能非常好，除氢氟酸和磷酸外，任何浓度的酸甚至在高温下都极少和石英玻璃作用。但石英玻璃不能耐氢氟酸的腐蚀，磷酸在150℃以上也能与其作用，强碱溶液包括碱金属碳酸盐也能腐蚀石英。石英玻璃仪器外表上与玻璃仪器相似，无色透明，比玻璃仪器价格贵，更脆、易破碎，使用时须特别小心，通常与玻璃仪器分别存放，妥加保管。

石英玻璃仪器常用于高纯物质的分析及痕量金属的分析，不会引入碱金属。常用的石英玻璃仪器有石英烧杯、蒸发皿、石英舟、石英管、石英比色皿、石英蒸馏器以及石英棱镜透镜等。

2. 玛瑙研钵

玛瑙是一种贵重的矿物，是石英的隐晶质集合体的一种，除主要成分二氧化硅外，还含有少量的铝、铁、钙、镁、锰等的氧化物。它的硬度大，与很多化学试剂不起作用，主要用于研磨各种物质。

玛瑙研钵不能受热，不可放在烘箱中烘烤，也不能与氢氟酸接触。

使用玛瑙研钵时，遇到大块物料或结晶体，要轻轻压碎后再行研磨。硬度过大、粒度过粗的物质最好不要在玛瑙研钵中研磨，以免损坏其表面。使用后，研钵要用水洗净，必要时可用稀盐酸清洗或用氯化钠研磨，也可用脱脂棉蘸无水乙醇擦净。

第四节　化验室使用的非玻璃器皿与器材

一、瓷器皿与刚玉器皿

1. 瓷器皿

化验室所用瓷器皿，实际上是上釉的陶器，它的熔点较高（1410℃），可耐高温灼烧，如瓷坩埚可以加热至1200℃，灼烧后其质量变化很小，故常用于灼烧沉淀与称量。

它的热膨胀系数为$(3 \sim 4) \times 10^{-6}$。厚壁瓷器皿在高温蒸发和灼烧操作中，应避免温度的突然变化和加热不均匀现象，以防破裂。瓷器皿对酸碱等化学试剂的稳定性较玻璃器皿为好，然而同样不能和氢氟酸接触。瓷器皿力学性能较强，而且价格便宜，故应用较广。表1-4列举了常用瓷器皿的规格与用途。

2. 刚玉器皿

天然的刚玉几乎是纯的三氧化二铝。人造刚玉是由纯的三氧化二铝经高温烧结而成的，它耐高温，熔点2045℃，硬度大，对酸碱有相当的抗腐蚀能力。刚玉坩埚可用于某些碱性熔剂的熔融和烧结，但温度不应过高，且时间要尽量短，在某些情况下可以代替镍、铂坩埚，但在测定铝和铝对测定有干扰的情况下不能使用。

表 1-4　常用瓷器皿的规格与用途

名　称	常用规格	主要用途
蒸发皿	容量(mL) 无柄:35、60、100、150、200、300、500、1000 有柄:30、50、80、100、150、200、300、500、1000	蒸发与浓缩液体;500℃以下灼烧物料
坩埚 (有盖)	容量(mL) 高型:15、20、30、60 中型:2、5、10、15、20、30、50、100 低型:15、25、30、45、50	灼烧沉淀;处理样品(高型可用于隔绝空气条件下处理样品)
燃烧管	内径(mm):5～90 长度(mm):400～600、600～1000	燃烧法测定 C、H、S 等元素
燃烧舟	长方形(长×宽×高)(mm):60×30×15、90×60×17、120×60×18 船形(长度)(mm):72、77、85、95	盛装样品放于燃烧管中进行高温反应
研钵	直径(mm) 普通型:60、80、100、150、190 深型:100、120、150、180、205	研磨固体物料,但不能研磨强氧化剂
点滴板	孔数:6、8(分黑白两种)	定性点滴试验,白色沉淀用黑色点滴板,其他颜色沉淀用白色点滴板
布氏漏斗	外径(mm):51、67、85、106、127、142、171、213、269	漏斗中铺滤纸,用以抽滤物质
白瓷板	长×宽×厚(mm):152×152×5	垫于滴定台上,有利于辨别颜色的变化

二、金属器皿

1. 铂器皿

铂又称白金，价格比黄金贵，由于它有许多优良的性质，尽管出现了各种代用品，但许多分析工作仍然离不开铂。铂的熔点高达 1774℃，化学性质稳定，在空气中灼烧后不起化学变化，也不吸收水分，大多数化学试剂对它无侵蚀作用，耐氢氟酸性能好，能耐熔融的碱金属碳酸盐。因而常用于沉淀灼烧称重、氢氟酸溶样以及碳酸盐的熔融处理。铂坩埚适用于灼烧沉淀。铂制小舟、铂丝圈用于有机分析灼烧样品。铂丝、铂片常用于电化学分析中的电极，以及铂铑电热电偶等。

铂器皿的使用应遵守下列规则。

(1) 铂的领取、使用、消耗和回收都要有严格的制度。

(2) 铂质软，即使含有少量铱铑的合金也软，所以拿取铂器皿时勿太用力，以免变形。不能用玻璃棒等尖锐物体从铂器皿中刮出物料，以免损伤其内壁，也不能将热的铂器皿骤然放入冷水中冷却。

(3) 铂器皿在加热时，不能与任何其他金属接触，因为在高温时铂易于与其他金属生成合金。所以，铂坩埚必须放在铂三脚架上或陶瓷、黏土、石英等材料的支持物上灼烧，也可放在垫有石棉板的电热板或电炉上加热，不能直接与铁板或电炉丝接触。所用的坩埚钳应该包有铂头，镍的或不锈钢的坩埚钳只能在低温时使用。

(4) 下列物质能直接侵蚀或在其他物质共存下侵蚀铂，在使用铂器皿时，应避免与这些物质接触。

① 易被还原的金属和非金属及其化合物，如银、汞、铅、铋、锑、锡和铜的盐类在高温下易被还原成金属，与铂形成合金；硫化物和砷及磷的化合物可被滤纸、有机物或还原性气体还原，生成脆性磷化铂及硫化铂等。

② 固体碱金属氧化物和氢氧化物、氧化钡、碱金属的硝酸盐、亚硝酸盐、氰化物等，在加热或熔融时对铂有腐蚀性。碳酸钠、碳酸钾和硼酸钠可以在铂器皿中熔融，但碳酸锂不能。

③ 卤素及可能产生卤素的混合溶液，如王水、盐酸与氧化剂（高锰酸盐、铬酸盐、二氧化锰等）的混合物、三氯化铁溶液能与铂发生作用。

④ 炭在高温时，与铂作用形成碳化铂，铂器皿用火焰加热时，只能用不发光的氧化焰，不能与带烟或发亮的还原火焰接触，以免形成碳化铂而变脆。

(5) 成分和性质不明的物质不能在铂器皿中加热或处理。

（6）铂器皿应保持内外清洁和光亮。经长久灼烧后，由于结晶的关系，外表可能变灰，必须及时注意清洗，否则日久会深入内部使铂器皿变脆。

（7）铂器皿清洗。若铂器皿有了斑点，可先用盐酸或硝酸单独处理。如果无效，可用焦硫酸钾于铂器皿中在较低温度熔融5～10min，把熔融物倒掉，再将铂器皿在盐酸溶液中浸煮。若仍无效，可再使用碳酸钠熔融处理，也可用潮湿的细砂轻轻摩擦处理。

2. 其他金属（金、银、镍、铁等）器皿

（1）金器皿 金器皿不受碱金属氢氧化物和氢氟酸的侵蚀，价格较铂便宜，故常用来代替铂器皿，但它的熔点较低（1063℃），故不能耐高温灼烧，一般须低于700℃。硝酸铵对金有明显的侵蚀作用，王水也不能与金器皿接触。金器皿的使用注意事项与铂器皿基本相同。

（2）银器皿 银器皿价廉，它也不受氢氧化钾（钠）的侵蚀，在熔融此类物质时仅在接近空气的边缘处略有腐蚀。银的熔点为960℃，不能在火上直接加热。加热后表面生成一层氧化银，在高温下不稳定，在200℃以下稳定。银易与硫作用，生成硫化银，故不能在银坩埚中分解和灼烧含硫的物质，不许使用碱性硫化试剂。熔融状态的铝、锌、锡、铅、汞等金属盐都能使银坩埚变脆。银坩埚不可用于熔融硼砂。浸取熔融物时不可使用酸，特别不能用浓酸。银坩埚的质量经灼烧会变化，故不适于沉淀的称量。

（3）镍坩埚 镍的熔点为1450℃，在空气中灼烧易被氧化，所以镍坩埚不能用于灼烧和称量沉淀。它具有良好的抗碱性物质侵蚀的性能，故在化验室中主要用于碱性熔剂的熔融处理。

氢氧化钠、碳酸钠等碱性熔剂可在镍坩埚中熔融，其熔融温度一般不超过700℃。氧化钠也可在镍坩埚中熔融，但温度要低于500℃，时间要短，否则侵蚀严重。酸性熔剂和含硫化物熔剂不能用镍坩埚。若要熔融含硫化合物时，应在过量的过氧化钠氧化环境下进行。熔融状态的铝、锌、锡、铅等金属盐能使镍坩埚变脆。银、汞、钒的化合物和硼砂等也不能在镍坩埚中灼烧。

新的镍坩埚在使用前应在700℃灼烧数分钟，以除去油污并使其表面生成氧化膜，处理后的坩埚应呈暗绿色或灰黑色。以后，每次使用前用水煮沸洗涤，必要时可滴加少量盐酸稍煮片刻，用蒸馏水洗涤烘干使用。

（4）铁坩埚 铁坩埚的使用与镍坩埚相似，它没有镍坩埚耐用，但价格便宜，较适于过氧化钠熔融，以代替镍坩埚。铁坩埚中常含有硅及其他杂质，也可用低硅钢坩埚代替。铁坩埚或低硅钢坩埚在使用前应进行钝化处理，先用稀盐酸，然后用细砂纸轻擦，并用热水冲洗，放入5%硫酸-1%硝酸混合溶液中浸泡数分钟，再用水洗净、干燥，于300～400℃灼烧10min。

常用熔剂所适用的坩埚列于表1-5中。

表1-5 常用熔剂所适用的坩埚

熔 剂 种 类	适 用 坩 埚						
	铂	铁	镍	银	瓷	刚玉	石英
无水碳酸钠	+	+	+	－	－	+	－
碳酸氢钠	+	+	+	－	－	+	－
1份无水碳酸钠+1份无水碳酸钾	+	+	+	－	－	+	－
6份无水碳酸钾+0.5份硝酸钾	+	+	－	－	－	+	－
3份无水碳酸钠+2份硼酸钠熔融,研成细粉	+	+	+	－	－	+	－
2份无水碳酸钠+2份氧化镁	+	+	+	－	－	－	+
2份无水碳酸钠+2份氧化锌	+	+	+	－	－	－	－
4份碳酸钾+1份酒石酸钾	+	－	+	－	－	－	－
过氧化钠	－	+	+	+	－	－	－
5份过氧化钠+1份无水碳酸钠	－	+	+	+	－	+	－
2份无水碳酸钠+4份过氧化钠	－	+	+	+	－	+	－
氢氧化钾(钠)	－	+	+	+	－	－	－
6份氢氧化钠(钾)+0.5份硝酸钠(钾)	－	+	+	+	－	－	－
氰化钠	－	+	+	+	－	－	+
1份碳酸钠+1份硫黄	－	+	+	－	－	－	+
硫酸氢钾焦硫酸钾	+	－	－	－	+	+	+
1份氟化氢钾+10份焦硫酸钾	+	－	－	－	+	－	+
氧化硼	+	－	－	－	+	－	+
硫代硫酸钠	－	－	－	+	－	－	－
1.5份无水硫酸钠+1份硫酸	－	－	－	+	－	－	－

注："＋"表示适用。"－"表示不适用。

三、塑料器皿

塑料是高分子材料的一类，在实验室中常作为金属、木材、玻璃等的代用品。

1. 聚乙烯和聚丙烯器皿

聚乙烯可分为低密度、中密度、高密度三种。低密度聚乙烯软化点为 100℃，中密度为 127～130℃，高密度为 125℃。聚乙烯短时间可使用到 100℃，能耐一般酸碱腐蚀，不溶于一般有机溶剂，但能被氧化性酸慢慢侵蚀，与脂肪烃、芳香烃和卤代烷长时间接触能溶胀。聚丙烯塑料比聚乙烯硬，熔点约 170℃，最高使用温度约 130℃，120℃ 以下可以连续使用，与大多数介质不起作用，但受浓硫酸、浓硝酸、溴水及其他强氧化剂慢慢侵蚀，硫化氢和氨会被吸附。实验室常用聚丙烯和聚乙烯制的桶、试剂瓶、烧杯、漏斗、洗瓶等，用于贮存蒸馏水、标准溶液和某些试剂溶液，比玻璃容器优越，尤其多用于微量元素分析。

2. 聚四氟乙烯器皿

聚四氟乙烯是热塑性塑料，色泽白，有蜡状感觉，耐热性好，最高工作温度达 250℃。除熔融态钠和液态氟外，能耐浓酸、浓碱、强氧化剂的腐蚀，在王水中煮沸也不起变化。聚四氟乙烯的电绝缘性能好，并能切削加工。在 415℃ 以上急剧分解，并放出有毒的全氟异丁烯气体。聚四氟乙烯可用于制造烧杯、蒸发皿、分液漏斗的活塞、搅拌桨及表面皿等。

四、移液器与移液装置

移液器与移液装置可用于准确吸取微量溶液。吸取容量值在数字视窗中显示。质量好的精密移液器采用高新材料制作，有很高的耐腐蚀性，可整支高压灭菌。具有独立的调整组合，集第一停点、第二停点、退头功能、容量锁定功能及容量调整功能为一体。移液器使用无油滑润密封技术，不用任何油脂，无需日常维修。吸取液量一般为 2～5000μL，吸取 2μL 时，绝对误差一般为 ±0.1μL，相对误差 ±5.0%，标准偏差小于 0.03μL。规格有 0.5～10μL，5～50μL、25～200μL，100～1000μL，1～5mL。

移液器的附件吸嘴，质地柔韧，由耐热不浸润的聚丙烯精确模压成型。吸嘴细长的外形，可以方便地深入小口的试管或容量瓶内吸取溶液。输液端及吸嘴口无毛刺，形状匀称，端口光滑，使吸嘴吸取和排送液体试样始终精确。表面光洁平整，无任何杂质，使表面的沾湿和残存液膜的误差达到最小。套接在移液具轴上，定位正确，没有漏液现象。

移液器使用方便，只要在吸液轴上套上吸嘴，插进要量取溶液中，按一下移液器的活塞按钮，就能准确地按照调好的容量值吸取一定量溶液。然后，只要再按一下移液器的活塞按钮，就能将被吸取的溶液全部排送干净。同一吸嘴在同一溶液中可用多次，若发现有沾液现象时，按下管嘴推出器，即可快捷地将吸嘴推出。

多道移液器的管嘴推出器可同时推出 8 或 12 道吸嘴。液头可 360° 旋转，极方便移液。每道管嘴连件都有独立的活塞装置，使维修保养十分容易。

下面介绍几家生产移液器的公司及其部分产品。

(1) 北京大龙兴创实验仪器有限公司 (Dragon Lab) 生产的大容量电动移液器 (Levo Plus Pipette Filler)，采用液晶屏显示，量程范围 0.1～100mL，8 挡可调，轻触按钮，便可调整吸液和分液的速度。大容量手动移液器 (Pipette Controller) 挤压橡皮球以排除空气形成负压，当使用吹出型移液管时，按下吹出按钮即可吹出管内残留液体，灵敏的吸液与排液控制杆，使吸液和排液能得到精确控制，移液范围 0.1～100mL 五种方式自由可选。

(2) 瑞士吉尔森 (GILSON) P 型移液器是连续可调、数字显示 (容量计) 的空气排代式移液器。共有八种型号，自 0.2μL～10mL 的全部量程。辅助吸液器 (Macroman) 可用于吸取 1～100mL 液体，为使用玻璃或胶质吸管提供了快速、安全、舒适的吸液方法。4s 内可吸取 25mL 的液体，单板机控制一滴滴的重力模式与电动模式。管嘴、吸管接头、滤片都可高温消毒。0.45μm 或 0.25μm 滤片容易替换。吉尔森电动单道移液器 (Pipetman Concept)、吉尔森轻巧多道移液器 (Pipetman Neo Multichannel) C 型 8 道/12 道、吉尔森 M 型移液器 (Microman) 是活塞排代式移液器，配合吉尔森活塞毛细吸管 (简称 CP)，可用于黏稠高的液体，均不失固有的精度和准确度。有六种型号，容量范围自 1～1000μL 不等。吉尔森轻巧型单道移液器 (Pipetman Neo) PN 型移液器是连续可调、数字直接显示 (容量计) 的空气排代式移液器。

（3）瑞士 Socorex SOCOREX 可调容量移液器量程为 0.1～10μL、0.2～2mL、1～10mL，移液误差约 1.5%。Acura 855 系列多通道移液器有 8 通道和 12 通道两个系列，重量轻，操作简单、舒适，数字显示、醒目易读，移液头可 360°转动。

（4）美国瑞宁 RAINItN Pipet-Lite 磁辅手动单道移液器，梅特勒-托利多（PAINItN）L-2 型手动移液器，量程为 0.1～2μL。SL-2 型手动磁辅移液器量程为 0.1～2μL。SL-START 手动型有 2～20μL、20～200μL、100～1000μL 等。FSL-2 型手动固定磁辅移液器量程为 2μL。

（5）美国 Labnet Biopette plus 系列移液器有单通道、8 通道、12 通道三种型号，单通道的体积量程范围从 0.1～10000μL，有 8 种规格可供选择。8 通道和 12 通道的体积量程范围从 1～300μL，有 4 种规格可供选择。移液器可以存放在移液器支架上。

（6）德国 Accu-jet® pro 移液管助吸器（Accu-jet® pro pipette controller)的所有操作都可以单手进行：选择排液模式（重力排液/马达吹出排液），可由大拇指调节电机速度；或用不同的移液控制键的力度调整最佳的吸液和排液速度。即使长时间操作，人也无疲劳感。使用时 0.2μm 的疏水膜以及内建的阻断阀门可防止液体吸入仪器内部。可完美匹配从 0.1～100mL 的玻璃与塑料移液管。

（7）德国 BRAND-Transferpette S 整支来菌单道移液器（Transferpette S）只需一根大拇指即可完成容积的设置与锁定，四位数字清晰显示，整支高温灭菌，从微量（0.1μL）到大容量（10mL）的移液范围。

五、滤纸、滤膜与试纸

1. 滤纸

滤纸主要分为定性滤纸和定量滤纸两种。定量滤纸经过盐酸和氢氟酸处理，灰分很少，小于 0.1mg，适用于定量分析。定性滤纸灰分较多，供一般的定性分析和分离使用，不能用于定量分析。此外还有用于色谱分析的层析滤纸。表 1-6 中列出部分国产滤纸的型号与性质。

2. 滤膜

滤膜是由醋酸纤维素、硝酸纤维素或聚乙烯、聚酰胺、聚碳酸酯、聚丙烯、聚四氟乙烯等高分子材料制作的。聚四氟乙烯滤膜耐热、耐碱、耐有机溶剂，性能最好。用滤膜代替滤纸过滤水样，有如下优点。

① 孔径较小且均匀。

② 孔隙率高，流速快，不易堵塞，过滤容量大。

③ 滤膜较薄，是惰性材料，过滤吸附少。

④ 自身含杂质少，对滤液影响较小。

表 1-6　部分国产滤纸的型号与性质

分类与标志		型号	灰分/(mg/张)	孔径/μm	过滤物晶型	适应过滤的沉淀	相对应的砂芯玻璃坩埚号
定量	快速 黑色或白色纸带	201	<0.10	80～120	胶状沉淀物	$Fe(OH)_3$ $Al(OH)_3$ H_2SiO_3	G-1 G-2 可抽滤稀胶体
	中速 蓝色纸带	202	<0.10	30～50	一般结晶型沉淀	SiO_2 $MgNH_4PO_4$ $ZnCO_3$	G-3 可抽滤粗晶型沉淀
	慢速 红色或橙色纸带	203	<0.10	1～3	较细结晶型沉淀	$BaSO_4$ CaC_2O_4 $PbSO_4$	G-4 G-5 可抽滤细晶型沉淀
定性	快速 黑色或白色纸带	101	0.2% 或 0.15%以下	>80	无机物沉淀的过滤分离及有机物重结晶的过滤		
	中速 蓝色纸带	102	0.2% 或 0.15%以下	>50			
	慢速 红色或橙色纸带	103	0.2% 或 0.15%以下	>3			

注：1. 层析用定性滤纸：301 型和 311 型为快速；302 型和 312 型为中速；303 型和 313 型为慢速。

　　2. 层析用定量滤纸：401 型和 411 型为快速；402 型和 412 型为中速；403 型和 413 型为慢速。

通常采用孔径为 $0.45\mu m$ 的滤膜作为分离可过滤态与颗粒态（不可过滤态）的介质。能通过孔径为 $0.45\mu m$ 滤膜的，定义为可过滤态，它包括水样中的真溶液和部分胶体成分。被阻留在滤膜上的部分，定义为颗粒态。试验表明，国产滤膜的性能与国外产品性能无显著差异。滤膜一般呈圆形，其直径有 2cm、5cm、7cm、9cm 等。表 1-7 中列出了常用部分滤膜的种类、型号、规格、生产厂家。

表 1-7 常用部分滤膜的种类、型号、规格、生产厂家

型 号	材 料	规格/μm	性 质	生 产 厂
AX Celotate	醋酸纤维素	0.2~1.00	耐酸、耐碱,细菌过滤,可加热消毒	上海医工研究院;Millipore;天津奥特赛恩斯公司;美国 Alltech 公司
MF WX	混合纤维素	0.5~5.0	耐稀酸、稀碱,适于水溶液、油类等	上海医工研究院;上海第十制药厂;Millipore;天津奥特赛恩斯公司;北京化工学校
FM SM113	硝酸纤维素	0.2~0.8 0.01~12.0	耐烃类,适用于水溶液、油类	Sartorius 日本富士
	聚碳酸酯	0.5~1.2	耐酸、部分有机溶剂和水溶液	Gelman
	聚乙烯		耐酸、碱,不耐温	北京化工学校
4 Fp-3 Fluoropore	聚四氟乙烯	30 0.2~3.0	耐酸、碱、耐热	上海塑料研究所;北京塑料研究所;Millipore
F-66	尼龙-66	0.2~2.0	耐任何溶剂	天津奥特赛恩斯公司;Alltech

3. 试纸

在化验分析中经常使用试纸来代替试剂，这能给操作带来很大的方便。通常使用的试纸有 pH 试纸、指示剂试纸及试剂试纸。

（1）pH 试纸 国产 pH 试纸分为广域 pH 试纸和精密 pH 试纸两种，见表 1-8 和表 1-9。

表 1-8 广域 pH 试纸

pH 值变色范围	显色反应间隔	pH 值变色范围	显色反应间隔
1~10	1	1~14	1
1~12	1	9~14	1

表 1-9 精密 pH 试纸

pH 值变色范围	显色反应间隔	pH 值变色范围	显色反应间隔	pH 值变色范围	显色反应间隔
0.5~5.0	0.5	1.7~3.3	0.2	7.2~8.8	0.2
1~4	0.5	2.7~4.7	0.2	7.6~8.5	0.2
1~10	0.5	3.8~5.4	0.2	8.2~9.7	0.2
4~10	0.5	5.0~6.6	0.2	8.2~10.0	0.2
5.5~9.0	0.5	5.3~7.0	0.2	8.9~10.0	0.2
9~14	0.5	5.4~7.0	0.2	9.5~13.0	0.2
0.1~1.2	0.2	5.5~9.0	0.2	10.0~12.0	0.2
0.8~2.4	0.2	6.4~8.0	0.2	12.4~14.0	0.2
1.4~3.0	0.2	6.9~8.4	0.2		

（2）指示剂试纸和试剂试纸 常用的指示剂试纸和试剂试纸的制备方法和用途见表1-10。

表 1-10 常用的指示剂试纸和试剂试纸的制备方法和用途

试纸名称	制 备 方 法	用 途
酚酞试纸(白色)	溶解酚酞 1g 于 100mL95％乙醇中,摇荡,同时加入 100mL,将滤纸放入浸湿后,取出置于无氨气处晾干	在碱性介质中呈红色,pH 值变色范围8.2~10.0,无色变红色
刚果红试纸(红色)	溶解刚果红染料 0.5g 于 1L 水中,加入乙酸 5 滴,滤纸用热溶液浸湿后晾干	pH 值变色范围 3.0~5.2,蓝色变红色
金莲橙 CO 试纸	将金莲橙 CO 5g 溶解在 100mL 水中,浸泡滤纸后晾干,开始为深黄色,晾干后变成鲜明的黄色	pH 值变色范围 1.3~3.2,红色变黄色

试纸名称	制 备 方 法	用 途
姜黄试纸(黄色)	取姜黄 0.5g 在暗处用 4mL 乙醇浸润,不断摇荡(不能全溶),将溶液倾出,然后用 12mL 乙醇与 1mL 水混合液稀释,将滤纸浸入制成试纸,保存于黑暗处密闭器皿中(此试纸较易失效,最好用新制的)	与碱作用变成棕色,与硼酸作用干燥后呈红棕色,pH 值变色范围 7.4~9.2,黄色变棕红色
乙酸铅试纸(白色)	将滤纸浸于 10%乙酸铅溶液中,取出后在无硫化氢处晾干	用以检验痕量的硫化氢,作用时变成黑色
硝酸银试纸	将滤纸浸于 25%硝酸银溶液中,保持在棕色瓶中	检验硫化氢,作用时显黑色斑点
氯化汞试纸	将滤纸浸入 3%氯化汞乙醇溶液中,取出后晾干	比色法测砷用
溴化汞试纸	取溴化汞 1.25g 溶于 25mL 乙醇中,将滤纸浸入 1h 后,取出于暗处晾干,保存于密闭的棕色瓶中	比色法测砷用
氯化钯试纸	将滤纸浸入 0.2%氯化钯溶液中,干燥后再浸于 5%乙酸中,晾干	与二氧化碳作用呈黑色
溴化钾-荧光黄试纸	荧光黄 0.2g、溴化钾 30g、氢氧化钾 2g 及碳酸钠 2g 溶于 100mL 水中,将滤纸浸入溶液后,晾干	与卤素作用呈红色
乙酸联苯胺试纸	乙酸铜 2.86g 溶于 1L 水中,与饱和乙酸联苯胺溶液 475mL 及 525mL 水混合,将滤纸浸入后,晾干	与氰化氢作用呈蓝色
碘化钾-淀粉试纸(白色)	于 100mL 新配的 0.5%淀粉溶液中,加入碘化钾 0.2g,将滤纸放入该溶液中浸透,取出于暗处晾干,保存在密闭的棕色瓶中	检验氧化剂如卤素等,作用时变蓝色
碘酸钾-淀粉试纸	将碘酸钾 1.07 g 溶于 100mL 0.05 mol/L $\left(\frac{1}{2}H_2SO_4\right)$ 中,加入新配制的 0.5%淀粉溶液 100mL,将滤纸浸入后晾干	检验一氧化氮、二氧化硫等还原性气体,作用时呈蓝色
玫瑰红酸钠试纸	将滤纸浸于 0.2%玫瑰红酸钠溶液中,取出晾干,应用前新制	检验锶,作用时生成红色斑点
铁氰化钾及亚铁氰化钾试纸	将滤纸浸于饱和铁氰化钾(或亚铁氰化钾)溶液中,取出晾干	与亚铁离子(或铁离子)作用呈蓝色
石蕊试纸	用热乙醇处理市售石蕊以除去夹杂的红色素,残渣 1 份与 6 份水浸煮并不断摇荡,滤去不溶物,将滤液分成两份,一份加稀磷酸或稀硫酸至变红;另一份加稀氢氧化钠至变蓝,然后以这两种溶液分别浸湿滤纸后,在没有酸碱性气体的房间内晾干	在碱性溶液中变蓝,在酸性溶液中变红

六、化验室常用的其他用品

(1) 煤气灯　煤气灯温度可达 1000~1200℃,可供加热、灼烧、焰色试验及进行简单玻璃加工等。

煤气灯的式样有多种,但构造原理基本相同。都是由灯座和灯管组成。灯管上部有螺纹和几个圆孔,螺纹用来与灯座连接,圆孔是空气入口,用橡胶管与煤气源相连。

正常的灯焰分三层:内层为焰心,温度最低;中层显蓝色,称还原焰,温度较高;外层为氧化焰,温度最高。

使用注意事项如下。

① 点火时,先关闭空气,边通煤气边点火。点火后再调节空气量,使火焰分为三层。

② 煤气量太大时,火焰呈黄色,煤气燃烧不完全,火焰中含有炭粒,火焰温度不高。煤气量太小,则会发生火焰入侵至灯管内,将灯管烧红,遇到这种情况,应及时关闭煤气,待灯管冷却后,重新点火调节。

③ 煤气中通常含有一氧化碳,有毒。应注意经常检查煤气管道等设备有无漏气现象。检查时,用肥皂水涂在可疑处,看是否有肥皂泡产生。绝不可用直接点火试验的办法。

④ 用灯时,周围不得有易燃、易爆等危险物品。使用煤气灯的台面最好是水磨石材质,若在木台面上用灯,必须垫石棉布或石棉板。

⑤ 点燃煤气灯后实验室不能离开人。煤气管禁止与地线连接。

（2）酒精灯和酒精喷灯　酒精灯结构简单，使用方便，但温度较低。酒精喷灯有坐式、吊式和立式三种，温度达 $800\sim900℃$，按加热方式可分为直热式和旁热式两种。在没有煤气设备的实验室，常用酒精灯和酒精喷灯代替。

使用注意事项如下。

① 酒精灯和酒精喷灯都以乙醇为燃料，灯内的乙醇量不能超过其总容积的 2/3。加乙醇时一定要先灭火，并且等冷却后再进行，周围绝不可有明火。如不慎将乙醇洒在灯的外部，一定要擦拭干净后才能点火。

② 点火时绝不允许用一个灯去点另一个灯。

③ 酒精喷灯点火时，先在引火碗内加入少量的乙醇，点燃，以使灯内乙醇气化。当引火碗内的乙醇快燃尽时，喷嘴处即开始喷火，然后用上下调节火焰，待合适后将其固定。

④ 灭火时，酒精灯一定要用灯帽盖灭，不要用嘴去吹。盖灭后，把盖子打开一下，再盖好即可。酒精喷灯灭火是用打开阀门的办法，等灯灭了并全部冷却后，再将阀门关紧。

⑤ 酒精喷灯在正常工作时，罐内乙醇蒸气压强最高可达 60kPa。灯身各部位耐压一般达 190kPa，可保证正常安全工作。使用过程中若喷嘴堵塞，点不着火，则应检查原因，以免引起灯身崩裂，造成事故。如果发现乙醇罐底部鼓起时，应立即停止使用。

⑥ 灯芯一般每年更换一次。

（3）水浴锅　当被加热的物体要求受热均匀，温度不超过100℃时，可用水浴加热。水浴锅通常用铜或铝制作，有多个重叠的圆圈，适于放置不同规格的器皿。注意不要把水浴锅烧干，也不要把水浴锅作沙盘使用。多孔电热恒温水浴使用更为方便。

（4）常用加热浴物质

加热介质	热浴温度	加热介质	热浴温度
水浴	95℃以下	空气浴	300℃以下
液体石蜡浴	200℃以下	沙浴	400℃以下
油浴（棉籽油）	210℃以下		

棉籽油初次使用时，最高温度在180℃以下，多次使用后，温度可达210℃。

（5）铁台架、铁环和铁三脚架　铁台架和铁环用于固定和放置反应容器，铁环上放石棉网可用于放被加热的烧杯等。在铁三脚架上，垫石棉网或泥三角，可用于加热或灼烧操作。

（6）泥三角和石棉网　泥三角由套有瓷管或陶土管的铁丝弯成，用于灼烧坩埚。

石棉网是一块铁丝网，中间铺有石棉，有大小之分。由于石棉是热的不良导体，它能使物体受热均匀，不至于造成局部过热。使用时注意不能与水、酸、碱接触。

（7）双顶丝和万能夹　双顶丝用来把万能夹固定在铁架台的垂直圆铁杆上。万能夹用来夹住烧瓶或冷凝管等玻璃仪器。万能夹头部可以旋转不同角度，便于调节被夹物的位置。其头部套有耐热橡胶管或垫有石棉绳，以免夹碎玻璃仪器。自由夹头部不能旋转。

（8）烧杯夹　用于夹取热的烧杯，由不锈钢制成，头部绕有石棉绳。

（9）坩埚钳　坩埚钳主要用于夹持坩埚及钳取蒸发皿。长柄坩埚钳用于在高温炉内取放坩埚。坩埚钳多为铁制，表面常镀铬。使用坩埚钳时要注意不要沾上酸等腐蚀性物质。为了保持头部清洁，放置时钳头应朝上。

（10）滴定台和滴定管夹　滴定台又称滴定管架，在底板中央有支杆。铁制底板上常铺有乳白色玻璃面或大理石板面，以便滴定时容易观察颜色变化。

滴定管夹又称蝴蝶夹，它可紧固在滴定台的支杆上，依靠弹簧的作用可以方便夹住滴定管。滴定管夹与滴定管接触处要套上橡胶管。滴定管要调整到合适的高度及垂直位置。

（11）移液管架　移液管架用木材、塑料或有机玻璃制成，有多种形状，如横放的梯形移液管架，竖放的圆形移液管架，用于放置各种规格洗净的移液管和吸量管。

（12）漏斗架　漏斗架为木材或塑料制品，包括底座、支杆、漏斗搁板和固定螺丝等几部分。搁板的高度可以任意调节，有两孔和四孔之分。

（13）试管架和比色管架　试管架为木制或金属制成。比色管架为木制。有不同孔径及孔数规格的制品，供放置不同规格的试管与比色管用。有的比色管架底板上装有玻璃。易于比色。

（14）螺旋夹和弹簧夹 螺旋夹和弹簧夹有金属镀锌的、不锈钢的或有机玻璃的等。一般用于夹紧橡胶管，螺旋夹用于需要调节流出液体或气体流量的场合。

（15）打孔器 打孔器为一组直径不同的金属管，分四支套和六支套两种。一端有柄便于紧握与挤压旋转，另一端是边缘锋利的金属管，用于橡胶塞或软木塞钻孔。钻孔时用手按住手柄，边旋转边往下钻，可涂一些水或肥皂水以增加润滑。软木塞在钻孔前，先用压塞机压一下。大批塞子的钻孔，可用手摇钻孔器。打孔器不可用锤子敲打钻孔。

（16）橡胶塞和软木塞 表 1-11 中列出常用橡胶塞、软木塞的规格。

表 1-11 常用橡胶塞、软木塞的规格 单位：mm

橡 胶 塞				软 木 塞			橡 胶 塞				软 木 塞		
大端直径	小端直径	轴向高度	估算质量/(个/kg)	大端直径	小端直径	轴向高度	大端直径	小端直径	轴向高度	估算质量/(个/kg)	大端直径	小端直径	轴向高度
12.5	8	17	588	15	12	15	37	30	30	26	30	24	30
15	11	20	277	16	13	15	41	33	30	49.5	32	26	30
17	13	24	151	18	14	15	45	37	30	59.5	34	27	30
19	14	26	115	19	16	15	50	42	32	80	36	28	30
20	16	26	100	21	17	17	56	46	34	110	38	30	30
24	18	26	74	23	19	19	62	51	36	142			
26	20	28	55	24	20	19	69	56	38	176			
27	23	28	47	26	22	25	75	62	39	230			
32	26	28	35	28	24	30	81	68	40	276			

（17）橡胶管 表 1-12 中列出常用橡胶管和医用乳胶管的规格。

表 1-12 常用橡胶管和医用乳胶管的规格 单位：mm

普 通 橡 胶 管						医用乳胶管	
外径	壁厚	外径	壁厚	外径	壁厚	外径	内径
8	1.5	21	2.5	40	4	6	4
12	2	25	3	48	5	7	5
14	2.25	29	3.5			9	6
17.5	2.25	32	3.5				

（18）毛刷 表 1-13 中列出常用毛刷的品种和规格。

表 1-13 常用毛刷的品种和规格 单位：mm

品种	全长	毛长	直径	品种	全长	毛长	直径	品种	全长	毛长	直径
试管刷	160	60	10	烧杯刷	170		27	滴管刷	600	120	10
	230	75	13		210		30		600	120	12
	250	80	14	三角瓶刷	180	60	60		850	120	15
	250	80	18		220	80	80		850	120	22
	230	75	19		240	100	100	离心管刷	150	40	15
	250	80	22		260	120	120		200	50	20
	240	75	25	瓶刷	300	90	90	吸管刷	420	115	6
	250	100	32		500	130	90		420	120	4
					700	150	100	拉管刷	850	150	15

（19）常用维修工具 表 1-14 中列出常用维修工具。

（20）干电池、充电电池、锌-氧化银电池和太阳能电池

① 干电池 又称锌锰电池，体积较大，它的底部为负极，顶部为正极。各种型号干电池的性能见表 1-15。纽扣式电池结构小巧，适用于耗电量小的液晶显示器，有银锌电池、锂锰电池和锌空气电池等品种，它的底部为正极，顶部为负极。选用干电池时应注意下列事项。

表 1-14 常用维修工具①

名 称	规 格	名 称	规 格	名 称	规 格
台钳	钳口宽(mm):65	螺丝刀	平头(mm):75、100、150	套扳手	8件或12件(套)
克丝钳	长(mm):150,200		十字(mm):70、100、150	锤子	重 0.5kg
尖嘴钳	长(mm):150	锉刀	形式:扁锉、圆锉、半圆锉、三角	钢卷尺	2m
扁嘴钳	长(mm):150		锉、木锉	钢锯架	调节式
活扳手	长(mm):300、250、150、100		长度(mm):150、200	钢锯条	长(mm):300
	开口宽(mm):36、30、19、14	什锦锉	8件或12件(套)	电烙铁	内热式(W):25、50

① 其他还有电工刀、剪刀、电钻、万用表、验电笔。

表 1-15 各种型号干电池的性能

型 号	俗称型号或国外相应型号	外形尺寸/mm	额定电压/V	放电电阻/Ω	终止电压/V	正常使用电流/mA	放电时间/h	平均存放寿命/月
R6	5 号,UM-3,AA	φ14.5×50	1.5	80	0.9	20	25	9
R10	4 号	φ20×50	1.5	40	0.9	25	20	12
R14	2 号,UM-2,C	φ26×50	1.5	40	0.9	30	50	12
R20	1 号,UM-1,D	φ34×62	1.5	40	0.9	40	170	18
3R12	3K,3R	62×21×65	4.5	225	2.7	100	12	
4R6	4AA	31×31×60	6.0	320	3.6	20	25	9
4F22		26×17.5×40	6.0	600	3.6	15	35	9
6F22		26×17.5×50	9.0	900	5.4	15	35	9

　　a. 电池的正常放电电流应大于电路的工作电流,以延长电池的使用寿命。电池的电压(多节电池串联时指总电压)应与电路的工作电压一致,否则将影响电路的正常工作,或者烧坏元件。

　　b. 干电池适宜间歇放电,连续工作时间不宜太长。相同情况下,大号电池的寿命长、效率高、成本低。

　　c. 不能新旧干电池一起并用。

　　d. 空载电池只允许测其电压,不允许测其电流。干电池即使不用也存在放电现象,因此不宜久存。

　　e. 电池长时间不用,应从电池盒中取出,以免电解液溢出腐蚀机件。

　　② 充电电池 在化学电源系列中,凡采用碱性电解液(如 KOH、NaOH 等)的电池均属于碱性电池,常用的有镉-镍电池、铁-镍电池。这类电池,因为能反复充电使用,故又称为充电电池。

　　镉-镍电池的负极为海绵状金属镉(Cd),正极为氧化镍(NiO),电解液为 KOH 或 NaOH 的水溶液。具有使用寿命长、比功率大、大电流放电特性好,可在−40℃下工作,机械强度优异,自放电小,使用维护方便,耐过充放电,放电时电压平稳,电压在 1.20V 左右。

　　此类电池不能在高温下使用,超过 50℃时,电池正极的充电效率下降,因而会影响其放电容量。充电电压在 1.4~1.5V 时,充电效率最高,电压超过 1.55V 时,电解液中的水溶液被电解,在电极上放出气体。

　　③ 锌-氧化银电池 纽扣电池属于锌-氧化银电池。它的底部为正极,由 AgO 制成;顶部为负极,由金属锌制成,电解液也为 KOH 或 NaOH 水溶液,此类电池也属碱性电池。

　　锌-氧化银电池的最大特点是比能量高及高速率放电性能。另外还具有放电电压平稳、力学性能好、干贮存时间长等优点,如钟表中使用的纽扣电池。

　　④ 太阳能电池 利用太阳能作光源的电池,称为太阳能电池,它是一种半导体器件。太阳能电池的材料有硅、硫化镉、砷化镓、硒等,其中最主要的是硅太阳能电池。太阳光中的光子打在半导体硅片上,产生光电流,在半导体两极之间产生电压差。光-电转换效率是衡量太阳能电池性能的主要参数。通常转换效率在 8%~12%,最高可达 15%。它能适用于恶劣环境,如高低温、高真空、潮湿、盐雾等地区,它还具有重量轻、可靠性高、使用寿命长等优点。但机械冲击会使电池破裂,电池表面必须保持干净,严禁硬物碰划。

　　(21) 标准筛 常用标准筛对照数据见表 1-16。

表 1-16　常用标准筛对照数据

国际标准 ISO		美国筛制		中国药典筛标准	国际标准 ISO		美国筛制		中国药典筛标准
标准筛名	替代筛名①	筛孔大小/mm	经线直径/mm		标准筛名	替代筛名①	筛孔大小/mm	经线直径/mm	
11.2mm	7/16in	11.2	2.45		300μm	No.50	0.297	0.215	
8.00mm	5/16in	8.00	2.07		250μm	No.60	0.250	0.180	四号筛
5.60mm	No.3.5	5.60	1.87		210μm	No.70	0.210	0.152	
4.75mm	No.4	4.76	1.54		180μm	No.80	0.177	0.131	五号筛
4.00mm	No.5	4.00	1.37		(154μm)				六号筛
3.35mm	No.6	3.36	1.23		150μm	No.100	0.149	0.110	七号筛
2.80mm	No.7	2.83	1.10		125μm	No.120	0.125	0.091	
2.38mm	No.8	2.38	1.00		106μm	No.140	0.105	0.076	
2.00mm	No.10	2.00	0.900	一号筛	(100μm)				八号筛
1.40mm	No.14	1.41	0.725		90μm	No.170	0.088	0.064	
1.00mm	No.18	1.00	0.580		75μm	No.200	0.074	0.053	
841μm	No.20	0.841	0.510	二号筛	(71μm)				九号筛
700μm	No.25	0.707	0.450		63μm	No.230	0.063	0.044	
595μm	No.30	0.595	0.390		53μm	No.270	0.053	0.037	
500μm	No.35	0.500	0.340		44μm	No.325	0.044	0.030	
425μm	No.40	0.420	0.290		37μm	No.400	0.037	0.025	
355μm	No.45	0.354	0.247	三号筛					

① 1in（即英寸）=0.0254m；No.100 即 100 目。

第五节　化验室常用的电器与设备

一、电热设备

化验室常用的电热设备有：电炉、电热板、电热套、高温炉、烘箱和恒温水浴等。

使用电热设备的注意事项有以下几点。

① 电压必须与用电设备的额定工作电压相等，电源功率要足够，电线必须耐足够的功率，要用专用插座。

② 设备绝缘良好，确保安全。

③ 若放在木质、塑料等可燃性实验台上，要注意用隔热材料隔开，如石棉板、石棉布、耐火砖等。

1. 电炉

电炉是化验室中常用的加热设备，特别是没有煤气设备的化验室更离不开它。电炉靠电阻丝（常用的为镍铬合金丝，俗称电炉丝）通过电流产生热能。

电炉的结构简单，一条电炉丝嵌在耐火土炉盘的凹槽中，炉盘固定在铁盘座上，电炉丝两头套几节小瓷管后，连接到瓷接线柱上与电源线相连，即成为一个普通的圆盘式电炉。有用铁板盖严的盘式电炉称暗式电炉，它可用于不能直接用明火加热的试验。电炉按功率大小分为不同的规格，常用的电炉为 200W、500W、1000W、2000W。

有种"万用电炉"能调节发热量。炉盘在上方，炉盘下装有一个单刀多位开关，开关上有几个接触点，每两个接触点间装有一段附加电阻，用多节瓷管套起来，避免因相互接触或与电炉外壳接触而发生短路，或漏电伤人。凭借滑动金属片的转动来改变与炉丝串联的附加电阻的大小，以调节电炉丝的电流强度，达到调节电炉热量的目的。

使用注意事项有以下几点。

① 电炉电源最好用电闸开关，不要只靠插头控制，功率较大的电炉尤其应该如此。

② 电炉不要放在木质、塑料等可燃的实验台上，以免因长时间加热而烤坏台面，甚至引起火灾。电炉应放在水泥台上，或在电炉与木台间垫上足够的隔热层。

③ 若加热的是玻璃容器，必须垫上石棉网。若加热的为金属容器，要注意容器不能触及电炉丝，最好是在断电的情况下取放加热容器。

④ 被加热物若能产生腐蚀性或有毒气体，应放在通风柜中进行。

⑤ 炉盘内的凹槽要保持清洁，及时清除污物（先断开电源），以保持炉丝良好，延长使用寿命。

⑥ 更换炉丝时，新换上炉丝的功率应与原来的相同。

⑦ 电源电压应与电炉本身规定的使用电压相同。我国单相电压规定为 220V。有些国外设备可能使用其他电压，如美国、日本的电器设备使用 110V。故初次使用国外设备时，要特别注意匹配电压值。

2. 电热板

电热板实质上是一种封闭式电炉，有时是几个电炉组合，各有独立的开关，并能调节加热功率，几个电炉可单独使用，也可同时使用。由于电炉丝不外露，功率可调，使用安全、方便，是实验室中特别适用的电热设备之一。

3. 电热套

电热套是加热烧瓶的专用电热设备，其热能利用效率高、省电、安全。电热套规格按烧瓶大小区分，有 50mL、100mL、250mL、500mL、1000mL、2000mL 等多种。若所用电热套功率不能调节，使用时可连接一个较大功率的调压变压器，就可以调节加热功率以控制温度，做到方便又安全。

4. 高温炉

化验室使用的高温炉有：箱式电阻炉（马弗炉）、管式电阻炉（管式燃烧炉）和高频感应加热炉等。按其产生热源形式不同，可分为电阻丝式、硅碳棒式及高频感应式等。箱式电阻炉、管式电阻炉和电热板常用规格见表 1-17。

表 1-17　箱式电阻炉、管式电阻炉和电热板常用规格

产品名称	型　　号	功率/kW	电压/V	温度/℃	炉膛尺寸/mm
	SX2-2.5-10	2.5	220	1000	200×120×180
	SX2-4-10	4	220	1000	300×200×120
	SX2-8-10	8	380/220	1000	400×250×160
	SX2-12-10	12	380/220	1000	500×300×200
箱式电阻炉	SX2-2.5-12	2.5	220	1200	200×120×80
	SX2-5-12	5	220	1200	300×200×120
	SX2-5-13	5	220	1300	250×150×100
	SX2-6-13	6	380/220	1300	250×150×100
	SX2-2.5-10	2.5	220	1000	200×120×80
数字显示箱式电炉	SX2-4-10	4	220	1000	300×200×120
	SX2-8-10	8	380/220	1000	400×250×160
	SX-12-10	12	380/220	1000	500×300×200
管式电阻炉	SK2-1.5-13T	1.5	220	1300	ϕ18×180
	SK2-2.5-13TS	2.5	220	1300	ϕ22×180
电热板	SC404-2.4kW	2.4			350×450
	SC404-3.6kW	3.6			450×600

（1）箱式电阻炉（马弗炉）　常用于质量分析中沉淀灼烧、灰分测定与有机物质的炭化等。

电热式结构的马弗炉，最高使用温度为 950℃，其炉膛是用耐高温的氧化硅结合体制成。炉膛四周都有电热丝，通电后整个炉膛周围加热均匀，炉膛的外围包以耐火土、耐火砖、石棉板等，以减少热量损失。外壳包上角铁的骨架与铁皮，炉门是用耐火砖制成，中间开一个小孔，嵌上透明的云母片，以观察炉内升温情况。当炉膛暗红色时温度约为 600℃，达到深桃红色时温度约为 800℃，浅红色时温度为 950℃。炉膛须进行温度控制。温度控制器由一块毫伏表和一个继电器组成，连接一支相匹配的热电偶进行温度控制。热电偶装在耐高温的瓷管中，从高温炉的后部小孔伸进炉膛内。炉温不同，热电偶产生不同的电势，电势的大小直接用温度的数值在控制器表头上显示出来。当指示温度的指针慢慢上升至与事先调好的控制温度指针相遇时，继电器立即切断电路，停止加热。当温度下降，上下两指针分开时，继电器又使电路重新接通，电炉继续加热。如此反复进行，就可达到自动控制温度的目的。通常在升温之前，将控温指针拨到预定温度的位置，从到达预定温度时起，计算灼烧时间。

化验室常用的马弗炉通常配的是镍铬-镍硅热电偶,测温范围为 $0\sim1300℃$。

箱式电阻炉(马弗炉)使用注意事项有以下几点。

① 马弗炉必须放在稳固的水泥台上或特制的铁架上,周围不要存放化学试剂及易燃易爆物品。热电偶棒从高温炉背后的小孔插入炉膛内,将热电偶的专用导线接在温度控制器的接线柱上。注意正、负极不要接错,以免温度指针反向而损坏。

② 马弗炉要用专用电闸控制电源,不能用直接插入式插头控制。要查明马弗炉所需的电源电压、配置功率、熔断器、电闸是否合适,并接好地线,避免危险。炉前地上铺一块厚胶皮,这样操作时较安全。

③ 在马弗炉内进行熔融或灼烧时,必须严格控制操作条件、升温速率和最高温度,以免样品飞溅、腐蚀和粘接炉膛。如灼烧有机物、滤纸等,必须预先炭化。

④ 马弗炉使用时,要有人经常照看,防止自控失灵,造成事故。晚间无人时,切勿使用马弗炉。

⑤ 灼烧完毕,应先拉开电闸,切断电源。不应立即打开炉门,以免炉膛突然受冷碎裂。通常先开一条小缝,让其降温加快,待温度降至 $200℃$ 时,开炉门,用长柄坩埚钳取出被灼烧物体。

⑥ 新的炉膛必须先在低温烘烤数小时,以防炉膛受潮后,因温度的急剧变化而破裂。保持炉膛内干净平整,以防坩埚与炉膛粘接。为此,在炉膛内垫耐火薄板,以防偶然发生溅失损坏炉膛,并便于更换。

(2) 管式电阻炉(管式燃烧炉) 管式燃烧炉通常用于矿物、金属或合金中气体成分分析用。

它的热源是由两根规格相同的硅碳棒进行电加热,通常配有调压器及配电装置(包括电流表、电压表、热电偶、测温毫伏计),同时有一套气体洗涤装置。

它的使用注意事项有以下几点。

① 升温和降温必须缓慢进行,正常使用的温度不宜超过 $1350℃$,电流不超过15A。

② 要检查电源电压、功率、电闸熔断器是否合适。要接好地线,保证安全操作。

③ 气体经洗涤后,要经过干燥装置,方能进入炉内,以防炉膛破裂。

④ 使用过程中往往因导线与硅碳棒的接头处接触不良而冒火花,此时务必使接触良好后,才能继续使用。

⑤ 要经常检查电器线路,特别是热电偶的高温头往往因接触不良而使指示温度不准确。

⑥ 硅碳棒断裂后,必须更换规格相同的新棒。

(3) 高频感应加热炉 高频感应加热炉又称高频炉,是利用电子管自激振荡产生高频磁场和金属在高频磁场作用下产生的涡流而发热,致使金属试样熔化。通入氧气后,产生二氧化碳、二氧化硫等气体,进行化学分析。

5. 电热恒温箱

电热恒温箱也称烘箱、干燥箱,是利用电热丝隔层加热,使物体干燥的设备。它用于室温至 $300℃$ 范围内的恒温烘焙、干燥、热处理等操作。

电热恒温箱有:电热恒温干燥箱、电热恒温鼓风干燥箱、数字显示电热恒温干燥箱、电热恒温培养箱、数显式电热培养箱、调温调湿箱、低温或高低温试验箱、老化试验箱、恒温恒湿试验箱、电热真空干燥箱、盐雾试验箱、霉菌试验箱等。

烘箱的型号很多,但结构基本相似。一般由箱体、电热系统和自动恒温控制系统三部分组成。

箱体的外层是喷漆铁皮;中层为玻璃棉或石棉,用以隔热保温;第三层为铁皮;第四层为铁皮制的空气对流壁,使冷热空气能对流,箱内温度均匀。工作室外壁涂以耐高温、防腐蚀的银粉漆。箱顶有排气孔,便于热空气和蒸气逸出,排气孔中央备有温度计插孔,插上温度计用于指示箱内温度。箱门均为双层,内门一般为耐高温的、不易破碎的钢化玻璃,外门是填有绝热层的金属隔热门。箱底有进出气孔。箱正面装有指示灯,红灯亮表示加热,绿灯表示不加热。较大型的烘箱还有鼓风装置,促使工作室内空气对流,温度均匀。

电热部分多为外露式电热丝。通常电热丝分两大组,其中一大组为辅助电热丝,直接与电源相接,不受温度控制器控制,用于短时间内急需升温;另一大组为恒温电热丝,它与温度控制器相连，接受控制。

自动控温系统，通常采用差动棒式或接点水银温度计式的温度控制器，或者用热敏电阻作传感元件的温度控制器。

烘箱的使用注意事项有以下几点。

① 根据烘箱的耗电功率，安装足够容量的电源闸刀作为烘箱电源开关，选用足够负荷的电源导线和良好的地线。

② 烘箱应安装在水泥台上，防止震动。

③ 插上温度计后将进出气孔旋开，先进行空箱试验。开电源开关，当温度调节旋钮在"0"位置时，绿色指示灯亮，表示电源已接通。将旋钮顺时针方向从"0"旋至某一位置，在绿色指示灯熄灭的同时红色灯亮，表示电热丝已通电加热，箱内升温。然后把旋钮旋回至红灯熄灭绿灯再亮，说明电器系统正常，即可投入使用。

④ 放入物体质量不能超过10kg，物体排布不能过密。待烘干的试剂、样品等应放在相应的器皿中，如称量瓶、广口瓶、培养皿等，打开盖子放在搪瓷托盘中一起放入烘箱。需烘干的玻璃仪器，必须洗净并控干水后，才能放入烘箱。

⑤ 不可烘易燃、易爆、有腐蚀性的物品。如必须烘干滤纸、脱脂棉等纤维类物品，则应该严格控制温度，以免烘坏物品或引起事故。

⑥ 当烘箱内温度升到比所需温度低2~3℃时，将温度调节器旋钮按逆时针方向旋回红、绿灯交替明亮处，即能自动控温。为了防止控制器失灵而出事故，工作人员必须经常照看，不能长时间离开。

⑦ 带鼓风机的烘箱，在加热和恒温过程中必须开鼓风机，否则影响烘箱内温度均匀性或损坏加热元件。

⑧ 欲观察箱内情况时，只打开外层箱门即可，不能打开内层玻璃门。

⑨ 箱内外应经常保持清洁。

⑩ 烘完物品后，应先将加热开关拨至"0"位，再拉断电源开关。

KWY型电热恒温干燥箱主要技术规格见表1-18。

表1-18　KWY型电热恒温干燥箱主要技术规格

项　目	型　号　与　指　标							
	101	101-1	102	102-1	103	103-1	104	104-1
额定电压/V	220	220	220	220	220	220	380/220	380/220
加热功率/kW	2.4	2.4	2.8	2.8	6	6	8	10
调温范围/℃	20~300	20~300	20~300	20~300	20~300	20~300		
控温精度/℃	±1	±1	±1	±1	±1	±1	±1	±1
工作室尺寸/mm								
深×宽×高	300×450×300	300×450×300	450×550×550	450×550×550	500×600×750	500×600×750	800×800×1000	1000×1200×1000
温度误差/℃	±10	±10	±10	±10	±10	±10	±10	±10
鼓风机功率/W			40		40		40	40

6. 远红外线干燥箱与电热真空干燥箱

远红外线干燥箱比传统的电热干燥箱具有效率高、速度快、干燥质量好、节电效果显著等优点。远红外线干燥箱的远红外线波长范围为2.5~15μm，功率为1.6~4.8kW。当箱内红外线发射体辐射出的红外线照射到被加热物体时，如被加热分子吸收的波长与红外线的辐射波长相一致，被加热的物体就能吸收大量红外线，变成热能，从而使物质内部的水分或溶剂蒸发或挥发，逐渐达到物体干燥或固化。为使箱内温度均匀，可增设鼓风设备，工作室内壁喷涂反射率高的铝质银粉。工作室内有放置试样的搁板，室前的玻璃门供观察室内情况，箱顶中心插有温度计用于监测箱内温度，加热器均用热敏电阻为传感元件的控温仪控制。维护与使用注意事项与烘箱相似。

电热真空干燥箱是用真空泵及管形加热器使工作室得到真空和工作温度，供不能直接在空气中高温干燥的物品等做快速真空干燥处理。

7. 电热恒温水浴锅

电热恒温水浴锅用来加热和蒸发易挥发、易燃的有机溶剂及进行温度低于 100℃ 的恒温实验。电热恒温水浴锅有两孔、四孔、六孔、八孔等，功率有 500W、1000W、1500W、2000W 等规格产品。电水浴锅分内外两层，内层用铝板制成，槽底安装有铜管，管内装有电炉丝作为加热元件。有控制电路来控制加热电炉丝。水箱内有测温元件，可通过面板上控温调节旋钮调节温度，可调范围为室温到 100℃。外壳常用薄钢板制成，表面烤漆，内壁有绝热绝缘材料。

水浴锅侧面有电源开关、调温旋钮和指示灯。水箱下侧有放水阀门。水箱后上侧可插入温度计。电水浴锅恒温范围常在 40～100℃，温差为 ±1℃。

使用方法和注意事项如下。

① 关闭放水阀门，将水浴锅内注入清水至适当的深度。水浴锅应安放在水平的台面上。

② 将电源插头插入三眼插座，中间一眼应有效接地。

③ 调节调温旋钮顺时针至适当位置。

④ 开电源开关，接通电源，红灯亮，表示炉丝通电加热。此时，如红灯不亮，调节调温旋钮，如红灯仍不亮，应检查电路是否存在问题。

⑤ 炉丝加热后，温度计所指数值上升到距控制的温度差 2℃ 时，反向转动调温旋钮至红灯熄灭止，此后红灯就断续亮灭，表示控制器起作用。这时再略微调节调温旋钮，即可达到预定恒定的温度。

⑥ 不要将水溅到电器盒里，以免引起漏电，损坏电器部件。

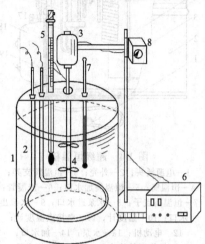

图 1-3　液浴恒温槽装置
1—浴槽；2—电热棒；3—电机；
4—搅拌器；5—电接点水银温度计；
6—晶体管或电子管继电器；
7—精密温度计；8—调速变压器

⑦ 水箱内要保持清洁，定期刷洗，水要经常更换。如长时间不用，应将水排尽，将箱内擦干，以免生锈。

⑧ 电水浴锅一定要接好地线，且要经常检查水浴锅是否漏电。

8. 恒温槽

恒温槽是实验室中控制恒温最常用的设备，具有高精度的恒温性能，温度波动度为 ±0.01～±0.1℃。

(1) 液浴恒温槽　液浴恒温槽装置如图 1-3 所示。浴槽最常用的是水浴，在较高温度时采用油浴，不同液浴的恒温范围见表 1-19。

表 1-19　不同液浴的恒温范围

恒温介质	恒温范围/℃	恒温介质	恒温范围/℃
水	5～95	52# ～62# 汽缸油	200～300
棉籽油、菜油	100～200	55%KNO₃+45%NaNO₃	300～500

(2) 超级恒温槽　超级恒温槽的基本结构和工作原理与液浴恒温槽相同。特点是内有水泵，可将浴槽内恒温水对外输出并进行循环。同时，浴槽外壳有保温层，浴槽内设有恒温筒。下面以 CS501 型超级恒温槽（水浴）为例，介绍其结构和使用方法。

① 超级恒温槽的结构　如图 1-4 所示，恒温槽的筒体外壳以钢板制成，外涂锤纹漆作防腐层。内筒也是用钢板制成，在内外两筒夹层中用玻璃纤维保温。筒盖上安装有电动水泵、电接点水银温度计、加水口、冷凝管用进出水嘴、水泵进出水嘴、发热元件。槽内装有可以上下活动的紫铜板制成的恒温筒，电子继电器及供电部分均装于与筒体相连的控制器箱内。控制器箱上安装有开关、指

示灯和接线柱等元件。

a. 电动水泵 电动水泵可作液体循环之用，使加热水的温度混合均匀。还可作外接调和水浴之用，如图 1-5 所示。装置外接调和水浴时，其位置一定要高出恒温水浴的水位，进水嘴靠底部安装。使用时，切勿在调和水浴无水时启动水泵抽水，因为这样会使恒温水浴中水位下降，导致电热管露出水面而烧坏。

水泵电机为分相电容电机，40W 单相 2800r/min，水泵抽水量为 4L/min。

b. 电加热元件 加热元件有两组：500W 和 1000W 电热管，由镍铬合金绕成，加上绝缘层密封于 U 形紫铜管内。此种电热管发热快、余热少，故恒温灵敏度和稳定性高。

c. 冷凝管 冷凝管是用紫铜管制成，呈螺旋形，有进、出水嘴两个，固定在恒温水浴的盖板上。当需要水浴温度低于环境室温时，可用电动水泵或高位槽将冰水通过冷凝管，以冷却水浴中的水温。一般在 60min 左右可将 95℃ 之液体冷却到 20℃ 左右。

d. 恒温筒 恒温筒由铜板制成，有支架、可使其上下活动。此筒可作液体恒温或空气恒温之用。筒内恒温液体或空气比外部水温的稳定度高，其温度波动度不大于 1/15℃。若要控制较低的温度，可在冷凝管中通以冷水予以调节或用一定配比的组分组成冷冻剂，并使其在低温建立相平衡。表1-20列举了常用冷冻剂及其制冷温度。

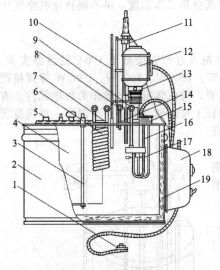

图 1-4 超级恒温槽

1—电源插头；2—外壳；3—恒温筒支架；4—恒温筒；5—恒温筒加水口；6—冷凝管；7—恒温筒盖子；8—水泵进水口；9—水泵出水口；10—温度计；11—电接点温度计；12—电动机；13—水泵；14—加水口；15—加热元件线盒；16—两组加热元件；17—搅拌叶；18—电子继电器；19—保温层

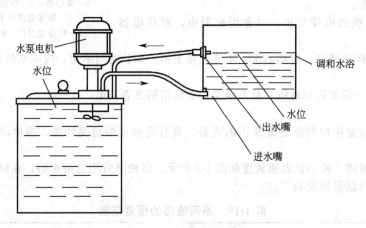

图 1-5 外接调和水浴

表 1-20 常用冷冻剂及其制冷温度

冷冻剂	液体介质	制冷温度/℃	冷冻剂	液体介质	制冷温度/℃
冰	水	0	冰与浓 HNO_3(2∶1)	乙醇	−35～−40
冰与 NaCl(3∶1)	20％NaCl 溶液	−21	干冰	乙醇	−60
冰与 $MgCl_2 \cdot 6H_2O$(3∶2)	20％NaCl 溶液	−27～−30	液氮		−196
冰与 $CaCl_2 \cdot 6H_2O$(2∶3)	乙醇	−20～−25			

e. 温度调节器 常用电接点水银温度计如图 1-6 所示，它相当于一个自动开关，其下半部与普通温度计相仿，但有一根铂丝（下铂丝）与毛细管中的水银相接触；上半部在毛细管中也有一根铂丝（上铂丝），借助顶部磁钢旋转可控制其高低位置。定温指示标杆配合上部温度刻度板，用于粗

略调节所要求控制的温度值。当浴槽内温度低于指定温度时，上铂丝与汞柱（下铂丝）不接触；当浴槽内温度升到下部温度刻度板指定温度时，汞柱与上铂丝接通。原则上依靠这种"断"与"通"，即可直接用于控制电加热器的加热与否。但由于电接点水银温度计只允许约 1mA 电流通过（以防止铂丝与汞接触面处产生火花），而通过电热棒的电流却较大，所以两者之间应配继电器以过渡。

f. 继电器　常用的是各种类型的电子管或晶体管继电器，它是自动控温的关键设备。

g. 水银温度计　常用分度为 1/10℃ 的温度计，供测定浴槽的实际温度。

应该指出，恒温槽控制的某一恒定温度，实际上只能在一定范围内波动。因为控温精度与加热器的功率、所用介质的热容、环境温度、温度调节器及继电器的灵敏度、搅拌的快慢等都有关系。而且在同样的条件下，浴槽中位置的不同，恒温的精度也不同。图 1-7 表示了因加热功率不同而导致恒温精度的变化情况。

② 超级恒温槽

a. 超级恒温槽应水平放在工作台上。

b. 初次使用前，应先将恒温水浴的电源插头用万用表做一次检查，用欧姆挡测量每相与地线之间是否有短路或绝缘不良现象。

c. 向槽内加入蒸馏水至离盖板 30～40mm，调节电接点水银温度计上端帽形磁铁，使接点温度至给定温度。开启控制箱上电源开关、电动水泵开关、1000W 电热管的加热开关，水浴开始加热升温。当恒温指示灯出现时明时灭时，说明温度已达到恒温。观察标准水银温度计的读数，若温度还未达到给定温度时，可再调节电接点水银温度计，直至所需温度为止。

③ 超级恒温槽

a. 恒温水槽最好选用蒸馏水，切勿使用井水、河水、泉水等硬水，以防筒壁积聚水垢而影响恒温灵敏度。

b. 槽内未加或未加至规定的水前，切勿通电，以防烧坏电热管。

c. 槽内水不要加得过满，以防溢出漏至控制箱内，使电器受潮而发生故障。

d. 如果恒温水槽长时间未使用时，应检查电动水泵转动情况。如果电动水泵转轴转动不灵活或转不动时，可先用汽油注入滚珠轴承内，用手拨动到能灵活转动为止，然后才能开启电机开关。

9. 电热蒸馏水器

电热蒸馏水器是供实验室制取蒸馏水之用。

(1) 电热蒸馏水器的结构　电热蒸馏水器主要由蒸发锅、冷凝冷却器及加热电热管三个部分组成。蒸发锅内的水在电热管加热下，沸腾蒸发。蒸汽进入冷凝冷却器与冷水进行热交换，冷凝成蒸馏水。

① 蒸发锅　蒸发锅由紫铜薄板制成，内部涂以纯锡。自来水经冷凝冷却器预热后由进水漏斗进入锅内。锅内水位可从玻璃视镜观察。如水位超过水位线时，水能自动从排水管外溢。锅顶盖中央装有挡水帽，以防止蒸发时飞溅水滴带入而影响蒸馏水的质量。锅身和顶盖用搭扣连接，启开方便，便于洗刷。锅右侧装有放水栓塞，可随时放去存水。

② 冷凝冷却器　冷凝冷却器是由紫铜薄板及紫铜管制成的列管式换热器，冷凝管内部涂以纯锡。蒸汽在冷凝管内冷凝成蒸馏水，冷却水走管外，不仅起到冷却蒸汽的作用，而且使水源得到预

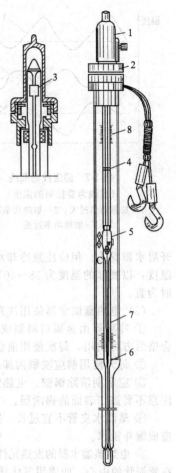

图 1-6　常用电接点水银温度计

1—调节帽；2—磁钢；3—调温转动铁芯（在调节帽内）；4—定温指示标杆；5—上铂丝引出线；6—下铂丝引出线；7—下部温度刻度板；8—上部温度刻度板

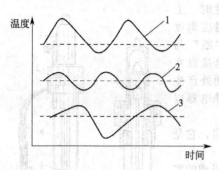

图 1-7　温度波动曲线
（虚线为要控制的温度）
1—加热功率过大；2—加热功率适当；
3—加热功率过低

热，然后流入蒸发锅中。这样，既充分地利用了热量，加快煮沸速率；又使水源在预热时去除了其中部分挥发性的杂质，从而提高了蒸馏水的质量。

③ 加热电热管　在蒸发锅内的底部，根据不同规格，安装了不同数量的浸入式电热管。使用时电热管全部浸没于水中，因此热效率较高。

温度波动曲线如图 1-7 所示：

（2）电热蒸馏水器的使用方法

① 先将放水旋塞关闭，然后将冷却水源从进水控制旋塞进入冷凝器，再从回水管流入漏斗，注入蒸发锅中，直至水位上升到玻璃视镜处时，可暂时将水源龙头关闭。

② 接通电源前，必须看清电压与产品额定电压是否相符，接好地线，然后通电加热。

③ 待到锅内的水已经沸腾，并且开始出蒸馏水时，再开启水源龙头。但应注意冷却水不宜过大或过小。可以用手测试冷却器外壳的温度来调节冷却水的温度：以底部的温度为 38～40℃（微温），或中部为 42～45℃（较热），或上部为 50～55℃（烫手）时为宜。

（3）电热蒸馏水器使用注意事项

① 冷凝器由金属材料制成，因此在开始使用时要经过 10～16h 的预蒸后，所得蒸馏水经检验合格后方可使用，每次使用前也需预蒸 30min 后蒸馏水方可使用。

② 每天使用前应洗刷内部一次，将存水排尽，并更换新鲜水，以免产生水垢和降低水质。

③ 应定期清除锅壁、电热管表面、冷却器外壳的内壁、冷凝管外壁等处的水垢。但洗刷时应注意不要擦伤表面的锡涂层。

④ 蒸馏水皮管不宜过长，并切勿插入容器的蒸馏水中。应保持顺流畅通以防止因蒸汽窒塞而造成漏斗溢水。

⑤ 电热蒸馏水器的发热元件是采用浸入式电热管。它的构造是以镍铬合金丝作为发热主体，埋藏在紫铜管的中心，四周用氧化镁灌封作为绝缘。因镍铬合金丝的熔点大大高于紫铜管，所以当断水后，它散发出的热量不能被水吸收，致使紫铜管外壳很快被烧熔。因此电热管必须浸没在水中使用。

电热蒸馏水器的规格及技术数据列于表 1-21。

表 1-21　电热蒸馏水器的规格及技术数据

规　格	出水量/(L/h)	功率/kW	输入电压/V
5L/h	5	5	220
10L/h	10	7.5	380
20L/h	20	15	380

二、制冷设备

1. 电冰箱

电冰箱是化验室常用的制冷设备，适于低温保存样品、试剂和菌种以及制备少量冰块供作冷却剂用。

电冰箱由箱体、制冷系统、自动控制系统和附件四部分组成。

电冰箱的箱体外壳常用薄钢板制作，内壳以塑料板成型，夹层中注入保温泡沫塑料，箱内装有照明灯和温度控制器，物品分层放置。

制冷系统由封闭式压缩机、冷凝器、毛细管和蒸发器等组成。

电气系统包括电动机、自动化霜温度控制器、热保护继电器、启动继电器、照明灯和门开关等。

电冰箱的制冷剂常用氟里昂-12（CCl_2F_2），常压下其沸点为 −28℃，但在高压下室温就能液化，液化时放热，气化时吸热。压缩机将气态制冷剂压缩成高压气体，并用泵输入冷凝器（冰箱背后的黑色排管），靠周围空气将其冷至室温而凝结成液体。液态制冷剂在压缩机驱动下进入蒸发器（冷冻室顶部），由于体积突然变大，压力骤然降低，制冷剂就迅速气化同时吸收冰箱内的热量，使箱内温度降低。气化后的制冷剂再次被压缩，送至箱外冷凝器，放热并液化。如此循环连续工作，就可使箱内保持低温。

电冰箱使用注意事项如下。

① 搬动电冰箱时，倾斜度不得超过 45°，放置地点要干净，放置水平、稳定，离墙不少于 10cm，以保持空气流通，有效地冷却冷凝器。冰箱要远离热源，避免阳光直射。新买冰箱放好后旋松压缩机的紧固螺栓，使减震垫能起减震作用。

② 电冰箱要有独立电源插座，电源不能日夜拉闸，要保证冰箱的连续运行，电源线容量必须大于 5A，熔断器容量不得超过 2～3A。

③ 新冰箱使用前要认真检查外观与附件。通电后，开关箱门时，照明灯能自动开闭。检查温度调节旋钮是否有效，化霜器是否正常。一切正常后，通电试运转 30min，如果冷冻室已经结霜，背后的冷凝器发热，表明运转正常。

④ 可根据需要调节箱内温度，一次不可调动过大，应分次调节。一次调节后，须等待自动控制器自停、自开多次，箱内温度稳定。若仍不能达到需要的温度再进行第二次调节。

⑤ 蒸发器结有冰霜较厚时需要化霜，按化霜按钮即可。当霜化完后，控制器会自动接通电源，机器继续开启运行。现今市场上不少冰箱有自动化霜功能。

⑥ 箱内物品不宜存放过满，使冷空气在箱内可以流通，保持温度均匀。

⑦ 使用中尽量减少开门次数，且不要存入尚热的物品。

⑧ 强酸、强碱及腐蚀性物品必须密封后放入，有强烈气味的物品必须用塑料薄膜包后放入，以防污染。如果存放少量易挥发的有机溶剂配制的溶液，必须封闭严密，以免溶剂挥发，因开关箱门、照明灯打火可能引起燃烧、爆炸事故。

⑨ 冰箱要保持清洁，可用软布蘸中性洗涤剂擦洗，再用干布擦净。绝不可用水冲洗及用有机溶剂擦洗。若冰箱后面的冷凝器上尘土太多，影响散热，停电后可用皮老虎鼓气吹去。

⑩ 化验室冰箱绝不可放食用食物。

2. 空气调节器

空气调节器简称空调，可用在小范围内调节温度、排除湿气、循环和过滤室内空气，提供一个较舒适的气候环境，保持室内空气新鲜。通常的空气调节器有制冷、制热、滤清空气等功能。

（1）使用方法和注意事项

① 制冷。空气制冷原理与冰箱类似，当室外温度高于 25℃时，机器可以进行制冷运行。首先关闭所有门窗，转动冷热控制开关旋钮至冷处，按制冷按钮，开动机器，使室内降温。当室内温度达到所要求的温度时，将冷却控制开关向反方向旋转一些，直到压缩机停止（此时风扇仍在运行，只起循环与过滤室内空气的作用）。当室内温度高于所要求的温度时，压缩机会自动开动。若要机器停止工作，可按选择开关的停止按钮。制冷输入功率为 1.5～2.5kW。

② 制热。制热是靠电热丝加热。转动冷热控制开关旋钮至热处，按制热按钮，开动机器，使室内升温。制热输入功率为 3～4kW。

③ 吹风、排风循环。当需要机器作循环室内空气用时，只需开启通风按钮，开动风扇电动机即可。

④ 制冷与制热开关不能立即互换，需要停机 5min 后才能改换制冷、制热开关。

⑤ 空调机应稳固安装在阳光照射最少的窗口或墙壁处，露在室外的部分上面装一块倾斜的遮板，伸出机器外约 20cm，防止机器受日晒雨淋，周围空隙用绝热材料堵塞，进、出口应畅通，不得设置任何障碍物，以免机件损坏。

⑥ 在使用前应检查电源电压与空调机的使用电压是否相符，电源线路的功率是否高于空调机的功率。空调机正常运转时只有轻微的风扇转动声，若有金属撞击声等异常声响时，应立即停机检查故障。

⑦ 空调机需经常保持清洁，进风口的过滤网要定期清洗，每月一次，外侧的散热器要防止积尘并注意经常清扫，以保持通风和散热效果良好。

⑧ 购置空调机时，应根据实验室大小、对室温的要求等因素来选择空调机的规格。使用空调机之前，要仔细、认真地阅读说明书，按说明书规定的条件和要求，进行安装使用。搬动、安装、保修、检修时，不得将空调机倾斜45°以上。

（2）空调器的分类

① 按功能分类　有单冷式空调器、冷风-除湿式空调器、冷暖式空调器、冷风-除湿-供暖式空调器四类。

② 按结构分类　有整体式与分体式两类。

整体式将蒸发机组和压缩冷凝机组装配在一个箱体中，这类又可分为四种：窗式、立柜式、移调式和台式。

分体式空调器由三部分组成：室外机组、室内机组和连接室内室外机组的导管。这类又可分为落地式、挂壁式、悬吊式和埋入式（将室内机组埋藏在天花板中）四种。

按制冷量分类

1.16～3.48kW	小型空调器	11.6kW左右　　大型空调器
4.64～6.96kW	中型空调器	

空调器国内外生产厂家众多、型号繁多。

三、电动设备

1. 电动离心机

电动离心机常用于沉淀与溶液、不易过滤的各种黏度较大的溶液、乳浊液、油类溶液及生物制品等的分离。离心机分离的效率主要取决于产生的离心力的大小，而离心力的大小则取决于被分离物质的质量密度差异和电动机的转速以及转动半径等。

电动离心机有多种类型。通常使用的是6个管带盖的普通式离心机，离心容积为10～20mL，转速可调为0～8000r/min。另有超高速离心机，最高转速可达120000r/min；高速冷冻离心机转速24000r/min，温度－20～40℃。这类离心机的运行都由内装计算机来控制，数字显示温度、时间、速度等，有耐不平衡机构、安全保护、低噪声等措施，备有多种型号的转子，可根据需要更换。

离心机的基本参数由主机和转子决定，它包括：最高转速、最大制备容量、最大相对离心力场、速度控制精度、温度控制精度、温度控制范围、加减速度时间、整机振动和噪声等。

普通电动离心机使用注意事项如下。

① 离心机应放在稳固的台面上，以防离心机滑动或震动，出现事故。

② 开动离心机时应逐渐加速，当发现声音不正常时，要停机检查，排除故障（如离心管不对称、质量不等，离心机位置不水平或螺帽松动等）后再工作。

③ 离心管要对称放置，如管为单数不对称时，应再加一个空管装入相同质量的水，调整使其质量对称。

④ 离心机的套管要保持清洁，套管底应垫上泡沫塑料等软料，以免离心管破碎。

⑤ 关闭离心机时要逐渐减速，直至自动停止，不要用强制方法使其停止。

⑥ 密封式的离心机在工作时要盖好盖，确保安全。

实验室常用离心机有普通离心机、台式高速离心机、高速冷冻离心机、高速冷冻离心机等。

2. 电动搅拌器

电动搅拌器常用于搅拌两相溶液使其均匀混合。搅拌器动力采用直流串激式和伺服式电机，具有变压、整流、无级调速等功能，安装在有沉重底座的垂直铁棒上，可任意调节高低与角度。电机的转轴下方有一个卡头，可以卡住玻璃质或金属质的搅拌转轴。电机的转速由调速开关调节。

电动搅拌器使用注意事项如下。

① 卡头要牢固地卡住搅拌转轴。搅拌转轴与电机转轴要保持相同的转动轴心。

② 搅拌旋转时要稳定、匀速、不摇动。搅拌桨不要碰触容器，要转动自如。

③ 搅拌转速应由低转速慢慢增加。转速常在0～6000r/min之间，电动搅拌器上有转速调节旋钮，可以任意调节。若无调节旋钮，可连接调压变压器进行调节。

④ 低黏度液通常采用高速搅拌，高黏度液采用低转速搅拌。

3. 电磁搅拌器

电磁搅拌器通常具有加热、控温、电磁搅拌、定时和调速等功能。在电磁搅拌器面上有一个金属盘，用于放置被搅拌的容器，容器内放置被搅拌的液体及搅拌磁子（玻璃管或塑料管密封的小铁棒，约为 2mm×25mm），金属底盘部有金属加热丝和云母绝缘层，底盘下有一块永久磁铁连接在转动电机上，电机带动永久磁铁吸引搅拌磁子旋转，起到搅拌作用。电磁搅拌器的加热温度及搅拌速率均由搅拌器面板上的旋钮调节。使用时，应注意调节合适的搅拌速率。调节速率过高，磁子旋转速率跟不上转动，转速反而不匀。调节搅拌速率过慢，可能引起不匀速。另外，应置容器于合适位置，使搅拌磁子不至于碰触容器壁，若搅拌磁子碰触容器壁，搅拌会出现忽快忽慢。

4. 振荡器

振荡器又称摇床，为电动机械振荡器，常用于多组分混合均质组分的提取与萃取。

振荡器有加热与不加热的两类，加热（恒温）方式有水浴和空气浴两种。振荡方式又分往复振荡和回转轨道振荡两种。振荡距离为 5～10cm。振荡频率可调，通常在 20～200 次/min。温度可调范围为室温至 70℃，有的振荡器温度可恒定至±0.1℃。振荡频率和温度数值通常以数字直观显示。振荡容器常使用锥形瓶或试管，以不锈钢弹簧烧瓶夹或试管架固定于振荡平板上。有的振荡器还内装微型计算机来控制温度、振荡频率、振荡时间，并具有安全警报等功能。

振荡器有水浴恒温振荡器、气浴恒温振荡器、调速多用振荡器、水平多用振荡器、双层调速振荡器、往复式和回旋式大型摇床、多功能调速振荡器、回旋式振荡器、垂直调速多用振荡器、微量振荡器、快速混匀器、旋转式摇床等。

5. 超声波清洗机

超声波清洗机去污力强、清洗效果好，已广泛用于清洗要求质量高、形状复杂的零配件和器件等。同时还可用于进行超声粉碎、超声乳化、超声搅拌、加速化学反应和超声提取等。

清洗时，将被清洗的器件放在注满清洗剂的容器内，清洗剂根据需要用可蒸馏水、乙醇、丙酮、洗涤剂和酸碱液等，然后把超声波产生的电信号通过超声波换能器转换成超声波振动并引入清洗剂中，在超声波作用下使污垢脱落达到清洗的目的。超声波清洗是利用超声波的所谓空化作用来实现的。超声声压作用于液体时会在液体中产生空间，蒸气或溶入液体的气体进入空间就会生成许多微气泡，这些微气泡将随着超声振动强烈地生长和闭合，气泡破灭时产生大的冲击力，在此力作用下污垢被乳化、分散离开被清洗物，达到清洗目的。

实验室常用的是小型超声波清洗器，输出功率 100W 或 250W，输出频率 10～40kHz 连续可调，清洗槽常用不锈钢制成，换能器为振子式和夹心式压电晶体结构，电源 220V、50Hz。有的厂家还生产带微机的超声清洗器，具有一定人工智能程序，能对工作物量、污垢程度、水质、清洗剂溶解度等正确判断，实现最佳清洗过程以及自动进水、排水、超时保护等功能。

四、交流稳压器

交流稳压器常用于 220V 或 380V 的交流电源电压的稳定。由于种种原因，电源电压可能升高或降低，致使连接的仪器设备运行不能正常，分析仪器设备可能给出错误的数据与信号。有时，由于外电源电压的变化严重，还可能把仪器设备烧坏。因此，贵重精密仪器设备需要连接保护性的交流稳压器（又称交流稳压电源），以保护仪器设备正常运行。

交流稳压器通常有磁饱和式、电子管式、晶体管式等几种，现在多采用晶体管式交流稳压器。

五、直流电源

实验室常用的直流电源有晶体管稳压电源和铅蓄电池。铅蓄电池过去是一种重要的直流电源，但在实验室中铅蓄电池逐渐地被晶体管稳压电源所代替。

1. 直流稳压电源

(1) DH1718D（E 数显）双路稳压稳流（CC/CV）跟踪电源　DH1718D（E）双路稳压稳流跟踪电源是实验室通用电源。具有恒压、恒流工作功能，且这两种模式可随负载变化而进行自动转换。另外 DH1718D（E）具有串联主从工作功能，左边为主路，右为从路，在跟踪状态下，从路的输出电压随主路而变化。这对于需要对称且可调双极性电源的场合特别适用。每一路输出均有一块高品质磁电式表或数显表作输出参数的指示。该电源具有使用方便有效，允许短路，短路时电流恒定的特点。面板上每一路的输出端都有一个接地接线柱，可以使本电源方便地接入用户系统的电位。全部输出功率大于 124W。

DH1718D（E）双路稳压稳流跟踪电源的性能指标见表 1-22。

表 1-22　DH1718D（E）双路稳压稳流跟踪电源的性能指标

性　　能		型　号			
		2 型	3 型	4 型	5 型
输出（双路）	电压/V	0～32	0～60	0～32	0～32
	电流/A	0～2	0～1	0～3	0～5
输入 220V±22V，50.0Hz±2.5Hz		约 1A；约 250VA			600VA
周期及随机偏差 PARD(rms)	CV/mV	0.5	0.5	1	1
	CC/mV	1	1	5	5
相互效应	CV/mV	$(5\pm2)\times10^{-4}$			
	CC/mA	0.5			
跟踪误差/mV		$(5\pm2)\times10^{-3}$			
瞬态恢复时间		20mV，50μs			
指示仪表精度（数显表精度）	电压	2.5 级（1%＋6 个字）			
	电流	2.5 级（2%＋10 个字）			
温度范围/℃	工作温度	0～40			
	贮存温度	0～45			

（2）部分直流稳压电源型号及指标　见表 1-23。

表 1-23　部分直流稳压电源型号及指标

型　号	输出路数	额定输出		型　号	输出路数	额定输出	
		电压/V	电流/A			电压/V	电流/A
WYK-302	1	0～30	0～2	WYK-503	1	0～50	0～3
WYK-302B$_2$	2			WYK-503B$_2$	2		0～3
WYK-302B$_4$	4			WYK-503B$_4$	4		
WYK-302B$_8$	8			WYK-505	1		0～5
WYK-303	1		0～3	WYK-505B$_2$	2		
WYK-303B$_2$	2			WYK-5010	1		0～10
WYK-303B$_4$	4			WYK-5010B$_2$	2		
WYK-303B$_8$	8			WYK-5020	1		0～20
WYK-305	1		0～5	WYK-5030	1		0～30
WYK-305B$_2$	2			WYK-5040	1		0～40
WYK-305B$_4$	4			WYK-5050	1		0～50
WYK-3010	1		0～10	WYK-50100	1		0～100
WYK-3010B$_2$	2			WYK-603	1	0～60	0～3
WYK-3020	1		0～20	WYK-603B$_2$	2		
WYK-3020B$_2$	2			WYK-605	1		0～5
WYK-3030	1		0～30	WYK-605B$_2$	2		
WYK-3040	1		0～40	WYK-6010	1		0～10
WYK-3050	1		0～50	WYK-6010B$_2$	2		
WYK-3060	1		0～60	WYK-6020	1		0～20

2. 蓄电池

蓄电池分为酸性蓄电池（即铅酸蓄电池）和碱性蓄电池两大类。

碱性蓄电池包括镉镍、铁镍、锌银、镉银、氢镍等类别。酸性蓄电池常用的仅是铅酸蓄电池。

铅酸蓄电池主要是由正负极板、电解液、隔板、电池槽、端子等部件组成。

正极 PbO_2，负极 Pb。

电解液为密度 $1.26\sim1.28g/cm^3$（15℃）的硫酸，电解液液面高出极板顶端约 1.5cm。

电极反应：

$$Pb+PbO_2+2H^++2HSO_4^- \underset{充电过程}{\overset{放电过程}{\rightleftharpoons}} 2PbSO_4+2H_2O$$

单个电池电压：2.0V。

能量密度：$30\sim50(W \cdot h)/kg$。

充放电循环周期：$200\sim1500s$。

铅酸蓄电池广泛地用于机械的启动、点火、照明及动力；用于备用电源与应急电源；用于各种电器设备、仪表仪器的直流电源。

实验室常用的是汽车铅酸蓄电池，由三组所组成，每组的端电压为 2V 左右，串联后端电压为 6V 左右，容量为几十至 100A·h，视电池大小而定。若放电后，每组电池的端电压降至 1.8V，则不可继续使用，必须进行充电。

铅酸蓄电池使用和维护是否正确，对电池的寿命和容量关系很大，若使用得当，一个铅蓄电池可以充放电达 300 次，若使用不当，电池的寿命和容量会很快下降。

使用铅酸蓄电池日常维护应注意以下各点。

① 保持电池表面和两极干燥清洁，电池上不准堆放其他仪器和物品。

② 避免日光照射或靠近热源，时冷时热，因为这样容易使硫酸铅晶粒变小。电解液温度不得超过 45℃。

③ 使用三组串联而成的 6V 蓄电池时，应考虑放电的均衡，不要只用其中一组。这样充电时有的组充电不足，而有的充电过量影响寿命。

④ 按照说明书定期进行均衡充电。

⑤ 放电电流不能超过厂家规定的最大限度，一般不能超过 5A。

⑥ 大量蓄电池充电时，放出氢气很多，室内要有排风设备，严禁烟火，以防发生爆炸。

⑦ 刚充电的蓄电池电压经常不稳定，若用以测电动势，宜稍放电后再用。

⑧ 搬运蓄电池时要轻拿轻放，防止电解液流出，避免腐蚀衣物和烧伤皮肤。

⑨ 防止电池两极短路，短路可能引起爆炸。

六、万用电表

万用表又称三用表、多用表、繁用表。

万用表具有量程多、用途广、操作简单、携带方便及价格低廉等特点。一般的万用表可以用来测量直流电流、直流电压、交流电压、电阻及音频电平等。有的万用表还可以测量交流电流、电功率、电感、电容以及用于晶体管的简单测试等。万用表有表头显示、数字显示两类，另外还有智能数字的万用表，它能发音报出测量结果。下面介绍数字万用表与表头显示两种万用表。

1. 数字万用表

以较简单的数字万用表为例。

（1）外观各部分介绍

① 开关 采用旋转式开关，位于表中央，它集功能选择、量程选择、电源开关于一体，为延长电池寿命，不使用时，开关应旋至"OFF"位。

② 显示 位数、字高、数字液晶显示。

③ "COM"端 公共地端。

④ "VΩmA"端 电压、电阻、电流、频率、逻辑电平输入端、50Hz方波输出端。

⑤ "10A"端 大于 200mA 的电流输入端。

（2）一般特性

显示：液晶显示（LCD）位数　　　　　　　工作电池：9V

极性：自动极性显示　　　　　　　　　　　低电压显示：显示空白或"BAT"符号。

超量程：最高位显示"1"。　　　　　　　　尺寸：126mm（长）×70mm（宽）×24mm（高）

工作环境：温度0～40℃，相对湿度＜75%　　质量：170g

存储环境：－15～50℃

（3）技术特性　普通的万用表可测量下列数值，直流电压、直流电流、交流电压、电阻、温度、三极管和二极管特性、方波输出、频率、电平值等。

（4）测量方法

① 直流电压测量（DCV）

a. 红表笔插入"VΩmA"端，黑表笔插入"COM"端。

b. 开关旋至DCV，选择适当的量程，如果不能确定，选择最高量程挡。

c. 红黑表笔连到被测线路。

② 直流电流测量（DCA）

a. 小于200mA电流，红表笔插入"VΩmA"端。

b. 大于200mA电流，红表笔插入"10A"端，黑表笔插入"COM"端。

c. 开关旋至（DCA）相应量程挡。

d. 红、黑表笔串联到被测线路。

③ 交流电压测量（V～，ACV）

a. 红表笔插入"VΩmA"端，黑表笔插入"COM"端。

b. 开关旋至（V～，ACV）挡的适当量程。

c. 红、黑表笔连到被测线路。

④ 电阻测量（Ω）

a. 红表笔插入"VΩmA"端，黑表笔插入"COM"端。

b. 开关旋至Ω挡的适当量程。

c. 红黑表笔接在被测电阻两端。

d. 测量在线电阻时，必须关闭电源，所有电容必须放电。

⑤ 温度测量（T）

a. 开关旋至T挡，内置传感器显示环境温度。

b. 把K型热偶插入温度座中，探头接触被测物，显示值即为所测得的摄氏温度值。

⑥ 三极管hFE测量

a. 开关旋至hFE挡。

b. 将PNP或NPN管插入E.B.C.插座中。

⑦ 二极管及通断测试

a. 红表笔插入"ΩmA"端，黑表笔插入"COM"端。

b. 开关旋至 ⊣▸◦ 挡。

c. 正向测量时，显示二极管正向压降的近似值，反向测量时，显示"1"。

d. 红黑表笔接线路两端，当线路两端阻值低于约70Ω时蜂鸣器发声。

⑧ 5Hz方波输出

a. 红表笔插入"VΩmA"端，黑表笔插入"COM"端。

b. 开关旋至 ⊓⊓ 挡，红黑表笔为输出端。

注：1. 此功能为输出信号，切勿测量电压；

　　2. 电路设有短路保护；

　　3. 输出端反转信号峰值电压不能超过 $40V_{P-P}$。

⑨ 频率测量（F）

a. 红表笔插入"VΩmA"端，黑表笔插入"COM"端。

b. 开关旋至频率挡（kHz），将表笔接在信号源或被测负载上。最大输入电压：250V（不超过15s）。

⑩ 逻辑测试（LOGIC）

a. 红表笔插入"VΩmA"端，黑表笔插入"COM"端。

b. 开关旋至"LOGIC"挡。

c. 表笔接在被测线路上，高电平显示▲符号，低电平显示▼符号。

（5）注意事项　当不使用万用表时，开关应旋至"OFF"位，否则电池电压会被消耗尽。当显示器上出现"▭⊣⊢▭"或"BAT"符号时，说明电池电压偏低，应及时更换。当读数误差较大时，与电池的电压偏低有关，应及时更换。当测量 mA 级电流时，输入信号没有反应，应查看保险丝是否已损坏，若损坏应更换相同规格的保险丝。更换时，用螺丝刀扭松后壳上的两个螺丝，取出后壳，即可更换。

2. 表头显示万用表

（1）结构　老式表头显示万用表外壳常用黑色胶木制成，其面板上由表头、转换开关、调零电位器、表笔及插孔组成。其内部由电阻、电容、晶体管或集成电路等组成各种测试电路。它们的作用如下。

① 表头　为了提高测量灵敏度和便于扩大量程，一般使用内阻较大的高灵敏度的磁电式直流电流表。由于直流表头只允许电流从"＋"极流入，从"－"极流出，所以万用表的表笔插孔也标有"＋"和"－"的记号。如测量时极性接反则读不出数值，还可能将指计打弯。

② 表盘　由于万用表的测量项目较多，为了便于读数，因而表盘上印有许多条刻度线，并附有各种符号加以说明。正确理解表盘上各种符号、字母的意义及各条刻线的读法，是正确使用万用表的关键之一。万用表上常用的字母、符号见表 1-24。

表 1-24　万用表上常用的字母、符号

符　号	名　　称	符　号	名　　称	符　号	名　　称	符　号	名　　称
kA	千安	mV	毫伏	MΩ	兆欧	kHz	千赫
A	安	μV	微伏	kΩ	千欧	Hz	赫
mA	毫安	AC	表示交流	Ω	欧	⏚	接地用端钮
μA	微安	DC	表示直流	mΩ	毫欧	⏛	与外壳相连端钮
kV	千伏	∼	单相交流	kW	千瓦	✳	公共端钮
V	伏	≃	交流和直流	W	瓦	⌒	调零器

万用表盘上的刻度线有如下特点：直流电压和电流的刻度线是等分刻画的，其一端用"DC"或"－"标出。交流电压和电流（多数万用表无电流测量挡）的刻度线是不均匀刻画的，其一端用"AC"或"∼"标出。两者的读数是共用的，并且同时标上几排读数，供不同量程使用。电阻刻度线是不均匀的，零点在右端，左端则标为"∞"，表示电阻值为无限大。电阻刻度线的符号是"Ω"。一般万用表上还有一条 10V 电压刻度线，是为了提高小电压的读数精度而刻画的。

③ 转换开关　有的万用电表上使用两个转换开关，其中一个用来选择测量项目，另一个用来选择量程。如测直流电压时，右边的转换开关拨在直流"V"挡上，左边的转换开关拨在 250V 挡或其他量程的直流电压挡上。利用转换开关选择量程时，读数有两种类型。一种是指满度值，电压、电流挡属于这一种。例如，当量程开关拨在 250V 挡时，此时满度读数为 250V。另一种是指倍乘值，电阻挡属于这一种。例如，量程开关拨在"×100Ω"挡，指电阻刻度线上的读数应依次乘以 100。另外，两个转换开关上各有一个"·"。当左边的转换开关拨在此处时，表示表头被短路，因而指针的阻尼作用加强，抗振动能力得到提高。所以在携带或运输万用表时，应把该旋钮拨在"·"处。当右边的转换开关拨在"·"处时，表明表头接线断开。当有人不会使用电表，或因粗心量程选择不对时，它具有一定的保护作用。

有的万用表上除了利用转换开关来选择量程外，还利用改变表笔插头位置的方法来改变测量量程。

万用表上使用两个转换开关的缺点是：使用起来不太方便，稍不注意容易出错，将电表烧毁。所以万用表多用一个分线式转换开关，其挡数根据量程的多少，从十几挡至几十挡不等。万用表对转换开关的要求是接触可靠、导电性能好、旋转时轻松而又有弹性、并能听到清脆的响声、旋转定位准确且不左右晃动。

（2）使用注意事项

① 用前观察零点、使用时水平放置　测量前应观察表针是否处于零位（指电压、电流刻度的零点），若不在零位应使用小螺丝刀调整表头下方中心的机械零位调整器，使其指零，否则测量结果不准确。测量时万用表应放置水平。

② 选准测量项目、量程由大到小　测量时应根据测量项目，首先把转换开关拨在相应的位置上，再根据被测量值的大小，选择合适的量程。若不知被测量值的大小，应从最大量程开始，逐渐减小量程。若量程小于被测量值，不仅读不出测量数据，而且可能将表针打弯或造成其他事故。若量程选得太大，表针偏转角度太小，既不便于读数，测量误差也较大。一般来说，当指针偏转角度不小于最大刻度的 30％ 时，可认为量程选择合理。但应注意，在测量过程中不宜拨动转换开关，以免对电表造成损伤。

③ 明确刻度线、读准刻度值　万用表选好测量项目及量程后，应明确知道从哪一条刻度线上读数，并应清楚了解该条刻度线上一个小格代表多大数值。读数时眼睛位于表针的正上方，对于有弧形反射镜面的万用表，当看到指针与镜面里的"指针"相合时读数最准确。一般情况下，除了应读出刻度线上所代表的数值外，还应根据表针位置再估计一位数字。

④ 电压测量　测电压时应将两个表笔并联在要测量的两点上。测直流电压时，红表笔应接电压高的一端，插在标有"＋"号的插孔内；黑表笔接电压低的一端，插在标有"－"号的插孔内。如果不知被测两点间电压的高低，可将一个表笔接好，另一个表笔在测量点上轻轻地触一下，看表针偏转情况。若指针向右摆动，说明接线正确。若指针向左摆动，说明表笔接反。确定电压的正负极性以后，再进行仔细测量。为减少万用表分流作用对被测电路的影响，在保证指针偏转角度不太小的情况下，应尽量选择高量程挡进行测量。

交流电无正负极性之分，所以测量时不必考虑极性问题。另外，表盘上交流电压的刻度是非正弦波的，所以将会产生测量误差。被测电压与正弦波差别越大，测量误差越大。交流电的频率超过万用表的工作频率时，也将产生误差。通常万用表交流电压挡的工作频率为 45～1000Hz。一般情况下，交流电源的内阻都比较小，特别是测量电网电压时，可不必考虑电表内阻对测量结果的影响，应特别注意选择合适的量程，使指针有较大的偏转角度，以减少读数时可能产生的误差。

⑤ 电流测量　通常万用表只能测量直流电流，这时万用表直接串入被测电路内，电流从红表笔（电表正极）流入，从黑表笔（电表负极）流出。若不知电路中电流的方向，可仿照电压测量中的方法，先确定电压的高低，待确定了电流的方向后再正式测量。测电流时应尽量选用高量程的电流挡，这时电表的等效内阻较小，因而对被测电路的影响小。

⑥ 电阻测量　测电阻时注意调零和选择倍乘率。为了提高测量元件阻值的精确度，应选择合适的倍乘率（或称量程），使表针指示在中值电阻附近（表盘中央位置附近）。一般情况下，只要表针位于刻度线的 20％～80％ 的范围内，即可认为量程选择合适。在不同的倍率挡中，除中值电阻不同外，测试电流相同。倍率越小，测试电流越大。所以在测试不允许通过大电流的元件时，应选用大倍率的电阻挡。多数万用表的 $R \times 1$、$R \times 10$、$R \times 100$、$R \times 1k$ 等挡的内部电池电压为 1.5V，而 $R \times 10k$ 挡电池电压多为 9V、15V，也有 22.5V 的。所以易被击穿的元件不宜使用 $R \times 10k$ 挡。对外电路而言，黑表笔为内部电池的正极，红表笔为其负极，使用时应注意。

测量时应首先调零，即将两笔直接相碰，调整零欧姆调整器，使表针指示在零欧姆处。然后将两笔分开，接入被测件。测量高阻值时，手不可接触被测件的两端。另外，在电路通电的情况下，不可测量元件的阻值，以防过大电流通过而将电表烧毁。应将电源切断并将被测元件的一端电路开焊，然后再进行电阻的测量。

⑦ 万用表用完之后，应把量程开关拨在直流电压或交流电压的最大量程位置或拨在"·"位置上。一定注意不可拨在电阻挡上，以防止两笔短路时将内部电池耗完。若长期不用应将电池取出，以防电池内部的电解质外溢腐蚀机件。

七、电烙铁、验电笔和熔断器

1. 电烙铁

常用电烙铁由烙铁头、传热筒、加热器和支架四部分组成。

（1）烙铁头　由紫铜做成，用螺丝销钉固定在传热筒中。

（2）传热筒　为一个铁质圆筒，内部固定烙铁头，外部缠绕电阻丝——加热器。

（3）加热器　用电阻丝分层缠绕在传热筒上，层间绝缘通常采用云母片。加热器的作用是产生热量，使烙铁头的温度升高。

电烙铁通常有三个接线柱，其中两个为电阻丝的引出线，使用时接 220V 交流电源；另一个为电烙铁的外壳引线，使用时接地，以保证安全。

（4）支架　木柄和铁壳为整个电烙铁的支架。使用时手持木柄，不烫手又较安全。

除了上述结构的烙铁外，还有一种内热式电烙铁，它的加热器安装在最里面，其优点是热得快、效率高、体积小和使用灵活方便。

电烙铁的功率分 15W、20W、30W、45W、75W、100W 等几种。焊接半导体电路时，应选用功率小于 45W 的电烙铁。

使用电烙铁时应注意以下几点。

（1）电烙铁使用前，应检查电源接线是否正确，以及外壳与加热器之间的绝缘是否良好，以免造成损失或触电事故。

（2）新烙铁头使用前需进行上锡处理，先用细砂纸或细锉刀将烙铁头头部的氧化层除去，然后通电加热，待烙铁头由紫红色变成紫褐色时，涂上一层松香，并在焊锡上面轻轻擦动，使烙铁头尖端部分涂上一层薄的焊锡，焊锡应涂得均匀。若某部分不吃锡，说明该处不洁净，此时应照上述方法重新上锡。

烙铁头长期使用后，原来的扁平形状会有所改变。这时，旋松销钉，取出烙铁头，用锉刀重新锉成原来的形状，并进行上锡处理。

（3）烙铁头的温度高低应适当，温度过高时容易氧化变黑，影响上锡；温度太低，不利于焊锡熔化，影响焊接质量。调节烙铁头的温度，可通过改变它伸出的长度来实现，烙铁头伸出来长度越长，其温度越低。电烙铁暂时不用时，应放在烙铁架上，不得随意乱放，以免烫坏桌面、元件等。较长时间不用或用完时，应切断电源，以防烙铁头的过分氧化及引起火灾的危险。

（4）电烙铁的接线最好选用纤维编织花线或双芯橡皮软线，塑料皮线容易被烙铁烫坏，尽量不用。

焊接时最好使用松香焊剂，氯化锌或酸性焊油焊剂易使烙铁头和元件线路腐蚀。

2. 验电笔

验电笔又称试电笔，它用于测试电器和电路是否带电，在安装和使用电器时常有用处。

验电笔由金属笔尖、限流电阻、氖管、弹簧和金属笔尾等部分组成。

验电时，金属笔尖应触及到测试点上，手必须接触金属笔尾，但切勿手触笔尖，以免触电危险。若测试点带电，微小的电流通过氖管和人体入地，从验电笔的观察口可以看到氖管发红光，根据发光的程度，可估计电压高低。如氖管不发光，说明测试点不带电，或者电笔接触的是地线，换个地方再试是否带电。

使用验电笔时，应先在肯定有电的地方试一下，检验验电笔是否完好，防止造成错误判断，引起触电事故。验电笔不能使用于检验高压电。验电笔要经常校验，其限流电阻值小于 $1M\Omega$ 时，则禁止使用。

测试仪器设备外壳是否带电，不能把验电笔触及涂料部分，这部分电阻很高，测试不准确。必须把验电笔触及外壳导体部分，才能得出外壳是否带电的结论。

3. 熔断器

熔断器俗称保险盒，内装保险丝。为了保证电路上的电器仪表、设备以及邻近生命财产的安全，在电路中必须装置保险丝。当电流超过一定限度时，电流通过保险丝发出的热量使保险丝熔化而将电路切断，就保证了电器仪表设备的安全。

保险丝由铅锡合金制成，比较软，温度 200～300℃ 时就能熔化而烧断。保险丝有 0.5A、1A、2A、5A、10A、20A、50A 等不同规格，较大功率的是片型。一般地说保险丝越粗，熔断电流就越大。在安装保险丝时，要根据用电情况和线路情况，选择合适规格的保险丝。若选过大规格的保险丝，线路中通过大电流时，保险丝烧不断，可能会使仪器设备损坏，没起到保护作用。选用过小的保险丝，会经常烧断，影响正常用电。当线路上发生故障烧断保险丝时，只要将电源闸刀开关拉下，拔下保险盒插件，换上一根相同粗细（相同安培）的保险丝，就可以继续使用电路。保险丝千万不可用焊锡丝或细铜丝、铁丝代替。有时换上了合适的保险丝后，刚一合闸，新保险丝立即又被烧断。遇到这种情况，不能再换上较粗的保险丝，必须仔细检查分析保险丝熔断的原因，排除线路或设备的故障之后，才能换上新的保险丝。

电源功率在 1.5kW 以下，通常采用熔断器。电源功率在 2kW 以上采用自动的空气开关，若电路过载或短路时，空气开关自动跳闸，切断电路，保证电器设备的安全。

八、保护地线

为了保证仪器设备的正常运行，保护工作人员的安全，有些仪器设备要求接好安全保护性地线。地线切不可用电网中的零线（或称中线）代替，也不能把地线接在水管、暖气管上，更不能接在煤气管上，这样可能引起更大的潜在危险。地线应埋在室外地里，然后再引到室内接到仪器设备上。地线最好是专用的，即一套设备一根地线。地线的埋设应符合要求，接地的材料可以采用钢管、圆钢、角钢、扁钢、铝合金或较粗的铁丝（如 8 号铁丝）等。接地体的直径大小对接地电阻影响很小，但要考虑必要的机械强度。地线可垂直埋设，也可以水平埋设。有的以钢钎的形式打入地下，垂直埋设深度不应小于 2.5m，水平埋设深度不应小于 0.7m，并应有足够长度。保护性地线的接地电阻值应小于 10Ω，若不符合此要求，可采用多根接地体并联或增加放射条数的方法解决。以 8 号铁丝为例，在各种土质中的接地电阻值列于表 1-25。电阻值可用接地电阻表测量。

表 1-25　8 号铁丝在各种土质中的接地电阻值　　　　　　　　　　单位：Ω

土质情况	埋设铁丝的长度/m						土质情况	埋设铁丝的长度/m					
	1	2	3	6	9	12		1	2	3	6	9	12
泥沼	24	14.5	10.9	6.4	4.6	3.6	沙土	286	174	131	70.8	55.3	43.2
黑土	47.8	29	21.8	12.8	9.2	7.2	泥沙	283	232	174.5	102	70.5	57.6
黏土	57.3	34.8	26.2	15.3	11.0	8.6	中等湿度沙	478	290	218	128	92	72
沙质黏土	76.5	46.3	34.9	20.4	16.2	14.7	石砾	956	580	436	256	184	144

第六节　化验室物品与仪器的管理

一、化验室常用物品与仪器设备的管理

化验室的财产通常分三类：低值易耗品、仪器设备和家具。

低值易耗品通常又分三种：低值品、易耗品和原材料。低值品是指价格比较便宜，不够固定资产的标准，又不属于材料和消耗品范围的物品，如台灯、工具等。易耗品指一般玻璃仪器。原材料是指消耗品，如试剂、非金属、金属原材料等。这三种物品使用频率高、流通性大，管理上要以心中有数、方便使用为原则，要建立必要的账目。对于工具、台灯、电炉、计算器、磁盘（软盘）等与生活用品分不清的物品，需特别注意保管。仪器物品要分类存放，固定位置。工具、电料等要养成用完放回原处的习惯。试剂与物品要分开存放。能产生腐蚀性蒸气的酸，应注意盖严容器，室内定时通风，勿与精密仪器置于同一室中。

仪器设备属于固定资产，又分一般仪器设备和精密贵重仪器设备，其管理要求也不相同。价值在数百元（由各单位管理部门自行规定）以上的仪器设备需要单独建立卡片管理制度。

仪器的名称（包括主要附件）、型号、规格、数量、单价、出厂和购置的年月、出厂编号以及仪器管理编号等都要准确登记造册。仪器设备建立专人管理责任制。仪器使用与安装之前，要仔细认真地阅读说明书及有关资料，了解仪器的原理、结构、安装与使用、维护注意事项等之后，才能动手安装与调试。没有实践经验的人员切勿盲动。

仪器设备要建立使用、事故、检修记录制度。

非仪器设备管理人员要使用仪器设备，必须要有批准使用的手续。无关人员不得使用与挪动仪

器设备，拟上机人员必须经过培训、考核通过后才准许上机。

仪器设备出现故障，确需要打开仪器外壳进行检修时，要有一定的手续，仪器使用人不得自作主张打开机壳进行检修。检修必须由专门技术人员负责，此人可以是仪器保管人与使用人。

仪器设备通常要有防尘罩，实验完毕待仪器冷却后才能罩上防尘罩。

计量仪器需要定期请有关计量部门及时进行检定，确保仪器测量结果的准确性。

仪器设备安放的房间要与化学操作室、办公室分开，且应符合该仪器的安装环境要求，以确保仪器的精度及使用寿命。仪器室应注意做好防尘、防腐蚀、防震以及避免阳光直射等，通常要有纱窗、窗帘。高精密仪器室应安装双层窗以及空调设备等。

二、精密、贵重仪器的管理

精密、贵重仪器的管理除了应遵守上文对仪器设备管理的一般要求及做法外，还应从以下几方面进行管理。

（1）对仪器进行系统管理。系统管理是对仪器运行的全过程，包括仪器申请计划、选购、验收、安装、调试、使用、维修、检验、改造、报废等进行全面管理，对仪器系统的财力、物力、人力、信息和时间等因素进行综合管理，使得仪器整个寿命周期费用最经济，仪器的综合效能最高，使分析工作建立在最优化的物质技术基础之上。

系统管理的基本任务是：第一，管好、用好、维护好仪器，确保仪器在数量上的完整性和质量上的完好性，经常处于良好的可用状态；第二，不断提高仪器的利用率和经济效益。

（2）在编制申请计划时，应把任务、所需仪器的数量和质量、经费、技术力量及用房设施、附属设备等各方面进行综合平衡，以保证计划能顺利执行，购得的仪器能够及时投入使用。

（3）仪器的选购。由物资器材的管理部门、有关业务部门及必要的技术咨询小组对仪器的选型、配置、经费、技术力量等进行综合评价和答辩审查。在选择仪器型号、功能、配件时，总的原则是技术上合用、经济上合算，重点应考虑以下几个方面。

① 实用性　指仪器在性能上是否合用，仪器的规格、功能和效率等各项技术指标要符合使用要求。

② 可靠性　指仪器技术参数的稳定性，零件的耐用性，安全可靠性。

③ 节约性　指仪器在满足使用要求的前提下，尽量考虑节约的原则，其中包括能源、水源、辅助气体、试剂药品等运行费用。

④ 可修性　指仪器发生故障或损坏以后修复的难易程度，必须考虑设备备件、消耗件的供应及价格情况，图纸、资料的完整性，维修是否简便，以及服务能力与价格。

⑤ 环保性　指仪器运转以后对环境的影响情况，应选择对环境无污染的仪器，或附有消声、隔音及相应的治理"三废"（废水、废气、废渣）附属设施的仪器。

⑥ 耐用性　指仪器的自然寿命要长。

⑦ 配套性　切勿东拼西凑订购仪器。

⑧ 适应性　指仪器对工作环境、工作条件以及工作对象的适应能力。

⑨ 最后还要考虑仪器的"三包"（包修、包换、包退）情况、厂商的信誉情况以及售后服务情况等。

（4）建立严格的仪器验收制度。验收不是单纯地履行商务手续，而是对仪器进行科学管理的起点。验收过程也是消化技术、提高技术的过程。精密、贵重仪器在签订合同之后，应立即组织专人负责实验室准备与验收和技术验收。验收前必须做好充分的准备，掌握验收技术，读懂弄透随箱文件（安装、验收、检验、操作说明书），熟悉仪器原理、结构及操作注意事项，熟悉全部资料，拟定技术验收方案，提出验收检验的技术指标、功能和检验方法。有了充分的技术准备，就能在技术上真正地把好关。对于引进设备，除了自己努力消化分析技术外，还要争取外商技术人员的友好合作，在索赔期内完成一切验收工作，包括开箱清点、安装调试、逐一鉴定技术指标。有些仪器合同规定，安装与人员培训由外商负责，但这需要付出高额的安装培训费用。

仪器到货后，若发现外包装箱损坏，有可能损坏仪器时，应立即通知供货商，必要时需及时报请商检部门参加开箱、安装、验收。

验收完毕，写出验收报告，汇集资料，建立技术档案。

（5）正确使用仪器，做到责任到人。制定仪器的操作规程和维修保养制度，定期进行检查、计量和标定，以确保仪器的灵敏度和准确度。必须加强对使用仪器人员的基本操作训练，使他们熟悉有关仪器原理、性能和特点，熟练操作使用技术。必须指定有经验的实验技术人员负责管理和指导仪器的使用。其他人员必须通过技术培训和技术考核以后，经过一定审批手续才能独立使用仪器。

使用仪器人员均需在使用仪器之前，一行不漏地、逐字逐句地认真阅读仪器说明书、操作指南、操作手册，并做到融会贯通，以充分发挥仪器的性能。仪器的使用必须严格按照使用说明书中操作规程进行。

每次使用仪器完毕，认真检查仪器设备的状态，填写使用记录，记录仪器的使用日期、使用时间、仪器灵敏度等。

（6）仪器在运行过程中一旦出现故障，操作人员先不要急于请维修人员，应仔细查阅使用说明书，将其中介绍的故障与处理措施与仪器出现的异常现象相对照，一般可以得到解决。但如果故障是在关键部位，操作人员处理有危险或会对其他部位产生不良影响，就必须请维修人员。操作使用人员通常是不许开仪器机壳进行维修仪器的。维修精密仪器必须由经过专门技术培训且具有一定经验的人员负责。不是仪器维修人员，胡乱维修仪器，损坏仪器是要承担责任的。

（7）为了保证分析测试的质量，有关仪器设备的部分管理事项参看第五章第四节中一、2。

第七节　天　平

天平是实验室必备的常用仪器之一，它是精确测定物体质量的计量仪器。实验过程中常要准确地称量一些物质的质量，称量的准确度直接影响实验结果的准确度。

一、天平分类

（1）按天平称量原理分类

① 杠杆式天平　利用杠杆原理进行称量。

② 扭力天平　利用弹性元件变形来进行称量。

③ 特种天平　利用液压原理、电磁作用原理、压电效应、石英振荡原理等设计制作的天平。

（2）按用途或称量范围分类

① 实验室天平　包括架盘天平（台秤）、工业天平、分析天平、半微量分析天平、微量分析天平、超微量分析天平和特殊用途的天平等。

② 计量室天平　包括标准天平和基准天平两种。

（3）按天平的结构分类　此分类法（图1-8）是针对杠杆式天平而言。杠杆式天平可以分为等臂天平和不等臂天平，在这两类天平中又可分为等臂双盘天平、等臂单盘天平、不等臂单盘天平。双盘天平又可以分为摆动天平和阻尼天平，普通标牌和电光天平。

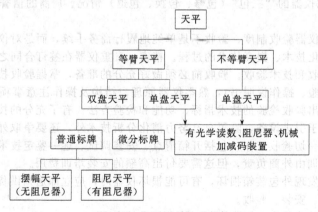

图1-8　按天平结构分类

（4）按天平的相对精度分类　我国现行的国家标准采用按天平相对精度（即天平名义分度值与最大载荷的比值）分类的方法。根据《天平检定规程 JJG 98—72（试行本）》的规定，按天平的相对精度可把天平分为 10 级，见表 1-26。

表 1-26　天平精度分级表

精度级别	1	2	3	4	5	6	7	8	9	10
相对精度	1×10^{-7}	2×10^{-7}	5×10^{-7}	1×10^{-6}	2×10^{-6}	5×10^{-6}	1×10^{-5}	2×10^{-5}	5×10^{-5}	1×10^{-4}

1 级天平精度最好，10 级天平精度最差。按此种分类法，只要知道天平的级别是和名义分度值，就可知道其最大载荷，知道级别是和最大载荷又可知道名义分度值。例如，TG-328A 型天平名义分度值为 0.1mg，最大载荷为 200g。

$$相对精度=\frac{名义分度值}{最大载荷}$$

$$=\frac{0.1mg}{200\times10^3\,mg}=5\times10^{-7}$$

由表 1-26 查知，TG-328A 型天平的相对精度为 3 级。

应注意的是，这种分类方法不能完全体现天平衡量上的精度。如最大称量为 2000g，分度值为 1mg 的天平也是 3 级天平，但其绝对精度与 TG-328A 型天平却相差 10 倍。一般实验中在要求准确称量时，都要求称到 0.1mg，因此不能选用名义分度值为 1mg 的天平。

另外，习惯上将具有较高灵敏度、全载不超过 200g 的天平称为分析天平。其中，具有光学读数装置的天平为微分标牌天平，又称电光天平。

我国的工厂、企业、基层实验室使用较多的为部分机械加砝码天平和单盘天平。近年来，随着技术水平的提高和设备的更新，许多基层实验室也广泛使用电子天平。国内外部分天平型号一览表 1-27。

表 1-27　国内外部分天平型号一览

类　别	产品名称	型　号	规格和主要技术指标		部分生产厂
			最大称量/g	感量/mg	
扭力天平	扭力天平	TN-100	100	10	上海第二天平仪器厂
双盘天平	台天平（台秤）	JPT	500～2000	1～0.01	上海天平仪器厂 江苏常熟衡器厂
	工业阻尼天平	TG-928	2000	10	武汉天平厂
		TG-628A	200	1	上海天平仪器厂
	空气阻尼天平	TG-528B	200	0.4	武汉天平仪器厂
	全机械加码天平 （全自动电光天平）	TG-328A	200	0.1	上海、湖南、沈阳、武汉、宁波、温州等地天平厂
	部分机械加码天平 （半自动电光天平）	TG-328B	200	0.1	
	微量天平	TG-332	20	0.01	上海天平仪器厂
单盘天平	单盘天平	TG-729	100	0.1	上海天平仪器厂
	分析天平	DT-100A	100	0.1	北京光学仪器厂
		DA-160	160	0.1	上海天平仪器厂
		TD-12	100	0.1	湖南仪器仪表总厂
		TD-18	160	0.1	上海天平仪器厂
		TG-128	100	0.1	上海天平仪器厂
	单盘微量天平	DWT-1	20	0.01	上海天平仪器厂
		TD-15			湖南仪器仪表总厂

续表

类　别	产品名称	型　号	规格和主要技术指标		部分生产厂
			最大称量/g	感量/mg	
电子天平	上皿电子天平	ES-A 系列	100～8000	1～100	沈阳龙腾电子称量仪器有限公司
		MD100-1	100	1	上海天平仪器厂
		MP 系列	120～30000	1～500	上海第二天平仪器厂
		YD 系列	300～10000	100～2000	上海第二天平仪器厂
		MD200-3	200	3	瑞士梅特勒公司
		PE 系列			常熟衡器工业公司
		DT 系列	200～2000	1～500	湖南仪器仪表总厂
		JA 系列	200～5000	1～10	上海天平仪器厂
	电子分析天平	ES-J 系列	120～180	0.1	沈阳龙腾电子称量仪器有限公司
		FA 系列	100～200	0.1	上海天平仪器厂
		MA 系列	40～200	0.1	上海第二天平仪器厂
		DF 系列	110～200	0.1	常熟市衡器厂
		AEL-200	200	0.1	湖南仪器仪表总厂、湘仪天平厂
		AE50～160	50～160	0.1	瑞士梅特勒公司
		MP8	111～202	0.1	德国沙多利斯公司
		AEL-160	160	0.1	日本岛津公司
		AB-160	160	0.1	美国丹法工厂
		HA-180	180	0.1	日本 A&D 电子分析厂
	电子微量天平	UH3	3	$1×10^{-4}$	瑞士梅特勒公司
		M3	3	$1×10^{-3}$	瑞士梅特勒公司
		AE163	30	0.01	湖南仪器仪表总厂
		WP300	30	0.01	上海第二天平仪器厂

二、电子天平

1. 原理和结构

电子天平是最新一代的天平。它是利用电子装置完成电磁力补偿的调节，使物体在重力场中实现力的平衡，或通过电磁力矩的调节，使物体在重力场中实现力矩的平衡。常见电子天平的结构都是机电结合式的，由载荷接受与传递装置、测量与补偿装置等部件组成。可分成顶部承载式和底部承载式两类。

电子天平的控制方式和电路结构有多种形式，但其称量依据都是电磁力平衡原理。现以上海天平仪器厂生产的 MD 系列电子天平（图 1-9）为例，加以说明。

根据电磁基本理论，通电的导线在磁场中将产生电磁力或称安培力。力的方向、磁场方向、电流方向三者互相垂直。当磁场强度不变时，产生电磁力的大小与流过线圈的电流强度成正比。

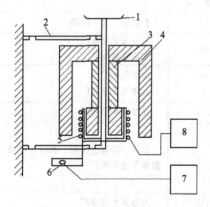

图 1-9　电子天平结构

1—秤盘；2—簧片；3—磁钢；4—磁回路体；
5—线圈及线圈架；6—位移传感器；
7—放大器；8—电流控制电路

秤盘通过支架连杆与线圈相连，线圈置于磁场中，且与磁力线垂直。秤盘及被称物体，采用弹簧片支承，秤盘及被称物的重力通过连杆支架作用于线圈上，方向向下。线圈内有电流通过，产生一个向上作用的电磁力，与秤盘重力方向相反。若以适当的电流流过线圈，使产生的电磁力大小正好与重力大小相等，则两力大小相等，方向相反，处于平衡状态，位移传感器处于预定的中心位置。当秤盘上的物体质量发生变化时，位移传感器检出位移信号，经调节器和放大器改变线圈的电流，直至位移传感器回到中心位置为止。通过线圈的电流与被称物的质量成正比，可以用数字的形式显示出物体的质量。

　　单模块传感器制造技术始于 20 世纪 90 年代初。该项新技术已成功地应用于电子天平中。最新一代单模块传感器，运用当今最先进的高精度电火花线切割加工技术，选用高强度的航空铝合金材料。它不但大大减少了零部件的个数，更使新一代单模块传感器天平的最高分辨率达 1/2000，是同级传统电磁力天平的 10 倍。

　　最新一代单模块传感器具有很强的过载保护能力，并且具有防侧面冲击的安全锁定装置，天平抗瞬间冲击力高达 100kg，因而使采用该项技术的天平的开箱合格率大大提高。

　　此外，采用该传感器的天平维修相当方便，且费用较低。

　　上海第二天平仪器厂生产的 MA 系列电子天平介绍如下。

　　(1) MA 系列电子分析天平　适用于高精度称量分析之用。其型号规格见表 1-28。

表 1-28　MA 系列电子分析天平型号规格

技术参数	型　号						
	MA110	MA200	MA2400		MA260S		MP200A
最大称量/g	110	200	40	200	60	200	200
最小读数值/mg	0.1	0.1	0.1	1	0.1	1	1
线性误差/mg	±0.4	±0.4	±0.4	±2	±0.4	±2	±2
外形尺寸/mm	345×205×310						
电源及功耗	220V,50Hz,15W						

　　此天平带自动校正、故障自查、去皮等智能化功能，含 RS 232 输出接口。

　　(2) MP 系列上皿式精密电子天平　其型号规格见表 1-29。

　　带上下限报警、计个数、百分比运算、去皮等功能。

表 1-29　MP 系列上皿式精密电子天平型号规格

技术参数	型　号											
	MP 120-1	MP 200-1	MP 400	MP 1100-1	MP 2000	MP 4000	MP 6000-1	MP 800	MP 10K-1	MP 30K	MP 50K	MP 200K-1
最大称量/g	120	200	400	1100	2000	4000	6000	8000	10000	30000	50000	200000
最小读数值/g	0.001	0.01	0.01	0.01	0.05	0.1	0.1	0.5	0.5	0.5	5	10
线性误差/g	±0.002	±0.015	±0.015	±0.015	±0.075	±0.15	±0.15	±0.75	±0.75	±0.75	±7.5	±20
外形尺寸/mm	330×209×339	330×190×155	310×190×145	330×190×155	310×195×145	330×190×155	310×195×145	385×255×140	600×350×200	600×330×205	850×420×290	
电源及功耗	220V,50Hz,16W									220V,50Hz,14W	220V,50Hz,16W	

　　(3) Y 系列应变片上皿式电子天平　具有反应快、体积小，价格低的特点。其规格型号见表 1-30。

表 1-30　Y 系列应变片上皿式电子天平型号规格

技术参数	型　号				
	YD300	YP600	YP1200	YP6000	YP10K-1
最大称量/g	300	600	1200	6000	10000
最小读数值/g	0.1	0.1	0.2	1	2
线性误差/g	±0.15	±0.15	±0.3	±1.5	±3
外形尺寸/mm	235×185×74	260×195×80			380×240×95
电源及功耗	220V,50Hz,5W				

(4) WP 系列微量电子天平 适用做小质量分析及传递小质量标准砝码之用。其规格型号见表 1-31。

表 1-31 WP 系列微量电子天平型号规格

技术参数	型 号			技术参数	型 号	
	WP330		WP3000		WP330	WP3000
最大称量/mg	30	300	3100	外形尺寸/mm	165×340×220	480×200×270
最小读数值/mg	0.01	0.1	0.01	电源及功耗	220V,50Hz,11W	220V,50Hz,14W
线性误差/mg	±0.02	±0.15	±0.02			

2. 电子天平的特点

① 电子天平支承点采用弹簧片，不需要机械天平的宝石、玛瑙刀与刀承，取消了升降框的装置，采用数字显示方式代替指针刻度式显示，以及采用体积小的大集成电路。因此，电子天平具有寿命长、性能稳定、灵敏度高、体积小、操作方便、安装容易和维护简单等优点。

② 电子天平采用了电磁力平衡原理，称量时全量程不用砝码，放上被称物后在几秒内达到平衡，显示读数。有的电子天平采用单片微处理机控制，更可使称量速度快、精度高、准确度好。

③ 电子天平还具有自动校正、累计称量、超载指示、故障报警、自动去皮重等功能，使称量操作更便捷。

④ 电子天平具有质量信号输出，可以与打印机、计算机联用，可以实现称量、记录、打印、计算等自动化。它具有 RS 232 C 标准输出接口。同时也可以与其他分析仪器联用，实现从样品称量、样品处理、分析检验到结果处理、计算等全过程的自动化，大大地提高了生产效率。

上海天平仪器厂生产的，与该厂所产 MD、FA 等系列电子天平配套的电子天平数字记录器，具有定时打印、称量单位转换（克、克拉、盎司等互换）、四则运算、比率、增减额等混合运算、自编记录数、累加及百分比等功能，以油墨滚动串行打印，印字速度为 1.3 行/s。

由于电子天平具有以上特点，现已在教学、科研、生产单位中获得广泛应用。

3. 电子天平操作程序

(1) 调水平 调整地脚螺栓高度，使水平仪内空气气泡位于圆环中央。

(2) 开机 接通电源，按开关键 ON/OFF 直至全屏自检。

(3) 预热 天平在初次接通电源或长时间断电之后，至少需要预热 30min。有的型号需预热 2.5h 以上。为取得理想的测量结果，天平应保持在待机状态。

(4) 校正 首次使用天平必须进行校正，按校正键 CAL，天平将显示所需校正砝码重量，放上砝码直至出现"g"，校正结束。

(5) 称量 使用除皮键 TARE，除皮清零。放置样品进行称量。

(6) 关机 天平应一直保持通电状态（24h），不使用时将开关键关至待机状态，使天平保持保温状态，可延长天平使用寿命。

三、机械加码分析天平

1. 等臂分析天平的构造原理

等臂分析天平是根据杠杆原理制成的，它用已知质量的砝码来衡量被称物体的质量。设杠杆

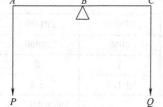

图 1-10 天平的构造原理

ABC 的支点为 B（图 1-10），AB 和 BC 的长度相等，A、C 点是两力点，A 点悬挂的称量物质量为 P，C 点悬挂的砝码质量为 Q。当杠杆处于平衡状态时，力矩相等，则：

$$P \times AB = Q \times BC$$

因为 $AB = BC$，所以 $P = Q$。

杠杆两臂相等（即 $AB = BC$）的天平称为等臂天平。

2. 半机械加码电光天平的结构

以目前国内广泛使用的 TG-383B 型电光天平（图 1-11）为例，

简要介绍这种天平的结构。

天平的结构分为框罩部分、立柱部分、横梁部分、悬挂系统、制动系统、光学读数系统、机械加码装置七个部分。

（1）框罩部分 用以保护天平使之不受灰尘、热源、湿气、气流等外界条件的影响。框罩是木制框架并镶有玻璃。底座一般由大理石或厚玻璃制作，用以固定立柱、天平脚、制动器座架等。天平前门可向上升起，应不会自落。前门供安装和清洁、修理天平之用。天平的两边都有门，左门用于取放称量物品，右门用于取放砝码。称量时，天平门必须关严。底板下有三个水平调整脚，后边的一个不可调，前边两个可调，用于调节天平的水平位置。天平柱的后方装有一个气泡水准仪，气泡位于中心处表示天平为水平位置。

（2）立柱部分 立柱是一个空心柱体，垂直固定在底板上。天平制动器的升降拉杆穿过立柱空心孔，带动大小托翼上下运动。立柱上端中央为固定支点，中刀垫。

（3）横梁部分 由横梁、刀子、刀盒、平衡砣、感量砣、指针组成。横梁是天平的重要部分，应质轻、不变形、抗腐蚀，常用钛合金、铝合金、非磁性不锈钢等材料制成。横梁上装有三个玛瑙刀，中间为支点刀（中刀），两边为承重刀（边刀）。中刀口向下，边刀口向上。三个刀刃平行，垂直于刀刃中心的连线，且在一个水平上。刀刃要求锋利，呈直线、无崩缺。为保持天平的灵敏度和稳定性，要特别注意保护天平的刀刃不受冲击而损坏。

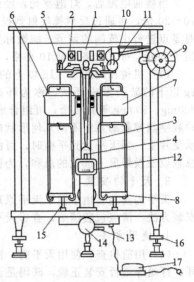

图 1-11 半机械加码电光天平的结构
1—横梁；2—平衡砣；3—立柱；4—指针；
5—吊耳；6—阻尼器内筒；7—阻尼器外筒；
8—秤盘；9—加码指数盘；10—加码杆；
11—环形毫克砝码；12—投影屏；
13—调零杆；14—停动手钮；15—托盘器；
16—水平调整脚；17—变压器

横梁下部为指针，指针下端装有微分标牌，经光学系统放大后成像于投影屏上。

横梁上有重心砣，重心砣上下移动可改变横梁重心高低位置，用于调整天平的灵敏度，一般出厂时已经调整好，切勿乱调。

横梁左右两边对称孔内装有平衡砣，用以调节天平空载时的平衡位置（即零点）。

（4）悬挂系统 悬挂系统由吊耳、阻尼器和秤盘组成。两把边刀通过吊耳承受秤盘和砝码或被称物品。吊耳中心面向下，嵌有玛瑙平板，并与梁两端的玛瑙刀口接触，使吊耳及挂盘能自由摆动。吊耳的两端面向下有两个螺丝凹槽，天平停止称量时，凹槽与托梁架上的托吊耳螺丝接触，将吊耳托住，使玛瑙平板与玛瑙刀口脱开。吊耳上还装有挂托盘和空气阻尼器内筒的悬钩。吊耳下部挂有阻尼器的内筒，它与固定在立柱上的阻尼器外筒之间有一个均匀的间隙，没有摩擦。当启动天平时，内筒能自由地上、下移动，利用筒内的空气阻力产生阻尼作用，使天平横梁能较快地达到平衡状态，停止摆动，便于读数。左右两个筒上刻有"1"、"2"标记，通常是左1、右2，不可挂错。

秤盘是悬挂在吊耳钩上供放置砝码和被称量物品用的。盘托位于秤盘的下面，装在天平的底板上。停止称量时，盘托上升，把秤盘托住。盘托与秤盘也刻有"1"、"2"标记。

（5）制动系统 制动系统连接托梁架、盘托和光源。使用天平时，慢慢地旋开旋钮，使托梁下降，梁上的三个刀口与相应的玛瑙平面（刀垫）接触，同时盘托下降，吊耳与天平盘即可自由摆动，天平进入工作状态，接通光源，屏幕上可看到标尺的投影。停止称量时，关闭旋钮，升降拉杆向上运动托起天平梁和吊耳，刀口与玛瑙平板离开，同时两个盘托升起将秤盘托住，天平进入休止状态，光源切断。此时，可以加减砝码与取放被称物品。天平两边负荷未达到平衡时，不可全开旋钮。因全开旋钮，天平横梁倾歪太大，吊耳易脱离，使刀口受损。

（6）光学读数系统 指针固定在天平梁的中央，指针的下端装有缩微标尺。天平工作时，指针左右摆动，光源通过光学系统将缩微标尺上的刻度放大，再反射到光屏上。其光学读数系统由光源灯座、6.3V的小灯泡、聚光管、缩微标尺、放大镜、反射镜、投影屏等组成。小灯泡由交流变压器将220V降至6～8V供电。在天平底板下部开关轴旁有一个微型开关，由手动旋钮控制。当转动旋钮时，开启天平，转轴按下微型开关，接通电源，灯亮。关闭天平时，切断电源，灯灭。

当接通电源后，灯泡发光，经聚光管聚成一个平行光束照射到缩微标尺上，通过放大镜放大10～20倍，再通过反射镜反射到投影屏上，得到缩微标尺图像。可以通过移动投影窗或平板玻璃对零点进行小范围的调节。缩微标尺上共有20大格，中点为"0"点，左右各10大格，1大格相当于1mg，每1大格又分10小格，1小格相当于0.1mg。

(7) 机构加码装置　1g以上的砝码放在配套的专用砝码盒内，必须用镊子夹取置于秤盘上。1g以下的砝码做成环状，称为环砝码或圈码，有10mg、10mg、20mg、50mg、100mg、100mg、200mg、500mg等共8个，可组合成10～990mg的任意数值。在数字盘上刻有环砝码的质量值。转动数字盘控制的几组不同几何形状的凸轮，使加码杆按数字盘上的数值把环砝码加到吊耳上的加码承受片上。当天平达到平衡时，可由数字盘上读出环砝玛的质量。秤盘上砝码总数加吊耳上环砝码总数以及投影屏上读数的总和，为被称物体的质量。

3. 天平的安装

天平的安装要由掌握了天平原理、了解天平结构的专人负责。要仔细阅读天平的说明书，了解安装方法，清点包装清单，查看天平零件有无缺损，再按说明书中阐述的步骤逐步地进行安装。

4. 使用方法

(1) 用前检查　使用天平前，检查天平是否处于水平状态，天平盘上是否清洁，检查横梁、吊耳、秤盘等是否安装正确，砝码是否齐全，环砝码安放位置是否合适。

(2) 天平零点的测定和调整　天平零点是指无负载（空载）天平处于平衡状态时指针的位置。慢慢旋转停动开关，开启天平，等指针摆动停止后，投影屏上的读数调整为零，显示为"0"(mg)。

(3) 称量方法　将被称的物品从天平右门放入左盘中央，估计物品大约质量（最好先放在台秤上进行粗称），如20g左右，就用镊子取20g砝码从天平右门放于右盘中央，用左手慢慢半开天平停动手钮，观察指针偏转情况，如指针向左倾斜，表示砝码太重，轻轻地关闭天平，改换10g砝码试之，如指针向右偏，表示物品重于10g，介于10～20g之间。按上述方法，在右盘上加5g、2g、2g、1g等砝码试之（注意大砝码应放在秤盘的中央）。在加克组砝码试称时，可不必关闭右边门。待克组砝码试好后，再关好右边门。转动机械加码装置的数字盘，试毫克组砝码，先试几百毫克组，再试几十毫克组。转动数字盘时，动作要轻，不能停留在两个数字之间。当天平两盘的质量相差较大时，天平旋钮不可全开，以免天平倾斜过大，吊耳脱落，损坏刀刃。每次转动数字盘，加减环砝码时也应关上天平。调整砝码至天平两边接近平衡，其差值在10mg以内时，指针摆动较缓慢，才可全开停动手钮，等待投影屏上标尺图像停止移动后才可读数。一般调整数字盘使投影屏上读数在0～+10mg边，而不是指在0～-10mg边。此时，被称物体的质量为：克组砝码的质量（先从砝码盒空位读出，放回砝码时核对一遍）加上数字盘上指示的百位、十位毫克数及投影屏上读出的毫克数及零点几毫克（读准至0.1mg）。

每位使用天平者还必须遵守天平使用规则。

5. 砝码

为了衡量各种不同质量的物体，需要配备一套质量由大到小能组成任何量值的砝码，这样的一组砝码叫做砝码组。例如，以5、2、1、1形式组成的砝码组，100g、50g、20g、10g、10g、5g、2g、1g、1g九个砝码，可组成1～199g间任意克质量值。

每台天平应配套使用同一盒砝码，在一盒砝码中相同名义质量的砝码其真值会有微小差别。称量时，应先取用无"·"标记的砝码，以减少称量误差。

砝码必须用镊子夹取，不得用手直接拿取。镊子应是骨质或塑料头的，不能用金属头镊子，以免划伤砝码。

砝码只准放在砝码盒内相应的空位上或天平的秤盘上，不得放在其他地方。

砝码表面应保持清洁，经常用软毛刷刷去尘土，如有污物可用绸布蘸无水乙醇擦净。

砝码如有跌落碰伤、发生氧化痕迹以及砝码头松动等情况，要立即进行检定。合格的砝码才能使用。

6. 全机械加码电光天平

TG-328A型分析天平是全机械加码电光天平。它的结构和TG-328B型天平基本相同，不同之处在于：①所有的砝码均通过自动加码装置添加；②加码装置一般都在天平的左侧，分成三组，即

10g 以上、1～9g、10～990mg，10mg 以下的经微分标牌放大后在投影屏上直接读数；③悬挂系统的秤盘不同，在左盘的盘环上有三根挂砝码承受架，供承受相应的三组挂砝码。

四、不等臂单盘天平

单盘天平是指只有一个秤盘的天平。单盘天平的结构分为等臂（三刀型）和不等臂（二刀型）两种。三刀型单盘天平与等臂双盘天平相似，在此不予介绍。

不等臂单盘天平比双盘天平性能优越，它具有感量恒定、无不等臂性误差、全机械减码操作简便、称量迅速、维护保养方便等优点。在国外已经取代了等臂天平，在国内也将成为实验室天平的发展方向。

1. 称量原理

如图 1-12 所示，不等臂杠杆（梁）1 以支点刀 2 为支点，梁的一端悬挂秤盘和全部大小砝码 4、5，另一端则装有固定的重锤和阻尼器与之平衡。称量时把物体 M 放入秤盘中，横梁失去平衡，减去适当的砝码 B，使天平重新达到平衡，那么，被减去砝码 B 的质量即为被称量物体 M 的质量。这就是替代法称量的原理。

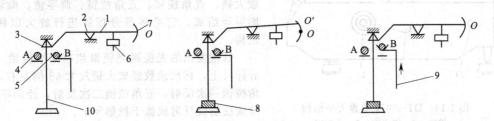

(a) 砝码在悬挂系统上横梁平衡在 O 　　(b) 被称物加在悬挂系统上横梁平衡在 O′　　(c) 减掉砝码 B 后横梁又平衡在 O

图 1-12　不等臂单盘天平工作原理

1—横梁；2—支点刀；3—承重刀；4，5—砝码 A、B；6—重锤和阻尼器；
7—标牌；8—被称物 M；9—减码杆；10—悬挂系统

2. 特点

① 砝码和被称物始终在同一承重刀上用替代法称量，不存在不等臂性误差，保证了称量结果的正确性。

② 称量过程中，横梁一直处于全载平衡状态，故天平的分度值不变，无空载和全载分度值误差。

③ 因少一个边刀，故刀刃的不平行性减少了一个因素的影响，有利于天平的示值不变性。

④ 横梁摆幅小，周期短，装有机械减码装置、电光读数装置、阻尼装置等，因而称量速度快，效率高。

⑤ 因天平总是在全载状态衡量，刀刃极易磨损。

3. 单盘天平的结构

单盘天平通常由外框部分、升降部分、横梁部分、悬挂系统、光学读数系统、机械减码装置六部分构成。现以北京光学仪器厂生产的 DT-100 型单盘天平为例，其结构如图 1-13 所示。

（1）外框部分　在底板上安装天平各组件，底板下面有电源变压器、电源转换开关、停动转轴、减码装置、调零装置及微读机构，两侧装有各种操作手钮。停动手钮左右两侧各一个，控制同一停动轴，左右手都可开关天平。秤盘位于底板中央，左右两侧都有玻璃推门，供取放被称物用。

天平外罩起着隔气流、防尘、防潮、保持天平温度稳定的作用。天平顶盖可向上打开，上有隔开的小室及散热孔，可防止因灯泡发热引起横梁长度变化。

天平底板下有三个垫脚，前边两个用以调节天平的水平位置，水准器位于底板的前部。

（2）升降部分　其作用是支撑横梁和悬挂系统，实现天平的开关动作。停动手钮向前转 90°，天平处于"全开"状态，横梁可在 0～100 分度范围内自由摆动。停动手钮向后转 30°，天平处于"半开"状态，横梁仅可在小范围内（如 10～15 分度）摆动。天平"半开"时，转动减码手钮进行减码操作，不会使天平刀口受损伤。

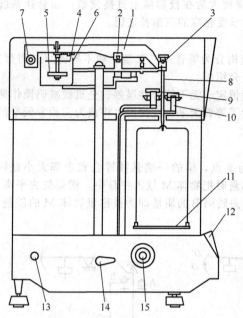

图 1-13　DT-100 型单盘天平结构

1—横梁；2—支点刀；3—承重刀；
4—阻尼片；5—配重砣；6—阻尼筒；
7—微分标尺；8—吊耳；9—砝码；
10—砝码托；11—秤盘；12—投影屏；
13—电源开关；14—停动
手钮；15—减码手钮

（3）横梁部分　横梁上有感量砣、平衡砣、横梁支板、微分标尺、配重砣、阻尼片、支点刀、刀承、承重力等。横梁由硬铝合金制成，支点刀和承重刀由人造白宝石制成，硬度和寿命均比天然玛瑙好，横梁尾部是标尺。配重砣主要起横梁平衡作用，配重砣上有阻尼片。横梁上垂直方向的螺丝是感量砣，用于调节天平感量。水平方向的螺丝是平衡砣，用于调节天平的零点。

（4）悬挂系统　由承重板（下有承重刀垫）、砝码架、秤盘组成。砝码架的槽中可放置 16 个圆柱形的砝码，组合成 0～99.9g 范围内的任意质量。砝码为整块实心体结构，以保证质量的稳定。

（5）光学读数系统　由光源、聚光镜、微分标尺、放大镜、直角棱镜、五角棱镜、调零镜、微读镜、投影屏等组成。它是将微分标牌进行放大以便读数的机构。

灯泡发出的光经聚光镜聚焦在天平横梁一端的微分标尺上，标尺读数经放大镜放大 68 倍左右，再经直角棱镜一次反射，五角棱镜二次反射，经调零反射镜、微读反射镜反射成像于投影屏上。

转动调零手钮可改变调零反射镜的角度，在 6 分度以内调整零点位置，如超过 6 分度，须调整平衡砣以调整零点。

通过调零微读手钮改变微读镜的角度，可以读出标尺上 1 分度（代表 1mg）的 1/10 的读数，即微读轮转 0～10 分度相应于投影屏上标尺的 1 个分度。

（6）机械减码装置　由减码手钮控制三组不同几何形状的凸轮，凸轮传动使减码杆起落，托起砝码实现减码动作。同时，在读数窗口显示出减去砝码的质量。

4. 单盘天平的安装

安装天平的人员应仔细认真地阅读该型号的天平说明书，了解天平的原理、结构及安装注意事项后，依照说明书的步骤进行天平的安装。

5. 单盘天平的使用方法

（1）检查及调整天平水平位置。

（2）检查及调整天平零点。各数字窗口及微读轮指数均调为"0"，电源转动开关向上拨，把停动手钮向前（操作者方向）均匀慢慢地转 90°，天平处于"全开"状态，待天平摆动停止后读取零点，旋转调零手钮，使投影屏上标尺的 00 刻线位于夹线的正中位置。

（3）称量方法。在天平关闭的情况下，将被称物放在秤盘中央，将停动手钮轻轻地向后旋转约 30°，手感遇阻时不要再转，天平处于"半开"状态，进行减码，逐个转 10～90g 手钮，在标尺上由向正偏移到出现向负偏移时，即表示砝码示值过大，应退回一个数，接着调整中手钮（1～9g）和小手钮（0.1～0.9g）。最好先将被称物在台秤上称一下，知道被称物的大概质量，再减去相应的砝码。例如，称量一个质量为 54.3421g 的物体时，转动大手钮，由 10g 转至 50g，投影屏上微标象正数夹入双线，当转至 60g 时，负数夹入双线，可知物体在 50～60g 之间，把手钮退回到 50g 位置，仿照上述操作，转动中手钮和小手钮，确定减码手钮放在 54.34 合适，物体质量在 54.34～54.35g 之间。关闭天平，再将停动手钮慢慢向前转 90°，即天平处于"全开"状态，待微标移动停止，如在 42～43mg 之间，转动微读手钮，使 42 刻度夹入双线，微读轮读数 1.5，此时表示称量结果为 54.34215g，根据有效数字取舍规则，可读为 54.3422g。

若使用的天平的变动性为微读机构，1 分度相当于 0.1mg，虽然微读机构的读数能读出 0.05mg，其称量结果表示至 0.05mg 是没有意义的，所以被称物质量为 54.3422g。当然，称量过程中多保留一位数字供参考是可以的。

五、扭力天平

1. 作用原理

扭力天平是利用弹性材料变形所产生的力矩与被称物体的质量所产生的力矩相平衡的原理进行测量的。目前国内普遍使用的是片簧支承式扭力天平。这种扭力天平主要由杠杆（横梁）、游丝（手卷弹簧或张丝）和片簧（弹性吊带）组成。片簧是两片式，十字交叉，其交点是横梁转动轴通过中心。扭力天平的横梁是由弹性元件所吊固着的，不使用砝码，使称量操作简单，称量速度快。由于采用钢带弹性支承，因此无刀口磨损等现象的发生。在称量 1g 以内的样品质量时，可以不用加减砝码而通过扭转弹性元件的角度产生平衡扭力，直接在刻度盘上读取质量数。由于扭力天平使用的弹性元件只限于体积小、质量轻的片材、线材，故而扭力天平的称量小，一般在 1g 以下，最大的也只有几克。

2. 型号及技术参数

JN-B 系列扭力天平型号与技术参数见表 1-32。

表 1-32　JN-B 系列扭力天平型号与技术参数

技术参数	JN-B-5	JN-B-10	JN-B-25	JN-B-50	JN-B-100	JN-B-250	JN-B-500	JN-B-1000	JN-B-2500
称量/mg	5	10	25	50	100	250	500	1000	2500
分度值/mg	0.01	0.02	0.05	0.1	0.2	0.5	1	2	5
外形尺寸/mm				$190 \times 60 \times 365$					

六、韦氏天平

参见第七章、第四节。

七、架盘天平

架盘天平又称台秤、托盘天平、台天平。通常台秤的分度值（感量）在 0.1～0.01g，它适用于粗略称量，能迅速地称出物体的质量，但精度不高，仅用于配制一般溶液时的称量。台秤的构造原理分两类：一类基于杠杆原理；另一类是基于电磁原理的电子台秤（上皿式电子天平）。电子台秤的原理与特点见以下电子天平部分。这里仅介绍普通台秤。

（1）台秤的构造　台秤的横梁中间有一个刀口，它支承物质的质量，刀口的质量直接影响台秤的感量。台秤的横梁架在台秤底座上，横梁两边有两个盘子，横梁中部的指针与刻度盘相对应，根据指针在刻度盘左右摆动情况，可以指示台秤是否处于平衡状态。

（2）称量方式　在称物品之前，先调整台秤的零点，将游码置于游标尺的"0"位处，检查台秤的指针左右摆动是否围绕刻度盘的中间位置。若不在中间位置，可调节台秤托盘下侧的平衡调节螺丝，使指针在刻度盘中间位置左右摆动幅度大致相等时，则台秤处于平衡状态。停止摆动时，指针即停止在刻度盘的中间位置，该位置称为台秤的零点。零点调好后，即可称重物品。

称物品时，左盘放被称物品，右盘放砝码（10g 或 5g 以下的质量，可用游码）。当添加砝码至台秤的指针停在刻度盘的中间位置时，台秤处于平衡状态，这时指针所停的位置称为停点。零点与停点两者之间相差在一小格以内时，砝码加游码的质量读数就是被称物品的质量。

使用台秤的注意事项如下。

① 台秤要放平稳。

② 被称的药品不能直接放在台秤的盘上，应放在称量纸、表面皿或其他容器中。吸湿性强或有腐蚀性的药品（如氢氧化钠等）必须放在玻璃容器内，快速称量。

③ 台秤不能称量热的物品。

④ 砝码只允许放在台秤盘内和砝码盒里，不能随意乱放。砝码必须用镊子夹取，不能用手拿取。

⑤ 称量完毕，把两个托盘叠放在一侧，以免台秤摆动。

⑥ 经常保持台秤的整洁，若不小心把药品或脏物撒于托盘上，应停止称量，将其清除擦净后，

方能继续使用。

HC-TP11 系列架盘天平型号规格及技术参数见表 1-33。

表 1-33　HC-TP11 系列架盘天平型号规格及技术参数

技术参数	HC-TP11-1	HC-TP11-2	HC-TP11-5	HC-TP11-10	HC-TP11-20	HC-TP11-50
称量/g	100	200	500	1000	2000	5000
分度值/g	0.1	0.2	0.5	1	2	3
秤盘直径/mm	ϕ75	ϕ85	ϕ115	ϕ140	ϕ170	ϕ208
外形尺寸/mm	200×75×135	205×85×140	295×115×180	360×140×190	400×170×235	540×210×260

八、天平的称量方法

1. 直接称量法

对一些在空气中无吸湿性的试样或试剂如金属或合金等，可用直接法称量。称量时用一个干净的塑料薄膜或纸条套住被称物体放于秤盘中央，然后去掉塑料条或纸条，按照天平的使用方法进行称量。

2. 固定质量称样法

在分析工作中常要准确称取某一指定质量的试样。这时可在已知质量的称量容器（如表面皿、小烧杯、电光纸或不锈钢等金属材料做成的小皿）内，直接放入待称试样，直至达到所需要的质量。此法要求试样不易吸水，在空气中稳定。称量方法如下。

在天平上准确称出容器质量，然后在天平上增加欲称取质量数的砝码，用药勺盛试样（试样要预先研细），在容器上方轻轻振动，使试样徐徐落入容器内，直至达到指定质量。称完后，将试样全部转移入实验容器中（表面皿可用水洗涤数次，称量纸必须不黏附试样），配成一定浓度的溶液。

3. 减量（差减）称量法

减量称量法是先称取装有试样的称量瓶的质量，再称取倒出部分试样后称量瓶的质量，两者之差即是试样的质量。此法适于称取易吸水、易氧化或易与 CO_2 反应的物质。下面叙述称量方法。

在称量瓶中装入一定量的固体试样，盖好瓶盖，带细纱手套、指套或用纸条套住称量瓶，放在天平盘中央，称出其质量。取出称量瓶，悬在容器（烧杯或锥形瓶）上方，使称量瓶倾斜，打开称量瓶盖，用盖轻轻敲瓶口上缘，渐渐倾出样品，当估计倾出的试样接近所需要的质量时，慢慢地将瓶竖起，再用称量瓶盖轻敲瓶口上部，使粘在瓶口的试样落回瓶内，然后盖好瓶盖，将称量瓶放回天平盘上，再次称量。两次称量之差，即为倒入烧杯中试样的质量。若试样的质量不够，可照上述方法再倒、再称，次数不宜太多。如倒出试样太多，不可借助药勺把试样放回称量瓶，只能弃去重称。

若要再称一份试样，则按上述程序重新操作。

九、使用天平的注意事项

1. 天平的选用原则

选用天平，主要是考虑天平的称量与分度值是否满足称量的要求，其次是天平的结构形式是否能适应工作的特点。

天平称量的选择比较简单，选择原则是被称量物体的质量既不能超过天平的最大称量，同时也不能比天平称量小得太多。这样，既能保证天平不致超载而损坏，也能保证称量达到必要的相对精度。

天平分度值的选择，其依据是称量结果精确度的要求：一方面要防止用精度不够的天平来称量，以免准确度不符合要求；另一方面也要防止滥用过高精度的天平来称量，以免造成浪费。

2. 天平室的基本要求

天平室的基本要求是：防尘、防震、防湿、防止过大的温度波动和过大的气流。为此要求如下。

① 天平室应远离震源、灰尘区、腐蚀性气体区和高温场所。地面应有防湿层，南方潮湿地区尤其要注意。

② 天平工作台要稳固，以混凝土整块浇铸为好，台基应从地面下深层筑起，并采取必要的减震措施，台基与房屋基础隔开，台面四周与墙壁保持适当空隙。

③ 天平室的温度应力求稳定，温度波动不超过 0.5～1℃/h，相对湿度保持在 70% 以下，天平室的温度一般应为 10～30℃，以保持在 (20±2)℃ 为宜。

④ 天平室应光线明亮、均匀、柔和。宜用荧光灯照明。室内应无明显的气流存在，应防止有害气体的侵入。天平室要注意清洁、防尘。门窗严密，最好双层窗。应有窗帘，防止日光直接照射。

3. 机械天平的使用规则

① 正式使用天平前，应做好一系列的准备工作：检查天平是否水平；骑码是否在零位刻线上；机械加码指数盘是否全部指零。清除秤盘和底板上的灰尘。开启天平，观察指针摆动是否正常；调整好天平空秤零点，然后制动天平。打开两边侧门 5～10min。待天平内外温度趋向一致后，再正式使用天平。

② 开关天平时，动作一定要轻缓平稳，绝不允许猛开猛关，要特别注意保护天平的刀口不受损伤。开启天平后，绝不允许在秤盘上取放物品或砝码，也不能转动机械加码指数盘、移动骑码以及开关天平门。关闭摆动式天平，应在指针经过标牌中央位置时进行。天平不允许超负荷使用。

③ 称量时，称样物品一般不能直接放在天平秤盘上，而应用洁净的器皿（表皿、瓷皿、玻璃杯、坩埚、纸等）。盛好称样物品后，再放到天平秤盘上进行称量。吸潮物质、挥发物质、释放气体物质，应装在带盖的器皿中进行称量。不能用天平直接称量过冷或过热物体，应待物体和天平温度一致后进行称量。

④ 称量物体时，必须按"由大到小"的顺序选用砝码，即从大约等于被称量物体质量的砝码开始，由大到小逐渐增减砝码，直到天平实现平衡，可利用标牌读数为止。在天平达到平衡状态之前，不应将开关完全打开，即应关闭天平增减砝码。

⑤ 称量时，宜用镊子取放砝码和被称物体，砝码和被称物体应放在秤盘中央，应尽可能使用天平侧门，而不开启前门，以减少人体体温的影响。

⑥ 开启天平后，秤盘不应有持续晃荡现象，否则，应轻轻制动天平数次，让盘托消除秤盘的摇晃现象后，再完全打开天平。

⑦ 称量完毕后，关闭天平，取出被称物体，将砝码放回砝码盒中相应的槽内，并清点砝码数量是否齐全。机械加码指数盘应全部转至零位，骑码也应移至零位刻线槽内。关好天平门，取下开关旋钮，切断电源，罩上防尘罩，清理天平台。

⑧ 同一实验应使用同一天平和砝码。

⑨ 潮湿天气湿度过大，在天平内放置硅胶干燥剂，干燥剂用布袋装好或置于小烧杯内，并及时更换。

⑩ 搬动天平时，应卸下秤盘、吊耳、横梁等部件，搬动后应检验天平的性能。

⑪ 天平与砝码是国家规定的强制检定的计量量具，出厂时应符合国家有关标准。实验室使用的天平与砝码应定期（每年）请计量部门检定是否性能合格。执行强制检定的机构对检定合格的计量量具（如天平、砝码），发给国家统一规定的检定证书，或者在计量器具上加盖检定合格印章。

4. 电子天平的使用规则

① 应选择防尘、防震、防湿、防止过大温度波动和过大的气流的房间作天平室。在开始使用电子天平之前，要求预先开机，即要有 0.5～1h 的预热时间。如果天平一天中要使用多次，最好让天平整天开着。这样，电子天平内部能有一个恒定的操作温度，有利于称量的准确度。

② 电子天平从首次使用起，应定期对其进行校准。如果天平连续使用，大致每周进行一次校准。校准必须用标准砝码。校准前，电子天平必须开机预热 1h 以上，并检查水平。

③ 称量操作时，应正确使用各控制键及功能键，选择最佳的积分时间选择器和稳定性检测器调节；正确掌握读数或打印时间，以获取最佳的称量结果。当启用去皮键进行连续称量时，应避免

天平过载。称量过程中应关好天平门。

④ 电子天平精密度高，结构紧凑，必须小心仔细地维护、保养。

电子天平应由专人保管和负责维护保养。每台天平都应设立技术档案袋，用以存放产品合格证书、使用说明书、检定证书、测试记录、定期维护保养情况记录、检修情况记载等。

定期对天平的计量性能进行检测，如发现天平不合格，应立即停止使用，并送交专业人员修理。非专业人员不得擅自打开机壳，拨动机械零件和电器元件。天平经修理、检定合格后方可使用。

必须保持电子天平本身的清洁和干燥。应经常清洁秤盘、外壳和框罩，一般用清洁绸布蘸少许无水乙醇轻擦，切不可用强溶剂。天平清洁后，框罩内应放置无腐蚀性的干燥剂，如变色硅胶等。

电子天平开机后，如发现异常现象，应立即关闭天平，并进行相应检查。检查电源、连线、保险丝、开关、开关门是否关好，是否超载，如检查不是上述问题，请专业人员来检修。

5. 天平的管理

① 天平要固定专人管理，负责定期检查、调整、维护保养天平。

② 建立天平技术档案。对每一台天平除妥善保管产品说明书、历次检定合格证外，应将小修、中修、大修中的技术问题进行详细记录，如修理日期、原因、故障、修复情况、调整记录等。

为了更有效地管理，每台天平还可建立使用登记卡或使用记事本，将每次使用情况如使用日期、起止时间、称何物品、称几份、称量中遇到的问题、干燥剂更换日期、使用者姓名等登记在记事本或卡片上。

③ 移动天平位置后，应对天平的计量性能进行全面检查。天平使用半年后，要全面整理一次，使用一年要送计量部门进行检定。

④ 在辅导学生进行天平称量练习时，辅导老师要认真讲解、示范并加强巡回指导，以便及时发现问题，避免因操作不当而使天平受损事故的发生。

第八节　化验用水

化验中水是不可缺少的、必须用的物质。天然水和自来水存在很多杂质，如 Na^+、K^+、Ca^{2+}、Mg^{2+}、Fe^{3+} 等阳离子，CO_3^{2-}、SO_4^{2-}、Cl^- 等阴离子和某些有机物质，以及泥沙、细菌、微生物等，不能直接用于化验工作。必须根据化验的要求将水纯化后，才能使用。

化验用水又称纯水。制备化验用水的方法很多，通常用蒸馏法、离子交换法、电渗析法等，下面分别作简单介绍。

一、蒸馏法制备化验用水

蒸馏水是利用水与水中杂质的沸点不同，用蒸馏法制得的纯水。用于制备蒸馏水的蒸馏器式样很多，现在多采用内加热式蒸馏器代替用电炉、煤气或煤炉等外加热式蒸馏方法。实验室用的蒸馏器通常是用玻璃或金属制造的。蒸馏水中仍含有一些微量杂质，原因有两个。

① 二氧化碳及某些低沸点易挥发物，随水蒸气带入蒸馏水中。

② 冷凝管、蒸馏器、容器的材料成分微量地带入蒸馏水中。

化学分析用水，通常是经过一次蒸馏而得，称为一次（级）蒸馏水。有些分析要求用水须经两次或三次蒸馏而得的两次（或三次）蒸馏水。对于高纯物分析，必须用高纯水。为此，可以增加蒸馏次数，减慢蒸馏速率，弃去头尾蒸出水，以及采用特殊材料如石英、银、铂、聚四氟乙烯等制作的蒸馏器皿，可制得高纯水。高纯水不能贮于玻璃容器中，而应贮于有机玻璃、聚乙烯塑料或石英容器中。

蒸馏器皿常用的是玻璃制品，市场上很容易买到一次或二次玻璃蒸馏器，适宜于一般中小化验室使用。蒸馏法制备化验用水，设备简单、操作方便，广泛地被化验室采用。

二、离子交换法制备化验用水

用离子交换法制得化验用水，常称去离子水或离子交换水。此法的优点是操作与设备均不复杂，出水量大，成本低。在大量用水的场合有替代蒸馏法制备纯水的趋势。离子交换法能除原水中绝大部分盐、碱和游离酸，但不能完全除去有机物和非电介质。因此，要获得既无电解质又无微生物等杂质的纯水，还需将离子交换水再进行蒸馏。为了除去非电解质杂质和减少离子交换树脂的再生处理频率，提高交换树脂的利用率，最好利用市售的普通蒸馏水或电渗水代替原水，进行离子交换处理而制备去离子水。参见第十九章第一节。

1. 离子交换树脂及交换原理

离子交换树脂是一种高分子化合物，通常为半透明或不透明的浅黄、黄或棕色球状物。它不溶于水、酸、碱及盐中，对有机溶剂、氧化剂、还原剂等化学试剂也具有一定的稳定性，对热也较稳定。离子交换树脂具有交换容量高、机械强度好、膨胀性小、可以长期使用等优点。在离子交换树脂网状结构的骨架上，有许多可以与溶液中离子起交换作用的活性基团。根据活性基团的不同，分阳离子交换树脂和阴离子交换树脂两类。在阳离子交换树脂中又有强酸性阳离子交换树脂，如聚苯乙烯磺酸型树脂 $R—SO_3H$（如国产 732 型树脂），和弱酸性阳离子交换树脂，如丙烯酸型树脂 $\overset{\displaystyle —CR—CH—}{\underset{\displaystyle COOH}{|}}$（如国产 110 型树脂）。阴离子交换树脂也分为强碱性阴离子交换树脂，如聚苯乙烯季铵盐树脂 $R—N(CH_3)_3OH$（如国产 717 型或 711 型），和弱碱性阴离子交换树脂，如聚苯乙烯仲胺型树脂 $R—N(CH_3)_2$（如国产 710A、710B 型）。

当水流过装有离子交换树脂的交换器时，水中的杂质阳离子被交换于离子交换树脂上，树脂上可交换的阳离子 H^+ 被置换到水中，并和水中的阴离子组成无机酸。其反应式如下：

$$R—SO_3^-H^+ + \frac{1}{2}Ca^{2+} \underset{NO_3^-}{\overset{\begin{matrix}Na^+ & SO_4^{2-}\\ K^+ & Cl^-\end{matrix}}{}} \rightleftharpoons R—SO_3^- \frac{1}{2}Ca^{2+} + H^+ \underset{NO_3^-}{\overset{\begin{matrix}K^+ & SO_4^{2-}\\ Na^+ & Cl^-\end{matrix}}{}}$$

（树脂相）　　　　（水相）　　　　　（树脂相）　　　　（水相）

含有无机酸的水再通过季铵型阴离子树脂（$R—NMe_3OH$）层时，水中的阴离子被树脂吸附，树脂上可交换阴离子（OH^-）被置换到水中，并与水中的 H^+ 结合成水，其反应式如下：

$$R—NMe_3^+OH^- + H^+ \underset{\begin{matrix}NO_3^-\\ HCO_3^-\end{matrix}}{\overset{\begin{matrix}SO_4^{2-}\\ Cl^-\end{matrix}}{}} \rightleftharpoons R—NMe_3^+ \underset{\begin{matrix}NO_3^-\\ HCO_3^-\end{matrix}}{\overset{\begin{matrix}\frac{1}{2}SO_4^{2-}\\ Cl^-\end{matrix}}{}} + H_2O$$

（树脂相）　　　（水相）　　　　（树脂相）　　　　（水相）

通过上述的离子交换过程，即可制得纯度较高的去离子水。

2. 离子交换装置

市场上已有成套的离子交换纯水器出售。实验室也可用简易的离子交换柱制备纯水。交换柱常用玻璃、有机玻璃或聚乙烯管材制成，进、出水管和阀门最好也用聚乙烯制成，也可用橡皮管加上弹簧夹。简单的交换柱可用酸式滴定管装入交换树脂制成，在滴定管下部塞上玻璃棉，均匀地装入一定高度的树脂就构成了一个简单的离子交换柱。通常树脂层高度与柱内径之比至少要大于 5∶1。

自来水通过阳离子交换柱（简称阳柱）除去阳离子，再通过阴离子交换柱（简称阴柱）除去阴离子，流出的水即可以作化验用水。但它的水质不太好，pH 值常大于 7。为了提高水质，再串联一个阳、阴离子交换树脂混合的"混合柱"，就得到较好的化验用水。

离子交换制备化验用水的流程，分为单床、复床（阳柱、阴柱）、混合床等几种。若选用阳柱加阴柱的复床，再串联混合床的系统，制备的纯水就能很好地满足各种化验工作对水质的要求。

3. 离子交换树脂的预处理、装柱和再生

（1）树脂的预处理　购买的离子交换树脂是工业产品，常含有未参与缩聚或加聚反应的低分子物质和高分子组分的分解产物、副反应产物等。当这种树脂与水、酸、碱溶液接触时，上述有机杂质（磺酸、胺类等）会进入水或溶液中。树脂中还会含微量的铁、铅、铜等金属离子。因此，新树脂在使用前必须进行预处理，除去树脂中的杂质，并将树脂转变成所需要的型式。

阳离子交换树脂的预处理方法是将树脂置于塑料容器中，用清水漂洗，直至排水清晰为止。用水浸泡 12～24h，使其充分膨胀。如为干树脂，应先用饱和氯化钠溶液浸泡，再逐步稀释氯化钠溶

液，以免树脂突然膨胀而破碎。用树脂体积 2 倍量的 2%～5% HCl 浸泡树脂 2～4h，并不时搅拌，也可将树脂装入柱中，用动态法使酸液以一定流速流过树脂层，然后用纯水自上而下洗涤树脂，直至流出液 pH 值近似为 4，再用 2%～5% NaOH 处理，再用水洗至微碱性。再一次用 5% HCl 流洗，使树脂变为氢型，最后用纯水洗至 pH 值约为 4，同时检验无 Cl⁻ 即可。pH 值可用精密 pH 试纸检测。氯离子可用稀硝酸银检查至无氯化银白色沉淀。

阴离子树脂的预处理步骤基本上与阳离子树脂相同，只是在树脂用 NaOH 处理时，可用 5%～8% NaOH 流洗，其用量增加一些。使树脂变为 OH 型后，不要再用 HCl 处理。

若使用少量离子交换树脂时，在用水漂洗后，可增加用 95% 乙醇溶液泡树脂 24h，以除去醇溶性杂质。

(2) 装柱方法　交换柱先洗去油污杂质，用去离子水冲洗干净，在柱底部装入少量玻璃棉，装入半柱水，然后将树脂和水一起倒入柱中。装柱时，应注意柱中的水不能流干，否则树脂简易形成气泡影响交换柱效率，从而影响出水量。装树脂量，单柱装入柱高的 2/3，混合柱装入柱高的 3/5，阳离子树脂与阴离子树脂的比例为 2：1。制取纯水选用 20～40 目离子交换树脂为好。

(3) 树脂的再生　离子交换树脂使用一定时间以后，树脂已达到饱和交换容量，阳柱出水可检出阳离子，阴柱出水检出阴离子，混合柱出水电导率不合格，表明树脂已经失去交换能力。失效的阳（阴）离子交换树脂可用酸（碱）再生处理，重新将树脂转变为氢型或氢氧型，可以重复使用。

阳离子交换树脂的再生方法如下。

① 逆洗　将自来水从交换柱底部通入，废水从顶部排出，将被压紧的树脂变松，洗去树脂碎粒及其他杂质，排除树脂层内的气泡，以利于树脂再生，洗至水清澈通常需 15～30min。逆洗后，从下部放水至液面高出树脂层面上 10cm 处。

② 酸洗　用 4%～5% HCl 水溶液（取 1 体积 35% 浓 HCl，加入 6 体积水）500mL，从柱的顶部加入，控制流速，流洗 30～45min，HCl 的用量与柱的大小有关。

③ 正洗　去离子水从柱顶部通入，废水从柱下端流出，控制流速约为两倍酸洗的流速。洗至 pH=3～4 时，用精密 pH 试纸试，用铬黑 T 检验应无阳离子。需正洗 20～30min。

精密 pH 试纸最好先用 pH 计校验过，以免指示不准，造成阳柱中 HCl 未洗净或正洗时间太长，用水量太大。

阴柱再生方法如下。

① 逆洗　将自来水连接于阴柱下端，靠自来水的压力通入阴柱，与阳柱再生相似。

② 碱洗　将 5% NaOH 溶液 700mL 从柱顶部加入，控制一定流速，使碱液在 1～1.5h 加完。NaOH 溶液用量与柱的大小有关。

③ 正洗　从柱顶部通入去离子水，下端放出废水，流速约为碱洗时的两倍，洗至 pH=11～12 时，用硝酸银溶液检验应无氯离子。

以上所有操作均不可将柱中水放至树脂层面以下，以免树脂间产生气泡。

混柱的柱内再生方法如下。

① 逆洗分层　从柱的下端通入自来水，将树脂悬浮起来，利用阴、阳离子树脂的密度不同，将树脂分层。两种树脂颜色不同，有一个明显分界面。阴离子树脂在上层，阳离子树脂在下层。如果树脂分层不好，是因为树脂未完全失效，氢型和氢氧型两者间密度相差较小之故。可在分层前先通入部分 NaOH 液，再逆洗分层，效果较好。

② 再生阴离子树脂　自上而下地加入 5% NaOH 溶液，经过阳离子树脂层，从底部排出废液。

③ 正洗　用去离子水洗净树脂层，至出水 pH 值为 9～11 止。

④ 再生阳离子树脂　从进酸管中通入 5% HCl 溶液，下端排出废液。为防止 HCl 上溢使再生好的阴离子树脂失效，可同时从上面通入一定量的去离子水，使其平衡。由于去离子水的稀释作用，HCl 再生液的浓度要适当地提高些。另一种方法是将水放至阴阳离子树脂分界处时，HCl 再生液从阳离子树脂层上方加入，但不要使 HCl 渗入阴离子树脂层。

⑤ 正洗　从进酸口或从柱上部通入去离子水，下端排出废液，洗至出水 pH 值为 4～5。

⑥ 混合　阴、阳离子交换树脂分别再生后，洗去再生液，可使用抽真空混合法使阴、阳离子交换树脂充分混合。从混合柱下部流进去离子水至树脂界面层上 15～20cm 处，再把连接有缓冲瓶的真空泵抽气口接于柱的顶端。真空抽气时，除柱下端阀门打开外，其余出口全部关住。由柱下端打开的阀门吸入空气，凭借空气的鼓动作用，将树脂翻动混合，混合约需 5min。树脂混合均匀后，柱上端接通大气，关闭真空泵，立即快速地从柱下端排除柱内水，迫使树脂迅速降落，避免重新分层。

⑦ 正洗及产水　按照制取去离子水的流程，以阳柱-阴柱-混合柱的次序连接好管路，从阳柱进原水，正洗各柱。用电导仪不时地监测流出水质，电阻达 0.5MΩ·cm 以上时，流出水即可供一般化验使用。连接水质自动报警系统，当水质不合格时，发出报警信号，同时停止出水。

在间歇地接取纯水时，开始 15min 流出的水质不高，应弃去。另外，出水流速应控制适当，流速过低，出水水质较差；流速过高，交换反应进行不完全，也使出水水质降低，且易穿透树脂层。

离子交换柱若长期不用，会孳生细菌，污染离子交换柱，特别是气温较高的夏季更应注意。

三、电渗析法制纯水

在电渗析器的阳板和阴板之间交替平行放置若干张阴离子交换膜和阳离子交换膜，膜间保持一定间距形成隔室，在通直流电后水中离子作定向迁移，阳离子移向负极，阴离子移向正极，阳离子只能透过阳离子交换膜，阴离子只能透过阴离子交换膜。在电渗析过程中能除去水中电解质杂质，但对弱电解质去除效率低。电渗法常用于海水淡化，不适用于单独制取化验纯水。与离子交换法联用，可制得较好的化验用纯水。电渗析法的特点是设备可以自动化，节省人力，仅消耗电能，不消耗酸碱，不产生废液等。

四、超纯水制备装置与贮存

在原子光谱、高效液相色谱、放化分析、超纯物质分析、痕量物质等的某些实验中，需要用超纯水。

1. 超纯水制备方法之一

① 加入少量高锰酸钾的水源，用玻璃蒸馏装置进行二次蒸馏，再以全石英蒸馏器进行蒸馏，收集于石英容器中，可得超纯水。

② 使用强酸型阳离子和强碱型阴离子交换树脂柱的混合床或串联柱，可充分除去水中的阳、阴离子，其电阻率达 $10^7 \Omega \cdot$ cm 的水，俗称去离子水，再用全石英蒸馏器进行蒸馏，收集可得超纯水。

2. 超纯水的台式装置

如用 Millipore 公司生产的 Milli-Q 型超纯水制备装置可制得不含有机物、无机物、微粒固体和微生物的超纯水。

将蒸馏法、离子交换法或电渗析法制备的纯水作为制备超纯水的水源。由齿轮泵将水送入纯化柱，纯化柱由四个填充柱组成（内填活性炭、阴阳离子交换树脂、超滤膜、无菌滤膜等物），纯化后的水流经电阻传感器，可连续监测纯化水的电阻值，其电阻率为 1～18MΩ·cm，任意可调，最后经过孔径为 0.22μm 的过滤器，除去 0.22μm 以上的微粒及微生物。整个装置由内装微机控制，液晶显示工作条件，每分钟可制 1.5L 电阻率为 10～15MΩ·cm 的超纯水，其总有机碳量 $<10\mu$g/L，微生物 <1CFU/me，重金属 $<1\mu$g/L。

3. 超纯水的贮存问题

水的贮存过程中会侵蚀容器壁引入杂质，吸收大气中灰尘，以及由于微生物作用而变质。例如离子交换装置的水贮存以后会有异味，纯水长期存放后会出现絮状微生物霉菌株。无论是用玻璃还是塑料容器在长期贮存中，容器壁释出的杂质污染纯水是不可忽视的问题。故超纯水最好是在临用前制备。

五、水的纯化流程简介

水的纯化是一个多级过程，每一级都除掉一定种类的杂质，为下一级纯化做准备。下面简单介绍纯化水的各步工序的原理及一般的工艺，以便实际工作者根据源水的水质和用水的要求，确定所选用合适的流程。

1. 高纯水制备的典型工艺流程

高纯水制备的典型工艺流程：源水→过滤→活性炭过滤器（或有机大孔树脂吸附器）→反渗透器（或电渗析器）→阳离子交换柱→阴离子交换柱→混合离子交换柱→有机物吸附柱→紫外灯杀菌器→精密过滤器→高纯水

高纯水的制备流程由预处理、脱盐和后处理三部分组成，根据用水的要求，选择合适的工艺组合。

① 预处理　主要是除去悬浮物、有机物，常用的方法有砂滤、膜过滤、活性炭吸附等。

② 脱盐　主要是除去各种盐类，常用的方法有电渗析、反渗透、离子交换等。

③ 后处理　主要是除去细菌、微颗粒，常用的方法有紫外杀菌、臭氧杀菌、超过滤、微孔过滤等。

2. 活性炭

活性炭是水纯化中广泛使用的吸附剂，有粒状和粉状两种结构，在活化过程中晶格间生成很多微孔，比表面积为 $500 \sim 1500 cm^2/g$，吸附能力很强。活性炭能吸附相当多的无机物和有机物，氯比有机物更易被活性炭吸附。活性炭对有机物的吸附有选择性，易于吸附的有机物有：芳香溶剂、氯代芳香烃、酚和氯酚、四氯化碳、农药、高分子染料等。

在高纯水的制造过程中，活性炭吸附柱可放在阳离子交换柱之前，用于除去氧化性物质和有机物，保护离子交换床。要防止活性炭粉末污染纯水系统，在后面要加微孔过滤器。

活性炭的使用方法：粉状活性炭用清水浸泡，清洗，装柱，用 3 倍体积的 3% HCl 和 4% NaOH 动态交替处理 $1 \sim 3$ 次（流速 $18 \sim 21 m/h$），每次处理后均淋洗至中性。进水应先除去悬浮物和胶体。失效的活性炭可在 $540 \sim 960 ℃$ 再生。

3. 离子交换

参见本节二。

4. 电渗析

参见本节三。

5. 反渗析

在对溶剂有选择性透过功能的膜两侧，放有浓度不同的溶液，当两侧静压力相等时，若溶液浓度不相等，其渗透压不相等，溶液会从稀溶液侧透过膜到浓溶液侧，这种现象称为渗透（渗析）现象。当膜两侧的静压力差大于浓溶液的渗透压差时，溶液会从浓溶液的一侧透过膜流到稀溶液的一侧，这种现象称为反渗透现象。反渗透也是一种膜分离技术。反渗透分离物质的粒径在 $0.001 \sim 0.01 \mu m$。一般为相对分子量小于 500 的分子。操作压力为 $1 \sim 10 MPa$。反渗透膜一般为表面与内部构造不同的非对称膜，有无机膜（玻璃中空纤维素膜）与有机膜（醋酸纤维素膜及非醋酸纤维素膜，如聚酰胺膜等）两大类。

在纯水的制备技术中，广泛采用反渗透作为预脱盐的主要工序，它的脱盐率在 90% 以上，可减轻离子交换树脂的负荷，反渗透能有效地除去细菌等微生物及铁、锰、硅等无机物，因而可减轻这些杂质引起的离子交换树脂的污染。其缺点是装置价格费用较贵，需要高压泵与高压管路，源水只有 50% ~75% 被利用。

6. 紫外线杀菌

微生物能污染纯水系统，因此，应经常进行杀菌以防止微生物的生长。灭菌的方法有加药法（加甲醛、次氯酸钠、双氧水等）、紫外光照射和臭氧等。紫外光照射可以抑制细菌繁殖，并可杀死细菌，杀菌速率快、效率高，效果好。在高纯水制备中已广泛应用。紫外杀菌装置采用低压汞灯、石英套管，低压汞灯的辐射光谱能量集中在杀菌力最强的 $253.7 \mu m$，在杀菌器后安装滤膜孔径小于 $0.45 \mu m$ 的过滤器，以滤除细菌尸体。因绝大部分细菌或细菌尸体的直径大于 $0.45 \mu m$。

7. 各种工艺除去水中杂质能力的比较

各种水处理工艺除去水中杂质的能力见表 1-34。

表 1-34　各种水处理工艺除去水中杂质的能力

工　　艺	过滤	活性炭大孔树脂吸附	电渗析	反渗析	复床	离子交换	紫外杀菌	膜过滤	超过滤	蒸馏
悬浮物	好									
胶体（<0.1μm）			好	很好				一般	很好	很好
胶体（>0.1μm）		一般	好	很好				好	很好	很好
胶体（>0.2μm）		一般		很好						
低分子量有机物		好		好	一般	一般		一般		
高分子量有机物	一般	好	一般	很好	一般	一般		很好		
无机物			很好	很好	很好	很好				很好
微生物		一般					好	很好	好	很好
细菌		一般					很好	很好	很好	很好
热原质①							好		好	很好

① 热原质：在注入人体和某些动物体内后可使体温增加的一组物质，一般认为来源于微生物的多糖。

六、亚沸高纯水蒸馏器

石英亚沸高纯水蒸馏器是现代化仪器（如气相色谱、高效液相色谱、化学电离质谱、无焰原子吸收光谱、核磁共振、电子探针等）进行测定痕量元素及微量有机物时的不可少的配套仪器，它能大大降低空白值，从而能提高方法的灵敏度和准确性，它是采用石英玻璃制造，不但耐高温，而且是在不到沸点的低温下蒸馏，因而水质极高，具有下列特点。

① 金属杂质单项含量为蒸馏水一次提纯≤$5×10^{-9}$，多次提纯极限含量≤$5×10^{-12}$。

② 电导率：一次提纯 $0.08×10^{-6}$S/cm（25℃）。

③ 电导率：三次提纯 $0.059×10^{-6}$S/cm（25℃）。

④ 普通自来水进，高纯水出水量 1200～1500mL/h。

⑤ 在提纯过程中因冷凝空间温度高（>200℃），可制取无菌、无热超纯水。

七、特殊要求的实验室用水的制备

1. 无氯水

加入亚硫酸钠等还原剂，将自来水中的余氯还原为氯离子，以 N-二乙基对苯二胺（DPD）检查不显色。继续用附有缓冲球的全玻蒸馏器进行蒸馏制取无氯水。

2. 无氨水

向水中加入硫酸至其 pH 值小于 2，使水中各种形态的氨或胺最终都变成不挥发的盐类，用全玻蒸馏器进行蒸馏，即可制得无氨纯水（注意避免实验室空气中含氨的重新污染，应在无氨气的实验室中进行蒸馏）。

3. 无二氧化碳水

① 煮沸法　将蒸馏水或去离子水煮沸至少 10min（水多时），或使水量蒸发 10％ 以上（水少时），加盖放冷即可制得无二氧化碳纯水。

② 曝气法　将惰性气体或纯氮通入蒸馏水或去离子水至饱和，即得无二氧化碳水。

制得的无二氧化碳水应贮存于一个附有碱石灰管的橡皮塞盖严的瓶中。

4. 无砷水

一般蒸馏水或去离子水多能达到基本无砷的要求。应注意避免使用软质玻璃（钠钙玻璃）制成的蒸馏器、树脂管和贮水瓶。进行痕量砷的分析时，须使用石英蒸馏器和聚乙烯的离子交换树脂柱管和贮水瓶。

5. 无铅（无重金属）水

用氢型强酸性阳离子交换树脂柱处理原水，即可制得无铅（无重金属）的纯水。贮水器应预先进行无铅处理，用 6mol/L 硝酸溶液浸泡过夜后以无铅水洗净。

6. 无酚水

向水中加入氢氧化钠至 pH 值大于 11，使水中酚生成不挥发的酚钠后，用全玻蒸馏器蒸馏制得

（蒸馏之前，可同时加入少量高锰酸钾溶液使水呈紫红色，再进行蒸馏）。

7. 不含有机物的蒸馏水

加入少量高锰酸钾的碱性溶液于水中，使其呈红紫色，再以全玻蒸馏器进行蒸馏即得。在整个蒸馏过程中，应始终保持水呈红紫色，否则应随时补加高锰酸钾。

八、化验用水的质量要求

1. 分析实验室用水规格

根据国家标准 GB/T 6682—1992《分析实验室用水规格和试验方法》规定，分析实验室用水分为三个等级：一级水、二级水和三级水。

一级水用于有严格要求的分析试验，包括对悬浮颗粒有要求的实验。如高压液相色谱分析用水。一级水可用二级水经过石英设备蒸馏或离子交换混合床处理后，再经 $0.2\mu m$ 微孔滤膜过滤来制取。

二级水用于无机痕量分析等试验，如原子吸收光谱分析。二级水可用多次蒸馏或离子交换等方法制取。

三级水用于一般化学分析试验，可用蒸馏或离子交换等方法制取。

分析实验室用水的技术要求应符合表 1-35 所列规格。

表 1-35　分析实验室用水的技术要求

名　　　称		一　级	二　级	三　级
pH 值范围(25℃)		—①	—①	5.0～7.5
电导率(25℃)/(mS/m)	≤	0.01②	0.10②	0.50
可氧化物质[以(O)计]/(mg/L)	<	③	0.08	0.4
吸光度(254nm,1cm 光程)	≤	0.001	0.01	—③
蒸发残渣(105℃±2℃)/(mg/L)	≤	—③	1.0	2.0
可溶性硅[以(SiO_2)计]/(mg/L)	<	0.01	0.02	—

① 由于在一级水、二级水的纯度下，难以测定其真实的 pH 值，因此对一级水、二级水的 pH 值范围不做规定。

② 一级水、二级水的电导率须用新制备的水"在线"测定。

③ 由于在一级水的纯度下，难于测定可氧化物质和蒸发残渣，对其限量不做规定。可用其他条件和制备方法来保证一级水的质量。

2. 分析实验室用水的容器与贮存

各级用水均使用密闭、专用聚乙烯容器。三级水也可使用密闭的、专用玻璃容器。新容器在使用前需用 20%盐酸溶液浸泡 2～3d，再用化验用水反复冲洗数次。

各级用水在贮存期间，其沾污的主要来源是容器可溶成分的溶解、吸收空气中二氧化碳灰尘和其他杂质以及由于微生物作用而变质。因此，一级水不可贮存，临使用前制备。二级水、三级水可适量制备，分别贮存于预先经同级水清洗过的相应容器中。离子交换水长期贮存后会有异味，出现絮状微生物霉菌菌株。无论是用玻璃还是塑料容器长期贮存二级水、三级水，容器壁释出的杂质污染，都是不可忽视的问题。

3. 化验用水中残留的金属离子量

表 1-36 为各种方法制备的化验用水残留金属离子的含量。

表 1-36　各种方法制备的化验用水残留金属离子的含量　　单位：μg/L

残留元素	制　　备　　方　　法					
	自来水用金属制蒸馏器 2 次蒸馏	蒸馏水用石英制蒸馏器 2 次蒸馏	蒸馏水用石英制沸腾蒸馏器蒸馏	自来水通过混床式离子交换柱	蒸馏水通过混床式离子交换柱	将反渗透水通过活性炭混床式离子柱,膜滤器
Ag	1	①	0.002	①	①	0.01
Al	10	0.5	①	①	0.1	0.1
B	0.01	①	①	①	①	3

续表

残留元素	自来水用金属制蒸馏器2次蒸馏	蒸馏水用石英制蒸馏器2次蒸馏	蒸馏水用石英制沸腾蒸馏器蒸馏	自来水通过混床式离子交换柱	蒸馏水通过混床式离子交换柱	将反渗透水通过活性炭混床式离子柱,膜滤器
			制　备　方　法			
Ba			0.01	<0.006		
Ca	50	0.07	0.08	0.02	0.03	1
Cd			0.005			<0.1
Co				<0.002		<0.1
Cr	①	①		0.02		0.1
Cu	50	①	0.01	0.02	①	0.2
Fe	0.1	①	0.05	0.02	①	0.2
K			0.09			
Mg	8	0.05	0.09	<0.02	0.01	0.5
Mn	0.01	①	①	<0.02	①	0.05
Mo				<0.02		<0.1
Na	1		0.06			1
Ni				0.002		<0.1
Pb	50	①	0.008	0.02	①	0.1
Si	50	5			1	0.5
Sn	5	①	0.02			<0.1
Sr			0.02	<0.06	①	0.1
Te			0.004			
Ti	②					
Tl			0.01			
Zn	10		0.04	0.06	①	<0.1

① 未检出。
② 检出未定量。

九、化验用水的质量检验

1. pH值检验

取水样10mL,加甲基红pH指示剂(变色范围为pH=4.2~6.2)2滴,以不显红色为合格;另取水10mL,加溴百里酚蓝(变色范围pH=6.0~7.6)5滴,不显蓝色为合格。也可用精密pH试纸检查或用pH计(酸度计)测定其pH值。

2. 电导率的测定

用于一、二级水测定的电导仪,配备电极常数为0.01~0.1cm^{-1}的"在线"电导池,并具有温度自动补偿功能。若电导仪不具温度补偿功能,可装"在线"热交换器,使测量时水温控制在(25±1)℃。或记录水温度,按换算公式进行换算。

用于三级水测定的电导仪,配备电极常数为0.01~1cm^{-1}的电导池,并具有温度自动补偿功能。若电导仪不具温度补偿功能,可装恒温水浴槽,使待测水样温度控制在(25±1)℃。或记录水温度,按换算公式进行换算。

当实测的各级水不是25℃时,其电导率可按下式进行换算:

$$K_{25} = k_t(K_t - K_{p \cdot t}) + 0.00548$$

式中　K_{25}——25℃时水样的电导率,mS/m;

K_t——t℃时水样的电导率,mS/m;

$K_{p \cdot t}$——t℃时理论纯水的电导率,mS/m;

k_t——换算系数;

0.00548——25℃时理论纯水的电导率,mS/m。

$K_{p \cdot t}$和k_t可从表1-37中查出。

表 1-37　理论纯水的电导率和换算系数

$t/℃$	k_t	$K_{p·t}/(mS/m)$	$t/℃$	k_t	$K_{p·t}/(mS/m)$	$t/℃$	k_t	$K_{p·t}/(mS/m)$
0	1.7975	0.00116	17	1.1954	0.00349	34	0.8475	0.00861
1	1.7550	0.00123	18	1.1679	0.00370	35	0.8350	0.00907
2	1.7135	0.00132	19	1.1412	0.00391	36	0.8233	0.00950
3	1.6728	0.00143	20	1.1155	0.00418	37	0.8126	0.00994
4	1.6329	0.00154	21	1.0906	0.00441	38	0.8027	0.01044
5	1.5940	0.00165	22	1.0667	0.00466	39	0.7936	0.01088
6	1.5559	0.00178	23	1.0436	0.00490	40	0.7855	0.01136
7	1.5188	0.00190	24	1.0213	0.00519	41	0.7782	0.01189
8	1.4825	0.00201	25	1.0000	0.00548	42	0.7719	0.01240
9	1.4470	0.00216	26	0.9795	0.00578	43	0.7664	0.01298
10	1.4125	0.00230	27	0.9600	0.00607	44	0.7617	0.01351
11	1.3788	0.00245	28	0.9413	0.00640	45	0.7580	0.01410
12	1.3461	0.00260	29	0.9234	0.00674	46	0.7551	0.01464
13	1.3142	0.00276	30	0.9065	0.00712	47	0.7532	0.01521
14	1.2831	0.00292	31	0.8904	0.00749	48	0.7521	0.01582
15	1.2530	0.00312	32	0.8753	0.00784	49	0.7518	0.01650
16	1.2237	0.00330	33	0.8610	0.00822	50	0.7525	0.01728

一、二级水的电导测量,是将电导池装在水处理装置流动出水口处,调节水的流速,赶净管道及电导池内的气泡,即可进行测量。

三级水的电导测量,是取 400mL 水样于锥形瓶中,插入电导池后即可进行测量。

3. 可氧化物质限量试验

量取 1000mL 二级水,注入烧杯中,加入 5.0mL 20%硫酸溶液,混匀。

量取 200mL 三级水,注入烧杯中,加入 1.0mL 20%硫酸溶液,混匀。

在上述已酸化的试液中,分别加入 1.00mL 0.01mol/L $\left(\dfrac{1}{5}KMnO_4\right)$ 标准溶液,混匀,盖上表面皿,加热至沸并保持 5min,溶液的粉红色不得完全消失。

4. 吸光度的测定

将水样分别注入厚度为 1cm 和 2cm 石英吸收池中,在紫外可见分光光度计上,于波长 254nm 处,以 1cm 吸收池中水样为参比,测定 2cm 吸收池中水样的吸光度。

如仪器的灵敏度不够时,可适当增加测量吸收池的厚度。

5. 蒸发残渣的测定

量取 1000mL 二级水(三级水取 500mL)。将水样分几次加入旋转蒸发器的 500mL 蒸馏瓶中,于水浴上减压蒸发(避免蒸干)。待水样最后蒸至约 50mL 时,停止加热。

将上述预浓集的水样转移至一个已于 (105±2)℃ 恒重的玻璃蒸发皿中,并用 5～10mL 水样分 2～3 次冲洗蒸馏瓶,将洗液与预浓集水样合并,于水浴上蒸干,并在 (105±2)℃ 的电烘箱中干燥至恒重。

残渣质量不得大于 1.0mg。

6. 可溶性硅的限量试验

量取 520mL 一级水(二级水取 270mL),注入铂皿中。在防尘条件下,亚沸蒸发至约 20mL 时停止加热。冷至室温,加入 1.0mL 50g/L 钼酸铵溶液,摇匀。放置 5min 后,加 1.0mL 50g/L 草酸溶液,摇匀。放置 1min 后,加 1.0mL 2g/L 对甲氨基酚硫酸盐溶液,摇匀。转至 25mL 比色管中,稀释至刻度,摇匀,于 60℃ 水浴中保温 10min。目视比色,试液的蓝色不得深于标准。

标准试样是取 0.50mL 二氧化硅标准溶液 (0.01mg/mL) 加入 20mL 水样后,加 1.0mL 钼酸铵溶液后采用与样品试液同样的处理方法。

① 50g/L 钼酸铵溶液　称取 5.0g 钼酸铵 $[(NH_4)_6Mo_7O_{24}·4H_2O]$,加水溶解,加入

20.0mL 20%硫酸溶液，稀释至100mL，摇匀，贮于聚乙烯瓶中。发现有沉淀时应弃去。

②2g/L 对甲氨基酚硫酸盐（米吐尔）溶液 称取 0.20g 对甲氨基酚硫酸盐，溶于水，加 20.0g 焦亚硫酸钠，溶解并稀释至100mL。摇匀，贮于聚乙烯瓶中。避光保存，有效期两周。

③50g/L 草酸溶液 称取 5.0g 草酸，溶于水并稀释至100mL。贮于聚乙烯瓶中。

十、几家生产纯水机的厂商与机型

（1）上海涞科仪器有限公司生产的 OKP-T008 型三级纯水系列纯水机，出水是 8L/h，纯水水质符合 GB/T 6682—1992 的三级水标准。OKP-H210 低有机物型高纯水机，超纯水水质符合 GB/T 6682—1992 的一级水标准，出水量 10L/h。OKP-H110 低细菌型高纯水机，超纯水水质符合 GB/T 6682—1992 的一级水标准，制水全封闭，无菌过滤仓，出水量 10L/h。OKP-R020 型纯水器，属于蒸馏设备完全替代品，操作简单，使用方便，纯水水质符合 GB/T 6682—1992 的三级水标准，出水量 20L/h。OKP-H010 型超纯水机，超纯水水质符合 GB/T 6682—1992 的一级水标准。OKP-M210 型纯水机，纯水水质符合 GB/T 6682—1992 的二级水标准。OKP-S410 超强组合型超纯水机，超纯水水质符合 GB/T 6682—1992 的一级水标准。

（2）上海禾工科学仪器有限公司 HUP 系列超纯水机，出水水质电阻率 18.2MΩ·cm，电导率 2～10μS/cm。RODI 标准型 Hitech-Klow 系列超纯水系统（超纯水机），出水水质符合 GB/T 6682—1992 的一级标准。

（3）上海同田生物技术有限公司生产的 BRU 系列超纯水机是一款两用型纯水、超纯水制备系统，分为标准型、超低有机物（TOC）型、生化型三种机型，适合不同场合的需要。其中纯水水质满足中国国家实验室三级用水标准，电导率 1～5μS/cm；超纯水水质满足并优于中国国家电子级一级纯水标准，电阻率为 18.2MΩ·cm、TOC<$10×10^{-9}$、微生物<1cfu/mL、热源<0.001Eu/mL、微粒数（大于 0.22μm）<1 个 mL。北京历元电子仪器技贸公司生产的 UPW-20N 超纯水器型（台式）出水量 20L/h，超纯水电导率≤0.055μS/cm（25℃）。无需人工看守，操作方便、简单、制水速度快。微电脑全自动控制。另有 UPW-30S 超纯水器、UPW-50S 超纯水器和 UPW-10N 超纯水器。

（4）北京湘顺源科技有限公司生产的 XYA-H 系列帕恩特纯水机，产水水质：三级水电导率小于 10μS/cm（25℃），二级水电阻率大于 2MΩ·cm（25℃），电导率小于 0.5μS/cm（25℃），产水量 5～60L/h。

（5）北京普析通用仪器有限责任公司生产的 GW 系列超纯水器，型号有 GW-UN、GW-UP、GW-RO。其中 GW-RO 系列出水量流为 18L/h、28L/h、38L/h，出水水质 0～40μS/cm。

（6）南京易普易达科技发展有限公司生产的 EPED-T-600 型高纯水机与纯水机，产水水质电阻率为 5～17MΩ·cm（25℃），相当于 GB/T 6682—1992 一级和二级水标准。生产电导率为≤5μS/cm（25℃）的普通纯水，相当于 GB/T 6682—1992 三级水标准。产水量 40～100L/h。

（7）河南郑州华新电气有限公司生产的应用分析级纯水机，出水量 5～60L/h，三级水电导率小于等于 10μS/cm（25℃），一级超纯水电导率小于 0.1μS/cm（25℃）。标准试剂级超纯水机，三级水电导率小于等于 10μS/cm（25℃）。

（8）Millipore 公司生产的 MILLIPOREQ-POD Element 终端精制器（Q-POD Element），使用 ICP-MS 技术进行痕量元素分析的实验室。Q-POD Element 终端精制器是由精通 IC、ICP-MS 以及 GF-AAS 等痕量分析方法的科学家专门为此设计的。它与 Milli-Q Integral 或 Milli-Q Advantage 超纯水与纯水系统联合使用，可以达到此目的。Millipore 公司同时生产经典超纯水系统 Milli-Q Century、Milli-Q Advantage 超纯水系统、Milli-Q Integral 纯水/超纯水一体化系统等。

（9）赛默飞世尔科技有限公司是 Thermo Fisher Scientific 公司的销售公司，美国赛默超纯水器（Thermo Scientific Nanopure Life Science Water Purifier）能生产超低含量的细菌、内毒素、DNA 酶和 RNA 酶的水质，满足生命科学领域的用水，该仪器清晰地显示水质的电阻率、电导率、温度和 TOC 值，可远程控制，系统可以自动完成自清洁和消毒程序，采用超静音泵，可间歇取水，连续取水或定量取水，0.2μm 中空纤维终端过滤器使用寿命长，柱组安装和更换方便灵活。有 Diamond TII 型纯水器（Thermo Scientific Diamond TII water purifier）和 Nanopure 系列超纯水器（Thermo Scientific Nanopure Water Purifier）。

（10）英国 Kertone Ltd 的中国子公司 Kertone-湖南科尔顿水务有限公司位于长沙市高新技术产

业开发区，生产 SB 系列高级实验室超纯水器与超纯水机，出水水质符合 GB 6682—2000 三级水标准，超纯水水质优于 GB 6682—2000 一级水标标准。

(11) 英国 PURITE 超纯水器 (Purite-Select Neptune)，产出超纯水电阻率达到 18.2MΩ·cm。

第九节　化学试剂

化学试剂是化验中不可缺少的物质。试剂选择与用量是否恰当，将直接影响化验结果的好坏。对于化验工作者来说，了解试剂的性质、分类、规格及使用常识是非常必要的。

一、化学试剂的分类、分级和规格

化学试剂的产品标准分为：基准试剂、一般无机试剂、一般有机试剂和有机溶剂、高纯试剂和高纯物质、指示剂和特效试剂、生化试剂和临床分析试剂、仪器分析试剂和其他试剂（包括同位素试剂）等类。

对于试剂质量，我国有国家标准或部颁标准，规定了各级化学试剂的纯度及杂质含量，并规定了标准分析方法。我国生产的试剂质量分为四级，表1-38列出了我国化学试剂的分级。

表 1-38　我国化学试剂的分级

级别	习惯等级与代号		标签颜色	附　　注
一级	保证试剂	优级纯(GR)	绿色	纯度很高,适用于精确分析和研究工作,有的可作为基准物质
二级	分析试剂	分析纯(AR)	红色	纯度较高,适用于一般分析及科研用
三级	化学试剂	化学纯(CP)	蓝色	适用于工业分析与化学试验
四级	实验试剂	(LR)	棕色	只适用于一般化学实验用

现以化学试剂重铬酸钾的国家标准 (GB/T 642—1999) 为例加以说明。

① 优级纯、分析纯的 $K_2Cr_2O_7$ 含量不少于 99.8%，化学纯含量不少于 99.5%。

② 杂质最高含量（以百分含量计），见表1-39所示。

表 1-39　重铬酸钾试剂中杂质最高含量　　　　　单位：%

名　称	优级纯	分析纯	化学纯	名　称	优级纯	分析纯	化学纯	名　称	优级纯	分析纯	化学纯
水不溶物	0.003	0.005	0.01	硫酸盐(SO_4^{2-})	0.005	0.01	0.02	铁	0.001	0.002	0.005
干燥失重	0.05	0.05	—	钠	0.02	0.05	0.1	铜	0.001	—	—
氯化物(Cl^-)	0.001	0.002	0.005	钙	0.002	0.002	0.001	铅	0.005	—	—

除上述把化学试剂分为四级外，尚有其他特殊规格的试剂。这些试剂虽尚未经有关部门明确规定和正式分布，但多年来为广大的化学试剂厂生产、销售和使用者所熟悉与沿用，见表1-40中所列的特殊规格化学试剂。

表 1-40　特殊规格的化学试剂

规　格	代号①	用　途	备　注
高纯物质	EP	配制标准溶液	包括超纯、特纯、高纯、光谱纯
基准试剂		标定标准溶液	已有国家标准
pH 基准缓冲物质		配制 pH 标准缓冲溶液	已有国家标准
色谱纯试剂	GC	气相色谱分析专用	
	LC	液相色谱分析专用	
实验试剂	LR	配制普通溶液或化学合成用	瓶签为棕色的四级试剂
指示剂	Ind.	配制指示剂溶液	
生化试剂	BR	配制生物化学检验试液	标签为咖啡色
生物染色剂	BS	配制微生物标本染色液	标签为玫瑰红色
光谱纯试剂	SP	用于光谱分析	
特殊专用试剂		用于特定监测项目,如无砷锌	锌粒含砷不得超过 $4×10^{-5}$%

① EP——Extra Pure; GC——Gas Chromatography; LR——Laboratory Reagent; Ind. ——Indicators; BR——Biochemical Reagent; BS——Biological Stains; LC——Liquid Chromatography; SP——Spectral Pure.

国外试剂规格有的和我国相同，有的不一致，可根据标签上所列杂质的含量对照加以判断。如常用的 ACS（American Chemical Society）为美国化学协会分析试剂规格。"Spacpure"为英国 Johnson Malthey 出品的超纯试剂。德国的 E. Merck 生产有 Suprapur（超纯试剂）。美国 G. T. Baker 有 Ultex 等。

二、化学试剂的包装及标志

化学试剂的包装单位，是指每个包装容器内盛装化学试剂的净重（固体）或体积（液体）。包装单位的大小是根据化学试剂的性质、用途和经济价值决定的。

我国化学试剂规定以下列五类包装单位包装。

第一类：0.1g、0.25g、0.5g、1g、5g 或 0.5mL、1mL。

第二类：5g、10g、25g 或 5mL、10mL、25mL。

第三类：25g、50g、100g 或 20mL、25mL、50mL、100mL。

第四类：100g、250g、500g 或 100mL、250mL、500mL。

第五类：500g、1000g 至 5000g（每 500g 为一间隔）或 500mL、1L、2.5L、5L。

根据实际工作中对某种试剂的需要量决定采购化学试剂的量。如一般无机盐类以 500g 包装的较多，有机溶剂以 500mL 包装的较多。而指示剂、有机试剂多购买小包装，如 5g、10g、25g 等。高纯试剂、贵金属、稀有元素等多采用小包装。

我国国家标准 GB/T 15346—1994 规定，化学试剂的级别分别以不同颜色的标签表示之。

优级纯	深绿色	基准试剂	浅绿色
分析纯	金光红色	生化试剂	咖啡色
化学纯	蓝色	生物染色剂	玫瑰红色

三、化学试剂的选用与使用注意事项

1. 化学试剂的选用

化学试剂应以分析要求（包括分析任务、分析方法、对结果准确度等）为依据，来选用不同等级。如痕量分析要选用高纯或优级纯试剂，以降低空白值和避免杂质干扰。在以大量酸碱进行样品处理时，其酸碱也应选择优级纯试剂。同时，对所用的纯水的制取方法和玻璃仪器的洗涤方法也应有特殊要求。作仲裁分析也常选用优级纯、分析纯试剂。一般车间控制分析，选用分析纯、化学纯试剂。某些制备实验、冷却浴或加热浴的药品，可选用工业品。

不同分析方法对试剂有不同的要求。如络合滴定，最好用分析纯试剂和去离子水，否则因试剂或水中的杂质金属离子封闭指示剂，使滴定终点难以观察。

不同等级的试剂价格往往相差甚远，纯度越高价格越贵。若试剂等级选择不当，将会造成资金浪费或影响化验结果。

另外必须指出的是，虽然化学试剂必须按照国家标准进行检验合格后才能出厂销售，但不同厂家、不同原料和工艺生产的试剂在性能上有时有显著差异。甚至同一厂家，不同批号的同一类试剂，其性质也很难完全一致。因此，在某些要求较高的分析中，不仅要考虑试剂的等级，还应注意生产厂家、产品批号等。必要时应做专项检验和对照试验。

有些试剂由于包装或分装不良，或放置时间太长，可能变质，使用前应做检查。

2. 使用注意事项

为了保障化验人员的人身安全，保持化学试剂的质量和纯度，得到准确的化验结果，要求掌握化学试剂的性质和使用方法，制定出化学试剂的使用守则，严格要求有关人员共同遵守。

化验室工作人员应熟悉常用化学试剂的性质，如市售酸碱的浓度、试剂在水中的溶解度，有机溶剂的沸点、燃点，试剂的腐蚀性、毒性、爆炸性等。

所有试剂、溶液以及样品的包装瓶上必须有标签。标签要完整、清晰，标明试剂的名称、规格、质量。溶液除了标明品名外，还应标明浓度、配制日期等。万一标签脱落，应照原样贴牢。绝对不允许在容器内装入与标签不相符的物品。无标签的试剂必须取小样检定后才可使用。不能使用的化学试剂要慎重处理，不能随意乱倒。

为了保证试剂不受污染，应当用清洁的牛角勺或不锈钢小勺从试剂瓶中取出试剂，绝不可用手抓取。若试剂结块，可用洁净的玻璃棒或瓷药铲将其捣碎后取出。液体试剂可用洗干净的量筒倒取，不要用吸管伸入原瓶试剂中吸取液体。从试剂瓶内取出的、没有用完的剩余试剂，不可倒回原瓶。打开易挥发的试剂瓶塞时，不可把瓶口对准自己脸部或对着别人。不可用鼻子对准试剂瓶口猛吸气。如果需嗅试剂的气味，可将瓶口远离鼻子，用手在试剂瓶上方扇动，使空气流吹向自己而闻出其味。化学试剂绝不可用舌头品尝。化学试剂一般不能作为药用或食用。医药用药品和食品的化学添加剂都有安全卫生的特殊要求，由专门厂家生产。

取用试剂时，瓶塞不能随意乱放，玻璃磨口塞、橡皮塞、塑料内封盖要翻过来倒放在洁净处。

取用完毕后立即盖好密封，防止污染其他物质或变质。用滴瓶盛试剂时，注意橡皮头要先用水煮后洗净，吸取溶液时不要将溶液吸入橡皮头中，也不要将滴管倒置，以免溶液流入橡皮头中造成污染溶液。

四、常用化学试剂的一般性质

表 1-41 与表 1-42 列出了化验室常用酸、碱、盐等试剂的一般性质。

表 1-41　常用酸、碱试剂的一般性质

名　称 化学式 相对分子质量[①]	沸点 /℃	密度[②] /(g/mL)	浓度[②] /(g/100g 溶液)	/(mol/L)	一　般　性　质
盐酸 HCl 36.463	110	1.18~1.19	36~38	约 12	无色液体，发烟。与水互溶。强酸，常用的溶剂。大多数金属氯化物易溶于水。Cl^- 具有弱还原性及一定的络合能力
硝酸 HNO_3 63.016	122	1.39~1.40	约 68	约 15	无色液体，与水互溶。受热、光照时易分解，放出 NO_2，变成橘红色。强酸，具有氧化性，溶解能力强，速率快。所有硝酸盐都易溶于水
硫酸 H_2SO_4 98.08	338	1.83~1.84	95~98	约 18	无色透明油状液体，与水互溶，并放出大量的热，故只能将酸慢慢地加入水中，否则会因暴沸溅出伤人。强酸。浓酸具有强氧化性，强脱水能力，能使有机物脱水炭化。除碱土金属及铅的硫酸盐难溶于水外，其他硫酸盐一般都溶于水
磷酸 H_3PO_4 98.00	213	1.69	约 85	约 15	无色浆状液体，极易溶于水中。强酸，低温时腐蚀性弱，200~300℃时腐蚀性很强。强络合剂，很多难溶矿物均可被其分解。高温时脱水形成焦磷酸和聚磷酸
高氯酸 $HClO_4$ 100.47	203	1.68	70~72	12	无色液体，易溶于水，水溶液很稳定。强酸。热、浓时是强的氧化剂和脱水剂。除钾、铷、铯外，一般金属的高氯酸盐都易溶于水。与有机物作用易爆炸
氢氟酸 HF 20.01	120 (35.35%时)	1.13	40	22.5	无色液体，易溶于水。弱酸，能腐蚀玻璃、瓷器。触及皮肤时能造成严重灼伤，并引起溃烂。对 3 价、4 价金属离子有很强的络合能力。与其他酸（如 H_2SO_4、HNO_3、$HClO_4$）混合使用时，可分解硅酸盐，必须用铂或塑料器皿在通风柜中进行
乙酸 CH_3COOH （简记为 HAc） 60.054		1.05	99 （冰乙酸） 36.2	17.4 （冰乙酸） 6.2	无色液体，有强烈的刺激性酸味。与水互溶，是常用的弱酸。当浓度达 99% 以上时（密度为 1.050g/mL）凝固点为 14.8℃，称为冰乙酸，对皮肤有腐蚀作用
氨水 $NH_3 \cdot H_2O$ 35.048		0.91~0.90	25~28 (NH_3)	约 15	无色液体，有刺激臭味。易挥发，加热至沸时，NH_3 可全部逸出。空气中 NH_3 达到 0.5% 时，可使人中毒。室温较高时欲打开瓶塞，需用湿毛巾盖着，以免喷出伤人。常用弱碱

续表

名　称 化学式 相对分子质量①	沸点 /℃	密度② /(g/mL)	浓　度②		一　般　性　质
			/(g/100g 溶液)	/(mol/L)	
氢氧化钠 NaOH 40.01		商品溶液			白色固体,呈粒、块、棒状。易溶于水,并放出大量热。强碱,有强腐蚀性,对玻璃也有一定的腐蚀性,故宜贮存于带胶塞的瓶中。易溶于甲醇、乙醇
		1.53	50.5	19.3	
氢氧化钾 KOH 56.104		商品溶液			
		1.535	52.05	14.2	

① 相对分子质量亦可称为式量。
② 表中的"密度"、"浓度"是对市售商品试剂而言。

表 1-42　常用盐类和其他试剂的一般性质

名　称① 化学式 相对分子质量	溶　解　度②			一　般　性　质
	水 (20℃)	水 (100℃)	有机溶剂 (18～25℃)	
硝酸银 AgNO₃ 169.87	222.5	770	甲醇 3.6 乙醇 2.1 吡啶 3.6	无色晶体,易溶于水,水溶液呈中性。见光、受热易分解,析出黑色 Ag。应贮于棕色瓶中
三氧化二砷 As₂O₃ 197.84	1.8	8.2	氯仿、乙醇	白色固体,剧毒!又名砷华、砒霜、白砒。能溶于 NaOH 溶液形成亚砷酸钠。常用作基准物质,可作为测定锰的标准溶液
氯化钡 BaCl₂·2H₂O 244.27	42.5	68.3	甘油 9.8	无色晶体,有毒!重量法测定 SO_4^{2-} 的沉淀剂
溴 Br₂ 159.81	3.13 (30℃)			暗红色液体,强刺激性,能使皮肤发炎。难溶于水,常用水封保存。能溶于盐酸及有机溶剂。易挥发,沸点为58℃。必须戴手套在通风柜中进行操作
无水氯化钙 CaCl₂ 110.99	74.5	158	乙醇 25.8 甲醇 29.2 异戊醇 7.0	白色固体,有强烈的吸水性。常用作干燥剂。吸水后生成 CaCl₂·2H₂O,可加热再生使用
硫酸铜 CuSO₄·5H₂O 249.68	32.1	120	甲醇	蓝色晶体,又名蓝矾、胆矾。加热至100℃时开始脱水,250℃时失去全部结晶水。无水硫酸铜呈白色,有强烈的吸水性,可作干燥剂
硫酸亚铁 FeSO₄·7H₂O 278.01	48.1	80.0 (80℃)		青绿色晶体,又称绿矾。还原剂,易被空气氧化变成硫酸铁,应密闭保存
硫酸铁 Fe₂(SO₄)₃ 399.87	282.8 (0℃)	水解		无色或亮黄色晶体,易潮解。高于600℃时分解。溶于冷水,配制溶液时应先在水中加入适量 H₂SO₄,以防 Fe^{3+} 水解
过氧化氢 H₂O₂ 34.01	∞		乙醇 乙醚	无色液体,又名双氧水。通常含量为30%,加热分解为 H₂O 和初生态氧[O],有很强的氧化性,常作为氧化剂。但在酸性条件下,遇到更强的氧化剂时,它又呈还原性。应避免与皮肤接触,远离易燃品,于暗、冷处保存

名称[①] 化学式 相对分子质量	溶 解 度[②]			一 般 性 质
	水 (20℃)	水 (100℃)	有机溶剂 (18~25℃)	
酒石酸 $H_2C_4H_4O_6$ 150.09	139	343	乙醇 25.6	无色晶体,是 Al^{3+}、Fe^{3+}、Sn^{4+}、W^{6+} 等高价金属离子的掩蔽剂
草酸 $H_2C_2O_4 \cdot 2H_2O$ 126.06	14	168	乙醇 33.6 乙醚 1.37	无色晶体,空气中易风化失去结晶水;100℃时完全脱水。是二元酸,既可作为酸,又可作还原剂,用来配制标准溶液
柠檬酸 $H_3C_6H_5O_7 \cdot H_2O$ 201.14	145		乙醇 126.8 乙醚 2.47	无色晶体,易风化失去结晶水,是 Al^{3+}、Fe^{3+}、Sn^{4+}、Mo^{6+} 等金属离子的掩蔽剂
汞 Hg 200.59	不溶			亮白微呈灰色的液态金属,又称水银。熔点 -39℃,沸点 357℃。蒸气有毒!密度大(13.55g/mL),室温时化学性质稳定。不溶于 H_2O,稀 H_2SO_4。与 HNO_3、热浓 H_2SO_4、王水反应。应水封保存
氯化汞 $HgCl_2$ 271.50	6.6	58.3	乙醇 74.1 丙酮 141 吡啶 25.2	又名升汞,剧毒!测定铁时用来氧化过量的氯化亚锡
碘 I_2 253.81	0.028	0.45	乙醇 26 二硫化碳 16 氯仿 2.7	紫黑色片状晶体,难溶于水,但可溶于 KI 溶液。易升华,形成紫色蒸气。应密闭、暗中保存。是弱氧化剂
氰化钾 KCN 65.12	71.6 (25℃)	81 (50℃)	甲醇 4.91 乙醇 0.88 甘油 32	白色晶体,剧毒!易吸收空气中的 H_2O 和 CO_2,同时放出剧毒的 HCN 气体!一般在碱性条件下使用,能与 Ag^+、Zn^{2+}、Fe^{3+}、Mn^{2+}、Hg^{2+}、Co^{2+}、Cd^{2+} 等形成无色络合物。如用酸分析其络合物,必须在通风柜中进行
溴酸钾 $KBrO_3$ 167.00	6.9	50		无色晶体,370℃分解。氧化剂,常作为滴定分析的基准物质
氯化钾 KCl 74.55	34.4	56	甲醇 0.54 甘油 6.7	无色晶体,能溶于甘油、醇,不溶于醚和酮
铬酸钾 K_2CrO_4 194.19	63	79		黄色晶体,常作为沉淀剂,鉴定 Pb^{2+}、Ba^{2+} 等
重铬酸钾 $K_2Cr_2O_7$ 294.18	12.5	100		橘红色晶体,常用氧化剂,易精制得纯品,作滴定分析中的基准物质
氟化钾 KF 58.10	94.9	150 (90℃)	丙酮 2.2	无色晶体或白色粉末,易潮解,水溶液呈碱性。常作为掩蔽剂。遇酸放出 HF,有毒
亚铁氰化钾 $K_4Fe(CN)_6$ 422.39	32.1	76.8	丙酮	黄色晶体,又称黄血盐。与 Fe^{3+} 形成蓝色沉淀,是鉴定 Fe^{3+} 的专属试剂
铁氰化钾 $K_3Fe(CN)_6$ 329.25	42	91.6	丙酮	暗红色晶体,又名赤血盐,加热时分解。遇酸放出 HCN,有毒!水溶液呈黄色,是鉴定 Fe^{2+} 的专属试剂

续表

名 称① 化学式 相对分子质量	溶 解 度②			一 般 性 质
	水 (20℃)	水 (100℃)	有机溶剂 (18~25℃)	
磷酸二氢钾 KH_2PO_4 136.09	22.6	83.5 (90℃)		无色晶体,易潮解。水溶液的 $pH=4.4\sim4.7$,常用来配制缓冲溶液
碘化钾 KI 166.00	144.5	206.7	甲醇 15.1 乙醇 1.88 甘油 50.6 丙酮 2.35	无色晶体,溶于水时吸热。还原剂,能与许多氧化性物质作用析出定量的碘,是碘量法的基本试剂。与空气作用易变为黄色(被氧化为 I_2)而使计量不准
碘酸钾 KIO_3 214.00	8.1	32.3		无色晶体,易吸湿。氧化剂,可作基准物质
高锰酸钾 $KMnO_4$ 158.03	6.4	25 (65℃)	溶于甲醇、丙酮 与乙醇反应	暗紫色晶体,在酸性、碱性介质中均显强氧化性,是化验中常用的氧化剂。水溶液遇光能缓慢分解,固体在大于200℃时也分解,故应贮于棕色瓶中
硫氰酸钾 $KSCN$ 97.18	217	674	丙酮 20.8 吡啶 6.15	无色晶体,易潮解,是鉴定 Fe^{3+} 的专属试剂,也可用来作 Fe^{3+} 的比色测定
盐酸羟胺 $NH_2OH \cdot HCl$ 69.49	94.4		甲醇 乙醇	无色透明晶体,强还原剂。又称氯化羟胺
氯化铵 NH_4Cl 53.49	37.2	78.6	甲醇 3.3 乙醇 0.6	无色晶体,水溶液显酸性,是配制氨缓冲溶液的主要试剂。337.8℃分解放出 HCl 和 NH_3
氟化铵 NH_4F 37.04	32.6	118 (80℃)	乙醇	无色固体,易潮解。性质、作用同 KF
硫酸亚铁铵 $(NH_4)_2Fe(SO_4)_2 \cdot 6H_2O$ 392.12	36.4	71.8(70℃)		淡绿色晶体,易风化失水。又称莫尔盐。不稳定,易被空气氧化,溶液更易被氧化。为防止 Fe^{2+} 水解,常配成酸性溶液。常作为还原剂
硫酸铁铵 $(NH_4)Fe(SO_4)_2 \cdot 24H_2O$ 482.17	124 (25℃)	400		亮紫色透明晶体,又称铁铵矾。易风化失水,230℃时失尽水。测定卤化物的指示剂
钼酸铵 $(NH_4)_2MoO_4$ 196.01				微绿或微黄色晶体,化学式有时写成 $(NH_4)_6Mo_7O_{24} \cdot 4H_2O$。加热时分解。为测 P、As 的主要试剂
硝酸铵 NH_4NO_3 80.04	178	1010	甲醇 17.1 乙醇 3.8	白色结晶,溶于水时剧烈吸热,等量 H_2O 与 NH_4NO_3 混合时可使温度降低 $15\sim20℃$。210℃时分解。迅速加热或与有机物混合加热时会引起爆炸
过硫酸铵 $(NH_4)_2S_2O_8$ 228.19	74.8 (15.5℃)			无色晶体,120℃分解。常作为氧化剂,有催化剂共存时可将 Mn^{2+}、Cr^{3+} 等氧化成高价。水溶液易分解,加热时分解更快。一般是现用现配

续表

| 名　称① | 溶　解　度② | | | 一　般　性　质 |
化学式 相对分子质量	水 (20℃)	水 (100℃)	有机溶剂 (18～25℃)	
硫氰酸铵 NH_4SCN 76.12	170	431 (70℃)	甲醇 59 乙醇 23.5	无色晶体,易潮解,170℃时分解。与 Fe^{3+} 形成血红色物质(量少时显橙色)。有毒!
钠 Na 22.99	剧烈反应	与乙醇反应溶于液态氨		银白色软、轻金属,相对密度为 0.968。与水、乙醇反应。在煤油中保存。暴露在空气中则自燃,遇水则剧烈燃烧、爆炸。常作为有机溶剂的脱水剂
四硼酸钠 $Na_2B_4O_7 \cdot 10H_2O$ 381.37	4.74	73.9	乙醇	无色晶体,又名硼砂。60℃时失去 5 个结晶水
乙酸钠 CH_3COONa (简记为 NaAc) 82.03	46.5	170	乙醇	无色晶体,水溶液呈碱性,常用来配制缓冲溶液
碳酸钠 Na_2CO_3 105.99	21.8	44.7	甘油 98	白色粉末,又名苏打、纯碱。水溶液呈碱性。与 K_2CO_3 按 1:1 混合,可降低熔点,常作为处理样品时的助熔剂。也常用作酸碱滴定中的基准物质
草酸钠 $Na_2C_2O_4$ 134.00	3.7	6.33		白色固体,稳定,易得纯品。还原剂,常作为基准物质
氯化钠 NaCl 58.44	35.9	39.1	甲醇 1.31 乙醇 0.065 甘油 8.2	无色晶体,稳定,常作基准物质
过氧化钠 Na_2O_2 77.98	反应	反应	与乙醇反应	白色晶体,工业纯为淡黄色。460℃分解。与水反应生成 H_2O_2 与 NaOH,是强氧化剂。易吸潮,应密闭保存
亚硫酸钠 Na_2SO_3 126.04	26.1	26.6		无色晶体,遇热分解。还原剂,在干燥空气中较稳定。水溶液呈碱性,易被空气氧化失去还原性
硫代硫酸钠 $Na_2S_2O_3 \cdot 5H_2O$ 248.17	110	384.6		无色结晶,又称海波、大苏打。常温下较稳定,在干燥空气中易风化,潮湿空气中易潮解。还原剂,能与 I_2 定量反应,是碘量法中的基本试剂
氯化亚锡 $SnCl_2 \cdot 2H_2O$ 225.65	321.1 (15℃)	∞	乙醇、乙醚、丙酮	白色晶体,强还原剂。溶于水时水解生成 $Sn(OH)_2$,故常配成 HCl 溶液。为防止溶液被氧化,常加几粒金属锡粒

① 表中的化学试剂按化学式英文字母顺序排列。
② 溶解度是指在所标明温度下,100g 溶剂(水、无水有机溶剂)中能溶解的试剂质量(g)。

五、化学试剂的管理与安全存放条件

化学试剂大多数具有一定的毒性及危险性。对化学试剂加强管理,不仅是保证分析结果质量的需要,也是确保人民生命财产安全的需要。

化学试剂的管理应根据试剂的毒性、易燃性、腐蚀性和潮解性等不同的特点,以不同的方式妥善管理。

化验室内只宜存放少量短期内需用的药品,易燃易爆试剂应放在铁柜中,柜的顶部要有通风口。严禁在化验室内存放总量 20L 的瓶装易燃液体。大量试剂应放在试剂库内。对于一般试剂,如无机盐，应存放有序地放在试剂柜内，可按元素周期系类族，或按酸、碱、盐、氧化物等分类存放。存放试剂时，要注意化学试剂的存放期限，某些试剂在存放过程中会逐渐变质，甚至形成危害物。如醚类、四氢呋喃、二氧六环、烯烃、液体石蜡等，在见光条件下，若接触空气可形成过氧化物，放置时间越久越危险。某些具有还原性的试剂，如苯三酚、$TiCl_3$、四氢硼钠、$FeSO_4$、维生素 C、维生素 E 以及金属铁丝、铝、镁、锌粉等易被空气中氧所氧化变质。

化学试剂必须分类隔离存放，不能混放在一起，通常把试剂分成下面几类，分别存放。

(1) 易燃类　易燃类液体极易挥发成气体，遇明火即燃烧，通常把闪点在 25℃ 以下的液体均列入易燃类。闪点在 -4℃ 以下的有石油醚、氯乙烷、溴乙烷、乙醚、汽油、二硫化碳、缩醛、丙酮、苯、乙酸乙酯、乙酸甲酯等。闪点在 25℃ 以下的有丁酮、甲苯、甲醇、乙醇、异丙醇、二甲苯、乙酸丁酯、乙酸戊酯、三聚甲醛、吡啶等。

这类试剂要求单独存放于阴凉通风处，理想存放温度为 -4～4℃。闪点在 25℃ 以下的试剂，存放最高室温不得超过 30℃，特别要注意远离火源。

(2) 剧毒类　专指由消化道侵入极少量即能引起中毒致死的试剂。生物试验半致死量在 50mg/kg 以下者称为剧毒物品，如氰化钾、氰化钠及其他剧毒氰化物，三氧化二砷及其他剧毒砷化物，二氯化汞及其他极毒汞盐，硫酸二甲酯，某些生物碱和毒苷等。

这类试剂要置于阴凉干燥处，与酸类试剂隔离。应锁在专门的毒品柜中，建立双人登记签字领用制度。建立使用、消耗、废物处理等制度。皮肤有伤口时，禁止操作这类物质。

(3) 强腐蚀类　指对人体皮肤、黏膜、眼、呼吸道和物品等有极强腐蚀性的液体和固体（包括蒸气），如发烟硫酸、硫酸、发烟硝酸、盐酸、氢氟酸、氢溴酸、氯磺酸、氯化砜、一氯乙酸、甲酸、乙酸酐、氯化氧磷、五氧化二磷、无水三氯化铝、溴、氢氧化钠、氢氧化钾、硫化钠、苯酚、无水肼、水合肼等。

存放处要求阴凉通风，并与其他药品隔离放置。应选用抗腐蚀性的材料，如耐酸水泥或耐酸陶瓷制成架子来放置这类药品。料架不宜过高，也不要放在高架上，最好放在地面靠墙处，以保证存放安全。

(4) 燃爆类　这类试剂中，遇水反应十分猛烈发生燃烧爆炸的有钾、钠、锂、钙、氢化锂铝、电石等。钾和钠应保存在煤油中。试剂本身就是炸药或极易爆炸的有硝酸纤维、苦味酸、三硝基甲苯、三硝基苯、叠氮或重氮化合物、雷酸盐等，要轻拿轻放。与空气接触能发生强烈的氧化作用而引起燃烧的物质如黄磷，应保存在水中，切割时也应在水中进行。引火点低，受热、冲击、摩擦或与氧化剂接触能急剧燃烧甚至爆炸的物质，有硫化磷、赤磷、镁粉、锌粉、铝粉、萘、樟脑等。

此类试剂要求存放室内温度不超过 30℃，与易燃物、氧化剂均需隔离存放。料架用砖和水泥砌成，有槽，槽内铺消防砂。试剂置于砂中，加盖，万一出事不致扩大事态。

(5) 强氧化剂类　这类试剂是过氧化物或含氧酸及其盐，在适当条件下会发生爆炸，并可与有机物、镁、铝、锌粉、硫等易燃固体形成爆炸混合物。这类物质中有的能与水起剧烈反应，如过氧化物遇水有发生爆炸的危险。属于此类的有硝酸铵、硝酸钾、硝酸钠、高氯酸、高氯酸钾、高氯酸钠、高氯酸镁或钡、铬酸酐、重铬酸铵、重铬酸钾及其他铬酸盐、高锰酸钾及其他高锰酸盐、氯酸钾或钠、氯酸钡、过硫酸铵及其他过硫酸盐、过氧化钠、过氧化钾、过氧化钡、过氧化二苯甲酰、过乙酸等。

存放处要求阴凉通风，最高温度不得超过 30℃。要与酸类以及木屑、炭粉、硫化物、糖类等易燃物、可燃物或易被氧化物（即还原性物质）等隔离，堆垛不宜过高过大，注意散热。

(6) 放射性类　一般化验室不可能有放射性物质。化验操作这类物质时需要特殊防护设备和知识，以保护人身安全，并防止放射性物质的污染与扩散。

以上 6 类均属于危险品。

(7) 低温存放类　此类试剂需要低温存放才不至于聚合变质或发生其他事故。属于此类的有甲基丙烯酸甲酯、苯乙烯、丙烯腈、乙烯基乙炔及其他可聚合的单体、过氧化氢、氢氧化铵等。存放于 10℃ 以下。

(8) 贵重类　单价贵的特殊试剂、超纯试剂和稀有元素及其化合物均属于此类。这类试剂大部分为小包装。这类试剂应与一般试剂分开存放，加强管理，建立领用制度。常见的有钯黑、氯化钯、氯化铂、铂、铱、铂石棉、氯化金、金粉、稀土元素等。

（9）指示剂与有机试剂类　指示剂可按酸碱指示剂、氧化还原指示剂、络合滴定指示剂及荧光吸附指示剂分类排列。有机试剂可按分子中碳原子数目多少排列。

（10）一般试剂　一般试剂分类存放于阴凉通风，温度低于30℃的柜内即可。

六、化学试剂的纯化方法

以下介绍几种无机试剂的纯化方法，关于有机试剂的纯化参看本章第十节、六。

1. 盐酸的提纯

（1）蒸馏提纯

① 除去盐酸中的（一般）杂质　用三次离子交换水将一级盐酸按盐酸＋水＝7＋3的体积比稀释（或按1＋1稀释，按此比例稀释仅能得到浓度为6mol/L的盐酸）。将此盐酸1.5L装入2L的石英或硬质玻璃蒸馏瓶中（图1-14），用可调变压器调节加热器，控制馏速为200mL/h，弃去前段馏出液150mL，取中段馏出液1L，所得的纯盐酸浓度为$6.5\sim7.5$mol/L，铁、铝、钙、镁、铜、铅、锌、钴、镍、锰、铬、锡的含量在5×10^{-8}以下。

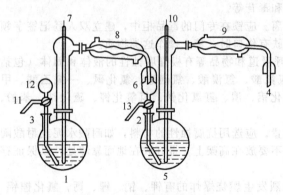

图1-14　双重蒸馏器的装置
1,5—2L蒸馏瓶（石英或硬质玻璃）；2,3—排液侧管；
4—馏出液出口；6,12—加料漏斗；7,10—温度
计套管；8,9—冷凝管；11,13—三通活塞

② 除去盐酸中的砷　用三次离子交换水将一级盐酸按7＋3的体积比稀释，加入适量氧化剂（按体积加入2.5%硝酸或2.5%过氧化氢或高锰酸钾0.2g/L）。将此盐酸1.5L装入2L的石英或硬质玻璃蒸馏瓶中，放置15min后，以100mL/h的馏速进行蒸馏。弃去前段馏出液150mL，取中段馏出液1L备用。砷的含量在1×10^{-6}%以下。

（2）等温扩散法提纯　在直径为30cm的干燥器中（若是玻璃的，可在干燥器内壁涂一层白蜡防止沾污），加入3kg盐酸（优级纯），在瓷托板上放置盛有300mL高纯水的聚乙烯或石英容器。盖好干燥器盖，在室温下放置$7\sim10$d（$20\sim30$℃放置7d，$15\sim20$℃放置10d），取出后即可使用，盐酸浓度为$9\sim10$mol/L，铁、铝、钙、镁、铜、铅、锌、钴、镍、锰、铬、锡的含量在2×10^{-7}%以下。

2. 硝酸的提纯

在2L硬质玻璃蒸馏器中，放入1.5L硝酸（优级纯），在石墨电炉上通过可调变压器调节电炉温度进行蒸馏，馏速为$200\sim400$mL/h，弃去初馏分150mL，收集中间馏分1L。

将上述得到的中间馏分2L，放入3L石英蒸馏器中。将石英蒸馏器固定在石蜡浴中进行蒸馏，通过可调变压器控制馏速为100mL/h。弃去初馏分150mL，收集中间馏分1600mL。铁、铝、钙、镁、铜、铅、锌、钴、镍、锰、铬、锡的含量在2×10^{-9}以下。

3. 氢氟酸的提纯

（1）除去氢氟酸中的金属杂质　在铂蒸馏器中，加入2L氢氟酸（优级纯），以甘油浴加热，通过可调变压器调节控制加热器温度，控制馏速为100mL/h，弃去初馏分200mL，用聚乙烯瓶收集中间馏分1600mL。将此中段馏出液按上述方法再蒸馏一次，弃去前段馏出液150mL，收集中段馏出液1250mL，保存在聚乙烯瓶中。铁、铝、钙、镁、铜、铅、锌、钴、镍、锰、铬、锡的含量在1×10^{-6}%以下。

（2）除去氢氟酸中的硅　在铂蒸馏器中，放入750mL氢氟酸（优级纯）。加入0.5g氟化钠，在甘油浴上加热。通过可调变压器调节加热温度，控制馏速为100mL/h，弃去初馏分80mL，用聚乙烯瓶收集中间馏分400mL。此中间馏分硅含量在1×10^{-4}%以下，可作测定硅用。

（3）除去氢氟酸中的硼　于铂蒸馏器中，加入2g固体甘露醇（优级纯或分析纯）和2L氢氟酸（优级纯），用甘油浴加热，通过可调变压器控制温度，使馏速为50mL/h。弃去初馏分

200mL，收集中间馏分 1600mL。将此中间馏分加入 2g 甘露醇，以同样方法再蒸馏一次。弃去初馏分 150mL，收集中间馏分 1250mL，得到的氢氟酸含硼量一般小于 10^{-9}%。

4. 高氯酸的提纯

高氯酸用减压蒸馏法提纯。在 500mL 硬质玻璃蒸馏瓶中，加入 300～350mL 高氯酸（60%～65%，分析纯），用可调变压器控制温度为 140～150℃，减压至压力为 2.67～3.33kPa（20～25mmHg），馏速为 40～50mL/h，弃去初馏分 50mL，收集中间馏分 200mL，保存在石英试剂瓶中备用。

5. 氨水的提纯

（1）蒸馏吸收法提纯 将约 3L 二级氨水倾入 5L 硬质玻璃烧瓶中，加入少量 1% 高锰酸钾溶液至溶液呈微红紫色，烧瓶口接回流冷凝管，冷凝管的上端与三个洗气瓶连接（第一个洗气瓶盛 1% EDTA 二钠溶液，其余两个均盛离子交换水）。第三个洗气瓶与接收瓶连接，接收瓶为有机玻璃瓶，置于混有食盐和冰块的水槽内，瓶内盛有 1.5L 离子交换水。用调压变压器控制温度。当温度升至 40℃ 时，氨气通过洗气瓶后被接收瓶的水吸收。当大部分氨挥发后，最后升温至 80℃ 使氨全部挥发。接收瓶中的氨水浓度稍低于 25%。

（2）等温扩散法提纯 将约 2L 二级氨水倾入洗净的大干燥器（液面勿接触瓷托板）；瓷托板上放置 3～4 个分盛 200mL 离子交换水的聚乙烯或石英广口容器，从托板小孔加入氢氧化钠 2～3g，迅速盖上干燥器，每天摇动一次，5～6d 后氨水浓度可达 10%～12%。

6. 溴的提纯

将 500mL 溴（优级纯或分析纯），放入 1L 分液漏斗中，加入 100mL 三次离子交换水，剧烈振荡 2min，分层后将溴移入另一个分液漏斗中，再以 100mL 水洗涤一次，然后，再以稀硝酸（1+9）洗涤两次和高纯水洗涤一次，每次振荡 2min。

将上述洗好的溴移入如图 1-15 的烧瓶中，加入 100mL 40% 溴化钾溶液，在水浴上加热蒸馏。保持水浴温度在 60℃ 左右，使馏速为 100mL/h。馏出液贮瓶 4 中的液体应淹没流出管口。弃去最初蒸出的溴 50mL，收集中间馏分 300mL。在该装置中不加溴化钾溶液再蒸馏一次，收集中间馏分 200～250mL 备用。

7. 钼酸铵的提纯

将 150g 分析纯的钼酸铵溶解于 400mL 温度为 80℃ 的水中，加入氨水至溶液中出现氨味，加热溶液并用致密定量滤纸（蓝带）过滤，滤液滴入盛有 300mL 的纯制乙醇中。冷却滤液至 10℃，并保持 1h。用布氏漏斗抽滤析出的结晶，弃去母液。用纯制乙醇洗涤结晶 2～3 次，每次用 20～30mL。在空气中干燥或在干燥器中用硅胶干燥，也可以在真空干燥箱中 50～60℃、压力为 6.67～8.00kPa（50～60mmHg）下干燥。

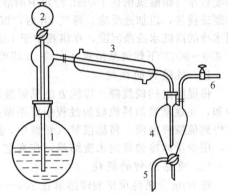

图 1-15 蒸馏装置
1—1L 烧瓶（硬质玻璃）；2—加料漏斗；
3—冷凝管；4—馏出液贮瓶；5—贮
液流出管；6—排气管

如果要除去试剂钼酸铵中的磷酸根离子，则在钼酸铵的氨性溶液中加入少量硝酸镁，使之生成磷酸铵镁沉淀过滤除去，然后再按上述方法结晶、过滤、洗涤、干燥。不过此时产品中有镁离子和硝酸根离子。但是用于微量硅、磷、砷的比色测定时，少量镁离子和硝酸根离子并不干扰。

8. 氯化钠的提纯

（1）重结晶提纯法 将 40g 分析纯氯化钠溶解于 120mL 高纯水中，加热搅拌使其溶解。加入 2～3mL 铁标准液（1mg/mL Fe^{3+}），搅拌均匀后滴加提纯氨水至溶液 pH≈10。在水浴上加热使生成的氢氧化物沉淀凝聚，过滤除去沉淀。将滤液放至铂皿中，在低温电炉上密闭蒸发器中蒸发至有结晶薄膜出现。冷却抽滤析出的结晶，并用纯制乙醇洗涤。在真空干燥箱中于 105℃ 和 2.67kPa（20mmHg）压力下干燥。此法得到的 NaCl 经光谱定性分析仅含有微量的硅、铝、镁和痕量的钙。

（2）用碳酸钠和盐酸制备　取100g分析纯碳酸钠，放于500mL烧杯中，滴加高纯盐酸中和、溶解，直至不再产生二氧化碳时，停止滴加盐酸。用高纯水洗杯壁并加入2～3mL铁标准液，加提纯氨水至析出氢氧化铁。其余方法如（1）所述。

为了提高氯化钠产量和重结晶的纯化效果，在过滤热盐溶液之后，用冰冷却滤液并通入氯化氢的方法使氯化钠析出。通氯化氢的导气管口做成漏斗状，防止析出的NaCl将管口堵死。抽滤结晶并用浓盐酸洗涤几次，在110～105℃下干燥，在研钵中粉碎成粉末，并于400～500℃下在马弗炉中灼烧至恒重。

上述方法提纯制得的氯化钠用于光谱分析中作载体和配标准用的原始物质。

9. 氯化钾的提纯

参照氯化钠的提纯与制备方法。

10. 碳酸钠的提纯

（1）第一种方法　将30g分析纯碳酸钠溶于150mL高纯水中，待全部溶解后，在溶液中慢慢滴加2～3mL浓度为1mg/mL的铁标准溶液，在滴加铁标准液的过程中要不停地搅拌，使杂质与氢氧化铁一起共沉淀。在水浴上加热并放置1h使沉淀凝聚，过滤除去胶体沉淀物。加热浓缩滤液至出现结晶时，取下冷却，待结晶完全析出后用布氏漏斗抽滤，并用乙醇洗涤2～3次，每次20mL。在真空干燥箱中减压干燥，温度为100～105℃、压力为2.67～6.67kPa（20～50mmHg）下烘至无结晶水。为了加速脱水，也可在270～300℃下进行灼烧。此法提纯的碳酸钠，经光谱定性分析检查，仅检出了痕量的镁和铝，而原料中有微量的铜、铁、铝、钙、镁。

（2）第二种方法　将30g分析纯或化学纯无水碳酸钠溶解于150mL高纯水中，过滤，并向滤液中慢慢通入提纯过的二氧化碳，此时析出碳酸氢钠白色沉淀。因为生成的碳酸氢钠在冷水中的溶解度较小（碳酸氢钠在100mL冷水中的溶解度：0℃，6.9g；20℃，9.75g），用冰水冷却，并不断振荡或搅拌，以加速反应。通气2h后，沉淀基本完全。用玻璃滤器（3号）抽滤析出的沉淀，并用冰冷的高纯水洗涤沉淀，在烘箱中于105℃下干燥。将干燥好的碳酸氢钠置于铂皿中，在马弗炉中270～300℃下灼烧至恒重（大约1h即可）。

11. 硫酸钾的提纯

将提纯过的碳酸钾〔提纯方法见碳酸钠的提纯法（1）〕置于塑料烧杯中，用10%的纯制硫酸中和，在逐渐滴加稀硫酸的过程中要不断搅拌，当溶液的pH值为7～7.5时，停止滴加硫酸，过滤得到硫酸钾溶液。将滤液移入铂皿中，蒸发至析出结晶时为止。取下，冷却后，抽滤析出的结晶，用少量冰冷的高纯水洗结晶，在真空干燥箱中100℃左右烘干。

12. 重铬酸钾的提纯

将100g分析纯重铬酸钾溶解在200～300mL热的高纯水中，用2号玻璃滤器抽滤，将溶液于电炉上蒸发至150mL左右，在强烈搅拌下把溶液倒入一个被冰水冷却的大瓷皿中使其形成一薄层，以制取小粒结晶。用布氏漏斗抽滤得到的结晶，再用少量冷水洗涤。按上述方法重结晶一次。将洗过的二次结晶于100～105℃下干燥2～3h，然后将温度升至200℃继续干燥10～12h。

用此法提纯的产品重铬酸钾含量几乎是100%。光谱定性分析中仅检出了微量的镁、铋和痕量的铝。此方法提纯的重铬酸钾可以作为基准物使用。

13. 五水硫代硫酸钠的提纯

（1）制备　将硫溶于亚硫酸钠溶液时，可制得硫代硫酸钠：

$$Na_2SO_3 + S = Na_2S_2O_3$$

在附有回流冷凝器的烧瓶中，将100g $Na_2SO_3 \cdot 7H_2O$ 溶解在200mL水中的溶液，与14g研细的棒状硫一起煮沸，其硫是预先用乙醇浸润过的（否则它不被溶液浸润，并浮在表面），直到硫不再被溶解时为止。将没有溶解的硫滤出，滤液蒸发到开始结晶时进行冷却，所得结晶在布氏漏斗上抽滤后，再在空气中于两层滤纸间干燥。可得五水硫代硫酸钠60g，产率60%。

（2）提纯　将工业品重结晶，可制得试剂纯的制剂。将700g五水硫代硫酸钠溶解在300mL热水中，过滤后，在不断搅拌下冷却到0℃以制得较细的结晶。析出的盐（450g）在布氏漏斗上抽滤后再在同样条件下重结晶一次。

所得制剂一般为分析纯,从母液中还可以分离出一些纯度较低的制剂。

欲制备用于分析操作上的纯制剂时,可将经重结晶提纯过的盐与乙醇一起研细,倒在滤器上使乙醇流尽并用无水乙醇和乙醚洗涤,然后用滤纸盖住制剂并静置一昼夜。最后将制剂装入干燥瓶中。

用此法精制的制剂含有 99.99% 的 $Na_2S_2O_3 \cdot 5H_2O$,甚至保存 5 年后,制剂含量仍在 99.90%～99.94% 之间。

第十节 有机溶剂及表面活性剂

一、常用有机溶剂的一般性质

表 1-43 为常用有机溶剂的一般性质。

表 1-43 常用有机溶剂的一般性质

名 称 相对分子质量 化学式	密度 (20℃) /(g/ mL)	沸点 /℃	燃点① /℃	闪点② /℃	一 般 性 质
乙醇 46.07 CH_3CH_2OH	0.785	78.32	423	14	无色、有芳香气味的液体。易燃,应密封保存。与水、乙醚、氯仿、苯、甘油等互溶。为最常用的溶剂
丙酮 58.08 CH_3COCH_3	0.790	56.12	533	−17.8	无色、具有特殊气味的液体。易挥发,易燃。能与水、乙醇、乙醚、苯、氯仿互溶。能溶解树脂、脂肪。为常用溶剂
乙醚 74.12 $C_2H_5OC_2H_5$	0.913	34.6	185	−45	无色液体。极易燃,密封保存。微溶于水,易溶于乙醇、丙酮、氯仿、苯。为脂肪的良好溶剂。常用作萃取剂
氯仿(三氯甲烷) 119.33 $CHCl_3$	1.481	61.15	—	—	无色,稍有甜味。不燃。微溶于水,与乙醇、乙醚互溶,溶于丙酮、二硫化碳。为树脂、橡胶、磷、碘等的良好溶剂。可作有机化合物的提取剂
1,2-二氯乙烷 98.97 CH_2ClCH_2Cl	1.238	83.18	413	13	无色、有氯仿味。微溶于水,与乙醇、丙酮、苯、乙醚互溶
四氯化碳 153.83 CCl_4	1.594	76.75	—	—	无色、密度大,不燃,可灭火。微溶于水,与乙醇、乙醚、苯、三氯甲烷等互溶。为脂肪、树脂、橡胶等的溶剂
二硫化碳 76.13 CS_2	1.263	46.26	90	−40	无色、烂萝卜味。易燃,不溶于水。能溶解硫黄、树脂、油类、橡胶等
乙酸乙酯 88.07 $CH_3COOC_2H_5$	0.901	77.1	425	−4	无色、水果香、易燃。溶于水,与乙醇、乙醚、氯仿互溶,溶于丙酮、苯。常用作涂料的稀释剂和油脂的萃取分离溶剂
苯 78.11 C_6H_6	0.874	80.1	562	−17	无色、有特殊气味,有毒,易燃。不溶于水,与乙醇、乙醚、丙酮互溶。是脂肪、树脂的良好溶剂、萃取剂
甲苯 92.13 $C_6H_5CH_3$	0.867	110.6	536	4.4	无色,蒸气有毒。不溶于水,与乙醇、乙醚互溶。溶于氯仿、丙酮、二硫化碳等

① 燃点又称着火点,是指可燃性液体加热到其表面上的蒸气和空气的混合物与火焰接触,立即着火并继续燃烧的最低温度。

② 闪点表示可燃液体加热到其液体表面上的蒸气和空气的混合物与火焰接触发生闪火时的最低温度。闪点的测定用开口杯法或闭口杯法。表中数据皆为闭口杯法所测。

二、有机溶剂间的互溶性

表 1-44 为有机溶剂间的互溶性。

表 1-44　有机溶剂间的互溶性[①]

化合物	氯仿	四氯化碳	苯	溶剂汽油	丙酮	乙醇	乙二醇	丁醇	异戊醇	苯甲醇	苯甲醛	乙醚	乙酸丁酯	甘油	吡啶
氯仿	—	M	M	M	M	M	M	Is	M	M	M	M	M	I	M
四氯化碳	M	—	M	M	M	M	I	M	M	M	M	M	M	I	M
苯	M	M	—	M	M	M	I	M	M	M	M	M	M	I	M
汽油	M	M	M	—	M	M	M	M	M	M	M	M	M	I	M
丙酮	M	M	M	M	—	M	M	M	M	M	M	M	M	M	M
乙醇	M	M	M	M	M	—	M	M	M	M	M	M	M	M	M
乙二醇	Is	I	I	M	M	M	—	M	M	Is	M	I	Is	I	M
丁醇	M	M	M	M	M	M	M	—	M	M	M	M	M	M	M
异戊醇	M	M	M	M	M	M	M	M	—	M	M	M	M	I	M
苯甲醇	M	M	M	M	M	M	Is	M	M	—	M	M	M	M	M
苯甲醛	M	M	M	M	M	M	Is	M	M	M	—	M	M	Is	M
乙醚	M	M	M	M	M	M	I	M	M	M	M	—	M	I	M
乙酸丁酯	M	M	M	M	M	M	Is	M	M	M	M	M	—	M	M
甘油	I	I	I	I	I	M	I	M	I	M	M	I	I	—	M
吡啶	M	M	M	M	M	M	M	M	M	M	M	M	M	M	—

① 表中所列化合物各 5mL，每两种放在一个试管内，充分振荡后静置 1min，如混合液无分层界面，表明该两种溶剂有互溶性，用 M 表示；如混合液出现分层界面，表明该两溶剂无互溶性，用 I 表示；如有分层界面，又部分互溶，用 Is 表示。

三、有机溶剂的毒性

根据溶剂对人体健康的损害程度，把溶剂分成以下三类。

1. 无毒溶剂

包括基本上无毒害，长时间使用对健康没有影响的溶剂，如戊烷、石油醚、轻质汽油、己烷、庚烷、200# 溶剂汽油、乙醇、氯乙烷、乙酸、乙酸乙酯等；或者稍有毒性，但挥发性低，在通常使用条件下基本上无危险的溶剂，如乙二醇、丁二醇、邻苯二甲酸二丁酯等。

2. 低毒溶剂

在一定程度上是有害或稍有毒害的溶剂，但在短时间、最大允许浓度内没有重大危害，如甲苯、二甲苯、环己烷、异丙苯、环庚烷、乙酸丙酯、戊醇、乙酸戊酯、丁醇、三氯乙烯、四氯乙烯、环氧乙烷、氢化芳烃、石脑油、四氢化萘、硝基乙烷等。

3. 有毒溶剂

除在极低浓度下无危害外，即使是短时间接触也是有害的，如苯、二硫化碳、四氯化碳、甲醇、四氯乙烷、乙醛、苯酚、硝基苯、硫酸二甲酯、二噁烷、氯仿、二氯乙烷、四氯乙烷、氯苯、五氯乙烷等。

根据溶剂对人体生理作用产生的毒性又可作如下分类。

① 损害神经的溶剂　如伯醇类（甲醇除外）、醚类、酮类、部分酯类、苄醇类等。

② 肺中毒的溶剂　如羧酸甲酯类、甲酸酯类等。

③ 血液中毒的溶剂　如苯及其衍生物、乙二醇类等。

④ 肝脏及新陈代谢中毒的溶剂　如卤代烷类等。

⑤ 肾脏中毒的溶剂　如四氯乙烷及乙二醇类等。

四、有机溶剂的易燃性、爆炸性和腐蚀性

1. 溶剂着火的条件

燃烧必须是可燃性物质与氧化剂以适当的比例混合，并且获得一定的能量才能进行。如果不能同时满足这三个条件就不能发生燃烧。因此，溶剂的着火危险性由燃烧极限、闪点、燃点等因素决定。

易燃性溶剂在一定的温度、压力下，其蒸气与空气或氧组成可燃性的混合物（爆炸混合物）。如果混合物的组成不在一定的范围内，则供给的能量再大也不会着火，这种着火可能的组成（浓度）范围称为燃烧范围或爆炸范围，其组成的极限称为燃烧极限或爆炸极限。溶剂蒸气与空气混合并达到一定的浓度范围，遇到火源就会燃烧或爆炸的最低浓度称为下限，最高浓度称上限。溶剂的燃烧范围越宽，其危险性越大。

2. 溶剂着火的爆炸性

有的溶剂容易着火，有的溶剂在常温、常压下容易爆炸或发生爆炸性分解，有的必须在强火源下才能爆炸。溶剂的着火爆炸通常必须满足以下条件。

① 沸点低，挥发性大，在常温常压下容易蒸发。

② 闪点低。

③ 溶剂蒸气与空气能形成爆炸性的混合气体。

④ 溶剂蒸气的密度大于空气的密度。

3. 使用易燃溶剂的注意事项

① 溶剂和溶剂蒸气必须用密闭式容器贮存。

② 溶剂和溶剂蒸气不能靠近火源。由于溶剂蒸气比空气重，低处容易达到爆炸极限，更应注意远离火源。

③ 工作场所应通风换气良好。由于溶剂流动易发生静电积蓄，所以装置设备应接地线。

④ 避免阳光直射容器。贮存时不要置于高处。

4. 有机溶剂的腐蚀性

有机溶剂中除有机酸、卤化物、硫化物外，对金属的腐蚀性一般很小。对无机材料，如玻璃、陶瓷、搪瓷、水泥等也不腐蚀。对有机材料按其种类不同，具有一定的腐蚀作用。适于制作有机溶剂容器的合成材料列于表1-45。

表 1-45　适于制作有机溶剂容器的合成材料

溶剂名称	适用的材料	不适用的材料
乙醛	丁基橡胶、硅橡胶	丁腈橡胶、氯丁橡胶
丙酮	硅橡胶、氟树脂	丁腈橡胶，聚氯乙烯
戊醇	天然橡胶、合成橡胶、聚酯树脂	硅橡胶
苯胺	硬质聚氯乙烯制品、氟树脂	丁腈橡胶、聚酯树脂、聚硫橡胶
乙醇	天然橡胶、合成橡胶	
乙醚	聚氯乙烯	天然橡胶
乙二醇	天然橡胶、合成橡胶、硬质橡胶	
汽油	氯丁橡胶、聚氯乙烯、聚乙烯	天然橡胶、聚苯乙烯
煤油	丁腈橡胶、聚硫橡胶、软质聚氯乙烯	天然橡胶、硅橡胶
松节油	丁腈橡胶	天然橡胶、硬质橡胶
甲苯	聚硫橡胶、酚醛树脂、聚乙烯醇	天然橡胶、硅橡胶、硬质橡胶
苯酚	聚乙烯醇、酚醛树脂	丁腈橡胶、聚硫橡胶

五、有机溶剂的脱水干燥

有机溶剂中微量水分往往是在溶剂制造、处理时引入或由于副反应而产生的。有的溶剂具有吸水性能，在溶剂的保存中吸入水分。水的存在不仅对许多化学反应不利，而且对重结晶、萃取、洗涤等一系列的化学实验操作也会带来不良影响。因此，溶剂的脱水和干燥在化验中是经常遇到的操作步骤，是重要的操作技术。

溶剂脱水的方法有许多种。

1. 用干燥剂脱水

这是液体溶剂在常温下脱水干燥最常用的方法。有关干燥剂种类与性质，参看本章第十一节。

(1) 金属、金属氧化物干燥剂

① 铝、钙、镁　常用于醇类溶剂的干燥。

② 钠、钾　适用于烃、醚、环己胺等溶剂干燥。绝对不能用于卤代烷，有爆炸危险。也不能用于干燥甲醇、酯、酸、酮、醛与某些胺类。醇中含有微量水分时，可加入少量金属钠直接蒸馏。

③ 氢化钙　1g 氢化钙（CaH_2）定量地与 0.85g 水反应。因此，它比碱金属、五氧化二磷干燥效果好。适用于烃、卤代烷、醇、胺、醚等，特别是四氢呋喃等环醚、二甲亚砜、六甲基磷酰胺等溶剂的干燥。

④ $LiAlH_4$　常用于醚等溶剂的干燥。

(2) 中性干燥剂

① $CaSO_4$、Na_2SO_4、$MgSO_4$ 适用于烃、卤代烷、醚、酯、硝基甲烷、酰胺、腈等溶剂的干燥。

② $CuSO_4$ 无水硫酸铜为白色，含有 5 个分子结晶水时变为蓝色，常用于检验溶剂中微量的水分。$CuSO_4$ 适用于醇、醚、酯、低级脂肪酸的脱水。甲醇与 $CuSO_4$ 能形成加成物，故不能使用。

③ $CaCl_2$ 适用于干燥烃、卤代烃、醚、硝基化合物、环己胺、腈、二硫化碳等。$CaCl_2$ 能与伯醇、甘油、酚、某些类型的胺、酯等形成加成物，故不适用。

④ 活性氧化铝 适用于烃、胺、酯、甲酰胺等的干燥。

⑤ 分子筛 与其他干燥剂相比，分子筛在水蒸气分压低和温度高时吸湿容量仍很显著，吸湿能力大。各种溶剂几乎都可以用分子筛脱水，故广泛应用。

(3) 碱性干燥剂

① KOH、NaOH 适用于干燥胺等碱性物质和四氢呋喃。不适用于酸、酚、醛、醇、酮、酯、酰胺等的干燥。

② K_2CO_3 适用于碱性物质、卤代烷、醇、酮、酯、腈、溶纤剂等溶剂的干燥。不适用于酸性物质。

③ BaO、CaO 适用于干燥醇、碱性物质以及腈、酰胺。不适用于酮、酸性物质和酯类。

(4) 酸性干燥剂

① H_2SO_4 适用于干燥饱和烃、卤代烃等。不适用于醇、酚、酮、不饱和烃等的干燥。

② P_2O_5 适用于烃、卤代烃、酯、乙酸、腈、二硫化碳的干燥。不适用于醚、酮、醇、胺等的干燥。

2. 分馏脱水

与水的沸点相差较大的溶剂，可用分馏效率高的蒸馏塔（精馏塔）进行分馏脱水，这是常用的脱水方法。

3. 共沸蒸馏脱水

与水生成共沸物的溶剂，不能采用分馏脱水的方法。含有少量水分的溶剂通过共沸蒸馏，虽然溶剂有一些损失，但却能除去大部分水。通常多数溶剂都能与水组成共沸混合物。

4. 蒸发干燥

如果进行干燥的溶剂很难挥发，因而不能与水组成共沸混合物时，可以通过加热或减压蒸馏，使水分优先蒸发除去。如乙二醇、乙二醇-丁醚、二甘醇-乙醚、聚乙二醇、聚丙三醇、甘油等溶剂都适用。

5. 用干燥的气体进行干燥

将难挥发的溶剂进行加热时，一面慢慢回流，一面吹（通）入充分干燥的空气或氮气，气体陆续带走溶剂中的水分，从冷凝器末端的干燥管中放出。此法适用于乙二醇、甘油等溶剂的干燥。

六、有机溶剂的纯化

通过蒸馏或精馏塔进行分馏的方法可以得到几乎接近纯品的溶剂。然而对一些用精馏塔难以分离的杂质，必须将它们预先除去，通常是采用分子筛法。分子筛装填在玻璃管交换柱内，使溶剂自上而下流动或从下向上流动，可达到吸附杂质的目的。

蒸馏、精馏仪器通常均使用玻璃制造的装置（有成套成品现货）。

1. 脂肪烃的精制

脂肪烃中易混有不饱和烃和含硫化合物，可加入硫酸，搅拌至硫酸不再显色为止，用碱中和洗涤，再经水洗、干燥、蒸馏。

2. 芳香烃的精制

与脂肪烃的精制方法相同。

3. 卤代烃的精制

卤代烃含有水、酸、同系物及不挥发物等，在水和光的作用下可能生成微量的光气和氯化氢，工业生产中还要添加一些醇、酚、胺等稳定剂。精制时，先用浓硫酸洗涤数次至无色为止，除去醇及其他有机杂质。然后用稀氢氧化钠洗涤，再用冷水充分洗涤、干燥、蒸馏。四氯化碳中含二硫化碳较多时，可用稀碱溶液煮沸分解除去，水洗、干燥后蒸馏。

4. 醇的精制

醇中主要杂质是水，可参照脱水干燥方法进行。

5. 酚的精制

酚中含有水、同系物以及制备时的副产物等杂质，可用精馏或重结晶法精制。甲酚有邻、间、对位三种异构体。邻位异构体用精馏分离；间位异构体与乙酸钠形成络合物，或与尿素形成加成物而分离；对位异构体与4-甲基吡啶及4-乙基-2-甲基吡啶形成结晶而得以分离。

6. 醚、缩醛的精制

醚、缩醛的主要杂质是水、基础原料及过氧化物，在二噁烷及四氢呋喃中尚有酚类等稳定剂。精制时先用酸式亚硫酸钠洗涤，其次用稀碱、硫酸、水洗涤，干燥后蒸馏。蒸馏时往往有过氧化物生成，注意蒸馏至干涸之前就必须停止，以免发生爆炸事故。

7. 酮的精制

酮中主要含有水、基础原料、酸性物等杂质，脱水后，通过分馏达到精制目的。在有还原性物质存在时，加入高锰酸钾固体，摇动，放置3～4天到紫色消失后蒸馏，再进行脱水分馏。需要特别纯净的酮时，可加入酸式亚硫酸钠与酮形成加成物，重结晶后用碳酸钠将加成物分解，蒸馏，再进行脱水、分馏，得到精制产物。

8. 脂肪酸和酸酐的精制

脂肪酸中主要含有水、醛、同系物等杂质。甲酸除水之外的杂质可用蒸馏法分离。其他脂肪酸可与高锰酸钾等氧化剂一起蒸馏，馏出物再用五氧化二磷干燥分馏。乙酸可用重结晶精制。乙酐的杂质主要是乙酸，用精馏可达到精制的目的。

9. 酯的精制

酯中主要杂质有水、基础原料（有机酸和醇）。用碳酸钠水溶液洗涤，水洗后干燥、精馏达到精制的目的。

10. 含氮化合物的精制

（1）硝基化合物　主要杂质是同系物。脂肪族硝基化合物加中性干燥剂，放置脱水后分馏。芳香族硝基化合物用稀硫酸、稀碱溶液洗涤，水洗后加氯化钙脱水分馏。硝基化合物在蒸馏结束前，蒸馏烧瓶内应保留少量蒸馏液，以防发生爆炸。

（2）腈　腈中主要杂质是水与同系物。乙腈能与大多数有机物形成共沸物，很难精制。水可用共沸蒸馏除去，也可加五氧化二磷回流常压蒸馏。高沸点杂质用精馏除去。

（3）胺　胺中主要含有同系物、醇、水、醛等杂质。

① 甲胺的精制　从其水溶液中萃取、蒸馏，以除去三甲胺；分馏除去二甲胺。纯品甲胺的精制，可将甲胺盐酸盐用干燥的氯仿萃取，用醇重结晶数次，再用过量的氢氧化钾分解，气态甲胺用固体氢氧化钾干燥，氧化银除去氨，再经冷冻剂冷却液化加以精制。

② 二甲胺的精制　加压下精馏除去甲胺，或将二甲胺盐酸盐用乙醇重结晶，氢氧化钾分解后通过活性氧化铝，并用冷冻剂冷却液化可得纯品。

③ 三甲胺的精制　用萃取蒸馏或共沸蒸馏。加乙酐蒸馏，伯胺和仲胺乙酰化而沸点增高，分馏便可得到三甲胺。

（4）酰胺　含有水、氨、酯、铵盐等杂质，用分子筛脱水后精制。

11. 含硫化合物的精制

二硫化碳含有水、硫、其他硫化合物等杂质，用精馏法精制。

二甲亚砜用分子筛或氢氧化钙脱水后，用精馏法精制。

七、有机溶剂的回收

1. 异丙醚的回收

（1）化学光谱法测定镓、铟中杂质用异丙醚的回收　用重蒸蒸馏水和10%的氢氧化钠洗涤待回收的异丙醚废液，除去生成的镓、铟的氢氧化物。检查并除去过氧化物。最后 2 次蒸馏提纯。将 500mL 废醚液置于 1L 分液漏斗中，加入 100mL 蒸馏水，摇荡几分钟，静置分层后弃去水层。加入 50mL 10％氢氧化钠溶液，摇荡，弃去析出的白色沉淀（收集起来，回收镓和铟），重新加入 10％ 氢氧化钠 50mL 并摇荡，分出水层。这个操作直到经萃取后，水相不再出现白色沉淀时为止。最后 用重蒸蒸馏水洗涤 2 次，每次用水量为 200mL。然后，按照异丙醚的提纯步骤进行处理。

（2）低沸点物的处理 在蒸馏时收集积累的低沸点物，经处理后，可以从中回收一部分合格的 异丙醚。可用高锰酸钾溶液洗除还原性杂质，再用亚铁溶液洗除高锰酸钾和过氧化物，用碱液洗除 杂质酸，经无水氯化钙或碳酸钾脱水后进行两次蒸馏除去金属杂质。将 500mL 待处理的异丙醚置 于 1L 分液漏斗中，加入 100mL 重蒸蒸馏水，摇荡，静置分层后，分出水层。加入 50mL 0.002mol/L 高锰酸钾溶液，摇荡，静置分层后，弃去水层。重复这一操作，直至与高锰酸钾振荡 后高锰酸钾的紫色不褪时为止。加入 100mL 重蒸蒸馏水洗除高锰酸钾，然后加入 15mL 20％硫酸 亚铁溶液洗涤 2～3 次，用重蒸蒸馏水洗 1 次，用 40mL 5％的碳酸钠洗 1 次，再用重蒸蒸馏水洗 2 次 （每次用水量为 100mL）。分出水层后，在醚中加入固体碳酸钾脱水，放置过夜，将其蒸馏。收集 沸程为 67～69℃的馏出液，保存于棕色磨口瓶中。

2. 乙酸乙酯的回收

将使用过的乙酸乙酯废液放在分液漏斗中水洗几次，然后用硫代硫酸钠稀溶液洗涤几次使其褪 色，再用水洗几次后，用蒸馏法提纯之。

3. 三氯甲烷（氯仿）的回收

将废氯仿用自来水冲洗，除去水溶性杂质。取水洗过的氯仿 500mL 置于 1L 分液漏斗中，加入 50mL 浓硫酸，摇荡几分钟，静置分层后，弃去下层硫酸，重复这一操作至摇荡过的硫酸层中呈现无 色时为止。然后用重蒸蒸馏水洗涤氯仿两次，每次用水 200mL。再用 0.5％盐酸羟胺溶液（分析纯） 50mL 洗涤 2～3 次后，用重蒸蒸馏水洗两次。将洗涤好的氯仿用无水氯化钙脱水干燥并蒸馏两次即得。

如果氯仿中杂质较多，可在自来水洗涤之后，预蒸馏 1 次除去大部分杂质，然后再按上法处 理。这样可以节约试剂用量。对于蒸馏法仍不能除去的有机杂质可用活性炭吸附纯化。

4. 四氯化碳的回收

（1）含有二硫腙的四氯化碳 先用硫酸洗一次，再用水洗 2 次，除去水层，用无水氯化钙干 燥，在水浴上蒸馏出四氯化碳。

（2）含有铜试剂的四氯化碳 将废四氯化碳放入蒸馏瓶中，于水浴上在 80℃进行蒸馏回收， 用无水氯化钙干燥，过滤备用。

（3）含碘的四氯化碳 在废四氯化碳中，滴加三氯化钛至溶液呈无色，再加水［体积比为 2 （有机层）∶4（水层）］洗涤 1～2 次，分层后，放去水层，有机层在 80℃蒸馏回收备用。或用活性 炭吸附，使其呈无色，抽滤后，再依次洗 1～2 次，有机层于 78℃蒸馏回收备用。

5. 苯的回收

（1）含丁基罗丹明 B、结晶紫或孔雀绿或其他碱性染料的苯 先用硫酸洗一次，再用水洗两 次，分去水层，以生石灰或无水氯化钙干燥，再在水浴上蒸馏出苯。

（2）1-苯基-3-甲基-4-苯甲酰基-S 吡唑酮（PMBP）-苯的回收 在废 PMBP-苯液中加入 1＋1 盐 酸［体积比为 3（有机层）∶1（水层）］洗涤 2～3 次，再用水洗 3～4 次，分去水层即可复用。

6. 测定铀后废磷酸三丁酯（TBP）-苯的回收

用后的 TBP-苯废液，用 10％碳酸钠溶液和 2mol/L 硝酸分别依次各洗 1～2 次，再用水洗 3～4 次，仍可复用。

7. 废二甲苯的回收

将废二甲苯用无水氯化钙干燥后，直接蒸馏回收。收集 136～141℃馏分。

8. 含有双十二烷基二硫代乙二酰胺（DDO）的石油醚-氯仿和异戊醇-氯仿的回收

将有机层和水层分开后，将有机层用氢氧化钠溶液洗 1 次，再用水洗 2 次，除去水层，在有机 层中加入无水氯化钙干燥，在水浴上分馏出石油醚和氯仿，再改在油浴上蒸馏出异戊醇。

9. 含硝酸的甲醇的回收

以工业用氢氧化钠溶液慢慢中和硝酸，并在水浴上（64℃左右）蒸馏出甲醇。因一次蒸馏水分很多，故必须进行多次蒸馏，再测定其相对密度（相对密度为 0.791）。

10. 其他如萃取锗的苯、萃取铊的甲苯、萃取硒的苯、萃取碲的苯等的回收

可先用浓硫酸或氢氧化钠处理后，再用水洗数次，以生石灰干燥后，于水浴上蒸馏出有机溶剂。

一般处理回收的有机溶剂，使用前必须经过空白或标准显色的试验，如效果良好，方可使用。

八、有机溶剂的应用

有机溶剂广泛地应用于涂料组分，油脂萃取，天然与合成橡胶溶剂，石油萃取与脱蜡，纤维加工的脱脂、脱蜡、脱树胶，化学分析中波谱分析用溶剂，重结晶用溶剂，衣物洗涤等。有机溶剂的应用领域和可用溶剂列于表 1-46。

表 1-46 有机溶剂的应用领域和可用溶剂

应用类别	溶质名称或溶剂用途	可 用 溶 剂
天然油性涂料	涂料、清漆、磁漆的组分	石油系烃类（如 200# 溶剂汽油、煤油、高芳香烃成分的粗汽油等） 煤焦油系烃类（如苯、甲苯、二甲苯、重质苯） 植物性烃类（如松节油等）
天然树脂涂料	松香、榄香脂、乳香	醇类、烃、酮类、酯类
	达玛树脂、甘油三松香酸酯、香豆酮树脂	醇类、烃、醇类＋烃或酯类
	虫胶、山达脂	醇类、醇类＋酯类、酮
	贝壳松脂、软性马尼拉树脂	醇类、醇类＋酯类、酮类
	硬质马尼拉树脂、刚果树脂、安哥拉树脂	醇类、醇类＋酯类、醇类＋烃
合成树脂涂料	聚乙酸乙烯类树脂	酯类、卤代烃类、硝基丙烷、低沸点芳香烃
	氯乙烯-乙酸乙烯共聚树脂	酮类、硝基丙烷
	聚乙烯醇缩甲醛	环己酮、二噁烷
	聚乙烯醇缩乙醛	醇类、丙酮、苯、环己酮、二噁烷
	聚乙烯醇缩丁醛	醇类、丙酮、环己酮、二噁烷、二氯乙烷
	丙烯酸树脂（单体与聚合物）	芳香烃（苯、甲苯、二甲苯） 氯代烃（氯仿、二氯乙烷） 酯类（乙酸甲酯、乙酸乙酯） 酮类（丙酮） 醚类（二噁烷） 树脂单体也可用甲醇、乙醇、异丙醇、丁醇、汽油、乙二醇等
	醇酸树脂	短油度醇酸树脂易溶于芳香烃 长油度醇酸树脂易溶于脂肪烃
	脲醛树脂、三聚氰胺树脂	低分子量时，易溶于醇类溶剂；丁醇改性后，可溶于烃类溶剂
	酚醛树脂	有醇溶性、油溶性、苯溶性之分
	环氧树脂	乙二醇、乙酸酯、酮、酯、酮醇、有机环氧化物
纤维素涂料	硝酸纤维素、喷漆（助溶剂、稀释剂）	低沸点溶剂，100℃ 以下，快干，价格便宜，常用乙酸乙酯、丁酮、丙酮、乙酸异丙酯。助溶剂用乙醇、甲醇。稀释剂用苯 中沸点溶剂，110～150℃，能抑制漆膜白，常用溶剂有乙酸丁酯、甲基异丁基(甲)酮、乙酸戊酯，助溶剂用丁醇、戊醇。稀释剂用甲苯、二甲苯 高沸点溶剂，145℃ 以上，溶剂用乳酸乙酯、丙酸丁酯、双丙酮醇、环己烷、乙二醇-乙醚、乙二醇-丁醚、乳酸丁酯、乙酸辛酯。助溶剂用苄醇、辛醇、环己醇。稀释剂用 200# 溶剂汽油、高沸点溶剂汽油

应用类别	溶质名称或溶剂用途	可 用 溶 剂
纤维素涂料	醋酸纤维素涂料	低沸点溶剂用丙酮、丁酮、甲酸甲酯等。助溶剂用苯、二氯甲烷、乙酸乙酯等 中沸点溶剂用二噁烷、氯代乙酸乙酯、乙二醇-甲醚。助溶剂用甲苯、二甲苯 高沸点溶剂用乳酸乙酯、乙二醇二乙酸酯、环己酮。助溶剂用二氯乙醚
油脂工业	油脂萃取剂	石油醚、苯、三氯乙烯、四氯化碳、戊烷、己烷、庚烷、辛烷、环己烷、乙醇
医药工业	萃取剂、洗涤剂、浸析剂	常用乙醇、乙醚、丙酮、氯代烷、高级醚、酯等
橡胶工业	天然橡胶(生胶)溶于适当溶剂形成胶体	石脑油、苯、甲苯、二甲苯、十氢化萘、松节油、四氯化碳、氯仿、三氯乙烷、五氯乙烷、二硫化碳
	塑炼过的生胶	三氯乙烯、六氯乙烷、四氯化碳、氯仿、二硫化碳、苯、甲苯、二甲苯、煤油
石油工业	萃取芳香烃	二氧化硫、乙二醇、二甘醇
	脱蜡	丙烷、苯-丙酮
	脱沥青	丙烷、脂肪族醇
	润滑油精制	苯酚、糠醛、二氯乙醚、硝基苯、液体二氧化硫、苯、丙烷
纤维工业	脱脂、脱蜡、脱树胶	丁醇、松油、二氯乙醚、二氯乙烷、四氯化碳
	润滑剂、软化剂、染色	异丙醇、丁醇、二甘醇、甘油、山梨糖醇、乙二醇、变性乙醇、甲醇、异丙醇、乙酸、甲酸、乳酸
有机物重结晶精制	溶解有机化合物	石油醚、己烷、环己烷、苯、四氯化碳、乙醚、异丙醚、氯仿、乙酸乙酯、丙酮、乙醇、甲醇
洗涤业	织物干洗	石油类溶剂:工业用汽油、200#溶剂汽油 氯代烃类:四氯乙烯、三氯乙烯、三氯乙烷
金属加工业	金属表面脱脂处理	碱只适用于皂化性油脂,非皂化性油脂可用煤油、汽油、醇、苯、甲苯、三氯乙烯、四氯化碳
交通运输业	防冻液	乙醇、甲醇、异丙醇等挥发性溶剂,乙二醇、丙二醇、二甘醇、甘油等非挥发性溶剂
	刹车油	各种醇
胶黏剂	丁基橡胶	环己烷、氯代烷、己烷、庚烷、石脑油、芳香烃
	丁腈橡胶	酮类、硝基烷、芳香烃、氯代烷、硝基烷-苯
	苯乙烯-丁二烯橡胶	芳香烃、脂肪烃、氯代烷、酮
	丙烯酸-丁二烯橡胶	酮类(如丁酮)、芳香烃
	氯丁橡胶	芳香烃(内含脂肪烃、脂环烷、酯类)、氯代烃、丁酮、甲基异丁基酮
	酚醛树脂	水、醇类、酮类
	间苯二酚树脂	水、醇类、酮类
	氨基树脂(尿素-甲醛树脂、三聚氰胺-甲醛树脂、尿素-三聚氰胺-甲醛树脂)	水、醇类

应用类别	溶质名称或溶剂用途	可 用 溶 剂
胶黏剂	聚乙烯醇缩甲醛、聚乙烯醇缩丁醛	环己烷、双丙酮醇、二噁烷、二氯乙烷、甲基溶纤素
	聚乙烯醚	醇类、酮类、脂肪酸酯、芳香烃、脂肪烃
	硝酸纤维素	脂肪酸酯、酮类、醇类、芳香烃
	醋酸纤维素	氯代烷、脂肪酸酯、酮类
	醋酸丁酸纤维素	醇类、芳香烃混合物、氯代烃类、硝基烃、酮类
	乙基纤维素	醇类、酯类、芳香烃、酮类
	甲基纤维素	水
	羧乙基纤维素	水
	异氰酸酯树脂	氯代烷、烃类
	乙酸乙烯树脂	醇类、氯代烷、脂肪酸酯、芳香烃、酮类、水
	骨胶、酪朊、淀粉糊精	水
	松香、虫胶	醇类

九、分析化学中常用的表面活性剂

分析化学中常用的表面活性剂见表 1-47。

表 1-47 分析化学中常用的表面活性剂

名 称	简 称	结 构 式	性 质
阳离子表面活性剂			
溴化羟十二烷基三甲基铵（hydroxydodecyl trimethyl ammonium bromide）	DTM	$\left[HO-(CH_2)_{12}-\overset{CH_3}{\underset{CH_3}{N}}-CH_3 \right] Br$	
溴化双烷基甲基苄基铵 dialkyl monomethyl benzyl ammonium bromide	AMB	$\left[H_3C-\overset{R'}{\underset{R''}{N}}-CH_2-C_6H_5 \right] Br$	
氯化十二烷基辛基苄基甲基铵（dodecyl octyl benzyl methyl ammonium chloride）	DOBM	$\left[H_3C-(CH_2)_{11}-\overset{C_8H_{17}}{\underset{CH_3}{N}}-CH_2-C_6H_5 \right] Cl$	
氯化甲基三辛基铵（tricapryl methyl ammonium chloride）	Aliguat 336	$\left[\overset{R}{\underset{R}{N}}\overset{R}{\underset{CH_3}{}} \right] Cl \quad R=C_8H_{17}$	相对分子质量：475 黄绿色黏稠状液体
	N-263	$\left[\overset{R}{\underset{R}{N}}\overset{R}{\underset{CH_3}{}} \right] Cl \quad R=C_8H_{17}$	性能与 Aliguat 336 相似
三烷基胺	N-235	$(C_nH_{2n+1})_3N$	黄色稠状液体
氯化十四烷基二甲基苄基铵（tetradecyl dimethyl benzyl ammonium chloride）	Zephiramine 或 Zeph	$\left[H_3C-(CH_2)_{13}-\overset{CH_3}{\underset{CH_3}{N}}-CH_2-C_6H_5 \right] Cl$	相对分子质量：367.5 白色结晶，含两分子结晶水。极易溶于水，不溶于苯、乙醚等有机溶剂
氯化十六烷基三甲基铵（cetyl trimethyl ammonium chloride）	CTAC	$\left[H_3C-(CH_2)_{15}-\overset{CH_3}{\underset{CH_3}{N}}-CH_3 \right] Cl$	

名　称	简　称	结　构　式	性　质
溴化十六烷基三甲基铵 （cetyl trimethyl ammonium bromide)	CTAB	$\left[H_3C-(CH_2)_{15}-\overset{\overset{CH_3}{\mid}}{\underset{\underset{CH_3}{\mid}}{N}}-CH_3\right]Br$	相对分子质量:364.46 白色结晶粉末。易溶于醇
氯化十四烷基吡啶 （tetradecyl pyridinium chloride)	TPC	$\left[H_3C-(CH_2)_{13}-N\bigcirc\right]Cl$	相对分子质量:330.01 白色结晶。易溶于苯、吡啶、乙醇;溶于水;微溶于石油醚。pH=5.2～6.2
溴化十四烷基吡啶 （tetradeyl pyridinium bromide)	TPB	$\left[H_3C-(CH_2)_{13}-N\bigcirc\right]Br$	相对分子质量:374.46 白色结晶。易溶于苯、吡啶、乙醇;溶于水;微溶于石油醚。pH=5.2～6.2
N-氯化十六烷基吡啶 （n-cetyl pyridinium chloride)	CPC	$\left[H_3C-(CH_2)_{15}-N\bigcirc\right]Cl$	相对分子质量:358.01 白色粉末。易溶于热水、醇、三氯甲烷
溴化十六烷基吡啶 （cetyl pyridinum bromide)	CPB	$\left[H_3C-(CH_2)_{15}-N\bigcirc\right]Br$	相对分子质量:384.5 片状。溶于乙醇;微溶于苯、石油醚、冷丙酮、乙酸乙酯和冷水。但温度在约 30℃时可溶性增加很快
阴离子表面活性剂 　十二烷基苯磺酸钠 （dodecylbenzene sodium sulfonate)	DBS	$H_{25}C_{12}-\bigcirc-SO_3Na$	
十二烷基硫酸钠 （sodium dodecyl sulfate)	SDS	$CH_3(CH_2)_{10}CH_2OSO_3Na$	相对分子质量:288.38 白色或微黄色粉状结晶。易溶于水
十二烷基磺酸钠 （sodium dodecyl sulfonate)	SDS	$CH_3(CH_2)_{10}CH_2SO_3Na$	相对分子质量:272.06 白色或淡黄色粉末。易溶于水
羧甲基纤维素 （carboxymethyl cellulose)	CMC		白色或淡黄色粉末
非离子型表面活性剂 　聚氧乙烯烷基酚	Triton X-100	$H_{17}C_8-\bigcirc-O-(CH_2CH_2O)_9H$	无色稠状液体
	ОП-10	$R-\bigcirc-O-(CH_2CH_2O)_nH$ $R=C_9～C_{15}$　　$n=10$	淡黄色稠状液体
聚乙烯醇	PVA	$\left[-CH_2-\underset{\underset{OH}{\mid}}{CH}-\right]_n$	白色粉末

第十一节　化验室常用干燥剂与吸收剂

一、干燥剂

干燥通常是指除去产品中的水分或保护某些物质免除吸收空气中水分的过程。因此，凡是能吸收水分的物质，一般都可以用作为干燥剂。

1. 干燥剂的通性

在选择干燥剂时，首先确保进行干燥的物质与干燥剂不发生任何反应；干燥剂兼作催化剂时，应不使被干燥的溶剂发生分解、聚合，不生成加成物。此外，还要考虑干燥速率、干燥效果和干燥剂的吸水量。在具体使用时，酸性物质的干燥最好选用酸性物质干燥剂，碱性物质的干燥用碱性物质干燥剂，中性物质的干燥用中性物质干燥剂。溶剂中有大量水存在时，应避免选用与水接触着火（如金属钠等）或者发热猛烈的干燥剂，可选用如氯化钙一类缓和的干燥剂进行干燥脱水，使水分减少后再使用金属钠干燥。加入干燥剂后应搅拌，放置一夜。温度可根据干燥剂的性质和对干燥速率的影响加以考虑。干燥剂的用量应稍过量。在水分多的情况下，干燥剂因吸收水分发生部分或全部溶解，生成液状或糊状分层，此时应进行分离，并加入新的干燥剂。溶剂与干燥剂的分离一般采用倾析法，将残留物进行过滤。若过滤时间太长，或因环境湿度过大，会再次吸湿而使水混入。此时，应采用与大气隔绝的特殊过滤装置。使用分子筛或活性氧化铝等干燥剂时，应装填于玻璃管内，溶剂自上而下流动或从下向上流动进行脱水。大多数溶剂脱水都可采用这种方法。

干燥剂分固体、液体和气体三类。又可分为碱性、酸性和中性物质干燥剂，以及金属干燥剂等。

干燥剂的性质各不相同，在使用时要充分考虑干燥剂的特性和要干燥溶剂的性质，才能达到有效干燥的目的。

表 1-48 列举了常用干燥剂的干燥能力。表 1-49 列出各种干燥剂的通性，供选用时参考。

表 1-48　常用干燥剂的干燥能力

干燥剂	干燥能力	干燥剂	干燥能力	干燥剂	干燥能力
深冷（$-194℃$）空气	（含水 1.6×10^{-23}）	$CaSO_4$	4×10^{-3}	CaO	0.2
P_2O_5	2×10^{-5}	硅胶	6×10^{-3}	$CaCl_2$	$0.14\sim0.25$
$Mg(ClO_4)_2$	5×10^{-4}	MgO	8×10^{-3}	H_2SO_4（95.1%）	0.3
$Mg(ClO_4)_2\cdot3H_2O$	2×10^{-3}	$CaBr_2$（$-72℃$）	12×10^{-3}	$CaCl_2$（熔融过的）	0.36
KOH（熔凝的）	2×10^{-3}	$CaBr_2$（$-21℃$）	19×10^{-3}	$ZnCl_2$	0.8
Al_2O_3	3×10^{-3}	$CaBr_2$（25℃）	14×10^{-2}	$ZnBr_2$	1.1
浓 H_2SO_4	3×10^{-3}	NaOH（熔凝的）	16×10^{-2}	$CuSO_4$	1.4

注：1. 干燥剂干燥能力的测定是用被水蒸气饱和的空气，在 25℃ 时，以 $1\sim3L/h$ 的速度通过已称重的干燥剂之后，再测定空气中剩余的水分。干燥能力表示的是 1L 空气中剩余水分的质量（mg）。空气中剩余水分越少，干燥剂的干燥能力越强。

2. 高氯酸盐作干燥剂时，要防止与一切有机物、碳、硫、磷等接触，否则可能产生爆炸。

表 1-49　各种干燥剂的通性

干燥剂	适用范围	不适用范围	备　注
五氧化二磷	大多数中性和酸性气体、乙炔、二硫化碳、烃、卤代烃、酸与酸酐、腈	碱性物质、醇、酮、易发生聚合的物质、氯化氢、氟化氢	使用时应与载体（石棉绒、玻璃棉、浮石等）混合；一般先用其他干燥剂预干燥；潮解；与水作用生成偏磷酸、磷酸等
浓硫酸	大多数中性和酸性气体（干燥器、洗气瓶）、饱和烃、卤代烃、芳烃	不饱和化合物、醇、酮、酚、碱性物质、硫化氢、碘化氢	不适宜升温真空干燥
氧化钡、氧化钙	中性和碱性气体、胺、醇	醛、酮、酸性物质	特别适合于干燥气体；与水作用生成氢氧化钡或氢氧化钙
氢氧化钠、氢氧化钾	氨、胺、醚、烃（干燥器）、肼	醛、酮、酸性物质	潮解

干燥剂	适用范围	不适用范围	备 注
碳酸钾	胺、醇、丙酮、一般的生物碱、酯、腈	酸、酚及其他酸性物质	潮解
金属钠(钾)	醚、饱和烃、叔胺、芳烃、液氨	氯代烃(爆炸!)、醇、胺(伯、仲)、其他与钠起反应的化合物	一般先用其他干燥剂预干燥;与水作用生成氢氧化钠和氢气
氯化钙	烃、链烯烃、醚、卤代烃、酯、腈、中性气体、氯化氢	醇、氨、胺、酸、酸性物质、某些醛、酮及酯	价廉;能与许多含氮和氧的化合物生成溶剂化物、络合物或发生反应;含有碱性杂质(氧化钙等)
高氯酸镁	含有氨的气体(干燥器)	易氧化的有机液体	适宜用于分析工作;能溶于许多溶剂中;处理不当还会引起爆炸
硫酸钠、硫酸镁	普遍适用;特别适用于酯及敏感物质溶液		均价廉;硫酸钠常作为预干燥剂
硫酸钙①、硅胶	普遍适用(干燥器)	氟化氢	常先用硫酸钠预干燥
分子筛	温度在100℃以下的大多数流动气体、有机溶剂(干燥器)	不饱和烃	一般先用其他干燥剂预干燥,特别适用于低分压的干燥
氢化钙(CaH₂)	烃、醚、酯、C₄及C₄以上的醇	醛、含有活泼羰基的化合物	作用比氢化铝锂慢,但效率差不多,而且比较安全,是最好的脱水剂之一;与水作用生成氢氧化钙和氢气
氢化铝锂(LiAlH₄)	烃、芳基卤化物、醚	含有酸性氢、卤素、羰基及硝基等的化合物	使用时要小心;过剩的可以慢慢加乙酸乙酯将其破坏;与水作用生成氢氧化锂、氢氧化铝和氢气

① 可加氯化钴制成变色硅胶和变色硫酸钙。在干的时候,指示剂无水氯化钴($CoCl_2$)是蓝色的,而当它吸水变成 $CoCl_2 \cdot 6H_2O$ 后是粉红色的。某些有机溶剂(如丙酮、醇、吡啶等)会溶出氯化钴或改变氯化钴的颜色。

2. 气体干燥用的干燥剂

表1-50为气体干燥用的干燥剂。

表1-50 气体干燥用的干燥剂

干燥剂	适用气体	干燥剂	适用气体
CaO	氨、胺类	KOH(熔融过的)	氨、胺类
$CaCl_2$(熔融过的)	H_2、O_2、HCl、CO_2、CO、N_2、SO_2、烷烃、乙醚、烯烃、氯代烷	$CaBr_2$	HBr
		CaI_2	HI
P_2O_5	H_2、O_2、CO_2、CO、SO_2、N_2、乙烯、烷烃	碱石灰	氨、胺、O_2、N_2,同时可除去气体中的 CO_2 和酸气
H_2SO_4	O_2、CO_2、CO、N_2、Cl_2、烷烃		

3. 有机化合物干燥用的干燥剂

表1-51为有机化合物干燥用的干燥剂。

表1-51 有机化合物干燥用的干燥剂

有机化合物	干燥剂	有机化合物	干燥剂
烃类	$CaCl_2$、Na、P_2O_5	碱类	KOH、K_2CO_3、BaO
醇类	K_2CO_3、$CuSO_4$、CaO、Na_2SO_4	胺类	NaOH、KOH、K_2CO_3
醚类	$CaCl_2$、Na	肼类	K_2CO_3
卤代烃	$CaCl_2$、P_2O_5	腈类	K_2CO_3
醛类	$CaCl_2$	硝基化合物	$CaCl_2$、Na_2SO_4
酮类	K_2CO_3、$CaCl_2$(高级酮用)	酚类	Na_2SO_4
酸类	Na_2SO_4	二硫化碳	$CaCl_2$、P_2O_5
酯类	Na_2SO_4、$CaCl_2$		

4．分子筛干燥剂

（1）可用分子筛干燥的气体　有空气、天然气、氩、氦、氧、氢、裂解气、乙炔、乙烯、二氧化碳、硫化氢等。

干燥后的气体中含水量一般小于 10^{-6}。

（2）可用分子筛干燥的液体　有乙醇、乙醚、丙酮、苯、正己烷、正庚烷、丙烯腈、乙酸丁酯、四氯化碳、异丙醇、甲苯、变压器油、甲乙酮、苯乙烯、四氯乙烯、三氯乙烯、丙醇、正戊醇、氟里昂、苯酚、汽油、乙腈、吡啶、二甲亚砜、环己烷、液氧、喷气燃料、异戊二烯、二氯乙烷。

干燥后的液体中含水量一般小于 10^{-6}。

（3）分子筛的化学组成及特性　分子筛的种类较多，目前作为商品出售和应用最广的是 A 型、X 型和 Y 型。分子筛的化学组成及特性见表 1-52。

表 1-52　分子筛的化学组成及特性

类　　型	孔径 /10^{-8}cm	化 学 组 成	水吸附量（质量分数）/%	特性和应用
A 型				
3A（或钾 A 型）	3.0	$(0.75K_2O、0.25Na_2O)：Al_2O_3：2SiO_2$	25	只吸附水，不吸附乙烯、乙炔、二氧化碳、氨和更大的分子
4A（或钠 A 型）	4.0	$Na_2O：Al_2O_3：2SiO_2$	27.5	吸附水、甲醇、乙醇等
5A（或钙 A 型）	5.0	$(0.75CaO、0.25Na_2O)：Al_2O_3：2SiO_2$	27	用于正异构烃类的分离
X 型				
10X（或钙 X 型）	9.0	$(0.75CaO、0.75Na_2O)：Al_2O_3：(2.5±0.5)SiO_2$	—	用于芳烃类异构体分离
13X（或钠 X 型）	10.0	$Na_2O：Al_2O_3：(2.5±0.5)SiO_2$	39.5	用于催化剂载体和水-二氧化碳、水-硫化氢的共吸附
Y 型	10.0	$Na_2O：Al_2O_3：(3～6)SiO_2$	35.2	经过蒸汽处理后，仍有高的吸氧量

（4）分子筛按分子大小吸附分类　分子筛按分子大小吸附分类见表 1-53。

5．容量法常用基准物质的干燥

容量法常用基准物质的干燥条件见表 1-54。

6．常用化合物的干燥

一般常用化合物的干燥条件见表 1-55。

表 1-53　分子筛按分子大小吸附分类

He、Ne、Ar、H_2、O_2、N_2、H_2O 能被钾 A 型（3A）分子筛吸附	Kr、Xe、CH_4、CO、NH_3、C_2H_6、C_2H_4、C_2H_2、CH_3OH、CH_3CN、CH_3NH_2、CH_3Cl、CH_3Br、CO_2、CS_2	C_3～C_{14} 正烷烃、C_2H_5Cl、C_2H_5Br、CH_3I、C_2H_5OH、B_2H_6、$C_2H_5NH_2$、CF_4、CH_2Br_2、C_2F_6、CH_2Cl_2、CF_2Cl_2、CHF_3、CF_3Cl、$(CH_3)_2NH$、$CHFCl_2$	SF_6、$C(CH_3)_4$、$CHCl_3$、$C(CH_3)_3Cl$、$CHBr_3$、$C(CH_3)_3Br$、CHI_3、$C(CH_3)_3OH$、n-C_3F_8、CCl_4、$(C_2H_5)_3N$、n-C_4H_{10}、环己烷、n-C_7H_{16}、萘、喹啉、CBr_4、噻吩、甲苯、C_6H_6、B_5H_{10}、呋喃、单酮类、$(CH_3)_3N$、二氧杂环己烷、吡啶	1,3,5-三乙基苯	三正丁胺
能被钠 A 型（4A）分子筛吸附 →				
能被钙 A 型（5A）分子筛吸附 →				
能被钙 X 型（10X）分子筛吸附 →				
能被钠 X 型（13X）分子筛吸附 →				
能被 Y 型分子筛吸附 →				

表 1-54　容量法常用基准物质的干燥条件

物质名称	干　燥　条　件
三氧化二砷（As_2O_3）	于硫酸干燥器中干燥至恒重，或常温下于真空硫酸干燥器中保持 24h
金属铜（Cu）	依次用（2+98）乙酸-水和 95% 乙醇洗净，立即放入氯化钙或硫酸干燥器中，放置 24h 以上
重铬酸钾（$K_2Cr_2O_7$）	研碎后于 100～110℃ 保持 3～4h 后，硫酸干燥器中冷却
邻苯二甲酸氢钾（$KHC_8H_4O_4$）	110～120℃ 烘 1～2h，于干燥器中冷却
碘酸钾（KIO_3）	120～140℃ 烘 1.5～2h 后，硫酸干燥器中冷却
氯化钠（NaCl）	铂坩埚中 500～650℃ 灼烧 40～50min 后，硫酸干燥器中冷却
碳酸钠（Na_2CO_3）	铂坩埚中 270～300℃ 烘烤 40～50min 后，硫酸干燥器中冷却
草酸钠（$Na_2C_2O_4$）	105～110℃ 烘 2h 后，硫酸干燥器中冷却
氟化钠（NaF）	铂坩埚中 500～550℃ 灼烧 40～50min 后，硫酸干燥器中冷却
金属锌（Zn）	依次用（1+3）盐酸-水和丙酮洗净，立即放入氯化钙或硫酸干燥器中，放置 24h 以上

表 1-55　一般常用化合物的干燥条件

化合物名称	分　子　式	干燥后的组成	干　燥　条　件
硝酸银	$AgNO_3$	$AgNO_3$	110℃
氢氧化钡	$Ba(OH)_2 \cdot 8H_2O$	$Ba(OH)_2 \cdot 8H_2O$	室温（真空干燥器）
苯甲酸	C_6H_5COOH	C_6H_5COOH	125～130℃
EDTA 二钠	$C_{10}H_{14}O_8N_2Na_2 \cdot 2H_2O$	$C_{10}H_{14}O_8N_2Na_2 \cdot 2H_2O$	室温（空气干燥）
碳酸钙	$CaCO_3$	$CaCO_3$	110℃
硝酸钙	$Ca(NO_3)_2 \cdot 4H_2O$	$Ca(NO_3)_2$	200～400℃
硫酸镉	$CdSO_4 \cdot 7H_2O$	$CdSO_4$	500～800℃
二氧化铈	CeO_2	CeO_2	250～280℃
硫酸高铈	$Ce(SO_4)_2 \cdot 4H_2O$	$Ce(SO_4)_2 \cdot 4H_2O$	室温（空气干燥）
	$Ce(SO_4)_2 \cdot 4H_2O$	$Ce(SO_4)_2$	150℃
硝酸钴	$Co(NO_3)_2 \cdot 6H_2O$	$Co(NO_3)_2 \cdot 6H_2O$	室温（空气干燥）
	$Co(NO_3)_2 \cdot 6H_2O$	$Co(NO_3)_2 \cdot 5H_2O$	硅胶、硫酸等作干燥剂
硫酸钴	$CoSO_4 \cdot 7H_2O$	$CoSO_4 \cdot 7H_2O$	室温（空气干燥）
硫酸铜	$CuSO_4 \cdot 5H_2O$	$CuSO_4 \cdot 5H_2O$	室温（空气干燥）
	$CuSO_4 \cdot 5H_2O$	$CuSO_4$	330～400℃
硫酸亚铁铵	$(NH_4)_2Fe(SO_4)_2 \cdot 6H_2O$	$(NH_4)_2Fe(SO_4)_2 \cdot 6H_2O$	室温（真空干燥）
硼酸	H_3BO_3	H_3BO_3	室温（空气干燥保存）
草酸	$H_2C_2O_4 \cdot 2H_2O$	$H_2C_2O_4 \cdot 2H_2O$	室温（空气干燥）
	$H_2C_2O_4 \cdot 2H_2O$	$H_2C_2O_4$	硅胶、硫酸等作干燥剂（失水），加热 110℃（全部脱水）
碘	I_2	I_2	室温（干燥器中保存，硫酸、硅胶等作干燥剂）
硫酸铝钾	$KAl(SO_4)_2 \cdot 12H_2O$	$KAl(SO_4)_2 \cdot 12H_2O$	室温（空气干燥）
	$KAl(SO_4)_2 \cdot 12H_2O$	$KAl(SO_4)_2$	260～500℃
溴化钾	KBr	KBr	500～700℃
溴酸钾	$KBrO_3$	$KBrO_3$	150℃

续表

化合物名称	分 子 式	干燥后的组成	干 燥 条 件
氰化钾	KCN	KCN	室温(干燥器中保存)
碳酸钾	$K_2CO_3 \cdot 2H_2O$	K_2CO_3	270～300℃
	K_2CO_3	K_2CO_3	270～300℃
氯化钾	KCl	KCl	500～600℃
亚铁氰化钾	$K_4Fe(CN)_6 \cdot 3H_2O$	$K_4Fe(CN)_6 \cdot 3H_2O$	室温(空气干燥),低于45℃
碳酸氢钾	$KHCO_3$	K_2CO_3	270～300℃
碘化钾	KI	KI	500℃
高锰酸钾	$KMnO_4$	$KMnO_4$	80～100℃
氢氧化钾	KOH	KOH	室温(干燥器中保存,P_2O_5作干燥剂)
氯铂酸钾	K_2PtCl_6	K_2PtCl_6	135℃
硫氰酸钾	KSCN	KSCN	室温(干燥器中保存)
硝酸镧	$La(NO_3)_3 \cdot 6H_2O$	$La(NO_3)_3 \cdot 6H_2O$	室温(空气干燥)
硫酸镁	$MgSO_4 \cdot 7H_2O$	$MgSO_4$	250℃
氯化锰	$MnCl_2 \cdot 4H_2O$	$MnCl_2$	200～250℃
钼酸铵	$(NH_4)_6Mo_7O_{24} \cdot 4H_2O$	$(NH_4)_6Mo_7O_{24} \cdot 4H_2O$	室温(空气干燥)
硫酸铵	$(NH_4)_2SO_4$	$(NH_4)_2SO_4$	200℃以下
钒酸铵	NH_4VO_3	NH_4VO_3	30℃以下(干燥器中保存)
硼砂	$Na_2B_4O_7 \cdot 10H_2O$	$Na_2B_4O_7 \cdot 10H_2O$	室温下(<35℃)在装有NaCl和蔗糖饱和溶液的干燥器(湿度70%)中干燥
碳酸氢钠	$NaHCO_3$	Na_2CO_3	270～300℃
钼酸钠	$Na_2MoO_4 \cdot 2H_2O$	$Na_2MoO_4 \cdot 2H_2O$	室温(空气干燥)
硝酸钠	$NaNO_3$	$NaNO_3$	300℃以下
氢氧化钠	NaOH	NaOH	室温(干燥器中保存,硅胶、硫酸等作干燥剂)
硫代硫酸钠	$Na_2S_2O_3 \cdot 5H_2O$	$Na_2S_2O_3 \cdot 5H_2O$	室温(30℃以下)
钨酸钠	$Na_2WO_4 \cdot 2H_2O$	$Na_2WO_4 \cdot 2H_2O$	室温(空气干燥)
硫酸镍	$NiSO_4 \cdot 7H_2O$	$NiSO_4$	500～700℃
乙酸铅	$Pb(CH_3COO)_2 \cdot 2H_2O$	$Pb(CH_3COO)_2 \cdot 2H_2O$	室温

二、气体吸收剂

常见气体的吸收剂列于表1-56。

表1-56 常见气体的吸收剂

气体名称	吸收剂	配制方法	吸收能力[①]	附 注
CO	酸性Cu_2Cl_2溶液	Cu_2Cl_2 100g溶于500mL HCl中,用水稀至1L(加Cu片保存)	10	O_2也起反应
	氨性Cu_2Cl_2溶液	Cu_2Cl_2 23g加水100mL、浓氨水43mL溶解(加Cu片保存)	30	O_2也起反应

气体名称	吸收剂	配制方法	吸收能力[①]	附　注
CO_2	KOH 溶液	KOH 250g 溶于 800mL 水中	42	HCl、SO_2、H_2S、Cl_2 等也被吸收
	$Ba(OH)_2$ 溶液	$Ba(OH)_2 \cdot 8H_2O$ 饱和溶液	少量	
Cl_2	KI 溶液	1mol/L KI 溶液	大量	用于容量分析
	Na_2SO_3 溶液	1mol/L Na_2SO_3 溶液	大量	
H_2	海绵钯	海绵钯 4～5g		100℃反应 15min
	胶态钯溶液	胶态钯 2g,苦味酸 5g,加 1mol/L NaOH 22mL,稀至 100mL	40	50℃反应 10～15min
HCN	KOH 溶液	KOH 250g 溶于 800mL 水中	大量	
HCl	KOH 溶液	KOH 250g 溶于 800mL 水中	大量	
	$AgNO_3$ 溶液	1mol/L $AgNO_3$ 溶液	大量	
H_2S	$CuSO_4$ 溶液	1％$CuSO_4$ 溶液	大量	
	$Cd(Ac)_2$ 溶液	1％$Cd(Ac)_2$ 溶液	大量	
N_2	Ba、Ca、Ce、Mg 等金属	使用 80～100 目的细粉	大量	在 800～1000℃ 使用
NH_3	酸性溶液	0.1mol/L HCl	大量	
NO	$KMnO_4$ 溶液	0.1mol/L $KMnO_4$ 溶液	大量	
	$FeSO_4$ 溶液	$FeSO_4$ 的饱和溶液加 H_2SO_4 酸化	大量	生成 $Fe(NO)^{2+}$,反应慢
O_2	碱性焦性没食子酸溶液	20％焦性没食子酸,20％KOH,60％H_2O	大量	15℃ 以下反应慢
	黄磷	固体	大量	
	$Cr(Ac)_2$ 盐酸溶液	将 $Cr(Ac)_2$ 用盐酸溶解	大量	反应快
	$Na_2S_2O_4$ 溶液	$Na_2S_2O_4$ 50g 溶于 6％NaOH 25mL 中	大量	CO_2 也吸收
SO_2	KOH 溶液	KOH 250g 溶于 800mL 水中	大量	
	I_2-KI 溶液	0.1mol/L I_2-KI 溶液	大量	用于容量分析
	H_2O_2 溶液	3％H_2O_2 溶液	大量	
不饱和烃	发烟硫酸	含 20％～25％SO_3 的 H_2SO_4(密度 1.94g/mL)	8	15℃ 以上使用
	溴溶液	5％～10％KBr 溶液用 Br_2 饱和	大量	苯和乙炔吸收慢

① 吸收能力指单位体积吸收剂所吸收气体的体积数。

三、气体的发生、净化、干燥与收集

1. 气体的发生

实验室中需要少量气体时,用启普发生器或气体发生装置来制备比较方便。

用启普发生器可以制氢气、二氧化碳、硫化氢等气体。启普发生器如图 1-16 所示,固体试剂放在中间球体中。为了防止固体试剂落入下半球,应在其下面垫一些玻璃纤维。使用时,打开导气管上的活塞,酸液便进入中间球体与固体试剂接触,发生反应放出气体。不需要气体时,关闭活塞,球体内继续产生的气体则把部分酸液压入球形漏斗,使其不再与固体接触而使反应终止。所以启普发生器在加入足够的试剂后,能反复使用多次,而且易于控制。

向启普发生器内装入试剂的方法是,先将中间球体上部带导气管的塞子拔下,固体试剂由开口处加入中间球体,塞上塞子。打开导气管上的活塞,将酸液由球形漏斗加入下半球体内,酸液量加至恰好与

固体试剂接触即可。酸液不能加得太多，以免产生的气体量太多而把酸液从球形漏斗中压出去。

启普发生器使用一段时间后，由于试剂的消耗，需要添加固体和更换酸液。更换酸液时，打开下半球侧口的塞子，倒掉废酸液。塞好塞子，再向球形漏斗中加入新的酸液。添加固体时，可在固体和酸液不接触的情况下，用一个胶塞把球形漏斗塞住，按前述的方法由中间球体开口处加入。启普发生器不能加热，且装入仪器内的固体必须呈块状。

如图 1-17 所示的气体发生装置可以制备氯气、氯化氢、二氧化硫等气体，既适用于粉末状固体和酸液反应产生的气体，也适用于需加热才能产生气体的反应。把固体试剂置于蒸馏瓶中，酸液放在分液漏斗中，使用时，打开分液漏斗的活塞，使酸液滴在固体上，便发生反应产生气体；如果反应缓慢，可适当加热。

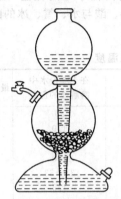

图 1-16　启普发生器

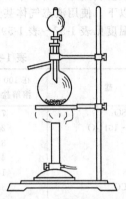

图 1-17　气体发生装置

2. 气体的净化和干燥

实验室中制备的气体常常有酸雾、水汽和其他杂质。如果实验需要对气体进行净化和干燥，所用的吸收剂、干燥剂应根据不同气体的性质及气体中所含杂质的种类进行选择。通常酸雾可用水除去，水汽可用浓硫酸、无水氯化钙等除去，其他杂质也应根据具体情况分别处理。

气体的净化和干燥是在洗气瓶 [图 1-18(a)] 和干燥塔 (图 1-19) 中进行的。液体处理剂（如水、浓硫酸等）盛于洗气瓶中，洗气瓶底部有一个多孔板，导入气体的玻璃管插入瓶底，气体通过多孔板很好地分散在液体中，增大了两相的接触面积。洗气瓶也可以用一个带有两孔塞子的锥形瓶 [图 1-18(b)] 代替。用固体处理剂净化气体时采用干燥管或干燥塔。管中或塔内根据具体要求装入氢氧化钠、无水氯化钙等固体颗粒，装填时既要均匀，又不能颗粒太细，以免造成堵塞。装填方法如 1-19 所示。

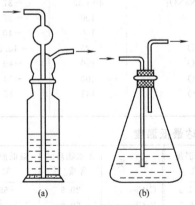

(a)　　　　(b)

图 1-18　洗气瓶

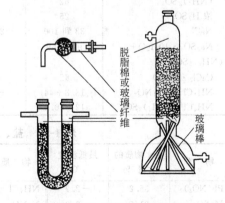

脱脂棉或玻璃纤维

玻璃棒

图 1-19　干燥管和干燥塔

3. 气体的收集

气体的收集方式主要取决于气体的密度及在水中的溶解度。收集方法有如下几种。

① 在水中溶解度很小的气体（如 H_2，O_2），可用排水集气法收集。

② 易溶于水而比空气轻的气体（如 NH_3 等），可用瓶口向下的排气集气法收集。

③ 易溶于水而比空气重的气体（如 Cl_2、CO_2 等），可用瓶口向上的排气集气法收集。收集气体时也可借助真空系统，先将容器抽空，再装入所需气体。

第十二节 化验室常用的制冷剂与胶黏剂

一、制冷剂

化验室利用冰、雪、水和盐、碱、酸，按一定比例混合可得到高低不等的低温，最低可达 $-80℃$ 以下。使用液态气体甚至可以得到 $-273.16℃$ 的温度。盐、碱、酸与水、雪、冰的配比及所得到的温度见表 1-57～表 1-59。用于制冷的液态气体见表 1-60。

表 1-57 盐和水（冷至 15℃）混合所达最低温度

盐	在 100 份水中溶解盐的份数	最低温度/℃	盐	在 100 份水中溶解盐的份数	最低温度/℃
$(NH_4)_2SO_4$	75	9	NH_4Cl	30	-3
$Na_2SO_4 \cdot 10H_2O$	20	8	$Na_2S_2O_3$	110	-4
$MgSO_4$	85	7	$CaCl_2$	250	-8
Na_2CO_3	40	6	NH_4NO_3	100	-12
KNO_3	16	5	$NH_4Cl+KNO_3$	33+33	-12
$(NH_4)_2CO_3$	30	3	NH_4CNS	133	-16
KCl	30	2	$KCNS$	100	-24
$NaC_2H_3O_2 \cdot 3H_2O$	85	-0.5	$NH_4Cl+KNO_3$	100+100	-25

表 1-58 盐或酸与雪或碎冰混合所达最低温度

加入雪中的物质	100 份雪中加入物质的份数	最低温度/℃	加入雪中的物质	100 份雪中加入物质的份数	最低温度/℃
Na_2CO_3	20	-2	$KNO_3+NH_4NO_3$	9+74	-25
$CaCl_2 \cdot 6H_2O$	41	-9	$NaNO_3+NH_4NO_3$	55+52	-26
KCl	30	-11	KNO_3+NH_4CNS	9+67	-28
NH_4Cl	25	-15	$CaCl_2 \cdot 6H_2O$	100	-29
NH_4NO_3	50	-17	KCl(工业用)	100	-30
$NaNO_3$	50	-18	$NH_4Cl+KNO_3$	13+38	-31
38% HCl	50	-18	$KCNS+KNO_3$	112+2	-34
$(NH_4)_2SO_4$	62	-19	$NH_4CNS+NaNO_3$	40+55	-37
浓 H_2SO_4	25	-20	66% H_2SO_4	100	-37
$NaCl$	33 到 100	$-20\sim-22$	稀 HNO_3	100	-40
$Na_2SO_4 \cdot 10H_2O+$ $(NH_4)_2SO_4$	9.6+69	-20	$CaCl_2 \cdot 6H_2O$	125	-40.3
			$CaCl_2 \cdot 6H_2O$	150	-49
$CaCl_2 \cdot 6H_2O$	82	-21.5	$CaCl_2 \cdot 6H_2O$	500	-54
$NH_4Cl+NH_4NO_3$	18.8+44	-22.1	$CaCl_2 \cdot 6H_2O$	143	-55
$NH_4Cl+(NH_4)_2SO_4$	12+50.5	-22.5			

表 1-59 盐、碱、酸和冰混合所达最低温度

物 质	无水物质的含量/%	最低温度/℃	物 质	无水物质的含量/%	最低温度/℃	物 质	无水物质的含量/%	最低温度/℃
$Pb(NO_3)_2$	35.2	-2.7	NH_4Cl	22.9	-15.8	$CaCl_2$	29.9	-55
$MgSO_4$	21.5	-3.9	$NaNO_3$	37.0	-18.5	$ZnCl_2$	52.0	-62
$ZnSO_4$	27.2	-6.6	$NaCl$	28.9	-21.2	KOH	32.0	-65
$BaCl_2$	29.0	-7.8	$NaOH$	19.0	-28.0	HCl	24.8	-86
$MnSO_4$	47.5	-10.5	$MgCl_2$	20.6	-33.6			
$Na_2S_2O_3$	30.0	-11.0	K_2CO_3	39.5	-36.5			

表 1-60　用于制冷的液态气体

物　　质	沸点/℃	三相点温度/℃[①]	三相点压力/Pa(cmHg)	物　　质	沸点/℃	三相点温度/℃[①]	三相点压力/Pa(cmHg)
二氧化碳(固)	−78.5[②]	—	—	氮	−195.8	−209.9	941.4(9.6)
氧化亚氮	−89.8	−102.4	—	氢	−252.8	−259.1	500.1(5.1)
甲烷	−161.4	−183.1	686.5(7.0)	氦	−268.9	—	—
氧	−183.0	−218.4	19.6(0.2)				

① 表示气、液、固三相平衡时温度。
② 表示固体二氧化碳的升华温度。

使用二氧化碳制冷剂时，应该注意：二氧化碳在钢瓶中是液体，使用时先在钢瓶出口处接一个既保温又透气的棉布袋。打开阀门，将液态二氧化碳迅速地大量放出，因压力突然降低，二氧化碳一部分蒸发；另一部分降温在棉袋中结成二氧化碳固体，称为干冰。若与其他液体混合使用能达到不同温度，如与二氯乙烷混合后，温度可达−60℃；与乙醇混合达−72℃；与乙醚混合达−77℃；与丙酮混合达−78.5℃。

液态氧与有机化合物接触能引起燃烧爆炸。液态氢气化时产生大量可燃氢气，使用时必须极为谨慎小心，防止燃烧爆炸。因此，低温制冷剂通常不用液态氧或液态氢，而常用液态氮或液态空气。

液态氮（液氮）和液态空气常贮于细口长颈金属制的双层保温瓶中，液氮瓶口冒出白色氮雾。液态氮溅出碰到物体上，发出啪啪声；若溅到皮肤上，皮肤会被低温冻伤（灼伤），伤口较高温烫伤疼痛，且难以愈合。所以使用液氮时必须戴上手套。

二、胶黏剂

胶黏剂的种类繁多，可分为无机类和有机类胶黏剂。从形态上看，多数胶黏剂为稠厚的液体。

1. 有机类胶黏剂

（1）环氧树脂胶黏剂　这类胶黏剂的黏合力强，收缩性小，对电绝缘，耐化学品性能优良，因此广泛应用。它是由环氧氯丙烷与二酚丙烷等多元酚或多元醇类缩合而成。因生产时控制条件不同，可得到不同分子量的环氧树脂，因而有不同牌号，如 6101、634、637、638、670 等商品牌号，软化点在 12～55℃间。环氧树脂中加入硬化剂后，即与其发生化学反应，使树脂变硬达到黏合的目的。硬化剂有乙二胺、二乙烯三胺、650 聚酰胺、间苯二胺、草酸、邻苯二甲酸酐等。最常用的为 650 聚酰胺，其用量为每 100g 环氧树脂 80～100g，混合均匀，室温 25℃，一天即可硬化。现已广泛应用于玻璃、陶瓷、金属、木材等相互之间及同种材料的黏合。

（2）脲醛树脂——5011 胶黏剂　这种胶黏剂用于木材制品的黏合，黏合牢固度强，不怕水，不怕潮湿，耐虫，耐霉菌侵蚀。

使用方法：每 100g 5011 胶黏剂用 0.3～0.5g 固体氯化铵（夏天用 0.3g，冬天用 0.5g）。将氯化铵用尽量少的水溶解，然后边搅拌边将氯化铵水溶液慢慢加入 5011 胶黏剂中，搅拌均匀，立即胶黏。最后把胶黏的物品压紧，在室温放置，12h 后即黏牢。

（3）聚乙烯醇类胶黏剂　10％的聚乙烯醇水溶液，称合成胶水。聚乙烯醇缩丁醛胶黏剂及聚乙酸乙烯酯乳液，主要用于纸张、木材、竹、皮革等的黏合。

（4）塑料用胶黏剂　塑料品种很多，不同塑料应使用不同胶黏剂。因此应根据塑料的品种与性质选择合适的胶黏剂，才能达到良好的黏合效果。

① 万能胶　市售的万能胶是聚苯乙烯树脂溶于苯中配制而成，主要用于胶黏聚苯乙烯塑料制品。

② 有机玻璃黏合　可用氯仿黏合，也可把小块或粉末有机玻璃溶于氯仿中，配成胶黏剂进行胶黏。

③ 赛璐珞黏合　赛璐珞是硝化棉制品，极易燃烧，可用有机溶剂乙酸丁酯和丙酮黏合。

④ 聚氯乙烯薄膜黏合　市售的聚氯乙烯薄膜胶黏剂是由 20g 过聚乙烯树脂溶解于 40g 乙酸乙酯和 40g 乙酸丁酯混合溶剂中配制而成。把此胶黏剂涂在聚氯乙烯薄膜上，将两块薄膜压紧，溶剂挥发后即黏牢。

⑤ 泡沫塑料黏合　100g 聚乙烯醇加入适量水，加温至 95～97℃，搅拌使其全溶，再加入 10g 氯化铵或 200g 脲醛树脂，待溶解后，即可使用。涂于待黏面，压合，于室温下放置 24h，即可黏合。

⑥ 尼龙黏合　将 10～20g 尼龙屑溶于 50g 苯酚中，再加入 30g 二氯丁烯即可使用。将胶涂于待

粘面上，压紧固定约 8h，即可黏合。

⑦ 聚苯乙烯黏合　聚苯乙烯碎片 10～15g 溶于 50g 甲苯和 50g 乙酸乙酯中即可使用。

（5）快速胶（502 胶）　其主要成分是 α-氰基丙烯酸酯，它广泛用于金属、玻璃、陶瓷、橡胶、有机玻璃、硬质塑料等多种材料的粘接。被黏物体表面除去灰尘和油污，然后涂上快速胶，叠合在一起并稍加压力，几分钟后就可粘住，1～2d 达到最高粘接强度。

（6）导电胶黏剂　它是在胶黏剂中加了银粉、铜粉、金粉或石墨粉等，主要用于黏结导电体。

配方：350g 液体双酚 A 环氧树脂，0.35g 低分子量聚酰胺树脂，1.30g 银粉（300 目），三者调匀即可使用。室温 24h 可固化。

2. 无机类胶黏剂

（1）甘油胶黏剂　10g 白明胶，3g 硼酸，10g 甘油，60g 水，调匀即可使用。固化后加热能再次熔化，主要用于黏接木材。

（2）玻璃和瓷器用的胶黏剂　有多种配方。

① 配方一　20g 阿拉伯胶，80g 雪花石膏，在玻璃板上加水调至糊状即可使用。

② 配方二　2g 硝酸钙，20g 阿拉伯胶，25g 水。

③ 配方三　1g 二氧化锰，1g 氧化锌，1g 水玻璃。

（3）玻璃和金属的胶黏剂　把 60g 17% 苛性钠加热溶入 30g 松香，冷却后再把 80g 氧化锌掺入形成硬膏状即可使用。

（4）快凝结胶黏剂

① 60% 氯化锌溶液与不含碳酸盐的氧化锌细粉混合起来，数分钟内就能凝固黏合。

② 等量的白垩、氧化锌和二氧化锰加到水玻璃中混合，在数分钟内凝固黏合。

（5）耐酸、碱的胶黏剂

① 把 100g 一氧化铅放在铁板上加热到 300℃ 数分钟，然后冷却。在 25mL 无水甘油中边搅边加入处理好的一氧化铅，15～30min 凝固。

② 把 1g 硫酸钡、2g 石棉粉或石棉和 1g 细砂放在铁板上加热到 300℃ 数分钟，然后冷却，再与水玻璃混合搅匀。

（6）在 700～800℃ 使用的胶黏剂　软锰矿 21g、硼砂 2g 和氧化锌 10g 混匀磨成细粉，再与水玻璃调成糊状，即可使用。

第十三节　掩蔽剂与解蔽剂

在分析分离过程中常有干扰物质的存在，利用掩蔽剂可将干扰离子浓度减小，甚至使干扰离子浓度低至不足以参加反应，或参加反应的量极微，就可消除该离子的干扰。常用掩蔽剂有络合掩蔽剂、沉淀掩蔽剂、氧化还原掩蔽剂等。分析工作中还用到解蔽剂，它能破坏掩蔽剂，起到解除掩蔽的作用。

一、阳离子掩蔽剂

各种阳离子的掩蔽剂列于表 1-61。

表 1-61　各种阳离子的掩蔽剂

阳离子元素	掩　蔽　剂
Ag	CN^-、I^-、Br^-、Cl^-、SCN^-、$S_2O_3^{2-}$、NH_3、硫脲、TGA、DDTC、BHEDTC、TSC、柠檬酸盐、BAL
Al	F^-、BF_4^-、甲酸盐、乙酸盐、柠檬酸盐、酒石酸盐、草酸盐、丙二酸盐、葡糖酸盐、水杨酸盐、SSA、钛铁试剂、EDTA、TEA、乙酰丙酮、BAL、OH^-、甘露醇、甘油、HQSA
As	S^{2-}、BAL、二巯基丙烷磺酸钠、柠檬酸盐、酒石酸盐、盐酸羟胺、OH^-
Au	CN^-、I^-、Br^-、Cl^-、SCN^-、$S_2O_3^{2-}$、NH_3、硫脲、BHEDTC、TGA、DDTC、TSC、柠檬酸盐、BAL、用 SO_2 还原
Ba	DCTA、EDTA、EGTA、柠檬酸盐、酒石酸盐、DHG、F^-、SO_4^{2-}、PO_4^{3-}

阳离子元素	掩　蔽　剂
Be	柠檬酸盐、酒石酸盐、EDTA、钛铁试剂、SSA、乙酰丙酮、F^-
Bi	I^-、SCN^-、$S_2O_3^{2-}$、Cl^-、F^-、OH^-、DDTC、TGA、二巯基丙烷磺酸钠、BAL、BHEDTC、MPA、MSA、DMSA、TCA、半胱氨酸、双硫腙、硫脲、酒石酸盐、柠檬酸盐、草酸盐、钛铁试剂、SSA、NTA、EDTA、PDTA、TEA、DHG、三磷酸盐、抗坏血酸
Ca	NTA、EDTA、EGTA、DHG、酒石酸盐、F^-、BF_4^-、多磷酸盐
Cd	I^-、CN^-、$S_2O_3^{2-}$、SCN^-、DDTC、BHEDTC、BAL、二巯基丙烷磺酸钠、半胱氨酸、TCA、MPA、DMSA、DMPA、BCMDTC、双硫腙、TGA、柠檬酸盐、酒石酸盐、丙二酸盐、氨基乙酸、DHG、NTA、EDTA、Pb-EGTA、NH_3、tetren、邻二氮菲、DTCPA
Ce	F^-、PO_4^{3-}、$P_2O_7^{4-}$、柠檬酸盐、酒石酸盐、DHG、NTA、EDTA、钛铁试剂、还原剂
Co	CN^-、SCN^-、$S_2O_3^{2-}$、F^-、NO_2^-、柠檬酸盐、酒石酸盐、丙二酸盐、钛铁试剂、氨基乙酸、DHG、TEA、EDTA、TGA、DDTC、BHEDTC、DMPA、DMSA、MPA、BAL、TCA、二巯基丙烷磺酸钠、NH_3、en、tren、tetren、penten、邻二氮菲、丁二酮肟、H_2O_2、三磷酸盐
Cr	甲酸盐、乙酸盐、柠檬酸盐、酒石酸盐、钛铁试剂、SSA、DHG、NTA、EDTA、TEA、F^-、PO_4^{3-}、$P_2O_7^{4-}$、三磷酸盐、SO_4^{2-}、$NaOH+H_2O_2$、氧化为 CrO_4^{2-}、用抗坏血酸还原
Cu	NH_3、en、tren、tetren、penten、邻二氮菲、柠檬酸盐、酒石酸盐、钛铁试剂、氨基乙酸、DHG、吡啶羧酸、ADA、NTA、EDTA、HEDTA、S^{2-}、TGA、DDTC、DMSA、DMPA、MPA、BCMDTC、BHEDTC、TCA、BAL、TSC、二氨基硫脲、半胱氨酸、CN^-、硫脲、$S_2O_3^{2-}$、$SCN^-+SO_3^{2-}$、I^-、抗坏血酸$+KI$、N_2H_4、盐酸羟胺、$Co(CN)_6^{3-}$、NO_2^-
Fe	酒石酸盐、柠檬酸盐、草酸盐、丙二酸盐、NTA、EDTA、TEA、甘油、乙酰丙酮、钛铁试剂、SSA、DHG、OH^-、F^-、PO_4^{3-}、$P_2O_7^{4-}$、S^{2-}、三硫代碳酸盐、$S_2O_3^{2-}$、BAL、DMSA、二巯基丙烷磺酸钠、MSA、MPA、BHEDTC、TGA、HQSA、CN^-、抗坏血酸、盐酸羟胺、SO_3^{2-}、$SnCl_2$、氨基磺酸、硫脲、邻二氮菲、$2,2'$-联吡啶
Ga	柠檬酸盐、酒石酸盐、草酸盐、SSA、EDTA、OH^-、Cl^-、二巯基丙烷磺酸钠
Ge	草酸、酒石酸盐、F^-
Hf	草酸盐、柠檬酸盐、酒石酸盐、NTA、EDTA、DCTA、SSA、TEA、DHG、PO_4^{3-}、$P_2O_7^{4-}$、F^-、SO_4^{2-}、H_2O_2
Hg	CN^-、Cl^-、I^-、SCN^-、$S_2O_3^{2-}$、SO_3^{2-}、酒石酸盐、柠檬酸盐、NTA、EDTA、TEA、DHG、半胱氨酸、TGA、BAL、二巯基丙烷磺酸钠、硫脲、DDTC、BHEDTC、MPA、DMSA、CMMSA、TCA、TSC、tren、penten、用抗坏血酸还原、乙黄原酸钾
In	酒石酸盐、EDTA、TEA、F^-、Cl^-、SCN^-、TGA、二巯基丙烷磺酸钠、硫脲
Ir	CN^-、SCN^-、柠檬酸盐、酒石酸盐、硫脲
La	酒石酸盐、柠檬酸盐、EDTA、钛铁试剂、F^-
Mg	柠檬酸盐、酒石酸盐、草酸盐、钛铁试剂、乙二醇、NTA、EDTA、DCTA、TEA、DHG、OH^-、F^-、BF_4^-、PO_4^{3-}、$P_2O_7^{4-}$、六偏磷酸盐
Mn	柠檬酸盐、酒石酸盐、草酸盐、钛铁试剂、SSA、NTA、EDTA、DCTA、TEA、$TEA+CN^-$、DHG、F^-、$P_2O_7^{4-}$、三磷酸盐、CN^-、BAL、氧化为 MnO_4^-、用盐酸羟胺或 N_2H_4 还原为 Mn^{2+}
Mo	柠檬酸盐、酒石酸盐、草酸盐、乙酰丙酮、钛铁试剂、NTA、EDTA、DCTA、DHG、F^-、三磷酸盐、H_2O_2、SCN^-、甘露醇、氧化为 MoO_4^{2-}、抗坏血酸、盐酸羟胺
Nb	柠檬酸盐、酒石酸盐、草酸盐、钛铁试剂、F^-、OH^-、H_2O_2
Nd	EDTA
NH_4^+	HCHO
Ni	柠檬酸盐、酒石酸盐、丙二酸盐、NTA、EDTA、SSA、DHG、氨基乙酸、ADA、吡啶羧酸、F^-、CN^-、SCN^-、DDTC、BCMDTC、BHEDTC、TGA、DMSA、DMPA、NH_3、tren、penten、邻二氮菲、丁二酮肟、三磷酸盐、乙黄原酸钾
Np	F^-

阳离子元素	掩 蔽 剂
Os	CN^-、SCN^-、硫脲
Pa	H_2O_2
Pb	乙酸盐、柠檬酸盐、酒石酸盐、钛铁试剂、NTA、EDTA、TEA、DHG、OH^-、F^-、Cl^-、I^-、SO_4^{2-}、$S_2O_3^{2-}$、TCA、TGA、BAL、乙黄原酸钾、二巯基丙烷磺酸钠、DMSA、DMPA、MPA、DDTC、BCMDTC、BHEDTC、三磷酸盐、氯化四苯砷
Pd	CN^-、SCN^-、I^-、NO_2^-、$S_2O_3^{2-}$、柠檬酸盐、酒石酸盐、NTA、EDTA、TEA、DHG、乙酰丙酮、NH_3、硫脲
Pt	CN^-、SCN^-、I^-、NO_2^-、$S_2O_3^{2-}$、柠檬酸盐、酒石酸盐、NTA、EDTA、TEA、DHG、乙酰丙酮、硫脲、NH_3
Pu	用氨基磺酸还原为 Pu(Ⅳ)
稀土	柠檬酸盐、酒石酸盐、草酸盐、EDTA、DCTA、F^-
Re	氧化为 ReO_4^-
Rh	柠檬酸盐、酒石酸盐、硫脲
Ru	CN^-、硫脲
Sb	柠檬酸盐、酒石酸盐、草酸盐、TEA、F^-、Cl^-、I^-、OH^-、S^{2-}、$S_2O_3^{2-}$、BAL、二巯基丙烷磺酸钠、乙黄原酸钾
Sc	F^-、酒石酸盐、DCTA
Se	F^-、I^-、S^{2-}、SO_3^{2-}、酒石酸盐、柠檬酸盐、还原剂
Sn	柠檬酸盐、酒石酸盐、草酸盐、EDTA、TEA、F^-、Cl^-、I^-、OH^-、PO_4^{3-}、TGA、BAL、二巯基丙烷磺酸钠、用溴水氧化
Sr	柠檬酸盐、酒石酸盐、NTA、EDTA、DHG、F^-、SO_4^{2-}、PO_4^{3-}
Ta	柠檬酸盐、酒石酸盐、草酸盐、F^-、OH^-、H_2O_2
Te	柠檬酸盐、酒石酸盐、F^-、I^-、S^{2-}、SO_3^{2-}、还原剂
Th	乙酸盐、柠檬酸盐、酒石酸盐、SSA、TEA、DHG、NTA、EDTA、DCTA、DTPA、F^-、SO_4^{2-}、4-磺基苯胂酸、钛铁试剂、乙酰丙酮
Ti	柠檬酸盐、酒石酸盐、葡糖酸盐、SSA、TEA、DHG、NTA、EDTA＋H_2O_2、钛铁试剂、甘露醇、抗坏血酸、OH^-、SO_4^{2-}、F^-、H_2O_2、PO_4^{3-}、三磷酸盐
Tl	柠檬酸盐、酒石酸盐、草酸盐、TEA、DHG、NTA、EDTA、TCA、BHEDTC、二巯基丙烷磺酸钠、TGA、Cl^-、CN^-、盐酸羟胺
U	$(NH_4)_2CO_3$、柠檬酸盐、酒石酸盐、草酸盐、乙酰丙酮、SSA、EDTA、F^-、H_2O_2、PO_4^{3-}
V	酒石酸盐、草酸盐、TEA、钛铁试剂、甘露醇、EDTA、CN^-、H_2O_2、氧化为 VO_3^-、以抗坏血酸或盐酸羟胺还原
W	柠檬酸盐、酒石酸盐、草酸盐、钛铁试剂、甘露醇、EDTA、DCTA、F^-、PO_4^{3-}、SCN^-、H_2O_2、三磷酸盐、氧化为 WO_4^{2-}、用还原剂还原
Y	DCTA、F^-
Zn	柠檬酸盐、酒石酸盐、乙二醇、甘油、NTA、EDTA、DCTA、NH_3、tren、penten、邻二氮菲、氨基乙酸、DHG、CN^-、OH^-、SCN^-、$Fe(CN)_6^{4-}$、BAL、二巯基丙烷磺酸钠、双硫腙、三磷酸盐、TEA、TGA
Zr	柠檬酸盐、酒石酸盐、草酸盐、苹果酸盐、水杨酸盐、SSA、1,2,3-三羟基苯、钛铁试剂、TEA、DHG、NTA、EDTA、DCTA、F^-、CO_3^{2-}、SO_4^{2-}＋H_2O_2、PO_4^{3-}、$P_2O_7^{4-}$、OH^-、半胱氨酸

注：表中 ADA 为苯邻甲内酰胺二乙酸；BAL 为 2,3-二巯基丙醇；BCMDTC 为双（羧甲基）氨荒酸盐；BHEDTC 为双（2-羟乙基）氨荒酸盐；CMMSA 为羧甲基巯丁二酸；DCTA 为环己二胺四乙酸；DDTC 为二乙基二硫代氨基甲酸盐（二乙氨荒酸盐）；DHG 为 N,N'-二（2-羟乙基）甘氨酸；DMPA 为 2,3-二巯基丙酸；DMSA 为二巯丁二酸；DTCPA 为氨荒丙酸；DTPA 为二乙三胺五乙酸；HEDTA 为 2-羟基乙二胺三乙酸；HQSA 为 8-羟基喹啉-5-磺酸；MPA 为 β-巯基丙酸；MSA 为巯基丁二酸；NTA 为氨三乙酸；PDTA 为丙二胺四乙酸；SSA 为磺基水杨酸；TCA 为氨荒乙酸；TEA 为三乙醇胺；TGA 为巯基乙酸；TSC 为氨基硫脲；en 为乙二胺；tren 为三（氨乙基）胺；tetren 为四乙五胺；penten 为五乙六胺。

二、阴离子和中性分子掩蔽剂

各种阴离子和中性分子的掩蔽剂列于表 1-62。

表 1-62 各种阴离子和中性分子的掩蔽剂

阴离子和中性分子	掩 蔽 剂	阴离子和中性分子	掩 蔽 剂
H_3BO_3	F^-、酒石酸盐及其他羟基酸、二醇类	I_2	$S_2O_3^{2-}$
Br^-	$Hg(II)$、$Ag(I)$	IO_3^-	SO_3^{2-}、$S_2O_3^{2-}$、N_2H_4
Br_2	苯酚、磺基水杨酸	IO_4^-	SO_3^{2-}、$S_2O_3^{2-}$、N_2H_4、AsO_2^-、抗坏血酸
BrO_3^-	以 N_2H_4、SO_3^{2-}、$S_2O_3^{2-}$ 或 AsO_2^- 还原	MnO_4^-	用盐酸羟胺、抗坏血酸、N_2H_4、SO_3^{2-}、$S_2O_3^{2-}$、AsO_2^- 或草酸还原
柠檬酸根	$Ca(II)$		
CrO_4^{2-}、$Cr_2O_7^{2-}$	用盐酸羟胺、N_2H_4、SO_3^{2-}、$S_2O_3^{2-}$、AsO_2^- 或抗坏血酸还原	MoO_4^{2-}	柠檬酸盐、草酸盐、F^-、H_2O_2、SCN^- + Sn^{2+}
Cl^-	$Hg(II)$、$Sb(III)$	NO_2^-	脲素、对氨基苯磺酸、氨基磺酸、$Co(II)$
Cl_2	SO_3^{2-}	$C_2O_4^{2-}$	MoO_4^{2-}、MnO_4^-、$Ca(II)$
ClO^-	NH_3	PO_4^{3-}	酒石酸盐、$Fe(III)$、$Al(III)$
ClO_3^-	用 $S_2O_3^{2-}$ 还原	S	CN^-、S^{2-}、SO_3^{2-}
ClO_4^-	用 SO_3^{2-}、盐酸羟胺还原	S^{2-}	$KMnO_4$ + H_2SO_4、S
CN^-	$Hg(II)$、$HCHO$、水合三氯乙醛、过渡金属离子	SO_3^{2-}	$Hg(II)$、$KMnO_4$ + H_2SO_4、$HCHO$
EDTA	$Cu(II)$、H_2O_2 + 热（钼酸作催化剂）	$S_2O_3^{2-}$	MnO_4^- + H_2O_2 + H_2SO_3
F^-	H_3BO_3、$Al(III)$、$Be(II)$、$Zr(IV)$、$Th(IV)$、$Ti(IV)$、$Fe(III)$	SO_4^{2-}	$Cr(III)$ + 热、$Ba(II)$、$Th(IV)$
		SO_5^{2-}	盐酸羟胺、$S_2O_3^{2-}$、抗坏血酸
$Fe(CN)_6^{3-}$	盐酸羟胺、N_2H_4、$S_2O_3^{2-}$、AsO_2^-、抗坏血酸	Se 及其阴离子	S^{2-}、SO_3^{2-}、二氨基联苯胺
锗酸	甘油、甘露醇、葡萄糖及其他多元醇	Te	I^-
H_2O_2	$NaVO_3$、$Fe(III)$	WO_4^{2-}	柠檬酸盐、酒石酸盐
I^-	$Hg(II)$、$Ag(I)$	VO_3^-	酒石酸盐

三、解蔽剂

常用的解蔽剂列于表 1-63。

表 1-63 常用的解蔽剂

掩蔽剂	被掩蔽离子	解 蔽 剂	掩蔽剂	被掩蔽离子	解 蔽 剂
CN^-	Ag^+	H^+	F^-	Al^{3+}	OH^-、Be^{2+}
	Cd^{2+}	H^+、$HCHO(OH^-)$		Fe^{3+}	OH^-
	Cu^{2+}	H^+、HgO		MoO_4^{2-}	H_3BO_3
	Fe^{3+}	HgO、Hg^{2+}		VO_3^-、WO_4^{2-}	H_3BO_3
	Hg^{2+}	Pd^{2+}		Sn^{4+}	H_3BO_3
	Ni^{2+}	$HCHO$、HgO、H^+、Ag^+、Hg^{2+}、Pb^{2+}、卤化银		$U(VI)$	Ca^{2+}、OH^-、Be^{2+}、Al^{3+}
				Zr^{4+}、(Hf^{4+})	Ca^{2+}、OH^-、Be^{2+}、Al^{3+}
	Pd^{2+}	HgO、H^+	H_2O_2	Ti^{4+}、Zr^{4+}、Hf^{4+}	Fe^{3+}
	Zn^{2+}	$CCl_3CHO \cdot H_2O$、H^+、$HCHO$	NH_3	Ag^+	Br^-、I^-、H^+
$C_2O_4^{2-}$	Al^{3+}	OH^-	NO_2^-	Co^{2+}	H^+
EDTA	Al^{3+}	F^-	OH^-	Mg^{2+}	H^+
	Ba^{2+}	H^+	PO_4^{3-}	Fe^{3+}	OH^-
	Co^{2+}	Ca^{2+}		$U(VI)$	Al^{3+}
	Mg^{2+}	F^-	酒石酸盐	Al^{3+}	H_2O_2 + Cu^{2+}
	Th^{4+}	SO_4^{2-}	SCN^-	Fe^{3+}	OH^-
	Ti^{4+}	Mg^{2+}		Hg^{2+}	Ag^+
	Zn^{2+}	CN^-	$S_2O_3^{2-}$	Cu^{2+}	OH^-
	各种离子	MnO_4^- + H^+		Ag^+	H^+
乙二胺	Ag^+	SiO_2（非晶型）	硫脲	Cu^{2+}	H_2O_2

四、络合滴定中的掩蔽剂

络合滴定中的掩蔽剂列于表 1-64。

表 1-64 络合滴定中的掩蔽剂

掩 蔽 剂	被掩蔽元素	应 用	条 件
KOH(或 NaOH)	Mg	滴定 Ca	pH=12~13
	Al	Ca(矿物原料和硅酸盐中)	pH=12~14
	Zn、Pb	EGTA 滴定 Cd	pH>10.5
氨及铵盐	Pd(Ⅱ)	滴定 Pb	碱性介质
	Co(Ⅲ)	滴定 Ni	碱性介质
NH$_4$F(或 NaF、KF)	Al(Ⅲ)、Ti(Ⅳ)、Sn(Ⅳ)、Zr(Ⅳ)、Nb(Ⅴ)、Ta(Ⅴ)、W(Ⅵ)、Be(Ⅱ)	滴定 Cu、Zn、Mn(Ⅱ)、Cd、Pb	pH=4~6
	Al(Ⅲ)、Be(Ⅱ)、Sr(Ⅱ)、Ca(Ⅱ)、Mg(Ⅱ)、RE	滴定 Zn、Cd、Mn(Ⅱ)、Cu、Co、Ni	pH=10
	Mn(Ⅱ)	测定 Cu	45℃
	Fe(Ⅲ)、Al(Ⅲ)、Ti(Ⅴ)、RE	测定合金中的 Cu、Zn、Cd、Pb、Co、Ni	pH≈5
	Sn(Ⅳ)	测定合金中的 Pb	pH=5
	Ti、Zr、Th、Sb	加 H$_3$BO$_3$ 加热解蔽、测 Fe(Ⅲ)、Sn(Ⅳ)	pH=5
BF$_4^-$	Ca	用 DCTA 测定 Al	
NH$_4$Cl	Bi(Ⅲ)	测定 Fe(Ⅲ)	pH=1~2
KI	Cd	用 EDTA 或 DTPA 滴定 Zn	pH=6,50℃
	Cu	测定含铜物料中的 Zn	pH=4
	Hg(Ⅱ)、Cu(Ⅱ)、Tl(Ⅰ)	测定 Zn(PAN)	pH=5~6
KSCN	Hg(Ⅱ)	连续滴定 Bi 和 Pb	pH=0.7~1.2 和 pH=5~6
Na$_2$SO$_4$	Th(Ⅳ)	滴定 Bi(Ⅲ)、Fe(Ⅲ)及滴定 Zr、Ti(Ⅳ)	酸性介质
Na$_2$S$_2$O$_3$	Cu	滴定 Zn、Cd、Ni(铜合金中)	pH=4.5~9.5
	Cu、Bi	滴定 Zn(Ⅱ)、Ni(Ⅱ)(PAN)	pH=6
KCN	Ag、Cu、Zn、Cd、Hg、Fe(Ⅱ)、Tl(Ⅲ)、Co、Ni、Pt 族	滴定 Mg、Ca、Sr、Ba、RE、Pb、In、Mn(Ⅱ)	碱性介质
PO$_4^{3-}$	Mg	滴定电镀液中的 Ni	pH=9~10
	W(Ⅵ)	滴定 Cd、Fe(Ⅲ)、V(Ⅴ)Zn(PAN)	pH=3~6 热溶液
	W(Ⅵ)	滴定 Cu、Ni(PAN)	pH=3~4
	W(Ⅵ)	反滴定 Co(Ⅱ)、Mo(Ⅵ)(Cu-PAN)	pH=4~5
P$_2$O$_7^{4-}$	Fe(Ⅲ)、Cr(Ⅲ)	测定 Co(NH$_4$SCN)	pH=8(50%乙醇)
	Fe(Ⅲ)、Al(Ⅲ)	测定 Ni(紫脲酸胺)	pH=9
六偏磷酸钠	Mn(Ⅱ)	反滴定 Ni	pH=5~6

掩 蔽 剂	被掩蔽元素	应　用	条　件
H_2O_2	V	滴定 Fe(Ⅲ)、Zr、Hf	酸性介质
		滴定合金中的 Al	
	W(Ⅵ)	滴定 Cu、Ni(PAN)	pH=3～4
		滴定 Zn、Cd、Fe(Ⅲ)	pH=3～6
		反滴定 Th(茜素红 S)	$HClO_4$ 溶液
	Ti(Ⅳ)、U(Ⅵ)	滴定 Zn、Mg(铬黑 T)	pH=10
羟胺和肼	Fe(Ⅲ)、Cu(Ⅱ)	滴定 Al、Th、Bi、Ni	酸性介质
	Fe(Ⅲ)、Ce(Ⅳ)	合金中的 Zr、Th	酸性介质
甘油	Fe(Ⅲ)、Cr(Ⅲ)	分别滴定 Ca、Mg、Sr、Ba、Cu、Zn、Cd、Hg、Pb、Mn(Ⅱ)、Co、Ni	pH=12～13
	Al(Ⅲ)	滴定 Ⅱ、Ⅳ、Ⅴ分析组的二价阳离子	Al 的极限浓度 7.5×10^{-3}～ 2.8×10^{-2} mol/L
乙酰丙酮	Al、U(Ⅵ)、Fe(Ⅲ)	滴定 Zn、Pb	pH=5～6
	Mo(Ⅵ)	滴定 Bi	pH=1～2
	Al	用 EDTA 或 DTPA 滴定 RE	pH=5.5
	Al(Ⅲ)、U(Ⅵ)	电位法 EDTA 滴定 La、RE、Zn	pH=7
甲醛(或甲酸)	Tl(Ⅲ)	滴定 In(Ⅲ)(二甲酚橙)	pH=3 50～60℃
	Hg(Ⅱ)	滴定 Bi、Th(邻苯二酚紫)	pH=2～2.5
草酸	Sn(Ⅳ)	滴定 Cu、Zn、Pb(合金中)	pH=5
	Al	滴定 Cr(Ⅲ)	pH=7
	Sn(Ⅱ)、RE	滴定 Bi(邻苯二酚紫)	pH=2
乳酸	Ti(Ⅳ)、Sn(Ⅳ)、Sb	分别滴定 Cu、Zn、Cd、Al、Pb、Zr、Bi、Fe、Co、Ni	
	Sn(Ⅳ)	滴定 Cu	pH=5.5
酒石酸	Sn(Ⅳ)、Sb(Ⅲ)、Ti、Zr、Cr(Ⅲ)、Nb(Ⅴ)、W(Ⅵ)	滴定 Cu、Pb、Cd、In、Ga、Pb、Bi、Mn(Ⅱ)、Fe(Ⅲ)、Ni	酸性介质
	Al、Ti、Zr、Sn(Ⅳ)、Sb、Bi、Fe(Ⅲ)、Mo(Ⅵ)、U(Ⅵ)	滴定 Mg、Ca、Ba、Zn、Cd、In、Ga、Pb、Mn(Ⅱ)、Ni	碱性介质
	Ti	测定磷灰石中 Fe、Al	pH=5.4～5.7
	Nb(Ⅴ)、Ta(Ⅴ)、W(Ⅵ)、Ti(Ⅳ)	肼还原，Cu 盐反滴定 Mo	pH=4～5
	Co、Ni	滴定 Fe(Ⅲ)(N-苯甲酰苯基羟胺)	pH=1.0～1.3
柠檬酸	Th、Zr、Sn(Ⅳ)、U(Ⅵ)	滴定 Cu、Zn、Cd、Co、Ni	pH=5～6
	Al、Zr、Mo(Ⅵ)、Fe(Ⅲ)	滴定 Cu、Zn、Cd、Pb	碱性介质
	Fe(Ⅲ)	滴定铁合金中 Zn	pH=8
	W(Ⅵ)	滴定 Ti、Zr、Hf(合金中)	酸性介质

掩 蔽 剂	被掩蔽元素	应　用	条　件
抗坏血酸	Fe(Ⅲ)	滴定 Zr、Hf、Ti、Al(合金中)	酸性介质
		滴定 Bi、Al、Ga(合金中)	酸性介质
		滴定合金中 Sn	酸性介质
		滴定 Bi(二甲酚橙)	pH=1~2
		用 DTPA 滴定 La、Ce(Ⅲ)	
	Cu、Hg(Ⅱ)、Fe(Ⅲ)	滴定 Bi、Th(邻苯二酚紫)	pH=2.5
	Hg(Ⅱ)	滴定 Bi	pH=1~2
	Cr(Ⅲ)	滴定 Mg、Ca、Mn、Ni	
丹宁酸	Ti	硅酸盐中铁铝连续测定	pH=4~5
水杨酸和氨基水杨酸	Al	反滴定 Ti 或 Fe(Ⅲ)	pH=1~2
	Ti	黏土中 Al	pH=4.5
苦杏仁酸	Ti	Fe、Al、Ti 的连续测定(释出反滴定)	pH=5.5
磺基水杨酸	Al	滴定 Cu、Mg、RE、Fe	
	Al、Fe	DTPA 滴定 RE	pH=5
钛铁试剂	Al、Ti	反滴定 Mn(Ⅱ)	碱性介质
8-羟基喹啉-5-磺酸	Al、Ti、Fe	滴定 Ca	
N,N'-二(2-羟乙基)甘氨酸(DHG)	Fe(Ⅲ)	滴定碱土金属	碱性介质
	Cu、Ti、Bi	滴定 Co	
氨荒乙酸(TCA)或 β-氨荒丙酸(β-DTCPA)	In、Tl(Ⅲ)、Bi	滴定 Th	pH=2~3
	Cd、Hg、Pb	滴定 Zn、Mn(Ⅱ)反滴定 Co、Ni	pH=5~6
α-氨荒丙酸	Pb、Cd	滴定 Zn	pH=5~6
硫脲	Cu(Ⅱ)	反滴定 Ni(Ⅱ)、Sn(Ⅳ)	pH=4~5
		反滴定 Pb、Sn(Ⅳ)	pH=6
	Cu、Hg(Ⅱ)	滴定 Zn(二甲酚橙)	pH=5~6
	分解 Cu-EDTA	测定合金及矿物中 Cu	
氨基硫脲	Hg(Ⅱ)	滴定 Zn、Cd、Pb、Th、Bi	pH=2~5
2,3-二巯基丙醇	Zn、Cd、Sn、Pb、As、Sb、Bi	滴定 Ca、Mg	pH=10
	Zn、Hg、Pb	滴定 Ca、Mg	氨性介质
2,3-二巯基丙烷磺酸钠	Zn、Cd、Hg、Ga、In、Sn、Pb	滴定碱土金属及 RE	氨性介质
	Zn	测定 Mn(Ⅱ)	
二硫代草酸	Sn	滴定 Cu、Pb、Zn	pH=5~6
巯基乙酸(硫代乙醇酸)	Ag、Zn、Cd、Pb	反滴定 Co、Ni	
	Cu、Zn、Cd、Hg、Pb	滴定 Ca	碱性介质
	Bi	测定 Fe(Ⅱ)	pH=5~6
	Bi	测定 Cd、In、Pb	pH=5~6
β-巯基丙酸	Cu、Hg、Pb、Bi、Co、Fe(Ⅲ)	滴定 Mg、Ca、Ni、Mn(Ⅱ)	pH=10
	Fe、Pb	滴定 Zn	pH=4~5
	Cd	用三乙四胺六乙酸滴定 Zn	pH=5.5

掩 蔽 剂	被掩蔽元素	应 用	条 件
巯基丁二酸	Fe、Bi	滴定 Th	酸性介质 pH=2～3
二巯基丁二酸	Cu、Cd、Hg	滴定 Zn	pH=5.5～6
	Cu、Cd、Pb、Co、Ni	滴定 Mg、Ca、Sr、Ba	pH=10
β-氨基乙硫醇（巯基乙胺）	Cu、Cd、Zn、Hg、Co、Ni	用 EDTA 或 DCTA 滴定碱土金属和 Mn(Ⅱ)	pH=10
双-(2-氨基乙基)硫化物	Cu、Zn、Hg、Co、Ni	滴定 Mn(Ⅱ)	碱性介质 pH=10
硫代二丙酸	Mn	滴定 Cu	pH=5～6
羧甲基巯基丁二酸	Th	滴定 Bi(邻苯二酚紫)	pH=2～3
	Hg、Mn	滴定 Zn、Pb、Cd(二甲酚橙)	pH=5～6
半胱氨酸	Cu、Cd、Hg、Tl(Ⅲ)	滴定 Zn、Al、Pb、Fe(Ⅲ)、Co、Ni	pH=5.5
二乙基二硫代氨基甲酸钠	Cd、Pb	释出法反滴定合金中 Zn、Cd	氨性介质
硫代水杨酸（邻巯基苯甲酸）	Hg(Ⅱ)	滴定 Zn、Cd(铬黑 T)	pH=9.8
硫代安替比林(硫代比林)	Hg(Ⅱ)、Tl(Ⅲ)、Cu(Ⅱ)	滴定 Th、Bi、Zr、Fe、Ni	pH=1.5～4
		滴定 Zn、Pb、Co、Cd、Al	pH=5～6
	Hg(Ⅱ)	滴定 Ni、Ca、Mg	pH=10～12
乙二胺	Cu、Co、Ni	滴定 Zn、Cd、Pb、Mn(Ⅱ)	碱性介质
三乙四胺	Cu(Ⅱ)、Hg(Ⅱ)	滴定 Zn、Pb(二甲酚橙)	pH=5
四乙五胺	Zn、Cd、Hg、Co、Ni	滴定 Ba、Pb、Mg	pH=10～12
三乙醇胺	Al、Fe(Ⅲ)、Mn(Ⅲ)	滴定 Mg、Ca、Zn、Cd、Ni	碱性介质
	Fe、Al、Ti、Mn	滴定 Ca(酸性铬暗绿 G-萘酚绿 B)	pH=12.5
	Al、Fe、Sn、Ti	滴定 Mg、Cd、Zn、RE、Pb、In(铬黑 T)	pH=10
2-甲基-2-羟基丙腈（羟基异丁腈）	Cu、Ni、Hg、Zn	滴定 Mg(铬黑 T)、测定 Mn、Pb(在加 Mg-EDTA 后)	
苯肼	Hg	分解 Hg 的 EDTA 络合物将其还原到金属	
邻二氮菲	Cu、Zn、Cd、Hg、U(Ⅵ)、Mn(Ⅱ)、Co、Ni	滴定 Pb、Th、RE、Bi、Al	pH=5～6
N-苯甲酰苯基羟胺	Ti	铝矿石中滴定 Al	pH=5～6
2-羟乙基乙二胺三乙酸（HEDTA）	Cu、Ni	反滴定 Mn(Ⅱ)	pH=9.5
6-甲基-2-氨甲基吡啶-N,N-二乙酸	Cu、Zn、Pb、Co、Ni	碱土金属	pH=9.5
六甲二胺四乙酸	Hg、Ni	Bi 不络合	

掩蔽剂	被掩蔽元素	应用	条件
乙二胺四丙酸	Cu	作为高选择性 Cu 的络合剂	
丁基-、环己烯基-、辛基-、苯基-和十二烷基-(乙二胺三乙酸)	Cu	Ca 不络合	碱性介质
乙二醇双(2-氨基乙醚)四乙酸(EGTA)	除 Mg 外的碱土金属	滴定 Mg	
	Cd	滴定 Zn	硫酸介质
三乙四胺六乙酸	Th	滴定 Sc	
	Cu、Co、Ni、La	滴定 Ca、Mg	
淀粉	PO_4^{3-}	滴定 Ca、Mg	pH=10.5 测 Ca+Mg,pH=13.5 测 Ca
KI+5,6-苯并喹啉	Cd	滴定合金中的 Zn	pH=9～10
KI+酒石酸钠(或草酸盐、柠檬酸盐)	Hg(Ⅱ)	滴定 Cu(PAR 或 PAN)	pH=5.5 乙酸盐缓冲溶液
NH_4Cl+酒石酸	Al	滴定电解液中 Zn	pH=10
NH_4Cl+磺基水杨酸	Al	滴定铝合金中 Zn	pH=10
NH_4Cl+三乙醇胺(羟胺)	Fe	滴定钢、生铁、铁锰合金中 Mn	氨性介质
羟胺+三乙醇胺	U(Ⅵ)	滴定 Mg	pH=10
三乙醇胺+KCN	Fe(Ⅲ)、Mn(Ⅱ)	滴定 Ca、Mg	
三乙醇胺+KCN+H_2O_2	Fe、Mn	滴定球墨铸铁中 Mg	pH=10
三乙醇胺+KCN+H_2O_2+$NH_2OH\cdot HCl$	Fe、Mn	矿物原料中 Ca、Mg	pH=10
三乙醇胺+酒石酸钾钠	Fe、Al、Ti	滴定 Ca、Mg	pH=10
酒石酸钾钠+三乙醇胺+L-半胱氨酸	重金属杂质	滴定 Ca、Mg	碱性介质
甘油+羟胺	重金属杂质	滴定萤石精矿中的 Ca	
乙酰丙酮+柠檬酸	Al(Ⅲ)、Th(Ⅳ)	电位法 EDTA 滴定 Zn	pH=7
酒石酸+KCN	Fe(Ⅲ)、Fe(Ⅱ)	滴定 Mg、Ca、Zn、Mg(Ⅱ)	pH=10
酒石酸+抗坏血酸	Sb(Ⅲ)、Sn(Ⅳ)、Fe(Ⅲ)、Cu(Ⅱ)	滴定 Bi(Ⅲ)	pH=1.2
乳酸+硫脲	Sn、Cu	锡基合金中 Sn、Cu、Pb 连续滴定或滴定 Pb	
硫脲+抗坏血酸+邻二氮菲(或 2,2′-联吡啶)	Cu	置换分解 Cu-EDTA 反滴定测 Cu	pH=5～6

第十四节　化验室的安全与管理

保护化验人员的安全和健康，保障设备财产的完好，防止环境的污染，保证化验室工作有效地进行是化验室管理工作的重要内容。根据化验室工作的特点，化验室的安全包括防火、防爆、防毒、保证压力容器和气瓶的安全、电气的安全和防止环境的污染等方面。

一、化验室防火、防爆与灭火常识

1. 防火常识

① 化验室内应备有灭火消防器材、急救箱和个人防护器材。化验室工作人员应熟知这些器材的位置及使用方法。

② 禁止用火焰检查可燃气体（如煤气、氢气、乙炔气）泄漏的地方。应该用肥皂水来检查其管道、阀门是否漏气。禁止把地线接在煤气管道上。

③ 操作、倾倒易燃液体时，应远离火源。加热易燃液体必须在水浴上或密封电热板上进行，严禁用火焰或电炉直接加热。

④ 使用酒精灯时，酒精切勿装满，应不超过其容量的 2/3。灯内酒精不足 1/4 容量时，应灭火后添加酒精。燃着的酒精灯焰应用灯帽盖灭，不可用嘴吹灭，以防引起灯内酒精起燃。

⑤ 蒸馏可燃液体时，操作人不能离开去做别的事，要注意仪器和冷凝器的正常运行。需往蒸馏器内补充液体时，应先停止加热，放冷后再进行。

⑥ 易燃液体的废液应设置专门容器收集，不得倒入下水道，以免引起爆炸事故。

⑦ 不能在木制可燃台面上使用较大功率的电器如电炉、电热板等，也不能长时间使用煤气灯与酒精灯。

⑧ 同时使用多台较大功率的电器（如马弗炉、烘箱、电炉、电热板）时，要注意线路与电闸能承受的功率。最好是将较大功率的电热设备分流安装于不同电路上。

⑨ 可燃性气体的高压气瓶，应安放在实验楼外专门建造的气瓶室。

⑩ 身上、手上、台面、地上沾有易燃液体时，不得靠近火源，同时应立即清理干净。

⑪ 化验室对易燃易爆物品应限量、分类、低温存放，远离火源。加热含有高氯酸或高氯酸盐的溶液，防止蒸干和引进有机物，以免产生爆炸。

⑫ 易发生爆炸的操作不得对着人进行，必要时操作人员戴保护面罩或用防护挡板。

⑬ 进行易燃易爆实验时，应有两人以上在场，万一出了事故可以相互照应。

2. 防爆常识

有些化学品在外界的作用下（如受热、受压、撞击等），能发生剧烈化学反应，瞬时产生大量的气体和热量，使周围压力急剧上升，发生爆炸。爆炸往往会造成重大的危害，因此在使用易爆炸物品（如苦味酸等）时，要十分小心。有些化学药品单独存放或使用时，比较稳定，但若与其他药品混合时，就会变成易爆品，十分危险。表 1-65 列举了常见的易爆混合物。

表 1-65　常见的易爆混合物

主要物质	互相作用的物质	产生结果	主要物质	互相作用的物质	产生结果
浓硝酸、硫酸	松节油、乙醇	燃烧	硝酸盐	酯类、乙酸钠、氯化亚锡	爆炸
过氧化氢	乙酸、甲醇、丙酮	燃烧	过氧化物	镁、锌、铝	爆炸
溴	磷、锌粉、镁粉	燃烧	钾、钠	水	燃烧、爆炸
高氯酸钾	乙醇、有机物	爆炸	赤磷	氯酸盐、二氧化铅	爆炸
氯酸盐	硫、磷、铝、镁	爆炸	黄磷	空气、氧化剂、强酸	爆炸
高锰酸钾	硫黄、甘油、有机物	爆炸	乙炔	银、铜、汞（Ⅱ）化合物	爆炸
硝酸铵	锌粉和少量水	爆炸			

乙醚、异丙醚、四氢呋喃及其他醚类吸收空气中氧形成不稳的过氧化物，受热、震动或摩擦时会产生极猛烈的爆炸。

氨-银络合物长期静置或加热时产生氮化银，这种化合物即使在湿润状态也会发生爆炸。

有些气体本身易燃，属易燃品，若再与空气或氧气混合，遇明火就会爆炸，变得更加危险，存放与使用时要格外小心。表 1-66 中列出了常见气体在空气中的爆炸极限（可燃性极限）。爆炸极限是当可燃性气体、可燃液体的蒸气与空气混合达到一定浓度时，遇到火源就会发生爆炸。这个遇到火源能够发生爆炸的浓度范围称爆炸极限，通常用可燃气体、蒸气在空气中的体积分数（%）来表示。可燃气体、蒸气与空气的混合物并不是在任何混合比例下都有可能发生爆炸的，而只是在一定浓度范围内才有爆炸的危险。如果可燃气体、蒸气在空气中的浓度低于爆炸下限，遇到明火既不会爆炸，也不会燃烧；高于爆炸上限，遇明火虽不会爆炸，但能燃烧。

表 1-66　可燃气体、蒸气与空气混合时的爆炸极限（可燃性极限）　单位：%（体积分数）

物质名称及分子式		爆炸下限	爆炸上限	物质名称及分子式		爆炸下限	爆炸上限
氢	H_2	4.1	75	乙酸丁酯	$C_6H_{12}O_2$	1.4	7.6
一氧化碳	CO	12.5	75	吡啶	C_5H_5N	1.8	12.4
硫化氢	H_2S	4.3	45.4	氨	NH_3	15.5	27.0
甲烷	CH_4	5.0	15.0	松节油	$C_{10}H_{16}$	0.80	—
乙烷	C_2H_6	3.2	12.5	甲醇	CH_4O	6.7	36.5
庚烷	C_7H_{16}	1.1	6.7	乙醇	C_2H_6O	3.3	19.0
乙烯	C_2H_4	2.8	28.6	糖醛	$C_5H_4O_2$	2.1	—
丙烯	C_3H_6	2.0	11.1	甲基乙基醚	C_3H_8O	2.0	10.0
乙炔	C_2H_4	2.5	80.0	二乙醚	$C_4H_{10}O$	1.9	36.5
苯	C_6H_6	1.4	7.6	溴甲烷	CH_3Br	13.5	14.5
甲苯	C_7H_8	1.3	6.8	溴乙烷	C_2H_5Br	6.8	11.3
环己烷	C_6H_{12}	1.3	7.8	乙胺	C_2H_7N	3.6	13.2
丙酮	C_3H_6O	2.6	12.8	二甲胺	C_2H_7N	2.8	14.4
丁酮	C_4H_8O	1.8	9.5	水煤气		6.7	69.5
氯甲烷	CH_3Cl	8.3	18.7	高炉煤气		40～50	60～70
氯丁烷	C_4H_9Cl	1.9	10.1	半水煤气		8.1	70.5
乙酸	$C_2H_4O_2$	5.4	—	焦炉煤气		6.0	30.0
甲酸甲酯	$C_2H_4O_2$	5.1	22.7	发生炉煤气		20.3	73.7
乙酸乙酯	$C_4H_8O_2$	2.2	11.4				

3. 灭火常识

（1）扑灭火源　一旦发生火情，实验室人员应临危不惧，冷静沉着，及时采取灭火措施，防止火势的扩展。应立即切断电源，关闭煤气阀门，移走可燃物，用湿布或石棉布覆盖火源灭火。若火势较猛，应根据具体情况，选用适当的灭火器进行灭火，并立即与有关部门联系，请求救援。若衣服着火时，不可慌张乱跑，应立即用湿布或石棉布灭火；如果燃烧面积较大，可躺在地上打滚。

（2）火源（火灾）的分类及可使用的灭火器　见表 1-67。

表 1-67　火灾的分类及可使用的灭火器

分类	燃烧物质	可使用的灭火器	注意事项
A 类	木材、纸张、棉花	水、酸碱式和泡沫式灭火器	
B 类	可燃性液体如石油化工产品、食品油脂	泡沫灭火器、二氧化碳灭火器、干粉灭火器、"1211"灭火器[①]	
C 类	可燃性气体如煤气、石油液化气	"1211"灭火器[①]、干粉灭火器	用水、酸碱灭火器、泡沫灭火器均无作用
D 类	可燃性金属如钾、钠、钙、镁等	干砂土 7150 灭火剂[②]	禁止用水及酸碱式、泡沫式灭火器。二氧化碳灭火器、干粉灭火器、"1211"灭火器均无效

① 四氯化碳、"1211"均属卤代烷灭火剂，遇高温时可形成剧毒的光气，使用时要注意防毒。但它们具有绝缘性能好、灭火后在燃烧物上不留痕迹，不损坏仪器设备等特点，适用于扑灭精密仪器、贵重图书资料和电线等的火情。

② 7150 灭火剂主要成分三甲基硼氧六环，受热分解时吸收大量热，并在可燃物表面形成氧化硼保护膜，隔绝空气，使火窒息。

化验室内的灭火器材要定期检查和更换药液。灭火器的喷嘴应畅通,如遇堵塞应用铁丝疏通,以免使用时造成爆炸事故。

二、化学毒物的中毒和救治方法

1. 化学毒物的分级

某些侵入人体的少量物质引起局部刺激或整个机体功能障碍的任何疾病称为中毒。根据毒物的半致死剂量(或半致死浓度)、急性与慢性中毒的状况与后果、致癌性、工作场所最高允许浓度等指标全面权衡,将我国常见的 56 种毒物的危害程度分为四级。表 1-68 列出毒物危害程度分级依据。表 1-69 列出具体毒物的危害程度级别。

表 1-68　毒物危害程度分级依据

项　　　目		分　　级			
		I (极度危害)	II (高度危害)	III (中度危害)	IV (轻度危害)
急性毒性	吸入 LC_{50}[①]/(mg/m³)	<200	200~2000	2000~20000	≥20000
	经皮 LD_{50}[②]/(mg/kg)	<100	100~500	500~2500	>2500
	经口 LD_{50}[②]/(mg/kg)	<25	25~500	500~2500	>5000
急性中毒发病状况		生产中易发生中毒,后果严重	生产中可发生中毒,康复后良好	偶尔可发生中毒	迄今未见急性中毒,但有急性影响
慢性中毒患病状况		患病率高(≥5%)	患病率较高(<5%)或症状发生率高(≥20%)	偶尔有中毒病例发生或症状发生率较高(≥10%)	无慢性中毒而有慢性影响
慢性中毒后果		脱离接触后继续进展或不能治愈	脱离接触后可基本治愈	脱离接触后可恢复,不致严重后果	脱离接触后自行恢复,无不良后果
致癌性		人体致癌物	可疑人体致癌物	实验动物致癌物	无致癌性
最高允许浓度/(mg/m³)		<0.1	0.1~1.0	1.0~10	>10

① LC_{50} 为半致死浓度。
② LD_{50} 为半数致死剂量。

表 1-69　具体毒物的危害程度级别

级　别	毒　物　名　称
I 级(极度危害)	汞及其化合物、苯、砷及其无机化合物(非致癌的除外)、氯乙烯、铬酸盐与重铬酸盐、黄磷、铍及其化合物、对硫磷、羰基镍、八氟异丁烯、氯甲醚、锰及其无机化合物、氰化物
II 级(高度危害)	三硝基甲苯、铅及其化合物、二硫化碳、氯、丙烯腈、四氯化碳、硫化氢、甲醛、苯胺、氟化氢、五氯酚及其钠盐、镉及其化合物、敌百虫、钒及其化合物、溴甲烷、硫酸二甲酯、金属镍、甲苯二异氰酸酯、环氧氯丙烷、砷化氢、敌敌畏、光气、氯丁二烯、一氧化碳、硝基苯
III 级(中度危害)	苯乙烯、甲醇、硝酸、硫酸、盐酸、甲苯、三甲苯、三氯乙烯、二甲基甲酰胺、六氟丙烯、苯酚、氮氧化物
IV 级(轻度危害)	溶剂汽油、丙酮、氢氧化钠、四氟乙烯、氨

2. 常见毒物的中毒症状和急救方法

化验人员了解毒物性质、侵入途径、中毒症状和急救方法,可以减少化学毒物引起的中毒事故。一旦发生中毒事故时,能争分夺秒地采取正确的自救措施,力求在毒物被身体吸收之前实现抢救,使毒物对人体的损伤减至最小。表 1-70 中列出了常见毒物进入人体的途径、中毒症状和救治方法。

表 1-70　常见毒物进入人体的途径、中毒症状和救治方法

毒物名称及人体途径	中 毒 症 状	救 治 方 法
氰化物或氢氰酸:呼吸道、皮肤	轻者刺激黏膜、喉头痉挛、瞳孔放大,重者呼吸不规则、逐渐昏迷、血压下降、口腔出血	立即移出毒区,脱去衣服,进行人工呼吸。可吸入含 5%二氧化碳的氧气。立即送医院
氢氟酸或氟化物:呼吸道、皮肤	接触氢氟酸气可出现皮肤发痒、疼痛、湿疹和各种皮炎。主要作用于骨骼。深入皮下组织及血管时可引起化脓溃疡。吸入氢氟酸气后,气管黏膜受刺激可引起支气管炎症	皮肤被灼伤时,先用水冲洗,再用 5%小苏打液洗,最后用甘油-氧化镁(2∶1)糊剂涂敷,或用冰冷的硫酸镁液洗,也可涂可的松油膏
硝酸、盐酸、硫酸及氮的氧化物:呼吸道、皮肤	三酸对皮肤和黏膜有刺激及腐蚀作用,能引起牙齿酸蚀病,一定数量的酸落到皮肤上即产生烧伤,且有强烈的疼痛。当吸入氧化氮时,强烈发作后可以有 2~12h 的暂时好转,继而更加恶化,虚弱者咳嗽更加严重	吸入新鲜空气。皮肤烧伤时立即用大量水冲洗,或用稀苏打水冲洗。如有水疱出现,可涂红汞或紫药水。眼、鼻、咽喉受蒸气刺激时,也可用温水或 2%苏打水冲洗和含漱
砷及砷化物:呼吸道、消化道、皮肤、黏膜	急性中毒有胃肠型和神经型两种症状。大剂量中毒时,30~60min 即觉口内有金属味、口、咽和食道内有灼烧感、恶心呕吐、剧烈腹痛。呕吐物初呈米汤样,后带血。全身衰弱、剧烈头痛、口渴与腹泻。大便初起为米汤样,后带血。皮肤苍白、面绀,血压降低,脉弱而快,体温下降,最后死于心力衰竭 吸入大量砷化物蒸气时,产生头痛、痉挛、意识丧失、昏迷、呼吸和血管运动中枢麻痹等神经症状	吸入砷化物蒸气的中毒者必须立即离开现场,使吸入含 5%二氧化碳的氧气或新鲜空气。鼻咽部损害用 1%可卡因涂局部,含碘片或用 1%~2%苏打水含漱或灌洗。皮肤受损害时涂氧化锌或硼酸软膏,有浅表溃疡者应定期换药,防止化脓。专用解毒药(100 份相对密度为1.43的硫酸铁溶液,加入 300 份冷水,再用 20 份烧过的氧化镁和 300 份冷水制成的溶液稀释)用汤匙每 5min 灌一次,直至停止呕吐
汞及汞盐:呼吸道、消化道、皮肤	急性:严重口腔炎、口有金属味、恶心呕吐、腹痛、腹泻、大便血水样,患者常有虚脱、惊厥。尿中有蛋白和血细胞,严重时尿少或无尿,最后因尿毒症死亡 慢性:损害消化系统和神经系统。口有金属味,齿龈及口唇处有硫化汞的黑淋巴腺及唾腺肿大等症状。神经症状有嗜睡、头疼、记忆力减退、手指和舌头出现轻微震颤等	急性中毒早期时用饱和碳酸氢钠液洗胃,或立即给饮浓茶、牛奶,吃生蛋白和蓖麻油。立即送医院救治
铅及铅化合物:呼吸道、消化道	急性:口内有甜金属味、口腔炎、食道和腹腔疼痛、呕吐、流黏泪、便秘等 慢性:贫血、肢体麻痹瘫痪及各种精神症状	急性中毒时用硫酸钠或硫酸镁灌肠。送医院治疗
三氯甲烷(氯仿):呼吸道	长期接触可发生消化障碍、精神不安和失眠等症状	重症中毒患者使其呼吸新鲜空气,向颜面喷冷水,按摩四肢,进行人工呼吸。包裹身体保暖并送医院救治
苯及其同系物:呼吸道、皮肤	急性:沉醉状、惊悸、面色苍白,继而赤红、头晕、头痛、呕吐 慢性:以造血器官与神经系统的损害为最显著	给急性中毒患者进行人工呼吸,同时输氧。送医院救治
四氯化碳:呼吸道、皮肤	皮肤接触:因脱脂而干燥皲裂	2%碳酸氢钠或 1%硼酸溶液冲洗皮肤
	吸入:黏膜刺激,中枢神经系统抑制和胃肠道刺激症状	脱离中毒现场急救,人工呼吸、吸氧
	慢性:神经衰弱症候群,损害肝、肾	
铬酸、重铬酸钾等铬(Ⅵ)化合物:消化道、皮肤	对黏膜有剧烈的刺激,产生炎症和溃疡,可能致癌	用 5%硫代硫酸钠溶液清洗受污染皮肤

续表

毒物名称及人体途径	中 毒 症 状	救 治 方 法
石油烃类(饱和和不饱和烃);呼吸道、皮肤	汽油对皮肤有脂溶性和刺激性,使皮肤干燥、龟裂,个别人起红斑、水疱	温水清洗
	吸入高浓度汽油蒸气,出现头痛、头晕、心悸、神志不清等	移至新鲜空气处,重症可给予吸氧
	石油烃能引起呼吸、造血、神经系统慢性中毒症状	医生治疗
	某些润滑油和石油残渣长期刺激皮肤可能引发皮癌	
甲醇;呼吸道、消化道	吸入急性中毒:神经衰弱症,视力模糊,酸中毒症状 慢性:神经衰弱症状,视力减弱,眼球疼痛 吞服:15mL,可导致失明,70～100mL致死	皮肤污染用清水冲洗。溅入眼内,立即用2%碳酸氢钠冲洗 误服,立即用3%碳酸氢钠溶液洗胃后,由医生处置
芳香胺、芳香族硝基化合物;呼吸道、皮肤	急性中毒致高铁血红蛋白症、溶血性贫血及肝脏损伤	用温肥皂水(忌用热水)洗,苯胺可用5%乙酸或70%乙醇洗
氮氧化物;呼吸道	急性中毒:口腔咽喉黏膜、眼结膜充血,头晕,支气管炎,肺炎,肺水肿 慢性中毒:呼吸道病变	移至空气新鲜处,必要时吸氧
二氧化硫、三氧化硫;呼吸道	对上呼吸道及眼结膜有刺激作用,结膜炎、支气管炎、胸痛、胸闷	移至空气新鲜处,必要时吸氧,用2%碳酸氢钠洗眼
硫化氢;呼吸道	眼结膜、呼吸及中枢神经系统损害。急性中毒时头晕、头痛甚至抽搐昏迷	移至空气新鲜处,必要时吸氧,生理盐水洗眼

3. 实验室一般急救规则

① 烧伤急救:普通轻度烧伤,可用清凉乳剂擦于创伤处,并包扎好;略重的烧伤可视烧伤情况立即送医院处理;遇有休克的伤员应立即通知医院前来抢救、处理。

② 化学烧伤时,应迅速解脱衣服,首先清除残存在皮肤上的化学药品,用水多次冲洗,同时视烧伤情况立即送医院救治或通知医院前来求治。

③ 眼睛受到任何伤害时,应立即请眼科医生诊断。但化学灼伤时,应分秒必争,在医生到来前即抓紧时间,立即用蒸馏水冲洗眼睛,冲洗时必须用细水流,而且不能直射眼球。

④ 创伤的急救

a. 小的创伤可用消毒镊子或消毒纱布把伤口清洗干净,并用3.5%的碘酒涂在伤口周围,包起来。若出血较多时,可用压迫法止血,同时处理好伤口,扑上止血消炎粉等药,较紧的包扎起来即可。

b. 较大的创伤或者动、静脉出血,甚至骨折时,应立即用急救绷带在伤口出血部上方扎紧止血,用消毒纱布盖住伤口,立即送医务室或医院救治。但止血时间长时,应注意每隔1～2h适当放松一次,以免肢体缺血坏死。

⑤ 中毒的急救:对中毒者的急救主要在于把患者送往医院或医生到达之前,尽快将患者从中毒物质区域中移出,并尽量弄清致毒物质,以便协助医生排除中毒者体内毒物。如遇中毒者呼吸停止,心脏停跳时,应立即施行人工呼吸、心脏按压,直至医生到达或送到医院为止。

⑥ 触电的急救:有人触电时应立即切断电源或设法使触电人脱离电源;患者呼吸停止或心脏停跳时应立即施行人工呼吸或心脏按压。特别注意出现假死现象时,千万不能放弃抢救,尽快送往医院救治。

4. 实验室毒物品及化学药剂的安全使用规则

① 一切有毒物品及化学药剂，都要严格按类存放保管、发放、使用，并妥善处理剩余物品和残毒物品。

② 在实验中尽量采用无毒或少毒物质来代替毒物，或采用较好的实验方案、设施、工艺，以减少或避免在实验过程中扩散有毒物质。

③ 实验室应装设通风排毒用的通风橱，在使用大量易挥发毒物的实验室内应装设排风扇等强化通风设备；必要时也可用真空泵、水泵连接在发生器上，构成封闭实验系统，减少毒物在室内逸出。

④ 注意保持个人卫生和遵守个人防护规程，绝对禁止在使用毒物或有可能被毒物污染的实验室内饮食、吸烟，或在有可以能被污染的容器内存放食物。工作时应穿戴好防护衣物，且不能在无毒的环境下穿戴防护衣物；实验完毕及时洗手，条件允许应洗澡；生活衣物与工作衣物不应在一起存放；工作时间内，须经仔细洗手、漱口（必要时用消毒液后），才能在指定的房间饮水、用膳。在实验室无通风橱或通风不良，实验过程又有大量有毒物逸出时，实验人员应按规定分类使用防毒口罩或防毒面具，不得掉以轻心。

⑤ 实验人员定期进行体格检查，认真执行安全劳动保护条例。

⑥ 化学试剂的安全使用注意事项参见本章第九节。

⑦ 毒品及危险品应严格遵守审批、领用、使用、消耗、废物处理等制度。

三、预防化学烧伤与玻璃割伤

1. 预防化学烧伤与玻璃割伤的注意事项

① 腐蚀性刺激药品，如强酸、强碱、浓氨水、氯化氧磷、浓过氧化氢、氢氟酸、冰乙酸和溴水等，取用时尽可能戴上橡皮手套和防护眼镜等。如药品瓶较大，搬运时必须一手托住瓶底，一手拿住瓶颈。

② 开启大瓶液体药品时，必须用锯子将封口石膏锯开，禁止用其他物体敲打，以免瓶被打破。要用手推车搬运装硫酸或其他腐蚀性液体的坛子、大瓶，严禁将坛子背、扛搬运。要用特制的虹吸管移出危险性液体，并配戴防护镜、橡皮手套和围裙操作。

③ 稀释硫酸时，必须在耐热容器内进行，并且在不断搅拌下，慢慢地将浓硫酸加入水中。绝对不能将水加注到浓硫酸中，这种做法会使产生的热大量集中，使酸液溅射，非常危险。在溶解氢氧化钠、氢氧化钾等发热物质时，也必须在耐热容器中进行。

④ 取下正在沸腾的水或溶液时，须用烧杯夹夹住摇动后取下，以防突然剧烈沸腾溅出溶液伤人。

⑤ 切割玻璃管（棒）及给瓶塞打孔时，易造成割伤。往玻璃管上套橡皮管或将玻璃管插进橡皮塞孔内时，必须正确选择合适的匹配直径，将玻璃管端面烧圆滑，用水或甘油湿润管壁及塞内孔，并用布裹住手，以防玻璃管破碎时割伤手部。把玻璃管插入塞孔内时，必须握住塞子的侧面，不能把它撑在手掌上。

⑥ 装配或拆卸玻璃仪器装置时，要小心地进行，防备玻璃仪器破损、割手。

2. 化学烧伤的急救和治疗

表 1-71 中列举了常见化学烧伤的急救和治疗方法。

表 1-71 常见化学烧伤的急救和治疗方法

化学试剂种类	急 救 或 治 疗 方 法
碱类：氢氧化钠（钾）、氢、氧化钙、碳酸钾	立即用大量水冲洗，然后用 2% 乙酸溶液冲洗，或撒敷硼酸粉，或用 2% 硼酸水溶液洗。如为氧化钙灼伤，可用植物油涂敷伤处
碱金属氰化物、氢氰酸	先用高锰酸钾溶液冲洗，再用硫化铵溶液冲洗
溴	用 1 体积 25% 氨水＋1 体积松节油＋10 体积 95% 乙醇的混合液处理
氢氟酸	先用大量冷水冲洗直至伤口表面发红，然后用 5% 碳酸氢钠溶液洗，再以甘油与氧化镁（2：1）悬浮液涂抹，再用消毒纱布包扎；或用 0.1% 氯化苄烷铵的水或冰镇乙醇溶液浸泡

续表

化学试剂种类	急　救　或　治　疗　方　法
铬酸	先用大量水冲洗,再用硫化铵稀溶液漂洗
黄磷	立即用1%硫酸铜溶液洗净残余的磷,再用0.01%高锰酸钾溶液湿敷,外涂保护剂,用绷带包扎
苯酚	先用大量水冲洗,然后用(4+1)70%乙醇-氯化铁(1mol/L)混合溶液洗
硝酸银	先用水冲洗,再用5%碳酸氢钠溶液漂洗,涂油膏及磺胺粉
酸类:硫酸、盐酸、硝酸、乙酸、甲酸、草酸、苦味酸	先用大量水冲洗,然后用5%碳酸钠溶液冲洗
硫酸二甲酯	不能涂油,不能包扎,应暴露伤处让其挥发

四、有害化学物质的处理

实验室需要排放废水、废气、废渣。由于各类化验室工作内容不同,产生的"三废"中所含的化学物质及其毒性不同,数量差别也大。为了保证化验人员的健康,防止环境的污染,化验室"三废"的排放应遵守我国环境保护的有关规定。

1. 化验室的废气

化验室进行可能产生有害废气的操作都应在有通风装置的条件下进行,如加热酸、碱溶液和有机物的硝化、分解等都应于通风柜中进行。原子光谱分析仪的原子化器部分都产生金属的原子蒸气,必须有专用的通风罩把原子蒸气抽出室外。汞的操作室必须有良好的全室通风装置,其抽风口通常在墙的下部。化验室排出的废气量较少时,一般可由通风装置直接排至室外,但排气口必须高于附近屋顶3m。少数实验室若排放毒性大且量较多的气体,可参考工业上废气处理办法,在排放废气之前,采用吸附、吸收、氧化、分解等方法进行预处理。

表1-72中列出了我国居住区大气中有害物质最高允许浓度。

表1-72　我国居住区大气中有害物质最高允许浓度[①]

物　质　名　称	最高允许浓度 /(mg/m³)		物　质　名　称	最高允许浓度 /(mg/m³)	
	一次[②]	日平均[③]		一次[②]	日平均[③]
一氧化碳	9.00[④]	1.00	环氧氯丙烷	0.20	—
乙醛	0.01	—	氟化物(换算成F)	0.02	0.007
二甲苯	0.30	—	氨	0.20	—
二氧化硫	0.50	0.15	氧化氮(换算成NO₂)	0.15	—
二硫化碳	0.04	—	砷化物(换算成As)	—	0.003
五氧化二磷	0.15	0.05	敌百虫	0.10	—
丙烯腈	—	0.05	酚	0.02	—
丙烯醛	0.10	0.05[④]	硫化氢	0.01	—
丙酮	0.80	—	硫酸	0.30	0.10
甲基对硫磷(甲基E605)	0.01	—	硝基苯	0.01	—
甲醇	3.00	1.00	铅及其无机化合物(换算成Pb)	—	0.0015[④]
甲醛	0.05	—	氯	0.10	0.03
汞	—	0.0003	氯丁二烯	0.10	—
吡啶	0.08	—	氯化氢	0.05	0.015
苯	2.40	0.80	铬(六价)	0.0015	—
苯乙烯	0.01	—	锰及其化合物(换算成MnO₂)	—	0.01
苯胺	0.10	0.03	飘尘	0.5	0.15

① 本表摘自《TJ36—79工业企业设计卫生标准》。
② 一次最高允许浓度指任何一次测定结果的最大允许值。
③ 日平均最高允许浓度指任何一日的平均浓度的最大允许值。
④ 为修订值。

2. 化验室的废水

化验室每天进行化验操作,产生一定量的废水。废水的排放须遵守我国环境保护的有关规定。

对人体健康产生长远不良影响的污染物,称第一类污染物。含有此类有害污染物质的污水,不分行业和污水排放方式,也不分受纳水体的功能类别,一律在产生装置或其处理设施排出口取样检验。

对人体健康产生长远影响小于第一类的污染物质称第二类污染物。在排污单位排出口取样检验。表1-73和表1-74为第一类和第二类污染物最高允许排放浓度。有关污染物的排放标准请参照各有关最近国家标准。

表1-73 第一类污染物最高允许排放浓度 单位：mg/L

污染物	最高允许排放浓度	污染物	最高允许排放浓度	污染物	最高允许排放浓度
总汞	0.05	总铬	1.5	总铅	1.0
烷基汞	不得检出	六价铬	0.5	总镍	1.0
总镉	0.1	总砷	0.5	苯并[a]芘	0.00003

表1-74 第二类污染物最高允许排放浓度 单位：mg/L

污 染 物	一级标准		二级标准		三级标准
	新、扩、改建	现 有	新、扩、改建	现 有	
pH值	6~9	6~9	6~9	6~9	6~9
色度(稀释倍数)	50	80	80	100	—
悬浮物	70	100	200	250	400
生化需氧量(BOD)	30	60	60	80	300
化学需氧量(COD)	100	150	150	200	500
石油类	10	15	10	20	30
动植物油	20	30	20	40	100
挥发酚	0.5	1.0	0.5	1.0	2.0
氰化物	0.5	0.5	0.5	0.5	1.0
硫化物	1.0	1.0	1.0	2.0	2.0
氨氮	15	25	25	40	—
氟化物	10	15	10	15	20
氟化物(低氟地区)	—	(20)	(20)	(30)	—
磷酸盐(以P计)	0.5	1.0	1.0	2.0	—
甲醛	1.0	2.0	2.0	3.0	—
苯胺类	1.0	2.0	2.0	3.0	5.0
硝基苯类	2.0	3.0	3.0	5.0	5.0
阴离子合成洗涤剂(LAS)	5.0	10	10	15	20
铜	0.5	0.5	1.0	1.0	2.0
锌	2.0	2.0	4.0	5.0	5.0
锰	2.0	5.0	2.0	5.0	5.0

3. 化验室常见废液的处理方法

化验室的废液不能直接排入下水道，应根据污物性质分别收集处理。下面介绍几种处理方法。

(1) 无机酸类 废无机酸先收集于陶瓷缸或塑料桶中，然后以过量的碳酸钠或氢氧化钙的水溶液中和，或用废碱中和，中和后用大量水冲稀排放。

(2) 氢氧化钠、氨水 用稀废酸中和后，用大量水冲稀排放。

(3) 含汞、砷、锑、铋等离子的废液 控制溶液酸度为0.3mol/L的[H^+]，再以硫化物形式沉淀，以废渣的形式处理。

(4) 含氰废液 把含氰废液倒入废酸缸中是极其危险的，氰化物遇酸产生极毒的氰化氢气体，瞬时可使人丧命。含氰废液应先加入氢氧化钠使pH值在10以上，再加入过量的3%KMnO₄溶液，使CN^-被氧化分解。若CN^-含量过高，可以加入过量的次氯酸钙和氢氧化钠溶液进行破坏。另外，氰化物在碱性介质中与亚铁盐作用可生成亚铁氰酸盐而被破坏。

(5) 含氟废液 加入石灰以使其生成氟化钙沉淀废渣的形式处理。

(6) 有机溶剂 若废液量较多，有回收价值的溶剂应蒸馏回收使用。无回收价值的小量废液可以用水稀释排放。若废液量大，可用焚烧法进行处理。不易燃烧的有机溶剂，可用废易燃溶剂稀释后再焚烧。

（7）黄曲霉毒素　可用 2.5% 次氯酸钠溶液浸泡达到去毒的效果。2.5% 次氯酸钠溶液配制方法：取 100g 漂白粉，加入 500mL 水，搅拌均匀，另将 80g 工业用碳酸钠（$Na_2CO_3 \cdot 10H_2O$）溶于 500mL 温水中，将两液搅拌混合，澄清后过滤，此滤液含 2.5% 次氯酸钠。

（8）少量废液　最简单的处理方法是用大量水稀释后排放。根据污物排放最高允许浓度以及废物的量，估计应用水稀释的倍数，以免稀释度不够，污物排放超标，过量稀释又浪费水。

4. 化验室的废渣

化验室产生的有害固体废渣通常其量是不多的，但也不能将为数不多的废渣倒在生活垃圾处。需解毒处理之后，以深坑埋掉的方法为好。

5. 汞中毒的预防

汞是不少实验室经常接触的物质，是在温度 −39℃ 以上唯一能保持液态的金属。它易挥发，其蒸气极毒。经常与少量汞蒸气接触会引起慢性中毒。室温下，在空气中汞的饱和蒸气的含量达 1.5×10^{-2} mg/L。若化验人员经常在含汞量达到 1×10^{-5} mg/L 的空气中活动，就要发生慢性中毒。汞能聚积于体内，其毒性是积累性的。如果每日吸入 0.05～0.1mg 汞蒸气，数月之后就有可能发生汞中毒。

使用汞的实验室应有通风设备，保持室内空气流通，其排风口不设在房间上部，而设在房间的下部。因为汞蒸气较重，多沉积于空间的下部。汞应贮存于厚壁带塞的瓷瓶或玻璃瓶中，每瓶不宜放得太多，以免过重使瓶破碎。汞的操作最好在瓷盘中进行，以减少散落机会。为了减少汞的蒸发，降低空气中汞蒸气的含量，通常在汞液面上覆盖一层水层或甘油层。

对于溅落于台上或地面的汞，应尽可能地拣拾起来。颗粒直径大于 1mm 的汞可用滴管吸取，或用拾汞片（铜汞齐片）收取（拾汞片制备法：将约 0.2mm 厚的条形铜片浸入用硝酸酸化过的硝酸汞溶液中，这时汞即镀于铜片上成为拾汞片）。把散落的汞全部收拾之后，再撒上多硫化钙、硫黄、漂白粉等任一物质的粉末，或喷洒 20% 三氯化铁溶液，使汞转化成不挥发的难溶盐，干后扫除干净。对于吸附在墙壁上、地板上以及设备表面上的汞，可采用加热熏碘的方法除去。下班前关闭门窗，按每平方米 0.5g 碘的数量，加热熏蒸碘，碘蒸气即可固定散落的汞。

三氯化铁及碘对金属有腐蚀作用，使用这两种物质时要注意对室内精密仪器的保护。

五、高压气瓶的安全

1. 气瓶与减压阀

气瓶是高压容器，瓶内装有高压气体，还要承受搬运、滚动等外界的作用力。因此，对其质量要求严格，材料要求高，常用无缝合金或锰钢管制成的圆柱形容器。气瓶壁厚 5～8mm，容量 12～55m³ 不等。底部呈半球形，通常还装有钢质底座，便于竖放。气瓶顶部有启闭气门（即开关阀），气门侧面接头（支管）上连接螺纹。用于可燃气体的应为左旋螺纹，非可燃气体的为右旋。这是为杜绝把可燃气体压缩到盛有空气或氧气的钢瓶中去的可能性，以及防止偶然把可燃气体的气瓶连接到有爆炸危险的装置上去的可能性。

各类气瓶容器必须符合中华人民共和国劳动部劳锅字［1989］12 号文件中关于"气瓶安全监察规程"的规定。气瓶上须有制造钢印标记和检验钢印标记。制造钢印标示有气瓶制造单位代号、气瓶编号、工作压力（MPa）、实际重（kg）、实际容积（L）、瓶体设计壁厚（mm）、制造单位检验标记和制造年月、监督检验标记和寒冷地区使用气瓶标记。检验钢印标示有检验单位代号、检验日期、下次检验日期等。

由于气瓶内的压力一般很高，而使用所需压力往往较低，单靠启闭气门不能准确、稳定地调节气体的放出量。为了降低压力并保持稳定压力，就需要装上减压器。不同工作气体有不同的减压器。不同的减压器，外表涂以不同颜色加以标志，与各种气体的气瓶颜色标志一致。必须注意的是用于氧的减压器可用于装氮或空气的气瓶上，而用于氮的减压器只有在充分洗除油脂之后，才可用于氧气瓶上。

在装卸减压器时，必须注意防止支管接头上丝扣滑牙，以免装旋不牢而漏气或被高压射出。卸下时要注意轻放，妥善保存，避免撞击、振动，不要放在有腐蚀性物质的地方，并防止灰尘落入表内以致阻塞失灵。

每次气瓶使用完后，先关闭气瓶气门，然后将调压螺杆旋松，放尽减压器内的气体。若不松开调压螺杆，则弹簧长期受压，将使减压器压力表失灵。

2. 气瓶内装气体的分类

(1) 压缩气体 临界温度低于-10℃的气体经加高压压缩后，仍处于气态者称为压缩气体，如氧、氮、氢、空气、氩、氦等瓶的气体。这类气体钢瓶设计压力大于 12MPa（125 kgf/cm²），称为高压气瓶。

(2) 液化气体 临界温度≥10℃的气体经加高压压缩，转为液态并与其蒸气处于平衡状态者称为液化气体，如二氧化碳、氧化亚氮、氨、氯、硫化氢等。

(3) 溶解气体 单纯加高压压缩可能产生分解、爆炸等危险的气体，必须在加高压的同时，将其溶解于适当溶剂中，并由多孔性固体填充物所吸收。在 15℃ 以下压力达 0.2MPa 以上者称为溶解气体，如乙炔。

3. 高压气瓶的颜色和标志

高压气瓶的颜色和标志见表 1-75。

表 1-75 高压气瓶的颜色和标志

气瓶名称	外表面涂料颜色	字样	字样颜色	横条颜色	气瓶名称	外表面涂料颜色	字样	字样颜色	横条颜色
氧气瓶	天蓝	氧	黑	—	氯气瓶	草绿(保护色)	氯	白	白
氢气瓶	深绿	氢	红	红	氨气瓶	棕	氨	白	—
氮气瓶	黑	氮	黄	棕	氖气瓶	褐红	氖	白	—
氩气瓶	灰	氩	绿	—	丁烯气瓶	红	丁烯	黄	黑
压缩空气瓶	黑	压缩空气	白	—	氧化亚氮瓶	灰	氧化亚氮	黑	—
石油气体瓶	灰	石油气体	红	—	环丙烷气瓶	橙黄	环丙烷	黑	—
硫化氢气瓶	白	硫化氢	红	红	乙烯气瓶	紫	乙烯	红	—
二氧化硫气瓶	黑	二氧化硫	白	黄	乙炔气瓶	白	乙炔	红	—
二氧化碳气瓶	黑	二氧化碳	黄	—	氟氯烷气瓶	铝白	氟氯烷	黑	—
光气瓶	草绿(保护色)	光气	红	红	其他可燃性气瓶	红	(气体名称)	白	—
氨气瓶	黄	氨	黑	—	其他非可燃性气瓶	黑	(气体名称)	黄	—

4. 几种压缩可燃气和助燃气的性质和安全处理

(1) 乙炔 乙炔气瓶是将颗粒活性炭、木炭、石棉或硅藻土等多孔性物质填充在钢瓶内，再将丙酮掺入，通入乙炔气使之溶解于丙酮中，直至 15℃ 时压力达 1.52MPa（15.5kgf/cm²）。

乙炔是极易燃烧、爆炸的气体。含有 7%～13% 乙炔的乙炔-空气混合物和含有大约 30% 乙炔的乙炔-氧气混合物最易爆炸。在未经净化的乙炔内可能含有少量的磷化氢。磷化氢的自燃点很低，气态磷化氢（PH_3）在 100℃ 时就会自燃，而液态磷化氢甚至不到 100℃ 就会自燃。因此，当乙炔中含有空气时，有磷化氢存在就可能构成乙炔-空气混合气的起火爆炸。乙炔和铜、银、汞等金属或盐接触，会生成乙炔铜（Cu_2C_2）和乙炔银（Ag_2C_2）等易爆炸物质。因此，凡供乙炔用的器材（管路和零件）都不能使用银和铜的合金。乙炔和氯、次氯酸盐等化合物相遇会发生燃烧及爆炸。因此，乙炔燃烧着火时，绝对禁止使用四氯化碳灭火器。

乙炔气瓶应放在通风良好处，不能存放于实验室大楼内，应存于大楼外另建的贮瓶室内，室温要低于 35℃。原子吸收法使用乙炔时，要注意预防回火，管路上应装阻止回火器（阀）。在开启乙炔气瓶之前，要先供给燃烧器足够的空气，再供乙炔气。关气时，要先关乙炔气，后关空气。当乙炔气瓶内压力降至 0.3MPa（3kgf/cm²）时，必须停止使用，另换一瓶。

(2) 氢气 氢气为易燃气体。因其密度小，易从微孔漏出，而且它的扩散速度快，易与其他气体混合。氢气和空气混合气的爆炸极限是：空气中含氢量为 4.1%～7.5%（体积分数）。其燃烧速率比烃类化合物气体快，常温、常压下燃烧速度约为 2.7m/s。检查氢气导管、阀门是否漏气时，必须采用肥皂水检查法，绝对不能以明火进行检查。

存放氢气气瓶处要严禁烟火。

(3) 氧化亚氮 氧化亚氮也称笑气，具有麻醉兴奋作用，因此使用时要特别注意通风。

液态氧化亚氮在 20℃时的蒸气压约 5MPa（50kgf/cm²）。氧化亚氮受热分解为氧和氮的混合物，是助燃性气体。

原子吸收法进行高熔点或难熔盐化合物的元素测定时，需用氧化亚氮-乙炔火焰以获得较高的温度，其反应为：

$$5N_2O \longrightarrow 5N_2 + \frac{5}{2}O_2$$

$$C_2H_2 + \frac{5}{2}O_2 \longrightarrow 2CO_2 + H_2O（气）$$

在上述过程中氧化亚氮分解为含氧 33.3%和氮 66.7%的混合物，乙炔即借其中的氧燃烧。在氧化亚氮-乙炔火焰中发生的反应比一般火焰要复杂。燃烧时，千万要注意防止从原子吸收分光光度计的喷雾室的排水阀吸入空气，否则会引起爆炸。

（4）氧气　氧气是强烈的助燃气体，纯氧在高温下尤其活泼。当温度不变而压力增加时，氧气可与油类物质发生剧烈的化学反应而引起发热自燃，产生爆炸。例如，工业矿物油与 3MPa 以上气压的氧气接触就能产生自燃。因此，氧气瓶一定要严防与油脂接触。减压器及阀门绝对禁止使用油脂润滑。氧气瓶内绝对不能混入其他可燃性气体，或误用其他可燃气体气瓶来充灌氧气。氧气气瓶一般是在 20℃、15MPa 气压条件下充灌的。氧气气瓶的压力会随温度增加而增高，因此要禁止气瓶在强烈阳光下曝晒，以免瓶内压力过高而发生爆炸。

5. 气瓶安全使用常识

① 气瓶必须存放于通风、阴凉、干燥、隔绝明火、远离热源、防曝晒的房间内。要有专人管理。要有醒目的标志，如"乙炔危险，严禁烟火"等字样。可燃性气体气瓶一律不得进入实验楼内。严禁乙炔气瓶、氢气瓶和氧气瓶、氯气瓶贮放在一起或同车运送。

② 使用气瓶时要直立固定放置，防止倾倒。

③ 搬运气瓶要用专用气瓶车，要轻拿轻放，防止摔掷、敲击、滚滑或剧烈震动。搬运的气瓶一定要在事前戴上气瓶安全帽，以防不慎摔断瓶嘴发生爆炸事故。钢瓶身上必须具有两个橡胶防震圈。乙炔瓶严禁横卧滚动。

④ 气瓶应进行耐压试验，并定期进行检验。

⑤ 气瓶的减压器要专用，安装时螺扣要上紧，应旋进 7 圈螺纹，不得漏气。开启高压气瓶时，操作者应站在气瓶口的侧面，动作要慢，以减少气流摩擦，防止产生静电。

⑥ 乙炔等可燃气瓶不得放置在橡胶等绝缘体上，以利静电释放。

⑦ 氧气瓶及其专用工具严禁与油类物质接触，操作人员也不能穿戴沾有各种油脂或油污的工作服和工作手套等。

⑧ 氢气瓶等可燃气瓶与明火的距离不应小于 10m。

⑨ 瓶内气体不得全部用尽，一般应保持 0.2～1MPa 的余压。

六、安全用电常识

人体通过 50Hz 的交流电 1mA 就有感觉；10mA 以上会使肌肉收缩；25mA 以上则感呼吸困难，甚至停止呼吸；100mA 以上则使心脏的心室产生颤动，以致无法救活。因此使用电器设备时需注意防止触电的危险。

① 操作电器时，手必须干燥，因为手潮湿时电阻显著变小，易于引起触电。

② 一切电源裸露部分都应配备绝缘装置，电开关应有绝缘匣，电线接头必须包以绝缘胶布或套胶管。所有电器设备的金属外壳均应接上地线。

③ 已损坏的接头或绝缘不好的电线应及时更换，更不能直接用手去摸绝缘不好的通电电器。

④ 修理或安装电器设备时，必须先切断电源。

⑤ 不能用试电笔去试高压电。

⑥ 每个实验室都有规定允许使用的最大电流，每路电线也有规定的限定电流，超过时会使导线发热着火。导线不慎短路也容易引起事故。控制负荷超载的简便方法是按限定电流使用熔断片（保险丝）。更换保险丝时应按规定选用，不可用铜、铝等金属丝代替保险丝，以免烧坏仪器或发生火灾。

⑦ 电线接头间要接触良好、紧固，避免在振动时产生电火花。电火花可能引起实验室的燃烧与爆炸。

⑧ 禁止高温热源靠近电线。

⑨ 电动机械设备使用前应检查开关、线路、安全地线等各部设备零件是否完整妥当，运转情况是否良好。

⑩ 严禁使用湿布擦拭正在通电的设备、电门、插座、电线等，严禁洒水在电器设备上和线路上。

⑪ 在用高压电操作时，要穿上胶鞋并戴上橡皮手套，地面铺上橡皮。

⑫ 实验室的电器设备和电路不得私自拆动及任意进行修理，也不能自行加接电气设备和电路，必须由专门的技术人员进行。

⑬ 每一化验室都有电源总闸。停止工作时，必须把总电闸关掉。

⑭ 多台大功率的电器设备要分开电路安装，每台电器设备都有各自的熔断器。

⑮ 有人受到电伤害时，要立即用不导电的物体把电线从触电者身上挪开，切断电源，把触电者转移到空气新鲜的地方进行人工呼吸，并迅速与医院联系。

⑯ 使用动力电时，应先检查电源开关、电机和设备各部分是否良好。如有故障，应先排除后，方可接通电源。

⑰ 启动或关闭电器设备时，必须将开关扣严或拉妥，防止似接非接状况。使用电子仪器设备时，应先了解其性能，按操作规程操作，若电器设备发生过热现象或出现糊焦味时，应立即切断电源。

⑱ 电源或电器设备的保险烧断时，应先查明烧断原因，排除故障后，再按原负荷选用适宜的保险丝进行更换，不得随意加大或用其他金属线代用。

⑲ 实验室内不应有裸露的电线头；电源开关箱内，不堆放物品，以免触电或燃烧。

⑳ 要警惕实验室内发生电火花或静电，尤其在使用可能构成爆炸混合物的可燃性气体时，更需注意。如遇电线走火，切勿用水或导电的酸碱泡沫灭火器灭火，应切断电源，用砂或二氧化碳灭火器灭火。

七、放射性物质安全防护的基本规则

(1) 基本原则 ①避免放射性物质进入体内和污染身体；②减少人体接受来自外部辐射的剂量；③尽量减少以致杜绝放射性物质扩散造成危害；④对放射性废物要贮存在专用污物简中，定期按规定处理，从事放射性物质的人员必须具备放射性的基础知识及操作技能。

(2) 对来自体外辐射的防护 在实验中尽量减少放射性物质的用量，选择放射性同位素时，应在满足实验要求的情况下，尽量选取危险性小的物质。

实验时力求迅速，操作力求简便熟练。实验前最好预做模拟或空白试验。有条件时，可以几个人共同分担一定任务。不要在有放射性物质（特别是 β、γ 体）的附近做不必要的停留，尽量减少被辐射的时间。

由于人体所受的辐射剂量大小与接触放射性物质的距离的平方成反比。因此在操作时，可利用各种夹具，增大接触距离，减少被辐射量。

创造条件设置隔离屏障。一般密度较大的金属材料如铅、铁等对 γ 射线的遮挡性能较好，密度较轻的材料如石蜡、硼砂等对中子的遮挡性能较好；β 射线、X 射线较容易遮挡，一般可用铅玻璃或塑料遮挡。隔离屏蔽可以是全隔离，也可以是部分隔离；也可以做成固定的，也可做成活动的，依各自的需要选择设置。

(3) 放射性物质进入体内的预防 防止由消化系统进入体内。工作时必须戴防护手套、口罩、工作衣帽。实验中绝对禁止用口吸取溶液或口腔接触任何物品。工作完毕立即洗手、漱口。禁止在实验室吃、喝、吸烟。进行放射性物质的实验室与非放射性物质的实验室最好分开。使用的仪器也应分开，不能混合使用。

防止放射性物质由呼吸系统进入体内。实验室应有良好的通风条件，实验中煮沸、烘干、蒸发等均应在通风橱中进行，处理粉末物应在防护箱中进行，必要时还应戴过滤型呼吸器。实验室应用吸尘器或拖把经常清扫，以保持高度清洁。遇有污染物应慎重妥善处理。

防止放射性物质通过皮肤进入体内。实验中应小心仔细，不要让仪器物品，特别是沾有放射性物质的部分割破皮肤。遇有小伤口时，一定要妥善包扎好，戴好手套再工作，伤口较大时，应停止工作。不要用有机溶液洗手和涂敷皮肤，以防增加放射性物质进入皮肤的渗透性能。

八、X射线的安全防护

X射线被人体组织吸收后，对人体健康是有害的。长期反复接受X射线照射，会导致疲倦，记忆力减退，头痛，白细胞降低等。一般晶体X射线衍射分析用的软X射线（波长较长、穿透能力较低）比医院透视用的硬X射线（波长较短、穿透能力较强）对人体组织伤害更大。轻的造成局部组织灼伤，如果长时期接触，重的可造成白细胞下降，毛发脱落，发生严重的射线病。但若采取适当的防护措施，上述危害是可以防止的。最基本的一条是防止身体各部（特别是头部）受到X射线照射，尤其是受到X射线的直接照射。因此要注意X射线管窗口附近用铅皮（厚度在1mm以上）挡好，使X射线尽量限制在一个局部小范围内，不让它散射到整个房间，在进行操作（尤其是对光）时，应戴上防护用具（特别是铅玻璃眼镜）。操作人员站的位置应避免直接照射。操作完，用铅屏把人与X射线机隔开；暂时不工作时，应关好窗口，非必要时，人员应尽量离开X射线实验室。室内应保持良好通风，以减少由于高电压和X射线电离作用产生的有害气体对人体的影响。

九、化验人员安全守则

① 化验人员必须认真学习化验操作规程和有关的安全技术规程，了解仪器设备的性能及操作中可能发生事故的原因，掌握预防和处理事故的方法。

② 进行危险性操作时，如危险物料的现场取样、易燃易爆物的处理、加热易燃易爆物、焚烧废液、使用极毒物质等均应有第二者陪伴。陪伴者应能清楚地看到操作地点，并观察操作的全过程。

③ 禁止在化验室内吸烟、进食、喝茶饮水。不能用实验器皿盛放食物，不能在化验室的冰箱内存放食物。离开化验室前用肥皂洗手。

④ 化验室内严禁喧哗打闹，保持化验室秩序井然。工作时应穿工作服，长头发要扎起来戴上帽子，不能光着脚或穿拖鞋进实验室。不能穿实验工作服到食堂等公共场所。进行有危险性工作时要佩戴防护用具，如防护眼镜、防护手套、防护口罩，甚至防护面具等。

⑤ 每日工作完毕时，应检查电、水、气、窗等后锁门。

⑥ 与化验无关的人员不应在化验室久留。也不允许化验人员在化验室干别的与化验无关的事。

⑦ 化验人员应具有安全用电、防火防爆、灭火、预防中毒及中毒救治等基本安全常识。

十、有关化验室的分析仪器、普通仪器、设备、器件、玻璃器皿、试剂药品等信息网站

1. 有关仪器设备及备件、消耗品等信息网站

(1) 中国分析仪器网 http://www.instrument.com.cn　中国分析仪器网是为化学、化工、医药、生物、环保、农业、食品等行业提供分析仪器的平台包括：资讯、企业、供求、人物、产品、促销、技术、下载、人才、展会、招标、机构招商代理、图书期刊、仪器论坛、热分析仪、耗材配件、元素分析、实验室设备、物理仪器、环境监测、二手租赁、食品安全、专题等信息网页。

分析仪器及配件与耗材，参见十二章、八。

化学试剂有色谱试剂、紫外及红外光谱试剂、无机分析试剂、有机分析试剂、生化试剂、特效试剂、基准试剂、标准物质、指示剂和试纸、高纯物质、液晶、教学用试剂、核磁共振仪用试剂、临床诊断试剂等。

实验室常用器件与耗材有超声波清洗器、纯水器、紫外检测灯、生物过滤器、振荡器、搅拌子、离心机转子、冷冻干燥机、滤纸、滤膜、微波消解消化管、特种气体、过滤器、样品前处理柱、固相萃取柱、流变仪、黏度计、表面物性测试仪、颗粒度仪、试验机、硬度计、耗损检测仪器、元素分析仪、电化学仪器、显微镜、生化仪器、移液器等及其配件。

环境监测专用仪器配件与耗材有消解管、吸收管、采样器配件、环保标准气体、多通道换向阀、精密分配泵等。

实验室常用设备有电子天平、分析天平、精密扭力天平、机械分析天平、工业天平、平台秤、质量比较仪、其他天平等；加热与烘干设备有高温炉、热釜、电阻炉、加热板、马弗炉、烘干器、真空干燥箱、鼓风干燥箱、干燥箱、干燥机、微波干燥设备、热风循环烘箱等；恒温与恒湿设备有

恒温器、恒温水浴锅、恒温水箱、水浴恒温振荡器、恒温柱箱、恒温培养箱、振荡培养箱、恒温油浴、恒温水浴、恒温槽、室内温控器、恒温水浴摇床等；分离与萃取设备有离心机、冷冻离心机、高速离心机、离心泵、离心萃取机、微波萃取、超声波萃取仪、超临界萃取、萃取反应仪、快速溶剂萃取仪；清洗与消毒设备有超声波清洗器、等离子清洗器、酸蒸清洗器、洗瓶机、高压灭菌器、蒸汽灭菌器、通风灭菌、消毒柜等；纯化设备有纯水机、旋转蒸发仪、氮吹仪、蒸馏水器、过滤器、振动筛、浓缩仪、大气采样等；消解与制样设备有微波消解仪、石墨消解仪、红外加热消解系统、电热消解仪、恒温消解仪等。

玻璃设备有量筒、量杯、容量瓶、试剂瓶、滴定管、吸管、烧瓶、烧杯、蒸发皿、培养皿、干燥器、坩埚、漏斗、载玻片、移液管、称量瓶、标本瓶、离心管、标准口、玻璃层析柱、试管、研钵、冷凝管、酒精灯、玻璃接头等。

制冷设备有制冰机、冷冻机、水循环、冷冻干燥机、低温设备等。

搅拌混合与分散设备有搅拌机、搅拌釜、混合机（乳化机）、分散机、粉碎机、匀浆机等。

粉碎与合成及反应设备有粉碎机、粉碎磨、研磨机、微波合成仪、反应釜、化学合成仪等。

泵有真空泵、蠕动泵、柱塞泵、高压泵、恒流泵、注射泵等。

实验室家具有实验室台、通风柜、试剂柜、药柜、实验室家具配件、实验柜等。

（2）中国仪器信息网 http://www.instrument.com.cn/　中国仪器信息网是中国化学化工领域最大的科学仪器门户网站，主要栏目有新闻、仪器信息、耗材配件、供求、资料中心、人才、会展、书刊、实用网址、论坛。中国化学仪器网是科技工作者重要的仪器选购平台，目前汇集了几百家国内外知名仪器厂商及上万台仪器，详细产品资料及许多应用技术文章等，成为仪器厂商信息发布媒体和贸易平台。

中国仪器信息网包括网上仪器展、耗材与配件、各种分析仪器、反应釜、恒温恒湿箱、水浴、烘箱、真空泵、超声波清洗器、氢气发生器、搅拌器、酶标仪及仪器附件、色谱柱、手性色谱柱、专用色谱柱、保护柱、制备柱、固相萃取柱、在线过滤器、进样阀、离子源、空心阴极灯、滤光片、石墨管、衬管、灯丝、比色皿、传感器、氘灯、钨灯、捕集阱、流量计、色谱工作站、雾化器、捕集管、锡舟、电机等。

实验室常用仪器设备有超声波清洗器、本生灯、洗瓶机、等离子清洗器、高压灭菌器、手消毒器、手套箱、紫外臭氧清洗器、微波消解附件、切片机、熔样机、磨抛机、压片机、电热消解仪、电热板、表面处理仪、离子溅射仪、组织处理仪、电子束刻蚀、红外加热消解系统，微波萃取器、超临界萃取器、抽提萃取器、离心机、固相萃取器、快速溶剂萃取器、超声波萃取仪、纯水器、旋转蒸发仪、蒸馏器、浓缩仪、大气采样、分子蒸馏仪，搅拌器、分散机、匀浆机，干燥箱、水浴、油浴、马弗炉、灰分测定仪、干浴器、喷雾干燥机、水浴锅、恒温器、除湿机、临界点干燥仪、快速干燥仪、研磨机、微波合成仪、反应釜、化学合成仪、冷冻干燥机、冷却循环水机、超低温冰箱、制冰机、层析冷柜、泵、真空泵、蠕动泵、恒流泵柱塞泵、移液器、移液工作站、瓶口分配器、滴定器，氢气发生器、氮气发生器、空气发生器、氮气氢气空气一体机、氢气空气一体机、二氧化碳发生器、空气压缩机、气体净化器、脱气器、除气器、氮气空气发生器、氘气发生器、臭氧发生器、镀膜机、溶出设备等。

实验室家具有药品柜、通风柜、天平台、实验台、保护罩、实验柜、恒温恒湿精密空调、清洗/消毒设备、其他整体实验室家具设计及安装等。

（3）中国化工仪器网 http://www.chem17.com/　中国化仪器网是一家大型的仪器仪表行业门户网站，主要面向化工、制药、食品、生物、石油、农业、医院、学院等领域的用户，网络营销服务平台，为国内外仪器仪表及相关企业搭建信息互动的桥梁，为客户实现商机！

中国化工仪器网包括各种分析仪器及附件、各种物理常数测定仪、试验箱、试验机、无损检测、离心机、反应釜、搅拌器、冻干机、干燥箱、培养箱、马弗炉、天平、纯水器、水浴、油浴、真空泵、酶标仪、洗板机、生物安全柜、TOC、COD、BOD 分析仪、水质分析仪、氨氮测定仪、烟气分析仪、农药残留检测仪、量热仪、油品分析、闪点测定仪、燃点测定仪、凝固点测定仪、压力表、传感器、变送器、数显仪表、风速计、推拉力计、流量计、测温仪、液位计等配件耗材。

（4）科学仪器网 http://www.kx17.com/　科学仪器网收录和经销下列产品：蒸馏水器、离心机、真空泵、磁力搅拌器、循环器泵、粉碎捣碎机、水浴油浴、箱式电炉、电热板套、pH 计、制冰机、离子分析计、冷却循环机、振荡器、电导率仪、摇床、水分测试仪、混合器、恒温槽、数显恒流泵、除湿增湿机、热分析仪、旋转蒸发器、应力仪、库仑仪、酸度计、黏度计、滴定仪、紫外分析仪、红外分析仪、元素分析仪、溶解氧分析、酶标仪、电泳仪、部分收集器、超声波清洗器、细胞粉碎机、生物显微镜、体视显微镜、金相显微镜、偏光显微镜、色度色差仪、色谱光谱仪、光度计、粒度仪、雾度仪、折射仪、旋光仪、白度仪、电子天平、机械天平、扭力天平、生化培养箱、恒温培养箱、隔水培养箱、振荡培养箱、恒温恒湿箱、恒温干燥箱、鼓风干燥箱、光照培养箱、真空干燥箱、二氧化碳箱、人工气候箱、厌氧培养箱、低温培养箱、霉菌培养箱、药品试验箱、超低温冰箱、热空气消毒箱、高低温试验箱、远红外快速干燥箱、移液器、灭菌消毒、净化工作台、冷冻干燥机、生物安全柜、低温冷藏柜、液氮罐、测汞仪、气体检测仪、水质分析、气体采样器、COD 测定仪、BOD 测定仪、ORP 测定仪、余氯报警器、粉烟尘采样器、微生物采样器、尘埃粒子计数器、流量计、净化器、噪声仪器、推拉力计、压力表、硬度计、种子仪器类、土壤仪器类、农残速测仪、脂肪测定仪、纤维测定仪、黄曲霉素仪、水果检测仪、定氮仪、消化器等。

(5) 中国实验科学器材网 http://www.shuoguang.com/　中国实验科学器材网是一个专业的仪器仪表网站，提供振荡器、磁力搅拌器、电动搅拌器、匀浆器、水浴锅、离心机、电热板、电热套、蒸馏水器、本生灯、滤漠、生化培养箱、光照培养箱等。

(6) 实验室信息网 http://www.lab365.com/　有常规的实验室仪器、玻璃仪器、试剂等信息。

(7) 中国实验室设备网 http://4709666.71ab.com/。

(8) 中国教育装备采购网 http://www.caigou.com.cn/Lab　有关实验室建设与政府采购等信息。

(9) 中国科学仪器网 http://www.17webs.com/　中国科学仪器网包括药品检测仪器、电化学分析仪器、光谱仪、色谱仪、光学显微镜、振荡器（摇床）、粉碎机、真空泵设备、天平衡器（台秤）、离心机、压片与压样设备、干燥箱设备、培养箱设备、气象仪器、石油化工行业专用仪器、医疗医用设备等有关信息。

(10) 化验室网 http://www.cheml.com/Index.html#　化验室网包括水质分析、食品分析、石油化工分析、冶金矿业分析、农业分析、精细化工分析、药物分析、气体分析、仪器资料信息。可下载化验室、分析方法与标准、仪器与培训等资料。有化验室设计、化验室管理、化验室安全等信息。

(11) 中国实验室建设网 http://www.china-lab.net.cn/　中国实验室建设网是实验室规划与设计、技术咨询与服务、产品展示、人才交流、网上供求一体的实验室专业性网站。

(12) 中国科学器材网 http://www.sciequip.com.cn/　为仪器仪表及耗材的销售网站。

2. 有关玻璃器皿、试剂药品等信息的网站

(1) 中国器化玻采购网 http://www.qhbcg.cn　有通用分析仪器、行业专用仪器、实验仪器设备、化工机械设备、电子电工仪器、玻璃仪器、化学试剂、配件耗材、试剂、仪器、实验室装备、天平衡器类、电化学分析、干燥设备、培养箱、光谱仪器类、生化分析类、色谱仪器类、光学仪器类、显微镜、物性测定、反应仪器、试验箱、除湿净化仪器、低温恒温设备、气体发生检测、环境检测、计量检测、粮油类仪器、药检类仪器、地质类仪器、煤质分析仪器、实验室家具等相关的信息。

(2) 中国玻璃仪器网 http://www.interglassware.com/web/cn

① 玻璃仪器　标准口类、非标准口类、特殊要求类等。

② 仪器设备　漩涡混合器、微量振荡器、数显恒温油浴、悬臂式恒速强力搅拌器、双层玻璃反应釜、黏度计、纯水蒸馏器、数显恒温水浴搅拌机、红外线快速干燥箱、玻璃真空反应器、电动离心机、铝氧化升降台、调速多用振荡器、恒流泵、电脑数显恒流泵、单相调压器、三用紫外分析仪、旋片式真空泵、低温恒温槽、电热恒温油槽、数显恒温水浴锅、电子节能控温仪、不锈钢升降台、台式鼓风干燥箱、电热恒温鼓风干燥箱、电热恒温干燥箱、数显真空干燥箱、旋转蒸发器、稳速搅拌器、玻璃仪器烘干器、超声波清洗器、普通恒温电热套、电子分析天平、电子精密天平、电子天平、水分快速测定仪、磁力搅拌器、恒温磁力搅拌器、强磁力搅拌器、循环水式真空泵、

DLSB 系列冷却液循环泵、DHJF 系列低温恒流搅拌反应浴、电动高速组织捣碎机等。

　　③ 实验用品　橡胶塑料类、金属制品类、陶瓷类、其他类。

　　④ 化学试剂　贵金属类、碱金属类、通用试剂、有机硅单体系列、硅胶及硅胶板、膦系列、樟脑磺酸系列、其他类、酒石酸系列等信息。

　　(3) 中国试剂网 http://www.reagent.com.cn　中国试剂网是国药集团化学试剂有限公司的网站，它是具有 50 多年历史的中国第一家经营化学试剂、玻璃仪器、实验耗品、仪器设备等产品的全国性专业经销商和生产商，由国药集团化学试剂有限公司、北京化学试剂公司、国药化学试剂陕西化玻器械有限公司、国药集团化学试剂沈阳有限公司等公司组成。

　　(4) 中国化学试剂网 http://www.cnreag-apoa.com/　有无机试剂、有机试剂、特效试剂、pH 及氧化还原指示剂、金属离子显色剂、配合滴定剂、掩蔽剂及沉淀剂等、生化试剂、光化学及电化学分析试剂、色谱分析试剂，高纯试剂、高纯气体等信息。

　　(5) 中国试剂信息网 http://www.cnreagent.com/　产品分类信息如下。

　　① 化学试剂　色谱试剂、生物试剂、环保试剂、诊断试剂、色素、医药试剂、高纯试剂、通用试剂、无机试剂、有机试剂、危险品。

　　② 实验室常用仪器　玻璃仪器、橡塑制品、实验器具、滤纸滤器、搪瓷制品。

　　③ 其他仪器　分析仪器、质谱仪器、光谱仪器、色谱仪器、波谱仪器、气体分析仪、测量仪器、测试仪器、计量仪表、实验电源、实验设施、医疗仪器、生物仪器、配件耗件等信息。

　　3. 有关实验室设备方面的网站

　　(1) 海硕博科教设备有限公司 http://www.sobojxyq.com/　上海硕博科教设备有限公司产品有：教学仪器、教学设备、教学模型、财会模拟、教学挂图、教育设备、电教板、机械制图模型、仪器模型以及理、化、生实验室成套设备，化学实验室与通风设备系列，该设备适用于高校、中学、技校等化学实验室。

　　(2) 海态特科技有限公司 http://www.labsun.com.cn/　主要产品有全钢结构、钢木结构、全木结构三大系列实验台及仪器台、天平台、药品柜、通风柜、配套设施等。

　　(3) 北京紫光基业科教设备制造有限公司 http://www.cn-zg.com/　北京紫光基业科教设备制造有限公司是一家专门从事生产教学仪器、实验室设备的大型企业。产品有：高教、普教、电教三大系列 30 多个品种的教学实验室设备。

　　(4) 长沙丰泽教育仪器设备有限公司 http://www.csfengze.com/。

　　(5) 中国实验室建设网 http://www.china-lab.net.cn/　中国实验室建设网是实验室规划与设计、技术咨询与服务、产品展示、人才交流、网上供求一体的实验室专业性网站。

第二章　计量单位与基本常数

第一节　计量单位

一、国际单位制

国际单位制是 1960 年由第 10 届国际计量大会（CGPM）决议建立的。大会决议，将以六个基本单位为基础的单位制称为"国际单位制"。1971 年第 14 届 CGPM 又通过了第七个基本单位。国际单位制的简称为 SI。它由下面六部分组成。

1. 国际单位制（SI）的基本单位

国际单位制（SI）的基本单位见表 2-1。

表 2-1　国际单位制（SI）的基本单位

量的名称	量的符号	单位名称	单位符号	定　义
长度	$l(L)$	米	m	米是光在真空中 1/299792458s 的时间间隔内所经过的距离(1983 年第 17 届 CGPM 决议 A)
质量	m	千克(公斤)	kg	千克是质量单位，等于国际千克原器的质量(1901 年第 3 届 CGPM 声明)
时间	t	秒	s	秒是铯-133 原子基态的两个超精细能级间跃迁所对应辐射 9192631770 个周期的持续时间(1967~1968 年第 13 届 CGPM 决议 1)
电流	I	安[培]	A	在真空中，截面积可忽略的两根相距 1m 的无限长平行圆直导线内通以等量恒定电流时，若导线间相互作用力在每米长度上为 2×10^{-7}N,则每根导线中的电流定义为 1A(1948 年 CGPM 决议)
热力学温度	T	开[尔文]	K	热力学温度开[尔文]是水三相点热力学温度的 1/273.16(1967~1968 年第 13 届 CGPM 决议 4)
物质的量	n	摩[尔]	mol	摩[尔]是一个系统的物质的量，该系统中所包含的基本单元数与 0.012kgC_{12} 的原子数目相等。在使用摩[尔]时，应指明基本单元，可以是原子、分子、离子、电子及其他粒子，或是这些粒子的特定组合(1971 年第 14 届 CGPM 决议 3)
发光强度	$I,(I_v)$	坎[德拉]	Cd	坎是发射频率为 540×10^{12}Hz 单色辐射的光源在给定方向上的发光强度，而且在此方向上的辐射强度为 1/683W/sr(1979 年第 16 届 CGPM 决议 3)

注：1. 圆括号中的名称是它前面的名称的同义词。

2. 方括号中的字，在不致引起混淆、误解的情况下可以省略，去掉方括号中的字即其简体。

3. 无方括号的单位名称，其简称与全称相同。

4. 热力学温度也可以使用摄氏温度，摄氏温度通常以符号℃表示。

5. CGPM 即 General Conference on Weights and Measures。

2. 国际单位制（SI）的辅助单位

国际单位制（SI）的辅助单位见表 2-2。

表 2-2　国际单位制（SI）的辅助单位

量 的 名 称	单 位 名 称	单 位 符 号
平面角	弧度	rad
立体角	球面度	sr

3. 国际单位制（SI）导出具有专门名称的单位

国际单位制（SI）导出具有专门名称的单位见表 2-3。

表 2-3　国际单位制（SI）导出具有专门名称的单位

量的名称	单位名称	单位符号	国际基本单位表示的关系式
频率	赫[兹]	Hz	s^{-1}
力	牛[顿]	N	$m \cdot kg \cdot s^{-2}$
压力（压强）、应力	帕[斯卡]	Pa	$N/m^2 = m^{-1} \cdot kg \cdot s^{-2}$
能、功、热量	焦[耳]	J	$N \cdot m = m^2 \cdot kg \cdot s^{-2}$
功率、辐[射]通量	瓦[特]	W	$J/s = m^2 \cdot kg \cdot s^{-3}$
电量、电荷	库[仑]	C	$A \cdot s$
电位、电压、电动势	伏[特]	V	$JC^{-1} = m^2 \cdot kg \cdot s^{-3} \cdot A^{-1}$
电容	法[拉]	F	$C/V = m^{-2} \cdot kg^{-1} \cdot s^4 \cdot A^2$
电阻	欧[姆]	Ω	$V/A = m^2 \cdot kg \cdot s^{-3} \cdot A^{-2}$
电导	西[门子]	S	$\Omega^{-1} = m^{-2} \cdot kg^{-1} \cdot s^3 \cdot A^2$
磁通[量]	韦[伯]	Wb	$V \cdot s = m^2 \cdot kg \cdot s^{-2} \cdot A^{-1}$
磁感应[强度]	特[斯拉]	T	$V \cdot s \cdot m^{-2} = kg \cdot s^{-2} \cdot A^{-1} \cdot A^{-1}$
电感	亨[利]	H	$VA^{-1} \cdot s = m^2 \cdot kg \cdot s^{-2} \cdot A^{-2}$
光通[量]	流[明]	lm	$cd \cdot sr$
[光]照度	勒[克斯]	lx	$lm/m^2 = cd \cdot sr \cdot m^{-2}$
[放射性]活度	贝可[勒尔]	Bq	s^{-1}
吸收剂量	戈[瑞]	Gy	$J/kg = m^2 \cdot s^{-2}$
剂量当量	希[沃特]	Sv	$J/kg = m^2 \cdot s^{-2}$

4. 国际单位制（SI）的词头

国际单位制（SI）的词头见表 2-4。

表 2-4　国际单位制（SI）的词头

因　　数	词　　头	符　　号	因　　数	词　　头	符　　号
10^{24}	尧[它]（yotta）	Y	10^{-1}	分（deci）	d
10^{21}	泽[它]（zetta）	Z	10^{-2}	厘（centi）	c
10^{18}	艾[可萨]（exa）	E	10^{-3}	毫（milli）	m
10^{15}	拍[它]（peta）	P	10^{-6}	微（micro）	μ
10^{12}	太[拉]（tera）	T	10^{-9}	纳[诺]（nano）	n
10^{9}	吉[咖]（giga）	G	10^{-12}	皮[可]（pico）	p
10^{6}	兆（mega）	M	10^{-15}	飞[母托]（femto）	f
10^{3}	千（kilo）	k	10^{-18}	阿[托]（atto）	a
10^{2}	百（hecto）	h	10^{-21}	仄[普托]（zepto）	z
10^{1}	十（deca）	da	10^{-24}	么[科托]（yocto）	y

5. 与国际单位制（SI）并用的单位

与国际单位制（SI）并用的单位见表 2-5。

表 2-5　与国际单位制（SI）并用的单位

物理量	单位名称	单位符号	相当于国际单位制的值
时间	分	min	$1min = 60s$
	小时	h	$1h = 60min = 3600s$
	日（天）	d	$1d = 24h = 86400s$
平面角	度	(°)	$1° = (\pi/180)rad$
	[角]分	(′)	$1′ = (1/60)° = (\pi/10800)rad$
	[角]秒	(″)	$1″ = (1/60)′ = (\pi/648000)rad$
体积	升	l，L	$1L = 10^{-3}m^3$
质量	吨	t	$1t = 10^3 kg$
截面	靶[恩]	b	$1b = 10^{-28}m^2$
能量	电子伏	eV	$1eV \approx 1.60218 \times 10^{-19}J$
质量	原子质量单位	$u = m(C^{12})/12$	$1u \approx 1.66054 \times 10^{-27}kg$

6. 暂时与国际单位制（SI）并用的单位

暂时与国际单位制（SI）并用的单位见表 2-6。

表 2-6　暂时与国际单位制（SI）并用的单位

单位名称	单位符号	相当于国际单位制的值	单位名称	单位符号	相当于国际单位制的值
海里		1海里=1852m	靶恩	b	$1b=10^{-28}m^2$
节		1海里/时=(1852/3600)m/s	巴	bar	$1bar=0.1MPa(兆帕)=10^5Pa$
公亩	a	$1a=10^2m^2$	伽	Gal	$1Gal=1cm/s^2=10^{-2}m/s^2$
公顷	ha	$1ha=10^4m^2$	拉德	rad	$1rad=10^{-2}Gy(戈)$

二、中华人民共和国法定计量单位

1984 年 2 月 27 日中华人民共和国国务院发布了《关于在我国统一实行法定计量单位的命令》，并颁布了《中华人民共和国法定计量单位（简称法定单位)》。在 1990 年年底前完成向法定计量单位的全面过渡。自1991 年 1 月起，除个别特殊领域外，不允许再使用非法定计量单位。非法定计量单位应当废除。

中国法定计量单位包括以下几部分。

（1）国际单位制（SI）的基本单位，见表 2-1。

（2）国际单位制（SI）的辅助单位，见表 2-2。

（3）国际单位制（SI）中具有专门名称的导出单位，见表 2-3。

（4）用于构成十进倍数和分数单位的词头，见表 2-4。

（5）由以上单位构成的组合形式的单位，凡是两个或两个以上的单位相乘或相除、或既有乘又有除而构成的单位，称为组合形式的单位，简称组合单位。例如米每秒（m/s）。

由一个单位与数学符号或数学指数构成的单位，也是组合单位。例如立方米（m^3），每摄氏度（$℃^{-1}$）等。

这些单位也是法定单位。

（6）国家选定的非国际单位制，包括以下三类。

① 与国际单位制（SI）并用的单位，见表 2-5。

② 暂时与国际单位制（SI）并用的单位，见表 2-6。

③ 国家选定的其他非国际单位，见表 2-7。

表 2-7　国家选定的其他非国际单位

量的名称	单位名称	单位符号	量的名称	单位名称	单位符号
无功功率	乏	vah	长度	海里	n mile
表观功率(视在功率)	伏安	V·A			1n mile=1852m
声压级	分贝	dB			(只用于航行)
响度级			速度	节	kn
线密度	特[克斯]	tex,1tex=1g/km			1kn=1n mile/h
旋转速度	转每分	r/min			=(1852/3600)m/s
					(只用于航行)

注：1. $1ppm=10^{-6}$。

2. $1ppb=10^{-9}$。

3. 人们生活和贸易中，质量习惯称为重量。

4. 公里为千米的俗称。

5. 10^4 称为万，10^8 称为亿，这类数词的使用不受词头名称的影响，但不应与词头混用。

三、法定计量单位与非法定计量单位间的换算

1. 长度单位

长度单位间的换算见表 2-8。

表 2-8　长度单位间的换算

单位	m （米）	cm （厘米）	市　　尺	yd （码）	ft （英尺）	in （英寸）
m	1	$1×10^2$	3	1.09361	3.28084	39.3701
cm	$1×10^{-2}$	1	$3×10^{-2}$	$1.09361×10^{-2}$	$3.28084×10^{-2}$	0.393701
市尺	0.333333	33.3333	1	0.364537	1.093613	13.1234
yd	0.9144	91.44	2.74321	1	3	36
ft	0.3048	30.48	0.914400	0.333333	1	12
in	$2.54×10^{-2}$	2.54	$7.62001×10^{-2}$	$2.77778×10^{-2}$	$8.33333×10^{-2}$	1

注：$1\mu m$（微米）$=10^{-6}m$；$1Å$（埃）$=10^{-10}m$；1mile（英里）$=1609m=80Chain$（测链）；1chain$=20.1168m$；1[市]里$=500m$。

2. 面积单位

面积单位间的换算见表 2-9。

表 2-9　面积单位间的换算

单　位	m² （米²）	cm² （厘米²）	yd² （码²）	ft² （英尺²）	in² （英寸²）
m²	1	1×10⁴	1.19599	10.7639	1550
cm²	1×10⁻⁴	1	1.19599×10⁻⁴	1.07639×10⁻³	0.155
yd²	0.836127	8361.27	1	9	1296
ft²	0.092903	929.03	0.111111	1	144
in²	6.45161×10⁻⁴	6.45161	7.71605×10⁻⁴	6.94444×10⁻³	1

注：1. 1m²=9尺²；1［市］亩＝666.7m²；1公亩（are，a）＝100m²；1公顷（ha）＝1×10⁴m²；1英亩（acre）＝4840yd²（码²）。

2. 日本单位：1町＝10段，1段＝10亩，1亩＝30坪，1坪＝1间＝（400/121）m²。

3. 体积与容积单位

体积与容积单位间的换算见表 2-10。

表 2-10　体积与容积单位间的换算

单位	m³ （米³）	L （升）	cm³ （厘米³）	yd³ （码³）	ft³ （英尺³）	UK gal （英加仑）	US gal （美加仑）
m³	1	1000	1×10⁶	1.30795	35.3147	219.969	264.172
L	1×10⁻³	1	1×10³	1.30795×10⁻³	3.53147×10⁻²	0.219969	0.264172
cm³	1×10⁻⁶	1×10⁻³	1	1.30795×10⁻⁶	3.53147×10⁻⁵	2.19969×10⁻⁴	2.64172×10⁻⁴
yd³	0.764555	7.64555×10²	7.64555×10⁵	1	27	168.178	201.973
ft³	2.83168×10⁻²	28.3168	2.83168×10⁴	3.70370×10⁻²	1	6.22883	7.48051
UK gal	4.54609×10⁻³	4.54609	4.54609×10³	5.94608×10⁻³	0.160544	1	1.20095
US gal	3.78541×10⁻³	3.78541	3.78541×10³	4.95113×10⁻³	0.133681	0.832674	1

4. 质量单位

质量单位间的换算见表 2-11。

表 2-11　质量单位间的换算

单　位	kg （千克）	g （克）	t （吨）	UK ton （英吨）	US ton （美吨）	lb （磅）
kg	1	1000	1×10⁻³	9.84204×10⁻⁴	1.10231×10⁻³	2.20462
g	1×10⁻³	1	1×10⁻⁶	9.84204×10⁻⁷	1.10231×10⁻⁶	2.20462×10⁻³
t	1000	1×10⁶	1	0.984204	1.10231	2.20462×10³
UK ton	1.01605×10³	1.10605×10⁶	1.10605	1	1.12	2240
US ton	9.07185×10²	9.07185×10⁵	0.907185	0.892857	1	2000
lb	0.453592	4.53592×10²	4.53592×10⁻⁴	4.46429×10⁻⁴	5×10⁻⁴	1

注：1γ＝1μg＝10⁻³mg＝10⁻⁶g＝10⁻⁹kg。

5. 压力单位

压力单位间的换算见表 2-12。

表 2-12　压力单位间的换算

单位	Pa （帕斯卡）	kgf/cm²① （千克力/厘米²）	bar （巴）	mmHg② （毫米汞柱）	atm （标准大气压）	lbf/in²③ （磅力/英寸²）
Pa	1	1.01972×10⁻⁵	1×10⁻⁵	7.50064×10⁻³	9.86923×10⁻⁶	1.45038×10⁻⁴
kgf/cm²	9.80665×10⁴	1	0.980665	735.559	0.967838	14.2233
bar	1×10⁵	1.01972	1	750.064	0.986923	14.5038
mmHg	133.322	1.35951×10⁻³	1.33322×10⁻³	1	1.31579×10⁻³	1.93367×10⁻²
atm	1.01325×10⁵	1.03323	1.01325	760	1	14.6954
lbf/in²	6.89476×10³	7.03072×10⁻²	6.89476×10⁻²	51.7151	6.80459×10⁻²	1

① 1kgf/cm²（千克力/厘米²）＝1at（工程大气压）＝98066.5Pa＝98066.5N/m²（牛顿/米²）。

② 1mmHg（毫米汞柱）＝1Torr（托）＝（101325/760）133.32Pa。

③ lbf/in²＝1Psi（磅力/英寸²）。

除表中出现的非法定计量单位外，还有 1 达因/厘米（dyn/cm²）＝0.1（帕斯卡）Pa＝0.1 牛［顿］/米²（N/m²）；1 达因（dyn）＝10⁻⁵N；1 千克（公斤）力（kgf）＝9.80665 牛［顿］（N）；1 磅

力（lbf）=4.482 牛［顿］（N）。

6. 质量流量单位

质量流量单位间的换算见表2-13。

表 2-13 质量流量单位间的换算

单位	kg/s（千克/秒）	kg/h（千克/时）	g/s（克/秒）	t/h（吨/时）	lb/s（磅/秒）	lb/h（磅/时）
kg/s	1	3600	1000	3.6	2.20462	7.93664×10^3
kg/h	2.77778×10^{-4}	1	0.277778	1×10^{-3}	6.12395×10^{-4}	2.20462
g/s	1×10^{-3}	3.6	1	3.6×10^{-3}	2.20462×10^{-3}	7.93664
t/h	0.277778	1000	277.778	1	0.612394	2.20462×10^3
lb/s	0.453593	1.63293×10^3	453.593	1.63294	1	3600
lb/h	1.25998×10^{-4}	0.453592	0.125998	4.53592×10^{-4}	2.77778×10^{-4}	1

7. 体积流量单位

体积流量单位间的换算见表2-14。

表 2-14 体积流量单位间的换算

单 位	m^3/s（米³/秒）	m^3/min（米³/分）	m^3/h（米³/时）	L/s（升/秒）	L/min（升/分）
m^3/s	1	60	3600	1000	6×10^4
m^3/min	1.66667×10^{-2}	1	60	16.6667	1000
m^3/h	2.77778×10^{-4}	1.66667×10^{-2}	1	0.277778	16.6667
L/s	1×10^{-3}	6×10^{-2}	3.6	1	60
L/min	1.66667×10^{-5}	1×10^{-3}	6×10^{-2}	1.66667×10^{-2}	1
UK gal/s	4.54609×10^{-3}	0.272766	16.3659	4.54609	2.72766×10^2
UK gal/min	7.57682×10^{-5}	4.54609×10^{-3}	0.272766	7.57685×10^{-2}	4.54609
UK gal/h	1.26280×10^{-6}	7.57682×10^{-5}	4.54609×10^{-3}	1.26280×10^{-3}	7.57685×10^{-2}
US gal/min	6.30902×10^{-5}	3.78541×10^{-3}	0.227125	6.30903×10^{-2}	3.78541

单 位	UK gal/s（英加仑/秒）	UK gal/min（英加仑/分）	UK gal/h（英加仑/时）	US gal/min（美加仑/分）
m^3/s	2.19969×10^2	1.31981×10^4	7.91889×10^5	1.58503×10^4
m^3/min	3.66615	2.19969×10^2	1.31982×10^4	2.64172×10^2
m^3/h	6.11025×10^{-2}	3.66615	2.19969×10^2	4.40287
L/s	0.2119969	13.1981	7.91889×10^2	15.8503
L/min	3.66615×10^{-3}	0.219969	13.1981	0.264172
UK gal/s	1	60	3600	72.0569
UK gal/min	1.66667×10^{-2}	1	60	1.20095
UK gal/h	2.77778×10^{-4}	1.66667×10^{-2}	1	0.200158
US gal/min	1.38779×10^{-2}	0.832674	49.9605	1

8. 功、能、热量单位

功、能、热量单位间的换算见表2-15。

表 2-15 功、能、热量单位间的换算

单 位	J（焦耳）	kgf·m（千克力·米）	kW·h（千瓦·时）	公制马力·时	cal（卡）
J	1	0.101972	2.77778×10^{-7}	3.77672×10^{-7}	0.238889
kgf·m	9.80665	1	2.72407×10^{-6}	3.70368×10^{-6}	2.34269
kW·h	3.6×10^6	3.67098×10^5	1	1.35962	8.60000×10^5
公制马力·时	2.64780×10^6	2.70001×10^5	0.735501	1	6.32530×10^5
cal	4.18605	0.42686	1.16279×10^{-6}	1.58095×10^6	1
cal$_{IT}$	4.1868	0.426936	1.16300×10^{-6}	1.58124×10^{-6}	1.00018
cal$_{20}$	4.1816	0.426407	1.16156×10^{-6}	1.57927×10^{-6}	0.998931
cal$_{th}$	4.184	0.426650	1.16222×10^{-6}	1.58017×10^{-6}	0.999500
eV	1.60207×10^{-19}	1.63366×10^{-20}	4.45022×10^{-26}	6.05057×10^{-26}	3.82717×10^{-20}

单　位	cal$_{IT}$ （国际蒸汽表卡）	cal$_{20}$ （20℃卡）	cal$_{th}$ （热化学卡）	eV （电子伏）
J	0.238846	0.239143	0.239006	6.24192×10^{18}
kgf·m	2.34226	2.34519	2.34385	6.12123×10^{19}
kW·h	8.59846×10^{-7}	8.60915×10^5	8.60422×10^5	2.24709×10^{25}
公制马力·时	6.32416×10^{-7}	6.33203×10^5	6.32840×10^5	1.65274×10^{25}
cal	0.999821	1.00106	1.00050	6.21290×10^{19}
cal$_{IT}$	1	1.00125	1.00067	2.61337×10^{19}
cal$_{20}$	0.998758	1	0.999431	2.61011×10^{19}
cal$_{th}$	0.999332	1.00075	1	2.61161×10^{19}
eV	3.82648×10^{-20}	3.83124×10^{-20}	3.82904×10^{-20}	1

注：1千克力（kgf）=9.80665牛顿（N）；1焦耳（J）=1×10^{7}尔格（erg）。

9. 功率单位

功率单位间的换算见表 2-16。

表 2-16　功率单位间的换算

单　位	W[1] （瓦特）	kgf·m/s （千克力·米/秒）	公制马力	hp （马力）	cal$_{IT}$/s （卡/秒）	kcal$_{IT}$/h （千卡/时）	Btu/h （英热单位/时）
W	1	0.101972	1.35962×10^{-3}	1.34102×10^{-3}	0.238846	0.859845	3.41214
kgf·m/s	9.80665	1	1.33333×10^{-2}	1.31509×10^{-2}	2.34228	8.43220	33.4617
公制马力	735.499	75	1	0.986320	175.671	632.415	2.50963×10^3
hp	745.700	76.0402	1.01387	1	178.019	641.186	2.54443×10^3
cal$_{IT}$/s	4.1868	0.426935	5.69246×10^{-3}	5.61459×10^{-3}	1	3.6	14.2860
kcal$_{IT}$/h	1.163	0.118593	1.58124×10^{-3}	1.55961×10^{-3}	0.277778	1	3.96832
Btu/h	0.293071	2.98849×10^{-2}	3.98466×10^{-4}	3.93015×10^{-4}	6.99988×10^{-2}	0.251996	1

[1] 1W（瓦特）=1×10^{7}erg/s（尔格/秒）。

10. 热导率单位

热导率单位间的换算见表 2-17。

表 2-17　热导率单位间的换算

单　位	W/(m·K) [瓦/(米·开)]	cal$_{IT}$/(cm·s·K) [卡/(厘米·秒·开)]	kcal$_{IT}$/(m·h·K) [千卡/(米·时·开)]	Btu/(ft·h·℉) [英热单位/(英尺·时·华氏度)]
W/(m·K)	1	2.38846×10^{-3}	0.859845	0.57789
cal$_{IT}$/(cm·s·K)	418.68	1	360	241.909
kcal$_{IT}$/(m·h·K)	1.163	2.77778×10^{-3}	1	0.671969
Btu/(ft·h·℉)	1.73073	4.13379×10^{-3}	1.48816	1

11. 传热系数单位

传热系数单位间的换算见表 2-18。

表 2-18　传热系数单位间的换算

单　位	W/(m^2·K) [瓦/(米·开)]	kcal$_{IT}$/(cm^2·s·K) [千卡/(厘米^2·秒·开)]	kcal$_{IT}$/(m^2·h·K) [千卡/(米^2·时·开)]	Btu/(ft^2·h·℉) [英热单位/(英尺^2·时·华氏度)]
W/(m^2·K)	1	2.38846×10^{-5}	0.859845	0.17611
kcal$_{IT}$/(cm^2·s·K)	41868	1	36000	7373.38
kcal$_{IT}$/(m^2·h·K)	1.163	2.77778×10^{-5}	1	0.204816
Btu/(ft^2·h·℉)	5.67826	1.35623×10^{-4}	4.88243	1

12. 温度单位

温度单位间的换算见表 2-19。

表 2-19　温度单位间的换算

摄氏温度/℃	华氏温度/℉	热力学温度/K
℃	$\frac{9}{5}$℃+32	℃+273.15
$\frac{5}{9}$(℉−32)	℉	$\frac{5}{9}$(℉−32)+273.15
K−273.15	$\frac{9}{5}$(K−273.15)+32	K

13. 比热容单位

1 热化学千卡/(千克・开尔文) $[kcal_{th}/(kg \cdot K)] = 4184$ 焦耳/(千克・开尔文) $[J/(kg \cdot K)]$

1 千卡/(千克・开尔文) $[kcal/(kg \cdot K)] = 4186.8$ 焦耳/(千克・开尔文) $[J/(kg \cdot K)]$

1 20℃千卡 $(kcal_{20}) = 4181.6 J/(kg \cdot K)$

1 英热单位/(磅・℉) $[Btu/(lb \cdot ℉)] = 4186.8 J/(kg \cdot K)$

14. 磁场强度单位

1 奥斯特 (Oe) $= 79.578$ 安培/米 (A/m)

15. 磁通量密度单位

1 高斯 (Gs, G) $= 10^{-4}$ 特斯拉 (T)

16. 电磁量单位

1 静电单位电荷 $= 3.335640 \times 10^{-10}$ 库仑 (C)

1 伏特・秒 (V・s) $= 1$ 韦伯 (Wb)

1 安培・时 (A・h) $= 3600$ 库仑 (C)

1 麦克斯韦 (Mx) $= 10^{-8}$ 韦伯 (Wb)

1 静电电容 (sF) $= \dfrac{1}{9} \times 10^{-11}$ 法拉 (F)

1 静电电导 (sS) $= \dfrac{1}{9} \times 10^{-11}$ 西门子 (S)

1 静电电感 (sH) $\approx 9 \times 10^{11}$ 亨利 (H)

17. 光学单位

1 烛光、支光、国际烛光 (IK) $= 1$ 坎德拉 (cd)

1 熙提 (sb) $= 10^4$ 坎德拉每平方米 (cd/m^2)

1 尼特 (nt) $= 1$ 坎德拉每平方米 (cd/m^2)

1 辐透 (ph) $= 10^4$ 勒克斯 (lx)

1 英尺烛光 $(lm/ft^2, fc) = 10.76$ 勒克斯 (lx)

18. 放射性同位素的量度单位

1 伦琴 (R) $= 2.57976 \times 10^{-4}$ 库仑/千克 (C/kg)

每秒伦琴 (R/s) $= 2.57976 \times 10^{-4}$ 安培/千克 (A/kg)

10^{-2} 戈瑞 (Gy) $=$ 拉德 (rad) $= 0.01$ 焦耳/千克 (J/kg) $= 100 erg/g$

居里 (Ci) $= 3.70 \times 10^{10}$ 贝可勒尔 (Bq) (衰变/s)

毫居里 (mCi) $= 3.7 \times 10^7$ 贝可勒尔

雷姆 (rem) $= 10^{-2}$ 希沃特 (Sv)

四、分析化学中常用的物理量及其单位

分析化学中常用的物理量及其单位见表 2-20。

表 2-20　分析化学中常用的物理量及其单位

量的名称	量的符号	法定单位及符号		应废除的单位及符号	
		单位名称	单位符号	单位名称	单位符号
长度	L	米	m	公尺	M
		厘米	cm	公分	
		毫米	mm	毫微米	$m\mu m$
		纳米	nm	英寸、吋	in
面积	$A(S)$	平方米	m^2	平方英寸	in^2
		平方厘米	cm^2		
		平方毫米	mm^2		
体积,容积	V	立方米	m^3	立升、公升	
		立方分米,升	dm^3,L		
		立方厘米,毫升	cm^3,mL	西西	c c,c. c.
		立方毫米,微升	mm^3,μL		
时间	t	秒	s		sec,(″)
		分	min		(′)
		[小]时	h		hr
		天(日)	d		

量 的 名 称	量的符号	法 定 单 位 及 符 号		应 废 除 的 单 位 及 符 号	
		单位名称	单位符号	单位名称	单位符号
质量	m	千克	kg	公斤	
		克	g	毫微克	$m\mu g$
		毫克	mg	磅	lb
		微克	μg		
		纳克	ng		
		原子质量单位	u		
元素的相对原子质量	A_r	无量纲（以前称为原子量）			
物质的相对分子质量	M_r	无量纲（以前称为分子量）			
物质的量	n	摩［尔］	mol	克分子数	
		毫摩	mmol	克原子数	n,eq
		微摩	μmol	克当量数	
摩尔质量	M	千克每摩［尔］	kg/mol	克分子	
		克每摩	g/mol	克原子	E,eq
				克当量	
摩尔体积	V_m	立方米每摩［尔］	m^3/mol		
		升每摩	L/mol		
密度	ρ	千克每立方米	kg/m^3		
		克每立方厘米	g/cm^3		
		（克每毫升）	（g/mL）		
相对密度	d	无量纲（以前称为比重）			
物质B的质量分数	ω_B	无量纲（即百分含量）			
物质B的浓度	c_B	摩每立方米	mol/m^3	克分子数每升	M
		摩每升	mol/L	克当量数每升	N
物质B的质量摩尔浓度	b_B,m_B	摩每千克	mol/kg		
物质B的相对活度	a_m,a_B	无量纲			
物质B的活度系数	y_B	无量纲			
压力、压强	p	帕［斯卡］	Pa	标准大气压	atm
		千帕	kPa	千克力每平方厘米	kgf/cm^2
				毫米汞柱	mmHg
				托	Torr
				磅每平方英寸	Psi
				巴	b
功	W	焦［耳］	J	卡［路里］	cal
能	E				
热	Q				
		电子伏	eV		
热力学温度	T	开［尔文］	K	开氏度，绝对度	°K
摄氏温度	t	摄氏度	℃	华氏度	°F

注：1. 单位名称项中，方括号中的字，在不致混淆的情况下可以省略，省略后为简称。单位名称的简称可作为中文符号，无方括号者，全称与简称相同。圆括号中的字，为括号前文字的同义词。

2. 原子质量单位 $1u=1.660540\times10^{-27}kg$。

第二节 基 本 常 数

一、元素周期表及原子的电子层排布

元素周期表见表 2-21。原子的电子层排布见表 2-22。

表 2-21　元素周期表

图例说明：

- 95 —— 原子序数
- Am —— 元素符号（红色的为放射性元素）
- 镅 —— 元素名称（注▲的为人造元素）
- $5f^7 7s^2$ —— 价层电子构型
- 243.06⁺ —— 以 $^{12}C=12$ 为基准的相对原子质量（注+的是半衰期最长同位素的相对原子质量）
- 氧化态（单质的氧化态为0，未列入，常见的为红色）

区			
sll区元素	p区元素		
dll区元素	ds区元素		
fll区元素	稀有气体		

族（Group）： 1 IA, 2 IIA, 3 IIIB, 4 IVB, 5 VB, 6 VIB, 7 VIIB, 8/9/10 VIII, 11 IB, 12 IIB, 13 IIIA, 14 IVA, 15 VA, 16 VIA, 17 VIIA, 18 VIIIA

电子层： K, L, M, N, O, P, Q

元素数据

序数	符号	名称	价层电子构型	相对原子质量	氧化态
1	H	氢	$1s^1$	1.00794(7)	+1, -1
2	He	氦	$1s^2$	4.002602(2)	
3	Li	锂	$2s^1$	6.941(2)	+1
4	Be	铍	$2s^2$	9.012182(3)	+2
5	B	硼	$2s^2 2p^1$	10.811(7)	+3
6	C	碳	$2s^2 2p^2$	12.0107(8)	+2, +4, -4
7	N	氮	$2s^2 2p^3$	14.0067(2)	-3, -2, -1, +1, +2, +3, +4, +5
8	O	氧	$2s^2 2p^4$	15.9994(3)	-1, -2
9	F	氟	$2s^2 2p^5$	18.9984032(5)	-1
10	Ne	氖	$2s^2 2p^6$	20.1797(6)	
11	Na	钠	$3s^1$	22.989770(2)	+1, -1
12	Mg	镁	$3s^2$	24.3050(6)	+2
13	Al	铝	$3s^2 3p^1$	26.981538(2)	+3
14	Si	硅	$3s^2 3p^2$	28.0855(3)	+2, +4, -4
15	P	磷	$3s^2 3p^3$	30.973761(2)	-3, +1, +3, +5
16	S	硫	$3s^2 3p^4$	32.065(5)	-2, +2, +4, +6
17	Cl	氯	$3s^2 3p^5$	35.453(2)	-1, +1, +3, +5, +7
18	Ar	氩	$3s^2 3p^6$	39.948(1)	
19	K	钾	$4s^1$	39.0983(1)	+1
20	Ca	钙	$4s^2$	40.078(4)	+2
21	Sc	钪	$3d^1 4s^2$	44.955910(8)	+3
22	Ti	钛	$3d^2 4s^2$	47.867(1)	-1, +2, +3, +4
23	V	钒	$3d^3 4s^2$	50.9415	0, -1, +2, +3, +4, +5
24	Cr	铬	$3d^5 4s^1$	51.9961(6)	0, -1, -2, +2, +3, +6
25	Mn	锰	$3d^5 4s^2$	54.938049(9)	0, -1, -2, -3, +2, +3, +4, +6, +7
26	Fe	铁	$3d^6 4s^2$	55.845(2)	0, -2, +2, +3
27	Co	钴	$3d^7 4s^2$	58.933200(9)	0, -1, +2, +3
28	Ni	镍	$3d^8 4s^2$	58.6934(2)	0, -1, +2, +3
29	Cu	铜	$3d^{10} 4s^1$	63.546(3)	+1, +2, +3
30	Zn	锌	$3d^{10} 4s^2$	65.409(4)	+1, +2
31	Ga	镓	$4s^2 4p^1$	69.723(1)	+1, +2, +3
32	Ge	锗	$4s^2 4p^2$	72.64(1)	+2, +4, -4
33	As	砷	$4s^2 4p^3$	74.92160(2)	-3, +3, +5
34	Se	硒	$4s^2 4p^4$	78.96(3)	-2, +2, +4, +6
35	Br	溴	$4s^2 4p^5$	79.904(1)	-1, +1, +3, +5, +7
36	Kr	氪	$4s^2 4p^6$	83.798(2)	+2
37	Rb	铷	$5s^1$	85.4678(3)	+1
38	Sr	锶	$5s^2$	87.62(1)	+2
39	Y	钇	$4d^1 5s^2$	88.90585(2)	+3
40	Zr	锆	$4d^2 5s^2$	91.224(2)	+2, +3, +4
41	Nb	铌	$4d^4 5s^1$	92.90638(2)	+2, +3, +4, +5
42	Mo	钼	$4d^5 5s^1$	95.94(2)	+2, +3, +4, +5, +6
43	Tc▲	锝	$4d^5 5s^2$	97.907	+4, +6, +7
44	Ru	钌	$4d^7 5s^1$	101.07(2)	0, +2, +3, +4, +6, +8
45	Rh	铑	$4d^8 5s^1$	102.90550(2)	+2, +3, +4
46	Pd	钯	$4d^{10}$	106.42(1)	+2, +4
47	Ag	银	$4d^{10} 5s^1$	107.8682(2)	+1, +2, +3
48	Cd	镉	$4d^{10} 5s^2$	112.411(8)	+1, +2
49	In	铟	$5s^2 5p^1$	114.818(3)	+1, +2, +3
50	Sn	锡	$5s^2 5p^2$	118.710(7)	+2, +4, -4
51	Sb	锑	$5s^2 5p^3$	121.760(1)	-3, +3, +5
52	Te	碲	$5s^2 5p^4$	127.60(3)	-2, +2, +4, +6
53	I	碘	$5s^2 5p^5$	126.90447(3)	-1, +1, +3, +5, +7
54	Xe	氙	$5s^2 5p^6$	131.293(6)	+2, +4, +6
55	Cs	铯	$6s^1$	132.90545(2)	+1
56	Ba	钡	$6s^2$	137.327(7)	+2
57~71	La~Lu	镧系			
72	Hf	铪	$5d^2 6s^2$	178.49(2)	+4
73	Ta	钽	$5d^3 6s^2$	180.9479(1)	+2, +3, +4, +5
74	W	钨	$5d^4 6s^2$	183.84(1)	+2, +3, +4, +5, +6
75	Re	铼	$5d^5 6s^2$	186.207(1)	-1, +2, +4, +6, +7
76	Os	锇	$5d^6 6s^2$	190.23(3)	+2, +3, +4, +6, +8
77	Ir	铱	$5d^7 6s^2$	192.217(3)	+2, +3, +4, +6
78	Pt	铂	$5d^9 6s^1$	195.078(2)	+2, +4
79	Au	金	$5d^{10} 6s^1$	196.96655(2)	+1, +3
80	Hg	汞	$5d^{10} 6s^2$	200.59(2)	+1, +2
81	Tl	铊	$6s^2 6p^1$	204.3833(2)	+1, +3
82	Pb	铅	$6s^2 6p^2$	207.2(1)	+2, +4
83	Bi	铋	$6s^2 6p^3$	208.98038(2)	+3, +5
84	Po	钋	$6s^2 6p^4$	208.98	+2, +4
85	At	砹	$6s^2 6p^5$	209.99	-1, +1, +3, +5, +7
86	Rn	氡	$6s^2 6p^6$	222.02	+2
87	Fr	钫	$7s^1$	223.02	+1
88	Ra	镭	$7s^2$	226.03	+2
89~103	Ac~Lr	锕系			
104	Rf▲	𬬻	$6d^2 7s^2$	261.11⁺	
105	Db▲	𬭊	$6d^3 7s^2$	262.11⁺	
106	Sg▲	𬭳	$6d^4 7s^2$	263.12⁺	
107	Bh▲	𬭛	$6d^5 7s^2$	264.12⁺	
108	Hs▲	𬭶	$6d^6 7s^2$	265.13⁺	
109	Mt▲	鿏	$6d^7 7s^2$	266.13⁺	
110	Ds▲	𫟼	$6d^8 7s^2$	(269)	
111	Rg▲	𬬭	$6d^9 7s^2$	(272)	
112	Cn▲	鿔	$6d^{10} 7s^2$	(277)	
113	Uut▲			(278)	
114	Uuq▲			(289)	
115	Uup▲			(288)	
116	Uuh▲			(289)	
118	Uuo▲		$7s^2 7p^6$	(294)	

镧系（★）

序数	符号	名称	价层电子构型	相对原子质量	氧化态
57	La★	镧	$5d^1 6s^2$	138.9055(2)	+3
58	Ce	铈	$4f^1 5d^1 6s^2$	140.116(1)	+3, +4
59	Pr	镨	$4f^3 6s^2$	140.90765(2)	+3, +4
60	Nd	钕	$4f^4 6s^2$	144.24(3)	+3
61	Pm▲	钷	$4f^5 6s^2$	144.91	+3
62	Sm	钐	$4f^6 6s^2$	150.36(3)	+2, +3
63	Eu	铕	$4f^7 6s^2$	151.964(1)	+2, +3
64	Gd	钆	$4f^7 5d^1 6s^2$	157.25(3)	+3
65	Tb	铽	$4f^9 6s^2$	158.92534(2)	+3, +4
66	Dy	镝	$4f^{10} 6s^2$	162.500(1)	+3
67	Ho	钬	$4f^{11} 6s^2$	164.93032(2)	+3
68	Er	铒	$4f^{12} 6s^2$	167.259(3)	+3
69	Tm	铥	$4f^{13} 6s^2$	168.93421(2)	+3
70	Yb	镱	$4f^{14} 6s^2$	173.04(3)	+2, +3
71	Lu	镥	$4f^{14} 5d^1 6s^2$	174.967(1)	+3

锕系（★）

序数	符号	名称	价层电子构型	相对原子质量	氧化态
89	Ac★	锕	$6d^1 7s^2$	227.03	+3
90	Th	钍	$6d^2 7s^2$	232.0381(1)	+4
91	Pa	镤	$5f^2 6d^1 7s^2$	231.03588(2)	+4, +5
92	U	铀	$5f^3 6d^1 7s^2$	238.02891(3)	+3, +4, +5, +6
93	Np▲	镎	$5f^4 6d^1 7s^2$	237.05	+3, +4, +5, +6
94	Pu▲	钚	$5f^6 7s^2$	244.06	+3, +4, +5, +6
95	Am▲	镅	$5f^7 7s^2$	243.06⁺	+2, +3, +4, +5, +6
96	Cm▲	锔	$5f^7 6d^1 7s^2$	247.07	+3
97	Bk▲	锫	$5f^9 7s^2$	247.07	+3, +4
98	Cf▲	锎	$5f^{10} 7s^2$	251.08	+3
99	Es▲	锿	$5f^{11} 7s^2$	252.08	+3
100	Fm▲	镄	$5f^{12} 7s^2$	257.10	+3
101	Md▲	钔	$5f^{13} 7s^2$	258.10	+2, +3
102	No▲	锘	$5f^{14} 7s^2$	259.10	+2, +3
103	Lr▲	铹	$5f^{14} 6d^1 7s^2$	260.11	+3

表 2-22 原子的电子层排布

周期	原子序数	符号	名称	K 1 s	L 2 s	L 2 p	M 3 s	M 3 p	M 3 d	N 4 s	N 4 p	N 4 d	N 4 f	O 5 s	O 5 p	O 5 d	O 5 f	P 6 s	P 6 p	P 6 d	Q 7 s
1	1	H	氢	1																	
	2	He	氦	2																	
2	3	Li	锂	2	1																
	4	Be	铍	2	2																
	5	B	硼	2	2	1															
	6	C	碳	2	2	2															
	7	N	氮	2	2	3															
	8	O	氧	2	2	4															
	9	F	氟	2	2	5															
	10	Ne	氖	2	2	6															
3	11	Na	钠	2	2	6	1														
	12	Mg	镁	2	2	6	2														
	13	Al	铝	2	2	6	2	1													
	14	Si	硅	2	2	6	2	2													
	15	P	磷	2	2	6	2	3													
	16	S	硫	2	2	6	2	4													
	17	Cl	氯	2	2	6	2	5													
	18	Ar	氩	2	2	6	2	6													
4	19	K	钾	2	2	6	2	6		1											
	20	Ca	钙	2	2	6	2	6		2											
	21	Sc	钪	2	2	6	2	6	1	2											
	22	Ti	钛	2	2	6	2	6	2	2											
	23	V	钒	2	2	6	2	6	3	2											
	24	Cr	铬	2	2	6	2	6	5①	1											
	25	Mn	锰	2	2	6	2	6	5	2											
	26	Fe	铁	2	2	6	2	6	6	2											
	27	Co	钴	2	2	6	2	6	7	2											
	28	Ni	镍	2	2	6	2	6	8	2											
	29	Cu	铜	2	2	6	2	6	10①	1											
	30	Zn	锌	2	2	6	2	6	10	2											
	31	Ga	镓	2	2	6	2	6	10	2	1										
	32	Ge	锗	2	2	6	2	6	10	2	2										
	33	As	砷	2	2	6	2	6	10	2	3										
	34	Se	硒	2	2	6	2	6	10	2	4										
	35	Br	溴	2	2	6	2	6	10	2	5										
	36	Kr	氪	2	2	6	2	6	10	2	6										
5	37	Rb	铷	2	2	6	2	6	10	2	6			1							
	38	Sr	锶	2	2	6	2	6	10	2	6			2							
	39	Y	钇	2	2	6	2	6	10	2	6	1		2							
	40	Zr	锆	2	2	6	2	6	10	2	6	2		2							
	41	Nb	铌	2	2	6	2	6	10	2	6	4①		1							
	42	Mo	钼	2	2	6	2	6	10	2	6	5		1							
	43	Tc	锝	2	2	6	2	6	10	2	6	5		2							
	44	Ru	钌	2	2	6	2	6	10	2	6	7		1							
	45	Rh	铑	2	2	6	2	6	10	2	6	8		1							

续表

周期	元素			电子层排布																	
	原子序数	符号	名称	K 1	L 2		M 3			N 4				O 5				P 6			Q 7
				s	s	p	s	p	d	s	p	d	f	s	p	d	f	s	p	d	s
5	46	Pd	钯	2	2	6	2	6	10	2	6	10①									
	47	Ag	银	2	2	6	2	6	10	2	6	10		1							
	48	Cd	镉	2	2	6	2	6	10	2	6	10		2							
	49	In	铟	2	2	6	2	6	10	2	6	10		2	1						
	50	Sn	锡	2	2	6	2	6	10	2	6	10		2	2						
	51	Sb	锑	2	2	6	2	6	10	2	6	10		2	3						
	52	Te	碲	2	2	6	2	6	10	2	6	10		2	4						
	53	I	碘	2	2	6	2	6	10	2	6	10		2	5						
	54	Xe	氙	2	2	6	2	6	10	2	6	10		2	6						
6	55	Cs	铯	2	2	6	2	6	10	2	6	10		2	6			1			
	56	Ba	钡	2	2	6	2	6	10	2	6	10		2	6			2			
	57	La	镧	2	2	6	2	6	10	2	6	10		2	6	1		2			
	58	Ce	铈	2	2	6	2	6	10	2	6	10	1①	2	6	1		2			
	59	Pr	镨	2	2	6	2	6	10	2	6	10	3	2	6			2			
	60	Nd	钕	2	2	6	2	6	10	2	6	10	4	2	6			2			
	61	Pm	钷	2	2	6	2	6	10	2	6	10	5	2	6			2			
	62	Sm	钐	2	2	6	2	6	10	2	6	10	6	2	6			2			
	63	Eu	铕	2	2	6	2	6	10	2	6	10	7	2	6			2			
	64	Gd	钆	2	2	6	2	6	10	2	6	10	7	2	6	1		2			
	65	Tb	铽	2	2	6	2	6	10	2	6	10	9①	2	6			2			
	66	Dy	镝	2	2	6	2	6	10	2	6	10	10	2	6			2			
	67	Ho	钬	2	2	6	2	6	10	2	6	10	11	2	6			2			
	68	Er	铒	2	2	6	2	6	10	2	6	10	12	2	6			2			
	69	Tm	铥	2	2	6	2	6	10	2	6	10	13	2	6			2			
	70	Yb	镱	2	2	6	2	6	10	2	6	10	14	2	6			2			
	71	Lu	镥	2	2	6	2	6	10	2	6	10	14	2	6	1		2			
	72	Hf	铪	2	2	6	2	6	10	2	6	10	14	2	6	2		2			
	73	Ta	钽	2	2	6	2	6	10	2	6	10	14	2	6	3		2			
	74	W	钨	2	2	6	2	6	10	2	6	10	14	2	6	4		2			
	75	Re	铼	2	2	6	2	6	10	2	6	10	14	2	6	5		2			
	76	Os	锇	2	2	6	2	6	10	2	6	10	14	2	6	6		2			
	77	Ir	铱	2	2	6	2	6	10	2	6	10	14	2	6	7		2			
	78	Pt	铂	2	2	6	2	6	10	2	6	10	14	2	6	9		1			
	79	Au	金	2	2	6	2	6	10	2	6	10	14	2	6	10		1			
	80	Hg	汞	2	2	6	2	6	10	2	6	10	14	2	6	10		2			
	81	Tl	铊	2	2	6	2	6	10	2	6	10	14	2	6	10		2	1		
	82	Pb	铅	2	2	6	2	6	10	2	6	10	14	2	6	10		2	2		
	83	Bi	铋	2	2	6	2	6	10	2	6	10	14	2	6	10		2	3		
	84	Po	钋	2	2	6	2	6	10	2	6	10	14	2	6	10		2	4		
	85	At	砹	2	2	6	2	6	10	2	6	10	14	2	6	10		2	5		
	86	Rn	氡	2	2	6	2	6	10	2	6	10	14	2	6	10		2	6		

周期	元　素			K 1	L 2		M 3			N 4				O 5				P 6			Q 7
	原子序数	符号	名称	s	s	p	s	p	d	s	p	d	f	s	p	d	f	s	p	d	s
7	87	Fr	钫	2	2	6	2	6	10	2	6	10	14	2	6	10		2	6		1
	88	Ra	镭	2	2	6	2	6	10	2	6	10	14	2	6	10		2	6		2
	89	Ac	锕	2	2	6	2	6	10	2	6	10	14	2	6	10		2	6	1	2
	90	Th	钍	2	2	6	2	6	10	2	6	10	14	2	6	10		2	6	2	2
	91	Pa	镤	2	2	6	2	6	10	2	6	10	14	2	6	10	2①	2	6	1	2
	92	U	铀	2	2	6	2	6	10	2	6	10	14	2	6	10	3	2	6	1	2
	93	Np	镎	2	2	6	2	6	10	2	6	10	14	2	6	10	4	2	6	1	2
	94	Pu	钚	2	2	6	2	6	10	2	6	10	14	2	6	10	6①	2	6		2
	95	Am	镅	2	2	6	2	6	10	2	6	10	14	2	6	10	7	2	6		2
	96	Cm	锔	2	2	6	2	6	10	2	6	10	14	2	6	10	7①	2	6	1	2
	97	Bk	锫	2	2	6	2	6	10	2	6	10	14	2	6	10	9	2	6		2
	98	Cf	锎	2	2	6	2	6	10	2	6	10	14	2	6	10	10	2	6		2
	99	Es	锿	2	2	6	2	6	10	2	6	10	14	2	6	10	11	2	6		2
	100	Fm	镄	2	2	6	2	6	10	2	6	10	14	2	6	10	12	2	6		2
	101	Md	钔	2	2	6	2	6	10	2	6	10	14	2	6	10	13	2	6		2
	102	No	锘	2	2	6	2	6	10	2	6	10	14	2	6	10	14	2	6		2
	103	Lr	铹	2	2	6	2	6	10	2	6	10	14	2	6	10	14	2	6	1	2
	104	Rf	𬬻	2	2	6	2	6	10	2	6	10	14	2	6	10	14	2	6	2	2

① 为不规则排布。

二、元素的名称、符号、相对原子质量、熔点、沸点、密度和氧化态

元素的名称、符号、相对原子质量、熔点、沸点、密度和氧化态见表2-23。

表 2-23　元素的名称、符号、相对原子质量（2001年）、熔点、沸点、密度和氧化态

符号	中文名	原子序数	相对原子(质)量	熔点 /℃	沸点 /℃	密度 /(g/cm³)	氧化态
Ac	锕	89	227.03	1050	3200±300	—	+3
Ag	银	47	107.8682(2)	961.93	2212	10.5	+1
Al	铝	13	26.981538(2)	660.37	2467	2.702	+3
Am	镅	95	(243.06)	994±4	2607	—	+3、+4、+5、+6
Ar	氩	18	39.948(1)	−189.2	−185.7	1.784g/L	0
As	砷	33	74.92160(2)	817(28×10⁵Pa)	613(升华)	5.727(灰)	+3、+5、−3
At	砹	85	(209.99)	302	337		
Au	金	79	196.96655(2)	1064.43	2807	19.3	+1、+3
B	硼	5	10.811(7)	2300	2550(升华)	2.34	+3
Ba	钡	56	137.327(7)	725	1640	3.51	+2
Be	铍	4	9.012182(3)	1278±5	2970	1.85	+2
Bi	铋	83	208.98038(2)	271.3	1560±5	9.80	+3、+5
Bk	锫	97	(247.07)	—	—		+3、+4
Br	溴	35	79.904(1)	−7.2	58.78	3.119	+1、+5、−1
C	碳	6	12.0107(8)	3652(升华)～3550	4832	2.25(石墨)	+2、+4、−4
Ca	钙	20	40.078(4)	839±2	1484	1.54	+2
Cd	镉	48	112.411(8)	320.9	765	8.642	+2
Ce	铈	58	140.116(1)	798±3	3257	6.657(六方)	+3、+4
Cf	锎	98	(251.08)	—	—		+3
Cl	氯	17	35.453(2)	−100.98	−34.6	3.214g/L	+1、+5、+7、−1

续表

符号	中文名	原子序数	相对原子(质)量	熔　点 /℃	沸　点 /℃	密　度 /(g/cm³)	氧化态
Cm	锔	96	(247.07)	1340±40	—		+3
Co	钴	27	58.933200(9)	1495	2870	8.9	+2、+3
Cr	铬	24	51.9661(6)	1857±20	2670	7.20	+2、+3、+6
Cs	铯	55	132.90545(2)	28.40±0.01	678.4	1.8785	+1
Cu	铜	29	63.546(3)	1083.4±0.2	2567	8.92	+1、+2
Dy	镝	66	162.500(1)	1409	2335	8.5500	+3
Er	铒	68	167.259(3)	1522	2510	9.006	+3
Es	锿	99	(252.08)	—	—		+3
Eu	铕	63	151.964(1)	822±5	1597	5.2434	+2、+3
F	氟	9	18.9984032(5)	−219.62	−188.14	1.69g/L	−1
Fe	铁	26	55.845(2)	1535	2750	7.86	+2、+3
Fm	镄	100	(257.10)	—	—		+3
Fr	钫	87	(223.02)	(27)	(677)		+1
Ga	镓	31	69.723(1)	29.78	2403	5.904	+3
Gd	钆	64	157.25(3)	1311±1	3233	7.004	+3
Ge	锗	32	72.64(2)	937.4	2830	5.35	+2、+4
H	氢	1	1.00794(7)	−259.14	−252.67	0.0899g/L	+1、−1
He	氦	2	4.002602(2)	−272.2(26×10⁵Pa)	−268.934	0.1785g/L	0
Hf	铪	72	178.49(2)	2227±20	4602	13.31	+4
Hg	汞	80	200.59(2)	−38.87	356.58	13.5939	+1、+2
Ho	钬	67	164.93032(2)	1470	2720	8.7947	+3
I	碘	53	126.90447(3)	113.5	184.35	4.93	+1、+5、+7、−1
In	铟	49	114.818(3)	156.61	2080	7.30	+3
Ir	铱	77	192.217(3)	2410	4130	22.421	+3、+4
K	钾	19	39.0983(1)	63.65	774	0.86	+1
Kr	氪	36	83.798(2)	−156.6	−152.30±0.10	3.736g/L	0
La	镧	57	138.9055(2)	920±5	3454	6.1453(α)	+3
Li	锂	3	6.941(2)	180.54	1347	0.534	+1
Lr	铹	103	(260.11)	—	—		+3
Lu	镥	71	174.967(1)	1656±5	3315	0.8404	+3
Md	钔	101	(258.10)	—	—		+2、+3
Mg	镁	12	24.3050(6)	648.8±0.5	1090	1.74	+2
Mn	锰	25	54.938049(9)	1244±3	1962	7.20	+2、+3、+4、+7
Mo	钼	42	95.94(2)	2617	4512	10.2	+6
N	氮	7	14.0067(2)	−209.86	−105.8	1.2506g/L	+1、+2、+3、+4、+5、−1、−2、−3
Na	钠	11	22.989770(2)	97.81±0.03	882.9	0.97	+1
Nb	铌	41	92.90638(2)	2468±10	4742	8.57	
Nd	钕	60	144.24(3)	1010	3127	7.004(六方)	+3
Ne	氖	10	20.1797(6)	−248.67	−246.042	0.9002	0
Ni	镍	28	58.6934(2)	1453	2731	8.90	+2、+3
No	锘	102	(259.10)	—	—		+2、+3
Np	镎	93	237.05	640±1	3902	20.45(α)	+3、+4、+5、+6
O	氧	8	15.9994(3)	−218.2	−182.962	1.429g/L	−2
Os	锇	76	190.23(3)	3045±30	5027±100	22.48	+3、+4
P	磷	15	30.973761(2)	44.1(白)、590(红)	280(白)	1.82(白)	+3、+5、−3
Pa	镤	91	231.03588(2)	<1600	—	15.37	+5、+4
Pb	铅	82	207.2(1)	327.502	1740	11.3437	+2、+4
Pd	钯	46	106.42(1)	1552	3140	12.02	+2、+4
Pm	钷	61	(144.91)	1080	2460(?)	—	+3

续表

符号	中文名	原子序数	相对原子(质)量	熔点/℃	沸点/℃	密度/(g/cm³)	氧化态
Po	钋	84	(208.98)	254	962	9.4(β)	+2、+4
Pr	镨	59	140.90765(2)	931±1	3212	6.773	+3
Pt	铂	78	195.078(2)	1772	3827±100	21.45	+2、+4
Pu	钚	94	(244.06)	641	3232	19.84	+3、+4、+5、+6
Ra	镭	88	226.03	700	1140	5	+2
Rb	铷	37	85.4678(3)	38.89	688	1.532	+1
Re	铼	75	186.207(1)	3180	5627	20.53	+4、+6、+7
Rh	铑	45	102.90550(2)	1966±3	3727±100	12.4	+3
Rn	氡	86	(222.02)	−71	−61.8	9.73g/L	0
Ru	钌	44	101.07(2)	2310	3900	12.30	+3
S	硫	16	32.065(5)	112.8(α),119.0(β)	444.674	2.07(α)	+4、+6、−2
Sb	锑	51	121.760(1)	630.74	1750	6.684	+3、+5、−3
Sc	钪	21	44.955910(8)	1539	2832	2.9890	+3
Se	硒	34	78.96(3)	217	684.9±1.0	4.81	+4、+6、−2
Si	硅	14	28.0855(3)	1410	2355	2.32~2.34	+2、+4、−4
Sm	钐	62	150.36(3)	1072±5	1778	7.520	+2、+3
Sn	锡	50	118.710(7)	231.9681	2270	5.75(灰)	+2、+4
Sr	锶	38	87.62(1)	769	1384	2.6	+2
Ta	钽	73	180.9479(1)	2996	5425±100	16.6	+5
Tb	铽	65	158.92534(2)	1360±4	3041	8.2394	+3
Tc	锝	43	(97.907)	2172	4877	—	+4、+6、+7
Te	碲	52	127.60(3)	449.5±0.3	989.8±3.8	6.00	+4、+6、−2
Th	钍	90	232.0381(1)	1750	4790	11.7	+4
Ti	钛	22	47.867(1)	1660±10	3287	4.5	+2、+3、+4
Tl	铊	81	204.3833(2)	303.5	1457±10	11.85	+1、+3
Tm	铥	69	168.93421(2)	1545±15	1727	9.3208	+3
U	铀	92	238.02891(3)	1132.3±0.8	3818	19.05	+3、+4、+5、+6
V	钒	23	50.9415	1890±10	3380	5.96	+2、+3、+4、+5
W	钨	74	183.84(1)	3410±20	5660	19.35	+6
Xe	氙	54	131.293(6)	−111.9	−107.1±3	5.887g/L	0
Y	钇	39	88.90585(2)	1523±6	3337	4.4689	+3
Yb	镱	70	173.04(3)	824±5	1193	6.9654	+2、+3
Zn	锌	30	65.409(4)	419.58	907	7.14	+2
Zr	锆	40	91.224(2)	1852±2	4377	6.49	+4

注：1. 表中相对原子量栏内括号中的数字是放射性元素半衰期最长的同位素的原子质量。

2. 相对原子量末位数的准确度加注在其后的括号内。

三、基本物理常数

基本物理常数见表 2-24。

表 2-24　基本物理常数（1986 年国际标准）

名　称	符号与数值
圆周率	$\pi = 3.1415927$
自然对数的底	$e = 2.7182818$
真空中光速	$c = 299792458 \text{m/s}$（米/秒）
	$= 299792458 \times 10^2 \text{cm/s}$（厘米/秒）
电子电荷	$e = 1.60217733 \times 10^{-19} \text{C}$（库仑）
普郎克常数	$h = 6.6260755 \times 10^{-34} \text{J·s}$（焦耳·秒）
阿伏加德罗常数	$N_A = 6.0221367 \times 10^{23} \text{mol}^{-1}$（摩尔$^{-1}$）

续表

名　　　称	符号与数值
原子质量单位	$u=1.660540\times10^{-27}$kg(千克)
电子静止质量	$m_e=9.1093897\times10^{-31}$kg(千克)
质子静止质量	$m_p=1.6726231\times10^{-27}$kg(千克)
中子静止质量	$m_n=1.6749286\times10^{-27}$kg(千克)
法拉第常数	$F=96485.309$C/mol(库仑/摩尔)
摩尔气体常数	$R=8.314510$J/(mol·K)[焦耳/(摩尔·开尔文)]
玻尔兹曼常数	$k=1.380658\times10^{-23}$J/K(焦耳/开尔文)
水的三相点温度	$t_0=273.16$K(开尔文)$=0.01$℃
热力学零度	$T=-273.15$℃
热功当量	$J=4.184$J/cal(焦耳/卡)
标准大气压	atm$=101325$Pa(帕)
电子伏特	eV$=1.60217733\times10^{-19}$J(焦耳)
质子质量与电子质量之比	$m_p/m_e=1836.15201$
理想气体摩尔体积	$V_{m,0}=22.41410$L/mol(升/摩尔)
水的密度(275.15K 时)	$\rho=0.999972$kg/m³(千克/立方米)

四、稳定同位素与天然放射性同位素

1. 稳定同位素及其相对丰度

稳定同位素及其相对丰度见表 2-25。

表 2-25　稳定同位素及其相对丰度

原子序数	同位素	丰度/%	原子序数	同位素	丰度/%	原子序数	同位素	丰度/%
1	^{1}H	99.985	16	^{33}S	0.76	26	^{54}Fe	5.8
	^{2}H	0.015		^{34}S	4.2		^{56}Fe	91.6
2	^{3}He	0.00013		^{36}S	0.021		^{57}Fe	2.2
	^{4}He	ca. 100	17	^{35}Cl	75.5		^{58}Fe	0.33
3	^{6}Li	7.4		^{37}Cl	24.5	27	^{59}Co	100
	^{7}Li	9.26	18	^{36}Ar	0.34	28	^{58}Ni	67.9
4	^{9}Be	100		^{38}Ar	0.063		^{60}Ni	26.2
5	^{10}B	18.7		^{40}Ar	99.6		^{61}Ni	1.2
	^{11}B	81.3	19	^{39}K	93.1		^{62}Ni	3.7
6	^{12}C	98.9		^{40}K*	0.012		^{64}Ni	1.0
	^{13}C	1.1		^{41}K	6.9	29	^{63}Cu	69.1
7	^{14}C	99.6	20	^{40}Ca	96.6		^{65}Cu	30.9
	^{15}N	0.37		^{42}Ca	0.64	30	^{64}Zn	48.9
8	^{16}O	99.8		^{43}Ca	0.14		^{66}Zn	27.8
	^{17}O	0.037		^{44}Ca	2.1		^{67}Zn	4.1
	^{18}O	0.20		^{46}Ca	0.0032		^{68}Zn	18.6
9	^{19}F	100		^{48}Ca*	0.18		^{70}Zn	0.62
10	^{20}Ne	90.9	21	^{45}Sc	100	31	^{69}Ga	60.4
	^{21}Ne	0.26	22	^{45}Ti	8.0		^{71}Ga	39.6
	^{22}Ne	8.8		^{47}Ti	7.3	32	^{70}Ge	20.6
11	^{23}Na	100		^{48}Ti	73.8		^{70}Ge	27.4
12	^{24}Mg	78.6		^{49}Ti	5.5		^{70}Ge	7.8
	^{25}Mg	10.1		^{50}Ti	5.3		^{70}Ge	36.5
	^{26}Mg	11.3	23	^{50}V*	0.25		^{70}Ge	7.7
13	^{27}Al	100		^{51}V	99.8	33	^{75}As	100
14	^{28}Si	92.2	24	^{50}Cr	4.3	34	^{74}Se	0.87
	^{29}Si	4.7		^{52}Cr	83.8		^{76}Se	9.0
	^{30}Si	3.1		^{53}Cr	9.5		^{77}Se	7.6
15	^{31}P	100		^{54}Cr	2.4		^{78}Se	23.5
16	^{32}S	95.0	25	^{55}Mn	100		^{80}Se	49.8

原子序数	同位素	丰度/%	原子序数	同位素	丰度/%	原子序数	同位素	丰度/%
34	^{82}Se	9.2	49	^{115}In*	95.8	62	^{147}Sm*	15.1
35	^{79}Br	50.5	50	^{112}Sn	1.0		^{148}Sm	11.3
	^{81}Br	49.5		^{114}Sn	0.65		^{149}Sm	13.9
36	^{78}Kr	0.35		^{115}Sn	0.35		^{150}Sm	7.5
	^{80}Kr	2.3		^{116}Sn	14.2		^{152}Sm	26.6
	^{82}Kr	11.6		^{117}Sn	7.6		^{154}Sm	22.5
	^{83}Kr	11.5		^{118}Sn	24.0	63	^{151}Eu	47.8
	^{84}Kr	56.9		^{119}Sn	8.6		^{153}Eu	52.2
	^{86}Kr	17.4		^{120}Sn	32.8	64	^{152}Gd	0.20
37	^{85}Rb	72.2		^{122}Sn	4.8		^{154}Gd	2.2
	^{87}Rb*	27.8		^{124}Sn	6.0		^{155}Gd	14.8
38	^{84}Sr	0.56	51	^{121}Sb	57.2		^{156}Gd	20.6
	^{86}Sr	9.9		^{123}Sb	42.8		^{157}Gd	15.7
	^{87}Sr	7.0	52	^{120}Te	0.089		^{158}Gd	24.8
	^{88}Sr	82.6		^{122}Te	2.5		^{160}Gd	21.7
39	^{89}Y	100		^{123}Te	0.89	65	^{159}Tb	100
40	^{90}Zr	51.5		^{124}Te	4.6	66	^{156}Dy	0.052
	^{91}Zr	11.2		^{125}Te	7.0		^{158}Dy	0.090
	^{92}Zr	17.1		^{126}Te	18.7		^{160}Dy	2.3
	^{94}Zr	17.4		^{128}Te	31.8		^{161}Dy	18.9
	^{96}Zr	2.8		^{130}Te	34.5		^{162}Dy	25.5
41	^{93}Nb	100	53	^{127}I	100		^{163}Dy	25.0
42	^{92}Mo	15.1	54	^{124}Xe	0.095		^{164}Dy	28.2
	^{94}Mo	9.3		^{126}Xe	0.088	67	^{165}Ho	100
	^{95}Mo	15.8		^{128}Xe	1.9	68	^{162}Er	0.14
	^{96}Mo	16.5		^{129}Xe	26.2		^{164}Er	1.5
	^{97}Mo	9.6		^{130}Xe	4.1		^{166}Er	33.4
	^{98}Mo	24.0		^{131}Xe	21.2		^{167}Er	22.9
	^{100}Mo	9.7		^{132}Xe	26.9		^{168}Er	27.1
43	(Tc)			^{134}Xe	10.5		^{170}Er	14.9
44	^{96}Ru	5.5		^{136}Xe	8.9	69	^{169}Tm	100
	^{98}Ru	1.9	55	^{133}Cs	100	70	^{168}Yb	0.14
	^{99}Ru	12.7	56	^{130}Ba	0.10		^{170}Yb	3.0
	^{100}Ru	12.7		^{132}Ba	0.097		^{171}Yb	14.3
	^{101}Ru	17.0		^{134}Ba	2.4		^{172}Yb	21.9
	^{102}Ru	31.6		^{135}Ba	6.6		^{173}Yb	16.2
	^{104}Ru	18.6		^{136}Ba	7.8		^{174}Yb	31.8
45	^{103}Rh	100		^{137}Ba	11.3		^{176}Yb	12.6
46	^{102}Pd	0.96		^{138}Ba	71.7	71	^{175}Lu	97.4
	^{104}Pd	11.0	57	^{138}La*	0.089		^{176}Lu*	2.6
	^{105}Pd	22.2		^{139}La	99.9	72	^{174}Hf	0.18
	^{106}Pd	27.3	58	^{136}Ce	0.19		^{176}Hf	5.2
	^{108}Pd	26.7		^{138}Ce	0.25		^{177}Hf	18.5
	^{110}Pd	11.8		^{140}Ce	88.5		^{178}Hf	27.1
47	^{107}Ag	51.4		^{142}Ce	11.1		^{179}Hf	13.8
	^{109}Ag	48.6	59	^{141}Pr	100		^{180}Hf	35.2
48	^{106}Cd	1.2	60	^{142}Nd	27.1	73	^{180}Ta*	0.012
	^{108}Cd	0.89		^{143}Nd	12.2		^{181}Ta	99.99
	^{110}Cd	12.4		^{144}Nd*	23.9	74	^{180}W	0.13
	^{111}Cd	12.8		^{145}Nd	8.3		^{182}W	26.3
	^{112}Cd	24.1		^{146}Nd	17.2		^{183}W	14.3
	^{113}Cd	12.3		^{148}Nd	5.7		^{184}W	30.7
	^{114}Cd	28.8		^{150}Nd	5.6		^{186}W	28.6
	^{116}Cd	7.6	61	(Pm)		75	^{185}Re	37.1
49	^{113}In	4.2	62	^{144}Sm	3.1		^{187}Re*	62.9

续表

原子序数	同位素	丰度/%	原子序数	同位素	丰度/%	原子序数	同位素	丰度/%
76	^{184}Os	0.018	78	^{198}Pt	7.2	82	^{208}Pb	52.3
	^{186}Os	1.6	79	^{197}Au	100	83	^{209}Bi	100
	^{187}Os	1.6	80	^{196}Hg	0.15	84	(Po)	
	^{188}Os	13.3		^{198}Hg	10.0	85	(At)	
	^{189}Os	16.1		^{199}Hg	16.8	86	(Rn)	
	^{190}Os	26.4		^{200}Hg	23.1	87	(Fr)	
	^{192}Os	41.0		^{201}Hg	13.2	88	(Ra)	
77	^{191}Ir	38.5		^{202}Hg	29.8	89	(Ac)	
	^{193}Ir	61.5		^{204}Hg	6.8	90	^{232}Th	100
78	^{190}Pt*	0.012	81	^{203}Tl	29.5	91	(Pa)	
	^{192}Pt	0.78		^{205}Tl	70.5	92	^{234}U*	0.0056
	^{194}Pt	32.8	82	^{204}Pb	1.5		^{235}U*	0.72
	^{195}Pt	33.7		^{206}Pb	23.6		^{238}U*	99.3
	^{196}Pt	25.4		^{207}Pb	22.6			

注：1. * 表示一种同位素其半衰期>10^4 年。

2. 元素符号加括号者为放射性元素。

2. 天然同位素及其相对丰度

天然同位素及其相对丰度见表2-26。

表 2-26 天然同位素及其相对丰度

原子序数 Z	同位素	丰度/%	原子序数 Z	同位素	丰度/%	原子序数 Z	同位素	丰度/%
1	^{1}H[①]	99.985(1)	14	^{29}Si	4.67(1)	23	^{51}V	99.750(2)
	^{2}H(D)	0.015(1)		^{30}Si	3.10(1)	24	^{50}Cr	4.345(13)
	^{3}H(T)	*[③]	15	^{31}P	100		^{52}Cr	83.789(18)
2	^{3}He	0.000137(3)	16	^{32}S	95.02(9)		^{53}Cr	9.501(17)
	^{4}He	99.999863(3)		^{33}S	0.75(4)		^{54}Cr	2.365(7)
3	^{6}Li	7.5(2)		^{34}S	4.21(8)	25	^{55}Mn	100
	^{7}Li	92.5(2)		^{36}S	0.02(1)	26	^{54}Fe	5.8(1)
4	^{9}Be	100	17	^{35}Cl	75.77(7)		^{56}Fe	91.72(30)
5	^{10}B	19.9(2)		^{37}Cl	24.23(7)		^{57}Fe	2.1(1)
	^{11}B	80.1(2)	18	^{36}Ar	0.337(3)		^{58}Fe	0.28(1)
6	^{12}C	98.90(3)		^{38}Ar	0.063(1)	27	^{59}Co	100
	^{13}C	1.10(3)		^{40}Ar	99.600(3)	28	^{58}Ni	68.077(9)
	^{14}C	*[③]	19	^{39}K	93.2581(44)		^{60}Ni	26.223(8)
7	^{14}N	99.634(9)		^{40}K[②]	0.0117(1)		^{61}Ni	1.140(1)
	^{15}N	0.366(9)		^{41}K	6.7302(44)		^{62}Ni	3.634(2)
8	^{16}O	99.762(15)	20	^{40}Ca	96.941(18)		^{64}Ni	0.926(1)
	^{17}O	0.038(3)		^{42}Ca	0.647(9)	29	^{63}Cu	69.17(3)
	^{18}O	0.200(12)		^{43}Ca	0.135(6)		^{65}Cu	30.83(3)
9	^{19}F	100		^{44}Ca	2.086(12)	30	^{64}Zn	48.6(3)
10	^{20}Ne	90.48(3)		^{46}Ca	0.004(3)		^{66}Zn	27.9(2)
	^{21}Ne	0.27(1)		^{48}Ca	0.187(4)		^{67}Zn	4.1(1)
	^{22}Ne	9.25(3)	21	^{45}Sc	100		^{68}Zn	18.8(4)
11	^{23}Na	100	22	^{46}Ti	8.0(1)		^{70}Zn	0.6(1)
12	^{24}Mg	78.99(3)		^{47}Ti	7.3(1)	31	^{69}Ga	60.108(9)
	^{25}Mg	10.00(1)		^{48}Ti	73.8(1)		^{71}Ga	39.892(9)
	^{26}Mg	11.01(2)		^{49}Ti	5.5(1)	32	^{70}Ge	21.23(4)
13	^{27}Al	100		^{50}Ti	5.4(1)		^{72}Ge	27.66(3)
14	^{28}Si	92.23(1)	23	^{50}V	0.250(2)		^{73}Ge	7.73(1)

原子序数 Z	同位素	丰度/%	原子序数 Z	同位素	丰度/%	原子序数 Z	同位素	丰度/%
32	^{74}Ge	35.94(2)	46	^{106}Pd	27.33(3)	56	^{135}Ba	6.592(18)
	^{76}Ge	7.44(2)		^{108}Pd	26.46(9)		^{136}Ba	7.854(36)
33	^{75}As	100		^{110}Pd	11.72(9)		^{137}Ba	11.23(4)
34	^{74}Se	0.89(2)	47	^{107}Ag	51.839(7)		^{138}Ba	71.70(7)
	^{76}Se	9.36(11)		^{109}Ag	48.161(7)	57	^{138}La	0.0902(2)
	^{77}Se	7.63(6)	48	^{106}Cd	1.25(4)		^{139}La	99.9098(2)
	^{78}Se	23.78(9)		^{108}Cd	0.89(2)	58	^{136}Ce	0.19(1)
	^{80}Se	49.61(10)		^{110}Cd	12.49(12)		^{138}Ce	0.25(1)
	^{82}Se	8.73(6)		^{111}Cd	12.80(8)		^{140}Ce	88.48(10)
35	^{79}Br	50.69(7)		^{112}Cd	24.13(14)		^{142}Ce	11.08(10)
	^{81}Br	49.31(7)		^{113}Cd	12.22(8)	59	^{141}Pr	100
36	^{78}Kr	0.35(2)		^{114}Cd	28.73(28)	60	^{142}Nd	27.13(12)
	^{80}Kr	2.25(2)		^{116}Cd	7.49(12)		^{143}Nd	12.18(6)
	^{82}Kr	11.6(1)	49	^{113}In	4.3(2)		^{144}Nd	23.80(12)
	^{83}Kr	11.5(1)		^{115}In	95.7(2)		^{145}Nd	8.30(6)
	^{84}Kr	57.0(3)	50	^{112}Sn	0.97(1)		^{146}Nd	17.19(9)
	^{86}Kr	17.3(2)		^{114}Sn	0.65(1)		^{148}Nd	5.76(3)
37	^{85}Rb	72.165(20)		^{115}Sn	0.34(1)		^{150}Nd	5.64(3)
	^{87}Rb②	27.835(20)		^{116}Sn	14.53(1)	61	^{145}Pm	*
38	^{84}Sr	0.56(1)		^{117}Sn	7.68(7)	62	^{144}Sm	3.1(1)
	^{86}Sr	9.86(1)		^{118}Sn	24.23(11)		^{147}Sm	15.0(2)
	^{87}Sr	7.00(1)		^{119}Sn	8.59(4)		^{148}Sm	11.3(1)
	^{88}Sr	82.58(1)		^{120}Sn	32.59(10)		^{149}Sm	13.8(1)
39	^{89}Y	100		^{122}Sn	4.63(3)		^{150}Sm	7.4(1)
40	^{90}Zr	51.45(3)		^{124}Sn②	5.79(5)		^{152}Sm②	26.7(2)
	^{91}Zr	11.22(4)	51	^{121}Sb	57.36(8)		^{154}Sm	22.7(2)
	^{92}Zr	17.15(2)		^{123}Sb	42.64(8)	63	^{151}Eu	47.8(15)
	^{94}Zr	17.38(4)	52	^{120}Te	0.096(2)		^{153}Eu	52.2(15)
	^{96}Zr	2.80(2)		^{122}Te	2.603(4)	64	^{152}Gd	0.20(1)
41	^{93}Nb	100		^{123}Te	0.908(2)		^{154}Gd	2.18(3)
42	^{92}Mo	14.84(4)		^{124}Te	4.816(6)		^{155}Gd	14.80(5)
	^{94}Mo	9.25(3)		^{125}Te	7.139(6)		^{156}Gd	20.47(4)
	^{95}Mo	15.92(5)		^{126}Te	18.95(1)		^{157}Gd	15.65(3)
	^{96}Mo	16.68(5)		^{128}Te	31.69(1)		^{158}Gd	24.84(12)
	^{97}Mo	9.55(3)		^{130}Te②	33.80(1)		^{160}Gd	21.86(4)
	^{98}Mo	24.13(7)	53	^{127}I	100	65	^{159}Tb	100
	^{100}Mo	9.63(3)	54	^{124}Xe	0.10(1)	66	^{156}Dy	0.06(1)
43	^{98}Tc	*③		^{126}Xe	0.09(1)		^{158}Dy	0.10(1)
44	^{96}Ru	5.52(6)		^{128}Xe	1.91(3)		^{160}Dy	2.34(6)
	^{98}Ru	1.88(6)		^{129}Xe	26.4(6)		^{161}Dy	18.9(2)
	^{99}Ru	12.7(1)		^{130}Xe	4.1(1)		^{162}Dy	25.5(2)
	^{100}Ru	12.6(1)		^{131}Xe	21.2(4)		^{163}Dy	24.9(2)
	^{101}Ru	17.0(1)		^{132}Xe	26.9(5)		^{164}Dy	28.2(2)
	^{102}Ru	31.6(2)		^{134}Xe	10.4(2)	67	^{165}Ho	100
	^{104}Ru	18.7(2)		^{136}Xe	8.9(1)	68	^{162}Er	0.14(1)
45	^{103}Rh	100	55	^{133}Cs	100		^{164}Er	1.61(2)
46	^{102}Pd	1.02(1)	56	^{130}Ba	0.106(2)		^{166}Er	33.6(2)
	^{104}Pd	11.14(8)		^{132}Ba	0.101(2)		^{167}Er	22.95(15)
	^{105}Pd	22.33(8)		^{134}Ba	2.417(27)		^{168}Er	26.8(2)

续表

原子序数 Z	同位素	丰度/%	原子序数 Z	同位素	丰度/%	原子序数 Z	同位素	丰度/%
68	^{170}Er	14.9(2)	75	^{185}Re	37.40(2)	80	^{204}Hg	6.87(4)
69	^{169}Tm	100		^{187}Re	62.60(2)	81	^{203}Tl	29.524(14)
70	^{168}Yb	0.13(1)	76	^{184}Os	0.02(1)		^{205}Tl	70.476(14)
	^{170}Yb	3.05(6)		^{186}Os	1.58(30)	82	^{204}Pb	1.4(1)
	^{171}Yb	14.3(2)		^{187}Os②	1.6(3)		^{206}Pb	24.1(1)
	^{172}Yb	21.9(3)		^{188}Os	13.3(7)		^{207}Pb	22.1(1)
	^{173}Yb	16.12(21)		^{189}Os	16.1(8)		^{208}Pb	52.4(1)
	^{174}Yb	31.8(4)		^{190}Os	26.4(12)	83	^{209}Bi	100
	^{176}Yb	12.7(2)		^{192}Os	41.0(8)	84	^{209}Po	*③
71	^{175}Lu	97.41(2)	77	^{191}Ir	37.3(5)	85	^{210}At	*③
	^{176}Lu②	2.59(2)		^{193}Ir	62.7(5)	86	^{222}Rn	*③
72	^{174}Hf	0.162(3)	78	^{190}Pt	0.01(1)	87	^{223}Fr	*③
	^{176}Hf	5.206(5)		^{192}Pt	0.79(6)	88	^{226}Ra	*③
	^{177}Hf	18.606(4)		^{194}Pt	32.9(6)	89	^{227}Ac	*③
	^{178}Hf	27.297(4)		^{195}Pt	33.8(6)	90	^{232}Th②	100
	^{179}Hf	13.629(6)		^{196}Pt	25.3(6)	91	^{231}Pa	*③
	^{180}Hf	35.100(7)		^{198}Pt	7.2(2)	92	^{234}U②	0.0055(5)
73	^{180}Ta	0.012(2)	79	^{197}Au	100		^{235}U②	0.7200(12)
	^{181}Ta	99.988(2)	80	^{196}Hg	0.15(1)		^{238}U②	99.2745(60)
74	^{180}W	0.13(4)		^{198}Hg	9.97(8)	93	^{237}Np	*③
	^{182}W	26.3(2)		^{199}Hg	16.87(10)	94	^{239}Pu	*③
	^{183}W	14.3(1)		^{200}Hg	23.10(16)		^{244}Pu	*③
	^{184}W	30.67(15)		^{201}Hg	13.18(8)			
	^{186}W	28.6(2)		^{202}Hg	29.86(20)			

① 自然界中 ^{3}H : ^{1}H 的浓度比例约等于 $1:10^{14}$（大气）；$1:10^{18}$（雨水）；$1:10^{20}$（海水）。

② 为半衰期 $>10^5$ 年的放射性同位素。

③ * 表示自然界不存在的放射性同位素，或变异太大而不能确定有意义的天然丰度。

五、常见放射性元素的性质

1. 常见放射性同位素

衰变类型栏内，α 代表 α 粒子；β⁻ 代表 β⁻ 粒子或电子；β⁺ 代表 β⁺ 粒子或正电子；EC 代表电子捕获；IT 代表同质异能跃迁。

常见放射性同位素见表 2-27。

表 2-27 常见放射性同位素

符号	半衰期	衰变类型	符号	半衰期	衰变类型	符号	半衰期	衰变类型
$^{3}_{1}$H	12.26a	β⁻	$^{31}_{14}$Si	2.64h	β⁻,γ	$^{48}_{21}$Sc	1.83d	β⁻,γ
$^{7}_{4}$Be	53.37d	EC,γ	$^{32}_{15}$P	14.3d	β⁻	$^{48}_{23}$V	16.0d	β⁺,EC,γ
$^{10}_{4}$Be	2.5×10^6a	β⁻	$^{35}_{16}$S	88d	β⁻	$^{51}_{24}$Cr	27.8d	EC,γ
$^{11}_{6}$C	20.3min	β⁺EC	$^{36}_{17}$Cl	3.1×10^5a	β⁻	$^{52}_{25}$Mn	5.72d	β⁺,EC,γ
$^{14}_{6}$C	5730a	β⁻			β⁺,EC	$^{54}_{25}$Mn	303d	EC,γ
$^{13}_{7}$N	10.1min	β⁺	$^{38}_{17}$Cl	37.3min	β,γ	$^{55}_{26}$Fe	2.6a	EC
$^{15}_{8}$O	124s	β⁺	$^{37}_{18}$Ar	35d	EC	$^{59}_{26}$Fe	(45.1±0.5)d	β⁻,γ
$^{19}_{9}$F	109.7min	β⁺EC	$^{41}_{18}$Ar	1.83h	β⁻,γ	$^{57}_{27}$Co	77a	β⁺,EC
$^{22}_{11}$Na	2.602a	EC,β⁺,γ	$^{40}_{19}$K	1.28×10^9a	β⁻	$^{60}_{27}$Co	(5.26±0.01)a	β⁻,γ
$^{27}_{12}$Mg	9.5min	β⁻,γ	$^{45}_{20}$Ca	165d	β⁻	$^{63}_{28}$Ni	92a	β⁻
$^{29}_{13}$Al	6.6min	β⁻,γ	$^{46}_{21}$Sc	83.80d	β⁻,γ	$^{64}_{29}$Cu	12.9h	β⁻,γ
								β⁺,EC

符号	半衰期	衰变类型	符号	半衰期	衰变类型	符号	半衰期	衰变类型
$^{65}_{30}$Zn	(243.6±0.1)d	β^+,EC,γ	$^{137}_{55}$Cs	(30.23±0.16)a	β^-	$^{210}_{83}$Bi	(2.6×10^6)a	α,β^- 或 IT
$^{63}_{30}$Zn	(58±2)min	β^-	$^{131}_{56}$Ba	12d	EC,γ	$^{214}_{83}$Bi	1182s	α,β,γ
$^{66}_{31}$Ga	9.45h	β^+,EC,γ	$^{140}_{56}$Ba	12.8d	β^-,γ	$^{208}_{84}$Po	2.93a	α
$^{72}_{31}$Ga	14.1h	β^-,γ	$^{140}_{57}$La	(40.22±0.1)h	β^-,γ	$^{209}_{84}$Po	～103a	α,γ,EC
$^{71}_{32}$Ge	11.4d	EC	$^{144}_{58}$Ce	33d	β^-,γ	$^{210}_{85}$At	0.345d	α,γ,EC
$^{77}_{32}$Ge	(11.3±0.01h)	β^-,γ	$^{142}_{59}$Pr	19.2h	β^-,γ	$^{211}_{86}$Rn	0.666d	α,EC
$^{76}_{33}$As	26.5h	β^-,γ	$^{143}_{59}$Pr	13.76d	β^-	$^{219}_{86}$Rn	3.92s	α,γ
$^{77}_{33}$As	(38.83±0.05)h	β^-	$^{147}_{60}$Nd	11.1d	β^-,γ	$^{212}_{87}$Fr	1158s	α,EC
$^{75}_{34}$Se	120.4d	EC,β^-,γ	$^{147}_{61}$Pm	2.5a	β^-	$^{223}_{87}$Fr	1260s	β^-,γ
$^{82}_{35}$Br	35.87h	β^-,γ	$^{153}_{62}$Sm	46.8±0.1h	β^-,γ	$^{223}_{88}$Ra	11.7d	α,γ
$^{85}_{36}$Kr	10.76a	β^-,γ	$^{154}_{63}$Eu	16a	β^-,γ	$^{225}_{88}$Ra	14.8d	β^-,γ
$^{86}_{37}$Rb	18.66d	β^-,γ	$^{155}_{63}$Eu	1.81a	β^-,γ	$^{228}_{89}$Ac	0.255d	β^-,γ
$^{88}_{38}$Sr	52d	β^-	$^{153}_{64}$Gd	242d	EC,γ	$^{225}_{90}$Th	480s	α,EC
$^{90}_{38}$Sr	28.1a	β^-	$^{160}_{65}$Tb	73d	β^-,γ	$^{227}_{90}$Th	18.2d	α,γ
$^{90}_{39}$Y	64.2h	β^-	$^{165}_{66}$Dy	2.3h	β^-,γ	$^{231}_{90}$Th	1.068d	β^-,γ
$^{95}_{40}$Zr	65d	β^-,γ	$^{166}_{67}$Ho	26.9h	β^-,γ	$^{228}_{91}$Pa	0.916d	α,γ,EC
$^{97}_{40}$Zr	17h	β^-	$^{171}_{68}$Er	7.82h	β^-,γ	$^{231}_{91}$Pa	3.43×10^{4}a	α,γ
$^{95}_{41}$Nb	(35.15±0.03)d	β^-,γ	$^{170}_{69}$Tu	128.6±0.3d	β^-,γ	$^{232}_{91}$Pa	1.32d	β^-,γ
$^{99}_{42}$Mo	66.69±0.06h	β^-,γ	$^{175}_{70}$Yb	108h	β^-,γ	$^{231}_{92}$U	4.3d	α,γ,EC
$^{97}_{43}$Tc	2.6×10^{6}a	EC	$^{177}_{71}$Lu	6.75d	β^-,γ	$^{235}_{92}$U	7.13×10^{8}a	α,γ
$^{99}_{43}$Tc	2.12×10^{5}a	β^-	$^{181}_{72}$Hf	42.4±0.2d	β^-,γ	$^{238}_{92}$U	4.51×10^{9}a	α,γ
$^{97}_{44}$Ru	2.9d	EC	$^{182}_{73}$Ta	115d	β^-,γ	$^{239}_{92}$U	1412.4s	β^-,γ
$^{105}_{45}$Rh	35.9h	β^-,γ	$^{185}_{74}$W	75.8d	β^-,γ	$^{238}_{93}$Np	2.10d	β^-,γ
$^{108}_{46}$Pd	17d	EC,γ	$^{187}_{74}$W	24h	β^-,γ	$^{239}_{93}$Np	2.33d	β^-,γ
$^{110}_{47}$Ag	24.4s	β^-,γ	$^{188}_{75}$Re	16.7h	β^-,γ	$^{238}_{94}$Pu	89.6a	α,γ
$^{111}_{47}$Ag	7.5d	β^-,γ	$^{185}_{76}$Os	94d	EC	$^{243}_{94}$Pu	0.207d	β^-,γ
$^{115}_{48}$Cd	43d	IT,β^-	$^{191}_{76}$O	15d	β^-,γ	$^{241}_{95}$Am	461a	α,γ
$^{115}_{48}$Cd	53.5h	β^-,γ	$^{192}_{77}$Ir	74d	β^-,EC,	$^{242}_{96}$Am	0.666d	β^-,γ,EC,IT
$^{114}_{49}$In	72s	β^+,EC,β^-	$^{193}_{77}$Ir		β^+,γ	$^{243}_{96}$Cm	约100a	α,γ,EC
$^{118}_{50}$Sn	115d	EC,γ	$^{194}_{77}$Ir	17.4h	β^-,γ	$^{243}_{97}$Bk	0.192d	α,γ,EC
$^{122}_{51}$Sb	2.8d	β^-,EC,β^+,γ	$^{197}_{78}$Pt	18h	β^-,γ	$^{246}_{98}$Cf	1.5d	α,γ
$^{124}_{51}$Sb	(60.3±0.2)d	β^-,EC,γ	$^{198}_{78}$Au	(26.693±0.005)d	β^-,γ	$^{252}_{98}$Cf	2.2a	α
$^{125}_{51}$Sb	2.7a	β^-,γ	$^{199}_{79}$Au	3.15d	β^-,γ	$^{254}_{99}$Es	1.583d	α
$^{127}_{52}$Te	9.4h	β^-	$^{197m}_{80}$Hg	24h	IT,EC	$^{254}_{99}$Es	2a	β^-
$^{129}_{52}$Te	69min	β^-	$^{197}_{80}$Hg	65h	EC	$^{254}_{100}$Fm	0.133d	α,γ
$^{131}_{53}$I	(8.070±0.009)d	β^-,γ	$^{204}_{81}$Tl	3.8a	β^-,EC	$^{255}_{101}$Md	约1800s	α,EC
$^{131}_{54}$Xe	12d	IT	$^{210}_{82}$Pb	21a	β^-	$^{253}_{102}$No	2～40s	α
$^{134}_{55}$Cs	2.05a	β^-,γ			α,γ	$^{257}_{103}$Lr	8s	α
			$^{210}_{83}$Bi	5.01d	β^-,α			

2. 天然放射系

天然放射系见表2-28。

由放射系发射出的粒子表示如下：α表示β粒子，β^-表示β粒子。括号中的数字表示半衰期。符号s、min、h、d和a分别表示秒、分（1min=60s）、小时（1h=3.6ks）、天（1d=86.4ks）和年（1a≈31.6Ms）。

表 2-28　天然放射系

钍　系	镎　系	铀　系	锕　系
$^{232}_{90}$Th $\xrightarrow{\alpha(1.39\times10^{10}\text{a})}$ $^{228}_{88}$Ra $\xrightarrow{\beta^-(6.7\text{a})}$ $^{228}_{89}$Ac $\xrightarrow{\beta^-(6.13\text{h})}$ $^{228}_{90}$Th $\xrightarrow{\alpha(1.91\text{a})}$ $^{224}_{88}$Ra $\xrightarrow{\alpha(3.64\text{d})}$ $^{220}_{86}$Rn $\xrightarrow{\alpha(51.5\text{s})}$ $^{216}_{84}$Po；$\alpha(0.158\text{s})\to{}^{212}_{82}$Pb(10.6h)；$\beta^-\to{}^{216}_{85}$At $\xrightarrow{\alpha(3\times10^{-4}\text{s})}$ $^{212}_{83}$Bi；$\alpha(60.5\text{min})\to{}^{208}_{81}$Tl(3.10min)$\beta^-$；$\beta^-\to{}^{212}_{84}$Po $\xrightarrow{\alpha(3\times10^{-7}\text{s})}$ $^{208}_{82}$Pb	$^{237}_{93}$Np $\xrightarrow{\alpha(2.20\times10^{6}\text{a})}$ $^{233}_{91}$Pa $\xrightarrow{\beta^-(27.4\text{d})}$ $^{233}_{92}$U $\xrightarrow{\alpha(1.62\times10^{5}\text{a})}$ $^{229}_{90}$Th $\xrightarrow{\alpha(7340\text{a})}$ $^{225}_{88}$Ra $\xrightarrow{\beta^-(14.8\text{d})}$ $^{225}_{89}$Ac $\xrightarrow{\alpha(10.0\text{d})}$ $^{221}_{87}$Fr $\xrightarrow{\alpha(4.8\text{min})}$ $^{217}_{85}$At $\xrightarrow{\alpha(0.018\text{s})}$ $^{213}_{83}$Bi；$\alpha(47\text{min})\to{}^{209}_{81}$Tl(2.2min)$\beta^-$；$\beta^-\to{}^{213}_{48}$Po $\xrightarrow{\alpha(4.2\times10^{-6}\text{s})}$ $^{209}_{82}$Pb $\xrightarrow{\beta^-(3.3\text{h})}$ $^{209}_{83}$Bi	$^{238}_{92}$U $\xrightarrow{\alpha(4.51\times10^{9}\text{a})}$ $^{234}_{90}$Th $\xrightarrow{\beta^-(24.1\text{d})}$ $^{234}_{91}$Pa $\xrightarrow{\beta^-(1.17\text{min})}$ $^{234}_{92}$U $\xrightarrow{\alpha(2.52\times10^{5}\text{a})}$ $^{230}_{90}$Th $\xrightarrow{\alpha(8.0\times10^{4}\text{a})}$ $^{226}_{88}$Re $\xrightarrow{\alpha(1622\text{a})}$ $^{222}_{86}$Rn $\xrightarrow{\alpha(3.825\text{d})}$ $^{218}_{84}$Po；$\alpha(3.05\text{min})\to{}^{214}_{82}$Pb(26.8min)$\beta^-$；$\beta^-\to{}^{218}_{85}$At $\xrightarrow{\alpha(1.35\text{s})}$ $^{214}_{83}$Bi；$\alpha(19.7\text{min})\to{}^{210}_{81}$Tl(1.3min)$\beta^-$；$\beta^-\to{}^{214}_{84}$Po $\xrightarrow{\alpha(1.64\times10^{-4}\text{s})}$ $^{210}_{82}$Pb $\xrightarrow{\beta^-(21\text{a})}$ $^{210}_{83}$Bi；$\alpha(5.0\text{d})\to{}^{206}_{81}$Tl(4.20min)$\beta^-$；$\beta^-\to{}^{210}_{84}$Po $\xrightarrow{\alpha(138.4\text{d})}$ $^{206}_{82}$Pb	$^{235}_{92}$U $\xrightarrow{\alpha(7.13\times10^{8}\text{a})}$ $^{231}_{90}$Th $\xrightarrow{\beta^-(24.6\text{h})}$ $^{231}_{91}$Pa $\xrightarrow{\alpha(3.43\times10^{4}\text{a})}$ $^{227}_{89}$Ac；$\alpha(21.6\text{a})\to{}^{223}_{87}$Fr(22min)$\beta^-$；$\beta^-\to{}^{227}_{90}$Th $\xrightarrow{\alpha(18.2\text{d})}$ $^{223}_{88}$Ra $\xrightarrow{\alpha(11.7\text{d})}$ $^{219}_{86}$Rn $\xrightarrow{\alpha(3.92\text{s})}$ $^{215}_{84}$Po；$\alpha(1.83\times10^{-3}\text{s})\to{}^{211}_{82}$Pb(36.1min)$\beta^-$；$\beta^-\to{}^{215}_{85}$At $\xrightarrow{\alpha(10^{-4}\text{s})}$ $^{211}_{83}$Bi；$\alpha(2.16\text{min})\to{}^{207}_{81}$Tl(4.8min)$\beta^-$；$\beta^-\to{}^{211}_{84}$Po $\xrightarrow{\alpha(0.52\text{s})}$ $^{207}_{82}$Pb

六、原子半径、元素的电离能、电子的亲和能、元素的电负性

1. 原子半径

表 2-29 列出了金属的原子半径（配位数为 12）。

表 2-30 列出了原子的共价半径。

2. 元素的电离能

元素的第一至第七电离能见表 2-31。

表 2-29　金属的原子半径（配位数为 12）　　　　　　　单位：nm

Li	Be													
0.157	0.112													
Na	Mg	Al												
0.191	0.160	0.143												
K	Ca	Sc	Ti	V	Cr	Mn	Fe	Ce	Ni	Cu	Zn	Ca	Ge	
0.235	0.197	0.164	0.147	0.135	0.129	0.137	0.126	0.125	0.126	0.128	0.137	0.153	0.139	
Rb	Sr	Y	Zr	Nb	Mo	Tc	Ru	Rh	Pd	Ag	Cd	In	Sn	Sb
0.250	0.215	0.182	0.160	0.147	0.140	0.135	0.134	0.134	0.137	0.144	0.152	0.167	0.158	0.161
Cs	Ba	La	Hf	Ta	W	Re	Os	Ir	Pt	Au	Hg	Tl	Pb	Bi
0.272	0.224	0.188	0.159	0.147	0.141	0.137	0.135	0.136	0.139	0.144	0.155	0.171	0.175	0.182

镧系：Ce ～ Lu（Eu 0.206，Yb 0.194）
　　　0.182　0.172

锕系：Th　Pa　U　Np　Pu
　　　0.180　0.163　0.156　0.156　0.164

表 2-30 原子的共价半径 单位：mm

				(A)正常半径				
	H	Li	Be	B	C	N	O	F
单键	0.030	0.134	0.090	0.088	0.077	0.074	0.074	0.072
双键	—			0.076	0.067	0.062	0.062	0.054
三键	—			0.068	0.060	0.055		0.050
		Na	Mg	Al	Si	P	S	Cl
单键		0.154	0.130	0.118	0.117	0.110	0.104	0.099
双键					0.107	0.100	0.094	0.089
三键					0.100	0.093	0.087	
		K	Ca	Ga	Ge	As	Se	Br
单键		0.916	0.174	0.126	0.122	0.121	0.117	0.114
双键					0.112	0.111	0.107	0.104
		Rb	Sr	In	Sn	Sb	Te	I
单键		0.211	0.192	0.144	0.140	0.141	0.137	0.133
双键					0.130	0.131	0.127	0.123
		Cs	Ba	Tl	Pb	Bi		
单键		0.225	0.198	0.148	0.147	0.146		

			(B)四面体半径(sp³ 杂化)			
	Be	B	C	N	O	F
	0.106	0.088	0.077	0.070	0.066	0.064
	Mg	Al	Si	P	S	Cl
	0.140	0.126	0.117	0.110	0.104	0.099
Cu	Zn	Ga	Ge	As	Se	Br
0.135	0.131	0.126	0.122	0.118	0.114	0.111
Ag	Cd	In	Sn	Sb	Te	I
0.152	0.145	0.144	0.140	0.136	0.132	0.128
Au	Hg	Tl	Pb	Bi		
0.150	0.148	0.147	0.146	0.146		

			(C)八面体半径(d² sp³ 杂化)				
Fe^{II}	Co^{II}	Ni^{II}	Ru^{II}			Os^{II}	
0.123	0.132	0.139	0.133			0.133	
	Co^{III}	Ni^{III}	Rh^{III}			Ir^{III}	
	0.122	0.130	0.132			0.132	
Fe^{IV}	Ni^{IV}		Pd^{IV}			Pt^{IV}	Au^{IV}
0.120	0.121		0.131			0.131	0.140

		sp³d 杂化		
Ti^{IV}	Zr^{IV}	Sn^{IV}	Te^{IV}	Pb^{IV}
0.136	0.148	0.145	0.152	0.150

表 2-31 元素的电离能 单位：eV

原子序数	元素	I	II	III	IV	V	VI	VII
1	H	13.59844						
2	He	24.58741	54.41778					
3	Li	5.39172	75.64018	122.45429				
4	Be	9.32263	18.21116	153.89661	217.71865			
5	B	8.29803	25.15484	37.93064	259.37521	340.22580		
6	C	11.26030	24.38332	47.8878	64.4939	392.087	489.99334	
7	N	14.53414	29.6013	47.44924	77.4735	97.8902	552.0718	667.046
8	O	13.61806	35.11730	54.9355	77.41353	113.8990	138.1197	739.29
9	F	17.42282	34.97082	62.7084	87.1398	114.2428	157.1651	185.186
10	Ne	21.56454	40.96328	63.45	97.12	126.21	157.93	207.2759

原子序数	元素	I	II	III	IV	V	VI	VII
11	Na	5.13908	47.2864	71.6200	98.91	138.40	172.18	208.50
12	Mg	7.64624	15.03528	80.1437	109.2655	141.27	186.76	225.02
13	Al	5.98577	18.82856	28.44765	119.992	153.825	190.49	241.76
14	Si	8.15169	16.34585	33.49302	45.14181	166.767	205.27	246.5
15	P	10.48669	19.7694	30.2027	51.4439	65.0251	220.421	263.57
16	S	10.36001	23.3379	34.79	47.222	72.5945	88.0530	280.948
17	Cl	12.96764	23.814	39.61	53.4652	67.8	97.03	114.1958
18	Ar	15.75962	27.62967	40.74	59.81	75.02	91.009	124.323
19	K	4.34066	31.63	45.806	60.91	82.66	99.4	117.56
20	Ca	6.11316	11.87172	50.9131	67.27	84.50	108.78	127.2
21	Sc	6.56144	12.79967	24.75666	73.4894	91.65	110.68	138.0
22	Ti	6.8282	13.5755	27.4917	43.2672	99.30	119.53	140.8
23	V	6.7463	14.66	29.311	46.709	65.2817	128.13	150.6
24	Cr	6.76664	16.4857	30.96	49.16	69.46	90.6349	160.18
25	Mn	7.43402	15.63999	33.668	51.2	72.4	95.6	119.203
26	Fe	7.9024	16.1878	30.652	54.8	75.0	99.1	124.98
27	Co	7.8810	17.083	33.50	51.3	79.5	102.0	128.9
28	Ni	7.6398	18.16884	35.19	54.9	76.06	108	133
29	Cu	7.72638	20.29240	36.841	57.38	79.8	103	139
30	Zn	9.39405	17.96440	39.723	59.4	82.6	108	134
31	Ga	5.99930	20.5142	30.71	64			
32	Ge	7.900	15.93462	34.2241	45.7131	93.5		
33	As	9.8152	18.633	28.351	50.13	62.63	127.6	
34	Se	9.75238	21.19	30.8204	42.9450	68.3	81.7	155.4
35	Br	11.81381	21.8	36	47.3	59.7	88.6	103.0
36	Kr	13.99961	24.35985	36.950	52.5	64.7	78.5	111.0
37	Rb	4.17713	27.285	40	52.6	71.0	84.4	99.2
38	Sr	5.69484	11.03013	42.89	57	71.6	90.8	106
39	Y	6.217	12.24	20.52	60.597	77.0	93.0	116
40	Zr	6.63390	13.13	22.99	34.34	80.348		
41	Nb	6.75885	14.32	25.04	38.3	50.55	102.057	125
42	Mo	7.09243	16.16	27.13	46.4	54.49	68.8276	125.664
43	Tc	7.28	15.26	29.54				
44	Ru	7.36050	16.76	28.47				
45	Rh	7.45890	18.08	31.06				
46	Pd	8.3369	19.43	32.93				
47	Ag	7.57624	21.49	34.83				
48	Cd	8.99367	16.90832	37.48				
49	In	5.78636	18.8698	28.03				
50	Sn	7.34381	14.63225	30.50260	40.73502	72.28		
51	Sb	8.64	16.53051	25.3	44.2	56	108	
52	Te	9.0096	18.6	27.96	37.41	58.75	70.7	137
53	I	10.45126	19.1313	33				
54	Xe	12.12987	21.20979	32.1230				
55	Cs	3.89390	23.15745					
56	Ba	5.21170	10.00390					
57	La	5.5770	11.060	19.1773	49.95	61.6		
58	Ce	5.5387	10.85	20.198	36.758	65.55	77.6	
59	Pr	5.464	10.55	21.624	38.98	57.53		
60	Nd	5.5250	10.73	22.1	40.4			

原子序数	元素	I	II	III	IV	V	VI	VII
61	Pm	5.55	10.90	22.3	41.1			
62	Sm	5.6437	11.07	23.4	41.4			
63	Eu	5.6704	11.241	24.92	42.7			
64	Gd	6.1500	12.09	20.63	44.0			
65	Tb	5.8639	11.52	21.91	39.79			
66	Dy	5.9389	11.67	22.8	41.4			
67	Ho	6.0216	11.80	22.84	42.5			
68	Er	6.1078	11.93	22.74	42.7			
69	Tm	6.18431	12.05	23.68	42.7			
70	Yb	6.25416	12.1761	25.05	43.56			
71	Lu	5.42585	13.9	20.9594	45.25	66.8		
72	Hf	6.82507	14.9	23.3	33.33			
73	Ta	7.89						
74	W	7.98						
75	Re	7.88						
76	Os	8.7						
77	Ir	9.1						
78	Pt	9.0	18.563					
79	Au	9.22567	9.225					
80	Hg	10.43750	18.756	34.2				
81	Tl	6.10829	20.428	29.83				
82	Pb	7.41666	15.0322	31.9373	42.32	68.8		
83	Bi	7.289	16.69	25.56	45.3	56.0	88.3	
84	Po	8.41671						
85	At							
86	Rn	10.74850						
87	Fr							
88	Ra	5.27892	10.14716					
89	Ac	5.17	12.1					
90	Th	6.08	11.5	20.0	28.8			
91	Pa	5.89						
92	U	6.19405						
93	Np	6.2657						
94	Pu	6.06						
95	Am	5.993						
96	Cm	6.02						
97	Bk	6.23						
98	Cf	6.30						
99	Es	6.42						
100	Fm	6.50						
101	Md	6.58						
102	No	6.65						

3. 电子的亲和能

表 2-32～表 2-34 分别列出了原子、双原子分子和三原子分子的电子亲和能（Y）。

表 2-32 原子的电子亲和能

序数	原子	Y/eV	序数	原子	Y/eV	序数	原子	Y/eV
1	D	0.754593	24	Cr	0.666	49	In	0.3
	H	0.754195	25	Mn	nt	50	Sn	1.112
		0.754209	26	Fe	0.151	51	Sb	1.07
2	He	nt[①]	27	Co	0.662	52	Te	1.9708
3	Li	0.6180	28	Ni	1.156	53	I	3.059038
4	Be	nt	29	Cu	1.235	54	Xe	nt
5	B	0.277	30	Zn	nt	55	Cs	0.471626
6	C	1.2629	31	Ga	0.3	56	Ba	0.15
7	N	nt	32	Ge	1.233	57	La	0.5
8	O	1.4611103	33	As	0.81	72	Hf	-0
9	F	3.401190	34	Se	2.020670	73	Ta	0.322
10	Ne	nt	35	Br	3.363590	74	W	0.815
11	Na	0.547926	36	Kr	nt	75	Re	0.15
12	Mg	nt	37	Rb	0.48592	76	Os	1.1
13	Al	0.441	38	Sr	0.11	77	Ir	1.565
14	Si	1.385	39	Y	0.307	78	Pt	2.128
15	P	0.7465	40	Zr	0.426	79	Au	2.30863
16	S	2.077104	41	Nb	0.893	80	Hg	nt
17	Cl	3.61269	42	Mo	0.746	81	Tl	0.2
18	Ar	nt	43	Tc	0.55	82	Pb	0.364
19	K	0.50147	44	Ru	1.05	83	Bi	0.946
20	Ca	0.0184	45	Rh	1.137	84	Po	1.9
21	Sc	0.188	46	Pd	0.557	85	At	2.8
22	Ti	0.079	47	Ag	1.302	86	Rn	nt
23	V	0.525	48	Cd	nt	87	Fr	0.46

① nt 表示不稳定。

表 2-33 双原子分子的电子亲和能

分子	Y/eV	分子	Y/eV	分子	Y/eV	分子	Y/eV
Ag_2	1.023	CrH	0.563	MgH	1.05	PtN	1.240
Al_2	1.10	CrO	1.222	MgI	1.899	Rb_2	0.498
As_2	0	Cs_2	0.469	MnD	0.866	RbCl	0.544
AsH	1.0	CsCl	0.455	MnH	0.869	Re_2	1.571
Au_2	1.938	Cu_2	0.836	NH	0.370	S_2	1.670
BO	3.12	F_2	3.08	NO	0.026	SD	2.315
BeH	0.7	FO	2.272	NS	1.194	SF	2.285
Br_2	2.55	Fe_2	0.902	Na_2	0.430	SH	2.314344
BrO	2.353	FeD	0.932	NaBr	0.788	SO	1.125
C_2	3.269	FeH	0.934	NaCl	0.727	Se_2	1.94
CH	1.238	FeO	1.493	NaF	0.520	SeH	2.212520
CN	3.821	I_2	2.55	NaI	0.865	SeO	1.456
CS	0.205	IBr	2.55	NiD	0.477	Si_2	2.176
CaH	0.93	IO	2.378	NiH	0.481	SiH	1.277
Cl_2	2.38	K_2	0.493	O_2	0.451	Te_2	1.92
ClO	2.275	KBr	0.642	OD	1.825548	TeH	2.102
Co_2	1.110	KCl	0.582	OH	1.827670	TeO	1.697
CoD	0.680	KI	0.728	P_2	0.589	ZnH	$\leqslant 0.95$
CoH	0.671	LiCl	0.593	PH	1.028		
CrD	0.568	MgCl	1.589	PO	1.092		

表 2-34 三原子分子的电子亲和能

分 子	Y/eV	分 子	Y/eV	分 子	Y/eV	分 子	Y/eV
Ag_3	2.32	C_2O	1.848	HCO	0.313	O_3	2.1028
Al_3	1.4	COS	0.46	HCl_2	4.896	O_2Ar	0.52
AsH_2	1.27	CS_2	0.895	HNO	0.338	OClO	2.140
Au_3	3.7	CoD_2	1.465	HO_2	1.078	OIO	2.577
BO_2	3.57	CoH_2	1.450	K_3	0.956	PH_2	1.271
BO_2	4.3	CrH_2	>2.5	MnD_2	0.465	PO_2	3.8
C_3	1.981	Cs_3	0.864	MnH_2	0.444	Pt_3	1.87
CCl_2	1.603	Cu_3	2.11	N_3	2.70	Pd_3	<1.5
CD_2	0.645	DCO	0.301	NH_2	0.771	Rb_3	0.920
CDF	0.535	DNO	0.330	N_2O	0.22	S_3	2.093
CF_2	0.179	DO_2	1.089	NO_2	2.273	SO_2	1.107
CH_2	0.652	DS_2	1.912	(NO)R	R=Ar,Kr,Xe	S_2O	1.877
CHBr	1.454	HS_2	1.907	Na_3	1.019	SeO_2	1.823
CHCl	1.210	FeCO	1.26	Ni_3	1.41	SiH_2	1.124
CHF	0.542	FeD_2	1.038	NiCO	0.804		
CHI	1.42	FeH_2	1.049	NiD_2	1.926		
C_2H	2.969	GeH_2	1.097	NiH_2	1.934		

4. 元素的电负性

表 2-35 列出了元素的电负性（X）。

表 2-35 元素的电负性（X）

元 素			X	元 素			X
序数	符号	名称		序数	符号	名称	
1	H	氢	2.20	41	Nb	铌	1.6
3	Li	锂	1.0	42	Mo	钼	1.8
4	Be	铍	1.5	43	Tc	锝	1.9
5	B	硼	2.0	44	Ru	钌	2.2
6	C	碳	2.60	45	Rh	铑	2.2
7	N	氮	3.05	46	Pd	钯	2.2
8	O	氧	3.50	47	Ag	银	1.9
9	F	氟	4.00	48	Cd	镉	1.7
11	Na	钠	0.90	49	In	铟	1.7
12	Mg	镁	1.2	50	Sn(Ⅱ)	锡	1.8
13	Al	铝	1.5		Sn(Ⅳ)		1.90
14	Si	硅	1.90	51	Sb	锑	2.05
15	P	磷	2.15	52	Te	碲	2.30
16	S	硫	2.60	53	I	碘	2.65
17	Cl	氯	3.15	55	Cs	铯	0.7
19	K	钾	0.8	56	Ba	钡	0.9
20	Ca	钙	1.0	57~71	La~Lu	镧~镥	1.1~1.2
21	Sc	钪	1.3	72	Hf	铪	1.3
22	Ti	钛	1.5	73	Ta	钽	1.3
23	V	钒	1.6	74	W	钨	1.7
24	Cr	铬	1.6	75	Re	铼	1.9
25	Mn	锰	1.5	76	Os	锇	2.2
26	Fe(Ⅱ)	铁	1.8	77	Ir	铱	2.2
	Fe(Ⅲ)		1.9	78	Pt	铂	2.2
27	Co	钴	1.8	79	Au	金	2.4
28	Ni	镍	1.8	80	Hg	汞	1.9
29	Cu(Ⅰ)	铜	1.9	81	Tl	铊	1.8
	Cu(Ⅱ)		2.0	82	Pb	铅	1.8
30	Zn	锌	1.6	83	Bi	铋	1.9
31	Ga	镓	1.6	84	Po	钋	2.0
32	Ge	锗	1.90	85	At	砹	2.2
33	As	砷	2.00	87	Fr	钫	0.65
34	Se	硒	2.45	88	Ra	镭	0.9
35	Br	溴	2.85	89	Ac	锕	1.1
37	Rb	铷	0.8	90	Th	钍	1.3
38	Sr	锶	1.0	91	Pa	镤	1.5
39	Y	钇	1.3	92	U	铀	1.7
40	Zr	锆	1.6	93~102	Np~No	镎~锘	1.3

第三章　常见化合物的物理、化学特性

第一节　无机化合物的化学式、名称、相对分子质量、颜色、晶型、相对密度、熔点、沸点、溶解性

无机化合物的化学式、名称、相对分子质量、颜色、晶型、相对密度、熔点、沸点、溶解性等见表 3-1。下面为表 3-1 的说明。

① 表中化合物按化学式的第一、第二个元素符号的字母顺序排列。

② 相对分子质量根据 1989 年国际原子量计算。

③ 相对密度项对于气体来说，通常是指标准状况（0℃，1.013×10^5 Pa）下的密度 g/L（克/升），个别为接近标准状况时的密度；对于固体和液体的密度，为 g/cm^3 或 g/mL（克/厘米^3 或克/毫升），通常是取 20℃ 左右的数值，有的采用该物质在 20℃ 左右与 4℃ 同体积水的比值。凡与上述情况相差较远者，用括号注明。

④ 熔点和沸点项的数值，通常指常压或接近常压时的常值，特殊情况另行注明。在数值后有"失 H_2O"、"失 O"、"转"等字样，表示在该温度时发生失去结晶水、失氧、晶型转变等；若仅注以上字样，而无数据，表示在相应的温度时发生的变化。

⑤ 溶解性项里的易溶、溶、微溶等字样表示该化合物的溶解度的大小。在 100g 水中，溶解溶质 100g 以上者列入"易溶"；溶解溶质在 10~99.9g 之间者列入"溶"；溶解溶质 0.1~9.9g 者列入"微溶"；溶解溶质小于 0.1g 者列入"难溶"。若溶于某溶剂并与溶剂起反应者，给予注明。若与水发生反应者，注"遇水分解"。

表 3-1　无机化合物的化学式、名称、相对分子质量、颜色、晶型、相对密度、熔点、沸点、溶解性

化学式和名称	相对分子质量	颜色、晶型或状态	相对密度	熔点/℃	沸点/℃	溶解性及其他
AcCl₃ 氯化锕	333.36	白色六方	4.81	960 升华		
Ac₂O₃ 氧化锕	502	白色六方	9.19			难溶于水
Ac(OH)₃ 氢氧化锕	278.02	白色				难溶于水
Ag 银	107.87	银白色	10.5	961	2210	不溶于水
AgBr 溴化银	187.78	淡黄色立方	6.473	432	>1300 分解	难溶于水，溶于氰化钾或硫代硫酸钠溶液
AgCN 氰化银	133.84	白色六方	3.95	320 分解		溶于氨水、氰化钾溶液
Ag₂CO₃ 碳酸银	275.75	黄色粉末	6.077	218 分解		难溶于水，溶于氨水、硫代硫酸钠溶液
AgCl 氯化银	143.32	白色立方	5.56	455	1550	难溶于水，溶于氨水、硫代硫酸钠、氰化钾溶液
AgF 氟化银	126.87	黄色立方	5.852	435	约 1159	易溶于水，潮解
Ag₂HPO₄ 磷酸氢二银	311.75	白色立方	1.8036	110 分解		
AgI 碘化银	234.77	α:黄色六方	5.683	146 转 β		难溶于水，微溶于氨水，溶于氰化钾溶液
		β:橙色立方	6.010	558	1506	
AgNO₂ 亚硝酸银	153.88	白色正交	4.453	140 分解		微溶于水
AgNO₃ 硝酸银	169.87	无色正交	4.352	212	444 分解	易溶于水

续表

化学式和名称	相对分子质量	颜色、晶型或状态	相对密度	熔点/℃	沸点/℃	溶解性及其他
Ag_2O 氧化银	231.74	棕黑色立方	7.143	230 分解		难溶于水,溶于酸、氨水、乙醇或氰化钾溶液
$AgOCN$ 氰酸银	149.89	无色	4.00	分解		微溶于冷水,溶于热水
$AgPO_3$ 偏磷酸银	186.84	白色无定形粉末	6.37	约482		难溶于水
Ag_3PO_4 磷酸银	418.58	黄色立方	6.370	849		难溶于水
Ag_2S 硫化银	247.80	黑色立方	7.317	825	分解	难溶于水,溶于氰化钾溶液、浓硫酸、浓硝酸
$AgSCN$ 硫氰酸银	165.95	无色晶体		分解		难溶于水,溶于氨水
Ag_2SO_3 亚硫酸银	295.80	白色晶体		100 分解		难溶于水
Ag_2SO_4 硫酸银	311.80	白色正交	5.45	652	1085 分解	微溶于水
$Ag_2S_2O_3$ 硫代硫酸银	327.87	白色晶体		分解		微溶于水,溶于氨水、硫代硫酸钠溶液
AlB_2 二硼化铝	48.60	铜红色六方	3.19			
$AlBr_3$(或 Al_2Br_6)溴化铝	266.71	无色正交	2.64(熔)	97.5	263.3	溶于水、乙醇、乙酸或二硫化碳,潮解
Al_4C_3 碳化铝	143.96	黄绿色六方	2.36	至1400稳定	2200 分解	遇水放出甲烷
$AlCl_3$(或 Al_2Cl_6)氯化铝	133.34	无色至白色六方	2.44(熔)	190(253.3kPa)	182.7(177.8 升华)	溶于水、乙醚或四氯化碳,潮解
$AlCl_3 \cdot 6H_2O$ 六水合氯化铝	241.43	无色正交	2.398	100 分解		溶于水,潮解
AlF_3 氟化铝	83.98	无色三斜	2.882	1291 升华		微溶于冷水,溶于热水
$Al_4[Fe(CN)_6]_3 \cdot 17H_2O$ 十七水合亚铁氰化铝	1050.05	棕色粉末				微溶于水,溶于稀酸
AlI_3(或 Al_2I_6)碘化铝	407.69	棕色片状固体	3.98	191	360	溶于水、乙醇、乙酸或二硫化碳,潮解
AlN 氮化铝	40.99	白色六方	3.26	>2200(在 N_2 中)	2000 升华	遇水放出氨
$Al(NO_3)_3 \cdot 9H_2O$ 九水合硝酸铝	375.13	无色正交		73.5	150 分解	溶于水,潮解
Al_2O_3 氧化铝	101.96	无色六方	3.965	2072	2980	难溶于水,溶于酸或碱
$Al(OH)_3$ 氢氧化铝	78.00	白色单斜	2.42	300 失 H_2O		难溶于水,溶于酸或碱
$3Al_2O_3 \cdot 2SiO_2$ 硅酸铝	426.05	无色正交	3.156	1920		难溶于水
$AlPO_4$ 磷酸铝	121.95	白色正交	2.566	>1500		难溶于水
Al_2S_3 硫化铝	150.16	黄色六方	2.02	1100	1500(在 N_2 中)升华	遇水分解
$Al_2(SO_4)_3$ 硫酸铝	342.15	白色粉末	2.71	770 分解		溶于水
$Al_2(SO_4)_3 \cdot 18H_2O$ 十八水合硫酸铝	666.43	无色单斜	1.69	86.5 分解		溶于水
$AmCl_3$ 氯化镅	349.49	玫瑰色六方	5.78	850 升华		溶于水
Am_2O_3 氧化镅	534.26	浅红棕色立方或六方				溶于酸
As 砷	74.92	灰(α)	5.9	817	613 升华	不溶于水
		黄(γ)	2.0	358(分解)		不溶于水
$AsCl_3$ 三氯化砷	181.28	油状液体或针状晶体	2.163(液)	-8.5	130.2	遇水分解
AsF_3 三氟化砷	131.92	油状液体	2.666(液)	-8.5	63	溶于乙醇、醚、苯或氨水,遇水分解
AsF_5 五氟化砷	169.91	无色气体	7.71	-80	-53	溶于水、醇或醚
AsH_3 砷化氢	77.95	无色气体	2.695(气) 1.689(液)	-116.3	-55 (300 分解)	溶于氯仿或苯

化学式和名称	相对分子质量	颜色、晶型或状态	相对密度	熔点/℃	沸点/℃	溶解性及其他
As_2O_3 三氧化二砷	197.84	白色无定形粉末	3.738	312.3		毒,溶于水或碱
		无色立方	3.865	193 升华		毒,溶于水或碱
		无色单斜	4.15	193(312.3 升华)	457.2	毒,溶于水或碱
As_2O_5 五氧化二砷	229.84	白色无定形	4.32	315 分解		易溶于水,溶于碱或乙醇,潮解
AsP 磷化砷	105.90	棕红色粉末		分解,升华		溶于硫酸或盐酸,遇水分解
As_2S_2 二硫化二砷	213.97	红棕色单斜	3.506(α)	267 转 β	565	难溶于水,溶于碳酸氢钠或硫化钾溶液
As_2S_3 三硫化二砷	246.04	红或黄色单斜	3.43	300	707	难溶于水
As_2S_5 五硫化二砷	310.16	黄色固体	—	500 分解升华	—	难溶于水
Au 金	196.47	黄色固体	19.3	1063	2707	溶于王水、KCN、热硫酸
AuCN 氰化亚金	222.98	亮黄色晶状粉末	7.12	分解		难溶于水,溶于氨水或氰化钾溶液
AuCl 氯化亚金	232.42	黄色晶体	7.4	170 分解为 $AuCl_3$	289.5 分解	遇热水分解
$AuCl_3$(或 Au_2Cl_6)氯化金	303.33	紫红色晶体	3.9	254 分解	265 升华	溶于水
Au_2O_3 氧化金	441.93			160 失 O	250 失 3 个 O	难溶于水,溶于盐酸、浓硫酸或氰化钠溶液
Au_2S_3 硫化金	490.13	棕黑色粉末	8.754	197 分解		难溶于水,溶于硫化钠溶液
B 硼	10.81	黄色固体(β)	2.3	2030	3900	不溶于水
B_4C 碳化四硼	55.26	黑色菱形	2.52	2350	>3500	难溶于水或酸
BCl_3 氯化硼	117.17	无色发烟液体	1.349	−107.3	12.5	水解成盐酸和硼酸
B_2H_6 乙硼烷	27.67	无色气体	0.447(液)	−165.5	−92.5	遇水生成硼酸和氢气
BN 氮化硼	24.82	白色六方	2.25	约 3000 升华	—	难溶于水
B_2O_3 氧化硼	69.62	正交	2.46±0.01	450±2	约 1860	溶于水
B_3Si 硅化三硼	60.52	黑色正交	2.52			难溶于水
Ba 钡	137.33	银白固体	3.5	714	1640	遇水起反应
BaC_2 碳化钡	161.36	灰色四方	3.75			遇水放出乙炔
$BaCO_3$ 碳酸钡	197.35	白色六方	4.43	1740(9.12MPa)	分解	难溶于水
$BaCl_2$ 氯化钡	208.25	无色单斜	3.856	转立方	1560	溶于水
		无色立方	3.917	963	1560	
$BaCl_2 \cdot 2H_2O$ 二水合氯化钡	244.28	无色单斜	3.097	113 失 $2H_2O$	35.7	溶于水
$BaCrO_4$ 铬酸钡	253.33	黄色正交	4.498			难溶于水
$BaCr_2O_7 \cdot 2H_2O$ 二水合重铬酸钡	389.36	亮红黄色针状晶体		120 失 $2H_2O$		遇水分解,溶于铬酸
BaH_2 氢化钡	139.36	灰色晶体	4.21	675 分解		遇水生成氢氧化钡和氢气
$BaHPO_4$ 磷酸氢钡	233.32	白色正交	4.165	410 分解		微溶于水,溶于酸或氯化铵溶液
$Ba(H_2PO_4)_2$ 磷酸二氢钡	331.31	三斜	2.9			溶于酸
$BaMnO_4$ 锰酸钡	256.28	灰绿色六方	4.85			微溶于水,溶于酸
$Ba(MnO_4)_2$ 高锰酸钡	375.21	棕紫色晶体	3.77	200 分解		溶于水,遇乙醇分解
Ba_3N_2 氮化钡	440.03	黄棕色	4.783		1000(真空中)	遇水分解

续表

化学式和名称	相对分子质量	颜色、晶型或状态	相对密度	熔点/℃	沸点/℃	溶解性及其他
$Ba(N_3)_2$ 叠氮化钡	221.38	棱柱状单斜	2.936	120 失 N_2	爆炸	
$Ba(NO_2)_2$ 亚硝酸钡	229.35	无色六方	3.23	217 分解		溶于水
$Ba(NO_3)_2$ 硝酸钡	261.35	无色立方	3.24	592	分解	溶于水
BaO 氧化钡	153.34	浅黄色粉末或无色立方	5.72	1918	约 2000	溶于水
BaO_2 过氧化钡	169.34	浅灰色粉末	4.96	450	800 失 O	在水中分解
$Ba(OH)_2 \cdot 8H_2O$ 八水合氢氧化钡	315.48	无色单斜	2.18	78	78 失 $8H_2O$	溶于水
$Ba_3(PO_4)_2$ 磷酸钡	601.96	白色立方	4.1			难溶于水,溶于酸
BaS 硫化钡	169.40	无色立方	4.25	1200		在水中分解
$BaSO_3$ 亚硫酸钡	217.4	无色立方或六方		分解		难溶于水,溶于盐酸
$BaSO_4$ 硫酸钡	233.40	白色正交或单斜	4.50	1580	1149 转单斜	难溶于水
$BaTiO_3$ 钛酸钡	233.24	四方 六方	6.017 5.806			
Be 铍	9.01	灰色	1.9	1280	2480	不溶于水
$BeCl_2$ 氯化铍	79.92	无色针状	1.899	405	520(488)	潮解,溶于水
BeH_2 氢化铍	11.03	无色晶体		125 分解		在水中分解
BeO 氧化铍	25.01	白色六方	3.01	2530±30	约 3900	难溶于水,溶于浓硫酸
$BeO \cdot xH_2O$ 含水氧化铍		白色无定形粉末		分解		难溶于水
$BeSO_4 \cdot 4H_2O$ 四水合硫酸铍	177.14	无色四方	1.713	100 失 $2H_2O$	400 失 $4H_2O$	溶于水
Bi 铋	208.98	白色固体	9.8	271	1560	不溶于水
$BiCl_3$ 三氯化铋	315.34	白色晶体	4.75	230~232	447	在水中分解成氢氧化铋,潮解
$Bi(NO_3)_3 \cdot 5H_2O$ 五水合硝酸铋	485.07	无色三斜	2.83	30 开始分解	80 失 $5H_2O$	略吸湿水解
BiO 一氧化铋	224.97	暗灰色粉末	7.15	约 180 分解转 Bi_2O_3		
Bi_2O_3 三氧化二铋	465.96	黄色正交 灰黑色立方	8.9 8.20	825±3 704 转	1890(?)	难溶于水 难溶于水
Bi_2O_5 五氧化二铋	497.96	暗红或棕色	5.10	150 失 O	357 失 2O	难溶于水
$(BiO)_2CO_3$ 碳酸氧铋	509.97	白色粉末	6.86		分解	难溶于水,溶于酸
$BiOCl$ 氯氧化铋	260.43	白色晶体或粉末	7.72	红热		难溶于水
$Bi(OH)_3$ 氢氧化铋	260.00	白色无定形粉末	4.36	100 失 H_2O 415 分解	400 失 $1\frac{1}{2}H_2O$	难溶于冷水,遇热水分解
Bi_2S_3 硫化铋	514.15	棕黑色正交	7.39	685 分解		难溶于水
$Bi_2(SO_4)_3$ 硫酸铋	706.14	白色针状	5.08	450 分解		遇水分解
Br_2 溴	159.81	红色液体	9.1	−7	58	微溶于水
$BrCl$ 氯化溴	115.36	浅红色液体或气体		约 −66	约 5	遇水分解
BrF 氟化溴	98.91	红棕色气体		−33 分解	−20	
$Br_2 \cdot 10H_2O$ 十水合溴	339.97	红色八面体	1.49	6.8 分解		溶于水
BrN_3 叠氮化溴	121.93	晶体或红色液体		约 45	爆炸	
Br_2O 一氧化二溴	175.82	深棕色		−18 到 −17		在四氯化碳中溶解并分解
Br_3O_3 或 $(Br_3O_3)_n$ 三氧化三溴	367.72	白色		−40 稳定		
BrO_2 二氧化溴	111.91	亮黄色晶体		0 分解		

续表

化学式和名称	相对分子质量	颜色、晶型或状态	相对密度	熔点/℃	沸点/℃	溶解性及其他
C 碳	12.01	石墨(黑色)	2.3	3730	4830	不溶于水
		金刚石(白色)	3.5	73550		不溶于水
$(CN)_2$ 氰	52.04	无色气体	2.335	−27.9	−20.7	剧毒,溶于水
CO 一氧化碳	28.01	无色气体	1.250	−199	−191.5	难溶于水,溶于乙醇、苯、乙酸、氯化亚铜溶液
CO_2 二氧化碳	44.01	无色气体或无色液体	气:1.997 液:1.101 固:1.56	−56.6 (526.9kPa)	−78.5 升华	微溶于水,溶于乙醇或丙酮
Ca 钙	40.08	银白色固体	1.6	838	1490	遇水起反应
$Ca_3(AsO_4)_2$ 砷酸钙	398.08	无色无定形粉末	3.620			难溶于水
$CaBr_2$ 溴化钙	199.90	无色针状正交	3.353	730 略有分解	806~812	易溶于水
CaC_2 碳化钙	64.10	无色四方	2.22	2160	2300	遇水分解,生成乙炔和氢氧化钙
$CaCN_2$ 氰氨基化钙	80.10	无色六方		1300 >1150 升华		遇水分解,放出氨气
$Ca(CN)_2$ 氰化钙	92.12	白色粉末		>350 分解		遇水分解
$CaCO_3$ 碳酸钙	100.09	无色正交	2.930	520 转方解石	825 分解	难溶于水
$CaCO_3 \cdot MgCO_3$ 碳酸镁钙	184.41	无色三方	2.872	730~760 分解		难溶于水
$CaCl_2$ 氯化钙	110.99	无色立方	2.15	782	>1600	潮解,溶于水
$CaCl_2 \cdot 2H_2O$ 二水合氯化钙	147.02	无色晶体	1.835			溶于水
$CaCl_2 \cdot 6H_2O$ 六水合氯化钙	219.08	无色三方	1.71	29.92	30 失 $4H_2O$ 200 失 $6H_2O$	潮解,易溶于水
$Ca(ClO)_2$ 次氯酸钙	142.98	白色粉末	2.35	100 分解		难溶于水
CaF_2 氟化钙	78.08	无色立方	3.180	1423	约 2500	难溶于水
CaH_2 氢化钙	42.10	白色正交	1.9	816(在 H_2 中) 约 600 分解		遇水分解,生成氢氧化钙和氢气
$CaHPO_4 \cdot 2H_2O$ 二水合磷酸氢钙	172.09	白色三斜	2.306	109 失 H_2O		微溶于水
$Ca(H_2PO_4)_2$ 磷酸二氢钙	234.06	灰白色单斜		分解		微溶于水
$Ca(H_2PO_4)_2 \cdot H_2O$ 一水合磷酸二氢钙	252.07	无色三斜	2.220	109 失 H_2O	203 分解	潮解,溶于水
$Ca(HSO_3)_2$ 亚硫酸氢钙	202.22	淡黄晶体				溶于水
Ca_3N_2 氮化钙	148.25	棕色六方	2.63	1195		遇水分解
$Ca(N_3)_2$ 叠氮化钙	124.12	无色正交		144~156 爆炸		吸湿,溶于水
$Ca(NO_3)_2$ 硝酸钙	164.09	无色立方	2.504	561		吸湿,易溶于水
$Ca(NO_3)_2 \cdot 4H_2O$ 四水合硝酸钙	236.15	无色单斜	α:1.896 β:1.82	42.7 39.7	132 分解	潮解,易溶于水
CaO 氧化钙	56.08	无色立方	3.25~3.38	2614	2850	微溶于水
CaO_2 过氧化钙	72.08	白色四方	2.92	275 分解		微溶于水
$Ca(OH)_2$ 氢氧化钙	74.09	无色六方	2.24	580 失 H_2O	分解	微溶于水
Ca_3P_2 磷化钙	182.19	灰色块状固体	2.51	约 1600		遇水分解,放出磷化氢
$Ca_3(PO_4)_2$ 磷酸钙	310.18	白色无定形粉末	3.14	1670		难溶于水
CaS 硫化钙	72.14	无色立方	2.5	分解		微溶于水并分解
$CaSO_4$ 硫酸钙	136.14	无色正交或单斜	2.61	1450(单斜)	1193 正交转单斜	微溶于水

化学式和名称	相对分子质量	颜色、晶型或状态	相对密度	熔点/℃	沸点/℃	溶解性及其他
$CaSO_4 \cdot \frac{1}{2}H_2O$ 熟石膏	145.15	白色粉末		163 失 $\frac{1}{2}H_2O$		微溶于水
$CaSO_4 \cdot 2H_2O$ 生石膏	172.17	无色单斜	2.32	128 失 $1\frac{1}{2}H_2O$	163 失 $2H_2O$	微溶于水
$CaSiO_3$ 偏硅酸钙(α)	116.16	无色单斜	2.905	1540		难溶于水
$CaWO_4$ 钨酸钙	287.93	白色四方	6.062			难溶于水
Cd 镉	112.41	银白色	8.7	321	705	不溶于水
$CdCO_3$ 碳酸镉	172.41	白色三方	4.258	<500 分解		难溶于水
$CdCl_2$ 氯化镉	183.32	无色六方	4.047	568	960	易溶于水
CdI_2 碘化镉	366.21	黄绿色粉末	5.670	387	796	溶于水
$Cd(NO_3)_2 \cdot 4H_2O$ 四水合硝酸镉	308.47	白色针状棱柱	2.455	59.4	132	潮解,易溶于水
CdO 氧化镉	128.40	棕色立方	6.95	>1500	900~1000 分解	难溶于水,溶于酸或铵盐
CdS 硫化镉	144.46	黄橙色六方	4.82	1750 (101325×10^2Pa)	980 (在 N_2 中升华)	难溶于水,溶于酸
$CdSO_4$ 硫酸镉	208.46	白色正交	4.691	1000		溶于水
$3CdSO_4 \cdot 8H_2O$ 八水合三硫酸镉	769.50	无色单斜	3.09	41.5 失部分 H_2O		易溶于水
Ce 铈	140.12	灰色固体	6.8	795 200 着火	3470	不溶于水
$CeCl_3$ 氯化铈	246.48	无色晶体	3.92	848	1727	潮解,易溶于水
Ce_2O_3 氧化铈	328.24	灰绿色三方	6.86	1692		难溶于水,溶于硫酸
CeO_2 二氧化铈	172.12	浅棕色立方	7.132	约 2600		难溶于水
$Ce(OH)_3$ 氢氧化铈	191.14	白色凝胶状沉淀				溶于酸或碳酸铵溶液
$Ce_2(SO_4)_3$ 硫酸铈	568.42	无色至绿色单斜或正交	3.912	920 分解		溶于水
Cl_2 氯	70.91	黄色气体	1.6(液)	−101	−35	微溶于水
ClF 氟化氯	54.45	无色气体	1.62 (−100℃)	−154±5	−100.8	遇水分解
$Cl_2 \cdot 8H_2O$ 八水合氯	215.03	亮黄色正交	1.23	9.6 分解		难溶于水
ClN_3 叠氮化氯	77.48	气体				易爆炸,遇水分解
Cl_2O 一氧化二氯	86.91	黄红色气体或红棕色液体	3.89(气)	−20	3.8 爆炸	易爆炸,溶于水并分解
ClO_2 二氧化氯	67.45	黄红色气体或红色晶体	3.09(气)	−59.5	9.9	易爆炸,易溶于水
Cl_2O_7 七氧化二氯	182.90	无色油状物		−91.5	82	溶于冷水并分解
ClO_4（或 Cl_2O_8）四氧化氯	99.45				分解	溶于冷水并分解
$ClSO_3H$ 氯磺酸	116.52	无色发烟液体	1.766	−80	158	遇水分解成盐酸和硫酸
Co 钴	58.93	灰色固体	8.9	1490	2900	不溶于水
$CoCl_2$ 二氯化钴	129.84	蓝色六方	3.356	724 (在 HCl 气中)	1049	吸湿,溶于水
$CoCl_2 \cdot 2H_2O$ 二水合氯化钴	165.87	红紫色单斜	2.477			溶于水
$CoCl_2 \cdot 6H_2O$ 六水合氯化钴	237.93	红色单斜	1.924	86	110 失 $6H_2O$	溶于水,易溶于醇

化学式和名称	相对分子质量	颜色、晶型或状态	相对密度	熔点/℃	沸点/℃	溶解性及其他
CoCl₃ 三氯化钴	165.29	红色晶体或黄色晶体	2.94	升华		溶于水
Co(NH₃)₆Cl₂ 二氯化六氨合钴(Ⅱ)	232.02	玫瑰红色八面体	1.497	分解		遇水分解,难溶于无水乙醇
Co(NH₃)₆Cl₃ 三氯化六氨合钴(Ⅲ)	267.46	酒红色单斜	1.710	215 失 NH₃		溶于水,难溶于乙醇
CoO 氧化亚钴	74.93	绿棕色立方	6.45	1795±20		难溶于水
Co₂O₃ 三氧化二钴	165.86	黑灰六方或正交	5.18	895 分解		难溶于水
Co₃O₄ 四氧化三钴	240.80	黑色立方	6.07	900~950 转变为 CoO		
Cr 铬	52.00	灰色固体	7.2	1900	2640	不溶于水
CrCl₂ 氯化亚铬	122.90	白色针状固体	2.878	824		潮解,易溶于水
CrCl₃ 氯化铬	158.35	紫色三方	2.76	约 1150	1300 升华	微溶于热水
CrO 氧化亚铬	68.00	黑色粉末				难溶于水
Cr₂O₃ 三氧化二铬	151.99	绿色六方	5.21	2266±25	400	难溶于水
CrO₃ 三氧化铬	99.99	红色正交	2.70	196	分解	潮解,溶于水
Cr(OH)₂ 氢氧化亚铬	86.01	黄棕色		分解		遇水分解
CrS 硫化亚铬	84.06	黑色粉末六方	4.85	1550		难溶于水
Cr₂(SO₄)₃ 硫酸铬	344.18	浅绿色固体	2.2	分解		
Cr₂(SO₄)₃·18H₂O 十八水合硫酸铬	716.45	蓝紫色立方	1.7	100 失 12H₂O		易溶于水,溶于醇
Cs 铯	132.91	银白色固体	1.9	29	690	遇水起反应
Cs₂CO₃ 碳酸铯	325.82	无色晶体		610 分解		潮解,易溶于水
CsCl 氯化铯	168.36	无色立方	3.988	645	1290	潮解,易溶于水
CsH 氢化铯	133.91	白色立方	3.41	分解		遇水分解,放出氢气
Cs₂O 氧化铯	281.81	橙色针状固体	4.25	490(在 N₂ 中)		易溶于冷水,遇热水分解
Cs₂O₂ 过氧化铯	297.81	苍黄色针状	4.25	400 分解	650 失 O	溶于冷水,遇热水分解
Cs₂O₃ 三氧化二铯或倍半氧化铯	313.81	棕色立方	4.25	400		遇水分解
CsOH 氢氧化铯	149.91	亮黄色晶体	3.675	272.3		潮解,易溶于水
Cs₂SO₄ 硫酸铯	361.87	无色正交或六方	4.243	1010	600 转六方	易溶于水
Cu 铜	63.55	红色固体	9.0	1083	2600	不溶于水
CuBr₂ 溴化铜	223.31	黑色单斜	4.77	498		潮解,易溶于水
Cu(C₂H₃O₂)₂·3Cu(AsO₂)₂ 巴黎绿	1013.77	绿色粉末				难溶于水
CuCO₃·Cu(OH)₂ 碱式碳酸铜	221.11	暗绿色单斜	4.0	200 分解		难溶于水,遇热水分解
CuCl(或 Cu₂Cl₂) 氯化亚铜	98.99	白色立方	4.14	430	1490	难溶于水
CuCl₂ 氯化铜	134.44	棕黄色粉末	3.386	620	993 分解成 CuCl	吸湿,溶于水
CuCl₂·2H₂O 二水合氯化铜	170.47	蓝绿色正交	2.54	100 失 2H₂O	分解	潮解,易溶于水
Cu₂Fe(CN)₆·xH₂O 亚铁氰化铜		棕红色				难溶于水
[Cu(NH₃)₄]SO₄·H₂O 一水合硫酸四氨络铜	245.74	深蓝色正交	1.81	150 分解		溶于水
Cu(NO₃)₂·3H₂O 三水合硝酸铜	241.60	蓝色晶体	2.32	114.5	170 失 HNO₃	潮解,易溶于水

化学式和名称	相对分子质量	颜色、晶型或状态	相对密度	熔点/℃	沸点/℃	溶解性及其他
$Cu(NO_3)_2 \cdot 6H_2O$ 六水合硝酸铜	295.64	蓝色晶体	2.074	26.4 失 $3H_2O$		潮解,易溶于水
Cu_2O 氧化亚铜	143.08	红色正交	6.0	1235	1800 失 O	难溶于水,溶于盐酸、氯化铵溶液或氨水
CuO 氧化铜	79.54	黑色单斜	6.3~6.49	1326		难溶于水,溶于酸、氯化铵或氰化钾溶液
$Cu(OH)_2$ 氢氧化铜	97.56	蓝绿色晶体或粉末	3.368	分解失 H_2O		难溶于水,遇热水分解
Cu_2S 硫化亚铜	159.14	黑色正交	5.6	1100		难溶于水,溶于硝酸、氨水
CuS 硫化铜	95.60	黑色单斜或六方	4.6	103 转变	220 分解	难溶于水,溶于硝酸、氰化钾溶液、浓盐酸或硫酸
$CuSCN$ 硫氰化亚铜	121.62	白色固体	2.843	1084		难溶于水
$Cu(SCN)_2$ 硫氰化铜	179.70	黑色		100 分解		遇水分解
$CuSO_4$ 硫酸铜	159.60	浅绿色正交	3.603	约 200 略有分解	650 分解出 CuO	溶于水
$CuSO_4 \cdot 5H_2O$ 五水合硫酸铜	249.68	蓝色三斜	2.284	110 失 $4H_2O$	150 失 $5H_2O$	溶于水
DCl 氯化氘	37.47	无色气体		−114.8	−81.6	溶于水
D_2O 重水	20.031	无色液体或六方晶体	1.105	3.82	101.42	
$DyCl_3$ 氯化镝	268.85	鲜黄色固体	3.67	718	1500	溶于水
$Dy(NO_3)_2 \cdot 5H_2O$ 五水合硝酸镝	438.58	黄色晶体		88.6		溶于水
Dy_2O_3 氧化镝	373.00	白色粉末	7.31	2340±10		
$Dy_2(SO_4)_3 \cdot 8H_2O$ 八水合硫酸镝	757.31	亮黄色晶体		110 稳定	360 失 $8H_2O$	溶于水
Er_2O_3 氧化铒	382.56	玫瑰红色粉末	8.640	不熔		难溶于水
$Er_2(SO_4)_3 \cdot 8H_2O$ 八水合硫酸铒	766.87	玫瑰红色单斜	3.217	400 失 $8H_2O$		溶于水
$EuCl_3$ 氯化铕	258.32	黄色针状固体	4.89	850		
Eu_2O_3 氧化铕	351.92	苍玫瑰色粉末	7.42	—		
$Eu_2(SO_4)_4 \cdot 8H_2O$ 八水合硫酸铕	736.23	苍玫瑰色晶体	4.95 (无水的)	375 失 $8H_2O$		微溶于水
F_2 氟	38.00	黄色气体	1.5(液)	−220	−188	遇水起反应
F_2O 氟化氧	54.00	无色气体或黄棕色液体	1.90(液)	−223.8	−144.8	微溶于水,并分解
F_2O_2 二氟化二氧	70.00	棕色气体、红色液体、橘红色固体	1.45(液) 1.912(固)	−163.5	−57	
Fe 铁	55.85	银白色固体	7.9	1540	3000	不溶于水
$FeAs$ 砷化铁	130.77	白色固体	7.83	1020		难溶于水
$FeBr_3 \cdot 6H_2O$ 六水合溴化铁	403.38	暗绿色		27		易溶于水
Fe_3C 碳化三铁	179.55	灰色立方	7.694	1837		难溶于水
$FeCO_3$ 碳酸亚铁	115.85	灰色三方	3.8	分解		难溶于水
$Fe(CO)_4$ 四羰基铁	167.89	暗绿色闪光四方	1.996	140~150 分解		难溶于水,溶于有机溶剂
$Fe(CO)_5$ 五羰基铁	195.90	黄色黏稠液体	1.457(液)	−21	102.8	难溶于水,溶于乙醇
$Fe_2(CO)_9$ 九羰基二铁	363.79	黄色带金属光泽六方	2.085	80 分解		难溶于水,溶于乙醇或甲醇

续表

化学式和名称	相对分子质量	颜色、晶型或状态	相对密度	熔点/℃	沸点/℃	溶解性及其他
$FeCl_2$ 氯化亚铁	126.75	绿至黄色六方	3.16	670～674	升华	潮解,溶于水
$FeCl_2 \cdot 4H_2O$ 四水合氯化亚铁	198.81	蓝绿色单斜	1.93			潮解,易溶于水
$FeCl_3$(或 Fe_2Cl_6)氯化铁	162.21	暗棕色六方	2.898	306	315 分解	溶于水,易溶于乙醇、乙醚或甲醇
$FeCl_3 \cdot 6H_2O$ 六水合氯化铁	270.30	棕黄色晶体		37	280～285	易潮解,溶于水
$Fe_2(Cr_2O_7)_3$ 重铬酸铁	759.66	红棕色粒状				溶于水
$Fe_2[Fe(CN)_6]$ 亚铁氰化亚铁	323.65	浅蓝色无定形	1.601	100 分解	430 分解(在真空中)	难溶于水
$Fe_4[Fe(CN)_6]_3$ 亚铁氰化铁	859.25	暗蓝色晶体		分解		难溶于水,溶于盐酸或硫酸
$Fe_3[Fe(CN)_6]_2$ 铁氰化亚铁	591.45	深蓝色固体		分解		
$Fe[Fe(CN)_6]$ 柏林绿	267.80	立方				
$Fe(NO_3)_2 \cdot 6H_2O$ 六水合硝酸亚铁	287.95	绿色正交		60.5		溶于水
$Fe(NO_3)_3 \cdot 9H_2O$ 九水合硝酸铁	404.02	无色至苍紫色单斜	1.684	47.2	125 分解	潮解,溶于水
FeO 氧化亚铁	71.85	黑色立方	5.7	1369±1		难溶于水,溶于酸
Fe_3O_4 四氧化三铁	231.54	黑色立方或红黑色粉末	5.18	1594±5		难溶于水,溶于酸
Fe_2O_3 三氧化二铁	159.69	红棕色至黑色立方	5.24	1565		难溶于水,溶于酸
$Fe_2O_3 \cdot xH_2O$ 含水氧化铁		红棕色无定形粉末或胶状物	2.44～3.60	350～400 失 H_2O		难溶于水,溶于乙醇
$FeO(OH)$ 碱式氧化铁	88.85	棕色微黑正交	4.28	136 失 $\frac{1}{2}H_2O$		溶于盐酸
$Fe(OH)_2$ 氢氧化亚铁	89.86	苍绿色六方或白色无定形	3.4	分解		难溶于水
Fe_3P 磷化三铁	198.51	灰色	6.74	1100		难溶于水
Fe_2P 磷化二铁	142.67	蓝灰色晶体或粉末	6.56	1290		难溶于水
FeP 磷化铁	86.82	正交	6.07			
FeS 硫化亚铁	87.91	黑棕色六方	4.74	1193～1199	分解	难溶于水,溶于酸
FeS_2 二硫化亚铁	119.98	黄色正交	4.87	450 转变	分解	难溶于水,在硝酸中分解
		立方	5.0	1171		难溶于水,在硝酸中分解
Fe_2S_3 三硫化二铁	207.87	黄绿色	4.3	分解		在冷水中微分解,在热水中分解生成硫化亚铁和硫
$Fe(SCN)_2 \cdot 3H_2O$ 三水合硫氰化亚铁	226.06	绿色正交		分解		易溶于水
$Fe(SCN)_3$ 硫氰化铁(或 $Fe_2(SCN)_6$)	230.09	暗红色正交				潮解,易溶于水,在热水中分解
$FeSO_4 \cdot 7H_2O$ 七水合硫酸亚铁	278.05	蓝绿色单斜	1.898	90 64 失 $6H_2O$	300 失 $7H_2O$	溶于水
$Fe_2(SO_4)_3 \cdot 9H_2O$ 九水合硫酸铁	562.01	正交	2.1	175 失 $7H_2O$		潮解,易溶于水
$FeSi$ 硅化铁	83.93	黄灰色八面体	6.1			难溶于水
Ga 镓	69.72	银白色固体	5.9	30	2400	不溶于水
$GaAs$ 砷化镓	144.64	暗绿色立方		1238		
$GaCl_2$ 二氯化镓	140.63	白色晶体		164	535	潮解,遇水分解

化学式和名称	相对分子质量	颜色、晶型或状态	相对密度	熔点/℃	沸点/℃	溶解性及其他
GaCl₃ 三氯化镓	176.03	白色针状晶体	2.47	77.9±0.2	201.3	潮解,易溶于水
Ga₂O 氧化亚镓	155.44	黑棕色粉末	4.77	＞660	＞500 升华	难溶于水,溶于酸或碱
Ga₂O₃ 氧化镓 α	187.44	白色六方或正交	6.44	1900		难溶于水
β	187.44	白色单斜或正交	5.88	(600 转 β) 1795±15		难溶于水
Ga(OH)₃ 氢氧化镓	120.74	白色		440 分解		难溶于水,溶于酸
GdCl₃ 三氯化钆	263.61	无色单斜	4.52	609		溶于水
Gd₂O₃ 氧化钆	362.50	白色无定形粉末	7.407	2330±20		吸湿,难溶于水
Ge 锗	72.59	灰色固体	5.3	937	2830	不溶于水
GeCl₄ 四氯化锗	214.41	无色液体	1.8443	−49.5	84	遇水分解
GeH₄ 锗化氢	76.64	无色气体	1.523 (−142℃)	−165	−88.5 350 分解	难溶于水
GeO 一氧化锗	88.61	黑色晶体或粉末		710 升华		难溶于水
GeO₂ 二氧化锗	104.61	无色六方或四方	六方:4.228 四方:6.239	1115.0±4.0 1086±5		微溶于水 难溶于水
GeS 一硫化锗	104.67	黄红色无定形或正交	无定形:3.31 正交:4.01	530	430 升华	微溶于水
(HO)AsO₂ 偏砷酸	123.93	白色		分解		吸湿
HAuCl₄·4H₂O 四水合氯金酸	411.85	亮黄色针状晶体		分解		潮解,溶于水
HBO₂ 偏硼酸	43.82	白色立方	2.486	236±1		难溶于水
H₃BO₃ 硼酸	61.83	无色三斜	1.435	169±1 转 HBO₂	300 失 1½H₂O	溶于水
H₂B₄O₇ 四硼酸	157.26	透明或白色粉末				溶于水
H₃Bi(或 BiH₃)铋化氢	212.00	液体			22	很不稳定
HBiO₃ 铋酸	257.99	红色	5.75	120 失 H₂O	357 失 2O	难溶于水
HBr 溴化氢	80.92	无色气体或苍黄色液体	3.5(气) 2.77(液)	−88.5	−67.0	易溶于水
HBr(47%)+H₂O 氢溴酸		无色液体	1.49	−11	126	
HBrO 次溴酸	96.92	仅存在于溶液中无色至黄色		40(真空中)		溶于水
HBrO₃ 溴酸	128.92	仅存在于溶液中无色至微黄色		100 分解		易溶于水,热水中分解
HCN 氰化氢	27.03	无色液体或气体	0.901(气) 0.699(液)	−14	26	毒,与水互溶
H₂CO₃ 碳酸	62.03	只存在于溶液中				
HCl 氯化氢	36.46	无色气体或无色液体	1.187(液) 1.00095(气)	−114.8	−84.9	易溶于水
HCl(20.24%)+H₂O 盐酸		无色液体	1.097		110	
HCl·H₂O 一水合氯化氢	54.48	无色液体	1.48	−15.35		与水互溶
HCl·2H₂O 二水合氯化氢	72.49	无色液体	1.46	−17.7	分解	与水互溶,遇水分解

续表

化学式和名称	相对分子质量	颜色、晶型或状态	相对密度	熔点/℃	沸点/℃	溶解性及其他
HCl·3H₂O 三水合氯化氢	90.51	无色液体		−24.4	分解	与水互溶
HClO₃·7H₂O 七水合氯酸	210.57	存在无色溶液中	1.282	<−20	40 分解	易溶于水
HClO₄ 高氯酸	100.46	无色液体	1.764	−112	39 (58)	不稳定,与水互溶
HF 氟化氢	20.01	无色发烟液体或气体	0.987(液) 0.991(气)	−83.1	19.54	与水互溶
HF(35.35%)+H₂O 氢氟酸		无色液体			120	
H₄Fe(CN)₆ 亚铁氰氢酸	215.99	白色正交		分解		溶于水
H₃Fe(CN)₆ 铁氰氢酸	214.98	棕黄色针状		分解		潮解,溶于水
HI 碘化氢	127.91	无色气体或苍黄色液体	5.66(气) 2.85(液)	−50.8	−35.38 (405.3kPa)	易溶于水
HI(57%)+H₂O 氢碘酸		无色液体或苍黄色发烟液体	1.70		127	
HIO₃ 碘酸	175.91	无色或苍黄色正交	4.629	110 分解		易溶于水
HIO₄ 高碘酸	191.91	无色		110 升华	138 分解	易溶于水
HMnO₄ 高锰酸	119.94					易溶于水
H₂MoO₄ 钼酸	161.95	白色或微黄色六方	3.112	70 失 H₂O		微溶于水
HN₃ 叠氮酸	43.03	无色液体	1.09	−80	37	与水互溶
HNO₂ 亚硝酸	47.01	仅存在于溶液中(浅蓝)				溶于水
HNO₃ 硝酸	63.01	无色液体	1.5027	−42	83	腐蚀性,有毒,与水互溶
68% HNO₃+32% H₂O 硝酸		无色液体	1.41		120.5	
H₂O 水	18.0153	无色液体或六方晶体	1.000		100.000	与乙醇互溶
H₂O₂ 过氧化氢	34.01	无色液体	1.4422	−0.41	150.2	与水互溶
H₄P₂(或P₂H₄)联膦	65.98	无色液体	1.012	−90	57.5	难溶于水
H₃P(或PH₃)磷化氢	34.00	无色气体或液体	1.529(气)	−133.5	87.4	毒,可燃,难溶于水
HPO₂ 偏亚磷酸	63.98	羽毛状晶体				遇水分解
H₂(HPO₃)亚磷酸	82.00	浅黄色晶体	1.651	73.6	200 分解	潮解,易溶于水
H(H₂PO₂)次亚磷酸	66.00	无色油状液体或可潮解的晶体	1.493	26.5	130 分解	溶于水,易溶于乙醇
HPO₃ 偏磷酸	79.98	无色玻璃状体	2.2~2.5	升华		潮解
H₃PO₄ 磷酸	98.00	无色液体或正交晶体	1.834	42.35	213 失 ½H₂O	潮解,易溶于水
H₄P₂O₅ 焦亚磷酸	145.98	针状		38	120 分解	遇水分解
H₄P₂O₇ 焦磷酸	177.98	无色针状晶体或液体		61		吸湿,易溶于水
H₂PtCl₆·6H₂O 六水合氯铂酸	517.92	红棕色晶体	2.431	60		溶于水,水解
H₂S 硫化氢	34.08	无色气体	1.539	−85.5	−60.7	可燃,易溶于水
H₂S₂ 二硫化氢	66.14	黄色油状液体	1.334	−89.6	70.7	在水中分解

化学式和名称	相对分子质量	颜色、晶型或状态	相对密度	熔点/℃	沸点/℃	溶解性及其他
H_2S_3 三硫化氢	98.21	亮黄色液体	1.496	−52	90 分解	
H_2S_4 四硫化氢	130.27	亮黄色液体	1.588	−85		
H_2S_5 五硫化氢	162.34	清亮黄色油状液体	1.67	−50	50	
H_2SO_3 亚硫酸	82.08	仅存在于溶液中	约 1.03			溶于水
H_2SO_4 硫酸	98.08	无色液体	1.841 (96%~98%)	10.36 (100%)	338 (98.3%)	吸湿,溶于水
$H_2SO_4 \cdot H_2O$ 一水合硫酸	116.09	无色液体或单斜	1.788	8.62	290	与水互溶
$H_2SO_4 \cdot 2H_2O$ 二水合硫酸	134.11	无色液体	1.650	−38.9	167	与水互溶
$H_2SO_4 \cdot 4H_2O$ 四水合硫酸	170.14			−27		与水互溶
$H_2SO_4 \cdot 6H_2O$ 六水合硫酸	206.17	液体		−54		易溶于水
$H_2SO_4 \cdot 8H_2O$ 八水合硫酸	242.20	液体		−62		易溶于水
$H_2S_2O_3$ 硫代硫酸	114.14	仅存在于溶液中		45 分解		
$H_2S_2O_7$ 焦硫酸	178.14	无色晶体	1.9	35	分解	吸湿,遇水分解
$H_2S_2O_8$ 过二硫酸	194.14	晶体		65 分解	分解	吸湿,遇水分解
$H_4Sb_2O_7$ 焦锑酸	359.13	白色无定形		200 失 H_2O		微溶于水
H_2Se 硒化氢	80.98	无色气体	3.664(气)	−60.4	−41.5	有毒,溶于水
H_2SeO_3 亚硒酸	128.97	无色六方	3.004	70 分解	失 H_2O	潮解,易溶于水
H_2SeO_4 硒酸	144.97	白色六方棱柱	3.004	58(易过冷)	260 分解	吸湿,易溶于水,有毒
$H_2SiF_6 \cdot 2H_2O$ 二水合氟硅酸	180.12	白色晶体		分解		潮解,发烟,溶于水
H_2SiO_3 偏硅酸	78.10	无色无定形		室温分解		难溶于水
H_2SiO_5 缩二硅酸	138.18	无色晶体		150 分解		难溶于水
H_2Te 碲化氢	129.62	无色气体或黄色针状固体	5.81(气) 2.57(液)	−49	−2	溶于水,不稳定
$H_2TeO_4 \cdot 2H_2O$ 或 $Te(OH)_6$ 二水合碲酸	229.64	白色单斜棱柱	3.158	136		溶于水
H_2WO_4 钨酸	249.86	黄色粉末	5.5	100 失 H_2O	1473	难溶于水
Hf 铪	178.49	锡白色固体	13.3	2225	5200	溶于氢氟酸
$HfCl_4$ 四氯化铪	320.30	白色		319 升华		遇水分解
HfO_2 二氧化铪	210.49	白色立方	9.68	2758±25	约 5400(?)	难溶于水
Hg 汞	200.59	灰色液体	13.6	−39	357	不溶于水
$Hg(CN)_2$ 氰化汞	252.63	无色四方或白色粉末	3.996	分解		溶于水,毒
Hg_2CO_3 碳酸亚汞	461.19	黄棕色晶体		130 分解		难溶于水
$HgCO_3 \cdot 2HgO$ 碱式碳酸汞	693.78	棕红色固体				难溶于水
Hg_2Cl_2 氯化亚汞	472.09	白色四方	7.150	400 升华		难溶于水
$HgCl_2$ 氯化汞	271.50	无色正交或白色粉末	5.44	276	302	溶于水,毒
Hg_2I_2 碘化亚汞	654.99	黄色四方或无定形粉末	7.70	140 升华	290 分解	难溶于水,溶于碘化钾溶液或氨水
HgI_2 碘化汞	454.90	α:红色四方	6.36	127 转 β		难溶于水
		β:黄色正交晶体或粉末	6.094	259	354	难溶于水

续表

化学式和名称	相对分子质量	颜色、晶型或状态	相对密度	熔点/℃	沸点/℃	溶解性及其他
$Hg(NO_3)_2 \cdot \frac{1}{2}H_2O$ 硝酸汞	333.61	浅黄色晶体或粉末	4.39	79	分解	潮解,易溶于水
Hg_2O 氧化亚汞	417.18	黑色或棕黑色粉末	9.8	100 分解		难溶于水,溶于硝酸
HgO 氧化汞	216.59	黄色或红色正交或粉末	11.1	500 分解		难溶于水
$Hg(ONC)_2$ 雷酸汞	284.62	白色立方	4.42	爆炸		微溶于水,溶于乙醇或氨水
Hg_2S 硫化亚汞	433.24	黑色		分解		难溶于水
HgS 硫化汞	232.65	α:红色六方或粉末	8.10	583.5 升华		难溶于水,溶于硫化钠溶液或硝酸
		β:黑色正交	7.73			
Hg_2SO_4 硫酸亚汞	497.24	无色单斜或浅黄色粉末	7.56	分解	分解	难溶于水
$HgSO_4$ 硫酸汞	296.65	无色正交或白色粉末	6.47	分解		遇水分解
$HoCl_3$ 三氯化钬	271.29	亮黄色固体		718	1500	溶于水
Ho_2O_3 氧化钬	377.86	褐色固体				难溶于水
I_2 碘	253.81	紫色固体	4.9	114	183	微溶于水
ICl 氯化碘(α)	162.36	红棕色油状液体或暗红色针状立方	3.1822	27.2	97.4	遇水分解,生成碘、盐酸和碘酸
ICl 氯化碘(β)	162.36	棕红色正交六边体	3.24(液)	13.92	97.4 (100 分解)	
IO_2(或 I_2O_4)二氧化碘	158.90	柠檬黄色晶体	4.2	低于 75 分解		遇水生成碘酸与碘
I_2O_5 五氧化二碘	333.81	白色棱柱	4.799	300~350 分解		易溶于水
In 铟	114.83	银白色固体	7.3	156	2000	不溶于水
$InCl$ 氯化亚铟	150.27	黄色或暗红色固体	4.19 黄 4.18 红	225±1	608	潮解,遇水分解
$InCl_2$ 二氯化铟	185.73	黄色正交	3.655	235	550~570	潮解,遇水分解
In_2O 一氧化二铟	245.64	黑色晶体	6.99	565~700 真空中升华		
InO 一氧化铟	130.81	浅灰色固体				难溶于水
In_2O_3 三氧化二铟	277.64	红棕色六方,苍黄色立方,无定形或三方	7.179		850 挥发	难溶于水
$In(OH)_3$ 氢氧化铟	165.84	白色沉淀		<150 失 H_2O		难溶于水
$In_2(SO_4)_3$ 硫酸铟	517.83	浅灰色单斜或粉末	3.438			吸湿,溶于水
$InSb$ 锑化铟	236.57	晶体		535		半导体
IrF_6 六氟化铱	306.19	黄色玻璃状四方	6.0	44.4	53	遇水分解
$IrCl_2$ 二氯化铱	263.11	黑灰色晶体(?)		773 分解		溶于水
$IrCl_4$ 四氯化铱	334.01	暗棕色无定形		分解		吸湿,溶于水
IrO_2 二氧化铱	224.20	黑或蓝色四方	11.665	1100 分解		难溶于水
$Ir(OH)_4$ 或 $IrO_2 \cdot 2H_2O$ 氢氧化铱	260.23	靛蓝色晶体		350 失 $2H_2O$		难溶于水
K 钾	39.10	银白色固体	0.9	64	760	遇水起反应

化学式和名称	相对分子质量	颜色、晶型或状态	相对密度	熔点/℃	沸点/℃	溶解性及其他
$K[Ag(CN)_2]$ 银氰化钾	199.01	无色立方	2.36			溶于水
$KAl(SO_4)_2 \cdot 12H_2O$ 硫酸钾铝	474.39	无色立方、单斜或六方	1.757	92.5 64.5 失 $9H_2O$	200 失 $12H_2O$	溶于水
$K[Au(CN)_4] \cdot 1\frac{1}{2}H_2O$ 金氰化钾	367.16	无色片状		200 分解		溶于水
KBr 溴化钾	119.01	无色立方	2.75	734	1435	微吸湿,溶于水
KCN 氰化钾	65.12	无色立方或白色粒状	1.52	634.5		潮解,剧毒,溶于水
K_2CO_3 碳酸钾	138.21	无色单斜	2.428	891	分解	吸湿,易溶于水
KCl 氯化钾	74.56	无色立方	1.984	770	1500 升华	溶于水
$KCl \cdot MgCl_2 \cdot 6H_2O$ 光卤石	277.86	无色正交	1.61	265		潮解,溶于水
$KClO$ 次氯酸钾	90.55	仅存在于溶液中		分解		易溶于水
$KClO_3$ 氯酸钾	122.55	无色单斜	2.32	356	400 分解	溶于水
$KClO_4$ 高氯酸钾	138.55	无色正交	2.52	610 ± 10	400 分解	微溶于水
K_2CrO_4 铬酸钾	194.20	黄色正交	2.732	968.3		溶于水
$K_2Cr_2O_7$ 重铬酸钾	294.19	红色单斜或三斜	2.676	398 241.6 三斜转单斜	500 分解	溶于水
$KCr(SO_4)_2 \cdot 12H_2O$ 铬钾矾	499.41	紫红色正交	1.826	89	100 失 $10H_2O$ 400 失 $12H_2O$	溶于水
KF 氟化钾	58.01	无色立方	2.48	858	1505	潮解,溶于水
$KF \cdot 2H_2O$ 二水合氟化钾	94.13	无色单斜棱柱	2.454	41	156	潮解,易溶于水
$K_3Fe(CN)_6$ 铁氰化钾	329.26	红色单斜	1.85	分解		溶于水
$K_4Fe(CN)_6 \cdot 3H_2O$ 三水合亚铁氰化钾	422.41	柠檬黄色单斜	1.85	70 失 $3H_2O$	分解	溶于水
$KFe(SO_4)_2 \cdot 12H_2O$ 铁钾矾	599.32	绿色正交	1.83	33		溶于水
KH 氢化钾	40.11	白色针状	1.47	分解		遇水分解
$KHCO_3$ 碳酸氢钾	100.12	无色单斜	2.17	$100\sim200$ 分解		溶于水
K_2HPO_4 磷酸氢二钾	174.18	白色无定形		分解		潮解,易溶于水
KH_2PO_2 次亚磷酸二氢钾	104.09	白色六方		分解		潮解,易溶于水
KH_2PO_3 亚磷酸二氢钾	120.09	白色晶体		分解		潮解,易溶于水
KH_2PO_4 磷酸二氢钾	136.09	无色四方	2.338	252.6		潮解,溶于水
KHS 硫氢化钾	72.17	黄色正交	$1.68\sim1.70$	455		潮解,遇水分解
$KHSO_3$ 亚硫酸氢钾	120.17	无色晶体		190 分解		溶于水
$KHSO_4$ 硫酸氢钾	136.17	无色正交	2.322	214	分解	潮解,溶于水
KI 碘化钾	166.01	无色或白色立方	3.13	681	1330	易溶于水
KIO_3 碘酸钾	214.00	无色单斜	3.93	560	>100 分解	溶于水
KIO_4 高碘酸钾	230.00	无色四方	3.618	582	300 失 O	溶于热水
$KMnO_4$ 高锰酸钾	158.04	紫色正交	2.703	<240 分解		溶于水
K_2MnO_4 锰酸钾	197.14	绿色正交		190 分解		遇水分解
KNH_2 氨基化钾	55.12	无色至白色或黄绿色		335	400 升华	遇水分解

续表

化学式和名称	相对分子质量	颜色、晶型或状态	相对密度	熔点/℃	沸点/℃	溶解性及其他
KNO_2 亚硝酸钾	85.11	淡黄白色棱柱	1.915	440	分解	潮解,易溶于水
KNO_3 硝酸钾	101.11	无色正交或三方	2.109	334	400 分解	溶于水
				129 转三方		
K_2O 氧化钾	94.20	无色立方	2.32	350 分解		吸湿,易溶于水
K_2O_2 过氧化钾	110.20	白色无定形		490	分解	潮解
K_2O_3 三氧化二钾	126.20	红色		430		与水反应,放出氧气
KO_2 超氧化钾	71.10	黄色叶片立方	2.14	380	分解	易溶于水
$KOCN$ 氰酸钾	81.12	无色四方	2.056	700~900 分解		溶于水
KOH 氢氧化钾	56.11	白色正交	2.044	360.4±0.7	1320~1324	潮解,易溶于水或乙醇
K_3PO_4 磷酸钾	212.28	无色正交	2.564	1340		潮解,溶于水
$K_3PO_3 \cdot 4H_2O$ 四水合亚磷酸钾	229.24	无色正交		40	150 失 $4H_2O$	易溶于水
$(KPO_3)_4 \cdot 2H_2O$ 二水合偏磷酸钾	508.33	无色晶体	100 失 $2H_2O$			易溶于水
$K_4P_2O_7 \cdot 3H_2O$ 三水合焦磷酸钾	384.40	无色	2.33	180 失 $2H_2O$	300 失 $3H_2O$	溶于水
$K_2[PtCl_6]$ 氯铂酸钾	486.01	黄色立方	3.499	250 分解		微溶于水
K_2S 硫化钾	110.27	黄棕色立方	1.805	840		潮解,溶于水
$KSCN$ 硫氰化钾	97.18	无色正交	1.886	173.2	500 分解	潮解,易溶于水
$K_2SO_3 \cdot 2H_2O$ 二水合亚硫酸钾	194.30	淡黄色六方		分解		易溶于水
$K_2S_2O_8$ 过二硫酸钾	270.33	无色三斜	2.477	<100 分解		微溶于水
$K_2S_2O_7$ 焦硫酸钾	254.33	无色针状	2.512	>300	分解	溶于水
$K_2SO_4 \cdot Fe_2(SO_4)_3 \cdot 24H_2O$ 硫酸铁钾	1006.51	苍黄绿色单斜	1.806	28	33 分解	
$K_2SO_4 \cdot UO_2SO_4 \cdot 2H_2O$ 铀酰硫酸钾	576.39	黄色单斜	3.363	120 失 $2H_2O$		溶于水
K_2SiO_3 硅酸钾	154.29	无色正交(?)		976		溶于水
KVO_3 钒酸钾	138.04	无色晶体				微溶于水
La 镧	138.91	白色固体	6.2	920	3470	溶于盐酸
$LaCl_3$ 氯化镧	245.27	白色晶体	3.842	860	>1000	潮解,易溶于水
La_2O_3 氧化镧	325.82	白色正交或无定形	6.51	2307	4200	难溶于水
$La(OH)_3$ 氢氧化镧	189.93	白色粉末		分解		难溶于水
Li 锂	6.94	银白色固体	0.5	180	1330	遇水起反应
$LiAlH_4$ 氢化铝锂	37.95	白色结晶状粉末	0.917	125 分解		遇水分解
$LiBr$ 溴化锂	86.85	白色立方	3.464	550	1265	潮解,易溶于水
$LiCO_3$ 碳酸锂	73.89	白色单斜	2.11	723	1310 分解	微溶于水
$LiCl$ 氯化锂	42.39	白色立方	2.068	605	1325~1360	溶于水
LiF 氟化锂	25.94	白色立方	2.635	845	1676	微溶于水
LiH 氢化锂	7.95	白色晶体	0.82	680		遇水分解
LiI 碘化锂	133.84	白色立方	3.494±0.015	449	1180±10	易溶于水
Li_2O 氧化锂	29.88	白色立方	2.013	>1700	1200	溶于水
$LiOH$ 氢氧化锂	23.95	白色四方	1.46	450	924 分解	溶于水
$LuBr_3$ 溴化镥	414.70			1025	1400	溶于水
$LuCl_3$ 氯化镥	281.33	无色晶体	3.98	905	750 升华	溶于水
LuF_3 氟化镥	231.97			1182	2200	难溶于水
LuI_3 碘化镥	555.68			1050	1200	溶于水

化学式和名称	相对分子质量	颜色、晶型或状态	相对密度	熔点/℃	沸点/℃	溶解性及其他
Lu$_2$O$_3$ 氧化镥	397.94	立方	9.42			
Lu$_2$(SO$_4$)$_3$·8H$_2$O 八水合硫酸镥	782.25	无色晶体				溶于水
Mg 镁	24.31	银白色固体	1.7	650	1110	不溶于水
MgBr$_2$ 溴化镁	184.13	白色六方	3.72	700		潮解,易溶于水
MgCO$_3$ 碳酸镁	84.32	白色三方	2.958	350 分解	900 失 CO$_2$	难溶于水
MgCO$_3$·Mg(OH)$_2$·3H$_2$O 三水合碱式碳酸镁	196.69	白色正交	2.02			
MgCl$_2$ 氯化镁	95.22	白色闪光六方	2.316~2.33	714	1412	溶于水
MgCl$_2$·6H$_2$O 六水合氯化镁	203.31	无色单斜	1.569	116~118 分解	分解	潮解,易溶于水
MgH$_2$ 氢化镁	26.33	白色四方		280 分解(真空中)		遇水剧烈分解
Mg(H$_2$PO$_4$)$_2$·6H$_2$O 六水合磷酸二氢镁	262.38	白色双四方体	1.59	100 失 5H$_2$O	180 失 6H$_2$O	溶于水
Mg$_3$N$_2$ 氮化镁	100.95	黄绿色粉末或块状	2.712	800 分解	700 升华(在真空中)	遇水分解
Mg(NO$_3$)$_2$·6H$_2$O 六水合硝酸镁	256.41	白色单斜	1.6363	89	330 分解	潮解,易溶于水
MgO 氧化镁	40.31	无色立方	3.58	2852	3600	难溶于水
Mg(OH)$_2$ 氢氧化镁	58.33	无色六方	2.36	350 失 H$_2$O		难溶于水
Mg$_3$P$_2$ 磷化镁	134.88	黄绿色立方	2.055			遇水分解
MgSO$_4$ 硫酸镁	120.37	无色正交	2.66	1124 分解		溶于水
MgSO$_4$·7H$_2$O 七水合硫酸镁	246.48	无色正交或单斜	1.68	150 失 6H$_2$O	200 失 7H$_2$O	溶于水
Mg$_2$Si 硅化镁	76.71	蓝色立方	1.94	1102		难溶于水
MgSiO$_3$ 硅酸镁	100.40	白色单斜	3.192	1557 分解		难溶于水
Mn 锰	54.94	灰色固体	7.4	1250	2100	遇水起反应
Mn$_3$C 碳化三锰	176.83	四方	6.89			遇水分解
MnCO$_3$ 碳酸锰	114.95	玫瑰色正交	3.125	—	分解	难溶于水
MnCl$_2$ 二氯化锰	125.84	粉红色立方	2.977	650	1190	潮解,溶于水
MnCl$_2$·4H$_2$O 四水合二氯化锰	197.91	玫瑰色单斜	2.01	58	106 失 H$_2$O / 198 失 4H$_2$O	潮解,易溶于水
Mn(NO$_3$)$_2$·4H$_2$O 四水合硝酸亚锰	251.01	无色或玫瑰色晶体	1.82	25.8	129.4	易溶于水
MnO 氧化亚锰	70.94	绿色立方	5.43~5.46			难溶于水
Mn$_3$O$_4$ 四氧化三锰	228.81	黑色正交	4.856	1564		难溶于水
Mn$_2$O$_3$ 三氧化二锰	157.87	黑色四方	4.50	1080 失 O		难溶于水
MnO$_2$ 二氧化锰	86.94	黑色正交或棕黑色粉末	5.026	535 失 O		难溶于水
MnO$_3$ 三氧化锰	102.94	微红色		分解		潮解,溶于水
Mn$_2$O$_7$ 七氧化二锰	221.87	暗红色油状物	2.396	5.9	55 分解 / 95 爆炸	吸湿,易溶于水
Mn(OH)$_2$ 氢氧化亚锰	88.95	浅粉红色三方	3.258	分解		难溶于水
MnSO$_4$ 硫酸亚锰	151.00	微红色	3.25	700	850 分解	溶于水
Mo 钼	95.94	灰色固体	10.2	2610	5560	不溶于水
MoO$_3$ 三氧化钼	143.94	无色或淡黄色正交	4.692	795	1155 升华	微溶于水
Mo(OH)$_3$ 氢氧化钼 或 Mo$_2$O$_3$·3H$_2$O	146.96	黑色粉末		分解		微溶于水

续表

化学式和名称	相对分子质量	颜色、晶型或状态	相对密度	熔点/℃	沸点/℃	溶解性及其他
MoS₂ 二硫化钼	160.07	黑色发亮六方	4.80	1185	450 升华 于空气中分解	难溶于水
N₂ 氮	28.01	无色气味	0.8(液)	−210	−196	
NCl₃ 三氯化氮	120.37	黄色油状物或正交	1.653	<−40	<71 95 爆炸	难溶于水,在热水中分解
ND₃ 重氨	20.05			−74	−30.9	
NH₃ 氨	17.03	无色气体或液体	0.771(液)	−77.7	−33.35	易溶于水,溶于乙醇或乙醚
N₂H₄ 肼	32.05	无色液体	1.0	1	114	易溶于水
NH₃·H₂O 氨水	35.05	仅存在于溶液中		−77		溶于水
NH₄Al(SO₄)₂·12H₂O 铝铵矾	453.33	无色立方	1.64	93.5	120 失 10H₂O	溶于水
NH₄Br 溴化铵	97.95	无色立方	2.429	452 升华	235 (真空中)	潮解,溶于水、丙酮、乙醚或液氨
NH₄CN 氰化铵	44.06	无色立方	1.02	36 分解	40 升华	易溶于水
(NH₄)₂CO₃·H₂O 碳酸铵	114.10	无色立方		58 分解		易溶于水
NH₄Cl 氯化铵	53.49	无色立方	1.527	340 升华	520	溶于水
(NH₄)₂CrO₄ 铬酸铵	152.08	黄色单斜	1.91	180 分解		溶于水
(NH₄)₂Cr₂O₇ 重铬酸铵	252.06	橘红色单斜	2.15	170 分解		溶于水
NH₄Cr(SO₄)₂·12H₂O 铬铵矾	478.34	绿色或紫色立方	1.72	94 100 失 9H₂O		溶于水或乙醇
NH₄F 氟化铵	37.04	无色六方	1.009	升华		潮解,易溶于水
NH₄Fe(SO₄)₂·12H₂O 铁铵矾	482.19	紫色立方	1.71	39~41	230 失 12H₂O	易溶于水
NH₄HCO₃ 碳酸氢铵	79.06	无色正交或单斜	1.58	107.5 36~40分解	升华	溶于水
NH₄HF₂ 氟氢化铵	57.04	白色正交或四方	1.50	125.6		潮解,易溶于水
NH₄H₂PO₄ 磷酸二氢铵	115.03	无色四方	1.803	190		溶于水
(NH₄)₂HPO₄ 磷酸氢二铵	132.05	无色单斜	1.619	155 分解	分解	溶于水
NH₄HS 硫氢化铵	51.11	白色正交	1.17	118	88.4 (1.93MPa)	易溶于水
NH₄HSO₃ 亚硫酸氢铵	99.10	正交	2.03	150 升华 (N₂ 中)		潮解,溶于水
NH₄HSO₄ 硫酸氢铵	115.11	无色正交	1.78	146.9	分解	易溶于水
NH₄I 碘化铵	144.94	无色立方	2.514	551 升华	220 (真空中)	吸湿,易溶于水
NH₄MnO₄ 高锰酸铵	136.97	紫色正交	2.208	110 分解		溶于水
(NH₄)₂MoO₄ 钼酸铵	196.01	无色单斜	2.276	分解		溶于水
NH₄N₃ 叠氮化铵	60.06	无色片状	1.346	160	134 升华爆炸	溶于水
NH₄NCS 异硫氰化铵	76.12	无色晶体(92℃时单斜变正交)	1.305	149.6	170 分解	溶于水、乙醇、甲醇或丙酮,不溶于氯仿
NH₄NO₂ 亚硝酸铵	64.04	浅黄色晶体	1.69	60~70 爆炸	30 升华 (真空中)	易溶于水
NH₄NO₃ 硝酸铵	80.04	无色正交	1.725	169.6	210	易溶于水,溶于甲醇或丙酮
NH₄OCN 氰酸铵	60.06	白色晶体	1.342	60 分解		易溶于水

化学式和名称	相对分子质量	颜色、晶型或状态	相对密度	熔点/℃	沸点/℃	溶解性及其他
NH_2OH 羟氨	33.03	白色针状或无色液体	1.204	33.05	56.5	溶于水,在热水中分解
$(NH_4)_3PO_4 \cdot 3H_2O$ 三水合磷酸铵	203.13	白色棱柱				溶于水
$(NH_4)_2S$ 硫化铵	68.14	无色微黄晶体		分解		吸湿,易溶于水
NH_4SCN 硫氰化铵	76.12	无色单斜	1.305	149.6	170 分解	潮解,溶于水、乙醇、丙酮或液氨
$(NH_4)_2SO_3 \cdot H_2O$ 一水合亚硫酸铵	134.15	无色单斜	1.41	60~70 分解	150 升华	溶于水
$(NH_4)_2SO_4$ 硫酸铵	132.14	无色正交	1.769	235 分解		溶于水
$(NH_4)_2S_2O_8$ 过二硫酸铵	228.18	无色单斜	1.982	120 分解		溶于水
$(NH_4)_2SO_4 \cdot FeSO_4 \cdot 6H_2O$ 六水合硫酸亚铁铵	392.14	绿色单斜	1.864	100~110 分解		溶于水
$(NH_4)_2SO_4 \cdot NiSO_4 \cdot 6H_2O$ 硫酸镍铵	395.00	暗黑色单斜	1.923			溶于水
NH_4VO_3 钒酸铵	116.98	浅黄色或无色晶体	2.326	200 分解		微溶于水
N_2O 一氧化二氮	44.01	无色气体、液体或立方	1.977(气)	−90.8	−88.5	溶于水
NO 一氧化氮	30.01	无色气体或蓝色液体	1.3402(气) 1.269(液)	−163.6	−151.8	微溶于水
N_2O_3 三氧化二氮	76.01	红棕色气体或蓝色液体	1.447(液)	−102	3.5 分解	溶于水
NO_2 二氧化氮	46.01	黄色液体或棕色气体	1.4494(气)	−11.20	21.2	溶于水
N_2O_5 五氧化二氮	108.01	白色正交或六方	1.642	30	47 分解	溶于水,与水生成硝酸
NO_3 三氧化氮	62.00	微棕色气体		室温下分解		溶于乙醚
$NOCl$ 氯化亚硝酰	65.46	黄色气体,黄红色液体或晶体	2.99(气) 1.417(液)	−64.5	−5.5	遇水分解
NO_2Cl 氯化硝酰	81.46	苍黄棕色气体	2.57(气) 1.32(液)	<−31	5	遇水分解
Na 钠	22.99	银白色固体	1.0	98	892	遇水起反应
Na_3AlF_6 氟铝酸钠(冰晶石)	209.94	无色单斜	2.90	1000		微溶于水
$NaAlO_2$ 偏铝酸钠	81.97	白色无定形粉末		1800		吸湿,溶于水
$NaAl(SO_4)_2 \cdot 12H_2O$ 铝钠矾	458.28	无色立方	1.6754	61		溶于水
$NaAsO_2$ 偏亚砷酸钠	129.91	灰白色粉末	1.87			易溶于水,有毒
$NaAsO_3$ 偏砷酸钠	145.91	正交	2.301	615		易溶于水,风化
$NaAuCl_4 \cdot 2H_2O$ 氯金酸钠	397.80	黄色正交		100 分解		易溶于水
$NaBO_2$ 偏硼酸钠	65.80	无色六方	2.464	966	1434	溶于水
$Na_2B_4O_7 \cdot 10H_2O$ 四硼酸钠(硼砂)	381.37	无色单斜	1.73	75 60 失 $8H_2O$	320 失 $10H_2O$	溶于水,风化
$NaBr$ 溴化钠	102.90	无色立方	3.203	747	1390	吸湿,易溶于水
$NaBr \cdot 2H_2O$ 二水合溴化钠	138.93	无色单斜	2.176	51 失 $2H_2O$		溶于水
$NaBrO_3$ 溴酸钠	150.90	无色立方	3.339	381		溶于水

化学式和名称	相对分子质量	颜色、晶型或状态	相对密度	熔点/℃	沸点/℃	溶解性及其他
$NaBiO_3$ 铋酸钠	279.97	黄棕色粉末(商品)黄色(纯品)				难溶于水
Na_2C_2 碳化钠	70.00	白色粉末	1.575	约700		遇水分解
$NaCN$ 氰化钠	49.01	无色立方		563.7	1496	潮解,剧毒
Na_2CO_3 碳酸钠	105.99	白色粉末	2.532	851	分解	吸湿,溶于水
$Na_2CO_3 \cdot H_2O$ 一水合碳酸钠	124.00	无色正交	2.25	100 失H_2O		潮解,溶于水
$Na_2CO_3 \cdot 7H_2O$ 七水合碳酸钠	232.10	白色正交	1.51	32 失H_2O		溶于水,风化
$Na_2CO_3 \cdot 10H_2O$ 十水合碳酸钠	286.14	白色单斜	1.44	32.5~34.5	33.5 失H_2O	溶于水,风化
$Na_2CO_3 \cdot NaHCO_3 \cdot 2H_2O$ 二水倍半碳酸钠	226.03	无色单斜	2.112	分解		溶于水
$NaCl$ 氯化钠	58.44	无色立方	2.165	801	1413	溶于水,微溶于乙醇
$NaClO$ 次氯酸钠	74.44	仅存在于溶液中				
$NaClO_2$ 亚氯酸钠	90.44	白色晶体		180~200 分解		吸湿,溶于水
$NaClO_3$ 氯酸钠	106.44	无色正交或三方	2.490	248~261	分解	溶于水或乙醇
$NaClO_4$ 高氯酸钠	122.44	白色正交		482 分解	分解	吸湿,溶于水或乙醇
$Na_3Co(NO_2)_6$ 钴亚硝酸钠	403.94	黄褐色晶体或粉末				易溶于水
$Na_2CrO_4 \cdot 10H_2O$ 十水合铬酸钠	342.13	黄色单斜	1.483	19.92		潮解,溶于水
$Na_2Cr_2O_7 \cdot 2H_2O$ 二水合重铬酸钠	298.00	红色单斜、棱柱	2.52	100 失$2H_2O$	400 分解	潮解,易溶于水
NaF 氟化钠	41.99	无色正交或四方	2.558	993	1695	溶于水
NaH 氢化钠	24.00	银色针状	0.92	800 分解		遇水分解
$NaHCO_3$ 碳酸氢钠	84.00	白色单斜、棱柱	2.159	270 失CO_2		溶于水
$Na_2HPO_4 \cdot 12H_2O$ 十二水合磷酸氢二钠	358.14	无色正交或单斜	1.52	35.1 失$5H_2O$	100 失$12H_2O$	溶于水,易风化
$NaH_2PO_4 \cdot 2H_2O$ 二水合磷酸二氢钠	156.01	无色正交	1.91	60		易溶于水
$NaHS$ 硫氢化钠	56.06	无色正交或白色粒状		350		易溶于水
$NaHSO_3$ 亚硫酸氢钠	104.06	白色单斜	1.48	分解		易溶于水
$NaHSO_4$ 硫酸氢钠	120.06	无色三斜	2.435	＞315	分解	溶于水
NaI 碘化钠	149.89	无色立方	3.667	661	1304	易溶于水
$NaIO_3$ 碘酸钠	197.89	白色正交	4.277	分解		溶于水
$NaIO_4$ 高碘酸钠	213.89	无色四方	4.174	300 分解		溶于水
Na_3N 氮化钠	82.98	暗灰色		300 分解		遇水分解
NaN_3 叠氮化钠	65.01	无色六方	1.846	分解为Na 和N_2	分解(真空中)	溶于水
$NaNH_2$ 氨基化钠	39.01	白色贝壳体		210	400	遇水分解
$NaNH_4SO_4 \cdot 2H_2O$ 硫酸铵钠	173.12	白色正交	1.63	80 分解		溶于水
$NaNO_2$ 亚硝酸钠	69.00	无色或黄色正交	2.168	271	320 分解	吸湿,溶于水
$NaNO_3$ 硝酸钠	84.99	无色三方或菱形	2.261	306.8	380 分解	吸湿,溶于水、乙醇或甲醇
Na_2O 氧化钠	61.98	浅灰色固体	2.27	1275 升华		潮解,遇水生成$NaOH$

化学式和名称	相对分子质量	颜色、晶型或状态	相对密度	熔点/℃	沸点/℃	溶解性及其他
Na_2O_2 过氧化钠	77.98	浅黄色粉末	2.805	460 分解	657 分解	溶于水
$Na_2O_2 \cdot 8H_2O$ 八水合过氧化钠	222.10	白色六方		30 分解	分解	溶于水
NaOCN 氰酸钠	65.01	无色针状	1.937	700 真空中分解		溶于水
NaOH 氢氧化钠	40.00	白色固体	2.130	318.4	1390	潮解,溶于水
Na_3P 磷化钠	99.94	红色		分解		遇水分解,放出磷化氢
$Na_3PO_4 \cdot 12H_2O$ 十二水合磷酸钠	380.12	无色三方	1.62	73.3~76.7 分解	100 失 $12H_2O$	溶于水
$Na_4P_4O_7 \cdot 10H_2O$ 十水合焦磷酸钠	446.06	无色单斜	1.815~1.836	880 93.8 失 H_2O		溶于水
$(NaPO_3)_3 \cdot 6H_2O$ 六水合三聚偏磷酸钠	413.98	无色三斜		53 50 失 $6H_2O$		溶于水,易风化
$(NaPO_3)_6$ 六聚偏磷酸钠	611.17	无色玻璃状				易溶于水
Na_2S 硫化钠	78.04	白色晶体	1.856	1180		潮解,溶于水
NaSON 硫氰化钠	81.07	无色正交		287		潮解,易溶于水
Na_2SO_3 亚硫酸钠	126.04	白色粉末或六方	2.633	红热分解	分解	溶于水
$Na_2SO_3 \cdot 7H_2O$ 七水合亚硫酸钠	252.15	无色单斜	1.539	150 失 $7H_2O$	分解	溶于水,风化
Na_2SO_4 硫酸钠	142.04	单斜	2.68	884,约 241,转六方		溶于水
$Na_2SO_4 \cdot 7H_2O$ 七水合硫酸钠	268.15	白色正交或四方		24.4 转无水		溶于水
$Na_2SO_4 \cdot 10H_2O$ 十水合硫酸钠	322.19	无色单斜	1.464	32.38	100 失 $10H_2O$	溶于水,易风化
$Na_2S_2O_7$ 焦硫酸钠	222.16	白色半透明晶体	2.658	400.9	460 分解	潮解,溶于水
$Na_2S_2O_3 \cdot 5H_2O$ 五水合硫代硫酸钠(海波)	248.18	无色单斜	1.729	40~45 48 分解	100 失 $5H_2O$	溶于水,易风化
$NaSbO_2 \cdot 3H_2O$ 偏亚锑酸钠	230.78	无色正交	2.864	分解		遇水分解
Na_2SiO_3 偏硅酸钠	122.00	无色单斜	2.4	1088		溶于水
Na_4SiO_4 硅酸钠	184.04	无色六方		1018		溶于水
$Na_2Sn(OH)_6$ 三水合锡酸钠	266.74	无色六方或白色粉末		140 失 $3H_2O$		溶于水
$Na_2Ti_3O_7$ 三钛酸钠	301.68	白色针状单斜	3.35~3.50	1128		难溶于水,溶于热盐酸
Na_2UO_4 铀酸钠	348.01	灰黄色或红色片状正交				难溶于水
$NaVO_3$ 偏钒酸钠	121.93	无色单斜棱柱				溶于水
Na_2WO_4 钨酸钠	293.83	白色正交	4.179	698		溶于水
Nb 铌	92.91	铁灰色固体	8.6	2468	5127	溶于熔碱
$NbCl_5$ 氯化铌	270.17	浅黄色固体	2.75	204.7	254	潮解,遇水分解
NbH 氢化铌	93.91	灰色粉末	6.6	不熔		溶于氢氟酸或浓硫酸
Nb_2O_5 五氧化二铌	265.81	白色正交	4.47	1485±5		难溶于水
$NdCl_3$ 氯化钕	250.60	玫瑰紫色棱柱	4.134	784	1600	溶于水
Nd_2O_3 氧化钕	336.48	浅蓝色粉末,有红色荧光	7.24	约 1900		难溶于水
$Nd_2(SO_4)_3 \cdot 8H_2O$ 八水合硫酸钕	720.79	红色单斜	2.85	1176		溶于水
Ni 镍	58.69	灰色固体	8.9	1450	2730	不溶于水
$Ni(CO)_4$ 四羰基镍	170.75	无色易挥发的可燃液体	1.32	−25	43	难溶于水

续表

化学式和名称	相对分子质量	颜色、晶型或状态	相对密度	熔点/℃	沸点/℃	溶解性及其他
$NiCl_2$ 氯化镍	129.62	黄色固体	3.55	1001	973 升华	潮解,溶于水
$Ni(NO_3)_2 \cdot 6H_2O$ 六水合硝酸镍	290.81	绿色单斜	2.05	56.7	136.7	潮解,易溶于水
NiO 氧化镍	74.71	墨绿色固体	6.67	1984		难溶于水
$Ni(OH)_2$ 氢氧化镍或 $NiO \cdot xH_2O$	92.72	绿色晶体或无定形	4.15 (3.65)	230 分解		难溶于水
NiS 硫化镍	90.77	黑色三方或无定形	5.3~5.65	797		难溶于水
$NiSO_4 \cdot 7H_2O$ 七水合硫酸镍	280.88	绿色正交	1.948	99 31.5 失 H_2O	103 失 $6H_2O$	溶于水
$NpCl_3$ 三氯化镎	343.36	白色六方	5.38	约 800		溶于水
$NpCl_4$ 四氯化镎	378.81	红棕色四方	4.92	538		溶于水
NpO_2 二氧化镎	269.00	苹果绿色立方	11.11			难溶于水
O_2 氧	32.00	无色气体	1.1(液)	−219	−83	
O_3 臭氧	48.00	无色气体	1.5(液)	−193	−111	微溶于水
OF_2 二氟化氧	54.00	无色气体,不稳定	1.90(液)	−223.8	−144.8	微溶于水
$OsCl_4$ 四氯化锇	332.01	红棕色针状		升华		微溶于水并分解
OsF_6 六氟化锇	304.19	绿色晶体		32.1	45.9	遇水分解
OsO 一氧化锇	206.20	黑色				难溶于水
OsO_2 二氧化锇	222.20	黑色粉末 棕色晶体	7.71 11.37	350~400 变棕 500 时 30% 变 OsO_4		难溶于水
OsO_4 四氧化锇	254.10	无色单斜 黄色块状	4.906	39.5 41.5	130	溶于水
$OsSO_3$ 亚硫酸锇	270.26	蓝黑色固体		分解		难溶于水
P 磷	30.97	白色固体 红色固体 黑色固体	1.8 2.3 2.7	44	280 411 升华 453 升华	不溶于水 不溶于水 不溶于水
PBr_3 三溴化磷	270.70	无色发烟液体	2.852	−40	172.9	遇水分解
PBr_5 五溴化磷	430.52	黄色正交		<100 分解	106 分解	遇水分解
PCl_2 或 P_2Cl_4(?) 二氯化磷	101.88	无色液体		−28	180	遇水分解
PCl_3 三氯化磷	137.33	无色发烟液体	1.574	−112	75.5	遇水分解
PCl_5 五氯化磷	208.24	淡黄色四方	4.65(气)	166.8 分解	162 升华	遇水分解
PF_3 三氟化磷	87.97	无色气体	3.907(气)	−151.5	−101.5	遇水分解
PF_5 五氟化磷	125.97	无色气体	5.805(气)	−83	−75	遇水分解
PH_3 磷化氢(见 H_3P)	34.00	无色气体	1.529(气)	−133.5	−87.4	难溶于水,有毒
PH_4Cl 氯化鏻	70.46	无色立方		28	升华	遇水分解
PH_4I 碘化鏻	161.91	无色四方	2.86	18.5 61.8 升华	80	潮解,遇水分解
$(PH_4)_2SO_4$ 硫酸鏻	166.07					遇水分解
PI_3 三碘化磷	411.68	红色六方	4.18	61	分解	潮解,遇水分解,易溶于二硫化碳
P_2O_3 或 P_4O_6 三氧化二磷	219.89	无色单斜或白色粉末	2.135	23.8	175.4	潮解,与水反应生成亚磷酸
P_2O_5 或 P_4O_{10} 五氧化二磷	141.94	白色粉末或单斜	2.39	580~585	300 升华	潮解,与水生成磷酸
P_4S_3 三硫化四磷	220.09	黄色正交	2.03	174	408	难溶于冷水,遇热水分解

化学式和名称	相对分子质量	颜色、晶型或状态	相对密度	熔点/℃	沸点/℃	溶解性及其他
P_4S_7 七硫化四磷	348.34	亮黄色晶体	2.19	310	523	微溶于二硫化碳
P_2S_5 或 P_4S_{10} 五硫化二磷	222.27	灰黄色晶体	2.03	286～290	514	潮解,难溶于冷水,在热水中分解
$P(SCN)_3$ 硫氰化磷	205.22	液体	1.625	约−4	265	遇冷水分解,溶于乙醇、乙醚或苯等
$PSCl_3$ 三氯硫化磷	169.40	无色发烟液体	1.635	−35	125	遇冷水微分解,在热水中分解
Pb 铅	207.2	灰色固体	11.4	327	1740	不溶于水
$Pb_3(AsO_4)_2$ 砷酸铅	399.41	白色晶体	7.80	1042	1000 微分解	剧毒,难溶于水,溶于硝酸
$PbBr_2$ 溴化铅	367.01	白色正交	6.66	373	916	微溶于水,溶于酸或溴化钾
$PbCO_3$ 碳酸铅	267.20	无色正交	6.6	315 分解		难溶于冷水,遇热水分解
$2PbCO_3 \cdot Pb(OH)_2$ 盐基碳酸铅	775.60	白色粉末或六方	6.14	400 分解		难溶于水,微溶于二氧化碳水溶液
$PbCl_2$ 氯化铅	278.10	白色正交	5.85	501	950	微溶于水,溶于铵盐溶液
$PbCl_4$ 四氯化铅	349.00	黄色油状液体	3.18	−15	105 爆炸	遇水分解,放出氯气,溶于浓盐酸
$PbCrO_4$ 铬酸铅	323.18	黄色单斜	6.12	344	分解	难溶于水,溶于酸
PbF_2 氟化铅	245.19	无色正交	8.24	855	1290	毒,难溶于水,溶于硝酸
PbH_2 二氢化铅	209.21	灰色粉末		分解		
$Pb(HSO_4)_2 \cdot H_2O$ 硫酸氢铅	419.34	白色晶体		分解		难溶于水,微溶于硫酸
PbI_2 碘化铅	461.00	黄色六方粉末	6.16	402	954	毒,微溶于水,溶于碱或碘化钾溶液
$PbMoO_4$ 钼酸铅	367.13	无色至亮黄色四方	6.92	1060～1070		难溶于水,溶于酸或碱
$Pb(N_3)_2$ 叠氮化铅	291.23	无色针状或粉末			350 爆炸	微溶于水,易溶于乙酸
$Pb(NO_3)_2$ 硝酸铅	331.20	无色单斜或立方	4.53	470 分解		毒,溶于水、乙醇、碱或液氨
Pb_2O 一氧化二铅	430.38	黑色无定形	8.342	分解		难溶于水,溶于酸或碱
PbO 氧化铅	223.19	黄色四方 黄色正交	9.53 8.0	886		难溶于水,溶于硝酸、碱 难溶于水,溶于碱
Pb_3O_4 四氧化三铅	685.57	红色晶体或无定形粉末	9.1	500 分解		难溶于水,溶于盐酸
Pb_2O_3 三氧化二铅	462.38	橘黄色无定形粉末		370 分解		难溶于冷水,遇热水分解
PbO_2 二氧化铅	239.19	棕色四方	9.375	290 分解		难溶于水,溶于稀盐酸
$Pb(OH)NO_3$ 盐基硝酸铅	286.20	白色正交	5.93	180 分解		溶于水或酸
$Pb_3(PO_4)_2$ 磷酸铅	811.51	无色六方或白色粉末	6.9～7.3	1014		难溶于水
PbS 硫化铅	239.25	蓝色立方呈金属光泽	7.5	1114		难溶于水,溶于酸
$PbSO_4$ 硫酸铅	303.25	白色单斜或正交	6.2	1170		难溶于水,溶于铵盐溶液

化学式和名称	相对分子质量	颜色、晶型或状态	相对密度	熔点/℃	沸点/℃	溶解性及其他
PbSiO₃ 硅酸铅	283.27	无色或白色单斜	6.49	766		难溶于水
PbTiO₃ 钛酸铅	303.09	黄色正交	7.52			难溶于水
PbWO₄ 钨酸铅	455.04	无色四方	8.23			难溶于水,溶于氢氧化钾溶液
Pd 钯	106.42	银白色固体	12.0	1552	2870	溶于热 HNO₃、H₂SO₄
PdCl₂ 二氯化钯	177.31	暗红色针状立方	4.0	500 分解		潮解,溶于水
PdF₃ 三氟化钯	163.40	黑色正交	5.06	分解	分解	遇水分解
Pd₂H 或 Pd₄H₂ 氢化钯	213.81	银色金属状固体	10.76	分解		
Pd(NO₃)₂ 硝酸钯	230.41	棕黄色正交		分解		潮解,溶于水并分解
PdO 氧化钯	122.40	绿蓝色或琥珀色或黑色粉末	8.70	870		难溶于水
PdO₂·xH₂O 含水二氧化钯		暗红色		分解,失 H₂O、失 O		难溶于水
PdSO₄·2H₂O 二水合硫酸钯	238.50	红棕色晶体		分解		潮解,易溶于水
PoCl₂ 二氯化钋	280.96	宝石红色固体	6.50	190 升华		溶于稀硝酸
PoCl₄ 四氯化钋	351.86	黄色单斜或三斜		300 (在 Cl₂ 中)	390	溶于水,并分解
PoO₂ 二氧化钋	242.05	红色四方		500 分解		
PrCl₃ 三氯化镨	247.27	蓝绿色针状	4.02	786	1700	易溶于水和乙醇
Pr₂O₃ 三氧化二镨	329.81	黄绿色无定形	7.07	分解		难溶于水,溶于酸
PrO₂ 二氧化镨	172.91	棕黑色粉末	6.82	>350 转 Pr₆O₁₁		
Pt 铂	195.08	银白色固体	21.5	1.774	约 3800	溶于王水,熔碱
PtCl₄ 四氯化铂	336.90	棕红色晶体	4.303	370 分解 (在 Cl₂ 中)		溶于水,微溶于乙醇
PtF₆ 六氟化铂	309.08	暗红色固体,很不稳定		57.6		
PtO 一氧化铂	211.09	紫黑色	14.9	550 分解		难溶于水,溶于盐酸
Pt₃O₄ 四氧化三铂	649.27			分解		难溶于水,酸或王水
PtO₂ 二氧化铂	227.03	黑色	10.2	450		难溶于水,酸或王水
PtO₂·4H₂O 四水合氧化铂	299.15	黄色针状固体		100 失 2H₂O	120 失 3H₂O	难溶于水,溶于酸或稀碱
Pt(OH)₂ 氢氧化铂	229.10	黑色		分解		难溶于水,硫酸或稀硝酸
PtS₂ 二硫化铂	259.22	黑棕色粉末	7.66	225~250 分解		难溶于水,溶于盐酸或硝酸
PuCl₃ 三氯化钚	348.36	绿色六方	5.70	760		溶于水
PuF₆ 六氟化钚	355.99	淡红棕色正交		50.75	62.3	遇水分解
PuO₂ 二氧化钚	274.00	浅黄绿色立方	11.46			微溶于热的浓硫酸、硝酸或氢氟酸
Pu(SO₄)₂·4H₂O 四水合硫酸钚	506.18	浅粉色		280 分解		溶于稀矿酸
RaBr₂ 溴化镭	385.82	无色至微黄色单斜	5.79	728	900 升华	溶于水或乙醇
RaCl₂ 氯化镭	296.91	无色至微黄色单斜	4.91	1000		溶于水或乙醇
Rb 铷	85.47	银白色固体	1.5	39	688	遇水起反应

化学式和名称	相对分子质量	颜色、晶型或状态	相对密度	熔点/℃	沸点/℃	溶解性及其他
RbCl 氯化铷	120.92	无色立方	2.80	718	1390	溶于水
RbH 氢化铷	86.48	无色针状固体	2.60	300 分解		遇水分解
Rb$_2$O 氧化铷	186.94	无色至黄色立方	3.72	400 分解		溶于水并分解,溶于液氨
Rb$_2$O$_2$ 过氧化铷	202.94	黄色立方	3.65	570	1011 分解	遇水分解成氢氧化铷和氧气
Rb$_2$O$_3$ 或 Rb$_4$O$_6$ 三氧化二铷	218.94	黑色立方	3.53	489		溶于水并分解
RbO$_2$ 超氧化铷	117.47	黄色片状,不稳定	3.80	432	1157 分解	
Rb$_2$O$_4$ 四氧化二铷	234.94	暗橘红色晶体		500 分解（真空中）		潮解
RbOH 氢氧化铷	102.48	浅灰色固体	3.203	301.0±0.3		潮解,易溶于水,溶于乙醇
Rb$_2$SO$_4$ 硫酸铷	267.00	无色正交或六方	3.613	1060 653 转三方	约 1700	溶于水
Re 铼	186.21	银白色固体	21.0	3180	5885	溶于 HNO$_3$,微溶于热 H$_2$SO$_4$
ReCl$_3$ 三氯化铼	292.56	暗红色六方		＞550		溶于水、酸或碱
ReCl$_4$ 四氯化铼	328.01	黑色(存在否?)			500	溶于水并分解,溶于盐酸
ReCl$_5$ 五氯化铼	363.47	暗绿色至黑色	4.9	分解	分解	遇水分解,溶于盐酸或碱
ReO$_2$ 二氧化铼	218.20	黑色	11.4	1000 分解		难溶于水,溶于浓盐酸或过氧化氢
ReO$_3$ 三氧化铼	234.20	红色或蓝色立方	6.9～7.4		400 分解	难溶于水,溶于过氧化氢或硝酸
Re$_2$O$_7$ 七氧化二铼	484.40	黄色片状六方或粉末	6.103	约 297	250 升华	吸湿,易溶于水和乙醇
Re$_2$S$_7$ 七硫化二铼	596.85	黑色粉末	4.866		分解	难溶于水,溶于硝酸、过氧化氢或碱
Rh 铑	102.91	灰白色固体	12.4	1966	3700	溶于 KHSO$_4$
RhCl$_3$ 三氯化铑	209.26	棕红色粉末		450～500 分解	800 升华	潮解,难溶于水
Rh(NH$_3$)$_6$Cl$_3$ 三氯化六氨合铑	311.45	片状正交	2.008	210 失 NH$_3$ 分解		溶于水
Rh(NO$_3$)$_3$·2H$_2$O 二水合硝酸铑	324.93	红色				潮解,溶于水
Rh$_2$O$_3$ 三氧化二铑	253.81	灰色晶体或无定形	8.20	1100～1150 分解		难溶于水、王水、酸或氢氧化钾溶液
RhO$_2$ 二氧化铑	134.90	棕色				难溶于水或酸
Ru(CO)$_5$ 五羰基钌	241.12	无色液体		−22		溶于乙醇或苯
RuCl$_3$ 三氯化钌	207.43	棕色晶体	3.11	＞500 分解		潮解,难溶于冷水,遇热水分解,溶于盐酸
RuO$_2$ 二氧化钌	133.07	暗蓝色四方	6.97	分解		难溶于水
RuO$_4$ 四氧化钌	165.07	黄色针状正交	3.29	25.5	108 分解	溶于水
Ru(OH)$_3$ 氢氧化钌	152.09	黑色粉末				难溶于水
S 硫	32.07	黄色单斜	2.0	119	445	不溶于水
		黄色正交	2.1	113	445	不溶于水
S$_2$Br$_2$ 一溴化硫	233.95	红色液体	2.63	−40	54	遇水分解
S$_2$Cl$_2$ 一氯化硫	135.03	黄红色液体	1.678	−80	135.6	遇水分解
SCl$_2$ 二氯化硫	102.97	暗红色液体	1.621	−78	59 分解	溶于四氯化碳或苯
SCl$_4$ 四氯化硫	173.88	黄棕色液体		−30	−15 分解	遇水分解

化学式和名称	相对分子质量	颜色、晶型或状态	相对密度	熔点/℃	沸点/℃	溶解性及其他
S_4N_2 二氮化四硫	156.27	红色液体或灰色固体	1.901	23	100 分解爆炸	难溶于水
S_4N_4 四氮化四硫	184.28	橘红色单斜	2.22	179 升华	160 爆炸	遇水分解
SO 或 S_2O_2 一氧化硫	48.06	无色气体		分解	分解	遇水分解
S_2O_3 三氧化二硫	112.13	蓝绿色晶体		70~95 分解		遇水分解
SO_2 二氧化硫	64.06	无色气体或液体	2.927(气) 1.434(液)	−72.7	−10	溶于水
SO_3 三氧化硫(α)	80.06	丝质纤维状和针状,稳定型	1.97	16.83	44.8	
$(SO_3)_2$ 三氧化硫(β)	160.12	石棉纤维状,介稳型		62.4	50(升华)	
SO_3 三氧化硫(γ)	80.06	玻璃状,介稳型	1.920(液) 2.29(固)	16.8	44.8	
SO_4 四氧化硫	96.00	白色		0~3 分解		遇水分解
SO_2Cl_2 氯化硫酰	134.97	无色液体	1.6674	−54.1	69.1	遇水分解,溶于苯
Sb 锑	121.75	银白色固体	6.7	631	1380	不溶于水
$SbCl_3$ 三氯化锑	228.11	无色正交	3.140	73.4	283	潮解,易溶于水
$SbCl_5$ 五氯化锑	299.02	白色液体或单斜	2.336(液)	2.8	79	遇水分解,溶于盐酸
SbH_3 锑化氢	124.77	可燃气体	4.36(气) 2.26(液)	−88	−17.1	微溶于水
Sb_2O_3 或 Sb_4O_6 三氧化二锑	291.50	白色立方	5.2	656	1550 升华	难溶于水,溶于氢氧化钾溶液或盐酸
		无色正交	5.67	656	1550	
Sb_2O_5 或 Sb_4O_{10} 五氧化二锑	323.50	黄色粉末	3.80	380 失 O 930 失 2O		难溶于水,氢氧化钾溶液或盐酸
Sb_2S_3 三硫化二锑	339.69	黑色正交 黄红色无定形粉末	4.64 4.12	550	约 1150	难溶于水,溶于乙醇、硫化钾溶液或盐酸
Sb_2S_5 五硫化二锑	403.82	黄色粉末	4.120	75 分解		难溶于水,溶于酸或碱
Sc 钪	44.96	银白色固体	3.0	1500	2730	不溶于水
$ScCl_3$ 氯化钪	151.32	无色晶体	2.39	939	800~850 升华	易溶于水
Sc_2O_3 氧化钪	137.91	白色粉末	3.864			难溶于水
$Sc(OH)_3$ 氢氧化钪	95.98	无色无定形				难溶于水
Se 硒	78.96	灰色固体	4.8	217	685	不溶于水
		红色固体	4.5	170		
Se_2Cl_2 二氯化二硒	228.83	棕红色液体	2.77	−85	130 分解	遇水分解
$SeCl_4$ 四氯化硒	220.77	白色至黄色立方	3.78~3.85	305(170~196 升华)	288 分解	潮解,遇水分解
SeO_2 二氧化硒	110.96	白色单斜 无色四方	3.95	340~350 (315~317 升华)		毒,溶于水
SeO_3 三氧化硒	126.96	苍黄色立方或纤维状	3.6	118	180 分解	潮解,易溶于水
SeS 硫化硒	111.02	橘黄色粒状或粉末	3.056	118~119 分解		难溶于水,溶于二硫化碳
SeS_2 二硫化硒	143.09	棕红色至黄色		<100	分解	难溶于水
Si 硅	28.09	灰色固体	2.3	1410	2680	不溶于水
SiC 碳化硅	40.10	无色至黑色六方或立方	3.217	约 2700 升华分解		难溶于水或酸

化学式和名称	相对分子质量	颜色、晶型或状态	相对密度	熔点/℃	沸点/℃	溶解性及其他
Si(SCN)$_4$ 硫氰化硅	260.41	白色针状正交	1.409 7.59(气)	143.8	314.2	遇水分解
SiCl$_4$ 四氯化硅	169.90	无色发烟液体	1.483(液) 1.90(固)	－70	57.57	遇水分解
SiH$_4$ 硅化氢	32.12	无色气体	1.44(气) 0.68(液)	－185	－111.8	难溶于水
SiHCl$_3$ 三氯氢硅	135.45	无色液体	1.34	－126.5	33	遇水分解,溶于二硫化碳、四氯化碳、氯仿或苯等
Si$_3$N$_4$ 氮化硅	140.28	浅灰色无定形粉末	3.44	1900(压力下)		难溶于水,溶于氢氟酸
SiO 一氧化硅	44.09	白色立方	2.13	＞1702	1880	难溶于水,溶于稀氢氟酸加硝酸
SiO$_2$ 二氧化硅	60.08	无色立方或四方 无色无定形	2.32 2.19	1723±5	2230 (2590)	难溶于水,溶于氢氟酸
SiS$_2$ 二硫化硅	92.21	白色针状正交	2.02	1090 升华	白热	遇水分解
SmCl$_2$ 二氯化钐	221.26	红棕色晶体	4.56	740		溶于水
SmCl$_3$ 三氯化钐	256.71	浅黄色晶体	4.46	678±2	分解	潮解,溶于水
Sm$_2$O$_3$ 氧化钐	348.70	淡黄色粉末	8.347			难溶于水
Sm(OH)$_3$ 氢氧化钐	201.37	苍黄色粉末				难溶于水
Sn 锡	113.71	银白色固体	7.5	232	2270	不溶于水
SnCl$_2$ 二氯化锡	189.60	白色正交	3.95	246	652	易溶于水
SnCl$_2$·2H$_2$O 二水合氯化亚锡	225.63	白色单斜	2.710	37.7	分解	遇水分解,溶于乙醇、乙醚或丙酮等
SnCl$_4$ 四氯化锡	260.50	无色液体或立方	2.226(液)	－33	114.1	溶于水和乙醚
SnH$_4$ 锡化氢	122.72	气体		－150 分解	－52	溶于浓碱或浓硫酸
SnO 氧化亚锡	134.69	黑色立方或四方	6.446	1080 分解		难溶于水
SnO$_2$ 二氧化锡	150.69	白色四方、六方或正交	6.95	1630	1800～1900 升华	难溶于水
SnS 硫化亚锡	150.75	灰黑色立方或单斜	5.22	882	1230	难溶于水
SnS$_2$ 二硫化锡	182.82	金黄色六方	4.5	600 分解		难溶于水
SnSO$_4$ 硫酸亚锡	214.75	浅黄色晶体或粉末		＞360 (SO$_2$ 中)		溶于水或硫酸
Sr 锶	87.62	银白色固体	2.6	770	1380	遇水反应
SrCO$_3$ 碳酸锶	147.63	无色正交或白色粉末	3.70	1497 (6.99MPa)	1340 失 CO$_2$	难溶于水
SrCl$_2$ 氯化锶	158.53	无色立方	3.052	875	1250	溶于水
SrH$_2$(?)氢化锶	89.64	白色正交	3.72	675 分解	1000 升华 (H$_2$ 中)	吸湿,遇水分解
SrHPO$_4$ 磷酸氢锶	183.60	无色正交	3.544	1.62		难溶于水
Sr(NO$_3$)$_2$ 硝酸锶	211.63	无色立方	2.986	570		溶于水
Sr(NO$_3$)$_2$·4H$_2$O 四水合硝酸锶	283.69	无色单斜	2.2	100 失 4H$_2$O	1100 转 SrO	溶于水
SrO 氧化锶	103.62	浅灰色立方	4.7	2430	约 3000	微溶于水
SrO$_2$ 过氧化锶	119.62	白色粉末	4.56	215 分解		微溶于水
Sr(OH)$_2$ 氢氧化锶	121.63	白色固体	3.625	375 (H$_2$ 中)	710 失 H$_2$O	潮解,微溶于水
SrSO$_4$ 硫酸锶	183.68	无色正交	3.96	1605		难溶于水
Ta 钽	180.95	灰黑色固体	16.6	2980	5425	溶于氢氟酸及熔碱
TaC 碳化钽	192.96	黑色立方	13.9	3880	5500	难溶于水

续表

化学式和名称	相对分子质量	颜色、晶型或状态	相对密度	熔点/℃	沸点/℃	溶解性及其他
TaCl₅ 五氯化钽	358.21	亮黄色玻璃状晶体或粉末	3.68	216	242	遇水分解
Ta₂O₄ 或 TaO₂ 四氧化二钽	425.89	深灰色粉末		氧化		难溶于水和酸
Ta₂O₅ 五氧化二钽	441.89	无色正交	8.2	1872±10		难溶于水,溶于氢氟酸
Ta(OH)₆ 或 H₂TaO₄·2H₂O 钽酸	229.64	白色单斜	3.071	136		溶于水
TbCl₃·6H₂O 六水合氯化铽	373.38	无色棱柱	4.35(无水)	588(无水)	180~200 失 H₂O	潮解,易溶于水
Tb₂O₃ 氧化铽	365.85	白色固体				溶于稀酸
Te 碲	127.60	白色固体	6.2	450	1390	不溶于水
TeCl₂ 二氯化碲	198.50	黑色晶体或无定形,不稳定	7.05	209±5	327	遇水分解
TeCl₄ 四氯化碲	269.41	白至黄色晶体	3.26	224	380	潮解,溶于水并分解
TeO₂ 二氧化碲	159.60	白色四方或正交	5.67 5.91	733	1245	难溶于水
TeO₃ 三氧化碲	175.60	α 黄色无定形 β 灰色晶体	5.075 6.21	395 分解		难溶于水
TeS₂ 二硫化碲	191.72	红黑色无定形粉末				难溶于水
Th 钍	232.04	灰色固体	11.7	1700	4200	不溶于水
ThC₂ 碳化钍	256.06	黄色四方	8.96	2655±25	约5000(?)	遇水分解
ThCl₄ 氯化钍	373.85	白色正交	4.59	770±2	928 分解	潮解,易溶于水
Th(NO₃)₄·4H₂O 四水合硝酸钍	552.12	无色晶体				易溶于水
ThO₂ 氧化钍	264.04	白色立方	9.86	3220±50	4400	难溶于水
Th(OH)₄ 氢氧化钍	300.02	白色胶状		分解		难溶于水
Th(SO₄)₂·4H₂O 四水合硫酸钍	496.22	白色针状晶体或粉末		400 失 4H₂O		溶于水
Ti 钛	47.83	银白色固体	4.5	1670	3260	不溶于水
TiC 碳化钛	59.91	绿色立方呈金属光泽	4.93	3140±90	4820	难溶于水
TiCl₃ 三氯化钛	154.26	暗紫色固体	2.64	440 分解	660	潮解,溶于水
TiCl₄ 四氯化钛	189.71	亮黄色液体	1.726(液) 2.06(固)	−25	136.4	溶于水
TiH₂ 氢化钛	49.92	灰色粉末	3.9	400 分解		
TiO 一氧化钛	63.90	黄黑色	4.93	1750	>3000	难溶于水
TiO₂ 二氧化钛	79.90	棕黑色四方	3.84			难溶于水,溶于碱、硫酸
		白色粉末或正交	4.17	1825		难溶于水,溶于碱、硫酸
		无色四方	4.26	1830~1850	2500~3000	难溶于水,溶于碱、硫酸
TiOSO₄ 硫酸氧钛	159.96	白色或浅黄色粉末				遇水分解
Tl 铊	204.38	银白色固体	11.8	302	1460	不溶于水
TlCl 一氯化铊	239.82	白色固体	7.004	430	720	微溶于水
TlCl₃ 三氯化铊	310.73	片状六方		25	分解	吸湿,易溶于水
Tl₂O 氧化亚铊	424.74	黑色	9.52	300	1080 1865 失 O	潮解,易溶于水并生成氢氧化亚铊
Tl₂O₃ 氧化铊	456.74	六方或无定形	10.19 9.65	717±5 710±5	875 失 2O	难溶于水,溶于酸
TlOH 氢氧化亚铊	221.38	苍黄色针状固体		139 分解		溶于水
Tl₂SO₄ 硫酸亚铊	504.80	无色正交	6.77	632	分解	溶于水

化学式和名称	相对分子质量	颜色、晶型或状态	相对密度	熔点/℃	沸点/℃	溶解性及其他
$TmCl_3 \cdot 7H_2O$ 七水合氯化铥	401.40	绿色晶体		824	1440	潮解,易溶于水
Tm_2O_3 氧化铥	385.87	浅绿色粉末				
U 铀	238.03	银白色固体	19.1	1130	3820	不溶于水
UCl_3 三氯化铀	344.39	暗红色针状	5.44	842±5		溶于水
UCl_5 五氯化铀	415.30	暗绿色或灰色针状,见光转红色	3.81(?)	300 分解		遇水分解
UF_6 六氟化铀	352.02	无色晶体	4.68	64.5~64.8	56.2	潮解,遇水分解
UH_3 氢化铀	241.05	黑棕色粉末	10.95			难溶于水
UO_2 二氧化铀	270.03	棕黑色正交或立方	10.96	2878±20		难溶于水
U_3O_8 八氧化三铀	842.09	绿黑色	8.30	1300 分解成 UO_2		难溶于水
UO_3 三氧化铀	286.03	黄红色粉末	7.29	分解		难溶于水
$UO_2SO_4 \cdot 3H_2O$ 硫酸氧铀	420.14	黄绿色晶体	3.28	100 分解		溶于水
V 钒	50.94	灰色固体	6.1	1900	3450	不溶于水
VCl_2 二氯化钒	121.85	绿色六方	3.23			潮解,溶于水
VCl_3 三氯化钒	157.30	粉红色晶体	3.000	分解		潮解,溶于水
VCl_4 四氯化钒	192.75	红棕色液体	1.816	−28±2	148.5	溶于水
VO 或 V_2O_2 一氧化钒	66.94	亮灰色晶体	5.758			难溶于水
V_2O_3 三氧化二钒	149.88	黑色晶体	4.87	1970		微溶于水
VO_2 或 V_2O_4 二氧化钒	82.94	蓝色晶体	4.339	1967		难溶于水
V_2O_5 五氧化二钒	181.88	黄红色正交	3.357	690	1750 分解	微溶于水
$VOSO_4$ 硫酸氧钒	163.00	蓝色				易溶于水
$VSO_4 \cdot 7H_2O$ 七水合硫酸钒	273.11	紫色单斜		空气中分解		
W 钨	183.85	灰色固体	19.3	3410	5930	不溶于水
WC 碳化钨	195.86	黑色六方	15.63	2870±50	6000	难溶于水
WCl_2 二氯化钨	254.76	灰色无定形	5.436			遇水分解
WCl_5 五氯化钨	361.12	黑色	3.875	248	275.6	遇热水分解,生成五氧化二钨
WCl_6 六氯化钨	396.57	暗蓝色立方	3.52	275	346.7	遇热水分解
WO_2 二氧化钨	215.85	棕色立方	12.11	1500~1600（N_2 中）	约 1430 800 升华	难溶于水
WO_3 三氧化钨	231.85	黄色正交或黄橙色粉末	7.16	1473		难溶于水
XeF_2 二氟化氙	169.28	无色晶体		129		遇水分解,生成氙、氧气和氢氟酸
XeF_4 四氟化氙	207.26	无色晶体		117		稳定化合物
XeF_6 六氟化氙	115.94	无色晶体		49.6		稳定化合物
XeO_4 四氧化氙	195.30	无色气体				爆炸性分解
$XeOF_4$ 四氟氧化氙	223.26	无色液体		−46		稳定
Y 钇	88.91	灰色固体	4.5	1509	2930	溶于稀酸、氢氧化钠溶液与热水起作用
YCl_3 氯化钇	195.26	白色	2.67	721	1507	溶于水
Y_2O_3 氧化钇	225.81	无色至淡黄色立方或粉末	5.01	2410		难溶于水
$Y(OH)_3$ 氢氧化钇	139.93	白色至黄色胶状或粉末		分解		难溶于水

续表

化学式和名称	相对分子质量	颜色、晶型或状态	相对密度	熔点/℃	沸点/℃	溶解性及其他
$YbCl_2$ 二氯化镱	243.95	绿黄色晶体	5.08	702	1900	溶于水
$YbCl_3 \cdot 6H_2O$ 六水合三氯化镱	387.49	绿色正交	2.575	865 180 失 $6H_2O$		潮解,易溶于水
Yb_2O_3 氧化镱	394.08	无色	9.17			难溶于水
Zn 锌	65.39	银白色固体	7.1	419	609	不溶于水
$ZnCO_3$ 碳酸锌	125.39	无色三方	4.398	300 失 CO_2		难溶于水
$ZnCl_2$ 氯化锌	136.28	白色六方	2.91	283	732	潮解,易溶于水
$Zn(NH_3)_2Cl_2$ 二氨合氯化锌	170.34	无色正交	2.10	210.8	271 分解	遇水分解
$Zn(NO_3)_2 \cdot 6H_2O$ 六水合硝酸锌	297.47	无色四方	2.065	36.4	105～131 失 $6H_2O$	易溶于水
ZnO 氧化锌	81.37	白色六方	5.606	1975		难溶于水
$Zn(OH)_2$ 氢氧化锌	99.38	无色正交	3.053	125 分解		微溶于水
Zn_3P_2 磷化锌	258.07	暗灰色四方	4.55	>420	1100 升华 (在 H_2 中)	毒,遇水分解
$Zn_3(PO_4)_2$ 磷酸锌	386.06	无色正交	3.998	900		难溶于水
ZnS 硫化锌	97.44	α 无色六方	3.98	1700±20 (2.03MPa)	1185	难溶于水
		β 无色立方	4.102	1020 转 α		
$ZnSO_4$ 硫酸锌	161.44	无色正交	3.54	600 分解		溶于水
$ZnSO_4 \cdot 7H_2O$ 七水合硫酸锌	287.55	无色正交	1.957	100	280 失 $7H_2O$	溶于水
Zr 锆	91.224	浅灰色金属	6.49	1857		不溶于硝酸、盐酸、碱
$ZrCl_4$ 四氯化锆	233.04	白色晶体	2.803	437 (2.53MPa)	331 升华	溶于水
ZrH_2 氢化锆	93.25	灰黑色粉末				溶于稀氢氟酸
$Zr(NO_3)_4 \cdot 5H_2O$ 五水合硝酸锆	429.33	无色晶体				潮解,易溶于水
ZrO_2 二氧化锆	123.23	无色、黄色或棕色	5.89	约 2700	约 5000	难溶于水
$Zr(OH)_4$ 氢氧化锆	159.26	白色无定形粉末	3.25	500 失 $2H_2O$		微溶于水
$ZrOCl_2 \cdot 8H_2O$ 八水合氯氧化锆	322.26	白色针状四方		150 失 $6H_2O$	210 失 $8H_2O$	风化,溶于水
$Zr(SO_4)_2$ 硫酸锆	283.36	微细粉末	3.22	410 分解		溶于水

第二节　有机化合物的名称、分子式、相对分子质量、相对密度、熔点、沸点、折射率、溶解度

有机化合物的名称、分子式、相对分子质量、相对密度、熔点、沸点、折射率、溶解度等见表 3-2。表 3-2 的说明如下所示。

① 表序按中文名称笔画排列,别名在括号内注明。

② "密度"一项,对于固体、液体及液化的气体(标出"液"字)为 20℃时的密度 g/mL(克/毫升)或 20℃/4℃的相对密度;对于气体则为标准状况下的密度 g/L(克/升)。特殊情况于括号内注明。

③ 熔点与沸点,除另有注明者外,均指在 0.101MPa 压强时的温度。注明"分解"、"升华"者,表示该物质受热到相当温度时分解或升华。

④ n_D^{20} 代表在 20℃时对空气的折射率,条件不同时另行注明。D 是指钠光灯中的 D 线(波长

589.3nm）。

　　⑤ 在水中的溶解度为每 100g 水能溶解的固体或液体的质量（g），对气体则为每 100g 水能溶解的气体体积（mL）。温度条件在括号内注明，不注明者为常温。"分解"指遇水分解，"∞"指能与水混溶。

　　在有机溶剂中的溶解度，易溶或可溶于某溶剂时，均列为溶于某溶剂，其他情况则分别注明。

　　⑥ 化合物能生成水合物晶体者，其物理常数通常以相应的无水物的物理常数表示；分子式为水合物化学式者除外。

　　⑦ 化合物名称中的 D、L 符号，指化合物的旋光性，即 D 表示右旋，L 表示左旋，DL 表示外消旋，*meso* 表示内消旋。

　　⑧ 表中"—"表示暂无数据。

表 3-2　有机化合物的名称、分子式、相对分子质量、相对密度、熔点、沸点、折射率、溶解度

名　　称	分　子　式	相对分子质量	相对密度	熔点 /℃	沸点 /℃	折射率 n_D^{20}	溶解度	
							在水中	在有机溶剂中
乙二胺	$H_2NCH_2CH_2NH_2$	60.11	0.8995 (20℃/20℃)	8.5	116.5	1.4568	易溶	与乙醇混溶
乙二酸(草酸)	HOOCCOOH	90.04	α:1.900 (17℃) β:1.895	α:189.5 β:182	157(升华)	—	10 (20℃) 120(100℃)	溶于乙醇
乙二酸二水合物	$(COOH)_2 \cdot 2H_2O$	126.07	1.650	101.5	100 失 $2H_2O$	—	—	—
乙二醇(甘醇)	$HOCH_2CH_2OH$	62.07	1.1088	−11.5	198	1.4318	∞	与乙醇或丙酮混溶,溶于乙醚
乙二醛	OHCCHO	58.04	1.14 (1.26)	15	50.4	1.3826	易溶	溶于乙醇或乙醚
乙苯	$C_6H_5CH_2CH_3$	106.17	0.8670	−94.97	136.2	1.4959	不溶	与乙醇或乙醚混溶
乙炔	HC≡CH	26.04	0.6208 (−82℃)	−80.8	−84.0升华	1.00051 (0℃)	100(18℃)	溶于丙酮、苯或氯仿
乙酸酐	$(CH_3CO)_2O$	102.09	1.0820	−73.1	139.55	1.39006	12 (冷) 分解(热)	与乙醚混溶,溶于乙醇或苯
乙胺	$CH_3CH_2NH_2$	45.09	0.6829	−81	16.6	1.3663	∞	与乙醇或乙醚混溶
乙烯	$H_2C=CH_2$	28.05	1.260	−169.15 −181(凝固)	−103.71	1.363 (−100℃)	25.6(0℃)	溶于乙醚
乙烯酮	$H_2C=CO$	42.04	—	−151	−56	—	分解	遇醇分解,微溶于乙醚或丙酮
乙烷	CH_3CH_3	30.07	0.572 (−108℃)	−183.3	−88.63	1.03769 (0℃, 0.07MPa)	4.7(20℃) 1.8(80℃)	溶于苯
乙腈(氰基甲烷)	CH_3CN	41.05	0.7857	−45.72	81.6	1.34423	∞	与乙醇、乙醚、丙酮或苯混溶
乙硫醇	CH_3CH_2SH	62.13	0.8391	−144.4	35	1.43105	微溶	溶于乙醇、乙醚或丙酮
乙硫醚(二乙基硫)	$(CH_3CH_2)_2S$	90.19	0.8362	−103.9	92.1	1.4430	微溶	溶于乙醇或乙醚
乙酰乙腈	CH_3COCH_2CN	83.09	—	—	120~125	—		溶于乙醇或丙酮
乙酰水杨酸(阿司匹林)	$CH_3COOC_6H_5COOH$	180.17		135(急速加热)			溶于热水分解	溶于乙醇或乙醚
乙酰丙酮(2,4-戊二酮)	$CH_3COCH_2COCH_3$	100.13	0.9721 (25℃)	−23	139 (99.5kPa)	1.4494	易溶	与乙醇、乙醚或丙酮混溶
乙酰苯胺	$C_6H_5NHCOCH_3$	135.17	1.2190 (15℃)	114.3 (115~116)	304	—	0.53 (6℃) 3.5 (80℃)	溶于乙醇、乙醚、丙酮或苯

续表

名　称	分子式	相对分子质量	相对密度	熔点/℃	沸点/℃	折射率 n_D^{20}	溶解度 在水中	溶解度 在有机溶剂中
乙酰胺	CH_3CONH_2	59.07	1.1590	82.3	221.2	1.4278 (78℃)	溶	溶于乙醇
乙酰氟（氟化乙酰）	CH_3COF	62.04	1.002 (15℃)	<−60	20.8	—	分解	与热乙醇或乙醚混溶，溶于苯
乙酰氯（氯化乙酰）	CH_3COCl	78.50	1.1051	−112	50.9	1.38976	分解	在乙醇中分解，与乙醚、丙酮或苯混溶
乙酰溴（溴化乙酰）	CH_3COBr	122.96	1.6625 (16℃)	−96	76	1.45376 (16℃)	分解	在乙醇中分解，与乙醚或苯混溶，溶于丙酮
乙酸	CH_3COOH	60.05	1.0492	16.604	117.9	1.3716	∞	与乙醇、乙醚、丙酮或苯混溶
乙酸乙酯	$CH_3COOC_2H_5$	88.12	0.9003	−83.578	77.06	1.3723	8.5(15℃)	与乙醇或乙醚混溶，溶于丙酮或苯
乙酸丁酯	$CH_3COOC_4H_9$	116.16	0.8825	−77.9	126.5 (125)	1.3941	微溶	与乙醇或乙醚混溶，溶于丙酮
乙酸乙烯酯	$CH_3COOCH=CH_2$	86.09	0.9317	−93.2	72.2～72.3	1.3959	2(20℃)	与乙醇混溶，溶于乙醚、丙酮或苯
乙酸甲酯	CH_3COOCH_3	74.08	0.9330	−98.1	57.3	1.3593	33(22℃)	与乙醇或乙醚混溶，溶于丙酮或苯
乙酸丙酯	$CH_3COOC_3H_7$	102.13	0.8878	−95	101.6	1.3842	微溶	与乙醇或乙醚混溶
乙酸戊酯	$CH_3COOC_5H_{11}$	130.19	0.8756	−70.8	149.25	1.4023	微溶	与乙醇或乙醚混溶
乙酸苄酯	$CH_3COOCH_2C_6H_5$	150.18	1.0550	−51.5	215.5	1.5232	微溶	与乙醇混溶，溶于乙醚或丙酮
乙酸苯酯	$CH_3COOC_6H_5$	136.16	1.0780	—	195.7	1.5033	微溶	与乙醇或乙醚混溶
乙醇（酒精）	CH_3CH_2OH	46.07	0.7893	−117.3 (−112.3)	78.5	1.3611	∞	与乙醚或丙酮混溶，溶于苯
乙醛	CH_3CHO	44.05	0.7834 (18℃)	−121	20.8	1.3316	∞(热)	与乙醇、乙醚或苯混溶
乙醛肟	$CH_3CH=NOH$	59.07	0.9656	47	115	1.42567	溶(热)	与乙醇或乙醚混溶
乙醛缩二乙醇（乙缩醛）	$CH_3CH(OC_2H_5)_2$	118.18	0.8314	—	103.2	1.3834	溶	与乙醇或乙醚混溶，溶于丙酮
乙醚（二乙醚）	$(CH_3CH_2)_2O$	74.12	0.71378	−116.2 (凝固)	34.51	1.3526	7.5(20℃)	与乙醇、乙醚或苯混溶，溶于丙酮
α-羟基乙醛（甘醛）	$HOCH_2CHO$	60.05	1.366 (100℃)	97	—	1.4772	易溶	溶于乙醇
二乙汞	$Hg(C_2H_5)_2$	258.71	2.444 (液)	—	159	—	不溶	溶于乙醚
二乙砜（乙基砜）	$(CH_3CH_2)_2SO_2$	106.19	—	14(4～6)	104 (3.3kPa)	—	溶	溶于乙醇或乙醚
二乙胺	$(CH_3CH_2)_2NH$	73.14	0.7056	−48 (凝固−50)	56.3	1.3846	生成-水合物（熔点−19℃）溶	与乙醇混溶，溶于乙醚
二乙锌	$Zn(C_2H_5)_2$	123.49	1.182 (18℃)	—	118	—	分解	—
二乙酰胺	$(CH_3CO)_2NH$	101.11	—	79	223.5	—	溶	溶于乙醇或乙醚
二乙酰乙胺	$(CH_3CO)_2NC_2H_5$	129.16	1.0092	—	195～199	1.4512	不溶	溶于乙醇

名　称	分子式	相对分子质量	相对密度	熔点/℃	沸点/℃	折射率 n_D^{20}	溶解度 在水中	溶解度 在有机溶剂中
二乙酰甲胺	$(CH_3CO)_2NCH_3$	115.13	1.0663 (25℃)	−25	194.5 (95kPa)	1.4502 (25℃)	∞	不溶于乙醚
二乙酰苯胺	$(CH_3CO)_2NC_6H_5$	177.21	—	37～38	200 (13kPa)	—	微溶	溶于乙醇或苯
二四滴(2,4-D; 2,4-二氯苯氧基乙酸)	$C_6H_4Cl_2OCH_2COOH$	221.04	—	140～141	160 (53.3Pa)	—	不溶	溶于乙醇,微溶于苯
二甲胺	$(CH_3)_2NH$	45.09	0.6804 (0℃)	−93	7.4	1.350 (17℃)	易溶	溶于乙醇或乙醚
盐酸二甲胺	$(CH_3)_2NH \cdot HCl$	81.56	—	171	—	—	易溶	溶于乙醇
二甲砜	$(CH_3)_2SO_2$	94.13	1.1702 (100℃)	110	238	1.4226	溶	溶于乙醇、乙醚或苯
邻二甲苯	$C_6H_4(CH_3)_2$	106.17	0.8802	−25.18	144.4	1.5055	不溶	与乙醇、乙醚、丙酮或苯混溶
间二甲苯	$C_6H_4(CH_3)_2$	106.17	0.8642	−47.87	139.1	1.4972	不溶	与乙醇、乙醚、丙酮或苯混溶
对二甲苯	$C_6H_4(CH_3)_2$	106.17	0.8611	13.26	138.35	1.4958	不溶	与乙醇、乙醚、丙酮或苯均混溶
二甲基硅烷	$(CH_3)_2SiH_2$	60.17	0.68 (−80℃)	−155.2	−19.6	—	—	—
N,N-二甲基苯胺	$C_6H_5N(CH_3)_2$	121.18	0.9557	2.45 (1.96凝固)	194.15	1.5582	微溶	溶于乙醇、乙醚、丙酮或苯
盐酸N,N-二甲基苯胺	$C_6H_5N(CH_3)_2 \cdot HCl$	157.65	1.1156 (19℃)	85～95	—	—	溶	溶于乙醇,微溶于苯
二甲镁	$Mg(CH_3)_2$	54.38	—	240 稳定	—	—	—	微溶于乙醚
二甲锌	$Zn(CH_3)_2$	95.44	1.385 (10.5℃)	−42.2	46	—	分解	遇醇分解,溶于乙醚
二苄砜	$(C_6H_5CH_2)_2SO_2$	218.28	1.252	128～129	379	—	不溶	溶于热乙醇、乙醚或苯
二苯甲烷	$(C_6H_5)_2CH_2$	168.24	1.0060	25.35	264.3	1.5753	不溶	溶于乙醇或乙醚
二苯甲醇	$(C_6H_5)_2CHOH$	184.24	—	69	297～298 (99.7kPa)	—	0.05(20℃)	溶于乙醇或乙醚
二苯甲酰(二苯基乙二酮)	$(C_6H_5CO)_2$	210.23	1.084 (102℃)	95～96	346～348 分解	—	不溶	溶于乙醇、乙醚、丙酮或苯
二苯甲酮	$(C_6H_5)_2CO$	182.21	α:1.146 β:1.1076	α:48.1 β:26	305.9	α:1.6077 (16℃) β:1.6059 (23℃)	不溶	溶于乙醇、乙醚、丙酮或苯
二苯汞	$Hg(C_6H_5)_2$	354.81	2.318	121.8 升华	204 (1.4kPa) ＞306 分解	—	不溶	溶于氯仿、二硫化碳或苯
二苯胺	$(C_6H_5)_2NH$	169.23	1.160 (22℃)	54～55	302	—	不溶	溶于乙醇、乙醚、丙酮或苯
二苯醚	$(C_6H_5)_2O$	170.21	1.0748	26.84	257.93	1.5787 (25℃)	不溶	溶于乙醇、乙醚或苯
1,4-二氢化萘	$C_{10}H_{10}$	130.19	0.9928 (33℃)	25(30)	211.2	1.5577	—	—
9,10-二氢化蒽	$C_{14}H_{12}$	180.25	0.8976 (11℃)	111	305	—	不溶	溶于乙醇、乙醚或苯

续表

名　称	分　子　式	相对分子质量	相对密度	熔　点 /℃	沸　点 /℃	折射率 n_D^{20}	溶　解　度 在水中	溶　解　度 在有机溶剂中
二氯二氟甲烷 （氟里昂-12）	Cl_2CF_2	120.91	1.1834 (57℃)	−158	−29.8		5.7(26℃)	溶于乙醇或乙醚
二氟乙酸	$F_2CHCOOH$	96.03	1.5255	−0.35	134.2 (92kPa)	1.3420	∞	与乙醇、乙醚、丙酮或苯混溶
二氯乙酸	$Cl_2CHCOOH$	128.94	1.5634	13.5	194	1.4658	∞	与乙醇或乙醚混溶，溶于丙酮
二溴乙酸	$Br_2CHCOOH$	217.86	—	48	232～324 分解	—	易溶	溶于乙醇或乙醚
二碘乙酸	$I_2CHCOOH$	311.85	—	110(96)		—	溶	溶于热乙醇、热乙醚或热苯
二氯甲烷	CH_2Cl_2	84.93	1.3266	−95.1	40	1.4242	2(20℃)	与乙醇或乙醚混溶
1,2-二氯乙烷 （氯化乙烯）	$ClCH_2CH_2Cl$	98.96	1.2351	−35.36	83.47	1.4448	0.9 (0℃) 0.9(30℃)	与乙醚混溶，溶于乙醇、丙酮或苯
1,1-二氯乙烯 （偏二氯乙烯）	$H_2C{=}CCl_2$	96.94	1.218	−122.1	37	1.4249	不溶	溶于乙醇、乙醚、丙酮或苯
二碘甲烷	CH_2I_2	267.84	3.3254	6.1	182	1.7425	1.6 (0℃) 1.4 (20℃)	溶于乙醇或乙醚
二溴甲烷	CH_2Br_2	173.85	2.4970	−52.55	97	1.5420	微溶	与乙醇、乙醚或丙酮混溶
1,2-二溴乙烷	$BrCH_2CH_2Br$	187.87	2.1792	9.79	131.36	1.5387	0.43(30℃)	与乙醚混溶，溶于乙醇、丙酮或苯
1,2-二碘乙烷	ICH_2CH_2I	281.86	3.325	83	200	1.871	微溶	溶于乙醇、乙醚、丙酮或氯仿
邻二氯苯	$C_6H_4Cl_2$	147.01	1.3048	−17.0	180.5	1.5515	不溶	与丙酮或苯混溶，溶于乙醇或乙醚
间二氯苯	$C_6H_4Cl_2$	147.01	1.2884	−24.7	173	1.5459	不溶	与丙酮混溶，溶于乙醇、乙醚或苯
对二氯苯	$C_6H_4Cl_2$	147.01	1.2475	53.1	174.4	1.5285	不溶	与乙醇或丙酮混溶，溶于乙醚或苯
2,4-二硝基甲苯	$C_6H_3CH_3(NO_2)_2$	182.14	1.3208 (71℃)	71	300(微分解)	1.442 (1.756)	0.03(22℃)	溶于乙醇、乙醚、丙酮或苯
2,5-二硝基甲苯	$C_6H_3CH_3(NO_2)_2$	182.14	1.282 (111℃)	52.5	—			溶于乙醇或苯
2,6-二硝基甲苯	$C_6H_3CH_3(NO_2)_2$	182.14	1.2833 (111℃)	66	—	1.479 (1.734)	—	溶于乙醇
邻二硝基苯	$C_6H_4(NO_2)_2$	168.11	1.565 (17℃)	118.5	319 (103kPa)	—	0.01(冷)	溶于乙醇或苯
间二硝基苯	$C_6H_4(NO_2)_2$	168.11	1.575 (18℃)	90.02	291 (100kPa)		0.3(99℃)	溶于乙醇、乙醚、丙酮或苯
对二硝基苯	$C_6H_4(NO_2)_2$	168.11	1.625 (18℃)	174	299 (104kPa)	—	0.18 (100℃)	微溶于乙醇，溶于丙酮或苯
二硫化碳	CS_2	76.14	1.2632	−111.53	46.25	1.6319	0.2 (0℃) 0.014(50℃)	与乙醇或乙醚混溶
十一烷	$CH_3(CH_2)_9CH_3$	156.32	0.74017	−25.59	195.9	1.4172	不溶	与乙醇或乙醚混溶
十二烷	$CH_3(CH_2)_{10}CH_3$	170.34	0.7487	−9.6	216.3	1.4216	不溶	易溶于乙醇、乙醚或丙酮
十三烷	$CH_3(CH_2)_{11}CH_3$	184.37	0.7564	−5.5	235.4	1.4256	不溶	易溶于乙醇或乙醚
十四烷	$CH_3(CH_2)_{12}CH_3$	198.40	0.7628	5.86	253.7	1.4290	不溶	易溶于乙醇或乙醚

名　称	分子式	相对分子质量	相对密度	熔点/℃	沸点/℃	折射率 n_D^{20}	溶解度 在水中	溶解度 在有机溶剂中
十五烷	CH$_3$(CH$_2$)$_{13}$CH$_3$	212.42	0.7685	10	270.63	1.4315	不溶	易溶于乙醇或乙醚
十六烷	CH$_3$(CH$_2$)$_{14}$CH$_3$	226.45	0.77331	18.17	287	1.4345	不溶	与乙醚混溶,微溶于热乙醇
十七烷	CH$_3$(CH$_2$)$_{15}$CH$_3$	240.48	0.7780	22	301.8	1.4369	不溶	微溶于乙醇,溶于乙醚
十八烷	CH$_3$(CH$_2$)$_{16}$CH$_3$	254.51	0.7768	28.18	316.1	1.4390	不溶	微溶于乙醇,溶于乙醚或丙酮
十九烷	CH$_3$(CH$_2$)$_{17}$CH$_3$	268.53	0.7855	32.1	329.7	1.4409	不溶	微溶于乙醇,溶于乙醚或丙酮
二十烷	CH$_3$(CH$_2$)$_{18}$CH$_3$	282.56	0.7886	36.8	343	1.4425	不溶	溶于乙醚、丙酮或苯
二羟甲基脲	(HOH$_2$CNH)$_2$CO	120.12	1.49 (25℃)	126 (137～138)	260 分解	—	溶	溶于乙醇
1,4-丁二胺 (腐肉胺)	H$_2$N(CH$_2$)$_4$NH$_2$	88.15	0.877 (25℃)	27～28	158～159	1.4569	溶	—
1,3-丁二烯	H$_2$C=CH—CH=CH$_2$	54.09	0.6211	−108.91	−4.41	1.4292 (−25℃)	不溶	溶于乙醇、乙醚、丙酮或苯
1,3-丁二醇	OH\ HO(CH$_2$)$_2$CHCH$_3$	90.12	1.0053	—	204	1.4418	溶	溶于乙醇
1,4-丁二醇	HO(CH$_2$)$_4$OH	90.12	1.0171	20.1	235(230)	1.4460	∞	溶于乙醇,微溶于乙醚
2,3-丁二醇	CH$_3$(CHOH)$_2$CH$_3$	90.12	D:0.9872 (25℃)	34(25)	180～182	1.4306 (25℃)	∞	溶于乙醇或乙醚
			DL:1.0033	7.6	182	1.4310 (25℃)	∞	溶于乙醇或乙醚
			L:0.9869 (25℃)	19.7	178～181	1.4340 (18℃)	∞	溶于乙醇或乙醚
2,3-丁二酮	CH$_3$COCOCH$_3$	86.09	0.9808 (18.5℃)	−2.4	88	1.3951	溶	与乙醇或乙醚混溶,溶于丙酮或苯
丁二酸(琥珀酸)	HOOCCH$_2$CH$_2$COOH	118.09	1.572 (25℃)	188	235(失水分解)	1.450	6.8(20℃) 121(100℃)	溶于乙醇、乙醚或丙酮
1-丁炔	CH$_3$CH$_2$C≡CH	54.09	0.650 (30℃)	−125.72	8.1	1.3962	不溶	溶于乙醇或乙醚
2-丁炔(二甲基乙炔)	CH$_3$C≡CCH$_3$	54.09	0.6910	−32.26	27	1.3921	不溶	溶于乙醇或乙醚
1-丁烯	CH$_3$CH$_2$CH=CH$_2$	56.11	0.5951 (液)	−185.35	−6.3	1.3962	不溶	溶于乙醇、乙醚或苯
2-丁烯(顺式)	CH$_3$CH=CHCH$_3$	56.11	0.6213	−138.91	3.7	1.3931 (−25℃)	不溶	溶于乙醇、乙醚或苯
2-丁烯(反式)	CH$_3$CH=CHCH$_3$	56.11	0.6042	−105.55	0.88	1.3848 (−25℃)	不溶	溶于苯
异丁烯	(CH$_3$)$_2$C=CH$_2$	56.11	0.5942 (液)	−140.35	−6.9	1.3926 (−25℃)	不溶	溶于乙醇、乙醚或苯
顺丁烯二酸(失水苹果酸、马来酸)	HOOCCH=CHCOOH	116.07	1.590	139～140	—	—	易溶	溶于乙醇、乙醚或丙酮
反丁烯二酸(延胡索酸、富马酸)	HOOCCH=CHCOOH	116.07	1.635	300～302	165 (226.6Pa升华)	—	微溶(冷) 溶(热)	溶于乙醇,微溶于乙醚或丙酮
丁烷	CH$_3$CH$_2$CH$_2$CH$_3$	58.12	0.5788	−138.35	−0.50	1.3326	15(17℃,103kPa)	溶于乙醇或乙醚
异丁烷	(CH$_3$)$_2$CHCH$_3$	58.12	0.549 (30℃)	−138.3	−0.50	0.579	13(17℃,103kPa)	溶于乙醇、乙醚或氯仿

名　称	分　子　式	相对分子质量	相对密度	熔点/℃	沸点/℃	折射率 n_D^{20}	溶解度 在水中	溶解度 在有机溶剂中
2-丁酮（甲乙酮）	$CH_3CH_2COCH_3$	72.12	0.8054	-86.35	79.6	1.3788	易溶	与乙醇、乙醚、丙酮或苯混溶
丁酸	$CH_3(CH_2)_2COOH$	88.12	0.9577	-4.26 冰点-19	163.53	1.3980	∞	与乙醇或乙醚混溶
异丁酸	$(CH_3)_2CHCOOH$	88.12	0.96815	-46.1	153.2	1.3920	20(20℃)	与乙醇或乙醚混溶
丁醇	$CH_3(CH_2)_2CH_2OH$	74.12	0.8098	-89.53	117.25	1.39931	9(15℃)	与乙醇或乙醚混溶,溶于丙酮或苯
异丁醇	$(CH_3)_2CHCH_2OH$	74.12	0.7982(25℃)	-108	108	1.3939(25℃)	15(25℃)	与乙醇或乙醚混溶
仲丁醇	$CH_3CH_2CHOHCH_3$	74.12	0.8063	-114.7	99.5	1.3978	12.5(20℃)	与乙醇或乙醚混溶
叔丁醇	$(CH_3)_3COH$	74.12	0.7887	25.5	82.2	1.3878	∞	与乙醇或乙醚混溶
硝酸丁酯（丁醇硝酸酯）	$CH_3(CH_2)_2CH_2ONO_2$	119.12	1.0228(30℃)	—	135.5(102kPa)	1.4013(23℃)	不溶	溶于乙醇或乙醚
丁醛	$CH_3CH_2CH_2CHO$	72.12	0.8170	-99	75.7	1.3843	4	与乙醇或乙醚混溶,溶于丙酮或苯
DDT（二二三,滴滴涕）	$(C_6H_4Cl)_2CHCCl_3$	354.49	—	108.5~109	260	—	不溶	溶于乙醚、丙酮或苯,微溶于乙醇
三乙基铝	$Al(C_2H_5)_3$	114.17	0.837	<-18(-50.5)	194	—	爆炸,分解成$Al(OH)_3$和C_2H_6	—
三乙胺	$(C_2H_5)_3N$	101.19	0.7275	-114.7	89.3	1.4010	溶	溶于乙醇、乙醚、丙酮或苯
三甲胺	$(CH_3)_3N$	59.11	0.6356	-117.2	2.87	1.3631(0℃)	41(19℃)	溶于乙醇、乙醚或苯
三苯胺	$(C_6H_5)_3N$	245.33	0.774(0℃)	127	365	1.353(16℃)	不溶	溶于热乙醇、乙醚或苯
三苯甲烷	$(C_6H_5)_3CH$	244.34	1.014(99℃)	(1)94稳定 (2)81不稳定	358~359(101kPa)	1.5839(99℃)	不溶	溶于乙醚或苯,微溶于乙醇
三氟乙酸	F_3CCOOH	114.02	1.5351(0℃)	-15.25	72.4	—	溶	溶于乙醇、乙醚或苯
三氯乙酸	Cl_3CCOOH	163.39	1.62(25℃)	α:58 β:49.6	197.55 141~142(3.3kPa)	1.4603(61℃)	易溶	溶于乙醇或乙醚
三溴乙酸	Br_3CCOOH	296.76	—	135(133)	245		溶	溶于乙醇或乙醚
三碘乙酸	I_3CCOOH	437.74	—	150分解	—		溶	溶于乙醇或乙醚
三苯乙酸	$(C_6H_5)_3CCOOH$	288.35	—	271(267~271)	—		不溶	溶于乙醇,微溶于乙醚或苯
三溴乙醛	Br_3CCHO	280.76	2.6650(25℃)	—	174	1.5939	分解	溶于乙醇、乙醚或丙酮
三氯乙醛	Cl_3CCHO	147.39	1.5121	-57.5	97.75	1.45572	易溶于热水	溶于热乙醇或热乙醚
三氯丙酮	CH_3COCCl_3	161.42	1.435	—	149(102kPa)	1.4635(17℃)	不溶	溶于乙醇或乙醚

名　称	分子式	相对分子质量	相对密度	熔点/℃	沸点/℃	折射率 n_D^{20}	溶解度 在水中	溶解度 在有机溶剂中
三氯甲烷（氯仿）	$CHCl_3$	119.38	1.4832	−63.5	61.7	1.4459	微溶	与乙醇、乙醚或苯混溶,溶于丙酮
三碘甲烷（碘仿）	CHI_3	393.73	4.008	123	约218	—	不溶	溶于热乙醇、乙醚或丙酮
2,4,6-三硝基甲苯（TNT）	$CH_3C_6H_2(NO_2)_3$	227.13	1.654	82	240 爆炸	—	0.15(热)	溶于乙醚、丙酮或苯,微溶于乙醇
1,3,5-三硝基苯	$C_6H_3(NO_2)_3$	213.11	1.4775 (152℃)	(1)121~122 (2)61	315	—	0.04(冷)	溶于丙酮或苯,微溶于乙醇或乙醚
三乙基硼	$B(C_2H_5)_3$	98.00	0.6901 (23℃)	−92.9	95~96	—	微溶	溶于乙醇或乙醚
三甲基硼	$B(CH_3)_3$	55.92	—	−161.5	20	—	微溶	溶于乙醇或乙醚
三苯基硼	$B(C_6H_5)_3$	242.13	—	142	245~250 (2.0kPa)	—	不溶	遇醇分解,微溶于乙醚,溶于苯
三苯甲醇	$(C_6H_5)_3COH$	260.34	1.199 (0℃)	164.2	380	—	不溶	溶于乙醇、乙醚、丙酮或苯
三聚甲醛	$(HCHO)_3$	90.08	1.17 (65℃)	64 (46 升华)	114.5 (101kPa)	—	21(25℃) ∞(热)	溶于乙醇或乙醚
壬烷	$CH_3(CH_2)_7CH_3$	128.26	0.7176	−51	150.798	1.4054	不溶	与丙酮或苯混溶,易溶于乙醇或乙醚
壬醇	$CH_3(CH_2)_7CH_2OH$	144.26	0.8273	−5.5	213.5	1.4333	不溶	溶于乙醇或乙醚
壬酸	$CH_3(CH_2)_7COOH$	158.24	0.9057	15 (12.24 凝固)	255	1.4343 (19℃)	不溶	溶于乙醇或乙醚
1,6-己二胺	$H_2N(CH_2)_6NH_2$	116.21	—	41~42	204~205	—	易溶	溶于乙醇或苯
己二腈	$NCCH_2(CH_2)_2CH_2CN$	108.15	0.9676	1	295	1.4380	微溶	溶于乙醇,微溶于乙醚
己二酸（肥酸）	$HOOC(CH_2)_4COOH$	146.14	1.360 (25℃)	153	265 (14kPa)	—	微溶(热可溶)	溶于乙醇或乙醚
1-己烯	$H_2C{=}CH(CH_2)_3CH_3$	84.16	0.6731	−139.82	63.35	1.3837	不溶	溶于乙醇或乙醚
己烷	$CH_3(CH_2)_4CH_3$	86.18	0.6603	−95 (−93.5)	68.95	1.37506	不溶	溶于乙醇或乙醚
己酸	$CH_3(CH_2)_4COOH$	116.16	0.9274	−2~ −1.5	205.4	1.4163	1.10(20℃)	溶于乙醇或乙醚
己醇	$CH_3(CH_2)_4CH_2OH$	102.18	0.8136	−46.7	158	1.4078	0.6(20℃)	溶于乙醇或丙酮,与乙醚或苯混溶
木糖（D）	$C_5H_{10}O_5$	150.13	1.525	90~91	—	—	易溶	溶于热乙醇,微溶于乙醚
五倍子酸（没食子酸,3,4,5-三羟基苯甲酸）	$(HO)_3C_6H_2COOH$	170.12	1.694 (6℃)	253 分解	—	—	易溶(热)	溶于乙醇或丙酮热
焦五倍子酸（1,2,3-苯三酚）	$(HO)_3C_6H_3$	126.11	1.453 (4℃)	133~134	309	1.561 (134℃)	易溶	溶于乙醇或乙醚
六乙基苯	$C_6(C_2H_5)_6$	246.44	0.8305 (130℃)	129	298	1.4736 (130℃)	不溶	溶于热乙醇、乙醚或苯
六氯乙烷	Cl_3CCCl_3	236.74	2.091	186.8~187.4 (封管)	186 (104kPa)	—	不溶	溶于乙醇、乙醚或苯

续表

名　称	分子式	相对分子质量	相对密度	熔点 /℃	沸点 /℃	折射率 n_D^{20}	溶解度	
							在水中	在有机溶剂中
六氯化苯(α, dl)(六六六)	$C_6H_6Cl_6$	290.83	1.87	159.5～160	288	—	不溶	溶于热乙醇或苯
六氯化苯(β)	$C_6H_6Cl_6$	290.83	1.89 (19℃)	314～315 升华＞314	60 (7.7Pa)	—	不溶	微溶于乙醇或苯
六氯化苯(γ)	$C_6H_6Cl_6$	290.83	—	112.5～113	323.4	—	不溶	溶于丙酮或苯
六氯化苯(δ)	$C_6H_6Cl_6$	290.83	—	114.5～142.0	60 (45.3Pa)	—	—	—
六氯苯（六氯代苯）	C_6Cl_6	284.79	1.5691 (23.6℃)	230	322 升华	—	不溶	溶于乙醚或苯，微溶于乙醇
六溴苯	C_6Br_6	551.52	—	327 (306)	—	—	不　溶	微溶于乙醇或乙醚,溶于热苯
六碘苯	C_6I_6	833.49	—	350 分解	—	—	不溶	不溶于乙醇或乙醚
六羟基苯（苯六酚）	$C_6(OH)_6$	174.11	—	＞300	—	—	微溶	微溶于乙醇、乙醚或苯
六甲基苯	$C_6(CH_3)_6$	162.28	1.0630 (30℃)	166～167	265	—	不溶	溶于热乙醇、乙醚、丙酮或热苯
水杨醇（邻羟基苯甲醇）	$HOC_6H_4CH_2OH$	124.15	1.1613 (25℃)	87	升华	—	溶	溶于乙醇、乙醚或苯
水杨醛（邻羟基苯甲醛）	HOC_6H_4CHO	122.13	1.1674	−7	197	1.5740	微溶	与乙醇或乙醚混溶,易溶于丙酮或苯
水杨酸（邻羟基苯甲酸）	HOC_6H_4COOH	138.12	1.443	159	211 升华 (2.7kPa)	1.565	微溶 (热水可溶)	溶于乙醇、乙醚、丙酮或热苯
水杨酸甲酯（冬青油）	$HOC_6H_4COOCH_3$	152.15	1.1738	−8～−7	222.3	1.5369	0.07(30℃)	与乙醇或乙醚混溶
水杨酸苯酯（萨罗）	$HOC_6H_4COOC_6H_5$	214.22	1.2614 (30℃)	43	173 (1.6kPa)	—	不溶	易溶于乙醚、丙酮或苯,溶于乙醚
丙二酸（缩苹果酸）	$HOOCCH_2COOH$	104.06	1.619 (16℃)	135.6 微升华	140 分解	—	138(16℃)	溶于乙醇或乙醚
1,2-丙二醇	$CH_3CH(OH)CH_2OH$	76.11	1.0361	—	189	1.4324	∞	与乙醇混溶,溶于乙醚或苯
1,3-丙二醇	$HOCH_2CH_2CH_2OH$	76.11	1.0597	—	213.5	1.4398	∞	与乙醇混溶,溶于乙醚
丙三醇（甘油）	$HOCH_2CHOHCH_2OH$	92.11	1.2613	20	290 分解	1.4746	∞	与乙醇混溶,微溶于乙醚
丙炔醇	$HC{\equiv}CCH_2OH$	56.07	0.9485	−48	113.6	1.4322	溶	与乙醇或乙醚混溶
丙烯	$CH_3CH{=}CH_2$	42.08	0.5193 (液,饱和蒸气压)	−185.25	−47.4	1.3567 (−70℃)	44.6	溶于乙醇
丙烯腈	$H_2C{=}CHCN$	53.06	0.8060	−83.5	77.5～79	1.3911	溶	与乙醇或乙醚混溶,溶于丙酮或苯
丙烯酸（败脂酸）	$H_2C{=}CHCOOH$	72.06	1.0511	13	141.6	1.4224	∞	与乙醇或乙醚混溶,溶于丙酮或苯
丙烯酸甲酯	$H_2C{=}CHCOOCH_3$	86.09	0.9535	＜−75	80.5	1.4040	微溶	溶于乙醇、乙醚、丙酮或苯
丙烯醇	$H_2C{=}CHCH_2OH$	58.08	0.8540	−129	96.9	1.4135	∞	与乙醇或乙醚混溶
丙烯醛	$H_2C{=}CHCHO$	56.07	0.8410	−86.95	52.5～53.5	1.4017	40	溶于乙醇、乙醚或丙酮
丙氨酸（dl）（α-氨基丙酸）	$CH_3CH(NH_2)COOH$	89.10	1.424	295～296 (289 分解)	258 升华	—	21.7(17℃) 32（75℃）	微溶于乙醇

名　称	分子式	相对分子质量	相对密度	熔点 /℃	沸点 /℃	折射率 n_D^{20}	溶解度 在水中	溶解度 在有机溶剂中
丙烷	$CH_3CH_2CH_3$	44.11	0.5005 (液)	−189.69	−42.07	1.2898	6.5(17.8℃)	溶于乙醇、乙醚或苯
丙醛	CH_3CH_2CHO	58.08	0.8058	−81	48.8	1.3636	溶	与乙醇或乙醚混溶
丙酮	CH_3COCH_3	58.08	0.7899	−95.35	56.2	1.3588	∞	与乙醇、乙醚或苯混溶
丙酸	CH_3CH_2COOH	74.08	0.9930	−20.8	140.99	1.3869	∞	与乙醇混溶,溶于乙醚
丙醇	$CH_3CH_2CH_2OH$	60.11	0.8035	−126.5	97.4	1.3850	∞	与乙醇或乙醚混溶,溶于丙酮或苯
异丙醇	$(CH_3)_2CHOH$	60.11	0.7855	−89.5	82.4	1.3776	∞	与乙醇或乙醚混溶,溶于丙酮或苯
三乙酸甘油酯 (三醋精)	$(CH_3COO)_3C_3H_5$	218.21	1.1596	4.1	258~260	1.4301	7.17(15℃)	与乙醇、乙醚或苯混溶,溶于丙酮
三油酸甘油酯	$(C_{17}H_{33}COO)_3C_3H_5$	885.47	0.8988 (40℃)	$α$:−32 不稳定 $β'$:−12 不稳定 $β$:−5.5 稳定	235~240 (2.4kPa)	1.4621 (40℃)	不溶	溶于丙酮,微溶于苯
三硬脂酸甘油酯	$(C_{17}H_{35}COO)_3C_3H_5$	891.51	0.8559 (90℃)	$α$:55 $β'$:64.5 $β$:73	—	1.4399 (80℃)	不溶	溶于丙酮,微溶于苯
三硝酸甘油酯 (硝化甘油)	$C_3H_5(ONO_2)_3$	227.09	1.5931	13 稳定 2 不稳定	256 爆炸	1.4786 (12℃)	0.18(20℃)	与乙醚混溶,溶于乙醇、丙酮或苯
甘油醛(dl)(2, 3-二羟基丙醛)	$HOCH_2CHOHCHO$	90.08	1.455 (18℃/18℃)	145 (142)	140~150 (100Pa)	—	3(18℃)	微溶于乙醇或乙醚
甘氨酸(氨基乙酸)	$CH_2(NH_2)COOH$	75.07	1.1607	262 分解	—	—	23(冷)	微溶于丙酮
1,5-戊二胺 (尸胺)	$CH_2(CH_2CH_2NH_2)_2$	102.18	0.867 (25℃)	9	178~180	1.4561 (25℃)	溶	溶于乙醇,微溶于乙醚
异戊二烯(2-甲基-1,3-丁二烯)	CH_3 $H_2C=CHC=CH_2$	68.13	0.6810	−146	34	1.4219	不溶	与乙醇、乙醚、丙酮或苯均混溶
戊烯	$CH_3(CH_2)_2CH=CH_2$	70.14	0.6405	−138	29.968	1.3715	不溶	与乙醇或乙醚混溶,溶于苯
戊烷	$CH_3(CH_2)_3CH_3$	72.15	0.6262	−129.72	36.07	1.3575	0.036(16℃)	与乙醇、乙醚、丙酮或苯均混溶
异戊烷	$(CH_3)_2CHCH_2CH_3$	72.15	0.6201	−159.9	27.85	1.3537	不溶	与乙醇或乙醚混溶
异戊醇	$(CH_3)_2(CH_2)_2CH_2OH$	88.15	0.8092	−117.2	128.5	1.4053	2(14℃)	与乙醇或乙醚混溶,溶于丙酮
戊醛	$CH_3(CH_2)_2CH_2CHO$	86.14	0.8095	−91.5	103	1.3944	微溶	溶于乙醇或乙醚
2-戊酮	$CH_3CH_2CH_2COCH_3$	86.14	0.8089	−77.8	102	1.3895	微溶	与乙醇或乙醚混溶
3-戊酮	$CH_3CH_2COCH_2CH_3$	86.14	0.8138	−39.8	101.7	1.3924	易溶	与乙醇或乙醚混溶
戊酸	$CH_3(CH_2)_2CH_2COOH$	102.13	0.9391	−33.83	186.05	1.4085	3.3(16℃)	溶于乙醇或乙醚
异戊酸	$(CH_3)_2CHCH_2COOH$	102.13	0.9286	−29.3 −37	176.7	1.4033	4.2(20℃)	与乙醇或乙醚混溶
戊醇	$CH_3(CH_2)_3CH_2OH$	88.15	0.8144	−79	137.3	1.4101	2.7(22℃)	与乙醇或乙醚混溶,溶于丙酮

续表

名 称	分子式	相对分子质量	相对密度	熔点/℃	沸点/℃	折射率 n_D^{20}	溶解度 在水中	溶解度 在有机溶剂中
叶绿素 a	$C_{55}H_{72}MgN_4O_5$	893.53	—	150～153	—	—	不溶	易溶于热乙醇或热乙醚
叶绿素 b	$C_{55}H_{70}MgN_4O_6$	907.51	—	120～130	—	—	不溶	易溶于热乙醇或热乙醚
甲苯	$C_6H_5CH_3$	92.15	0.8669	−95	110.6	1.4961	不溶	与乙醇、乙醚或苯混溶,溶于丙酮
邻甲苯胺	$CH_3C_6H_4NH_2$	107.16	0.9884	α:−23.7 不稳定 β:−14.7 稳定	200.23	1.5725	1.5(25℃)	与乙醇或乙醚混溶
间甲苯胺	$CH_3C_6H_4NH_2$	107.16	0.9889	−30.4	203.35	1.5681	不溶	与乙醇、乙醚、丙酮或苯混溶
对甲苯胺	$CH_3C_6H_4NH_2$	107.16	0.9619	43.7	200.55	1.5636	0.74(21℃) 1.1(32℃)	溶于乙醇、乙醚或丙酮
邻甲苯酚	$CH_3C_6H_4OH$	108.15	1.02734	30.94	190.95	1.5361	2.5	与丙酮或苯混溶,溶于乙醇或乙醚
间甲苯酚	$CH_3C_6H_4OH$	108.15	1.0336	11.5	202.2	1.5438	0.5	与乙醇、乙醚、丙酮或苯混溶
对甲苯酚	$CH_3C_6H_4OH$	108.15	1.0178	34.8	201.9	1.5312	1.8	与乙醇、乙醚、丙酮或苯混溶
对甲苯磺酸	$CH_3C_6H_4SO_3H \cdot H_2O$	190.19	—	104～105	140 (2666Pa)	—	易溶	溶于乙醇或乙醚
甲基红	$C_{15}H_{15}N_3O_2$	269.31	—	183	—	—	微溶	溶于乙醇,易溶于热丙酮或热苯
甲基橙	$C_{14}H_{14}N_3O_3SNa$	327.34	—	分解	—	—	0.2(冷)	微溶于乙醇
甲基甲硅烷	CH_3SiH_3	46.15	—	−156.5	−57	—	不溶	—
甲胺	CH_3NH_2	31.06	0.6628	−93.5	−6.3	—	959mL/mL (25℃)	与乙醚混溶,溶于乙醇、丙酮或苯
甲烷	CH_4	16.04	0.5547 (0℃)	−182.48	−164	—	3.3(20℃)	溶于乙醇、乙醚或苯,微溶于丙酮
甲酸(蚁酸)	$HCOOH$	46.03	1.220	8.4	100.7	1.3714	∞	与乙醇或乙醚混溶,溶于丙酮或苯
甲酸乙酯	$HCOOCH_2CH_3$	74.08	0.9168	−80.5	54.5	1.3598	11(18℃)	与乙醇或乙醚混溶,溶于丙酮
甲酸甲酯	$HCOOCH_3$	60.05	0.9742	−99.0	31.5	1.3433	30(20℃)	与乙醇混溶,溶于乙醚
甲醇(木醇,木精)	CH_3OH	32.04	0.7914	−93.9	64.96	1.3288	∞	与乙醇、乙醚或丙酮混溶,溶于苯
甲醛(蚁醛)	$HCHO$	30.03	0.815 (−20℃)	−92	−21	—	溶	与乙醚、丙酮或苯混溶,溶于乙醇
甲醚(二甲醚)	CH_3OCH_3	46.07	—	−138.5	−23	—	3700 (18℃)	溶于乙醇、乙醚或丙酮;微溶于苯
四乙铅	$Pb(CH_2CH_3)_4$	323.44	1.659 (11℃)	−136.80	200 分解	—	不溶	溶于乙醇、乙醚、苯或石油(产品)
四乙基硅	$(CH_3CH_2)_4Si$	144.34	0.7658	—	153	1.4268	不溶	—
四甲基硅	$(CH_3)_4Si$	88.23	0.648 (19℃)	α:−102.2 β:−99.1	26.5	1.3587	不溶	溶于乙醇或乙醚
四甲基氯化铵	$(CH_3)_4NCl$	109.60	1.169	420	—	—	溶	微溶于乙醇
四甲基溴化铵	$(CH_3)_4NBr$	154.06	1.56	230 分解	(360 升华,真空中)	—	易溶	微溶于乙醇
四甲基碘化铵	$(CH_3)_4NI$	201.05	1.829	>230 分解 (>355)	—	—	微溶	微溶于乙醇或丙酮

名　称	分子式	相对分子质量	相对密度	熔点/℃	沸点/℃	折射率 n_D^{20}	溶解度 在水中	溶解度 在有机溶剂中
四苯甲烷	$C(C_6H_5)_4$	320.44	—	285 (282)	431 (升华)	—	不溶	溶于热苯
四氟乙烯	$F_2C=CF_2$	100.02	1.519 (76.3℃)	−142.5	−76.3	—	不溶	—
四氟化碳(四氟甲烷)	CF_4	88.01	3.034 (0℃)	−150	−129 (101kPa)	—	微溶	溶于苯
四氯化碳(四氯甲烷)	CCl_4	153.82	1.5940	−22.99	76.54	1.4601	0.097(0℃) 0.08(20℃)	与乙醚或苯混溶,溶于乙醇或丙酮
四硝基甲烷	$C(NO_2)_4$	196.03	1.6380	14.2	126	1.4384	不溶	溶于乙醇或乙醚
四氢化呋喃(氧戊环)	$CH_2(OH_2)_2CH_2O$	77.12	0.8892	−108.56 (凝固)	67 (64.5)	1.4050	溶	溶于乙醇、乙醚、丙酮或苯
四氢化吡咯(氮戊环)	$CH_2(OH_2)_2CH_2NH$	72.12	0.8520 (22℃)	—	88.5~89	1.4431	∞	溶于乙醇或乙醚
四氢化噻唑	$CH_2(OH_2)_2CH_2S$	88.18	0.9987	−96.16	121.12	1.5048	不溶	与乙醇、乙醚、丙酮或苯均混溶
1,2,3,4-四氢化萘	$C_6H_4CH_2(CH_2)_2CH_2$	132.21	0.9702	−35.79 (−31)	207.57	1.54135	不溶	易溶于乙醇或乙醚
双光气(氯甲酸三氯甲酯)	$ClCOOCCl_3$	197.83	1.6525 (14℃)	−57	128	1.4566 (22℃)	不溶	溶于苯
光气	$COCl_2$	98.92	1.381	−118	7.56	—	分解	溶于苯,在乙醇中分解
亚油酸(9,12-十八碳二烯酸)	$C_{17}H_{31}COOH$	280.46	0.9022	−5	229~230 (2.1kPa)	1.4699	不溶	与乙醇、乙醚、丙酮或苯混溶
亚麻酸(9,12,15-十八碳三烯酸)	$C_{17}H_{29}COOH$	278.44	0.9164	−11.3	230~232 (2.3kPa)	1.4800	不溶	溶于乙醇或乙醚,微溶于苯
过乙酸(过醋酸)	CH_3COOOH	76.05	1.226 (15℃)	0.1	105 (110 爆炸)	1.3974	易溶	溶于乙醇或乙醚
过苯酸(过苯甲酸)	C_6H_5COOOH	138.12	—	41~43	97~110 (1.7~2.0kPa) 升华	—	不溶	溶于乙醇、乙醚、丙酮或苯
刚果红	$C_{32}H_{22}N_6Na_2O_6S_2$	696.68	—	—	—	—	微溶	溶于乙醇
纤维素	$(C_6H_{10}O_5)_x$	$(162.14)_x$	1.27~1.61	260~270 分解	—	—	不溶	不溶于乙醇、乙醚、丙酮或苯
纤维素三硝酸酯(硝化纤维)	$(C_{12}H_{17}N_3O_{16})_x$	$(459.28)_x$	1.66	—	—	—	不溶	溶于丙酮
纤维素三乙酸酯(醋酸纤维)	$(C_{12}H_{16}O_8)_x$	$(288.26)_x$	—	—	—	—	不溶	不溶于乙醇、乙醚或丙酮
麦芽糖	$C_{12}H_{22}O_{11} \cdot H_2O$	360.32	1.540	102~103 分解	—	—	易溶	微溶于乙醇
呋喃(氧茂)	C_4H_4O	68.08	0.9514	−85.65	31.36	1.4214	不溶	溶于乙醇、乙醚、丙酮或苯
吡咯(氮茂)	C_4H_5N	67.09	0.9691	−24	130~131 (100kPa)	1.5085	8(25℃)	溶于乙醇、乙醚、丙酮或苯
吡啶(氮苯)	C_5H_5N	79.10	0.9819	−42	115.5	1.5095	∞	与乙醇、乙醚、丙酮或苯混溶
辛烷	$CH_3(CH_2)_6CH_3$	114.23	0.7025	−56.79	125.66	1.3974	0.002(16℃)	与乙醇、丙酮或苯混溶,溶于乙醚
异辛烷	$(CH_3)_3CCH_2—CH(CH_3)_2$	114.23	0.6919	−107.38	99.238	1.3915	不溶	与乙醇、丙酮或苯混溶,溶于乙醚
1-辛烯	$CH_3(CH_2)_5CH=CH_2$	112.22	0.7149	−110.73	121.3	1.4087	不溶	与乙醇混溶,溶于乙醚、丙酮或苯
1-辛炔	$CH_3(CH_2)_5C≡CH$	110.20	0.7461	−79.3	125.2	1.4159	不溶	溶于乙醇或乙醚

续表

名　称	分子式	相对分子质量	相对密度	熔点/℃	沸点/℃	折射率 n_D^{20}	溶解度 在水中	溶解度 在有机溶剂中
1-辛醛	$CH_3(CH_2)_5CH_2CHO$	128.22	0.8211	—	171	1.4217	微溶	与乙醚或丙酮混溶,溶于乙醇或苯
1-辛醇	$CH_3(CH_2)_6CH_2OH$	130.23	0.8270	−16.7	194.45	1.4295	不溶	与乙醇或乙醚混溶
辛酸	$CH_3(CH_2)_5CH_2COOH$	144.22	0.9088	16.5	239.3	1.4285	微溶(热)	与乙醇混溶
谷氨酸(dl)(α-氨基戊二酸)	$HOOC(CH_2)_2CH-(NH_2)COOH$	147.13	1.4601	199 分解(225〜227)	—	—	1.5(20℃)	微溶于乙醚
尿素(脲,碳酰胺)	$CO(NH_2)_2$	60.06	1.3230	135	分　解	1.484 (1.602)	100(17℃) ∞(热)	溶于乙醇
尿酸(2,6,8-三羟基嘌呤)	$C_5H_4N_4O_3$	168.12	1.89	分解	分解	—	0.06 (热)	不溶于乙醇或乙醚
环丁烷	$CH_2CH_2CH_2CH_2$	56.12	0.720 (5℃)	−50	12	1.4260	不溶	与乙醚混溶,溶于乙醇、丙酮或苯
环己烷	$CH_2(CH_2)_4CH_2$	84.16	0.77855	6.55	80.74	1.42662	不溶	与乙醇、乙醚、丙酮或苯混溶
环己酮	$CH_2(CH_2)_4C=O$	98.15	0.9478	−16.4 (−45)	155.65	1.4507	溶	溶于乙醇、乙醚、丙酮或苯
环己醇	$CH_2(CH_2)_4CHOH$	100.16	0.9624	25.15	161.1	1.4641	3.6(20℃)	与苯混溶,溶于乙醇、乙醚或丙酮
环六亚甲基四胺(乌洛托品)	$C_6H_{12}N_4$	140.19	1.331 (−5℃)	285〜295 升华	升华	—	81(12℃)	溶于乙醇或丙酮,微溶于乙醚或苯
环丙烷	$CH_2CH_2CH_2$	42.08	0.6769 (−30℃)	−127.6	−32.7	1.3799 (−42.5℃)	不溶	溶于乙醇、乙醚或苯
环氧乙烷(氧化乙烯)	CH_2CH_2	44.05	0.8824 (10℃)	−111	13.5 (99kPa)	1.3597	溶	溶于乙醇、乙醚、丙酮或苯
环戊酮	$CH_2(CH_2)_3CO$	84.14	0.94869	−51.3	130.65	1.4366	不溶	溶于乙醇或丙酮,与乙醚混溶
1,3-环戊二烯	C_5H_6	66.10	0.8021	−97.2	40.0	1.4440	不溶	与乙醇、乙醚或苯混溶,溶于丙酮
1,4-环己二烯	C_6H_8	80.14	0.8471	−49.2	85.6	1.4725	不溶	与乙醇或乙醚混溶,溶于苯
苦味酸(2,4,6-三硝基苯酚)	$C_6H_2(NO_2)_3OH$	229.11	—	122〜123	升华,>300 爆炸	1.763	微溶	溶于乙醇、乙醚、丙酮或苯
苯	C_6H_6	78.12	0.87865	5.5(3.3)	80.1	1.5011	0.07 (22℃)	与乙醇、乙醚或丙酮混溶
苯乙烯	$C_6H_5CH=CH_2$	104.16	0.9060	−30.63	145.2	1.5468	不溶	与苯混溶,溶于乙醇、乙醚或丙酮
苯乙酰氯	$C_6H_5CH_2COCl$	154.60	1.16817	—	170 (33kPa)	1.5325	分解	在乙醇中分解,溶于乙醚
苯乙酮	$C_6H_5COCH_3$	120.16	1.0281	20.5	202.0	1.53718	不溶	溶于乙醇、乙醚、丙酮或苯
苯乙酸	$C_6H_5CH_2COOH$	136.16	1.091 (77℃)	77	265.5	—	微溶	溶于乙醇、乙醚或丙酮
苯乙醛	$C_6H_5CH_2CHO$	120.16	1.0272	33〜34	195	1.5255	微溶	与乙醇或乙醚混溶,溶于丙酮
邻苯二甲酸酐	$C_6H_4(CO)_2O$	148.12	1.527 (4℃)	131.61	295.1	—	微溶	溶于乙醇或热苯,微溶于乙醚
邻苯二甲酸	$C_6H_4(COOH)_2$	166.14	1.593	210〜211 分解	分解	—	0.54(14℃) 18(99℃)	溶于乙醇,微溶于乙醚

名 称	分 子 式	相对分子质量	相对密度	熔 点/℃	沸 点/℃	折射率 n_D^{20}	溶 解 度	
							在水中	在有机溶剂中
对苯二甲酸	$C_6H_4(COOH)_2$	166.14	—	>300 升华不熔	升 华		0.001(冷)	溶于热乙醇,不溶于乙醚
邻苯二甲酸二丁酯	$C_6H_4(COOC_4H_9)_2$	278.35	1.047(20℃/20℃)	—	340	1.4911	不溶	与乙醇、乙醚或苯混溶
邻苯二甲酸二甲酯	$C_6H_4(COOCH_3)_2$	194.19	1.1905(20.7℃)	0~2	283.8	1.5138	不溶	与乙醇或乙醚混溶,溶于苯
邻苯二酚	$C_6H_4(OH)_2$	110.11	1.1493(21℃)	105	245(100kPa)	1.604	溶	溶于乙醇、乙醚、丙酮或热苯
间苯二酚	$C_6H_4(OH)_2$	110.11	1.2717	(1)111 稳定 (2)108.5 不稳定	178(2.1kPa)	—	溶	溶于乙醇或乙醚
对苯二酚(氢醌,氢化苯醌)	$C_6H_4(OH)_2$	110.11	1.328(15℃)	173~174	285(97kPa)	—	溶	溶于乙醇、乙醚或丙酮,与四氯化碳混溶
苯丙氨酸(dl)(α-氨基-β-苯基丙酸)	$\overset{NH_2}{C_6H_5CH_2CHCOOH}$	165.19	—	284~288 分 解	升华部分分解		易溶	不溶于乙醇或乙醚
苯甲酸(安息香酸)	C_6H_5COOH	122.13	1.2659(15℃)	122.4	249	1.504(132℃)	0.21(17.5℃)2.2(75℃)	溶于乙醇、乙醚、丙酮或热苯
苯甲醛(苦杏仁油)	C_6H_5CHO	106.13	1.0415(15℃)	−26(−56.9~55.6)凝固	178.1	1.5463	0.3	与乙醇或乙醚混溶,易溶于丙酮或苯
苯肼	$C_6H_5NHNH_2$	108.15	1.0986	19.8	243	1.6084	溶(热)	与乙醇、乙醚或苯混溶,易溶于丙酮
盐酸苯肼	$2C_6H_5NHNH_2 \cdot HCl$	252.75	—	225	—	—	溶	溶于乙醇,微溶于乙醚
苯胺	$C_6H_5NH_2$	93.13	1.02173	−6.3	184.13	1.5863	3.6(18℃)	与乙醇、乙醚、丙酮或苯混溶
盐酸苯胺	$C_6H_5NH_2 \cdot HCl$	129.60	1.2215(4℃)	198	245	—	88.4(15℃)107(25℃)	溶于乙醇,不溶于乙醚
硝酸苯胺	$C_6H_5NH_2 \cdot HNO_3$	156.15	1.356(4℃)	190 分解			易溶	易溶于乙醇或乙醚
硫酸苯胺(酸式盐)	$C_6H_5NH_2 \cdot H_2SO_4 \cdot \frac{1}{2}H_2O$	200.21	—	162			—	—
硫酸苯胺(中性盐)	$(C_6H_5NH_2)_2 \cdot H_2SO_4$	284.34	1.377(4℃)	分 解	—	—	5(14℃)	微溶于乙醇,不溶于乙醚
苯酚(石炭酸)	C_6H_5OH	94.11	1.0576	43(41凝固)	181.75	1.5509(21℃)	8.2(15℃)∞(65.3℃)	溶于乙醇或乙醚,与丙酮、热苯或四氯化碳混溶
对苯醌	$C_6H_4O_2$	108.10	1.318	115.7	升 华	—	微溶	溶于乙醇或乙醚
苯磺酸	$C_6H_5SO_3H$	158.18	—	65~66	—	—	易溶	溶于乙醇,不溶于乙醚,微溶于苯
苯磺酸水合物	$C_6H_5SO_3H \cdot \frac{3}{2}H_2O$	176.20	—	45~46	—	—	溶	溶于乙醇,不溶于乙醚,微溶于苯

名　称	分子式	相对分子质量	相对密度	熔点 /℃	沸点 /℃	折射率 n_D^{20}	溶解度	
							在水中	在有机溶剂中
苯磺酸钠	$C_6H_5SO_3Na$	180.16	—	450 分解	—		溶	微溶于热乙醇
咖啡酸(反式)	$C_9H_8O_4$	180.17	—	260 分解 (240 变暗)	—	—	溶(热)	溶于乙醇,微溶于乙醚
β-果糖(D)	$C_6H_{12}O_6$	180.16	1.00	103~105 分解		—	易溶	溶于乙醇或热丙酮
α-乳糖	$C_{12}H_{22}O_{11}\cdot H_2O$	360.31	1.525	201~203 130 失水	分解	—	17(冷) 40(热)	不溶于乙醇或乙醚
乳酸(dl)(2-羟基丙酸)	$CH_3CHOHCOOH$	90.08	1.2060 (25℃)	18	122 (2kPa)	1.4392	易溶	溶于乙醇,微溶于乙醚
庚二酸	$HOOC(CH_2)_5COOH$	160.17	1.329 (15℃)	106	272 升华 (0.013Pa)	—	2.5(14℃)	溶于乙醇、乙醚或热苯
庚烷	$CH_3(CH_2)_5CH_3$	100.21	0.68376	−90.61	98.42	1.38777	0.0052 (18℃)	与乙醚、丙酮或苯混溶,易溶于乙醇
1-庚烯	$CH_3(CH_2)_4CH{=}CH_2$	98.19	0.6970	−119	93.64	1.3998	不溶	溶于乙醇或乙醚
1-庚炔	$CH_3(CH_2)_4C{\equiv}CH$	96.17	0.7328	−81	99.74	1.4087	微溶	与乙醇或乙醚混溶,溶于苯
1-庚醇	$CH_3(CH_2)_6OH$	116.21	0.8219	−34.1	176	1.4249	0.18(25℃)	与乙醇或乙醚混溶
庚醛	$CH_3(CH_2)_5CHO$	114.19	0.8495	−43.3	152.8	1.4113	0.02(25℃)	与乙醇或乙醚混溶
庚酸	$CH_3(CH_2)_5COOH$	130.19	0.9200	−7.5	223	1.4170	0.25(15℃)	溶于乙醇、乙醚或丙酮
阿托品(颠茄碱)	$C_{17}H_{23}NO_3$	289.36	—	118~119	升华(真空) 93~110		微溶(热)	溶于乙醇、乙醚或苯
非那西丁(对乙氧基-N-乙酰苯胺)	$C_2H_5OC_6H_4NH\cdot COCH_3$	221.26	—	53.5~54	182 (1600Pa)		微溶	溶于乙醇,微溶于乙醚或苯
油酸(9-十八碳烯酸)	$C_{17}H_{33}COOH$	282.47	顺:0.8935 反:0.8734 (45℃)	16.3 (13.4) 45	286 (13kPa) 288 (13kPa)	1.4582 1.4499 (45℃)	不溶 不溶	与乙醇、乙醚、丙酮或苯混溶 溶于乙醇、乙醚或苯
柠檬酸(枸橼酸)	$C_3H_4(OH)(COOH)_3$	192.14	1.542 (18℃,水合物) 1.665 (18℃,无水物)	153 (无水物) (156~157)	分解	—	133(冷)	溶于乙醇或乙醚,不溶于苯
氟乙酸	FCH_2COOH	78.04	1.3693	35.2	165		溶(热)	溶于热乙醇
氟苯	C_6H_5F	96.11	1.0225	−41.2 (凝固−39.2)	85.1	1.4684 (40℃)	不溶	与乙醇、乙醚、丙酮或苯混溶
茜素(1,2-二羟基蒽醌)	$C_{14}H_8O_4$	240.23	—	289~290	430 升华		微溶	溶于乙醇、乙醚、丙酮或苯
茶碱(咖啡碱,咖啡因)	$C_8H_{10}N_4O_2$	194.20	1.23 (19℃)	238 (无水物)	178 升华		溶(热)	微溶于乙醇、丙酮或苯,不溶于乙醚
奎宁(金鸡纳碱)	$C_{20}H_{24}N_2O_2\cdot 3H_2O$	378.47	—	57 (水合物) 177 (无水物)	升华	1.625	微溶	易溶于乙醇,不溶于乙醚、丙酮或苯

名　称	分　子　式	相对分子质量	相对密度	熔　点 /℃	沸　点 /℃	折射率 n_D^{20}	溶　解　度	
							在水中	在有机溶剂中
胆碱	$(CH_3)_3\overset{+}{N}(CH_2)_2OH \cdot OH^-$	121.18	—	—	—	—	易溶	溶于乙醇,不溶于乙醚、丙酮或苯
D-亮氨酸(α-氨基-γ-甲基戊酸)	$(CH_3)_2CHCH_2CH(NH_2)COOH$	131.18	—	293 (封管)	升　华	—	微溶	—
DL-亮氨酸		131.18	1.293 (18℃)	293~295 (封管)	升　华	—	溶	微溶于乙醇,不溶于乙醚
L-亮氨酸		131.18	1.293 (18℃)	293~295 (封管)	升　华	—	微溶	不溶于乙醇或乙醚
癸二酸(皮脂酸)	$HOOC(CH_2)_8COOH$	202.25	1.2705	134.5	295 (13kPa)	1.422 (133℃)	0.1(冷) 2(热)	溶于乙醇或乙醚,不溶于苯
癸二酸二丁酯	$[(CH_2)_4COOC_4H_9]_2$	314.47	0.9405 (15℃)	-10 (液化)	344~345	1.4433 (15℃)	不溶	溶于乙醚
癸烷	$CH_3(CH_2)_8CH_3$	142.29	0.7300	-29.7	174.1	1.41023	不溶	与乙醇混溶,溶于乙醚
1-癸烯	$CH_3(CH_2)_7CH=CH_2$	140.27	0.7408	-66.3 (凝固)	170.56	1.4215	不溶	与乙醇或乙醚混溶
1-癸炔	$CH_3(CH_2)_7C≡CH$	138.25	0.7655	-36	174	1.4265	不溶	溶于乙醇或乙醚
1-癸醇	$CH_3(CH_2)_8CH_2OH$	158.29	0.8297	7(凝固)	299	1.43719	不溶	与乙醇、乙醚、丙酮、苯或氯仿混溶
癸醛	$CH_3(CH_2)_8CHO$	156.27	0.830 (15℃)	约-5	208~209	1.4287	不溶	溶于乙醇、乙醚或丙酮
癸酸	$CH_3(CH_2)_8COOH$	172.27	0.8858 (40℃)	31.5 (凝固)	270	1.4288	0.003 (15℃)	与热乙醇混溶,溶于乙醚、丙酮或苯
砷酸三乙酯	$(C_2H_5O)_3AsO$	226.11	1.3023	—	235~238	1.4343	分解	—
桐酸(9,11,13-十八碳三烯酸)	$C_{17}H_{29}COOH$	278.44	α(顺): 0.9028 (50℃)	49	235 微分解 (1.6kPa)	1.5112 (50℃)	不溶	溶于乙醇或乙醚
			β(反): 0.8839 (80℃)	71~72	188 (133Pa)	1.5000 (80℃)	不溶	溶于热乙醇,不溶于乙醚
D-酒石酸(2,3-二羟基丁二酸)	$HOOC(CHOH)_2COOH$	150.09	1.7598	171~174	—	1.4955	139(20℃) 343(100℃)	易溶于乙醇或丙酮,微溶于乙醚,不溶于苯
DL-酒石酸	$HOOC(CHOH)_2COOH$	150.09	1.788	206 (210分解) (无水物)	—	—	20.6(20℃) 185(100℃) (一水合物)	溶于热乙醇,微溶于乙醚,不溶于苯
meso-酒石酸	$HOOC(CHOH)_2COOH$	150.09	1.666	146~148 (140)	—	1.5~1.6	120(15℃)	溶于乙醇,微溶于乙醚
酒石酸钙	$C_4H_4O_6Ca \cdot 3H_2O$ (meso-)	242.20	—	170 失 3H_2O	—	—	0.17(热)	微溶于乙酸
烟碱(DL)(尼古丁)	$C_{10}H_{14}N_2$	162.24	1.0082	—	242~243	1.5289	∞	易溶于乙醇或乙醚
酚酞	$C_{20}H_{14}O_4$	318.33	1.277 (32℃)	262~263	—	—	不溶	溶于乙醇、乙醚或丙酮,不溶于苯
萘	$C_{10}H_8$	128.19	1.0253	80.55	218	1.4003 (24℃)	0.003 (25℃)	溶于乙醇、乙醚、丙酮或苯
α-萘酚	$C_{10}H_7OH$	144.19	1.0989 (99℃)	96	288	1.6224 (99℃)	微溶(热)	溶于乙醇、乙醚、丙酮或苯
β-萘酚	$C_{10}H_7OH$	144.19	1.28	123~124	295	—	0.1(冷) 1.25(热)	溶于乙醇、乙醚或苯

续表

名　称	分子式	相对分子质量	相对密度	熔点/℃	沸点/℃	折射率 n_D^{20}	溶解度	
							在水中	在有机溶剂中
菲	$C_{14}H_{10}$	178.24	0.9800 (4℃)	101	340	1.59427	不溶	溶于乙醇、乙醚、丙酮或苯
偶氮苯	$C_6H_5N{=\!=}NC_6H_5$	182.23	顺式:— 反式:1.203	71 68.5	— 293	— 1.6266 (78℃)	微溶	溶于乙醇、乙醚或苯
淀粉	$(C_6H_{10}O_5)_n$	$(162.14)_n$	—	分解	—		不溶	不溶于乙醇
蓖麻醇酸(顺式-12-羟基-9-十八碳烯酸)	$C_{17}H_{32}(OH)COOH$	298.47	0.9450 (21℃)	α:7.7 β:16 γ:5.5	226~228 (1.3kPa)	1.4716 (21℃)	不溶	溶于乙醇或乙醚
羟基乙酸	$HOCH_2COOH$	76.05		80	分解		溶	溶于乙醇或乙醚
维生素 C(L-抗坏血酸)	$C_6H_8O_6$	176.14	1.65	192 分解 (189 分解)	—		33	溶于乙醇,不溶于乙醚或苯
联苯	$C_6H_5C_6H_5$	154.21	0.8660	71	255.9	1.475	不溶	溶于乙醇、乙醚或苯
D-葡萄糖(右旋糖,平衡混合物)	$C_6H_{12}O_6$	180.16	—	140 (150)	—		溶	溶于热乙醇,微溶于丙酮
D-α 葡萄糖	$C_6H_{12}O_6$	180.16	1.5620 (18℃)	146 分解	—		易溶	溶于热乙醇,不溶于丙酮
D-α 葡萄糖一水合物	$C_6H_{12}O_6 \cdot H_2O$	198.18	1.54 (25℃)	86	—		易溶	微溶于乙醇,不溶于乙醚
D-β-葡萄糖	$C_6H_{12}O_6$	180.16	1.5620 (18℃)	150	—		易溶	溶于热乙醇,不溶于乙醚
D-葡糖酸	$CH_2OH(CHOH)_4COOH$	196.16	—	165	—		溶	溶于乙醇
硼酸三乙酯(三乙氧基硼)	$B(OC_2H_5)_3$	146.00	0.8546 (28℃)	—	120	1.3749	分解	与乙醇或乙醚混溶
硼酸三甲酯(三甲氧基硼)	$B(OCH_3)_3$	103.92	0.915	−29.3	67~69	1.3568	分解	与乙醇混溶,易溶于乙醇
硬脂酸(正十八酸)	$C_{17}H_{35}COOH$	284.50	0.9408	71.5~72.0	360 分解	1.4299 (80℃)	0.03 (25℃)	溶于热乙醇、乙醚或丙酮,微溶于苯
硝基苯	$C_6H_5NO_2$	123.11	1.2037	5.7	210.8	1.5562	0.19 (20℃)	易溶于乙醇、乙醚、丙酮或苯
邻硝基甲苯	$C_6H_4(CH_3)NO_2$	137.14	1.1629	针状:−9.55 晶体:−2.9	221.7	1.5450	0.065 (30℃)	与乙醇或乙醚混溶
间硝基甲苯	$C_6H_4(CH_3)NO_2$	137.14	1.1571	16	232.6	1.5466	0.050 (30℃)	与乙醚混溶,溶于乙醇或苯
对硝基甲苯	$C_6H_4(CH_3)NO_2$	137.14	1.1038 (75℃)	54.5	238.3		0.004 (15℃)	溶于乙醇,易溶于乙醚、丙酮或苯
硫脲	H_2NCSNH_2	72.12	1.405	182	分解		9.2 (13℃)	溶于乙醇,不溶于乙醚
硫代乙酸	CH_3COSH	76.12	1.064	<−17	87	1.4648	溶	与乙醚混溶,溶于乙醇或丙酮
氰	$NCCN$	52.04	0.9537 (−21℃)	−27.9	−21.17	—	450 (20℃)	溶于乙醇或乙醚
氰氨	H_2NCN	42.04	1.2820 (固)	42(46)	140 (2.5kPa)	1.4418 (48℃)	易溶	溶于乙醇、乙醚、丙酮或苯
氰酸	$HOCN$	43.03	1.140 (液)	−81~−79	23.5		溶	溶于乙醚或苯
氰酸乙酯	C_2H_5OCN	71.08	0.89	—	162 分解 (25℃)	1.3788	不溶	与乙醇或乙醚混溶
氯乙烯	$H_2C{=}CHCl$	62.50	0.9106	−153.8	−13.37	1.3700	微溶	溶于乙醇或乙醚

名　称	分　子　式	相对分子质量	相对密度	熔　点/℃	沸　点/℃	折射率 n_D^{20}	溶　解　度	
							在水中	在有机溶剂中
氯乙烷	CH_3CH_2Cl	64.52	0.8978	−136.4	12.37	1.3676	0.45 (0℃)	与乙醚混溶,易溶于乙醇
氯乙酸(氯代乙酸)	$ClCH_2COOH$	94.50	1.4043 (40℃)	α:63 β:56.2 γ:52.5	187.85	1.4351 (55℃)	易溶	溶于乙醇、乙醚或苯
氯乙酸酐	$(ClCH_2CO)_2O$	170.98	1.5497	46	203	—	分解	在热乙醇中分解,微溶于乙醚
氯乙酸乙酯	$ClCH_2COOC_2H_5$	122.55	1.1585	−26	144 (98.6kPa)	1.4215	不溶	与乙醇、乙醚或丙酮均混溶,溶于苯
氯乙酸甲酯	$ClCH_2COOCH_3$	108.53	1.2337	−32.12	129	1.4218	微溶	与乙醇、乙醚、丙酮或苯混溶
氯乙酸苯酯	$ClCH_2COOC_6H_5$	170.60	1.2202 (44℃)	44～45	230～235	1.5146 (44℃)	不溶	易溶于乙醇或乙醚
氯乙酰氯	$ClCH_2COCl$	112.94	1.4202	—	107	1.4541	分解	遇乙醇分解,与乙醚混溶,溶于丙酮
2-氯丁二烯	$H_2C=CClCH=CH_2$	88.54	0.9583	—	59.4	1.4583	微溶	与乙醇、丙酮或苯混溶
氯化苦(三氯代硝基甲烷)	Cl_3CNO_2	164.38	1.6566	−64.5	111.84	1.4622	0.17(18℃)	与乙醚、丙酮或苯混溶
氯甲烷(甲基氯)	CH_3Cl	50.49	0.9159	−97.73	−24.2	1.3389	280 (18℃)	与乙醚、丙酮或苯混溶,溶于乙醇
氯苯	C_6H_5Cl	112.56	1.1058	−45.6	132	1.5241	0.049 (20℃)	与乙醇或乙醚混溶,易溶于苯
溴乙酸(溴乙酸)	$BrCH_2COOH$	138.95	1.9335 (50℃)	50	208	1.4804 (50℃)	∞	与乙醇或乙醚混溶,溶于丙酮、苯
溴苯	C_6H_5Br	157.02	1.4950	−30.82	156	1.5597	不溶	易溶于乙醇、乙醚或苯,溶于四氯化碳
碘乙酸(碘乙酸)	ICH_2COOH	185.95	—	83	分　解	—	溶(热)	溶于热乙醇,微溶于乙醚
碘苯	C_6H_5I	204.01	1.8308	−31.27	188.3	1.6200	不溶	与乙醚、丙酮或苯混溶,溶于乙醇
蒽	$C_{14}H_{10}$	178.24	1.283 (25℃)	216.2～216.4	340	—	不溶	微溶于热乙醇、乙醚、丙酮或苯
9,10-蒽醌	$C_{14}H_8O_2$	208.23	1.438	286 升华	379.8	—	不溶	溶于热苯,微溶于乙醇,不溶于乙醚
蔗糖	$C_{12}H_{22}O_{11}$	342.30	1.5805 (17.5℃)	185～186	—	1.5376	179(0℃)	微溶于乙醇,不溶于乙醚
D-樟脑(2-莰酮)	$C_{10}H_{16}O$	152.24	0.990 (25℃)	179.8	204 升华	1.5462	不溶	易溶于乙醇或乙醚,溶于丙酮或苯
DL-樟脑	$C_{10}H_{16}O$	152.24	—	178.8	升华	—	不溶	易溶于乙醇或乙醚,溶于丙酮或苯
L-樟脑	$C_{10}H_{16}O$	152.24	0.9853 (18℃)	178.6	204 升华	—	不溶	易溶于乙醇或乙醚,溶于丙酮或苯
磺基乙酸	HO_3SCH_2COOH	140.12	—	84～86	245 分解	—	溶	溶于乙醇或丙酮,不溶于乙醚

续表

名　　称	分子式	相对分子质量	相对密度	熔　点 /℃	沸　点 /℃	折射率 n_D^{20}	溶　解　度	
							在水中	在有机溶剂中
磺胺(对氨基苯磺酰胺,氨基磺胺)	$C_6H_8N_2O_2S$	172.22	—	142			微溶	易溶于乙醇
磺胺吡啶(磺胺氮苯)	$C_{11}H_{11}O_2N_3S$	249.29	—	191~193			<0.03(冷) 0.05(热)	溶于热乙醇,不溶于苯
磺胺胍	$C_7H_{10}O_2N_4S$	214.25	—	190~193 (无水物)			0.19(37℃)	微溶于乙醇或丙酮
磺胺噻唑(磺胺间氮硫杂茂)	$C_9H_9O_2N_3S_2$	256.32	—	218			微溶	溶于乙醇
噻唑(间硫氮茂)	C_3H_3NS	85.13	1.1998 (17℃)	—	116.8	1.5969	微溶	溶于乙醇、乙醚或丙酮
糖精(邻磺酰苯酰亚胺)	$C_6H_4CONHSO_2$	183.19	0.828	228.8~ 229.7 分解	升　华 (真空)	—	0.4(25℃)	溶于乙醇或丙酮,微溶于乙醚或苯
磷酸三乙酯	$(C_2H_5O)_3PO$	182.16	1.0695	−56.4	215~216	1.4053	100(25℃) 微分解	溶于乙醇、乙醚或苯
磷酸三苯酯	$(C_6H_5O)_3PO$	326.29	1.2055 (50℃)	50~51	245 (1.5kPa)	—	不溶	溶于乙醇、乙醚或苯
糠醛(2-氧茂醛)	C_4H_3OCHO	96.09	1.1594	−38.7	161.7	1.5261	溶	与乙醚混溶,溶于乙醇、丙酮或苯
鞣酸(单宁酸)	$C_{76}H_{52}O_{46}$	1701.24		210~215 微分解			溶	易溶于乙醇或丙酮,不溶于乙醚或苯
麝香酮	$C_{14}H_{18}N_2O_5$	294.31		134.5~ 136.5			不溶	微溶于乙醇

第三节　其　　他

一、有机官能团的名称和符号

有机官能团的名称和符号见表 3-3。

表 3-3　有机官能团的名称和符号

符号	名称	作词头时	词尾	词中	化　合　物　类　别　和　例　解
—X	卤	卤	卤	—	卤代烃:氯苯(C_6H_5Cl)、二氯甲烷(CH_2Cl_2)、三碘甲烷(CHI_3)
—O—	氧基,环氧基	氧基,环氧	醚	氧(基)	醚:二苯醚($C_6H_5OC_6H_5$) 环氧化合物:环氧乙烷(CH_2—CH_2,O)
—OH	羟基	羟(基)	醇,酚	醇,酚	羟基酸:羟基乙酸($HOCH_2COOH$) 醇:丁醇-1($CH_3CH_2CH_2CH_2OH$)、乙二醇(CH_2OHCH_2OH) 酚:苯酚(C_6H_5OH)
＞C=O	羰基	羰(基)	酮	酰,羰	酮:丙酮(CH_3COCH_3)、戊酮-3($CH_3CH_2COCH_2CH_3$) 酰基化合物:乙酰氯(CH_3COCl)、乙酰乙酸(CH_3COCH_2COOH)
—CHO	醛基	(甲)醛(基)	(基)醛	醛	醛:苯甲醛(C_6H_5CHO) 缩醛:丙醛缩二乙醇$\left(CH_3CH_2CH\bigg\langle{OCH_2CH_3 \atop OCH_2CH_3}\right)$
—COOH	羧基	羧(基)	(羧)酸	—	羧酸:乙酸(CH_3COOH)、乙二酸[$(COOH)_2$]、羧甲基醚($ROCH_2COOH$)
—COOR	酯基	酯基	酯	—	酯:甲酸乙酯($HCOOCH_2CH_3$)、甲酯基甲磺酸钠($CH_3OOCCH_2SO_3Na$)

符号	名称	作词头时	词尾	词中	化 合 物 类 别 和 例 解
$-NH_2$	氨基	氨(基)	胺	氨基	氨基酸:氨基乙酸(H_2NCH_2COOH) 胺:甲胺(CH_3NH_2)、二甲氨基苯[$C_6H_5N(CH_3)_2$]
$-CONH_2$	酰氨基	氨羰(基)	酰胺	酰胺基	酰胺:乙酰胺(CH_3CONH_2)、苯甲酰胺($C_6H_5CONH_2$)、乙酰 胺基乙酸(N-乙酰替甘氨酸)($CH_3CONHCH_2COOH$)
$-NO_2$	硝基	硝(基)	硝	—	硝基化合物:硝基甲烷(CH_3NO_2)、硝基苯($C_6H_5NO_2$)
$-CN$	氰基	氰(基)	腈	—	腈:乙腈(氰基甲烷)(CH_3CN)、苯甲腈(C_6H_5CN)、丙烯腈 ($H_2C=CHCN$)
$-SH$	巯基	巯(基)	硫醇, 硫酚	—	巯基化合物:巯基乙醇($HSCH_2CH_2OH$) 硫醇:甲硫醇(CH_3SH) 硫酚:苯硫酚(C_6H_5SH)
$-SO_3H$	磺基	磺(基)	磺酸	磺酸	磺酸:苯磺酸钠($C_6H_5SO_3Na$)、磺基水杨酸[$HO_3SC_6H_3(OH)COOH$]

二、合成高分子化合物分类、品种、性能和用途

由低分子量化合物（单体）聚合而成的高分子化合物也叫做高聚物。它的结构单元就是链节，链节的数目叫做聚合度。高聚物的聚合度都很大（几千到几万）。高分子化合物就其单个分子来说，都有一定的聚合度。但由于高聚物是由许多聚合度相同或不同的高分子聚集而成，所以其分子量只能以平均分子量来表示。同类的高聚物由于平均分子量不同，其物态和黏度等性质也不相同。

由于高分子化合物在结构上与小分子物质有很大不同，使高分子化合物具有许多特异的性质。从使用的观点，通常把合成的高分子材料分为塑料、橡胶和纤维三大类。

1. 塑料的主要品种、性能和用途

塑料的主要品种、性能和用途见表 3-4。

表 3-4 塑料的主要品种、性能和用途

名 称	单 体	链 节	性 能	用 途
聚乙烯	$H_2C=CH_2$	$-CH_2-CH_2-$	柔韧、半透明、不吸水,电绝缘性很好,耐化学腐蚀,耐寒,无毒性;耐溶剂性和耐热性差	制成薄膜作食品、药物的包装材料;制日常用品、绝缘材料、管道、辐射保护衣等
聚丙烯	$CH_3CH=CH_2$	$-CH_2-CH-$ 　　　　$\|$ 　　　　CH_3	机械强度好,电绝缘性好,耐化学腐蚀;低温发脆	制薄膜、日常用品
聚氯乙烯	$H_2C=CHCl$	$-CH_2-CH-$ 　　　　$\|$ 　　　　Cl	耐有机溶剂,耐化学腐蚀,抗水性好,易于染色;热稳定性差,冬天发硬	硬制品:管道、绝缘材料等 软制品:薄膜、电线包皮、软管、日常用品等 泡沫塑料:建筑材料、日常用品等
聚苯乙烯	$H_2C=CH$ 　　　$\|$ 　　　○	$-CH_2-CH-$ 　　　　$\|$ 　　　　○	电绝缘性很好,透光性好,耐水,耐化学腐蚀;室温下发脆,温度较高则逐渐变软,耐溶剂性差	高频率绝缘材料,电视、雷达的绝缘部件,汽车、飞机零件,医疗卫生用具,日常用品,制造离子交换树脂等
聚甲基丙烯酸甲酯(有机玻璃)	$H_2C=C-COOCH_3$ 　　　　$\|$ 　　　　CH_3	$\quad CH_3$ $\quad\ \|$ $-CH_2-C-$ $\quad\ \|$ $\quad COOCH_3$	透光性很好,质轻,耐水,耐酸、碱,抗霉,易加工;耐磨性较差,能溶于有机溶剂	飞机、汽车用玻璃,光学仪器,医疗器械,软管等

名　称	单　体	链　节	性　能	用　途
聚四氟乙烯	$F_2C{=}CF_2$	—CF_2—CF_2—	耐低温（−100℃）、高温（350℃），耐化学品腐蚀性好，耐溶剂性好，电绝缘性很好；加工困难	电气、航空、化学、冷冻、医药等工业的耐腐蚀、耐高温、耐低温的制品
酚醛塑料	OH（酚），HCHO	酚—CH_2—	电绝缘性好，耐热，抗水；能被强酸、强碱腐蚀	电工器材、层压材料、仪表外壳、日常用品等，用玻璃纤维增强的塑料用于宇宙航行、航空等领域，酚醛树脂可用于制涂料等
环氧树脂	CH_2—$CHCH_2Cl$，HOC_6H_4—C(CH_3)$_2$—C_6H_4OH	—OC_6H_4—C(CH_3)$_2$—C_6H_4O—CH_2CHCH_2—（含OH）	具有较好的黏合力，加工工艺性好，耐化学腐蚀，电绝缘性、机械强度、耐热性均较好	广泛用作黏合剂，作层压材料，制增强塑料用于宇航等领域，用于制黏合剂、涂料等
脲醛塑料	H_2NCONH_2，HCHO	NH_2 ... O=C—N—CH_2	染色性、抗霉性和耐溶剂性均较好；耐热性较差	制造器皿、日常生活用品等

2. 合成橡胶的主要品种、性能和用途

合成橡胶的主要品种、性能和用途见表3-5。

表3-5　合成橡胶的主要品种、性能和用途

名　称	单　体	链　节	性　能	用　途
丁苯橡胶	$H_2C{=}CH$—CH{=}CH_2，$H_2C{=}CH$（苯基）	—CH_2—CH{=}CH—CH_2—CH—（苯基）	热稳定性、电绝缘性、抗老化性均较好；黏合性差，耐寒性差	制造轮胎、运输带；一般橡胶制品
顺丁橡胶	$H_2C{=}CH$—CH{=}CH_2	—CH_2 CH_2— C=C（H，H）	弹性好，耐低温，耐热；黏结性差	制造轮胎、胶鞋、电缆的外部包皮等
氯丁橡胶	$H_2C{=}C$—CH{=}CH_2（Cl）	—CH_2—C{=}CH—CH_2—（Cl）	耐日光、耐气候性极好，耐磨性好，耐酸、碱性好；耐寒性差	电线包皮、运输带、化工设备的防腐蚀衬里、胶黏剂、气球等
丁腈橡胶	$H_2C{=}CH$—CH{=}CH_2，$H_2C{=}CH$（CN）	—CH_2—CH{=}CH—CH_2—CH—（CN）	抗老化性好，耐油性高，耐高温，弹性和耐寒性较差	耐油、耐热橡胶制品，飞机油箱衬里等
聚硫橡胶	$ClCH_2CH_2Cl$，Na_2S_4	—$CH_2CH_2S_4$—	耐油性和抗老化性很好，耐化学腐蚀；拉伸强度低，弹性差	耐油、耐苯胶管，胶辊、耐臭氧制品，贮油设备衬里，化工设备衬里
硅橡胶	$(CH_3)_2SiCl_2$	—Si—O—（CH_3，CH_3）	耐严寒（−100℃）和耐高温（300℃），抗老化和抗臭氧性好，电绝缘性好；力学性能差，耐化学腐蚀性差，较难硫化	制造各种高温、低温下使用的衬垫、绝缘材料等
异戊橡胶（合成天然橡胶）	$H_2C{=}C$—CH{=}CH_2（CH_3）	—CH_2 CH_2— C=C（CH_3，H）	与天然橡胶相似，黏结性良好；耐磨性稍差	适用于使用天然橡胶的场合，如制造汽车内胎、外胎以及各种橡胶制品

3. 合成纤维的主要品种、性能和用途

合成纤维的主要品种、性能和用途见表3-6。

表 3-6　合成纤维的主要品种、性能和用途

名　称	单　体	链　节	性　能	用　途
聚酯类(涤纶,的确良)	$HOOCC_6H_4COOH$, $HOCH_2CH_2OH$	$-OCH_2CH_2O-$ $\overset{O}{\underset{}{\Vert}}\overset{O}{\underset{}{\Vert}}$ $-CC_6H_4C-$	抗折皱性强,弹性好,耐光性好,耐酸性好,耐磨性好;不耐浓酸,染色性较差	衣料织品,电绝缘材料、运输带、渔网、绳索、人造血管等
聚酰胺类(锦纶,尼纶)	$HN(CH_2)_5CO$	$-HN(CH_2)_5CO-$	强度高,弹性好,耐磨性好,耐碱性好,染色性好;不耐浓酸,耐光性差	衣料织品,轮胎帘子线、绳索、渔网、降落伞等
聚丙烯腈(腈纶,人造羊毛)	$H_2C=CH$ $\quad\quad CN$	$-CH_2-CH-$ $\quad\quad\quad CN$	耐光性极好,耐酸性好,弹性好,保暖性好;不易染色,耐碱性差	各种衣料和针织品,工业用布、毛毯、滤布、炮衣、天幕等
聚乙烯醇缩甲醛(维尼纶)	$\overset{O}{\underset{}{\Vert}}$ $H_3C-COCH=CH_2$, $HCHO$	$-CH-CH_2-CH-CH_2-$ $\quad\vert\quad\quad\quad\quad\vert$ $\quad O-CH_2-O$	吸湿性好,耐光性好,耐腐蚀性好,柔软和保暖性好;耐热水性不够好,染色性较差	各种衣料和桌布、窗帘等,渔网、滤布、军事运输盖布、炮衣、粮食袋等
聚丙烯纤维	$CH_3CH=CH_2$	$-CH_2-CH-$ $\quad\quad\quad\quad CH_3$	机械强度好,耐腐蚀性极好,耐磨性好,电绝缘性好;染色性差,耐光性差	绳索、网具、滤布、工作服、帆布等,用作医用纱布不粘连在伤口上
聚乙烯纤维	$H_2C=CH_2$	$-CH_2-CH_2-$	机械强度好,耐腐蚀性极好;染色性差,耐热性较差	渔网,耐酸、碱织物,绳索等
聚氯乙烯纤维(氯纶)	$H_2C=CH$ $\quad\quad\quad Cl$	$-CH_2-CH-$ $\quad\quad\quad\quad Cl$	保暖性好,耐日光性好,耐腐蚀性好;耐热性差,染色性差	针织品、工作服、毛毯、绒线、滤布、渔网、帆布等

4. 化学纤维的分类和名称对照

化学纤维的分类见表 3-7。化学纤维的各种名称对照见表 3-8。

表 3-7　化学纤维的分类

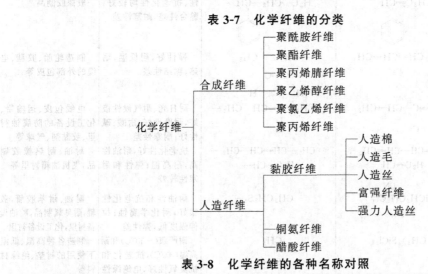

表 3-8　化学纤维的各种名称对照

	学　名	我国统一名称	市场上用过的名称
合 成 纤 维	聚酰胺66纤维	尼纶	尼龙66
	聚酰胺6纤维	锦纶	尼龙6、卡普纶、贝纶、拉米纶
	聚酯纤维	涤纶	涤纶、达可纶、帝特纶、的确良、拉夫桑
	聚丙烯腈纤维	腈纶	奥纶、尼特纶、开司米纶
	聚乙烯醇纤维	维纶	维尼纶、妙纶
	聚氯乙烯纤维	氯纶	聚氯乙烯
	过氯乙烯纤维	过氯纶	过氯乙烯
	聚丙烯纤维	丙纶	聚丙烯

续表

	学　　名	我国统一名称	市场上用过的名称
人造纤维	黏胶纤维	黏纤	黏胶、人造棉、人造毛
	铜氨纤维	铜氨纤	铜氨
	醋酸纤维	醋纤	醋酸酯
	三醋酸酯纤维	三醋纤	三醋酸酯
	高湿模量黏胶纤维	富纤	富强纤、虎木棉、波里诺西克纤维

三、常见化合物的俗名或别名

常见化合物的俗名或别名见表 3-9。

表 3-9　常见化合物的俗名或别名

类别	俗名或别名	主要化学成分	类别	俗名或别名	主要化学成分
硅化合物	石英	SiO_2	铵化合物	铵硝石、硝铵	NH_4NO_3
	水晶	SiO_2		硫铵	$(NH_4)_2SO_4$
	打火石、燧石	SiO_2		硇砂	NH_4Cl
	玛瑙	SiO_2	钡化合物	重晶石	$BaSO_4$
	砂子	SiO_2		钡白	$BaSO_4$
	橄榄石	Mg_2SiO_4		钡垩石	$BaCO_3$
	硅锌矿	Zn_2SiO_4	锶化合物	天青石	$SrSO_4$
	透灰石	$CaMg(SiO_3)_2(CaO \cdot MgO \cdot 2SiO_2)$		锶垩石	$SrCO_3$
	正长石	$K_2Al_2Si_6O_{16}(K_2O \cdot Al_2O_2 \cdot 6SiO_2)$	钙化合物	电石	CaC_2
				白垩	$CaCO_3$
	钠长石	$Na_2Al_2Si_6O_{16}(Na_2O \cdot Al_2O_3 \cdot 6SiO_2)$		石灰石	$CaCO_3$
				萤石、氟石	CaF_2
	白云母	$H_4K_2Al_6Si_6O_{24}(K_2O \cdot 3Al_2O_3 \cdot 6SiO_2 \cdot 2H_2O)$		熟石灰、消石灰	$Ca(OH)_2$
				漂白粉、氯化石灰	$Ca(OCl)Cl$
	绿柱石	$Be_3Al_2Si_6O_{18}(3BeO \cdot Al_2O_8 \cdot 6SiO_2)$		钙硝石	$Ca(NO_3)_2 \cdot 4H_2O$
				生石灰、苛性石灰、煅烧石灰	CaO
	石棉、不灰木	$CaMg_3Si_4O_{12}(CaO \cdot 3MgO \cdot 4SiO_2)$		无水石膏	$CaSO_4$
钠化合物	食盐	$NaCl$		烧石膏、熟石膏、巴黎石膏	$2CaSO_4 \cdot H_2O$
	硼砂	$Na_2[B_4O_5(OH)_4] \cdot 8H_2O$		石膏、生石膏	$CaSO_4 \cdot 2H_2O$
	苏打、纯碱	Na_2CO_3		重石	$CaWO_4$
	小苏打	$NaHCO_3$	镁化合物	氧镁、白苦土、烧苦土	MgO
	红矾钠	$Na_2Cr_2O_7 \cdot 2H_2O$		卤矿、卤盐	$MgCl_2$
	苛性钠、烧碱、苛性碱	$NaOH$		泻盐	$MgSO_4 \cdot 7H_2O$
	钠硝石、智利硝石	$NaNO_3$		菱苦土矿	$MgCO_3$
	芒硝、朴硝	$Na_2SO_4 \cdot 10H_2O$	铝化合物	矾土	Al_2O_3
	玄明粉、元明粉	Na_2SO_4		钢玉	Al_2O_3
	大苏打、海波	$Na_2S_2O_3 \cdot 5H_2O$		铝矾、明矾	$K_2Al_2(SO_4)_4 \cdot 24H_2O$
	硫化碱	Na_2S		枯矾	$KAl(SO_4)_2$
钾化合物	钾碱、碱砂	K_2CO_3		铵矾	$(NH_4)_2Al_2(SO_4)_4 \cdot 24H_2O$
	黄血盐	$K_4Fe(CN)_6 \cdot 3H_2O$	铬化合物	铬绿	Cr_2O_3
	赤血盐	$K_3Fe(CN)_6$		钾铬矾	$K_2Cr_2(SO_4)_4 \cdot 24H_2O$
	苛性钾	KOH		铵铬矾	$(NH_4)_2Cr_2(SO_4)_4 \cdot 24H_2O$
	灰锰氧	$KMnO_4$		红矾	$K_2Cr_2O_7$
	吐酒石	$K(SbO)C_4H_4O_6$		铬黄	$PbCrO_4$
	钾硝石、火硝	KNO_3			

类别	俗名或别名	主要化学成分	类别	俗名或别名	主要化学成分
铁化合物	铁丹、红土子	Fe_2O_3	汞化合物	甘汞	Hg_2Cl_2
	赤铁矿	Fe_2O_3		升汞	$HgCl_2$
	磁铁矿	Fe_3O_4		三仙丹	HgO
	菱铁矿	$FeCO_3$		朱砂、辰砂、丹砂	HgS
	滕氏蓝	$Fe_3Fe_2(CN)_{12}$	铜化合物	赤铜矿	Cu_2O
	普鲁士蓝	$Fe_4[Fe(CN)_6]_3$		方黑铜矿	CuO
	绿矾、青矾	$FeSO_4 \cdot 7H_2O$		辉铜矿	Cu_2S
	钾铁矾	$K_2Fe_2(SO_4)_4 \cdot 24H_2O$		孔雀石	$CuCO_3 \cdot Cu(OH)_2$
	钾亚铁矾	$K_2Fe(SO_4)_2 \cdot 6H_2O$		铜绿	$CuCO_3 \cdot Cu(OH)_2$
	铵铁矾	$(NH_4)_2Fe_2(SO_4)_4 \cdot 24H_2O$		胆矾、蓝矾	$CuSO_4 \cdot 5H_2O$
	毒砂	$FeAsS$	砷化合物	胂	AsH_3
	磁黄铁矿	FeS		砒霜、白砒、信石	As_2O_3
	黄铁矿	FeS_2		雄黄、雄精	As_2S_2 或 As_4S_4
镍化合物	针镍矿	NiS		雌黄	As_2S_3
	镍矾	$NiSO_4 \cdot 7H_2O$	锑化合物	锑白	Sb_2O_3 或 Sb_4O_6
锰化合物	硫锰矿	MnS		辉锑矿、闪锑矿	Sb_2S_3
	软锰矿	MnO_2	锡化合物	锡石	SnO_2
	黑石子、无名异	MnO_2			
锌化合物	锌白	ZnO	有机化合物	沼气	CH_4
	红锌矿	ZnO		电石气	C_2H_2
	闪锌矿	ZnS		蚁酸	$HCOOH$
	炉甘石	$ZnCO_3$		水杨酸	HOC_6H_4COOH
	菱镁矿	$ZnCO_3$		乙酸	CH_3COOH
	锌矾、皓矾	$ZnSO_4 \cdot 7H_2O$		酒精	C_2H_5OH
铅化合物	黄丹、密陀僧	PbO		石炭酸	C_6H_5OH
	铅丹、红丹	Pb_3O_4		甘油	$C_3H_5(OH)_3$
	方铅矿	PbS		福尔马林	$HCHO$
	铅白	$2PbCO_3 \cdot Pb(OH)_2$			

四、水的重要常数

1. 水的相图

水的相图如图 3-1 所示。从相图上可以看出以下几点。

(1) 在"水"、"冰"、"汽"三个区域内都是单项，即 $\phi=1$，故自由度 $f=2$。这就表明，在这些区域内，温度和压力可以在有限的范围内独立变动，而不会引起相数目的变化。只有同时指定温度和压力，体系的状态和性质才能完全确定。

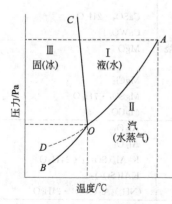

图 3-1 水的相图

(2) 图 3-1 中三条实线代表两个区域的交界线，在线上为两相，$\phi=2$，自由度 $f=1$，是两相平衡，所以指定了温度，则压力就不能任意改变了。

OA 线代表水和汽的两相平衡线，即水在不同温度下的蒸汽压曲线。A 点是临界点，该点为 374℃ 和 $2.208 \times 10^7 Pa$ 压力，在此点以上，液体的水不能存在。

OB 线为冰和汽的平衡线（即冰的升华曲线）。

OC 线为冰和水的平衡线。它不能无限向上延长，可以延伸到 $2.026 \times 10^8 Pa$ 和 $-20℃$ 左右，如果压力再高，将有不同结构的冰产生，相图变得比较复杂。

(3) O 点是三条线的交点，称为三相点，在该点三相共存，即 $\phi=3$，因此，自由度 $f=K-\phi+2=1-3+2=0$，这就是说，在该点，温度和压力都不能任意变动。该点的 $t=0.01℃$，压力为 6.103kPa。

（4）OD 线是过冷水的汽化曲线，即是把水-汽平衡体系的温度降低，蒸汽压沿 AO 曲线向三相点移动，到了三相点，冰应该在这时出现，但可以控制水冷至 0℃ 以下，而仍无冰出现，这种现象称为过冷现象。在 OD 线上的蒸气压比同温度下的冰的蒸气压大，所以不很稳定，称为介稳态。只要将过冷的水搅动一下，或投入一小块冰，过冷现象立即消失。冰将大量析出，而体系转向稳定的平衡态。

2. 水的离子积（K_w）

不同温度下水的离子积（K_w）见表 3-10。

表 3-10　不同温度下水的离子积（K_w）

| $K_w=a_{H^+}\times a_{OH^-}$ | $a_{H^+}=a_{OH^-}=\sqrt{K_w}$ | | $K_w=a_{H^+}\times a_{OH^-}$ | $a_{H^+}=a_{OH^-}=\sqrt{K_w}$ | |
温度/℃	$-\lg K_w$	K_w	温度/℃	$-\lg K_w$	K_w
0	14.9435	1.139×10^{-15}	50	13.2617	5.474×10^{-14}
5	14.7338	1.846×10^{-15}	55	13.1369	7.296×10^{-14}
10	14.5346	2.920×10^{-15}	60	13.0171	9.614×10^{-14}
15	14.3463	4.505×10^{-15}	65	12.90	1.26×10^{-13}
20	14.1669	6.809×10^{-15}	70	12.80	1.58×10^{-13}
24	14.0000	1.000×10^{-14}	75	12.69	2.0×10^{-13}
25	13.9965	1.008×10^{-14}	80	12.60	2.5×10^{-13}
30	13.8330	1.469×10^{-14}	85	12.51	3.1×10^{-13}
35	13.6801	2.089×10^{-14}	90	12.42	3.8×10^{-13}
40	13.5348	2.919×10^{-14}	95	12.34	4.6×10^{-13}
45	13.3960	4.018×10^{-14}	100	12.26	5.5×10^{-13}

3. 水的密度

不同温度下水的密度见表 3-11。

表 3-11　不同温度下水的密度

温度/℃	密度/(g/mL)	温度/℃	密度/(g/mL)	温度/℃	密度/(g/mL)
0	0.99987	30	0.99567	65	0.98059
3.98	1.00000	35	0.99406	70	0.97781
5	0.99999	38	0.99299	75	0.97489
10	0.99973	40	0.99224	80	0.97183
15	0.99913	45	0.99025	85	0.96865
18	0.99862	50	0.98807	90	0.96534
20	0.99823	55	0.98573	95	0.96192
25	0.99707	60	0.98324	100	0.95838

4. 水的沸点

不同压力下水的沸点见表 3-12。

表 3-12　不同压力下水的沸点

压力/kPa	沸点/℃	压力/kPa	沸点/℃	压力/kPa	沸点/℃
93.100	97.714	97.755	99.067	102.410	100.366
93.765	97.910	98.420	99.255	103.075	100.548
94.430	98.106	99.085	99.443	103.740	100.728
95.095	98.300	99.750	99.630	104.405	100.908
95.760	98.493	100.415	99.815	105.070	101.087
96.425	98.686	101.080	100.000	105.735	101.264
97.090	98.877	101.745	100.184	106.400	101.441

5. 水的蒸气压

不同温度下水的蒸气压见表 3-13。

表 3-13　不同温度下水的蒸气压

温度/℃	压力/kPa	温度/℃	压力/kPa	温度/℃	压力/kPa	温度/℃	压力/kPa
-15.0	0.191	20.0	2.332	55.0	15.699	90.0	69.926
-10.0	0.286	25.0	3.160	60.0	19.867	95.0	84.309
-5.0	0.421	30.0	4.233	65.0	24.943	100.0	101.08
0.0	0.609	35.0	5.609	70.0	31.082	105.0	120.507
5.0	0.870	40.0	7.358	75.0	38.450	110.0	142.916
10.0	1.224	45.0	9.560	80.0	47.228	115.0	168.641
15.0	1.700	50.0	12.301	85.0	57.669	120.0	198.056

6. 水的介电常数

不同温度下水的介电常数见表 3-14。

表 3-14 不同温度下水的介电常数

温度/℃	介电常数 ε	温度/℃	介电常数 ε	温度/℃	介电常数 ε	温度/℃	介电常数 ε
0	87.90	25	78.36	50	69.88	80	60.93
5	85.90	30	76.58	55	68.30	85	59.55
10	83.95	35	74.85	60	66.76	90	58.20
15	82.04	38	73.83	65	65.25	95	56.88
18	80.93	40	73.15	70	63.78	100	55.58
20	80.18	45	71.50	75	62.34		

五、水溶液中的离子活度系数

水溶液中的离子活度系数（25℃）见表 3-15。

表 3-15 水溶液中的离子活度系数（25℃）

离子半径 /1×10⁻⁸cm	离 子 强 度						
	0.001	0.0025	0.005	0.01	0.025	0.05	0.1
一 价 离 子							
9	0.967	0.950	0.933	0.914	0.88	0.86	0.83
8	0.966	0.949	0.931	0.912	0.88	0.85	0.82
7	0.965	0.948	0.930	0.909	0.875	0.845	0.81
6	0.965	0.948	0.929	0.907	0.87	0.835	0.80
5	0.964	0.947	0.928	0.904	0.865	0.83	0.79
4	0.964	0.947	0.927	0.901	0.855	0.815	0.77
3	0.964	0.945	0.925	0.899	0.85	0.805	0.755
二 价 离 子							
8	0.872	0.813	0.755	0.69	0.595	0.52	0.45
7	0.872	0.812	0.753	0.685	0.58	0.50	0.425
6	0.870	0.809	0.749	0.675	0.57	0.485	0.405
5	0.868	0.805	0.744	0.67	0.555	0.465	0.38
4	0.867	0.803	0.740	0.660	0.545	0.445	0.355
三 价 离 子							
9	0.738	0.632	0.54	0.445	0.325	0.245	0.18
6	0.731	0.620	0.52	0.415	0.28	0.195	0.13
5	0.728	0.616	0.51	0.405	0.27	0.18	0.115
4	0.725	0.612	0.505	0.395	0.25	0.16	0.095
四 价 离 子							
11	0.588	0.455	0.35	0.255	0.155	0.10	0.065
6	0.575	0.43	0.315	0.21	0.105	0.055	0.027
5	0.57	0.425	0.31	0.20	0.10	0.048	0.021

六、酸、碱、盐的活度系数与 pH 值

1. 酸、碱、盐的活度系数（25℃）

酸、碱、盐的活度系数见表 3-16。

表 3-16 酸、碱、盐的活度系数（25℃）

电 解 质	浓 度/(mol/L)									
	0.1	0.2	0.3	0.4	0.5	0.6	0.7	0.8	0.9	1.0
$AgNO_3$	0.734	0.657	0.606	0.567	0.536	0.509	0.485	0.464	0.446	0.429
$AlCl_3$	0.337	0.305	0.302	0.313	0.331	0.356	0.388	0.429	0.479	0.539
$Al_2(SO_4)_3$	0.0350	0.0225	0.0176	0.0153	0.0143	0.0140	0.0142	0.0149	0.0159	0.0175
$CdSO_4$	0.150	0.102	0.082	0.069	0.061	0.055	0.050	0.046	0.043	0.041
$CrCl_3$	0.331	0.298	0.294	0.300	0.314	0.335	0.362	0.397	0.436	0.481
$Cr(NO_3)_3$	0.319	0.285	0.279	0.281	0.291	0.304	0.322	0.344	0.371	0.401
$Cr_2(SO_4)_3$	0.0458	0.0300	0.0238	0.0207	0.0190	0.0182	0.0181	0.0185	0.0194	0.0208
$CsBr$	0.754	0.694	0.654	0.626	0.603	0.586	0.571	0.558	0.547	0.538
$CsCl$	0.756	0.694	0.656	0.628	0.606	0.589	0.575	0.563	0.553	0.544
CsI	0.754	0.692	0.651	0.621	0.599	0.581	0.567	0.554	0.543	0.533
$CsNO_3$	0.733	0.655	0.602	0.561	0.528	0.501	0.478	0.458	0.439	0.422
$CsAc$	0.799	0.771	0.761	0.759	0.762	0.768	0.776	0.783	0.792	0.802
$CuSO_4$	0.150	0.104	0.083	0.071	0.062	0.056	0.052	0.048	0.045	0.043
HBr	0.805	0.782	0.777	0.781	0.789	0.801	0.815	0.832	0.850	0.871
HCl	0.796	0.767	0.756	0.755	0.757	0.763	0.772	0.783	0.795	0.809

续表

电　解　质	浓　　度/(mol/L)									
	0.1	0.2	0.3	0.4	0.5	0.6	0.7	0.8	0.9	1.0
$HClO_4$	0.803	0.778	0.768	0.766	0.769	0.776	0.785	0.795	0.808	0.823
HI	0.818	0.807	0.811	0.823	0.839	0.860	0.883	0.908	0.935	0.963
HNO_3	0.791	0.754	0.735	0.725	0.720	0.717	0.717	0.718	0.721	0.724
KBr	0.772	0.722	0.693	0.673	0.657	0.646	0.636	0.629	0.622	0.617
KCl	0.770	0.718	0.688	0.666	0.649	0.637	0.626	0.618	0.610	0.604
KCNS	0.769	0.716	0.685	0.663	0.646	0.633	0.623	0.614	0.606	0.599
KF	0.775	0.727	0.700	0.682	0.670	0.661	0.654	0.650	0.646	0.645
KI	0.778	0.733	0.707	0.689	0.676	0.667	0.660	0.654	0.649	0.645
KNO_3	0.739	0.663	0.614	0.576	0.545	0.519	0.496	0.476	0.459	0.443
KAc	0.796	0.766	0.754	0.750	0.751	0.754	0.759	0.766	0.774	0.783
KOH	0.798	0.760	0.742	0.734	0.732	0.733	0.736	0.742	0.749	0.756
LiBr	0.796	0.766	0.756	0.752	0.753	0.758	0.767	0.777	0.789	0.803
LiCl	0.790	0.757	0.744	0.740	0.739	0.743	0.748	0.755	0.764	0.774
$LiClO_4$	0.812	0.794	0.792	0.798	0.808	0.820	0.834	0.852	0.869	0.887
LiI	0.815	0.802	0.804	0.813	0.824	0.838	0.852	0.870	0.888	0.910
$LiNO_3$	0.788	0.752	0.736	0.728	0.726	0.727	0.729	0.733	0.737	0.743
LiAc	0.784	0.742	0.721	0.709	0.700	0.691	0.689	0.688	0.688	0.689
$MgSO_4$	0.150	0.108	0.088	0.076	0.068	0.062	0.057	0.054	0.051	0.049
$MnSO_4$	0.150	0.106	0.085	0.073	0.064	0.058	0.053	0.049	0.046	0.044
NaBr	0.782	0.741	0.719	0.704	0.697	0.692	0.689	0.687	0.687	0.687
NaCl	0.778	0.735	0.710	0.693	0.681	0.673	0.667	0.662	0.659	0.657
$NaClO_4$	0.775	0.729	0.701	0.683	0.668	0.656	0.648	0.641	0.635	0.629
NaCNS	0.787	0.750	0.731	0.720	0.715	0.712	0.710	0.710	0.711	0.712
NaF	0.765	0.710	0.676	0.651	0.632	0.616	0.603	0.592	0.582	0.573
NaH_2PO_4	0.744	0.675	0.629	0.593	0.563	0.539	0.517	0.499	0.483	0.468
NaI	0.787	0.751	0.735	0.727	0.723	0.723	0.724	0.727	0.731	0.736
$NaNO_3$	0.762	0.703	0.666	0.638	0.617	0.599	0.583	0.570	0.558	0.548
NaAc	0.791	0.757	0.744	0.737	0.735	0.736	0.740	0.745	0.752	0.757
NaOH	0.766	0.727	0.708	0.697	0.690	0.685	0.681	0.679	0.678	0.678
$NiSO_4$	0.150	0.105	0.084	0.071	0.063	0.056	0.052	0.047	0.044	0.042
RbBr	0.763	0.706	0.673	0.650	0.632	0.617	0.605	0.595	0.586	0.578
RbCl	0.764	0.709	0.675	0.652	0.634	0.620	0.608	0.599	0.590	0.583
RbI	0.762	0.705	0.671	0.647	0.629	0.614	0.602	0.591	0.583	0.575
$RbNO_3$	0.734	0.658	0.606	0.565	0.534	0.508	0.485	0.465	0.446	0.430
RbAc	0.796	0.767	0.756	0.753	0.755	0.759	0.766	0.773	0.782	0.792
$TlNO_3$	0.702	0.606	0.545	0.500	…	…	…	…	…	…
$ZnSO_4$	0.150	0.104	0.083	0.071	0.063	0.057	0.052	0.048	0.046	0.043

2. 部分酸水溶液的 pH 值（室温）

部分酸水溶液的 pH 值（室温）见表 3-17。

表 3-17　部分酸水溶液的 pH 值（室温）

酸	浓度/(mol/L)	pH 值	酸	浓度/(mol/L)	pH 值	酸	浓度/(mol/L)	pH 值
乙酸	0.001	3.9	甲酸	0.1	2.3	乳酸	0.1	2.4
乙酸	0.01	3.4	盐酸	0.0001	4.0	亚硝酸	0.1	2.2
乙酸	0.1	2.9	盐酸	0.001	3.0	草酸	0.05	1.6
乙酸	1	2.4	盐酸	0.01	2.0	亚硫酸	0.05	1.5
亚砷酸	饱和	5.0	盐酸	0.1	1.0	硫酸	0.005	2.1
苯甲酸	0.01	3.1	盐酸	1	0.1	硫酸	0.05	1.2
碳酸	饱和	3.7	硫化氢	0.05	4.1	硫酸	0.5	0.3
柠檬酸	0.1	2.2	氢氰酸	0.1	5.1	酒石酸	0.05	2.2

3. 部分碱水溶液的 pH 值（室温）

部分碱水溶液的 pH 值（室温）见表 3-18。

表 3-18　部分碱水溶液的 pH 值（室温）

碱	浓度/(mol/L)	pH 值	碱	浓度/(mol/L)	pH 值	碱	浓度/(mol/L)	pH 值
NH_3	0.01	10.6	$Mg(OH)_2$	（饱和）	10.5	NaOH	0.001	11.0
NH_3	0.1	11.1	KCN	0.1	11.0	NaOH	0.01	12.0
NH_3	1	11.6	KOH	0.01	12.0	NaOH	0.1	13.0
$Na_2B_4O_7$	0.1	9.2	KOH	0.1	13.0	NaOH	1	14.0
$CaCO_3$	（饱和）	9.4	KOH	1	14.0	$Na_2O \cdot nSiO_2$	0.1	12.6
$Ca(OH)_2$	（饱和）	12.4	KOH	50%	14.5	H_3PO_4	0.1	12.6
Na_2HPO_4	0.1	9.0	Na_2CO_3	0.1	11.5			
$Fe(OH)_2$	（饱和）	9.5	$NaHCO_3$	0.1	11.5			

七、水与几种非水溶剂的沸点、冰点、沸点升高和冰点降低常数

水与几种非水溶剂的沸点、冰点、沸点升高和冰点降低常数见表 3-19。

表 3-19　水与几种非水溶剂的沸点、冰点、沸点升高和冰点降低常数

溶　剂		沸　点		冰　点	
名　　称	分子式	/℃	K_b	/℃	K_f
水	H_2O	100.00	0.512	0	1.86
苯	C_6H_6	80.15	2.53	5.5	5.12
乙酸	CH_3COOH	118.5	3.07	16.7	3.9
苯酚	C_6H_5OH	181.2	3.56	42	7.27
乙醇	C_2H_5OH	78.26	1.22	—	—
乙醚	$(C_2H_5)_2O$	34.42	2.02	—	—
樟脑	$C_{10}H_{16}O$	208.25	5.95	178.4	37.7(40)

注：1. K_b、K_f 分别为沸点升高常数与冰点降低常数，即当 1mol 的非电解质（对于沸点升高，非电解质必须是难挥发的）溶解在 1000g 该溶剂中所引起的沸点升高的温度与冰点降低的温度（均在 101.3kPa 下）。

2. 对于电解质溶液，当电解质完全电离时，K_b 与 K_f 近似地随离子的质量摩尔浓度成倍增大。

八、水合离子的颜色

主族元素水合离子的颜色见表 3-20。

表 3-20　主族元素水合离子的颜色

族　别	离　　　　子	颜　色
ⅠA族	H^+,H_3O^+,Li^+,Na^+,K^+,Rb^+,Cs^+	无色
ⅡA族	Be^{2+},Mg^{2+},Ca^{2+},Sr^{2+},Ba^{2+},Ra^{2+},BeO_2^{2-}	无色
ⅢA族	BO_2^-,BO_3^{3-},$B_4O_7^{2-}$,Al^{3+},AlO_2^-,$Al(OH)^{2+}$,$[Al(OH)_4]^-$,$[Al(OH)_6]^{3-}$,Ga^{3+},Ga^{2+},In^{3+},In^+,Tl^{3+},Tl^+	无色
ⅣA族	CO_3^{2-},HCO_3^-,SiO_3^{2-},$H_3SiO_4^-$,GeO_3^{2-},Sn^{2+},Sn^{4+},SnO_3^{2-},Pb^{2+},SiF_6^{2-},GeF_6^{2-},$SnCl_6^{2-}$,$PbBr_6^{2-}$	无色
ⅤA族	NH_4^+,NO_3^-,NO_2^-,$N_2O_4^{2-}$,NO_4^-,PO_2^-,PO_3^{3-},PO_3^-,$P_2O_7^{4-}$,PO_4^{3-},AsO_3^{3-},AsO_4^{3-},Sb^{3+},$Sb(OH)_6^-$,BiO^+	无色
ⅥA族	O^{2-},S^{2-},HS^-,SO_4^{2-},$S_2O_8^{2-}$,$S_2O_3^{2-}$,$S_4O_6^{2-}$,SeO_3^{2-},SeO_4^{2-},TeO_3^{2-},TeO_4^{2-}	无色
ⅦA族	F^-,Cl^-,ClO^-,ClO_3^-,ClO_4^-,Br^-,BrO^-,BrO_3^-,BrO_4^-,I^-,IO^-,IO_3^-	无色

注：一般来说，主族元素的水合离子没有颜色；副族元素中有未成对 d 轨道电子，离子水合后有颜色。

副族元素水合离子的颜色见表 3-21。

表 3-21　副族元素水合离子的颜色

族别	离　　子	颜　色	族别	离　　子	颜　　色
ⅠB族	$[Cu(H_2O)_4]^{2+}$	蓝色	镧系①	La^{3+},Ce^{3+}	无色
	$[Cu(NH_3)_4]^{2+}$	深蓝色		Pr^{3+}	绿色
	$[CuCl_4]^{2-}$	黄色		Nd^{3+}	紫红色
	$[Cu(CN)_4]^{2-}$	蓝色		Pm^{3+}	红黄色
	$[Cu(CN)_4]^{3-}$	无色		Sm^{3+}	黄色
	$[CuCl_2]^{-}$	无色		Eu^{3+}	无色至浅红色
	Ag^+	无色		Gd^{3+},Tb^{3+}	无色
	$[Ag(NH_3)_2]^{+}$	无色		Dy^{3+}	黄绿色
	$[Ag(S_2O_3)_2]^{3-}$	无色		Ho^{3+}	黄橙色
	$[Ag(CN)_2]^{-}$	无色		Er^{3+}	粉红色
	$[Ag(SCN)_4]^{3-}$	无色		Tm^{3+}	绿色
	$[Ag(SCN)_3]^{2-}$	无色		Yb^{3+},Lu^{3+}	无色
	$[Ag(SCN)_2]^{-}$	无色		Ce^{4+}	橙色至深红色
	$[Au(CN)_2]^{-}$	黄色	锕系	Ac^{3+},Th^{4+}	无色
	$[AuCl_4]^{-}\cdot 4H_2O$	亮黄色		Pa^{4+},Cm^{3+}	无色
	Au^{3+}	亮黄色		U^{3+}	浅红色
ⅡB族	Zn^{2+},Cd^{2+}	无色		U^{4+}	绿色
	Hg^{2+}及其络离子	无色		UO_2^{2+}	黄色
ⅢB族	Se^{3-},Y^{3+}	无色	ⅦB族	Mn^{2+}	肉粉红色
	Np^{3+}	紫色		MnO_4^{2-}	深绿色
	Np^{4+}	黄绿色		MnO_4^{-}	紫色
	NpO_2^{+}	绿色		$[MnF_6]^{2-}$	黄色
	Pu^{3+}	深蓝色		$Mn(C_2O_4)_3^{3-}$	红紫色
	Pu^{4+}	黄褐色		TcO_4^{-}	黄色或粉红色
	PuO_2^{2+}	黄橙色		ReO_4^{-}	无色
	Am^{3+}	粉红色	Ⅷ族	Fe^{2+}	浅绿色
	AmO_2^{+}	黄色		Fe^{3+}	淡紫色②
	AmO_2^{2+}	浅棕色		FeO_4^{2-}	紫色
ⅣB族	Ti^{3+}	紫红色		$[Fe(CN)_6]^{4-}$	黄色
	Ti^{4+}($TiCl_6^{2-}$)	黄色		$[Fe(CN)_6]^{3-}$	溶液中深黄色，晶体中红色
	Zr^{4+}及$[ZrF_6]^{2-}$	无色		$FeNO^{2+}$	棕色
	Hf^{4+}	无色		Co^{2+}	粉红色
ⅤB族	V^{2+}	紫色		Ni^{2+}	苹果绿色
	V^{3+}	绿色		$[Ni(CN)_4]^{2-}$	黄色
	VO^{2+}	蓝色		RuO_4^{2-}	深红色
	VO_2^{+}	浅黄色		Rh^{3+}	红色
	VO_4^{3-}	无色		Pd^{2+}	红色到棕色
	Nb^{5+}(NbF_5中)	无色		Os^{3+}($OsCl_3\cdot 3H_2O$)	暗绿色
	Ta^{5+}(TaF_5中)	无色		$[PtCl_4]^{2-}$	黄橙色
ⅥB族	Cr^{3+}(六水)	蓝紫色		$[PtCl_6]^{2-}$	红色
	CrO_4^{2-}	黄色		$[Ru(CN)_4]^{4-}$	无色
	$Cr_2O_7^{2-}$	橙色		$(OsCl_6)^{3-}$	红色
	MoO_4^{2-}	无色		$Fe(NCS)^{2+}$	血红色
	WO_4^{2-}	无色			

① 镧系元素的离子颜色为其晶体或水合离子的颜色。

② $[Fe(H_2O)_6]^{3+}$为淡紫色；由于水解生成 $[Fe(H_2O)_5(OH)]^{2+}$，而使溶液呈黄棕色；未水解的$FeCl_3$溶液呈黄棕色，这是由于生成$FeCl_4^{-}$的缘故。

九、气体在水中的溶解度

各种温度下气体在水中的溶解度见表 3-22。

表 3-22　各种温度下气体在水中的溶解度

气体	单位	温度 /℃											
		0	5	10	15	20	25	30	40	50	60	80	100
氢	α[①]	0.0215	0.0204	0.0195	0.0188	0.0182	0.0175	0.0170	0.0164	0.0161	0.0160	0.0160	—
氦	α	0.0097	—	0.0099	—	0.0099	—	0.0100	0.0102	0.0107			
氮	α	0.0235	0.0209	0.0186	0.0168	0.0154	0.0143	0.0134	0.0118	0.0109	0.0102	0.0096	0.0095
氧	α	0.0489	0.0429	0.0380	0.0341	0.0310	0.0283	0.0261	0.0231	0.0209	0.0195	0.0176	0.0172
氯	l[②]	4.610	—	3.148	2.680	2.299	2.019	1.799	1.438	1.225	1.023	0.683	0.000
	q			0.997	0.849	0.729	0.641	0.572	0.459	0.392	0.329	0.223	0.000
溴	α	60.5	43.3	35.1	27.0	21.3	17.0	13.8	9.4	6.5	4.9	3.0	
	q[③]	42.9	30.6	24.8	—	14.9	—	—	6.3	4.1	2.9	1.2	
一氧化碳	α	0.0354	0.0315	0.0282	0.0254	0.0232	0.0214	0.0200	0.0177	0.0161	0.0149	0.0143	0.0141
二氧化碳	α	1.713	1.424	1.194	1.019	0.878	0.759	0.665	0.530	0.436	0.359	—	—
	q	0.335	0.277	0.232	0.197	0.169	0.145	0.126	0.097	0.076	0.058	—	—
一氧化二氮	α	—	1.048	0.878	0.738	0.629	0.544	—					
一氧化氮	α	0.0738	0.0646	0.0571	0.0515	0.0471	0.0432	0.0400	0.0351	0.0315	0.0295	0.0270	0.0263
氯化氢	l	507	491	474	459	442	426	412	386	362	339		
硫化氢	α	4.670	3.977	3.399	2.945	2.582	2.282	2.037	1.660	1.392	1.190	0.917	0.81
	q	0.707	0.600	0.511	0.441	0.385	0.338	0.298	0.286	0.188	0.148	0.077	0.00
二氧化硫	l	79.79	67.48	56.65	47.28	39.37	32.79	27.16	18.77	—	—	—	—
	q	22.83	19.31	16.21	13.54	11.28	9.41	7.80	6.47	—	—	—	—
氨	α	1176	1047	947	857	775	702	639	586				
			(4℃)	(8℃)	(12℃)	(16℃)	(20℃)	(24℃)	(28℃)				
	q	89.5	79.6	72.0	65.1	58.7	53.1	48.2	44.0				
			(4℃)	(8℃)	(12℃)	(16℃)	(20℃)	(24℃)	(28℃)				
甲烷	α	0.0556	0.0480	0.0418	0.0369	0.0331	0.0301	0.0276	0.0237	0.0213	0.0195	0.0177	0.0170
乙烷	α	0.0987	0.0803	0.0656	0.0550	0.0472	0.0410	0.0362	0.0291	0.0246	0.0218	0.0183	0.0172
乙烯	α	0.226	0.191	0.162	0.139	0.122	0.108	0.098	—	—	—	—	—
乙炔	α	1.73	1.49	1.31	1.15	1.03	0.93	0.84	—	—	—	—	—

① α 是吸收系数，指在气体分压等于 101.3kPa 时，被 1 体积水所吸收的气体体积数（已折合成标准状况）。

② l 是指在总压力（气体及水汽）等于 101.3kPa 时溶解于 1 体积水中的气体体积数。

③ q 是指在总压力（气体及水汽）等于 101.3kPa 时溶解于 100g 水中的气体质量（g）。

十、氧化还原标准电极电位

表 3-23 为按元素符号字母顺序排列的氧化还原标准电极电位，加括号的电位值表示另一种可能的电位数值。

表 3-23　氧化还原标准电极电位（25℃）

反　　　　应	电位/V	反　　　　应	电位/V
$Ag^+ + e^- \rightleftharpoons Ag$	0.7996	$Ag_4Fe(CN)_6 + 4e^- \rightleftharpoons 4Ag + Fe(CN)_6^{4-}$	0.1943
$Ag^{2+} + 2e^- \rightleftharpoons Ag(4mol/L\ HClO_4)$	1.987	$AgI + e^- \rightleftharpoons Ag + I^-$	−0.1519
$AgAc + e^- \rightleftharpoons Ag + Ac^-$	0.64	$AgIO_3 + e^- \rightleftharpoons Ag + IO_3^-$	0.3551
$AgBr + e^- \rightleftharpoons Ag + Br^-$	0.0713	$Ag_2MoO_4 + 2e^- \rightleftharpoons 2Ag + MoO_4^{2-}$	0.49
$AgBrO_3 + e^- \rightleftharpoons Ag + BrO_3^-$	0.680	$AgNO_2 + e^- \rightleftharpoons Ag + NO_2^-$	0.59
$AgC_2O_4 + 2e^- \rightleftharpoons Ag + C_2O_4^{2-}$	0.4776	$Ag_2O + H_2O + 2e^- \rightleftharpoons 2Ag + 2OH^-$	0.342
$AgCl + e^- \rightleftharpoons Ag + Cl^-$	0.2223	$Ag_2O_3 + H_2O + 2e^- \rightleftharpoons 2AgO + 2OH^-$	0.74
$AgCN + e^- \rightleftharpoons Ag + CN^-$	−0.02	$2AgO + H_2O + 2e^- \rightleftharpoons Ag_2O + 2OH^-$	0.599
$Ag_2CO_3 + 2e^- \rightleftharpoons 2Ag + CO_3^{2-}$	0.4769	$AgOCN + e^- \rightleftharpoons Ag + OCN^-$	0.41
$Ag_2CrO_4 + 2e^- \rightleftharpoons 2Ag + CrO_4^{2-}$	0.4463	$Ag_2S + 2e^- \rightleftharpoons 2Ag + S^{2-}$	−0.7051

续表

反　　　应	电位/V	反　　　应	电位/V
$Ag_2S+2H^++2e^-\Longrightarrow 2Ag+H_2S$	-0.0366	$C_6H_4O_2+2H^++2e^-\Longrightarrow C_6H_4(OH)_2$	0.6992
$AgSCN+e^-\Longrightarrow Ag+SCN^-$	0.0895	$Ca^{2+}+2e^-\Longrightarrow Ca$	-2.76
$Ag_2SeO_3+2e^-\Longrightarrow 2Ag+SeO_3^{2-}$	0.3629	$Ca(OH)_2+2e^-\Longrightarrow Ca+2OH^-$	-3.02
$Ag_2SO_4+2e^-\Longrightarrow 2Ag+SO_4^{2-}$	0.653	$Cd^{2+}+2e^-\Longrightarrow Cd$	-0.4026
$Ag_2WO_4+2e^-\Longrightarrow 2Ag+WO_4^{2-}$	0.466	$Cd^{2+}+2e^-\Longrightarrow Cd(Hg)$	-0.3521
$Al^{3+}+3e^-\Longrightarrow Al(0.1mol/L\ NaOH)$	-1.706	$Cd(OH)_2+2e^-\Longrightarrow Cd(Hg)+2OH^-$	-0.761
$H_2AlO_3^-+H_2O+3e^-\Longrightarrow Al+4OH^-$	-2.35		(-0.8)
$As+3H^++3e^-\Longrightarrow AsH_3$	-0.54	$CdSO_4\cdot 8/3H_2O+2e^-\Longrightarrow Cd(Hg)+$	-0.4346
$As_2O_3+6H^++6e^-\Longrightarrow 2As+3H_2O$	0.234	$CdSO_4(饱和水溶液)$	
$HAsO_2+3H^++3e^-\Longrightarrow As+2H_2O$	0.2475	$Ce^{3+}+3e^-\Longrightarrow Ce$	-2.335
$AsO_2^-+2H_2O+3e^-\Longrightarrow As+4OH^-$	-0.68	$Ce^{3+}+3e^-\Longrightarrow Ce(Hg)$	-1.4373
$H_3AsO_4+2H^++2e^-\Longrightarrow HAsO_2+2H_2O$	0.58	$Ce^{4+}+e^-\Longrightarrow Ce^{3+}$	1.4430
$(1mol/L\ HCl)$			(1.61)
$AsO_4^{3-}+2H_2O+2e^-\Longrightarrow AsO_2^-+4OH^-$	-0.71	$Ce^{4+}+e^-\Longrightarrow Ce^{3+}(0.5mol/L\ H_2SO_4)$	1.4587
$AsO_4^{3-}+2H_2O+2e^-\Longrightarrow AsO_2^-+4OH^-$	-0.08	$CeOH^{3+}+H^++e^-\Longrightarrow Ce^{3+}+H_2O$	1.7134
$(1mol/L\ NaOH)$		$Cl_2(气)+2e^-\Longrightarrow 2Cl^-$	1.3583
$Au^++e^-\Longrightarrow Au$	1.68	$HClO+H^++e^-\Longrightarrow 1/2Cl_2+H_2O$	1.63
$Au^{3+}+2e^-\Longrightarrow Au^+$	1.29	$HClO+H^++2e^-\Longrightarrow Cl^-+H_2O$	1.49
$Au^{3+}+3e^-\Longrightarrow Au$	1.42	$ClO^-+H_2O+2e^-\Longrightarrow Cl^-+2OH^-$	0.90
$AuBr_2^-+e^-\Longrightarrow Au+2Br^-$	0.963	$ClO_2+e^-\Longrightarrow ClO_2^-$	1.15
$AuBr_4^-+3e^-\Longrightarrow Au+4Br^-$	0.858	$ClO_2+H^++e^-\Longrightarrow HClO_2$	1.27
$AuCl_4^-+3e^-\Longrightarrow Au+4Cl^-$	0.994	$HClO_2+2H^++2e^-\Longrightarrow HClO+H_2O$	1.64
$Au(OH)_3+3H^++3e^-\Longrightarrow Au+3H_2O$	1.45	$HClO_2+3H^++3e^-\Longrightarrow 1/2Cl_2+2H_2O$	1.63
$H_2BO_3^-+5H_2O+8e^-\Longrightarrow BH_4^-+8OH^-$	-1.24	$HClO_2+3H^++4e^-\Longrightarrow Cl^-+2H_2O$	1.56
$H_2BO_3^-+H_2O+3e^-\Longrightarrow B+4OH^-$	-2.5	$ClO_2^-+H_2O+2e^-\Longrightarrow ClO^-+2OH^-$	0.59
$H_3BO_3+3H^++3e^-\Longrightarrow B+3H_2O$	-0.73	$ClO_2^-+H_2O+4e^-\Longrightarrow Cl^-+4OH^-$	0.76
$Ba^{2+}+2e^-\Longrightarrow Ba$	-2.90	$ClO_2(水)+e^-\Longrightarrow ClO_2^-$	0.954
$Ba^{2+}+2e^-\Longrightarrow Ba(Hg)$	-1.570	$ClO_3^-+2H^++e^-\Longrightarrow ClO_2+H_2O$	1.15
$Ba(OH)_2\cdot 8H_2O+2e^-\Longrightarrow Ba+2OH^-+8H_2O$	-2.97	$ClO_3^-+3H^++2e^-\Longrightarrow HClO_2+H_2O$	$1.21(1.23)$
		$ClO_3^-+6H^++5e^-\Longrightarrow 1/2Cl_2+3H_2O$	1.47
$Be^{2+}+2e^-\Longrightarrow Be$	-1.70	$ClO_3^-+6H^++6e^-\Longrightarrow Cl^-+3H_2O$	1.45
	(-1.85)	$ClO_3^-+H_2O+2e^-\Longrightarrow ClO_2^-+2OH^-$	0.35
$Be_2O_3^{2-}+3H_2O+4e^-\Longrightarrow 2Be+6OH^-$	-2.28	$ClO_3^-+3H_2O+6e^-\Longrightarrow Cl^-+6OH^-$	0.62
$Bi(Cl)_4^-+3e^-\Longrightarrow Bi+4Cl^-$	0.168	$ClO_4^-+2H^++2e^-\Longrightarrow ClO_3^-+H_2O$	1.19
$Bi_2O_3+3H_2O+6e^-\Longrightarrow 2Bi+6OH^-$	-0.46	$ClO_4^-+8H^++7e^-\Longrightarrow 1/2Cl_2+4H_2O$	1.34
$Bi_2O_4+4H^++2e^-\Longrightarrow 2BiO^++2H_2O$	1.59	$ClO_4^-+8H^++8e^-\Longrightarrow Cl^-+4H_2O$	1.37
$BiO^++2H^++3e^-\Longrightarrow Bi+H_2O$	0.32	$ClO_4^-+H_2O+2e^-\Longrightarrow ClO_3^-+2OH^-$	0.17
$BiOCl+2H^++3e^-\Longrightarrow Bi+Cl^-+H_2O$	0.1583	$(CN)_2+2H^++2e^-\Longrightarrow 2HCN$	0.37
$BiOOH+H_2O+3e^-\Longrightarrow Bi+3OH^-$	-0.46	$2HCNO+2H^++2e^-\Longrightarrow (CN)_2+2H_2O$	0.33
$Br_2(水)+2e^-\Longrightarrow 2Br^-$	1.087	$(CNS)_2+2e^-\Longrightarrow 2CNS^-$	0.77
$Br_2(液)+2e^-\Longrightarrow 2Br^-$	1.065	$Co^{2+}+2e^-\Longrightarrow Co$	-0.28
$HBrO+H^++e^-\Longrightarrow 1/2Br_2+H_2O$	1.59	$Co^{3+}+e^-\Longrightarrow Co^{2+}(3mol/L\ HNO_3)$	1.842
$HBrO+H^++2e^-\Longrightarrow Br^-+H_2O$	1.33	$CO_2+2H^++2e^-\Longrightarrow HCOOH$	-0.2
$2HBrO+2H^++2e^-\Longrightarrow Br_2(液)+2H_2O$	1.6	$2CO_2+2H^++2e^-\Longrightarrow H_2C_2O_4$	-0.49
$BrO^-+H_2O+2e^-\Longrightarrow Br^-+2OH^-(1mol/L\ NaOH)$	0.70	$Co(NH_3)_6^{3+}+e^-\Longrightarrow Co(NH_3)_6^{2+}$	0.1
$BrO_3^-+6H^++5e^-\Longrightarrow 1/2Br_2+3H_2O$	1.52	$Co(OH)_2+2e^-\Longrightarrow Co+2OH^-$	-0.73
$BrO_3^-+6H^++6e^-\Longrightarrow Br^-+3H_2O$	1.44	$Co(OH)_3+e^-\Longrightarrow Co(OH)_2+OH^-$	$0.2(0.47)$
$BrO_3^-+3H_2O+6e^-\Longrightarrow Br^-+6OH^-$	0.61	$Cr^{2+}+2e^-\Longrightarrow Cr$	-0.557
		$Cr^{3+}+e^-\Longrightarrow Cr^{2+}$	-0.41
		$Cr^{3+}+3e^-\Longrightarrow Cr$	-0.74

反　应	电位/V	反　应	电位/V
$Cr^{6+}+3e^-\rightleftharpoons Cr^{3+}$（2mol/L H_2SO_4）	1.10	$Hg^{2+}+2e^-\rightleftharpoons Hg$	0.851
$Cr^{6+}+3e^-\rightleftharpoons Cr^{3+}$（1mol/L NaOH）	-0.12	$2Hg^{2+}+2e^-\rightleftharpoons Hg_2^{2+}$	0.905
$Cr_2O_7^{2-}+14H^++6e^-\rightleftharpoons 2Cr^{3+}+7H_2O$	1.33	$1/2Hg_2^{2+}+e^-\rightleftharpoons Hg$	0.7986
$CrO_2^-+2H_2O+3e^-\rightleftharpoons Cr+4OH^-$	-1.2	$Hg_2^{2+}+2e^-\rightleftharpoons 2Hg$	0.7961
$HCrO_4^-+7H^++3e^-\rightleftharpoons Cr^{3+}+4H_2O$	1.195	$Hg_2Ac_2+2e^-\rightleftharpoons 2Hg+2Ac^-$	0.5113
$CrO_4^{2-}+4H_2O+3e^-\rightleftharpoons Cr(OH)_3+5OH^-$	-0.12	$Hg_2Br_2+2e^-\rightleftharpoons 2Hg+2Br^-$	0.1396
$Cr(OH)_3+3e^-\rightleftharpoons Cr+3OH^-$	-1.3	$Hg_2Cl_2+2e^-\rightleftharpoons 2Hg+2Cl^-$	0.2682
$Cs^++e^-\rightleftharpoons Cs$	-2.923	$Hg_2Cl_2+2e^-\rightleftharpoons 2Hg+2Cl^-$（0.1mol/L NaOH）	0.3419 (0.268)
$Cu^++e^-\rightleftharpoons Cu$	0.522	$Hg_2HPO_4+H^++2e^-\rightleftharpoons 2Hg+H_2PO_4^-$	0.639
$Cu^{2+}+2CN^-+e^-\rightleftharpoons Cu(CN)_2^-$	1.12	$Hg_2I_2+2e^-\rightleftharpoons 2Hg+2I^-$	-0.0405
$Cu^{2+}+e^-\rightleftharpoons Cu^+$	0.158 (0.167)	$Hg_2O+H_2O+2e^-\rightleftharpoons 2Hg+2OH^-$	0.123
$Cu^{2+}+2e^-\rightleftharpoons Cu$	0.3402	$HgO+H_2O+2e^-\rightleftharpoons Hg+2OH^-$	0.0984
$Cu^{2+}+2e^-\rightleftharpoons Cu(Hg)$	0.345	$Hg_2SO_4+2e^-\rightleftharpoons 2Hg+SO_4^{2-}$	0.6158
$CuI_2^-+e^-\rightleftharpoons Cu+2I^-$	0.00	$I_2+2e^-\rightleftharpoons 2I^-$	0.535
$Cu_2O+H_2O+2e^-\rightleftharpoons 2Cu+2OH^-$	-0.361	$I_3^-+2e^-\rightleftharpoons 3I^-$	0.5338
$Cu(OH)_2+2e^-\rightleftharpoons Cu+2OH^-$	-0.224	$In^{2+}+e^-\rightleftharpoons In^+$	-0.40
$2Cu(OH)_2+2e^-\rightleftharpoons Cu_2O+2OH^-+H_2O$	-0.09	$In^{3+}+e^-\rightleftharpoons In^{2+}$	-0.49
$D^++e^-\rightleftharpoons 1/2D_2$	-0.0034	$In^{3+}+2e^-\rightleftharpoons In^+$	-0.40
$2D^++2e^-\rightleftharpoons D_2$	-0.044	$In^{3+}+3e^-\rightleftharpoons In$	-0.338
$Eu^{3+}+e^-\rightleftharpoons Eu^{2+}$	-0.43	$H_3IO_6^{2-}+2e^-\rightleftharpoons IO_3^-+3OH^-$	0.70
$\frac{1}{2}F_2+e^-\rightleftharpoons F^-$	2.85	$H_5IO_6+H^++2e^-\rightleftharpoons IO_3^-+3H_2O$	1.7
$\frac{1}{2}F_2+H^++e^-\rightleftharpoons HF$	3.03	$HIO+H^++e^-\rightleftharpoons 1/2I_2+H_2O$	1.45
$F_2+2e^-\rightleftharpoons 2F^-$	2.87	$HIO+H^++2e^-\rightleftharpoons I^-+H_2O$	0.99
$F_2O+2H^++4e^-\rightleftharpoons H_2O+2F^-$	2.1	$IO^-+H_2O+2e^-\rightleftharpoons I^-+2OH^-$	0.49
$Fe^{2+}+2e^-\rightleftharpoons Fe$	-0.409	$IO_3^-+6H^++5e^-\rightleftharpoons 1/2I_2+3H_2O$	1.195
$Fe^{3+}+3e^-\rightleftharpoons Fe$	-0.036	$IO_3^-+6H^++6e^-\rightleftharpoons I^-+3H_2O$	1.085
$Fe^{3+}+e^-\rightleftharpoons Fe^{2+}$	0.770	$2IO_3^-+12H^++10e^-\rightleftharpoons I_2+6H_2O$	1.19
$Fe^{3+}+e^-\rightleftharpoons Fe^{2+}$（1mol/L HCl）	0.770	$IO_3^-+2H_2O+4e^-\rightleftharpoons IO^-+4OH^-$	0.56
$Fe^{3+}+e^-\rightleftharpoons Fe^{2+}$（1mol/L $HClO_4$）	0.747	$IO_3^-+3H_2O+6e^-\rightleftharpoons I^-+6OH^-$	0.26
$Fe^{3+}+e^-\rightleftharpoons Fe^{2+}$（1mol/L H_3PO_4）	0.438	$IrCl_6^{2-}+e^-\rightleftharpoons IrCl_6^{3-}$	1.02
$Fe^{3+}+e^-\rightleftharpoons Fe^{2+}$（0.5mol/L H_2SO_4）	0.679	$IrCl_6^{3-}+3e^-\rightleftharpoons Ir+6Cl^-$	0.77
$Fe(CN)_6^{3-}+e^-\rightleftharpoons Fe(CN)_6^{4-}$（1mol/L H_2SO_4）	0.69	$Ir_2O_3+3H_2O+6e^-\rightleftharpoons 2Ir+6OH^-$	0.1
$FeO_4^{2-}+8H^++3e^-\rightleftharpoons Fe^{3+}+4H_2O$	1.9	$K^++e^-\rightleftharpoons K$	-2.924 (-2.923)
$Fe(OH)_3+e^-\rightleftharpoons Fe(OH)_2+OH^-$	-0.56	$La^{3+}+3e^-\rightleftharpoons La$	-2.37
$Fe(菲绕啉)_3^{3+}+e^-\rightleftharpoons Fe(菲绕啉)_3^{2+}$	1.14	$La(OH)_3+3e^-\rightleftharpoons La+3OH^-$	-2.76
$Fe(菲绕啉)_3^{3+}+e^-\rightleftharpoons Fe(菲绕啉)_3^{2+}$（2mol/L H_2SO_4）	1.056	$Li^++e^-\rightleftharpoons Li$	-3.045 (-3.02)
$Ga^{3+}+3e^-\rightleftharpoons Ga$	-0.560	$Mg^{2+}+2e^-\rightleftharpoons Mg$	-2.375
$H_2GaO_3^-+H_2O+3e^-\rightleftharpoons Ga+4OH^-$	-1.22	$Mg(OH)_2+2e^-\rightleftharpoons Mg+2OH^-$	-2.67
$GeO_2+2H^++2e^-\rightleftharpoons GeO+H_2O$	-0.12	$Mn^{2+}+2e^-\rightleftharpoons Mn$	-1.029
$H_2GeO_3+4H^++4e^-\rightleftharpoons Ge+3H_2O$	-0.13	$Mn^{3+}+e^-\rightleftharpoons Mn^{2+}$	1.51
$2H^++2e^-\rightleftharpoons H_2$	0.0000	$MnO_2+4H^++2e^-\rightleftharpoons Mn^{2+}+2H_2O$	1.208
$1/2H_2+e^-\rightleftharpoons H^-$	-2.23	$MnO_4^-+e^-\rightleftharpoons MnO_4^{2-}$	0.564
$2H_2O+2e^-\rightleftharpoons H_2+2OH^-$	-0.8277	$MnO_4^-+4H^++3e^-\rightleftharpoons MnO_2+2H_2O$	1.679
$H_2O_2+2H^++2e^-\rightleftharpoons 2H_2O$	1.776	$MnO_4^-+8H^++5e^-\rightleftharpoons Mn^{2+}+4H_2O$	1.491
$HfO^{2+}+2H^++4e^-\rightleftharpoons Hf+H_2O$	-1.68	$MnO_4^-+2H_2O+3e^-\rightleftharpoons MnO_2+4OH^-$	0.580
$HfO_2+4H^++4e^-\rightleftharpoons Hf+2H_2O$	-1.57	$Mn(OH)_2+2e^-\rightleftharpoons Mn+2OH^-$	-1.47
$HfO(OH)_2+H_2O+4e^-\rightleftharpoons Hf+4OH^-$	-2.60	$Mn(OH)_3+e^-\rightleftharpoons Mn(OH)_2+OH^-$	-0.40

反　　　应	电位/V	反　　　应	电位/V
$H_2MoO_4+6H^++6e^-\rightleftharpoons Mo+4H_2O$	0.0	$Pb^{2+}+2e^-\rightleftharpoons Pb$	-0.1263
$N_2+6H^++6e^-\rightleftharpoons 2NH_3$	-3.1		(-0.126)
$N_2H_5^++3H^++2e^-\rightleftharpoons 2NH_4^+$	1.27	$Pb^{2+}+2e^-\rightleftharpoons Pb(Hg)$	-0.1205
$N_2O+2H^++2e^-\rightleftharpoons N_2+H_2O$	1.77	$PbBr_2+2e^-\rightleftharpoons Pb(Hg)+2Br^-$	-0.275
$H_2N_2O_2+2H^++2e^-\rightleftharpoons N_2+2H_2O$	2.65	$PbCl_2+2e^-\rightleftharpoons Pb(Hg)+2Cl^-$	-0.262
$N_2O_4+2e^-\rightleftharpoons 2NO_2^-$	0.88	$PbF_2+2e^-\rightleftharpoons Pb(Hg)+2F^-$	-0.3444
$N_2O_4+2H^++2e^-\rightleftharpoons 2HNO_2$	1.07	$PbHPO_4+H^++2e^-\rightleftharpoons Pb(Hg)+H_2PO_4^-$	-0.2448
$N_2O_4+4H^++4e^-\rightleftharpoons 2NO+2H_2O$	1.03	$PbI_2+2e^-\rightleftharpoons Pb(Hg)+2I^-$	-0.358
$Na^++e^-\rightleftharpoons Na$	2.7009	$PbO+H_2O+2e^-\rightleftharpoons Pb+2OH^-$	-0.576
	(-2.712)	$PbO_2+4H^++2e^-\rightleftharpoons Pb^{2+}+2H_2O$	1.46
$Nb^{5+}+2e^-\rightleftharpoons Nb^{3+}$ (2mol/L HCl)	0.344	$HPbO_2^-+H_2O+2e^-\rightleftharpoons Pb+3OH^-$	-0.54
$Nd^{3+}+3e^-\rightleftharpoons Nd$	-2.246	$PbO_2+H_2O+2e^-\rightleftharpoons PbO+2OH^-$	0.28
$2NH_3OH^++H^++2e^-\rightleftharpoons N_2H_5^++2H_2O$	1.42	$PbO_2+SO_4^{2-}+4H^++2e^-\rightleftharpoons PbSO_4+2H_2O$	1.685
$Ni^{2+}+2e^-\rightleftharpoons Ni$	-0.23	$PbSO_4+2e^-\rightleftharpoons Pb+SO_4^{2-}$	-0.356
$Ni(OH)_2+2e^-\rightleftharpoons Ni+2OH^-$	-0.66	$PbSO_4+2e^-\rightleftharpoons Pb(Hg)+SO_4^{2-}$	-0.3505
$NiO_2+4H^++2e^-\rightleftharpoons Ni^{2+}+2H_2O$	1.93	$Pd^{2+}+2e^-\rightleftharpoons Pd$	0.83
$NiO_2+2H_2O+2e^-\rightleftharpoons Ni(OH)_2+2OH^-$	0.49	$Pd^{2+}+2e^-\rightleftharpoons Pd$(1mol/L HCl)	0.623
$2NO+2e^-\rightleftharpoons N_2O_2^{2-}$	0.10	$Pd^{2+}+2e^-\rightleftharpoons Pd$(4mol/L HClO$_4$)	0.987
$2NO+2H^++2e^-\rightleftharpoons N_2O+H_2O$	1.59	$PdCl_4^{2-}+2e^-\rightleftharpoons Pd+4Cl^-$	0.623
$2NO+H_2O+2e^-\rightleftharpoons N_2O+2OH^-$	0.76	$PdCl_6^{2-}+2e^-\rightleftharpoons PdCl_4^{2-}+2Cl^-$	1.29
$HNO_2+H^++e^-\rightleftharpoons NO+H_2O$	0.99	$Pd(OH)_2+2e^-\rightleftharpoons Pd+2OH^-$	0.1
$2HNO_2+4H^++4e^-\rightleftharpoons H_2N_2O_2+2H_2O$	0.80	$H_2PO_2^-+e^-\rightleftharpoons P+2OH^-$	-1.82
$2HNO_2+4H^++4e^-\rightleftharpoons N_2O+3H_2O$	1.27	$H_3PO_2+H^++e^-\rightleftharpoons P+2H_2O$	-0.51
	(1.29)	$H_3PO_3+2H^++2e^-\rightleftharpoons H_3PO_2+H_2O$	-0.50
$NO_2^-+H_2O+e^-\rightleftharpoons NO+2OH^-$	-0.46		(-0.59)
$2NO_2^-+2H_2O+4e^-\rightleftharpoons N_2O_2^{2-}+4OH^-$	-0.18	$H_3PO_3+3H^++3e^-\rightleftharpoons P+3H_2O$	-0.49
$2NO_2^-+3H_2O+4e^-\rightleftharpoons N_2O+6OH^-$	0.15	$HPO_3^{2-}+2H_2O+2e^-\rightleftharpoons H_2PO_2^-+3OH^-$	-1.65
$NO_3^-+3H^++2e^-\rightleftharpoons HNO_2+H_2O$	0.94	$HPO_3^{2-}+2H_2O+3e^-\rightleftharpoons P+5OH^-$	-1.71
$NO_3^-+4H^++3e^-\rightleftharpoons NO+2H_2O$	0.96	$H_3PO_4+2H^++2e^-\rightleftharpoons H_3PO_3+H_2O$	-0.276
$2NO_3^-+4H^++2e^-\rightleftharpoons N_2O_4+2H_2O$	0.81		(-0.2)
$NO_3^-+H_2O+2e^-\rightleftharpoons NO_2^-+2OH^-$	0.01	$PO_4^{3-}+2H_2O+2e^-\rightleftharpoons HPO_3^{2-}+3OH^-$	-1.05
$2NO_3^-+2H_2O+2e^-\rightleftharpoons N_2O_4+4OH^-$	-0.85	$Pt^{2+}+2e^-\rightleftharpoons Pt$	$1.2\pm$
$Np^{3+}+3e^-\rightleftharpoons Np$	-1.9	$PtCl_4^{2-}+2e^-\rightleftharpoons Pt+4Cl^-$	0.73
$Np^{4+}+e^-\rightleftharpoons Np^{3+}$(1mol/L HClO$_4$)	0.155	$PtCl_6^{2-}+2e^-\rightleftharpoons PtCl_4^{2-}+2Cl^-$	0.74
$Np^{5+}+e^-\rightleftharpoons Np^{4+}$(1mol/L HClO$_4$)	0.739	$Pt(OH)_2+2e^-\rightleftharpoons Pt+2OH^-$	0.16
$Np^{6+}+e^-\rightleftharpoons Np^{5+}$(1mol/L HClO$_4$)	1.137	$Pu^{4+}+e^-\rightleftharpoons Pu^{3+}$(1mol/L HClO$_4$)	0.982
$\frac{1}{2}O_2+2H^+(10^{-7}mol/L)+2e^-\rightleftharpoons H_2O$	0.815	$Pu^{5+}+e^-\rightleftharpoons Pu^{4+}$(0.5mol/L HCl)	1.099
$O_2+2H^++2e^-\rightleftharpoons H_2O_2$	0.682	$Pu^{6+}+e^-\rightleftharpoons Pu^{5+}$(1mol/L HClO$_4$)	0.9814
$O_2+4H^++4e^-\rightleftharpoons 2H_2O$	1.229	$Pu^{6+}+2e^-\rightleftharpoons Pu^{4+}$(1mol/L HCl)	1.052
$O_2+H_2O+2e^-\rightleftharpoons HO_2^-+OH^-$	-0.076	$Rb^++e^-\rightleftharpoons Rb$	-2.925
$O_2+2H_2O+2e^-\rightleftharpoons H_2O_2+2OH^-$	-0.146		(-2.99)
$O_2+2H_2O+4e^-\rightleftharpoons 4OH^-$	0.401	$Re^{3+}+3e^-\rightleftharpoons Re$	0.3
$O_3+2H^++2e^-\rightleftharpoons O_2+H_2O$	2.07	$ReO_4^-+4H^++3e^-\rightleftharpoons ReO_2+2H_2O$	0.51
$O_3+H_2O+2e^-\rightleftharpoons O_2+2OH^-$	1.24	$ReO_2+4H^++4e^-\rightleftharpoons Re+2H_2O$	0.26
$O(气)+2H^++2e^-\rightleftharpoons H_2O$	2.42	$ReO_4^-+2H^++e^-\rightleftharpoons ReO_3(立方晶体)+H_2O$	0.768
$OH+e^-\rightleftharpoons OH^-$	1.4	$ReO_4^-+4H_2O+7e^-\rightleftharpoons Re+8OH^-$	-0.81
$HO_2^-+H_2O+2e^-\rightleftharpoons 3OH^-$	0.87	$ReO_4^-+8H^++7e^-\rightleftharpoons Re+4H_2O$	0.367
$OsO_4+8H^++8e^-\rightleftharpoons Os+4H_2O$	0.85	$Rh^{4+}+e^-\rightleftharpoons Rh^{3+}$	1.43
$P+3H^++3e^-\rightleftharpoons PH_3(气)$	-0.04	$RhCl_6^{3-}+3e^-\rightleftharpoons Rh+6Cl^-$	0.44
$P+3H_2O+3e^-\rightleftharpoons PH_3(气)+3OH^-$	-0.87	$Ru^{3+}+e^-\rightleftharpoons Ru^{2+}$(0.1mol/L HClO$_4$)	-0.11

反　应	电位/V	反　应	电位/V
$Ru^{3+}+e^- \rightleftharpoons Ru^{2+}$ (1~6mol/L HCl)	-0.084	$TeO_4^-+4H^++3e^- \rightleftharpoons TeO_2$(晶)$+2H_2O$	0.738
$Ru^{4+}+e^- \rightleftharpoons Ru^{3+}$ (0.1mol/L $HClO_4$)	0.49	$Te+2e^- \rightleftharpoons Te^{2-}$	-0.92
$Ru^{4+}+e^- \rightleftharpoons Ru^{3+}$ (2mol/L HCl)	0.858	$Te+2H^++2e^- \rightleftharpoons H_2Te$(Ag)	-0.69
$RuO_2+4H^++4e^- \rightleftharpoons Ru+2H_2O$	-0.8		(-0.72)
$RuO_4^-+e^- \rightleftharpoons RuO_4^{2-}$	0.59	$Te^{4+}+4e^- \rightleftharpoons Te$(2.5mol/L HCl)	0.63
RuO_4(晶)$+e^- \rightleftharpoons RuO_4^-$	1.00	$TeO_2+4H_2+4e^- \rightleftharpoons Te+2H_2O$	0.593
$S+2e^- \rightleftharpoons S^{2-}$	-0.508	$TeO_3^{2-}+3H_2O+4e^- \rightleftharpoons Te+6OH^-$	-0.02
$S+2H^++2e^- \rightleftharpoons H_2S$(水)	0.141	$TeO_4^-+8H^++7e^- \rightleftharpoons Te+4H_2O$	0.472
$S+H_2O+2e^- \rightleftharpoons HS^-+OH^-$	-0.478	H_6TeO_6(固)$+2H^++2e^- \rightleftharpoons TeO_2$(固)$+$	1.02
$S_2O_6^{2-}+4H^++2e^- \rightleftharpoons 2H_2SO_3$	0.6	$4H_2O$	
$S_2O_8^{2-}+2e^- \rightleftharpoons 2SO_4^{2-}$	2.0	$Th^{4+}+4e^- \rightleftharpoons Th$	-1.90
	(2.05)	$ThO_2+4H^++4e^- \rightleftharpoons Th+2H_2O$	-1.80
$S_4O_6^{2-}+2e^- \rightleftharpoons 2S_2O_3^{2-}$	0.09	$ThO_2+2H_2O+4e^- \rightleftharpoons Th+4OH^-$	-2.64
	(0.10)	$Ti^{2+}+2e^- \rightleftharpoons Ti$	-1.63
$Sb+3H^++3e^- \rightleftharpoons H_3Sb$	-0.51	$Ti^{3+}+e^- \rightleftharpoons Ti^{2+}$	-2.0
$Sb^{5+}+2e^- \rightleftharpoons Sb^{3+}$ (3.5mol/L HCl)	0.75	$TiO_2+4H^++4e^- \rightleftharpoons Ti+2H_2O$	-0.86
$Sb_2O_3+6H^++6e^- \rightleftharpoons 2Sb+3H_2O$	0.1445	$Ti(OH)^{3+}+H^++e^- \rightleftharpoons Ti^{3+}+H_2O$	0.06
	(0.152)	$Tl^++e^- \rightleftharpoons Tl$	-0.3363
$Sb_2O_5+4H^++4e^- \rightleftharpoons Sb_2O_3+2H_2O$	0.69	$Tl^++e^- \rightleftharpoons Tl$(Hg)	-0.3338
Sb_2O_5(固)$+6H^++4e^- \rightleftharpoons 2SbO^++3H_2O$	0.64	$Tl^{3+}+e^- \rightleftharpoons Ti^{2+}$	-0.37
$SbO^++2H^++3e^- \rightleftharpoons Sb+H_2O$	0.212	$Tl^{2+}+e^- \rightleftharpoons Tl^-$	1.247
$SbO_2^-+2H_2O+3e^- \rightleftharpoons Sb+4OH^-$	-0.66	$Tl^{3+}+2e^- \rightleftharpoons Tl^+$ (1mol/L HCl)	0.783
$SbO_3^-+H_2O+2e^- \rightleftharpoons SbO_2^-+2OH^-$	-0.59	$TlBr+e^- \rightleftharpoons Tl(Hg)+Br^-$	-0.606
$Sc^{3+}+3e^- \rightleftharpoons Sc$	-0.208	$TlCl+e^- \rightleftharpoons Tl(Hg)+Cl^-$	-0.555
$Se+2e^- \rightleftharpoons Se^{2-}$	-0.78	$TlI+e^- \rightleftharpoons Tl(Hg)+I^-$	-0.769
$Se+2H^++2e^- \rightleftharpoons H_2Se$(水)	-0.36	$Tl_2O_3+3H_2O+4e^- \rightleftharpoons 2Tl^++6OH^-$	0.02
$H_2SeO_3+4H^++4e^- \rightleftharpoons Se+3H_2O$	0.74	$TlOH+e^- \rightleftharpoons Tl+OH^-$	-0.3445
$SeO_3^-+3H_2O+4e^- \rightleftharpoons Se+6OH^-$	-0.35	$Tl(OH)_3+2e^- \rightleftharpoons TlOH+2OH^-$	-0.05
$SeO_4^{2-}+4H^++2e^- \rightleftharpoons H_2SeO_3+H_2O$	1.15	$Tl_2SO_4+2e^- \rightleftharpoons Tl(Hg)+SO_4^{2-}$	-0.4360
$SeO_4^{2-}+H_2O+2e^- \rightleftharpoons SeO_3^{2-}+2OH^-$	0.03	$U^{3+}+3e^- \rightleftharpoons U$	-1.8
$SiF_6^{2-}+4e^- \rightleftharpoons Si+6F^-$	-1.2	$U^{4+}+e^- \rightleftharpoons U^{3+}$	-0.61
$SiO_2^-+4H^++4e^- \rightleftharpoons Si+2H_2O$	-0.84	$U^{4+}+e^- \rightleftharpoons U^{3+}$ (1mol/L $HClO_4$)	-0.631
$SiO_3^{2-}+3H_2O+4e^- \rightleftharpoons Si+6OH^-$	-1.73	$U^{5+}+e^- \rightleftharpoons U^{4+}$ (1mol/L HCl)	1.02
$Sn^{2+}+2e^- \rightleftharpoons Sn$	-0.1364	$U^{6+}+e^- \rightleftharpoons U^{5+}$ (1mol/L $HClO_4$)	0.063
$Sn^{4+}+2e^- \rightleftharpoons Sn^{2+}$	0.15	$UO_2^++4H^++e^- \rightleftharpoons U^{4+}+2H_2O$	0.62
$Sn^{4+}+2e^- \rightleftharpoons Sn^{2+}$ (0.1mol/L HCl)	0.070	$UO_2^{2+}+e^- \rightleftharpoons UO_2^+$	0.062
$Sn^{4+}+2e^- \rightleftharpoons Sn^{2+}$ (1mol/L HCl)	0.139	$UO_2^{2+}+4H^++2e^- \rightleftharpoons U^{4+}+2H_2O$	0.334
$HSnO_2^-+H_2O+2e^- \rightleftharpoons Sn+3OH^-$	-0.79	$UO_2^{2+}+4H^++6e^- \rightleftharpoons U+2H_2O$	-0.82
$Sn(OH)_6^{2-}+2e^- \rightleftharpoons HSnO_2^-+3OH^-+H_2O$	-0.96	$V^{2+}+2e^- \rightleftharpoons V$	-1.2
$2H_2SO_3+H^++2e^- \rightleftharpoons HS_2O_4^-+2H_2O$	-0.08	$V^{3+}+e^- \rightleftharpoons V^{2+}$	-0.255
$H_2SO_3+4H^++4e^- \rightleftharpoons S+3H_2O$	0.45	$V^{5+}+e^- \rightleftharpoons V^{4+}$ (1mol/L NaOH)	-0.74
$2SO_3^{2-}+2H_2O+2e^- \rightleftharpoons S_2O_4^{2-}+4OH^-$	-1.12	$VO^{2+}+2H^++e^- \rightleftharpoons V^{3+}+H_2O$	0.337
$2SO_3^{2-}+3H_2O+4e^- \rightleftharpoons S_2O_3^{2-}+6OH^-$	-0.58	$VO_2^++2H^++e^- \rightleftharpoons VO^{2+}+H_2O$	1.00
$SO_4^{2-}+4H^++2e^- \rightleftharpoons H_2SO_3+H_2O$	-0.20	$V(OH)_4^++2H^++e^- \rightleftharpoons VO^{2+}+3H_2O$	1.00
$2SO_4^{2-}+4H^++2e^- \rightleftharpoons S_2O_6^{2-}+2H_2O$	-0.2	$V(OH)_4^++4H^++5e^- \rightleftharpoons V+4H_2O$	-0.25
$SO_4^{2-}+H_2O+2e^- \rightleftharpoons SO_3^{2-}+2OH^-$	-0.92	$W_2O_5+2H^++2e^- \rightleftharpoons 2WO_2+H_2O$	-0.04
$Sr^{2+}+2e^- \rightleftharpoons Sr$	-2.89	$WO_2+4H^++4e^- \rightleftharpoons W+2H_2O$	-0.12
$Sr^{2+}+2e^- \rightleftharpoons Sr$(Hg)	-1.793	$WO_3+6H^++6e^- \rightleftharpoons W+3H_2O$	-0.09
$Sr(OH)_2 \cdot 8H_2O+2e^- \rightleftharpoons Sr+2OH^-+8H_2O$	-2.99	$2WO_3+2H^++2e^- \rightleftharpoons W_2O_5+H_2O$	-0.03
$Ta_2O_5+10H^++10e^- \rightleftharpoons 2Ta+5H_2O$	-0.71	$Y^{3+}+3e^- \rightleftharpoons Y$	-2.37

反　　　　　应	电位/V	反　　　　　应	电位/V
$Zn^{2+}+2e^-\Longrightarrow Zn$	-0.7628	$ZrO(OH)_2+H_2O+4e^-\Longrightarrow Zr+4OH^-$	-2.32
$Zn^{2+}+2e^-\Longrightarrow Zn(Hg)$	-0.7628	甘汞电极,1mol/L KCl	0.2807
$ZnO_2^{2+}+2H_2O+2e^-\Longrightarrow Zn+4OH^-$	-1.216	甘汞电极,0.1mol/L KCl	0.3337
$ZnSO_4\cdot 7H_2O+2e^-\Longrightarrow Zn(Hg)+SO_4^{2-}+$ 7H_2O(饱和 ZnSO_4 溶液)	-0.7993	甘汞电极,饱和 KCl	0.2415
		甘汞电极,饱和 NaCl	0.2360
$ZrO_2+4H^++4e^-\Longrightarrow Zr+2H_2O$	-1.43	氢醌电极	0.6995

十一、溶度积与部分无机化合物的溶解度

1. 溶度积

当水中存在微溶化合物 MA,并达到饱和状态时,存在下列平衡关系。

$$MA（固）\Longrightarrow MA（水）\Longrightarrow M^++A^-$$

$$a_{M^+}\cdot a_{A^-}=K_{sp}^{\ominus}$$

式中,a_{M^+} 和 a_{A^-} 分别代表 M^+ 和 A^- 的活度;$K_{sp}^{\ominus}$ 为活度积常数,简称活度积。

在不考虑离子强度影响时,采用浓度代替活度,则 $[M^+][A^-]=K_{sp}$。K_{sp} 称微溶化合物的溶度积常数,简称溶度积。

各种化合物的溶度积常数见表 3-24。

表 3-24　各种化合物的溶度积常数（18～25℃）

化　合　物	pK_{sp}	K_{sp}	化　合　物	pK_{sp}	K_{sp}
$Ac_2(C_2O_4)_3$	23.7	2×10^{-24}	$Ag_2N_2O_2$	18.89	1.3×10^{-19}
$Ac(OH)_3$	15	1×10^{-15}	$Ag_2O(Ag^+,OH^-)$	7.71	2.0×10^{-8}
Ag_3AsO_3	17	1×10^{-17}	$AgOCN$	6.64	2.3×10^{-7}
Ag_3AsO_4	22.0	1×10^{-22}	Ag_3PO_4	15.84	1.4×10^{-16}
$AgBO_2$	0.4	4×10^{-1}	$Ag_2PO_3F(2Ag^+,PO_3F^{2-})$	3.05	8.9×10^{-4}
$AgBr$	12.30	5.0×10^{-13}	$AgReO_4$	4.10	8.0×10^{-5}
$AgBrO_3$	4.28	5.3×10^{-5}	Ag_2S	49.2	6×10^{-50}
$AgC_2H_3O_2$	2.4	4×10^{-3}	$AgSCN$	12.00	1.0×10^{-12}
$Ag(C_{10}H_6O_2N)$	17.9	1.3×10^{-18}	Ag_2SO_3	13.82	1.5×10^{-14}
$AgCN$	15.84	1.4×10^{-16}	Ag_2SO_4	4.84	1.4×10^{-5}
$Ag[Ag(CN)_2]$	11.3	5×10^{-12}	$AgSeCN$	15.40	4.0×10^{-16}
Ag_2CO_3	11.09	8.1×10^{-12}	Ag_2SeO_3	15.00	1.0×10^{-15}
$Ag_2C_2O_4$	10.46	3.5×10^{-11}	Ag_2SeO_4	7.25	5.6×10^{-8}
$AgCl$	9.75	1.8×10^{-10}	$AgVO_3$	6.3	5×10^{-7}
$AgClO_2$	3.7	2×10^{-4}	Ag_2WO_4	11.26	5.5×10^{-12}
$AgClO_3$	1.3	5×10^{-2}	$AlAsO_4$	15.8	1.6×10^{-16}
$Ag_3[Co(NO_2)_6]$	20.07	8.5×10^{-21}	$Al(OH)_3(Al^{3+},3OH^-)$	32.9	1.3×10^{-33}
Ag_2CrO_4	11.95	1.1×10^{-12}	$Al(OH)_3(AlOH^{2+},2OH^-)$	23.0	1×10^{-23}
$Ag_2Cr_2O_7$	6.70	2.0×10^{-7}	$Al(OH)_3(H^+,AlO_2^-)$	12.80	1.6×10^{-13}
$Ag_3[Fe(CN)_6]$	22	1×10^{-22}	$Al(Ox)_3$[①]	32.3	5×10^{-33}
$Ag_4[Fe(CN)_6]$	44.07	8.5×10^{-45}	$AlPO_4$	18.24	5.8×10^{-19}
$Ag_2HVO_4(2Ag^+,HVO_4^{2-})$	13.7	2×10^{-14}	$Am(OH)_3$	19.57	2.7×10^{-20}
Ag_3HVO_4OH	24	1×10^{-24}	$Am(OH)_4$	56	1×10^{-56}
AgI	16.08	8.3×10^{-17}	$AuBr$	16.3	5×10^{-17}
$AgIO_3$	7.52	3.0×10^{-8}	$AuBr_3$	35.4	4×10^{-36}
$AgMnO_4$	2.79	1.6×10^{-3}	$Au_2(C_2O_4)_3$	10	1×10^{-10}
Ag_2MoO_4	11.55	2.8×10^{-12}	$AuCl$	12.7	2×10^{-13}
$AgNO_2$	3.22	6.0×10^{-4}	$AuCl_3$	24.5	3×10^{-25}

续表

化　合　物	pK_{sp}	K_{sp}	化　合　物	pK_{sp}	K_{sp}
AuI	22.8	1.6×10^{-23}	$Ca(C_4H_4O_6)\cdot2H_2O$	6.11	7.7×10^{-7}
AuI_3	46	1×10^{-46}	$CaCO_3$(方解石)	8.35	4.5×10^{-9}
$Au(OH)_3$	45.26	5.5×10^{-46}	$CaCO_3$(文石)	8.22	6.0×10^{-9}
$Ba_3(AsO_4)_2$	50.11	8.0×10^{-51}	$CaC_2O_4\cdot H_2O$	8.4	4×10^{-9}
$Ba(BrO_3)_2$	5.50	3.2×10^{-6}	$CaCrO_4$	3.15	7.1×10^{-4}
$BaCO_3$	9.40	4.0×10^{-10}	CaF_2	10.57	2.7×10^{-11}
$BaC_2O_4\cdot H_2O$	7.64	2.3×10^{-8}	$CaHPO_4$	6.56	2.7×10^{-7}
$BaCrO_4$	9.93	1.2×10^{-10}	$Ca(IO_3)_2\cdot6H_2O$	6.15	7.1×10^{-7}
BaF_2	5.98	1.1×10^{-6}	$Ca[Mg(CO_3)_2]$	16.70	2.0×10^{-17}
$Ba_2[Fe(CN)_6]\cdot6H_2O$	7.5	3×10^{-8}	$CaMoO_4$	7.38	4.2×10^{-8}
$BaHPO_4$	7.42	3.8×10^{-8}	$Ca(NbO_3)_2$	17.06	8.7×10^{-18}
$Ba(IO_3)_2\cdot2H_2O$	8.82	1.5×10^{-9}	$Ca(NH_4)_2Fe(CN)_6$	7.4	4×10^{-8}
$BaMnO_4$	9.61	2.5×10^{-10}	$Ca(OH)_2$	5.43	3.7×10^{-6}
$BaMoO_4$	7.40	4.0×10^{-8}	$Ca(Ox)_2$①	11.12	7.6×10^{-12}
$Ba(NO_3)_2$	2.35	4.5×10^{-3}	$Ca_3(PO_4)_2$	28.70	2.0×10^{-29}
$Ba(NbO_3)_2$	16.50	3.2×10^{-17}	$CaPO_3F$	2.4	4×10^{-3}
$Ba(OH)_2$	2.3	5×10^{-3}	$Ca_5(PO_4)_3OH$	57.8	1.6×10^{-58}
$Ba(Ox)_2$①	8.3	5×10^{-9}	$CaSO_3$	6.51	3.1×10^{-7}
$Ba_3(PO_4)_2$	22.47	3.4×10^{-23}	$CaSO_4$	4.60	2.5×10^{-5}
$Ba_2P_2O_7$	10.5	3×10^{-11}	$CaSeO_3$	5.53	2.9×10^{-6}
$BaPO_3F$	6.4	4×10^{-7}	$CaSeO_4$	3.09	8.1×10^{-4}
$BaPt(CN)_4$	2.4	4×10^{-3}	$CaSiF_6$	3.09	8.1×10^{-4}
$Ba(ReO_4)_2$	1.28	5.2×10^{-2}	$CaSiO_3$	7.60	2.5×10^{-8}
$BaSO_3$	6.1	8×10^{-7}	$CaWO_4$	8.06	8.7×10^{-9}
$BaSO_4$	9.96	1.1×10^{-10}	$Cd_3(AsO_4)_2$	32.66	2.2×10^{-33}
BaS_2O_3	4.79	1.6×10^{-5}	$Cd(BO_2)_2$	8.64	2.3×10^{-9}
$BaSeO_3$	6.57	2.7×10^{-7}	$Cd(C_7H_6O_2N)_2$②	8.27	5.4×10^{-9}
$BaSeO_4$	7.46	3.5×10^{-8}	$Cd(C_{10}H_6O_2N)_2$③	12.3	5×10^{-13}
$BaSiF_6$	6	1×10^{-6}	$Cd(CN)_2$	8.0	1×10^{-8}
$BeMoO_4$	1.5	3×10^{-2}	$CdCO_3$	11.28	5.2×10^{-12}
$Be(NbO_3)_2$	15.92	1.2×10^{-16}	$CdC_2O_4\cdot3H_2O$	7.04	9.1×10^{-8}
$Be(OH)_2,(Be^{2+},2OH^-)$	21.2	6×10^{-22}	$CdCrO_4$	4.11	7.8×10^{-5}
$Be(OH)_2(BeOH^+,OH^-)$	13.7	2×10^{-14}	$Cd(IO_3)_2$	7.64	2.3×10^{-8}
$Be(OH)_2,(H^+,HBeO_2^-)$	2.5	3×10^{-3}	$Cd_2[Fe(CN)_6]$	17.38	4.2×10^{-18}
$BiAsO_4$	9.36	4.4×10^{-10}	$CdMoO_4$	8.89	1.3×10^{-9}
BiI_3	18.09	8.1×10^{-19}	$[Cd(NH_3)_6](BF_4)_2$	5.7	2×10^{-6}
$BiOBr(BiOBr+2H^+ \rightleftharpoons Bi^{3+}+Br^-+H_2O)$	6.52	3.0×10^{-7}	$Cd(OH)_2$(新)④	13.55	2.8×10^{-14}
$BiOCl(BiOCl+H_2O \rightleftharpoons Bi^{3+}+Cl^-+2OH^-)$	30.75	1.8×10^{-31}	$Cd(OH)_2$(陈)⑤	14.4	4×10^{-15}
$BiOCl(BiO^+,Cl^-)$	8.2	7×10^{-9}	$Cd_3(PO_4)_2$	32.6	3×10^{-33}
$BiO(NO_2)$	6.31	4.9×10^{-7}	CdS	26.10	8.0×10^{-27}
$BiO(NO_3)$	2.55	2.8×10^{-3}	$CdSeO_3$	8.89	1.3×10^{-9}
$BiOOH(BiO^+,OH^-)$	9.4	4×10^{-10}	$CdWO_4$	9.85	1.4×10^{-10}
$Bi(OH)_3$	31.5	3×10^{-32}	$Ce_2(C_4H_4O_6)_3\cdot9H_2O$	19.01	9.7×10^{-20}
$BiOSCN$	6.80	1.6×10^{-7}	$Ce_2(C_2O_4)_3\cdot9H_2O$	25.5	3×10^{-26}
$BiPO_4$	22.89	1.3×10^{-23}	$Ce(IO_3)_3$	9.50	3.2×10^{-10}
Bi_2S_3	97	1×10^{-97}	$Ce(IO_3)_4$	16.3	5×10^{-17}
$Ca_3(AsO_4)_2$	18.17	6.8×10^{-19}	$CeO_2(Ce^{4+},4OH^-)$	50.6	3×10^{-51}
			$CeO_2(CeO^{2+},2OH^-)$	24.0	1×10^{-24}
			$Ce(OH)_3$	21.20	6.3×10^{-22}

化 合 物	pK_{sp}	K_{sp}	化 合 物	pK_{sp}	K_{sp}
$CePO_4$	23	1×10^{-23}	$CuBr$	8.28	5.3×10^{-9}
Ce_2S_3	10.22	6.0×10^{-11}	$Cu(C_7H_6O_2N)_2$ [②]	14.18	6.6×10^{-15}
$Ce_2(SeO_3)_3$	24.43	3.7×10^{-25}	$Cu(C_{10}H_6O_2N)_2$ [③]	16.8	1.6×10^{-17}
$Co_3(AsO_4)_2$	28.12	7.6×10^{-29}	$CuCN$	19.49	3.2×10^{-20}
$Co(C_7H_6O_2N)_2$ [②]	10.97	1.1×10^{-11}	$CuCO_3$	9.63	2.3×10^{-10}
$Co(C_{10}H_6O_2N)_2$ [③]	10.8	1.6×10^{-11}	CuC_2O_4	7.5	3×10^{-8}
$CoCO_3$	9.98	1.1×10^{-10}	$CuCl$	5.92	1.2×10^{-6}
$CoC_2O_4 \cdot 2H_2O$	7.2	6×10^{-8}	$CuCrO_4$	5.44	3.6×10^{-6}
$Co_2[Fe(CN)_6]$	14.74	1.8×10^{-15}	$Cu_2[Fe(CN)_6]$	15.89	1.3×10^{-16}
$CoHg(SCN)_4$	5.82	1.5×10^{-6}	CuI	11.96	1.1×10^{-12}
$CoHPO_4$	6.7	2×10^{-7}	$Cu(IO_3)_2$	7.13	7.4×10^{-8}
$Co(IO_3)_2$	4.0	1×10^{-4}	CuN_3	8.31	4.9×10^{-9}
$Co(NH_3)_6(BF_4)_2$	5.4	4×10^{-6}	$Cu(N_3)_2$	9.2	6×10^{-10}
$Co(NH_3)_6(ReO_4)_3$	11.77	1.7×10^{-12}	Cu_2O	14.7	2×10^{-15}
$Co(OH)_2$(粉红,新)[④]	14.8	1.6×10^{-15}	$Cu(OH)_2$	19.89	1.3×10^{-20}
$Co(OH)_2$(粉红,陈)[⑤]	15.7	2×10^{-16}	$Cu_2(OH)_2CO_3$	33.78	1.7×10^{-34}
$Co(OH)_2$(浅蓝)	14.20	6.3×10^{-15}	$Cu(Ox)_2$ [①]	29.7	2×10^{-30}
$Co(OH)_3$	40.5	3×10^{-41}	$Cu_3(PO_4)_2$	36.9	1.3×10^{-37}
$Co(Ox)_2$ [①]	24.8	1.6×10^{-25}	$Cu_2P_2O_7$	15.08	8.3×10^{-16}
$Co_3(PO_4)_2$	34.7	2×10^{-35}	Cu_2S	47.6	3×10^{-48}
$CoS(\alpha)$	20.4	4×10^{-21}	CuS	35.2	6×10^{-36}
$CoS(\beta)$	24.7	2×10^{-25}	$CuSCN$	14.32	4.8×10^{-15}
$CoSeO_3$	7.08	8.3×10^{-8}	$CuSe$	49	1×10^{-49}
$CrAsO_4$	20.11	7.7×10^{-21}	$CuSeO_3$	7.78	1.6×10^{-8}
CrF_3	10.18	6.6×10^{-11}	$Cu(VO_3)_2$	11	1×10^{-11}
$Cr(NH_3)_6(BF_4)_3$	4.21	6.2×10^{-5}	$CuWO_4$	5	1×10^{-5}
$Cr(NH_3)_6(MnO_4)_3$	7.40	4.0×10^{-8}	$Dy_2(CrO_4)_3 \cdot 10H_2O$	8	1×10^{-8}
$Cr(NH_3)_6(ReO_4)_3$	11.11	7.7×10^{-12}	$Dy(IO_3)_3$	10.92	1.2×10^{-11}
$Cr(NH_3)_6(SO_3F)_3$	3.9	1.3×10^{-4}	$Dy(OH)_3$(新)[④]	23.1	8×10^{-24}
$Cr(OH)_2$	17.0	1×10^{-17}	$Dy(OH)_3$(陈)[⑤]	25.9	1.3×10^{-26}
$Cr(OH)_3(Cr^{3+},3OH^-)$	30.2	6×10^{-31}	$Er_2(C_2O_4)_3$	25	1×10^{-25}
$Cr(OH)_3(CrOH^{2+},2OH^-)$	20.2	6×10^{-21}	$Er(IO_3)_3$	10.41	3.9×10^{-11}
$Cr(OH)_3(H^+,CrO_2^-)$	15.5	3×10^{-16}	$Er(OH)_3$(新)[④]	23.39	4.1×10^{-24}
$CrPO_4$(紫)	17.00	1.0×10^{-17}	$Er(OH)_3$(陈)[⑤]	26.57	2.7×10^{-27}
$CrPO_4$(绿)	22.62	2.4×10^{-23}	$Eu(IO_3)_3$	11.32	4.8×10^{-12}
$CsAuCl_4$	3	1×10^{-3}	$Eu(OH)_3$(新)[④]	23.05	8.9×10^{-24}
$CsBF_4$	4.7	2×10^{-5}	$Eu(OH)_3$(陈)[⑤]	26.54	2.9×10^{-27}
$CsClO_4$	2.4	4×10^{-3}	$FeAsO_4$	20.24	5.7×10^{-21}
$Cs_3[Co(NO_2)_6]$	15.24	5.7×10^{-16}	$Fe(C_{10}H_6O_2N)_3$ [③]	16.9	1.3×10^{-17}
$CsHgCl_3$	2.7	2×10^{-3}	$FeCO_3$	10.68	2.1×10^{-11}
$CsIO_4$	2.36	4.4×10^{-3}	$FeC_2O_4 \cdot 2H_2O$	6.5	3×10^{-7}
$CsMnO_4$	4.08	8.3×10^{-5}	$Fe_4[Fe(CN)_6]_3$	40.52	3.0×10^{-41}
$Cs_2(PtCl_6)$	7.44	3.6×10^{-8}	$Fe(OH)_2$	15.1	8×10^{-16}
$Cs_2(PtF_6)$	5.62	2.4×10^{-6}	$Fe(OH)_3$(新)[④]	38.6	3×10^{-39}
$CsReO_4$	3.40	4.0×10^{-4}	$Fe(OH)_3$(陈)[⑤]	39.4	4×10^{-40}
Cs_2SiF_6	4.90	1.3×10^{-5}	$Fe(Ox)_3$ [①]	43.51	3.1×10^{-44}
Cs_2SnCl_6	7.44	3.6×10^{-8}	$FePO_4$	21.89	1.3×10^{-22}
$Cu_3(AsO_4)_2$	35.12	7.6×10^{-36}	$Fe_4(P_2O_7)_3$	22.6	3×10^{-23}
$Cu[B(C_6H_5)_4]$	8.0	1×10^{-8}	FeS	17.2	6×10^{-18}

化 合 物	pK_{sp}	K_{sp}	化 合 物	pK_{sp}	K_{sp}
$Fe_2(SeO_3)_3$	30.7	2×10^{-31}	$K[B(C_6H_5)_4]$	7.65	2.2×10^{-8}
$Ga_4[Fe(CN)_6]_3$	33.82	1.5×10^{-34}	$K_3[Co(NO_2)_6]$	9.37	4.3×10^{-10}
$Ga(OH)_3$	35.15	7.0×10^{-36}	K_2GeF_6	4.52	3.0×10^{-5}
$Ga(Ox)_3$①	32.06	8.7×10^{-33}	$KHC_4H_4O_6$	3.5	3×10^{-4}
$Gd(IO_3)_3$	11.13	7.4×10^{-12}	K_2HfF_6	2.7	2×10^{-3}
$Gd(OH)_3$	26.88	1.3×10^{-27}	K_2IrCl_6	4.17	6.8×10^{-5}
$HfO_2\cdot xH_2O(HfO^{2+},2OH^-)$	25.4	4×10^{-26}	$K_2Na[Co(NO_2)_6]$	10.66	2.2×10^{-11}
Hg_2Br_2	22.24	5.8×10^{-23}	K_2PdCl_4	4.9	1.3×10^{-5}
$Hg_2C_4H_4O_6$	10	1×10^{-10}	K_2PdCl_6	5.22	6.0×10^{-6}
$Hg_2(C_{10}H_6O_2N)_2$③	17.9	1.3×10^{-18}	K_2PtCl_4	2.1	8×10^{-3}
$Hg(C_{10}H_6O_2N)_2$③	16.8	1.6×10^{-17}	K_2PtCl_6	4.96	1.1×10^{-5}
$Hg_2(CN)_2$	39.3	5×10^{-40}	K_2PtBr_6	4.2	6×10^{-5}
Hg_2CO_3	16.05	8.9×10^{-17}	K_2PtF_6	4.54	2.9×10^{-5}
$Hg_2C_2O_4$	12.7	2×10^{-13}	$KReC_4$	2.72	1.9×10^{-3}
Hg_2Cl_2	17.88	1.3×10^{-18}	K_2SiF_6	6.06	8.7×10^{-7}
Hg_2CrO_4	8.70	2.0×10^{-9}	K_2TiF_6	3.3	5×10^{-4}
$(Hg_2)_3[Fe(CN)_6]_2$	20.07	8.5×10^{-21}	K_2ZrF_6	3.3	5×10^{-4}
$(Hg_2)_4[Fe(CN)_6]_2$	11.96	1.1×10^{-12}	KUO_2AsO_4	22.60	2.5×10^{-23}
Hg_2I_2	23.35	4.5×10^{-29}	$K_4[UO_2(CO_3)_3]$	4.2	6×10^{-5}
$Hg_2(IO_3)_2$	13.71	2.0×10^{-14}	$La(BrO_3)_3$	2.5	3×10^{-3}
$Hg(IO_3)_2$	12.5	3×10^{-13}	$La_2(C_4H_4O_6)_3$	18.7	2×10^{-19}
$Hg_2(N_3)_2$	9.15	7.1×10^{-10}	$La_2(C_2O_4)_3\cdot9H_2O$	26.60	2.5×10^{-27}
$Hg_2O(Hg_2^{2+},2OH^-)$	23.7	2×10^{-24}	$La(IO_3)_3$	10.92	1.2×10^{-11}
$HgO(Hg^{2+},2OH^-)$	25.4	4×10^{-26}	$La_2(MoO_4)_3$	20.4	4×10^{-21}
Hg_2HPO_4	12.40	4.0×10^{-13}	$La(OH)_3$(新)④	18.7	2×10^{-19}
Hg_2S	47.0	1×10^{-47}	$La(OH)_3$(陈)⑤	21.7	2×10^{-22}
HgS(红)	52.4	4×10^{-53}	$LaPO_4$	22.43	3.7×10^{-23}
HgS(黑)	51.8	1.6×10^{-52}	La_2S_3	12.70	2.0×10^{-13}
$Hg_2(SCN)_2$	19.52	3.0×10^{-20}	$La_2(SO_4)_3$	4.5	3×10^{-5}
Hg_2SO_3	27.0	1×10^{-27}	$La_2(WO_4)_3\cdot3H_2O$	3.90	1.3×10^{-4}
Hg_2SO_4	6.13	7.4×10^{-7}	LiF	2.42	3.8×10^{-3}
$HgSe$	59.8	1.6×10^{-60}	Li_3PO_4	8.5	3×10^{-9}
Hg_2SeO_3	14.2	6×10^{-15}	$LiUO_2AsO_4$	18.82	1.5×10^{-19}
$HgSeO_3$	13.82	1.5×10^{-14}	$Lu(OH)_3$(新)④	23.72	1.9×10^{-24}
$Hg(VO_3)_2$	12	1×10^{-12}	$Lu(OH)_3$(陈)⑤	27.00	1.0×10^{-27}
Hg_2WO_4	16.96	1.1×10^{-17}	$Mg_3(AsO_4)_2$	19.68	2.1×10^{-20}
$Ho(IO_3)_3$	10.70	2.0×10^{-11}	$MgCO_3$	7.46	3.5×10^{-8}
$Ho(OH)_3$(新)④	22.3	5×10^{-23}	$MgCO_3\cdot3H_2O$	4.67	2.1×10^{-5}
$Ho(OH)_3$(陈)⑤	25.7	2×10^{-26}	MgC_2O_4	4.1	8×10^{-5}
$In_4[Fe(CN)_6]_3$	43.72	1.9×10^{-44}	MgF_2	8.19	6.5×10^{-9}
$In(OH)_3$	36.9	1.3×10^{-37}	$MgHPO_4\cdot3H_2O$	5.83	1.5×10^{-6}
$In(Ox)_3$①	31.34	4.6×10^{-32}	$Mg(IO_3)_2\cdot4H_2O$	2.5	3×10^{-3}
In_2S_3	73.24	5.7×10^{-74}	$MgK_2[Fe(CN)_6]$	8.3	5×10^{-9}
$In_2(SeO_3)_3\cdot6H_2O$	32.6	4×10^{-33}	$Mg(NbO_3)_2$	16.64	2.3×10^{-17}
$Ir_2O_3(2Ir^{3+},6OH^-)$	47.7	2×10^{-48}	$Mg(NH_4)_2[Fe(CN)_6]$	7.4	4×10^{-8}
$IrO_2(Ir^{4+},4OH^-)$	71.8	1.6×10^{72}	$MgNH_4PO_4$	12.6	2.5×10^{-13}
IrS_2	75	1×10^{-75}	$Mg(OH)_2$(新)④	9.2	6×10^{-10}
K_3AlF_6	8.8	1.6×10^{-9}	$Mg(OH)_2$(陈)⑤	10.9	1.3×10^{-11}
$KAu(SCN)_4$	4.2	6×10^{-5}	$Mg(Ox)_2$①	15.4	4×10^{-16}

化 合 物	pK_{sp}	K_{sp}	化 合 物	pK_{sp}	K_{sp}
$Mg_3(PO_4)_2 \cdot 8H_2O$	25.20	6.3×10^{-26}	$Ni(Ox)_2$①	26.1	8×10^{-27}
$MgSO_3$	2.5	3×10^{-3}	$Ni_3(PO_4)_2$	30.3	5×10^{-31}
$MgSeO_3$	4.89	1.3×10^{-5}	$Ni_2P_2O_7$	12.77	1.7×10^{-13}
$MgSeO_3 \cdot 6H_2O$	5.36	4.4×10^{-6}	$NiS(\alpha)$	18.5	3×10^{-19}
$Mn_3(AsO_4)_2$	28.72	1.9×10^{-29}	$NiS(\beta)$	24.0	1×10^{-24}
$Mn(C_7H_6O_2N)_2$②	6.75	1.8×10^{-7}	$NiS(\gamma)$	25.7	2×10^{-26}
$MnCO_3$	9.30	5.0×10^{-10}	$NiSeO_3$	5.0	1×10^{-5}
$MnC_2O_4 \cdot 2H_2O$	5.3	5×10^{-6}	$NpO_2(OH)_2$	21.6	3×10^{-22}
$Mn_2[Fe(CN)_6]$	12.10	8.0×10^{-13}	$Pa(OH)_5$	55	1×10^{-55}
$MnNH_4PO_4$	12	1×10^{-12}	$Pb_3(AsO_4)_2$	35.39	4.1×10^{-36}
$Mn(OH)_2$	12.72	1.9×10^{-13}	$Pb(BO_2)_2$	10.78	1.6×10^{-11}
$Mn(OH)_3$	36	1×10^{-36}	$PbBr_2$	4.41	4.0×10^{-5}
$Mn(Ox)_2$①	21.7	2×10^{-22}	$PbBrF(PbBr^+, F^-)$	5.65	2.2×10^{-6}
MnS(肉色)	9.6	3×10^{-10}	$Pb(BrO_3)_2$	5.10	8.0×10^{-6}
MnS(绿色)	12.6	3×10^{-13}	$Pb(C_2H_3O_2)_2$	2.75	1.8×10^{-3}
$MnSeO_3$	7.27	5.4×10^{-8}	$Pb(C_7H_6O_2N)_2$②	9.81	1.6×10^{-10}
$(NH_4)_3AlF_6$	2.80	1.6×10^{-3}	$Pb(C_{10}H_6O_2N)_2$③	10.6	3×10^{-11}
$(NH_4)_3[Co(NO_2)_6]$	5.12	7.6×10^{-6}	$PbCO_3$	13.13	7.4×10^{-14}
$(NH_4)_2IrCl_6$	4.5	3×10^{-5}	PbC_2O_4	9.32	4.8×10^{-10}
$(NH_4)_2Na[Co(NO_2)_6]$	11.4	4×10^{-12}	$PbCl_2$	4.79	1.6×10^{-5}
$(NH_4)_2PtCl_6$	5.05	9.0×10^{-6}	$PbClF(PbCl^+, F^-)$	5.62	2.4×10^{-6}
$NH_4UO_2AsO_4$	23.77	1.7×10^{-24}	$Pb(ClO_2)_2$	8.4	4×10^{-9}
Na_3AlF_6	9.39	4.1×10^{-10}	$PbClOH$	13.7	2×10^{-14}
$NaAu(SCN)_4$	3.4	4×10^{-4}	$PbCrO_4$	13.75	1.8×10^{-14}
Na_2BeF_4	2.15	7.0×10^{-3}	PbF_2	7.57	2.7×10^{-8}
$NaK_2[Co(NO_2)_6]$	10.66	2.2×10^{-11}	$PbFBr(Pb^{2+}, F^-, Br^-)$	8.48	3.3×10^{-9}
$Na(NH_4)_2[Co(NO_2)_6]$	11.4	4×10^{-12}	$PbFCl(Pb^{2+}, F^-, Cl^-)$	8.62	2.4×10^{-9}
$NaPb_2OH(CO_3)_2$	31.0	1×10^{-31}	$PbFI(Pb^{2+}, F^-, I^-)$	8.07	8.5×10^{-9}
$Na[Sb(OH)_6]$	7.4	4×10^{-8}	$Pb_2[Fe(CN)_6]$	18.02	9.6×10^{-19}
Na_2SiF_6	3.56	2.8×10^{-4}	$PbHPO_3$	6.24	5.8×10^{-7}
$NaUO_2AsO_4$	21.87	1.3×10^{-22}	$PbHPO_4$	9.90	1.3×10^{-10}
$Nd(IO_3)_3$	10.92	1.2×10^{-11}	PbI_2	8.15	7.1×10^{-9}
$Nd(OH)_3$(新)④	21.49	3.2×10^{-22}	$PbI(OH)$	15.2	6×10^{-16}
$Nd(OH)_3$(陈)⑤	23.89	1.3×10^{-24}	$Pb(IO_3)_2$	12.58	2.6×10^{-13}
$Ni_3(AsO_4)_2$	25.51	3.1×10^{-26}	$PbMoO_4$	13.0	1×10^{-13}
$Ni(C_7H_6O_2N)_2$②	11.72	1.9×10^{-12}	$Pb(N_3)_2$	8.59	2.6×10^{-9}
$Ni(C_{10}H_6O_2N)_2$③	10.1	8×10^{-11}	$Pb(NbO_3)_2$	16.62	2.4×10^{-17}
$Ni(CN)_2$	22.5	3×10^{-23}	$Pb(OH)_2$	14.93	1.2×10^{-15}
$Ni_2(CN)_4[Ni^{2+}, Ni(CN)_4^{2-}]$	8.77	1.7×10^{-9}	$PbO_2(Pb^{4+}, 4OH^-)$	65.5	3×10^{-66}
$NiCO_3$	6.87	1.3×10^{-7}	$Pb_3O_4(2Pb^{2+}, PbO_4^{4-})$	50.28	5.3×10^{-51}
NiC_2O_4	9.4	4×10^{-10}	$PbOHBr$	14.70	2.0×10^{-15}
$Ni(ClO_3)_2$	4	1×10^{-4}	$PbOHCl$	13.7	2×10^{-14}
$Ni_2[Fe(CN)_6]$	14.89	1.3×10^{-15}	$PbOHNO_3$	3.55	2.8×10^{-4}
$Ni(IO_3)_2$	7.85	1.4×10^{-8}	$Pb_3(PO_4)_2$	42.10	8.0×10^{-43}
$Ni(NH_3)_6(BF_4)_2$	6	1×10^{-6}	$Pb_5(PO_4)_3Cl$	79.12	7.5×10^{-80}
$Ni(NH_3)_6(ReO_4)_2$	3.29	5.1×10^{-4}	$PbPO_3F$	7.0	1×10^{-7}
$[Ni(N_2H_4)_3]SO_4$	13.15	7.1×10^{-14}	PbS	$\begin{cases}27.9\\26.6\end{cases}$	$\begin{cases}1.3 \times 10^{-28}\\2.5 \times 10^{-27}\end{cases}$
$Ni(OH)_2$(新)④	14.7	2×10^{-15}			
$Ni(OH)_2$(陈)⑤	17.2	6×10^{-18}	$Pb(SCN)_2$	4.70	2.0×10^{-5}

化 合 物	pK_{sp}	K_{sp}	化 合 物	pK_{sp}	K_{sp}
$PbSO_4$	7.78	1.7×10^{-8}	ScF_3	17.37	4.2×10^{-18}
PbS_2O_3	6.4	4×10^{-7}	$Sc(OH)_3$	29.70	2.0×10^{-30}
$PbSe$	38	1×10^{-38}	$Sm(IO_3)_3$	11.19	6.5×10^{-12}
$PbSeO_3$	11.5	3×10^{-12}	$Sm(OH)_3$	23.89	1.3×10^{-24}
$PbSeO_4$	6.84	1.4×10^{-7}	SnI_2	4.0	1×10^{-4}
$PbWO_4$	10.08	8.4×10^{-11}	$SnO\ (Sn^{2+},2OH^-)$	26.20	6.3×10^{-27}
$Pd(C_{10}H_6O_2N)_2$ ③	12.9	1.3×10^{-13}	$(SnOH^+,OH^-)$	14.34	4.5×10^{-15}
$Pd(OH)_2$	31.0	1×10^{-31}	$Sn(OH)_4$	56	1×10^{-56}
$Pd(OH)_4$	70.2	6×10^{-71}	$Sn(OH)_2Cl_2$	55.3	5×10^{-56}
$Pm(OH)_3$(新)④	21.8	1.6×10^{-22}	SnS	25.0	1×10^{-25}
$Pm(OH)_3$(陈)⑤	34	1×10^{-34}	$Sr_3(AsO_4)_2$	18.09	8.1×10^{-19}
PoS	28.26	5.5×10^{-29}	$SrCO_3$	9.96	1.1×10^{-10}
$Po(SO_4)_2$	6.58	2.6×10^{-7}	$SrC_2O_4\cdot H_2O$	6.80	1.6×10^{-7}
$Pr(IO_3)_3$	10.77	1.7×10^{-11}	$SrCrO_4$	4.65	2.2×10^{-5}
$Pr(OH)_3$(新)④	22.08	8.3×10^{-23}	SrF_2	8.61	2.5×10^{-9}
$Pr(OH)_3$(陈)⑤	28.66	2.2×10^{-29}	$SrHPO_4$	6.38	4.2×10^{-7}
$PtBr_4$	40.5	3×10^{-41}	$Sr(IO_3)_2$	6.48	3.3×10^{-7}
$PtCl_4$	28.1	8×10^{-29}	$SrMoO_4$	6.7	2×10^{-7}
$Pt(OH)_2$	35	1×10^{-35}	$Sr(NbO_3)_2$	17.38	4.2×10^{-18}
$PtO_2(Pt^{4+},4OH^-)$	71.8	1.6×10^{-72}	$Sr(OH)_2$	3.50	3.2×10^{-4}
PtS	72.1	8×10^{-73}	$Sr(Ox)_2$①	9.3	5×10^{-10}
PuF_3	15.6	3×10^{-16}	$Sr_3(PO_4)_2$	27.39	4.0×10^{-28}
PuF_4	19.2	6×10^{-20}	$SrPO_3F$	2.5	3×10^{-3}
$Pu(HPO_4)_2\cdot xH_2O$	27.7	2×10^{-28}	$SrSO_3$	7.4	4×10^{-8}
$Pu(IO_3)_4$	12.3	5×10^{-13}	$SrSO_4$	6.49	3.2×10^{-7}
PuO_2CO_3	12.77	1.7×10^{-13}	$SrSeO_3$	6.10	8.0×10^{-7}
$PuO_2C_2O_4$	9.22	6.0×10^{-10}	$SrSeO_4$	4.40	4.0×10^{-5}
	9.85	1.4×10^{-10}	$SrWO_4$	9.77	1.7×10^{-10}
$Pu(OH)_3$	19.7	2×10^{-20}	$Tb(IO_3)_3$	11.11	7.8×10^{-12}
$Pu(OH)_4$	55	1×10^{-55}	$Tb(OH)_3$(新)④	22.9	1.3×10^{-23}
PuO_2OH	9.3	5×10^{-10}	$Tb(OH)_3$(陈)⑤	25.8	1.6×10^{-26}
$PuO_2(OH)_2$	22.74	1.8×10^{-23}	$Te(OH)_4$	53.52	3.0×10^{-54}
$Ra(IO_3)_2$	9.06	8.7×10^{-10}	$Th(C_2O_4)_2$	24.96	1.1×10^{-25}
$RaSO_4$	10.37	4.2×10^{-11}	ThF_4	25.3	5×10^{-26}
$RbClO_4$	2.60	2.5×10^{-3}	$Th(HPO_4)_2$	21	1×10^{-21}
$Rb_3[Co(NO_2)_6]$	14.83	1.5×10^{-15}	$Th(IO_3)_4$	14.6	3×10^{-15}
$RbIO_4$	3.26	5.5×10^{-4}	$ThOCO_3$	8.05	8.9×10^{-9}
$RbMnO_4$	2.54	2.9×10^{-3}	$Th(OH)_4\ (Th^{4+},4OH^-)$	44.7	2×10^{-45}
Rb_2PtCl_6	7.2	6×10^{-8}	$(ThO^{2+},2OH^-)$	23.3	5×10^{-24}
Rb_2PtF_6	6.12	7.7×10^{-7}	$Th_3(PO_4)_4$	78.6	3×10^{-79}
$RbReO_4$	3.02	9.6×10^{-4}	$Th(SO_4)_2$	2.4	4×10^{-3}
Rb_2SiF_6	6.3	5×10^{-7}	$Ti(OH)_3$	40	1×10^{-40}
Rb_2TiF_6	4.26	5.5×10^{-5}	$TiO(OH)_2$	29.0	1×10^{-29}
$Rh(OH)_3$	23	1×10^{-23}	$TlBr$	5.42	3.8×10^{-6}
$Ru(OH)_3$	38	1×10^{-38}	$TlBrO_3$	4.07	8.5×10^{-5}
$RuO_2\cdot xH_2O$	49	1×10^{-49}	Tl_2CO_3	2.4	4×10^{-3}
$Sb_2O_3(Sb^{3+},3OH^-)$	41.4	4×10^{-42}	$Tl_2C_2O_4$	3.7	2×10^{-4}
(SbO^+,OH^-)	17.1	8×10^{-18}	$TlCl$	3.76	1.7×10^{-4}
Sb_2S_3	92.77	1.6×10^{-93}	$Tl_3[Co(NO_2)_6]$	14.94	1.1×10^{-15}

化 合 物	pK_{sp}	K_{sp}	化 合 物	pK_{sp}	K_{sp}
Tl_2CrO_4	12.01	9.8×10^{-13}	$(UO_2)_3(PO_4)_2$	46.68	2.1×10^{-47}
$Tl_4[Fe(CN)_6]\cdot2H_2O$	9.3	5×10^{-10}	$UO_2(SCN)_2$	3.4	4×10^{-4}
TlI	7.19	6.5×10^{-8}	UO_2SO_3	8.59	2.6×10^{-9}
$TlIO_3$	5.51	3.1×10^{-6}	UO_2SeO_3	10.42	3.8×10^{-11}
TlN_3	3.66	2.2×10^{-4}	$V(OH)_2$	15.4	4×10^{-16}
$Tl(OH)_3$	45.20	6.3×10^{-46}	$V(OH)_3$	34.4	4×10^{-35}
$Tl(Ox)_3$ ①	32.4	4×10^{-33}	$VO(OH)_2$	22.13	7.4×10^{-23}
Tl_3PO_4	7.18	6.7×10^{-8}	$(VO)_3(PO_4)_2$	24.1	8×10^{-25}
Tl_2PtCl_6	11.4	4×10^{-12}	$Y_2(C_2O_4)_3$	28.28	5.3×10^{-29}
$TlReO_4$	4.92	1.2×10^{-5}		26.6	3×10^{-27}
Tl_2S	20.3	5×10^{-21}	YF_3	12.14	6.6×10^{-13}
$TlSCN$	3.77	1.7×10^{-4}	$Y(OH)_3$(新)④	23.3	5×10^{-24}
Tl_2SO_3	3.2	6×10^{-4}	$Y(OH)_3$(陈)⑤	24.5	3×10^{-25}
Tl_2SO_4	2.4	4×10^{-3}	$Yb(IO_3)_3$	10.21	6.2×10^{-11}
$Tl_2S_2O_3$	6.70	2.0×10^{-7}	$Yb(OH)_3$(新)④	23.60	2.5×10^{-24}
$Tl_2(SeO_3)_3$	38.7	2×10^{-39}	$Yb(OH)_3$(陈)⑤	25.06	8.7×10^{-26}
Tl_2SeO_4	4.0	1×10^{-4}	$Zn_3(AsO_4)_2$	26.97	1.1×10^{-27}
$TlVO_3$	5	1×10^{-5}	$Zn(BO_2)_2\cdot H_2O$	10.18	6.6×10^{-11}
$Tl_4V_2O_7$	11	1×10^{-11}	$Zn(C_7H_6O_2N)_2$ ②	9.75	1.8×10^{-10}
$Tm(IO_3)_3$	10.36	4.4×10^{-11}	$Zn(C_{10}H_6O_2N)_2$ ③	13.8	1.6×10^{-14}
$Tm(OH)_3$	23.48	3.3×10^{-24}	$Zn(CN)_2$	12.59	2.6×10^{-13}
$UF_4\cdot2\frac{1}{2}H_2O$	21.24	5.7×10^{-22}	$ZnCO_3$	10.84	1.4×10^{-11}
$U(HPO_4)_2$	26.80	1.6×10^{-27}	ZnC_2O_4	8.8	1.6×10^{-9}
$U(OH)_3$	19.0	1×10^{-19}	$Zn_2[Fe(CN)_6]$	15.68	2.1×10^{-16}
$U(OH)_4$	45	1×10^{-45}	$ZnHg(SCN)_4$	6.66	2.2×10^{-7}
UO_2CO_3	11.73	1.8×10^{-12}	$Zn(IO_3)_2$	5.41	3.9×10^{-6}
$UO_2C_2O_4\cdot3H_2O$	3.7	2×10^{-4}	$Zn(OH)_2$	16.5	3×10^{-17}
$(UO_2)_2[Fe(CN)_6]$	13.15	7.1×10^{-14}		16.92	1.2×10^{-17}
UO_2HAsO_4	10.50	3.2×10^{-11}	$Zn(Ox)_2$ ①	24.3	5×10^{-25}
UO_2HPO_4	10.67	2.1×10^{-11}	$Zn_3(PO_4)_2$	32.04	9.1×10^{-33}
$UO_2(IO_3)_2\cdot H_2O$	7.5	3×10^{-8}	$ZnS,(\alpha)$	23.8	1.6×10^{-24}
UO_2KAsO_4	22.60	2.5×10^{-23}	$ZnS,(\beta)$	21.6	2.5×10^{-22}
UO_2KPO_4	23.11	7.8×10^{-24}	$ZnSe$	31	1×10^{-31}
UO_2LiAsO_4	18.22	1.5×10^{-19}	$ZnSeO_3$	6.59	2.6×10^{-7}
UO_2NaAsO_4	21.87	1.3×10^{-22}	$ZrO_2\cdot xH_2O(Zr^{4+},4OH^-)$	53.96	1.1×10^{-54}
$UO_2NH_4AsO_4$	23.77	1.7×10^{-24}	$(ZrO^{2+},2OH^-)$	25.5	3×10^{-26}
$UO_2NH_4PO_4$	26.36	4.4×10^{-27}			
$UO_2(OH)_2$	20.87	1.4×10^{-21}	$ZrO(H_2PO_4)_2$	17.64	2.3×10^{-18}
	21.95	1.1×10^{-22}			

① Ox 为 8-羟基喹啉。

② $HC_7H_6O_2N$ 为邻氨基苯甲酸。

③ $HC_{10}H_6O_2N$ 为喹哪啶酸（喹啉-2-羧酸）。

④ （新）为新析出的（或活性的）。

⑤ （陈）为陈化后的（或非活性的）。

2. 部分无机化合物的溶解度

表 3-25 中所列出的溶解度数值是在 20℃（除非另外注明）下每 100g 溶剂（水）中能够溶解物质的质量（g）。在表 3-25 中，vs 表示非常易溶；s 表示易溶；ss 表示微溶；dec. 表示分解。

表 3-25　部分无机化合物的溶解度

阴离子		O^{2-}	OH^-	S^{2-}	F^-	Cl^-	Br^-	I^-	CO_3^{2-}	NO_3^-	SO_4^{2-}
	阳离子										
第Ⅰ族	Li^+	dec.	12.8	vs	0.27[①]	83	177	165	1.33	70	35
	Na^+	dec.	109	19	4.0	36	91	179	21(HCO_3^-,9.6)	87	19.4
	K^+	dec.	112	s	95	34.7	67	144	112(HCO_3^- 22.4)	31.6	11.1
	Rb^+	dec.	177	vs	131	91	110	152	450	53	48
	Cs^+	dec.	330	vs	370	186	108	79	vs	23	179
	NH_4^+			vs	vs	37	75	172	12(HCO_3^-)	192	75
第Ⅱ族	Be^{2+}	ss	ss	dec.	vs	vs	s	dec.		107	39
	Mg^{2+}	ss	0.0009	dec.	0.008	54.2	102	148	ss	70	33
	Ca^{2+}	dec.	0.156	dec.	0.0016	74.5	142	209	ss	129	0.21
	Sr^{2+}	dec.	0.80	dec.	0.012	53.8	100	178	ss	71	0.013
	Ba^{2+}	dec.	3.9	dec.	0.12	36	104	205	ss	8.7	0.00024
第Ⅲ族	Al^{3+}	ss	ss	dec.	0.55	70dec.	dec.	dec.		63	38
	Ga^{3+}	ss	ss	dec.	0.002	vs	s	dec.			vs
	In^+	ss				dec.	dec.				
	In^{3+}	ss	ss	ss	0.04	vs	vs	dec.			s
	Tl^+	dec.	25.9[②]	0.02	78.6[③]	0.33	0.05	0.0006	4.0[②]	9.55	4.87
	Tl^{3+}	ss	ss	ss	dec.	vs	s		s		
	阳离子										
第Ⅳ族	Ge^{2+}	ss		0.24	s	dec.	dec.	s			
	Ge^{4+}	0.41		0.45dec.	dec.	dec.	dec.				
	Sn^{2+}	ss	ss	ss	s	270[①]dec.	s	0.98		dec.	33[②]
	Sn^{4+}	ss	ss	ss	vs	dec.	dec.	dec.			
	Pb^{2+}	0.0017	0.016	ss	0.064	0.99	0.844	0.063	0.00011	55	ss
	Pb^{4+}	ss			dec.						
第Ⅴ族	As^{3+}	3.7		ss	dec.	dec.	dec.	6.0[②]			
	As^{5+}	150[③]		ss							
	Sb^{3+}	ss			dec.	dec.	dec.	dec.		dec.	ss
	Sb^{5+}	ss			dec.						ss
	Bi^{3+}	ss	0.00014	ss	ss	dec.	dec.	ss		dec.	dec.
过渡元素	Cr^{3+}	ss	ss	dec.	ss	ss	ss			s	dec.
	Mn^{2+}	ss	ss	ss	1.05	72.3[⑤]	vs	s	0.0065	vs	63
	Fe^{2+}	ss	ss	ss	64.4[④]	115	s		0.006	s	s
	Fe^{3+}	ss	ss	dec.		s					dec.
	Co^{2+}	ss	ss	ss	1.5[⑤]	64	s	vs	ss	vs	36.2
	Ni^{2+}	ss	ss	ss	4[⑤]	64.2	120	130	0.009	vs	37
	Cu^+	ss		ss		0.006	ss	0.0008[①]			dec.
	Cu^{2+}	ss	ss	ss	4.7	73	vs		ss	122	20.5
	Zn^{2+}	ss	ss	ss	1.62	432[⑤]	447	432[①]	0.001[⑥]	117	54
	Ag^+	0.0013		ss	195[①]	ss	ss	ss	0.0032	217	0.8
	Cd^{2+}	ss	ss	ss	4.3	140	98	84	ss	150	76
	Hg_2^{2+}	ss		ss	dec.	0.0002	$4×10^{-6}$	ss	ss	vs	0.06
	Hg^{2+}	0.005	ss	ss	dec.	6.9	0.55	0.01	ss	dec.	dec.

①在 18℃；②在 0℃；③在 15℃；④在 10℃；⑤在 25℃；⑥在 16℃。

十二、元素的原子及其离子的电离电势

元素的原子及其离子的电离电势见表 3-26。

表 3-26　元素的原子及其离子的电离电势　　　　　单位：eV

原子序	元素	I	II	III	IV	V	原子序	元素	I	II	III	IV	V
1	H	13.595	—	—	—	—	45	Rh	7.45	18.07	31.05	—	—
2	He	24.581	54.403	—	—	—	46	Pd	8.33	19.42	32.92	—	—
3	Li	5.390	75.619	122.419	—	—	47	Ag	7.574	21.48	34.82	—	—
4	Be	9.320	18.206	153.850	217.657	—	48	Cd	8.991	16.904	37.47	—	—
5	B	8.296	25.149	37.920	259.298	340.127	49	In	5.785	18.86	28.03	54.4	—
6	C	11.256	24.376	47.871	64.476	391.986	50	Sn	7.342	14.628	30.49	40.72	72.3
7	N	14.53	29.593	47.426	77.450	97.863	51	Sb	8.639	16.5	25.3	44.1	56
8	O	13.614	35.108	54.886	77.394	113.873	52	Te	9.01	18.6	31	33	60
9	F	17.418	34.98	62.646	87.14	114.214	53	I	10.454	19.09	—	—	—
10	Ne	21.559	41.07	63.5	97.02	126.3	54	Xe	12.127	21.2	32.1	—	—
11	Na	5.138	47.29	71.65	98.88	138.37	55	Cs	3.893	25.1	—	—	—
12	Mg	7.644	15.031	80.12	109.29	141.23	56	Ba	5.210	10.001	—	—	—
13	Al	5.984	18.823	28.44	119.96	153.77	57	La	5.61	11.43	19.17	—	—
14	Si	8.149	16.34	38.46	45.13	166.73	58	Ce	5.57	—	19.70	36.715	—
15	P	10.484	19.72	30.156	51.354	65.007	59	Pr	约5.57	—	—	—	—
16	S	10.357	23.4	35.0	47.29	72.5	60	Nd	约5.45	—	—	—	—
17	Cl	13.01	23.80	39.90	53.5	67.80	62	Sm	5.6	约11.4	—	—	—
18	Ar	15.755	27.62	40.90	59.79	75.0	63	Eu	5.64	11.21	—	—	—
19	K	4.339	31.81	46	60.90	82.6	64	Gd	6.16	12.4	—	—	—
20	Ca	6.111	11.863	51.21	67	84.39	66	Dy	约6.2	—	—	—	—
21	Sc	6.54	12.80	24.75	73.9	92	68	Er	约6.2	—	—	—	—
22	Ti	6.82	13.57	27.47	43.24	99.8	69	Tm	约6.2	—	—	—	—
23	V	6.74	14.65	29.31	48	65	70	Yb	6.22	12.05	—	—	—
24	Cr	6.764	16.49	30.95	50	73	71	Lu	6.15	17.7	—	—	—
25	Mn	7.432	15.636	33.69	—	76	72	Hf	6.8	14.9	—	—	—
26	Fe	7.87	16.18	30.643	—	—	73	Ta	7.88	16.2	—	—	—
27	Co	7.86	17.05	33.49	—	—	74	W	7.98	17.7	—	—	—
28	Ni	7.633	18.15	35.16	—	—	75	Re	7.87	16.6	—	—	—
29	Cu	7.724	20.29	36.83	—	—	76	Os	8.73	17	—	—	—
30	Zn	9.391	17.96	39.70	—	—	77	Ir	9	—	—	—	—
31	Ga	6.00	20.51	30.70	64.2	—	78	Pt	9.0	18.56	—	—	—
32	Ge	7.88	15.93	34.21	45.7	93.4	79	Au	9.22	20.5	—	—	—
33	As	9.81	18.63	28.34	50.1	62.6	80	Hg	10.43	18.751	34.2	—	—
34	Se	9.75	21.5	32	43	68	81	Tl	6.106	20.42	29.8	50.7	—
35	Br	11.84	21.6	35.9	47.3	59.7	82	Pb	7.415	15.028	31.93	42.31	68.8
36	Kr	13.996	24.56	36.9	—	—	83	Bi	7.287	16.68	25.56	45.3	56.0
37	Rb	4.176	27.5	40	—	—	84	Po	8.43	—	—	—	—
38	Sr	5.692	11.027	—	57	—	86	Rn	10.746	—	—	—	—
39	Y	6.51	12.23	20.5	—	77	88	Ra	5.277	10.144	—	—	—
40	Zr	6.84	13.13	22.98	34.33	—	89	Ac	6.9	12.1	20	—	—
41	Nb	6.88	14.0	25.04	38.3	50	90	Th	6.2	—	约20	28.6	—
42	Mo	7.10	16.15	27.13	46.4	61.2	92	U	约6.2	—	—	—	—
43	Tc	7.28	15.26	—	—	—	95	Am	6.0	—	—	—	—
44	Ru	7.364	16.76	28.46	—	—							

十三、络合物的稳定常数

参见第十章第五节。

十四、空气的组成、地壳的组成与海水的组成

1. 空气的组成

表 3-27 列出了干燥气体的组成。

表 3-27　干燥气体的组成

名称及符号	体积分数 φ_B/%	名称及符号	体积分数 φ_B/%
氮气 N_2	78.084	二氧化硫 SO_2	7×10^{-7}（田野）
氧气 O_2	20.946 ± 0.006		$>1\times10^{-4}$（城市）
氩气 ^{40}Ar	9.34×10^{-1}	二氧化碳（CO_2）	3.25×10^{-2}（非城市）
氖 Ne	1.818×10^{-3}		$3.25\times10^{-2}\sim10\times10^{-2}$（城市）
氦 He	5.24×10^{-4}	一氧化二氮 N_2O	$2\times10^{-5}\sim4\times10^{-5}$
甲烷 CH_4	$1.2\times10^{-4}\sim2.0\times10^{-4}$	二氧化氮 NO_2	$10^{-6}\sim10^{-4}$
氪 Kr	1.14×10^{-4}	一氧化氮 NO	$10^{-6}\sim10^{-4}$
氢 H_2	5×10^{-5}	甲醛 HCHO	$\leqslant10^{-5}$
氙 Xe	8.7×10^{-6}	氨气 NH_3	$\leqslant10^{-4}$
一氧化碳 CO	$8\times10^{-6}\sim5\times10^{-5}$	臭氧 O_3	$0\sim5\times10^{-6}$（田野）
	$10^{-4}\sim10^{-2}$		5×10^{-5}（城市）

注：1. 大气中水蒸气的体积分数相差甚大，$\varphi(H_2O)$ 为 0～4%。

2. 测定高度在 22km 以下空气组成与地面组成相仿，在 70km 以下无显著变化。

3. 臭氧含量随高度增加而上升，至高度为 25～30km 时达极大值。

2. 元素在地壳和海洋中的分布

元素在地壳和海洋中的分布度见表 3-28。

表 3-28　元素在地壳和海洋中的分布度

元素	分布度 地壳 w_B/(mg/kg)	分布度 海洋 ρ_B/(mg/L)	元素	分布度 地壳 w_B/(mg/kg)	分布度 海洋 ρ_B/(mg/L)	元素	分布度 地壳 w_B/(mg/kg)	分布度 海洋 ρ_B/(mg/L)
Ac	5.5×10^{-10}		Hf	3.0	7×10^{-6}	Rb	9.0×10^1	1.2×10^{-1}
Ag	7.6×10^{-2}	4×10^{-5}	Hg	8.5×10^{-2}	3×10^{-5}	Re	7×10^{-4}	4×10^{-6}
Al	8.23×10^4	2×10^{-3}	Ho	1.3	2.2×10^{-7}	Rh	1×10^{-3}	
Ar	3.5	4.5×10^{-1}	I	4.5×10^{-1}	6×10^{-2}	Rn	4×10^{-13}	6×10^{-16}
As	1.8	3.7×10^{-3}	In	2.5×10^{-2}	2×10^{-2}	Ru	1×10^{-3}	7×10^{-7}
Au	4×10^{-3}	4×10^{-6}	Ir	1×10^{-3}		S	3.50×10^2	9.05×10^2
B	1.0×10^1	4.44	K	2.09×10^4	3.99×10^2	Sb	2×10^{-1}	2.4×10^{-4}
Ba	4.25×10^2	1.3×10^{-2}	Kr	1×10^{-4}	2.1×10^{-4}	Sc	2.2×10^1	6×10^{-7}
Be	2.8	5.6×10^{-6}	La	3.9×10^1	3.4×10^{-6}	Se	5×10^{-2}	2×10^{-4}
Bi	8.5×10^{-3}	2×10^{-5}	Li	2.0×10^1	1.8×10^{-1}	Si	2.82×10^5	2.2
Br	2.4	6.73×10^1	Lu	8×10^{-1}	1.5×10^{-7}	Sm	7.05	4.5×10^{-7}
C	2.00×10^2	2.8×10^1	Mg	2.33×10^4	1.29×10^3	Sn	2.3	4×10^{-6}
Ca	4.15×10^4	4.12×10^2	Mn	9.50×10^2	2×10^{-4}	Sr	3.70×10^2	7.9
Cd	1.5×10^{-1}	1.11×10^{-4}	Mo	1.2	1×10^{-2}	Ta	2.0	2×10^{-6}
Ce	6.65×10^1	1.2×10^{-6}	N	1.9×10^1	5×10^{-1}	Tb	1.2	1.4×10^{-7}
Cl	1.45×10^2	1.94×10^4	Na	2.36×10^4	1.08×10^4	Te	1×10^{-3}	
Co	2.5×10^1	2×10^{-5}	Nb	2.0×10^1	1×10^{-5}	Th	9.6	1×10^{-6}
Cr	1.02×10^2	3×10^{-4}	Nd	4.15×10^1	2.8×10^{-6}	Ti	5.65×10^3	1×10^{-3}
Cs	3	3×10^{-4}	Ne	5×10^{-3}	1.2×10^{-4}	Tl	8.5×10^{-1}	1.9×10^{-5}
Cu	6.0×10^1	2.5×10^{-4}	Ni	8.4×10^1	5.6×10^{-4}	Tm	5.2×10^{-1}	1.7×10^{-7}
Dy	5.2	9.1×10^{-7}	O	4.61×10^5	8.57×10^5	U	2.7	3.2×10^{-2}
Er	3.5	8.7×10^{-7}	Os	1.5×10^{-3}		V	1.20×10^2	2.5×10^{-3}
Eu	2.0	1.3×10^{-7}	P	1.05×10^3	6×10^{-2}	W	1.25	1×10^{-4}
F	5.85×10^2	1.3	Pa	1.4×10^{-6}	5×10^{-11}	Xe	3×10^{-5}	5×10^{-5}
Fe	5.63×10^4	2×10^{-3}	Pb	1.4×10^1	3×10^{-5}	Y	3.3×10^1	1.3×10^{-5}
Ga	1.9×10^1	3×10^{-5}	Pd	1.5×10^{-2}		Yb	3.2	8.2×10^{-7}
Gd	6.2	7×10^{-7}	Po	2×10^{-10}	1.5×10^{-14}	Zn	7.0×10^1	4.9×10^{-3}
Ge	1.5	5×10^{-5}	Pr	9.2	6.4×10^{-7}	Zr	1.65×10^2	3×10^{-5}
H	1.40×10^3	1.08×10^5	Pt	5×10^{-3}				
He	8×10^{-3}	7×10^{-6}	Ra	9×10^{-7}	8.9×10^{-11}			

3. 海水中的主要盐类

海水中的主要盐类见表 3-29 所示。

表 3-29 海水中的主要盐类

盐类名称	化学分子	每 1000g 水中盐的质量/g	盐类名称	化学分子	每 1000g 水中盐的质量/g
氯化钠	$NaCl$	23	氯化钙	$CaCl_2$	1
氯化镁	$MgCl_2$	5	氯化钾	KCl	0.7
硫酸钠	Na_2SO_4	4	其他次要的成分		—

4. 不同温度、压力下干燥空气的密度

参见第十章表 10-11。

十五、有关原子光谱、分子光谱、色谱、质谱和电分析等常数

参见各有关章节。

第四章　溶液及其配制方法

第一节　溶液配制时常用的计量单位

国家标准 GB 3100～3102—1986 规定了溶液浓度的有关量和单位。

一、质量

质量习惯称为重量。质量为国际单位制七个基本量之一，用符号 m 表示。质量单位为千克（kg），在分析化学中常用克（g）、毫克（mg）和微克（μg）。它们之间的关系为：

$$1kg=1000g \qquad 1g=1000mg \qquad 1mg=1000\mu g$$

二、元素的相对原子质量

元素的相对原子质量是指元素的平均原子质量与 ^{12}C 原子质量的 1/12 之比。

元素的相对原子质量用符号 A_r 表示。此量为无量纲，过去称为原子量。元素的相对原子质量见第二章第二节表 2-23。

例如，Fe 的相对原子质量是 55.85。

三、物质的相对分子质量

物质的相对分子质量是指物质质量的分子或特定单元平均质量与 ^{12}C 原子质量的 1/12 之比。物质的相对分子质量用符号 M_r 表示。此量为无量纲，过去称为分子量。部分物质的相对分子质量见第三章第一节表 3-1。

四、体积

体积用符号 V 表示，国际单位为立方米（m³），在分析化学中常用升（L）、毫升（mL 或 ml）和微升（μL 或 μl）。它们之间的关系为：

$$1m^3=1000L \qquad 1L=1000mL \qquad 1mL=1000\mu L$$

五、密度

密度用符号 ρ 表示，单位为千克/立方米（kg/m³），常用单位为克/立方厘米（g/cm³）或克/毫升（g/mL）。用来表示溶液浓度的密度是指相对密度，是物质的密度与标准物质的密度之比，其符号为 d，过去称为比重，对于液态物质，常以 4℃时水的密度作为标准。由于温度影响物质的体积，有时密度需标明测定时的温度。

六、物质的量

"物质的量"是量的名称，是国际单位制七个基本量之一。国际上规定，物质 B 的"物质的量"的符号为 n_B，并规定它的单位名称为摩尔（mole），符号为 mol。物质 B 的物质的量 n_B 比例于（或正比于）物质 B 的特定单元 B 的数目 N_B，它的表达式 $n_B=\dfrac{1}{N_A}N_B$ 式中 N_A 为阿伏加德罗常数。

1mol 是指系统中物质单元 B 的数目与 0.012kg 碳-12（^{12}C）的原子数目相等。系统中物质单元 B 的数目是 0.012kg 碳-12 的原子数的几倍，物质单元 B 的物质的量（n_B）就等于几摩尔。0.012kg 碳-12 的原子数目大约是 6.02×10^{23} 个，这也就是阿伏加德罗常数的数值。阿伏加德罗常数等于分子数（或原子数）N，除以物质的量 n。目前公认：

$$阿伏加德罗常数\ N_A=\frac{N}{n}=6.0221367\times10^{23}\,mol^{-1}$$

因为阿伏加德罗常数是一个测定值，随测量技术的提高而发生变化，所以不用来定义摩尔，而用 0.012kg 碳-12 所含的原子数目来定义。

单元又称基本单元。单元可以是原子、分子、离子、电子、光子及其他粒子，或者这些粒子的特定组合。

例如，单元可以是 H_2、$NaOH$、$\frac{1}{2}H_2SO_4$、$\frac{1}{5}KMnO_4$、SO_4^{2-}、e 等。

在使用摩尔时，须指明其基本单元，要用元素符号、化学式或相应的粒子符号标明其基本单位。

如用 B 代表泛指物质的基本单元，则将 B 表示成右下标，如 n_B。若基本单元有具体所指，则应将单元的符号置于与量的符号齐线的括号中。例如：

1mol（H），具有质量 1.008g

1mol（H_2），具有质量 2.016g

1mol$\left(\frac{1}{2}H_2\right)$，具有质量 1.008g

1mol（Hg^{2+}），具有质量 200.59g

1mol（Hg^+），具有质量 200.59g

1mol（Hg_2^{2+}），具有质量 401.18g

1mol$\left(\frac{1}{2}Hg_2^{2+}\right)$，具有质量 200.59g

1mol（H_2SO_4），具有质量 98.08g

1mol$\left(\frac{1}{2}H_2SO_4\right)$，具有质量 49.04g

1mol$\left(\frac{1}{5}KMnO_4\right)$，具有质量 31.60g

由于国际标准、国家标准规定使用物质的量为基本单位，故废除过去常使用的克分子（数）、克原子（数）、克当量（数）、克式量（数）、克离子（数）等计量单位。

七、摩尔质量

1. 摩尔质量的计算

摩尔质量定义为质量 (m) 除以物质的量 n_B，其符号为 M。关系式为：

$$M=\frac{m}{n_B}$$

摩尔质量的单位为千克/摩（kg/mol）、克/摩（g/mol）。

物质 B 的摩尔质量，以符号 M_B 表示。摩尔质量是一个包含物质的量 n_B 的导出量。因此，在使用摩尔质量这个量时，也必须指明其基本单元。对于同一物质，规定的基本单元不同，则其摩尔质量就不同。

对于 H_2SO_4，若以 $\frac{1}{2}H_2SO_4$ 为基本单元，则 $M\left(\frac{1}{2}H_2SO_4\right)=49.04g/mol$；若以 H_2SO_4 为基本单元，则 $M(H_2SO_4)=98.08g/mol$。

其他例子：

$M(KMnO_4)=158.03g/mol$

$M\left(\frac{1}{3}KMnO_4\right)=52.68g/mol$

$M\left(\frac{1}{5}KMnO_4\right)=31.61g/mol$

$M\left(\frac{1}{2}H_2C_2O_4\cdot2H_2O\right)=63.04g/mol$

$M(NaOH)=40.00g/mol$

$M\left(\frac{1}{2}Na_2CO_3\right)=53.00g/mol$

$M\left(\frac{1}{6}K_2Cr_2O_7\right)=49.02g/mol$

$M(Na_2S_2O_3\cdot5H_2O)=248.18g/mol$

$M\left(\frac{1}{2}I_2\right)=126.90g/mol$

所以，只要确定了基本单元，就可很方便地根据它的相对粒子质量求得其摩尔质量。

2. 摩尔质量、质量与物质的量之间的关系

在分析化学中，计算摩尔质量 M，多数是为了求得待测组分的质量，以便求得待测组分在样品混合物中的质量分数。

物质 B 的质量 m_B、摩尔质量 M_B 与物质的量 n_B 三种计量单位间的关系为：

$$m_B=n_BM_B$$

在这三个量中，只要知道了任何两个量，就可以求得第三个量。

【例1】已知某试样中含 NaOH 20.00g，求 NaOH 的物质的量。

解：因 $M(NaOH)=40.00g/mol$，所以：

$$n(NaOH)=\frac{m_B}{M_B}=\frac{20.00}{40.00}=0.5000(mol)$$

【例 2】 已测得某样品含 Cl^- 为 0.0120mol，求该试样中含 NaCl 多少克？

解： 因每一个 NaCl 分子中只含一个 Cl^-，故 $n(NaCl)=n(Cl^-)=0.0120mol$。

又 $M(NaCl)=58.44g/mol$

该试样中含 NaCl 量为：

$$m=n(NaCl)M(NaCl)=0.0120\times58.44=0.7013(g)$$

八、分析化学上常见的新旧计量单位的对照

为了便于比较新旧名称、概念的同导及其关系，现将分析化学上常见的新旧计量单位列于表4-1中。

表 4-1　分析化学上常见的新旧计量单位对照表

国家标准规定的名称和符号				应废除的名称和符号	
量的名称	量的符号	单位名称	单位符号	量的名称及符号	单位名称及符号
相对原子质量	A_r	无量纲		原子量	
相对分子质量	M_r	无量纲		分子量、当量、式量	
物质的量	$n,(\upsilon)$	摩[尔]	mol	克分子数	克分子
		毫摩[尔]	mmol	克原子数	克原子
		微摩[尔]	μmol	克当量数	克当量 eq
				克式量数	克式量
摩尔质量	M	千克每摩[尔]	kg/mol	克分子[量]	克 g
		克每摩[尔]	g/mol	克原子[量]	克 g
				克当量	克 g
				克式量	克 g
摩尔体积	V_m	立方米每摩[尔]	m^3/mol		
		升每摩[尔]	L/mol		
物质B的浓度（物质B的物质的量浓度）	c_B	摩[尔]每立方米	mol/m^3	[体积]摩尔浓度	克分子每升 M
		摩[尔]每升	mol/L	克分子浓度 M	
				当量浓度 N	克当量每升 N
				式量浓度 F	克式量每升
溶质B的质量摩尔浓度	b_B,m_B	摩[尔]每千克	mol/kg	重量克分子浓度	克分子每千克
物质B的质量浓度	ρ_B	千克每立方米	kg/m^3		r,ppm,ppb
		克每升	g/L		
		毫克每升	mg/L		
		微克每毫升	μg/mL		
		纳克每毫升	ng/mL		
物质B的质量分数	w_B	无量纲		重量含量、重量百分数、百分含量、质量百分数	ppm,ppb
密度	ρ	千克每立方米	kg/m^3	比重	
		克每立方厘米	g/cm^3		
		克每毫升	g/mL		
相对密度	d	无量纲		比重	
压力,压强	p	帕[斯卡]	Pa		标准大气压 atm
		千帕	kPa		毫米汞柱 mmHg
热力学温度	T	开[尔文]	K	绝对温度	开氏度°K
摄氏温度	t	摄氏度	℃	华氏温度	华氏度°F
摩尔吸收系数	κ	平方米每摩[尔]	m^2/mol		

第二节　溶液浓度的表示方法及其计算

一、溶液浓度的表示方法

溶液浓度常用的表示方法有物质的量浓度、质量浓度、质量摩尔浓度、质量分数、体积分数、体积比浓度及滴定度等。表 4-2 为化学中常用溶液浓度的名称、符号、定义、常用单位等表示方法。

表 4-2 分析化学中溶液浓度的一般表示方法

量的名称和符号	定 义	常用单位	应用实例	备 注
物质 B 的浓度,物质 B 的物质的量浓度 c_B	物质 B 的物质的量除以混合物的体积 $$c_B = \frac{n_B}{V}$$	mol/L mmol/L	$c(H_2SO_4) = 0.1003\text{mol/L}$ $c\left(\frac{1}{2}H_2SO_4\right) = 0.2006\text{mol/L}$	一般用于标准滴定液、基准溶液
物质 B 的质量浓度 ρ_B	物质 B 的质量除以混合物的体积 $$\rho_B = \frac{m_B}{V}$$	g/L mg/L mg/mL μg/mL ng/mL	$\rho(Cu) = 2\text{mg/mL}$ $\rho(V_2O_5) = 10\mu\text{g/mL}$ $\rho(Au) = 1\text{ng/mL}$ $\rho(NaCl) = 50\text{g/L}$	一般用于元素标准溶液及基准溶液,也可用于一般溶液
溶质 B 的质量摩尔浓度 b_B	溶质 B 的物质的量除以溶剂 K 的质量 $$b_B = \frac{n_B}{m_K}$$	mol/kg	$b(NaCl) = 0.020\text{mol/kg}$,表示 1kg 水中含有 NaCl 0.020mol	浓度不受温度影响,化学分析用得不多
物质 B 的质量分数 w_B	物质 B 的质量与混合物的质量之比 $$w_B = \frac{m_B}{m}$$	无量纲量	$w(KNO_3) = 10\%$,即表示 100g 该溶液中含有 KNO_3 10g	常用于一般溶液
物质 B 的体积分数 φ_B	$$\varphi_B = \frac{x_B V_{m,B}}{\sum_A x_A V_{m,A}}$$ 式中 $V_{m,B}$ 是纯物质 B 在相同温度和压力下的摩尔体积,对于液体来说则为物质 B 的体积除以混合物的体积	无量纲量	$\varphi(HCl) = 5\%$,即表示 100mL 该溶液中含有浓 HCl 5mL	常用于溶质为液体的一般溶液
体积比浓度 $V_1 + V_2$	两种溶液分别以 V_1 体积与 V_2 体积相混,或 V_1 体积的特定溶液与 V_2 体积的水相混	无量纲量	HCl(1+2),即 1 体积浓盐酸与 2 体积的水相混,HCl+HNO₃ = 3+1,即表示 3 体积的浓盐酸与 1 体积的浓硝酸相混	常用于溶质为液体的一般溶液,或两种一般溶液相混时的浓度表示
滴定度 $T_{B/A}$	单位体积的标准溶液 A,相当于被测物质 B 的质量	g/mL mg/mL	$T_{Ca/EDTA} = 3\text{mg/mL}$,即 1mL EDTA 标准溶液可定量滴定 3mg Ca	用于标准滴定液

1. 物质的量浓度

物质 B 的物质的量浓度又称物质 B 的浓度。定义为:物质 B 的物质的量除以混合物的体积,量符号为 c_B,也可用符号 [B] 表示,但 [B] 的表示形式一般只用于化学反应平衡。它是法定计量单位中表示溶液浓度的一个重要的量,过去常用的已被废弃的"克分子浓度"、"摩尔浓度"、"当量浓度"、"式量浓度"等都应改用物质 B 的浓度来表示。

物质 B 的浓度的表达式为

$$c_B = \frac{n_B}{V}$$

式中 c_B——物质的量浓度,mol/L;

n_B——物质 B 的物质的量,mol;

V——溶液的体积,L。

下标 B 是指基本单元,凡涉及物质的量 n_B 时,必须用元素符号或化学式指明基本单元。如果 B 是指特定的基本单元时,可记为 $c(B)$ 的形式,即应将具体单元的化学符号写在与符号 c 齐线的圆括号中,如 $c(H^+)$、$c(NaOH)$ 等。

物质 B 的浓度 c_B 的 SI 单位是 mol/m^3,常用的单位有 mol/L 或 mmol/L 等。

如 $c(H_2SO_4) = 1\text{mol/L}$,表示 1L 溶液中含有 H_2SO_4 为 1mol,即每升溶液中含 H_2SO_4 98.08g。$c\left(\frac{1}{2}H_2SO_4\right) = 1\text{mol/L}$,表示 1L 溶液中含 $\left(\frac{1}{2}H_2SO_4\right)$ 1mol,即每升溶液中含 H_2SO_4 49.04g。

物质 B 的浓度溶液配制有两种方法。

(1) 溶质为固体物质时

【例 1】 欲配制 $c(\mathrm{Na_2CO_3}) = 0.5\mathrm{mol/L}$ 溶液 500mL，如何配制？

解： 因为

$$m = n_\mathrm{B} M_\mathrm{B}$$

$$c_\mathrm{B} = \frac{n_\mathrm{B}}{V} \qquad n_\mathrm{B} = c_\mathrm{B} V$$

所以

$$m = c_\mathrm{B} V M_\mathrm{B} \qquad (V \text{ 单位为 L 时})$$

$$m = c_\mathrm{B} V \times \frac{M_\mathrm{B}}{1000} \qquad (V \text{ 单位为 mL 时})$$

$$M_{\mathrm{Na_2CO_3}} = 106$$

$$m(\mathrm{Na_2CO_3}) = 0.5 \times 500 \times \frac{106}{1000} = 26.5 \ (\mathrm{g})$$

配法：称取 $\mathrm{Na_2CO_3}$ 26.5g 溶于适量水中，并稀释至 500mL，混匀。

(2) 溶质为溶液时

【例 2】 欲配制 $c(\mathrm{H_3PO_4}) = 0.5\mathrm{mol/L}$ 溶液 500mL，如何配制？[浓 $\mathrm{H_3PO_4}$ 密度 $\rho = 1.69\mathrm{g/cm^3}$，质量分数 $w(\mathrm{H_3PO_4}) = 85\%$，浓度为 15mol/L]

解：

$$m = c_\mathrm{B} V_\mathrm{B} \times \frac{M_\mathrm{B}}{1000}$$

其中基本单元 B 为 $\mathrm{H_3PO_4}$，上式写成：

$$m(\mathrm{H_3PO_4}) = c(\mathrm{H_3PO_4}) V(\mathrm{H_3PO_4}) \times \frac{M(\mathrm{H_3PO_4})}{1000}$$

$$= 0.5 \times 500 \times \frac{98.00}{1000} = 24.5 (\mathrm{g})$$

$$V_0 = \frac{m}{\rho_{\mathrm{H_3PO_4}} w(\mathrm{H_3PO_4})} = \frac{24.5}{1.69 \times 85\%} \approx 17 (\mathrm{mL})$$

配法：量取浓 $\mathrm{H_3PO_4}$ 17mL，加水稀释至 500mL，混匀即成 $c(\mathrm{H_3PO_4}) = 0.5\mathrm{mol/L}$ 溶液。

2. 质量浓度

物质 B 的质量浓度以符号 ρ_B 表示，其定义为物质 B 的质量除以混合物的体积，表示式为

$$\rho_\mathrm{B} = \frac{M_\mathrm{B}}{V}$$

式中　ρ_B——物质 B 的质量浓度，g/L；

　M_B——物质 B 的质量，g；

　V——混合物的体积，L。

质量浓度常用单位为 g/L、mg/L、mg/mL、μg/mL、ng/mL。它主要用于表示元素标准溶液、基准溶液的浓度，也用来表示一般溶液浓度和水质分析中各组分的含量。一般情况下，用于表示溶质为固体的溶液。

如 $\rho(\mathrm{Zn^{2+}}) = 2\mathrm{mg/mL}$，$\rho(\mathrm{Br}) = 5\mathrm{mg/mL}$，$\rho(\mathrm{Nb_2O_5}) = 10\mu\mathrm{g/mL}$。

3. 物质 B 的质量分数

物质 B 的质量分数定义为物质 B 的质量 M_B 与混合物的质量 m 之比。它的量符号为 w_B，下标 B 代表基本单元（或组分），它的表达式为：

$$w_\mathrm{B} = \frac{m_\mathrm{B}}{m}$$

式中　w_B——物质 B 的质量分数，为无量纲量。

w_B 的一贯制单位为 1。可以用"%"符号表示。如 $w(\mathrm{NaCl}) = 10\%$，即表示 100g NaCl 溶液中含有 10g NaCl。质量分数取代了过去常用的质量百分浓度表示溶液浓度的方法。

质量分数常用于固体矿物原料（即样品）中某种化学成分的含量或品位的表示。它也用于表示样品中某组分的测定结果。

如测定铁结果表达式为 $w(\mathrm{Fe}) = 0.1234$ 或 $w(\mathrm{Fe}) = 12.34 \times 10^{-2}$，也可以写为 $w(\mathrm{Fe}) = 12.34\%$ 或 $w(\mathrm{Fe})/\% = 12.34$ 等。

$w(\mathrm{Zn})=98.3\times10^{-6}$ 代替过去常用的 98.3ppm。

$w(\mathrm{Au})=2.6\times10^{-9}$ 代替过去常用的 2.6ppb。

用质量分数表示溶液浓度的优点是浓度不受温度的影响。它常用于溶质为固体的溶液。如 $w(\mathrm{NaCl})=5\%$，表示 5g NaCl 溶于 95g 水中。市售的浓酸的含量，就是以质量分数表示的浓度。

配制溶液时，常常要加入一定量的酸或碱，这时总溶液的质量计算就较烦琐，所以使用质量分数表示溶液浓度不如使用质量浓度表示溶液浓度方便。

4. 物质 B 的体积分数

物质 B 的体积分数是溶质为液体的溶液时，表示一定体积的溶液中溶质 B 的体积所占的比例，即为物质 B 的体积除以混合物的体积，此量为无量纲量，常用"%"符号来表浓度值。它的量符号为 φ_{B}。如 $\varphi(\mathrm{HCl})=5\%=0.05$，即 100mL HCl 溶液中，含有 5mL 浓 HCl。

如 $\varphi(\mathrm{H_2O_2})=3\%$，表示 100mL 溶液中含有 3mL 市售 $\mathrm{H_2O_2}$。在实际工作中，用质量分数来表示溶质为液体的一般溶液浓度时，换算麻烦，配制不便，所以大多使用体积分数。

5. 质量摩尔浓度

质量摩尔浓度的量符号为 b_{B}，常用单位为 mol/kg。物质 B 的质量摩尔浓度是溶液中溶质 B 的物质的量（mol）除以溶剂 K 的质量（g），即：

$$b_{\mathrm{B}}=\frac{n_{\mathrm{B}}}{m_{\mathrm{K}}}$$

式中　b_{B}——质量摩尔浓度，mol/kg；

n_{B}——物质 B 的物质的量，mol；

m_{K}——溶剂 K 的质量，kg。

用质量摩尔浓度 b_{B} 来表示的溶液组成，其优点是其量值不受温度的影响，缺点是使用不方便。因此，在化学中应用很少，与此相应的浓度表示方法有已被废弃的重量摩尔浓度、重量克分子浓度。

6. 滴定度

用滴定度来表示标准滴定液浓度的方法，是一种简便实用的表示方法。尽管关于量和单位的国家标准中没有列入这个量，目前仍常用这种表示方法。

滴定度是指单位体积的标准滴定溶液 A，相当于被测物质 B 的质量，常以 $T_{\mathrm{B/A}}$ 符号表示。常用单位为 mg/mL、g/mL。如 $T_{\mathrm{CaO/EDTA}}=2\mathrm{mg/mL}$，即 1mL EDTA 标准滴定液相当于 2mg 被测组分 CaO，或者也可以说 1mL EDTA 标准滴定液相可定量地滴定 2mg CaO。用这种浓度表示法，结果计算时比较简便。

7. 以 V_1+V_2 形式表示浓度

这种浓度表示法，就是过去非常熟悉，也是经常采用的"$V_1:V_2$"或"V_1/V_2"的表示法，现改为 V_1+V_2 的表示方法。

如 HCl（1+2）即为：1 体积的浓 HCl 与 2 体积的 $\mathrm{H_2O}$ 相混合。苯＋乙酸乙酯（3+7），表示 3 体积的苯与 7 体积的乙酸乙酯相混合。

同样，两种以上的特定溶液或两种特定溶液与 $\mathrm{H_2O}$ 按体积 V_1、V_2、V_3…相混合的情况，可以表示为 $V_1+V_2+V_3+\cdots$的形式。

如 $\mathrm{H_2SO_4}+\mathrm{H_2PO_4}+\mathrm{H_2O}$（1.5+1.5+7），即 1.5 体积的浓 $\mathrm{H_2SO_4}$、1.5 体积的浓 $\mathrm{H_3PO_4}$ 与 7 体积的水按操作要求混合。而不用"$\mathrm{H_2SO_4}:\mathrm{H_3PO_4}:\mathrm{H_2O}$（1.5:1.5:7）"的表示法。

应注意的是，一种特定溶液与水混合时，可不必注明水，如 HCl（1+2）。若两种以上特定溶液与水相混合时，必须注明水。

物质 B 的体积分数 φ_{B} 与以 V_1+V_2 表示的浓度尽管都是以体积比为基础给出的，但是前者是溶质体积与溶液体积比，后者是溶质的体积与溶剂的体积之比，两者是有区别的。

如 $\varphi(\mathrm{H_2SO_4})=50\%$，与（1+1）$\mathrm{H_2SO_4}$ 溶液，前者考虑总体积，即 100mL 溶液中含有浓 $\mathrm{H_2SO_4}$ 50mL。后者不考虑最后总体积，只要将 50mL 浓 $\mathrm{H_2SO_4}$ 与 50mL $\mathrm{H_2O}$ 相混合，不管总体积是不是 100mL，对有些溶液来说，两种溶液相混合时，总体积与两种混合的溶液体积总和不相等。

V_1+V_2 的表示形式常用于较浓的溶液，φ_{B} 常用于较稀的溶液。

与上述相似，两种或两种以上固体试剂，按一定质量比例相混合配制成混合固体试剂时，也可以采

用 $m_1 + m_2 + m_3 + \cdots$ 的表示形式。如 $Na_2O_2 + Na_2CO_3$（2+1），即表示 2 质量份 Na_2O_2 与 1 质量份的 Na_2CO_3 相混合，而不用 "$Na_2O_2 : Na_2CO_3$（2:1）" 的表示形式。

二、溶液浓度的计算

1. 量间关系式

在化学中常用的量有，物质的量 n_B、摩尔质量 M_B、质量 M_B、物质的量浓度 c_B、质量分数 w_B 等，量之间的关系可用下列公式表示：

$$n_B = \frac{m_B}{M_B} = c_B V \qquad\qquad M_B = \frac{m_B}{n_B} = \frac{m_B}{c_B V}$$

$$M_B = n_B M_B = c_B M_B V$$

$$c_B = \frac{n_B}{V} = \frac{M_B}{M_B V} \qquad\qquad w_B = \frac{m_B}{m_s}$$

式中 m_B——表示组分（或基本单位）B 的质量，g；

         m_s——代表混合物的质量，g；

         V——混合物的体积，L。

这些关系式对于化学工作者来说非常重要，应该熟练地运用它们。

【例 1】 某一重铬酸钾溶液，已知 $c\left(\frac{1}{6}K_2Cr_2O_7\right) = 0.0170\text{mol/L}$，体积为 5000mL，①求所含的 $\frac{1}{6}K_2Cr_2O_7$ 的物质的量 $n\left(\frac{1}{6}K_2Cr_2O_7\right)$。②如果将此溶液取出 500mL 后，再加 500mL 水混合，求最后溶液的浓度 $c(K_2Cr_2O_7)$。

解： 求①利用：

$$n_B = \frac{m_B}{M_B} = c_B V$$

$V = 5000\text{mL} = 5.000\text{L}$，$c\left(\frac{1}{6}K_2Cr_2O_7\right) = 0.0170\text{mol/L}$ 代入上式得：

$$n\left(\frac{1}{6}K_2Cr_2O_7\right) = 0.0710\text{mol/L} \times 5.000\text{L} = 0.0850\text{mol}$$

求②取出 500mL 溶液后剩余溶液中 $\frac{1}{6}K_2Cr_2O_7$ 的物质的量。

取出 500mL 溶液，$V = 500\text{mL} = 0.500\text{L}$

$$n\left(\frac{1}{6}K_2Cr_2O_7\right) = 0.0850\text{mol} - 0.0170\text{mol/L} \times 0.500\text{L}$$
$$= 0.0765\text{mol}$$

又加入 500mL 水，总体积保持不变，仍为 5.000L，代入分式 $c_B = n_B/V$ 得：

$$c\left(\frac{1}{6}K_2Cr_2O_7\right) = \frac{0.0765\text{mol}}{5.000\text{L}} = 0.0153\text{mol/L}$$

按题意要求，最后溶液为 $c(K_2Cr_2O_7)$，所以应转换基本单元按 $c(B) = \frac{1}{Z}c\left(\frac{1}{Z}B\right)$ 量内换算关系式进行换算，则最终溶液的浓度为：

$$c(K_2Cr_2O_7) = \frac{1}{6}c\left(\frac{1}{6}K_2Cr_2O_7\right)$$
$$= \frac{1}{6} \times 0.0153\text{mol/L} = 0.00255\text{mol/L}$$

【例 2】 将质量为 1.5803g 的 $KMnO_4$ 配制成体积为 2000mL 的溶液，求该溶液的浓度 $c\left(\frac{1}{3}KMnO_4\right)$。

解： 根据公式 $c_B = \frac{m_B}{M_B V}$，因为：

$$M\left(\frac{1}{3}KMnO_4\right) = 52.6767\text{g/mol}$$

$$V = 2000\text{mL} = 2.000\text{L}$$

所以 $\quad c\left(\dfrac{1}{3}KMnO_4\right)=\dfrac{1.5803g}{52.6767g/mol\times2.000L}=0.01500mol/L$

【例3】 欲配制 $c(SO_4^{2-})=0.01000mol/L$ 的溶液 500mL，应取 $AlNH_4(SO_4)_2\cdot12H_2O$ 多少克？

解： 根据公式 $m_B=n_BM_B=c_BM_BV$ 求解。

因为 1 个 $AlNH_4(SO_4)_2\cdot12H_2O$ 分子里含有 2 个 SO_4^{2-} 单元，所以：

$$n(SO_4^{2-})=n\left[\dfrac{1}{2}AlNH_4(SO_4)_2\cdot12H_2O\right]$$

则 $\quad m=n(SO_4^{2-})M(SO_4^{2-})$

$$=n\left[\dfrac{1}{2}AlNH_4(SO_4)_2\cdot12H_2O\right]M\left[\dfrac{1}{2}AlNH_4(SO_4)_2\cdot12H_2O\right]$$

又知 $\quad n(SO_4^{2-})=c(SO_4^{2-})V=0.01000mol/L\times0.500L=0.00500mol$

则 $\quad n\left[\dfrac{1}{2}AlNH_4(SO_4)_2\cdot12H_2O\right]=0.00500mol$

已知 $AlNH_4(SO_4)_2\cdot12H_2O$ 的相对分子质量为 453.32

则 $M\left[\dfrac{1}{2}AlNH_4(SO_4)_2\cdot12H_2O\right]=\dfrac{1}{2}\times453.32g/mol=226.66g/mol$

应取 $AlNH_4(SO_4)_2\cdot12H_2O$ 的质量 m：

$$m=0.00500mol\times226.66g/mol\approx1.133g。$$

2. n_B 的量内换算

根据基本单元选择的不同，得出的不同的物质量 n，它们之间的换算可有以下几种形式：

$$n\left(\dfrac{1}{Z}B\right)=Zn(B)$$

$$n(ZB)=\dfrac{1}{Z}n(B)$$

$$n(B)=Zn(ZB)=\dfrac{1}{Z}n\left(\dfrac{1}{Z}B\right)$$

可写成如下通式：

$$n\left(\dfrac{b}{a}B\right)=\dfrac{a}{b}n(B)$$

$$n(B)=\dfrac{b}{a}n\left(\dfrac{b}{a}B\right)=\dfrac{a}{b}n\left(\dfrac{a}{b}B\right)$$

式中的 Z、a、b 都是除零以外的正整数。

$M(KMnO_4)=158.03g/mol$，如 $15.803g$ 的 $KMnO_4$，若以 $KMnO_4$ 为基本单元，则 $n(KMnO_4)=$
$0.1000mol$，如以 $\dfrac{1}{5}KMnO_4$ 为基本单元，则 $n\left(\dfrac{1}{5}KMnO_4\right)=0.5000mol$，即 $n\left(\dfrac{1}{5}KMnO_4\right)=5n(KMnO_4)$。

3. M_B 的量内换算

物质 B 的摩尔质量 M_B 的量内换算有以下几种形式：

$$M\left(\dfrac{1}{Z}B\right)=\dfrac{1}{Z}M(B)$$

$$M(ZB)=ZM(B)$$

$$M(B)=\dfrac{1}{Z}M(ZB)=ZM\left(\dfrac{1}{Z}B\right)$$

通式为：

$$M\left(\dfrac{b}{a}B\right)=\dfrac{b}{a}M(B)$$

$$M(B)=\dfrac{a}{b}M\left(\dfrac{b}{a}B\right)=\dfrac{b}{a}M\left(\dfrac{a}{b}B\right)$$

式中，Z、a、b 是除零以外的正整数。

如 $M(KMnO_4)=158.04g/mol$，那么 $M\left(\frac{1}{5}KMnO_4\right)=\frac{1}{5}\times158.04g/mol=31.608g/mol$，因为 $KMnO_4$ 的相对分子质量是 $\frac{1}{5}KMnO_4$ 的相对分子质量的 5 倍。

4. c_B 的量内换算

c_B 的量内换算有以下几种形式：

$$c\left(\frac{1}{Z}\right)=Zc(B)$$

$$c(ZB)=\frac{1}{Z}c(B)$$

$$c(B)=Zc(ZB)=\frac{1}{Z}c\left(\frac{1}{Z}B\right)$$

通式为：

$$c\left(\frac{b}{a}B\right)=\frac{a}{b}c(B)$$

$$c(B)=\frac{b}{a}c\left(\frac{b}{a}B\right)=\frac{a}{b}c\left(\frac{a}{b}B\right)$$

式中，Z、a、b 是除零以外的正整数。

【例1】一瓶硫酸溶液，如果以 $\frac{1}{2}H_2SO_4$ 为基本单元，则浓度 $c\left(\frac{1}{2}H_2SO_4\right)$ 应该是以 H_2SO_4 为单位的浓度 $c(H_2SO_4)$ 的 2 倍，即 $c\left(\frac{1}{2}H_2SO_4\right)=2c(H_2SO_4)$。假如一瓶硫酸，$c(H_2SO_4)=0.1000mol/L$，即么 $c\left(\frac{1}{2}H_2SO_4\right)=2\times0.1000mol/L=0.2000mol/L$。

同理

$$c\left(\frac{1}{6}K_2Cr_2O_7\right)=6c(K_2Cr_2O_7)$$

$$c\left(\frac{1}{5}KMnO_4\right)=5c(KMnO_4)$$

$$c\left(\frac{1}{2}Na_2CO_3\right)=2c(Na_2CO_3)$$

$$c\left(\frac{1}{2}Ca^{2+}\right)=2c(Ca^{2+})$$

$$c(MnO_4^-)=\frac{1}{5}c\left(\frac{1}{5}MnO_4^-\right)$$

【例2】一瓶高锰酸钾标准滴定液，其浓度为 $c\left(\frac{1}{3}KMnO_4\right)=0.02584mol/L$，问该溶液的浓度 $c\left(\frac{1}{5}KMnO_4\right)$ 与 $c(KMnO_4)$ 分别为多少 mol/L？

$$c\left(\frac{1}{5}KMnO_4\right)=\frac{5}{3}\times c\left(\frac{1}{3}KMnO_4\right)$$
$$=\frac{5}{3}\times0.02584mol/L=0.04307mol/L$$

$$c(KMnO_4)=\frac{1}{3}\times c\left(\frac{1}{3}KMnO_4\right)$$
$$=\frac{1}{3}\times0.02584mol/L=0.008613mol/L$$

5. 物质 B 的浓度 c_B 的稀释计算

加水稀释溶液时，溶液的体积增大，浓度相应降低，但溶液中溶质的物质的量并没有改变。根据溶液稀释前后溶质的量相等的原则，物质 B 的浓度 c_B 的稀释计算公式为：

$$c_1V_1=c_2V_2$$

式中 c_1，V_1——浓溶液的浓度和体积；

c_2，V_2——稀溶液的浓度和体积。

【例】欲用 $c(NaOH)=0.10000mol/L$ 的 NaOH 溶液配制 $c(NaOH)=0.0250mol/L$ 的 NaOH 溶液 500mL，应如何配制？

解：根据

$$V_1 = \frac{c_2 V_2}{c_1}$$

$$V_1 = \frac{0.0250mol/L \times 500mL}{0.1000mol/L} = 125mL$$

取 $c(NaOH)=0.1000mol/L$ 的 NaOH 溶液 125mL，用水定容至 500mL 摇匀，得 $c(NaOH)=0.0250mol/L$ 的 NaOH 溶液。

6. 物质 B 的质量浓度 ρ_B 的稀释计算

物质 B 的质量浓度 ρ_B 的稀释计算公式为：

$$\rho_1 V_1 = \rho_2 V_2$$

式中　ρ_1，V_1——浓溶液的质量浓度和体积；

　　　ρ_2，V_2——稀溶液的质量浓度和体积。

【例】用 $\rho(V_2O_5)=1mg/mL$ 的贮备液制备 $\rho(V_2O_5)=20\mu g/mL$ 的工作液 250mL，应如何配制？

解：根据计算公式得 $V_1 = \frac{\rho_2 V_2}{\rho_1}$。

$$V_1 = \frac{20\mu g/mL \times 250mL}{1000\mu g/mL} = 5mL$$

取 $\rho(V_2O_5)=1mg/mL$ 的贮备液 5mL 于 250mL 容量瓶中，以水稀至刻度摇匀即可。

7. c_B 与 ρ_B 之间的换算

将 c_B 浓度换算为 ρ_B 浓度，或将 ρ_B 浓度换算为 c_B 浓度，为不同体积浓度表示法间的换算。

根据量间关系式 $c_B = \rho_B/M_B$、$\rho_B = c_B M_B$ 进行换算，其中要用到物质 B 的摩尔质量 M_B，因为基本单元 B 是已知的，所以 M_B 可知。

【例1】某一 Ca^{2+} 标准溶液，质量浓度 $\rho(Ca^{2+})=40mg/L$，求 $c\left(\frac{1}{2}Ca^{2+}\right)$ 为多少？

解：

$$c\left(\frac{1}{2}Ca^{2+}\right) = \frac{\rho(Ca^{2+})}{M\left(\frac{1}{2}Ca^{2+}\right)} = \frac{40mg/L \times 10^{-3}}{20.04g/mol}$$

$$= 0.001996mol/L = 1.996mmol/L$$

对同一物系来说 ρ_B 与基本单元选择无关，所以 $\rho(Ca^{2+})$ 与 $\rho\left(\frac{1}{2}Ca^{2+}\right)$ 是一致的。

【例2】已知某一高锰酸钾溶液 $c\left(\frac{1}{5}KMnO_4\right)=0.010mmol/L$，求 $\rho(Mn)$ 是多少 mg/L？

解：因为每个 $KMnO_4$ 分子里有一个 Mn 原子，所以：

$$c\left(\frac{1}{5}KMnO_4\right) = c\left(\frac{1}{5}Mn\right)$$

对于同一物系来说物质 B 的质量浓度与基本单元选择无关，则

$$\rho(Mn) = \rho\left(\frac{1}{5}M\right) = c\left(\frac{1}{5}Mn\right) M\left(\frac{1}{5}Mn\right)$$

$$= 0.010mmol/L \times 10.99g/mol$$

$$= 0.010mmol/L \times 10.99mg/mmol$$

$$= 0.11mg/L$$

8. 质量分数 ω 与质量摩尔浓度 b 间的换算

【例】求 $\omega(HCl)=30\%$ 的盐酸溶液的质量摩尔浓度 $b(HCl)$。

解：$\omega(HCl)=30\%$ 的盐酸溶液，即每 100g 溶液中含有 HCl 30g，含水 70g。

已知　　　　　　　　　　　　$M(HCl)=36.5g/mol$

则　　　　　　　　　　　$b(HCl) = \frac{HCl\ 的物质的量(mol)}{溶剂\ H_2O\ 的质量(kg)}$

$$=\frac{\dfrac{30}{36.5\text{g/mol}}}{0.070\text{kg}}=11.7\text{mol/kg}$$

9. 质量分数 ω_B 表示的浓度的稀释计算

其原理是基于混合前后溶质的总量不变。可用交叉图解法进行浓度的稀释计算：

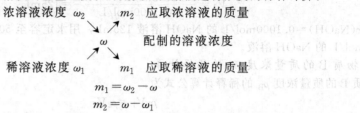

配制时取 m_2 质量的浓溶液，取 m_1 质量的稀溶液，将其混合均匀，即可得 m_1+m_2 质量的 ω 溶液。若用水稀释，则稀溶液的浓度 $\omega_1=0$。

【例1】 欲配制 $\omega(\text{NaOH})=5\%$ 的稀 NaOH 溶液 400g，需要用多少 $\omega(\text{NaOH})=40\%$ 的浓 NaOH 溶液？加多少 H_2O 稀释而成？

解： 根据交叉图解法：

$$
\begin{array}{ccc}
40 & & 5 \quad (5-0)\\
& \searrow \nearrow & \\
& 5 & \\
& \nearrow \searrow & \\
0 & & 35 \quad (40-5)
\end{array}
$$

把 5 份 40%NaOH 溶液与 35 份 H_2O 相混合，得到 5%NaOH 溶液 40 份。

40 份质量的 5%NaOH 溶液中含有 40% 的 NaOH 溶液 5 质量份，配制 400g 的 5%NaOH 溶液，需用 40%NaOH 溶液的质量为：

$$400\text{g}\times\frac{5}{40}=50\text{g}$$

需用 H_2O 的质量为 $400\text{g}-50\text{g}=350\text{g}$。

故取 $\omega(\text{NaOH})=40\%$ 的 NaOH 溶液 50g 与 350g 的 H_2O 混匀，即可配成 400g 的 $\omega(\text{NaOH})=5\%$ 的稀 NaOH 溶液。

【例2】 要配制 $\omega(H_2SO_4)=18\%$ 的 H_2SO_4 480g，需用多少克 $\omega(H_2SO_4)=96\%$ 的浓 H_2SO_4 稀释得到？

解： 根据交叉图解法算出应取浓 H_2SO_4 与水的份数：

$$
\begin{array}{ccc}
96 & & 18 \quad (18-0)\\
& \searrow \nearrow & \\
& 18 & \\
& \nearrow \searrow & \\
0 & & 78 \quad (96-18)
\end{array}
$$

把 18 质量份的浓 H_2SO_4 和 78 质量份的水相混合，可得 $\omega(H_2SO_4)=18\%$ 的 H_2SO_4。现要配制 480g $\omega(H_2SO_4)=18\%$ 的 H_2SO_4，需要 $\omega(H_2SO_4)=96\%$ 的 H_2SO_4 质量为：

$$480\times\frac{18}{96}=90(\text{g})$$

$$480-90=390(\text{g})$$

需要水的质量为：将 90g $\omega(H_2SO_4)=96\%$ 的浓 H_2SO_4 慢慢地加入盛有 390g 水的烧杯中，混匀，即配成 480g $\omega(H_2SO_4)=18\%$ 的 H_2SO_4。

10. 物质量浓度 c_B 与质量分数 ω_B 之间的换算

以质量表示的浓度和以体积表示的浓度之间的换算，必须在已知溶液的密度的情况下进行。

【例1】 某市售的浓 HCl 的密度 ρ 为 1.185g/mL，质量分数 $\omega(\text{HCl})=37.27\%$，求其物质的量的浓度 $c(\text{HCl})$ 为多少？

解： 1L 浓 HCl 含 HCl 的质量为：

$$1.185\text{g/mL}\times1000\text{mL}\times37.27\%=441.6\text{g}$$

即 $\rho(HCl) = 441.6g/L$

则 $c(HCl) = \dfrac{\rho(HCl)}{M(HCl)} = \dfrac{441.6g/L}{36.5g/mol} = 12.1mol/L$

【例2】市售 H_2SO_4 密度 $\rho = 1.84g/mL$，其 $\omega(H_2SO_4) = 98\%$，求物质的量的浓度 $c(H_2SO_4)$。

解：1L H_2SO_4 中含 H_2SO_4 的质量为：

$$1.84 \times 1000 \times 98\% = 1803(g)$$

$M(H_2SO_4) = 98g/mol$，$1L\,H_2SO_4$ 溶液中含 H_2SO_4 的物质的量为：

$$1803 \div 98 = 18.4(mol)$$

市售 H_2SO_4 的物质的量的浓度 $c(H_2SO_4) = 18.4mol/L$。

表 4-3 列出常用酸、碱试剂的密度与浓度。

表 4-3 常用酸、碱试剂的密度与浓度

试剂名称	化学式	相对分子质量	相对密度 ρ	质量分数 $\omega_B/\%$	物质的量浓度[①] c_B
浓硫酸	H_2SO_4	98.08	1.84	96	18
浓盐酸	HCl	36.46	1.19	37	12
浓硝酸	HNO_3	63.01	1.42	70	16
浓磷酸	H_3PO_4	98.00	1.69	85	15
冰乙酸	CH_3COOH	60.05	1.05	99	17
高氯酸	$HClO_4$	100.46	1.67	70	12
浓氢氧化钠	NaOH	40.00	1.43	40	14
浓氨水	NH_3	17.03	0.90	28	15

① c_B 以化学式为基本单元。

11. 浓度之间的计算公式

表 4-4 列出几种浓度之间的换算关系。

表 4-4 几种浓度之间的换算关系

项目	浓度类型			
	c_B	ρ_B	ω_B	b_B
物质 B 的浓度 $c_B =$（单位 mol/L）	—	$\dfrac{\rho_B}{M_B}$	$\dfrac{100\rho\omega_B}{M_B}$	$\dfrac{1000\rho b_B}{1000 + b_B M_B}$
物质 B 的质量浓度 $\rho_B =$（单位 g/L）	$c_B M_B$	—	$10\rho\omega_B$	$\dfrac{1000\rho b_B M_B}{1000 + b_B M_B}$
物质 B 的质量分数 $\omega_B =$（以%表示）	$\dfrac{c_B M_B}{10\rho}$	$\dfrac{\rho_B}{10\rho}$	—	$\dfrac{1000 b_B M_B}{1000 + b_B M_B}$
物质 B 的质量摩尔浓度 $b_B =$（单位 mol/L）	$\dfrac{1000 c_B}{1000\rho - c_B M_B}$	$\dfrac{1000\rho_B}{M_B(1000\rho - \rho_B)}$	$\dfrac{1000\omega_B}{M_B(100 - \omega_B)}$	—

注：1. ρ 为溶液的密度，单位 g/mL。

2. ω_B 以"%"表示，换算式中只代入数字，不带"%"符号。

3. M_B 的单位为 g/mol。

4. 如果改变单位，应乘以相应的系数。

三、溶液标签的书写

尽管化学分析中所用的溶液种类繁多，但按其用途和准确度可将溶液分为标准溶液和一般溶液两大类。

（1）标准溶液 标准溶液的配制、标定、校验及稀释等都要有详细的记录，应该与检测原始记录一样要求。标签书写内容要求齐全，字迹清晰，符号要准确。

标准溶液标签的书写内容包括标准溶液名称、浓度类型、浓度值、介质、配制日期、配制温度、瓶号、校核周期和配制人、注意事项及其他需要注明的事项等。

标签填写格式举例说明如下，供参考。

① 重铬酸钾标准溶液 $c\left(\dfrac{1}{6}K_2Cr_2O_7\right) = 0.06011mol/L$ ××× 18℃ 核对周期：半年 2004.4.30

⑤ 莫尔盐标准溶液 $\dfrac{c(Fe^{2+}) = 0.02134mol/L}{2\% H_2SO_4}$ ××× 15℃ 校核周期：一周 2004.4.3

① 代表瓶号；溶液名称；溶液浓度；18℃是配制时室温；×××为配制人姓名；2004.4.30 为配制日期。

⑤ 代表瓶号；溶液名称；溶液浓度；2% H_2SO_4 为溶液介质；×××为配制人姓名；15℃为配制时温度、2004.4.3 为配制日期；一周为溶液校核周期。

（2）一般溶液　这类溶液的浓度要求不太严格，不需要用标定或其他比对方法求得其准确浓度。在化验工作中，它们的浓度和用量不参与被测组分含量的计算，通常是用来作为"条件"溶液，如控制酸度、指示终点、消除干扰、显色、络合等。按用途又可分为显色剂溶液、掩蔽剂溶液、缓冲溶液、萃取溶液、吸收液、底液、指示剂溶液、沉淀剂溶液、空白溶液等。

一般溶液标签的书写内容应包括名称、浓度、纯度、介质、日期、配制人及其他说明。

标签填写格式举例如下，供参考。

```
HAc-NaAc 缓冲液
   分析纯，pH=6.1
   DZG20-1　p.85
×××　　　　　2004.4.3
```

第一行缓冲液名称；第二行试剂级别；pH 值大小；×××为配制人；2004.4.3 为配制时间。

DZG20-1　p.85　代表按地矿部规程《岩石矿物分析》85 页方法配制。

```
NaCl  10%
        分析纯
×××           2004.4.3
```

第一行为溶液名称及浓度；分析纯为试剂级别；×××为配制人；2004.4.3 为配制时间。

第三节　常用溶液的配制

配制各种浓度的溶液以适应化验工作的需要，是每个从事化验工作的人所必须掌握的一种基本功。本节仅介绍若干常用溶液配制方法。

一、常用酸、碱的一般性质

常用酸、碱的一般性质见表 4-5。

表 4-5　常用酸、碱的一般性质

名　称 化学式 相对分子量	沸点 /℃	密度 /(g/mL)	浓度 ω_B /%	浓度 /(mol/L)	一　般　性　质
盐酸 HCl 36.463	110	1.18～ 1.19	36～ 38	约 12	无色液体，发烟，与水互溶，强酸，常用溶剂，腐蚀性。大多数金属氯化物易溶于水，Cl^- 具有弱还原性及一定络合能力
硝酸 HNO₃ 63.02	122	1.39～ 1.40	约 68	约 15	无色液体，与水互溶，强腐蚀性。受热、光照时易分解，放出 NO_2 呈橘红色。强酸，具有氧化性。硝酸盐都易溶于水
硫酸 H₂SO₄ 98.08	338	1.83～ 1.84	95～ 98	约 18	无色透明油状液体，与水互溶并放出大量热，故只能将硫酸慢慢地加入水中，否则会因爆沸将酸溅出伤人。强酸。浓酸具有氧化性、强脱水能力，使有机物脱水炭化。除碱土金属及铅的硫酸盐难溶于水外，其他硫酸盐一般都溶于水
磷酸 H₃PO₄ 98.00	213	1.69	约 85	约 15	无色浆状液体，易溶于水，强酸。低温时腐蚀性弱，200℃时腐蚀性很强。强络合剂，很多难溶矿物均可被其分解。高温脱水形成焦磷酸和聚磷酸
高氯酸 HClO₄ 100.47	203	1.68	70～ 72	约 12	无色液体，易溶于水，水溶液稳定，强酸。热浓时是强氧化剂和脱水剂。除钾、铷、铯外，其他金属盐都易溶于水。与有机物作用易爆炸，故加热高氯酸及盐，要注意预防爆炸危险
氢氟酸 HF 20.01	120	1.13	约 40	约 22.5	无色液体，易溶于水，弱酸，强腐蚀性。触及皮肤能造成严重灼伤，并引起溃烂。对 3 价、4 价金属离子有强的络合能力。能腐蚀玻璃，需用塑料或铂器皿贮存
乙酸 CH₃COOH （简记 HAc） 60.054		1.05	36.2 99 （冰乙酸）	约 6.2 17.4 （冰乙酸）	无色液体，有强烈的刺激性味，与水互溶，是常用的弱酸。当浓度达 99% 以上时，密度为 1.05g/mL，凝固点为 14.8℃，称为冰乙酸，对皮肤有腐蚀作用

续表

名　称 化学式 相对分子量	沸点 /℃	密度 /(g/mL)	浓度		一　般　性　质
			ω_B /%	/(mol/L)	
氨水 NH₄OH 35.048		0.91～ 0.90	25～28 (NH₃)	约15	无色液体,有刺激气味,弱碱,易挥发。加热至沸,NH₃可全部逸出,空气中 NH₃ 达到 0.5% 时可使人中毒。室温较高时欲打开瓶塞,需用湿毛巾盖着,以免喷出伤人
氢氧化钠 NaOH 40.01		1.53	饱和溶液 50.5	19.3	白色固体,呈粒、块、棒状,易溶于水并放出大量热,强碱。有强腐蚀性,对玻璃也有一定的腐蚀性,浓溶液不适宜存放于玻璃瓶特别是带玻璃塞的瓶中
氢氧化钾 KOH 56.104		1.535	饱和溶液 52.05	14.2	

二、常用酸溶液的配制

常用酸溶液的配制方法列于表 4-6。

表 4-6　常用酸溶液的配制方法

名　称 （化学式）	配制溶液的浓度/(mol/L)				配　制　方　法
	6	2	1	0.5	
	配制 1L 溶液所需酸的体积/mL				
盐酸 （HCl）	500	167	83	42	用量筒量取所需浓盐酸(原装),加水稀释成 1L
硫酸 （H₂SO₄）	334	112	56	28	用量筒量取所需浓硫酸(原装),在不断搅拌下缓缓加到适量水中,冷却后用水稀释至 1L
硝酸 （HNO₃）	400	133	67	33	用量筒量取所需浓硝酸(原装),加到适量水中,稀释至 1L
磷酸 （H₃PO₄）	400	133	67	33	用量筒量取所需浓磷酸(原装),加到适量水中,稀释至 1L
乙酸 （CH₃COOH）	353	118	59	30	用量筒量取所需冰乙酸(原装),加到适量水中,稀释至 1L

三、常用碱溶液的配制

常用碱溶液的配制方法列于表 4-7。

表 4-7　常用碱溶液的配制方法

名　称 （化学式）	配制溶液的浓度/(mol/L)				配　制　方　法
	6	2	1	0.5	
	配制 1L 溶液所需碱的质量或体积				
氢氧化钠 （NaOH）	240g	80g	40g	20g	用台天平称取所需 NaOH,溶解于适量水中,不断搅拌,冷却后用水稀释至 1L
氢氧化钾 （KOH）	337g	112g	56g	28g	用台天平称取所需 KOH,溶解于适量水中,不断搅拌,冷却后用水稀释至 1L
氨水 （NH₃·H₂O）	405mL	135mL	68mL	34mL	用量筒量取所需 NH₃·H₂O(浓,原装),加水稀释至 1L

四、常用盐溶液的配制

常用盐溶液的配制方法列于表 4-8。

表 4-8　常用盐溶液的配制方法（配制量均为 1L）

名　称	化学式	浓度 /(mol/L)	配　制　方　法
硝酸银	AgNO₃	1	169.9g AgNO₃ 溶于适量水中,稀释至 1L,用棕色瓶贮存
硝酸铝	Al(NO₃)₃	1	375.1g Al(NO₃)₃·9H₂O 溶于适量水中,稀释至 1L

名 称	化 学 式	浓度/(mol/L)	配 制 方 法
氯化铝	$AlCl_3$	1	241.4g $AlCl_3 \cdot 6H_2O$ 溶于适量水中,稀释至 1L
硫酸铝	$Al_2(SO_4)_3$	1	666.4g $Al_2(SO_4)_3 \cdot 18H_2O$ 溶于适量水中,稀释至 1L
氯化钡	$BaCl_2$	0.1	20.8g $BaCl_2 \cdot H_2O$ 溶于适量水中,稀释至 1L
硝酸钡	$Ba(NO_3)_2$	0.1	26.1g $Ba(NO_3)_2$ 溶于适量水中,稀释至 1L
硝酸铋	$Bi(NO_3)_3$	0.1	39.5g $Bi(NO_3)_3$ 溶于适量(1+5)HNO_3 中,再用(1+5)HNO_3 稀释至 1L[①]
氯化铋	$BiCl_3$	1	315.3g $BiCl_3$ 溶于适量(1+5)HCl 中,再用(1+5)HCl 稀释至 1L[①]
氯化钙	$CaCl_2$	1	219.8g $CaCl_2 \cdot 6H_2O$ 溶于适量水,稀释至 1L
硝酸钙	$Ca(NO_3)_2$	1	236.2g $Ca(NO_3)_2 \cdot 4H_2O$ 溶于适量水中,稀释至 1L
硝酸镉	$Cd(NO_3)_2$	0.1	30.9g $Cd(NO_3)_2 \cdot 4H_2O$ 溶于适量水中,稀释至 1L
硫酸镉	$CdSO_4$	0.1	28.1g $Cd(NO_3)_2 \cdot 4H_2O$ 溶于适量水中,稀释至 1L
硝酸钴	$Co(NO_3)_2$	1	291.0g $Co(NO_3)_2 \cdot 6H_2O$ 溶于适量水中,稀释至 1L
氯化钴	$CoCl_2$	1	238.0g $CoCl_2 \cdot 6H_2O$ 溶于适量水中,稀释至 1L
硫酸钴	$CoSO_4$	1	281.1g $CoSO_4 \cdot 7H_2O$ 溶于适量水中,稀释至 1L
硝酸铬	$Cr(NO_3)_3$	0.1	23.8g $Cr(NO_3)_3$ 溶于适量水中,稀释至 1L
氯化铬	$CrCl_3$	0.1	26.7g $CrCl_3 \cdot 6H_2O$ 溶于适量水中,稀释至 1L
硫酸铬	$Cr_2(SO_4)_3$	0.1	71.6g $Cr_2(SO_4)_3 \cdot 18H_2O$ 溶于适量水中,稀释至 1L
硝酸铜	$Cu(NO_3)_2$	1	241.6g $Cu(NO_3)_2 \cdot 3H_2O$,5mL 浓 HNO_3 溶于适量水中,稀释至 1L[①]
氯化铜	$CuCl_2$	1	170.5g $CuCl_2 \cdot 2H_2O$ 溶于适量水中,稀释至 1L
硫酸铜	$CuSO_4$	0.1	24.97g $CuSO_4 \cdot 5H_2O$ 溶于适量水中,稀释至 1L
三氯化铁	$FeCl_3$	1	270.3g $FeCl_3 \cdot 6H_2O$ 溶于加了 20mL 浓 HCl 的适量水中,再用水稀释至 1L[①]
硝酸铁	$Fe(NO_3)_3$	1	404.0g $Fe(NO_3)_3 \cdot 9H_2O$ 溶于加了 20mL 浓 HNO_3 的适量水中,再用水稀释至 1L[①]
硫酸亚铁	$FeSO_4$	0.1	27.8g $FeSO_4 \cdot 7H_2O$ 溶于加了 10mL 浓 H_2SO_4 的适量水中,再用水稀释至 1L。用时现配,短期保存[①]
铁铵钒	$FeNH_4(SO_4)_2$	0.1	48.2g $FeNH_4(SO_4)_2 \cdot 12H_2O$ 溶于适量水中,加 10mL 浓 H_2SO_4,再用水稀释至 1L。仅可短期保存[①]
硫酸亚铁铵	$Fe(NH_4)_2(SO_4)_2$	0.1	39.2g $Fe(NH_4)_2(SO_4)_2 \cdot 6H_2O$ 溶于适量水中,加 10mL 浓 H_2SO_4,再用水稀释至 1L。用时现配[①]
硝酸汞	$Hg(NO_3)_2$	0.1	32.5g $Hg(NO_3)_2$ 溶于适量水中,稀释至 1L
氯化汞	$HgCl_2$	0.1	27.2g $HgCl_2$ 溶于适量水中,稀释至 1L
硝酸亚汞	$Hg_2(NO_3)_2$	0.1	56.1g $Hg_2(NO_3)_2 \cdot 2H_2O$ 溶于 150mLc_B 为 6mol/L 的 HNO_3 中,用水稀释至 1L[①]
氯化钾	KCl	1	74.6g KCl 溶于适量水中,稀释至 1L
硝酸钾	KNO_3	1	101.1g KNO_3 溶于适量水中,稀释至 1L
铬酸钾	K_2CrO_4	1	194.2g K_2CrO_4 溶于适量水中,稀释至 1L
重铬酸钾	$K_2Cr_2O_7$	0.1	29.4g $K_2Cr_2O_7$ 溶于适量水中,稀释至 1L
碘化钾	KI	1	166.0g KI 溶于适量水中,稀释至 1L,置于棕色瓶中
亚铁氰化钾	$K_4[Fe(CN)_6]$	0.1	36.8g $K_4[Fe(CN)_6]$ 溶于适量水中,稀释至 1L
铁氰化钾	$K_3[Fe(CN)_6]$	0.1	32.9g $K_3[Fe(CN)_6]$ 溶于适量水中,稀释至 1L
硫氰酸钾	KSCN	1	97.2g KSCN 溶于适量水中,稀释至 1L
溴化钾	KBr	1	119.0g KBr 溶于适量水中,稀释至 1L
氯酸钾	$KClO_3$	0.1	12.3g $KClO_6$ 溶于适量水中,稀释至 1L
氰化钾	KCN	1	65.1g KCN 溶于适量水中,稀释至 1L。此物极毒
硫酸钾	K_2SO_4	0.1	17.4g K_2SO_4 溶于适量水中,稀释至 1L
高锰酸钾	$KMnO_4$	0.1	15.8g $KMnO_4$ 溶于适量水中,稀释至 1L

名 称	化 学 式	浓度/(mol/L)	配 制 方 法
硝酸镁	$Mg(NO_3)_2$	1	256.4g $Mg(NO_3)_2 \cdot 6H_2O$ 溶于适量水中,稀释至 1L
氯化镁	$MgCl_2$	1	203.3g $MgCl_2 \cdot 6H_2O$ 溶于适量水中,稀释至 1L
硫酸镁	$MgSO_4$	1	246.5g $MgSO_4 \cdot 7H_2O$ 溶于适量水中,稀释至 1L
硝酸锰	$Mn(NO_3)_2$	1	287.0g $Mn(NO_3)_2 \cdot 6H_2O$ 溶于适量水中,稀释至 1L
氯化锰	$MnCl_2$	1	197.9g $MnCl_2 \cdot 4H_2O$ 溶于适量水中,稀释至 1L
硫酸锰	$MnSO_4$	1	223.1g $MnSO_4 \cdot 4H_2O$ 溶于适量水中,稀释至 1L
氯化铵	NH_4Cl	1	53.5g NH_4Cl 溶于适量水中,稀释至 1L
乙酸铵	CH_3COONH_4	1	77.1g CH_3COONH_4 溶于适量水中,稀释至 1L
草酸铵	$(NH_4)_2C_2O_4$	1	142.1g $(NH_4)_2C_2O_4 \cdot H_2O$ 溶于适量水中,稀释至 1L
硝酸铵	NH_4NO_3	1	80.0g NH_4NO_3 溶于适量水中,稀释至 1L
过二硫酸铵	$(NH_4)_2S_2O_8$	0.1	22.8g $(NH_4)_2S_2O_8$ 溶于适量水中,稀释至 1L。用时现配
硫氰酸铵	NH_4SCN	1	76.1g NH_4SCN 溶于适量水中,稀释至 1L
硫化铵	$(NH_4)_2S$	6	通 H_2S 气于 200mL 浓 $NH_3 \cdot H_2O$ 中直至饱和,再加浓 $NH_3 \cdot H_2O$ 200mL,用水稀释至 1L
氯化钠	$NaCl$	1	58.4g$NaCl$ 溶于适量水中,稀释至 1L
乙酸钠	CH_3COONa	1	136.1g $CH_3COONa \cdot 3H_2O$ 溶于适量水中,稀释至 1L
碳酸钠	Na_2CO_3	1	106.0gNa_2CO_3(或 286.1g$Na_2CO_3 \cdot 10H_2O$)溶于适量水中,稀释至 1L
硫化钠	Na_2S	1	240.2g$Na_2S \cdot 9H_2O$,40g$NaOH$ 溶于适量水中,稀释至 1L
硝酸钠	$NaNO_3$	1	85.0g $NaNO_3$ 溶于适量水中,稀释至 1L
亚硝酸钠	$NaNO_2$	1	69.0g $NaNO_2$ 溶于适量水中,稀释至 1L
硫酸钠	Na_2SO_4	1	322.2g $Na_2SO_4 \cdot 10H_2O$ 溶于适量水中,稀释至 1L
四硼酸钠	$Na_2B_4O_7$	0.1	38.1g $Na_2B_4O_7 \cdot 10H_2O$ 溶于适量水中,稀释至 1L
硫代硫酸钠	$Na_2S_2O_3$	1	248.2g $Na_2S_2O_3 \cdot 5H_2O$ 溶于适量水中,稀释至 1L
草酸钠	$Na_2C_2O_4$	0.1	13.4g $Na_2C_2O_4$ 溶于适量水中,稀释至 1L
磷酸氢二钠	Na_2HPO_4	0.1	35.8g $Na_2HPO_4 \cdot 12H_2O$ 溶于适量水中,稀释至 1L
磷酸钠	Na_3PO_4	0.1	16.4g Na_3PO_4 溶于适量水中,稀释至 1L
氟化钠	NaF	0.5	21.0g NaF 溶于适量水中,稀释至 1L
硝酸镍	$Ni(NO_3)_2$	1	290.8g $Ni(NO_3)_2 \cdot 6H_2O$ 溶于适量水中,稀释至 1L
氯化镍	$NiCl_2$	1	237.7g $NiCl_2 \cdot 6H_2O$ 溶于适量水中,稀释至 1L
硫酸镍	$NiSO_4$	1	280.9g $NiSO_4 \cdot 7H_2O$ 溶于适量水中,稀释至 1L
硝酸铅	$Pb(NO_3)_2$	1	331.2g $Pb(NO_3)_2$ 溶于适量水中,加 15mL 6mol/L 的 HNO_3,稀释至 1L[①]
乙酸铅	$Pb(CH_3COO)_2$	1	379.3g $Pb(CH_3COO)_2 \cdot 3H_2O$ 溶于适量水中,稀释至 1L
氯化亚锡	$SnCl_2$	1	225.6g $SnCl_2 \cdot 2H_2O$ 溶于 170mL 浓 HCl 中,用水稀释至 1L,并加入少量纯锡粒。用时现配[①]
四氯化锡	$SnCl_4$	0.1	26.1g $SnCl_4$ 溶于 6mol/L 的 HCl 中,再用该 HCl 稀释至 1L[①]
硝酸锌	$Zn(NO_3)_2$	1	297.5g $Zn(NO_3)_2 \cdot 6H_2O$ 溶于适量水中,稀释至 1L
硫酸锌	$ZnSO_4$	1	287.6g $ZnSO_4 \cdot 7H_2O$ 溶于适量水中,稀释至 1L

① $Bi(NO_3)_3$ 是易水解盐,遇水产生沉淀或浑浊,要配制澄清的溶液先用稀 HNO_3 溶解,然后再稀释。$BiCl_3$、$FeCl_3$、$SnCl_2$、$SnCl_4$、$FeSO_4$、$Hg_2(NO_3)_2$、$Fe(NO_3)_3$、$Fe(NH_4)_2(SO_4)_2$、$Pb(NO_3)_2$ 等也是极易水解的盐,配制它们的溶液时都应先加相应的酸溶解,然后再稀释。

五、常用饱和溶液的配制

常用饱和溶液的配制方法列于表 4-9。

表 4-9 常用饱和溶液的配制方法

试剂名称	分子式	密度/(g/mL)	浓度/(mol/L)	配 制 方 法 用试剂量/g	用水量/mL
氯化铵	NH_4Cl	1.075	5.44	291	784
硝酸铵	NH_4Cl	1.312	10.80	863	449
草酸铵	$(NH_4)_2C_2O_4 \cdot H_2O$	1.031	0.295	48	982

试剂名称	分子式	密度 /(g/mL)	浓度 /(mol/L)	配制方法 用试剂量/g	配制方法 用水量/mL
硫酸铵	$(NH_4)_2SO_4$	1.243	4.06	535	708
氯化钡	$BaCl_2 \cdot 2H_2O$	1.290	1.63	398	892
氢氧化钡	$Ba(OH)_2$	1.037	0.228	39	998
氢氧化钙	$Ca(OH)_2$	1.000	0.022	1.6	1000
氯化汞	$HgCl_2$	1.050	0.236	64	986
氯化钾	KCl	1.174	4.000	298	876
重铬酸钾	$K_2Cr_2O_7$	1.077	0.39	115	962
铬酸钾	K_2CrO_4	1.396	3.00	583	858
氢氧化钾	KOH	1.540	14.50	813	737
碳酸钠	Na_2CO_3	1.178	1.97	209	869
氯化钠	$NaCl$	1.197	5.40	316	881
氢氧化钠	$NaOH$	1.539	20.07	803	736

六、某些特殊溶液的配制

某些特殊溶液的配制方法列于表 4-10。

表 4-10　某些特殊溶液的配制方法

试剂名称	可鉴定的离子或分子	配制方法
铝试剂	Al^{3+}	用 1g 铝试剂溶于 1L 水中
镁试剂(对硝基苯偶氮-间苯二酚)	Mg^{2+}	溶 0.01g 镁试剂于 1L 1mol/L NaOH 溶液中
镍试剂(二乙酰二肟)	Ni^{2+}	溶 10g 镍试剂于 1L 95％乙醇中
打萨宗	Zn^{2+}	溶 0.1g 打萨宗于 1L CCl_4 或 1L $CHCl_3$ 中
二苯氨基脲	Hg^{2+}、Cd^{2+}	溶 10g 二苯氨基脲于 1L 95％乙醇中。配好后只能存放两周
安息香一肟	Cu^{2+}	溶 50g 安息香一肟于 1L 95％乙醇中
六硝基合钴(Ⅲ)酸钠(钴亚硝酸钠)	K^+	溶 230g $NaNO_2$ 于 500mL 水中,加入 16.5mL 6mol/L 的 CH_3COOH 溶液及 30g $Co(NO_3)_2 \cdot 6H_2O$ 静置过夜,取其清液,稀释至 1L。此溶液为橙色。若已变红,表示失效
乙酸铀酰锌	Na^+	①溶 10g $UO_2(CH_3COO)_2 \cdot 2H_2O$ 和 6mL 6mol/L CH_3COOH 于 50mL 蒸馏水中(可加热) ②溶 30g $Zn(CH_3COO)_2 \cdot 2H_2O$ 和 3mL 6mol/L CH_3COOH 于 50mL 蒸馏水中(可加热) ③趁热将①、②溶液混合,放置过夜,取其清液使用
奈斯勒试剂	NH_4^+	溶 115g HgI_2 和 80g KI 于蒸馏水中,稀释至 500mL,再加入 500mL 6mol/L NaOH 溶液,静置后,取其清液,贮于棕色瓶中
硝酸银氨溶液	Cl^-	溶 1.7g $AgNO_3$ 于水中,加浓 $NH_3 \cdot H_2O$ 17mL,再加水稀释至 1L
氯水	Br^-、I^-	把氯气通入蒸馏水中至饱和
溴水	I^-	溴的饱和水溶液
碘水	AsO_3^{3-}	将 1.3g I_2 和 3g KI 混匀,加少量水调成糊状,再加水稀释至 1L
品红溶液	SO_3^{2-}	溶 0.1g 品红试剂于 100mL 水中
隐色品红溶液	Br^-	0.1％的品红水溶液,加入 $NaHSO_3$ 至红色褪去
镁混合试剂	PO_4^{3-}、AsO_4^{3-}	溶 100g $MgCl_2 \cdot 6H_2O$ 和 100g NH_4Cl 于水中,加入 50mL 浓 $NH_3 \cdot H_2O$,再用水稀释成 1L
α-萘胺	NO_2^-	溶 0.3g α-萘胺于 20mL 水中,煮沸,取其清液,加入 150mL 2mol/L CH_3COOH 溶液。试剂无色,变色为失效
淀粉溶液	I_2	取 1g 可溶性淀粉与少量冷水调成糊状,将所得糊状物倒入 100mL 沸水中,煮沸数分钟,冷却

七、指示剂溶液的配制

指示剂是一种辅助试剂，借助它可以指示反应的终点。由于化学反应类型不同，指示剂的种类也不相同，常用指示剂主要有 4 类。

1. 酸碱指示剂溶液的配制

酸碱指示剂通常是弱的有机酸或有机碱，它们的酸式结构与其共轭的碱式结构具有不同的颜色，当溶液的 pH 值改变时，指示剂的酸式结构与碱式结构之间发生变化，从而引起颜色的变化，于是指示出反应达到某一程度。在酸碱滴定中，它可指示溶液反应的终点。在实际应用中，可用单一指示剂，也可用混合指示剂。通常指示剂的用量为每 10mL 试液用 1 滴指示剂（溶液）。

表 4-11～表 4-13 分别列出常用的单一成分、双组分和多组分酸碱指示剂溶液及其配制方法。

表 4-11　常用单一成分酸碱指示剂溶液及其配制方法

指 示 剂	变色范围(pH 值)	配 制 方 法
甲基紫	黄 0.1～1.5 蓝	0.25g 溶于 100mL 水
间甲酚紫	红 0.5～2.5 黄	0.10g 溶于 13.6mL 0.02mol/L 氢氧化钠中，用水稀释至 250mL
对二甲苯酚蓝	红 1.2～2.8 黄	0.10g 溶于 250mL 乙醇
百里酚蓝(麝香草酚蓝)	红 1.2～2.8 黄	0.10g 溶于 10.75mL 0.02mol/L 氢氧化钠中，用水稀释至 250mL
（第一次变色）		0.1g 溶于 100mL 20% 乙醇
二苯胺橙	红 1.3～3.0 黄	0.10g 溶于 100mL 水
苯紫 4B	蓝紫 1.3～4.0 红	0.10g 溶于 100mL 水
茜素黄 R	红 1.9～3.3 黄	0.10g 溶于 100mL 温水
2,6-二硝基酚(β)	无色 2.4～4.0 黄	0.10g 溶于几毫升乙醇中，再用水稀释至 100mL
2,4-二硝基酚(α)	无色 2.6～4.0 黄	0.10g 溶于几毫升乙醇中，再用水稀释至 100mL
对二甲氨基偶氮苯	红 2.9～4.0 黄	0.1g 溶于 200mL 乙醇
溴酚蓝	黄 3.0～4.6 蓝	0.10g 溶于 7.45mL 0.02mol/L 氢氧化钠中，用水稀释至 250mL
刚果红	蓝 3.0～5.2 红	0.10g 溶于 100mL 水
甲基橙	红 3.0～4.4 黄	0.10g 溶于 100mL 水
溴氯酚蓝	黄 3.2～4.8 蓝	0.10 溶于 8.6mL 0.02mol/L 氢氧化钠中，用水稀释至 250mL
茜素磺酸钠	黄 3.7～5.2 紫	1.0g 溶于 100mL 水
2,5-二硝基酚(γ)	无色 4.0～5.8 黄	0.10g 溶于 20mL 乙醇中，用水稀释至 100mL
溴甲酚绿	黄 3.8～5.4 蓝	0.10g 溶于 7.15mL 0.02mol/L 氢氧化钠中，用水稀释至 250mL
甲基红	红 4.2～6.2 黄	0.10g 溶于 18.60mL 0.02mol/L 氢氧化钠中，用水稀释至 250mL
氯酚红	黄 5.0～6.6 红	0.10g 溶于 11.8mL 0.02mol/L 氢氧化钠中，用水稀释至 250mL
对硝基酚	无色 5.0～7.6 黄	0.25g 溶于 100mL 水
溴甲酚紫	黄 5.2～6.8 紫	0.10g 溶于 9.25mL 0.02mol/L 氢氧化钠中，用水稀释至 250mL
溴酚红	黄 5.2～7.0 红	0.10g 溶于 9.75mL 0.02mol/L 氢氧化钠中，用水稀释至 250mL
溴百里酚蓝(溴麝香草酚蓝)	黄 6.0～7.6 蓝	0.10g 溶于 8.0mL 0.02mol/L 氢氧化钠中，用水稀释至 250mL
姜黄	黄 6.0～8.0 棕红	饱和水溶液
酚红	黄 6.8～8.4 红	0.10g 溶于 14.20mL 0.02mol/L 氢氧化钠中，用水稀释至 250mL
中性红	红 6.8～8.0 黄	0.10g 溶于 70mL 乙醇中，用水稀释至 100mL
树脂质酸	黄 6.8～8.2 红	1.0g 溶于 100mL 50% 乙醇
喹啉蓝	无色 7.0～8.0 紫蓝	1.0g 溶于 100mL 乙醇
甲酚红	黄 7.2～8.8 红	0.10g 溶于 13.1mL 0.02mol/L 氢氧化钠中，用水稀释至 250mL
1-萘酚酞	玫瑰色 7.3～8.7 绿	0.10g 溶于 100mL 50% 乙醇
间甲酚紫	黄 7.4～9.0 紫	0.10g 溶于 13.1mL 0.02mol/L 氢氧化钠中，用水稀释至 250mL
百里酚蓝(麝香草酚蓝)	黄 8.0～9.6 蓝	0.1g 溶于 10.75mL 0.02mol/L 氢氧化钠中，用水稀释至 250mL
（第二次变色）		0.1g 溶于 100mL 20% 乙醇
酚酞	无色 7.4～10.0 红	1.0g 溶于 60mL 乙醇中，用水稀释至 100mL
邻甲酚酞	无色 8.2～10.4 红	0.10g 溶于 250mL 乙醇
1-萘酚苯	黄 8.5～9.8 绿	1.0g 溶于 100mL 乙醇
百里酚酞(麝香草酚酞)	无色 9.3～10.5 蓝	0.10g 溶于 100mL 乙醇

指 示 剂	变色范围(pH 值)	配 制 方 法
茜素黄 GG	黄 10.0~12.0 紫	0.10g 溶于 100mL 50%乙醇
泡依蓝 C₄B	蓝 11.0~13.0 红	0.20g 溶于 100mL 水
橘黄 I	黄 11.0~13.0 橙	0.10g 溶于 100mL 水
硝胺	黄 11.0~13.0 橙棕	0.10g 溶于 100mL 70%乙醇
1,3,5-三硝基苯	无色 11.5~14.0 橙	0.10g 溶于 100mL 乙醇
靛蓝二磺酸钠(靛红)	蓝 11.6~14.0 黄	0.25g 溶于 100mL50%乙醇

表 4-12　常用双组分酸碱指示剂溶液及其配制方法

组 分 名 称	体积比	变色点 pH 值	不同 pH 值颜色变化	保 存
0.1%甲基橙水溶液 0.25%酸性靛蓝水溶液	1+1	4.1	3.1~4.1~4.4 紫　灰　绿	棕色瓶
0.1%溴甲酚绿钠水溶液 0.02%甲基橙水溶液	1+1	4.3	3.1~3.5~4.0~4.3 橙　黄　绿　浅绿	
0.1%溴甲酚绿乙醇溶液 0.2%甲基红乙醇溶液	3+1	5.1	酒红~绿 变色显著	
0.2%甲基红乙醇溶液 0.1%亚甲蓝乙醇溶液	1+1	5.4	5.2~5.4~5.6 红紫　灰蓝　绿	棕色瓶
0.1%溴甲酚绿钠水溶液 0.1%氯酚红钠水溶液	1+1	6.1	5.4~5.8~6.0~6.2 蓝绿　蓝　紫蓝　蓝紫	
0.1%溴甲酚紫钠水溶液 0.1%溴百里酚蓝钠水溶液	1+1	6.7	6.2~6.6~6.8 黄紫　紫　蓝紫	
0.1%中性红乙醇溶液 0.1%亚甲蓝乙醇溶液	1+1	7.0	6.8~7.0~7.2 紫　灰　灰绿	棕色瓶
0.1%中性红乙醇溶液 0.1%溴百里酚蓝乙醇溶液	1+1	7.2	7.0~7.2~7.4 玫瑰　浅红　灰绿	
0.1%溴百里酚蓝钠水溶液 0.1%酚红钠水溶液	1+1	7.6	7.2~7.4~7.6 灰绿　浅绿　深紫	
0.1%1-萘酚酞乙醇溶液 0.1%甲酚红乙醇溶液	2+1	8.3	8.2~8.4 淡紫　深紫	
0.1%1-萘酚酞乙醇溶液 0.1%酚酞乙醇溶液	1+3	8.9	8.6~9.0 浅绿　紫	
0.1%酚酞乙醇溶液 0.1%百里酚酞乙醇溶液	1+1	9.9	9.4~9.6~10.0 浅红　玫瑰　紫	

表 4-13　常用多组分酸碱指示剂溶液及其配制方法

指示液配制方法	pH 值与颜色变化							
溴百里酚蓝、甲基红、1-萘酚酞、百里酚酞及酚酞各 0.1g 溶于 500mL 乙醇	4	5	6	7	8	9	10	11
	红	橙	黄	绿黄	绿	蓝绿	蓝紫	红紫
0.1g 酚酞、0.3g 甲基黄、0.2g 甲基红、0.4g 溴百里酚蓝、0.5g 百里酚酞溶于 500mL 乙醇中	2		4		6		8	10
	红		橙		黄		绿	蓝
0.04g 甲基橙、0.02g 甲基红、0.12g 1-萘酚酞溶于 100mL 70%乙醇中	1		4	5		7	9	>9
	亮玫瑰		淡玫瑰	橙		黄绿	灰绿	紫
溴甲酚绿、溴甲酚紫、甲酚红各 0.25g 放玛瑙研钵中,加 15mL 0.1mol/L 氢氧化钠及 5mL 水研磨,最后稀释至 1L	4.0	4.5	5.0	5.5	6.0	6.5	70	8.0
	黄	绿黄	黄绿	草绿	灰绿	灰蓝	蓝紫	紫

2. 氧化还原指示剂溶液的配制

指示氧化还原滴定终点的指示剂称氧化还原指示剂。在滴定过程中,氧化还原指示剂在一定电位下,将发生氧化还原反应,它的氧化态和还原态具有不同的颜色。当指示剂被氧化或还原时,也会由一种颜色变成另一种颜色。常用氧化还原指示剂溶液及其配制方法见表4-14。表中 E^0 为指示剂颜色改变明显可见时的标准电势。

表 4-14　常用氧化还原指示剂溶液及其配制方法

名　称	E^0/V	颜色变化		配制方法	主要用途
		氧化态	还原态		
亚甲基蓝	0.53	蓝色	无色	0.1%水溶液	
二苯胺	0.76	紫色	无色	0.1% H_2SO_4 溶液可长期保存	重铬酸钾法 高锰酸钾法
二苯胺-磺酸钠	0.85	红紫色	无色	0.2%水溶液	重铬酸钾法
苯代邻氨基苯甲酸	0.89	紫红色	无色	0.2g指示剂溶于 100mL 0.2% Na_2CO_3 溶液,加热	重铬酸钾滴定铁
对硝基二苯胺	0.99	紫色	无色	c_B 为 0.05mol/L H_2SO_4 溶液,使用时用浓 H_2SO_4 稀释至 c_B 为 0.005mol/L,用量3～5滴	
邻二氮菲亚铁络合物	1.06	浅蓝色	红色	c_B 为 0.025mol/L 水溶液	高锰酸钾法 硫酸铈法
硝基邻二氮菲亚铁络合物	1.25	浅蓝色	紫红色	c_B 为 0.025mol/L 水溶液	
淀粉溶液		遇碘变蓝		参见表 4-10	碘量法

3. 金属离子指示剂溶液的配制

络合滴定时用金属离子指示剂。金属离子指示剂能与金属离子形成有色络合物,其颜色与指示剂本身的颜色不同。此有色络合物的稳定性比该金属离子与滴定剂生成的络合物差。在滴定开始时,由于溶液中有大量金属离子,它们与加入的指示剂作用,生成有色络合物。随着滴定剂的加入,金属离子逐步被滴定剂络合。当达到终点时,已与指示剂络合的金属离子全部被滴定剂夺去,放出指示剂,从而引起颜色的改变,达到指示反应终点的目的。常用金属离子指示剂溶液及其配制方法见表4-15。

表 4-15　常用金属离子指示剂溶液及其配制方法

指示剂名称及化学式	配　制　方　法	EDTA 直接滴定的主要条件和终点颜色变化
红紫酸铵(骨螺紫)(Murexide)P-PAN $C_8H_8N_6O_6$	指示剂与氯化钠以(1+100)混合并研细混匀	Ca^{2+},pH=12,氢氧化钠 红～紫
2-(2-吡啶偶氮)-1-萘酚 $C_{15}H_{11}N_2O$	0.1g指示剂溶于 100mL 纯水中	Ca^{2+},pH=4.5,乙酸缓冲液 红～黄
钙指示剂(钙红) 2-羟基-1-(2-羟基-4-磺基-1-萘偶氮)-3-萘甲酸 $C_{21}H_{14}N_2O_7S$	指示剂与氯化钠或硝酸钾中性盐(1+100)混合并研细	Ca^{2+},pH=12～12.5 红～蓝
锌试剂 2-羧基-2′-羟基-5′-磺基偕苯偶氮苯 $C_{20}H_{16}N_4O_6S$	0.1g指示剂溶于 2mL1mol/L 氢氧化钠中,加纯水至 100mL;或与氯化钠(1+50)混合并研细	Zn^{2+},pH=8.5～9.5,氨缓冲液 蓝～红
铬黑 T(EBT)(羊毛铬黑 T) 1-(1-羟基-2-萘偶氮)-6-硝基-4-磺基-2-萘酚(钠盐) $C_{20}H_{12}N_3O_7S$	0.5g指示剂,4.5g 盐酸羟胺,用无水乙醇溶解并加至 100mL;或与氯化钠(1+100)混合并研细	Zn^{2+},pH=6.8～10,氨缓冲液,红～蓝 Ca^{2+},Mg^{2+},pH=10,氨缓冲液,红～蓝 Ca^{2+},pH=6.8～11.5,氨缓冲液,红～蓝
二甲酚橙 3,3′-双(N,N-二羧基甲基)-邻甲酚磺酞 $C_{31}H_{32}N_2O_{13}S$	0.5g指示剂溶在 100mL 纯水中;或与硝酸钾(1+100)混合并研细	pH=10.5,氨缓冲液,Ca^{2+},蓝紫～灰 Mn^{2+},紫～淡灰 Mg^{2+},红～淡灰

4. 吸附指示剂溶液的配制

通常是用有机染料作吸附指示剂,它多用于沉淀滴定法,是利用产生的沉淀在滴定终点前后对指示剂的吸附作用不同，从而使指示剂呈现出不同的颜色。常用吸附指示剂溶液及其配制方法见表 4-16。

表 4-16　常用吸附指示剂溶液及其配制方法

名　称	终点颜色变化	pH 值范围	被测定离子 （$AgNO_3$ 为滴定剂）	配　制　方　法
荧光黄	黄绿→粉红	7～10	Cl^-	0.2%乙醇溶液
溴酚蓝	黄绿→蓝	5～6	Cl^-、I^-	0.1%水溶液
二氯荧光黄	黄绿→红	4～10	Cl^-、Br^-、I^-、SCN^-	0.1%70%乙醇溶液
曙红	橙→深红	2～10	Br^-、I^-、SCN^-	0.1%70%乙醇溶液

八、缓冲溶液的配制

能够抵御少量强酸或强碱的影响，而保持溶液 pH 值基本不变的溶液称为缓冲溶液。它通常由浓度较大的弱酸及其盐（包括酸式盐）、弱碱及其盐组成。若溶液的 pH 值是一定的（与温度有关），则称为 pH 标准溶液，用以校准 pH 测量仪。

1. 普通缓冲溶液的配制

普通缓冲溶液的配制见表 4-17。

表 4-17　普通缓冲溶液的配制

pH 值	配　制　方　法
0	c_B 为 1mol/L 的 HCl 溶液
1.0	c_B 为 0.1mol/L 的 HCl 溶液
2.0	c_B 为 0.01mol/L 的 HCl 溶液
3.6	8g $NaCH_3COO \cdot 3H_2O$ 溶于适量水中，加入 c_B 为 6mol/L 的 CH_3COOH 134mL，再用水稀释至 500mL
4.0	20g $NaCH_3COO \cdot 3H_2O$ 溶于适量水中，加入 c_B 为 6mol/L 的 CH_3COOH 134mL，再用水稀释至 500mL
4.5	32g $NaCH_3COO \cdot 3H_2O$ 溶于适量水中，加入 c_B 为 6mol/L 的 CH_3COOH 68mL，再用水稀释至 500mL
5.0	50g $NaCH_3COO \cdot 3H_2O$ 溶于适量水中，加入 c_B 为 6mol/L 的 CH_3COOH 34mL，再用水稀释至 500mL
5.7	100g $NaCH_3COO \cdot 3H_2O$ 溶于适量水中，加入 c_B 为 6mol/L 的 CH_3COOH 13mL，再用水稀释至 500mL
7.0	77g NH_4CH_3COO 用水溶解后，稀释至 500mL
7.5	60g NH_4Cl 溶于适量水中，加 c_B 为 15mol/L 的 $NH_3 \cdot H_2O$ 1.4mL，用水稀释至 500mL
8.0	50g NH_4Cl 溶于适量水中，加 c_B 为 15mol/L 的 $NH_3 \cdot H_2O$ 3.5mL，用水稀释至 500mL
8.5	40g NH_4Cl 溶于适量水中，加 c_B 为 15mol/L 的 $NH_3 \cdot H_2O$ 8.8mL，用水稀释至 500mL
9.0	35g NH_4Cl 溶于适量水中，加 c_B 为 15mol/L 的 $NH_3 \cdot H_2O$ 24mL，用水稀释至 500mL
9.5	30g NH_4Cl 溶于适量水中，加 c_B 为 15mol/L 的 $NH_3 \cdot H_2O$ 65mL，用水稀释至 500mL
10.0	27g NH_4Cl 溶于适量水中，加 c_B 为 15mol/L 的 $NH_3 \cdot H_2O$ 197mL，用水稀释至 500mL
10.5	9g NH_4Cl 溶于适量水中，加 c_B 为 15mol/L 的 $NH_3 \cdot H_2O$ 175mL，用水稀释至 500mL
11.0	3g NH_4Cl 溶于适量水中，加 c_B 为 15mol/L 的 $NH_3 \cdot H_2O$ 207mL，用水稀释至 500mL
12.0	c_B 为 0.01mol/L 的 NaOH 溶液
13.0	c_B 为 0.1mol/L 的 NaOH 溶液

2. 伯瑞坦-罗比森缓冲溶液的配制

伯瑞坦-罗比森（Britton-Robinson）缓冲溶液的配制见表 4-18。

表 4-18　伯瑞坦-罗比森缓冲溶液的配制

pH 值	NaOH/mL	pH 值	NaOH/mL	pH 值	NaOH/mL	pH 值	NaOH/mL
1.81	0.0	4.10	25.0	6.80	50.0	9.62	75.0
1.89	2.5	4.35	27.5	7.00	52.5	9.91	77.5
1.98	5.0	4.56	30.0	7.24	55.0	10.38	80.0
2.09	7.5	4.78	32.5	7.54	57.5	10.88	82.5
2.21	10.0	5.02	35.0	7.96	60.0	11.20	85.0
2.36	12.5	5.33	37.5	8.36	62.5	11.40	87.5
2.56	15.0	5.72	40.0	8.69	65.0	11.58	90.0
2.87	17.5	6.09	42.5	8.95	67.5	11.70	92.5
3.29	20.0	6.37	45.0	9.15	70.0	11.82	95.0
3.78	22.5	6.59	47.5	9.37	72.5	11.92	97.5

注：在 100mL 三酸混合液（磷酸、乙酸、硼酸，浓度均为 0.04mol/L）中，加入表中指定体积的 0.2mol/L 氢氧化钠，即得表中相应 pH 值的缓冲溶液。

3. 克拉克-鲁布斯缓冲溶液的配制

克拉克-鲁布斯（Clark-Lubs）缓冲溶液的配制见表 4-19。

将表 4-19 所列两种贮备液的体积数混合，稀释至 200mL，即得相应 pH 值的缓冲溶液（20℃）。

4. 乙酸-乙酸钠缓冲溶液的配制

乙酸-乙酸钠缓冲溶液的配制见表 4-20。

将表 4-20 所列 0.2mol/L 乙酸和 0.2mol/L 乙酸钠溶液混合，即得相应的 pH 值。

5. 氨-氯化铵缓冲溶液的配制

氨-氯化铵缓冲溶液的配制见表 4-21。

将表 4-21 0.2mol/L 氨和 0.2mol/L 氯化铵溶液按所列体积混合，即得相应的 pH 值。

表 4-19　克拉克-鲁布斯缓冲溶液的配制

pH 值	KCl /mL	HCl /mL	$KHC_6H_4O_4$ /mL	NaOH /mL	KH_2PO_4 /mL	H_3BO_3 /mL	pH 值	KCl /mL	HCl /mL	$KHC_6H_4O_4$ /mL	NaOH /mL	KH_2PO_4 /mL	H_3BO_3 /mL
1.0	25.00	48.50	—	—	—	—	5.2	—	—	50.00	29.75	—	—
1.2	24.90	75.10	—	—	—	—	5.4	—	—	50.00	35.25	—	—
1.4	52.60	47.40	—	—	—	—	5.6	—	—	50.00	39.70	—	—
1.6	70.06	29.90	—	—	—	—	6.2	—	—	—	8.55	50.00	—
1.8	81.14	18.86	—	—	—	—	6.4	—	—	—	12.60	50.00	—
2.0	88.10	11.90	—	—	—	—	6.6	—	—	—	17.74	50.00	—
2.2	92.48	7.52	—	—	—	—	6.8	—	—	—	23.60	50.00	—
2.4	—	39.60	50.00	—	—	—	7.0	—	—	—	29.54	50.00	—
2.6	—	33.00	50.00	—	—	—	7.2	—	—	—	34.90	50.00	—
2.8	—	26.50	50.00	—	—	—	7.4	—	—	—	39.34	50.00	—
3.0	—	20.40	50.00	—	—	—	7.6	—	—	—	42.74	50.00	—
3.2	—	14.80	50.00	—	—	—	8.2	—	—	—	5.90	—	50.00
3.4	—	9.95	50.00	—	—	—	8.4	—	—	—	8.55	—	50.00
3.6	—	6.00	50.00	—	—	—	8.6	—	—	—	12.00	—	50.00
3.8	—	2.65	50.00	—	—	—	8.8	—	—	—	16.40	—	50.00
4.0	—	—	50.00	0.40	—	—	9.0	—	—	—	21.40	—	50.00
4.2	—	—	50.00	3.65	—	—	9.2	—	—	—	26.70	—	50.00
4.4	—	—	50.00	7.35	—	—	9.4	—	—	—	32.00	—	50.00
4.6	—	—	50.00	12.00	—	—	9.6	—	—	—	36.85	—	50.00
4.8	—	—	50.00	17.50	—	—	9.8	—	—	—	40.80	—	50.00
5.0	—	—	50.00	23.65	—	—	10.0	—	—	—	43.90	—	50.00

注：0.2mol/L KCl 贮备液（含 14.912g KCl/L）；0.2mol/L 邻苯二甲酸氢钾贮备液（含 40.836g $KHC_6H_4O_4$/L）；0.2mol/L 磷酸二氢钾贮备液（含 27.232g KH_2PO_4/L）；0.2mol/L 硼酸贮备液（含 12.405g H_3BO_3 + 14.912g KCl/L）；0.2mol/L 氢氧化钠（应除去 CO_2）贮备液；0.2mol/L 盐酸贮备液。

表 4-20　乙酸-乙酸钠缓冲溶液的配制

pH 值	NaAc/mL	HAc/mL	pH 值	NaAc/mL	HAc/mL	pH 值	NaAc/mL	HAc/mL
3.6	1.5	18.5	4.4	7.4	12.6	5.2	15.8	4.2
3.8	2.4	17.6	4.6	9.8	10.2	5.4	17.1	2.9
4.0	3.6	16.4	4.8	12.0	8.0	5.6	18.1	1.9
4.2	5.3	14.7	5.0	14.1	5.9			

表 4-21　氨-氯化铵缓冲溶液的配制

pH 值	NH_3/mL	NH_4Cl/mL	pH 值	NH_3/mL	NH_4Cl/mL	pH 值	NH_3/mL	NH_4Cl/mL
8.0	1.1	18.9	8.8	5.2	14.8	9.6	13.8	6.2
8.2	1.7	18.3	9.0	79	12.8	9.8	15.6	4.4
8.4	2.5	17.5	9.25	10.0	10.0	10.0	17.0	3.0
8.6	3.7	16.3	9.4	11.7	8.3			

第四节　滴定（容量）分析中标准溶液的配制与标定

标准溶液是一种已知准确浓度的溶液。配制标准溶液通常有直接法和标定法两种。直接法是准确称取一定量的基准试剂，溶解后配成准确体积的溶液。由基准试剂的质量和配成的溶液的准确体积，可直接求出该溶液的准确浓度。标定法是首先配制一种近似的所需浓度的溶液，然后用基准试剂或已知准确浓度的另一种标准溶液来标定它的准确浓度。

在配制标准溶液时，所用水在没有注明其他要求时均使用三级水；所用试剂的纯度应在分析纯以上；工作中所用分析天平的砝码、滴定管、容量瓶及移液管均需定期校正；所制备的标准溶液的浓度均指20℃时的浓度；在"标定"或"比较"标准溶液浓度时，平行试验不得少于8次，2人各做四个平行，每人4个平行测定结果的极差与平均值之比不得大于0.1%，两人测定结果平均值之差不得大于0.1%，结果取平均值，浓度值取4位有效数字；规定需用"标定"和"比较"两种方法测定浓度时，不得略去其中任何一种，且两种方法测得的浓度值之差不得大于0.2%，以标定结果为准，配制浓度等于或低于0.02mol/L标准溶液，应于临用前将浓度高的标准溶液用煮沸并冷却的水稀释，必要时重新标定；滴定（容量）分析标准溶液在常温（15～25℃）下，保存时间一般不得超过2个月。

滴定（容量）分析用标准溶液的制备（GB/T 601—2002）。

1. 氢氧化钠标准溶液

$$c(NaOH) = 1mol/L$$
$$c(NaOH) = 0.5mol/L$$
$$c(NaOH) = 0.1mol/L$$

（1）配制　称取100g氢氧化钠，溶于100mL水中，摇匀，注入聚乙烯容器中，密闭放置至溶液清亮。用塑料管虹吸下述规定体积的上层清液，注入1000mL无二氧化碳的水中，摇匀。

$c(NaOH)/(mol/L)$	氢氧化钠饱和溶液/mL
1	52
0.5	26
0.1	5

（2）标定　称取下述规定的量于105～110℃烘至恒重的基准邻苯二甲酸氢钾，称准至0.0001g，溶于下述规定体积的无二氧化碳的水中，加2滴酚酞指示剂（10g/L），用配制好的氢氧化钠溶液滴定至溶液呈粉红色，同时做空白试验。

$c(NaOH)/(mol/L)$	基准试剂邻苯二甲酸氢钾/g	无二氧化碳的水/mL
1	6	80
0.5	3	80
0.1	0.6	50

（3）计算　氢氧化钠标准溶液浓度按下式计算。

$$c(NaOH) = \frac{m}{(V_1 - V_0) \times 0.2042}$$

式中　$c(NaOH)$——氢氧化钠标准溶液的物质的量浓度，mol/L；

　　　　m——邻苯二甲酸氢钾的质量，g；

　　　　V_1——氢氧化钠溶液的用量，mL；

　　　　V_0——空白试验氢氧化钠溶液的用量，mL；

　　　　0.2042——与1.00mL氢氧化钠标准溶液 [$c(NaOH) = 1.000mL/L$] 相当的以"g"表示的邻苯二甲酸氢钾的质量。

（4）比较方法　量取30.00～35.00mL下述规定浓度的盐酸标准溶液，加50mL无二氧化碳的水及2滴酚酞指示液（10g/L），用配制好的氢氧化钠溶液滴定，近终点时加热至80℃，继续滴定于溶液呈粉红色。

$c(NaOH)/(mol/L)$	$c(HCl)/(mol/L)$
1	1
0.5	0.5
0.1	0.1

(5) 计算 氢氧化钠标准溶液浓度按下式计算：

$$c(NaOH) = \frac{V_1 c_1}{V}$$

式中 $c(NaOH)$——氢氧化钠标准溶液的物质的量浓度，mol/L；

V_1——盐酸标准溶液的用量，mL；

c_1——盐酸标准溶液的物质的量浓度，mol/L；

V——氢氧化钠溶液的用量，mL。

2. 盐酸标准溶液

$$c(HCl) = 1mol/L$$
$$c(HCl) = 0.5mol/L$$
$$c(HCl) = 0.1mol/L$$

(1) 配制 量取下述规定体积的盐酸，注入 1000mL 水中，摇匀。

$c(HCl)/(mol/L)$	盐酸/mL
1	90
0.5	45
0.1	9

(2) 标定方法 称取下述规定量的于 270～300℃ 灼烧至恒重的基准无水碳酸钠，称准至 0.0001g。溶于 50mL 水中，加 10 滴溴甲酚绿-甲基红混合指示液，用配制好的盐酸溶液滴定至溶液由绿色变为暗红色，煮沸 2min，冷却后继续滴定至溶液再呈暗红色。同时做空白试验。

$c(HCl)/(mol/L)$	基准无水碳酸钠/g
1	1.6
0.5	0.8
0.1	0.2

(3) 计算 盐酸标准溶液浓度按下式计算：

$$c(HCl) = \frac{m}{(V_1 - V_2) \times 0.05299}$$

式中 $c(HCl)$——盐酸标准溶液的物质的量浓度，mol/L；

m——无水碳酸钠的质量，g；

V_1——盐酸溶液的用量，mL；

V_2——空白试验盐酸溶液的用量，mL；

0.05299——与 1.00mL 盐酸标准溶液 $[c(HCl)=1.000mol/L]$ 相当的以"g"表示的无水碳酸钠的质量。

(4) 比较方法 量取 30.00～35.00mL 下述规定浓度的氢氧化钠标准溶液，加 50mL 无二氧化碳的水及 2 滴酚酞指示液 (10g/L)，用配制好的盐酸溶液滴定，近终点时加热至 80℃，继续滴定至溶液呈粉红色。

$c(HCl)/(mol/L)$	$c(NaOH)/(mol/L)$
1	1
0.5	0.5
0.1	0.1

(5) 计算 盐酸标准溶液浓度按下式计算：

$$c(HCl) = \frac{V_1 c_1}{V}$$

式中 $c(\mathrm{HCl})$——盐酸标准溶液的物质的量浓度，mol/L；

V_1——氢氧化钠标准溶液的用量，mL；

c_1——氢氧化钠标准溶液的物质的量浓度，mol/L；

V——盐酸溶液的用量，mL。

3. 硫酸标准溶液

$$c\left(\frac{1}{2}\mathrm{H_2SO_4}\right)=1\mathrm{mol/L}$$

$$c\left(\frac{1}{2}\mathrm{H_2SO_4}\right)=0.5\mathrm{mol/L}$$

$$c\left(\frac{1}{2}\mathrm{H_2SO_4}\right)=0.1\mathrm{mol/L}$$

(1) 配制 量取下述规定体积的硫酸，缓缓注入 1000mL 水中，冷却，摇匀。

$c\left(\frac{1}{2}\mathrm{H_2SO_4}\right)/(\mathrm{mol/L})$	硫酸/mL
1	30
0.5	15
0.1	3

(2) 标定方法 称取下述规定量的于 270～300℃ 灼烧至恒重的基准无水碳酸钠，称准至 0.0001g。溶于 50mL 水中，加 10 滴溴甲酚绿-甲基红混合指示液，用配制好的硫酸溶液滴定至溶液由绿色变为暗红色，煮沸 2min，冷却后继续滴定至溶液再呈暗红色。同时做空白试验。

$c\left(\frac{1}{2}\mathrm{H_2SO_4}\right)/(\mathrm{mol/L})$	基准无水碳酸钠/g
1	1.0
0.5	0.8
0.1	0.2

(3) 计算 硫酸标准溶液浓度按下式计算：

$$c\left(\frac{1}{2}\mathrm{H_2SO_4}\right)=\frac{m}{(V_1-V_2)\times0.05299}$$

式中 $c\left(\frac{1}{2}\mathrm{H_2SO_4}\right)$——硫酸标准溶液的物质的量浓度，mol/L；

m——无水碳酸钠的质量，g；

V_1——硫酸溶液的用量，mL；

V_2——空白试验硫酸溶液的用量，mL；

0.05299——与 1.00mL 硫酸标准溶液 $\left[c\left(\frac{1}{2}\mathrm{H_2SO_4}\right)=1.000\mathrm{mol/L}\right]$ 相当的以"g"表示的无水碳酸钠的质量。

(4) 比较方法 量取 30.00～35.00mL 下述规定浓度的氢氧化钠标准溶液，加 50mL 无二氧化碳的水及 2 滴酚酞指示液（10g/L），用配制好的硫酸溶液滴定，近终点时加热至 80℃，继续滴定至溶液呈粉红色。

$c\left(\frac{1}{2}\mathrm{H_2SO_4}\right)/(\mathrm{mol/L})$	$c(\mathrm{NaOH})/(\mathrm{mol/L})$
1	1
0.5	0.5
0.1	0.1

(5) 计算 硫酸标准溶液浓度按下式计算：

$$c\left(\frac{1}{2}\mathrm{H_2SO_4}\right)=\frac{V_1c_1}{V}$$

式中 $c\left(\frac{1}{2}H_2SO_4\right)$ ——硫酸标准溶液的物质的量浓度，mol/L；

  V_1——氢氧化钠标准溶液的用量，mL；

  c_1——氢氧化钠标准溶液的物质的量浓度，mol/L；

  V——硫酸溶液之用量，mL。

4. 碳酸钠标准溶液

$$c\left(\frac{1}{2}Na_2CO_3\right)=1mol/L$$

$$c\left(\frac{1}{2}Na_2CO_3\right)=0.1mol/L$$

（1）配制 称取下述规定量的无水碳酸钠，溶于1000mL水中，摇匀。

$c\left(\frac{1}{2}Na_2CO_3\right)/(mol/L)$	无水碳酸钠/g
1	53
0.1	5.3

（2）标定方法 量取30.00～35.00mL下述配制好的碳酸钠溶液，加下述规定量的水，加10滴溴甲酚绿-甲基红混合指示液，用下述规定浓度的盐酸标准溶液滴定至溶液由绿色变为暗红色，煮沸2min，冷却后继续滴定至溶液再呈暗红色。

$c\left(\frac{1}{2}Na_2CO_3\right)/(mol/L)$	H_2O/mL	$c(HCl)/(mol/L)$
1	50	1
0.1	20	0.1

（3）计算 碳酸钠标准溶液浓度按下式计算：

$$c\left(\frac{1}{2}Na_2CO_3\right)=\frac{V_1c_1}{V}$$

式中 $c\left(\frac{1}{2}Na_2CO_3\right)$ ——碳酸钠标准溶液的物质的量浓度，mol/L；

  V_1——盐酸标准溶液的用量，mL；

  c_1——盐酸标准溶液的物质的量浓度，mol/L；

  V——碳酸钠溶液的用量，mL。

5. 重铬酸钾标准溶液

$$c\left(\frac{1}{6}K_2Cr_2O_7\right)=0.1mol/L$$

（1）配制 称取5g重铬酸钾，溶于1000mL水中，摇匀。

（2）标定方法 量取30.00～35.00mL配制好的重铬酸钾溶液 $c\left(\frac{1}{6}K_2Cr_2O_7\right)=0.1$ mol/L，置于碘量瓶中，加2g碘化钾及20mL 20%硫酸溶液，摇匀，于暗处放置10min。加150mL水，用硫代硫酸钠标准溶液 $[c(Na_2S_2O_3)=0.1mol/L]$ 滴定，近终点时加3mL淀粉指示液（5g/L），继续滴定至溶液由蓝色变为亮绿色。同时做空白试验。

（3）计算 重铬酸钾标准溶液浓度按下式计算：

$$c\left(\frac{1}{6}K_2Cr_2O_7\right)=\frac{(V_1-V_2)c_1}{V}$$

式中 $c\left(\frac{1}{6}K_2Cr_2O_7\right)$ ——重铬酸钾标准溶液的物质的量浓度，mol/L；

  V_1——硫代硫酸钠标准溶液的用量，mL；

  V_2——空白试验硫代硫酸钠标准溶液的用量，mL；

  c_1——硫代硫酸钠标准溶液的物质的量浓度，mol/L；

  V——重铬酸钾溶液的用量，mL。

6. 硫代硫酸钠标准溶液

$$c(\text{Na}_2\text{S}_2\text{O}_3)=0.1\text{mol/L}$$

(1) 配制　称取 26g 硫代硫酸钠（$\text{Na}_2\text{S}_2\text{O}_3 \cdot 5\text{H}_2\text{O}$）或 16g 无水硫代硫酸钠，溶于 1000mL 水中，缓缓煮沸 10min，冷却。放置两周后过滤备用。

(2) 标定方法　称取 0.15g 于 120℃烘至恒重的基准重铬酸钾，称准至 0.0001g。置于碘量瓶中，溶于 25mL 水，加 2g 碘化钾及 20mL 20%硫酸溶液，摇匀，于暗处放置 10min。加 150mL 水，用配制好的硫代硫酸钠溶液 [$c(\text{Na}_2\text{S}_2\text{O}_3)=0.1\text{mol/L}$] 滴定。近终点时加 3mL 淀粉指示液（5g/L），继续滴定至溶液由蓝色变为亮绿色。同时做空白试验。

(3) 计算　硫代硫酸钠标准溶液浓度按下式计算：

$$c(\text{Na}_2\text{S}_2\text{O}_3)=\frac{m}{(V_1-V_2)\times 0.04903}$$

式中　$c(\text{Na}_2\text{S}_2\text{O}_3)$——硫代硫酸钠标准溶液的物质的量浓度，mol/L；

　　　　m——重铬酸钾的质量，g；

　　　　V_1——硫代硫酸钠溶液的用量，mL；

　　　　V_2——空白试验硫代硫酸钠溶液的用量，mL；

　　　0.04903——与 1.00mL 硫代硫酸钠标准溶液 [$c(\text{Na}_2\text{S}_2\text{O}_3)=1.000\text{mol/L}$] 相当的以"g"表示的重铬酸钾的质量。

(4) 比较方法　准确量取 30.00~35.00mL 碘标准溶液 [$c\left(\dfrac{1}{2}\text{I}_2\right)=0.1\text{mol/L}$]，置于碘量瓶中，加 150mL 水，用配制好的硫代硫酸钠溶液 [$c(\text{Na}_2\text{S}_2\text{O}_3)=0.1\text{mol/L}$] 滴定，近终点时加 3mL 淀粉指示液（5g/L），继续滴定至溶液蓝色消失。

同时做水所消耗碘的空白试验：取 250mL 水，加 0.05mL 碘标准溶液 [$c\left(\dfrac{1}{2}\text{I}_2\right)=0.1\text{mol/L}$] 及 3mL 淀粉指示剂液（5g/L），用配好的硫代硫酸钠溶液 [$c(\text{Na}_2\text{S}_2\text{O}_3)=0.1\text{mol/L}$] 滴定至溶液蓝色消失。

(5) 计算　硫代硫酸钠标准溶液浓度按下式计算：

$$c(\text{Na}_2\text{S}_2\text{O}_3)=\frac{(V_1-0.05)c_1}{V-V_2}$$

式中　$c(\text{Na}_2\text{S}_2\text{O}_3)$——硫代硫酸钠标准溶液的物质的量浓度，mol/L；

　　　　V_1——碘标准溶液的用量，mL；

　　　　c_1——碘标准溶液的物质的量浓度，mol/L；

　　　　V——硫代硫酸钠溶液的用量，mL；

　　　　V_2——空白试验硫代硫酸钠溶液的用量，mL；

　　　　0.05——空白试验中加入碘标准溶液的用量，mL。

7. 溴标准溶液

$$c\left(\frac{1}{6}\text{KBrO}_3\right)=0.1\text{mol/L}$$

(1) 配制　称取 3g 溴酸钾及 25g 溴化钾，溶于 1000mL 水中，摇匀。

(2) 标定方法　量取 30.00~35.00mL 配制好的溴溶液 [$c\left(\dfrac{1}{6}\text{KBrO}_3\right)=0.1\text{mol/L}$]，置于碘量瓶中，加 2g 碘化钾及 5mL 20%盐酸溶液，摇匀。于暗处放置 5min。加 150mL 水，用硫代硫酸钠标准溶液 [$c(\text{Na}_2\text{S}_2\text{O}_3)=0.1\text{mol/L}$] 滴定，近终点时加 3mL 淀粉指示液（5g/L），继续滴定至溶液蓝色消失。同时做空白试验。

(3) 计算　溴标准溶液浓度按下式计算：

$$c\left(\frac{1}{6}\text{KBrO}_3\right)=\frac{(V_1-V_2)c_1}{V}$$

式中 $c\left(\dfrac{1}{6}KBrO_3\right)$——溴标准溶液的物质的量浓度，mol/L；

    V_1——硫代硫酸钠标准溶液的用量，mL；

    V_2——空白试验硫代硫酸钠标准溶液的用量，mL；

    c_1——硫代硫酸钠标准溶液的物质的量浓度，mol/L；

    V——溴溶液的用量，mL。

8. 溴酸钾标准溶液

$$c\left(\frac{1}{6}KBrO_3\right)=0.1mol/L$$

(1) 配制　称取 3g 溴酸钾，溶于 1000mL 水中，摇匀。

(2) 标定方法　量取 30.00～35.00mL 配制好的溴酸钾溶液 $\left[c\left(\dfrac{1}{6}KBrO_3\right)=0.1mol/L\right]$，置于碘量瓶中，加 2g 碘化钾及 5mL 20％盐酸溶液，摇匀，于暗处放置 5min。加 150mL 水，用硫代硫酸钠标准溶液 $\left[c(Na_2S_2O_3)=0.1mol/L\right]$ 滴定，近终点时加 3mL 5g/L 淀粉指示液，继续滴定至溶液蓝色消失。同时做空白试验。

(3) 计算　溴酸钾标准溶液浓度按下式计算：

$$c\left(\frac{1}{6}KBrO_3\right)=\frac{(V_1-V_2)c_1}{V}$$

式中　$c\left(\dfrac{1}{6}KBrO_3\right)$——溴酸钾标准溶液的物质的量浓度，mol/L；

    V_1——硫代硫酸钠标准溶液的用量，mL；

    V_2——空白试验硫代硫酸钠标准溶液的用量，mL；

    c_1——硫代硫酸钠标准溶液的物质的量浓度，mol/L；

    V——溴酸钾溶液的用量，mL。

9. 碘标准溶液

$$c\left(\frac{1}{2}I_2\right)=0.1mol/L$$

(1) 配制　称取 13g 碘及 25g 碘化钾，溶于 100mL 水中，稀释至 1000mL，摇匀，保存于棕色具塞瓶中。

(2) 标定方法　称取 0.15g 预先在硫酸干燥器中干燥至恒重的基准三氧化二砷，称准至 0.0001g。置于碘量瓶中，加 4mL 氢氧化钠溶液 $\left[c(NaOH)=1.0mol/L\right]$ 溶解，加 50mL 水，加 2 滴酚酞指示液（10g/L），用硫酸溶液 $\left[c\left(\dfrac{1}{2}H_2SO_4\right)=1mol/L\right]$ 中和，加 3g 碳酸氢钠及 3mL 5g/L 淀粉指示液，用配制好的碘溶液 $\left[c\left(\dfrac{1}{2}I_2\right)=0.1mol/L\right]$ 滴定至溶液呈浅蓝色。同时做空白试验。

(3) 计算　碘标准溶液浓度按下式计算：

$$c\left(\frac{1}{2}I_2\right)=\frac{m}{(V_1-V_2)\times0.04946}$$

式中　$c\left(\dfrac{1}{2}I_2\right)$——碘标准溶液的物质的量浓度，mol/L；

    m——三氧化二砷的质量，g；

    V_1——碘溶液的用量，mL；

    V_2——空白试验碘溶液的用量，mL；

    0.04946——与 1.00mL 碘标准溶液 $\left[c\left(\dfrac{1}{2}I_2\right)=1.000mol/L\right]$ 相当的，以"g"表示的三氧

化二砷的质量。

(4) 比较方法　准确量取 30.00～35.00mL 硫代硫酸钠标准溶液 $[c(Na_2S_2O_3)=0.1mol/L]$，置于碘量瓶中，加 150mL 水，用配制好的碘溶液 $[c(\frac{1}{2}I_2)=0.1mol/L]$ 滴定，近终点时加 3mL 淀粉指示液（5g/L），继续滴定至溶液浅蓝色。同时做空白试验。

(5) 计算　碘标准溶液浓度按下式计算：

$$c\left(\frac{1}{2}I_2\right)=\frac{(V_1-V_2)c_1}{V_0-0.05}$$

式中　$c\left(\frac{1}{2}I_2\right)$——碘标准溶液的物质的量浓度，mol/L；

　　　　V_1——硫代硫酸钠标准溶液的用量，mL；

　　　　V_2——空白试验硫代硫酸钠标准溶液的用量，mL；

　　　　c_1——硫代硫酸钠标准溶液的物质的量浓度，mol/L；

　　　　V_0——碘溶液的用量，mL；

　　　　0.05——空白试验中加入碘溶液的用量，mL。

10. 碘酸钾标准溶液

$$c\left(\frac{1}{6}KIO_3\right)=0.3mol/L$$

$$c\left(\frac{1}{6}KIO_3\right)=0.1mol/L$$

(1) 配制　称取下述规定量的碘酸钾，溶于 1000mL 水中，摇匀。

$c\left(\frac{1}{6}KIO_3\right)$/(mol/L)	碘酸钾/g
0.3	11
0.1	3.6

(2) 标定方法　按下述规定体积量取配制好的碘酸钾溶液，置于碘量瓶中，加规定体积的水及规定量的碘化钾，加 5mL 20%盐酸溶液，摇匀，于暗处放置 5min。加 150mL 水，用硫代硫酸钠标准溶液 $[c(Na_2S_2O_3)=0.1mol/L]$ 滴定，近终点时加 3mL 5g/L 淀粉指示液，继续滴定至溶液蓝色消失。同时做空白试验。

$c\left(\frac{1}{6}KIO_3\right)$/(mol/L)	碘酸钾溶液/mL	水/mL	碘化钾/g
0.3	11.00～13.00	20	3
0.1	30.00～35.00	0	2

(3) 计算　碘酸钾标准溶液浓度按下式计算：

$$c\left(\frac{1}{6}KIO_3\right)=\frac{(V_1-V_2)c_1}{V}$$

式中　$c\left(\frac{1}{6}KIO_3\right)$——碘酸钾标准溶液的物质的量浓度，mol/L；

　　　　V_1——硫代硫酸钠标准溶液的用量，mL；

　　　　V_2——空白试验硫代硫酸钠标准溶液的用量，mL；

　　　　c_1——硫代硫酸钠标准溶液的物质的量浓度，mol/L；

　　　　V——碘酸钾溶液的用量，mL。

11. 草酸标准溶液

$$c\left(\frac{1}{2}H_2C_2O_4\right)=0.1mol/L$$

(1) 配制　称取 6.4g 草酸（$H_2C_2O_4\cdot 2H_2O$），溶于 1000mL 水中，摇匀。

(2) 标定方法　量取 30.00～35.00mL 配制好的草酸溶液 $[c(H_2C_2O_4)=0.1mol/L]$，加

100mL（8+92）硫酸溶液，用高锰酸钾标准溶液 $[c(\frac{1}{5}KMnO_4)=0.1mol/L]$ 滴定，近终点时加热至65℃，继续滴定至溶液呈粉红色保持30s。同时做空白试验。

（3）计算　草酸标准溶液浓度按下式计算：

$$c\left(\frac{1}{2}H_2C_2O_4\right)=\frac{(V_1-V_2)c_1}{V}$$

式中　$c\left(\frac{1}{2}H_2C_2O_4\right)$——草酸标准溶液的物质的量浓度，mol/L；

$\quad\quad\quad V_1$——高锰酸钾标准溶液的用量，mL；

$\quad\quad\quad V_2$——空白试验高锰酸钾标准溶液的用量，mL；

$\quad\quad\quad c_1$——高锰酸钾标准溶液的物质的量浓度 mol/L；

$\quad\quad\quad V$——草酸溶液的用量，mL。

12. 高锰酸钾标准溶液

$$c\left(\frac{1}{5}KMnO_4\right)=0.1mol/L$$

（1）配制　称取3.3g高锰酸钾，溶于1050mL水中，缓缓煮沸15min，冷却后置于暗处保存两周。以4号玻璃滤埚过滤于干燥的棕色瓶中。

过滤高锰酸钾溶液所用的玻璃滤埚预先应以同样的高锰酸钾溶液缓缓煮沸5min。收集瓶也要用此高锰酸钾溶液洗涤2~3次。

（2）标定方法　称取0.2g于105~110℃烘至恒重的基准草酸钠，称准至0.0001g。溶于100mL（8+92）硫酸溶液中，用配制好的高锰酸钾溶液 $[c(\frac{1}{5}KMnO_4)=0.1mol/L]$ 滴定，近终点时加热至65℃，继续滴定至溶液呈粉红色保持30s，同时做空白试验。

（3）计算　高锰酸钾标准溶液浓度按下式计算：

$$c\left(\frac{1}{5}KMnO_4\right)=\frac{m}{(V_1-V_2)\times0.06700}$$

式中　$c\left(\frac{1}{5}KMnO_4\right)$——高锰酸钾标准溶液的物质的量浓度，mol/L；

$\quad\quad\quad m$——草酸钠的质量，g；

$\quad\quad\quad V_1$——高锰酸钾溶液的用量，mL；

$\quad\quad\quad V_2$——空白试验高锰酸钾溶液的用量，mL；

$\quad0.06700$——与1.00mL高锰酸钾标准溶液 $c(\frac{1}{5}KMnO_4)=1.000mol/L$ 相当的以"g"

$\quad\quad\quad\quad\quad$ 表示的草酸钠的质量。

（4）比较方法　量取30.00~35.00mL配制好的高锰酸钾溶液 $[c(\frac{1}{5}KMnO_4)=0.1mol/L]$，置于碘量瓶中，加2g碘化钾及20mL 20%硫酸溶液，摇匀，置于暗处放5min。加150mL水，用硫代硫酸钠标准溶液 $[c(Na_2S_2O_3)=0.1mol/L]$ 滴定，近终点时加3mL 5g/L淀粉指示液，继续滴定至溶液蓝色消失。同时做空白试验。

（5）计算　高锰酸钾标准溶液浓度按下式计算：

$$c\left(\frac{1}{5}KMnO_4\right)=\frac{(V_1-V_2)c_1}{V}$$

式中　$c\left(\frac{1}{5}KMnO_4\right)$——高锰酸钾标准溶液的物质的量浓度，mol/L；

$\quad\quad\quad V_1$——硫代硫酸钠标准溶液的用量，mL；

$\quad\quad\quad V_2$——空白试验硫代硫酸钠标准溶液的用量，mL；

$\quad\quad\quad c_1$——硫代硫酸钠标准溶液的物质的量浓度，mol/L；

V——高锰酸钾溶液的用量，mL。

13．硫酸亚铁铵标准溶液

$$c[(NH_4)_2Fe(SO_4)_2]=0.1mol/L$$

（1）配制　称取 40g 硫酸亚铁铵 $[(NH_4)_2Fe(SO_4)_2 \cdot 6H_2O]$ 溶于 300mL 20％硫酸溶液中，加 700mL 水，摇匀。

（2）标定方法　量取 30.00～35.00mL 配制好的硫酸亚铁铵溶液 $\{c[(NH_4)_2Fe(SO_4)_2]=0.1mol/L\}$，加 25mL 无氧的水，用高锰酸钾标准溶液 $[c(\frac{1}{5}KMnO_4)=0.1mol/L]$ 滴定至溶液呈粉红色，保持 30s。

（3）计算　硫酸亚铁铵标准溶液浓度按下式计算：

$$c[(NH_4)_2Fe(SO_4)_2]=\frac{V_1c_1}{V}$$

式中　$c[(NH_4)_2Fe(SO_4)_2]$——硫酸亚铁铵标准溶液的物质的量浓度，mol/L；

V_1——高锰酸钾标准溶液的用量，mL；

c_1——高锰酸钾标准溶液的物质的量浓度，mol/L；

V——硫酸亚铁铵溶液的用量，mL。

本标准溶液使用前标定。

14．硫酸铈（或硫酸铈铵）标准溶液

$$c[Ce(SO_4)_2]=0.1mol/L$$

（1）配制　称取 40g 硫酸铈 $[Ce(SO_4)_2 \cdot 4H_2O]$ ｛或 67g 硫酸铈铵 $[2(NH_4)_2SO_4 \cdot Ce(SO_4)_2 \cdot 4H_2O]\}$，加 30mL 水及 28mL 硫酸，再加 300mL 水，加热溶解，再加 650mL 水，摇匀。

（2）标定方法　称取 0.2g 于 105～110℃烘至恒重的基准草酸钠，称准至 0.0001g。溶于 75mL 水中，加 4mL 20％硫酸溶液及 10mL 盐酸，加热至 65～70℃，用配制好的硫酸铈（或硫酸铈铵）溶液 $\{c[Ce(SO_4)_2]=0.1mol/L\}$ 滴定至溶液呈浅黄色。加入 3 滴亚铁-邻菲罗啉指示液使溶液变为橘红色，继续滴定至溶液呈浅蓝色。同时做空白试验。

亚铁-邻菲罗啉指示液的配制：称取 0.7g 硫酸亚铁（$FeSO_4 \cdot 7H_2O$）置于小烧杯中，加 30mL 硫酸溶液 $[c(\frac{1}{2}H_2SO_4)=0.02mol/L]$ 溶解，再加入 1.5g 邻菲罗啉振摇溶解后，用硫酸溶液 $[c(\frac{1}{2}H_2SO_4)=0.02mol/L]$ 冲稀至 100mL。

（3）计算　硫酸铈（或硫酸铈铵）标准溶液浓度按下式计算：

$$c[Ce(SO_4)_2]=\frac{m}{(V_1-V_2)\times0.06700}$$

式中　$c[Ce(SO_4)_2]$——硫酸铈标准溶液的物质的量浓度，mol/L；

m——草酸钠质量，g；

V_1——硫酸铈溶液的用量，mL；

V_2——空白试验硫酸铈溶液的用量，mL；

0.06700——与 1.00mL 硫酸铈标准溶液 $\{c[Ce(SO_4)_2]=1.000mL/L\}$ 相当的以"g"表示的草酸钠的质量。

（4）比较方法　量取 30.00～35.00mL 配制好的硫酸铈（或硫酸铈铵）溶液 $\{c[Ce(SO_4)_2]=0.1mol/L\}$ 置于碘量瓶中，加 2g 碘化钾及 20mL 20％硫酸溶液，摇匀，于暗处放置 5min。加 150mL 水，用硫代硫酸钠标准溶液 $[c(Na_2S_2O_3)=0.1mol/L]$ 滴定，近终点时加 3mL 5g/L 淀粉指示液，继续滴定至溶液蓝色消失。同时做空白试验。

（5）计算　硫酸铈（或硫酸铈铵）标准溶液浓度按下式计算：

$$c[Ce(SO_4)_2]=\frac{(V_1-V_2)c_1}{V}$$

式中　$c[Ce(SO_4)_2]$——硫酸铈标准溶液的物质的量浓度，mol/L；

$\qquad V_1$——硫代硫酸钠标准溶液的用量，mL；

$\qquad V_2$——空白试验硫代硫酸钠标准溶液的用量，mL；

$\qquad c_1$——硫代硫酸钠标准溶液的物质的量浓度，mol/L；

$\qquad V$——硫酸铈溶液的用量，mL。

15. 乙二胺四乙酸二钠（EDTA）标准溶液

$$c(EDTA)=0.1mol/L$$
$$c(EDTA)=0.05mol/L$$
$$c(EDTA)=0.02mol/L$$

（1）配制　称取下述规定量的乙二胺四乙酸二钠，加热溶于1000mL水中，冷却，摇匀。

$c(EDTA)/(mol/L)$	乙二胺四乙酸二钠/g
0.1	40
0.05	20
0.02	8

（2）标定方法

① 乙二胺四乙酸二钠标准溶液 $[c(EDTA)=0.1mol/L]$　称取 0.25g 于 800℃灼烧至恒重的基准氧化锌，称准至 0.0001g。用少量水湿润，加 2mL 20%盐酸溶液使样品溶解，加 100mL 水，用 10%氨水溶液中和至 pH=7~8，加 10mL 氨-氯化铵缓冲溶液甲（pH≈10）及 5 滴 5g/L 铬黑 T 指示液，用配制好的乙二胺四乙酸二钠溶液 $[c(EDTA)=0.1mol/L]$ 滴定至溶液由紫色变为纯蓝色。同时做空白试验。

② 乙二胺四乙酸二钠标准溶液 $[c(EDTA)=0.05mol/L、c(EDTA)=0.02mol/L]$　称取下述规定量的于 800℃灼烧至恒重的基准氧化锌，称准至 0.0002g。用少量水湿润，加 20%盐酸溶液至样品溶解，移入 250mL 容量瓶中，稀释至刻度，摇匀。取 30.00~35.00mL，加 70mL 水，用氨水溶液（10%）中和至 pH=7~8，加 10mL 氨-氯化铵缓冲溶液甲（pH=10）及 5 滴 5g/L 铬黑 T 指示液，用配制好的乙二胺四乙酸二钠溶液滴定至溶液由紫色变为纯蓝色。同时做空白试验。

$c(EDTA)/(mol/L)$	基准氧化锌/g
0.05	1
0.02	0.4

（3）计算　乙二胺四乙酸二钠标准溶液浓度按下式计算：

$$c(EDTA)=\frac{m}{(V_1-V_2)\times 0.08138}$$

式中　$c(EDTA)$——乙二胺四乙酸二钠标准溶液的物质的量浓度，mol/L；

$\qquad m$——氧化锌的质量，g；

$\qquad V_1$——乙二胺四乙酸二钠溶液的用量，mL；

$\qquad V_2$——空白试验乙二胺四乙酸二钠溶液的用量，mL；

$\qquad 0.08138$——与 1.00mL 乙二胺四乙酸二钠标准溶液 $[c(EDTA)=1.000mol/L]$ 相当的以"g"表示的氧化锌的质量。

16. 氯化锌标准溶液

$$c(ZnCl_2)=0.1mol/L$$

（1）配制　称取 14g 氯化锌，溶于 1000mL 0.05%（V/V）的盐酸溶液中，摇匀。

（2）标定方法　量取 30.00~35.00mL 配制好的氯化锌溶液 $[c(ZnCl_2)=0.1mol/L]$，加 70mL 水及 10mL 氨-氯化铵缓冲溶液甲（pH≈10），加 5 滴 5g/L 铬黑 T 指示液，用乙二胺四乙酸二钠标准溶液 $[c(EDTA)=0.1mol/L]$ 滴定至溶液由紫色变为纯蓝色。同时做空白试验。

（3）计算　氯化锌标准溶液浓度按下式计算：

$$c(ZnCl_2)=\frac{(V_1-V_2)c_1}{V}$$

式中　$c(ZnCl_2)$——氯化锌标准溶液的物质的量浓度，mol/L；

　　　V_1——乙二胺四乙酸二钠标准溶液的用量，mL；

　　　V_2——空白试验乙二胺四乙酸二钠标准溶液的用量，mL；

　　　c_1——乙二胺四乙酸二钠标准溶液的物质的量浓度，mol/L；

　　　V——氯化锌溶液的用量，mL。

17. 氯化镁（或硫酸镁）标准溶液

$$c(MgCl_2)=0.1mol/L$$

（1）配制　称取21g氯化镁（$MgCl_2 \cdot 6H_2O$）[或25g硫酸镁（$MgSO_4 \cdot 7H_2O$）]溶于1000mL（0.5+999.5）盐酸溶液中，放置1个月后，用3号玻璃滤埚过滤，摇匀。

（2）标定方法　量取30.00～35.00mL配制好的氯化镁溶液[$c(MgCl_2)=0.1mol/L$]，加70mL水及10mL氨-氯化铵缓冲溶液甲（pH≈10），加5滴5g/L铬黑T指示液，用乙二胺四乙酸二钠标准溶液[$c(EDTA)=0.1mol/L$]滴定至溶液由紫色变为纯蓝色。同时做空白试验。

（3）计算　氯化镁（或硫酸镁）标准溶液浓度按下式计算：

$$c(MgCl_2)=\frac{(V_1-V_2)c_1}{V}$$

式中　$c(MgCl_2)$——氯化镁标准溶液的物质的量浓度，mol/L；

　　　V_1——乙二胺四乙酸二钠标准溶液的用量，mL；

　　　V_2——空白试验乙二胺四乙酸二钠标准溶液的用量，mL；

　　　c_1——乙二胺四乙酸二钠标准溶液的物质的量浓度，mol/L；

　　　V——氯化镁溶液的用量，mL。

18. 硝酸铅标准溶液

$$c[Pb(NO_3)_2]=0.05mol/L$$

（1）配制　称取17g硝酸铅，溶于1000mL（0.5+999.5）硝酸溶液中，摇匀。

（2）标定方法　量取30.00～35.00mL配制好的硝酸铅溶液{$c[Pb(NO_3)_2]=0.05mol/L$}，加3mL冰乙酸及5g六次甲基四胺、加70mL水及2滴二甲酚橙指示液（2g/L），用乙二胺四乙酸二钠标准溶液[$c(EDTA)=0.05mol/L$]滴定至溶液呈亮黄色。

（3）计算　硝酸铅标准溶液浓度按下式计算：

$$c[Pb(NO_3)_2]=\frac{V_1c_1}{V}$$

式中　$c[Pb(NO_3)_2]$——硝酸铅标准溶液的物质的量浓度，mol/L；

　　　V_1——乙二胺四乙酸二钠标准溶液的用量，mL；

　　　c_1——乙二胺四乙酸二钠标准溶液的物质的量浓度，mol/L；

　　　V——硝酸铅溶液的用量，mL。

19. 氯化钠标准溶液

$$c(NaCl)=0.1mol/L$$

（1）配制　称取5.9g氯化钠，溶于1000mL水中，摇匀。

（2）标定方法　量取30.00～35.00mL配制好的氯化钠溶液[$c(NaCl)=0.1mol/L$]，加40mL水及10mL10g/L淀粉溶液，用硝酸银标准溶液[$c(AgNO_3)=0.1mol/L$]滴定。用216型银电极作指示电极，用217型双盐桥饱和甘汞电极作参比电极。按GB 9725中二级微商法之规定确定终点。

（3）计算　氯化钠标准溶液浓度按下式计算：

$$c(NaCl)=\frac{V_1c_1}{V}$$

式中　$c(NaCl)$——氯化钠标准溶液的物质的量浓度，mol/L；

　　　V_1——硝酸银标准溶液的用量，mL；

　　　c_1——硝酸银标准溶液的物质的量浓度，mol/L；

　　V——氯化钠溶液的用量，mL。

　　20. **硫氰酸钠（或硫氰酸钾）标准溶液**

$$c(\mathrm{NaCNS})=0.1\mathrm{mol/L}$$

　　（1）配制　称取 8.2g 硫氰酸钠（或 9.7g 硫氰酸钾）溶于 1000mL 水中，摇匀。

　　（2）标准方法　称取 0.5g 于硫酸干燥器中干燥至恒重的基准硝酸银，称准至 0.0001g。溶于 1000mL 水中，加 2mL 80g/L 硫酸铁铵指示液及 10mL 25％硝酸溶液，在摇动下用配制好的硫氰酸钠（或硫氰酸钾）溶液 $[c(\mathrm{NaCNS})=0.1\mathrm{mol/L}]$ 滴定。终点前摇动溶液至完全清亮后，继续滴定至溶液所呈浅棕红色保持 30s。

　　（3）计算　硫氰酸钠（或硫氰酸钾）标准溶液浓度按下式计算：

$$c(\mathrm{NaCNS})=\frac{m}{V\times 0.1699}$$

式中　$c(\mathrm{NaCNS})$——硫氰酸钠标准溶液的物质的量浓度，mol/L；
　　　　　　m——硝酸银的质量，g；
　　　　　　V——硫氰酸钠溶液的用量，mL；
　　　　0.1699——与 1.00mL 硫氰酸钠标准溶液 $[c(\mathrm{NaCNS})=1.000\mathrm{mol/L}]$ 相当的以"g"表示的硝酸银的质量。

　　（4）比较方法　量取 30.00～35.00mL 硝酸银标准溶液 $[c(\mathrm{AgNO_3})=0.1\mathrm{mol/L}]$，加 70mL 水、1mL 80g/L 硫酸铁铵指示液及 10mL 25％硝酸溶液，在摇动下用配制好的硫氰酸钠（或硫氰酸钾）溶液 $[c(\mathrm{NaCNS})=0.1\mathrm{mol/L}]$ 滴定。终点前摇动溶液至完全清亮后，继续滴定至溶液所呈浅棕红色保持 30s。

　　（5）计算　硫氰酸钠（或硫氰酸钾）标准溶液浓度按下式计算：

$$c(\mathrm{NaCNS})=\frac{V_1 c_1}{V}$$

式中　$c(\mathrm{NaCNS})$——硫氰酸钠标准溶液的物质的量浓度，mol/L；
　　　　　　V_1——硝酸银标准溶液的用量，mL；
　　　　　　c_1——硝酸银标准溶液的物质的量浓度，mol/L；
　　　　　　V——硫氰酸钠溶液的用量，mL。

　　21. **硝酸银标准溶液**

$$c(\mathrm{AgNO_3})=0.1\mathrm{mol/L}$$

　　（1）配制　称取 17.5g 硝酸银，溶于 1000mL 水中，摇匀。溶液保存于棕色瓶中。

　　（2）标定方法　称取 0.2g 于 500～600℃ 灼烧至恒重的基准氯化钠，称准至 0.0001g。溶于 70mL 水中，加 10mL 10g/L 淀粉溶液，用配制好的硝酸银溶液 $[c(\mathrm{AgNO_3})=0.1\mathrm{mol/L}]$ 滴定。用 216 型银电极作指示电极，用 217 型双盐桥饱和甘汞电极作参比电极（按 GB 9725 中二级微商法的规定确定终点）。

　　（3）计算　硝酸银标准溶液浓度按下式计算：

$$c(\mathrm{AgNO_3})=\frac{m}{V\times 0.05844}$$

式中　$c(\mathrm{AgNO_3})$——硝酸银标准溶液的物质的量浓度，mol/L；
　　　　　　m——氯化钠的质量，g；
　　　　　　V——硝酸银溶液的用量，mL；
　　　　0.05844——与 1.00mL 硝酸银标准溶液 $[c(\mathrm{AgNO_3})=1.000\mathrm{mL/L}]$ 相当的以"g"表示的氯化钠质量。

　　（4）比较方法　量取 30.00～35.00mL 配制好的硝酸银溶液 $[c(\mathrm{AgNO_3})=0.1\mathrm{mol/L}]$，加 40mL 水和 1mL 硝酸，用硫氰酸钾标准溶液 $[c(\mathrm{KCNS})=0.1\mathrm{mol/L}]$ 滴定。用 216 型银电极作指示电极，217 型双盐桥饱和甘汞电极作参比电极。按 GB 9725 中二级微商法的规定确定终点。

　　（5）计算　硝酸银标准溶液浓度按下式计算：

$$c(\mathrm{AgNO_3})=\frac{V_1 c_1}{V}$$

式中　$c(AgNO_3)$——硝酸银标准溶液的物质的量浓度，mol/L；

　　　　V_1——硫氰酸钾标准溶液的用量，mL；

　　　　c_1——硫氰酸钾标准溶液的物质的量浓度，mol/L；

　　　　V——硝酸银溶液的用量，mL。

22. 亚硝酸钠标准溶液

$$c(NaNO_2) = 0.5mol/L$$
$$c(NaNO_2) = 0.1mol/L$$

(1) 配制　称取下述规定量的亚硝酸钠、氢氧化钠及无水碳酸钠，溶于 1000mL 水中，摇匀。

$c(NaNO_2)/(mol/L)$	亚硝酸钠/g	氢氧化钠/g	无水碳酸钠/g
0.5	3.6	0.5	1
0.1	7.2	0.1	0.2

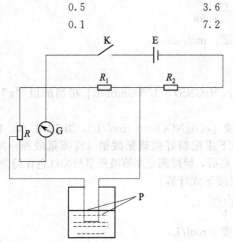

图 4-1　永停滴定法测量仪表安装示意

R—电阻，其阻值与检流计临界电阻值近似；R_1—电阻，60～70Ω（或用可变电阻），使加于两电极上的电压约为 50mV；R_2—电阻，2000Ω；E—1.5V 干电池；K—开关；G—检流计，灵敏度为 10^{-9}A/格；P—铂电极

(2) 标定方法　称取下述规定量的于 120℃ 烘至恒重的基准无水对氨基苯磺酸，称准至 0.0001g。加下述规定体积的氨水溶解，加 200mL 水及 20mL 盐酸，按永停滴定法安装好电极和测量仪表（图 4-1）。将装有配制好的亚硝酸钠溶液的滴定管下口插入溶液内约 10mm 处，在搅拌下于 15～20℃ 进行滴定，近终点时，将滴定管的尖端提出液面，用少量液体淋洗尖端，洗液并入溶液中，继续慢慢滴定，并观察检流计读数和指针偏转情况，直至加入滴定液搅拌后电流突增，并不再回复时为滴定终点。

$c(NaNO_2)$ /(mol/L)	基准无水对氨基苯磺酸 /g	氨水 /mL
0.5	2.5	3
0.1	0.5	2

(3) 计算　亚硝酸钠标准溶液浓度按下式计算：

$$c(NaNO_2) = \frac{m}{V \times 0.1732}$$

式中　$c(NaNO_2)$——亚硝酸钠标准溶液的物质的量浓度，mol/L；

　　　　m——无水对氨基苯磺酸的质量，g；

　　　　V——亚硝酸钠溶液的用量，mL；

　　　　0.1732——与 1.00mL 亚硝酸钠标准溶液 [$c(NaNO_2) = 1.000$moL/L] 相当的以"g"表示的无水对氨基苯磺酸的质量。

本标准溶液使用前标定。

23. 高氯酸标准溶液

$$c(HClO_4) = 0.1mol/L$$

(1) 配制　量取 8.5mL 高氯酸，在搅拌下注入 500mL 冰乙酸中，混匀。在室温下滴加 20mL 乙酸酐，搅拌至溶液均匀。冷却后用冰乙酸稀释至 1000mL，摇匀。

(2) 标定方法　称取 0.6g 于 105～110℃ 烘至恒重的基准邻苯二甲酸氢钾，称准至 0.0001g。置于干燥的锥形瓶中，加入 50mL 冰乙酸，温热溶解。加 2～3 滴结晶紫指示液(5g/L)，用配制好的高氯酸溶液 [$c(HClO_4) = 0.1mol/L$] 滴定至溶液由紫色变为蓝色（微带紫色）。

(3) 计算　高氯酸标准溶液浓度按下式计算：

$$c(HClO_4) = \frac{m}{V \times 0.2042}$$

式中　$c(HClO_4)$——高氯酸标准溶液的物质的量浓度，mol/L；

　　　　m——邻苯二甲酸氢钾的质量，g；

V——高氯酸溶液的用量，mL；

0.2042——与 1.00mL 高氯酸标准溶液 $[c(HClO_4)=1.000mL/L]$ 相当的以"g"表示的邻苯二甲酸氢钾的质量。

本溶液使用前标定。标定高氯酸标准溶液时的温度应与使用该标准溶液滴定时的温度相同。

第五节 化验室常用标准溶液及其配制

一、pH 标准溶液的配制

1. 标准缓冲溶液（pH 标准溶液）的配制

标准缓冲溶液在 0~95℃间的 pH 值见表 4-22。标准缓冲溶液常作为 pH 标准溶液。

表 4-22 标准缓冲溶液（pH 标准溶液）的配制

温度 /℃	0.05mol/L 草酸三氢钾[①]	25℃饱和酒石酸氢钾[②]	0.05mol/L 邻苯二甲酸氢钾[③]	0.025mol/L KH$_2$PO$_4$ + 0.025mol/L Na$_2$HPO$_4$[④]	0.008695mol/L KH$_2$PO$_4$ + 0.03043mol/L Na$_2$HPO$_4$	0.01mol/L 硼砂[⑤]	25℃饱和氢氧化钙[⑥]
0	1.666	—	4.003	6.984	7.534	9.464	13.423
5	1.668	—	3.999	6.951	7.500	9.395	13.207
10	1.670	—	3.998	6.923	7.472	9.332	13.003
15	1.672	—	3.999	6.900	7.448	9.276	12.810
20	1.675	—	4.002	6.881	7.429	9.225	12.627
25	1.679	3.557	4.008	6.865	7.413	9.180	12.454
30	1.683	3.552	4.015	6.853	7.400	9.139	12.289
35	1.688	3.549	4.024	6.844	7.389	9.102	12.133
38	1.691	3.548	4.030	6.840	7.384	9.081	12.043
40	1.694	3.547	4.035	6.838	7.380	9.068	11.984
45	1.700	3.547	4.047	6.834	7.373	9.038	11.841
50	1.707	3.549	4.060	6.833	7.367	9.011	11.705
55	1.715	3.554	4.075	6.834	—	8.985	11.574
60	1.723	3.560	4.091	6.836	—	8.962	11.449
70	1.743	3.580	4.126	6.845	—	8.921	—
80	1.766	3.609	4.164	6.859	—	8.885	—
90	1.792	3.650	4.205	6.877	—	8.850	—
95	1.806	3.674	4.227	6.886	—	8.833	—

① 0.05mol/L 草酸三氢钾溶液 KH$_3$(C$_2$O$_4$)$_2$·2H$_2$O：称取（54±3）℃下烘干 4~5h 的草酸三氢钾 KH$_3$(C$_2$O$_4$)$_2$·2H$_2$O 12.61g，溶于蒸馏水中，稀释至 1L。

② 25℃饱和酒石酸氢钾溶液：在磨口瓶中放入蒸馏水和过量的酒石酸氢钾（约 20g/L），温度控制在（25±3）℃，剧烈摇动 20~30min，澄清后，用倾斜法取其上清液，备用。

③ 0.05mol/L 邻苯二甲酸氢钾溶液：称取已在（115±5）℃下烘干 2~3h 的邻苯二甲酸氢钾 10.12g，溶于蒸馏水，稀释至 1L。

④ 0.025mol/L 磷酸二氢钾和 0.025mol/L 磷酸氢二钠混合液：分别称取在（115±5）℃下烘干 2~3h 的磷酸二氢钾 3.39g 和磷酸氢二钠 3.53g，溶于煮沸 15~30min 后冷却的蒸馏水中，稀释至 1L。

⑤ 0.01mol/L 硼砂溶液：称取 3.80g 硼砂 Na$_2$B$_4$O$_7$·10H$_2$O（不能烘），溶于蒸馏水，稀释至 1L。

⑥ 25℃饱和氢氧化钙溶液：在磨口瓶或聚乙烯瓶中装入蒸馏水和过量的氢氧化钙粉末（5~10g/L），温度控制在（25±3）℃，剧烈摇动 20~30min，迅速用抽滤法滤取清液备用。

2. pH 标准缓冲溶液的配制

一级 pH 基准试剂（一级标准物质）是用氢-银、氯化银电极、无液体界面电池定值的基准试剂、pH 值的总不确定度为±0.005。用这种试剂按规定方法配制的溶液称为一级 pH 标准缓冲溶液，它通常只用于 pH 基准试剂的定值和高精度 pH 计的校准。

国家标准 GB 6852~6858—1986 和 GB 11076—1989 中各种 pH 基准试剂相应的 pH 值，见表 4-23。

表 4-23 一级 pH 基准试剂相应的 pH 值（25℃）

试剂	规定浓度/(mol/kg)	一级 pH 基准溶液的 pH 值
草酸三氢钾	0.05	1.680±0.005
酒石酸氢钾	饱和	3.559±0.005
邻苯二甲酸氢钾	0.05	4.003±0.005
磷酸氢二钾 磷酸二氢钾	0.025	6.861±0.005
四硼酸钠	0.01	9.182±0.005
氢氧化钙	饱和	12.460±0.005

二级 pH 基准试剂（二级标准物质）是以一级 pH 基准试剂的量值为基础，用双氢电极有液界面电池进行对比定值的基准试剂，pH 的总不确定度为±0.01。用这种试剂按规定方法配的溶液称为 pH 标准缓冲溶液，它主要用于 pH 计的校准（定位）。

pH 标准缓冲溶液是具有准确 pH 值的专用缓冲溶液。要使用 pH 基准试剂进行配制，当进行精确的测量时，要选用接近待测溶液 pH 值的标准缓冲溶液校准 pH 计。

表 4-24 为二级 pH 基准试剂配制的 pH 标准缓冲溶液在通常温度下的 pH 值。

表 4-24 二级 pH 基准试剂配制的 pH 标准缓冲溶液在通常温度下的 pH 值

试剂浓度	温度/℃					
	10	15	20	25	30	35
草酸三氢钾 0.05mol/kg	1.67	1.67	1.68	1.68	1.68	1.69
酒石酸氢钾饱和溶液	—	—	—	3.56	3.55	3.55
邻苯二甲酸氢钾 0.05mol/kg	4.00	4.00	4.00	4.00	4.01	4.02
磷酸氢二钾 0.025mol/kg	6.92	6.90	6.88	6.86	6.85	6.84
四硼酸钠 0.01mol/kg	9.33	9.28	9.23	9.18	9.14	9.11
氢氧化钙饱和溶液	13.01	12.84	12.64	12.64	12.29	12.13

表 4-24 中 6 种 pH 缓冲溶液的配制方法如下。

(1) 0.05mol/kg 草酸三氢钾 $KH_3(C_2O_4)_2 \cdot 2H_2O$ 溶液 称取在 57℃±2℃烘 4～5h 并在干燥器中冷却后的草酸三氢钾 12.61g，用水溶解后转入 1L 容量瓶中并稀释至刻度，摇匀。

(2) 饱和 (25℃) 酒石酸氢钾 ($KHC_4H_4O_6$) 溶液 将过量的酒石酸氢钾 (每升加入量大于 6.4g) 和水放入玻璃磨口瓶或聚乙烯瓶中，温度控制在 23～27℃，剧烈摇振 20～30min，保存备用。使用前迅速过滤，取清液使用。

(3) 0.05mol/kg 邻苯二甲酸氢钾 ($KHC_8H_4O_4$) 溶液 称取在 105℃±5℃下烘 2h 并在干燥器中冷却后的邻苯二甲酸氢钾 10.12g，用水溶解后转入 1L 容量瓶中稀释至刻度，摇匀备用。

(4) 0.025mol/kg 磷酸氢二钠 (Na_2HPO_4) 和 0.025mol/kg 磷酸二氢钾 (KH_2PO_4) 混合溶液 分别称取在 110～120℃下干燥 2～3h 并在干燥器中冷却后的磷酸氢二钠 3.533g、磷酸二氢钾 3.387g，用水溶解后转入 1L 容量瓶中，稀释至刻线，摇匀备用。

(5) 0.01mol/kg 四硼酸钠 ($Na_2B_4O_7 \cdot 10H_2O$) (硼砂) 溶液 称取 3.80g 预先于氯化钠和蔗糖饱和溶液干燥器中，干燥至恒重的四硼酸钠，用水溶解后转入 1L 容量瓶中并稀释至刻度，摇匀，再贮存于聚乙烯瓶中。

(6) 饱和 (25℃) 氢氧化钙 [$Ca(OH)_2$] 溶液 将过量的氢氧化钙 (每升加入量大于 2g) 和水加入聚乙烯瓶中，温度控制在 23～27℃，剧烈摇振 20～30min，保存备用。用前迅速抽滤，取清液用。

配制上述 6 种缓冲溶液所用纯水的电导率应不大于 0.2μS/cm。最好使用重蒸馏水或新制备的去离子水。制备 (5) 和 (6) 两种碱性溶液所用的纯水应预先煮沸 15min 以上，以除去其中的 CO_2。缓冲溶液一般可保 2～3 个月，若发现浑浊、沉淀和发霉等现象，则不能继续使用。

有的 pH 基准试剂有袋装产品，使用方便，不需要进行干燥和称重，直接将袋内的试剂全部溶解并稀释至规定体积 (一般为 250mL)，即可使用。

二、元素与常见离子标准溶液的配制

适用于原子吸收光谱法、原子发射光谱法、极谱法、伏安溶出法、比色法、分光光度法等元素分析用的标准溶液或杂质测定用标准溶液。它的配制需用基准试剂或分析纯以上的试剂。配制的浓度范围在 $0.05\% \sim 1.0\%$（$500 \sim 1000 \mu g/mL$）内为宜，常可以保存几个星期乃至数月。对于浓度更稀的溶液，原则上是使用前临时配制。为使贮备的标准溶液稳定，不致因时间长产生化学反应，引起浓度变化和沉淀，应配成稳定的、高浓度的贮备溶液。配制标准溶液时，应使用离子交换水或蒸馏水。作为痕量元素分析时，必须使用无离子水或二次蒸馏水。在贮存与配制过程中，必须十分注意防止溶液的污染问题。贮存标准溶液的容器应根据溶液的性质来选择。一般多使用聚乙烯容器。容器洗净后干燥，再用贮存溶液洗几遍，然后将溶液注入。一定要在容器上标明配制日期、浓度、配制者姓名及其他注意事项。在保存期内，出现浑浊或沉淀时，即为失效。

杂质测定用标准溶液，应用移液管量取，每次量取体积不少于 0.05mL，当体积小于 0.05mL 时，应将标准溶液稀释后使用；当量取体积大于 2.00mL 时，应使用较浓的标准溶液。杂质测定用标准溶液在常温（$15 \sim 20 ℃$）下，可保存 $1 \sim 2$ 个月，当出现浑浊、沉淀或颜色变化时，应重新配制。

元素与常见离子标准溶液的配制方法见表 4-25。

表 4-25　元素与常见离子标准溶液的配制方法

元素与离子	浓度/(mg/mL)	配 制 方 法
银(Ag)	1.0	将 1.575g 已在 110℃干燥过的硝酸银溶解于 0.1mol/L 硝酸中，用 0.1mol/L 硝酸准确地稀释至 1L
铝(Al)	1.0	(1)将 1.000g 金属铝(>99.9%)加热溶解于 100mL(1+1)盐酸中，冷却后用水准确地稀释至 1000mL，盐酸浓度均为 1mol/L (2)称取 1.759g 硫酸铝钾[AlK(SO₄)₂·12H₂O]溶于少量水后，移入 100mL 容量瓶中，稀释至刻度，摇匀
砷(As)	1.0	将 1.320g 三氧化二砷(As_2O_3)溶解于尽量少的 1mol/L 氢氧化钠溶液中，用水稀释，用盐酸调节溶液至弱酸性，然后用水准确地稀释至 1L
金(Au)	1.0	将 0.100g 高纯金溶解于数毫升王水中，在水浴上蒸干后，加入 1mL 盐酸，蒸干，用盐酸和水溶解，再用水准确地稀释至 100mL。盐酸浓度约为 1mol/L
硼(B)	1.0	将 5.715g 二级硼酸溶于水中，温热溶解，然后再稀释至 1000mL
钡(Ba)	1.0	(1)将 1.523g 已在 250℃干燥 2h 后的无水氯化钡溶解于水中，然后稀释至 1L (2)称取 0.1779g 氯化钡(BaCl₂·2H₂O)溶于水后，稀释至 100mL
铍(Be)	1.0	(1)将 0.1000g 金属铍(>99.9%)加热溶解于(1+1)盐酸中，冷却后用水准确地稀释至 100mL。盐酸浓度约为 1mol/L (2)称取 1.966g 硫酸铍(BeSO₄·4H₂O)，溶于水，加 1mL 硫酸，移入 100mL 容量瓶中，稀释至刻度
铋(Bi)	1.0	(1)将 0.100g 金属铋(>99.9%)溶解于 50mL(1+1)硝酸中，煮沸冷却后用(1+1)硝酸稀释至 100mL (2)称取 0.232g 硝酸铋[Bi(NO₃)₃·5H₂O]用 10mL，25%硝酸溶液溶解，移入 100mL 容量瓶中，稀释至刻度
溴(Br) 溴化物	1.0	称取 0.1489g KBr，溶于少量水后，移入 100mL 容量瓶中，稀释至刻度，摇匀，贮于棕色瓶中
溴酸酸 (BrO_3^-)	1.0	称取 0.1306g 溴酸钾(KBrO₃)溶于少量水中，移入 100mL 容量瓶中，稀释至刻度，摇匀，贮于棕色瓶中
钙(Ca)	1.0	(1)将 0.2497g 已在 110℃干燥 1h 后的一级碳酸钙，溶解于少量盐酸中，然后用水准确地稀释至 100mL (2)称取 0.367g 氯化钙(CaCl₂·2H₂O)，溶于水，移入 1000mL，容量瓶中，稀释至刻度
镉(Cd)	1.0	(1)将 1.000g 金属镉溶解于少量硝酸中，用 1%硝酸稀释至 1L (2)称取 0.164g 氯化镉(CdCl₂)溶于适量水中，移入 100mL 容量瓶中
铈(Ce)	1.0	溶于少量水后，稀释至 100mL，将 0.1228g 氧化铈(CeO₂)加热溶解于(1+1)硫酸和过氧化氢中，用水准确地稀释至 100mL
氯(Cl) 氯化物	1.0	称取在 $500 \sim 600℃$ 灼烧至恒重的氯化钠 0.1649g，溶于少量水后，稀释至 100mL，摇匀

元素与离子	浓度/(mg/mL)	配　制　方　法
氯酸根(ClO₃⁻)	1.0	称取 0.1469g 氯酸钾(KClO₃),溶于少量水中,移入 100mL 容量瓶中,稀释至刻度,摇匀
钴(Co)	1.0	(1)将 1.000g 金属钴(>99.9%),溶解于 30mL(1+1)硝酸(或盐酸)中,冷却后,用水稀释至 1000mL (2)称取已在 500~550℃灼烧至恒重的无水硫酸钴(COSO₄)0.2630g,溶于少量水后,移入 100mL 容量瓶中,用水稀释至刻度,摇匀
铬(Cr)	1.0	(1)将 1.000g 金属铬(>99.9%)加热溶解于 30mL(1+1)盐酸中,冷却后用水稀释至 1L (2)称取二级重铬酸钾(K₂Cr₂O₇)1.414g,溶于水中,并定容至 500mL,摇匀 (3)称取 0.373g 预先于 105℃干燥 1h 的铬酸钾,溶于含有 1 滴氢氧化钠溶液(100g/L)的少量水中,移入 1000mL 容量瓶,稀释至刻度
铜(Cu)	1.0	(1)将 1.000g 金属铜(>99.9%)加热溶解于 30mL(1+1)硝酸中,冷却后移至 1L 容量瓶中,用水稀释至刻度,摇匀 (2)称取 1.964g 硫酸铜(CuSO₄·5H₂O)溶于水中,再用水稀释至 500mL,摇匀
镝(Dy)	1.0	将 1.148g 氧化镝(Dy₂O₃)加热溶解于 20mL(1+1)盐酸中,冷却后用水稀释至 1000mL,摇匀
铕(Eu)	1.0	将 1.158g 氧化铕(Eu₂O₃)加热溶解于 20mL(1+1)盐酸中,冷却后用水稀释至 1000mL,摇匀
铁(Fe)	1.0	(1)将 1.000g 纯铁溶解于 1mL 盐酸中,用水稀释至 1000mL,摇匀 (2)称取 0.864g 硫酸铁铵[NH₄Fe(SO₄)₂·12H₂O]溶于水,加 1mL 硫酸溶液(25%),移入 100mL 容量瓶中,稀释至刻度,摇匀 (3)称取 0.702g 硫酸亚铁铵溶于 10mL 水中,加入 1mL 硫酸,稍温热,立即滴入 20%高锰酸钾溶液至最后一滴不褪色,用水稀至 100mL 摇匀 (4)亚铁:称取 0.702g 硫酸亚铁铵[(NH₄)₂Fe(SO₄)₂·6H₂O]溶于含有 0.5mL 硫酸的水中,移入 100mL 容量瓶中,稀释至刻度,此标准溶液使用前制备
氟(F)	1.0	称取经 120℃烘 2h 后的氟化钠 0.221g;溶于水中,用水稀释至 100mL,摇匀,贮于聚乙烯瓶中
镓(Ga)	1.0	(1)将 1.000g 金属镓加热溶解于 20mL(1+1)盐酸中,用水稀释至 1L,摇匀 (2)称取 0.134g 三氧化二镓,溶于 5mL 硫酸,移入 100mL 容量瓶中,小心稀释至刻度
锗(Ge)	1.0	(1)将 0.1439g 氧化锗(GeO₂)加热溶解于(1g 氢氧化钠和 20mL 水)的水中,然后用水准确地稀释至 100mL,摇匀 (2)称取 0.1000g 锗,加热溶于 5mL 30%过氧化氢中,逐滴加入氨水至产生的白色沉淀溶解,以(2mol/L)H₂SO₄ 中和,并过量 0.5mL,移入 100mL 容量瓶中,用水稀释至刻度,摇匀
钆(Gd)	1.0	将 0.1153g 氧化钆(Gd₂O₃)加热溶解于 20mL(1+1)盐酸中,用水稀释至 100mL,摇匀
铪(Hf)	1.0	将 0.5998g 氧化铪(HfO₂)高温加热溶解于 30mL 硫酸和 15g 硫酸铵中,冷却后再加入 30mL 硫酸,用水稀释至 500mL,摇匀
汞(Hg)	1.0	(1)将 1.354g 氯化汞(HgCl₂)溶于水中,用水准确地稀释至 1L,摇匀 (2)称取 1.000g 汞置于 250mL 烧杯中,加入(1+1)硝酸 25mL,放在通风柜中慢慢加热分解,待溶完后,加水稀释,转移于 1L 容量瓶中,用水稀释至刻度,摇匀 (3)称取 1.304g 硝酸汞,置于 300mL 烧杯中,加入 25%硝酸 20mL,移入 1L 容量瓶中,用水稀释至刻度,摇匀
碘(I)	1.0	称取 0.1308g 碘化钾溶于水,准确稀释至 100mL,摇匀
铟(In)	1.0	将 0.1000g 金属铟(>99.9%)溶解于 5mL 硝酸中,煮沸,赶净氧化氮后,用水准确地稀释至 100mL
铱(Ir)	1.0	称取氯铱酸铵[(NH₄)₂IrCl₆]0.2294g,用 1mol/L 盐酸溶解后,移入 100mL 容量瓶中,用 1mol/L 盐酸稀释至刻度,摇匀
钾(K)	1.0	将 1.907g 氯化钾溶解于水中,用水准确地稀释至 1L,摇匀
镧(La)	1.0	将 0.1173g 氧化镧(La₂O₃)加热溶解于 5mL(1+1)盐酸中,移入 100mL 容量瓶中,用水稀释至刻度,摇匀
锂(Li)	1.0	(1)将 0.611g 氯化锂溶解于水中,移入 100mL 容量瓶中,用水稀释至刻度,摇匀 (2)称取硫酸锂(Li₂SO₄)0.7918g 溶于少量水后,移入 100mL 容量瓶中,用水稀释至刻度,摇匀
镁(Mg)	1.0	(1)将 1.000g 金属镁(>99.9%)加热溶解于 60mL(1+5)盐酸中,冷却后用水稀释至 100mL (2)称取于 800℃灼烧至恒重的氧化镁(MgO)0.1658g,溶于 3mL 1mol/L 盐酸后,移入 100mL 容量瓶中,用水稀释至刻度,摇匀

元素与离子	浓度/(mg/mL)	配 制 方 法
锰(Mn)	1.0	(1)将 1.000g 金属锰(>99.9%)加热溶解于 30mL(1+1)盐酸(或硝酸)中,冷却后用水稀释至 1L,摇匀 (2)称取于 400~500℃灼烧至恒重的无水硫酸锰(MnSO₄)0.2748g,溶于少量水中,移入 100mL 容量瓶中,用水稀释至刻度,摇匀
钼(Mo)	1.0	(1)将 1.000g 金属钼(>99.9%)加热溶解于 30mL(1+1)盐酸和少量硝酸中,冷却后用水稀释至 1L (2)将 1.500g 氧化钼(MoO₃)溶于少量氢氧化钠或氨水中,用水稀释至 1L,摇匀 (3)称取钼酸铵[(NH₄)₆Mo₇O₂₄·4H₂O]1.288g,溶于少量水后,移入 100mL 容量瓶中,用水稀释至刻度,摇匀
氮(N)	1.0	称取于 105~110℃干燥至恒重的氯化铵 0.3818g,溶于少量水后,移入 100mL,容量瓶中,用水稀释至刻度,摇匀
钠(Na)	1.0	将 2.542g 氯化钠溶解于水中,用水稀释至 1L 摇匀,贮于聚乙烯瓶中
铌(Nb)	1.0	(1)将 0.1000g 金属铌(>99.9%)置于白金皿中,加热溶解于 7mL(1+1)硫酸和加入数滴含硝酸的氢氟酸,继续加热至硫酸冒白烟,完全冒完为止,冷却后加入 20mL 30%草酸铵,用(1+1)硫酸准确地稀释至 100mL
	0.1	(2)称取五氧化二铌(Nb₂O₅)0.1431g 于石英(或瓷)坩埚中,加入焦硫酸钾 6~79,于 700~800℃熔融,熔块可用 4%草酸铵溶液 100mL 和硫酸 2mL 混合液浸出熔块,加热至溶液清亮,移入 1L 容量瓶中,用 4%草酸铵溶液稀释至刻度,摇匀
钕(Nd)	1.0	将 1.1669 氧化钕(Nd₂O₃)加热溶解于 20mL(1+1)硫酸中,冷却后用水稀释至 1L,摇匀
铵(NH₄⁺)	1.0	(1)称硫酸铁铵[NH₄Fe(SO₄)₂·12H₂O]0.8634g 溶于少量水后,定容至 100mL,摇匀 (2)称取 0.2965g 于 100~105℃烘至恒重的氯化铵(NH₄Cl)溶于少量水后,移入 100mL 容量瓶中,稀释至刻度,摇匀
硝酸根(NO₃⁻)	1.0	称取 0.1630g 于 120~130℃烘至恒重的硝酸钾溶于少量水后,移入 100mL 容量瓶中,稀释至刻度,摇匀
亚硝酸根(NO₂⁻)	1.0	称取 0.1500g 亚硝酸钠溶于少量水后,移入 100mL 容量瓶中,稀至刻度,摇匀
镍(Ni)	1.0	(1)将 1.000g 金属镍(>99.9%)加热溶解于 30mL(1+1)硝酸中,冷却后用水稀释至 1000mL (2)称取 0.673g 硫酸镍铵[NiSO₄·(NH₄)₂SO₄·6H₂O],溶于水,移入 100mL 容量瓶中,稀释至刻度
锇(Os)	1.0	称取 0.2308g 氯锇酸铵[(NH₄)₂OsCl₆]加 10mL 盐酸,50mL 水,温热溶解,溶完冷却后移入 100mL 容量瓶中,用水稀释至刻度,摇匀
磷(P)	1.0	(1)将 0.462g 磷酸氢铵溶解于水中,用水稀释至 100mL,摇匀 (2)称取 0.439g 磷酸二氢钾,加水溶解,稀释至 100mL,摇匀
磷酸根(PO₄²⁻)	1.0	称取 0.1437g 磷酸二氢钾(KH₂PO₄)溶于少量水后,移入 100mL 容量瓶中,稀释至刻度,摇匀
铅(Pb)	1.0	(1)将 1.000g 金属铅(>99.9%)加热溶解于 30mL(1+1)硝酸中,冷却后用水稀释至 1L,摇匀 (2)称取 1.598g 硝酸铅溶于 1L 1%硝酸溶液中,摇匀
钯(Pd)	1.0	(1)将 0.1000g 金属钯(>99.9%)溶于王水中,在水浴上蒸干后,加入盐酸,再蒸干后,加入盐酸和水溶解,用水稀释至 100mL,摇匀 (2)称取 1.666g 预先在 105~110℃干燥 1h 的氯化钯,加 30mL 盐酸溶液(20%)溶解,移入 1000mL 容量瓶中,稀释至刻度,摇匀
镨(Pr)	1.0	将 0.1208g 氧化镨(Pr₆O₁₁)加热溶解于(1+1)盐酸中,用水稀释至 100mI,摇匀
铂(Pt)	1.0	(1)将 0.1000g 金属铂(>99.9%)溶于王水中,在水浴上蒸干后,用盐酸溶解,用水稀释至 100mL,摇匀 (2)称取 0.240g 氯铂酸钾,溶王水,移入 100mL 容量瓶中,稀释至刻度
铷(Rb)	1.0	称取 0.1415g 氯化铷溶于少量水后,移入 100mL 容量瓶中,用水稀释至刻度,摇匀
铼(Re)	1.0	称取 0.1553g 高铼酸钾(KReO₄)溶于少量水后,移入 100mL 容量瓶中,用水稀释至刻度,摇匀
铑(Rh)	1.0	(1)将 0.2034g 氯化铑(RbCl₃)加热溶解于 20mL(1+1)盐酸中,用水稀释至 100mL,摇匀 (2)称取 0.3856g 氯铑酸铵$\left[(NH_4)_3RhCl_6·1\frac{1}{2}H_2O\right]$溶于 3mL 1mol/L,盐酸,移入 100mL 容量瓶中,用 1mol/L 盐酸稀释至刻度,摇匀
钌(Ru)	1.0	将 0.2052g 氯化钌(RuCl₂)加热溶解于 20mL(1+1)盐酸中,用水稀释至 100mL

元素与离子	浓度/(mg/mL)	配 制 方 法
硫(S) 硫化物	1.0	(1)称取硫化钠($Na_2S \cdot 9H_2O$)0.7492g溶于少量水后,移入100mL容量瓶中,用水稀释至刻度,摇匀,此标准溶液使用前配制 (2)称取于105~110℃干燥至恒重的无水硫酸钠(Na_2SO_4)0.4429g,溶于少量水后. 移入100mL容量瓶中,用水稀释至刻度,摇匀
锑(Sb)	1.0	(1)将1.000g金属锑(>99.9%)加热溶解于20mL王水中,冷却后用(1+1)盐酸稀释至100mL (2)称取0.274g酒石酸锑钾$\left(C_4H_4KO_7Sb \cdot \frac{1}{2}H_2O\right)$,溶于10%盐酸溶液中,移入100mL容量瓶中,用10%盐酸溶液稀释至刻度
钪(Sc)	1.0	称取氧化钪(Sc_2O_3)0.1534g,溶于2.5mL盐酸后,移入100mL容量瓶中,用水稀释至刻度,摇匀
硫氰酸根(SCN^-)	1.0	称取0.1311g硫氰酸铵(NH_4SCN),溶于水后,移入100mL容量瓶中,用水稀释至刻度,摇匀
硫代硫酸根($S_2O_3^{2-}$)	1.0	称取0.2213g硫代硫酸钠($Na_2S_2O_3 \cdot 5H_2O$)溶于少量水后,移入100mL容量瓶中,稀释至刻度,摇匀
硒(Se)	1.0	称取1.405g二氧化硒溶解于水中,移入100mL容量瓶中,稀释至刻度,摇匀
硅(Si) 硅酸盐	1.0	将已在1000℃干燥过,并在干燥器中冷却的0.2140g二氧化硅置于白金坩埚中,用2.0g无水碳酸钠熔融后,用水溶解,稀释至100mL,摇匀,贮存于聚乙烯瓶中
钐(Sm)	1.0	将0.1160g氧化钐(Sm_2O_3)加热溶解于20mL(1+1)盐酸中,用水稀释至100mL
锡(Sn)	1.0	将0.500g金属锡(>99.9%),在50~80℃加热溶解于50mL盐酸中,冷却后,用(1+1)盐酸稀释至500mL
锶(Sr)	1.0	(1)将1.685g碳酸锶($SrCO_3$)溶解于盐酸中,加热赶走二氧化碳,冷却. 用水稀释至1L (2)称取0.304g氯化锶($SrCl_2 \cdot 6H_2O$)溶于水,移入100mL容量瓶中,稀释至刻度
钽(Ta)	1.0	(1)将0.1000g金属钽(>99.0%)加热溶解于7mL(1+1)硫酸和加有数滴硝酸的10mL氢氟酸中,加热,至硫酸白烟冒尽,冷却后,用(1+1)硫酸稀释至100mL (2)称取五氧化钽0.1221g于石英(或瓷)坩埚中,然后按前述配制铌标准溶液的方法完成钽标准溶液的配制
钛(Ti)	1.0	(1)将0.5000g金属钛(>99.9%)加热溶解于100mL(1+1)盐酸中,冷却后用(1+1)盐酸稀释至500mL (2)称取二氧化钛0.1668g于瓷坩埚中,加焦硫酸钾2~4g,小心加热至熔融,再于700℃熔融成红色均匀熔体后,继续熔融3min,冷却,用适量体积5%的硫酸浸出熔块并加热至溶解,移入100mL容量瓶中,用5%硫酸稀释至刻度,摇匀
铽(Tb)	1.0	将0.1151g氧化铽(Tb_2O_3)加热溶解于2mL(1+1)盐酸中,用水稀释至100mL,摇匀
碲(Te)	1.0	将1.000g金属碲溶解于王水中,蒸干后加入5mL盐酸,再蒸干,再用(1+1)盐酸溶解并稀释至1L
钍(Th)	1.0	称取硝酸钍[$Th(NO_3)_4 \cdot 4H_2O$]0.2380g溶于10mL(1+1)盐酸,蒸发至近干,加盐酸5mL蒸干,重复两次,用10mL(1+1)盐酸溶解干渣,移入100mL容量瓶中,用水稀释至刻度,摇匀
铊(Tl)	1.0	(1)将1.000g金属铊(>99.9%)加热溶解于20mL(1+1)硝酸中,用水稀释至1L,摇匀 (2)称取1.18g氯化亚铊,溶于20mL硫酸,移入1000mL容量瓶中,稀释至刻度
铀(U)	1.0	称取八氧化三铀(U_3O_8)0.1179g,用10mL硝酸溶解,移入100mL容量瓶中,用水稀释至刻度,摇匀
钒(V)	1.0	(1)将1.000g金属钒(>99.9%)加热溶解于30mL王水中,浓缩近干,加入20mL盐酸,冷却后用水稀释至1L,摇匀 (2)称取偏钒酸铵(NH_4VO_3)0.2297g,用50mL热水溶解,移入100mL容量瓶中,用水稀释至刻度,摇匀
钨(W)	1.0	(1)称取1.794g钨酸钠($Na_2WO_4 \cdot 2H_2O$)溶解于水中,用水稀释至1L (2)称取1.262g预先在105~110℃干燥1h的三氧化钨,加30~40mL 200g/L氢氧化钠溶液,加热溶解,冷却,移入1000mL容量瓶中,稀释至刻度
钇(Y)	1.0	称取1.121g氧化钇(Y_2O_3)加热溶解于20mL(1+1)盐酸中,用水稀释至1L,摇匀
镱(Yb)	1.0	称取1.139g氧化镱(Yb_2O_3)加热溶解于20mL(1+1)盐酸中,用水稀释至1L,摇匀

续表

元素与离子	浓度/(mg/mL)	配　制　方　法
锌(Zn)	1.0	(1)称取1.000g金属锌(>99.9%)加热溶解于30mL(1+1)盐酸(硝酸)中,冷却后用水稀释至1L,摇匀 (2)称取氧化锌0.1245g,溶于20mL1moI/L$\left(\frac{1}{2}H_2SO_4\right)$中,移入100mL容量瓶中,用水稀释至刻度,摇匀 (3)称取0.440g硫酸锌(ZnSO₄·7H₂O),溶于水移入100mL容量瓶中,稀释至刻度,摇匀
锆(Zr)	0.5	(1)称取0.3375g氧化锆(ZrO₂)加热溶解于20mL硫酸和10g硫酸铵中,冷却后,用水稀释至500mL,摇匀 (2)称取3.533g氯化锆酰(ZrOCl₂·8H₂O)溶于40～50mL 10%盐酸中,移入1L容量瓶中,用10%盐酸稀释至刻度,摇匀
乙酸酐	1.0	称取0.100g乙酸酐,置于100mL容量瓶中,用无乙酸酐的冰乙酸溶解,并稀释至刻度,此标准溶液,用前制备 无乙酸酐的冰乙酸的制备,将冰乙酸回流半小时蒸馏制得
乙酸盐	10	称取23.05g乙酸钠(CH₃COONa·3H₂O),溶于水,移入1000mL容量瓶中,稀释至刻度
水杨酸	0.1	称取0.100g水杨酸,加少量水和1mL冰乙酸溶解,移入1000mL容量瓶中,稀释至刻度
丙酮	1.0	称取1.000g丙酮,溶于水,移入1000mL容量瓶中,稀释至刻度,此标准溶液使用前制备
甲醛	1.0	称取几克甲醛溶液,置于1000mL容量瓶中,稀释至刻度,此标准溶液使用前制备 $$甲醛溶液质量(g)=\frac{1000}{x}$$ 式中　x——甲醛溶液的百分含量; 　　　1000——配制1000mL甲醛标准溶液所需甲醛溶液的质量,g
甲醇	1.0	称取1.000g甲醇,溶于水,移入1000mL容量瓶中,稀释至刻度,此标准溶液使用前制备
草酸盐	0.1	称取0.143g草酸(C₂H₂O₄·2H₂O),溶于水,移入1000mL容量瓶中,稀释至刻度,此标准溶液使用前制备
酚	1.0	称取1.000g酚,溶于水,移入1000mL容量瓶中,稀释至刻度
葡萄糖	1.0	称取1.000g葡萄糖(C₆H₁₂O₆·H₂O),溶于水,移入1000mL容量瓶,稀释至刻度
缩二脲	0.1	称取0.100g缩二脲(NH₂CONHCONH₂),溶于水,移入1000mL容量瓶中,稀释至刻度,此标准溶液使用前制备
羰基化合物(CO基)	1.0	称取10.43g丙酮(相当5.000g CO)置于含有50mL无羰基甲醇的100mL容量瓶中,用无羰基甲醇稀释至刻度,混匀。取量20.00mL此溶液于1000mL容量瓶中,用无羰基甲醇稀释至刻度,此标准溶液使用前制备
糠醛	1.0	称取1.000g糠醛(C₅H₄O₂),置于1000mL容量瓶中,稀释至刻度
二氧化硅	1.0	称取1.000g二氧化硅,置于铂坩埚中,加3.3g无水碳酸钠,混匀,于1000℃加热至完全熔融,冷却,溶于水,移入1000mL容量瓶中,稀释至刻度,贮存于聚乙烯瓶中
二氧化碳	0.1	称取0.240g于270～300℃灼烧至恒重的无水碳酸钠,溶于无二氧化碳的水,移入1000mL容量瓶中,用无二氧化碳的水稀释至刻度
六氰化铁(Ⅱ)盐酸[Fe(CN)₆³⁻]	0.1	称取0.199g六氰亚铁酸钾{K₄[Fe(CN)₆]·3H₂O}溶于水,移入1000mL容量瓶中,稀释至刻度,此标准溶液使用前制备
过氧化氢	1.0	称取几克30%过氧化氢,置于1000mL容量瓶中,稀释至刻度,此标准溶液使用前制备①
二硫化碳	1	称取0.5000g二硫化碳,溶于四氯化碳,移入500mL容量瓶中,用四氯化碳稀释至刻度,摇匀。此标准溶液使用前制备
六氟合硅酸根	0.1	称取y②mg六氟合硅酸盐(30%～32%),溶于水,移入1000mL容量瓶中稀释至刻度,摇匀贮存于聚乙烯瓶中 六氟合硅酸盐质量按下式计算: $$m=\frac{1.0141\times0.100}{x}$$ 式中　m——六氟合硅酸盐的质量,g; 　　　x——六氟合硅酸盐的百分含量; 　　　0.100——配出1000mL六氟合硅酸盐杂质标准溶液所需六氟合硅酸的质量,g; 　　　1.0141——六氟合硅酸盐换算为六氟合硅酸的系数

元素与离子	浓度 /(mg/mL)	配　制　方　法
硫酸根	0.1	(1)称取 0.148g 于 105～110℃ 干燥至恒重的无水硫酸钠,溶于水,移入 1000mL 容量瓶中,稀释至刻度 (2)称取 0.181g 硫酸钾溶于水,移入 1000mL 容量瓶中,稀释至刻度
铬酸根	0.1	称取 0.167g 预先于 105～110℃ 干燥 1h 的铬酸钾,溶于含有 1 滴的氢氧化钠溶液(100g/L)的少量水中,移入 100mL 容量瓶中,稀释至刻度摇匀
碳酸根	0.1	称取 0.177g 于 270～300℃ 灼烧至恒重的无水碳酸钠,溶于无二氧化碳的水中,移入 1000mL 容量瓶中,用无二氧化碳的水稀释至刻度
碳	1	称取 8.826g 于 270～300℃ 灼烧至恒重的无水碳酸钠,溶于无二氧化碳的水中,移入 1000mL 容量瓶中,用无二氧化碳的水稀释至刻度
硫化物	0.1	称取 0.749g 硫化物($Na_2S \cdot 9H_2O$)溶于水,移入 1000mL 容量瓶中,稀释至刻度

① 30%过氧化氢质量按下式计算:

$$m = \frac{1000}{x}$$

式中　m——30%过氧化氢的质量,g;

$\quad x$——30%过氧化氢的百分含量,%;

$\quad$ 1000——配制 1000mL 过氧化氢标准溶液所需过氧化氢的质量,g。

② 毫克数 y 根据六氟合硅酸盐的含量确定。

第五章 误差、有效数字、数据处理与分析测试中质量保证

化验分析的重要任务是准确测定试样中组分的含量。不准确的分析结果不仅不能指导生产，反而给生产、科研造成损失，甚至因使用错误的数据造成生产事故及危害人们的生命安全。因此，了解产生误差的原因，正确地使用有效数字，合乎科学的数据处理，判断分析结果的可靠性，以获得准确的分析结果，是化验人员基本功之一。

第一节 误　　差

人们化验分析时总是希望获得准确的分析结果，但是，即使选择最准确的分析方法、使用最精密的仪器设备，由技术熟练的人员操作，对于同一样品进行多次重复分析，所得的结果不会完全相同，也不可能得到绝对准确的结果。这就表明，误差是客观存在的。因此，定量分析就必须对所测的数据进行归纳、取舍等一系列分析处理。根据不同分析任务，对准确度的要求不同，对分析结果的可靠性与精密度要做出合理的判断和正确表述。为此，化验者应该了解化验过程中产生误差的原因及误差出现的规律，并采取相应措施减小误差，使化验结果尽量地接近客观的真实性。

一、误差产生的原因

根据误差产生的原因和性质，将误差分为系统误差和偶然误差两大类。

1. 系统误差

系统误差又称可测误差，它是由化验操作过程中某种固定原因造成的。它具有单向性，即正负、大小都有一定的规律性，当重复进行化验分析时会重复出现。若找出原因，即可设法减小到可忽略的程度。在化验分析中，系统误差产生的原因有下列几个方面。

（1）方法误差　它是指化验方法本身造成的误差。例如重量分析中，沉淀的溶解以及共沉淀现象；滴定分析中反应进行不完全，由指示剂的终点与化学计量点不符合以及滴定副反应等，都会引起化验结果偏高或偏低。

（2）仪器误差　它是由于使用的仪器本身不够精密所造成的。如使用的容量仪器刻度不准又未经校正；天平不等臂；砝码数值不准确；分光光度法波长不准等引起的误差。

（3）试剂误差　由于试剂不纯或蒸馏水不纯，含有被测物或干扰物而引起的误差。

（4）操作误差　由于化验人员对分析操作不熟练，个人对终点颜色的敏感性不同，判断偏深或偏浅，对刻度读数不正确等引起的化验误差。

系统误差是重复地以固定形式出现的。增加平行测定次数，采取数理统计的方法不能消除系统误差。

系统误差校正方法：采用标准方法与标准样品进行对照实验；根据系统误差产生的原因采取相应的措施，如进行仪器的校正以减小仪器的系统误差；采用纯度高的试剂或进行空白试验，校正试剂误差；严格训练与提高操作人员的技术业务水平，以减少操作误差等。

2. 偶然误差

偶然误差也称随机误差。它是由某些难以控制、无法避免的偶然因素造成的，其大小与正负值都是不固定的。如操作中温度、湿度、灰尘等的影响都会引起分析数值的波动。

偶然误差服从正态分布规律（随机统计规律，又称高斯分布），具有如下的特点。

（1）在一定的条件下，在有限次数测量值中，其误差的绝对值不会超过一定界限。

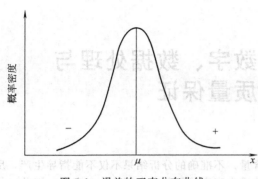

图 5-1 误差的正态分布曲线

（2）同样大小的正负值的偶然误差，几乎有相等的出现概率，小误差出现的概率大，大误差出现的概率小。图 5-1 表示了偶然误差分布曲线，又称正态分布曲线。正态分布曲线下面的面积表示全部数据重现的概率的总和，应当是 100％。出现 μ 值的概率为最大。

为了减少偶然误差，应该重复多次平行实验并取结果的平均值。在消除了系统误差的条件下，多次测量结果的平均值可能更接近真实值。

应该指出，这两类误差的划分并非绝对的，有时很难区别。例如判断滴定终点的迟早、观察颜色的深浅，有系统误差也含有偶然误差。通常偶然误差较系统误差更具有普遍意义。

化验工作中的"过失误差"不属于这两类误差。在实际工作中，由于操作人员的粗心大意或未按操作规程办事，造成误差，如溶液溅失、加错试剂、读错或记错数据、计算错误等，这些都是不应该有的现象，称为过失误差。只要操作者认真细心，严格按操作规程办事，养成良好的工作作风，这种过失是能避免的。不允许把过失误差当成偶然误差。

二、误差的表示方法

1. 准确度

准确度是指实验测得值与真实值之间相符合的程度。准确度的高低，常以误差的大小来衡量，即误差越小，准确度越高；误差越大，准确度越低。

误差有两种表示方法：绝对误差和相对误差。

$$绝对误差(E) = 测得值(x) - 真实值(T)$$

$$相对误差(RE 或 E\%) = \frac{测得值(x) - 真实值(T)}{真实值(T)} \times 100\%$$

误差小，表示测得值和真实值接近，测定准确度高；反之，误差越大，测量准确度越低。若测得值大于真实值，误差为正值；反之，误差为负值。相对误差反映出误差在测定结果中所占百分数，它更具有实际意义。

客观存在的真实值是难以准确知道的，实际工作中往往用"标准值"代替真实值来检查分析方法的准确度。"标准值"是采用多种可靠的分析方法，由具有丰富经验的分析人员，经过反复多次测得的准确结果。如国家标准物质给定值，见第六章第四节。有时也常用标准方法通过多次重复测定，求出算术平均值作为真实值。

【例】假设第 1 次测定值为 8.30，真实值为 8.34，则：

$$绝对误差(E) = x - T = 8.30 - 8.34 = -0.04$$

$$相对误差(RE 或 E\%) = \frac{E}{T} \times 100\% = \frac{0.04}{8.34} \times 100\% = 0.48\%$$

假设另一次测定值为 80.35，真实值为 80.39，则：

$$绝对误差(E) = x - T = 80.35 - 80.39 = -0.04$$

$$相对误差(RE 或 E\%) = \frac{E}{T} \times 100\% = \frac{0.04}{80.39} \times 100\% = 0.05\%$$

上述两次测定的绝对误差是相同的，但它们的相对误差却不相同。相对误差是指误差在真实值中所占的百分数。第 2 次比第 1 次测定相对误差小，表示第 2 次测定准确度高。

对于多次测量结果，用算术平均值计算其准确度时：

$$算术平均值(\bar{x}) = \frac{x_1 + x_2 + \cdots + x_n}{n} = \frac{\sum\limits_{i=1}^{n} x_i}{n}$$

$$绝对误差(E) = \bar{x} - T = \frac{\sum x_i}{n} - T$$

$$相对误差(RE)=\frac{E}{T}\times100\%=\frac{\overline{x}-T}{T}\times100\%$$

式中　$\overline{x}$——n 次测定结果的算术平均值；

　　　x_i——第 i 次测定的结果；

　　　n——测定次数；

　　　T——真实值（标准值或标准样品值等）。

2. 精密度

精密度是指在相同条件下，n 次重复测定结果彼此相符合的程度。精密度的好坏常用偏差表示，偏差小说明精密度好。精密度可用以下几种偏差表示。

（1）绝对偏差与相对偏差

$$绝对偏差(d)=x-\overline{x}$$

$$相对偏差(d\%)=\frac{d}{\overline{x}}\times100\%=\frac{x-\overline{x}}{\overline{x}}\times100\%$$

式中　d——单次测定结果的绝对偏差；

　　　x——单次测定结果；

　　　$\overline{x}$——n 次测定结果的算术平均值；

　　　$d\%$——单次测定结果的相对偏差。

从上式可知，绝对偏差是指单次测定与平均值的差值。相对偏差是指绝对偏差在平均值中所占的百分率。由此可知，绝对偏差和相对偏差只能用来衡量单次测定结果对平均值的偏离程度。为了更好地说明精密度，在一般化验工作中常用平均偏差 $(\overline{d})$ 来表示。

（2）平均偏差与相对平均偏差　平均偏差是指单次测量值与平均值的偏差（取绝对值）之和，除以测定次数，即：

$$平均偏差(\overline{d})=\frac{|d_1|+|d_2|+|d_3|+\cdots+|d_n|}{n}=\frac{\sum|d_i|}{n}$$

$$相对平均偏差(\overline{d}\%)=\frac{\overline{d}}{\overline{x}_i}\times100\%=\frac{\sum|d_i|}{n\,\overline{x}}\times100\%$$

式中　$\overline{d}$——平均偏差；

　　　n——测定次数；

　　　$\overline{x}$——n 次测定结果的算术平均值；

　　　$\overline{x}_i$——单次测定结果；

　　　d_i——第 i 次测定值与平均值的绝对偏差，$d_i=|x_i-\overline{x}|$；

　$\sum|d_i|$——n 次测定的绝对偏差之和，$\sum|d_i|=|x_1-\overline{x}|+|x_2-\overline{x}|+\cdots+|x_n-\overline{x}|$。

平均偏差是代表一组测量值中任一数值的偏差。平均偏差不计正负。

【例】 计算 55.51、55.50、55.46、55.49、55.51 一组 5 次测量值的平均值 $(\overline{x})$，平均偏差 $(\overline{d})$，相对平均偏差 $(\overline{d}\%)$。

解：

$$算术平均值(\overline{x})=\frac{\sum x_i}{n}=\frac{55.51+55.50+55.46+55.49+55.51}{5}=55.49$$

$$平均偏差(\overline{d})=\frac{\sum|d_i|}{n}=\frac{\sum|x_i-\overline{x}|}{n}=\frac{(0.02+0.01+0.03+0.00+0.02)}{5}=0.016$$

$$相对平均偏差(\overline{d}\%)=\frac{\sum|d_i|}{\overline{x}}\times100\%=\frac{0.016}{55.49}\times100\%=0.028\%$$

（3）极差与相对极差

$$极差(R)=x_{max}-x_{min}$$

$$相对极差(R\%)=\frac{R}{\overline{x}}\times100\%$$

式中　x_{max}——一组测定中的最大值；

$x_{\min}$——一组测定中的最小值；

$\overline{x}$——多次测定的算术平均值。

极差（R）也称全距。用极差（R）表示测定数据的精密度不够贴切。但其计算简单，在食品分析中有时应用。

（4）标准偏差与相对标准偏差　标准偏差是应用最广的、可靠的精密度表示方式。它能精确地反映测定数据之间的离散特性，是把单次测定值对平均值的偏差先平方起来再总和。它比平均偏差更灵敏地反映出较大偏差的存在，又比极差更充分地引用了全部数据的信息。在统计学上，式中 $n-1$ 称为自由度，常用 f 表示。

$$标准偏差(S) = \sqrt{\dfrac{\sum\limits_{i=1}^{n}(x_i - \overline{x})^2}{n-1}} = \sqrt{\dfrac{\sum\limits_{i=1}^{n} d_i^2}{n-1}} = \sqrt{\dfrac{\sum\limits_{i=1}^{n} d_i^2}{f}}$$

相对标准偏差（RS）又称变异系数（CV），是指标准偏差在平均值 $\overline{x}$ 中所占的百分率。

$$相对标准偏差(RS) = \dfrac{S}{\overline{x}} \times 100\%$$

使用时要注意，标准偏差（S）是对有限的测定次数而言，表示各测定值对平均值 $\overline{x}$ 的偏离。表示无限次数测定时，要使用总体标准偏差 σ。

$$总体标准偏差(\sigma) = \sqrt{\dfrac{\sum\limits_{i=1}^{n}(x_i - \overline{x})^2}{n}}$$

标准偏差（S）、相对标准偏差（CV）与总体标准偏差三式中符号的意义与平均偏差、相对平均偏差式中符号意义相同。

（5）平均值的标准偏差

$$平均值的标准偏差(S_{\overline{x}}) = \dfrac{S}{\sqrt{n}}$$

式中　S——标准偏差；

　　　n——测定次数。

从式中可见，测定次数 n 越多，$S_{\overline{x}}$ 就越小，即 $\overline{x}$ 值越可靠。所以增加测定次数可以提高测定的精密度。$S_{\overline{x}}$ 与 S 的比值，随 n 的增加减少很快。但当 $n>5$ 后，$S_{\overline{x}}$ 与 S 的比值就变化缓慢了。因此，实际工作中测定次数无需过多，通常 4～6 次就可以了。

【例】分析铁矿中铁的含量得到如下数据 [$w(\text{Fe})/\%$]：37.45，37.20，37.50，37.30，37.25。计算此结果的算术平均值、极差、平均偏差、标准偏差（变异系数）、相对标准偏差与平均值的标准偏差。

解：

算术平均值 $(\overline{x}) = \dfrac{\sum x_i}{n} = \dfrac{37.45 + 37.20 + 37.50 + 37.30 + 37.25}{5} = 37.34$（%）

极差 $(R) = x_{\max} - x_{\min} = 37.50 - 37.20 = 0.30$（%）

各次测定的偏差（%）分别是：$d_1 = +0.11$；$d_2 = -0.14$；$d_3 = -0.04$；$d_4 = +0.16$；$d_5 = -0.09$。

平均偏差 $(\overline{d}) = \dfrac{\sum d_i}{n} = \dfrac{0.11 + 0.14 + 0.04 + 0.16 + 0.09}{5} = 0.1$（%）

标准偏差 $(S) = \sqrt{\dfrac{\sum d_i^2}{n-1}} = \sqrt{\dfrac{(0.11)^2 + (0.14)^2 + (0.04)^2 + (0.16)^2 + (0.09)^2}{5-1}} = 0.13$（%）

相对标准偏差 $(CV) = \dfrac{S}{\overline{x}} \times 100\% = \dfrac{0.13}{37.34} \times 100\% = 0.35\%$

3. 公差

误差和偏差是两个不同的概念，误差是以真实值作标准，偏差是以多次测定值的平均值为标准。不过，由于真实值是无法准确知道的，故人们常以多次测定结果的平均值代替真实值进行计算。显然，这样算出来的还是偏差。正因为如此，在生产部门就不再强调误差与偏差这两个概念的区别，一般笼统地称为误差，并且用公差范围来表示允许误差的大小。

公差是生产部门对允许误差的一种表示方法。公差范围的大小是根据生产需要和实际可能确定的。例如，一般工业分析，允许相对误差在百分之几到千分之几。而一些原子量和某些常数的测定，允许的相对误差常小于十万分之几，甚至百万分之几。所谓可能，就是依方法的准确度、试样的组成情况而确定允许误差的大小。各种分析方法能够达到的准确度不同，如比色、分光光度、原子光谱等方法误差较大，而重量分析、容量分析的误差就小。另外，试样组成越复杂，测定时干扰可能越大，这样只能允许较大的误差。

对于每一类物质的具体分析工作，各主管部门都规定了具体的公差范围。如果测定结果超出允许的公差范围，叫做超差。遇到超差，该项化验分析必须重做。

4. 准确度与精密度的关系

关于准确度与精密度的定义及确定方法，前面已经叙述。准确度与精密度是两个不同的概念，它们相互之间有一定的关系，测定分析结果必须从准确度和精密度两方面来度量。

表 5-1 列出甲、乙、丙、丁四人分析同一试样中铁含量的结果。

表 5-1　铁含量分析结果　　　　　　　　　　　　单位：%

分析人员	分析次数				平均值	平均偏差	真实值	差值
	1	2	3	4				
甲	37.38	37.42	37.47	37.50	37.44	0.036	37.40	+0.04
乙	37.21	37.25	37.28	37.32	37.27	0.035	37.40	−0.17
丙	36.10	36.40	36.50	36.64	36.41	0.16	37.40	−0.99
丁	36.70	37.10	37.50	37.90	37.30	0.40	37.40	−0.10

由表 5-1 看出，甲所得结果准确度和精密度均好，结果可靠。乙的精密度虽好，但准确度不太好。丙的精密度与准确度均差。丁的平均值虽接近于真实值，但几个数据分散性大，精密度太差，仅是由于大的正负误差相互抵消才使结果接近真实值的。

综上所述，精密度是保证准确度的先决条件，只有精密度好，才能得到好的准确度。若精密度差，所测结果不可靠，就失去了衡量准确度的前提。提高精密度不一定能保证高的准确度，有时还需进行系统误差的校正，才能得到高的准确度。

第二节　有效数字

在化验分析工作中，不仅要准确地进行测量，还应当正确地进行记录和计算。当记录及表达数据结果时，不仅要反映测量值的大小，而且还要反映测量值的准确程度。通常用有效数字来体现测量值的可信程度。正确地运用有效数字及其计算法则，不仅是化验人员的基本技能，而在实际工作中它还关系到测量结果的质量保证和人力、物力消耗等经济效益。

一、有效数字的使用

有效数字是指实际上能测量到的数字，通常包括全部准确数字和一位不确定的可疑数字。除另有说明外，一般可理解为在可疑数字的位数上有 ±1 个单位，或在其下一位上有 ±5 个单位的误差。有效数字保留的位数与测量方法及仪器的准确度有关。使用有效数字时，应注意以下几点。

（1）记录测量所得数据时，应当、也只允许保留一位可疑数字，即不允许增加位数，也不应减少位数。例如，化验中称量质量和测量体积，获得如下数字，其意义是有所不同的：12.5000g，是六位有效数字，这不仅表明试样的质量为 12.5000g，还表示称量误差在 ±0.0001g，是用分析天平称量的；如将其质量记录成 12.50g，则表示该试样是在台称上称量的，其称量误差为 ±0.01g。

又如 10.00mL，是四位有效数字，是用滴定管、吸量管取的，刻度至 0.1mL，估读至 ±0.01mL。若写成 10.0mL，是三位有效数字，一般是用小量筒量取的，刻度至 1mL，估读至 ±0.1mL。10mL 则是两位有效数字，是用大量筒量取的，说明量取准确度至 ±1mL 即可满足化验要求。

当用 25mL 无分度吸量管移取溶液时，应记录为 25.00mL。用 5mL 吸量管时，应记录为 5.00mL。当用 250mL 容量瓶配溶液时，所配的溶液体积应记作 250.0mL。用 50mL 容量瓶时，则应记为 50.00mL，这是根据容量瓶质量的国家标准所允许容量误差决定的。

(2) 有效数字的位数还反映了测量的相对误差。如称量某试剂的质量为 0.5180g，表示该试剂质量是 (0.5180±0.0001)g，其相对误差 (RE) 为：

$$RE\% = \frac{\pm 0.0001}{0.5180} \times 100\% \approx \pm 0.02\%$$

如果少取一位有效数字，则表示该试剂的质量是 (0.518±0.001)g，其相对误差为：

$$RE\% = \frac{\pm 0.001}{0.518} \times 100\% = \pm 0.2\%$$

即测量的准确度前者比后者高 10 倍。因此，记录测量数据时不能因为最后位数的数字是零而随意删去。

(3) 有效数字位数与量的使用单位无关。如称得某物的质量是 12g，两位有效数字。若以 mg 为单位时，应记为 1.2×10^4mg，而不应该记为 12000mg。若以 kg 为单位，可记为 0.012kg 或 1.2×10^{-2}kg。

(4) 数据中的"0"要作具体分析。数字中间的"0"，如 2005 中"00"都是有效数字。数字前边的"0"，如 0.012kg，其中"0.0"都不是有效数字，它们只起定位作用。数字后边的"0"，尤其是小数点后的"0"，如 2.50 中"0"是有效数字，即 2.50 是三位有效数字。

(5) 计算有效数字的位数时，若第 1 位数字等于或大于 8 时，其有效数字应多算一位。例如 9.28mL，表面上是三位有效数字，但其相对误差是 $= \frac{0.01}{9.28} \times 100\% \approx \frac{1}{1000} \times 100\% = 0.1\%$，故可认为它是四位有效数字。

(6) 简单的计数、分数或倍数，属于准确数或自然数，其有效位数是无限的。

(7) 分析化学中常遇到的 pH、pK 等，其有效数字的位数仅取决于小数部分的位数，其整数部分只说明原数值的方次。如 pH=2.49，表示 $[H^+] = 3.2 \times 10^{-3}$ mol/L，是两位有效数字。pH=13.0 表示 $[H^+] = 1 \times 10^{-13}$ mol/L，是一位有效数字。

二、有效数字的修约

在多数情况下，测量数据本身并非最后的要求结果，一般需经一系列运算后才能获得所需的结果。在计算一组准确度不等（即有效数字位数不同）的数据之前，应先按照确定了的有效数字将多余的数字修约或整化。

过去习惯上用"四舍五入"规则修约数字。为了减少因数字修约人为引进的误差，现在应按照国家标准 GB 1.1—1981 附录 C《数字修约规则》进行修约。通常称为"四舍六入五成双"法则。

四舍六入五成双，即当尾数≤4 时，舍去；尾数≥6 时，进位；当尾数为 5 时，则应视保留的末位数是奇数还是偶数，5 前为偶数应将 5 舍去，5 前为奇数则将 5 进位。这一法则的具体运用如下所示。

(1) 若被舍弃的第一位数字大于 5，则其前一位数字加 1。如 28.2645，取 3 位有效数字时，其被舍弃的第一位数字为 6，大于 5，则有效数字应为 28.3。

(2) 若被舍弃的第一位数字等于 5，而其后数字全部为零，则视被保留的末位数字为奇数或偶数（零视为偶数）而定进或舍，末位是奇数时进 1，末位为偶数舍弃。如 28.350，28.250，28.050，只取 3 位有效数字时，分别应为 28.4，28.2，28.0。

(3) 例如将 28.175 和 28.165 处理成 4 位有效数字，则分别为 28.18 和 28.16。

(4) 若被舍弃的第一位数字为 5，而其后面的数字不全是零，无论前面数字是偶或奇，皆进 1。如 28.2501，只取 3 位有效数字时，则进 1，成为 28.3。

(5) 若被舍弃的数字包括几位数字时，不得对该数进行连续修约，而应根据以上规则仅作一次处理。如 2.154546，只取 3 位有效数字时，应为 2.15，而不得连续修约为 2.16（2.154546 → 2.15455 → 2.1546 → 2.155 → 2.16）。

三、有效数字计算法则

在处理数据时，常遇到一些准确度不同的数据。对于这类数据，必须按照一定的法则进行运算，既可节省计算时间，又可避免过繁计算引入错误，使结果能真正符合实际测量的准确度。常用的基本法则如下。

(1) 加减运算 在加减运算时，应以参加运算的各数据中绝对误差最大（即小数点后位数最少）的数据为标准，决定结果（和或差）的有效位数。

【例】 求 $12.35+0.0056+7.8903$ 的值

解： 绝对误差最大的数是 12.35。应以它为依据，先修约，再计算。

$$12.35+0.01+7.89=20.25$$

为稳妥起见，也可在修约时多保留一位，算完后再修约一次。

$$12.35+0.006+7.890=20.246 \overset{修约}{\approx} 20.25$$

(2) 乘除运算 在乘除运算中，应以参加运算的各数据中相对误差最大（即有效数字位数最少）的数据为标准，决定结果（积或商）的有效位数。中间算式中可多保留一位。遇到首位数为 8 或 9 时，可多算一位有效数字。

【例】 求 $0.0121 \times 25.64 \times 1.05782$ 的值。

解： 各数的相对误差分别为：

0.0121 数的相对误差 $(RE) = \dfrac{\pm 1}{121} \times 100\%$

25.64 数的相对误差 $(RE) = \dfrac{\pm 1}{2564} \times 100\%$

1.05782 数的相对误差 $(RE) = \dfrac{\pm 1}{105782} \times 100\%$

即 0.0121 数的相对误差最大，有效数字位数最少，应以它为标准先进行修约，再计算：

$$0.0121 \times 25.6 \times 1.06 = 0.328$$

或先多保留一位有效数字，算完后再修约一次。

$$0.0121 \times 25.64 \times 1.058 = 0.3282，修约为 0.328$$

四、化验分析工作中正确运用有效数字及其计算法则

(1) 正确地记录测量数据 记录的数据一定要如实地反映实际测量的准确度。例如，分析天平可称至 $\pm 0.0001g$，若称得某物质量为 0.2500g，就必须记作 0.2500g，不能记成 0.25g 或 0.250g。如从滴定管读取滴定液的体积恰为 24mL，应当记为 24.00mL，不能记成 24mL 或 24.0mL。

(2) 正确确定样品用量和选用适当的仪器 常量组成的分析测定常用重（质）量分析或容量分析，其方法的准确度一般可达到 0.1%。因此，整个测量过程中每一步骤的误差都应小于 0.1%。用分析天平称量试样时，试样量一般都应大于 0.2g，才能使称量误差小于 0.1%。若称样量大于 3g，则可使用千分之一的天平（即感量为 0.001g），也能满足对称量准确度的要求，其称量误差小于 0.1%。

同理，为使滴定时读数误差小于 0.1%，常量滴定管的刻度精度为 0.1mL，能估读至 $\pm 0.01mL$，滴定剂的用量至少要大于 20mL，才能使滴定时读数误差小于 0.1%。前后两次读数，其读数误差至少为 $\pm 0.02mL$。

(3) 正确报告分析结果 分析结果的准确度要如实地反映各测定步骤的准确度。分析结果的准确度不会高于各测定步骤中误差最大的那一步的准确度。

【例】 分析煤中含硫量时，称量 3.5g，甲乙两人各做两次平行测定，报告结果如下。

甲：S_1 的 $w(s)/\% = 0.042$；S_2 的 $w(s)/\% = 0.041$。

乙：S_1 的 $w(s)/\% = 0.04201$；S_2 的 $w(s)/\% = 0.04109$。

显然，甲的报告结果是可取的，而乙的报告结果不合理。因为：

称量相对误差 $(RE) = \dfrac{\pm 0.1}{3.5} \times 100\% \approx \pm 3\%$

甲的报告相对误差 $(RE) = \dfrac{\pm 0.001}{0.042} \times 100\% \approx \pm 2\%$

可见甲的报告的相对误差与称量的相对误差相符。

乙的报告相对误差 $(RE) = \dfrac{\pm 0.00001}{0.04201} \times 100\% \approx \pm 0.02\%$，乙的报告相对误差比称量的相对误差小了 100 倍，显然是不可能的，是不合理的。

（4）正确掌握对准确度的要求　化验分析中的误差是客观存在的。对准确度的要求要根据需要和客观可能而定。不合理的过高要求，既浪费人力、物力、时间，对结果也是毫无益处的。常量组分的测定常用的是重量法与容量法，其方法误差约 $\pm 0.1\%$，一般取四位有效数字。对于微量物质的分析，分析结果的相对误差能够在 $\pm 2\% \sim \pm 30\%$，就已满足实际需要。因此，在配制这些微量物质的标准溶液时，一般要求称量误差小于 1% 就够了。如用分析天平称量，称量 1.00g 以上标准物质时，称准至 0.01g，其称量相对误差就小于 1%，不必称至 0.0001g。

（5）计算器运算结果中有效数字的取舍　电子计算器的使用已很普遍，这给多位数的计算带来很大方便。但记录计算结果时，切勿照抄计算器上显示的数字，须按照有效数字修约和计算法则来决定计算器计算结果的数字位数的取舍。

第三节　数　据　处　理

一、原始数据与分析结果的判断

1. 原始数据的有效数字位数需与测量仪器的精度一致

原始数据的每一个数字都代表一定的量及其精密度，不能任意改变其位数，记录的原始数据的位数必须与仪器的测量精度相一致。例如，用分析天平称量样品应准确到 $\pm 0.0001g$，用台秤称量样品则应准确到 0.1g 或 0.01g。用 25mL 滴定管及移液管移取溶液，应准确到 0.01mL，用 10mL 量筒量取试液则应准确到 0.1mL。

2. 原始数据必须进行系统误差的校正

系统误差校正方法通常有以下几种。

① 校正测量仪器，如天平、容量器皿等在使用前的校正。

② 使用标准方法或可靠的分析方法，对照所用的测量仪器，对同一样品进行分析化验，如两种方法化验结果一致，说明所用的测量仪器没有系统误差。

③ 在与测试样品的相同条件下，用选用的仪器和分析方法测定标准样品，将测量结果与标准物质中的标准值进行比较，若测量结果在标准物质的标准值及其误差的范围内，说明试样的测定数据不存在系统误差。否则，须进行系统误差的校正。

3. 分析结果的判断

在定量分析工作中，经常重复地对试样进行测定，然后求出平均值。但多次测出的数据是否都参加平均值的计算，这需进行判断。如果在消除了系统误差之后，所测出的数据出现显著的大值与小值，这样的数据是值得怀疑的，称为可疑值。对可疑值应做如下判断。

① 确知原因的可疑值应弃去不用。操作过程中有明显的过失，如称样时的损失、溶样有溅出、滴定时滴定剂有泄漏等，则该次测定结果必是可疑值。在复查分析结果时，对能找出原因的可疑值应弃去不用。

② 不知原因的可疑值，应按 $4d$ 法或 Q 检验法进行判断，决定取舍。

4. $4d$ 法

$4d$ 法即 4 倍于平均偏差法，适用于 $4 \sim 6$ 个平行数据的取舍。具体做法如下。

① 除了可疑值外，将其余数据相加求算术平均值 $\bar{x}$ 及平均偏差 $\bar{d}$。

② 将可疑值与平均值 $\bar{x}$ 相减，若可疑值 $-\bar{x} \geqslant 4\bar{d}$，则可疑值应舍去；若可疑值 $-\bar{x} < 4\bar{d}$，则可疑值应保留。

【例】测得如下一组数据：30.18、30.56、30.23、30.35、30.32，其中最大值是否舍去？

解： 30.56 为最大值，定为可疑值，则：

$$\bar{x} = \frac{30.18 + 30.23 + 30.35 + 30.32}{4} = 30.27$$

$$\overline{d}=\frac{0.09+0.04+0.08+0.05}{4}=0.065$$

因　　$30.56-30.27=0.29$

　　　　$0.29 \geqslant 4\overline{d}$

故　　30.56 值应舍去。

5. Q 检验法

Q 检验法的步骤如下。

① 将所有测定结果数据按大小顺序排列，即：

$$x_1 < x_2 < \cdots\cdots < x_n$$

② 计算 Q 值：

$$Q 值=\frac{|x_? - x|}{x_{max}-x_{min}}$$

式中　$x_?$——可疑值；

　　　x——与 $x_?$ 相邻的值；

　　x_{max}——最大值；

　　x_{min}——最小值。

③ 查 Q 表（表 5-2），比较由 n 次测量求得的 Q 值，与表中所列的相同测量次数的 $Q_{0.90}$ 的大小。$Q_{0.90}$ 表示 90% 的置信度。若 $Q > Q_{0.90}$，则相应的 $x_?$ 应舍去；若 $Q < Q_{0.90}$，则相应的 $x_?$ 应保留。

表 5-2　置信水平的 Q 值

Q 值	测量次数							
	3	4	5	6	7	8	9	10
$Q_{0.90}$	0.94	0.76	0.64	0.56	0.51	0.47	0.44	0.41
$Q_{0.95}$	1.53	1.05	0.86	0.76	0.69	0.64	0.60	0.58

【例】某铁矿中含铁量的 7 次测定结果 $w(Fe)/\%$ 为：37.20，35.40，37.30，37.50，37.60，37.70，37.90，其中 35.40 值为可疑，是否应舍去？

解：
$$Q 值=\frac{|35.40-37.20|}{37.90-35.40}=0.72$$

由 Q 值表查知，$n=7$ 时，$Q_{0.90}=0.51$。

因 $Q > Q_{0.90}$，故可疑值 35.40 应弃去。

二、数据的表达

实验结果的表示法主要有三种方式：列表法、作图法和方程式法。现将这三种方法的应用及表达时应注意的事项分别叙述如下。

1. 列表法

做完实验后，所获得的大量数据，应该尽可能整齐地、有规律地列表表达出来，使得全部数据能一目了然，便于处理运算，容易检查而减少差错。

列表时应注意以下几点：

① 每一个表都应有简明而又完备的名称；

② 在表的每一行或每一列的第一栏，要详细地写出名称、单位；

③ 在表中的数据应化为最简单的形式表示，公共的乘方因子应在第一栏的名称下注明；

④ 在每一行中的数字排列要整齐，位数和小数点要对齐；

⑤ 原始数据可与处理的结果并列在一张表上，而把处理方法和运算公式放在表下注明；

⑥ 表中某一项或全表需要作特别说明时，可采用表注。

2. 作图法

利用图形表达实验结果，有许多好处，首先它能直接显示出数据的特点，如极大、极小、转折点等；其次能够利用图形作切线、求面积，可对数据作进一步的处理，用处极为广泛。其中重要的有以下几种。

(1) 求内插值　根据实验所得的数据，作出函数间相互的关系曲线，然后找出与某函数相应的物理量的数值。

(2) 求外推值　在某些情况下，测量数据间的线性关系可外推至测量范围以外，求某一函数的极限值，此种方法称为外推法。

(3) 作切线以求函数的微商　以曲线的斜率求函数的微商在数据处理中是经常应用的。

(4) 求经验方程　若函数和自变数有线性关系为：

$$y = mx + b$$

则以相应的 x 和 y 的实验数值（x_i、y_i）作图，作一条尽可能联结诸实验点的直线，由直线的斜率和截距可求出方程式中 m 和 b 的数值。对指数函数可取其对数作图，则仍为线性关系。

(5) 求面积计算相应的物理量　例如在求电量时，只要以电流和时间作图，求出曲线所包围的面积，即得电量的数值。

(6) 求转折点和极值　这是作图法最大的优点之一，在许多情况下都应用它。

由于作图法的广泛应用，因此作图技术也应认真掌握，下面列出作图的一般步骤及作图规则。

(1) 坐标纸和比例尺的选择　直角坐标纸最为常用，有时半对数坐标纸或 lg-lg 坐标纸也可选用，在表达三组分体系相图时，常用三角坐标纸。

在用直角坐标纸作图时，以自变数为横轴，因变数为纵轴，横轴与纵轴的读数一般不一定从 0 开始，视具体情况而定。坐标轴上比例尺的选择极为重要。由于比例尺的改变，曲线形状也将跟着改变，若选择不当，可使曲线的某些相当于极大、极小或转折点的特殊部分看不清楚，比例尺的选择应遵守下述规则：

① 要能表示出全部有效数字，以使从作图法求出的物理量的精确度与测量的精确度相适应；

② 图纸每小格所对应的数值应便于迅速简便地读数，便于计算，如 1、2、5 等，切忌 3、7、9 或小数；

③ 在上述条件下，考虑充分利用图纸的全部面积，使全图布局匀称合理；

④ 若作的图线是直线，则比例尺的选择应使其斜率接近于 1。

(2) 画坐标轴　选定比例尺后，画上坐标轴，在轴旁注明该轴所代表变数的名称及单位。在纵轴的左面及横轴下面每隔一定距离写下该处变数应有的值，以便作图及读数。但不应将实验值写于坐标轴旁或代表点旁，横轴读数自左至右，纵轴自下而上。

(3) 作代表点　将相当于测得数量的各点绘于图上，在点的周围画上圆圈、方块或其他符号，其面积的大小应代表测量的精确度。若测量的精确度很高，圆圈应作得小些；反之就大些。在一张图纸上如有数组不同的测量值时，各组测量值的代表点应用不同符号表示，以示区别，并需在图上注明。

(4) 连曲线　作出各代表点后，用曲线板或曲线尺作出尽可能接近于诸实验点的曲线。曲线应光滑均匀，细而清晰，曲线不必通过所有各点，但各点在曲线两旁的分布，在数量上应近似于相等。代表点和曲线间的距离表示了测量的误差，曲线与代表点间的距离应尽可能小，并且曲线两侧各代表点与曲线间距离之和也应近于相等。在作图时也存在着作图误差，所以作图技术的好坏也将影响实验结果的准确性。

(5) 写图名　写上清楚完备的图名及坐标轴的比例尺。图上除图名、比例尺、曲线、坐标轴外，一般不再写其他的字及作其他辅助线，以免使主要部分反而不清楚。数据也不要写在图上，但在报告上应有相应的完整的数据。有时图线为直线而欲求其斜率时，应在直线上取两点，平行坐标轴画出虚线，并加以计算。

作好一张图的另一个关键是正确地选用绘图仪器，"工欲善其事，必先利其器"。绘图所用的铅笔应该削尖，才能使线条明晰清楚，画线时应该用直尺或曲线尺（板）辅助，不能光凭手来描绘。选用的直尺或曲线尺（板）应该透明，才能全面地观察实验点的分布情况，作出合理的线条来。

在曲线上作切线，通常应用下述两种方法。

① 若在曲线的指定点 Q 上作切线，可应用镜像法，先作该点法线，再作切线。方法是取一平而薄的镜子，使其边缘 AB 放在曲线的横断面上，绕 Q 转动，直到镜外曲线与镜像中曲线成一光滑的曲线时，沿 AB 边画出直线就是法线，通过 Q 作 AB 的垂线即为切线，如图 5-2(a) 所示。

② 在所选择的曲线段上作两条平行线 AB 及 CD，作两线段中点的连线，交曲线于 Q，通过 Q 作与 AB 或 CD 的平行线即为 Q 点的切线，如图 5-2(b) 所示。

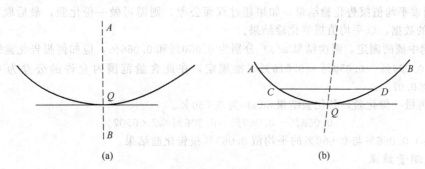

(a)　　　　　　　　　　　(b)

图 5-2　作切线的方法

最后，图是用形象来表达科学的语言，作图时应注意联系基本原理。

3. 方程式法

一组实验数据用数学方程式表示出来，不但表达方式简单，记录方便，也便于求微分、积分或内插值。经验方程式是客观规律的一种近似描写，它是理论探讨的线索和根据。许多经验方程式中的系数的数值与某一物理量是相应的，因此为了求得某一物理量，将数据归纳总结成经验方程式，也是非常必要的。求方程式有两类方法，如下所示。

(1) 图解法　在 x-y 的直角坐标图纸上，用实验数据作图，若得一直线，则可用方程 $y=mx+b$ 表示，而 m、b 可用下两法求出。

① 截距斜率法　将直线延长交于 y 轴，截距为 b，而直线与 x 轴的夹角为 θ，则 $m=\tan\theta$。

② 端值法　在直线两端选两点 (x_1, y_1)、(x_2, y_2)，将它代入上式即得：

$$\begin{cases} y_1 = mx_1 + b \\ y_2 = mx_2 + b \end{cases}$$

解此方程组即得 m 和 b。

在许多情况下，直接用原来变数作图，并非直线，而需加以改造，另选变数使成直线。例如表示液体或固体的饱和蒸气压 p 与温度 T 的 Clausius-Clapeyron 方程的积分形式为：

$$\lg p = -\frac{\Delta H}{2.303R} \times \frac{1}{T} + B$$

作 $\lg p$-$\dfrac{1}{T}$ 图，由直线斜率可求得 $-\dfrac{\Delta H}{2.303R}$，这样就可求汽化热或升华热。

又如固体在溶液中吸附，吸附量 Γ 和吸附物的平衡浓度 c 有下述关系：

$$\frac{c}{\Gamma} = \frac{c}{\Gamma_\infty} + \frac{1}{\Gamma_\infty K}$$

作 $\dfrac{c}{\Gamma}$-c 图，即得直线，由斜率可求 Γ_∞，进一步求算每个分子的截面积或吸附剂的比表面积。

对指数方程 $y=be^{mx}$ 或 $y=bx^m$，可取对数，使成：

$$\ln y = mx + \ln b \quad 或 \quad \ln y = m\ln x + \ln b$$

这样，若以 $\ln y$（或 $\lg y$）对 x 作图，或以 $\ln y$ 对 $\ln x$ 作图，均可得直线而求出 m 和 b 来。

若不知曲线的方程形式，则可查看有关文献，根据曲线的类型，确定公式的形式，然后将曲线方程变换成直线方程或表达成多项式。

(2) 计算法　不用作图而直接由所测数据计算。其计算方法之一，参见本章第三节四、工作曲线的一元回归方程——最小二乘法，即可算出直线的斜率与截距。

三、分析结果的报告

不同的分析任务，对化验结果准确度的要求不同。平行测定的次数不同，化验结果的报告也不同。

1. 例行分析

例行分析中，一般一个试样做两个平行测定。如果两次化验结果之差不超过双面公差（即公差的 2 倍），则取平均值报告化验结果；如果超过双面公差，则需再做一份化验，最后取两个差值小于双面公差的数据，以平均值报告化验结果。

【例】钢中硫的测定，两次结果 $\omega(s)$ 分别为 0.050% 和 0.066%，应如何报告化验结果。

解 因 $0.066\% - 0.050\% = 0.016\%$，按规定，在此含量范围内允许的公差为 0.07%。则 $0.016\% \geqslant 2 \times 0.07\%$。

所以应再做一份化验，其化验结果 $\omega(s)$ 为 0.060%。

$$0.066\% - 0.060\% = 0.006\% \leqslant 2 \times 0.07\%$$

故取 $\omega(s)$ 0.066% 与 0.060% 的平均值 0.063% 报告化验结果。

2. 多次测量结果

多次测量结果通常可用两种方式报告：一种是采用测量值的算术平均值及算术平均偏差；另一种是采用测量值的算术平均值及标准偏差。

有关算术平均值、算术平均偏差、标准偏差等的计算参看本章第一节。

3. 平均值的置信区间

在报告化验结果时仅写出平均值 $\bar{x}$ 的数值是不够确切的，有时还应当指出在 $\bar{x} \pm tS_{\bar{x}}$ 范围内出现的概率是多少，这就需用平均值的置信区间来说明。

在一定置信度下，以平均值为中心，包括真实值的可能范围称为平均值的置信区间，又称为可靠性区间界限。由下式表示：

$$平均值的置信区间 = \bar{x} \pm t\frac{S}{\sqrt{n}} = \bar{x} \pm tS_{\bar{x}}$$

式中 $\bar{x}$——算术平均值；

      S——标准偏差；

      n——测定次数；

      t——置信系数（表 5-3）；

      $S_{\bar{x}}$——平均值的标准偏差。

在化验分析中，通常只做较少量数据，根据所得数据，平均值（$\bar{x}$），标准偏差（S），测量次数（n），再根据所要求的置信度（P），自由度（f）$=n-1$，从表 5-3 中查出 t 值，再按上式即可计算出平均值的置信区间。

表 5-3 置信系数 t 值

自由度 $f=n-1$	置信度 P			自由度 $f=n-1$	置信度 P		
	90%时 t 值	95%时 t 值	99%时 t 值		90%时 t 值	95%时 t 值	99%时 t 值
1	6.31	12.71	63.66	9	1.83	2.26	3.25
2	2.92	4.30	9.92	10	1.81	2.23	3.17
3	2.35	3.18	5.84	20	1.72	2.09	2.84
4	2.13	2.78	4.60	30	1.70	2.04	2.75
5	2.01	2.57	4.03	60	1.67	2.00	2.66
6	1.94	2.45	3.71	120	1.66	1.98	2.62
7	1.90	2.36	3.50	∞	1.64	1.96	2.58
8	1.86	2.31	3.35				

假设要求化验结果的准确度有 95% 的可靠性，这个 95% 就称为置信度（P），又称置信水平，它表示出人们对化验结果的可信程度。置信度是根据化验对准确度的要求来确定的。

【例】化验水中镁杂质的含量，其化验结果如下。

化验结果含镁量/(mg/L)	$d=(x-\overline{x})$	$d^2=(x-\overline{x})^2$	化验结果含镁量/(mg/L)	$d=(x-\overline{x})$	$d^2=(x-\overline{x})^2$
60.04	0.01	0.0001	60.03	0.02	0.0004
60.11	0.06	0.0036	60.00	0.05	0.0025
60.07	0.02	0.0004	$\overline{x}=60.05$	$\sum d=0.16$	$\sum d^2=0.0070$

$$标准偏差(S)=\sqrt{\frac{\sum(x-\overline{x})^2}{n-1}}=\sqrt{\frac{0.0070}{5-1}}=0.04$$

$$置信度(P)=95\%$$

$$自由度(f)=n-1=4$$

t 值由表 5-3 中查出为 2.78。

$$置信区间=\overline{x}\pm t\frac{S}{\sqrt{n}}=60.05\pm2.78\times\frac{0.04}{\sqrt{5}}=60.05\pm0.05\ (\text{mg/L})$$

此例说明，通过 5 次测定，化验检出水中镁的含量在 $60.00\sim60.10\text{mg/L}$ 之间有 95% 的可能性。

四、化验方法可靠性的检验

当选用新的化验方法进行定量测定时，必须事先考察该方法是否存在系统误差。只有确认其法没有系统误差或者系统误差能被校正才能采用，才可信任用该法得到的数据。通常采用下列两种方法对化验方法可靠性进行检验。

1. t 检验法

t 检验法又称标准物质（样品）法。将包含与被测组分和试样的基体相似的标准物质（样品），用测定试样所选用的分析方法进行 n 次测定，计算出标准物质（样品）中所含被测组分的算术平均值 $\overline{x}$ 及标准偏差 S，然后将此 $\overline{x}$ 值与标准物质所给出的该组分的含量 μ 比较。若 $\overline{x}$ 与 μ 无显著差异，说明所选用的分析方法可靠，可以采用；反之，则不可直接采用。

t 检验法的具体步骤如下。

（1）计算 t 值　按下式进行。

$$t_{计算}值=\frac{|\overline{x}-\mu|}{S}\sqrt{n}$$

式中　$\overline{x}$——多次测定的算术平均值；

μ——标准物质中该组分的含量；

S——多次测定的标准偏差；

n——测定次数。

（2）查 t 值表　根据自由度 $(f)=n-1$，置信度 P，由表 5-3 中查出 t 值，以 $t_{表}$ 表示。

（3）比较 $t_{计算}$ 与 $t_{表}$ 值

① 若 $t_{计算}<t_{表}$，则 $\overline{x}$ 与 μ 无显著性差异。

② 若 $t_{计算}>t_{表}$，则 $\overline{x}$ 与 μ 有显著差异，该法不能直接采用。

2. F 检验法

F 检验法是将同一欲测试样用标准方法（或可靠的经典的分析方法）和所选用的新分析方法，分别进行多次测定。

标准方法测得的为平均值 $\overline{x}_1$、标准偏差 S_1 及测定次数 n_1。

所选用的新法测得的为平均值 $\overline{x}_2$、标准偏差 S_2 及测定次数 n_2。

先用 F 检验法检验两法测定值或两组数值间的精密度有无显著性差异。如精密度无显著性差异，再继续用 t 检验法检验 $\overline{x}_1$ 与 $\overline{x}_2$ 也无显著性差异，则说明新分析方法可以采用，两组数值相近。

F 检验法的具体步骤如下。

（1）计算 F 值，按下式进行。

$$F_{计算}值=\frac{S_{大}^2}{S_{小}^2}$$

式中，$S_大$、$S_小$ 为 S_1 与 S_2 比较而得，S 值较大的作为 $S_大$，与 $S_大$ 相应的那组数据的 $(n-1)$ 定为 $f_大$，S 值较小的作为 $S_小$，与 $S_小$ 相应的那组数据的 $(n-1)$ 定为 $f_小$。

（2）依据 $f_大$ 与 $f_小$，从表 5-4 中查 95％ 置信度的 F 值，得到 $F_表$ 值。

（3）比较 $F_{计算}$ 与 $F_表$。若 $F_{计算} < F_表$，则两组测定值的 S_1 与 S_2 差异不显著，可继续进行 t 检验；反之，则 S_1 与 S_2 差异显著，说明新的方法不能直接采用，不必往下检验。

表 5-4　95％置信度的 F 值

$f_小$	$f_大$														
	1	2	3	4	5	6	7	8	9	10	12	15	20	60	∞
1	161.4	199.5	215.7	224.6	230.2	234.0	236.8	238.9	240.5	241.9	243.9	245.9	248.0	252.2	254.3
2	18.51	19.00	19.16	19.25	19.30	19.33	19.35	19.37	19.38	19.40	19.41	19.43	19.45	19.48	19.50
3	10.13	9.55	9.28	9.12	9.01	8.94	8.89	8.85	8.81	8.79	8.74	8.70	8.66	8.57	8.53
4	7.71	6.94	6.59	6.39	6.26	6.16	6.09	6.04	6.00	5.96	5.91	5.86	5.80	5.69	5.63
5	6.61	5.79	5.41	5.19	5.05	4.95	4.88	4.82	4.77	4.74	4.68	4.62	4.56	4.43	4.36
6	5.99	5.14	4.76	4.53	4.39	4.28	4.21	4.15	4.10	4.06	4.00	3.94	3.87	3.74	3.67
7	5.59	4.74	4.35	4.12	3.97	3.87	3.79	3.73	3.68	3.64	3.57	3.51	3.44	3.30	3.23
8	5.32	4.46	4.07	3.84	3.69	3.58	3.50	3.44	3.39	3.35	3.28	3.22	3.15	3.01	2.93
9	5.12	4.26	3.86	3.63	3.48	3.37	3.29	3.23	3.18	3.14	3.07	3.01	2.94	2.79	2.71
10	4.96	4.10	3.71	3.48	3.33	3.22	3.14	3.07	3.02	2.98	3.91	2.85	2.77	2.62	2.54
11	4.84	3.98	3.59	3.36	3.20	3.09	3.01	2.95	2.90	2.85	2.79	2.72	2.65	2.49	2.40
12	4.75	3.89	3.49	3.26	3.11	3.00	2.91	2.85	2.80	2.75	2.69	2.62	2.54	2.38	2.30
13	4.67	3.81	3.41	3.18	3.03	2.92	2.83	2.77	2.71	2.67	2.60	2.53	2.46	2.30	2.21
14	4.60	3.74	3.34	3.11	2.96	2.85	2.76	2.70	2.65	2.60	2.53	2.46	2.39	2.22	2.13
15	4.54	3.68	3.29	3.06	2.90	2.79	2.71	2.64	2.59	2.54	2.43	2.40	2.33	2.16	2.07
16	4.49	3.63	3.24	3.01	2.85	2.74	2.66	2.59	2.54	2.49	2.42	2.35	2.28	2.11	2.01
17	4.45	3.59	3.20	2.96	2.81	2.70	2.61	2.55	2.49	2.45	2.38	2.31	2.23	2.06	1.96
18	4.41	3.55	3.16	2.93	2.77	2.66	2.58	2.51	2.46	2.41	2.34	2.27	2.19	2.02	1.92
19	4.38	3.52	3.13	2.90	2.74	2.63	2.54	2.43	2.42	2.38	2.31	2.23	2.16	1.98	1.88
20	4.35	3.49	3.10	2.87	2.71	2.60	2.51	2.45	2.39	2.35	2.28	2.20	2.12	1.95	1.84
21	4.32	3.47	3.07	2.84	2.68	2.57	2.49	2.42	2.37	2.32	2.25	2.18	2.10	1.92	1.81
22	4.30	3.44	3.05	2.82	2.66	2.55	2.46	2.40	2.34	2.30	2.23	2.15	2.07	1.89	1.78
23	4.28	3.42	3.03	2.80	2.64	2.53	2.44	2.37	2.32	2.27	2.20	2.13	2.05	1.86	1.76
24	4.26	3.40	3.01	2.78	2.62	2.51	2.42	2.36	2.30	2.25	2.18	2.11	2.03	1.84	1.73
25	4.24	3.39	2.99	2.76	2.60	2.49	2.40	2.34	2.28	2.24	2.16	2.09	2.01	1.82	1.71
30	4.17	3.32	2.92	2.69	2.53	2.42	2.33	2.27	2.21	2.16	2.09	2.01	1.93	1.74	1.62
40	4.08	3.23	2.84	2.61	2.45	2.34	2.25	2.18	2.12	2.08	2.00	1.92	1.84	1.64	1.51
60	4.00	3.15	2.76	2.53	2.37	2.25	2.17	2.10	2.04	1.99	1.92	1.84	1.75	1.53	1.39
120	3.92	3.07	2.68	2.45	2.29	2.17	2.09	2.02	1.96	1.91	1.83	1.75	1.66	1.43	1.25
∞	3.84	3.00	2.60	2.37	2.21	2.10	2.01	1.94	1.88	1.83	1.75	1.67	1.57	1.32	1.00

（4）继续 t 检验的具体步骤如下。

① 计算 t 值，按下式进行。

$$t_{计算} = \frac{|\bar{x}_1 - \bar{x}_2|}{S_小} \sqrt{\frac{n_1 n_2}{n_1 + n_2}}$$

② 依据 $f = n_1 + n_2 - 2$ 与置信度 P，查 t 值（表 5-3），得到 $t_表$。

③ 若 $t_{计算} < t_表$，即 $\bar{x}_1$ 与 $\bar{x}_2$ 无显著差异。

【例】 采用真空干燥法及蒸馏法测定某袋乳粉中的水分含量。真空干燥法的测定结果 $\omega(H_2O)$ 为 5.40％、5.71％、5.86％；蒸馏法测定结果 $\omega(H_2O)$ 为 5.49％、5.69％、5.48％。试问置信度为 95％ 时，这两种测定方法有无显著性差异？

解： 先计算出真空干燥法测得的这组数据的算术平均值 $(\bar{x}_1) = 5.59\%$，标准偏差 $(S_1) = 0.17$，测定次数 $(n_1) = 3$。

同法计算出蒸馏法测得的 $\bar{x}_2 = 5.55\%$，$S_2' = 0.12$，$n_2 = 3$。

S_1 较 S_2 为大，故以 S_1' 作为 $S_大$，进行 F 检验。

$$F_{计算} = \frac{S_大^2}{S_小^2} = \frac{S_1^2}{S_2^2} = \frac{0.17^2}{0.12^2} = 2.0$$

$$f_大 = f_1 = n_1 - 1 = 3 - 1 = 2$$

$$f_小 = f_2 = n_2 - 1 = 3 - 1 = 2$$

选择 95% 置信度。从表 5-4 中查得 $F_表 = 19.00$。

因 $2.0 < 19.00$，即 $F_{计算} < F_表$。所以此两种测定方法的测定精密度 S_1 与 S_2 间无显著差异，可继续进行 t 检验。

$$t_{计算} = \frac{|\bar{x}_1 - \bar{x}_2|}{S_小}\sqrt{\frac{n_1 n_2}{n_1 + n_2}} = \frac{|\bar{x}_1 - \bar{x}_2|}{S_2}\sqrt{\frac{n_1 n_2}{n_1 + n_2}} = \frac{|5.59 - 5.55|}{0.12}\sqrt{\frac{3 \times 3}{3 + 3}} = 0.40$$

$$f_1 = n_1 + n_2 - 2 = 3 + 3 - 2 = 4$$

选择 95% 置信度。查表 5-2，得 $t_表 = 2.78$。

因为 $0.4 < 2.78$，即 $t_{计算} < t_表$，所以两种测定方法所得的结果 $\bar{x}_1$ 与 $\bar{x}_2$，无显著性差异。故可用这两种方法测定水分含量。

五、工作曲线的一元回归方程——最小二乘法

在分析测试中经常遇到处理两个变量之间的关系。例如，在建立工作曲线时，需要了解被测组分的浓度 (x) 与响应值 (y) 之间的关系。由于存在着不可避免的测量误差，使得浓度 (x) 与响应值 (y) 两者间不是存在严格的函数关系，而使得变量之间的关系具有某种不确定性，通常表现为相关关系。在工作曲线中，浓度与响应值之间的关系，其实验测量点是散布在一条直线的两边，这条直线的函数表达式为 $y = b + mx$，能够作为观察结果的一种近似描述。就是说，变量 x、y 之间的相关关系尽管不是函数关系，但仍然可以借助相应的函数表达它们的规律性。这样的函数称回归函数。如果回归函数是一元线性函数，工作曲线称一元回归线，则称变量间是线性相关的。

一元线性回归方程的一般形式为：

$$y = b + mx$$

若有 n 对 x、y 值适合方程 $y = b + mx$ 时，用最小二乘法可求直线式中常数 b（截距）和 m（斜率）。即用下列方程求得：

$$b = \frac{\sum x_i y_i \sum x_i - \sum y_i \sum x_i^2}{(\sum x_i)^2 - n\sum x_i^2}$$

$$m = \frac{\sum x_i \sum y_i - n\sum x_i y_i}{(\sum x_i)^2 - n\sum x_i^2}$$

式中　b——一元回归线的截距；

　　　m——一元回归线的斜率；

　　　x_i——n 对 (x, y) 点的 x 值；

　　　y_i——n 对 (x, y) 点的 y 值；

　　　n——组成工作曲线的测定点数。

【例】 工作曲线由 (1, 3.0)、(3, 4.0)、(8, 6.0)、(10, 7.0)、(13, 8.0)、(15, 9.0)、(17, 10.0)、(20, 11.0) 八点组成，求出该工作曲线的截距 b 与斜率 m 值。

解： 作下表

x	y	x^2	xy	x	y	x^2	xy
1	3.0	1	3.0	15	9.0	225	135.0
3	4.0	9	12.0	17	10.0	289	170.0
8	6.0	64	48.0	20	11.0	400	220.0
10	7.0	100	70.0	$\Sigma 87$	$\Sigma 58.0$	$\Sigma 1257$	$\Sigma 762.0$
13	8.0	169	104.0				

由表得 $\sum x = 87$，$\sum y = 58.0$，$\sum x^2 = 1257$，$\sum xy = 762.0$，$n = 8$。

将上列各值分别代入下式求得：

$$\text{截距}(b)=\frac{\sum x_i y_i \sum x_i - \sum y_i \sum x_i{}^2}{(\sum x_i)^2 - n\sum x_i{}^2}=\frac{762.0\times 87-58.0\times 1257}{87^2-8\times 1257}=2.66$$

$$\text{斜率}(m)=\frac{\sum x_i \sum y_i - n\sum x_i y_i}{(\sum x_i)^2 - n\sum x_i{}^2}=\frac{87\times 58.0-8\times 762.0}{87^2-8\times 1257}=0.422$$

其工作曲线的线性方程为。

$$y=2.66+0.422x$$

六、提高分析结果准确度的方法

要提高分析结果的准确度，必须考虑在分析中可能产生的各种误差，采取有效措施，将这些误差减到最小，提高精密度，校正系统误差，就能提高分析结果的准确度。

(1) 选择合适的分析方法　各种分析方法的准确度和灵敏度各有不同。重（质）量法与容量法测定的准确度高，但灵敏度低，适于常量组分的测定。仪器分析法其测定灵敏度高，但通常准确度较差，适宜微量组分的测定。例如，对于含铁量为 40% 的试样中铁的测定，采用准确度高的重（质）量法或容量法，可以准确地测定铁的含量。而若用分光光度法或原子光谱测定，其相对误差按 5% 计，可能测得铁的含量范围是 38%～42%。显然，这样的测定准确度太差了，不能满足生产的实际需要。如果另一试样含铁量为 0.02%，采用光度法或原子光谱测定，尽管相对误差较大，但因铁的含量低，其绝对误差小，测得的范围可能是 0.018%～0.022%，这样的测定结果是能够满足要求的。对如此微量铁的测定，重（质）量法与容量法是无能为力的。

(2) 减少测量误差　为了保证分析结果的准确度，必须尽量减小测量误差。例如在质量分析中，测定步骤是沉淀、过滤、洗涤、称重等，应设法减少这些步骤中引起的误差。重量法中，如要求相对误差小于 0.1%，试样质量就不能太少。又如容量分析中，要求相对误差小于 0.1%，滴定剂的用量必须在 20mL 以上。分光光度法中要求相对误差为 2% 时，若称取试样 0.5g，则试样称准至 0.01g 就够了，不必要求称准至 0.0001g。

(3) 增加平行测定次数　增加平行测定次数，可以减少随机误差。但测定次数过多，耗费过多的人力和物力，往往会得不偿失。一般分析测定，平行做 4～6 次即可。

(4) 消除测定过程中的系统误差　为了检查分析过程中有无系统误差，做对照试验是最有效的方法。可采用下列三种方法。

① 标准物质（样品）法　选择其组成与试样相近的标准物质来测定，将测定结果与标准值比较，用统计检验方法确定有无系统误差。

② 标准方法　采用标准方法和所选用的方法同时测定某一试样，由测定结果做统计检验。

③ 已知标准物质加入法　采用加入法做对照实验。即称取等量试样两份，在一份试样中加入已知量的欲测组分，平行进行此两份试样的测定，由加入被测组分量是否完全回收来判断有无系统误差。

若对照实验说明有系统误差存在，则应设法找出产生系统误差的原因，并加以消除。通常消除系统误差采用如下方法。

① 做空白试验消除试剂、蒸馏水及器皿引入的杂质所造成的系统误差。在不加试样的情况下，按照试样分析步骤和条件进行分析试验，所得结果称为空白值，再从试样测定结果中扣除此空白值。

② 校准仪器以消除仪器不准所引起的系统误差。如对砝码、移液管、容量瓶、滴定管、分光光度计的波长等进行校准。

③ 引用其他分析方法进行校正。如用重量法测定 SiO_2 时，滤液中的硅可用光度法测定，然后加到重量法结果中去。

第四节　分析测试中的质量保证

分析测试中的质量保证是最近十几年的事。人们把实验比作为一个生产过程，实验室收到的样品比作为生产中使用的原材料，对原材料进行一系列的操作加工，产生的"产品"即为分析测试数据与报告。在实验室中应用的许多质量控制和质量保证技术，如控制图、仪器校准等，在形式上与生产过程中使用的相似。然而，进入实验室的试样不是均匀的，得到的"产品"也不是一个直觉的实体，而是有关试样的信息，即分析测试数据的报告。这些数据的报告可能在技术方面（包括生产、科研）、商业方面、安全方面或法律上有重要的应用。怎样衡量数据的质量呢？如果数据具有一致性，而且它们的不确定度小于准确度要求时，就认为这些数据有合格的质量；反之，数据过分离散或不确定度满足不了准确度要求时，就认为这些数据是低质量的或不合格的。确认测量数据达到预定目标的步骤称为质量保证。它包括两个方面：

① 质量控制——为产生达到质量要求的测量所遵循的步骤；

② 质量评定——用于检验质量控制系统处于允许限内的工作和评价数据质量的步骤。

一、分析测试中质量控制

质量控制技术包括从试样的采集、预处理到数据处理的全过程的控制操作和步骤。

质量控制的基本要素有：人员的技术能力；合适的仪器设备；好的实验室和好的测量操作；合适的测量方法、标准的操作规程；合格的试剂及原材料；正确的采样及样品处理；合乎要求的原始记录和数据处理；必要的检查程序等。

1. 人员的技术能力

实验人员的能力和经验是保证分析测试质量的首要条件。随着现代分析仪器的应用，对人员的专业水平要求更高。化验室应按合理比例配备高、中和初级技术人员，各自承担相应的分析测试任务。化验室要有一个勤勤恳恳、努力工作、联系群众，既有一定理论基础，又有工作经验的、负责抓质量保证的实验室主任。化验室工作人员必须有一定的化学知识并经过专门培训。化验室应不断地对各类人员继续进行业务技术培训，并且建立每一个工作人员的技术业务档案，包括学历、能承担的分析任务项目、编写的论文与技术资料、参加的学术会议、专业培训（包括短训班、夜大学、进修有关的课程、研讨会）与资格证明、工作成果、考核成绩、奖惩情况等。这些个人技术业务档案不仅是个人业务能力的考核，也是显示实验室水平的重要基础，是社会认可实验室的重要依据。

2. 实验室的仪器设备

仪器设备是化验室不可缺少的重要的物质基础，是开展化验工作的必要条件。典型的现代分析化学需要有专门的仪器设备。分析检验的成功与失败，常与使用的仪器设备密切相关。专门的仪器设备正在迅速地替代通用仪器。因此，某些种类的分析测量就只能在有这些仪器设备的实验室中进行。

化验室的仪器设备必须适应化验室的任务要求。应根据化验室任务的需要，选择合适的仪器设备，没有必要盲目地追求仪器设备的档次。不应购进备而不用的仪器设备。

要产生质量好的数据，只有合适的仪器设备是不够的，还必须正确地使用和保养好这些仪器设备，使仪器设备产生误差的因素处于控制之下，才能得到合乎质量要求的数据。

(1) 常用仪器设备的校准 在化学测量的仪器分析中，大部分测量是相对测量技术，必须以标准物质（标准溶液）对仪器设备的响应值进行校正。校正的标准，可以用国家质量管理部门监制的标准物质，也可用制造厂家标定的设备和厂家标明的一定纯度的化学试剂。是否使用标准物质依赖于使用仪器设备的分析方法所需的准确度，有时还与经费开支有关。因为标准物质的价格通常比较昂贵，只在必要时才用它。分析方法的校正常通过制作标准溶液的工作曲线来实现。

① 分析天平 常用 50g 或 100g 高质量的砝码（或标准砝码）来校正。电子分析天平内常装有已知质量的标准砝码，用于天平的校正。天平校正的时间间隔长短依赖于天平的使用次数，如果使用较多，需每天或每周校准一次。

② 容量玻璃器皿 若使用著名厂家生产的标有"一等"字样的玻璃量器，除非要求方法准确度高于 0.2%，一般不用校正。玻璃量器的校正方法见第十章第三节。

③ 烘箱 烘箱应使用校正过的温度计（可以根据生产厂家提供的证明），烘箱的温度每天都要检查。

④ 马弗炉 马弗炉的温度通常不需校正，若要校正可采用光学高温计。

⑤ 紫外-可见分光光度计 可用钕玻璃滤光器进行波长校正。也可用 0.0400g/L K_2CrO_4 的

0.05mol/L KOH 溶液进行波长校正。$KMnO_4$ 溶液可用于检查可见区 526nm 和 546nm 吸收峰的分辨能力。吸光度的校正采用工作曲线法。分光光度的波长和吸光度至少每周要校准一次。

⑥ pH 计　用标准 pH 缓冲溶液进行校准。pH 计每次使用前均应校准。

⑦ 红外光谱仪　可用聚苯乙烯薄膜进行波数的校正及分辨率的校正。

⑧ 荧光计　荧光强度用已知浓度的硫酸奎宁溶液校正。荧光计的激发光光谱和荧光光谱，可采用罗单明 B 标准光子计数器进行校正。其波长的分辨率可以用汞灯的波长 365.0nm、365.5nm 和 366.3nm 三条线的分辨情况来检查。

⑨ 原子吸收光谱仪　每次使用前均需用被测元素的空心阴极灯进行波长的校正，用标准溶液进行浓度校正或作工作曲线。

⑩ 电导仪　电导率值可用一定浓度的 KCl 或 NaCl 标准溶液校准。至少每周校准一次。

⑪ 气相色谱和高效液相色谱仪　每批样品测定至少要用标准溶液作工作曲线校正一次。必要时还要采用内标法。

(2) 仪器设备的管理　安放仪器设备的实验室应符合该仪器设备的要求，以确保仪器的精度及使用寿命。仪器室应防尘、防腐蚀、防震、防晒、防湿等。仪器应在单独房间安放，不能与化学操作室混用。

使用仪器之前应经专人指导培训或认真仔细阅读仪器设备的说明书，弄懂仪器的原理、结构、性能、操作规程及注意事项等方能进行操作。操作时应非常小心地按操作规程进行。未经准许的人，未经专门培训的人，应严禁使用或操作贵重仪器。某些胆大妄为、胡乱拨弄仪器、猛拨开关、乱按键盘的做法是极坏的行为，应严加阻止。

仪器设备应建立专人管理的责任制。仪器名称、规格、型号、数量、单价、出厂和购置年月以及主要的零配件都要准确登记。

每台大型精密仪器都需建立技术档案，内容包括：①仪器的装箱单、零配件清单、合同复印件、说明书等；②仪器的安装、调试、性能鉴定、验收等记录；③使用规程、保养维修规程；④使用登记本、事故与检修记录。

大型精密仪器的管理使用、维修等应由专人负责。使用与维修人员经考核合格后方能上岗。如确需拆卸、改装固定的仪器设备均应有一定的审批手续。出现事故应及时汇报有关部门处理。

3. 实验室应具备的条件

一个好的实验室应具备以下条件。

(1) 组织管理与质量管理的 9 项制度　①技术资料档案管理制度，要经常注意收集本行业和有关专业的技术性书刊和技术资料，以及有关字典、辞典、手册等必备的工具书，这些资料在专柜保存，由专人管理，负责购置、登记、编号、保管、出借、收回等工作；②技术责任制和岗位责任制；③检验试验工作质量的检验制度；④样品管理制度；⑤设备、仪器的使用、管理、维修制度；⑥试剂、药品以及低值易耗品的使用管理制度；⑦技术人员考核、晋升制度；⑧试验事故的分析和报告制度；⑨安全、保密、卫生、保健等制度。

(2) 对仪器设备的要求　①应具备与其业务范围相适应的试验仪器设备；②仪器设备的性能和运用性应定期进行检查、维护和维修，定期进行校准；③仪器设备发生故障时，应及时进行检修，并写出检修记录存档；④仪器设备应由专人管理，保持完好状态，便于随时使用。

(3) 对实验室环境要求　①实验室的环境应符合装备技术条件所规定的操作环境的要求，如要防止烟雾、尘埃、振动、噪声、电磁、辐射等可能的干扰；②保持环境的整齐清洁。除有特殊要求外，一般应保持正常的气候条件；③仪器设备的布局要便于进行试验和记录测试结果，并便于仪器设备的维修。

(4) 装订成册　测试的方法、步骤、程序、注意事项、注释，以及修改的内容等要有文字记载，装订成册，可供使用与引用。采用的测试方法要进行评定。

(5) 对原始记录的要求　原始记录是对检测全过程的现象、条件、数据和事实的记载。原始记录要做到记录齐全、反映真实、表达准确、整齐清洁。记录要用记录本或按规定印制的原始记录单，不得用白纸或其他记录纸替代；原始记录不准用铅笔或圆珠笔书写，也不准先用铅笔书写后再用墨水笔描写；原始记录不可重新抄写，以保证记录的原始性；原始记录不能随意划改，必须涂改的数据，涂改后应签字盖章，正确的数据写在划改数据的上方，不得摩、刮改写。检验人员要签名并注明日期，负责人要定期检查原始记录并签上姓名与日期。

为了促进化验测试工作的标准化、规范化、制度化和科学化管理，有必要按计量认证对化验测试工作的要求，把化验测试工作的原始记录统一格式。在此，推荐国家计量认证地矿评审组为地矿部实验测试单位制定的一套化学分析原始记录表格，供参考使用。

《分析报告》为原始记录表格装订成册后的封面。

《分析原始记录》为每批样品检测完毕后，所有测试项目原始记录汇总装订成册的封面。

×××　　　　　　　　　实验室

分 析 报 告

送样单位 ＿＿＿＿＿＿＿＿＿＿＿

分析批号 ＿＿＿＿＿＿＿＿＿＿＿

样品名称 ＿＿＿＿＿＿＿＿＿＿＿

样品数量 ＿＿＿＿＿＿＿＿＿＿＿

分析项目 ＿＿＿＿＿＿＿＿＿＿＿
　　　　＿＿＿＿＿＿＿＿＿＿＿

收样日期 ＿＿＿＿＿＿＿＿＿＿＿

报告日期 ＿＿＿＿＿＿＿＿＿＿＿

报告页数 ＿＿＿＿＿＿＿＿＿＿＿

主任 ＿＿＿＿＿＿＿ 技术负责人 ＿＿＿＿＿＿＿

分析批号 ＿＿＿＿＿＿＿＿＿＿

分 析 原 始 记 录

送样单位＿＿＿＿＿＿ 检测类别＿＿＿＿＿＿ 样品数量＿＿＿＿＿＿

分析编号＿＿＿＿＿ 至＿＿＿＿＿ 页数＿＿＿＿＿＿

分析项目＿＿＿＿＿＿＿＿＿＿＿＿＿＿＿＿＿＿＿

收样日期＿＿＿年＿＿月＿＿日 完成日期＿＿＿年＿＿月＿＿日

组长＿＿＿＿＿＿ 质检员＿＿＿＿＿＿ 负责人＿＿＿＿＿＿

质量保证负责人＿＿＿＿＿＿＿＿ 技术负责人＿＿＿＿＿＿＿＿

重量分析原始记录

分析批号　　　　　　　　　　　　分析日期　　　年　　月　　日　第1页共　　页

分析项目		计算公式:								
方法编号										
序　号	1	2	3	4	5	6	7	8	9	10
分析编号										
取样量/g										
灼烧或烘干后重/g　1										
2										
3										
恒重										
空坩埚重/g　1										
2										
3										
恒重										
沉淀重/g										
减空白重/g										
含量/%										

分析者＿＿＿＿＿＿＿　　　　　校核者＿＿＿＿＿＿＿

注: 重量分析原始记录每张纸可记录10个样品测试数据, 测试结果以"含量%"表示。分析和校核人必须在每一个原始记录上签字。其他各种原始记录均按此要求。校核者可以是组长或组内明确负责人。

滴定分析原始记录

分析批号　　　　　　　　　　分析日期　　　年　　月　　日　第1页共　　页

分析项目		计算公式:								
方法编号										
标准溶液的标定、浓度或滴定度										
序　号	1	2	3	4	5	6	7	8	9	10
分析编号										
取样量/g(mL)										
终读数/mL										
初读数/mL										
滴定数/mL										
减空白数/mL										
含量/%(mg/L)										

分析者＿＿＿＿＿＿＿　　　　　校核者＿＿＿＿＿＿＿

原子吸收光谱分析原始记录

分析日期　　年　　月　　日　　第1页共　　页

分析批号		试样量	g(mL)	仪器型号		灯电流		mA
分析项目		试液介质		仪器编号		温 度		℃
方法编号		试液体积	mL	波 长	nm	相对湿度		%
测量方式		标准曲线体积	mL	狭 缝	nm			

标准曲线		计算公式	
		备 注	

序 号	1	2	3	4	5	6	7	8	9	10
分析编号										
取样量/g(mL)										

分析者＿＿＿＿＿＿　　校核者＿＿＿＿＿＿

光度分析原始记录

分析日期　　年　　月　　日　　第1页共　　页

分析批号		试样量	g(mL)	仪器型号		比色温度		℃
分析项目		试液体积	mL	仪器编号				
方法编号		标准曲线体积	mL	波 长	nm			
测量方式		标液浓度	μg/mL	比色池	cm			

标准曲线		计算公式	
		备 注	

序 号	1	2	3	4	5	6	7	8	9	10
分析编号										
取样量/g(mL)										

分析者＿＿＿＿＿＿　　校核者＿＿＿＿＿＿

极谱分析原始记录

分析日期　　年　　月　　日　　　第 1 页共　　　页

分析批号		试样量	g(mL)	峰电位		V	相对湿度		%
分析项目		试液体积	mL	仪器型号					
方法编号		标准曲线体积	mL	仪器编号					
测量方式		参比电极		温　度		℃			
标准曲线				底　液					
				计算公式					

序　号	1	2	3	4	5	6	7	8	9	10
分析编号										
取样量/g(mL)										
电流倍率										

分析者＿＿＿＿＿＿　　　　　　校核者＿＿＿＿＿＿

发射光谱定量分析原始记录

分析批号　　　　　　　　　　分析日期　　年　　月　　日　　　第 1 页共　　　页

方法编号		摄谱仪型号及编号		黑度仪型号及编号	
分析元素		狭缝宽度	μm	测量标尺	
分析线对	nm	电流（交直）	A	狭缝高度	mm
试样量	g	遮光板高度	mm	狭缝宽度	mm
		曝光时间	s	温度	℃
		相板仪型号及编号		湿度	%
标准曲线				备注：	

序　号	1	2	3	4	5	6	7	8	9	10
分析编号										
元素黑度										
内标黑度										
黑　度　差										

分析者＿＿＿＿＿＿　　　　　　校核者＿＿＿＿＿＿

原子荧光分析原始记录

分析日期　　　年　月　日　　　第1页共　页

分析批号		试样量	g(mL)	仪器型号		负高压		V
分析项目		试液介质		仪器编号		温　度		℃
方法编号		试液体积	mL	输入功率	W	相对湿度		%
测量方式		标准曲线体积	mL	反射功率	W			
标准曲线				计算公式				
				备　注				
序　号	1	2	3	4	5	6	7	8	9	10
分析编号										
取样量/g(mL)										

分析者＿＿＿＿＿　　　　校核者＿＿＿＿＿

仪器分析通用原始记录

分析批号　　　　　　　　分析日期　　　年　月　日　第　页

序　号	1	2	3	4	5	6	7	8	9	10
分析编号										
取样量/g(mL)										
$w(\ )/\times10^{-2}$										
$p(\ )/(mg/L)$										
序　号	1	2	3	4	5	6	7	8	9	10
分析编号										
取样量/g(mL)										
$w(\ )/\times10^{-2}$										
$p(\ )/(mg/L)$										

分析者＿＿＿＿＿　　　　校核者＿＿＿＿＿

　　(6) 对试验报告的要求　①要写明试验依据的标准；②试验结论意见要清楚；试验结果要与依据的标准及试验要求进行比较；③样品有简单的说明；④试验分析报告要写明测试分析实验室的全

称、编号、委托单位或委托人、交样日期、样品名称、样品数量、分析项目、分析批号、试验人员、审核人员、负责人等签字和日期、报告页数。

(7) 收取试样要有登记手续　试样要编号并妥善保管一定时间。试样应有标签，标签上记录编号、委托单位、交样日期、试验人员、试验日期、报告签发日期以及其他简短说明。

4. 妥善保存重要的技术资料

实验室需妥善保存的资料主要有：①测试分析方法汇编；②原始数据记录本及数据处理；③测试报告的复印件；④实验室的各种规章制度；⑤质量控制图；⑥考核样品的分析结果报告；⑦标准物质、盲样；⑧鉴定或审查报告、鉴定证书；⑨质量控制手册、质量控制审计文件；⑩分析试样需编号保存一定时间，以便查询或复检；⑪实验室人员的技术业务档案。

二、分析测试的质量评定

质量评定是对测量过程进行监督的方法。通常分为实验室内部和实验室外部两种质量评定方法。

1. 实验室内部质量评定

实验室内部的质量评定可采用下列方法。

① 用重复测定试样的方法来评价测试方法的精密度。

② 用测量标准物质或内部参考标准中组分的方法来评价测试方法的系统误差。

③ 利用标准物质，采用交换操作者、交换仪器设备的方法来评价测试方法的系统误差，可以评价这个系统误差是来自操作者，还是来自仪器设备。

④ 利用标准测量方法或权威测量方法和现用的测量方法将测得的结果相比较，可用来评价方法的系统误差。

2. 实验室外部质量评定

测试分析质量的外部评定是很重要的。它可以避免实验室内部的主观因素，评价测量系统的系统误差的大小；它是实验室水平的鉴定、认可的重要手段。测试分析质量的外部评定可采用实验室之间共同分析一个试样、实验室间交换试样以及分析从其他实验室得到的标准物质或质量控制样品等方法。

标准物质为比较测量系统和比较各实验室在不同条件下取得的数据提供了可比性的依据，它已被广泛认可为评价测量系统的最好的考核样品。

由主管部门或中心实验室每年一次或两次把为数不多的考核样品（常是标准物质）发放到各实验室，用指定的方式对考核样品进行分析测试，可依据标准物质的给定值及其误差范围来判断和验证各实验室分析测验的能力与水平。

用标准物质或质量控制样品作为考核样品，对包括人员、仪器、方法等在内的整个测量系统进行质量评定，最常用的方法是采用"盲样"分析。盲样分析有单盲分析和双盲分析两种。所谓单盲分析是指考核这件事是通知被考核的实验室或操作人员的，但考核样品真实组分含量是保密的。所谓双盲分析是指被考核的实验室或操作人员根本不知道考核这件事，当然更不知道考核样品组分的真实含量。双盲分析考核要求要比单盲分析考核高。

如果没有合适的标准物质作为考核样品时，可由管理部门或中心实验室配制质量控制样品，发到各实验室。由于质量控制样品的稳定性（均匀性）都没有经过严格的鉴定，又没有准确的鉴定值，在评价各实验室数据时，管理部门或中心实验室可以利用自己的质量控制图，其控制图中的控制限一般要大于内部控制图的控制限。因为各实验室使用了不同的仪器、试剂、器皿等，实验室之间的差异总是大于一个实验室范围内的差异。如果从各实验室能得到足够多的数据时，也可以根据置信区间来评价各实验室的分析测试质量水平，也可以建立起各实验室之间的控制图来进行评价。

三、分析测试的质量控制图

质量控制图近年来被越来越多的人用于控制与评估分析测试的质量。过去人们采用假定是精确的分析方法来检查样品的变异性，以评估分析测试的结果。而今天，则是用组成均匀、稳定的、与试样基体相似的标准物质来检查分析方法的变异性，以评估与控制分析测试的质量。

质量控制图有三个作用：①控制图是测量系统性能的系统图表记录，可用来证实测量系统是否处于统计控制状态之中；②控制图是对测量系统中存在的问题找出原因的有效方法；③控制图可累积大量的数据，从而得到比较可靠的置信限。

质量控制图建立在实验数据分布接近于正态分布（高斯分布）的基础上，把分析数据用图表形式表现出来，纵坐标为测定值，横坐标为测定值的次序（次数）。

质量控制图有 x（测量值）质量控制图、$\bar{x}$ 平均值质量控制图和极差 R 质量控制图等几种形式。质量控制图上不仅可以看出测量系统是否处于控制状态之中，还可以找出质量变化的趋势。

$\bar{x}$ 平均值质量控制图与 x 质量控制图比较有两个优点：①$\bar{x}$ 质量控制图对非正态分布是很有用的，非正态分布的平均值基本上是遵循正态分析的；②$\bar{x}$ 平均值是 n 个测量值的平均值，所以不受单个测量值的影响，即使有偏离较大的单个测量值存在，影响也不大。

$\bar{x}$ 质量控制图比 x 质量控制图更为稳定，但 $\bar{x}$ 质量控制图有增加测定次数、增加成本的缺点。

1. x 质量控制图

纵坐标为测定值，横坐标为测定值的次序。中线可以是以前测定值的平均值，也可以是标准物质的给定值 μ。

警戒限（线）：警戒上限（线）　　　　$\bar{x}+2S$（或 2σ）

　　　　　　　　警戒下限（线）　　　　$\bar{x}-2S$（或 2σ）

控制限（线）：控制上限（线）　　　　$\bar{x}+3S$（或 3σ）

　　　　　　　　控制下限（线）　　　　$\bar{x}-3S$（或 3σ）

$$\text{标准偏差 } S=\sqrt{\frac{\sum(x_i-\bar{x})^2}{n-1}}$$

$$\text{总体标准偏差 } \sigma=\sqrt{\frac{\sum(x_i-\bar{x})^2}{n}}$$

测定值的平均值 $\bar{x}$ 与标准物质的给定值 μ 之间不完全相同，这是正常的。但两者之间的差异不能太大。如果标准物质的给定值落在平均值与警戒限之间一半高度以外，即 $|\bar{x}-\mu|>1S$（或 1σ）时，说明测量系统存在明显的系统误差，这是不能允许的，此时的控制图不予成立。应该重新检查方法、试剂、器皿、操作、校准等各个方面，找出误差原因之后，采取纠正措施，使平均值尽可能地接近标准物质的给出值。

为了画一张质量控制图，首先必须要有稳定、均匀、具有与分析试样相似基体的标准物质。标准物质通常价高，为了确保标准物质的稳定性，还必须保存在低温、惰性气体、避光或湿度控制的条件下。因此，它不适用于常规分析。通常是用一定浓度的分析物来配制液态基体，作为质量控制样品，用于常规的质量控制。

其次，必须用同一方法在同一标准物质（或质量控制样品）上至少测定 20 个结果，这 20 个结果不应是一次测定得到的，而应是多次测定累积起来的。一般推荐方法是，每分析一批样品插入一个标准物质，或者分析大批量的样品时每隔 10~20 个样品插入一个标准物质，待标准物质的分析数据积累到 20 个时，求出这 20 个测量值的平均值 $\bar{x}$ 和标准偏差 S。质量控制图上纵坐标为各次测量值，水平实线对应于平均值 $\bar{x}$，水平虚线对应于标准物质的给定值 μ，横轴为测定标准物质的次序。1 代表第 1 个标准物质的测量值，2 代表第 2 个等。接着，画以 $\bar{x}\pm2S$ 为警戒限的水平虚线，同时画以 $\bar{x}\pm3S$ 为控制限的水平实线，即得质量控制图。

【例】用某标准方法分析化验含铜量为 0.250mg/L 的水质标准物质，得到下列 20 个分析结果：0.251mg/L、　0.250mg/L、　0.250mg/L、　0.263mg/L、　0.235mg/L、　0.240mg/L、　0.260mg/L、0.290mg/L、　0.262mg/L、　0.234mg/L、　0.229mg/L、　0.250mg/L、　0.283mg/L、　0.300mg/L、0.262mg/L、0.270mg/L、0.225mg/L、0.250mg/L、0.256mg/L、0.250mg/L。

上述数据求得平均值 $\bar{x}=0.256$mg/L；

标准偏差 $S=0.020$mg/L；

标准物质给定值 $\mu=0.250$mg/L；

控制限 $\bar{x}\pm3S=(0.256\pm0.060)$ mg/L；

警戒限 $\bar{x}\pm2S=(0.256\pm0.040)$ mg/L。

按前文所述方法画出的质量控制图，如图 5-3 所示。

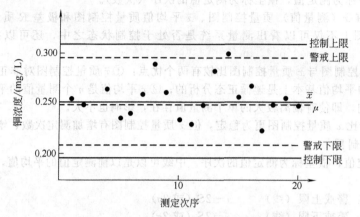

图 5-3　水中含铜分析数据的质量控制图

控制图在使用过程中，随着标准物质（或质量控制样品）测定次数的增加，在适当的时间（通常再次累积到与先前建立控制图的测定次数差不多时），将以前用过的和随后陆续累积的测定数据，再重新合并计算，确定控制限，画出新的控制图。以此类推地进行下去。随着测定次数的增加，平均值的变化可能不大，而标准偏差 S 逐渐地向 σ 靠拢，警戒限和控制限将逐步地变得较窄。这样确定的控制限，不仅包括过去的测定值，而且还包括目前的测定值，能较真实地反映测量系统的特性与确定测量系数的置信限。

2．$\bar{x}$ 平均值质量控制图

$\bar{x}$ 平均值质量控制图的画法与 x 质量控制图的画法完全相似。

$\bar{x}$ 平均值质量控制图中：

中线为 $\bar{x}$ 值

警戒限为 $\qquad\qquad\qquad\qquad\qquad\qquad\qquad \bar{x}\pm\dfrac{2}{3}(A_2\bar{R})$

控制限为 $\qquad\qquad\qquad\qquad\qquad\qquad\qquad \bar{x}\pm A_2\bar{R}$

式中　$\bar{R}$——极差的数学平均值；

　　　A_2——计算 3σ 控制限的参数值，见表 5-5。

表 5-5　计算 3σ 控制限的参数值

样品测定数 n	$\bar{x}$图的控制限参数 A_2	R图的控制参数		样品测定数 n	$\bar{x}$图的控制限参数 A_2	R图的控制参数	
		D_3	D_4			D_3	D_4
2	1.880	0	3.267	13	0.249	0.308	1.692
3	1.023	0	2.575	14	0.235	0.329	1.671
4	0.729	0	2.282	15	0.223	0.348	1.652
5	0.577	0	2.115	16	0.212	0.364	1.636
6	0.483	0	2.004	17	0.203	0.379	1.621
7	0.419	0.076	1.924	18	0.194	0.392	1.608
8	0.373	0.136	1.864	19	0.187	0.404	1.596
9	0.337	0.184	1.816	20	0.180	0.414	1.586
10	0.308	0.223	1.777	21	0.173	0.425	1.575
11	0.285	0.256	1.744	22	0.167	0.434	1.566
12	0.266	0.286	1.716	23	0.162	0.443	1.557

3．极差 R 质量控制图

对于常规的大量分析中，由于成分、分析物或基体的不稳定性和其他原因难于获得合适的标准

物质。在缺乏质量控制标准物质的情况下，极差 R 质量控制图是测试分析质量控制的主要方法。

画极差 R 质量控制图的步骤如下。

周期地将样品一分为二，平行测定一系列样品中分析物浓度。测定 20 个样品左右，计算其平均测定值差的绝对值即极差。每个样品可进行两次以上的平行测定，可算得一个极差。但考虑到实际情况、经济效益等，一般平行测定为次，然后计算极差的平均值 $\bar{R}$。

在极差 R 质量控制图中：

中线为 $\bar{R}$ 值；

警戒上限（线）为 $\dfrac{2}{3}(D_4\bar{R}-\bar{R})$；

控制上限（线）为 $D_4\bar{R}$；

控制下限（线）为 $D_3\bar{R}$；

D_3、D_4 参数可由表 5-5 查出。

【例】 积累 20 对平行测定的数据（%）如下。

测定次序	x_i	x_i'	平均值 $\bar{x}_i$	极差 R_i	测定次序	x_i	x_i'	平均值 $\bar{x}_i$	极差 R_i
1	0.501	0.491	0.496	0.010	11	0.523	0.516	0.520	0.007
2	0.490	0.490	0.490	0.000	12	0.500	0.512	0.506	0.012
3	0.479	0.482	0.480	0.003	13	0.513	0.503	0.508	0.010
4	0.520	0.512	0.516	0.008	14	0.512	0.497	0.504	0.015
5	0.500	0.490	0.495	0.010	15	0.502	0.500	0.501	0.002
6	0.510	0.488	0.499	0.022	16	0.506	0.510	0.508	0.004
7	0.505	0.500	0.502	0.005	17	0.485	0.503	0.494	0.018
8	0.475	0.493	0.484	0.018	18	0.484	0.487	0.486	0.003
9	0.500	0.515	0.508	0.015	19	0.512	0.495	0.504	0.017
10	0.498	0.501	0.500	0.003	20	0.509	0.500	0.504	0.009

$$\sum \bar{x}_i = 10.005 \quad \sum R_i = 0.191$$

先求出平均值
$$\bar{x}=\frac{10.005}{20}=0.500\ (\%)$$

平均极差
$$\bar{R}=\frac{0.191}{20}=0.0096\approx0.010\ (\%)$$

由表 5-5 中查得 $n=2$ 时的 $A_2=1.880$，$D_3=0$，$D_4=3.267$。可计算出 $\bar{x}$ 平均值质量控制图中：

控制限为 $\bar{x}\pm A_2\bar{R}=0.500\pm0.019$

警戒限为 $\bar{x}\pm\dfrac{2}{3}A_2\bar{R}=0.500\pm0.012$

另外，可计算极差质量控制图中：

控制上限为 $D_4\bar{R}=0.033$

控制下限为 $D_3\bar{R}=0$

警戒上限为 $\dfrac{2}{3}(D_4\bar{R}-\bar{R})=0.025$

根据上述数据可画出 $\bar{x}$ 平均值质量控制图（图 5-4）和极差 R 质量控制图（图 5-5）。

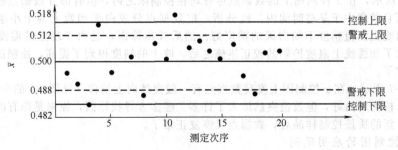

图 5-4　$\bar{x}$ 平均值质量控制

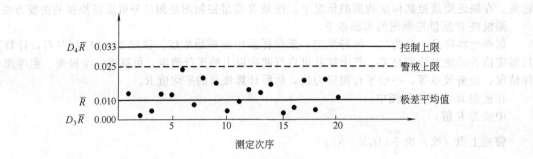

图 5-5　极差 R 质量控制

4. 质量控制图的使用

在制得质量控制图之后，日常分析中把标准物质（或质量控制样品）与试样在同样条件下进行测量。

如果标准物质（或质量控制样品）的测定结果落在警戒限之内，说明测量系统正常，试样测定结果有效。

如果标准物质（或质量控制样品）的测定结果落在控制限之内，但又超出警戒限，这种情况是可能发生的。因为 20 次测定中允许有一次超出警戒限。此时，试样测定结果仍应认可。假如超出警戒限的频率远低于或高于 5%，说明警戒限的计算有问题，或者测量系统本身的精密度得到了提高或恶化。

如果标准物质（或质量控制样品）的测定结果落在控制限之外，说明该测量系统已脱离控制了，已不再处于统计控制状态之中。此时的测试结果无效。应该立即查找原因，采取措施，加以纠正，再重新进行标准物质（或质量控制样品）的测定，直到测试结果落在质量控制限之内，才能重新进行未知样品的测定。如果脱离控制后，未能找到产生误差的原因，用标准物质（或质量控制样品）再测定校正一次。如结果变为正常，则可认为上次测定结果超出控制限是由于偶然因素或可能是某种操作错误引起的。

有关质量控制图的一个重要实际问题是分析标准物质的次数。根据经验表明，假如每批试样少于 10 个，则每批试样应加入分析一个标准物质。假如每批试样多于 10 个，每分析 10 个试样至少应分析一个标准物质。

控制图在连续使用过程中，除了单点判断测量系统是否处于统计控制状态，还要在总体点的分布和连续点的分布上，对测量系统是否处于统计控制状态做出判断。

① 数据点应均匀分布于中线的两侧，如果在中线的某一侧上出现的数据点明显多于另一侧的数据点时，则说明测量系统存在问题。

② 如果有 2/3 的数据点落在警戒限之外，则表明测量系统存在问题。

③ 如果有 7 个数据点连续出现在中线一侧时，说明测量系统存在问题。根据概率论，连续出现在一侧有 7 个点的可能性仅为 1/128。

5. 质量控制图用于寻找发生脱离控制的原因

由于控制图积累了大量数据，从趋势的变化上有助于找到发生脱离统计控制的原因。

如图 5-6 所示，在 x 控制图上的数据点尽管均在控制限之内，但有部分数据点较分散，常常超过警戒限，而且较集中于某些时间内。经分析，把数据点分成白天和晚上两个小组，几个循环下来，可以看出晚上测量精度不如白天的精度好。然后找出原因，是由于晚上的温度控制不及白天好。于是采取了加强晚上温度控制的校正措施之后，晚上的精度得到了提高，控制图中的数据点分布又趋于正常了。

又如图 5-7 所示，在 x 控制图上发现数据点有一段突然向上偏移（见图 5-7 的中段数据点）。这部分数据点的精密度尚好，但数值突然增大了许多。经多方寻找原因，原来是原有的质量控制样品被沾污。换了新的质量控制样品后，数据点又恢复正常了。

6. 质量控制图的应用范例

分析测试中质量控制图的应用是广泛的，现举例介绍如下。

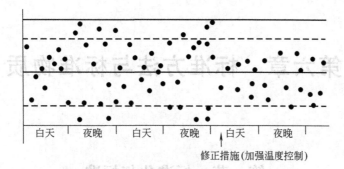

图 5-6　x 控制图中数据点随时间变化的情况

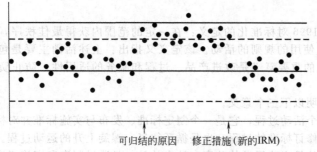

图 5-7　x 控制图中数据点突然偏高情况

① 标准物质的质量控制图：它可对测量系统做周期性的检查，以确定测量的准确度和精密度的情况。

② 质量控制样品的质量控制图：它可对测量系统的稳定性做定期检查，以确定测量系统的精度情况。此时可不需要质量控制样品的组分的准确含量。

③ 平行样品的质量控制图：它可对测量系统的稳定性做检查，以确定测量的精度情况。此时也可不需要样品的组分准确含量。

④ 典型试验溶液的质量控制图：由于试验溶液制备容易，又不包括样品处理步骤在内，因此它不能检查整个系统过程的稳定性，而只能检查测量仪器的稳定性，可以确定测量仪器的精度情况。

⑤ 仪器工作特性的质量控制图：例如对分光光度计的滤光片透过率作控制图，可检查滤光片透过率的精度情况。

⑥ 对操作者作的控制图：它可以考核操作者操作的稳定性，尤其对新参加化验工作人员的考核检查十分有用。

⑦ 工作曲线斜率的控制图：它可以对仪器的性能进行检验。例如，对分光光度计上吸收值与浓度工作曲线的斜率作检验，是常见的控制图。

⑧ 校正点的控制图：例如在某个校正点上重复测量，以检验工作曲线的可靠性。

⑨ 空白控制图：在痕量和超痕量分析中，扣除空白是非常重要的，只有建立空白控制图才能正确扣除空白。

⑩ 对关键操作步骤作的控制图。

⑪ 对回收率作的控制图。

第六章 标准方法与标准物质

第一节 标准化与标准

一、标准化

GB/T 3935.1—1996 对标准化的定义：在一定的范围内获得最佳秩序，对实际的或潜在的问题制定共同的和重复使用的规则的活动。该定义又指出：上述活动主要是包括制定、发布与实施标准的过程。标准化的重要意义是改进产品、过程和服务的适用性，防止贸易壁垒，并促进技术合作。

标准化的定义表明以下三个意义。

（1）标准化是一个活动过程，它是一个制定标准、发布与实施标准并对标准的实施进行监督的过程，是一个进而再修订标准的过程，也是循环往复、螺旋上升的运动过程。

（2）标准化的目的是为获得最佳秩序和社会效益，是通过制定和实施标准来实现的。

（3）标准化的重要意义是通过标准化的过程可以达到以下四方面效果。

① 得到综合的经济效益。通过标准化可以对产品、原材料、工艺制品、零部件等的品种规格进行合理简化，将给社会带来巨大的经济效益。

《关税及贸易总协定》大大地促进了国际标准化工作，制定了许多国际标准，协定成员国都要遵守协定的规定。因此标准化是消除与减少国际贸易中技术壁垒的极重要的措施。

实施标准化可提高产品的互换性，使一些产品（包括零件、部件、构件）可以与另一些产品在尺寸、功能上能够彼此互相替换，在互换性的基础上，尽可能扩大同一产品（包括产品零件、部件、构件）的使用范围，扩大通用性，大大地提高了人类物质财富的利用率。

② 保护消费者利益。保护消费者利益是标准化的另一个重要目的。国家颁布了许多法律、法规，对商品和服务质量、食品卫生、医药生产、人身安全、物价、计量、环境、商标、广告等方面作出规定，有效地保护了消费者利益。

国家制定了各类产品的标准，包括质量标准、卫生标准、安全标准等，强制执行这些标准，并通过各个环节，包括商标、广告、物价计量、销售方式等进行监督，以保障消费者利益。

③ 标准化能促进保障人类的生命、安全与健康。国家建立了大量的法律、法规与标准，如《民法通则》中规定，因产品质量不合格，造成他人财产、人身伤害的，产品制造者、销售者应依法承担民事责任。有关责任人要承担侵权赔偿责任。

④ 通过标准化过程的技术规范、编码和符号、代号、业务规程、术语等，可促进国际间、国内各部门、各单位的技术交流。

国家质量监督检验检疫总局（原国家技术监督局、国家质量技术监督局）是主管全国标准化、计量、质量监督、质量管理和认证工作等的国务院的职能部门。2001 年成立了中国国家标准化管理委员会。

二、标准及其级别

标准是对重复性事物和概念所做的统一规定，它以科学、技术、实践经验和综合成果为基础，经有关方面协商一致，由主管机构批准，以特定形式发布，作为共同遵守的准则和依据。

目前数量最多的是技术标准。它是从事生产、建设工作以及商品流通的一种共同技术依据。凡正式生产的工业产品、重要的农产品、各类工程建设、环境保护、安全卫生要求以及其他应当统一的技术要求，都必须制定技术标准。

按照标准的适用范围，把标准分为不同的层次，通称标准的级别。从世界范围看，有国际标准、区域标准、国家标准、专业团体协会标准和公司企业标准。我国标准分为四级：即国家标准、行业标准、地方标准和企业标准。

1. 国际标准及其国际组织

国际标准已被各国广泛采用，为制造厂家、贸易组织、采购者、消费者、测试实验室、政府机构和其他各个方面所应用。

我国也鼓励积极采用国际标准，把国际标准和国外先进标准的内容，不同程度地转化为我国的各类标准，同时必须使这些标准得以实施，用以组织和指导生产。

国际标准是指国际标准化组织（ISO）和国际电工委员会（IEC）颁布的标准；国际标准化组织认可的其他 40 多个国际标准机构发布的部分标准。

经 ISO 认可颁布国际标准的国际组织如下。

国际计量局（BIPM）	国际航空运输协会（IATA）
食品法典委员会（CAC）	国际辐射防护委员会（ICRP）
国际电气合格认证委员会（CEE）	国际乳制品业联合会（IDF）
国际无线电咨询委员会（CCIR）	国际制冷学会（IIR）
国际无线电干扰特别委员会（CISPR）	国际合成纤维标准化局（BISFA）
关税合作理事会（CCC）	国际葡萄和葡萄酒局（OIV）
国际电报电话咨询委员会（CCITT）	国际法制计量组织（OIML）
国际照明委员会（CIE）	联合国教科文组织（UNESCO）
国际原子能委员会（IAEA）	世界知识产权组织（WIPO）
国际民用航空组织（ICAO）	国际橄榄油委员会（IOOC）
国际辐射单位和测量委员会（ICRU）	国际兽疫防治会（OIE）
国际图书馆协会联合会（IFLA）	国际铁路联盟（UIC）
国际劳工组织（ILO）	世界卫生组织（WHO）
国际海事组织（IMO）	国际海关组织（WCO）
世界气象组织（WMO）	联合国经营交易和运输程序和实施促进中心（UN/CEFACT）
贸易信息交流促进委员会（TraFIX）	
国际人造纤维标准化局（BISFN）	材料与结构研究实验所国际联合会（RILEM）
空间数据系统咨询委员会（CCSDS）	国际谷类加工食品科学技术协会（ICC）
国际建筑研究实验与文献委员会（CIB）	国际排灌委员会（ICID）
国际煤气联合会（IGU）	国际种子检验协会（ISTA）
国际内燃机理事会（CIMAC）	国际牙科联合会（FDI）
国际毛纺织组织（IWTO）	国际理论与应用化学联合会（IUPAC）
国际有机农业运动联合会（IFOAM）	因特网工程特别工作组（IETF）

其他国际组织发布的、经 ISO 认可并收入《国际标准题录索引》中，并加以公布的标准，至今共有一万多个国际标准。我国以国家标准局的名义参加了国际标准化组织 ISO。

国际标准编号：

ISO ××××/×× ×××× ××××
标准代号 标准顺序号 该标准的部分 标准发布年分、标准名称

【例】ISO 3856—1984 儿童玩具安全标准

2. 区域标准

区域标准是指世界某一区域标准化团体颁发的标准或采用的技术规范。区域标准的主要目的是促进区域标准化组织成员国之间的贸易，便于该地区的技术合作和交流，协调该地区与国际标准化组织的关系。国际上较有影响的、具有一定权威的区域标准，如欧洲标准化委员会颁布的标准，代

号为 EN，至 1992 年底，颁布的标准约 5000 个；欧洲电气标准协调委员会 ENEL；阿拉伯标准化与计量组织 ASMO；泛美技术标准化委员会 COPANT；太平洋地区标准会议 PASC 等。

3. 国家标准（强制性与推荐性）

国家标准是指对全国经济、技术发展有重大意义的，必须在全国范围内统一的标准。

国家质量监督检验检疫总局是主管全国标准化、计量、质量监督和质量管理的国务院的职能部门。负责提出标准化工作的方针、政策，组织制定和执行全国标准化工作规划、计划，管理全国标准化工作。

国家质量监督检验检疫总局先后颁布了两万多个国家标准。随着科学技术的进步与生产发展等原因，不少的国家标准被修改或被新的国家标准取代。我国的国家标准简称国标，代号为 GB。而且，现行的国家标准中绝大部分是推荐性的国家标准，仅少数是强制性的国家标准。

国外先进的国家标准有美国国家标准 ANSI；英国国家标准 DS；德国国家标准 DIN；日本工业标准 JIS；法国国家标准 NF。

根据我国标准与被采用的国际标准之间技术内容和编写方法差异的大小，采用程度分为：

① 等同采用，其技术内容完全相同，不作或少作编辑性修改；

② 等效采用，技术内容只有很小差异，编写上不完全相同；

③ 参照采用，技术内容根据我国实际情况做了某些变动，但性能和质量水平与被采用的国际标准相当，在通用互换、安全、卫生等方面与国际标准协调一致。

为了便于查找和统计，采用国际标准的程度在标准目录、清单中应分别用三种图示符号表示，在电报传输或电子数据处理中可分别用三种缩写字母代号表示。

采用程度	图示符号	缩写字母代表
等同采用	≡	idt 或 IDT
等效采用	=	eqv 或 EQV
参照采用		ref 或 REF

按照新的采用国际标准管理办法，我国标准与国际标准的对应关系，除等同采用（IDT）、修改采用（MOD）外，还包括非等效（NEQ）采用。非等效（NEQ）不属于采用国际标准。

国家标准代号见表 6-1。

表 6-1　国家标准代号

代　号	含　义	代　号	含　义
GB	中华人民共和国强制性国家标准	GB/Z	中华人民共和国国家标准化指导性技术文件
GB/T	中华人民共和国推荐性国家标准		

强制性标准是具有法律属性，在一定范围内通过法律、行政法规等手段强制执行的标准。下列标准属于强制性标准：①药品、食品卫生、兽药、农药和劳动卫生标准；②产品生产、贮运和使用中的安全及劳动安全标准；③工程建设的质量、安全、卫生等标准；④环境保护和环境质量方面的标准；⑤有关国计民生方面的重要产品标准等。

推荐性标准又称为非强制性标准或自愿性标准，是指生产、交换、使用等方面，通过经济手段或市场调节而自愿采用的一类标准。这类标准，不具有强制性，任何单位均有权决定是否采用，违犯这类标准，不构成经济或法律方面的责任。推荐性标准一经接受并采用，或各方商定同意纳入经济合同中，就成为各方必须共同遵守的技术依据，具有法律上的约束性。

4. 行业标准

行业标准是指行业的标准化主管部门批准发布的，在行业范围内统一的标准。主要包括行业范围内的产品标准；通用零部件、配套件标准；设备标准；工具、卡具、量具、刃具和辅助工具标准；特殊的原材料标准；典型工艺标准和工艺规程；有关通用的术语、符号、规则、方法等基础标准。行业标准由国务院有关行政主管部门发布，并报国务院标准化行政主管部门备案。对没有国家标准而又需要在全国某个行业范围内统一的技术要求，可以制定行业标准。

表 6-2 为中华人民共和国行业标准代号。

表6-2　中华人民共和国行业标准代号

代号	含　义	代号	含　义	代号	含　义	代号	含　义
BB	包装	HJ	环境保护	MZ	民政	TD	土地管理
CB	船舶	HS	海关	NY	农业	TY	体育
CH	测绘	HY	海洋	QB	轻工	WB	物资管理
CJ	城镇建设	JB	机械	QC	汽车	WH	文化
CY	新闻出版	JC	建材	QJ	航天	WJ	兵工民品
DA	档案	JG	建筑工业	QX	气象	WM	外经贸
DB	地震	JR	金融	SB	商业	WS	卫生
DL	电力	JT	交通	SC	水产	XB	稀土
DZ	地质矿产	JY	教育	SH	石油化工	YB	黑色冶金
EJ	核工业	LB	旅游	SJ	电子	YC	烟草
FZ	纺织	LD	劳动和劳动安全	SL	水利	YD	通信
GA	公共安全	LY	林业	SN	商检	YS	有色冶金
GY	广播电影电视	MH	民用航空	SY	石油天然气	YY	医药
HB	航空	MT	煤炭	TB	铁路运输	YZ	邮政
HG	化工						

注：行业标准分为强制性和推荐性标准。表中给出的是强制性行业标准代号，推荐性行业标准的代号是在强制性行业标准代号后面加"/T"，例如农业行业的推荐性行业标准代号是 NY/T。

5. 地方标准

地方标准是指没有国家标准和行业标准而又需要在省、自治区、直辖市范围内统一的工业产品的安全、卫生要求的标准。由省、自治区、直辖市标准化行政主管部门制定。

地方标准由斜线表示的分数表示：分子为 DB＋省、自治区、直辖市行政区划代码；分母为标准顺序号＋发布年代号。如 DB 21/193—1987 为辽宁省强制性地方标准；DB 21/T 193—1987 为辽宁省推荐性地方标准。

6. 企业标准

企业生产的产品没有国家标准、行业标准和地方标准的，应当制定相应的企业标准。对已有国家标准、行业标准或地方标准的，鼓励企业制定严于国家标准、行业标准或地方标准要求的企业标准。

企业标准由斜线表示的分数表示：分子为省、自治区、直辖市简称汉字＋Q；分母为企业代号＋标准顺序号＋发布年代号。如津 Q/YQ 27—1989 表示天津市一轻系统企业标准。

三、标准分类

按照标准化对象的特征，标准可分成基础标准、产品标准、方法标准和安全、卫生与环境保护标准等。

1. 基础标准

基础标准是指在一定范围内作为其他标准的基础并普遍使用，具有广泛指导意义的共性标准。在社会实践中，它成为各方面共同遵守的准则，是制定产品标准或其他标准的依据。常用的基础标准如下。

① 通用科学技术语言标准，如名词、术语、符号、信号、信号、旗号、标志、标记、图样、信息编码和程序语言等。

② 实现产品系列化和保证配套关系的标准，如优先数与优先数系、标准长度、标准直径、标准锥度、额定电压等标准。

③ 保证精度和互换性方面的标准，如公差配合、形位公差、表面粗糙度等标准。

④ 零部件结构要素标准，如滚花、中心孔、退刀槽、螺纹收尾和倒角等。

⑤ 环保、安全、卫生标准，如安全守则、包装规范、噪声、振动和冲击等标准。

⑥ 质量控制标准，如抽样方案、可靠性和质量保证等标准。

⑦ 标准化和技术工作的管理标准，如标准化工作导则、编写标准的一般规定，技术管理规范，技术文件的格式、内容和要求。

2．产品标准

产品标准是指为保证产品的适用性，对产品必须达到的某些或全部要求所制定的标准。例如，对产品的结构、尺寸、品种、规格、技术性能、试验方法、检验规则、包装、贮存、运输所作的技术规定。

产品标准是设计、生产、制造、质量检验、使用维护和贸易洽谈的技术依据。

产品标准的主要内容有：产品的适用范围；产品的分类、品种、规格和结构形式；产品技术要求、技术性能和指标；产品的试验与检验方法和验收规则；产品的包装、运输、标志和贮存等方面的要求。

3．方法标准

方法标准是指以试验、检查、分析、抽样、统计、计算、测定、作业或操作步骤、注意事项等为对象而制定的标准，通常分为以下三类。

① 与产品质量鉴定有关的方法标准，如抽样标准、分析方法和分类方法标准。这类方法标准要求具有可比性、重复性和准确性。

② 作业方法标准，主要有工艺规程、操作方法（步骤）、施工方法、焊接方法、涂漆方法、维修方法等。

③ 管理方法标准，主要包括对科研、设计、工艺、技术文件、原材料、设备、产品等的管理方法，如图样管理方法标准、设备管理方法标准等。其他如计划、组织、经济核算和经济效果分析计算等方面的标准。

4．安全标准

安全标准是指以保护人和物的安全为目的而制定的标准。如锅炉及压力容器安全标准、电器安全标准、儿童玩具安全标准等。

5．卫生标准

卫生标准主要是指对食品、医药及其他方面的卫生要求制定的标准。如大气卫生标准、食品卫生标准等。

6．环保标准

环保标准是指为保护人类的发展和维护生态平衡，以围绕人群的空间以及可以直接影响人类生活和发展的各种自然因素对象而制定的标准，如环境质量标准、污物排放标准等。

7．管理标准

管理标准是对标准化领域中需要协调统一的管理事项所制定的标准。

四、产品质量分级

通常把产品质量分成三级。

（1）优等品　优等品的质量标准必须达到国际先进水平，是指标准综合水平达到国际先进的现行标准水平，与国外同类产品相比达到近 5 年内的先进水平。

（2）一等品　一等品的质量标准必须达到国际一般水平，是指标准综合水平达到国际一般的现行标准水平，实物质量水平达到国际同类产品的一般水平。

（3）合格品　按我国现行标准（国家标准、行业标准、地方标准或企业标准）组织生产，实物质量水平必须达到上述相应标准的要求。

若产品质量达不到现行标准的称废品或等外品。

第二节　分析方法标准

一、分析方法标准

方法标准或称标准方法是按照对象分类法进行分类的八类标准中的一类。它是对各项技术活动的方法中的重复性事物和概念所作的统一规定，包括试验、检验、分析、抽样、统计、计算、作业等标准。

分析方法标准是方法标准中的一种。分析方法标准的内容包括方法的类别、适用范围、原理、试剂或材料、仪器或设备、采样、分析或操作、结果的计算、结果的数据处理；形式一般有两种，专门单列的分析方法标准和包含在产品标准中的分析方法标准。分析方法标准常又称为标准方法。

截止到目前，我国有国家标准两万多个，其中方法标准占 42%，在众多的方法标准中，分析方法标准的数量最多。

化验室对某一样品进行分析检验，必须依据以条文形式规定下来的分析方法来进行。为了保证分析检验结果的可靠性和准确性，推荐使用分析方法标准和标准物质。

具有权威的国际标准化组织 ISO，颁布了上万个分析方法标准，美国材料试验协会 ASTM 也发布了近万个标准，其中大部分是分析方法标准。美国化学家协会 AOAC，在食品、药物、肥料、农药、化妆品、有害物质等领域颁布数以千计分析方法标准。我国国家技术监督局也颁布了数以千计的，包括化工、食品、农林、地质、冶金、医药卫生、材料、环保等领域的化验用的分析方法标准。

分析方法标准是经过充分试验、广泛认可，逐渐建立，不需额外工作即可获得有关精密度、准确度和干扰等知识整体。分析方法标准在技术上并不一定是先进的，准确度也可能不是最高的方法，而是在一般条件下简便易行、具有一定可靠性、经济实用的成熟方法。发展一个分析方法标准需要经过较长的过程，要花费大量的人力和物力，在进行充分试验的基础上，推广试用，最后才可能成为分析方法标准。现代化的仪器分析较化学分析更复杂，研究仪器分析的分析方法标准需要更大的投资和更长的时间，要多个实验室共同合作才能完成。

分析方法标准也常用作为仲裁方法，有人称为权威方法。分析方法标准被政府机关采纳，公布于众之后，成为法定方法。它就成为具有更大的权威性的分析方法。

现场方法是指例行分析实验室、监测站、生产过程中车间实验室实际使用的分析检验方法。此类方法的种类较多，灵活采用，不同的现场，可采用不同的现场方法。现场方法往往比较简单、快速或操作者惯于使用，同时也能满足现场的实际要求。

从期刊杂志、分析化学等书籍中摘抄的分析方法，称为文献方法。在使用这些文献方法包括从权威刊物抄录的分析方法，常常需要小心地加以验证。若实验室的实验条件（包括试样组分、基体成分、分析物的物理化学状态、使用仪器性能与试剂等）与原始报道有些不一致时，这种验证更为必要，应当谨慎地进行。如果只凭借具有一般化学知识与实践经验为基础设计的分析方法，并只简单地试验几次之后就付之应用，这种做法是不可取的。

在从事常规例行分析的操作过程中，常常会发现由于种种原因，要对采用的分析方法标准进行一些较小的改变，如试样称量、pH 值、试剂纯度等一个至几个变量微小变化，即使这种改变都必须经过一定形式的验证。证明改变是可行的，对分析结果没有副作用，并征得有关负责人的同意后，方可改变操作规程。若擅自修改正在使用的分析方法标准，或未经准许使用别的分析方法是不允许的。由此产生的后果，有时应负法律责任。

化验室使用的分析方法，必须要有文字表述的完整文件，每个化验人员必须熟悉其所用的分析方法，包括方法的局限性和可能出现的变化。对于化验室现用的分析方法，不管改进（或变化）多么小，只要它是分析方法的一部分，就必须把它写入方法的表述之内。也可以以附录形式说明，并在操作步骤中做上记号，以便查阅。

二、优良的分析方法

一种优良的分析方法，必须具有高准确性、可靠性与适用性，它必须考虑下列因素。

1. 方法的准确度

通常希望一种分析方法具有高准确度，不存在或只有很小的系统误差。

化学量的测量方法大多数是相对测量法。化学量的测量在多数情况下是很复杂的，误差来源多，很难直接进行准确度的测定。所以通常分析方法准确度的测定是用标准物质或用经实践证明是可靠的公认的分析方法标准来验证。

（1）用标准物质来验证方法的准确度 首先选择合适的标准物质，该标准物质的准确度应优于被验证方法可能具有的准确度水平，标准物质化学成分的种类与浓度范围，要与方法相适应，标准物质的基体组成尽可能与被测样品相类似，标准物质的物理状态，甚至表面状态，都要满足方法的要求。

在测量方法处于正常使用条件和正确操作下，如同测定实际样品一样地测定标准物质。如果标准物质的测定结果 $\left[\bar{x}\pm\dfrac{ts}{\sqrt{n}}\right]$ 与标准物质证书上所给的标准值（$A\pm u$）一致，则表明被验证的测量方法无明显的系统误差存在。可用测量方法的精密度，即随机误差的不确定度 $\pm\dfrac{ts}{\sqrt{n}}$，近似地表达测量方法的准确度。如果测量结果与证书上的给定值不一致，则应寻找原因，改进测量方法。

（2）用分析方法标准（通常称标准方法）来验证方法的准确度　用公认可靠的标准方法和被验证的方法测定相同的几个浓度水平的样品，若测得结果一致，证明被验证的方法不存在明显的系统误差。此时，其方法的精密度可以近似表达为方法的准确度。

2. 方法的精密度

方法的精密度是选择方法时首要考虑的因素，只有精密度好，在没有系统误差或系统误差不显著时才能使准确度好。

方法的精密度常用偏差、极差、标准偏差和变异系数等来表征。

3. 方法的灵敏度

评价方法时，仅评价准确度和精密度是不够的，必须考虑方法的灵敏度。方法的灵敏度常用工作曲线的斜率 b 值（即当样品浓度或含量有很小变化时，对测量信号值的变化幅度）来表达，b 值越大，方法的灵敏度越高。斜率 b 值随测定条件的变化而变化。研究方法灵敏度就是要选择提高灵敏度的最佳实验条件，以及控制实验条件以减少斜率 b 的波动性。

灵敏度的稳定性不但影响测定方法的精密度，而且还引起工作曲线斜率的变化，产生测定的系统误差。只有当灵敏度固定不变时，响应值才与被测样品含量有定量关系。实际上要求灵敏度固定不变是不可能的。但可以通过严格控制测定条件，使得灵敏度的变化减小到可以接受的程度。

4. 检测限和分析空白

检测限有三种常用表示方式。

（1）仪器检测下限　可检测仪器的最小信号，通常用信噪比来表示，当信号与噪声之比大于等于 3 时，相应于信号强度的试样浓度定义为仪器检测下限。

（2）方法检测下限　即某方法可检测的最低浓度。通常用低浓度工作曲线外推法可求得方法的检测下限。

（3）样品检测下限　即相对于空白可检测的最小样品含量。样品检测下限定义为：其信号等于测量空白溶液的信号的标准偏差的 3 倍时的浓度。

检测下限是选择分析方法的重要因素。样品检测下限不仅与方法检测下限有关。而且与空白样品中空白含量以及空白波动情况有关。只有当空白含量为零时，样品检测下限才等于方法检测下限。然而空白含量往往不等于零，空白大小常受环境对样品的污染、试剂纯度、水质纯度、容器的质地以及操作等因素的影响。因此，方法检测下限由外推法求得可能是很低的浓度。由于空白含量的存在，以及空白波动的存在，样品检测下限可能要比方法检测下限大得多。从实用中考虑，样品检测下限较为有用，较切合实际。

5. 方法的线性范围

方法的线性范围是指信号与样品浓度成线性的工作曲线直线部分。

通常把相当于 10 倍空白的标准偏差相应的浓度定为方法的线性范围的定量检测下限。取工作曲线中高浓度时，弯曲处作为方法线性范围的定量检测上限。好的分析方法要有宽的线性范围。有的分析方法线性范围只有一个数量级，有的分析方法线性范围可达 5～6 个数量级，同一种分析方法可用常量、微量甚至痕量的物质分析。

6. 基体效应

当一种分析方法确立之后，应用该方法时，对于不同的测定对象要考虑基体（基体是指分析试样中的主体组分）的影响。基体对欲测组分的影响称为基体效应。常用的工作曲线测量法，只在基体效应小至不影响测量结果的情况下应用。如果基体效应影响测定结果，影响不是太大时，可采用标准加入测量法来消除存在的基体效应。若基体效应严重地影响结果时，只能用预先分离基体的测量方法。

7. 方法的耐变性

一种好的分析方法应该不受环境等因素的变化而变化，即对温度、湿度、气压、光线等因素的变化呈现不灵敏性，若对于某些环境因素呈现灵敏性的话，在测定过程中就要注意控制这些因素。

综上所述，一种理想的好的分析方法，应是准确度高、精密度高、灵敏度高、检测限低、分析空白低、线性范围宽、基体效应小、耐变性强。但是一种好的分析方法，未必是一种实用方法。作为一种实用方法，还要求方法的适用性强、操作简便、容易掌握，消耗费用低等。

三、分析方法标准通常的书写格式

分析方法标准的书写应遵守 GB 1.4—1988 "化学分析方法标准编写规定"。要求方法尽可能地写得清楚，减少含糊不清的词句，应按国家规定的技术名词、术语、法定计量单位，用通俗的语言编写，并且有一定的格式，通常包括下列内容。

(1) 方法的编号　国家标准有严格的编号，以便查找。

如 GB 5009.1—1985，GB 意为中华人民共和国国家标准；顺序编号 5009.1 为 5009 的第 1 部分；1985 为 1985 年发布的标准。

(2) 日期　方法认可日期及施行日期。

(3) 标题　标题应当简洁，并包括分析物和待测物的名称。如 "动物饲料中氮的测定"，分析物为动物饲料，待测物为氮。如果对于给定的分析物和待测物有多于一种分析方法时，那么标题还应包括测定方法的名称。如 "分光光度法测定废水的颜色" 中，分光光度法是测定方法的名称，废水为分析物，颜色为待测物。有时所用方法与分析物的数量级有关，这也应在标题中反映出来，如 "废水中微量酚的测定"。

(4) 引用的标准或参考文献　列出本标准所引用的其他标准或参考文献。

(5) 方法的适用范围　指出方法适用分析的对象、分析物的浓度范围、基体形式和性质，以及进行测定所要耗费的大概时间，还应指出产生干扰的物质。换句话说，使读者一看方法的适用范围，就能很快地决定这种方法是否适用于他所面临的特殊分析问题。

(6) 基本原理　应简明地写明方法的化学、物理或生物学原理。不常见的化学反应、分离手段、干扰影响等也在此说明。

(7) 仪器和试剂　应列出所用仪器和不常见设备，以及有特殊要求的设备。普通常用的实验设备、玻璃器皿可不必一一罗列。除非要求有特殊的功能，如要测定 0.001pH 单位、半微量称量等。

试剂要全部列出，包括化学名称、纯度以及需要预先特别处理的方法、溶液的配制等。对于不稳定的溶液与试剂，应指出它们的有效日期。

(8) 安全措施　实验中有要求特殊保护安全措施的，需要详细写出。如预防爆炸危险的措施，预防燃烧、预防腐蚀及中毒，以及有关废物处理等特殊安全措施等。

(9) 方法步骤　这是一种分析方法的核心部分，书写时应特别注意叙述详尽，但又要简明。需注意以下几点事项。

① 严格按实验进行的时间先后次序书写，溶液的配制与标定应放在试剂项内写。

② 避免使用缩略词。除非这些词肯定是被大众公认的。缩略词第一次使用时需加注解。

③ 细节要写清楚，不要以为自己知道的别人也会知道。如想说明 "滴加 0.01mol/L HCl 直到 pH 值为 7.0 ± 0.2 时"，不能写成 "用 HCl 中和"，这样过于简单。

④ 指出分析过程的关键步骤，并说明如操作不小心，将造成什么后果。

⑤ 避免使用长句和会引起误解的复杂句。

(10) 计算　给出计算分析结果必需的公式，包括各变量的单位和计算结果的单位，每个符号代表的物理意义。如果公式不很直观明了，应写出公式的推导过程。

(11) 统计　以结论形式给出方法的精密度和准确度等有用的信息。

(12) 注释　任何有助于对方法的理解与执行，以及结果的解释需加以必要的注释。

(13) 其他　最后附加说明标准方法的起草单位、提出单位、批准单位、归口单位。

四、我国已颁布的国家标准

国家质量监督检验检疫局（原国家技术监督局）先后颁布了两万多个国家标准，其中大部分是有关化学与分析方法的标准。随着科学技术的进步与发展，不少旧标准被新的国家标准代替。

国家标准（简称国标）分两大类：一类是强制性国家标准，代号为 GB；另一类是推荐性国家标准，代号为 GB/T。

国家标准的写法如下例 A、B、C、D、E 五部分：

　GB/T　8538—1955　饮用天然矿泉水检验方法　GB 8538.1～8538.63—1987
　　|　　　|　　　　|　　　　　　　　　|　　　　　　　　　　　　|
　　A　　B　　　C　　　　　　　　　D　　　　　　　　　　　　E

A 为国标的代号；B 为标准编号；C 为标准发布年月；D 为标准名称；E 为被代替标准。

在现行的国家标准中绝大部分是推荐性标准，极少数是强制性标准。

国家标准按专业类别分为综合、农业、林业、医药卫生劳动保护、矿业、石油、能源核技术、化工、冶金、机械、电工、电子元器件与信息技术、通信广播、仪器仪表、工程建设、建材、公路水路运输、铁路、车辆、船舶、航空航天、纺织食品、轻工文化与生活用品、环境保护等类。

读者要了解国家标准的信息，可查阅国家标准化管理委员会编《中华人民共和国国家标准目录及信息总汇》一书，该书由中国标准出版社 2009 年出版发行，每一两年间信息将更新再版发行。

五、有关国内外标准信息的部分网站

读者要查阅国家标准、行业标准、国家标准、各国标准以及国家最新公布的有关标准的信息，可查阅下列网站。

（1）中国国家标准化管理委员会 http://www.sac.gov.cn/。

（2）中国标准化研究院 http://www.cnis.gov.cn/。中国标准化研究院是国家质量监督检验检疫总局的直属事业单位，是我国从事标准化研究的国家级社会公益类科研机构。

中国标准化研究院标准馆藏有国际标准化组织（ISO）、国际电工委员会（IEC）、国际电信联盟（ITU）等 70 多个国际和区域性标准化组织的标准；美国、英国、法国、日本、俄罗斯等 60 多个国家的国际标准；美国材料与试验协会（ASTM）、美国电气与电子工程师专业协（学）会的成套标准以及全部中国国家标准化委管理委员会的行业标准，收集了 450 多个专业（协）会的标准以及全部中国国家标准和行业标准 100 余万册。此外，还收集了 170 多种国内外标准化期刊和近万册标准化专著。读者可以通过中国标准服务网查询。

（3）中国标准服务网 www.cssn.net.cn。该网站向社会开放服务，为社会各界提供标准文献查询（查阅）、查新、有效性确认、咨询研究、信息加工、文献翻译、销售代理、专业培训以及其他专题性服务。通过服务热线提供电话与传真、邮件等进行服务。

（4）中国标准网 http://www.standard.net.cn/。由"北京标环科技有限公司"承办并注册以经营国家标准、行业标准、国际标准和国外先进标准、标准汇编、标准化著作"中国标准网"以零售为主，发行的出版物汇集了包括中国标准出版社、中国环境科学出版社、化学工业出版社在内的几十家国家级出版社最新出版的国家标准、行业标准科技图书、期刊和软件等。

（5）中国标准咨询网 http://www.chinastandard.com.cn/。可查询下列标准库：ISO 标准、IEC 标准、ANSI 标准、ASTM 标准、ASME 标准、SAE 标准、UL 标准、BS 标准、DIN 标准、JIS 标准、AFNOR 标准、GB 标准、HB 标准、DB 标准、GBJ 标准、IEEF 标准。除开通网上标准全文（限部分国内标准）浏览外，中国标准咨询网现推出电子版国内外标准全文数据库，其内容涉及机械、电子、电工、石油、化工、冶金、通信、广播、仪器、仪表、交通、运输、纺织、轻工、食品、环保 16 类，全部数据可以按月进行更新一次，每年数据更新量为总数据量的 15％左右。

（6）标准信息网 http://www.stdinfo.org.cn/。

（7）国家科技图书文献中心 http://www.nstl.gov.cn/index.html/；中国科学院国家科学图书馆又名中国科学院文献情报中心 http://www.las.ac.cn/及 http://www.cscll.net.cn/；上海图书馆文献中心 http://eservice.digilib.sh.cn/wxig/index.asp/；中国国家图书馆 http://www.nlc.gov.cn/；国家科技图书文献中心 http://www.nstl.gov.cn/index.html/等网站。

（8）标准的信息也可去各省市标准化研究院（所）、技术监督科技信息所、各省市图书馆查阅。

第三节　标准物质

一、标准物质定义、基本特征和证书

1. 标准物质定义

标准物质名称在国际上还没统一。美国用标准参考物质 SRM，即 standard reference meterials；西欧一些国家用认证标准物质 CRM，即 certified reference meterials。国内已用过标准参考物质、标准样品、标样、鉴定过的标准物质、标准物质等名称。现在计量名词术语中统一用标准物质和标准样品。标准物质和标准样品分属国家技术监督局计量司的标准物质技术委员会和标准化司的实物标准技术委员会管理。这两个委员会对应于国际标准化组织 ISO/REMCO。

标准物质是标准的一种形式，它具有一种或多种良好特性，这种特性可用来鉴定和标定仪器的准确度，确定原材料和产品的质量、评价检测方法的水平、检测数据的准确度等一系列工作。

标准物质一般是由某类产品制备的，用准确可靠的检测方法测定了它的一个或几个特性量值的，被法定机关确认，并颁发证书的物质。

我国标准物质是由国家最高计量行政部门［国家质量监督检验检疫总局（原国家技术监督局）］颁布的一种计量单位，起统一全国量值的作用。

一级标准主要用于研究与评估标准方法、二级标准的定值和高精确度测量仪器的校正。

采用准确可靠的方法或直接与一级标准物质相比较的方法定值，定值的准确度应满足现场（实际工作）测量的需求，一般要高于现场测量准确度的 2～3 倍；二级标准物质主要用于研究与评价分析方法，现场实验室的质量保证及不同实验室间的质量保证。二级标准物质通常称为工作标准物质，产品批量较大的、分析实验室中所用的标准样品大都是二级标准物质。国内目前有一级二级标准物质约 3000 多种。

2. 标准物质基本特征

（1）标准物质的材质应是均匀的，这是最基本特性之一。对于固态非均相物质来说，欲制备标准物质，首先要解决均匀性问题，例如制备冶金产品标准物质时，在冶炼过程中以不同的方式（如火花法、电弧法等）加入不同的元素，以保证冶炼过程中的均匀性。铸模后去掉铸铁的头、尾与中央不均匀部分，然后通过铸造进一步改善其均匀性。用于化学分析的冶金产品标准物质还要经过切削、过筛、混匀等过程，以确保标准物质组分分布的均匀性。

（2）标准物质在有效期内，性能应是稳定的，标准物质的特性量值应保持不变。

物质的稳定性是有条件的、是相对的，是指在一定条件下的稳定性。物质的稳定性受物理、化学、生物等因素的制约，如光、热、湿、吸附、蒸发、渗透等物理因素；溶解、化合、分解、沾污等化学因素；生化反应、生霉等生物因素都明显地影响物质的稳定性。而且不同因素的影响，往往又是交叉地进行。为了获得物质的良好稳定性，应设法限制或延缓上述作用的发生。通常通过选择合适的保存条件（环境）、贮存容器、杀菌和使用化学稳定剂等措施来保证物质良好的稳定性。如在干燥、阴冷的环境下保存；选择材质纯、水溶性小、器壁吸附性和渗透性小的密封容器贮存；用紫外光、^{60}Co 射线杀菌；选用各种化学稳定性的条件，如酸度增加可增加水中重金元素的稳定性。

标准物质的有效期是有条件的，使用注意事项和保存条件，在标准物质证书上明确地写明，使用者应严格执行，否则标准物质的有效期就无法保证。

在此要注意区别保存期限和使用期限，如一瓶标准物质封闭保存可能 5 年有效期，但开封之后，反复使用它，也许 2 年就变值失效。

（3）标准物质必须具有量值的准确性，量值准确是标准物质的另一个基本特征，标准物质作为统一量值的一种计量的"量具"去校准器具、评价测量方法和进行量值传递。标准物质的特性量值必须由具有良好仪器设备的多个实验室，组织有经验的操作人员，采用准确、可靠的测量方法进行测定。

（4）标准物质必须有证书，它介绍该标准物质的属性和特征的主要技术文件，是生产者向使用者提供的计量保证书，是使用标准物质进行量值传递或进行量值追溯的凭据。证书上注明该标准物质的标准值及定值准确度。在标准物质证书和标签上均有⒨标记。

（5）标准物质必须有足够的产量和贮备量，能成批生产，用完后可按规定的精度重新制备，以满足测量工作的需要。生产标准物质必须由国家主管单位授权。

二、标准物质的分类与分级

1. 标准物质的分类

标准物质品种繁多，数以千计，确立科学的分类方法十分必要。然而目前还没有统一的分类方法。如美国根据标准物质的特性量将其划分为化学成分、物理性质和工程（或技术）性质三类标准物质。国际标准物质信息库（COMAR）则将标准物质分成钢铁成分、有色金属成分、无机、有机、物理与技术物质、生物与临床、生活质量和工业8大类。每一大类又包括若干小类，如生活质量标准物质包括了环境、食品、消费品、农业（土壤、植物……），法律控制与法庭科学及其他人类生活质量方面的标准物质。我国主要根据物质的类别和应用领域将标准物质分成13类。它们是：

钢铁成分分析标准物质　　　　　　　　　　环境化学分析与药品成分分析标准物质
有色金属及金属中气体成分分析标准物质　　临床化学分析与药品成分分析标准物质
建材成分分析标准物质　　　　　　　　　　食品成分分析标准物质
核材料成分分析与放射性测量标准物质　　　煤炭石油成分分析和物理特性测量标准物质
高分子材料特性测量标准物质　　　　　　　工程技术特性测量标准物质
化工产品成分分析标准物质　　　　　　　　物理特性与物理化学特性测量标准物质
地质矿产成分分析标准物质

标准物质的分类编号见表6-3。

表 6-3　标准物质的分类编号

一级标准物质		二级标准物质	
标准物质分类号	标准物质分类名称	标准物质分类号	标准物质分类名称
GBW 01101～GBW 01999	钢铁	GBW(E)010001～GBW(E)019999	钢铁
GBW 02101～GBW 02999	有色金属	GBW(E)020001～GBW(E)029999	有色金属
GBW 03101～GBW 03999	建筑材料	GBW(E)030001～GBW(E)039999	建筑材料
GBW 04101～GBW 04999	核材料与放射性	GBW(E)040001～GBW(E)049999	核材料与放射性
GBW 05101～GBW 05999	高分子材料	GBW(E)050001～GBW(E)059999	高分子材料
GBW 06101～GBW 06999	化工产品	GBW(E)060001～GBW(E)069999	化工产品
GBW 07101～GBW 07999	地质	GBW(E)070001～GBW(E)079999	地质
GBW 08101～GBW 08999	环境	GBW(E)080001～GBW(E)089999	环境
GBW 09101～GBW 09999	临床化学与医药	GBW(E)090001～GBW(E)099999	临床化学与医药
GBW 10101～GBW 10999	食品	GBW(E)100001～GBW(E)109999	食品
GBW 11101～GBW 11999	能源	GBW(E)110001～GBW(E)119999	能源
GBW 12101～GBW 12999	工程技术	GBW(E)120001～GBW(E)129999	工程技术
GBW 13101～GBW 13999	物理学与物理化学	GBW(E)130001～GBW(E)139999	物理学与物理化学

注：1. 一级标准物质的编号是以标准物质代号"GBW"冠于编号前部，编号的前两位数是标准物质的大类号，第三位数是标准物质的小类号，第四、五位数是同一类标准物质的顺序号。生产批号用英文小写字母表示，排于标准物质编号的最后一位，生产的第一批标准物质用a表示，第二批用b表示，批号顺序与英文字母顺序一致。

2. 二级标准物质的编号是以二级标准物质代号"GBW（E）"冠于编号前部，编号的前两位数是标准物质的大类号，第三～六位数为该大类标准物质的顺序号。生产批号的表示方法与一级标准物质相同，如GBW（E）110007a表示煤炭石油成分分析和物理特性测量标准物质类的第7顺序号，第一批生产的煤炭物质性质和化学成分分析标准物质。

2. 标准物质的分级

我国将标准物质分为一级与二级，它们都符合"有证标准物质"的定义。

（1）一级标准物质代号为 GBW，是用绝对测量法或两种以上不同原理的准确可靠的方法定值，若只有一种定值方法需采取多个实验室合作定值。它的不确定度具有国内最高水平，均匀性良好，在不确定度范围之内，并且稳定性在一年以上，具有符合标准物质技术规范要求的包装形式。一级标准物质由国务院计量行政部门批准、颁布并授权生产。

（2）二级标准物质代号为 GBW（E），是用与一级标准物质进行比较测量的方法或一级标准物质的定值方法定值，其不确定度和均匀性未达到一级标准物质的水平，稳定性在半年以上，能满足一般测量的需要，包装形式符合标准物质技术规范的要求。二级标准物质由国务院计量行政部门批准、颁布并授权生产。

三、标准物质的作用、主要用途及使用注意事项

1. 标准物质的作用与主要用途

（1）标准物质在部分国际单位制中的作用　部分国际单位制的基本单位与导出单位的复现都依赖标准物质，如长度单位米（m）、质量单位千克（kg）、时间单位秒（s）、物质的量的单位摩尔（mol）等都相应依赖于高纯的氪-86、铂-铱合金、铯-133、碳-12 等标准物质下定义。又如动力黏度单位帕斯卡·秒（Pa·s）、摩尔热容单位焦耳每开尔文摩尔 [J/(K/mol)] 等，是通过相应的纯水标准物质在 20℃时黏度值为 0.001002Pa·s 与纯的 α-氧化铝标准物质在 25℃的摩尔热容值为 79.01J/(K/mol) 来实现的。

（2）标准物质在工程特性量与物理、物理化学特性量约定标度中的作用　由于标准物质在国际建议与标准文件上已经说明了，并给定了值，在国际范围内具有一致性，因此某些工程特性量与物理、物理化学特性量约定标度的复现与传递主要依赖于标准物质。

标准物质是检验、评价、鉴定新技术和新方法的重要手段。近年来，国际上对新技术、新方法的准确度、精密度的评价普遍采用标准物质。人们认为，采用标准物质评价测量过程的重复性、再现性与准确性是最客观、最简便的有效方法。

实验室中常用标准物质作为校正物，如用 pH 的标准物质来确定 pH 计的刻度值，用固定温度点的标准物质来校正温度计温标，用金属标准物质校正分析仪器，用氧化镨钕玻璃滤光器校正分光光度计的波长，用聚苯乙烯薄膜标准物来检查红外光谱仪的波长及分辨率等。

（3）标准物质在产品质量保证中的作用　生产过程中从原材料的检验、生产流程的控制到产品的质量评价，都需要以各种相应的标准物质来保证其生产和产品的高质量。产品质量监督检验机构依赖标准物质确保出具数据的准确性、公正性与权威性。环境监测系统必须使用标准物质进行质量控制，使监测数据准确可靠。产品标准的制定也要依赖于相应标准物质验证其准确性。

（4）标准物质在实验室内部的质量保证作用　用标准物质作质量控制图，长期监视测量过程是否处于统计控制之中，以提高实验室的分析质量，建立质量保证体系。利用国家一级标准物质来制备与校准二级标准物质（工作标准物质或标准实物样品）。用后者作为常规分析的标准物，这样可以节省经费。实验室常使用标准物质来检验与确认分析人员的操作技术与能力。

（5）标准物质在实验室之间的质量保证作用　中心实验室将标准物质发放至下级各个实验室进行分析，然后收集各实验室的测定值，用以评价各实验室和分析者的工作质量及质量保证。另外，将标准物质分发至全国各地实验室或世界各国实验室，用以考查与提高各实验室的分析质量水平，利用标准物质测出数据的可比性，提供了全国、全世界技术协作的可能性。

（6）标准物质用于计量仲裁　在国内外贸易中商品质量纠纷屡见不鲜，需要计量仲裁。在这种情况下，如仲裁机构能选择到合适的、计量权威机构审查批准的一级标准物质进行仲裁分析，将十分有利于纠纷的裁决。具体做法是：裁决机构将选到的标准物质作为盲样分发给纠纷双方出具检测数据的检验机构进行检测，根据检测结果与标准物质的保证值是否在测量误差范围内相符合，判定双方出具数据的可靠性，从而做出正确裁决。用标准物质仲裁要比第三方的仲裁分析更客观、直接、经济、权威。

2. 标准物质的使用注意事项

（1）使用者根据各自目的从国家质量监督检验检疫总局（原国家技术监督局）发布的"标准物

质目录"中选择相应种类的标准物质。

（2）从"目录"中发布的标准物质特性量值选择与预期应用测试量值水平相适应的标准物质。使用者不应选用不确定度超过测量程序所允许水平的标准物质，在一般工作场所可以选用二级标准物质。对实验室认证、方法验证、产品评价与仲裁等可以选用高水平的一级标准物质。

（3）使用者在使用标准物质前应全面、仔细地阅读标准物质证书，要仔细了解标准物质的量值特点、化学组成、最小取样量、标准值的测定条件等，这样才能正确使用标准物质。

（4）选用的标准物质应与测量程序所处理材料的基体组成和成分的浓度水平相当、相似，形状与表面状态应尽可能相似。

（5）标准物质证书中所给的"标准物质的用途"信息应受到使用者的重视，当标准物质用于证书中所描述用途之外的其他用途时，可造成标准物质的误用。

标准物质特性量值的量限范围和准确度水平应符合使用要求，过分地追求标准物质特性量值的准确度越高越好，但意味着金钱与时间的浪费。

（6）选用的标准物质稳定性应满足整个实验计划的需要。凡已超过稳定性的标准物质切不可随便使用。要注意标准物质证书中规定的使用注意事项和保存条件，并按证书中的要求正确使用与妥善保存，要注意区别保存期限和使用期限。

（7）使用者应特别注意证书中所给该标准物质的最小取样量，因为实际取样量小于规定的最小取样量时会引入不均匀性误差。

（8）使用者不可以用自己配制的工作标准代替标准物质。

（9）所选用的标准物质数量应满足整个实验计划的使用，必要时应保留一些贮备，供实验计划后必要的使用。

（10）选用标准物质除考虑其不确定度水平外还要考虑到标准物质的供应状况、价格以及化学的和物理的适用性。有的使用者不顾花费昂贵的价格与繁杂的手续非要从国外进口标准物质来使用（测量程序所需而国内又没有的除外），这也是不妥当的。

总而言之，只有正确地选择、使用标准物质才能保证量值准确、可靠。

四、标准样品与工作标准物质

1. 标准样品

标准样品也称实物标准，简称标样，是标准的一种形式，属国家质量检验检疫总局中国标准化协会管理。

标准样品与标准物质都具有化学计量的"量具"作用，在确定分析结果的可靠性和可比性方面具有公认的权威性，它们的应用有很相似之处。

标准样品与标准物质主要的不同点是使用范围上的区别。标准物质是作为量值的传递工具和手段。而标准样品是为保证国家标准、行业标准的实施而制定的国家实物标准。有些产品的技术性能指标难以用文字叙述清楚，需用某种实物作为文字标准的补充，如酒、颜料的外观、颜色色光等。使用实物标准更能直观地表达出指标的含义。

标准样品不能离开标准，只适用于标准的贯彻、实施，具有很强的针对性和实用性。对产品标准的标准样品一般只要求从该产品中选取有代表性的物料即可，这一物料通常与产品是同一基体，而且浓度水平相当。标准样品不要求像标准物质那样有适用的广泛性，一般能满足标准指标的要求即可。

目前，标准样品和标准物质的界限很难分清。国家实物标准的管理与认证的管理办法和国家标准物质的管理与认证办法也很相似。

2. 工作标准物质

工作标准物质特性值的准确度水平较国家一级、二级标准物质的特性值的准确度水平低。工作标准物质往往是为了实际工作的需要，某些检测水平较高的科研部门或企业，根据工作标准物质制备的规定要求自己制备的、用以满足本部门的计量要求，这样可以节省时间与金钱，同时也能达到实际工作要求。

第四节　我国现有的部分标准物质

一、国家标准物质（GBW）

至 2000 年 5 月国家质量监督检验检疫总局（原国家质量技术监督局）批准发布一级标准物质 1093 种，13 类。现将部分一级标准物质摘录于表 6-4～表 6-9。

1. 铁和钢的标准物质

铁和钢的部分标准物质见表 6-4。

表 6-4　铁和钢的部分标准物质

名　称	国家标准编号	定　值　内　容	研制与经销单位
铸铁	GBW 01101～01110	C、S、P、Si、Mn、Cu、Ti、V	①②③④⑤⑧
铸铁	GBW 01111～01118	C、S	①②③④⑤⑰
球墨铸铁	GBW 01119	C、Mn、Si、P、S、Cu、Cr、Ni、Mo、Co、Mg、V、Ti、总稀土	①②③④⑯
碳素钢	GBW 01201～01205	C、S、P、Si、Mn、Cr、Ni、Cu、Al、V、Ti	①②③④⑥
	GBW 01206～01208	C、Si、Mn、P、S	①②③④⑦
	GBW 01209～01210	C、Si、Mn、P、S、Cr、Ni、Cu	①②③④⑦
低合金钢	GBW 01301～01312	C、Si、Mn、P、S、Ni、Cr、Cu、Al、V、Ti、Mo、B	①②③④⑦
工具钢	GBW 01313～01316	C、Si、Mn、P、S、Cr、Ni、W、V、Mo、Co	①②③④⑧
轴承钢	GBW 01317	C、Si、Mn、P、S、Mo、Cr、Cu、Ni、Sn、As、Sb、Ti、Al	①②③④⑨
工具钢	GBW 01318～01319	C、Si、Mn、P、S、Cr、Ni、W、Cu	①②③④
中低合金钢	GBW 01320	C、Si、Mn、P、S、Cr、Ni、W、V、Mo、Al、Ti、Cu、B、Co、Nb、Zr	①②③④⑪
刀具钢	GBW 01321	C、S、P、Si、Mn、Cr、Ni、Cu、Al、V、N、Mo	①②③④⑥
不锈钢	GBW 01351～01352	C、Mn、Si、S、P、Ni、Cr、W、Mo、Al、Cu	①②③④⑪
合金钢	GBW 01353～01357	C、Mn、Si、S、P、Ni、Cr、W、V、Mo、Al、Cu、Ti、B	①②③④⑫⑪
硅钢	GBW 01371～01374	C、S、P、Mn、Si、Ni、Cr、Cu、Mo、Al	⑫①
中碳锰铁合金	GBW 01421	Mn、Si、P、C、S	①②③④⑬
硅钢	GBW 01422	Mn、Si、P、C、S、Cr、Al、Ca	①②③④⑬
铁钼合金	GBW 01423	Si、P、C、S、Mo、Cu	①②③④⑬
高碳铁合金	GBW 01424	Mn、Si、P、C、S、Cr	①②③④⑬
低碳铁铬合金	GBW 01425	Mn、Si、P、C、S、Cr	①②③④⑬
高碳铁锰合金	GBW 01426	Mn、Si、P、C、S	①②③④⑬
硅锰合金	GBW 01427	Mn、Si、P、C、S	①②③④⑬
不锈钢	GBW 01601～01604	C、Si、Mn、P、S、Ni、Cr、W、Mo、Ti、Cu、Al、V、N、B、Nb、Co	①②③④⑪
磷铁	GBW 01429	C、Si、Mn、P、S	①②③④⑬
低合金钢	GBW 01322～01325、01327	C、Si、Mn、P、S、Cr、Ni、Cu、Mo、V、W、B、Al	①②③④⑧
合金结构钢	GBW 01359～01363	C、Si、Mn、P、S、Cr、Ni、Cu、Mo、V、Ti、Sb、B、Al	①②③④⑭
合金钢	GBW 01336～01340	C、Si、Mn、P、S、Cu、Ti、W	①②③④⑩
不锈钢	GBW 01610～01618	C、Si、Mn、P、S、Cr、Ni、Cu、Mo、Ti、W、As	①②③④⑮
精密合金	GBW 01501～01502	C、Si、Mn、P、S、Cr、Ni、Cu、Mo、Ti、Co	①②③④⑫
铁镍基高温合金	GBW 01619～01623	Ag、As、Bi、Cs、Cd、Ga、In、Mg、Pb、Sb、Se、Sn、Te、Ti、Zn	①②③④

注：研制与经销单位代号：①国家标准物质研究中心；②国家钢铁材料测试中心；③冶金部钢铁研究总院；④北京市华仪冶金技贸公司；⑤本溪钢铁厂钢铁研究所；⑥上海钢铁一厂；⑦鞍钢钢铁研究所；⑧本溪第一钢铁厂；⑨上海钢铁五厂；⑩武钢钢铁研究所；⑪抚顺钢厂；⑫上海钢铁研究所；⑬吉林铁合金厂；⑭长安机械厂；⑮重庆特殊钢研究所；⑯山东省冶金科学研究院；⑰江苏省机电研究所，郑州机械研究所。

2. 非铁合金标准物质

非铁合金部分标准物质见表 6-5。

表 6-5 非铁合金部分标准物质

名　称	国家标准编号	定 值 内 容	研制与经销单位
铜合金	GBW 02101	Cu、Fe、Mn、Al、Sn、Pb、Sb、Bi、P	①②⑥
	GBW 02102	Al、Fe、Zn、Ni、Mo、Sn、Si、Pb、P、As、Sb	①②⑥
	GBW 02103	Al、Cu、Fe、Mn、Sn、Pb、Sb、P、	①②⑥
	GBW 02110	Cu、Al、P、Pb、Ni、Sn、Sb、As、Fe、Bi	①②⑥
铝合金	GBW 02201~02204	Cu、Mg、Mn、Fe、Si、Zn、Ti、Ni、Be、Pb、Cr、Sn、V、Zr、Cd、B	①②③⑥
锡基合金	GBW 02301~02302	Sn、Sb、Cu、Pb、Bi、As	①②⑤
铅基合金	GBW 02401~02402	Sn、Sb、Cu、Pb、Bi、As	①②④⑤
钛合金	GBW 02501~02502	C、Si、Cr、Mo、Al、Er、Fe、N	①②④
高温合金	GBW 02551	C、Mn、Si、S、P、Cr、Zr、Al、Ti、Cu、Nb、B、Fe、Ce	①②④
磷青铜	GBW 02132~02136	Cu、Pb、Sn、P、Sb、Fe、Si	①②⑤
锡青铜	GBW 02137~02140	Cu、Pb、Sn、Zn、Ni	⑤

注：研制与经销单位代号：①国家标准物质研究中心；②北京市华仪冶金技贸公司；③东北轻合金厂（哈尔滨市）；④抚顺钢厂；⑤上海材料研究所；⑥沈阳有色金属加工厂。

高纯金属部分标准物质见表 6-6。

表 6-6 高纯金属部分标准物质

名　称	国家标准编号	定 值 内 容	研制与经销单位
高纯铁	GBW 01401~01402	C、Mn、Si、P、S、Cr、Ni、Mo、Co、Cu、N	①②③④
精炼铝	GBW 02205~02209	Fe、Si、Cu	①②③⑤
锌	GBW 02701~02703	Pb、Cd、Fe、Cu、As、Sb、Sn	①②③⑥

注：研制与经销单位代号：①国家标准物质研究中心；②钢铁研究总院；③北京市华仪冶金技贸公司；④太钢钢研所；⑤抚顺铝厂；⑥葫芦岛锌厂。

钢铁与非钢合金光谱分析部分标准物质见表 6-7。

表 6-7 钢铁与非钢合金光谱分析部分标准物质

名　称	国家标准编号	定 值 内 容	研制与经销单位
合金钢	GBW 01328~01333	C、Si、Mn、P、S、Cr、Ni、Cu、V、Ti、Al、B	①
轴承钢	GBW 01380~01384	C、Si、Mn、P、S、Cr、Ni、Cu	①
硅钢	GBW 01385~01391	C、Si、Mn、P、S、Cr、Ni、Cu、Ti、Zr、Al、B、N、Sb、Sn	②③
高合金钢	GBW 01605~01609	C、Mn、Si、S、P、Ni、Cr、W、V、Mo、Ti、Cu、Co	④
不锈钢	GBW 01659~01665	C、Si、Mn、P、S、Cr、Ni、Cu、W、Mo、Co、Ti、Al、Pb、As、Sn	②
合金钢	GBW 01666~01673	C、Si、Mn、P、S、Cr、Ni、Cu、W、Mo、Al、Ti、Pb、As、Sn、V、Ce、N、B	②
锌白铜	GBW 02105~02109	Fe、Pb、Sn、Bi、Zn、Ni、Si、As、Mg	⑤
纯铜	GBW 02111~02115	Fe、Sn、Pb、Sb、Bi、Zn、Ni、As	⑤
青铜	GBW 02121~02126	Al、Mn、Fe、Ni、Pb、Si、Sn、Zn	⑤
精铝	GBW 02210~02214	Fe、Si、Cu	⑥
铝合金	GBW 02215~02219	Fe、Si、Cu、Mg、Mn、Zn、Ti、Cr	⑥
铸铝合金	GBW 02223~02227	Cu、Mg、Mn、Fe、Si、Zn、Ti、Ni、Pb、Sn	⑦
铸铝合金	GBW 02228~02237	Cu、Mg、Mn、Fe、Si、Zn、Ti、V、Pb、Sn、Ga、Cd、Ce、Ca、Sb、Na、B	⑦
高硅铸铝合金	GBW 02238~02243	Si、Mg、Mn、Fe、Cu、Zn	⑧⑨
锌合金	GBW 02705~02709	Al、Cu、Mg、Sn、Pb、Cd	⑩

注：研制与经销单位代号：①本溪钢铁集团特殊钢有限责任公司；②钢铁研究总院；③宝山钢铁集团公司钢铁研究所；④抚顺钢厂；⑤沈阳有色金属加工厂；⑥抚顺铝厂；⑦西南铝加工厂（重庆市）；⑧北京航空材料研究院；⑨贵航集团安吉铸造厂（安顺市）；⑩国防科工委化学计量一级站（济南市）。

金属中气体部分标准物质见表 6-8。

表 6-8 金属中气体部分标准物质

名　称	国家标准编号	定 值 内 容	研制与经销单位
钛中氮	GBW 02601	N	①②③④
合金中氮	GBW 02602	N	①②③④
合金中氧	GBW 02603	O	①②③④
铁中氧	GBW 02604	O	①②③④
	02605		
不锈钢中氢	GBW 02606~02608	H	①②③⑤
轴承钢中氧和氮	GBW 02609	O、N	①②③⑥

注：研制与经销单位代号：①国家标准物质研究中心；②国家钢铁材料测试中心；③北京市华仪冶金技贸公司；④北京航空材料研究院；⑤上海钢铁研究所；⑥上海五钢（集团）有限公司。

3. 建材成分分析标准物质

建材成分分析部分标准物质见表6-9。

表6-9　建材成分分析部分标准物质

名　称	国家标准编号	定　值　内　容	研制单位
黏土	GBW 03101～03103	SiO_2、Al_2O_3、Fe_2O_3、CaO、MgO、K_2O、Na_2O、TiO_2、SO_2、P_2O_5、MnO、Cl、CO_2、FeO、H_2O 等	①
页岩	GBW 03164		①
石灰岩	GBW 03105～03108		①
石膏	GBW 03109～03111		①
石质砂岩	GBW 03112～03114		①
黏土成分	GBW 03115		②
钾长石	GBW 03116		②
钠钙硅玻璃	GBW 03117		②
硼硅酸盐玻璃	GBW 03132		②
矾土	GBW 03133		②
钠长石	GBW 03134		②
石墨矿	GBW 03118～03120		①
高岭土	GBW 03121～03122		①
硅灰石	GBW 03123		①
霞石正长岩	GBW 03124～03125		①
叶蜡石	GBW 03126～03127		①
滑石	GBW 03130～03131		①
硅酸盐水泥	GBW 03201	SiO_2、Fe_2O_3、Al_2O_3、TiO_2、CaO、MgO、K_2O、Na_2O、SO_3、不溶物	③

注：研制单位代号为：①国家建筑材料工业局地质研究所（北京市）；②国家建筑材料测试中心（北京）；③中国建材研究院水泥研究所（北京市）。

4. 核材料成分分析与放射性测量标准物质

核材料成分分析与放射性测量部分标准物质见表6-10。

表6-10　核材料成分分析与放射性测量部分标准物质

名　称	国家标准编号	定　值　内　容	研制单位
铀矿石	GBW 04101～04105	U、SiO_2、Al_2O_3、Fe、CaO、MgO、K_2O、Na_2O、TiO_2、Mo、MnO_2、Si、P_2O_5、Co	①
	GBW 04106	U、Th	①
	GBW 04107～04109	U	①
	GBW 04110～04116	U、Th、Ra	①
	GBW 04117～04122	U、Th、SiO_2、Al_2O_3、Fe_2O_3、FeO、MnO、MgO、CaO、Na_2O、K_2O、TiO_2、P_2O_5、S、F、CO_2 等	②
铀矿石尾渣	GBW 04123～04126	As、Ba、Cr、F、Hg、Pb、Th、Ni、Zn、Be、U、Cd、Cu、^{210}Pb、^{226}Ra、^{230}Th、^{228}Ra、^{228}Th	③
八氧化三铀中铀和杂质元素	GBW 04201	U	⑤
	GBW 04202～04204	B	④
	GBW 04205	U、Al、Cr、Cu、Fe、K、Mg、Mn、Mo、Ni、P、Pb、Si、Th、Ti、V、W、Ca、As、B、Ba、Cd、Py、Eu、Gd、Na、Sm、Zn、Sr	③
	GBW 04206～04207	Sm、Eu、Gd、Dy	⑥
	GBW 04208～04211	Ag、Ca、Cd、Cr、Cu、Fe、Mg、Mo、Ni、Pb、Sn	⑥
	GBW 04212～04215	W	⑥
	GBW 04216～04219	Si	⑥
六氟化铀中铀同位素丰度	GBW 04220～04227	^{234}U、^{235}U、^{236}U、^{238}U	⑦

注：研制单位代号为：①中国核工业总公司地质局（北京市）；②核工业北京地质研究院（北京市）、核工业中南地勘局230所（长沙市）、西北地勘局230所（咸阳市）、华东地勘局270所（南昌市）；东北地勘局240所（沈阳市）、华南地勘局290所（韶关市）、西南地勘局280所（广汉市）；③核工业北京化工冶金研究院；④核工业总公司宜宾核燃元件厂（宜宾市）；⑤兰州核燃料厂；⑥核工业国营812厂（成都市）；⑦核工业总公司814厂（成都）504厂（兰州市）。

5. 高分子材料特性测量标准物质

窄分布聚苯乙烯分子量标准物质 GBW 05101～05102，国家标准物质研究中心研制。

6. 化工产品成分分析标准物质

化工产品成分分析部分标准物质：苯纯度 GBW 06104（天津市计量技术研究所研制）；硫酸钠 GBW 06101；乙二胺四乙酸二钠 GBW 06102；氯化钠 GBW 06103；重铬酸钾 GBW 06105；邻苯二甲酸氢钾 GBW 06106；草酸钠 GBW 06107；氧化锌 GBW 06108；氯化钾 GBW 06109；碘酸钾 GBW 06110；N-2 酰苯胺 GBW 06201（纯度 99.99％）；元素分析 GBW 06202（C. H. O. N 纯度 99.9％）

以上标准物质均由国家标准物质研究中心研制。

7. 地质矿产成分分析标准物质

地质矿产成分分析部分标准物质见表 6-11。

表 6-11　地质矿产成分分析部分标准物质

名　称	国家标准编号	定　值　内　容	研制与经销单位
矿石中金和银	GBW 07203～07209	Au、Ag	①⑩⑪
磷酸盐矿	GBW 07210～07212	P_2O_5、SiO_2、CaO、MgO、Fe_2O_3、Al_2O_3、MnO、TiO_2、F、CO_2、K_2O、Na_2O、SrO、I	①⑫
岩石	GBW 07103～07108	Ag、As、Au、B、Ba、Be、Bi、Cd、Ce、Cl、Co、Cr、Cs、Cu、Dy、Er、Eu、F、Ga、Gd、Ge、Hf、Hg、Ho、In、La、Li、Lu、Mn、Mo、Nd、Nb、Ni、P、Pb、Pr、Rb、S、Sb、Se、Sc、Sm、Sn、Sr、Ta、Tb、Te、Th、Ti、Tl、Tm、U、V、W、Y、Yb、Zn、Zr、SiO_2、Al_2O_3、Fe_2O_3、FeO、MgO、CaO、Na_2O、K_2O、H_2O、CO_2、总有机碳	①⑬⑭
铁矿	GBW 07213	Fe、SiO_2、Al_2O_3、CaO、MgO、MnO、TiO_2、P、S、H_2O、C、CO_2	①②④
碳石	GBW 07214～07215	CaO、MgO、SiO_2、Al_2O_3、Fe_2O_3、MnO、P、S、灼烧减量	①③④
白云石	GBW 07216～07217	CaO、MgO、SiO_2、Al_2O_3、Fe_2O_3、MnO、P、S、灼烧减量	①③
河流沉积物	GBW 08301	As、Ba、Cd、Co、Cr、Cu、Hg、Mn、Pb、Se、Zn、Fe、Be、Ni、V	①⑮⑯
水系沉积物	GBW 07301～07308	In、La、Li、Lu、Mn、Mo、Nb、Nd、Ni、P、Pb、Pr、Rb、Sb、Se、Sc、Sm、Sn、Sr、Ta、Tb、Te、Ag、As、B、Ba、Be、Bi、Cd、Ce、Co、Cr、Cs、Cu、Dy、Er、Eu、F、Ga、Gd、Ge、Hf、Hg、Ho、Th、Ti、Tl、Tm、U、V、W、Y、Yb、Zn、Zr	①⑬⑭
	GBW 7309～07312	Ag、As、Au、B、Ba、Be、Bi、Br、Cd、Cr、Cl、Co、Ce、Cs、Cu、Dy、Er、Eu、F、Ga、Gd、Ge、Hf、Hg、Ho、I、In、La、Li、Lu、Mn、Mo、Nb、Nd、Ni、P、Pb、Pr、Rb、S、Sb、Se、Sc、Sm、Sn、Sr、Ta、Tb、Te、Th、Ti、Tl、Tm、U、V、W、Y、Yb、Zn、Zr、SiO_2、Al_2O_3、Fe_2O_3、MgO、CaO、Na_2O、K_2O、H_2O、CO_2、有机碳、灼烧减量	①⑬⑭
铁矿石	GBW 07213	Fe、Si、Al、Ca、Mg、Mn、Ti、P、S、Cu、K、Na	②④
烧结矿	GBW 07219	Fe、Si、Al、Ca、Mg、Mn、Ti、P、S、Cu、K、Na	③④⑤
球团矿	GBW 07220	Fe、Si、Al、Ca、Mg、Mn、Ti、P、S、Cu、Co、K、Na	③④⑤
磁铁精矿	GBW 07221	Fe、Si、Al、Ca、Mg、Mn、Ti、P、S、Cu、Co、K、Na	③④⑤
菱铁矿、赤铁矿	GBW 07222～07223	Fe、Si、Al、Ca、Mg、Mn、Ti、P、S、Cu、Co、K、Na	③④⑤
赤铁矿、磁铁矿	GBW 31001～31002—92	Fe、Si、Al、Ca、Mg、Mn、Ti、P、S	④⑥
钒钛铁矿	GBW 07224～07227	Fe、Si、Al、Ca、Mg、Mn、Ti、P、S、Cu、Co、K、Na	④⑦
白云石	GBW 07216～07217	Si、Ca、Mg、Fe、Al、Mn、P、S、灼烧减量	④⑤
萤石	GBW 07250～07254	Si、Ca、Fe、P、S、K、Na、CaF	③④⑤
软性黏土	GBW 03115	Si、Al、Ca、Mg、Ti、Fe、Na、K	④⑧
钾长石	GBW 03116	Si、Al、Ca、Mg、Ti、Fe、Na、K、灼烧减量	④⑧
钠钙硅玻璃	GBW 03117	Fe、Si、Al、Ca、Mg、Ti、Na、K、灼烧减量	④⑧

续表

名　称	国家标准编号	定　值　内　容	研制与经销单位
土壤	GBW 07401~07408	Ag、As、Au、B、Ba、Be、Bi、Br、Cd、Ce、Cl、Co、Cr、Cs、Cu、Dy、Er、Eu、F、Ga、Gd、Ge、Hf、Hg、Ho、I、In、La、Li、Lu、Mn、Mo、Nb、Nd、Ni、P、Pb、Pr、Rb、S、Sb、Sc、Se、Sm、Sn、Sr、Ta、Tb、Te、Th、Ti、Tl、Tm、U、V、W、Y、Yb、Zn、Zr、SiO_2、Al_2O_3、Fe_2O_3、FeO、MgO、CaO、Na_2O、K_2O、H_2O、CO_2、有机碳、灼烧减量	①⑬⑭
超碱岩	GBW 07101~07102	Cr_2O_3、SiO_2、Al_2O_3、Fe_2O_3、FeO、MgO、CaO、TiO_2、P_2O_5、MnO、Na_2O、K_2O、H_2O、CO_2、S、NiO、CoO、V_2O_5、Cl、Pt、Pd、Rh、Ir、Os、Ru、Ag、As、Au、B、Ba、Cu、F、Ge、Hg、Li、Pb、Se、Sr、Zn、Br、Cd、Sb、Ce、Dy、Eu、Gd、Ho、La、Lu、Nd、Sm、Tb、Tm、Yb、Er、Pr、Y	①⑨

注：研制与经销单位代号：①国家标准物质研究中心；②鞍山钢铁研究所；③武汉钢铁公司钢铁研究所；④国家钢铁材料测试中心，北京市华仪冶金投贸公司；⑤武汉钢铁公司钢铁研究所；⑥重庆钢铁研究所；⑦攀枝花钢铁研究所；⑧国家建材测试中心；⑨地质矿产部西安地质矿产研究所；⑩有色金属工业总公司矿产地质研究院；⑪中南冶金地质研究所；⑫原化工部化学矿产地质研究院；⑬地球物理、地球化学勘查研究院；⑭地产部岩矿测试技术研究所；⑮中国科学院生态环境研究中心；⑯湖南环保所。

8. 环境分析标准物质

水中金属离子部分标准物质见表 6-12。

表 6-12　水中金属离子部分标准物质

名　称	国家标准编号	定　值　内　容	研制与经销单位
水中铅	GBW 08601	Pb 1.00μg/g	①
水中镉	GBW 08602	Cd 0.100μg/g	①
水中汞	GBW 08603	Hg 0.0100μg/g	①
水中氟	GBW 08604	F 1.00μg/g	①
水中砷	GBW 08605	As 0.500μg/g	①
水中阴离子	GBW 08606	Cl^-　NO_3^-　SO_4^{2-} 22.0　4.50　38.0 μg/g	①
水中金属元素	GBW 08608	Cd、Pb、Cu、Cr、Zn、Ni 10.0　50　30　50　90　60 μg/g	①
水中金属元素	GBW 08607	Cd、Pb、Cu、Cr、Zn、Ni、Hg 0.100　1.00　1.00　0.500　5.00　0.500　1.00 μg/g	①
水中汞	GBW 08609		②

注：研制与经销单位代号：①国家标准研究中心生产；②上海市计量测试技术研究院。

生物物质的部分标准物质见表 6-13。

表 6-13　生物物质的部分标准物质

名　称	国家标准编号	定　值　内　容	研制与经销单位
桃树叶	GBW 08501	As、Ba、Cd、Cr、Cu、Fe、Hg、K、Mg、Mn、Pb、Sn、Zn、B、Co、Se	①
米粉	GBW 08502	K、Mg、Ca、Mn、Fe、Zn、Na、Cu、As、Se、Cd、Pb	②
面粉	GBW 08503	K、As、Ca、Cd、Cu、Fe、Mg、Mn、Pb、Zn、N、P、Na、Se	③
圆白菜	GBW 08504	K、Na、Ca、Mg、Cu、Zn、Mn、Fe、Cd、Sr、As、Se、N、P、Pb、Rb	④
猪肝	GBW 08551	K、Na、Ca、Mg、Cu、Zn、Mn、Fe、Pb、Cd、As、Se、Mo、P、N、Co、Cr	④

注：研制与经销单位代号：①中国科学院生态环境研究中心；②北京环保监测中心；③国家粮食储备局谷物油脂化学研究所；④国内贸易部食品检测科研所。

气体部分标准物质见表 6-14。

表 6-14　气体部分标准物质

名　称	国家标准编号	定值内容	研制与经销单位
氮中甲烷	GBW 08101～08105	CH_4	①②③
氮中一氧化碳	GBW 08106～08110	CO	①②③
氮中二氧化碳	GBW 08111～08115	CO_2	①②③
氮中一氧化氮	GBW 08116	NO	①②③
氮中氧	GBW 08117	O	①②③
氮中二氧化碳	GBW 08118	CO_2	①②③
空气中甲烷	GBW 08119	CH_4	①②③
空气中一氧化碳	GBW 08120	CO	①②③

注：研制与经销单位代号：①国家标准物质研究中心；②中国环境监测总站；③北京瑞斯环境保护新技术开发中心。

土壤、煤飞灰部分标准物质见表 6-15。

表 6-15　土壤、煤飞灰部分标准物质

名　称	国家标准编号	定值内容	研制与经销单位
西藏土壤	GBW 08302	Al、As、Be、Ca、Cd、Co、Ce、Cr、Cu、Eu、Fe、F、La、Mg、Mn、Na、Nd、Ni、P、Pb、Rb、Sc、Si、Se、Sm、Sr、Th、Ti、U、V、Zn、Yb、Ba、Br、Cs、Dy、Hf、Hg、Lu、Sb、Ta、Th、N	①②
污染农田土壤	GBW 08303	Al、As、Ca、Cd、Co、Cr、Cu、Fe、Hg、K、Mg、Mn、Na、Ni、P、Pb、Th、Ti、Sr、Zn、Ba、Be、La、Mo、Se、Sc、U、Rb、Si	③
煤飞灰	GBW 08401	As、Be、Cd、Co、Cu、Mn、Pb、Se、V、Zn、Fe、Cr、Ba、Hg	①

注：研制与经销单位代号：①国家标准物质研究中心；②中国科学院生态环境研究中心；③地球化学地球勘查研究院。

9. 临床化学分析与药品成分分析标准物质

临床化学分析与药品成分分析部分标准物质见表 6-16。

表 6-16　临床化学分析与药品成分分析部分标准物质

名　称	国家标准编号	定值内容	研制单位
人称	GBW 09101	Zn、Se、Cr、Mg、Mn、As、Ca、Fe、Cu、Sr、Hg、Na、Pb、Ni、Cd、Al、Co、Mo、Sc、Br、Sb、S、Ag、Ba、P、I、V、Cl、La、K	①
冻干人尿	GBW 09102～09103	As、Be、Cd、Cr、Cu、Mn、Ni、Pb、Se、Zn	②
	GBW 09104～09105	Pb	③
	GBW 09106～09107	F	③
牛血清	GBW 09131	Ca、Cu、Fe、K、Mg、Na、Se、Zn、Co、Mn、Mo、Al	④
	GBW 09132～09134	Pb、Cd	④
人血清	GBW 09135	Mg、Cu、Zn、Ca、Fe、K、Na、Cl、P、Pb	⑤⑥
血中原卟啉	GBW 09136～09137		
血清胆固醇	GBW 09138		⑦
灵芝中锗	GBW 09502		⑧

注：研制单位代号：①中国科学院上海原子核研究院（上海市）；②北京医科大学公共卫生学院；③中国预防医学科学院劳动卫生与职业病研究所（北京市）；④中国预防医学科学院环境卫生监测所（北京市）；⑤成都蜀阳制药厂（成都市）；⑥国家标准物质研究中心（北京市）；⑦卫生部北京老年医学研究所（北京市）；⑧浙江省医学科学院（杭州市）。

10. 食品成分分析标准物质

食品合成色素纯度标准物质：苋菜红 GBW 10001；胭脂红 GBW 10002；柠檬黄 GBW 10003；亮蓝 GBW 10004；日落黄 GBW 10005。

以上标准物质均由国家标准物质研究中心研制。

11. 煤炭、石油成分分析和物理特性测量标准物质

煤炭、石油成分分析和物理特性测量部分标准物质见表 6-17。

表 6-17 煤炭、石油成分分析和物理特性测量部分标准物质

名 称	国家标准编号	定 值 内 容	研制单位
煤	GBW 11101～11113	全硫、灰分、挥发分、碳、氢、氮、热值、相对密度	①②
焦炭	GBW 11106	硫、灰分、磷、挥发分、热值	③
煤	GBW 11115～11117	As、P	①
	GBW 11118～11120	Cl	①
	GBW 11121～11123	F	①
原油	GBW 11201～11202	Fe、Ni、Mn、Mg、Na、As、K、Co、Ca、V、Pb	④⑤

注：研制单位代号：①煤炭科学院总院北京煤化学所；②山东省冶金科学研究院（济南市）；③山东省冶金设计研究院（济南市）；④大庆油田建设设计研究院；⑤国家标准物质研究中心。

12. 工程技术特性测量标准物质

水质浊度标准物质 GBW 12001，国家标准物质研究中心研制。

13. 物理特性与物理化学特性测量标准物质

pH 标准物质见表 6-18。

表 6-18 pH 标准物质

名 称	国家标准编号	pH 值(25℃)	不确定值
四草酸钾盐	GBW 13101	1.680	
酒石酸氢钾	GBW 13102	3.559	
邻苯二甲酸氢钾	GBW 13103	4.003	
磷酸二氢钾 磷酸氢二钠	GBW 13104 GBW 13105	6.864	0.005pH
硼砂	GBW 13106	9.182	
氢氧化钙	GBW 13107	12.460	

量热标准物质（苯甲酸）GBW 13201，燃烧热 26436.0J/g，相对不准确度 0.022%。

电导率标准物质见表 6-19。

表 6-19 电导率标准物质

名 称	编号	基准溶液/(g KCl/1000g 溶液)	电导率(25℃)/(S/m)	不确定度/(S/m)
氯化钾电导率标准物质	GBW 13120	71.1352	11.131	0.003
		7.41913	1.2853	0.0004
		0.745263	0.14083	0.00005
		0.0745263	0.01465	0.00001

热分析（铟）标准物质 GBW 13201，熔解焓（3265±7）J/mol，熔点（429.75±0.01）K。

摩尔热容标准物质（α-Al_2O_3）GBW 13203。

以上标准物质均由国家标准物质研究中心研制。

熔点标准物质：对硝基甲苯 GBW 13231；萘 GBW 13232；苯甲酸 GBW 13233；1,6-己二酸 GBW 13234；对甲氧基苯甲酸 GBW 13235；蒽 GBW 13236；对硝基苯甲酸 GBW 13237；蒽醌 GBW 13238 等由天津计量技术研究所研制。

电子探针标准物质见表 6-20。

表 6-20　电子探针标准物质

名　　称	国家标准编号	定　值　内　容/％	研制单位
方铅矿	GBW 07501	Pb86.35	②
闪锌矿	GBW 07502	S32.76,Zn66.33	②
汞矿	GBW 07503	S13.63,Hg86.00	②
重晶石	GBW 07504	BaO65.56,SO₃34.28	②
白铅矿	GBW 07505	PbO83.36,CO₂16.82	②
白钨矿	GBW 07506	WO₃80.45,CaO19.39	②
钽-铌铁矿	GBW 07507	Nb₂O₅53.74,Ta₂O₅25.92,FeO6.65,MnO12.47	③
碲化镉	GBW 07508	Cd46.87,Te53.39	③
硒化镉	GBW 07509	Cd58.40,Se40.88	③
砷化镓	GBW 07510	Ga48.07,As51.95	③
硒化锌	GBW 07511	Se54.44,Zn45.38	③
锑化铟	GBW 07512	In48.59,Sb51.45	③
磷化铟	GBW 07513	In78.51,P21.12	③
砷化铟	GBW 07514	As39.60,In60.97	③
纯铜①	GBW 02111～02115	Bi、Sb、Fe、As、Ni、Pb、Sn、Zn	④
精制铝①	GBW 02210～02214	Fe、Si、Cu	⑤⑥
镍-银①	GBW 02104～02109	Mn、Fe、Mg、Pb、Si、As、Sb、Bi、Ni、Zn、P	⑤

①此三种标准物质用于发射光谱法。

注：研制单位代号：②地矿部湖南省矿产测试利用研究所；③地矿部矿产综合利用研究所；④沈阳有色金属加工厂；⑤抚顺铅厂；⑥国家标准物质研究中心。

二、二级标准物质

至 2000 年 5 月，国家质量监督检验检疫总局（原国家质量技术监督局）批准发布二级标准物质 1063 种。现将部分二级标准物质摘录于表 6-21。

表 6-21　部分国家二级标准物质

名　　称	国家标准编号	定　值　内　容	研制单位
元素分析标准物质			
茴香酸	GBW(E) 060001	纯度 99.9% 　H、C、O、CH₃O⁻	①
胱氨酸	GBW(E) 060002	纯度 99.9% 　H、C、O、N、S	①
萘酸	GBW(E) 060003	纯度 100.4% 　H、C、N	①
磷酸三苯酯	GBW(E) 060004	纯度 99.9% 　P	①
苯甲酸	GBW(E) 060005	纯度 99.9% 　H、C、O	①
邻溴苯甲酸	GBW(E) 060031	纯度 99.8% 　H、C、Br	①
间氯苯甲酸	GBW(E) 060032	纯度 99.8% 　H、C、O、Cl	①
硫含量测定	GBW(E) 060108～060110	S	②
氮含量测定	GBW(E) 060111～060113	N	②
标准物质			
邻苯二甲酸氢钾	GBW(E) 060019		②
重铬酸钾	GBW(E) 060018		②
氯化钾	GBW(E) 060020		②
草酸钠	GBW(E) 060021		②
三氧化二砷	GBW(E) 060022		②
碳酸钠	GBW(E) 060023		②
氯化钠	GBW(E) 060024		②
乙二胺四乙酸二钠	GBW(E) 060025		②

名 称	国家标准编号	定 值 内 容		研制单位
熔点		熔点		
对硝基甲苯	GBW(E) 130027	51.60℃		⑫
苯	GBW(E) 130028	79.99℃		⑫
苯甲酸	GBW(E) 130029	122.37℃		⑫
1,6-己二酸	GBW(E) 130030	151.58℃		⑫
对苯氨基苯甲酸	GBW(E) 130031	181.36℃		⑫
蒽	GBW(E) 130032	215.92℃		⑫
对硝基苯甲酸	GBW(E) 130033	239.46℃		⑫
蒽醌	GBW(E) 130034	284.70℃		⑫
偶氮苯	GBW(E) 130133	毛细管熔点(全熔点)0.2℃/min 68.34℃		⑫
香草醛	GBW(E) 130134	毛细管熔点(全熔点)0.2℃/min 81.85℃		⑫
乙酰苯胺	GBW(E) 130135	毛细管熔点(全熔点)0.2℃/min 114.55℃		⑫
非那西丁	GBW(E) 130136	毛细管熔点(全熔点)0.2℃/min 164.70℃		⑫
磺胺	GBW(E) 130137	毛细管熔点(全熔点)0.2℃/min 184.02℃		⑫
丁二酸	GBW(E) 130138	毛细管熔点(全熔点)0.2℃/min 198.32℃		⑫
磺胺二甲嘧啶	GBW(E) 130139	毛细管熔点(全熔点)0.2℃/min 208.62℃		⑫
二氰二胺	GBW(E) 130140	毛细管熔点(全熔点)0.2℃/min 228.41℃		⑫
糖精	GBW(E) 130141			⑫
咖啡因	GBW(E) 130142			⑫
酚酞	GBW(E) 130143	毛细管熔点(全熔点)0.2℃/min 261.43℃		⑫
气体物质		摩尔分数的标准值	相对准确度/%	
空气中甲烷	GBW(E) 060026	$0.005 \sim 0.03$	3	③
空气中丁烷	GBW(E) 060027	$0.005 \sim 0.014$	3	③
氮中一氧化碳 ⎫	GBW(E) 060028	$0.01 \sim 0.08$	2	③
一氧化碳 ⎬混合物		$0.01 \sim 0.09$	2	
丙烷 ⎭		$0.0001 \sim 0.015$	3	
氮中氢、一氧化碳、二氧化碳、甲烷、乙烯、乙烷、乙炔混合物	GBW(E) 060029			③
氮中丙烷	GBW(E) 060033	$1 \times 10^{-1} \sim 5$	3	④
氮中丙烯		$2 \times 10^{-2} \sim 3$	3	④
氮中甲烷	GBW(E) 060035	$2.5 \times 10^{-2} \sim 10$	2	④
空气中乙烯	GBW(E) 060036	$1 \times 10^{-1} \sim 1$	1.5	①
空气中异丁烷	GBW(E) 060037	$5 \times 10^{-1} \sim 1.6$	1.5	①
氮中一氧化碳	GBW(E) 060038	$5 \times 10^{-1} \sim 5$	1.5	①
丙烷混合物		$0.5 \sim 1.2$		
氮中硫化氢	GBW(E) 060070	$50 \sim 500 \times 10^{-6}$	1.5	⑤
氮中二氧化硫	GBW(E) 060071	$25 \sim 500 \times 10^{-6}$	1.5	⑤
氮中乙烯	GBW(E) 060091	50×10^{-6}	2	⑦
氮中丙烷	GBW(E) 060092	50×10^{-6}	2	⑦
氮中异丁烷	GBW(E) 060107	$1 \times 10^{-4} \sim 100 \times 10^{-4}$	3	②
氮中一氧化碳	GBW(E) 060124			②
空气中一氧化碳	GBW(E) 060125			②
空气中二氧化碳	GBW(E) 060126			②

名　称	国家标准编号	定　值　内　容	研制单位
农药			
敌百虫	GBW(E) 060007		②
速灭威	GBW(E) 060008		②
甲胺磷	GBW(E) 060009		②
氰戊菊酯	GBW(E) 060072		⑥
马拉硫磷	GBW(E) 060073		⑥
敌敌畏	GBW(E) 060074		⑥
乐果	GBW(E) 060075		⑥
甲体六六六	GBW(E) 060081		②
乙体六六六	GBW(E) 060082		②
丙体六六六	GBW(E) 060083		②
丁体六六六	GBW(E) 060084		②
p,p'-DDT	GBW(E) 060102		②
o,p'-DDT	GBW(E) 060103		②
p,p'-DDE	GBW(E) 060104		②
p,p'-DDD	GBW(E) 060105		②
有机氯药混合物	GBW(E) 060133	$\alpha,\beta,\gamma,\delta$ 四种六六六	②
对硫磷	GBW(E) 060134		②
三溴氰菊酯	GBW(E) 060138		②
氯氰菊酯	GBW(E) 060139		②
氰戊菊酯	GBW(E) 060140		②
西维因	GBW(E) 060223		②
叶蝉散	GBW(E) 060224		②
呋喃丹	GBW(E) 060225		②
黄曲霉毒素 B 溶液	GBW(E) 090015	$1.02\mu g/mL$	⑧
食用合成色素			
柠檬黄溶液	GBW(E) 100001	$1.00mg/mL$	②
苋菜红溶液	GBW(E) 100002	$1.00mg/mL$	②
日落黄溶液	GBW(E) 100003	$1.00mg/mL$	②
胭脂红溶液	GBW(E) 100004	$1.00mg/mL$	②
亮蓝溶液	GBW(E) 100005	$1.00mg/mL$	②
食用防腐剂			
苯甲酸溶液	GBW(E) 100006	$1.00mg/mL$	②
食用甜味剂			
山梨酸溶液	GBW(E) 100007	$1.00mg/mL$	②
糖精钠溶液	GBW(E) 100008	$1.00mg/mL$	②
pH 标准物质		25℃,pH 标准值	
四草酸氢钾	GBW(E) 130068	1.68	②
酒石酸氢钾	GBW(E) 130069	3.56	②
邻苯二甲酸氢钾	GBW(E) 130070	4.00	②
混合磷酸盐	GBW(E) 130071	6.86	②
硼砂	GBW(E) 130072	9.18	②
混合磷酸盐溶液	GBW(E) 130074	6.86	①
混合磷酸盐溶液	GBW(E) 130075	7.41	①
邻苯二甲酸氢钾溶液	GBW(E) 130076	4.00	①
硼砂溶液	GBW(E) 130077	9.18	①

名　称	国家标准编号	定　值　内　容	研制单位
波长校正			
镨铒滤光片	GBW(E) 130166	651.7nm、587.7nm、546.6nm、520.5nm、483.0nm、470.8nm、442.4nm、407.2nm、378.0nm、365.0nm	②
镨钕滤光片	GBW(E) 130111	420～820nm 共 11 条谱线	②
氧化钬滤光片	GBW(E) 130112	240～640nm 共 15 条谱线	②
氧化钬溶液	GBW(E) 130095	241.16nm、 249.86nm、 278.09nm、 287.26nm、 333.46nm、 345.39nm、 361.24nm、 385.61nm、 416.27nm、 451.28nm、 467.76nm、 485.22nm、 536.53nm、640.42nm	①
紫外分光光度计用	GBW(E) 130066	透射比标准值(20℃)/% 波长　235nm　257nm　313nm　350nm 　　　18.1　13.7　51.3　22.8	②
	GBW(E) 130067	吸光度标准值	②
	GBW(E) 130105	波长/nm　270　293　350 带宽/nm　2　2　2 透射比值　0.198　0.092　0.615	②
介质膜干涉滤光片	GBW(E) 130110	峰值波长/nm 380、440、510、670、770	②
红外光谱仪波长校正用	GBW(E) 130181	吸收峰波数（cm^{-1}）：544.2、842.04、906.82、1028.36、1069.20、1154.63、1583.13、1601.34、2850.12、3001.39、3026.38、3060.02、3082.17	⑮
甲烷燃烧热	GBW(E) 130073	燃烧热值 $39839kJ/m^3$	②
苯甲酸燃烧热	GBW(E) 130035	燃烧热值 26461J/g	②
热值气体	GBW(E) 130152	热值 $6500～50000kJ/m^3$	②
	GBW(E) 130099	热值 $7000～4200kJ/m^3$	⑭
车用含铅汽油	GBW(E) 120013～120014	辛烷值	①
车用无铅汽油	GBW(E) 120015～120016	辛烷值	②
浊度标准物质	GBW(E) 120010～120012		①
黏度标准物质	GBW(E) 130001～130009		⑨
中国标准海水	GBW(E) 130010		⑩
中国系列标准海水	GBW(E) 130011		⑪
固体真密度	GBW(E) 130022	标准值 $2.65g/cm^3$	①
比表面	GBW(E) 130023	标准值 $8.03m^2/g$	①
小比表面	GBW(E) 130024	标准值 $1.4m^2/g$	①
溴指数测定	GBW(E) 060114～060117		②
溴价测定	GBW(E) 060118～060121		②
苯标准物质	GBW(E) 060123		②
正十六烷	GBW(E) 060122		②
X 射线衍射硅粉末	GBW(E) 130014	晶格常数 $5.4307×10^{-10}$ m	①
X 射线粒度测定用 α-SiO₂	GBW(E) 130015		①
X 射线衍射仪校正用 α-SiO₂	GBW(E) 130016		①
X 射线衍射定量分析用 α-SiO₂	GBW(E) 130017		①
无釉陶瓷白板	GBW(E) 130078	波长范围 400～700nm，反射比 0.6～0.9	⑬
硫酸奎宁荧光	GBW(E) 130100		②
氯化钾电导率溶液	GBW(E) 130106～130108		②
火焰光度计用	GBW(E) 130109	K、Na 标准溶液	②

名　称	国家标准编号	定　值　内　容		研制单位
二氧化硅（膜）系列	GBW(E) 130144～130145	膜厚标准值 58.9～93.0nm		①
薄膜电阻	GBW(E) 130146	电阻范围 0.01～1000Ω/□		①
折射率溶液	GBW(E) 130147～130151	n_D^{20} 1.3330、1.3995、1.5008、1.5602、1.6580		②
聚苯乙烯熔体流动速率	GBW(E) 130163	熔体流动速率标准值	3.21g/10min	②
聚丙烯熔体流动速率	GBW(E) 130164	熔体流动速率标准值	1.65g/10min	②
	GBW(E) 130165	熔体流动速率标准值	2.64g/10min	②
气相色谱仪检定用	GBW(E) 130101～130104	苯-甲苯；正十六烷-异辛烷；甲基对硫磷-无水乙醇；丙体六六六-正己烷		②
气相色谱/质谱联用仪检定用	GBW(E) 130178	硬脂酸甲酯[质量分数（×10^{-2}）]	99.92	⑮
	GBW(E) 130179	二苯甲酮[质量分数（×10^{-2}）]	99.94	⑮
	GBW(E) 130180	六氯苯[质量分数（×10^{-2}）]	99.92	⑮
液相色谱仪检定用溶液	GBW(E) 130167	萘甲醇溶液（标称浓度）	$1.00×10^{-4}$ g/mL	②
	GBW(E) 130168	萘甲醇溶液（标称浓度）	$1.00×10^{-7}$ g/mL	②
	GBW(E) 130169	硫酸奎宁水溶液（标称浓度）	$1.00×10^{-6}$ g/mL	②
	GBW(E) 130170	硫酸奎宁水溶液（标称浓度）	$1.00×10^{-9}$ g/mL	②
差示扫描量热仪用	GBW(E) 130174	正辛烷　　转变温度/℃	−56.71	⑮
	GBW(E) 130175	正十八烷	28.18	⑮
	GBW(E) 130176	硫酸根	426.95	⑮
	GBW(E) 130177	石英砂	573.21	⑮
热分析				
铟	GBW(E) 130182	熔化温度 156.52℃；熔化热 28.52J/g		②
锡	GBW(E) 130183	熔化温度 231.81℃；熔化热 60.24J/g		②
铅	GBW(E) 130184	熔化温度 327.77℃；熔化热 23.02J/g		②
锌	GBW(E) 130185	熔化温度 420.67℃；熔化热 107.6J/g		②
硝酸钾	GBW(E) 130186	相变温度 130.45℃		②
二氧化硅	GBW(E) 130187	相变温度 574.29℃		②

注：研制单位代号：①上海市计量测试技术研究院；②国家标准物质研究中心（北京）；③北京氦普北分气体工业有限公司；④中国石油化工总公司大庆石油化工总厂；⑤原化学工业部光明化工研究所（大连市）；⑥国家粮食储备局谷物油脂化学研究所（北京）；⑦大连特种气体产业公司；⑧国家粮食储备局科学研究院（北京）；⑨中国石油化工总公司、大连石油化工公司；⑩青岛海洋大学标准海水厂；⑪国家海洋标准计量中心（天津市）；⑫天津市计量技术研究所（天津市）；⑬浙江省计量测试技术研究所（杭州市）；⑭锡山市新苑科学气体厂；⑮国防科工委化学计量一级站（济南市）。

三、实物国家标准（GSB）

GSB 代表实物国家标准（又称标准样品）。

GSBG 代表化工类实物国家标准。

Z 代表环保类；H 冶金类；A 综合类；G 化工类。

1. 元素溶液实物国家标准

部分元素溶液实物国家标准见表 6-22。

表 6-22　部分元素溶液实物国家标准

名称	国　家　编　号	浓度/(μg/mL)	介　质	容量/(mL/瓶)
锂	GSBG 62001—1990	1000	10%HCl	50
铍	GSBG 62002—1990	1000	10%HNO₃	50
硼	GSBG 62003—1990	1000	H₂O	50
钠	GSBG 62004—1990	1000	H₂O	50
镁	GSBG 62005—1990	1000	5%HCl	50
铝	GSBG 62006—1990	1000	10%HCl	50

名　称	国　家　编　号	浓度/(μg/mL)	介　质	容量/(mL/瓶)
硅	GSBG 62007—1990	500	Na_2CO_3	50
磷	GSBG 62008—1990	1000	氨盐 H_2O	50
磷	GSBG 62009—1990	1000	钾盐 H_2O	50
硫	GSBG 62010—1990	1000	H_2O	50
钾	GSBG 62011—1990	1000	H_2O	50
钙	GSBG 62012—1990	1000	5%HCl	50
钪	GSBG 62013—1990	1000	20%HNO_3	50
钛	GSBG 62014—1990	1000	10%H_2SO_4	50
钒	GSBG 62015—1990	1000	10%H_2SO_4	50
钒	GSBG 62016—1990	1000	10%HCl	50
铬	GSBG 62017—1990	1000	10%HCl	50
锰	GSBG 62018—1990	1000	5%H_2SO_4	50
锰	GSBG 62019—1990	1000	10%HNO_3	50
铁	GSBG 62020—1990	1000	10%HCl	50
钴	GSBG 62021—1990	1000	5%HNO_3	50
镍	GSBG 62022—1990	1000	5%HNO_3	50
铜	GSBG 62023—1990	1000	5%H_2SO_4	50
铜	GSBG 62024—1990	1000	10%HCl	50
锌	GSBG 62025—1990	1000	10%HCl	50
镓	GSBG 62026—1990	1000	10%HCl	50
砷	GSBG 62027—1990	1000	5%HCl	50
砷	GSBG 62028—1990	1000	10%HCl	50
硒	GSBG 62029—1990	1000	10%HCl	50
铷	GSBG 62030—1990	1000	5%HNO_3	50
锶	GSBG 62031—1990	1000	H_2O	50
钇	GSBG 62032—1990	1000	10%HCl	50
锆	GSBG 62033—1990	1000	10%HCl	50
铌	GSBG 62034—1990	1000	5%HF	50
钼	GSBG 62035—1990	1000	5%H_2SO_4	50
钌	GSBG 62036—1990	1000	10%HCl	50
铑	GSBG 62037—1990	1000	10%HNO_3	50
钯	GSBG 62038—1990	1000	10%HCl	50
银	GSBG 62039—1990	1000	5%HNO_3	50
镉	GSBG 62040—1990	1000	10%HCl	50
铟	GSBG 62041—1990	1000	10%HCl	50
锡	GSBG 62042—1990	1000	20%HCl	50
锑	GSBG 62043—1990	1000	25%H_2SO_4	50
碲	GSBG 62044—1990	1000	10%HCl	50
铯	GSBG 62045—1990	1000	5%HNO_3	50
钡	GSBG 62046—1990	1000	10%HCl	50
镧	GSBG 62047—1990	1000	10%HCl	50
铈	GSBG 62048—1990	1000	10%HNO_3	50
镨	GSBG 62049—1990	1000	10%HCl	50
钕	GSBG 62050—1990	1000	10%HCl	50
钐	GSBG 62051—1990	1000	10%HCl	50
铕	GSBG 62052—1990	1000	10%HCl	50
钆	GSBG 62053—1990	1000	10%HCl	50
铽	GSBG 62054—1990	1000	10%HCl	50
镝	GSBG 62055—1990	1000	10%HCl	50
钬	GSBG 62056—1990	1000	10%HCl	50
铒	GSBG 62057—1990	1000	10%HCl	50

名称	国家编号	浓度/(μg/mL)	介质	容量/(mL/瓶)
铽	GSBG 62058—1990	1000	10%HCl	50
镝	GSBG 62059—1990	1000	10%HCl	50
镥	GSBG 62060—1990	1000	10%HNO₃	50
铪	GSBG 62061—1990	1000	10%H₂SO₄	50
钽	GSBG 62062—1990	1000	20%HF	50
钨	GSBG 62063—1990	1000	2%NaOH	50
铼	GSBG 62064—1990	1000	10%HCl	50
锇	GSBG 62065—1990	1000	20%HCl	50
铱	GSBG 62066—1990	1000	10%HCl	50
铂	GSBG 62067—1990	1000	10%HCl	50
金	GSBG 62068—1990	1000	10%HCl	50
汞	GSBG 62069—1990	1000	5%HNO₃	50
铊	GSBG 62070—1990	1000	20%HNO₃	50
铅	GSBG 62071—1990	1000	10%HNO₃	50
铋	GSBG 62072—1990	1000	10%HNO₃	50
锗	GSBG 62073—1990	1000	H₂O	50

注：表中元素溶液由国家钢铁材料测试中心、钢铁研究总院研制，北京市华仪冶金技贸公司经销。

2. 环境实物国家标准

部分环境实物国家标准见表 6-23。

表 6-23　部分环境实物国家标准

名称	国家编号	浓度范围/(mg/L)
化学耗氧量(COD)	GSBZ 50001—1988	70～200
生化耗氧量(BOD)	GSBZ 50002—1988	50～150
酚	GSBZ 50003—1988	0.01～1.5
砷	GSBZ 50004—1988	0.1～0.8
氨氮	GSBZ 50005—1988	0.5～5
亚硝酸盐氮	GSBZ 50006—1988	0.05～0.2
总硬度	GSBZ 50007—1988	5～15(DH)
硝酸盐氮	GSBZ 50008—1988	0.5～5
铜、铅、锌、镉、镍、铬(混合样)	GSBZ 50009—1988	Cu0.5～2;Pb1～2;Zn0.1～1;Cd0.1～1;Ni0.1～1;Cr0.1～1
氟、氯、硫酸根(混合样)	GSBZ 50010—1988	F⁻0.2～5;Cl⁻0.5～100;SO₄²⁻5～100
铜	GSBZ 50009—1988(1)	0.5～2
铅	GSBZ 50009—1988(2)	1～2
锌	GSBZ 50009—1988(3)	0.1～1
镉	GSBZ 50009—1988(4)	0.1～1
镍	GSBZ 50009—1988(5)	0.1～1
铬	GSBZ 50009—1988(6)	0.1～1
氟	GSBZ 50010—1988(1)	0.2～5
氯	GSBZ 50010—1988(2)	0.5～100
硫酸根	GSBZ 50010—1988(3)	5～100
汞	GSBZ 50016—1990	6～20μg/L
pH 值	GSBZ 50017—1990	3～10(pH)
总氰化物	GSBZ 50018—1990	0.05～1
铁、锰	GSBZ 50019—1990	0.2～2
钾、钠、钙、镁	GSBZ 50020—1990	K 1～2;Na 1～2;Ca 5～10;Mg 0.1～1
钾	GSBZ 50020—1990(1)	1～2
钠	GSBZ 50020—1990(2)	1～2
钙	GSBZ 50020—1990(3)	5～10
镁	GSBZ 50020—1990(4)	0.2～1
铁	GSBZ 50019—1990(1)	0.5～2
锰	GSBZ 50019—1990(2)	0.5～2

注：表中环境标准物质由中国环境监测总站生产，北京瑞斯环境保护新技术开发中心经销。

3. 钢铁实物国家标准

部分钢铁实物国家标准见表 6-24。

表 6-24　部分钢铁实物国家标准

名　称	国家编号	定　值　内　容	研　究　单　位
高锰高铜铸铁	GSBH　11005—1990	C、Si、Mn、P、S、Cu	鄂城钢铁厂
	GSBH　11006—1990		
	GSBH　11007—1990		
钒钛生铁	GSBA　64021—1989 64025—1989	C、Si、Mn、P、S、Cu、Cr、Ni、Ti、V、Co、Ga	攀枝花钢铁研究院
生铁	GSBH　41008—1993	C、Si、Mn、P、S、Cu、Cr、Ni、Ti、Sb、V、Bi、Mo、Sn、Zn、Pb、As	本溪钢铁公司钢铁研究所
合金结构钢	GSBH　40061～40066	C、Si、Mn、P、S、Ni、Cr、Cu、V、Ti、Al、W、Mo、As、Sb、Bi、Sn、Pb	钢铁总院
碳素钢	GSBH　40079～40084	C、Si、Mn、P、S、Ni、Cr、Cu、V、Ti、Al	钢铁总院
碳素钢	GSBH　64008 64014—1989	C、Si、Mn、P、S、Cr、Ni、Cu	武汉钢铁公司钢铁研究所
痕量元素碳钢	GSBH　40031 40037—1993	C、Si、Mn、P、S、Cr、Ni、Mo、Co、Sb、Sn、Pb、Al、As、Bi	山东冶金研究所
GCrSiMn	GSBH　40011—1992	C、Si、Mn、P、S、Cr、Ni、Cu、Mo、Ti、W、Sn、As、Sb、Al、Pb	上海钢铁五厂
20Cr	GSBH　40004—1988	C、Si、Mn、P、S、Cr、Ni、Cu、Mo	山东冶金所
镍铬不锈钢	GSBH　11001 11002—1990	C、Si、Mn、P、S、Cr、Ni、Cu、Ti、Al	重庆特钢厂
$Cr_{21}Ni_{10}$	GSBH　40022 40024—1992	C、Si、Mn、P、S、Cr、Ni、Cu、Mn、V、Ti、W、As、Co、Sn、Al	上海钢铁研究所
铅基轴承钢	GSBH　62001 62005—1991	Sb、Bi、Cu、Sn、Fe、As、Zn	沈阳质检所
GCr14	GSBH　20001—1990	O、N	大连钢厂
钢铁及有色金属显微组织金相试样	GSBH　04002—1989	铸铁、白口铁、铜、铝等	沈阳质检所
钢铁光谱分析	GSBH　04003—1989	包括碳素钢,不锈钢等40个品种,定值17个元素	郑州机研所

四、其他实物标准物质（标样）

1. 无机标准溶液

硒、钼、钴、钒、铜、铅、锌、镍、铬、钾、钠、钙、镁、氟、氯、硝酸盐氮、硫酸根、氨氮、酚、铁、锰、磷等标准溶液，浓度均为 0.5000mg/mL。

汞、亚硝酸盐氮、砷、镉、锑等标准溶液，浓度为 0.1000mg/mL。

2. 有机标准溶液

苯、甲苯、乙苯、异丙苯、苯乙烯、邻（间、对）二甲苯、硝基甲苯、间硝基甲苯、邻硝基甲苯、对硝基甲苯、间硝基氯苯、2,4-二硝基氯苯、间硝基乙苯、氯苯、邻二氯苯、间二氯苯、对二氯苯、间甲酚、对氯酚、邻氯酚、邻硝基酚、对硝基酚、氯仿、四氯乙碳、三氯乙烯、四氯乙烯、溴仿等有机标准溶液、浓度为 1.00mg/mL。

苯胺（0.2～10mg/L），硝基苯（0.2～10mL/L），矿物油（2～40mg/L），阴离子表面活性剂（0.2～30mg/L），甲醛（0.2～5mg/L），浊度（5～100 度）。

3. 固体实物标准样品

部分固体实物标准样品见表 6-25。

表 6-25　部分固体实物标准样品

样　品　名　称	定 值 元 素 或 项 目 数
黑钙土土壤　ESS-1	34 项保证值
棕壤土壤　ESS-2	参考值 6 项信息值
红壤土壤　ESS-3	
褐土土壤　ESS-4	
暗棕壤土壤　GSS-1	
栗钙土土壤　GSS-2	64 项保证值
黄棕壤土壤　GSS-3	8 项参考值
石灰岩土壤　GSS-4	
黄红壤土壤　GSS-5	
黄色红壤土壤　GSS-6	
砖红壤土壤　GSS-7	
黄土土壤　GSS-8	
西藏土壤　83401	30 项保证值,10 项参考值,8 项信息值
岩石　GSR-1～GSR-6	50 多项保证值
水系沉积物　GSD-1～GSD-12	40 多项保证值
合成硅酸盐　GSES Ⅰ-1～GSES Ⅰ-12	20 多项保证值
合成灰盐　GSES Ⅱ-1～GSES Ⅱ-9	20 多项保证值
西红柿叶　ESP-1	25 项保证值,7 项参考值,12 项信息值
牛肝　ESP-1	22 项保证值,5 项参考值,5 项信息值
牡蛎　ESA-2	28 项保证值,9 项参考值,5 项信息值
煤灰飞　82201	12 项保证值,8 项参考值
桃树叶　82301	13 项保证值,3 项参考值
茶叶　85601	23 项保证值,8 项参考值
茶树叶　85501	
贻贝	20 项保证值
人头发　GSH-1	30 多项保证值
灌木叶　GSV-1～GSV-2	40 多项保证值
杨树叶　GSV-4	30 项保证值

4. 大气监测液体标准样品

二氧化硫（甲醛法），浓度 0.2～1mg/L。

氮氧化物，浓度 0.2～1mg/L。

二氧化硫片剂（甲醛法、四氯汞钾法），浓度 0.1～10mg/L。

标准溶液、有机标准溶液、固体标准样品、大气监测液体标准样品等，中国环境监测总站研制，北京瑞斯环境保护新技术开发中心等经销。

5. 有机纯气体

部分有机纯气体见表 6-26。

表 6-26　部分有机纯气体

编　号	气体名称	纯度等级	编　号	气体名称	纯度等级
CQ-Y001	CH_4 甲烷	3～4.5N	CQ-Y009	n-C_4H_8 正丁烯	3N
CQ-Y002	C_2H_6 乙烷	≥3N	CQ-Y010	i-C_4H_{10} 异丁烷	2.5N
CQ-Y003	C_2H_4 乙烯	≥3N	CQ-Y011	i-C_4H_8 异丁烯	2.5～3N
CQ-Y004	C_2H_2 乙炔	≥2N	CQ-Y012	C_4H_3 2-顺丁烯	2～3N
CQ-Y005	C_3H_8 丙烷	2～3N	CQ-Y013	C_4H_3 2-反丁烯	2～3N
CQ-Y006	C_3H_6 丙烯	3N	CQ-Y014	C_4H_4 甲基乙炔	3N
CQ-Y007	C_3H_4 丙二烯	2N	CQ-Y015	C_4H_6 乙基乙炔	2N
CQ-Y008	n-C_4H_{10}正丁烷	2.5～3N	CQ-Y016	C_3H_6 环丙烷	2.5N

注：表中气体由北京市北分科学气体公司研制；N 表示气体纯度，如 3N 表示气体纯度为 99.9%，4.5N 表示气体纯度为 99.995%。

6. 无机纯气体

部分无机纯气体见表6-27。

表 6-27　部分无机纯气体

编　号	气体名称		纯度等级	编　号	气体名称		纯度等级
CQ-W001	N_2	氮	2~5N	CQ-W015	Ne	氖	4N
CQ-W002	Ar	氩	2~5N	CQ-W016	Kr	氪	4~4.5N
CQ-W003	H_2	氢	5N	CQ-W017	Xe	氙	>4N
CQ-W004	He	氦	4~5N	CQ-W018	Cl_2	氯	3N
CQ-W005	O_2	氧	2~4.5N	CQ-W019	SiH_4	硅烷	>3N
CQ-W006	CO	一氧化碳	3~4N	CQ-W020	pH_3	磷烷	>3N
CQ-W007	CO_2	二氧化碳	3~5N	CQ-W021	AsH_3	砷烷	>3N
CQ-W008	NH_3	氨	5N	CQ-W022	BH_3	硼烷	4N
CQ-W009	SF_6	六氟化硫	4N	CQ-W023	CS_2	二硫化碳	2N
CQ-W010	SO_2	二氧化硫	4N	CQ-W024	HCl	氯化氢	4N
CQ-W011	H_2S	硫化氢	4N	CQ-W025	COS	羰基硫	2N
CQ-W012	NO	一氧化氮	≥3N	CQ-W026	CF_4	四氟化碳	3N
CQ-W013	N_2O	氧化亚氮	3~4N	CQ-W027	WF_6	六氟化钨	3N
CQ-W014	NO_2	二氧化氮	2~3N				

注：见表6-26表注。

7. 发射光谱实物标准样品

部分发射光谱实物标准样品见表6-28。

表 6-28　部分发射光谱实物标准样品

实物标准样品名称	研　制　单　位
铸铁	北京钢铁总院、长春一汽铸模厂
工业纯铁	太原钢铁公司钢铁研究所
合金铸铁	邢台冶金机械轧辊厂
硼铸铁	山东冶金研究所
碳钢	钢铁总院、抚顺钢厂钢研所沈阳标准所、太原钢铁公司钢铁研究所
高锰钢	钢铁总院
钢中微量元素	鞍钢钢研所
铬锰钢、铬镍钢、铬钨钢、硅铬钢	太钢钢研所
中、低合金钢	钢铁总院、本溪钢铁公司钢铁研究所、天津纺织机械器材研究所、大冶钢厂、太原钢厂、太原钢铁公司研究所、抚顺钢研所、上钢五厂、本溪钢铁公司钢铁研究所、成都无缝钢管厂
高合金钢	本溪钢铁公司钢铁研究所、抚顺钢研所、太原钢铁公司研究所、大冶钢厂、钢铁研究总院、大连钢厂、西南地区理化检测中心
铜及铜合金	沈阳铜加工厂、洛阳铜加工厂、沈阳有色金属总公司、沈阳冶炼厂
铅对电极	沈阳冶炼厂
锌	葫芦岛锌厂
纯铝及其合金	抚顺铝厂、西南铝加工厂、本溪合金厂、包头铝厂、东北轻合金厂、沈阳冶炼厂
看谱分析实物标准	沈阳质检所研制，包括常用黑色金属20种，有色金属及合金10种，黑色金属有11个元素，有色金属有9个元素的定值，可满足钢材及铜合金看谱分析系统检验的需要

8. 滴定（容量）分析的基准试剂

我国基准试剂分两个级别。

(1) 基准试剂（国家标准，称为第一基准试剂），由国家标准物质研究中心提供。目前有13

种：其中 pH 基准试剂 7 种，分别为草酸氢钾、酒石酸氢钾、苯二甲酸氢钾、磷酸二氢钾、磷酸二氢钠、氢氧化钙。容量基准试剂 6 种，分别为邻苯二甲酸氢钾、重铬酸钾、氯化钾、氯化钠、无水碳酸钠和乙二胺四乙酸二钠。

（2）工作基准试剂。目前有 16 种，分别为氯化钠、草酸钠、无水碳酸钠、三氧化二砷、邻苯二甲酸氢钾、碘酸钾、重铬酸钾、氧化锌、无水对氨基苯磺酸、氯化钾、乙二胺四乙酸二钠、溴酸钾、硝酸钾、硝酸银、碳酸钙、苯甲酸，均属容量基准。

容量分析中常用的基准试剂见表 6-29。

表 6-29　容量分析中常用的基准试剂

基准试剂的名称	化 学 式	相对分子质量	干 燥 条 件
对氨基苯磺酸	$H_2N \cdot C_6H_4SO_3H$	173.19	120℃烘至恒重
亚砷酸酐	As_2O_3	197.84	在硫酸干燥器中干燥至恒重
亚铁氰化钾	$K_4Fe(CN)_6 \cdot 3H_2O$	422.39	在潮湿的氯化钙上干燥至恒重
邻苯二甲酸氢钾	$KHC_8H_4O_4$	204.22	105℃烘至恒重
苯甲酸	C_6H_5COOH	122.12	125℃烘至恒重
草酸钠	$Na_2C_2O_4$	134.00	105℃烘至恒重
草酸氢钾	KHC_2O_4	128.13	空气中干燥
重铬酸钾	$K_2Cr_2O_7$	294.18	在 120℃烘至恒重
氧化汞	HgO	216.59	在硫酸真空干燥器中
铁氰化钾	$K_3Fe(CN)_6$	329.25	100℃烘至恒重
氯化钠	$NaCl$	58.44	500～600℃灼烧至恒重
氯化钾	KCl	74.55	500～600℃灼烧至恒重
硫代硫酸钠	$Na_2S_2O_3$	158.10	120℃烘至恒重
硫氰酸钾	$KCNS$	97.18	150℃加热 1～2h,然后在 200℃加热 150min
硝酸银	$AgNO_3$	169.87	220～250℃加热 15min
硫酸肼	$N_2H_2 \cdot H_2SO_4$	130.12	140℃烘至恒重
溴化钾	KBr	119.00	500～600℃灼烧至恒重
溴酸钾	$KBrO_3$	167.00	180℃烘至恒重
硼砂	$Na_2B_4O_7 \cdot 10H_2O$	381.37	70%相对湿度中干燥至恒重（在盛氯化钠和蔗糖的饱和溶液及两者的固体的恒湿器中其相对湿度为70%）
碘	I_2	126.90	在氯化钙干燥器中
碘化钾	KI	166.00	250℃烘至恒重
碘酸钾	KIO_3	214.00	105～110℃烘至恒重
碳酸钠	Na_2CO_3	105.99	270～300℃烘至恒重
碳酸氢钾	$KHCO_3$	100.16	在干燥空气中放置至恒重

我国规定第一基准试剂（一级标准物质）的主体含量为 99.98%～100.02%，其值是采用准确度最高的精确库仑法测定。工作基准试剂（二级标准物质）的主体含量为 99.95%～100.05%，以第一基准试剂为标准，用称量滴定法定值。工作基准试剂是滴定分析中常用的计量标准，可使被标定溶液的准确度在±0.2%以内。

五、有关标准物质信息的主要网站

如果要了解有关标准物质的目录、购买信息、新的标准物质等信息，可查询下列网址。

（1）国家标准物质研究中心 http://www.nrccrm.org.cn/　该中心隶属于国家质量监督检验检疫总局，是从事化学计量和标准物质研究的国家级化学计量技术机构，其宗旨是：研究化学计量，保证化学测量量值统一。本中心在建立和完善国家计量体系中有三大任务：①建立和维护国家基准、标准，研制国家级的标准物质；②不断提高国家化学测量能力和水平；③建立和完善化学量值传递溯源体系；在进行量值传递、保证国内化学测量量值的准确性、一致性和可靠性的同时，保证我国化学测量量值在国际上的可比性、等效性。承担全国标准物质技术管理工作。提供钢铁、有色金属、无机、有机、物理特性、生物和临床、环境食品和工业等应用领域的各类标准物质。其中一级标准物质 1000 多种，二级标准物质 900 多种。

如果想要了解标准物质产品及技术服务可登陆国家标准物质研究中心产品及技术服务网 http：//www.rccrm.org.cn/asp/bwxs.asp/。

（2）国家标准物质信息服务平台 http：//www.ncrm.org.cn/Home/Index.aspx 有标准物质（包括化学成分、物理特性与物理化学特性、生物化学与生物工程、工程技术特性四类标准物质）、年度新标准物质、标准物的查询，提供我国一级、二级数千种标准物质信息查询及部分标准物质的网上订购等相关信息。

（3）仪器信息网 http：//www.instrument.com.cn/ 它是中国仪器仪表学会分析仪器学会指定网站，其网址：http：//www.instrument.com.cn/Quotation/s_84.htm 可查询标准物质。

查阅路程：首页→→标样标物→标准物质/标准品有大量标准物质的信息。

标准物质有：食品标准物质/标准品，农药、兽药标准物质/标准品，有机溶液标准物质/标准品，钢铁标准物质/标准品，地质、矿产标准物质/标准品，无机溶液标准物质/标准品，环境及农业标准物质/标准品，有色金属标准物质/标准品，建材标准物质/标准品，能源标准物质/标准品，仪器鉴定用标准物质/标准品，物理及物理化学性质标准物质/标准品，激素及兴奋剂标准物质/标准品，工程技术及高聚物标准物质/标准品，临床与卫生标准物质/标准品，高纯物质与容量分析用溶液标准物质，核材料与放射性标准物质/标准品，气体标准物质/标准品，蛋白质、核酸检测用标准物质/标准品等。

查阅路程：首页→→耗材配件→标准物质。

包括：色金属标准物质、钢铁合金标准物质、建材标样、地质标样、煤炭石油标准物质、放射核材料分析标准、工程技术测量标准物、环境标物、高分子材料标准物质、物理与物化特性测量标准物质、临床化学与药品成分标准物质、食品标样、化工产品成分标准物、岩石标样、矿石标样、水系沉积物标样等信息。

（4）中国分析网 http：//www.analysis.org.cn/ 有标准（参考）物质信息资源库，国内标准（参考）物质 2452 项，国外标准（参考）物质 4310 项（有美国、日本、德国、法国、加拿大、斯洛伐克、比利时、瑞士、西班牙等国家的标准物质）。

（5）中国标准物质标准样品电子商务网 http：//www.gbw-gsbs.com/ 该网有国内标准物质和标准样品数据库，有光谱分析标样、化学分析标样及校正控制标样三大类型，涵盖黑色金属标样、有色金属标样、稀有金属标样、化学溶剂、冶金模具。用户登录该网站，可检索所需标准物质和标准样品。可网上订购。

（6）中华标准物质网 http：//www.gbw365.com/ 该网隶属于北京艾科盈创生物技术有限公司，是购买国内标准物质的网络服务平台之一。

（7）中国标准物质网 http：//www.gbw114.org/ 隶属于北京北化恒信生物技术有限公司，是国内专业的标准物质、标准样品信息平台之一，共收录国家一级标准物质和国家二级标准物质约 5000 个，标准品 8000 多个；进口标准物质约 20000 个，进口标准品近 30000 个。主要业务领域是销售国内外标准物质、标准样品。

（8）中国标准试剂网 http：//www.gbw168.org/ 隶属于南京中标晨曦化学技术有限公司，是国内外标准物质与标准样品的供应商之一。

第七章　定性分析和物理常数测定

定性分析的任务是鉴定物质是由哪些元素、离子、原子团、官能团或化合物所组成的。按化验分析的对象可分为无机物的定性分析和有机物的定性分析两类。

第一节　无机物的经典定性分析法

利用化学反应进行物质的定性分析，其方法灵活，设备简单，目前仍被采用。本章第一节、第二节分别介绍化学法进行定性分析。

一、预备试验

定性分析的任务，有时只要求检出样品中某几种元素、离子或组分，有时则要求检出所有组成。任务不同，分析的步骤和方法不一样，常用的预备试验有下面几种。

1. 初步观察

接到一个样品，首先要尽可能详细地了解其来源、价值、用途、分析目的和要求等各方面的情况。这些信息对确定分析范围、选择分析方法、拟定分析方案有重要的参考价值。

其次，应对试样的物理性质进行仔细认真的观察，例如颜色（表7-1和表7-2）、光泽、气味、硬度、密度等。如果是液体试样，除观察其颜色外，还应试验其酸、碱性（如对石蕊试纸的反应）。非金属固体，可用放大镜仔细观察其颗粒、形状、结构、颜色等。如矿石，还可用紫外灯检查。初步观察的结果只能作为拟定分析方案和核对分析结果的参考，不能直接根据它得出肯定的结论。

表 7-1　常见的有色离子

水溶液的颜色	阳离子	阴离子	水溶液的颜色	阳离子	阴离子
蓝	Cu^{2+}、Cr^{2+}		橘红		$Cr_2O_7^{2-}$
绿	Ni^{2+}、Fe^{2+}、Cr^{3+}	MnO_4^-、CrO_2^-	粉红	Co^{2+}	
黄	Fe^{3+}（浓时黄棕色）、Ce^{4+}、Au^{3+}	CrO_4^{2-}、$[Fe(CN)_6]^{3-}$	紫		MnO_4^-

表 7-2　常见的有色无机物质

颜色	常见物质
黑(灰)色	金属粉末，C，As，Se，Te，I_2 金属氧化物，如 V_2O_3，Mo_2O_3，MoO_2，Mn_3O_4，MnO_2，Fe_3O_4，Co_2O_3，Co_3O_4，Ni_2O_3，Ni_3O_4，CuO 金属硫化物，如 V_2S_3，MoS_2，MoS_3，FeS，Fe_2S_3，CoS，NiS，Cu_2S，CuS，Ag_2S，Hg_2S，HgS，PbS 碳化物，如 Mo、W、B、Si、Ti、Fe、Cr 等的碳化物
深棕色	WO_3，Mn_2O_3，Bi_2O_3，MoS_3，Hg_2O，Fe_2O_3 等
橙色	Cu，Cu_2O；CdS，As_2S_3，Sb_2S_3 等；Fe^{3+} 及铂族元素的化合物；铬酸盐，重铬酸盐
红色	Cu，Fe_2O_3，HgO，CrO_3，Pb_3O_4；CdS，HgS，As_2S_3；Co^{2+}、Cr^{3+} 的化合物；铬酸盐、碘化物
粉红色	Pb_2S_3，MnS
黄色	金、黄铜、青铜，S，As；WO_3，HgO，PbO，Pb_2O_3，Sb_2O_3；CdS，SnS_2，As_2S_3，As_2S_5；铬酸盐、碘化物、溴化物、亚铁氰化物
绿色	MnO，NiO；Fe^{2+}、Cu^{2+}、Ni^{2+}、Cr^{3+} 的化合物；锰酸盐
蓝色	大青($Al_2O_3 \cdot xCoO$)；群青；Cr^{3+}、Co^{2+}、Ni^{2+}、Cu^{2+} 的化合物
紫色	I_2；Co^{2+}、Cr^{3+} 的化合物；高锰酸盐

2. 预测试验

预测试验可以给定性分析提供重要的线索，缩小待检出离子的分析范围。常用的预测试验方法有以下几种。

（1）灼烧试验　灼烧试验在硬质、干燥的玻璃试管中进行。试管中放入 10～15mg 试样，然后将试管斜放（开口下倾）在火焰上，缓缓加热，注意观察现象。即是否产生颜色变化？是否产生异味？是否产生气体？是否升华等。表 7-3 为灼烧试验的推断。

表 7-3　灼烧试验的推断

变化	现　　象	可能的产物	推　　断
颜色改变	①炭化变黑，常有燃物臭		有机物，如酒石酸盐等
	②变黑，不带燃物臭		Cu、Mn、Ni 等的盐类，高温变为氧化物
	③热时为黄色，冷却后变白		ZnO、锌盐
	④热时黄棕色，冷时黄色		SnO_2 或 Bi_2O_3
	⑤热时红至黑色，冷时棕色		Fe_2O_3
	⑥热、冷时都呈棕色		CdO 及镉盐
放出气体或蒸气	①无色无味，能使火柴余烬复燃	O_2	过氧化物、过氯酸盐、高锰酸盐、氯酸盐、溴酸盐、碘酸盐、硝酸盐
	②无色无味，使澄清石灰水变浑浊	CO_2	碳酸盐、酸式碳酸盐、草酸盐
	③无色无味，可燃，火焰呈蓝色	CO	草酸盐、甲酸盐
	④无色无味，玻璃管端有水珠	H_2O	含结晶水的化合物
	用石蕊试纸试验		
	水为碱性		铵盐
	水为酸性		易分解的强酸盐
	⑤无色，臭蛋味，使乙酸铅试纸变黑	H_2S	含水硫化物、某些亚硫酸盐和硫代硫酸盐
	⑥无色，燃硫臭味，使 $Ba(OH)_2$ 水变浑浊	SO_2	亚硫酸盐、硫代硫酸盐、某些硫酸盐
	⑦无色无味，腐蚀试管壁	HF	氟化物（有 SiO_2 共存时）
	⑧无色，点燃有蒜臭，有毒	AsH_3	砷酸盐、亚砷酸盐（有机物共存）
	⑨无色，杏仁臭，可燃，火焰带紫色，剧毒	C_2N_2（HCN）	重金属氰化物，如 $AgCN$、$Hg(CN)_2$、$K_3[Fe(CN)_6]$
	⑩黄绿色，刺鼻臭，可使石蕊试纸褪色	Cl_2	铜、金、铂的氯化物（氧化剂共存时）
	⑪红棕色，刺激臭	Br、NO_2	溴化物、硝酸盐、亚硝酸盐
出现升华	①白色升华		卤化铵、$HgCl_2$、$HgBr_2$、Hg_2Cl_2、As_2O_3、Sb_2O_3、某些挥发性有机物（草酸、苯甲酸）
	②黄色升华		S（热时熔融，显棕色）、As_2S_3、Hg_2I_2
	③蓝黑色升华，紫色蒸气	I_2	I_2、碘化物（有氧化剂共存）
	④黑色，研成粉末后为红色		HgS
	⑤灰色升华		Hg（易摩擦成小球）、Ag

（2）熔珠试验　熔珠试验是利用金属的氧化物或盐类与硼砂（$Na_2B_4O_7 \cdot 10H_2O$）或磷酸氢铵钠[$Na(NH_4)HPO_4 \cdot 4H_2O$]一起熔融时，形成具有特征颜色的熔珠，借此可预测试样中可能含有何种组分及鉴定简单的矿物质。

试验时将铂丝或镍铬丝一端弯成小圈，蘸浓 HCl 在火焰中灼烧至无色，进一步煅烧至红热，然后蘸取少量硼砂或磷酸氢铵钠细粉，在火焰中加热熔融，形成无色透明的玻璃状小球，从火焰中取出，以此小球蘸取少量试样粉末，重新在火焰中（注意是氧化焰还是还原焰！）烧结成球，观察熔珠颜色的变化。熔珠的颜色与烧结时所处的火焰部位（氧化焰或还原焰）及温度有关（表7-4）。

（3）焰色试验　焰色试验是利用某些元素在火焰中灼烧时所呈现的特征颜色，借此以判断某些盐类的存在。试验时先将铂丝或镍铬丝（烧结于玻璃棒上）一端弯成小环状，蘸浓 HCl，在氧化焰中烧至火焰无色，然后蘸取盐酸酸化的试液（或固体粉末）在火焰上灼烧，火焰着色情况见表 7-5。

表 7-4　熔珠试验时各种金属元素的颜色

熔珠颜色	硼砂珠				磷酸盐熔珠			
	在氧化焰中		在还原焰中		在氧化焰中		在还原焰中	
	热时	冷时	热时	冷时	热时	冷时	热时	冷时
黄色到黑色	Fe Cr Ce V、U	Ni (褐色)	Ti W Mo		Fe V U Ag Ce	Fe Ni (褐色)	Fe Ti①	
绿色	Cu	Cr V	Fe Cr V U	Fe V	Cu Mo	Cr		Cr U V Mo
蓝色	Co	Cu Co	Co	Co	Co	Cu Co	Co	Co W①
紫色	Mn Ni	Mn		Ti	Mn	Mn		Ti①
红色	Ce			Cu②	Co			Cu²⁺

① 有 Fe 存在时，生成血红色的熔珠。
② 有 Sn 共存时，呈宝石红色。

表 7-5　焰色试验的推断

火焰颜色	可能存在的盐类	火焰颜色	可能存在的盐类
黄色①	钠盐	黄绿色(苹果绿色)	钡盐
砖红色	钙盐	绿色④	铋盐、锑盐、钼盐、硼砂、碲盐、铊盐、硫酸及易挥发的铜盐
猩红色②	锶盐和锂盐		
紫红色	氰化物	淡蓝色	硒盐及铅、锡、锑、砷的挥发性化合物
紫色	钾盐(淡紫色③)和铷盐、铯盐(蓝紫色)、镓盐、氯化亚汞		

① 只有火焰的强烈黄色持续几秒钟不退，才能认为有 Na^+ 存在，此黄色火焰透过蓝色玻璃片观察时则看不到黄色。
② 锶盐在煅烧后有碱性反应，锂盐煅烧后无碱性反应。
③ 如有 Na^+ 共存，则需通过蓝色玻璃片观察。
④ 不同的盐类，火焰的绿色又稍有不同。

（4）溶解性试验　溶解性试验应按照表 7-6 所述的顺序进行。选用每种溶剂试验时，都应先用冷的，不溶时再换热的；先用稀的，不溶时再换浓的。每换一种溶剂时，都必须把原先不溶的部分分离出来，然后再换另一种溶剂，绝不可连续加入，以免影响溶剂效果，甚至造成混乱现象。如果怀疑试样只有部分溶解，可取少量清亮溶液，在表面皿或微烧杯中蒸干检查。

表 7-6　溶解性试验操作步骤

溶剂及使用顺序	操　作　方　法	可　溶　解　的　物　质
1. H_2O	取少量试样(火柴头大小)于离心试管中,加 H_2O 15～20 滴,搅拌。如不溶,可水浴加热 2～3min,检查是否溶解。如观察不到显著的溶解现象,可取少量清液放在表面皿上蒸干检查,若有固体残渣,说明有部分溶解	①所有的硝酸盐、亚硝酸盐 ②所有的卤化物(除 AgX、PbX_2、Hg_2X_2、HgI_2 外) ③所有的钾盐、钠盐、铵盐(有个别例外,见表 7-16) ④绝大多数的硫酸盐(除 Ba、Sr、Pb、Hg_2、Ca、Ag)
2. HCl	取少量试样(或水不溶部分)于离心试管中,加稀 HCl,注意有无气体逸出。如不溶,水浴加热。如仍不溶,把液体废去,加入浓 HCl	①氢氧化物 ②弱酸盐、Zn、Mn、Fe 的硫化物 ③活泼金属、多数合金、金属氧化物、氧化性酸的盐类
3. HNO_3	如上法,先用稀 HNO_3;如不溶,改用浓 HNO_3	①金属、合金 ②不溶性磷酸盐、硫化物(HgS 除外)
4. 王水	不溶于 HNO_3 的试样,分离后加王水试验,如必要,可加热	①贵金属及其合金 ②Sb_2O_3、SnO_2、氧化物矿石 ③HgS

对于王水都不溶的样品（表 7-7）可用碱熔法或熔融法处理，见第八章第二节。

表 7-7　不溶于王水的常见物质

物　质　类　型	举　　例
银盐	$AgCl$(白)、$AgBr$(极浅黄)、AgI(浅黄)、$AgCN$(白)
硫酸盐	$SrSO_4$、$BaSO_4$、$PbSO_4$、(均为白色)、$Cr_2(SO_4)_3$(灰绿)
高热氧化物	Al_2O_3(白)、Cr_2O_3(绿)、Fe_2O_3(暗红)、SnO_2(白)
熔融盐	$PbCrO_4$(棕)
矿石	CaF_2(萤石)、$FeCrO_4$(铬铁矿)、SnS_2(彩色金)
亚铁氰化物	$Cu_2[Fe(CN)_6]$(红棕)、$Fe_2[Fe(CN)_6]$(蓝)
SiO_2 及硅酸盐	SiO_2 及各种硅酸盐
其他	C、S、金属硅化物、碳化物

二、阳离子的定性分析

在溶液中对无机物进行鉴定反应都采用离子间的反应，因此检出的是溶液中的离子，而不是其化合物。这样不仅可以区别元素在化合物中存在的价态，而且使鉴定的对象大为减少。

1. 阳离子分析试验的制备

根据溶解性试验的结果，可选择适当的溶剂溶解试样。当试样能溶于两种溶剂时，应当先水后酸、先稀后浓，能用前者溶的就不要用后者。

若试样是用浓酸溶解的，应将所得溶液蒸发近干，以除去过量的酸，放冷后再用水溶解残渣制成分析溶液。

若试样用碱熔法或熔融法处理，熔块应再用水或酸浸取。

2. 常见阳离子与常用试剂的反应

常见阳离子与常用试剂的反应，见表 7-8。

表 7-8　常见阳离子与常用试剂的反应

阳离子	各种常用试剂(浓度)								
	HCl	H_2SO_4	NaOH	$NH_3 \cdot H_2O$	$NH_3 \cdot H_2O +$ NH_4Cl	H_2S	$(NH_4)_2S$	$(NH_4)_2CO_3$	$K_4[Fe(CN)_6]$
	(0.1mol/L)	(4mol/L)	(0.1mol/L)	(0.1mol/L)	(pH≈9)	(饱和)	(3mol/L)	(1mol/L)	(0.1mol/L)
Ag^+	$AgCl$ $\downarrow[H^+]$	Ag_2SO_4 $(\downarrow)$	Ag_2O $\downarrow$(褐)	$AgOH \rightarrow Ag_2O$ $\downarrow$(白) $\downarrow$(过)	$AgOH \rightarrow Ag_2O$ $\downarrow$ $\downarrow$(褐)	Ag_2S $\downarrow[H^+]$(黑)	Ag_2S $\downarrow[H^+]$(黑)	Ag_2CO_3 $\downarrow$(过)	$Ag_4[Fe(CN)_6]$ $\downarrow[H^+]$
Pb^{2+}	$PbCl_2$ $(\downarrow)$	$PbSO_4$ $\downarrow[H^+]$	$Pb(OH)_2$ $\downarrow$(过)	$Pb(OH)_2$ $\downarrow$	$PbCl_2$ $\downarrow$	PbS $\downarrow[H^+]$(黑)	PbS $\downarrow[H^+]$(黑)	$Pb(OH)_2 \cdot$ $2PbCO_3 \downarrow$	$Pb_2[Fe(CN)_6]$ $\downarrow[HA]$
Hg_2^{2+}	Hg_2Cl_2 $\downarrow[H^+]$	Hg_2SO_4 $\downarrow[H^+]$	Hg_2O $\downarrow$(黑)	$Hg+NH_2HgCl$ $\downarrow[H^+]$(黑)	$Hg+NH_2HgCl$ $\downarrow[H^+]$(黑)	$HgS+Hg$ $\downarrow[H^+]$(黑)	$HgS+Hg$ $\downarrow[H^+]$(黑)	$Hg+HgCO_3$ $\downarrow$(黑) $\downarrow$(白)	(?) $\downarrow$(灰白色)
Hg^{2+}		HgO $\downarrow$(黄)	HgO $\downarrow$(黄)	HgO $\downarrow$(黄)	HgS $\downarrow[H^+]$(黑)	HgS $\downarrow[H^+]$(黑)	$HgCO_3$(?)	$Hg_2[Fe(CN)_6]$	
Bi^{3+}			$Bi(OH)_3$ $\downarrow$	碱式盐 $\downarrow$	碱式盐 $\downarrow$	Bi_2S_3 $\downarrow[H^+]$(褐)	Bi_2S_3 $\downarrow[H^+]$(过)	碱式盐 $\downarrow$	(?) $\downarrow$(浅黄绿)
Cu^{2+}			$Cu(OH)_2$ $\downarrow$(浅蓝)	碱式盐 $\downarrow$(蓝绿)(过)	碱式盐 $\downarrow$(浅蓝)(过)	CuS $\downarrow[H^+]$(黑)	CuS $\downarrow[H^+]$(黑)	碱式盐 $\downarrow$(浅蓝)(过)	$Cu_2[Fe(CN)_6]$ $\downarrow[H^+]$(红棕)
Cd^{2+}			$Cd(OH)_2$ $\downarrow$	$Cd(OH)_2$ $\downarrow$(过)	$Cl(OH)_2$ $\downarrow$(过)	CdS $\downarrow[H^+]$(黄)	CdS $\downarrow[H^+]$(黄)	碱式盐 $\downarrow$	$Cd_2[Fe(CN)_6]$ $\downarrow$
As^{3+} (AsO_3^{3-})						As_2S_3 $\downarrow[H^+]$(黄)			
As^{5+} (AsO_4^{3-})						$As_2S_3 \cdot As_2S_5$ $\downarrow[H^+]$(黄)			
Sn^{2+}			$Sn(OH)_2$ $\downarrow$(过)	$Sn(OH)_2$ $\downarrow$	$Sn(OH)_2$ $\downarrow$	SnS $\downarrow[H^+]$(褐)	SnS $\downarrow[H^+]$(过)	$Sn(OH)_2$ $\downarrow$	$Sn_2[Fe(CN)_6]$ $\downarrow[H^+]$
Sn^{4+}			$Sn(OH)_4$ $\downarrow$(过)	$Sn(OH)_4$ $\downarrow$	$Sn(OH)_4$ $\downarrow$	SnS_2 $\downarrow[H^+]$(黄)	SnS_2 $\downarrow$(黄)(过)	$Sn(OH)_4$ $\downarrow$	$Sn[Fe(CN)_6]$ $\downarrow[H^+]$

阳离子	HCl (0.1mol/L)	H_2SO_4 (4mol/L)	NaOH (0.1mol/L)	$NH_3 \cdot H_2O$ (0.1mol/L)	$NH_3 \cdot H_2O +$ NH_4Cl (pH≈9)	H_2S (饱和)	$(NH_4)_2S$ (3mol/L)	$(NH_4)_2CO_3$ (1mol/L)	$K_4[Fe(CN)_6]$ (0.1mol/L)
Sb^{3+}			$HSbO_2$ ↓(过)	$HSbO_2$ ↓	$HSbO_2$ ↓	Sb_2S_3 ↓[H⁺](橙)	Sb_2S_3 ↓[H⁺](过)	$HSbO_2$ ↓	
Sb^{5+}			H_3SbO_4 ↓(过)	H_3SbO_4 ↓	$HSbO_3$ ↓	$Sb_2S_3+Sb_2O_5$ ↓[H⁺](橙)	$Sb_2S_5+Sb_2S_3$ ↓[H⁺](过)	H_3SbO_4 ↓	(?) ↓(黄)
Al^{3+}			$Al(OH)_2$ ↓(过)	$Al(OH)_3$ ↓	$Al(OH)_3$ ↓		$Al(OH)_3$ ↓	$Al(OH)_3$ ↓	
Cr^{3+}			$Cr(OH)_3$ (灰绿、紫)↓(过)	$Cr(OH)_3$ ↓(灰绿、紫)	$Cr(OH)_3$ ↓(灰绿、紫)		$Cr(OH)_3$ ↓(灰绿、紫)	$Cr(OH)_3$ ↓(灰绿、紫)	
Fe^{3+}			$Fe(OH)_3$ ↓(棕)	$Fe(OH)_3$ ↓(棕)	$Fe(OH)_3$ ↓(棕)	Fe_2S_3 ↓(黑)	碱式盐 ↓(褐)		$Fe_4[Fe(CN)_6]_3$ ↓[H⁺](蓝)
Fe^{2+}			$Fe(OH)_2$ ↓(白→绿→棕)	$Fe(OH)_2$ ↓(白→绿→棕)	↓(棕)	FeS (黑)	碱式盐 (↓)		$Fe_2[Fe(CN)_6]$ ↓(白→蓝)
Co^{2+}			$Co(OH)_2$ ↓(玫瑰)	碱式盐 ↓(蓝)(过)		CoS ↓[H⁺](黑)	碱式盐 ↓(玫瑰)(过)		$Co_2[Fe(CN)_6]$ ↓[H⁺](绿)
Ni^{2+}			$Ni(OH)_2$ ↓(绿)	碱式盐 ↓(绿)(过)		NiS ↓[H⁺](黑)	碱式盐 ↓(绿)(过)		$Ni_2[Fe(CN)_6]$ ↓[H⁺](棕黄)
Zn^{2+}			$Zn(OH)_2$ ↓(过)	$Zn(OH)_2$ ↓(过)		ZnS ↓	碱式盐 ↓(过)		$Zn_2[Fe(CN)_6]$ ↓
Mn^{2+}			$Mn(OH)_2$ ↓(白→绿→棕)	$Mn(OH)_2$ ↓(白→褐)		MnS ↓(肉)	$MnCO_3$ ↓		$Mn_2[Fe(CN)_6]$ ↓[H⁺]
Ba^{2+}		$BaSO_4$ ↓[H⁺]	$Ba(OH)_2$ (↓)					$BaCO_3$ ↓	
Sr^{2+}		$SrSO_4$ ↓[H⁺]	$Sr(OH)_2$ (↓)					$SrCO_3$ ↓	
Ca^{2+}		$CaSO_4$ (↓)	$Ca(OH)_2$ (↓)					$CaCO_3$ ↓	
Mg^{2+}			$Mg(OH)_2$ ↓	$Mg(OH)_2$ (↓)				碱式盐 ↓	
K^+									
Na^+									
NH_4^+			NH_3 ↑						

> 表中最上方表头：各种常用试剂（浓度）

表中符号说明：↓——产生沉淀，未注明者均为白色；（↓）——较浓时才产生沉淀；↓[H⁺]——产生沉淀，沉淀不溶于稀强酸；↑——挥发性气体产物；↓[HA]——产生沉淀，沉淀不溶于乙酸；→——沉淀发生变化；↓（过）——产生沉淀，沉淀溶于过量试剂；空格——无外观变化；(?)——组成不确定。

3. 阳离子的初步试验

通过初步试验，可以获得某些阳离子是否存在的重要信息。常用的初步试验有下面几种。

（1）HCl试验　取试液少许，加 2 滴 0.1mol/L HCl，只有 Ag^+、Pb^{2+}、Hg_2^{2+}、Tl^+ 能与 HCl 作用，均生成白色沉淀。AgCl 沉淀能溶于氨水，也能部分溶于浓 HCl。$PbCl_2$ 的溶解度比较大，只有在 Pb^{2+} 浓度较大时才析出沉淀。$PbCl_2$ 沉淀也溶于热水。在试液中加入 HCl 后，若无白色沉淀析出，只能证明无 Ag^+、Hg_2^{2+} 及 Tl^+ 存在，而不能证明无 Pb^{2+} 存在。

必须注意，当溶液的酸度较低时，Bi^{3+}、Sb^{3+}、Sn^{2+} 和 Sn^{4+} 会水解析出碱式盐沉淀。

（2）H_2SO_4 试验　取试液少许，加 2 滴（1+3）H_2SO_4，只有 Ba^{2+}、Sr^{2+}、Ca^{2+}、Pb^{2+}、Hg_2^{2+} 与 H_2SO_4 作用，均形成白色沉淀。$CaSO_4$ 的溶解度较大，只有当 Ca^{2+} 的浓度大时才析出沉淀。若向溶液中加入适量乙醇后，$CaSO_4$ 的溶解度大为降低。$PbSO_4$ 沉淀可溶于 NH_4Ac。$BaSO_4$、

$SrSO_4$ 及 Hg_2SO_4 均不溶于强酸。

(3) NaOH 和 $NH_3 \cdot H_2O$ 试验　以下为金属氢氧化物的溶解规律。

一价金属离子中，碱金属氢氧化物均可溶于水，但 Cu^+、Hg_2^{2+}、Ag^+ 和 Au^+ 能生成氢氧化物或氧化物沉淀。

二价金属离子中，除 Ca^{2+}、Sr^{2+}、Ba^{2+} 只能在浓的 NaOH 溶液中形成氢氧化物沉淀外，其他金属的氢氧化物均不溶于水，但 Pb^{2+}、Sn^{2+}、Be^{2+}、Zn^{2+} 具有明显的两性，可溶于过量的 NaOH 溶液。

三价和四价金属氢氧化物全都不溶于水，但 Al^{3+}、Cr^{3+}、Sb^{3+}、Ga^{3+}、In^{3+} 和 Sn^{4+} 具有两性，可溶于过量 NaOH 溶液中。

Ag^+、Cu^{2+}、Zn^{2+}、Cd^{2+}、Co^{2+} 和 Ni^{2+} 等可形成络氨离子，故其氢氧化物可溶于 $NH_3 \cdot H_2O$ 中。

试验可在小试管中进行。取试液 10 滴，加 3～5 滴 0.1mol/L NaOH 或 0.1mol/L $NH_3 \cdot H_2O$，观察有无沉淀产生及沉淀的颜色，然后向沉淀中再滴加 2mol/L NaOH 或 2mol/L $NH_3 \cdot H_2O$，再观察沉淀的变化情况。常见阳离子的两性及形成氨络合物的试验见表 7-9。

表 7-9　常见阳离子的两性及形成氨络合物的试验

加入少量 NaOH 或 $NH_3 \cdot H_2O$ 时的现象	加入过量试剂时的现象		可能存在的离子	备　　注
	过量 NaOH	过量 $NH_3 \cdot H_2O$		
↓（白）	溶	不溶	Al^{3+}、Pb^{2+}、Sb^{3+}、Sb^{5+}、Sn^{2+}、Sn^{4+}	加入 NaOH 时，Ca^{2+} 会部分沉淀，Ba^{2+}、Sr^{2+} 浓度大时也会部分沉淀
↓（灰绿）	冷时溶，加热又沉淀	略溶	Cr^{3+}	
↓（白）	溶	溶	Zn^{2+}	
↓（白）	不溶	溶	Cd^{2+}	
↓（浅绿）	不溶	溶	Ni^{2+}	
↓（蓝 $\xrightarrow{热}$ 黑）	不溶	溶（深蓝）	Cu^{2+}	
↓（白→褐）	不溶	溶	Ag^+	
↓（蓝 $\xrightarrow{热}$ 玫瑰）	不溶	溶（黄→红）	Co^{2+}	
↓（白）	不溶	不溶	Mg^{2+}、Bi^{3+}	有 NH_4^+ 时，加入 $NH_3 \cdot H_2O$，Mg^{2+} 不沉淀
↓（浅绿→棕）	不溶	不溶	Fe^{2+}	
↓（红棕）	不溶	不溶	Fe^{3+}	
↓（黄）	不溶	不溶	Hg^{2+}	
↓（黑）	不溶	不溶	Hg^+	

(4) 硫化物试验　在分析化验中可能涉及的金属硫化物，有 33 种不溶于水，其中有 22 种硫化物能在 0.3mol/L 的 HCl 中析出沉淀，其余的则只能在低于此酸度的溶液中才能析出沉淀，见表 7-10。

表 7-10　硫化物沉淀的分组

沉　淀　剂	沉　淀　方　法	现　　象	试　液　中　离　子
H_2S（饱和水溶液）	试液 2 滴，用 2mol/L 的 HCl 酸化，加 2～3 滴新配的沉淀剂	产生沉淀：黑色至暗棕色	Ag^+、Pb^{2+}、Hg_2^{2+}、Hg^{2+}、Cu^{2+}、Bi^{3+}、Sn^{2+}、Mo^{4+} 等
		橙红色	Sb^{3+}、Sb^{5+}
		黄色	Cd^{2+}、Sn^{4+}、As^{3+}、AsO_4^{3-}
	沉淀中加 3mol/L 的 $(NH_4)_2S$ 1～2 滴	沉淀溶解	As_2S_3、As_3S_5、Sb_2S_2、Sb_2S_3、SnS_2 均被溶解
$(NH_4)_2S$ (3mol/L)	试液 2 滴，用浓 $NH_3 \cdot H_2O$ 碱化，加沉淀剂 1 滴	产生沉淀：白色	除上述的各种离子外还有：Zn^{2+}、Al^{3+}［生成 $Al(OH)_3$］
		黑色	Fe^{3+}、Fe^{2+}、Co^{2+}、Ni^{2+}
		肉色	Mn^{2+}
		灰绿色	Cr^{3+}［生成 $Cr(OH)_3$］

根据硫化物沉淀的颜色（注意：深色沉淀会掩盖浅色的沉淀）和沉淀在不同酸碱溶剂中的溶解情况，可判断存在的离子，见表 7-11。

表 7-11　常见阳离子的硫化物试验

沉淀颜色	沉淀组成	溶解性试验用溶剂				试液中可能存在的离子
		HCl	HNO₃	NH₃·H₂O	其他	
白色、浅色	ZnS	溶	溶			Zn^{2+}
	$Al(OH)_3$	溶	溶	略溶	强碱	Al^{3+}
	MnS 在空气中逐渐变成棕色	溶	溶			Mn^{2+}
灰绿色	$Cr(OH)_3$	溶	溶	略溶	强碱	Cr^{3+}
黄色	CdS	溶(热、浓)	溶(热)			Cd^{2+}
	As_2S_3		溶	溶	$(NH_4)_2S$、NaOH	As^{3+}
	SnS_2	溶(浓)	溶		$(NH_4)_2S$、NaOH	Sn^{4+}
橙色	Sb_2S_3	浓、热时溶	溶		$(NH_4)_2S$、NaOH	Sb^{3+}
棕色	SnS	溶(浓)	溶			Sn^{2+}
黑色	HgS				Na_2S、王水	Hg^{2+}
	Hg_2S				王水	Hg_2^{2+}
	CoS	溶	溶			Co^{2+}
	NiS	溶	溶			Ni^{2+}
	Fe_2S_3	溶	溶			Fe^{3+}
	FeS	溶	溶			Fe^{2+}
	Ag_2S		溶(热)			Ag^+
	CuS		溶(热)			Cu^{2+}
	Bi_2S_3		溶(热)			Bi^{3+}
	PbS		溶(热)			Pb^{2+}
	MoS_2		溶(热)		Na_2S、NaOH	Mo^{4+}
硫化物是易溶的						NH_4^+、碱金属、碱土金属

注：空格表示不溶或无反应。

（5）**铬酸盐试验**　取 1 滴中性试液，加入 1 滴 0.1mol/L K_2CrO_4 试剂，观察是否有沉淀产生及沉淀的颜色，再试验沉淀在不同溶剂中的溶解情况，由此可做出一些推断，见表 7-12。

表 7-12　常见阳离子的铬酸盐试验

沉淀的颜色	试液中可能存在的离子	沉淀组成	沉淀的溶解性	沉淀条件
淡黄	Ba^{2+}	$BaCrO_4$	难溶于乙酸，易溶于 HCl 和 HNO₃	
	Sr^{2+}	$SrCrO_4$	微溶于水，易溶于酸	仅在中性溶液沉淀
	Tl^+	Tl_2CrO_4	不溶于冷的稀乙酸、HCl 和 HNO₃	
黄	Cd^{2+}	$CdCrO_4$	易溶于稀酸和氨水	仅在中性溶液沉淀
	Pb^{2+}	$PbCrO_4$	不溶于乙酸和氨水，溶于 HNO₃ 和苛性碱溶液	
	Zn^{2+}	碱式铬酸盐	易溶于稀酸、氨水和苛性碱溶液	仅在中性溶液沉淀
黄至橙	Bi^{3+}	$(BiO)_2CrO_4$	与 $PbCrO_4$ 相似，但不溶于苛性碱溶液	
砖红	Ag^+	Ag_2CrO_4	稍溶于乙酸，易溶于稀 HNO₃ 和氨水	
	Hg_2^{2+}	Hg_2CrO_4(热时析出的组成)	不溶于极稀 HNO₃ 和氨水	
	Hg^{2+}	$HgCrO_4$ 或碱式盐	不溶于极稀 HNO₃ 和氨水	
	Co^{2+}	$CoCrO_4·Co(OH)_2$	溶于氨水	稀溶液仅加热时沉淀
棕黄	Cu^{2+}	碱式铬酸盐	极易溶于稀酸和氨水	仅在中性溶液沉淀
棕	Ni^{2+}	碱式铬酸盐	易溶于酸和氨水	

注意：试液必须近中性。因为在酸性溶液中，不仅某些铬酸盐不能沉淀，而且它易氧化 As^{3+}、Sb^{3+}、Sn^{2+}、Fe^{2+} 等还原性阳离子，而本身生成绿色 Cr^{3+}。

（6）磷酸盐试验　取 1 滴中性试液，加入 1 滴 $0.1mol/L$ Na_2HPO_4 试剂，观察有无沉淀产生及沉淀的颜色，再试验沉淀在不同溶剂中的溶解情况，见表 7-13。

表 7-13　常见阳离子的磷酸盐试验

沉淀的颜色	沉淀的溶解性	试液中可能存在的离子
黄	不溶于稀乙酸溶液（pH＝3）	Ag^+、Fe^{3+}、UO_2^{2+}
黄白	弱酸性溶液中，溶于过量 Na_2HPO_4	Fe^{3+}
绿	易溶于浓苛性碱溶液	Cr^{3+}
黄绿	溶于浓氨水，生成氨络合物	Ni^{2+}
蓝绿	溶于浓氨水，生成氨络合物	Cu^{2+}
蓝紫	溶于浓氨水，生成氨络合物	Co^{2+}
棕	溶于浓氨水，生成氨络合物	Mn^{2+}
白	不溶于稀乙酸溶液（pH＝3）	Al^{3+}、Bi^{3+}、Ce^{3+}、Ce^{4+}、Hg_2^{2+}、In^{3+}、La^{3+}、Sn^{2+}、Sn^{4+}、Th^{4+}、Ti^{3+}、Ti^{4+}、Zr^{4+}
	较难溶于 $0.1mol/L$ HCl，不溶于 20% HCl	Bi^{3+}、Ce^{4+}、La^{3+}、Sn^{2+}、Sn^{4+}、Th^{4+}、Ti^{4+}、Zr^{4+}
	不溶于 $0.2mol/L$ HNO_3	Bi^{3+}、Zr^{4+}
	溶于浓氨水，生成氨络合物	Ag^+、Cd^{2+}、Zn^{2+}
	易溶于浓苛性碱溶液	Al^{3+}、Be^{2+}、Pb^{2+}、Sb^{3+}、Sn^{2+}、Sn^{4+}、Zn^{2+}
	弱酸性溶液中，溶于过量 Na_2HPO_4	Al^{3+}

（7）碳酸铵试验　取试液 2 滴，加 3 滴 $1mol/L$ $(NH_4)_2CO_3$ 试剂，观察是否产生沉淀及沉淀的颜色，再试验沉淀在不同溶剂中的溶解性。表 7-14 为常见阳离子的碳酸铵试验。

表 7-14　常见阳离子的碳酸铵试验

沉淀的颜色	沉淀组成	沉淀的溶解性	试液中可能存在的离子
灰绿	$Cr(OH)_3$		Cr^{3+}
红褐	碱式盐		Fe^{3+}
绿渐变褐	碱式盐		Fe^{2+}
蓝紫	碱式盐	溶于过量 $(NH_4)_2CO_3$	Co^{2+}
浅绿	碱式盐	溶于过量 $(NH_4)_2CO_3$	Ni^{2+}
淡黄	$Hg_2CO_3\downarrow$（淡黄）$\longrightarrow HgO\downarrow+Hg\downarrow$（黑）		Hg_2^{2+}
浅蓝	碱式盐		Cu^{2+}
白	$BaCO_3$	溶于强酸或乙酸	Ba^{2+}
	$SrCO_3$		Sr^{2+}
	$CaCO_3$		Ca^{2+}
	$MnCO_3$		Mn^{2+}
	Ag_2CO_3		Ag^+
	Ag_2CO_3	溶于过量 $(NH_4)_2CO_3$	Ag^+
	碱式盐		Zn^{2+}
	碱式盐		Pb^{2+}、Bi^{3+}、Cd^{2+}、Hg^{2+}
	氢氧化物		Al^{3+}、Sb^{3+}、Sn^{2+}、Sn^{4+}

因 $(NH_4)_2CO_3$ 在溶液中强烈水解：

$$NH_4^+ + CO_3^{2-} \xrightleftharpoons[]{H_2O} NH_3 + HCO_3^-$$

故通常于 $(NH_4)_2CO_3$ 溶液中加入氨水，以防止其水解。其次，$(NH_4)_2CO_3$ 在冷溶液中易脱水：

$$2NH_4^+ + CO_3^{2-} \xrightleftharpoons[\text{加热}]{\text{冷时}} NH_2COONH_4 + H_2O$$

所以用 $(NH_4)_2CO_3$ 作沉淀剂时，常在加热至 $60\sim70℃$ 时进行。

4. 常见阳离子的鉴定

通过初步试验，能够大致确定可能存在的阳离子范围，即可选择适当的化学反应进行鉴定。

（1）鉴定反应进行的条件　鉴定反应大都是在水溶液中进行的离子反应。作为一种鉴定反应，必须具有明显的外观特征。例如：溶液颜色的改变；沉淀的生成或溶解；气体的产生等。此外，鉴定反应还必须迅速进行才有实用价值。

鉴定反应只有在一定条件下才能进行，否则反应不能发生，或者得不到预期的效果。最重要的反应条件如下。

① 溶液的酸度　许多鉴定反应只能在一定的酸度下进行。

② 反应离子的浓度　增大反应离子的浓度有利于鉴定反应的进行。在定性鉴定中，通常要求溶液中反应离子的浓度足够大，以保证发生显著的反应。

③ 溶液的温度　溶液的温度有时对鉴定反应有较大的影响。例如有些沉淀的溶解度随温度的升高而迅速增大。另外，有些鉴定反应特别是氧化还原反应在室温下的反应速率很慢，而将溶液加热后则反应速率明显加快。

④ 催化剂　某些氧化还原反应需要在催化剂存在下才能进行。

⑤ 溶剂　大部分无机微溶化合物在有机溶剂中的溶解度比在水中的小，所以向水溶液中加入适当的有机溶剂，可降低其溶解度。

（2）鉴定反应的灵敏度和选择性　鉴定反应的灵敏度常用"检出限量"和"最低浓度"来表示。

① 检出限量　在一定条件下，利用某反应能检出某离子的最小质量，以 μg 表示。

② 最低浓度　一定条件下，被检出离子能得到肯定结果的最低浓度，以 μg/mL 表示。

检出限量越低，最低浓度越小，则此鉴定反应的灵敏度越高。但是对于同一离子，不同鉴定反应具有不同的灵敏度。

鉴定反应的高度选择性极为重要。在大多数情况下，一种试剂往往能和许多离子起作用。当一种试剂只与为数不多的离子起作用，则这种反应称为选择性高，与加入的试剂起反应的离子越少，则这个反应的选择性越高。如果加入的试剂只对一种离子起反应，则这个反应的选择性最高，称为该离子的专属反应。

必须指出，在选用鉴定反应时，应该同时考虑反应的灵敏度和选择性。若只考虑选择性而灵敏度达不到要求，则被检离子浓度较低时的结果往往不正确；反之，片面地追求灵敏度而忽视选择性，则当有干扰离子存在时也会得到不可靠的结果。因此应该在灵敏度能满足要求的条件下，尽量采用选择性高的反应。

（3）鉴定反应常用的仪器　鉴定反应中进行离子的分离和鉴定常用仪器见表 7-15。

表 7-15　鉴定反应中进行离子的分离和鉴定常用仪器

仪器名称	常用规格	作　　用	备　　注
离心管	5～10mL	观察少量沉淀的生成和颜色变化；用于分离沉淀和溶液	
试管	5～10mL	观察沉淀的生成和颜色变化	
平底试剂瓶	60mL	装试剂溶液	带胶皮乳头滴管
点滴板		反应在凹槽中进行，观察颜色的变化	有色沉淀在白色点滴板上进行；白色沉淀用黑色点滴板
表面皿		可用作鉴定反应，或用两块干燥表玻璃作气室，以检查气体的发生	
滤纸	2cm×2cm	通过形成的色斑作鉴定反应	分别将吸有溶液和试剂的毛细管直立于反应纸的中央，待管内溶液被吸收后，移开毛细管，观察湿斑颜色变化
滴管		分离溶液和沉淀；洗涤沉淀；滴加试剂	滴管每滴出 20～25 滴约为 1mL
毛细滴管		分离少量溶液或添加少量试剂	毛细滴管的液滴约 50 滴相当于 1mL
离心机		利用离心沉降原理将溶液和沉淀分开	

（4）常见阳离子的化学鉴定　表 7-16 列出了常见阳离子的化学鉴定方法。

表 7-16　常见阳离子的化学鉴定方法

离子	试剂及配制	鉴 定 方 法	现 象	灵敏度/μg	干扰离子(消除方法)
Al^{3+}	①铝试剂[0.1%水溶液]	在乙酸铵-氨水溶液中与试剂作用	生成红色沉淀	0.16	Ca^{2+}[加$(NH_4)_2CO_3$]
	②铬坚纯蓝 B[5%水溶液]	酸性试液中,加 $MgCO_3$ 细粉至 CO_2 停至发生,加试剂并以$(1+1)H_2SO_4$酸化,再以乙醚萃取过量有色物质	水溶液呈现洋红或粉红色	0.1	
	③茜素试纸[用茜素的乙醇饱和溶液浸润定量滤纸,晾干]	在茜素试纸上加 1 滴试液,在 $NH_3·H_2O$ 瓶上熏	出现红色斑点	0.15	Fe^{3+},Cr^{3+},Mn^{2+},Cu^{2+}
Ag^+	①对二甲氨基亚苄基罗丹宁试剂的丙酮饱和溶液	酸性[HNO_3(2mol/L)]试液与试剂作用	呈紫红色	0.02	
	②溴焦棓酚红[0.1mol/L 水溶液]	在 0.1mol/L EDTA,0.001mol/L 邻菲绕啉,20%乙酸铵存在下与试剂作用	生成蓝色的银-邻菲绕啉-二溴焦棓酚红三元络合物	0.05	Fe^{2+}(邻菲绕啉);其他离子(EDTA 掩蔽)
	③盐酸	取试液 2 滴,加盐酸 1 滴;分离出沉淀,洗涤,加浓 $NH_3·H_2O$ 2 滴;再加 HNO_3	白色沉淀;沉淀溶解;又析出白色沉淀	0.5	
As(Ⅲ)	①N-乙基邻羟基四氢喹啉(又名咔啉)[0.5%水溶液]	试液加浓 HCl 和试剂后,再加 1% $FeCl_3$ 溶液,微热。As(Ⅴ)化合物需事先用硫酸羟胺还原成 As(Ⅲ)	立即呈红棕色	0.005	Hg^{2+},Pb^{2+},Cu^{2+}
	②Zn 粉,20% $AgNO_3$	在小试管中置试验 2 滴,加少许 Zn 粉,加 2 滴 NaOH,管口盖试纸,滤纸上加 1 滴 20%$AgNO_3$	试纸由黄变黑	2.5	
Ba^{2+}	①玫瑰红酸钠[0.2%水溶液]	在中性或弱酸性溶液中与试剂作用,加稀 HCl	红棕色沉淀;变成桃红色	0.25	
	②咖啉偶氮(Ⅲ)[2,7-双(2-磺苯偶氮)铬变酸]稀水溶液	强酸性溶液中(HCl),与试剂作用	蓝绿色络合物	0.1	中性溶液中 Sr^{2+} 与试剂也生成蓝色络合物
	③1%K_2CrO_4	在点滴板上加试液 1 滴,加 2mol/L HAc 和 1%K_2CrO_4 各 1 滴	黄色沉淀	3.5	Pb^{2+}、Ag^+、Hg^{2+}、Fe^{2+}(EDTA)
Ca^{2+}	①氯吲唑酮 C[1-(6-氯-3-吲唑偶氮)-2-羟基萘-3-羧酸][100mg 试剂溶于 5mL 二甲基甲酰胺中,加入 45mL 氨水(密度 0.91g/mL),50mL 乙醇,此溶液可贮存2~3天]	在氨水存在下,与试剂作用	呈现红紫色	0.005	
	②乙二醛双(2-羟基缩苯胺)[乙醇饱和溶液];NaCN-NaOH溶液,1g NaCN 和 1g NaOH 溶于10mL 水中	取 1 滴中性或微酸性试液,加 4 滴乙二醛双(2-羟基缩苯胺),加 1 滴 NaCN-NaOH 溶液,1 滴 Na_2CO_3,3~4 滴 $CHCl_3$,振荡,静置	$CHCl_3$ 层呈红色	0.05	Cu^{2+}、Cd^{2+}、Co^{2+}、Ni^{2+}、Mn^{2+}、UO_2^{2+}(不被 $CHCl_3$ 萃取);Ba^{2+}、Sr^{2+}(Na_2CO_3);Sn^{2+}

表 3-15　常见阳离子的化学鉴定方法

离　子	试剂及配制	鉴定方法	现　象	灵敏度 /μg	干扰离子（消除方法）
Cd^{2+}	乙二醛双(2-羟基缩苯胺)[乙醇饱和溶液] 掩蔽剂：[20% Na_2SO_3 和 20% 酒石酸钠等体积混合,并以 NaF 饱和]	试液 2 滴,加掩蔽剂 2 滴,50% KI 2 滴,乙二醛双(2-羟基缩苯胺)2 滴,再加 $CHCl_3$ 4 滴,振荡,静置	$CHCl_3$ 层显蓝色	1	
Co^{2+}	①1-亚硝基-2-萘酚[1g 试剂溶于 50mL 冰乙酸中,用水稀释至 1L]	1 滴中性(或微酸性)试液,加 1 滴试剂	棕色斑	0.05	Cu^{2+}($KI+Na_2SO_3$)、Fe^{3+}(PO_4^{3-})、Pd^{2+}、UO_2^{2+}(PO_4^{3-})
	②1mol/L NH_4SCN	在点滴板上加试液 1 滴,1mol/L $Na_2S_2O_3$ 1 滴,1mol/L NH_4SCN 1 滴,丙酮 5～10 滴	显蓝色	0.5	VO^{2+}、$C_2O_4^{2-}$、CN^-、EDTA、$[Fe(CN)_6]^{3-}$
Cr^{3+}	①二苯氨基脲试剂[饱和的乙醇溶液]新鲜的碱性次溴酸盐溶液[8mL 溴水加 2mL 2mol/L NaOH(或 KOH)溶液,再加 2gKBr]	先用次溴酸盐溶液氧化为 CrO_4^{2-},在强酸性(H_2SO_4)试液中加入试剂	紫色	0.25	Hg^{2+}(HCl)
	②H_2O_2,戊醇	试液 2 滴,加 NaOH 和 H_2O_2 溶液各 2 滴,加热,分离清液用 H_2SO_4 酸化至 pH=2～3,加 H_2SO_4 1 滴,戊醇 3 滴,静置分层	呈黄色;戊醇层呈蓝色	2.5	
$Cr(VI)$	靛蓝胭脂红(酸性靛蓝)[0.04%水溶液]	取一定量试验,依次加试剂、2% H_2O_2、0.2mol/L HCl 和 0.03% 2,2-联吡啶溶液少许,另取蒸馏水做空白对照	颜色褪去	0.02	
Cu^+	①铜试剂[2,2'-联喹啉试剂饱和的乙醇溶液]	在 pH>3 时用盐酸羟胺晶体处理,再与试剂作用	呈紫到粉红色	0.05	
	②2,9-二甲基-4,7-二苯基-1,10-菲绕啉	在 pH>3 时用盐酸羟胺晶体处理,再与试剂作用	呈紫到粉红色	0.001	
Cu^{2+}	①二乙基二硫代氨基甲酸铅[0.1%氯仿溶液]	在酸性溶液中与试剂作用,摇荡	氯仿层由红变黄	0.1	
	②$K_4[Fe(CN)_6]$	试液 2 滴,加 HAc-NaAc 缓冲液 1 滴,加 $K_4[Fe(CN)_6]$ 1 滴	红棕色沉淀	0.02	Fe^{3+}(KF);Co^{2+},Ni^{2+}
Fe^{2+}	①1,10-菲绕啉[0.25%水溶液]	在 pH=3.5 时,先加 1% 氢醌溶液,再加试剂	呈粉红色或血红色		Bi^{3+},Ag^+
	②2,2'-联吡啶[2%的乙醇溶液]	与试剂作用	呈红或粉红色	0.03	Fe^{3+}(KF)
	③1% $K_3[Fe(CN)_6]$	于滤纸或点滴板上加微酸性试液 1 滴,加试剂 1 滴	蓝色沉淀	0.1	Ag^+,Ni^{2+},Zn^{2+},M^{2+}
Fe^{3+}	①试铁灵(7-碘-8-羟喹啉-5-磺酸)[0.1%水溶液]	酸性(pH=3.5)试液与试剂作用	呈绿色	0.5	

续表

离 子	试剂及配制	鉴 定 方 法	现 象	灵敏度/μg	干扰离子（消除方法）
Fe^{3+}	②1%KSCN	于点滴板上加微酸性试液1滴,加试剂1滴	呈血红色	0.25	Hg^{2+},F^-,PO_4^{3-},$C_2O_4^{2-}$,NO_2^-,酒石酸,柠檬酸
Hg^{2+}	①二苯卡巴腙[新鲜的1%乙醇溶液]	在0.2mol/L HNO_3存在下,与试剂作用	呈现紫或蓝色	1	CrO_4^{2-}(H_2SO_3 或 HCl)
	②KI-Na_2SO_3[0.5g KI和20g Na_2SO_3·$7H_2O$溶于100mL水中] CuSO₄[5g $CuSO_4$·$5H_2O$溶于100mL 1mol/L HCl]	在点滴板或滤纸上加KI-$Na_2SO_3$1滴,$CuSO_4$1滴,再加1小滴试液	橙红色沉淀	0.05	Ag^+,Hg^{2+}(HCl)
Hg_2^{2+} Hg^{2+}	乙二醛双-(2-巯基缩苯胺)[1%的氯仿溶液]	在滤纸上与试剂作用,于80℃干燥2min	显暗红至淡粉红色环	0.5	
K^+	①二苦胺(六硝基二苯胺)[0.2g试剂溶于2mol/L Na_2CO_3溶液和15mL水中]	灼烧试样(除去铵盐),将残渣溶于0.1mol/L HNO_3后,与试剂作用	红色沉淀	3	
	②四苯硼酸钠[2%水溶液]	用乙酸缓冲液调节至pH=5.4,与试剂作用	白色沉淀(应做空白试验)	0.09	NH_4^+(NaOH,加热);Ag^+,Hg^{2+}(KCN)
Mg^{2+}	镁试剂(对硝基苯偶氮-α-萘酚[0.001g试剂溶于100mL 2mol/L的KOH溶液中]	试液2滴,加$(NH_4)_2CO_3$ 2滴,分离。清液加入NaOH使溶液呈碱性,煮沸,加入镁试剂1滴	蓝色沉淀	0.1	Al^{3+},Cr^{3+},Fe^{3+},Sn^{4+}(固体 $NaNO_3$);Cd^{2+},Co^{2+},Ni^{2+}(CN^-);Mn^{2+}(S^{2-});NH_4^+(加热)
Mn^{2+}	①甲醛肟[在10%盐酸羟胺溶液中,加入4mL甲醛肟(37%)]	在氨性溶液中(1+1)与试剂作用	橙红色	0.02	可用0.2mol/L EDTA和10%盐酸羟胺掩蔽干扰离子
	②$NaBiO_3$ 粉末	置试液2滴于点滴板上,加浓 $HNO_3$1滴,加入 $NaBiO_3$粉末少许,搅拌	紫红色	0.8	如试液有色,加NH_3·H_2O沉淀分离,沉淀溶于HNO_3后鉴定Cr^{3+}、Cl^-、Br^-、I^-、H_2O_2
Na^+	①甲氧基苯乙酸[13.3g试剂溶于27.8mL 1.08mol/L氢氧化四甲铵,加无水乙醇至100mL,在室温下偶尔振摇,至少5h,在0℃静置12h以上,抽滤除去沉淀]	与试剂混合,于15℃静置15min	白色沉淀	30	Ba^{2+},Sr^{2+},Ca^{2+},Cs^+
	②4,5-二羟基-4-烯-1,2,3-三酮水溶液	在pH=1~12的介质中与试剂作用	白色沉淀	1.7	
	③乙酸铀酰锌用HAc溶解	试液2滴,加$(NH_4)_2CO_3$ 2滴,分离。清液用HAc酸化,加试剂5滴,用玻璃棒摩擦管壁	淡黄绿色沉淀	12.5	大量K^+;Ag^+,Hg^{2+},Sb^{3+},PO_4^{3-},AsO_4^{3-}

离 子	试剂及配制	鉴 定 方 法	现　象	灵敏度 /μg	干扰离子（消除方法）
NH_4^+ (NH_3)	①中性的红石蕊试纸	在微烧杯中置试液 2 滴，加 2mol/L NaOH 1 滴，盖上表面皿，表面皿上贴一条湿润的红石蕊试纸，于 40℃加热 5min	石蕊试纸变蓝	0.01	CN^- ($HgCl_2$)
	②靛酚蓝形成试验 [10%苯酚和0.05%亚硝基五氰络铁酸钠的 5%NaOH 溶液] [有效的次氯酸钠用 5 份水稀释]	将左边两种试剂等体积混合，于此混合液中加入试液（最好在 50℃水浴中加热）	呈现蓝色	0.001	
Ni^{2+}	丁二酮肟 [2%乙醇溶液]	在滤纸上依次滴加 $(NH_4)_2HPO_4$、试液、2%丁二酮肟各 1 滴（每次都等稍干后再加），在氨气上熏	斑点边缘呈鲜红色	0.15	Fe^{3+}，Pd^{2+}，Cu^{2+}，Co^{2+}，Cr^{2+}，Mn^{2+}（柠檬酸或酒石酸），Fe^{2+}（先氧化成 Fe^{3+}）
Pb^{2+}	①双硫腙（打萨宗） [1~2mL 试剂溶于 100mL CCl_4]	在中性试液中，加入试剂并剧烈振摇	CCl_4 层呈现砖红色	0.04	重金属离子（KCN）
	②1mol/L K_2CrO_4	于点滴板上加试液 1 滴，用 HAc 酸化，加入 1mol/L K_2CrO_4 1 滴	黄色沉淀（不溶于 HAc，可溶于 NaOH 或 HNO_3）	20	Ag^+ (NH_3)；Hg^{2+} (KCN)，Ba^{2+}（不溶于 NaOH）
Sb(Ⅲ) Sb(Ⅴ)	罗丹明 B	置试液 1 滴于试管中，加固体 KNO_2 数粒，浓 HCl 1~2 滴。待剧烈作用停止后，加 0.2%罗丹明 B 1 滴，苯 5 滴，振荡，静置	苯层显紫色	0.25	
Sn(Ⅲ) Sn(Ⅳ)	①二硫酚(4-甲基-1,2-二巯基苯) [0.2g 试剂溶于100mL 1% NaOH]	1 滴试液(HCl)，加入 1~2 滴试剂，温热	红色液或红色沉淀	0.05	MoO_4^- 及大量的其他金属盐（试液事先用过量黄色硫化铵处理，滤液中加入过量 H_2O_2 微热，分离，沉淀溶于稀 HCl，然后按左边方法进行）
	②Zn+HCl	取 5 滴试液，加 5mL 浓 HCl，加 1 片锌片，将装满冷水的微量试管浸入上述混合物中，然后将此试管放在本生灯的还原焰中	蓝色焰	1	
Sr^{2+}	玫瑰红酸钠 [新鲜的 0.2%水溶液]	将 1 滴试液放于浸过饱和 K_2CrO_4 液并干燥过的滤纸片上，1min 后加 1 滴 0.2%试剂	红棕色斑	4	
Zn^{2+}	①双硫腙 [0.01%的 CCl_4 溶液]	1 滴试液(pH=4.0~5.5)加 2 滴 10% $Na_2S_2O_3$，1 滴 2mol/L NH_4CN，加 5 滴试剂，摇动	CCl_4 层红色	0.025~0.06	Au^{3+}，Cd^{2+}，Pb^{2+}，Sn^{2+}，大多数重金属离子（CN^-）
	②$K_4[Fe(CN)_6]$ +硫脲+罗丹明 B	取 1 滴试液，加入 0.1mol/L 硫脲 1 滴，0.05%罗丹明 B 1 滴，0.005mol/L $K_4[Fe(CN)_6]$ 1 滴	紫色	2	

三、阴离子的定性分析

在水溶液中，非金属元素常以简单或复杂的阴离子形式存在，如 S 可以形成 S^{2-}、SO_4^{2-}、

SO_3^{2-}、$S_2O_3^{2-}$、SCN^- 等。非金属元素虽然不多，但形成的阴离子种类却不少。此外，有些高价金属元素也以含氧酸根等阴离子形式存在，如 CrO_4^{2-}、MnO_4^- 等。

1. 阴离子的分析特性——挥发性与氧化还原性

从分析角度考虑，阴离子的特性主要表现在两个方面。

(1) 相应酸的挥发性　有些阴离子，如 S^{2-}、SO_3^{2-}、$S_2O_3^{2-}$、CO_3^{2-}、ClO^-、NO_2^- 以及 CN^- 等，在酸性溶液中所形成的酸或者沸点很低，极易挥发；或者极不稳定，容易分解。因此，这些阴离子遇到强酸时，相应的酸就会挥发或分解而放出气体。这种性质不仅可用于阴离子的初步试验，也决定了阴离子的分析试液不能采用该酸溶解制备。

(2) 氧化性或还原性　许多阴离子具有不同程度的氧化性或还原性，见表 7-17(a) 和表 7-17(b)。因此在同一试液中，某些阴离子不能同时共存，见表 7-18。

表 7-17(a)　氧化性物质试验

试　验	操　作　方　法	可能存在的物质	备　注
KI	取 1～2 滴试液，以 2mol/L $\left[c\left(\frac{1}{2}H_2SO_4\right)\right]$ 酸化，加数滴苯(或 CCl_4)和 1～2 滴 1mol/L KI 溶液，摇动后，苯层呈紫色；或将试液酸化后，加 1～2 滴 1mol/L KI，再加少量淀粉溶液，呈蓝色	MnO_4^-、CrO_4^{2-}、$Cr_2O_7^{2-}$、NO_2^-、ClO_3^-、ClO^-、BrO_3^-、IO_3^-、IO_4^-、$[Fe(CN)_6]^{3-}$、AsO_4^{3-}、H_2O_2 及其他过氧化物(加少许钼酸铵为催化剂)	
$MnCl_2$	置 4 滴试液于小试管中，加 10 滴 $MnCl_2$(在浓盐酸中的饱和溶液)，溶液呈棕色或黑色	CrO_4^{2-}、$[Fe(CN)_6]^{3-}$、ClO_3^-、NO_3^-、NO_2^-	
Fe^{2+}-SCN^-	在点滴板上将 1 滴试液用 1 滴无色试剂处理，溶液变成红色	许多氧化剂(包括某些不溶性氧化剂)	试剂制备：溶解 9g $FeSO_4 \cdot 7H_2O$ 于 50mL 盐酸(1+1)中，然后加少许锌粒，待颜色褪去后，加 5g NaSCN，待红色褪去再加 12g NaSCN，将上层清液与未反应的锌粒分离，可用一天，如用前发现溶液变红，需再加少许锌粒使其褪色

表 7-17(b)　还原性物质试验

试　验	操　作　方　法	可能存在的物质	备　注
亚甲基蓝	1 滴试验与 1 滴 0.1% 亚甲基蓝的 1mol/L 盐酸溶液混合，稍等片刻，亚甲基蓝的颜色消失	Sn^{2+}、VO_2^+、Fe^{2+}、U^{4+} 等强还原剂	
$KMnO_4$	①酸性液：取一个小试管，加入 5 滴试液，用 6mol/L $\left[c\left(\frac{1}{2}H_2SO_4\right)\right]$ 酸化，加水稀释至 0.5mL 左右，再加 2 滴 6mol/L $\left[c\left(\frac{1}{2}H_2SO_4\right)\right]$，然后加 0.002mol/L $[c(KMnO_4)]$ 溶液 1～2 滴，紫红色褪去	SO_3^{2-}、$S_2O_3^{2-}$、S^{2-}、AsO_3^{3-}、NO_2^-、CN^-、$[Fe(CN)_6]^{4-}$、SCN^-、I^-、Br^-、$C_2O_4^{2-}$(加热)、$C_4H_4O_6^{2-}$(加热)、Cl^-(高浓度并加热)、Fe^{2+}、Sn^{2+}、Ti^{3+}	
	②碱性液：如上法，但以 6mol/L NaOH 溶液代替 6mol/L $\left[c\left(\frac{1}{2}H_2SO_4\right)\right]$，使溶液碱化，紫红色褪去，产生棕黑色沉淀	SO_3^{2-}、$S_2O_3^{2-}$、S^{2-}、AsO_3^{3-}、I^-、$[Fe(CN)_6]^{4-}$	

试　验	操　作　方　法	可能存在的物质	备　注
$FeCl_3$-$K_3[Fe(CN)_6]$	于一个离心管中,加 5 滴水、5 滴 $3mol/L$ HCl、1 滴 $0.5\,mol/L$ $[c(FeCl_3)]$ 和 1 滴新配的 $1mol/L$ $\left\{c\left[\frac{1}{3}K_3Fe(CN)_6\right]\right\}$,此时不显绿蓝色,再加 4 滴试液,摇匀后放置 3min,产生蓝色沉淀或蓝绿色溶液	SO_3^{2-}、S^{2-}、$[Fe(CN)_6]^{4-}$、I^-、NO_2^-、NH_2OH（$0.1\mu g$）、(SbO_2^-)、$C_4H_6O_6$（$0.1\mu g$）、$SnCl_2$（$0.5\mu g$）、NaN_3（$5\mu g$）、H_2O_2（$5\mu g$）、$HgCl_2$、ZnS、CdS、$Na_2S_2O_3$（$0.1\mu g$）	
碘-淀粉	取 1 滴试液,加 1 滴碘溶液、1 颗固体 $NaHCO_3$ 和 1 滴淀粉溶液,混合后,如不显蓝色,再逐滴加碘液,再加 1 滴淀粉液至明显的蓝色止,观察蓝色褪去显著与否	如褪色显著,可能有 SO_3^{2-}、$S_2O_3^{2-}$、S^{2-}、AsO_3^{3-}、$[Fe(CN)_6]^{4-}$、CN^-、SCN^-	碘液制备:$1.3gI_2$ 和 $4gKI$ 溶于 $100mL$ 水中
MnO_2	在 MnO_2 纸上加 1 滴微乙酸性试液,在热空气中干燥后,在滴试液处出现浅色区或白色斑点	可溶性还原性物质	MnO_2 纸的制备:将滤纸条浸于弱碱性的 $KMnO_4$ 溶液中,洗净、干燥后备用。试纸的颜色从深棕色到仅仅可见的黄色,其颜色的不同取决于所用 $KMnO_4$ 溶液的浓度和 $KMnO_4$ 对滤纸作用时间的长短
硝酸银-氨水	在一个小试管中,使 1 滴强碱性试液和 1 滴 5% $AgNO_3$ 溶液作用,产生氧化银沉淀,在水浴中温热 $1\sim 2min$ 后,逐滴加入浓氨水,剩余的氧化银溶解,但由于还原而生成的灰色或黑色银粉则不溶(硫化物与硫代硫酸盐也有此反应)	NH_2OH、N_2H_4、Na_3AsO_3、$K_3[Fe(CN)_6]\cdot 3H_2O$、PbO_2^{2-}、Tl^+、NaH_2PO_2、Na_2SnO_2、$SbCl_3$、$Cr(OH)_3$(除生成金属银外,同时产生 CrO_4^{2-})	

表 7-18　阴离子间的不相容性

阴　离　子	与第一栏离子不能共存的阴离子	
	碱 性 溶 液	酸 性 溶 液
Cl^-	MnO_4^-	ClO_3^-、ClO^-、MnO_4^-
ClO_3^-	$H_2PO_2^-$	S^{2-}、Br^-、I^-、Cl^-、SCN^-、SO_3^{2-}、$S_2O_3^{2-}$、$C_2O_4^{2-}$、$C_4H_4O_6^{2-}$、AsO_3^{3-}、$[Fe(CN)_6]^{4-}$、$H_2PO_2^-$
ClO^-	S^{2-}、$S_2O_3^{2-}$、I^-、CN^-、SCN^-、AsO_3^{3-}、SO_0^{2-}、NO_2^-、$H_2PO_2^-$	S^{2-}、$S_2O_3^{2-}$、Br^-、I^-、SCN^-、CN^-、Cl^-、AsO_3^{3-}、$C_2O_4^{2-}$、$H_2PO_2^-$、SO_3^{2-}
Br^-	$[Fe(CN)_6]^{3-}$、MnO_4	$[Fe(CN)_6]^{3-}$、ClO_3^-、ClO^-、MnO_4^-、$Cr_2O_7^{2-}$
I^-	$[Fe(CN)_6]^{3-}$、ClO_3^-、ClO^-	$[Fe(CN)_6]^{0-}$、ClO_3^-、ClO^-、MnO_4^-、$C_2O_4^{2-}$、NO_2^-、AsO_4^{3-}
S^{2-}	$[Fe(CN)_6]^{3-}$、MnO_4^-、ClO^-	$[Fe(CN)_6]^{3-}$、ClO_4^-、ClO_3^-、ClO^-、MnO_4^-、$Cr_2O_7^{2-}$、NO_2^-、NO_3^-、AsO_4^{3-}、SO_3^{2-}、$S_2O_3^{2-}$
SCN^-	$[Fe(CN)_6]^{3-}$、MnO_4^-、ClO^-	$[Fe(CN)_6]^{3-}$、MnO_4^-、ClO_3^-、$Cr_2O_7^{2-}$、NO_2^-、AsO_4^-
SO_3^{2-}、$S_2O_3^{2-}$	$[Fe(CN)_6]^{3-}$、MnO_4^-	S^{2-}、$[Fe(CN)_6]^{3-}$、ClO_3^-、ClO^-、MnO_4^-、$Cr_2O_7^{2-}$、NO_2^-、NO_3^-、$H_2PO_2^-$
AsO_4^{3-}	$[Fe(CN)_6]^{4-}$	S^{2-}、I^-、$[Fe(CN)_6]^{4-}$、SO_3^{2-}、$S_2O_3^{2-}$、ClO^-、ClO_3^-
AsO_3^{3-}	$[Fe(CN)_6]^{3-}$、MnO_4^-	$[Fe(CN)]^{3-}$、ClO_3^-、ClO^-、MnO_4^-、$Cr_2O_7^{2-}$、NO_2^-
NO_3^-	—	S^{2-}、Br^-、I^-、SCN^-、SO_3^{2-}、$S_2O_3^{2-}$、$C_2O_4^{2-}$、$C_4H_4O_6^{2-}$、$H_2PO_2^-$

续表

阴离子	与第一栏离子不能共存的阴离子	
	碱性溶液	酸性溶液
NO_2^-	MnO_4^-、ClO^-	S^{2-}、I^-、SCN^-、SO_3^{2-}、$S_2O_3^{2-}$、$C_2O_4^{2-}$、$C_4H_4O_6^{2-}$、$[Fe(CN)_6]^{3-}$、$Cr_2O_7^{2-}$、MnO_4^-、ClO_3^-、ClO^-
MnO_4^-	S^{2-}、SO_3^{2-}、$S_2O_2^{2-}$、AsO_3^{3-}、$C_4H_4O_6^{2-}$、Cl^-、Br^-、I^-、CN^-、SCN^-、$[Fe(CN)_6]^{4-}$、NO_2^-	S^{2-}、Br^-、I^-、Cl^-、SCN^-、SO_3^{2-}、$S_2O_3^{2-}$、$C_2O_4^{2-}$、$C_4H_4O_6^{2-}$、$[Fe(CN)_6]^{4-}$、AsO_3^{3-}、NO_2^-
CrO_4^{2-}	AsO_3^{3-}、S^{2-}	S^{2-}、I^-、$[Fe(CN)_6]^{4-}$、SO_3^{2-}、SCN^-、Br^-、$S_2O_3^{2-}$、$C_2O_4^{2-}$、NO_2^-、$C_4H_4O_6^{2-}$、AsO_3^{3-}、$H_2PO_2^-$

2. 阴离子分析试液的制备

在分析阴离子时，除碱金属阳离子不干扰外，其他阳离子或者由于具有颜色，或者能与检出阴离子时所用的试剂生成沉淀，或者发生氧化还原反应，从而干扰阴离子的分析。因此，制备阴离子试液时，通常将试样制成碱性溶液，溶解时不加入氧化剂或还原剂，并设法除去金属离子。

通常不溶于水的试样，可用饱和 Na_2CO_3 溶液与试样共煮，由于复分解反应，可使阴离子以钠盐的形式进入溶液中，同时除碱金属以外的其他阳离子都形成沉淀（碳酸盐、碱式碳酸盐或氢氧化物），分离后的清液即为阴离子分析试液。有一些两性金属进入 Na_2CO_3 溶液，同时有一些微溶化合物中的阴离子不能转化出来。因此某些阴离子在试液中不一定能检出，需要另取原试样直接分析。

用 Na_2CO_3 处理后所得的试液中含有大量 Na_2CO_3，在分析之前，应先用乙酸中和。如中和恰当，还可使留在溶液中的两性阳离子再次沉淀出来而被除去。由于加入了 Na_2CO_3、HAc，故定性分析 CO_3^{2-}、Ac^- 时，需另取原试样进行。

3. 常见阴离子与常用试剂的反应

常见阴离子与常用试剂的反应见表 7-19。

表 7-19　常见阴离子与常用试剂的反应

试剂	SO_4^2-	SO_3^2-	S_2O_3^2-	CO_3^2-	PO_4^3-	AsO_4^3-	SiO_3^2-
	SO_4^{2-}	SO_3^{2-}	$S_2O_3^{2-}$	CO_3^{2-}	PO_4^{3-}	AsO_4^{3-}	SiO_3^{2-}
$BaCl_2$	$BaSO_4$↓白 不溶于酸	$BaSO_3$↓白	BaS_2O_3↓白 浓溶液中析出 溶于强酸及乙酸	$BaCO_3$↓白	$Ba_3(PO_4)_2$↓白	$Ba_3(AsO_4)_2$↓白	$BaSiO_3$↓白 溶于酸 析出硅酸
$AgNO_3$	Ag_2SO_4↓白 浓溶液中析出	Ag_2SO_3↓白 溶于强酸、乙酸	$Ag_2S_2O_3$↓ 白→黄→棕→黑 溶于 HNO_3 （析出 S） 溶于强酸及乙酸	Ag_2CO_3↓白	Ag_3PO_4↓黄	Ag_3AsO_4↓棕	Ag_2SiO_3↓白 溶于酸 析出硅酸
稀 H_2SO_4	—	SO_2	SO_2+S	CO_2	HPO_4^{2-} 及 $H_2PO_4^-$	$HAsO_4^{2-}$ 及 $H_2AsO_4^-$	H_2SiO_3↓ 白色凝胶
浓 H_2SO_4	—	SO_2	SO_2	CO_2	H_3PO_4	H_3AsO_4	H_2SiO_3↓ 白色凝胶
氧化剂	—	SO_4^{2-} 酸性溶液中与 KMnO_4 作用 SO_4^{2-} 与 I_2 作用	SO_4^{2-} 酸性溶液中与 KMnO_4 作用 $S_4O_6^{2-}$ 与 I_2 作用				
还原剂	—	S、S^{2-} （被 Al、Mg 等金属还原）				在硫酸介质中被 KI 还原，生成 I_2 和 AsO_3^{3-}	—

续表

试　剂	常　见　阴　离　子						
	CN^-	Cl^-	Br^-	I^-	S^{2-}	NO_3^-	NO_2^-
$BaCl_2$	不　　产　　生　　沉　　淀						
$AgNO_3$	$AgCN\downarrow$白	$AgCl\downarrow$白 溶于氨水	$AgBr\downarrow$淡黄 部分溶于氨水	$AgI\downarrow$黄 不溶于氨水	$Ag_2S\downarrow$黑 不溶于氨水	—	—
（稀HNO_3）		溶于KCN 不溶于酸			不溶于KCN 溶于热HNO_3		
稀H_2SO_4	HCN	HCl	HBr	HI	H_2S	—	$NO+HNO_3$
浓H_2SO_4	NH_4^++CO	HCl	HBr及Br_2	I_2	H_2S,SO_2	NO_2	$NO+NO_2$
氧化剂	与$KMnO_4$ 不反应	Cl_2	Br_2	I_2、IO_3^-	S,SO_2,SO_4^{2-} （酸性及碱性 溶液中与 $KMnO_4$作用）	HNO_3 （酸性溶液中与 $KMnO_4$作用）
	与I_2作用生 成CNI和I^-	酸性溶液中与$KMnO_4$作用			S （与I_2作用）	
还原剂 （与Al、Zn 等作用）	—	—	—	—	—	NO_2、NO、 N_2、NH_3	NO、N_2、 NH_3

4．阴离子的初步试验

根据阴离子的分析特性和试样的来源及其物理性质，如颜色、固体试样在水中的溶解度、液体试样的酸碱性、阳离子的分析结果，以及阴离子的初步试验等，可以初步确定试样中存在的阴离子，从而为进一步安排定性分析提供依据。

初步试验按如下程序进行。

（1）稀硫酸试验　在试管中放固体试样少许，加数毫升稀硫酸溶液 $[c(H_2SO_4)=1mol/L]$，首先于室温下观察，然后加热，观察所发生的现象，必要时使用验气装置或试纸检查。根据产生气泡的性质，可初步判断含有什么阴离子，见表7-20。

表7-20　常见阴离子的稀硫酸试验

观　察　到　的　现　象			气体或蒸 气的组成	可　能　的　结　论
气体的颜色	气　　味	放出气体的性质		可能存在的阴离子
无色	无臭	放出时带唑声[①]，用玻棒蘸石灰水（或氢氧化钡水）伸入气体中变浑浊（最好用验气装置）	CO_2	CO_3^{2-}
无色	燃硫的臭味	试法如上，使氢氧化钡水滴变浑浊；或使湿润品红试纸褪色	SO_2	SO_3^{2-}、$S_2O_3^{2-}$（有$S_2O_3^{2-}$存在时析出硫）
无色	腐蛋的臭味	浸有$Pb(Ac)_2$或$NaHPbO_2$的纸变黑	H_2S	S^{2-}以及有活泼金属存在下的SO_3^{2-}或$S_2O_3^{2-}$
无色	苦杏仁的臭味 （有毒!!!）	使苦味酸试纸产生红色斑点	HCN	CN^-、$[Fe(CN)_6]^{4-}$、$Fe(CN)_6^{3-}$（与稀H_2SO_4持续沸腾时）
无色	醋的刺激性臭味		HAc	Ac^-
红棕	独特的刺激性臭味	使KI的淀粉试纸变蓝	NO_2	NO_2^-
红棕	独特的刺激性臭味	使浸有淀粉的滤纸条变黄	Br_2	有氧化剂存在下的Br^-
紫	独特的臭味	浸有淀粉液的滤纸条变蓝	I_2	I^-（氧化剂存在时）

① 如有单质金属存在，能逸出氢，也有唑声。

（2）浓硫酸试验　浓硫酸作用于固体试样时，大多数稀硫酸试验的现象也会发生，而且程度更为激烈。此外还可能发生与稀硫酸反应时所不能产生的现象。为了观察仅由浓硫酸所引起的现象，可用浓硫酸作用于已被稀硫酸作用过的那部分物质，见表7-21。

表 7-21 常见阴离子的浓硫酸试验

观 察 到 的 现 象			可 能 的 结 论	
气体的颜色	气味	放出气体的性质	气体或蒸气的组成	可能存在的阴离子
无色	刺激性臭味	潮湿空气中冒白烟，侵蚀玻璃（试管壁）	HF	F^-
无色	刺激性臭味	将纯水滴在白金丝上，放入气体中引起浑浊	SiF_4	有 SiO_2 存在下的 F^-
无色	燃硫的臭味	使氢氧化钡水滴变浑浊	SO_2	有单体金属、不溶于稀硫酸的硫化物、溴化物、碘化物、有机物等存在时，浓 H_2SO_4 被还原为 SO_2
无色	燃硫的臭味	使氢氧化钡水滴变浑浊；试样炭化	SO_2（由炭与浓 H_2SO_4 反应放出），CO	多数有机物
无色	刺激性臭味	使 $AgNO_3$ 溶液滴表面形成一层白色固体；浸有氨水的玻棒引起烟雾	HCl 或 HBr（在后一种情况，同时放出游离溴）	Cl^- 及 Br^-
无色	腐蛋的臭味	使浸有 $Pb(Ac)_2$ 或 $NaHPbO_2$ 的纸变黑	H_2S	S^{2-}（某些金属及碘化物等存在时，浓 H_2SO_4 亦被还原成 H_2S）
无色	无臭	燃烧时现蓝色火焰	CO	CN^-、$[Fe(CN)_6]^{4-}$ 及 $[Fe(CN)_6]^{3-}$
无色	无臭	使石灰水滴变浑浊	CO_2 及 CO	羧酸及羧酸盐
无色	无臭	使留有火星的小木片复燃	O_2	MnO_4^-、CrO_4^-、ClO^-、过氧化物
红棕	独特的刺激性臭味		NO_2	NO_3^-
红棕	独特的刺激性臭味	使浸有淀粉液的滤纸条变黄	Br_2	Br^-
紫	独特的臭味	使浸有淀粉液的纸变蓝	I_2	I^-
暗黄	独特的刺激性臭味	可能发生爆炸（特别是有有机物时）	ClO_2	ClO_3^-
黄绿	刺激性臭味		Cl_2	Cl^-（有氧化剂存在时）、ClO_3^-（ClO_2 分解产物）
红棕	独特的臭味		CrO_2，Cl_2	Cl^-（有 $Cr_2O_7^{2-}$ 存在时）

必须注意的是，浓硫酸作用于某些物质（如氯酸钾时），会被浓酸分解发生爆炸！

（3）氯化钡试验 将试液用 HCl 酸化，加热除去 CO_2，然后加氨水使溶液呈中性（或碱性）。取一个离心管，加 1 滴中性（或碱性）试液，加 1 滴 0.1mol/L 氯化钡 $\left[c\left(\frac{1}{2}BaCl_2\right)\right]$ 或硝酸钡溶液，观察现象。如析出沉淀，离心沉降，吸出上层清液，对沉淀用稀乙酸、稀 HCl 和稀 HNO_3 分别溶解，观察现象。常见阴离子的氯化钡试验结果见表 7-22。

表 7-22 常见阴离子的氯化钡试验结果

钡 盐 沉 淀 的 溶 解 情 况	可 能 存 在 的 阴 离 子
在水中、稀乙酸、稀 HCl 和稀 HNO_3 中均不溶	SO_4^{2-}、SiF_6^{2-}、IO_3^-
不溶于水和稀乙酸，但溶于稀 HCl	$F^{①}$、CrO_4^{2-}、$SO_3^{2-②}$、$S_2O_3^{2-①②}$
略溶于水，能溶于稀乙酸	PO_4^{3-}、AsO_4^{3-}、$AsO_3^{3-①}$、$BO_2^{-①}$、$SiO_3^{2-③}$、$CO_3^{2-②}$

① $S_2O_3^{2-}$、BO_2^-、F^-、AsO_3^{3-} 的钡盐的溶解度较大，故氯化钡试验时虽不析出沉淀，但这些离子仍有存在的可能。
② $BaSO_3$、BaS_2O_3 和 $BaCO_3$ 与酸反应时，逸出气体，BaS_2O_3 在逸出气体的同时，析出硫。
③ $BaSiO_3$ 与酸反应时，析出 H_2SiO_3。

（4）$AgNO_3$ 试验 取 1 滴试液于离心管中，加 1 滴 0.1mol/L $AgNO_3$，观察有无沉淀产生及沉淀的颜色。

如有沉淀析出，离心分离，吸去上层清液，将沉淀分为两部分，一部分加 1～2 滴 4mol/L HNO_3 溶液；另一部分加浓氨水，观察现象，见表 7-23。表中离子后括号内所注为相应银盐沉淀的颜色，未注明者均为白色。

表 7-23 常见阴离子的硝酸银试验

现　　象	可　能　存　在　的　阴　离　子
中性溶液析出沉淀但溶于 4mol/L HNO_3 [①]	BO_2^- [②]、CO_3^{2-} [②]、$C_2O_4^{2-}$、$C_6H_4O_6^{2-}$、PO_4^{3-}（黄）、AsO_4^{3-}（棕）、AsO_3^{3-} [②]（黄）、SO_3^{2-}、$S_2O_3^{2-}$ [③]、CrO_4^{2-}（黄）、SiO_3^{2-} [④]（黄）、（NO_2^-、SO_4^{2-}、IO_4^-）[②]
中性溶液中析出沉淀不溶于 4mol/L HNO_3	Cl^-、Br^-（淡黄）、I^-（黄）、CN^-、IO_3^-、BrO_3^-、$[Fe(CN)_6]^{3-}$（橙）、$[Fe(CN)_6]^{4-}$、SCN^-、S^{2-}（黑）（与 HNO_3 加热时，部分氧化成 SO_4^{2-} 而溶解）、ClO^-（酸性溶液中与 $AgNO_3$ 反应析出 AgCl 沉淀）
(1)略能溶于浓氨水	Br^-（淡黄）、SCN^-、$[Fe(CN)_6]^{4-}$
(2)不溶于浓氨水	I^-（黄）、S^{2-}（黑）

① Ag_3PO_4、Ag_3AsO_4、$AgBO_2$ 和 Ag_2CO_3 在乙酸中即可溶解。

② 在中性溶液中，BO_2^-、CO_3^{2-} 和 AsO_3^{3-} 与 $AgNO_3$ 反应仅析出很少量的沉淀，故加 $AgNO_3$ 溶液后不产生沉淀不能认为这些阳离子不存在；高浓度的 NO_2^-、SO_4^{2-} 和 IO_4^- 与 $AgNO_3$ 反应也产生白色沉淀，但这些沉淀用水稀释时即溶解。

③ 在中性溶液中，$AgNO_3$ 与 $S_2O_3^{2-}$ 反应先析出白色沉淀，此沉淀迅速变黄→棕→黑色，$S_2O_3^{2-}$ 本身遇酸析出 S。

④ Ag_2SiO_3 与 HNO_3 反应时，析出 H_2SiO_3 沉淀。

(5)氧化剂和还原剂试验　见表 7-17(a) 和表 7-17(b)。

5. 常见阴离子的鉴定方法

在初步试验结果的基础上，对于可能存在的或未得出结论的离子拟定合理的分析步骤，可采用适当的方法直接鉴定（表 7-24）。

表 7-24　常见阴离子的鉴定方法

离　子	试剂及其配制方法	鉴　定　方　法	现　象	灵敏度/μg	干扰离子（消除方法）
Ac^-（CH_3COO^-）	乙醇	取试样 5 滴于一个小试管中，加乙醇 5 滴，浓 H_2SO_4 5 滴	产生芳香气味		
BO_2^-（H_3BO_3、$B_4O_7^{2-}$）	乙醇	在一个小试管中放入试样（最好是固体），加乙醇 10 滴，浓 H_2SO_4 10 滴，在管口点燃	火焰呈黄绿色		
Br^-	①α-萘黄酮（0.1% 的冰乙酸溶液）	在试液中加过量钼酸固体，再加试剂及 3 体积 50% H_2SO_4 和 1 体积 30% H_2O_2 的混合物	呈现橙红色	1	
	②氯水	在小试管中依次加入试液 2 滴，$CHCl_3$ 3 滴，边滴加氯水边用力振摇	有机层先变红色，后变黄色		I^-（如有 I^-，先显紫色，紫色消失后才显红色）
BrO_3^-	对氨基苯磺酸饱和水溶液	在 6mol/L HNO_3 中与试剂反应	开始显现紫色，然后慢慢变为黄棕色	0.5	
Cl^-	2%$AgNO_3$	试液 1 滴，加 HNO_3 1 滴，2% $AgNO_3$ 1 滴	白色沉淀		Br^-、I^-（沉淀，加入 $NH_3 \cdot H_2O$，分离，清液酸化又出沉淀）
ClO^-	2%Tl_2SO_4	试液 1 滴，加 NaOH 1 滴，加 2%Tl_2SO_4 2 滴	棕色沉淀	0.5	XO^- 均有此反应
ClO_3^-	饱和 $MnSO_4$，85%H_3PO_4	试液 2 滴，加饱和 $MnSO_4$ 1 滴，85%H_3PO_4 1 滴，微热后，冷却	深紫色	0.05	
ClO_4^-	①三苯基硒氯化物饱和水溶液	与试剂作用	白色沉淀或显乳白色	0.5	
	②亚甲基蓝-硫酸锌（以 50%$ZnSO_4 \cdot 7H_2O$ 水溶液为溶剂，加入亚甲基蓝使其浓度为 0.2%）	试液 1 滴，加 0.5mL 试剂	紫色		强氧化剂

离 子	试剂及其配制方法	鉴 定 方 法	现 象	灵敏度 /μg	干扰离子 (消除方法)
CN^-	①钯-丁二肟＋镍-铵盐（酸性的 $PdCl_2$ 溶液用丁二肟沉淀后，充分洗涤，将此钯-丁二肟与 3mol/L KOH 共摇，滤去不溶物，0.5mol/L 氯化镍溶液用 NH_4Cl 饱和）	将 1 滴碱性试液＋1 滴碱性钯-丁二肟液＋1 滴镍-铵盐溶液	红色沉淀或粉色溶液	0.25	
	②0.1%$CuSO_4$，H_2S 气	在滤纸上加 1 滴0.1%$CuSO_4$，1 滴 $NH_3 \cdot H_2O$，用 H_2S 气熏，呈黑色，再加试液 1 滴	黑色褪去	1.25	
CO_3^{2-}	①乙酸钼酰（非常稀的试剂溶液中加入几滴 $K_4[Fe(CN)_6]$溶液，得棕色溶液）	少许试液和试剂作用	试剂的棕色褪去	0.4	PO_4^{3-}
	② H_2SO_4	在微烧杯中加试液 2 滴（或固体少许），加 H_2SO_4 3 滴，盖上表面皿。表面皿上贴一小块滤纸，纸上滴酚酞，再滴 Na_2CO_3（恰使酚酞变红）	酚酞试纸褪色	6	
F^-	①锆-茜素（氧化锆与稀 HCl 共热，过滤，每毫升中含约0.5mgZr，加入稍过量的茜素乙醇溶液，用乙醚抽取一部分溶液，如乙醚显黄色，即表示茜素已过量）	试液与试剂作用	试剂的红紫色褪去，而显现黄色	1	大量 SO_3^{2-}、$S_2O_3^{2-}$、PO_4^{3-}、AsO_4^{3-}、CrO_4^{2-}
	②茜素-3-甲氨基-N,N-二乙酸（0.001mol/L 水溶液）	在 pH＝4.3 的 HAc-NaAc 缓冲溶液中与试剂作用，再加入与试剂等量的 0.001mol/L $Ce(NO_3)_3$ 溶液［也可用 $La(NO_3)_3$ 溶液，但 pH 值调节到5.4］，振摇	淡蓝色或紫色	0.2	
	③$K_2Cr_2O_7$ 粉，浓 H_2SO_4	细径小试管加 $K_2Cr_2O_7$ 粉末少许，加浓 H_2SO_4 1mL，细心转动洗涤管壁，加固体试样少许，温热	管内壁玻璃被腐蚀，H_2SO_4 不能再均匀布于管壁	0.5	
$Fe(CN)_6^{3-}$	还原酚酞（2g 酚酞，10g NaOH，5g Zn 粉与20mL水，在回流冷凝管下温热约 2h，冷却，过滤，滤液用水稀释到 50mL，贮放于暗处，必要时可加入 Zn 粒使之褪色）	在中性或微酸性条件下与试剂作用	显红到粉红色	0.5	
$Fe(CN)_6^{4-}$	乙酸铀酰（1mol/L 水溶液）	在中性或弱酸性条件下与试剂作用	棕色沉淀	1	
I^-	①氯胺 T（新鲜配制0.04%水溶液），四甲基对二氨基二苯甲烷（过量四甲基对二氨基二苯甲烷溶于 1mol/L HAc，水浴上加热，过滤）	试液中加入等量氯胺 T 和四甲基对二氨基二苯甲烷溶液	数秒内出现蓝色，数分钟后转变为绿色	0.0005	大量 Br^-

离 子	试剂及其配制方法	鉴 定 方 法	现 象	灵敏度 /μg	干扰离子（消除方法）
I^-	②氯水	在小试管中加试液 2 滴，$CHCl_3$ 3 滴，滴加氯水，边振荡边继续滴加氯水	$CHCl_3$ 层开始显紫色，后紫色消失		S^{2-}、SO_3^{2-}、$S_2O_3^{2-}$
IO_3^-	对氨基苯酚（5％水溶液）	试液与试剂作用	呈蓝紫色	0.5	
IO_4^-	四甲基对二氨基二苯甲烷（a. 2mol/L HAc 加入四甲基对二氨基二苯甲烷后振摇；b. 10％ $MnCl_2$ 溶液，临用前 a 和 b 等体积混合）	试液与试剂作用	呈蓝色	0.5	$S_2O_3^{2-}$（用 $AgNO_3$、H_2SO_4 加热后除去），大量有色金属离子，Mn^{2+}
NO_2^-	①格里斯（Griess）试剂（a. 1％对氨基苯磺酸的 3％乙酸溶液；b. 0.03g α-萘胺在 70mL 水中煮沸，取上层清液与 30mL 冰乙酸混合）	中性或 HAc 酸化条件下，与等量的试剂 a 和 b 作用。可用 N-(1-萘基)乙二胺的二盐酸盐代替不稳定的 α-萘胺	呈红色	0.01	
	②对氨基苯磺酸（1g 对氨基苯磺酸在温热下溶于 100mL 30％乙醇），α-萘胺（0.03g α-萘胺溶于 70mL 水，煮沸，取上层无色清液与 30mL 冰乙酸混合）	取中性或 HAc 酸化试液 1 滴，对氨基苯磺酸 1 滴，α-萘胺 1 滴	呈红色	0.01	
NO_3^-	①二苯胺或二苯联苯胺（10mg 试剂晶体用浓 H_2SO_4 覆盖，加入少量水，待完全溶解再加浓 H_2SO_4 至约 100mL）	将 1 滴微碱性试液蒸干并加热到 400～500℃，残渣的水溶液与试剂作用	呈蓝色	0.05（二苯胺）0.07（二苯联苯胺）	
	②变色酸钠（0.05％的浓 H_2SO_4 溶液）	与试剂作用（必要时加入少量浓 H_2SO_4）	呈黄色	0.2	
	③$FeSO_4$ 固体	在小试管中加试液 5 滴，固体 $FeSO_4$ 少许，沿管壁小心加入浓 H_2SO_4 1 滴，使其流入管底	在两层交界处呈现棕色环	2.5	I^-、Br^-、NO_2^-、SO_3^{2-}、$S_2O_3^{2-}$
PO_4^{3-}	①甲基紫（a. 1％的甲基紫水溶液；b. 20g $(NH_4)_2MoO_4$ 溶于 150mL 水，用 35mL 10mol/L HCl 酸化）	在滤纸上加 1 滴试液，先与试剂 a 作用，再喷试剂 b.	蓝色斑点	0.1	
	②钼酸铵（12g $(NH_4)_2MoO_4$ 溶于 150mL 水，再加 35mL 10mol/L HCl）	滤纸上加 1 滴酸性试液，加钼酸铵试剂 1 滴，微热至近干	黄色斑点	0.7	SiO_3^{2-}（酒石酸）
S^{2-}	1％亚硝酰铁氧化钠	碱性试液 1 滴加试剂 1 滴	呈紫色	1	
SCN^-	2％$FeCl_3$	浓 HCl 1 滴加试液 1 滴，2％$FeCl_3$ 1 滴	由橙→红色	0.5	$C_2O_4^{2-}$、F^-（过量 $FeCl_3$）

续表

离　子	试剂及其配制方法	鉴　定　方　法	现　象	灵敏度 /μg	干扰离子 （消除方法）
SO_3^{2-}	①孔雀绿（2.5%水溶液）	中性试液与试剂作用	溶液褪色	1	单硫化物和多硫化物有类似反应
	②1%亚硝酰铁氰化钠	在一个试管中加 1mol/L $K_3[Fe(CN)_6]$ 1滴，饱和 Zn-SO_4 1滴，1%亚硝酰铁氰化钠 1滴，中性试液 1滴	试管中开始有白色沉淀生成，试液加入后沉淀变红	2	
SO_4^{2-}	玫瑰红酸钡（a. 0.1% $Ba(NO_3)_2$ 溶液；b. 新鲜 1%玫瑰红酸钠溶液；c. 0.5%$AgNO_3$ 溶液）	在 HAc 酸化条件下，加入等体积试剂 a、b、c	呈紫色	0.5	
$S_2O_3^{2-}$	2%$AgNO_3$	试液 1滴加 2% $AgNO_3$ 1滴	产生沉淀由白→黄→棕→黑变化		S^{2-}（固体 $CdCO_3$）
SiO_3^{2-}	联苯胺（将数粒联苯胺用浓 H_2SO_4 淹没，加几滴 H_2O，完全溶解后再加 1mL 浓 H_2SO_4）	于微坩埚中加试液 2滴，用 HNO_3 酸化后，加钼酸铵 2滴，微热至有气泡逸出。冷却，加联苯胺 1滴，HAc 数滴	开始有黄色沉淀生成，随后转变为蓝色沉淀	0.1	

四、无机定性分析注意事项

无机定性分析通常要求鉴定试样是由哪些元素、离子、原子团或化合物所组成。在得出最后结论时，应注意以下事项。

1. 检查结论的正确性

将鉴定结果与初步试验等各方面所得信息进行比较，结合溶解度、氧化还原性质等方面的知识，综合考虑、检查、判断结论是否合理，最后得出结论。若发现有不合理处，应分析原因，重新验证。例如：在酸性溶液中，同时检出了 NO_3^- 和 S^{2-}；试样可溶于水，但检出了 SO_4^{2-}、NO_3^-、Ba^{2+}、Na^+ 等离子同时存在。这些情况均属不合理，应找出原因。

2. 检查鉴定反应的灵敏度和进行对照试验

每种鉴定反应所能检出的离子都是有一定检出限度的。利用某一反应检定某一离子，若得到否定的结果，只能说明此离子的存在量小于该反应所示的检出限量（灵敏度），不能说明此离子不存在。鉴定反应的灵敏度，一般用检出限量（绝对量）和最低浓度（相对量）来表示。

在无机定性分析中，当待检离子的浓度小于 10^{-5} mol/L 时，即可认为它不存在。

如果根据试样来源和预测试验估计某些离子可能存在，而又未能检出时，则可能是鉴定反应的灵敏度不够，或反应条件控制不当，或者试剂变质失效、干扰离子未消除等原因，此时应作"对照试验"。

用含有待检离子的溶液代替试液，用与鉴定反应相同的方法进行鉴定，称为对照试验。对照试验主要用于检查试剂是否失效；反应条件是否控制正确；以及当反应现象不明显难以确认时，用来参比对照。

3. 检查试剂的纯度——空白试验

当分析结果表明某组分含量很少、反应现象不明显，因而怀疑试剂纯度是否有保证时，可以做"空白试验"。即用蒸馏水代替试液，在与鉴定反应完全相同的条件下进行试验。空白试验主要用于检查试剂或蒸馏水中是否含有待检离子，或具有相似反应的其他离子；当待检离子含量极小、反应现象不明显时，用来比较确证。

当鉴定反应灵敏度很高时，往往需做空白试验，以免过度检出。当试剂不稳定、容易变质失效时，应当做对照试验，以防漏检。试验的结果不仅能帮助判断分析结论的可靠程度，而且也有助于获得某些组分含量范围的信息。

第二节 有机物的经典定性分析法

组成有机物的元素为数不多，但结构却相当复杂，目前已知结构的就有 500 万～600 万种。有机定性分析不仅要求鉴定组成元素，更重要的是要进行官能团分析和结构分析。

一、鉴定步骤

有机定性分析的任务通常是鉴定"未知"试样为何物。这个"未知"试样仅对分析者来说是未知的，而其结构、性能特征等在文献中应已有记载。若要鉴定一种新的未知化合物，除了一般鉴定步骤外，还要进行元素和官能团的定量分析，以及用仪器分析（如核磁共振、质谱、红外光谱、紫外光谱等）等进行结构分析，必要时还需进行降解和合成等步骤加以验证，是一项非常复杂、难度很高的工作。

这里指的有机化合物是单一的化合物，而不是有机混合物。有机混合物的鉴定需在分离的基础上进行。鉴定有机化合物的一般步骤如下。

① 初步试验　检查试样的物理状态、颜色与气味，进行灼烧试验，测定试样的物理常数（如熔点、沸点、密度、折射率和比旋光度等），对组成元素作定性、定量分析等。

② 分组试验　根据试样在某些溶剂中的溶解行为，或试样对某些试剂的显色反应进行分组试验。

③ 官能团检验　根据官能团的特征，鉴别试样所含的官能团。

④ 查阅文献　根据以上试验结果，参考文献记载，推测试样可能是哪几种化合物。

⑤ 衍生物制备　制备试样的一种或几种合适的衍生物并测定它们的物理常数，将所得数据，与第④步由文献中查到的各种可能的化合物的相应衍生物的这些数值进行比较。

根据以上步骤，可以推测出试样为何种化合物。当然，对于具体试样可灵活运用。

二、初步试验

接到试样后，首先对其进行初步观察，然后再进行一些必要的试验。

1. 观察试样的物理状态

观察试样是单相还是多相；是单一气体、液体、固体，是气液组成，还是气液组成或液固组成。

2. 观察试样的颜色

大多数有机化合物是无色的，若有颜色，则表明化合物分子中有生色基团存在，如多烯烃、醌、酞、硝基、亚硝基、偶氮、取代苯胺、取代肼等；或者试样见光或接触空气而变颜色；或者含有杂质。常见有机化合物的颜色见表 7-25。

表 7-25　常见有机化合物的颜色

颜　色	可　能　的　化　合　物
黄色	硝基化合物(分子中无其他取代基时,有时仅显很淡的黄色)
	亚硝基化合物
	固体;通常为很淡的黄色,或无色,但也有一些为黄色、棕色或绿色的液体物料或其溶液(有的为无色)
	偶氮化合物(也有红色、橙色、棕色或紫色的)
	氧化偶氮物(也有橙黄色的)
	醌(有淡黄色、棕色或红色的)
	新蒸馏出来的苯胺(通常为棕色)
	醌亚胺类
	邻二酮类
	芳族多羟酮类
	某些含硫羰基($C=S$)的化合物
红色	某些偶氮化合物(也有黄色、橙色、棕色或紫色的)
	某些醌(例如邻位的醌)
	在空气中露置较久的苯酚

续表

颜色	可 能 的 化 合 物
棕色	某些偶氮化合物(多为黄色,也有红色或紫色的) 苯胺(新蒸馏出来的为淡黄色)
绿色或蓝色	液体的亚硝基化合物或其溶液 某些固体的亚硝基化合物,例如 N,N-二甲基对亚硝基苯胺为深绿色
紫色	某些偶氮化合物

3. 试样的气味试验

取极少量固体试样于小坩埚内,加热到 $100\sim150℃$,使其蒸发;液体试样取 $1\sim2$ 滴于滤纸上,任其蒸发。如为无毒试样,可将固体试样几毫克或液体试样 1 滴抹在手掌上擦拭,闻其气味。一些有特征气味的化合物类型见表 7-26。

表 7-26　若干有机化合物气味的分类

特征气味	典型化合物	特征气味	典型化合物
(1)醚香	乙酸乙酯、乙酸戊酯、乙醇、丙酮	香草香	香草醛、对甲氧基苯甲醛
(2)芳香		(4)麝香	三硝基异丁基甲苯、麝香精、麝香酮
苦杏仁香	硝基苯、苯甲醛、苯甲腈	(5)蒜臭	二硫醚
樟脑香	樟脑、百里香酚、黄樟素、丁(子)香酚、香芹酚	(6)二甲肼臭	四甲二肼、三甲胺
柠檬香	柠檬醛、乙酸沉香酯	(7)焦臭	异丁醇、苯胺、枯胺、苯、甲酚、愈疮木酚
(3)香脂		(8)腐臭	戊酸、己酸、甲基庚基甲酮、甲基壬基甲酮
花香	邻氨基苯甲酸甲酯、萜品醇、香茅醇	(9)麻醉味	吡啶、蒲勒酮(胡薄荷酮)
百合香	胡椒醛、肉桂醇	(10)粪臭	粪臭素(3-甲基吲哚)、吲哚

4. 试样的灼烧试验

取 $1\sim2mg$ 试样于一个小蒸发皿内,用小火焰加热,应注意有无由于硝基、亚硝基、偶氮化合物或叠氮化合物发生爆炸或爆裂情况。有时可将火焰直接对着试样上部,使它在气化前被灼烧。如果物质炭化,就应增大火焰,最后将试样强烈灼烧。如果有残渣余留,应将它灼烧到几乎为白色。某些类型有机化合物灼烧时的特征见表 7-27。

表 7-27　某些类型有机化合物灼烧时的特征

火焰及其他特征	可能的化合物
有烟的火焰	芳香族化合物、卤代物
几乎无烟火焰	低级脂肪族化合物
带蓝色火焰	含氧化合物
一般情况下不燃烧,当将加热火焰直接与试样接触进行灼烧时,瞬间使灯焰发烟	多元卤代物
灼烧时发出特别焦味	糖类和肽类

5. 试样的热解产物试验

取 $1\sim2mg$ 试样于一小试管中($4cm\times0.5cm$),试管口盖以一小片适当润湿的试纸,在管的底部用微焰加热,直至明显的烧焦开始,根据试纸上的变化鉴别分解产物,见表 7-28。

表 7-28　有机化合物热解产物的试验

试 验 情 况	分解产物	可能的化合物举例	备　注
刚果红试纸变蓝	挥发的酸类	尿酸、双(对氨苯基)砜	
刚果红试纸变蓝,同时产生 HCl	挥发的酸类	有机碱的盐酸盐	
酚酞试纸变红,同时使奈氏试剂变红棕色	挥发的碱类氨	硫脲、糖精、联苯胺、酰胺、苯腙(铵盐)	

续表

试 验 情 况	分解产物	可 能 的 化 合 物 举 例	备 注
乙酸铜-乙酸联苯胺试纸变蓝①	氰 化 物气体	很多有机含氮化合物(如硫脲、尿酸、罗丹明 B、巴比妥酸、丁二肟、碳酸胍、8-羟基喹啉、6-硝基喹啉、黄蝶呤)	
氰化钾-8-羟基喹啉试纸变红②	氰	多种胍及肟的开链和环状衍生物、尿酸及嘌呤衍生物、蝶呤、丁二肟、糠偶酰二肟	8-羟基喹啉试纸:将滤纸条浸于 10% 8-羟基喹啉的醚溶液中,取出在空气中干燥
磷钼酸试纸变蓝	还原性蒸气	甲醛、苯酚、苯胺、硫脲、抗坏血酸、糖精、罗丹明 B、葡萄糖、联苯胺、胱氨酸、碳酸胍	磷钼酸试纸:将滤纸条浸过 5%磷钼酸水溶液即成
乙酸铅试纸变黑	硫化氢	硫脲、亚硝基 R 盐、糖精、胱氨酸、对氨基苯磺酸、磺基水杨酸、(碱性)亚甲蓝	对不挥发的含硫有机化合物,可加 20%甲酸钠溶液 1 滴一起蒸发
吗啉-亚硝酰铁氰化钠试纸变蓝	乙醛	①含 OC₂H₅、NC₂H₅、OCH₃、CH₂O、NCH₂CH₂N、NCH₂CH₂O 基团的化合物 ②乙酸及甲酸的碱金属盐或碱土金属盐的混合物	吗啉-亚硝酰铁氰化钠试纸:同体积的 20%吗啉水溶液与 5%亚硝酰铁氰化钠水溶液新配成的混合物滴在滤纸上而成
对二甲氨基苯甲醛试纸显黄色斑点	苯胺	很多苯胺衍生物如乙酰苯胺、苯甲酰苯胺、均二苯基肼、苯肼	对二甲氨基苯甲醛试纸:1 滴对二甲基苯甲醛的饱和苯溶液滴在滤纸上而成
格里斯氏试纸变红	亚硝酸	①兼含 N 和 O 基团的有机化合物(如硝基化合物、亚硝基化合物、肟类、氧肟酸类、硝胺类、氧化偶氮化合物、胺的氧化物) ②亚硝胺类和碳水化合物类、柠檬酸、酒石酸等混合物	格里斯氏(Griess)试纸:1%对氨基苯磺酸在 30%乙酸中的溶液及 0.1%α-萘胺在 30%乙酸中的溶液,在使用前等体积混合成格里斯氏试剂,滴在滤纸上使润湿
2,6-二氯苯醌-4-氯亚胺试纸变黄棕色,移在浓氨气上转变为蓝色	酚类	环核或支链含有氧原子的芳香族化合物(如苯甲酸、萘甲酸、扁桃酸、邻硝基苯甲酸、苯肼酸、间硝基苯肼酸、乙酰苯胺、苯甲酰苯胺、苯醌、蒽醌苯乙、乙酰苯等)	2,6-二氯苯醌-4-氯亚胺试纸:将滤纸条浸过试剂的饱和苯溶液

① 乙酸铜-乙酸联苯胺溶液的配制:a. 2.86g 乙酸铜溶于 1L 水中;b. 室温下乙酸联苯胺饱和溶液 675mL 加水 525mL。a、b 两液分别贮于密闭的暗色瓶中,临用时按需要等体积混合即为所需制剂溶液。本试验可按下法进行:在一个小试管中,放液 1 滴或固体试样少许,加稀硫酸 1~2 滴(必要时加一些锌粒或较多的稀硫酸),试管口覆以一小片用试剂湿润过的滤纸,视产生的氰化氢量的多少,试纸上出现深浅不等的蓝色。此试验也可检出氰,因 2CN⁻+H₂O——→HCN+HCNO,如有被酸或热解作用分解而产生硫化氢的物质会产生干扰,因 H₂S 与试剂反应生成硫化铜。

② 试法:取干试样一小粒放于一个小试管中,试管口覆以曾用 25%氰化钾溶液 1 滴润湿过的 8-羟基喹啉试纸,将试管在微焰上加热时,在黄色试纸上将出现或深或浅的红色圆斑。

6. 测定试样的物理常数

有机化合物的物理常数在一定程度上反映了该化合物的化学结构特点。在一般化验室中,常需测定的物理常数包括:熔点、沸点、密度、折射率、比旋光度等。关于这些物理常数的具体测定方法,参见本章第三节。

三、元素定性分析

通过灼烧样品可区别有机物和无机物,因为绝大多数有机物都能燃烧,而绝大多数无机物都不燃烧。当已确定试样为有机化合物后,一般不必对其中是否含有碳和氢元素再进行鉴定。氧元素的鉴定到目前为止还没有很好的定性方法,通常是通过官能团的鉴定反应或根据元素定量分析结果来确定它是否存在。其他元素的鉴定方法,在大多数情况下是设法将试样分解,使这些元素转变成相应的无机离子后,再利用无机定性的方法加以鉴定。

1. 鉴定有机物中元素时常用分解方法

表 7-29 为鉴定有机物中元素时常用的试样分解法。

表 7-29　鉴定有机物中元素时常用的试样分解法

方　法	操　作　要　点	可检定元素
钠熔法	C、H、O、S、N、X→NaCN、Na₂S、NaSCN、NaX 等。在 15mm×150mm 干燥试管中,将 1～10mg 试样与约 50mg 金属钠熔融	N、S、卤素
氧瓶燃烧法	试样经氧瓶燃烧分解后,生成气用 2% NaOH(含 30% H₂O₂ 数滴)吸收	N、S、卤素、P、As、Sb、Hg、Si、B
镁-碳酸钠熔融法	50mg 试样与 100mg 由等量镁粉与无水碳酸钠混合物相混合,放在 15mm×150mm 硬质试管中,上层盖约 100mg 镁粉,熔融	N、S、卤素(检定 N 比用钠熔法可靠)
锌-碳酸钠熔融法	取一支长 50～60mm、口径 6mm 的硬质玻管,在底端封闭后吹成球形,将试样与锌粉和无水碳酸钠的等量混合物混合熔融	N、S、卤素(检定 N 比用钠熔法好)
锌-碳酸锂熔融法	照上操作,以碳酸锂代碳酸钠	对检验微量试样比上法更适合
分散钠粒法	将试样放入一个底端封闭的毛细管或离心管中,加 5～10 倍量分散钠粒(在甲苯或在其他高沸点,只含 C、H 或 O 的有机溶剂中)加热	适于检定挥发性试样中的 N、S 卤素
高锰酸银热解产物氧化法	在长 13cm、内径 4mm,距上口约 9cm 处拉成 0.3mm 的毛细管的玻管中,放约 1mg 试样,50mg 高锰酸银热解产物,用微小灯焰加热数秒	适于检定 C、H、N、S、Cl、Br、I、P 和 Hg

2. 有机化合物中元素鉴定法

表 7-30 为有机化合物中元素的化学鉴定法。

表 7-30　有机化合物中元素的化学鉴定法

被检元素	方　法	简　要　步　骤	现　象	备　注
C	碳镜法	试样置于直径 0.5～1mm 的硬质熔点管中,封闭,先加热装试样的上部玻璃管,再加热装试样部分	管壁有碳镜,冷却后将管切开,将碳镜加热,能燃烧	需用同量 KIO₃ 做空白试验;可被氧化的无机物(如铵盐、碱金属亚硫酸盐和亚砷酸盐及大量碱金属氰化物)有干扰
	碘酸钾加热法	试样与 KIO₃ 细粉混合,在此混合物上覆盖一层 KIO₃,加热至 300～400℃,5min 后冷却,用(1+2)H₂SO₄ 溶残渣,加淀粉液(先加淀粉,后酸化)或用 CHCl₃ 萃取	淀粉液变蓝;或 CHCl₃ 层变棕至紫色	
H	乙酸铅试纸法	在微量试管中将少量固体试样或 1 滴试液的蒸干残渣与少许硫黄粉混合,试管口覆盖一张乙酸铅试纸,将试管放在甘油浴(220～250℃)中	黑色或棕色斑点(约 2min 内)	
C、H	氧化铜法	取约 0.1g 试样,与 1～2g 新干燥的 CuO 粉末混合,置放在干燥试管中,用带有弯曲导管的软木塞塞住试管,夹住,加热	由导管导出的气体使澄清的石灰水变浑浊(示有 C);试管上部内壁有水珠(示有 H)	
O	硫氰酸铁法	取一小片滤纸投入 Fe(SCN)₃ 的甲醇溶液中,取出后在空气中干燥,滴数滴试液(固体试样需先溶于苯或甲苯或卤代烃中再行试验,但需将所用溶剂做一个空白试验)	呈酒红色(用试样 20～50mg 时)	试剂:取 FeCl₃ 和 KSCN 各 1g,分别溶于 10mL 甲醇中,然后将两液合并,数小时后滤去 KCl 沉淀备用。试纸必须每次新制;含氮和含硫的化合物有相似作用,酸类和氧化性物质也有干扰

被检元素	方　法	简要步骤	现　象	备　注
N	普鲁士蓝法	取 0.2～0.6mL 氧瓶燃烧后的吸收液于一个小试管中，调节 pH 值至 13，加 10～15mg 粉状硫酸亚铁及 1 滴 30%氰化钾溶液，热至沸，加 1 细滴 1%三氯化铁溶液，加 25%硫酸至铁的氧化物全溶，放置 2～3min	蓝色溶液或沉淀	如有硫存在，需多加硫酸亚铁，滤去 FeS 后在滤液中再检 N
	乙酸铜-联苯胺法	取 0.1～0.2mL 氧瓶燃烧后的吸收液，用 1 滴 10%乙酸酸化，然后用毛细吸液管加入 1～4 滴乙酸铜-联苯胺试剂	两液交界处有蓝色环	如有硫存在，则加 1 滴乙酸铅溶液分离出 PbS 后取上层液（或滤液）再检 N；I⁻ 有干扰
				试剂：A 液（150mg 联苯胺溶于 100mL 水和 1mL 乙酸中）和 B 液（286mg 乙酸铜溶于 100mL 水中）分别贮在棕色瓶中，临用时混合
S	硫化铅法	取约 0.5mL 氧瓶燃烧后的吸收液于一个小试管中，加 1 滴 0.5mol/L 乙酸铅溶液，1～2 滴稀乙酸酸化	棕至黑色沉淀	
	亚硝酰铁氰化钠法	在 0.2mL 氧瓶燃烧后的吸收液（碱化）中，加 1 滴 0.1%亚硝酰铁氰化钠溶液（临时新配）	深红色至紫色	
S,N	氯化铁法	取 0.2mL 钠熔法或氧瓶燃烧法所得试液，用稀盐酸酸化，加 1 滴 1%三氯化铁溶液	红色	在钠熔时，若用钠量较少，氮与硫常以 SCN⁻ 存在，故需做本试验
Cl,Br,I	硝酸银法	取 0.5mL 试液（氧瓶燃烧后吸收液），用稀硝酸酸化，在通风橱中煮沸 1～2min，以除去可能存在的 HCN 和 H₂S，再加 1 滴 1%硝酸银溶液	白色浑浊或沉淀（Cl）；淡黄色浑浊或沉淀（Br）；黄色浑浊或沉淀（I）	
	贝尔斯坦（Beilstein）法	取一根长约 120mm 的铜丝，末端弯成一个小的圆环，将圆环放入无色火焰中灼烧至无绿色火焰后，趁热用圆环沾上少许粉状 CuO，继续加热，直至 CuO 黏附在铜丝环上为止。冷却，再用圆环沾少许试样，然后在无色火焰中灼烧	蓝绿色火焰	含有氰基、硫氰基的化合物也有类似的蓝绿色火焰
F	锆-茜素法①	取 0.2～0.5mL 钠熔后滤液，用 2～3 滴浓盐酸酸化，加 2～3 滴锆-茜素溶液	红紫色转变成黄色	锆-茜素试剂：取 10mL 1%茜素乙醇溶液和 10mL 2%硝酸锆在 5%盐酸中的溶液，混匀，然后稀释至 30mL（也可用 ZrOCl₂·8H₂O 代替硝酸锆）
		将一张滤纸条浸于锆-茜素试剂中，取出干燥，用 1 滴 50%乙酸润湿，再将中性试液加在润湿处	黄色斑	锆-茜素试纸：取氧化锆与稀盐酸共热，过滤，每毫升滤液中需含有 0.5mg Zr，取数毫升滤液，与少许过量的 1%茜素乙醇溶液混合，混合液中过量的茜素可用乙醚萃取除去，将溶液在水浴中温热 10min，将滤纸浸入热溶液中，取出，阴干

① 如用氧瓶燃烧法所得吸收液进行本试验，事先需除去 SO₄²⁻、PO₄³⁻、AsO₃³⁻。

3. 有机化合物的类型估计

由元素定性分析检测出有机样品所含元素后，根据表 7-31 可粗略估计该样品可能属于哪一类型的化合物。

表 7-31 从元素分析结果估计化合物类型

元素分析结果	可 能 的 化 合 物 类 型	元素分析结果	可 能 的 化 合 物 类 型
C、H	烷烃、烯烃、炔烃、芳香烃等	C、H、X	卤代烃等
C、H、O	醇、酚、醚、醛、酮、羧酸、酸酐、酯等	C、H、O、X	酰卤、卤代的 C、H、O 类型化合物等
C、H、N	胺、腈、含氮杂环等	C、H、N、X	胺类卤酸盐、卤代的 C、H、N 类型化合物等
C、H、O、N	酰胺、硝基化合物、亚硝基化合物、含氨基、腈基或氮杂环类的 C、H、O 类型化合物等	C、H、S	硫醇、硫醚、含硫杂环化合物等
		C、H、O、S	磺酸类化合物、硫代的 C、H、O 类型化合物等

因有机化合物数目繁多，种类复杂，在粗略估计了样品可能的类型后，还需利用某些特殊反应设法将它们分组后再加以鉴定，从而可缩小探索未知试样分析的范围。一般来说可根据试样在不同溶剂（如水、乙醚、5%NaOH、5%NaHCO₃、5%HCl、冷的浓 H_2SO_4 等）中的溶解度分组试验，也可根据指示剂（如万用指示剂、刚果红试纸等）判断出试样的酸碱性，以对试样进一步分组鉴定。

四、官能团分析

在上述试验的基础上，已经知道试样含有哪些元素，是呈酸性，还是呈碱性或中性，可进一步通过官能团检验确定试样中含哪些官能团。有机化合物中各种类型官能团，见表 7-32。

表 7-32 有机化合物中各种类型的官能团

化合物类型	所含官能团	化合物类型	所含官能团
烯烃	C=C	酯	$R(A_1)-C(=O)-OR(Ar)$
炔烃	—C≡C—	胺	$R(Ar)-NR_2(Ar)$
芳香烃	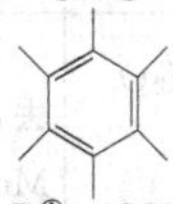 （苯环结构）	腈	$R(Ar)-C≡N$
醇	R①—OH	酰胺	$R(Ar)-C(=O)-NR_2(Ar)$
酚	Ar②—OH	硝基化合物	$R(Ar)-NO_2$
醚	R(Ar)—O—R(Ar)	亚硝基化合物	$R(Ar)-NO$
醛	$R(Ar)-C(=O)-H$	卤代烃	$R(Ar)-X$③
酮	$R(Ar)-C(=O)-R(Ar)$	酰卤	$R(Ar)-C(=O)-X$
		硫醇	R—SH
		硫醚	R(Ar)—S—R(Ar)
羧酸	$R(Ar)-C(=O)-OH$	硫酚	Ar—SH
		磺酸	$R(Ar)-SO_3H$

① R：烷基。
② Ar：芳香基。
③ X：F，Cl，Br，I。

有机化合物分子结构相当复杂，具有相同官能团的不同化合物因为受到分子内其他部分的影响，可能反应性能不完全相同。另外，有机定性中还存在着不少干扰因素。因此，对同一官能团的分析，最好采用几种试验来进行，以期得到正确的结论。对许多有机官能团的分析来说，采用红外光谱、拉曼光谱、紫外可见吸收光谱等仪器分析，是更常用、更简便的鉴定方法。

1. 烃类化合物的鉴定

含碳、氢的有机化合物包括烷烃、烯烃、炔烃和芳香烃四大类，其初步鉴别方法如图 7-1 所示。在进行初步鉴定后，再进行分类检验。

（1）烷烃的检验 烷烃的化学特点是惰性。从元素分析确定样品只含 C、H 后，通过上述初步鉴别即可确认。

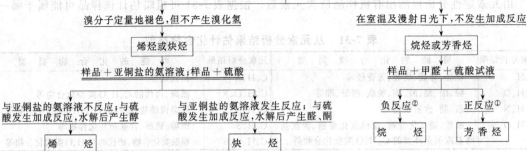

图 7-1　烃类化合物初步鉴别法

──单线上文字为反应现象；══双线上文字为试验方法；□框内文字为化合物类型

① 正反应指能发生反应。② 负反应指不能发生反应

（2）烯烃的检验　烯烃的检验见表 7-33。

表 7-33　烯烃的检验

检验方法	试验操作及试剂	反应式	现象	说明
溴-四氯化碳溶液试验	溶解 50～100mg 样品于 1～2mL 四氯化碳中，逐滴向此溶液中加含 2%溴的四氯化碳溶液。若需要多于 2 滴的试液才能使溴的棕色维持 1min 时，为正反应	$\underset{}{C{=}C} + Br_2 \longrightarrow \underset{\underset{Br\ Br}{\mid\ \ \mid}}{-C-C-}$	棕红色褪去	若向试管口吹气，有白色烟雾出现，则不是烯烃，可能是酚、胺、酮、醛等物质
高锰酸钾试验	取 20～25mg 样品溶于 2mL 水或不含醇的丙酮中，逐滴加入 1%的高锰酸钾水溶液，边加边振荡	$3\ C{=}C + 2MnO_4^- + 4H_2O$ $\longrightarrow 3\ \underset{\underset{OH\,OH}{\mid\ \ \mid}}{-C-C-} + 2MnO_2 + 2OH^-$	紫色褪去，形成 MnO_2 棕色沉淀	一些易被氧化的化合物如酚、醛等也能使 $KMnO_4$ 溶液褪色

（3）炔烃的检验　炔烃的检验见表 7-34。

表 7-34　炔烃的检验

检验方法	试验操作及试剂	反应式	现象	说明
溴-四氯化碳溶液试验	操作及试剂与烯烃相同	$-C{\equiv}C- + Br_2 \longrightarrow \underset{\underset{Br\ Br}{\mid\ \ \mid}}{-C-C-}$	与烯烃相同	与烯烃相同
高锰酸钾试验	操作及试剂与烯烃相同	$R-C{\equiv}C- + KMnO_4 \longrightarrow RCOOH$	与烯烃相同	与烯烃相同
重金属炔化物试验	取 20～25mg 样品，加 0.5mL 甲醇使其溶解，加入 2～4 滴亚铜盐的氨水溶液，振荡 亚铜盐氨水溶液试剂：①将 1.5g 氯化铜和 3g 氯化铵溶解在 20mL 浓氨水中，用水稀释到 50mL；②取 5g 盐酸羟胺溶解在 50mL 水中。取 1mL①和 2mL② 混合即成亚铜盐氨水溶液	$R-C{\equiv}CH + Cu^+ \longrightarrow R-C{\equiv}CCu\downarrow$	生成红棕色或红紫色炔化亚铜沉淀	某些硫醇能生成黄色的亚铜盐，对反应有干扰

（4）芳香烃的检验　芳香烃的检验见表 7-35。

表 7-35 芳香烃的检验

检验方法	试验操作及试剂	现 象	说 明
甲醛-硫酸试验	取 30mg 样品溶于 1mL 非芳烃溶剂（如：环己烷、己烷、四氯化碳）中，取此溶液 1～2 滴加到 1mL 试液中 试液临时配制，配法为：取 1 滴 37%～40%甲醛水溶液加到 1mL 浓硫酸中，轻微振荡即成	具有正性反应的化合物，通常溶液呈棕色或黑色	苯、甲苯、正丁苯显红色 仲丁苯显粉红色 叔丁苯及二甲苯显橙色 联苯及三联苯显蓝色或绿蓝色 萘及菲显蓝绿色至绿色 蒽显茶绿色 卤代芳烃显粉红色至紫色 开链不饱和烃生成棕色沉淀
无水三氯化铝-三氯甲烷试验	取约 100mg 无水三氯化铝放入一个干燥试管中，用强烈火焰灼烧，使三氯化铝升华至试管壁上，冷却。将 10～20mg 样品溶于 5～8 滴氯仿中，将所得溶液沿管壁缓缓倒入上述试管中。注意观察当溶液流下与三氯化铝接触时所发生的颜色变化	具有正性反应的化合物，通常呈棕色	苯及其同系物显橙至红色 卤代芳烃显橙至红色 萘显蓝色 联苯显紫红色 菲显紫红色 蒽显绿色

2. 含碳、氢、氧化合物的鉴定

含碳、氢、氧的有机化合物的种类很多，有醇、酚、醚、醛、酮、羧酸、酯、酸酐等，它们的初步鉴别方法如图 7-2 所示。

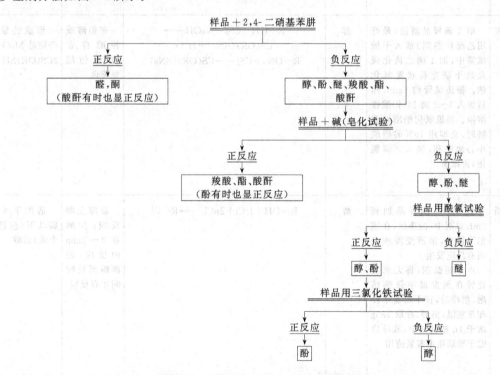

图 7-2 含碳、氢、氧化合物初步鉴别法

——单线上文字为反应现象；══双线上文字为试验方法；▢框内文字为化合物类型

在初步鉴别之后再进行分类检验。

（1）醇、酚的检验 醇、酚的检验见表 7-36。

（2）醚的检验 醚的检验见表 7-37。

表 7-36 醇、酚的检验

检验方法	试验操作及试剂	检出类型	反应式	现象	说明
酰氯试验	取 50～100mg 样品放入干燥的试管中，加入 3 滴乙酰氯。如不发生反应，将试管温热 2min，并加入 2mL 水，观察结果	醇、酚	$R(Ar)-OH + CH_3-\overset{\displaystyle O}{\underset{\displaystyle \\ }{C}}-Cl \longrightarrow$ $R(Ar)-O-\overset{\displaystyle O}{\underset{\displaystyle \\ }{C}}-CH_3$	反应液分层，低级醇的酯有水果香味	高级醇及酚类与酰氯反应较缓慢
	取 50mg 样品，加 3 滴苯甲酰氯及 1mL 10% 氢氧化钠溶液，塞紧试管口，用力振荡。用石蕊试纸试反应液，如不呈碱性，加入氢氧化钠，再振荡，观察结果	醇、酚	$R(Ar)-OH + \overset{\displaystyle O}{\underset{\displaystyle \\ }{C}}Cl \longrightarrow$ $R(Ar)-O-C$	反应液分层	适用于高级醇及酚类
硝酸铈试验	溶解 25～30mg 样品于 2mL 水（或 1,4-二噁烷）中，加入 0.5mL 硝酸铈试液，振荡	醇		琥珀色或红色	①许多醇类在水溶液中与本试液反应，产生棕绿色或棕色沉淀 ②本试验适用于 10 个碳以下的醇
	试液：将 90g 硝酸铈铵溶于 225mL 12% 的温热硝酸中				
黄原酸盐试验	取 1 滴样品溶液（最好用乙醚作溶剂）放入干燥试管中，加 1 滴二硫化碳及数十毫克粉状氢氧化钠。振荡试管约 5min，然后加入 1～2 滴 1% 钼酸铵溶液。当氢氧化钠刚好溶解时，立即用 10% 的硫酸小心地中和，加入 2 滴氯仿，再振荡	醇	$R-OH+CS_2+NaOH \longrightarrow$ $CS(OR)(SNa)+H_2O$ $R-ONa+CS_2 \longrightarrow CS(OR)(SNa)$	有伯醇或仲醇存在时，氯仿层显紫色	形成的紫色产物是 $MoO_3 \cdot 2CS(OR)SH$
卢卡斯试验	取 3～4 滴样品加到 2mL 试剂中，振荡后，在室温下静置，溶液变浑浊表明有反应发生	醇	$R-OH+HCl+ZnCl_2 \longrightarrow R-Cl$	叔醇立即反应；仲醇在 2～3min 内反应；伯醇需更长时间才有反应	适用于 6 个碳以下（包括 6 个碳）的醇
	卢卡斯试剂：将无水氯化锌在蒸发皿中强热熔融，稍冷后，在干燥器中冷却至室温，捣碎，称取 136g 溶于 1L 浓盐酸中，放冷后贮于玻璃瓶中塞紧待用				
溴水试验	取 20～25mg 样品的水溶液或悬浮液，逐滴加入饱和溴水，至溴的棕色不再褪去，观察是否生成沉淀	酚	$\overset{OH}{\bigcirc}+3Br_2 \longrightarrow \overset{OH}{\underset{Br}{\overset{Br\quad Br}{\bigcirc}}} \downarrow +3HBr$	白色沉淀	

检验方法	试验操作及试剂	检出类型	反　应　式	现　象	说　明
三氯化铁试验	溶解 30mg 样品于 1～2mL 氯仿中，加入 1～2 滴三氯化铁试液，观察颜色变化 三氯化铁试液：取 1g 无水三氯化铁溶在 100mL 氯仿中，加入 8mL 吡啶，将混合物过滤，滤液即为该试液	酚		苯酚显蓝色；邻苯二酚显深绿色；苯六酚显紫色；对甲苯酚显蓝色；对乙苯酚显蓝灰色	不同的酚显不同的颜色
亚硝酸试验	取约 50mg 样品放入盛有 1mL 浓硫酸的试管中，加入约 20mg 亚硝酸钠，振荡并温热试管	酚	$HO-\langle\rangle\xrightarrow{HONO}HO-\langle\rangle-NO$ $\rightleftharpoons O=\langle\rangle=NOH\xrightarrow{H_2SO_4}$ $\left[HO-\langle\rangle-N=\langle\rangle-OH\right]^+SO_4H^-$ $\xrightarrow{NaOH}\left[O=\langle\rangle=N-\langle\rangle-O\right]^-Na^+$	绿色 蓝色 紫红色	硝基酚类及对位取代的酚类不显色。二羟基酚类中只有间苯二酚显色

表 7-37　醚的检验

检验方法	试验操作及试剂	反　应　式	现　象	说　明
酯化试验	取 0.5mg 样品与 2mL 冰乙酸及 0.5mL 浓硫酸混合，回流加热 5min，蒸出一滴。取这一滴按试验酯的方法（羟肟酸试验，见表 7-39）进行检验。如显负结果，将上述回流液冷却，加 5mL 冰水。如有有机液层出现，即取此液层进行羟肟酸试验	$2CH_3COOH+R_2O\xrightarrow{H_2SO_4}$ $2CH_3COOR+H_2O$	与酯的现象相同	此方法用于缩醛也显正反应
氢碘酸试验	取 20～25mg 样品放入试管中，用吸量管加入 0.5mL 冰乙酸，再加入 1～2 粒苯酚结晶及 0.5mL 57% 氢碘酸和几粒沸石。试管上插一个玻璃漏斗，漏斗上铺一层厚 8～10mm 的药棉，上面覆盖一块用硝酸汞润湿过的滤纸。将试管在 130～140℃ 的油浴中加热 药棉的制备：取 1g 乙酸铅溶于 10mL 水中，把所得溶液加到 60mL 4% 的氢氧化钠溶液中，搅拌，至沉淀溶解。再取 5g 无水硫代硫酸钠溶解在 10mL 水中。将两种溶液合并，加 1mL 甘油，用水稀释至 100mL。用此溶液浸泡棉花，取出拧干后即可使用 硝酸汞试液：取 49mL 蒸馏水，加 1mL 浓硝酸，再加硝酸汞，制成饱和溶液	$R_2O+2HI\longrightarrow 2RI+H_2O$ $2RI+Hg(NO_3)_2\longrightarrow$ $\quad HgI_2+2RONO_2$	漏斗上的滤纸显出橙红或朱红色为正反应	药棉用来除去可能逸出的碘化氢及硫化氢等干扰气味 用此方法检验缩醛，也显正反应

（3）醛、酮的检验　醛、酮的检验见表 7-38。

表 7-38 醛、酮的检验

检验方法	试验操作及试剂	检出类型	反 应 式	现象	说 明
2,4-二硝基苯肼试验	取 5mL 2,4-二硝基苯肼试液放入试管中,加样品 40~50mg 溶于 0.5mL 甲醇或其他能与水互溶的有机溶剂中。塞好试管,充分振荡,如无沉淀生成,将混合物加热至沸 30s,再振荡 2,4-二硝基苯肼试液:取 3g 2,4-二硝基苯肼溶于 15mL 浓 H_2SO_4 中,所得溶液缓缓搅入 70mL 95% 乙醇和 20mL 水的混合液中,过滤,滤液即为该试剂	醛和酮		黄色或红色沉淀	①某些长链脂肪酮类不析出沉淀,而是油状物 ②缩醛极易水解,所以也显正反应
碘仿试验	溶解 100mg 样品于 1mL 水中(也可用 1,4-二噁烷),加入 3mL 10% 氢氧化钠溶液,然后逐滴加入 10% 的碘溶在 20% 碘化钾水溶液中的溶液,至溶液中碘过量(溶液呈棕红色)为止。将试管插入 60℃ 的温水中,再加上述的碘试液,直到碘的颜色持续 2min,然后加入数滴 10% 的氢氧化钠溶液至碘的棕色褪去,从水浴中取出试管,加入 10mL 水	乙醛和甲基酮	$R-\overset{O}{\underset{}{C}}-CH_3 + 3NaOI \xrightarrow{NaOH}$ $R-COONa + CHI_3\downarrow$	黄色晶体析出	甲基酮和乙醛得正结果。乙醇和凡能氧化成甲基酮的仲醇都显正反应
偶氮苯苯肼磺酸试验	加 1 滴样品,7 滴试液和 4 滴浓硫酸在试管中混合。将试管放在沸水浴中加热 30s,冷却。加入几滴乙醇,加足以形成一有机层的氯仿,加入约 5 滴浓盐酸充分振荡试管,观察氯仿层颜色 试液:溶解 0.018g 偶氮苯苯肼磺酸于 100mL 水中	醛		脂肪醛显红色 芳香醛显蓝色	酮也发生类似反应,但反应速率比醛类慢得多
费林试验	取费林Ⅰ和费林Ⅱ溶液各 0.5mL,加入试管中混匀,加入 3~4 滴样品后,在沸水浴内加热,观察现象 费林Ⅰ:结晶硫酸铜 34.6g 溶于 500mL 水中 费林Ⅱ:酒石酸钾钠 173g 和氢氧化钠 70g 溶于 500mL 水中	醛	$R-CHO + 2Cu(OH)_2 \longrightarrow$ $R-COOH + Cu_2O\downarrow + 2H_2O$	红色氧化亚铜沉淀	脂肪醛显正反应;芳香醛显负反应

检验方法	试验操作及试剂	检出类型	反　　应　　式	现象	说　　明
多伦试验	在洁净的试管中，加入2mL 5%硝酸银溶液，2滴5%氢氧化钠溶液，再逐滴加入2%氢氧化铵溶液，至沉淀溶解。加入40～50mg样品，振荡混匀，静置。若无变化，可在温水浴中温热2min，观察现象	醛	$R-CHO+2Ag(NH_3)_2OH \longrightarrow$ $2Ag\downarrow+RCOONH_4+3NH_3+H_2O$	生成银镜或黑色沉淀	凡易被氧化的糖类、多羟基酚、氨基酚、羟胺类以及其他还原性物质均显正结果。多伦试液久置后易爆炸，故需临时配制。试验时切勿用火焰加热，以免发生危险。实验完毕，应用硝酸煮沸除去银镜
席夫试验	加1mL席夫试剂于试管中，加入2滴样品，放置数分钟，观察颜色变化 席夫试剂：溶解0.5g品红盐酸盐于500mL蒸馏水中，过滤。另取500mL蒸馏水通入二氧化硫达饱和。将两液混合均匀，静置过夜即成	醛	$2RCHO+\left(HO_2SHN-\bigcirc\right)_2=C-SO_3H$ $-\bigcirc\overset{+}{N}H_3Cl^-\longrightarrow$ $\begin{bmatrix}HO\\H-\underset{R}{C}-\overset{O}{\underset{O}{S}}-NH-\bigcirc\end{bmatrix}_2C=$ $-\bigcirc\overset{+}{N}H_2Cl^-$	紫红色	若显品红水溶液本身的桃红颜色，为负反应反应时不能加热，否则席夫试剂分解后显桃红色

（4）羧酸、酯、酸酐的检验　羧酸、酯、酸酐的检验见表7-39。

表7-39　羧酸、酯、酸酐的检验

检验方法	试验操作及试剂	检出类型	反　　应　　式	现象	说明
皂化试验	取300～500mg样品，300mg固体氢氧化钾，3mL水和一粒沸石，放到试管中，水浴加热，观察现象	羧酸、酯、酸酐	$R-COOH+KOH\longrightarrow RCOOK+H_2O$ $R-COOR'+KOH\longrightarrow RCOOK+HOR'$ $\begin{matrix}R-\overset{O}{\underset{}{C}}\\R-\underset{O}{\overset{}{C}}\end{matrix}O+KOH\longrightarrow 2RCOOK$	羧酸和酸酐很快溶解，酯加热后也慢慢溶解	
碳酸钠试验	取100mg样品，加适量的碳酸钠饱和溶液，观察现象	羧酸、酸酐	$RCOOH+Na_2CO_3\longrightarrow CO_2\uparrow$ $\begin{matrix}R-\overset{O}{\underset{}{C}}\\R-\underset{O}{\overset{}{C}}\end{matrix}O+Na_2CO_3+H_2O\longrightarrow CO_2\uparrow$	有二氧化碳气体放出	
碘酸钾-碘化钾试验	取5mg样品（或取2滴样品溶在乙醇溶剂中的饱和溶液）放到试管中，加入2滴2%碘化钾溶液及2滴4%碘酸钾溶液，塞好试管，在沸水浴上加热约10min。冷却，加入1～4滴0.1%淀粉溶液，观察颜色	羧酸	$5I^-+IO_3^-+6H^+\longrightarrow 3I_2+3H_2O$	蓝色	

检验方法	试验操作及试剂	检出类型	反 应 式	现象	说明
羟肟酸试验	取 100mg 样品,加 1mL 7％的盐酸羟胺甲醇溶液,水浴中加热几分钟,加入 1 滴 10％的三氯化铁溶液,观察颜色	酯、酸酐	$RCOOR' + NH_2OH \longrightarrow$ $RCO(NHOH) + R'OH$ $RCOOCOR + NH_2OH \longrightarrow$ $RCO(NHOH) + RCOOH$ $3RCO(NHOH) + FeCl_3 \longrightarrow$ $(RCONHO)_3Fe + 3HCl$	紫红色	酰卤也显正反应

3. 含碳、氢、氮化合物的鉴定

含碳、氢、氮的化合物包括胺、腈。若元素分析还检出氧,则除了是含有带氧官能团的胺和腈外(带氧官能团的鉴定同前),还可能是酰胺、硝基化合物和亚硝基化合物。

(1)胺、腈的检验 胺、腈的检验见表 7-40。

表 7-40　胺、腈的检验

检验方法	试验操作及试剂	检出类型	反 应 式	现象	说明
氯醌试验	取 3 滴四氯对苯醌溶在 1,4-二氧六环溶剂中的饱和溶液,置点滴反应板上,加 20～25mg 样品,观察颜色	胺		蓝色、红色、绿色或棕色	适用于伯及仲胺
兴士堡试验	取 100～150mg 样品溶于 3mL 乙醇中,加 3 滴苯磺酰氯。将混合液加热煮沸,然后冷却。加入过量的浓盐酸,苯磺酰胺即以固体析出。过滤,沉淀用 5mL 水洗入另一试管中,加入 4 粒固体氢氧化钠,水浴加热,观察现象	胺	$RNH_2 + $⬡$-SO_2Cl \longrightarrow$ $R-NHSO_2-$⬡ $\xrightarrow{NaOH}$ $Na^+ \left[R-NSO_2-⬡ \right]^-$ $R_2NH + ⬡-SO_2Cl \longrightarrow$ $R_2NSO_2-⬡ \xrightarrow{NaOH}$ 不反应 $R_3N + ⬡-SO_2Cl$ 不反应	在氢氧化钠中溶解的为伯胺;不溶解的为仲胺;加浓盐酸时无沉淀析出的为叔胺	在加浓盐酸时,要冷却并不断振荡,否则将析出油状物而不是固体
重氮化试验	在试管中加 40～50mg 样品,1mL 水和 4 滴浓硫酸。在另一个试管中加入 1mL 10％亚硝酸钠溶液。在第三个试管中溶解 100mg β-萘酚于 2mL 10％氢氧化钠中。将 3 个试管在冰水中冷却到 0～5℃,将亚硝酸钠溶液逐滴加到样品溶液中,振荡试管。加完后,再逐滴加入 β-萘酚溶液,观察现象	胺	$Ar-NH_2 + HONO \xrightarrow{H_2SO_4}$ ⬡⬡-OH $Ar-N_2^+\ HSO_4^-$ HO $Ar-N=N-$⬡⬡	红色或沉淀	适用于芳香伯胺
李米尼试验	取 1mL 丙酮加到 5mL 样品的稀水溶液中,加入 1 滴 1％的亚硝基铁氰化钠试液,观察颜色变化	胺		紫色	适用于脂肪伯胺

检验方法	试验操作及试剂	检出类型	反　应　式	现象	说明
二硫代氨基甲酸镍试验	取 40～50mg 样品加到 5mL 水中,若不溶解,加 1 滴盐酸使其溶解。在另一个试管中加入 1mL 氯化镍试剂和 0.5～1mL 浓氢氧化铵,取 0.5～1mL 样品溶液加到试管内,观察现象 氯化镍试剂:溶解 0.5g 氯化镍六水合物于 100mL 水中,加入足够量的二硫化碳使其成饱和溶液,要有小油滴沉在下面	胺		脂肪仲胺显黄绿色或有沉淀 芳香仲胺生成白色或黄色沉淀	适用于仲胺
异腈试验	取 40～50mg 样品,加 2 滴氯仿及 1mL 10% 的氢氧化钾甲醇溶液。微热混合液,用手扇试管口,嗅其气味	胺	$Ar-NH_2 + CHCl_3 + 3KOH \longrightarrow$ 　　$Ar-NC + 3KCl + 3H_2O$	奇臭	适用于芳香伯胺
柠檬酸-乙酸酐试验	取 50mg 样品或 1 滴样品的乙醇溶液加到试管中,加 1 滴柠檬酸-乙酸酐试液,水浴温热,观察颜色变化 柠檬酸-乙酸酐试液:取 2g 柠檬酸溶解到 100mL 乙酸酐中	胺		红色 紫色 蓝色	适用于叔胺
羟肟酸试验	取 20～25mg 样品,加到 2mL 7% 盐酸羟胺的丙二醇溶液中,再加入 1mL 5% 氢氧化钾的丙二醇溶液,煮沸 2min。冷却,加入 0.5～1mL 5% 三氯化铁溶液,观察颜色变化	腈	$R-CN + H_2NOH \xrightarrow{KOH}$ 　　　　　$RCONHOH$ $RCONHOH + FeCl_3 \longrightarrow$ 　　$(RCONHO)_3Fe + 3HCl$	紫色	

（2）酰胺、硝基、亚硝基化合物的检验　酰胺、硝基、亚硝基化合物的检验见表 7-41。

表 7-41　酰胺、硝基、亚硝基化合物的检验

检验方法	试验操作及试剂	检出类型	反　应　式	现象	说明
羟肟酸试验	将 20～25mg 样品加到 7% 盐酸羟胺的丙二醇溶液中,加热煮沸 2min。冷却,加入 0.5～1mL 5% 的三氯化铁溶液,观察颜色	酰胺	$R-\overset{O}{\overset{\|}{C}}-NH_2 + N_2NOH \longrightarrow$ 　$R-\overset{O}{\overset{\|}{C}}-NHOH + NH_3$ $R-\overset{O}{\overset{\|}{C}}-NHOH + FeCl_3 \longrightarrow$ 　$(R-\overset{O}{\overset{\|}{C}}-NHO)_3Fe + 3HCl$	紫色	适用于氮原子上没有取代基的酰胺。芳香酰胺反应较缓慢,加热时间需长一些
芳香酰胺试验	取 40～50mg 样品悬浮于水中,充分振荡,加 4～5 滴 6% 的过氧化氢溶液,加热近沸。若样品尚未溶解,再加数滴过氧化氢使其溶解,冷却。加入 1 滴 5% 三氯化铁溶液,观察颜色,如仍无蓝红色,可稍加热	酰胺	$Ar-\overset{O}{\overset{\|}{C}}-NH_2 + H_2O_2 \longrightarrow$ 　$Ar-\overset{O}{\overset{\|}{C}}-NHOH + H_2O$ $Ar-\overset{O}{\overset{\|}{C}}-NHOH + FeCl_3 \longrightarrow$ 　$(Ar-\overset{O}{\overset{\|}{C}}-NHO)_3Fe + 3HCl$	蓝红色	适用于氮原子上无取代的芳香酰胺

检验方法	试验操作及试剂	检出类型	反 应 式	现象	说明
氢氧化亚铁试验	取 20~25mg 样品与 1.5mL 新配制的 5%硫酸亚铁铵溶液混合，加入 1 滴 15%的硫酸及 1mL 10%的氢氧化钾甲醇溶液，振荡，观察现象	硝基化合物	$R{-}NO_2+4H_2O+6Fe(OH)_2\longrightarrow$ $R{-}NH_2+6Fe(OH)_3$	1min 内沉淀由淡绿色变为红棕色	
锌粉-乙酸试验	取 40~50mg 样品加到 1~2mL 50%的乙醇中，加 3 滴冰乙酸及 50mg 锌粉，煮沸。静置 5min，过滤，滤液进行多伦试验(检验醛的方法，见表 7-38)	硝基化合物、亚硝基化合物	$R{-}NO_2+Zn\xrightarrow{AcOH}R{-}NHOH$ $R{-}NHOH+Ag_2O\longrightarrow$ $R{-}NO+Ag\downarrow$	银镜生成或银粒沉淀生成	如果样品中含有醛基，此方法不适用
氢氧化钠丙酮溶液试验	取 40~50mg 样品加到 5mL 丙酮中，然后加入 2mL 5%的氢氧化钠溶液，边加边振荡，观察颜色变化	硝基化合物		一硝基化合物无色 二硝基化合物显紫色 三硝基化合物显深红色	适用于芳香硝基化合物
靛酚试验	溶解 20~25mg 样品于 2mL 浓硫酸中，加入 40~50mL 苯酚，振荡，温热，观察颜色变化	亚硝基化合物		蓝色或绿色出现 逐滴加入水，颜色转变为红色	反应过程与用亚硝酸检验酚的过程相同，不过是用亚硝基化合物代替了亚硝酸

4. 含碳、氢、硫化合物的鉴定

含碳、氢、硫的化合物包括硫醇、硫酚、硫醚和含硫杂环化合物。经元素分析，如果化合物中还检出含有氧，那么不仅可能是含有带氧官能团的硫醇、硫酚和硫醚，还可能是磺酸化合物；如果还检出含氮，那么是含有带氮官能团的硫醇、硫酚或硫醚；如果同时检出含有氧和氮，则可能是既含有氧官能团，又含有氮官能团的硫醇、硫酚和硫醚，或是磺酰胺。

（1）硫醇、硫酚、硫醚的检验　硫醇、硫酚、硫醚的检验见表 7-42。

表 7-42　硫醇、硫酚、硫醚的检验

检验方法	试验操作及试剂	检出类型	反 应 式	现象	说明
亚硝酸试验	取 20~25mg 样品溶于乙醇或其他溶剂中，加几粒亚硝酸钠结晶，振荡，逐滴加入稀硫酸酸化，观察颜色变化	硫醇、硫酚	$RSH+HONO\longrightarrow RSNO+H_2O$	伯和仲硫醇立即显红色 叔硫醇和硫酚开始显绿色，不久变为红色	硫醚有时也显正反应
硫化铅试验	取 1 滴样品加到 2mL 铅酸钠试液中，充分振荡，有金黄色沉淀生成。加 50mg 细粉状硫，观察沉淀的颜色变化 铅酸钠试液：将 1g 乙酸铅溶于 10mL 水中，将此溶液加到 60mL 4%的氢氧化钠溶液中，搅拌，至沉淀溶解	硫醇、硫酚、硫醚	$Pb(OH)_2+2RSH\longrightarrow$ $Pb(SR)_2+2H_2O$ $Pb(SR)_2+S\longrightarrow$ $PbS+R{-}S{-}S{-}R$	沉淀为橙色，数分钟后变为黑色	硫醚生成的沉淀为淡黄色，加入硫粉后，沉淀也变为橙色，但不再变为黑色

检验方法	试验操作及试剂	检出类型	反　应　式	现象	说明
吲哚醌试验	取 3 滴样品溶在乙醇溶剂中的稀溶液,加 2mL 1% 吲哚醌的浓硫酸溶液,观察颜色变化	硫醇		绿色	
亚硝酰铁氰化钠试验	取 1 滴样品加到 1% 的亚硝酰铁氰化钠溶液中,然后加入 3 滴 10% 的氢氧化钠溶液,观察颜色	硫醇、硫醚		硫醇显蓝红色 硫醚显红色,并逐渐变为黄色	芳香硫醚对本试验无反应

（2）磺酸、磺酰胺的检验　磺酸、磺酰胺的检验见表 7-43。

表 7-43　磺酸、磺酰胺的检验

检验方法	试验操作及试剂	检出类型	反　应　式	现象	说明
羟肟酸试验	取 40~50mg 样品,加 2~3 滴氯化亚砜,在沸水浴中加热 1min,放冷。加入 0.3mL 7% 羟胺盐酸盐的甲醇溶液和 1 滴乙醛。逐滴加入 10% 氢氧化钾甲醇溶液,直到反应液对石蕊试纸呈碱性,再加入 1 滴 5% 三氯化铁溶液,观察现象	磺酸	$ArSO_3H+SOCl_2 \longrightarrow ArSO_2Cl$ $ArSO_2Cl+H_2NOH \longrightarrow$ 　　$ArSO_2NHOH+HCl$ $ArSO_2NHOH+CH_3CHO \longrightarrow$ 　　$CH_3CONHOH \cdot ArSO_2H$ $3CH_3CONHOH+FeCl_3+3KOH$ $\longrightarrow (CH_3CONHO)_3Fe$ 　　$+3KCl+3H_2O$ $3ArSO_2H+FeCl_3 \longrightarrow$ 　　$(ArSO_2)_3Fe \downarrow +3HCl$	反应液显紫红色,并有棕红色沉淀生成	磺酰氯也显正反应。磺酰氯遇硝酸银醇溶液产生氯化银沉淀
N,N-二甲基-α-萘胺试验	取 1~2 滴样品的水溶液或悬浮液加到试纸上,在斑点处滴 1 滴 0.2%~0.5% 的盐酸,观察颜色变化 试纸的制法:将等体积的 1% 的 N,N-二甲基-α-萘胺的甲醇溶液及 1% 的亚硝酸钠水溶液混合,把滤纸条浸入其中,取出后在暗处阴干	磺酰胺		红色或暗玫瑰色	

5. 含碳、氢、卤素化合物的鉴定

含碳、氢、卤素的化合物为卤代烃。经元素分析,如果检出化合物中还含有氧,那么不仅可能是含有带氧官能团的卤代烃,还可能是酰卤;如果检出还含有氮,那么可能是含有带氮官能团的卤代烃,还可能是胺的卤氢酸盐。

卤代烃、酰卤、胺盐的检验方法见表 7-44。

表 7-44　卤代烃、酰卤、胺盐的检验

检验方法	试验操作及试剂	检出类型	反　应　式	现象	说明
苄胺试验	取 3 滴苄胺和 2 滴样品混合,反应缓和后,加入 2mL 冷水,用力振荡,观察现象	酰卤		白色沉淀	

检验方法	试验操作及试剂	检出类型	反 应 式	现象	说明
羟肟酸试验	取 4～5 滴样品,加 1mL 正丁醇,煮沸 1min。加入 1mL 7%盐酸羟胺溶液,然后加入足够量的 20%氢氧化钾的 80%乙醇溶液,使混合物对石蕊试纸呈碱性,加热至沸。冷却,用稀盐酸将反应物酸化,然后逐滴加入 10%三氯化铁溶液,观察颜色变化	酰卤	$RCOX + R'OH \longrightarrow RCOOR' + HX$ $RCOOR' + H_2NOH \longrightarrow$ $\qquad RCONHOH + R'OH$ $3RCONHOH + FeCl_3 \longrightarrow$ $\qquad (RCONHO)_3Fe + 3HCl$	紫红色	
碘化钠丙酮溶液试验	取 2 滴样品(固体样品溶在少量丙酮中),加入 1mL 碘化钠丙酮溶液,振荡,静置 3min,观察有无沉淀生成,并注意溶液颜色。若无反应,在 50℃ 水浴中温热 6min,冷至室温后再观察现象 试剂:15g 碘化钠溶解在 100mL 纯丙酮中,盛于棕色瓶内	卤代烃	$R-Cl$ $R-Br$ $\}+NaI \xrightarrow{丙酮}$ $R-I + NaCl\downarrow$ $R-I + NaBr\downarrow$	白色沉淀	伯卤代烃一般室温下反应 仲卤代烃温热后反应 叔卤代烃较难反应 芳香卤代烃不反应
硝酸银醇溶液试验	取 30～40mg 样品,加到 0.5mL 饱和的硝酸银醇溶液中,观察现象。若 2min 内无卤化银沉淀生成,温热混合物 2min,再观察现象 室温下生成卤化银沉淀的有:胺盐、酰卤、$R-CH=CH-CH_2X$、R_3CCl、RI、$R-CHBr-CH_2Br$ 温热后生成卤化银沉淀的有:RCH_2Cl、R_2CHCl、$RCHBr_2$、 $NO_2\!-\!\!\!\!\!\!\bigcirc\!\!\!\!\!\!-Cl$ 带 NO_2 不生成卤化银沉淀的有:$Ar-X$、$RCH=CHX$、$HCCl_3$、$ArCOCH_2Cl$、$ROCH_2CH_2Cl$	卤代烃;胺盐;酰卤	$R-X$ $R-NH_3^+X^-$ $\}+Ag^+ \longrightarrow AgX\downarrow$ $R-COX$	卤化银沉淀	卤代芳烃一般均不反应

五、衍生物证实试验

根据未知物的元素分析、官能团分析和物理常数的数据,从有关文献内可查出未知物的"可能化合物",其范围:若是固体化合物,在测定它的熔点±5℃之内的可能化合物;若是液体,其沸点应在±10℃范围内的可能化合物。当然,熔点的沸点都是必须校正过的。

当查出的可能化合物不止一种时,应对可能的化合物进行衍生物试验。将由未知物制得的衍生物的熔点,和查出的可能性化合物的衍生物的熔点加以对照,可最后确定所测化合物是哪一种可能性的化合物。

制备衍生物的试验是确定未知物的最后一步,也是极重要的一步。绝大多数有机化合物都能发生许多不同的化学变化,形成各种化合物,这些化合物在理论上都可用作证实试验所需的衍生物。

第三节 定性分析的仪器分析法

定性分析的仪器分析法与化学分析法相比有下面几个特点。

① 仪器分析法分析时间短、速度快,只要十几分钟甚至几分钟就能完成对物质的定性全分析。

② 仪器分析法在对常量组分进行定性分析的同时也能对微量组分进行定性分析，仪器分析法的灵敏度远高于化学分析法的灵敏度。

③ 仪器分析法往往一次分析就能完成定性的全分析。

④ 仪器分析法需要特殊的仪器设备及一定水平的仪器设备操作管理的技术人员，但操作过程往往较化学方法简单、方便。

由于仪器分析法具有上述特点，现已广泛地用于物质的定性分析，在日常的分析工作中，已经在很大程度上替代了定性分析的化学分析法。

定性分析中，无机物的定性分析较有机物的定性分析简单、容易。有机未知物的定性分析往往较已知物的定量分析复杂、难度要大得多，特别是对微量未知有机物的定性分析，常是一件非常复杂、艰巨的工作。

下面简单介绍常见的定性分析的仪器分析法。

一、原子发射光谱（包括电感耦合等离子发射光谱）法

原子发射光谱是无机物定性最常用的仪器，它几乎能对所有元素进行定性。

由于不同元素的原子，其原子结构不同，它们的电子能级不同，即使同一种元素的原子，它们所处的电子能级不同，跃迁时也产生不同的谱线。因而，不同原子各具有特征的光谱线与线组。这就是原子发射光谱定性分析的依据。

现代的原子发射光谱——电感耦合等离子体发射光谱仪，具有定性分析软件，可以快速地进行无机物的定性分析。

有关原子发射光谱的原理、仪器设备、操作与应用请见第十六章。

二、X 射线荧光光谱法

配有电子计算机的 X 射线荧光光谱仪，具有简便、快速、准确的优点，已广泛地应用于物质组成元素的测定。

当某些物质被某种能量较高的光线，例如紫外光照射后，这种物质会立即发出各种颜色及不同强度的可见光。当入射线停止照射时，这种光线也立即消失，此种光线称做荧光。当用高速电子激发原子内层电子，导致 X 射线的产生，这种 X 射线是初级 X 射线。如果以初级 X 射线作为激发手段，用来照射样品物质，那么这种物质立即会发出次级 X 射线。把这种由于 X 射线照射物质而产生的次级 X 射线称为 X 射线荧光。

荧光 X 射线中只包含特征谱线，而没有连续谱线。因为只有入射 X 射线的能量稍大于样品原子内层电子的能量，也即入射 X 射线的波长略小于样品原子的吸收边的波长，才能击出样品原子的内层电子，才能产生 X 射线荧光。由于每一种元素的原子，其各电子层能级的能量是一定的，其能级差（ΔE）也是一定的，而 X 射线荧光产生了原子内层电子的跃迁，因此这种跃迁只能产生有限的几组谱线，即特征 X 射线谱线。莫斯莱发现：特征 X 射线波长倒数的平方根和元素的原子序数成直线关系。所以只要测出一系列特征 X 射线荧光的波长，并排除其他谱线的干扰，即可知道特征 X 射线荧光的波长是代表何种元素，这就是 X 射线荧光定性分析。

有关 X 射线及 X 射线荧光光谱的原理、仪器设备及操作应用请见第十八章 X 射线荧光分析法。

三、电子能谱法

电子能谱是 20 世纪 50~60 年代发展起来的一种研究物质表面的新型物理方法。一定能量的电子、X 射线或紫外光作用于样品，将样品表面原子中不同能级的电子激发成自由电子，这些电子带有样品表面的信息，并具有特征能量，收集这类电子并研究它们的能量分布，这就是电子能谱分析。

光电子能谱是在 X 射线或紫外光作用于样品表面，产生光电子。分析光电子的能量分布，得到光电子能谱，简称 ESCA。若以能量较高的 X 射线作为激发源，可以把原子内层电子激发成自由电子，它主要用于研究样品的表面组成和结构。而紫外光作为激发源，只能激发原子的价电子，它是研究量子化学等的重要手段。

原子被 X 射线激发出光电子后，外层电子向内层跃迁过程中释放的能量，又使核外另一个电子激发成为自由电子，该电子就是俄歇电子。在电子的跃迁过程中，除发射俄歇电子外，还可能产生荧光 X 射线。测量俄歇电子的能量分布，得到俄歇电子能谱，简称 AES。俄歇电子能谱可用于

快速、高灵敏度的表面成分分析。电子束易于实现扫描，现在都把 AES 制成扫描俄歇微探针，简称 SAM。如果在 SAM 上配备离子溅射技术，对样品可作三维分析。

光电子和俄歇电子的能量及强度都比较低，特别是俄歇电子湮没在大量的散射电子和二次电子中，要探测这类电子，需要在超高真空中，探测弱信号的技术。

光电子能谱（ESCA）的信息深度为 $(5\sim50)\times10^{-10}$ m，对于大部分化合物是一种非破坏性的分析方法，绝对灵敏度可达 10^{-18} g。仪器较复杂，价格昂贵，记录一个谱图的时间较长，需 $2\sim100$ min，X 射线不易聚焦，不易偏转，不能实现扫描，不能分析 H 和 He。

俄歇电子能谱（AES）的信息深度为 $(5\sim50)\times10^{-10}$ m，同时不能分析 H 和 He，对样品有一定的破坏作用，但价格比 ESCA 便宜，分析速度较快，对极微量元素的测定灵敏度相当高，能进行表面三维的定性分析、半定量分析、能态分析、表面形貌。

光电子能谱与俄歇电子能谱十分适用于涂层、镀层、薄膜、金属表面层、腐蚀层、吸附层等表面成分分析。

四、紫外可见吸收光谱法

紫外可见吸收光谱可用于在紫外可见区有吸收的物质的鉴定与结构分析。其中主要用于有机化合物的分析和鉴定、分子结构中功能团的推测、同分异构体的鉴定、物质结构的测定等。

有关紫外可见吸收光谱的原理、仪器、操作、应用等参见第十三章有关章节。

五、红外光谱法

红外光谱对有机和无机化合物的定性分析具有显著的特征性。每个功能团和化合物都具有其特征的光谱。其谱带的数目、频率、形状和强度均随化合物及其聚集状态的不同而异。根据化合物的光谱，就如同辨认人的指纹一样，可辨认各化合物及其功能团，能容易地分辨同分异构体、位变异构体、互变异构体。具有分析时间短、需样品量少、不破坏样品、测定方便等优点。

有关红外光谱的原理、仪器、操作与应用参见第十五章有关章节。

六、质谱法

质谱分析法是通过对样品离子的质量和强度的测定，来进行成分和结构分析的一种分析方法。

样品通过进样系统进入离子源，在离子源中，样品分子或原子被电离成离子，带有样品信息的离子，经过质量分析器，利用离子在电场或磁场中的运动性质，可按质（量）（电）荷比（m/e）分开，再经检测、记录分析离子按质荷比大小排列得到的谱图，通常称为质谱图。在质谱图中，每个质谱峰表示一种质荷比的离子，质谱峰的强度表示该种离子的多少。因此，根据质谱峰出现的位置，可以进行定性分析，根据质谱峰的强度，可以进行定量分析。对于有机化合物质谱，根据质谱的质荷比和相对强度，可以进行结构分析。

质谱法具有以下特点。

① 应用范围广，质谱仪种类很多，应用范围广。可以进行同位素分析、无机成分分析、有机结构分析、分子量和分子式的测定。被分析样品可以是气体、液体和固体。

② 灵敏度高，样品用量少。有机质谱绝对灵敏度可达 50pg（1pg 为 10^{-12} g）。无机质谱绝对灵敏度可达 10^{-14} g，相对灵敏度可优于 10^{-9}。用微克量级的样品即可得到分析结果。

③ 分析速度快，可实现多组分同时测定。

④ 与其他仪器方法相比，仪器结构复杂，价格贵，使用及维修比较困难。

有关质谱法较详细的资料参见第二十二章。

七、其他方法

（1）核磁共振法　核磁共振可用于测定化合物的结构、鉴定基团、区分异构体等，常可提供比红外光谱和紫外光谱更为详细清楚的信息，可以更有效地排解化合物结构分析的疑难问题。

（2）极谱法　极谱分析是一种特殊的电解分析法，由工作电极与参比电极组成电解池，根据电解过程中记录的电流-电压或其他函数曲线（或电位-时间曲线）来进行电化学分析中的一大类，称为极谱法。

极谱波的一个重要参数 $E_{1/2}$（半波电位），当底液的组成及温度一定时，每一种物质的半波电位是定值，它不随待测物的浓度而变化，因此，它可以作为定性分析的参考。

第四节　部分物理常数测定方法

有机化合物的物理常数可作为鉴定其纯度的依据，主要用于原料和成品的分析，以判断物质的纯度，进行产品质量的定级评估等。常用的物理常数有熔点、沸点、密度、折射率、旋光度、黏度、分子量等。

一、温度测定

1. 温标

1954 年，温度量度的国际委员会选定水的三相点的绝对温度（现称热力学温度）为 273.16K 作为标准温标。

1968 年，国际实用温标（IPTS—68）规定了温标的六个基准点，见表 7-45。

表 7-45　标准大气压下国际温标的基准点

定　点	温　度/℃	定　点	温　度/℃
氧点(液氧与其蒸汽的平衡温度)	−182.962	锌点(固态锌与液态锌的平衡温度)	+419.58
水的三相点	+0.01	银点(固态银与液态银的平衡温度)	+961.93
汽点(液态水与其蒸汽的平衡温度)	+100	金点(固态金与液态金的平衡温度)	+1064.43

2. 水银-玻璃温度计

它的优点是水银容易制纯，热导率大，比热容小，膨胀系数比较均匀，不易附着在玻璃管上，不透明便于读数等。水银温度计适用的范围为 −35～360℃（水银即汞的熔点是 −38.7℃，沸点为 356.7℃）。当水银中加入 8.5% 的铊（Tl）可测到 −60℃ 的低温。

水银温度计的种类和使用范围见表 7-46。

表 7-46　水银温度计种类和使用范围

种　类	使　用　范　围	分刻度值/(℃/格)
一般使用	−5～105℃,150℃,250℃,360℃	1 或 0.5
供量热学用	9～15℃,12～18℃,15～21℃,18～24℃,20～30℃	0.01
测温差贝克曼温度计(有升高和降低两种)	−6～120℃	0.01
分段温度计	−10～200℃,分为 24 支,每支温度范围 10℃	0.1
	−40～400℃,每隔 50℃ 一支	0.1
低温温度计(如测量冰点降低用)	−50～0.50℃	0.01

使用水银玻璃温度计时应注意事项：

① 要进行温度准确测量时，须对温度计进行校正；

② 读数时，水银柱液面刻度和眼睛应该在同一水平上，以防止视差带来的误差；

③ 为了防止水银在毛细管上附着，读数时应轻轻弹动温度计，防止水银柱断开，并尽可能采用由低温到高温进行读数；

④ 防止骤然冷热引起的破裂和变形。

水银玻璃温度计很容易损坏，使用时应严格遵守操作规程。为图方便以温度计代替搅棒、装置不妥而和搅棒相碰、放在桌子边缘滚下地、套温度计的塞子孔太大或太小等不合规范的操作应坚决予以杜绝。万一温度计损坏，内部水银洒出，应迅速覆以硫黄粉。因水银极毒，必须严格按汞的使用规程进行彻底清理。

在 100℃ 以下时，常使用红水玻璃温度计代替水银温度计。其使用温度区间为 0～100℃，0～50℃，−10～100℃，每格 1℃ 或 0.5℃。

3. 温度计的校正

将一个标准温度计与欲校正的温度计并列放入液体石蜡浴中，用机械搅拌蜡浴，控制温度每分钟升高 2～3℃，每隔 5℃ 分别记下两个温度计的读数，将观察到的数值与校正值（±）作一对照表（表 7-47）或绘出校正曲线（校正值与校正温度计读数作图，见图 7-3）进行校正。

表 7-47　温度计校正对照

标准温度计读数/℃	5.0	10.0	15.0	20.0	25.0	30.0	35.0	40.0
校正温度计读数/℃	4.9	10.0	15.0	20.1	25.1	30.1	35.0	40.0
校正值/℃	+0.1	0.0	0.0	−0.1	−0.1	−0.1	0.0	0.0

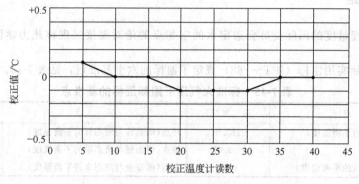

图 7-3　温度计校正曲线

如果没有标准温度计，可以通过测定纯化合物的熔点或沸点来进行校正。表 7-48 列出了常用于校正温度计的化合物。

表 7-48　常用于校正温度计的化合物

化合物	熔点/℃	化合物	熔点/℃	化合物	熔点/℃
水-冰	0	乙酰苯胺	114.2	邻苯二甲酰亚胺	233.5
环己醇	25.45	苯甲酸	122.36	对硝基苯甲酸	241.0
薄荷醇	42.5	脲	132.8	酚酞	265.0
二苯酮	48.1	水杨酸	158.3	蒽醌	286.0
对硝基甲苯	51.65	琥珀酸	182.8(188.0)		
萘	80.25	蒽	216.18		

4. 贝克曼温度计

（1）**构造和特点**　贝克曼（Beckmann）温度计是精密测量温度差值的温度计。在精确测量温度差值的实验中（如凝固点下降测分子量等），温度的读数要求精确到 0.001℃，一般 1/1° 和 1/10° 刻度的温度计显然不能满足这个要求。为了达到这个要求，温度计刻度要刻至 0.01℃。为此就需要把温度计做得很长，或者做好几支温度计，而每支只能测一个范围较窄的温度区间。在精确测量温度的绝对数值时，这样的温度计是必不可少的。但是，对于精确测量温度差值，则完全没有这种必要。贝克曼温度计能很方便地达到这个要求。

贝克曼温度计的构造如图 7-4 所示。水银球与贮汞槽由均匀的毛细管连通，其中除水银外是真空。贮汞槽是用来调节水银球内的水银量的。刻度尺上的刻度一般只有 5℃，每度分为 100 等份，因此用放大镜可以估计到 0.001℃。贮汞槽背后的温度标尺只是粗略地表示温度数值，即贮汞槽中的水银与水银球中的水银完全相连时，贮汞槽中水银面所在的刻度就表示温度粗值。

为了便于读数，贝克曼温度计的刻度有两种标法：一种是最小读数刻在刻度尺的上端，最大读数刻在下端；另一种恰好相反。前者用来测量温度下降值，称为下降式贝克曼温度计；后者用来测量温度升高值，称为上升式贝克曼温度计。在非常精密的测量时，两者不能混用。现在还有更灵敏的贝克曼温度计，刻度尺总共为 1℃ 或 2℃，最小的刻度为 0.002℃。

综上所述，见克曼温度计有两个主要的特点。其一，水银球内的水银量可通过贮汞槽调节，这就可使用于不同的温度区间来测量温度差值。所测温度越高，球内的水银量就越少。其二，由于刻度能刻至 0.01℃，因而能较精确地测量温度差值（用放大镜可估计到 0.001℃），但不能直接用来精确地测量温度的绝对数值。

（2）使用方法　首先根据实验的要求确定选用哪一类型的贝克曼温度计。使用时需经下面的操作步骤。

① 调整　所谓调整好一支贝克曼温度计是指在所测量的起始温度时，毛细管中的水银面应该在刻度尺的合适范围内。例如用下降式贝克曼温度计测凝固点降低时，在纯溶剂的凝固温度下（即起始温度）水银面应在刻度尺的10附近。因此在使用贝克曼温度计时，首先应该将它插入一个与所测的起始温度相同的体系内。待平衡后，如果毛细管内的水银面在所要求的合适刻度附近，就不必调整，否则应按下述三个步骤进行调整。

a. 水银丝的连接　此步操作是将贮汞槽中的水银与水银球中的水银相连接。

图 7-4　下降式
贝克曼温度计

若水银球内的水银量过多，毛细管内水银面已过如图 7-4 所示贝克曼温度计 b 点，在此情况下，右手握温度计中部，慢慢倒置并用手指轻敲贮汞槽处，使贮汞槽内的水银与 b 点处的水银相连接。连好后立即将温度计倒转过来。

若水银球内的水银量过少，用右手握住温度计中部，将温度计倒置，用左手轻敲右手的手腕（此步操作要特别注意，切勿使温度计与桌面等相碰），此时水银球内的水银就可以自动流向贮汞槽。然后按上述方法相连。

b. 水银球中水银量的调节　因为调节的方法很多，现以下降式的贝克曼温度计为例，介绍一种经常用的方法。

首先测量（或估计）a 到 b 一段所相当的温度。将贝克曼温度计与另一支普通温度计插入盛水（或其他液体）的烧杯中，加热烧杯，贝克曼温度计中的水银丝就会上升，由普通温度计可读出 a 到 b 段所相当的温度值，设为 R℃。为准确起见，可反复测量几次，取其平均值。

设 t 为实验欲测的起始摄氏温度（例如纯液体的凝固点），在此温度下欲使贝克曼温度计中毛细管的水银面恰在 1°附近，则需将已经连接好水银丝的贝克曼温度计悬于一个温度为 $t' = (t+1) + R$ 的水浴（或其他浴）中。待平衡后，用右手握贝克曼温度计中部，由水浴取出（离开实验台），立即用左手沿温度计的轴向轻敲右手的手腕，使水银丝在 b 点处断开（注意在 b 点处不得有水银保留）。这样就使得体系的起始温度恰好在贝克曼温度计上 1°附近（为什么?）。一般情况下，R 约为 3℃。

除上法外，有时也利用贮汞槽背后的温度标尺进行调节。由于原理相同，在此不作介绍。

c. 验证所调温度　断开水银丝后，必须验证在欲测体系的起始温度时，毛细管中的水银面是否恰好在刻度尺的合适位置（如在 1°附近）。如不合适，应按前述步骤重新调节。调好后的贝克曼温度计放置时，应将其上端垫高一些，以免毛细管中的水银与贮汞槽中的水银相连接。

② 读数　读数值时，贝克曼温度计必须垂直，而且水银球应全部浸入所测温度的体系中。由于毛细管中的水银面上升或下降时有黏滞现象，所以读数前必须先用手指（或用橡皮套住的玻璃棒）轻敲水银面处，消除黏滞现象后用放大镜（放大 6～9 倍）读取数值。读数时应注意眼睛要与水银面水平，而且使最靠近水银面的刻度线中部不呈弯曲现象。

③ 刻度值的校正　直接由贝克曼温度计上读出的温度差值，还要作刻度值的校正。校正的因素较多，在非特别精确的测量中，只作下列两项校正即可。

a. 由于调整温度不同所引起的校正　水银球内的水银量及水银球的体积随调整温度不同而异。通常情况下，贝克曼温度计的刻度是在温度为 20℃ 时定的。若测量温度不是 20℃ 时，需进行温度的校正。调整温度为测量温度与 20℃ 之差。表 7-49 所列出的是德国 Jena16^Ⅲ 号玻璃所制的贝克曼温度计的校正值。

表 7-49 贝克曼温度计的校正值

调整温度/℃	读数1°相当的摄氏度数	调整温度/℃	读数1°相当的摄氏度数	调整温度/℃	读数1°相当的摄氏度数
0	0.9936	35	1.0043	70	1.0125
5	0.9953	40	1.0056	75	1.0135
10	0.9969	45	1.0069	80	1.0144
15	0.9985	50	1.0081	85	1.0153
20	1.0000	55	1.0093	90	1.0161
25	1.0015	60	1.0104	95	1.0169
30	1.0029	65	1.0115	100	1.0176

例如调整温度 t' 为 5℃ 时，贝克曼温度计上的刻度差值 1° 相当于摄氏 0.995℃。上限读数为 4.127°，下限读数为 1.058°，温度差为：

$$4.127° - 1.058° = 3.069°$$

此温度差相当于摄氏温标的温度数为：

$$3.069 \times 0.995℃ = 3.054℃$$

b. 水银柱露出体系外的校正 这是由于露在室温 (t) 中的水银柱与插入体系中的水银所处的温度不同所引起的。校正值 (Δ) 的公式如下：

$$\Delta = k(t_2 - t_1)(t' + t_1 + t_2 - t)$$

k 为水银在玻璃毛细管内的线膨胀系数，一般为 0.00016。t_1 和 t_2 为起始温度与终止温度。设室温为 25℃，而其他数值如上面所述，则：

$$\Delta = 0.00016 \times (4-1)(5+1+4-25) = -0.007(℃)$$

故考虑了这两种校正后，正确的温度差值为：

$$3.054 - 0.007 = 3.047 \ (℃)$$

④ 使用注意事项 贝克曼温度计是很易损坏的仪器，使用时要特别小心！但也不要因此而缩手缩脚不敢使用，只要严格地按操作规程进行操作是不易损坏的。这里再提几点注意事项：首先检查装放贝克曼温度计的套或盒是否牢固；拿温度计走动时，要一手握住其中部，另一手护住水银球，紧靠身边；平放在实验台上时，要和台边垂直，以免滚动跌落在地上；用夹子夹时必须要垫有橡皮，不能用铁夹直接夹温度计，夹温度计时不能夹得太紧或太松；不要使温度计骤冷骤热；使用后立即装回盒内。

5. 热电偶温度计

两种金属导体构成一个闭合线路，如果连接点温度不同，回路中将产生一个与温差有关的电势，称为温差电势。这样的一对导体称为热电偶。因此可用热电偶的温差电势测定温度。

几种常用的热电偶温度计的适用范围及其室温下温差电势的温度系数 $\left(\dfrac{dE}{dT}\right)$ 列于表 7-50 中。

表 7-50 几种常用的热电偶温度计的适用范围及其室温下温差电势的温度系数

类 型	适用温度的范围/℃	可以短时间使用的温度/℃	$\dfrac{dE}{dT}$/(mV/℃)	型 号
铜-康铜	−40~350	600	0.0428	WRC
铁-康铜	−200~750	1000	0.0540	WRF
镍铬-镍铝	20~1200	1350	0.0410	WRE
铂-铂铑合金	0~1450	1700	0.0064	WRP

其化学成分：

① 康铜 (lonstantan)——Cu 60%，Ni 40%；

② 镍铬合金 (chromel)——Ni 90%，Cr 10%；

③ 镍铝合金 (alumel)——Ni 95%，Al 2%，Si 1%，Mg 2%；

④ 铂铑合金——Pt 90％，Ph 10％。

上述热电偶在不同温度下的热电势数值列于表 7-51 中。

表 7-51　热电偶在不同温度下的热电势

热端温度/℃	当冷端温度为 0℃ 时热电偶的热电势/mV			
	铂-铂铑	镍铬-镍铝	铁-康铜	铜-康铜
0	0	0	0	0
100	0.64	4.10	5.40	4.28
200	1.42	8.13	10.99	9.29
300	2.31	12.21	16.56	14.86
400	3.24	16.39	22.07	20.87
500	4.21	20.64	27.58	
600	5.22	24.90	33.27	
700	6.25	29.14	39.30	
800	7.32	33.29	45.72	
900	8.43	37.33	52.29	
1000	9.57	41.27	58.22	
1100	10.74	45.10		
1200	11.95	48.81		
1300	13.15	52.37		
1400	14.37			
1500	15.55			
1600	16.76			

这些热电偶可用相应的金属导线熔接而成。铜和康铜熔点较低，可蘸以松香或其他非腐蚀性的焊药在煤气焰中熔接。但其他的几种热电偶则需要在氧焰或电弧中熔解。焊接时，先将两根金属线末端的一小部分拧在一起，在煤气灯上加热至 200～300℃，沾上硼砂粉末，然后让硼砂在两金属丝上熔成一个硼砂球，以保护热电偶丝免受氧化，再利用氧焰或电弧使两金属熔接在一起。

应用时一般将热电偶的一个接点放在待测物体中（热端），而另一个接点则放在贮有冰水的保温瓶中（冷端），这样可以保持冷端的温度稳定，如图 7-5(a) 所示。

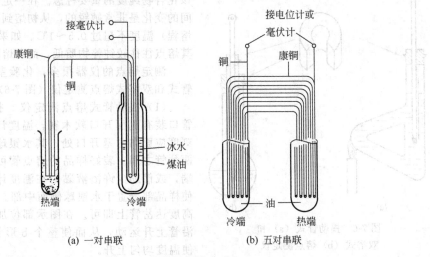

(a) 一对串联　　　　　(b) 五对串联

图 7-5　热电偶连接方式

有时为了使温差电势增大，增加测量精确度，可将几个热电偶串联成为热电堆使用，热电堆的温差电势等于各个电偶热电势之和，如图 7-5(b) 所示。

热电偶温度计包含两个条焊接起来的不同金属的导线，在低温时两条线可以用绝缘漆隔离，在高温时则要用石英管、磁管或玻璃管隔离，视使用温度不同而异。

温差电势可以用电位计、毫伏计与精密数字电压表测量。

6. 高温辐射温度计

高温辐射温度计又称红外测温仪，可进行非接触式的远程温度测量，工作红外线波段在 $1 \sim 18\mu m$ 之间，通常测量温度区间为 $-18 \sim 600 ℃$，有的高温辐射温度计可测 $3000 ℃$ 高温。

7. 热敏电阻温度计

MF5E 系列高精度热敏电阻可用于控温系统和温度检测，其性能如下：

标称阻值	$0.5 \sim 500 k\Omega$	电阻温度系数 α	$(-5 \sim -2)\% / K$
材料常数 B 值	$2500 \sim 5000K$	计算公式	$\alpha_T = \dfrac{B}{T^2}$
使用温度	$-50 \sim 300 ℃$		

其中，B 为元件材料常数，K；T 为热力学温度，K；α_T 为温度 T 时的电阻温度系数，K^{-1}。

时间常数	$6 \sim 12s$
电阻值互换精度	$\pm 0.1\%$，$\pm 0.2\%$，$\pm 0.5\%$，$\pm 1\%$，$\pm 2\%$
年稳定性	$\leqslant 0.1\%$，$\leqslant 0.2\%$，$\leqslant 0.5\%$
外形尺寸	$\phi 1.5 \sim 3mm$，$l40mm$

由高精度热敏电阻和外壳用不锈钢组成的温度传感器，可用于控温系统和温度检测。使用温度为 $-55 \sim 105 ℃$，年稳定性 $\leqslant 0.1\%$，电阻值互换精度为 $\pm 0.1\%$。

部分热电阻型号与量程：

型号	传感器和度号	最大量程
SBWZ-2260	Cu 100	$-50 \sim 150 ℃$
SBWZ-2460	Pt 100	$0 \sim 500 ℃$
SBWZ-3460	Pt 100	$100 \sim 200 ℃$
SBWZ-4460	Pt 100	$200 \sim 550 ℃$

二、熔点测定

1. 原理与仪器

一般认为使固体物质在标准大气压（$1.01 \times 10^5 Pa$）压力下从固态转变为液态的温度为该物质的

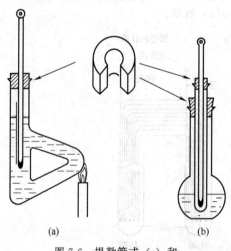

图 7-6　提勒管式（a）和
双浴式（b）熔点测定仪

熔点。纯粹的固体有机物一般都有固定的熔点，是检验该化合物纯度的重要标志。在一定压力下，固液两态之间的变化是非常敏锐的，从初熔到全熔（这个范围称为熔程）温度不超过 $0.5 \sim 1 ℃$。如果该物质中含有杂质，其熔点往往较纯粹物质低，而且熔程也较长。

测定熔点的仪器很多，化验室中最常用的有提勒管式和双浴式熔点测定仪（图 7-6）。

（1）提勒管式熔点测定仪　提勒管又称 b 形管，管口装有侧面开口软木塞，温度计插入其中，温度计刻度应面向木塞开口处，其水银球要位于 b 形管上下两岔管之间。装好样品的熔点管可用细丝系在温度下端，或借助少许浴液黏附在温度计下端。注意一定要使样品部置于水银球侧面中部。b 形管中装入浴液，高度达岔管上即可。在图示部位加热，受热的浴液作沿管上升运动，从而使整个 b 形管内浴液对流循环，使温度均匀上升。

（2）双浴式熔点测定仪　双浴式熔点测定仪的制法是：在试管外配侧面开口的软木塞，将其插入 250mL 烧瓶内，直至离瓶底约 1cm 处；试管口内也配一个侧面开口的软木塞，插入温度计，温度计水银球应距管底 0.5cm；烧瓶内装约 2/3 体积的浴液，试管内也装入一些浴液，使其插入温度计后浴液面高度与瓶内浴液高度相同。熔点管用细铜丝或借助少许浴液黏附于温度计下端，装法与 b 形管中相同。

浴液应根据所测样品熔点温度范围的不同来选择，见表 7-52。

表 7-52　熔点测定常用浴液

浴　　液	应用温度范围/℃	浴　　液	应用温度范围/℃
石蜡油	<230	磷酸	<300
浓硫酸	<220（敞开器皿中）	聚有机硅油	<350
固体石蜡（熔点 60～70℃）	<280（关闭而留有狭缝的容器中）250～350℃	熔融氯化锌	360～600

2. 测定步骤

(1) 熔点管的制备　见第一章第三节、六。

(2) 样品的装入　取少许待测样品（约 0.1g）于干净的表面皿上，用玻璃棒将其研成粉末并集成一堆。将熔点管开口端向下插入粉末中，装取少量粉末，然后把熔点管封闭端向下，轻轻地在桌面上敲击，以使粉末落入和填紧管底。或者取一支长 30～40cm 的玻璃管，垂直立于一个干净的表面皿上，将熔点管从玻璃管上口中自由落下，可更好地达到上述目的。为了使管内装入高 2～3mm 致密严实的样品，一般需如此重复数次。对于蜡状样品，可选用内径为 2mm 左右的毛细管作熔点管。

(3) 熔点的测定　将提勒管式或双浴式熔点测定仪垂直固定在铁架台上，按前述方法装配完毕并加入合适的浴液后，小心地把黏附有或系有熔点管的温度计插入浴液（或试管）中。用小火慢慢地加热浴液，开始升温速率可以稍快一些，到距熔点 10～15℃时，调整火焰使每分钟上升温度为 1～2℃。越接近熔点，升温速率应越慢。这不仅是为了保证有充分的时间让热量由管外传入管内，也是为了不断地观察温度计和样品变化情况，以免造成读数上的误差。记录样品开始塌落并有液相产生时（初熔）和固体完全消失时（全熔）的温度读数，即该化合物的熔程。要注意样品在初熔前是否有收缩、软化、放出气体以及其他分解现象。例如一种有机物在 122℃时开始收缩，在 123℃时有液滴出现，在 124℃时全部液化，应记为：熔点 123～124℃，122℃时收缩。

3. 注意事项

① 测定有机物的熔点，至少要有两次或两次以上的重复数据。每次测定都必须用新的熔点管另装样品，不能将已测过熔点的熔点管冷却固化后再第二次使用。因为有些有机物会产生部分分解，有些会转变成具有不同熔点的其他晶型。测定易升华、易分解或易脱水物质的熔点时，应将熔点管的开口端烧熔封闭，并且要等温度上升到熔点以下 10℃时再将装有样品的毛细管放入，然后以每分钟上升 3℃的速率加热测定。

② 测定未知物的熔点，应先对样品进行一次粗测，加热速率可以稍快一些。测得大致熔点范围后，将浴液冷却至熔点以下 30℃左右，另取一根新样品管进行精密测定。

③ 用测定熔点的方法来定性分析有机化合物时，首先应精确地测出未知物的熔点。然后将此未知物和具有相同熔点的标准品混合，测定此混合物的熔点。若熔点无变化，则可认为这两种物质相同（至少要测定三种不同混合比例，例如 1:9、1:1 和 9:1）。

④ 熔点测定完毕，温度计的读数必须对照温度计校正曲线进行校正，以确保所测熔点的准确性。因为一般温度计中的毛细管孔径不一定很均匀，另外长期使用的温度计玻璃也可能发生长度变化，这些都会造成刻度不准确。温度计校正见本节一。

三、结晶点测定

1. 原理与仪器

在标准大气压（1.01×10^5 Pa）下物质由液体变为固体的温度称为结晶点。纯物质有固定不变的结晶点，如含有杂质则结晶点降低，因此能过测定结晶点可判断物质的纯度。

测定结晶点时，常用茹可夫瓶（图 7-7）。它是一个双壁的玻璃试管，将双壁间的空气抽出以减少与周围介质的热交换。此瓶适用于比室温高 10～15℃的物质结晶点的测定。

如结晶点低于室温，可在茹可夫瓶外加一个高度约 160mm、内径 120mm 的冷剂槽。当测定温度在 0℃ 以上，可用水和冰作冷剂；在 -20~0℃ 可用食盐和冰作冷剂；在 -20℃ 以下可用乙醇和干冰（固体二氧化碳）作冷剂。

2. 测定步骤

在 100mL 干燥烧杯中，放入约 40g 研细的样品，在烘箱中加热至超过熔点 10~15℃，使其熔融，立即倒入预热至同一温度的茹可夫瓶中，至容积的 2/3，用带有温度计和搅拌器的软木塞塞紧瓶口。使用刻度为 0.1℃ 的短温度计，其下端应距管底 15mm，并与四周管壁等距。样品进行冷却时以每分钟 60 次以上的速度上下移动搅拌器，当样品液体开始不透明时停止搅动，注意观察温度计，可看到温度上升，当达一定数值后在短时间内维持不变，然后开始下降。读取此上升稳定的温度，即为结晶点。

四、沸点测定

1. 原理与仪器

液体的分子由于运动有从液体表面逸出的倾向，这种倾向随着温度的升高而增大。在密闭的真空系统中，当液体分子逸出的速度与分子由蒸气中回到液体中的速度相等时，液面上的蒸气保持一定的压力，称为饱和蒸气压。液体的饱和蒸气压随温度的升高而增大。当液体的蒸气压增大到与外界施于液面上的总压力（常压为 $1.01 \times 10^5 Pa$）相等时，就有大量气泡从液体内部逸出，称为沸腾，此时的温度就是该液体的沸点。纯物质有固定的沸点，沸点变化范围在 1~3℃ 间。若含有杂质则沸点上升，沸点变化范围会超过 3~5℃。因此沸点是衡量物质纯度的标准之一。

测定沸点的仪器、方法很多，最常用的是蒸馏法，具体的仪器及操作，见第九章第三节。

若样品量少，可用毛细管法测定沸点。

2. 毛细管测定法

（1）所用仪器（图 7-8）与熔点测定所用仪器（图 7-6）相似。

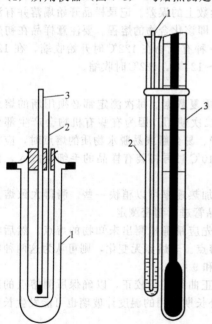

图 7-7　茹可夫瓶
1—茹可夫瓶；2—搅拌器；3—温度计

图 7-8　毛细管法沸点测定器
1——端封闭的毛细管；2——端封闭的粗玻璃管；3—温度计

（2）操作步骤　测定在沸点管中进行。沸点管是由一个直径 1mm、长 90~110mm、一端封闭的毛细管和一个直径 4~5mm、长 80~100mm 的一端封闭的粗玻璃管所组成的。取样品 0.25~0.50mL 置于较粗的玻璃管中，将毛细管倒置其内，封闭的一端向下，如图 7-8 所示。将沸点管附于温度计上，置于热浴（浴液根据被测物沸点不同而异）中缓缓加热，当有一串气泡迅速地由毛细管中连续逸出时移去热源，气泡逸出的速度逐渐减慢，当气泡停止逸出而液体刚要进入毛细管时的温度即为沸点。

3. 沸点的校正

沸点随压力的改变而改变，如果不是在标准大气压力下（$1.01 \times 10^5 Pa$）进行沸点测定，那么必须对所测得的样品沸点温度加以校正。常用的沸点校正方法是标准样品法。即同时测定标准样品和待测沸点的样品，测得的标准样品的沸点与该样品在标准压力下的沸点的差值，便是样品沸点的校正值。

用标准样品作对照进行沸点校正，在一般情况下准确度可达 0.1~0.5℃。选择标准样品的原则是：标准样品的结构和沸点要与待测样品最为相近。测定沸点常用的标准样品见表 7-53。

例如某未知化合物测得的沸点是 84.5℃，在相同的测定条件下测得苯的沸点是 79.5℃，由表 7-53 查得苯在标准压力下的沸点是 80.10℃，因此沸点校正值为 0.6℃。该未知物的沸点就应该是

表 7-53　测定沸点常用的标准样品

化合物	沸点/℃	化合物	沸点/℃	化合物	沸点/℃
溴乙烷	38.40	甲苯	110.62	硝基苯	210.85
丙酮	56.11	氯苯	131.84	水杨酸甲酯	222.95
氯仿	61.27	溴苯	156.15	对硝基甲苯	238.34
四氯化碳	76.75	环己醇	161.10	二苯甲烷	264.40
苯	80.10	苯胺	184.40	α-溴萘	281.20
水	100.00	苯甲酸甲酯	199.50	二苯酮	306.10

85.1℃。

五、沸程测定

1. 原理与仪器

对有机溶剂和石油产品，沸程是衡量其纯度的主要指标之一。在 1.01×10^5 Pa（即 760mmHg、标准大气压）下对样品进行蒸馏，所用蒸馏仪器见第九章第三节，记录第一滴样品馏出的温度（初馏点）和蒸出不同体积样品的温度，以及残留量和损失量。

对各类样品按照不同的沸程数据规定了相应的质量标准，根据测得的数据确定样品的质量。

2. 操作步骤

① 洗净干燥全套蒸馏仪器并安装好。用清洁干燥的 100mL 量筒准确量取 100mL 样品，小心注入蒸馏瓶中，不要使样品流入烧瓶的支管内。安好温度计，使水银球的上边缘与支管接头处的下边缘在同一水平面。蒸馏前烧瓶中加入沸石，以防暴沸。

② 装好仪器后，先记下大气压力，再开始均匀加热，按下述蒸馏速率来调节煤气灯火焰。

开始加热至初馏点　　　　　　　　　　　　　5～10min

初馏点至馏出 90%　　　　　　　　　　　　　4～5mL/min

90%至干点（即终沸点）　　　　　　　　　　3～5min

将接收馏出液的量筒内壁与冷凝管下端接触，使馏出液沿量筒内壁流下。第一滴馏出液从冷凝管滴出时的温度即为初馏点。以后，每馏出 10% 的馏出物记一次温度。当量筒内液面达 90mL 时，调整煤气灯，使被蒸馏物在 3～5min 达到干点，即温度计读数上升至最高点后又开始有下降趋势时，此时立即停止加热。5min 后记下量筒内收集到的馏出物的总体积，即回收量。在蒸馏时，所有读数都要求体积准确到 0.5mL，温度准确到 1℃。

停止加热后，先取下烧瓶罩，使烧瓶冷却 5min，然后从冷凝管卸下烧瓶，取出温度计，再小心将烧瓶中热残液倒入 10mL 量筒内，冷却到 20℃±3℃，记下残留物体积，即残留量，准确到 0.1mL。

蒸馏损失量＝100－回收量－残留量。

两次平行测定结果允许误差为：初馏点≤4℃；中间各点及干点≤2℃；残留物≤0.2mL。

测定沸程后还需考虑进行室温和实验室所处纬度对气压计读数的校正、大气压力对沸程影响的校正以及对温度计读数的校正。校正的具体方法见中华人民共和国国家标准 GB 615—1988（化学试剂沸程测定通用方法）。

六、密度测定

物质的密度是指在 20℃时单位体积物质的质量，以 ρ 表示，单位为 g/mL 或 g/cm³。相对密度是指 20℃时样品的质量与同体积的纯水在 4℃时的质量比，以 d_4^{20} 表示。若测定温度不在 20℃，而在 t℃时，d_4^t 可换算成 d_4^{20} 的数值。

1. 密度瓶法

密度瓶的形状有多种，常用的规格有容量为 50mL、25mL、10mL、5mL 的。比较好的一种是带有特制温度计并具有带磨口帽小支管的密度瓶，如图 7-9 所示。

测定步骤如下。

（1）密度瓶质量的测定　将全套仪器洗净并烘干，冷却至室温（注意：带温度计的塞子不要烘烤），称量精确质量 W_1。

（2）容水值的测定　将煮沸 30min 并冷却至 15～18℃的蒸馏水装满密度瓶，装上温度计（注意瓶内不要有气泡），立即浸入 20.0℃±0.1℃的恒温水浴中。当瓶内温度计达 20℃保持 20min 不变后，取出密度瓶，用滤纸擦去溢出支管外的水，立即盖上小帽。擦干密度瓶外的水，称出质量为 W_2。

（3）样品密度的测定　倒出蒸馏水，密度瓶先用少量乙醇、再用乙醚洗涤数次，烘干冷却或用电吹风冷风吹干。按上法操作测定出被测液体加密度瓶质量 W_3。

样品密度（ρ^{20}）按下式计算：

$$\rho^{20}=\frac{(W_3-W_1)\times0.99820}{W_2-W_1}$$

式中　W_1——密度瓶的质量，g；

　　　W_2——密度瓶及水的质量，g；

　　　W_3——密度瓶及样品的质量，g；

　　　0.99820——水在 20℃时的密度。

如果使用小型的普通密度瓶（不带温度计和支管，如图 7-10），则需要在水浴中另插温度计，其他操作和计算与上述相同。

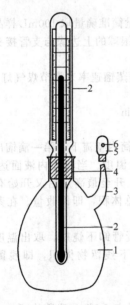

图 7-9　精密密度瓶

1—密度瓶主体；2—温度计（0.1℃值）；3—支管；
4—磨口；5—支管磨口帽；6—出气孔

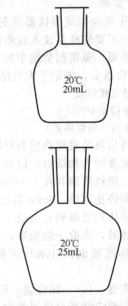

图 7-10　普通密度瓶

2. 密度计法

密度计的结构如图 7-11 所示，常用玻璃制成，上端细管上有直读式刻度，下端粗管内装有金属丸。

密度计按阿基米德原理工作。密度计放入被测液体中，因密度计下端较重，故能自行保持垂直。密度计粗管部分浸入液面下，细管的一部分留在液面上。密度计本身质量与液体浮力平衡，即密度计总质量等于它排开液体的质量。因密度计的质量为定值，所以被测液体的密度越大，密度计浸入液体中的体积就越小。因此按照密度计浮在液体中的位置高低，即可求得液体密度的大小。在密度计的上管直接刻上密度或读数，并由几支规格不同的密度计组成套，每支都有一定测定范围。

密度计有两类：一类是用于测定密度小于水的密度的物质如石油组分、白酒等；另一类用于测定密度大于水的密度的物质如食盐溶液、硫酸等。

使用密度计测定液体密度的步骤如下。

① 取液体样品约 200mL，沿 250mL 玻璃量筒壁缓慢倒入其中，避免产生泡沫。

② 根据样品的估计密度，选择一支量程合适的密度计，将其轻轻插入量筒内的液体中心，使密度计慢慢下沉，注意勿使密度计与量筒壁相撞，静置 1~2min，用一只眼睛沿液面水平方向直接读出温度计细管上的刻度值。对于透明液体，按弯月面下缘读数；对于不透明液体，按弯月面上缘读数。同时，用温度计测量液体温度，并校正为 20℃时的读数。

3. 韦氏天平法

(1) 原理　根据阿基米德原理，当物体全部沉入液体中时所减轻的质量，即其所受的浮力，等于该物体所排开液体的质量。在 20℃时，分别测量韦氏天平的浮锤在水中及样品中的浮力。由于浮锤所排开水的体积与所排开样品的体积相同，所以根据水的密度及浮锤在水中与在样品中的不同浮力，即可计算出样品的密度。

20℃样品的密度 ρ 按下式计算。

$$\rho = \frac{m_2}{m_1} \times \rho_0$$

式中　ρ_0——20℃时水的密度（$\rho_0 = 0.99820\text{g/mL}$）；

　　　m_1——浮锤沉于水中时测得减轻的质量；

　　　m_2——浮锤沉于样品中时测得减轻的质量。

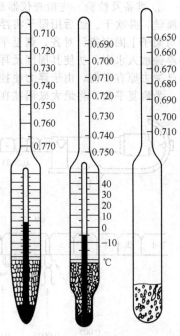

图 7-11　密度计

(2) 仪器　韦氏天平的结构如图 7-12 所示，它主要部分是一个不等臂的天平梁。其右臂是长臂，等分为 10 格，1~9 格上方都有吊挂游码的"V"形槽，槽下刻有分度值。其左臂为短臂，短臂上有可移动的平衡锤，其末端有指针，当两臂的质量相等时，此指针与相对的固定指针对齐。天平梁有一个菱形支点，被支撑在 H 台上，H 台固定在可移动的圆支柱上端，支柱可上下改变位置。韦氏天平有一个空心玻璃浮锤，浮锤本身包含一支玻璃温度计，浮锤挂在长壁末端第 10 格的钩环上。

每台天平有四个砝码，最大砝码的质量等于浮锤在 20℃水中所排出水的质量。其他砝码各为最大砝码的 1/10、1/100、1/1000。四个砝码在各个位置的读数如图 7-13 所示。此组砝码仅适用于本套仪器中的浮锤。

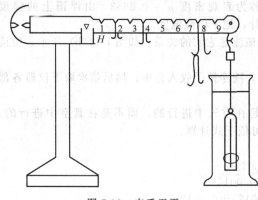

图 7-12　韦氏天平

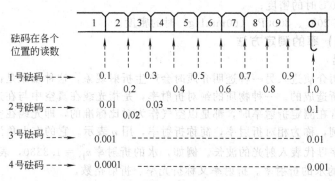

图 7-13　韦氏天平各砝码位置的读数

（3）操作步骤

① 准备及校验　先检查仪器是否完整无损，用细布擦拭金属部分，用乙醇或乙醚洗涤浮锤及金属丝，并吹干。然后用镊子将浮锤及金属丝，挂在挂钩上，用水平螺钉调整水平，使短臂末端指针与架子上固定指针对齐，调至平衡状态。校正时，向量筒中注入恰为 20.0℃±0.1℃ 的蒸馏水，将浮锤放入水中，勿使其周围及耳孔中有气泡，也不要接触筒壁，金属丝应浸入约15mm，此时天平已失去原有平衡，由于浮力使挂有浮锤的长臂端升起。

为恢复平衡，将最大砝码挂在长臂梁的第十分度上，梁刚好恢复平衡。若不平衡，则用最小砝码使梁达到平衡。如最大砝码比所需要的稍轻时，则将最小砝码挂在第 1、2、3、4 分度上使梁达到平衡；如最大砝码比所需要的稍重时（如用较粗的金属丝），则将最大砝码挂在第 9 分度上，而将最小砝码挂在第 9、8、7、6 分度上使梁达到平衡。此时得到读数应在 1.0000±0.0004 范围内，否则天平需检修或换新砝码。

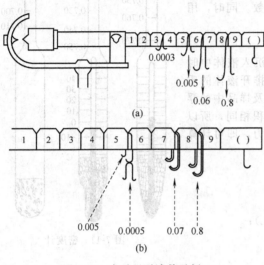

图 7-14　韦氏天平读数示例

② 测定　将试样小心注入洁净干燥的量筒中，并使其中不含空气泡，试液体积应与水体积相同。放入浮锤，直至金属丝浸入液面下 15mm，然后加砝码将天平调至平衡。例如：平衡时，一号砝码挂在 8 分度，二号砝码挂在 6 分度，三号砝码挂在 5 分度，四号砝码挂在 3 分度，则读数为 0.8653 ［图 7-14(a)］，此值称为表观密度 $\rho'=0.8653$。由浮锤上的温度计，记下试液温度。

如果有两个砝码同挂在一个位置上，则读数时应该注意它们的关系。如图 7-14(b) 所示，应读为 0.8755。

试验完毕后先取下砝码，放入盒中；再取下浮锤，洗净擦干收入盒中；然后依次取下仪器各部件擦干收好。

③ 计算　表观密度是密度的近似值。因为测量是在空气中进行的，而不是在真空中进行的。如欲将试液的表观密度换算成 $t℃$ 时的真正的密度，可依下式计算。

当用 20℃ 纯水校正天平时：

$$\rho'=\frac{\rho^t-0.0012}{0.99820-0.0012}$$

$$\rho^t=\rho'(0.99820-0.0012)+0.0012$$

式中　ρ^t——该液在 $t℃$ 时的真正密度；

ρ'——试液在韦氏天平上读出的视密度；

0.99820——水在 20℃ 时的密度；

0.0012——空气在 20℃、8000Pa（60mmHg）时的密度。

七、折射（光）率的测定方法

1. 原理与仪器

光线从一种透明介质进入另一种透明介质时会产生折射现象，这种现象是由于光线在各种介质中行进的速度不同所造成的。一种物质的绝对折射率，是指光线在真空中与在这种物质中的行进速度的比例。但是通常在测定折射率时，都是以空气作为对比标准的，即光线在空气中与在这种物质中的行进速度的比例，称为相对折射率，简称折射率，用 n 表示。它的右上角注出的数字表示测定时的温度，右下角字母代表人射光的波长。例如，水的折射率 $n_D^{20}=1.3330$，表示在 20℃ 时用钠光灯 D 线照射所测得的水的折射率。折射率又称折光率、折射指数。

折射率受光的波长和温度影响而改变，不同波长的光具有不同的折射率。通常所指的折射率是采用钠黄光（D 线，波长 5893×10^{-10} m），在 20℃进行测定的，用 n_D^{20} 表示。

折射率 n 与分子内原子排列的状态直接有关。例如物质受热膨胀时，原子排列状态发生改变，从而引起 n 值的变化。通过 n 与密度 d 之间的 Lorenz-Lorentz 关系式，可以求出比折射率 r。

$$r = \frac{n^2 - 1}{n^2 + 1} \times \frac{1}{d}$$

r 值不因温度、压力及其他物理状态而改变。比折射率与物质分子量的乘积值称为分子折射。分子折射对于各种物质都有着固定的常数，而且分子折射等于构成分子中各原子固有的原子折射的总和。表 7-54 为原子折射率，表 7-55 为测定折射率用的标准试样。其国家标准物质参见第六章第四节。

表 7-54 原子折射率

原子或功能团	NaD	原子或功能团	NaD	原子或功能团	NaD
C	2.42	N（肼）	2.47	NO₃（烷基硝酸酯）	7.59
H	1.10	N（脂肪族伯胺）	2.32	NO₂（烷基亚硝酸酯）	7.44
O(OH)	1.52	N（脂肪族仲胺）	2.49	NO₂（硝基烷烃）	6.72
O(OR)	1.64	N（脂肪族叔胺）	2.84	NO₂（芳香族硝基化合物）	7.30
O(=C)	2.21	N（芳香族伯胺）	3.21	NO₂（硝胺）	7.51
Cl	5.96	N（芳香族仲胺）	3.59	NO（亚硝基）	5.91
Br	8.86	N（芳香族叔胺）	4.36	NO（亚硝胺）	5.37
I	13.90	N（脂肪族腈）	3.05	C=C	1.73
S(SH)	7.69	N（芳香族腈）	3.79	C≡C	2.40
S(R₂S)	7.97	N（脂肪族肟）	3.93	三元环	0.71
S(RCNS)	7.91	N（酰胺）	2.65	四元环	0.48
S(R₂S₂)	8.11	N（仲酰胺）	2.27	环氧基（末端）	2.02
N（羟胺）	2.48	N（叔酰胺）	2.71	环氧基（非末端）	1.85

表 7-55 测定折射率用的标准试样

试样名称	$t/℃$	n_D^t	试样名称	$t/℃$	n_D^t
水	20	1.33299	环己醇	25	1.46477
	25	1.33250	苯	20	1.50110
2,2,4-三甲基戊烷	20	1.39145	碘乙烷	15	1.51682
	25	1.38898	氯苯	20	1.52460
甲基环己烷	20	1.42312	溴乙烯	15	1.54160
	25	1.42058	硝基苯	20	1.55230
甲苯	20	1.49693	溴苯	20	1.5602
	25	1.49413	邻甲苯胺	21.2	1.57021
甲醇	15	1.33057	溴仿	15	1.60053
丙酮	20	1.35911	碘苯	15	1.6230
乙酸乙酯	20	1.37243	喹啉	15	1.6298
庚烷	20	1.38775	均四溴乙烷	20	1.63795
丁醇	15	1.40118	1-溴萘	20	1.66009
氯丁烷	20	1.40223		20	1.6582
氯乙烯	20	1.44507	二溴甲烷	15	1.74428
环己酮	19.3	1.45066			

测定折射率最常用的仪器是阿贝折射仪，其光学系统如图 7-15 所示。

（1）望远系统 光线由反光镜 1 进入进光棱镜 2 和折射棱镜 3，被测液体放在 2 和 3 之间，光线经过阿米西棱镜 4 抵消由于折射棱镜及被测物体所产生的色散而成白光，经物镜 5，将明暗分界线成像于分划板 6 上，经目镜 7 和放大镜 8 放大成像于观察者眼中。

（2）读数系统 光线由小反光镜 14 经过毛玻璃 13，照明度盘 12，经转向棱镜 11 及物镜 10，将刻度成像于分划板 9 上，经目镜 7 和放大镜 8 放大成像于观察者眼中。

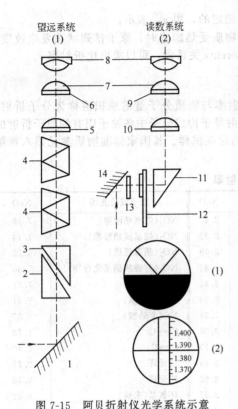

图 7-15　阿贝折射仪光学系统示意
图及目镜视场示意图

1—反光镜；2—进光棱镜；3—折射棱镜；4—阿米
西棱镜；5，10—物镜；6，9—分划板；7—目镜；
8—放大镜；11—转向棱镜；12—照明度盘；
13—毛玻璃；14—小反光镜

阿贝折射仪是用白光作光源，由于色散现象，目镜的明暗分界线并不清楚，为了消除色散，在仪器上装有消色补偿器。实验时转动消色补偿器，就可消除色散而得到清楚的明暗分界线。此时所测得的液体折射率，和应用钠光 D 线所得的液体折射率相同。

在阿贝折射仪的望远目镜的金属筒上，有一个供校准仪器用的示值调节螺钉。通常用 20℃的水校正仪器（其折射率 $n_D^{20} = 1.3330$）。也可用已知折射率的标准玻璃校正。

2. 测定步骤

将折射仪放置在光线充足的位置，与恒温水浴相连，将折射仪直角棱镜的温度调节至 20℃。恒温后把直角棱镜分开，用少量丙酮润湿镜面。稍干后，用擦镜纸顺一个方向轻拭镜面。在下面的棱镜面上加 1 滴蒸馏水，关闭直角棱镜，转动反射镜使光线射入棱镜。调节望远镜的目镜，聚焦于交叉发丝上。转动调节直角棱镜的螺旋，至望远镜内视场分为明暗两部分或出现彩色光带。如若出现彩色光带，可再转动消色散镜调节器，使镜内明暗两部分出现清晰的分界线。最后转动直角棱镜使分界线恰好与交叉发丝相交在中心点上。读数时，轮流从两边将分界线对准交叉发丝中心点，重复观察，根据标尺刻度记录两次读数。读数间的差数不得大于 0.0003，三次读数的平均值即为水的折射率。用所测得的水的折射率与水的标准折射率（$n_D^{20} = 1.3330$）比较，即可求得仪器的校正值。然后用同样的方法测定样品的折射率。

3. 注意事项

① 折射率受温度影响，许多有机化合物，当温度增高 1℃时，折射率下降 4×10^{-4}，所以在测定折射率时，温度一定要恒定，并标明恒定的温度，以备查用。

② 入射光的波长不同时，物质的折射率不同。

③ 在测定样品折射率之前，应先用标准样品（常用蒸馏水）或标准折射率玻璃块（片）校正仪器。仪器的读数应准确到小数点后第四位。

④ 折射仪不宜暴露在强烈日光下，应放置于阴凉干燥处。不用时应放在特制木箱内，或用布套、塑料套罩上，以防灰尘落入。

⑤ 折射仪的直角棱镜必须注意保护，绝对禁止与玻璃管尖端或其他硬物相碰，以防镜面出现条痕。擦拭时必须用擦镜头纸轻轻擦拭，不能用粗糙的纸张擦拭。

⑥ 用毕一定要用乙醇、乙醚或丙酮将样品自直角棱镜上擦去。

⑦ 不要用折射仪测定有腐蚀性的液体。

八、旋光度测定

1. 旋光物质与旋光度

当有机化合物分子中含有不对称碳原子时，就表现出具有旋光性。例如蔗糖、葡萄糖、薄荷脑等数万种物质都具有旋光性，可叫做旋光性物质。通过旋光度的测定，可以鉴别旋光性物质的纯度。

通常，自然光是在垂直于光线进行方向的平面内沿各个方向振动，如图 7-16(a) 所示。当自然光射入某种晶体（如冰晶石）制成的偏振片或人造偏振片（聚碘乙烯醇薄膜）时，透出的光线只有

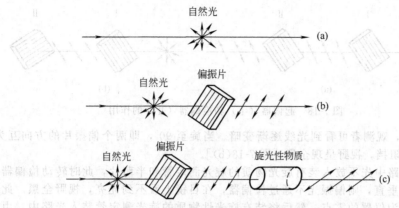

图 7-16 自然光、偏振光、旋光现象示意图

一个振动方向，称为偏振光，如图 7-16(b) 所示。当偏振光经过旋光性物质时，其偏振光平面可被旋转，产生旋光现象，如图 7-16(c) 所示。此时偏振光平面旋转的角度称为旋光度。在一定温度（通常用 t 表示，可为 20℃ 或 25℃）、一定波长光线（黄色钠光可用 D 表示，波长 λ 为 589.3nm）下，偏振光透过每毫升含 1g 旋光物质，其厚度为 1dm（即 10cm）溶液时的旋光度，叫做〔比〕旋光度（或称旋光率、旋光系数）。可按下式计算

$$[\alpha]_D^t = \frac{100\alpha}{lc}$$

式中　$[\alpha]_D^t$——温度 t 时，在黄色钠光波长下测定的比旋光度；

　　　　α——在旋光仪上测得的旋光度，旋光方向可用（+）或（R）表示右旋（顺时针方向旋转），用（-）或（S）表示左旋（逆时针方向旋转）；

　　　　c——溶液浓度，g/100mL；

　　　　l——偏振光所经过的液层厚度，dm。

应当指出，旋光性物质在不同溶剂中制成的溶液，其旋光度和旋光方向是不同的。

对于纯液体的〔比〕旋光度，可用下式计算。

$$[\alpha]_D^t = \frac{\alpha}{ld}$$

式中，d——纯液体在温度 t 时的密度，g/mL。

其他符号含义同上式。

2. 圆盘旋光仪

旋光仪的种类很多，过去化验室较常用的是圆盘旋光仪，如 WXG 型半荫旋光仪，如图 7-17 所示。

(1) 起偏器和检偏器的作用　如图 7-18 所示。起偏器（Ⅰ）和检偏器（Ⅱ）为两个偏振片。当钠光射入起偏器后，再射出的为偏振光，此偏振光又射入检偏器。如果这两个偏振片的方向相互平行，则偏振光可不受阻碍地通过检偏器，观测者在检偏器后可看到明亮的光线 〔图 7-18(a)〕。当

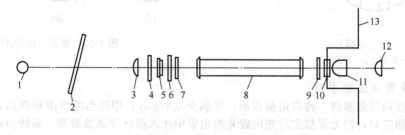

图 7-17　WXG 型半荫旋光仪结构示意图

1—钠光源；2—毛玻璃；3—聚光镜；4—滤光片；5—起偏器；6—半荫片；7,9—保护玻璃；8—旋光测定管；10—检偏器；11—物镜；12—目镜；13—读数度盘

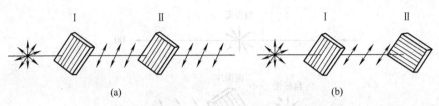

图 7-18 起偏器（Ⅰ）和检偏器（Ⅱ）的作用

慢慢转动检偏器时，观测者可看到光线逐渐变暗。当旋至 90°，即两个偏振片的方向互为垂直时，则偏振光被检偏器阻挡，视野呈现全黑［图 7-18(b)］。

如果在测量光路中先不放入装有旋光物质的旋光测定管和半荫片，此时转动检偏器使其与起偏器振动方向互相垂直，则偏振光不通过检偏器，在目镜上看不到光亮，视野全黑。此时读数度盘应指示为零，即为仪器的零点。然后将装有旋光性物质的旋光测定管装入光路中，由于偏振光被旋光性物质旋转了一个角度，使光线部分地通过检偏器，目镜又呈现光亮。此时再旋转检偏器，使检偏器的振动方向与透过旋光性物质以后的偏振光方向相互垂直，则目镜视野再次呈现全黑。此时检偏器在读数度盘上旋转过的角度，即为旋光性物质对偏振光的旋光度，可由读数度盘直接读出。

(2) 半荫片的作用　前述旋光仪的零点和样品旋光度的测量，都以视野呈现全黑为标准，但人的视觉要判定两个完全相同的"全黑"是不可能的。为提高测定的准确度，通常在起偏器和旋光测定管之间，放入一个半荫片装置，以帮助进行比较。

半荫片是一个由石英和玻璃构成的圆形透明片，如图 7-19 所示，呈现三分视场。半荫片放在起偏器之后，当偏振光通过半荫片时，由于石英片的旋光性，把偏振光旋转了一个角度。因此通过半荫片的这束偏振光就变成振动方向不同的两部分。这两部分偏振光到达检偏器时，通过调节检偏器的位置，可使三分视场左、右的偏振光不能透过，而中间可透过。即在三分视场里呈现左、右最暗，中间稍亮的情况［图 7-20(a)］。若把检偏器调节到使中间的偏振光不能通过的位置，则左、右可透过部分偏振光，在三分视场呈现中间最暗，左、右稍亮的情况［图 7-20(b)］。很明显，调节检偏器必然存在一种介于上述两种情况之间的位置，即在三分视场中看到中间与左、右的明暗程度相同而分界线消失的情况［图 7-20(c)］。因此利用半荫片，通过比较中间与左、右的明暗程度相同，作为调节的标准，要比利用判断整个视野全黑的情况准确得多。

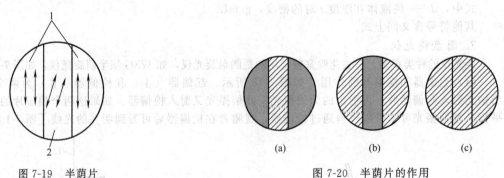

图 7-19　半荫片
1—玻璃；2—石英

图 7-20　半荫片的作用

3. 测定步骤及注意事项

(1) 旋光度的测定步骤　称取适量样品，准确至 0.0002g，用适当溶剂溶解样品，稀释至一定体积，混匀。测定时，待光源稳定后先向旋光测定管中注入溶解样品的溶剂，旋转检偏器，直到三分视场中间、左、右三部分明暗程度相同，记录刻度盘读数。若仪器正常，此读数即为零点。然后将配好的样品溶液放入已知厚度的旋光测定管中，此时三分视场的左、中、右的亮度出现差异，再旋转检偏器，使三分视场的明暗程度均匀一致，记录刻度盘读数，准确至 0.01°。前后两次读数之差即为被测样品的旋光度。可重复测定三次，记录平均值。应注意刻度盘的转动方向，顺时针为右旋，逆时针为左旋。将测得的旋光度数值代入前述公式就可求出［比］旋光度。

（2）旋光度测定时注意事项

① 在实际工作中，有时不易判断某物质是右旋还是左旋，因为在目镜里观察可以看到两次三分视场中明暗程度相同。例如，某物质在 +10° 出现一次暗度相同，则在 $10°+180°=190°$（或 −170°）一定又出现一次暗度相同，即顺时针转 10° 与逆时针转 170° 得到同样的情况。因此不能判断旋光度是 +10° 还是 −170°。为了确定右旋还是左旋，可把溶液浓度降低，如果此时得到一个在 0°~+10° 之间，另一个在 −170°~−180° 之间的明暗程度相同，则可判定此物质一定是右旋，因浓度降低旋光度也应降低（如图 7-21 中 a 线所示）。反之，如果浓度降低后，得到一个大于 +10°，另一个小于 −170° 的明暗程度相同，则可判定此物质为左旋（如图 7-21 中 b 线所示）。

② 测定［比］旋光度时所配制的溶液通常采用水、甲醇、乙醇或氯仿等作为溶剂。必须注意采用的溶剂不同，则测出的［比］旋光度数值或旋光方向也往往不同。如测 d-酒石酸，用水作溶剂时，$[\alpha]_D^{20}=+14.40$；用乙醇作溶剂时，$[\alpha]_D^{20}=-8.09$。因此，在记录［比］旋光度时，同时要记录所用溶剂。

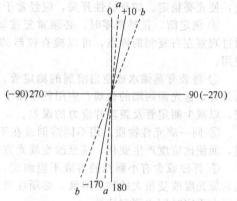

图 7-21　判定旋光方向［单位：(°)］

③ 在装填旋光测定管时，不要把螺旋帽旋得太紧，否则盖片玻璃受压变形，在测定旋光时虽然管中没有光学活性物质，也会测出旋光度，以致引起严重误差。

4. 自动指示旋光仪

（1）自动指示旋光仪的结构　自动指示旋光仪是在圆盘旋光仪的基础上发展起来的。圆盘旋光仪的最大缺点是用眼睛观察，这样不仅眼睛容易疲劳，而且观测的误差也大。自动指示旋光仪采用了法拉第线圈或石英片对偏振光的调制，再由光电倍增管检测的光电机配合组成。主要部件有钠光灯、聚光镜、检偏镜、法拉第线圈或石英片调制器、样品室、起偏镜、光电倍增管及其信号电路，自动指示旋光仪的组成示意如图 7-22 所示。

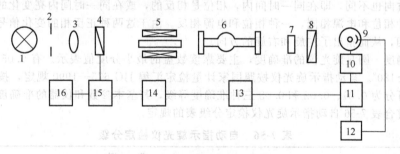

图 7-22　自动指示旋光仪组成示意

1—钠光灯；2—小孔；3—物镜；4—检偏镜；5—石英片调制器；6—测试管；7—滤片；8—起偏镜；9—光电倍增管；10—前置放大器；11—选频；12—高压电；13—功率放大；14—伺服电机；15—蜗轮蜗杆；16—读数

从钠光灯光源发出的光，经聚光镜聚光，通过小孔光栅形成等效点光源，经物镜形成平行光束，再经检偏镜使光束变成偏振光，经调制器使偏振面左右振动，或产生一个差角，经过样品室和起偏镜到达光电倍增管上，由于光的可逆性，实际上仪器里检偏镜和起偏镜的位置改变了。在平衡位置时，起偏镜与检偏镜的偏振面垂直，调制器使光电倍增管得到 100Hz 的交变信号，或直流信号，伺服电机不转动。当放入旋光性物质后，调制器使光电倍增管产生 50Hz 的动作信号，或者改变差角产生 25Hz 的光电信号，使电机转动。电机带动检偏镜转至与起偏镜偏振面垂直时，或差角相等时，光电倍增管又得到 100Hz 的平衡信号或直流信号，电机停止转动，旋转的角度，即为旋光物质的旋光度。

(2) 注意事项

① 测定前应将仪器及样品置于 20.0℃±0.5℃ 的恒温室中或规定温度的恒温室中，也可用恒温水浴保持样品室或样品测试管恒温 1h 以上，特别是一些对温度影响大的旋光性物质，尤为重要。

② 未开电源以前，应检查样品室内有无异物，钠光灯源开关是否在规定位置，示数开关是否在关的位置，仪器放置位置是否合适，钠光灯启辉后，仪器不要再搬动。

③ 开启钠光灯后，正常起辉时间至少 20min，发光才能稳定，测定时钠光灯尽量采用直流供电，使光亮稳定。如有极性开关，应经常于关机后改变极性，以延长钠灯的使用寿命。

④ 测定前，仪器调零时，必须重复按动复测开关，使检偏镜分别向左或向右偏离光学零位。通过观察左右复测的停点，可以检查仪器的重复性和稳定性。如误差超过规定，仪器应维修后再使用。

⑤ 将装有蒸馏水或空白溶剂的测定管，放入样品室，测定管中若混有气泡，应先使气泡浮于凸颈处，通光面两端的玻璃，应用软布擦干。测定时应尽量固定测定管放置的位置及方向，做好标记，以减少测定管及盖玻片应力的误差。

⑥ 同一旋光性物质，用不同溶剂或在不同 pH 值测定时，由于缔合、溶剂化和解离的情况不同，而使比旋度产生变化，甚至改变旋光方向，因此必须使用规定的溶剂。

⑦ 浑浊或含有小颗粒的溶液不能测定，必须先将溶液离心或过滤，弃去初滤液测定。有些见光后旋光度改变很大的物质溶液，必须注意避光操作。有些放置时间对旋光度影响较大的溶液，也必须在规定时间内测定读数。

⑧ 测定空白零点或测定供试液停点时，均应读取读数三次，取平均值。严格的测定，应在每次测定前，用空白溶剂校正零点，测定后，再用试剂核对零点有无变化，如发现零点变化很大，则应重新测定。

⑨ 测定结束时，应将测定管洗净晾干放回原处。仪器应避免灰尘，放置于干燥处，样品室内可放少许干燥剂防潮。

5. 两种旋光仪性能的比较

(1) 左旋与右旋的区分 圆盘旋光仪顺时针旋转为右旋，逆时针旋转为左旋，容易区分。但有些圆盘旋光仪，读数盘能够连续转动，因此左右旋不易区分，可采用改变样品浓度或液层厚度的方法来区分。自动指示旋光仪的左右旋，是由于光电倍增管输出信号的相位不同，或亮暗不同，伺服电机转动的方向也不同，即在同一时间内，相位是相反的，或在同一时间内亮变化的情况恰好是相反的。即一种相位和电源相同，一种相位和电源相反。由于这两种正反相的变化信号，控制了伺服电机的正反相，从而指出了左旋和右旋的方向。

(2) 准确度 圆盘旋光仪的准确度，主要靠读数盘的最小分度值表示。有 0.05° 和 0.01° 两种，测定范围为 ±180°。自动指示旋光仪按照国家计量检定汇编 JJG 675—1990 规定，按测量结果的准确度分级，可分为 0.01、0.02 和 0.03 三种准确度等级，其基本参数和仪器的准确度、重复性以及稳定性均应符合表 7-56 自动指示旋光仪检定分级表的规定。

表 7-56 自动指示旋光仪检定分级

项 目	级 别		
	0.01	0.02	0.03
最小读数/(°)	0.001	0.002	0.003
测量范围/(°)	≥±45	≥±45	≥±45
准确度/(°)	±0.01	±0.02	±0.03
重复性/(°)	≤0.005	≤0.01	≤0.015
稳定性/(°)	±0.01	±0.02	±0.03

国内生产的 WXG-4 型目视旋光仪，WXG-3 型光电倍增管检测的自动旋光仪，上海物理光学仪器厂生产的 WZZ-2 型数字显示旋光仪，为光电检测，数字显示，操作简单，准确度达 ±0.01°。

6. 旋光法的应用

(1) 比旋度的测定　比旋度是旋光性物质的物理常数，也是旋光法最常用的一种测定方法。许多化合物和药物都有其规定的比旋度，测定其旋光度即能计算出其比旋度是否符合要求。旋光度 α 与浓度 c（%）、液层厚度 l(dm) 及该物质的比旋度 $[\alpha]_D^t$ 成正比，它们之间的关系如下：

$$\alpha=[\alpha]_D^t cl$$

或

$$[\alpha]_D^t=\frac{\alpha}{cl}$$

式中，$[\alpha]_D^t$ 为比旋度，t 为测定时的温度；D 为钠光 D 线（589.3nm）；溶液的浓度 c 常用百分数表示；l 以 dm 计算，代入上式得：

$$[\alpha]_D^t=\frac{\alpha\times100}{cl}$$

式中，c 为 g（溶质）/mL 溶液。因此如将某物质配成一定浓度，利用上式即能求出该物质的比旋度。

(2) 纯度的测定　旋光法还可应用于许多化合物的纯度检查，如某些非旋光性化合物中混有旋光性物质，或某些左旋物质中混有少量右旋物质，均可测定其旋光度，根据其比旋度，求出该物质含量。如果杂质甚微，旋光读数较小，应使用准确度比较高的仪器测定。

(3) 溶液百分含量的测定　如已知某物质比旋度，则可利用下式计算百分含量。

$$c=\frac{100\times\alpha}{[\alpha]_D^t\times l}$$

(4) 用分光旋光仪测绘旋光谱　以旋光物质的比旋度和波长不同而改变的图谱，称为旋光曲线或旋光色散。左右旋圆偏振光的强度，随着波长不同而改变的谱线，称为圆二色性，或称圆二色散光谱。旋光谱和圆二色散光谱在药学上主要用于甾体化合物、生物碱、氨基酸、抗生素及糖类等立体结构的研究及定性鉴别。

九、表面张力测定

液体表面张力测定对于了解物质体系性质、溶液表面结构、分子间相互作用（特别是表面分子相互作用）提供了一种很有用的方法；它还可用来帮助了解润湿、去污、悬浮力等问题；工业设计中用来帮助估算塔板效率等。

测定液体表面张力常用的方法有：毛细管升高法、滴重（液滴）法、环法、最大气泡压力法等。在此介绍毛细管升高法和滴重（液滴）法。

1. 毛细管升高法

测量仪器如图 7-23 所示。

(1) 原理　当一根洁净的、无油脂的毛细管浸入液体时，液体在毛细管内升高到 h 高度。在平衡时，毛细管中液柱质量与表面张力的关系为：

$$2\pi\sigma r\cos\theta=\pi r^2 gdh$$

$$\sigma=\frac{gdhr}{2\cos\theta} \qquad (7\text{-}1)$$

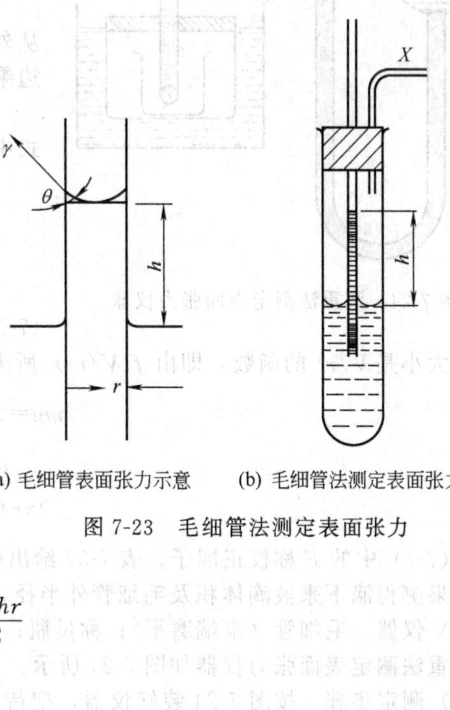

如果液体对玻璃润湿，$\theta=0$，$\cos\theta=1$（对于很多液体是这种情况），则：

(a) 毛细管表面张力示意　　(b) 毛细管法测定表面张力仪器

图 7-23　毛细管法测定表面张力

$$\sigma=\frac{gdhr}{2} \qquad (7\text{-}2)$$

式中　σ——表面张力；
　　　g——重力加速度；
　　　d——液体密度；
　　　r——毛细管半径。

上式忽略了液体弯月面。如果弯月面很小，可以考虑为半球形，则体积应为：

$$\pi r^3 - \frac{2}{3}\pi r^3 = \frac{1}{3}\pi r^3$$

从式(7-2) 可得：

$$\sigma = \frac{1}{2}gdr\left(h + \frac{1}{3}r\right) \tag{7-3}$$

更精确些时，可假定弯月面为一个椭圆球。式(7-3) 变为：

$$\sigma = \frac{1}{2}gdhr\left[1 + \frac{1}{3}\left(\frac{r}{h}\right) - 0.1288\left(\frac{r}{h}\right)^2 + 0.1312\left(\frac{r}{h}\right)^3\right] \tag{7-4}$$

(2) 仪器　测量仪器如图 7-23 所示，约 25cm 长、0.2mm 直径的毛细管；读数显微镜；小试管；25℃恒温槽。

(3) 测定步骤　将毛细管洗净、干燥，于小试管中倾入被测液，按图 7-23(b) 装好，置于恒温槽中恒温。通过 X 管慢慢地将空气吹入试管中，待毛细管中液体升高后，停止吹气并使试管内外压力相等。待液体回到平衡位置，用读数显微镜测量其高度 h。测定完毕后从 X 管吸气，降低毛细管内液面，停止吸气并使管内外压力相等，恢复到平衡位置测量高度。如果毛细管洁净，则两次测量的高度应相等，否则应清洗毛细管。

高度 h 测定以后，可用下述两种方法测定毛细管半径：①用已知表面张力的液体测定毛细管升高 h，然后利用式(7-2) 或式(7-3)、式(7-4) 算出毛细管半径 r；②于毛细管中充满干净的汞，测定毛细管中不同长度下汞的质量。根据该长度下汞质量数据及汞的密度可以算出该段毛细管的平均半径。

最后，由被测液体的上升高度 h、液体密度 d、毛细管半径 r、重力加速度 g，根据式(7-2) 计算出在实验温度下的表面张力。

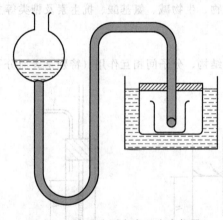

图 7-24　滴重法测定表面张力仪器

2. 滴重（液滴）法

这种方法用得比较普遍，既可用来进行表面张力测定，又可用来测定界面张力。液体表面张力测定的仪器装置如图 7-24 所示。

(1) 原理　从图 7-24 中可看出，当达到平衡时，从外半径为 r 的毛细管滴下的液体质量应等于毛细管周边乘以表面张力（或界面张力），即：

$$mg = 2\pi r\sigma \tag{7-5}$$

式中　m——液滴质量；

　　　r——毛细管外半径；

　　　σ——表面张力；

　　　g——重力加速度。

事实上，滴下来的仅仅是液滴的一部分。因此式(7-5) 中给出的液滴是理想液滴。经实验证明，滴下来的液滴大小是 V/r^3 的函数，即由 $f(V/r^3)$ 所决定（其中 V 是液滴体积）。式(7-5) 可变为：

$$mg = 2\pi r\sigma f\left(\frac{V}{r^3}\right) \tag{7-6}$$

$$\sigma = \frac{mg}{2\pi r f\left(\dfrac{V}{r^3}\right)} = \frac{Fmg}{r} \tag{7-7}$$

式(7-7) 中的 F 称校正因子。表 7-57 给出校正因子 F 的数据。

如果测得滴下来液滴体积及毛细管外半径，就可从表 7-57 中查出校正因子 F 的数值。

(2) 仪器　毛细管（末端磨平）；称量瓶；读数显微镜。

滴重法测定表面张力仪器如图 7-24 所示。

(3) 测定步骤　按图 7-24 装好仪器，把待测液体充满毛细管，并调节液位使液滴按一定时间间隔滴下。在保证液滴不受震动的条件下用称量瓶搜集 25～30 滴称重（对于挥发性液体最好把滴下的液体加以冷却）。

表 7-57　滴重法校正因子 F

V/r^3	F	V/r^3	F	V/r^3	F
∞	0.159	8.190	0.2440	1.048	0.2617
5000	0.172	6.662	0.2479	0.816	0.2550
250	0.198	5.522	0.2514	0.729	0.2517
58.1	0.215	4.653	0.2542	0.541	0.2430
24.6	0.2256	3.433	0.2587	0.512	0.2441
17.7	0.2305	2.995	0.2607	0.455	0.2491
13.28	0.2352	2.0929	0.2645	0.403	0.2559
10.29	0.2398	1.5545	0.2657		

用读数显微镜测量毛细管的外径。

从液滴质量及液体密度计算滴下液滴体积。然后求出 V/r^3 数值，再从表 7-57 查出校正因子 F 数值。根据式（7-7）算出表面张力。

表 7-58 列出了有机化合物的表面张力。

表 7-58　有机化合物的表面张力

化　合　物	温度/℃	表面张力/(mN/m)	化　合　物	温度/℃	表面张力/(mN/m)
乙酰丙酮	17	30.26	环氧乙烷	—5	28.4
乙酰苯胺	120	35.24	乙二胺	21.3	41.80
乙醛缩二甲醇	20	21.60	3-氯-1,2-环氧丙烷	12.5	38.13
乙腈	20	29.10	反油酸	90	26.56
苯乙酮	20	39.8	氯丁烷	20	23.66
丙酮	20	23.32	氯丙烷	20	21.78
	30	22.01	苄基氯	20.6	37.46
偶氮苯	76.9	35.5	丁子香酚	20	37.18
苯甲醚	20	35.22	辛醇	20	26.71
苯胺	26.2	42.5	2-辛醇	20	25.83
烯丙醇	20	25.68	3-辛醇	20	25.05
苯甲酸乙酯	25	34.6	4-辛醇	20	25.43
苯甲酸甲酯	20	37.6	辛烷	20	21.76
α-紫罗酮	17.5	32.45	辛酸	20	28.34
β-紫罗酮	11.0	34.41	辛酸乙酯	20	26.91
异戊酸	25	24.90	辛胺	20	27.73
异喹啉	26.8	46.28	辛烯	20	21.78
异丁胺	19.7	22.25	油酸	90	27.0
异丁醇	20	22.8	氨基甲酸乙酯	60	31.47
异戊烷	20	14.97	甲酸	20	37.58
异丁酸	20	25.2	甲酸乙酯	17	23.31
茚	28.5	37.4	甲酸甲酯	20	24.64
十一烷	20	24.71	邻二甲苯	20	30.03
十一酸	25	30.64	间二甲苯	20	28.63
十一酸乙酯	16.8	28.61	对二甲苯	20	28.31
乙醇	20	22.27	戊酸	19.2	27.29
	30	21.43	戊酸乙酯	41.5	23.00
	40	20.20	喹啉	26.0	44.61
	80	17.97	异丙苯	20	28.20
乙胺	25	19.21	邻甲酚	14	40.3
乙基环己烷	20	25.7	间甲酚	14	39.6
乙苯	20	29.04	对甲酚	14	39.2
丁酮	20	24.6	氯代辛烷	17.9	27.99

续表

化合物	温度/℃	表面张力/(mN/m)	化合物	温度/℃	表面张力/(mN/m)
氯代乙酸	80.2	33.3	二苯胺	60	39.23
氯代乙酸乙酯	20	31.70	二丁胺	20	24.50
氯代癸烷	21.8	28.72	丁醚	20	22.90
邻氯甲苯	20	33.44	二丙胺	20	22.32
对氯甲苯	25	32.08	丙醚	20	20.53
氯代己烷	20	26.21	二溴代甲烷	20	26.52
氯苯	20	32.28	戊醚	20	24.76
氯代戊烷	20	25.06	氯仿	20	27.28
芥酸	90	28.56		30	25.89
烯丙基氯	23.8	23.17	丁二酸二乙酯	19.3	31.82
氯乙烷	10	20.58	硬脂酸	90	26.99
乙酸	20	27.63	癸二酸二乙酯	20	33.17
	50	24.65	苯硫酚	25.5	37.67
乙酸异丁酯	16.9	23.94	噻吩	20	33.1
乙酸异丙酯	21	22.14	癸醇	20	27.32
乙酸乙酯	20	23.8	癸烷	20	23.92
乙酸乙烯	20	23.95	癸酸	31.9	27.7
乙酸丁酯	20.9	25.21	癸酸乙酯	16.1	28.52
乙酸丙酯	10	24.84	十四烷	21.5	26.53
乙酸己酯	20.2	25.60	十二醇	20	26.06
乙酸戊酯	20	25.68	十二烷	30	24.51
乙酸甲酯	21	25.17	三乙胺	20	19.99
水杨酸甲酯	25	39.1	三氯代乙酸	80.2	27.8
二乙胺	25	19.28	三氯代乙酸乙酯	20	30.87
乙醚	20	17.06	三氟三氯乙烷	20	17.75
	30	15.95	甘油三硬脂酸酯	80	28.1
3-戊酮	21.0	25.18	十三烷	21.3	25.87
邻二乙基苯	20	30.3	三丁胺	20	24.64
间二乙基苯	20	28.2	三丙胺	20	22.96
对二乙基苯	20	29.0	甘油三个十四(烷)酸酯	60	28.7
二噁烷	20	33.55	邻甲苯胺	50	37.49
环辛烷	13.5	29.9	间甲苯胺	25	37.73
环辛烯	13.5	29.9	对甲苯胺	50	34.60
1,1-二氯乙烷	20	24.75	甲苯	20	28.53
1,2-二氯乙烷	20	32.23		30	27.32
二氯代乙酸	25.7	35.4	萘	80.8	32.03
二氯代乙酸乙酯	20	31.34	菸碱	31.2	36.50
环己醇	20	34.5	邻硝基苯甲醚	25	45.9
环己酮	20.7	35.23	硝基乙烷	20	32.2
环己烷	20	24.95	甘油三硝酸酯	16.5	51.1
	30	23.75	邻硝基甲苯	20	41.46
环己烯	13.5	27.7	间硝基甲苯	20	40.99
环庚酮	20	35.38	对硝基甲苯	54	37.15
环庚烷	13.5	27.8	邻硝基酚	50	42.3
环庚烯	13.5	28.3	硝基苯	20	43.35
环戊醇	21	32.06	硝基甲烷	20	36.97
环戊酮	23	32.98	壬醇	20	26.41
环戊烷	13.5	23.3	3-壬酮	20	27.4
环戊烯	13.5	23.6	壬烷	20	22.92

续表

化　合　物	温度/℃	表面张力/(mN/m)	化　合　物	温度/℃	表面张力/(mN/m)
软脂酸	65.2	28.6		30	27.56
二环己基	20	32.5		40	26.41
α-蒎烯	33	26.13		50.1	24.97
哌啶	20	30.20		80	20.28
吡啶	20	38.0	苯甲醛	20	40.04
吡咯	29.0	28.80	苄腈	20	38.59
二甲胺	5	17.7	菲	120	36.3
二甲亚砜	20	43.54	苯肼	20	45.55
	30	42.41	苯酚	20	40.9
溴乙烷	20	24.15	丁醇	20	24.57
溴丁烷	20	26.33	2-丁醇	20	23.47
溴丙烷	20	25.85	丁胺	20	23.81
草酸二乙酯	20	32.22	3-庚酮	20	26.30
硝酸乙酯	20	28.7	丁苯	20	29.23
氟丁烷	20	17.72	二苯甲酮	19.0	44.18
氟苯	20	27.71	十四烷	22.6	26.97
丙醇	20	23.70	戊醇	20	25.60
2-丙醇	20	21.35	戊烷	20	15.97
丙酸	20	26.7	戊胺	20.1	25.20
丙酸乙酯	20	24.27	戊苯	20	29.65
丙胺	20	21.98	甲酰苯胺	60	39.04
丙苯	20	28.99	甲醛缩二甲醇	20	21.12
溴代己烷	20	28.04	丙二酸二乙酯	20	31.71
溴苯	20	36.34	十四(烷)酸	76.2	27.0
溴代戊烷	20	27.29	十四(烷)酸乙酯	35	28.26
溴仿	20	41.91	乙酐	20	32.65
十一烷	21.1	27.52		30	31.22
己醇	20	24.48	邻苯二甲酸酐	130	39.50
2-己醇	25	24.25	1,3,5-三甲苯	20	28.83
3-己醇	25	24.04	甲醇	20	22.55
六甲基二硅氧烷	20	15.7		30	21.69
己烷	20	18.42	甲胺	25	19.19
己酸	25	27.49	甲基环己烷	20	23.7
己酸乙酯	18.4	25.96	3-甲基-1-丁醇	20	24.3
己烯	20	18.41	L-薄荷酮	30	28.39
十五烷酸	66.9	27.9	吗啉		37.5
庚醇	20	24.42	碘乙烷	20	28.83
庚烷	20	20.31	碘丁烷	20	29.15
庚酸	25	27.97	碘丙烷	20	29.28
庚酸乙酯	20	26.43	碘甲烷	20	30.14
庚烯	20	20.24	碘代辛烷	21.0	30.65
全氟辛烷	35	12.4	碘代己烷	20	29.93
全氟癸烷	60	12.0	碘苯	18.4	39.38
全氟十二烷	90	10.8	十二(烷)酸乙酯	17.1	28.63
全氟壬烷	35	14.7	丁酸	25	26.21
苄胺	20	39.07	丁酸酐	20	28.93
苄醇	20	39.0	丁酸乙酯	20	24.54
苯	15	29.55	丁酸甲酯	27.3	24.24
	20	28.86	二乙硫	17.5	25.0

化 合 物	温度/℃	表面张力/(mN/m)	化 合 物	温度/℃	表面张力/(mN/m)
二苯硫	16.4	42.54	硫酸二乙酯	14.9	34.02
二丁硫	18.3	27.40	硫酸二甲酯	15.1	39.50
二甲硫	17.3	24.64			

十、黏度测定

黏度是液体的内摩擦，是一层液体对另一层液体做相对运动的阻力。黏度分绝对黏度、运动黏度、相对黏度及条件黏度四种。

绝对黏度 η 是使相距 1cm 的 1cm^2 面积的两层液体相互以 1cm/s 的速度移动而应克服阻力的牛顿数。单位为帕·秒（Pa·s）。黏度随温度变化，故应注明温度如 η_t。绝对黏度又称动力黏度。

运动黏度 γ 是在相同温度下液体的绝对黏度 η 与同一温度下的密度 ρ 之比。其单位为米^2/秒（m^2/s），在温度 t 时的运动黏度用 γ_t 表示。

相对黏度 μ 是 t℃时液体的绝对黏度与另一液体的绝对黏度之比。用以比较的液体通常是水或适当的溶剂。

条件黏度是在指定温度下，在指定的黏度计中，一定量液体流出的时间，以秒为单位；或者将此时间与指定温度下同体积水流出的时间之比。

1. 毛细管黏度计法

（1）原理 不同液体自同一直立的毛细管中，以完全湿润管壁的状态流下，其运动黏度 γ 与流出的时间 τ 成正比：

$$\frac{\gamma_1}{\gamma_2}=\frac{\tau_1}{\tau_2} \tag{7-8}$$

用已知运动黏度的液体（常以 20℃时新蒸馏的蒸馏水为标准液体，其运动黏度为 1.0067×10^{-4} m^2/s），测量它从毛细管黏度计流出的时间，再测量试液自同一黏度计流出的时间，应用式（7-8）可计算出液体的运动黏度。测量时记录各试液的温度。

（2）仪器 毛细管黏度计，常用的分为品氏、伏氏两种，如图 7-25 所示。

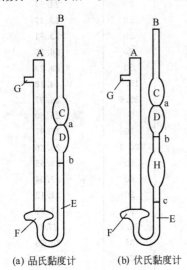

(a) 品氏黏度计　　(b) 伏氏黏度计

图 7-25　毛细管黏度计
A—宽管；B—主管；C—缓冲球；D,H—测定球；E 毛细管；F—贮液器；
G—支管；a,b,c—刻度线

品氏黏度计一组共有 11 支，每支具有三处扩张部分。各支毛细管的内径分别为：0.4mm、0.6mm、0.8mm、1.0mm、1.2mm、1.5mm、2.0mm、2.5mm、3.0mm、3.5mm、4.0mm。

伏氏黏度计一组共有 9 支，每支具有四处扩张部分，各支毛细管的内径分别：为 0.8mm、1.0mm 1.2mm、1.5mm、2.0mm、2.5mm、3.0mm、3.5mm、4.0mm。这种黏度计可用于在 0℃ 以下测定运动黏度。

上述两种黏度计常用于石油产品运动黏度的测定。

恒温槽：容积为 2L，带有电加热器和电动搅拌器，常用水、甘油作为恒温液体。

玻璃恒温浴缸。

水银温度计：分度为 0.1℃。

秒表：分度为 0.2s。

（3）测定步骤 取一支适当内径的品氏毛细管黏度计（使试液流下时间为 180～300s），用洗液、自来水、蒸馏水、乙醚洗净后，用热空气使其干燥。在支管 G 处接一根橡皮管，用软木塞塞住宽管 A 管口，倒转黏度计，将主管 B 的管口插入盛标准试液（20℃蒸馏水）的小烧杯中，通过连接支管的橡皮管用吸气球将标准试液吸至标线 b 处（注意试液中不可出现空隙），然后捏紧橡皮管从试液内取出黏度计，倒转过来，并取下橡皮管。

将橡皮管移至主管 B 的管口，将黏度计直立于恒温槽中，在黏度计旁边放一支温度计使其水银泡与毛细管 E 的中心在同一水平线上。恒温槽内温度调至 20℃，在此温度保持 10min 以上。

用吸气球将标准试液吸至标线 a 以上少许（勿使出现空气泡），停止抽吸，使液体自由流下，注意观察液面。当液面至标线 a，启动秒表；液面流至标线 b，按停秒表。记下由 a 至 b 的时间。重复 3 次，取平均值作为标准液体的流出时间 $\tau_{20}^{标}$。

再取脱水和过滤后的欲测样品试液，用同一黏度计同样操作并求试液的流出时间 $\tau_{20}^{样}$。

在恒温槽中黏度计放置的时间为：在 20℃ 时，放置 10min；在 50℃ 时，放置 15min；在 100℃ 时，放置 20min。

欲测样品试液的运动黏度为：

$$\gamma_{t}^{样} = \frac{\gamma_{20}^{标}}{\tau_{20}^{标}} \times \tau_{20}^{样} = K\tau_{20}^{样}$$

式中　K——黏度计常数（$K = \gamma_{20}^{标}/\tau_{20}^{标}$）；

$\gamma_{20}^{标}$——20℃ 时水的运动黏度，$1.0067 \times 10^{-4} \, m^2/s$；

$\tau_{20}^{标}$——20℃ 时水自黏度计流出的时间；

$\tau_{20}^{样}$——20℃ 时样品试液自黏度计流出的时间。

2. 改良式乌氏黏度计——测定高聚物的平均分子量

（1）原理　在塑料、合成橡胶工业中，生产的高分子聚合物，其分子量的大小，对于加工性能的影响很大。由于用途不同，需要生产具有不同分子量的产品，因此高聚物平均分子量的测定就是一项重要的生产控制指标。

在高分子工业中，常用黏度法来测定高聚物的平均分子量。它是将高聚物溶于某一指定的溶剂中，在一定温度下，测定高聚物溶液的黏度，其黏度的大小与分子量密切相关。

在一定温度下，高聚物溶于溶剂后溶液的黏度比纯溶剂的黏度大。高聚物溶液的浓度越大，其黏度也越大，即流动的速度也越慢。这样就可以通过测定液体流过一定体积所用的时间来反映溶液黏度的大小。在一定温度条件下，若两种高聚物溶液的浓度相同，其中流速小（即流经一定体积的时间越长）的溶液，黏度大，即高聚物的分子量大。根据高聚物溶液的特性黏度与平均分子量的经验公式，通过测定特性黏度，就可算出高聚物的平均分子量。

设在一定温度下，纯溶剂流经一定体积所需时间为 t_0，高聚物溶于此溶剂后，所得高聚物溶液流经相同体积的时间为 t。

当称取一定量高聚物溶于一定体积的溶剂后，可算出此高聚物溶液的浓度，$c = g/100mL$。

相对黏度为：

$$\eta_r = \frac{t}{t_0}$$

增比黏度为：

$$\eta_{sp} = \frac{t - t_0}{t_0} = \eta_r - 1$$

特性黏度为：

$$[\eta] = \left[\frac{\eta_{sp}}{c}\right]_{c \to 0}$$

根据经验公式：

$$[\eta] = \frac{1}{c}\sqrt{2(\eta_{sp} - \ln\eta_r)} = \frac{1}{c}\sqrt{2(\eta_{sp} - 2.303\lg\eta_r)}$$

$$[\eta] = K\overline{M}^a$$

式中，$\overline{M}$ 为高聚物平均分子量；K、a 为经验常数，随测定温度和所用溶剂而改变。由上式可知：

$$\overline{M}^a = \frac{[\eta]}{K}$$

$$a\lg\overline{M} = \lg[\eta] - \lg K$$

$$\lg\overline{M} = \frac{\lg[\eta] - \lg K}{a}$$

对某些高聚物，在一定测定条件下的 K 和 a 值见表 7-59。

表 7-59 某些高聚物的经验常数

高 聚 物	溶 剂	测定温度/℃	$K/\times 10^{-4}$	a	$c/(\text{g}/100\text{mL})$
聚乙烯	四氢萘	130	5.1	0.725	0.1~0.15
聚丙烯	十氢萘	135	1.07	0.80	0.1~0.2
聚氯乙烯	环己酮	25	2024	0.56	0.4~0.5
丁苯橡胶	苯	25	5.4	0.66	0.3
氯丁橡胶	苯	25	1.46	0.73	0.3
顺丁橡胶	苯	30	3.37	0.715	0.3
异戊橡胶	苯	25	5.02	0.67	0.3
乙丙橡胶	环己烷	30	1.62	0.82	0.3
丁基橡胶	四氯化碳	25	10.3	0.70	0.3

（2）仪器

① 黏度计　在高分子化合物分子量测定中常使用奥氏黏度计（毛细管内径为 0.5~0.6mm）、乌氏黏度计（毛细管内径为 0.3~0.4mm、0.4~0.5mm、0.5~0.6mm 三种）和改良式乌氏黏度计如图 7-26 所示。下面以改良式乌氏黏度计的使用为例，借以说明测定方法。仪器中的玻璃砂漏斗可装入聚乙烯样品，并可从磨口处卸下。

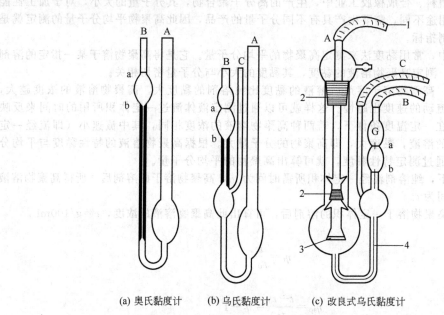

(a) 奥氏黏度计　　(b) 乌氏黏度计　　(c) 改良式乌氏黏度计

图 7-26 毛细管黏度计
1—橡皮管；2—磨口；3—玻璃砂漏斗；4—毛细管

② 恒温槽　玻璃制，可用电热丝加热，由继电器保持恒温，精度至 ±0.1℃。当测定温度低于100℃时，可加热水；当测定温度高于 100℃时，可加热无色润滑油。

③ 秒表　分度为 0.2s。

④ 移液管　10mL。

⑤ 容量瓶　25mL。

⑥ 注射器　50mL。

（3）测定步骤　以测定聚乙烯高聚物的平均分子量为例，在浴温 130℃下测定，用四氢萘做溶剂，使用改良式乌氏黏度计。

① 测定溶剂流出的时间 t_0　恒温槽达 130℃后，使槽内润滑油液面完全浸没 G 球，然后用移液管吸取溶剂四氢萘 10mL，自 A 管注入改良式乌氏黏度计内（可拆下 A 管上的橡皮管），恒温

5min，将 C 管夹住，用注射器从 B 管将溶剂吸入 G 球，松开 C 管夹子，用秒表测定溶剂流经 a 线至 b 线所需的时间，重复此操作 3 次，每两次流出时间相差不应大于 0.2s，取其平均值为 t_0。

② 溶解样品 用预先从黏度计取下洗净干燥后的玻璃砂芯漏斗，称取 5.5～7.5mg 待测的聚乙烯样品，然后安装在黏度计内的磨口处，用注射器与 A 管橡皮管相接，反复抽压多次，使样品全溶于 10mL 四氢萘溶剂中（样品也可预先在容量瓶中用溶剂溶解后，再注入黏度计，使其恒温）。

③ 测定高聚物溶液流出时间 t 夹住 C 管，用注射器从 B 管将溶液抽入 G 球内，松开 C 管，测流经 a 至 b 刻度的时间，如两次相差在 0.2s 以上，说明样品未溶完，需再反复抽压溶解，直到三次测定结果平行为止，其平均值为 t。

④ 黏度计的清洗 将测过的溶液从黏度计倒出，加入 15mL 四氢萘，用洗耳球吸至 G 球中，再压下去，反复将黏度计各部分都洗到，将四氢萘倒出，再加入丙酮洗至干净为止。最后将黏度计放入恒温槽内，用洗耳球向黏度计内压气，使丙酮挥发。黏度计内可卸的玻璃砂芯漏斗，也用同样方法洗净，卸下放在红外灯下烘干备用。

注意：测定时所用四氢萘及丙酮溶剂，必须事先用玻璃砂芯漏斗过滤，以免机械杂质堵塞黏度计的毛细管，影响测定结果。

（4）结果计算 由样品浓度 c 及测定的溶液流出时间 t、溶剂流出时间 t_0，计算相对黏度 η_r、增比黏度 η_{sp} 和 $[\eta]$，根据公式：

$$\lg \overline{M} = \frac{\lg[\eta] - \lg 5.1 + 4}{0.725}$$

即可求出聚乙烯的平均分子量。

3. 恩格勒氏黏度计法——测定条件黏度

（1）仪器 恩格勒氏黏度计的构造如图 7-27 所示。

试液筒 1 底部有试液流出孔管 8，此筒为黄铜制品。将其置于水浴槽（或油槽）2 中，以调整试验所需温度。盖 3 上有两个孔，分别放入试液温度计 4 和木棒 6，木棒 6 塞住试液流出孔管 8。筒内壁离筒底等高处装有 3 个尖梢 7，用以规定液面高度，并可检查水平。13 为水平调整螺丝。支架 11 下放有体积 200mL、形状特殊的试液接受瓶 12，接受瓶上面标线是经 20℃校准的。

（2）测定步骤

① 水值的测定 水值是指在 20℃时，200mL 蒸馏水流出的时间，其值应为 50～52s。

黏度计用蒸馏水洗净，把木棒 6 塞入孔管 8 中，试液筒中充蒸馏水至尖梢 7，调节水平调整螺丝 13 使 3 个尖梢尖刚刚露出水面，表示已调好水平。调整筒内水温略高于 20℃，加少许蒸馏水，使水面比尖梢稍高，水浴槽中加入 21～22℃的水，然后将木棒 6 稍微抬起放出少量水，使其充满出口管；再用移液管吸出少量水，使尖梢尖刚刚露出水面。

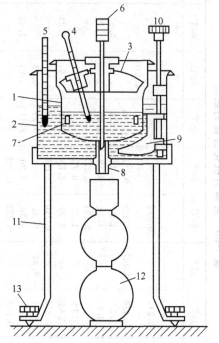

图 7-27 恩格勒氏黏度计
1—试液筒；2—水浴槽；3—盖；4—试液温度计；
5—水浴温度计；6—塞入孔管 8 的木棒；7—尖梢；
8—试液流出孔管；9—搅拌器；10—搅拌器手柄；
11—支架；12—体积 200mL 的接受瓶；
13—水平调整螺丝

在流出试液流出孔管 8 下面放好体积 200mL 的接受瓶 12，盖上盖 3，观察试液温度计 4，在正好 20℃时，迅速提起塞入孔管 8 的木棒 6，同时按动秒表，当接受瓶中水面达到标线时（看弯月面下缘）按停秒表，读数。连续重复进行 6 次，取平均值作为水值 $T_{20}^{H_2O}$。测量误差不可超过 0.5s，水值若超出 50～52s，此黏度计不宜使用。

② 试液条件黏度的测定 试液筒洗净、干燥后，出口用塞入孔管 8 的木棒 6 塞紧。

将试液预热至 52～53℃，注入试液筒 1 至液面比尖梢稍高，勿使其中产生气泡。在水浴槽 2 中注入 52～53℃的水，使试液温度正好为 50℃，使保持 5min，再将塞入孔管 8 的木棒 6 稍提起使过量试液流入烧杯中，使尖梢尖刚刚露出液面，立即将塞入孔管 8 的木棒 6 插紧。

单位：mPa·s

表 7-60　液体有机化合物的黏度

物质名称	-40℃	-20℃	0℃	10℃	15℃	20℃	30℃	40℃	50℃	60℃	80℃	100℃	120℃	140℃	180℃
乙酰丙酮	—	—	1.09	—	—	—	—	—	—	—	—	1.41	1.06	—	—
乙酰胺	—	—	—	—	—	—	—	—	—	—	—	—	—	—	—
乙醛	0.66	0.50	0.267	0.244	—	0.222	—	—	—	—	—	—	—	—	—
苯乙酮	—	—	—	—	—	1.78	1.46	1.22	1.03	0.89	0.68	0.54	—	—	—
丙酮	—	—	0.395	0.356	0.347	0.322	0.293	0.246	—	—	—	—	—	—	—
苯甲醚	—	—	1.78	1.51	—	1.32	1.21	1.12	1.04	0.97	0.80	0.734	0.59	—	—
苯胺	—	—	—	6.5	—	4.40	3.12	2.30	1.80	1.50	1.24	0.78	—	—	—
亚硫酸二甲酯	—	—	0.361	—	—	0.301	0.277	—	—	—	—	—	—	—	—
烯丙醇	—	—	—	1.72	—	1.22	0.75	—	—	1.24	0.48	—	—	—	—
异丁醇	51.3	18.4	8.3	6.5	—	3.95	2.85	2.12	1.61	1.24	0.78	0.52	0.45	—	—
异戊二烯	—	—	0.260	0.236	—	0.216	0.198	—	—	—	—	—	—	—	—
异己烷	—	—	0.38	—	0.32	0.31	0.25	0.25	0.23	—	—	—	—	—	—
异戊醇	8.6	—	8.6	6.1	—	4.36	3.20	2.41	1.85	1.45	0.93	0.63	0.45	0.35	—
异戊烷	—	—	0.272	0.246	—	0.223	0.202	—	—	—	—	—	—	—	—
异丁酸	—	—	1.78	1.62	—	1.326	1.00	1.00	—	—	—	—	—	—	—
乙醇	4.79	2.38	1.78	1.46	—	1.19	1.00	0.825	0.701	0.591	0.435	0.326	0.248	0.190	—
N-乙基苯胺	—	—	—	2.98	—	2.25	—	1.43	—	1.01	0.76	0.60	—	—	—
乙苯	—	—	0.874	0.760	—	0.666	0.590	0.527	0.475	0.432	—	—	—	—	—
丁酮	0.52	—	0.52	—	0.419	0.441	—	0.32	—	—	—	—	—	—	—
乙二醇	—	—	—	—	—	17.33 (25℃)	—	—	—	—	—	—	—	—	—
烯丙基氯	—	—	0.402	0.358	0.353	0.337	0.390	0.283	0.348	0.311	—	—	—	—	—
氯代异丁烷	—	—	0.320	0.291	—	0.451	0.292	0.322	—	—	—	—	—	—	—
异丙基氯	0.392	0.392	—	—	—	0.322	0.244	0.224	—	—	—	—	—	—	—
氯乙烷	—	—	0.436	0.390	—	0.266	0.319	0.291	—	—	—	—	—	—	—
氯丙烷	—	—	0.436	0.390	0.183	0.352	0.319	0.291	—	—	—	—	—	—	—
氯甲烷	—	—	0.202	0.202	0.183	—	0.166	0.152	0.140	0.129	0.108	0.089	0.072	—	—
甲酸异丁酯	—	—	—	—	—	0.667	0.590	0.425	0.380	0.344	—	—	—	—	—
甲酸异丙酯	—	—	—	—	—	0.521	0.470	—	—	—	—	—	—	—	—
甲酸乙酯	—	—	—	0.358	—	0.402	0.315	0.322	—	—	—	—	—	—	—
甲酸丁酯	—	—	—	—	—	0.691	—	0.425	—	—	—	—	—	—	—
甲酸丙酯	—	—	—	—	—	0.521	—	—	—	—	—	—	—	—	—
甲酸甲酯	—	—	0.43	0.38	—	0.345	0.315	—	—	—	—	—	—	—	—
邻三甲苯	—	—	1.10	0.93	—	0.81	0.71	0.62	0.56	0.50	0.411	0.346	0.294	0.254	—
间三甲苯	—	—	0.80	0.70	—	0.61	0.55	0.490	0.443	0.403	0.339	0.289	0.250	—	—
对三甲苯	—	—	0.74	0.74	—	0.64	0.57	0.51	0.456	0.414	0.345	0.292	0.251	—	—
戊酸	—	—	—	—	—	2.236	—	—	1.25	—	—	0.54	—	—	—
甘油	—	—	—	—	—	14.99	6.24	—	—	—	—	—	—	—	—

物质名称	−40℃	−20℃	0℃	10℃	15℃	20℃	30℃	40℃	50℃	60℃	80℃	100℃	120℃	140℃	180℃
43%溶液	—	—	—	—	—	4.31	—	—	—	—	—	—	—	—	—
69%溶液	—	—	—	—	—	21.1	—	—	—	—	—	—	—	—	—
81%溶液	—	—	—	—	—	69.3	—	—	—	—	—	—	—	—	—
86%溶液	—	—	—	—	—	129.6	—	—	—	—	—	—	—	—	—
邻甲酚	—	—	—	—	—	9.8	6.1	4.3	3.2	2.3	—	—	—	—	—
间甲酚	—	—	95	44	—	21	10	6.2	4.4	3.2	—	—	—	—	—
对甲酚	—	—	—	—	—	20.2	10.3	6.7	4.7	3.5	2.1	1.6	—	—	—
邻甲苯乙醚	—	—	—	—	—	1.446	—	—	—	—	—	—	—	—	—
对甲苯乙醚	—	—	—	—	—	1.463	—	—	—	—	—	—	—	—	—
邻甲苯丙醚	—	—	—	—	—	1.995	—	—	—	—	—	—	—	—	—
邻甲苯甲醚	—	—	—	—	—	1.317	—	—	—	—	—	—	—	—	—
邻氯酚	—	—	—	—	—	—	—	6.018 (45℃)	—	—	—	—	—	—	—
间氯酚	—	—	—	—	—	—	—	4.722 (45℃)	—	—	—	—	—	—	—
对氯酚	—	—	—	—	—	—	—	2.250 (45℃)	—	—	—	—	—	—	—
乙酸	—	—	—	—	—	1.22	1.04	0.90	0.79	0.70	0.56	0.46	—	0.173 (160℃)	0.1474
乙酸异丁酯	—	—	—	—	—	0.526	—	—	—	—	—	—	—	—	—
乙酸异丙酯	—	—	—	—	—	—	—	—	—	—	—	—	—	—	—
乙酸乙酯	—	—	0.578	0.507	0.473	0.449	0.400	0.360	0.326	0.297	0.248	0.210	0.178	0.152	0.109
乙酸丁酯	—	—	1.004	0.851	—	0.732	0.637	0.563	—	0.448	0.366	0.304	—	—	—
乙酸丙酯	—	—	0.77	0.67	—	0.58	0.51	0.46	0.41	0.368	0.304	0.250	—	—	—
乙酸戊酯	—	—	—	—	—	—	—	0.8055 (45℃)	—	—	—	—	—	—	—
乙酸甲酯	—	—	—	—	—	0.381	0.344	0.321 (45℃)	0.284	0.258	0.217	0.182	0.154	0.130	—
N,N-二乙基苯胺	—	—	—	2.85	—	2.18	1.75	1.42	1.2	1.02	0.777	—	—	—	—
乙醚	0.47	0.364	0.296	0.268	—	0.243	0.220	0.199	—	0.166	0.140	0.118	—	—	—
3-戊酮	—	—	—	0.55	0.51	0.469	0.425	—	0.36	—	0.28	—	—	—	—
四氯化碳	—	—	1.35	1.13	—	0.97	0.84	0.74	0.65	0.59	0.472	0.387	0.323	0.276	0.201
二噁烷	—	—	—	—	—	1.26	1.06	0.917	0.778	0.685	0.539	—	—	—	—
环己醇	—	—	—	—	—	68.0	36.1	20.3	—	12.1	7.8	3.5	—	—	—
环己烷	—	—	—	—	—	0.97	0.82	0.71	0.61	0.54	—	—	—	—	—
1,2-二氯乙烷	—	—	1.077	—	—	0.8	—	—	0.565	—	—	—	—	—	—
二氯甲烷	—	0.68	0.537	0.481	—	0.435	0.396	0.363	—	—	—	—	—	—	—
二苯醚	—	—	—	—	—	3.864 (25℃)	—	—	—	—	—	—	—	—	—

续表

物质名称	-40℃	-20℃	0℃	10℃	15℃	20℃	30℃	40℃	50℃	60℃	80℃	100℃	120℃	140℃	180℃
丙醚	—	—	0.54	—	—	0.425	0.38	—	0.33	—	0.24	—	—	—	—
4-庚酮	—	—	—	—	—	0.736	—	—	—	—	—	—	—	—	—
1,2-二溴丙烷	—	—	2.29	—	—	1.68	1.40	—	0.98	0.79	0.72	0.64	—	0.43	—
N,N-二甲基苯胺	—	—	—	1.69	—	1.41	1.18	1.02	—	—	0.64	—	—	—	—
二甲胺	0.436 (-33.5℃)	—	—	—	—	—	—	—	—	—	—	—	—	—	—
烯丙基溴	—	—	—	0.56	—	0.50	0.46	—	0.39	0.35	—	—	—	—	—
异丙基溴	—	—	0.605	0.58	—	0.482	0.435	0.394	0.359	—	—	—	—	—	—
溴乙烷	—	—	0.465	—	—	0.40	0.36	0.33	0.30	—	—	—	—	—	—
溴丙烷	—	—	—	0.575	—	0.517	0.467	0.425	0.388	0.356	0.23	0.20	0.17	0.15	—
噻吩	—	—	0.87	0.75	—	0.66	0.58	0.52	0.468	0.424	0.350	—	—	—	—
十氢化萘	—	—	2.66	—	—	2.40	—	—	1.58	—	—	—	—	—	—
1,1,2,2-四氯乙烷	—	—	—	2.13	—	1.75	1.48	1.28	1.11	0.97	0.75	—	—	—	—
四氯乙烯	—	—	1.14	1.00	—	0.88	0.80	0.72	0.66	0.60	0.51	0.441	0.383	—	—
四氢化萘	—	—	—	—	—	2.02	—	—	1.3	—	—	—	—	—	—
十二烷	—	—	—	—	—	1.257 (23.3℃)	—	—	—	—	—	—	—	—	—
三氯乙烯	—	—	0.71	0.64	—	0.58	0.53	0.48	0.45	0.41	—	—	—	—	—
α,α,α-三氯甲苯	—	—	—	—	2.69	—	—	—	—	—	—	—	—	—	—
邻甲苯胺	—	—	10.2	6.4	—	4.35	3.20	2.44	1.94	1.57	1.11	0.83	0.58	0.50	—
同甲苯胺	—	—	8.7	5.5	—	3.81	2.79	2.14	1.75	1.45	1.00	0.77	—	—	—
对甲苯胺	—	—	—	—	2.62	—	—	—	—	1.40	1.00	0.76	—	—	—
甲苯	—	—	0.768	0.667	—	0.586	0.522	0.466	0.420	0.381	0.319	0.271	0.231	0.199	—
萘	—	—	—	—	—	—	—	—	—	—	0.967	0.776	—	—	—
邻硝基甲苯	—	—	3.83	2.96	—	2.37	1.91	1.63	—	1.21	0.94	0.76	—	—	—
同硝基甲苯	—	—	—	—	—	2.33	1.91	1.60	—	1.18	0.92	0.75	—	—	—
对硝基甲苯	—	—	—	—	—	—	—	—	—	1.20	0.94	0.76	—	—	—
硝基苯	—	—	3.09	2.46	—	2.01	1.69	1.44	1.24	1.09	0.87	0.70	—	—	—
硝基甲烷	—	—	0.844	0.742	—	0.657	0.587	0.528	0.478	0.433	0.357	—	—	—	—
二硫化碳	—	—	0.433	0.396	—	0.366	0.341	0.319	—	—	—	—	—	—	—
壬烷	—	—	0.97	0.83	—	0.71	0.62	0.55	—	0.44	0.36	0.30	—	—	—
联苯	—	—	—	—	—	—	—	—	—	—	0.97	—	—	—	—
吡啶	—	—	1.33	1.12	—	0.95	0.83	0.73	—	0.58	0.482	—	—	—	—
苯乙醚	—	—	—	—	—	1.262	1.073	0.900	—	—	—	—	—	—	—
苯酚	—	—	—	—	—	11.6	7.0	4.77	3.43	2.56	1.59	1.05	0.78	0.69	—
丁醇	22.4	10.3	5.19	3.87	—	2.95	2.28	1.78	1.41	1.14	0.76	0.54	—	—	—

续表

物质名称	−40℃	−20℃	0℃	10℃	15℃	20℃	30℃	40℃	50℃	60℃	80℃	100℃	120℃	140℃	180℃
丁酰苯	—	—	4.07	3.03	—	2.36	1.89	1.56	—	1.13	0.87	0.69	—	—	—
丙醇	13.5	6.9	3.85	2.89	—	2.20	1.72	1.38	—	0.92	0.63	—	—	—	—
2-丙醇	32.2	10.1	4.60	3.26	—	2.39	1.76	1.33	—	0.80	0.52	—	—	—	—
丙酸	—	—	1.52	1.29	—	1.10	0.96	0.84	0.75	0.67	0.545	0.452	0.380	0.322	—
丙酸酐	—	—	1.61	1.33	—	1.12	0.96	0.83	0.73	0.65	0.52	0.430	0.360	0.306	—
丙酸乙酯	—	—	0.59	—	0.564	0.461	0.473	—	—	—	—	—	—	—	—
丙酸甲酯	—	—	—	—	0.47	—	—	—	0.34	—	—	—	—	—	—
溴苯	—	—	1.52	1.31	—	1.13	1.00	0.89	0.79	0.72	0.60	0.52	—	—	—
1,5-己二烯	—	—	0.34	—	0.29	0.275	0.25	—	0.21	—	—	—	—	—	—
2-己酮	—	—	—	—	—	0.625	—	—	—	—	—	—	—	—	—
己烷	—	—	0.397	0.355	—	0.320	0.290	0.264	0.241	0.221	—	—	—	—	—
庚烷	—	—	0.517	0.458	—	0.409	0.367	0.332	0.301	0.275	0.231	—	—	—	—
庚酸	—	—	—	5.62	—	4.34	3.40	2.74	—	1.89	1.38	1.06	0.82	—	—
苯	—	—	0.91	0.76	—	0.65	0.56	0.492	0.436	0.390	0.316	0.261	0.219	0.185	0.132
苄晴	—	—	—	1.62	—	1.33	1.13	0.984	0.864	—	—	—	—	—	—
戊醇	—	—	—	—	4.65	—	2.99	—	—	0.767	0.623	0.515	—	—	—
2-戊酮	—	—	0.64	—	—	0.499	—	—	0.375	—	—	—	—	—	—
戊烷	—	—	0.283	0.254	—	0.229	0.208	—	—	—	—	—	—	—	—
甲酰胺	—	—	7.3	5.0	2.38	3.75	2.94	2.43	2.04	1.71	1.17	0.83	0.63	—	—
丙二酸二乙酯	—	—	—	—	—	—	1.75	—	—	0.55	0.453	0.377	0.320	—	—
乙酐	—	—	1.24	1.05	—	0.90	0.79	0.69	0.62	0.453	—	—	—	—	—
甲醇	—	—	0.734	0.715	0.64	0.611	0.51	—	0.426	—	—	—	—	—	—
2-甲基己烷	—	—	0.48	—	0.39	—	—	0.32	—	—	0.22	—	—	—	—
薄荷醇	—	—	—	—	—	—	—	16.20	—	—	0.47	—	0.35	—	—
烯丙基碘	—	—	0.93	—	0.74	0.60	—	0.49	—	0.41	—	—	—	—	—
碘代异丁烷	—	—	1.16	—	—	0.91	0.65	0.42	—	—	—	—	—	—	—
碘乙烷	—	—	—	—	—	0.490	—	—	—	—	—	—	—	—	—
碘甲烷	—	—	0.61	—	—	—	—	—	—	—	—	—	—	—	—
碘苯	—	—	—	1.97	—	1.49	1.45	1.265	1.12	0.995	0.815	0.69	0.585	0.51	—
月桂酸	—	—	—	—	—	—	—	—	6.88	5.37	3.51	2.46	1.79	1.35	—
丁酸	—	—	2.84	—	—	1.538	—	1.117	—	0.853	0.678	0.545	—	—	—
丁酸乙酯	—	—	—	—	0.711	—	0.595	—	—	—	—	—	—	—	—
丁酸甲酯	—	—	1.77	1.45	—	1.21	1.03	0.89	—	0.69	0.55	0.45	—	—	—

盖好上盖，出口管下放好接收瓶，正好为 50℃时，将塞入孔管 8 的木棒 6 迅速提起，同时按动秒表，当试液到达接受瓶标线时，按停秒表，读取流出时间。重复 2 次取平均值。

（3）结果计算　按下式计算试液的条件黏度：

$$E_{50} = \frac{\tau_{50}}{T_{20}^{H_2O}}$$

式中　E_{50}——50℃试液的条件黏度，恩氏黏度；

τ_{50}——试液流出时间，s；

$T_{20}^{H_2O}$——20℃时黏度计的水值，s。

样品 3 次平行测定条件黏度误差不应超过下列数值。流出时间在 250s 以下时，误差小于等于 1s；流出时间在 250～500s 时，误差小于等于 2s；流出时间在 500s 以上时，误差小于等于 3s。

（4）有机化合物的黏度　表 7-60 列出了液体有机化合物的黏度。

十一、有关各种物理常数测定方法的仪器信息的网站

参看第一章第十四节、十。

第八章 定量分析过程

定量分析的任务是测定物质中各组分的含量。要完成一项定量分析工作，通常包括采样、制样、试样的分解、消除干扰、分析测定和结果计算等步骤。

第一节 样品的采集、制备与保存

样品的采集简称采样（又称检样、取样、抽样等），是为了进行检验而从大量物料中抽取的一定量具有代表性的样品。在实际工作中，要化验的物料常常是大量的，其组成有的比较均匀，有的却很不均匀。化验时所取的分析试样只需几克、几十毫克、甚至更少，而分析结果必须能代表全部物料的平均组成。因此，必须正确地采取具有足够代表性的"平均试样"，并将其制备成分析试样。若所采集的样品组成没有代表性，那么以下的分析过程再准确也是无用的，甚至可能导致错误的结论，给生产或科研带来很大的损失。

一、采样的原则、方法及注意事项

采样方法是以数理统计学和概率论为理论基础建立起来的。一般情况下，经常使用随机采样和计数采样的方法。不同行业的分析对象是各不相同的，例如有金属、矿石、土壤、石油、化工产品、天然气、工业用水、药品、食品、饲料等。若按物料的形态，则可分为固态、液态和气态三种。而从各组分在试样中的分布情况看，则不外乎有分布得比较均匀和分布得不均匀两种。显然对于不同的分析对象和分析要求，分析前试样的采集及制备也是不同的。因此采样及制备样品的具体步骤应根据分析的要求、试样的性质、均匀程度、数量多少等等来决定。这些步骤和细节在有关产品的国家标准和部颁标准中都有详细规定。以下仅就一些采样的基本原则和方法作些简要说明。

1. 组成比较均匀物料的采样

一般来说，化工产品、金属试样、粮食、油料、水样、气态试样等组成比较均匀，任意来取一部分，或稍加混合后取一部分，即成为具有代表性的分析试样。

（1）固态物料采样 金属或合金组成比较均匀的材料取样时，可根据具体条件，采用刨取法、车取法、铰取法、钻取法、剪取法等不同方法。在切削或钻取时，转速不宜太快，以免高温氧化，影响碳、硫等元素的分析结果。金属材料在浇铸、轧制、冷却过程中会产生元素的偏析，使元素分布产生一定的差异。因此，取样时应先将表面处理，然后用钢钻在不同部位和深度钻取碎屑。一定要注意取样部位和切削粒度，以提高试样的均匀性和代表性。

粮食、食糖、食盐、水泥、化肥以及化工产品等组成比较均匀，可按产品的批量大小、包装、存放方式，采取不同的取样方法。例如大量粮食、油料若按仓房采样，则可根据堆形和面积大小分区设点，每区面积不超过 $50m^2$，各区设中心和四角五个点，区数在两个和两个以上的，两区界线上的两个点为共有点，料堆边缘的点设在距边缘约 50cm 处。然后按料堆高度分层：堆高在 2m 以下的，分上、下两层；堆高在 $2\sim3m$ 的，分上、中、下三层，上层应在料堆下 $10\sim20cm$ 处，中层在料堆中间，下层在距底部 20cm 处；如遇料堆更高时，可酌情增加层数。这样按区按点，先上后下逐层采样，最后汇总混合作为分析试样。对动态物料的采样，可根据被检物料数量和机械传送速度，定出采样次数间隔时间和每次应采数量，然后定时在横断面采取样品，最后混合作为分析试样。若按包装采样，则可根据一定的比例（如按总包数的 5%、3% 等），在相应数量的包装中，采样点分布均匀地各取一定数量的样品，混匀后，即可作为分析试样。

(2) 液态物料采样　液态物料如植物油脂、酒、石油、化学溶剂等组成均匀，可根据包装情况采用不同的取样方法。对贮存在大容器内的物料，可分区分层采取小样，再将各小样汇总混合。如果物料贮存在小容器内，可将密封容器旋转摇荡，颠倒容器，或采用搅拌器等方法使液体均匀，任意取一部分即可作为试样。对分装在小容器里的物料，可按预先确定的百分比，从相应数量的容器里分别取样，然后混匀，作为分析试样。也可按公式 $S=\sqrt{N/2}$，即从总件数 N 中随机抽取数件 S。从抽取的 S 个容器内采取部分试样混匀即得分析试样。对易氧化物料，取样和混匀时，要尽量避免与空气接触。对浓硫酸、某些无水液态产品，由于它们具有强烈的吸水性，表层和内部的成分会有所不同，应分别从不同深度取样，混匀后作为分析试样。对含有易挥发性组成的物料也应同样处理。

(3) 气态物料采样　气体由于具有扩散作用，其组成比较均匀，但不同存在形式的气体取样方法和取样装置有所不同。采集静态气体的试样时，可在气体容器上装一个取样管，用橡皮管与吸气瓶或吸气管等盛气体试样的容器相连，或直接与气体分析仪相连。采集动态气体的试样，即从气体管道中采取试样时，要注意气体在管道中流动不是完全均匀的。位于管中心的流速较大，接近管壁处流速较小。为了取得均匀的试样，可使气体通过采样器的时间延长，在不同位置和不同时间多采集一些试样。对于负压气体，要连接抽气泵取样，对于高压气体，可用预先抽真空的容器抽取试样。如果气体压力过高，在取样管与容器间接一个缓冲器。如果取样管不能直接与气体分析仪连接，可把气样收集于取样吸气瓶、吸气管或球胆内。如采集少量气样，也可以用注射器抽取。

如要分析气样中微量组分，应采集较大量气体，用吸收瓶捕集欲测组分，流量计记录采样的体积。取样时要注意防止混入杂质。

2. 组成不均匀物料的采样

对一些粒度大小不均匀，成分混杂不整齐，组成很不均匀的试样，如矿石、煤炭、土壤等，欲采集具有代表性的均匀试样，的确是一项较为复杂的工作。为此，必须按照一定的程序，根据物料总样的多少、存放情况，自物料的各个不同部位采取一定数量粒度不同的样品。取出的份数越多，试样的组成与被分析物料的平均组成越接近。

(1) 煤炭、矿石等样品的采集　煤炭、天然矿石组分分布通常很不均匀，取样时要根据堆放情况，从不同的部位和深度选取多个采样点。

如为堆放物料，以堆积量 100～200t 作为一个取样单位，如图 8-1 所示。分点采样，每点不少于 1.5kg，作为原始样品。

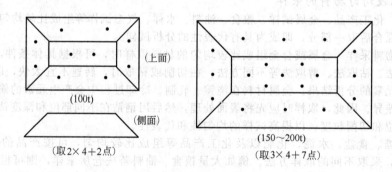

图 8-1　堆放物料的采样

若在车、船、仓库中采样，应从料仓的四角及中心底部采样，混合后即为原始平均样品。如试样为袋装，应从每 10 袋、20 袋或 50 袋中选取一袋，再从选定的各袋中的不同部位各取少量，合并即为一个原始平均试样。确定抽样比时，应根据物料的总量、粒度大小、均匀程度、价值、来源等因素而定。

根据经验，矿石试样采取量可用下列采样公式计算。

$$Q=Kd^a$$

式中　Q——采取试样的最小质量，kg；

d——试样中最大颗粒的直径，mm；

K，a——与被检验物料的均匀程度和易破碎程度有关的经验常数，通常缩分系数 K 值在0.02～0.2之间，a 值在1.8～2.5之间。

地质部门规定 a 值为2。各类矿石的缩分系数 K 见表8-1。

表 8-1　各类矿石的缩分系数 K

矿 石 种 类	K	矿 石 种 类	K
铁、锰	0.1～0.2	铅、锌、锡	0.2
铜、钼、钨	0.1～0.5	锑、汞	0.1～0.2
镍(硫化物)、钴	0.2～0.5	菱镁矿、石灰石、白云岩	0.05～0.1
镍(硅酸盐)、铝土矿(均一的)	0.1～0.3	磷灰石、萤石、黄铁矿、高岭土、黏土、石英岩	0.1～0.2
铬	0.25～0.3	明矾、石膏、硼砂	0.2

(2) 食品样品的采集　各部位组分不均匀食品样品的采集一般根据检验目的和要求，有时需从同一部位采集小样，如皮、肉、核等需分别采集小样；有时要从具有代表性的各个部位采取小样，然后经过充分混合即为原始试样。

3. 采样注意事项

(1) 采样前，应调查物料的货主、来源、种类、批次、生产日期、总量、包装堆积形式、运输情况、贮存条件、贮存时间、可能存在的成分逸散和污染情况，以及其他一切能揭示物料发生变化的材料。

(2) 采样器械可分为电动的、机械的和手工的三种类型。采样时，根据需要选择不与样品发生化学反应的材料制成的采样器。采样器应便于使用和清洗，而且坚固耐用。采样时应保持采样器清洁、干燥。

(3) 盛样容器应使用不与样品发生化学反应、不被样品溶解、不使样品质量发生变化的材料制成。当检验微量元素时，对容器要进行预处理。例如检验铅含量时，容器在盛样前应先进行去铅处理；检验铬锌含量时，不能使用镀铬、镀锌的工具和容器；检验铁含量时，应避免与铁制工具和铁容器接触；检验 3,4-苯并芘时，样品不能用蜡纸包，并防止太阳光照射；检验黄曲霉素时，样品应避免阳光、紫外光的照射。

如果采样或采样某阶段需要较长时间，则样品或中间样品要用气密容器保存。采集挥发性物质(如烃类)的样品，不宜使用塑料和气密性差的容器。对易吸潮的试样，应放在洁净、干燥、密闭、防潮的容器中。例如水泥试样，应放在防潮且不易破损的金属容器中。

样品容器应清洁、干燥、坚固耐用，密闭性能要好。通常盛样容器有如下几种类型：①无色透明或棕色的具有磨口塞的可密封玻璃瓶；②可密封的聚乙烯瓶；③内衬塑料袋、外用布袋或牛皮纸袋；④稠密的纺织布、聚乙烯塑料或金属材料的容器。

总之，盛样容器要依分析项目和被检物料的性质而定。

(4) 采样后要及时记录样品名称、规格型号、批号、等级、产地、采样基数、采样部位、采样人、采样地点、日期、天气、生产厂家名称及详细通讯地址等内容。采样单上填写的字迹要清晰，并能长期保留不褪色。

采集的样品包装后，应将标有样品编号、采样人单位印章、采样日期的标签贴在样品容器上，再贴上有样品编号、加盖有采样单位和受检单位公章以及采样人印章的封条。

采集的样品应由专人妥善保管，并尽快送达指定地点，且要注意防潮、防损、防丢失和防污染。

样品的交接一定要有文字记录，手续要清楚。

若发现被采物的包装容器受损、腐蚀或渗漏等可疑或异常现象，应及时请示报告，不要进行检验。

二、样品的制备与保存

采集的原始平均试样，对一整批物料来说应具有足够的代表性。对组分不均匀的物料，必须经

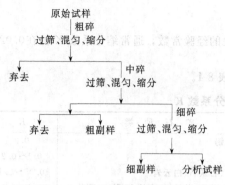

图 8-2 分析试样制备程序示意

过一定程序的加工处理，才能制备成供分析用的分析试样。

1. 固体样品的制备

样品制备的目的在于得到十分均匀的样品，使样品在拣取任何部分进行检验时，都能代表全部样品的成分，以取得正确的结果。

粒度较大的固体样品（如矿石）的试样加工程序一般如图 8-2 所示。

（1）样品破碎和过筛　用机械或人工方法把样品逐步破碎，大致可分为粗碎、中碎和细碎等阶段。

① 粗碎　用颚式破碎机把大颗粒试样压碎至通过 4～6 网目筛。

② 中碎　用盘式粉碎机把粗碎后的试样磨碎至通过 20 网目筛。

③ 细碎　用盘式粉碎机进一步磨碎，必要时再用研钵研磨，直至通过所要求的筛孔为止。

由于同一物料中难破碎的粗粒与易破碎的细粒的成分往往不同，故每次破碎后过筛时应将未通过筛孔的粗粒进一步破碎，直至全部通过筛子为止。绝不可将未通过筛的粗粒随意丢弃。

过筛时采用标准筛，见第一章第四节。

（2）样品混合均匀　样品破碎过筛后，经过混合使样品达到均匀。混合样品可采用下列方法。

① 手工混合　样品连续通过二分器三次，每次通过后将两部分样品合并；小粒度样品（<1mm）可用手工三次堆转混合。

② 机械混合　样品破碎至一定粒度（如<10mm）后可用双锥混合器或 V 形混合器混合。

（3）样品缩分　由于没有必要把原始试样全部加工成分析试样，因此在制样过程中要多次进行缩分。可用人工或机械（分样器）进行缩分。

人工缩分常用"四分法"。先将已破碎的样品充分混匀，堆成圆锥形，将锥顶压平（也可压成圆饼状或平面正方形），通过平顶的中心按十字形切成四等份，弃去任意对角的两份，保留另两份，混匀。由于样品中不同粒度、不同密度的颗粒大体上分布均匀，留下的样品数量虽然仅为原样的一半，但仍能代表原样的成分。

缩分的次数不是随意的，每次缩分后试样粒度与保留的试样量之间，都应符合采样公式（见本节一）。否则应进一步破碎后，再缩分。通常留下 200～500g，送化验室作为分析试样。试样最后的细度应便于溶解。对于较难溶解的试样，要研磨至能通过 100～200 目细筛。

机械缩分常用机械缩分器，采用以下方法。

① 定比缩分法　使得到的缩分样的质量正比于缩分前样品的质量。常用的有旋转容器缩分机、旋转圆锥缩分机和回转式缩分器等。

② 定量缩分法　使得到的质量基本一致（即质量差异小于 20%，以变异系数 CV 表示）的缩分样品的方法。此法不考虑缩分前样品的质量差异。常用的有转换溜槽式、切割式缩分机。

2. 样品中湿存水的预处理

一般固体试样往往含有湿存水（也称吸湿水），即试样表面及孔隙中吸附的空气中的水分。湿存水含量随样品的粉碎程度、放置时间和空气中湿度的不同而改变，因此试样中各组分的相对含量也必然随着湿存水的多少而改变。为了便于比较，试样各组分相对含量的高低常用干基表示。干基是不含湿存水的试样质量。因此在进行分析之前，必须先将试样烘干，在烘箱中烘干的温度和时间可根据试样的性质而定。受热易分解的试样采用风干或真空干燥的方法干燥。有些物质遇热易爆炸，则只能在室温下放在保干器中除去水分。对于湿存水的含量，可另取烘干前的试样测定。

3. 食品试样的制备

许多食品的各个部位的组分差异很大，试样化验之前，必须经过制备过程，以得到均匀的试样。食品的种类不同，其试样制备方法也不一样，大致可分以下几种制备方法。

① 对于液体或浆状食品，如牛奶、饮料、液体调味品等，可用搅拌器充分搅拌均匀。

② 对于含水量较低的食品，如粮食等，可用研钵或磨粉机磨碎，并混合均匀。

③ 对含水量较高的肉类、鱼类、禽类等，需取其可食部分，放入绞肉机中绞匀。

④ 对含水量更大的水果和蔬菜等，取其可食部分，放入高速组织捣碎机中捣匀（有时加等量蒸馏水）。

⑤ 对于蛋类，去壳后用打蛋器打匀。

⑥ 对于罐头食品，取可食部分，并取出各种调味品（如辣椒等）后，再制备均匀。

制备试样时，必须把带核果实、带骨家禽、带鳞的鱼等样品预先去除核、骨和鳞等非食用部分，然后进行样品的制备。

样品制备也要根据化验的目的、要求而定。如进行有机农药残留量的检验时，鸡的不同部位其有机农药残留量不同，取样时要加以注意。

4. 样品的保存

在采样和样品制备过程中，必须注意防止待测组分损失和沾污，以保证试样的代表性。制备好的试样贮存于具有磨口玻璃塞的广口瓶中，贴好标签，注明试样编号、名称、来源、采样日期等。

通常把制备好的样品分成三份。一份作为检验用的样品，称为试验样品或检验样品；一份供复验用的样品；一份作为备查用的样品，称为保留样品。试验样品应尽快地送检验部门进行检验。复验样品与保留样品应置于温度适宜、干净的密封容器内，避光妥善保存。

对检验结果有怀疑或争议时，可根据具体情况，进行复检。贸易双方在交货时，对某产品的质量是否符合合同中的规定产生分歧，也需要进行复检。如果双方争执较大，还可由双方一起采样检验，或将样品委托权威公正的第三者检验。所以对某些样品应当封好保存一段时间。保存时间的长短，可根据物料种类、检验项目、保存条件及合同中的规定而定。例如水样采集后要及时进行分析，保存时间越短，分析结果越可靠。

对于容易腐烂变质的食品样品，往往需要在较低的温度中保存，或采取冷冻干燥的方法保存。

5. 制样注意事项

① 制样时所用工具不仅要求洁净干燥，而且使用前应用待处理的试样"洗"2～3次。样品制备过程中要防止引入污物、灰尘或其他杂质。制样场所需保持清洁。制备金属试样时，应先除去金属表面的锈、垢、涂层、氧化层等。含水分样品应防止水分变化。

② 潮湿的样品应先风干或烘干，这样既便于破碎，又可防止堵塞筛孔。

③ 过筛时，应在正常摇动下使样品自然通过筛孔，不得拍、压，以免损坏筛孔。

④ 分析试样应置于恰当的容器中保存，且要标明样品名称、来源、分析项目、编号、日期等项。复检样品和保留样品均应妥善保存，并按规定保存一定时期，以备复查。

在整个采样、制样过程中应注意安全操作。采样人员必须熟悉被采样品的特性和安全操作的有关知识及处理方法。采样时必须采取预防措施，严防爆炸、中毒、燃烧、腐蚀等事故的发生。

第二节　环境样品的采集和保存

环境是相对于人类生存和发展的所有外界自然因素的总和，它既包括未经人类活动和改造过的自然界（如空气、陆地、森林等），又包括人类社会活动和改造过的自然界，例如城市、村落及一切人们生活的设施等。重视环境保护，是建设人类共同未来的大事。为了研究环境污染，必须了解污染物的种类、存在形态、浓度及其变化因素。监测对象包括大气、水质、土壤等，监测内容重点是有毒、有害污染物（无机、有机）、生物污染等。环境监测是研究和获取环境信息的重要手段，只有全面、准确、客观的环境监测数据才能使人类正确评价环境质量，找出其规律，寻求可持续发展的人类与环境的协同演化。

环境监测过程一般包括现场调查、优化布点、样品采集、运送保存、分析测试、数据处理、综合评价等。由于造成环境污染的成因繁杂，环境污染会随时间和空间变化，也受气象、季节、地形、地貌等因素影响，加之污染物之间、污染物与环境、污染物与机体之间的综合效应更增加了环境监测的难度。进行周密的现场调查和资料收集有助于增加数据的合理及可靠性，是获得有代表性信息的前提。此外采集得到的环境样品在存放过程中会因吸附、沉淀、挥发、氧化还原、微生物作用等影响使样品中分析对象发生变化，也将直接降低结果的可靠程度。

一般来说分析测试远比采样精确和精密，且随科学进步误差会更小，因此选择正确的采样方法和采样条件对于提高分析结果质量至关重要。正确采样、保存运送是环境监测成败的关键。

采样是特定目的从待定对象抽取的部分，必须具有代表性，也就是说它的成分要能够反映待分析对象全部成分（在允许的误差范围以内）。取样不当分析再精确也徒劳。为此必须考虑：采样监测的目的，样品的均匀性以及采样的偏差等问题。

许多因素可能影响样品的性质，例如物料表层与内层可能有差异（温度、湿度变化），颗粒物样则可能在运输中增加不均匀性（细粒部分可能下沉到底部，粗粒上部为多）；采集河水底部沉积物时，可以产生随沉淀深度的差异，或产生黏附损失等；样品可能因保存条件产生氧化、脱水、挥发、凝聚、生物降解等。随机取样一般比取单一的代表样品具有更好的可信度，但在随机取样时应注意防止人为意识产生的采样偏差。

一、环境中的优先监测对象

环境中有毒有害化学污染物是环境监测的重点，对环境中出现频率高的、污染物众多的有毒污染物筛选出优先污染物作为监控对象。

中国颁布的优先重点控制污染物名单见表8-2。

表 8-2　中国颁布的优先重点控制污染物名单

化 学 类 别	名　　　　称
1. 卤代（烷、烯）烃类	二氯甲烷、三氯甲烷、四氯化碳、1,2-二氯乙烷、1,1,1-三氯乙烷、1,1,2-三氯乙烷、1,1,2,2-四氯乙烷、三氯乙烯、四氯乙烯、三溴甲烷
2. 苯系物	苯、甲苯、乙苯、邻二甲苯、间二甲苯、对二甲苯
3. 氯代苯类	氯苯、邻二氯苯、对二氯苯、六氯苯
4. 多氯联苯类	多氯联苯
5. 酚类	苯酚、间甲酚、2,4-二氯酚、2,4,6-三氯酚、五氯酚、对硝基酚
6. 硝基苯类	硝基苯、对硝基甲苯、2,4-二硝基甲苯、三硝苯甲苯、对硝基氯苯、2,4-二硝基氯苯
7. 苯胺类	苯胺、二硝基苯胺、对硝基苯胺、2,6-二氯硝基苯胺
8. 多环芳烃	萘、荧蒽、苯并[b]荧蒽、苯并[k]荧蒽、苯并[a]芘、茚并[1,2,3-c,d]芘、苯并[ghi]芘
9. 酞酸酯类	酞酸二甲酯、酞酸二丁酯、酞酸二辛酯
10. 农药	六六六、滴滴涕、敌敌畏、乐果、对硫磷、甲基对硫磷、除草醚、敌百虫
11. 丙烯腈	丙烯腈
12. 亚硝胺类	N-亚硝基二丙胺、N-亚硝基二正丙胺
13. 氰化物	氰化物
14. 重金属及其化合物	砷及其化合物、铍及其化合物、镉及其化合物、铬及其化合物、铜及其化合物、铅及其化合物、汞及其化合物、镍及其化合物、铊及其化合物

二、大气污染物样品的采集

目前已认识到的大气污染物有 100 多种，它们可以以分子态和颗粒两种形式存在于大气中，分子态的有二氧化硫、氮氧化物、一氧化碳、臭氧、烃类化合物、二氧化碳、氟氯烃化合物等；颗粒物有自然降尘、飘尘、气溶胶、总悬浮颗粒、含化学成分的尘粒（含重金属、多环芳烃）等。

1. 采样的调查、布点、时间与频率

（1）采样资料的调查

① 了解情况　采样前了解待监测区内污染源类型、数量、排放污染物种类、排放量，如测烟道排放，还应了解原料来源、消耗量及烟道的高度（与能扩散的范围面积有关）。如果是交通污染还应区分一次与二次污染。二次污染在大气光化学反应后生成，因此可以传输到更远的地方。

② 记录气象条件及地形资料　污染物在大气中扩散、输送及一系列物理、化学变化与当时的

气象条件密切相关。为此，要收集监测区的风向、风速、气温、气压、日照情况、相对湿度、逆温层底部的高度、温度的垂直梯度分布等资料。地形会对风向、风速和大气稳定性产生影响，布点时必须考虑。

③ 其他情况　如工业区、商业区、居住区分布密度等。

（2）布采样点的原则及要求

① 根据资料将监测区分成高污染、中污染和低污染三个区域，一般来说上风向污染少于下风向，布点可少些；工业区和人口密度大的地方多布点。

② 选择几个背景本底对照点。

③ 采样应高于地面1.5～2m处，采样的水平线与周围建筑物高度不应大于30°角，并应避开树木及吸附能力较强的建筑物；交通密集区的样点应距人行道1.5m远；采样点离主要污染源20m以上，且不能正对排放下风口。

④ 各采样点及设施应尽可能一致，使可比性强。

（3）采样点的数目　一般与经济投资和监测精确度有关，并结合实际综合考虑。我国大气环境污染例行监测采样点设置数目见表8-3。

表8-3　我国大气环境污染例行监测采样点设置数目　　　　单位：个

市区人口/万人	SO_2、NO_x、TSP	灰尘自然降尘量	硫酸盐化速率
<50	3	≥3	≥6
50～100	4	4～8	6～12
100～200	5	8～11	12～18
200～400	6	12～20	18～30
>400	7	20～30	30～40

可按功能区布点，采用网格、同心圆或扇形三种布点方式，如图8-3～图8-5所示。

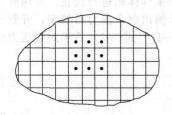
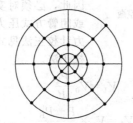
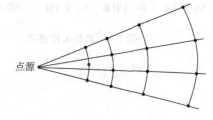

图 8-3　网格布点法　　　　图 8-4　同心圆布点法　　　　图 8-5　扇形布点法

（4）采样时间及频率　采样时间指开始采样到结束的时间（也称采样时段），采样频率指在一定时间内采样的次数。日平均浓度测定次数至少每日3次，最好2～4h一次，时间分配为大气较稳定的夜间、不稳定的中午、中等稳定的早晨或黄昏。年平均的测定最好每月一次，采样时间及次数与测日平均相同。发达国家要求年平均的采样累积时间就在6000h以上（有自动监测条件）。

我国监测技术规范对大气污染例行采样时间、频率与采集样品关系见表8-4。

表8-4　我国监测技术规范对大气污染例行采样时间、频率与采集样品关系

监测项目	采样时间和频率
二氧化硫	隔日采样，每天连续采(24.0±0.5)h，每月14～16d，每年12个月
氮氧化物	同二氧化硫
总悬浮颗粒物	隔双日采样，每天连续采(24.0±0.5)h，每月5～6d，每年12个月
灰尘自然降尘量	每月采样(30±2)d，每年12个月
硫酸盐化速率	每月采样(30±2)d，每年12个月

我国大气环境质量标准对采样的要求如下。

① 在受污染最严重的时间采样。

② 最高日均浓度全年至少监测 20d，最大污染的样品数不应少于 25 个。

③ 每次监测次数不得少于 3 次。

2. 采样方法

当大气中污染物浓度较高和具有高灵敏度检测条件时，可采用直接采样法，包括用塑料袋、注射器、采气管、真空瓶等（图 8-6）。大气中的污染物浓度一般都较低，通常仅为 $10^{-6} \sim 10^{-9}$（体积比）数量级，则必须采用富集采样法，主要采用的方法有溶液吸收采样法、低温冷凝浓缩法、滤膜采样法、阻留法等。

大气中颗粒物依粒径大小可分为降尘和飘尘，粒径大于 $10\mu m$ 的颗粒物称为降尘，这类降尘因自身重力作用很快降到地面。粒径小于 $10\mu m$ 的颗粒物称为飘尘，现常用 PM_{10}（$<10\mu m$）表示，通常能在空气中飘浮很长时间，甚至可达数年，可输送至很远的距离。多环芳烃类（PAHs）有机污染物在大气中则以吸附在颗粒物上的形式存在，科学研究表明 70%～90% 的 PAHs 吸附在粒径小于 $5\mu m$ 的可吸入颗粒物上，冬季大气中 97% 以上的苯并[a]芘（BaP）吸附在 $10\mu m$ 以下的飘尘颗粒物上。因此大气中的飘尘可作采集 PAHs 等有机污染物的载体。

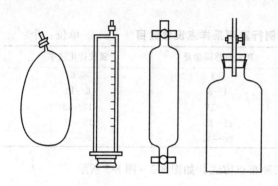

(a) 塑料袋　(b) 注射器　(c) 采气管　(d) 真空瓶

图 8-6　直接采样容器

（1）直接采样法　此法仅适用于大气污染物浓度较高及可选择测试方法高灵敏的情况。直接采样容器如图 8-6 所示。

对这类采样器的要求：材质不与被测组分发生化学反应、不具渗透性。所以塑料袋的材料应采用聚四氟乙烯或聚乙烯。采气管两端应有活塞，容积为 $100 \sim 500mL$，采样时必须先通入此采样管容积 6～10 倍的气体体积，用置换法除去原管内的非被测物气体。当用真空瓶采样时，要先将瓶内抽成真空，但在测定时仍会有部分剩余气体，因此，必须对实际采样体积进行校正。可用开管或闭管方式压力计测出剩余压力后校正，开管压力计校正法见式(8-1)。式(8-2)适于闭管压力计校正法。

$$V_1 = V_0 \frac{P_k}{P} \tag{8-1}$$

$$V_1 = V_0 \times \frac{P - P_B}{P} \tag{8-2}$$

式中　V_1——现场采样体积，mL；

V_0——真空瓶体积，mL；

P_k——开管压力计读数，kPa；

P_B——闭管压力计读数，kPa；

P——采样时大气压力，kPa。

（2）溶液吸收法　这是采集大气中蒸气态或气溶胶态的污染物常用的方法。采样时，用抽气装置将待监测的污染气体以一定流量抽入装有吸收溶液的吸收管（瓶）中，记录采样量，采样结束后，取出吸收液供分析测定。

① 采样中使用的气体吸收管及吸收瓶如图 8-7 所示。

采样时吸收管（瓶）中先放入能吸收待测组分的液体或溶液，被采集的气体以气泡的形式通过吸收液时产生溶解或化学反应而被吸收。吸收法采样时吸收速率是决定采样效率的关键，而吸收作用是在气/液两相界面上进行的，增加气/液接触面积有利于提高吸收效率。当气流量一定时，液体的高度越大，气泡的平均半径和上升速度越小，此时气/液两相的总接触面积就越大，吸收效果也越好（吸收率越高）。这是选用吸收管或多孔筛吸收管的类型及大小的根据。当被采集物为气溶胶（雾）时，因胶粒状的气泡其扩散速率和吸收速率远不如气体状分子，通常都要采用多孔筛板式吸收管（瓶）或冲击式吸收管以增加采集时的吸收率。

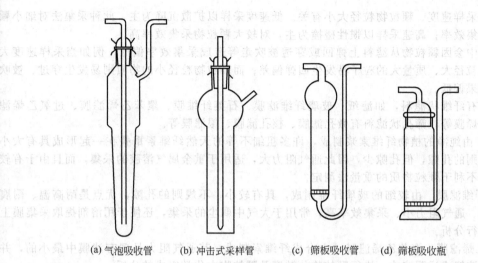

(a) 气泡吸收管　(b) 冲击式采样管　(c) 筛板吸收管　(d) 筛板吸收瓶

图 8-7　气体吸收管和吸收瓶

② 吸收的原理有两类：一类是利用物理性能（溶解度）吸收法；另一类是基于化学反应的吸收法。根据溶解性能，吸收液可选水、无机溶剂、有机溶剂或它们的混合溶液等。例如检测空气中的苯可以二硫化碳为吸收液；氯化氢、甲醛可用水作为吸收液；多数有机农药可用 5% 的甲醇作为吸收液；硝基苯等可采用 10% 的乙醇吸收；碘甲烷可用无水乙醇吸收。但除溶解度很大的气态污染物外，均应采用伴有化学反应的吸收法。

依据化学反应的吸收法，可利用中和反应，像一般酸性物质用碱液吸收，碱性物质用酸液吸收，例如 IICN 用 NaOH 为吸收液，NH_3 用 H_2SO_4 为吸收液。利用氧化还原反应时，一般氧化性物质用还原剂吸收，还原性物质用氧化剂吸收，如臭氧等用 KI 溶液吸收，PH_3 用酸性 $KMnO_4$ 溶液吸收。利用沉淀反应吸收时从生成难溶物的溶解度考虑，例如 H_2S 用 $Zn(CH_3COO)_2$ 吸收。也可利用生成络合物的原理选取用吸收剂，如 SO_2 可用 $K_2(HgCl_4)$ 吸收。总之应根据被测物质本身的性质选择相应的吸收液。

③ 吸收液的选择除考虑吸收速率快以外，还必须考虑稳定性，即待测物质被吸收后还必须有足够供分析用的稳定时间，例如以碱液吸收 SO_2 时会随放置时间延长逐渐被氧化生成硫酸，而以四氯汞钾为吸收液时则所生成的络合物稳定，不易被氧化，有更可靠的测定结果。又如有机农药用甲醇吸收时，若甲醇浓度超过 5%，则会影响到酶化法测定农药的结果。当然如果所选吸收液具有吸收及显色双重功能则更好，这样可大大简化分析手续，缩短时间，例如测定大气中的氮氧化物，吸收液选用乙酸-对氨基苯磺酸-盐酸萘乙二胺混合溶液时，形成有色物质便可用于直接比色测定。此外，吸收液还应毒性小、价廉和便于回收。

（3）固体滤料阻留法　此法将过滤性材料（滤纸、有机滤膜等）放在如图 8-8 所示的颗粒物采样夹上，用抽气泵抽气。

因为过滤性材料是高分子微孔物质，抽气时分子状的气体物质能顺利通过滤纸或滤膜，而空气中的气溶胶颗粒物可基于直接阻截（粒径大，通不过）、惯性碰撞、扩散沉降、静电吸引和重力沉降等作用被阻留在过滤材料上，达到采集和浓缩的目的。称取过滤性材料上载留的颗粒物质量，根据采样体积，即可计算出空气中颗粒物的浓度。

不同滤料阻留方式不同，有的滤料以阻截作用为主，有的则以静电力作用为主，或者也可同时具有多种阻留方式。滤料的采集效率不仅与其自身性质有

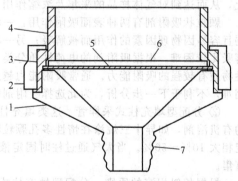

图 8-8　颗粒物采样夹
1—底座；2—紧固圈；3—密封圈；4—接座圈；
5—支撑网；6—滤膜；7—抽气接口

关，而且还与采样速度、颗粒物粒径大小有关。低速度采样以扩散沉降为主，此种采集法对细小颗粒物有高的采集效率；高速采样以惯性碰撞为主，对较大颗粒物采集效率高。

采样过程中会因颗粒物从滤料上弹回或穿透被吹走等造成采集效率偏低，例如当采样速度大时，对颗粒物粒径大、质量大的粒子易发生回弹偏差；而颗粒物粒径小的物质则易发生穿过、被吹走造成测定结果偏低。

常用滤材有纤维状滤料，如滤纸、玻璃纤维滤膜、石英纤维膜、聚苯乙烯滤膜、过氯乙烯滤膜、聚四氟乙烯膜等；筛孔状滤料有微孔滤膜、核孔滤膜、银滤膜等。

① 滤纸　由纯净的植物纤维素浆制成，许多粗细不等的天然纤维素重叠在一起形成具有大小和形状都不规则的孔隙，但孔隙少，因此通气阻力大，适用于重金属气溶胶的采集，而且由于有较强的吸水性，不利于颗粒物质的重量法测定。

② 玻璃纤维滤膜　由较细的玻璃纤维制成，具有较小、不规则的孔隙，优点是耐高温、耐腐蚀、吸湿性小、通气阻力小、采集效率高，常用于大气中飘尘的采集，还便于用溶剂提取采集膜上的有害成分进行分析。

③ 过氯乙烯滤膜、聚苯乙烯滤膜　由合成纤维素制成，其通气阻力是现有滤膜中最小的，并能用有机溶剂溶解成透明溶液，进行颗粒物分散度及颗粒物中化学组成的分析。

④ 微孔滤膜　它是硝酸（或醋酸）纤维素等基质交联而成的筛孔状膜，孔径细小、均匀，而且可根据需要制成不同孔径，采集气溶胶时常用孔径为 $0.8\mu m$ 的膜材，这种膜质量轻，金属杂质含量极微，并能溶于多种有机溶剂，因此，对采集金属气溶胶的特别适用。

⑤ 核孔滤膜　它是将聚碳酸酯薄膜覆盖在铀箔上用中子流轰击，使铀核裂产生的碎片穿过薄膜形成微孔，再经化学腐蚀制成。这种膜薄而光滑，机械强度好，孔径均匀，不亲水，适用于精密的重量分析，但因微孔呈圆柱状，采样效率要低于微孔滤膜。

⑥ 银滤膜　由微细的银粒烧结而成，有与微孔滤膜相似的结构，可耐 $400℃$ 的高温，耐化学腐蚀性强，适用于采集酸、碱气溶胶及含煤焦油、沥青等挥发性有机物的气体样品。

滤膜的选择还取决于采样目的、采样效率、稳定性、空白值、方便处理、利于分析、成本合适等诸因素。其中石英纤维膜及聚四氟乙烯膜应用广泛。

(4) 填充柱式采样管阻留富集法　填充柱为长 $5\sim10cm$，内径 $0.3\sim0.5cm$ 玻璃管或不锈钢管，将适当粒径的颗粒状填充剂装入，制成采样管，采样时大多以一定流速通过填充柱，利用对待测组分的吸附、溶解或化学反应等作用而被阻留在填充剂上，达到浓缩采样的目的。采样后经解吸或溶剂洗脱，将被测组分从填充柱上释放出来进行测定。根据填充剂阻留原理可分成吸附、分配、反应三种类型。

① 吸附型填充柱　采用颗粒状固体为吸附剂，常用的吸附剂有活性炭、硅胶、分子筛、高分子多孔微球等，它们的共同的特点是多孔，比表面积大，对气体和蒸气有较强的吸附能力。当待测大气连续通过此填充柱时，由于吸附剂对气体的选择性吸附作用，将待测组分阻留在柱中吸附剂上，从而达到对气体样品的采集及浓缩作用。

颗粒状吸附剂有两种表面吸附作用：一种是依靠分子间的引力而产生物理吸附，这种吸附力较弱且容易因物理因素的作用而被解吸；另一种是由剩余价键引起的化学吸附，此类吸附力较强，但解吸比较困难。根据吸附剂的电荷性质分类又可分成极性吸附剂和非极性吸附剂，极性吸附剂对极性物质有较强的吸附能力。通常吸附能力越强，采样效率越高，不过太强的吸附能力会造成解吸的困难，不利于下一步分析，为此选择吸附剂时应考虑综合因素。

② 分配型填充柱式采样管　这类填充柱的填充剂是类似于气相色谱柱中的固定相，将高沸点的有机溶剂，如异十三烷涂在惰性多孔颗粒物如硅藻土的表面上，但此时有机溶剂的用量比色谱固定相大 $10\%\sim50\%$。当大气通过柱时固定液中分配系数大的组分被保留在填充柱的吸附剂中而被富集。

根据相似相溶的原则，分配型填充柱式采样管的固定液要与待测物质有相似的性质，这样才能得到较大的分配系数和保留体积，具有较高的采样效率，例如采集极性化合物如丙酮、甲醇等可选用 10% 的聚乙二醇/担体做填充剂；采集非极性化合物如苯、甲苯和二甲苯时可选用 30% 的硅油/担体做填充剂。分配型填充柱式采样管的采样效率很高，但对以蒸汽和气溶胶状态存在大气中的六六六、DDT 或多氯联苯（PCB）以溶液吸收法采样时采样效率很低，如果改用涂有 5％甘油的硅酸铝载体为填充剂采样管采样，其采集效率可达 90％～100％，采集物用甲醇溶出，再经正己烷提取浓缩样品后，用电子捕获检测器测定时检测限六六六为 0.0005mg/m³，多氯联苯为0.002mg/m³。

③ 反应型填充柱式采样管　这种采样管中填充剂由惰性多孔颗粒物（石英砂、玻璃微球等）、纤维状物（滤纸、玻璃棉等）作为担体，在其表面涂渍上能与被测组分发生化学反应的试剂，也可以用能和被测组分发生化学反应的纯金属（Au、Ag、Cu 等）的细粒或丝毛做填充剂。当被采集的大气样通过此类采样管时，被测组分因化学反应而在填充剂表面被阻留富集。然后采用适宜的溶剂洗脱或加热吹气法解吸下来进行分析测定。反应型填充柱式采样管具有较大的采样量及采样速度，得到的富集物稳定（可达几天或几周），对气态、蒸气态和气溶胶态均有较高的富集效率，是在大气污染物监测中极具发展前途的富集方法。

（5）低温冷凝法　对大气中某些沸点比较低的气态污染物，如烯烃类、醛类常温下用固体填充剂式采样管法富集效果也不好，此时，采用低温冷凝采样法可提高采集富集效率（图 8-9）。

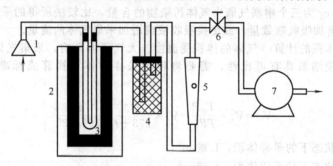

图 8-9　低温冷凝浓缩采样装置
1—空气入口；2—制冷槽；3—样品浓缩管；4—水分过滤器；5—流量计；6—流量调节阀；7—泵

将 U 形或蛇形采样管插入冷阱中，当大气流经采样管时，被测组分因冷凝而凝结在采样管下部（底部），如果气相色谱法测定则可将采样管与气相色谱的进气口相连接，移去冷阱使待测组分在常温下气化（对沸点较高组分可加热使其气化），用载气带入气相色谱仪中进行测定。

低温冷凝采样法具有效果好、采样量大、利于被测组分稳定等优点，但大气中的水蒸气、二氧化碳，甚至氧也可能同时冷凝下来，用液氨或液态空气做制冷剂时，氧也可能被冷凝下来，在常温气化时这些成分也会气化，从而增加了气体的总体积，降低富集浓缩效果，甚至会干扰测定工作。常用制冷剂见表 8-5。因此在采样管的进气端应加置选择性的过滤器（内装过氯酸镁、碱石棉、氢氧化钾或氯化钙等），除去大气中的水蒸气和二氧化碳等，所选用的干燥剂和净化剂不应与待测组分发生作用，否则会造成新的问题。

表 8-5　常用制冷剂

名　称	制冷温度/℃	名　称	制冷温度/℃	名　称	制冷温度/℃
冰	0	干冰-丙酮	−78.5	液氧	−183
冰-食盐	−4	冰食盐	−4～−10	液氮	−196
干冰-二氯乙烯	−60	干冰	−78.5	液氨	−183
干冰-乙醇	−72	液氮-甲醇	−94	液态空气	−190
干冰-乙醚	−77	液氮-乙醇	−117		

注：液氧有爆炸的危险性，常不采用。

（6）自然积集法　利用物质的自然重力、空气动力及浓差扩散的作用采集大气中被测定的组分，例如测定自然降尘量、硫酸盐化速率、大气中氟化物的采集等。这类采集方法不需动力设备，简单，采样时间长，测定结果能较好地反映大气污染情况。

（7）采样效率　采样方法的采集效率，是指在规定的采样条件（采样流量、气体浓度、采样时间等）下，采集到的气体占总量的百分数。采集效率评价方法与污染物在大气中的存在状态有关。采集效率能否满足要求是大气污染监测中拟订新监测方法的依据。评价方法有以下两种。

① 绝对比较法（精确配气法）　配制一定浓度（$c_{标}$）的标准气，用采样法采集所配的标准气，并测定采集的标准气的浓度（$c_{测}$），根据下式计算采集效率 P 为：

$$P = \frac{c_{测}}{c_{标}} \times 100\% \quad (8-3)$$

此法虽好，但标准气难于精确配制，较少用。

② 相对比较法（串联采气法）　配制一定浓度的待测气体，浓度不必十分精确，但为定值，串联 2～3 个采气瓶，测定各采气瓶中的浓度，从而计算第一采气瓶与各串联采气瓶总浓度的百分数，则采样效率 P 为：

$$P = \frac{c_1}{c_1 + c_2 + c_3} \times 100\% \quad (8-4)$$

式中，c_1、c_2、c_3 为三个串联气瓶中气体污染物的含量，比较法所得的采样效率应大于 90%，如低于此值则必须增加吸收瓶数量，或更换吸收液或增加采集气体的流量。

（8）大气采样体积的计算　气体的体积受温度、大气压力影响，采集气体的体积随现场的温度、压力变化，为使结果具有可比性，需要将现场采样的体积换算成标准状态。根据气体方程有：

$$V_0 = V_t \times \frac{T_0 P}{T P_0} = V_t \times \frac{273}{273 + t} \times \frac{P}{101.325} \quad (8-5)$$

式中　V_0——标准状态下的采样体积，L 或 m^3；

　　　V_t——现场状态下的采样体积，L 或 m^3；

　　　t——采样时间的温度，℃；

　　　P——现场采样时的大气压力，kPa；

　　　P_0——标准状态下的压力，kPa；

　　　T_0——标准状态下的绝对温度，K；

　　　T——采样时间绝对温度，K。

如果用真空瓶采样，应根据瓶内的剩余压力，将真空瓶体积换算成标准状态。

用闭管压力计测瓶内剩余压力时换算式为：

$$V = V_0 \times \frac{273}{273 + t} \times \frac{P - P_B}{101.325} \quad (8-6)$$

式中　V——采样体积，L；

　　　V_0——真空瓶采样体积，L；

　　　P——采样现场大气压力，kPa；

　　　P_B——闭管压力计的读数，kPa。

用开管压力计测瓶内剩余压力时换算式为：

$$V = V_0 \times \frac{273}{273 + t} \times \frac{P_k}{101.325} \quad (8-7)$$

式中　P_k——开管压力计读数，kPa。

若参比状态为 25℃，大气压力为 101.325kPa（此参比状态下气体的摩尔体积为 24.5L），此时采样体积换算式为：

$$V_r = V_t \times \frac{273 + 25}{273 + t} \times \frac{P}{101.325} \quad (8-8)$$

（9）最小采样量的计算　为合理采样，必须根据空气中被测污染组分的最高允许量和所用测定方法的灵敏度决定采样体积，可计算如下：

$$V=\frac{ac}{bd} \qquad (8\text{-}9)$$

式中　V——最小采样体积，L；

　　　a——采集时间吸收液体积，mL；

　　　b——分析时移取的吸收液的体积，mL；

　　　c——分析方法的灵敏度，μg；

　　　d——被测污染物组分的最高允许浓度，mg/m^3。

当实际污染物浓度较高时可适当减小采样量。

（10）大气中有害物质浓度的表示方法　用单位体积空气中有害物质的含量表示该物质在空气中的浓度，有两种表示方法。

① 单位体积质量浓度（A）　以单位体积内所含污染物的质量表示，即 mg/m^3 或 $\mu g/m^3$，适于各种状态下的物质：

$$A=\frac{m}{V}=\frac{m}{V_r} \quad (mg/m^3) \qquad (8\text{-}10)$$

式中　m——被测物质量，μg 或 mg；

　　　V_r——参比标状下采样体积，L 或 m^3。

② 体积比浓度　过去常用现已废止使用的体积比浓度，体积比浓度指在百分体积空气中含有污染气体或蒸气的体积数，ppm 为百万分之一（$1/10^6$），ppb 是 $1/10^9$。体积比浓度不受空气温度及压力变化影响，适用于气态或蒸气态物质，不适用于颗粒状物质。

$$ppm=\frac{被测物质体积}{空气总体积}\times10^6$$

③ 两种浓度单位的换算

$$\frac{A}{x_{ppm}}=\frac{mg/m^3}{x_{ppm}}=\frac{M}{22.4}$$

$$x_{ppm}=\frac{22.4\times A}{M} \quad 或 \quad x_{ppm}=\frac{24.5\times A}{M}$$

$$\text{（标准状态）} \qquad\qquad \text{（参比状态）}$$

式中　x_{ppm}——气体浓度，$\times10^{-6}$（ppm）；

　　　A——气体浓度，mg/m^3；

　　　M——物质的摩尔质量；

　　　22.4——标准状况下（0℃、101.325kPa）气体的摩尔体积；

　　　24.5——参比状况下（25℃、101.325kPa）气体的摩尔体积。

（11）大气样品的预处理及保存　采集收集到的滤膜上的气溶胶样品应避免阳光直射，并置于4℃以下保存。测定组分不同，预处理方法也不同。对大气飘尘中含铜、锌、铅、铬、镉、铁、钴和镍等多种金属要进行消解、溶解、干法灰化和湿法消化处理。进行有机物测定时还需进行提取和分离。

（12）汽车发动机尾气的采集　汽车发动机尾气气溶胶样品的采集对于研究城市大气污染有重要意义。发动机尾气的采集是有一定困难的，一则由于尾气颗粒物是以气溶胶或烟雾形态存在，"吹掉效应"较强；二则刚从发动机排出的气溶胶具有较高的温度，当用空气流速很高的大流量采样器收集时，尾气常因温度剧烈下降，而在滤膜上凝结，阻塞滤膜空隙，影响采样。对该类样品的采集，国外有专用采样设备。例如，Vecchio 等设计的发动机尾气采样器是利用在水冷凝管和一系列冷却捕集装置，然后进入滤头，滤头的滤膜为两层：一层是玻璃纤维滤膜；另一层是三醋酸酯纤维滤膜。

（13）烟道气的采集　各种不同类型的烟囱的排放物烟道气是一种污染源。这类污染源，因具有规律或无规律的周期排放，采样往往需要较长的周期，为了节省采样时间，应预先制订详细的计划。依实验要求和污染源的性质不同，计划应包括以下一些主要内容。

每个循环的时间及循环的频率（如采暖锅炉的封火期及供热期的时间和频率）；研究对照与之相似过程的排放水平。在烟道中选择合适的采样点。根据操作条件安排采样周期及时间等。只有经过极为周密细致的考虑之后取得的样品，才能比较接近真实的污染状况。

废气采样器的国内部分生产厂家有武汉仪表集团公司分析仪器厂（YQ-2 型）和青岛崂山电子仪器总厂（YQ-2 型）等。

3. 采样仪器与飘尘的采样方法

（1）大气采样器　用于大气污染物的采样仪器，一般由收集器、流量计和抽气泵三部分组分，如图 8-10 所示。

① 收集器是捕集待测物的装置，可以是吸收管、吸收瓶、固体采样管、采样夹等。

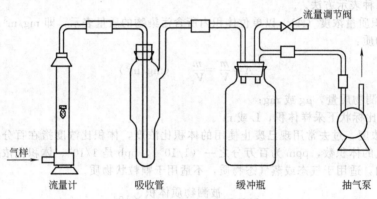

图 8-10　气体采样仪器

② 流量计是测定采集气体流量的仪器，种类繁多，通常采集大气样品时为方便携带，一般都采用转子流量计，如图 8-11 所示。

流量计由一个上粗下细的玻璃管组成，玻璃管内装有金属转子（陶瓷或塑料也可）。当气体从玻璃管下端进入时，由于转子下端环形空隙的截面积大于转子上端的截面积，所以转子下端的气体流速小于上端的流速，下端的压力大于上端的压力，压力差导致转子上升，当上下端压力差等于转子质量时，转子达到平衡，不再上升。气体流量越大，转子达到平衡上升的位置越高，经流量值对玻璃管校核后，即可从玻璃管上的刻度值直接读得流量值。

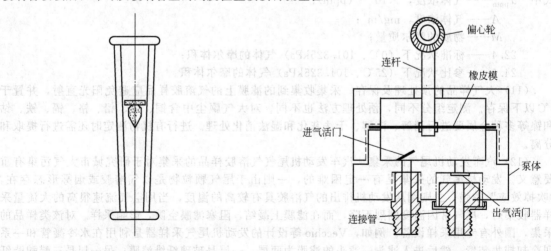

图 8-11　转子流量计　　　　　　　　图 8-12　薄膜泵的构造

③ 抽气可用真空泵和薄膜泵。真空泵抽气量大，抽气速度快，多用于采气量较大及收集器阻力较大（如滤纸、滤膜等）的情况，不过由于自身重量大，运输搬运不便，只能在具有交流电的现场采用。薄膜泵是一种轻便的抽气动力，构造如图 8-12 所示。

用微型电机通过偏心轮夹持在泵体上的橡皮膜进行抽气，当电机（图中未标）启动后，橡皮膜就上下移动，橡皮膜上移时，气体从进气活门吸入，橡皮膜受偏心轮控制而下移时，气体从出气活门排出。但此泵能克服的阻力较小，仅适用于阻力不大的收集器（如吸收管）采样，但因重量轻，且可交直流两用，因此是携带和使用方便的采样设备。

④ 商品化的便携式大气采样器市场可购得，如青岛崂山电子实验所生产的 KB-6A、KB-6B、KB-6C、KC-6C 型；湖北环保科研仪器厂生产的 CH-4 型；江苏建湖电子仪器二厂生产的 TDP-100 型大气采样器。

(2) 低流量采样器采集飘尘方法 低流量采样器的抽气流量为 20～30L/min，空气先通过分离装置，分离出 $10\mu m$ 以上的粒子，然后通过滤头滤膜捕集 $10\mu m$ 以下的粒子。常用的滤膜包括纤维素有机滤膜和玻璃纤维滤膜两种。后者应用广泛，收集率较高。分离装置有两种类型：旋风型分离装置和多层薄板型分离装置，其原理都是由于大的粒子质量大，惯性力也大，碰撞后易被阻隔而降落；小的粒子随气流进入滤头，被捕集在滤膜上。

(3) 大流量采样器采集飘尘的方法 大流量采样器是以 $1.0～1.7m^3/min$ 的抽气流量，使空气通过滤头，从而颗粒物捕集在滤头的滤膜上。大流量采样法是世界各国广泛采用的方法，美国以大流量采样器作为采集飘尘的基准值测定的方法。该法捕集的粒径为 $100\mu m$ 以下的颗粒物，远远超出飘尘定义的尺寸范围。但是对颗粒物的成分分析，如有害金属元素、多环芳烃类（PAHs）和一些有害的无机盐类等是一种适用的采样方法。大流量采样器的构造和使用方法，在各国都应有严格的统一规定。

由于大气中 PAHs 量极小，所以采集时必须用大流量采样器，如 KC-1000 型大流量 TSP 采样器，大流量的 PM10-1000 型切割器（青岛崂山电子仪器厂）。

采集 PAHs 时，滤膜的空白值应小于 10ng 苯并 [a] 芘（BaP），为此必须将玻璃纤维膜或石英纤维膜在 600℃下烘烤 5h，再用索氏（Soxhlet）抽提器抽提。装有采集 PAHs 的 XAD-2 的制备方法为：将 XAD-2 用二氯甲烷在 Soxhlet 抽提器中提纯 10h，在真空炉中用氮气吹干（2～4h）。将 2in（5.08cm）厚（55g）的 XAD-2 装入有镍网（200 目）的玻璃采样管中，旋紧采样管密封帽。放入广口瓶内，密闭保存。采样管空白值应小于 10ng 苯并 [a] 芘（BaP）/样。

采样时，采样装置应放置在没有障碍物的地方（距障碍物至少 2m），采样装置排气口应伸到下风向处以防止空气环流。采样时先打开泵预热 5min，停泵。打开大流量采样器采样头，装上玻璃纤维滤膜和 XAD-2 采样管，开始正式采样。注意要在洁净的环境下装卸滤膜和采样管，并确保不漏气（滤膜位置不正时会漏气）。在采样开始、期间和结束时检查并记录采样参数。采样结束后，应重新对采样器进行校准，如果校准前后流量相差超出 10%，则本次采样应做"可疑"标记。采样结束后关泵，小心卸下滤膜和采样管。滤膜折叠（样品面朝内）好后，放回专用的滤膜盒密闭；旋紧采样管密封帽，放回原来的广口瓶内，密闭。样品立即运回实验室，如查不能立即分析，应放在冰箱内 4℃保存。样品应在 20 天内进行分析。

(4) 晶体振荡器采集飘尘法 使空气以 1L/min 的流量通过静电集尘室，室内装有高压放电针和石英晶体振荡器。高压放电使通过的粒子态物质带电并被吸附在石英晶体的表面上，从而使晶体振荡器的振荡频率发生变化，频率的变化量与飘尘的吸附量成比例。在一定的时间间隔 Δt 内，频率的变化 Δf 与飘尘浓度成正比：

$$c = K \times \frac{\Delta t}{\Delta f} = 333 \times \frac{\Delta f}{\Delta t} \quad (\mu g/m^3) \tag{8-11}$$

式中 c——飘尘的质量浓度；

Δf——采样时间内的频率变化；

Δt——采样时间。

晶体振荡器测定法能够测出非常微量的飘尘粒子，测定粒子范围为 $0.01～10\mu m$，适用于质量浓度测定。

(5) 滤料的选择 飘尘采样中的过滤材料分无机材料和有机材料两大类。

① 无机滤料 无机材料主要是以玻璃纤维制造的滤膜为主，它的通气阻抗比较小，用粒径为 $0.3\mu m$ 的邻苯二甲酸二辛酯烟雾试验，它的捕集效率在 99% 以上。其主要成分是 Si、B、Al、Mg、

Ca、K、Na 等，其他一些金属成分含量也可能较高。

② 有机滤料 有机过滤材料主要为纤维素的衍生物如硝化纤维素、纤维素酯和过氯乙烯滤膜等。它的通气阻抗较高，但作为杂质的金属含量很低，所以如果需要分析金属含量则用有机滤膜较妥。

③ 聚四氟乙烯膜及石英膜 因本身杂质含量低，为目前采集无机及有机飘尘常用的滤膜。

④ 滤料的称量 测定飘尘时，滤纸滤膜都必须在捕集粒子前后准确称量，由于滤纸滤膜和飘尘都有吸湿性，所以很难准确称量，特别是在湿度较大时，要求在恒温、恒湿的空调室中将滤纸或滤膜平衡 4h 后称量。如条件不具备，可通过试验测定不同温度、湿度时的质量变化求校正值。也可用外推法称重，先将滤膜放在干燥器内干燥 24h，取出迅速称量，记录不同时间间隔的质量，以时间作横轴，质量值为纵轴，画曲线并外延至零，零秒时的质量即为刚从干燥器中取出时的质量。

4. 大气质量控制标准

（1）环境空气质量标准 现行环境空气质量标准分为三级，环境空气质量功能区分为三类。各类功能区执行相应的等级标准。

一类区为自然保护区、风景名胜区和其他需要特殊保护的地区。

二类区为城镇规划中确定的居住区、商业交通居民混合区、文化区、一般工业区、农村地区。

三类区为特定工业区。

一类区执行一级标准；二类区执行二级标准；三类区执行三级标准。其空气污染物的浓度限值（GB 3095—1996）列于表 8-6。

表 8-6 大气质量标准各项污染物的浓度限值

污染物名称	取值时间	浓度单位（限值）			浓度单位
		一级标准	二级标准	三级标准	
二氧化硫 （SO_2）	年平均	0.02	0.06	0.10	
	日平均	0.05	0.10	0.25	
	1h 平均	0.15	0.50	0.70	
总悬浮颗粒物 （TSP）	年平均	0.08	0.20	0.30	
	日平均	0.12	0.30	0.50	
可吸入颗粒物 （PM_{10}）	年平均	0.04	0.10	0.15	
	日平均	0.05	0.15	0.25	
氮氧化物 （NO_x）	年平均	0.05	0.05	0.10	
	日平均	0.10	0.10	0.15	mg/m³ （标准状态）
	1h 平均	0.15	0.15	0.30	
二氧化氮 （NO_2）	年平均	0.04	0.04	0.08	
	日平均	0.08	0.08	0.12	
	1h 平均	0.12	0.12	0.24	
一氧化氮（NO）	日平均	4.00	4.00	6.00	
	1h 平均	10.00	10.00	20.00	
臭氧（O_3）	1h 平均	0.12	0.16	0.20	
铅（Pb）	季平均		1.50		
	年平均		1.00		
苯并[a]芘 （B[a]P）	日平均		0.01		μg/m³ （标准状态）
	1h 平均				
氟化物 （F）	月平均		7①		
	1h 平均		20①		
	月平均	1.8②		3.0③	μg/(dm²·d)
	植物生长季平均	1.2②		2.0③	

① 适用于城市地区。

② 适用于牧业区和以牧业为主的半牧地区、蚕桑区。

③ 适用于农业和林业区。

(2) 大气污染物的主要来源　除了自然界的火山、森林火灾及生物、交通运输、人类活动以外，主要来源于工业生产，常见污染物的主要工业来源见表8-7。

表 8-7　常见污染物的主要工业来源

污 染 物	主 要 工 业 来 源
粉尘	火力发电厂,钢铁厂,矿石粉碎加工厂,水泥厂,有色金属冶炼厂,化工厂
二氧化硫	火力发电厂,石油化工厂,有色金属冶炼厂,硫酸厂,染料厂
一氧化碳	焦化厂,冶炼厂,化工厂,煤制气厂,各种窑炉
氮氧化物	氮肥厂,硝酸厂,合成纤维厂,染料厂,炸药制造厂
烃类	石油化工厂,石油裂解厂
铅	铅蓄电池厂,有色金属冶炼厂,烷基铅生产厂,铅合金生产厂
汞	仪器仪表厂,灯泡厂,汞电解法氯碱厂,聚氯乙烯生产厂,农药厂,冶炼厂,炸药厂
砷	硫酸厂,含砷杀虫剂生产厂,冶炼厂等
镉	有色金属冶炼厂等
铬	有色金属冶炼厂,铬酸盐生产厂等

三、水样的采集与保存

水是地球上分布最广的物质之一，它是一切生命体存在和发展的必要条件，是人类赖以生存的重要自然资源，除饮用水外，大量的水用于生活和工农业生产，随着世界人口增加及科学技术的进一步发展，用水量日益增加。而人类在生产和生活活动中将大量工业废水、生活污水、农业回流水及其他许多未经处理的废弃水直接排入水体造成江、河、湖、海、地下水源的污染，引起水质恶化，直接威胁着人类的生产。

1. 水的污染与危害

当进入水体的外源物质超过水体的自净能力后会导致污染物积累，这就产生了水质的污染，水质恶化对人类水环境造成不良影响，人为污染是造成水体污染的主要因素，水污染可分为物理、生物和化学污染三大方面。

(1) 物理性污染　包括悬浮物质污染、热污染及放射性污染等。

(2) 生物性污染　生活污水，特别是医院污水和某些工业废水污染水体后，往往可带入一些病原微生物。例如人畜肠道中的病原微生物，如伤寒、副伤寒、霍乱、细菌性痢疾等都可通过人畜粪便的污染而进入水体，随水流动而传播、传染。

(3) 化学污染　有机化工、石油和各种化学工业生产及未经处理的工业废水、矿山废水、农用排水、生活污水的排放会造成的污染。

水质污染监测是环境监测的一个极重要的组成部分，它应包括的方面有：天然水源中杂质的种类和数量；污水和废水分析调查污染程度；对降水、地面水、地下水实行环境和卫生监督以期控制污染；追踪污染源，以期建立合理排放标准。

表8-8列举了水体污染的类型及其危害，表8-9为水体中的主要非金属无机污染物的来源和危害，表8-10难降解有机污染物的来源和危害。

表 8-8　水体污染的类型及其危害

水体污染类型	污染物的种类	影响和危害
化学型污染	微量元素	健康,水生生物群
	金属-有机化合物	金属迁移,毒性,水生生物群
	无机污染物	毒性,水生生物群
	酸度、碱度、盐度(过量)	水质,水生生物群
	有机物	毒性,氧含量,水生生物群,野生动物
	农药	水质,水生生物群,野生动物
	沉积物	富营养化
	洗涤剂	水生生物群

续表

水体污染类型	污染物的种类	影响和危害
物理型污染	色度 臭味 悬浮物 热 放射性	感官 感官 感官 水温 毒性
生物型污染	藻类 病原体	氧含量 致病,影响健康

表 8-9 水体中的主要非金属无机污染物的来源和危害

污染物	主 要 来 源	主 要 危 害
酸、碱	冶金、选矿、电镀、轧钢、金属加工、造纸、化工等企业废水	在水体 pH 值小于 6.5 或大于 8.5 时,水中微生物的生长受到抑制,使得水体自净能力受到阻碍并腐蚀船舶和水中设施。酸对鱼类的鳃有不易恢复的腐蚀作用;碱会引起鱼鳃分泌物凝结,使鱼呼吸困难。长期受到酸、碱污染将导致生态系统的破坏
含砷化合物	采矿、冶金、化工、农药、玻璃、制革等	砷化合物容易在人体内聚积,造成急性或慢性中毒
氰化物	电镀、选矿、炼焦、染料、制药、有机合成化工等废水	氰化物进入人体后,可与高铁型细胞色素氧化酶结合,变成氰化高铁型细胞色素氧化酶而失去传递氧的功能,引起组织缺氧窒息
硫化物	有机物腐蚀,染料、制革、制药、石油化工等废水	硫化氢从含有硫化物的废水中扩散至空气中,会产生臭味,污染环境。硫化氢主要作用于中枢神经系统,对眼、上呼吸道黏膜有较强的刺激,易引起急性中毒。硫化氢还会腐蚀金属设备和管道,并可被细菌氧化成硫酸,加剧腐蚀性
氟化物	有色冶金、钢铁、玻璃、陶瓷、磷肥、农药等厂矿废水	氟是人体所必需的微量元素之一,但长期饮用含氟量高的水时,则对人体有很大危害,主要表现有上下肢长骨的疼痛,重者骨质疏松、增殖、变形或发生自然性骨折,即所谓氟骨症;氟化物还可损害皮肤,表现有发痒、病痛、湿疹及各种皮炎等
含氮化合物	生活污水及合成氨、洗涤剂等工业废水	水体中的含氮化合物是水生植物生长所必需的养分。但当养分过量时会发生富营养化现象,水体中植物与藻类迅速繁殖,产生绿色浮垢或"红湖",一些藻类会产生令人厌恶的臭气和味道,破坏水质。有些藻类的代谢产物具有强烈的毒性,能毒害鱼、贝类,人们食用后会引起麻痹性中毒。大量水生植物和藻类被需氧菌分解时,水体中溶解氧大量消耗,使水体呈现厌氧状态,而厌氧菌代谢的结果,可能产生 H_2S、NH_3 等气体,毒化环境。另外,亚硝酸盐和硝酸盐是致癌物质

表 8-10 难降解有机污染物的来源和危害

污染物	主 要 来 源	主 要 危 害
酚类化合物	钢铁工业、煤气制造、炼焦、炼油、石油化工、苯酚及苯类化合物生产等企业排放废水	酚类化合物是一种原生质毒物,可使蛋白质凝固,对神经系统损害性大,能引起肝、肾和心肌的损害。高浓度酚可引起急性中毒,甚至昏迷致死。含酚废水进入水体,使水的味道会改变,影响卫生状况,鱼类逃避
矿物油类	石油开采、加工、运输、矿物油使用部和生活污水	矿物油漂浮于水体表面会影响空气与水体的氧交换;分散于水中的油被微生物氧化分解,消耗溶解氧,使水质恶劣。矿物油中还含有毒性大的芳烃类
苯系物	石油化工、炼焦、涂料、农药、医药、有机化工等行业废水	苯是致癌物质,其他苯系物对人体和水生生物均有不同程度的毒性

污　染　物	主　要　来　源	主　要　危　害
多环芳烃	石油化工、炼焦、涂料、农药、医药、有机化工等行业废水	多环芳烃中有不少被确定或被怀疑具有致癌或致突变作用
苯并[a]芘	焦化、炼油、沥青、塑料等工业废水及洗刷水、雨水	是一种有代表性的强致癌物质
氯苯类化合物	染料、制药、农药、涂料和有机合成等工业废水	具有强烈气味,对人体的皮肤、结膜和呼吸器官产生刺激。进入人体有蓄积作用,抑制神经中枢;严重中毒时,会损害肝脏和肾脏
有机磷农药	有机磷农药厂排放的废水和农业使用有机磷农药	对人和畜毒性较大,易发生急性中毒,有些品种在环境中有一定的残留期
硝基苯类	染料、炸药及制革等工业废水	可影响水的感官性状,通过呼吸或皮肤吸入会产生毒副作用,引起神经系统症状、贫血和肝脏疾病
阴离子洗涤剂	表面活性剂、洗涤剂行业废水和生活污水	造成水面产生不易消失的泡沫,并消耗溶解氧

2. 水样的采集

水质监测通常不是自然界的全部水,而是从水体(河、湖、江、水库、海洋及工业用水、排放污水、生活饮用水)中采集水样。正确采样是环境污染监测的首要问题,而所采样品必须具有代表性,才能正确地反映实际污染情况。由于污染源排放受时间及空间因素的影响,一般应在采样前对监测区的情况做详细调查,收集污染区的水体的水文、地质、气候、工业布局、污染源头及排污情况,城市给排水情况、河床结构、降水量等资料,在此基础上确定监测项目、监测点布局与采样方法。

(1) 地面水采样点的布点原则　有大量废水排入河流的主要居民区、工业区的上游、下游;湖、水库、河口的主要出、入口;饮用水水源区、主要风景游览区、重大水力设施区的代表性位置;较大河流支流汇合口上游及充分混合区;入海河流的入口处,受潮汐影响河段及严重水土流失处,布点处应尽可能与水文测量断面吻合,交通方便,有明显岸边标志。

布点方法有三种。

① 单点布设法　对窄小河面,水量少,河床无沙滩的小河,采用在河中心设置单点采样法。

② 三点布设法　河流虽不大,但河心滩较大时,采用三点布设法,在河流分流的前端、河心滩两侧各布一个点。

③ 多断面布点法　对水量较大的河流,河面宽,污染物分布不均,所以采用多断面布点法,对江、河水系或某一段水域要求设置三种断面:对照断面、控制断面、削减断面。对照断面为了解所监测河段前的水体水质情况而设。断面应设在河流进入城市或工业区以前的情况,要避开各种废水、污水的流入或回流处,一般一个河段只设一个对照断面,但有主要支流处可酌增。控制断面设置目的是为评价、监测河段两岸污染源对水体水质的影响。控制断面的数目由工业布局及排污口分布而定。断面位置与废水排污口的距离应根据主要污染的迁移、转化规律、河水流量及河道的力学特征,一般设在排污口下游 500～1000m 处,因为在此 500m 横断面上的 1/2 宽处一般有重金属浓度高峰值。削减断面是指河污水经稀释扩散和自净作用浓度有明显下降的左、中、右设三个浓度差异较大的断面,一般设在城市或工业区最后一个排污口下游约 1500m 处的河段上,当然还应考虑河流水量影响,如图 8-13 所示。

(2) 湖泊、水库监测断面的设置　了解湖、水库水体属性,是单一还是复杂水体,汇入湖、库的河流数量、水体经流量、季节变化、沿岸污染物分布及污染物扩散与自净规律、生态环境特点等后确定断面。一般在湖、库的河流汇合处,以各功能区(城市、工厂排污口、饮用水源、风景区、排灌站等)为中心的弧形辐射线上,在湖、库中心、深浅水区、滞流区、不同鱼类回流产卵区、水生生物经济区等处立断面 (图 8-14)。

确定采样位置及点数,一般应考虑监测断面及一条垂线两方面。当水面宽度小于 50m 时,只设一条中泓垂线。水面宽 50～100m 时,在左右近岸有明显水流处各设一条垂线。水面宽 100～

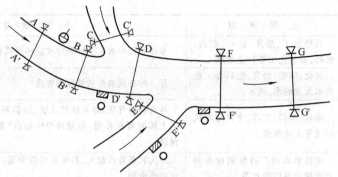

图 8-13　河流监测断面设置示意

→为水流方向；⊕为自来水厂取水点；
○为污染源；▨为排污口；A—A′为对照断面；
B—B′、C—C′、D—D′、E—E′、F—F′为控制断面；G—G′为削减断面

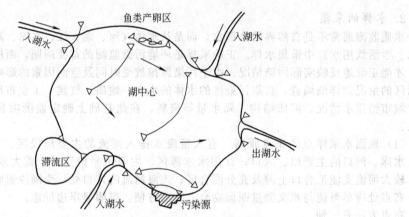

图 8-14　湖泊、水库监测断面设置示意

△~△为监测断面

1000m 时，设左、中、右三条垂线（中泓、左、右近岸有明显水流处）。水面宽大于 500m 时至少要设 5 条等距的采样垂线（更宽的湖、库还要增加）。

在一条垂线上，当水深≤5m 时，仅在水面下 0.3~0.5m 处设一个采样点；水深为 5~10m 时，在水面下 0.3~0.5m 处及河底以上约 0.5m 处各设一个采样点；水深 10~50m 时，设 3 个采样点（水面下 0.3~0.5m 处，湖底上 0.5m 处及 1/2 水深处）；水深超过 50m 时酌加。

采样点的设置与河流相同，但如果存在间温层，还应参考不同水深处的温度、溶解氧等确定采样点位置。但注意应加明显标志（石柱、木桩等）以保证多次采样的代表性和可比性。

（3）雨水的采集　大气中二氧化硫及氮氧化物、酸性气体及许多有机污染物会溶于雨水或被夹带进入雨水中，所以雨水的组成非常复杂。雨水的采样不同于采一般水样，最简单的采集装置是在容器上加装一个面积较大的漏斗即可。

（4）废水水样的采集

① 水污染源主要包括工业废水源、生活污水源、医院污水源等。采样要求取决于调查目的和分析项目，有些是为了掌握污染物浓度的变化，以控制或调节生产的工艺过程；有些是为了取得污染物的平均浓度，以了解环境的污染程度等。针对这些要求，决定采样方法。

② 采样点的设置

a. 工业废水　监测工业废水是否符合排放标准时，通常应在工厂总排放口取样。如工厂各车间废水分别排入公共水域或厂总排水渠道，若要监测其废水污染程度，查找某污染物来源，对其做适当处理时，则应在这股废水排放口取样。

已有废水处理设施的工厂，在处理设施的排放口布设采样点。为了解废水处理效果，可在进出口分别设置采样点。

在排污渠道上，采样点应设在渠道较直、水量稳定、上游无污水汇入的地方。

b. 对于生活污水和医院污水　采样点设在污水总排放口。对污水处理厂，应在进、出口分别设置采样点采样监测。

③ 采样时间和频率　采样时间和频率的选择是一个复杂问题，它取决于排污的均匀程度和分析要求。对于工业废水，通常在一个生产周期内每隔半小时或 1h 采样一次，将其混合后测定污染物平均值。如采取几个周期（3～5 个周期）的废水，可每隔 2h 取一次样。对于排污情况复杂，浓度变化很大的废水，采样时间要适当短些（5～10min）；待找出污染物浓度变化规律后，采样频率可减少。

城市排污管道中废水已混合，可在管道出水口，每隔 1h 采样 1 次，连续采集 8～24h，将其混合成混合样，测定污染物的平均值。

(5) 采样时间和频率　为反映代表性的水质变化规律，合理的采样时间和原则有以下 4 个。

① 对较大水系及干流中小河流全年采样不应少于 6 次，采样时间为丰水期、枯水期和平水期，每期平均采样两次。流经城市工业区，污染较重的河流、游览水域、饮用水域全年采样不少于 12 次。采样时间每年一次（视情况可变化），底泥在每年枯水期采一次。

② 潮汐河流全年在丰、枯、平三个水期采样，每期采样两天，分别在大潮期和小潮期进行，每次均应采集涨、退潮水样，分别测定。

③ 排污渠采样每年不少于 3 次。

④ 没有专门监测的潮、库每月采样一次，全年不少于 12 次。对有废水排入、污染较严重的湖、库应酌加。

(6) 水样采集器具

① 表层水样采集器　可用桶、瓶等容器直接采取。一般将其沉至水面下 0.3～0.5m 处采集。

② 深水水样采集器　可用如图 8-15 所示带重锤的采样器沉入水中采集。将采样容器沉降至所需深度（可从绳上的标度看出），上提细绳打开瓶塞，待水样充满容器后提出。对于水流急的河段，宜采用如图 8-16 所示急流采样器。它是将一根长钢管固定在铁框上，管内装一根橡胶管，其上部用夹子夹紧，下部与瓶塞上的短玻璃管相连，瓶塞上另有一根长玻璃管通至采样瓶底部。采样前塞紧橡胶塞，然后沿船身垂直伸入要求水深处，打开上部橡胶管夹，水样即沿长玻璃管流入样品瓶中，瓶内空气由短玻璃管沿橡胶管排出。这样采集的水样也可用于测定水中溶解性气体，因为它是与空气隔绝的。

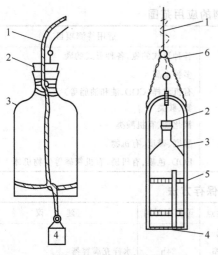

图 8-15　常用采样器
1—绳子；2—带有软绳的橡胶塞；3—采样瓶；
4—铅锤；5—铁框；6—挂钩

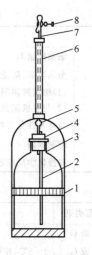

图 8-16　急流采样器
1—铁框；2—长玻璃管；3—采样瓶；4—橡胶塞；5—短
玻璃管；6—钢管；7—橡胶管；8—夹子

(7) 采样容器要求

① 容器不应成为新的污染源，如测 Si、B 时不能存放在硼硅玻璃的容器中。

② 容器不能有吸附性能，测有机物组分时不能存放在聚乙烯瓶中。

③ 容器不应与待测组分发生反应，测 F^- 样品不能存放在玻璃瓶中。

④ 对光敏感的组分应存放在棕色瓶中，如测 Ag^+、I^- 等。

(8) 水样采集时的现场测定项目 采集水样时，应进行气温、水温、pH、色度、浑浊度、电导率、溶解氧的现场测定。测溶解氧可采取现场固定，各项目测定，按各项规定的方法进行。

3. 水样的保存、预处理和监测项目

(1) 水样的保存 采样与分析的时间间隔越短，分析的结果越可反映采样点的实际情况。对某些分析项目，特别是水质的物理指标要在现场进行，以免样品在运输和存放过程中发生变化，影响结果的准确性。对不能及时运送及尽快分析的样品，则应根据监测的不同要求采用适宜的保存方法。取样到分析的时间间隔很难统一确定，一般根据水样污染的程度大致规定时间为：清洁水样72h；轻度污染水样48h；严重污染水样12h。

水样存放过程中，某些项目易受影响，例如金属阳离子可能被玻璃器壁吸附或发生离子交换；溶解气受温度影响而损失；微生物可能使三氮盐的平衡发生变化，酚类及生化需氧量也会减少，色、嗅、浊度可能增加、减少或变质；硫化物、亚硫酸盐、亚铁、碘化物、氰化物都会因氧化而损失；玻璃盛放容器还可能溶出硼；六价铬可被还原成三价状态等。

对能现场测定的必测项目要及时进行，对其他项目测定时应采取必要的保护措施（当然也只是尽量减少损失），可供选择的方法有两种。

① 冷藏法 多数水样应在 4℃ 保存，最好放入暗处或冰箱中，这种保存方法具有不引入其他不定因素的好处。

② 加入化学试剂法

a. 加抑菌剂 抑制细菌生长，加苯、甲苯或氯仿 $0.5\sim1mL$；或加 $HgCl_2$ 量为 $20\sim60mg/L$，不过这对测 Hg 及金属化合物不适用。

b. 加酸酸化 以防止金属沉淀或被容器吸附，采样后立即经 $0.4\mu m$ 孔径滤膜过滤，然后调节pH<2，使水中金属元素呈溶解状态，一般加酸后可保存数周（对汞的保存时间为 7d）。

c. 加碱 对在酸性条件下易生成挥发性物质的待测组分（如氰化物等），可加 NaOH 调节到pH>12。

d. 加入氧化剂或还原剂 测溶解氧的水样可加入少量硫酸锰或碘化钾固定溶解氧。

某些保存剂与保存方法及适用项目见表 8-11 和表 8-12。

表 8-11 各类水样保存剂的应用范围

保存剂	作 用	适用待测项目
$HgCl_2$	细菌抑制剂	各种形式的氮,各种形式的磷
HNO_3	金属溶剂、防止沉淀	多种金属
H_2SO_4	(1)细菌抑制剂	有机水样（COD、油和油脂等）
	(2)与有机碱类形成盐类	氨、胺类
NaOH	与挥发性化合物形成盐类	氰化物、有机酸类
冷冻	抑制细菌	酸度、碱度、有机物
	减慢化学反应速率	BOD、色嗅、有机磷、有机氮碳等生物机体

表 8-12 常用的水样保存方法

项 目	容器类别	保存方法	分析地点	可保存时间	建 议
pH	P 或 G		现场		
酸碱度	P 或 G	2~5℃,暗处	实验室	24h	水样充满容器
嗅	G		实验室	6h	最好现场测定
电导率	P 或 G	2~5℃冷藏	实验室	24h	最好现场测定

项　目	容器类别	保存方法	分析地点	可保存时间	建　议
色度	P 或 G	实验室		24h	最好现场测定
悬浮物	P 或 G		实验室	24h	尽快测,最好单独定容采样
浊度	P 或 G		实验室	尽快	最好现场测定
余氯	P 或 G	加 NaOH 固定	实验室	6h	最好现场测定
二氧化碳	P 或 G		实验室		同酸、碱度
DO	G(DO 瓶)	加 $MnSO_4$-KI,现场固定,冷暗处	实验室	数小时	最好现场测定
COD	G	2～5℃冷藏	实验室	尽快	
		加 H_2SO_4 酸化 pH<2	实验室	1 周	
		－20℃冷冻	实验室	1 月	
BOD_5	G	2～5℃冷藏	实验室	尽快	
		－20℃冷冻	实验室	1 月	
凯氏氮	P 或 G	加 H_2SO_4,pH≤2	实验室	24h	注意 H_2SO_4 中的 NH_4^+ 空白
氨氮	P 或 G	加 H_2SO_4,pH≤2			为阻止硝化菌作用,可加杀菌剂
		2～5℃冷藏			$HgCl_2$ 或 $CHCl_3$
硝酸盐氮	P 或 G	酸化,pH≤2,2～5℃冷藏	实验室	24h	有些废水不能保存,应尽快分析
亚硝酸盐氮	P 或 G	2～5℃冷藏	实验室	尽快	同硝酸盐氮
TOC	G	加 H_2SO_4,pH<2,2～5℃冷藏	实验室	24h	尽快分析
有机氯农药	G	2～5℃冷藏	实验室	1 周	
有机磷农药	G	2～5℃冷藏	实验室	24h	最好现场用有机溶剂萃取
油和脂	G	加 H_2SO_4,pH<2,2～5℃冷藏	实验室	24h	建议定容采样
阴离子表面活性剂	G	加 H_2SO_4,pH<2,2～5℃冷藏	实验室	48h	
非离子表面活性剂	G	加 4％甲醛使含 1％,充满容器,冷藏	实验室	1 月	
砷	P	加 H_2SO_4,pH 值为 1～2	实验室	数月	生活污水、工业废水用此法
		加 NaOH,pH 值为 12	实验室		
硫化物		每 100mL 水样加 2mol/L $Zn(Ac)_2$ 和 1mol/L NaOH 各 2mL,2～5℃冷藏	实验室	24h	现场固定
总氰	P 或 G	加 NaOH,pH 值为 12	实验室	24h	若含余氯,应加 Na_2SO_3 除去
游离氰	P 或 G	加 NaOH,pH 值为 12	实验室	24h	若含余氯,应加 Na_2SO_3 除去
酚	BG	加 H_3PO_4,$CuSO_4$,pH<2	实验室	24h	
		加 NaOH,pH 值为 12	实验室	24h	
肼	G	加 HCl 至 1mol/L,冷暗处	实验室	24h	
汞	P 或 BG	1％NHO_3-0.5％$K_2Cr_2O_7$	实验室	2 周	
铝可滤态	P	现场过滤,HNO_3 酸化滤液,pH=1～2	实验室	1 月	
不可滤态		现场过滤,滤渣	实验室	1 月	滤渣用于不可滤态铝测定
总铝	P	加 HNO_3,pH=1～2	实验室	1 月	取混匀样,消解后测定
钡	P 或 G	加 HNO_3,pH=1～2			
镉	P 或 BG	加 HNO_3,pH=1～2			
铜	P 或 BG	加 HNO_3,pH=1～2			
总铁	P 或 BG	加 HNO_3,pH=1～2			
铅	P 或 BG	加 HNO_3,pH=1～2			
锰	P 或 BG	加 HNO_3,pH=1～2			
镍	P 或 BG	加 HNO_3,pH=1～2			
银	BG	加 HNO_3,pH=1～2			
锡	P 或 BG	加 HNO_3,pH=1～2			
铀	P 或 BG	加 HNO_3,pH=1～2			
锌	P 或 BG	加 HNO_3,pH=1～2			
总铬	P 或 BG	加 HNO_3,pH<2			

续表

项 目	容器类别	保存方法	分析地点	可保存时间	建 议
六价铬	BG	加 NaOH,pH＝8～9	实验室	尽快	
钴	P 或 BG	加 HNO_3,pH＝1～2	实验室		
钙	P 或 BG	加 HNO_3,pH＝1～2	实验室	24h	
可滤态	P 或 BG	酸化滤液,pH＜2	实验室	数月	酸化时不能用 H_2SO_4
镁	P 或 BG	加 HNO_3,pH＝1～2	实验室		
总硬度	P 或 BG	加 HNO_3,pH＝1～2	实验室		
锂	P	加 HNO_3,pH＝1～2	实验室		
钾	P	加 HNO_3,pH＝1～2	实验室		
钠	P	加 HNO_3,pH＝1～2	实验室		
溴化物	P 或 G	2～5℃冷藏	实验室	尽快	避光保存
氯化物	P 或 G		实验室	数月	
氟化物	P		实验室	数月	
碘化物	棕色玻璃瓶	加 NaOH,pH 值为 8		1 个月	避光保存
正磷酸盐	BG	2～5℃冷藏	实验室	24h	
总磷	BG	2～5℃冷藏	实验室	24h	尽快分析可溶性磷酸盐
			实验室	24h	
硒	G 或 BG	加 H_2SO_4,pH＜2	实验室	数月	
		加 NaOH,pH≥11	实验室	数月	
硅酸盐	P	酸化滤液 pH＜2,2～5℃冷藏	实验室	24h	
总硅	P		实验室	数月	
硫酸盐	P 或 G	2～5℃冷藏	实验室	1 周	
亚硫酸盐	P 或 G	现场按 100mL 水样加 25％（质量浓度）EDTA 1mL	实验室	1 周	
硼及硼酸盐	P		实验室	数月	

注：P 为聚乙烯容器；G 为玻璃容器；BG 为硼硅玻璃容器。

（2）水样的预处理　为确保某些测定组分稳定存在，水样在存放前要做相应的预处理。

① 过滤　对欲测无机物指标时，选适当孔径的滤器，滤除藻类及部分细菌。

② 消化　测无机物项目时，要消化处理，以除去有机物，溶解悬浮物，使各种价态的组分氧化成高价状态，以利于保存。

③ 分离和富集　对有泥沙的水样采用离心或自然沉降法分离，取上层清液供分析，测定有机物时一般还要用有机溶剂提取富集。

（3）水质监测项目与检验方法的国家标准　水质监测项目应根据监测目的和我国现有的水环境质量标准及排放标准而确定，有关的地面水环境质量标准（GB 3838—1988）、生活饮用水卫生标准（GB 5749—1985）、污水综合排放标准（GB 8978—1988）监测项目及检验方法国家标准，见表8-13～表8-18。

表 8-13　地面水环境质量标准　　　　　　　　　　　单位：mg/L

序号	参　数	Ⅰ类	Ⅱ类	Ⅲ类	Ⅳ类	Ⅴ类
0	基本要求	所有水体都不应有非自然原因所致的下述物质 ①凡能沉淀而形成令人厌恶的沉积物 ②漂浮物,诸如碎片、浮渣、油类或其他的一些引起感官不快的物质 ③产生令人厌恶的色、臭、味或浑浊度的 ④对人类、动物或植物有损害、毒性或不良生理反应的 ⑤易滋生令人厌恶的水生生物的				
1	水温	人为造成的环境水温变化应限制在以下条件 夏季周平均最大温升≤1℃ 冬季周平均最大温降≤2℃				
2	pH 值			6.5～8.5		6～9

续表

序号	参　　数		Ⅰ类	Ⅱ类	Ⅲ类	Ⅳ类	Ⅴ类
3	硫酸盐[①]（以 SO_4^{2-} 计）	≤	250 以下	250	250	250	250
4	氯化物[①]（以 Cl^- 计）	≤	250	250	250	250	250
5	溶解性铁[①]	≤	0.3	0.3	0.5	0.5	1.0
6	总锰[①]	≤	0.1	0.1	0.1	0.5	1.0
7	总铜[①]	≤	0.01	1.0（渔 0.01）	1.0（渔 0.01）	1.0	1.0
8	总锌[①]	≤	0.05	1.0（渔 0.1）	1.0（渔 0.1）	2.0	2.0
9	硝酸盐（以 N 计）	≤	10	10	20	20	25
10	亚硝酸盐（以 N 计）	≤	0.06	0.1	0.15	1.0	1.0
11	非离子氨	≤	0.02	0.02	0.02	0.2	0.2
12	凯氏氮	≤	0.5	0.5	1	2	2
13	总磷（以 P 计）	≤	0.02	0.1（湖、库 0.025）	0.1（湖、库 0.05）	0.2	0.2
14	高锰酸盐指数	≤	2	4	6	8	10
15	溶解氧	≥	饱和率 90%	6	5	3	2
16	化学需氧量（COD_{Cr}）	≤	15	15	15	20	25
17	生化需氧量（BOD_5）	≤	3	3	4	6	10
18	氟化物（以 F^- 计）	≤	1.0	1.0	1.0	1.5	1.5
19	硒（四价）	≤	0.01	0.01	0.01	0.02	0.02
20	总砷	≤	0.05	0.05	0.05	0.1	0.1
21	总汞[②]	≤	0.00005	0.00005	0.0001	0.001	0.001
22	总镉[③]	≤	0.001	0.005	0.005	0.005	0.01
23	铬（六价）	≤	0.01	0.05	0.05	0.05	0.1
24	总铅[②]	≤	0.01	0.05	0.05	0.05	0.1
25	总氰化物	≤	0.005	0.05（渔 0.005）	0.2（渔 0.005）	0.2	0.2
26	挥发酚[②]	≤	0.002	0.002	0.005	0.01	0.1
27	石油类[②]（石油醚萃取）	≤	0.05	0.05	0.05	0.5	1.0
28	阴离子表面活性剂	≤	0.2	0.2	0.2	0.3	0.3
29	总大肠菌群[③]/（个/L）	≤			10000		
30	苯并[a]芘[③]/（μg/L）	≤	0.0025	0.0025	0.0025		

① 允许根据地方水域背景值特征做适当调整的项目。

② 规定分析检测方法的最低检出限，达不到基准要求。

③ 试行标准。

表 8-14　生活饮用水卫生标准

项　　　目		标　　　准
感官性状和一般化学指标	色	色度不超过 15 度,并不得呈现其他异色
	浑浊度	不超过 3 度,特殊情况不超过 5 度
	臭和味	不得有异臭、异味
	肉眼可见物	不得含有
	pH 值	6.5～8.5
	总硬度（以碳酸钙计）	450mg/L
	铁	0.3mg/L
	锰	0.1mg/L
	铜	1.0mg/L
	锌	1.0mg/L
	挥发酚类（以苯酚计）	0.002mg/L
	阴离子合成洗涤剂	0.3mg/L
	硫酸盐	250mg/L
	氯化物	250mg/L
	溶解性总固体	1000mg/L

项　　目		标　　准
毒理学指标	氟化物	1.0mg/L
	氰化物	0.05mg/L
	砷	0.05mg/L
	硒	0.01mg/L
	汞	0.001mg/L
	镉	0.01mg/L
	铬（六价）	0.05mg/L
	铅	0.05mg/L
	银	0.05mg/L
	硝酸盐（以氮计）	20mg/L
	氯仿[1]	60μg/L
	四氯化碳[1]	3μg/L
	苯并[a]芘[1]	0.01μg/L
	滴滴涕[1]	1μg/L
	六六六[1]	5μg/L
细菌学指标	细菌总数	100个/mL
	总大肠菌群	3个/L
	游离余氯	在与水接触30min后应不低于0.3mg/L，集中式给水除出厂水应符合上述要求外，管网末梢水不应低于0.05mg/L
放射性指标	总α放射性	0.1Bq/L
	总β放射性	1Bq/L

① 试行标准。

表 8-15　第一类污染物最高允许排放浓度　　　　　　单位：mg/L

序号	污染物	最高允许排放浓度	序号	污染物	最高允许排放浓度
1	总汞	0.05①	6	总砷	0.5
2	烷基汞	不得检出	7	总铅	1.0
3	总镉	0.1	8	总镍	1.0
4	总铬	1.5	9	苯并[a]芘②	0.00003
5	六价铬	0.5			

① 烧碱行业（新建、扩散、改建企业）采用 0.005mg/L。

② 为试行标准，二级、三级标准区暂不考核。

表 8-16　第二类污染物最高允许排放浓度

序号	污染物	适用范围	一级标准		二级标准		三级标准	
			1997年12月31日之前	1998年1月1日之后	1997年12月31日之前	1998年1月1日之后	1997年12月31日之前	1998年1月1日之后
1	pH 值	一切排污单位	6～9	6～9	6～9	6～9	6～9	6～9
2	色度	染料工业	50	50	180	80	—	—
		其他排污单位	50		80		—	—
3	悬浮物(SS)/(mg/L)	采矿、选矿、选煤工业	100	70	300	300		
		脉金选矿	100	70	500	400		
		边远地区砂金选矿	100	70	800	800		
		城镇二级污水处理厂	20	20	30	30		
		其他排污单位	70	70	200	150		400

序号	污染物	适用范围	一级标准		二级标准		三级标准	
			1997年12月31日之前	1998年1月1日之后	1997年12月31日之前	1998年1月1日之后	1997年12月31日之前	1998年1月1日之后
4	BOD_5/(mg/L)	甘蔗制糖、苎麻脱胶、湿法纤维板工业	30	20	100	60	600	600
		甜菜制糖、乙醇、味精、皮革、化纤浆粕工业	30	20	150	100	600	600
		城镇二级污水处理厂	20	20	30	30	—	—
		其他排污单位	30	20	60	30	300	300
5	COD_{Cr}/(mg/L)	甜菜制糖、焦化、合成脂肪酸、湿法纤维板、染料、洗毛、有机磷农药工业	100	100	200	200	1000	1000
		乙醇、味精、医药原料药、生物制药、苎麻脱胶、皮革、化纤浆粕工业	100	100	300	300	1000	1000
		石油化工工业(包括石油炼制)	100	60	150	120	500	500
		城镇二级污水处理厂	60	60	120	120	—	—
		其他排污单位	100	100	150	150	500	500
6	石油类/(mg/L)	一切排污单位	10	5	10	10	30	20
7	动植物油/(mg/L)	一切排污单位	20	10	20	15	100	100
8	挥发酚/(mg/L)	一切排污单位	0.5	0.5	0.5	0.5	2.0	2.0
9	总氰化物/(mg/L)	电影洗片(铁氰化合物)	0.5	0.5	5.0	0.5	5.0	1.0
		其他排污单位	0.5		0.5		1.0	
10	硫化物/(mg/L)	一切排污单位	1.0	1.0	1.0	1.0	2.0	1.0
11	氨氮/(mg/L)	医药原料药、染料、石油化工工业	15	15	50	50	—	—
		其他排污单位	15	15	25	25	—	—
12	氟化物/(mg/L)	黄磷工业	10	10	20	15	20	20
		低氟地区(水体含氟量<0.5mg/L)	10	10	20	20	30	30
		其他排污单位	10	10	10	10	20	20
13	磷酸盐(以P计)/(mg/L)	一切排污单位	0.5	0.5	1.0	1.0	—	—
14	甲醛/(mg/L)	一切排污单位	1.0	1.0	2.0	2.0	5.0	5.0
15	苯胺类/(mg/L)	一切排污单位	1.0	1.0	2.0	2.0	5.0	5.0
16	硝基苯类/(mg/L)	一切排污单位	2.0	2.0	3.0	3.0	5.0	5.0
17	阴离子表面活性剂(LAS)/(mg/L)	合成洗涤剂工业	5.0	5.0	15	10	20	20
		其他排污单位	5.0		10		20	
18	总铜/(mg/L)	一切排污单位	0.5	0.5	1.0	1.0	2.0	2.0
19	总锌/(mg/L)	一切排污单位	2.0	2.0	5.0	5.0	5.0	5.0
20	总锰/(mg/L)	合成脂肪酸工业	2.0	2.0	5.0	5.0	5.0	5.0
		其他排污单位	2.0	2.0	2.0	2.0	5.0	5.0
21	彩色显影剂/(mg/L)	电影洗片	2.0	1.0	3.0	2.0	5.0	3.0
22	显影剂及氧化物总量/(mg/L)	电影洗片	3.0	3.0	6.0	3.0	6.0	6.0

续表

序号	污染物	适用范围	一级标准 1997年12月31日之前	一级标准 1998年1月1日之后	二级标准 1997年12月31日之前	二级标准 1998年1月1日之后	三级标准 1997年12月31日之前	三级标准 1998年1月1日之后
23	元素磷/(mg/L)	一切排污单位	0.1	0.1	0.3	0.1	0.5	0.3
24	有机磷农药（以 P 计）/(mg/L)	一切排污单位	不得检出	不得检出	0.5	0.5	0.5	0.5
25	乐果/(mg/L)	一切排污单位	—	不得检出	—	1.0	—	2.0
26	对硫磷/(mg/L)	一切排污单位	—	不得检出	—	1.0	—	2.0
27	甲基对硫磷/(mg/L)	一切排污单位	—	不得检出	—	1.0	—	2.0
28	马拉硫磷/(mg/L)	一切排污单位	—	不得检出	—	5.0	—	10
29	五氯酚及五氯酚钠（以五氯酚计）/(mg/L)	一切排污单位	—	5.0	—	8.0	—	10
30	可吸附有机卤化物 AOX(以 Cl 计)/(mg/L)	一切排污单位	—	1.0	—	5.0	—	8.0
31	三氯甲烷/(mg/L)	一切排污单位	—	0.3	—	0.6	—	1.0
32	四氯甲烷/(mg/L)	一切排污单位	—	0.03	—	0.06	—	0.5
33	三氯乙烯/(mg/L)	一切排污单位	—	0.3	—	0.6	—	1.0
34	四氯乙烯/(mg/L)	一切排污单位	—	0.1	—	0.2	—	0.5
35	苯/(mg/L)	一切排污单位	—	0.1	—	0.2	—	0.5
36	甲苯/(mg/L)	一切排污单位	—	0.1	—	0.2	—	0.5
37	乙苯/(mg/L)	一切排污单位	—	0.4	—	0.6	—	1.0
38	邻二甲苯/(mg/L)	一切排污单位	—	0.4	—	0.6	—	1.0
39	对二甲苯/(mg/L)	一切排污单位	—	0.4	—	0.6	—	1.0
40	间二甲苯/(mg/L)	一切排污单位	—	0.4	—	0.6	—	1.0
41	氯苯/(mg/L)	一切排污单位	—	0.2	—	0.4	—	1.0
42	邻二氯苯/(mg/L)	一切排污单位	—	0.4	—	0.6	—	1.0
43	对二氯苯/(mg/L)	一切排污单位	—	0.4	—	0.6	—	1.0
44	对硝基氯苯/(mg/L)	一切排污单位	—	0.5	—	1.0	—	5.0
45	2,4-二硝基氯苯/(mg/L)	一切排污单位	—	0.5	—	1.0	—	5.0
46	苯酚/(mg/L)	一切排污单位	—	0.3	—	0.4	—	1.0
47	间甲酚/(mg/L)	一切排污单位	—	0.1	—	0.2	—	0.5
48	2,4-二氯酚/(mg/L)	一切排污单位	—	0.6	—	0.8	—	1.0
49	2,4,6-三氯酚/(mg/L)	一切排污单位	—	0.6	—	0.8	—	1.0
50	邻苯二甲酸二丁酯/(mg/L)	一切排污单位	—	0.2	—	0.4	—	2.0
51	邻苯二甲酸二辛酯/(mg/L)	一切排污单位	—	0.6	—	0.6	—	2.0
52	丙烯腈/(mg/L)	一切排污单位	—	2.0	—	5.0	—	5.0
53	总硒/(mg/L)	一切排污单位	—	0.1	—	0.2	—	0.5

续表

序号	污染物	适用范围	一级标准		二级标准		三级标准	
			1997年12月31日之前	1998年1月1日之后	1997年12月31日之前	1998年1月1日之后	1997年12月31日之前	1998年1月1日之后
54	粪大肠菌群数 /(个/L)	医院、兽医院及医疗机构含病源污水	500	500	1000	1000	5000	5000
		传染病、结核病医院污水	100	100	500	500	1000	1000
55	总余氯 /(mg/L)	医院、兽医院及医疗机构含病原污水	<0.5	<0.5	>3(接触时间≥1h)	>3(接触时间≥1h)	>2(接触时间≥1h)	>2(接触时间≥1h)
		传染病、结核病医院污水	<0.5	<0.5	>6.5(接触时间≥1.5h)	>6.5(接触时间≥1.5h)	>5(接触时间≥1.5h)	>5(接触时间≥1.5h)
56	总有机碳(TOC) /(mg/L)	合成脂肪酸工业	—	20	—	40	—	—
		苎麻脱胶工业	—	20	—	60	—	—
		其他排污单位	—	20	—	30	—	—

表 8-17 地面水监测项目

水体	必测项目	选测项目
河流	水温、pH、悬浮物、总硬度、电导率、溶解氧、化学耗氧量、氨氮、亚硝酸盐氮、硝酸盐氮、挥发性酚、氰化物、砷、汞、六价铬、铅、镉、石油类等	硫化物、氟化物、氯化物、有机氯农药、有机磷农药、总铬、铜、锌、大肠菌群、总α放射性、总β放射性、铀、镭、钍等
饮用水源地	水温、pH、浑浊度、总硬度、溶解氧、化学耗氧量、五日生化需氧量、氨氮、亚硝酸盐氮、硝酸盐氮、挥发性酚、砷、汞、六价铬、铅、镉、氟化物、细菌总数、大肠菌群等	锰、铜、锌、阴离子洗涤剂、硒、石油类、有机氯农药、有机磷农药、硫酸盐、硝酸根等
湖泊水库	水量、pH、悬浮物、总硬度、溶解氧、透明度、总氮、总磷、化学耗氧量、五日生化需氧量、挥发性酚、氰化物、砷、汞、六价铬、铅、镉等	钾、钠、藻类(优势种)、浮游藻、可溶性固体总量、铜、大肠菌群等

注:1. 潮汐河流潮汐界必测项目,需增加氯度、总氨、总氮、总磷等的测定。
2. 底泥监测项目为砷、汞、铅、铬、镉、铜等,选测项目为锌、硫化物、有机氯农药、有机磷农药等。

表 8-18 工业废水监测项目

类别		监测项目
黑色金属矿山(包括磁铁矿、赤铁矿、锰矿等)		pH、悬浮物、硫化物、铜、铅、锌、镉、汞、六价铬等
黑色冶金(包括选矿、烧结、炼焦、炼铁、炼钢、轧钢等)		pH、悬浮物、COD、硫化物、氟化物、挥发性酚、氰化物、石油类、铜、铅、锌、镉、砷、汞等
选矿药剂		COD、BOD$_5$、悬浮物、硫化物、挥发性酚
有色金属矿山及冶炼(包括选矿、烧结、冶炼、电解、精炼等)		pH、悬浮物、COD、硫化物、氟化物、挥发性酚、铜、铅、锌、镉、砷、汞、六价铬等
煤矿(包括洗煤)		pH、悬浮物、砷、硫化物等
焦化		BOD$_5$、悬浮物、COD、硫化物、挥发性酚、石油类、水温、氨氮、苯类、多环芳烃等
石油开发		pH、悬浮物、COD、硫化物、挥发性酚、石油类等
石油炼制		pH、悬浮物、COD、BOD$_5$、硫化物、挥发性酚、氰化物、苯类、多环芳烃、石油类等
化学矿开采	硫铁矿	pH、悬浮物、硫化物、铜、铅、锌、镉、砷、汞、六价铬等
	雄黄矿	pH、悬浮物、硫化物、砷等
	磷矿	pH、悬浮物、氟化物、硫化物、砷、铅、磷等
	萤石矿	pH、悬浮物、氟化物等
	汞矿	pH、悬浮物、硫化物、砷、汞等

续表

类　别		监　测　项　目
无机原料	硫　酸	pH（酸度）、悬浮物、硫化物、氟化物、铜、铅、锌、镉、砷等
	氯　碱	pH（或酸、碱度）、COD、悬浮物、汞等
	铬　盐	pH（酸度）、总铬、六价铬等
有机原料		pH（或酸、碱度）、COD、BOD$_5$、悬浮物、挥发性酚、氰化物、苯类、硝基苯、有机氯等
化肥	磷　肥	pH（酸度）、COD、悬浮物、硫化物、氟化物、砷、磷等
	氮　肥	COD、BOD$_5$、挥发性酚、氰化物、硫化物、砷等
橡胶	合成橡胶	pH（或酸、碱度）、COD、BOD$_5$、石油类、铜、锌、六价铬、多环芳烃等
	橡胶加工	COD、BOD$_5$、硫化物、六价铬、石油类、苯、多环芳烃等
塑料		COD、BOD$_5$、硫化物、氰化物、铅、砷、汞、石油类、有机氯、苯类、多环芳烃等
化纤		pH、COD、BOD$_5$、悬浮物、铜、锌、石油类等
农药		pH、COD、BOD$_5$、悬浮物、硫化物、挥发性酚、砷、有机氯、有机磷等
制药		pH（或酸、碱度）、COD、BOD$_5$、悬浮物、石油类、硝基苯类、硝基酚类、苯胺类等
染料		pH（或酸、碱度）、COD、BOD$_5$、悬浮物、挥发性酚、硫化物、苯胺类、硝基苯类等
电子、仪器、仪表		pH（酸度）、COD、苯类、氰化物、六价铬、汞、镉、铅等
水　泥		pH、悬浮物等
玻璃、玻璃纤维		pH、悬浮物、COD、挥发性酚、硫化物、砷、铅等
油　毡		COD、石油类、挥发性酚等
石棉制品		pH、悬浮物、石棉等
陶瓷制品		pH、COD、铅、镉等
人造板、木材加工		pH（酸、碱度）、COD、BOD$_5$、悬浮物、挥发性酚等
食　品		COD、BOD$_5$、悬浮物、pH 值、挥发性酚、氨氮类
纺织、印染		pH、COD、BOD$_5$、悬浮物、挥发性酚、硫化物、苯胺类、色度、六价铬等
造　纸		pH（碱度）、COD、BOD$_5$、悬浮物、挥发性酚、硫化物、铅、汞、木质素、色度等
皮革及皮革加工		pH、COD、BOD$_5$、悬浮物、硫化物、氯化物、总铬、六价铬、色度等
电　池		pH（酸度）、铅、锌、汞、镉等
火　工		铅、汞、硝基苯类、硫化物、锶、铜等
绝缘材料		COD、BOD$_5$、挥发性酚

　　地面水环境质量标准适用于全国江河、湖泊、水库等具有使用功能的地面水域。依据地面水水域使用目的和保护目标将其划分为五类。
　　Ⅰ类：主要适用于源头水、国家自然保护区。
　　Ⅱ类：主要适用于集中式生活饮用水水源地一级保护区、珍贵鱼类保护区、鱼虾产卵场等。
　　Ⅲ类：主要适用于集中式生活饮用水源二级保护区，一般鱼类保护区及游泳区。
　　Ⅳ类：主要适用于一般工业用水及人体非直接接触的娱乐用水区。

Ⅴ类：主要适用于农业用水区及一般景观要求水域。

污水综合排放标准将污染物按其性质分为两类。

第一类污染物：指能在环境或动植物内蓄积，对人体健康产生长远不良影响的有害物质，含此类有害物质的废水，在车间或车间处理设备排出口取样，其最高允许排放浓度应符合表 8-15 的规定。

第二类污染物：指长远影响小于第一类的污染物质，在排污单位排污口取样，其最高允许排放浓度应符合表 8-16 的规定。

选择测定项目必须合理，使其能比较准确地反映水质污染状况。

① 毒性大、稳定性高，在生物体内蓄积较快的污染物应优先测定。

② 根据监测目的选择国家和地方颁布的相应标准中要求控制的污染物进行测定。

③ 选择有分析方法和相应手段进行分析的项目。

④ 对常规监测中经常检出或超标的项目，应予测定。

四、土壤样品的采集

土壤是陆地上能生长作物、树木的疏松表层，是大气、水、动植物和微生物长期对地壳表面、岩石等作用的结果形成的。它介于大气圈、岩石圈、水圈和生物圈之间，是环境中的独特的组成部分，是人类赖以生存的环境要素之一。

工业、农业和生物污染物通过水、气、固体废弃物进入土壤，造成污染。土壤中的污染物与大气及水体中很多是相同的，主要污染物有：①重金属污染，如砷、铬、镉、汞、铜、铅、镍、锰等；②有机物污染，主要是种类繁多的化学农药，其中以有机氯及有机磷类最大，况且像 DDT、六六六、砷化物等分解速率很慢，可在土壤中存在几年到几十年的时间，由于农药的溶解度较小，加上土壤的吸附作用，因此绝大多数存在土壤表层的 20cm 内；③氮素和磷素化学肥料；④放射性污染，如铯、锶等；⑤有害微生物类，如各种细菌、肠寄生虫（蛔虫）等。

1. 采样点的选择及布点方式

布点前先了解该地区的自然条件，包括气候、地形、水文、地质等，调查农业生产情况，附近污染源头等，然后选择具有代表性的地块为采样单元[$0.13 \sim 0.2$ha(公顷)，1ha$=10^4$m^2]，在每个采样单元选取一定数量的采样点，并且要布设有对照意义的采样点。

由于土壤本身的空间分布上有不均匀性，所以应该在每一个采样单元内采取多点采样，然后均匀混合，以增加代表性。对于大气污染物引起的土壤污染，布点应以污染源为中心，然后根据风向、风速、污染强度系数等选一个方位或几个方位，采样点数量及间距依调查结果而定，通常邻近污染源处各样点间距应小些，远距离处则可大些，对照点应设在远离污染处。城市污水或受污染河水灌溉处采样点应从水流路径和距离考虑，总之采样点是权衡综合条件的结果。通常选用的四种布点方法见表 8-19。

表 8-19　土壤采样方法及适用范围

采样方法	采样点分布图	适 用 范 围
对角线法		污水灌溉的田块（由田块进水口向对角引一条斜线，对角线三等分，每等分的中央点作为采样点）
梅花形法		面积较小、地势平坦、土质均匀的田块（可设 5~10 个采样点）

采样方法	采样点分布图	适用范围
棋盘式法	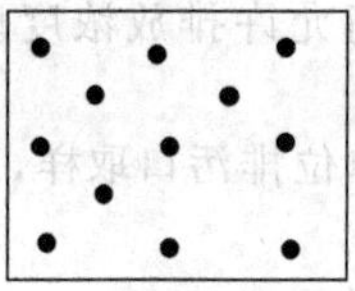	面积中等、地势平坦、地形开阔，但土质不够均匀的田块（一般采样点在10个以上），此法也适于被固体废物污染的田块（但采样点应超过20个）
蛇形法	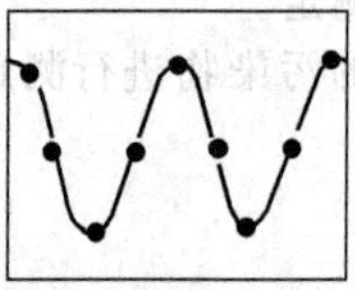	面积较大、地势不够平坦、土质不够均匀的田块，采样点要更多设

采样深度为表层（耕作层）0～20cm，当要了解污染的垂直分布时，可在采样点处挖1m×1.5m 的长方形土坑，使深度达母质或潜水层（约 2m）。再根据剖面土壤的颜色、结构、质地、湿度、植物根系等状况划分土层，也可人为地划分为 0～20cm、20～40cm、40～60cm 等选取土壤，用小铲自下而上地逐层采集样品（每层取土深度及量应尽量一致），装入塑料袋中，外罩黑纸避免阳光直射，4℃时保存。

2. 采样时间

采样时间由测定项目和污染情况而定，必要时随时采集。有时为了解土壤中生长植物受污染的情况则可按季节变化或根据作物收获期采集，一年中要在同一地点采集两次样品作为对照。

3. 采样量

所需样品的量，随监测对象而定，一般只需 1～2kg 即可。对多点采取的样品（此时取样量应大些）反复按四分（操作）法选取，留下最后选取的不少于 1kg 样品装入塑料袋或布袋内保存。

4. 采样注意事项

① 采样点不得选在田边、沟边、路边、肥堆边；

② 做现场采样条件记录；

③ 样品均应贴有标签标明地点、深度、日期、采样点、采样者。

5. 土壤样品的制备

(1) 风干 除测水分及游离挥发酚等项目外，多数项目土壤样品要风干，风干后较易混匀，重复性、准确性均好。

土壤风干的方法是将样品放在塑料薄膜或瓷盘内，置于阴凉处慢慢风干，至半干时压碎大块，除去杂石、残根等，勤翻动直至干燥。

(2) 磨碎过筛 风干样用有机玻棒或木棒碾碎后，过筛（2mm 尼龙筛），除云砂砾（量多时要计算占土壤的百分数）和植物残体，用四分法多次弃取，最后留足够分析用量（约 100g 即可），将四分法弃去的样品，另外装瓶备用。留下的样品再研细过 100 目尼龙筛备用。

6. 土壤样品的预处理

土壤样品的预处理比大气样及水样复杂。测定土壤中的重金属成分时，常常用碱熔、酸溶或混合酸进行样品的消化，使其固形物质转变成可测定的状态并除去有机物对分析测定的干扰。

(1) 碱熔法 碱熔法也称干法熔融，通常以碳酸钠为熔剂，置经 100 目筛孔的样品于铂坩埚内铺匀，上层平铺一层碳酸钠，在马弗炉中 900℃时融熔半小时，取出观察，如已成表里一致均匀、无气泡和不熔物时，表示融熔完成，倒入烧杯中加入 6mol/L 的盐酸使熔块溶解，供测定矿物元素及金属元素之用。

(2) 混合酸分解法 此即湿法消化法。采用硫酸、硝酸、盐酸或高氯酸，选其中的 1～2 种强酸的混合物，加入过 60 目筛孔的土壤样，加热消化，温度视被测组分而定。含有机质多的土壤消解时加入高锰酸钾或五氧化二钒，消解时加稀盐酸回流煮沸，残渣用稀盐酸洗涤留用。在混酸中如加入氢氟酸可以加快分解速率。

（3）有机样品的提取

① 有机溶剂提取法　选适当的有机溶剂，用振荡法提取土壤中的有机污染物，常用有机溶剂提取剂有石油醚、丙酮、二氯甲烷等，但后续程序比较麻烦。

② 索氏提取法　这是常用的一种方法，将土壤样品放在索氏提取器中，加入有机溶剂提取土壤中的有机污染物，此法提取效率高。常用提取剂为二氯甲烷、三氯甲烷、石油醚等，如图 8-17(a) 所示。

（4）样品的净化与浓缩　土壤样品经提取后得到的提取液还需进一步净化，净化方法是柱层析法，净化前后均可采用吹氮浓缩或 K-D 浓缩法将净样浓缩供分析用，如图 8-17（b）所示。

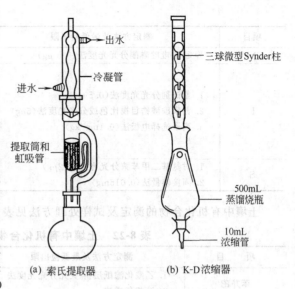

(a) 索氏提取器　　(b) K-D 浓缩器

图 8-17　索氏提取器与 K-D 浓缩器

土壤中金属与非金属无机物的测定与消化方法见表 8-20 与表 8-21。

表 8-20　土壤中金属的测定与消化方法

元素	测定方法及最低检出限	消 化 方 法
Cd	双硫腙分光光度法光程 2cm 时为 $0.5\mu g$	$H_2SO_4\text{-}HNO_3\text{-}HClO_4$
Cd、Cu、Pb、Zn	1. 火焰原子吸收分光光度法最低检出限 Cd 为 0.1g/kg；Pb、Zn、Cu 分别为 1mg/kg 2. 石墨炉无火焰原子吸收分光光度法	王水 （1+3 的 HCl+HNO_3）
Cu	1. 原子吸收分光光度法 2. 二乙基二硫代氨基甲酸钠-四氯化碳萃取分光光度法（0.002mg）	王水
Pb	1. 原子吸收分光光度法 2. 双硫腙分光光度法	$HNO_3\text{-}HCl\text{-}HClO_4$
Zn	1. 原子吸收分光光度法 2. 双硫腙分光光度法（$1\mu g$）	王水
Hg	1. 冷原子吸收分光光度法 (1)硫酸-高锰酸钾法（0.007mg/kg） (2)硝酸-硫酸-五氧化二钒法（0.002mg/kg） (3)硝酸-硫酸-亚硝酸钠 (4)加热挥发法 2. 双硫腙分光光度法（$0.25\mu g$） 具体方法与冷原子吸收分光光度法中的(1)～(4)相同	$H_2SO_4\text{-}KMnO_4$ $V_2O_3\text{-}HNO_3\text{-}H_2SO_4$ $NaNO_2\text{-}HNO_3\text{-}H_2SO_4$ 850～900℃ 分解后吸收汞 试样消解可选用冷原子吸收分光光度法中的任一种

表 8-21　土壤中非金属无机物的测定与消化方法

项目	测定方法及最低检出限	消 化 方 法
As	1. 二乙基二硫代氨基甲酸银分光光度法（$0.5\mu g$） 2. 原子吸收分光光度法 (1)火焰原子吸收分光光度法 (2)无火焰原子吸收法（$0.2\mu g$）	0.5g 试样 $HNO_3\text{-}H_2SO_4$ 1. 硝酸-高氯酸法 HNO_3+HClO_4 2. 浓 HCl 浸泡法在浓 HCl 中放置 24h 4+1+0.5 的 $HNO_3+HClO_4+H_2SO_4$

项目	测定方法及最低检出限	消 化 方 法
CN⁻	异烟酸-吡唑啉酮分光光度法(0.5 μg)	10g 试样在 ZnAc 及酒石酸溶液中蒸馏,NaOH 吸收
F	1. 氟试剂分光光度法(0.5μg) 2. 茜素磺酸锆目视比色或分光光度法(5μg) 3. 离子选择电极法(0.1mg/kg)	0.05～0.5g 试样 H_2SO_4-H_3PO_4 0.5g 试样(100 目),加 H_2SO_4(165℃蒸馏),馏出液再加 $HClO_4$、Ag_2SO_4,在 135℃±5℃ 再蒸馏约 0.5g(100目) NaOH,600℃熔融 30min,用浓 HCl 调 pH 值至 8～9
S	1. 对氨基二甲苯胺分光光度法(2μg) 2. 间接碘量法(0.016mg)	5～20g(同时测定水分)湿土样 HCl

土壤中有机化合物的测定及试样处理方法见表 8-22。

表 8-22　土壤中有机化合物的测定及试样处理方法

项 目	测定方法及最低检出限	试样处理方法
苯并芘	1. 乙酰化滤纸层析-荧光分光光度法 2. 液相色谱法	5～10g 试样(40 目),乙酰化层析纸分离
三氯乙醛	气相色谱法(0.05mg/kg)	50g(20g 测水分)新鲜土样,用水浸提后,以石油醚-乙醚萃取
油	1. 紫外分光光度法(256nm)测芳烃 2. 非色散红外光度法(3.4μm)测烷烃	25g(40 目筛孔)试样,氯仿提取后再分离
挥发酚	4-氨基安替比林分光光度法(氯仿萃取 460nm)(0.5μg)	50g 新鲜土样加 $HgCl_2$ 固定(另取土样测水分) 1. 加酸蒸馏法 2. 水提取法
666、DDT	气相色谱法 666(5～15μg/kg) DDT(15～40μg/kg)	20g(60 目)土样(同时另取 20g 测定水分),有机溶剂提取,浓 H_2SO_4 消化

五、生物样品的采集

1. 树叶样品的采集

采样前应先鉴别树木种类、簇叶成熟度和树龄,以保证不同采样点数据具有可比性。采样时,以树干为中心,分 8 个方位,尽量从接近地面开始剪树枝外面的叶子,直至 6.1m 或更高。一般树叶采集量为 500～1000g。假如研究某一污染源的污染,采集面对着污染源的叶子,与此同时,选择远离污染源的同种、同龄树 3～5 个点采样作为对照。将收集到的树叶及时运回实验室,在玻璃板或干净的纸上铺平,摊成一薄层,然后从多点各取一小撮,放入瓶中,作为代表性样品,在 4℃以下保存备用。

2. 植物样品的采样

研究整个植株,包括根、茎、叶、果实,可在预先布好的采样点内(布点可参照土壤布点原则),以梅花形分 5 个点取样,或顺采样区往返交叉前进间隔式(实质相当于蛇形取样法)6 个点取样,混合为一个代表性样品。采集根系时,应保存根系的完整,根上的泥土用水冲洗干净,冲洗要迅速,避免浸泡。冲洗完毕,放在铺有滤纸的瓷盘中吸去水分,然后包好保存用于干燥粉碎。

3. 鱼贝类的采样

在采样区内,将捕到的鱼先分类,同类鱼再进一步按大小和鱼龄分组,分好后尽快冷冻。如果整条鱼都进行分析,则把整条鱼迅速冷冻。如果只分析肌肉,可选取同类、同龄鱼 5～10 条,每条约 250g,去鳞后割取脊背两侧肌肉部分,迅速冷冻。对贝类也要先分类,将同种、同龄(按贝壳上的年轮划分)贝样,先用水冲去外部的泥砂,甩去水后剥去外壳,肉体部分放在烧杯中片刻,倾去上面的浮水,置于塑料袋中,于 4℃以下保存。

分析测定时,先熔化样品,然后于高速混合粉碎机中粉碎,其匀浆组织备分析用。

六、固体废弃物样品的采集

固体废物的组成成分可分为有机废物和无机废物,按固体废物的形态可分为固态与泥状废物,按危害状况可分为有害废物与一般废物。根据固体废物的来源不同可分为工业固体废物、农业固体废物、城市垃圾等几种。

工业固体废物主要来源见表8-23。

表8-23　工业固体废物的主要来源

发　生　源	产生的主要固体废物
矿业	废石、尾矿、金属、废水、砖瓦和水泥、砂石等
建筑材料工业	金属、水泥、黏土、陶瓷、石膏、石棉、砂、石、纸和纤维等
冶金、交通、机械等工业	金属、渣、砂石、模型、芯、陶瓷、涂料、管道、绝热和绝缘材料、黏结剂、污垢、废水、塑料、橡胶、纸、各种建筑材料、烟尘等
食品加工业	肉、谷物、蔬菜、硬壳果、水果、烟草等
橡胶、皮革、塑料等工业	橡胶、塑料、皮革、布、线、纤维、染料、金属等
石油化工工业	化学药剂、金属、塑料、橡胶、陶瓷、沥青、污泥油毡、石棉、涂料等
电器、仪器仪表等工业	金属、玻璃、木、橡胶、塑料、化学药剂、研磨料、陶瓷、绝缘材料等
纺织服装工业	布头、纤维、金属、橡胶、塑料等
造纸、木材、印刷等工业	刨花、锯末、碎木、化学药剂、金属填料、塑料等
居民生活	食物、垃圾、纸、木、布、庭院植物修剪物、金属、玻璃、塑料、陶瓷、燃料灰渣、脏土、碎砖瓦、废器具、粪便、杂品等
商业、机关	除上述居民生活产生的主要固体废物外，另有管道、碎砌体、沥青、其他建筑材料,含有易燃、易爆、腐蚀性、放射性的废物以及废汽车、废电器、废器具等
市政维护、管理部门	脏土、碎砖瓦、树叶、死禽畜、金属、锅炉灰渣、污泥等
农业	秸秆、蔬菜、水果、果树枝条、糠秕、人和禽畜粪便、农药等
核工业和放射性医疗单位	金属、含放射性污渣、粉尘、污泥、器具和建筑材料等
旅客列车	纸、果屑、残剩食品、塑料、泡沫盒、玻璃瓶、金属罐、粪便等

为了使采集的固体废弃物样品有代表性，采样之前应调查生产工艺过程、废弃物类型、排放数量、危害程度以及废弃物堆积历史等情况，从而确定适当的采样方式。如果采集有害固体废弃物，应根据其危害特性采取相应的安全防护措施。

连续或间断排放的新鲜固体废弃物，可分批采集等量的样品，混合成平均样品。陈旧的固体废弃物，可根据堆积历史、堆积方式等具体情况，分层多点采集等量的单个样品，混合成平均样品，或按照不同时期废物量的多少按比例采样。

单个样品一般采集1kg，将各单个样品混匀，按四分法反复弃取，最后保留1kg平均样备用。同理，将平均比例采样法所获样品按比例混合均匀后用四分法弃取，保留平均样品1kg。

采样工具和容器应清洁，所用的材料不应影响测定结果，工具、容器与样品以及样品之间不应互相污染。含水分多的泥状样品应装在聚乙烯瓶内，而坚硬块状样品应装在布口袋内。

第三节　样品的分解——无机物分析前样品的处理

在一般分析工作中，除了少量使用干法外，通常都用湿法分析，即先将样品分解，使被测组分定量地转入溶液中，然后进行分析测定。

分解试样的基本要求是：

① 试样应分解完全，处理后的溶液不应残留原试样的细屑或粉末；

② 试样分解过程中不能引入待测组分，也不能使待测组分有所损失；

③ 试样分解时所用试剂及反应产物对后续测定应无干扰。

一、样品的分解方法

1. 溶解法

溶解法是将试样溶解于水、酸、碱或其他溶剂中。其操作简单、快速，应尽先采用。溶解法分解试样的适用范围见表8-24。

表 8-24　溶解法分解试样的适用范围

溶　剂		适　用　试　样	备　注
水（H₂O）		碱金属盐，铵盐，大多数碱土金属盐 硝酸盐，无机卤化物（除 AgX、PbX₂、Hg₂X₂ 外）	若稀溶液浑浊时，可加少量相应的酸
盐酸（HCl）	稀	钴、锰、镍、铬、铁等金属 铬合金、硅铁、含钴、镍的钢 碱金属、碱土金属为主要成分的矿物，菱镁矿	盐酸最高沸点108℃，强酸性，弱还原性，氯离子有一定的络合能力 还原性溶解，天然氧化物不溶
	浓	二氧化锰、二氧化铅 锑合金、锡合金、含锑、铅的矿石；沸石、橄榄石、低硅含量的硅酸盐、碱性矿渣	锗、锡、砷、锑、硒、碲等与盐酸作用时，易生成挥发性的氯化物，分解或蒸发时要注意防止损失
硝酸（HNO₃）	稀	金属铀、银合金、镉合金、铅合金、汞齐、铜合金 含铅矿石	硝酸最高沸点121℃，强酸性，强氧化性 氧化性溶解
	浓	汞、硒、硫化物、砷化物、锑化合物 铋合金、钴合金、镍合金、锌合金、银合金 铋、镉、铜、铅、镍、钼的硫化物	铁、铝、铬等在 HNO₃ 中生成氧化膜而钝化，需加 HCl 才能溶解 溶样后存在于溶液中的 HNO₂ 和其他氮的低价氧化物会破坏有机显色剂，应煮沸除去
	发烟	砷化物、硫化物矿	
硫酸（H₂SO₄）	稀	铬及铬钢、镍铁、铝、镁、锌等非铁合金	硫酸最高沸点338℃，强酸性，强氧化性，强脱水能力，能使有机物炭化
	浓	砷、钼、镍、铼、砷合金、锑合金；含稀土元素矿物	在加热蒸发过程中冒出 SO₃ 白烟时立即停止加热，以免生成难溶于水的焦硫酸盐
磷酸（H₃PO₄）		锰铁、铬铁、高钨、高铬合金钢 锰矿、独居石、钛铁矿	磷酸最高沸点213℃，较强酸性，磷酸根具有一定络合能力，强分解能力 溶样温度不可过高，冒烟时间不能太长，5min以内，以免析出难溶性焦磷酸盐或多磷酸盐
高氯酸（HClO₄）		铬矿石、钨铁矿石、氟矿石、不锈钢 镍铬合金、高铬合金钢、汞的硫化物矿	高氯酸沸点203℃，强酸，强氧化剂和脱水剂 浓、热的 HClO₄ 遇有机物（如滤纸等）易爆炸，应先用浓 HNO₃ 破坏有机物，然后再加 HClO₄
氢氟酸（HF）		硅、铁、铝、钛、锆、铌、钽 硅酸盐、石英石、氧化铌、铬合金、钨铁、硅铁	氢氟酸最高沸点120℃，主要用于分解含硅试样 分解应在铂器皿中或聚四氟乙烯塑料器皿（<250℃）中，并在通风柜内进行 防止氢氟酸接触皮肤，以免灼伤溃烂
氢碘酸（HI）		汞的硫化物，钡、钙、铬、铅、锶等的硫酸盐，锡石	
氢氧化钠（NaOH）		钼、钨的无水氧化物 铝、锌等两性金属及其合金	在银、铂或聚四氟乙烯器皿中溶解
氨水（NH₃·H₂O）		钼、钨的无水氧化物 氯化银、溴化银	
王水（HNO₃+HCl=1+3）		金、钼、钯、铂、钨等金属 铋、铜、镓、铟、镍、钒、铀等合金 铁、钴、镍、钼、铜、铋、铅、锑、汞、砷的硫化物 硒矿、锑矿	王水即 HNO₃ 与 HCl 按（1+3）（体积比）混合而成 用于分析金、钯、铂时，HNO₃+HCl+H₂O=1+3+4
逆王水（HNO₃+HCl=3+1）		银、汞、钼等金属 锰铁、锰钢 锗的硫化物	
硫王水		含硅较多的铝合金及矿物	即浓的 H₂SO₄、HNO₃、HCl 的混合物

溶　剂	适 用 试 样	备　　注
$HF+H_2SO_4$	硅酸盐,钛矿石,高温处理过的氧化铍	
$HF+HNO_3$	铬、钼、铌、钽、钍、钛、锆、钨等金属 氧化物、氮化物、硼化物 钨铁、锰合金、铀合金 含硅合金及矿物	在铂或聚四氟乙烯器皿中溶解试样
$H_2SO_4+H_3PO_4$	钢铁	
浓 HNO_3+Br_2	砷化物矿、硫化物矿	
浓 $HNO_3+H_2O_2$	汞、毛发、肉类等有机物	
浓 HNO_3+KClO_3	砷化物矿、硫化物矿	
浓 HNO_3+HClO_4	生物样品(动、植物)	1g 样品 $+15mL$ HNO_3 加热至干涸,再加 10mL HNO_3 加热至干,然后加入 6mL $HClO_4$ 继续加热至冒白烟
浓 $H_2SO_4+HClO_4$ $H_3PO_4+HClO_4$ 浓 $HCl+KClO_3$	镓金属、铬矿石 钨料、铬铁、铬钢 含砷、硒、碲矿物、硫化物矿	
$HCl+H_2O_2$	金属铜、中低合金钢、硫化物矿石	
$HCl+Br_2$	铜合金、硫化物矿石	
$HCl+SnCl_2$	磁铁矿、赤铁矿、褐铁矿	测铁用
$AlCl_3$ 溶液	氟化钙	形成络合物
EDTA 溶液	硫酸钡、硫酸铅	
$BeCl_2$ 溶液	氟化钙	
CH_3COONH_4 溶液	硫酸铅等难溶硫酸盐	
KCN 溶液	氯化银、溴化银	
酒石酸＋无机酸	锑合金	
草酸	铌、钽氧化物	

2. 熔融法

熔融法是利用酸性或碱性熔剂与试样混合,在高温下进行复分解反应或氧化还原反应,将试样中的被测组分转化成易溶于水或酸的化合物,如钠盐、钾盐、硫酸盐、氯化物等。由于熔融时反应物的浓度及反应温度都比用溶解法时高得多,所以分解试样的能力也比溶解法强得多。但由于熔融时要加入大量的熔剂（一般为试样质量的 6~12 倍）,因而熔剂本身的离子和其中的杂质以及熔融时坩埚材料的腐蚀,都会沾污试液。所以,尽管熔融法分解试样的能力很强,但在实际工作中只有用溶解法分解不了的试样才改用熔融法。常用熔融法分解试样的适用范围见表 8-25。

表 8-25　常用熔融法分解试样的适用范围

	熔　剂	用　量 (试样量的倍数)	温度 /℃	坩埚材料	适用试样	注意事项
碱 性 熔 剂	Na_2CO_3 (或 K_2CO_3)	6~8	900~ 1200(缓慢 升温)	铁、镍、 铂、钢玉	铌、钽、钛、锆等的氧化物 酸中不溶残渣 硅酸盐、不溶性硫酸盐、 磷酸盐 铍、铁、镁、锰等矿物	
	$Na_2CO_3+K_2CO_3(1+1)$	5~8	700	铂、铁、 镍、钢玉	钒合金、铝、碱土金属矿; 氟化物矿	
	NaOH	8~10	<500	铁、镍、 银	锑、铬、镍、锌、锆等矿物 两性元素氧化物 硫化物(测硫)	

	熔　剂	用　量(试样量的倍数)	温　度/℃	坩埚材料	适用试样	注意事项
碱性熔剂	$CaCO_3+NH_4Cl(8+1)$	9	900	镍、铂	硅酸盐;岩石中的碱金属(含硫多的试样可用 $BaCl_2$ 代替 NH_4Cl)	
	KOH			镍、铁、银	碳化硅	
	$Na_2CO_3+B_2O_3+K_2CO_3$ (1+1+1)	10～15	(缓慢分解)	铂	铬铁矿、钛矿、铝硅酸盐矿	
酸性熔剂	焦硫酸钾($K_2S_2O_7$)	8～12	>300	铂、瓷、石英	金红石(TiO_2)、Al_2O_3、Cr_2O_3、Fe_3O_4、ZrO_2、钛铁矿　中性耐火材料(如铝砂、高铝砖),碱性耐火材料(如镁砂、镁砖)　铌、钽的氧化物矿石	温度不宜过高,时间不宜过长,以免 SO_3 过多过早地损失掉。熔融物冷却后用水溶解时应加少量酸,以免有些元素(如 Ti、Zr)发生水解而沉淀
	$KHSO_4$	12～14	>300	铂、瓷、石英	金红石(TiO_2)、Al_2O_3、Cr_2O_3、Fe_3O_4、ZrO_2、钛铁矿　中性耐火材料(如铝砂、高铝砖),碱性耐火材料(如镁砂、镁砖)　铌、钽的氧化物矿石	先加热 $KHSO_4$ 使其脱水后再加入试样,以免熔融时造成试样飞溅
	KHF_2-$K_2S_2O_7$(1+10)	8～10	低温	铂	某些硅酸盐矿物、锆英石、稀土、钍、铌、钽矿物	
	KHF_2	8～10	低温	铂	硅酸盐、稀土和钍的矿物	
	B_2O_3	5～8	580	铂	硅酸盐,许多金属的氧化物,硫酸盐(1000～1100℃)	先将 B_2O_3 熔融后研细备用
	NH_4F、NH_4Cl、NH_4NO_3、$(NH_4)_2SO_4$ 或其混合物	10～20	110～350	瓷	铜、铅、锌的硫化物矿;铁矿、镍矿、锰矿;硅酸盐	
	NH_4Cl-NH_4NO_3-$(NH_4)_2SO_4$ (2+2+1)	6～10	110～350	瓷、石英	硫化矿、氧化物矿、碳酸盐,其他可溶于硝酸、盐酸或王水中的天然矿物	试样在 2～3min 内即可分解完全
还原性熔剂	$NaOH+KCN$(3+0.1)		400	铁、镍、银	锡石	
	Na_2CO_3+S(1+1)	8～12	300	瓷、刚玉、石英	砷、汞、锑、锡的硫化物	
氧化性熔剂	Na_2O_2	6～8	600～700	铁、镍、刚玉	铬合金、铬矿、铬铁矿;钼、镍、锑、锡、钒、铀等的矿石;硅铁、硫化物、砷化物矿物	Na_2O_2 对坩埚腐蚀严重,可先在坩埚内壁沾上一层 Na_2CO_3 防止腐蚀,Na_2O_2 作熔剂时,不应让有机物存在,否则极易发生爆炸
	Na_2O_2+NaOH(5+2)	7	>600	铁、镍、银	铂族合金、钒合金、铬矿、闪锌矿	
	$Na_2O_2+Na_2CO_3$(1+1)	10	500	镍、铁、银、刚玉	砷、铬矿物、硫化物矿物硅铁	
	$KNO_3+Na_2CO_3$(1+4)	10	700	铁、镍、铂、刚玉	铬矿、铬铁矿、钼矿、闪锌矿、含硒、碲矿物,钒合金	

3. 烧结法

烧结法又称半熔法，是在低于熔点的温度下，让试样与固体试剂发生反应。和熔融法比较，此法的温度较低，加热时间较长，但不易损坏坩埚，可以在瓷坩埚中进行，不需要贵重器皿。烧结法所用熔剂及适用范围见表8-26。

表 8-26　烧结法所用熔剂及适用范围

熔　剂	熔剂量与试样量之比	适用坩埚	适用试样
Na_2CO_3-MgO(1+2)	4～10	铁、镍、瓷	煤中的硫、铁合金
Na_2CO_3-MgO(2+1)	10～14	铁、镍、瓷	铁合金、铬铁矿
Na_2CO_3-ZnO(2+1)	8～10	铁、镍、瓷	硫化矿中的硫

4. 闭管法

闭管法也叫密闭增压酸溶解法，是将试样和酸或混合酸的溶剂置于合适的容器中，再将容器装在保护套中，在密闭情况下进行分解。由于蒸气压增高，酸的沸点提高，可以热至较高的温度，溶剂也没有挥发损失，对于难溶物质的分解可取得很好效果。另外，在加压下消化一些生物试样，可以大大缩短消化时间。闭管法所用部分溶剂及适用范围见表8-27。

表 8-27　闭管法所用部分溶剂及适用范围

溶　剂	适　用　试　样	容器及温度
氢氟酸	绿柱石、铍硅石、锆石、辉石、微斜长石、金绿宝石、蓝晶石、假蓝宝石、花岗岩	白金管,400℃
盐酸	镍铁、氧化铈、$BaTiO_3$、$SrTiO_3$、氧化铝	聚四氟乙烯管,<240℃
硝酸	氧化铈	聚四氟乙烯管,<240℃
硫酸	金红石(合成)、磁铁矿、黄铁矿、尖晶石(合成)、钛铁矿、氮化硼、鳞云母、锐钛矿	聚四氟乙烯管,<240℃
盐酸+硝酸(或过氧化氢)	铂族金属	玻璃管,140℃
盐酸+高氯酸(1+1)	金属铑粉	聚四氟乙烯管,<240℃
硫酸+氢氟酸(1+1)	电气石、氧化锆、榍石、铬矿、铬铁矿	聚四氟乙烯管,<240℃
磷酸+氢氟酸	十字石、红柱石、绿柱石	聚四氟乙烯管,<240℃

二、有机物试样（生物样品）的消化分解

当矿物元素以结合的形式存在于有机物中时，要测定这些元素，需将其从有机物中游离出来，或将有机物分解之后，才能准确测定这些元素。常用有机物的分解方法有如下几种。

1. 干法灰化法

（1）直接灰化法　适用于含铜、铅、锌、钙、镁等样品的有机物的消化分解。

常规操作步骤：准确称取固体试样5g（液体样品10mL）于坩埚中，置电炉上低温炭化，待浓烟散尽后，放入马弗炉中（550℃）灰化2～4h，待灰分呈白色残渣时取出，冷却后加（1+1）盐酸（或硝酸）2mL，加热溶解灰分，定量地转移入50mL容量瓶中，加水至刻度，即可进行分析。

但对易挥发元素（如汞、砷、镉等），特别是水样中有氯化物时不宜采用干灰化法，以免产生挥发损失。

（2）氢氧化钙法　适用于含砷样品的有机物分解。

操作步骤：准确称取均匀样品5g，置于瓷蒸发皿中，加入无砷氢氧化钙5g，如为固体样品加入少量水（液体样品不再加水），用玻璃棒搅拌均匀后，以滤纸擦净玻璃棒上沾附的物质，将滤纸也一起放入蒸发皿中。在电炉上低温炭化至不再有烟时，置于500～880℃马弗炉中加热至完全灰化，取出，冷却后加入6mol/L盐酸至灰分完全溶解，转移到50mL容量瓶内，根据少量多次的原则，用水洗涤蒸发皿，合并洗涤液于容量瓶内，加水稀释至刻度，摇匀后备用。

（3）氢氧化钠法　适用于含锡样品的有机物的分解。

操作步骤：准确称取样品5g，加入10%氢氧化钠3mL（液体样品取10mL，加入10%氢氧化

钠使呈碱性），置水浴上蒸干。于电炉上低温炭化至不再冒烟时，放入高温炉中在 600℃ 灰化，冷却后加入 5mL 水，在水浴上蒸干后，加入 10mL 浓盐酸使残渣全部溶解，再加入 10mL 水，移入 50mL 容量瓶中，用 (1+1) 盐酸少量多次洗涤蒸发皿，合并洗涤液于容量瓶中，加 (1+1) 盐酸至刻度，摇匀后备用。

2. 湿法消化法

(1) 硝酸-硫酸消化法　适用于含铅、砷、锌等样品的有机物分解。

操作步骤：准确称取固体样品 5g（液体样品 10mL）于 250～500mL 凯氏烧瓶中，加 10mL 水（液体样品不必加水）、15mL 硝酸、10mL 硫酸，放入 2～5 粒玻璃珠，缓缓加热，当瓶内颜色呈深棕色时，及时加入硝酸 2～5mL，使溶液始终保持棕色或淡棕色，直到有机物分解完全，不再见棕红色二氧化氮气体产生，继续加热至产生三氧化硫白色烟雾，溶液应呈无色或淡黄色，冷却后，加入 5mL 水，移入 50mL 容量瓶中，以水少量多次洗涤凯氏烧瓶，洗涤液并入容量瓶中，加水至刻度，摇匀备用。

(2) 硫酸-双氧水消化法　适用于含铁或含脂肪高的食品样品的有机物分解，例如糕点、罐头、肉制品、乳制品等。

操作步骤：准确称取样品 5g 于凯氏烧瓶中，加入 10mL 浓硫酸，置电炉上低温加热至呈黑色黏稠状，继续升温，滴加 30% 过氧化氢 2mL，如溶液未呈现透明，可继续滴加过氧化氢，直到瓶内消化液呈无色透明为止。再加热 10min，冷却后移入 50mL 容量瓶中，用水少量多次洗涤凯氏瓶，合并洗涤液于容量瓶内，加水至刻度，摇匀备用。同时做一个空白试验。

(3) 硫酸-高氯酸消化法　适用于含锡、含铁样品的有机物的消化分解。

操作步骤：准确称取样品 5g 于凯氏烧瓶中，加入 10mL 浓硫酸，置电炉上低温加热至黑色黏稠状，继续升温，滴加高氯酸 2mL，溶液如不透明，再加高氯酸 1～2mL，直到溶液澄清透明为止。再加热 20min，冷却后加入 10mL 水稀释，移入 50mL 容量瓶中，以少量水多次洗涤凯氏烧瓶，将洗涤液合并于容量瓶中，加水稀释至刻度，摇匀备用。

在火焰原子吸收中，以稀硝酸或盐酸介质为佳，而硫酸有分子吸收，磷酸有化学干扰而不用。在石墨炉原子吸收法中，采用硝酸介质，由于一些金属氯化物在灰化阶段挥发造成损失（如镉、锌等）或产生基体干扰（氯化钠、氯化镁等），因而不使用盐酸。

(4) 硝酸-高氯酸消化法　食品的湿法消化也常用硝酸-高氯酸消化法，其硝酸与高氯酸的用量约为 3+1。

有机物的各种干法灰化与湿法消化方法归纳于表 8-28。

表 8-28　有机物试样消化分解方法（用于测定有机物中金属、硫和卤素）

分类	方法或溶剂	适用对象	容器与操作	附注
干法灰化法	直接灰化法	铝、铬、铜、铁、硅、锡	白金坩埚，500～550℃ 变为氧化物后溶解	
		银、金、铂、铜、铅、钙、镁、铁	瓷坩埚，变为金属氧化物后用硝酸或王水溶解	
		钡、钙、镉、钾、锂、镁、锰、钠、铅、锶	白金坩埚，变为硫酸盐	铅存在时为防止其还原加硝酸
	氧瓶燃烧法	卤素、硫、微量金属	试样在置有吸收液和氧气的三角烧瓶中燃烧	Schöniger 法
	燃烧法	卤素、硫	燃烧管，氧气流中 20～30min，$Na_2SO_3 + Na_2CO_3$ 吸收液吸收	Pregl 法
	低温灰化法	银、砷、金、镉、钴、铬、铯、铜、铁、汞、碘、钼、锰、钠、镍、铅、锑、硒、铂族（食品、石墨、滤纸、离子交换树脂）	低温灰化装置，<100℃	通过高频激发的氧气进行氧化分解

续表

分类	方法或溶剂	适 用 对 象	容器与操作	附 注
湿法消化法	浓硫酸	用浓硝酸会有不溶性氧化物生成时	硬质玻璃容器	不是强力的分解剂
	浓硫酸＋浓硝酸	金、铋、钴、铜、锑、铅、砷、锌等	凯氏烧瓶	先加 HNO_3，后加硫酸，防止炭化。如果炭化，消化很难达到终点，除非延长消化时间
	硝酸＋高氯酸（或浓硫酸＋高氯酸）	汞除外，其他金属元素、砷、磷、硫等（蛋白质、赛璐珞、高分子聚合物、煤、燃料油、橡胶）	凯氏烧瓶，67% HNO_3 ＋76% $HClO_4$＝1＋1，由室温徐徐升温	有时加入钒、铬盐作为催化剂，高氯酸盐加热，有爆炸危险
	浓硫酸＋过氧化氢	含银、金、砷、铋、锗、汞、锑等金属有机化合物	凯氏烧瓶，试样中先加硫酸，后加 30% 过氧化氢	过氧化氢沿壁加下去
		含有机色素的物质（合成橡胶等），含脂肪高的物质	硫酸＋硝酸加热，冷却后滴加过氧化氢（2～3 次）	
	浓硫酸＋重铬酸钾	卤素	凯氏烧瓶	冷却管并用
	硝酸＋高锰酸钾	汞（食品）		使用回流冷却器
	发烟硝酸	溴、铬、硫、挥发性有机金属化合物	发烟硝酸与硝酸银在闭管中加热（250～300℃，5～6h）	碘不适用，Carius 法
	过氧化氢、硫酸亚铁	一般有机物（油脂、塑料除外）	试样碎片，30% H_2O_2，稀 HNO_3 调节 pH＝2，$FeSO_4$ 约 0.001 mol/L，90～95℃ 加热 2h	Sansoni 法

3. 加压密闭灰化法

常用的水样加酸加热消解方法对有些项目（如有机物等）会产生挥发损失，故采用加压密闭消解装置进行前处理。

加压密闭灰化装置为内有一个加盖的氟塑料制的密闭容器，外有一个聚四氟乙烯套。使用时封入一个钢制小罐中。将样品放入密闭容器内，密封后加热升温，分解有机物。

此装置适用于固体样品，如粮食、毛发、树叶、牛肝中的金属测定用。

4. 低温灰化法

近年来，低温灰化法已引起人们的关注，它是采用高频激发产生的等离子体氧于密封装置中，使样品在低温下进行灰化分解。如图 8-18 所示为低温灰化装置。将试样置于灰化室的试样皿中，受到高频激发活性氧等离子体的作用而灰化，灰化温度为 150～200℃。为避免低温灰化法对卤化

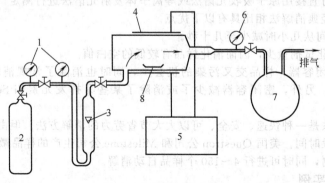

图 8-18 低温灰化装置

1—压力计；2—氧气瓶；3—流量计；4—振荡板；5—高频发生器；
6—真空计；7—真空泵；8—皿（灰化室）

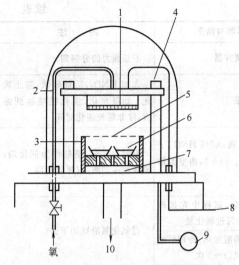

图 8-19　内部电极型等离子体灰化装置
1—上部电极；2—聚四氟乙烯管；3—样品框；
4—绝缘体；5—金属网（100 筛目）；6—样
品舟；7—开孔托盘；8—电源（13.56
MHz）；9—真空计；10—真空泵

物盐类样品分析中高速电子和离子冲击作用的影响，可采用如图 8-19 所示的内部电极型等离子体灰化装置。该装置在 SUS 材质的样品篮中装入样品舟，以金属网屏蔽电场从而使样品与放电区域分隔开来，这样就保证了样品可在基本上无损失的条件下灰化。

利用微波能的强穿透性，可消解环境样品，它对被照射物体具有非常有效的即时深层加热作用，微波热效应同时发生于样品的内部和外部，从而达到快速消解的目的。可用于快速消解、溶解、萃取、加热和浓缩等，采用密封压力和温度控制，根据需要调整功率输出。污水中用原子吸收分析 Cd、Cu、Fe、Mn、Pb、Zn 时用 HNO_3 消解，在密封玻璃容器内，只需 3min 即可。用流动注射光度法测定废水中总磷时用 HNO_3 消解，在聚四氟容器内，只需 2min 即可。使用密封的加热器，可以保证易挥发组分不损失。

5. 微波消解法

随着科技的进步，新的快速分析方法的应用，以及分析方法的自动化，大大地缩短了分析时间，从过去的几小时缩短到几分钟，甚至几秒钟。但是几十年来，样品消化法仍然需几十分钟到 24~48h，成为样品分析的障碍。自从 20 世纪 80 年代微波消解法（溶出法）应用以来，样品的消解过程才能减少至 1~2min，甚至几十秒。

微波消解法的原理是在 2450MHz 的微波电磁场作用下，样品与酸的混合物通过吸收微波能量，使介质中的分子间相互摩擦，产生高热。同时，交变的电磁场使介质分子产生极化，由极化分子的快速排列引起张力。由于这两种作用，样品的表面层不断搅动破裂，产生新的表面与酸反应。由于溶液在瞬间吸收辐射能，消除了传统的分解方法所用的热传导过程，因而分解快速。特别是将微波消解法和密闭增压酸溶解法相结合的方法，使两者的优点得到了充分发挥。

微波消解器由微波炉、抽气模式的电源和消化容器三部分组成。微波炉绝不能使用日常生活中用于加热食品的微波炉。消解用的微波炉的炉腔及电子线路必须能经受化学气氛的环境。消解容器是用含氟烷氧基树脂或聚四氟乙烯制成的密封容器，它具有不吸收微波、耐腐蚀、耐热、表面不浸润不吸附等优点。消化时容器内的压力可达约 11MPa。消解溶剂，可用 HNO_3、H_2O_2、HCl、HF、HBF_4、$HClO_4$ 等。消解物质的量，可多至 2g 干的有机物或达 25mL 液样。微波消解器可用于 H_2O、泥渣、沉积物、食品、生物样品、金属、玻璃、岩石、煤、水泥等的消化。试样分解后的溶液经稀释后，可直接用原子吸收光谱法或等离子体发射光谱法进行测定。

微波消解法与经典消解法相比具有以下优点。

① 样品消解时间从几小时减少至几十秒。

② 由于使用消化试剂量少，因而消化样品有较低的空白值。

③ 由于使用密闭容器，样品交叉污染的机会少，同时也消除了常规消解时产生大量酸气对实验室环境的污染。另外，密闭容器减少了或消除了某些易挥发元素如 Se、Hg、As 等的消解损失。

因此微波消解法是一种快速、安全、可以大大节省劳力的消解方法。但由于设备较贵，国内全面推广使用还需一段时间。美国 Questron 公司和 Milestone 公司生产的样品微波消解系统均用微机进行温度、压力控制，同时可进行 4~150 个样品自动消解。

三、试样分解实例

关于纯金属（单质）试样的分解见表 8-29；钢铁试样的分解见表 8-30；铁合金试样的分解见表 8-31；各种矿样的分解见表 8-32。

表 8-29　纯金属（单质）试样的分解

试样名称	可用溶（熔）剂
Ag	易溶于硝酸，不溶于盐酸和冷硫酸，但溶于热浓硫酸
Al	易溶于盐酸和浓苛性碱溶液，较难溶于稀硫酸。硝酸使其钝化而不溶
As	溶于硝酸、王水及热浓硫酸。不溶于盐酸和稀硫酸
Au	易溶于王水
B	溶于氧化性酸、浓硫酸和浓硝酸中，也溶于加热至冒烟的高氯酸中，与苛性碱熔融生成偏硼酸盐
Ba	溶于稀硝酸和盐酸，与水作用生成 $Ba(OH)_2$ 溶液并放出氢气
Be	易溶于硫酸、盐酸和热硝酸，也溶于苛性碱
Bi	易溶于硝酸、热浓硫酸及王水。不溶于盐酸和稀硝酸
Ca	溶于稀硝酸和稀盐酸，与水作用生成 $Ca(OH)_2$ 溶液并放出氢气
Cd	易溶于硝酸，在盐酸、硫酸中溶解较慢，有过氧化氢存在时溶解增速
Ce	易溶于盐酸、硫酸或硝酸，生成三价铈盐
Co	溶于热的稀硝酸，在稀盐酸或硫酸中溶解较慢
Cr	溶于盐酸和高氯酸，也溶于浓硫酸。硝酸使其钝化，几乎不溶
Cu	易溶于硝酸，不溶于盐酸和稀硫酸，但溶于热浓硫酸，在氧化剂（如 H_2O_2，HNO_3，Fe^{3+} 等）存在下也能溶于盐酸
Fe	溶于稀的热硝酸、盐酸或硝酸中，热的较浓的硝酸也能溶解它。但冷的浓硝酸能使其钝化而不反应
Ga	易溶于硫酸及盐酸，在冷浓硝酸中溶解很慢，易溶于 NaOH 或 KOH 溶液中，氨水也可显著地溶解
Ge	易溶于王水及含过氧化氢的碱性溶液，酸对锗的作用很微弱，在硝酸中生成二氧化锗的水合物
Hg	易溶于硝酸和热浓硫酸。不溶于盐酸和稀硫酸
Hf	最好的溶剂是硝酸和氢氟酸的混合酸，氢氟酸和王水也能将它溶解，热浓硫酸能与其作用形成可溶的硫酸铪
In	溶于稀盐酸或稀硫酸并放出氢气，硝酸也能溶解
Ir	不溶于无机酸和王水。与 NaOH 和 KNO_3 共熔，熔体用王水处理，形成暗红色的 $Na_2(IrCl_6)$ 溶液
La	易溶于酸（镧系金属的溶解性质均相似）
Mg	易溶于稀酸（包括乙酸），也溶于浓氯化铵溶液
Mn	溶于稀的盐酸、硝酸及硫酸
Mo	溶于硝酸、王水、氢氟酸和硝酸的混合酸、热浓硫酸
Nb	溶于含有硝酸的氢氟酸，在加热下溶于含有硫酸钾或硫酸铵的浓硫酸中，与苛性碱熔融生成铌酸盐
Ni	溶于稀硝酸、盐酸及硫酸。浓硝酸能使其钝化
Os	不溶于无机酸和王水。在有氧化剂存在下与碱熔融可转化为可溶性化合物
Pb	最好的溶剂是稀硝酸，热浓硫酸及盐酸也可溶解
Pd	溶于王水，浓硝酸在加热下能慢慢溶解它，与碱熔融可转化为可溶性化合物
Pt	易溶于王水，在有氧化剂存在下与碱熔融可转化为可溶性化合物
Re	溶于硝酸，在盐酸和热硫酸中溶解缓慢，在浓硫酸中即使加热溶解也慢
Rh	不溶于无机酸和王水。在有氧化剂存在下与碱熔融可转化为可溶性化合物
Ru	不溶于无机酸和王水。在有氧化剂存在下与碱熔融可转化为可溶性化合物
Sc	易溶于酸，加热时分解水并放出氢气
Sb	溶于王水及加热至冒烟的浓硫酸中，也溶于硝酸和酒石酸的混合溶液中。在浓硝酸中生成难溶的五氧化二锑（Sb_2O_5）
Se	溶于王水，也溶于硝酸和浓硫酸
Si	溶于氢氟酸、氢氟酸与硝酸的混合酸及热浓苛性碱溶液，与苛性碱或碳酸钠（钾）熔融时生成易溶性硅酸盐
Sn	溶于热浓盐酸、硫酸和王水。在浓硝酸中生成不溶性的 β-锡酸
Sr	溶于稀的硝酸、盐酸和硫酸，与水作用生成 $Sr(OH)_2$ 溶液并放出氢气
Ta	溶于含有硝酸的氢氟酸，在加热下溶于含有硫酸钾或硫酸铵的浓硫酸中，与苛性碱熔融生成铌酸盐
Te	溶于王水、硝酸和硫酸
Th	易溶于浓盐酸及王水
Ti	易溶于氢氟酸，也溶于热稀盐酸和冷稀硫酸。硝酸使其转变为难溶的偏钛酸（H_2TiO_3），王水使其表面形成 H_2TiO_3 而不溶
Tl	易溶于稀硝酸，较难溶于硫酸，难溶于盐酸（由于在其表面形成难溶性的 TlCl）
U	溶于盐酸、高氯酸和浓硫酸
V	溶于硝酸和冷王水，加热下溶于浓硫酸和氢氟酸，与碱熔融生成钒酸盐
W	溶于氢氟酸和硝酸的混合酸及磷酸和其他酸的混合酸中，也溶于含有过氧化氢的饱和草酸溶液中，在有氧化剂（如 $KClO_3$）存在下与苛性碱或碳酸钠（钾）熔融生成钨酸盐
Zn	易溶于盐酸、硝酸和硫酸，也溶于苛性碱溶液
Zr	同 Hf。与热浓硫酸作用生成可溶的硫酸锆

表 8-30　钢铁试样的分解

试样名称	可　用　溶（熔）　剂
普通钢铁	$HNO_3(1+3.5)$；$H_2SO_4(1+9)$；$HCl(1+4)$；$HNO_3+H_3PO_4+H_2O(2+4+11)$；$H_2SO_4+H_3PO_4+H_2O(1+2+10)$
低合金钢 （合金元素≤3%）	$HCl(1+1;1+4)$；$H_2SO_4(1+4;1+9)$；$HNO_3(1+3.5)$；$H_2SO_4+H_3PO_4+H_2O(1+2+10)$；$HNO_3+HCl+H_2O(1+3+12)$
中合金钢 （合金元素 3%～5%）	同上；$HCl+H_2O_2$（滴加）
高合金钢 （合金元素≥5.5%）	HCl；$HCl+H_2O_2$；HNO_3+HCl；HNO_3+HF；$HCl+HNO_3+HF$（依次加入）；$HNO_3+HCl+H_2O(1+3+12)$；$H_3PO_4+H_2SO_4(10+1)$；$HClO_4+HCl(5+1)$；$HNO_3+H_2SO_4+H_3PO_4+H_2O(1+4+3+22)$

表 8-31　铁合金试样的分解

试样名称	可　用　溶（熔）　剂
锰铁	HNO_3；$HNO_3(1+1)+HCl$；$H_3PO_4+HNO_3$；H_3PO_4
硅铁	HNO_3+HF；$NaOH$（熔）；$Na_2O_2+Na_2CO_3(2+1)$（熔）
铬铁（低碳）	$HCl(1+1)$；$H_2SO_4(1+4)$；$HCl+Br_2$；H_3PO_4；$HClO_4$
铬铁（高碳）	Na_2O_2（熔）
钼铁	$H_2SO_4(1+1)+HNO_3(1+1)$；HNO_3+HF；$HNO_3(1+1)$；HNO_3+KClO_3；$HNO_3+HCl+H_2SO_4$
钨铁	HNO_3+HF；$H_2SO_4+H_3PO_4+H_2O$；$H_3PO_4+HClO_4$；Na_2O_2（熔）
钒铁	$HCl(1+1)+HNO_3+H_3PO_4$；HNO_3+HF；$H_2SO_4+HNO_3$；HNO_3；HNO_3+HCl；$HNO_3+H_2SO_4+H_3PO_4$
铌铁	$HF+HNO_3$；H_3PO_4（滴 HF）；$HNO_3+HF+H_2SO_4$；$HNO_3+HF+HClO_4$；$K_2S_2O_7$（熔）；Na_2O_2（熔）
钛铁	H_2SO_4（滴 HNO_3）；$H_2SO_4(1+3)+HCl(1+1)$；$H_2SO_4(1+1)+HNO_3$；HCl；$Na_2O_2+Na_2CO_3(1+1)$（熔）
镍铁	$HNO_3(1+3.5)$；$HCl(1+4)+HNO_3$
磷铁	Na_2O_2（熔）
硼铁	$HCl+HNO_3$；HNO_3（滴加 HF）；Na_2O_2（熔）

表 8-32　各种矿样的分解

测定元素	试样名称	化　学　式	主要成分	主要伴生元素	分解用 溶剂	分解用 熔剂
Ag	角银矿	$AgCl$	Ag75.3%、Cl24.7%	Pb、Cu、Zn、Fe、Br、Hg	$Zn+H_2SO_4$ 处理，用 HNO_3 溶	Na_2CO_3
	辉银矿	Ag_2S	Ag87.1%、S12.9%	Cu	HNO_3	
	淡红银矿	Ag_3AsO_3	Ag65.4%、As15.2%、S19.4%	Sb	$Na_2SO_4+H_2SO_4$	$Na_2CO_3+KNO_3$
	深红银矿	Ag_3SbS_3	Ag59.8%、Sb22.5%、S17.7%		$Na_2SO_4+H_2SO_4$	
Al	铝土矿	$Al_2O_3\cdot 2H_2O$	$Al_2O_3$73.9%	Si、Fe、Ti、Ca	$HF+H_2SO_4$	$KHSO_4$，Na_2CO_3
	水铝石	$Al_2O_3\cdot H_2O$	$Al_2O_3$85.0%	Mg、P、S、Fe、Mn、Cr		$KHSO_4$，Na_2CO_3
	三水铝矿	$Al_2O_3\cdot 3H_2O$	$Al_2O_3$65.4%	Fe、Ga	HCl，H_2SO_4	$KHSO_4$，Na_2CO_3
	高岭土	$Al_4[Si_4O_{10}](OH)_8$	$Al_2O_3$39.5%、$SiO_2$46.5%	Fe、Ti、Ca、Mg、Mn、P、S	H_2SO_4	$KHSO_4$，Na_2CO_3
	冰晶石	Na_3AlF_6	Al12.8%、Na32.8%、F54.4%	Fe、Mn、Si	H_2SO_4	$KHSO_4$，Na_2CO_3
	刚玉	Al_2O_3	Al52.9%	Fe、Ti、Cr		$KHSO_4$，Na_2CO_3
	蓝晶石 硅线石 红柱石	$Al_2[SiO_4]O$	$Al_2O_3$63.1%、$SiO_2$36.9%	Fe、Mn、Ti、Ca、Mg		$KHSO_4$，Na_2CO_3

续表

测定元素	试样名称	化学式	主要成分	主要伴生元素	分解用 溶剂	分解用 熔剂
As	毒砂	FeAsS	As46.0%、Fe34.3%、S19.7%	Pb、Cu、Zn、Sb、Sn、Ba、Ag、Au、Ni、Co、Tl	HNO_3 + Br_2 + H_2SO_4、Na_2SO_4 + H_2SO_4	Na_2CO_3+KNO_3、Na_2CO_3+ZnO
As	硫砷铜矿	Cu_3AsS_3	As19.1%、Cu48.3%、S32.6%	Pb、Zn、Sb、Sn、Ba、Ag、Au、Ni、Co、Tl	HNO_3 + Br_2 + H_2SO_4、Na_2SO_4 + H_2SO_4	Na_2CO_3+KNO_3、Na_2CO_3+ZnO
As	雌黄	As_2S_3	As61%、S39%	Hg	HNO_3 + Br_2 + H_2SO_4、Na_2SO_4 + H_2SO_4	Na_2CO_3+KNO_3、Na_2CO_3+ZnO
As	雄黄	AsS	As70.1%、S29.9%		HNO_3 + Br_2 + H_2SO_4、Na_2SO_4 + H_2SO_4	Na_2CO_3+KNO_3、Na_2CO_3+ZnO
Au	针碲金银矿	(Au,Ag)Te	Au24.2%、Ag13.2%、Te62.6%(Au+Ag=1+1时)		王水	
Au	自然金	Au			HNO_3 + Br_2 + H_2SO_4、Na_2SO_4 + H_2SO_4	
B	硼砂	$Na_2B_4O_7 \cdot 10H_2O$	$B_2O_3$36.5%、Na_2O16.3%	K、Ca、Mg、Si	H_2O	
B	方硼石	$Mg_3[B_7O_{13}]Cl$	$B_2O_3$62.2%、MgO25.7%、$MgCl_2$12.1%		HCl	
B	硼镁铁矿	$(Mg,Fe^{+2})_2 Fe^{+3}[BO_3]O_2$	MgO32%、$B_2O_3$16%、(Fe_2O_3+FeO)57%		HCl	
B	纤维硼镁石	$Mg[BO_2](OH)$	MgO47.9%、$BO_3$41.4%	Mn	HCl	
B	硼钠钙石	$NaCa[B_5O_9] \cdot 8H_2O$	$B_2O_3$43%、Na_2O7.7%、CaO13.8%	K、Mg	HCl	
Ba	重晶石	$BaSO_4$	BaO65.7%、$SO_3$34.3%	Ca、Sr、Fe、Si、F、Mg、Pb、Zn		Na_2CO_3
Ba	毒重石(碳酸钡矿)	$BaCO_3$	BaO77.7%、$CO_2$22.3%	Ca、Sr、Fe、Si、F、Mg、Pb、Zn、S	HCl	
Be	绿柱石	$Be_3Al_2[Si_6O_{18}]$	BeO14.1%、$Al_2O_3$19.0%、$SiO_2$66.9%	Fe、Mn、Ca、Na、K、Li、Rb、Cs、RH		Na_2CO_3、NaOH
Be	似晶石	$Be_2[SiO_4]$	BeO45.5%、$SiO_2$54.5%	Fe、Mn、Ca、Na、K、Li、Rb、Cs、RH、Al		Na_2CO_3、NaOH
Be	金绿宝石	$BeAl_2O_4$	BeO19.8%、$Al_2O_3$80.2%	Fe、Mn、Ca、Na、K、Li、Rb、Cs、RH、SiO_2		Na_2CO_3、NaOH
Bi	辉铋矿	Bi_2S_3	Bi81.2%、S18.8%	Cu、Pb、Zn、Fe、As、Sb、Sn、Ag、W、Mo、Ni、Co	HNO_3	
Bi	泡铋矿	$Bi_2O_3 \cdot CO_2 \cdot H_2O$	$Bi_2O_3$88.3%、$CO_2$8.3%	As、S、Te、Ag、Pb、Zn	HCl、HNO_3	
Bi	针硫铋铅矿	$PbCuBiS_3$	Pb36.0%、Bi36.2%、Cu11.0%、S16.8%	Te、Au	HNO_3	

测定元素	试样名称	化学式	主要成分	主要伴生元素	分解用	
					溶剂	熔剂
Ca	方解石	$CaCO_3$	CaO56%，$CO_2$44%	Mg、Fe、Mn、Zn、Co、Pb、Sr、Ba、Si	HCl	
	白云石	$CaMg(CO_3)_2$	CaO30.4%、MgO21.7%、$CO_2$47.9%	Fe、Mn、Zn、Ni、Co	HCl	
	石膏	$CaSO_4 \cdot 2H_2O$	CaO32.5%、$SO_3$46.6%		HCl	Na_2CO_3
	硬石膏	$CaSO_4$	CaO41.2%、$SO_3$58.8%	Sr	HCl	Na_2CO_3
	萤石	CaF_2	Ca51.1%、F48.9%	RE、Cl、Be、Sr、Mg、Mn、Fe、Al、Si、Pb、Sb、P	$HClO_4$、H_2SO_4	Na_2CO_3、Na_2CO_3+KNO_3
	磷灰石	$Ca_5(PO_4)_3(F \cdot Cl)$	氟磷灰石：CaO55.5%、$P_2O_5$42.3%、F3.8% 氯磷灰石：CaO53.8%、$P_2O_5$41.0%、Cl6.8%	Na、K、Mg、Mn、Fe、Si、RE	HCl、HNO_3	Na_2CO_3
Cd	硫镉矿	CdS	Cd77.7%、S22.3%	In、Ca、Mg、Zn、Fe、Mn、Ag、Cu、Pb、Hg、Sn、Au	HCl、HNO_3	
Ce	独居石	$(Ce,La)(PO_4)$	组成不定	Th、Ca、Zr、Si、Fe	H_2SO_4	NaOH
Cl	岩盐	NaCl	Cl60.7%、Na39.3%	K、Ca、Mg、Fe、Si	H_2O	
	氯铜矿	$Cu_2(OH)_3Cl$	Cl16.6%、O11.24%、Cu59.5%	Fe、S、Zn、Si	H_2SO_4、HNO_3	
	磷酸氯铅矿	$Pb_5(PO_4)_3Cl$	Cl2.6%、PbO82.0%、$P_2O_5$15.4%	Ca、As、S、V、Cr	HNO_3	
	氯磷灰石	$Ca_5(PO_4)_3Cl$	Cl6.8%、CaO53.8%、$P_2O_5$41%	Na、K、Mg、Fe、Mn、Ti、Si	HNO_3	Na_2CO_3
Co	方钴矿	$CoAs_3$	Co20.8%、As79.2%	Cu、Bi、Sb、Ni、Fe、Te、S	HNO_3	$KHSO_4$、Na_2CO_3
	辉砷钴矿	CoAsS	Co35.4%、As45.3%、S19.3%	Fe、Ni、Ag、Cu、Mo	HNO_3	$KHSO_4$、Na_2CO_3
	硫钴矿	Co_3S_4	Co58.0%、S42.0%	Cu、Pb、Zn、Ni、Fe	HNO_3	$KHSO_4$、Na_2CO_3
	钴华	$Co_3(AsO_4)_2 \cdot 8H_2O$	CoO37.5%、$As_2O_5$38.4%	Ni、Fe、Cu、Pb、Zn、Ca、Mg	HCl	$KHSO_4$、Na_2CO_3
Cr	铬铁矿	$FeCr_2O_4$	组成不定	Mg、Al、Ca、Mn、Si	H_3PO_4+H_2SO_4+$HClO_4$	Na_2O_2
	硬铬尖晶石	$(Mg,Fe)(Cr,Al)_2O_4$	组成不定	Ca、Mn、Si	H_3PO_4+H_2SO_4+$HClO_4$	Na_2O_2
	铬酸铅矿	$PbCrO_4$	PbO68.9%、$CrO_3$31.1%	Ag、Zn	HNO_3、$HClO_4$	
Cu	黄铜矿	$CuFeS_2$	Cu36.4%、Fe30.5%、S34.9%	Ag、Au、Tl、Se、Te	HNO_3	
	斑铜矿	Cu_5FeS_4	Cu63.3%、Fe11.2%、S25.5%	Ag（常含黄铜矿及辉铜矿）	HNO_3	
	赤铜矿	Cu_2O	Cu88.8%、O11.2%	Fe、Si（常有自然铜机械混入）	HNO_3、HCl	
	黑铜矿	CuO	Cu79.9%、O20.1%	Mn、Si	HNO_3、HCl	
	辉铜矿	Cu_2S	Cu79.8%、S20.2%	Ag、Au、Co、Ni、Fe、As	HNO_3	

测定元素	试样名称	化 学 式	主 要 成 分	主 要 伴 生 元 素	分 解 用	
					溶　剂	熔　剂
Cu	铜蓝	CuS	Cu66.5%、S33.5%	Ag、Pb、Fe、Se	HNO_3	
	黝铜矿	$Cu_{12}Sb_4S_{13}$	Cu45.8%、Sb29.2%、S25.0%	Fe、Co、Ni、Zn、Ag、Hg	王水	
	孔雀石	$Cu_2(CO_3)(OH)_2$	CuO71.9%、$CO_2$19.9%	Ca、Fe、Si	HNO_3、HCl	
	蓝铜矿	$Cu_3(CO_3)_2(OH)_2$	CuO69.2%、$CO_2$25.6%	常与孔雀石共生	HNO_3、HCl	
	硅孔雀石	$CuSiO_3 \cdot nH_2O$	组成不定	Fe、Pb、Al、Mn、Ag、Au、Zn	HNO_3	
	斜方硫砷铜矿	Cu_3AsS_4	Cu48.3%、As19.1%、S32.6%	Ag、Zn、Sb、Pb、Fe	王水	
	氯铜矿	$Cu_2(OH)_3Cl$	Cu59.5%、Cl16.6%、O11.24%	Fe、Zn、S、Si	HNO_3、HCl	
F	萤石	CaF_2	F48.9%、Ca51.1%	RE、Cl、Be、Sr、Mg、Mn、Fe、Al、Si、Pb、Sb、P		Na_2CO_3、K_2CO_3、$Na_2CO_3+KNO_3$
	冰晶石	Na_3AlF_6	F54.4%、Al12.8%、Na32.8%	Fe、Mn、Si		K_2CO_3、Na_2CO_3
	氟磷灰石	$Ca_5(PO_4)_3F$	F3.8%、CaO55.5%、$P_2O_5$42.3%	Si、Fe、Mn、Ti、Mg、Na、K、Cl		K_2CO_3、Na_2CO_3
Fe	赤铁矿	Fe_2O_3	Fe69.9%、O30.1%	Ca、Mg、Ti、Mn、Si、S	HCl(难)	$KHSO_4$、Na_2CO_3
	褐铁矿	$Fe_2O_3 \cdot nH_2O$	组成不定	Ca、Mg、Ti、Mn、Si、S	HCl	$KHSO_4$、Na_2CO_3
	针铁矿	α-$FeOOH$	$Fe_2O_3$89.9%	Ca、Mg、Ti、Mn、Si、S	HCl	$KHSO_4$、Na_2CO_3
	磁铁矿	Fe_3O_4	FeO30.9%、$Fe_2O_3$69.1%	Ti、Mn、Ni、Co、Mg、Si	HCl	$KHSO_4$、Na_2CO_3
	菱铁矿	$FeCO_3$	FeO62.1%、$CO_2$37.9%	Ca、Mg、Mn、Pb、Si	HCl	$KHSO_4$、Na_2CO_3
	黄铁矿	FeS_2	Fe46.6%、S53.4%	Cu、Pb、Zn、Co、Ni、As、Tl、Ca、Mg、Ba、Si	HNO_3+HCl	
	白铁矿	FeS_2	Fe46.6%、S53.4%	As、Sb、Tl	HNO_3+HCl	
	磁黄铁矿	Fe_nS_{n+1}	组成不定	Ni、Co、Cu	HNO_3	
Ga	闪锌矿	ZnS	Zn67.1%、S32.9%	Cu、Pb、Fe、Mn、Ag、Sb、Cd、Hg、Ca、Ba、F、Ge、In、Tl、Ga	先用 HCl 处理，逐 H_2S，再加 HNO_3 分解	$NaOH+Na_2O_2$
	铝土矿	$Al_2O_3 \cdot 2H_2O$	$Al_2O_3$73.9%	Si、Fe、Ti、Ca	$HF+H_2SO_4$	$K_2S_2O_7$、Na_2CO_3
Hg	辰砂	HgS	Hg86.2%、S13.8%	As、Cu、Ag、Pb、Sb、Fe、Ca、Au、Se、Te	H_2SO_4	
In	闪锌矿	ZnS	Zn67.1%、S32.9%	Cu、Pb、Fe、Mn、Ag、Sb、Cd、Hg、Ca、Ba、F、Ga、Ge、In、Tl	先用 HCl 处理，继用 HNO_3 分解	
	方铅矿	PbS	Pb86.6%、S13.4%	Cu、Zn、Fe、As、Sb、Bi、Cd、Ca、Au、Ag、P、V	HNO_3	
	黄铜矿	$CuFS_2$	Cu34.6%、S34.9%、Fe30.5%	Ag、Au、Tl、Se、Te	HNO_3	
	黄铁矿	FeS_2	Fe46.6%、S53.4%	Cu、Pb、Zn、Co、Ni、As、Tl、Ca、Mg、Ba、Si	HNO_3+HCl	
	锡石	SnO_2	Sn78.8%	Fe、Mn、W、Mo、Ta、Si、As、Bi、Pb、Au、Zn、Zr、F		Na_2O_2

测定元素	试样名称	化 学 式	主 要 成 分	主 要 伴 生 元 素	分 解 用	
					溶 剂	熔 剂
K	钾盐矿	KCl	K52.4%、Cl47.6%	Na、Ca、Mg、Fe、Si、S	H_2O	
	光卤石	$KMgCl_3 \cdot 6H_2O$	K14.1%、Mg8.7%、Cl38.3%	Br、Rb、Cs	H_2O	
	软钾镁矾	$K_2Mg(SO_4)_2 \cdot 6H_2O$	K_2O23.4%、MgO10.0%、$SO_3$39.8%	Na、Ca、Fe、Si	H_2O	
	正长石	$K(AlSi_3O_8)$	K_2O16.9%、$Al_2O_3$18.4%、$SiO_2$64.7%	Fe、Mn、Ca、Mg、Na	HF+HCl	$CaCO_3+NH_4Cl$
La	独居石	$(Ce,La)(PO_4)$	组成不定	Th、Zr、Ca、Si、Fe	H_2SO_4	NaOH
Li	锂辉石	$LiAl(Si_2O_6)$	Li_2O8.1%、$Al_2O_3$27.4%、$SiO_2$64.5%	K、Na、Fe、Ca	$HF+H_2SO_4$	
Mg	菱镁矿	$MgCO_3$	MgO47.6%、$CO_2$52.4%	Na、K、Ca、Fe、Mn、Si	HCl	
	方镁石	MgO	Mg60%	Na、K、Ca、Fe、Mn、Si	HCl	
	白云石	$CaMg(CO_3)_2$	MgO21.7%、CaO30.4%、$CO_2$47.9%	Fe、Mn、Zn、Ni、Co	HCl	
	滑石	$Mg_3(Si_4O_{10})(OH)_2$	MgO31.7%、$SiO_2$63.5%	Fe、Al、Mn、Ca、Ni	难为溶剂分解	Na_2CO_3
	蛇蚊石	$Mg_6(Si_4O_{10})(OH)_8$	MgO43.0%、$SiO_2$44.1%	Fe、Ni、Co、Cr	难为溶剂分解	Na_2CO_3
	尖晶石	$MgAl_2O_4$	MgO28.2%、$Al_2O_3$71.8%	Ca、Fe、Mn、Cr、Si	H_2SO_4(难)	$KHSO_4$、Na_2CO_3、Na_2O_2
	光卤石	$KMgCl_3 \cdot 6H_2O$	Mg8.7%、K14.1%、Cl38.8%	Br、Rb、Cs	H_2O	
	泻利盐	$MgSO_4 \cdot 7H_2O$	MgO16.3%、$SO_3$32.5%	Ca、Na、K、Fe、Zn、Mn、Ni	H_2O	
Mn	软锰矿	MnO_2	Mn63.2%	Ag、Zn、Co、Al、Mg、Fe、Ca、Ba、Si、K、Na	HCl	
	硬锰矿	$mMnO \cdot MnO_2 \cdot nH_2O$	组成不定	Ag、Zn、Co、Al、Mg、Fe、Ca、Ba、Si、K、Na	HCl	
	水锰矿	$Mn_2O_3 \cdot H_2O$	MnO40.4%、$MnO_2$49.4%	Ag、Zn、Co、Al、Mg、Fe、Ca、Ba、Si、K、Na	HCl	
	褐锰矿	Mn_2O_3	MnO44.8%、$MnO_2$55.2%	Ag、Zn、Co、Al、Mg、Fe、Ca、Ba、Si、K、Na（SiO_2常达8%）	HCl	
	黑锰矿	Mn_3O_4	Mn72.1%	Fe 等	HCl	
	菱锰矿	$MnCO_3$	MnO61.7%、$CO_2$38.3%	Fe、Mg、Ca、Zn、Co	HCl	
Mo	辉钼矿	MoS_2	Mo59.9%、S40.1%	W、Fe、Cu、Ca、Bi、Sn、F、Si	HNO_3+KClO_4、王水	$Na_2CO_3+Na_2O_2$
	彩钼铅矿	$PbMoO_4$	$MoO_3$38.6%、PbO61.4%	Ca、Zn、Fe、W、V	HNO_3、HCl、HCl$+H_2SO_4$	$Na_2CO_3+Na_2O_2$
	铁钼华	$Fe_2O_3 \cdot 3MoO_3 \cdot nH_2O$	组成不定	Ca、Zn、Fe、W、V	HCl	$Na_2CO_3+Na_2O_2$
	钼华	MoO_3	Mo66.7%	Ca、Zn、Fe、W、V	HCl、HNO_3、H_2SO_4、NaOH溶液、氨水	$Na_2CO_3+Na_2O_2$

测定元素	试样名称	化学式	主要成分	主要伴生元素	分解用 溶剂	分解用 熔剂
Na	岩盐	$NaCl$	Na39.3%、Cl60.7%	K、Ca、Mg、Fe、Si	H_2O	
	硝石	$NaNO_3$	Na_2O36.5%、$N_2O_5$63.5%	K、Ca、Mg、S、Cl、I、Si	H_2O	
	单斜钠钙石	$Na_2CO_3 \cdot CaCO_3 \cdot 5H_2O$	Na_2O20.9%、CaO18.9%、$CO_2$29.7%	K、Mg、Si、Cl、Fe	HCl、HNO_3	
	硼砂	$Na_2B_4O_7 \cdot 10H_2O$	Na_2O16.3%、$B_2O_3$36.5%	K、Ca、Mg、Si	H_2O	
	钠长石	$Na(AlSi_3O_8)$	$Al_2O_3$19.4%、$SiO_2$68.7%	Fe、Mn、Ca、Mg、K		$CaCO_3+NH_4Cl$
	芒硝	$Na_2SO_4 \cdot 10H_2O$	Na_2O19.3%、$SO_3$24.8%	K、Ca、Mg、Fe、Si	H_2O	
Nb,Ta	铌钽铁矿	$(Fe,Mn)(Nb,Ta)O_6$	组成不定	Sn、W、Ti		$NaOH+Na_2O_2$
	黑稀金矿	$(Y,Ce,U,Ca)(Nb,Ta,Ti)_2O_6$	组成不定	Th、Fe	$HF+HNO_3$、$HF+H_2SO_4$、$HF+HCl$	$NaOH$、$K_2S_2O_7$
	褐钇铌矿	$Y(Nb,Ta)O_4$	组成不定	Ti、Yb、Dy、Nd…	$HF+HNO_3$、$HF+H_2SO_4$、$HF+HCl$	$NaOH$、$K_2S_2O_7$
Ni	镍黄铁矿	$2FeS \cdot NiS$	Ni22%、Fe42%、S36%	Co、Sb、Ag、Cu、Ba、Si	HNO_3	
	硅镁镍矿	$H_2(Ni,Mg)SiO_4 \cdot nH_2O$	组成不定	Cr、Fe、Co、Al	HCl	Na_2CO_3
	针镍矿	NiS	Ni64.7%、S35.3%	Co、Ag、Fe、Ca、Mg、Al、Mn、Si、F	HNO_3	
	红砷镍矿	$NiAs$	Ni43.9%、As56.1%	Fe、Co、Sb、Ag、Cu、Ba、Si	王水	
	镍华	$Ni_3(AsO_4)_2 \cdot 8H_2O$	NiO37.4%、$As_2O_5$38.5%	Co、Fe、Sb、Ag、Cu、Mg、S	HNO_3、HCl	
P	磷灰石	$Ca_5(PO_4)_3 \cdot (F,Cl)$	氟磷灰石:CaO55.5%、$P_2O_5$42.3%、F3.8% 氯磷灰石:CaO53.8%、$P_2O_5$41.0%、Cl6.8%	Mn、Fe、Mg、RE、K、Na、Si	HNO_3、王水	
Pb	方铅矿	PbS	Pb86.6%、S13.4%	Cu、Zn、Fe、As、Sb、Bi、Cd、Ca、Au、Ag、P、V	HNO_3	
	白铅矿	$PbCO_3$	PbO83.5%、$CO_2$16.5%	Ag、Zn、Sr	HCl、HNO_3	
	铅矾	$PbSO_4$	PbO73.6%、$SO_3$26.4%		HCl(难)	Na_2CO_3、Na_2O_2
	磷酸氯铅矿	$Pb_5(PO_4)_3Cl$	PbO82.2%、$P_2O_5$15.4%、Cl2.6%	Ca、As、V、Cr	HNO_3	
	砷铅矿	$Pb_5(AsO_4)_3Cl$	PbO74.9%、$As_2O_5$23.2%、Cl2.4%	P、Sb、V、Ca、Ba	HNO_3	
	彩钼铅矿	$PbMoO_4$	PbO61.4%、$MoO_3$38.6%	Ca、Zn、Fe、W、V	HNO_3、HCl、$HCl+H_2SO_4$	
	钒铅矿	$Pb_5(VO_4)_3Cl$	PbO78.3%、$V_2O_5$19.3%、Cl2.4%	Zn、Cu、P、Mo、As	HCl、HNO_3	
RE	独居石	$(Ce,La)(PO_4)$	$RE_2O_3$50%~68%	Th、Zr、Ca、Si、Fe	H_2SO_4	$NaOH$
Re	辉钼矿	MoS_2	Mo59.9%、S40.1%	W、Fe、Cu、Ca、Bi、Sn、F、Si	王水	Na_2O_2、CaO 烧结、MgO 烧结、CaO-MgO(2+1)烧结

测定元素	试样名称	化学式	主要成分	主要伴生元素	分解用 溶剂	分解用 熔剂
S	自然硫	S	S90%~99.9%	As、Se、Si、Ca、C	CS_2、$C_6H_5NH_2$	$Na_2CO_3+KNO_3$、Na_2O_2
	黄铁矿	FeS_2	S53.4%、Fe46.6%	Ca、Mg、Ba、Cu、Pb、Zn、As、Ni、Co、Tl	HNO_3+KClO_3	$Na_2CO_3+KNO_3$、Na_2O_2
	磁黄铁矿	Fe_nS_{n+1}	组成不定	Ni、Co、Cu	HNO_3+KClO_3	$Na_2CO_3+KNO_3$、Na_2O_2
	白铁矿	FeS_2	S53.4%、Fe46.6%	As、Sb、Tl	HNO_3+KClO_3	$Na_2CO_3+KNO_3$、Na_2O_2
Sb	辉锑矿	Sb_2S_3	Sb71.4%、S28.6%	Cu、Pb、Zn、Hg、As、Fe、Ba、Ca、Ag、Au	HCl、H_2SO_4	
	锑赭石	$Sb_2O_3 \cdot Sb_2O_5$	Sb78.9%		HCl	KOH
	锑华	Sb_2O_3	Sb83.5%		HCl	KOH
Sc	黑钨矿	$(Fe,Mn)WO_4$	WO_3约75%、FeO4.8%~18.9%、MnO4.7%~18.7%	Cu、Bi、Pb、Zn、Mo、Si、Nb、Ta、Sc、Sn、Mg、Ca	王水	Na_2CO_3、$Na_2CO_3+Na_2O_2$
	独居石	$(Ce,La)(PO_4)$	$RE_2O_3$50%~68%	Th、Zr、Ca、Si、Fe	H_2SO_4	NaOH
	绿柱石	$Be_3Al_2(Si_6O_{18})$	BeO14.1%、$SiO_2$66.9%、$Al_2O_3$19.0%	Fe、Mn、Ca、Na、K、Li、Rb、Cs、RE		Na_2CO_3、NaOH
	高岭土	$Al_4(Si_4O_{10})(OH)_8$	$Al_2O_3$39.5%、$SiO_2$46.5%	Fe、Ti、Ca、Mg、Mn、P、S	H_2SO_4	$KHSO_4$、Na_2CO_3
Se、Te	黄铜矿	$CuFeS_2$	Cu34.6%、Fe30.5%、S34.9%	Ag、Au、Tl、Se、Te	HNO_3+KClO_3	
	方铅矿	PbS	Pb86.6%、S13.4%	Cu、Zn、Fe、As、Sb、Bi、Cd、Ca、Au、Ag、P、V	HNO_3+KClO_3	
	黄铁矿	FeS_2	Fe46.6%、S53.4%	Ca、Mg、Ba、Cu、Pb、Zn、As、Co、Ni、Tl	HNO_3+KClO_3	
	辰砂	HgS	Hg86.2%、S13.8%	As、Cu、Ag、Pb、Sb、Fe、Ca、Au、Se、Te	HNO_3+KClO_3	
	辉铋矿	Bi_2S_3	Bi81.2%、S18.8%	Cu、Pb、Zn、Fe、As、Sb、Sn、Ag、W、Mo、Co、Ni	HNO_3+KClO_3	
Si	正长石	$K(AlSi_3O_8)$	$SiO_2$64.7%、K_2O16.9%、$Al_2O_3$18.4%	Fe、Mn、Ca、Mg、Na		Na_2CO_3、NaOH
	高岭土	$Al_4(Si_4O_{10})(OH)_8$	$SiO_2$46.5%、$Al_2O_3$39.5%	Fe、Ti、Ca、Mg、Mn、P、S		Na_2CO_3
	黑云母	$K(Mg,Fe)_3 \cdot (AlSi_3O_{10})(OH,F)_2$	组成不定	Na、Ti		Na_2CO_3、NaOH
	白云母	$KAl_2(AlSi_3O_{10})(OH)_2$	$SiO_2$45.2%、K_2O11.8%、$Al_2O_3$33.5%	Ca、Mg、Fe、Na、F		Na_2CO_3、NaOH
	石英	SiO_2	Si46.7%	Ca、C、Cl、Na		Na_2CO_3、NaOH
	硅镁镍矿	$H_2(Ni,Mg)SiO_4 \cdot nH_2O$	组成不定	Cr、Fe、Co、Al	HCl	Na_2CO_3
	绿柱石	$Be_3Al_2(Si_6O_{18})$	$SiO_2$66.9%、$Al_2O_3$19.0%、BeO14.1%	Fe、Mn、Ca、Na、K、Li、Rb、Cs、RE		Na_2CO_3、NaOH

测定元素	试样名称	化学式	主要成分	主要伴生元素	分解用 溶剂	分解用 熔剂
Sn	锡石	SnO_2	Sn78.8%	Fe、Mn、W、Ta、Mo、Si、As、Bi、Pb、Au、Zn、Zr、F		$NaOH$、Na_2O_2
	黝锡矿	Cu_2FeSnS_4	Sn27.5%、Cu29.5%、Fe13.1%、S29.9%	Zn、Pb、Cd、Ag、In	HNO_3（部分分解）	Na_2O_2
Sr	天青石	$SrSO_4$	SrO56.4%、$SO_3$43.6%	Ba、Ca		Na_2CO_3
	碳酸锶矿	$SrCO_3$	SrO70.2%、$CO_2$29.8%	Ca、Ba、Pb	HNO_3、HCl	
Th	方钍石	ThO_2	与UO_2形成类质同象，故常以$(Th,U)O_2$表示，其中，$ThO_2$59%～93%，$U_3O_8$13%	Ca、Pb、Al、Fe、Ce、Sn、Zr		$K_2S_2O_7$
	钍石	$Th(SiO_4)$	$ThO_2$81.5%、$SiO_2$18.5%	U	HCl（慢）、HNO_3（慢）	$K_2S_2O_7$、$NaOH$
	独居石	$(Ce,La)(PO_4)$	组成不定	Zr、Ca、Si、Fe、Re	H_2SO_4	
Ti	金红石	TiO_2	Ti60%	Nb、Ta、Fe、Cr、Sn、V	H_2SO_4+HF（难）	$KHSO_4$
	锐钛矿	TiO_2	Ti60%	Nb、Ta、Fe、Cr、Sn、V	H_2SO_4+HF（难）	$KHSO_4$
	钛铁矿	$FeTiO_3$	$TiO_2$52.7%、FeO47.3%	Mg、Mn	HCl（难）	$KHSO_4$
	榍石	$CaO \cdot TiO_2 \cdot SiO_2$	$TiO_2$40.8%、CaO28.6%、$SiO_2$30.6%	Na、K、Fe、Mn、Mg、Zr、F	H_2SO_4+HF	Na_2CO_3
Tl	黄铁矿	FeS_2	Fe46.6%、S53.4%	Ca、Mg、Ba、Cu、Pb、Zn、As、Ni、Co、Tl	$HCl+HNO_3$	
	黄铜矿	$CuFeS_2$	Cu34.6%、Fe30.5%、S34.9%	Ag、Au、Tl、Se、Te	HNO_3	
	毒砂	$FeAsS$	As46.0%、S19.7%、Fe34.3%	Cu、Pb、Zn、Sb、Sn、Ba、Ag、Au、Ni、Co、Tl	HNO_3+Br_2+ H_2SO_4、Na_2SO_4+ H_2SO_4	
	闪锌矿	ZnS	Zn67.1%、S32.9%	Cu、Pb、Fe、Mn、Ag、Sb、Cd、Hg、Ca、Ba、F、Ga、Ge、In、Tl	$HCl+HNO_3$	
	锂云母	$KLi_{1.5}Al_{1.5} \cdot (AlSi_3O_{10})$ $(F,OH)_2$	组分变化较大	Rb、Cs、Na	$HF+H_2SO_4$	
U	沥青铀矿	复杂铀氧化物，主要为U_3O_3	U25%～80%	Pb、Th、Zr、RE、Ca、Fe、Ag、Cu、Si	HNO_3、H_2SO_4	$Na_2CO_3+KNO_3$
	钙铀云母	$Ca(UO_2)_2$ $(PO_4)_2 \cdot 8H_2O$	$UO_2$62.7%、CaO6.1%、$P_2O_5$15.5%	Sr、Na、K	HNO_3	$Na_2CO_3+KNO_3$
	铜铀云母	$Cu(UO_2)_2$ $(PO_4)_2 \cdot 12H_2O$	$UO_2$57.5%、CuO7.7%、$P_2O_5$14.5%	As、Ca、Mg、Fe、Si	HNO_3、HCl	$Na_2CO_3+KNO_3$
	钒酸钙铀矿	$Ca(UO_2)_2$ $(VO_4)_2 \cdot 8H_2O$	$UO_2$60.0%、CaO5.9%、$V_2O_5$19.1%	Na、K、Mg、Ca、Fe、Cu、Si	HCl	$Na_2CO_3+KNO_3$

测定元素	试样名称	化学式	主要成分	主要伴生元素	分解用 溶剂	分解用 熔剂
V	钒铅矿	$Pb_5(VO_4)_3 \cdot Cl$	$V_2O_5$19.3%、PbO78.3%、Cl2.4%	Zn、Cu、Mo、P、As	HNO_3	$Na_2CO_3 + KNO_3$、Na_2O_2
V	钒酸钾铀矿	$K_2(UO_2)_2(VO_4)_2 \cdot 3H_2O$	$V_2O_5$20.2%、$UO_2$63.1%、K_2O10.4%	Ca、Mg、Fe、Na、Si	HCl	$Na_2CO_3 + KNO_3$、Na_2O_2
V	钒云母	$KV_2(AlSi_3O_{10})(OH)_2$	V12%～16%	Fe、Mn、Ca、Mg、Na		$Na_2CO_3 + KNO_3$、Na_2O_2
W	黑钨矿	$(Fe,Mn)WO_4$	WO_3约75%、FeO4.8%～18.9%、MnO4.7%～18.7%	Cu、Bi、Pb、Zn、Mo、Si、Nb、Ta、Sc、Sn、Ca、Mg	王水(析出$WO_3 \cdot H_2O$)	Na_2CO_3、NaOH
W	钨铁矿	$FeWO_4$	$WO_3$76.3%、FeO23.7%	Cu、Bi、Pb、Zn、Mo、Si、Nb、Ta、Sc、Sn、Ca、Mg、Mn	王水(析出$WO_3 \cdot H_2O$)	Na_2CO_3、NaOH
W	钨锰矿	$MnWO_4$	$WO_3$76%、MnO24%	Cu、Bi、Pb、Zn、Mo、Nb、Ta、Sc、Sn、Mg、Ca、Fe、Si	王水(析出$WO_3 \cdot H_2O$)	Na_2CO_3、NaOH
W	白钨矿	$CaWO_4$	$WO_3$80.5%、CaO19.5%	Mo、Cu、RE、Nb、Ta	王水(析出$WO_3 \cdot H_2O$)	Na_2CO_3、NaOH
W	铁钨华	$WO_3 \cdot Fe_2O_3 \cdot 6H_2O$	$WO_3$36.0%		王水(析出$WO_3 \cdot H_2O$)	Na_2CO_3、NaOH
W	钨华	$WO_3 \cdot H_2O$	$WO_3$92.8%		氨水	Na_2CO_3、NaOH
Y	磷酸钇矿	YPO_4	$Y_2O_3$61.4%、$P_2O_5$38.6%	Er、Ce、Te、Si、有时含Th、U、Zr、Zn	H_2SO_4	
Zn	闪锌矿	ZnS	Zn67.1%、S32.7%	Cu、Pb、Fe、Mn、Ag、Sb、Cd、Hg、Ca、Ba、F、Ga、Ge、In、Tl	HCl、HNO_3	
Zn	菱锌矿	$ZnCO_3$	ZnO64.8%、$CO_2$35.2%	Cu、Pb、Cd、In、Fe、Co、Mn、Ca、Mg	HCl	
Zn	异极矿	$Zn_4(Si_2O_7)(OH)_2 \cdot H_2O$	ZnO67.6%、$SiO_2$25.0%	Cu、Pb、Cd、In、Fe、Co、Mn、Ca、Mg	HCl（分解不完全）	Na_2CO_3
Zn	红锌矿	ZnO	Zn80.3%	As、Pb、Cd、Fe、Mn、Ca、Mg、P、S	HCl、HNO_3	
Zn	锌铁尖晶石	$ZnFe_2O_4$	$Fe_2O_3$66.3%、ZnO33.8%	Cd、Pb、As、Ca、Mg、P、S	HCl	
Zn	硅锌矿	$Zn_2(SiO_4)$	ZnO73.0%、$SiO_2$27.0%	Cd、Pb、As、Ca、Mg、P、S、Mn、Fe	HCl（分解不完全）	Na_2CO_3
Zn	水锌矿	$ZnCO_3 \cdot 2Zn(OH)_2$	$ZnO_2$75.3%、$CO_2$13.6%	可能与菱锌矿、异极矿、方解石、白铅矿、孔雀石、褐铁矿共生	HCl	
Zr、Hf	锆英石	$Zr(SiO_4)$	ZrO67.1%、$SiO_2$32.9%	Hf（$HfO_2 + ZrO_2 = 0.015～0.04$）、Nb、Ta、Th、RE、U		$KOH + K_2CO_3$、$NaOH + Na_2CO_3$、$Na_2B_4O_7 + KOH$、$Na_2B_4O_7 + NaOH$
Zr、Hf	斜锆石	ZrO_2	$ZrO_2$80%～98%	Hf、Fe、Si、Ca		$KOH + K_2CO_3$、$NaOH + Na_2CO_3$、$Na_2B_4O_7 + KOH$、$Na_2B_4O_7 + NaOH$

第四节　无机物测定中干扰的消除

复杂物质中常含有多种组分，在测定其中某一组分时，共存的其他组分可能对测定产生干扰，故应设法消除其干扰。

常用消除干扰的方法有两种。

① 使用掩蔽剂消除干扰　掩蔽剂见第一章第十三节。

② 用分离方法把干扰物分离出去　常用的分离方法有沉淀法、萃取法、离子交换法、色谱法等，详见第九章。

第五节　无机物组分含量的测定方法

根据被测组分的性质、含量和对分析结果准确度的要求，再根据实验室的具体情况，选择合适的化学分析或仪器分析方法进行测定。各种分析方法在灵敏度、选择性和适用范围等方面有较大的差别，所以应该熟悉各种方法的特点，做到能根据需要正确选择分析方法。

一般对高含量组分的测定来说，分析方法要求有较高的准确度，对灵敏度要求较低，通常可选择化学分析法；对低含量的组分来说，要求有较高的灵敏度，对准确度要求不高，允许有较大的相对误差，常选择仪器分析法。

表 8-33 列出了无机物分析中各种分析方法的特性比较。

表 8-33　无机物分析中各种分析方法的特性比较

分析方法		检测限/g	准确度	精密度	分析范围	每次分析元素数目	干扰情况	沾污情况	分析时间	最小取样量
化学法	重量法	$10^{-3} \sim 10^{-6}$	好	好	宽	1	有	有	h	1g
	滴定法	$10^{-3} \sim 10^{-6}$	好	好	宽	1	有	有	h	1g
仪器法	分光光度法	10^{-6}	中	中	宽	1	有	有	h	1g
	原子吸收法	$10^{-6} \sim 10^{-12}$	好	好	金属元素	1	有	有	min	50μg
	火焰发射光谱	10^{-6}	好	好	金属元素	1	有	有	min	20mg
	电弧发射光谱	10^{-6}	差	差	金属元素	50	严重	有	h	1mg
	荧光法	$10^{-6} \sim 10^{-9}$	好	好	窄	1	有	有	h	1g
	X 射线法	10^{-6}	中	好	宽	50	无	有	h	1g
	极谱法	$10^{-6} \sim 10^{-9}$	中	好	窄	$1 \sim 5$	有	有	h	1g
	质谱法	10^{-9}	中	中	宽	可能有	有	有	min	10μg
	中子活化法	$10^{-6} \sim 10^{-18}$	好	好	宽	$30 \sim 50$	少	无	s~d	10mg

第六节　无机物定量分析结果的表示

定量分析的任务是测定试样组分的含量。根据试样的质量、测量所得数据和分析过程中有关反应的计量关系，计算试样中有关组分的含量。

一、定量分析结果的表示

1. 以被测组分的化学形式表示法

分析结果常以被测组分实际存在形式的含量表示。例如测得试样中氮的含量以后，根据实际情况，以 NH_3、NO_3^-、N_2O_5、NO_2^- 或 N_2O_3 等形式的含量表示分析结果。

如果被测组分的实际存在形式不清楚，则分析结果常以氧化物或元素形式的含量表示。例如在矿石分析中，各种元素的含量常以氧化物形式表示，如 K_2O、Na_2O、CaO、MgO、FeO、Fe_2O_3、

SO_3、P_2O_5 和 SiO_2 等。在金属材料和有机分析中，常以元素形式（如 Fe、Cu、Mo、W 和 C、H、O、N、S 等）的含量表示分析结果。

电解质溶液的分析结果常以所存在离子的含量表示，如以 K^+、Na^+、Ca^{2+}、Mg^{2+}、SO_4^{2-}、Cl^- 等的含量表示。

2. 以被测组分含量的表示法

（1）固体试样　固体试样中被测组分 B 的含量通常以质量分数表示。其计算式为：

$$w_B = \frac{被测组分质量(g)}{试样质量(g)} \text{ 或 } w_B(\%) = \frac{被测组分质量(g)}{试样质量(g)} \times 100$$

即 100g 样品中含组分的质量（g）；有时也采用 mg（%）表示，即 100g 样品中含有组分的质量（mg）。

对于纯物质或超纯物质中杂质的分析，或者微量物质的分析（如微量元素、污染物、农药残留量等），由于被测组分含量非常低，常采用 mg/kg 表示，即 1kg 样品中含组分的质量（mg），或 1g 样品中所含组分的质量（μg）。含量更低时，用 μg/kg 表示，即 1kg 样品中含组分的质量（μg），或 1g 样品中所含组分的质量（ng）。

（2）液体试样　液体试样中被测组分含量有下列几种表示方法。

① 被测组分 B 的质量分数（w_B）　表示被测组分 B 的质量 m_B 与试样溶液的质量 m 之比：

$$w_B = \frac{m_B}{m}$$

例如 $w_{KNO_3} = 10\%$，即表示 100g KNO_3 溶液中含有 10g KNO_3。

② 被测组分 B 的体积分数（φ_B）　表示被测组分 B 的体积与试样溶液的体积之比。例如 $\varphi_{HCl} = 5\%$，即表示 100mL HCl 溶液中含有 HCl 5mL。

③ 被测组分 B 的质量浓度（ρ_B）　表示被测组分 B 的质量 m_B 除以试样溶液的体积 V：

$$\rho_B = \frac{m_B}{V}$$

例如 $\rho_{NaCl} = 50g/L$，即表示 1L NaCl 溶液中含 NaCl 50g。也可以 mg/L、mg/mL、μg/mL 或 ng/mL 表示。

二、无机物定量分析结果的表示中计算的注意事项

用不同的分析方法测定组分的含量，由于原理不同，分析结果的计算过程将有所区别，具体计算方法详见各有关章节。定量分析结果计算的注意事项如下所示。

① 一定要弄清楚测定的原理，正确写出被测组分在每一步测定过程中的具体存在形式和每一步的化学反应方程式并配平，找出各反应式之间的联系。

② 注意称取试样的量和测定用量之间的关系，即稀释倍数。

③ 注意计算过程中单位的换算（变换）。

④ 根据对分析结果准确度的要求，计算时应对测量数据按照有效数字的计算规则进行修约，分析结果保留规定位数的有效数字。

第七节　样品前处理方法

当代科学技术的迅速发展，促使分析化学家在不断地研究和改进快速、精确、灵敏、能适合于各种不同体系的分析方法的技术，特别是像环境、生物等综合复杂的样品体系，由于它们组成复杂，相互之间差别很大，这些样品在自然条件下，受光、热、电磁辐射、微生物等外界条件的作用，会发生诸如氧化、还原、光解、水解、生物降解等一系列变化，故体系不稳定。为此，对这些样品从采样、保存、运输、处理、分析等操作过程中均有一系列特殊要求。这类样品通常需要进行预处理后才能进行仪器分析。否则，不仅得不到可靠的数据，而且还会污染检测系统，影响仪器性能。所以样品预处理已构成分析化学的重要组成部分。

一个完整的样品分析过程包括从采样开始到写出报告大致可分为以下五个步骤：①样品采集；

②样品处理；③分析测定；④数据处理；⑤报告结果。统计结果表明，上述五个步骤中各步所需的时间相差甚多，通常分析一个样品只需几分钟至几十分钟，而样品处理却要几小时，甚至几十小时。因而样品前处理方法与技术的研究引起了广大分析化学家的关注。

从环境、生物体中采集的样品一般都不允许未经处理直接进行分析测定。尤其是那些以多相非均一态形式存在的样品，如大气中的气溶胶与飘尘，废水中的乳液、固体微粒、悬浮物，土壤中的水分、微生物、砂砾等。所采集的样品必须经过处理后才能进行分析。

样品前处理的目的是：①浓缩痕量的被测组分，提高方法的灵敏度，降低最小检测限；②消除基体与其他组分对测定的干扰；③通过衍生化处理，使一些在常用检测器上无响应或低响应值的物质转化为高响应值的衍生物，衍生化还用于改变基体或其他组分的性质，提高它们与被测物的分离度，改进方法的选择性；④使样品便于保存和运输，如水样通过短的吸附柱，使被测组分吸附，不但缩小样品体积，便于运输，而且使被测组分保持稳定，易于保存；⑤除去对分析系统有害的物质（如强酸或强碱性物质、生物大分子等），以延长仪器的使用寿命。

评价所选择的前处理方法好坏的主要准则是：①能否最大限度地除去影响测定的干扰物质；②被测组分的回收率是否高，如果回收率不高，会导致测定结果差，影响方法的灵敏度和精密度；③操作是否简便，步骤越多越烦琐，不仅浪费时间与精力，而且往往导致样品损失越多，最终的误差也越大；④成本是否低廉，避免使用贵重的仪器与试剂；⑤对人体及生态环境是否有不良影响，不用或少用对环境有污染或影响人体健康的药品试剂。

经典的样品前处理方法多达数十种，但用得较多的只有十几种，表 8-34 列出了这些方法的原理及适用范围。

表 8-34　几种主要的经典样品前处理方法

方　法	原　理	适 用 范 围
物理方法		
吸附	吸附能力强弱不同	气体、液体及可溶的固体
离心	分子量或密度不同	不同相态或分子量有差别的物质
透析	渗透压不同	分子与离子或渗透压不同的物质
蒸馏	沸点或蒸气压的不同	各种液体
过滤	颗粒或分子大小的不同	液固两相分离
液-液萃取	在两种互不相溶液体中分配系数不同	各种在两种液体中溶解度差别较大的物质
冷冻干燥	蒸气压的不同	在常温下易于失去生物活性的物质
柱层析	溶质与固定相作用力的不同	气体、液体及可溶的固体
索氏萃取	不同溶剂中溶解度的不同	从固体、半固体中提取有用物质
真空升华	蒸气压的不同	从固体中分离有一定蒸气压的物质
超声振荡	不同溶剂中溶解度的不同	从固体中分离可溶物质
化学方法		
衍生	通过化学反应改变溶质性质、提高灵敏度及选择性	能与衍生化试剂作用的化合物
沉淀	不同溶剂中溶度积不同	与沉淀剂发生反应生成沉淀的物质
络合	使干扰物生成络合物，除去对被测组分测定的干扰	各种与配位体反应的金属离子或其他物质

对于各种方法与技术，根据分析对象和对分析的具体要求，采取不同步骤收集不同的成分。如痕量杂质分析应收集杂质，而纯物质的结构测定应收集主要组分等。

一、蒸馏法

蒸馏是用得最多，也是最广泛使用的样品纯化方法之一。尤其适用于有机化合物，包括在常温下的液体和低熔点的固定，它是根据物质相对挥发度的不同加以分离的。参见第九章第三节。

蒸馏法可分为以下七种。

(1) 常压蒸馏　常压蒸馏又分为简单蒸馏与分馏。简单蒸馏又称一步蒸馏。分馏也称分步蒸馏，可看作由一系列简单蒸馏组成，因此分馏的效率通常要比一步蒸馏高得多。

(2) 减压蒸馏　是在低于大气压力下进行的蒸馏，它特别适用于那些沸点较高或热不稳定的化合物。因为分离度通常随压力降低而增大，所以对一些物质还能提高它们的相对分离度。

（3）**蒸汽蒸馏** 是用一种惰性气体或与被蒸馏组分互不相溶的蒸汽流过被蒸馏的液体，使其随之汽化，混合成蒸汽流进入冷却系统变成液体。用于产生蒸汽的介质必须是与被蒸馏物质不互溶、分子量小、沸点低、比热容大、不发生反应的惰性物质，而且价廉易得。在符合这些条件的物质中水是最理想、也是最常用的介质，尤其适用于大多数有机物，因此蒸汽蒸馏通常也称作水蒸气蒸馏。

由于产生蒸汽流介质的沸点低于被蒸馏物质的沸点，因此蒸汽蒸馏处理样品时的温度一般低于样品组成的沸点，从而使其具有类似减压蒸馏的优点，主要用于分离热不稳定的有机物。

（4）**共沸蒸馏** 是通过把一种称为共沸溶剂的物质加到样品中，使它与所需的组分生成共沸物进行蒸馏的过程。由于共沸物的沸点通常低于原始物质，因而蒸馏可以在较低的温度下进行。

共沸蒸馏中的一个重要问题就是正确选择共沸溶剂。合适的共沸溶剂通常需要符合以下几个条件：①共沸点要比被蒸馏的组分低 10～40℃；②应与理想状态具有显著的正偏差，以便与被蒸馏成分形成沸点最低的低共沸物质；③在蒸馏与回流温度下应与被蒸馏物质充分互溶；④经蒸馏后的低共沸物质，很容易除去共沸溶剂，使产物恢复其原始组成。

（5）**萃取蒸馏** 是一种萃取与蒸馏结合的过程。萃取蒸馏需要在蒸馏原液中加入一种沸点比蒸馏原液高的物质——萃取剂，生成的萃取物往往在装置的底部。萃取蒸馏过程中，蒸馏原液中各组分的分子受热逸出，自下而上进入蒸馏柱，而萃取剂自蒸馏柱顶部加入，逆流而下，它们与原液中各组分的分子连续接触，进行有选择地萃取，根据分子类型不同，把所需的组分从蒸馏物中分离出来。

（6）**固相蒸馏** 又称升华，是指由固体直接转化为气体而不出现液体的过程。这种过程必须在低于该物质三相点的条件下进行。由于固体物质的蒸气压一般均低于大气压力，所以升华过程通常均在减压或真空系统中进行。从而提高固体物质的蒸发速率。加热是提高升华速率的另一种途径，但温度一般低于该物质的熔点以下 30℃。因此，升华技术特别适用于制备与分离那些受热易分解或必须在较低温度下处理的物质。参见第九章第一节。

（7）**萃取升华** 是在升华过程中通入惰性气体，使被升华物质的分子随惰性气体分子一起逸出，然后冷却为固体。这种方式，与水蒸气蒸馏相似。

二、色谱法（薄层析和柱层析）

色谱法是样品制备与前处理中常用方法之一，有关各种色谱法原理、装置、操作方法与应用等参见第十九章、第二十章及第二十一章。

根据流动相的不同，色谱法可以分为气相色谱、液相色谱和介于两者之间的超临界流体色谱。

常用的展开方式以前沿展开与洗脱展开为主，而置换展开较少采用。前沿展开可用于浓缩被测的微量组分，也可用于除去微量组分。洗脱展开主要用于选择性分离某一种或几种所需的组分。需要注意的是柱色谱用于样品处理时，通常色谱柱的负荷超过它的线性容量范围，它是处于非线性色谱的工作状态，因而对操作参数的选择应与通常做定量分析时的考虑有所不同。

样品前处理中的色谱固定相填料在气相色谱中以吸附剂为主，在液相色谱中除吸附剂外还有化学键合填料，通常为正构烷基如 C_8、C_{18} 等以及 离子交换剂、疏水作用填料、亲和作用填料等。与近代高效液相色谱填料不同的是这类填料一般颗粒较大、分布较宽，通常在低压下使用，因而仍属低压色谱或经典色谱的范畴。色谱柱通常是几厘米至几十厘米长的玻璃管或聚乙烯、聚丙烯塑料管。固定相颗粒用常规重力振荡填充，不需高效液相色谱专用匀浆装柱设备，样品从柱顶部加入，靠流动相的重力进行展开，或在柱出口端接负压，加快展开速度。

常用的主要固定相填料，如氧化铝、硅胶、硅藻土、活性炭、分子筛、离子交换剂等的使用、活化及其他注意事项，参见第十九章第一节。化学键合固定相参见第二十一章第三节。

气相色谱法用于样品制备与前处理的对象主要是气体样品，而且常用前沿展开技术，让样品本身作为流动相通过填充了吸附剂的色谱柱，使样品中痕量组分（杂质）吸附在填料上，再用溶剂洗脱吸附的痕量组分（杂质）进行分析。此法在超纯气体中杂质的分析及环境大气质量的评价中得到广泛应用。

使用前沿展开法时必须注意被分离组分在填料上的柱容量，它不仅与被分离组分的色谱行为有关，而且也随样品中其他组分的多少及它们的色谱行为而变化。不掌握这些性质就无法最大限度地利用柱填料的分离能力，取得最佳的处理效果。

　　柱色谱法处理样品时，由于固定相颗粒来源不同，批号不同，同类填料的理化性能会有大的差异，加上活化方法不同，填充方式又因人而异，所以样品制备与前处理结果的重现性与可比性均较差。目前已有专用商品柱供处理样品用，因而发展成一种专门的样品前处理方法，即固相萃取法。

三、共沉淀法

　　在痕量组分和常量组分的溶液中，当常量组分形成沉淀时，通常还未达到溶度积的痕量组分也随之析出沉淀的现象。这时由常量组分形成的沉淀称为载体，载体可以是原来试样中的基体成分，也可以是外加的特定物质，需根据共沉淀的要求选择。生物材料痕量分析中常从两方面利用共沉淀：使待测成分从溶液中析出，或使特定干扰从溶液中除去。前者也起富集作用，应用较广。

　　1. 共沉淀的体系和作用特点

　　(1) 共沉淀体系　约有 70 多种金属离子可用不同的载体共沉淀，它们常用于生物体液中痕量成分的富集和分离。

　　常见的无机共沉淀剂如下。

　　pH＝3～8 时生成的氢氧化锌可分离 As (Ⅲ，V)、Al (Ⅲ)、Nb (V)、Ta (V)、W (Ⅵ)。

　　在硝酸介质中由高锰酸 (盐) 和硝酸锰溶液加热生成的二氧化锰，可使 Sb (Ⅲ)、Bi (Ⅲ)、Sn (Ⅳ)、Pb (Ⅱ)、Tl (Ⅲ)、Au (Ⅲ) 共沉淀。

　　在 pH＝3.2～9.5 时生成的氢氧化铁，可载带多种阴、阳离子如 Al (Ⅲ)、Cr (Ⅲ)、Ti (Ⅲ，Ⅳ)、Hf (Ⅳ)、U (Ⅳ)、As (V)、Mo (V)、Se (Ⅳ，Ⅵ)、I (Ⅰ) 等。

　　在 pH＝6～9.5 生成氢氧化铝时，呈吸附能力极强的胶体沉淀，是 Be (Ⅱ)、Th (Ⅳ)、Mo (Ⅵ)、W (Ⅵ) 的良好共沉淀剂。

　　在 pH＝9～10 时氢氧化镧沉淀，能使 Sn (Ⅱ，Ⅳ)、Fe (Ⅲ)、Sb (V)、P (V)、Se (Ⅳ，Ⅵ) 等共沉淀析出。

　　铁、锌、镉的硫化物在微酸性或中性介质中，可将 Hg、Cu、Ga、In 等很好载带。

　　常用的有机共沉淀剂可分为两类：一类是过量试剂作为本身参与组成目标组分的络合物载体；另一类是试剂仅作为载体而不参与络合物的形成。通常以前者较多，又可分为简单螯合物体系，如8-羟基喹啉的载带各种金属离子的相应螯合物，以及离子型缔合物和其他三元或多元络合物体系，如海水中 10^{-9} 级的银、钴、钼等可被 8-羟基喹啉和二乙氨基二硫代甲酸盐及酚酞等形成螯合物阳离子与有机阴离子的多元螯合-缔合体系共沉淀。

　　(2) 共沉淀作用的特点　它的一个显著特点是不要求制备纯的沉淀物或沉淀完全，而只期望能充分富集痕量组分。在操作上共沉淀时并不需要将沉淀与溶液定量分离，甚至不必过滤而可在沉淀沉降后倾泻出上层渍液，简化了通常过滤烦琐步骤。还有另一个优点，可以在沉淀后去除沉淀剂。如许多有机共沉淀剂在富集了痕量成分后，可用灼烧或溶解除去，从而进一步消除了基体干扰，改善富集效果。

　　2. 共沉淀的分类和作用机理

　　共沉淀按其对组分的化学作用可为混晶、吸附和共结晶等几类。

　　(1) 混晶　指痕量成分 (或杂质) 分布在常量物质或基体沉淀的晶体内部。如在含痕量 Pb^{2+} 的试样液中，加入 $Ba(NO_3)_2$，然后加过量沉淀剂硫酸，Pb^{2+} 就能与载体 $BaSO_4$ 生成混晶，$Ba(Pb)SO_4$ 从溶液中析出，形成混晶共沉淀。若两种盐 (基体沉淀和待分离成分) 属相同的晶系，离子电荷相同，并且离子大小相差不超过 15% 时，则沉淀中的一种离子可被外来离子取代，也就是形成固体溶液或称固溶体。这个过程分均匀掺杂和参差掺杂两种情况，前者指沉淀迅速重结晶，后者指固体不进行重结晶，缓慢增大。

　　(2) 吸附　指痕量成分分布于常量物质沉淀颗粒的表面，如氢氧化铝的胶体沉淀以其巨大表面吸附杂质。

　　吸附与胶体的应用关系密切。胶体通常指直径 10^{-7}～10^{-4} cm 范围内的颗粒，估计每个这样的颗粒含 10^2～10^4 个原子。在实用上将其分为憎液胶体和亲液胶体。前者也称悬浮体，其特点是对电解质的絮凝作用很敏感，且凝聚过程不可逆，即不会在稀释时再分散，它们又称溶胶，如碘化银、硫化砷等，黏度低；后者则称为乳胶，蛋白质和淀粉是其典型物，黏性强，对电解物的凝聚作用不敏感，又称亲液胶体。在生物试样制备和处理中，后一类更为重要。但在杂质分离中，前者也很实用。

在胶粒聚沉形成胶团时，痕量组分包在胶团中，称作包藏。通常认为胶体沉淀的吸附基本上是物理作用，不要求共沉淀组分与沉淀基体结构相匹配，因而选择欠佳，多种杂质均能被载带，其性质相差甚远的成分也能被吸附，例如氢氧化铁吸附尿液中的痕量碘（Ⅰ）、氢氧化锌吸附尿液及某些废液中十多种杂质，并非由于化学性质相似。

（3）共结晶　与混晶共沉淀相似但实质有异。这是利用沸点较低的水溶性有机溶剂预先溶解某些有机螯合剂，然后加入试样溶液，使待测成分形成络合物晶体。通常这类络合物的晶型与试剂的晶型相似，当加热使有机溶剂蒸发时，原来的螯合剂晶体将析出，并把痕量成分的络合物载带下来，这就是共结晶的实质。如 N-巯乙基萘-2-胺的丙酮溶液使海水中的 Ag、Cu、Co、Hg、Ir、Os 等在适当 pH 值下得以共结晶（如对 Ag 的合适共结晶 pH 值为 $3.5\sim4.0$），也可用于尿液中有关元素的富集。

四、重结晶

重结晶是一种从溶液中析出固体的过程。一般在低温下进行，特别适用于热敏化合物的分离与纯化，蒸气压接近的物质，以及光学非对映异构体的分离。还用于浓缩溶液，避免挥发性成分的损失，减少对容器的污染。它的应用对象极广，参见第九章第一节。

（1）重结晶步骤　首先把不纯物溶解在合适的溶剂中，溶解时的温度根据溶质的性质而定。对于溶解度随温度升高的物质，一般在接近溶剂沸点的温度下进行溶解，并不断振荡使溶液接近饱和状态，然后趁热迅速过滤，除去不溶的固体微粒。为防止过滤过程中由于冷却析出晶体，可以使用加热漏斗。再把过滤后的溶液冷却，使溶质晶体析出，析出的晶体可用离心分离或过滤，与母液分离，通用离心分离比过滤更具有优越性，特别是分离细微晶体，不仅效率高，操作方便，而且比过滤速度快得多。最后用少量新鲜的冷溶剂洗涤分离后的晶体，除去晶体表面的母液并加以干燥。

（2）重结晶过程中溶剂的选择　合适的溶剂必须符合以下几个条件：①重结晶的物质在高温与低温下的饱和溶解度有明显的差别，差别越大，收率越高；②易使重结晶的物质形成晶体；③溶剂本身容易从晶体中除去；④与晶体不发生化学反应；⑤易挥发而不可燃。此外，相似规则、理化性质、同系物的碳数规则等对溶剂选择也有指导意义。若单一溶剂不适合时，可选用混合溶剂。

用混合溶剂重结晶时先将溶质溶于易溶溶剂中，若加温有利于溶解可以加热，再加入热的第二溶剂，直至溶液浑浊或析出晶体。再加几滴第一种溶剂使溶液变清，趁热过滤后马上冷却，让晶体析出。这里需要强调的是混合溶剂只是在没有合适的单一溶剂时不考虑使用混合溶剂。

五、静态吸附法

这里指固、液两相，特别是作为吸附剂的固相处于相对静止状态的一类吸附方法，可粗分为简单物理-化学吸附、离子交换和络合作用三类。

1. 简单物理-化学吸附

常用的固定相有活性炭、硅胶、氧化铝、白土、分子筛、纤维素等，广泛地用于生物材料痕量分析。它们的特点是其表面未经化学改性，吸附机制属一般物理化学作用。

（1）活性炭　为非极性吸附剂，较易吸附极性极小的分子。通常可用于脱色，例如吸附菜蔬果汁中的色素，也可用于去味和去气体，对 NO_3^-、NO_2^- 也有相当吸附能力。主要有骨炭和木炭两类。骨炭是用兽骨经脱脂及热处理制成的，主成分为磷酸钙。木炭由锯木、煤粉、糖、海草等含碳植物与硅藻土或浮石，以及其他不溶盐类混合加热后，有机物分解而将炭沉积于多孔的无机物上而得，其中木炭较常用。商品活性炭的比表面为 $100\sim1000m^2/g$，用前需经分筛，其粒度小于 $90\mu m$ 的约占 92%，表面积约为 $800m^2/g$，此种活性炭 50mg 足以富集 $100\mu g$ 痕量成分。

（2）硅胶　由硅酸的胶状沉淀部分脱水时形成的一种多孔性物质。其吸附性由于其表面含有硅醇基 Si—OH，可与极性化合物或其他适宜的不饱和化合物形成氢键，故对极性物如水强烈吸附，是优良去水剂，广泛用于油脂分析及石油组分分析。硅酸呈酸性 $pK_{a_1}=10$；$pK_{a_2}=12$。

（3）氧化铝　氧化铝活性在于表面吸附表层水形成铝羟基 Al—OH，具有形成氢键的能力，一般略带碱性。常用于脱色或使蛋白质聚沉，或使胶态物凝聚，适用于碱性和中性介质，并可活化反复再用。

（4）白土　又称漂白土，主要用于除去动、植物油中的恶臭、异味及颜色，其主要成分是氧化硅和氧化铝，因而具有两者的特点。天然白土组成相当于 $5SiO_2 \cdot Al_2O_3$，含50％～60％水分，孔隙率达 60％～70％，比表面 120～140m²/g，能吸附自重 12％～15％的有机物质。生物材料分析中用于漂白，使动、植物体液及浆汁中的蛋白质聚沉。白土浸于水中时，pH 值为 6.5～7.5。

（5）分子筛　又名沸石，是一种金属硅铝酸盐晶态矿物质，其晶体结构基本上是由 SiO_4 和 AlO_4 四面体的三维骨架构成的。含铝的四面体为负电性，晶体中包含的金属阳离子平衡该负电。当沸石脱水时，其晶体呈蜂窝结构，但四面体骨架不变，且其中的空穴呈规则排列，空穴间有分子大小的孔道交联，因而比表面很大，并据此称为分子筛。分子筛的吸附特性与活性炭、白土等不同之处在于，分子筛的吸附表面有离子交换性质，有较强的库仑力场，孔径均匀，对给定的晶体品种，其孔径可由加入的阳离子来控制。分子筛在升温时吸附量增加，并有高的吸收热，因而解吸比其他吸附剂困难。

分子筛主要用于气体物质的分离。由于分子筛是一种极性物质，因此可根据待分离成分的不饱和度或极性差异来确定其吸附的强弱，不饱和度越大或极性越大的分子，吸附得越牢。用分子筛吸附室温中的乙烯、一氧化碳是很有效的。例如。用 5A 分子筛在 -78℃ 吸收空气中痕量一氧化碳，此时一氧化碳吸附得较牢固，与氮氧分离效果最佳。富集的一氧化碳从 -10℃ 开始解吸，至 150℃ 完成，然后进行后续测定。用此法只要通入足量的样气，10^{-9} 甚至 10^{-12} 数量级的一氧化碳也可定量富集。

（6）纤维素　纤维素是一种配糖的聚合体，聚合度为 2000～16000，它也是植物细胞壁的结构材料，滤纸、脱脂棉和色谱纤维素都属于此类。纤维素具有吸附能力的原因在于由其官能团产生的微弱的离子交换能力，活性部位为羰基或羧基。在生物材料分析中，纤维素主要用于吸附胶体及悬浮物。例如，尿液、极度浑浊的菜汁或泥浆水体中加入适量的纸浆，均有助于悬浮物的聚沉。天然纤维素粉可将水体中的 Hg^{2+} 定量吸附，与锰、铁及其他金属离子分开。纤维素的基体是有机物，吸附极性较小，适于某些分子型无机物以及弱极性的有机物如生物碱等的富集，且基体易除去，操作简单。

（7）泡塑　泡沫塑料具有蓬松、柔软、多孔的特点，常用的是聚氨酯型。这类泡塑是聚醚或聚酯与酰氨基交联而成。交联时利用二氧化碳膨胀而形成泡沫体，松密度为 15～35kg/m³。化学性质较稳定，不溶于水但易吸水并被泡胀（失水后复原），不溶于稀硫酸、稀盐酸、冰乙酸、稀氨水、稀氢氧化钠溶液以及某些有机溶剂，如苯、丙酮等，可溶于浓硫酸、硝酸及高锰酸钾溶液。

此吸附剂可自稀溶液中选择吸附多种有机物和无机物，如油、苯、三氯甲烷、苯酚以及碘、汞、金、铁、锑、铊、铼、钼和铀氧离子。本品的吸附能力与制备方法有关，按其来源不同，其吸附容量在 0.5～1.5mmol/g 范围。通常比表面为 7.6～32.5m²/kg。实际吸附性能与介质酸度有密切关系。

2. 离子交换吸附

静态吸附法中用的离子交换吸附剂有柱色谱法中的离子交换树脂和化学改性的离子交换纤维素两种。

（1）离子交换纸　将滤纸条浸入已磨成乳胶状（<400 目）的离子交换树脂悬浮液，取出晾干即得。也可将胶态离子交换树脂与纸浆充分混合（用量比例可根据需要调整），然后制成纸。也可用其他纤维素为基质制成相应的离子交换吸附剂。一些无机吸附剂如硅胶、氧化铝以及无机离子交换剂如分子筛、磷酸锆等均可沉积于纸上，制得相应的交换纸。如氧化铝纸就是将滤纸浸入硝酸铝（或其他水溶性铝盐）溶液中，取出，沥去多余的溶液，风干，再浸入氢氧化钠溶液中，取出后在水中漂去多余的碱，干后即可使用。这类纸用于分离时操作简便，将纸片悬浮于试样溶液中过夜或直接用这类纸过滤均可。例如，含痕量铅的体液或果汁调至酸度为 0.01mol/L（盐酸）后，通过一张直径为 32mm 的强酸型阳离子交换树脂纸，检查滤液中的铅已被该树脂定量吸附。同样的树脂纸，可富集石油中低于 $\mu g/mL$ 级的镍和钒。又如强碱型阴离子交换纸可吸附微克级的钼、钨阴离子，而与大量的铜、铁、镍分离。

（2）磷酸型和羧酸型纤维素　是用相应的酸与各种天然纤维素如脱脂棉或纸浆，通过缩水、酯化、醚化等反应，接上相应的酸基官能团而制得，其质量都是亲水性强而又不溶于水的天然高分子材料。以脱脂棉为例，含95％～97％的纤维素及少量胶质、脂、蜡、灰分等，经漂白、酸洗后可得纯品，其力学性能好，呈蓬松而非胶体的絮状物，易倾泻和过滤，适于静态吸附。基质为有机物，易于灼烧除去，其结构单元中含有伯羟基、仲羟基，有时还含有羰基甚至羧基，在化学改性时，其中的羟基与无机酸如磷酸、硫酸或有机酸发生多相酯反应，这类反应一般都简单、快速，并不破坏原来纤维的基体结构，只是强化了本来结构单元的离子交换功能。它们的交换容量及对金属离子的吸附性能取决于官能团，即化学改性的酸性基团的性质。一般来说，它们主要交换那些与原来试剂作用的金属离子。例如，最常用的磷酸酯化棉能和与磷酸生成盐或络合的近 20 种金属离子交换，特别适宜于移去体液、天然水和各种废水中的 Ca^{2+}，对 Fe^{3+}、TiO^{2+}、UO_2^{2+} 的亲和能力尤强，常用于富集或消除这几种成分的干扰。羧基纤维素中，最简单的乙基纤维素用得较多，通常将 $3\sim5mg$ 羧基纤维素悬于 $10L$ 溶液中，搅拌数分钟，小至 $10\mu g$ 的金属离子都可被吸附。对不同金属离子，其最佳交换 pH 值不同：Fe^{3+}，$pH=3$；Fe^{2+}、Al^{3+}、VO_2^{2+}、UO_2^{2+}，$pH=5$。对每 $100mL$ 溶液，富集倍数可达 3×10^4。相当于 mg/L 级的铜、镍、锌的氰络合物易被羧基纤维素吸附。用这种纤维素可分离高纯水中痕量的 Cu^{2+}、Co^{2+}、Zn^{2+} 和 Fe^{3+} 等，痕量金属成分经此纤维素吸附后，剩下的浓度通常低于 10^{-9} 级。

3. 络合吸附

络合吸附剂由活性炭、硅胶、纤维素及其他任何固相，经络合剂或螯合剂化学改性制得。它是选择性更好的离子交换吸附剂。如经 8-羟基喹啉作用的活性炭，对镉、钴等十多种离子的吸附率大于 90%，而对碱金属、Ca^{2+}、Ba^{2+} 及 Se^{4+} 几乎不吸附。含 2% 双硫腙的活性炭，每克可吸附 $10mg$ 铜，吸附剂可用 1% 硫化钾溶液再生，除消除干扰外，还可用于铜的提纯与制备。用吡咯烷基二硫代氨基甲酸盐改性的硅胶，对痕量镉、钴等 7 种金属离子的吸附率均在 95% 以上。

(1) 巯基棉　这是经我国学者系统研究过的螯合纤维素。通过纤维素上的羟基和羧基之间酯化反应，将巯基接枝在纤维素结构单元骨架上。巯基棉可除去蒸馏水中痕量的锌、镉、铅等杂质，其效果甚至优于石英蒸馏及亚沸蒸馏法，是体液中痕量汞的极好富集剂，还能用于净化某些有机溶剂如乙醇、丙酮等中的痕量的汞、银、锌杂质。

(2) 螯合纤维素　是络合吸附剂中的一大类，有双硫腙型、EDTA 型等，它们制作简单，使用方便。双硫腙螯合纤维素通常从羧基甲基纤维素开始制备。取一些基质原料于 $pH=11\sim12$ 时，加入 $2\%\sim5\%$ 双硫腙钾盐水溶液，在 $10\sim12℃$ 下搅拌过夜，得到栗色产品。洗去碱，用酸处理，得绿色的活化酸型双硫腙。产物用水洗至中性即得。本品可吸附溶液中与双硫腙作用的各种金属离子，如 $pH=5$ 时，定量吸附 10^{-9} 级的 Cu^{2+}、Zn^{2+} 等。

EDTA 型为氨基乙酸螯合纤维素，有大的交换容量，性能稳定，在 4℃ 下贮存多年，不论是氢型还是铵型，交换容量均不变。在乙酸缓冲液（$pH=5\sim6$）中，该型纤维素可定量吸附痕量的镉、钴等近 10 种二价离子。

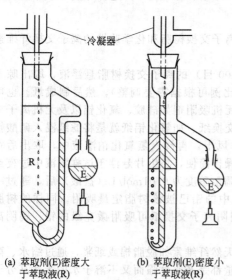

(a) 萃取剂(E)密度大于萃取液(R)　　(b) 萃取剂(E)密度小于萃取液(R)

图 8-20　连续式液-液萃取器

六、萃取法

萃取是利用物质在两种不互溶（或微溶）或溶解度与分配比的不同来分离、提取或纯化物质。它既可以从固体或液体混合物中提取出所需要的物质，进行分离或富集，也可用来除去混合物中的杂质。参见第九章第四节。

萃取的分类：由于萃取剂都用液相，而被萃取的样品可以是液相或固相。故萃取分离法可分为液-液（相）和液-固（相）萃取两大类。

(1) 液-液萃取　按操作方式可分为间歇式、连续式和逆流式三种。

① 间歇式　是指分批进行萃取，常用分液漏斗，操作简便，但效率低，适合于分配系数差别大的组分的分离。

② 连续萃取　是连续进行萃取，不仅效率高，溶剂用量少，而且后处理简单，特别适用于分配系数相近

的物质的分离。常用的装置如图 8-20 所示。

③ 逆流萃取　是萃取剂与样品溶液相互连续朝相反方向流动的萃取，已有逆流萃取仪商品出售。从本质上说，逆流萃取是一种多级间歇萃取过程的组合，与连续萃取相比，得到产物的纯度更高，但回收率稍低，适用于分配系数很接近的特殊物质的分离。

（2）液-固萃取　液-固萃取分间歇式和连续式两种。间歇萃取常在普通玻璃容器内进行，而连续萃取需在萃取器（也称索氏萃取器）内进行（参见第九章第四节四）。间歇式操作简单、较快，但效率不如连续式高。此外，连续式溶剂用量少，所需时间较长。为了加速萃取和提高效率，固体样品在萃取前必须粉碎和干燥，萃取时不断搅拌，若被萃取物质热稳定性好，可加热回流。

超声萃取是另一类间歇式液-固萃取技术，它以超声波为能源，在液体介质中产生数以百万计的看不到的微泡，微泡迅速膨胀、破裂、产生的空穴作用促使萃取剂分子与样品表面加快作用，并渗入内部，将被萃取的分子分离出来，大大加快了萃取过程。

超声萃取由于能量大、速度快，特别适用于萃取热不稳定、基体致密和难以用常规方法萃取的固体样品。

七、挥发分离法

将待测组分转化为易挥发化合物从体积样中挥发出来，被吸收液吸收，以达到分离、浓缩的目的。具体操作包括加热蒸发、化学反应、鼓泡、蒸馏等形式。常用的挥发分离法见表 8-35。

表 8-35　常用的挥发分离法

被测元素	挥发方式	处理方法	测定方法	挥发方式
Hg	Hg	加还原剂 $SnCl_2$ 或 $NaBH_4$	冷原子吸收	通气鼓泡或内循环
As	AsH_3	加 $Zn+HCl$	光度法	
Se	SeH_2	加 KBH_4	光度法	
Sb	SbH_3	加 $NaBH_4$	光度法	
S	H_2S	加盐酸	光度法	吹出
挥发性有机物	有机物		气相色谱法顶空分析	
苯系物	苯系物	CS_2 萃取	气相色谱法	也可用顶空分析
有机农药	有机农药	溶剂萃取	气相色谱-质谱法	
CN	HCN	加酒石酸或 H_3PO_4 或 H_2SO_4	光度法	蒸馏
F、B、NH_3	气态	加酸	光度法	蒸馏
挥发酚	挥发酚	$CuSO_4+H_3PO_4$	光度法	蒸馏
Co、Fe、Ni、Mn、Zn、Sn、Cu、Ba	各元素		原子吸收或光度法	蒸发

对于挥发性有机物可采用顶空分析法和吹扫-捕集法，参见第二十章第二节。

蒸发是将液体加热变为蒸气而除去，水质分析中可利用蒸发减少溶剂量进行浓缩，完全去除溶剂就可富集待测物。

将水样缓慢冻结，首先形成相对纯净和透明的冰晶，溶质则残留在液体中，残留的溶液逐渐浓缩，至要求的浓缩倍数中止冷冻，将剩余溶液收集起来加以测定，这就是冷冻浓缩技术。

八、分级固化法及区域熔融法

（1）分级固化法　晶体物质随温度升高，其分子或离子会随着热运动增强而脱离晶格的束缚，最后使晶体破坏而变成熔融状态。通常晶体中杂质的存在会破坏晶格的完整性，从而降低分子或离子之间的晶格能量。所以含有杂质的晶体，其熔点往往比纯晶体低，杂质含量越高，熔点越低。此时，若把一部分熔融态物质逐渐冷却，首先凝固形成晶体析出的往往是含杂质最少的物质。根据这一原理而建立的分级固化技术常用于具有一定纯度物质的精制。

分级固化与重结晶显然不同，它是物质从熔融态随温度下降而转化为固态，整个过程并没有任何溶剂参与。而重结晶虽然也是从液态中随温度下降而有固态出现，但必须在溶剂存在下从溶液中进行。

（2）区域熔融法　区域熔融主要用于具有一定纯度的晶体物质的进一步纯化，特别适用于那些杂质在熔融态与凝固态时溶解度相差很大的物质的纯化。这种方法用可移动的环状加热器套在装有被纯化的晶体物质的石英管外，随着加热器与石英管相对位置的移动，石英管内晶体物质也发生局部熔融与凝固。在凝固过程中，由于杂质在两种状态下溶解度不同，使杂质分子从固态扩散到熔融态中，因而固态中晶体的纯度就高于熔融态。这种过程随着加热器与石英管位置相对移动的重复进行，杂质从管的一端向另一端集中，每移动一次，纯度提高一次。运用这种方法，可以得到杂质含量仅为 10^{-9} 的超纯物质。特别适用于金属与半导体材料如硅、锗等的纯化。

九、过滤、离心和干燥法

（1）**过滤法** 过滤是一种从溶液中分离出固体物质的方法，如沉淀物与溶液，晶体与母液分离等。

实验室过滤常用漏斗和滤纸。漏斗有玻璃漏斗、布氏漏斗、玻璃砂芯漏斗。滤纸除了普通纤维滤纸外，还有玻璃纤维滤纸，以及尼龙、聚四氟乙烯等高分子材料制成的滤纸。

依溶液性质、分离目的与对象的不同，过滤可在加热或冷却状态下进行。适当地减压会增加滤纸两边的压差，可提高滤速。

除了常规过滤外，市场上已有许多品种一次性过滤器商品出售。它们可以直接套在注射器上使用，操作简便。过滤器内的滤膜片由尼龙、聚四氟乙烯、醋酸纤维素等材料制成。孔径大小不同，根据需要选用不同材料与大小的过滤器。已广泛地用于样品的制备与前处理操作中。

（2）**离心法** 离心法是从液体中分离固体的常用方法之一。它是利用离心力对溶液中固体微粒进行分离和沉降的一种方法。常用于常规过滤难以分离的样品与体系，如胶体微粒、黏稠沉淀与溶液的分离；黏稠液体与固体的分离；超细微粒与溶液的分离；母液很少或沉淀颗粒很小又需要量分离的体系；需要快速分离的体系等。

离心机有不同型号大小、转速等可供选择，通常离心分离是分批而不是连续进行，特殊需要可有流动式离心机供选用。

离心设备可参见第一章第五节三、电动设备。

（3）**干燥法** 干燥是指将水或溶剂从体系或物质中除去的过程。常用以下几种方式。

① **加热干燥** 在常压下加热，使水或其他溶剂从被干燥物质或系统中逸出，再置于干燥器内冷却。加热可用电、微波、蒸汽及其他热源。

② **减压干燥** 减压可提高溶剂的挥发度，即使不加热或稍加热就可干燥样品，尤其适用于对热敏感或易分解的体系和物质，以及干燥高沸点的溶剂。减压干燥可在真空干燥器或真空烘箱内进行。前者适用于干燥低沸点溶剂，后者用于高沸点溶剂。

③ **吸附干燥** 是用吸附剂除去溶剂的方法。常用吸附剂有化学吸附剂与物理吸附剂两大类。前者使溶剂与吸附剂发生化学反应被除去；后者靠范德华引力将溶剂分子吸附在吸附剂表面。各种干燥剂及适用对象见第一章第十一节。

（4）**冷冻干燥** 通常包括以下三步：①冷冻，降温使被干燥样品固化；②升华，在真空下使溶剂分子从固化样品中直接气化分离；③脱附，溶剂升华分离后，样品表面尚残留吸附的溶剂分子，需脱附除去。由于这些特点，使冷冻干燥样品具有特殊用途，如生物组织的显微观察与分析样品、热敏化合物和常温下易失活的生物分子等的干燥。采用其他方法，极易使样品组织变形、化合物分解和失去生物活性。

十、膜技术法

1. 膜的种类

膜分离技术是以膜为介质，膜可分为微孔膜、离子交换膜和均相膜三种。

（1）**微孔膜** 孔径在 $1\sim100nm$ 之间，能阻止大于 $100nm$ 的分子和小于 $1nm$ 的分子通过，只有介于两者之间的分子则可通过。用于分离大小差别较大的颗粒与分子。

（2）**离子交换膜** 其多孔结构的表面有可交换离子基团，根据电荷的不同，分为阳离子膜、阴离子膜以及阳阴离子共存的膜（称为镶嵌膜）。其分离机理与表面离子电荷性质、密度、孔径等有关。

（3）**均相膜** 组成均一，分离是基于分子在膜中扩散速率与浓度差别。

2. 膜技术的分类

（1）**透析法** 透析法是用半透膜将溶液中的胶体或大分子与小分子分离的方法。常用的半透膜由玻璃纸、火棉胶、羊皮纸、合成高分子等构成。决定透析的选择性是半透膜的孔径，对不同的分子必须选用孔径相应的膜。其操作简便、处理量大，但效率低、速度慢、选择性差。主要用于浓缩与纯化生物大分子。用空心纤维透析膜制成的过滤器广泛用于不同大小分子的分离。用它制成的"人工肾"被广泛用于医疗肾脏功能不健全的病人过滤血液中有毒小分子，如尿素、肌氨酸酐、尿酸等。

（2）超滤法 超滤法是一种加压过滤法，通常除去大于 2nm 的分子，而普通过滤除去大于 1μm 的颗粒。滤速与膜孔隙度、孔穴直径及膜两端压差成正比，而与溶液黏度、膜厚度、孔径曲折指数成反比。为了加快速度，超滤必须在加压下进行，膜的厚度应尽量减小，通常为 0.1μm。为了提高膜的强度，可把膜覆盖在有良好机械强度的多孔介质材料上。

（3）反渗透法 主要用于分离 2nm 以下的小分子物质，相对分子质量通常可高达 500。由于小分子物质的分子量没有明显的数量级差，因而分离膜在反渗透中不能用微孔膜，必须用均相膜。低分子物质在均相膜两端随着分离过程的进行，所产生的浓度差会引发出渗透压。为使分离进行，必须加压克服膜两端的渗透压。这也就是反渗透的压力要远高于超滤的原因，通常在 1~10MPa 压力下操作。反渗透在实验室内用于水的纯化，或浓缩水中的痕量杂质及有机物。

（4）气体扩散法 利用高分子膜对不同气体具有不同扩散率的原理将气体混合进行分离的方法，如用玻璃膜从天然气中分离出氦气，用钯膜进行氢的纯化等。

十一、化学方法

化学方法是根据物质的化学性质不同，利用化学反应进行样品制备与前处理，把被测组分有选择地与其他干扰成分及样品基体分开，达到高灵敏、高效、高速测定的目的。

1. 络合法

络合反应是指金属离子与配位体反应生成一种较稳定的化合物的过程。络合反应的一个重要作用就是掩蔽干扰离子或其他组分，只要在被测样品中加入合适的配位体，使其与干扰离子或其他组分络合掩蔽起来，在不除去干扰离子的情况下，能顺利地进行分析，并简化了测定步骤。络合反应在生成或消除颜色、沉淀溶解、改变氧化还原电位等方面起着重要作用。常见的掩蔽剂与解蔽剂见第一章第十三节。

2. 沉淀法

沉淀法是指样品溶液中加入沉淀剂，使其与干扰物质或被测组分生成沉淀，再与其他成分分离的方法。参见第十一章及第九章第二节。

3. 衍生法

衍生法主要用于：①提高分析方法的灵敏度和选择性；②改变样品成分的性质，使之适用于各种不同的高效、快速、高灵敏的分析方法；③通过衍生前后组分化学行为的变化，鉴别其化学组成，衍生法不仅用于定量测定，也用于定性鉴别。在色谱、电化学、生物化学等领域里得到了广泛应用。

用于样品处理的衍生反应包括：荧光衍生、紫外-可见光衍生、电化学衍生、放化衍生等。

4. 化学挥发法

化学挥发法主要有氢化法、卤化法、成酸、酯蒸馏法等。

（1）氢化法 周期表中ⅣA、ⅤA 和ⅥA 组的元素如 Ge、Sn、N、P、As、Sb、Bi、S、Se、Te 等的化合物。用适当还原剂，均可生成挥发性氢化物，然后用合适试剂吸收或进行其他后续处理，广泛用于生物材料痕量分析。

（2）卤化法 将待分离组分转化为卤化物使之挥发，其中最主要的是氯化法。有几种氯化物沸点低：锗（Ⅳ）86℃；锡（Ⅳ）114℃；铬（Ⅵ）117℃；砷（Ⅲ）130℃；锑（Ⅲ）220℃。热稳定性好，有些氯化物在其沸点以下的温度就显著挥发并可定量蒸出，如在 108℃以下蒸出砷的氯化物，从而得到富集。某些氯化物可在沸点以上温度完全逸出或部分分离，大大降低其干扰程度。如大量铬可以在高氯酸介质中加热到冒烟时，小心逐滴加入盐酸使其成为二氯二氧化铬挥发。介质的性质对用卤化物分离的选择性有很大影响。自氢溴酸介质中可蒸馏出砷（Ⅲ，Ⅴ）、锗、汞（Ⅰ，Ⅱ）、锇、铼、钌、锑（Ⅲ，Ⅴ）、锡（Ⅱ，Ⅳ）、硒（Ⅳ，Ⅵ）的溴化物。在浓盐酸介质中于 100℃以下，或者在硫酸-氢溴酸介质中蒸馏时，硒易于蒸出，而砷很少逸出，两者可很好分离。如用溴-氢溴酸介质，则砷、锡、锗、锑、汞和碲至少部分被蒸出。如用硫酸-盐酸混合液，则锗、锑、锡、碲、钼和汞等随硒一起蒸出。

（3）其他蒸馏法 许多酸或酯的沸点较低，可用于挥发分离。例如，硼酸、三氟化硼、氟硼酸（HBF_4）都易于蒸煮时挥发。硼酸三甲酯和三乙酯的沸点分别为 67~68℃和 120℃，是生物材料中蒸馏法分离硼这种植物必含元素和一般化学分析测试中消除硼干扰的基础。锇、铼、锝、钌的高价酸或高氧化物如 OsO_4、Re_2O_7、RuO_4 等，从氢溴酸、盐酸、硫酸、高氯酸和磷酸溶液中蒸馏出，可使它们和多种元素分离。例如在 $260\sim270℃$ 以水蒸气蒸馏法从硫酸中定量蒸出 Re_2O_7，以及将钌由含铋酸钠的硫酸溶液中蒸馏到含次氯酸盐的碳酸钠溶液中，能消除很多元素对它们测定的干扰。

以酸形式分离的元素或化合物有硅、氟、二氧化硫、酚等。挥发法分离氟，是将其转化为 H_2SiF_6，逐渐升温到 $130℃$ 进行水蒸气蒸馏。硅的挥发分离也是基于 H_2SiF_6 的形式，以此可与干扰其测定的磷、砷等元素分离。二氧化硫的挥发是使亚硫酸盐酸化，用惰性载气（如氩、氮）将 SO_2 吹出，也可将溶液煮沸收集。该步骤适用于 CO_2 的分离。酚的蒸馏是在含少量硫酸铜（提高回收率）的溶液中，用磷酸调节 pH 值到 4 时进行，可与芳香胺、醛等分离。

十二、超临界流体萃取

超临界流体作为流动相的应用可分为两方面：①超临界流体色谱简称 SFC，它主要用于分析各种难挥发、热不稳定、分子量较大的化合物，可以弥补气相色谱与液相色谱的不足，参见第二十一章第八节；②超临界流体萃取简称 SFE。

1. 超临界流体萃取的特性

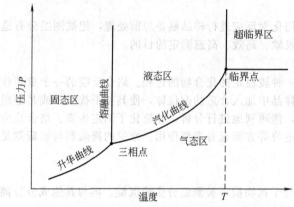

图 8-21 纯物质随温度、压力变化时其物态的变化

与通常液-液或液-固萃取一样，超临界流体萃取也是在两相之间进行，所不同的是萃取剂不是液体，而是超临界流体。超临界流体是介于气液之间的一种既非气态又非液态的物态。这种物态只能在物质的压力和温度超过临界点时才存在。图 8-21 示出纯物质随温度、压力变化时物态的变化。图右上角示出的超临界态是处在临界温度与临界压力以上的区域。为说明超临界态与一般状态下物质性质之间的差别，表 8-36 列出了二氧化碳在不同状态时的物理性质。

由表 8-36 可知，超临界流体的密度较大，与液体相仿。所以它与溶质分子的作用力强，像大多数液体一样，很容易溶解其他物质。另一方面，它的黏度较小，接近于气体，传质速率很高。同时，表面张力小，容易渗透固体颗粒，并保持较大的流速，可使萃取过程在高效、快速的条件下完成。超临界流体是一种十分理想的萃取剂。

表 8-36 不同状态下二氧化碳的物理性质

状 态	密度/(g/mL)	黏度/[g/(cm·s)]	扩散系数/(cm²/s)
气态	$1×10^{-3}$	$(0.5\sim3.5)×10^{-4}$	$(1\sim100)×10^{-2}$
超临界态 (T_c,p_c)①	$4.7×10^{-1}$	$3×10^{-4}$	$70×10^{-5}$
$(T_c,6p_c)$	$10.0×10^{-1}$	$1×10^{-3}$	$20×10^{-5}$
液态	$10.0×10^{-1}$	$(3\sim24)×10^{-3}$	$(0.5\sim2)×10^{-5}$

① T_c 和 p_c 分别为临界点的温度与压力。

压力的改变会使超临界流体对物质的溶解能力发生很大的变化。利用这一特性，只需改变萃取剂流体的压力，就可以把样品中的不同组分按它们在流体中溶解度大小不同，先后萃取出来。在低压下溶解度大的物质先萃取，随着压力增加，难溶物质也逐渐地与基体分离。这样，在程序升压下进行超临界萃取，既可以萃取组分，又可以分离不同的组分。

温度的变化也会改变超临界液体萃取的能力，它体现在影响萃取剂的密度与溶质的蒸气压两个方面。在临界温度以上的低温区，温度升高，流体密度降低，因而减小了样品在流体中的溶解度，而溶质蒸气压随温度的升高增加并不多。因此，净结果是萃取剂的溶解能力降低，造成溶质从流体萃取剂中析出，此时温度升高流体密度降低成为主要因素。温度进一步升高，进入升温区时，虽然萃取剂密度进一步下降，引起溶质溶解度更加降低，但溶质蒸气压却随温度上升而迅速增加，因此挥发度提高，萃取率不但不会减小反而会有增大的趋势，此时，溶质蒸气压随温度的升高而增大起主导作用。

除压力与温度外,在超临界流体中加入少量其他溶剂也可改变它对溶质的溶解能力。通常加入量不超过 10%,以加入极性溶剂甲醇、异丙醇等居多,少量其他溶剂的加入,可以使超临界萃取技术扩大应用到极性较大的化合物中。

超临界流体萃取中萃取剂的选择随萃取对象的不同而改变。通常先考虑临界条件较低的物质,表 8-37 列出了超临界流体萃取中常用的萃取剂的临界值。其中水的临界值最高,因而实际使用最少。用得最多的是二氧化碳,它不但临界值相对较低,而且具有一系列优点:化学性质不活泼,不易与溶质反应,无毒、无臭、无味,不会有二次污染,纯度高、价格适中,沸点低,容易从萃取后的馏分中除去,后处理比较简单,不需要加热,非常适用于萃取热不稳定的化合物。但是,由于二氧化碳的极性很低,只能用于萃取低极性和非极性化合物。对于极性较大的化合物,常用氨或氧化亚氮作为超临界流体萃取剂,因为它们有一定的极性,对极性化合物溶解性好。但是氨很容易与其他物质反应,对设备腐蚀严重,氧化亚氮有毒,低烃类物质因可燃易爆,都不如二氧化碳应用广泛。

表 8-37 常用萃取剂的临界温度与压力

流　体	临界温度/℃	临界压力/MPa	流　体	临界温度/℃	临界压力/MPa
乙烯	9.3	5.04	丙烷	96.7	4.25
二氧化碳	31.1	7.38	氨	132.5	11.28
乙烷	32.3	4.88	己烷	234.2	3.03
氧化亚氮	36.5	7.27	水	374.2	22.05
丙烯	91.9	4.62			

2. 超临界流体萃取的流程与操作方式

(1) 超临界流体萃取的流程　以二氧化碳为萃取剂的超临界流体萃取流程如图 8-22 所示。超临界流体萃取流程通常包括三大部分。

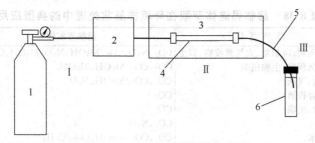

图 8-22　超临界流体萃取流程
1—CO_2 钢瓶;2—高压泵;3—恒温箱;4—萃取管;5—阻尼管;6—收集器

① 超临界流体发生源　由萃取剂贮槽、高压泵及其他附属装置。即如图 8-22 所示的 CO_2 钢瓶、高压泵、恒温箱。其功能是将萃取剂转化为超临界流体。

② 超临界流体萃取部分　由样品萃取管及附属装置组成。处于超临界态的萃取剂在这里将被萃取的溶质从样品基体中溶解出来,随着流体的流动,使含被萃取溶质的流体与样品基体分开。

③ 溶质减压吸附分离部分　由喷口及吸收管组成(阻尼管与收集器)。萃取出来的溶质及流体必须由超临界处理后经喷口减压降温转化为常温常压态,此时流体挥发逸出,而溶质吸附在吸收管内多孔填料表面。用合适溶剂淋洗吸收管就可把溶质洗脱收集备用。

(2) 超临界流体萃取的操作方式　可分为动态、静态、循环萃取三种。

① 动态法　是超临界流体萃取剂一次直接通过样品萃取管,使被萃取的组分直接从样品中分离出来进入吸收管的方法。简单、方便、快速,特别适用于萃取那些在超临界流体萃取剂中溶解度很大的物质,而且样品基体又很容易被超临界流体渗透的场合。

② 静态法　是将萃取的样品"浸泡"在超临界流体内,经过一定时间后,再把含有被萃取溶质的萃取剂流体输入吸收管。它没有像动态法那么快速,适用于萃取那些与样品基体较难分离或在萃取剂流体内溶解度不大的物质,也适用于样品基质较为致密、超临界流体不易渗透的场合。

③ 循环萃取法 实际上是动态与静态法的结合。首先将萃取剂流体充满装有样品的萃取管，然后用循环泵使萃取管内的流体反复多次通过管内萃取样品，最后输入吸收管。显然，它比静态法效率高，因为在同样时间内反复多次对样品进行萃取，适用于那些动态法不宜萃取的样品和场合。

(3) 影响萃取效率的因素 除了萃取剂流体的压力、性质、密度、组成和温度外，萃取过程的时间及吸收管的温度也会影响萃取及收集的效率。萃取的时间取决于两个因素。①被萃取物质在流体中的溶解度。溶解度越大，萃取效率越高，萃取速率越快。②被萃取物质在基体中的传质速率。速率越大，萃取越完全，效率越高。收集器及吸收管的温度也会影响回收率，因为萃取出的溶质溶解或吸附在吸收管内会放出吸附热或溶解热，降低温度有利于提高收集率，故有时在吸收管后附加一个冷阱提高回收率。

3. 超临界流体萃取的应用

超临界流体萃取由于高效、快速、后处理简单等特点，是一种理想的样品前处理技术，特别适于处理烃类及非极性脂溶性化合物，如醚、酯、酮等。在低于 30MPa 的压力下就很容易将它们从样品基体中萃取出来。但是，如果样品分子中含羟基或羧基等极性基团，萃取就较为困难，甚至无法进行。对于糖类、糖苷、氨基酸、卵磷脂类极性物质，以及蛋白质、核酸、纤维素、多萜类等天然大分子与合成的极性高分子，超临界流体萃取技术至今存在不少困难。

超临界流体萃取技术在近年得到广泛应用，它可从原料中提取和纯化少量的有效成分，又能从粗制品中除去少量杂质，达到深度纯化的效果。它已广泛地用于从各种香料、草本植物、中草药中提取有效成分，从啤酒制造中常用的酒花中提取苦味素，从椰子、花生、大豆及葵花籽中提取植物油。它也用于除去少量杂质或有害成分，从咖啡豆中除去对人体有害的兴奋剂——咖啡因。它还用于活化或再生各种吸附剂，如活性炭、分子筛。

在环境保护方面，超临界萃取不仅用于从各种环境样品中萃取少量的污染物，而且也被用作一种环境治理技术，用来分解各种有害的有机污染物如 DDT 等。

表 8-38 列出了超临界流体萃取在环境样品前处理中的典型应用。

表 8-38 超临界流体萃取在环境样品前处理中的典型应用

被萃取组分	样 品 基 体	超 临 界 流 体	萃取时间/min
多环芳烃、多氯联苯	土壤、飞灰、沉积物、大气颗粒物、飘尘	CO_2、N_2O、$CO_2/MeOH$、$N_2O/MeOH$、C_2H_6	1~60
农药	土壤、沉积物、生物组织	CO_2、$CO_2/MeOH$、MeOH	30~120
二噁唑	沉积物、飞灰	CO_2、$CO_2/MeOH$、N_2O	30~120
蒽醌	纸、胶合板屑	CO_2	20
石油烃类	沉积岩、土壤	CO_2	15~30
有机胺	土壤	CO_2、N_2O	20~120
酚类	土壤、水	CO_2、$CO_2/MeOH$、CO_2/C_6H_6	

超临界流体萃取与其他仪器分析方法联用，以色谱分析最多，诸如超临界流体萃取-气相色谱（SFE-GC）、超临界流体萃取-高效液相色谱（SFE-HPLC）、超临界流体萃取-超临界流体色谱（SFE-SFC），以及超临界流体萃取-流动注射分析（SFE-FIA）、超临界流体萃取-傅里叶红外光谱（SFE-FTIR）、超临界流体萃取-四极杆质谱（SFE-MS）、超临界流体萃取-免疫测定（SFE-ELISA）等联用技术。联用技术避免了样品转移损失，减少了人为误差，提高了方法的灵敏度与准确度。

十三、固相萃取

固相萃取法（SPE）是近年来发展较快的样品前处理技术之一。由于设备简单，操作方便，应用较广。它的原理基本上与液相色谱分离过程相仿，根据被萃取组分与固定相作用力的强弱不同进行分离，它可用于物质的分离、浓缩和纯化。

1. 柱状萃取

萃取柱由塑料（通常为聚丙烯）、玻璃、不锈钢等材料制成，两端均有多孔滤片，内装直径约 $40\mu m$ 的 C_{18}、C_8、腈基、氨基和其他特殊填料，总重 0.1~1g。这种短柱通常是一次性使用。固相萃取装置的核心部分是萃取柱，为了加速样品溶液流过，可以接真空系统。

如图 8-23 所示是商品固相萃取装置示意，主要是一个与真空系统相接的箱子，内有收集馏分的试管与试管架。箱盖是装固相萃取柱的盖板，它可以同时处理多个同样或不同的样品。

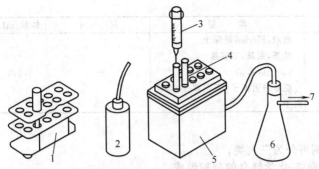

图 8-23 固相萃取装置示意
1—试管架；2—溶剂洗瓶；3—加样注射器；4—固相萃取柱；
5—真空箱；6—真空安全瓶；7—接真空系统

操作步骤。

（1）准备 用适当的溶剂将固相萃取柱吸附剂润湿备用。

（2）加样 加入一定体积的被处理样品溶液，使其完全通过吸附柱，让溶液中被萃取组分保留在吸附剂上，大量的溶剂和其他不易保留在固定萃取柱上的组分从柱中流出。

（3）淋洗 加入适当的淋洗剂，从固相萃取柱上除去其他不需要的组分。

（4）洗脱 用洗脱液把保留在固相萃取柱上需要测定的组分淋洗下来，收集在试管中备用。

由上述萃取过程可知，固相萃取柱内填料的性质是决定萃取成败与否的关键因素之一。目前的商品萃取柱大多数采用液相色谱中的填料，所以几乎液相色谱各种类型的填料都可用在固相萃取中，只是颗粒要大一些，在 $30\sim60\mu m$ 之间。表 8-39 列出了部分商品固相萃取柱的性能及型号。

固相萃取柱的柱径较窄，流速有限，仅在 $1\sim10mL/min$ 范围，处理大量样品所需时间长，且环境废水与生物样品容易堵塞，减小流量，处理时间更长。这是柱状萃取柱的缺点。

表 8-39 部分商品固相萃取柱的性能及型号

品 名	厂 商	类 型	尺 寸	体积/mL	填料量/g
Bond Elut	Analytichem	硅胶 腈基,氨基,二醇基 C_2,C_8,C_{18},苯基,环己烷基 DEA 或 DEAE,弱阴离子,12% 氨基强阴离子,烷基强阴离子,芳基强阴离子 苯基硼酸,Sephadex	最小:6.5cm×5.5mm 最大:7.7cm×12mm	1,3,6	0.1,0.2,0.5,1.0
Chrom Prep	Hamilton	聚(苯乙烯-二乙烯基苯)合物 强阴、阳离子混合型	最小:2.1cm×2.2mm 最大:2.1cm×4.4mm		0.13,0.34(反相型) 0.08mL,0.05meq 0.32mL,0.20meq (离子交换型)
Poly-Prep	Bio-Rad	芳基强阴离子,强阳离子	4cm×0.8mm	10	2mL,0.6~0.58meq (离子交换型)
Sep-Pak	Water's	硅胶,Florisil 硅藻土,氧化铝 腈基,氨基,二醇基 C_{18} DEA 或 DEAE,弱阳离子	—	0.5,1.0	0.4,0.8,0.9,1.8
SPE	J. T. Baker	硅胶,Florisil 硅藻土,氧化铝,耐火砖土 腈基,氨基,二醇基 大孔 C_3、C_4、C_8、C_{18},苯基,环己烷基 12%氨基弱阴离子,烷基强阴离子,强阳离子,弱阴离子,大孔 PEI 大麻碱	最小:5.8cm×7.5mm 最大:6.8cm×15mm	1,3,6	0.1,0.2,0.5,1.0

续表

品　名	厂商	类　型	尺　寸	体积/mL	填料量/g
Supelclean	Supelco	硅胶,Florisil 硅藻土 腈基,氨基,二醇基 C_3,C_{18},苯基 烷基强阴离子,强阳离子,弱阳 离子	—	1,3,6	0.1,0.5,1.0

2. 膜状萃取

膜状的固相萃取剂可分为三大类。

① 由聚四氟乙烯网络-化学键合的硅胶组成。

② 由聚氯乙烯网络-离子交换基团或其他亲和基团的硅胶组成。

③ 衍生化膜　不同于前两者,固定相并不包含在膜中,而是膜本身经化学反应键合了各种官能团,如二乙铵基乙烯基、季铵基、磺酸丙基等。

上述三类膜中只有聚四氟乙烯网络状介质与普通固相短柱相仿,用于萃取金属离子及各种有机物。后两类主要用于富集生物大分子。

3. 柱状与薄膜状介质性能的比较

若柱状与膜状介质是一样,仅差别在于几何形状,由于薄膜状的萃取介质的截面积大,传质速率快,因而有较大的流量,操作时间短。

4. 固相萃取的应用

固相萃取在环境样品前处理的应用主要是对样品的处理。膜状萃取与通常的液-液萃取比较,减少了大量人力与时间,节省溶剂,降低对环境的影响。目前用得较多的是直径 47mm、厚度 0.5mm,以聚四氟乙烯为网络含 $8\mu m$ C_8、C_{18} 等键合硅胶为固定相的薄膜状萃取剂。美国 EPA 标准方法 506 推荐萃取水中苯二甲酸酯及己二酸酯。薄膜状固相萃取还用有机氯、有机磷农药、二噁唑、多氯联苯及其他环境污染物的分析。

环境水样野外采集后,由于条件限制不能马上分析,必须存放在冰箱内送往实验室。固相萃取技术可以在野外直接萃取水样,再将萃取后的介质送往实验室。这样,可缩小样品体积,方便运输,组分吸附在固相介质上比存放在冰箱的水里更加稳定。烃类物质在固相介质上可保存 100 天,而在水样中只能保存几天。

固相萃取也用于大气样品的前处理。吸附管内装活性炭、聚氨基甲酸酯泡沫塑料、氧化铝、硅等各种吸附剂,可以萃取大气中的污染物,可以捕集气溶胶和飘尘。常用采样流量视吸附管大小而定,范围为 0.1~100L/min。吸附了被测物质的吸附剂可以用溶剂浸出或用超临界流体萃取,对大气样起浓缩作用。

固相萃取也用于土壤中农药富集分析。

十四、液膜萃取

液膜萃取技术吸取了液-液萃取具有富集组分与选择性好两大特点,又具有高效、快速、简便、易于自动化等优点。

1. 液膜萃取原理

液膜萃取的基本原理是由浸透了与水互不相溶的有机溶剂的多孔聚四氟乙烯薄膜或纤维素纸,把水溶液分隔成两相——萃取相与被萃取相,与流动的样品水溶液系统相连的相为被萃取相,静止不动的非极性有机溶剂为萃取相。样品水溶液中的离子在被萃取相与加入的某些试剂形成中性分子,这种中性分子能通过扩散进入多孔聚四氟乙烯上的非极性有机溶剂液膜中,一旦进入萃取相,中性分子受萃取相中化学条件的影响又分解为离子,不能再返回被萃取相中去,其净结果是使被萃取相中的离子通过液膜进入萃取相中。

图 8-24 表示水溶液中的酸根、氨基、金属离子在萃取过程中如何从被萃取相中通过液膜进入萃取相的。当这些离子流入被萃取相中时,与加入其中的相应试剂(即相应的 OH^+、OH^-、配位体)发生反应,形成相应的中性分子(或络合物),先溶入有机液膜层,再进一步扩散到萃取相中。当它们进入萃取相时,受其中化学条件变化的影响,即刻使它们不可逆地留在萃取相中。

由上述机理可知，在液膜萃取中，被萃取的物质在流动相的水溶液中，只有转化为中性分子才能进入非极性的有机液膜萃取相中。因此，提高液膜萃取的选择性主要取决于如何提高被萃取物质由离子形转化为中性分子的能力，而不使干扰物质或其他不需要的物质变为中性分子。控制这种转化因素的主要途径有以下两个。

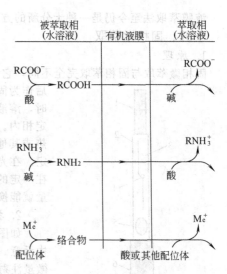

图 8-24　液膜萃取酸根离子、氨基及金属离子示意图

(1) 改变被萃取相与萃取相的化学环境，如调节水溶液的 pH 就可以把各种 pK 不同的物质有选择地萃取出来。若一个含阳离子、阴离子及中性分子的水溶液体系，以萃取阴离子为例，只要把水溶液的 pH 调至酸性即可进行萃取。此时，阴离子和 H^+ 结合成相应酸的分子，它和溶液中原有的中性分子一起透过液膜进入萃取相，而阳离子则随水溶液以废液流出。进入萃取相的酸分子若遇到碱性环境，则与周围 OH^- 作用而形成离子，滞留在萃取相中，而中性分子因为自由来往于液膜两侧，随着洗涤过程进入洗涤液以废液流出。结果是水溶液中的阴离子从被萃取相中有选择地进入萃取相，而阳离子与中性分子则与洗涤液一起以废液排出。适当调节萃取相的 pH，使进入萃取相的中性分子有的电离，有的仍保持分子状态，从而进一步提高了对萃取相中溶质的选择性。

若要萃取阳离子，情况完全相似上述过程，只是条件相反。需强调指出的是：调节 pH 的目的，在被萃取相中是为了使被萃取物质由离子态转变为中性分子态；在萃取相中，恰恰相反，是为了使被萃取物质由中性分子态转变为离子态，使被萃取物质滞留在萃取相。

(2) 改变聚四氟乙烯隔膜中有机液体极性的大小，从而提高对极性不同物质的萃取效率。由于有机液膜的极性大小直接与被萃取物质在其中的分配系数有关，极性越接近，分配系数越大，越容易进入有机液膜。

2. 液膜萃取法与其他方法的比较

① 液膜萃取与液-液萃取相比，液膜萃取使用有机溶剂少得多，不容易污染环境，操作易自动化，萃取相与被萃取相之比很容易达 1：1000，比传统液-液萃取法的萃取比要高得多。

② 液膜萃取与透析法相比，尽管在装置上有相似之处，但液膜萃取表现在对被测物质的富集，而透析法却稀释了物质。液膜萃取法较透析法选择性高。

③ 液膜萃取与固相萃取相比，多数情况下的柱状固相萃取剂只能一次使用，手工操作。而液膜萃取可连续多次使用，易于自动化，减少了固相萃取中出现的超载、竞争吸附、污染等问题。

3. 液膜萃取法的应用

液膜萃取法的应用可举以下几个例子。

(1) 大气中微量有机胺的测定。采用液膜萃取法浓缩 $5m^3$ 空气在 $10mL$ 稀硫酸溶液中，应用气相色谱法与氮选择性检测器，可以测定大气中各种脂肪胺（$C_1 \sim C_6$）的浓度低达 $0.4 \sim 0.8ng/m^3$。

(2) 水中酸性农药的测定。天然水体中常含有腐殖酸类物质，相对分子质量从几万到几百万，并带许多官能团。无论用气相或液相色谱测定痕量的农药污染物都必须从原始样品中除去腐殖酸类物质后才能分析。用正十一碳烷的有机液膜能有效地防止对水除莠剂测定的干扰。运用液膜萃取及高效液相色谱成功地测定了水中 2,4-D、2,4,5-T 等氯代苯氧酸类除莠剂，即使水样中含 $350mg/L$ 的腐殖酸也不影响测定，测定的浓度范围为 $10 \times 10^{-9} \sim 1 \times 10^{-6}$。

(3) 水中 Cu^{+2} 及 Co^{2+} 用液膜萃取处理，再以原子吸收光谱测定。Cu^{2+} 先与 8-羟基喹啉在被萃取相中形成络合物，然后透过液膜进入萃取相，络合体与加入的二乙基三胺和乙酸戊酯混合物（DTPA）作用生成更稳定的络合物。在 10^{-9} 数量级浓度范围内，萃取率可达 70%，富集指数达几百。Co^{2+} 以硫氰酸盐形式与加入的脂肪胺在被萃取相内形成离子型缔合物透过有机液膜进入萃取相，在萃取相内被 DTPA 分解，生成更稳定的络合物。在低于 10^{-9} 浓度范围内，萃取率达 80%。方法的选择性很好，不易被其他物质及高浓度的盐所干扰。

液膜萃取法至今仍是一种十分新的方法，有待进一步发展。

十五、固相微萃取

1. 原理

固相微萃取与固相萃取完全不同，它是用裸露的熔融石英光导纤维或其表面经有机固定相处理后作为固相吸附剂（类似色谱的固定相）。当它浸在样品溶液中时，溶液中的有机物经扩散被吸附在石英光导纤维表面或有机固定相内。吸附平衡后，将光导纤维转移到气相色谱入口处，经加热或其他方法使吸附物质脱附，随载气流入色谱柱进行分离与测定。在光导纤维表面被萃取组分吸附的量与原始样品中的浓度存在一定的线性关系。因此，从分析结果得到的光导纤维表面吸附量就能换算出被萃取物质在原始样品中的浓度。

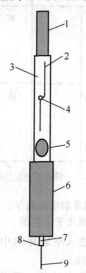

图 8-25　固相微萃取器
（手动）结构示意

1—管芯；2—Z 形槽；3—管套；
4—管芯定位螺丝；5—中部观察窗；
6—针头导向及深度调节器；7—插入密
封垫的针头；8—连接石英纤维针头；
9—涂 SPHE 的石英纤维

2. 操作流程

如图 8-25 所示为美国 Supelco 公司出产的固相微萃取装置结构示意。表面经处理（或裸露）的熔融石英光导纤维装在类似于微量注射器的针头内，针头起着导向和保护光导纤维不易折断的作用。当针头穿过样品瓶塞插进样品溶液中后，压下管芯，使光导纤维从针头露出浸入溶液，经过一定时间吸附平衡后，转动管芯使光导纤维自动弹回针头内，再将针头拉出，将已萃取了样品中被测物的固相微萃取器移至气相色谱进样口，针头插入进样口，并将管芯压下，使石英光导纤维暴露在高温气化室内，吸附在光导纤维表面的物质脱附气化，随载气进入色谱柱，分离与测定。

3. 吸附量（萃取率）

物质在涂有固定相（或裸露）的光导纤维表面的吸附量，取决于物质在样品溶液与涂渍的有机固定相两相间的分配系数（或取决于物质在样品溶液与裸露光导纤维表面两相间的吸附系数）。吸附分配系数越大，萃取率越高，方法的选择性及灵敏度越好。

提高被测物质萃取率的方法有以下两种。

（1）选择有机固定相及其组成，以提高被测物的分配系数，对光导纤维裸露表面进行物理或化学处理，改变表面结构与性能以提高被测物质的吸附系数，增加吸附量。有机固定相可以是液体或固体，不能与样品溶液互溶。极性固定相适用于萃取亲水性物质，如苯酚类化合物和水溶性农药。非极性固定相适用于萃取疏水性物质，如石油烃类、芳香族化合物等。

（2）增加固定相的厚度。固定相越厚，其总量越大，被萃取的化合物总量越多。但固定相厚度增加，使吸附过程达到平衡时间延长。为了加速平衡，在萃取过程中可采用超声波、机械震动、搅拌等方式加速分子平衡，缩短平衡时间。

4. 固相微萃取技术的应用

固相微萃取技术是从 20 世纪 80 年代末开始应用。美国 Supelco 公司生产手动的固相微萃取器及表面性质不同的各种光导纤维萃取头，自动固相微萃取器。自动固相微萃取器作为分析仪器的进样器，实现了在线联用。现已有与气相色谱、质谱、等离子原子发射光谱联用的仪器。

固相微萃取的特点是操作简便，不需要任何溶剂，设备小巧便宜，易于自动化，容易与其他分析仪器在线联用，近年来引起人们很大兴趣，发展很快。目前主要用于萃取水中痕量的有机物，也可用于萃取其他流体介质如有机溶剂、气体、超临界流体中的痕量物质，甚至固体中的挥发物质。在环境样品处理、临床分析、生命科学、工业生产流程的质量监控、有毒有害物质分离测定等都得到了应用。

十六、微波溶出法

微波溶出处理样品主要用于无机分析，参见第八章第三节。自 20 世纪 80 年代末期，已逐步地扩展到有机化合物的样品处理。

微波溶出由于设备简单、高效、快速，同时可处理多个样品，因而是一种很有发展前途的样品制备与前处理技术。

微波溶出法主要适用于固体或半固体样品。样品制备过程包括以下 4 个步骤。

(1) 粉碎　样品先加以粉碎以增大表面积，便于与溶剂分子接触，在微波能的作用下，加快溶质从样品基体中的溶出过程。

(2) 与溶剂混合　将粉碎后的样品与合适的溶剂混合。正确选择适当的溶剂是影响溶质回收率的关键因素之一。通常极性样品采用极性溶剂，如甲醇、水等；非极性的样品用非极性溶剂，如正己烷等。有时采用混合溶剂比单一溶剂可以得到更为理想的效果。

(3) 微波辐射　粉碎的样品与合适的溶剂充分混合后，放入微波炉的样品穴内进行微波照射。产生微波辐射的微波炉可以采用通常市场上的防爆微波炉。处理样品时使用的频率为 2.45GHz，与家用微波炉一样。每次处理时间不超过 30s。使用的功率以使溶剂不沸腾为佳。辐照后的样品需立即冷却，有时需用冰浴，视不同溶剂而定。冷却后的样品再次用微波辐照，这样反复多次，以提高溶质的回收率。

(4) 分离　辐射完毕后的样品溶液，需要离心分离出固相残渣，溶液经过滤后备用。

影响微波溶出萃取率的因素很多，如样品的种类、溶质含量、溶剂种类、基体的水含量、微波能量、辐射时间长短等。

微波技术用于土壤中的农药，处理种子、食品、饲料等样品，从中萃取各种有机物与生物活性物质。

微波萃取主要特点是快速与节能，有利于萃取热不稳定的物质，可以避免长时间的高温引起样品分解，有助于被萃取物质从样品基体上解吸，适用于快速处理大量样品。

十七、其他与萃取有关的分离方法

1. 萃取中第三相

第三相是指在萃取过程中出现第二有机相的现象。通常该相体积较小，可富集某些成分，因而有利于分离。例如用氯化甲基三丁基铵的己烷溶液自水相中萃取螯合物 Cr(Ⅲ)-EDTA 时，就形成第三相。该相位于上层己烷溶液与下层水相之间，呈紫色，富集了 98% 的铬，如用双-(安替匹林基) 甲烷或其同系物萃取，也易形成第三相。第三相的形成与该相中萃取的极性、密度有关。

2. 液体离子交换剂

分子量足够大的非聚合物的酸，有阳离子交换树脂的功能团，常用的是磷酸双-(2-乙己基) 酯，将其浸渍硅胶，则吸附铈(Ⅳ) 而与镧系三价离子分离。分子量足够大的碱，其功能团与阴离子交换树脂相似，常用的是长链仲胺如 N-十二碳烯基 (三烷基代甲基) 胺，其 15% 的庚烷溶液可从富含钙的溶液中萃取铅，由于钙干扰许多测定铅的方法，故这一分离较为有用。这些液态离子交换剂均难溶于水，通常本身是液体或易溶于有机溶剂是生物材料分析中的一类重要萃取剂，其作用机制不限于离子交换，选择性甚佳。

3. 泡沫浮选法

这是借用于选矿的一种分离技术。在水溶液中，当存在少量表面吸附物时通入气泡，则可实现痕量成分的浮选。例如，在阴离子表面活性剂十二烷基磺酸钠存在下，通入空气 2~5min，即可富集海水中痕量钼、铀，从而消除大量盐对它们测定的干扰。又如，在大量 (0.5~3g) 钙、镁、锌共存下，于数百毫升溶液中加入各种季铵盐型阳离子表面活性剂，使与铁(Ⅲ)、钴、铜的草酸、硫代硫酸根阴离子络合物缔合，通入氮气浮选，可分离自来水、各种地表水、尿中 10^{-9} 级的上述痕量成分。

4. 液固萃取

指室温为固态，而在较高温时为液态的萃取体系。例如，二甲基乙二肟和萘的混合物可在 90℃于不同 pH 下萃取钯 (pH=1.5~2.5)、镍 (pH=5.5~9.5)，从而使之分离。冷却熔块另行溶于三氯甲烷，螯合物稳定，选择性好。8-羟基喹啉单独或与其他熔剂联用，可分离富集铬(Ⅲ)、铜、铝、铋等。用萘、联苯可自 pH=5 的介质中萃取铜或镉的 PAN 螯合物，也是先加热熔融而后冷却分层。这类体系中有机相的熔融温度应在室温以上和 100℃以下，常用的固态熔剂有萘、联苯、8-羟基喹啉等。本法操作简单，加热熔融并萃取后，冷至室温，两相即定量分离，滗去水相，洗涤后，将有机相溶于合适溶剂，即可进行后续测定。

第八节 有机物元素的定量分析

一、碳、氢的测定

1. 原理

将有机样品放入装有催化剂的石英管内，催化剂一般是金属氧化物，样品在管内氧气流中经高温燃烧分解后，其中的碳定量地转化为二氧化碳，而氢则定量地转化为水，其他的元素则转化为相应的无机物。

$$\begin{matrix} 有机化合物 \\ (含C、H、O\cdots) \end{matrix} +O_2 \xrightarrow[高温燃烧]{催化剂} CO_2+H_2O+其他无机物$$

燃烧后的产物分别用吸收剂吸收，例如，用碱石棉吸收生成的二氧化碳，用无水高氯酸镁吸收生成的水，用适当的吸收剂除去其他元素生成的各种无机物。然后，用称重法得到生成的二氧化碳和水的质量，从而计算出碳和氢的百分含量。

由此可见，若要测定准确，关键要解决以下两个问题：其一是样品中的碳和氢能否完全定量地转化为二氧化碳和水；其二是生成的二氧化碳和水能否完全定量地被吸收。

(1) 样品的完全分解和定量转化 要使样品在燃烧过程中达到完全分解，单靠提高温度是不可取的，在燃烧过程中必须选用高效能的催化氧化剂才能促使样品有效地进行定量分解。目前广泛使用且效果良好的催化剂见表 8-40。其中又以高锰酸银热分解产物的使用最普遍。

表 8-40 燃烧法测定碳和氢常用的催化剂

名 称	特 性	备 注
氧化铜	为可逆氧化剂，不仅在氧气流中，而且在非氧或混有少量氧的惰性气体流中，也具有可逆性	经典的为细管状。如制成多孔状的大颗粒（10～20 目），具有很高的氧化效能
四氧化三钴	由氧化钴和三氧化二钴混合组成，为可逆氧化剂。在氧气流中，在较低的温度下就具有很强的催化氧化效能，能使甲烷在 345℃ 就定量氧化完全；工作温度以 600℃ 为宜；但有的在温度 850℃ 时，仍具有良好的氧化效能。工作寿命较长 对含氟、砷、磷、金属等特殊元素的有机化合物燃烧后生成的氧化物抗干扰能力较强	为目前碳、氢分析中广泛应用的一种高效催化氧化剂，但吸收卤素和硫的能力不如高锰酸银热分解产物
高锰酸银的热分解产物①	据化学分析和 X 射线衍射结构测定等方法研究，此热解产物在温度不超过 790℃ 时，组成为 Ag＋Mn＋O＝1＋1＋(2.6～2.7)(AgMnO₂)，其内部结构是金属银成原子状态均匀分散于二氧化锰，并处于晶格表面的缺陷中形成活性中心，因此对卤素和硫有很强的吸收能力，热分解产物中的二氧化锰在较低的氧化温度（500℃）下，就具有很高的催化氧化性能 特点：氧化温度太高（＞600℃）易分解，而在常用工作温度（500℃）下，对某些难分解的特殊试样（如硼氮六环、硅氧环、碳硫键的化合物）氧化不完全	不同的热分解方法所得的高锰酸银热分解产物的氧化性能有所差异 与此类似的金属氧化物有钒酸银、重铬酸银、钨酸银等

① 高锰酸银热解产物的制备

a. 高锰酸银的制备：溶解 48.5g 高锰酸钾（化学纯）于 1000mL 蒸馏水中，在水浴中加热使其全部溶解；另取硝酸银（化学纯）51g 溶于少量蒸馏水中，将此溶液倒入高锰酸钾溶液中，缓缓搅拌数分钟，继续加热至约 90℃ 时，取下，放置，析出的粗制高锰酸银结晶用砂芯漏斗过滤，以 400mL 蒸馏水洗涤，然后将此结晶溶于 1000mL 蒸馏水（90℃）中，溶解后立即用砂芯漏斗热过滤，将滤液放置，待结晶析出后过滤，洗数次，在 60～70℃ 烘 4h。

b. 热解产物的制备：将已干燥的高锰酸银 1～2g 放于试管内（注意不要太多，因热解后体积增加到原来的 3～4 倍），小火加热（试管必须倾斜 45°）分解，即得无定形黑灰色的细粒热解产物，将它在马弗炉内（500℃）加热 4h，或者放于燃烧管内在（500±50）℃ 的电炉内加热通氧气 4h，即可填入燃烧管使用。

(2) 燃烧产物的吸收 为使燃烧产物能被定量地吸收，关键在于选择较好的吸收剂，同时要排除其他产物的干扰。

① 吸收剂的选择　样品中的碳和氢经燃烧后生成二氧化碳和水，而这两者是分别用吸收剂加以吸收的。

a. 二氧化碳吸收剂　通常采用的是烧碱石棉。烧碱石棉是一种氢氧化钠与石棉共熔的熔融物，干燥后，将其粉碎成为 $2 \sim 3mm$ 的颗粒，装管。碱石棉与二氧化碳接触，即可使二氧化碳转变成碳酸钠而将其全部吸收。

$$2NaOH + CO_2 \longrightarrow Na_2CO_3 + H_2O$$

由于此反应有水生成，因此在吸收管内，除了填装碱石棉外，还应在碱石棉之后另加一层无水高氯酸镁以除去生成的水。

b. 吸水剂　常用的吸水剂有无水氯化钙、无水硫酸镁、硅胶、五氧化二磷和无水高氯酸镁，其中以无水高氯酸镁最常用。

② 干扰元素及其排除方法　除去干扰元素的某些吸收剂见表 8-41。

表 8-41　除去干扰元素的某些吸收剂

干扰元素	除去干扰的吸收剂及方法	备　注
卤素,硫	(1)银丝 600℃左右,卤素与银化合生成卤化银 硫在燃烧时生成三氧化硫,被银丝吸收生成硫酸银 (2)金属氧化物的银盐(高锰酸银热解产物,钨酸银,银加四氧化三钴) (3)氧化铈(CeO_2) (4)$Ag_2WO_4 + ZrO_2$	吸收效力不强,增长银丝层长度和增加表面积以提高其效力,或改用银丝,或将 Ag_2SO_4 和 AgX 吸收于石英粉层中
氮氧化物	(1)燃烧管内装填过氧化铅 $PbO_2 + 2NO_2 \longrightarrow Pb(NO_3)_2$ $3PbO_2 + 2NO \longrightarrow Pb(NO_3)_2 + 2PbO$ 最佳的工作温度为180℃ (2)二氧化锰 $MnO_2 + NO_2 \longrightarrow Mn(NO_3)_2$ a. 将二氧化锰 50g 加入 500mL 5% 硫酸溶液内搅拌 30min 水解,用蒸馏水冲洗,用砂芯漏斗过滤后,用蒸馏水洗至中性为止,然后压干成薄片,在 80℃ 炉内干燥,研碎,取 10~14(筛)目,贮于棕色瓶内,使用时将二氧化锰装在 U 形管中,在热的氧气流中通气 4h 即可使用 b. 取无水硫酸锰 30g 研磨成极细粉末,溶于 28mL 蒸馏水中,迅速混合制成浆状,在冷却的情况下,加入 93% 硫酸 135g,不断地搅拌,使温度降至 50℃,此时缓慢地加入粉状高锰酸钾 30g(在 4~5min 内完),溶液温度不能高于 75℃,10min 后温度降至 60℃ 以下,将混合物以细流缓慢注入 5mL 蒸馏水中,充分搅拌,放置,以倾注法洗至无硫酸根离子反应 (3)重铬酸钾-浓硫酸 取石英砂用 HCl(1+1) 浸洗 1h 后用水洗净,于 120℃ 烘 4h 作为担体,另将 0.4g 重铬酸钾分批加入 10mL 热浓硫酸溶液,用约 4g 铬酸液逐滴黏附于 40g 石英砂载体上 (4)金属铜,保持 550℃ $2Cu + NO \longrightarrow Cu_2O + \frac{1}{2}N_2$ $2Cu + NO_2 \longrightarrow 2Cu_2O + \frac{1}{2}N_2$ (5)$Ag_2WO_4 + ZrO_2$ (6)在催化层中装一层 Cr_2O_3 (7)分两步分解:第一步在氮气流下静态热解;第二步在氧气流下动态氧化,这样氮的氧化物自动还原成 N_2	吸收容量大,其中尤以沉淀态的过氧化铅吸收效能最高;由于它要吸附二氧化碳和水,故在正式分析试样之前不需称重试样,进行燃烧冲洗,使其达平衡 (1)为了保持二氧化锰表面的活性羟基,在制备中干燥温度必须在 80℃ 以下,使用前在铂舟中滴一小滴水,放入燃烧管,在不接入吸收管的情况下,通氧气活化 (2)二氧化锰吸收反应中放出水,此外其表面的水分也易被干燥气流冲出,故在二氧化锰层后加一段高氯酸镁,使水分不致进入二氧化锰吸收管 优点:吸附剂为橙黄色,吸收氮氧化物后渐变为绿色,可指示使用期限 缺点:吸收容量较小 金属铜也要与氧气作用,故只适用于含少量助燃烧氧气的惰性气流中;适用于碳、氢、氮同时测定

干扰元素	除去干扰的吸收剂及方法	备　注
氟化物	(1)四氧化三铅附着在多孔性沸石上 （质量比为 Pb_3O_4：沸石＝3：1） 　市售沸石经球磨后，取 0.5mm 粒度的沸石，用盐酸浸泡3h，取出后用蒸馏水清洗，直至洗出液中无氯离子为止；在120℃烘箱内干燥使水分完全蒸发后移入 800℃高温炉内灼烧 2h，冷却后保存于磨口瓶中。 　另取一定量的 Pb_3O_4 倒入 90～100℃蒸馏水中清洗，趁热用 4 号砂芯漏斗过滤，抽干后，移到玻璃蒸发皿中，在 120℃烘箱内干燥 1～2h，将上述沸石先用蒸馏水均匀喷雾润湿后，与此 Pb_3O_4 混合，充分搅拌混合，然后在 100℃左右的烘箱中烘干后即可使用 (2)氟化钠加银丝网 　将分析纯 NaF 加少量蒸馏水调成膏状，在玻璃板上抹成薄层，于 110℃加热干燥，捣碎后取 10～14(筛)目备用。此氟化钠在 260～280℃能定量吸收 SiF_4： $$2NaF+SiF_4 \Longleftrightarrow Na_2SiF_6$$ 银丝用以吸收氟化氢（生成氟化银） (3)四氧化三铅 550～600℃，用来吸收 HF $$2Pb_3O_4 \longrightarrow 6PbO+O_2$$ $$2Pb_3O_4+6H_2F_2 \longrightarrow 6PbF_2+6H_2O+O_2$$ $$2PbO+H_2F_2 \longrightarrow PbF_2+H_2O$$ (4)氧化镁 高温(800℃)下吸收氟 $$H_2F_2+MgO \longrightarrow MgF_2+H_2O$$ $$CF_4+2MgO \longrightarrow 2MgF_2+CO_2$$ (5)催化层中装一层氧化钍（单独用氧化钍，或与硅酸混合）	易腐蚀石英管，需另用一个电炉保持温度 可与高锰酸银法联用（$AgMnO_2/Pb_3O_4$＋浮石/Ag），也可用于碳、氢、氟的同时测定 (1)常与 CuO、Co_3O_4、Pb 联用。可用来进行碳、氢、氟的同时测定 (2)氧化镁在高温灼烧后体积收缩和碎成粉末，阻滞气流的畅通，用 Ag_2WO_4 与 MgO 一起制成颗粒进行克服
碱金属和碱土金属	试样上覆盖少量氧化剂，如 $K_2Cr_2O_7$、V_2O_5、$K_2S_2O_8$ 或加 6～8 倍量的 WO_3	
砷锑	(1)四氧化三铅加高锰酸银热解产物 (2)用四氧化三钴做催化剂，燃烧管内充填银丝和试样，其上覆盖三氧化钨 (3)$Ag_2WO_4+ZrO_2$ (4)燃烧产物吸收于 MgO-CuO 层（含 Sb 化合物加热至200℃，含 As 化合物加热至 25～30℃）	
镉、锌、钛钕、钼、钒	用四氧化三钴做催化剂，燃烧管内充填银丝和试样，其上覆盖 WO_3	
汞	(1)燃烧管内填充金丝(200℃左右) (2)用高锰酸银热解产物	(2)法可用来同时测定碳、氧、汞
磷	(1)在高温空管法中用石英砂或石棉填塞于小套管中吸收 P_2O_5 和进行碳、氢、磷同时测定 (2)用高锰酸银热解产物做氧化填充剂，并以银丝团代替石棉塞 (3)用一个两端开口的石英套管，其中一端装填有用铂网包裹的 $V_2O_5+WO_3$，试样小舟置于其中燃烧，生成的 P_2O_5 可被装填物吸收 (4)$Ag_2WO_4+ZrO_2$	
硅	采用较低温度(低于 800℃)以防止生成 SiC；为防止生成 SiO_2 微尘，可用下列方法 (1)试样上覆盖一层 WO_3 或 $MnO_2+Cr_2O_3+WO_3$ (2)在高温空管热分解法中将 Cr_2O_3 装于小套管内，以吸收 SiO_2	

续表

干扰元素	除去干扰的吸收剂及方法	备 注
硼	试样上覆盖氧化剂以帮助试样灼烧分解和促使 C—B 键断裂[如 WO$_3$ 或 V$_2$O$_5$ 和 K$_2$Cr$_2$O$_7$(1+1)混合物]	
硒	(1)用 CuO+MgO 做氧化填充剂,硒与 CuO、MgO 作用生成 Mg$_2$Se 和 Cu$_2$Se 而被吸留 (2)试样热解:在铂坩埚中 950℃时热解氧化,将燃烧气体通过一层热的涂有银的浮石(去 Se 和卤素)	

2. 仪器及试剂

① 仪器装置 经典的燃烧分解测定碳和氢的装置,如图 8-26 所示是以高锰酸银热解产物做催化剂的装置,主要由燃烧管和一系列吸收管组成。根据所采用的催化剂不同,在装置的具体细节上也各有差异。

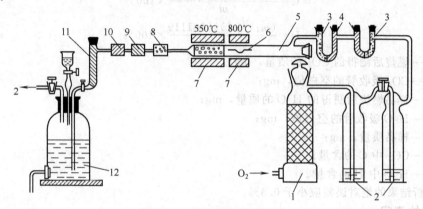

图 8-26 微量碳氢测定装置

1—干燥塔;2—缓冲瓶;3—无水高氯酸镁管;4—烧碱石棉管;5—燃烧管;6—石英舟;7—加热电炉;
8—水吸收管;9—氮氧化物吸收管;10—CO$_2$ 吸收管;11—防护管;12—吸气装置

② 石棉 工业石棉。

③ 无水高氯酸镁 分析试剂,用 60 目筛去除粉末。

④ 烧碱石棉 将 60g 氢氧化钠置于一个银质器皿中,加上 2~3 滴水,经熔融后,分若干次将 9g 工业石棉加入其中,边搅拌边加热,使烧碱石棉呈熔融态。将此熔融物迅速倒在一块铁板上,制成薄层,冷却,干燥后在研钵中将其研成 2~3mm 的颗粒,颗粒呈黄色。于干燥器中干燥后保存在密闭容器中,备用。

⑤ 高锰酸银热解产物 制备方法见表 8-40。

⑥ 二氧化锰 取 50g 工业二氧化锰,加到 500mL 5% 硫酸溶液中,搅拌 30min,将酸液倾出,用去离子水冲洗,用玻璃砂芯漏斗过滤,用热去离子水洗至中性。倒出压成薄层,放入 150℃烘箱内干燥。待干燥后取出研碎,筛取 10~14 目的细粒,备用。

3. 测定步骤

(1) 燃烧管的灼烧 按图 8-26 所示,将整套仪器装置好,暂不接 8、9、10 三个吸收管,将防护管 11 直接与燃烧管末端相连。连接完毕后,通入氧气,用氧气表精细调节氧气流速,并使吸气瓶下口流出水的体积控制在 8~12mL/min。打开电炉,将用于催化剂加热的电炉温度控制在 500℃±50℃,用于分解样品的电炉温度控制在 700~800℃,并移动分解样品用的电炉,灼烧石英管的各个部分,使其在不加样品的情况下空烧 2h,整个仪器系统在氧气流下达到平衡。

(2) 测定空白值 按图 8-26 所示的顺序连接好 8、9、10 三个吸收管,继续通氧加热 0.5h,然后取下吸收管,先用润湿的纱布擦拭二氧化碳和水的吸收管表面,再用麂皮擦一遍,将其放在金属支架上,移至天平处,放置 5min 后,称重,记录下称重值。再将 8、9、10 三个吸收管重新依次连接到仪器的系统内,如前所述继续通氧,加热 0.5h 后取下,重复上述操作,再次称重,记录。两次称重的质量之差即为空白值。对水吸收管要求其空白值应约在 0.1mg 以内。对二氧化碳吸收管要求其空白值约在 0.05mg 以内。

（3）称样　在测定空白值时，就可开始称量样品。准确称量 3～10mg 样品，若是固体或是不挥发的液体样品，可直接放入铂舟或石英舟中称样；若是易挥发的液体样品，可用毛细管吸取样品后称重，再将带样毛细管放在铂舟或石英舟中，开口端方向与气流方向相反。

（4）样品测定　将测定完空白值的吸收管依次连接好，固定在仪器系统中。将准确称重的样品连同小舟放入石英燃烧管中，小舟与催化剂之间的距离为 3～5cm，同时开始计时。将分解样品用的电炉由燃烧管进口处慢慢移到样品处，并使之与加热催化剂用的电炉靠拢。为防止燃烧生成的水停留在吸水管的进口处，可用酒精灯小火微微加热此处。从吸收管连接到装置系统算起，30min 后即取下吸收管，按前述测空白值的方法，经擦拭，放置 5min 后称重。

（5）计算　样品中碳和氢的含量按下式计算。

$$C = \frac{(m_2 - m_1) \times 0.2727}{m} \times 100\% \tag{8-12}$$

$$H = \frac{(m_4 - m_3) \times 0.1119}{m} \times 100\% \tag{8-13}$$

式中　　m_2——燃烧后测得的 CO_2 的质量，mg；

　　　　m_1——CO_2 吸收管的空白值，mg；

　　　　m_4——样品燃烧后测得的 H_2O 的质量，mg；

　　　　m_3——H_2O 吸收管的空白值，mg；

　　　　m——样品质量，mg；

　　0.2727——CO_2 中 C 的含量；

　　0.1119——H_2O 中 H 的含量。

此法分析结果的绝对误差应小于 0.3%。

二、氧的测定

"减差法"是在测定试样中其他元素的百分含量后，用 100 减去其他元素百分含量的总和，得到的差数就是氧的百分含量。很明显，此法有很大的缺点，如果测定其他元素的含量时发生较大的误差时，必然使氧的含量也发生很大的误差。

直接测定氧的方法依其所用原理不同，可分为三类。

1. 氧化法

将试样在一定量的氧气中燃烧，燃烧完毕后测量剩余氧气的量并称燃烧产物的质量，从而计算试样中氧的百分含量；同时也可计算出碳和氢的含量。

本法对于含卤素的试样也适用，但分析结果的误差较大，对于含硫和含氮试样，由于在燃烧后硫和氮分别产生二氧化硫、三氧化硫以及二氧化氮和氮气，消耗氧气，故不能用此法测定。

2. 催化氧化法

在燃烧管中充填活性物质（例如石棉）和催化剂。试样在充足的氢气流下燃烧，其中的氧完全变成水，同时有一氧化碳和二氧化碳及简单的烃等生成，然后碳的氧化物通过热的催化剂进行氢化作用。吸收装置包括两部分：一个是吸水的吸收管；另一个是吸收没有被还原的 CO_2，从两个吸收管增加的质量计算试样中氧的含量。

此法的缺点是氢化反应往往不能进行得很完全，测定含卤素或硫的试样中的含氧量有一定的困难。

3. 碳化还原法

碳化还原法所用的装置比较简单，操作也方便，目前应用较普遍。

碳化还原法是将有机含氧化合物置于高温的惰性气流中进行热分解，分解的产物在通过高温铂-炭层之后，其中的氧全部定量地转化为一氧化碳，在除去干扰物后，用五氧化二碘将一氧化碳氧化为二氧化碳，并定量地释放出碘。最后，可用适当的吸收剂将生成的二氧化碳或碘吸收，进行重量法测定，或用硫化硫酸钠标准溶液滴定所生成的碘（碘量法）以求出氧的含量。其反应式如下：

$$有机含氧化合物 \xrightarrow[900℃]{Pt-C} CO$$

$$5CO + I_2O_5 === 5CO_2 + I_2$$

容量法：

$$5Br_2 + I_2 + 12KOH === 10KBr + 2KIO_3 + 6H_2O$$

$$KIO_3 + 5KI + 3H_2SO_4 === 3K_2SO_4 + 3I_2' + 3H_2O$$

$$2Na_2S_2O_3 + I_2' === Na_2S_4O_6 + 2NaI$$

式中，I_2' 是转移过程中的碘，以表示与吸收管中的碘相区别。

重量法：将生成的二氧化碳和碘吸收后，称重。此外，也可以将热分解催化还原得到的一氧化碳与氧化铜反应，转化为二氧化碳，经吸收管吸收后，称重。

$$CO + CuO \xrightarrow{300℃} Cu + CO_2$$

碳化还原法大致可分为载气净化、样品分解还原、干扰产物的除去和还原产物的测定四个步骤。

分解样品时所用的载气是惰性气体，通常使用的是氮气，也可以用氩气或氦气。为除去载气中的少量氧，可用还原铜、还原镍、氯化亚铜氨溶液进行预处理。

有机氧测定中的干扰物，主要有卤化氢、硫化氢、氰化氢、氧硫化碳（COS）、二硫化碳和氨等杂质，还原过程中还有少量氢生成。对于过程中生成的酸性气体，如 HX、H_2S、HCN 等，可用碱石棉吸收除去；中性含硫干扰物，如 COS、CS_2 等，则可在铂-炭层之后加一层还原铜，在 900℃时除去干扰物，效果良好；

$$2Cu + COS \longrightarrow Cu_2S + CO$$

$$4Cu + CS_2 \longrightarrow 2Cu_2S + C$$

$$2Cu + H_2S \longrightarrow Cu_2S + H_2$$

对于氨，可用硅胶-硫酸除去；而氢则可用钯套管除去。

碳化还原法测定氧的样品分解装置，类似于碳氢分析用的燃烧分解装置，而碘量法所用的碘吸收装置，如图 8-27 所示。

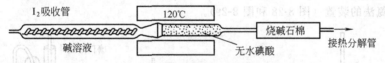

图 8-27　碘量法测氧的碘吸收示意

由上述容量法的反应式可知，碘量法测定有机化合物中含氧量的计算公式为：

$$O = \frac{(V - V_0)c(Na_2S_2O_3) \times 6.67}{m} \times 100\% \tag{8-14}$$

式中　　V——滴定样品时消耗 $Na_2S_2O_3$ 标准溶液的体积，mL；

　　　　V_0——滴定空白时消耗 $Na_2S_2O_3$ 标准溶液的体积，mL；

$c(Na_2S_2O_3)$——$Na_2S_2O_3$ 标准溶液的浓度，mol/L；

　　　　m——样品的质量，mg；

　6.67——1mmol $Na_2S_2O_3$ 相当于氧的质量，mg。

三、氮的测定

1. 杜马（Dumas）法

杜马法是使有机化合物在氧化铜的催化作用下，在二氧化碳气流中燃烧生成氮气。借二氧化碳气流将生成的气体赶至气体量筒中，用 50％氢氧化钾溶液将生成的全部酸性气体溶解吸收，再根据不溶于氢氧化钾溶液的氮气的体积计算出氮在有机化合物中的含量。燃烧时，可能有一部分氮转变成为氮的氧化物，需借金属铜将它们还原成为氮气，反应中可能产生的氧气（例如由 CO_2、H_2O、N_2O 等气体分解产生）也可借金属铜来吸收除去。

杜马法较为成熟，适用于分析大多数有机含氮化合物，只是对于某些含氮杂环化合物，如嘌呤、嘧啶等不适用。这种方法的缺点是仪器装置和碳氢分析仪一样较为复杂。

2. 接触氢化法

将试样和镍催化剂放在一起，在氢气流下加热，使碳转变成甲烷，氢转变成水，氮转变成氨气。为了使反应完全，需要把反应产物通过加热到250℃的充填有石棉和镍催化剂的石英管；然后用标准的酸溶液吸收生成的氨气，再进行滴定。

此法对氨基酸及加热时产生碳的化合物不能获得好结果。

3. Kjeldahl 法（简称凯氏定氮法）

（1）原理　有机含氮化合物用浓硫酸消煮分解成为无机的氮化合物，其反应式如下：

$$有机含氮化合物 \xrightarrow[\text{加热煮解}]{\text{浓 } H_2SO_4，催化剂} (NH_4)_2SO_4$$

消煮分解完全后，用氢氧化钠溶液中和至碱性。用水蒸气蒸馏将释放出的氨蒸出，用硼酸溶液吸收氨，而后用标准盐酸溶液滴定。除了用硼酸吸收氨外，也可以使用标准盐酸溶液，但需用标准氢氧化钠溶液进行回滴。

$$(NH_4)_2SO_4 + 2NaOH \longrightarrow Na_2SO_4 + 2NH_3 + 2H_2O$$

$$NH_3 + H_3BO_3 \longrightarrow (NH_4)H_2BO_3$$

$$(NH_4)H_2BO_3 + HCl \longrightarrow NH_4Cl + H_3BO_3$$

在消煮分解的过程中，为了加速样品的分解，通常采用两种措施：一种是在硫酸中加入少量硫酸钾以提高反应温度；另一种是加催化剂如硒粉、氯化汞、硫酸汞、硫酸铜或过氧化氢等。催化剂可以单独使用或将两种催化剂混合使用。若用汞盐做催化剂，消煮后易生成不挥发的硫酸汞铵 $[Hg(NH_3)_2SO_4]$，需加入硫化钠或硫代硫酸钠使其分解，将汞沉淀出，过量的试剂可加饱和硫酸铜溶液除去，以免蒸馏出挥发性的硫化物而影响滴定终点的观察。

凯氏定氮法的优点是仪器简单、操作简便，尤其适合于测定各种氨基酸、蛋白质类化合物中的氮。缺点是，它不能使硝基、亚硝基化合物、偶氮化合物、肼或腙等含氮化合物中的氮定量地转化为硫酸铵，应先将其还原为相应的胺，再进行消煮分解测定氮。

目前广泛采用此法测定氮。

（2）仪器及试剂

① 凯氏定氮法的装置（图 8-28 和图 8-29）。

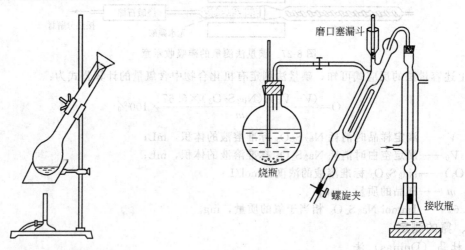

图 8-28　煮解装置　　　　　　　　图 8-29　半微量定氮水蒸气蒸馏装置

② 浓 H_2SO_4（分析纯）。

③ 催化剂（$K_2SO_4 + CuSO_4 \cdot 5H_2O = 1+3$）。

④ 40% NaOH。

⑤ 饱和硼酸溶液。

⑥ 0.025mol/L HCl：2mL 浓 HCl 溶解在 1000mL 去离子水中，混合均匀后，用无水碳酸钠加以标定。

⑦ 混合指示剂：取 10mL 0.1％的溴甲酚绿乙醇溶液，加入 4mL 0.1％的甲基红乙醇溶液，摇匀，备用。

（3）操作步骤

① 煮解　准确称量 10～12mg 样品于一个洁净干燥的克氏烧瓶中。注意，勿使样品黏附在瓶颈内壁上，加入 500mg 催化剂和 2mL 浓 H_2SO_4，混合均匀后，在通风橱内按图 8-28 装好装置进行煮解。用小火加热使瓶内反应物呈微沸状，开始反应液呈黑色，逐渐呈草黄色，最后呈蓝绿色到无色。在加热 30min 后，如反应液仍呈深色，可冷却之，再加入 3～4 滴 30％过氧化氢溶液，待反应液呈无色后继续加热 30min 以确保反应完全，将其冷却，加入 3mL 去离子水。

② 水蒸气蒸馏　按图 8-29 将仪器安装好。在 500mL 圆底烧瓶内装有 1/2～2/3 体积的去离子水和几颗沸石。接收瓶为 150mL 锥形瓶，内装有 10mL 饱和硼酸溶液和 4 滴混合指示剂。通冷却水的冷凝器下端应浸入硼酸溶液。将煮解完毕经冷却的反应液由漏斗倒入蒸馏瓶，用每次 1～2mL 洗瓶中的去离子水淋洗煮解瓶两次，淋洗液并入蒸馏瓶。将漏斗加盖磨口塞。打开螺旋夹使之与大气相通。此时可加热烧瓶，当瓶中的水沸腾后即关闭螺旋夹。量取 10mL 40％ NaOH，加在漏斗中，再慢慢地提起漏斗上的磨口塞使之缓慢地流入蒸馏瓶中，切勿将磨口塞完全打开，以免水汽冲出。当碱液接近流完时，立即塞紧磨口塞。当接收瓶中的吸收液由红变蓝时，再继续蒸馏 4min 后放低锥形瓶，使瓶中液面脱离冷凝器管口，接着蒸馏 2min 才停止蒸馏，取出蒸馏瓶备用。

③ 滴定　用浓度约为 0.025mol/L HCl 标准溶液滴定接收瓶中的吸收液至溶液近乎无色，再滴一滴，呈粉红色即为终点。

④ 空白值测定　在与以上同样的条件下做空白试验，测得的值即为空白值。

（4）计算

$$N=\frac{(V-V_0)c(HCl)\times14.01}{m}\times100\%　　　　(8-15)$$

式中　V——样品所耗 HCl 标准溶液的体积，mL；

　　　V_0——空白试验所耗 HCl 标准溶液的体积，mL；

　$c(HCl)$——HCl 标准溶液的浓度，mol/L；

　　　m——样品的质量，mg。

（5）注意事项

① 对于硝基、亚硝基、偶氮化合物等，在进行煮解前，必须先将其还原。如果使用 10～12mg 样品，先加少许红磷和 2mL 氢碘酸于煮解瓶中，以小火加热，微沸 45min。稍冷后加入 15mL 去离子水，振摇均匀，并加入 1mL 浓 H_2SO_4，用较强火焰加热煮沸 45min 以驱除碘。待冷却后，按前所述的操作步骤煮解样品，测定其含氮量。

② 对于腈类样品，可直接将样品与 NaOH 溶液反应，生成的氨用饱和硼酸溶液吸收，测定氮。
$$RCN+NaOH+H_2O\longrightarrow RCOONa+NH_3\uparrow$$
因此，腈类样品可以不必用硫酸煮解来测定其含氮量。

③ 对于挥发性液体样品，应先将样品吸入毛细管或专供测挥发样品称量用的特制薄壁带毛细管吸口的玻璃球泡中称重，称重后放入煮解瓶，用玻璃棒将其压碎，用数滴浓 H_2SO_4 淋洗玻璃棒于煮解瓶中，按前述方法煮解测定。

四、卤素的测定

测定有机物中的卤素有很多方法。仅以分解样品的方法来分，就有燃烧分解法、过氧化钠熔融法、卡里乌斯（Carius）法、金属钠还原法及氧瓶燃烧法等。应用最广和发展最快的是氧瓶燃烧法。

1. 氧瓶燃烧法

氧瓶燃烧法是将包在滤纸中的样品放入充满氧气的燃烧瓶（简称氧瓶）中，充分燃烧分解。分解产物被已在氧瓶中的一定量吸收液吸收，然后再根据卤离子种类不同，采用适当的滴定剂进行容量分析。

（1）仪器

① 充氧燃烧瓶　一般采用 250mL 或 300mL 碘量瓶或带磨口塞的锥形瓶。在磨口塞的底部熔接一段玻璃柱，柱上再熔接一根下端带钩状、螺旋状或网状的铂丝，如图 8-30 所示。在不干扰测定的情况下，也可采用镍丝或不锈钢丝代替铂丝。

② 包样滤纸　燃烧样品用的包样滤纸应该使用无灰定量滤纸，其大小形状如图 8-31 所示。使用时按图示尺寸从滤纸上剪下，备用。包样滤纸适合于固体样品。

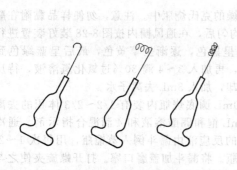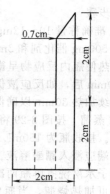

图 8-30　带铂燃烧丝的磨口塞　　　　图 8-31　包样滤纸形状及其大小

③ 包样胶纸袋　液体样品通常都包装在一种用工业制图胶纸制成的小袋中，这种胶纸袋是先将胶纸剪成 2cm 长一段，中间按图 8-32(a) 那样贴上一条无灰定量滤纸。用镊子先将其弯成图 8-32(b) 那样一个圆筒，然后夹住一端使其黏结封口，就成了一个如图 8-32(c) 那样的开口小袋。称样前，先称重小袋，用毛细管将样品装入小袋中，再如图 8-32(d) 所示将另一端口黏结住，称重，两次质量之差即为样品的质量。将称重好的小袋包在按图 8-31 所示剪好的滤纸中。包样方法如图 8-33 所示。

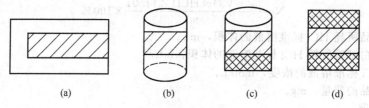

图 8-32　胶纸袋的制作

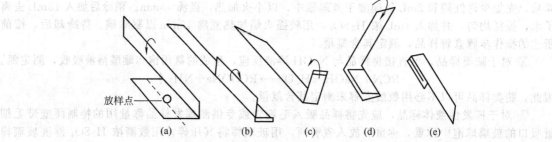

放样点——(a)　　　(b)　　　(c)　　　(d)　　　(e)

图 8-33　样品放在包样滤纸中的包折法

（2）操作步骤

① 包样和称重　上面已详述。

② 氧瓶燃烧　氧瓶燃烧装置如图 8-34 所示。将折好的带样滤纸包挂装在铂丝钩或圈中，或装入铂网中，滤纸的尖头朝下供点火用。燃烧瓶中预先加入一定量的吸收液，吸收液视待测卤素而定，一般为稀 NaOH 溶液。然后将连在氧气钢瓶上的橡皮管伸进燃烧瓶中接近吸收液的液面处，打开氧气阀，边通氧边慢慢地将橡皮管往上提，约 1min 即可使燃烧瓶充满氧气。此时，即刻点燃包样滤纸的尖端纸头，拔出氧气管，迅速将带有燃着纸头的铂丝磨口塞塞入燃烧瓶，并用力按紧磨口塞。注意，在燃烧刚开始时，瓶内压力会骤然加大，此时一定要按紧瓶塞以防止瓶内气体冲出。点燃的滤纸在氧瓶内燃烧时，温度骤升使铂丝呈白炽状，样品随之在氧气中燃烧分解。待滤纸和样品完全燃烧后，分解产物被吸收液吸收，瓶内的压力随之降低，瓶塞即自动被吸紧。燃烧分解只需

几秒钟可完全，若发现吸收液中有残渣掉入，则说明样品未被分解完全，必须重做燃烧试验。为了安全起见，操作者应戴防护眼镜和橡皮手套，最好在防护箱中进行操作。

③ 吸收　待样品燃烧完后，将燃烧瓶剧烈振摇 5min，使分解产物尽快被吸收液吸收。放置 30min，在这段时间不时加以振摇，直到瓶中白烟完全消失为止。然后在燃烧瓶塞的槽沟处滴加数滴去离子水，由于瓶内压力小，故滴在槽中的水易被吸入，在 1～2min 后，瓶塞便可轻易地打开。用少量去离子水冲淋瓶塞和铂丝入瓶中，吸收液备测定用。

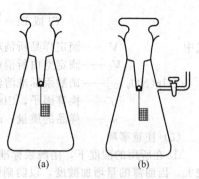

图 8-34　两种氧燃烧瓶

2. 氯、溴的测定

(1) 原理　有机含氯或溴的化合物经氧瓶燃烧后，分解为氯离子或溴。用稀 H_2O_2 和 KOH 水溶液做吸收液。在 pH＝3.5 的溶液中，以二苯基卡巴腙做指示剂，用硝酸汞标准溶液滴定至紫红色终点，由消耗的硝酸汞标准溶液计算出有机化合物中氯或溴的含量。反应式如下：

$$有机氯化合物 \xrightarrow[\text{燃烧}]{O_2} HCl + CO_2 + H_2O$$

$$有机溴化合物 \xrightarrow[\text{燃烧}]{O_2} Br_2 + CO_2 + H_2O$$

溴需在 H_2O_2 和 KOH 的混合液中才能转化为溴离子。

$$Br_2 + 2KOH + H_2O_2 \longrightarrow 2KBr + 2H_2O + O_2$$

生成的氯离子或溴离子用硝酸汞滴定，反应如下：

$$2Cl^- + Hg(NO_3)_2 \longrightarrow HgCl_2 + 2NO_3^-$$

$$2Br^- + Hg(NO_3)_2 \longrightarrow HgBr_2 + 2NO_3^-$$

到达终点时，过量的汞离子与二苯基卡巴腙指示剂能生成紫红色的络合物。

(2) 仪器及试剂

① 10mL 微量滴定管。

② 250mL 氧燃烧瓶。

③ 95%乙醇（分析纯）。

④ 6% H_2O_2 水溶液。

⑤ 0.5%二苯基卡巴腙乙醇溶液。

⑥ 0.03%溴酚蓝乙醇溶液。

⑦ 氯化钠基准试剂。

⑧ 0.5mol/L KOH 溶液。

⑨ 0.5mol/L 和 0.05mol/L HNO_3 溶液。

⑩ $c[1/2Hg(NO_3)_2]＝0.01mol/L$ 硝酸汞标准溶液：准确称取 1.75g 硝酸汞[$Hg(NO_3)_2 \cdot H_2O$] 保证试剂，溶解在 25mL 去离子水中，加 0.25mL 浓 HNO_3，然后稀释至 1000mL，放置 24h 后进行标定。精确称取 3mg 左右的基准氯化钠于 150mL 锥形瓶中，加 5mL 去离子水使之溶解，再加入 20mL 95%乙醇和 3 滴溴酚蓝。用 0.5mol/L HNO_3 溶液中和到溶液由蓝变黄色，然后再加入 0.05mol/L HNO_3 溶液 1.5mL 和 7～10 滴二苯基卡巴腙指示剂，最后以 0.01mol/L 硝酸汞标准溶液滴定至紫红色为终点。

(3) 操作步骤　准确称取 10～15mg 样品，以 2mL 0.5mol/L KOH 溶液和 10mL 6% H_2O_2 溶液为吸收剂，按氧瓶燃烧法进行样品分解。将燃烧分解完的吸收液煮沸，以破坏多余的 H_2O_2，并将溶液浓缩到约为 5mL。冷却后，加入 20mL 95%乙醇，3 滴溴酚蓝指示剂，用 0.5mol/L HNO_3 溶液中和至溶液由蓝变黄，加入 1.5mL 0.05mol/L HNO_3 溶液和 7～10 滴二苯基卡巴腙指示剂，最后用硝酸汞标准溶液滴定到紫红色为终点。并做空白试验。

(4) 计算

$$\text{Cl 或 Br} = \frac{(V-V_0)c[1/2\text{Hg}(\text{NO}_3)_2]f}{m} \times 100\% \tag{8-16}$$

式中　　　　　V——滴定样品所消耗硝酸汞标准溶液的体积，mL；

　　　　　　　V_0——滴定空白所消耗硝酸汞标准溶液的体积，mL；

$c[1/2\text{Hg}(\text{NO}_3)_2]$——硝酸汞标准溶液的浓度，mol/L；

　　　　　　　f——换算因子，Cl=35.46，Br=79.92；

　　　　　　　m——样品的质量，mg。

（5）注意事项

① 在所用的酸度下，硝酸汞标准溶液的浓度在一个月内稳定不变。若室温高于 35℃，则变化较大，因而需酌量增加酸度，以防硝酸汞分解。

② 样品中若含有氟、硫或磷时，对本测定无干扰。有机金属卤化物不宜用本法测定。

③ 在乙醇介质中滴定可使终点更加明显。

3. 氟的测定

（1）原理　有机氟化物经氧瓶燃烧分解后转变为氟离子被吸收液吸收。在 pH=3.25～3.30 的缓冲溶液中，以硝酸钍标准溶液为滴定剂，用茜素红做指示剂，滴定到呈显微红色即为终点。反应式如下：

$$\text{有机氟化物} \xrightarrow[\text{燃烧}]{\text{O}_2} \xrightarrow[\text{吸收}]{\text{H}_2\text{O}} \text{HF}$$

（2）仪器及试剂

① 250mL 氧燃烧瓶。

② 酸度计。

③ 电磁搅拌器。

④ 10mL 微量滴定管。

⑤ 茜素红指示剂：0.04% 茜素红 S 的水溶液。

⑥ 缓冲溶液：1 份浓度为 2mol/L 的 NaOH 溶液和 4 份浓度为 2mol/L 的 HCOOH 溶液混合，用酸度计调节到 pH=3.25～3.30。

⑦ $c[1/4\text{Th}(\text{NO}_3)_4]=0.02\text{mol/L}$ 的硝酸钍标准溶液：称取 2.76g 硝酸钍 [Th(NO$_3$)$_4$·4H$_2$O] 溶解在 1L 浓度为 0.001mol/L HNO$_3$ 溶液中，摇匀，进行标定。标定方法如下：准确称取有机氟标准样品 5mg。标准样品一般采用三氟乙烯苯胺或三氟甲基苯甲酸，含氟量相当于 1.5mg。用氧瓶燃烧法分解样品，以 10mL 去离子水为吸收液。待燃烧完毕后，用 20mL 去离子水将瓶塞、铂丝和瓶壁上沾有的吸收液冲入氧瓶。加入 2mL 缓冲溶液和 0.5mL 0.04% 茜素红 S 指示剂，用上述配制得的硝酸钍标准溶液为滴定剂，在电磁搅拌器搅拌下，以每分钟 0.5mL 的流速滴定。当溶液由黄绿色变为微红色即为终点。重复以上操作三次，其相对平均偏差≤0.5%。

$$c[1/4\text{Th}(\text{NO}_3)_4] = \frac{m \times F\%}{V \times 19} \tag{8-17}$$

式中　$c[1/4\text{Th}(\text{NO}_3)_4]$——硝酸钍标准溶液的浓度，mol/L；

　　　　　　　m——标准样品的质量，mg；

　　　　　　　F——标准样品中氟的百分含量，%；

　　　　　　　V——滴定标准样品所耗硝酸钍标准溶液的体积，mL。

（3）操作步骤　准确称取含氟样品 1～2mg，按上述标定硝酸钍标准溶液的操作步骤测定样品，同时做空白试验。

（4）计算

$$F(\%) = \frac{(V-V_0)c[1/4\text{Th}(\text{NO}_3)_4] \times 19}{m} \times 100\% \tag{8-18}$$

式中　　　V——滴定样品所消耗硝酸钍标准溶液的体积，mL；

　　　　　　V_0——滴定空白所消耗硝酸钍标准溶液的体积，mL；

$m, c[1/4\text{Th}(\text{NO}_3)_4]$——同式（8-17）的注解。

（5）注意事项

① 本方法必须严格控制 pH。若 pH＞3.30，则终点提前，结果偏低；若 pH＜3.25，则终点滞后，结果偏高。

② 在做氟样时，由于燃烧生成的氟化氢易腐蚀玻璃瓶而生成氟化硅，会使测得的含氟量偏低。克服的方法是先用 1% 氢氟酸将测定用的氧瓶浸泡数天，然后洗净备用。

③ 对于含氟量较高的样品，可用硝酸钾做助燃剂，即用经硝酸钾饱和溶液浸泡过的滤纸，晾干后作为包样滤纸以助燃。还可以用稀碱溶液做吸收剂。

④ 凡是能在微酸性溶液中和钍试剂或氟离子络合或沉淀的物质，以及与指示剂起颜色反应的物质，都对测定有干扰。含硫量较少时不显示干扰，但含量较多时会引起结果偏高。磷酸根则有较大的干扰。

4. 碘的测定

（1）原理　有机碘化物经氧瓶燃烧后，有机碘转变为碘，加硫酸肼的碱溶液使碘还原为碘离子。在酸性介质中以曙红为指示剂，用硝酸银标准溶液滴定可测定碘的含量，其反应式如下：

$$\text{有机碘化物} \xrightarrow[\text{燃烧}]{O_2} I_2 + CO_2 + H_2O$$

$$2I_2 + H_2NNH_2 \cdot H_2SO_4 + 6NaOH \longrightarrow 4NaI + Na_2SO_4 + 6H_2O + N_2$$

$$NaI + AgNO_3 \longrightarrow AgI\downarrow + NaNO_3$$

（2）仪器及试剂

① 10mL 微量滴定管。

② 250mL 氧燃烧瓶。

③ 饱和硫酸肼溶液。

④ 0.1mol/L NaOH 溶液。

⑤ 冰乙酸。

⑥ 0.1% 曙红水溶液。

⑦ 0.01mol/L AgNO₃ 标准溶液。

（3）操作步骤　准确称取 3～5mg 样品，按氧瓶燃烧法分解样品。用 10mL 0.1mol/L NaOH 溶液和 10～15mL 饱和硫酸肼溶液为吸收剂。在分解产物的吸收液中加入 1mL 冰乙酸和 1～2 滴曙红指示剂，用 0.01mol/L AgNO₃ 标准溶液滴定至呈玫瑰红色为终点，并同时做空白试验。

如果在用水淋洗塞子、铂丝和瓶壁后分解液的体积太大，可先将其浓缩至 10～15mL，再行酸化滴定。

（4）计算

$$I = \frac{(V - V_0)c(AgNO_3) \times 126.9}{m} \times 100\% \tag{8-19}$$

式中　V——滴定样品所耗 AgNO₃ 标准溶液的体积，mL；

V_0——滴定空白所耗 AgNO₃ 标准溶液的体积，mL；

$c(AgNO_3)$——AgNO₃ 标准溶液的浓度，mol/L；

m——样品的质量，mg。

（5）注意事项

① 也可以用硝酸汞标准溶液滴定碘，但指示剂需用二苯基卡巴腙。

② 当有其他卤素存在时，可用碘量法测定碘。先用溴将碘离子氧化为碘酸，过量的溴再用甲酸分解，然后加入碘化钾，所生成的碘用硫代硫酸钠标准溶液滴定。

五、硫的测定

有机化合物中硫的测定，在试样分解上大多和卤素的测定相似，只是在试样分解形成离子后测定的方法不同。例如，用燃烧法将试样分解后，卤素生成游离的卤素或卤化氢，硫则生成硫的氧化物，用适当的吸收剂分别吸收后，即可测定，也可将试样用其他方法分解后分别测定卤素离子（F⁻除外）和 SO₄²⁻ 的含量，从而计算试样中卤素和硫的含量。

测定硫可采用燃烧管分解法、卡里乌斯（Carius）法、过氧化钠熔融法和氧瓶燃烧法等。目前，多采用氧瓶燃烧法。

（1）原理　硫化物经氧瓶燃烧分解后，其分解产物用 H_2O_2 溶液吸收，有机硫全部转变成 SO_4^{2-}，以钍啉作指示剂，用高氯酸钡标准溶液滴定，待过量 Ba^{2+} 与钍啉形成显色络合物时，即为终点。反应式如下：

$$有机硫化物 \xrightarrow[燃烧]{O_2} SO_2 + SO_3 + CO_2 + H_2O$$

$$SO_2 + SO_3 + H_2O \xrightarrow{H_2O_2} 2H_2SO_4$$

$$SO_4^{2-} + Ba^{2+} \longrightarrow BaSO_4$$

（2）仪器及试剂

① 10mL 微量滴定管。

② 250mL 氧燃烧瓶。

③ 95％乙醇（分析纯）。

④ 5％ H_2O_2 水溶液。

⑤ 2％钍啉水溶液。

⑥ 0.01％亚甲基蓝水溶液。

⑦ 0.005mol/L 高氯酸钡标准溶液：称取 1.95g 高氯酸钡 $[Ba(ClO_4)_2 \cdot 3H_2O]$ 分析纯试剂溶解在 1000mL 去离子水中，加入 4～5 滴高氯酸，使溶液 pH 值在 2.5～4 范围内。准确称取 3～5mg 对氨基苯磺酸标准样品，包在氧瓶燃烧用的剪好的滤纸内，以 3.5mL 5％ H_2O_2 水溶液做吸收剂，按氧瓶燃烧法分解样品。待分解产物完全被吸收后，取 35mL 95％乙醇冲洗瓶塞、铂丝和瓶壁，滴加 2 滴钍啉指示剂和 3 滴亚甲蓝指示剂，用高氯酸钡标准溶液滴定至玫瑰红色为终点。重复进行标定不少于三次，相对平均偏差≤0.5％，同时进行空白试验。

$$c[Ba(ClO_4)_2] = \frac{S \times m}{(V - V_0) \times 32.06} \tag{8-20}$$

式中　S ——标准样品中硫的含量，％；

　　　m ——标准样品的质量，mg；

　　　V ——滴定标准样品所耗高氯酸钡溶液的体积，mL；

　　　V_0 ——滴定空白所耗高氯酸钡溶液的体积，mL。

（3）操作步骤　准确称取 3～5mg 含硫样品，按上述标定高氯酸钡标准溶液的操作步骤进行氧瓶燃烧和测定，并同时做空白试验。

（4）计算

$$S = \frac{(V - V_0)c[Ba(ClO_4)_2] \times 32.06}{m} \times 100\% \tag{8-21}$$

式中　$c[Ba(ClO_4)_2]$ ——高氯酸钡标准溶液的浓度，mol/L；

　　　V, V_0, m ——与式(8-20) 注释中高氯酸钡标准溶液标定中相同。

（5）注意事项

① 当被测样品中氮和卤素的含量较高时，对用钡盐滴定 SO_4^{2-} 会产生干扰。硅含量高时也会出现干扰。若以上几种元素的含量比较低，则一般无干扰。磷和金属离子存在均产生干扰。

② 本法的滴定终点突变不敏锐。如果采用偶氮胂Ⅲ、偶氮磺Ⅲ或茜素磺酸等做指示剂，在一定酸度下，终点变化较敏锐。

③ 也可采用电流滴定法测定吸收液中的 SO_4^{2-}。还可用滴汞电极做指示电极，饱和甘汞电极做参比电极，用硝酸铅溶液做滴定剂，在 50％乙醇介质中进行测定等。

六、磷的测定

含磷有机化合物通常是用氧化剂将磷氧化成磷酸后，再以适当的化学方法测定其含磷量。常用的氧化剂有纯氧（氧瓶燃烧法）、HNO_3 和 H_2SO_4 混合液、过氧化钠等。

氧瓶燃烧法测定磷比较简便、快速，燃烧后有机磷分解成磷的氧化物，这些氧化物被吸收液吸收后，除生成正磷酸外，还可能有部分呈焦磷酸和偏磷酸形式存在，因此在燃烧吸收后，必须将吸收液煮沸数分钟或同时加过硫酸铵等氧化剂，以使所有的磷都转变成正磷酸形式，然后用比色法或容量法测定。

用氧瓶燃烧法测定有机物中微量磷时，为使试样分解完全，可根据试样类型不同，采用不同的助燃剂和助氧化剂。例如对难分解的化合物，可用乙二醇为助燃剂，高氯酸铵为助氧化剂；对含硅有机化合物，必须用碳酸钠为助燃剂。

(1) 原理　氧瓶燃烧有机磷化物，用稀 H_2SO_4 为吸收剂，用磷钼蓝做比色测定。

(2) 仪器及试剂

① 氧燃烧瓶（250mL 或 500mL）。

② 容量瓶（25mL 或 50mL）。

③ 分光光度计。

④ 高氯酸铵（分析纯）。

⑤ 过硫酸铵（分析纯）。

⑥ 乙二醇（分析纯）。

⑦ 磷酸二氢钾（分析纯）。

⑧ 稀 H_2SO_4：16mL 浓 H_2SO_4（分析法）溶解在 1000mL 去离子水中。

⑨ 显色剂：1% 碱式碳酸铋 $[(BiO)_2CO_3]$ 的 3mol/L H_2SO_4 溶液与 2% 钼酸铵等体积混合，贮存于聚乙烯瓶中。使用前将每 10mL 本溶液加入 0.1g 抗坏血酸。

(3) 操作步骤

① 标准曲线的绘制　用分析纯磷酸二氢钾配制成每毫升溶液含有 3~37μg 磷的一系列标准溶液。分别取 1.00~5.00mL 不同浓度的磷标准溶液于 25mL 容量瓶中，加入 5mL 去离子水，在 50~60℃ 水浴上温热试验 1~2min，加入 2mL 显色剂，缓缓振摇 20~30s 后，用稀 H_2SO_4 稀释至刻度。另做一个空白溶液试验。在 710nm 波长下测定磷钼蓝溶液的吸光度值。溶液的浓度在 (0.12~1.48)×10⁻⁶ 范围时，服从比尔定律，据此绘制标准曲线。

② 测定　准确称取 3~5mg 有机磷样品，按氧瓶燃烧法将样品包在剪好的燃烧用滤纸中。为了使各类含磷样品分解完全，最好选用 500mL 氧瓶，同时将样品与 15mg 粉状高氯酸铵混合再包在燃烧用的滤纸中，在包好的滤纸上滴加 2 滴乙二醇。用 15mL 稀 H_2SO_4 做吸收剂。将滤纸点着火置于氧燃烧瓶中燃烧分解，燃毕后，将氧瓶振摇 10min。小心地打开磨口瓶塞，用少量去离子水冲洗塞子、铂丝和瓶壁，在吸收液中加入约 50mg 过硫酸铵，煮沸 5min。冷却后移入 50mL 容量瓶中，用去离子水稀释至刻度。根据样品的含磷量，取样液 1.00~5.00mL 于 25mL 容量瓶中，加入 5mL 去离子水，按绘制标准曲线时的同样操作进行测定，最后由标准曲线求出磷的含量。

(4) 计算

$$P=\frac{A}{m}\times100\%$$ (8-22)

式中　A——由样品的吸光度值对照标准曲线求得的磷含量，mg；

　　　m——样品的质量，mg。

七、有机元素定量分析的仪器方法

各种元素分析仪器依据其检测原理的不同，大致可分为两类：一类是利用样品分解产物的热导性的差异，采用热导池检测器进行定量测定，此类仪器多用于 C、H、N 的同时自动测定；另一类是利用样品分解产物的电化学性质不同，采用各种电化学分析方法，如库仑滴定、电位滴定、离子选择电极以及极谱等方法进行定量测定，这类仪器多用于卤素、S、P 等单种元素的测定。此外，核磁共振波谱仪、红外光谱仪等用于有机结构测定的仪器，也可用来对某些特定元素进行定量测定。

在此仅简单介绍基于热导法的自动元素分析仪的原理及一般流程，而对基于电化学分析方法的仪器则不作一一介绍，这部分内容可参见有关电化学分析方法的章节。

基于热导法的自动元素分析仪的原理是利用样品燃烧分解产物 CO_2、H_2O 和 N_2 的热导率差异，用热导池检测器检测定量。根据对三种组分的分离与否，这类仪器又可分为两种：一种是利用气相色谱使各组分分离，再以热导池检测器检测，例如意大利生产的 Carlo Erba 1106 型 C、H、N、O、S 元素自动分析仪；另一种是不必将各组分进行分离，而采用示差热导法检测，例如美国

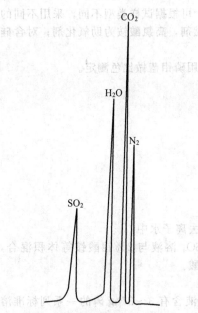

图 8-35　气相色谱热导法的色谱峰

Perkin-Elmer 240B 型元素分析仪就属于这一种。下面分别介绍这两种元素分析仪的原理和流程。

1. 气相色谱-热导池有机元素自动分析仪

（1）原理　样品在燃烧管内，通以氦气流，临用时再供给一定量的纯氧，于 1050℃ 燃烧分解，在氧化填充剂的作用下，发生如下的分解反应。

$$有机碳、氢化合物 \xrightarrow[\triangle]{[O]} CO_2 + H_2O$$

$$有机氮化合物 \xrightarrow[\triangle]{[O]} + N_2 + 氮氧化物 \xrightarrow[850℃]{Cu} N_2 + CuO$$

$$有机硫化合物 \xrightarrow[\triangle]{一定条件下} SO_2$$

过量的氧用金属铜吸收除去，用涂银的铜吸收卤素，磷的氧化物和金属氧化物可被氧化填充剂 WO_3 所滞留。CO_2、H_2O、N_2 和 SO_2 这四种组分可由气相色谱柱分离，分别由热导池检测器测定，得到的色谱峰如图 8-35 所示。

较典型的仪器是意大利生产的 Carlo Erba 1106 型自动元素分析仪。该仪器可用来分析 C、H、N、O 和 S 五种元素。仪器配有电子天平（感量十万分之一）和微处理机；自动进样器可连续自动进 23 个样品。Carlo Erba 1106 型自动元素分析仪的流程示意如图 8-36 所示。

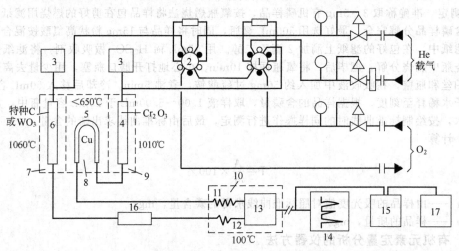

图 8-36　Carlo Erba 1106 型自动元素分析仪的流程示意

1—进氧喷射阀（C、H、N 用）；2—进氧喷射阀（S 用）；3—自动进样器；4—燃烧反应器（C、H、N 用）；
5—还原反应器（C、H、N 用）；6—热解/燃烧反应器；7—热解/燃烧炉（O/S）；8—还原炉；
9—燃烧炉；10—恒温箱；11—色谱柱（C、H、N）；12—色谱柱（O/S）；13—检测器；
14—记录仪；15—积分器；16—捕集器；17—微处理机

（2）测定

① 测定 C、H、N 元素时，将有机样品包在锡皿中，称重后由自动进样器投入温度为 1010℃ 的竖立石英管中。随着样品的投入，注入一定量的纯氧，样品在石英管中瞬时燃烧分解，并随氦载气流经氧化填充剂 Cr_2O_3，达到定量转化。经燃烧后的气体混合物再通过一个填有金属铜的还原管，在 650℃ 的温度下去除过量的氧，并使氮氧化物转化为氮。混合气体再经过一根以 Porapak QS 为固定相的色谱柱，即将得到的 N_2、CO_2 和 H_2O 逐一分离，依次送入热导池检测器检测，通过记录仪记录下色谱峰并自动积分峰面积。整个分析过程只需 10～12min。

② 测定样品中的 O 或 S，是将样品带进另一根竖式石英管。含氧样品的测定需在氦气流下，于 1060℃ 瞬间热解后经过特种炭，使气体中的氧定量地转化为 CO，在色谱柱上分离后检测。含硫样品在进样的同时，应注入一定量的纯氧，在 WO_3 催化氧化下，使硫组分定量地转化为 SO_2，在色谱柱上分离后检测。

③ Carlo Erba 1106 型自动元素分析仪的性能指标见表 8-42。

表 8-42　Carlo Erba 1106 型自动元素分析仪的性能指标

性　能	测定元素				
	C	H	N	O	S
精密度/%	±0.3	±0.1	±0.2	±0.3	±0.3
重复性/%	±0.2	±0.1	±0.1	±0.2	±0.2
分析时间/min	8	8	8	6	5
进样量/mg	0.1～5.0	0.1～5.0	0.1～5.0	0.1～5.0	0.1～3.0

2. 示差热导法自动元素（有机）分析仪

示差热导法的基本原理是，将样品燃烧产生的气体与氦载气一起收集到一个体积固定的玻璃球内，在压力达到预定值时，可使密闭在球内的气体扩散均匀，经恒温后，进入三组热导池。如图 8-37 中所示的第一组鉴定器（A、B）两臂之间产生 H_2O 的差分信号；第二组鉴定器（C、D）两臂之间产生 CO_2 的差分信号；最后一组鉴定器（E、F）则产生氮的差分信号。因为气体经混合后，其浓度均匀，所得信号是一个稳定的电位值。被测组分的浓度与峰高呈线性关系，不需要积分，故又称为自积分热导法。

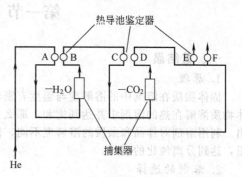

图 8-37　示差热导法测定 C、H、N 流程示意

美国 Perkin Elmer 240B 型（P-E 240B）自动元素分析仪就是根据以上原理设计制造的，如图 8-38 是该仪器的全流程示意。

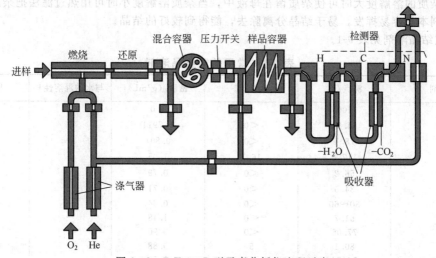

图 8-38　P-E 240B 型元素分析仪流程示意

有机样品进入燃烧管后，在 950℃ 下，于氦气、氧气流中燃烧分解，分解产物通过催化氧化被定量地转化为 CO_2 和 H_2O，干扰性产物如卤素、S 或 P 的氧化物则被燃烧管中的特定吸收剂吸收，用 670℃ 的还原铜将氮氧化物还原为氮（N_2），并吸收过剩的氧。待测组分由氦载气带入混合容器中均化后进入三组热导池，如图 8-36 所示，获得三个组分的差分信号。

第九章　常用分离和纯化方法

化验分析中常用的分离与纯化方法有：重结晶、升华、沉淀分离、挥发与蒸馏、萃取、色谱分离和电解分离等。有关色谱分离法和电解分离法参看本手册其他有关章节及第八章第六节、第七节。

第一节　重结晶与升华

一、重结晶

1. 原理

固体物质在溶剂中的溶解度与温度有密切关系，一般是随着温度的升高溶解度增大。如果把固体物质溶解在热的溶剂中并达到饱和，那么当冷却时，由于溶解度降低固体物就会从溶液中结晶析出。利用溶剂对样品和杂质的溶解度不同，使样品从过饱和溶液中以结晶析出，而杂质则留在溶液里，达到分离纯化的目的。

2. 溶剂的选择

显然，要对固体物进行重结晶，选择合适的溶剂是关键。理想的重结晶溶剂必须具备下列条件。

① 不与被纯化物质起化学反应。
② 在较高温度时能溶解较多的被纯化物质，在室温或更低温度时只能溶解很少量。
③ 当杂质的溶解度大时可使杂质留在母液中，当杂质溶解度小时可用热过滤法把杂质滤掉。
④ 溶剂本身容易挥发，易于结晶分离除去，能得到较好的结晶。

常用重结晶溶剂见表 9-1。

表 9-1　常用的重结晶溶剂

溶　剂	沸点/℃	冰点/℃	密度/(g/mL)	与水的混溶性①	易燃性②
水	100	0	1.0	+	○
甲醇	64.96	<0	0.7914	+	+
95%乙醇	78.1	<0	0.804	+	++
冰乙酸	117.9	16.7	1.05	+	+
丙酮	56.2	<0	0.79	+	+++
乙醚	34.5	<0	0.71	−	++++
石油醚	30~60	<0	0.64	−	++++
氯仿	61.7	<0	1.48	−	○
乙酸乙酯	77.06	<0	0.90	−	++
苯	80.1	5	0.88	−	++++
四氯化碳	76.54	<0	1.59	−	○

① 此栏中"＋"表示混溶；"−"表示不混溶。
② 此栏中"○"表示不燃；"+"号的个数表示易燃程度。

当几种溶剂都合适时，应根据结晶的回收率、操作的难易、溶剂的毒性、易燃性和价格来选择。

当一种物质在一些溶剂中的溶解度非常大（这些溶剂被称为良溶剂），而在另一些溶剂中的溶解度又非常小（这些溶剂被称为不良溶剂），不能选择一种合适的溶剂时，常可使用混合溶剂来得到满意的结果。具体操作是：先将待纯化物质在接近良溶剂的沸点时，溶于良溶剂中，若有不溶物，趁热过滤；若有色，则稍冷后加入活性炭，煮沸脱色后再趁热过滤。然后，在此热滤液中小心地加入热的不良溶剂，直至所呈现的浑浊不再消失，再加入少量良溶剂或稍加热使其恰好澄清。最后，冷至室温，结晶析出。有时也可将两种溶剂先混合，然后按单一溶剂重结晶的方法进行重结晶。常用的重结晶混合溶剂组成见表 9-2。

表 9-2　常用的重结晶混合溶剂组成

混合溶剂组成	混合溶剂组成	混合溶剂组成	混合溶剂组成
乙醇-水	丙酮-水	乙醚-甲醇	乙醚-石油醚
乙酸-水	吡啶-水	乙醚-丙酮	苯-石油醚

3. 重结晶操作

重结晶操作步骤是：选择合适的重结晶溶剂→加热溶解→趁热过滤→结晶→抽滤→干燥。具体操作程序与注意事项见表 9-3，抽滤装置的组装如图 9-1 所示。

表 9-3　重结晶操作程序与注意事项

操作步骤[①]	操作要点	简要说明	现象	注意事项
加热溶解	将待重结晶的固体物质加到锥形瓶或烧杯中 加入少量溶剂 水浴上加热到沸腾 逐渐添加溶剂，使固体样品在沸腾状态下全部溶解	①如果使用高沸点溶剂，可采用直接加热法 ②若溶液中无不溶性杂质，则可直接进行第四步 ③如果溶液中含有有色杂质，可采用活性炭脱色。方法是：待溶液冷至沸点以下，在不断搅拌下加入活性炭，然后加热煮沸数分钟	溶液澄清或有不溶性杂质	①如使用易挥发或易燃溶剂重结晶，为避免溶剂挥发和引起火灾，应在装有回流冷凝器的锥形瓶中加热溶解 ②添加易燃溶剂时，为避免火灾，必须先熄灭加热用火（或停止电炉加热并移去），然后再把溶剂从冷凝管上端加入 ③活性炭用量不可太多（一般为重结晶物质质量的 1%～5%），否则将吸附样品，使产率降低 ④加活性炭时，为防止暴沸，一定要待溶液冷至沸点以下
趁热过滤	将预先烘热的玻璃漏斗从烘箱中取出 放上折叠好的滤纸，并用少许热溶剂润湿 将沸腾的溶液迅速滤到烧杯内	①若有热浴漏斗，则可用其保持漏斗温度，而不必烘烤 ②玻璃漏斗应选颈短且粗的，使过滤速度加快 ③将溶液滤到烧杯内的目的是便于下一步取出晶体	滤液澄清	整个操作过程要迅速，否则漏斗一凉，结晶在滤纸上和漏斗颈部析出，操作将无法进行
结晶	将滤液静置，使其慢慢冷却	①慢慢冷却得到的晶体颗粒大而均匀，纯度好；迅速冷却并搅拌得到的晶体颗粒较细而不均匀，纯度差 ②对不易析出结晶的过饱和溶液，可采用玻璃棒摩擦容器内壁或投入"晶种"的方法	结晶析出	
抽滤	如图 9-1 安装好抽滤装置 布氏漏斗中铺一块直径比漏斗内径略小的圆形滤纸 用少许溶剂润湿滤纸 打开水泵，将滤纸吸紧 借助玻璃棒将液体和晶体分批倒入漏斗中 用溶剂洗涤晶体 2～3 次	①粘在烧杯上的晶体要用滤液洗出 ②洗涤晶体时用的溶剂一般为重结晶溶剂。洗涤时应先停止抽气，再加洗涤溶剂，用玻璃棒小心搅动，使所有晶体润湿，静置片刻，再抽气 ③如果所用重结晶溶剂的沸点较高，用其洗涤 1～2 次后，改用低沸点溶剂（此溶剂必须能和重结晶溶剂互溶，而对晶体不溶或微溶）洗涤 1～2 次，使最后产品易于干燥	结晶与溶液分离	①图 9-1 中连接抽滤瓶和安全瓶、安全瓶和水泵所用的橡胶管必须为耐压橡胶管 ②洗涤用的溶剂量应尽可能少，以避免晶体大量溶解损失 ③为避免水泵中的水倒流入抽滤瓶中，在停止抽气前，一定要先将安全瓶上的二通活塞打开，接通大气后，再关水泵

续表

操作步骤[①]	操作要点	简要说明	现象	注意事项
干燥	将晶体从布氏漏斗中转移到表面皿上干燥	常用的干燥方法有三种 ①自然干燥　将晶体在表面皿上铺成薄薄一层，盖上一张滤纸，室温下放置 ②烘干　对热稳定的化合物，可在低于其熔点的温度下于烘箱中或红外线灯下烘干 ③干燥器中干燥　在干燥器中，放入适当的干燥剂，将盛有晶体的表面皿放入干燥器内，盖上盖，静置。必要时还可使用真空干燥器在减压状态下进行干燥	干燥的结晶	①烘干时，必须小心注意温度，并不断翻动，以避免熔化 ②重结晶后的晶体，应在干燥后测定其熔点，以观察重结晶效果。如果熔点不合格，应再一次进行重结晶 ③干燥不彻底的晶体，熔点也会降低，熔程增长

① 选择重结晶溶剂的操作请参见本节一、二。

　　一般重结晶只适用于纯化杂质含量在5%以下的固体有机化合物。对有机反应的粗产物，应先采用其他方法进行初步提纯，例如萃取、水蒸气蒸馏、减压蒸馏等，然后再用重结晶提纯。

二、升华

　　有些固体物质在熔点温度以下具有较高的蒸气压（高于2.7kPa）时，不需经过熔融即可变成蒸气而升华。利用升华操作可以除去不挥发性杂质，或分离挥发度不同的固体混合物，从而得到纯度较高的产物。但其缺点是，操作时间长，样品损失也较大。通常在化验室中只对较少量（1～2g）的物质进行升华纯化。

　　化合物的升华温度与气压的关系见表9-4。气压越低，升华温度越低。为了降低升华温度可采用减压升华或真空升华。

表9-4　气压对升华温度的影响

化合物	熔点/℃	升华温度/℃ 气压 1.01×10^5 Pa	升华温度/℃ 气压 68～133Pa	化合物	熔点/℃	升华温度/℃ 气压 1.01×10^5 Pa	升华温度/℃ 气压 68～133Pa
蒽	215	77～79	28～31	萘	79	36～38	25
脲	131	59～61	49～52	苯甲酸	120	43～45	25
碘仿	119	43～45	30～34	β萘酚	122	43～45	33～35

　　可利用升华法分离（提纯）的物质见表9-5。

表9-5　可利用升华法分离（提纯）的物质

有机物	常压下	苯、蒽、苯甲酸、水杨酸、樟脑、β萘酚、六氯乙烷、糖精、乙酰苯胺（退热冰）、DL-丙氨酸及许多 α 氨基酸、脲、咖啡碱、碘仿、六亚甲基四胺（乌洛托品）、奎宁、香豆素、二乙基丙二酰脲（巴比妥）、胆甾醇、乙酰水杨酸（阿司匹林）、阿托品、邻苯二酸酐、月桂酸、肉豆蔻酸（十四烷酸）、软脂酸（十六烷酸）、硬脂酸、某些醌
	减压下	1-羟基蒽醌（130℃，1.2Pa与2-羟基蒽醌分离，180℃升华） 苯甲酸（50℃，133Pa） 糖精（150℃，133Pa）
无机物	常压下	I_2、S、As、As_2O_3、$HgCl_2$、$MgCl_2$、$CaCl_2$、$CdCl_2$ $ZnCl_2$、AgCl、$MnCl_2$、LiCl、$AlCl_3$、铵盐（加 HCl）
	真空升华	$TaCl_5$（150℃）、$NbOCl_3$（230℃）、$NbBr_5$（220℃） $TaBr_5$（300℃）、TaI_5（540℃） 铵盐（加 HCOOH，200℃，与 Al^{3+}、Fe^{3+} 等分离）

　　最简单的常压升华装置如图9-2所示。少量物质的减压升华装置如图9-3所示。

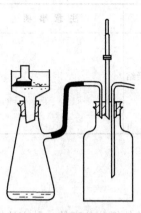

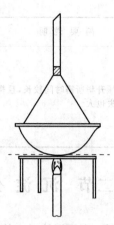
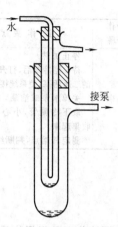

图 9-1　抽滤装置的组装　　图 9-2　最简单的常压升华装置　　图 9-3　少量物质的减压升华装置

常压升华和减压升华操作及注意事项分别见表 9-6 和表 9-7。

表 9-6　常压升华操作程序

操作步骤	操作要点	简要说明	现象	注意事项
准备	将待升华样品放到蒸发皿中，盖一张穿有许多小孔的滤纸　将一玻璃漏斗倒盖在上面，漏斗的颈部塞些玻璃毛或棉花团	①覆盖多孔滤纸时，最好先在蒸发皿的边缘放置一个石棉纸狭圈，用以支持此滤纸　②漏斗颈部塞玻璃毛或棉花团，为的是减少蒸气的逃逸		①塞玻璃毛或棉花团时，不要填塞的太紧密，以致不通气　②本实验应在通风橱中进行
加热升华	在石棉网下慢慢加热蒸发皿，控制温度，使样品逐渐升华		蒸气上升，凝结的结晶出现	①加热时要小心调节火焰，控制样品温度低于其熔点，切忌加热温度太高太快　②必要时漏斗外壁可用湿布冷却，以促使结晶迅速形成
结束	停止加热　仪器基本冷却后，取下玻璃漏斗和滤纸，小心将结晶收集起来　测定其熔点，以判断纯度	升华样品所需的时间较长，少则数小时，多则数十小时	蒸气减少，凝结速度显著降低	

表 9-7　减压升华操作程序

操作步骤	操作要点	简要说明	现象	注意事项
准备	如图 9-3 所示，将待升华物质放到吸滤管中　将装有冷凝管的橡皮塞紧密地塞住管口　利用水泵或油泵减压　接通冷凝水	冷凝水的接法如图 9-3 所示		①样品切勿加得过多，"冷凝管"与样品层之间要留有一定的距离　②与水泵或油泵连接处一定要安装一个安全瓶
加热升华	将吸滤管浸在油浴中加热到被升华物质的沸点左右，使之升华	在减压状态下，样品可在远远低于其正常沸点的温度下沸腾，故无需把加热温度升得太高	固体熔化为液体，液体近沸腾，结晶凝结在"冷凝管"上	①加热温度切忌太高，以免气化了的样品不凝为固体　②冷凝水的流量要尽量大些

操作步骤	操作要点	简要说明	现象	注意事项
结束	停止加热 待仪器冷却后，打开安全瓶上的二通活塞，使系统接通大气 关掉水泵或油泵 取下冷凝管，小心地将结晶收集起来 测定其熔点，判断纯度	减压升华所需时间较长，且样品损失也大	蒸气减少，凝结速度显著下降	

第二节　沉淀分离

沉淀分离是根据物质溶解度的不同，利用沉淀反应使被测组分与其他组分分离的一种方法。

一、使用无机沉淀剂

1. 生成氢氧化物沉淀

利用生成氢氧化物沉淀进行分离，是分析化学中应用较多的分离方法之一。除了碱金属和碱土金属氢氧化物外，绝大多数金属离子能生成氢氧化物沉淀。同时，某些非金属元素和某些略带酸性的金属元素在一定条件下，常以水合氧化物形式沉淀析出，如 $SiO_2 \cdot nH_2O$、$WO_3 \cdot nH_2O$、$Ta_2O_5 \cdot nH_2O$ 等，这些水合氧化物实际上是其难溶的含氧酸，即硅酸、钨酸、钽酸等。常用控制溶液 pH 分离的方法有三种。

（1）NaOH 法　用强碱（NaOH）作沉淀剂，可使两性元素与非两性元素分离，见表9-8。

（2）氨水法　在铵盐存在下，用氨水调节溶液的 pH 值为 8～9，可使高价金属离子（如 Fe^{3+}、Al^{3+} 等）与大部分一、二价金属离子分离，见表9-8。

表 9-8　用氨水（在铵盐存在下）或氢氧化钠沉淀金属离子

试　剂	可定量沉淀的离子	沉淀不完全的离子	留在溶液中的离子
氨水（在铵盐存在下）[1]	Al^{3+}、Be^{2+}、Bi^{3+}、Ce^{4+}、Cr^{3+}、Fe^{3+}、Ga^{3+}、Hf^{4+}、Hg^{2+}、In^{3+}、Mn^{4+}、Nb^{5+}、Sb^{3+}、Sn^{4+}、Ta^{5+}、Th^{4+}、Ti^{4+}、Tl^{3+}、UO_2^{2+}、V^{4+}、Zr^{4+}、稀土元素离子	Mn^{2+}（加 Br_2 或 H_2O_2 使氧化后可析出沉淀）、Pb^{2+}（有 Fe^{3+}、Al^{3+} 时可共沉淀析出）、Fe^{2+}（氧化后可沉淀析出）	$[Ag(NH_3)_2]^+$、$[Cd(NH_3)_4]^{2+}$、$[Co(NH_3)_6]^{2+}$（土黄色）、$[Cu(NH_3)_4]^{2+}$（深蓝色）、$[Ni(NH_3)_4]^{2+}$（蓝色）、$[Zn(NH_3)_4]^{2+}$
氢氧化钠（过量）[2]	Ag^+、Au^+、Bi^{3+}、Cd^{2+}、Co^{2+}、Cu^{2+}、Fe^{3+}、Hf^{4+}、Hg^{2+}、Mg^{2+}、Ni^{2+}、Th^{4+}、Ti^{4+}、UO_2^{2+}、Zr^{4+}、稀土元素离子	Ca^{2+}、Sr^{2+} 和 Ba^{2+} 的碳酸盐沉淀。Nb^{5+} 和 Ta^{5+} 部分溶解	Al^{3+}、Cr^{3+}、Zn^{2+}、Pb^{2+}、Sn^{2+}、Sn^{4+}、Be^{2+}、Ge^{4+}、Ga^{3+}（以上两性元素的含氧酸根离子）、SiO_3^{2-}、WO_4^{2-}、MoO_4^{2-} 等

[1] 通常加入 NH_4Cl，其作用为：a. 可使溶液的 pH 值控制在 8～10，避免 $Mg(OH)_2$ 沉淀的部分溶解；b. 减少氢氧化物沉淀对其他金属离子的吸附，利用小体积沉淀法更有利减少吸附；c. 有利于胶体的凝聚。

[2] 必须加过量 NaOH；也可采用小体积沉淀法。

（3）有机碱法　六亚甲基四胺、吡啶、苯肼和苯甲酸铵等有机碱，可以控制溶液的 pH，使某些金属离子析出氢氧化物沉淀，见表9-9。

表 9-9　用有机碱产生氢氧化物沉淀的条件

试　剂	沉　淀　条　件	可达到的 pH 值
吡啶[1]	在中性试液中加 NH_4Cl，加热至沸，加吡啶至甲基红变色，再加过量吡啶，加热	5～6.5
六亚甲基四胺	将试液（pH=2～4）加热至30℃，加 NH_4Cl，过量六亚甲基四胺	5～5.8
苯肼	将试液加热，加苯肼	约5
苯甲酸铵	将试液中和至以甲基橙指示中性，加 CH_3COOH、苯甲酸铵，加热并煮沸	约6

[1] 某些金属离子能与吡啶形成络合物，故不能在此 pH 条件下使其析出氢氧化物沉淀，如 Cu^{2+}、Zn^{2+}、Cd^{2+}、Co^{2+}、Ni^{2+} 等。

表 9-10 列出了某些金属离子的氢氧化物沉淀和溶解时所需的 pH 值。

表 9-10　某些金属离子的氢氧化物沉淀和溶解时所需的 pH 值

氢氧化物	开 始 沉 淀		沉淀完全（残留离子浓度 $\leqslant 10^{-5}$ mol/L）	沉淀开始溶解	沉淀完全溶解
	原始浓度 1mol/L	原始浓度 0.01mol/L			
Ag_2O	6.2	8.2	11.2		
$Al(OH)_3$	3.3	4.0	5.2	7.8	10.8
$Be(OH)_2$	5.2	6.2	8.8	10.9	13.5
$Bi(OH)_3$	3.9	4.5	5.2		
$Cd(OH)_2$	7.2	8.2	9.7		
$Ce(OH)_4$	0.3	0.8	1.5		
$Co(OH)_2$	6.6	7.6	9.2		
$Co(OH)_3$	约0	0.1	1.1		
$Cr(OH)_3$	3.8	4.9	6.8	12	14
$Cu(OH)_2$	4.2	5.2	6.7		
$Fe(OH)_2$	6.5	7.5	9.7		
$Fe(OH)_3$	1.6	2.2	3.2		
$Ga(OH)_3$	2.5	2.9	3.9	9.7	
H_2MoO_4	约0	约0		约8	约9
H_2WO_4	约0	约0	约0	约8	约9
HgO	1.3	2.4	5.0		
$In(OH)_3$	2.9	3.6	4.6	14	
$La(OH)_3$	7.8	8.4	9.4		
$Mg(OH)_2$	9.4	10.4	12.4		
$Mn(OH)_2$	7.8	8.6	10.4		
$Ni(OH)_2$	6.7	7.7	9.5		
$Nb_2O_5 \cdot nH_2O$	约0	约0			
$Pb(OH)_2$	6.4	7.2	8.7	10	13
$Sc(OH)_3$	4	4.7	5.6		
$Sn(OH)_2$	0.9	2.1	4.7	10	13.5
$Sn(OH)_4$	0	0.5	1.0	11	14
$Ta_2O_5 \cdot nH_2O$		<0		约14	
$Th(OH)_4$	2.5	4.5			
$TiO(OH)_2$	0	0.5	2.0		
$Tl(OH)_3$		0.6	约1.6		
$U(OH)_4$	2.8	3.3	4		
$UO_2(OH)_2$	2.3	3.6	5.1		
$Y(OH)_3$	6.7	7.3	8.3		
$Zn(OH)_2$	5.4	6.4	8.0	10.5	12 约13
$ZrO(OH)_2$	1.3	2.3	3.8		
稀土		6.8~8.5	9.5		

氢氧化物沉淀法的选择性较差，因为在某一 pH 范围内进行沉淀时，往往有许多金属离子同时析出沉淀。为了提高分离的选择性，可结合采用 EDTA、三乙醇胺等掩蔽剂。另外，氢氧化物是无定形沉淀，共沉淀现象较为严重。为了改善沉淀性能，沉淀应在较浓的热溶液中进行，使生成的沉淀含水分较少，结构较紧密，体积较小，吸附的杂质减少。同时，沉淀时加入大量没有干扰作用的盐类，以减少沉淀对其他组分的吸附。沉淀完毕后加入适量热水稀释，使吸附的杂质离开沉淀表面转入溶液，从而获得较纯的沉淀。

2. 生成硫化物沉淀

常用硫化物沉淀剂是 H_2S，常温常压下 H_2S 饱和水溶液的浓度约为 0.1mol/L。溶液中 $[S^{2-}]$ 与 $[H^+]^2$ 成反比，通过控制溶液的酸度，即可调节 $[S^{2-}]$ 的浓度，从而达到沉淀分离硫化物的目的。表 9-11 列出了常见阳离子硫化物的沉淀条件和溶解条件。

硫化物沉淀分离法的选择性不高。硫化物沉淀大多呈胶状沉淀，其共沉淀现象较严重，还存在后沉淀现象，使分离效果不理想。为此，目前常用硫代乙酰胺（CH_3CSNH_2）代替 H_2S 气体作沉淀剂，不仅可改善沉淀性能，而且可避免 H_2S 气体的恶臭味和毒性。

表 9-11　常见阳离子硫化物的沉淀条件和溶解条件

硫化物	沉淀时的 pH 值	硫化物沉淀条件和溶解的条件
MnS,FeS	$\geqslant 7$	在中性或碱性溶液中沉淀,易溶于稀 HCl
SnS_2	0.00	在 2mol/L HCl 溶液中沉淀,溶于浓 HCl 及碱金属硫化物和多硫化物
SnS	0.85	在 0.25mol/L HCl 溶液中沉淀,溶于 5mol/L HCl 溶液中及多硫化铵溶液中
PbS	0.10	在 1.5mol/L HCl 溶液中沉淀,溶于 4mol/L HCl 溶液中形成[$PbCl_3$]$^-$
Sb_2S_3,Sb_2S_5	−0.16	在 5～6mol/L HCl 溶液中沉淀,溶于 9mol/L HCl 中
As_2S_3,As_2S_5	−0.69	在 12mol/L HCl 溶液中沉淀,不溶于浓 HCl,溶于 HNO_3、$(NH_4)_2CO_3$ 及碱土金属和铵的硫化物和多硫化物溶液
CuS	−0.42	在 3～6mol/L HCl 溶液中沉淀,溶于浓 HCl
HgS	−0.42	在 <6mol/L HCl 溶液中沉淀,不溶于浓 HCl,溶于王水及碱金属硫化物溶液,形成络离子
CoS,NiS	3.50～4.80	在乙酸缓冲液及碱性溶液中沉淀,沉淀放置后不溶于 2mol/L HCl 中
ZnS	2.50	在乙酸溶液(2mol/L)及甲酸溶液中沉淀,溶于 0.3mol/L HCl 溶液
CdS	0.70	在 0.3mol/L HCl 溶液中沉淀,溶于 3mol/L HCl 溶液中

硫代乙酰胺易溶于水,水溶液比较稳定,水解极慢,能放置 2～3 周不变。它在酸性溶液中水解生成硫化氢,在碱性溶液中则生成硫化铵,反应式如下:

$$CH_3CSNH_2 + 2H_2O \xrightarrow{H^+} CH_3COO^- + NH_4^+ + H_2S$$

$$CH_3CSNH_2 + 3OH^- = CH_3COO^- + NH_3 + H_2O + S^{2-}$$

由于沉淀剂是在溶液中逐渐均匀地生成的,避免了直接加入沉淀剂时发生局部过浓的现象,因此得到的沉淀性质较好,易于洗涤和过滤。

用硫代乙酰胺作沉淀剂时要注意:

① 在加入硫代乙酰胺以前,氧化性物质应预先除去,以免部分硫代乙酰胺中的硫被氧化成 SO_4^{2-};

② 硫代乙酰胺的用量应适当过量,使水解后溶液中有足够的 H_2S,以保证硫化物沉淀完全;

③ 沉淀作用应在沸水浴中加热进行,并且应该在沸腾的温度下经过适当长的时间,以促进硫代乙酰胺的水解,保证硫化物沉淀完全。

3. 生成硫酸盐沉淀

用 H_2SO_4 作沉淀剂可将 Ca^{2+}、Sr^{2+}、Ba^{2+}、Ra^{2+}、Pb^{2+} 沉淀出来,从而与其他金属离子分离。其中 $CaSO_4$ 的溶解度较大,加入适量乙醇可降低其溶解度。必须注意 H_2SO_4 的浓度不能太高,否则由于形成 $M(HSO_4)_2$ 而使溶解度增大。

4. 生成其他沉淀

其他沉淀生成条件见表 9-12。

表 9-12　其他沉淀生成条件

沉淀物	沉淀剂	被沉淀离子	沉淀条件	注意事项
氟化物	HF 或 NH_4F	Ca^{2+}、Sr^{2+}、Mg^{2+}、Th^{4+}、稀土元素		
磷酸盐	PO_4^{3-}	Zr、Hf	$(1+9)H_2SO_4$	加 H_2O_2 可防止 Ti 沉淀
		Bi^{3+}	$(1+75)HNO_3$	
氯化物	Cl^-	Ag^+、Hg_2^{2+}、Pb^{2+}		$PbCl_2$ 溶解度较大,可溶于热稀乙酸溶液
冰晶石	NaF	Al^{3+}	pH=4.5	天然的 Na_3AlF_6 称为冰晶石

二、利用有机沉淀剂进行分离

有机沉淀剂是一些能与无机离子作用,生成难溶于水但易溶于有机溶剂的螯合物或离子缔合物沉淀。有机试剂的特点是:品种多,性质各异,具有良好的选择性;沉淀的溶解度一般很小;沉淀对无机杂质的吸附能力小,易于获得纯净的沉淀,且沉淀几乎都是晶型结构,易于过滤和洗涤;沉淀的分子量大,被测组分在称量形式物质中占的百分比小,有利于提高分析的准确度;有机沉淀物组成恒定,经烘干后即可称量。有机沉淀剂进行沉淀分离的效果和选择性远优于无机沉淀剂,所生成的内络盐也大都具有颜色,因此目前被广泛应用于化验分析中。常用的有机沉淀剂见表 9-13。

表 9-13　常用的有机沉淀剂

试剂名称	结构式或分子式	溶液的酸碱性	被沉淀离子	备　注
丁二酮肟	$H_3C-C=NOH$ $H_3C-C=NOH$	$pH>5$	Ni^{2+} Pd^{2+}	Pt^{2+} 和 Bi^{3+}（pH 值为 8.5）也生成沉淀。与 Cu^{2+}、Co^{2+}、Zn^{2+} 等所成螯合物可溶于水
二乙基二硫代氨基甲酸钠	H_5C_2 ... S ... N—C ... H_5C_2 ... SNa	各种 pH	Ag^+、Hg^{2+}、Pb^{2+}、Bi^{3+}、Cd^{2+}、Cu^{2+}、As^{3+}、Sb^{3+}	
二苦胺	O_2N ... NO_2 ... NH ... O_2N ... NO_2 ... NO_2		K^+	多种金属离子也沉淀。用于与 Na^+ 分离
水杨醛肟	CH=NOH ... OH	pH 值为 5.1～5.3（乙酸盐）	Bi^{3+}	与 Sb^{3+} 分离
		pH 值为 2.5～3	Cu^{2+}、Pd^{2+}	Ag^+、Pb^{2+}、Co^{2+}、Zn^{2+}、Fe^{2+} 不沉淀，如小心进行可与 Ni^{2+} 分离，Fe^{3+} 被共沉淀
		酸性	Pd^{2+}、Pb^{2+}	与 Pt^{2+}、Ag^+、Zn^{2+}、Cd^{2+} 分离
丹宁（鞣酸）	$C_{14}H_{10}O_9$	形成相应的含水氧化物的 pH	Nb^{5+} 和 Ta^{5+} 可相互分离，并与 Zn^{2+}、Th^{4+}、Al^{3+} 分离；Ti^{4+} 与 Zn^{2+} 分离；UO_2^+ 与 Nb^{5+}、Ta^{5+}、Ti^{4+} 分离；Al^{3+} 与 Be^{2+} 分离；Ga^{3+} 与 Zn^{2+}、Ni^{2+}、Be^{2+}、Th^{4+} 等分离；Zr^{4+} 与 UO_2^+、VO_5^-、Th^{4+} 分离	利用丹宁的带阴电胶体与 Nb、Ta 等带阳电的含水氧化物的凝聚作用
四苯硼酸钠	$Na^+ B(C_6H_5)_4^-$	$<0.1\ mol/L$（无机酸）或乙酸酸性	K^+	也可沉淀 NH_4^+、Rb^+、Cs^+、Cu^+、Hg^{2+}、Ag^+ 和 Tl^+
2-安息香酮肟	CH—C ... OH ... NOH	氨性溶液 $2mol/L\ H_2SO_4$	Cu^{2+} MoO_4^{2-}、WO_4^{2-}	
连苯三酚	OH ... OH ... OH	无机酸	Sb^{3+}，Bi^{3+}	没食子酸可用于将 Bi^{3+} 与 Pb^{2+}、Cu^{2+}、Fe^{3+} 等分离，Sb^{3+}、Sn^{2+}、Sn^{4+}、Hg^{2+}、Ag^+ 有干扰
辛可宁（1-亚硝基-2-萘酚）	NO ... OH	无机酸微酸性（无机酸）	定量沉淀钨酸 Co^{2+}、Fe^{3+}、Cr^{3+}、WO_4^{2-}、UO_2^{2+}、VO_3^-、Sn^{4+}、Ti^{4+}、Ag^+、Bi^{3+}、Cu^{2+}、Pd^{2+} 等	用于分离 Co^{2+}
杏仁酸（苦杏仁酸、苯乙醇酸）	CH—COOH ... OH	强酸性（HCl）	Zr^{4+}、Hf^{4+}、Sc^{4+}、Pb^{2+}、Pu^{4+}	与大多数金属离子（如 Fe^{3+}、Ti^{4+}、Al^{3+}、V^{5+}、Sn^{4+}、Bi^{3+}、Sb^{3+}、Ba^{2+}、Ca^{2+}、Cr^{3+}、Cu^{2+}、Ce^{4+} 等）分离，也可沉淀 Pu^{4+}、Sc^{4+} 和稀土元素离子

试剂名称	结构式或分子式	溶液的酸碱性	被沉淀离子	备 注
N-苯甲酰-N-苯胺（钽试剂）		各种 pH	Al^{3+}、Be^{2+}、Bi^{3+}、Ce^{3+}、Ce^{4+}、Co^{2+}、Cu^{2+}、Ga^{3+}	
苯并三唑		pH 值为 $7\sim8.5$（酒石酸盐-乙酸盐）	Cu^{2+}、Cd^{2+}、Co^{2+}、Fe^{2+}、Ni^{2+}、Ag^+、Zn^{2+} 部分或完全沉淀	
		氨性，EDTA HAc-Ac$^-$	Ag^+ Os^{4+}、Pd^{2+}	
苯胂酸		1mol/L HCl	Zr^{4+}	与 Al^{3+}、Bi^{3+}、Be^{2+}、Cu^{2+}、Fe^{3+}、Mn^{2+}、Ni^{2+}、Zn^{2+} 及稀土元素离子分离
		1mol/L HCl＋水乙酸盐缓冲液	Zr^{4+} Ti^{4+}、Zr^{4+}、Hf^{4+}	与 Ti^{4+} 分离 与 Al^{3+}、Cr^{3+}、稀土元素离子分离
		pH 值为 $5.1\sim5.3$，加 CN^-	Bi^{3+}	与 Co^{2+}、Cd^{2+}、Cu^{2+}、Ag^+、Ni^{2+}、Hg^{2+} 分离
邻氨基苯甲酸		弱酸	Cd^{2+}、Co^{2+}、Cu^{2+}、Fe^{2+}、Fe^{3+}、Pb^{2+}、Mn^{2+}、Hg^{2+}、Ni^{2+}、Ag^+、Zn^{2+}	
8-羟基喹啉		各种 pH	Cu^{2+}、Be^{2+}、Mg^{2+}、Zn^{2+}、Ca^{2+}、Sr^{2+}、Ba^{2+}、Al^{3+}、In^{3+}、Ca^{3+}、Ti^{4+}、Sn^{2+}、Pb^{2+}	
硫氰酸盐与有机碱			Zn^{2+}、Cd^{2+}、Cu^{2+} 及其他二价金属	与吡啶、喹啉、异喹啉、联苯胺、乙二胺及其他有机碱和硫氰酸钾（或钠）生成 ML_n $(SCN)_2$ 沉淀，如仅用硫氰酸钾（或钠）则只沉淀 Cu^+
硫脲		酸性	Pd^{2+}、Cd^{2+}、Tl^+ 等	
巯乙酰基-2-萘胺		0.1mol/L HCl	Sb^{3+}、As^{3+}、Sn^{4+}、Bi^{3+}、Cu^{2+}、Hg^{2+}、Ag^+、Au^{3+} 及铂族金属离子	作用似 H_2S，易氧化
		酒石酸盐用 Na_2CO_3 碱化	Au^{3+}、Cu^{2+}、Hg^{2+}、Cd^{2+}、Tl^+	
		氰化碱-酒石酸盐	Au^{3+}、Tl^+、Sn^{4+}、Pb^{2+}、Sb^{3+}、Bi^{3+}	
		NaOH-氰化物-酒石酸盐	Tl^+	
α-巯基乙酰苯胺氨基甲酸酯		柠檬酸铵	Co^{2+}、Sb^{3+}、Cu^{2+}	可用于分离 Co^{2+}，但 Ni^{2+} 和 Fe^{3+} 部分被沉淀
巯基苯并噻唑		弱酸或氨性	许多金属离子	先在酸性介质沉淀 Cu^{2+}，继在氨性介质沉淀 Cd^{2+}

续表

试剂名称	结构式或分子式	溶液的酸碱性	被沉淀离子	备　注
8-巯基喹啉	SH	各种 pH	Ag^+、Cu^{2+}、An^{3+}、Zn^{2+}、Cd^{2+}、Hg^{2+}、Hg_2^{2+}、Ti^{3+}、Ti^{4+}、Pb^{2+}、As^{3+}、As^{5+}、Sb^{3+}、Sb^{5+}、Bi^{3+}、V^{4+}、V^{5+}、MoO_4^{2-}、WO_4^{2-}、Fe^{2+}、Fe^{3+}、Co^{2+}、Ni^{2+}、Mn^{2+}、SO_4^{2-}	
联苯胺	H_2N— —NH_2			沉淀为 $C_{12}H_{12}N_2 \cdot H_2SO_4$ 4-氯-4'-氨基联苯与 SO_4^{2-} 形成的沉淀溶解度较联苯胺的小
5,6-苯并喹啉		弱酸性 强酸性	MoO_4^{2-} WO_4^{2-}	用以分离 MoO_4^{2-} 和 WO_4^{2-}
硝酸试剂	H_5C_6—N——N C_6H_5 HC　　C N C_6H_5		NO_3^-、ClO_4^-、ReO_4^-、WO_4^{2-}	试剂的 RH^+ 可与 Bi^{3+}、Cd^{2+}、Cu^{2+}、Fe^{3+}、Hg^{2+}、UO_2^{2+} 和 Zn^{2+} 的卤素和硫氰络离子形成沉淀,Cd^{2+} 以络碘离子沉淀 沉淀成 $C_{20}H_{16}N_4 \cdot HNO_3$ 形式,Br^-、I^-、SCN^- 等有干扰
喹哪啶酸	—COOH	弱酸性	Cu^{2+}、Cd^{2+}、Zn^{2+} 及 Co^{2+}、Fe^{2+}、Fe^{3+}、Pb^{2+}、Hg^{2+}、MoO_4^{2-}、Ni^{2+}、Pd^{2+}、Ag^+、W^{6+}、Al^{3+}、Th^{4+} 等	调节 pH 可在 Cd^{2+}、Ni^{2+}、Co^{2+} 和 Pb^{2+} 等离子存在下沉淀 Cu^{2+},在硫脲存在下可在 Cu^+、Hg^{2+}、Ag^+ 等离子存在时沉淀 Zn^{2+}
喹啉-8-羧酸	COOH		Cu^{2+} 及其他二价金属离子	
氯化四苯钾	$(C_6H_5)_4AsCl$	HCl	ClO_4^-、ReO_4^-、MoO_4^{2-}、WO_4^{2-}、$HgCl_4^{2-}$、$SnCl_6^{2-}$、$CdCl_4^{2-}$、$ZnCl_4^{2-}$、$AuCl_4^-$ 等	为阴离子沉淀剂,沉淀形式为四苯钾盐,例如 $[(C_6H_5)_4As]_2HgCl_4$
铋试剂 Ⅱ	S　　SH S	$0.1mol/L$ HCl 弱酸性和中性	Bi^{3+}、As^{3+}、As^{5+}、Sb^{3+}、Sb^{5+},许多重金属离子	
铜铁试剂	NO N ONH_4	$0.6 \sim 2mol/L$ HCl 或 $1.8 \sim 2mol/L\left(\frac{1}{2}H_2SO_4\right)$	Nb^{5+}、Ta^{5+}、Zr^{4+}、Ti^{4+}、Sn^{4+}、Ce^{4+}、WO_4^{2-}、VO_3^-、Fe^{3+}、Ga^{3+}、U^{4+}	与 Al^{3+}、Co^{2+}、Ni^{2+}、Mn^{2+}、UO_2^{2+}、Cr^{3+} 分离
靛红-β-肟		乙酸盐缓冲液或酒石酸盐溶液	U^{4+}	与 Mg^{2+}、Mn^{2+}、Zn^{2+}、Cd^{2+}、Ni^{2+}、Co^{2+} 分离

三、共沉淀分离

共沉淀对于沉淀分离属于不利于因素,但是它可以用于微量组分的分离。在待测沉淀的微量组分试液中,加入某些其他离子和该离子的沉淀剂时,使之生成沉淀（称为载体或称共沉淀剂）,并使微量组分定量地共沉淀下来。再将沉淀溶解在少量的溶剂之中,以达到分离目的,这种方法称为共沉淀分离法。

在共沉淀分离中所用的共沉淀剂不能干扰微量组分的测定，它可以是无机物也可以是有机物。

1. 用无机共沉淀剂进行共沉淀分离

对于微量的重金属离子，可以利用 $Fe(OH)_3$、$Al(OH)_3$、$MnO(OH)_2$、PbS、SnS_2 等难溶氢氧化物或硫化物作载体进行共沉淀分离。例如，在含微量 UO_2^{2+} 的试液中加入 Fe^{3+}，用氨水使 Fe^{3+} 以 $Fe(OH)_3$ 沉淀析出。由于吸附层为 OH^-，使沉淀带有负电荷，试液中的 UO_2^{2+} 作为抗衡离子被 $Fe(OH)_3$ 吸附后，随 $Fe(OH)_3$ 共沉淀下来，从而达到 UO_2^{2+} 的分离目的。

如果待分离的微量组分 M 与载体 NL 沉淀中的 N 的半径相似、电荷相同并且 NL 和 ML 晶型相同时，则 ML 可以以混晶形式与 NL 共沉淀下来。例如，用 $BaSO_4$ 作载体，使微量 Ra^{2+} 形成 $BaSO_4$-$RaSO_4$ 混晶共沉淀出来，达到 Ra^{2+} 的分离目的。

一般而言，无机共沉淀法的选择性不高，并且无机共沉淀剂挥发性较差，分离后常引入大量载体。

2. 用有机共沉淀剂进行共沉淀分离

在微量组分的分离中常使用有机共沉淀剂。例如，欲分离溶液中微量 Zn^{2+}，可在酸性条件下加入大量的 SCN^- 和甲基紫（MV）。在酸性介质中 MV 质子转化成带正电荷的 MVH^+，与 SCN^- 形成难溶的缔合物 $MVH^+ \cdot SCN^-$，该沉淀作为载体可将 $Zn(SCN)_4^{2-}$ 与 MVH^+ 形成的缔合物 $Zn(SCN)_4^{2-}$ $(MVH^+)_2$ 共沉淀下来。

与无机共沉淀剂相比，有机共沉淀剂具有以下优点。

① 选择性好。在共沉淀过程中几乎不会吸附不相干的离子。

② 可以从很稀的溶液中把微量组分载带下来。欲分离的组分含量可低至 10^{-10} g/mL 或更低仍可得到满意结果。

③ 易于纯制。所得到的沉淀，只需经灼烧即可将有机部分除去，便于测定。

常用有机共沉淀剂及其共沉淀的离子列于表 9-14 中。

表 9-14　常用有机共沉淀剂及其共沉淀的离子

共沉淀剂	被共沉淀的离子	共沉淀剂	被共沉淀的离子
甲基紫-SCN^-	Cu^{2+}、Zn^{2+}、$Mo(Ⅵ)$ 等	8-羟基喹啉-β 萘酚	Ag^+、Cd^{2+}、Co^{2+}、Ni^{2+}
甲基紫-丹宁	Be^{2+}、TiO^{2+}、Sn^{4+}、Ce^{4+}、Th^{4+}、Zr^{4+}、Hf^{4+}、$Nb(Ⅴ)$、$Ta(Ⅴ)$、$Mo(Ⅵ)$、$W(Ⅵ)$	双硫腙-2,4-二硝基苯胺	Ag^+、Cn^{2+}、Au^{3+}、Zn^{2+}、Pb^{2+}、Ni^{2+}、Co^{2+}、Sn^{2+}、In^{3+}
		四苯硼酸铵	K^+

四、二盐析法

在溶液中加入中性盐使固体溶质沉淀析出的过程称为盐析。许多生物物质的制备过程都可以用盐析法进行沉淀分离，如蛋白质、多肽、多糖、核酸等。盐析法在蛋白质的分离中应用最为广泛。因为共沉淀的影响，盐析法的分辨率不高，但由于它成本低，操作简单安全，对许多生物活性物质有稳定作用，在生化分离中仍十分有用。

用于盐析的中性盐有硫酸盐、磷酸盐、氯化物等，其中硫酸铵、硫酸钠用得最多，尤其适用于蛋白质的盐析。盐析条件通过改变离子强度（盐的浓度）、pH 和温度来选定。

五、等电点沉淀

两性电解质分子在电中性时溶解度最低，利用不同的两性电解质分子具有不同的等电点而进行分离的方法称为等电点沉淀法。氨基酸、核苷酸和许多同时具有酸性和碱性基团的生物小分子以及蛋白质、核酸等生物大分子都是两性电解质，控制在等电点的 pH，加上其他的沉淀因素，可使其以沉淀析出。此法常与盐析法、有机溶剂和其他沉淀剂一起使用，以提高分离能力。

第三节　挥发与蒸馏

挥发与蒸馏分离法是利用化合物挥发性的差异来进行分离的方法。通常，以气态形式挥发除掉干扰组分的方法称为挥发分离法；把挥发的被测组分用适当的方式收集起来的方法称为蒸馏分离法。

一、无机物的挥发与蒸馏分离

在无机分析中，挥发和蒸馏分离法主要用于非金属元素和少数几种金属元素的分离。例如 Ge、As、Sb、Sn、Se 等的氯化物和 Si 的氟化物都有挥发性，可通过控制蒸馏温度的办法把它们从试样中分出。

表 9-15 列出了挥发性元素的挥发形式。表 9-16 为某些元素的挥发和蒸馏分离条件。

表 9-15　挥发性元素的挥发形式

挥 发 物	元 素 或 离 子[①]
单质	惰性气体、氢、氧、卤素（Na、Zn、Hg、Se、Po）
氧化物	C(Ⅳ)、N(Ⅱ)、S(Ⅳ)、Re(Ⅶ)、Tc(Ⅶ)、Ru(Ⅳ)、Os(Ⅷ)、Se(Ⅳ)、Mn^{2+}、Ir(Ⅳ)
氢化物	N(Ⅲ)、P(Ⅲ)、As(Ⅲ)、Sb(Ⅲ)、O、S、Se、Te、F、Cl、Br、I、(Ge^{4-})
氟化物	B(Ⅲ)、Si(Ⅳ)、[Ge(Ⅳ)]
氯化物	Au^{2+}、Hg^{2+}、Ge(Ⅳ)、Sn^{4+}、As^{3+}、Sb^{3+}、Se^{2+}、Se(Ⅳ)、Se(Ⅵ)、Te^{2+}、Te(Ⅳ)、TeO_4^{2-}、(Al、Si、Zr、P、Ta、Fe、Mo)
溴化物	Cd^{2+}、Sn^{4+}、Ge(Ⅳ)、As^{3+}、Sb^{3+}、Se(Ⅳ)、Te(Ⅳ)、(Bi)
碘化物	Bi^{3+}
挥发性含氧酸或非含氧酸（氢化物）	B(Ⅲ)、C(Ⅳ)、N(Ⅲ)、N(Ⅴ)、P^{3-}、S^{2-}、S(Ⅳ)、Se^{2-}、Se(Ⅳ)、Te^{2-}、Te(Ⅳ)、卤素
挥发性酯等有机物	B（例如 CH_3BO_2）、(Po、Al^{3+})
氯化铬酰 CrO_2Cl_2	Cr(Ⅵ)

① 在括号内所注的符号，是指其单质或某些化合物较难挥发的元素。

表 9-16　某些元素的挥发和蒸馏分离条件

组分	挥发性物质	分 离 条 件	应 用
B	$B(OCH_3)_3$	酸性溶液中加甲醇	B 的测定或去 B
C	CO_2	1100℃通氧燃烧	C 的测定
Si	SiF_4	$HF+H_2SO_4$	去 Si
S	SO_2	1300℃通氧燃烧	S 的测定
	H_2S	$HI+H_3PO_4$	S 的测定
Se、Te	$SeBr_4$、$TeBr_4$	H_2SO_4+HBr	Se、Te 的测定或去 Se、Te
F	SiF_4	$SiO_2+H_2SO_4$	F 的测定
CN^-	HCN	H_2SO_4	CN^- 的测定
Ge	$GeCl_4$	HCl 溶液	Ge 的测定
As	$AsCl_3$、$AsBr_3$、$AsBr_5$	HCl 溶液或 $HBr+H_2SO_4$	去 As
As	AsH_3	$Zn+H_2SO_4$	微量 As 的测定
Sb	$SbCl_3$、$SbBr_3$、$SbBr_5$	HCl 或 $HBr+H_2SO_4$	去 Sb
Sn	$SnBr_4$	$HBr+H_2SO_4$	去 Sn
Cr	CrO_2Cl_2	HCl 溶液+$HClO_4$	去 Cr
Os、Ru	OsO_4、RuO_4	$KMnO_4+H_2SO_4$	痕量 Os、Ru 的测定
Mo	$MoCl_3$	HCl 气流中，250～300℃加热蒸馏	与 W 分离
铵盐	NH_3	NaOH	氨态氮的测定

二、有机物的挥发与蒸馏分离

在有机分析中，蒸馏是分离和纯化液体有机物的最常用方法。通过蒸馏不仅可以把挥发性的物质与不挥发的物质分离开来，而且可以把沸点不同的液体混合物分离开来。

1. 常压蒸馏法

常压下将液体加热至沸腾，使液体变为蒸气，然后再使蒸气冷却凝结为液体进到另一个容器中，这个过程称为常压蒸馏。当被蒸馏物质的沸点不是很高，而且受热后不会发生分解时，多采用此法。一般纯的液体有机物，在大气压力下有确定的沸点，如果在蒸馏过程中，沸点发生变动，则说明该物质不纯。为了得到纯的物质，就必须控制沸程。需要注意的是，具有固定沸点的液体也不一定都是纯的物质，因为某些有机物常常和其他组分形成二元或三元共沸混合物，它们也有固定的沸点。几种常见的共沸混合物见表9-17。

表 9-17　几种常见的共沸混合物

组　成　（沸点/℃）		共 沸 混 合 物	
		各组分含量/%	沸点/℃
二元共沸混合物	水(100)-乙醇(78.5)	4.4+95.6	78.2
	水(100)-苯(80.1)	8.9+91.1	69.4
	乙醇(78.5)-苯(80.1)	32.4+67.6	67.8
	水(100)-氯化氢(−83.7)	79.8+20.2	108.6
	丙酮(56.2)-氯仿(61.2)	20.0+80.0	64.7
三元共沸混合物	水(100)-乙醇(78.5)-苯(80.1)	7.4+18.5+74.1	64.6
	水(100)-丁醇(117.7)-乙酸丁酯(126.5)	29.0+8.0+63.0	90.7

（1）常压蒸馏装置　常压蒸馏装置主要包括蒸馏烧瓶、冷凝管和接受器三大部分，如图9-4所示。可以买到全玻璃成套蒸馏装置，也可以自己组装。

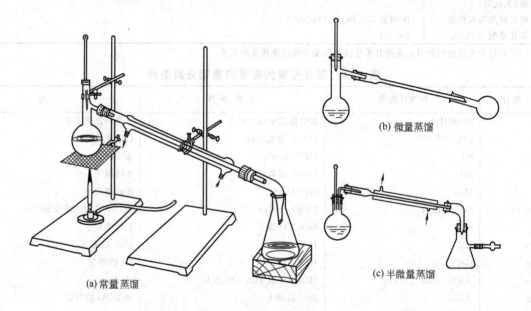

(a) 常量蒸馏　　(b) 微量蒸馏　　(c) 半微量蒸馏

图 9-4　常压蒸馏装置

　　蒸馏瓶是蒸馏时最常用的容器。应根据蒸馏物的量选择大小合适的蒸馏瓶，一般是使蒸馏物的体积不超过瓶体积的2/3，也不少于1/3。如果装入的液体量过多，当加热到沸腾时液体可能冲出，或者液体飞沫被蒸气带出，混入馏出液中；反之，在蒸馏结束时，相对会有较大部分的液体残留在瓶内不容易蒸出来。安装时，温度计应通过木塞插入瓶颈中央，其水银球上限应和蒸馏瓶支管的下限在同一水平线上。蒸馏瓶的支管通过木塞和冷凝管相连。支管口应伸出木塞2～3cm。用水冷凝管时，其外套中通水（冷凝管下端的进水口用橡皮管接至自来水龙头，上端的出水口以橡皮管导入排水槽），上端的出水口应向上，以保证套管中充满水，使蒸气在冷凝管中冷凝成为液体。冷凝管的下端通过木塞和接受液体的导管（接液管）相连。接液管下端伸入作为接受馏液用的锥形瓶中，接液管和锥形瓶间不可用塞子塞住，而应与外界大气相通。蒸馏低沸点、易燃、易吸潮的液体时，应用如图9-4(c) 所示的接受装置，并将接受瓶在冰水浴中冷却。

蒸馏瓶用万能铁夹垂直夹好。安装冷凝管时，应先调整它的位置，使其与蒸馏瓶支管同轴，然后松开冷凝管万能铁夹，使冷凝管沿此轴移动和蒸馏瓶相连，这样才不致折断蒸馏瓶支管。各万能铁夹不应夹得太紧或太松，以夹住后稍用力尚能转动为宜。万能铁夹内要垫以橡皮等软性物质，以免夹破仪器。整个装置要求装配准确端正，无论从正面或侧面观察，全套仪器中各个仪器的轴线都要在同一平面内。所有的万能铁夹和铁架都应尽可能整齐地放在仪器的背部。

（2）常压蒸馏操作及注意事项 见表9-18。

表 9-18 常压蒸馏操作及注意事项

操作步骤	操作要点	简要说明	现象	注意事项
加料	通过玻璃漏斗，将待蒸馏液体小心地倒入蒸馏瓶加入几粒沸石或毛细管塞上带温度计的橡皮塞	加沸石是为了消除液体在加热过程中出现的过热现象，保证沸腾的平稳，防止跳动暴沸		切勿将待蒸馏液体倒入蒸馏烧瓶的支管内，以免污染馏出液
调整仪器	接通冷凝水检查仪器各连接处是否紧密，不漏气	冷凝管下口为进水口，上口为出水口		为避免意外事故发生，蒸馏液体的沸点高于140℃时，应使用空气冷凝管；沸点低于140℃时，应使用直形水冷凝管
加热	选择合适的热浴最初用小火，慢慢增大火力加热	热浴方式应根据待蒸馏液体的沸点来选择。沸点在100℃以下者，必须采用沸水浴；沸点在100～250℃者，应采用油浴；沸点再高者，可采用砂浴；如果被蒸馏物是不燃物，也可在蒸馏瓶下放置一块石棉网，直接用火加热	蒸气逐渐上升	加热时切勿对未被液体浸盖的蒸馏烧瓶壁加热，否则沸腾的液体将产生过热蒸气，使温度计所示温度高于沸点温度
沸腾		当蒸馏液体沸腾，蒸气到达温度计水银球部位时，温度计指示会急剧上升	蒸馏液体沸腾，温度计指示迅速上升	
蒸馏	调小火焰或调节加热电炉的电压，使加热速率略微下降调节加热速率使蒸馏以每秒钟蒸出1～2滴的速度进行记下第一滴馏出液的温度接收前馏分，同时观察温度计指示待达到所需馏分的温度时，记下此温度，同时换另一个接收容器进行接收	①降低加热速率是为了让水银球上凝聚的液滴和蒸气在温度上达到平衡②前馏分也称馏头，是指那部分沸点比所需馏分沸点低的物质	温度计指示趋于稳定	①蒸馏速率不能太慢，否则水银球周围的蒸气会短时间中断，致使温度指示发生不规则的变动，影响读数的准确性。蒸馏速度也不宜太快，否则温度计响应较慢，同样也易使读数不准确；同时由于蒸气带有较多的微小液滴，会使馏出液组成不纯②若馏出液的沸点较低，为避免挥发应将接收容器放在冷水浴或冰水浴中冷却③沸点高于140℃时，应使用空气冷凝管
蒸馏结束	当所需沸程的液体都蒸出后，记下此温度停止加热，撤去热浴按安装仪器的相反顺序拆除仪器	①纯物质的沸程一般不超过1～2℃②当所需馏分蒸出后，若依然维持原来的加热温度，就不会再有馏分蒸出，温度计指示会骤然下降；若继续升高加热温度，因尚有高沸点杂质存在，温度计指示会显著上升	温度计指示骤然下降	①为防止温度计因骤冷发生炸裂，拆下的热温度计不要直接放到桌面上，而应放在石棉网上②切记，即使高沸点杂质含量极少，也不要蒸干，以免发生意外事故

2. 减压蒸馏法

液体的沸点是指它的蒸气压等于外界大气压时的温度，所以液体沸腾的温度是随外界压力的降低而降低的。如果用真空泵连接盛有液体的容器，使液体表面上的压力降低，便可降低液体的沸点。这种在较低压力下进行的蒸馏操作称为减压蒸馏（又称真空蒸馏）。减压蒸馏特别适用于那些在常压蒸馏时未达到沸点就已受热分解、氧化或聚合的物质，或者是那些沸点甚高不易蒸馏的物质。

（1）减压蒸馏装置　减压蒸馏装置主要包括蒸馏、抽气以及安全保护和测压装置三部分，如图 9-5 所示。

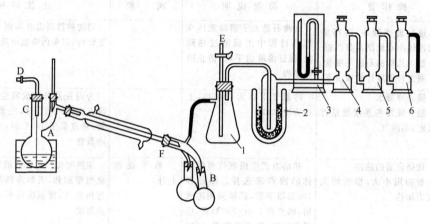

图 9-5　减压蒸馏装置
1—安全瓶；2—冷却阱；3—压力计；4—氯化钙；5—氢氧化钠；6—石蜡片
A—减压蒸馏瓶；B—接受器；C—毛细管；D—螺旋夹；E—放气活塞；F—接液管

① 蒸馏部分　图 9-5 中 A 是减压蒸馏瓶（又称克氏蒸馏瓶），瓶上有两个颈，它可避免减压蒸馏时瓶内液体由于沸腾而冲入冷凝管中。瓶的一个颈插有温度计，温度计水银球的上限和支管的下限在同一水平线上；另一个颈插有一根毛细管 C，其长度恰好使其下端距瓶底 1～2mm。毛细管上端连有一段带螺旋夹 D 的橡皮管，螺旋夹用以调节进入的空气量，使有极少量的空气进入液体呈微小气泡冒出，作为液体沸腾的气化中心，使蒸馏平稳进行。接受器 B 用圆底烧瓶。蒸馏时若要收集不同的馏分，而又不中断蒸馏，则可用两尾或多尾接液管（图 9-5 中 F）。多尾接液管的几个分支管用橡皮塞和作为接受器的圆底烧瓶（或厚壁试管，但不可用平底烧瓶或锥形瓶）连接起来。转动多尾接液管，就可使不同的馏分流入指定的接受器中。E 为放气活塞。

根据蒸出液体的沸点不同，选择合适的热浴和冷凝管。热浴的温度应比蒸馏液体的沸点高20～30℃；沸点高的蒸馏液体应使用空气冷凝管，而且最好用石棉绳或石棉布包裹蒸馏瓶的两颈，以减少散热。

② 抽气部分　实验室常用水泵或机械泵进行抽气减压。水泵是用玻璃或金属制成，其效能与其构造、水压及水温有关。水泵所能达到的最低压力为当时室温下的水蒸气压。机械泵的真空度可达 1Pa。蒸馏时如果有挥发性的有机溶剂产生，其蒸气被泵中油吸收后，就会增加油的蒸气压，影响真空效能；若有酸性蒸气产生，则会腐蚀油泵的机件；若有水蒸气产生，当水蒸气凝结后，会与油形成浓稠的乳浊液，破坏油泵的正常工作。因此使用机械泵时必须十分注意对它的保护。一般使用机械泵时，真空系统的压力常控制在650～1300Pa 间。

③ 安全保护及测压装置部分　当用水泵减压时，应在泵前安装一个安全瓶，以免发生倒吸。用机械泵抽气减压时，为保护机械泵及实验的顺利进行，应在泵前安装安全瓶、冷却阱、压力计、吸收塔等保护装置。在保护系统中，安全瓶主要用于调节系统的压力及放气；冷却阱可分离低沸点和易挥发有机物，阱中采用的冷却剂可根据需要选用冰-水、冰-盐、干冰等；封闭式压力计用于测量系统的实际压力。吸收塔通常设有三个：第一个装无水氯化钙或硅胶，可吸收微量水分；第二个装粒状氢氧化钠，可吸收酸蒸气；第三个装石蜡片，可吸收烃类气体。

减压蒸馏时整个系统必须保证密封不漏气，因此选用的橡皮塞大小及钻孔大小都要十分合适。所用橡皮管最好用真空橡皮管。各磨口玻璃塞处都应仔细地涂好真空脂。

（2）减压蒸馏操作及注意事项　按表 9-19 进行。

表 9-19　减压蒸馏操作及注意事项

操作步骤	操作要点	简要说明	现象	注意事项
前处理	常压蒸馏	如果被蒸馏物中含有低沸点杂质，应先进行常压蒸馏，以除去低沸点物质		如果准备用油泵进行减压蒸馏，最好先用水泵减压蒸去低沸点物质，以免损坏油泵
加料	将待蒸馏的液体通过玻璃漏斗加到克氏蒸馏瓶中	液体的量不要超过克氏蒸馏瓶容积的 1/2		注意，液体量过多，在蒸馏时可能冲出或液体飞沫被蒸气带出
调整仪器	塞上带有毛细管的塞子　使仪器各部位连接紧密，如图 9-5 所示			为避免发生意外事故，在减压蒸馏状态下，沸点高于 140℃者，用空气冷凝管；沸点低于 140℃者，用直形水冷凝管
减压	旋紧螺旋夹 D　打开安全瓶上的二通活塞 E　开泵抽气	如用水泵抽气时，应将水开至最大流量		
检漏	逐渐关闭 E，同时从压力计上观察系统所能达到的真空度。　检查系统各连接处是否漏气	若漏气，应采取相应措施使各连接部位紧密	系统压力降低	若系统达不到所需真空度，也应检查是否由于水泵或油泵本身的效率所限
调压	如果超过所需真空度，可小心调节二通活塞 E，使少量空气进入　调节螺旋夹 D，使液体中有连续平稳的小气泡冒出　接通冷凝水	①如真空度适宜，则不必调节二通活塞 E　②调节 D 的作用是让连续平稳的小气泡作为蒸馏时的沸腾中心，与常压蒸馏时沸石所起作用相同	液体中有气泡冒出	切勿彻底关闭螺旋夹 D，以免发生暴沸或其他意外事故
加热	选择合适的热浴　开始加热　调节浴液温度，比蒸馏液体的沸点高 20～30℃	热浴方式应根据减压状态下，物质沸点在 100℃以下的，采用沸水浴；沸点在 100～250℃的，采用油浴；沸点更高的，可采用砂浴，或者在克氏蒸馏瓶下放置一块石棉网，用直接火加热	浴温逐渐升高	①克氏蒸馏瓶的圆球部位至少应有 2/3 浸入浴液中，以保证受热均匀　②加热时切勿对未被液体浸盖的烧瓶壁或烧瓶颈加热，否则沸腾的液体将产生过热蒸气，使温度计所示温度高于沸点温度
沸腾		当蒸馏液体沸腾，蒸气到达温度计水银球部位时，温度计指示急剧上升	温度计指示急剧上升	
蒸馏	调小火焰或调节加热电炉电压，使加热速率略微下降　调节加热速率使蒸馏以每秒钟蒸出 1～2 滴的速率进行　记下第一滴馏出液的温度和压力　接收前馏分，同时观察压力和温度的变化　当达到所需馏分的沸点温度时，转动多尾接液管，换另外一个容器接收　记下此时的温度和压力	①降低加热速率是为了使水银球上凝聚的液滴和蒸气在温度上达到平衡　②前馏分也称馏头，是指那部分沸点比所需馏分沸点低的物质　③如使用普通馏液管，当达到所需馏分的沸点温度时，应先移去热源，取下热浴，待系统稍冷后，渐渐打开二通活塞 E，使系统与大气相通，然后松开螺旋夹 D，卸下接收容器，装上另一个接收容器，从操作步骤的第四步重新操作	温度计指示趋于稳定	①蒸馏速率不能太慢，否则水银球周围的蒸气会短时间中断，致使温度指示发生不规则的变化，影响读数的准确性；蒸馏速率也不能过快，否则温度计响应较慢，同样也易使读数不准确，同时由于蒸气带有较多的液体飞沫，会使馏出液组成不纯　②在整个蒸馏过程中，要密切注意温度和压力的变化，以防漏气

操作步骤	操作要点	简要说明	现　象	注意事项
蒸馏结束	当所需沸程的液体都蒸出后，记下此温度和压力 停止加热，撤去热浴 待系统稍冷后，渐渐打开二通活塞E，使系统与大气相通；松开螺旋夹D，系统内压与大气压平衡后，关闭水泵或油泵 按照安装仪器的相反顺序拆除仪器	①在压力不变的情况下，纯液体的沸程一般不超过1～2℃ ②当所需馏分蒸出后，若依然维持原来的加热温度，就不会再有馏分蒸出，温度计指示骤然下降；若继续升高加热温度，因尚有高沸点杂质存在，温度计指示就显著上升	温度计指示骤然下降	①切记，即使高沸点杂质含量极少，也不要蒸干，以免发生意外事故 ②关闭水泵或油泵之前，一定要先打开二通活塞E，解除真空，否则，由于系统中压力较低，水泵中的水或油泵中的油，会倒流入系统中 ③为防止温度计骤冷发生炸裂，拆下的热温度计不要直接放到桌面上，而应放在石棉网上

3. 分馏法

当液体混合物中各组分的沸点相差不太大，用普通蒸馏法难以精确分离时，用分馏柱使它们分离开的方法称为分馏法。精密的分馏设备能将沸点相差 1～2℃ 的混合物分开。

分馏的原理，实际上是被蒸馏的混合液在分馏柱内进行多次气化和冷凝，上升的蒸气与下降的冷凝液互相接触发生热量交换，上升的蒸气部分冷凝放出的热量使下降的冷凝液部分气化，而每一次气化和冷凝将使蒸气中低沸点的组成增加一次，因此蒸气在分馏柱内上升的过程中，等于经过反复多次的简单蒸馏，不断增加蒸气中低沸点的组分。其结果是上升蒸气中低沸点组分增加，而下降的冷凝液中高沸点组分增加。当分馏柱的效率足够高时，开始从分馏柱顶部出来的几乎是纯净的低沸点组分，而最后留在烧瓶里的液体，几乎是纯净的高沸点组分，这样就可将沸点不同的物质分离开来。

分馏的关键在于选择适当的分馏柱，一般对分馏柱的要求不是越高越好，而是应该进行适当选择。通常把分馏柱的分馏能力和效率用"理论塔板值"来表示，一个理论塔板值相当于一次简单的蒸馏。被分馏液中各组分之间的沸点相差越大，对分馏柱的要求越低；反之要求越高。另外，在分馏的时候，要求回流液（内含高沸点物质较多）的滴数与馏出液的滴数之比（即回流比）有一个恰当的比例，才能将不同沸点的组分分离完全。一般回流比大体上应与分馏柱的理论塔板值相等。

分馏装置与蒸馏装置基本相同，分馏装置仅在蒸馏装置的蒸馏瓶上方加一个分馏柱。其他部分二者皆相同。

分馏操作和蒸馏操作大致相同。将待分馏的混合物放入圆底烧瓶中，加入沸石，装上分馏柱，插上温度计。分馏柱的支管和冷凝管相连。蒸馏液收集在锥形瓶中。柱的外围用石棉绳包住，以减少柱内热量的散发，减少风和室温的影响。选用合适的热浴加热，液体沸腾后要注意调节浴温，使蒸气慢慢升入分馏柱，10～15min 后蒸气到达柱顶。在有馏出液滴出后，调节浴温使得蒸出液体的速率控制在每两三秒一滴，这样可以得到比较好的分馏效果。待低沸点组分蒸完后，再渐渐升高温度，当第二个组分蒸出时会使沸点迅速上升。分馏时必须注意下列几点。

① 分馏一定要缓慢进行，要控制好恒定的蒸馏速率。

② 要选择合适的回流比。

③ 必须尽量减少分馏柱的热量失散和温度波动。分馏的热源应保持稳定，才能保持所需要的回流比。过快地加热不但使分馏效率差，还会使分馏柱内的液体凝结过多，堵住蒸气上升的通道；如果加热太慢，分馏柱便会变成回流冷凝器，根本蒸不出任何物质来。

4. 水蒸气蒸馏法

水蒸气蒸馏特别适用于分离那些在其沸点附近易分解的物质，也适用于从不挥发物质或不需要的树脂状物质中分离出所需的组分，其效果较一般蒸馏或重结晶为好。使用这种方法时，被提纯物质应该具备下列条件：不溶或几乎不溶于水；在沸腾下与水长时间共存不起化学变化；在 100℃ 左右时必须具有一定的蒸气压，一般不小于 1300Pa。

（1）原理　当与水不相混溶的物质和水一起存在时，整个体系的蒸气压应为各组分蒸气压之和。当混合物中各组分蒸气压总和等于外界大气压时，混合物开始沸腾，此时的温度即为混合液的

沸点。这时的沸点必定较任一个组分的沸点都低。蒸出的蒸气中两组分的含量与其蒸气分压成比例

$$\frac{m_A}{m_{H_2O}}=\frac{M_A\,p_A}{M_{H_2O}\,p_{H_2O}}$$

即在馏出物中，随水蒸气一起蒸馏出的组分质量 m_A 与水的质量 m_{H_2O} 之比，等于两者的分压（组分分压 p_A 与水的分压 p_{H_2O}）分别和两者分子量（组分的分子量 M_A 与水的分子量 M_{H_2O}）的乘积之比。

（2）蒸馏装置　如图9-6所示。

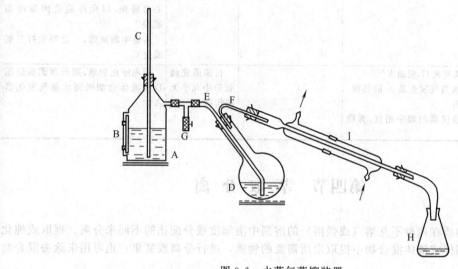

图 9-6　水蒸气蒸馏装置
A—水蒸气发生器；B—玻璃管（液面计）；C—安全管；D—长颈圆底烧瓶；E—水蒸气导管；
F—馏出液导管；G—螺旋夹；H—接受瓶；I—冷凝管

（3）小蒸气蒸馏操作及注意事项　见表9-20。

表 9-20　水蒸气蒸馏操作及注意事项

操作步骤	操作要点	简要说明	现　象	注意事项
加料	将被蒸馏物与少量水一起放入长颈圆底烧瓶 D 中，其量约为蒸馏瓶容量的1/3	为防止 D 中液体因跳溅而冲入冷凝管 I 内，将长颈圆底烧瓶 D 的位置向水蒸气发生器方向倾斜45°		
调整仪器	水蒸气发生器 A 的盛水量为其容积的3/4 安全管 C 几乎插到 A 的底部 水蒸气导管 E 的末端应弯曲，使其垂直地正对瓶底中央并伸入到接近瓶底 接通冷凝水 检查仪器各连接处是否紧密，不漏气 打开螺旋夹 G	①若盛水过多，沸腾时水将冲走烧瓶 ②由 B 可观察 A 内水面高度		如果系统中发生了堵塞，则安全管 C 中水位将迅速升高，此时应立即打开螺旋夹 G，然后移去热源
加热	加热 A，直至有大量稳定的蒸气从 G 管逸出，将 G 夹紧	为了使蒸汽不致在长颈圆底烧瓶 D 中冷凝而积聚过多，必要时可在长颈圆底烧瓶 D 下放置一个石棉网，小火加热	水蒸气均匀地进入圆底烧瓶	

操作步骤	操作要点	简要说明	现象	注意事项
蒸馏	控制加热速率,使蒸气能全部在冷凝管中冷凝下来	①一般控制馏出液的速率为每秒钟2~3滴 ②接受瓶 H 可用冷水浴冷却	安全管 C 中液面上下跳动表示蒸馏平稳进行	如果随水蒸气挥发的物质具有较高的熔点,在冷凝后易于析出固体,则应调小冷凝水的流速,使它冷凝后仍保持液态。若已有固体析出并接近阻塞时,可暂时停止冷凝水的流通。当重新通入冷凝水时,要小心而缓慢,以免冷凝管因骤冷而破裂 若要中断蒸馏,一定要先打开螺旋夹 G
蒸馏完毕	打开螺旋夹 G,使通大气 移去水蒸气发生器 A 的热源,停止加热 与安装仪器的顺序相反,拆除仪器		长颈圆底烧瓶 D 中几乎无油状物	若先停止加热,则长颈圆底烧瓶 D 中液体会倒吸到水蒸气发生器 A 中

第四节　萃　取　分　离

萃取是利用物质在两种不互溶(或微溶)的溶剂中溶解度或分配比的不同来分离、提取或纯化物质。它既可从固体或液体混合物中提取出所需要的物质,进行分离或富集;也可用来除去混合物中少量杂质。

一、基本原理

1. 分配系数

当溶质 A 溶于两种共存的互不相混的溶剂时,设一种溶剂为水,另一种为有机溶剂,当达到平衡时,A 在这两种溶剂中的浓度的比值(严格说应为活度比)在一定温度下为一个常数,称为分配系数,用 K_D 表示。

$$K_D = \frac{[A_有]}{[A_水]}$$

式中　$[A_有]$——溶质 A 在有机相中的平衡浓度;

　　　$[A_水]$——溶质 A 在水相中的平衡浓度。

上述规律称为分配定律,它是萃取分离的基本定律。

2. 分配比

分配系数仅适用于被萃取的溶质在两种溶剂中存在形式相同的情况。在实际中遇到的情况是很复杂的,溶质在溶液中往往因参与其他化学过程(如离解、缔合、络合等)而在两相中以多种形式存在,这时分配定律就不适用了。通常,把溶质在有机相中各种存在形式的总浓度 $(c_A)_有$ 与在水相中各种存在形式的总浓度 $(c_A)_水$ 之比称为分配比(又称萃取常数、萃取系数),用 D 表示。

$$D = \frac{(c_A)_有}{(c_A)_水} = \frac{[A_1]_有 + [A_2]_有 + \cdots + [A_n]_有}{[A_1]_水 + [A_2]_水 + \cdots + [A_n]_水}$$

如果在萃取过程中没有任何副反应发生,此时分配系数 K_D 与分配比 D 相等:$K_D = D$。

3. 萃取效率(萃取百分率)

萃取效率是物质 A 被有机相所萃取的质量百分数,常用 E 表示:

$$E = \frac{物质 A 在有机相中的含量}{物质 A 的总量} \times 100\%$$

萃取效率(E)与分配比(D)的关系为:

$$E=\frac{D}{D+\dfrac{V_水}{V_有}}\times100\%$$

式中 $V_水$——水相的体积；

$V_有$——有机相的体积。

若物质 A 在有机相中的溶解度比水相中大，则可将溶质 A 从水相萃取到有机相（相反的过程称为反萃取）。然而当分配比不高时，一次萃取是不可能将全部有机物质都转移到有机相中去的，因此需要进行连续多次萃取。萃取时，若在水溶液中先加入一定量的电解质（如氯化钠）或酸类，利用盐析效应可以降低有机物在水中的溶解度，从而提高萃取效率。

4. 分离因数（分离系数）

为了达到分离的目的，不但萃取效率要高，而且还要考虑共存组分间的分离效率要好。一般用分离因数 β 表示分离效率。

$$\beta=\frac{D_A}{D_B}$$

式中 D_A，D_B——组分 A 和组分 B 的分配比。

如果 D_A 与 D_B 数值相差很大，两种组分可以定量分离；如果 D_A 和 D_B 相差不多，则 β 值接近于 1，此时两种组分就难于定量分离。

二、萃取体系分类与常用萃取剂

1. 萃取体系的分类

（1）螯合物萃取体系　是有机弱酸或有机弱碱的螯合剂，它们与金属离子形成中性分子的螯合物，能被有机溶剂萃取。

（2）离子缔合物萃取体系　大分子有机金属阳离子或金属络阴离子通过静电引力相结合而形成电中性的疏水性的离子缔合物，能被有机溶剂萃取。或大分子的有机胺离子与金属络阴离子形成离子缔合物而被萃取。

（3）溶剂化合物的萃取体系　某些溶剂（中性络合萃取剂）分子通过其配位原子与无机化合物中的金属离子相键合，形成溶剂化合物，从而被有机溶剂萃取。

（4）无机共价化合物萃取体系　某些无机化合物如 I_2、Cl_2、Br_2、OsO_4、$GeCl_4$ 等是稳定的共价化合物，它们在水溶液中主要以分子形式存在，不带电荷，可用惰性溶剂如 $CHCl_3$、苯等萃取。

2. 常用萃取剂

表 9-21 为常用萃取剂及其应用范围。

表 9-21　常用萃取剂及其应用范围

萃 取 剂	萃 取 过 程	萃 取 原 理	可萃取物质
乙醚、石油醚、氯仿、二氯甲烷、苯、乙酸乙酯、己烷	把有机物从水溶液中萃取到有机相中	利用分配系数	在有机相中溶解度大，在水中溶解度小的有机化合物
5%氢氧化钠水溶液、5%或10%碳酸钠水溶液、5%或10%碳酸氢钠水溶液	把有机物从有机相中萃取到水相中	利用化学反应，使被萃取物成盐而溶于水	酚类、有机酸类
稀盐酸、稀硫酸	把有机物从有机相中萃取到水相中	利用化学反应，使被萃取物成盐而溶于水	有机碱类
浓硫酸	把有机物从有机相中萃取到浓硫酸相中	利用化学反应	可从饱和烃中除去不饱和烃，可从卤代烃中除去醇和醚等杂质

表 9-22 列出了常用络合萃取剂、螯合萃取剂及离子缔合萃取剂。

表 9-22　常用络合萃取剂、螯合萃取剂及离子缔合萃取剂

类　型	名　称	商品名或简称	结　构　式
醚	乙醚	EE	$C_2H_5OC_2H_5$
醇	辛醇		$CH_3(CH_2)_7OH$
酮	甲基异丁基酮	MIBK	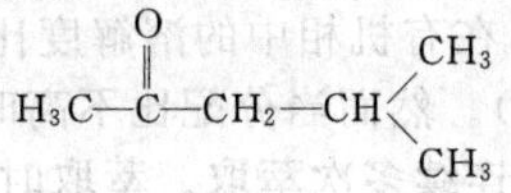 $H_3C-\overset{\overset{O}{\|}}{C}-CH_2-CH\underset{CH_3}{\overset{CH_3}{\diagup}}$
醛	糠醛		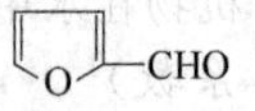 呋喃-CHO
五元杂环化合物	α 甲基四氢呋喃		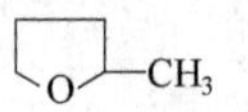 四氢呋喃-CH₃
六元杂环化合物	四氢吡喃		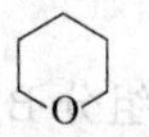 四氢吡喃环
磷酸酯	磷酸三丁酯	TBP	$(C_4H_9O)_3PO$
	二丁基磷酸丁酯	DBBP	$(C_4H_9O)(C_4H_9)_2PO$
膦氧化物	三丁基氧化膦	TBPO	$(C_4H_9)_3PO$
	三辛基氧化膦	TOPO	$(C_8H_{17})_3PO$
焦磷酸酯	焦磷酸四丁酯		$(C_4H_9O)_2P(O)O(O)P(OC_4H_9)_2$
双膦酸酯	亚甲基双膦酸四丁酯		$(C_4H_9O)P(O)(CH_2)P(O)(OC_4H_9)_2$
膦硫化物	三丁基硫化膦		$(C_4H_9)_3PS$
砜	二烷基亚砜		$R_2SO(DOSO=二辛基亚砜)$

表格左侧纵向标注："中性络合萃取剂"

类型	名称	商品名或简称	结构式
β-二酮	乙酰丙酮	HAA	$H_3C-\overset{\overset{O}{\|}}{C}-CH_2-\overset{\overset{O}{\|}}{C}-CH_3$
	三氟乙酰丙酮		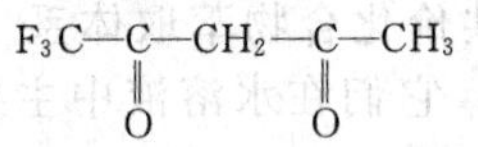 $F_3C-\overset{\overset{O}{\|}}{C}-CH_2-\overset{\overset{O}{\|}}{C}-CH_3$
	苯甲酰丙酮	HBA	苯基$-\overset{\overset{O}{\|}}{C}-CH_2-\overset{\overset{O}{\|}}{C}-CH_3$
	苯甲酰三氟丙酮		苯基$-\overset{\overset{O}{\|}}{C}-CH_2-\overset{\overset{O}{\|}}{C}-CF_3$
	二苯甲酰乙酮	HDM	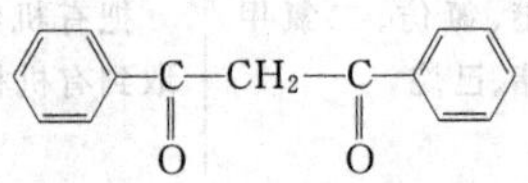 苯基$-\overset{\overset{O}{\|}}{C}-CH_2-\overset{\overset{O}{\|}}{C}-$苯基
	呋喃甲酰三氟丙酮	HETA	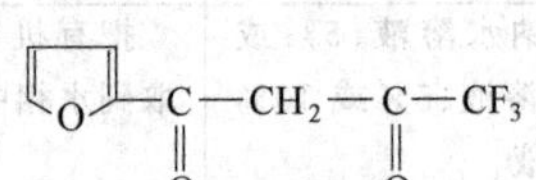 呋喃$-\overset{\overset{O}{\|}}{C}-CH_2-\overset{\overset{O}{\|}}{C}-CF_3$
	噻吩甲酰三氟丙酮	HTTA	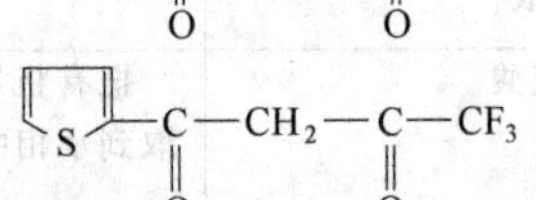 噻吩$-\overset{\overset{O}{\|}}{C}-CH_2-\overset{\overset{O}{\|}}{C}-CF_3$
8-羟基喹啉及其衍生物	8-羟基喹啉	HOx	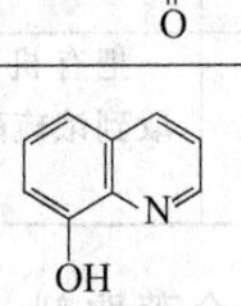 8-羟基喹啉结构（喹啉环带 OH）

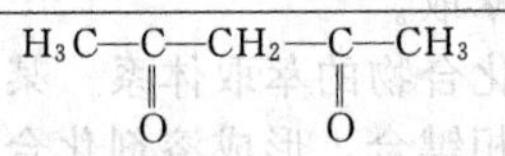

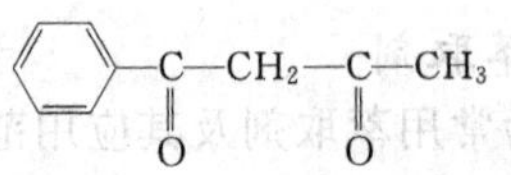

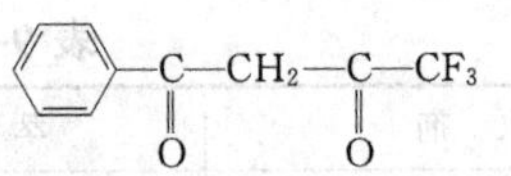

表格左侧纵向标注："螯合型萃取剂"

类　　　型	名　　　称	商品名或简称	结　　构　　式
8-羟基喹啉及其衍生物	5,7-二卤代-8-羟基喹啉		(X=Cl、Br、I)
	5,7-二硝基-8-羟基喹啉		
肟	丁二酮肟（二甲基乙二肟）		
	α-糠偶酰二肟		
	α-苯偶酰二肟		
羟肟	水杨醛肟		
	α-二苯乙醇酮肟		
		Li×63	
		Li×64	
铜铁试剂及其类似物	铜铁试剂（N-亚硝基苯胲铵）	HCp	
	N-苯甲酰-苯基羟胺	BPHA	
	N-2-噻吩甲酰苯胲	TPHA	
	羟肟酸		
酚	1-亚硝基-2-萘酚		

左侧纵向表头：螯合型萃取剂

类　型	名　称	商品名或简称	结　构　式
螯合型萃取剂	1-(2-吡啶偶氮)-2-萘酚	PAN	
	含硫化合物　双硫腙(二苯基硫代卡巴腙、打萨腙)	H_2Dz	
	二乙氨基二硫代甲酸钠(铜试剂)	NaDDTC	$\left[\begin{array}{c}H_5C_2\\H_5C_2\end{array}N-C\begin{array}{c}S\\\\S^-\end{array}\right]Na^+$
	二乙基二硫代氨基甲酸二乙铵盐	DDDC	$\left[\begin{array}{c}H_5C_2\\H_5C_2\end{array}N-C\begin{array}{c}S\\\\S^-\end{array}\right]^+ NH_2\begin{array}{c}C_2H_5\\C_2H_5\end{array}$
	乙基黄原酸钾	Ex	$\left[H_5C_2-O-C\begin{array}{c}S\\\\S\end{array}\right]^- K^+$
	苯基黄原酸钾		$\left[\text{苯基}-CH_2-O-C\begin{array}{c}S\\\\S\end{array}\right]^- K^+$
阳离子萃取剂	烷基磷酸　单乙基己基磷酸	H_2MEHP	$H_9C_4-\underset{\underset{C_2H_5}{|}}{CH}-CH_2-O-P\begin{array}{c}OH\\\\O\\\\OH\end{array}$
	二乙基己基磷酸	DEHPA(HDEHP)	$H_9C_4-\underset{\underset{C_2H_5}{|}}{CH}-CH_2-O\searrow_{\displaystyle P}^{\displaystyle O},\ H_9C_4-\underset{\underset{C_2H_5}{|}}{CH}-CH_2-O\nearrow OH$
	二丁基磷酸	HDBP	$H_9C_4-O\searrow_{\displaystyle P}\nearrow^{O}_{OH},\ H_9C_4-O\nearrow$
	二乙基单硫代磷酸		$C_2H_5O\searrow_{\displaystyle P}\nearrow^{S}_{OH},\ C_2H_5O\nearrow$
羧酸	脂肪羧酸		$C_nH_{2n+1}COOH(n=7\sim8)$
	α-溴代月桂酸		$CH_3(CH_2)_9-\underset{\underset{Br}{|}}{CH}-COOH$
叔碳羧酸		Versatic 911	$\begin{array}{c}R_1\\R_2\end{array}C\begin{array}{c}CH_3\\\\COOH\end{array}$

类 型	名 称	商品名或简称	结 构 式

阳离子萃取剂 — 叔碳羧酸

Versatic 9

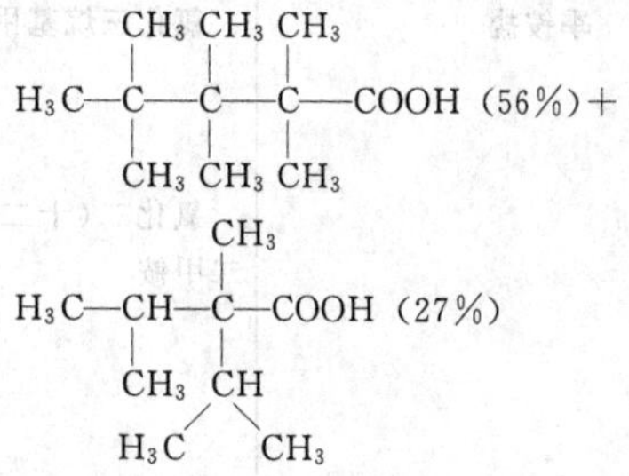

$$H_3C-\underset{\underset{CH_3}{|}}{\overset{\overset{CH_3}{|}}{C}}-\underset{\underset{CH_3}{|}}{\overset{\overset{CH_3}{|}}{C}}-\underset{\underset{CH_3}{|}}{\overset{\overset{CH_3}{|}}{C}}-COOH \ (56\%)+$$

$$H_3C-CH-\underset{\underset{CH_3}{|}}{\overset{\overset{CH_3}{|}}{C}}-COOH \ (27\%)$$

阴离子萃取剂

伯胺 — 1-(3-乙基戊基)-4-乙基辛胺 — Amine 21F 81

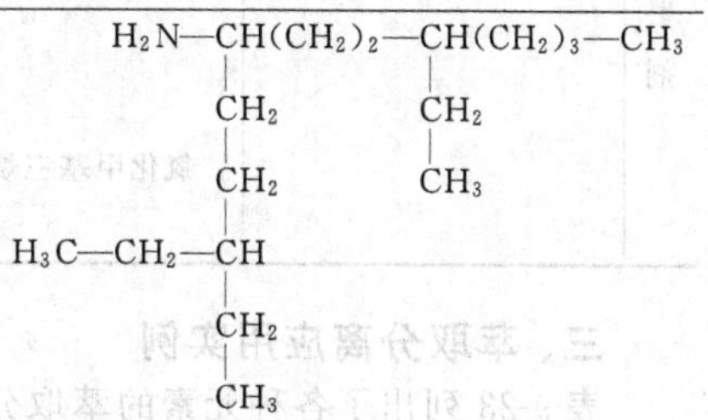

$$H_2N-CH(CH_2)_2-CH(CH_2)_3-CH_3$$

（含支链 $CH_2CH_2CH_3$ 和 CH_3CH_2 结构）

三烷基甲胺 — Primene JM-T

$$H_3C-\underset{\underset{CH_3}{|}}{\overset{\overset{CH_3}{|}}{C}}-(CH_2)_4-\underset{\underset{CH_3}{|}}{\overset{\overset{CH_3}{|}}{C}}-NH_2$$

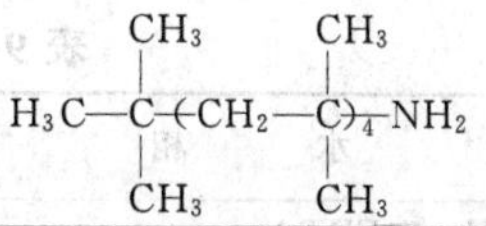

仲胺 — N-十二烯（三烷基甲基）胺 — Amberlite LA-1

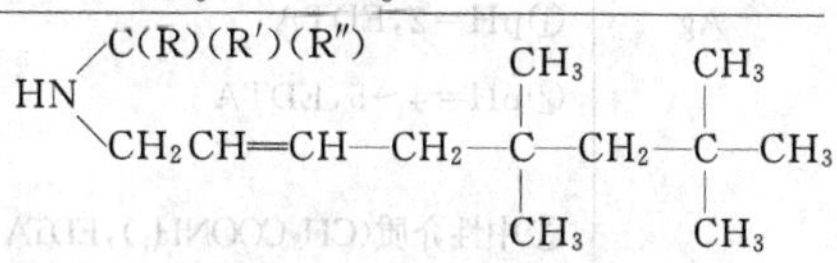

$$HN-\overset{C(R)(R')(R'')}{\underset{CH_2CH=CH-CH_2-\cdots}{|}}$$

（含有 24～27 个碳原子的不饱和胺）

N-苄基-1-(3-乙基戊基)-4-乙基辛胺 — NBHA

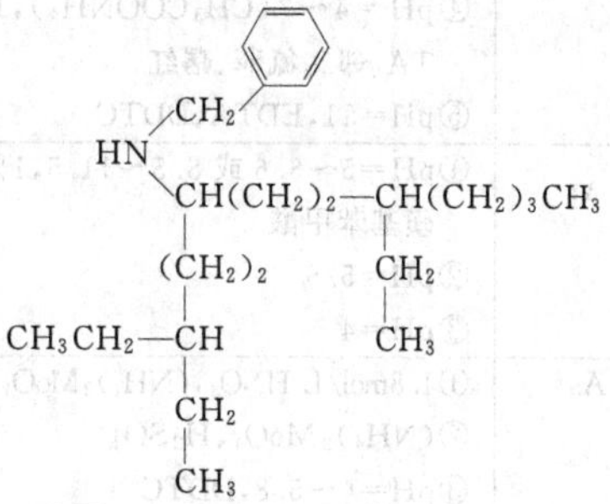

$$HN-CH(CH_2)_2-CH(CH_2)_3CH_3$$

叔胺

	三正辛胺	TNOA（或 TOA）	$N-[CH_2(CH_2)_6CH_3]_3$
	三异辛胺	TIOA(Adogen 381)	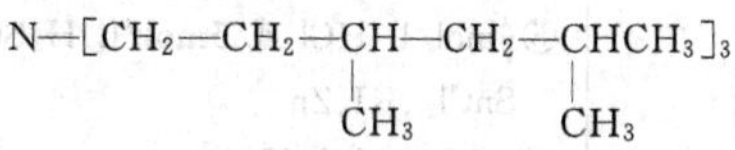 $N-[CH_2-CH_2-CH-CH_2-CHCH_3]_3$
	三苄胺	TBA	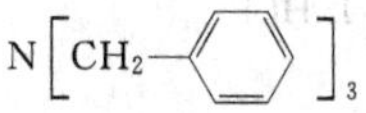 $N[CH_2-C_6H_5]_3$
	三月桂胺	TLA	$N[CH_2(CH_2)_{10}CH_3]_3$
	三癸胺	TNDA	$N[CH_2(CH_2)_8CH_3]_3$
	三烷基胺	Alamine336（或 TCA）	$N[CH_2(CH_2)_{6\sim10}CH_3]_3$
	二（十二烯基）正丁胺	Amberlite XE204	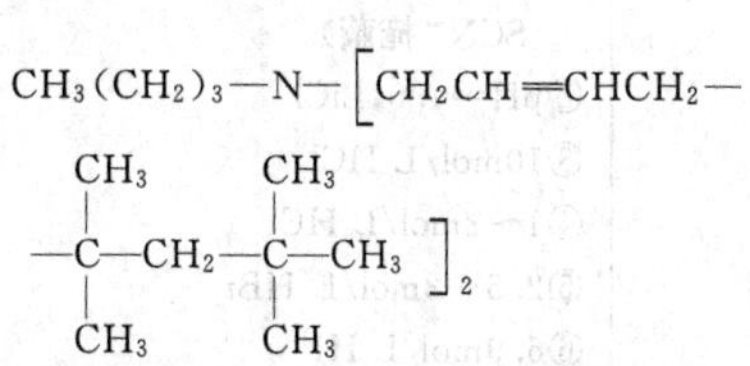 $CH_3(CH_2)_3-N-[CH_2CH=CHCH_2-\cdots]_2$

类 型	名 称	商品名或简称	结 构 式
季铵盐	氯化三烷基甲铵	Aliquat 336(或 MTC, 或 336-S)	$\{CH_3N[(CH_2)_{7\sim11}CH_3]_3\}^+Cl^-$
阴离子萃取剂	氯化二(十二烯基)二甲铵	B104	$\left[(CH_3)_2N(CH_2CH = CHCH_2-\underset{\underset{CH_3}{\mid}}{\overset{\overset{CH_3}{\mid}}{C}}-CH_2-\underset{\underset{CH_3}{\mid}}{\overset{\overset{CH_3}{\mid}}{C}}-CH_3)_2\right]^+ Cl^-$
	氯化甲基三烷基铵	N-263	$\left[R-\underset{\underset{R''}{\mid}}{\overset{\overset{R'}{\mid}}{N}}-CH_3\right]^+ Cl^-$

三、萃取分离应用实例

表 9-23 列出了各种元素的萃取分离条件。

表 9-23 各种元素的萃取分离条件

元素	水 相	有 机 相	分 离 对 象
Ag	①pH=2,EDTA	H_2Dz-CCl_4	Cu 等
	②pH=4~5,EDTA	H_2Dz-CCl_4用 20%NaCl-0.3mol/L HCl 反萃 Ag	Hg 等
	③中性介质(CH_3COONH_4),EDTA、邻二氮菲、$NaNO_3$	硝基苯	Au(Ⅲ)、CN^-、SCN^-、I^-等
	④pH=4~7(CH_3COONH_4),ED-TA、邻二氮菲、曙红	丙酮-$CHCl_3$(1+3)	10 倍的 Sn(Ⅳ)、Ga(Ⅳ)等存在下测 Ag
	⑤pH=11,EDTA,DDTC	CCl_4	测定 Cu 及其合金、矿石中 Ag
Al	①pH=5~6.6 或 8.5~11.5,1%4-磺基苯甲酸	1%HOx-$CHCl_3$	与 Be、Ca、Cr、Mg、Th、W、Mn、RE 分离
	②pH=5.5	0.02mol/L HTTA-苯	Ca、Cu、Fe、Sr、Y、Zn
	③pH=4	HAA	Ga、In
As	①1.8mol/L HNO_3,$(NH_4)_2MoO_4$	正丁醇-$CHCl_3$	Cu
	②$(NH_4)_2MoO_4$,H_2SO_4	异丁醇	从 As(Ⅲ)中分离 As(Ⅴ)
	③pH=4~5.8,DDTC	CCl_4	Ge、P、Si
	④10mol/L HCl,DDTC	$CHCl_3$	Se
	⑤6mol/L HCl 或 5mol/L H_2SO_4,$SnCl_2$,KI,Zn	AgDDTC-吡啶	
	⑥9~10mol/L HCl	苯、甲苯	Sb(Ⅲ)、Se(Ⅳ)、Te(Ⅳ)、Au(Ⅲ)、Fe(Ⅲ)
	⑦HI,KI,0.5mol/L $TiCl_3$	苯	铸铁、碳素钢
	⑧1.2mol/L HBr,7.5mol/L $HClO_4$	苯	黄铜
Au(Ⅲ)	① 0.5mol/L H_2SO_4(有 Pd 用 SCN^-掩蔽)	H_2Dz-CCl_4	Hg、Ag 可用 2%KI-0.01mol/L H_2SO_4 反萃分离
	②pH=4.0,LiCl	HTTA-二甲苯	
	③10mol/L HCl	Cu(DDTC)$_2$-$CHCl_3$	高纯 Pb
	④1~2mol/L HCl	TBP-甲苯	Pt、Cu
	⑤2.5~3mol/L HBr	异丙醚	Pd、Pt、Ir、Ru、Cu、Cd 等
	⑥6.9mol/L HI	乙醚	Bi、In、Te、Zn

元 素	水 相	有 机 相	分 离 对 象
B	①AlCl₃、HCl	乙醚	F⁻
	②pH＝2～3,H₂SO₄	甲醇-异丙醚	Si
	③NH₄HF₂、HF、H₂O₂	0.01mol/L(C₆H₅)₄AsCl-CHCl₃	Si
	④HF、亚甲基蓝	二氯乙烷	Si
Be	①pH＝8.0,HMOx	CHCl₃	Al
	②pH＝6～7	0.02mol/L HTTA-苯	Al、Sr、Y
	③pH＝5～7,EDTA	HAA-苯	大多数金属元素
	④pH＝9.3～9.5,丁酸、EDTA、KCl	CHCl₃	Al、Cu、Fe
Bi	①pH＝9.4～10.2,柠檬酸盐、KCN	H₂Dz-CHCl₃	Cu、Ti、Zr、Th、V、Nb、Ta、Cr、Mo、W、Fe、少量 Pb 和 Tl
	②pH＝11～12,酒石酸、EDTA、KCN、DDTC	CCl₄	Nb、V 等
	③pH＝4.0～5.2	1%HOx-CHCl₃	Co、Ni
	④pH＞2	0.25mol/L HTTA-苯	Pb
	⑤pH＝1,HNO₃	硫脲-CHCl₃	Pb、Sn
	⑥pH＝5.5～6.0	DDDC-CHCl₃	U
	⑦0.5mol/L HBr,HNO₃	Amberlite LA-1,TOA-二甲苯	Zn、Sn(Ⅳ)、In、Pb
Br⁻	HNO₃、KMnO₄	CCl₄	Cl、U
Ca	①pH＝11.3	HOx-丁基溶纤剂-CHCl₃	碱金属,铵盐
	②NH₃	HOx-正丁醇	碱金属卤化物
Cd	①pH＝5.5～10	0.1mol/L HOx-CHCl₃	
	②pH＝7.6～8.6	HOx-CHCl₃	Zn
	③NH₃、柠檬酸盐、碳酸盐	H₂Dz-CHCl₃,CCl₄	Be、U 及其他元素
	④0.1～0.5mol/L HBr	(Amberlite LA-1)-二甲苯	
	⑤6.9mol/L HI	乙醚	Bi、Zn、In、Mo
	⑥pH＝5,KSCN、乙酸盐	CHCl₃-吡啶(20+1)	In、Th
Ce(Ⅳ)	①pH＝5.4	HTTA-苯	多种元素
	②1mol/L H₂SO₄、K₂Cr₂O₇	0.5mol/L HTTA-二甲苯	
	③pH＞4,EDTA	HAA	多种元素
	④pH＝4～5,铜铁试剂	CHCl₃	
	⑤8mol/L HNO₃、NaBrO₃	TBP	金属 Ni
Ce(Ⅲ)	①pH＝9.9～10.5,酒石酸铵	3%HOx-CHCl₃-丙酮	Al、Cr、Co、Pb、Mo、Ni、Zn
	②硝酸盐	TBP-苯	Th、Ra
Co	①pH＝8	H₂Dz-CCl₄	Cr、Fe(Ⅲ)、Ti、V
	②pH＝3～4,1-亚硝基-2-萘酚	CHCl₃	Th
	③HAc、NaNO₂、柠檬酸、Na₂HPO₄	HTTA-二甲苯	Ni、其他元素
	④0.05mol/L(C₆H₅)₄AsCl、KSCN、NH₄F	CHCl₃	Cu、Fe、U
	⑤4.5mol/L HCl 或 0.85mol/L CaCl₂	α-辛醇	Ni
	⑥10mol/L HCl	0.1mol/L TOA 或 TIOA	Ni
	⑦HCl	TBP	Ni
Cr(Ⅲ)	①1mol/L HCl	己酮	Cu、Fe、Ni、U
	②＜3mol/L HCl	MIBK	V
	③1～8mol/L HCl	0.2mol/L TOPO-苯	许多金属
	④1～3mol/L 酸性	HAA-CHCl₃	Al、Fe、V、Mo、Ti
	⑤pH＝5～6	0.15mol/L HTTA-苯	Al、Fe、U、Th、Zr
	⑥pH＝6～8	HOx-CHCl₃	
	⑦H₂O₂,pH＝1.7,H₂SO₄	乙酸乙酯	V

元 素	水 相	有 机 相	分 离 对 象
Cr(Ⅵ)	①$(C_6H_5)_3Se$ 盐	CH_2Cl_2	铁、钢
	②H_2SO_4	TBP-苯	
	③$1\sim 2mol/L\ H_2SO_4$	10%(Amberlite LA-1)-二甲苯	Ti、Al、V、Fe
	④$1\sim 6mol/L\ HCl$	(Amberlite LA-1)-二甲苯	Cr(Ⅲ)、V(Ⅴ)、Ti
Cs	①pH=8.7~9.0,EDTA,LiOH, Na_2CO_3	0.5mol/L HTTA,硝基甲烷或硝基苯	多种元素
	②pH=6.6,$1\times 10^{-3}mol/L\ NaB$ $(C_6H_5)_4$	硝基苯	
Cu	①CaEDTA,pH=6.5	1%HOx-$CHCl_3$	Al、Co、Fe、Mn、Ni
	②CaEDTA,pH=9	H_2Dz-CCl_4	Bi、Cd、Co、Ni、Pb、Tl、Zn
	③pH=6,Ac^-、KCl	0.04mol/L HOx-$CHCl_3$	Cd
	④pH=8.5,柠檬酸铵、EDTA、DDTC	$CHCl_3$	许多元素
	⑤pH=8.5,柠檬酸铵-DDDC	$CHCl_3$	许多干扰元素
	⑥pH=6,KBr、NH_2OH、吡啶	$CHCl_3$	许多干扰元素
	⑦pH=2	HAA	Ni、Zn
	⑧pH=6.3~10.3	5%己酸-乙酸乙酯或丁酸-苯	许多干扰元素
	⑨KH_2PO_4	H_2Dz-苯	Fe
	⑩乙酸、CN^-、$P_2O_7^{4-}$、吡啶	CCl_4	贵金属
	⑪NH_4SCN、吡啶	$CHCl_3$	Fe
F	微酸性$[(C_6H_5)_4Sb]HSO_4$	CCl_4 或 $CHCl_3$	
Fe	①pH=1.0	HAA-$CHCl_3$(1+1)	Al、Co、Mg、Ni、Zn
	②6mol/L HCl	HOx-MIBK	Ti、Cu、Mg
	③pH=2.5~12.5	1%HOx-$CHCl_3$	Al、Mn、Mo、Ni、Sn
	④pH=5.3	HOx-$CHCl_3$	Al、Ti
	⑤5.5~7mol/L HCl	MIBK	Cu、Ni、Zn
	⑥7.75~8.0mol/L HCl	异丙醚	Al、Co、Cr、Cu、Mn、Ni、Ti、 V(Ⅳ)、Zn
	⑦pH=3~6,Ac^-、NH_2OH、2,2'-联吡啶、磺酸戊酯钠	$CHCl_3$	U
	⑧4~5mol/L HBr	乙醚	许多元素
	⑨HBr-NH_4Br	MIBK	Al、Co、Mn、Ni
	⑩1-亚硝基-2-萘酚(丙酮)	$CHCl_3$	Al、Mg
	⑪KSCN、$(NH_4)_2SO_4$	TBP	Al
	⑫NH_4SCN、三丁胺	乙酸戊酯	许多元素
Ga	①pH=1.2	HAA	Al、In
	②HCl,PAN	乙醚	
	③6.5mol/L HCl,$TiCl_3$	异丙醚	Fe
	④0.5mol/L HCl,3~7mol/L NH_4SCN	乙醚	许多金属
	⑤>6mol/L HCl	TBP	
	⑥6mol/L HCl,罗丹明 B	苯	Al、In、Sb、Tl、W
	⑦HBr	乙醚	许多金属
Ge	①9mol/L HCl	苯	As(Ⅴ)、Hg、Sb
	②铜铁试剂	MIBK	
Hf	①pH=8.9,氟化物、酒石酸盐、丙酮	HOx-$CHCl_3$	
	②2mol/L $HClO_4$	0.1mol/L HTTA-苯	Zr、U 以外一些元素
Hg	①pH=1.5,NaCl、EDTA	H_2Dz-CCl_4	Ag、Cu
	②pH=11,EDTA、DDTC	CCl_4	Ag、Bi、Cu、Pd、Tl 外的所有金属离子
	③中性,Br^-	乙醚	许多金属
	④1.5mol/L HI	乙醚	Al、Be、Fe、Mo、W
	⑤6.9mol/L HI	乙醚	Pt、Pd、Ir、Os、Ru
	⑥pH=5,$(C_6H_5)_3SeCl$	CH_2Cl_2	Fe、Al、Co、Ni、Mn、Cu

元素	水　相	有　机　相	分　离　对　象
I	0.2mol/L HCl,H₂O₂	TBP	Te
Ir	①0.1mol/L HCl	TIOA	Rh、Fe、Co、Ni
	②3~7mol/L HCl	TBP	Rh(Ⅲ)
	③pH=5.1,乙醇	PAN-CHCl₃	
In	①pH=3	1%HOx-CHCl₃	Al
	②pH=5.5	HOx-CHCl₃	Be
	③1mol/LH₂SO₄、H₂O₂、1.2mol/L (NH₄)₂SO₄	HOx-0.6mol/L HDBP-丁醚	
	④pH=3	HAA-CHCl₃(1+1)	Al、Ga
	⑤CN⁻、NH₃	H₂Dz-CHCl₃	Cu
	⑥pH=9,NaCN、DDTC	CCl₄	Cu、Fe
	⑦HBr、TiCl₃	乙醚	Fe
	⑧5mol/L HBr	乙酸丁酯	Ga
	⑨0.5~6mol/L HBr	乙醚或异丙醚	Al、Ga、Tl、Zn 等
	⑩1.5mol/L KI,0.75mol/L H₂SO₄	乙醚	Al、Be、Bi、Fe、Ga、Mo、W
	⑪0.5mol/L NaI,1mol/L HClO₄	己酮	Th
	⑫0.5mol/L HCl,2~3mol/L NH₄SCN	乙醚	许多金属
La	①pH=7	0.1mol/L BPHA-CHCl₃	
	②pH=8	5,7-二氯-8-羟基喹啉-CHCl₃	
	③pH=5(乙酸缓冲液)	0.1mol/L HTTA-己酮	K、Na
	④水杨酸(肉桂酸或3,5-二硝基苯甲酸)	CHCl₃ 或 MIBK	
Li	I₃⁻	硝基甲烷-苯	
Mg	①pH=10.5~13.6,丁胺	0.1%HOx-CHCl₃	Ca、Sr、Ba
	②pH>6.5,铜铁试剂	CHCl₃	
Mn	①pH=7.5~8.0 或 8.2~8.6 柠檬酸盐、DDTC	CHCl₃	Ce、U
	②2mol/L H₃PO₄、0.5mol/L H₂SO₄-0.3mol/L NaBrO₃	0.5mol/L HTTA-二甲苯	Fe
	③pH=6.7~8	0.15mol/L HTTA-丙酮-苯	
	④pH=9~10,甲醇-PAN	CHCl₃	
	⑤酒石酸铵、CN⁻	PAN-CHCl₃	高纯金属
	⑥pH=12.5	1%HOx-CHCl₃	Ni、Al
	⑦pH=4.5,SCN⁻、柠檬酸	TBP-煤油	Fe
Mo	①3mol/L H₂SO₄	HAA-CHCl₃	Cu、Fe、Cr、W、Al
	②柠檬酸、HCl	HAA-CHCl₃	W
	③硫酸盐	HOx-CHCl₃	U、Be、Th、Zr、Ti
	④稀 HCl	铜铁试剂-CHCl₃	Cu 矿石
	⑤弱酸性	铜铁试剂-MIBK	钢铁
	⑥HCl、DDTC	CHCl₃	
	⑦HTD、N₂H₄·H₂SO₄	CCl₄	U
	⑧HTD、柠檬酸、H₃PO₄	轻石油	W
	⑨6mol/L HCl、0.4mol/L HF	己酮	Ag、Al、As、Cr、Cu、Fe、Hg、Pb、Pu、Ti、Tl、U、Zn、Zr
	⑩HCl、H₃PO₄	乙醚	W
	⑪KSCN、Hg₂(NO₃)₂	乙醚	Re
	⑫KSCN、NaNO₂、SnCl₂	乙醚-轻石油(2+1)	U

元 素	水 相	有 机 相	分 离 对 象
Nb	①pH＝2.5,乙酸	HAA-CHCl$_3$	
	②7mol/L HCl	HTTA-二甲苯	多种元素
	③H$_2$SO$_4$、铜铁试剂	CHCl$_3$	
	④pH＝4～6,H$_2$SO$_4$	BPHA-CHCl$_3$	Ta
	⑤6～7.5mol/L H$_2$SO$_4$	BPHA-CHCl$_3$	Zr
	⑥pH＝10～10.5	HOx-CHCl$_3$	Zr-Nb 合金
	⑦柠檬酸	HOx-CHCl$_3$	Ta
	⑧柠檬酸铵	HOx-CHCl$_3$	Mo、W
	⑨NaOH,H$_2$Dz	CHCl$_3$	W、WO$_3$、各种金属
	⑩10mol/L KF,2.2mol/L NH$_4$F,6mol/L H$_2$SO$_4$	MIBK	Al、Fe、Ga、Mn、Ti、V、Zr
	⑪10mol/L HCl,H$_2$O$_2$	TBP-CHCl$_3$	Ti
	⑫HCl(＞9mol/L)	甲基二辛胺-二甲苯	Ta
	⑬KSCN,4mol/L HCl	乙醚	Zr
Ni	①pH＝7.5,柠檬酸钠、丁二酮肟(乙醇)	CHCl$_3$(用 0.5mol/L 氨水洗涤除 Cu,0.5mol/L HCl 反萃 Ni)	
	②KCN、碱性介质、丁二肟	CHCl$_3$、CCl$_4$	Co 等
	③NH$_3$、α-苯偶酰二肟	CHCl$_3$	除 Co 以外的元素
	④pH＝2.2,DDTC	CHCl$_3$	Al、Fe、Ti
	⑤pH＝4.5～9.5	HOx-CHCl$_3$	Mn
	⑥邻苯二酚	正丁醇	Nb、Ta
	⑦pH＝5.5～8.0	HTTA-苯、丙酮	各种元素
	⑧pH＝8.5～10.7,铜铁试剂	CHCl$_3$	
	⑨pH＝6.5～8.9	H$_2$Dz-CHCl$_3$	Cu
	⑩pH＝8,柠檬酸钠、盐酸羟胺、乙醇	H$_2$Dz-CHCl$_2$	Ag 合金
	⑪pH＝5～6,KIO$_4$、Na$_4$P$_2$O$_7$	PAN-CHCl$_3$	Co
Os	①NaOH、麻黄碱	CCl$_4$	Pt、Rh
	②浓 HCl、(C$_6$H$_5$)$_4$AsCl	CHCl$_3$	Ru
	③HCl、SnCl$_2$	10％HAA-CHCl$_3$	Ti(Ⅳ)、Ni、Cu、W、As、Sb、Hg、Sn、Pb、Ag、In、Rh
	④pH＝4～5.5,NH$_2$OH	HTTA-苯	
P	(NH$_4$)$_2$MoO$_4$,1mol/L HNO$_3$	正丁醇-CHCl$_3$	As、Cr、Cu、Mn、Si、V
Pb	①pH＝9～9.5,NH$_3$、CN$^-$、柠檬酸	H$_2$Dz-CCl$_4$	多种元素
	②KI,5％HCl	MIBK	
	③1.5mol/L HCl,DDDC	CHCl$_3$	Bi、Tl
	④pH＝11,NaCN,DDTC	CCl$_4$	Bi、Cd、Ti 以外的金属
	⑤pH＝6～10	0.1mol/L HOx-CHCl$_3$	
Pd	①pH＝0	0.1mol/L HAA-苯	
	②pH＝4	HTTA-异戊醇	Pt、Tl、Cd、Sb、Bi、Pb、Zr、Fe、U、Ce、Rh、Ir
	③pH＝0～10	0.01mol/L HOx-CHCl$_3$	
	④2mol/L H$_2$SO$_4$	H$_2$Dz-CHCl$_3$	Rh
	⑤HCl	HTOx-CHCl$_3$	Fe
	⑥硫脲	HTOx-CHCl$_3$	Pt
	⑦KI	TBP	Rh、Ir、其他金属
	⑧水杨醛、NH$_2$OH、弱酸性	苯	Co、Cu、Fe、Ir、Ni、Pt(Ⅳ)
	⑨pH＝11,EDTA、DDTC	CCl$_4$	多种金属
Pt	①1mol/L HNO$_3$	HTTA-苯	Ag、Mn、Cu、Ni、Pb、Cr
	②3mol/L HCl,SnCl$_2$	乙酸乙酯或乙酸戊酯	La、Bi、Th、U(Ⅳ)、Ir
	③KI	TBP-己烷	Ir、Rh
	④pH＝2～2.5,KSCN、吡啶	MIBK	Rh

元素	水　相	有　机　相	分　离　对　象
Rb	①pH=6.6 ②I₃⁻	NaB(C₆H₅)₄-硝基乙烷 硝基甲烷-苯	
Re	①7～9mol/L H₂SO₄ ②pH=9,HAc-HOx ③6mol/L HCl,4-羟基-3-巯基-甲苯 ④pH=9,(C₆H₅)₄AsCl ⑤SCN⁻,Sn(Ⅱ)	HTTA-苯-(3-甲基-1-丁醇) CHCl₃ CHCl₃-异丁醇 CHCl₃ 异丙醚	多种金属 钼酸盐及其他矿物 Mo Mo、W
Rh	①HClO₄ ②pH=3～11 ③pH=8,DDTC ④pH=5.1,PAN ⑤HCl,SnCl₂ ⑥HBr、42% HClO₄、SnBr₂ ⑦KSCN、3～4mol/L HCl	HTTA-二甲苯 HOx-CHCl₃ MIBK CHCl₃ TIOA-甲苯 异戊醇 MIBK	合金 Ir Pt、Pd Ir
Ru	①pH=4 ②2mol/L HCl、KSCN、吡啶 ③5mol/L HCl、SnCl₂ ④HNO₃	HTTA MIBK TBP TBP	Cs
Sc	①HCl、BPHA ②pH=4.5～10 ③pH=1.5 ④H₂O₂、HCl ⑤6mol/L HCl ⑥0.5mol/L HCl、7mol/L KSCN	苯、CHCl₃ 0.1mol/L HOx-CHCl₃ 0.5mol/L HTTA-苯 TBP TBP 乙醚	RE Al、Be、Cr、Ti、RE Al、Ca、Mg、Na、Y、RE 多种元素
Sb	①pH=9.2～9.5、EDTA、KCN、DDTC ②H₂SO₄(1+9)、铜铁试剂 ③安替比林 ④6.9mol/L HF ⑤6.5～8.5mol/L HCl ⑥1～2mol/L HCl、柠檬酸、H₂C₂O₄ ⑦5mol/L HBr ⑧6.9mol/L HI ⑨7mol/L HCl ⑩HCl、尿素、SnCl₂、NaNO₂、结晶紫	CCl₄ CHCl₃ CHCl₃ 乙醚 异丙醚 乙酸乙酯 乙醚 乙醚 0.1mol/L TOPO-环己烷 二甲苯	Bi、Ti 可在 pH=11～12 先萃除 As As(Ⅲ)、Bi、Co、Cr、Hg、Ni、Sn(Ⅳ)、Zn Bi、In、Mo、Zn、Te Sb(Ⅴ)同 Sb(Ⅲ)分离 Cu、Cd、Fe、Ge、Pb、Sn、Te Bi、Cd、Co、Cu、Te、Tl、Hg Bi、In、Mo、Te、Zn 许多元素 Pb
Se	①pH=5～6、DDTC、EDTA ②0.1mol/L HCl、DDTC ③pH=6～7、EDTA、3,3′-二氨基联苯胺 ④HCl ⑤7mol/L HCl	CCl₄ TBP 甲苯 H₂Dz-CCl₄ CHCl₃	许多元素 Se(Ⅵ) Cu、Fe、Te Cu
Si	稀HNO₃、(NH₄)₂MoO₄	戊醇	Ni
Sn	①pH=6～9 ②pH=1.5 ③pH=5.5、DDTC、酒石酸盐 ④pH=2.5～6.0 ⑤1.5mol/L H⁺、铜铁试剂 ⑥4mol/L HBr ⑦6.9mol/L HI ⑧1.5mol/L KI、0.75mol/L H₂SO₄ ⑨1～7mol/L NH₄SCN、0.5mol/L HCl	H₂Dz-CCl₄ H₂Dz-丁醇 CHCl₃ 1%HOx-CHCl₃ 苯-CHCl₃ 乙醚 乙醚 乙醚 乙醚	Cd、Pb、Tl、Zn Sn、Sb、Pb 合金 矿石 Mn、Ni、Al 许多金属 Al、Be、Fe、Ga、Mo、W 许多金属

元素	水　相	有　机　相	分　离　对　象
Sr	①pH>10 ②pH=11.3 ③pH=4~5,EDTA	HTTA-苯 1mol/L HOx-CHCl$_3$ HDEHP-己烷	 Co
Ta	①HClO$_4$、BPHA ②pH=3,20%邻苯二酚、草酸铵 ③HCl、HF ④HF、H$_2$SO$_4$ ⑤HF、HNO$_3$、(NH$_4$)$_2$SO$_4$ ⑥0.4mol/L HF,6mol/L H$_2$SO$_4$ ⑦10mol/L HF,6mol/L H$_2$SO$_4$、 　2.2mol/L NH$_4$F ⑧H$_2$SO$_4$、HCl、NaF、H$_2$C$_2$O$_4$ ⑨Br$^-$、0.3mol/L H$_2$SO$_4$	CHCl$_3$ 正丁醇 己酮 环己烷 丙酮-异丁醇 MIBK MIBK (C$_6$H$_5$)$_4$AsCl-CHCl$_3$ TBP	钢铁、Nb Nb、Ti Cr、Ga、Nb、Sb、Ti Nb、Zr Nb、Zr 除 Nb 外的金属 Al、Fe、Mn、Sn、Ti、U、Zr 高纯 Ni Nb
Te(Ⅳ)	①pH=8.5~8.8,EDTA、NaCN、DDTC ②pH=1 ③4.5~6mol/L HCl ④0.6mol/L HCl、KI ⑤0.6mol/LNaI,1mol/L HCl ⑥HCl、SnCl$_2$	CCl$_4$ H$_2$Dz-CCl$_4$ MIBK MIBK 乙醚-正戊醇 乙酸乙酯	Se、其他金属 Al、Bi、Cr、Co、Cu、Ni、Fe、钢铁 许多元素 Bi、Cd、Cu
Th(Ⅳ)	①pH=5 ②pH=1.4~1.5 ③pH=2 ④pH=0.3~0.8,铜铁试剂 ⑤pH=1.5~2.0,磺基水杨酸、抗 　坏血酸 ⑥HNO$_3$、LiNO$_3$ ⑦0.3mol/L HNO$_3$,6mol/L NH$_4$NO$_3$	HOx-苯或 CHCl$_3$ 0.5mol/L HTTA-二甲苯 0.1mol/L BPHA-CHCl$_3$ 苯-异戊醇 0.01mol/L PMBP-苯 异亚丙基丙酮 乙醚-二丁氧基四乙烯二醇	Ce La、U(Ⅵ) 二价阳离子 Al Sc、Y、RE
Ti(Ⅳ)	①pH=2.2,H$_2$O$_2$ ②pH=8~9,EDTA ③pH=5.3,2-甲基-8-羟基喹啉 ④HCl(1+9)、铜铁试剂 ⑤pH=5,酒石酸铵、铜铁试剂 ⑥pH=5.3,水杨醛肟、硫脲 ⑦pH=1.6 ⑧pH=5,H$_2$O$_2$、PAN ⑨11mol/L H$_2$SO$_4$	HOx-CHCl$_3$ HOx-CHCl$_3$ CHCl$_3$ CHCl$_3$ 异戊醇 异丁醇 HAA-CHCl$_3$ 正丁醇 TBP-CHCl$_3$	Al 许多元素 Fe、Al Al、Cr、Ga、V Nb、Ta Cu Co、Ni、Zn Zr
Tl	①pH=6.5~7.0 ②pH=11,NaCN、EDTA、DDTC ③pH=7~8 ④pH=10,CN$^-$ ⑤HCl ⑥1~6mol/L HBr ⑦0.6mol/L HBr、灿烂绿(亮绿) ⑧1~2mol/L HCl、罗丹明 B ⑨0.5mol/L HI	HOx-CHCl$_3$ CCl$_4$ 0.25mol/L HTTA-苯 H$_2$Dz CHCl$_3$ 乙酸乙酯 乙醚 乙酸异戊酯 苯 乙醚	 除 Bi 以外的干扰元素 Sb、Au、Fe、W Al、Ga、In 许多元素 Hg 许多元素
U	①pH=7,EDTA ②pH=3.5 ③1-亚硝基-2-萘酚 ④4.7mol/L HNO$_3$ ⑤pH=0~3,Al(NO$_3$)$_3$ ⑥pH=7,Ca(NO$_3$)$_2$、EDTA ⑦0.5~1mol/L HAc ⑧pH=2,NaNO$_3$、EDTA ⑨5mol/L HCl	HOx-己酮 0.1mol/L BPHA-CHCl$_3$ 异戊醇 TBP-乙醚 MIBK 二苄基甲烷-乙酸乙酯 20%TIOA-二甲苯 (C$_6$H$_5$)$_4$AsCl-CHCl$_3$ TOA-二甲苯	Bi、Th La Fe、V Bi Co、Cr、Cu、Fe、Mn、Mo 除 Be 以外的干扰元素 许多元素 Fe、Bi、Zn、Th、Co Th、Zr

元　素	水　　相	有　机　相	分　离　对　象
V	①pH=2.5~4.1	HTTA-正丁醇	Fe、Cr、Ti、Zr、As、Co、Ni、Nb、Ce、Mo
	②pH=4,EDTA	HOx-CHCl$_3$	U 矿石,硅酸盐
	③pH=5.0,CaEDTA	HOx-CHCl$_3$	许多元素
	④pH=3.8~4.5,NaF	HOx-异戊醇	Al、Co、Cr、Fe、Mn、Ni
	⑤pH=3.4~4.5,PAN	CHCl$_3$	铁合金、矿石
	⑥pH=4.5~5.0,DDTC	CHCl$_3$	Ti
	⑦pH=0.4~5.0,酒石酸,DDTC	CHCl$_3$	U
W	①pH=2	HOx-CHCl$_3$	钢铁
	②1~8mol/L HCl	BPHA-CHCl$_3$	
	③1~1.8mol/L HCl,铜铁试剂	CHCl$_3$	硅酸盐岩石
	④0.15mol/L KSCN,6mol/L HCl	乙醚	
	⑤8~9mol/L HCl,SnCl$_2$,	CHCl$_3$	Mo
	(C$_6$H$_5$)$_4$AsCl,KSCN		
Y	①pH=6~9	0.1mol/L HTTA-苯	Sr、RE
	②pH=9~10,PAN	乙醚	La、Ce、Sc
Zn	①pH=6.5	HOx-CHCl$_3$	
	②KCN、酒石酸盐	H$_2$Dz-CCl$_4$	许多元素
	③2mol/L HCl	TOA-二甲苯	Al、Cr、Cu、Ni、Mn
	④1~1.5mol/L HCl	N$_{235}$-二甲苯	Cu、Pb、Cd、Bi、Ni、Co
	⑤1~7mol/L NH$_4$SCN,0.5mol/L HCl	乙醚	Cd
Zr	①pH=3~8,HAc	HAA-CHCl$_3$	Nb
	②0.025~0.05mol/L H$_2$SO$_4$	BPHA-CHCl$_3$	Nb
	③pH=1.5~4	0.1mol/L HOx-CHCl$_3$	
	④HNO$_3$、H$_2$O$_2$	TBP	Ti

注：H$_2$Dz——双硫腙；DDTC——二乙氨基苯二硫代甲酸钠；HOx——8-羟基喹啉；HTTA——噻吩甲酰三氟丙酮；TBP——磷酸三丁酯；HAA——乙酰丙酮；DDDC——二乙基二硫代氨代甲酸二乙胺盐；Amberlite LA-1—— N-十二烯（三烷基甲基）胺；TOA——三正辛胺；TIOA——三异辛胺；MIBK——甲基异丁基酮；TOPO——三辛基氧化膦；PAN——1-(2-吡啶偶氮)-2-萘酚；HDBP——磷酸二丁酯；BPHA—— N-苯甲酰- N-苯基羟胺；HDEHP——二 (2-乙基己基) 磷酸；PMBP——1-苯基-3-甲基-4-苯甲酰-吡唑酮；HTOx——8-巯基喹啉。

四、萃取操作及注意事项

1. 溶液中物质的萃取

溶液中物质萃取的具体操作步骤及注意事项见表 9-24。

表 9-24　溶液中物质萃取的具体操作步骤及注意事项

操作步骤	操作要点	简要说明	现象	注意事项
准备	选择较萃取剂和被萃取溶液总体积大一倍以上的分液漏斗。检查分液漏斗的盖子和旋塞是否严密	检查分液漏斗是否泄漏的方法,通常先加入一定量的水,振荡,看是否泄漏		①不可使用有泄漏的分液漏斗,以保证操作安全 ②盖子不能涂油
加料	将被萃取溶液和萃取剂分别由分液漏斗的上口倒入,盖好盖子	萃取剂的选择要根据被萃取物质在此溶剂中的溶解度而定,同时要易于和溶液分离开,最好用低沸点溶剂。一般水溶性较小的物质可用石油醚萃取;水溶性较大的可用苯或乙醚萃取;水溶性极大的用乙酸乙酯萃取	液体分为两相	必要时要使用玻璃漏斗加料
振荡	振荡分液漏斗,使两相液层充分接触	振荡操作一般是把分液漏斗倾斜,使漏斗的上口略朝下	液体混为乳浊液	振荡时用力要大,同时要绝对防止液体泄漏
放气	振荡后,让分液漏斗仍保持倾斜状态,旋开旋塞,放出蒸气或产生的气体,使内外压力平衡		气体放出	切记放气时分液漏斗的上口要倾斜朝下,而下口处不要有液体

操作步骤	操作要点	简要说明	现象	注意事项
重复振荡	再振荡和放气数次			操作和现象均与振荡和放气相同
静置	将分液漏斗放在铁环中,静置	静置的目的是使不稳定的乳浊液分层。一般情况需静置10min左右,较难分层者需更长时间静置	液体分为清晰的两层	在萃取时,特别是当溶液呈碱性时,常常会产生乳化现象,影响分离。破坏乳化的方法如下。 ①较长时间静置 ②轻轻地旋摇漏斗,加速分层 ③若因两种溶剂(水与有机溶剂)部分互溶而发生乳化,可以加入少量电解质(如氯化钠),利用盐析作用加以破坏;若因两相密度差小发生乳化,也可以加入电解质,以增大水相的密度 ④若因溶液呈碱性而产生乳化,常可加入少量的稀盐酸或采用过滤等方法消除 根据不同情况,还可以加入乙醇、磺化蓖麻油等消除乳化
分离	液体分成清晰的两层后,就可进行分离。分离液层时,下层液体应经旋塞放出,上层液体应从上口倒出	如果上层液体也从旋塞放出,则漏斗旋塞下面颈部所附着的残液就会把上层液体沾污	液体分为两部分	
合并萃取液	分离出的被萃取溶液再按上述方法进行萃取,一般为3~5次。将所有萃取液合并,加入适量的干燥剂进行干燥	萃取次数多少,取决于分配系数的大小		不可能一次就萃取完全,故需较多次地重复上述操作。第一次萃取时使用溶剂量常较以后几次多一些,主要是为了补足由于它稍溶于水而引起的损失
蒸馏	将干燥了的萃取液加到蒸馏瓶中,蒸去溶剂,即得到萃取产物		分别得到萃取溶剂和产物	对易于热分解的产物,应进行减压蒸馏

2. 固体物质的萃取——索氏提取(萃取)

固体物质的萃取,通常是用长时间浸出法或采用索氏提取器(脂肪提取器)。

索氏提取器(图9-7)是利用溶剂回流及虹吸原理,使固体物质每一次都能为纯的溶剂所萃取,效率较高。

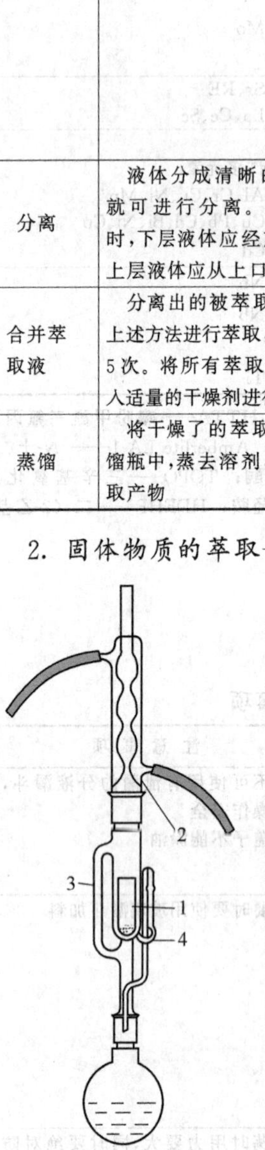

图 9-7 索氏提取器

1—样品纸筒;2—冷凝管;
3—蒸馏玻璃管;4—虹吸管

首先将固体物质研细以增加液体浸泡面积,再将滤纸卷成与提取器大小相适应的纸筒,装入研细的被提取物质,轻轻压实并在上面盖上一薄层脱脂棉,置于提取器中。按图9-7装好装置,接通冷凝水,开始加热。当溶剂沸腾时,蒸气通过蒸馏玻璃管3上升到冷凝管2中,冷凝后成为液体,滴入样品纸筒1中。当液面超过虹吸管4的最高处时,溶剂与已被提取出的物质一起被虹吸流回烧瓶,再行蒸发溶剂,循环不止,最后几乎将所有被提取物都富集到下面烧瓶里。通过溶剂回流,固体每次都浸在纯净的溶剂中,使提取效率增高,且节省溶剂。然后用其他方法将萃取到的物质从溶液中分离出来。

五、有关萃取的新方法和新技术

有关萃取的新方法有以下8种。

① 超临界流体萃取。

② 固相萃取与固相微萃取。

③ 液膜萃取。

④ 微波萃取法。

⑤ 第三相提取。

⑥ 液态离子交换剂。

⑦ 泡沫浮选法。

⑧ 液固萃取。

以上几种方法参见第八章第七节。

第五节　离子交换分离

参看第十九章有关章节。

第十章　滴定（容量）分析法

　　滴定分析是化学分析中最重要的分析方法。它是将一种已知准确浓度的试剂溶液（标准溶液，又叫滴定剂），用滴定管滴加到被测物质的溶液中，直到所加试剂与被测物质按化学计量关系定量反应完全为止，然后通过测量所消耗已知浓度的试剂溶液的体积，根据滴定反应式的计量关系，求得被测组分含量的一种分析方法。因为是以测量标准溶液体积为基础的，所以也叫容量分析。滴定分析主要用于测定常量组分（即被测组分含量在1%以上），有时也可以测定微量组分。此法所用仪器设备简单、操作方便，测定快速，准确度高，在一般情况下测定的相对误差约在±0.2%以内。它可以测定很多无机物和有机物，因此，在生产实践和科学研究中具有很大的实用价值。

第一节　滴定分析的原理

一、理论终点、滴定终点和终点误差

　　滴定分析是以化学反应为基础的分析方法。若被滴定物质 A 与滴定剂 B 间的化学反应式为：
$$aA+bB=cC+dD$$
它表示 A 与 B 是按摩尔比 $a:b$ 的关系反应的，这就是它的化学计量关系，是滴定分析定量测定的依据。

　　进行滴定分析时，将被滴定物（被测溶液）置于锥形瓶中，将已知准确浓度的滴定剂（试剂溶液）通过滴定管逐滴加到锥形瓶中，当加入的滴定剂的量与被测物的量之间正好符合化学反应式所表示的化学计量关系时，称化学反应到达了理论终点，也叫化学计量点或等物质的量点。在理论终点时，往往没有任何外部特征为人们所觉察，必须借助于指示剂颜色的改变来确定。指示剂的变色点称滴定终点，表明滴定到此结束。实际操作中，滴定终点与理论终点不一定恰好吻合，它们之间存在的微小差异所引起的误差称终点误差。终点误差是滴定分析的主要误差，所以又常称为滴定误差。

二、滴定反应的类型与对滴定反应的要求

　　1. 滴定反应的类型

　　滴定时进行的化学反应称滴定反应。滴定反应通常分成酸碱滴定、络合滴定、氧化还原滴定与沉淀滴定四大类型。

　　2. 对滴定反应的要求

　　适合滴定的化学反应必须具备以下条件。

　　① 反应必须定量地进行，即能按照化学反应方程式所示的计量关系进行，没有副反应，并且反应进行完全（通常要求达到99.9%左右），这是定量计算的基础。

　　② 反应速率要快，即滴定反应要能瞬间完成。对于速率较慢的反应，有时可通过加热或加入催化剂等方法来加快反应速率。

　　③ 有比较简便可靠的方法确定理论终点。

　　④ 共存物质不干扰滴定反应。滴定剂应只与被滴组分发生反应，对共存离子的干扰应可通过控制实验条件或利用掩蔽剂等手段予以消除。

三、滴定方式的种类

　　根据滴定分析时测定未知物的过程、步骤和加入标准溶液的方式的不同，滴定方式可分为四种：

　　1. 直接滴定法

　　只要滴定剂和被测物的反应能够完全满足滴定法对反应的四项要求，就可以将滴定剂直接滴入

试液中测定被测物的含量，这种方式称为直接滴定法。例如用 HCl 滴定 NaOH，用 $K_2Cr_2O_7$ 滴定 Fe^{2+}。直接滴定法简便、迅速、准确，是滴定分析法中最常用和最基本的滴定方式。

如果反应不能完全满足上述四项要求，则可采用下述几种方式进行滴定。

2. 返滴定法

当反应较慢或反应物是固体时，加入符合化学计量关系的滴定剂，反应常常不能立即完成。此时可先加入一定量过量的滴定剂，使反应加速，待反应完成后，再用另一种标准溶液滴定剩余的滴定剂，这种方式称为返滴定法或回滴法。例如 Al^{3+} 与 EDTA 络合反应速率太慢，不能直接滴定，加入一定量过量的 EDTA 标准溶液，并加热促使反应完全。溶液冷却后，再用 Zn^{2+} 标准溶液返滴定过剩的 EDTA。

3. 置换滴定法

对于不按一定反应式进行或伴有副反应的化学反应，不能直接滴定被测物质。可以先用适当试剂与被测物质反应，使其被定量地置换成另一种物质，再用标准溶液滴定此物质，这种方式就称为置换滴定法。例如硫代硫酸钠不能直接滴定重铬酸钾及其他强氧化剂，因为强氧化剂不仅将 $S_2O_3^{2-}$ 氧化为 $S_4O_6^{2-}$，还会部分将其氧化成 SO_4^{2-}，没有一定的计量关系，但是若在酸性 $K_2Cr_2O_7$ 溶液中加入过量 KI，使 $K_2Cr_2O_7$ 被定量置换成 I_2，后者可以用 $Na_2S_2O_3$ 标准溶液直接滴定。

4. 间接滴定法

不能与滴定剂直接起反应的物质，有时可以通过另外的化学反应间接进行测定。例如欲测定 Ca^{2+}，但它既不能和酸碱反应，也不能用氧化剂或还原剂直接滴定，这时可将 Ca^{2+} 沉淀为 CaC_2O_4，过滤洗净后用硫酸将其溶解，然后用 $KMnO_4$ 标准溶液滴定生成的草酸，从而间接测定 Ca^{2+} 的含量。

返滴定法、置换滴定法和间接滴定法的应用，大大扩展了滴定分析的应用范围。

四、滴定曲线和指示剂的选择

1. 四种滴定反应类型及其滴定曲线

滴定过程中，随着滴定剂的不断加入，被滴组分的浓度不断发生变化，这种变化可用滴定

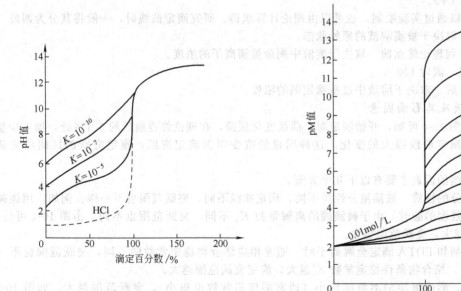

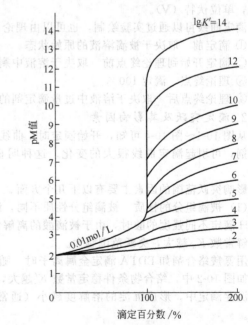

图 10-1 酸碱滴定曲线
0.1mol/L NaOH 滴定 0.1mol/L HCl，
K 为弱酸的离解常数

图 10-2 络合滴定曲线
用 0.01mol/L EDTA 滴定 0.01mol/L
金属离子，K' 为条件稳定常数

曲线表示。如图 10-1～图 10-4 所示为四类滴定反应的典型滴定曲线。滴定曲线图上横轴表示滴定剂的加入量（或滴定百分数），纵轴表示被滴组分浓度的变化。

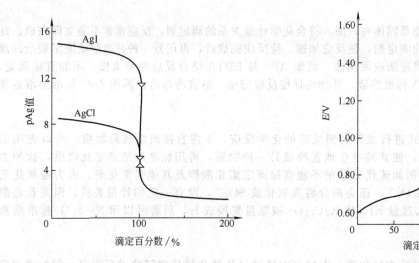

图 10-3　沉淀滴定曲线

0.1000mol/L AgNO₃ 滴定 0.1000mol/L NaCl、NaI

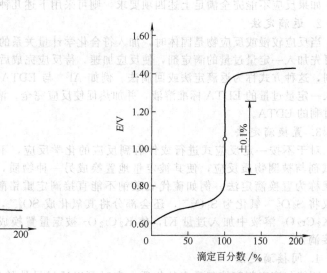

图 10-4　氧化还原滴定曲线

0.1000mol/L Ce⁴⁺ 滴定 0.1000mol/L
Fe²⁺，在 0.5mol/L H₂SO₄ 介质中

在不同类型的滴定反应中，被滴组分的浓度用不同方式表示。

在酸碱滴定中，测定溶液中 H^+ 浓度的变化，用 pH 表示，$pH = -lg [H^+]$。

在络合滴定中，测定溶液中金属离子浓度的变化，用 pM 表示，$pM = -lg [M^{n+}]$。

在沉淀滴定中，测定沉淀剂离子的浓度，如银量法中，用 pAg 表示，$pAg = -lg [Ag^+]$。

在氧化还原滴定中，被滴组分浓度的变化引起体系的氧化还原电位发生改变，因而用电位 E 表示，单位伏特（V）。

滴定曲线可以通过实验绘制，也可以由理论计算求得。研究滴定曲线时，一般将其分为四段。

① 滴定前　取决于被滴溶液的原始状态。

② 滴定开始到理论终点前　取决于溶液中剩余被滴离子的浓度。

③ 理论终点　滴定 100%。

④ 理论终点后　取决于溶液中过量滴定剂的浓度。

2. 滴定突跃及其影响因素

从图 10-1～图 10-4 可知，开始滴定时，曲线变化缓慢，在理论终点前后约 0.1% 处，加入少量滴定剂，可引起滴定曲线很大的变化，这种明显的改变叫做滴定突跃，滴定突跃的区间称突跃范围。

影响突跃范围的因素主要有以下几个方面。

(1) 被滴组分的性质　被滴组分性质不同，滴定曲线不同，突跃范围也不一样。例如，用强碱 NaOH 滴定不同强度的酸时，由于被滴酸的离解常数 K_a 不同，突跃范围也不同。由图 10-1 可见，酸离解常数 K_a 越大，突跃范围越大。

用氨羧络合剂如 EDTA 滴定金属离子时，随着相应络合物稳定常数的不同，突跃范围也不一样。如图 10-2 中，络合物条件稳定常数 K' 越大，滴定突跃范围越大。

沉淀滴定中，形成沉淀的溶解度越小（通常溶度积常数也很小），突跃范围越大，如图 10-3 所示。

在氧化还原滴定中，氧化剂电对和还原剂电对的氧化还原电位值相差越大，突跃范围越大。

(2) 被滴组分的浓度　被滴组分浓度越大，突跃范围越大；反之，突跃范围较小。如图 10-5 和图 10-6 所示。

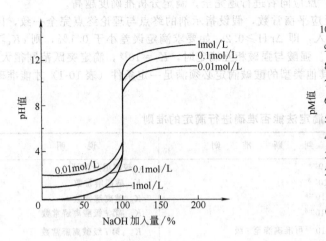

图 10-5　NaOH 滴定不同浓度
HCl 溶液的滴定曲线

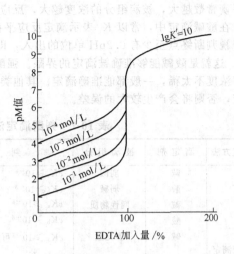

图 10-6　EDTA 滴定不同浓度
金属离子的滴定曲线

（3）介质条件　介质条件对突跃范围有很大影响。例如，用 EDTA 滴定金属离子时，溶液的 pH 明显地影响滴定突跃，如图 10-7 所示。用 $K_2Cr_2O_7$ 滴定 Fe^{2+} 时，若加入 H_3PO_4，由于形成 $Fe(PO_4)_2^{3-}$，降低了 Fe^{3+}/Fe^{2+} 电对的氧化还原电位，使滴定突跃明显增大，如图 10-8 所示的虚线部分。

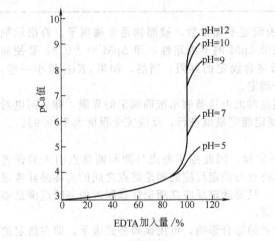

图 10-7　不同酸度下 EDTA
滴定 Ca^{2+} 的滴定曲线

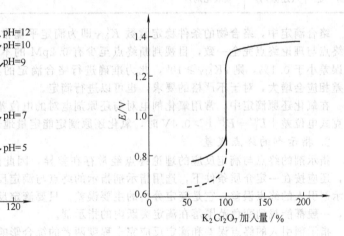

图 10-8　$K_2Cr_2O_7$ 滴定 Fe^{2+}
的滴定曲线

滴定突跃范围越大，滴定准确度越高。因此，在实际工作中，总是希望突跃范围越大越好。

3. 滴定指示剂的选择

滴定突跃范围是选择指示剂的依据。只要指示剂的变色点处于突跃范围内，均可选用。

五、影响滴定分析准确度的因素

滴定分析是根据滴定反应的化学计量关系测定结果，采用指示剂确定反应终点，并通过滴定操作来完成的。因此，滴定反应的完全程度、指示剂引入的终点误差、滴定操作误差等均是影响滴定分析准确度的因素。

1. 滴定反应的完全程度

滴定反应：
$$aA + bB \Longrightarrow cC + dD$$

其平衡常数越大，被滴组分的浓度越大，反应向右进行越完全，滴定分析准确度越高。

在酸碱滴定中，常以 K_t 表示滴定反应平衡常数，假设指示剂的终点与理论终点完全一致，因为目视判断终点至少有 0.2pH 单位的出入，即 $\Delta pH \geq 0.2$，如要求滴定误差小于 0.1%，则 $cK_t \geq 10^8$。这就是酸碱能够准确被滴定的界限。强酸与强碱相互滴定时，$K_t = 10^{14}$，滴定突跃范围很大，只要浓度不太稀，一般都能准确滴定。其他类型的酸碱滴定必须满足一定条件（表 10-1）才能准确滴定，否则则将会产生较大的误差。

表 10-1　判断滴定法能否准确进行滴定的准则

滴定方法	滴定剂	被滴组分	判　断　准　则	说　明
酸碱滴定	碱	弱酸	$cK_a \geq 10^{-8}$	c：被测组分浓度
	酸	弱碱	$cK_b \geq 10^{-8}$	K_a：酸离解常数
	碱	两性物质	$cK_a \geq 10^{-8}$	K_b：碱离解常数
	酸		$cK_b \geq 10^{-8}$	K_{a_i}：第 i 级酸离解常数
	碱	多元酸	$cK_{a_i} \geq 10^{-8}$ 可准确滴至 i 级	K_{b_i}：第 i 级碱离解常数
			$\dfrac{K_{a_i}}{K_{a_{i+1}}} > 10^5$ 能分步滴定	K'_{MY}：络合物条件稳定常数
	酸	多元碱	$cK_{b_i} \geq 10^{-8}$ 可准确滴至 i 级	$E_1^{0'}$、$E_2^{0'}$：分别为氧化剂、还原剂的克式电位
			$\dfrac{K_{b_i}}{K_{b_{i+1}}} > 10^5$ 能分步滴定	
络合滴定	络合剂 Y	金属离子 M	$cK'_{MY} \geq 10^6$	
氧化还原滴定	氧化剂（还原剂）	还原剂（氧化剂）	$\lvert E_1^{0'} - E_2^{0'} \rvert > 0.4V$	

络合滴定中，络合物的条件稳定常数 K'_{MY} 即为滴定平衡常数，被测物是金属离子。若指示剂的终点与理论终点完全一致，目视判断终点至少有 0.2pM′ 的不确定性，即 $\Delta pM' = \pm 0.2$，要使滴定误差小于 0.1%，则 $cK'_{MY} \geq 10^6$，此为准确进行络合滴定的界限。当然，如果 cK'_{MY} 值小一些，误差相应会增大，对于不严格的要求，也可以进行滴定。

在氧化还原滴定中，常用氧化剂电对与还原剂电对的电位差表示准确滴定的界限，即当两电对的克式电位差 $\lvert E_1^{0'} - E_2^{0'} \rvert > 0.4V$ 时，氧化还原滴定能定量地进行，反应完全程度大于99.9%。

2. 指示剂的终点误差

指示剂的终点与滴定反应的理论终点经常存在差异，因此除了考虑目测判断终点引入的误差外，还应按在一定介质条件下，选用指示剂指示的终点与滴定反应的理论终点之间的实际差异考虑指示剂引入的终点误差，它是滴定分析的主要误差。只要滴定反应在理论终点附近的突跃范围足够大，一般都能找到变色范围落在滴定突跃内的指示剂。

指示剂引入的终点误差和滴定反应完全程度两者的综合影响，可用误差公式表示，即在指定的允许误差范围内，滴定反应的完全程度越高，允许指示剂偏离理论终点越远，只要它们的综合效果（滴定误差）不超过允许误差，就可认为滴定分析结果是可靠的。

3. 测量误差

滴定分析主要通过滴定操作进行，滴定管的读数，也是滴定分析误差的一个来源，这部分误差规定不能超过 $\pm 0.1\%$。若使用 50mL 的常量滴定管，其最小刻度为 0.1mL，可估计到 0.01mL，即读数绝对误差 $E = \pm 0.01mL$，测定一个体积必须读数 2 次，因此相对误差 $RE = \dfrac{2E}{V}$，要使 RE 小于 0.1%，V 必须大于或等于 20mL。若滴定剂体积消耗过多，不仅给操作带来麻烦，而且会引入更多的误差，所以通常使滴定剂体积消耗在 $20 \sim 30mL$ 之间。若使用 5mL 的半微量滴定管，其最小刻度为 0.01mL，可以估计到 0.001mL，为使 RE 小于 0.1%，则应使滴定剂消耗在 $2 \sim 3mL$ 之间。可以通过调整试样的称样量或试液的稀释倍数、滴定剂的浓度等，使滴定时滴定剂的消耗量恰在所希望的范围内。

滴定分析时，试样及基准物的质量常用分析天平称量。一般分析天平的称量误差为±0.0002g，若要求测量时相对误差在0.1%以下，则：

$$试样质量 = \frac{绝对误差}{相对误差} = \frac{\pm 0.0002}{\pm 0.1\%} = 0.2（g）$$

因此，为了减小称量时的误差，试样或基准物质的质量必须在0.2g以上。

第二节　滴定分析中的计算

本书的第二章第一节和第四章第一节、第二节已分别叙述了滴定分析中常用的物理量、计量单位和溶液中常用的计量单位及溶液浓度的表示方法与计算。本节重点介绍滴定分析中被滴定物的量 n_A（mol）与滴定剂的量 n_B（mol）之间的关系。

1. 等物质的量规则法

被人们认为滴定分析计算的基础的当量定律，随着"当量"、"克当量"、"克当量数"及"毫克当量数"的废除而废除。事实上当量定律通常仅应用于中和滴定法与氧化还原滴定法，而且对于滴定法中的某些化学反应，应用当量定律本身缺乏严密性。用等物质的量规则来进行滴定分析的计算，更科学、严密和规范化，在实际应用中也很简便。

等物质的量规则是指在化学反应中，相互反应的物质的量相等，或者说在滴定分析中，在理论终点时，标准物的物质的量等于被测物的物质的量。这里所说的理论终点，就是指已被废除了的"等当点"，也可称为等物质的量点。

等物质的量规则可以表示为：

$$n_T = n_B$$

因为 $n = cV$，则上式也可表示为：

$$c_T V_T = c_B V_B$$

式中　n_T，n_B——标准物质与被测物质的物质的量；

c_T，c_B——标准溶液与被测溶液的物质的量浓度；

V_B——被测溶液所取的体积；

V_T——滴定至终点时消耗的标准溶液的体积。

这与当量定律 $N_1 V_1 = N_2 V_2$ 的形式是相同的。

在应用等物质的量规则进行计算时，关键在于选择基本单元，选对了基本单元，就可确定摩尔质量，从而便很容易地计算出结果。

由于化学反应中，各反应物进行定量反应时都有严格的计量关系，根据等物质的量规则，选择基本单元的原则是应使两反应物具有相等的基本单元数，或者说使两反应物的基本单元数之比为1：1，只要基本单元数相等就可满足等物质的量规则。根据这一原则，选择或确定基本单元的方法如下。

以包括化学计量数在内的化学式作为基本单元，例如：

$$H_2SO_4 + 2NaOH \Longrightarrow Na_2SO_4 + 2H_2O$$

H_2SO_4 的计量数为1，其基本单元为 H_2SO_4，NaOH 的计量数为2，则其基本单元确定为 $2NaOH$，由于 H_2SO_4 的基本单元数与 $2NaOH$ 的基本单元数相等，故两者的物质的量必然相等，即：

$$n(H_2SO_4) = n(2NaOH)$$

或

$$c(H_2SO_4)V(H_2SO_4) = c(2NaOH)V(2NaOH)$$

在直接滴定法中，若被滴定物 A 与滴定剂 B 间的反应为：

$$aA + bB = cC + dD$$

可以写为通式

$$n(bB) = n(aA)$$

或

$$c(bB)V(bB) = c(aA)V(aA)$$

【例1】取 20.00mL H_2SO_4 溶液，用 $c(NaOH)=0.1036mol/L$ 的 NaOH 标准溶液进行滴定，终点时共消耗 NaOH 溶液 20.35mL，求 H_2SO_4 溶液的浓度 $c(H_2SO_4)$。

解：反应式为 $H_2SO_4+2NaOH \Longrightarrow Na_2SO_4+2H_2O$

选 H_2SO_4 与 2NaOH 为基本单元，则：

$$c(H_2SO_4)V(H_2SO_4)=c(2NaOH)V(2NaOH)$$

$$c(H_2SO_4)=\frac{c(2NaOH)V(2NaOH)}{V(H_2SO_4)}$$

根据量内换算式：

$$c(2NaOH)=\frac{1}{2}c(NaOH)=\frac{1}{2}\times 0.1036mol/L=0.0518mol/L$$

则
$$c(H_2SO_4)=\frac{0.0518mol/L \times 20.35mL}{20.00mL}=0.05271mol/L$$

在酸性溶液中，以 $H_2C_2O_4$ 为标准溶液标定 $KMnO_4$ 溶液的浓度时，滴定反应为：

$$2MnO_4^- +5H_2C_2O_4+6H^+ \Longrightarrow 2Mn^{2+}+10CO_2+8H_2O$$

【例2】取浓度为 $c(1/2H_2C_2O_4)=0.1024mol/L$ 的草酸溶液 50.00mL，用待标定的 $KMnO_4$ 溶液滴定，滴定至终点时耗去 $KMnO_4$ 溶液 26.38mL，计算高锰酸钾溶液的准确浓度 $c(KMnO_4)$。

解：反应式为 $2MnO_4^- +5H_2C_2O_4+6H^+ \Longrightarrow 2Mn^{2+}+10CO_2+8H_2O$

选 $2MnO_4^-$ 与 $5H_2C_2O_4$ 为基本单元，则：

$$n(2MnO_4^-)=n(5H_2C_2O_4)$$

$$c(2MnO_4^-)V(2MnO_4^-)=c(5H_2C_2O_4)V(5H_2C_2O_4)$$

$$2c(2MnO_4^-)=c(MnO_4^-) \qquad \frac{1}{2}c(MnO_4^-)=c(2MnO_4^-)$$

$$c(5H_2C_2O_4)=\frac{1}{5}c(H_2C_2O_4)=\frac{1}{10}c\left(\frac{1}{2}H_2C_2O_4\right)$$

$$c(2MnO_4^-)=\frac{c(5H_2C_2O_4)V(5H_2C_2O_4)}{V(2MnO_4^-)}$$

$$c(MnO_4^-)=\frac{2\times\frac{1}{10}c\left(\frac{1}{2}H_2C_2O_4\right)V(5H_2C_2O_4)}{V(2MnO_4^-)}$$

$$=\frac{2\times\frac{1}{10}\times 0.1024\times 50.00}{26.38}=0.03882(mol/L)$$

$$c(KMnO_4)=0.03882mol/L$$

2. 比例系数法

比例系数法是将在化学反应过程中，某种反应物质的分子式（或化学式）作为基本单元，另一个与之反应的物质的分子式（或化学式）乘以一个比例系数作为基本单元，使两者的基本单元数相等，进而可使两者的物质的量相等。

【例】

$$2MnO_4^- +5C_2O_4^{2-}+16H^+ \Longrightarrow 2Mn^{2+}+10CO_2+8H_2O$$

可以选择 MnO_4^- 作为基本单元，那么 $C_2O_4^{2-}$ 的基本单元就是 $5/2C_2O_4^{2-}$；反之，如果选 $C_2O_4^{2-}$ 为基本单元，则 MnO_4^- 的基本单元就是 $2/5MnO_4^-$。

解：若选 $KMnO_4$ 为基本单元，$H_2C_2O_4$ 的基本单元就为 $5/2H_2C_2O_4$。

则
$$n(KMnO_4)=n\left(\frac{5}{2}H_2C_2O_4\right)$$

根据量内换算式知：

$$n\left(\frac{5}{2}H_2C_2O_4\right)=\frac{1}{5}n\left(\frac{1}{2}H_2C_2O_4\right)$$

则
$$n(KMnO_4)=\frac{1}{5}n\left(\frac{1}{2}H_2C_2O_4\right)$$

$$c(KMnO_4)V(KMnO_4) = \frac{1}{5}c\left(\frac{1}{2}H_2C_2O_4\right)V\left(\frac{1}{2}H_2C_2O_4\right)$$

在置换滴定法中，涉及两个反应，应从总的反应中找出实际参加反应的物质的量之间的关系。例如在酸性溶液中，以 $K_2Cr_2O_7$ 为标准溶液标定 $Na_2S_2O_3$ 溶液的浓度时，反应分两步进行。首先是在酸性溶液中 $K_2Cr_2O_7$ 与过量的 KI 反应析出 I_2：

$$Cr_2O_7^{2-} + 6I^- + 14H^+ = 2Cr^{3+} + 3I_2 + 7H_2O \qquad (10-1)$$

然后用 $Na_2S_2O_3$ 溶液为滴定剂滴定析出的 I_2：

$$I_2 + 2S_2O_3^{2-} = 2I^- + S_4O_6^{2-} \qquad (10-2)$$

实际结果相当于 $K_2Cr_2O_7$ 氧化 $Na_2S_2O_3$。I^- 虽在前一反应中被氧化，却又在后一反应中被还原回来，结果并未发生变化。由反应式（10-1）减去 3 倍量的反应式（10-2），即可知 $K_2Cr_2O_7$ 与 $Na_2S_2O_3$ 是按 1：6 的摩尔比反应的，故：

$$n_{Na_2S_2O_3} = 6n_{K_2Cr_2O_7}$$

在间接滴定法中，要从几个反应式中找出被测物的量与滴定剂的量之间的关系。例如用 $KMnO_4$ 法间接测定 Ca^{2+}，经过如下几步：

$$Ca^{2+} \xrightarrow{C_2O_4^{2-}} CaC_2O_4 \downarrow \xrightarrow{H^+} H_2C_2O_4 \xrightarrow{MnO_4^-} 2CO_2$$

此处 Ca^{2+} 与 $C_2O_4^{2-}$ 反应的摩尔比是 1：1，而 $H_2C_2O_4$ 与 $KMnO_4$ 是按 5：2 的摩尔比进行反应的，故：

$$n_{Ca^{2+}} = \frac{5}{2}n_{KMnO_4}$$

第三节 滴定分析的基本操作

滴定分析中，正确使用滴定管、容量瓶和吸量管（移液管）三种仪器，是滴定分析中最重要的基本操作。

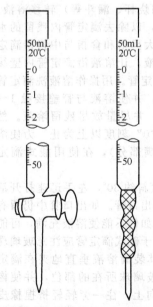

(a) 酸式滴定管 (b) 碱式滴定管

图 10-9 滴定管

一、滴定管

滴定管是为了放出不确定量液体的容量仪器。常量分析用的滴定管容积为 25mL 和 50mL，最小分度值为 0.1mL，读数可估计到 0.01mL。10mL、5mL、2mL 和 1mL 的半微量或微量滴定管，最小分度值分别为 0.05mL、0.02mL 或 0.01mL。

实验室最常用的滴定管有两种：一种是下部带有磨口玻璃活塞的酸式滴定管，也称具塞滴定管，形状如图 10-9（a）所示；另一种是碱式滴定管，也称无塞滴定管，它的下端连接一橡皮软管，内放一个玻璃珠，橡皮管下端再连一个尖嘴玻璃管，如图 10-9（b）所示。酸式滴定管只能用来盛放酸性、中性或氧化性溶液，不能盛放碱液，因磨口玻璃活塞会被碱类溶液腐蚀，放置久了会粘连住。碱式滴定管用来盛放碱液，不能盛放氧化性溶液如 $KMnO_4$、I_2 或 $AgNO_3$ 等，避免腐蚀橡皮管。此外，还有三通活塞滴定管、三通旋塞自动定零位滴定管、侧边旋塞自动滴定管、三通旋塞自动滴定管和坐式滴定管等类型。本书主要介绍前两种滴定管的洗涤、操作和使用。

1. 滴定管的洗涤、涂油脂、检漏、装液

（1）滴定管的洗涤 无明显油污的滴定管，直接用自来水冲洗。若有油污，则用铬酸洗液洗涤。

用洗液洗涤时，先关闭酸式滴定管的活塞，倒入 $10 \sim 15 \text{mL}$ 洗液于滴定管中，两手平端滴定管，并不断转动，直到洗液布满全管为止。然后打开活塞，将洗液放回原瓶中。若油污严重，可倒入温洗液浸泡一段时间。碱式滴定管洗涤时，要注意不能使铬酸洗液直接接触橡皮管。为此，可将碱式滴定管倒立于装有铬酸洗液的烧杯中，橡皮管接在抽水泵上，打开抽水泵，轻捏玻璃珠，待洗液徐徐上升到接近橡皮管处即停止。让洗液浸泡一段时间后，将洗液放回原瓶中。

洗液洗涤后，先用自来水将管中附着的洗液冲净，再用蒸馏水刷洗几次。洗净的滴定管的内壁应完全被水均匀润湿而不挂水珠。否则，应再用洗液浸洗，直到洗净为止。连续使用的滴定管，若保存得当，是可以保持洁净不挂水珠的，不必每次都用洗液洗。

（2）滴定管活塞涂油脂和检漏　酸式滴定管使用前，应检查活塞转动是否灵活而且不漏。如不符合要求，则取下活塞，用滤纸擦干净活塞及塞座。用手指蘸少量（切勿过多）凡士林，在活塞两端沿圆周各涂极薄的一层，把活塞径直插入塞座内，向同一方向转动活塞（不要来回转），直到从外面观察时，凡士林均匀透明为止。若凡士林用量太多，堵塞了活塞中间小孔时，可取下活塞，用细铜丝捅出。如果是滴定管的出口管尖堵塞，可先用水充满全管，将出口管尖浸入热水中，温热片刻后，打开活塞，使管内的水流突然冲下，将熔化的油脂带出。也可用 CCl_4 等有机溶剂浸泡溶解。如仍无效，取下活塞，用细铜丝捅出。

为了避免滴定管的活塞偶然被挤出跌落破损，可在活塞小头的凹槽处，套一个橡皮圈（可从橡皮管上剪一窄段），或用橡皮筋缠在塞座上。

当挤捏碱式滴定管玻璃珠周围的橡皮管时，便会形成一条狭缝，溶液即可流出，如图 10-10 所示。应选择大小合适的玻璃珠与橡皮管。玻璃珠太小，溶液易漏出，并且玻璃珠易于滑动；若太大，则放出溶液时手指会很吃力，极不方便。

滴定管使用之前必须严格检查，确保不漏。检查时，将酸式滴定管装满蒸馏水，把它垂直夹在滴定管架上，放置 5min。观察管尖处是否有水滴滴下，活塞缝隙处是否有水渗出，若不漏，将活塞旋转 $180°$，静置 5min，再观察一次，无漏水现象即可使用。碱式滴定管只需装满蒸馏水直立 5min，若管尖处无水滴滴下即可使用。

检查发现漏液的滴定管，必须重新装配，直至不漏，滴定管才能使用。检漏合格的滴定管，需用蒸馏水洗涤 $3 \sim 4$ 次。

（3）滴定管中装入操作溶液　首先将试剂瓶中的操作溶液摇匀，使凝结在瓶内壁上的液珠混入溶液。操作溶液应小心地直接倒入滴定管中，不得用其他容器（如烧杯、漏斗等）转移溶液。其次，在加满操作溶液之前，应先用少量此种操作溶液洗滴定管数次，以除去滴定管内残留的水分，确保操作溶液的浓度不变。倒入操作溶液时，关闭活塞，用左手大拇指和食指与中指持滴定管上端无刻度处，稍微倾斜，右手拿住细口瓶往滴定管中倒入操作溶液，让溶液沿滴定管内壁缓缓流下。每次用约 10mL 操作溶液洗滴定管。用操作溶液洗滴定管时，要注意务必使操作溶液洗遍全管，并使溶液与管壁接触 $1 \sim 2$min，每次都要冲洗滴定管出口管尖，并尽量放尽残留溶液。然后，关好酸管活塞，倒入操作溶液至"0"刻度以上为止。为使溶液充满出口管（不能留有气泡或未充满部分），在使用酸式滴定管时，

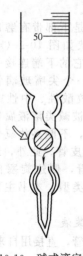

图 10-10　碱式滴定管

右手拿滴定管上部无刻度处，滴定管倾斜约 $30°$，左手迅速打开活塞使溶液冲出，从而可使溶液充满全部出口管。如出口管中仍留有气泡或未充满部分，可重复操作几次。如仍不能使溶液充满，可能是出口管部分没洗干净，必须重洗。对于碱式滴定管应注意玻璃珠下方的洗涤。用操作溶液洗完后，将其装满溶液垂直地夹在滴定管架上，左手拇指和食指放在稍高于玻璃珠所在的部位，并使橡皮管向上弯曲（图 10-11），出口管斜向上，往一旁轻轻挤捏橡皮管，使溶液从管口喷出，再一边捏橡皮管，一边将其放直，这样可排除出口管的气泡，并使溶液充满出口管。注意，应在橡皮

放直后，再松开拇指和食指，否则出口管仍会有气泡。排尽气泡后，加入操作溶液使之在"0"刻度以上，再调节液面在0.00mL刻度处，备用。如液面不在0.00mL时，则应记下初读数。

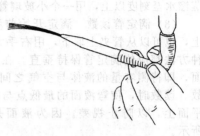

图 10-11　碱式滴定管排除气泡

2. 滴定管与滴定操作

（1）滴定管的操作　将滴定管垂直地夹于滴定管架上的滴定管夹上。

使用酸式滴定管时，用左手控制活塞，无名指和小指向手心弯曲，轻轻抵住出口管，大拇指在前，食指和中指在后，手指略微弯曲，轻轻向内扣住活塞，手心空握，如图 10-12 所示。转动活塞时切勿向外（右）用力，以防顶出活塞，造成漏液。也不要过分往里拉，以免造成活塞转动困难，不能自如操作。

使用碱式滴定管时，左手拇指在前，食指在后，捏住橡皮管中玻璃珠所在部位稍上的地方，向右方挤橡皮管，使其与玻璃珠之间形成一条缝隙，从而放出溶液（图 10-10）。注意不能捏玻璃珠下方的橡皮管，以免当松开手时空气进入而形成气泡，也不要用力捏压玻璃珠，或使玻璃珠上下移动，那样做是白费力气并不能放出溶液。

要能熟练自如地控制滴定管中溶液流速的技术：①使溶液逐滴流出；②只放出一滴溶液；③使液滴悬而未落（当在瓶上靠下来时即为半滴）。

（2）滴定操作　滴定通常在锥形瓶中进行，锥形瓶下垫一个白瓷板作背景，右手拇指、食指和中指捏住瓶颈，瓶底离瓷板 2～3cm。调节滴定管高度，使其下端伸入瓶口约 1cm。左手按前述方法操作滴定管，右手运用腕力摇动锥形瓶，使其向同一方向做圆周运动，边滴加溶液边摇动锥形瓶，如图 10-13 所示。

图 10-12　酸式滴定管的操作

图 10-13　滴定操作

在整个滴定过程中，左手一直不能离开活塞任溶液自流。摇动锥形瓶时，要注意勿使溶液溅出、勿使瓶口碰滴定管口，也不要使瓶底碰白瓷板，不要前后振动。一般在滴定开始时，无可见的变化，滴定速度可稍快，一般为 10mL/min，即 3～4 滴/s。滴定到一定时候，滴落点周围出现暂时性的颜色变化，在离滴定终点较远时，颜色变化立即消逝。临近终点时，变色甚至可以暂时地扩散到全部溶液，不过在摇动 1～2 次后变色完全消逝。此时，应改为滴 1 滴，摇几下。等到必须摇 2～3 次后，颜色变化才完全消逝时，表示离终点已经很近。微微转动活塞使溶液悬在出口管嘴上形成半滴，但未落下，用锥形瓶内壁将其沾下。然后将瓶倾斜把附于壁上的溶液洗入瓶中，再摇匀溶液。如此重复直到刚刚出现达到终点时出现的颜色而又不再消逝为止。一般 30s 内不再变色即到达滴定终点。

每次滴定最好都从读数 0.00mL 开始，也可从 0.00mL 附近的某一读数开始，这样在重复测定时，使用同一段滴定管，可减小误差，提高精密度。

滴定完毕，弃去滴定管内剩余的溶液，不得倒回原瓶。用自来水、蒸馏水冲洗滴定管，并装入蒸馏水至刻度以上，用一个小玻璃管套在管口上，保存备用。

（3）滴定管读数　滴定开始前和滴定终了都要读取数值。读数时可将滴定管夹在滴定管夹上，也可以从管夹上取下，用右手大拇指和食指捏住滴定管上部无刻度处，使管自然下垂，两种方法都应使滴定管保持垂直。在滴定管中的溶液由于附着力和内聚力的作用，形成一个弯液面，即待测容量的液体与空气之间的界面。无色或浅色溶液的弯液面下缘比较清晰，易于读数。读数时，使弯液面的最低点与分度线上边缘的水平面相切，视线与分度线上边缘在同一水平面上，以防止视差。因为液面是球面，改变眼睛的位置会得到不同的读数，如图 10-14 所示。

为了便于读数，可在滴定管后衬一个读数卡。读数卡可用黑纸或涂有黑长方形（约 $3\,cm\times 1.5\,cm$）的白纸制成。读数时，手持读数卡放在滴定管背后，使黑色部分在弯液面下约 1mm 处，此时即可看到弯液面的反射层成为黑色，然后读此黑色弯液面下缘的最低点，如图 10-15 所示。

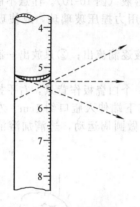

图 10-14　滴定管读数

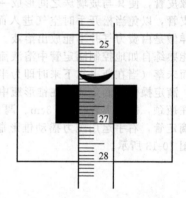

图 10-15　利用读数卡读数

颜色太深的溶液，如 $KMnO_4$、I_2 溶液等，弯液面很难看清楚，可读取液面两侧的最高点，此时视线应与该点成水平。

必须注意，初读数与终读数应采用同一读数方法。刚刚添加完溶液或刚刚滴定完毕，不要立即调整零点或读数，而应等 $0.5\sim1min$，以使管壁附着的溶液流下来，使读数准确可靠。读数需准确至 $0.01mL$。读取初读数前，若滴定管尖悬挂液滴时，应该用锥形瓶外壁将液滴沾去。在读取终读数前，如果出口管尖悬有溶液，此次读数不能取用。

二、容量瓶

容量瓶是一种细颈梨形的平底玻璃瓶，带有玻璃磨口塞或塑料塞。颈上有标线，表示在所指温度下（一般为 20℃），当液体充满到标线时瓶内液体体积。容量瓶主要是用来配制准确浓度的溶液。通常有（单位 mL）5、10、25、50、100、250、500、1000、2000 等数种规格。

1. 容量瓶的准备

使用容量瓶之前，先检查：①容量瓶容积是否与所要求的一致；②若配制见光易分解物质的溶液，应选择棕色容量瓶；③玻璃磨口塞或塑料塞是否漏水。检漏方法为：加自来水至标线附近，塞紧瓶塞。用食指按住塞子，将瓶倒立 2min，用干滤纸片沿瓶口缝隙处检查看有无水渗出。如果不漏水，将瓶直立，旋转瓶塞 180°，塞紧，再倒立 2min，如果仍不漏水则可使用。

检验合格的容量瓶应洗涤干净。洗涤方法、原则与洗涤滴定管相同。洗净的容量瓶内壁应均匀润湿，不挂水珠，否则必须重洗。

必须保持瓶塞与瓶子的配套，标以记号或用细绳、橡皮筋等把它系在瓶颈上，以防跌碎，或与其他瓶塞混乱。

2. 容量瓶的操作

由固体物质配制溶液时，准确称取一定量的固体物质，置于小烧杯中，加水或其他溶剂使其全部溶解（若难溶，可盖上表面皿，加热溶解，但需放冷后才能转移），定量转移入容量瓶中。转移时，将玻璃棒伸入容量瓶中，使其下端靠住瓶颈内壁，上端不要碰瓶口，烧杯嘴紧靠玻璃棒，使溶液沿玻璃棒和内壁流入，如图 10-16 所示。溶液全部转移后，将玻璃棒稍向上提起，同时使烧杯直立，将玻璃棒放回烧杯。用洗瓶蒸馏水吹洗玻璃棒和烧杯内壁，将洗涤液也转移至容量瓶中。如此重复洗涤多次（至少 3 次）。完成定量转移后，加水至容量瓶容积的 3/4 左右时，将容量瓶摇动几周（勿倒转），使溶液初步混匀。然后把容量瓶平放在桌上，慢慢加水到接近标线 1cm 左右，等 1～2min，使黏附在瓶颈内壁的溶液流下。用细长滴管伸入瓶颈接近液面处，眼睛平视标线，加水至弯液面下缘最低点与标线相切。立即塞上干的瓶塞，按图 10-17 握持容量瓶的姿势（对于容积小于 100mL 的容量瓶，只用左手操作即可），将容量瓶倒转，使气泡上升到顶。将瓶正立后，再次倒立振荡，如此重复 10～20 次，使溶液混合均匀。最后放正容量瓶，打开瓶塞，使其周围的溶液流下，重新塞好塞子，再倒立振荡 1～2 次，使溶液全部充分混匀。

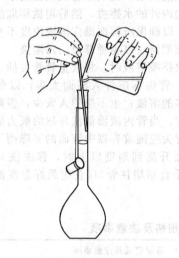

图 10-16　溶液的转移

图 10-17　溶液摇匀

注意不能用手掌握住瓶身，以免体温造成液体膨胀，影响容积的准确性。热溶液应冷至室温后，才能注入容量瓶中，否则可造成体积误差。容量瓶不能久贮溶液，尤其是碱性溶液，会侵蚀玻璃使瓶塞粘住，无法打开。配好的溶液如需保存，应转移到试剂瓶中。容量瓶用毕，应用水冲洗干净。如长期不用，将磨口处洗净擦干，垫上纸片。容量瓶也不能加热，更不得在烘箱中烘烤。如洗净后急于使用，可用乙醇等有机溶剂荡洗后晾干，或用电吹风的冷风吹干。

三、吸量管（移液管）的分类、洗涤和操作

1. 吸量管的分类

移液管又称吸量管，分单标线吸量管和分度吸量管两类，如图 10-18 所示。

单标线吸量管，又称大肚移液管，用来准确移取一定体积的溶液。吸管上部刻有一个标线，此标线是按放出液体的体积来刻度的。常见的单标线吸量管有 5mL、10mL、25mL、50mL 等规格。

分度吸量管是带有分刻度的移液管，用于准确移取所需不同体积的液体。常用分度吸量管的分类、级别规格及注意事项见表 10-2。

单标线吸量管标线部分管径较小，准确度较高；分度吸量管读数的刻度部分管径较大，准确度稍差，因此当量取整数体积的溶液时，常用相应大小的单标线吸量管而不用分度吸量管。

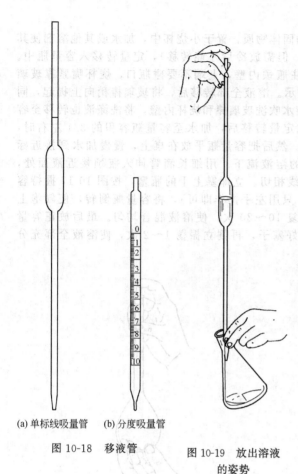

(a) 单标线吸量管　(b) 分度吸量管

图 10-18　移液管

图 10-19　放出溶液
的姿势

2. 吸量管的洗涤

洗涤前要检查吸量管的上口和排液嘴，必须完整无损。

吸量管一般先用自来水冲洗，然后用铬酸洗液洗涤，让洗液布满全管，停放 1～2min，从上口将洗液放回原瓶。吸量管也可用洗液浸泡，将洗液注入较高的量筒或标本缸中，直接将吸量管插入浸泡几分钟，切勿浸泡时间太长，以免洗液吸水而降低效力。

用洗液洗涤后，沥尽洗液，用自来水充分冲洗，再用蒸馏水洗 3 次。洗好的吸量管必须达到内壁与外壁的下部完全不挂水珠，将其放在干净的吸量管架上。

3. 吸量管的操作

移取溶液前，先吹尽管尖残留的水，再用滤纸将管尖内外的水擦去，然后用欲移取的溶液洗涤 3 次，以确保所移取操作溶液浓度不变。注意勿使溶液回流，以免稀释及沾污溶液。

移取待吸溶液时，将吸量管管尖插入液面下 1～2cm。管尖不应伸入液面太多，以免管外壁黏附过多的溶液；也不应伸入太少，否则液面下降后吸空。当管内液面借洗耳球的吸力而慢慢上升时，管尖应随着容器中液面的下降而下降。当管内液面升高到刻度以上时，移去洗耳球，迅速用右手食指堵住管口（食指最好是潮而不湿），

表 10-2　分度吸量管的分类、级别规格及注意事项

类　型	级　别	规格/mL	容量定义及注意事项
不完全流出式吸量管	A 级	1、2、5、10、25、50	从零线排放到该分度线时所流出的水的体积。在分度线上的弯液面最后调定之前，液体自由流下，不允许有液滴黏附在壁上
	B 级	0.1、0.2、0.25、0.5、1、2、5、10、25、50	残留在吸量管末端的溶液，不可用外力使其流出，因校准时，已考虑了末端保留溶液的体积
完全流出式吸量管	A、B 级	1、2、5、10、25、50	从分度线到流液口时所流出液体的体积。液体自由流下，直至确定弯液面已到流液口静止后，再将吸量管脱离接受容器（指零点在下）。或者从零线排放到该分度线或排放到吸量管流液口的总容量。水流不受限制地流下，直至分度线上的弯液面最后调定为止，在最后调定之前，不允许有液滴黏附在管壁上（指零点在上）
规定等待时间 15s 的吸量管	A 级	0.5、1、2、5、10、25、50	从零线排放到该分度线所流出的水的体积。当弯液面高出分度线几毫米时，水流被截住，等待 15s 后，调至该分度线。在总容量排至流液口时，水流不应受到限制，而且在吸量管从接受容器中移走之前，应等待 15s
吹出式吸量管		0.1、0.2、0.25、0.5、1、2、5、10	从该分度线排放到流液口所流出的体积（指零点在下），或从零线放到该分度线所流出的水的体积（指零点在上）。水流应不受限制直到确定弯液面已到达并停留在流液口为止，但排完水时，需将最后一滴液滴吹出，再从接受容器中移走

注：A 级为较高级，B 级为较低级。

将管上提，离开液面，用滤纸拭干管下端外部。将管尖靠盛废液瓶的内壁（废液瓶稍倾斜），保持管身垂直。稍松右手食指，用右手拇指及中指轻轻捻转管身，使液面缓慢而平稳地下降，直到溶液

弯液面的最低点与刻度线上边缘相切，视线与刻度线上边缘在同一水平面上，立即停止捻动并用食指按紧管口，保持容器内壁与吸量管口端接触，以除去吸附于吸量管口端的液滴。取出吸量管，立即插入承接溶液的器皿中，仍使管尖接触器皿内壁，使容器倾斜而管直立，松开食指，让管内溶液自由地顺壁流下，在整个排放和等待过程中，流液口尖端和容器内壁接触保持不动，如图 10-19 所示。

吸量管放液应使溶液弯液面到达流液口处静止。为保证液体完全流出，将吸量管从接受容器移走之前，无规定一定等待时间的情况下，应遵守近似 3s 的等待时间。在规定等待时间的情况下，吸量管从容器中移开前应遵守等待时间的规定。

四、使用玻璃量器时应注意的几个问题

要正确使用玻璃量器，除必须正确掌握上述基本操作外，还需注意下面几个问题。

1. 温度对量器的影响

量器的容量随着温度而改变。不同玻璃制造的量器其体积热膨胀系数不同，容量的改变也不相同。量器在量入或量出其标称容量时的温度常为标准温度（20℃）。量器不能加热、烘烤及量取热溶液。

液体的温度对准确度也有影响。测量校准量器用水的温度应准确到 ± 0.1℃。使用量器时，必须保证所有液体在测量其容积时都在同一室温下。

2. 量器的等级

玻璃量器上所标出的刻度和容量数值，叫做标准温度（20℃）时的标称容量。按照量器上标称容量准确度的高低，分为 A 级（较高级）和 B 级（较低级）两种。凡分级的量器，上面都有相应的等级标志。无任何标志，则属于 B 级。另外还有一种 A_2 级，实际上是 A 级的副品。

不同等级的量器，其容量允差不同，价格上也有较大差异，应根据需要选购。

3. 量器的容量允差

容量允差是指量器的实际容量和标称容量之间允许存在的差值。

滴定管在标准温度 20℃，水以表 10-3 所规定的流出时间，等待 30s 后读数，允差不得超过表 10-4 规定的值。此允差表示零至任意一点的允差，也表示任意两检定点间的允差。

容量瓶的容量允差见表 10-5。

单标线吸量管的容量允差见表 10-6。

分度吸量管的零至任意分量的容量，与任意两个检定点之间的最大容量误差，应不超过表 10-7 规定的允差值。

表 10-3　滴定管的流出时间

标称容量/mL		1	2	5	10	25	50	100
流出时间/s	A 级	20～35	20～35	30～45	30～45	45～70	60～90	70～100
	B 级	15～35	15～35	20～45	20～45	35～70	50～90	60～100

表 10-4　滴定管的容量允差　　　　　　单位：mL

标称容量		1	2	5	10	25	50	100
最小分度值		0.01	0.01	0.02	0.05	0.1	0.1	0.2
允差	A 级	± 0.01	± 0.01	± 0.01	± 0.025	± 0.05	± 0.05	± 0.1
	B 级	± 0.02	± 0.02	± 0.02	+0.05	± 0.1	± 0.1	± 0.2

表 10-5　容量瓶的容量允差　　　　　　单位：mL

标称容量		5	10	25	50	100	200	250	500	1000	2000
容量允差	A 级	± 0.02	± 0.02	± 0.03	± 0.05	± 0.10	± 0.15	± 0.15	± 0.25	± 0.40	± 0.60
	B 级	± 0.04	± 0.04	± 0.06	± 0.10	± 0.20	± 0.30	± 0.30	± 0.50	± 0.80	± 1.20

表 10-6　单标线吸量管的容量允差　　　　　　　　　　单位：mL

标称容量		1	2	3	5	10	15	20	25	50	100
容量允差	A 级	±0.007	±0.010	±0.015	±0.020	±0.025	±0.030	±0.050		±0.080	
	B 级	±0.015	±0.020	±0.030	±0.040	±0.050	±0.060	±0.010		±0.160	

表 10-7　分度吸量管的容量允差　　　　　　　　　　单位：mL

标称容量	最小分度值	不完全流出式		完全流出式		等待 15s	吹出式
		A 级	B 级	A 级	B 级	A 级	
0.1	0.001		0.003				0.004
0.1	0.005						
0.2	0.002						0.006
0.2	0.01		0.005				
0.25	0.002						0.008
0.25	0.01						
0.5	0.01		0.010				
0.5	0.02					0.005	0.010
1	0.05	0.008	0.015	0.008	0.015	0.008	0.015
2	0.02	0.012	0.025	0.012	0.025	0.012	0.025
5	0.05	0.025	0.050	0.025	0.050	0.025	0.050
10	0.1	0.050	0.100	0.050	0.100	0.050	0.100
25							
25	0.2	0.100	0.200	0.100	0.200	0.100	
50							

4. 合理地选择量器

量器分为"量入式"和"量出式"两大类，有的量器上分别标有"I_n"和"E_x"字样，应根据需要合理选择。

不同类型、等级和标称容量的量器，其容量允差不同，根据需要恰当选择，可以减少由于量器本身引起的误差。

例如，单标线吸量管的容量允差小于分度吸量管，若以相对误差表示，5～10mL 的单标线吸量管，A 级为 0.3%～0.2%，B 级为 0.6%～0.4%；分度吸量管则分别为 0.5% 和 1%，两者相差一倍。

对于滴定管，标称容量越小，相对容量允差越大，但其绝对容量允差则越来越小。因此，滴定时，如果操作溶液的用量在 15～20mL 之间，最好选用标称容量为 25mL 的滴定管；如果用量超过了 20mL，则应选用 50mL 的滴定管。

5. 量出量器的流出时间和等待时间

对于玻璃量器，由于水对玻璃的浸润性，当水自量器中流出时，会滞留附着于量器的内壁。量器出口孔径大小不同，液体流出速度不同，滞留于量器内壁的液体量也不同。这就直接影响到量器示值的准确度。因此，GB 12085～12088—1991 规定了不同量器的流出时间和等待时间等技术指标。

滴定管的流出时间是指水的弯液面从零位标线降到最低分度线所占的时间。流出时间在旋塞全开及流液口不接触器具时测得。其流出时间见表 10-3。

单标线吸量管的流出时间是指水的弯液面从刻度线下降到流液口明显停止的那一点所占有的时间。测定流出时间时，吸量管应垂直放置，接受容器稍微倾斜，使流液口尖端与容器内壁接触并保持不动。其流出时间见表 10-8。

分度吸量管的流出时间是指水的弯液面从最高分度线自由流出所用时间。对于不完全流出式吸量管，从最高分度线流至最低分度线；其他吸量管，从最高分度线流至弯液面明显处并在流液口停止的那一点。分度吸量管的流出时间应在表 10-9 规定的范围内。

表 10-8 单标线吸量管的流出时间 单位：s

精度级别		1	2	3	5	10	15	20	25	50	100
A级	最小		7		15		20		25	30	35
	最大		12		25		30		35	40	45
B级	最小		5		10		15		20	25	30
	最大		12		25		30		35	40	45

表 10-9 分度吸量管的流出时间 单位：s

标称容量 /mL	不完全流出式 A级	不完全流出式 B级	完全流出式 A、B级	等待15s A级	吹出式
0.1					
0.2	2~7				2~5
0.25					
0.5					
1	4~10	4~10	4~10	4~8	
2	4~12	4~12	4~12		3~6
5	6~14	6~14	6~14		
10	7~17	7~17	7~17	5~11	5~10
25	11~21	11~21	11~21	9~15	
50	15~25	15~25	15~25	17~25	

等待时间是指当水流出至所需刻度以上约 5mm 处，为了使附着于器壁上的水全部流下来需要等待的时间（s）。对规定了等待时间的吸量管，其等待时间是指吸量管的弯液面明显地在流液口停止后，等到吸量管尖端从接受容器移走前所遵守的那段时间。流出时间越短，表示量器出口口径过粗，管壁滞流的水量越多；反之，则越少。因此，对量出式量器（如滴定管、吸量管），流出时间不符合规定，或等待时间不足，都会影响量值的准确度，导致读出体积不准。流出时间不合规格的量器不宜使用，也毫无必要过分延长等待时间。

五、容量器皿的校准

由于玻璃具有热胀冷缩的性质，在不同温度下，玻璃量器的容积是不同的。因此，在要求准确度高的分析工作中，必须对量器进行校准。容量器皿的校准方法有称量法和相对校准法两种。

1. 称量法

称量法是指用分析天平称量出容量器皿所量入或量出的纯水的质量，然后根据该温度下水的密度，将水的质量换算为体积，算出容量器皿在 20℃ 时的容积。

校准室内室温波动不得大于 1℃/h。要确保量器或称量瓶以及校准用水都处于同一室温下。

（1）量出式量器校准的操作步骤 量出式量器洗净后垂直放置，注水到被检分度线以上几毫米处，再通过流液口排出多余的水，将液面调定至分度线上，倾斜接受容器与流液口端接触以除去黏附于流液口的所有液滴，接着让水通畅地注入已知质量的称量瓶中，再称量已注水的称量瓶。使用分度值为 0.1℃ 的温度计测量水温。同时，应记录天平室的气温和大气压力。

称量应仔细而迅速地进行，以减少水分蒸发损失所产生的误差。所使用的天平应处于良好的工作状态中。称量量器的外部必须保持清洁干净，并小心拿放以防污染。

（2）量入式量器校准的操作步骤 量入式量器洗净后，应进行干燥，可采用乙醇洗涤、晾干或用热风吹干。准确称取空量器的质量，然后，注入水到待校准分度线以上几毫米处。用吸管将多余的水吸出，再用滤纸吸水对分度线做最后的调定。称量量器加水的质量。测量水温、气温和大气压力后进行计算。

（3）计算 加水容器质量 I_L 和空容器质量 I_E 之差，就是在校准温度下，待校准量器量入（或量出）水的表观质量。由水的表观质量计算在标准温度下得到的量入（或量出）的待校准量器的容量时，应考虑以下几个因素：①校准温度下水的密度；②校准温度与标准温度之间量器材料（玻璃）的热膨胀；③空气浮力对水、容器和砝码的影响。通常标准温度定为 20℃时，从量入（或量出）的表观质量来计算标准温度下容量的公式为：

$$V_{20} = (I_L - I_E) \times \left(\frac{1}{\rho_W - \rho_A}\right) \times \left(1 - \frac{\rho_A}{\rho_B}\right) \times [1 - \gamma(t - 20)]$$

式中　V_{20}——标准温度下（20℃）量器的容量，mL；

　　　I_L——盛水容器的质量，g；

　　　I_E——空容器的质量，g；

　　　ρ_A——空气密度，g/mL；

　　　ρ_B——砝码在标称质量时的实际密度，或电子天平砝码调整的基准密度❶，g/mL；

　　　ρ_W——校准温度时水的密度，g/mL；

　　　γ——受检量器材料（玻璃）的体热膨胀系数，K^{-1}；

　　　t——校准时使用的水温，℃。

式中 ρ_W、ρ_A、γ 的相应值分别见表 10-10～表 10-12。

表 10-10　不同温度下水的密度

温度/℃	密度 ρ_W/(g/mL)	温度/℃	密度 ρ_W/(g/mL)	温度/℃	密度 ρ_W/(g/mL)
15	0.999098	22	0.997768	29	0.995943
16	0.998941	23	0.997536	30	0.995645
17	0.998773	24	0.997294	31	0.995339
18	0.998593	25	0.997043	32	0.995024
19	0.998403	26	0.996782	33	0.994701
20	0.998202	27	0.996511	34	0.994369
21	0.997990	28	0.996232	35	0.994030

表 10-11　不同温度、压力下干燥空气的密度［温度在 10～30℃、大气压力在 93.0～104.0kPa 时的干燥空气密度］　单位：g/cm³

温度/℃	$\rho_A(p,t)$											
	93.0kPa	94.0kPa	95.0kPa	96.0kPa	97.0kPa	98.0kPa	99.0kPa	100.0kPa	101.0kPa	102.0kPa	103.0kPa	104.0kPa
10	1.145	1.157	1.169	1.182	1.194	1.206	1.219	1.231	1.243	1.256	1.268	1.280
11	1.141	1.153	1.165	1.178	1.190	1.202	1.214	1.227	1.239	1.251	1.263	1.276
12	1.137	1.149	1.161	1.173	1.186	1.198	1.210	1.222	1.235	1.247	1.259	1.271
13	1.133	1.145	1.157	1.169	1.182	1.194	1.206	1.218	1.230	1.243	1.255	1.267
14	1.129	1.141	1.153	1.165	1.177	1.190	1.202	1.214	1.226	1.238	1.250	1.262
15	1.125	1.137	1.149	1.161	1.173	1.185	1.197	1.210	1.222	1.234	1.246	1.258
16	1.121	1.133	1.145	1.157	1.169	1.181	1.193	1.203	1.217	1.230	1.242	1.254
17	1.117	1.129	1.141	1.153	1.165	1.177	1.189	1.201	1.213	1.225	1.237	1.249
18	1.103	1.125	1.137	1.149	1.161	1.173	1.185	1.197	1.209	1.221	1.233	1.245
19	1.109	1.121	1.133	1.145	1.167	1.169	1.181	1.193	1.205	1.217	1.229	1.241
20	1.106	1.118	1.129	1.141	1.153	1.165	1.177	1.189	1.201	1.213	1.225	1.236
21	1.102	1.114	1.126	1.137	1.149	1.161	1.173	1.185	1.197	1.208	1.220	1.232
22	1.098	1.110	1.122	1.134	1.145	1.157	1.169	1.181	1.193	1.204	1.216	1.228
23	1.094	1.106	1.118	1.130	1.141	1.153	1.165	1.177	1.189	1.200	1.212	1.224
24	1.991	1.102	1.114	1.126	1.138	1.149	1.161	1.173	1.185	1.166	1.208	1.220
25	1.087	1.099	1.111	1.122	1.134	1.145	1.157	1.169	1.181	1.192	1.204	1.216
26	1.083	1.095	1.107	1.118	1.130	1.142	1.153	1.165	1.177	1.188	1.200	1.212
27	1.080	1.091	1.103	1.115	1.126	1.138	1.140	1.161	1.173	1.184	1.196	1.208
28	1.076	1.083	1.099	1.111	1.122	1.134	1.145	1.157	1.169	1.180	1.192	1.204
29	1.073	1.084	1.096	1.107	1.119	1.130	1.126	1.153	1.165	1.176	1.188	1.200
30	1.069	1.081	1.002	1.104	1.115	1.126	1.138	1.150	1.161	1.172	1.184	1.196

❶　砝码在空气中称量时按砝码密度为 8.0g/mL 校准的结果，电子天平是以这个质量为标准调整的。

表 10-12　石英与玻璃的体热膨胀系数

材　　料	体热膨胀系数/$10^{-6} \times K^{-1}$	材　　料	体热膨胀系数/$10^{-6} \times K^{-1}$
熔融二氧化硅(石英)	1.6	钠钙玻璃	25
硼硅酸盐玻璃	10		

由表 10-12 可知，材料的体热膨胀系数值很小，只有对分析准确度要求极高时，才需要进行校正。

表 10-13 列出了容量量器校准时，各参数的偏差引起的容积误差。从这些数字可以明显看到水温的测量是最关键的因素。弯液面的调定是容量测定的有关误差中最主要的。它取决于操作者的熟练程度，并与弯液面所在位置的管子截面有关。典型的颈部直径与弯液面读数引起容积的绝对误差见表 10-14。

表 10-13　容量量器校准时，各参数偏差引起的容积误差

参　数	参数偏差	容积相对误差	参　数	参数偏差	容积相对误差
水温	±0.5℃	±10^{-4}	相对湿度	±10%	±10^{-6}
空气压力	±0.8kPa(8mbar)	±10^{-5}	砝码密度	±0.6g/mL	±10^{-5}
空气温度	±2.5℃	±10^{-5}			

表 10-14　典型的颈部直径与弯液面读数引起容积的绝对误差　　单位：μL

弯液面位置误差/mm	典型的颈部直径/mm				弯液面位置误差/mm	典型的颈部直径/mm			
	5	10	20	30		5	10	20	30
0.05	1	4	16	35	1	20	78	314	707
0.1	2	8	31	71	2	39	157	628	1414
0.5	10	39	157	353					

2. 相对校准法

用一个已校准的容器，间接地校准另一个容器，称为相对校准法。在滴定分析中，要求确知两种量器之间的比例关系时，可用此法。实际工作中，常用校准过的移液管校准容量瓶的容积。

其方法如下：取一个已洗净、晾干的 100mL 容量瓶，用一支已校准过的洁净的 25mL 单标线吸量管准确移取纯水，沿壁放入容量瓶中（注意：不要让水滴落在容量瓶瓶颈的磨口处），重复移取 4 次。然后观察水的弯液面是否恰好与标线相切，若不相切，用涂料或透明胶布在瓶颈上另做记号，使标记的上边缘与水的弯液面最低处相切。以后使用时，采用这个校准后的标记和校准的体积数，并和校准用的单标线吸量管配套使用。

六、自动滴定装置与自动电位滴定装置

随着计算机的发展自动滴定仪器的质量也不断快速地发展，型号不断更新。下面介绍部分自动滴定仪器及其生产厂商与经销商。

(1) T890 型自动滴定仪　该仪器是一种高分析精度的实验室滴定仪器，仪器采用模块化设计，由容量滴定装置、控制装置和测量装置三部分组成。仪器有预滴定、预设终点滴定、空白滴定及手动滴定等功能，可自行建立各种滴定模式。该仪器特点：装配高可靠性进口电磁阀，液路切换速度快、残液少、精度高；采用可快捷更换的 PTFE（聚四氟乙烯）滴定管路；有预滴定模式及多种滴定模式可选择，用户也可自建滴定模式；触摸屏控制的人机交互操作界面；大屏幕实时显示滴定曲线及其一阶导数曲线；配备有软件操作平台，可进行图谱对比分析；可进行非水滴定；有数据存储管理功能，可实现数据的可溯源性；自动记录电极数据，符合现代质量管理的规范；采用智能加液单元；配有磁力滴定搅拌系统。技术参数：滴定分辨率 0.01pH、0.1mV、0.1℃；pH 值测量范围 0～14.00；信号测量范围 0～±1999.0mV；温度测量范围 −5.0～

105.0℃；电磁阀存液＜0.2μL；电子系统误差±0.01pH；仪器控制滴定灵敏度±2mV；滴定分析重复性 0.2％。

（2）CBS-1D 型全自动电位滴定仪 该仪器适用于一般以电位为检测指标的容量分析。检测原理：采用柱塞式滴定方法，由单片机控制柱塞的滴定过程及采集电极的动态信号。在滴定过程中，滴定池内溶液产生不同的电位变化，当 $\Delta E/\Delta V$ 的电位变化大于门限值后为等当点值，满足设定条件，仪器转到制停程序，停止滴定并给出测定结果。CBS-1D 全自动电位滴定仪的工作原理是通过测量电极电位变化来测量离子浓度。首先选用适当的指示电极和参比电极，与被测溶液组成一个工作电池，然后加入滴定剂。在滴定过程中，由于发生化学反应，被测离子的浓度不断发生变化，因而指示电极的电位随之变化。在滴定终点附近，被测离子的浓度发生突变，引起电极电位的突跃，因此根据电极电位的突跃可确定滴定终点，并给出测定结果。仪器特性：滴定过程采集信号为 0.1mV，滴定最小进给量可达到 0.0025mL。仪器采用中文显示，参数设置方便，仪器随着电位变化自动调节进给量，自动进行滴定，可判别多个等当点，终点时自动报警，并可打印出测试报告结果。技术指标：滴定精度 0.1μL，分辨率 0.1mV，最小进给量 0.002mL，滴定速率 0.5mL/s，滴定管分辨率 1/10000，滴定管重现性±0.2％，管体积绝对误差滴定终点重复性偏差极限 0.1％，pH 值（精确到±0.01），结果显示单位为"％"与"mg"，中文显示，环境温度 5～40℃，环境相对湿度＜65％（避开露雨天气），工作电源（AC）220V±22V、50.0Hz±2.5Hz，主机质量 15kg，主机尺寸 443mm×230mm×180mm。

（3）ZDJ-2D 型全自动电位滴定仪（普通型） 以脉宽调制方式控制转速；以比例积分、微分并配合动态补偿方式自动控制温度；实时显示温度及转速级别；可外接加热装置及半导体制冷装置，满足对温度有特殊要求的实验。中文显示屏，能显示滴定曲线、测试方法、数据结果及统计结果。中文监控软件运行于 Windows 平台上，通过 RS-232 接口传输数据，实现远程操作。高精度标准的活塞式滴定管及防扩散滴定头，确保高精密的电位滴定。滴定管是推嵌式设计，使它在任何时候都能轻松、快速地更换。

测量范围：pH 值 0～14.00，电位 －2000～2000mV，温度 0～125℃；分辨率 0.01pH 值单位，电位 0.1mV，温度 0.1℃；有效精度±0.5mV，最小馈液 0.625μL。测量模式：动态滴定、等量滴定、终点滴定、pH 测量。方法存储容量：10 个滴定方法，100 个滴定结果。外围接口：打印机接口，RS232C 接口。中文显示滴定过程，可进行中英文输入、输出。选择不同电极可进行酸碱滴定、氧化还原滴定、络合滴定、银量法测量、离子浓度测定等实验。具有动态滴定、等量滴定、终点滴定、pH 测量等多种测量模式。对存储的滴定结果进行统计分析。随机配有滴定监控软件，可监控全部滴定过程，并通过该软件进行版本升级。

（4）ZDJ-400 型全自动多功能滴定仪 中文界面，易懂易会，并可进行中英文输入输出，配有微型打印机，可打出符合 GMP 格式的中文报告。动态显示滴定过程和滴定曲线，可存储 30 个滴定方法，110 个滴定结果，并对存储的滴定结果进行统计分析。选择不同电极可进行酸碱滴定、氧化还原滴定、络合滴定、沉淀滴定离子浓度测定等实验。选配相应附件可完成卡尔·费休水分滴定、水停滴定、电位滴定、恒 pH 滴定，在滴定过程中可修改参数，改变滴定进程。具有动态滴定、等量滴定、终点滴定、恒 pH 滴定、pH 测量等多种测量模式。随机配有滴定监控软件，可监控全部滴定过程，并通过该软件进行版本升级。

第四节 酸碱滴定法

酸碱滴定法又称中和法，是以质子传递反应为基础的滴定分析方法。

一、方法简介

① 在酸碱滴定中，滴定剂一般都是强酸或强碱，如 HCl、H_2SO_4、NaOH 和 KOH 等，被滴定的是各种具有碱性或酸性的物质。由于浓盐酸易挥发，氢氧化钠易吸收空气中的水分和二氧化碳，所以不能直接配制准确浓度的标准溶液，只能先配制近似浓度的溶液，然后用基准物质标定其酸、碱溶液浓度（见第四章第四节）。

② 酸碱标准溶液一般配成 0.1mol/L，有时也可配成 1mol/L 或 0.01mol/L。
③ 各类酸碱滴定过程中溶液的组成及 pH 值计算和指示剂的选择见表 10-15。
④ 酸碱滴定曲线如图 10-1 所示。
⑤ 酸碱滴定的关键是要知道突跃范围，并根据突跃范围选择合适的指示剂。酸碱滴定的 pH 值突跃范围见表 10-16。

表 10-15　各类酸碱滴定过程中溶液的组成及 pH 值计算和指示剂的选择

类型		溶液组成及 pH 值计算公式				指示剂
		滴 定 前	终 点 前	理论终点时	终 点 后	
强碱滴强酸		强酸 $pH=-\lg c_a$	强酸+强酸强碱盐 $pH=-\lg c_a-\lg\dfrac{V_a}{V}$	强酸强碱盐 $pH=pOH=7$	强酸强碱盐+强碱 $pH=14+\lg c_b+\lg\dfrac{V_b}{V}$	酚酞、甲基红、甲基橙
强酸滴强碱		强碱 $pH=14+\lg c_b$	强碱+强酸强碱盐 $pH=14+\lg c_b+\lg\dfrac{V_b}{V}$	强酸强碱盐 $pH=pOH=7$	强酸强碱盐+强酸 $pH=-\lg c_a-\lg\dfrac{V_a}{V}$	酚酞、甲基红
强碱滴弱酸		弱酸 $pH=\dfrac{1}{2}pK_a-\dfrac{1}{2}\lg c_a$	弱酸+弱酸盐 $pH=pK_a-\lg\dfrac{c_a}{c_s}$	弱酸盐 $pH=7+\dfrac{1}{2}pK_a+\dfrac{1}{2}\lg c_s$	弱酸盐+强碱 $pH=14+\lg c_b+\lg\dfrac{V_b}{V}$	酚酞
强酸滴弱碱		弱碱 $pH=14-\dfrac{1}{2}pK_b+\dfrac{1}{2}\lg c_b$	弱碱+弱碱盐 $pH=14-pK_b+\lg\dfrac{c_b}{c_s}$	弱碱盐 $pH=7-\dfrac{1}{2}pK_b-\dfrac{1}{2}\lg c_s$	弱碱盐+强酸 $pH=-\lg c_a-\lg\dfrac{V_a}{V}$	甲基红、甲基橙
强碱滴定弱碱盐		弱碱盐 $pH=7-\dfrac{1}{2}pK_b-\dfrac{1}{2}\lg c_s$	弱碱盐+弱碱 $pH=14-pK_b+\lg\dfrac{c_b}{c_s}$	弱碱 $pH=14-\dfrac{1}{2}pK_b+\dfrac{1}{2}\lg c_b$	弱碱+强碱 $pH=14+\lg c_b+\lg\dfrac{V_b}{V}$	
强酸滴定弱酸盐		弱酸盐 $pH=7+\dfrac{1}{2}pK_a+\dfrac{1}{2}\lg c_s$	弱酸盐+弱酸 $pH=pK_a-\lg\dfrac{c_a}{c_s}$	弱酸 $pH=\dfrac{1}{2}pK_a-\dfrac{1}{2}\lg c_a$	弱酸+强酸 $pH=-\lg c_a-\lg\dfrac{V_a}{V}$	
强碱滴二元弱酸	一级	二元弱酸 $pH=\dfrac{1}{2}pK_{a_1}-\dfrac{1}{2}\lg c_a$	二元弱酸+酸式盐 $pH=pK_{a_1}-\lg\dfrac{c_a}{c_s}$	酸式盐 $pH=\dfrac{1}{2}(pK_{a_1}+pK_{a_2})$	酸式盐+二元弱酸 $pH=pK_{a_2}-\lg\dfrac{c_a}{c_s}$	酚酞
	二级	酸式盐 $pH=\dfrac{1}{2}(pK_{a_1}+pK_{a_2})$	酸式盐+二元弱酸 $pH=pK_{a_2}-\lg\dfrac{c_a}{c_s}$	二元弱酸盐 $pH=7+\dfrac{1}{2}pK_{a_2}+\dfrac{1}{2}\lg c_s$	二元弱酸盐+强碱 $pH=14+\lg c_b+\lg\dfrac{V_b}{V}$	酚酞
	一级	二元弱酸盐 $pH=7+\dfrac{1}{2}pK_{a_2}+\dfrac{1}{2}\lg c_s$	二元弱酸盐+酸式盐 $pH=pK_{a_2}-\lg\dfrac{c_a}{c_s}$	酸式盐 $pH=\dfrac{1}{2}(pK_{a_1}+pK_{a_2})$	酸式盐+二元弱酸 $pH=pK_{a_1}-\lg\dfrac{c_a}{c_s}$	
	二级	酸式盐 $pH=\dfrac{1}{2}(pK_{a_1}+pK_{a_2})$	酸式盐+二元弱酸 $pH=pK_{a_1}-\lg\dfrac{c_a}{c_s}$	二元弱酸 $pH=\dfrac{1}{2}pK_{a_1}-\dfrac{1}{2}\lg c_a$	二元弱酸+强酸 $pH=-\lg c_a-\lg\dfrac{V_a}{V}$	甲基橙

注：表中所列 pH 值计算公式为简化式。各式中 K_a——酸离解常数；K_b——碱离解常数；c_a——溶液中酸的浓度；c_b——溶液中碱的浓度；c_s——溶液中盐的浓度；V_a、V_b——加入或剩余的酸、碱的体积；V——溶液总体积。

表 10-16　酸碱滴定的 pH 值突跃范围

pH 值突跃范围　　滴定类型		溶液浓度/(mol/L)		
		1.0	0.1	0.01
强碱滴定强酸[①]		$3.3 \xrightarrow{7.0[③]} 10.7$	$4.3 \xrightarrow{7.0} 9.7$	$5.3 \xrightarrow{7.0} 8.7$
强碱滴定弱酸[②]	$K_a = 10^{-3}$	$5.5 \xrightarrow{8.3} 11.0$	$5.6 \xrightarrow{7.8} 10.0$	$5.7 \xrightarrow{7.35} 9.0$
	$K_a = 10^{-4}$	$6.5 \xrightarrow{8.8} 11.0$	$6.6 \xrightarrow{8.3} 10.0$	$6.7 \xrightarrow{7.88} 9.0$
	$K_a = 10^{-5}$	$7.5 \xrightarrow{9.3} 11.0$	$7.6 \xrightarrow{8.8} 10.0$	$7.7 \xrightarrow{8.35} 9.0$
	$K_a = 10^{-6}$	$8.5 \xrightarrow{9.8} 11.0$	$8.6 \xrightarrow{9.3} 10.0$	$8.57 \xrightarrow{8.85} 9.14$
	$K_a = 10^{-7}$	$9.5 \xrightarrow{10.3} 11.0$	$9.56 \xrightarrow{9.8} 10.13$	$9.25 \xrightarrow{9.35} 9.46$
	$K_a = 10^{-8}$	$10.44 \xrightarrow{10.8} 11.1$	$10.21 \xrightarrow{10.3} 10.42$	$9.83 \xrightarrow{9.85} 9.87$
	$K_a = 10^{-9}$	$11.16 \xrightarrow{11.3} 11.39$	$10.78 \xrightarrow{10.8} 10.82$	$10.35 \xrightarrow{10.35} 10.35$
	$K_a = 10^{-10}$	$11.76 \xrightarrow{11.8} 11.85$		
强酸滴定强碱[①]		$10.7 \xrightarrow{7.0} 3.3$	$9.7 \xrightarrow{7.0} 4.3$	$8.7 \xrightarrow{7.0} 5.3$
强酸滴定弱碱[②]	$K_b = 10^{-3}$	$8.5 \xrightarrow{5.7} 3.0$	$8 \xrightarrow{6.2} 4.0$	$8.3 \xrightarrow{6.65} 5.0$
	$K_b = 10^{-4}$	$7.5 \xrightarrow{5.2} 3.0$	$7.4 \xrightarrow{5.7} 4.0$	$7.3 \xrightarrow{6.15} 5.0$
	$K_b = 10^{-5}$	$6.5 \xrightarrow{4.7} 3.0$	$6.4 \xrightarrow{5.2} 4.0$	$6.3 \xrightarrow{5.65} 5.0$
	$K_b = 10^{-6}$	$5.5 \xrightarrow{4.2} 3.0$	$5.4 \xrightarrow{4.7} 4.0$	$5.43 \xrightarrow{5.15} 4.86$
	$K_b = 10^{-7}$	$4.5 \xrightarrow{3.7} 3.0$	$4.44 \xrightarrow{4.2} 3.87$	$4.75 \xrightarrow{4.65} 4.54$
	$K_b = 10^{-8}$	$3.56 \xrightarrow{3.2} 2.9$	$3.79 \xrightarrow{3.7} 3.58$	$4.17 \xrightarrow{4.15} 4.13$
	$K_b = 10^{-9}$	$2.84 \xrightarrow{2.7} 2.55$	$3.22 \xrightarrow{3.2} 3.18$	$3.65 \xrightarrow{3.65} 3.65$
	$K_b = 10^{-10}$	$2.26 \xrightarrow{2.2} 2.15$		

① pH 值突跃范围指不足 0.1% 至过量 0.1%。

② pH 值突跃范围指不足 0.2% 至过量 0.2%。K_a 指弱酸的离解常数；K_b 指弱碱的离解常数。

③ 横线上的数字为理论终点时的 pH。

⑥ 当滴定到指示剂颜色发生突变时，记录下消耗滴定剂的体积，从而可计算出被测组分的含量。

二、酸碱指示剂

酸碱指示剂一般是有机弱酸或有机弱碱，它们在溶液中或多或少地发生离解，因酸式及其共轭碱式具有不同的颜色，当溶液 pH 改变时，指示剂失去质子由酸式转变为碱式，或得到质子由碱式转化为酸式，同时伴随着颜色的变化。

例如，酚酞是一种有机弱酸（以 HIn 表示），它在溶液中存在如下离解平衡：

$$HIn \rightleftharpoons H^+ + In^-$$

无色分子　　　　红色离子

$$K_a = \frac{[H^+][In^-]}{[HIn]}$$

$$[H^+] = K_a \frac{[HIn]}{[In^-]}$$

由平衡式可知，当加入酸时，平衡向左移动，酚酞主要以 HIn 形式存在，溶液呈无色；当加入碱时，平衡向右移动，酚酞主要以 In^- 形式存在，溶液呈现红色。

显然，$\frac{[HIn]}{[In^-]}$ 比值是 H^+ 浓度的函数。K_a 为离解平衡常数，只要 $[H^+]$ 发生变化，$\frac{[HIn]}{[In^-]}$ 就会发生变化，溶液的颜色将随之改变。但由于人眼对颜色的敏感度有限，因此：

① 当 $\frac{[HIn]}{[In^-]} \geqslant 10$ 时，即 $pH \leqslant pK_a - 1$ 时，只能看到酸式色；

② 当 $\frac{[HIn]}{[In^-]} \leqslant \frac{1}{10}$ 时，即 $pH \geqslant pK_a + 1$ 时，只能看到碱式色；

③ 当 $\frac{1}{10} \leqslant \frac{[HIn]}{[In^-]} \leqslant 10$ 时，即 $pK_a - 1 \leqslant pH \leqslant pK_a + 1$ 时，看到的是混合色。

因此，当溶液 pH 值由 $pK_a - 1$ 变化到 $pK_a + 1$ 时，溶液的颜色才由酸式色变为碱式色，这时人们的视觉才能明显看出指示剂颜色的变化。能够引起指示剂变色的 pH 范围，即 $pH = pK_a \pm 1$，称为指示剂的变色范围。当 $[HIn] = [In^-]$ 时，$pH = pK_a$，此时的 pH 为指示剂的理论变色点。不同指示剂的 pK_a 不相同，变色范围不一样，理论变色点也各异。

但是，实际上指示剂的变色范围不是根据 pK_a 计算出来的，而是依靠人眼观察出来的。由于人眼对各种颜色的敏感度不同，加上两种颜色之间互相掩盖，所以实际观察结果与理论计算结果之间是有差别的。而且不同人对颜色的灵敏度不同，观察结果也常有差别。常用酸碱指示剂及配制方法见表 4-11。

由于指示剂具有一定的变色范围，因此，只有当溶液中 pH 的改变超过变色范围时，指示剂才从一种颜色突然变为另一种颜色。但在某些酸碱滴定中，化学计量点附近的 pH 突跃范围较小，一般的指示剂不能用以准确指示滴定终点，这时可用混合指示剂。混合指示剂主要是利用颜色互补原理，使终点时变色更敏锐，更易于观测。常用混合（双组分、多组分）酸碱指示剂及配制方法见表 4-12 与表 4-13。

在酸碱滴定中，合适指示剂的变色范围应在滴定突跃范围之内，至少其变色点必须处于突跃范围内。

三、酸碱滴定法的应用实例

本书第六章第四节已介绍了酸碱滴定的基准试剂。第四章第四节、第五节介绍了标准溶液的配制和标定。下面仅简要叙述酸碱滴定法的应用实例。

酸碱滴定法在生产实际中有广泛的应用。许多工业产品如烧碱、纯碱、硫酸铵和碳酸氢铵等，一般都采用酸碱滴定法测定其含量。钢铁及某些原材料中碳、硫、磷、硼、硅和氮等元素的测定，也可以采用酸碱滴定法。其他如有机合成工业、医药、食品、农林、环境等行业中也广泛运用酸碱滴定法。下面实例仅说明酸碱滴定法的某些应用。

1. 混合碱的分析

(1) 烧碱中 NaOH 和 Na_2CO_3 含量的测定　NaOH 俗称烧碱，在生产和贮存过程中，常因吸收空气中的 CO_2 而产生部分 Na_2CO_3，故 NaOH 中常含有 Na_2CO_3，这种混合物的溶液称为混合碱溶液。

① 测定步骤　准确称取一定量试样溶解后，先以酚酞为指示剂，用 HCl 标准溶液滴定至红色刚消失，记下用去 HCl 的量 (V_1)。此时 NaOH 全部被中和，而 Na_2CO_3 则中和到 $NaHCO_3$。通过计算可知这个第一理论终点 pH = 8.3。然后加入甲基橙，继续用 HCl 滴定至溶液由黄色变为橙红色（为了使观察终点明显，在终点前可暂停滴定，加热除去 CO_2），记下用去 HCl 量 (V_2)，显然 V_2 是滴定 $NaHCO_3$ 所消耗的 HCl 体积。通过计算第二理论终点 pH = 3.9。

② 结果计算　上述反应为如下。

第一终点　　$NaOH + HCl =\!\!=\!\!= NaCl + H_2O$ 　　　　　　　　V_1

$\qquad\qquad\quad Na_2CO_3 + HCl =\!\!=\!\!= NaHCO_3 + NaCl$

第二终点 $NaHCO_3 + HCl = H_2CO_3 + NaCl$ V_2

由上述反应式可知，Na_2CO_3 被中和到 $NaHCO_3$ 和 $NaHCO_3$ 被中和到 H_2CO_3 所消耗的 HCl 体积是相等的，所以：

a. 中和 NaOH 所需 HCl 量 $V_{HCl} = V_1 - V_2$；

b. 中和 Na_2CO_3 所需 HCl 量 $V'_{HCl} = 2V_2$。

因此，混合碱中各组分含量分别为：

$$NaOH = \frac{c_{HCl}(V_1 - V_2)M_{NaOH}}{1000m} \times 100\%$$

$$Na_2CO_3 = \frac{c_{HCl} \times 2V_2 M_{\frac{1}{2}Na_2CO_3}}{1000m} \times 100\%$$

式中 m——试样质量，g；

c_{HCl}——HCl 标准溶液浓度，mol/L；

M_{NaOH}——NaOH 摩尔质量，等于 40.00g/mol；

$M_{\frac{1}{2}Na_2CO_3}$——$\frac{1}{2}Na_2CO_3$ 的摩尔质量，等于 53.00g/mol。

(2) 纯碱中 Na_2CO_3 和 $NaHCO_3$ 含量的测定 碳酸钠，工业上称为纯碱，其中常含有 $NaHCO_3$，各组分含量的测定方法与上例完全相同。但此时消耗 HCl 标准溶液的体积，按如下反应式确定

第一终点 $Na_2CO_3 + HCl = NaHCO_3 + NaCl$ V_1

第二终点 $\begin{matrix} NaHCO_3（原有）\\ NaHCO_3（新生）\end{matrix} + HCl = CO_2 + H_2O + NaCl$ V_2

因此，用于中和 Na_2CO_3 的 HCl 量为 $2V_1$；用于中和 $NaHCO_3$ 的 HCl 量为 $V_2 - V_1$。

所以，混合碱中各组分的含量为：

$$Na_2CO_3 = \frac{c_{HCl} \times 2V_1 M_{\frac{1}{2}Na_2CO_3}}{1000m} \times 100\%$$

$$NaHCO_3 = \frac{c_{HCl}(V_2 - V_1)M_{NaHCO_3}}{1000m} \times 100\%$$

式中 m——试样质量，g；

c_{HCl}——HCl 标准溶液的浓度，mol/L；

$M_{\frac{1}{2}Na_2CO_3}$——$\frac{1}{2}Na_2CO_3$ 的摩尔质量，为 53.00g/mol；

M_{NaHCO_3}——$NaHCO_3$ 的摩尔质量，为 84.01g/mol。

2. 铵盐中氮的测定

(1) 测定步骤 将样品进行适当处理，使各种氮化物都转化为氨态氮，然后进行测定。常用的方法有蒸馏法和甲醛法，下面介绍蒸馏法。

将试样用浓 H_2SO_4 消化分解，有时还需要加入催化剂使其中各种氮化物转化为 NH_3，并与 H_2SO_4 结合为 $(NH_4)_2SO_4$，然后再浓 NaOH 使 NH_4^+ 转化为 NH_3，加热将 NH_3 蒸馏出来，并用过量的 HCl 标准溶液将 NH_3 吸收，再以 NaOH 标准溶液返滴定过量的 HCl，采用甲基橙或甲基红为指示剂。有关反应式为：

$$(NH_4)_2SO_4 + 2NaOH（浓）= Na_2SO_4 + 2H_2O + 2NH_3\uparrow$$

$$NH_3 + HCl = NH_4Cl$$

$$NaOH + HCl = NaCl + H_2O$$

(2) 结果计算

$$N = \frac{(c_{HCl}V_{HCl} - c_{NaOH}V_{NaOH})M_N}{1000m} \times 100\%$$

式中　c_{HCl}——HCl 标准溶液的浓度，mol/L；

　　　c_{NaOH}——NaOH 标准溶液的浓度，mol/L；

　　　V_{HCl}——加入 HCl 标准溶液体积，mL；

　　V_{NaOH}——滴定消耗 NaOH 标准溶液体积，mL；

　　　m——试样质量，g；

　　　M_N——N 的摩尔质量，为 14.01g/mol。

也可用过量的 H_3BO_3 溶液来吸收 NH_3：

$$NH_3 + H_3BO_3 \Longrightarrow NH_4^+ + H_2BO_3^-$$

再用 HCl 标准溶液滴定生成的 $H_2BO_3^-$。终点产物是 NH_4^+ 和 H_3BO_3，pH$\approx$5，选用甲基红为指示剂。因 H_3BO_3 酸性极弱，它可以吸收 NH_3，但不影响滴定，故只要保证过量即可，不需要准确知道其浓度和体积。

3. 硫磷混合酸的测定

(1) 测定步骤　称取一定量硫磷混酸试样，溶解后，先以甲基红作指示剂，用 NaOH 标准溶液直接滴定至变为橙色，达到第一终点，此时消耗 NaOH 量为 V_1。再加入酚酞作指示剂，继续滴定至第二终点，溶液由黄色再次显示橙色（甲基红的黄色与酚酞的红色的混合色），所耗 NaOH 量为 V_2。

(2) 结果计算　通过计算，第一理论终点时溶液 pH=4.7，可以甲基红为指示剂，发生反应为：

$$H_2SO_4 + 2NaOH \Longrightarrow Na_2SO_4 + 2H_2O$$

$$H_3PO_4 + NaOH \Longrightarrow NaH_2PO_4 + H_2O$$

第二理论终点时 pH=9.7，可以酚酞为指示剂，反应式为：

$$NaH_2PO_4 + NaOH \Longrightarrow Na_2HPO_4 + H_2O$$

所以，滴定 H_2SO_4 所需 NaOH 量为 $V_1 - V_2$；滴定 H_3PO_4 所需 NaOH 量为 $2V_2$。

故

$$H_3PO_4 = \frac{c_{NaOH} \times 2V_2 M_{\frac{1}{2}H_3PO_4}}{1000m} \times 100\%$$

$$H_2SO_4 = \frac{c_{NaOH}(V_1 - V_2)M_{\frac{1}{2}H_2SO_4}}{1000m} \times 100\%$$

式中　c_{NaOH}——NaOH 标准溶液浓度，mol/L；

　　　V_1——第一终点时消耗 NaOH 体积，mL；

　　　V_2——第二终点时消耗 NaOH 体积，mL；

　　　m——试样质量，g；

　$M_{\frac{1}{2}H_3PO_4}$——$\frac{1}{2}H_3PO_4$ 的摩尔质量，为 49.00g/mol；

　$M_{\frac{1}{2}H_2SO_4}$——$\frac{1}{2}H_2SO_4$ 的摩尔质量，为 49.03g/mol。

酸碱滴定法是滴定分析中最基础的分析方法，应用相当广泛。表 10-17 列出了酸碱滴定法的应用实例。

四、离解常数表

1. 无机酸在水溶液中的离解常数

无机酸在水溶液中的离解常数（25℃）见表 10-18。

表 10-17　酸碱滴定法的应用实例

被测物质	主　要　测　定　步　骤
B^{3+}	试液加甲基红，用稀 H_2SO_4 中和至溶液呈红色，煮沸至不冒小气泡，冷却，用 NaOH 中和至溶液变黄色，再用 H_2SO_4 中和至溶液变红，加酚酞，加 0.3～0.5g 甘露醇，用 NaOH 标准液滴至橙红色，再加甘露醇，继续滴至橙红色，如此反复直至加入甘露醇后橙红色不消失为终点

被测物质	主　要　测　定　步　骤
H_3BO_3	每 10mL 0.1mol/L $\left(\frac{1}{3}H_3BO_3\right)$，加 3~4mL 转化糖溶液①，用不含碳酸根的碱溶液滴定至酚酞变为微红色，然后再加 5mL 转化糖，如褪色应重复滴定，直至加入转化糖后微红色不褪为终点
CO_2	含 CO_2 气体通入一定过量的 $Ba(OH)_2$ 溶液中，加酚酞，用标准酸滴至溶液呈无色
HCO_3^-	约 0.1mol/L HCO_3^- 溶液 25mL，加 30mL 0.1mol/L NaOH 和 10mL 10%$BaCl_2$，用 0.1mol/L HCl 返滴定至酚酞终点。同时滴定一份在同量 NaOH 和 $BaCl_2$ 的空白溶液，两者之差即为碳酸氢盐的量
F^-	试液调至中性，加 1g 中性硅胶和甲基橙-亚甲基蓝混合指示剂，加过量的标准酸，加热至 80~90℃，加 3~4g 氯化钾，冷却，用标准碱滴定至暗灰色转为亮绿色
GeO_2	试液用 H_2SO_4 酸化，煮沸以除去 CO_2，在碱石灰管保护下冷却，用碱中和至甲基红变黄，加 0.5~0.7g 甘露醇后滴定至酚酞变色，此步骤反复进行，直至加入甘露醇后红色不消失为终点
K^+	方法 1：试样经分解后，用氢氧化钙调至 pH≈9 后再过量 0.1g，加四苯硼酸钠溶液，过量 3~5mL，冷却，过滤，水洗，滤液与洗液合并，用 HCl 调至 pH8≈10.5，加达旦黄指示剂，以十六烷基三甲基溴化铵溶液滴定，近终点时再加 2 滴达旦黄，滴定至溶液由黄转变为红色 方法 2：试样经分解后，加甲基橙，调至溶液刚呈红色，加酒石酸-苯胺溶液，静置，过滤，沉淀用乙醇洗涤，加热水溶解，加酚酞，用标准碱滴定至微红色
Mg^{2+}	在 100mL 容量瓶中加入 25mL 约 0.1mol/L 镁盐溶液，加至少 35mL 0.1mol/L 不含碳酸盐的标准碱，用水稀释至刻度，吸出上清液 50mL，用标准酸滴定至酚酞终点
N(有机化合物的氮)	试样加无水 Na_2SO_4、无水 $CuSO_4$ 及浓 H_2SO_4，加热消化，冷却，加水及过量 NaOH 溶液，蒸馏，用硼酸溶液吸收，加甲基红-溴甲酚绿指示剂，用标准酸滴定至微红色
NH_4^+	方法 1：样品加入过量碱，蒸馏，用 2%硼酸溶液吸收，加甲基红-溴甲酚绿指示剂，用标准酸滴定至微红色 方法 2：样品以水溶解后加甲基红，用碱滴至黄色，加 37%甲醛溶液，加酚酞，用标准碱滴至浅红色
NO_2^-	加 20mL 约 0.05mol/L 亚硝酸盐溶液（中和至中性）至 40mL 0.05mol/L 硫酸肼溶液中，在水浴上加热 20min，冷却，加 15mL 中性甲醛，用标准碱滴定至酚酞终点。用同量的硫酸肼溶液做空白试验，两者所用碱量之差即可计算得亚硝酸盐含量
Ni^{2+}	含镍试液加胍基甲酰胺得胍基甲酰胺镍沉淀，过滤，用乙醇洗涤，沉淀溶于过量酸，加甲基红，用标准碱滴定至黄色
P	试样经酸或碱分解，在盐酸性溶液中加柠檬酸-钼酸钠和喹啉，过滤，加过量标准碱溶解沉淀，加麝香草酚蓝-酚酞，用标准酸回滴至溶液呈现亮黄色
HPO_4^{2-}	试样制成溶液后，加甲基橙-溴甲酚绿(1+3)，用碱滴至浅绿色。加百里香酚蓝-酚酞(3+1)，用标准碱滴定至溶液成蓝色中出现紫色
S^{2-}	溶解熔融过的硫化物或结晶物于水中，加 10%$BaCl_2$，吸取上清液，加百里酚酞，以标准酸滴定至浅蓝色，加 37%甲醛继续滴至浅红色，略等数分钟，再滴至无色
SO_4^{2-}	样品制成溶液后，加联苯胺，静置 30min，过滤，沉淀及滤纸移入原烧杯中，加水加热溶解，加酚酞，用标准碱滴定至红色不褪（近终点时可加入少量中性乙醇，避免终点反复）
SiO_2	试样经碱熔后，用热水浸取，加浓 HNO_3 使酸度为 3mol/L，加 KCl 至饱和，加氟化钾溶液，静止 10~15min，过滤，沉淀及滤纸移入原烧杯中，加氯化钾-乙醇溶液及溴百里酚蓝-酚酞指示剂，用标准碱滴至紫色，加沸水，再加指示剂，用标准碱滴至紫红色
W^{6+}	试样分解后加浓 HNO_3 使成 H_2WO_4 沉淀，蒸发至 25~30mL，加动物胶及热水，在 70~80℃ 保温 0.5h，过滤，洗涤，沉淀移入原烧杯中，加热水煮沸，加酚红，加过量标准 NaOH 溶液，煮沸，用标准酸滴至橙色，加适当过量的 $BaCl_2$ 溶液，煮沸，再加标准 NaOH 溶液 0.5mL，用标准酸继续滴定至纯黄色

① 蔗糖 500g、水 325mL 加热溶解，在 85℃ 时加 0.1mol/L HCl 40mL，保温 1h，加 0.1mol/L NaOH 40mL，用活性炭脱色，过滤，滤液稀至 750mL。使用前先以酚酞为指示剂，滴至微红色。

表 10-18 无机酸在水溶液中的离解常数（25℃）

名 称	化 学 式	pK_a			
		pK_1	pK_2	pK_3	pK_4
亚砷酸	$HAsO_2$	9.29			
砷酸	H_3AsO_4	2.19	6.94	11.50	
硼酸	H_3BO_3	9.24			
四硼酸	$H_2B_4O_7$	3.74	7.70		
次溴酸	$HBrO$	8.62			
碳酸	H_2CO_3	6.35	10.33		
次氯酸	$HClO$	7.54			
亚氯酸	$HClO_2$	1.97			
氢氰酸	HCN	9.21			
氰酸	$HOCN$	3.46			
铬酸	H_2CrO_4		6.49		
重铬酸	$H_2Cr_2O_7$		1.64		
氢氟酸	HF	3.17			
亚铁氰酸	$H_4[Fe(CN)_6]$			2.3	4.28
锗酸	H_4GeO_4	8.78	12.7		
次碘酸	HIO	10.64			
碘酸	HIO_3	0.79			
高碘酸	H_5IO_6	1.61	8.25		
锰酸	H_2MnO_4	~ 1	10.15		
钼酸	H_2MoO_4	2.54	3.86		
重钼酸	$H_2Mo_2O_7$	5.02			
叠氮酸	HN_3	4.70			
亚硝酸	HNO_2	3.14			
过氧化氢	H_2O_2	11.65			
次磷酸	H_3PO_2	1.23			
亚磷酸	H_3PO_3	1.6	6.8		
磷酸	H_3PO_4	2.13	7.20	12.36	
连二磷酸	$H_4P_2O_6$	2.20	2.81	7.27	10.03
焦磷酸	$H_4P_2O_7$	0.91	2.10	6.70	9.32
氟磷酸	$H_2[PO_3F]$	0.55	4.80		
氢硫酸	H_2S	7.02	13.9		
亚硫酸	H_2SO_3	1.90	7.20		
硫酸	H_2SO_4		1.99		
连二亚硫酸	$H_2S_2O_4$		2.45		
连二硫酸	$H_2S_2O_6$	0.2	3.4		
硫代硫酸	$H_2S_2O_3$	0.60	1.72		
氨基磺酸	NH_2SO_3H	0.99			
硫氰酸	$HSCN$	0.85			
锑酸	$H[Sb(OH)_6]$	2.55			
氢硒酸	H_2Se	3.89	11.0		
亚硒酸	H_2SeO_3	2.62	8.32		
硒酸	H_2SeO_4		1.7		
硅酸	H_2SiO_3	9.91	11.81		
氢碲酸	H_2Te	2.64	11		
亚碲酸	H_2TeO_3	2.57	7.74		
碲酸	H_6TeO_6	7.70	10.95	15	
钒酸	H_3VO_4		8.95	14.4	
钨酸	H_2WO_4	4.2			

2. 有机酸在水溶液中的离解常数

有机酸在水溶液中的离解常数（25℃）见表10-19。

表 10-19 有机酸在水溶液中的离解常数（25℃）

名　称	化　学　式	pK_a			
		pK_1	pK_2	pK_3	pK_4
甲酸	$HCOOH$	3.75			
乙酸	CH_3COOH	4.76			
丙酸	CH_3CH_2COOH	4.87			
丁酸	$CH_3(CH_2)_2COOH$	4.82			
正戊酸	$CH_3(CH_2)_3COOH$	4.86			
异戊酸	$(CH_3)_2CHCH_2COOH$	4.78			
丙烯酸	$H_2C=CHCOOH$	4.26			
乙二酸(草酸)	$H_2C_2O_4$	1.25	4.27		
丙二酸	$HOOCCH_2COOH$	2.86	5.70		
丁二酸(琥珀酸)	$HOOC(CH_2)_2COOH$	4.21	5.64		
戊二酸	$HOOC(CH_2)_3COOH$	4.34	5.27		
己二酸	$HOOC(CH_2)_4COOH$	4.41	5.30		
癸二酸	$HOOC(CH_2)_8COOH$	4.40	5.22		
戊氨二酸(谷氨酸)	$HOOC(CH_2)_2CH(NH_3)^+COOH$	2.18	4.20	9.59	
顺丁烯二酸(马来酸)	$HOOCHC=CHCOOH$	1.92	6.23		
反丁烯二酸(富来酸)	$HOOCHC=CHCOOH$	3.02	4.38		
羟基乙酸(乙醇酸)	$CH_2(OH)COOH$	3.88			
2-羟基丙酸(乳酸)	$CH_3CH(OH)COOH$	3.86			
2,3-二羟基丙酸(甘油酸)	$CH_2(OH)CH(OH)COOH$	3.52			
羟基丁二酸(苹果酸)	$HOOCCH(OH)CH_2COOH$	3.46	5.05		
二羟基丁二酸(酒石酸)	$C_4H_6O_6$	3.04	4.37		
2-羟基丙三羧酸(柠檬酸)	$H_3C_6H_5O_7$	3.13	4.76	6.40	
葡糖酸	$CH_2OH(CHOH)_4COOH$	3.86			
氯乙酸	$CH_2ClCOOH$	2.86			
二氯乙酸	$CHCl_2COOH$	1.30			
三氯乙酸	CCl_3COOH	0.70			
溴乙酸	$CH_2BrCOOH$	2.90			
氨基乙酸[1]	$^+NH_3CH_2COOH$	2.35	9.78		
α-氨基丙酸[1]	$CH_3CH(NH_3)^+COOH$	2.35	9.87		
β-氨基丙酸[1]	$^+NH_3(CH_2)_2COOH$	3.55	10.29		
巯基乙酸	$C_2H_4O_2S$	3.52	10.20		
抗坏血酸	$C_6H_8O_6$	4.04	11.34		
氨三乙酸	$C_6H_9O_6N$	1.89	2.49	9.73	
乙二胺四乙酸(EDTA)	$C_{10}H_{16}O_8N_2$	1.99	2.67	6.16	10.26
乙二醇双(2-氨基乙醚)四乙酸(EGTA)	$C_{14}H_{24}O_{10}N_2$	2.08	2.73	8.93	9.54
二乙醚二胺四乙酸(EEDTA)	$C_{12}H_{20}O_9N_2$	1.75	2.76	8.84	9.47
2-羟乙基乙二胺三乙酸(HEDTA)	$C_{10}H_{18}O_7N_2$	2.72	5.41	9.81	
(邻)环己二胺四乙酸(DCTA)	$C_{14}H_{22}O_8N_2$	2.51	3.60	6.20	11.78
六甲二胺四乙酸(HDTA)	$C_{14}H_{24}O_8N_2$	2.20	2.70	9.75	10.65
二乙三胺五乙酸(DTPA)	$C_{14}H_{23}O_{10}N_3$	1.94	2.87	4.37	8.69 ($pK_5=10.56$)
三乙四胺六乙酸(TTHA)	$C_{18}H_{30}O_{12}N_4$	2.42	2.95	4.16	6.16 ($pK_5=9.40$, $pK_6=10.19$)
苯酚	C_6H_5OH	9.98			
2-氨基苯酚[1]	$^+NH_3C_6H_4OH$	4.74	9.66		
2,4,6-三硝基苯酚(苦味酸)	$(NO_2)_3C_6H_2OH$	0.29			
邻苯二酚	$C_6H_4(OH)_2(1,2)$	9.45	12.8		
间苯二酚	$C_6H_4(OH)_2(1,3)$	9.30	11.06		
对苯二酚	$C_6H_4(OH)_2(1,4)$	9.96			
苯甲酸	C_6H_5COOH	4.20			
2-羟基苯甲酸(水杨酸)	HOC_6H_4COOH	2.97	13.59		
3,4,5-三羟基苯甲酸(没食子酸)	$C_6H_2(OH)_3COOH$	4.41			
2-氨基苯甲酸[1]	$^+NH_3C_6H_4COOH$	2.08	4.96		
2-硝基苯甲酸	$NO_2C_6H_4COOH$	2.17			
3-硝基苯甲酸	$NO_2C_6H_4COOH$	3.49			
4-硝基苯甲酸	$NO_2C_6H_4COOH$	3.43			
磺基水杨酸	$HO_3SC_6H_3(OH)COOH$		2.50	11.70	
苯乙醇酸	$C_6H_5CH(OH)COOH$	3.41			

名　称	化　学　式	pK_a			
		pK_1	pK_2	pK_3	pK_4
邻苯二甲酸	$C_6H_4(COOH)_2$	2.95	5.41		
间苯二甲酸	$C_6H_4(COOH)_2$	3.70	4.60		
对苯二甲酸	$C_6H_4(COOH)_2$	3.54	4.46		
对氨基苯磺酸	$H_2NC_6H_4SO_3H$	3.23			
铜铁试剂	$C_6H_6O_2N_2$	4.16			
钛铁试剂	$C_6H_6O_8S_2$	8.31	13.07		
吡啶-2,6-二羧酸	$C_7H_5O_4N$	2.10	4.68		
噻吩甲酰三氟丙酮(TTA)	$C_8H_5O_2SF_3$	6.18			
8-羟基喹啉①	$C_9H_7ONH^+$	4.91	9.81		
8-羟基喹啉-5-磺酸	$C_9H_7O_4NS$	3.98	8.47		
1,8-二羟基萘-3,6-二磺酸	$C_{10}H_6(OH)_2(SO_3H)_2$	5.36	15.6		
1-(2-吡啶偶氮)-2-萘酚①(PAN)	$C_{15}H_{11}ON_3H^+$	2.9	11.2		
4-(2-吡啶偶氮)间苯二酚①(PAR)	$C_{11}H_9O_2N_3H^+$	3.1	5.6	11.9	
4-(2-噻唑偶氮)间苯二酚①(TAR)	$C_9H_7O_2N_3SH^+$	0.96	6.23	9.44	
邻二氮菲①	$C_{12}H_8N_2H^+$	4.96			
茜素红S	$C_{14}H_8O_7S$	6.07	11.1		
三磷酸腺苷(ATP)	$C_{10}H_{16}O_{13}N_5P_3$	4.06	6.53		

① 质子化离子。

3. 碱在水溶液中的离解常数

碱在水溶液中的离解常数（25℃）见表10-20。

表10-20　碱在水溶液中的离解常数（25℃）

名　称	化　学　式	pK_a			
		pK_1	pK_2	pK_3	pK_4
氨水	NH_3	4.76			
羟氨	NH_2OH	8.04			
肼	N_2H_4	6.04			
甲胺	CH_3NH_2	3.41			
二甲胺	$(CH_3)_2NH$	3.23			
三甲胺	$(CH_3)_3N$	4.20			
乙胺	$C_2H_5NH_2$	3.33			
二乙胺	$(C_2H_5)_2NH$	3.02			
乙醇胺	C_2H_7ON	4.50			
三乙醇胺	$C_6H_{15}O_3N$	6.24			
乙二胺	$H_2NCH_2CH_2NH_2$	4.73	7.83		
二乙三胺	$C_4H_{13}N_3$	4.06	5.12	10.30	
三(氨基)胺	$C_6H_{18}N_4$	3.85	4.74	6.02	
三乙四胺	$C_6H_{18}N_4$	4.08	4.80	7.33	10.68
四乙五胺	$C_8H_{23}N_5$	4.32	4.90	5.92	9.28($pK_5=11.02$)
五乙六胺	$C_{10}H_{28}N_6$	3.80	4.30	4.86	5.44
六亚甲基四胺	$(CH_2)_6N$	8.87			
苯胺	$C_6H_5NH_2$	9.39			
二苯胺	$(C_6H_5)_2NH$	13.15			
联苯胺	$(NH_2C_6H_4)_2$	9.03	10.25		
1-萘胺	$1\text{-}C_{10}H_7NH_2$	10.08			
2-萘胺	$2\text{-}C_{10}H_7NH_2$	9.89			
吡啶	C_5H_5N	8.82			
喹啉	C_9H_7N	9.06			
胍	$(H_2N)_2CNH$	0.46			
尿素	$CO(NH_2)_2$	13.82			
硫脲	$CS(NH_2)_2$	11.97			
氨基脲	$H_2NCONHNH_2$	10.57			
水杨醛肟	$C_7H_7O_2N$	1.9	4.7		
奎宁	$C_{20}H_{24}O_2N_2 \cdot 3H_2O$	6.66	9.48		
氢氧化银	$AgOH$	2.30			
氢氧化钡	$Ba(OH)_2$		0.64		
氢氧化钙	$Ca(OH)_2$		1.40		
氢氧化锂	$LiOH$	0.17			
氢氧化铅	$Pb(OH)_2$	3.03	7.52		

第五节　络合滴定法

一、方法简介

络合滴定法是以络合反应为基础的滴定分析方法。络合滴定反应必须符合以下条件：

① 生成的络合物要有确定的组成，即中心离子与络合剂应严格按一定比例结合；

② 生成的络合物要有足够的稳定性；

③ 络合反应迅速、完全，按一定的反应式定量进行；

④ 有适当的指示剂或其他方法来指示化学计量点的到达。

简单配位络合剂存在分级络合现象，除了 CN^-（与 Ag^+）、Hg^{2+}（与 Cl^-）等极少数反应外，一般不适于作滴定剂。螯合剂应用较多，特别是氨羧络合剂中的 EDTA 应用最为广泛。

二、EDTA 的分析特性

1. EDTA 的性质

EDTA 即乙二胺四乙酸，其结构式为：

$$
\begin{array}{c}
\text{HOOCH}_2\text{C} \\
\text{}^-\text{OOCH}_2\text{C}
\end{array}
\overset{\text{H}}{\underset{}{\text{N}^+}}
-\text{CH}_2-\text{CH}_2-
\overset{\text{H}}{\underset{}{\text{N}^+}}
\begin{array}{c}
\text{CH}_2\text{COO}^- \\
\text{CH}_2\text{COOH}
\end{array}
$$

常用 H_4Y 表示。它在水中溶解度较小（22℃时溶解度为 0.02g/100mL 水），难溶于酸和有机溶剂，易溶于 NaOH 或氨溶液形成相应的盐溶液。因此，在分析工作中常把它制成二钠盐，用 Na_2H_2Y 表示。习惯上也称为 EDTA，或叫 EDTA 二钠盐。EDTA 二钠盐为白色结晶状粉末，无臭无味，无毒，易于精制，性质稳定。在22℃时，每 100mL 水可溶解 11.1g，其饱和溶液浓度约为 0.3mol/L。

当 H_4Y 溶解于水时，如果溶液的酸度很高，它的两个羧酸根可再接受 H^+，形成 H_6Y^{2+}，这样它就相当于六元酸，在溶液中存在六级离解平衡：

$$
\begin{aligned}
H_6Y^{2+} &\Longrightarrow H^+ + H_5Y^+ & K_{a_1} &= 10^{-0.9} \\
H_5Y^+ &\Longrightarrow H^+ + H_4Y^+ & K_{a_2} &= 10^{-1.6} \\
H_4Y &\Longrightarrow H^+ + H_3Y^- & K_{a_3} &= 10^{-2.0} \\
H_3Y^- &\Longrightarrow H^+ + H_2Y^{2-} & K_{a_4} &= 10^{-2.67} \\
H_2Y^{2-} &\Longrightarrow H^+ + HY^{3-} & K_{a_5} &= 10^{-6.16} \\
HY^{3-} &\Longrightarrow H^+ + Y^{4-} & K_{a_6} &= 10^{-10.26}
\end{aligned}
$$

K_{a_1}、K_{a_2}、$\cdots$、K_{a_6} 为相应型体的离解平衡常数。在任何水溶液中，EDTA 总是以 H_6Y^{2+}、H_5Y^+、H_4Y、H_3Y^-、H_2Y^{2-}、HY^{3-} 和 Y^{4-} 七种型体存在。它们在水溶液中的分布状况取决于溶液的 pH 值，一般来说：

① pH<1 时，主要是 H_4Y，约占 91%；

② pH=2.0 时，以 H_4Y、H_3Y^- 形式存在，各约占 45%；

③ pH=2.67 时，以 H_3Y^-、H_2Y^{2-} 形式存在，各约占 45%；

④ pH=4.0 时，主要是 H_2Y^{2-}，约为 95%；

⑤ pH=6.16 时，以 H_2Y^{2-}、HY^{3-} 形式存在，各约占 50%；

⑥ pH>10.34 时，主要是 Y^{4-}，约为 98%。

2. EDTA 与金属离子络合的特点

(1) EDTA 具有广泛的络合能力。由于 EDTA 分子中含有氨氮（$:N—$）和羧氧（$—C\overset{\displaystyle O}{\underset{\displaystyle O^-}{}}$）

配位原子，前者易与 Co^{2+}、Ni^{2+}、Zn^{2+}、Cu^{2+}、Hg^{2+} 等金属离子络合，后者几乎能与所有高价金属离子络合，因此 EDTA 基本上能与周期表中绝大部分金属离子络合，应用范围很广，也正因为如此，它的选择性较差。

（2）EDTA 与金属离子络合生成的络合物相当稳定，因为在 EDTA 络合物中，形成了多个五元环，因此稳定性很好。

（3）除少数高价金属离子（如 Mo^{6+}）外，绝大多数金属离子与 EDTA 形成 1∶1 的络合物，没有分级络合现象，这给络合滴定结果的计算提供了方便。

（4）EDTA 与金属离子形成易溶于水的络合物，使滴定可以在水溶液中进行，而且反应速率大多也比较快，这些给络合滴定提供了有利条件。

（5）EDTA 与无色金属离子生成无色的络合物，与有色金属离子形成颜色更深的络合物。对前者，有利于用指示剂确定终点；对后者，要控制其浓度勿过大，否则使用指示剂目测终点时将发生困难。

三、络合平衡

1. 络合物的稳定常数

金属离子（M）与 EDTA（Y）反应大多形成 1∶1 络合物（MY）：

$$M + Y \Longleftrightarrow MY \qquad （为简化计，省去电荷）$$

根据质量作用定律，其平衡常数为：

$$K_{MY} = \frac{[MY]}{[M][Y]}$$

K_{MY} 为金属-EDTA 络合物（MY）的稳定常数 $K_稳$，此值越大，络合物越稳定。

如用 $K_{不稳}$（络合物的不稳定常数）表示，即得：

$$K_{不稳} = \frac{[M][Y]}{[MY]} = \frac{1}{K_稳}$$

对于 1∶1 络合物，$K_{不稳}$ 与 $K_稳$ 互为倒数。

表 10-21 列出了一些常见金属离子和 EDTA 形成的络合物的稳定常数 $\lg K_{MY}$ 值。表 10-22 和表 10-23 分别为金属络合物和氨羧络合剂类络合物的稳定常数。

表 10-21　EDTA 络合物的 $\lg K_{MY}$ 值

金属离子	$\lg K_{MY}$	金属离子	$\lg K_{MY}$	金属离子	$\lg K_{MY}$
Li^+	2.79	Dy^{3+}	18.30	Co^{3+}	36
Na^+	1.66	Ho^{3+}	18.74	Ni^{2+}	18.62
Be^{2+}	9.3	Er^{3+}	18.85	Pd^{2+}	18.5
Mg^{2+}	8.7	Tm^{3+}	19.07	Cu^{2+}	18.80
Ca^{2+}	10.69	Yb^{2+}	19.57	Ag^+	7.32
Sr^{2+}	8.73	Lu^{3+}	19.83	Zn^{2+}	16.50
Ba^{2+}	7.86	Ti^{3+}	21.8	Cd^{2+}	16.46
Sc^{3+}	23.1	TiO^{2+}	17.3	Hg^{2+}	21.7
Y^{3+}	18.09	ZrO^{2+}	29.5	Al^{3+}	16.3
La^{3+}	15.50	HfO^{2+}	19.1	Ga^{3+}	20.3
Ce^{3+}	15.98	VO^{2+}	18.8	In^{3+}	25.0
Pr^{3+}	16.40	VO_2^+	18.1	Tl^{3+}	37.8
Nd^{3+}	16.6	Cr^{3+}	23.4	Sn^{2+}	22.11
Pm^{3+}	16.75	MoO_2^+	28	Pb^{2+}	18.04
Sm^{3+}	17.14	Mn^{2+}	13.87	Bi^{3+}	27.94
Eu^{3+}	17.35	Fe^{2+}	14.32	Th^{4+}	23.2
Gd^{3+}	17.37	Fe^{3+}	25.1	U^{4+}	25.8
Tb^{3+}	17.67	Co^{2+}	16.31		

表 10-22　金属络合物的稳定常数（18～25℃）

金属离子	n	$\lg \beta_n$
氨络合物		
Ag^+	1,2	3.24、7.05
Cd^{2+}	1～6	2.65、4.75、6.19、7.12、6.80、5.14
Co^{2+}	1～5	2.11、3.74、4.79、5.55、5.73、5.11
Co^{3+}	1～6	6.7、14.0、20.1、25.7、30.8、35.2

金属离子	n	$\lg\beta_n$
Cu⁺	1,2	5.93、10.86
Cu²⁺	1~5	4.31、7.98、11.02、13.32、12.86
Ni²⁺	1~6	2.80、5.04、6.77、7.96、8.71、8.74
Zn²⁺	1~4	2.37、4.81、7.31、9.46
溴络合物		
Bi³⁺	1~6	4.30、5.55、5.89、7.82、9.70
Cd²⁺	1~4	1.75、2.34、3.32、3.70
Cu⁺	2	5.89
Hg²⁺	1~4	9.05、17.32、19.74、21.00
Ag⁺	1~4	4.38、7.33、8.00、8.73
氯络合物		
Hg²⁺	1~4	6.74、13.22、14.07、15.07
Sn²⁺	1~4	1.51、2.24、2.03、1.48
Sb³⁺	1~6	2.26、3.49、4.18、4.72、4.72、4.11
Ag⁺	1~4	3.04、5.04、5.04、5.30
氰络合物		
Ag⁺	1~4	21.1、21.7、20.6
Cd²⁺	1~4	5.48、10.60、15.23、18.78
Cu⁺	1~4	24.0、28.59、30.3
Fe²⁺	6	35
Fe³⁺	6	42
Hg²⁺	4	41.4
Ni²⁺	4	31.3
Zn²⁺	4	16.7
氟络合物		
Al³⁺	1~6	6.13、11.15、15.00、17.75、19.37、19.84
Fe³⁺	1~3	5.28、9.30、12.06
Th⁴⁺	1~3	7.65、13.46、17.97
TiO²⁺	1~4	5.4、9.8、13.7、18.0
ZrO²⁺	1~3	8.80、16.12、21.94
碘络合物		
Bi³⁺	1~6	3.63、14.95、16.80、18.80
Cd²⁺	1~4	2.10、3.43、4.49、5.41
Pb²⁺	1~4	2.00、3.15、3.92、4.47
Hg²⁺	1~4	12.87、23.82、27.60、29.83
Ag⁺	1~3	6.58、11.74、13.68
硫氰酸络合物		
Ag⁺	1~4	7.57、9.08、10.08
Cu⁺	1~4	11.00、10.90、10.48
Au⁺	1~4	23、42
Fe³⁺	1,2	2.95、3.36
Hg²⁺	1~4	17.47、21.23
硫代硫酸络合物		
Cu⁺	1~3	10.35、12.27、13.71
Hg²⁺	1~4	29.86、32.26、33.61
Ag⁺	1~3	8.82、13.46、14.15
乙酰丙酮络合物		
Al³⁺	1~3	8.60、15.5、21.30
Cu²⁺	1,2	8.27、16.34
Fe²⁺	1,2	5.07、8.67
Fe³⁺	1~3	11.4、22.1、26.7
Ni²⁺	1~3	6.06、10.77、13.09
Zn²⁺	1,2	4.98、8.81
柠檬酸络合物		
Ag⁺ HL³⁻	1	7.1
Al³⁺ L⁴⁻	1	20.0
Cu²⁺ L⁴⁻	1	14.2
Fe²⁺ L⁴⁻	1	15.5
Fe³⁺ L⁴⁻	1	25.0
Ni²⁺ L⁴⁻	1	14.3
Zn²⁺ L⁴⁻	1	11.4
乙二胺络合物		
Ag⁺	1,2	4.70、7.70
Cd²⁺	1~3	5.47、10.09、12.09

金属离子	n	$\lg\beta_n$
Co^{2+}	1～3	5.91、10.64、13.94
Co^{3+}	1～3	18.7、34.9、48.69
Cu^+	2	10.80
Cu^{2+}	1～3	10.67、20.00、21.0
Fe^{2+}	1～3	4.34、7.65、9.70
Hg^{2+}	1,2	14.3、23.3
Mn^{2+}	1～3	2.73、4.79、5.67
Ni^{2+}	1～3	7.52、13.80、18.06
Zn^{2+}	1～3	5.77、10.83、14.11
草酸络合物		
Al^{3+}	1～3	7.26、13.0、16.3
Co^{2+}	1～3	4.79、6.7、9.7
Co^{3+}	3	约20
Fe^{2+}	1～3	2.9、4.52、5.22
Fe^{3+}	1～3	9.4、16.2、20.2
Mn^{3+}	1～3	9.98、16.57、19.42
Ni^{2+}	1～3	5.3、7.64、约8.5
TiO^{2+}	1,2	6.60、9.90
Zn^{2+}	1～3	4.89、7.60、8.15
磺基水杨酸络合物		
Al^{3+}	1～3	13.20、22.83、28.89
Cd^{2+}	1,2	16.68、29.08
Co^{2+}	1,2	6.13、9.82
Cr^{3+}	1	9.56
Cu^{2+}	1,2	9.52、16.45
Fe^{2+}	1,2	5.90、9.90
Fe^{3+}	1～3	14.64、25.18、32.12
Mn^{2+}	1,2	5.24、8.24
Ni^{2+}	1,2	6.42、10.24
Zn^{2+}	1,2	6.05、10.65
硫脲络合物		
Ag^+	1,2	7.4、13.1
Bi^{3+}	6	11.9
Cu^+	1～4	约13、15.4
Hg^{2+}	1～4	22.1、24.7、26.8
酒石酸络合物		
Bi^{3+}	3	8.30
Ca^{2+}	2	9.01
Cu^{2+}	1～4	3.2、5.11、4.78、6.51
Fe^{3+}	3	7.49
Pb^{2+}	3	4.7
Zn^{2+}	2	8.32
铬黑 T 络合物		
Ca^{2+}	1	5.4
Mg^{2+}	1	7.0
Zn^{2+}	1,2	13.5、20.6
二甲酚橙络合物		
Bi^{3+}	1	5.52
Fe^{3+}	1	5.70
$Hf(Ⅳ)$	1	6.50
Tl^{3+}	1	4.90
Zn^{2+}	1	6.15
ZrO^{2+}	1	7.60

注：1. n 为离解级数。

2. β_n 为络合物的累积稳定常数，即：

$$\beta_n = k_1 k_2 k_3 k_4 \cdots k_n$$

$$\lg\beta_n = \lg k_1 + \lg k_2 + \lg k_3 + \lg k_4 + \cdots + \lg k_n$$

例如，Ag^+ 与 NH_3 的络合物：

$\lg\beta_1 = 3.24$ 即 $\lg k_1 = 3.24$

$\lg\beta_2 = 7.05$ 即 $\lg k_1 = 3.24$ 　 $\lg k_2 = 3.81$

表 10-23　氨羧络合剂类络合物的稳定常数（18～25℃）

金属离子	lgK					NTA	
	EDTA	DCyTA	DTPA	EGTA	HEDTA	lgβ_1	lgβ_2
Ag$^+$	7.32			6.88	6.71	5.16	
Al^{3+}	16.3	19.5	18.6	13.9	14.3	11.4	
Ba^{2+}	7.86	8.69	8.87	8.41	6.3	4.82	
Be^{2+}	9.2	11.51				7.11	
Bi^{3+}	27.94	32.3	35.6		22.3	17.5	
Ca^{2+}	10.69	13.20	10.83	10.97	8.3	6.41	
Cd^{2+}	16.46	19.93	19.2	16.7	13.3	9.83	14.61
Co^{2+}	16.31	19.62	19.27	12.39	14.6	10.38	14.39
Co^{3+}	36				37.4	6.84	
Cr^{3+}	23.4					6.23	
Cu^{2+}	18.80	22.00	21.55	17.71	17.6	12.96	
Fe^{2+}	14.32	19.0	16.5	11.87	12.3	8.33	
Fe^{3+}	25.1	30.1	28.0	20.5	19.8	15.9	
Ga^{3+}	20.3	23.2	25.54		16.9	13.0	
Hg^{2+}	21.7	25.00	26.70	23.2	20.30	14.6	
In^{3+}	25.0	28.8	29.0		20.2	16.9	
Li$^+$	2.79					2.51	
Mg^{2+}	8.7	11.02	9.30	5.21	7.0	5.41	
Mn^{2+}	13.87	17.48	15.60	12.28	10.9	7.44	
Mo(Ⅴ)	约28						
Na$^+$	1.66						1.22
Ni^{2+}	18.62	20.3	20.32	13.55	17.3	11.53	16.42
Pb^{2+}	18.04	20.38	18.80	14.71	15.7	11.39	
Pd^{2+}	18.5						
Sc^{3+}	23.1	26.1	24.5	18.2			24.1
Sn^{2+}	22.11						
Sr^{2+}	8.73	10.59	9.77	8.50	6.9	4.98	
Th^{4+}	23.2	25.6	28.78				
TiO^{2+}	17.3						
Tl^{3+}	37.8	38.3				20.9	32.5
U^{4+}	25.8	27.6	7.69				
VO^{2+}	18.8	20.1					
Y^{3+}	18.09	19.85	22.13	17.16	14.78	11.41	20.43
Zn^{2+}	16.50	19.37	13.40	12.7	14.7	10.67	14.29
Zr^{4+}	29.5		35.8			20.8	
稀土元素	16～20	17～22	19		13～16	10～12	

注：EDTA——乙二胺四乙酸；DCyTA——1,2-二氨基环己烷四乙酸；DTPA——二乙基三胺五乙酸；EGTA——乙二醇二乙醚二胺四乙酸；HEDTA——N-β羟基乙基乙二胺三乙酸；NTA——亚氨基三乙酸。

2. 络合物的副反应系数 α_Y

络合滴定中，除了被测金属离子 M 与滴定剂 Y 之间的主反应外，还存在不少副反应，平衡关系如下所示：

反应物（M 和 Y）发生的副反应不利于主反应的进行，而反应产物（MY）发生的副反应则有利于主反应的进行。副反应进行的程度可用副反应系数（α_Y）来衡量。

（1）滴定剂的副反应系数 α_Y　　EDTA 滴定剂的副反应系数用 α_Y 表示：

$$\alpha_Y = \frac{[Y']}{[Y]} = \frac{[Y] + [HY] + [H_2Y] + \cdots + [H_6Y] + [NY]}{[Y]} = \alpha_{Y(H)} + \alpha_{Y(N)} - 1$$

式中，$[Y']$ 是未与金属离子 M 络合的 EDTA 滴定剂各种存在形式的总浓度；$[Y]$ 为溶液中游离的 EDTA 滴定剂的浓度。α_Y 值越大，滴定剂发生的副反应越严重。$\alpha_Y = 1$ 时，$[Y'] = [Y]$，滴定剂未发生副反应。$\alpha_{Y(H)}$ 和 $\alpha_{Y(N)}$ 分别表示滴定剂 Y 与 H^+ 和溶液中其他金属离子 N 发生的副反应。

① 酸效应系数 $\alpha_{Y(H)}$　由于溶液中 H^+ 的存在，使滴定剂参加主反应的能力降低，这种现象称酸效应，以酸效应系数 $\alpha_{Y(H)}$ 表示。

$$\alpha_{Y(H)} = \frac{[Y] + [HY] + [H_2Y] + \cdots + [H_6Y]}{[Y]}$$

$$= 1 + [H^+]\beta_1 + [H^+]^2\beta_2 + \cdots + [H^+]^6\beta_6$$

式中，β 为累积稳定常数，$\beta_1 = K_1$，$\beta_2 = K_1K_2$，$\cdots$，$\beta_6 = K_1K_2\cdots K_6$。显然溶液酸度越高，$\alpha_{Y(H)}$ 值越大，酸效应越严重。

EDTA 在不同 pH 值下的 $\lg\alpha_{Y(H)}$ 值列于表 10-24 中。分析工作者常将此表数据绘成 pH-$\lg\alpha_{Y(H)}$ 图备用，如图 10-20 所示。表 10-25 为一部分络合剂在不同 pH 值下的 $\lg\alpha_{L(H)}$ 的值。

表 10-24　EDTA 在不同 pH 值下的 $\lg\alpha_{Y(H)}$ 值

pH 值	$\lg\alpha_{Y(H)}$	pH 值	$\lg\alpha_{Y(H)}$	pH 值	$\lg\alpha_{Y(H)}$	pH 值	$\lg\alpha_{Y(H)}$	pH 值	$\lg\alpha_{Y(H)}$
0	23.64	2.5	11.90	5.0	6.45	7.5	2.78	10.0	0.45
0.1	23.06	2.6	11.62	5.1	6.26	7.6	2.68	10.1	0.39
0.2	22.47	2.7	11.35	5.2	6.07	7.7	2.57	10.2	0.33
0.3	21.89	2.8	11.09	5.3	5.88	7.8	2.47	10.3	0.28
0.4	21.32	2.9	10.84	5.4	5.69	7.9	2.37	10.4	0.24
0.5	20.75	3.0	10.60	5.5	5.51	8.0	2.27	10.5	0.20
0.6	20.18	3.1	10.37	5.6	5.33	8.1	2.17	10.6	0.16
0.7	19.62	3.2	10.14	5.7	5.15	8.2	2.07	10.7	0.13
0.8	19.08	3.3	9.92	5.8	4.98	8.3	1.97	10.8	0.11
0.9	18.54	3.4	9.70	5.9	4.81	8.4	1.87	10.9	0.09
1.0	18.01	3.5	9.48	6.0	4.65	8.5	1.77	11.0	0.07
1.1	17.49	3.6	9.27	6.1	4.49	8.6	1.67	11.1	0.06
1.2	16.98	3.7	9.06	6.2	4.34	8.7	1.57	11.2	0.05
1.3	16.49	3.8	8.85	6.3	4.20	8.8	1.48	11.3	0.04
1.4	16.02	3.9	8.65	6.4	4.06	8.9	1.38	11.4	0.03
1.5	15.55	4.0	8.44	6.5	3.92	9.0	1.28	11.5	0.02
1.6	15.11	4.1	8.24	6.6	3.79	9.1	1.19	11.6	0.02
1.7	14.68	4.2	8.04	6.7	3.67	9.2	1.10	11.7	0.02
1.8	14.27	4.3	7.84	6.8	3.55	9.3	1.01	11.8	0.01
1.9	13.88	4.4	7.64	6.9	3.43	9.4	0.92	11.9	0.01
2.0	13.51	4.5	7.44	7.0	3.32	9.5	0.83	12.0	0.01
2.1	13.16	4.6	7.24	7.1	3.21	9.6	0.75	12.1	0.01
2.2	12.82	4.7	7.04	7.2	3.10	9.7	0.67	12.2	0.005
2.3	12.50	4.8	6.84	7.3	2.99	9.8	0.59	13.0	0.0008
2.4	12.19	4.9	6.65	7.4	2.88	9.9	0.52	13.9	0.0001

表 10-25　一部分络合剂在不同 pH 值下的 $\lg\alpha_{L(H)}$ 值

络合剂	pH 值												
	0	1	2	3	4	5	6	7	8	9	10	11	12
DCTA	23.77	19.79	15.91	12.54	9.95	7.87	6.07	4.75	3.71	2.70	1.71	0.78	0.18
EGTA	22.96	19.00	15.31	12.48	10.33	8.31	6.31	4.32	2.37	0.78	0.12	0.01	0.00
DTPA	28.06	23.09	18.45	14.61	11.58	9.17	7.10	5.10	3.19	1.64	0.62	0.12	0.01
亚氨基三乙酸	16.80	13.80	10.84	8.24	6.75	5.70	4.70	3.70	2.70	1.71	0.78	0.18	0.02
乙酰丙酮	9.0	8.0	7.0	6.0	5.0	4.0	3.0	2.0	1.04	0.30	0.04	0.00	
草酸盐	5.45	3.62	2.26	1.23	0.41	0.06	0.00						
氰化物	9.21	8.21	7.21	621	5.21	4.21	3.21	2.21	1.23	0.42	0.06	0.01	0.00
氟化物	3.18	2.18	1.21	0.40	0.06	0.01	0.00						

② 共存离子效应系数 $\alpha_{Y(N)}$　溶液中共存离子 N 的存在使滴定剂参加主反应的能力降低的现象，叫共存离子效应，以共存离子效应系数 $\alpha_{Y(N)}$ 表示。

$$\alpha_{Y(N)} = 1 + K_{NY}[N]$$

式中　K_{NY}——金属离子 N 的稳定常数；

[N]——溶液中共存金属离子 N 的浓度。

（2）金属离子的副反应系数 α_M　若金属离子 M 与其他络合剂 A 发生副反应，副反应系数 $\alpha_{M(A)}$ 为：

$$\alpha_{M(A)}=\frac{[M]+[MA]+\cdots+[MA_n]}{[M]}=1+[A]\beta_1+[A]^2\beta_2+\cdots+[A]^n\beta_n$$

式中　　[A]——其他络合剂 A 的浓度；

$\beta_1,\beta_2,\cdots,\beta_n$——累积稳定常数。

若溶液中有多种络合剂 A_1、A_2、$\cdots$、A_n 同时对金属离子 M 产生副反应，则金属离子 M 的总副反应系数为：

$$\alpha_M=\alpha_{M(A_1)}+\alpha_{M(A_2)}+\cdots+\alpha_{M(A_n)}-(n-1)$$

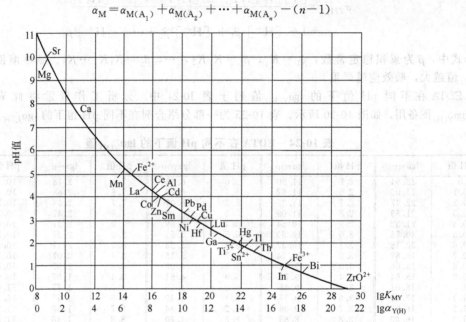

图 10-20　EDTA 的酸效应曲线（金属离子浓度 0.01mol/L）

表 10-26 为一些金属离子在不同 pH 值下的 $\lg\alpha_{M(OH)}$ 值。

表 10-26　一些金属离子在不同 pH 值下的 $\lg\alpha_{M(OH)}$ 值

金属离子	离子强度	pH 值												
		1	2	3	4	5	6	7	8	9	10	11	12	13	14
Al^{3+}	2				0.4	1.3	5.3	9.3	13.3	17.3	21.3	25.3	29.3	33.3
Bi^{3+}	3	0.1	0.5	1.4	2.4	3.4	4.4	5.4						
Ca^{2+}	0.1												0.3	1.0
Cd^{2+}	3								0.1	0.5	2.0	4.5	8.1	12.0
Co^{2+}	0.1								0.1	0.4	1.1	2.2	4.2	7.2	10.2
Cu^{2+}	0.1								0.2	0.8	1.7	2.7	3.7	4.7	5.7
Fe^{2+}	1								0.1	0.6	1.5	2.5	3.5	4.5
Fe^{3+}	3			0.4	1.8	3.7	5.7	7.7	9.7	11.7	13.7	15.7	17.7	19.7	21.7
Hg^{2+}	0.1			0.5	1.9	3.9	5.9	7.9	9.9	11.9	13.9	15.9	17.9	19.9	21.9
La^{3+}	3									0.3	1.0	1.9	2.9	3.9
Mg^{2+}	0.1										0.1	0.5	1.3	2.3
Mn^{2+}	0.1									0.1	0.5	1.4	2.4	3.4
Ni^{2+}	0.1								0.1	0.7	1.6			
Pb^{2+}	0.1						0.1	0.5	1.4	2.7	4.7	7.4	10.4	13.4
Th^{4+}	1				0.2	0.8	1.7	2.7	3.7	4.7	5.7	6.7	7.7	8.7	9.7
Zn^{2+}	0.1								0.2	2.4	5.4	8.5	11.8	15.5

（3）络合物的副反应系数 α_{MY}　在酸度较高的情况下，MY 会与 H^+ 发生副反应，形成酸式络合物 MHY，其副反应系数为：

$$\alpha_{MY(H)}=\frac{[MY]+[MHY]}{[MY]}=1+K_{MHY}^H \qquad K_{MHY}^H=\frac{[MHY]}{[MY][H]}$$

碱度较高时，有碱式络合物生成，副反应系数为：

$$\alpha_{MY(OH)} = 1 + [OH]K_{M(OH)Y}^{OH}$$

酸式络合物与碱式络合物大多不太稳定，一般计算中可不予考虑。

3. 络合物的条件稳定常数

当存在副反应时，K_{MY}值的大小不能反应主反应进行的程度，这时应该利用副反应系数校准后的实际稳定常数即条件稳定常数来衡量。条件稳定常数又称表观稳定常数或有效稳定常数，习惯上用K'_{MY}或$\lg K'_{MY}$表示。

$$K'_{MY} = \frac{[MY']}{[M'][Y']} = \frac{\alpha_{MY}[MY]}{\alpha_M[M]\alpha_Y[Y]} = K_{MY}\frac{\alpha_{MY}}{\alpha_M\alpha_Y}$$

取对数：$\lg K'_{MY} = \lg K_{MY} - \lg\alpha_M - \lg\alpha_Y + \lg\alpha_{MY}$，多数情况下，不形成酸式或碱式络合物时，上式可简化为：

$$\lg K'_{MY} = \lg K_{MY} - \lg\alpha_M - \lg\alpha_Y$$

四、EDTA 酸效应曲线

如果设化学计量点时，金属离子浓度为 0.01mol/L，且 $\Delta pM = \pm 0.2$，要求终点误差在 $\pm 0.1\%$ 以内，由终点误差公式 $TE = \dfrac{10^{\Delta pM} - 10^{-\Delta pM}}{\sqrt{K'_{MY}c_M^{终点}}}$，则滴定条件要求 $\lg K'_{MY} \geqslant 8$。

又设金属离子未发生副反应，且溶液中无共存离子，则：

$$\lg K'_{MY} = \lg K_{MY} - \lg\alpha_{Y(H)}$$
$$\lg\alpha_{Y(H)} = \lg K_{MY} - \lg K'_{MY}$$
故
$$\lg\alpha_{Y(H)} \leqslant \lg K_{MY} - 8$$

将各种金属离子的 $\lg K_{MY}$ 值代入上式，即可计算出用 EDTA 滴定金属离子相对应的最大 $\lg\alpha_{Y(H)}$，从表 10-24 中可查出与之相对应的滴定所需最低 pH 值。将不同金属离子的 $\lg K_{MY}$ 值与相对应的最低 pH 值绘图，就得到 EDTA 酸效应曲线（图 10-20）。由图可查得滴定各种金属离子时所允许的最低 pH 值。

五、络合滴定过程中溶液金属离子（M）浓度的变化——滴定曲线各点浓度 [M] 的计算

随着滴定剂 EDTA 的加入，金属离子不断被络合，它的浓度也随之减小，在化学计量点附近，溶液中金属离子浓度发生突变。表 10-27 是在 pH = 12 时用 0.01mol/L EDTA 滴定 20.00mL 0.01mol/L Ca^{2+} 溶液过程中 pCa（= -lg [Ca^{2+}]）值的变化。

**表 10-27 pH=12 时用 0.01mol/L EDTA 滴定 20.00mL
0.01mol/L Ca^{2+} 溶液过程中 pCa 值的变化**

滴定过程	加入 EDTA 溶液		溶液组成	[Ca^{2+}] 的计算公式	pCa
	/mL	/%			
滴定前	0	0	Ca^{2+}	[Ca^{2+}] = $c_{Ca^{2+}}$	2.0
	18.80	90			3.3
化学计量点前	19.80	99	CaY + Ca^{2+}	按剩余的 [Ca^{2+}] 计算（考虑溶液体积变化）	4.3
	19.98	99.9			5.3
化学计量点	20.00	100	CaY	[Ca^{2+}] = $\sqrt{c_{CaY}^{计量点}/K_{CaY}}$	6.5
	20.02	100.1			7.7
化学计量点后	20.20	101.0	CaY + Y	[Ca^{2+}] = $\dfrac{[CaY]}{[Y]K_{CaY}}$	8.7
	40.00	200.0			10.7

（5.3、6.5、7.7 对应"滴定突跃"）

注：当有副反应发生时，应以 [M'] 代替 [M]、[Y'] 代替 [Y]、K'_{MY} 代替 K_{MY} 进行计算。

六、金属指示剂

在络合滴定中，通常利用一种能与金属离子生成有色络合物的显色剂来指示滴定过程中金属离子浓度的变化，这种显色剂称为金属指示剂。

1. 金属指示剂的作用原理

金属指示剂是一种有机染料，在适当的条件下，能与某些金属离子形成与染料本身颜色不同的有色络合物：

$$M + In \rightleftharpoons MIn$$
$$颜色甲 \quad 颜色乙$$

随着 EDTA 的加入，金属离子 M 逐步被络合，当滴定到反应计量点附近时，溶液中金属离子浓度降至很低，加入的 EDTA 进而夺取 MIn 络合物中的金属离子 M，使指示剂游离出来，引起溶液的颜色变化，从而指示滴定终点的到达。

$$MIn + Y \rightleftharpoons MY + In$$
$$颜色乙 \qquad 颜色甲$$

有些金属指示剂还具有酸碱指示剂的性质：

$$HIn \rightleftharpoons In^- + H^+$$
$$酸色 \quad 碱色$$

因此，金属指示剂只能在其颜色与 MIn 有明显区别的范围内使用。

终点时溶液的颜色应是 MY 和 In^-（或 HIn）的混合色。若 MY 无色，则显示游离金属指示剂的颜色。

2. 金属指示剂应具备的条件及使用注意事项

作为金属指示剂必须具备以下条件。

① 金属指示剂（In）与金属离子和金属指示剂形成的络合物（MIn）颜色应有明显区别，这样终点颜色变化才明显。

② 金属指示剂络合物（MIn）的稳定性要恰当。它既要有足够的稳定性，又要比该金属离子与 EDTA 形成的络合物（MY）的稳定性低。如果稳定性太低，就会提前出现终点，而且变色不敏锐；如果稳定性太高，就会使终点拖后，而且有可能滴入 EDTA 后不能夺出其中的金属离子，显色反应失去可逆性，得不到滴定终点。

③ 指示剂与金属离子的反应应灵敏、迅速，有良好的变色可逆性。

④ 指示剂以及指示剂和金属离子形成的络合物应易溶于水，如果生成胶体溶液或沉淀，则会影响颜色反应的可逆性，使变色不明显，终点拖长。若发生这种情况，可加入有机溶剂或加热予以解决。

⑤ 金属指示剂应比较稳定，便于贮存和使用。有些金属指示剂本身放置空气中易被氧化破坏，或发生分子聚合作用而失效，为此，可用中性盐混合配成固体混合物贮存备用。也可以在金属指示剂溶液中，加入防止其变质的试剂，如在铬黑 T 溶液中加三乙醇胺等。

另外，在使用指示剂时应注意以下几点。

① 溶液中有些离子，如 Cu^{2+}、Co^{2+}、Ni^{2+} 等能与指示剂发生不可逆反应，而使指示剂"阻塞"或"封闭"，可在滴定前加掩蔽剂除去。

② 在滴定过程中，尤其是在碱性介质中，有些指示剂易被空气氧化，可加入羟胺、抗坏血酸等还原剂进行保护。

③ 如终点前后两种颜色区别不明显，可加一些能产生颜色互补效应的惰性染料。

3. 金属指示剂的选择

在化学计量点附近，被滴定金属离子的 pM 发生突跃，因此要求指示剂能在此区间内发生颜色变化，并且指示剂变色的 $pM_{终点}$ 尽量与化学计量点的 $pM_{计量点}$ 一致，以减小终点误差。指示剂变色点金属离子浓度应为：

$$pM_{终点} = \lg K'_{MIn}$$

此式表明，在络合滴定中，选择指示剂时，应尽量使指示剂的 $\lg K'_{MIn}$（考虑指示剂的酸效应系数）与 $pM_{终点}$ 一致，至少应在化学计量点附近的 $pM_{计量点}$ 突跃范围以内，否则会产生较大误差。

金属指示剂在不同 pH 值时的酸效应系数见表 10-28。指示剂变色点的 $pM_{终点}$ 值见表 10-29。常用的金属离子指示剂及配制方法见第四章表 4-15。

表 10-28　金属指示剂在不同 pH 值时的酸效应系数（$\lg\alpha_{HIn}$）

指示剂	pH 值													
	1	2	3	4	5	6	7	8	9	10	11	12	13	14
$C_4H_3N_3O_4$ 紫尿酸	25.2	22.2	19.2	16.2	13.7	11.6	9.6	7.6	5.6	3.9	2.5	1.5	0.6	0.1
C_5H_8O 乙酰丙酮	8.0	7.0	6.0	5.0	4.0	3.0	2.0	1.0	0.3					
$C_6H_6O_3$ 麦芽糖醇	9.5	8.5	7.5	6.5	5.5	4.5	3.5	2.5	1.5	0.6	0.1			
$C_6H_6O_4$ 曲酸	6.8	5.8	4.8	3.8	2.8	1.8	0.9	0.1						
$C_6H_6O_8S_2$ 钛铁试剂	18.3	16.3	14.3	12.3	10.3	8.3	6.3	4.8	3.6	2.6	1.6	0.7	0.1	
$C_6H_6N_2O$ 2-醛肟-吡啶	11.7	9.7	7.8	6.2	5.2	4.2	3.2	2.2	1.2	0.4				
$C_6H_{10}O_3$ 乙酰乙酸乙酯		9.8	8.8	7.8	6.8	5.8	4.8	3.8	2.8	1.8	0.9	0.2		
$C_6H_{12}N_2O_2S_2$ HEDO	22.6	20.6	18.6	16.6	14.6	12.6	10.6	8.6	6.6	4.6	3.1	1.9	1.0	0.3
$C_7H_6O_3$ 水杨酸	14.6	12.6	11.1	9.9	8.9	7.9	6.9	5.9	4.9	3.9	2.9	1.9	1.0	0.2
$C_7H_6O_6S$ 磺基水杨酸	12.3	10.3	8.9	7.7	6.7	5.7	4.7	3.7	2.7	1.7	0.8	0.2		
$C_8H_8O_3$ 邻甲基水杨酸	15.5	13.5	11.9	10.6	9.6	8.6	7.6	6.6	5.6	4.6	3.6	2.6	1.6	0.7
$C_8H_8N_6O_6$ 红紫酸铵						7.7	5.7	3.7	1.9	0.7	0.1			
$C_8H_9N_3O_2$ 水杨醛半卡巴腙				5.7	4.7	3.7	2.7	1.7	0.8	0.2				
$C_9H_6INO_4S$ 高铁试剂	7.9	6.0	4.4	3.4	2.4	1.4	0.5	0.1						
C_9H_7NO 8-羟基喹啉	12.9	10.9	8.9	6.9	5.2	3.9	2.9	1.9	1.0	0.3				
$C_9H_7N_3O_2S$ TAR	14.3	12.0	10.0	8.0	6.0	4.2	2.9	1.8	0.9	0.1				
$C_{10}H_7NO_3S_2$ 亚硝基 R 盐				4.1	3.1	2.1	1.1	0.4						
$C_{11}H_8O_3$ 3-HNA-2	13.0	11.1	9.6	8.5	7.5	6.5	5.5	4.5	3.5	2.5	1.5	0.6	0.1	
$C_{11}H_9N_3O_2$ PAR	14.0	11.0	9.3	8.0	6.9	5.9	4.9	3.9	2.9	1.9	1.0	0.3		
$C_{11}H_{11}N_3O_2S$ MTAHA	7.0	6.0	5.0	4.0	3.0	2.0	1.0	0.3						
$C_{11}H_{11}N_4OS$ TAM	9.8	7.8	6.0	4.7	3.7	2.7	1.7	0.7	0.2					
$C_{12}H_{10}N_2O_2$ DHAB	17.3	15.3	13.3	11.3	9.3	7.3	5.3	3.7	2.5	1.5	0.6			
$C_{12}H_{10}N_2O_3$ HBR	24.5	21.5	18.5	15.5	12.5	9.5	7.1	5.0	3.2	2.2	1.2	0.4		
$C_{12}H_{11}N_3O$ PAC	9.8	7.8	6.3	5.2	4.2	3.2	2.2	1.2	0.4	0.1				
$C_{13}H_9N_3OS$ TAN	8.4	7.1	6.1	5.1	4.1	3.1	2.1	1.1	0.4					
$C_{13}H_9N_3O_4S_2$ TAN-6S	6.9	5.9	4.9	3.9	2.9	1.9	1.0	0.1						
$C_{13}H_{11}NO_2$ BPHA	7.2	6.2	5.2	4.2	3.2	2.2	1.2	0.4						
$C_{13}H_{12}N_4S$ 双硫腙	3.7	2.7	1.7	0.8	0.2									
$C_{13}H_{14}N_4$ PAMA	4.5	2.8	1.5	0.6	0.1									
$C_{13}H_{14}N_4O$ 二苯氨基脲	7.0	6.0	5.0	4.0	3.0	2.0	1.0	0.3						
$C_{14}H_8O_7S$ ARS		12.5	10.5	8.5	6.6	5.1	4.0	3.0	2.0	1.0	0.3			
$C_{15}H_9N_5O_9S$ HDNPAZOXS	19.8	16.8	14.1	11.8	9.8	7.8	5.8	4.1	2.7	1.7	0.8	0.2		
$C_{15}H_{10}O_7$ 桑色素	12.0	10.0	8.0	6.0	4.2	2.8	1.7	0.8	0.2					
$C_{15}H_{11}N_3O$ o-PAN		9.2	8.2	7.2	6.2	5.2	4.2	3.2	2.2	1.2	0.4			
$C_{15}H_{11}N_3O$ p-PAN	10.1	8.1	6.4	5.1	4.1	3.1	2.1	1.1	0.4					
$C_{16}H_{11}ClH_2O_9S_2$ 铬蓝 SE	27.4	24.4	21.4	18.4	15.4	12.4	9.4	6.7	4.4	2.4	1.1	0.2		
$C_{16}H_{11}N_3O_7S$ 酸性茜素黑 R	22.1	19.1	16.1	13.5	11.3	9.2	7.2	5.2	3.2	1.3	0.2			
$C_{16}H_{12}N_2O_2$ HBN	18.1	16.1	14.1	12.1	10.1	8.1	6.2	4.6	3.4	2.4	1.4	0.5	0.1	
$C_{16}H_{12}N_2O_6S$ 铬黑 PV	19.1	16.1	13.1	10.4	8.0	6.0	4.3	3.0	2.0	1.0	0.3			
$C_{16}H_{12}N_2O_8S_2$ 铬变酸 2R	8.3	7.3	6.3	5.3	4.3	3.3	2.3	1.3	0.5					
$C_{16}H_{12}N_2O_9S_2$ 酸性铬深蓝	26.3	23.3	20.3	17.3	14.3	11.3	8.3	5.8	3.9	2.4	1.4	0.6		
$C_{16}H_{12}N_2O_{12}S_3$ 酸性铬蓝 K	28.5	25.5	22.5	19.5	16.5	13.5	11.0	8.8	6.8	5.0	3.6	2.6	1.6	0.7
$C_{16}H_{13}AsN_2O_{10}S_2$ 钍试剂		14.9	12.3	10.1	8.1	6.1	4.3	2.9	1.8	0.9	0.2			
$C_{16}H_{13}AsN_2O_{11}S_2$ 偶氮胂 I	29.5	25.1	21.6	18.4	15.4	12.4	9.4	6.8	4.5	2.6	1.1	0.3		
$C_{16}H_{13}N_3O_8S_2$ HBANS-3,6		12.3	10.3	8.3	6.3	4.4	3.0	1.9	1.0	0.3				
$C_{16}H_{13}N_3O_8S_2$ HBANS-5,7		11.0	9.0	7.0	5.1	3.7	2.6	1.6	0.7	0.1				
$C_{17}H_{14}N_2O_5S$ 钙镁试剂	18.5	16.5	14.5	12.5	10.5	8.5	6.5	4.8	3.4	2.4	1.4	0.5		
$C_{17}H_{20}N_4O_2$ MAAR	15.3	13.3	11.3	9.3	7.5	6.1	5.1	4.1	3.1	2.1	1.1	0.4		
$C_{18}H_{14}N_2O_3$ HPBR	23.2	20.2	17.2	14.2	11.2	8.2	5.7	3.8	2.4	1.4	0.6			
$C_{18}H_{15}AsN_6O_8S$ 铅试剂	22.3	19.3	16.3	13.3	10.6	8.2	6.2	4.3	2.8	1.7	0.8	0.2		
$C_{18}H_{20}N_2O_6$ EHPG	33.7	29.7	25.7	21.7	17.7	13.8	10.3	7.3	4.7	2.5	1.0	0.3		
$C_{19}H_{10}Br_2O_8S$ BPR	21.8	18.8	15.8	12.9	10.4	8.4	6.4	4.4	2.6	1.3	0.5	0.1		
$C_{19}H_{12}O_8S$ 邻苯三酚红	26.5	22.5	19.1	16.0	13.0	10.3	7.7	5.7	3.7	2.1	1.0	0.3		
$C_{19}H_{13}N_3O_4S$ 萘基偶氮羟啉			4.8	3.5	2.5	1.5	0.6	0.1						
$C_{19}H_{13}N_3O_7S$ 萘基偶氮羟啉 6S	8.5	6.5	4.8	3.5	2.4	1.4	0.6	0.1						
$C_{19}H_{13}N_3O_7S_2$ SNAZOXS	8.0	6.0	4.3	3.0	2.0	1.0	0.3							
$C_{19}H_{14}O_7S$ 邻苯二酚紫	26.3	23.3	20.3	17.3	14.3	11.3	8.3	5.7	3.5	1.9	0.8	0.2		
$C_{20}H_{13}N_3O_7S$ 铬黑 A			11.2	9.2	7.4	6.1	5.0	4.0	3.0	2.0	1.0	0.3		
$C_{20}H_{13}N_3O_7S$ 铬黑 T			10.2	7.9	6.0	4.6	3.6	2.6	1.6	0.7	0.1			
$C_{20}H_{14}N_2O_5S$ 铬蓝黑 B			10.7	8.7	6.9	5.5	4.5	3.5	2.5	1.5	0.6	0.1		

续表

指 示 剂	pH 值													
	1	2	3	4	5	6	7	8	9	10	11	12	13	14
$C_{20}H_{14}N_2O_5S$ 钙试剂 I				12.5	10.5	8.5	6.8	5.6	4.5	3.5	2.5	1.5	0.6	
$C_{20}H_{14}N_2O_8S$ 宫殿坚牢蓝 GGNA		17.8	15.8	13.8	11.8	9.8	7.8	5.8	4.2	2.9	1.9	1.0	0.3	
$C_{20}H_{14}N_2O_{15}S_4$ DSNADNS	25.4	20.6	16.0	12.1	8.7	6.1	4.2	2.9	1.9	1.0	0.3			
$C_{20}H_{16}N_4O_6S$ 锌试剂				4.9	3.4	2.3	1.3	0.5	0.1					
$C_{22}H_{16}N_2O_2$ HPBN	17.8	15.8	13.8	11.8	9.8	7.8	5.8	4.1	2.8	1.8	0.9	0.2		
$C_{22}H_{16}Cl_2O_9S$ 铬天青 S	15.7	12.9	10.4	8.4	6.8	5.5	4.5	3.5	2.5	1.5	0.6	0.1		
$C_{23}H_{17}ClNO_5S$ 搔洛铬绿 V	19.5	16.5	13.7	11.5	9.4	7.4	5.4	3.4	1.6	0.4				
$C_{23}H_{18}O_9S$ 铬菁 R	16.3	13.8	11.6	9.6	7.6	6.0	4.8	3.8	2.8	1.8	0.9	0.2		
$C_{27}H_{28}N_2O_9S$ GCR	32.7	27.8	23.2	19.2	15.6	12.3	9.6	7.2	5.2	3.2	1.6	0.5	0.1	
$C_{31}H_{32}N_2O_{13}S$ 二甲酚橙	29.9	25.0	20.5	17.1	14.1	11.1	8.8	6.7	4.7	2.9	1.3	0.5		
$C_{32}H_{32}N_2O_{12}$ 金属酞	37.3	31.5	26.5	22.2	18.2	14.9	10.5	7.6	5.4	3.4	1.5	0.3		
$C_{37}H_{44}N_2O_{13}S$ MTB			24.3	20.3	16.9	13.8	11.0	8.6	6.6	4.6	2.8	1.4	0.5	0.1
$C_{38}H_{44}N_2O_{12}$ TBC					9.7	7.7	5.9	4.3	3.3	1.3	0.5			

表 10-29　指示剂变色点的 pM终点 值①

指 示 剂	pH 值													
	1	2	3	4	5	6	7	8	9	10	11	12	13	14
Ag^+														
1-(2-噻唑偶氮)-2-萘酚	0.3	1.6	2.6	3.6	4.6	5.6	6.6	7.6	8.3	8.7	8.7	8.7	8.7	8.7
Al^{3+}														
铬紫 B				6.4	8.4	10.8	14.0	16.6	18.6	20.6	22.6	24.6	26.0	26.6
铬天青 S			2.4	4.4	6.1	7.4	8.4	9.4	10.4	11.4	12.3	12.8	12.9	12.9
邻苯二酚紫			1.9	3.4	5.2	8.0	11.0	13.6	15.8	17.4	18.5	19.1		
Ba^{2+}														
酸性铬深蓝													1.2	1.2
铬黑 T									0.4	1.4	2.3	2.9	3.0	3.0
金属酞										2.6	4.6			
甲基百里酚蓝										3.0	4.5			
Bi^{3+}														
PAR	4.2	6.2	8.2	10.2										
4-(2-噻唑偶氮)-3-羟基苯酚	7.6	8.9	9.9	10.9	11.9	12.7	13.0							
邻苯二酚紫	3.0	4.5	6.8	9.8	12.8	15.8	18.8	21.4	23.6	25.2	26.3	26.9	27.1	27.1
二甲酚橙	4.0	5.4	6.8											
Ca^{2+}														
4-(2-羟基苯偶氮)-3-羟基苯酚									0.2	1.2	2.2	3.0	3.4	3.4
HPBR									0.7	1.7	2.5	3.1	3.1	3.1
酸性铬深蓝											1.5	3.1	4.3	4.3
钙镁试剂									1.3	2.7	3.7	4.7	5.6	6.1
铬蓝 SE									0.6	2.6	3.9	4.8	5.0	5.0
铬紫 B								0.3	1.6	2.6	3.6	4.6	5.6	6.3	6.6
HBANS-3,6									1.4	2.5	3.4	4.1	4.4	4.4
HBANS-5,7								1.0	2.1	3.1	4.0	4.6	4.7	4.7
1-(2-羟基苯偶氮)-2-萘酚								0.1	1.3	2.3	3.3	4.2	4.6	4.7
HPBN									0.8	1.8	2.7	3.4	3.6	3.6
铬黑 A								0.3	1.3	2.3	3.3	4.3	5.0	5.3
铬黑 T								0.8	1.8	2.8	3.8	4.7	5.4	5.4
铬蓝黑 B								0.2	1.2	2.2	3.2	4.2	5.1	5.7
钙试剂 I									0.8	1.8	2.8	3.8	4.7	5.3
宫殿坚牢蓝 GGNA								1.7	3.3	4.6	5.6	6.5	7.2	7.5
金属酞										3.4	4.5	6.2		
甲基百里酚蓝									3.0	4.0	5.5	7.0	7.5	
红紫酸铵							2.6	2.8	3.4	4.0	4.6	5.0	5.0	5.0
Cd^{2+}														
PAR			1.5	3.5	5.5	7.5								
TAR	1.5	2.8	3.8	4.8	5.8	6.6	6.9	7.0						
萘基偶氮羟啉 6S			1.5	2.8	3.9	4.9	5.7	6.2	6.3	6.3	6.3	6.3	6.3	6.3
SNAZOXS		0.3	1.5	2.8	3.8	4.8	5.5	5.8	5.8	5.8	5.8	5.8	5.8	5.8
铬天青 S									0.8	2.8	4.6	5.6	5.8	5.8

指　示　剂	pH值													
	1	2	3	4	5	6	7	8	9	10	11	12	13	14
甲基百里酚蓝					2.5	4.1	5.6							
邻苯二酚紫							2.3	3.9	5.2	6.2	7.3	7.9	8.1	8.1
二甲酚橙					4.5	5.5	6.8							
双硫腙		2.6	4.6	6.4	7.6	8.0	8.0	8.0	8.0	8.0	8.0	8.0	8.0	8.0
Co^{2+}														
PAMA		0.5	1.8	2.7	3.2	3.3	3.3	3.3						
PAN			2.8	3.8	4.8	5.8	6.8	7.8	8.8	9.8	10.8	11.6	12.0	12.0
邻苯二酚紫							2.9	4.5	5.9	7.1	8.2	8.8	9.0	9.0
Cu^{2+}														
铬紫 B				9.8	11.8	13.8	15.5	16.8	17.8	18.8	19.8	20.8	21.5	21.8
2-(2-吡啶)-4-甲基酚	3.9	5.9	7.4	8.5	9.5	10.8	12.6	14.6	16.2	16.8	17.0	17.0	17.0	17.0
PAMA	0.7	2.4	3.7	4.6	5.1	5.2	5.2	5.2	5.2	5.2				
PAR	3.5	5.5	7.5	9.5	11.5									
MTAHA	2.8	3.8	4.8	5.8	6.8	7.8	8.8	9.8	9.8	9.8	9.8	9.8	9.8	9.8
TAR	6.4	7.4	8.4	9.4	10.4	11.2	11.5	12.0	12.7	13.5	13.6	13.6	13.6	13.6
钙试剂 I				8.7	10.7	12.7	14.4	15.6	16.7	17.7	18.7	19.7	20.6	21.2
PAN			6.8	7.8	8.8	9.8	10.8	11.8	12.8	13.8	14.8	15.6	16.0	16.0
p-PAN			2.2	4.8	6.8	8.8	10.8	12.8	14.2	15.0	15.0	15.0	15.0	15.0
萘基偶氮羟啉 6S			3.9	5.6	7.5	9.6	11.6	13.2	14.2	14.4	14.4	14.4	14.4	14.4
SNAZOXS	2.0	4.0	5.8	7.9	9.8	11.8	13.2	13.8	13.8	13.8	13.8	13.8	13.8	13.8
1-(2-噻唑偶氮)-2-萘酚	2.5	3.9	5.4	7.3	9.3	11.3	13.3	15.3	16.7	17.5	17.5	17.5	17.5	17.5
铬天青 S				1.0	2.6	3.9	4.9	5.9	6.9	7.9	8.8	9.3	9.4	9.4
邻苯二酚紫				1.6	3.6	5.7	8.2	10.8	13.0	14.6	15.7	16.3	16.5	16.5
二苯氨基脲	2.8	3.8	5.2	7.0	9.3	10.9	13.9	16.9	18.9	19.0	19.0	19.0	19.0	19.0
亚硝基 R 盐				4.4	5.4	6.4	7.7	8.9	9.6	9.6	9.6	9.6	9.6	9.6
红紫酸铵						6.4	8.2	10.2	12.2	13.6	15.8	17.9		
Fe^{3+}														
铬天青 S	2.3	3.6	5.5	7.5	9.1	10.4	11.4	12.4	13.4	14.4	15.3	15.8	15.9	15.9
铬菁 R	1.6	4.3	6.3	8.3	10.3	11.9	13.1	14.1	15.1	16.1	17.0	17.7	17.9	17.9
BPHA				1.1	2.1	3.1	4.1	4.9	5.3	5.3	5.3			
邻甲基水杨酸	2.6	4.6	6.2	7.5	8.5	9.5	10.5	11.5	12.5	13.5	14.5	15.5	16.5	17.4
EHPG			4.2	8.2	12.2	16.2	20.1	23.6	26.6	29.2	31.4	32.9	33.6	33.9	33.9
Ga^{3+}														
邻苯二酚紫			3.2	5.0	7.9	10.9	13.9	16.5	18.7	20.3	21.4	22.0	22.2	22.2
BPHA	5.9	8.2	11.2	14.2	17.2	20.2	23.2	25.6	26.8	26.8	26.8	26.8	26.8	26.8
Hg^{2+}														
PAMA	0.6	2.3	3.6	4.5	5.0	5.1	5.1	5.1						
甲基百里酚蓝					11.4	12.7	14.0							
二甲酚橙					7.4	9.0								
双硫腙	9.9	11.9	13.9	15.7	16.9	17.3	17.3	17.3	17.3	17.3	17.3	17.3	17.3	17.3
In^{3+}														
铬天青 S		0.2	2.8	4.8	6.4	7.7	8.7	9.7	10.7	11.7	12.6	13.1	13.2	13.2
邻苯二酚紫			1.3	2.8	4.3	6.8	9.8	12.4	14.6	16.2	17.3	17.9	18.1	18.1
La^{3+}														
钍试剂				3.1	7.1	11.1	14.7	17.5	19.7	21.5	22.9	23.3	23.3	
甲基百里酚蓝					4.4	5.4								
二甲酚橙					4.5	5.6								
Mg^{2+}														
DHAB							1.1	2.7	3.9	4.9	5.8	6.4	6.4	6.4
HBR								1.5	2.5	3.5	4.3	4.7	4.7	
HPBR							1.3	2.7	3.7	4.5	5.1	5.1		
酸性铬蓝 K									0.8	3.6	5.6	7.6	9.4	
酸性铬深蓝									0.7	2.3	3.5	3.5		
钙镁试剂							1.6	3.3	4.7	5.7	6.7	7.6	8.1	8.1
铬紫 B						0.6	2.3	3.6	4.6	5.6	6.6	7.6	8.5	8.9
HBANS-3,6								1.3	2.7	3.8	4.7	5.4	5.7	5.7
HBANS-5,7							1.0	2.4	3.5	4.5	5.4	6.0	6.1	6.1
1-(2-羟基苯偶氮)-2-萘酚							0.8	2.4	3.6	4.6	5.6	6.5	6.9	7.0
HPBN							0.3	2.0	3.3	4.3	5.2	5.9	6.1	6.1

续表

指 示 剂	pH值													
	1	2	3	4	5	6	7	8	9	10	11	12	13	14
铬黑 A							1.1	2.2	3.2	4.2	5.2	6.2	6.9	7.2
铬黑 T						1.0	2.4	3.4	4.4	5.4	6.3	6.9	7.0	7.0
铬蓝黑 B						0.5	1.9	2.9	3.9	4.9	5.9	6.8	7.3	7.4
铬蓝黑 R							0.8	2.0	3.1	4.1	5.1	6.1	7.0	7.6
宫殿坚牢蓝 GGNA								1.8	3.4	4.7	5.7	6.6	7.3	7.6
金属钛									3.6	4.7	7.3			
铬天青 S									1.1	3.1	4.9	5.9	6.1	6.1
甲基百里酚蓝									3.8	5.2	6.6			
邻苯二酚紫									2.9	3.5	3.9	4.2	4.4	4.4
Mn^{2+}														
铬黑 T					1.5	3.6	5.0	6.1	7.5	9.4	11.2	12.4	12.6	12.6
PAN					1.3	2.3	3.3	4.3	5.5	7.0	9.0	10.6	11.4	11.4
甲基百里酚蓝								6.0	7.0	8.0	8.8			
邻苯二酚紫								1.8	3.4	4.6	5.5	6.3	6.9	7.1
Ni^{2+}														
铬紫 B				3.9	5.9	7.9	9.6	11.5	13.4	15.4	17.4	19.4	20.8	21.4
2-(2-吡啶偶氮)-4-甲酚		1.5	4.5	6.7	8.7	10.7	12.7	14.7	16.3	16.9	17.1	17.1	17.1	17.1
PAMA		1.4	2.7	3.6	4.1	4.2	4.2	4.2	4.2					
PAN			3.5	4.5	6.0	7.9	9.9	11.9	13.9	15.9	17.9	19.5	20.3	20.3
p-PAN		1.8	5.2	7.8	9.8	11.8	13.8	15.8	17.2	18.0	18.0	18.0	18.0	18.0
邻苯二酚紫							3.3	4.9	6.3	7.5	8.6	9.2	9.4	9.4
亚硝基 R 盐			2.8	3.8	4.8	5.9	6.9	7.4	7.4	7.4	7.4	7.4	7.4	7.4
红紫酸铵						4.6	5.2	6.2	7.8	9.3	10.3	11.3		
Pb^{2+}														
铬紫 B					0.5	2.5	4.5	6.2	7.5	8.5	9.5	10.5	11.5	13.0
PAR		0.9	2.9	4.9	6.9	8.9								
TAR	2.8	4.1	5.1	6.1	7.1	7.9	8.2	8.3						
甲基百里酚蓝				4.3	5.9	7.0								
邻苯二酚紫						4.7	6.7	8.4	9.8	11.4	12.5	13.1	13.3	13.3
二甲酚橙				4.2	4.8	7.0	8.2							
亚硝基 R 盐						2.5	3.5	4.2	4.6	4.6	4.6	4.6		
Sc^{3+}														
PAR			3.8	5.8	8.8	11.8								
铬天青 S			2.2	4.2	5.8	7.1	8.1	9.1	10.1	11.1	12.0	12.5	12.6	12.6
Sr^{2+}														
酸性铬深蓝												0.9	2.1	2.1
Th^{4+}														
钙镁试剂				3.2	7.2	11.2	15.2	18.6	21.4	23.4	25.4	27.2	28.2	28.2
铬变酸 2R	2.4	3.4	4.4	5.4	6.4	7.4	8.4	9.4	10.2	10.7	10.7	10.7	10.7	10.7
铬天青 S			1.9	3.9	5.5	6.8	7.8	8.8	9.8	10.8	11.7	12.2	12.3	13.3
邻苯二酚紫		2.3	3.8	6.1	9.1	12.1	15.1	17.1	19.9	21.5	22.6	23.2	23.4	23.4
二甲酚橙	3.6	4.9	6.3											
BPHA	3.4	4.4	5.4	6.4	7.4	8.4	11.6	14.8	16.4	16.4	16.4	16.4	16.4	16.4
Zn^{2+}														
酸性铬深蓝										0.7	2.7	4.3	5.3	5.5
铬黑 PV	5.1	7.1	9.1	10.8	12.2	13.2	13.9	14.2	14.2	14.2	14.2	14.2	14.2	14.2
铬紫 B				1.5	3.5	5.5	7.2	8.5	9.5	10.5	12.0	13.9	15.3	15.9
2-(2-吡啶偶氮)-4-甲酚		0.6	2.1	3.2	4.2	5.6	7.3	9.3	10.9	11.5	11.7	11.7	11.7	11.7
PAR		0.6	2.6	4.6	6.6	8.6								
MTAHA			0.9	1.9	2.9	3.9	4.9	5.6	5.9	5.9	5.9	5.9		
TAR	1.7	3.0	4.0	5.0	6.0	6.8	7.1	7.2						
铬黑 T				2.7	5.0	6.9	8.3	9.3	10.4	11.9	13.6	14.8	15.0	15.0
铬蓝黑 R					2.0	4.0	5.7	6.9	8.0	9.0	10.0	11.0	11.9	12.5
PAN			2.0	3.0	4.0	5.0	6.5	8.3	10.3	12.3	14.3	15.9	16.7	16.7
p-PAN				1.6	4.2	6.2	8.2	10.2	12.2	13.6	14.4	14.4	14.4	14.4
萘基偶氮羟啉 6S		0.7	2.4	3.7	4.8	5.8	6.6	7.1	7.2	7.2	7.2	7.2		
SNAZOXS		0.9	2.6	3.9	4.9	5.9	6.6	6.9	6.9	6.9	6.9			
1-(2-噻唑偶氮)-2-萘酚	1.5	2.8	3.8	5.0	6.5	8.5	10.5	12.5	13.9	14.7	14.7	14.7	14.7	14.7
甲基百里酚蓝					4.5	6.0								

指 示 剂	pH 值													
	1	2	3	4	5	6	7	8	9	10	11	12	13	14
邻苯二酚紫							3.6	5.3	6.9	8.5	9.6	10.2	10.4	10.4
二甲酚橙					4.8	6.5	8.0							
双硫腙			2.4	4.2	5.4	5.8		5.8	5.8	5.8	5.8	5.8		
锌试剂					0.6	2.7	4.7	6.5	7.9	9.0				
亚硝基 R 盐				1.2	2.2	3.2	3.9	4.3	4.3	4.3	4.3	4.3		
Zr^{4+}														
铬天青 S	0.6	3.4	5.9	7.9	9.5	10.8	11.8	12.8	13.8	14.8	15.7	16.2	16.3	16.3
邻苯二酚紫	2.7	4.4	7.1	10.1	13.1	16.1	19.1	21.7	23.9	25.5	26.6	27.2	27.4	27.4

① 不同指示剂的 $pM_{终点}$ 是按被测金属归类的。若金属离子和指示剂的反应比为 1:2，则变色点取决于指示剂的浓度。$pM_{终点}$ 值是对指示剂的浓度 $10^{-5}mol/L$ 而言。指示剂符号参见表 4-15 和表 10-28。

4. 络合滴定常用缓冲溶液的制备方法

络合滴定常用缓冲溶液的制备方法见表 10-30。

表 10-30 络合滴定常用缓冲溶液的制备方法

pH 值	制 备 方 法
<2	适当稀释强酸性溶液：必要时用 1mol/L HNO_3 调至所需酸度
2～3	氯代乙酸：使用固体。适用于 Fe^{3+} 的络合滴定
2～4	甘氨酸及其盐酸盐：可用固体氨基酸，必要时可以使溶液缓冲至较高的酸度。为此目的，对氯苯胺也可应用
4～6.5	乙酸-乙酸钠：先分别配制 1mol/L 乙酸与 1mol/L 乙酸钠溶液，然后按需要混合
5～7	六亚甲四胺和盐酸：于试液中加入适量六亚甲基四胺和盐酸调至 pH。也可制成六亚甲基四胺-盐酸水溶液，例如 40g 六亚甲基四胺、10mL 盐酸（相对密度 1.19）、100mL 蒸馏水混合，此溶液 pH=5.4
6.5～8	三乙醇胺及其盐酸盐：配制 1mol/L $N(C_2H_4OH)$ 及 1mol/L HCl 溶液，按需要混合。使用时必须注意，三乙醇胺是一种络合剂，能与多种金属离子生成极稳定的络合物，因而对大多数滴定会减弱终点 pH 的跃变。所以，游离三乙醇胺的浓度维持得越小越好
10	加 70g NH_4Cl 于 570mL 氨水（相对密度 0.90）中，用蒸馏水稀释至 1L（此缓冲溶液需要最纯试剂。必须注意，市售氨水常含少量碱土金属）
8～11	NH_3-NH_4Cl：先分别配制 1mol/L NH_4OH 与 1mol/L NH_4OH 溶液，然后按需要混合 1～8mol/L NaOH
12～13	或 KOH 溶液

七、络合滴定中的掩蔽剂与解蔽剂

EDTA 标准溶液的配制和标定见第四章第四节中 15.。

1. 络合滴定中的掩蔽剂

为了提高络合滴定的选择性，除可利用控制溶液 pH 值、选择适当的指示剂、分离干扰离子等方法外，最常用的方法是使用掩蔽剂。利用掩蔽剂降低干扰离子的浓度，使它们不与 EDTA 络合，或者说，使它们的 EDTA 络合物的表观稳定常数减至很小，从而消除其干扰。

作为络合滴定的掩蔽剂必须符合以下条件：

① 能与被掩蔽的离子形成非常稳定的络合物，要比 EDTA 与该离子形成的络合物更稳定，但与待测离子无显著作用；

② 掩蔽剂的加入对溶液 pH 不应有明显影响，且其掩蔽能力也不受 pH 的影响；

③ 掩蔽剂与被掩蔽离子形成的络合物应当无色，且最好易溶于水。

常用的掩蔽剂见表 1-59。常用阳离子掩蔽剂、阴离子和中性分子掩蔽剂见表 1-57、表 1-58。EDTA 滴定中常用的掩蔽剂见表 10-31。

2. 络合滴定中的解蔽剂

在金属离子络合物的溶液中，加入一种试剂（解蔽剂），将已被滴定剂或掩蔽剂络合的金属离子释放出来的办法，称为解蔽。加入的该试剂称解蔽剂（见表1-59）。

表 10-31　EDTA 滴定中常用的掩蔽剂

被掩蔽离子	掩 蔽 剂 或 掩 蔽 方 法
Ag^+[①]	NH_3、BAL[②]（掩蔽小量）、CN^-、柠檬酸、巯基乙酸、$S_2O_3^{2-}$
Al^{3+}	柠檬酸（掩蔽小量）、FB_4^-、F^-、OH^-（转变成偏铝酸根离子）、酒石酸、乙酰丙酮、磺基水杨酸（只掩蔽小量）、三乙醇胺、钛铁试剂
Ba^{2+}	F^-、SO_4^{2-}
Ca^{2+}	Ba-EDTA 络合物 $+SO_4^{2-}$、F^-
Co^{2+}	BAL（掩蔽小量）CN^-、巯基乙酸（掩蔽小量）、邻啡啰啉、四亚乙基五胺
Cr^{3+}	抗坏血酸、柠檬酸、动力学掩蔽（利用反应速度差异）氧化为 CrO_4^{2-}、$P_2O_7^{4-}$、三乙醇胺
Cu^+	I^-、$S_2O_3^{2-}$、SCN^-
Cu^{2+}	BAL（掩蔽小量）、CN^-、半胱氨酸、二乙基二硫代氨基甲酸钠（掩蔽小量）、I^-、巯基乙酸、邻啡啰啉、还原为 Cu^+（用抗坏血酸或 NH_2OH）、S^{2-}四亚乙基五胺、硫卡巴肼、硫脲、三亚乙基四胺、$S_2O_3^{2-}$（在碱性介质中还加 Ac^- 或 $Na_2B_4O_7$）
Hg^{2+}	BAL、Br^-、Cl^-、CN^-、半胱氨酸、还原为金属汞（用抗坏血酸或甲醛）、SCN^-、硫脲
Mg^{2+}	F^-、OH^-[$Mg(OH)_2$ 沉淀]
Mo^{6+}	柠檬酸、乙酰丙酮
Pb^{2+}	BAL、3-巯基丙酸、MoO_4^{2+}、SO_4^{2-}、二乙基二硫代氨基甲酸钠
Sn^{2+}	BAL、柠檬酸、巯基乙酸
Sn^{4+}	BAL、柠檬酸、二硫代草酸、F^-、OH^-（偏锡酸沉淀）、草酸、酒石酸、三乙醇胺、乳酸
Ti^{4+}	柠檬酸、F^-、H_2O_2、PO_4^{3-}、SO_4^{2-}、酒石酸、三乙醇胺、铁钛试剂、乳酸
Zn^{2+}	BAL、半胱氨酸、巯基乙酸、邻啡啰啉、四亚乙基五胺

① 本身不消耗 EDTA，但妨碍测定（使指示剂封闭或破坏，或生成沉淀）。
② BAL——二巯基丙醇。

八、EDTA 络合滴定法的应用

1. 络合滴定的方式

在络合滴定中，采用不同的滴定方式，不仅可以扩大络合滴定法的应用范围，也是提高络合滴定选择性的途径之一。其滴定方式有：①直接滴定法；②回（返）滴定法；③置换滴定法；④间接滴定法。

2. 无机阳离子的 EDTA 滴定

EDTA 和无机阳离子反应时，基本是按 1∶1 的关系进行的，因此结果计算比较简单。无机阳离子的 EDTA 滴定见表10-32。

表 10-32　无机阳离子的 EDTA 滴定

待测离子	指 示 剂	滴定方式	滴定时 pH 值	测定步骤及主要条件	终点时变色情况
Ag^+	紫脲酸铵	返滴	8.5	试液先加过量 EDTA 标准液，再调 pH，加硼酸缓冲液，用 $AgNO_3$ 标准试液滴定	玫瑰红→紫或蓝
Al^{3+}	铬天青 S	直接	14	原为碱性试液，用乙酸调 pH，加热至 80℃	紫→橙黄
	二甲酚橙	返滴	5～6	过量 EDTA，用 $ZnSO_4$ 返滴	黄→玫瑰红
	PAN	返滴	5.5～6.0	在微酸性试液中，先加过量 EDTA，再调 pH，用 $ZnSO_4$ 返滴过量 EDTA；加 NaF，从 AlY^- 中置换出 EDTA，煮沸 3min，再以 $ZnSO_4$ 滴定	黄→红
Ba^{2+}	金属酞	直接	10.5～11	水或 50%乙醇溶液	红→玫瑰红或无

续表

待测离子	指 示 剂	滴定方式	滴定时pH值	测定步骤及主要条件	终点时变色情况
Sr^{2+}	甲基百里酚蓝	直接	10~11	氨缓冲液或 $NH_3 \cdot H_2O$ 介质	蓝→灰
			12	NaOH 介质	蓝→灰
	Cu-PAN	直接	11.5	$NH_3 \cdot H_2O$ 介质	橙→黄
	百里酚酞络合剂	直接	10~11	NaOH 或 $NH_3 \cdot H_2O$ 介质	蓝→灰或无
	铬黑 T	返滴	10	氨缓冲液,过量 EDTA,用 $MgSO_4$ 或 $ZnSO_4$ 标准液返滴	蓝→红
Bi^{3+}	甲基百里酚蓝	直接	1~3	HNO_3 介质	蓝→黄
	邻苯二酚紫	直接	1~3	HNO_3 介质	蓝→黄
	二甲酚橙	直接	1~3	HNO_3 介质	红→黄
	铬黑 T	返滴	10	过量 EDTA,硼酸盐缓冲液,用 $MgSO_4$ 或 $ZnSO_4$ 标准液返滴	蓝→红
Ca^{2+}	钙指示剂	直接	12~14	NaOH 介质	酒红→蓝
	紫脲酸铵	直接	12~13	NaOH 介质	红→紫
	金属酞	直接	10~11	$NH_3 \cdot H_2O$ 介质	红→粉红
	甲基百里酚蓝	直接	10	氨缓冲液	蓝→灰或微紫红
Cd^{2+}	铬蓝黑 R	直接	11.5	$NH_3 \cdot H_2O$	红→蓝
	铬黑 T	直接	10	氨缓冲液	红→蓝
			6.8	顺丁烯二酸盐缓冲液	红→蓝
	铬蓝黑 B	直接	11.5	$NH_3 \cdot H_2O$	红→蓝
	金属酞	直接	10	氨缓冲液,30%乙醇	粉红→无
	邻苯二酚紫	直接	10	氨缓冲液	绿蓝→红紫
	甲基百里酚蓝	直接	12	$NH_3 \cdot H_2O$	蓝→灰
			5~6	六亚甲基四胺	蓝→黄
	PAN	直接	5~6	HAc-NaAc 缓冲液	粉红→黄
	二甲酚橙	直接	5~6	六亚甲基四胺	红紫→黄
Co^{2+}	邻苯二酚紫	直接	9.3	氨缓冲液	绿蓝→红紫
	邻苯三酚红	直接	9.3	氨缓冲液	蓝→酒红
	二甲酚橙	直接	5~6	六亚甲基四胺,80℃	红紫→黄
	甲基百里酚蓝	直接	5~6	六亚甲基四胺,80℃	蓝→黄
			12	$NH_3 \cdot H_2O$	蓝→无或粉红
Ce^{3+}	铬黑 T	返滴	8~9	氨缓冲液,过量 EDTA,用 $ZnSO_4$ 标准液返滴	蓝→红
	甲基百里酚蓝	直接	6	六亚甲基四胺	蓝→黄
	二甲酚橙	直接	5~6	吡啶-乙酸盐	红→黄
			4.5~6	六亚甲基四胺,加热	红→黄
Ce^{4+}				用维生素 C 将 Ce^{4+} 还原为 Ce^{3+} 后,按上法测定	
Cr^{3+}	紫脲酸胺	返滴	10	氨缓冲液,温热过量 EDTA,用 Ni^{2+} 标准液返滴	蓝→紫→黄
	二甲酚橙	返滴	4~5	乙酸铵,过量 EDTA,用 Th^{4+} 标准液返滴	黄→红
Cu^{2+}	甲基百里酚蓝	直接	11.5	$NH_3 \cdot H_2O$	蓝→无或灰绿
	PAN	直接	2.5~10		红→绿
	邻苯二酚紫	直接	9.3	氨缓冲液	蓝→红紫
			6~7	吡啶	蓝→黄绿
			5~6.5	乙酸盐	蓝→黄绿
	二甲酚橙	返滴	5~6	六亚甲基四胺、过量 EDTA,用 Pb^{2+} 标准液返滴	黄→微红
Fe^{2+}（加 VC）	铬黑 T	返滴	9	氨缓冲液、过量 EDTA,用 Zn^{2+} 标准液返滴	蓝→红
	二甲酚橙	直接	5~6.5	六亚甲基四胺	红→黄
	甲基百里酚蓝	直接	4.5~6.5	六亚甲基四胺	蓝→黄

续表

待测离子	指 示 剂	滴定方式	滴定时pH值	测 定 步 骤 及 主 要 条 件	终点时变色情况
Fe^{3+}	邻苯二酚紫	直接	5～6	吡啶-NaAc	蓝或绿蓝→黄绿
	NH_4SCN	直接	2～3	乙酸、丙酮	红→黄
	磺基水杨酸	直接	1.5～3	乙酸、温热	红紫→黄
Hg^{2+}	铬黑T	返滴	10	氨缓冲液、过量EDTA，用Mg^{2+}或Zn^{2+}标准液返滴	红→蓝
	甲基百里酚蓝	直接	6	吡啶或六亚甲基四胺	蓝→黄
	二甲酚橙	直接	3～6	六亚甲基四胺	红紫→黄
K^+	同Co^{2+}	置换		先将K^+沉淀为$K_2Na[Co(NO_2)_6]$沉淀，溶解后，用H_2O_2将Co^{3+}还原为Co^{2+}，按Co^{2+}的测定方法进行	
Mg^{2+}	甲基百里酚蓝	直接	10～11.5	$NH_3\cdot H_2O$	蓝→灰
		直接	10～11	$NH_3\cdot H_2O$、乙醇	红→无或粉红
	铬黑T、铬蓝黑R	直接	10	氨缓冲液	红→蓝
	邻苯二酚紫	直接	10	氨缓冲液	绿蓝→红紫
Mn^{2+}	百里酚酞络合剂	直接	10～11	$NH_3\cdot H_2O$、$NH_2OH\cdot HCl$	蓝→无
	甲基百里酚蓝	直接	11.5	$H_2NOH\cdot HCl$、酒石酸	蓝→灰
			6.0～6.5	六亚甲基四胺	蓝→黄
	铬黑T	直接	10	氨缓冲液，加维生素C或$NH_2OH\cdot HCl$、酒石酸、60～80℃	红→蓝
	邻苯二酚紫	直接	9.3	氨缓冲液、$NH_2OH\cdot HCl$	绿蓝→红紫
Mo^{5+}	铬黑T	返滴	10	氨缓冲液、煮沸、冷至60℃、过量EDTA，用Zn^{2+}标准液返滴	绿→红棕
	钙黄绿素	返滴	4～5	酒石酸盐、过量EDTA，Cu^{2+}标准液返滴	紫色荧光熄灭
MoO_4^{2-}	二甲酚橙	返滴	5～5.5	NH_4Ac，0℃、过量EDTA，用Zn^{2+}标准液返滴	黄→红
Na^+	同Zn^{2+}	置换		将Na^+沉淀为$NaZn(UO_2)_3(Ac)_9\cdot 6H_2O$，将沉淀过滤、洗涤，溶解后用EDTA滴定$Zn^{2+}$	
Ni^{2+}	紫脲酸铵	直接	9	试液中加$Na_2S_2O_3+NaF+TEA$混合掩蔽剂，以掩蔽Fe^{3+}、Al^{3+}、Ca^{2+}、Mg^{2+}等干扰离子	黄绿→紫
	邻苯二酚紫	直接	8～9.3	氨缓冲液	绿蓝→红紫
	铬天青S	直接	8	吡啶+$NH_3\cdot H_2O$	蓝紫→黄
			11	$NH_3\cdot H_2O$	蓝→黄
	二甲酚橙	返滴	5～6	六亚甲基四胺、过量EDTA，用Zn^{2+}标准液返滴	黄→玫瑰
Pb^{2+}	铬黑T	直接	10	氨缓冲液、酒石酸、TEA、40～70℃	蓝紫→蓝
	甲基百里酚蓝	直接	12	NH_3H_2O、酒石酸	粉红→灰
			6	六亚甲基四胺	蓝→黄
	邻苯三酚红	直接	5～6	HAc-NaAc缓冲液	紫→红
	Cu-PAN	直接	≥3.5	HAc-NaAc缓冲液	红紫→黄
	二甲酚橙	直接	5	HAc-NaAc缓冲液	红紫→黄
			6	六亚甲基四胺	红紫→黄
Sb^{3+}	NH_4SCN	返滴	4.5～6	HAc-NaAc缓冲液、丙酮(总体积的50%)、过量EDTA，用Co^{2+}标准液返滴	粉红→蓝
	二甲酚橙	返滴	4	HAc-NaAc缓冲液、过量EDTA，用Ti^{3+}标准液返滴	黄→粉红
Sn^{2+} Sn^{4+}	甲基百里酚蓝	直接	5.5～6	吡啶-乙酸盐、加NaF掩蔽Sn^{4+}	蓝→黄
	铬黑T	返滴	9	氨缓冲液、过量EDTA，用Mg^{2+}或Zn^{2+}标准液返滴	蓝→红
	邻苯二酚紫	返滴	5	HAc-NaAc缓冲液、70～80℃、过量EDTA，用Zn^{2+}标准液返滴	黄→蓝
	二甲酚橙	返滴	5～6	六亚甲基四胺、过量EDTA，用Pb^{2+}标准液返滴	黄→红
			2.5～3.5	NH_4Ac、过量EDTA，用Pb^{2+}标准液返滴	黄→红
			2	HCl+NaCl、过量EDTA，用Th^{4+}标准液返滴	黄→红
Ti^{4+}	铬黑T	返滴	7	吡啶、过量EDTA，用Zn^{2+}标准液返滴	蓝→紫
	邻苯二酚紫	返滴	5～7	过量EDTA，用Cu^{2+}标准液返滴	黄→深蓝
	二甲酚橙	返滴	2	HCl、过量EDTA，用Bi^{3+}标准液返滴	柠檬黄→橘红

续表

待测离子	指示剂	滴定方式	滴定时pH值	测定步骤及主要条件	终点时变色情况
Zn^{2+}	铬黑 T	直接	10	氨缓冲液	红→蓝
			6.8	缩苹果酸盐缓冲液	红→蓝
	甲基百里酚蓝	直接	12	NH$_3$·H$_2$O	蓝→灰
			6~6.5	六亚甲基四胺或乙酸盐	蓝→黄
	邻苯二酚紫	直接	10	氨缓冲液	蓝→红紫
	紫脲酸铵	直接	8~9	氨缓冲液	粉红→紫
	二甲酚橙	直接	5~6	六亚甲基四胺	红紫→黄
	二苯氨基脲	直接	2~3	NH$_4$Ac-HAc,10~60℃	淡红→淡黄

3. 阴离子的 EDTA 滴定

用 EDTA 络合滴定法测定阴离子时，基本上都是间接滴定，即先将待测阳离子形成某种形式的沉淀，然后，将沉淀溶解，用 EDTA 滴定沉淀中的阳离子（此时沉淀剂只需过量而不必计量）；或者用 EDTA 滴定剩余的阳离子沉淀剂（此时，原沉淀剂必须是标准溶液，而且要准确计量）。

表 10-33 列出了 EDTA 间接滴定阴离子的应用。

表 10-33　EDTA 间接滴定阴离子的应用

被测定离子	主　要　步　骤
AsO$_4^{3-}$	沉淀为 MgNH$_4$AsO$_4$·6H$_2$O 或 ZnNH$_4$AsO$_4$,再测定沉淀中的 Mg^{2+} 或 Zn^{2+} 沉淀为BiAsO$_4$,测定滤液中过量的 Bi^{3+}
B(C$_6$H$_5$)$_4^-$	与 Hg^{2+}-EDTA 络合物交换,并滴定释放的 EDTA
BO$_3^{3-}$	沉淀为酒石酸硼钡,测定沉淀中的 Ba^{2+} 或滤液中过量的 Ba^{2+}
Br$^-$,Cl$^-$ 或 I$^-$	沉淀为卤化银,过滤,滤液中过量 Ag$^+$ 与[Ni(CN)$_4$]$^{2-}$ 交换,滴定释放的 Ni^{2+}
BrO$_3^-$	用亚砷酸还原为 Br$^-$,按 Br$^-$ 的测定步骤进行,若样品中有 Br$^-$ 存在,则取部分溶液测定 Br$^-$
CN$^-$	加 Ni^{2+},使其生成[Ni(CN)$_4$]$^{2-}$,测定过量 Ni^{2+}
CO$_3^{2-}$	沉淀为 CaCO$_3$,测定沉淀中的 Ca^{2+},或上层清液中的 Ca^{2+}
	沉淀为 BaCO$_3$,在沉淀存在下,测定过量 Ba^{2+}
CO$_3^{2-}$+HCO$_4^-$	取部分溶液加 Sr^{2+},煮沸,HCO$_3^-$ 的 1/2 转化为 CO$_3^{2-}$ 并蒸发,其余部分成为 CO$_2$,在 SrCO$_3$ 沉淀存在下,滴定过量的 Sr^{2+}。另取部分溶液加 NaOH,HCO$_3^-$ 转化为 CO$_3^{2-}$,加 Sr^{2+},在 SrCO$_3$ 沉淀存在下滴定过量的 Sr^{2+},从两次滴定结果中,计算 CO$_3^{2-}$ 和 HCO$_3^-$
Cl$^-$	见 Br$^-$,Cl$^-$ 或 I$^-$
ClO$_3^-$	用 Fe^{2+} 还原为 Cl$^-$,按测 Cl$^-$ 的步骤进行
ClO$_4^-$	和过量的 NH$_4$Cl 灼热,沉淀为 AgCl,按 Cl$^-$ 的测定步骤进行
CrO$_4^{2-}$	沉淀为 BaCrO$_4$,测定沉淀中的 Ba^{2+} 或滤液中过量的 Ba^{2+}。或用维生素 C 还原 CrO$_4^{2-}$→Cr^{3+},再测定 Cr^{3+},或沉淀为 PbCrO$_4$,并测沉淀中的 Pb^{2+}
F$^-$	沉淀为 CaF$_2$,测定滤液中过量 Ca^{2+}。沉淀为 PbClF,测定沉淀中的 Pb^{2+},或测定滤液中过量的 Pb^{2+}
Fe(CN)$_6^{3-}$	用 KI 还原,S$_2$O$_3^{2-}$ 脱色,然后如[Fe(CN)$_6$]$^{4-}$ 的测定进行
Fe(CN)$_6^{4-}$	沉淀为 K$_2$Zn[Fe(CN)$_6$] 或 Na$_2$Zn[Fe(CN)$_6$],测定沉淀中的 Zn^{2+} 或滤液中过量的 Zn^{2+}。沉淀为 Pb$_2$[Fe(CN)$_6$],用 KClO$_4$ 分解沉淀,测定 Fe^{3+} 或 Pb^{2+}
I$^-$	沉淀为 PdI$_2$,过滤,滤液中过量 Pd^{2+} 与[Ni(CN)$_4$]$^{2-}$ 反应,滴定释放的 Ni^{2+}
IO$_3^-$	用 SO$_3^{2-}$ 还原,并按测定 I$^-$ 的方法进行。若样品中含有 I$^-$,则分取部分溶液测定 I$^-$。从 50% 乙醇或丙酮中沉淀为 Pb(IO$_3$)$_2$,测定沉淀中的 Pb^{2+}
MnO$_4^-$	用 NH$_2$OH·HCl 还原为 Mn^{2+},测定 Mn^{2+}
MoO$_4^{2-}$	沉淀为 CaMoO$_4$,测定沉淀中的 Ca^{2+}。沉淀为 PbMoO$_4$,测定上层清液中的 Pb^{2+}。用 NH$_2$OH·HCl 还原为 Mo^{5+},再测 Mo^{5+}
NbO$_3^{3-}$	见阳离子"Nb^{5+}"的测定
PO$_4^{3-}$	沉淀为 MgNH$_4$PO$_4$·6H$_2$O,测定沉淀中的 Mg^{2+} 或测定上层清液的 Mg^{2+},或溶液中过量的 Mg^{2+}。沉淀为 ZnNH$_4$PO$_4$,测定沉淀中的 Zn^{2+}。沉淀为 BiPO$_4$,测定滤液中过量的 Bi^{3+} 或沉淀中的 Bi^{3+}
P$_2$O$_7^{4-}$	沉淀为 Zn$_2$P$_2$O$_7$ 或 Mn$_2$P$_2$O$_7$,测定沉淀中的 Zn^{2+} 或 Mn^{2+},也可以测定滤液中过量的 Mn^{2+}
P$_3$O$_{10}^{5-}$	沉淀为 Zn$_2$HP$_3$O$_{10}$,测定沉淀中的 Zn^{2+}

被测定离子	主　要　步　骤
过磷酸盐	用盐酸＋硝酸煮沸样品，同测定 PO_4^{3-} 一样的步骤进行
ReO_4^-	微酸性或中性溶液沉淀为 $TlReO_4$，过滤，沉淀溶于酸（加 Br_2），测定 Tl^{3+}
S^{2-} 或 HS^-	(1)沉淀为 CuS，测定滤液或上层清液中过量的 Cu^{2+}；(2)加过量 Cd-EDTA 络合物，沉淀为 CdS，滴定释放的 EDTA；(3)或氧化为 SO_4^{2-} 再行测定
S^{2-}、S^{6+} 和含氧的硫阴离子	当混合物存在时，选择氧化或还原的方法，然后如 SO_4^{2-}、S^{2-} 的方法进行
SO_3^{2-}	用 Br_2 水氧化为 SO_4^{2-}，再行测定
SO_4^{2-}	沉淀为 $BaSO_4$，测定沉淀中的 Ba^{2+} 或测定溶液中过量的 Ba^{2+}。从 25%～30%乙醇中沉淀为 $PbSO_4$，测定沉淀中的 Pb^{2+} 或滤液中过量的 Pb^{2+}。加 Ba-EDTA 络合物，均相沉淀为 $BaSO_4$，慢慢酸化，滴定溶液中释放的 EDTA
$S_2O_3^{2-}$	用溴水氧化为 SO_4^{2-}，再行测定，或用锌＋盐酸还原为 S^{2-} 再行测定。通过碱金属盐煮沸还原，或用铵盐与锌＋盐酸还原，测定 SO_4^{2-}
SCN^-	用过量 Cu^{2+} 处理样品，沉淀为 CuSCN，测定滤液中过量的 Cu^{2+}。将 SCN^- 氧化为 SO_4^{2-}，再行测定
SeO_3^{2-}	过量 $KMnO_4$ 煮沸氧化，按 SeO_4^{2-} 的测定进行
SeO_4^{2-}	30%乙醇存在下，在 pH＝2～3 时沉淀为 $PbSeO_4$，测定沉淀中的 Pb^{2+}
SiO_3^{2-}	加 $Co(NO_3)_2$＋丙酮，产生沉淀，离心分离，加大量丙酮，分离上层清液，用甲醇水溶液洗沉淀，EDTA 溶解沉淀。调 pH＝9，氨盐回滴，铬黑 T 作指示剂
VO_3^-	酸性，$NH_2OH \cdot HCl$ 或维生素 C 还原为 VO^{2+}，再行测定（见阳离子"VO^{2+} 的测定"）
WO_4^{2-}	沉淀为 $CaWO_4$ 并测定沉淀中的 Ca^{2+}。加 Pb(Ac)$_2$ 沉淀为 $PbWO_4$，pH＝5.5～5.8，EDTA 滴定过量 Pb^{2+}，二甲酚橙，红→灰绿

九、其他络合滴定剂的应用

除了 EDTA 广泛地应用于络合滴定外，其他氨羧络合剂如 CyDTA、DTPA、EDTP、EGTA、HEDTA、NTA、Tetren 和 Trien 等以及 H_2SO_4、Hg（NO$_3$）$_2$、Hg（ClO$_4$）$_2$、AgNO$_3$、KCN 等在络合滴定中也应用得比较多，其络合滴定方法见表 10-34 和表 10-35。

表 10-34　其他氨羧络合剂的络合滴定

测定离子	滴定剂①	金属指示剂	主　要　滴　定　条　件
Al^{3+}	CyDTA	Cu-PAN	pH＝2～2.2，乙酸盐缓冲液，直接滴定，热溶液，红→黄
	CyDTA	铬黑 T	pH＝6.5～7，吡啶，过量 CyDTA，用锌盐回滴，蓝→红
	CyDTA	邻苯二酚紫	pH＝5.5～6，吡啶＋乙酸盐，过量 CyDTA，用锌盐回滴，蓝→紫
	CyDTA	二甲酚橙	pH＝5～6，六亚甲基四胺，过量 CyDTA，用铅盐回滴，黄→红紫或红
	HEDTA	甲基钙黄绿素或甲基钙黄绿素蓝	pH＝5，乙酸盐缓冲液，加热，冷却，过量的 HEDTA，用铜盐回滴到紫外荧光熄灭
	NTA	凡拉明蓝 B	pH＝5.5～5.8，过量 NTA，用铜盐回滴
Ba^{2+} 和 Sr^{2+}	DTPA	铬黑 T	pH＝10，氨缓冲液，加入占总体积为 50%的异丙醇，加 Mg-DTPA，释放的 Mg^{2+} 用 DTPA 滴定，红→蓝
	DTPA	宫殿坚牢蓝 GGNA-CF	pH＝12，氢氧化钠，加 Ca-DTPA，释放的 Ca^{2+} 用 DTPA 滴定，红→蓝
	EGTA	锌-铬黑 T	pH＝10，氨缓冲液，直接滴定，红→蓝
Bi^{3+}	MEDTA	二甲酚橙	0.1mol/L 硝酸，直接滴定，红→黄
Ca^{2+}	CyDTA	钙黄绿素	pH＞12，氢氧化钾，直接滴定，绿紫外荧光熄灭，至粉红色溶液
	CyDTA	钙色素	0.1mol/L 氢氧化钠，直接滴定，粉红→蓝
	CyDTA	甲基百里酚蓝	pH＝11.0～11.5，氢氧化钠，直接滴定，蓝→绿黄
	CyDTA	铬黑 T	pH＝8～10，氨缓冲液，60～70℃，加 Mg-CyDTA 或 Zn-CyDTA，释放的 Mg^{2+} 或 Zn^{2+} 用 CyDTA 滴定，粉红或红→蓝
	EGTA	铬蓝黑 R	pH＝13，氢氧化钠，酒石酸（防 Mg^{2+} 沉淀），直接滴定，红→蓝
	EGTA	锌-锌试剂	pH＝9.5～10，硼酸钠缓冲液，或 pH＝9.3，氨缓冲液，直接滴定，蓝→黄
	EGTA	铬蓝黑 R	pH＝13，氢氧化钠，过量 EGTA，用钙盐回滴，蓝→粉红

测定离子	滴定剂[①]	金属指示剂	主 要 滴 定 条 件
Ca^{2+}	MEDTA	酸性茜素黑 SN 或铬蓝黑 R	pH＞12,二乙胺或氢氧化钠,直接滴定,红→蓝
Cd^{2+}	CyDTA	铁（Ⅲ）-水杨酸盐	pH＝3～5,直接滴定,紫→无色
	NTA	邻苯二酚紫	pH＝10.2,氨缓冲液,直接滴定,绿蓝→红紫
	Trien	铬黑 T	pH＝9～9.5,氨缓冲液,直接滴定,红→蓝
	Trien	锌-锌试剂	pH＝9～9.5,氨缓冲液,直接滴定,蓝→黄
Co^{2+}	CyDTA	铬黑 T	pH＝8～10,氨缓冲液,加过量 CyDTA,用镁盐回滴,蓝→红
	CyDTA	PAN	pH＝5,乙酸盐缓冲液,N_2H_4,80～90℃,过量 CyDTA,用铜盐回滴,黄→红
	EGTA	红紫酸铵	pH＝9～10,直接滴定,黄→玫瑰紫
	NTA	红紫酸铵	pH＝9.2,直接滴定,黄→红紫
Cr^{3+}	CyDTA	钙黄绿素	CyDTA,煮沸 30min,pH＝4,冷却,乙酸盐缓冲液,pH＝4.6,铜盐回滴过量 CyDTA,紫外荧光熄灭
Cu^{2+}	ANDA	红紫酸铵	pH＝7～7.5,直接滴定,黄→紫
	CyDTA	红紫酸铵	pH＝9～10,氨缓冲液,直接滴定,黄→红紫
	CyDTA	PAN	pH＝5～5.5,乙酸盐缓冲液,80～90℃,直接滴定,红→黄
	CyDTA	邻苯二酚紫	pH＝6～7,吡啶,直接滴定,蓝→黄绿
	CyDTA	铬黑 T	pH＝8～10,氨缓冲液,过量 CyDTA,用镁盐回滴,蓝→红
	DTPA	Cu-PAN	pH＝5～9.2,乙酸盐或氨,60℃,直接滴定,红→黄
	DTPA	SNAZOXS	pH＝4.5,乙酸盐缓冲液,过量 DTPA,铜盐返滴,粉红→黄
	EDTP	坚牢啊呐黑 F(Fast Sulfon black F)	pH＝11,直接滴定,红紫→橄榄绿
	EDTP	丽春花 3R(Ponceau 3R)	pH＝9～10,氨,直接滴定,黄→紫
	HEDTA	红紫酸铵	pH＝8,过量 HEDTA,用铜盐返滴,紫→黄
	MEDTA	SNAZOXS	pH＝5,乙酸缓冲液,直接滴定,黄→紫
	NTA	铬天青 S	pH＝5.5～6,六亚甲基四胺,直接滴定,蓝→绿
	NTA	红紫酸铵	pH＝5～6(六亚甲基四胺)或 pH＝8～9(氨缓冲液),直接滴定,黄或绿→紫或紫蓝
	NTA	丽春花 3R	pH＝9,氨缓冲液,直接滴定,蓝绿→红或紫
	NTA	凡拉明蓝 B	pH＝5～5.5,六亚甲基四胺,直接滴定,暗紫→淡蓝
	Trien	钙黄绿素	pH＝7,乙酸铵,直接滴定到绿紫外荧光
	Trien	红紫酸铵	pH＝9.3～9.5,氨缓冲液,直接滴定,黄或绿→粉红
Fe^{2+}	CyDTA	甲基百里酚蓝	pH＝6.0～6.5,六亚甲基四胺,维生素 C,直接滴定,蓝→黄
Fe^{3+}	ANDA	磺基水杨酸	酸性,直接滴定,红紫→黄
	CyDTA	甲基百里酚蓝	pH＝4.5～6.0,六亚甲基四胺,直接滴定,蓝→黄
	CyDTA	邻苯二酚紫	pH＝5.5～6,吡啶＋乙酸盐,直接滴定,绿蓝→红
	CyDTA	水杨酸	pH＞1.5,乙酸盐,50℃,直接滴定,紫→黄或无色
	CyDTA	磺基水杨酸	pH＝2～3,60℃,直接滴定,紫→无色
	CyDTA	KSCN	酸性,乙醚或异戊醇,直接滴定,红→无色(有机相)
	CyDTA	磺基水杨酸,KSCN 或钛铁试剂	pH＝2～4,50～60℃,过量 CyDTA,Fe^{3+}返滴,无色→红或紫
	CyDTA	钙黄绿素	CyDTA,煮沸 10min,pH＝3.5～4,冷却,加乙酸盐缓冲液,pH＝4.6,用铜盐回滴到紫外荧光熄灭
	CyDTA	铬黑 T	(1)pH＝10,氨缓冲液,过量 CyDTA,用镁盐回滴,蓝或绿→红或红棕 (2)pH＝6.5～7,吡啶,过量 CyDTA,用锌盐回滴,蓝或绿→红或红棕
	CyDTA	邻苯二酚紫	pH＝5.5～6,吡啶＋乙酸盐,过量 CyDTA,锌盐回滴,黄绿→蓝或蓝绿
	CyDTA	PAN	pH＝5～5.5,乙酸盐缓冲液,80～90℃,过量 CyDTA,用铜盐回滴,黄→红

测定离子	滴定剂[①]	金属指示剂	主 要 滴 定 条 件
Fe^{3+}	CyDTA	二甲酚橙	pH=5～5.5,六亚甲基四胺,过量 CyDTA,用铅盐回滴,黄→红紫或红
	EGTA	磺基水杨酸	pH=3～6,直接滴定,紫→黄
	NTA	铬天青 S	一氯乙酸,pH=2,50～60℃,直接滴定,蓝→金黄
Hg^{2+}	Trien	锌-锌试剂	pH=7.5～8,TEA,直接滴定,蓝→黄
Mg^{2+}	CyDTA	铬黑 T	(1)pH=10,氨缓冲液,直接滴定,红→蓝;(2)pH=8～10 氨缓冲液,60～70℃,Zn-CyDTA,释放的 Zn^{2+} 用 CyDTA 滴定,红→蓝
	CyDTA	甲基百里酚蓝	pH=11,氨,直接滴定,蓝→灰
	DTPA	铬黑 T	pH=10,氨缓冲液,40℃,直接滴定,红→蓝
	CyDTA	维克多利亚紫	pH=9.5～10.5,直接滴定,蓝→橙红
Mn^{2+}	CyDTA	铬黑 T	pH=9～10,氨缓冲液,TEA,$NH_2OH \cdot HCl$,直接滴定,酒红→蓝
	CyDTA	甲基百里酚蓝	pH=6～6.5,六亚甲基四胺,直接滴定,蓝→黄
	EGTA	铬黑 T	pH=10,氨缓冲液,$NH_2OH \cdot HCl$,直接滴定,酒红→蓝
Nb^{5+}	NTA	红紫酸铵	pH=5.6,过量 NTA,用铜盐回滴,紫→黄
Ni^{2+}	ANDA	红紫酸铵	pH=7～7.5,氨缓冲液,直接滴定,黄→蓝紫
	ANDA	红紫酸铵	pH=7～8,氨缓冲液,过量 ANDA,用铜盐回滴,紫→黄
	CyDTA	铁(Ⅲ)-水杨酸	pH=3～5,直接滴定,紫→无色
	CyDTA	铬黑 T	pH=8～10,氨缓冲液,过量 CyDTA,用镁盐回滴,蓝→红
	CyDTA	PAN	pH=5～5.5,乙酸盐缓冲液,甲醇,80～90℃,过量 CyDTA,用铜盐回滴,黄→红
	EGTA	红紫酸铵	pH=10,氨缓冲液,直接滴定,黄→紫或红紫
	NTA	红紫酸铵	pH=8.2～10.1,氨缓冲液,直接滴定,黄→红紫
Pb^{2+}	CyDTA	铬黑 T	pH=10,酒石酸,氨缓冲液,直接滴定,紫→绿蓝
	CyDTA	铁(Ⅲ)-水杨酸	pH=3～5,直接滴定,紫→无色
	MEDTA	铬黑 T	pH=10,酒石酸,氨缓冲液,直接滴定,紫→绿蓝
	NTA	铬黑 T	①pH=10.2,酒石酸,氨缓冲液,直接滴定,紫→绿蓝
			②pH=10.2,酒石酸,氨缓冲液,过量 NTA,用镉盐回滴,蓝→红
			③pH=10.2,酒石酸,氨缓冲液,加 Zn-NTA,释放的 Zn^{2+},NTA 滴定,红→蓝
$Re^{3+[②]}$ 和 Y^{3+}	DTPA	Cu-PAN	pH=3～5,乙酸盐缓冲液,60℃,直接滴定,红→黄
		PAN	pH=4～10,乙酸盐或氨缓冲液,甲醇,过量 DTPA,用铜盐回滴,黄→红棕
Sc^{3+}	NTA	红紫酸铵	pH=7,直接滴定,黄→红
Sr^{2+}			见"Ba^{2+} 和 Sr^{2+}"
Th^{4+}	ANDA	邻苯二酚紫	pH=2～3,硝酸,60～70℃,直接滴定,红→黄
	CyDTA	钙黄绿素	pH=4,CyDTA,煮沸 10min,冷却,调 pH=4.6,用铜盐回滴过量 CyDTA,紫外荧光熄灭
Ti^{4+}	CyDTA	铬黑 T	pH=6.5～7,吡啶,过量 CyDTA,用锌盐回滴,蓝→黄
Ti(Ⅳ)-过氧化物	CyDTA	PAN	pH=5～5.5,H_2O_2,70～90℃,过量 CyDTA,用铜盐回滴,黄→红紫
	CyDTA	邻苯二酚紫	pH=5.5～6,H_2O_2,吡啶+乙酸盐,过量 CyTDA,用锌盐回滴,蓝→紫
Y^{3+}			见"RE^{3+} 和 Y^{3+}"
Zn^{2+}	CyDTA	铁(Ⅲ)-水杨酸	pH=3～5,直接滴定,紫→无
	MEDTA	铬黑 T	pH=10,氨缓冲液,直接滴定,红→蓝
	NTA	红紫酸铵	pH=9.1,氨缓冲液,直接滴定,黄→红紫
	Tetren	铬蓝黑 R 或铬黑 T	pH=7.8,TEA 缓冲液,直接滴定,蓝→红
	Tetren	锌试剂	pH=9.5,氨缓冲液,直接滴定,蓝→橙黄
	Trien	锌试剂	pH=7.8(TEA 缓冲液)或 pH=9.5(氨缓冲液)直接滴定,蓝→黄
Zr^{4+}	CyDTA	PAN	pH=5～5.5,乙酸盐缓冲液,80～90℃,过量 CyDTA,用铜盐回滴,黄→红

① CyDTA——环己二胺四乙酸;HEDTA——乙二胺-N-羟乙基-N,N',N'-三乙酸;NTA——氨三乙酸;DTPA——二乙三胺五乙酸;EGTA——乙二醇二乙醚二胺四乙酸;MEDTA——1-甲基乙二胺四乙酸;Trien——三亚乙基四胺;ANDA——2-氨基苯甲酸-N,N-二乙酸;EDTP——乙二胺四丙酸;Tetren——四亚乙基五胺。

② Re^{3+} 的滴定需加抗坏血酸。

表 10-35 其他络合剂的络合滴定

测定物质	滴定剂	形成的络合物和 pK	指示剂	测定范围和灵敏度	方 法 摘 要
Br^-	H_2SO_4 0.005mol/L	$Hg(CN)Br$	甲基红-亚甲蓝	0.5～6mg	见 Cl^- 测定第一种方法。有机溴，燃烧后测定
	$Hg(ClO_4)_2$ 0.005mol/L	$HgBr_2$	二苯氨基脲 (0.1% 乙醇溶液)	2～4mg $\pm(0.5\sim1.0)\%$	见 Cl^- 测定第二种方法
CN^-	$AgNO_3$ 0.01mol/L	$[Ag(CN)_2]^-$ $pK=21$	二甲氨基亚苄基罗丹宁（30% 丙酮溶液）	0.5～20mg	碱性溶液，黄→红。试剂稳定两周，少量 CN 的测定，需校正空白
	$AgNO_3$ 0.02mol/L	$[Ag(CN)_2]^-$	固体 KI	2～20mg $\pm(0.1\sim0.5)\%$	每 10mL 试液加 0.5～0.8mL 浓氨水、0.02g KI。氨用量太少，终点提前，用量太多终点推迟。滴点慢，搅拌激烈，直到浑浊产生
SCN^-	$Hg(NO_3)_2$ 0.05mol/L	$Hg(SCN)_2$ $pK=19.7$	二苯氨基脲 (乙醇饱和溶液)	11～75mg $\pm0.1\%$	弱酸性，滴至稳定淡红紫色。Cd^{2+}、Co^{2+}、Cu^{2+}、Fe^{3+}、Ni^{2+} 和 Pb^{2+} 干扰
Cl^-	H_2SO_4 0.005mol/L	$HgCNCl$	甲基红-亚甲蓝	0.5～3mg $\pm0.7\%$	指示剂，0.01mol/L 酸或碱准确中和，加 10mL 准确中和过饱和 HgCNOH 溶液，滴定释放的 OH^-，直至与前面一样颜色。有机氯可先燃烧后测定
	$Hg(ClO_4)_2$ 0.005mol/L	$HgCl_2$ $pK=14$	二苯氨基脲 (0.1% 乙醇溶液)	0.01～1.5mg $\pm0.3\%$	5mL 试液加 1～2 滴 0.1% 溴酚蓝，稀 HNO_3 中和至淡黄色，加 0.5mL 0.1mol/L HNO_3，100mL 乙醇，0.5mL 指示剂，滴至第一个稳定紫色，F^-、PO_4^{3-} 干扰，SO_4^{2-} 延缓终点
Cu^{2+}	KCN 0.01～0.1mol/L	$Cu(CN)_4^{2-}$ $pK=27.3$	红紫酸铵（指示剂：氯化钠 $=1:50$）	0.5～50mg	氨水，$Cu(OH)_2$ 沉淀溶解，指示剂，滴到黄→淡红紫。所有与 CN^- 形成稳定络合物的金属离子均干扰
Hg^{2+}	硫脲(tu) 0.025～0.2mol/L $Hg(NO_3)_2$ 0.01～0.025mol/L	$Hg(tu)_4^{2+}$ $pK=2.80$	二苯氨基脲(乙醇饱和溶液)或 β-亚硝基-α-萘酚(乙醇饱和溶液)	4～200mg $\leqslant\pm0.3\%$	试液中和到 pH=0～4(最好 pH=2)，过量硫脲溶液，用 $Hg(NO_3)_2$ 回滴，稳定淡红紫色(对二苯氨基脲)或黄橙(对亚硝基萘酚)

第六节 氧化还原滴定法

一、方法简介

1. 氧化还原反应的方向和程度

氧化剂和还原剂的强弱，用有关电对的电极电位来衡量。电对的电极电位越高，其氧化态的氧化能力越强；电对的电极电位越低，其还原态的还原能力越强。因此，作为一种氧化剂，它可以氧化电极电位较它为低的还原剂；作为一种还原剂，它可以还原电极电位较它为高的氧化剂。

(1) 氧化还原电对的电极电位 对于氧化还原电对来说，其电极电位的大小可用能斯特公式表示：

$$Ox + ne \Longleftrightarrow Red$$

$$E = E^0 + \frac{RT}{nF}\ln\frac{a_{Ox}}{a_{Red}}$$

式中 E——电对的电极电位，V；

E^0——电对的标准电极电位，V；

a_{Ox}——氧化态的活度；

a_{Red}——还原态的活度；

R——气体常数，等于 8.314J（焦耳）；

T——热力学温度，K；

F——法拉第常数，等于 96500C（库仑）；

n——反应中电子转移数；

e——电子。

将各常数代入上式，并取常用对数，在 25℃时，得：

$$E=E^0+\frac{0.059}{n}\lg\frac{a_{\mathrm{Ox}}}{a_{\mathrm{Red}}}$$

（2）标准电极电位　对于同一种物质来说，由于其氧化态或还原态存在的形式不一样，与它有关的氧化还原电对可能有好几个，而每一个电对的标准电极电位又是不相同的。例如：

$$\mathrm{Ag^+ + e \rightleftharpoons Ag} \qquad\qquad E^0_{\mathrm{Ag^+/Ag}}=0.7995\mathrm{V}$$

$$\mathrm{AgCl_{(S)} + e \rightleftharpoons Ag + Cl^-} \qquad\qquad E^0_{\mathrm{AgCl/Ag}}=0.2223\mathrm{V}$$

$$\mathrm{AgI_{(S)} + e \rightleftharpoons Ag + I^-} \qquad\qquad E^0_{\mathrm{AgI/Ag}}=-0.152\mathrm{V}$$

电对的标准电极电位仅随温度变化。

（3）克式电位　若以浓度代替活度，必须引入相应的活度系数 γ_{Ox}、γ_{Red}。考虑到氧化态和还原态可能发生的副反应，还必须引入相应的副反应系数 α_{Ox}、R_{Red}，此时：

$$a_{\mathrm{Ox}}=\gamma_{\mathrm{Ox}}\,[\mathrm{Ox}]=\frac{\gamma_{\mathrm{Ox}}}{\alpha_{\mathrm{Ox}}}c_{\mathrm{Ox}}$$

$$a_{\mathrm{Red}}=\gamma_{\mathrm{Red}}\,[\mathrm{Red}]=\frac{\gamma_{\mathrm{Red}}}{\alpha_{\mathrm{Red}}}c_{\mathrm{Red}}$$

式中　c_{Ox}，c_{Red}——氧化态和还原态的分析浓度。

代入能斯特公式得：

$$E=E^0+\frac{0.059}{n}\lg\frac{\gamma_{\mathrm{Ox}}\alpha_{\mathrm{Red}}}{\gamma_{\mathrm{Red}}\alpha_{\mathrm{Ox}}}+\frac{0.059}{n}\lg\frac{c_{\mathrm{Ox}}}{c_{\mathrm{Red}}}$$

当 $c_{\mathrm{Ox}}=c_{\mathrm{Red}}=1\mathrm{mol/L}$ 时，得到：

$$E=E^{0\,\prime}=E^0+\frac{0.059}{n}\lg\frac{\gamma_{\mathrm{Ox}}\alpha_{\mathrm{Red}}}{\gamma_{\mathrm{Red}}\alpha_{\mathrm{Ox}}}$$

式中　$E^{0\,\prime}$——克式电位。

它表示在一定介质条件下，氧化态和还原态的分析浓度都为 $1\mathrm{mol/L}$ 时的实际电位，其值在一定条件下为常数。溶液的酸度、离子强度、沉淀的生成以及络合物的形成均对克式电位有影响。

引入 $E^{0\,\prime}$ 后，能斯特方程式变为：

$$E=E^{0\,\prime}+\frac{0.059}{n}\lg\frac{c_{\mathrm{Ox}}}{c_{\mathrm{Red}}}$$

通过有关氧化还原电对电极电位的计算，即可判断氧化还原反应进行的方向。

（4）氧化还原平衡常数　若氧化还原反应为：

$$n_2\,\mathrm{Ox}_1 + n_1\,\mathrm{Red}_2 \rightleftharpoons n_2\,\mathrm{Red}_1 + n_1\,\mathrm{Ox}_2$$

两电对的半反应及能斯特公式是：

$$\mathrm{Ox}_1 + n_1\,\mathrm{e} \rightleftharpoons \mathrm{Red}_1 \qquad\qquad E_1=E_1^{0\,\prime}+\frac{0.059}{n_1}\lg\frac{c_{\mathrm{Ox}_1}}{c_{\mathrm{Red}_1}}$$

$$\mathrm{Ox}_2 + n_2\,\mathrm{e} \rightleftharpoons \mathrm{Red}_2 \qquad\qquad E_2=E_2^{0\,\prime}+\frac{0.059}{n_2}\lg\frac{c_{\mathrm{Ox}_2}}{c_{\mathrm{Red}_1}}$$

当反应达平衡时，$E_1=E_2$，整理后得到：

$$\lg K'=\lg\left[\left(\frac{c_{\mathrm{Red}_1}}{c_{\mathrm{Ox}_1}}\right)^{n_2}\times\left(\frac{c_{\mathrm{Ox}_2}}{c_{\mathrm{Red}_2}}\right)^{n_1}\right]=\frac{E_1^{0\,\prime}-E_2^{0\,\prime}}{0.059}n$$

式中　n——两电对得失电子数的最小公倍数，也就是氧化还原反应中的电子转移数，当$n_1 = n_2$时，$n = n_1 = n_2$，当$n_1 \neq n_2$时，$n = n_1 n_2$；

K'——平衡常数，K'越大，或两电对克式电位值相差越大，反应进行得越完全。

氧化还原标准电极电位见表3-23。

2. 常用的氧化还原滴定剂

常用的氧化还原滴定剂见表10-36。

由于还原剂易被空气氧化而改变浓度，所以氧化滴定剂比还原滴定剂用得多。各种方法有其特点和应用范围，可根据具体测定情况选用。

表 10-36　常用的氧化还原滴定剂

名　称	方　法	滴定剂标准溶液	半　反　应　式	E^0/V
氧化剂	高锰酸钾法	$KMnO_4$	$MnO_4^- + 8H^+ + 5e \rightleftharpoons Mn^{2+} + 4H_2O$	1.491
	重铬酸钾法	$K_2Cr_2O_7$	$Cr_2O_7^{2-} + 14H^+ + 6e \rightleftharpoons 2Cr^{3+} + 7H_2O$	1.33
	碘滴定法	I_2	$I_3^- + 2e \rightleftharpoons 3I^-$	0.5338
	溴酸钾法	$KBrO_3$	$BrO_3^- + 6H^+ + 6e \rightleftharpoons Br^- + 3H_2O$	1.44
	硫酸铈法	$Ce(SO_4)_2$	$Ce^{4+} + e \rightleftharpoons Ce^{3+}$	1.61
还原剂	滴定碘法	$Na_2S_2O_3$	$S_4O_6^{2-} + 2e \rightleftharpoons 2S_2O_3^{2-}$	0.08
	硫酸亚铁法	$(NH_4)_2Fe(SO_4)_2$	$Fe^{3+} + e \rightleftharpoons Fe^{2+}$	0.771
	亚砷酸钠法	Na_3AsO_2	$H_3AsO_4 + 2H^+ + 2e \rightleftharpoons HAsO_2 + 2H_2O$	0.559
	亚硝酸钠法	$NaNO_2$	$NO_3^- + 3H^+ + 2e \rightleftharpoons HNO_2 + H_2O$	0.94

3. 氧化还原滴定的特点

氧化还原反应是基于电子转移的反应，机理比较复杂，因此，氧化还原滴定具有下述特点。

① 很多物质在不同程度上都具有氧化性或还原性，因此，采用不同的滴定方法和方式，并控制适当的反应条件，不仅很多无机物和有机物可用氧化还原滴定法直接测定，而且也可以间接测定能与氧化剂或还原剂发生定量反应的许多物质。

② 氧化还原反应的速率一般较慢，因此，除加速反应的控制条件外，滴定速率也要与之适应，即滴定速率要小于反应速率。

③ 滴定介质对氧化还原反应有较大影响，而且氧化还原反应还常伴有副反应发生，因此必须了解反应规律，创造合适的反应条件（如温度、浓度、酸度等）使滴定反应能按所需方向定量地进行。

④ 氧化还原反应中常有诱导反应发生，对滴定分析不利，应设法避免。如果严格控制反应条件，可利用诱导反应对混合物进行选择性滴定或分别滴定。

4. 氧化还原滴定中待测组分的预处理

在氧化还原滴定中，为了便于滴定反应的进行，往往需要用适当的氧化剂或还原剂，把待测组分氧化或还原成合适的价态，再用还原性或氧化性标准溶液滴定。进行预处理时所用的氧化剂或还原剂应符合以下要求：

① 必须将待测组分定量地氧化或还原，而且反应应快速进行完全；

② 反应应具有一定的选择性；

③ 过量的氧化剂或还原剂要易于除去。

过量氧化剂或还原剂除去的方法如下。

① 加热分解，如 $(NH_4)_2S_2O_8$、H_2O_2 可通过加热煮沸分解除去。

② 过滤，如 $NaBiO_3$ 不溶于水，可通过过滤除去。

③ 利用化学反应，如用 $HgCl_2$ 除去过量 $SnCl_2$：

$$SnCl_2 + 2HgCl_2 \rightleftharpoons SnCl_4 + Hg_2Cl_2 \downarrow$$

Hg_2Cl_2 沉淀不被一般滴定剂氧化，不必过滤除去。

预处理用的氧化剂或还原剂及其应用分别见表10-37和表10-38。

表 10-37 预处理用的氧化剂

氧 化 剂	应 用	使 用 条 件	除去过量氧化剂的方法
O_3	$Mn^{2+} \longrightarrow MnO_4^-$ $Ce(Ⅲ) \longrightarrow Ce(Ⅳ)$ $H_2PO_3^- \longrightarrow H_2PO_4^-$ $NO_2^- \longrightarrow NO_3^-$	酸性介质,Ag^+ 为催化剂	煮沸
Cl_2、Br_2(水溶液)	$I^- \longrightarrow IO_3^-$	酸性或中性	Br_2-苯酚或通空气煮沸
$(NH_4)_2S_2O_8$	$Mn^{2+} \longrightarrow MnO_4^-$ $Ce(Ⅲ) \longrightarrow Ce(Ⅳ)$ $Cr^{3+} \longrightarrow Cr_2O_7^{2-}$ $W(Ⅴ) \longrightarrow W(Ⅵ)$	H_2SO_4 溶液,Ag^+ 为催化剂,有 H_3PO_4 存在时效果更好	煮沸
$KMnO_4$	$Cr^{3+} \longrightarrow Cr_2O_7^{2-}$ $Ce(Ⅲ) \longrightarrow Ce(Ⅳ)$	酸性介质反应较慢,碱性介质反应快 酸性介质	先加尿素,然后小心滴加 $NaNO_2$ 至 MnO_4^- 正好褪色
KIO_4	$Mn^{2+} \longrightarrow MnO_4^-$	酸性介质,加热	加入 Hg^{2+},沉淀为 $Hg_5(IO_6)_2$ 和 $Hg(IO_3)_2$
$HClO_4$	$Cr^{3+} \longrightarrow Cr_2O_7^{2-}$ $I^- \longrightarrow IO_3^-$	浓 $HClO_4$,加热	冷却、稀释即失去氧化性;再加热煮沸可除去生成的 Cl_2
$KClO_3$	$Mn^{2+} \longrightarrow MnO_2$ $Tl^+ \longrightarrow Tl^{3+}$	酸性介质 HCl,煮沸	在酸性溶液中煮沸
H_2O_2	$Cr^{3+} \longrightarrow CrO_4^{2-}$ $Co^{2+} \longrightarrow Co^{3+}$ $Mn^{2+} \longrightarrow MnO_2$ $Fe^{2+} \longrightarrow Fe^{3+}$	NaOH 溶液($c=2mol/L$) $NaHCO_3$ 溶液 TeO_4^{2-} 存在下	在碱性溶液中煮沸
$NaBiO_3$(固)	$Mn^{2+} \longrightarrow MnO_4^-$ $Ce(Ⅲ) \longrightarrow Ce(Ⅳ)$	HNO_3 介质,室温	过滤
PbO_2(固)	$Mn^{2+} \longrightarrow Mn^{3+}$ $Cr^{2+} \longrightarrow Cr_2O_7^{2-}$ $Ce(Ⅲ) \longrightarrow Ce(Ⅳ)$	pH$=2\sim6$	过滤
Ag_2O_2(固)	$Mn^{2+} \longrightarrow MnO_4^-$ $Cr^{3+} \longrightarrow Cr_2O_7^{2-}$ $Ce(Ⅲ) \longrightarrow Ce(Ⅳ)$	HNO_3、H_2SO_4 或 $HClO_4$ 溶液	过滤

表 10-38 预处理用的还原剂

还 原 剂	应 用	使 用 条 件	过量还原剂的除去
H_2S	$Fe^{3+} \longrightarrow Fe^{2+}$	强酸性溶液	长时间煮沸
SO_2	$Fe^{3+} \longrightarrow Fe^{2+}$ $AsO_4^{3-} \longrightarrow AsO_3^{3-}$ $Sb(Ⅴ) \longrightarrow Sb(Ⅲ)$ $Cu^{2+} \longrightarrow Cu^+$	H_2SO_4 溶液 SCN^- 催化 SCN^- 存在下	通 CO_2 气或煮沸
$SnCl_2$	$Fe^{3+} \longrightarrow Fe^{2+}$ $Mo(Ⅵ) \longrightarrow Mo(Ⅴ)$ $AsO_4^{3-} \longrightarrow AsO_3^{3-}$	HCl 溶液,加热,严格控制 $SnCl_2$ 用量	用 $HgCl_2$ 溶液将 $SnCl_2$ 氧化
联氨	$HgI_4^{2-} \longrightarrow Hg$ $AsO_4^{3-} \longrightarrow AsO_3^{3-}$ $Sb(Ⅴ) \longrightarrow Sb(Ⅲ)$	碱性溶液	与浓 H_2SO_4 加热
HI(含 HClO)	$SO_4^{2-} \longrightarrow H_2S$		加热
亚磷酸及亚磷酸盐	AsO_4^{3-}、$AsO_3^{3-} \longrightarrow As$ $Fe^{3+} \longrightarrow Fe^{2+}$ $Sn(Ⅳ) \longrightarrow Sn(Ⅱ)$		

续表

还 原 剂	应　用	使 用 条 件	过量还原剂的除去
Cd 粒（装入柱中）	$ClO_3^- \longrightarrow Cl_2$ $ClO_4^- \longrightarrow Cl^-$	将 Cd 粒装在柱管中，样品溶液流经其中 Ti(Ⅲ)催化	用 $KMnO_4$ 氧化 Ti
Zn 粒（装入柱中） （或 Al 粒）	$Fe^{3+} \longrightarrow Fe^{2+}$ $Ce(Ⅳ) \longrightarrow Ce(Ⅲ)$ $Cr^{3+} \longrightarrow Cr^{2+}$ $Ti(Ⅳ) \longrightarrow Ti(Ⅲ)$	酸性溶液	过滤或加酸溶解
Ag 粒（装入柱中）	$Fe^{3+} \longrightarrow Fe^{2+}$ $Mo(Ⅵ) \longrightarrow Mo(Ⅴ) \longrightarrow$ $Mo(Ⅲ)$ $Cu^{2+} \longrightarrow CuCl_2^-$	HCl 溶液	
Pb-Hg 齐	$Fe^{3+} \longrightarrow Fe^{2+}$ $Ti(Ⅳ) \longrightarrow Ti(Ⅲ)$ $Mo(Ⅵ) \longrightarrow Mo(Ⅲ)$ $W(Ⅵ) \longrightarrow W(Ⅲ)$	较浓 HCl	
Zn-Hg 齐	$Fe(Ⅲ) \longrightarrow Fe(Ⅱ)$ $Cr^{3+} \longrightarrow Cr^{2+}$ $Ti(Ⅳ) \longrightarrow Ti(Ⅲ)$ $V(Ⅴ) \longrightarrow V(Ⅱ)$	H_2SO_4 溶液	
TiCl$_3$	$Fe^{3+} \longrightarrow Fe^{2+}$	酸性溶液 Cu^{2+} 催化 空气氧化	
Hg	$Mo(Ⅵ) \longrightarrow Mo(Ⅴ)$ $Fe^{3+} \longrightarrow Fe^{2+}$ $V(Ⅴ) \longrightarrow V(Ⅲ)$ $Sb(Ⅴ) \longrightarrow Sb(Ⅲ)$	HCl 介质（$c = 2 \sim 3$ mol/L） HCl 介质（$c = 7 \sim 10$ mol/L）	
Na-Hg 齐	本身为强还原剂，使用中不会 引入重金属		
武德合金	$ClO^- \longrightarrow Cl^-$ $BrO_3^- \longrightarrow Br^-$ $IO_3^- \longrightarrow I^-$		凝固后除去

5. 氧化还原滴定指示剂的分类与选择原则

在氧化还原滴定中，可以用电位法确定终点，但更经常地还是用指示剂来指示终点。应用于氧化还原滴定中的指示剂有以下三类。

（1）自身指示剂　有些标准溶液或被滴物质本身有颜色，而滴定产物无色或颜色很浅，则滴定时无需另加指示剂，本身的颜色变化起着指示剂的作用叫做自身指示剂。例如，MnO_4^- 本身显紫红色，而被还原的产物 Mn^{2+} 则几乎无色，所以用 $KMnO_4$ 来滴定无色或浅色还原剂时，一般不必另加指示剂。

（2）特殊指示剂　有些物质本身并不具有氧化还原性，但它能与滴定剂或被测组分产生特殊的颜色，因而可指示滴定终点。例如，可溶性淀粉与 I_3^- 生成深蓝色吸附化合物，反应特效而灵敏，蓝色的出现或消失指示滴定终点的到达。

（3）氧化还原指示剂　这类指示剂本身是氧化剂或还原剂，其氧化态和还原态具有不同的颜色。在滴定中，因被氧化或还原而发生颜色变化从而指示终点。

若以 $In_{(Ox)}$ 和 $In_{(Red)}$ 分别表示指示剂的氧化态和还原态，则其氧化还原半反应和能斯特方程式是：

$$In_{(Ox)} + ne \rightleftharpoons In_{(Red)}$$

$$E = E_{In}^{0'} + \frac{0.059}{n} \lg \frac{c_{In(Ox)}}{c_{In(Red)}}$$

式中　$E_{In}^{0'}$——指示剂的克式电位。

随着滴定体系电位的改变，指示剂的氧化态和还原态的浓度比随之变化，溶液的颜色也发生改变。

当　$\frac{c_{In(Ox)}}{c_{In(Red)}} \geqslant 10$ 时，$E \geqslant E_{In}^{0'} + \frac{0.059}{n}$，溶液呈现氧化态颜色。

当　$\frac{c_{In(Ox)}}{c_{In(Red)}} \leqslant \frac{1}{10}$ 时，$E \leqslant E_{In}^{0'} - \frac{0.059}{n}$，溶液呈现还原态颜色。

所以指示剂变色的电位范围是 $E_{In}^{0'} \pm \frac{0.059}{n}$。

常用氧化还原指示剂的配制方法见表 4-14。

选择氧化还原指示剂的原则是：指示剂变色点的电位应当处在滴定体系的电位突跃范围内，而且应使指示剂的克式电位与化学反应计量点的电位尽量一致，以减小终点误差。

二、高锰酸钾法

1. 方法与特点

$KMnO_4$ 是一种强氧化剂，介质条件不同时，还原产物不一样：

在强酸性溶液中：$MnO_4^- + 8H^+ + 5e \rightleftharpoons Mn^{2+} + 4H_2O$　　$E^0 = 1.51V$

在弱酸性、中性或弱碱性溶液中：$MnO_4^- + 2H_2O + 3e \rightleftharpoons MnO_2 + 4OH^-$　　$E^0 = 0.59V$

pH>12 的强碱性溶液中：$MnO_4^- + e \rightleftharpoons MnO_4^{2-}$　　$E^0 = 0.564V$

由于 $KMnO_4$ 在强酸性溶液中有更强的氧化能力，所以滴定反应一般都在强酸性条件下使用。$KMnO_4$ 氧化有机物时，在碱性条件下比在酸性条件下反应更快，所以测定有机物在碱性溶液中进行。高锰酸钾法的特点有以下几点。

① $KMnO_4$ 氧化能力强，应用广泛。可以直接、间接地测定多种无机物和有机物。

② MnO_4^- 本身有色，滴定时一般不需另加指示剂。

③ 标准溶液不够稳定，不能久置。

④ 反应历程比较复杂，易发生副反应。

⑤ 因为 $KMnO_4$ 强氧化性，所以滴定选择性差。

⑥ $KMnO_4$ 不能直接配制标准溶液。

$KMnO_4$ 标准溶液的配制和标定参见第四章第四节。

2. $KMnO_4$ 法使用注意事项

① 进行滴定反应时，所用的酸一般为 H_2SO_4，避免使用 HCl 或 HNO_3。因为 Cl^- 具有还原性，能与 MnO_4^- 作用，而 HNO_3 具有氧化性，它可能氧化某些被滴定的物质。

② 要使滴定反应定量地较快地进行，必须控制好滴定条件，即滴定过程中溶液的温度、酸度和滴定速度。

③ 计算分析结果时，要注意 $KMnO_4$ 在不同介质条件下，其基本单元不同。在强酸性溶液中，基本单元为 $\left(\frac{1}{5}KMnO_4\right)$；在弱酸性、中性或弱碱性溶液中，基本单元为 $\left(\frac{1}{3}KMnO_4\right)$；在强碱性溶液中，基本单元为 $(KMnO_4)$。

3. $KMnO_4$ 法应用实例

可用 $KMnO_4$ 滴定法测定的物质见表 10-39。

表 10-39　可用 KMnO₄ 滴定法测定的物质

待测物质	测 定 步 骤	化 学 反 应	注 意 事 项	计算关系 $M/(g/mol)$
		直接滴定　$x=\dfrac{c_B V_B M}{1000m}\times100\%$		
Br^-	含约 0.2g 溴化物的样品溶于水，加浓 H_2SO_4 酸化，加热至沸，用 KMnO₄ 滴定	$10Br^-+2MnO_4^-+16H^+=\!=$ $5Br_2+2Mn^{2+}+8H_2O$	铵盐、碘化物及其他还原剂干扰	$M(Br)=79.90$ 或 $M\left(\dfrac{1}{2}Br_2\right)$
$C_2O_4^{2-}$	含约 0.3g 草酸盐样品，溶于稀 H_2SO_4，加热至 70~80℃，用 KMnO₄ 滴定	$5C_2O_4^{2-}+2MnO_4^-+16H^+=\!=$ $10CO_2+2Mn^{2+}+8H_2O$	滴定开始时要慢，一定要等加入的第一滴 KMnO₄ 褪色后再加第二滴	$M\left(\dfrac{1}{2}Na_2C_2O_4\right)=66.71$
Fe^{2+}	在 H_2SO_4 介质（$c=0.5$~$1mol/L$）中，加入 H_3PO_4 或 KF，用 KMnO₄ 滴定	$5Fe^{2+}+MnO_4^-+8H^+=\!=$ $5Fe^{3+}+Mn^{2+}+4H_2O$	还原剂干扰	$M(Fe)=55.85$ $M\left(\dfrac{1}{2}Fe_2O_3\right)=79.85$
$[Fe(CN)_6]^{4-}$	在 H_2SO_4 介质（$c=0.5$~$1mol/L$）中，用 KMnO₄ 滴定	$5[Fe(CN)_6]^{4-}+MnO_4^-+8H^+=\!=$ $5[Fe(CN)_6]^{3-}+Mn^{2+}+4H_2O$	试样浓度小于 $2g/L$	$M(K_4Fe(CN)_6)=368.4$
H_2O_2	在 H_2SO_4 介质（$c=0.3mol/L$）中，用 KMnO₄ 滴定	$5H_2O_2+2MnO_4^-+6H^+=\!=$ $5O_2+2Mn^{2+}+8H_2O$	试液 H_2O_2 浓度以 $0.03mol/L$ 为宜	$M\left(\dfrac{1}{2}H_2O_2\right)=17.01$
I^-	将试液 $[c(I^-)\approx0.1mol/L]$ 放入充满 CO_2 的碘量瓶中，加 H_2O 20mL，加浓 HCl 1mL，逐滴加入 $KHCO_3$，并稍过量，再加 HCl，至 $c(HCl)=3$~$5mol/L$，加 CCl_4 5mL，用 KMnO₄ 滴定	$5I^-+2MnO_4^-+16H^++5Cl^-=\!=$ $5ICl+2Mn^{2+}+8H_2O$		$M\left(\dfrac{1}{2}I\right)=63.45$
Mn	将试液蒸发、浓缩，或加入 Na_2CO_3 除去大部分酸，加过量固体 ZnO 调节酸度，除去多余的 ZnO，用 KMnO₄ 滴定	$3Mn^{2+}+2MnO_4^-+7H_2O=\!=$ $5MnO_2\cdot H_2O+4H^+$	可测大量 Mn，如高含量锰矿，但要细心观察终点	$M\left(\dfrac{1}{2}Mn\right)=24.47^*$ $M\left(\dfrac{1}{3}KMnO_4\right)=52.68$
Sb^{3+}	酸性试液 $[c(H_2SO_4)=2mol/L$ 及 $c(HCl)=3mol/L]$，冷却至 5~10℃，用 KMnO₄ 滴定	$5Sb^{3+}+2MnO_4^-+16H^+=\!=$ $5Sb^{5+}+2Mn^{2+}+8H_2O$ （Sb 以 $SbCl_4^-$、$SbCl_6^-$ 形式存在）		$M\left(\dfrac{1}{2}Sb\right)=60.88M$ $\left(\dfrac{1}{4}Sb_2O_3\right)=72.88$
V(Ⅳ)	①在 H_2SO_4 介质中（$c=0.4mol/L$），加 KMnO₄，煮沸，保持红色不褪，通 SO_2 10min，然后通 CO_2，冷至 60~80℃，用 KMnO₄ 滴定	$2VO_2^++SO_2=\!=2VO^{2+}+SO_4^{2-}$ $5VO^{2+}+MnO_4^-+H_2O=\!=$ $5VO_2^++Mn^{2+}+2H^+$	不论钒含量大小，均可测定。Fe、As、Sb 干扰，应除去。如有 Cr^{3+} 可使溶液冷却后再滴定	$M(V)=50.94$ $M\left(\dfrac{1}{2}V_2O_5\right)=90.94$
	②在 H_2SO_4 介质中（$c=1.8mol/L$），加 H_3PO_4、KMnO₄ 除去有机物，加过量 $FeSO_4$ 溶液，待反应完全后，加 $(NH_4)_2S_2O_3$ 除去 $FeSO_4$，煮沸，用 KMnO₄ 滴定	$VO_2^++Fe^{2+}+2H^+=\!=$ $VO^{2+}+Fe^{3+}+H_2O$ $2Fe^{2+}+S_2O_3^{2-}=\!=2Fe^{3+}+2SO_4^{2-}$ $5VO^{2+}+MnO_4^-+H_2O=\!=$ $5VO_2^++Mn^{2+}+2H^+$	此法快速，但准确性次于测定步骤①，不适于少量钒的测定	
W(Ⅴ)	矿样溶解后，过滤，滤液加 H_2SO_4 酸化，加锌粒，待锌粒作用完全，立即用 KMnO₄ 滴定	$2WO_4^{2-}+Zn+8H^+=\!=$ $2WO_2^++Zn^{2+}+4H_2O$ $5WO_2^++MnO_4^-+6H_2O=\!=$ $5WO_4^{2-}+Mn^{2+}+12H^+$	能被 Zn 还原的其他金属，如 Cr、Fe、Mo、V 等，应先除去	$M(W)=183.8$ $M\left(\dfrac{1}{2}W_2O_5\right)=223.8$

续表

待测物质	测 定 步 骤	化 学 反 应	注 意 事 项	计算关系 $M/(g/mol)$
Ca^{2+}	先将 Ca^{2+} 沉淀为 CaC_2O_4，过滤、洗涤，然后将沉淀溶于 H_2SO_4($c=2mol/L$) 中，在 70～80℃ 时用 $KMnO_4$ 滴定	$Ca^{2+}+C_2O_4^{2-}\!=\!\!=\!\!=CaC_2O_4\downarrow$ $CaC_2O_4+2H^+\!=\!\!=\!\!=Ca^{2+}+H_2C_2O_4$ $5H_2C_2O_4+2MnO_4^-+6H^+\!=\!\!=\!\!=$ $10CO_2+2Mn^{2+}+8H_2O$	凡能生成组成恒定的草酸盐沉淀的金属离子，均可用此法测定,但它们相互干扰	$M\left(\dfrac{1}{2}Ca\right)=20.04$ $M\left(\dfrac{1}{2}CaO\right)=28.04$
NH_2OH	在充有 CO_2 的试液瓶中，加入过量 $Fe_2(SO_4)_3$ 和 100 mL H_2SO_4($c=3.5mol/L$)，煮沸，冷却，稀释至 300mL，用 $KMnO_4$ 滴定	$2NH_2OH+4Fe^{3+}\!=\!\!=\!\!=$ $N_2O+4Fe^{2+}+4H^++H_2O$ $5Fe^{2+}+MnO_4^-+8H^+\!=\!\!=\!\!=$ $5Fe^{3+}+Mn^{2+}+4H_2O$ 即 $10NH_2OH\approx20Fe^{2+}\approx4MnO_4^-$	最多只能测定 20mg NH_2OH	$M\left(\dfrac{1}{2}NH_2OH\right)=16.52$

返滴定法　$x=\dfrac{(c_{B_1}V_{B_1}-c_{B_2}V_{B_2})M}{1000m}\times100\%$

待测物质	测 定 步 骤	化 学 反 应	注 意 事 项	计算关系 $M/(g/mol)$
Ce^{4+}	在含 Ce^{4+} 约 0.3g 的 200mL 试液中，加 10mL 浓 H_2SO_4，2g($NH_4)_2S_2O_8$，少许 $AgNO_3$，煮沸，冷却，加过量 $FeSO_4$ 标准溶液，用 $KMnO_4$ 滴定	$(NH_4)_2S_2O_8$ 可除去所有还原性物质($AgNO_3$ 作催化剂)；加热煮沸可除去过量($NH_4)_2S_2O_8$ $Ce^{4+}+Fe^{2+}\!=\!\!=\!\!=Ce^{3+}+Fe^{3+}$ $5Fe^{2+}+MnO_4^-+8H^+\!=\!\!=\!\!=$ $5Fe^{3+}+Mn^{2+}+4H_2O$	凡 $KMnO_4$ 滴定过量 Fe^{2+} 的反应均同此式，以后不再写平衡式	$M(Ce)=140.1$ $M\left(\dfrac{1}{2}Ce_2O_3\right)=164.1$
CrO_4^{2-} 或 $Cr_2O_7^{2-}$	酸性试液中，加过量 $FeSO_4$ 标准溶液，用 $KMnO_4$ 返滴剩余的 Fe^{2+}	$Cr_2O_7^{2-}+6Fe^{2+}+14H^+\!=\!\!=\!\!=$ $2Cr^{3+}+6Fe^{3+}+7H_2O$	溶液中加 H_3PO_4 可掩蔽 Fe^{3+} 的颜色，保护钨酸盐。如试液中有 Cl^-，宜用 $Cr_2O_7^{2-}$ 返滴	$M\left(\dfrac{1}{6}K_2Cr_2O_7\right)=49.03$ $M\left(\dfrac{1}{3}K_2CrO_4\right)=64.73$
Mn^{2+}	① 在 HNO_3 介质中($c=4mol/L$)，按 Mn：$NaBiO_3$=1：25 的比例加入 $NaBiO_3$，搅拌，用等体积水稀释，用古氏坩埚过滤。滤液中加入过量 $FeSO_4$ 标准溶液，用 $KMnO_4$ 返滴	$2Mn^{2+}+5BiO_3^-+14H^+\!=\!\!=\!\!=$ $2MnO_4^-+5Bi^{3+}+7H_2O$ MnO_4^-(生成)$+Fe^{2+}\longrightarrow$ Fe^{2+}(过量)$+MnO_4^-\longrightarrow$	此法能用于测定 500mg 以上的 Mn^{2+}。Ce、V 可被同时测定。Co^{2+}、Cr^{3+}、Cl^-、F^-、NO_2^- 干扰	$M\left(\dfrac{1}{5}Mn\right)=10.99$
	② 在混合酸试液中［$c(H_2SO_4)=1.5mol/L$，或 $c(H_3PO_4)=2mol/L$ 及 $c(HNO_3)=0.2mol/L$］，加 300mg KIO_4，将 2～3g Hg($NO_3)_2$ 溶于水，逐滴加入试液中，缓慢沉淀，过滤，加过量 $FeSO_4$ 标准液，用 $KMnO_4$ 返滴	$2Mn^{2+}+5IO_4^-+3H_2O\!=\!\!=\!\!=$ $2MnO_4^-+5IO_3^-+6H^+$ $2IO_3^-+5Hg^{2+}+4H_2O\!=\!\!=\!\!=$ $Hg_5(IO_6)_2\downarrow+8H^+$ MnO_4^-(生成)$+Fe^{2+}\longrightarrow$ Fe^{2+}(过量)$+MnO_4^-\longrightarrow$		
MnO_2	试样瓶中通入 CO_2 保护，加入 H_2SO_4 使其浓度 $c=1.5mol/L$，加入过量标准 $FeSO_4$ 溶液，用 $KMnO_4$ 返滴	$MnO_2+2Fe^{2+}+4H^+\!=\!\!=\!\!=$ $Mn^{2+}+2Fe^{3+}+2H_2O$ Fe^{2+}(过量)$+MnO_4^-\longrightarrow$	也可用 $Na_2C_2O_4$ 作还原性标准液	$M\left(\dfrac{1}{2}MnO_2\right)=43.97$
MnO_4^-	在 H_2SO_4 介质中($c=1mol/L$)，加过量 $FeSO_4$ 标准溶液，用 $KMnO_4$ 返滴	MnO_4^-(样品)$+Fe^{2+}\longrightarrow$ Fe^{2+}(过量)$+MnO_4^-\longrightarrow$		$M\left(\dfrac{1}{5}KMnO_4\right)=31.61$

续表

待测物质	测定步骤	化学反应	注意事项	计算关系 $M/(g/mol)$
NO_2^- NO_3^-	用 $(1+1)$ H_2SO_4 酸化试液，以此试液为滴定液，滴定 $10mL$ $KMnO_4$ 标准溶液 $\left[c\left(\frac{1}{5}KMnO_4\right)=0.1mol/L\right]$，滴至粉色刚刚消失，此时为 NO_2^- 的终点。在此试液中加入过量的 $FeSO_4$ 标准液，加入浓 H_2SO_4，加热，稍冷，加 H_3PO_4，用 $KMnO_4$ 返滴	$5NO_2^-+2MnO_4^-+6H^+ \Longrightarrow$ $5NO_3^-+2Mn^{2+}+3H_2O$ $NO_3^-+3Fe^{2+}+4H^+ \Longrightarrow$ $NO+3Fe^{3+}+2H_2O$ $Fe^{2+}(过量)+MnO_4^- \longrightarrow$	NO_2^- 为直接滴定 NO_3^- 为返滴定	$M\left(\frac{1}{2}NaNO_2\right)=34.50$ $M\left(\frac{1}{3}NaNO_3\right)=28.33$
$S_2O_8^{2-}$	将样品中通入 CO_2 保护，加过量标准 $FeSO_4$ 溶液，加热，冷却，用 $KMnO_4$ 返滴	$S_2O_8^{2-}+2Fe^{2+} \Longrightarrow 2SO_4^{2-}+2Fe^{3+}$ $Fe^{2+}(过量)+MnO_4^- \longrightarrow$		$M\left(\frac{1}{2}S_2O_8^{2-}\right)=96.06$

三、碘量法

1. 方法简介

碘量法是利用 I_2 的氧化性和 I^- 的还原性来进行滴定的方法。固体 I_2 在水中溶解度很小且易于挥发，通常将 I_2 溶解于 KI 溶液中，此时它以 I_3^- 络离子形式存在，其半反应为：

$$I_3^-+2e \Longrightarrow 3I^- \qquad E^0=0.545V$$

I_2 是较弱的氧化剂，能与较强的还原剂作用；而 I^- 是中等强度的还原剂，能与许多氧化剂作用。碘量法可分直接碘量法和间接碘量法两种滴定方式。

（1）直接碘量法（又称碘滴定法）　用 I_2 作标准溶液直接测定电位值比 $E_{I_3^-/I^-}^0$ 小的还原性物质的方法。例如用碘滴定法可直接测定 $S_2O_3^{2-}$、As（Ⅲ）、SO_3^{2-}、Sn（Ⅱ）、维生素C等。

碘滴定法不能在碱性溶液中进行，否则会发生下列歧化反应：

$$3I_2+6OH^- \Longrightarrow IO_3^-+5I^-+3H_2O$$

（2）间接碘量法（又称滴定碘法）　在一定条件下，用 I^- 还原电位值比 $E_{I_3^-/I^-}^0$ 大的氧化性物质，反应定量地析出 I_2，然后用 $Na_2S_2O_3$ 标准溶液滴定析出的 I_2 的方法。滴定碘法可间接地测定许多氧化性物质，如 Cu^{2+}、CrO_4^{2-}、$Cr_2O_7^{2-}$、IO_3^-、BrO_3^-、AsO_4^-、SbO_4^-、ClO^-、NO_2^-、H_2O_2、MnO_4^- 和 Fe^{3+} 等。其基本滴定反应为：

$$I_2+2S_2O_3^{2-} \Longrightarrow 2I^-+S_4O_6^{2-}$$

此反应很迅速，而且是化学计量的，但必须在中性或弱酸性溶液中进行。

在碱性溶液中，I_2 与 $S_2O_3^{2-}$ 将发生下列副反应：

$$S_2O_3^{2-}+4I_2+10OH^- \Longrightarrow 2SO_4^{2-}+8I^-+5H_2O$$

而且 I_2 在碱性溶液中会发生歧化反应。

在强酸性溶液中，$Na_2S_2O_3$ 溶液会发生分解反应：

$$S_2O_3^{2-}+2H^+ \Longrightarrow SO_2+S+H_2O$$

同时，I^- 在酸性溶液中，容易被空气中的 O_2 氧化：

$$4I^-+4H^++O_2 \Longrightarrow 2I_2+2H_2O$$

光线能促进 I^- 被空气中的 O_2 氧化。

在滴定碘法中，为使待测的氧化性组分与 KI 反应完全，常需要较高的酸度。因此，当该反应进行完全后必须用水冲稀，或加入适当的缓冲剂，以降低溶液的酸度，以适应滴定反应的要求。

碘量法标准溶液的配制和标定参见第四章第四节。

2. 碘量法的注意事项

(1) 碘量法的误差来源主要有两个方面：一是 I_2 易挥发；二是在酸性溶液中 I^- 容易被空气中的 O_2 氧化。为此应采取适当的措施，以保证分析结果的准确度。

防止 I_2 挥发的方法：

① 加入过量的 KI（一般比理论值大 $2\sim3$ 倍），由于生成 I_3^-，可减少 I_2 的挥发；

② 反应时溶液温度不能高，一般在室温下进行；

③ 滴定开始时不要剧烈摇动溶液，要轻摇、慢摇，但一定要摇匀，否则局部过量的 $Na_2S_2O_3$ 会自行分解。当 I_2 的颜色已经很浅，并且加了淀粉以后，则应充分剧烈摇动。最好使用带有玻塞的锥形瓶（即碘瓶或碘量瓶）。

防止 I^- 被空气氧化的方法有：

① 在酸性溶液中，用 I^- 还原氧化剂时，应避免阳光照射（可用棕色瓶贮存 I^- 的标准溶液）；

② Cu^{2+}、NO_2^- 等将催化空气对 I^- 的氧化，应设法消除其干扰；

③ 析出 I_2 后，一般应立即用 $Na_2S_2O_3$ 溶液滴定；

④ 滴定速率应适当快些。

(2) 滴定碘法中要注意，KI 与待测氧化性物质反应的速率一般很慢，为使反应完全，加入 KI 后要放置一段时间，但放置时间不能过长（一般不超过 5min）。随后立即用 $Na_2S_2O_3$ 溶液滴定，否则过量的 KI 将被空气氧化成 I_2。放置时要避光，置于暗处，瓶口要加盖。但若是 KIO_3 与 KI 作用时，不需要放置，应及时进行滴定。

(3) 所用 KI 溶液中应不含 KIO_3 或 I_2，如果 KI 溶液显黄色，或将溶液酸化后加入淀粉指示剂显蓝色，则应事先用 $Na_2S_2O_3$ 滴定至无色后再使用。

(4) 用 $Na_2S_2O_3$ 滴定 I_2 时，要等滴至 I_2 的黄色很浅时再加淀粉，然后再滴至蓝色消失。过早加入淀粉，它与 I_2 形成的蓝色络合物会吸留部分 I_2，往往会使终点提前且不明显。

(5) 当滴定至终点后，经过 5min 以上，溶液又出现蓝色，这是由于空气氧化 I^- 所引起的，不影响分析结果。若滴定至终点后，很快又转变为蓝色，表示反应未完全（即 KI 与氧化剂的反应），应另取溶液重新滴定。

(6) 用淀粉作指示剂时，需注意其使用的介质条件。它在弱酸性溶液中灵敏度很高，显蓝色。pH$<$2 时，淀粉水解成糊精，遇 I_2 显红色；pH$>$9 时，I_2 变成 IO^- 而不显色。若有醇类存在，显色灵敏度会降低，在 50% 乙醇中则不显色。溶液中大量电解质与淀粉结合，或溶液温度升高等均会使指示剂的灵敏度降低。

(7) 碘滴定法中，碘标准溶液应装入棕色酸式滴定管中。贮存时也需注意不能接触橡皮之类的有机物质，试剂瓶应用玻璃塞。

3. 碘量法应用实例

在实际工作中，碘滴定法的应用范围有限，滴定碘法用途广泛，特别是在有机物的测定中。如葡萄糖、甲醛、丙酮、硫脲等试液中，加碱液使溶液呈碱性后，加入一定量过量的碘标准溶液，有机物被氧化，半反应式为：

$$CH_2OH(CHOH)_4CHO+3OH^- \rightleftharpoons CH_2OH(CHOH)_4COO^-+2H_2O+2e$$

$$HCHO+3OH^- \rightleftharpoons HCOO^-+2H_2O+2e$$

$$(CH_3)_2CO+3I^-+4OH^- \rightleftharpoons CHI_3+CH_3COO^-+3H_2O+6e$$

$$CS(NH_2)_2+10OH^- \rightleftharpoons CO(NH_2)_2+SO_4^{2-}+5H_2O+8e$$

放置 5min，待反应完全后，用 HCl 酸化溶液，以淀粉为指示剂，$Na_2S_2O_3$ 标准溶液滴定过量 I_2。

可用碘量法测定的物质见表 10-40。

四、重铬酸钾法

1. 方法简介

$K_2Cr_2O_7$ 是一种较强的氧化剂，在酸性介质中被还原成 Cr^{3+}：

表 10-40 可用碘量法测定的物质

待测物质	测定步骤	化 学 反 应	注意事项	计算关系 $M/(\text{g/mol})$
AsO_2^- (AsO_3^{3-})	①中性试液，用 Na_2CO_3 调 pH 值至 7～8，加少许 KI 及淀粉指示剂，用 I_2 标准溶液滴至稳定的蓝色	$AsO_2^- + I_2 + 2H_2O \Longrightarrow$ $AsO_4^{3-} + 2I^- + 4H^+$	能测 0.05% 以上含量的 As	$M\left(\frac{1}{2}As\right) = 37.46$ $M\left(\frac{1}{4}As_2O_3\right) = 49.46$
	②在含 0.2～2mg AsO_2^- 的试液中，加 4% KIO_4 10mL，HAc-NaAc 缓冲溶液（pH＝2.5～3），水浴加热，冷却后加 10% $(NH_4)_2MoO_4$ 10mL，10% KI 5mL，放置暗处 5min，用 $Na_2S_2O_3$ 滴定（$c = 0.01\text{mol/L}$）	$AsO_3^{3-} + IO_4^- \Longrightarrow AsO_4^{3-} + IO_3^-$ $IO_3^- + 5I^- + 6H^+ \Longrightarrow 3I_2 + 3H_2O$ $1AsO_3^{3-} \approx 1IO_4 \approx 3I_2 \approx 6S_2O_3^{2-}$	溶液酸度必须控制在 pH＝2.5～3 之间	$M\left(\frac{1}{6}As\right) = 12.49$ $M\left(\frac{1}{6}NaAsO_2\right) = 21.65$
Br_2	在碘量瓶中，于试液中加过量 KI，调 $c(H^+) = 0.1～0.2\text{mol/L}$，用 $Na_2S_2O_3$ 滴定	$Br_2 + 2I^- \Longrightarrow 2Br^- + I_2$	Cl_2、I_2 与 Br_2 一起被测定	$M\left(\frac{1}{2}Br_2\right) = 79.90$
MnO_4^-	试液加 H_2SO_4 或 HCl，使 $c(H^+) \approx 1\text{mol/L}$，加 KI 3g，用 $Na_2S_2O_3$ 滴定	$2MnO_4^- + 10I^- + 16H^+ \Longrightarrow$ $2Mn^{2+} + 5I_2 + 8H_2O$		$M\left(\frac{1}{5}KMnO_4\right) = 31.61$
NH_3	在充满惰性气体的烧瓶中放入试液，边摇边加入过量的 $Ce(SO_4)_2$ 标准溶液，加过量 KI，用 $Na_2S_2O_3$ 滴定	$2NH_3 + 6Ce^{4+} \Longrightarrow$ $N_2 + 6Ce^{3+} + 6H^+$ $2Ce^{4+} + 2I^- \Longrightarrow 2Ce^{3+} + I_2$	NH_4^+ 不干扰，肼和羟氨干扰	$M\left(\frac{1}{3}NH_3\right) = 5.677$
N_2H_4	在碘量瓶中加试液，加过量 $KBrO_3$ 标准溶液，加 HCl 酸化，加塞，放置，加过量 KI，用 $Na_2S_2O_3$ 滴定	$3N_2H_4 + 2BrO_3^- \Longrightarrow$ $3N_2 + 2Br^- + 6H_2O$ $BrO_3^- + 6I^- + 6H^+ \Longrightarrow$ $Br^- + 3I_2 + 3H_2O$ $3N_2H_4 \approx 2BrO_3^- \approx 6I_2 \approx 12S_2O_3^{2-}$	测定的是肼和羟胺之和，肼可由 N_2 的体积计算。按返滴法计算	$M\left(\frac{1}{4}N_2H_4\right) = 8.011$
NH_2OH		$NH_2OH + BrO_3^- \Longrightarrow$ $NO_3^- + Br^- + H_2O + H^+$ $BrO_3^- + 6I^- + 6H^+ \Longrightarrow$ $Br^- + 3I_2 + 3H_2O$ $1NH_2OH \approx 1BrO_3 \approx 3I_2 \approx 6S_2O_3^{3-}$	最多只能测定 20mg NH_2OH 按返滴法计算	$M\left(\frac{1}{6}NH_2OH\right) = 5.505$
H_2O_2	在不断搅拌下，把试液加入含 2g KI 的 H_2SO_4 溶液中（$c = 1\text{mol/L}$），放置，用 $Na_2S_2O_3$ 滴定	$H_2O_2 + 2I^- + 2H^+ \Longrightarrow I_2 + 2H_2O$		$M\left(\frac{1}{2}H_2O_2\right) = 17.01$
S^{2-} HS^-	把样品加到过量 I_2 标准溶液中，用 HCl 酸化，用 $Na_2S_2O_3$ 返滴	$H_2S + I_2 \Longrightarrow S + 2I^- + 2H^+$	按返滴法计算	$M\left(\frac{1}{2}S\right) = 16.03$ $M\left(\frac{1}{2}H_2S\right) = 17.04$
H_2SO_3 SO_2	把样品加到过量 I_2 标准溶液中，用 HCl 酸化，用 $Na_2S_2O_3$ 返滴	$SO_2 + I_2 \Longrightarrow SO_4^{2-} + 2I + 2H^+$	按返滴法计算	$M\left(\frac{1}{2}SO_2\right) = 32.03$

待测物质	测 定 步 骤	化 学 反 应	注意事项	计算关系 $M/(g/mol)$
SO_3^{2-}	取含 $0.2 \sim 2.0mg$ 亚硫酸盐的试样溶液 10mL，放入分液漏斗中，加 $KHCO_3$，0.13% I_2-$CHCl_3$ 溶液 5mL，振荡 15min，分离，定量移取水溶液，加 HAc 酸化，加饱和 Br_2 水 5mL，摇匀，加苯酚，充分摇动，加 HAc-NaAc 缓冲溶液 $(pH=2.5\sim3)$，加过量 KI，用 $Na_2S_2O_3$ 滴定	$SO_3^{2-}+I_2+2OH^-$ ==== $SO_4^{2-}+2I^-+H_2O$ $2I^-+6Br_2+6H_2O$ ==== $2IO_3^-+12HBr$ $IO_3^-+5I^-+6H^+$ ==== $3I_2+3H_2O$ $1SO_3^{2-}\approx2I^-\approx2IO_3^-\approx6I_2\approx$ $12S_2O_3^{2-}$	尽量防止 SO_2 在酸性条件下挥发。严格控制 pH 加入苯酚是为了除去过量 Br_2	$M\left(\dfrac{1}{12}Na_2SO_3\right)=10.50$
CN^-	在碘量瓶中加含约 30mg HCN 试液，用 H_3PO_4 酸化，以饱和 Br_2 水处理至黄色不变，加 5% 苯酚溶液 2mL，振荡至 Br_2 的黄色全部褪去，加 KI 0.5g，放置 5min，用 $Na_2S_2O_3$ 滴定	$HCN+Br_2$ ==== $BrCN+2H^++2Br^-$ $BrCN+2I^-$ ==== $Br^-+CN^-+I_2$		$M\left(\dfrac{1}{2}HCN\right)=13.51$
Co^{3+}	在含 $1.5\sim200mg$ Co 的 H_2SO_4 溶液中，加 $NaHCO_3$ 中和酸并过量 5g，加 H_2O_2，微热，慢慢加 $KHCO_3$，冷却，稀释至约 100mL，加过量 KI，滴加 (H1) HCl 中和，过量 10mL，用 $Na_2S_2O_3$ 滴定	$2Co^{3+}+2I^-$ ==== $2Co^{2+}+I_2$	Cr、Fe、Mn、Cu、Sb 等干扰	$M(Co)=58.93$
Cu^{2+}	将酸性试液 $[c(HNO_3)=0.5mol/L$ 或 $c(HClO_4)=1mol/L]$ 煮沸，加尿素，用 $NH_3\cdot H_2O$ 调至中性，加氟氢化铵溶液，过量 KI，用 $Na_2S_2O_3$ 滴至微黄色，加 KSCN 及淀粉指示剂，继续滴至蓝色消失	$2Cu^{2+}+2I^-+2SCN^-$ ==== $Cu_2(SCN)_2+I_2$	适于氧化物或硫化物矿中铜的测定	$M(Cu)=63.54$
$Fe(CN)_6^{3-}$	在碘量瓶中加 50mL 试液，2g KI，用 HCl 酸化，放置 5min，加 10mL $ZnSO_4$ $(c=1mol/L)$，用 $Na_2S_2O_3$ 滴定	$2Fe(CN)_6^{3-}+2I^-$ ==== $2Fe(CN)_6^{4-}+I_2$ $Fe(CN)_6^{4-}+2K^++Zn^{2+}$ ==== $K_2ZnFe(CN)_6\downarrow$	生成沉淀可加速 I^- 与 $Fe(CN)_6^{3-}$ 的反应	$M[K_3Fe(CN)_6]=329.3$
I_2	试液直接用 $Na_2S_2O_3$ 先滴至浅黄色，再加 KI、淀粉，继续滴至蓝色消失 如试液很稀，可在碘量瓶中加 CCl_4，用 $Na_2S_2O_3$ 滴至有机层中的 I_2 色消失		直接光照，酸度过大，催化剂（如 Cu^{2+}）存在，会促使空气氧化 I^-，使结果偏高	$M\left(\dfrac{1}{2}I_2\right)=126.9$
I^-	在碘量瓶中加试液 25mL $[c(I^-)\approx0.1mol/L]$，尿素 1g，$NaNO_2$ $(c=0.5mol/L)$ 8mL，H_2SO_4 $(c=2mol/L)$ 5mL，加塞，摇匀，放置 5min，加 KI 2g，用 $Na_2S_2O_3$ 滴定	$2I^-+2NO_2^-+4H^+$ ==== $I_2+2NO+2H_2O$ $2NO_2^-+CO(NH_2)_2+2H^+$ ==== $2N_2+CO_2+3H_2O$ $6NO+2CO(NH_2)_2$ ==== $5N_2+2CO_2+4H_2O$	Cl^-、中等量的 Br^- 不干扰	$M(I^-)=126.9$

续表

待测物质	测定步骤	化学反应	注意事项	计算关系 $M/(g/mol)$
IO_3^- IO_4^-	在 HCl 介质中（$c=2mol/L$），加过量 KI，用 $Na_2S_2O_3$ 滴定	$IO_3^- + 5I^- + 6H^+ = 3I_2 + 3H_2O$ $IO_4^- + 7I^- + 8H^+ = 4I_2 + 4H_2O$		$M\left(\dfrac{1}{6}IO_3^-\right)=29.15$ $M\left(\dfrac{1}{8}IO_4^-\right)=23.86$
Br^-	含 1～25mg 溴化物的试液，加硼砂 1g，$KHCO_3$ 1g 及足量的 Cl_2 水，蒸发至约 10mL，加 5% 苯酚水溶液及 KI 1g，用 H_2SO_4 酸化，用 $Na_2S_2O_3$ 滴定	$Br^- + 3ClO^- = BrO_3^- + 3Cl^-$ $BrO_3^- + 6I^- + 6H^+ =$ $Br^- + 3I_2 + 3H_2O$ $1Br^- \approx 1BrO_3^- \approx 3I_2 \approx 6S_2O_3^{2-}$		$M\left(\dfrac{1}{6}Br\right)=13.32$ $M\left(\dfrac{1}{12}Br_2\right)=13.32$
BrO_3^-	试液加过量 KI，用 H_2SO_4 调 $c(H^+)\approx 1mol/L$，加 3%（NH_4）$_2MoO_4$ 数滴，用 $Na_2S_2O_3$ 滴定	$BrO_3^- + 6I^- + 6H^+ =$ $Br^- + 3I_2 + 3H_2O$	IO_3^- 干扰	$M\left(\dfrac{1}{6}KBrO_3\right)=27.83$
$NaBH_4$	约 20mg 硼氢化钠试样，溶于 20mL NaOH（$c=0.5mol/L$）中，立即加入 35 mL KIO_3 标准溶液 $\left[c\left(\dfrac{1}{6}KIO_3\right)=0.25mol/L\right]$，激烈摇动，加 KI 2g，用 H_2SO_4 调至 $c=2mol/L$，置暗处 5min，用 $Na_2S_2O_3$ 滴定	$3BH_4^- + 4IO_3^- =$ $3H_2 + 3BO_3^- + 4I^- + 3H_2O$ $IO_3^- + 5I^- + 6H^+ = 3I_2 + 3H_2O$ $3BH_4^- \approx 4IO_3^- \approx 12I_2 \approx 24S_2O_3^{2-}$	$NaBH_4$ 易吸水潮解，可迅速称一较大样品，溶于 NaOH 后备用 按返滴法计算	$M\left(\dfrac{1}{8}NaBH_4\right)=4.729$
Cl_2	样品置于碘量瓶中，加过量 KI 溶液，在中性或微酸性溶液中用 $Na_2S_2O_3$ 滴定	$Cl_2 + 2I^- = 2Cl^- + I_2$	Br_2、I_2 同时被测定	$M\left(\dfrac{1}{2}Cl_2\right)=35.45$
ClO^-	用 HAc 酸化试液，加过量 KI，用 $Na_2S_2O_3$ 滴定	$ClO^- + 2I^- + 2H^+ =$ $Cl^- + I_2 + H_2O$		$M\left(\dfrac{1}{2}NaClO\right)=37.22$
ClO_2^-	试样置于碘量瓶中，加过量 KI，用 HCl 酸化，用 $Na_2S_2O_3$ 滴定	$ClO_2^- + 4I^- + 4H^+ =$ $Cl^- + 2I_2 + 2H_2O$	Br_2、Cl_2、HClO 等被同时测定	$M\left(\dfrac{1}{4}NaClO_2\right)=22.61$
ClO_3^-	试液加浓 HCl，煮沸，逸出的 Cl_2 用 KI 溶液吸收，用 $Na_2S_2O_3$ 滴定	$ClO_3^- + 5Cl^- + 6H^+ =$ $3Cl_2 + 3H_2O$ $Cl_2 + 2I^- = 2Cl^- + I_2$	Cl_2、HClO、$HClO_2$、CrO_4^{2-} 等被同时测定	$M\left(\dfrac{1}{6}NaClO_3\right)=17.74$

$$Cr_2O_7^{2-} + 14H^+ + 6e \Longleftrightarrow 2Cr^{3+} + 7H_2O \qquad E^0 = 1.33V$$

其基本单元为 $\left(\dfrac{1}{6}Cr_2O_7^{2-}\right)$。$K_2Cr_2O_7$ 的氧化能力比 $KMnO_4$ 稍弱。

重铬酸钾法的特点是：

① K_2CrO_7 易提纯，在 140～150℃ 干燥 2h 后，可以直接称量，配制标准溶液，不需标定；

② $K_2Cr_2O_7$ 标准溶液相当稳定，保存在密闭容器中，浓度可长期保持不变；

③ $K_2Cr_2O_7$ 氧化能力较 $KMnO_4$ 弱，选择性比较高；

④ 室温下，当 HCl 溶液浓度低于 3mol/L 时，$Cr_2O_7^{2-}$ 不氧化 Cl^-，因此可在 HCl 介质中进行滴定。

重铬酸钾法常用的指示剂是二苯胺磺酸钠。

重铬酸钾标准溶液的配制参见第四章第四节。

2. 重铬酸钾法应用实例

重铬酸钾法也分直接滴定法和间接滴定法。直接滴定法如铁矿石中铁含量的测定。间接滴定法如对一些有机试样，在其强酸溶液中加入过量 $K_2Cr_2O_7$ 标准溶液，加热至一定温度，冷却后稀释，再用硫酸亚铁铵标准溶液返滴。

可用 $K_2Cr_2O_7$ 滴定法测定的物质见表 10-41。

表 10-41 可用 $K_2Cr_2O_7$ 滴定法测定的物质

待测物质	测 定 步 骤	化 学 反 应	注意事项	计算关系 $M/(g/mol)$
$Cr_2O_7^{2-}$ 或 CrO_4^{2-}	酸性试液,加过量 $FeSO_4$ 标准溶液,加 5mL 浓 H_3PO_4 及 0.5%二苯胺磺酸钠指示剂 5 滴,用 $K_2Cr_2O_7$ 返滴至紫色	$Cr_2O_7^{2-}+6Fe^{2+}+14H^+ \Longrightarrow 2Cr^{3+}+6Fe^{3+}+7H_2O$	虽可直接用 $FeSO_4$ 滴定,但无合适指示剂,故用返滴法 按返滴法计算	$M\left(\frac{1}{6}K_2Cr_2O_7\right)=49.03$ $M\left(\frac{1}{3}K_2CrO_4\right)=51.70$
Fe^{2+}	酸性介质$[c(HCl)=1$ 或 $c(H_2SO_4)=0.5mol/L]$,如上法,加 H_3PO_4 及指示剂,用 $K_2Cr_2O_7$ 滴至紫色	$6Fe^{2+}+Cr_2O_7^{2-}+14H^+ \Longrightarrow 6Fe^{3+}+2Cr^{3+}+7H_2O$		$M(Fe)=55.84$ $M\left(\frac{1}{2}Fe_2O_3\right)=79.84$
Fe^{3+}	酸性介质$[c(HCl)=6\ mol/L]$,加热,在摇动下滴加 $SnCl_2$ 至溶液显绿色,再多加 2 滴。冷却,稀释,加饱和 $HgCl_2$ 10mL,浓 H_3PO_4 5mL,0.5%二苯胺磺酸钠指示剂 5 滴,用 $K_2Cr_2O_7$ 滴至紫色	$2Fe^{3+}+SnCl_2+4Cl^- \Longrightarrow 2Fe^{2+}+SnCl_6^{2-}$ $SnCl_2+HgCl_2+2Cl^- \Longrightarrow Hg_2Cl_2\downarrow+SnCl_6^{2-}$ $6Fe^{2+}+Cr_2O_7^{2-}+14H^+ \Longrightarrow 6Fe^{3+}+2Cr^{2+}+7H_2O$	最好进行空白校正	$M(Fe)=55.84$ $M\left(\frac{1}{2}Fe_2O_3\right)=79.84$
NO_3^- (ClO_3^-)	试液加 $(NH_4)_2MoO_4$,加过量 $FeSO_4$ 标准液,用 1:1 H_2SO_4 酸化,加 5mL H_3PO_4,4 滴二苯胺磺酸钠指示剂,用 $K_2Cr_2O_7$ 滴至紫色	$NO_3^-+3Fe^{2+}+4H^+ \Longrightarrow NO+3Fe^{3+}+2H_2O$ $6Fe^{2+}+Cr_2O_7^{2-}+14H^+ \Longrightarrow 6Fe^{3+}+2Cr^{3+}+7H_2O$	空气中 O_2 干扰,可在酸性试液中加固体 $NaHCO_3$,通过 CO_2 排除 O_2 按返滴法计算	$M\left(\frac{1}{3}NaNO_3\right)=28.33$
Mn-Fe 合金	0.5g 试样加 H_3PO_4、$HClO_4$,加热溶解。冷却,加 H_2O 至 40mL,用 $FeSO_4$ 标准溶液滴至浅粉色,加 3 滴 0.5%二苯胺磺酸钠指示剂,继续用 $FeSO_4$ 滴至紫色。此为 Mn 的终点 在上述溶液中加浓 H_2SO_4 15mL,加热近沸,滴加 $SnCl_2$ 至浅绿色,过量 2 滴,加 H_2O 稀释至 100mL,加饱和 $HgCl_2$ 10mL,用 $K_2Cr_2O_7$ 滴至紫色	$8Mn+3ClO_4^-+24H^+ \Longrightarrow 8Mn^{3+}+3Cl^-+12H_2O$ $8Fe+3ClO_4^-+24H^+ \Longrightarrow 8Fe^{3+}+3Cl^-+12H_2O$ 测 Mn: $Mn^{3+}+Fe^{2+} \Longrightarrow Mn^{2+}+Fe^{3+}$ 测 Fe^{3+}: 同 Fe^{3+} 的测定的反应	Mn 按直接滴定计算,Fe 按返滴定计算,其中第一标准液是 $FeSO_4$,体积即测 Mn 时消耗的量	$M(Mn)=54.94$ $M(Fe)=55.84$
FeO_3^{2-}	酸性介质中$[c(HCl)=0.6mol/L]$,加量 $K_2Cr_2O_7$ 标准溶液,再加过量 $FeSO_4$ 标准液,加 H_3PO_4 及指示剂后再用 $K_2Cr_2O_7$ 标准液滴至紫色	$3FeO_3^{2-}+Cr_2O_7^{2-}+8H^+ \Longrightarrow 3FeO_4^{2-}+2Cr^{3+}+4H_2O$	按返滴法计算:$K_2Cr_2O_7$ 两次用量之和减去 $FeSO_4$ 的用量	$M\left(\frac{1}{2}Te\right)=63.80$
Ti	含稀 H_2SO_4 及 HCl 的试液用 Zn-Hg 齐还原,还原后收集于 $Fe_2(SO_4)_3$ 溶液中,加 5mL H_3PO_4 及 3 滴二苯胺磺酸钠指示剂,用 $K_2Cr_2O_7$ 滴至紫色	$2Ti^{4+}+Zn \Longrightarrow 2Ti^{3+}+Zn^{2+}$ $Fe^{3+}+Ti^{3+} \Longrightarrow Fe^{2+}+Ti^{4+}$	NO_3^-、有机物干扰,可加 H_2SO_4 蒸干除去 许多两种价态的金属干扰	$M(Ti)=47.90$

续表

待测物质	测 定 步 骤	化 学 反 应	注意事项	计算关系 $M/(g/mol)$
Ti-Fe 合金	含 Ti-Fe 的试液，加 Zn 粒还原，加苯隔绝空气。反应完全后加 HCl 除去 Zn，以亚甲基蓝为指示剂，用 $Fe_2(SO_4)_3$ 标准溶液滴至浅蓝色。此为 Ti 的终点。 上述试液中加 H_2SO_4 至 $c(H_2SO_4) \approx 0.5mol/L$，$H_3PO_4$ 5mL，二苯胺磺酸钠 4 滴，用 $K_2Cr_2O_7$ 滴定	$2Ti^{4+} + Zn === 2Ti^{3+} + Zn^{2+}$ $2Fe^{3+} + Zn === 2Fe^{2+} + Zn^{2+}$ 滴定 Ti^{3+}： $Ti^{3+} + Fe^{3+} === Ti^{4+} + Fe^{2+}$ 滴定 Fe^{2+}： $Fe^{2+} + Cr_2O_7^{2-} \longrightarrow$	滴定 Fe^{2+} 时实际测定的是 Fe、Ti 之和（即原有的 Fe^{2+}、及被 Ti^{3+} 还原生成之 Fe^{2+}），故计算 Fe 时应减去相应的 Ti	$M(Ti) = 47.90$ $M(Fe) = 55.84$
U(Ⅳ)	在含硫酸氧铀的试液中加 $FeCl_3$、浓 HCl、H_3PO_4，微沸。冷却后稀释，以二苯胺磺酸钠为指示剂，用 $K_2Cr_2O_7$ 滴定	$U^{4+} + 2Fe^{3+} === U^{6+} + 2Fe^{2+}$ $Fe^{2+} + Cr_2O_7^{2-} \longrightarrow$	应做 $FeCl_3$ 溶液的空白试验	$M\left(\frac{1}{2}U\right) = 119.0$

五、溴酸钾法

1. 方法简介

$KBrO_3$ 容易提纯，在 180℃ 烘干后可以直接配制标准溶液。在酸性溶液中 $KBrO_3$ 是强氧化剂，滴定时半反应式为：

$$BrO_3^- + 6H^+ + 6e \Longleftrightarrow Br^- + 3H_2O \quad E^0 = 1.44V$$

其基本单元为 $\left(\frac{1}{6}KBrO_3\right)$。

实质上，溴酸钾法是用 Br_2 作氧化剂。因 Br_2 极易挥发，溶液很不稳定，故常用 $KBrO_3$-KBr 混合液代替 Br_2 标准溶液。$KBrO_3$ 与 KBr 的质量比为 1:3，其中 $KBrO_3$ 是准确量，KBr 是大致量。在酸性条件下：

$$BrO_3^- + 5Br^- + 6H^+ === 3Br_2 + 3H_2O$$

反应定量析出 Br_2，Br_2 与待测物反应。滴定至终点后，产生的过量的 Br_2 可使指示剂变色，从而指示终点。

如用返滴定方式，则加入一定量过量的 $KBrO_3$-KBr 标准溶液，与待测物反应完全后，过量的 Br_2 用碘量法测定，即加入 KI 溶液：

$$Br_2 （过量） + 2I^- === 2Br^- + I_2$$

再用 $Na_2S_2O_3$ 标准溶液滴定析出的 I_2，以淀粉为指示剂：

$$I_2 + 2S_2O_3^{2-} === 2I^- + S_4O_6^{2-}$$

因此，溴酸钾法常与碘量法配合使用。

溴酸钾标准溶液的配制参见第四章第四节。

2. 溴酸钾法应用实例

溴酸钾法主要用于有机物的测定。如通过取代反应可用间接法测定苯酚、甲酚、间苯二酚、苯胺、8-羟基喹啉等；通过加成反应可以间接测定有机化合物的不饱和度。用直接测定法可测定 Sb（Ⅲ）、As（Ⅲ）、Sn（Ⅱ）、Ti（Ⅰ）等。

可用 $KBrO_3$ 滴定法测定的物质见表 10-42。

六、硫酸铈法

1. 方法简介

$Ce(SO_4)_2$ 是强氧化剂，其氧化性与 $KMnO_4$ 差不多，凡 $KMnO_4$ 能测定的物质几乎都能用硫酸铈法测定。在酸性溶液中，Ce^{4+} 被还原，其半反应为：

$$Ce^{4+} + e \Longleftrightarrow Ce^{3+} \quad E^0 = 1.61V$$

表 10-42 可用 KBrO₃ 滴定法测定的物质

待测物质	测 定 步 骤	化 学 反 应	注意事项	计算关系 $M/(g/mol)$
ClO_3^-	试液加 HCl,加过量 $NaAsO_2$ 标准溶液,煮沸。冷却后加甲基橙,用 $KBrO_3$ 返滴至无色(析出的 Br_2 使指示剂褪色)	$ClO_3^- + 3AsO_2^- + 3H_2O \Longrightarrow$ $6Cl^- + 3AsO_4^{3-} + 6H^+$ $3AsO_2^- + BrO_3^- + 3H_2O \Longrightarrow$ $3AsO_4^{3-} + Br^- + 6H^+$ $Br^- + BrO_3^- + 6H^+ \Longrightarrow$ $Br_2 + 3H_2O$	Cl_2、ClO^-、ClO_2^-、CrO_4^{2-} 等会被同时测定 按返滴法计算	$M\left(\frac{1}{6}ClO_3^-\right) = 13.91$
O_3	100mL HCl($c=5$mol/L)溶液中加 2.5g KBr,与气体样品反应,加过量 $NaAsO_2$ 标准液,以甲基橙为指示剂,用 $KBrO_3$ 滴至无色	$O_3 + 2Br^- + 2H^+ \Longrightarrow$ $O_2 + Br_2 + H_2O$ $Br_2 + AsO_2^- + 2H_2O \Longrightarrow$ $2Br^- + AsO_4^{3-} + 4H^+$ $3AsO_2^- + BrO_3^- + 3H_2O \Longrightarrow$ $3ASO_4^{3-} + Br^- + 6H^+$ $Br^- + BrO_3^- + 6H^+ \Longrightarrow$ $Br_2 + 3H_2O$	按返滴法计算	$M\left(\frac{1}{2}O_3\right) = 24.00$
Sb^{3+}	HCl 介质中($c=3$mol/L),以甲基橙为指示剂,用 $KBrO_3$ 滴至无色	$3Sb^{3+} + BrO_3^- + 6H^+ \Longrightarrow$ $3Sb^{5+} + Br^- + 3H_2O$ $5Br^- + BrO_3^- + 6H^+ \Longrightarrow$ $3Br_2 + 3H_2O$	按直接滴定法计算	$M\left(\frac{1}{2}Sb\right) = 60.85$
苯酚	在酸性试液中加入一定量过量的 $KBrO_3$-KBr 标准溶液,反应完成后加入过量 KI,用 $Na_2S_2O_3$ 标准溶液滴定	（苯酚 + 3Br₂ 溴代反应示意图） $+3Br_2 \Longrightarrow$ $+3HBr$ $Br_2(过量) + 2I^- \Longrightarrow I_2 + 2Br^-$ $I_2 + 2S_2O_3^{2-} \Longrightarrow 2I^- + S_4O_6^{2-}$	按间接滴定法计算	（苯酚结构图） $M() = 94.12$
丙烯磺酸钠	酸性试液中,加一定量过量的 $KBrO_3$-KBr 标准溶液,Hg-SO_4 催化,反应完成后,先加 NaCl 络合 Hg^{2+},再加过量 KI,用 $Na_2S_2O_3$ 滴定	$CH_3CH{=}CHSO_3Na + Br_2 \Longrightarrow$ $\underset{\quad\,\,Br\quad\,\,Br}{CH_3CH{-}CH{-}SO_3Na}$ $Br_2(过量) + 2I^- \Longrightarrow I_2 + 2Br^-$ $I_2 + 2S_2O_3^{2-} \Longrightarrow 2I^- + S_4O_6^{2-}$	按间接滴定法计算	$M(CH_3CH{=}CHSO_3Na) = 144.13$
N_2H_4	试液中,加过量 $KBrO_3$ 标准溶液和 HCl,塞上瓶塞,放置,加过量 KI,用 $Na_2S_2O_3$ 标准溶液滴定	$3N_2H_4 + 2BrO_3^- \Longrightarrow$ $3N_2 + 2Br^- + 6H_2O$	测定的是肼和羟氨之和,肼可以从放出 N_2 气体体积计算按间接滴定法计算	$M(N_2H_4) = 32.05$
NH_2OH	试液中,加过量 $KBrO_3$ 标准溶液和 HCl,塞上瓶塞,放置,加过量 KI,用 $Na_2S_2O_3$ 标准溶液滴定	$NH_2OH + BrO_2^- \Longrightarrow$ $NO_3^- + Br^- + H_2O + H^+$	最多只能测定 20mg 羟氨	$M(NH_2OH) = 33.03$

Ce^{4+}/Ce^{3+} 电对的克式电位与酸的浓度和种类有关。因为 $HClO_4$ 溶液中 Ce^{4+} 与 ClO_4^- 不形成络合物,而在其他酸中 Ce^{4+} 可能与相应的阴离子如 Cl^-、SO_4^{2-} 发生反应(或形成)络合物,所以硫酸铈法在 $HClO_4$ 溶液中进行比较好。硫酸铈法的特点如下。

① 用易于提纯的 $Ce(SO_4)_2 \cdot 2(NH_4)_2SO_4 \cdot 2H_2O$ 直接配制标准溶液,不必进行标定。标准溶液很稳定,放置较长时间或加热煮沸也不易分解。

② $Ce(SO_4)_2$ 不会使 HCl 氧化,可以在较高浓度的 HCl 溶液中滴定还原剂。

③ Ce^{4+} 还原为 Ce^{3+} 时,只有一个电子的转移,不生成中间价态的产物,反应简单,副反应少。

$Ce(SO_4)_2$ 溶液为橙黄色，而 Ce^{3+} 无色。一般采用邻二氮菲-Fe（Ⅱ）作指示剂，终点时变色敏锐。

Ce^{4+} 在酸度较低的溶液中易水解，生成碱式盐沉淀，所以 Ce^{4+} 不适于在碱性或中性溶液中滴定。

硫酸铈标准溶液的配制和标定参见第四章第四节。

2. 硫酸铈法应用实例

铈盐较贵，实际工作中应用不太多。$Ce(SO_4)_2$ 滴定法的一些应用见表 10-43。

表 10-43 可用 $Ce(SO_4)_2$ 滴定法测定的物质

待测物质	测定步骤	化学反应	注意事项	计算关系 $M/(g/mol)$
$Fe(CN)_6^{4-}$	将试液（亚铁氰酸盐含量小于 10g/L）调至酸性 $[c(H_2SO_4 = 0.5mol/L)]$，以 1,10-二氮菲亚铁络合物（又叫邻菲绕啉）为指示剂，用 $Ce(SO_4)_2$ 滴至浅蓝色	$Fe(CN)_6^{4-} + Ce^{4+} = Fe(CN)_6^{3-} + Ce^{3+}$		$M[K_4Fe(CN)_6] = 368.4$
NO_2^-	把试液仔细地加到过量的 $Ce(SO_4)_2$ 标准溶液的液面下，用硫磷混酸酸化，温热至 45～50℃，加过量 $FeSO_4$ 标准液，再用 $Ce(SO_4)_2$ 返滴剩余的 Fe^{2+}	$NO_2^- + 2Ce^{4+} + H_2O = NO_3^- + 2Ce^{3+} + 2H^+$ $Ce^{4+}（过量）+ Fe^{2+} = Ce^{3+} + Fe^{3+}$ $Fe^{2+}（过量）+ Ce^{4+} = Fe^{3+} + Ce^{3+}$	此法也可用于 K 的测定，先生成 $K_2Na[Co(NO_2)_6]$ 沉淀，再测其中的 NO_2^-。按返滴法计算，$Ce(SO_4)_2$ 用量为两次用量之和	$M\left(\frac{1}{2}NaNO_2\right) = 34.50$
Sn^{2+}	酸化试液，用 $Ce(SO_4)_2$ 滴定。可用二苯胺为指示剂——滴至紫色；也可用 KI-淀粉（应为无色）为指示剂——滴至蓝色	$Sn^{2+} + 2Ce^{4+} = Sn^{4+} + 2Ce^{3+}$ $2I^-（指示剂中的）+ 2Ce^{4+} = I_2 + 2Ce^{3+}$		$M\left(\frac{1}{2}Sn\right) = 59.35$
U(Ⅳ)	含 U 少于 10mg/L 的 H_2SO_4 性试液（$c \approx 1mol/L$），加 $KMnO_4$ 至粉色不褪，通过装有 Zn-Hg 齐的还原器，收集流出液，并通入空气把 3 价铀氧化到 4 价，在 50℃时以邻菲绕啉为指示剂，用 $Ce(SO_4)_2$ 滴至浅蓝色	$4UO_2^{2+} + 5Zn + 16H^+ \longrightarrow 2U^{3+} + 2U^{4+} + 5Zn^{2+} + 8H_2O$ $U^{3+} + O_2 + H^+ \longrightarrow U^{4+} + H_2O$ $U^{4+} + 2Ce^{4+} = U^{6+} + 2Ce^{3+}$		$M\left(\frac{1}{2}U\right) = 119.0$
Tl	HCl 性试液，以邻菲绕啉为指示剂，用 $Ce(SO_4)_2$ 滴至浅蓝色	$Tl^+ + 2Ce^{4+} = Tl^{3+} + 2Ce^{3+}$	As、Bi、Cd、Cr、Cu、Fe、Pb、Sb、Sn、Zn 等小于 100mg 时不干扰	$M\left(\frac{1}{2}Tl\right) = 102.2$

七、其他氧化还原滴定法

1. 硫酸亚铁法

Fe^{2+} 是还原剂，能还原氧化性物质，其半反应式为：

$$Fe^{2+} \Longrightarrow Fe^{3+} + e \qquad E^0 = 0.771V$$

$FeSO_4$ 的纯品虽不难获得，但溶液不够稳定，故常用硫酸亚铁铵配制标准溶液，其标准溶液的配制和标定参见第四章第四节。

可用 $FeSO_4$ 滴定法测定的物质见表 10-44。

2. 亚砷酸钠法

$NaAsO_2$ 是还原剂，它与氧化性物质作用，其半反应式为：

$$AsO_2^- + 2H_2O \Longrightarrow AsO_4^{3-} + 4H^+ + 2e \qquad E^0 = 0.559V$$

表 10-44　可用 $FeSO_4$ 滴定法测定的物质

待测物质	测　定　步　骤	化　学　反　应	注　意　事　项	计算关系 $M/(g/mol)$
N_3^-	将 0.3g 叠氮化合物样品溶于稀 H_2SO_4 中,加入过量 $Ce(SO_4)_2$ 标准溶液,以邻菲绕啉为指示剂,用 $FeSO_4$ 滴至红色出现	$2N_3^- + 2Ce^{4+} =\!=\!=$ $3N_2 + 2Ce^{3+}$ $Ce^{4+} + Fe^{2+} =\!=\!=$ $Ce^{3+} + Fe^{3+}$	终点时酸度控制在 $c(H^+) = 1mol/L$	$M(N_3^-) = 42.02$
H_3PO_2 H_3PO_3	约含 0.1g 试样的溶液用 H_2SO_4 酸化,加入过量的 $Ce(SO_4)_2$ 标准溶液,在 60℃ 温热约 30min,冷却,以邻菲绕啉为指示剂,用 $FeSO_4$ 滴至红色	$H_3PO_2 + 4Ce^{4+} + 2H_2O =\!=\!=$ $H_3PO_4 + 4Ce^{3+} + 4H^+$ $H_3PO_3 + 2Ce^{4+} + H_2O =\!=\!=$ $H_3PO_4 + 2Ce^{3+} + 2H^+$ $Ce^{4+} + Fe^{2+} =\!=\!=$ $Ce^{3+} + Fe^{3+}$		$M\left(\frac{1}{4}H_3PO_2\right) =$ 16.50 $M\left(\frac{1}{2}H_3PO_3\right) =$ 41.00
SO_4^{2-}	用 $BaCl_2$ 标准溶液沉淀 SO_4^{2-},再加入过量的 K_2CrO_4 标准溶液,沉淀剩余的 $BaCl_2$,过滤。用 $FeSO_4$ 标准溶液滴定滤液中剩余的 CrO_4^{2-}。用二苯胺磺酸钠为指示剂,滴至紫色褪去	$SO_4^{2-} + Ba^{2+} =\!=\!= BaSO_4 \downarrow$ $Ba^{2+}(剩余) + CrO_4^{2-} =\!=\!=$ $BaCrO_4 \downarrow$ $CrO_4^{2-}(剩余) + 3Fe^{2+} +$ $8H^+ =\!=\!=$ $Cr^{3+} + 3Fe^{3+} + 4H_2O$ $1SO_4^{2-} \approx 1Ba^{2+} \approx$ $1CrO_4^{2-} \approx 3Fe^{2+}$	$n(SO_4^{2-}) = c_1V_1 - c_2V_2 + c_3V_3$ 式中,c_1V_1——加入 $BaCl_2$(浓度 c_1,体积 V_1)的量,mol;c_2V_2——加入沉淀剩余 $BaCl_2$ 所用 K_2SO_4 的量,mol;c_3V_3——滴定剩余的 CrO_4^{2-} 所用 $FeSO_4$ 的量,mol	$M\left(\frac{1}{3}SO_4^{2-}\right) = 32.02$
V	试液加 KF(有 W 存在时)、H_2SO_4,加热,加 $KMnO_4$ 溶液,使粉色能保持 30min 不褪色。过量 $KMnO_4$ 用下法除去 ① 加 $NaNO_2$、尿素、氨基苯磺酸,放置 ② 加叠氮酸钠,煮沸 将溶液调至酸性,以二苯胺磺酸钠为指示剂,用 $FeSO_4$ 滴至紫色褪去	$5VO^{2+} + MnO_4^- + H_2O =\!=\!=$ $5VO_2^+ + Mn^{2+} + 2H^+$ 除去过量 MnO_4^-: ① $2MnO_4^- + 5NO_2^- + 6H^+$ $=\!=\!= 2Mn^{2+} + 5NO_3^- +$ $3H_2O$ $2HNO_2 + (NH_2)_2CO =\!=\!=$ $2N_2 + CO_2 + 3H_2O$ ② $2MnO_4^- + 10HN_3 + 6H^+$ $=\!=\!= 2Mn^{2+} + 15N_2 + 8H_2O$ 滴定: $VO_2^+ + Fe^{2+} + 2H^+ =\!=\!=$ $VO^{2+} + Fe^{3+} + H_2O$	适于钢中钒的测定	$M(V) = 50.94$ $M\left(\frac{1}{2}V_2O_5\right) = 90.94$

As_2O_3 易得纯品,性质稳定,可直接配制 $NaAsO_2$ 标准溶液,配制方法见第四章第四节。

可用 $NaAsO_2$ 滴定法测定的物质见表 10-45。

表 10-45　可用 $NaAsO_2$ 滴定法测定的物质

待测物质	测　定　步　骤	化　学　反　应	注　意　事　项	计算关系 $M/(g/mol)$
NH_2OH	在 50mL $Ce(SO_4)_2$ 标准溶液中,加入 H_2SO_4($c = 3mol/L$),煮沸,加入试液,再微沸,冷却,再稀释至 150mL,加 2 滴 OsO_4 溶液($c = 0.01mol/L$),以邻菲绕啉亚铁为指示剂,用 $NaAsO_2$ 滴至红色	$2NH_2OH + 4Ce^{4+} =\!=\!=$ $N_2O + 4Ce^{3+} + 4H^+ + H_2O$ $2Ce^{4+} + AsO_2^- + 2H_2O =\!=\!=$ $2Ce^{3+} + AsO_4^{3-} + 4H^+$	按返滴法计算	$M\left(\frac{1}{2}NH_2OH\right) = 16.52$
HN_3	在含叠氮酸的试液中加 CS_2、丙酮及中等过量的 I_2 标准溶液,搅拌至无 N_2 逸出。用 H_2O 稀释至 250mL,以淀粉为指示剂,用 $NaAsO_2$ 滴至无色	$2HN_3 + I_2 =\!=\!= 3N_2 + 2HI$ $I_2 + AsO_2^- + 2H_2O =\!=\!=$ $2I^- + AsO_4^{3-} + 4H^+$	按返滴法计算	$M(HN_3) = 43.03$

待测物质	测 定 步 骤	化 学 反 应	注 意 事 项	计算关系 $M/(g/mol)$
$S_2O_3^{2-}$	将试液用 H_2SO_4 酸化,加入过量的 $NaAsO_2$ 标准溶液,煮沸。加 KBr 溶液,用 $KBrO_3$ 标准液滴至黄色,再用 $NaAsO_2$ 标准液滴至无色	$S_2O_3^{2-}+AsO_2^-+2H_2O=$ $2SO_4^{2-}+AsO_4^{3-}+4H^+$ $3AsO_2^-+BrO_3^-+3H_2O=$ $3AsO_4^{3-}+Br^-+6H^+$ $5Br^-+BrO_3^-+6H^+=$ $3Br_2+3H_2O$ $Br_2+AsO_2^-+2H_2O=$ $2Br^-+AsO_4^{3-}+4H^+$	$n\left(\dfrac{1}{2}S_2O_3^{2-}\right)$ $=[c_1(V_1+V_3)-$ $c_2V_2]$ 式中,$c_1(V_1+V_3)$ 其中 c_1 为 $NaAsO_2$ 的浓度; V_1 为加入过量 $NaAsO_2$ 体积;V_3 为第二次加入 $NaAsO_2$ 的体积;c_2V_2 中 c_2 为 $KBrO_3$ 浓度;V_2 滴定中所使用 $KBrO_3$ 体积	$M\left(\dfrac{1}{2}S_2O_3^{2-}\right)=96.02$
I_2	pH 值为 5～9 时,以淀粉-KI 作指示剂,用 $NaAsO_2$ 标准滴定	$I_2+AsO_2^-+2H_2O=$ $2I^-+AsO_4^{3-}+4H^+$	不能用碳酸盐作缓冲液,因为 CO_2 逸出使 I_2 挥发损失	

3. 亚硝酸钠法

亚硝酸钠法主要用于测定芳伯胺和芳仲胺的含量。在盐酸等无机酸的存在下,$NaNO_2$ 与芳伯胺发生重氮化反应,与芳仲胺起亚硝基化反应。用淀粉-KI 溶液作指示剂,过量的 $NaNO_2$ 在酸性溶液中,能使指示剂中的 I^- 氧化为 I_2,I_2 与淀粉结合显蓝色而指示滴定终点。滴定时,将淀粉-KI 指示剂放在白瓷点滴板上,近终点时,不断地用细玻棒蘸取少许溶液,滴加在放有指示剂的白瓷点滴板上,如果立即出现蓝色,表示到达终点。这类指示剂称外指示剂。也可以用淀粉-KI 试纸检出反应终点。

应用 $NaNO_2$ 法时要注意以下条件。

(1) 酸的种类及浓度 胺类在盐酸中溶解度大,重叠化反应进行较快,所以在盐酸溶液中进行滴定。盐酸溶液浓度以 1～2mol/L 为宜。

(2) 反应温度 重氮化反应的速率随温度升高而增大,但温度高时,重氮盐易分解,HNO_2 也易分解逸失,所以反应一般宜在较低温度 (0～5℃) 下进行。如果采用快速滴定法,30℃ 以下也可以进行滴定。

(3) 滴定速率 滴定速率与反应速率有关,在苯胺的芳环上有吸电子基团如—NO_2、—SO_3H、—COOH、—X 等取代时,反应速率比苯胺快,具有对位取代时反应最快,此时滴定速率可相应快一点。重氮化反应是分子间反应,反应速率较慢,因此滴定速率不能过快,要慢慢滴加并不断搅拌。

所谓的"快速滴定法"是指将滴定管尖插入液面下,将大部分 $NaNO_2$ 溶液在不断搅拌下一次滴入,近终点时将管尖提出液面,再缓缓滴定。这样,开始生成的 HNO_2 在不断搅动下,向四方扩散并立即与伯胺起反应,来不及逸失或分解,即可作用完全。

第七节 沉淀滴定法

一、方法简介

沉淀滴定法是以沉淀反应为基础的滴定分析方法。用于沉淀滴定法的沉淀反应必须符合下列条件:

① 生成沉淀的溶解度要小 (一般要求 $<10^{-6}g/mL$);

② 沉淀反应必须迅速,而且反应定量进行,没有副反应发生;

③ 有适当的方法确定化学计量点。

目前应用较广的是以生成难溶银盐的反应为基础的沉淀滴定法,称为银量法。

二、银量法确定化学计量点的方法

用于银量法确定化学计量点的方法有三种。

1. 莫尔法——K_2CrO_4 指示剂法

莫尔法是用 K_2CrO_4 作指示剂。在中性或弱碱性溶液中，用 $AgNO_3$ 标准溶液直接滴定 Cl^-（或 Br^-）。由于 $AgCl$（或 $AgBr$）的溶解度比 Ag_2CrO_4 小，根据分步沉淀的原理，在 CrO_4^{2-} 存在下，用 Ag^+ 滴定 Cl^-（或 Br^-）时，首先析出 $AgCl$（或 $AgBr$）沉淀，当 $AgCl$（或 $AgBr$）定量沉淀后，过量一滴 $AgNO_3$ 溶液与 CrO_4^{2-} 生成砖红色的 Ag_2CrO_4 沉淀，指示终点。

实验证明：5％K_2CrO_4 溶液每次加 1～2mL（即 K_2CrO_4 浓度约为 $5\times10^{-3}\,mol/L$）是最适宜的用量。

用 K_2CrO_4 作指示剂应注意以下几点。

① 应在中性或弱碱性介质中滴定。若在酸性溶液中，CrO_4^{2-} 将与 H^+ 结合生成 $HCrO_4^-$，致使 Ag_2CrO_4 沉淀出现过迟，甚至不会沉淀。若碱性过高，又将出现 Ag_2O 沉淀。莫尔法测定的最适宜 pH 值范围是 6.5～10.5。

② 不能在有氨或其他能与 Ag^+ 生成络合物的物质存在下滴定，否则会增大 $AgCl$（$AgBr$）或 Ag_2CrO_4 的溶解度。

③ 莫尔法可以直接测定 Cl^- 或 Br^-，当两者共存时，则滴定的是 Cl^- 和 Br^- 的总量。莫尔法不能用于测定 I^- 和 SCN^-，因为 AgI 和 $AgSCN$ 沉淀时强烈吸附 I^- 和 SCN^-，使终点过早出现，且终点变化不明显。

④ 此法不适于以 $NaCl$ 标准溶液滴定 Ag^+。如果要用此法测定试样中的 Ag^+，则应在试液中加入一定量过量的 $NaCl$ 标准溶液，然后再用 $AgNO_3$ 标准溶液返滴定过量的 Cl^-。

⑤ 莫尔法的选择性较差。凡能与 CrO_4^{2-} 生成沉淀的阳离子如 Ba^{2+}、Pb^{2+}、Hg^{2+} 等，以及与 Ag^+ 生成沉淀的阴离子如 PO_4^{3-}、AsO_4^{3-}、S^{2-}、$C_2O_4^{2-}$ 等，均干扰滴定。

2. 佛尔哈德法——$NH_4Fe(SO_4)_2$ 指示剂法

用铁铵钒〔$NH_4Fe(SO_4)_2$〕作指示剂的银量法称佛尔哈德法。本法又可分为直接滴定法和返滴定法。

（1）直接滴定法测定 Ag^+　在含有 Ag^+ 的酸性试液中，以铁铵钒作指示剂，用 NH_4SCN（或 $KSCN$、$NaSCN$）的标准溶液滴定。溶液中首先析出 $AgSCN$ 白色沉淀，当 Ag^+ 定量沉淀后，稍过量的 SCN^- 与 Fe^{3+} 生成红色络合物（$FeSCN^{2+}$）指示终点的到达。

在滴定过程中，不断有 $AgSCN$ 沉淀形成，由于它具有强烈的吸附作用，使部分 Ag^+ 被吸附于其表面上，由此终点往往过早出现，导致测定结果偏低。滴定时必须充分摇动溶液，使被吸附的 Ag^+ 及时地释放出来。

（2）返滴定法测定卤素离子　在含有卤素离子的 HNO_3 溶液中，加入一定量过量的 $AgNO_3$，然后以铁铵钒为指示剂，用 NH_4SCN 标准溶液返滴过量的 $AgNO_3$。由于滴定在 HNO_3 介质中进行，许多弱酸盐如 PO_4^{3-}、AsO_4^{3+}、S^{2-} 等都不干扰卤素离子的测定，因此此法选择性较高。

在临近终点时，由于 $AgCl$ 的溶解度比 $AgSCN$ 大，加入的 SCN^- 将与 $AgCl$ 发生沉淀转化反应：

$$AgCl\downarrow + SCN^- \Longrightarrow AgSCN\downarrow + Cl^-$$

沉淀的转化作用较慢，所以溶液中出现红色之后，随着不断地摇动溶液，红色又逐渐消失，这样就得不到正确的终点。为此可采取下列措施。

① 试液中加入一定量过量的 $AgNO_3$ 标准溶液后，将溶液加热煮沸，使 $AgCl$ 凝聚，以减少 $AgCl$ 沉淀对 Ag^+ 的吸附。过滤，将 $AgCl$ 沉淀滤去，并用稀 HNO_3 充分洗涤沉淀，然后用 SCN^- 标准溶液滴定滤液中过量的 Ag^+。

② 试液中加入一定量过量的 $AgNO_3$ 标准溶液后，加入有机溶剂（如硝基苯、1,2-二氯乙烷）1～2mL，用力摇动，使 $AgCl$ 沉淀表面覆盖一层有机溶剂，避免沉淀与外部溶液接触，从而阻止了 SCN^- 与 $AgCl$ 发生沉淀转化反应。这种方法较方便。

用返滴定法测定溴化物或碘化物时，由于 $AgBr$ 和 AgI 的溶度积均比 $AgSCN$ 小，不会发生沉淀转化反应，不必采取上述措施。但在测定碘化物时，指示剂必须在加入过量 $AgNO_3$ 溶液后才能加入，否则会发生如下反应：

$$2Fe^{3+} + 2I^- \Longrightarrow 2Fe^{2+} + I_2$$

影响分析结果的准确度。

（3）应用佛尔哈德法的注意事项

① 应当在酸性溶液中滴定，通常在 $0.1 \sim 1mol/L$ HNO_3 溶液中进行。若酸度过低，Fe^{3+} 将水解形成 $FeOH^{2+}$、$Fe(OH)_2^+$ 等深色络合物，影响终点观察。碱度再大还会析出 $Fe(OH)_3$ 沉淀。

② 强氧化剂、氮的氧化物以及铜盐、汞盐都与 SCN^- 作用，因而干扰测定，必须预先除去。

3. 法扬司法——吸附指示剂法

用吸附指示剂指示终点的银量法称为法扬司法。

吸附指示剂是一类有色的有机化合物，当它被吸附在胶状沉淀表面之后，分子结构发生改变，因而发生颜色的变化，指示滴定终点。

为了使终点颜色变化明显，应用吸附指示剂时要注意以下几点。

① 由于颜色的变化发生在沉淀表面，欲使终点变色明显，应尽量使沉淀的比表面大一些。为此，需加入一些保护胶体（如糊精），阻止卤化银凝聚，使其保持胶体状态。

② 溶液的酸度要适当。常用的吸附指示剂大多是有机弱酸，其 K_a 值不同。为使指示剂呈阴离子状态，必须控制溶液的 pH 值。例如荧光黄只能在 pH 值为 $7 \sim 10$ 时使用，而二氯荧光黄在 pH 值为 $4 \sim 10$ 范围内使用。

③ 滴定中应当避免强光照射。因卤化银沉淀对光敏感，很快转变为灰黑色，影响终点观察。

④ 胶体微粒对指示剂的吸附能力应略小于对被测离子的吸附能力，否则指示剂将在化学计量点前变色。但吸附能力也不能太小，否则终点出现过迟。

⑤ 溶液的浓度不能太稀，否则，产生沉淀太少，观察终点比较困难。

$AgNO_3$ 标准溶液的配制和标定参见第四章第四节。

三、某些特殊指示剂、吸附指示剂及其配制方法

沉淀滴定法中应用的某些特殊指示剂见表 10-46。

吸附指示剂及其配制参见第四章表 4-16。

表 10-46　沉淀滴定法中应用的某些特殊指示剂

指示剂		配　制　及　使　用　方　法
名称	分子式	
铬酸钾	K_2CrO_4	常用 5% 水溶液。溶解 5g K_2CrO_4 于 100mL 水中。使用时每 20mL 被滴溶液以加 0.5mL 此溶液为宜
		该指示剂以测定氯化物和溴化物为宜，不适用于测定 I^- 及 SCN^- 等离子。溶液需呈中性或弱碱性（pH=6.5~10.5），如溶液呈酸性应预先用硼砂、碳酸氢钠、碳酸钙或氧化镁中和
铁铵钒（硫酸高铁铵）	$NH_4Fe(SO_4)_2 \cdot 12H_2O$	浓度约为 40% 的饱和水溶液。为避免铁盐水解，应加入适量 6mol/L HNO_3。每 50mL 被测液中加此指示剂 $1\sim 2mL$ 为宜，测定应在强酸性溶液（如 $0.2\sim 0.5mol/L$ HNO_3）中进行，不能在中性或碱性溶液中进行。适用于测定 Ag^+、Cl^-、Br^-、I^- 及 SCN^- 等离子
硝酸铁	$Fe(NO_3)_3 \cdot 9H_2O$	称取此盐 150g 溶于 100mL 6mol/L HNO_3 中，微微煮沸 10min，以除去氮的氧化物，用水稀释至 500mL，用途及使用方法同铁铵钒
四羟基醌	HO〔结构式〕OH$(C_6H_4O_6)$	使用粉状指示剂，不需配成溶液。使用时用小匙加入少量固体

四、沉淀滴定法应用实例

表 10-47 为沉淀滴定法应用实例。

表 10-47　沉淀滴定法应用实例

被测物质	滴定剂	沉淀组成	指示剂	方 法 提 要
Ag^+	KSCN 或 NH_4SCN	AgSCN	铁铵矾	测定宜在约 0.8mol/L HNO_3 的强酸性介质中进行,至终点时用力摇动。Hg^{2+}、NO_2^-、Pd^{2+}、SO_4^{2-} 等不应存在
	KBr	AgBr	罗丹明 6G	被测溶液为 ≤0.3mol/L HNO_3,银盐溶液浓度 ≥0.005mol/L
	KCl KBr KI	AgCl AgBr AgI	乙氧基菊橙	滴定时介质 pH=4～5,当 pH≤2 时指示剂变色不明显
	KCl、KBr、KI	AgCl AgBr AgI	萘红	以 Cl^-、Br^- 为滴定剂时溶液 pH 值以 4～5 为宜,以 I^- 滴定时 pH=2.0～5.0。每 10mL 分析液加指示剂 4 滴,终点颜色明显程度顺序为 I>Br>Cl
Ag^+	SCN^-	AgSCN	4-(2′-乙基苯偶氮)-1-萘胺	分析试液呈酸性时需以 NaHCl 中和,以乙醋酸化(pH=2.8～3.3)。测定 Cl^- 时,可加入过量的标准银盐溶液返滴定
	Na_2MoO_4	Ag_2MoO_4	孟加拉玫瑰红	该法用以测定银盐稀溶液结果较好,误差 ≤0.5%。指示剂量按每 10mg Ag^+ 加 5 滴计,以 0.02～0.1mol/L Na_2MoO_4 溶液进行滴定
AsO_4^{3-}	KSCN	AgSCN	铁铵矾	在 pH=7～9 时加入 Ag^+ 以沉淀 Ag_3AsO_4,过滤后,将此沉淀溶于 30mL 8mol/L HNO_3,稀至 120mL,以 KSCN 溶液进行滴定。Ge、少量 Sb 和 Sn 无干扰,在 pH=7～9 时所有能被 Ag^+ 沉淀的离子都不应存在
Br^-	$AgNO_3$ 和 KSCN	AgBr AgSCN	铁铵矾	加入过量的硝酸银以沉淀 AgBr 后,加入指示剂以 KSCN 回滴过量的 Ag^+,滴定时防止光照,精确测定时在回滴前滤去 AgBr,CN^-、Cl^-、I^-、SCN^-、S^{2-}、$S_2O_3^{2-}$ 有干扰
	$AgNO_3$	AgBr	曙红	测定在 pH≥1 的酸性介质中进行,可用来测定 ≥0.0005mol/L 的微量 Br^-,凡在溶液中能被 Ag^+ 沉淀的其他离子都有干扰
Cl^-	$AgNO_3$ 和 NaCl	AgCl	等浊度法	在红光下滴定至沉淀的 AgCl 浊度相同,本法可达到极好精密度和准确度
	$AgNO_3$	AgCl	K_2CrO_4	滴定介质,pH=5～7。指示剂 $[CrO_4^{2-}]$=0.0025mol/L 为宜,滴定至剧烈摇动后沉淀表面呈浅红色,溶液呈黄色透明为终点。AsO_4^{3-}、Ba^{2+}、Bi^{3+}、Br^-、CN^-、I^-、PO_4^{3-}、Pb^{2+}、S^{2-} 及还原剂不应存在
	$AgNO_3$ 和 KSCN	AgCl AgSCN	铁铵矾	在酸性溶液中加入过量的 $AgNO_3$ 以沉淀 AgCl,滤去沉淀后加入指示剂,以 KSCN 进行滴定。若用加入硝基苯而不必过滤的快速方法,精密度则低于前者,Br^-、CN^-、I^-、S^{2-}、SCN^-、$S_2O_3^{2-}$ 不应存在
	$AgNO_3$	AgCl	二氯荧光黄	被测溶液 pH=4 左右为宜,加入保护胶体时效果更好,终点判断需有一定经验方易确定
	$Hg_2(NO_3)_2$	Hg_2Cl_2	碘曙红	
	$AgNO_3$	AgCl	N-甲基二苯胺-4-磺酸	试样溶解后,滤去沉淀,稀释至 100mL,取 5mL 此溶液,加入 H_2SO_4(1+4) 5mL、5 滴指示剂及 3 滴 0.04mol/L $Ce(SO_4)_2$ 溶液,以 0.1mol/L $AgNO_3$ 进行滴定。Br^-、I^- 有干扰,SO_4^{2-}、PO_4^{3-}、NO_3^-、ClO_4^-、F^-、$C_2O_4^{2-}$、IO_3^-、BrO_3^-、Fe^{3+}、Al^{3+}、Cr^{3+}、Ni^{2+}、Co^{2+}、Cu^{2+} 无干扰
Cl^-、Br^-	$AgNO_3$	AgCl AgBr	亚甲紫	测定常量 Cl^-(80～280mg KCl)加 8 滴指示剂,0.3mL 1mol/L H_2SO_4,稀释至 100mL 后滴定。测定微量 Cl^-(4.5～10mg)加 3 滴指示剂,0.3mL 1mol/L H_2SO_4 和 2 滴 4.5mol/L HNO_3,稀释至 50mL 后滴定
	$AgNO_3$	AgCl AgBr	靛喔喔	50mL 试液中加 1mL 0.05% 指示剂溶液及 1mL 2mol/L 乙酸,以 0.01 N $AgNO_3$ 溶液进行滴定

续表

被测物质	滴定剂	沉淀组成	指示剂	方 法 提 要
Cl^-、Br^-、I^-	$AgNO_3$	$AgCl$ $AgBr$ AgI	邻苯二酚紫（Ⅰ）、连苯三酚红（Ⅱ）、二甲酚橙（Ⅲ）、钙黄绿素（Ⅳ）、红紫酸铵（Ⅴ）	以（Ⅱ）为指示剂时需将分析液预先用稀碱溶液调至出现淡红色，然后进行滴定
Cl^-、Br^-、I^-、SCN^-	$AgNO_3$	$AgCl$ $AgBr$ AgI $AgSCN$	苯基-1-萘胺-偶氮苯对磺酸	在 pH=3~5 范围内进行滴定
			甲基橙	中性介质中进行滴定
			乙基红	微碱性介质中进行滴定
			酚酞络合腙	微碱性介质中进行滴定
CN^-	Ag^+	$AgCN$	对二甲氨基苯亚甲基罗丹宁	25mL 试液加入 10mL 10%NaOH 溶液中，加指示剂 3 滴，以 $AgNO_3$ 溶液进行滴定
CN^-、Br^-、I^-	$AgNO_3$	$AgCN$ $AgBr$ AgI	对硝基-α-萘红	测定 CN^- 在中性或碱性（pH=9~10）条件下，Br^-、I^- 在碱性介质中进行
			2-(4'-硝基苯偶氮)-1-萘酚-4-磺酸	滴定在中性或弱碱性溶液中进行
			4-(4'-硝基苯偶氮)-1-萘酚	以 0.01~0.1mol/L $AgNO_3$ 溶液滴定约 0.1mol/L 被测离子溶液时误差＜1%
I^-	$AgNO_3$	AgI	二氯荧光黄	测定在 0.01mol/L HNO_3 中进行，当 I^- 浓度≥0.01mol/L 时，可在 Cl^- 存在下滴定
	$AgNO_3$ 和 $KSCN$	AgI $AgSCN$	铁铵矾	本法推荐为快速测定法，分析液中加入过量的 $AgNO_3$，慢慢搅拌，加入指示剂后以 $KSCN$ 溶液滴定之
	$AgNO_3$	AgI	刚果红	滴定在 pH=5~5.5 的 HNO_3 介质中进行。允许在 Cl^- 存在下滴定 I^-、I^- 含量为 Cl^- ＋I^- 总量的约 10% 时误差约 1%，＞10% 时误差约 0.5%
MoO_4^{2-}	$Pb(NO_3)_2$	$PbMoO_4$	四碘荧光素	滴定至溶液自橙色转变为暗红色为终点
SO_4^{2-}	$BaCl_2$	$BaSO_4$	四羟基醌	pH=7~8 及含有 0.0025mol/L SO_4^{2-} 溶液中，加入等量的乙醇，在剧烈搅拌下进行滴定，做空白校正。SO_4^{2-}≥8mg 时结果良好，若在 pH=4 测定时可允许少量 PO_4^{3-} 存在
	$BaCl_2$	$BaSO_4$	茜素 S	在水-乙醇介质中进行滴定，并宜做空白滴定进行校正，Al 和 Fe 存在时，以 NaF 及三乙醇胺进行掩蔽
SCN^-	$AgNO_3$	$AgSCN$	硝氮黄	可在氨存在下滴定
	$AgNO_3$	$AgSCN$	氯酚红	中性介质中进行滴定
	$AgNO_3$	$AgSCN$	溴甲酚绿	中性介质中进行滴定

第八节 荧光滴定法

一、方法简介

在滴定分析中，选择某些荧光物质作为指示剂使用，当这类物质加入被滴定的溶液中，并在紫外光照射下滴定至终点时，将产生荧光，或荧光消失，或荧光颜色改变等，这类荧光物质称为荧光指示剂。使用荧光指示剂的滴定分析方法称作荧光滴定法。荧光滴定法有两大优点。

① 适用于不透明、浑浊及有色溶液的滴定分析。这类溶液如使用一般指示剂，常因终点不易判断而无法进行。

② 荧光滴定法不需要特殊仪器。它保持着一般滴定分析方法简便、快速的特点。所用仪器和操作过程与一般滴定分析相同。

荧光滴定最好在暗室或特制暗箱中进行。常用汞荧光灯为光源，以目视法进行测定。

二、荧光指示剂分类

1. 酸碱滴定的荧光指示剂

某些物质所发生的荧光随着溶液 pH 的改变而改变，如在某一 pH 范围内发生明亮的荧光，而在另一 pH 范围内荧光消失；或在某一 pH 时，荧光由一种颜色转变为另一种颜色。根据这些物质荧光的变化，来指示酸碱滴定的终点，称为酸碱滴定的荧光指示剂。常用的酸碱滴定的荧光指示剂见表 10-48。

2. 络合滴定的荧光指示剂

络合滴定中，常用金属络合荧光指示剂。这类指示剂或者本身是荧光物质，但其荧光能被某些元素熄灭；或者指示剂本身并非荧光物质，但能与某些元素形成荧光性络合物。凡这些类型的物质，在适当条件下，可根据其荧光的消失或产生来判断滴定的终点。常用的金属荧光指示剂见表 10-49。

3. 氧化还原滴定的荧光指示剂

某些物质本身是荧光性物质，但被氧化剂氧化成为一种不发生荧光的产物而使荧光消失，便可作为氧化还原荧光指示剂使用，在滴定至终点时，稍过量的氧化剂的加入，将使指示剂的荧光立即消失，从而指示滴定终点的到达。常用的氧化还原滴定的荧光指示剂见表 10-50。

4. 沉淀滴定的荧光指示剂

沉淀滴定的荧光指示剂中，使用较普遍的是荧光吸附指示剂，即荧光物质在水溶液中以一定的带电质点形式存在，当它被沉淀表面吸附后荧光立即消失，解吸后荧光又再现，凭此现象来指示滴定终点到达与否。此外，也有些荧光物质具有被沉淀吸附后改变荧光颜色，可用作指示滴定终点的依据。常用的吸附荧光指示剂见表 10-51。

三、荧光滴定法应用实例

部分荧光滴定法的应用实例见表 10-48～表 10-51。

表 10-48　常用的酸碱滴定的荧光指示剂

名称(别名)	结 构 式	变色 pH 值范围	颜色变化	配制方法
邻苯二胺(1,2-二氨基苯)	NH₂ NH₂	3.1～4.4	绿色～荧光消失	用 70％乙醇配制成 0.2％溶液
对苯二胺(1,4-二氨基苯)	H₂N NH₂	3.1～4.4	无荧光～橙黄色	用 70％乙醇配制成 0.2％溶液
水杨酸(邻羟基苯甲酸)	OH COOH	2.5～4.0	无荧光～深蓝色	0.5％钠盐水溶液
氨茴酸(邻氨基苯甲酸)	NH₂ COOH	1.5～3.0 4.5～6.0 12.5～14	无荧光～浅蓝色 浅蓝色～深蓝色 深蓝色～荧光消失	用 50％乙醇配制成 0.1％溶液

续表

名称（别名）	结 构 式	变色 pH 值范围	颜色变化	配制方法
对氨基水杨酸（4-氨基柳酸）		3.1～4.4	无荧光～浅绿色	0.2％乙醇溶液，用时现配制
3,6-二羟基酞酰亚胺（3,6-二羟基邻苯二甲酰亚胺）		0～2.4 6.0～8.0	蓝～绿 绿～黄绿	1％乙醇溶液
鲁米诺（3-氨基苯二甲酰肼）		6～7	无荧光～蓝色	0.01％水溶液
香豆素（邻氧萘酮）		9.5～10.5	无荧光～浅绿色	
伞形酮（7-羟基香豆素）		6.5～8.0	无荧光～蓝色	1％乙醇溶液
喹啉（氮杂萘）		6.2～7.2	蓝色～荧光消失	饱和水溶液
香豆酸（羟基苯丙烯酸）		7.2～9.0	无荧光～绿色	1％乙醇溶液
变色酸（铬变酸；1,8-二羟基萘-3,6-二磺酸）		3.1～4.4	无荧光～浅蓝色	配制成 5％水溶液
1-萘胺（α-萘胺）		3.4～4.8	无荧光～蓝色	配制成 0.5％乙醇溶液
2-萘胺（β-萘胺）		2.8～4.4	无荧光～紫色	0.5％乙醇溶液
1-萘甲酸（α-萘甲酸）		2.5～3.5	无荧光～蓝色	配制成钠盐水溶液
试卤灵（9-羟基-3-异吩噁唑酮）		4.4～6.4	黄～橙	
可他宁		＞12	黄～无色	乙醇溶液

名称(别名)	结 构 式	变色 pH 值范围	颜色变化	配制方法
吖淀(氮杂蒽)		5.2~6.6	绿~紫色	0.1%乙醇溶液
吖啶橙		8.4~10.4	无荧光~黄绿色	0.1%乙醇溶液
苯并黄素(萘黄酮)		0~1.7	黄~绿色	1%乙醇溶液
曙红(四溴(R)荧光素)		0~3.0	无荧光~绿色	1%钠盐水溶液
二氯荧光素		4.0~6.6	蓝绿色~绿色	1%乙醇溶液
荧光素(荧光黄;荧光生)		4.0~6.6	蓝绿~绿色	1%乙醇溶液
奎宁(金鸡纳碱)		3.0~5.0 9.5~10.0	蓝~紫色 紫色~荧光消失	0.1%乙醇溶液

表 10-49 络合滴定的金属荧光指示剂

名称（别名）	结 构 式	被测物（滴定剂）	颜色变化	配制方法
8-羟基喹啉（喔星）		Ga^{3+}（EDTA）	黄（绿）色～荧光消失	用 0.5% 乙酸配制 0.05% 溶液
8-羟基喹啉-5-磺酸		Zn^{2+}（EDTA）Zn^{2+}、Mg^{2+}、Cd^{2+}（1, 2-二氨基环己烷-N,N,N',N'-四乙酸）	黄（绿）色～荧光消失	0.2% 水溶液
水杨醛缩乙酰腙		Zn^{2+}（EDTA）	蓝色～荧光消失	0.1% 乙醇溶液
3-羟基-2-萘甲酸		Al^{3+}（EDTA）	蓝～绿色	0.1% 钠盐水溶液
水杨醛缩邻氨基酚（亚水杨基邻氨基酚）		Al^{3+}（NaF）	黄（绿）～荧光消失	0.05% 乙醇溶液用时现配
甲基钙黄绿素蓝			无荧光～蓝色	0.1% 水溶液
桑色素（2′,4′,3,5,7-五羟基黄酮）		Ga^{3+}、In^{3+}（EDTA）F^-（$AlCl_3$）	绿～荧光消失	0.5% 甲醇溶液或 0.2%（1+1）乙醇-水溶液
钙黄绿素蓝		Ca^{2+}、Sr^{2+}、Ba^{2+}（EDTA）Ca^{2+}（EGTA）Ga^{3+}（在 Ga^{3+} 络合物存在下，用 EDTA 回滴）	无荧光～蓝色	0.1% 水溶液
咕吨酮络合剂		Ca^{2+}、Sr^{2+}、Ba^{2+}（EDTA）Ca^{2+}（加过量 EDTA，Cu^{2+} 返滴定）	无荧光～蓝色	0.1% 水溶液
3,3′-二羟基联苯胺-N,N,N',N'-四乙酸		Cu^{2+}（EDTA）Pb^{2+}（EDTA）Ni^{2+}、Co^{2+}（过量 EDTA，Pb^{2+} 标液返滴定）	无荧光～蓝色	1 份本品钠盐与 99 份 KNO_3 固体混合并研磨后，保存在干燥器中备用

名称(别名)	结 构 式	被测物(滴定剂)	颜色变化	配制方法
3,3′-二羧基联苯胺-N,N,N′,N′-四乙酸	HOOC—H₂C、HOOC—H₂C 等结构	Ca²⁺(EDTA)	无荧光~绿色	1 份本品钠盐与 99 份 KNO₃ 固体混合后并研磨混匀,保存在干燥器中备用
四环素		Ca²⁺、Sr²⁺、Mg²⁺、Cd²⁺、Zn²⁺(EDTA)Ba²⁺(加过量 EDTA 后,用 Ca²⁺标液返滴)	黄绿色~荧光消失	溶解 11mg 本品于 25mL 去离子水中,加 2 滴二氯甲烷
3,3′-二甲氧基联苯胺-N,N,N′,N′-四乙酸(邻联回香胺-N,N,N′,N′-四乙酸)		Cu²⁺、Hg²⁺(EDTA) Bi³⁺、Fe²⁺、Fe³⁺、In³⁺、Ni²⁺、Pb²⁺、Th⁴⁺、Zr⁴⁺(加过量 EDTA,以 Cu²⁺标液返滴)	无荧光~蓝色	1 份本品钠盐与 99 份 KNO₃ 固体混合后并研磨混匀,保存在干燥器中备用
甲基钙黄绿素		Mn²⁺(EDTA)	无荧光~黄绿色	0.1% 水溶液
钙黄绿素(荧光素络合剂)		Ca²⁺、Mn²⁺、Cu²⁺(EDTA)Cr³⁺、Co²⁺(过量 EDTA 后,用 Cu²⁺标液返滴)	pH<12,绿色荧光;pH>12,无荧光,但 pH>12 时,其 Ba²⁺、Sr²⁺、Ca²⁺ 的络合物仍发生绿色荧光	与 KCl 固体 1:100 混合物

表 10-50　氧化还原滴定的荧光指示剂

名称(别名)	结 构 式	颜色变化		配制方法	应 用
		氧化态	还原态		
2,2′-联吡啶(α,α′-联吡啶)		Ru³⁺与本试剂的络合物无荧光	Ru²⁺与本试剂组成的络合物呈橙红色	取 1.17g 本品与 0.69g 钌盐溶于 100mL 水中	在酸性溶液中,以硫酸铈或高锰酸钾标准溶液为滴定剂,滴定 As(Ⅲ)
硫黄素(硫代黄色素)		I₂ 与指示剂不产生荧光	I⁻ 与指示剂产生黄(绿)荧光	1% 水溶液	动物脂肪中微量过氧化物的测定。配合碘量法,于试样中加氯仿、乙酸、KI 和水,用 Na₂S₂O₃ 标液滴定
罗丹明 6G	C₂H₅·HN、NH(C₂H₅)Cl、COOC₂H₅ 结构	无荧光	绿色荧光	0.1% 水溶液	酸性介质中,以硫酸铈(Ⅳ)为滴定剂,测定 U(Ⅳ)、V(Ⅳ)或 Fe(Ⅱ);以 Fe³⁺ 标准溶液滴定 Mo(Ⅴ)

表 10-51　沉淀滴定的吸附荧光指示剂

名称(别名)	结构式	终点颜色变化	配制方法	应用
二氯荧光素		黄绿色～荧光消失	1% 乙醇溶液	在 HNO_3 介质中，以 $AgNO_3$ 标准溶液滴定 Cl^-
荧光素	(I) (II)	黄绿色～荧光消失	1% 乙醇溶液	在 HNO_3 介质中，以 $AgNO_3$ 标准溶液滴定 Cl^-
樱草灵(C. I. 直接黄 59)		蓝～紫色	0.2% 水溶液	在 $pH=6.2\sim6.8$ 溶液中，以 $Pb(NO_3)_2$ 标准溶液滴定 $Mo(VI)$
钙黄绿素(荧光素络合剂)		黄绿色～荧光消失	与 KCl 固体的 1:100 混合物	$pH=9\sim11$ 溶液中，以 $AgNO_3$ 标准溶液滴定 Br^-，I^-，CN^-

第九节　非水滴定法

一、方法简介

在滴定分析中，除了滴定是在水溶液中完成外，采用性质多样的非水溶剂——有机溶剂作为滴定介质的一类滴定方法称为非水滴定法。它的优点是能测定不溶于水或难溶于水，或遇水即被分解，以及在水溶液中不能准确测定的许多物质。例如离解常数小于 10^{-7} 的弱酸或弱碱，以及弱酸盐或弱碱盐等，因在水溶液中没有明显的滴定突跃而不能准确滴定，若采用非水溶剂作滴定介质，则问题可得以解决。此外，在水溶液中只能连续滴定两种组分，而在非水介质中有时可以连续滴定几种组分。

非水滴定具有一般滴定分析所具备的准确、快速等特点。其所用仪器和操作过程也与一般滴定分析相同，但分析前必须保证所用仪器都绝对干燥无水。滴定终点可选择非水滴定用的各类指示剂，根据其颜色的变化来判断，还可应用电位滴定法、安培法、库仑法、高频滴定法以及其他的物理化学方法来指示化学计量点的到达。

从滴定反应的类型来看，非水滴定同样包括酸碱滴定、络合滴定、氧化还原滴定和沉淀滴定等类型。

二、非水溶剂

1. 酸碱质子理论

在非水滴定中，按照酸碱质子理论，凡能提供质子的物质称为酸，凡能接受质子的物质称为碱，酸和碱是互为共轭的关系：

$$A \rightleftharpoons H^+ + B$$
$$\text{酸} \qquad \text{碱}$$

其中，酸或碱可以是分子，也可以是阳离子或阴离子。例如：

$$NH_4^+ \Longrightarrow H^+ + NH_3 \quad R-NH_2 + H^+ \Longrightarrow RNH_3^+$$

$$HS^- \Longrightarrow H^+ + S^{2-} \quad CO_3^{2-} + H^+ \Longrightarrow HCO_3^-$$

$$CH_3COOH \Longrightarrow H^+ + CH_3COO^- \quad HPO_4^{2-} + H^+ \Longrightarrow H_2PO_4^-$$

酸　　　　　　碱　　　　碱　　　　酸

根据质子论，不同物质所表现出的酸或碱的强度，不仅与这种物质本身提供或接受质子的能力有关，而且与反应的物质（包括介质的性质）有关。提供质子的能力越大，该物质的酸性越强；接受质子的能力越大，该物质的碱性越强。

2. 非水溶剂的种类

非水溶剂按其酸碱性的不同，可分为两大类。

(1) 惰性溶剂　这类溶剂不具有酸碱性或酸碱性极弱，如苯、氯仿、乙腈、丙酮、甲基异丁基酮等，它们极难离解或完全不离解。在惰性溶剂中，溶剂不参与质子转移过程，质子转移反应直接发生在被滴物和滴定剂之间。

(2) 两性溶剂　这类溶剂既有酸的性质，又有碱的性质，溶剂分子之间有质子的转移，即质子自递作用，使溶剂本身产生离解。其中，酸碱性和水差不多的称为中性溶剂，如甲醇、乙醇等；酸性明显地大于水的称为酸性溶剂，如甲酸、乙酸等；碱性明显地大于水的称为碱性溶剂，如液氨、乙二胺等。

3. 溶剂的质子自递常数

两性溶剂都发生质子自递反应，例如：

$$HAc + HAc \Longrightarrow H_2Ac^+ + Ac^- \quad K_s = 3.6 \times 10^{-15}$$

$$C_2H_5OH + C_2H_5OH \Longrightarrow C_2H_5OH_2^+ + C_2H_5O^- \quad K_s = 7.9 \times 10^{-20}$$

溶剂　　　　溶剂化质子　溶剂阴离子

K_s 称为质子自递常数。它是非水溶剂的重要特性，K_s 越小（即 pK_s 越大），质子自递反应进行的程度越差，滴定单一组分的突跃越大，滴定的准确度就越高。由于可用的 pH 范围大，还可以连续滴定多种强度不同的酸（碱）的混合物。

一些溶剂的 pK_s 值见表 10-52。

表 10-52　一些溶剂的质子自递常数（pK_s，25℃）

溶剂	pK_s	溶剂	pK_s	溶剂	pK_s	溶剂	pK_s
甲醇	16.7	甲酸	6.2	乙酸酐	14.5	乙二胺	15.3
乙醇	19.1	乙酸	14.45	乙腈	32.2	甲基异丁酮	＞30

4. 溶剂的拉平效应和区分效应

由于酸碱在溶液中的离解是通过溶剂接受（或给予）质子得以实现的，所以以物质的酸碱性强弱不仅取决于物质的本性，也与溶剂酸碱性有关。如在水溶液中，$HClO_4$、H_2SO_4、HCl、HNO_3 都是强酸，它们将质子定量地转移给 H_2O 生成 H_3^+O：

$$HClO_4 + H_2O \longrightarrow H_3^+O + ClO_4^-$$

$$H_2SO_4 + H_2O \longrightarrow H_3^+O + HSO_4^-$$

H_3^+O 是水中最强的酸，比它更强的酸都被拉平到 H_3^+O 的水平，这种将不同强度的酸拉平到溶剂化质子水平的效应称为拉平效应。具有拉平效应的溶剂称为拉平性溶剂。在此，水是 $HClO_4$、H_2SO_4、HCl 和 HNO_3 的拉平性溶剂。如果在冰乙酸的介质中，由于 H_2Ac^+ 的酸性较 H_3^+O 强，因而 HAc 的碱性就较水为弱。在这种情况下，这四种酸就不能全部将质子转移给 HAc，并且在程度上有差别，即给出质子的程度：

$$HClO_4 > H_2SO_4 > HCl > HNO_3$$

可见在冰乙酸介质中：

$$HClO_4 + HAc \Longrightarrow H_2Ac^+ + ClO_4^-$$

$$H_2SO_4 + HAc \Longrightarrow H_2Ac^+ + HSO_4^-$$

$$HCl + HAc \Longrightarrow H_2Ac^+ + Cl^-$$

$$HNO_3 + HAc \Longrightarrow H_2Ac^+ + NO_3^-$$

这四种酸的强度能显示其差别来，这种能区分酸（或碱）的强弱作用称为区分效应。具有区分效应的溶剂称为区分性溶剂。在此，冰乙酸是 $HClO_4$、H_2SO_4、HCl、HNO_3 的区分性溶剂。

溶剂的拉平效应和区分效应，与溶质和溶剂的酸碱相对强度有关。如水是上述四种酸的拉平性溶剂，同时它也是这四种酸和乙酸的区分性溶剂。惰性溶剂没有明显的酸性和碱性，因此没有拉平效应，是很好的区分性溶剂。

在非水滴定中，利用拉平效应可以测定混合酸（或碱）的总量，利用区分效应可以分别测定混合酸（或碱）中各组分的含量。

三、非水滴定条件的选择

1. 溶剂的选择

在非水滴定中，溶剂的酸碱性是非常重要的条件，它直接影响滴定反应的完全程度。因此对于酸的滴定，溶剂的酸性越弱越好，通常选用碱性溶剂或惰性溶剂；对于碱的滴定，溶剂的碱性越弱越好，通常采用酸性溶剂或惰性溶剂。此外，所选用的溶剂还应满足以下要求。

① 溶剂应能溶解试样及滴定反应的产物。一种溶剂不能溶解时，可采用混合溶剂。

② 溶剂应有一定的纯度，黏度小，挥发性低，易于回收，价廉、安全。

2. 滴定剂的选择

（1）酸性滴定剂 在非水介质中滴定碱时，常用 $HClO_4$-HAc 作滴定剂。它是由 $70\% \sim 72\%$ $HClO_4$ 水溶液配成的，其中由 $HClO_4$ 带来的水分必须除去。一般通过加入一定量的乙酸酐来除去。若滴定伯胺或仲胺等易于乙酰化的样品，要避免加入过量乙酸酐，否则破坏它的碱性，使滴定无法进行。$HClO_4$-HAc 滴定剂一般用邻苯二甲酸氢钾作为基准物质进行标定，滴定反应为：

以甲基紫或结晶紫为指示剂。

（2）碱性滴定剂 最常用的滴定剂为醇钠、醇钾，碱金属氢氧化物和季铵碱（如氢氧化四丁基铵）的苯-甲醇溶液。季铵碱的优点是碱性强度较大，滴定产物易溶于有机溶剂。标定碱的基准物质常用苯甲酸，指示剂多用百里酚蓝、偶氮紫等。

碱性滴定剂在贮存和使用时，必须注意防水和 CO_2。

3. 滴定终点的检测

检测滴定终点的方法很多，最常用的有电位法和指示剂法。

电位法一般以玻璃电极或锑电极为指示电极，饱和甘汞电极为参比电极，通过绘制滴定曲线来确定滴定终点。

用指示剂检测滴定终点时，关键在于选用合适的指示剂。关于指示剂的选择，一般是通过经验方法来确定，即在电位滴定的同时，观察指示剂颜色的变化，从而可以确定何种指示剂与电位滴定终点相符合。

四、非水滴定中应用的指示剂

1. 非水滴定中应用的酸碱指示剂

非水滴定中应用的酸碱指示剂见表 10-53。

表 10-53 非水滴定中应用的酸碱指示剂[①]

指 示 剂	浓度/%	溶 剂	颜 色 变 化	被 测 物 质
孔雀绿	0.1	乙酸	无色→浅蓝绿	生物碱类
尼罗蓝	0.1	苯,甲醇	红→蓝	二苯基磷酸盐
甲基红	0.1	氯仿	黄→红	咖啡因;咖啡因磷酸酯
甲基黄	0.1	氯仿	黄→红	胺类;烟碱(尼古丁)

指　示　剂	浓度/%	溶　剂	颜色变化	被　测　物　质
甲基紫	0.1	乙酸	绿→黄	安替比林类衍生物
甲基橙	0.1	烃类;乙二醇	黄→深红	吗啡类麻醉剂
对氨基偶氮苯	0.1	氯仿	黄→红	间苯二酚
对羟基偶氮苯	0.1	丙酮	无色→黄	羧酸
百里酚酞	0.1	吡啶	亮黄→浅蓝	胺类;乙炔
百里酚蓝	0.1	二甲基甲酰胺;甲醇;乙二醇	黄→蓝	铵盐;阿司匹林;生物碱类;尼龙
刚果红	0.1	1,4-二氧六环	红→蓝	胺类
金莲橙	0.1	乙醇	黄→紫	生物碱类;咖啡因;水杨酸酯
苦味酸	0.1	乙二胺	黄→无色	酚类
碱性亮甲酚蓝	0.1	乙酸	红→蓝	氨基酸
苯酰金胺	0.1	乙酸	黄→灰紫色	氨基酸
结晶紫	0.1	乙酸	浅蓝→绿	生物碱类;氨基酸
偶氮紫	—	二甲基甲酰胺;吡啶	橙→浅蓝	酚类;烯醇类;酰亚胺类化合物
酚红	0.1	乙醇	红→黄	甲胺
酚酞	0.1	吡啶;乙醇+苯	无色→深红	脂肪酸;磺酰胺;巴比妥酸
α-萘酚苯甲醇	0.1	乙酸	黄→绿	氨基酸;奎宁
硝基苯酚	0.1	甲氧基苯;氯代苯	黄→无色	碱类
溴甲酚绿	0.5	氯仿	绿→无色	伯胺;仲胺
溴百里酚蓝(溴麝香草酚蓝)	0.1	吡啶;乙酸;丙烯腈	黄→浅蓝	有机酸
溴酚酞	0.1	苯	黄→红紫	胺类
溴酚蓝	0.1	氯苯;氯仿;乙醇;乙酸	紫→黄	胺;生物碱类;磺酰胺制剂

① 非水滴定中所用酸碱指示剂在不同介质中所指示酸碱范围有所不同,使用时应根据介质来选择。

2. 非水滴定中应用的氧化还原指示剂

非水滴定中应用的氧化还原指示剂见表10-54。

表10-54　非水滴定中应用的氧化还原指示剂

指　示　剂	浓度/%	溶　剂	颜色变化	被　测　物　质
二苯胺	0.25	冰乙酸	无色→紫	氢醌
甲基红	0.1	冰乙酸	红→黄	氢醌
变胺蓝 B	0.1	吡啶	无色→蓝	抗坏血酸;氢醌;β-萘酚
邻菲咯啉+FeSO₄	2	冰乙酸	红→黄	氢醌
雅努斯绿	0.1	冰乙酸	蓝→浅红	氢醌

五、非水滴定法的应用

非水滴定法扩大了经典分析方法的应用范围,克服了分析上的一些局限性。表10-55和表10-56分别为某些无机物和有机化合物测定的非水滴定应用实例。

表10-55　无机物的非水滴定应用实例

被测化合物	滴　定　体　系		化学计量点指示方法
	溶剂(体积比)	滴　定　剂	
二氧化碳	丙酮-甲醇	甲醇钠	目视法①
	丙酮	甲醇钠	目视法①
	二甲基甲酰胺	氢氧化四丁基铵	目视法
	二甲基甲酰胺+水	碘化钾	电导法
氨	甲醇+水	HNO₃	电导法
水	各种溶剂	卡尔·费休试剂	目视法;电位②
硫代酸	二甲基亚砜	Na(CH₂SO—CH₃)	电位(H₂-Ag/AgCl)

续表

被测化合物	滴定体系		化学计量点指示方法
	溶剂（体积比）	滴定剂	
各种无机酸（高氯酸、盐酸、硫酸、硝酸）	乙二醇-异丙醇（1+1）	氢氧化钠的乙二醇-异丙醇（1+1）溶液	电位
	苯-甲醇（10+1）；二甲基甲酰胺-氯仿（1+1）	氢氧化钾乙醇溶液	目视法：甲基紫
	甲醇	环己胺甲醇溶液	电位
各种无机酸（高氯酸、盐酸、硝酸、硫酸）	吡啶，二甲基甲酰胺，丙酮，甲乙酮	季铵碱的苯-甲醇（10+1）溶液	电位
	乙腈，丙酮	二苯胍乙醇溶液	电位
无机酸（硼酸）	甲醇	氢氧化钠甲醇溶液	电导
	丙三醇＋异丙醇	氢氧化四乙基铵	电位
	丙酮	氢氧化四乙基铵	电位
杂多酸：钼硅酸	醇类（甲醇或乙醇）	氢氧化钾或氢氧化四丁基铵的醇溶液	电位（甘汞-Ag/AgCl）
	异丙醇＋苯	氢氧化四乙基铵	电位（玻璃-Pt）
	甲乙酮	氢氧化四乙基铵	电位（玻璃-Pt）
	乙酸＋乙酐	吡啶，三乙胺	电位（玻璃-Pt）
锗钼酸	二甲基甲酰胺	各种碱	电位
	氯仿＋二甲基甲酰胺	各种碱	电位
磷钼酸	甲醇	氢氧化四乙基铵	电位
无机盐：作为碱被滴定的盐（如溴化物、氯化物、亚硝酸盐、硼酸盐）	乙酸、乙酐	盐酸的乙酸溶液	电位；目视法
	乙酸、乙酐	盐酸的乙酸-乙酐（1+1）溶液	电位；目视法；甲基紫
	乙二醇-异丙醇（1+1）	盐酸的乙二醇-异丙醇（1+1）溶液	电位；目视法；甲基红
	乙酸＋氯仿；乙酸＋甲基异丁酮	盐酸的1,4-二氧六环溶液	电位

① 非水定碳法是比较普遍应用的定碳方法之一，由于二氧化碳在水中是一种很弱的酸（$K_1 < 10^{-7}$），因而不能在水溶液中直接用碱滴定。但在有机溶剂中二氧化碳呈较强酸性，可直接用碱滴定，适于测定钢铁及合金中的少量碳。试样在氧流中经高温燃烧后，用含有百里酚蓝和百里酚酞指示剂的丙酮-甲醇-氢氧化钾混合液吸收所生成的二氧化碳，以甲醇钠标准液进行滴定，其反应为：

$$KOCH_3 + CO_2 \longrightarrow CH_3CO_3K$$

吸收液配制：1.3g 氢氧化钾放入盛有 500mL 甲醇的棕色瓶中，溶解后加 500mL 丙酮，并加入 0.2g 百里酚酞和0.01g百里酚蓝，混匀，此浓度为 0.02mol/L，用于测定 0.005%～0.2% 的碳含量，如碳含量较高，可加大氢氧化钠量，以标准钢样标定。

测定方法：称取 1g 试样置于燃烧舟中，加适量助熔剂，置于管式炉管腔内，加热 10min，通氧，生成气导入盛有标准混合液吸收器中，随着二氧化碳的吸入，溶液由浅蓝色变为黄色，立即以标准吸收液滴定至原来的浅蓝色为终点。

注意事项：硫有干扰，若试样中含硫时应加除硫装置，常用碘化钾-碘酸钾溶液洗气除去含硫的氧化物。

② 卡尔·费休试剂是指卡尔·费休（Karl Fischer）提出的利用碘氧化二氧化硫时需要定量地消耗水分，其反应为：

$$I_2 + SO_2 + 2H_2O \Longrightarrow 2HI + H_2SO_4$$

因此设计了一种含有碘、吡啶、二氧化碳及甲醇的混合液，称为卡尔·费休试剂。它与水作用时反应为：

$$H_2O + I_2 + SO_2 + 3C_5H_5N + CH_3OH \longrightarrow 2C_5H_5N \cdot HI + C_5H_5NH \cdot SO_4CH_3$$

滴定时可通过溶液由浅黄色变为琥珀色为终点，也可用电位法确定等当点。

卡尔·费休试剂配制时，为便于保存，常分别配成甲、乙两溶液，贮于自动滴定管中。溶液甲：将 450mL 无水甲醇与 450mL 无水吡啶混合，在冰浴中冷却，然后通入经硫酸干燥的二氧化硫 90g。溶液乙：取 30g 碘溶于 1000mL 无水甲醇中。

表 10-56　有机化合物的非水滴定应用实例

被测化合物	滴　定　体　系		化学计量点指示方法
	溶剂(体积比)	滴　定　剂	
吡咯	乙酐	高氯酸	电位(玻璃-甘汞)
苯并咪唑	乙酸	高氯酸	指示剂
	丙酸	高氯酸	指示剂
	二甲基甲酰胺	甲醇钾	指示剂
氨基化合物	乙酸、乙酸+乙酐	高氯酸,乙酸钠的乙酸溶液	目视法:甲基紫[1]
氨基酸中的氨基	乙酸、三氟乙酸、甲酸+乙酸、乙	盐酸的乙酸溶液	指示剂、电位、电导
	二醇-异丙醇(1+1)	盐酸的乙二醇-异丙醇(1+1)溶液	指示剂、电位、电导
高分子化合物中的氨基	硝基甲烷-甲酸(1+1)、乙酸、乙二醇-异丙醇、苯、氯代苯、溴代苯+丙酮	盐酸的乙酸溶液	指示剂、电位、电导
胺	乙酸、苯、氯仿、四氯化碳、氯苯、硝基苯、硝基甲烷、二氧六环等	高氯酸溶液	目视法[2]、电位[3]
伯胺	丙酮	HCl	电位
	丙酮	二氯乙酸	电导
	丙酮+甲酚	高氯酸	示波
	乙酸	高氯酸	指示剂、电位
	甲乙酮	高氯酸	电位
	甲乙酮+氯仿	高氯酸	电位
	二甲基甲酰胺+甲醇	HCl	电位
	甲腈	高氯酸	指示剂、电位
	甲酸+乙醇	高氯酸,HCl	指示剂、电位
	氯仿+水	四苯硼钠	指示剂
	异丙醇	HCl	双安培
仲胺	丙酮	HCl;二氯乙酸;3,5-二硝基苯甲酸	电位、电导
	二氧六环	高氯酸	温度
	甲醇、乙酸、乙酐	高氯酸	电位
	甲腈	高氯酸	电位
	甲乙酮	高氯酸	电位
	甲腈	氯酸	指示剂、电位
	甲醇	HCl	电位
	异丙醇+甲醇	HCl	电位
	甲乙酮+氯仿	高氯酸	电位
	甲酰胺	各种酸	电导
	二甲基甲酰胺+氯仿	HCl	电位
	二甲基亚砜	Na(CH$_2$SO—CH$_3$)	电位(H$_2$-Ag/AgCl)
	二甲基甲酰胺	高氯酸	电位
	二甲基亚砜	各种酸	电位
叔胺	甲醇,异丙醇+甲醇	HCl 的乙醇溶液	电位
	丙酮	HCl,二氯乙酸;3,5-二硝基苯甲酸	电位、电导
	乙酸,乙酐	高氯酸	温度、指示剂、电位、干涉
	二甲基亚砜	Na(CH$_2$SO—CH$_3$)	电位(H$_2$-Ag/AgCl)
	甲腈	氯酸、高氯酸	指示剂、电位
	1,4-二氧六环+丙酮	乙酸	指示剂
	甲乙酮	各种酸、高氯酸	电位
	甲乙酮+氯仿	高氯酸	电位
	二甲基亚砜	Na(CH$_2$SO—CH$_3$)	电位(H$_2$-Ag/AgCl)

被测化合物	滴定体系		化学计量点指示方法
	溶剂（体积比）	滴定剂	
脂肪族及芳香族的伯胺、仲胺、叔胺	乙酸、丙酸、乙酐、乙酸-乙酐、乙酸+氯仿	HCl 的乙酸溶液	指示剂、电位、高频
	乙腈、硝基甲烷、乙二醇-异丙醇(1+1)，醇类	HCl 的二噁烷溶液	指示剂、电位
	乙腈、硝基甲烷、乙二醇-异丙醇(1+1)，醇类	HCl 的甲乙酮溶液	指示剂、电位
	乙二醇-异丙醇(1+1)，双甘醇-异丙醇(1+1)	HCl 的乙二醇-异丙醇(1+1)溶液	电位
	丙酸	HCl 的丙酸溶液	电位
醇	1,4-二氧六环苯	卡尔·费休试剂④氢化锂铝的四氢呋喃溶液	电位、目视法电位
酚类化合物酚⑤	甲醇	各种碱	电位
	丙酮	NaOH、KOH、氢氧化四乙基铵	电位、电导
	甲乙酮	甲醇钠	电位
	二甲基甲酰胺	甲醇钠、氢氧化四乙基铵	电位、电导
	二甲基亚砜	甲醇钠、氢氧化四丁基铵	电位(Bi-Ag/AgCl)
	硝基甲烷	氢氧化四甲基铵	电位
酚及其衍生物	苯、乙二胺、二甲基甲酰胺	氢氧化钾乙醇溶液	电位
	丁胺、乙二胺、二甲基甲酰胺	甲醇钠（或钾）的苯-甲醇(10+1)溶液	指示剂、邻硝基苯胺
	苯-甲醇(10+1)	甲醇钾的苯-甲醇(10+1)溶液	高频
	乙二胺	氨基乙酸钠乙二胺溶液	电位
	吡啶、乙腈、丙酮、乙二胺、二甲基甲酰胺、苯-异丙醇	季铵碱的苯-甲醇(10+1)溶液	电位
醌:蒽醌	二甲基甲酰胺	氢氧化钠溶液	电位
	甲腈	高氯酸	目视法
有机酸⑥脂族单羧酸	甲醇	氢氧化四丁基铵	电位(甘汞-玻璃)
	甲醇	甲醇钠	温度
	甲醇	氢氧化四乙基铵	电导
	甲醇-苯	甲醇钠	电位
	甲醇-苯	氢氧化四丁基铵	温度
	甲醇-氯仿-甲乙酮-吡啶	甲醇锂	指示剂:麝香草酚蓝
	异丙醇	氢氧化四丁基铵	电位
	异丙醇-氯仿	氢氧化钾	电位
	丁醇	OH⁻（电量）	电位;指示剂
	乙二醇-丙酮	异丙醇钠	电位
	丙酮	OH⁻（电量）	电位
	丙酮	N-碱	电导
	甲乙酮	异丙醇钠	电位
	甲酰胺	N-碱	电导
有机酸⑥脂族单羧酸	二甲基甲酰胺	氢氧化四乙基铵	电导
	二甲基亚砜	Na(CH₂SO—CH₃)	电位(H₂-Ag/AgCl)
	二甲基亚砜	氢氧化四丁基铵	电位(H₂-Ag/AgCl)
脂族多羧酸	甲醇	氢氧化四乙基铵	电位
	丙三醇-异丙醇	氢氧化四乙基铵	电位
	丙酮	氢氧化钾丙醇溶液	电位
	丙酮	氢氧化四乙基铵	电位
	碳酸丙烯酯	氢氧化钾四醇溶液	电位
	甲醇	甲醇钠	电导
	甲醇-苯	氢氧化钾、氢氧化四丁基铵	示波、温度
有机酸脂族多羧酸	丁醇	OH⁻	电位(甘汞-玻璃)
	甲乙酮	氢氧化四丁基铵	电位(甘汞-钨)
	四甲基脲	氢氧化四丁基铵	电位(甘汞-玻璃)

被测化合物	滴　定　体　系		化学计量点指示方法
	溶剂(体积比)	滴　定　剂	
苯甲酸	甲醇	氢氧化钾、甲醇钠	电位、温度
	甲醇	氢氧化钾、氢氧化四乙基铵	电位
	醇类	氢氧化四乙基铵	电位
	丙三醇-异丙醇	氢氧化四乙基铵	电位
	丙三醇-异丙醇	氢氧化四乙基铵	电位
	丙酮	氢氧化四乙基铵	电位
	丙酮	氢氧化钾	电位
	甲乙酮	氢氧化四乙基铵	电位
	二甲基甲酰胺	甲醇钠、氢氧化钾	电位、示波
	二甲基甲酰胺	甲醇钠	电位
	二甲基甲酰胺	氢氧化钾甲醇溶液	示波
	二甲基甲酰胺-甲乙酮	氢氧化钾	电位
	二甲基亚砜	甲醇钠、氢氧化四丁基铵	电位(Bi-Ag/AgCl)
	四甲基胍	氢氧化四丁基铵	电导、电位(H$_2$-Hg/HgCl$_2$)
	Si(OC$_2$H$_5$)$_4$	高氯酸、N,N'-二苯基胍	电位、指示剂
酸类混合物	乙二醇-异丙醇(1+1)	氢氧化钠的乙二醇-异丙醇(1+1)混合液	电位
强酸混合物	乙酸	乙酸锂(或钠)的乙酸溶液	电位、电导
	酮类,吡啶	季铵碱的苯-甲醇(10+1)溶液	电位
	甲醇	环己胺甲醇溶液	电位
弱酸混合物	苯、乙二胺、二甲基甲酰胺	氢氧化钾乙醇溶液	电位
	甲醇,吡啶	甲醇钾的吡啶-苯(1+10)溶液	电导
酸酐	苯-甲醇(1+2)、乙醚、乙酸乙酯等	甲醇钠的苯-甲醇(10+1)溶液	电位
季铵碱与无机或有机酸形成的盐	乙酐	盐酸的乙酸-乙酐(1+1)溶液	电位
	乙酸	盐酸的乙酸溶液	指示剂、电位
	丙酮、乙腈	硝酸银的丙酮或乙腈溶液	电位
	甲醇	氢氧化钾	电位(甘汞-玻璃)
	丙酮	甲醇钠	电位(甘汞-玻璃)
	甲乙酮	高氯酸	电位
	吡啶	甲醇钠	电位(甘汞-玻璃)
	Si(OC$_2$H$_5$)$_4$	高氯酸	电位
有机碱与无机或有机阴离子形成的盐	乙酸、乙酸-二氧六环	盐酸的乙酸溶液	电位
	乙酐	盐酸的乙酸-乙酐(1+1)溶液	指示剂、电位
	乙酸、二氧六环	盐酸的二氧六环溶液	指示剂、电位
	乙醇、氯仿、乙腈混合液	盐酸的二氧六环溶液	指示剂
	甲基异丁酮	氢氧化四丁基铵的苯-甲醇(10+1)溶液	电位
	醇类、酮	氢氧化钾乙醇溶液	指示剂、电位
	醇类,酮	乙醇钠的醇-丙酮溶液	指示剂、电位
硫脲	丙酮	碱	电位(甘汞-玻璃)
	甲乙酮	氢氧化四乙基铵	电位
	二甲基亚砜	Na(CH$_2$SO—CH$_3$)	电位(H$_2$-Ag/AgCl)
尿素	甲醇	氢氧化四乙基铵	电位
尿嘧啶	二甲基甲酰胺	KOH	
生物碱[⑦]	水-醇	HCl(乙醇溶液)	高频
	乙酸	高氯酸	电位
	乙酸酐-氯仿	高氯酸	指示剂
	1,4-二氧六环	高氯酸	电位

被测化合物	滴定体系		化学计量点指示方法
	溶剂（体积比）	滴定剂	
生物碱⑦	二甲基亚砜	HCl、氢氧化四丁基铵	指示剂、电导
	硝基甲烷	高氯酸	电位、电指剂
	硝基甲烷、硝基甲烷-乙酐	HCl 的硝基甲烷溶液	电位
	乙二醇-异丙醇（1+1）	HCl 的乙二醇-异丙醇（1+1）溶液	电位
	乙酸	HCl 的乙酸溶液	电位
	乙酸、乙酐、乙酸-乙酐、乙酸-乙腈（1+1）	HCl 的乙酸溶液	电位、高频、指示剂
	各种比例的异丙醇-乙二醇溶液	对甲苯磺酸的乙二醇-异丙醇溶液	电位
	氯仿	间甲苯磺酸的氯仿溶液	指示剂、电位
	丙酮、硝基苯、乙腈、氯仿、乙酸乙酯	HCl 的二氧六环溶液	电位
	乙酸-乙酐	HCl 的乙酸-乙酐溶液	指示剂
	各种溶剂	苦味酸	电位
柯柯豆碱	冰乙酸-四氯化碳	高氯酸乙酸溶液	目视法、α 萘酚苯甲醇变绿为终点
甾族化合物甾族类激素	氯仿	—	目视法
胆甾醇	乙酸	溴的乙酸溶液	电位（Pt-甘汞）
邻磺酰苯甲酰亚胺钠,可可碱-钠等	乙酸、乙酸-苯（1+1）、乙酸-1,4-二氧六环	HCl 的乙酸溶液	指示剂、电位
	乙酸、乙酸-苯（1+1）	HCl 的二氧六环溶液	指示剂、电位
	乙二醇-异丙醇	HCl 的乙二醇-异丙醇（1+1）溶液	指示剂
磺胺、磺胺嘧啶、磺胺胍	乙酸-乙酸钠溶液	溴的乙酸溶液	指示剂
磺胺制剂	二甲基甲酰胺	氢氧化钾	目视法、麝香草酚蓝
	乙酸-苯	溴溶液	安培
	四甲基砜	氢氧化四丁基铵	电位
	二甲基亚砜	氢氧化钾	电位
咖啡因	乙酐-氯仿	高氯酸	电位（石墨-铂）
异茶肼	乙酸	高氯酸乙酸溶液	目视法、甲基紫
盐酸地霉素	冰乙酸	高氯酸的二氧六环溶液	目视法、甲基紫、电位

　　① 溶解 2～3mg/mol 氨基酸于 500mL 0.1mol/L HClO₄ 的乙酸-乙酐溶液中，以甲基紫为指示剂，以 0.1mol/L 乙酸钠的乙酸溶液回滴定，以呈稳定紫色为终点。

　　② 此为测定胺类化合物的通法，样品溶于上述溶剂之一或其混合溶剂中后，以高氯酸的乙酸溶液进行滴定，指示剂可用甲基紫或甲基红等，依其含量的不同可参照以下方法进行。

　　参考方法 1：溶解 2～4mg/mol 的样品于约 50mL 氯苯或其他溶剂中，加 2 滴甲基紫以 0.1mol/L 高氯酸溶液滴定至紫色开始消失为止。

　　参考方法 2：取 2～4mg/mol 胺溶于 25～50mL1,4-二氧六环中，加 2 滴甲基红以 0.1mol/L 高氯酸进行滴定，高氯酸以二苯胍标定。

　　参考方法 3：测定微量胺（如 15～20mg）时，取样品置于 15mL 离心管并溶于 1mL 苯中，加 2 滴甲基紫以 0.001mol/L 高氯酸滴定至不褪的蓝色为止。

　　③ 以电位法指示终点时，可应用玻璃电极和饱和甘汞电极，容器间以 LiCl 的冰乙酸饱和溶液制成的盐桥相连。测定时取 0.0001～0.001mol/L 样品，溶于 50～70mL 乙酐中，以 0.1mol/L 高氯酸溶液进行滴定。若样品难溶于乙酐中，可加入少量硝基甲烷、1,4-二氧六环或氯苯等，少量这类溶剂不影响滴定终点的判断。

　　④ 此法测定醇是以与酸反应产生水，以卡尔·费休试剂测定其水的含量为根据。测定时，取一定量样品与催化剂溶液（每升中含 BF₃100g）少量置于（67±2）℃水浴中反应 2h，取出冷却后加 5mL 吡啶，以卡尔·费休试剂进行滴定。样品中原有水分量应做空白试验进行校正。

　　⑤ 酚类的酸性基团（即羟基）一般可用酸碱滴定法直接滴定，只是对酸性较弱的酚类较为困难；若用乙二胺为溶剂，以氨基乙醇钠进行滴定，则可获满意的结果。如果在酚的邻、对位上有醛、酮、硝基或酰胺等基团时，则其酸性较未取代的酚类为强，此时可用乙二胺为溶剂，邻硝基苯胺为指示剂，以甲醇钠的苯-甲醇溶液直接滴定。

　　⑥ 有机羧酸的羧基是酸性较强的官能团，一般可用氢氧化钠水溶液直接滴定，但不溶于水的酸类，则可采用非水滴定法测定。一般方法为将酸类溶于碱性溶剂中，以偶氮紫为指示剂，用碱性滴定剂进行滴定。此外，也可使羧酸在酯化催化剂（BF₃·2CH₃COOH）存在下与醇类反应制成酯，以卡尔·费休试剂滴定生成的水，间接计算羧酸的含量的方法进行测定。

　　⑦ 生物碱及其盐类，通常可在非水溶剂中以酸碱滴定法进行测定。游离生物碱或生物碱的硝酸盐或硫酸盐，可于冰乙酸中以甲基紫为指示剂，或用电位法测定，以溶于 1,4-二氧六环的高氯酸直接滴定，生物碱的氢卤酸盐如生物碱的盐酸盐，氢溴酸盐及氢碘酸盐则需预先经乙酸汞处理使其生成生物碱乙酸盐后再以高氯酸滴定。

第十一章　重量分析法

重量分析法是根据反应产物的质量来确定待测组分含量的定量分析方法。重量分析法准确度高，相对误差约 0.2%，直接用分析天平称量就可获得结果，不需要标准试样或基准物质进行比较，常作为对比方法和校正方法，但是操作烦琐、耗时较长，不适于微量和痕量组分的测定。

第一节　重量分析的原理和计算

一、重量分析法的分类

重量分析时一般是将被测组分与试样中的其他组分分离，转化为一定的称量形式后称量，由称得的质量确定被测组分的含量。根据分离方法的不同，重量分析一般分为三类。

1. 挥发法（气化法）

利用物质的挥发性质，通过加热或其他方法，使试样中的被测组分挥发逸出，然后根据试样质量的减轻，计算该组分的含量；或者当该组分逸出时，选择一种吸附剂将它吸收，根据增加的吸附剂的质量，计算该组分的含量，如试样中湿存水或结晶水的测定。

2. 电重量法

利用电解的原理，使待测金属离子在电极上还原析出，然后根据电极增加的质量，计算被测组分含量的方法称为电重量法。电重量法仅用于铜、银、金等少数金属的分析。

3. 沉淀法

利用沉淀反应使待测组分以微溶化合物的形式沉淀出来，再使其转化为称量形式称量。沉淀法是重量分析中应用最广泛的一种方法，通常所说的重量法即意指沉淀法。其基本测定步骤是：

$$试样 \xrightarrow{溶解} 试液 \xrightarrow{沉淀剂} 沉淀式 \xrightarrow{过滤、洗涤、烘干或灼烧} 称量式 \xrightarrow{恒重} 计算含量$$

如何获得纯净的沉淀式和理想的称量式是重量分析成功的关键。

二、重量分析对沉淀式和称量式的要求

沉淀析出的形式称沉淀式，经过烘干或灼烧后得到用来称量的形式称称量式。沉淀式与称量式可能相同，也可能不同。同一待测元素，使用不同的沉淀剂，可得到不同的沉淀式。同一沉淀式，在不同条件下烘干或灼烧，可能得到不同的称量式。如 SO_4^{2-} 和 Mg^{2+} 的测定，其分析步骤分别为：

$$SO_4^{2-} + BaCl_2 \longrightarrow \boxed{BaSO_4 \downarrow} \xrightarrow[洗涤]{过滤\ 800℃灼烧} \boxed{BaSO_4}$$

$$\underset{试液}{Mg^{2+}} + \underset{沉淀剂}{(NH_4)_2HPO_4} \longrightarrow \underset{沉淀式}{\boxed{MgNH_4PO_4 \cdot 6H_2O}} \xrightarrow[洗涤]{过滤\ \ 1100℃\ 灼烧} \underset{称量式}{\boxed{Mg_2P_2O_7}}$$

在 SO_4^{2-} 的测定中沉淀式与称量式相同，在 Mg^{2+} 的测定中，两者则不同。

1. 重量分析对沉淀式的要求

① 沉淀的溶解度必须很小（一般要小于 $10^{-4}\,mol/L$），以保证被测组分沉淀完全，这样就不致因沉淀的溶解损失而影响测定的准确度。

② 沉淀式要便于过滤和洗涤。最好是粗大的晶型沉淀，因为小颗粒晶体易于穿过滤纸。若是无定性沉淀，应控制沉淀条件，改善沉淀的性质。

③ 沉淀力求纯净，尽量避免其他杂质的沾污，以保证获得准确的分析结果。

④ 沉淀应易于转化成称量形式。

2. 重量分析对称量式的要求

① 称量式必须有确定的化学组成。

② 称量式必须稳定，不受空气中水分、CO_2 和 O_2 等的影响。

③ 称量式的分子量要大，即被测组分在称量式中所占比例要尽可能小，这样可增大称量式的质量，减小称量误差，提高测定的准确度。

三、沉淀的溶解度、溶度积及其影响因素

利用沉淀反应进行重量分析时，希望沉淀反应进行得越完全越好。沉淀的溶解度小，沉淀完全；溶解度大，沉淀不完全。

重量分析中，通常要求被测组分在溶液中的残留量不超过 $0.0001\,g$，即小于分析天平的允许称量误差。但是很多沉淀不能满足这个要求。因此，在重量分析中，必须了解各种影响沉淀溶解度的因素，利用积极因素，消除或减少消极因素，以使沉淀完全。

1. 溶解度和溶度积

当水中存在微溶化合物 MA 时，MA 溶解并达到饱和状态，存在下列平衡关系：

$$MA_{(固)} \rightleftharpoons MA_{(水)} \rightleftharpoons M^+ + A^-$$

在水溶液中，除了 M^+、A^- 外，还有未离解的分子状态的 MA。

根据 $MA_{(固)}$ 和 $MA_{(水)}$ 之间的沉淀平衡，得到：

$$\frac{a_{MA(水)}}{a_{MA(固)}} = S^0 \qquad (平衡常数)$$

固体物质的活度等于 1，故：

$$a_{MA(水)} = S^0$$

可见溶液中分子状态化合物 $MA_{(水)}$ 的浓度为一个常数，等于 S^0，S^0 称为该物质的固有溶解度或分子溶解度。

若 MA 的溶解度为 S，则：

$$S = S^0 + [M^+] = S^0 + [A^-]$$

各种微溶化合物的固有溶解度相差很大，且不容易准确测量。通常许多沉淀的固有溶解度不大，所以一般计算中都忽略固有溶解度的影响。

根据 MA 在水溶液中的沉淀平衡关系，得到：

$$\frac{a_{M^+} a_{A^-}}{a_{MA(水)}} = K$$

$$a_{M^+} a_{A^-} = K S^0 = K_{sp}^0$$

式中，K_{sp}^0 称为活度积常数，简称活度积。在分析化学中，通常不考虑离子强度的影响，采用浓度代替活度，则：

$$[M^+][A^-] = K_{sp}$$

式中，K_{sp} 称微溶化合物的溶度积常数，简称溶度积。对于大多数微溶化合物来说，由于溶解

度很小，所以溶液中的离子强度不大，K_{sp} 和 K_{sp}^{0} 相差也就不大。

微溶化合物的溶度积见第三章的表 3-24。

2. 影响沉淀溶解度的因素

(1) 同离子效应　组成沉淀的离子称为构晶离子，当沉淀反应达到平衡时，如果向溶液中加入含有某一构晶离子的试剂或溶液，则沉淀的溶解度减小，这就是同离子效应。

在实际工作中，通常利用同离子效应，即加大沉淀剂的用量，使被测组分沉淀完全。但沉淀剂若加入太多，有时可能引起盐效应、酸效应及络合效应等副反应，反而使沉淀的溶解度增大。

(2) 盐效应　实验结果表明，在强电解质存在的情况下，微溶化合物的溶解度比在纯水中为大，而且溶解度随这些强电解质浓度的增大而增大，这种由于加入了强电解质而增大沉淀溶解度的现象，称为盐效应。

(3) 酸效应　溶液的酸度往往影响沉淀的溶解度，这种影响称为酸效应。

酸度对沉淀溶解度的影响是比较复杂的，对不同类型的沉淀，其影响的程度不一样。

(4) 络合效应　进行沉淀反应时，若溶液中存在能与构晶离子生成可溶性络合物的络合剂，则反应向沉淀溶解的方向进行，影响沉淀的完全程度，甚至不产生沉淀，这种影响称为络合效应。

络合效应对沉淀溶解度的影响，与络合剂的浓度及络合物的稳定性有关。络合剂的浓度越大，生成的络合物越稳定，沉淀的溶解度越大。

(5) 温度的影响　沉淀的溶解反应，绝大部分是吸热反应，因此，沉淀的溶解度一般随温度的升高而增大。

(6) 溶剂的影响　无机物沉淀大部分是离子型晶体，它们在水中的溶解度一般比在有机溶剂中大一些。在分析化学中，经常于水溶液中加入乙醇、丙酮等有机溶剂来降低沉淀的溶解度。应当注意的是，当采用有机沉淀剂时，所得沉淀在有机溶剂中的溶解度一般反而增大。

四、重量分析的沉淀剂

重量分析中所用的沉淀剂有无机沉淀剂和有机沉淀剂两类。理想的沉淀剂应具备下列条件。

① 沉淀剂应与被测组分反应完全。生成的沉淀溶解度要小，组成固定，结构较好，颗粒大，易于过滤和洗涤，分离后得到的沉淀较纯。

② 沉淀剂应具有较好的选择性，即只与待测组分生成沉淀，而与溶液中其他组分不起作用，否则必须进行分离或掩蔽以消除其他组分的干扰。从这点考虑，许多有机沉淀剂优于无机沉淀剂。

③ 沉淀剂应易挥发或易于灼烧除去。这样，被沉淀吸附的过量沉淀剂即使未被全部洗去，也可借烘干或灼烧而完全除去。通常，铵盐和有机沉淀剂能满足此项要求。

④ 沉淀剂本身的溶解度要尽可能大，以减少沉淀对它的吸附。在这方面，无机沉淀剂一般优于有机沉淀剂。

重量分析中常用的沉淀剂见表 11-1。

表 11-1　重量分析中常用的沉淀剂

沉淀剂（及溶剂）	沉 淀 条 件	可测定的组分	可沉淀的其他组分
$NH_3 \cdot H_2O(H_2O)$	预先除去 Ag、Pb、Hg、Cu、Bi、Cd、Sn、Sb 等能生成硫化物沉淀的离子及 BO_2^-、F^- 等	Al、Be、Cr、Cu、Fe、In、La、Pb、Sc、Sn、Th、Zr、Ti 稀土元素	Au、Co、Ga、Ir、Nb、Ni、Os、P、Si、Ta、V、W、Y、Zn
$H_2S(H_2O)$	$0.2 \sim 0.5 mol/L$ HCl	As、Cu、Ge、Hg、In、Mo、Pt、Rh	Ag、Au、Bi、Cd、In、Os、Pb、Pd、Re、Ru、Sb、Sn、Te、Ti、V、W、Zn
$(NH_4)_2HPO_4(H_2O)$ 或 $Na_2HPO_4(H_2O)$	酸性介质	Bi、Co、Zn、Zr	Hf、In、Tl
	含有柠檬酸或酒石酸的氨性溶液	Bi、Mg、Mn	Au、Ba、Ca、Hg、In、La、Pb、U、Zr、稀土元素

续表

沉淀剂（及溶剂）	沉　淀　条　件	可测定的组分	可沉淀的其他组分
AgNO₃(H₂O)	稀 HNO₃ 溶液	As（V）、Br⁻、CN⁻、SCN⁻、Cl⁻、I⁻、IO₃⁻、Mo（VI）、N₃⁻、S²⁻、V（V）	
H₂C₂O₄(H₂O)	稀酸溶液	Ag、Au、Hg、La、Pb、Sc、Th、Zn、稀土	Cu、Ni、U
肼 N₂H₄(H₂O)		Cu、Hg、Os、Rh、Se、Te	Ag、Au、Pt、Pd、Ru、Ir
酒石酸 HOOC[(H₂O)CHOH]₂COOH		Ca、K、Nb、Sc、Sr、Ta	
邻氨基苯甲酸 NH₂C₆H₄COOH（乙醇）		Cd、Co、Cu、Hg、Mg、Ni、Pb、Zn	Ag、Fe
联苯胺 (NH₂C₆H₄)₂（乙醇）	0.1mol/L HCl	PO₄³⁻、SO₄²⁻、W	Cd、[Fe(CN)₆]⁴⁻、IO₃⁻
辛可宁 C₁₉H₂₁N₂OH(6mol/LHCl)		W	Ir、Pt、Mo
铜铁试剂 C₆H₅N(NO)ONH₄(H₂O)		Al、Bi、Cu、Ga、Nb、Sn、Th、Ti、U、V、Zr	La、Mo、Pd、Sb、Ta、Ti、W、稀土元素
丁二酮肟 CH₃—C(NOH)—C(NOH)—CH₃（乙醇）	含有酒石酸的氨性介质	Ni	
	稀酸	Pd	As、Se
8-羟基喹啉 C₉H₆NOH（乙醇）	HAc-NaAc 缓冲溶液	Al、Cd、Co、Cu、Fe、In、Mo、Ni、Ti、U、Zn	Ag、Bi、Cr、Ga、Hg、La、Nb、Pb、Pd、Sb、Ta、Th、V、W、Zr、稀土元素
	氨性溶液	Al、Cd、Co、Cu、Fe、Mo、Ni、Ti、Be、Ca、Mg	Bi、Ba、Cr、Ga、Hg、La、Nb、Pb、Pd、Sb、Ta、Th、V、W、Zr、稀土元素
对羟基苯胂酸 C₆H₄(OH)AsO(OH)₂(H₂O)	稀酸介质	Sn、Ti、Zr	Ce、Th
2-巯基苯并噻唑 C₆H₄(NCS)SH（乙酸）	除 Cu 采用稀酸外，其他均用氨性溶液	Au、Bi、Cd、Cu、Ir、Pb、Pt、Rh	Ag、Hg、Tl
硝酸试剂 C₂₀H₁₆N₄(50%乙酸)	稀 H₂SO₄ 溶液	B、ClO₃⁻、ClO₄⁻、NO₃⁻、ReO₄⁻、W	
1-亚硝基-2-萘酚 C₁₀H₆(NO)OH（极稀碱性水溶液）	酸性介质	Co、Fe、Cu	Ag、Au、B、Cr、Mo、Pd、Ti、V、W、Zr
苯胂酸 C₆H₅AsO(OH)₂(H₂O)	酸性溶液	Bi、Zr、Nb、Sn、Ta、Th、Zr	Ce（IV）、Fe、Ti、U（IV）、W
苦酮酸 C₁₀H₇O₅N₄H(H₂O)	中性溶液	Ca、Pb	Mg、Th
苯基异硫脲基乙酸 C₆H₅N=C(NH₂)SCH₂COOH（水或乙醇）		Co	Bi、Cd、Cu、Fe、Hg、Ni、Pb、Sb
吡啶-硫氰酸盐	稀酸溶液	Ag、Cd、Cu、Mn、Ni	
喹哪啶酸 C₉H₆NCOOH(H₂O)	稀酸溶液	Cd、Cu、Zn、U	Ag、Co、Fe、Hg、Mo、Ni、Pb、Pd、Pt、W
水杨醛肟 C₇H₅(OH)NOH（乙醇）	稀酸溶液	Bi、Cu、Pb、Pd	Ag、Cd、Co、Fe、Hg、Mg、Mn、Ni、V、Zn
丹宁（鞣酸） C₁₄H₁₀O₈(H₂O)	含有电解质或酒石酸的氨性溶液	Al、Be、Ge、Nb、Sn、Ta、Th、Ti、U、W、Zr	

沉淀剂（及溶剂）	沉淀条件	可测定的组分	可沉淀的其他组分
氯化四苯砷 $(C_6H_5)_4AsCl(H_2O)$		Re、Tl	
巯萘剂（巯基乙酸-β-萘胺） $C_{10}H_7NHCOCH_2SH$（乙醇）		Cu、Hg、Os、Pb、Rh、Ru	Ag、As、Au、Bi、Pd、Sb、Sn、Tl
四苯硼酸钠 $(C_6H_5)_4BNa(H_2O)$	乙酸溶液	K、Tl（Ⅰ）、Cs	Rb、NH_4^+、Ag、Hg（Ⅱ）

五、沉淀的分类、形成过程、特性与沉淀条件

（1）**沉淀的分类**　沉淀按其物理性质的不同，可粗略地分为两类：一类是晶型沉淀；另一类是无定形沉淀，介于两者之间的是凝乳状沉淀。

（2）**沉淀的形成**　沉淀的形成一般经历如下过程：

$$构晶离子 \xrightarrow{\text{成核作用}} 晶核 \xrightarrow{\text{成长}} 沉淀微粒 \begin{cases} \xrightarrow{\text{聚集}} 无定形沉淀 \\ \xrightarrow{\text{生长定向排列}} 晶形沉淀 \end{cases}$$

（3）**沉淀的特性与沉淀条件**　表 11-2 列出了两类沉淀的沉淀特性及沉淀操作条件。

表 11-2　两类沉淀的沉淀特性及沉淀操作条件

项目	晶型沉淀	无定形沉淀
实例	$BaSO_4$	$Fe_2O_3 \cdot nH_2O$
沉淀特性	①颗粒直径 $0.1\sim1\mu m$ ②整个沉淀所占体积小，沉降于容器底部，因为内部排列规则，结构紧密 ③溶解度小（约为 $10^{-5}mol/L$） ④临界值较大 ⑤易形成能穿过滤纸的细晶型沉淀 ⑥能与许多离子如 Fe^{3+}、Co^{2+}、Ni^{2+}、Zn^{2+}、CrO_4^{2-}、MnO_4^- 等形成共沉淀	①颗粒直径小于 $0.02\mu m$ ②疏松的絮状沉淀，体积庞大，不能沉降于容器底部，因为颗粒小且排列杂乱无章，又包含大量数目的水分子 ③溶解度非常小（约为 $10^{-10}mol/L$） ④临界值 Q/S 较小 ⑤易形成能穿过滤纸的胶体溶液。沉淀为胶状、蓬松、有黏性，易堵塞滤纸 ⑥易与杂质形成共沉淀
沉淀操作条件	①用稀沉淀剂，在稀释液中进行沉淀，以减小晶核数量，使其有可能长大 ②在不断搅拌下，慢慢滴加沉淀剂，以免局部过量，形成过多晶核。开始沉淀时尤其要注意 ③在热溶液中进行，以增大沉淀的溶解度，降低沉淀对杂质的吸附作用 ④加入过量沉淀剂，使沉淀完全。沉淀剂易除去时（用 H_2SO_4 沉淀 Ba^{2+}）可过量 $100\%\sim200\%$；沉淀剂不易除去（如用 $BaCl_2$ 沉淀 SO_4^{2-}），也要过量 $20\%\sim30\%$ ⑤过滤前要"陈化"（即将沉淀在母液中放置一段时间），以使沉淀晶粒长大，纯度提高。沉淀剂易挥发时，可放置 24h；沉淀剂不挥发，只放置 $1\sim2h$ 即可	①在热试液中并加入电解质（易挥发的铵盐或稀强酸）的条件下进行沉淀；既可防止形成胶体溶液，降低杂质的吸附量，又能促使胶粒凝聚 ②向浓试液中迅速加入较浓的沉淀剂，并不断搅拌，使沉淀结构紧密，便于过滤洗涤 ③沉淀完全后，立即用热水冲稀，以提高沉淀纯度 ④如与其他阳离子分离，宜在酸性试液中进行沉淀，至沉淀完全为止；如与其他阴离子分离，可加入过量沉淀剂 ⑤冲稀后随即趁热过滤，不必陈化

沉淀时不仅要注意操作条件的控制，而且还要控制沉淀时的介质条件。通过控制沉淀剂离子的浓度，有时可以有目的地进行沉淀分离。为了保持沉淀剂离子在整个沉淀过程中恒定不变，常加入适当的缓冲剂。通过对溶液 pH 的调节与控制，可以提高方法的选择性，达到消除共存干扰离子的目的。另外，常用加入掩蔽剂的办法达到掩蔽干扰离子的目的，EDTA 就是一种常用的掩蔽剂。

六、沉淀烘干或灼烧温度

若得到的沉淀有固定的组成，在低温下烘去吸附的水分之后就可获得称量式。例如 AgCl 沉淀可以在 $110\sim120℃$ 烘干，得到稳定的称量式。

若沉淀虽有固定组成，但它内部包裹的水分或沉淀剂等不能烘干除去，通常需要灼烧到 $800℃$ 以上才能得到恒重的称量式，如 $BaSO_4$ 沉淀。

若沉淀式为水合氧化物如 $Fe_2O_3 \cdot nH_2O$、$SiO_2 \cdot nH_2O$ 和 Al_2O_3 等则需在 $1100\sim1200℃$ 下灼烧才能除尽结晶水而得到恒重的称量式。

表 11-3 列出了元素的重量分析法、称量式的热稳定性及换算因素。

表 11-3　元素的重量分析法、称量式的热稳定性及换算因素

元 素	沉 淀 剂	称 量 式	热稳定性[①] 范围/℃	重量测定的换算因素
Ag	盐酸	AgCl	$70\sim600$	Ag:0.7526
	氢溴酸	AgBr	$70\sim940$	Ag:0.5745
	铬酸钾	Ag_2CrO_4	$92\sim812$	Ag:0.6503
	电解	Ag	<950	
Al	氨或氨与空气混合物	Al_2O_3	>475	Al:0.5292
	磷酸氢二钠	$AlPO_4$	>743	Al:0.2212 Al_2O_3:0.4180
	8-羟基喹啉	$Al(C_9H_6NO)_3$	$102\sim220$	Al:0.0587 Al_2O_3:0.1110
	溴	Al_2O_3	>280	Al:0.5292
As	硝酸钙	$Ca_2As_2O_7$	$350\sim946$	As:0.4381 As_2O_3:0.5785
	硫化氢	As_2S_3	$200\sim275$	As:0.6090 As_2O_3:0.8041
	硝酸铅	$PbHAsO_4$	$81\sim269$	As:0.2185 As_2O_3:0.2849
		$Pb_2As_2O_4$	$320\sim950$	
Au	焦棓酸	Au	$20\sim957$	
	苯硫酚	C_6H_5SAu	<157	Au:0.6434
		Au	$187\sim972$	
B	氯化钾	KBF_4	$50\sim410$	B:0.0859 B_2O_3:0.2765
	硝酸试剂	$C_{20}H_{16}N_4HBF_4$	$50\sim197$	B:0.0270 B_2O_3:0.0870
		B_2O_3	$443\sim946$	B:0.3107
Ba	硫酸	$BaSO_4$	$780\sim1100$	Ba:0.5885 BaO:0.6570
	铬酸钾	$BaCrO_4$	<60	Ba:0.5421 BaO:0.6053
	碳酸铵	BaO	$400\sim813$	Ba:0.8957
Be	氨水	BeO	>900	Be:0.3603
	磷酸氢二钠	$Be_2P_2O_7$	$640\sim951$	Be:0.0939 BeO:0.2749
	硫酸	$BeSO_4$	$346\sim679$	Be:0.0858 BeO:0.2380
Bi	磷酸氢二铵	$BiPO_4$	$379\sim961$	Bi:0.6876 Bi_2O_3:0.7665
	砷酸	$BiAsO_4$	$47\sim400$	Bi:0.6007 Bi_2O_3:0.6697
	甲醛	Bi	$73\sim150$	
Br	硝酸银	AgBr	$70\sim946$	Br:0.4256
$C(CN^-)$	硝酸银	AgCN	$97\sim237$	C:0.0897 CN:0.1943
$C(SCN^-)$	硫酸铜	$Cu_2(SCN)_2$	$103\sim298$	C:0.0988 SCN:0.4776
$C[Fe(CN)_6^{4-}]$	硝酸银	$Ag_4[Fe(CN)_6]$	$60\sim229$	C:0.1120 $Fe(CN)_6$:0.3294
Ca	草酸	CaC_2O_4	$226\sim389$	Ca:0.3129 CaO:0.4378
		$CaC_2O_4 \cdot 2H_2O$	<105	Ca:0.2743
		$CaCO_3$	$478\sim635$	Ca:0.4004 CaO:0.5603
		CaO	$838\sim1025$	Ca:0.7147
	硫酸	$CaSO_4$	$105\sim890$	Ca:0.2944 CaO:0.4119

元素	沉淀剂	称量式	热稳定性[①]范围/℃	重量测定的换算因素
Ca	碘酸	$Ca(IO_3)_2$	106～450	Ca:0.1028 CaO:0.1438
Cd	氢氧化钾	CdO	371～880	Cd:0.8754
	8-羟基喹啉	$Cd(C_9H_6NO)_2$	280～384	Cd:0.2805 CdO:0.3204
	硫化氢	CdS	218～420	Cd:0.7781 CdO:0.8888
	喹哪啶酸	$Cd(C_{10}H_6NO_2)_2$	125～260	Cd:0.2461
Ce	草酸	CeO_2	>360	Ce:0.8141
Cl	硝酸银	AgCl	70～600	Cl:0.2474
Co	电解	Co	50～193	Co_2O_3:1.4072
	草酸钾	Co_3O_4	285～946	Co:0.7342 Co_2O_3:1.0332
	磷酸氢二铵	$Co_2P_2O_7$	636～946	Co:0.4039 Co_2O_3:0.5684
	1-亚硝基-2-萘酚	$Co(C_{10}H_6NO_2)_3$	130～200	Co:0.1024
	8-羟基喹啉	$Co(C_9H_6NO)_2$	115～295	Co:0.1697 Co_2O_3:0.2388
Cr	氨水	Cr_2O_3	812～944	Cr:0.6843
	硝酸银	Ag_2CrO_4	92～812	Cr:0.1568 Cr_2O_3:0.2291
	8-羟基喹啉	$Cr(C_9H_6NO)_3$	70～150	Cr:0.1074 Cr_2O_3:0.1596
Cs	盐酸	CsCl	110～877	Cs:0.7894 Cs_2O:0.8369
	高氯酸	$CsClO_4$	42～543	Cs:0.5720 Cs_2O:0.6064
	四苯硼化钠	$CsB(C_6H_5)_4$	<210	Cs:0.2939 Cs_2O:0.3116
Cu	电解	Cu	<67	CuO:1.2518
	邻氨基苯(甲)酸	$Cu(NH_2C_6H_4CO_2)_2$	<225	Cu:0.1892 CuO:0.2369
	草酸	CuC_2O_4	100～270	Cu:0.4192 CuO:0.5248
	8-羟基喹啉	$Cu(C_9H_6NO)_3$	66～296	Cu:0.1806 CuO:0.2261
	水杨醛肟	$Cu(C_7H_6NO)_2$	<150	Cu:0.1892 CuO:0.2369
	巯萘剂	$Cu(C_{12}H_{10}ONS)_2$	148～167	Cu:0.1281 CuO:0.1603
	喹哪啶酸	$Cu(C_{10}H_6NO_2)_2 \cdot H_2O$	<120	Cu:0.1492
	铜试剂	$Cu(C_{14}H_{12}O_2N)$	105～140	Cu:0.2201
Dy	草酸	Dy_2O_3	>745	Dy:0.8713
Er	草酸	Er_2O_3	>720	Er:0.8745
Eu	草酸	Eu_2O_3	>620	Eu:0.8636
F	氯化铅	PbClF	66～538	F:0.0726
	氯化钙	CaF_2	400～950	F:0.4867
	氯化钡	$BaSiF_6$	100-345	F:0.1079
Fe	氨水	Fe_2O_3	470～940	Fe:0.6994
	铜铁试剂	$Fe[C_6H_5N(NO)O]_3$	<98	Fe:0.1195 Fe_2O_3:0.1709
	8-羟基喹啉	$Fe(C_9H_6NO)_3$	<284	Fe:0.1144 Fe_2O_3:0.1653
Ga	氨水	Ga_2O_3	408～946	Ga:0.7439
	铜铁试剂	Ga_2O_3	>745	Ga:0.7439
	5,7-二溴-8-羟基喹啉	$Ga(C_9H_4NOBr_2)_3$	100～224	Ga:0.0715 Ga_2O_3:0.0961
Gd	草酸	Gd_2O_3	>700	Gd:0.8676
Ge	钼酸+8-羟基喹啉	$(C_9H_6NOH)_4(Ge_2 \cdot 12MoO_3)$	50～115	Ge:0.0300 GeO_2:0.0434
	硫化铵	GeO_2	410～946	Ge:0.6941
	单宁	GeO_2	900～950	Ge:0.6941
Hf	氨水	HfO_2	350～660	Hf:0.8480
	苯乙醇酸	$Hf(C_6H_5CHOHCO_2)_4$	90～260	Hf:0.2279 HfO_2:0.2688

元　素	沉　淀　剂	称　量　式	热稳定性[①] 范围/℃	重量测定的换算因素
Hg	硫化铵	HgS	<109	Hg:0.8622
	砷酸氢二钠	$Hg_3(AsO_4)_2$	45～418	Hg:0.6842
	铬酸钾	$HgCrO_4$	52～256	Hg:0.7757
	电解	Hg	<70	
Hg	巯萘剂	$Hg(C_{12}H_{10}ONS)_2$	90～169	Hg:0.3168
Ho	草酸	Ho_2O_3	<735	Ho:0.8730
I	硝酸银	AgI	60～900	I:0.5405
	硝酸银	$AgIO_3$	80～410	I:0.4488 IO_3:0.6185
In	氨水	In_2O_3	345～880	In:0.8271
	8-羟基喹啉	$In(C_9H_6NO)_3$	100～285	In:0.2098 In_2O_3:0.2537
	硫化氢	In_2S_3	94～221	In:0.7048 In_2O_3:0.8521
Ir	2-巯基苯并噻唑	Ir	520～980	
K	高氯酸	$KClO_4$	73～653	K:0.2822 K_2O_2:0.3399
	四苯硼化钠	$KB(C_6H_5)_4$	<265	K:0.1091 K_2O:0.1314
	双苦胺	$KC_{12}H_4O_{12}N_7$	50～220	K:0.08192 K_2O:0.09868
La	草酸	La_2O_3	>800	La:0.8527
Lu	草酸	Lu_2O_3	>715	Lu:0.87
Mg	8-羟基喹啉	$Mg(C_9H_6NO)_2$	88～300	Mg:0.07779 MgO:0.1290
	氟化铵	MgF_2	411	Mg:0.3902 MgO:0.6470
	氢氧化钠	MgO	>800	Mg:0.6032
	草酸	MgC_2O_4	233～397	Mg:0.2165 MgO:0.3589
Mn	氢氧化钾	Mn_3O_4	>946	Mn:0.7203
	草酸钾	MnC_2O_4	100～214	Mn:0.3843 Mn_3O_4:0.5335
		Mn_3O_4	670～943	Mn:0.7203
	8-羟基喹啉	$Mn(C_9H_6NO)_2$	117～250	Mn:0.1600 Mn_3O_4:0.2222
Mo	8-羟基喹啉	$MoO_2(C_9H_6NO)_2$	40～270	Mo:0.2305 MoO_3:0.3458
	硫化氢	MoO_3	485～780	Mo:0.6666
N	硝酸试剂	$C_{20}H_{16}N_4HNO_3$	20～242	N:0.03732 NO_3:0.1652
	四苯硼化钠	$NH_4B(C_6H_5)_4$	<130	N:0.0415 NH_3:0.0505
				NH_4:0.0535
	氯铂酸	$(NH_4)_2PtCl_6$	<181	N:0.0631 NH_3:0.0767 NH_4:0.0812
Na	乙酸铀酰锌	$Na_2U_2O_7 \cdot 2ZnU_2O_7$	360～674	Na:0.0237 Na_2O:0.0319
	高氯酸	$NaClO_4$	130～471	Na:0.1878 Na_2O:0.2531
Nb	铜铁试剂	Nb_2O_5	650～950	Nb:0.6990
	8-羟基喹啉	Nb_2O_5	649～800	Nb:0.6990
Nd	草酸	Nd_2O_3	>735	Nd:0.8574
Ni	丁二肟	$NiC_8H_{14}O_4N_4$	79～172	Ni:0.2032 NiO:0.2586
	电解	Ni	<93	NiO:1.2726
	氢氧化钠	NiO	250～815	Ni:0.7858
	草酸	NiO	638～845	Ni:0.7858
	吡啶+SCN^-	$Ni(C_5H_5N)_4(SCN)_2$	<60	Ni:0.1195
	8-羟基喹啉	$Ni(C_9H_6NO)_2$	100～232	Ni:0.1692 NiO:0.2153
P	钼酸铵	$(NH_4)_2H[P(Mo_3O_4)_4] \cdot H_2O$	160～415	P:0.0165 P_2O_5:0.0378
	8-羟基喹啉	$(C_9H_7NO)_3H_3(PMo_{12}O_{40})$	85～285	P:0.01370 P_2O_5:0.03139

元　素	沉　淀　剂	称　量　式	热稳定性[①]范围/℃	质量测定的换算因素
Pb	硫酸	$PbSO_4$	$271\sim959$	Pb:0.6832 PbO:0.7360
	盐酸	$PbCl_2$	$53\sim528$	Pb:0.7450 PbO:0.8026
	磷酸氢二铵	$Pb_2P_2O_7$	$358\sim880$	Pb:0.7044 PbO:0.7587
	水杨醛肟	$Pb(C_7H_5NO_2)_2$	$45\sim180$	Pb:0.4340 PbO:0.4675
	巯萘剂	$Pb(C_{12}H_{10}ONS)_2$	$71\sim134$	Pb:0.3409 PbO:0.3673
Pd	丁二肟	$Pd(C_4H_7O_2N_2)_2$	$45\sim171$	Pd:0.3161
	乙烯	Pd	<384	
	邻菲罗啉	$PdCl_2 \cdot C_{12}H_8N_2$	$50\sim389$	Pd:0.2976
Pr	草酸	Pr_6O_{11}	>790	Pr:0.8277
Pt	氯化铵	$(NH_4)_2PtCl_6$	<181	Pt:0.4396
Rb	氯铂酸	Rb_2PtCl_6	$70\sim674$	Rb:0.2954 RbO:0.3230
	高氯酸	$RbClO_4$	$101\sim343$	Rb:0.4622 RbO:0.5055
	四苯硼化钠	$RbB(C_6H_5)_4$	<240	Rb:0.2112 RbO:0.2310
Re	硝酸试剂	$C_{20}H_{16}N_4HReO_4$	$91\sim288$	Re:0.3304
	氯化四苯钾	$(C_6H_5)_4AsReO_4$	$106\sim185$	Re:0.3952
S	硝酸银	Ag_2S	$69\sim615$	S:0.1294
	联苯胺	$C_{12}H_{12}N_2 \cdot H_2SO_4$	$72\sim130$	S:0.1136 SO_4:0.3403
	氯化钡	$BaSO_4$	$780\sim1100$	S:0.1372 SO_4:0.4115
Sb	硫化氢	Sb_2S_3	$176\sim275$	Sb:0.7168 Sb_2O_3:0.8581
Sc	氨水	Sc_2O_3	$542\sim946$	Sc:0.6520
	草酸	Sc_2O_3	>635	Sc:0.6520
	8-羟基喹啉	$Sc(C_9H_6NO)_3 \cdot (C_9H_6NOH)$	<125	Sc:0.0722 Sc_2O_3:0.1108
Se	二氧化硫	Se	<370	SeO_2:1.4052
	硝酸铅	$PbSeO_4$	<330	Se:0.2255 SeO_2:0.3169
Si	盐酸	SiO_2	$358\sim946$	Si:0.4675
	氟化钾	K_2SiF_6	$60\sim410$	Si:0.1275 SiO_2:0.2728
	安替比林+钼酸	$SiO_2 \cdot 12MoO_3$	$399\sim787$	Si:0.0157 SiO_2:0.0336
Sm	草酸	Sm_2O_3	>735	Sm:0.8623
Sn	氨水	SnO_2	>834	Sn:0.7877
	铜铁试剂	SnO_2	>747	Sn:0.7877
Sr	硫酸	$SrSO_4$	$100\sim300$	Sr:0.4770 SrO:0.5641
	碘酸	$Sr(IO_3)_2$	$157\sim600$	Sr:0.2003 SrO:0.2369
	草酸钾	SrC_2O_4	$177\sim400$	Sr:0.4989 SrO:0.5900
Ta	铜铁试剂	Ta_2O_5	>1000	Ta:0.8190
	酒石酸	Ta_2O_5	>894	Ta:0.8190
Tb	草酸	Tb_4O_7	>725	Tb:0.8502
Te	肼	Te	<40	TeO_2:1.2508
Th	草酸	ThO_2	$610\sim946$	Th:0.8788
	空气-氨混合物	ThO_2	$472\sim945$	Th:0.8788
	8-羟基喹啉	$Th(C_9H_6NO)_4 \cdot (C_9H_6NOH)$	<80	Th:0.2483 ThO_2:0.2768
Ti	氨水	TiO_2	$350\sim946$	Ti:0.5995
	5,7-二氯-8-羟基喹啉	$TiO(C_9H_6NOCl_2)_2$	$105\sim195$	Ti:0.0978 TiO_2:0.1631
Tl	铬酸钾	Tl_2CrO_4	$97\sim745$	Tl:0.7789
	盐酸	$TlCl$	$54\sim425$	Tl:0.8522
	氯化四苯钾	$(C_6H_5)_4AsCl$	$50\sim218$	Tl:0.2802
Tm	草酸	Tm_2O_3	>730	Tm:0.8756
U	氨水	UO_3	$480\sim610$	U:0.8322 U_3O_8:0.9814
	8-羟基喹啉	$UO_2(C_9H_5NO)_2 \cdot (C_9H_6NOH)$	<150	U:0.3384 U_3O_8:0.3990
	草酸	U_3O_8	$700\sim946$	U:0.8480

续表

元 素	沉 淀 剂	称 量 式	热稳定性[①]范围/℃	质量测定的换算因素
V	铜铁试剂	V_2O_5	581~946	V:0.5602
	氨水	V_2O_5	488~951	V:0.5602
W	8-羟基喹啉	WO_3	>674	W:0.7930
	吖啶	WO_3	>812	W:0.7930
	铅离子	$PbWO_4$	>100	W:0.4040 WO_3:0.5095
Y	草酸	Y_2O_3	>735	Y:0.7875
Yb	草酸	Yb_2O_3	>730	Yb:0.8782
Zn	磷酸氢二铵	$Zn_2P_2O_7$	610~946	Zn:0.4291 ZnO:0.5341
	氨水	ZnO	>1000	Zn:0.8034
	电解	Zn	<54	ZnO:1.2447
	邻氨基苯甲酸	$Zn(C_7H_6NO_2)_2$	<240	Zn:0.1936
	8-羟基喹啉	$Zn(C_9H_6NO)_2$	127~284	Zn:0.1848 ZnO:0.2301
	喹哪啶酸	$Zn(C_{10}H_6NO_2)_2$	<150	Zn:0.1528
Zr	氨水	ZrO_2	400~1000	Zr:0.7403
	苯乙醇酸	$Zr(C_8H_7O_3)_4$	60~188	Zr:0.1311 ZrO_2:0.1771
	对溴苯乙醇酸	$Zr(BrC_8H_6O_3)_4$	<150	Zr:0.0902 ZrO_2:0.1218

① 本栏数据由热质量分析研究得出，同一沉淀称量形式的数据可能有所差别，这与制备沉淀的方法有关，作为质量分析沉淀的恒重温度，还应根据实际情况加以选定。

七、重量分析法的计算

1. 换算因素的计算

重量分析中，称量式往往与被测组分的表示形式不一样，这就需要将称得的称量式的质量，换算成被测组分的质量。待测组分的相对分（原）子质量，与称量式的相对分子质量的比值是一个常数，称换算因素，又叫化学因素，以 F 表示，即：

$$F = \frac{被测组分相对分（原）子质量\ M_r(A_r)}{称量式相对分（原）子质量\ M_r(A_r)}$$

例如：

被测组分	称量式	换算因素 F
S	$BaSO_4$	$\dfrac{A_r(S)}{M_r(BaSO_4)} = \dfrac{32.06}{233.40} = 0.1374$
MgO	$Mg_2P_2O_7$	$\dfrac{2\times M_r(MgO)}{M_r(Mg_2P_2O_7)} = \dfrac{2\times 40.31}{222.60} = 0.3622$
Cr_2O_3	$BaCrO_4$	$\dfrac{M_r(Cr_2O_3)}{2\times M_r(BaCrO_4)} = \dfrac{152}{2\times 253.32} = 0.3000$

重量分析中一些物质的换算因素见表 11-3。

2. 沉淀剂用量的计算

根据称样量和被测组分的大致含量，按化学反应方程式计算将被测组分沉淀完全所需的沉淀剂的理论用量。为使沉淀溶解损失减小到允许范围内，可利用同离子效应，加入过量沉淀剂，使沉淀反应尽可能完全。沉淀剂过量多少，与沉淀剂的性质、沉淀的溶度积和滤液的体积等因素有关。一般情况下，沉淀剂过量 50%～100%，若沉淀剂不易挥发，则过量 20%～30% 为宜。沉淀剂不能加入太多，否则可能引起盐效应、酸效应和络合效应等副反应，反而使沉淀的溶解度增大。

【例 1】 称取 2.0000g 含 S 约 3% 的试样，经处理，使 S 转变成 SO_4^{2-}，若用 $c(BaCl_2)=$ 1.000mol/L 的 $BaCl_2$ 溶液作沉淀剂，需用多少毫升？

计算步骤：

（1）写出反应方程式，并找出被测组分和沉淀式之间的关系。

$$S \longrightarrow SO_4^{2-} \xrightarrow{BaCl_2} BaSO_4 \downarrow$$

（2）计算出试样中被测组分的量。

试样中含 S 量 = 2.0000×3% = 0.0600 （g）

（3）计算沉淀剂用量。

① 理论用量：1mol S 相当于 1mol $BaSO_4$，相当于 1mol $BaCl_2$。

故

$$\frac{\frac{1}{0.0600}}{32.06}=\frac{1}{1.000\times V_\text{理}\times10^{-3}}$$

$$V_\text{理}\approx1.88\text{mL}$$

② 因 $BaCl_2$ 不挥发，过量 30%。

$$V_\text{过量}=1.88\times30\%=0.564\ (\text{mL})\ \approx0.56\ (\text{mL})$$

③ 沉淀剂用量：

$$V=V_\text{理}+V_\text{过量}=1.88+0.56\approx2.4\ (\text{mL})$$

3. 称样量的计算

称取多少样品，必须考虑应得多少沉淀。从分析操作考虑，沉淀时溶液体积不宜过大，沉淀量不能太多，否则沉淀难于过滤、洗涤和灼烧。从称量准确度考虑，沉淀量不能太少，应保证当沉淀式转化为称量式后，有足够量的称量式，否则，称量式太少，将引起较大的称量误差，使分析结果准确度降低。通常，晶型沉淀（如 $BaSO_4$），以灼烧后称量式质量在 0.3～0.5g 为宜；无定形沉淀（如 $Fe_2O_3\cdot nH_2O$），以灼烧后称量式质量在 0.1g 左右为宜。根据称量式质量和被测组分在样品中大致含量，通过反应方程式即可计算出应称样品的量。

【例2】 欲测含 S 约 3% 的煤中 S 的含量，应称取试样多少克？将 S 最后沉淀为 $BaSO_4$。

解： $BaSO_4$ 为晶型沉淀，若使称量式（在此称量式与沉淀式相同）质量为 0.5g，按比例式计算。

$$\begin{array}{cc} \text{S} & \text{BaSO}_4 \\ 32.06 & 233.39 \\ x & 0.5\text{g} \end{array}$$

即煤样中应有 S 的质量 $x=0.5\times\dfrac{32.06}{233.39}=0.07(\text{g})$，因此应称取试样量为 $0.07\div3\%\approx2(\text{g})$。

4. 重量分析结果的计算

在重量分析中，被测组分沉淀后得到的称量式，与被测组分形式若相同，则被测组分 $w(\text{B})$ 含量：

$$w(\text{B})=\frac{m}{m_\text{s}}$$

式中　m——称量沉淀的质量，g；

m_s——称取试样的质量，g。

但是，在很多情况下，沉淀的称量式与要求的被测组分形式不一致，则此时被测组分的 $w(\text{B})$ 含量按下式计算：

$$w(\text{B})=\frac{mF}{m_\text{s}}$$

式中　m——称量式质量，g；

m_s——称取试样质量，g；

F——换算因素。

【例3】 用重量法测定某试样中的铁，称样量为 0.1666g，得到 Fe_2O_3 的质量为 0.1370g，求试样中 Fe% 和 Fe_3O_4%？

解：

$$w(\text{Fe})=\frac{m_{\text{Fe}_2\text{O}_3}\times\dfrac{2A_{\text{r(Fe)}}}{M_{\text{r(Fe}_2\text{O}_3)}}}{m_\text{试样}}=\frac{0.1370\times\dfrac{2\times55.85}{159.69}}{0.1666}=57.50\%$$

$$w(\text{Fe}_3\text{O}_4)=\frac{m_{\text{Fe}_2\text{O}_3}\times\dfrac{2M_{\text{r(Fe}_3\text{O}_4)}}{3M_{\text{r(Fe}_2\text{O}_3)}}}{m_\text{试样}}=\frac{0.1370\times\dfrac{2\times231.54}{3\times159.69}}{0.1666}=79.49\%$$

式中　A_r——相对原子质量；

　　　M_r——相对分子质量；

　　　m——质量。

第二节　重量分析基本操作

重量分析的基本操作包括：样品溶解、沉淀、过滤、洗涤、烘干和灼烧等步骤。任何一步操作正确与否，都会影响最后的分析结果。因此，每一步操作都必须认真对待。

一、样品的溶解

溶解或分解试样的方法，取决于试样以及待测定组分的性质。应确保待测组分全部溶解。在溶解过程中，待测组分不得损失（包括氧化还原），加入的试剂不干扰以后的分析。

取一个洁净烧杯，内壁和杯底应无划痕，配一个略大于烧杯口径的表面皿和一根玻璃棒，玻璃棒长度为烧杯高度的 1.5～2 倍，两端烧圆滑。称取适量的试样放入烧杯中，盖上表面皿。

溶解时，取下表面皿，反置于桌面上（即凸面向上），将试剂沿杯壁或沿着下端紧靠着杯壁的玻璃棒慢慢倒入，严防溶液溅失。加完试剂后用表面皿将烧杯盖好。溶解时要注意以下几点。

① 如果在溶解过程中有气体产生，则应先用少许水将试样湿润，以防气体将轻细的试样扬出。然后用表面皿将烧杯盖好，凸面向下。用滴管将试剂自烧杯嘴与表面皿之间的孔隙慢慢逐滴加入，防止反应过猛。反应完成后，用洗瓶吹洗表面皿的凸面，流下来的水应沿杯壁流入烧杯，吹洗烧杯壁。

② 溶解试样时如需加热，则必须用表面皿盖好烧杯。加热时要防止溶液剧烈沸腾和迸溅，最好在水浴或砂浴上进行。停止加热后，吹洗表面皿和烧杯壁。

③ 如果样品是直接称在表面皿上，可用水溶解，则可将此表面皿斜置于溶样用的烧杯口上，将烧杯一头垫高，用洗瓶尖嘴吹水将样品冲下，水流要顺杯壁流入烧杯。

④ 溶解试样时，常需要用玻璃棒进行搅拌，搅拌棒一经插入溶液就不能再拿出他用。

⑤ 样品溶解后，若溶液必须蒸发，最好是在水浴锅上进行。在石棉网上或电热板上进行时，必须十分小心，勿使猛烈沸腾。蒸发时烧杯或蒸发皿必须用表面皿盖上，为了不致降低蒸发速率，可在烧杯口放上玻璃三脚架或在杯沿上挂三个玻璃钩，再放表面皿。蒸发浓酸或蒸发会产生有毒气体的溶液时，必须在通风柜中进行。

二、试样的沉淀

重量分析对沉淀的要求是尽可能地完全和纯净，为了达到这个要求，应按照沉淀的不同类型选择不同的沉淀条件，如加入试剂的次序、加入试剂的量和浓度，试剂加入速率，沉淀时溶液的体积、温度，沉淀陈化的时间等。必须按规定的操作手续进行，否则会产生严重的误差。

沉淀所需的试剂溶液应事先准备好，浓度只需准确至 1%。因此一般加入固体试剂只需用粗天平称取，加入液体试剂的量，用量筒量取即可。

沉淀操作时，应一手拿滴管，慢慢滴加沉淀剂，沉淀剂要顺杯壁流下，或将滴管尖伸至靠近液面时滴入，以防样品溶液溅失。另一手持玻璃棒不断搅动溶液，搅拌时玻璃棒不要碰烧杯壁或烧杯底，同时速度不宜太快，以免溶液溅出。试剂如果可以一次加到溶液中，则应将它沿着烧杯壁倒入或是将其沿着玻璃棒加到溶液中，注意勿使溶液溅出。

若需在热溶液中进行沉淀，则不得使溶液沸腾，否则会引起水星溅出或雾沫飞散而造成损失，一般在水浴或电热板上进行。

沉淀后应检查沉淀是否完全，检查方法是：先将溶液静置，待沉淀沉降后，沿杯壁向上层澄清液中加 1 滴沉淀剂，观察界面处有无浑浊现象。如出现浑浊，表明尚未沉淀完全，需再加沉淀剂，直至上层清液中再次加入沉淀剂时，不再出现浑浊为止，盖上表面皿。

进行沉淀时，所用烧杯及其配备的表面皿和玻璃棒，三者一套，不许分离，直到沉淀完全转移出烧杯为止。

三、过滤和洗涤技术

过滤的目的是将沉淀从母液中分离出来，使其与过量的沉淀剂、共存组分或其他杂质分开，并通过洗涤获得纯净的沉淀。对于需要灼烧的沉淀，常用滤纸过滤。对只需经过烘干即可称量的沉淀，则往往使用古氏坩埚过滤。过滤和洗涤必须一次完成，不能间断。整个操作过程中沉淀不得损失。

1. 用滤纸过滤

（1）滤纸的选择　滤纸分定性滤纸和定量滤纸两种。重量分析中，需将滤纸连同沉淀一起灼烧后称量时，应采用定量滤纸过滤。定量滤纸灼烧后，灰分小于 $0.0001g$ 者称"无灰滤纸"，其质量可以忽略不计；若灰分质量大于 $0.0002g$，则应从称得的沉淀质量中扣去滤纸灰分的质量。定量滤纸一般为圆形，按直径分有 11cm、9cm、7cm 等几种；按滤纸孔隙大小分有快速、中速和慢速三种。根据沉淀的性质，选择使用合适的滤纸。如 $BaSO_4$、$CaC_2O_4 \cdot 2H_2O$ 等细晶型沉淀，应选用慢速滤纸过滤；$Fe_2O_3 \cdot nH_2O$ 为胶状沉淀，应选用快速滤纸过滤；$MgNH_4PO_4$ 为粗晶型沉淀，应选用中速滤纸过滤。根据沉淀量的多少选择滤纸的大小。将沉淀转移至滤纸中后，沉淀的高度一般不要超过滤纸圆锥高度的 1/3，最多不得超过1/2处。滤纸大小还应与漏斗相匹配，即滤纸上沿应比漏斗上沿低0.5～1cm，绝不能超出漏斗边缘。滤纸型号与性质见表1-6。

（2）漏斗的选择　用于质量分析的漏斗应为长颈漏斗。漏斗锥体角应为60°，颈长15～20cm。颈的直径不能太大，一般为3～5mm，以便在颈内容易保留水柱，出口处磨成45°度，如图11-1所示。漏斗使用前应洗净。

（3）滤纸的折叠和安放　折叠滤纸前，手要洗净、擦干。一般按四折法折叠滤纸，再叠成圆锥形（图11-2），放入漏斗，此时，滤纸锥体的上缘应与漏斗密合，而下部与漏斗内壁形成隙缝。如果漏斗正好为60°，则滤纸锥体角度应稍大于60°（大2°～3°）。为此，先把滤纸整齐地对折，然后再对折。第二次对折时，不要把两角对齐，而应向外错开一点。这样打开后所形成的圆锥体的顶角就会稍大于60°。为保证滤纸与漏斗密合，第二次对折时不要折死，先把圆锥体打开，则滤纸圆锥体半边为三层，另半边为一层，放入漏斗中（此时漏斗应干净而且干燥），如果上边缘不十分密合，可以稍稍改变滤纸的折叠角度，直到与漏斗密合时为止。从漏斗中取出滤纸，把第二次的折边折死。从三层边的外层上撕下一角，以使该处的内层滤纸更好地贴在漏斗上，否则此处会有空隙。撕下来的滤纸角，保存在洁净干燥的表面皿上，以后用作擦拭烧杯内残留的沉淀用。

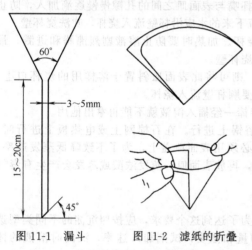

图 11-1　漏斗　　　图 11-2　滤纸的折叠

将折叠好的滤纸放入漏斗中，三层的一边与漏斗出口斜嘴短的一边对齐。用食指按住此边，用洗瓶尖嘴吹入细水流，使滤纸润湿，然后用手指轻压滤纸边缘，赶尽滤纸和漏斗壁间的气泡，使滤纸锥体上部与漏斗完全贴紧，加水至接近滤纸上沿。这时漏斗中应全部被水充满，而且当滤纸中的水全部流尽后，漏斗颈中仍被水充满着，形成水柱。由于液体的重力可起抽滤作用，从而加快过滤速度。

若不能形成水柱，或水柱中间有气泡，可用手指堵住漏斗颈出口，稍稍掀起滤纸边（二层滤纸的一边），向滤纸和漏斗壁的空隙间加水，直到漏斗颈与漏斗中充满水，并且没有气泡为止。然后把滤纸边压紧，再放开下面堵住出口的手，此时水柱即可形成。如果水柱仍不能保留，则可能是漏斗颈过粗、滤纸折叠的角度不合适，使滤纸与漏斗没有密合或漏斗未洗涤干净所致。

将准备好的漏斗置于漏斗架上，下面用一个洁净烧杯承接滤液。滤液可用做其他组分的测定。滤液有时是不需要的，但考虑到过滤过程中，可能有沉淀渗滤，或滤纸意外破裂，需重新过滤，所以要用洗净的烧杯来承接滤液。为了防止滤液外溅，一般都将漏斗颈出口斜口长的一侧贴紧烧杯内壁。漏斗位置的高低，以过滤过程中漏斗颈的出口不接触滤液为度。承接滤液的烧杯上盖一个表面皿，在同时进行几个平行分析时，应把装有待滤溶液的烧杯分别放在相应的漏斗之前。

（4）倾泻法过滤、沉淀的转移和沉淀的洗涤　过滤和洗涤一定要一次完成，不能间断，特别是过滤胶状沉淀。因此事先必须计划好时间。过滤一般分三个阶段进行：第一阶段采用倾泻法，尽可能地过滤清液，并作初步洗涤，如图11-3所示；第二阶段转移沉淀到漏斗上；第三阶段清洗烧杯和洗涤漏斗上的沉淀。

① 为了避免沉淀堵塞滤纸的孔隙，影响过滤速度，多采用倾泻法过滤，即待烧杯中沉淀沉降后，将上层清液沿玻璃棒倾入漏斗中。玻璃棒要直立，下端对着滤纸的三层边，尽可能靠近滤纸，但不能接触滤纸。将盛有沉淀的烧杯移到漏斗上方，使杯嘴贴着玻璃棒，慢慢将烧杯倾斜，尽量不搅起沉淀，将上层清液慢慢沿玻璃棒倒入漏斗中。倾入的溶液量一般只充满滤纸的2/3，或离滤纸上边缘约5mm，不可太多，否则少量沉淀因毛细管作用越过滤纸上缘，造成损失。暂停倾注溶液时，沿玻璃棒将烧杯嘴向上提起，逐渐使烧杯直立，这时，保持玻棒位置不动，绝不能让杯嘴离开玻璃棒，也不要沿杯嘴抽回玻璃棒，这样才可以使最后一滴溶液也顺着玻棒流下，而不致流到烧杯外面去，待玻璃棒上的溶液流完后，将玻棒小心提起，放回原烧杯中，但不能靠在烧杯嘴处，以免沾附沉淀而造成损失。倾注清液最好一次完成，如要中断，需待烧杯中沉淀澄清后，继续倾注，重复上述操作，直至上层清液倾完为止。当烧杯内的液体较少而不便倾出时，可将玻璃棒稍向左倾斜，使烧杯倾斜角度更大些。开始过滤后，要检查滤液是否透明，如浑浊，应另换一个洁净烧杯，并将第一次的滤液再过滤。

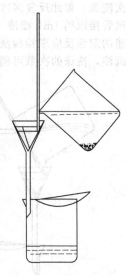

图 11-3 倾泻法过滤

当清液倾注完毕后，即可在烧杯中对沉淀进行初步洗涤。选用什么洗涤液洗沉淀，应根据沉淀的类型和实验内容而定。

a. 晶型沉淀 可用冷的稀沉淀剂进行洗涤，由于同离子效应，可以减少沉淀的溶解损失。若沉淀剂为不挥发的物质，就不能用作洗涤液，此时可改用蒸馏水或其他合适的溶液洗涤沉淀。

b. 无定形沉淀 用热的电解质溶液作洗涤剂，以防止产生胶溶现象，常用的是易挥发的铵盐溶液作洗涤剂。

溶解度较大的沉淀，可采用沉淀剂加有机溶剂作洗涤剂，以降低沉淀的溶解度。

洗涤时，沿烧杯壁旋转着加入 20～30mL 洗涤液，用玻棒搅起沉淀充分洗涤，静置，待沉淀下沉后，按前述方法，倾出和过滤清液。在烧杯里洗涤沉淀数次，其次数视沉淀的性质而定，晶型沉淀洗 2～3 次，胶状沉淀需洗 5～6 次。

② 为了把沉淀转移到滤纸上，先用洗涤液把沉淀搅起（加入洗涤液的量，应该是滤纸上一次能容纳得了的量），立即将沉淀和洗涤液一起倾入漏斗中，如此重复 3～4 次，这样大部分沉淀都被转移到滤纸上。然后将玻璃棒横架在烧杯口上（玻棒下端应在烧杯嘴上，且超出杯嘴2～3cm），用左手食指压住玻璃棒上段，大拇指在前，其余手指在后，将烧杯倾斜放在漏斗上方，烧杯嘴向着漏斗，使玻璃棒下端指向滤纸的三层边，用洗瓶或滴管尖嘴吹洗烧杯内壁，沉淀连同溶液流入漏斗中，这对于粘在烧杯壁和烧杯底的沉重的沉淀，更为有效，如图11-4所示。上述步骤最容易引起沉淀的损失，必须严格遵守上面所指出的一切规定，正确操作，同时注意不要让溶液溅出。

实验中往往有一些牢牢地粘在烧杯壁上的沉淀洗不下来，此时需用一小块无灰滤纸（即折叠漏斗时撕下的那角），以水湿润后，先擦拭玻棒上的沉淀，再用玻璃棒按住此纸块沿杯壁自上而下旋转着把沉淀擦"活"，然后用玻璃棒将它拔出，放入该漏斗中心的滤纸上，与主要沉淀合并。用洗瓶吹洗烧杯，把擦"活"的沉淀微粒刷洗入漏斗中。在明亮处仔细检查烧杯内壁、玻棒、表面皿是否干净，不黏附沉淀，若仍有一点点痕迹，再行擦拭，转移，直到完全为止。有时也可用沉淀帚（图11-5）在烧杯内壁自上而下、从左至右擦洗烧杯上的沉淀，然后洗净沉淀帚。沉淀帚一般可自制，剪一段乳胶管，一端套在玻璃棒上，另一端用橡胶胶水黏合，用夹子夹扁晾干即成。

③ 沉淀全部转移到滤纸上后，要进行洗涤，目的是除去沉淀表面吸附的杂质和残留的母液。方法是将洗瓶在水槽上先吹出洗涤剂，使洗涤剂充满洗瓶的导出管后，再将洗瓶拿在漏斗上方，吹出洗涤剂浇在滤纸的三层部分的上沿稍下的地方，然后再盘旋自上而下洗涤，并借此将沉淀集中到滤纸圆锥体的下部（图11-6）。注意，不可将洗涤剂直接冲到滤纸中央的沉淀上，以免沉淀外溅。洗涤时，按照"少量多次"的原则，每次用洗涤剂的量要少，便于尽快沥干，沥干后，再进行下一

次洗涤。如此反复多次，直至沉淀洗净为止。沉淀洗净的判断方法是：在沉淀洗涤数次后，用干净试管接取约 1mL 滤液（这时如果漏斗下端触及下面的滤液，检验就毫无意义了），选择灵敏而又迅速的定性反应来检验洗涤是否充分。如无明确规定，通常洗涤 8～10 次就认为已洗净。对于无定形沉淀，洗涤的次数可稍多几次。

图 11-4 转移沉淀的操作

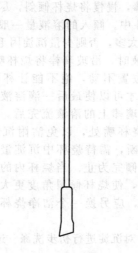

图 11-5 沉淀帚

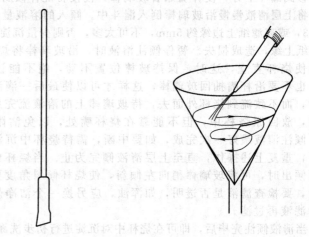

图 11-6 在滤纸上洗涤沉淀

过滤和洗涤沉淀的操作，必须不间断地一气完成。若时间间隔过久，沉淀会干涸，黏成一团，几乎无法将其洗涤干净。

无论是盛着沉淀或是滤液的烧杯，都应该经常用表面皿盖好。每次过滤倾注完液体后，即应将漏斗盖好，以防落入尘埃。

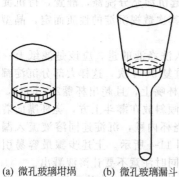

(a) 微孔玻璃坩埚　　(b) 微孔玻璃漏斗

图 11-7 微孔玻璃漏斗微孔。

2. 用微孔玻璃漏斗（或玻璃坩埚）过滤

微孔玻璃漏斗（或玻璃坩埚）如图 11-7 所示。这种滤器的滤板是用玻璃粉末在高温熔结而成。所以又常称它们为玻璃砂芯漏斗（坩埚）。按照微孔的孔径由大至小分为六级，G_1～G_6（或称 1 号～6 号）。其孔径大小和用途见表 11-4。

在质量分析中，一般用 G_4～G_5 规格（相当于慢速滤纸）过滤细晶型沉淀；用 G_3 规格（相当于中速滤纸）过滤粗晶型沉淀。G_5～G_6 规格常用于过滤微生物，所以这种滤器又称为细菌漏斗。

凡是烘干后即可称量或热稳定性差的沉淀，均应采用微孔玻璃漏斗（或坩埚）过滤。不需称量的沉淀也可用其过滤。此类滤器均不能过滤强碱性溶液，因强碱性溶液会损坏玻璃

微孔玻璃漏斗（坩埚）的洗涤见第一章表 1-3。

表 11-4　微孔玻璃漏斗（坩埚）的规格和用途

滤板编号	孔径/μm	用　途	滤板编号	孔径/μm	用　途
G_1	20～30	滤除大沉淀物及胶状沉淀物	G_4	3～4	滤除液体中细的沉淀物或极细沉淀物
G_2	10～15	滤除大沉淀物及气体洗涤	G_5	1.5～2.5	滤除较大杆菌及酵母
G_3	4.5～9	滤除细沉淀及水银过滤	G_6	1.5 以下	滤除 1.4～0.6μm 的病菌

将洗净后的滤器在烘干沉淀的温度下烘至恒重，然后放入干燥器中冷却、保存备用。过滤时，取出滤器，装入抽滤瓶的橡皮垫圈中，接橡皮管于抽水泵上。在抽滤下，用倾泻法过滤。其过滤、洗涤、转移沉淀等操作方法均与滤纸过滤相同，不同之处是在抽滤下进行。

四、沉淀的烘干和沉淀的灼烧

对过滤所得沉淀加热处理，将沉淀式转变为称量式，即获得组成恒定并且与化学式表示的组成完全一致的沉淀。常用的有烘干和灼烧两种方法。

1. 沉淀的烘干

烘干是指在 250℃ 以下进行的热处理。其目的是除去沉淀上所沾的洗涤液，它适用于沉淀的析出式和称量式组成一致的沉淀。这种热处理操作简单，引入误差的机会少。凡是用微孔玻璃漏斗过滤的沉淀都可以（也只能）用烘干的方法处理。

一般将微孔玻璃漏斗（或坩埚）连同沉淀放在表面皿上，然后放入烘箱中，根据沉淀性质确定烘干温度。第一次烘干沉淀时间较长，约 2h，第二次烘干时间可短些，0.75~1h。沉淀烘干后，取出，置干燥器中冷却至室温后称量。反复烘干、称量、直至恒重为止。

烘干沉淀时，烘箱温度应控制在指定温度±5℃。空的微孔玻璃漏斗（坩埚）和装有沉淀的玻璃漏斗（坩埚）必须在完全一样的条件下烘干和称量。

2. 坩埚的准备和沉淀的包裹、干燥、炭化与灼烧

灼烧是指在高于 250℃ 以上的温度时进行的热处理。它适用于沉淀式需经高温处理才能转换为称量式的沉淀。凡用滤纸过滤的沉淀都应该（也必须）用灼烧方法处理。灼烧是在预先已烧至恒重的瓷坩埚中进行的。

（1）瓷坩埚的准备　先将瓷坩埚用自来水尽量洗去其中污物，然后将其放入热盐酸（洗去 Al_2O_3、Fe_2O_3）或热铬酸洗液（洗去油脂）中浸泡十几分钟，用两根洁净的玻璃棒夹出，先用自来水、再用蒸馏水刷洗干净，放在干净的表面皿上于烘箱中烘干。用蒸馏水刷洗干净后的坩埚一定不能再用手拿起，挪动时必须用洁净的坩埚钳（坩埚钳头部的锈应先用砂纸磨光洗净）。洗净烘干后的坩埚只能放在干净的表面皿、白瓷板或泥三角上，不得放在桌上，以免弄脏。用含 Fe^{3+} 或 Co^{2+} 的蓝墨水在坩埚外壁和盖子上编号，干后放在马弗炉中高温灼烧 0.5h（新坩埚需 1h），取出稍冷后转入干燥器中，冷却至室温，称量。第二次灼烧 15~20min，取出稍冷后转入干燥器中，冷至室温，再称量。这样，直到连续两次称量质量之差不超过 0.2mg，即认为坩埚已达恒重。

若瓷坩埚放在煤气灯上灼烧，应将其直立放在架有铁环的泥三角上，盖上坩埚盖，但不能盖严，需留一条小缝。逐渐升温灼烧，最后在氧化焰中进行高温灼烧。灼烧时使用坩埚钳不时地转动瓷坩埚，使其均匀加热。灼烧时间和操作方法与使用马弗炉灼烧时相同。

灼烧新坩埚时，会引起坩埚瓷釉组分中的铁发生氧化，而引起坩埚质量的增加。因此灼烧空坩埚的条件必须和以后灼烧沉淀时相同。

将热坩埚放在干燥器中后，会引起干燥器中的空气膨胀，压力增大，有时甚至会将干燥器的盖子推开，滑到桌面或地上。而当放置一段时间后，由于其中空气冷却，压力降低，又会将盖吸住，而极难打开。因此坩埚放入干燥器 2~3min 后，应将盖慢慢推开一细缝，放出热空气，再立即盖严，反复数次。使坩埚充分冷却的时间，一般为 40~50min。每次冷却坩埚的时间必须相同（无论

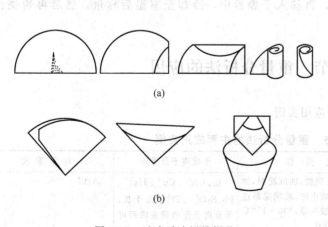

图 11-8　过滤后滤纸的折叠　　　　　　图 11-9　胶状沉淀的包裹

是空的还是装有沉淀的)。不可将坩埚放在干燥器中过夜。然后再称量。

(2) 沉淀的包裹 用扁头玻璃棒将过滤沉淀的滤纸的三层部分挑起,再用洗净的手将滤纸和沉淀一起取出。包裹沉淀时,不应将滤纸完全打开。包晶型沉淀,可按照如图 11-8 所示的 (a) 法或 (b) 法卷成小包,将沉淀包裹在里面,最好包得紧些,但不要用手指压沉淀。将沉淀包好后,用滤纸原来不接触沉淀的那部分,将漏斗内壁轻轻擦一下,擦下可能粘在漏斗上部的沉淀微粒。把滤纸包的三层部分向上放入已恒重的坩埚中,这样可使滤纸灰化较易。

对于胶状沉淀,因沉淀体积较大,可用扁头玻璃棒将滤纸边挑起,向中间折叠,将沉淀全部盖住,如图 11-9 所示,然后取出,倒转过来,尖头向上,安放在坩埚中。

如果滤纸已变干,可先用蒸馏水将其润湿,以便于操作。

(3) 沉淀的干燥和灼烧 将放有沉淀包的坩埚,倾斜地放在泥三角上,坩埚底部枕在泥三角的一横边,然后再把坩埚盖半掩地倚于坩埚口,这样会使火焰热气反射,有利于滤纸的炭化 [图 11-10 (b)]。先用煤气灯火焰来回扫过坩埚,使其均匀而缓慢地受热,避免坩埚骤热破裂。然后将煤气灯置于坩埚盖中心之下,利用反射焰将滤纸和沉淀烘干,这一步不能太快,尤其对于含有大量水分的胶状沉淀,很难一下烘干,若加热太猛,沉淀内部水分迅速汽化,会挟带沉淀溅出坩埚,造成实验失败。当滤纸包烘干后,滤纸层变黑而炭化,此时应控制火焰大小,使滤纸只冒烟而不着火,因为着火后,火焰卷起的气流会将沉淀微粒吹走。如果滤纸着火,应立即移去灯火,用坩埚钳夹住坩埚盖将坩埚盖住,让火焰自行熄灭,切勿用嘴吹熄。

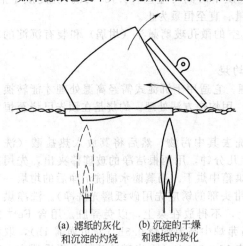

(a) 滤纸的灰化 和沉淀的灼烧

(b) 沉淀的干燥 和滤纸的炭化

图 11-10 沉淀的干燥和灼烧

滤纸全部炭化后,把煤气灯置于坩埚底部,逐渐加大火焰,并使氧化焰完全包住坩埚,烧至红热,以便把炭完全烧成灰,这一步骤将炭燃烧成二氧化碳被除去的过程叫灰化,[图 11-10 (a)]。炭粒完全消失、沉淀现出本色后,再用强火灼烧一定时间,同时稍稍转动坩埚,让沉淀在坩埚内轻轻翻动,借此可把沉淀各部分烧透,使大块粘物散落,把包裹住的滤纸残片烧光,并把坩埚壁上的焦炭烧掉。

滤纸灰化后,将坩埚垂直地放在泥三角上,盖上坩埚盖(留一小孔隙),于指定温度下灼烧沉淀,或者将坩埚放在马弗炉中灼烧(这时一般是先在电炉上将沉淀和滤纸烤干并进行炭化和灰化)。通常第一次灼烧时间为 30~45min,第二次灼烧时间为 15~20min。每次灼烧完毕从炉内取出后,都应在空气中稍冷后,再移入干燥器中,冷却至室温后称量。然后再灼烧、冷却、称量,直至恒重。

第三节 重量分析法的应用

表 11-5 列举了重量分析法的主要应用实例。

表 11-5 重量分析法的主要应用实例

被测物质	沉淀剂	测定操作	干扰离子及排除	称量形式
Ag^+	盐酸	取试液,加 1%硝酸,加沉淀剂,加热至 70℃,放置数小时,玻璃滤器过滤,用 0.06%硝酸洗涤,130~150℃干燥,需在暗处操作	Bi、CN^-、Cu^+、Hg_2^{2+}、Pb、$S_2O_3^{2-}$、Tl^+、Sb 干扰;低价离子经硝酸煮沸后可排除干扰	AgCl

续表

被测物质	沉 淀 剂	测 定 操 作	干扰离子及排除	称 量 形 式
Al^{3+}	氨水	取试液,加氯化铵,加热至100℃,加甲基红指示剂,用氨水调至黄色,滤纸过滤,用2%氯化铵洗涤,1200℃灼烧	SiO_2、不溶性氢氧化物、碱土金属、B、F^-有干扰	Al_2O_3
	磷酸氢二铵	取试液(0.05%盐酸),煮沸,加沉淀剂,乙酸缓冲溶液(pH=5~5.4),滤纸加滤纸浆过滤,用5%硝酸铵洗涤,800~1000℃灼烧	Ca、Fe、Mn、Ti、Zn、Zr干扰	$AlPO_4$
	8-羟基喹啉(5%乙酸)	取试液(盐酸),加热至70~80℃,加乙酸缓冲溶液(pH=7),加沉淀剂,70~80℃加热,玻璃滤器过滤,用水洗涤,110℃干燥。或者用滤纸过滤,1200℃灼烧(覆盖一层草酸)	Ag、Bi、Cd、Co、Cu、Cr、Fe、In、Mo、Ni、Ti、U、Zn、Hg、Pb、Pd、Sb、Ta、Th、V、W、Zr干扰	$Al(C_9H_6NO)_3$ Al_2O_3
As^{3+}	硫化氢(气)	取试液(30%盐酸),于10~15℃通入H_2S,玻璃滤器过滤,24%盐酸,H_2S饱和溶液,乙醇,CS_2乙醇溶液依次洗涤,105~110℃干燥	Ge、Hg、Mo、Sb、Sn干扰	As_2S_3
AsO_4^{3-}	镁混合剂①	取试液,冷却,加沉淀剂,玻璃滤器过滤,40℃真空干燥。或者滤纸过滤,800℃灼烧	PO_4^{3-}及碱性介质中沉淀的离子	$MgNH_4AsO_4 \cdot 6H_2O$ $Mg_2As_2O_7$
Au^+	氢醌	取试液(1mol/L HCl),加沉淀剂,煮沸,滤纸过滤,用热水洗涤,900℃灼烧		Au
BO_2^-, $B_4O_7^{2-}$		取试液(中性)蒸发,移入蒸馏器中,加入甲醇,加热至80~90℃,把$(CH_3O)_3B$蒸至$(NH_4)_2CO_3$吸收液中,加入乙酸镁或乙酸钙,蒸发后于800~900℃灼烧		$B_2O_3$②
Ba^{2+}	硫酸	取试液,煮沸,加入热沉淀剂,放置12~18h,滤纸过滤,热水洗涤,>730℃灼烧	Pb、Ca、Sr有干扰,Fe共存加EDTA③掩蔽	$BaSO_4$
	铬酸铵	取试液(乙酸),煮沸,加沉淀剂,玻璃滤器过滤,0.5%乙酸铵洗涤,<60℃干燥	许多离子干扰,但允许Ca和Sr共存	$BaCrO_4$
Be^{2+}	氨水	取试液,加EDTA(15%),100℃加热,加氯化铵,氨化加至pH=8.5,滤纸过滤,2%热硝酸铵洗涤,1000℃灼烧	Al、Cu、Fe、Zn等用EDTA掩蔽	BeO
	磷酸氢二铵[2mol/L$(NH_4)_2HPO_4$]	取试液,加EDTA(15%),10%氨水加至浑浊,加乙酸(pH=3~5),煮沸3min,再沉淀,滤纸过滤,2%热硝酸铵洗涤,750~800℃灼烧		$Be_2P_2O_7$
Bi^{3+}	碳酸铵	取试液,煮沸,加沉淀剂,加氨水,滤纸过滤,用热水洗涤,1000℃灼烧	不溶性氢氧化物、Cl^-、SO_4^{2-}	Bi_2O_3
	磷酸氢二铵(用10%,硝酸配)	取试液,加氨水至浑浊,加沉淀剂,加热至80℃,放置30min,滤纸过滤,2%硝酸铵洗涤,800℃灼烧	Pb、Zr、Cd、Cl^-、SO_4^{2-}干扰	$BiPO_4$
Br^-	硝酸银(5%)	取试液,加稀硝酸,加硝酸银,煮沸,在暗处放置,玻璃滤器过滤,稀硝酸洗涤,130~150℃干燥	CN^-、OCN^-、SCN^-、Cl^-、I^-、S^{2-}干扰	AgBr

被测物质	沉 淀 剂	测 定 操 作	干扰离子及排除	称 量 形 式
Ca^{2+}	草酸铵(4%)	①取试液,加沉淀剂,加热至70～80℃,氨水中和,加热30min,放置2h,玻璃滤器过滤,用稀草酸铵洗涤,100℃干燥。470～525℃灼烧	Mg^{2+} 干扰,需再沉淀,Fe、Al、稀土等用氨水分离除去	$CaC_2O_4 \cdot H_2O$ $CaCO_3$
		②同上操作沉淀成草酸钙,滤纸过滤,洗涤,1000℃灼烧		CaO
		③同上操作,沉淀成草酸钙,800℃灼烧后,加硫酸(1+1),小心蒸发后500～600℃灼烧		$CaSO_4$
Cd^{2+}	硫化氢(气)	取试液(1+20)硫酸,通入 H_2S,向沉淀中加入硫酸,蒸发,140～150℃干燥		$CdSO_4$
	α-邻羟苯基苯并噁唑(1%乙醇)	取试液(pH=9酒石酸缓冲溶液),加热至60℃,加沉淀剂(至pH=11),玻璃滤器过滤,(1+1)乙醇溶液洗涤,130～140℃干燥	Cu 可用该试剂在 pH=4 时分离除去,Co、Ni 被酒石酸掩蔽	$Cd(C_{13}H_8O_2N)_2$
Ce^{3+}	碘酸钾+溴酸钾	①取试液(硝酸25%),加溴酸钾(0.5%),碘酸钾(10%,用36%硝酸配制,10～15倍过量),玻璃滤器过滤,碘酸钾,乙醇,乙醚依次洗涤,45℃干燥10～15min		$2Ce(IO_3)_4 \cdot KIO_3 \cdot 8H_2O$
		②按上述方法沉淀,过滤,向沉淀加入草酸,加热,用水稀释,放置1～2h,滤纸过滤,1%草酸洗涤,800℃灼烧		CeO_2
Cl^-	硝酸银(5%)	取试液(稀硝酸),加沉淀剂,加热至100℃,玻璃滤器过滤,用0.5%硝酸洗涤,130～150℃干燥,需在暗处操作	CN^-、Br^-、OCN^-、SCN^-、I^-、S^{2-}	AgCl
Co^{2+}	1-亚硝基-2-萘酚(7%,乙酸配制)	取试液(乙酸),加沉淀剂,100℃加热,玻璃滤器过滤,分别用热水、乙酸(33%)、热水洗涤,130℃干燥	Ag、Pd、Sn、Bi、(Fe^{3+}、Cr^{3+}可加 ZnO 沉淀除去)	$Co(C_{10}H_6O_2N)_3 \cdot 2H_2O$
Cr^{3+}	氨水	参看 Al^{3+} 的测定,1200℃氢气中灼烧	被氨水沉淀的许多离子	Cr_2O_3
CrO_4^{2-}	氯化钡	参看 Ba^{2+} 的测定,60℃干燥	SO_4^{2-}、F^-、$C_2O_4^{2-}$ 干扰	$BaCrO_4$
Cs^+	四对氟代苯硼化钠(0.1%)	取(0.1mol/L)盐酸的④试液,加热至70℃,加沉淀剂,放置1h,在冰浴中放置1h,用玻璃滤器过滤,100℃干燥1h	Ag^+、Tl^+ 干扰,但 K^+、NH_4^+ 不干扰	$Cs[B(C_6H_4F)_4]$ (0.2536)
Cu^{2+}	硫氰酸铵	取试液(弱酸性),二氧化硫饱和,水稀释,加热至100℃,加沉淀剂,玻璃滤器过滤,硫氰酸铵,二氧化硫溶液,20%乙醇洗涤,105～120℃干燥	Ag、Hg、Pb、Se、Te 有干扰,Bi、Sb、Sn 可用酒石酸掩蔽	CuSCN
	硫氰酸铵+吡啶	取试液,加沉淀剂至呈蓝色,玻璃滤器过滤,20℃真空干燥		$[Cu(C_5H_5N)_2 \cdot (SCN)_2]$
	水杨醛肟	取试液(酸性),加沉淀剂,玻璃滤器过滤,105～110℃干燥		$Cu(C_7H_6O_2N)_2$

续表

被测物质	沉 淀 剂	测 定 操 作	干扰离子及排除	称 量 形 式
	雷奥克试剂⑤	取试液（硫酸＜1mol/L）⑥，加 $SnCl_2$ 及沉淀剂，玻璃滤器过滤，100～110℃干燥		$Cu[Cr(NH_3)_2 \cdot (SCN)_4]$ (0.1636)
	硫酸肼饱和溶液	取试液（含铜＞0.2mg，硫酸）加沉淀剂，玻璃滤器过滤，100～110℃干燥		$CuSO_4(N_2H_4) \cdot H_2SO_4$
	铜试剂（乙醇溶液）	取试液（氨性），加入热沉淀剂，玻璃滤器过滤，1％氨水洗涤，105～140℃干燥	Al、Cd、Co、Ni、Pb、Fe、Zn 用酒石酸掩蔽	$Cu(C_{14}H_{12}O_2N)$
F^-	氯化钙（5％）	取试液（pH＞3，不含 NH_4^+，SiO_3^{2-}，PO_4^{3-}），加沉淀剂（15mL 相当 1g F^-）、明胶、乙酸、蒸发，加水 15～20mL，滤纸过滤，1％～2％氨水洗涤，800℃灼烧	Si、Al、Fe 等预先分离	CaF_2
Fe^{3+}	氨水	取试液，加热至沸，加沉淀剂，滤纸过滤，1％硝酸铵倾注法洗涤，1000～1100℃灼烧	AsO_4^{3-}、PO_4^{3-}、VO_4^{3-}、Si 及不溶性氢氧化物、酒石酸、柠檬酸	Fe_2O_3
	六亚甲基四胺（10％）	取试液（弱酸），加氯化铵及沉淀剂，100℃加热，滤纸过滤，热水洗涤，1000～1100℃灼烧	AsO_4^{3-}、PO_4^{3-}、VO_4^{3-}、Si 及不溶性氢氧化物、酒石酸、柠檬酸	Fe_2O_3
	水合肼	取试液，加氯化铵和沉淀剂，滤纸过滤，1％氯化铵，1％沉淀剂，热水依次洗涤，1000～1100℃灼烧	AsO_4^{3-}、PO_4^{3-}、VO_4^{3-}、Si 及不溶性氢氧化物、酒石酸、柠檬酸	Fe_2O_3
Fe^{3+}	铜铁试剂（6％）	取试液（硫酸），冷却至10℃，加沉淀剂，滤纸加纸浆过滤，用 3.5％盐酸、0.15％沉淀剂及氨水依次洗涤，1000～1100℃灼烧	Ti、Zr、V、Ga	Fe_2O_3
Ga^{3+}	氨水或吡啶	取试液（硫酸），加热至100℃，加沉淀剂，滤纸加滤纸浆过滤，2％硝酸铵洗涤，1000℃灼烧	同氨水测定 Fe^{3+}	Ga_2O_3
	铜铁试剂（6％）	取试液（14％硫酸），冷却至0℃，加沉淀剂，滤纸加滤纸浆过滤，沉淀剂和硫酸洗涤，1000℃灼烧	Fe、Ti、Zr、V	Ga_2O_3
Ge^{4+}	硫化氢（气）	取试液（3mol/L 硫酸），通硫化氢至饱和，过 48h，用滤纸过滤，用稀硫酸、饱和硫化氢溶液依次洗涤，向沉淀中加入氨水、过氧化氢，蒸发，900℃灼烧	As、Sb、Sn	GeO_2
	钼酸铵（Ⅰ）和8-羟基喹啉（Ⅱ）	取试液（50mL，约 0.03g GeO_2），加入沉淀剂（Ⅰ），硫酸（0.05mol/L），沉淀剂（Ⅱ），放置12h，玻璃滤器过滤，稀盐酸加沉淀剂洗涤，于110℃干燥		$(C_9H_7ON)_4 \cdot H_4GeMo_{12}O_{10}$ (0.0311)
Hg^{2+}	高碘酸钾（4％）	取试液（＜0.5g 汞），加硝酸（0.15 mol/L）⑦，硫酸（0.05mol/L），加热至100℃，加沉淀剂，玻璃滤器过滤，热水洗涤，100℃干燥		$Hg_2(IO_3)_2$
I^-	硝酸银（5％）	取试液，加氨水，加沉淀剂，硝酸（至1％），玻璃滤器过滤，1％硝酸洗涤，130～150℃干燥	Cl^-、Br^-、CN^-、OCN^-、SCN^-、S^{2-}	AgI

被测物质	沉 淀 剂	测 定 操 作	干扰离子及排除	称 量 形 式
In^{3+}	8-羟基喹啉	取试液(乙酸,pH＝3～4),加热至70～80℃,加沉淀剂,玻璃滤器过滤,水洗涤,110～115℃干燥	Al、Cu、Fe、Ga、Zn 等	$In(C_9H_6ON)_3$
Ir^{3+} 或 $Ir(Ⅵ)$	溴酸钾(10%)	取试液(弱酸),加沉淀剂,加热至100℃加碳酸氢钠(至 pH＝6,以溴甲酚紫作指示剂),滤纸过滤,用1%硫酸铵洗涤,600℃在氢气中灼烧	Pd、Rh、Ru、Os(Pt 不干扰)	Ir
	巯基苯并噻唑(1%,乙醇)	取试液(乙酸和乙酸铵),加沉淀剂,加热至100℃,滤纸过滤,2%乙酸,2%乙酸铵洗涤,600℃灼烧(在氢气中)		Ir
K^+	氯铂酸	①取试液,加沉淀剂,蒸发,加乙醇(80%),玻璃滤器过滤,乙醇洗涤,130～200℃干燥	Rb^+、Cs^+、NH_4^+ 等干扰	$K_2[PtCl_6]$
		②如上法沉淀 $K_2[PtCl_6]$,将沉淀溶于热水,加乙酸钠,蒸发,加稀盐酸,滤纸加滤纸浆过滤,水洗涤,1000℃灼烧		Pt
	四苯硼酸钠(3%,0.003%$AlCl_3$)	取试液(0.1mol/L 盐酸),加入沉淀剂,加热 15min,用玻璃滤器过滤,用 $K[B(C_6H_5)_4]$ 饱和溶液洗涤,110～130℃干燥	NH_4^+、Rb^+、Cs^+、Tl^+、Ag^+、Hg^{2+} 有干扰,加 EDTA 可掩蔽碱性溶液中沉淀的氢氧化物	$K[B(C_6H_5)_4]$
K^+	双苦胺	取试液,加热,加入热沉淀剂,放置过夜,玻璃滤器过滤,沉淀剂饱和溶液洗涤,100～105℃干燥		$KN[C_6H_2(NO_2)_3]_2$
La^{3+} 及稀土	草酸(饱和溶液)	取试液(0.3mol/L 盐酸),加热至60～70℃,加沉淀剂(等体积),用滤纸过滤,1%草酸洗涤,于700～800℃灼烧	稀土元素,Y、Sc、Th 一起沉淀,Ca 可用氨水与 La 沉淀分离,Ti^{4+}、Ta^{5+}、Nb^{5+} 用 H_2O_2 掩蔽	La_2O_3
Li^+	磷酸氢二钠	取试液(碱性),加沉淀剂,蒸发,溶于氨水,滤纸加滤纸浆过滤,800℃灼烧		Li_3PO_4
Mg^{2+}	磷酸氢二铵	①取试液(弱酸),加沉淀剂,氨水,滤纸过滤,10%硝酸铵洗涤,1050～1100℃灼烧	Al、Fe、Mn 用氨水加溴分离,Ca 用草酸分离	$Mg_2P_2O_7$
		②如上法沉淀,玻璃滤器过滤,氨水及乙醇洗涤,20℃干燥		$MgNH_4PO_4 \cdot 6H_2O$
	8-羟基喹啉(2%,2mol/L 乙酸)⑧	取试液,加沉淀剂,加热100℃,加乙酸铵及稀氨水(过量),玻璃滤器过滤,热水洗涤,250℃干燥	Ca 用草酸分离,Al、Fe、Cu、Zn、Mn 在 pH＝6 时先用试剂沉淀分离	$Mg(C_9H_6ON)_2$
Mn^{2+}	磷酸氢二铵	取试液(弱酸性),加沉淀剂,加热至90～95℃,氨水,滤纸过滤,用10%硝酸铵洗涤,1000℃灼烧	Mg、Zn、Ca 存在时,用 $(NH_4)_2S$ 把 Mn 沉淀分离	$Mn_2P_2O_7$
Mn^{2+}	磷酸氢二铵	玻璃滤器过滤,氨水,乙醇,乙醚依次洗涤,20℃干燥		$MnNH_4PO_4 \cdot H_2O$

被测物质	沉淀剂	测定操作	干扰离子及排除	称量形式
MoO_4^{2-}	乙酸铅	取试液(乙酸,约 0.1mg/mL 钼),加乙酸铵,加热至 100℃,加入沉淀剂,滤纸过滤,用 2%硝酸铵洗涤,600℃灼烧	Al、As、Cr、Fe、Si、Sn、V、W 等易水解元素及 PO_4^{3-}、SO_4^{2-}	$PbMoO_4$
	铜试剂(2%,乙醇)	取试液(5%~10%硫酸),加沉淀剂,冷至 5~10℃,滤纸过滤,用 0.1%试剂溶液洗涤,500~550℃灼烧	Nb、Ta、Pd、Si、W 有干扰,V、Cr 用 SO_2 还原	MoO_3
NH_4^+	氯铂酸	参看钾的测定		$(NH_4)_2PtCl_6$
NO_3^-	硝酸试剂	取试液(硫酸或乙酸),加热至 100℃,加沉淀剂,放置 30min 后,冷至 0℃,玻璃滤器过滤,用冷水洗涤,105℃干燥	ClO_3^-、ClO_4^-、ReO_4^-、WO_4^{2-} 及大量 Cl^- 有干扰	$C_{20}H_{16}N_4 \cdot HNO_3$
Na^+	乙酸铀酰锌	取试液(含钠<8mg/mL),加试剂(10mL),玻璃滤器过滤,依次用沉淀剂、乙醇、饱和乙酸铀酰锌钠溶液、乙醚洗涤,118~125℃干燥,或者在 360~670℃灼烧	Li、PO_4^{3-}、AsO_4^{3-}、$C_2O_4^{2-}$ 及大量存在的各种阳离子	$NaZn(UO_2)_3 \cdot (C_2H_3O_2)_3$
Ta^{5+}	苯砷酸	取试液(焦硫酸钾熔融后,用酒石酸溶解)加盐酸,加热,加沉淀剂,滤纸加滤纸浆过滤,用碳酸铵洗涤,1000℃灼烧		$Na_2U_2O_7 \cdot 2ZnU_2O_7$ $Ta_2O_5 \cdot Nb_2O_5$
Ni^{2+}	丁二肟(1%,乙醇)	取试液,加热至 60~70℃,加沉淀剂,加氨水,玻璃滤器过滤,用冷水洗涤,110~120℃干燥	Fe^{2+} 氧化,Al、Fe、Cr 等被氨沉淀的离子加酒石酸,Co 大量时用 H_2O_2 氧化,Cu 大量时用 Al 除去	$Ni(C_4H_7O_2N_2)_2$
Ni^{2+}	水杨醛肟	取试液(中性),加沉淀剂,加热至 100℃,玻璃滤器过滤,用冷水洗涤,100~120℃干燥		$Ni(C_7H_6O_2N)_2$
Os^{4+}	巯萘剂(0.5%,乙醇)	取试液(酸性),加热至 100℃,加沉淀剂(慢慢地在 1h 中加完),玻璃滤器过滤,用 0.6%盐酸洗涤,800℃灼烧(氢气中)		Os
PO_4^{3-}	镁混合剂	取试液(加入柠檬酸以掩蔽铁),加沉淀剂,氨水,放置数小时,滤纸过滤,用 1.5%冷氨水洗涤,900~1000℃灼烧	参看 Mg 测定	$Mg_2P_2O_7$
	钼酸铵	取试液(>0.05mg 磷),加硝酸铵(5%~10%),硝酸(5%~10%,体积分数),40~45℃加热,加沉淀剂(20倍过量),放置 30min 玻璃滤器过滤,5%硝酸铵洗涤,500~550℃灼烧	As、F、Se、Si、Te、Ti、V、W、Zr、H_2SO_4、HCl	$HPO_3 \cdot 12MoO_3$
Pb^{2+}	硫酸(1+1)	取试液,加硫酸,蒸至冒三氧化硫,加水(至酸度为 8%硫酸),放置 3~4h,玻璃滤器过滤,用 6%硫酸($PbSO_4$ 饱和溶液)洗涤,120~130℃干燥,或者滤纸过滤 300~600℃灼烧	Ag、Bi、Cu、Sb、Sn、W、Ca 有干扰,若有 Ba、Sr,沉淀用乙酸铵处理,使 $PbSO_4$ 溶解,分离后再沉淀	$PbSO_4$
	钼酸铵	取试液(稀硝酸),100℃加热,加沉淀剂,氨水中和,加乙酸,用玻璃滤器过滤,用 2%硝酸铵洗涤,600℃灼烧	碱土金属、AsO_4^{3-}、CrO_4^{2-}、PO_4^{3-} 及易水解元素	$PbMoO_4$

被测物质	沉 淀 剂	测 定 操 作	干扰离子及排除	称 量 形 式
Pd^{2+}	碘化钾	取试液(中性或硝酸),加沉淀剂,煮沸(或不加热,放置24h),玻璃滤器过滤,热水洗涤,小于360℃干燥	Ag、Pb、Hg_2^{2+}、Tl^+干扰	PdI_2
Pd^{2+}	丁二肟(1%,乙醇)	取试液(盐酸),加热,加沉淀剂,放置1h,玻璃滤器过滤,热水洗涤,小于171℃干燥	Au及大量的铂族元素	$Pd(C_4H_7O_2N_2)_2$
Pt^{4+}	苯硫酚(10%,乙醇)	取试液,加入沉淀剂,加热至100℃,滤纸过滤,用水洗涤,900℃灼烧		Pt
	甲酸	取试液,加乙酸钠及沉淀剂,100℃加热5~6h,滤纸过滤,用1%氯化铵洗涤,900℃灼烧	铂族元素、Pd、Cu	Pt
Rb^+	氯化亚锡(饱和溶液)	取试液(分离出钾后的碱金属氯化物溶液),加热,加入煮沸的沉淀剂,放置4h,玻璃滤器过滤,110℃干燥		$Pb_2[SnCl_6]$
ReO_4^-	硝酸试剂(5%,3%,乙酸)	取试液(0.03mol/L乙酸),加沉淀剂和稀硫酸,加热80℃,后冷却至0℃,放置2h,用玻璃滤器过滤,用水及沉淀的饱和溶液洗涤,110℃干燥	NO_3^-、ClO_3^-、ClO_4^-、WO_4^{2-}等	$C_{20}H_{16}N_4 \cdot HReO_4$
	氯化四苯钾(1%)	取试液(0.5mol/L NaCl),加热,加沉淀剂,用玻璃滤器过滤,用冰水洗涤,110℃干燥		$(C_6H_4)_4AsReO_4$
Rh^{3+}	硫化氢(气)	取试液(盐酸),通入硫化氢,用滤纸过滤,用2.5%硫酸及1%盐酸洗涤,800℃灼烧(在氢气中)		Rh
	硫代巴比妥酸	取试液(盐酸),加沉淀剂,用滤纸过滤,用2.5%硫酸及1%盐酸洗涤,800℃灼烧(在氢气中)		Rh
Ru^{3+}或 Ru^{5+}	碳酸氢钠(5%)	取试液(酸性),加沉淀剂(中和至溴甲酚紫变色,pH=5~7)煮沸5min,滤纸过滤,2%硫酸铵溶液洗涤,800℃灼烧(在氢气中)	若不将Ru蒸馏分离,Ir、Os、Pd、Rh有干扰	Ru
	硫萘剂	取试液(0.2~0.5mol/L Ru)加沉淀剂,加热至100℃,用滤纸过滤,用热水洗涤,800℃灼烧(在氢气中)		Ru
SO_4^{2-}	氯化钡(2%)	参看Ba^{2+}的测定		$BaSO_4$
Sb^{3+}	硫化氢(气)	取试液(盐酸9%),加热,通入硫化氢至黑色沉淀析出,加水(1体积),再通硫化氢,用玻璃滤器过滤,用水及乙醇洗涤,170~290℃干燥(在二氧化碳中)	酸性溶液中形成硫化物沉淀的离子,Cu^{2+}、Bi等可用多硫化铵将其分离后,再沉淀Sb^{3+}	Sb_2S_3
Sb^{3+}	焦棓酸	取试液,加酒石酸和沉淀剂,用玻璃滤器过滤,水洗,100~105℃干燥	氧化性物质,试剂应勿与空气接触,Bi预先分离	$SbO(C_6H_5O_3)$
SeO_3^{2-}	盐酸肼(25%)	取试液(盐酸,5mol/L),加沉淀剂,90℃加热放置4h,用玻璃滤器过滤,用水和乙醇洗涤,110℃干燥		Se

续表

被测物质	沉淀剂	测定操作	干扰离子及排除	称量形式
SeO_3^{2-}	二氧化硫和浓盐酸	取试液,加盐酸,于15~20℃加二氧化硫饱和溶液,玻璃滤器过滤,依次用浓盐酸、水、乙醇、丙酮洗涤,120~130℃干燥	Ag可用盐酸分离,Au存在,也沉淀析出,用硝酸处理时Se溶解;Sb加酒石酸;Bi存在沉淀用KCN处理,Se溶解;Te存在,于9mol/L盐酸中通入SO_2,只有Se沉淀	Se
SiO_3^{2-}	盐酸	取试液,用盐酸酸化,蒸至盐析出,移至水浴上蒸至湿盐状,最后蒸干,加入稀盐酸,用滤纸过滤,用1.5%盐酸洗涤,1000℃灼烧至恒重,称量后,用水润湿二氧化硅,用硫酸(1+1)和氢氟酸处理,蒸至三氧化硫白烟冒尽,再以氢氟酸处理一次,于1000℃灼烧至恒重,称量,根据二次质量之差,计算二氧化硅含量		SiO_2
Sn^{4+}	氨水	取试液(盐酸,氯化铵),加沉淀剂(用甲基红指示),用滤纸加纸浆过滤,用2%硝酸铵洗涤,900℃灼烧		SnO_2
	铜铁试剂(6%)	取试液(硫酸或盐酸),加硼酸(以掩蔽F^-),冷却至0℃,加沉淀剂,用滤纸过滤,用1%盐酸洗涤,900℃灼烧	Al、Bi、Cu、Ga、Nb、Th、Ti、U、V、Zr、La、Mo、Pd、Sb、Ta、W、稀土干扰	SnO_2
	苯胂酸	取试液(盐酸,1.5%),加沉淀剂,加热,用滤纸过滤,用4%硝酸铵洗涤,900℃灼烧		SnO_2
Sr^{2+}	硫酸	取试液(盐酸),加沉淀剂(10倍过量),加乙醇,用玻璃滤器过滤,用75%乙醇、稀硫酸、乙醇依次洗涤,100~110℃干燥或者用滤纸过滤,800℃灼烧	Pb用乙酸铵分离,Ba、Ca要预先分离	$SrSO_4$
TeO_3^{2-}	氯化四苯钾或氯化四苯镴	取试液(4mol/L HCl或1.5mol/L H_2SO_4),加沉淀剂,用玻璃滤器过滤,用水及乙醇洗涤,105℃干燥		$[(C_6H_5)_4As]_2 \cdot TeCl_6$ $[(C_6H_5)_4P]_2 \cdot TeCl_6$
Th^{4+}	草酸(10%)	取试液(盐酸,1.4%),加热至100℃,滴加沉淀剂,放置12h,滤纸过滤,用2.5%草酸及1.2%盐酸洗涤,750℃灼烧	稀土元素、碱土金属、PO_4^{3-}干扰	ThO_2
Ti^{4+}	铜铁试剂(6%)	取试液(盐酸或硫酸),冷至10℃,加沉淀剂,用滤纸过滤,1%盐酸加试剂洗涤,800~1000℃灼烧	Zr、Hf、Fe^{3+}、V、Sn^{4+}、W干扰	TiO_2
	丹宁(10%)和安替比林	取试液(硫酸,6%),加丹宁、安替比林,加热至100℃,加硫酸铵,用滤纸过滤,用安替比林硫酸溶液和硫酸铵溶液洗涤,大于650℃灼烧	Al、Co、Cr、Fe、Mn、Ni有干扰	TiO_2
Tl^+	铬酸钾	取试液,加氨水,80℃加热,加沉淀剂,用玻璃滤器过滤,用1%铬酸钾及50%乙醇洗涤,大于745℃灼烧	Pb、Ag、Hg	$TlCrO_4$
	铁氰化钾(8%)	取试液,加氢氧化钾(5%过量),加沉淀剂,放置18h后,用玻璃滤器过滤,200℃干燥(二氧化碳中)		TlO_3

被测物质	沉 淀 剂	测 定 操 作	干扰离子及排除	称 量 形 式
	碘化钾	取试液(Tl^{3+}用二氧化硫还原至Tl^+)，加乙酸，100℃加热，加沉淀剂，放置12h，用玻璃滤器过滤，用碘化钾溶液、乙酸、丙酮依次洗涤，120～130℃干燥	Ag、Cu、Pb	TlI
UO_2^{2+}	氨水或吡啶	取试液（酸性），加热至100℃，加沉淀剂（加至甲基红指示剂变黄），用滤纸浆加滤纸过滤，用2%硝酸铵及热水洗涤，750～900℃灼烧	F^-、PO_4^{3-}、CO_3^{2-}、酒石酸、柠檬酸干扰	U_3O_8
VO_3^-，VO_3^{3-}	铜铁试剂（6%）	取试液（硫酸，20%），冷却到10℃，加沉淀剂，滤纸过滤，用0.1%硫酸和沉淀剂溶液洗涤，大于658℃灼烧	参看Ti^{4+}测定	V_2O_5
WO_4^{2-}	浓硝酸	取试液（碱性），加浓硝酸蒸发，加硝酸铵，放置过夜，加水，滤纸过滤，用5%硝酸及0.5%硝酸铵洗涤，向沉淀加入氨水，滤液蒸发，800℃灼烧		WO_3
	辛可宁（5%）或β-萘喹啉（3%）	取试液（碱性），加硝酸和沉淀剂，加热，用滤纸过滤，用稀硝酸洗涤，沉淀溶于氨水，再沉淀，800℃灼烧	As、Mo、Nb、Sb、Si、Sn、Ta、F^-、PO_4^{3-}、大量 K、Na、NH_4^+ 干扰	WO_3
Zn^{2+}	硫氰酸铵和吡啶	取试液，加试剂，用玻璃滤器过滤，20℃真空干燥		$[Zn(C_5H_5N)_2 \cdot (SCN)_2]$
Zn^{2+}	8-羟基喹啉	取试液（酒石酸或乙酸缓冲溶液），加沉淀剂，用玻璃滤器过滤，130～140℃干燥	Al、Bi、Cd、Cu、Ni	$Zn(C_9H_6ON)_2 \cdot 1.5H_2O$
	硫氰酸汞钾⑨	取试液（硫化锌在硫酸中），加酒石酸、硫氰酸钾、乙酸钠、沉淀剂，放置12h，用玻璃滤器过滤，用沉淀剂稀溶液（1：400）洗涤，110℃干燥		$Zn[Hg(SCN)_4]$
Zr^{4+}	苯乙醇酸（16%）	取试液（20%，盐酸），加沉淀剂，85℃加热，放置25min，冷却，用玻璃滤器过滤，用2%盐酸加沉淀剂洗涤，再乙醇洗涤，110～120℃干燥		$(C_6H_5CHOHCOO)_4Zr$ (0.1772)

① 100g $MgCl_2 \cdot 6H_2O$, 125g NH_4Cl, 500mL 浓氨水, 150mL 水相混合。
② 称量的沉淀中包括与加入的乙酸镁或乙酸钙相应的 CaO 或 MgO 的质量。
③ EDTA 是指乙二胺四乙酸二钠盐。
④ 盐酸基本单元为 HCl。
⑤ 雷臬克试剂：$NH_4[Cr(NH_3)_2 \cdot (SCN)_4] \cdot H_2O$，用 5% 盐酸配制。
⑥ 硫酸基本单元为 H_2SO_4。
⑦ 硝酸基本单元为 HNO_3。
⑧ 乙酸基本单元为 HAc。
⑨ $HgCl_2$（27g/L）和 KSCN（39g/L）等体积混合。

第十二章 分析仪器

随着人们对分析仪器要求的不断提高和科学技术的发展，由简单的仪器进化为复杂的仪器，由常量分析发展到快速、高灵敏、痕量和超痕量的分析，由手动分析发展到自动分析，由单一的分析方法发展到多种方法的联用方法或多维方法，由取样分析发展成在线分析和不用取样的原位分析，甚至要求非破坏性分析与遥测分析，由单纯的元素分析发展到元素的状态分析。这些分析方法的发展都伴随着分析仪器的发展。

自第十二章起至二十四章止都属于仪器分析范围。

一、分析仪器的发展

分析仪器的发展史并不很长，只有 80 多年。从 20 世纪 20 年代开始，最早的仪器是较简单的设备如天平、滴管等。分析工作者用目视和手动的方法一点一点地取得数据，然后做记录，分析人员介入了每一个分析步骤。

第二阶段是 1930～1960 年间，人们使用特定的传感器把要测定的物理或化学性质转化为电信号，然后用电子线路使电信号再转化为数据，如当时的紫外及红外光谱仪、极谱仪等，分析工作者用各种按钮及各种开关使上述电信号转化到各种表头或记录器上。当时也出现了一些数字显示的仪器如 Nixie 管，它们的主要贡献是使模量变成了数字。

到 1960 年以后微计算机的应用，形成了第三代分析仪器。这些计算机与已有的分析仪器相联，用来处理数据。有时可以用计算机的程序送入简单的指令，并由计算机驱使分析仪器自动处于最佳操作条件，并监控输出的数据，但脱离了计算机，当时的分析仪器还是可以独立工作的。一般要求工作者必须对计算机十分熟悉才能使用这类系统。

微处理机芯片的制造成功，进一步促进了第四代分析仪器的产生。20 世纪 70 年代后期惠普公司推出的 8450A 型阵列二极管的可见紫外光谱仪等。微处理机在该仪器中已是一个不可分割的部件，直接由分析工作者输入指令，同时控制仪器并处理数据，并以不同方式输出结果，同时也可以对仪器的各部件进行诊断。数据处理速度及内存量的增加使数据的接收及处理十分快速。新的技术如傅里叶变换的红外光谱仪及核磁共振仪的相继出现，都是用计算机直接操作并处理结果的。有时可以仅用一台计算机同时控制几台分析系统，键盘及显示屏代替了控制钮及数据显示器等。某一特定分析方法的各种程序及参数都可以预先储存在仪器内，再由分析者随时调出，此时分析工作者则大量依赖于仪器制造商的现成软件，操作显得很简单，但分析工作者也就离仪器各部件更加遥远。

第五代分析仪器始于 20 世纪 90 年代，此时计算机的价格/性能比进一步改进，因而有可能采用功能十分完善的个人计算机来控制第四代分析仪器。因此分析工作中必不可少的制样、进样过程都可以自动进行。已有一些仪器制造商可以提供工作站，其中包括各种制样技术，如稀释、过滤、抽提等模式，样品在不同设备中的移动可以用诸如流动注射或机器人进行操作。目前对于环境样品的分析已有这类标准模式全自动的仪器。高效的图像处理可以让工作及监控分析过程自动进行，并为之提供报告及结果的储存。

二、分析仪器的基本构成

现代分析仪器尽管品种繁多，型式多变，但万变不离其宗。可以把它概括起来成为六大基本单元（或环节）：即被测介质的采样处理单元、组分的解析与分离环节、检测器与传感器、信号处理单元、信号显示单元、数据处理及数据库。

分析仪器的基本构成系统结构框图如图 12-1 所示。

图 12-1　分析仪器的基本构成系统结构框图

三、分析仪器的重要技术指标

1. 分析仪器的灵敏度与分辨率

分析仪器的灵敏度与分辨率是分析仪器的重要技术指标，但又是一对功能性上的矛盾指标。从被检测的对象来讲，投入的样品量少而检出的信号大是理想状态，这就是仪器灵敏度高的概念；但与此同时，需要的信息又与不需要的信息往往混合出现，称为噪声和干扰信号，如何能从这孪生信号中去伪存真、去粗取精是设计和正确选用仪器的一个极为重要的考虑。这也就是仪器分辨率的要求。为此，在现代分析仪器中也有它独特的术语和含义。

(1) 极限灵敏度（ultimate sensitivity）　指仪器能确切地反应出某一成分的最小变化量值（参阅表 12-1 中一些分析仪器的检测极限），又称检测极限。当然，其中包含着对噪声（即不需要的信息，它有多种产生的来源）和漂移（受环境条件和内在物化因素的影响）信号的扣除与修正。用量值来表示常规的分析仪器多按体积分数来表示成分含量。而由于科学技术的飞跃发展对分析检测技术经常提出越来越高的要求。目前用 10^{-6}（ppm）来计量已很通行，又称微量级分析。10^{-9}（ppb）的计量分析已在环境保护分析中出现，通称为超微量分析。10^{-12}（ppt）和又称为渺级（10^{-18}）的计量分析已在生命科学的分析中提出，并成为衡量某些高新技术能否突破的重要指标。

表 12-1　一些分析仪器的检测极限

序号	分析仪器名称	主　要　用　途	检测极限
1	极谱仪：	溶液中可在电极还原或氧化的离子、分子和气体(包括大多金属离子和含可氧化或还原基团的有机物质)的定性及定量分析	$10^{-5} \sim 10^{-6}$ mol
	经典极谱仪		$10^{-5} \sim 10^{-6}$ mol
	交流极谱仪		$10^{-6} \sim 10^{-7}$ mol
	方波极谱仪		$10^{-7} \sim 10^{-8}$ mol
	脉冲极谱仪		$10^{-9} \sim 10^{-10}$ mol
	阳极溶出极谱仪		
2	离子活度计(离子选择电极)	溶液中多种阳离子及阴离子的定量分析	$10^{-5} \sim 10^{-8}$ mol
3	pH 计	溶液中氢离子浓度测定	$10^{-12} \sim 10^{-14}$ mol
4	紫外和可见光分光光度计	溶液中能吸收紫外或可见光的物质(或与适当反应剂作用后定量地转变成能吸收紫外或可见光物质的组分)的定量测定	$10^{-12} \sim 10^{-14}$ mol 10^{-10} g
5	红外分光光度计	由不同原子构成其分子的物质(主要是各种有机化合物)的定性、定量分析	$10^{-5} \sim 10^{-6}$ mol
6	荧光光度计	能同某种染料反应生成荧光物质的无机离子和有机化合物的定量分析	$10^{-7} \sim 10^{-8}$ mol
7	原子吸收分光光度计	元素分析	10^{-11} g
8	发射光谱仪	元素分析	10^{-10} g
9	火焰光度计	碱金属和碱土金属元素分析	$10^{-5} \sim 10^{-6}$ mol
10	火焰发射光谱仪	元素分析	10^{-12} g
11	X 射线荧光光谱仪	原子序数为 12(镁)以上的元素分析[可扩展到原子序数 5(硼)]	10^{-9} g
12	电子探针微区分析器	固体表面不破坏性微区元素[原子序数 11(钠)以上]分析	10^{-15} g
13	X 射线激光光电子能谱仪	固体表面元素分析	10^{-14} g
14	俄歇电子能谱仪	固体表面元素分析	10^{-15} g

续表

序号	分析仪器名称	主 要 用 途	检测极限
15	中子活化分析器	元素分析	10^{-13}g
16	核磁共振波谱仪	有机化合物的定性、定量分析和结构分析	10^{-7}g
17	质谱仪:	同位素、气体和化合物的定性、定量分析	
	分批取样转入		10^{-6}g
	直接探头		10^{-13}g
18	离子散射谱仪	固体表面微区元素和同位素分析	10^{-13}g
19	二次离子质谱计	固体表面元素分析	10^{-18}g
20	气相色谱仪:	气体和有机化合物的定性定量分析	
	热导检出器	通用	2×10^{-12}g/mL
	火焰电离检出器	有机化合物分析	1×10^{-12}g/s
	电子捕获检出器	含卤素的有机化合物分析	2×10^{-14}g/mL
	微型截面积电离检出器 检出器	通用	3×10^{-12}g/s
	火焰光度检出器	含硫、磷的有机化合物分析	2×10^{-12}g/s
	碱盐火焰电离检出器	含磷、氮的有机化合物分析	2×10^{-15}g/s(磷)
21	气相色谱-质谱联机	气体和有机化合物的定性、定量分析	1×10^{-10}g/s(氮)
			10^{-11}g
22	高压液相色谱仪:	有机化合物的定性、定量分析	
	紫外检出器	吸收紫外线的物质分析	1×10^{-9}g/mL
	折光检出器	通用	5×10^{-7}g/mL
	微吸附热检出器	通用	1×10^{-9}g/s
	火焰电离检出器	通用	3×10^{-6}g/mL
	荧光检出器	吸收紫外线产生荧光的物质分析	1×10^{-9}g/mL

（2）分辨率　与灵敏度相对应的便是分辨率在分析仪器中有四类仪器都有自己的分辨率指标。

① 光谱仪器的分辨率用分辨本领表示，是指将波长相近的两条谱线分开的能力。其计算公式如下。

$$R = \frac{\lambda}{\Delta\lambda}$$

式中　λ——刚能分辨的两条谱线的平均波长；
$\Delta\lambda$——波长差。

② 色谱仪器分辨率定义为色谱图上两个相邻峰的保留时间之差与各自半峰宽差之比，即：

$$R_b = \frac{t_{R2} - t_{R1}}{(w_{1/2})_2 - (w_{1/2})_1}$$

式中　t_{R2}，t_{R1}——峰2及峰1的对应的保留时间；
$(w_{1/2})_2$，$(w_{1/2})_1$——峰2及峰1的半峰宽。

③ 质谱仪器的分辨率常使用分辨能力表示，它是指仪器能使样品中不同质量的组分分离而达到辨认的能力。若仪器能使质量为 m_1 和质量为 m_2 的组分的质量峰刚好完全分开，则仪器的分辨能力 R 由下式决定：

$$R = \frac{(m_1 + m_2)/2}{m_2 - m_1}$$

④ 核磁共振波谱有它独特的分辨率指标评价，它是以应用邻二氯甲苯谱中特定峰，在最大峰的半峰宽度（以 Hz 为单位）为分辨率的大小。

2. 分析仪器的重复性与稳定性

物质形态的多样化和它的多种物理化学特征给分析工作者带来多种信息量。一旦处理不当，也会带来误差，甚至会出现假象。所以衡量分析仪器的技术指标中除了灵敏度、准确度外，还有重复性和稳定性等也是不可忽视的重要指标。为此，常见分析仪器的结构设计中便包括以下的一些单元。

（1）自动标定与补偿校正单元　经常地或定期地用标准气体或标准液体来检查校正仪器刻度或输出，是确保或提高仪器精确度的重要方法之一。只有在认定仪器的检测系统在正常情况下运行，才能保证被分析物质的分析结果的可信度和同一样品经多次检测的重复性。不过，这种附带标准物质的做法会使仪器管路系统变得复杂且体积庞大。为此，具有微处理器或计算机的新型分析仪器都具有监测分析条件变化及自行补偿的能力，即可以无需参比标准物质而进行及时自动校准。

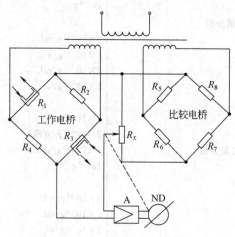

图 12-2　自动补偿式双电桥测量线路

（2）双电桥与双光路的结构　如图 12-2 所示的双电桥测量系统，是常规热导和热磁式气体分析中的测量线路，它能够自动补偿电源、电压的波动和环境温度及压力的变化所引起的误差。线路比较简单而且效果好，只是热导元件多了一些，工艺和调试工作量大了一些。

在光学原理的分析仪器中也常用双光路系统，如实验室用红外分光光度计和工业用红外气体分析仪，它们基本上都是单光源双光路，分别通过参比室和样品室。参比室的作用，是可以起到补偿与提高抗干扰能力和实现光学能量的零平衡，从而提高仪器的精度和稳定性，这都是双光路设计的优点。

（3）稳定的光源、电源和热平衡的考虑　寿命长、能耗小、发热量小、在所使用的波长范围内能提供连续辐射的光源是光学式分析仪器的关键。

同样，在仪器内的供电或用电单元，无论它是低压或高压，都应有相应的电压、电流、频率、噪声和散热指标。往往小电机、变压器、局部加热器是仪器信号不稳的隐患来源，对电子电路板上受热与散热所产生的影响也很重要。

3. 分析仪器的自动化、智能化与微机技术的介入

条件设定、功能自检、安全启动已是现代分析仪器必不可少的项目。

从送样的数量、温度的过程监视和控制，异常状态（缺水、泄漏、超温）的报警，数据的采集和数据的处理、计算（平衡值、噪声扣除、基线校正），一直到动态 CRT 显示和最终曲线报表，都是当今中高档分析仪器所具备的基本自动化条件。

至于操作指导、谱图验证、图像分析与未知成分推测则正是发展中的智能化色谱、质谱等分析仪器应用软件开发的前景，而利用光盘传递分析条件，分析方法实现易地、易机、易人操作则应是近期可以实现的内容。

4. 分析仪器对气路和液路系统的要求

不同于其他仪器结构，分析仪器中往往有需要运送样品（气或液）载气、助燃气体等的管路系统。它是由动力泵、进样阀、截止阀、电磁阀、管接头、过滤器以及稳流、稳压等装置所组成。这些机械部件设计的精密程度、技术指标、材质和高可靠性会直接影响整个仪器的分离及分析结果。另外，这些精密机械部件还要有相应的电子控制单元和测量单元的配合才能构成完整的系统。

正是由于分析仪器中样品与载体都是通过泵、流通管道和阀构成的系统，自然就免不了会出现形形色色的管接头和材质特殊的密封垫等。要求它们要符合真空或耐高温、高压的技术条件。既不能出现泄漏、腐蚀，也不应有样品残留死空间，同时由于整个仪器空间的限制，还要便于安装操作、清洗和检修。

四、分析仪器的分类

1. 分析仪器的分类方法

分析仪器的种类繁多，其分类方法有以下 3 种。

① 根据分析仪器的物理和物理化学性质分类，可分为色谱法、波谱法、电化学分析法、热分

析法、质谱法、显微镜法和化学发光法等,参见本书第一章第一节中二。

②有的把分析仪器分为可鉴定分子的分析仪器、可鉴定原子的分析仪器、分离分析仪器、联用分析仪器、分析样品的预处理仪器、分析数据处理仪器以及表面分析仪器等。

③根据不同的应用领域及专用仪器分类,例如环境保护用分析仪器、医疗用分析仪器、材料表面表征用分析仪器、地质用分析仪器、土壤分析仪器、生化分析仪器和工业生产过程分析仪器等。即使这样,仍然不可能把各种仪器都合适地归并到各类型仪器中。

2.可鉴定分子的分析仪器

表12-2是可以鉴定分子的较常见的分析仪器。表中所列的每种仪器都有几种变体,有简易、专用和通用或研究用之别。

表12-2 可以鉴定分子的较常见的分析仪器

仪 器	主 要 应 用	使用仪器的情况
紫外和可见分光光度计、荧光分析仪	芳香族和其他含双键的有机化合物,如丙酮、苯、二硫化碳、氯气、臭氧、二氧化氮和二氧化硫;稀土元素,有机化合物自由基和生物物质的测定	要用光谱纯溶剂;也可用于鉴定原子
红外光谱仪	只有在长波段($20\sim50\mu m$)范围才能测各元素分子,如氧、氮、氢、氯、碘、溴、氟、氢、氙、氖等;能鉴定功能团和提供指纹峰,可与已知标准谱图对比	
拉曼光谱仪	可测水溶液,提供与红外光谱不同的功能团信息,如固体分子簇团的对称性	近几年来拉曼光谱发展极快,已有激光拉曼光谱、表面增强拉曼散射光谱和傅里叶变换拉曼光谱
质谱仪	能给出元素(包括同位素)和化合物的分子量及分子结构信息;可鉴定有机化合物	日常维持费用较高,有简易四极矩型、高分辨磁铁场型、飞行时间型(time-of-flight)及两台MS串联型
核磁共振波谱仪	结构测定和鉴定有机化合物;能提供分子构象和构型信息;能测定原子数	日常维护费用比质谱还高,高分辨型要用液氮,有简易型(60MHz)至高分辨型($200\sim700$MHz)多种型号
顺磁共振波谱仪	有机自由基测定;电子结合信息,还可研究聚合机理	
X射线衍射仪	鉴定晶体结构(特别是无机物、高聚物、矿物、金属半导体、微电子材料)	
圆二色光谱仪	分析药物和毒物中对映体;高聚物的基础性研究	
热分析仪	研究物质的物理性质随温度变化而产生的信息;广泛用于研究无机材料、金属、高聚物和有机化合物;表征高聚物性能变化;测定生物材料或药物的稳定性	

3.可鉴定原子的分析仪器

表12-3为可以鉴定原子的分析仪器。

表12-3 可以鉴定原子的分析仪器

仪 器	主 要 应 用	使用仪器的情况
原子发射光谱仪	特别适宜于分析矿物、金属和合金	使用电感耦合等离子作为光源时氩气消耗较多,运行费较高
原子吸收光谱仪	元素精确定量、金属元素痕量分析	
X射线荧光光谱仪	特别适用于稀土元素,可测比硫重的元素	
中子活化分析仪	精确定量、痕量和超痕量分析元素和大多数元素的同位素	
电化学分析仪	可氧化还原的物质,包括金属离子和有机物质	也可用于鉴定部分分子
电感耦合等离子体-质谱仪	同位素分析、多元素同时测定、痕量元素分析	

4. 分离分析仪器

表 12-4 为目前常用的分离分析仪器。其中每一种方法还有它本身的好几种变体，例如气相色谱（GC）有填充 GC 和毛细管 GC 之别，液相色谱（LC）又有微型 LC 和一般常用的 LC 之别。各种色谱变体的特点见表 12-5。另外还有超临界流体色谱。

毛细管电泳（CE）是最近分析化学中发展最快的分离分析方法。引起人们兴趣的主要原因是毛细管电泳只需用极少量的样品（nL 级），这对难以获得的生物医学样品来说是非常重要的。加上 CE 的高速和快速，设备相对地比较简单，因此 CE 成为可以用于分离分析生物高分子，阴、阳离子和中性物质的有效方法。毛细管电泳现在已发展为 5 个主要的变体：毛细管区域电泳（CZE）也称为自由溶液毛细管电泳、胶束电动毛细管色谱（MECC）、等速电泳（ITP）也可称为置换或顶替电泳、毛细管凝胶电泳（CGE）以及毛细管等电聚焦（CIEF）。激光诱导荧光检测器（CGE）已能检测 zmol 数量级的 DNA 序列（1zmol 等于 10^{-21} mol）。

除了表 12-4 和表 12-5 所列的色谱变体外还有裂解色谱、倒向气相色谱和顶替色谱等。其中裂解色谱除了较多地用于鉴定高分子物质外，最近在法庭化学中成功地用于鉴定涂料、橡胶、纤维、黏结剂和塑料。在复合爆炸剂中低含量的聚乙烯基乙酸酯也能被裂解色谱测出。

表 12-4　目前常用的分离分析仪器

仪　器	主　要　应　用	备　注
气相色谱仪（GC）	适宜于高效分离分析复杂多组分的挥发性有机化合物、同分异构体和旋光异构体以及痕量组成	改换不同色谱柱和不同的检测器可改变方法的专一性
液相色谱仪（LC）	分离不太易挥发的物质，适宜于分离窄馏分或簇分离	包括离子交换色谱和离子色谱，改变柱型（不同柱填料）和不同检测器可改变方法的选择性
超临界流体色谱仪（SFC）	可分离重于气相色谱能分离的样品，柱温可比气相色谱低，分离速度和效率以及定性选择性比 LC 优越	流动相种类不够多，对分离极性化合物还有一定的局限性
排阻或筛析色谱仪（SEC）	根据分子量大小分离高聚物	1959 年开始采用凝胶过滤色谱（GFC），几年后采用凝胶渗透色谱（GPC），现在统称 SEC，即包括过去的 GFC 和 GPC
场流分离仪（FFF）	可分离直径 $0.001\mu m$ 至几十微米的颗粒样品，相对分子质量可高达 10^{17} 的超高分子量物质	有不同力场的 FFF 变体
逆流色谱仪（CCC）	分离生化和植化样品，制备少量样品（小于 1g）比 LC 有效和经济	最新发展的一种为快速逆流色谱（HSCCC）
薄层色谱（TLC）	适宜于分离极性有机化合物，高速和经济	可进行半制备的分离，有平板和棒状 TLC
毛细管电泳（CE）	分离无机和有机离子、中性化合物、氨基酸、肽、蛋白质、低聚核苷酸、DNA	是近十年来发展起来的方法，经常使用的有 4～5 种变体

表 12-5　各种色谱变体的特点

色谱变体	推动力	滞留力	是否存在固定相	扩张因素	在分离过程中涉及的结构单元	流动相和分离物混合物的均匀性(HM)或多相性(HT)	决定迁移(m)或滞留(r)谱带的性质
分子吸着	流动相流	物理吸着	是	扩散动力学，吸着等温线	分子	HM	吸着能力（相分布）(m,r)
离子交换（离子对）	流动相流	离子交换	是	扩散动力学，离子交换等温线	离子	HM	离子交换趋势(m,r)
排阻或筛析	流动相流	孔隙尺寸，扩散（有对吸着惰性的基体）	是	扩散	大分子	HT	颗粒大小；扩散系数(r)
扩散-吸着	扩散	物理吸着	是	扩散动力学	分子	HM	扩散系数(m)；吸着能力(r)
电迁移（电色谱）	电场	电解质的黏度	否	扩散	离子	HM	电泳的迁移率，电荷(m)

色谱变体	推动力	滞留力	是否存在固定相	扩张因素	在分离过程中涉及的结构单元	流动相和分离物混合物的均匀性(HM)或多相性(HT)	决定迁移(m)或滞留(r)谱带的性质
等速电泳	电场、电解、质流	电解质的黏度，逆流流	是	扩散	离子	HM	电泳的迁移率，电荷(m)
沉降	重力	介质的黏度，阿基米德力	否	扩散	超大分子结构(聚合物)	HT	颗粒的质量(m,r)
亲和	流动相流	生物特征相互作用	是	扩散-动力学	超大分子结构	HM	与配位体相互作用的能力(r)
共价(无极)	流动相流	化学反应	是	扩散	分子	HM	进行化学反应的能力(r)
沉淀	流动相流	沉淀	是	扩散	分子	HM	在流动相中的溶解度(m)
逆流分配	以相反方向移动两个相	两相中的一相与色谱分离物质相反的方向移动及分离物质在这相中的溶解度	是	扩散动力学，平衡等级	分子(可能是离子交换变体)	HM	在接触相中的相对溶解度(m,r)
热色谱	流动相流，推动的温度场	物理吸着，推动的温度场	是	扩散-动力学	分子	HM	在不同温度下的吸着能力(r)
场流分离(单一相)	流动相流	交叉力(重力,电磁等)	否	扩散	超大分子结构	HT	质量等(r)
流体动力学	流动相流	速度分布	否	扩散	胶体颗粒	HT	颗粒大小(r)

5. 多维分离分析仪器

表 12-6 为多维分离分析仪的简单组合。事实上为了增加分离效率被采用的组合方式已远远超过了表中所列的种类。例如已有人采用毛细管等速电泳和毛细管区域电泳的组合，还有采用 LC 与 SFC 结合，同时再与 CE 和离子色谱结合起来的四维分离分析的形式。最近几年内还发展了多维检测的系统，其主要目的是要增加定性的分辨本领。多维分离和多维检测中最关键的问题是接口的合理设计和加工。

表 12-6 多维分离分析仪的简单组合

项 目	GC	LC	SFC	SEC
GC	√	√	√	√
LC		√	√	√
CE		√		√
TLC	√		√	

注：GC——气相色谱；LC——液相色谱；CE——毛细管电泳；TLC——薄层色谱；SFC——超临界流体色谱；SEC——排阻筛析色谱。

6. 联用分析仪器

目前联用较多的是色谱与光谱之间的结合。原子光谱与色谱结合可提供馏出色谱峰的元素信息；质谱、红外光谱、拉曼光谱、核磁共振波谱、紫外-可见光谱以及荧光光谱等与色谱结合可提供馏出色谱峰的分子结构信息。此外，还有热重分析仪与傅里叶红外光谱的联用以及流动注射分析和原子吸收光谱或电感耦合等离子体质谱的联用。也有一个分离技术与两个光谱仪联用的，如气相色谱-质谱-红外光谱的联用仪和液相色谱-质谱-质谱的联用仪。前者的特点是有些异构体进行质谱鉴定时不能给出确切的结构式，这时可利用异构体在红外光谱上的不同指纹峰来给予区别，再与标准谱图对照后就可给出较确切的鉴定结果。后者的特点是当两台质谱仪联用后可大大地提高质谱的灵敏度和选择性，而且只需要很少量的样品净化工作量，因此由液相色谱馏出的峰不一定要求得到100％的分离。表 12-7 为常见的联用技术。

表 12-7 常见的联用技术

色谱①	光 谱②				
	MS	FTIR	AAS	ICP-ES	MIP-ES
GC	√	√	√	√	√
LC	√	√	—	√	—
SFC	√	√	—	—	√
CE	√	—	—	—	—
TLC	—	√	—	—	—

① GC——气相色谱；LC——液相色谱；SFC——超临界流体色谱；CE——毛细管电泳；TLC——薄层色谱。

② MS——质谱；FTIR——傅里叶红外光谱；AAS——原子吸收光谱；ICP-ES——电感耦合等离子体发射光谱；MIP-ES——微波电感等离子体发射光谱；惠普公司把 MIP-ES 简写为 AED（atomic emission detector），把联用仪器简称为 GC-AED。

7. 微区和表面分析仪器

（1）微区和表面分析仪器的工作特点 用一个探束（电子、离子、光子或原子等）或探针（机械加电场）去探测样品表面。在两者相互作用时，从样品表面发射及散射电子、离子、中性离子（原子或分子）与光子等，或者有电子透过样品。检测这些微粒（电子、离子、光子、中性粒子等）的能量、荷质比、束流强度等，就可以得到样品微区及表面的形貌、原子结构（即原子排列）、化学组分、价态和电子态（即电子结构）等信息。由于涉及这些微观粒子的运动，所以这类仪器必须具有高真空（≤10^{-4}Pa）。为了防止样品表面被周围气氛沾污，有时还必须有超高真空（真空度优于 10^{-7}Pa）。在仪器分析中，常把分析区域的横向线度小于 $100\mu m$ 量级时，称为微区分析。把物体与真空或气体的界面称为表面。通常研究的是固体表面。表面有时是指表面的单分子层，有时指上面的几个原子层，有时指厚度达微米级的表面层。

表面是固体的终端，表面向外的一侧没有近邻原子。表面原子有一部分化学键伸向空间形成"悬空键"，因此表面具有很活跃的化学性质。表面的化学组成、原子排列、电子状态等往往不同。通过各种处理方法使表面的某些特性突出，或制造出具有特殊性质的薄膜来改造材料或器件的功能，成了当代基础研究和新技术发展的趋势之一。与表面有关的工作涉及微电子器件、催化、腐蚀、摩擦与润滑、各种薄膜（如超导膜、光学膜、太阳能薄膜、生物膜等）等领域。

（2）微区和表面仪器分析的分类

① 表面形貌分析仪器 表面形貌是指宏观外形，主要有电子和离子显微镜、扫描隧道显微镜和场电子（或离子）显微镜等，电子显微镜有透射式电子显微镜和扫描电子显微镜。

② 表面组分分析仪器 包括表面元素组成、化学态及其在表层的分布测定等。后者又涉及元素在表面的横向及纵向（深度）分布。主要应用有 X 射线光电子能谱（XPS）、化学分析的电子能谱（ESCA，也称光电子能谱）、俄歇电子能谱（AES）、电子探针（EMP）、二次离子质谱（SIMS）、低能离子散射能谱 LEIS 或（SS）、中能离子散射能谱（MEIS）、高能离子散射能谱（HEIS）等。

③ 表面结构分析 研究表面原子排列，如扫描隧道显微镜（STM）、二次离子质谱以及低、中、高能离子散射能谱、电子衍射等。

④ 表面电子态分析 包括表面能级性质、表面态密度分析、表面电荷密度分布及能量分布等，主要利用扫描隧道显微镜和扫描电子显微镜的部分功能。

五、流动注射分析

1. 流动注射分析的原理

（1）概况 自"流动注射分析"创立以来，该技术得到了迅速发展，有各种模式和不同档次的流动注射仪或整机流动注射分析仪相继问世，有与紫外、可见吸收光谱、荧光、激光、电化学（安培法、电位法、溶出法、极谱）、折射光、火焰光度、发射光谱、火焰原子吸收、氢化物发生器原子吸收等联用的仪器，有在线的酶、离子交换、微萃取等联用技术。国内外商品化的流动注射分析仪器已达数十种。已用于工业、农业、环境科学、地质冶金、临床医学等领域。

（2）流动注射分析的基本装置　流动注射分析的基本装置是很简单的。它用一台蠕动泵驱动载流来载带样品的溶液，反应试剂和试剂溶液泵入反应管道及检测器；用一个注入阀把一定体积的、界限明确的样品注入到载流中；在反应管道中，使样品与载流的试剂由于分散而实现高度重现的混合，并发生化学反应，使其在反应过程中形成可供检测的产物流过检测器中的流通池而检测出信号。以试剂为载流的最简单流路如图 12-3（a）所示，典型的记录图如图 12-3（b）所示，一般以峰高作为读出值来绘制标准曲线及计算分析结果。样品在系统中的留存时间一般仅为数秒至数十秒。

（3）流动注射分析技术的特点　流动注射分析中每次测定样品消耗多在 $30\sim200\mu L$，试剂消耗常比手工法减少 1~2 个数量级。分析速度一般可达 100~200 样/h，而分析精度却常常优于手工操作。以最常用的光度法为例，在正常的测定浓度范围内相对标准偏差（RSD）一般小于 2%，即使比较复杂的样品在线处理过程，如在线离子交换、萃取、吸附萃取共沉淀、高倍稀释等操作的流动注射分析体系，其分析的 RSD 在 2% 左右。流动注射法具有分析速度快、消耗样品试剂少、操作简便、精度好等优点。

（4）流动注射分析仪工作原理　当把一个样品以塞状注入载流中的瞬间，其中待测物的浓度沿着管道分布的轮廓呈长方形。样品带注入后立即从载流获得一定的流速而随其向前流动。在流动注射分析中通用的管道孔径（0.5~1mm）及流速（0.5~5mL/min）条件下流体处于层流状态，因此管道中心流层的线流速为流体平均流速的 2 倍。越靠近管壁的流层线流速越低，从而形成了抛物线形的截面。随着流过管道距离的延长，此抛物面更加发展。由于对流过程与分子扩散过程同时存在，样品与载流之间逐渐相互渗透，出现了样品带的分散。待测物沿管道的浓度轮廓逐渐发展为峰形，峰宽随着流过距离的延长而增大，峰高则逐渐降低。由此可见在流动注射分析中样品与载流（或试剂）的混合总是不会完全的。然而，对一个固定的实验装置来说，只要流速不变，在一定的留存时间内分散状态都是高度重现的。这就是用流动注射分析可以得到高分析精度的根据。人们可以根据特定项目的需要控制分散程度，并充分开发分散的样品带中所包含的待测物与试剂浓度的丰富信息。

（5）分散系数　设计与控制样品和试剂的分散是所有流动注射分析方法的核心问题，需对样品的分散状态有一个定量的描述。分散系数 D 就是分散的样品带中某一流体元分散状态的数学表达式。D 的定义是：在分散过程发生之前与之后，产生读出信号的流体元中待测组分的浓度比。

$$D=\frac{c^0}{c}$$

式中　c^0——未分散之前的待测物浓度；

　　　c——分散后的某段流体元中的待测物浓度。

如果在峰顶读出分析结果，则 $c=c_{max}$，便有 $D=c^0/c_{max}$。

在一般情况下，D 应当是大于 1 的一个数值，这是由于经过分散（稀释）之后，c_{max} 不可能大于 c^0。但是使用某些特殊技术（如在线离子交换、溶剂萃取或共沉淀预浓集）时，D 也可以小于 1，甚至达到十分之几到百分之几。D 的物理意义是测定的流体元中样品中待测组分被载流稀释的倍数。当 $D=2$ 时，说明样品被载流以 1:1 比例稀释。当载流是试剂时，D 也代表样品与试剂混合的比例。

根据由最大峰值处得到分散系数的大小可以将流动注射分析流路划分为高、中、低三种分散体

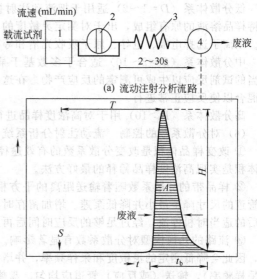

(a) 流动注射分析流路

(b) 典型的记录图

图 12-3　简单的流动注射分析流路和典型的记录图
1—试剂计量；2—注样点；3—反应管道；4—流通池
T—停留时间；H—峰高；A—峰面积；
t_b—基线处峰宽；S—样品进入时间

系，用于不同的分析目的。

低分散体系（$D=1\sim2$）适用于把流动注射技术仅作为传输样品手段的分析。这类测定中希望保持样品溶液的原有组成，出于对测定灵敏度的考虑，以及测定无需引入试剂，希望尽量不稀释样品。以离子选择电极、电导、原子吸收光谱和等离子体光谱等为检测器的测定常采用此类体系。

中分散体系（$D=2\sim10$）适合于多数基于某种化学反应的光度测定。这类分析中需要样品与适当的试剂反应以生成可测定的反应产物。在这里适当的分散是为了保证样品与试剂之间一定程度的混合以使反应正常进行。

高分散体系（$D>10$）用于对高浓度样品进行必要的稀释及某些流动注射梯度分析技术。

（6）对分散系数的控制　流动注射分析系统中各种参数对分散系数影响主要有以下几点。

① 改变样品体积是改变分散系数的有效途径。增大体积可以降低分散系数（提高灵敏度），减小体积是实现高浓度样品稀释的最好方法。

② 样品带的分散系数随着输送距离的平方根而增大，如欲降低分散系数并增加留存时间，应将管道的尺寸降至最小并降低泵速。增加留存时间并避免过度分散的最有效方法是在将样品注入载流后的适当时机停流，经过足够的反应时间后再启动泵。

③ 流路的几何构型对分散系数有显著影响。任何带有混合室的连续流动分析装置都会增大分散，因此会降低测定的灵敏度和采样频率，并增大样品与试剂的消耗。欲降低轴向分散（因其导致低采样频率），输送（或反应）管道应均匀、盘旋、曲折、填充或三维变向。设计中也可包括其他类型的流向突变，如汇合流急拐点等，增加径向混合强度。

④ 为得到最大采样频率，流动系统的 $S_{1/2}$ 应设计得尽可能小，并注入实际上尽可能小的样品体积 S_v。具有最小分散系数的 FIA 系统所需试剂也最少，且在样品带留存时间一定的条件下采样频率最高。

⑤ 采用流动注射在线分离与预浓集技术，如在线离子交换、在线吸附萃取、在线共沉淀、在线液-液萃取均可以很方便地提高测定灵敏度 $1\sim2$ 个数量级，并分离基体。

通过以上各种手段，在流动注射分析中，可以将样品带的分散系数控制在 $10^{-2}\sim10^4$ 之间，使可处理的样品浓度范围达到 6 个数量级。

（7）流动注射分析的流路类型　常见流动注射分析的流路类型如图 12-4 所示。

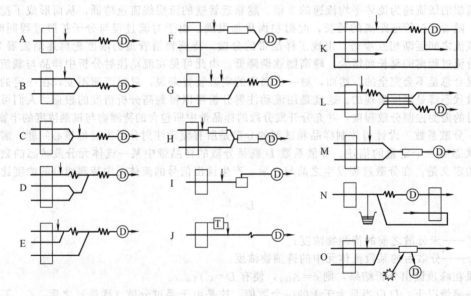

图 12-4　常见流动注射分析的流路类型

A—单道流路；B—双道流路；C—试剂预混合的单道流路；D—试剂预混合的双道流路；E—三道流路；F—在线填充柱流路；G—顺序注入（带渗透）流路；H—串联柱流路；I—具有混合室的单道流路；J—停流单道流路；K—溶剂萃取流路；L—渗析、超滤或气体扩散流路；M—双道汇合后加填充柱；N—流体动学注入流路；O—带固体表面光学传感器的双道流路；Ⓓ—检测器

2. 流动注射分析仪的结构和性能

(1) 蠕动泵 在流动注射分析中载流与汇入载流的样品的流动及采样环、样品的吸入都需要一定的流体驱动装置，各种流动注射分析仪普遍采用蠕动泵作为流体驱动装置，其功能是提供若干通道稳定而具有一定流量的液体流。

蠕动泵由泵头、压盖、调压体、泵管、驱动电机组成。

流速：液流在蠕动泵每根泵管中流动的速度称为流速，通常用 mL/min 表示。流速取决于泵头转动时的线速度和泵管的内径。

流速的稳定性是蠕动泵诸性能中最重要的一个。通常生产厂家并不直接提供流速的稳定指标，这是因为在经过一段时间工作后，由于泵管的疲劳和形变，流速会发生一定的变化，所以通常提供驱动电机的有关指标。

输出转矩：400～750mN·m。

空满载转速差：<1%。

蠕动泵通常具有 4～8 通道。

蠕动泵启动和停止过渡时间<0.1s。

为了减小蠕动泵的脉动频率，蠕动泵泵头技术参数和转速大致在下列范围内。

滚轮直径：30～40mm。

滚柱数量：8～12 根。

转速范围：40～100r/min。

泵管应弹性良好，不易老化，耐腐蚀，透明，孔径准确，相同和不同孔径泵管壁厚一致、均匀。蠕动泵配套泵管种类齐全，一般有十余种，内径 0.3～3mm，流量 0.1～10mL/min。

在泵管及滚柱上施用少量硅油润滑剂，以减少摩擦，延长泵管寿命。在蠕动泵停止使用时，应调节调压体的调节钮直至放松，使泵管处于放松位置。

(2) 采样阀 采样阀也称注样阀、注入阀、注入口等，其功能是采集一定体积的试样溶液，然后以高度重现的方式把试样注入连续流动的载流中。近几年采样阀已从四通阀、六孔三槽单流路阀发展成目前较为通用的十六孔八通道阀，功能也从简单的采样与注样发展为各种流路的转换。国内市场销售的采样阀以双层阀居多。

阀分为转子和定子两部分，转子、定子均由聚四氟乙烯或聚偏氟乙烯制成，为使其坚固耐用，商品采样阀在定子、转子外又镶嵌不锈钢外套。转子、定子壁圆周各均匀分布 8 个孔道，孔道入口处设计成 M6mm 螺孔，用来连接系统管道，孔道内一般为 $\phi0.5～1.0mm$ 的细孔，转子、定子的这些细孔在水平方向分别向下、向上转角 90°，而在转子、定子阀面上分别对应相通。所以这种阀又称十六孔八通道双层多功能采样阀。

采样阀的工作原理：表达采样阀的工作原理时，可采用长条块型的阀示意图（图 12-5），转子

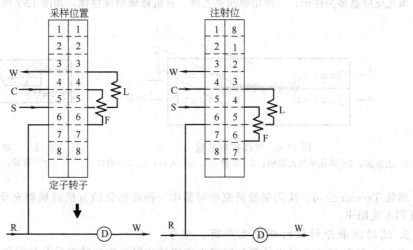

图 12-5 采样阀的工作原理示意图

上装有采样环，反应管道、导管、泵管相应连接到阀有关孔道上。采样阀工作时，预先置于可使采样环充满试样溶液的位置，称为采样位置，这时转子、定子的1～8孔道分别对应，试样溶液 S 从定子、转子5孔道充满采样环 L，多余试样溶液 W 从转子、定子3孔道排出。而载流 C 从定子、转子4孔道经导管（F）从转子、定子6孔道流出，与试剂汇合后到达检测器。这时切换采样阀，采样阀转子将转过45°角，从而使转子的1～7孔道与定子2～8孔道对应，转子的8孔道与定子1孔道对应。载流从定子4孔道进入经转子3孔道、采样阀 L、转子5孔道、定子6孔道，将样品注入载流中并与试剂汇合到达检测器，此时采样阀位置为注射位置。

采样阀的切换方法有手动和自动两种。目前商品仪器阀的转动都是自动控制的，阀在采样（LOAD）和进样（INJECT）位置停留时间可在一定范围设定。采样阀附件有采样环、反应管、导管等。管道是由内径为 0.5～1.0mm 的聚四氟乙烯管制成，其对外连接端需用专用翻边机制成喇叭状接口，再套接压管螺钉、密封胶圈，其目的是连接方便、可靠、密封。

管道是流动注射分析中必不可少的，其质量的优劣直接影响分析结果，已经引起生产厂家高度重视，市场销售 FIA 仪器管道附件已经系列化。

（3）流动式检测器　流动注射技术可以与仪器分析的多种检测手段结合，其中常见的有光度法、原子吸收法、安培电极法、化学发光法等。在与火焰原子吸收、ICP 光谱联用时，只需将通向检测器的管道代替原提升管接到雾化器上即可。但是光度法、电化学法等作为 FIA 的检测器时，需要配备特制流通池。目前市场销售并应用最多的是光度法检测用的流通池。这种流通池上部有入口和出口，并与池的下部通光管道相连，通光管道是在不透光的黑玻璃上加工出 $\phi 1.0～1.5mm$ 的光滑通孔，而其两侧粘接普通光学玻璃或石英玻璃片，使光束可顺利通过通光管道。国内市场销售的流通池以体积 $18\mu L$ 的为主。

（4）气体扩散器　利用某些待测物或其产物的易挥发性，通过蒸馏或气体扩散来使其从干扰的基体中分离出来，是提高分析专一性的一种重要手段，而流动注射气体扩散法的测定，又大大提高了这种分离技术的效率。

气体扩散装置如图12-6所示。主要由上下两块带有沟槽的有机玻璃及其夹在中间的多孔聚四氟乙烯薄膜组成。沟槽的位置上下对应，其中一道沟槽的入口4流入"给予"液，即加入适当试剂后的样品，然后从出口5流入废液瓶。在此沟槽中形成的易挥发待测组分透过多孔膜扩散到膜的另一侧沟槽中，被接收液所吸收并流入流路中进一步反应，然后到达检测器检测。

气体扩散装置目前作为 FIA 仪器一种附件，生产厂家有如瑞典 Tecator 公司、沈阳肇发自动分析研究所等。

（5）填充反应器　填充反应器在流动注射体系中有着重要的作用，其中应用较多的是在线离子交换柱及固定化试剂。前者用于痕量元素的在线预浓集、基体与某些干扰成分的分离及离子形态的分类等，后者用于节省某些贵重试剂（如酶）。

填充反应器多为柱形，一般用聚四氟乙烯、有机玻璃制成柱体，如图12-7所示为其结构示意图。

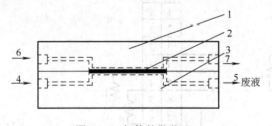 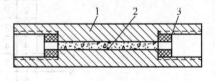

图 12-6　气体扩散装置　　　　图 12-7　填充反应器结构示意图
1—上压盖；2—多孔聚氯乙烯膜；3—下盖；4，6—入口；5，7—出口　　　1—柱体；2—树脂；3—密封垫

瑞典 Tecator 公司、沈阳肇发研究所可提供一种商品化的有机玻璃填充反应器，可以方便地连接到 FIA 流路中。

3. 流动注射分析仪的部分生产商、型号

表12-8和表12-9为国内外部分厂家生产流动注射分析仪的型号及其附件。

表 12-8　中国生产的部分流动注射分析仪的型号及其附件

厂　家	型　号	蠕动泵	采样阀	检测器
江苏电分析仪器厂	FIA-100	电机,双泵,四道	16 孔八通道自动阀	光栅光度检测器
沈阳肇发自动分析研究所	LZ1000 型组合式	同步电机,单泵,八通道	16 孔八通道自动阀	分光光度计,原子吸收,ICP 等
	LZ1200 型氢化物发生器	配置气液分离器	16 孔八通道自动阀	原子吸收等,氢化物发生测定
	LZ2000 型流动注射仪	同步电机,双泵泵速 20～120r/min 微计算机控制	16 孔八通道自动阀	分光光度计,原子吸收,ICP 等
北京第二光学仪器厂	FIA-1 自动生化分析仪	单泵,四通道	异步,同步多孔阀	自制流通式比色计
北京地质仪器厂	XLI-1 型	步进电机,单泵,六通道	24 孔异,同步自动,手动阀	721 分光光度计
上海雷磁研究所	LFS-7101 型钠分析仪	同步电机,单泵	6 孔阀	钠流通电极
广东新会医疗仪器厂	FIA-Im FIA-COD	同步电机,八通道	14 孔 2 槽阀	721 分光光度计

表 12-9　国外一些工厂（公司）生产的部分流动注射分析（FIA）仪的型号及其附件

厂　家	型　号	泵	阀	检测器	附　件	备　注
Bodenseewerk Perkin-Elmer 公司（德国）	FIAS-200	七通道双泵（20～120r/min）	旋转式单通道	M2100AAS	氢化物发生系统吸附萃取柱	自动采样装置,全自动数据处理
	FIAS-300	七通道双泵[(20～120)×10^{-6}]	旋转式单通道	Lambda-2 分光光度		自动采样装置,全自动数据处理
SCS 公司（德国）	F.I.A	蠕动泵	自动或手动阀	光度计		记录仪
Chemlab（英国）	Chemlab FIA 分析仪	五通道蠕动泵	手动 PIFE 阀	双光束光纤比色计石英卤素灯光源		自动采样,用记录仪或微机处理数据
Hitachi（日立）（日本）	K-1000	双通道柱塞泵或四通道蠕动泵	16 孔自动阀	分光光度荧光光度计等		自动采样和数据处理
Tecator（瑞典）	FIAStar5020	四通道双泵（40r/min）	单通道及双通道阀	5023 分光光度计 5024 比色计 5025 离子计	五种流路组件	5007 自动采样,自动数据处理
	Aquatec System	八通道	单通道阀	单光束比色	测定 NH_4^-、NO_3^-、NO_2^-、PO_4^{3-} 和 Cl 的专用盒	自动数据处理
Lachat Instruments（美国）	Quickchem 离子自动分析仪	十二通道	四个单通道阀	紫外可见分光光度计,pH 计,离子计,可串联或并联		全自动数据处理
FIAtron System（美国）	FIA-410 FIA-420	二、四或六通道	2000 型或 2500 型 8 孔阀	pH 检测器电导检测器比色计		自动进样及自动数据处理
	FIA-LINE 430	二、四或六通道	8 孔阀	气敏传感器		测定 CO_3^{2-}、NO_3^-、SO_4^-
	ZYME-500 碳水化合物分析仪	二、四或六通道	8 孔阀	酶电极安培法		测定 SO_4^{-2}、NO_3^-、CO_3^{2-}
	过程分析仪	气动泵	8 孔阀	紫外可见分光光度计电位计荧光计	旁路过滤系统	低流速,微量进样

续表

厂　家	型　号	泵	阀	检测器	附　件	备　注
FIS（美国）	ATC-3010	八通道	单通道	LPD 光电检测器		自动数据处理
Control Equipment（美国）	AMI-103	气压输液装置采样泵	双通道或三通道	酶电极多道光度计，多道荧光计		自动采样及自动数据处理
ALPKEM（美国）	RFA-300	三十通道微型柱	单通道阀	双光束光纤光度计（250～1200nm）		全自动采样控制及数据处理

目前市场上流动分析仪有三种类型：流动注射分析仪 FIA、间歇流动分析仪 SFA、连续流动分析仪 CFA。下面介绍目前部分流动注射仪的型号、特性、生产厂家或经销商。

（1）北京吉天仪器有限公司生产与经销 FIA-3110 型流动注射分析处理仪、FIA-6000 型全自动流动注射分析仪、FIA-200 型全自动专用型流动分析仪。全自动流动注射分析仪 FIA-6000 和流动分析仪 FIA/SFA/CFA，为国家"十五"攻关项目，已投产。仪器为模块化、标准化、多功能化，样品在线处理，全自动样品分析，实现了在线样品前处理技术和紫外-可见光度法的有机结合，实现了在线蒸馏、加热消解、紫外消解、萃取、稀释、还原等样品前处理功能，可对氧化物、挥发酚、阴离子表面活性剂、总磷、总氮、硫化物、硝酸盐氮、亚硝酸盐氮、尿素等项目进行快速准确分析。仪器基本结构包括：xyz 自动进样器，自动倍率稀释器，FIA-6000 主机（包括样品处理装置、化学反应装置、检测装置、计算机控制及软件），采用非稳态条件下的流动注射技术，样品用量少、效率高。而目前市场上的国外仪器，只有少数几家采用了流动注射技术，其他大部分类似仪器均属连续流动分析仪，其分析原理是基于反应达到物理化学平衡条件下进行的，分析效率受限制。在线样品前处理方式采用先进的膜分离方式，简单方便，分离效率高，大多数其他类似的仪器，多采用较落后的重力分离方法，装置庞大、复杂、易损坏，分离效率差。使用了全惰性的聚四氟乙烯管路，不影响反应，简单方便，管路内径细，试剂消耗量少。

（2）美国 FIAlab-2500 全自动流动注射分析系统和 FIAlab-3500 流动注射/顺序注射通用分析系统，是一个可以在 SIA 和 FIA 两种模式下完成分析的通用仪器，北京欧普特科技公司经销。

美国 GUIKCHEM8500 型流动注射自动离子分析仪，欧陆科仪（中国）有限公司经销。

美国 OI 公司 FS-IV＋型流动注射分析仪，北京先华科技发展有限责任公司经销。

美国 FIAlab2500 流动注射分析仪，北京思百可技术有限公司经销。

美国 QuikChem8500 型流动注射自动离子分析仪，欧陆科仪（中国）有限公司经销。

（3）德国 CleverChem500 型全自动间断化学分析仪（Auto Discrete Analyzers），采用第二代间断化学分析比色管直读技术，将传统的手工比色法完全自动化。深圳市朗诚实业有限公司经销。

德国 AutoAnalyzer 3（AA3）连续流动分析仪［流动注射分析仪连续流动化学分析技术（Continuous-Flow Analysis-CFA）］的设计理念于 1957 年被提出，并于 1960 年由美国 Technicon 公司正式生产出世界第一台应用此技术的仪器，定名为自动分析仪（AutoAnalyzer），当时型号为 AutoAnalyzer Ⅰ。从此，AutoAnalyzer 作为 Technicon 的商标成为 CFA 的代名词。由于它能将大多数复杂的化学反应固定在一台被精密控制的仪器上，完全自动地、快速准确地进行，因此很快成为大多数工业行业通用的标准化学分析方法。它采用连续流动的原理，用均匀的空气泡将样品与样品分开，标准样品和未知样品通过同样的处理和回样的环境，通过对吸光度的比较，得出准确的结果。系统由自动进样器、蠕动泵、化学分析盒、比色计、计算机和打印机组成。1969 年 Technicon 推出了功能更强大、结构更完善、操作更方便的 AutoAnalyzer Ⅱ，1988 年德国布朗卢比公司收购了 Technicon，继续致力于 CFA 的研究和开发。1997 年德国布朗卢比公司推出的 AutoAnalyzer 3 已经能进行在线消解，在线溶剂萃取，在线蒸馏，在线过滤，氧化还原，在线离子交换，自动稀释，自动进样，在 WINDOWS/NT 下全计算机自动系统控制软件，结果自动报表打印，多功能化学分析盒，高低量程转换，不用装电子除气泡装置等多种改进。目前该仪器已广泛应用于农业、环保、自来水、烟草、化工等行业。天津中通科技发展有限公司经销。

德国 ALLIANCE 公司 FUTURA 型连续流动分析仪，上海峻熙电子科技有限公司经销。

德国 Traccs 2000 型连续流动化学分析仪，天津中通科技发展有限公司经销。

（4）法国 Smartchem 200 型全自动化学分析仪又叫离散式化学分析仪或间断式化学分析仪。测量全过程由计算机控制，自动化程度高，操作过程简易。全自动化学分析仪（Smartchem200 Discrete Auto Analyzer）新颖的设计：将样品、试剂和比色分为三个区域，每个区域都为转盘式设计，因此，减小了机械臂移动范围，加快了进样速度，使测量速度更快。采用高精度、双光束数字检测器，扩展的吸光值线性范围达到 4.200Abs，减少样品超量程的再分析。在线有 4 个分离的试剂架，64 个试剂位。

Smartchem 300 型全自动化学分析仪是 AMS 公司新开发的一款间断式化学分析仪，该仪器测量保留了全部 Smartchem 化学分析仪的优点，但又对原有系统做了大的改进，设计更加紧凑、合理，样品测量速度更快。整个系统测量过程全部由计算机控制，操作过程简易。其检测分析结果精确可靠，符合 ISO 等国际认证标准。北京理加联合科技有限公司经销。

法国 FUTURA ALLIANCE 连续流动分析仪（流动注射分析仪）（CFA），由 AMSFRANCE 经销，其中国办事处总部设在深圳和香港。

法国 Futura 连续流动分析仪（SFA CFA FIA），上海泽权仪器设备有限公司（泽泉国际集团）经销。

（5）意大利 Flowsys 采用第三代微流技术的全自动连续流动分析仪，上海星门国际贸易有限公司经销。

意大利 SYSCHEM 全自动间断化学分析仪，上海星门国际贸易有限公司经销。

（6）荷兰 Skalar San^{++} 连续流动析分连续流动分析仪，包括顶级的 FIA、SFA、CFA。广州昌信科学仪器公司经销。

（7）FIAstar 5000 流动注射分析仪采用现代化模块（积木）式设计，是将手工比色方法自动化的分析仪器。福斯华（北京）科贸有限公司经销。

4. 流动注射分析的应用

流动注射分析已在农业、工业、环境科学、生物技术、临床医学、地矿、冶金以及过程控制等领域应用，分析的样品有土壤、植物、饲料、肥料、水、空气、啤酒、饮料、食品、药物、岩矿等。下面举例简单阐述。

（1）流动注射分光光度法测定土壤及垃圾中全量磷。

① 基本原理 将一定量（200μL）样品溶液通过注入阀注入载流（0.22mol/L H_2SO_4）中，与 0.6%钼酸铵溶液混合形成钼黄，然后再与 0.1%氯化亚锡盐酸溶液汇合进行化学反应形成钼蓝，进入流通池在 680nm 波长下进行检测。所得峰形信号由记录仪记录。其流路如图 12-8 所示。

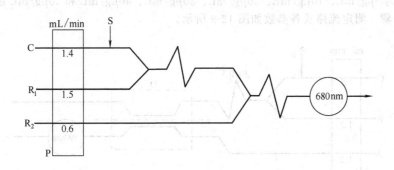

图 12-8 FIA 测磷流路

P—蠕动泵；S—试液；C—载流，0.22mol/L H_2SO_4；

R_1—0.6%钼酸铵；R_2—0.1%氯化亚锡

② 仪器设备 LZ-1000 型组合式流动注射仪，其中包括 LZ-1010 型蠕动泵、LZ-1020 型多功能旋转阀、采样环体积 200μL、LZ-1030 型反应箱（组合块）、LZ-1040 型对数转换器、721 分光光度计（配备 18μL 流通池）、台式自动平衡记录仪、聚四氟乙烯连接管以及 Tygon 泵管。

③ 样品分析

a. 工作曲线标准系列 0、0.5μg/mL、1.0μg/mL、1.5μg/mL、2.0μg/mL 和 2.5μg/mL P$_2$O$_5$ 标准溶液,介质为 0.022mol/L 硫酸。

b. 样品处理 称取过 80 目筛的风干样品 0.2~0.5g 于 50mL 消煮管中,加 1g 混合催化剂(1/20 的 CuSO$_4$/K$_2$SO$_4$ 混合粉末),6mL 浓 H$_2$SO$_4$ 摇匀后放置过夜,用 LNK-841 多功能远红外消煮器加热消煮至呈灰白色为止,冷却后用水定容至刻度,摇匀静置过夜,吸取 5mL 上层清液至 50mL 容量瓶中定容待测。

按流路图(图 12-8)接好流路,将 721 分光光度计、蠕动泵、自动采样阀调到工作状态,在采样阀上设定采样时间 20s;注射时间 30s。然后启动泵、阀、吸入样品和试剂溶液,进行测定。

(2)流动注射气体扩散法测定土壤及垃圾中全量氮。

① 基本原理 与凯氏定氮法原理相似。将一定体积含有铵态氮(NH$_4^+$—N)的溶液注入载流中并与 NaOH 汇合,铵盐遇碱按下式发生反应:

$$NH_4^+ + OH^- \Longrightarrow NH_3(气) + H_2O$$

产生的氨气透过气体扩散器的聚四氟乙烯膜进入含有指示剂(HIn)的缓冲溶液体系的接受液中。由于 PTFE 膜具有憎水性,溶液不会透过膜。被吸收的氨与指示剂按下式发生反应:

$$NH_3 + HIn \Longrightarrow NH_4^- + In^-$$

产生的指示剂阴离子 In$^-$ 使指示剂颜色发生变化,在一定浓度范围内吸光值与 NH$_4^+$ 浓度成正比。调节接受液中的缓冲溶液浓度可以改变分析的线性范围。

② 仪器设备与试剂 LZ-1000 型流动注射分析仪及所附气体扩散器,其中采样环体积为 100μL,反应管为 0.7mm×30cm,721 分光光度计,测定波长为 590nm。

LNK-841 远红外多功能消煮器。

5.0mol/L NaOH。

0.1mol/L NaH$_2$PO$_4$ 缓冲溶液(13.3g 固体溶于水中定容至 1000mL)。

混合指示剂:称取 0.02g 甲酚红、0.04g 溴麝香草酚蓝及 0.08g 溴甲酚紫溶于 3mL 0.1mol/L NaOH 中,用 0.1mol/L NaCl 溶液稀释至 100mL。

接受液:吸取混合指示剂 10mL,加入缓冲液 4mL,用水稀释到 50mL,用稀酸(碱)调至指示剂呈酒红色,在 590nm 处吸光度为 0.25~0.3(以去离子水为对照)。

标准溶液:吸取浓 H$_2$SO$_4$ 6mL 于 50mL 容量瓶中,分别加入适量的 100μg/mL 铵态氮贮备液,使其浓度分别为 5μg/mL、10μg/mL、20μg/mL、30μg/mL、40μg/mL 和 50μg/mL 铵态氮。

③ 分析步骤 测定流路及各参数如图 12-9 所示。

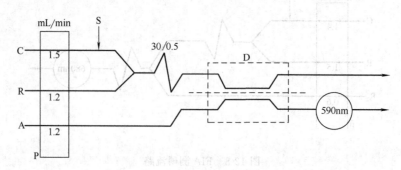

图 12-9 FIA 测定铵态氮流路图

P—蠕动泵;C—去离子水;R—5.0mol/L NaOH;A—接收液;S—试液;D—气体扩散器

按图 12-9 将泵、阀、气体扩散器组合块和流通池连接好,按所示流速泵入载流(水)、碱液和接受液,并吸入样品充满采样环,将接受液本身的吸光度调为基线,待稳定后注入样品,由记录仪记录峰形,用峰高吸光度从标准工作曲线求出铵态氮含量。

④ 结果计算

$$NH_4^+ - N(\%) = \frac{MV \times 10^{-6}}{G \times 100\%}$$

式中　M——查出的试液中含量，$\mu g/mL$；

　　　V——样品制成消煮液体积，mL；

　　　G——称样量，g。

精度（RSD）0.7%（11 次测定）。

测定结果与凯氏法一致。

回收率 97%～104%。

（3）流动注射-冷蒸气以及氢化物发生原子吸收法测定痕量汞、砷、硒、锑、铋。

① 基本原理　用蠕动泵将载流（1mol/L HCl）和还原剂 NaBH₄ 泵入 LZ-1200 型氢化物发生器体系中，同时采样将样品或标准溶液定量充满采样环，通过阀位的转换，在载流 HCl 的载带下与 NaBH₄ 汇合，待测组分被还原成为 Hg（蒸气）以及砷、硒、锑、铋的气态氢化物，在氩气的载带下进入石英原子化器进行原子化同时被检测，吸收信号以峰高记录。

② 仪器设备

a. 原子吸收分光光度计及空心阴极灯。

b. LZ-1200 型流动注射氢化物发生器。

c. 记录仪

d. 测定流路如图 12-10 所示。

③ 测定条件及方法性能列于表 12-10。

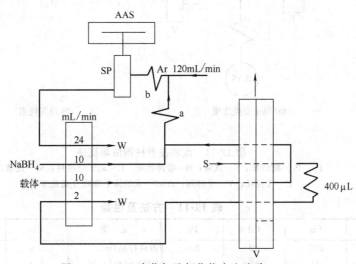

图 12-10　FIA 冷蒸气及氢化物产生流路

S—试液；W—废液；SP—气液分离器；V—采样环；AAS—配有石英原子化器的原子吸收分光光度计

表 12-10　测定条件及方法性能

项　目	汞	砷	硒	锑	铋
测定波长/nm	253.7	193.7	196.0		223.1
原子化温度/℃		900	900	900	900
相对标准偏差（RSD）/%	0.75	1.6	0.9	1.3	0.8
浓度水平/（μg/L）	10	10	20	10	10
检出限/（μg/L）	0.04	0.09	0.04	0.05	0.04
工作曲线范围/（μg/L）	2.5～15	2～10	4～20	2～10	2～10
相关系数（r）	0.9999	0.9999	0.9999	0.9997	0.9998
回归方程					
截距 A	0.001	0.020	−0.003	0.005	0.001
斜率 B	0.010	0.034	0.008	0.039	0.050

（4）流动注射在线离子交换火焰原子吸收测定水中 Cu、Cd、Pb。

① 原理　将微型柱流动注射在线离子交换分离与预浓集系统与火焰原子吸收结合测定水样中痕量 Cu、Cd 和 Pb。采用小体积（约 $65\mu L$）单柱系统及较短浓集时间（20s）在 $120h^{-1}$ 的采样频率下，消耗 1.6mL 试样即可得到 25～31 倍的浓集效果，浓集效率达 50～62min^{-1}。

② 仪器设备　原子吸收分光光度计及所附空心阴极灯、流动注射分析仪。

流动注射柱预浓集流路如图 12-11 所示。微型离子交换柱 C 是用微量进样器的部分塑料吸头自制的锥形柱，内装固定有 CPG/8HQ 的玻璃微珠离子交换剂。用微计算机编制 FIA 程序，首先阀处浓集（采样）位，蠕动泵 P_1 运转 20s，使样品与缓冲溶液混合上柱浓集，然后阀转至洗脱位，蠕动泵 P_2 启动，由 2mol/L HCl 将吸附的待测组分洗至 AAS（10s）进行检测，由计算机进行信号及数据处理。

③ 方法及性能　见表 12-11。

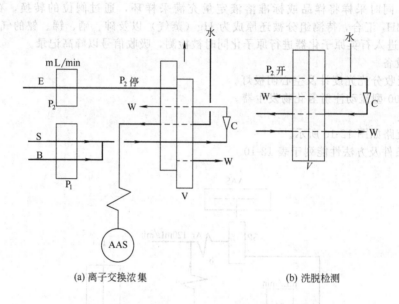

图 12-11　流动注射柱预浓集流路

P_1，P_2—蠕动泵；S—试液；B—缓冲溶液；C—离子交换柱；W—废液；
E—洗脱液；V—采样阀；AAS—火焰原子吸收分光光度计

表 12-11　方法及性能

元　素	Cu	Cd	Pb	元　素	Cu	Cd	Pb
浓度范围/($\mu g/L$)	100	20	200	消耗样品/mL	1.6	1.6	1.6
浓集倍数	25	30	31	RSD($n=11$)/%	1.2	1.5	1.8
浓集效率/min^{-1}	50	60	62	合成海水回收率/%	95	90	96
采样频率/h^{-1}	120	120	120				

六、分析仪器的选购

在确定分析任务和分析方法后就可能要选购分析仪器。首先要明确选购具有什么性能的仪器（包括仪器的灵敏度、选择性、仪器的功能和适用范围），主机包括哪些部件，还备有什么零部件，以及价格等。然后再根据任务性质（长期还是短期）和要求确定选购什么型号。对仪器生产厂家的信誉和服务质量也应有所了解。仪器使用者有时有一种倾向总希望买尽量高级和零配件齐全的仪器。事实上，如果任务很快得到解决，而下一个任务不一定需要这种仪器，这样做就会造成很大的浪费。现在仪器的更新周期短，仪器用几年就需要更新。如事先对仪器性能了解不够，所购得的仪器性能太低不能满足工作需要，这时不得不把购得的仪器闲置下来，会造成浪费。在采购大型分析仪器之前要求说明为什么要买某种型号的仪器，与其他型号的比较（性能和价格）和所选型号的优缺点，要货比三家。只有这样才能真正做到慎重考虑和正确采购仪器，才能发挥仪器最大的效益和作用。

在选购进口仪器设备时要很谨慎。选购刚研制成功的新仪器（尤其是第一台而不是第一批）还未经多方面用户的使用考验，仪器的缺点还未充分地暴露出来，这时应该多观察一段时间，通过文献资料的调查和与同行们进行个人接触了解之后再确定该仪器性能是否可靠。特别要注意不要去选购即将淘汰的仪器，虽然这种仪器是很成熟的，但用户不易再买到它的零配件，除非用户能自行解决，否则就不能期望厂家会继续供应这种仪器的零配件。

七、分析仪器的管理

有关分析仪器的管理参见本书第一章第六节和第五章第四节。

八、有关分析仪器的部分网站

若想了解有关国内外各种分析仪器（包含备件）各种型号、各种档次及其最新的信息可查阅下列网站，参阅第一章第十四节十。

(1) 中国分析仪器网 http：//www. instrument. com. cn

中国分析仪器网是为化学、化工、医药、生物、环保、农业、食品等行业提供分析仪器的平台。

分析仪器有：气相色谱仪、液相色谱仪、联用技术仪器、离子色谱仪、制备与半制备色谱仪、薄层色谱仪与薄层扫描仪、毛细管电泳色谱、超临界流体色谱仪、凝胶渗透色仪、逆流色谱仪、色谱检测器、氨基酸分析仪，物理特性分析仪器及设备，行业专用分析仪器，环境监测仪器，实验室常用设备，生命科学仪器及设备，在线分析仪器（过程分析仪器），预量与计量仪器及相关仪表，配件与耗材；光谱有：可见分光光度计、紫外可见分光光度计、荧光分光光度计、原子吸收光谱仪（AAS）、原子荧光光谱仪（AFS）、红外光谱（IR）、近红外光谱（NIR）、傅立叶变换红外光谱仪、拉曼光谱、激光拉曼光谱仪、傅立叶变换拉曼光谱、光电直读光谱仪、X 射线荧光光谱仪（XRF）、光纤光谱仪、火焰光度计、电感偶合等离子体原子发射光谱仪（ICP-AES）、等离子体原子发射光栅光谱仪、分子光谱/带状光谱、其他光谱仪等；水分测定仪、卡氏水分测定仪、露点水分测定仪（露点仪）、卡尔·费休水分测定仪、红外水分测定仪、微波水分测定仪、库仑水分测定仪、专用水分仪其他水分测定仪；电化学仪器有 pH 计、自动滴定仪、Zeta 电位仪、氧化还原电位（ORP）测定仪、电化学工作站、电泳仪、极谱仪与伏安仪、电导率仪、电解仪库仑仪、水质分析仪、溶解氧分析仪、恒电位仪离子测定仪（离子计）、传感器其他电化学仪；气质联用（GC-MS）、液质联用（LC-MS）、有机质谱仪（Organic-MASS）、无机质谱仪（Inorganic-MASS）、电感耦合等离子体质谱（ICP-MS）、同位素质谱仪、生物质谱、气体质谱、其他质谱仪；X 射线衍射仪、X 射线能谱仪、X 射线光电子能谱仪、X 射线应力分析仪、X 射线定向仪、电子探针微区分析仪、X 射线散射仪、X 射线晶体分析仪与其他 X 射线（衍射）仪；核磁共振波谱（NMR）、电子顺磁共振波谱（ESR）；碳硫分析仪、测氢仪、测汞仪、定氮仪、红外元素分析仪、热导元素分析、硫氮分析仪、气体分析仪、测氧仪、卤素分析仪、氧分析仪、甲醛与氨测定仪、碳氢分析仪、金属元素分析仪、材料分析仪、碳硅分析仪；流动分析仪、感官智能分析仪、形态分析仪；实验室信息管理系统（LIMS）与数据处理软件、流动分析仪、感官智能分析仪、扫描电镜、SPM 电化学工作站、电导率仪、黏度计、流变仪、硬度计、测厚仪表面张力仪、比表面 | 密度计、旋光仪、折光仪、椭偏仪、反应釜等。

仪器的配件与耗材有：色谱配件与耗材，热解吸仪、热裂解、工作站、气相色谱柱（毛细管柱）、液相色谱柱、热解吸仪、热裂解仪、分流器、气体净化器、脱气机、填充柱、凝胶色谱柱、离子色谱柱、保护柱、毛细管电泳柱、专用色谱柱、其他色谱柱、填料/固定液、柱温箱、毛细管电泳高压电源、柱塞杆、进样针、进样阀、滤膜/过滤器、密封件、进样垫/隔垫、PEEK 管、过滤头、定量环、样品瓶、控制阀与各种接头、液相色谱泵及配件。光谱配件与耗材，氘灯、卤钨灯、氙灯、空心阴极灯（元素灯）、比色皿、石墨管/石墨锥、光谱高压电源、进样针/进样器及配件、滤光片、雾化器、红外光谱配件、样品池/盐窗口、光栅；气体发生器/气体处理，氢气发生器、氮气发生器、空气发生器、氮氢空一体机、氢空一体机、空气压缩机、气体净化器、氩气发生器。质谱、液质联用仪、X 衍射仪、X 射线能谱仪、核磁共振仪等仪器的配件与耗材。

(2) 中国仪器信息网 http：//www. instrument. com. cn/

有：网上仪器展，耗材与配件，气相色谱、液相色谱、离子色谱、薄层色谱、气质联用、液质联用仪、分光光度计、红外光谱仪、近红外光谱仪、原子吸收光谱仪、原子荧光光谱仪、拉曼光谱仪、ICP 光谱仪、直读式光谱仪、定氮仪、红外碳硫分析仪、核磁共振谱仪、扫描电镜、电化学工作站、电导率仪、黏度计、流变仪、硬度计、测厚仪、表面张力仪、比表面仪、密度计、旋光仪、折光仪、椭偏仪、酶标仪、电泳仪、凝胶成像仪、生物安全柜、烟气分析仪、红外气体分析仪、氨氮测定仪、TOC、COD、BOD 分析仪、辐射仪、农残留测定仪、量热仪、溶出度仪等。

（3）中国化工仪器网 http：//www.chem17.corn/

有气相、液相、离子、薄层、制备、凝胶、毛细管等色谱仪器，气质联用仪、液质联用仪，紫外、可见、荧光、红外、近红外等光谱仪，原子吸收、原子荧光、拉曼光谱、ICP 等离子体等光谱仪，直读光谱仪，火焰光度计、旋光仪、阿贝折射仪、熔点仪、色差仪、热分析仪、显微镜、红外碳硫分析仪、定氮仪、pH 计、滴定仪、电导率仪、电化学工作站、水分测定、比色计、黏度计、粒度仪、流变仪、硬度计、测厚仪、表面张力仪、比表面仪、密度计、凝胶成像仪、元素分析仪、PCR 仪、电泳仪、TOC、COD、BOD 分析仪、水质分析仪、氨氮测定仪、烟气分析仪、农药残留检测仪、量热仪、油品分析、闪点测定仪、燃点测定仪、凝固点测定仪等及配件。

（4）科学仪器网 http：//www.kx17.com/

（5）中国科学仪器网 http：//www.17webs.com/

第十三章　比色法与紫外可见分光光度法

第一节　光学分析方法的概况

一、电磁辐射及其与物质的相互作用

电磁辐射的电磁波包括了 γ 射线、X 射线、紫外光、可见光、红外光、微波、无线电波等。这些电磁波具有共同点是：它们作为横向电磁波在空间传播，在真空中传播速度都等于光速，即：

$$\lambda\nu=c$$

式中　λ——波长；

ν——频率；

c——光在真空中的传播速度，约等于 $3\times10^{10}\,cm/s$。

光具有二象性：波动性和微粒性。光的折射、衍射、偏振和干涉等现象，表明光具有波动性。光电效应，证明光的粒子性。光是由光子（或称光量子）所组成，光子具有能量 $h\nu$，具有动量 $h\nu/c$。

光子的能量 E 与波长 λ 关系为：

$$E=h\nu=\frac{hc}{\lambda}$$

光子的动量 p 与波长 λ 的关系为：

$$p=\frac{h\nu}{c}=\frac{h}{\lambda}$$

式中　E——光子的能量；

p——光子动量；

h——普朗克常数，$6.626\times10^{-34}\,J$。

表 13-1 列出了电磁波谱及各谱区相应分析方法。

二、光学分析方法的分类

根据电磁辐射与物质相互作用性质的不同，光学分析方法可以分为光谱法与非光谱法两类：以测量电磁辐射与物质相互作用引起原子、分子内部量子化能级之间的跃迁产生的发射、吸收、散射波长或强度变化为基础的一类光学分析方法，归为光谱法；以测量电磁辐射与物质相互作用引起其传播方向、速度、偏振性与其他物理性质改变的一类光学分析方法，归属于非光谱法。在分析化学中，光谱法比非光谱法的用途更为广泛。

依据电磁辐射与物质相互作用的性质来划分，建立在不同物理基础上的各光学分析方法见表 13-2。按照波谱区来划分，分布在各个波谱区的光谱分析方法见表 13-1。

表 13-3 与表 13-4 分别简介了吸收光谱法与发射光谱法。

三、光学分析仪器的基本组成

光学分析方法是建立在电磁辐射与物质相互作用的基础上的，光学分析仪器是探测此种相互作用的工具。各种光学分析仪器的具体结构和复杂程度差别很大，但现代分析仪器都包括以下五个基本组成部分：信号发生器、检测系统、信号处理系统、信号读出系统和计算机控制系统。

（1）信号发生器　是将被测物质的某一物理或化学性质转变为分析信号，如物质吸收辐射产生的原子、分子吸收光谱；物质受电、热激发产生的原子发射光谱等，都是分析信号。产生原子、分子吸收光谱的辐射光源与吸收池组合系统；产生原子发射光谱的电弧、火花光源等即为信号发生器。

（2）检测系统　是对产生的分析信号进行检测，并将其转变为易于测量的信号，通常是电信号，因为电信号容易放大、处理、传输与显示。各种仪器使用的检测器随检测辐射波长与仪器功能不同而异，常用的辐射检测器有两类：一类为响应光子；另一类为响应热。

表 13-1　电磁波谱及各谱区相应分析方法

电磁波		波长 λ /cm	频率 ν /Hz	波数 $\bar{\nu}$ /cm^{-1}	能量 /eV	物理现象（或来源）		分析方法
γ 射线		10^{-10}	3×10^{20}	10^{10}	1.2×10^6	核跃迁（核反应）		γ 射线光谱法 莫斯鲍尔光谱法
X 射线		10^{-9}	3×10^{19}	10^9	1.2×10^5	电子散射	内层跃迁电子	X 射线衍射分析法
		10^{-8}	3×10^{18}	10^8	1.2×10^4			X 射线吸收分析法
		10^{-7}	3×10^{17}	10^7	1.2×10^3			X 射线微区分析法
		10^{-6}	3×10^{16}	10^6	124			X 射线荧光光谱法
紫外光	真空紫外	1×10^{-5}	5×10^{15}	10^5	12.4			
	近紫外	2×10^{-5}	1.5×10^{15}	50000	6.2	外层电子跃迁		
		4×10^{-5}	7.5×10^{14}	25000	3.1			比色分析法 紫外与可见分光光度法
可见光	紫		7.1×10^{14}	23800	3.0			荧光比色法
	青		6.1×10^{14}	20400	2.5			原子吸收光谱法
	蓝		5.7×10^{14}	18900	2.3			原子荧光光谱分析法
	绿		5.1×10^{14}	17000	2.1			火焰光度法
	黄		4.6×10^{14}	15400	1.9			发射光谱分析法
	橙							
	红	7.5×10^{-5}	4.0×10^{14}	13300	1.6			
红外光	近红外	10^{-4}	3×10^{14}	10000	1.2	分子振动		红外分光光度法
	中红外	10^{-3}	3×10^{13}	1000	0.12			拉曼光谱法
	远红外	10^{-2}	3×10^{12}	100	0.012			
		10^{-1}	3×10^{11}	10	1.2×10^{-3}			
微波		1	3×10^{10}	1	1.2×10^{-4}	分子转动	电旋子运动自动	微波吸收法 电子自旋共振法
		10	3×10^9	0.1	1.2×10^{-5}			
无线电波（射频波）	超短波	10^2	3×10^8	0.01	1.2×10^{-6}		核磁运动	核磁共振分析法 超声波吸收法
		10^3	3×10^7	0.001	1.2×10^{-7}			
	中波	10^4	3×10^6	0.0001	1.2×10^{-8}			

注：波长（λ）：相邻两个波峰或波谷间的距离。

频率（ν）：每秒内振动的次数，通常以赫兹（Hz）表示，辐射频率取决于波源，与通过的介质无关。

周期（T）：正弦波中相邻两个极大通过空间某一固定点所需的时间间隔，单位为秒（s），它是频率的倒数。

波数（$\bar{\nu}$）：每厘米内波的振动次数，单位为 cm^{-1}。

电子伏特（eV）：一个电子通过 1V 电压降时具有的能量。

表 13-2　各光学分析方法建立的物理基础

方法的物理基础	光学分析方法
辐射的吸收	分光光度法（γ射线、X射线、紫外、可见、红外），比色法，原子吸收光谱法，光声光谱法，电子自旋共振波谱法，核磁共振波谱法
辐射的发射	发射光谱法（X射线、紫外、可见），火焰光度法，荧光光谱法（X射线、紫外、可见），磷光光谱法，放射化学法
辐射的散射	浊度法，散射浊度法，拉曼光谱法
辐射的折射	折射法，干涉法，激光热透镜光谱法，激光热偏转光谱法
辐射的衍射	X射线衍射法，电子衍射法
辐射的旋转	偏振法，旋光色散法，圆二色性法

表 13-3　吸收光谱法

方 法 名 称	辐 射 能	作 用 物 质	检 测 信 号
莫斯鲍尔光谱法	γ射线	原子核	吸收后的γ射线
X射线吸收光谱法	X射线 放射性同位素	Z>10的重元素 原子的内层电子	吸收后的X射线
原子吸收光谱法	紫外、可见光	气态原子外层的电子	吸收后的紫外、可见光
紫外、可见分光光度法	紫外、可见光	分子外层的电子	吸收后的紫外、可见光
红外吸收光谱法	炽热硅碳棒等 2.5~15μm 红外光	分子振动	吸收后的红外光
核磁共振波谱法	0.1~100MHz 射频	原子核磁量子 有机化合物分子的质子	吸收
电子自旋共振波谱法	10000~800000MHz 微波	未成对电子	吸收
激光吸收光谱法	激光	分子（溶液）	吸收
激光光声光谱法	激光	分子（气体） 分子（固体） 分子（液体）	声压
激光热透镜光谱法	激光	分子（溶液）	吸收

表 13-4　发射光谱法

方 法 名 称	辐射能（或能源）	作 用 物 质	检 测 信 号
原子发射光谱法	电能、火焰	气态原子外层电子	紫外、可见光
X射线荧光光谱法	X射线 $(0.1~25)×10^{-8}$cm	原子内层电子的逐出，外层能级电子跃入空位（电子跃迁）	特征X射线（荧光）
原子荧光光谱法	高强度紫外、可见光（$λ_i$）	气态原子外层电子跃迁	原子荧光
荧光光度法	紫外、可见光	分子	荧光（紫外、可见光）
磷光光度法	紫外、可见光	分子	磷光（紫外、可见光）
化学发光法	化学能	分子	可见光

　　（3）信号处理系统　是将信号放大、平滑、滤波、加和、差减、微分、积分、变换（如交流信号变为直流信号，电压变为电流信号或电流变为电压信号，对数转换，傅里叶变换等）、调频、调幅等。

　　（4）信号读出系统　是将信号处理系统输出的放大信号，以表头、记录仪、显示器显示出来。

　　（5）计算机控制系统　计算机的功能可以极大地提升仪器的使用性能和价值，计算机软件已不再只是作为数值运算的附属工具，而成为分析仪器自动化、智能化的关键因素，其主要作用是控制、监测与校正、光谱采集和处理、数据存储和分析等。分光光度计的测量波长或范围的设置、光栅运动的驱动和控制、光源的自动切换、滤光片的自动选择、探测器的驱动、A/D转换的同步、数据传输至计算机、数据写入内存、光谱或测量结果的显示，以及光谱数据的处理和分析都可以由计算机软件完成。为了提高仪器的使用性能，在软件中包含了硬件的监测和校正，如光源的输出功率、波长的准确性、杂散光水平，基线校正等。

四、光学分析方法与仪器的进展

　　光学分析方法是分析化学中最富活力的领域之一，近年来取得了长足的进展。新技术、新材料、新器件的不断出现，推动了光学分析仪器的进步。

　　（1）检测的灵敏度与选择性有了很大提高　在原子发射光谱中，应用级联光源（如电感耦合高频等离子体-辉光放电、激光蒸发-微波等离子体）分别控制原子化与激发过程，减少基体干扰与背景影响，获得了很好的检出限。电感耦合高频等离子体（ICP）-质谱法使40多个元素的检出限达到

$10\sim60pg/mL$，激光质谱的灵敏度达到了 $10^{-20}g$。激光增强了电离光谱，避免了一般光学检测所遇到的光散射、背景发射等的干扰，使选择性大为提高，当采用两束不同波长的激光对原子分步激发时，检出限可降低 $2\sim3$ 个数量级。激光石墨炉原子荧光光谱可检测 $10^{-15}g$ 级的 Pb、Ti、Ga、In、Cd 等。激光原子荧光光谱法有可能检测单个原子。激光荧光光谱法结合时间分辨技术，使 Eu 的测定限达到 $0.4fg/mL$。激光热透镜光谱检测氨基酸，可检测到 50 个分子，激光诱导荧光光谱法达到了检测单个分子的水平。激光光声光谱广泛用于弱吸收、高散射、非透明与不均匀样品的分析，检测大气中的 SO_2、NO、NO_2 和 NH_3，检出限达到 $10^{-9}g/mL$，检测 C_2H_4 的检出限甚至可达到 $10^{-12}g/mL$。

（2）扩大了应用范围　光导纤维传输损耗少，适应环境与抗干扰能力强，特别适合于遥测。光导纤维化学传感器的出现，它的小巧探头能直接插入活体组织、毛细血管、细胞，可对分析物进行连续监测。

拉曼散射和共振荧光法的遥测距离最远可达 10km，可以遥测大气中主要成分，遥测被污染大气中的痕量污染物（如 Cd、Pb、Hg、Na、K 等）及大气温度。哈德玛变换光谱仪实现了用一个检测器的多路同时测定，可在 1s 内同时精确测定 CO、CO_2、NO、NO_2、SO_2、正己烷与甲醛，将它装在航天观测站的飞船上，在 $11887\sim12497m$ 的高空中收集了 8h 的火星光谱数据，证明火星表面石块上有缔合水。

（3）增强了同时检测的能力　电荷耦合阵列检测器光谱范围宽，量子效率高（可达 90% 以上），暗电流小，噪声低，线性范围宽，可实现多道同时采集数据，获得波长-强度-时间三维谱图，有可能取代光电倍增管而成为光学分析仪器的一种很有发展前途的检测器。光二极激光器代替空心阴极灯，可进行原子吸收多元素的同时测定。应用光电二极管阵列检测器与预选多色仪重新组合成光学系统中的中阶梯光栅，可以进行多元素的同时测定与背景校正。

（4）获得分子结构的信息更加丰富　超导材料铌锡、铌钛的出现，使核磁共振波谱仪摆脱了水磁式及电磁式磁铁的局限，从 100MHz 跃进至 500MHz，甚至出现 600MHz 的核磁波谱仪，使信噪比提高了几个数量级。核磁共振成像仪能得到三维图像，对人体无害，对软组织对比度大，是用于早期癌症诊断的一种很好方法。

超声喷射光谱（又称循环-冷却光谱）是激光诱导荧光光谱与分子束技术相结合形成的方法，是利用分子在超声分子束的急剧冷却，使复杂结构的分子光谱得以简化，通过消除热转动轮廓，使光谱分辨率提高到 $2\sim3$ 个数量级。

（5）光学分析仪器的发展　随着激光、微电子学、微波、半导体、自动化、化学计量学等科学技术与各种新材料的应用，革新了原有仪器方法，使光学分析仪器在仪器功能范围的扩展、仪器性能指标的提高、自动化和智能化程度的完善以及运行可靠性的提高等方面，有了长足的进展。

电子计算机在光学分析仪器中的广泛应用，简化了仪器的结构，增强仪器的功能，提高了仪器运行的可靠性，做到数据实时采集与处理、原位在线测量或远程遥测、自动监测等，大大提高了仪器操作自动化、数字化与智能化的程度。

不同分析方法的联用将高效分离方法与高灵敏、高选择性的鉴定方法有机地结合起来，为解决复杂样品的分析与形态分析提供了有效的手段。

随着固体激光器、光导纤维、固态微电子器件与多通道固态检测器（如光电二极管阵列检测器，电荷耦合检测器等）的应用，光学分析仪器的小型化、固态化与多功能化是一个重要的发展方向。

五、物质的吸光光度法（分光光度法）

无论物质有无颜色，当光线通过其溶液时，它都会有选择地吸收一定波长的光。溶液对特定波长的光的吸收程度与该溶液的浓度有关，溶液的浓度越大，对光的吸收程度也就越大。因此可以根据溶液对光的吸收程度确定溶液的浓度，进而确定被测组分的含量。这种基于溶液对光吸收的大小来确定被测组分的含量的分析方法，称为吸光光度法（或分光光度法）。

利用物质本身所具有的颜色或某些待测组分与一些试剂作用生成有色物质，比较溶液颜色深浅的方法来确定溶液中有色物质的含量，这种方法称为比色法，分目视比色法与光电比色法两种。随着测量仪器的改进，分光光度计研制成功，又出现了分光光度法。分光光度法又分紫外（UV）、可见（VIS）和红外（IR）三种。

比色分析的相对误差通常为 5%～20%，分光光度法为 2%～5%。其准确度不如重量分析法和滴定分析法。但重量分析法和滴定分析法仅适用于常量组分的分析，对于微量成分的分析，重量分析法和滴定分析法则不适用，只能采用比色法或分光光度法。

比色分析法和分光光度法的最大特点是灵敏度高、操作简便、快速，已成为化验分析最基本的分析方法之一，是应用最普遍的组分分析法。不论是车间化验室，还是中心实验室以及分析测试中心，都要经常地使用比色法或分光光度法。因此，化验人员都必须较深入地了解和掌握这种方法。

第二节　比色法与紫外可见分光光度法的基本原理

一、溶液颜色与光吸收的关系

物质呈现的颜色与光有密切关系。日常所见的白光（如日光、白炽灯光等），实际上是波长400～750nm连续光谱的混合光，它是由红、橙、黄、绿、青、蓝、紫等色光按一定的强度比例混合而成。这段波长范围的光是人们视觉可觉察到的，所以称为可见光。当波长短于400nm时称为紫外光，长于750nm的光称为红外光，它们都是人们视觉觉查不到的光。当混合光通过溶液时，一部分光被吸收，另一部分透过溶液。由于透射光波长的范围不同，人眼所感到的颜色也不同。溶液呈现的颜色实际就是透射光的颜色。如果溶液全部吸收了可见光，则该溶液呈黑色；如果溶液对可见光吸收得很少，即入射光全部透过，则该溶液呈无色透明状。表13-5是颜色、波长和互补色的关系。

表 13-5　颜色、波长和互补色的关系

波长/nm	透射颜色	互补色	波长/nm	透射颜色	互补色
400～435	青紫	淡黄～绿	560～580	淡黄～绿	青紫
435～480	蓝	黄	580～595	黄	蓝
480～490	淡绿～蓝	橙	595～610	橙	淡绿～蓝
490～500	淡蓝～绿	红	610～750	红	淡蓝～绿
500～560	绿	紫			

若把两种适当颜色光按一定强度比例混合，可以得到白光，人们称这两种颜色的光为互补色。绿色光和紫色光，黄色光和蓝色光互为互补色。例如当白光通过 $KMnO_4$ 溶液时，它选择地吸收了白光中的绿色光，其他光不被吸收而透过溶液。又因为除紫红光未互补外，别的透过的颜色的光两两互补成白光，因此，$KMnO_4$ 溶液呈现紫红色。同理邻菲罗啉铁溶液吸收了蓝绿色光，而呈蓝绿色光的互补色——橙红色。所以，对于每一种溶液，它对光具有选择性吸收的特性，该溶液吸收的光就是它所显色的互补色。

以上只是粗略地用溶液对各种颜色光的选择吸收性来说明溶液的颜色。为了更准确地说明物质具有选择性吸收不同波长范围光的性能，通常用光吸收曲线来描述。其方法是将不同波长的光依次通过一定浓度的有色溶液，分别测出它们对各种波长光的吸收程度，用吸光度 A 表示，以波长为横坐标，吸光度 A 为纵坐标，画出曲线，所得曲线称为光的吸收曲线，如图13-1所示为 MnO_4^- 和 $Cr_2O_7^{2-}$ 溶液的吸收曲线。

从图13-1可以看出，在可见光区内，$KMnO_4$ 溶液对波长为525nm左右的绿色光吸收为最大，而对紫色和红色光很少吸收。

对于任何一种有色溶液，都可以测出它

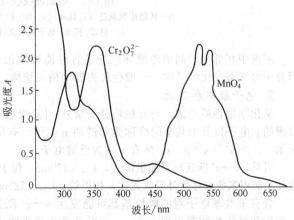

图 13-1　MnO_4^- 和 $Cr_2O_7^{2-}$ 溶液吸收曲线（0.001mol/L）

的光吸收曲线。光吸收最大处的波长称为最大吸收波长，常以 λ_{max} 表示，例如 $KMnO_4$ 溶液的 $\lambda_{max}=525nm$。浓度不同时，其最大吸收波长不变。但浓度越大，光吸收程度越大，吸收峰就越高。

二、吸收光谱与分子结构的关系

1. 分子光谱是带状光谱

分子对电磁辐射的吸收是分子总能量变化的和，即：$E = E_{el} + E_{vib} + E_{rot}$，式中 E 代表分子的总能量，E_{el}、E_{vib}、E_{rot} 分别代表电子能级的能量、振动能级的能量以及转动能级的能量。如图 13-2 所示为分子在吸收过程中发生电子能级跃迁的同时伴随振动能级和转动能级的能量变化。一般原子对电磁辐射的吸收只涉及原子核外电子能量的变化，是一些分离的特征锐线，而分子的吸收光谱是由成千上万条彼此靠得很紧的谱线组成，看起来是一条连续的吸收带。当分子吸收能量后，受到激发，从原来的基态能级跃迁到激发能级而产生吸收谱线。在电子能级间跃迁产生的光谱位于可见区和紫外区，叫紫外可见光谱，又称为分子的电子光谱。

溶液呈现不同的颜色，是由于该溶液对可见光有选择吸收的结果。也就是可见光中一部分光子的能量与电子能级差 ΔE_e 相当，当可见光辐射到溶液时，分子中电子就可以吸收这部分光子，发生电子能级跃迁。而不被吸收的光子则透过溶液，溶液呈现颜色。不同物质的溶液电子能级的能量差 ΔE_e 不同，吸收的光子频率也就不同，所以不同物质溶液显现不同的颜色。

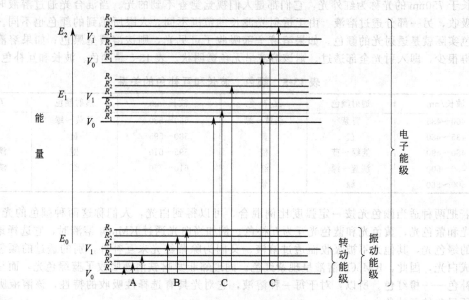

图 13-2 电磁波吸收与分子能级变化

A—转动能级跃迁（远红外区）；B—转动/振动能级跃迁（远红外区）；
C—转动/振动/电子能级跃迁（可见、紫外区）

溶液中相邻分子间的碰撞导致分子各种能级的细微变化，也会引起谱带的进一步加宽和汇合。当分子由气态变化溶液时，一般会失去振动精细结构，如图 13-3 所示。

2. 电子能级和跃迁

从化学键性质考虑，与有机物分子紫外-可见吸收光谱有关的电子是：形成单键的 s 电子，形成双键的 p 电子以及未共享的或称为非键的 n 电子。有机物分子内各种电子的能级跃迁示意如图 13-4 所示，$s^* > p^* > n > p > s$。标有 $*$ 者为反键电子。

可见，$\sigma \rightarrow \sigma^*$ 跃迁所需能量最大，$\lambda_{max} < 170nm$，位于远紫外区或真空紫外区。一般紫外-可见分光光度计不能用来研究远紫外吸收光谱。如甲烷，$\lambda_{max} = 125nm$。饱和有机物的电子跃迁在远紫外区。

含有未共享电子对的取代基都可能发生 $n \rightarrow \sigma^*$ 跃迁。因此，含有 S、N、O、Cl、Br、I 等杂原子的饱和烃衍生物都出现一个 $n \rightarrow \sigma^*$ 跃迁产生的吸收谱带。$n \rightarrow \sigma^*$ 跃迁也是高能量跃迁，一般 $\lambda_{max} < 200nm$，落在远紫外区。但跃迁所需能量与 n 电子所属原子的性质关系很大。杂原子的电负性越小，电子越易被激发，激发波长越长。有时也落在近紫外区。如甲胺，$\lambda_{max} = 213nm$。

$\pi \rightarrow \pi^*$ 所需能量较少，并且随双键共轭程度增加，所需能量降低。若两个以上的双键被单键隔

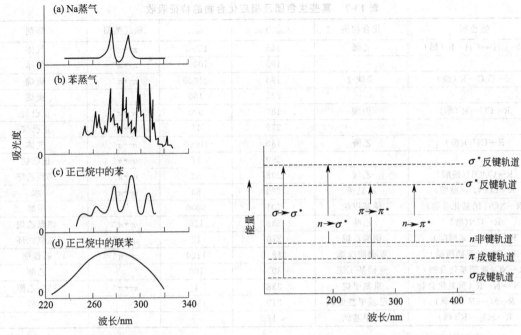

图 13-3　物质存在状态对吸收光谱　　　图 13-4　有机物分子内各种电子的能级跃迁示意
　　　　　振动精细结构的影响

开，则所呈现的吸收是所有双键吸收的叠加；若双键共轭，则吸收大大增强，波长红移，λ_{max} 和 ε_{max} 均增加。如单个双键，一般 λ_{max} 为 150～200nm，乙烯的 $\lambda_{max}=185$nm；而共轭双键如丁二烯 $\lambda_{max}=$ 217nm；己三烯 $\lambda_{max}=258$nm。

　　$n \rightarrow \pi^*$ 所需能量最低，在近紫外区，有时在可见区。但 $\pi \rightarrow \pi^*$ 跃迁概率大，是强吸收带；而 $n \rightarrow \pi^*$ 跃迁概率小，是弱吸收带，一般 $\varepsilon_{max} < 500$。许多化合物既有 p 电子又有 n 电子，在外来辐射作用下，既有 $\pi \rightarrow \pi^*$ 又有 $n \rightarrow \pi^*$ 跃迁。如—COOR 基团，$\pi \rightarrow \pi$ 跃迁 $\lambda_{max}=165$nm，$\varepsilon_{max}=4000$；而 $n \rightarrow p^*$ 跃迁 $\lambda_{max}=205$nm，$\varepsilon_{max}=50$。$\pi \rightarrow \pi^*$ 和 $n \rightarrow \pi^*$ 跃迁都要求有机化合物分子中含有不饱和基团，以提供 p 轨道。含有 p 键的不饱和基团引入饱和化合物中，使饱和化合物的最大吸收波长移入紫外-可见区。这类能产生紫外-可见吸收的官能团，如一个或几个不饱和键，C＝C、C＝O、N＝N、N＝O 等称为生色团（chromophore）。

　　表 13-6 是吸收带的划分，落在 200～780nm 的紫外-可见光区的吸收可以用紫外-可见吸收光谱测定，在有机化合物的结构解析以及定量分析中常用。

　　有些基团本身在 200nm 以上不产生吸收，但这些基团的存在能增强生色团的生色能力（改变分子的吸收位置和增加吸收强度），这类基团称为助色团（auxochrome）。一般助色团为具有孤对电子的基团，如—OH、—NH、—SH 等。

　　含有生色团或生色团与助色团的分子在紫外光区有吸收并伴随分子本身电子能级的跃迁，不同官能团吸收不同波长的光。进行波长扫描，记录吸光度对波长的变化曲线，就得到该物质的紫外-可见吸收光谱。表 13-7 和表 13-8 分别给出了某些生色团对化合物吸收的影响及某些基团的紫外特征、吸收。

表 13-6　吸收带的划分

跃迁类型	吸收带	特　征	ε_{max}
$\sigma \rightarrow \sigma^*$	远紫外区	远紫外区测定	
$n \rightarrow \sigma^*$	端吸收	紫外区短波长端至远紫外区的强吸收	
$\pi \rightarrow \pi^*$	E_1	芳香环的双键吸收	＞200
	K(E_2)	共轭多烯、—C＝C—C＝O—等的吸收	＞10000
	B	芳香环、芳香杂环化合物的芳香环吸收。有的具有精细结构	＞100
$n \rightarrow \pi^*$	R	含 CO、NO_2 等 n 电子基团的吸收	＜100

表 13-7　某些生色团及相应化合物的特征吸收

生色团	化合物例	λ_{max}/nm	ε_{max}	跃迁类型	溶剂
R—CH=CH—R'(烯)	乙烯	165	15000	$\pi \to \pi^*$	气体
		193	10000	$\pi \to \pi^*$	气体
R—CoC—R'(炔)	辛炔-2	195	21000	$\pi \to \pi^*$	庚烷
		223	160		庚烷
R—CO—R'(酮)	丙酮	189	900	$n \to \sigma^*$	正己烷
		279	15	$n \to \pi^*$	正己烷
R—CHO(醛)	乙醛	180	10000	$n \to \sigma^*$	气体
		290	17	$n \to \pi^*$	正己烷
R—COOH(羧酸)	乙酸	208	32	$n \to \pi^*$	95%乙醇
R—CONH$_2$(酰胺)	乙酰胺	220	63	$n \to \pi^*$	水
R—NO$_2$(硝基化合物)	硝基甲烷	201	5000	$n \to \pi^*$	甲醇
R—CN(腈)	乙腈	338	126	$n \to \pi^*$	四氯乙烷
R—ONO$_2$(硝酸酯)	硝酸乙烷	270	12	$n \to \pi^*$	二氧六环
R—ONO(亚硝酸酯)	亚硝酸戊烷	218.5	1120	$\pi \to \pi^*$	石油醚
R—NO(亚硝基化合物)	亚硝基丁烷	300	100		乙醇
R—N=N—R'(重氮化合物)	重氮甲烷	338	4	$\pi \to \pi^*$	95%乙醇
R—SO—R'(亚砜)	环己基甲基亚砜	210	1500		乙醇
R—SO$_2$—R'(砜)	二甲基砜	<180	—	—	—

表 13-8　某些基团的紫外特征吸收峰

基团	吸收峰波长λ_m/nm	摩尔吸光系数ε/mol^{-1}·cm^{-1}	跃迁类型	基团	吸收峰波长λ_m/nm	摩尔吸光系数ε/mol^{-1}·cm^{-1}	跃迁类型
—C—O—	185	1000	$n \to \sigma^*$①	N—Cl	270	300	$n \to \sigma^*$
—C—N—	200	3000	$n \to \sigma^*$	N—Br	300	400	$n \to \sigma^*$
—C—S—	200	2000	$n \to \sigma^*$	—O—O—	200		$n \to \sigma^*$
—C—Br	200	300	$n \to \sigma^*$	—S—S—	250~330	1000	
—C—I	260	500	$n \to \sigma^*$	C—C(S)	265	508	$n \to \sigma^*$
C=C	190	9000	$\pi \to \pi^*$ (或 $n \to \sigma^*$?)	S=O	210	2000	
C=O	280	20	$n \to \pi^*$	—N=O	675	20	$n \to \pi^*$
	190	2000	$\pi \to \pi^*$		300	100	
	160			—NNO	350	100	
—COOR	205	50	$\pi \to \pi^*$		240	8000	
	165	4000		—ONO	310~390	30	$n \to \pi^*$
C=N—	250	200			220	1000	
C=N—OH	193	2000		—NO$_2$	330	10	$n \to \pi^*$
C=S	500	10	$\pi \to \pi^*$		280	20	
	240	9000		—ONO$_2$	260	20	$n \to \pi^*$
C=N$_2$	350	5	$n \to \pi^*$	—SCN	245	100	
N=N—	340	10	$n \to \pi^*$	—NCS	250	1000	
	240		$n \to \pi^*$	—C—N$_3$	280	30	$n \to \pi^*$
					220	150	$n \to \pi^*$
				—C≡C—	175	8000	$\pi \to \pi^*$

① π^* 和 σ^* 为激发态。

3. 影响紫外-可见吸收光谱的因素

各种因素对吸收谱带的影响表现为谱带位移、谱带强度的变化、谱带精细结构的出现或消失等。

谱带位移包括蓝移（或紫移，hypsochromic shift or blue shift）和红移（bathochromic shift or red shift）。蓝移（或紫移）指吸收峰向短波长移动，红移指吸收峰向长波长移动。吸收峰强度变化包括增色效应（hyperchromic effect）和减色效应（hypochromic effect）。前者指吸收强度增加，后者指吸收强度减小。各种因素对吸收谱带的影响结果总结于图 13-5 中。

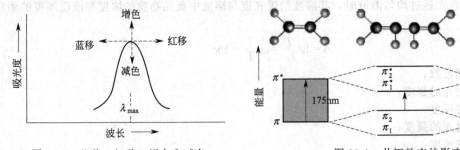

图 13-5 蓝移、红移、增色和减色效应示意图

图 13-6 共轭效应的影响

（1）共轭效应的影响 π 电子共轭体系增大，λ_{max} 红移，ε_{max} 增大。

由于共轭效应，电子离域到多个原子之间，导致 $\pi \rightarrow \pi^*$ 能量降低。同时跃迁概率增大，ε_{max} 增大。如图 13-6 所示。

（2）空间阻碍使共轭体系破坏，λ_{max} 蓝移，ε_{max} 减小 如表 13-9 所示，取代基越大，分子共平面性越差，因此最大吸收波长蓝移，摩尔吸光系数降低。

表 13-9 α 及 α'-位有取代基的二苯乙烯化合物的紫外光谱

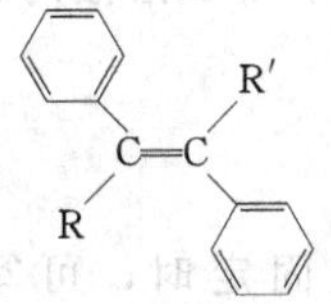

R	R'	λ_{max}	ε_{max}
H	H	294	27600
H	CH$_3$	272	21000
CH$_3$	CH$_3$	243.5	12300
CH$_3$	C$_2$H$_5$	240	12000
C$_2$H$_5$	C$_2$H$_5$	237.5	11000

（3）取代基的影响 在光的作用下，有机化合物都有发生极化的趋向，即能转变为激发态。当共轭双键的两端有容易使电子流动的基团（给电子基或吸电子基）时，极化现象显著增加。给电子基为带有未共用电子对的原子的基团。如—NH、—OH 等。未共用电子对的流动性很大，能够和共轭体系中的 p 电子相互作用引起永久性的电荷转移。形成 p-p 共轭，降低了能量，λ_{max} 红移。吸电子基是指易吸引电子而使电子容易流动的基团。

共轭体系中引入吸电子基团，也产生 p 电子的永久性转移，λ_{max} 红移。p 电子流动性增加，吸收光子的吸收分数增加，吸收强度增加。给电子基与吸电子基同时存在时，产生分子内电荷转移吸收，λ_{max} 红移，ε_{max} 增加。

给电子基的给电子能力顺序为：—N（C$_2$H$_5$）$_2$ > —N（CH$_3$）$_2$ > —NH$_2$ > —OH > OCH$_3$ > NHCOCH$_3$ > —OCOCH$_3$ > —CH$_2$CH$_2$COOH > —H。

吸电子基的作用强度顺序为：—N$^+$（CH$_3$）$_3$ > —NO$_2$ > —SO$_3$H > —COH > COO$^-$ > —COOH > —COOCH$_3$ > —Cl > —Br > —I。

（4）溶剂的影响 一般溶剂极性增大，$\pi \rightarrow \pi^*$ 跃迁吸收带红移，$n \rightarrow \pi^*$ 跃迁吸收带蓝移，如图 13-7 所示。分子吸光后，成键轨道上的电子会跃迁到反键轨

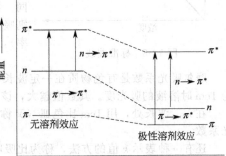

图 13-7 溶剂极性对 $\pi \rightarrow \pi^*$ 和 $n \rightarrow \pi^*$ 跃迁能量的影响

道形成激发态。一般情况下分子的激发态极性大于基态。溶剂极性越大，分子与溶剂的静电作用越强，使激发态稳定，能量降低。即 p^* 轨道能量降低大于 p 轨道能量降低，因此波长红移。而产生 $n \to \pi^*$ 跃迁的 n 电子由于与极性溶剂形成氢键，基态 n 轨道能量降低大，$n \to \pi^*$ 跃迁能量增大，吸收带蓝移。

三、光的吸收定律

光吸收定律也称朗伯-比耳定律，或简称比耳定律，它是光度分析的基本根据。光吸收定律内容为：当一束单色光通过均匀溶液时，其溶液的吸光度与溶液中吸光物质的浓度和液层厚度的乘积成正比，即：

$$A = \lg \frac{I}{I_0} = \lg \frac{1}{T} = kbc$$

式中　k——比例常数；

　　　I_0——入射光的强度；

　　　b——液层厚度；

　　　I——透过光的强度；

　　　c——溶液浓度；

　　　T——透光率（度），$T = \dfrac{I}{I_0}$；

　　　A——溶液的吸光度。

比例常数 k 又称吸光系数、吸收系数，它与入射光波长及溶液性质和温度等有关。比耳定律表明：当入射光波长、液层厚度和溶液温度一定时，溶液吸光度 A（又称吸光值、光密度 D 或消光值 E 等）与溶液中吸光物质的浓度成正比，即 $A \propto c$。所以可通过测量溶液的吸光度 A 来求得被测组分的含量。

光吸收定律不仅适用于可见光，也适用于紫外光和红外光。或者说，光吸收定律不仅适用于有色溶液，也适用于无色溶液。

上面谈到的是溶液中仅存一种吸光物质的情况，如果同时存在多种吸光物质，那么溶液的总吸光度应等于每一种吸光物质的吸光度之和，即：

$$A = A_1 + A_2 + A_3 + \cdots = (k_1 c_1 + k_2 c_2 + k_3 c_3 + \cdots)b$$

四、吸光系数与摩尔吸光系数

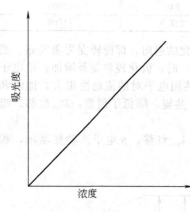

图 13-8　标准曲线

在比耳定律表达式中，若液层厚度固定时，可写成 $A = kbc = k'c$。如以标准溶液浓度 c 为横坐标，吸光度 A 为纵坐标作图，得到一条通过原点的直线，称为工作曲线或标准曲线（图 13-8）。

k'（即吸光系数）为标准曲线的斜率。k' 越大，也就是吸光系数越大，同一浓度的溶液所测得的吸光度也越大，该方法的灵敏度越高。

比耳定律关系式中的 k 值，随 b、c 所用单位的不同而不同。如果液层厚度的单位为 cm，溶液浓度的单位为 mol/L 时，则吸光系数 k 用 ε 表示，ε 称为摩尔吸光系数（或摩尔吸光率），单位为 L/(mol·cm)，比耳定律可写成：

$$A = \varepsilon bc$$

摩尔吸光系数是有色物质在一定波长下的特征常数，它表示物质的浓度为 1mol/L，液层厚度为 1cm 时溶液的吸光度。其数值越大，该有色物质的颜色越深，该光度分析法的灵敏度越高。

在 λ_{max} 波长处，用 1cm 比色皿（又称液槽或吸收池）测定适当浓度该溶液，可计算得摩尔吸光系数。

还有一种表示 k 值的方法，称为比吸收系数，其定义是溶液浓度用体积质量百分率表示，液层厚度用 cm 表示，即浓度为 1%（质量/浓度）的溶液，在液层厚度为 1cm 时的吸光度，常用符号 $E_{1cm}^{1\%}$ 表示。

五、光吸收定律的适用要求

(1) 光吸收定律只适用单色光。因为吸光系数 k 值随波长的不同而改变的，只有固定在某一波长下，吸光系数才为常值，如图 13-1 所示。

(2) 对于每种物质比色分析方法，光吸收定律都有其适用的浓度范围。若物质的浓度超出这个范围，溶液中的吸光物质就会随之发生某些化学变化（如离解、水解、缔合、溶剂化等）。由于化学反应，使化学平衡移动，溶液中吸光质点的质或量也就有所改变，因而导致了光吸收定律的偏离。

例如有色化合物 HB 在水溶液中按下式离解：

$$HB \Longrightarrow H^+ + B^-$$

则溶液的总吸光度 $A_\text{总}$ 为：

$$A_\text{总} = A_\text{HB} + A_\text{B}^- = (\varepsilon_\text{HB} c_\text{HB} + \varepsilon_\text{B}^- c_\text{B}^-) b$$

当溶液的浓度改变时，HB 的离解度也随之改变，那么溶液中 HB 和 B^- 的浓度就会有所增减，因为 ε_HB 与 ε_B^- 不同，因而引起了偏离。若 $\varepsilon_\text{HB} > \varepsilon_\text{B}^-$，当溶液浓度减小时，HB 的离解度增大，化学平衡向右移动，结果部分 ε 值大的 HB 转变成 ε 值较小的 B^-。这样导致了 $A_\text{总}$ 的减小不与溶液浓度减小成正比，即偏离了光吸收定律。

(3) 被测溶液必须是均匀的。

第三节　比　色　法

以生成有色化合物的显色反应为基础，通过比较或测量有色物质溶液颜色深度来确定待测组分含量的方法称为比色法。比色法作为一种定量分析的方法，开始于 19 世纪 30～40 年代。比色分析对显色反应的基本要求是：反应应具有较高的灵敏度和选择性，反应生成的有色化合物的组成恒定且较稳定，它和显色剂的颜色差别较大。选择适当的显色反应和控制好适宜的反应条件，是比色分析的关键。

常用的比色法有两种：目视比色法和光色比色法，两种方法都是以朗伯-比尔定律为基础。

一、目视比色法

用眼睛观察，比较溶液颜色深浅来确定物质含量的分析方法称为目视比色法。常用的目视比色法是标准系列法，即用不同量的待测物标准溶液在完全相同的一组比色管中，先按分析步骤显色，配成颜色逐渐递变的标准色阶。试样溶液也在完全相同条件下显色。与标准色阶作比较，目视找出色泽最相近的那一份标准，由其中所含标准溶液的量，计算确定试样中待测组分的含量。

如欲测定某水样中微量 Fe^{3+} 的含量时，若选择硫氰酸钾法测定，操作步骤如下。

(1) 显色　取 25mL 比色管两支，分别加入 15mL 水样，取 6 支 25mL 比色管，分别依次加入一系列不同量的 Fe^{3+} 标准溶液和 10mL 蒸馏水。然后在 8 支比色管中各加入 0.5mL 浓硫酸和 0.1mL 2％过二硫酸钾，再加入 2mL 20％硫氰酸钾，然后用水稀释至 25mL。

(2) 测定　从比色管口垂直向下观察，如果被测 Fe^{3+} 溶液的颜色深度与标准溶液系列中某一标准溶液的颜色深度相同时，则被测 Fe^{3+} 的浓度就等于该标准溶液的浓度。如果被测 Fe^{3+} 溶液的颜色介于相邻两种标准溶液之间，则被测 Fe^{3+} 含量为这两个浓度的平均值。

标准系列法的优点是简单、经济，对颜色很浅的溶液也能测定，特别适用于分析大批同类样品。其缺点是若标准色阶的颜色不稳定，不能长期保存时，须经常重新配制，操作费时。另外，由于用人眼直接观察，对于不同颜色和深度的辨别能力有一定限制，容易产生主观视觉误差。

目视比色法更常用于限界分析。限界分析指只要求确定待测物中杂质含量是否在规定的最高含量限界以下。分析过程中只需要配置一种限界浓度的标准溶液。测定时，在相同条件下与待测溶液比较，如果待测物溶液的颜色浅，说明是在允许限界内，是合格的；反之，则说明待测物浓度超过允许的界限，是不合格的。

二、光电比色法

光电比色法的工作原理是当白光通过滤光片后，得到近似的单色光，让单色光照射有色溶液，没有被吸收的透射光投射到光电池上，产生光电流，其光电流大小与透射光的强度成正比，从而求出被测物含量的方法。可以在光电比色计上测量一系列标准溶液的吸光度，将吸光度对浓度作图，绘制工作曲线，然后根据待测组分溶液的吸光度在工作曲线上查得其浓度或含量。与目视比色法相比，光色比色法消除了主观误差，提高了测量准确度，而且可以通过选择滤光片来消除干扰，从而提高了选择性。但光电比色计采用钨灯光源和滤光片，得到的不是纯单色光束，还有其他一些局限，使它无论在测量的准确度、灵敏度和应用范围上都不如紫外-可见分光光度计。20 世纪 30～60 年代，是比色法发展的旺盛时期，此后就逐渐为分光光度法所代替。

第四节　分光光度法

一、分光光度法工作原理

分光光度法与光电比色法工作原理相似，区别在于获得单色光的方式不同，光电比色计是用滤光片来分光，而分光光度计是用分光能力强的棱镜或光栅来分光。棱镜或光栅将入射光色散成光谱带，从而获得纯度较高、波长范围较窄的各波段的单色光，这种单色光的波长范围一般在 5～0.1nm 之间。从而提高了方法的灵敏度、选择性和准确度。同时分光光度计采用适当的光源与检测器，使测定谱带范围不仅限于可见光部分，还能扩展到紫外区与红外区等波段，分光光度计较光电比色有更宽广的应用范围。

二、分光光度计的分类

分光光度计类型很多，但可归纳为单光束、双光束和双波长三种基本类型。

1. 单光束分光光度计

单光束分光光度计示意如图 13-9 所示。一束经过单色器的光，轮流通过参比溶液和样品溶液，进行光强度的测定。

图 13-9　单光束分光光度计

早期的分光光度计都是单光束的，如 72 型（系列）、721 型、751 型（系列）、英国 SP-500 型、H-700 型、日本岛津 QR-50 型、日立 EPU-2A、Beekman Du 型等。

如图 13-10 所示为 721 型分光光度计主要部件示意。如图 13-11 所示是单光束紫外-可见分光光度计光学系统（751 型等）。

单光束分光光度计的特点是结构简单，价格便宜，适宜做定量分析。缺点是要求光源和检测系

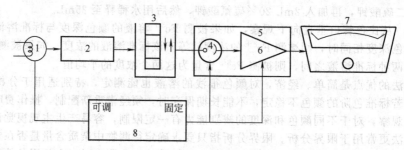

图 13-10　721 型分光光度计主要部件示意

1—光源灯；2—单色光器；3—比色皿；4—光电管；5—光电管暗盒部件；6—放大器；7—微安表；8—稳压器

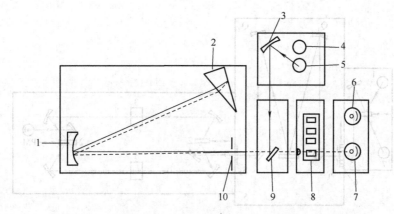

图 13-11　单光束紫外-可见分光光度计光学系统（751 型等）
1—准光镜；2—石英棱镜；3—凹面反射镜；4—钨灯；5—氢灯；6—红敏光
电管；7—紫敏光电管；8—吸收池架；9—平面反射镜；10—狭缝

统具有高度的稳定性，且无法进行自动波长扫描，因为每一波长位置必须校正一次空白。

2. 双光束分光光度计

双光束分光光度计可以采用两种装置类型：一种是把单色器所得到的单色辐射用切光器分成两束光，分别通过样品溶液和参比溶液，这两个光束可通过另一个机械切光器（与前一切光器同步），在不同时间内交替由一个检测系统来接收，并通过一个光电计时信号系统把来自两个光束的信号加以比较，以获得吸光度读数；另一种是同时"单色"辐射用半反射镜分成两个光束，然后由分别置于不同空间位置的两个检测系统同时测量以获得吸光度读数。如图 13-12 所示为双光束分光光度计示意。

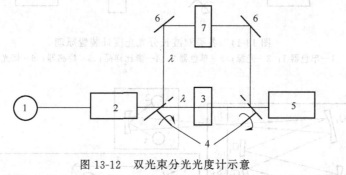

图 13-12　双光束分光光度计示意
1—光源；2—单色器；3—样品；4—切光器；5—检测器；6—反射镜；7—参比

双光束仪器由于样品溶液与参比溶液几乎是同时进行测量的，光源和检测系统的漂移可以得到部分补偿，因此对光源的稳定性等要求不像单光束仪器那样高。同时双光束仪器可以进行波长扫描，在较短的时间内（$0.5\sim2\text{min}$）获得全波段扫描吸收光谱，记录式分光光度计都采用双光束设计。如国产 710 型、730 型、WFZ800-D 型、GFZ-201 型，日本岛津 UV-120、UV-160、UV-240、UV-365，日本日立 U-3000、U-3400，H·P（美国）、8450A 型等，如图 13-13 所示为双光束分光光度计光学系统。

3. 双波长分光光度计

各类双波长分光光度计装置原理如图 13-14 所示，由同一光源发出的光被分成两束，分别经过两个单色器，从而可以同时得到两个不同波长（λ_1 和 λ_2）的单色光，它们交替地照射同一溶液，然后经过光电倍增管和电子控制系统，得到的信号在两个波长处吸光度之差 ΔA，$\Delta A = A_{\lambda_1} - A_{\lambda_2}$。双波长分光光度计可以测定高浓试样、多组分试样和浑浊试样等。该光度计具有高灵敏、低噪声和准确度高等特性。如岛津 UV-300、UV-3000，日立 556、557 型，北二光 WF2800-S 型等。

如图 13-15 所示为双波长分光光度计典型光学系统。如图 13-16 所示为 UV-3000 型分光光度计系统方框图。

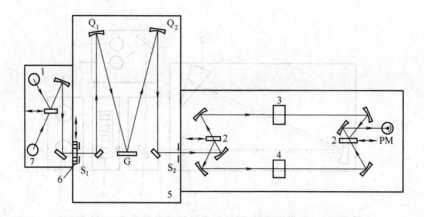

图 13-13　双光束分光光度计光学系统 WFD-10 型

S_1，S_2—单色器进出口狭缝；PM—光电倍增管；Q_1，Q_2—凹面反射镜；
1—W 灯；2—切光器；3—空白；4—样品；5—光栅单色仪；6—滤色片；7—D_2 灯

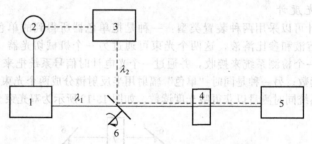

图 13-14　各类双波长分光光度计装置原理

1—单色器 1；2—光源；3—单色器 2；4—参比样品；5—检测器；6—切光器

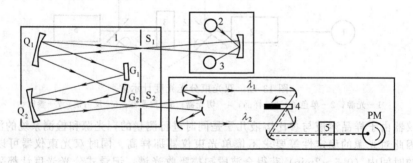

图 13-15　双波长分光光度计典型光学系统

S_1，S_2—单色器进出口狭缝；Q_1，Q_2—凹面反光镜；G_1，G_2—光栅；PM—光电倍增管
1—双光栅单色器；2—卤钨灯；3—D_2 灯；4—切光器；5—吸收池

日本岛津公司生产的 UV-3000 型是由微型电子计算机控制的双波长/双光束自动记录紫外可见分光光度计，它具有的特性如下。

① 采用微机控制，简化了操作，所有仪器参数用自身解释键的键盘输入，输入的参数可以存储或取消，可自动进行波长校正和基线校正。

② 具有较好的数据处理功能，以差示、累加和平均等技术对数据进行实时快速处理，具有 1～4 阶导数光谱数据处理。

③ 对基线校正、吸收光谱和各种操作方式条件具有存储功能，由后备电池组保护存储不致因电源中断而消失。

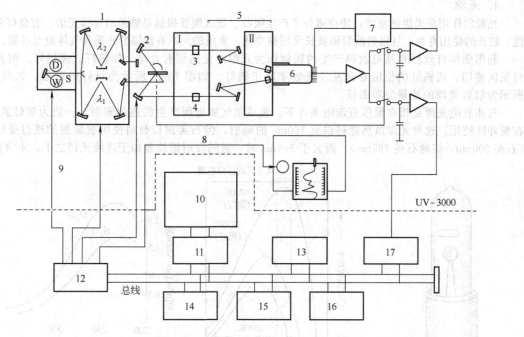

图 13-16　UV-3000 型分光光度计系统方框图

1—单色器；2—扇形镜；3—参比；4—样品；5—样品室；6—光电倍增管；7—负高压-HT；
8—图驱动器；9—灯转换；10—显示和键板；11—面板驱动器；12—I/O 端口；
13—D/A 转换器；14—RAM；15—ROM；16—CPU；17—A/D 转换器

④ 借助 RS-232C 接口，可连接外部电子计算机。

⑤ 具有 6 种操作方式：双光束、差示、双波长、双波长扫描、导数和单光束。

UV-3000 型分光光度计通过模拟信号电路，校正信号水平，使输入信号不超过动态范围，如信号水平超过预定值，电子计算机就同时改变样品和参比信号，由 CPU 控制的脉冲电机带动第一和第二单色器进行扫描，从光电倍增管出来的光电流，通过前置放大器转变为电压。样品光束产生的电压通过滤波器后，由 A/D 转换器转变为数字模拟信号，而参比光束的电压信号则通过打拿极反馈电路控制电压。样品光束的数字信号，由几个数据处理程序接受并通过 D/A 转换器后，记录在模拟记录器上，记录器与第一单色器同步，并由 CPU 控制。扫描、波长调节、记录范围和控制参数的选择均通过键盘输入。

三、分光光度计的基本结构

紫外-可见分光光度计由光源、单色器、吸收池、检测器以及数据处理及记录（计算机）等组成（图 13-17）。

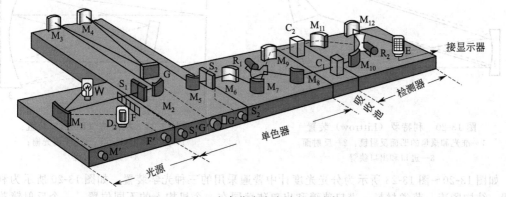

图 13-17　双光束分光光度计的基本构造

1. 光源

光源的作用是提供激发能，使待测分子产生吸收。要求能够提供足够强的连续光谱、有良好的稳定性、较长的使用寿命，且辐射能量随波长无明显变化。常用的光源有热辐射光源和气体放电光源。

利用固体灯丝材料高温放热产生的辐射作为光源的是热辐射光源。如钨灯、卤钨灯。两者均在可见区使用，卤钨灯的使用寿命及发光效率高于钨灯。如图 13-18 所示为氘灯的示意。如图 13-19 所示为辐射光源的能量分布曲线。

气体放电光源是指在低压直流电条件下，氢或氘气放电所产生的连续辐射。一般为氢灯或氘灯，在紫外区使用。这种光源虽然能提供至 160nm 的辐射，但石英窗口材料使短波辐射的透过受到限制（石英 200nm，熔融石英 185nm），而大于 360nm 时，氢的发射谱线叠加于连续光谱之上，不宜使用。

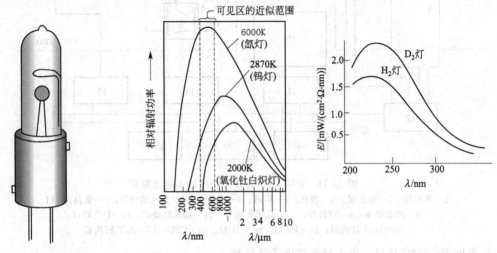

图 13-18　氘灯的示意　　　　　　　　　图 13-19　辐射光源的能量分布曲线

随着发光二极管（LED）光源技术及产业的成熟，以 LED 为光源的小型便携且价格低廉的分光光度计也得到应用。

2. 单色器

单色器又称分光器，其作用是把光源中的连续光谱分成单色光。单色器通常由入口狭缝、准直元件、色散元件、聚焦元件和出口狭缝组成。入射狭缝限制杂散光进入单色器内。准直元件（镜）将入射光变成平行光。色散元件是将复合光色散分光为单色光，聚焦元件是将色散后的单色光聚焦于出口狭缝上。通过转动色散元件，可以把单色器色散的光谱中各种波长的光，顺序地从出口狭缝射出。色散元件的转动与波长刻度盘相连接，从刻盘上即可读出出射光的波长。

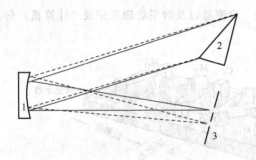

图 13-20　利特罗（Littrow）装置
1—准光和聚焦的凹面反射镜；2—反射面；
3—进口和出口狭缝

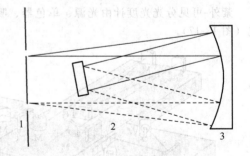

图 13-21　埃伯特（Ebert）装置
1—进口和出口狭缝；2—平面光栅；
3—凹面反射镜

如图 13-20~图 13-23 所示为分光光度计中普遍采用的三种光学装置。如图 13-20 所示为利特罗装置，结构紧凑、节省材料，进口狭缝和出口狭缝同在一个机构上的不同位置，一个反射镜兼用于

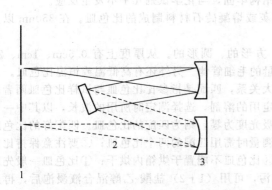

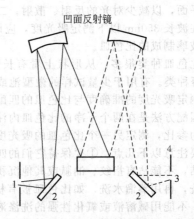

凹面反射镜

图 13-22　策尼-特纳（Czerny-Turner）装置
1—进口和出口狭缝；2—平面光栅；3—凹面反射镜

图 13-23　两个狭缝成一条直线的策尼-特纳装置
1—进口狭缝；2—反射镜；3—出口狭缝；4—平面光栅

准直和聚焦。

图 13-21 和图 13-22 中埃伯特装置和策尼-特纳装置广泛用于平面光栅。

描述单色器性质有两个重要指标：色散率与分辨率。

单色器的色散率通常以线色散率表示，即把不同波长的辐射能分散开的能力。通常用波长差 $\Delta\lambda$ 为一个单位的两条谱线，在焦面上分散开的距离 dl 来表示，即 $\Delta l/\Delta\lambda$（单位为 mm/nm）。但实际工作中常采用线色散率的倒数 $d\lambda/dl$（单位为 nm/mm）来表示更为方便。

对于光栅单色器，色散率由下式给出：

$$\frac{\Delta\lambda}{\Delta l}=\frac{d\cos\beta}{fm}$$

式中　$\dfrac{\Delta\lambda}{\Delta l}$——色散率，nm/mm；

d——光栅常数；

f——单色器的物镜焦距；

m——光谱级数；

β——衍射角。

单色器的分辨率 R，是指单色器能分辨两条波长差为 $d\lambda$ 的相邻谱线的能力，常用两条可以分辨开的光谱线波长的平均值 λ，与其波长差 $\Delta\lambda$ 之比值来表示，即 $\lambda/\Delta\lambda$。

理论证明，光栅单色器的分辨率 R 为：

$$R=\frac{\lambda}{\Delta\lambda}=mN$$

式中　R——理论分辨率；

N——光栅总刻线数；

m——光谱级数。

由此可知，光栅的总刻线数越多，分辨率 R 越大，光谱级数越高，分辨率亦越大。

由于光栅单色器具有色散率均匀、分辨率高、谱线清晰、工作波段范围广等特点，加之现在已能制造优秀价廉的复制光栅，所以现在分光光度计（包括原子吸收和原子发射光谱仪）几乎都采用光栅单色器。

单色器的狭缝是一个十分精密的部件，一般由两片经精密加工的有锐利边缘的金属片做成，两块金属片必须严格地放在一个平面内，且互相平行。简单的分光光度计狭缝是固定的，精密的分光光度计的狭缝是可调的，它的宽度利用测微机构加以调节，并由刻度盘指示出来，可在 $0.01\sim 2$mm 范围内调节。

3. **比色皿**

比色皿（槽池）又称吸收池、液槽，它需具备以下条件：一是无色透明，并有严格平行的两个光学平面，以减少对光的反射、散射；二是要结构牢固，与化学试剂几乎不发生反应。

在波长 350nm 以下测定吸光度，应该用石英或熔凝砖石材料制成的比色皿。在 350nm 以上则应用玻璃制成的比色皿。

比色皿种类很多，从形状上看有长形的、方形的、圆形的。从厚度上有 0.5cm、1cm、2cm、5cm 等种类。有用于少量试样的微型池或超微量的毛细管池。另外还有高低温或恒温比色皿。

测定吸光度的准确度与比色皿的匹配有很大关系，匹配是指参比比色皿与试样比色皿两者的匹配。匹配方法是在两个干净的比色皿内注入测定用的溶剂，选择测定时所用的波长，以其中一个比色皿为参比，测定另一个比色皿的吸光度，若吸光度为零，则为匹配的比色皿。匹配好的比色皿使用时要注意以下几点：①要保持它们的匹配，测量时需用匹配的两个比色皿；②要注意保持比色皿的清洁，不能沾有指纹、油腻或其他沉积物；③比色皿不能置于烘箱内烘干；④比色皿一般先用自来水洗，再用蒸馏水洗，如比色皿被有机物沾污，可用（1＋2）盐酸-乙醇混合液浸泡后，再用水冲洗，不能用碱溶液或氧化性强的洗涤液洗，更不能用毛刷刷洗，以免擦伤比色皿透光面；⑤拿取比色皿时，不得接触透光面，否则指纹、油污会弄脏窗口，改变透光性能。比色皿外壁的水和溶液，可先用吸水纸擦干，再用镜头纸或绸布擦拭，不能在电炉上或火焰上加热干燥比色皿，含有能腐蚀玻璃物质的溶液，不能长久放在比色皿中。

4. 检测器

检测器的功能是接收光信号，并将光信号转变为电信号。在分光光度计中常用光电池、光电管、光电倍增管做检测器。表 13-10 列出了常用检测器特性。

表 13-10　常用检测器特性

检测器	敏感元件	灵敏度	响应时间/μs	使用波长范围/μm	输 出 特 性
光谱板	乳胶中卤化银微粒	高，与波长有关	慢	0.2~1.2	金属银沉积的密度
光电管	碱金属氧化物	高，与波长有关	快，<1	0.2~1.0	电流
光电倍增管	碱金碱氧化物，金属	很高，与波长有关	快，<1	0.16~0.7	电流
阻层光电池	两金属间的半导体	中等，与波长有关	快，<1	0.4~0.8	电流
光敏电阻	硫化铅或硒化铅	很高，与波长有关	中等，100~1000	0.7~4.5	电阻变化
热电偶	连接两种不同金属致黑化金属片结点	高	50~100ms	0.8~15.0	两金属接点处的电位差
红外线指示器	气体腔中的黑化膜	高	3~30ms	0.8~1000	电流

注：$1\mu s=10^{-6}s$，$1ms=10^{-3}s$。

（1）光电池中最常用的是硒光电池，其构造如图 13-24 所示，是由三层物质组成的薄片，在作为正极导体的铁（或铝）板上压上一薄层纯硒，经热处理使其成为光敏的半导体。硒层上镀上一层能透光的金属（如金、银或镉）薄膜，薄膜边缘如金属环（集电环）作为负极。当受光照射时半导体硒表面逸出电子，这些电子可自由地从硒层逸向金属薄膜，而不能由薄膜逸向硒，硒层电位增高，因而使铁板带正电，金属薄膜带负电，若把外电路接通，即有光电流从铁板经过外电路流向集

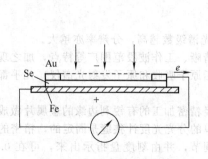

图 13-24　硒光电池的构造

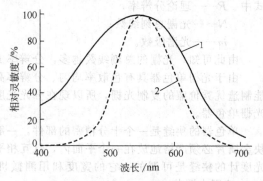

图 13-25　硒光电池的光谱响应曲线
（与正常人眼睛比较）

1—硒光电池；2—正常人眼

电环。若外电路的电阻不大时（100～1000Ω），产生的光电流与光强度成正比。硒光电池光谱响应的波长范围为300～800nm，与正常人眼的光谱响应曲线相似，如图13-25所示。硒光电池本身是一个电流发生器，无需外电源，硒光电池产生的电流较大，可直接用灵敏检流计进行测量。其缺点是受强光照射或连续使用时间过长，容易发生疲劳，使灵敏度降低。其内阻较小，不能用一般直流电路进行放大。

（2）光电管由内装一个阴极和一个阳极构成，如图13-26所示。阴极的凹面上涂上一层对光敏感的物质（如氧化铯、氧化锑、氧化银、氧化铷等），这种光敏物质受光照射时可放出电子。当光电管的两极与电池相连接时，由阴极放出的电子将会在电场作用下流向阳极，产生光电流。而且光电流的大小与照射到它上面的光强度成正比。由于光电管产生的光电流很小，需要放大后才能用微安表测量。各种光敏物质对不同光波的灵敏度是不同的。国产紫敏光电管是以锑-铯为阴极，适于200～625nm波段。红敏光电管是以银-氧化铯为阴极，适用于625～1000nm波段。

（3）光电倍增管用于检测微弱的光。它的工作原理如图13-27所示。

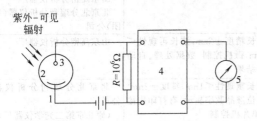

图 13-26　光电管工作原理示意
1—光电管；2—光阴极；3—阳极（集电极）；
4—直流放大器；5—检流计

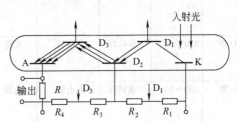

图 13-27　光电倍增管示意
K—光阴极；D_1，D_2，D_3—次级电子发射级；
A—阳极；R_1，R_2，R_3，R_4—电阻

光电倍增管的外壳由玻璃或石英制成，内部抽成真空。光阴极上涂有能发射电子的光敏物质，在阴极和阳极之间连有一系列次级电子发射极，即电子倍增极。阴极和阳极之间加以约1000V稳定的直流电压。在每两个相邻电极之间，都有50～100V的电位差。当光照射在阴极上时，光敏物质发射的电子，首先被电场加速，落在第一个倍增极上，并击出二次电子。这些二次电子又被电场加速，落在第二个倍增极上，击出更多的二次电子。依此类推。由此可见，光电倍增管不仅起到光电的转换作用，而且还起着电流放大作用。

在光电倍增管中，每个倍增极可产生2～5倍的电子。在第 n 个倍增极上，就产生 2^n～5^n 个电子，即 10^3～10^7 个电子，其放大倍数为 10^3～10^7。通常光电倍增管倍增极都在10个以上。

表13-11列举了常用的光电倍增管特性。

表 13-11　常用的光电倍增管特性

光阴极材料	工作范围/nm	倍增级	型　号	光阴极材料	工作范围/nm	倍增级	型　号
锑-铯	200～600	9	RCAIP28(美国)	镓-砷	200～930		EMI9785B(英国)
锑-铯	160～600	13	EMI6256B(英国)				EMI9785QB(英国)
锑-铯	紫外	11～13	EMI9529B(英国)				R446(日本)
锑-铯	紫外	11～13	EMI9592B(英国)				R456(日本)
锑-铯	紫外	9	R106(日本)	银-氧-铯	近红外		RCAIP22(美国)
铯-碲	160～280		R166(日本)				R446(日本)
	日盲管						

光电倍增管适用的波长范围，由光阴极及倍增电极的光敏材料而定。不同型号的光电倍增管的光谱响应范围是不同的。锑-铯阴极对紫光和可见光敏感，银-铯阴极对近红外光敏感。镓-砷阴极，则在200～900nm范围内均有很高的光谱灵敏度。

光电倍增管使用时，要注意"疲劳效应"，如果让过强的光照射光电倍增管，轻则引起灵敏度降低，重则会废坏光电倍增管。外加高压时，要缓慢增加，切勿把电压加得过高，以免烧坏管子。

5. 测量结果显示器与记录器

测量结果通常可用表头显示、数字显示、荧光屏显示，以及函数记录仪记录、打印机打印等方式。

四、常见分光光度计的性能

常见分光光度计的性能及生产厂家见表 13-12。

表 13-12　常见分光光度计的性能及生产厂家

型　号	工作波长/nm	光　源	接受器	单色器	其　他　特　性	生　产　厂　家
72 型	420～700	钨灯	硒光电池	玻璃棱镜	检流计指示器	上海分析仪器厂等
721 型或 721A 型	360～800	钨灯、卤钨灯	硒光电池	棱镜,光栅	波长重复性 1nm,指针显示或数字液晶显示	四川四联仪表厂 上海第三分析仪器厂 山东高密分析仪器厂 天津光学仪器厂
722 型	320～800	卤钨灯	光电管	光栅	液晶数字显示	四川四联仪表厂 上海第三分析仪器厂 山东高密分析仪器厂 北京北分瑞利分析仪器(集团)公司
722D 型	330～800	卤钨灯	光电管	光栅	波长精度±2nm,波长再现性≤0.5nm,微机控制、数据处理、自动打印结果	山东高密分析仪器厂
7220 型	350～800	溴钨灯	光电管	光栅	波长重现性≤1nm,精度±2nm 四位液晶数字显示,有打印机接口,单片机控制	北京北分瑞利分析仪器公司 (原北京第二光学仪器厂)
724 型	325～900	卤钨灯	光电管	光栅	波长准确度±1nm,机械计数器,微机控制与数据处理,结果直读,可配打印机,自动进样装置	上海光学仪器厂
710 型	190～2500			光栅	双光束记录式,紫外、可见、近红外分光光度计 波长精度 350nm 处±0.7nm 分辨率 260nm 处±0.2nm	上海第三分析仪器厂
730 型 731 型	195～850	钨灯、氢灯	光电倍增管	全息光栅	双光束记录式,数字显示,自动调零波长精度±0.75nm,分辨率 260nm 处 0.2nm,波长扫描,x-y 函数记录,线函数校正等功能	上海第三分析仪器厂
751 型	200～1000	钨灯 氢灯	光电管 (红敏、紫敏)	石英棱镜	电位计平衡指零,微安表或数字显示	上海分析仪器厂
752 型 (WFD-G 型)	220～850	钨灯 氢弧灯	光电管	光栅	$3\frac{1}{2}$ 位数字显示,波长精度±2nm,重现性 0.5nm	上海分析仪器厂 山东高密仪器厂 天津光学仪器厂 上海第三分析仪器厂 北京光学仪器厂
753 型	200～850				在 752 型基础上,微机化的仪器,执行 T/A 转换,数据处理,5 位数字显示	上海第三分析仪器厂
754 型 756 型	200～850	卤钨灯、氘灯	光电倍增管	光栅	波长精度±2nm,重现性±0.5nm 微机数据处理,具有"0"和"100"功能,自动打印结果,线性回归,浓度运算程序	上海第三分析仪器厂
7595 型	200～900	卤钨灯、氘灯	光电倍增管	光栅	波长精度±0.5nm,重现性<0.3nm,286、386、486 型微机进行仪器控制谱图、数据、参数显示和处理,具有多种软件功能,外接 LX-800 型打印机	山东高密分析仪器厂
WFZ800-D_2 型	200～800	溴钨灯、氘灯	光电倍增管	光栅	波长精度±0.5nm,波长再现性 0.5nm,$3\frac{1}{2}$ 位数字显示	北京北分瑞利分析仪器(集团)公司
WFZ800-D_3 型	200～800	溴钨灯、氘灯	光电倍增管	光栅	在 800-D_2 基础上,具有微机控制与数据处理功能,自动调零,5 位液晶显示,TP801P 型微型打印机	北京北分瑞利分析仪器(集团)公司

续表

型　号	工作波长 /nm	光　源	接受器	单色器	其　他　特　性	生　产　厂　家
WFZ800-D₄型	200～800	溴钨灯、氘灯	光电倍增管	光栅	16位计算系统,40M硬盘,双软盘,彩色显示,汉字打印机与汉显,流动微池,反射附件,恒温附件等,全自动扫描式	北京北分瑞利分析仪器公司
UV-9100	200～800	溴钨灯、氘灯	光电倍增管	光栅	普及型仪器,光谱宽度2nm,测光精度±0.5%T,波长精度±0.2nm	北京北分瑞利分析仪器公司
GFZ-201	190～850	溴钨灯、氘灯	光电倍增管	光栅	微机控制,波长扫描速度100nm/min,自动调零,浓度直读,数据处理,六位液晶显示	北京分析仪器厂
UV-120 UV-160 UV-240 UV-250	190～900	卤钨灯、氘灯	光电倍增管	全息光栅	波长精度0.3nm,重现性±0.1nm,扫描速度2400nm/min,光度准确度±0.0005A,基线漂移小于±0.002A,微机控制与数据处理,图形打印	岛津(日本)
UV-365	185～2500	卤钨灯、氘灯	光电倍增管(紫外,可见),PbS光电池(近红外)	棱镜	双光束整体式扫描,波长精度±(0.3～0.7)nm;再现性±0.1nm,分辨率0.1nm;测定精度±0.002A,微机控制及数据处理,波长扫描,5位数字液晶显示,自动调零等功能	岛津(日本)
UV-1206	200～1100	卤钨灯、氘灯	光电倍增管	光栅	波长精度±1nm,再现性±0.3nm,通带宽度5nm,液晶显示图面,中英文显示,软件操作,扫描速度6000nm/min,多种软件功能,可接点阵式打印机与复印印机	岛津(日本)
UV-3000	190～900	卤钨灯、氘灯	光电倍增管	光栅	双波长,双光束,双单色器,最大扫描速度1200nm/min,4位液晶显示,单笔记录仪,光度准确度±0.005A,基线漂移±0.001A,流动微池,恒温池 双波长分光光度计,如日立356型,156型,美国DW-2型,岛津UV-3000型等	岛津(日本)
U-4001	240～2600	碘钨灯、氘灯	光电倍增管 PbS光电管	棱镜、光栅双单色仪	微机控制及数据处理,图像多窗显示,打印等功能,紫外、可见、近红外分光光度计	日立(日本)
U-3000 U-3200	190～900	碘钨灯、氘灯	光电倍增管	光栅	波长准确度±0.3nm,再现性±0.05nm,光度准确度±0.002A,基线稳定性±0.004A/h以下,波长扫描1800nm/min,微机控制与数据处理,彩显,绘图仪、打印机等	日立(日本)
150型 320型	190～870	碘钨灯、氘灯	光电倍增管	光栅	波长准确度±0.4nm,波长再现性±0.2nm,光度准确度±0.002A,光度再现性±0.0001A,基线漂移±0.001A,基线稳定性0.0004A/h,扫描速度800nm/min	日立(日本)
⎧550 ⎪560 ⎨570 ⎩UV-7800	190～900 190～900 190～2500 200～1100			双单色器	⎧双光束紫外-可见分光光度计 ⎨紫外-可见、近红外分光光度计 ⎩均用微机控制及进行数据处理	JASCO(日本分光)

表检

型　号	工作波长/nm	光　源	接受器	单色器	其　他　特　性	生　产　厂　家
8451A 8450	190～820	卤钨灯、 氘灯	二极管阵列	光栅	单光束二极管阵列紫外-可见分光光度计（整抗式）。高速扫描，190～820nm 波长区间只需 0.1s，CRT 彩显，触摸键输入，内装绘图打印机，带有多种软件功能，8552A 型，波长扩展至 1100nm	HP 惠普（美国）
Du 系列 Du-20 Du-5 Du-6 Du-7 Du-8	190～900	卤钨灯、 氘灯	光电倍增管	光栅	扫描速度 750nm/min，波长分辨率 3nm，光度准确度±0.005A 或 0.3％T，稳定性＜0.002A/h 微机控制，液晶显示，数据运算与处理，多种软件功能，可配绘图仪、打印机	Backman 贝克曼（美国）
Du650	190～1100	卤钨灯、 氘灯		光栅	扫描速度 2400nm/min，微机控制定性光谱图分析，包括峰谷捕捉，读数追踪，局部放大，图像加减乘除，结果列表，1～4 阶导数，定量回归分析，基线校正，统计分析，多组分定量等	Backman（美国）
Du7000	190～800	卤钨灯、 氘灯	二极管阵列	光栅	高速扫描，全波长只需 0.1s，波长精度±1.25nm，光度稳定性＜0.002A/h，彩显 微机控制及数据处理，多种软件	Backman（美国）
Cary 系列	190～900 175～900 175～3300	钨灯、氘灯		光栅	波长扫描，波长准确度±0.2nm，波长再现性＜0.02nm，光度稳定性 0.0003A/h 有单光束与双光束两种光路，整机由微机控制，具有数据处理、图像显示、文件储存等功能	瓦里安（美国）
GBC911	190～1000	钨灯、氘灯		光栅	微机控制，波长扫描，基线校正，补偿光源漂移，数据处理软件，可接打印机、绘图仪或笔式记录仪	澳明公司（澳大利亚）
PU8620 系列 PU8700 系列 PU8800 系列	190～900	钨灯、氘灯	光电倍增管 固体二极管	光栅	波长精度±0.3nm，波长再现性±0.1nm，扫描速度 2000nm/min，微机控制，波长扫描，具有操作软件，数据处理与存储，彩显，图像打印	菲利浦公司（荷兰）
S-1000	200～1000	氘灯	硅探测器	全息光栅	波长精度±0.3nm，波长再现性±0.1nm，光度稳定性±0.003A，基线稳定性 0.002A，微机控制，高速扫描（2400nm/min），数据处理，多种软件，彩显等	利科梅夫科学仪器集团公司（德国）
15 型 17 型	190～900	卤钨灯、 氘灯	光电倍增管	光栅	波长精度±0.3nm，波长再现性±0.1nm，光度准确度±0.004A，光度再现性±0.001A，零点漂移＜0.0005A/h，噪声＜0.0002A，数据、波长等显示，多种附件	P.E 公司（美国）

型号	工作波长/nm	光源	接受器	单色器	其 他 特 性	生 产 厂 家
UV-1800PC	190～1100	进口长寿命氘灯、钨灯	进口硅光二极管	光栅	独特的光学系统,1200 条/mm 光栅和接收器确保仪器良好的性能指标,自动波长校准,自动波长设定、自动切换电源;实时监控的点亮时间。宽大样品池。可升级为 PC 扫描型,扫描软件功能有:广度测量、定量分析、光谱扫描等	上海精密仪器仪表有限公司
UV-1800	190～1100	氘灯、钨灯	硅晶体光电二极管	Czerny-Turner 分光镜	UV-1800 满足欧洲药典要求的波长分辨率。使用带有 Czerny-Turner 装置的分光镜,得到紧凑、明亮的光学系统。杂散光、波长重复性与基线稳定性也有所提高,满足用户需求	岛津(日本)
生命科学紫外可见分光光度计(Bio-Spec-nano)	220～800	氙闪光灯		全息光栅	滴样一点击分析:只需将样品点滴在测定位置,点击按钮就可进行分析。仪器自动进行测定并擦拭。1～2μL 样品量即可进行核酸定量。使用 1μL(光程 0.2mm)、2μL(光程 0.7mm)的样品量即可进行分析。 快速简单的操作:只需点击按钮便可简单又快速地完成空白测定、样品测定、报告的 PDE 输出、CSV 输出等基本操作	岛津国际贸易(上海)有限公司/岛津(香港)有限公司
UV-1801	190～1100	进口氘灯、进口钨灯	进口硅光二极管		宽广的波长范围,可满足各个领域对波长范围的要求 　　5nm、2nm、1nm 三种光谱带宽出厂根据用户要求定制安装,可满足药典的严格要求 　　手动宽大四连池,可满足各种应用对宽大比色皿的特殊要求,最大样品池可达 100mm;丰富的测量方法,具有波长扫描、时间扫描、多波长测定、多阶导数测定(选)、双波长(选)、三波长(选)、DNA 蛋白质测量(选)等多种测量方法,可满足不同测量的要求;可断电保存测量参数和数据,方便用户使用	北京北分瑞利分析仪器(集团)公司
UV-2200 双单色器双光束紫外/可见分光光度计	190～1100	进口氘灯、进口钨灯	进口光电检测器		采用消杂散光专利技术和换灯寻峰机构专利技术,以简洁的机构保证了系统有充足的光能量,并且最大限度的降低杂散光,使仪器杂散光可以达到十万分之一以下的水平,可以对高浓度的样品不进行稀释而直接测定 　　光谱带宽:0.1nm、0.2nm、0.5nm、1nm、2nm、5nm 六挡可变;可对光谱曲线直接进行转换、叠加运算、求导、峰谷检测、曲线平滑等多种方式处理;可同时测量多个定点波长的数据,并根据用户自定义公式对数据进行四则计算,并保存自定义方法;定量分析中提供单波长法、双波长法、三波长法、自定底色法等多种标准曲线建立方法,并可对用户自定义方法进行保存,简化日后工作流程	北京北分瑞利分析仪器(集团)公司

续表

型　号	工作波长/nm	光　源	接受器	单色器	其　他　特　性	生　产　厂　家
Lambda 750 紫外分光光度计	190～3300	全息该线光栅刻线密度最高（紫外/可见为1440条/mm，近红外360条/nm）	采用最先进的四区分段的扇形信号收集的斩波器		整个光学系统全部采用涂有SiO₂保护层的反射光学元件；斩波器运转期间，样品和参比的信号分别单独被各自的黑区信号所校正，波长精度最高；UV WinLab 软件功能强大，可提供专家模式（expertmode）运行仪器，为用户提供最优的仪器参数（实验条件）还可提供特殊应用的数学运算、色度、建筑玻璃、防护玻璃、滤光片及数据库等的软件（高级光谱软件工具包 ASSP），可提供的附件最全	珀金埃尔默仪器（上海）有限公司（PerkinElmer）

五、装置分光光度计实验室的基本要求

（1）室温　装置中高档紫外-可见分光光度计的实验室最好安装空调设备，使室温保持在20℃±2℃，条件较差的实验室，最高温度也不宜超过28℃，不低于10℃。大多数光学材料的导热性能差，光学零件会随温度的变化而引起微小变形，从而影响光学系统的成像质量。

（2）湿度　实验室相对湿度一般应控制在45%～65%，不要超过85%。湿度过大，不仅电器机件和机壳容易生锈，也易使光学零件表面发霉、生雾。过湿的环境，容易产生漏电，影响光电转换元件的暗电流。仪器应防止日光直接照射和长时间光连续照射。

（3）防震和防电磁干扰　分光光度计应安装在牢固的工作台上，大小适宜，便于操作、维修及实验记录，同时应尽可能远离强烈震动的震源，如机械加工、通风电机，公路上来往车辆等都会影响仪器的正常工作。外界电磁场使仪器电子系统产生扰动，尤其影响光源的稳定性，仪器最好采用专用线，不要与用电量变化大的其他大型电器共用电源。供电电源电压应为（220±22）V；频率（50±1）Hz。

（4）防腐性　腐蚀性气体对分光光度计的光学系统、精密机械及电子系统产生极大的破坏作用。分光光度计室必须与化学操作室分开，避免化验室的酸雾等腐蚀气体进入仪器室。含有挥发性或腐蚀性物质的样品与试剂等不能存放在仪器工作室。

六、分光光度计几个重要性能指标的检验

（1）波长准确度及重复性的检验　检验步骤：用低压汞灯发射谱线（或氧化钬玻璃或氧化钬溶液的吸收峰波长，氘灯的486.12nm和656.10nm谱线，氢灯的486.13nm和656.28nm谱线），自选五条波段分布均匀的谱线作为参考波长，单方向分别对每一谱线测量三次，三次测量的平均值与标称值之差为波长准确度。三次测量的最大值与最小值之差，为波长的重复性。表13-13～表13-15为汞灯发射光谱和氧化钬吸收峰波长。如图13-28所示为氯酸钬溶液的吸收

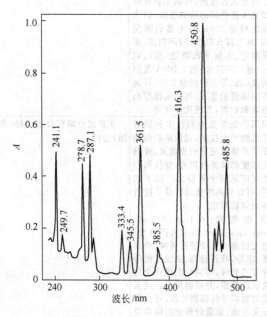

图 13-28　Ho（ClO₄）₃ 溶液的吸收光谱
浓度 5% 的含 17.5% HClO₄ 溶液，10mm 吸收池，
扫描速度 60nm/min，SSW=1.0nm

光谱。

表 13-13　　汞灯发射光谱波长　　　　　　　　　　单位：nm

205.29	253.65	313.16	366.33	491.60	579.00
230.21	275.28	365.02	404.66	546.07	607.26
245.20	296.73	365.48	435.83	576.96	690.72

表 13-14　　氧化钬玻璃吸收峰波长　　　　　　　　单位：nm

241.5	287.5	360.9	418.7	460.0	536.2
279.4	333.7	385.9	453.2	484.5	637.5

表 13-15　　含量为 10%高氯酸中 4%氧化钬溶液吸收峰波长　　单位：nm

241.13	287.18	416.28	485.29	640.52
278.10	361.31	451.30	536.64	

注：用天平称取已干燥过的氧化钬（基准物质）4g，准确至±0.1g，放于100mL容量瓶中，再加入10%高氯酸溶液至刻度，摇匀，避光密封保存。

（2）杂散光及其检定方法　　目前，国际上对杂散光（stray light）的定义多种多样。可简洁地定义为：不应该有光的地方有光，这就是杂散光。杂散光是紫外可见分光光度计非常重要的技术指标。它是紫外可见分光光度计分析误差的主要来源，它直接限制被分析测试样品浓度的上限。当一台紫外可见分光光度计的杂散光一定时，被分析的试样浓度越大，其分析误差就越大。

杂散光的检定方法，可采用标准溶液或滤光片。NaI标准溶液和NaNO₂标准溶液是杂散光测试必备的。常采用10g/L的NaI标准溶液来测试紫外可见分光光度计在220nm处的杂散光；采用50g/L的NaNO₂标准溶液来测试紫外可见分光光度计在360nm处的杂散光。也可采用杂散光滤片，对杂散光滤光片的要求是：截止波长分别不小于225nm与365nm，截止区吸光度不小于3，透光区平均透射比不低于80%。

（3）仪器分辨率的检验　　检验步骤：仪器狭缝宽度为0.02mm，高为10mm，用汞灯照明，转动波长手轮，此时应能分别观察到365.02nm、365.48nm、366.33nm三条谱线的峰值。

（4）溶液的透射比、准确度及重现性检验步骤

① 配制60mg/L重铬酸钾溶液：在天平上称取已干燥过的重铬酸钾（基准试剂）60mg，准确至±0.1mg，放于干烧杯中，用适量的重蒸馏水溶解，并加入1mL（1mol/L）高氯酸，然后转移到1000mL容量瓶中，再用重蒸馏水稀释至刻度，摇匀，避光保存。

② 浓度为60mg/L的重铬酸钾溶液在不同温度下的透射比（光谱宽度为2nm时）见表13-16。

表 13-16　　重铬酸钾溶液（60mg/L）在不同温度下的透射比

温度/℃	波长/nm		温度/℃	波长/nm	
	235.0	350.0		235.0	350.0
10.0	18.0	22.6	25.0	18.2	22.9
15.0	18.0	22.7	30.0	18.3	22.9
20.0	18.1	22.8			

③ 要有可见中性滤光片（其透射比约为10%、20%、30%，标称值的准确度优于±0.2%）。

④ 要有透射比配对误差不大于0.1%的石英吸收池一对。

⑤ 光谱宽度为2nm，按要求校正仪器零点，高氯酸盛于10mm厚的石英吸收池中，调透射比为100%，将经标定过的重铬酸钾溶液盛于另一个石英吸收池中，置于光浴中，按②步骤中提供的数据，每次波长位置各测三次，三次平均值与标称值之差为紫外区透射比准确度。三次中最大值与最小值之差，为其紫外区透射比重复性。

⑥ 光谱宽度为2nm，按要求校正仪器零点及100%后，分别用可见中性滤光片在波长为546.1nm处测其透射比，各测三次，三次平均值与标称值之差，为其可见区透射比准确度。三次测量的最大值与最小值之差，为其可见区透射比重复性。

⑦ 仪器的透射比准确度应为±0.5%，重复性 0.5%。

（5）基线线性的检验　仪器置于起始波长，光谱宽度 2nm，样品和参比光束皆为空白，量程为±0.01Abs，进行全波段扫描，测量谱图中起始点与最大偏移量之差，即为基线直线性，允许记录笔在更换光源或滤光片时有瞬间跳动。要求仪器的基线直线性±0.005Abs。

（6）漂移试验　仪器经热平衡 2h 后，将波长置于 500nm 处，光谱宽度为 2nm，样品和参比池皆为空白，量程为±0.01Abs，进行定波长扫描 30min，测量谱图上 0Abs 线的平行包罗线中心线的变化值，即为仪器的漂移量。

要求仪器的漂移量为＜0.005 或＜0.001Abs。

（7）噪声　设置狭缝为 0.25nm，固定波长为 225nm，走纸速度 1cm/min，时间扫描方式扫描 10min，纵坐标范围：−0.02～＋0.02A。扫描结束后，测量峰-峰吸光度值。

七、分光光度计的保养和维护

主要是保持分光光度计单色光纯度和准确度以及测量灵敏度和稳定性。

光源部件：①仪器不工作时不要开灯，若工作间歇时间短，可不关灯或停机，一旦停机，则应待灯冷却后再重新启动，并预热 15min；②如灯泡发黑或亮度明显减弱或不稳定，应及时更换；③更换光源时，要调好灯丝和进光窗的相对位置，使尽可能多的光能进入光路，更换或移动光源时，不要用手直接接触窗口或灯泡，避免油污黏附（油污需用无水乙醇擦除）；④光路上的透镜和反射镜的相对位置要调整好。

单色器是仪器核心，一般不宜拆开。仪器使用半年以上或搬动后，要进行波长读数校正。要经常更换单色器盒的干燥剂，以防潮。

吸收池在使用后应立即冲洗干净，其光学窗面，必须用擦镜头纸或柔软的棉织品擦干水分，慎勿将光学窗面擦伤。为了除去有色物质的污染，可采用 3mol/L 盐酸和等体积乙醇混合液洗涤吸收池，再用自来水、蒸馏水冲洗。测量时要防止溶液溅入样品室。盛有溶液的吸收池也不宜在样品室放置过长时间。

光电器件应避免强光照射或受潮积尘。检测器要保持干燥和绝缘性，必要时可将检测器暗盒拆开，用乙醚-脱脂棉洗涤绝缘处，再用吹风机吹干。

应保持光源及检测系统的电压稳定性，最好配备稳压器，将电源稳压后再输入仪器。

第五节　比色条件的选择

为了使光度分析法具有较高的灵敏度和准确度，除了要注意选择和控制适当的显色反应条件外，还必须注意选择适当的光度测量条件。

一、入射光波长的选择

根据被测溶液的吸收光谱曲线，选择具有最大吸收时的波长为宜，称为"最大吸收原则"。因为在最大吸收波长处，摩尔吸光系数 ε 值最大，灵敏度最高。

有时在被测组分最大吸收波长处，干扰物质也存在吸收时，就不能选择最大吸收波长为入射光。此时应根据"吸收较大，干扰较小"的原则选择入射光波长。例如，用丁二酮肟光度法测定铜中的镍时，丁二酮肟镍的络合物最大吸收波长在 470nm 左右，如图 13-29 所示。试样中铁用酒石酸钾钠掩蔽后，在 470nm 处也有吸收，影响了测定。但当波长大于 500nm 后，酒石酸铁的干扰则比较小。因此一般可在波长 520nm 处进行测定。虽然丁二酮肟镍的吸光度有所降低，但干扰很小。否则要分离铁后才能进行测定，操作很麻烦。

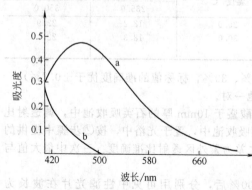

图 13-29　吸收最大干扰最小原则应用实例
a—丁二酮肟镍的吸收光谱；b—酒石酸铁的吸收光谱

二、测定狭缝宽度的选择

狭缝过窄，光强太弱，信噪比减小，对测量不利；狭缝过宽，在分析组分复杂的样品时，有可能引入其他干扰谱线。即使不引入干扰谱线，非吸收光的引入，也要导致灵敏度下降和校正曲线弯曲。因此必须选择合适宽度狭缝。选择合适狭缝宽度的方法是：测定吸光度随狭缝宽度变化情况。在一定范围内狭缝宽度变化，吸光度是不变的。当狭缝宽度大到一定程度之后，若有其他干扰谱带或非吸收光出现在光谱通带内时，吸光度将减小。因此狭缝宽度应选择在不减小吸光度时的最大狭缝宽度。

三、参比溶液的选择

在实际工作中是以通过参比溶液的光强作为入射光强度。这样所测得的吸光度能够比较真实地反映被测组分的浓度。参比溶液的作用是非常重要的，其选择是吸光度测定的重要操作条件之一。参比溶液的选择一般可按以下原则进行。

（1）当试液、显色剂及所用的其他试剂在测定波长处都无吸收时，可采用纯溶剂（如蒸馏水）作参比溶液，称为"溶剂空白"。例如用过二硫酸铵氧化锰为高锰酸根来测定铝合金中的锰时，因试液和显色剂都是无色的，所以可用水作参比溶液。

（2）显色剂没有颜色而试液有颜色，或者说在测量波长处，显色剂无吸收，试液有吸收时，应采用不加显色剂的试液作参比溶液，称为"试样空白"。例如用硫氰酸盐法测定合金钢中的钼时，常用在操作步骤中不加硫氰酸盐而其他操作都相同所得的溶液作参比溶液，这样可以消除 Cr^{3+}、Ni^{2+}、Cu^{2+} 等有色离子的影响。

（3）若显色剂有颜色，并且在测量波长处有吸收，但试液在测量条件下没有吸收。在这种情况下，可用不含试液而显色剂和其他试剂都相同的溶液作为参比溶液，称为"试剂空白"。

（4）如果试液和显色剂都有颜色，或者说试液和显色剂在测量波长下均有吸收，这时单独使用试剂空白或试样空白都不能完全消除干扰。此时，可采用既有试液也有显色剂，只是设法使它们不显色的溶液作为参比溶液。例如用二甲酚橙光度法测定铌时，就是采用试液在加入二甲酚橙之前，先加入 EDTA，其余步骤与配制被测溶液的方法一样的溶液作为参比溶液。因为此时铌与 EDTA 生成更稳定的无色络合物，而不再与二甲酚橙作用形成有色络合物。或者寻找一种试剂，让它选择性地与有色络合物中的被测离子作用，使络合物破坏而褪色，然后以它作为参比溶液，称为"褪色空白"。这样配制的参比溶液能够同时消除试液和试剂的颜色干扰。例如用变色酸光度法测定钢中的钛，往往在显色后，倒出一部分显色的有色溶液作为被测溶液，在另一部分已显色的有色溶液中滴加氟化铵溶液，使钛-变色酸络合物的颜色褪去，以此作为参比溶液。

四、吸光度读数范围的选择

任何分光光度计都有一定的测量误差。对给定的某一台分光光度计来说，其透光度的读数误差（以 ΔT 表示）是一常数。但透光度不同时，同样大小的 ΔT 所引起的浓度误差（以 Δc 表示）是不同的，浓度相对误差（以 $\Delta c/c$ 表示）也是不同的，见表 13-17。

表 13-17　不同 T（或 A）时浓度相对误差（假设 $\Delta T=\pm 0.5\%$）

透光度 T /%	吸光度 A	浓度相对误差 $\dfrac{\Delta c}{c}\times 100\%$	透光度 T /%	吸光度 A	浓度相对误差 $\dfrac{\Delta c}{c}\times 100\%$
95	0.022	10.2	40	0.399	1.36
90	0.046	5.3	30	0.523	1.38
80	0.097	2.8	20	0.699	1.55
70	0.155	2.0	10	1.000	2.17
60	0.222	1.63	3	1.523	4.75
50	0.301	1.44	2	1.699	6.38

从表 13-17 中可以看出，浓度相对误差反映了吸光度读数的相对误差，它的大小与吸光度的读数范围有关。为了减小这方面的误差，应选择在适当的吸光度范围进行测定。一般要求吸光度读数在0.1~10 之间，最好是在 0.2~0.7 范围。可通过调节溶液的浓度或改变液槽厚度，控制吸光度在上述范围。

（1）调节溶液的浓度　当被测组分的含量较高，测得的吸光度太大时，可取较少量的试液或减小试样的质量；当被测组分的含量较低时，测得的吸光度太小，则应增加试液或试样质量。

（2）改变液槽的厚度　由朗伯定律 $A=kb$ 可以看出，改变液槽的厚度，也会相应地改变溶液的吸光度。例如，采用 1cm 厚的液槽，测得溶液的吸光度为 0.05，读数相对误差约为 5%；若改用 3cm 厚的液槽，测得溶液吸光度变为 0.15，读数相对误差约为 2%，这样测量准确度就提高了。又如用 3cm 厚度液槽测得溶液的吸光度为 1.3 左右，读数相对误差约为 3%，若改用 1cm 厚的液槽，测得的吸光度则为 0.428，读数相对误差约为 1.4%，显然也提高了测量的准确度。

五、显色剂的选择

分光光度法常利用显色反应把欲测组分转变为有色化合物。然后进行测定，因此选择合适的显色剂十分重要。选择显色剂的原则如下。

（1）显色反应的灵敏度高　摩尔吸光系数 ε 是显色反应灵敏度的重要标志。为了测定微量组分，常需选择摩尔吸光系数较大的显色反应。

（2）显色剂选择性好　所谓选择性好，就是要求所用显色剂只与被测组分发生显色反应，其他共存组分不干扰测定。因而需根据试样的情况，选用干扰较少或干扰容易消除的显色剂。

（3）显色剂对照性高　在分光光度法中，要求试剂的颜色差别越大越好，这个差别称做反应的对照性，通常用被测物质（或与显色剂反应产物）的最大吸收波长与溶剂的最大吸收波长之差来度量，这个差值越大对照性就越大。

（4）反应产物的组成恒定　要求显色剂与被测物质生成的有机化合物具有固定组成，有固定的分子式。只有这样，被测物质与显色反应的产物之间才有定量的关系。

（5）显色的产物稳定　要求显色剂以及它与被测物质产物要稳定，不被空气氧化、光照分解，或受被测物溶液中其他离子的影响。

（6）显色反应条件易控制　显色反应条件要求容易控制，便于吸光度测试。

六、显色反应条件的选择

物质能否进行灵敏准确的吸光度测定，首先取决于物质本性及显色剂的结构和性质。如果显色剂确定之后，显色反应的条件则起着决定性的作用。这些条件主要有：显色剂浓度、试剂加入量、溶液酸度、显色温度、显色反应时间、溶剂及共存干扰离子的掩蔽等。

（1）显色剂的浓度及用量　从化学平衡的观点来看，显色反应是一个平衡过程：

$$M+R \Longleftrightarrow MR$$

式中　M——被测物质；

　　　R——显色剂；

　　MR——显色反应产物。

根据化学反应平衡原理，各物质浓度之间存在下列平衡关系式：

$$平衡系数\ K = \frac{[MR]}{[M][R]}$$

上式也可写成 $K[R] = \dfrac{[MR]}{[M]}$。可以看出，等式右边的比值越大，显色反应进行得越完全，就越有利于吸光度的测定。K 是平衡常数，它只受温度变化的影响。因此只要控制好显色剂的浓度，就可以在一定温度下控制好显色反应进行的程度。

在实际分析中，不能只考虑能使显色反应完全进行，还要考虑到显色剂的过量使用可能引起的副作用。例如过量显色剂，可能会改变显色反应产物的络合比，使络合产物的颜色发生变化，还可能与样品中其他一些离子生成有色产物，增加测定的干扰。

显色剂的合适浓度和加入量，是通过实验确定的，其方法是往一系列同样浓度的被测溶液里加入不同量的显色剂。在相同的条件下，分别测定出各自的吸光度。然后做出吸光度-显色剂浓度的曲线。在吸光度随显色剂浓度不变或变化不大的线段内，确定适当的显色浓度或加入量。

（2）溶液的酸度　溶液的 pH 是显色反应基本的实验条件。pH 的大小直接影响大多数被测物质与显色剂存在的形式和生成物的组成及其稳定性。

① pH 对金属离子存在状态的影响　大多数高价金属离子都容易水解。在溶液酸度较低的情况下，在水中除了以简单的金属离子形态存在外，还生成一系列的羟基络合离子或多核羟基络合离子。高价金属离子随着水解反应的深入，同时还发生各种聚合反应，随时间的增长，最终导致氢氧

化物沉淀生成，影响分析的准确性。

② pH 对显色剂浓度的影响　选用的显色剂如果是强酸型的，则溶液的 pH 大小几乎无影响。但在多数情况下，显色剂都是弱酸型的有机络合剂，溶液的 pH 对其影响较大。因为在显色反应过程中，一般都是先离解，然后才是显色剂与金属离子络合，如下所示：

$$HR \Longrightarrow H^+ + R^-$$
（显色剂分子）

$$M^+ + R^- \Longrightarrow MR$$
（有色络合物）

溶液的酸度决定了显色剂的离解平衡，控制了显色剂 R^- 的浓度。当溶液 pH 过小时，将使上述络合平衡向左移动，$[R^-]$ 浓度减小，影响了有色络合物的形成。

③ pH 对显色剂颜色的影响　不少有机显色剂具有酸碱指示剂的性质，在不同的酸度，具有不同的颜色，有的颜色可能干扰测定。例如二甲酚橙在 pH＞6.3 时呈红色，pH＜6.3 时呈黄色，而它与金属离子形成的络合物一般都是紫红色，因此用二甲酚橙作显色剂必须在 pH 值小于 6 的情况下进行，否则进行测定时会引起较大的误差，甚至无法测定。

④ pH 对络合物组成的影响　在显色反应中，有时会遇到同一种金属离子与同一显色剂在不同的 pH 下生成不同组成的产物。特别是某些逐级生成显色反应的产物。pH 不同，显色剂与被测物质的配位不同，颜色也不同。例如 Fe^{3+} 与磺基水杨酸反应，当 pH＝2～3 时，显色反应生成配比为 1∶1 的紫红色络合物；pH＝4～7 时，生成配比为 1∶2 的橙色络合物；pH＝8～10 时，生成配比为 1∶3 的黄色络合物。

⑤ pH 对显色反应产物稳定性的影响　当溶液酸度增大时，有时显色反应不稳定性增加。在一般情况下，显色剂的过量和显色反应产物稳定性的增加，允许溶液的酸度增大。

从以上几点可以看出，pH 对显色反应的影响很大，影响到显色反应的各个方面。显色反应合适的 pH 的确定，一般是在理论计算的基础上再通过实验来确定。

（3）显色温度　不同显色剂的显色反应对温度有不同要求，显色反应与其显色温度密切相关。通常显色反应可在室温条件下完成，但有些显色反应需要加热。如用硅钼蓝法测定硅时，生成硅钼黄的反应，在室温下需 10min 以上才能完成；而在沸水浴中则只需 30s。也有些显色反应在较高温度下容易分解，因此要根据具体情况选择适当的温度进行显色。

（4）显色时间　显色反应速率有快有慢，快的可以在瞬间完成，颜色很快达到稳定状态，并且能保持很长时间不变色。但是大多数的有机显色剂的显色反应速率较慢，需要一定的时间才能显色完全。另外有一些显色反应的产物因受空气氧化分解、挥发或光照等等影响，使溶液褪色，因此根据实际情况确定合适的显色时间和测定时间。

显色和测定时间一般都是通过实验来确定，具体方法是测定配制好的比色溶液随时间变化的吸光度，绘制 A-t 曲线，由曲线的平缓线段确定显色时间和测定时间。

（5）显色溶剂　有些显色反应产物在水中离解度较大，而在有机溶剂中离解度较小。对于这样一类的显色反应，加入与水互溶的有机溶剂，会降低有色化合物的离解度，从而提高测定的灵敏度。

还有一些疏水性的显色反应产物，即不易溶于水，但易溶于非极性的有机溶剂中，对于这一类的显色反应产物，可以选用适当的有机溶剂，将显色反应产物萃取出来，再测定萃取液的吸光度。通过萃取既分离了杂质，提高了方法的选择性，又增加方法的灵敏度。

（6）溶液中共存物的干扰及其消除　共存物干扰显色一般有以下几种情况：①共存物本身有颜色；②共存物与显色剂生成有色化合物或沉淀；③共存物与被测离子或显色剂作用生成稳定的无色络合物，或发生氧化还原反应，使被测离子或显色剂浓度降低而影响测定。

在实际工作中，一般采用以下几种方法来消除共存物的干扰：①选择适当的显色条件，以避免干扰（参看显色反应条件的选择）；②加入掩蔽剂，消除共存离子干扰（掩蔽剂是能与干扰离子或化合物起化学反应，生成无色产物的试剂，表 13-18 中列出了几种常用的掩蔽剂）；③利用氧化还原反应改变干扰物的化合价态来消除干扰；④选择不同波长测定吸光度消除干扰物的干扰；⑤利用参比液也可以消除显色剂和某些干扰物的干扰；⑥利用校正系数消除干扰，具体方法是先测出干扰物影响被测物的定量关系，再从测定结果中扣除干扰物的量；⑦采用适当的分离方法分离出干扰物，如采用电解、沉淀、萃取、离子交换等方法将被测物与干扰物分离，再测定吸光度。

表 13-18 常用的掩蔽剂

掩蔽剂	pH 值范围	被掩蔽的离子	说　明
KCN	>8	Cu^{2+}、Co^{2+}、Ni^{2+}、Zn^{2+}、Hg^{2+}、Cd^{2+}、Ag^+、Ti^{4+}、铂族元素	
	6	Cu^{2+}、Co^{2+}、Ni^{2+}	
NH_4F	4~6	Al^{3+}、Ti^{4+}、Sn^{4+}、Zr^{4+}、Nb^{5+}、Ta^{5+}、W^{6+}、Be^{2+} 等	用 NH_4F 比 NaF 好
酒石酸	5.5	Fe^{3+}、Al^{3+}、Sn^{4+}、Sb^{3+}、Ca^{2+}	
	5~6	UO_2^{+2}	
	6~7.5	Mg^{2+}、Ca^{2+}、Fe^{3+}、Al^{3+}、Mo^{4+}、Nb^{5+}、Sb^{3+}、W^{6+}、VO_2^{2+}	
	10	Al^{3+}、Sn^{4+}	
草酸	2	Sn^{4+}、Cu^{2+}、稀土元素	
	5.5	Zr^{4+}、Ti^{4+}、Fe^{3+}、Fe^{2+}、Al^{3+}	
柠檬酸	5~6	UO_2^{2+}、Tb^{4+}、Sr^{2+}、Zr^{4+}、Sb^{3+}、Ti^{4+}	
	7	Nb^{5+}、Ta^{5+}、Mo^{4+}、W^{6+}、Ba^{2+}、Fe^{3+}、Cr^{3+}	
抗坏血酸	1~2	Fe^{3+}	
	25	Cu^{2+}、Hg^{2+}、Fe^{3+}	
	5~6	Cu^{2+}、Hg^{2+}	与 KI 或 KCN 并用

七、溶剂的选择

溶剂对物质吸收光谱的影响较为复杂，改变溶剂的极性，会引起吸收带形状的变化。溶剂的极性由非极性改变到极性，精细结构消失，吸收带变平滑，有时还会改变吸收带的最大吸收波长 λ_{max}。在选择测定吸收光谱曲线的溶剂时，应注意如下几点：①尽量选用低极性溶剂；②能很好地溶解被测物，并形成良好化学和光化学稳定性的溶剂；③溶剂在样品的吸收光谱区无明显吸收。表 13-19 列出了各种常用溶剂的使用最低波长极限。

表 13-19 各种常用溶剂的使用最低波长极限

溶　剂	最低波长极限/nm	溶　剂	最低波长极限/nm	溶　剂	最低波长极限/nm
	200~250	乙醚	210	N,N-二甲基甲酰胺	270
乙酯	210	庚烷	210	甲酸甲酯	260
正丁醇	210	己烷	210	四氯乙烯	290
氯仿	245	甲醇	215	二甲苯	295
环己烷	210	甲基环己烷	210		300~350
十氢化萘	200	异辛烷	210	丙酮	330
1,1-二氯乙烷	235	异丙醇	215	苯甲腈	300
二氯甲烷	235	水	210	溴仿	335
1,4-二氧六环	225		250~300	吡啶	305
十二烷	200	苯	280		350~400
乙醇	210	四氯化碳	265	硝基甲烷	380

第六节　分光光度法的应用

一、定性分析

紫外可见吸收光谱可用于进行紫外、可见区范围有吸收的物质的鉴定及结构分析，其中主要是有机化合物的分析和鉴定、同分异构体的鉴定、物质结构的测定等。下面作一简单介绍。

1. 物质纯度检查

如果某一化合物在紫外区没有吸收，而杂质有较强吸收，那么就可以利用紫外吸收光谱方便地检出该化合物中的痕量杂质。例如，无水乙醇中常含有少量的苯，苯的 λ_{max} 为 256nm，而乙醇在此无吸收。如果紫外吸收光谱中有 256nm 吸收峰，则无水乙醇中含有杂质苯。

2. 未知物的鉴定

每一种化合物都有自己的特征吸收光谱。吸收光谱曲线的形状、吸收峰的数目以及最大吸收波长的位置和相应的摩尔吸光系数，是进行定性鉴定的依据。其中最大吸收波长 λ_{max} 及相应的摩尔吸光系数是定性鉴定的主要参数。比较吸收光谱法是最常用的定性方法，就是在相同的测定条件下，比较未知物与已知标准物的吸收光谱曲线，如果它们的吸收光谱曲线完全相同，则可以认为待测样品与已知化合物有相同的生色团。例如合成的维生素样品与天然维生素 A_2 的吸收光谱相比较（图 13-30），它们的吸收光谱相同，因而可初步断定所合成的样品为维生素 A_2。但应注意，紫外吸收光谱相同，两种化合物不一定相同。因为紫外吸收光谱通常只有 2～3 个较宽的吸收峰，具有相同生色团的不同分子结构，有时可能产生相同形状的紫外吸收光谱，但它们的吸光系数是有差别的，所以在比较 λ_{max} 的同时，还要比较它们的 ε_{max} 或 $E_{1cm}^{1\%}$。

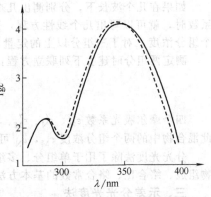

图 13-30　合成的（实线）和天然的（虚线）维生素 A_2 紫外吸收光谱

采用对比法进行未知物鉴定时，也可以借助前人汇编的、以实验结果为基础的各种有机化合物的紫外与可见光谱标准谱图。常用的标准图有：①Sadtler Standard Spectra（Ultraviolet），Heydero，London，1978，萨特勒标准图谱共收集了 46000 种化合物的紫外光谱标准谱图；②Kenzö Hirayama "Handbook of Ultraviolet and Uisible Absorption Spectra of Organic Compounds"，new York，Plenum，1967；③Organic Electronic Spectral Data。

3. 分子结构中功能团的推测

根据化合物的紫外可见吸收光谱推测所含的官能团。例如一种化合物在 200～800nm 无吸收峰，它可能是脂肪族碳氢化合物、胺、腈、醇、醚、羧酸、氯化烃和氟化烃，不含共轭体系，没有醛基、酮基、溴或碘；如果 210～280nm 有吸收峰，可能含有两个共轭单位；在 260～300nm 内有强吸收，表示含有 3～5 个共轭单位；在 260～300nm 内有弱吸收带，表示有羰基存在；在240～300nm 内有中等强度吸收带，并有一定的精细结构，是苯环的特征。但是由于分子对紫外可见光的吸收性质上是分子中生色基团和助色团的特性，不是整个分子的特性，所以单独从紫外吸收光谱往往还不能确定分子结构，必须配合红外吸收光谱、质谱、核磁共振等其他方法才能得出结论。

4. 同分异构体的判别

紫外光谱除应用于推测所含官能团外，还能对某些同分异构体进行判别，例如乙酰乙酸乙酯存在下述酮-烯醇互变异构体：

$$H_3C-C-CH_2-C-CH_2-CH_3 \rightleftharpoons H_3C-C=CH-C-CH_2-CH_3$$

酮式　　　　　　烯醇式

酮式没有双键，它在 $\lambda_{max}=204nm$ 有弱吸收，而烯醇式由于有共轭双键，因此在 245nm 处有强的 K 吸收带（$\varepsilon=18000$），所以根据紫外光谱可判断异构体存在形式。

二、定量分析

1. 单组分分析

分光光度法是属于相对测量法，对于某一组分的定量分析，通常采用绘制工作曲线方法。首先选定测定波长，在无干扰情况下，一般选定吸光度最大波长 λ_{max}。其次配制一系列（5 个左右）不同浓度的标准溶液，在溶液最大吸收波长下，逐一测它们的吸光度 A，然后在方格坐标纸上以溶液浓度（$\mu g/mL$）为横坐标，吸光度为纵坐标作图。若被测物质对光的吸收符合光吸收定律，得到一条通过原点的直线，即工作（标准）曲线。按同样方法配制样品溶液并测定其吸光度 A，在工作曲线上找出与此吸光度相应的浓度，即为样品溶液的浓度，再计算样品的组分含量。

2. 多组分分析

多组分定量测量常采用测定吸收系数的方法。其依据是这些组分吸收同一波长的光，它们总的吸光度等于各个组分的吸光度之和，即：

$$A_{总} = \sum_{i=1}^{n} A_i = A_1 + A_2 + \cdots + A_n = (k_1c_1 + k_2c_2 + \cdots + k_nc_n)b$$

如果在几个波长下，分别测出几个吸光度 $A_{总}$，在事先测得每一组分在各波长处的摩尔吸光系数时，就可以写出几个线性方程，通过解线性方程就可求得样品中几个组分的浓度。一般测两个组分浓度。对于三组分以上的定量，由于紫外和可见吸收带的重叠，使用不多。

测定两组分时建立下列联立方程：

$$\begin{cases} A' = (\varepsilon'_M c_M + \varepsilon'_N c_N)b \\ A'' = (\varepsilon''_M c_M + \varepsilon''_N c_N)b \end{cases}$$

四个摩尔吸光系数 ε'_M、ε'_N、ε''_M、ε''_N 可事先由标准溶液测出，A'，A'' 由实验测出，b 相同，因此混合物中的两个组分浓度 c_M，c_N 可解上述两个方程求得。

分光光度法除了用于单组分、多组分的定量测定外，也是测定溶液中酸、碱的电离常数、络合物组成、络合比、络合常数的基本方法。

三、示差分光光度法

分光光度法被广泛应用于微量分析，只适用于测定低含量的组分，对于高含量（或极低含量）组分，因测定误差太大而不适用。示差分光光度法就是采用适当的测量方法，对于高含量（或极低含量）组分也能获得较高准确度的分析技术。

示差分光光度法与一般分光光度法相比较，在于使用溶液调节透光度标尺读数"0"和"100"时的方法有所不同。有浓溶液示差法、稀溶液示差法和两个参比溶液示差法三种技术。其中应用最多的是浓溶液示差法。浓溶液示差法就是采用一个比试样浓度稍低一些的已知浓度的标准溶液，在同样条件下，显色后作为参比溶液，根据测得的吸光度计算出试样的含量。

示差分光光度法的基本原理如下。

设 c_s 为参比溶液的标准溶液的浓度，c_x 为被测试液的浓度，而且设 $c_x > c_s$。根据朗伯-比耳定律：

$$A_x = \varepsilon c_x b \qquad A_s = \varepsilon c_s b$$

两式相减，得到：

$$\Delta A = A_x - A_s = \varepsilon b(c_x - c_s) = \varepsilon b \Delta c$$

用已知浓度的标准溶液作参比，调节透光度读数为 100%（即 $A_s = 0$），然后将被测试液推入光路中，在标尺上所读取的吸光度值即与试样溶液和参比溶液的浓度差 Δc 成正比。

此外，在绘制工作曲线时，是以其中浓度最小的一个标准溶液调零，分别依次测量标准溶液的吸光度值，从而可用 ΔA 与对应的 Δc 作图，即得示差分光光度法的工作曲线。当然，测定试样时所用的参比溶液，必须是同一个浓度的标准溶液。

用示差法测量溶液的吸光度，其准确度比一般光度法高，从图 13-31 中可以看出。

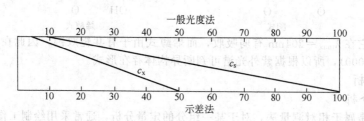

图 13-31　示差法标尺扩展原理

在普通光度法中，测量时比色皿放试剂空白作为参比溶液时，测量透射光的强度 I_0，以此强度调节仪器至透光度 $T=100\%$，然后在比色皿中改盛浓度为 c_s 和 c_x 的溶液，透光强度为 I_s 和 I_x，假设分别为 10% 和 5%，两者比值为 2，读数仅差 5%。而在示差法中，改用浓度为 c_s 的溶液作参比，调节仪器透光率标尺读数为 100%，那么浓度为 c_x 的溶液透光度变 50%，c_s 与 c_x 透光度读数相差变为 50%。可见在两种测量方法中，两溶液的透光度比并未改变，但示差法相当于把刻度读数放大了 10 倍，从而使测量结果读数更为准确。

一般来说，参比溶液的吸光度越大越有利，但参比溶液越浓，透过溶液以后的光就越弱，相应的光电流也就越小。只有当光电池（或光电管）及光电流测定装置有足够的灵敏度时，才可能在这种情况下调到满刻度，所以示差法对仪器的灵敏度和稳定性要求较高。

四、分光光度滴定法

以一定的标准溶液滴定待测物溶液，测定滴定中溶液的吸光度变化，通过作图法求得滴定终点，从而计算待测组分含量的方法称为分光光度滴定。一般有直接滴定法和间接滴定法两种。前者选择被滴定物、滴定剂或反应生成物之一摩尔吸光系数最大的物质的 λ_{max} 为吸收波长进行滴定。滴定曲线有如下几种形式（图 13-32）。间接滴定法需使用指示剂。

光度滴定与通过指示剂颜色变化用肉眼确定滴定终点的普通滴定法相比，准确性、精密度及灵敏度都要高。光度滴定已用于酸碱滴定、氧化还原滴定、沉淀滴定和络合滴定。

五、导数光谱法

导数光谱法也称微分光谱法，通过在分光光度法中引入微分技术，扩展了分光光度法的应用范围。导数光谱法具有加强光谱的精细结构和对复杂光谱辨析能力的特点，是解决光谱干扰的又一种技术。近年来主要应用于药物制剂的含量测定、质量控制等。

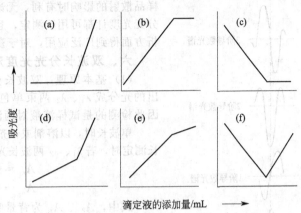

图 13-32 直接滴定法的滴定曲线形式

导数光谱法的基本原理与紫外吸收光谱吸光度（A）对波长（λ）的函数图类似，是吸收光谱关于波长的微分系数（$\frac{dA}{d\lambda}$）对波长（λ）的函数。零阶光谱（即通常的紫外光谱）中的 $A=f(\lambda)$，当波长增加一个增量 $\Delta\lambda$ 时，则 A 将增加 ΔA，因此：

$$A+\Delta A=f(\lambda+\Delta\lambda)$$
$$\Delta A=f(\lambda+\Delta\lambda)-A=f(\lambda+\Delta\lambda)-f(\lambda)$$
$$\frac{\Delta A}{\Delta\lambda}=\frac{f(\lambda+\Delta\lambda)-f(\lambda)}{\Delta\lambda}$$

吸光度（A）关于波长的导数 $\frac{dA}{d\lambda}$ 就是当 $\Delta\lambda$ 趋近于零时 $\frac{\Delta A}{\Delta\lambda}$ 的极限，可用下式表示：

$$\frac{dA}{d\lambda}=\lim_{\Delta\lambda\to0}\frac{\Delta A}{\Delta\lambda}=\lim_{\Delta\lambda\to0}\frac{f(\lambda+\Delta\lambda)-f(\lambda)}{\Delta\lambda}$$

实际上，$\frac{dA}{d\lambda}$ 就是 A 关于在增量（$\Delta\lambda$）区间吸收度的平均变化率（即斜率）。

一阶导数光谱就是零阶光谱按一定的波长间隔（$\Delta\lambda$）测得变化率（$\frac{dA}{d\lambda}$）对应于波长而得的图谱。同理，有二阶导数光谱、三阶导数光谱等，理论上有 $\frac{d^nA}{d^n\lambda}$（$n=1$，2，3…），但实际目前仅有测四阶导数光谱的报道。随着阶数的增加，分辨率有所提高，而灵敏度却随着降低，通常以一阶和二阶导数光谱的应用较多。

导数光谱定量测定的基本原理也是根据比尔定律，即 $A=\varepsilon cl$。其一阶导数 $\frac{dA}{d\lambda}=cl$。即导数值与浓度成正比。同理，$\frac{d^nA}{d^n\lambda}\propto c$（$n=1$，2，3…），即二阶、三阶……$n$ 阶导数值皆与浓度成正比。因此，由光学法获得的导数光谱可用于定量测定，通常为导数光谱中的波峰与波长垂直距离及待测物浓度成正比。

电子学法求导数光谱时，由于仪器设计采用微分线路直接产生导数光谱，实验选定分光光度计的扫描速度恒定，而 $\frac{d^nA}{d^n\lambda}\propto c$（$n=1$，2，3…），即吸收度随时间的变化与浓度成正比，故由电子学法扫描的导数光谱也可用于定量测定。一般新型仪器都有这一功能。

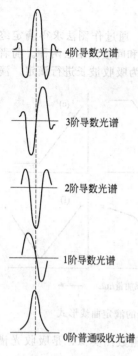

图 13-33 0～4 阶导数
光谱示意

从图 13-33 中可以看出，随着导数阶数的增加，谱带变得尖锐，分辨率提高，但原吸收光谱的基本特点逐渐消失。

导数光谱的特点在于灵敏度高，可减小光谱干扰。因而在分辨多组分混合物的谱带重叠、增强次要光谱（如肩峰）的清晰度以及消除浑浊样品散射的影响时有利，无论是新型紫外光谱仪还是目前使用较多的旧式分光光度计都可用于测定，且方法简便、快速、灵敏准确，尤其在药物分析方面得到广泛应用，对于药物质量控制和临床药物监测具有重要意义。

六、双波长分光光度法

（1）基本原理 双波长分光光度计是通过两个单色器分别将光源发出的光分成 λ_1、λ_2 两束单色光，经斩光器并束后交替通过同一吸收池。因此检测的是试样溶液对两波长光吸收后的吸光度差。

单波长时，以溶剂或试剂空白作参比，即 $A_\lambda = -\lg I_\lambda / I_0 = E_\lambda bc$。双波长测定时，若 λ_1、λ_2 两波长光通过吸收池后的透过光强分别为 I_1、I_2，则：

$$A_{\lambda_1} = -\lg I_1 / I_{01} = \varepsilon_{\lambda_1} bc + A_{s_1}$$
$$A_{\lambda_2} = -\lg I_2 / I_{02} = \varepsilon_{\lambda_2} bc + A_{s_2}$$

式中，A_{s_1}、A_{s_2} 为背景吸收，与波长关系不大，主要取决于样品的浑浊程度等；I_{01}、I_{02} 表示两个波长处由于光源输出，单色器分光等不同产生的入射光强度的差别。一般情况下：

$$I_{01} = I_{02}, \quad A_{s_1} = A_{s_2}$$

因此，$\Delta A = A_{\lambda_2} - A_{\lambda_1} = -\lg I_2 / I_2 = (\varepsilon_{\lambda_2} - \varepsilon_{\lambda_1})bc$，即两束光通过吸收池后的吸光度差与待测组分浓度成正比。

（2）双波长分光光度法的特点

① 可用于悬浊液和悬浮液的测定，消除背景吸收。

因悬浊液的参比溶液不易配制，使用双波长分光光度法时，可固定 λ_1 为不受待测组分含量影响的等吸收点（于样品中依次加入待测组分，记录吸收光谱，得到的吸光度重叠的点为等吸收点），如图 13-34 所示，测定 λ_2 处的吸光度变化，可以抵消浑浊的干扰，提高测定精度（因为使用同一吸收池）。

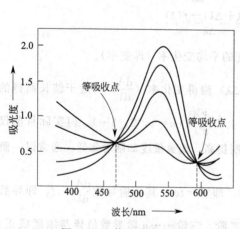

图 13-34 等吸收点示意

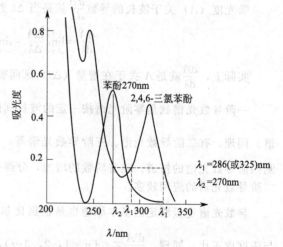

图 13-35 2,4,6-三氯苯酚存在下苯酚的测定

② 无需分离，可用于吸收峰相互重叠的混合组分的同时测定。

设有混合组分 x 和 y：

λ_1：
$$A_1 = \varepsilon_1^x bc^x + \varepsilon_1^y bc^y$$
λ_2：
$$A_2 = \varepsilon_2^x bc^x + \varepsilon_2^y bc^y$$
$$\Delta A = A_2 - A_1 = (\varepsilon_2^x - \varepsilon_1^x)bc^x + (\varepsilon_2^y - \varepsilon_1^y)bc^y$$

选择 λ_1 和 λ_2，使 $\varepsilon_2^y = \varepsilon_1^y$，即 λ_1 和 λ_2 是 y 等吸收点的波长，则 $\Delta A = (\varepsilon_2^x - \varepsilon_1^x)bc^x$。

从而消除了 y 的干扰。如果体系中不存在等吸收点，可以通过作图法选择干扰组分的等吸光点，如图 13-35 所示，也可以消除干扰。

③ 可测定导数谱。固定 λ_1 和 λ_2 两波长差为 1～2nm 进行波长扫描，得到一阶导数光谱（$\Delta A/\Delta\lambda$-λ）。有时仪器还带有测定二阶导数光谱的电路。

④ 可用于测定高浓度溶液中吸光度在 0.005 以下的痕量组分。

七、动力学分光光度法

动力学分光光度法是利用反应速率参数测定待测物型体原始浓度的方法。设有一个反应速率较慢的显色反应，因催化剂 H 的存在而加速：

$$dD + eE \xrightleftharpoons{H} fF + gG$$

若 F 为在紫外-可见区有吸收的化合物，则 F 的生成反应速率可表示为：

$$\frac{dc_F}{dt} = k_f c_D^d c_E^e c_H$$

准零级法或初始速度法是指只在占完成反应总时间的 1%～2% 的起始期间内测量速度数据，此时反应物 D、E 消耗不大，近似等于起始浓度 $[D]_0$、$[E]_0$，为常数。同时形成产物的量可以忽略不计。若逆反应可以不考虑，催化剂 H 的量也可视为不变。则上式可变为：

$$\frac{dc_F}{dt} = k' c_H$$

其中 k' 为常数，积分得：

$$c_F = k' c_H t$$

因此，吸光度：

$$A = \varepsilon b c_F = \varepsilon k' c_H t = k c_H t$$

上式为动力学分光光度法的基本关系式。

测定 c_H 的方法如下。

（1）固定时间法　在催化反应进行一段固定时间（t=常数）后，用快速冷却、改变酸度、加入催化剂活性抑制剂等方法终止反应，测定体系吸光度。t 为常数时，$A = k_1 c_H$。选择一系列 c_H 的标准溶液，并测定固定时间 t 时的吸光度 A，绘制 A-c_H 工作曲线，由待测样在 t 时的吸光度值求得 c_H。

（2）固定浓度法　测量显色产物 F 达到一定浓度（一定吸光度值）时所需的时间。c_F 为常数时，$c_H = K/t$。配制一系列不同浓度 c_H 的标准溶液，测定达到一定吸光度 A 时的时间 t，绘制 c_{11}-$1/t$ 工作曲线，由待测样经反应达到 A 时所需要的时间 t 求得 c_{11}。

（3）斜率法　由吸光度 A 随反应时间的变化速率 $\Delta A/\Delta t$ 来测定 c_H。因为 $\Delta A/\Delta t = k c_H$，配制标准溶液具有不同的 c_H，分别测定 A-t 曲线，求得曲线斜率 $\Delta A/\Delta t$，再绘制 $\Delta A/\Delta t$-c_H 工作曲线。对待测样也同样测定 A-t 曲线，求得曲线斜率 $\Delta A/\Delta t$，从 $\Delta A/\Delta t$-c_H 工作曲线上求得 c_H。斜率法实验数据多，准确度高。如图 13-36 所示为催化反应测定痕量钨酸根的示意。

动力学分光光度法的特点是灵敏度高（10^{-6}～10^{-9} g/mL，有的可达 10^{-12} g/mL），但由于影响因素多，不易严格控制，测定误差较大。

八、反射光谱法

反射光谱法测定的是从样品表面反射回来的辐射能量大小。反射率定义为：$R = I/I_0 \times 100\%$。I 为被反射的辐射强度，I_0 为从某些标准表面反射回来的辐射强度。镜面反射具有定义明确的反射角，如从镜面的反射一样；而漫反射时，部分被反射表面吸收，部分被反射表面散射。反射光谱的测定是在紫外-可见分光光度计上加一个可进行反射操作的附件，如图 13-37 所示。

图 13-37（a）中两个对角镜用于发射从样品反射过来的光线。图 13-37（b）是用于反射光谱测定的积分球附件。从单色器过来的双光束通过两个窗口进入积分球，照射在样品及参比上，反射光进入光电倍增管，后者交互测定样品及参比的漫反射。除去吸收池，样品可以是染色线、膜的涂层等固体样品，此时参比处放置 MgO 标准白板。积分球内表面涂有高漫反射材料的 $BaSO_4$，可以使反射能量均匀化，在球内任一给定点反射光的强度都与空间分布无关，而与样品的漫反射率成正比。

如图 13-38 所示为反射光谱在工业上的一个应用实例。不同颜色的光在某一波段区内应有恒定的反射率。白纸在可见光区（400～750nm）R 应一定。R 变化较大时，质量较差。

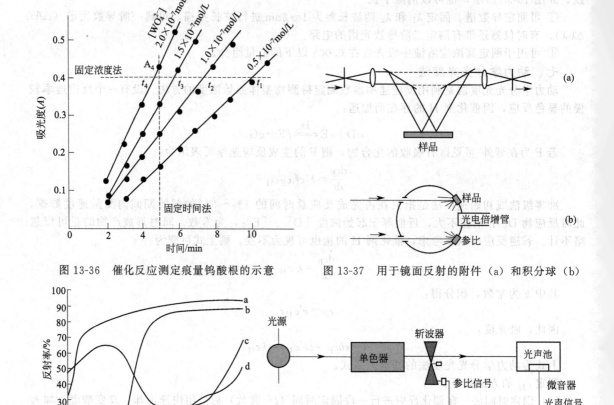

图 13-36　催化反应测定痕量钨酸根的示意　　　图 13-37　用于镜面反射的附件（a）和积分球（b）

图 13-38　颜色纸的反射光谱
a—较差的白色纸；b—黄色纸；
c—紫色纸；d—栗色纸；
参比材料：$MgCO_3$

图 13-39　光声光谱仪的原理

九、光声光谱法

光声光谱法是 1970 年以后发展起来，可用于测定固体、半固体状态的生物组织或浑浊液体样品的紫外-可见吸收光谱。而普通的紫外-可见吸收光谱法由于散射及反射的影响，不能得到这类样品的理想谱图。

（1）光声效应　1880 年 Alexander Graham Bell 等人研究光吸收效应时发现了光声效应，以经过斩光器调制的入射光照射密闭池中的气体时，气体对光产生吸收，被吸收的辐射使气体产生周期性热能，热能反过来使气体压力发生周期性涨落。如果斩光速率落在音频范围，气体压力脉冲可用灵敏的微音器检测。

（2）光声光谱仪　如图 13-39 所示为光声光谱仪的原理。光声光谱仪的结构与一般分光光度计类似，由光源、单色器、光声池、放大与读数系统组成。光声池要求密闭，窗口材料要有良好的透光性。由光源出来的光束，经单色器分出所需要的光，再经斩光器调制为一定频率的脉冲光束后投射到光声池中的样品上。样品吸收入射光束后将光能转变为热能并传递给池内的填充气，热能转化为气体分子的动能，使光声池内气压上升，产生压力波动并作用于池内的微音器，得到光声信号。经相敏放大器放大后，对入射波长扫描，得到样品的光声光谱图。

（3）光声光谱法的定量基础　光声信号的能量与入射光束吸收的能量成正比，根据吸收定律：

$$P = P_0[1 - \exp(-2.3\varepsilon bc)]$$

式中　P_0——入射光强；

　　　P——样品吸收的能量。

样品吸收的能量很小时，上式可简化为：

$$P = 2.3\varepsilon bc P_0$$

样品吸收能量，只有通过非辐射跃迁方式将吸收的能量转变为热能，才能对光声信号贡献。若以 B 代表吸收的能量转化为热能的转换效率，则光声信号的能量 P_{pas} 为：

$$P_{pas} = 2.3\varepsilon bc P_0$$

（4）光声光谱法的特点及应用　光声光谱法的特点是对样品反射、散射无响应，可用于蛋白质和各种胶体等高散射性物质的测定。其次，光声光谱法的灵敏度比普通分光光度法高 2~3 个数量级。该法可用于下列样品的分析：

① 不透明固体、液体以及气体的痕量分析，可在紫外-可见及红外区获得光谱信息；

② 可用于绝缘体、半导体、金属、半固态状态的生物组织、粉末、凝胶状试样的分析；

③ 薄层板上的直接分析。

如图 13-40 所示为全血涂片、除去血浆的红细胞、从红细胞萃取的血红蛋白的光声光谱图。一般吸收光谱测定时，即使很稀的全血溶液也不能得到满意的光谱，因为红细胞、蛋白质、脂质分子会引起强的散射，而光声光谱无需预先分离就可得到满意的光谱。

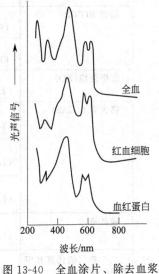

图 13-40　全血涂片、除去血浆的红细胞、从红细胞萃取的血红蛋白的光声光谱图

十、胶束增溶分光光度法

胶束增溶分光光度法，是利用表面活性剂胶束的增溶、增敏、增稳、褪色、析相等作用，以提高显色反应的灵敏度、对比度或选择性，改善显色反应条件，并在水相中直接进行光度测量的光度分析方法简言之，胶束增溶分光光度法是指，表面活性剂的存在提高了分光光度法测定灵敏度的一类方法。

十一、无机元素分光光度法

表 13-20 列出了各种无机元素的分光光度法的条件和参数。

表 13-20　各种无机元素的分光光度法的条件和参数

元素	显色剂	最大吸收波长（摩尔吸光系数）/nm	测定范围/($\mu g/mL$)	测定条件	干扰
Ag	二乙基二硫代氨基甲酸铜[$Cu(DDTC)_2$]	435	0.5~5	pH=8,苯或四氯化碳萃取	Au、Hg、Tl
	秋兰姆-铜	440	0.5~5	pH=3.9,苯萃取	Au(Ⅲ)、Hg(Ⅱ)、Pd(Ⅱ)、Cl^-、NO_3^-
	双硫腙(H_2Dz)	462 (2.7×10⁴)	0.2~2	pH=4~5,苯或四氯化碳萃取	Au(Ⅲ)、Cu(Ⅱ)、Hg(Ⅱ)、Pd(Ⅱ)、Pt(Ⅱ)、Cl^-
	喹哪啶红	525 (3.78×10⁴)	0~1.5	氨性,MIBK-乙酸异戊酯(6+4)萃取	Al、Au、Cu、Fe、Hg、Pb、Pt、U(Ⅳ)、Zn
	曙红	550 (3.5×10⁴)	0.1~2	pH=4~8,EDTA,邻二氮菲存在	Ir(Ⅳ)、CN^-
	对二乙氨基亚苄基罗丹宁	595 (2.32×10⁴)	0.05~1	0.05mol/L 硝酸	Au(Ⅲ)、Cu(Ⅱ)、Hg、Pd、Pt
	乙基紫	610 (1.03×10⁵)	0.1~1	0.05mol/L,溴化钾存在,甲苯萃取	Bi
	溴连苯三酚红(BPR)	635 (5.1×10⁴)	0.02~0.2	pH=7,EDTA,邻二氮菲存在	Au(Ⅲ)、Nb(Ⅴ)、Th(Ⅳ)、U(Ⅳ)、CN^-、$S_2O_8^{2-}$

元素	显色剂	最大吸收波长（摩尔吸光系数）/nm	测定范围/(μg/mL)	测定条件	干扰
Al	8-羟基喹啉（HOx）	390（420）（7×10^3）	0.04～1	pH=4.8～5.2，三氯甲烷或甲苯萃取	Bi、Ce、Cr、Cu、Fe、Ni、Ti、U、V、Zr
	铝试剂	525（1.4×10^4）	0.04～0.4	pH=4.5～5.0，淀粉存在	Ag、Be、Co、Cr、Cu、Pb、Sc、Sn（Ⅱ）、Th、Ti、V、Zr
	铬青 R（ECR）	535（8.0×10^3）	0.04～0.4	pH=5±1，巯基乙酸存在	Be、Cr、V、Zr
		595（1.0×10^5）	0.01～0.2	pH=5±1，松脂胺、巯基乙酸存在	Ti、V、Zr
	二甲酚橙（XO）	536（2.11×10^4）	0.1～1	pH=3.4	Bi、Fe（Ⅲ）、Th、Ti（Ⅳ）、Sc、V、Y、Zr、F⁻、EDTA
	铬天青 S（CAS）	567.5（3.84×10^4）	0.04～1.4	pH=4～6	Be、Cr（Ⅲ）、Sn（Ⅳ）、Th、V（Ⅴ）、W（Ⅵ）、Zr、F⁻
		620（1.08×10^5）	0.01～1.0	pH=5.9，CTMAC存在	
		656（1.35×10^5）	0～0.16	pH=6.0～7.4，溴化辛基三甲铵、硫酸辛酯钠存在	
	磺基铬	610（1.02×10^5）		pH=5.8～6.5，CPC存在	
As	二乙基二硫代氨基甲酸银（AgDDTC）	540（1.3×10^3）	0.2～2	硫酸酸性，还原为AsH₃气化	Ag、Co、Hg、Ni、Pd、Pt
	钼酸铵	725（2.7×10^4）	0.1～2	2mol/L硝酸，正丁醇-乙酸乙酯萃取，二氯化锡还原	P
Au	N,N′-四甲基联甲苯胺	485（5.0×10^4）	0.2～1	硫酸酸性	Ce、Cr（Ⅵ）、Ir、Mn（Ⅶ）、V（Ⅴ）、NO₂⁻
	2,2′-二吡啶酮肟	495（2.0×10^4）	1～10	pH=2～3.5，高氯酸钾存在，三氯甲烷萃取	Co、Pd
	4,4′-双（二甲氨基）硫代二苯甲酮	545（1.5×10^5）	0.5～2	pH=3.0±0.2，异戊醇萃取	Ag（Ⅰ）、Hg（Ⅱ）、Pd
	对二甲氨基亚苄基罗丹宁	562	0.05～0.6	盐酸酸性	Ag、Bi、Cd、Fe（Ⅲ）、Pd、Pt、Sb、Zn
	罗丹明B	565（9.7×10^4）	0～10	0.5mol/L盐酸，异丙醚萃取	Fe（Ⅲ）、Ga、Sb（Ⅴ）、Sn（Ⅱ）、Tl（Ⅲ）、V
	乙基紫	606（7.03×10^4）	0～5	0.6～0.9mol/L盐酸，苯萃取	Co、Cr（Ⅲ）、Fe（Ⅲ）、Hg（Ⅱ）
	胜利蓝 4R（VB4R）	608（5.5×10^4）	0.1～6	1.5mol/L H₂SO₄，氯化钠存在，苯萃取	Ag、Hg、Re、Sb、Tl
B	1,8-二羟基四溴蒽醌	540（9×10^3）	0.05～0.5	硫酸	Fe（Ⅲ）、Ti、Zn、NO₃⁻、PO₄³⁻、C₂O₄²⁻
	姜黄素	550（9.3×10^4）	0.004～0.08	氢氧化钠碱性，草酸存在	Al、Be、Fe（Ⅲ）、Mg、Mo（Ⅵ）、Nb、Ta、Ti、Zr、F⁻、NO₃⁻、PO₄³⁻
	胭脂红酸	585（4.9×10^3）	0.045～0.9	硫酸	Cu、Mn（Ⅶ）、Mo（Ⅵ）、F⁻、NO₃⁻、NO₂⁻

元素	显色剂	最大吸收波长（摩尔吸光系数）/nm	测定范围/(μg/mL)	测定条件	干扰
B	醌茜素	620 (6.9×10^3)	0.09~0.7	硫酸	Cr（Ⅵ）、Ge、Mn（Ⅶ）、Ti、F^-、NO_3^-
	1,1′-二蒽醌亚胺	620 (1.2×10^4)	0.04~0.4	硫酸	Co、Cr（Ⅲ）、Cu（Ⅱ）、Ge、Ni、Se、Te、Br^-、F^-、I^-、氧化剂
	亚甲基蓝	657 (1.6×10^5)	0.004~0.05	$3mol/L\left(\frac{1}{2}H_2SO_4\right)$氢氟酸存在，煮沸，稀至 pH<1 显色	As（Ⅲ）、Cr（Ⅵ）、Hg（Ⅱ）、Mn、Cl^-、ClO_4^-、NO_3^-
Be	铬青 R(ECR)	512	0.04~0.4	pH=10，EDTA 存在	Fe
	对亚硝基苯偶氮甲苯二酚(p-NPAO)	515	0.2~4	pH=13，EDTA 存在	F^-
	铝试剂	530 (1.15×10^4)	0.1~1	pH=4~8，EDTA 存在	Cr
	铬天青 S(CAS)	615 (5.2×10^4)	0.01~0.3	pH=6.5，EDTA 存在	
Bi	碘化钾	465 (1.3×10^4)	0~1mg	$0.5\sim1mol/L(H_2SO_4)$异戊醇萃取	Fe、Pd、Pt、Sb、Sn、Te、Tl
	硫脲	470 (1.0×10^4)	0~1mg	$0.4\sim1.2mol/L\ HNO_3$，硫酸肼存在	As、Fe、Sb、Sn
	二硫代吡啶甲烷	535 (1.26×10^4)	0.2~50	$0.2\sim2mol/L\left(\frac{1}{2}H_2SO_4\right)$抗坏血酸、酒石酸存在	Sb
	甲基绿(MG)	650 (4.3×10^4)	0.1~5	$1\sim3mol/L\left(\frac{1}{2}H_2SO_4\right)$，碘化钾存在，苯-硝基苯(1+1)萃取	Au、Hg、Te
Br^-	硫氰酸汞	460	1~50	Fe（Ⅲ）存在，间接测定	Cl^-、I^-、CN^-、SCN^-、S^{2-}
	硝酸汞-双硫腙	560	0.1~2.5	四氯化碳萃取过量Hg（Ⅱ）与双硫腙的络合物，间接测定	Ag、Cl^-、I^-、CN^-、SCN^-、S^{2-}
	玫瑰苯胺	570	0.4~3	硫酸酸性	I^-
Ca	紫脲酸铵(MX)	506 (1.0×10^4)	0.1~4	pH=11.3	Ba、Fe（Ⅲ）、Hf、Hg、Li、Mg、Sr、Zr、SO_4^{2-}
	钙色素	520	0.1~4	pH>12	Ba、Mg、Na、PO_4^{3-}、SO_4^{2-}、$C_2O_4^{2-}$
	乙二醛缩双邻氨基苯酚(GBHA)	520 (16350)	0.06~2.5	pH=12.6，三氯甲烷-异戊醇萃取	Ba、Cd、Co、Fe、Ni、Sr、Zn
	邻甲酚酞络合剂(PC)	575	约1	pH=10	Ba、Mg、Sr
	对硝基苯偶氮变色酸	630 (1.8×10^5)		pH=3~5,75%丙酮溶液	

元素	显色剂	最大吸收波长（摩尔吸光系数）/nm	测定范围/(μg/mL)	测定条件	干扰
Cd	5-苯基-10,15,20-三(4-磺基苯)卟吩[PT(4-SP)P]	432 (4.45×10^5)		pH=10~13.5,2,2'-联吡啶存在	
	5,10,15,20-四(4-羧基苯)卟吩[T(4-CP)P]	433 (4.58×10^5)	0~0.24	pH=9,吡啶存在	
	双硫腙	518 (8.0×10^4)	0.05~1.0	pH>12,三氯甲烷萃取	Hg、Tl
	1-(2-吡啶偶氮)-2-萘酚(PAN)	550	0.1~1.5	pH=9.5,苯萃取	Mn、Zn
	乙二醛缩双邻氨基苯酚(GBHA)	610 (2.6×10^4)	0.2~4	pH=12,三氯甲烷-吡啶(5+1)萃取	Co、Ni、Pb、Zn
Co	噻吩甲酰三氟丙酮(TTA)	450	1~10	1mol/L $\left(\frac{1}{2}H_2SO_4\right)$ 溴酸钠存在,苯萃取	Fe、Mn、Mo、Ti、V、Cl$^-$
	亚甲基蓝	510 (9.5×10^3)	1~10	pH=9.6,苯萃取	Mn、NH$_4^+$、NO$_3^-$、Cl$^-$、ClO$_4^-$
	偶氮硝羧	730 (1.6×10^5)		pH=1.8~3.3	
Cl	铬酸银	405	5~80	pH=6~7,间接测定	Al、Cu、Fe、Br$^-$、I$^-$、CN$^-$、SCN$^-$、S^{2-}、PO$_4^{3-}$
	硫氰酸汞	460	0.1~25	酸性,Fe(Ⅲ)存在,间接测定	Ag、Hg、Br$^-$、I$^-$、CN$^-$、SCN$^-$、S^{2-}、S$_2$O$_3^{2-}$
	硝酸汞-双硫腙	520	约0.7	硝酸酸性,苯萃取,间接测定	Ag、Cu、Fe(Ⅲ)、Br$^-$、CN$^-$、SCN$^-$、S^{2-}、S$_2$O$_3^{2-}$
	铬酸银-二苯胺基脲	540	约1	pH=6~7,间接测定	Br$^-$、I$^-$、还原剂
Co	1-亚硝基-2-萘酚	410 (4.0×10^4)	0.1~1.5	pH=3.9,苯萃取	Fe(Ⅱ)、Sn(Ⅱ)
	亚硝基R盐(NRS)	420 (3.3×10^4)	0.1~2	pH=5~8	Ce(Ⅳ)、Cu、Cr(Ⅵ)、Fe(Ⅱ)、Ni、氧化剂、还原剂
	搔洛铬红B(SRB)	493 (1.68×10^6)		pH=10~11	Au、Cu、Cr(Ⅲ)、Ni、In、Pd
	2-亚硝基-1-萘酚	530 (1.6×10^4)	0.05~2	pH=4~9,三氯甲烷萃取	Pt、Pd、Au、多量Cu
	4-[(5-氯-2-吡啶)偶氮]-1,3-二氨基苯(5-Cl-PADAB)	570 (1.13×10^5)	0.02~0.16	pH=5,焦磷酸钠存在	Pd、V、Cr(Ⅵ)、Fe(Ⅱ)、Sn(Ⅱ)、NO$_2^-$
	1-(2-吡啶偶氮)-2-萘酚(PAN)	640 (2.0×10^4)	0.2~3	pH=4.5,三氯甲烷萃取	Cu、Ni
Cr	2-甲基-8-羟基喹啉	410 (7.93×10^3)	0.1~7	pH=5.3~6,三氯甲烷萃取	Ga、In
	二苯胺基脲	542 (3.4×10^4)	0.02~1	0.12~0.24mol/L $\left(\frac{1}{2}H_2SO_4\right)$	Mo(Ⅵ)、Fe(Ⅲ)、V(Ⅴ)、Hg、多量Ag、Cu、Au、Co、Ni
	乙二胺四乙酸	550 (1.4×10^2)		pH=4	Cu、Co、Fe、Ni
	邻羟基对苯二酚酞	560 (1.64×10^5)		pH=5.8,CTMAC存在	

元素	显色剂	最大吸收波长（摩尔吸光系数）/nm	测定范围/(μg/mL)	测定条件	干扰
Cu	5,10,15,20-四(4-磺基苯)卟吩	413 $(4.76×10^5)$		pH=2.5	Pd、Fe(Ⅱ)、Zn
	5-苯基-10,15,20-三(4-磺基苯)卟吩	413 $(5.1×10^5)$	0.006～0.06	pH=4.0	Zn
	5,10,15,20-四(4-羧基苯)卟吩	416 $(4.2×10^5)$	0～0.14	pH=5.5,盐酸羟胺存在	Pd
	8,8′-二硫联喹啉	432 $(7.5×10^3)$		pH=4～11,抗坏血酸存在,三氯甲烷萃取	Au、Se、SCN⁻
	5,10,15,20-四(3-N-甲基吡啶)卟吩	434 $(3.5×10^5)$	1～13	pH=6	
	二乙基二硫代氨基甲酸钠(DDTG)	436 $(1.42×10^4)$	0～3	pH=5.7～9.2,EDTA、柠檬酸盐存在,三氯甲烷萃取	Bi、Pd、Pt、Sb(Ⅲ)、Te(Ⅳ)、Tl(Ⅰ)
	二苄基二硫代甲酸锑(SbDBDC)	440 $(1.4×10^4)$	0.25～2	pH=4～5,四氯化碳萃取	Bi
	2,9-二甲基-1,10-二氮菲	457 $(7.95×10^3)$	0.4～8	pH=4～8,盐酸羟胺存在,三氯甲烷萃取	As、Cd、Fe、Pb、Sn、CN⁻、S²⁻
	铬天青S(CAS)	530 $(4.76×10^4)$	0.04～1.2	pH=9.0～11.5,DTM存在	Cr(Ⅲ)、Fe(Ⅲ)、Pd
		620 $(1.4×10^5)$		pH=10,Zeph存在	
	双环己酮草酰二腙(BCO)	600 $(1.65×10^4)$	0～1.6	pH=8.9～9.2	Ca、Cr、Ni
F	锆-茜素S	525	0～10	弱酸性,间接测定	Cl⁻、PO₄³⁻、SO₄²⁻
	锆-铬青R	525	0.1～1.2	盐酸酸性,间接测定	Al、PO₄³⁻、SO₄²⁻
	铝-苏木精	550	0.1～1	pH=4.6,间接测定	PO₄³⁻、SO₄²⁻
	镧-茜素络合剂	620 $(1.1×10^4)$	0.08～1.2	pH=4.5～4.9,间接测定	Al、Cd、Co、Cu、Fe、Be、Pb
Fe	5-苯基-10,15,20-三(4-磺基苯)卟吩	395 $(1.4×10^5)$		pH=4.0,抗坏血酸存在	
	N-苯甲酰苯基羟胺	440	0～15	pH=2.5～3.0,过氧化氢、酒石酸存在	Ti
	硫氰酸钾	480 $(8.5×10^3)$	1～10	酸性	Ag、Bi、Cu(Ⅱ)、Hg(Ⅱ)、Mo、Ti、U
	邻二氮菲	508 $(1.11×10^4)$	0.25～2.5	pH=2～9,盐酸羟胺、柠檬酸存在	Co、Cr、Cu、Ni、Sn
	2,2′-联吡啶(bipy)	522 $(8.65×10^3)$	0.32～3.2	pH=3.9,盐酸羟胺存在	Ag、Co、Cr、Cu、Hg、Ni、Te、NO₃⁻
	4,7-二苯基-1,10-二氮菲	533 $(2.22×10^4)$	0.13～1.3	pH=2～9,盐酸羟胺存在,异戊醇萃取	Co、Cu
	2,4,6-三(2-吡啶)均三嗪(TPTZ)	595 $(2.26×10^4)$	0.12～1.2	pH=2.7～7.0,盐酸羟胺存在,硝基苯萃取	Co、Ni、Ti、Zn
Ga	4-(2-吡啶偶氮)间苯二酚(PAR)	513 $(1.07×10^5)$	0.04～0.6	pH=6.0±0.5,Zeph存在,三氯甲烷萃取	
	罗丹明B	565 $(6.0×10^4)$	0～1	6mol/L盐酸,甲苯-MIBK(3+2)萃取	Au、Sb、Sn
	2-[(5-溴-2-吡啶)偶氮]-5-二乙氨基酚(5-Br-DEPAP)	570 $(1.13×10^5)$		pH=3	Al、Fe、In

元素	显色剂	最大吸收波长 (摩尔吸光系数) /nm	测定范围 /(μg/mL)	测定条件	干扰
Ga	邻苯二酚紫(PV)	600 (1×10^5)		pH＝5，二苯胍存在，三氯甲烷萃取	Fe、Al、In、Sc、Bi、Ti(Ⅳ)、V(Ⅴ)、Zr、Sn、W(Ⅵ)
	孔雀绿	660 (9.9×10^4)	0～0.8	6～6.5mol/L 盐酸，苯-四氯化碳(4＋4)萃取	Au(Ⅲ)、Fe(Ⅲ)、Sb(Ⅴ)、Tl(Ⅲ)
Ge	钼酸铵	440 (2.0×10^3)	0.5～50	5mol/L CH_3COOH	As、Fe、P、Sb、Sn、Si
		830 (1.0×10^4)	0.4～4	$0.1\sim0.2$ mol/L $(\frac{1}{2}H_2SO_4)$，硫酸亚铁还原	Bi、Fe、Pb、Si
	苯芴酮	505 (1.71×10^5)	0.02～0.16	1～1.5mol/L HCl，CT-MAC 存在	V(Ⅴ)、NO_3^-
		508 (1.6×10^5)	0.05～0.5	8～9mol/L HCl，四氯化碳萃取	V(Ⅴ)、NO_3^-
	二甲氨基苯芴酮	510	0.1～1	0.5mol/L HCl	Ce、Fe、Sb、Sn、V
	氧化苏木精	550	0.2～1.6	pH＝2.3～4	Fe、Sb、Sn
	连苯三酚	635 (1.1×10^5)		pH＝4.2，亮绿存在，苯萃取	
Hf	二甲酚橙(XO)	530～540 (4.87×10^4)	0.28～10	5mol/L $HClO_4$，过氧化氢存在	Zr
Hg	对二甲基氨基亚苄基罗丹宁	475	0.1～2	0.07mol/L HNO_3	Ag、Au、Pd、Pt、Cl^-、SO_4^{2-}
	双硫腙(H_2Dz)	485 (7.1×10^4)	0.1～2	pH＝2～5，四氯化碳萃取	Ag、Au、Cu、Pd、Pt
	o,o'-二甲基双硫腙	486	0.2～3	pH＝1～3，柠檬酸、EDTA存在，四氯化碳萃取	Ag
	2,2'-联吡啶-铁(Ⅱ)	526	1～10	酸性，1,2-二氯乙烷萃取	Sn(Ⅱ)、I^-、ClO_4^-
I	硫氰酸汞	460	1～60	酸性	Ag、Hg、Br^-、Cl^-
	I_2-淀粉	590 (1.05×10^5)	0.1～5.0	酸性	氧化剂
In	8-羟基喹啉	400 (6.4×10^3)	1～20	pH＝3.5～4.5，三氯甲烷萃取	Al、Bi、Co、Cu、Fe、Ga、Mo、Ni、Sn、Tl、V
	双硫腙(H_2Dz)	510 (4.7×10^4)	0.2～1	pH＝5.2～6.3，四氯化碳萃取	Co、Ni、Sn
	二甲酚橙(XO)	570 (1.9×10^4)		pH＝1.5～2，氯化甲基三辛铵存在	Hg、Zr
	1-(2-吡啶偶氮)-2-萘酚(PAN)	545 (2.3×10^4)	0.2～5	pH＝5～6，三氯甲烷萃取	
	结晶紫	610 (9.25×10^4)	0～1.5	1.5～2.5mol/L $(\frac{1}{2}H_2SO_4)$及0.3～0.6mol/L KI苯萃取	Au、Cd、Cu、Pb、Sb(Ⅲ)、Sn(Ⅳ)、Tl(Ⅰ)、W(Ⅵ)
	孔雀绿	635	0～2	1mol/L HBr，苯萃取	Fe
Ir	氯化亚锡-氢溴酸	402 (4.96×10^4)	0.5～3	1mol/L HBr，二氯化锡存在	Co、Cu、Fe、Ni、Pd、Rh、Pt
	铈(Ⅳ)	510	20～75	硫酸酸性	Pd、NO_3^-
	高氯酸-磷酸-硝酸	564	10～75	酸性	Pd
	4,4′,4″-六甲基三氨基三苯甲烷	590 (4.8×10^4)	0.5～4	pH＝3.6～3.9，高氯酸、硝酸、磷酸存在	Au(Ⅲ)、Ru、Fe(Ⅲ)

元素	显色剂	最大吸收波长（摩尔吸光系数）/nm	测定范围/(μg/mL)	测定条件	干扰
La	茜素红（ARS）	550	4~12	pH=4.5~7	稀土
	甲基百里酚蓝（MTB）	610 (2.54×10⁴)	0~4	pH=6.4	
		653 (8.12×10⁴)	0~4	pH=8.0	稀土、Be、Co、Cr（Ⅲ）、Ni、Pb、Zn
	二甲酚橙（XO）	610 (1.02×10⁵)	0.8~4	pH=8.6,CPB存在	稀土、Be、In
	偶氮胂M	640 (8.6×10⁴)	0.04~0.6	pH=3	Ba、Ca、Cu、Pb、Sr、Th、稀土
	偶氮胂Ⅲ	650 (4.46×10⁴)	0.2~1.5	pH=3	稀土
	偶氮氯膦Ⅲ	675 (1.6×10⁵)		pH=2.5~3.5,氯化二苯胍存在	Dy、Sc、Y、Yb
	偶氮硝羧	730 (1.56×10⁵)		pH=2~2.5	
Li	钍试剂（APANS）	480 (6.0×10³)	0.1~1	0.4%氢氧化钾、丙酮存在	Al、Ca、Cd、Co、Cr、Mg、Mn、Ni、U、V、Zr
Mg	二甲苯胺蓝Ⅱ	510 (3.0×10⁴)	0.02~0.4	氨性,乙醇存在	Al、稀土、重金属
	铬黑T（EBT）	520 (2.1×10⁴)	0.05~1	pH=10,盐酸羟胺、三乙醇胺存在	Cu、Mn、Pb、Zn、PO_4^{3-}
	达旦黄	545 (3.6×10⁴)	0.5~5	pH>12,动物胶存在	Al、Ca、Cd、Co、Fe、NH_4^+、Zn、PO_4^{3-}
	邻甲酚酞络合剂（PC）	570 (1.8×10⁴)	0.02~0.12	pH=10.2	Al、Ba、Ca、Cr、Fe、Mn、Pb、Sr
	甲基百里酚蓝（MTB）	610 (1.52×10⁴)	0.01~1	pH=9.3~10.4,甲醇存在	Al、Ca、Cr、Mn
	噻吩甲酰三氟丙酮（TTA）	670	0~0.6	0.06mol/L $NH_3 \cdot H_2O$,氨水、酒石酸、EGTA及亚甲基蓝存在,苯萃取	
Mn	2-甲基-8-羟基喹啉	395 (1.06×10⁴)	0.2~5	pH=12.0±0.5,三氯甲烷萃取	Fe、V
	甲醛肟	450 (1.1×10⁴)	0.04~2	pH=10,EDTA、盐酸羟胺存在	Co、Cu、Fe、Ni、V
	4-(2-吡啶偶氮)间苯二酚（PAR）	500 (7.3×10⁴)	0.008~0.4	pH=9.7~10.7	Co、Cr、Fe、Mg、Ni、Zn
	高碘酸钾	525 (2.35×10³)	0.05~10	3~6mol/L H_2SO_4 和4~7mol/L HNO_3,磷酸存在	还原性物质
	过硫酸铵	525 (2.35×10³)		0.25mol/L H_2SO_4 及硝酸,硝酸银存在	Cr(Ⅵ)、V(Ⅳ)
	2,7-二（4-羧基苯偶氮)-1,8-二羟基萘-3,5-二磺酸	710 (1.5×10⁵)		水-丙酮(4+96)	
Mo	硫氰酸钾	460 (1.66×10⁴)	0~3	1.0~2.5mol/L $\left(\frac{1}{2}H_2SO_4\right)$ 或1.8mol/L $HClO_4$,抗坏血酸存在	Nb、W

元素	显 色 剂	最大吸收波长 (摩尔吸光系数) /nm	测定范围 /(μg/mL)	测 定 条 件	干 扰
Mo	邻羟基对苯二酚酞	520 (1.3×10^5)	0~0.96	pH=1.8,LT-221 存在	
	邻苯二酚紫(PV)	560 (6.25×10^4)	0.01~1	pH = 0.2 ~ 0.6, CTAB 存在	Sn(Ⅳ)、W(Ⅵ)
	甲苯-3,4-二硫酚	675 (2.0×10^4)	0~5	1.2~2.4mol/L HCl,四氯化碳萃取	W
N(NH₃)	奈斯勒试剂	400 (6.2×10^3)		碱性	
	1-萘酚-次氯酸钠	550 (1.12×10^4)	0.1~1	碱性,三氯甲烷萃取	
	苯酚-次氯酸钠	625 (3.5×10^3)	0.1~2	碱性	S^{2-}、SO_2、H_2S
	百里酚-次氯酸钠	670 (1.15×10^4)	0.1~2	pH=11.7±0.2,三氯甲烷萃取	EDTA
N(NO₂⁻)	乙酸苯胺-1-萘胺	520	0.01~0.6	pH=3.0~3.2	Cu、Fe、S^{2-}、SO_3^{2-}、SO_2
	对氨基苯磺酸-N-(1-萘)乙二胺	530	0.02~0.5	弱酸性	Cu(Ⅱ)、Fe(Ⅲ)、S^{2-}、SO_3^{2-}、SO_2
N(NO₃⁻)	苯酚-硫酸	410	0.2~2	pH=6.5	Cl^-、NH_3
	水杨酸钠	410	0.1~1	弱酸性	Cl^-、S^{2-}、Fe(Ⅲ)
	铬变酸	410	0.1~10	弱酸性	Cl^-、Cl_2、NO_2^{2-}、Fe(Ⅲ)
	乙酸苯胺-1-萘胺	520	0.02~0.2	pH=3.0~3.2,锌还原	Cu(Ⅱ)、Fe(Ⅲ)、S^{2-}、SO_3^{2-}、SO_2
Nb	硫氰酸钾	384~386 (3.5×10^4)	0.06~2.5	3~5mol/L HCl,二氯化锡存在,乙酸乙酯萃取	Mo、Ta、Ti、V、W
	苯芴酮	502	0.1~2	pH=1,MIBK 萃取	Ge、Mo、Sn
	二甲酚橙(XO)	530	0~4	0.1 mol/L ($\frac{1}{2}H_2SO_4$),EDTA 存在	Cr、V
	4-(2-吡啶偶氮)间苯二酚(PAR)	550 (3.87×10^4)	0.06~2.4	pH=5.6~6.4,EDTA、酒石酸存在	Ta、U(Ⅵ)、V(Ⅴ)
	溴连苯三酚红(BPR)	610 (6.0×10^4)	0.04~1.6	pH=5.8~6.6,EDTA 存在	Ag、Al、Ce(Ⅳ)、Mo、Sb(Ⅴ)、Ta、Th、Tl、U、W、Zr
	氯代磺酚 S	650 (3.3×10^4)	0~2	3mol/L HCl,EDTA 存在	Mo、Zr
Ni	α-联呋喃甲酰二肟(FD)	438 (1.9×10^4)	0.1~3	pH=7.5~9,柠檬酸存在,三氯甲烷萃取	Co、Cu、Mn
	丁二酮肟(DMG)	445~450 (1.6×10^4)	0.1~4	pH=8~10,氧化剂存在	Co、Cr、Cu、Mn
	吡啶-2-醛-2-喹啉腙(PAQH)	480 (5.05×10^4)	0.03~1.2	pH=3~4,柠檬酸钠、巯基乙酸存在显色,pH=10,三氯甲烷萃取	Fe
	苯芴酮	620 (1.04×10^5)		pH=8.5~10.0,CPB 存在	
	铬天青 S(CAS)	639 (1.75×10^5)	0.01~0.2	pH=10.5~11,3,DTM、Py 存在	

元素	显色剂	最大吸收波长（摩尔吸光系数）/nm	测定范围/(μg/mL)	测 定 条 件	干 扰
Os	邻氨基苯甲酸	460 (2.29×10^4)	$2 \sim 6$	pH＝$5.5 \sim 6.5$	Au(Ⅲ)、Al、Bi、Cd、Cu、Pt(Ⅳ)、Sb(Ⅲ)、Th
	硫脲	480 (4.22×10^3)	$1.1 \sim 45$	$2 \sim 4$mol/L HCl	Ir、Pt、Rh
	1-萘胺-4,6,8-三磺酸	575 (2.98×10^4)	$0.1 \sim 6.5$	pH＝$1.5 \sim 2.5$	Al、Co、Cr、Cu、Fe、Ir、Pt、Rh、Bu
	连苯三酚	585 (1.33×10^4)	$1 \sim 15$	pH＝$2.5 \sim 3.5$	Pd、Ru(Ⅳ)
P	钼酸铵-钒酸铵	440 (2.5×10^3)	$0 \sim 8$	0.4mol/L（$HClO_4$）MIBK萃取	
	钼酸铵	655 (5.0×10^5)		pH＝$0.9 \sim 1.2$，亚甲基蓝存在	
		830 (2.68×10^4)	$0.03 \sim 1.2$	$0.8 \sim 1.2$mol/L HNO_3，二氯化锡存在	As、Bi、Ge、Sb、Si、Sn、Th、Ti、V、W、Zr
		725	$1 \sim 15$	$0.8 \sim 1.2$mol/L HNO_3，正丁醇-三氯甲烷（1＋3）萃取，二氯化锡存在	Bi、Sb、Th、Ti、Zr
Pb	二乙基二硫代氨基甲酸铜[$Cu(DDTC)_2$]	435	$0.7 \sim 1.4$	pH＝$11.5 \sim 12.0$，檬柠酸铵、氰化钾存在,四氯化碳萃取	Bi、Cd、Tl
	5,10,15,20-四（4-磺基苯）卟吩[T(4-SP)P]	464 (2.6×10^5)		pH＝$9.5 \sim 10.2$	
	5-苯基-10,15,20-三（4-磺基苯）卟吩[PT(4-SP)P]	464 (2.75×10^5)		pH＝8.5	
	硫代噻吩甲酰三氟丙酮（STTA）	480	$1 \sim 40$	pH＝6.5，四氯化碳萃取	Bi、Cd、Ce(Ⅳ)、Co、Hg(Ⅱ)、Sn(Ⅱ)、Te、Ti
	双硫腙（H_2Dz）	520 (6.9×10^4)	$0.08 \sim 3.2$	pH＝$8 \sim 11.5$，柠檬酸盐存在，四氯化碳萃取	Bi、In、Sn(Ⅱ)、Tl(Ⅰ)
	4-（2-吡啶偶氮）间苯二酚（PAR）	530 (4.0×10^4)	$0.15 \sim 6$	pH＝10	Cd、Co、Cu、Fe、Ni、Zn
	二甲酚橙（XO）	590 (1.7×10^5)	$0.06 \sim 2.4$	pH＝4.5，二苯胍存在，丁醇萃取	
Pd	α-联吡喃甲酰二肟（FD）	420 (1.45×10^4)	$0.2 \sim 5$	$0.1 \sim 1.4$mol/L HCl，三氯甲烷萃取	Fe(Ⅲ)
	5,10,15,20-四（4-磺基苯）卟吩[T(4-SP)P]	435 (5.0×10^5)	$0 \sim 0.25$	pH＝$2.8 \sim 7.0$，抗坏血酸存在	Cu(Ⅱ)、Hg(Ⅱ)
	双十二烷基二硫代乙二酰胺（DDO）	$445 \sim 450$ (1.9×10^4)		$6 \sim 10$mol/L HCl，三氯甲烷-石油醚（1＋3）萃取	NO_3^-、Rh
	二苄基二硫代乙二酰胺（DbDO）	450		$7.5 \sim 10$mol/L HCl，三氯甲烷萃取	NO_3^-
	2-亚硝基-1-萘酚	550	$1 \sim 5$	pH＝$1.5 \sim 3.5$，EDTA存在下显色,pH＝$9 \sim 10$，用苯萃取	

元素	显 色 剂	最大吸收波长(摩尔吸光系数)/nm	测定范围/(μg/mL)	测 定 条 件	干 扰
Pd	孟加拉玫瑰红(RBE)	575 (5.0×10^4)	0.05~2	pH=5~6.5,EDTA、邻二氮菲存在	Au、Pt
		575 (1.25×10^5)	0.02~0.8	pH=7.5~8,EDTA、吡啶存在,三氯甲烷萃取	Au、Hg(Ⅱ)
	邻羟基对苯二酚酞	625 (1.17×10^5)		pH=5	Au、Ni、铂族元素
	二氯化锡	635	8~32	盐酸酸性	
	双硫腙(H_2Dz)	640 (5.7×10^4)	0.2~2	盐酸酸性,三氯甲烷萃取	
	1,5-二(2-氯-5-磺基苯)-3-苯氨猕基甲腙	660 (1.15×10^5)		pH=3	
Pt	二氯化锡	402 (8.14×10^3)	0~25	1~6mol/L HCl	Au、Pd
	双硫腙(H_2Dz)	490 (4.1×10^4)	0.3~3	1~4mol/L HCl,二氯化锡存在,四氯化碳萃取	Ag、Au、Cu、Hg、Pd
	双十二烷基二硫代乙二酰胺(DDO)	510~515 (2.4×10^4)	0.5~5	6~10mol/L HCl,二氯化锡存在,三氯甲烷萃取	Te、NO_3^-
	二苄基二硫代乙二酰胺(DbDO)	520		8~10mol/L HCl,亚硫酸钠存在,三氯甲烷萃取	Te、NO_3^-
	氯磺酚偶氮罗丹宁	520 (1.15×10^5)		1mol/L HCl-2mol/L H_3PO_4	Au、Pd
Re	硫氰酸盐	430 (2.21×10^4)	0.4~8	1mol/L HCl,二氯化锡存在,异戊醇萃取	Au、Cu、Mo、Se、Te、V、W
	丁二酮肟(DMG)	460 (1.9×10^4)	0~20	0.3~0.7mol/L HCl,二氯化锡存在	Mo、Cu、W、V
	α-联呋喃甲酰二肟(FD)	532 (4.13×10^4)	0.4~5	0.65~0.9mol/L HCl,二氯化锡存在	Cu、Mo(Ⅵ)、Pd、Se、NO_3^-、CNS^-
	丁基罗丹明B	565 (3.3×10^4)	0~2.5	3mol/L H_3PO_4,苯萃取	Cr(Ⅵ)
	亚甲基蓝	658 (1.0×10^5)	0~1.5	0.1~2mol/L $\left(\frac{1}{2}H_2SO_4\right)$,1,2-二氯乙烷萃取	NO_3^-、ClO_4^-
Rh	二氯化锡	475 (4.2×10^3)	4~20	1~2mol/L HCl	Pd、Pt、Ru
	对亚硝基二甲苯胺	510 (6.05×10^4)	0.3~1.1	pH=4.4	Ir、Os、Pd、Ru
	8-羟基喹啉	426	0.3~10	pH=4.7~8.2,三氯甲烷萃取	Cl^-、NH_4^+
	孔雀绿	627 (3.4×10^5)	0~0.2	0.65mol/L HCl,二异丙醚萃取	In、Pt
	次氯酸钠	665	5~20	pH=4.7~7.2	Co、Cu、In、Mn、Os、I^-、IO_3^-

元素	显色剂	最大吸收波长（摩尔吸光系数）/nm	测定范围/(μg/mL)	测定条件	干扰
Ru	1,4-二苯缩氨基硫脲	560 (1.01×10^4)	0.25～4	5.5～6.5mol/L HCl,三氯甲烷萃取	Os
	硫氰酸钠	590	1～15	1mol/L NaSCN	
	对亚硝基二甲苯胺	610 (4.68×10^4)	0.1～1.5	pH=4.1,预先蒸馏	
	硫脲	625	0.2～12	盐酸-乙醇	Co、Cr、Os、Pd
	二苯硫脲	650	0～20	4.5～6.5mol/L HCl,三氯甲烷萃取	Os
S	硫氰酸汞-硫酸铁钾	460	0～10	Fe(Ⅲ)存在,间接测定	$S_2O_3^{2-}$、卤化物
	副蔷薇苯胺	548 (4.77×10^4)	0.02～0.7	pH=1.6±0.1	
	硝酸汞-双硫腙	562	0.02～0.4	苯萃取,间接测定	CN^-、$S_2O_3^{2-}$
	亚甲基蓝	650 (3.5×10^4)		三氯甲烷萃取	
	对氨基二甲苯胺(PADA)	668 (4.06×10^4)	0.02～0.8	9mol/L HCl,Fe(Ⅲ)存在	Pb、Se、Te
Sb	罗丹明B	545 (1.28×10^5)	0.05～1.3	1.2mol/L HCl,二异丙酯萃取	Au(Ⅲ)
	甲基紫	600 (4.8×10^4)	0～15	1.5～2mol/L HCl,乙酸戊酯萃取	Cr、Cu、Fe、Mo、V、W
	孔雀绿	628 (7.61×10^4)	0.01～5	1.5～2.5mol/L HCl,苯萃取	Au、As、Ga、Tl、Ti、I^-、ClO_4^-
	亮绿	640 (6.7×10^4)	0.4～4	2～4mol/L HCl,苯萃取	Au、Ta、Tl、ClO_4^-
Sc	8-羟基喹啉(HOx)	378 (6.9×10^3)	0.2～6	pH=2.2～2.3	Al、Fe、Th、Ti、Zr、稀土、F^-
	茜素红S(ARS)	520 (4.8×10^3)	0.2～4	pH=3.5	Al、Ca、Cu、Fe、Hf、La、Th、Ti、U、Zr、稀土
	二甲酚橙(XO)	555 (2.9×10^4)	0.1～2	0.01mol/L $HClO_4$	Fe、Th、F^-、PO_4^{3-}
	铬青R(ECR)	590 (1.48×10^5)		pH=6.2,CTMAC存在	Al、Be、Cu、Fe、Ga
	溴连苯三酚红(BPR)	610 (2.4×10^4)	0.05～2.0	pH=5.0～6.5	重金属、稀土
	偶氮胂Ⅲ	640 (2.9×10^4)	0～2	pH=1.5～2.5	Bi、Ce(Ⅳ)、Cr、Cu、Fe、Mo、Nb(Ⅴ)、Sn、U、V(Ⅴ)、Zr、稀土
Se	邻苯二胺	335～350 (1.77×10^4)	0～2.5	pH=1～2,甲苯萃取	Bi、Fe(Ⅲ)、Sn(Ⅳ)、I^-
	2,3-二氨基萘(DAN)	380 (2.5×10^4)	0.08～3.2	pH=2,EDTA,F^-及草酸存在	Sn(Ⅱ)
	3,3′-二氨基联苯胺(DAB)	420 (1.02×10^4)	0.45～9	pH=2.0～2.5,EDTA存在	Sn(Ⅱ)、氧化剂、还原剂

元素	显色剂	最大吸收波长(摩尔吸光系数)/nm	测定范围/(μg/mL)	测 定 条 件	干 扰
Si	钼酸铵	627 (4.7×10⁵)		pH = 0.2 ~ 1.1,甲基绿存在	
		812 (2.3×10⁴)	0.03~1.2	$3.6mol/L\left(\frac{1}{2}H_2SO_4\right)$异戊醇萃取,二氯化锡还原	
Sn	N-亚水杨基-2-氨基苯硫酚(SATP)	415 (1.61×10⁴)	0~7	pH=1.8~2.2,苯萃取	Ag、Cr(Ⅵ)、Cu(Ⅱ)、Fe(Ⅲ)、Mo(Ⅵ)
	茜素紫	500 (4.6×10⁴)	0~2.5	0.05mol/L HCl,抗坏血酸、酒石酸存在	Ge、W、Zr
	苯芴酮	510 (5.6×10⁴)	0.05~1.2	$1~1.4mol/L\left(\frac{1}{2}H_2SO_4\right)$,动物胶存在	As、Bi、Fe、Ga、Ge、Hf、Mo、Nb、Sb、Ta、Ti、V、W、Zr
		530	0~10	pH=1~1.3,MIBK 萃取	Fe(Ⅲ)、Ge、Hf、Mo(Ⅵ)、Sb(Ⅲ)、Ta、Ti、V(Ⅴ)、Zr
	甲苯-3,4-二硫酚	535 (5.8×10³)	0.3~6	硫酸酸性,巯基乙酸存在	As、Bi、Hg、Mo、Se、Te、W
	3'-吡啶苯芴酮	546 (1.0×10⁵)	0.02~0.2	pH=2	Sb
	邻苯二酚紫(PV)	552 (6.85×10⁴)	0.1~1.6	pH=3.5~4	Bi、Cr(Ⅵ)、Fe(Ⅲ)、Ga、In、Mo、Sb、Ti、W、Zr
		662 (9.56×10⁴)	0~1.0	pH=1.5~2.5,CTMAB存在	Bi、Cr(Ⅵ)、Fe(Ⅲ)、Ga、Ce、Mo、Sb、Ti、W
Sr	邻甲酚酞络合剂(PC)	575 (3.2×10⁴)	0~3	pH=11.2	Ba、Ca、Cu、Fe(Ⅲ)、Mg、Zn
	偶氮磺Ⅲ	643	1.8~7.0	pH=6.1,EGTA 存在	Ba、Cu
Ta	邻羟基苯芴酮	505 (2.1×10⁵)		pH=1.5~1.7,安替比林、草酸盐存在,三氯甲烷萃取	
	苯芴酮	530 (5.7×10⁴)	0.08~2.4	酸性	Cr(Ⅵ)、Ge、Nb、Sb(Ⅲ)、Te、Ti
	4-(2-吡啶偶氮)间苯二酚(PAR)	545	0~2	pH=5.4	Ce、Co、Fe(Ⅲ)、Nb、Ti、U(Ⅵ)
	孔雀绿	635 (7.6×10⁴)	0.06~2.4	$0.1mol/L\left(\frac{1}{2}H_2SO_4\right)$,氢氟酸存在,苯萃取	Cr(Ⅵ)、Mo(Ⅵ)、Sb(Ⅴ)、BO_3^{3-}、ClO_4^-、I^-、NO_3^-、PO_4^{3-}
Te	甲苯-3,4-二硫酚	450 (1.5×10⁴)	0.17~6.6	0.6~2.5mol/L HCl,四氯化碳萃取	
	硫氰酸铵	510 (5.0×10⁴)	0.05~6	2.5~3.5mol/L HCl,抗坏血酸存在,乙酸乙酯萃取	Mo
	铋试剂Ⅱ	330 (3.5×10⁴)	0.2~3	$1~6mol/L\left(\frac{1}{2}H_2SO_4\right)$,三氯甲烷萃取	As(Ⅴ)、Cu(Ⅱ)、Hg(Ⅱ)、Pd、Se(Ⅳ)
	二氯化锡	420 (5.49×10³)	0.4~4	2~3mol/L HCl	Au、Hg、Ir、Pd、Pt、Rh、Se

续表

元素	显色剂	最大吸收波长（摩尔吸光系数）/nm	测定范围/(μg/mL)	测定条件	干扰
Te	二乙基二硫代氨基甲酸钠(DDTC)	428 (3.16×10³)	1～40	pH=4～8.8，EDTA、氰化钾存在，四氯化碳萃取	Bi、Cu、Sb、Tl
	丁基罗丹明 B	566 (9.55×10⁴)	0.2～4	10～11mol/L $\left(\frac{1}{2}H_2SO_4\right)$，溴化钠存在，苯萃取	Au、Fe、Ga、Ge、Hg、In、Sb
	胜利蓝 4R(VB4R)	602 (8×10⁴)	0～9	9～10mol/L $\left(\frac{1}{2}H_2SO_4\right)$，溴化钾存在，苯-硝基苯萃取	Hg、In
Th	钍试剂(APANS)	545 (1.67×10⁴)	0.35～10	pH=0.3～1.0，酒石酸、盐酸羟胺存在	Ce(Ⅳ)、Sn、U、Zr、稀土、F⁻、PO₄³⁻、SO₄²⁻
	铬天青 S	630 (1.74×10⁵)		pH=5.7，CTMAC、Py 存在	
	偶氮胂Ⅲ	665 (1.3×10⁵)	0.045～1.8	4～10mol/L HCl，草酸、盐酸羟胺存在	Hf、Zr
	偶氮氯膦Ⅲ	670 (1.27×10⁵)		2～3mol/L HCl	
Ti	N-苯甲酰苯基羟胺(BPHA)	380	0～10	9.6mol/L HCl 以上，三氯甲烷萃取	Nb、Ta
	钛铁试剂	410 (1.59×10⁴)	0.08～3.6	pH=4.5～4.7，抗坏血酸存在	Bi、Ca、Co、Cr(Ⅲ)、Cu、Mo、V
	硫氰酸钾	417 (7.8×10⁴)	0.015～0.6	5～11mol/L $\left(\frac{1}{2}H_2SO_4\right)$	Mo
	过氧化氢	420	1～50	1.5～3.5mol/L $\left(\frac{1}{2}H_2SO_4\right)$	Mo、V、F⁻、PO₄³⁻、有色离子
	二磺基苯芴酮	620 (1.2×10⁵)	0～0.4	pH=1，CPB 存在	Fe(Ⅲ)、Mo、V(Ⅴ)、W
Tl	双硫腙(H₂Dz)	505 (3.32×10⁴)	0.15～7	pH=9～12，柠檬酸、亚硫酸钠及氰化钾存在	Bi、Pb、Sn(Ⅱ)
	罗丹明 B	560 (8.7×10⁴)	0.05～2	2mol/L HCl，溴存在，苯萃取	Au、Fe(Ⅲ)、Hg(Ⅱ)、Sb(Ⅴ)
	结晶紫	610 (2.5×10⁵)	0～3	0.15～0.2mol/L HCl，苯萃取	Au、Hg(Ⅱ)、Mo(Ⅵ)、V(Ⅴ)
	甲基紫	620 (6.4×10⁴)	0～1	0.18～0.2mol/L HCl，苯萃取	Au、Cr(Ⅵ)、Hg(Ⅱ)
	亚甲基蓝	655 (1.14×10⁵)	0.2～3.5	0.1～0.5mol/L HCl，1,2-二氯乙烷萃取	
U	二苯酰甲烷	410 (1.57×10⁴)	0.33～13	pH=5.0～5.5，吡啶存在，TBP-异辛烷萃取	Sn(Ⅳ)、Ti(Ⅳ)、Zr(Ⅳ)、NO₂⁻
	4-(2-吡啶偶氮)间苯二酚(PAR)	530 (3.87×10⁴)	0.15～6	pH=8	Cr(Ⅲ)、Fe(Ⅲ)、V(Ⅴ)、Zr

元素	显色剂	最大吸收波长（摩尔吸光系数）/nm	测定范围/(μg/mL)	测定条件	干扰
U	2-(2-吡啶偶氮)-5-二乙氨基苯酚	564 (7.61×10^4)	0.09~3.6	pH=7.8~8.7	As(V)、Cr(Ⅲ)、V(V)、PO_4^{3-}、SiO_3^{2-}
	1-(2-吡啶偶氮)-2-萘酚(PAN)	570 (2.3×10^4)	0.26~10	pH=5.5~10,EDTA、F^-、CN^-存在,三氯甲烷萃取	Sn
	偶氮胂Ⅲ	665~670 (1.0×10^5)	0.05~0.8	6mol/L HCl	Fe(Ⅲ)、Hf、Th、Zr
	偶氮氯膦Ⅲ	670 (7.86×10^4)	0~0.1	0.2~0.4mol/L HCl	Ba、Fe、Th、Zr
V	N-苯甲酰苯基羟胺(BPHA)	510 (4.65×10^3)	0.3~12	3~8mol/L HCl,氟化钠存在,三氯甲烷萃取	Cr(Ⅵ)、Mo、Ti、U、Zr
	3,3'-二甲基联萘胺	546~550 (3.2×10^4)	0.04~2	3mol/L H_3PO_4	Ce(Ⅳ)、Cr(Ⅵ)
	8-羟基喹啉(HOx)	550 (3.0×10^3)	1~5	pH=4.0±0.5,三氯甲烷萃取	Fe(Ⅲ)
	4-(2-吡啶偶氮)间苯二酚(PAR)	550 (3.6×10^4)	0.035~1.4	pH=5~7,CyDTA存在	Ag、In、Nb、Ti、U、Zr
		585 (1.1×10^5)	0.05~0.5	pH=4.6~5.1,结晶紫存在,苯-MIBK萃取	
W	硫氰酸钾	405 (1.83×10^4)	0.25~10	8.4~10mol/L HCl,二氯化锡存在,三氯甲烷萃取	Cu、Fe、Mo、Ti、F^-、NO_3^-
		645	0~20	3~4mol/L HCl,三氯化钛,孔雀绿存在,苯-乙醇萃取	Zr、NO_3^-
	氢醌	500	1~25	硫酸介质,二氯化锡存在	Fe、Mo、Ru、Ti
	二羟基荧光黄	515 (1.2×10^5)		盐酸介质,CTMAB存在	
	甲苯-3,4-二硫酚	640 (2.3×10^4)	0.2~8	0.1~0.4mol/L HCl,盐酸羟胺存在,乙酸丁酯萃取	Ag、Bi、Cu、Hg、Mo
Y	茜素红 S(ARS)	550	0.8~8	pH=4.5~7	稀土
	二甲酚橙(XO)	578 (2.4×10^4)	0.8~4	pH=6.0	Be、In、稀土
	甲基百里酚蓝	610 (2.6×10^4)	0.8~4	pH=6.4	稀土
	偶氮胂	640 (2.6×10^4)	0.04~0.6	pH=3	Ba、Ca、Cu、Pb、Th、Sr、稀土
	偶氮胂Ⅲ	655 (1.9×10^4)	0.1~1	pH=3	稀土
	邻苯二酚紫(PV)	665 (2.59×10^4)	0.09~1.8	pH=8.4~9.0,抗坏血酸、明胶存在	Al、Be、Cr、Fe、Mo、Ni、Th、Ti、U、V、PO_4^{3-}

续表

元素	显 色 剂	最大吸收波长（摩尔吸光系数）/nm	测定范围/(μg/mL)	测 定 条 件	干 扰
Zn	5,10,15,20-四(4-N-甲基吡啶)卟吩[T(4-MPy)P]	437 (2.28×10^5)		pH=9.2~10.8	
	4-(2-噻唑偶氮)间苯二酚	530 (3.46×10^4)	0.07~1.4	pH=7.5~8.5	Cd、Cu、Fe、Pb
	双硫腙(H_2Dz)	535 (9.4×10^4)	0.04~0.7	pH=4~4.5,四氯化碳萃取	Ag、Au、Bi、Cd、Co、Cu、Hg、Ni、Pb、Pd
	2-(2-吡啶偶氮)-5-二甲氨基酚(DMPAP)	538 (1.12×10^5)		pH=7.0~9.5	
	2-[(5-溴-2-吡啶)偶氮]-5-二甲氨基酚(5-Br-DMPAP)	552 (1.33×10^5)		pH=7.5~10.0	
	1-(5-氯-2-吡啶偶氮)-2-萘酚	564 (8.4×10^4)	0.02~0.5	pH=8~11,三氯甲烷萃取	Cd、Co、Cr(Ⅲ)、Ni
	二甲酚橙(XO)	570 (1.2×10^4)	0.06~1.1	pH=5.7~6.0,碘化钾、氟化铵及硫代硫酸钠存在	Bi、Co、Ni、Sb、Sn、V
	1-(2-噻唑偶氮)-2-萘酚	581 (5.02×10^4)	0~8	pH=7~10,丁二酮肟、柠檬酸铵存在,三氯甲烷萃取	Bi、Cd、Hg、Mn、U
	孔雀绿	632 (1.19×10^5)	0~5	pH=5~8,硫氰酸钠、硫脲存在,苯萃取	Cl^-
Zr	茜素红 S(ARS)	520 (7.2×10^3)	0.35~14	0.1~0.2mol/L HCl	Mo、Sb、Th、W、F^-、PO_4^{3-}
	二甲酚橙(XO)	535 (3.38×10^4)	0.1~2.5	0.8mol/L HCl	Bi、Fe、Hf、Mo、Nb、Sn
	邻苯二酚紫(PV)	655 (4.0×10^4)	0.06~1	pH=5.0,EDTA存在	Cr、Mo、Sn、V、F^-
	偶氮胂Ⅲ	665 (1.45×10^5)	0~0.8	2mol/L HCl	Hf、Th、U
	偶氮氯膦Ⅲ	675 (2.1×10^5)	0~0.25	2mol/L HCl,异戊醇萃取	Th、U

十二、有机物紫外分光光度法

表 13-21 列出了有机物紫外分光光度法的条件和参数。

表 13-21　有机物紫外分光光度的条件和参数

被测定的官能团或化合物	方 法 或 试 剂,条件	测定的波长/nm	摩尔吸光系数(ε) lgε
羧酸类			
①脂肪族酸类			
α,β-不饱和酸类	与 H_2SO_4 溶剂反应	235	4.19
乙酸	直接读数,用 H_2O 作溶剂	203	1.58
丁烯酸	直接读数,用乙醇作溶剂	204	4.07
丁烯二酸	直接读数,用乙醇作溶剂	220 (260)	3.6 (2.0)
山梨酸	直接读数,用乙醇作溶剂	254	4.39
②芳香族酸类			
苯甲酸	直接读数,用 50%甲醇,其中含有 0.12mol/L HCl	273	2.9

被测定的官能团或化合物	方法或试剂,条件	测定的波长/nm	摩尔吸光系数(ε) lgε
	直接读数,用 H_2O 作溶剂	230	4.0
顺肉桂酸	直接读数,用乙醇作溶剂	264	3.98
反肉桂酸	直接读数,用乙醇作溶剂	273	4.32
水杨酸	直接读数,用水作溶剂,pH=5.1,乙酰水杨酸不干扰	295	
	直接读数,用丁醚作溶剂(或在 pH=6.86 用水作溶剂)	307 (296)	3.62 (3.55)
酸的衍生物			
乙酸酐	直接读数,无溶剂	217	1.75
乙酰氯	直接读数,无溶剂	235	1.70
顺丁烯二酸酐	直接读数,用甲醇作溶剂	240	3.0
甲苯基氰	直接读数,用水-甲醇作溶剂	229	4.05
烯烃类			
		(295)	(4.18)
		(317)	(4.18)
烯烃类,C≥4 开链	在 H_2SO_4 中形成叔碳鎓离子。C≥3 醇类和醛类有干扰。C_2H_4,1500μg/g 丙烯无干扰	300	3.3
丁二烯	直接读数,用 C_6H_{14} 作溶剂	217	4.3
环己-1,3-二烯	直接读数,用 C_6H_{14} 作溶剂	257	3.90
2,4-己二烯	直接读数,用 C_6H_{14} 作溶剂	227	4.35
1,3-戊二烯	直接读数,用 C_6H_{14} 作溶剂	224	4.41
胺类			
苯胺	直接读数,用水作溶剂	230 (280)	3.93 (3.15)
	直接读数,用 2mol/L HCl 作溶剂	253	2.23
咔唑	直接读数,用环己烷作溶剂	337	3.50
对氯苯胺	直接读数,用 0.1mol/L NaOH 作溶剂(pH=9.2)	239 (290)	4.07 (3.14)
	直接读数,用 2mol/L HCl 作溶剂	264	2.30
二苯胺	直接读数,用乙醇作溶剂	255	
		285	4.3
		315	
	直接读数,用乙醇作溶剂	285	4.31
吲哚	直接读数,用环己烷作溶剂	287	
间硝基苯胺	直接读数,用 5mol/L HCl 作溶剂	258	3.89
	直接读数,用 pH=9.2 溶液作溶剂	359	3.16
邻硝基苯胺	直接读数,用 5mol/L HCl 作溶剂	266	3.86
	直接读数,用 H_2O 作溶剂	280	3.73
		409	3.66
	直接读数,用 pH=9.2 溶液作溶剂	410	3.65
	直接读数,用叔丁醇作溶剂	275	3.71
		405	3.74
对硝基苯胺	直接读数,用 5mol/L HCl 作溶剂	255	3.19
	直接读数,用 H_2O 作溶剂	381.5	4.09
	直接读数,用 pH=9.2 溶液作溶剂	379	4.11
	直接读数,用叔丁醇作溶剂	378.5	4.18
吡咯	直接读数,用 C_6H_{14} 作溶剂	235	2.48
三苯基胺	直接读数,用乙醇作溶剂	297	4.37
氨基酸类			
苯丙氨酸	直接读数,用 0.1mol/L NaOH 作溶剂	259	2.30
色氨酸	直接读数,用 0.1mol/L HCl 作溶剂	278	3.74

被测定的官能团或化合物	方 法 或 试 剂,条 件	测定的波长/nm	摩尔吸光系数(ε)lgε
色氨酸和酪氨酸	直接读数,用 0.1mol/L NaOH 作溶剂	281	3.70
	直接读数,用 0.1mol/L NaOH 作溶剂	294	3.38
酪氨酸	直接读数,用 0.1mol/L HCl 作溶剂	278	3.18
	直接读数,用 0.1mol/L NaOH 作溶剂	294	3.41
酪氨酸、赖氨酸	2,4-二硝基苯酚,用稀 HCl 作溶剂	300	
谷酰胺	用酸萃取,直接分光光度分析		
芳族烃类			
①单环化合物类			
苯	直接读数,石油醚作溶剂;对甲苯校正	255	2.35
	直接读数,用 CHCl$_3$ 作溶剂	391	3.46
	直接读数,用 C$_6$H$_{14}$ 作溶剂	200	3.65
苯乙烯	直接读数,用 CHCl$_3$ 作溶剂(苯乙烯-甲基丙烯酸甲酯共聚物不干扰)	269	
聚苯乙烯中的苯乙烯	直接读数,用 CHCl$_3$ 作溶剂	250	
噻吩	直接读数,用含有 0.05%六氢吡啶的乙醇作溶剂;对苯校正	255	
甲苯	直接读数,用 C$_6$H$_{14}$ 作溶剂	235	3.65
	直接读数,用石油醚作溶剂	269	2.3
	直接读数,用 C$_6$H$_{14}$ 作溶剂,对苯校正	261	2.5
②双环化合物类			
茚	直接读数,用石油醚作溶剂	273	4.75
		(341)	(3.6)
		(359)	(2.34)
联苯	直接读数,用 C$_6$H$_{14}$ 作溶剂	251	4.25
茚	直接读数,用环己烷作溶剂	290	
萘	直接读数,用乙醇作溶剂	220	5.05
		(275)	(3.75)
		(301)	(2.50)
1,2-二苯乙烯	直接读数,用乙醇作溶剂	295	4.43
③三环化合物类			
蒽	直接读数,用 CHCl$_3$ 作溶剂,咔唑和菲不干扰	376	3.9
	直接读数,用乙醇作溶剂	250	5.2
菲	直接读数,用乙醇或戊烷作溶剂	250	4.7
		(275)	(4.0)
		(293)	(4.0)
		(330)	(2.5)
		(346)	(2.5)
对联三苯	直接读数,用己烷作溶剂	276	4.54
④四环化合物类			
苯并蒽(1,2-苯并蒽)	直接读数,用环己烷,作溶剂	287~291	5.1
	直接读数,用戊烷作溶剂	358	3.7
		(384)	(2.9)
䓛	直接读数,用戊烷作溶剂	267	5.1
		(320)	(4.2)
		(344)	(2.8)
芴	直接读数,用环己烷作溶剂	300	
苯并萘	直接读数,用环己烷作溶剂	471	
芘	直接读数,用环己烷作溶剂,Al$_2$O$_3$ 分离	332~338	4.7

续表

被测定的官能团或化合物	方 法 或 试 剂,条 件	测定的波长 /nm	摩尔吸光系数(ε) lgε
	直接读数,用戊烷作溶剂,Al_2O_3 分离	240	4.9
		(272)	(4.7)
		(334)	(4.7)
		(371)	(2.4)
⑤五环化合物类			
苯并芘	直接读数,用环己烷作溶剂,Al_2O_3 分离	382~388	4.4
(3,4-苯并芘)		(400~406)	(3.6)
羰基化合物类			
①醛类			
醛类和酮类	生成 2,4-二硝基苯腙衍生物	356	4.32
乙醛	直接读数,用乙烯基乙酸酯作溶剂	287	
苯甲醛	直接读数,用己烷作溶剂	293	1.07
	直接读数,用乙醇作溶剂	244	4.21
		(281)	(3.21)
		(328)	(1.30)
肉桂醛	直接读数,用乙醇作溶剂	289	4.40
糠醛	直接读数,用二噁烷作溶剂	270	4.18
丙醛	直接读数,用己烷作溶剂	290	1.26
香草醛	直接读数,10％乙醇水溶液作溶剂	231	
②烷基酮类			
α-酮酸类	与 4-硝基邻苯二胺反应,30％乙醇水溶液作溶剂	280	
丙酮	直接读数,用乙醇作溶剂	271	1.20
	直接读数,用环己烷作溶剂	270.6	1.99
环丁酮	直接读数,用己烷作溶剂	280	1.26
丁二酮	生成丁二酮肟,用水作溶剂	226	4.26
甲基异丙基酮	直接读数,用 $CHCl_3$ 作溶剂(聚丁二烯,丙烯腈不干扰)	290	
甲基乙基酮	直接读数,用环己烷作溶剂(乙酸乙酯不干扰)	280	1.23
③芳基和烯醇化酮类			
苯乙酮	直接读数,用乙醇作溶剂	199	4.3
		240	4.1
		(278)	(3.0)
		(320)	(1.73)
乙酰丙酮	直接读数,用己烷作溶剂	275	4.0
(烯醇式)		(280)	(3.3)
羰基衍生物类			
乙醛	直接读数,用乙醇作溶剂	369	4.33
丙酮	直接读数,用乙醇作溶剂	362	4.33
丙炔醛	直接读数,用乙醇作溶剂	366	4.41
丁烯醛	直接读数,用乙醇作溶剂	377	4.44
环己酮	直接读数,用乙醇作溶剂	363	4.37
甲醛	直接读数,用乙醇作溶剂	348	4.36
酯类			
苯甲酸苄酯	直接读数,用乙醇作溶剂	255	
	直接读数,用正辛烷作溶剂	230.5	
乙酸乙酯	直接读数,用环己烷作溶剂	220	1.69
亚磷酸二甲酯	直接读数	245~255	—
醚类			
苯甲醚	直接读数,用 H_2O 作溶剂	217	3.81
		(269)	(3.17)

续表

被测定的官能团或化合物	方法 或 试剂,条件	测定的波长/nm	摩尔吸光系数(ε)lgε
	直接读数,用环己烷作溶剂	219 (271)	(3.28)
	直接读数,用乙醇作溶剂	219 (271)	3.90 (3.24)
3,3'-二甲氧基二苯醚	直接读数,用环己烷作溶剂	257 (275)	4.08 (3.78)
二苯基醚(和取代的二苯基醚类)	直接读数,用乙醇作溶剂	265	3.20
甲基乙烯醚	直接读数,无溶剂	190	4.0
卤素化合物			
氯苯	直接读数,用乙醇作溶剂	210 264	3.9 2.3
邻二氯苯	直接读数,用乙醇作溶剂	270	2.56
间二氯苯	直接读数,用乙醇作溶剂	271 225	2.62 4.1
对二氯苯	直接读数,用乙醇作溶剂	272	2.59
氯乙烯	直接读数/蒸气	185	4.0
杂环化合物类			
①吡啶类			
总的吡啶类和喹啉类	直接读数,用异辛烷作溶剂	260,317	
2,6-二甲基吡啶	直接读数,用 0.1mol/L NaOH 作溶剂	266	3.65
2-甲基吡啶	直接读数,用 0.1mol/L NaOH 作溶剂	262 (268)	3.55 (3.42)
吡啶	直接读数,用 H_2SO_4 作溶剂	255	
	直接读数,用己烷作溶剂	250	3.30
吡啶-N-氧化物	直接读数,用 H_2O 作溶剂	254	4.08
	直接读数,用 9mol/L H_2SO_4 作溶剂	257	3.46
②非吡啶化合物类			
吖啶	直接读数,用乙醇作溶剂	252 (347)	5.23 (3.90)
腺嘌呤	直接读数,用 H_2O 作溶剂(pH=7)	261	3.96
咪唑	直接读数,用乙醇作溶剂	210	3.70
吩嗪	直接读数,用乙醇作溶剂	250 (370)	5.08 (3.18)
嘌呤	直接读数,用中性 H_2O 作溶剂	220 (263)	3.48 (3.90)
吡嗪	直接读数,用己烷作溶剂	260 (328)	3.75 (3.02)
嘧啶	直接读数,用己烷作溶剂	243	3.30
喹啉	直接读数,用己烷作溶剂	275 (311)	3.65 (3.80)
尿嘧啶	直接读数,用中性 H_2O 作溶剂	260	3.80
羟基类			
①醇类			
伯、仲、叔高级脂族醇同时存在	用庚醇作溶剂,利用醇类亚硝酸酯的不同吸收光谱	345 377 400	
纤维素中的伯羟基	与$(C_6H_5)_3$CCl 反应 24h	259	
纤维素中的仲和叔羟基	在 100℃ 与苯基异氰酸酯反应	280	
叔羟基类	在 H_2SO_4 溶剂中,生成碳正离子	300	3.3
苄醇	直接读数,用己烷作溶剂	260 (250)	2.1 (2.0)

被测定的官能团或化合物	方法或试剂,条件	测定的波长/nm	摩尔吸光系数(ε) lgε
甘油	用 $K_2Cr_2O_7$ 进行氧化,并测定过量的 $Cr_2O_7^{2-}$	350	
②苯酚类 (硝基苯酚类除外)			
苯酚类	直接读数,用 10% NaOH 作溶剂(苯硫酚类有干扰)	290	
	直接读数,用 H_2O(pH=5 和 12)作为溶剂	301	
邻、间和对甲酚类混合物	直接读数,用异辛烷作溶剂。(苯酚、二甲酚有干扰)	273 277 286	
3-羟基吡啶	直接读数,用中性 H_2O 作溶剂	246	3.71
五氯酚和 2,3,4,6-四氯酚	直接读数,用乙醚作溶剂	255,285	
苯酚	直接读数,用中性 H_2O 作溶剂(或用 0.01mol/L NaOH 水溶液作溶剂)	211 (270) (235) (287)	3.79 (3.16) (3.97) (3.42)
间苯二酚	直接读数,用 0.1mol/L HCl 作溶剂	273	3.3
	直接读数,用乙醇作溶剂	276	3.3
③硝基苯酚类			
2,4-二硝基苯酚	直接读数,用乙醇作溶剂	253 (292)	4.01 (3.96)
2-硝基苯酚	直接读数,用 C_6H_{12} 作溶剂	230 (272) (347)	3.55 (3.87) (3.57)
	直接读数,用甲醇作溶剂	212 (320) (273) (346)	4.10 (3.49) (3.69) (3.51)
2,4,6-三硝基苯酚	直接读数,用稀酸作溶剂(或用 NaOH 水溶液作溶剂)	335 (358)	3.75 (4.15)
硝基类和其他有机含氮化合物类			
①芳族硝基和亚硝基类			
2,4-二硝基甲苯	直接读数,用乙醇作溶剂	240	4.16
硝基苯	直接读数,用己烷作溶剂	252 (280) (330)	4.0 (3.0) (2.1)
	直接读数,用乙醇作溶剂	259.5	4.0
硝基苯和苯胺	直接读数,用 2-乙基己醇作溶剂	288	
2,4,6-三硝基甲苯	直接读数,用乙醇作溶剂	227	4.29
②硝基烷烃类和硝基烯烃类			
硝基甲烷	直接读数,用石油醚作溶剂	277	1.30
2-硝基丙烷	直接读数,用石油醚作溶剂	280	1.34
1-硝基丙烯	直接读数,用乙醇作溶剂	225	3.52
③杂类			
顺偶氮苯	直接读数,用 $CHCl_3$ 作溶剂	324 (438)	4.18 (3.06)

被测定的官能团或化合物	方法或试剂,条件	测定的波长/nm	摩尔吸光系数(ε) lgε
反偶氮苯	直接读数,用 CHCl₃ 作溶剂	319 (445)	4.29 (2.48)
亚硝酸丁酯	直接读数,用石油醚作溶剂	222 (314) (357)	3.23 (1.43) (1.94)
二乙基亚硝胺	直接读数,用石油醚作溶剂	233	3.81
硝酸乙酯	直接读数,用石油醚作溶剂	255～260	1.23
硝基胍	直接读数,用 H₂O 作溶剂	265	4.18
醌类			
1,4-苯醌	直接读数,用己烷作溶剂	242 (281) (434)	4.39 (2.60) (1.30)
1,2-萘醌	直接读数,用 CHCl₃ 作溶剂	250 (330) (405)	4.4 (3.4) (3.35)
1,4-萘醌	直接读数,用甲醇作溶剂	347 (390)	3.70 (2.0)
	直接读数,用己烷作溶剂	246 (251) (256) (330)	4.37 (4.28) (4.12) (3.44)
糖类			
①丙糖类			
甘油醛	生成 2,4-二硝基苯腙,用酸性甲醇作溶剂	353	
②戊糖类			
阿拉伯糖或核糖	与邻氨基联苯反应,用 HAc 作溶剂	370	
木糖	与邻氨基联苯反应,用 HAc 作溶剂	375	
	与热的 H₂SO₄ 反应	316	
己糖类			
己醛糖	与 OI⁻ 反应	352 (404)	
蔗糖、果糖、半乳糖、葡萄糖或甘露糖	与热 H₂SO₄ 反应	322	
半乳糖或葡萄糖	与邻氨基联苯反应,用 HAc 作溶剂	380	
葡萄糖	与葡萄糖氧化酶和邻甲苯胺反应	365	
葡萄糖或蔗糖	与葡萄糖氧化酶,过氧化物酶和邻联茴香胺反应	400	
2-脱氧己糖	与等体积的 8mol/L HCl 混合,水浴 80℃±1℃,1h	217	
苷糖类			
乳糖	与邻氨基联苯反应,用 HAc 作溶剂	375	
麦芽糖或蔗糖	与邻氨基联苯反应,用 HAc 作溶剂	380	
含硫化合物类			
①硫醇类			
1-丁硫醇	直接读数,用 NaOH 水溶液作溶剂	240	3.7
苯硫酚	直接读数,用己烷作溶剂	236 (269)	4.0 (2.85)
②硫化合物和其他			
二价硫的化合物			
烷基硫化物类	I₂ 络合物,用 CCl₄ 作溶剂	310	

被测定的官能团或化合物	方法或试剂,条件	测定的波长/nm	摩尔吸光系数(ε) lgε
二甲基硫化物和其他二烷基硫化物类	I_2络合物,用异辛烷作溶剂	308	
	直接读数,用乙醇作溶剂	210	3.01
对氯苄基对氯苯基硫化物	直接读数	262	
乙烯硫化物	直接读数,用乙醇作溶剂	261	1.55
硫脲	直接读数,水作溶剂	236	4.1
	用0.1mol/L HCl作溶剂,回流1h后直接读数	237	
巯基苯并噻唑	直接读数,pH=7~8,用氯仿萃取	329	4.0
③磺酰胺类			
苯磺酰胺	直接读数,用水作溶剂	218 (265)	4.99 (2.87)
磺胺胍	直接读数,用乙醇作溶剂	265	4.24
对氨基苯磺酰胺	直接读数,用乙醇作溶剂	258	4.24
邻和对甲苯磺酰胺类	直接读数,用0.1mol/L HCl作溶剂	256、276	
④磺酸酯类和其他含硫化合物			
烷基芳基磺酸酯类	直接读数	224	
烷基磺酸酯类	直接读数,有H_2O作溶剂	262、269	
环己基甲基亚砜	直接读数,用乙醇作溶剂	210	3.18
二甲基砜	直接读数,无溶剂	<180	
邻、间和对甲苯磺酸类	直接读数,用H_2SO_4作溶剂	222	
黄原酸酯硫	直接读数,用0.1mol/L NaOH作溶剂	303	4.02
杂类化合物			
苯膦酸	直接读数,用乙醇作溶剂	264 (270)	2.72 (2.6)
丁子香和异丁子香酚	直接读数,用乙醇作溶剂	254、282	
异菸酸肼	直接读数	267	
对硫磷[O,O-二乙基-O-(对硝基苯基)]-硫代磷酸酯	直接读数,用乙醇作溶剂	274	

注:测定的波长栏中"括号中的值"表示可以用另一种波长进行测定,而这种波长是有机化合物另一个吸收峰的波长或干扰较少的波长。

十三、国家标准中有机物的分光光度法

表13-22列出了国家标准中有机物的分光光度法的标准号及方法。

表13-22   国家标准中有机物的分光光度法的标准号及方法

国家标准编号	方法内容	国家标准编号	方法内容
GB 13197—1991	水中甲醛的测定(乙酰丙酮法)	GB 14425—1993	水中硫化氢的测定
GB 4918—1985	工业废水中总硝基化合物的测定	GB 14426—1993	水中亚硫酸盐的测定
GB 4921—1985	工业废水耗氧值和氧化氮的测定(萘乙二胺法)	GB 14668—1993	空气中氨的测定(纳氏试剂法)
		GB 14679—1993	空气中氨的测定(次氯酸钠-水杨酸法)
GB 4920—1985	硫酸浓缩尾气硫酸雾的测定(铬酸钡比色法)		
GB 14571.3—1993	乙二醇中醛含量的测定	GB 14680—1993	空气中二硫化碳的测定(二乙胺法)
GB 14422—1993	水中苯并三氮唑的测定	GB 14375—1993	水中甲基肼的测定(对二甲氨基苯甲醛法)
GB 14423—1993	水中2-巯基苯并噻唑的测定		

国家标准编号	方　法　内　容	国家标准编号	方　法　内　容
GB 14376—1993	水中偏二甲基肼的测定(氨基亚铁氰化钠法)	GB 13255.1—1991	工业酰胺　50%水溶液色度的测定
GB 14377—1993	水中三乙胺的测定(溴酚蓝法)	GB 13255.3—1991	工业酰胺　高锰酸钾吸收值的测定
GB 14378—1993	水中二乙烯三胺的测定(水杨醛法)	GB 2443—1991	尿素中缩二脲含量的测定
GB 13646—1992	橡胶中结合苯乙烯含量的测定	GB 6369—1986	表面活性剂,乳化力的测定
GB 13897—1992	水中硫氰酸盐的测定(异烟酸-吡唑啉酮法)	GB 5831—1986	气体中微量氧的测定
GB 13899—1992	水中铁(Ⅱ,Ⅲ)氰络合物的测定(三氯化铁法)	GB 8969—1988	空气中氮氧化物的测定(盐酸萘乙二胺法)
GB 13903—1992	水中梯恩梯的测定	GB 8970—1988	空气中二氧化硫的测定(四氯汞盐-盐酸副玫瑰苯胺法)
GB 13900—1992	水中黑索金的测定		
GB 13905—1992	水中梯恩梯的测定(亚硫酸钠法)	GB 7490—1987	水中挥发酚的测定(4-氨基安替比林法)
GB 11732—1989	居住区大气中的吡啶卫生检验标准方法(氯化氰-巴比妥酸法)	GB 7495—1987	水中亚硝酸盐氮的测定
GB 11742—1989	居住区大气中硫化氢卫生检验标准方法(亚甲基蓝法)	GB 7494—1987	水中阴离子表面活性剂的测定(亚甲蓝法)
GB 12374—1990	居住区大气中硝酸盐检验标准方法(镉柱还原,盐酸萘乙二胺法)	GB 9803—1988	水中五氯酚的测定(藏红 T 法)
GB 7745.5—1987	工业氢氟酸中六氟硅酸含量的测定	GB 11889—1989	水中苯胺类化合物的测定[N-(1-萘基)乙二胺偶氮法]
GB 6022—1985	丁二烯中叔丁基邻苯二酸的测定		
GB 12688.3—1990	苯乙烯中聚合物含量的测定	GB 11894—1989	水中总氮的测定(碱性过硫酸钾消解法)
GB 12688.7—1990	苯乙烯中阻聚剂(叔丁基邻苯二酚)含量的测定		

十四、分光光度法在食品、饲料分析中的应用实例

表 13-23 列出了分光光度法在食品、饲料分析中的应用实例。

表 13-23　分光光度法在食品、饲料分析中的应用实例

分　析　对　象	方　法　要　点	检测波长/nm
单糖、双糖、糊精、淀粉	硫酸反应,脱水生成羟甲基呋喃甲醛,再与蒽醌缩合成有色化合物	比色
果胶	水解后,产生半乳糖醛酸,在强酸中与咔唑缩合紫色化合物	比色
蛋白质	硫酸消化后在一定酸度和温度下,与水杨酸钠和次氯酸钠生成有色化合物	660
氨基酸总量	在一定 pH 条件下,与茚三酮生成蓝色化合物	比色
赖氨酸	在酸化后,用二乙基醚提取	330
维生素 A	①样品用脂肪提取、皂化,萃取经柱层析除杂质 ②与三氯化锑氯仿作用产生蓝色化合物	325 比色
维生素 B_1	维生素 B_1 可与多种重氮盐偶合成各种不同颜色	比色
维生素 B_2	在酸性溶液加热提取	440
胡萝卜素	用色谱法分离,洗脱后测定	450
维生素 C	用酸处理过的活性炭把还原型抗坏血酸氧化为脱氢型抗坏血酸,继续氧化为二酮古乐糖酸,与 2,4-二硝基苯肼偶联生成红色的脎	540
维生素 D	①与三氯化锑在三氯甲烷中产生橙黄色 ②溶于乙醇	500 265
维生素 E(生育酚)	将高价铁还原成二价铁离子,与 α,α-联氮苯生成有色产物	520
维生素 K	维生素 K_1、维生素 K_2、维生素 K_3 在紫外区有强吸收峰 维生素 K_1　249nm　$E_{1cm}^{1\%}=435$ 维生素 K_2　248nm　$E_{1cm}^{1\%}=295$ 维生素 K_3　244nm　$E_{1cm}^{1\%}=1150$	
维生素 B_5(泛酸)	泛酸盐分子被酸分解后,生成 1-丙氨酸,用氯化剂处理后,再与碘化钾液作用释放出游离碘	比色

分 析 对 象	方 法 要 点	检测波长/nm
维生素 B_{12}	试样用浓硫酸、高氯酸消化后,溶液中钴与吡啶联腙生成红色化合物	500
叶酸	被锌粉和盐酸还原为 2,4,5-三氨基-6 羟基嘧啶,与茚三酮生成紫色化合物	555
防腐剂苯甲酸及其盐	酸性溶液中水蒸气蒸馏,然后用 $K_2Cr_2O_7$ 氧化,再蒸馏后,测定	225
防腐剂山梨酸及其盐	水蒸气蒸馏,氧化成丙二醛,与硫代巴妥酸反应生成红色化合物	比色
对羟基苯甲酸酯(防腐剂)	酸性水蒸气蒸馏,用乙醚、碳酸钠提取、测定	255
脱氢乙酸及其盐类	在酸性条件下水蒸气蒸馏,用乙醚碳酸钠萃取、测定	328
叔丁基对羟基茴香醚(BHA)(抗氧剂)	石油醚萃取后,用 72%乙醇提取,与 2,6-二氯醌氯亚胺-硼砂溶液显蓝色	620
2,6-二叔丁基对甲酚(BHT)(抗氧剂)	水蒸气蒸馏,提取,溶于甲醇,加入邻联二茴香胺亚硝酸钠,生成橙红色溶液用氯仿萃取,比色	520
没食子酸丙酯(PG)	石油醚提取,乙酸萃取,在酒石酸亚铁存在下生成紫红色化合物	540
硝酸盐和亚硝酸	经沉淀蛋白质后,通过镉柱,还原成亚硝酸根,与对氨基苯磺酸起重氮反应,再与萘基盐酸二氨基乙烯偶联成红色化合物	540
二氧化硫(漂白剂)	用四氯汞液吸收,与甲醛和盐酸副玫瑰苯胺作用生成紫红色络合物	580
过氧化氢	酸性液中,与钛离子生成橙色络合物	430
糖精(糖精钠)	在碱性时,与碘化汞和碘化钾生成黄色复盐	430
甜叶菊苷(甜味剂)	热水提取后,用硫酸铝液沉淀脱色,再用正丁醇萃取,在强酸和加热条件下,与蒽酮作用生成绿色化合物	610
总磷酸盐、焦磷酸盐,结合磷	样品灰化处理成溶液,在维生素 C 存在下,与酸性铜氨酸溶液生成深黄色	580
食用香料百里香油	水蒸气蒸馏提取后测定	204
亚铁氰化钾(抗结剂)	在酸性条件,加热分解为氢氰酸,蒸馏,氢氧化钠吸收、酸化后,与溴化氰、吡啶反应,生成戊烯二醛,再与联苯胺生成红色络合物	520
农药 1605	用己烷提取,蒸干,溶于乙醇,锌粉还原成氨基化合物,与亚硝酸盐起重氮反应,再与盐酸(1-萘基)乙烯二胺生成紫红色化合物	550
农药 1059	经碱水解后生成硫醇化合物,与亚硝酰铁氰化钠作生成红色物质	
农药西维因	用三氯甲烷提取,水解成萘酚,与对硝基苯偶氮氟硼酸盐生成黄色化合物	495
溴甲烷(熏蒸剂)	水蒸气蒸馏,氢氧化钾液吸收,加过量硝酸银,剩余硝酸银与硫氰酸铵生成红色化合物	比色
二硫化碳	用热空气逐出吸收于二乙胺乙醇液中,与乙酸铜生成黄色二乙氨基二硫代甲酸铜	比色
氯化苦	乙醇钠水解为亚硝酸钠与氨基苯磺酸重氮化后,与 α-萘胺生成红色化合物	540
氰化物	在酸性液中水蒸气蒸馏,用碱液吸收,与吡啶盐酸联苯胺生成红色戊烯醛衍生物	530
酚	与 4-氨基安替比林,在 pH=9 的条件下经铁氰化钾氧化生成红色化合物	490
苯	将苯用硝化混合剂硝化成二硝基苯,与丁酮生成紫红色化合物	比色
苯胺	在酸性条件下,与亚硝酸盐重氮化,再与 N-(1-萘基)乙二胺生成紫红色	比色
4-甲基咪唑	有机溶剂提取,酸化,与重氮化的苯磺酸生成橘黄化合物	440

分 析 对 象	方 法 要 点	检测波长/nm
棉酚	①与三氯化锑在氯仿中生成红色化合物 ②用70%丙酮水溶液提取,在95%乙醇中,与苯胺生成黄色化合物	510 445
硫代巴比妥酸 (TBA)试验	用于食品不饱和脂肪氧化酸败程度的测定。不饱和脂肪氧化产物丙二醛,用水蒸气蒸馏,与TBA试剂生成红色化合物	535
胆固醇	氯仿提取,皂化后,用石油醚提取、通氮吹干,残渣溶于冰乙酸,与硫酸铁铵生成青紫色化合物	560
啤酒色度		530
啤酒苦味质	用异辛烷提取	275
啤酒中总多酚	酚类物质与铁试剂生成红色化合物	600
啤酒中单宁	酸性中异辛烷提取纯化后测量	270
啤酒中双乙酰	与邻苯胺生成2,3-二甲基苯并吡嗪	335
啤酒中乙醛	醛类与间苯二酚生成红式醌式产物	555
啤酒中甲醛	①在硫酸液中,与变色酸生成紫色化合物 ②在过量铵盐存在下,与乙酰丙酮生成黄色化合物	575 435
蜂蜜中羟甲基糠醛	与甲苯胺、巴比妥酸液生成有色化合物	550
饲料中单宁	在碱性液中与磷钼酸、钨酸钠生成有色物	700
噁唑烷硫酮	乙醚萃取	200~280
卡巴氧(生长促进剂)	三氯甲烷、甲烷提取与氯化亚锡生成蓝色化合物	520
磺胺二甲氧嘧啶	用无花果蛋白酶分解,丙酮提取,与苯乙二胺生成红色化合物	540
氨丙林	用甲醇提取,柱层析净化,与铁氰化钾萘二酚生成紫色化合物	530
酚噻嗪	乙醇提取,加入对氨基苯甲酸亚硝酸钠、盐酸等生成绿色化合物	600
呋喃唑酮(痢特灵)	二甲基甲酰胺浸取,柱层析净化,加入盐酸、苯肼显色,甲苯萃取	440
噻苯咪唑	盐酸提取三氯甲烷萃取,还原,与三价铁生成蓝色化合物	605
没食子酸丙酯 (抗氧剂)	石油醚提取,在三氯化铁存在下与联吡啶生成橘红色化合物	530 532
山梨酸	水蒸气蒸馏,氧化成丙二醛,与硫代巴比妥酸生成红色络合物	
罐头中赤藓红色素	3-甲基-1-丁醇提取	545
尿素	除蛋白质后,用活性炭脱色,加入二甲基氨基苯甲醛显色	420
纤维素乙醇酸钠	与2,7-二羟基萘生成紫红色	540
咖啡碱	用水提取,经聚酰胺层析柱纯化	246 272 298
咖啡因	用氨水溶解,层析柱去杂质、水饱和氯仿洗脱咖啡因	276
酒中杂醇油	①浓硫酸作用,异戊醇脱水成异戊烯,与香蓝精生成紫红色 ②浓硫酸作用,生成戊烯和丁烯,与对二甲氨基苯甲醛生成橙黄色	比色 520
酒中糠醛	①与盐酸、苯胺作用生成樱桃红色 ②糠醛在277nm有最大吸收	比色 277
酒中甲醇	①高锰酸钾氧化成甲醛,与品红亚硫酸试剂生成紫色 ②高锰酸钾氧化成甲醛,与硫酸-铬变酸加热生成紫红色	比色 580
三甲胺-氮	无水甲苯提取,与苦味酸生成黄色苦味酸三甲胺盐	410

续表

分 析 对 象	方 法 要 点	检测波长/nm
丙二醛	猪油酸败产物,与硫代巴比妥酸作用生成粉红色	538
奶油中胆固醇	皂化,己烷提取,在酸性条件下,与邻苯二甲醛生成红色化合物	550
吲哚	腐败变质食品产物。水蒸气蒸馏,与对二甲氨基甲醛生成有色化合物	560
组胺	组氨酸细菌分解产物,与重氮盐进行偶氮反应生成有色物	480
腌肉中亚硝基血色素	丙酮水溶液提取后测定	540
己烯雌酚(激素)	正己烷和氢氧化钠提取,紫外灯下照射转化为黄色醌式化合物	418
番茄红素	无水乙醇、甲醇提取	487
柑橘中橘皮苷	层析分离,用碱性二甘醇试剂洗脱发色	420
Pb	pH=8～9,铅与双硫腙络合成红色络合物,经四氯化碳萃取比色(绿色)	比色 530
Cd	①镉试剂(对硝基苯重氮氨基苯对偶氮苯)与镉形成络合物 ②与6-溴唑并噻唑偶氮萘酚生成红色络合物,三氯甲烷萃取比色 ③在碱性液中,镉离子与双硫腙生成红色络合物,氯仿萃取比色	480 585 518
Cu	①在碱性液中,与二乙基二硫代氨基甲酸钠(DDTC)(铜试剂)生成黄色络合物,四氯化碳萃取比色 ②在酸性液中,与吡啶偶氮间二苯酚生成棕红络合物,比色	440 540
Sn	①在酸性液中,与苯芴酮生成棕红色络合物,在保护胶存在下比色 ②在酸性、硫脲液中,与栎精生成黄色络合物,比色	492 437
Zn	pH=4.5～5时,与双硫腙生成红色络合物,四氯化碳萃取比色	530
Hg	消化样品,pH=1～2的溶液中,高价汞与双硫腙生成橙色络合物,四氯化碳萃取比色	492
Cr	灰化样品,高锰酸钾氧化铬成为六价离子,与二苯氨基脲生成紫红色络合物比色	比色
Ni	碱性液中,与丁二肟生成酒红色络合物比色	530
Sb	①$SbCl_6^-$与罗单明B在酸性液中生成紫红色络合物,比色 ②五价锑与孔雀绿生成绿色化合物	565 640
Be	pH=5.2时,与铬菁R-溴化十六烷基吡啶生三元络合物,测定	595
Fe	①在酸性液中,与硫氰酸钾生成血红色硫氰酸铁,比色 ②二价铁,与邻菲罗啉生成红色螯合离子,比色	485 510
Mn	酸性、银离子作催化剂,过硫酸铵氧化生成紫红色高锰酸盐,比色	525
Al	在弱酸液中,与铬天菁S生成紫红色络合物,比色	550
Mo	消化处理后,硫酸介质中,与硫氰酸盐形成橙红色络合物,比色	470
Co	三价钴与亚硝基R盐生成红色化合物	530
As	砷与氢作用生成砷化物与二乙基二硫代氨基甲酸银(DDC-Ag)作用,生成红色化合物比色	530
Se	在微酸液中,与3,3-二氨基苯胺形成黄色络合物,甲苯萃取,显黄色比色	420
F	灰化,残渣蒸馏分离出氟,与硝酸镧、氟试剂(茜素-3-甲胺-N,N-二乙胺)生成蓝色三元络合物,比色	620
B	①利用草酸丙酮液作缓冲剂,使硼酸-草酸-姜黄素在丙酮液中反应,生成橙红色的硼酸酯,比色 ②在酸性液中,与二蒽醌亚胺生成红色络合物,比色	540 620
P	①磷酸盐与酸性钼酸铵作用生成淡黄色的磷钼酸盐,遇氯化亚锡生成亮蓝色络合物——钼蓝 ②消化后,在酸性液中,与钼酸铵、偏钒酸铵生成淡黄色络合物,比色	690 420
I_2	在酸性液中,重铬酸钾氧化,析出游离碘,溶于氯仿呈红色,比色	510

十五、其他数据

表 13-24～表 13-27 列出了标准 K_2CrO_4 溶液的透光率，过渡金属水合离子及镧系元素离子的颜色、光学材料的透光特性。

表 13-24　标准 K_2CrO_4 溶液的透光率

波长/nm	透光率/%	吸光度	波长/nm	透光率/%	吸光度
220	35.8	0.446	340	48.3	0.316
225	60.1	0.221	345	37.3	0.428
230	67.4	0.171	350	27.6	0.559
235	61.6	0.210	355	19.9	0.701
240	50.7	0.295	360	14.8	0.830
245	40.2	0.396	365	11.6	0.935
250	31.9	0.496	370	10.3	0.987
255	26.8	0.572	375	10.2	0.991
260	23.3	0.633	380	11.7	0.932
265	20.2	0.695	385	15.0	0.824
270	18.0	0.745	390	20.2	0.695
275	17.5	0.757	395	29.4	0.532
280	19.4	0.712	400	40.2	0.396
285	25.7	0.590	410	63.2	0.199
290	37.3	0.428	420	75.1	0.124
295	53.3	0.273	430	82.4	0.084
300	70.9	0.149	440	88.2	0.0545
305	83.4	0.079	450	92.5	0.033
310	89.5	0.048	460	96.0	0.018
315	90.0	0.046	470	98.0	0.008
320	86.4	0.0635	480	99.1	0.004
325	80.4	0.095	490	99.7	0.001
330	71.0	0.149	500	100.0	0.00
335	60.0	0.222			

注：K_2CrO_4 溶液浓度为 0.0400g/L（以 0.05mol/L 氢氧化钾溶液配制），比色皿厚度 1cm（25℃）。

表 13-25　过渡金属水合离子的颜色

水合离子	3d 电子数	颜色（可见吸收峰波长/nm）	水合离子	3d 电子数	颜色（可见吸收峰波长/nm）
Sc^{3+}、Ti^{4+}	0	无	Zn^{2+}	10	无
$Ti(H_2O)_6^{3+}$	1	紫(492.6)	Cu^+	10	无
VO^{2+}	1	蓝(625)	$Cu(H_2O)_6^{2+}$	9	天蓝(592,794)
$V(H_2O)_6^{3+}$	2	绿(562,389)	$Ni(H_2O)_6^{2+}$	8	绿(395,650,740)
$Cr(H_2O)_6^{3+}$	2	紫(407,575)	$Co(H_2O)_6^{2+}$	7	粉红(474,516,541,625)
$V(H_2O)_6^{2+}$	3	蓝紫(557)	$Fe(H_2O)_6^{2+}$	6	淡绿(451,505)
$Cr(H_2O)_6^{2+}$	3	蓝(709)	$Fe(H_2O)_6^{3+}$	5	淡紫(406,411,540,794)
$Mn(H_2O)_6^{3+}$	4	紫红(476)	$Mn(H_2O)_6^{2+}$	5	淡红(402,435,532)

表 13-26　镧系元素离子的颜色

离子	4f 电子数	颜色	离子	4f 电子数	颜色
La^{3+}	0	无	Lu^{3+}	14	无
Ce^{3+}	1	无	Yb^{3+}	13	无
Pr^{3+}	2	黄绿	Tm^{3+}	12	淡绿
Nd^{3+}	3	红紫	Er^{3+}	11	淡红
Pm^{3+}	4	淡红	Ho^{3+}	10	淡黄
Sm^{3+}	5	淡黄	Dy^{3+}	9	淡黄绿
Eu^{3+}	6	淡粉红	Tb^{3+}	8	微淡粉红
Gd^{3+}	7	无	Gd^{3+}	7	无

表 13-27　光学材料的透光特性

材料	透光区间/μm	材料	透光区间/μm	材料	透光区间/μm
玻璃	0.3～3	CaF_2	0.2～9	KBr	0.2～25
石英	0.2～3.5	NaCl	0.2～17	TlBr-TlI	0.5～38
LiF	0.2～6	KCl	0.4～21		

第十四章 荧（磷）光分析法

　　荧光、磷光和化学发光分析统称为发光分析（luminescence）。荧光和磷光是分子吸光成为激发态分子，在返回基态时的发光现象，又称光致发光分析（photoluminescence）。发光分析具有如下特点。

　　① 灵敏度高。检测限比吸收光谱法低 1～3 个数量级，通常在 $\times 10^{-9}$ 级。

　　② 发光参数多，可提供激发光谱、发射光谱、发光强度、发光寿命、量子产率、荧光偏振等许多信息，可进行动力学分析，而吸收光谱法只能研究基态分子的反应。

　　③ 分析线性范围比吸收光谱法宽许多。

　　④ 选择性比吸收光谱法好。能产生紫外-可见吸收的分子不一定发射荧光或磷光。

　　⑤ 由于能进行发光分析的体系有限，故应用范围不及吸收光谱法广，但采用探针技术可大大拓宽发光分析的应用范围。

　　基于上述原因，荧光分析法已成为一种重要的痕量分析方法。在生物、医学、药物、环境、石油工业等诸多领域都有广泛的应用，不仅能直接、间接地分析众多有机化合物，利用与有机试剂间的反应，还能进行近 70 种无机元素的荧光分析。用于荧光分析的仪器称为荧光（分光光度）计。荧光计若配有磷光或偏振附件，可进行磷光和荧（磷）光偏振测量。近代的荧光分光光度计还能进行化学发光参数的测量。

第一节　荧光分析基本原理

一、荧光的产生

　　某些物质被入射光（通常是紫外光）照射后，吸收了入射光的能量，从而发射出比入射光光波长的光，这种光线称为荧光。能够发射荧光的物质称为荧光物质。

　　激发态分子从最低激发态 S_1 或 T_1 经辐射回到基态的发光过程可表示如下（图 14-1）。

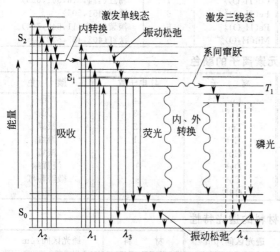

图 14-1　荧（磷）光现象物理过程的杰布朗斯基图解

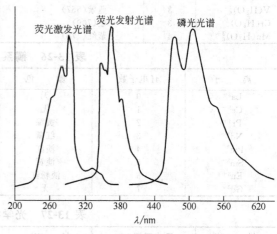

图 14-2　室温下菲的乙醇溶液的荧光激发光谱、发射光谱和在滤纸基质上的磷光光谱

$$S_0 + h\upsilon \longrightarrow S_1 \qquad 吸收$$

$$S_1 \xrightarrow{k_f} S_0 + h\upsilon' \qquad 荧光$$

$$S_1 \xrightarrow{k_{isc}} T_1 \qquad 系间窜越$$

$$T_1 \xrightarrow{k_P} S_0 + h\upsilon'' \qquad 磷光$$

$$T_1 + T_1 \xrightarrow{k_5} S_1 + S_0 \qquad T\text{-}T 湮灭$$

$$S_1 + S_0 \xrightarrow{k_6} 2S_0 + h\upsilon' \qquad T\text{-}T 湮灭延迟荧光$$

$$T_1 \xrightarrow[\Delta E]{k'_{isc}} S_1 \xrightarrow{k_f} S_0 + h\upsilon' \qquad 热活化延迟荧光$$

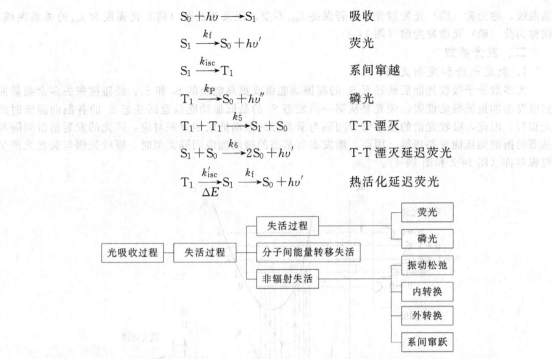

（1）光吸收过程　分子受光激发时，会从基态跃迁至高能级并产生吸收，从 $S_0 \to S_1$ 及从 $S_0 \to S_2$ 均可产生吸收，只是前者对应波长比后者长。分析吸光后可跃迁到激发态的不同振动能级，但从 S_0 到第一激发态三线态 T_1 的直接跃迁概率很小，几乎观察不到。因为这一跃迁伴随着分子多重态的改变，是禁阻跃迁。

（2）失活过程　激发态分子具有多余能量，因此要通过各种途径释放能量返回稳定的寂态。失活过程有三种方式：非辐射失活、辐射失活和分子间能量转移。非辐射失活和辐射失活是分子内能量的失活过程，分子间能量转移属于分子间的失活过程。

（3）荧光　激发态分子从第一激发态单线态 S_1（有时是 S_2、S_3，但很少）回到基态 S_0 伴随的光辐射称为荧光。荧光能量等于 $h\upsilon'$。由于是同样多重态间的跃迁，概率较大，速度很快，速率常数为 $10^6 \sim 10^9 \, \mathrm{s}^{-1}$，因此又称瞬时荧光。

（4）磷光　激发态分子从第一激发态三线态 T_1 回到基态 S_0 伴随的光辐射称为磷光。由于磷光的产生伴随着自旋多重态的改变，系间蹿越的概率很小，因此辐射速度远小于荧光。磷光寿命为 $10^{-4} \sim 10 \, \mathrm{s}$。激发光小时还可以在一定时间内观察到磷光，同时，内转换及外转换与发磷光过程竞争，前者的概率很大，因此室温下不易观察到磷光。在固体基质、保护性介质的存在下，或某些特殊结构的分子也可以在溶液中观察到磷光。

（5）振动弛豫（VR）　指同一电子能级中不同振动能级间的跃迁。被激发到高能级上的分子将其过剩的能量以振动能的形式失去，在各激发态间从高振动能级向低振动能级跃迁。振动失活相当于分子间碰撞，以红外线即热能的形式将能量传递给溶剂分子。振动失活很快，为 $10^{-9} \sim 10^{-12} \, \mathrm{s}$。

（6）内转换（IC）　若振动失活在同样多重态间进行（如 $S_2 \to S_1$，$T_2 \to T_1$），则称为内转换，内转换速度很快，在 $10^{-13} \, \mathrm{s}$ 内。

（7）外转换（EC）　由激发态分子与溶剂或其他溶质碰撞引起的能量转换。从最低激发单线态或三线态非辐射地回到基态能级的过程就可能包括了外转换，如溶剂分子通常对荧光光谱有很大影响。降低温度或提高溶液黏度由于碰撞的减少使荧光强度增加。

（8）系间窜越（ISC）　指不同多重态之间的非辐射失活过程，如 $S_1 \to T_1$。由于 ISC 伴随激发态分子电子自旋方向的改变，因此不如 IC 过程那样容易，一般需要 $10^{-6} \, \mathrm{s}$。

在一定光源强度下，若保持激发波长 λ_{ex} 不变，记录到的荧（磷）光强度对发射波长 λ_{em} 的关系曲线，称为荧（磷）光发射光谱；若保持 λ_{em} 不变，记录到的荧（磷）光强度对 λ_{ex} 的关系曲线，则称为荧（磷）光激发光谱（图 14-2）。

二、发光参数

1. 激发光谱和发射光谱

大多数分子吸收光能后跃迁至 S_1 的高振动能级或更高能级的 S_2 和 S_3，经碰撞失去多余能量回到激发态的最低振动能级。荧光是从第一激发态 S_1 的最低振动能级返回基态 S_0 的各振动能级时的光辐射。因此，吸收光谱的各个谱带间隔与激发态的振动能级能量差对应，荧光的发射谱带间隔与基态的振动能级能量差相等。因而，激发态与基态的振动能级间隔类似时，吸收光谱与荧光光谱呈镜像对称（图 14-3 和图 14-4）。

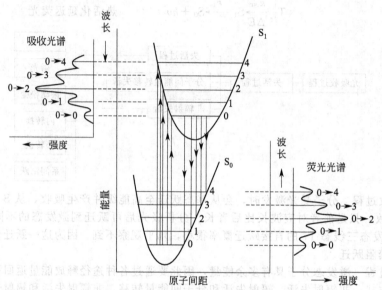

图 14-3　吸收光谱与荧光光谱谱带间的关系

2. 荧光光谱的特点

（1）斯托克斯位移（Stokes shift）。与激发光谱相比，荧光光谱的波长总是出现在更长的波长处。这是由于荧光总是从最低激发单线态回到基态时所发射的辐射，而激发过程有可能将分子激发到高的振动能级或更高的电子能级上去。振动、热辐射等使分子失去能量。即激发与发射荧光间的能量损失是斯托克斯位移产生的主要原因。其他如溶剂效应、激发态分子的反应也会引起斯托克斯位移。

（2）荧光发射光谱与激发波长无关，激发光谱与发射波长无关。吸收光谱可以有几个吸收带，而荧光发射总是从 $S_1 \rightarrow S_0$ 的过程，一般只有一个发射带，且与激发波长无关。同时发射的量子产率基本上与激发波长无关，故激发光谱与发射波长无关，如图 14-5 所示。

（3）吸收光谱与发射光谱呈镜像对称关系。

三、荧光强度与荧光物质浓度间的关系

某一物质所放出的荧光的波长与强度和它的化学结构有关。所发出荧光的波长和强度，可作为物质定性的依据。荧光强度，在一定条件下，与该物质浓度成正比。

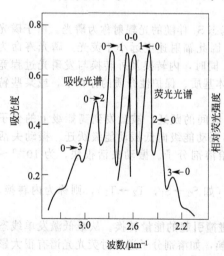

图 14-4　蒽-乙醇溶液的吸收光谱与荧光光谱

测量在入射光照射下物质所产生的荧光的强度，以测定该物质浓度的方法称为荧光分析法。

荧光强度和物质浓度之间的关系可用下式表示。

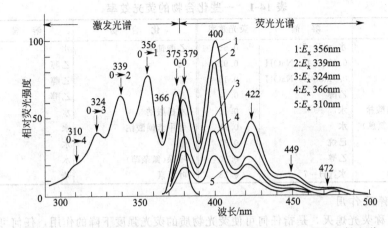

图 14-5　蒽-乙醇溶液的激发光谱以及不同激发波长下的荧光发射光谱

$$F = \phi \times 2.303 I_0 \varepsilon c l$$

式中　F——荧光强度；

ϕ——荧光效率；

I_0——入射光强度，$s^{-1} \cdot cm^{-2}$；

ε——荧光物质的摩尔吸光系数；

c——荧光物质的浓度；

l——液槽厚度。

由上式可知，对于某一荧光物质的稀溶液，在一定频率和一定强度入射光的照射下，液槽厚度 l 不变，被吸收的分数不太大，且溶液的浓度很小时，则它所发射的荧光强度和该溶液的浓度成正比，这就是荧光定量分析的理论依据。

四、荧光强度的影响因素

荧光物质发射荧光强度受下列因素影响。

1. 激发光（入射光）的强度

荧光强度随激发光源的强度增加而增加，但若激发光强度过大，会引起荧光物质温度上升，导致荧光物质的分解，荧光强度下降。

2. 荧光物质的摩尔吸收系数

荧光物质的摩尔吸收系数 ε 主要取决于荧光物质的分子结构，它与激发光的波长密切相关。把荧光物质的摩尔吸收系数与激发光的波长的关系曲线称为激发光谱（或吸收曲线）。通常把激发光谱的极大值波长，作为激发荧光的波长。荧光强度与荧光波长的关系曲线称为荧光光谱（或荧光曲线），测量时通常取荧光光谱中最大值。

3. 荧光效率

荧光效率是表示物质发出荧光的量子数和所吸收激发光的量子数之比。

$$荧光效率（\phi）= \frac{发出荧光的量子数}{吸收激发光的量子数}$$

荧光物质的荧光效率，一方面与物质的分子结构有关；另一方面受荧光物质所处的环境严重影响。通常，温度升高，荧光强度下降。荧光强度还受溶剂的极性、黏度、介电常数、pH 及共存的其他物质等影响。

表 14-1 中列出了一些化合物的荧光效率。

4. 荧光物质的浓度与液槽的厚度

荧光强度通常是随荧光物质的浓度 c 与荧光液槽的厚度 l 增加而增加。但若 $\varepsilon c l \geqslant 0.05$ 时，即荧光物质的浓度过浓或液槽厚度过厚，荧光的自吸增加，将导致荧光强度的下降。总之，凡对荧光物质的浓度产生影响的因素均将影响荧光强度。

表 14-1　一些化合物的荧光效率

化 合 物	溶 剂	荧光效率	化 合 物	溶 剂	荧光效率
荧光素	水，pH=7	0.65	乙酸铀酰	水	0.04
	0.1mol/L　NaOH	0.92	芴	乙醇	0.54
曙红（四溴荧光素）	0.1mol/L　NaOH	0.19	菲	乙醇	0.10
罗单明 B	乙醇	0.97	萘	乙醇	0.12
1-氨基-萘-3,6,8-磺酸盐	水	0.15	水杨酸钠	水	0.28
9-氨基吖啶（9-氨基氮蒽）	水	0.98	邻甲苯磺酸钠	水	0.05
蒽	己烷	0.31	酚	水	0.22
	乙醇	0.30	吲哚（氮杂茚）	水	0.45
核黄素（维生素 B_2）	水，pH=7	0.26	叶绿素	苯	0.32

5. 荧光的猝灭作用

荧光猝灭又称荧光熄灭，是指任何可使荧光物质的荧光强度下降的作用，任何可使荧光强度不与荧光物质的浓度呈线性关系的作用，或任何可使荧光量子产率降低的作用。与荧光物质分子发生相互作用而引起荧光强度下降的物质称为荧光猝灭剂。

分子氧是一种常见的猝灭剂，它能引起几乎所有的荧光物质产生不同程度的荧光猝灭现象。除氧之外，卤素化合物、重金属离子及硝基化合物等也是常见的荧光猝灭剂。如卤素离子对于奎宁的荧光有显著的猝灭作用，胺类是大多数未取代的芳烃的有效猝灭剂。

猝灭剂的存在，可能使待测物质的荧光强度显著降低甚至完全猝灭，这对荧光分析有严重的影响，因而在荧光测定之前必须考虑猝灭剂的消除和分离问题。

五、荧光定量分析

荧光定量分析最简单的方法是标准系列法。即将荧光标准物质配成不同含量的标准系列，让试样溶液与标准系列置于同一紫外光下，比较其荧光强度，求出其近似含量。

荧光分析法最常采用的方法是标准曲线法（即工作曲线法）。先将一系列浓度的荧光标准物质的标准溶液，置于荧光计中测量其荧光强度，以荧光强度读数对标准溶液的浓度作标准曲线。然后由测得试样的荧光强度和标准曲线，求出试样的浓度。

发射荧光的物质，可直接进行荧光定量分析。对于本身不发荧光或荧光很弱的物质，就需要加入适宜荧光试剂，形成发荧光的化合物，再进行荧光定量分析。

此外，荧光猝灭法、荧光催化法、荧光偏振法、低温荧光法等都可用于测定荧光物质。荧光分析法的检出限通常比分光光度法的检出限高 2～3 个数量级，一般可测出 1×10^{-9} 级含量的组分。

第二节　荧光分光光度计

在荧光分析中常用的仪器主要分为荧光计和荧光分光光度计两类。它们均由光源、单色器（或滤光片）、狭缝、样品池、检测器及记录器组成。一般的荧光分光光度计与紫外分光光度计类似，只是荧光测量多采用激发光和发射光成直角的直角光路，其仪器组件的布置有所不同。

一、荧光分光光度计的结构

荧光分光光度计结构示意如图 14-6 所示。

（1）光源　因为荧光体的荧光强度与激发光的强度成正比，因此要求激发光源应在紫外-可见光区内有强度高、稳定性好的连续光源。光源有高压氙灯、汞灯、氙-汞弧灯、闪光灯和激光器，应用最广泛的是高压氙灯。

（2）单色器　荧光分光计中大多采用光栅单色器。荧光分光计通常具有两个单色器：激发光单色器和发射光单色器。激发光单色器所分出的单色光用于激发荧光体产生荧光，用以选择激发光的波长；发射光单色器用以选择投射到检测器上的荧光波长，滤去各种杂散光。因此双单色器系统可测出荧光物质的激发光谱和荧光光谱。

对于荧光测量来说，单色器的杂散光指标是一个极关键的参数。杂散光就是除所需的波长的

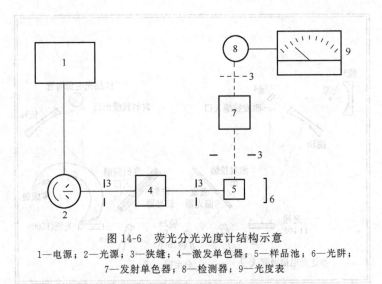

图 14-6　荧光分光光度计结构示意

1—电源；2—光源；3—狭缝；4—激发单色器；5—样品池；6—光阱；
7—发射单色器；8—检测器；9—光度表

光线以外，通过单色器的所有其他光线的强度。杂散光可使背景信号增强，降低信噪比。在可见区域的杂散光可用合适的滤光片除去，在紫外区的杂散光对测定的干扰较大。

（3）样品池（液槽）　荧光分光光度计是一种高灵敏度的仪器，其荧光样品池应选用不发荧光和透紫外光的石英材料制成。样品池内外壁要求洁净，若有一点点污垢，也可能给测量带来不利的影响。另外，切忌把装有试样的样品池长时间地放置。

（4）检测器　荧光的强度通常很弱，因此要用高灵敏度的光电倍增管进行检测。但要进行光学多通道检测时需要用如光导摄像管等多道检测器。选择光电倍增管应注意波长响应、灵敏度和噪声水平三个重要指标。

（5）记录器　荧光仪器的记录装置有数字电压表、记录仪和阴极示波器或图像显示器等几种。

常用的荧光分光光度计有：上海第三分析仪器厂生产的 930 型荧光计，950 型便携式荧光分光光度计，微机控制、四位数字显示、交直流电源，以及 960～970 型荧光分光光度计（带微机）；天津光学仪器厂生产的 WFD-8 型荧光光度计，检测极限达 0.05×10^{-9}；日本日立公司生产的日立 204 型，日立 650 型，日立 850 型，F-3000～F-4500 型等荧光分光计；岛津 RF-540 及 RF-502 型荧光分光光度计等，此外，还有美国 PE LS-50B 发光光谱仪。

如图 14-7 所示为日立 F-4500 荧光分光光度计的光学系统。

如图 14-8 和图 14-9 所示分别是美国 PE 公司 LS-50B 发光光谱仪的光学系统和磷光测定原理。

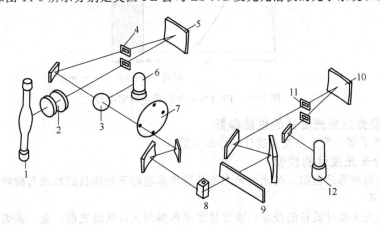

图 14-7　日立 F-4500 荧光分光光度计的光学系统

1—氙灯（150W）；2—透镜；3—光束分裂器；4，11—水平夹缝；5—激发单色器光栅；6—参考光电管；7—光闸；8—样品池；9—样品室光闸；10—发射单色器光栅；12—光电倍增管（R-3788）

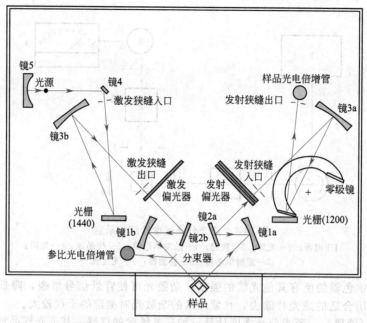

图 14-8 美国 PE LS-50B 发光光谱仪的光路

PE LS-50B 仪器通过选择测量方式，可以直接测定溶液磷光。其原理是利用荧光和磷光寿命的差别来实现的。如图 14-9 所示，光源脉冲在其半峰宽 t_i 范围内（10μs）迅速衰减至零。通过选择仪器参数中的延迟时间 t_d（光源脉冲开始至磷光测定开始的时间）、门时间 t_g（检测器磷光观测时间），可以测定光源脉冲停止后溶液的磷光发射。

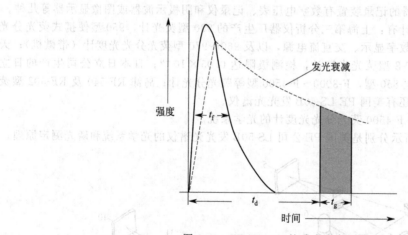

图 14-9 PE LS-50B 的磷光测定原理

二、部分荧光分光光度计的性能参数

表 14-2 列举了部分荧光分光光度计的性能参数。

三、荧光分光光度计的校验

为了测得准确可靠的数据，荧光分光光度计通常需进行下列项目的校准与检验。

1. 波长校正

对于荧光分光光度计波长的校准，通常是在单色器的入口狭缝之前，置一汞弧灯，把入口狭缝调至最小，从波长一端开始，循序检测下列汞线（nm）：577、546、492、436、405、365、334、313.5、303、297、254、235、225，所检测的汞线波长和仪器波长读数的差值，即为仪器波长读数的准确度。

表 14-2 部分荧光分光度计的性能参数

类别	国别厂商	型号	光路	光源	光谱带通/nm	色散元件		波长范围/nm		波长精度/nm	分辨率/nm	最小检出浓度（或硫酸奎宁的拉曼峰信号与噪声比 S/N）	备注
						激发	发射	激发	发射				
手动	中国上海第三分析仪器厂	930荧光计		50W 卤钨灯		5块滤光片（带通型）	7块滤光片（截止型）		330~750			1×10^{-8} g/mL	表头指针读数
	中国厦门大学	YF-1	单光束	汞灯	激发:固定 发射:可调	滤光片	棱镜	汞灯线		±2		$(0.05\times10^{-9}$①$)$	厦门分析仪器厂的 GFY160 属同类仪器
	中国厦门大学	YF-2	单光束	汞灯	激发:固定 发射:可调 连续可调	滤光片	光栅	汞灯线		±2		优于 YF-1	YF-1 的改进型，能扫描发射光谱，一阶或二阶导数光谱
自动不带光谱校正	日本日立	650-10s	单光束	150W 氙灯	1.5~20.0	光栅	光栅	220~730	220~730	±2.0	<1.5	$(0.005\times10^{-9}$①$)$	波长自动扫描，0.5mL(光程10mm)微量池
	日本日立	MPF-2A	单光束	150W 氙灯	1~40	光栅	光栅	210~600	300~650		1.0	5×10^{-11} g/mL	
	日本岛津	RF-510	单光束	150W 氙灯	激发:3,5,10 发射:5,10,40	光栅	光栅	200~700	200~700	±1.0		$(0.05\times10^{-9}$①$)$	带青岛津-杜宁 LC-830 型 HPLC 仪
	中国天津光学仪器厂	WFD-9	单光束	150W 氙灯	0~20	光栅	光栅	240~600	300~640	±0.5	0.6	2.5×10^{-9} g/mL	
自动带光谱校正	日本岛津	RF-520	双光束	150W 氙灯		光栅	光栅	220~700	220~700	±1.0	1.0	$(0.05\times10^{-9}$①$)$	若选 R446U 光电倍增管荧光波长为 220~750nm
	日本日立	MPF-4	单光束	150W 氙灯	1~40	光栅	光栅	200~900		±0.3		5×10^{-11} g/mL	自动记录校正光谱并能外接计算机
	日本岛津	RF-502	单光束	500W 氙灯	0~19	棱镜~光栅	光栅	240~590	300~750	±0.5	0.2	1×10^{-10} g/mL	

续表

类别	国别厂商	型号	光路	光源	光谱带通/nm	色散元件/nm 激发	色散元件/nm 发射	波长范围/nm 激发	波长范围/nm 发射	波长精度/nm	分辨率/nm	最小检出浓度(或水的拉曼信号与噪声比S/N)	备注
微机化的荧光分光光度计	中国上海第三分析仪器厂	960MC		150W氙灯			光栅	250~700	200~800	±2		S/N≥100	波长扫描,时间扫描光谱校正,定量测定
	中国上海第三分析仪器厂	960CRT		150W氙灯			光栅	250~700	200~800	±2		S/N≥100	与IBM-PC机双向实时通信,除具960MC型功能外,可进行重复扫描和平均化,1~4阶导数,区间积分等
	中国上海第三分析仪器厂	970MC	双光束	150W氙灯	激发:2.5,10,20 发射:2,5,10,20,30,40	光栅	光栅	200~700	200~700	±2		S/N≥100	扫描波长可达1000nm,扫描速度5挡转换,微型电脑化,键盘操作,打印机。单色光光源监控方式
	日本日立	850		150W氙灯	0.15~20	光栅	光栅	200~930	200~930	±0.2	0.15	S/N≥100	主机屏幕显示,按键操作,600nm后波长校正需购标准钨灯附件,激发光路设一个光阑,发射光路有5种滤光片
	日本岛津	RF-5000		150W氙灯	激发:1.5,3,5,10,15,20 发射:1.5,3,5,10,15,20,30	光栅	光栅	200~700	200~700	±2		S/N≥280	外接计算机,12in彩显,扫描速度7挡可选,最快3600nm/min,多种数据处理功能
	美国PE	LS-50B		8.3W脉冲氙灯	激发:2.5~15 发射:2.5~20,0.1nm连续可调	Monk-Gillieson型单色仪		200~800	200~900	±1		S/N≥500	外部计算机,同机可测定荧光,磷光,化学发光生物发光。扫描速度10~1500nm/min,脉冲时间,延迟时间,关断时间可变。多种数据处理软件,三维光谱软件另购。可作HPLC检测器,薄板扫描等附件可选
	日本日立	F-4500		150W氙灯	激发:1.0,2.5,5.0,10.0 发射:1.0,2.5,5.0,10.0,20.0	光栅	光栅	200~730	200~750	±2.0	1.0	S/N≥100	扫描速度7挡可调,最快30000nm/min,三维光谱2~3min可完成,并为主机标准设置。时间分辨1ms,可测高速反应,并可配偏振,FIA等附件

① $1×10^{-9}$即为1ppb。 1in=2.54cm。

2. 仪器的灵敏度检查

荧光分光光度计的灵敏度可用被检测出的最低信号表示，或在某一选定波长的激发光的照射下，能够产生可被检测出的荧光的最低浓度。

荧光分光光度计的灵敏度与光电倍增管及放大系统的特性、光源的强度、单色器的集光能力及所选用的波长和谱带宽度等因素有关。实际上，其灵敏度起限制作用的最重要因素是荧光空白。荧光空白来自液槽及试剂杂质中的荧光、散射的激发光及溶剂的拉曼光。

由于影响灵敏度的因素众多，同一型号的荧光计，甚至同一台荧光计在不同时间，所测得结果也不尽相同，为了使所测得的数据有可比性，必须对荧光计进行校准。

在每次测绘工作曲线时，或者每次测定荧光强度时，采用一种稳定的荧光物质的标准溶液进行荧光计校准，使前后所测得的数据具有可比性，最广泛采用荧光物质的标准溶液是硫酸奎宁的硫酸溶液。

另外也可采用测定纯水拉曼光谱峰与仪器的噪声本底之比，即信噪比，来检测荧光计的灵敏度。对于一定波长、一定狭缝宽度，拉曼峰高和荧光分光光度计的灵敏度成正比。由同一台荧光计在不同时间所测得的数据，可以根据测定溶剂的拉曼峰峰高校准至同一灵敏度，使同一台仪器，不同时间测出的数据才有可比性与连续性。

3. 激发光谱与荧光光谱的校准

(1) 荧光激发光谱的校准 采用荧光分光光度计测定物质荧光激发光谱，在一定的狭缝宽度和检测器的灵敏度下，让激发光通过激发光单色器色散为单色光，然后照射于荧光物质试样上，试样产生的荧光通过滤光片或荧光单色器之后照射于检测器上，转动激发光单色器，测定该荧光物质在不同波长的激发光照射下所产生的荧光强度，以荧光强度对激发光的波长绘成的曲线，便是表观的荧光激发光谱。不同的荧光分光光度计所测绘的表观荧光激发光谱常不相同，常与"真实"的荧光激发光谱有很大的差异。因而需要对表观的荧光激发光谱进行校准。对于某一浓度和液槽厚度的荧光物质的稀溶液，它的荧光强度是与激发光强度 I_0、荧光物质的摩尔吸收系数 ε 及荧光效率 ϕ 成正比的。表观荧光激发光谱实际上是 $I_0 \varepsilon \phi$ 对激发光波长所绘成的曲线，许多物质的荧光效率和激发光波长无关，但激发光强度 I_0 是随着波长而改变。因此，校准荧光激发光谱时预先测定激发光的强度与波长关系曲线，然后将表观的荧光激发光谱上每一波长的数值除以激发光的强度与波长关系曲线上同一波长的数值，所得的商对波长的关系图，即是"真实"的荧光激发光谱。"真实"的荧光激发光谱实际上是该荧光物质的摩尔吸光系数 ε 与激发光波长的关系图，即该物质的吸收光谱图。

荧光激发光强度与波长关系曲线的测定，可采用荧光分光光度计，在荧光计的液槽处，放一定浓度的罗丹明 B 乙醇溶液，罗丹明 B 的荧光效率为 0.97，可把 $200 \sim 600 \text{nm}$ 的激发光转换为 640nm 荧光，再在液槽与荧光单色器之间放一个 640nm 红色滤光片。改变激发光的波长，即可从荧光计测出激发光的强度与波长关系图。

(2) 荧光光谱的校准 采用荧光分光光度计测定物质荧光光谱时，在一定的狭缝宽度和检测器的灵敏度下，让通过某一滤光片或激发光单色器的射线照射于荧光物质试样上，试样产生的荧光通过荧光单色器后照射于检测器上，转动荧光单色器以测定不同波长的荧光强度，以荧光强度对波长的绘成的曲线，便是表观的荧光光谱。各台荧光分光光度计所测出的表观荧光光谱均不相同，与"真实"的荧光光谱都有差异，需加以校准。这些差异主要是由于检测器的灵敏度、棱镜单色器的谱带宽度及透射率等都随波长变化而改变。通常把检测器的灵敏度、单色器的谱带宽度及透射率等称为该单色器-检测器组合的灵敏度因子 S_λ。将表观荧光光谱上的荧光强度逐点被各该波长的灵敏度因子 S_λ 除，再以所得的商对波长绘图，便得到"真实"的荧光光谱。

测定单色器-检测器组合的灵敏度因子曲线的简便方法是，在荧光单色器的入口狭缝之前，放置一个已标定过、具有已知强度与波长关系曲线的光源（经过荧光激发光谱校准的荧光计激发光源，照射在一个散射光元件上，可作为此光源）。在该光源照射下，每改变 5nm 或 10nm 单色器波长，读取一次检测器输出读数，将各波长的检测器的输出读数除以光源的强度与波长关系曲线上同一波长上的数值，便可得到该单色器-检测器组合的灵敏度曲线。

第三节 荧光测量技术与荧光分析法的应用

除了铀盐等少数例外，无机离子并不显示荧光。但许多金属或非金属的无机离子，能与有机荧光试剂形成荧光络合物，可用于荧光分析。由于荧光法具有高灵敏度和好的选择性，广泛地用于食品、药物、临床样品和天然产物等领域中有机物的测定。

一、无机物的荧光分析

表 14-3 列出了无机物的荧光分析。

表 14-3 无机物的荧光分析

被测元素	荧光试剂	主要反应条件	激发光波长 /nm	荧光波长 /nm	灵敏度或测定范围 /(μg/mL)
Ag	曙红+1,10-二氮杂菲	pH=3～8 或 pH=6，用 $CHCl_3$-$(CH_3)_2CO$(7∶3)萃取	546 或 300	560 或 546	0.004～0.04
Al	*N*-亚水杨基-2-氨基苯酚	pH=3.8 或 5.9	410	520	0.001～0.01
	茜素红 S	pH=5	366	521	0.08～0.8
	桑色素	pH=3.3	430	500	0.1～11
	8-羟基喹啉	pH=5.7，$CHCl_3$ 萃取	365	530	0.002～0.24
	滂铬蓝黑，R 染料(4-磺基-2,2-二羟基偶氮萘的钠盐[①])	pH=4.6	470	630	0.004～0.5
Au	对二甲基氨基亚苄基罗丹宁	0.5mol/L HNO_3+0.5% NaCl $CHCl_3$ 萃取	440	580	0.02～0.2
	罗丹明 B	3.8mol/L HBr+0.5mol/L KBr，C_6H_6-$(C_2H_5)_2O$ 萃取或 1.6mol/L，H_2SO_4-0.4mol/L NaCl，C_6H_6-$(CH_3)_2CO$ 萃取，或 0.4 mol/L HCl-0.35mol/L NH_4Cl 异丙醚萃取	365 或 560 或 560	580 或 580 或 580	0.05～5 或 0.1～0.8 或 0.006～0.05
B	丁基罗丹明 B	0.05mol/L H_2SO_4+0.05mol/L F^-，C_6H_6 萃取，加热，pH 值到 6	336	590	0.001～0.05
	安息香[①]	pH=12.8，85%，C_2H_5OH	370	480	0.04～0.2
B(BO_3^-)	4-氯-2-羟基-4-甲氧基二苯甲酮	H_2SO_4(相对密度为 1.84)，70℃	366	490	0.0007～0.01
Be	1,4-二羟基蒽醌	0.02mol/L NaOH	550	630	1～3.8
	桑色素[①]	接近中性+C_2H_5OH	365	518	0.004～0.1
	3-羟基-2-萘甲酸	pH=6.5～9.0	380	460	0.00018～0.0018
Ce	磺基萘酚偶氮间苯二酚	pH=4.5，75%$(CH_3)_2CO$	500	600	0.05～5
Ga	2,2′,4′-三羟基-5-氯-偶氮苯-3-磺酸(荧光镓试剂)	pH=1.7～4.0 水溶液或异戊醇萃取	500	590,650	0.005～0.05
Ga	罗丹明 B	5～6mol/L HCl，C_6H_6 萃取或 5～6mol/L HCl，C_6H_6-$(CH_3)_2CO$(9+1)萃取	560	580	0.004～0.2
	罗丹明 6G	6.5mol/L H_2SO_4+1mol/L HCl(或 NaCl)，C_6H_6 萃取	530	555	0.002～0.04
	8-羟基喹啉	pH=2.8 或 5.7，$CHCl_3$ 萃取	436	470～610	0.05

被测元素	荧光试剂	主要反应条件	激发光波长/nm	荧光波长/nm	灵敏度或测定范围/(μg/mL)
Ge	$2,2',4'$-三羟基-3-胂酸基-5-氯-偶氮苯	HCl(1:25)-H_3PO_4(1:4)	500	610	$0.004\sim0.2$
	茜素络合酮＋罗丹明 6G	pH＝5,CCl_4-$CHCl_3$ 浮选,沉淀＋0.05mol/L NaOH,50% C_2H_5OH	520	543	$0.002\sim0.1$
In	罗丹明 B	H_2SO_4-KBr$(CH_3)_2$CO（或C_6H_6）萃取	560	580	$0.0016\sim0.024$
Nb	荧光/镓试剂($2,2',4'$-三羟基-5-氯-偶氮苯-3-磺酸)	pH＝$5\sim6.5$,0.01mol/L $H_2C_2O_4$ 或 pH＝$5.6\sim7.1$ H_2O_2-F 二酒石酸	336 或 510	630 或 640	$0.1\sim2.5$ 或 $0.2\sim2$
Re	乙基罗丹明 B	1mol/L H_3PO_4,C_6H_6 萃取	$560\sim565$	$590\sim595$	$0.02\sim0.3$
	罗丹明 6G	0.5mol/L H_2SO_4,C_6H_6 萃取	535	560	$0.17\sim5$
Se	水杨醛缩氨基脲	pH＝5.6	405,370	470	$0.05\sim1.5$
	$3,3'$-二氨基联苯胺	pH＝7.4,$C_6H_5CH_3$ 萃取	556	580	$0.02\sim1.0$
	2,3-二氨基萘(或 $2,3'$-二氨基萘)	pH＝$1\sim3$,50℃放 30min,萘烷(或环己烷或甲苯萃取)	366,480	$520\sim580$	$0.02\sim1.5$
Ta	罗丹明 6G	5mol/L H_2SO_4＋0.6% KF＋1.2mol/L$(NH_4)_2C_2O_4$,C_6H_6 萃取	535	560	$0.005\sim0.05$
Te	罗丹明 B	7% HCl,C_6H_6-$(C_2H_5)_2$O 萃取或 5.7% HCl,C_6H_6-$(CH_3)_2$-CO 萃取	紫外或 560	黄 590	$2\sim330$ 或 $0.033\sim0.067$
Th	$3,4',7$-三羟基黄酮	pH＝3.5,25℃放 20min	365	520	$0.0014\sim0.4$
	桑色素	pH＝11,0.01mol/L HCl,50% C_2H_5OH	420	520	$0.02\sim0.6$
Tl	吖啶橙	pH＝$0.8\sim2.5$,乙酸丁酯萃取	594	520	$0.003\sim0.5$
	罗丹明 B	5mol/L HCl（或 HBr）,C_6H_6 萃取	365	580	0.0002
U	罗丹明 B	pH＝$5.6\sim5.8$	550	575	$0\sim8$
Y	5,7-二氯-8-羟基喹啉	pH＝$6.5\sim7.6$,C_6H_6 或 $CHCl_3$ 萃取	366,阳光	560	$0.02\sim5.0$
	8-羟基喹啉	pH＝9.5,$CHCl_3$ 萃取	紫外	500	$0.5\sim5.0$
Zr	桑色素	2mol/L HCl＋EDTA 或 7mol/L HCl	366,420	510	$0.02\sim0.8$
	黄酮醇	2mol/L HCl	紫外	460	$0.2\sim2.0$

① 为常用方法。

二、有机化合物的荧光分析

表 14-4 列出了有机化合物的荧光分析。

三、荧光偏振及各向异性测量

在偏振光激发下，荧光体所发射的荧光在空间不同取向其强度不同，即亦是偏振光。通常，荧光偏振（P）和各向异性（r）的测量如图14-10所示，即只需在荧光分光光度计的激发和发射光路分别加上起偏器及检偏器（统称偏振附件）即可。

表 14-4　有机化合物的荧光分析

分类	被测物质	主要反应条件或过程	激发光波长/nm	荧光波长/nm	灵敏度或测定范围/(μg/mL)
脂肪族化合物	甲醇	醇氧化酶			0.1～10
	乙醇	醇脱氢酶＋氧化态烟酰胺腺嘌呤核甘酸 pH=8.8	350～360	435	
	丙三醇	蒽酮,85%H_2SO_4,120℃放 15min	350～500	575	5～75
	丙烯醇	醇氧化酶			0.5～50
	甲醛	乙酰丙酮＋NH_3,pH=6	410	510	0.005～1.0
	乙醛	1,2-二氨基萘,稀 H_2SO_4 沸水浴放 20min,冰水冷却,加 NaOH	333	395	2×10^{-6}～2×10^{-5}mol
	丙烯醛	2-氨基-5-萘酚-7-磺酸,H_2O-H_2SO_4 介质,冰浴	470	500	0.25～7μg
	糠醛	1,2-二氨基萘,稀硫酸沸水浴放 20min,冰水冷却,加 NaOH	350	405	1×10^{-6}～10^{-5}mol
	丙酮	荧光素钠	紫外	595	
	草酸	稀 H_2SO_4,pH=1～8,锆-黄酮醇螯合物	365	460	0～10
	苹果酸	间苯二酚＋浓 H_2SO_4,然后 pH=10,激发	365	485	0～20μg
	丙酮酸	4′-肼基-2-苯乙烯基吡啶	460	540	0.02～2.0
	乙醛酸	间苯二酚,浓 H_2SO_4,产物在碱性溶液中激发	490	530	0～0.4
	氯乙酸	pH=9.5,苹果酸脱氢酶＋氯乙酸＋NAD^+,生成 NADH;NADH＋吩嗪甲硫酸盐＋量天青	560	580	100～2500
	巯基乙酸	1,2-萘醌-4-磺酸钠,pH=7.5	365	蓝白	0.3
	己二酸	pH≈9.5,苹果酸脱氢酶＋己二酸＋NAD^+,生成 NADH;NADH＋吩嗪甲硫酸盐＋量天青	560	580	110～2500
	乳酸	1-萘酚,H_2SO_4 介质	466	530～540	
	核酸	pH=5.6～8,NaCl＋2,7-二氨基-9-苯基菲啶-10-乙基溴化物	360～365	580～590	0～50
	柠檬酸	pH≈9.5,谷氨酸脱氢酶＋柠檬酸＋NAD^+,生成 NADH;NADH＋吩嗪甲硫酸盐＋量天青	560	580	25～300
	D-酒石酸	pH≈9.5,苹果酸脱氢酶＋D-酒石酸＋NAD^+,生成 NADH;NADH＋吩嗪甲硫酸盐＋量天青	560	580	200～3000
	甘油三酸酯	KOH＋异丙醇＋甘油三酸酯,生成甘油;甘油＋高碘酸钠,生成甲醛;甲醛＋乙酰丙酮＋氨	405	505	400～4000
	乙酰氯	肼基乙酰基邻氨基苯甲酸,pH=9～10,水-丙酮	紫外	460	5×10^{-12}mol/mL
	亚硫酰氯	肼基乙酰基邻氨基苯甲酸,pH=9～10,水-丙酮	紫外	460	5×10^{-12}mol/mL
糖类化合物	山梨糖	微酸性,二氯化氧锆,70℃放 60min	345	400	6～30
	木糖	邻苯二胺,50%H_2SO_4,120℃放 3h	360	460	0～0.5
	D(＋)-半乳糖	间苯二酚,浓 HCl,108～110℃放 30min,然后在 pH＞7 时激发	488	508	0.38～1.5
	果糖	微酸性,二氯化氧锆,70℃放 60min	345	400	6～24
	D-果糖	邻苯二胺,50%H_2SO_4,120℃放 3h	360	460	0～0.4
	糖原	蒽酮,H_2SO_4 介质	541	590	0.02
	蔗糖	邻苯二胺,50%H_2SO_4	360	460	0～0.4
	脱氧核糖	3,5-二氨基苯甲酸,0.6mol/L $HClO_4$,60℃放 30min	406	520	0.001μg
	葡萄糖	葡萄糖＋葡萄糖氧化酶,生成过氧化氢;过氧化氢酶＋过氧化氢＋对羟基苯乙酸	315	425	0.01～50
	L(＋)鼠李糖	间苯二酚＋浓 HCl 在碱性介质中激发	488	508	0.38～1.5

分类	被测物质	主要反应条件或过程	激发光波长 /nm	荧光波长 /nm	灵敏度或测定 范围/(μg/mL)
芳香族化合物	对苯二酚	$0.010\sim0.011$mol/L H_2SO_4,pH=2.2	298	350	$4\times10^{-7}\sim5\times10^{-5}$mol
	邻氨基苯酚	1,2-萘醌-4-磺酸,二氯甲烷萃取,在萃取液中加 C_2H_5OH 和氢化硼钾-NaOH,室温,放 1min,加氢氯酸	366	470	$0.2\sim1.0$
	苯酚	0.01mol/L H_2SO_4,pH=2	276	365	$1\times10^{-6}\sim8\times10^{-5}$mol
	水杨醛	水杨酰肼+C_2H_5OH,80℃放 1h	390	470	1.0
	肉桂醛	1,2-二氨基萘,稀 H_2SO_4,沸水浴放 20min,冰水冷却,加 NaOH	370	460	$1\times10^{-7}\sim10^{-5}$mol
	邻硝基苯甲醛	碱性,Fe^{2+}+邻硝基苯甲醛,生成邻氨基苯甲醛;邻氨基苯甲醛+1,2-萘醌-4-磺酸,二氯乙烷萃取,加氢硼化钾	355	460	$8\sim40\mu g$
	邻苯二酸氢钾	在硼硅酸玻璃试管中,超声波处理 5min	315	440	$0.05\sim6$
	苯甲酸	在硼硅酸玻璃试管中,超声波处理 5min	315	410	$0.1\sim6$
	萘乙酸	pH=11	282	327	0.02
	1-萘酚	0.1mol/L NaOH,20%C_2H_5OH	365	480	0.7
	2-萘酚	0.1mol/L NaOH,20%C_2H_5OH	365	426	0.7
	萘醌	部分真空,15%连二亚硫酸钠溶液,苯萃取	340	400	$0.03\sim0.9$
	荧光蒽	亚硝酸甲酯	380	460	$2\sim25$
	菲		265	350	$0\sim5.0$
	萘	异丙醇-水	紫外	510	$10\sim300$
	芴		265	316	$0\sim5.0$
	芘	戊烷或氯仿	紫外	500	1.5×10^{-5}
	苝	戊烷或氯仿	紫外	500	
	蒽	戊烷或氯仿	365	400	$0\sim5.0$
	3,4-苯并芘	苯	386	406	0.0001
	四氧嘧啶	苯二胺	365	480	10^{-10}mol
	吲哚(麦角碱)		$285\sim310$	$345\sim360$	$0.03\sim0.05$
氨基酸和蛋白质	3,4-二羟基苯基丝氨酸	pH=1	280	320	0.03
	天冬氨酸	强碱性,α-氧代戊二酸酯+天冬氨酸,生成丁酮二酸酯;丁酮二酸酯+NADH+H^+	340	460	$5\times10^{-12}\sim5\times10^{-12}$mol
	半胱氨酸	1,2-萘醌-4-磺酸钠 pH=7.5	365	蓝至白	33
	色氨酸	葡萄糖,pH=1.38,放 4h,118℃,冷却,调节 pH 值到 1.8	365	425	$4\sim20\mu g$
	L-谷氨酸	pH≈9.5,谷氨酸脱氢酶+谷氨酸+NAD^+,生成 NADH;NADH+吩嗪甲硫酸盐+量天青	560	580	$1\sim100$
	苯丙氨酸	NH_4OH+$K_3[Fe(CN)_4]$,反应 4min,加巯基丙氨酸	310	415	$0.2\sim2.5$
	甘氨酸	甘氨酸+氯胺 T,生成甲醛,甲醛+乙酰丙酮+氨	405	510	$0.1\sim3.0$
		2,4-丁二酮+甲醛,沸水浴放 10min	405	470	$0.05\sim6.0$
		茚满三酮+乙酰丙酮,pH=6 或 7,60℃放 120min 或 60min	390	490	$2.0\times10^{-11}\sim10^{-8}$mol
	组氨酸	邻苯二醛,pH=11.8,室温 30min(或 pH=11.2~11.5,40℃放 10min)	$360\sim344$ 或 390	$450\sim432$ 或 470	$5\sim75$ 或 0.004

续表

分类	被测物质	主要反应条件或过程	激发光波长/nm	荧光波长/nm	灵敏度或测定范围/(μg/mL)
氨基酸和蛋白质	氨基酸(包括 D-或 L-精氨酸、白氨酸、蛋氨酸、苯基丙氨酸、脯氨酸、色氨酸、酪氨酸、丙氨酸、亮氨酸)	pH=8.5,氨基酸+氨基酸氧化酶,生成 H_2O_2;过氧化物酶+H_2O_2+高香草酸	315	425	0.01~50
	酪氨酸	1-亚硝基-2-萘酚+$NaNO_2$+C_2H_5OH,55℃放 30min,冰水冷却,加 $Na_2S_2O_3$	460	570	1.0
	尿素	尿素酶+酸+NADH+谷氨酸脱氨酶+α-氧代戊二酸盐,生成 NAD^+;NAD+丁酮(或用强碱处理)	340	460	2×10^{-11}~10^{-10} mol
	谷胱甘肽	邻苯二醛,pH=8,H_2O-CH_3OH 介质	350	420	0.02~10
胺类化合物	二乙胺	4-氯-7-硝基苯-1,2,5-氧二氮杂茂,C_2H_5OH 介质,60℃放 30min	436	535	0.25~1.0
	对氨基苯磺酰胺	苯二醛+氧化性介质	365	435	2×10^{-9}~5×10^{-3} mol/mL
	甲胺(盐酸化物)	邻二乙酰基苯,pH=8.6,H_2O-C_2H_5OH 介质	366	430	0.2~1.0
	苯胺	1,2-萘醌-4-磺酸,二氯甲烷萃取,在萃取液中加 C_2H_5OH+氢化硼钾-氢氧化钠,室温放 1min,加入氢氯酸	366	470	0.2~1.0
		苯二醛,氧化性溶液	365	460	10^{-9}~10^{-8} mol/mL
	1,4-丁二胺(腐胺)	二元胺氧化酶+丁二胺,生成 H_2O_2,H_2O_2+过氧化物酶+对羟基苯乙酸	317	414	
	天冬酰胺	pH=8.0,三乙醇胺缓冲液+天冬酰胺+NADH+α-酮基戊二酸盐+苹果酸脱氢酶+谷氨酸盐-草酸盐氨基移转酶	350	460	1.0×10^{-9}~1.0×10^{-6} mol
	谷酰胺	pH=4.9,ADP+谷酰胺+谷酰胺酶,38℃放 45min,加 NAD^+	350	460	1.0×10^{-9}~1.0×10^{-7} mol
	组胺	碱性,+$NaCl_2$,1-丁醇萃取,+0.1mol/L HCl,正庚烷萃取,萃取液碱化+邻苯二醛,+H_3PO_4	350~355	415~440	10^{-3}~5.0×10^{-2}
	精胺	苯乙醛,正丁醇-水-硫酸钠,65~70℃放 15min,乙酸酸化	405	455	0~2.0
	色胺	pH=11~14 苯萃取,稀 HCl 反萃取,pH=10 介质中测定	285	360	0.01~0.5
	5-羟基色胺	中性或微酸性	295	330	0.2
	卟啉		380~500	666	1.0
	叶绿素 a		450	676	0.001~0.3
	叶绿素 b		450	644	0.004~0.4
维生素	维生素 A	无水 C_2H_5OH(或环己烷,正丁醇)	345 或 325	490 或 470	0~2.0 或 0.003~6.0
	维生素 B_1	$K_3[Fe(CN)_6]$ 的碱溶液异丁醇萃取	紫外	435	
	维生素 B_2	在碱性液中光照射,$CHCl_3$ 萃取			
	吡哆醛(维生素 B_6 醛)	pH=7	330	385	0.002
	吡哆胺(维生素 B_6 胺)	乙醛酸钠+铝,生成吡哆醛,吡哆醛+KCN,生成吡哆醛氰醇	358	435	0.001~1

分类	被测物质	主要反应条件或过程	激发光波长/nm	荧光波长/nm	灵敏度或测定范围/(μg/mL)
维生素	维生素 B_{12}	6mol/L HCl,苯酰氯＋阿脲,0.02mol/L NaOH	365	520	0.01μg
	叶酸	pH＝7	365	450	0.01
	维生素 C	1,2-萘醌-4-磺酸钠,pH＝7.5	330,365	465	0.1～2.5
		邻苯二胺,50％H_2SO_4,120℃放3h	360	460	0～0.4
	维生素 $D(D_2,D_3)$	10％H_2SO_4＋C_2H_5OH	425	475	0～50
	维生素 E	硝酸＋邻苯二胺,乙酸介质	紫外	绿	
	维生素 F(烟酸)	溴化氰＋对氨基乙酰苯	紫外	黄绿	0.02～1.2
	维生素 K	C_2H_5OH 介质	335	480	0.07
	菸酰胺	甲基苯基酮＋C_2H_5OH＋KOH＋甲酸	370	430	0～0.5×10^{-9}mol
	芸香苷(芦丁)	$ZrOCl_2$,CH_3OH 溶液	365	430	
甾族化合物	乙酰胆碱	乙酰胆碱酯酶＋乙酰胆碱,生成胆碱,胆碱＋胆碱磷酸转移酶＋ATP,生成 ADP;ADP＋丙酮酸激酶＋磷酸(烯醇)丙酮酸盐;丙酮酸盐＋乳酸脱氢酶＋NADH,生成 NAD^+	365	460	1.0×10^{-10}～2.0×10^{-9}mol
	二乙基己烯雌酚	CH_3OH 介质	360	435	0.2μg
	四氢可的松	90％H_2SO_4,100℃放20min	436	525	0.2μg
	四氢氢化可的松	90％H_2SO_4,放 2h	436	525	0.2μg
	去氢氢化可的松	H_2SO_4-C_2H_5OH-$CHCl_3$	420	＞560	0.5μg
	孕甾酮	0.2mol/L 第三丁醇钾的第三丁醇溶液放1h	380	580	0.01μg
	皮质酮(可的松)	90％H_2SO_4,100℃放20min	436	580	2μg
		0.2mol/L 第三丁醇钾的第三丁醇溶液放1h	380	580	0.01μg
	皮质甾酮	浓 H_2SO_4-C_2H_5OH(7＋3),或用二氯甲烷萃取	470～475	525	0.01～1
	胆甾醇	$ZnCl_2$-冰乙酸-乙酰氯,$CHCl_2$ 萃取,60℃放30min,冰水冷却	528	565	0.04～2
	胆酸	96.5％H_2SO_4 加热	436	490～500	1～10
	胆碱	胆碱磷酸转移酶＋胆碱＋ATP,生成 ADP;ADP＋丙酮酸激酶＋磷酸(烯醇)丙酮酸盐,生成丙酮酸盐＋乳酸脱氢酶＋NADH,生成 NAD^+	365	460	1.0×10^{-10}～2.0×10^{-9}mol
	11-脱氢皮质甾酮	0.2mol/L 第三丁醇钾的第三丁醇溶液放1h	380	580	0.01μg
	睾丸甾酮	0.2mol/L 的第三丁醇钾的第三丁醇溶液,放 1h	380	580	0.01μg
	雌三醇雌酮	88％H_2SO_4 中含 3％三氯氧磷,65℃放30min	440	490	0.001μg
酶和辅酶	乙酸脱氢酶	NAD^+＋心肌黄酶＋谷氨酸钠(底物)＋量天青	560	580	0.0001～0.1单位/mL
	一磷酸腺苷	乙二醛水合三聚物,CH_3COOH,沸水浴放 3h	328	382	2.0×10^{-10}～1.0×10^{-8}mol
	三磷酸吡啶核苷酸(还原态)	pH＝8～11	365	460	0.001μg
	三磷酸吡啶核苷酸(氧化态)	6mol/L NaOH,室温放 1h	365	460	10^{-8}～2×10^{-5}mol
	三磷酸腺苷	三磷酸腺苷＋己糖激酶＋葡萄糖,生成葡萄糖-6-磷酸盐;葡萄糖-6-磷酸盐＋(6-磷酸葡萄糖脱氢酶)＋菸酰胺腺嘌呤核苷酸磷酸盐,生成还原型菸酰胺腺嘌呤核苷酸磷酸盐	350	450	2×10^{-6}mol
	心肌黄酶	NAD^+＋乳酸脱氢酶＋谷氨酸钠(底物)＋量天青	560	580	0.004～0.08单位/mL

分类	被测物质	主要反应条件或过程	激发光波长 /nm	荧光波长 /nm	灵敏度或测定 范围/(μg/mL)
酶 和 辅 酶	甘油脱氢酶	NAD$^+$+心肌黄酶+谷氨酸钠(底物)+量天青	560	580	0.0001~0.1 单位/mL
	纤维素酶	试卤灵乙酸酯,pH=7	540	580	0.0001~0.06 单位/mL
	过氧化物酶	高香草酸(或对羟基苯乙酸)-H$_2$O$_2$,pH=8.5	315	425	0.001~2 单位/mL
	乳酸脱氢酶	NAD$^+$+心肌黄酶+谷氨酸钠(底物)+量天青	560	580	0.0001~0.1 单位/mL
	谷氨酸-丙酮酸转氨酶	L-丙氨酸+α-酮基戊二酸酯+NADH,pH=7.4	365	455	0~0.28 国际单位/mL
	胆碱酯酶	pH=7.40,试卤灵丁酸酯	540~570	580	0.0003~0.06 单位/mL
		pH=6.50,吲羟乙酸酯(或 N-甲基吲羟乙酸酯)	395 或 430	470 或 510	0.0003~0.06 单位/mL
		α-萘酚乙酸酯(或 β-萘酚乙酸酯)	330 或 320	460~470 或 410	0.0005~0.50 单位/mL
		9-羟基异吩噁唑丁酯	540~570	580	0.0003~0.06 单位/mL
	核糖核酸	pH=4~10.2,7-二氨基-9-苯基啶-10-乙基溴化物	540	590	0.01~10μg/mL
	玻璃酸酶(透明质酸酶)	3-乙酰氧基吲哚,pH=6.40	395	470	0.001-0.033μg/mL
	胰酯酶	pH=8,二丁酰荧光素	490	520	12.5~250μg/mL
	6-氨基嘌呤(腺嘌呤)	乙二醛水合三聚物,CH$_3$COOH,沸水浴放 3h	328	382	0.03~3.0μg
	氨基酸氧化酶	pH=8.3,氨基酸+氨基酸氧化酶,生成酮酸;酮酸+邻苯二胺	375	480	
	脂肪酶	pH=8.0,荧光素二丁酯	365	560	0.002~0.04 单位/mL
		N-甲基吲哚酚-3-肉豆蔻酸,pH=7.5	430	500	0.10μg/mL
	氧化型菸酰胺腺嘌呤双核苷酸(NAD$^+$)	C$_2$H$_5$OH+醇脱氢酶+NAD$^+$,pH=9~10,生成 NADH;NADH+量天青+吩嗪甲硫酸盐,生成试卤灵	560	580	10^{-10}~10^{-7}mol
	还原型菸酰胺腺嘌呤双核苷酸(NADH)	NADH+量天青+吩嗪甲硫酸盐,pH=9~10	560	580	$2×10^{-7}$~$2×10^{-5}$mol
	脱氢酶(包括乳酸脱氢酶,苹果酸脱氢酶,醇脱氢酶,谷氨酸脱氢酶,6-磷酸葡糖脱氢酶,磷酸甘油脱氢酶,甘油脱氢酶)	C$_2$H$_5$OH(或相应的其他底物)+醇脱氢酶(或相应的其他脱氢酶)+NAD$^+$,pH=9~10,生成 NADH;NADH+量天青+吩嗪甲硫酸盐,生成试卤灵	540	580	10^{-4}单位
	脱氧核糖核酸	3,5-二氨基苯甲酸,60℃放 45min	405	500	0.0025~0.11
		2,7-二氨基-9-苯基菲啶-10-乙基溴化物,pH=4~10	540	590	0.01~10
	硫酸酶	β-萘酚硫酸酯,pH=5.4	325	410	0.015~3.0 单位/mL
		4-甲基伞形酮硫酸酯,pH=5.4	338	451	0.0015~0.10 单位/mL
	葡糖氧化酶	β-D-葡萄糖+葡萄糖氧化酶,生成 H$_2$O$_2$;H$_2$O$_2$+过氧化物酶+高香草酸	315	425	
	β-葡糖苷酸酶	哈尔醇葡糖苷酸,pH=3.6,37℃放 30min	320	420	
	碱性磷酸酯酶	萘酚 As-BI(6-溴-3-羟基-2-萘基邻茴香胺)的磷酸二氢酯,pH=9.0	405	515	
	酸性磷酸酯酶	萘酚 As-BI(6-溴-3-羟基-2-萘基邻茴香胺)的磷酸二氢酯	405	515	

续表

分类	被测物质	主要反应条件或过程	激发光波长/nm	荧光波长/nm	灵敏度或测定范围/(μg/mL)
抗生素	二氢链霉素	H_2O-C_2H_5OH-$NaOH$,加菲醌,然后 HCl 酸化	360	400	16～80
	土霉素	先在酸性介质中加热,然后碱化	390	510	0～15
	四环素	先在酸性介质中加热,然后碱化	425	560	0～20
		pH=5.7,甲基溶纤剂-Al^{3+}	415	510	0.1～1.0
		先经酸处理,再加 Al_2O_3 的 C_2H_5OH 溶液,pH=4.5,$CHCl_3$ 介质,放置 1h	475	550	0.1～20
		稀 HCl-CCl_3COOH-$CaCl_2$＋巴比妥酸钠,乙酸乙酯萃取	405	530	0.15～5.0
	卡那霉素	pH=6.5～7.5,硼酸缓冲液＋$(CH_3)_2CO$	390	480	$1.0×10^{-11}$～$1.0×10^{-7}$ mol/mL
	灰黄霉素	pH=3～10,C_2H_5OH 溶液	295	450	0.05
	新霉素	pH=6.5～7.5 硼酸缓冲液＋$(CH_3)_2CO$	390	480	$1.0×10^{-11}$～$1.0×10^{-7}$ mol/mL
	多黏菌素 B	pH=6.5～7.5 硼酸缓冲液＋$(CH_3)_2CO$	390	480	$1.0×10^{-11}$～$1.0×10^{-7}$ mol/mL
	放线菌素 D	H_2O_2-$NaOH$ 放 15min,＋HCl-柠檬酸-H_3PO_4 缓冲液(pH=3.0),正丁醇萃取	370	420	0～1.0
	金霉素	先在酸性介质中加热,然后碱化	425	560	0～15
	青霉素	2-甲氧基-6-氯-9-(β-氨乙基)-氨基吖啶,1mol/L HCl	365,420	540,500	0.0625～0.625
	氨苄青霉素	pH=6.5～7.5 硼酸缓冲液＋$(CH_3)_2CO$	390	480	$1.0×10^{-11}$～$1.0×10^{-7}$ mol/mL
	链霉素	H_2O-C_2H_5OH-$NaOH$,加菲醌,然后用 HCl 酸化	360	400	2～10
		pH=6.5～7.5 硼酸缓冲液,＋$(CH_3)_2CO$	390	480	$1.0×10^{-11}$～$1.0×10^{-7}$ mol/mL
		1,2-萘醌-4-磺酸钠,碱性	365	445	0.20～1.0
其他药物	毛地黄毒苷	浓 H_2SO_4	418	435	2～8
	毛果(芸香)碱盐酸化物	丙二酸-乙酸酐,80℃放 15min,C_2H_5OH 稀释	395	450	0.0028～0.28
	水杨酸	乙酸-$CHCl_3$ 介质	254 或 308	465 或 450	0.5～7.5
		C_2H_5OH 介质＋KOH(或不加 KOH)	314 或 300	410 或 400	$3×10^{-8}$～$5×10^{-6}$ mol
	去甲肾上腺素	pH=7.5,NaI-I_2＋(碱性)Na_2SO_3＋$EDTA$＋CH_3COOH	395	485	0.15～0.8
	11-去甲氧利血平	5mol/L CH_3COOH,0.001mol/L $Ce(SO_4)_2$	315	450	0.1μg
	可待因	pH=12,或 0.1mol/L $NaOH$,或 0.1mol/L H_2SO_4	285	345～350	0～20
	对氨基水杨酸	荧胺,pH=2.0～3.0	405	495	0～10
	丙烯吗啡	pH=1	285	355	0.1
	扑敏宁(吡甲胺)	$CNBr$,pH=6.6	370	460	1
	扑疟喹啉	浓 H_2SO_4	365	440	0.2
	戊巴比妥	0.1mol/L $NaOH$	253 或 265	415 或 440	0.2～2.0
	异烟肼	$CNBr$,$NaOH$-C_2H_5OH	300	405	0.1
	磺胺异噁唑(isosulfisoxazole)	pH=3.0～4.5,荧胺	400	495	0～1
	吗啡	pH=1(0.05mol/L H_2SO_4)	285	350～345	0～20
	吐根碱	I_2,C_2H_5OH-NH_4OH 介质	436	620	0.05～1.0
	地谷高新(异羟基洋地黄毒苷)	浓 H_2SO_4	390	420	0～12

分类	被测物质	主要反应条件或过程	激发光波长/nm	荧光波长/nm	灵敏度或测定范围/(μg/mL)
其他药物		C_2H_5OH+三氯乙酸,130℃放40min	340	420	0.02~1.0
	麦角胺	pH10,氨基乙酸-NaOH,C_6H_6萃取,减压蒸干苯,加 C_2H_5OH	318	402	0.1~5.0
	麦角酸二乙酰胺	pH=7	325	465	0.002
	利血平	对甲苯磺酸,冰乙酸介质,加热	360~400	480	0.005
	苯丙胺	pH=9.3~9.4,荧胺	395	490	0~30
	苯巴比妥(鲁米那)	pH=13(0.1mol/L NaOH)	265或255	440或415	0.3~10
	阿的平(疟涤平,奎吖因)	pH=11,庚烷萃取,在萃取液中加少量异戊醇	285或420	500	0.02
	阿米妥(异戊巴比妥)	0.1mol/L NaOH	255或265	412或410	0.5~15
	阿司匹林(乙酰水杨酸)	二氯乙酸-$CHCl_3$,在乙酸-$CHCl_3$介质中	254	400~550	0.5~6
	肾上腺素	pH=5,NaI-I_2+(碱性)Na_2SO_3+EDTA+乙酸	410或385	505或485	0.05~0.6
		乙二胺,55℃放25min,异丁醇萃取	420	525,495	0.001~0.02
	唛啶盐酸盐	浓 NH_4OH 碱化,$CHCl_3$ 萃取,萃取液蒸干,残渣+甲醛,100℃,然后冰浴冷却	275	425,440	0~5
	奎宁	pH=1	250或315或350	470或450	0.002
	氨甲蝶呤(抗肿瘤药)	pH=7	280或375	460	0.02
	氨基蝶呤	pH=7	370	460	0.02
	氯化喹啉	pH=11	335	380	0.08
	脱氧麻黄素	0.05mol/L H_2SO_4	260	282	2~30
	麻黄素	0.05mol/L H_2SO_4	260	282	2~30
	盐酸普鲁卡因	pH=3.0~4.5,荧胺	405	495	0~3
	硫喷妥钠	pH=13	315	530	0.1
	氯丙嗪(冬眠灵)	pH=11	350	480	0.1
	溴化麦角酸二乙胺	pH=1	315	460	0.005
	6-巯基嘌呤	pH=9.2,$KMnO_4$	305	400	1.0
	磺胺嘧啶	pH=3.0~4.5,荧胺	400	495	0~1
毒物	黄曲霉素 B_1、B_2		紫外	425	1.8×10^{-7}~6.2×10^{-5}mol/L
	黄曲霉素 G_1、G_2		紫外	450	1.2×10^{-7}~1.2×10^{-4}mol/L
	蜂蜜中1-萘基甲氨酸酯	0.1mol/L NaOH 溶液	340	465	1~100
	赫曲霉素 A	甲醇	380	428	0.007
	赫曲霉素 B	甲醇	366	418	0.018
	棒曲霉素	乙醇	278	340	0.51
	艮他霉素	4-氯-7-硝基苯-2-噁-1,3-二唑	420	530	0
	农药1605	酸或碱溶液,在一定温度下加热	330	450	0.001
	赤霉素 A_3(赤霉酸)	85% H_2SO_4 溶液	紫外	430	0.01

$$P=\frac{I_{/\!/}-I_\perp}{I_{/\!/}+I_\perp}$$

$$r=\frac{I_{/\!/}-I_\perp}{I_{/\!/}+2I_\perp}$$

式中，$I_{/\!/}$ 和 $I_\perp$ 分别为检偏器的取向平行或垂直于起偏器取向时所观察到的荧光强度。由于荧光偏振不仅与荧光体分子形状、荧光体吸光对偏振激发的取向、光选择性以及与激发矩和发射矩是否为共线的共振偶极体有关，而且许多外界因素，如环境的黏度等都会影响和改变其偏振度，从而在生化领域中获得了广泛的应用。例如已用于确定生物分子间的缔合反应量，膜内微黏度，膜组成对膜相变的影响，蛋白质的衰变和转动速度的研究。荧光体的偏振度与荧光体的转动速度成反比这一特性，可用于荧光免疫分析中。例如，当小分子荧光体被连接到大分子蛋白质或抗体之后，由于体积变大，分子转速速度变慢，偏振度增大。若样品中存在小分子抗原，则连接于抗体上的荧光体可能被抗原夺走，结果偏振度又下降。从而可用于抗原或抗体的测定。如果采用脉冲偏振光或调制偏振光激发荧光体，则还可进行荧光偏振及各向异性的时间分辨或偏振相差测量。

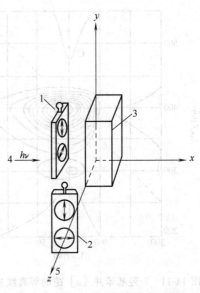

图 14-10 荧光偏振及各向异性测量示意
1—起偏器；2—检偏器；3—样品；4—来自激发单色器；5—去发射单色器

四、时间分辨荧光光谱

时间分辨荧光光谱技术是基于不同发光体发光衰减速率寿命的不同，所以在进行这种测量时要求带有时间延迟设备的脉冲光源和带有门控时间电路的检测器件，从而可在固定延迟时间 t_d 和门控宽度 t_g，用发射单色器进行扫描时，可得到时间分辨发射光谱，从而可对光谱重叠但寿命有差异的组分进行分辨和分别测定；或是固定发射波长，对门控时间进行扫描，从而可得到荧光强度随时间的衰变曲线和给定时间处的荧光发射谱，可用于荧光寿命的测量和溶剂松弛时间的测量等。时间分辨荧光测量常用的激发光源是闪光灯和激光器，后者得到日益广泛的应用，例如氩离子激光器可提供重复频率为76MHz，脉冲宽度约100ps的351nm激光光束。可调谐染料激光器还可选择所需要的激发光波长。在采用激光光源的时间分辨荧光计中，由光束分裂器来的一部分激光，作为外触发信号，利用电子延迟线路选择控制一定的延迟时间使盒式积分器门控开门，使来自样品发射并经光电倍增管放大后的信号输至盒式积分器，并在脉冲激发后的不同延迟时间，以不同门控宽度对时间片断的发射信号进行取样，而后将信号进行储存、平均，最后输至记录器等显示。

时间分辨荧光技术还能利用不同发光体形成速率的不同进行选择性测定。

五、同步扫描荧光光谱

根据激发和发射单色器在扫描过程中彼此间所保持的关系，同步扫描技术可分为固定波长差（$\Delta\lambda$）、固定能量差（$\Delta\bar{\nu}$）和可变角（可变波长）同步扫描三类。

同步扫描技术具有使光谱简化、谱带窄化提高分辨率、减少光谱重叠提高选择性、减少散射光影响等诸多优点。

固定波长差同步扫描中，$\Delta\lambda$ 的选择直接影响到所得同步光谱的形状、带宽和信号强度，从而提供了一种提高选择性的途径。例如，酪氨酸和色氨酸的荧光激发谱很相似，发射光谱又严重重叠，但 $\Delta\lambda<15nm$ 的同步光谱只显示酪氨酸的光谱特征，$\Delta\lambda>60nm$ 的同步光谱只呈现色氨酸的光谱特征，从而可实现分别测定。固定能量差同步扫描可能克服0-0带跃迁非常弱甚至不显现的情况，以及不同组分间对 $\Delta\lambda$ 的不同要求所带来的困难，有可能对同一类化合物只选择一个 $\Delta\bar{\nu}$ 值用于整个光谱的扫描，同时还能最大限度地减小瑞利散射和拉曼散射的干扰。可变角同步扫描技术可进一步提高选择性。

六、三维荧光光谱

三维荧（磷）光光谱（也称总发光光谱或激发-发射矩阵图）技术与常规荧（磷）光分析的主

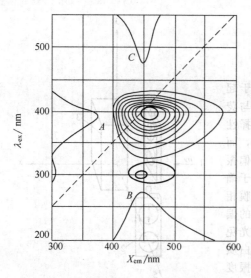

图 14-11　7-羟基苯并 [a] 芘的等高线光谱与常规荧光光谱和同步荧光光谱的关系

要区别是能获得激发波长和发射波长同时变化时的荧（磷）光强度信息。三维荧（磷）光光谱有两种表示形式：等（强度）高线图（图 14-11 中带圈的部分）和等角三维投影图 [图 14-12(d)]。前者能获得更多的信息，容易体现与常规荧（磷）光光谱和同步光谱的关系。如图中激发光谱 A 是三维谱图在沿 λ_{em}＝440nm 的剖面上的轮廓线；发射光谱 B 是沿 λ_{ex}＝390nm 的剖面上的轮廓线；曲线 C 是 $\Delta\lambda$＝50nm 的同步扫描荧光光谱，它正是沿 $\Delta\lambda$＝500nm 的 45°对角线切割并投影在发射波长轴上的轮廓线。

三维荧光光谱（图 14-12）技术能获得完整的光谱信息，是一种很有价值的光谱指纹技术。在石油勘采中可用于油气显示和矿源判定；在环境监测和法庭判证中用于类似可疑物的鉴别；临床中用于癌细胞的辅助诊断和不同细菌的表征及鉴别；另外，作为一种快速检测技术，对化学反应的多组分动力学研究具有独特的优点。目前，采用三维谱技术进行多组分混合物的定性、定量分析，是分析化学的热点之一。

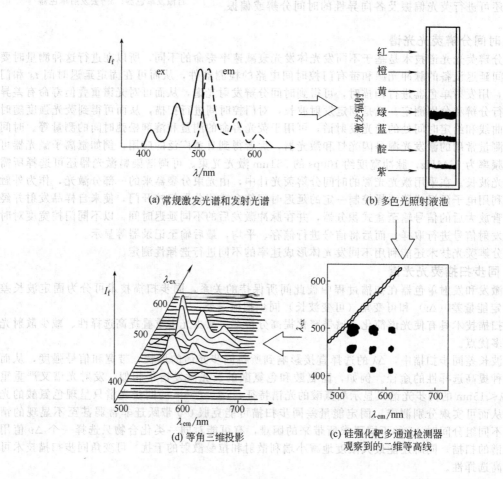

(a) 常规激发光谱和发射光谱

(b) 多色光照射液池

(d) 等角三维投影

(c) 硅强化靶多通道检测器观察到的二维等高线

图 14-12　三维荧光光谱产生过程示意

七、荧（磷）光分析法的其他应用

1. 痕量分析

从荧光的定量关系式可以看到，I_0 越大，检测灵敏度越高。通过使用激光光源，荧光定量分析的灵敏度甚至可达 $10^{-14}\,mol/L$。使用激光光源的荧光分析法又称激光诱导荧光。但需注意的是，光源强度增加，同时会使溶剂的拉曼散射增加，应注意其与荧光峰的区别，即荧光发射峰不随激发波长而变，拉曼散射峰随激发波长而变化。使用荧光探针，可以实现本身不发荧光的特定成分分析。根据待测组分的特性，除直接荧光法外，还可以采用荧光猝灭法进行痕量分析。对于多组分试样，可以经色谱分离后进行柱后衍生-在线荧光检测，或采用同步荧光等手段进行多组分同时定量。

2. 发光探针

荧光（或磷光）探针在发光分析中应用广泛。除了用于荧光衍生外，发光探针可以是微环境探针，即微环境极性、黏度等的不同会引起发光探针的发光强度，或发射波长，或发光寿命等参数的改变；发光探针还可以是分子运动的探针，如通过荧光偏光的消失、激基二聚体的形成速率、猝灭反应速率等的测定可以探测生物膜中的分子运动特性。

如图 14-13 和图 14-14 所示是几种常用荧光探针及其衍生反应的例子。如图 14-15 所示是常见的微环境极性探针 ANS 的荧光光谱随溶剂极性的变化。

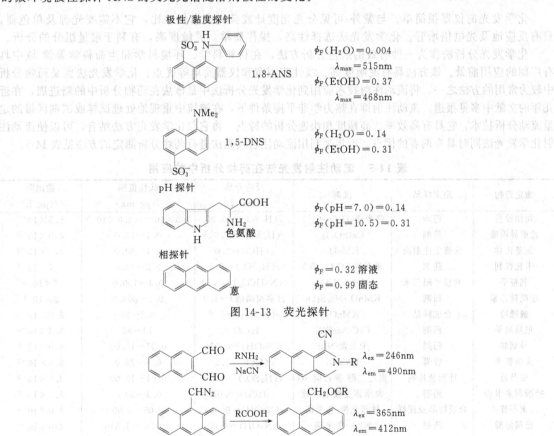

极性/黏度探针

1,8-ANS
$\phi_F(H_2O)=0.004$
$\lambda_{max}=515nm$
$\phi_F(EtOH)=0.37$
$\lambda_{max}=468nm$

1,5-DNS
$\phi_F(H_2O)=0.14$
$\phi_F(EtOH)=0.31$

pH 探针

色氨酸
$\phi_F(pH=7.0)=0.14$
$\phi_F(pH=10.5)=0.31$

相探针

蒽
$\phi_F=0.32$ 溶液
$\phi_F=0.99$ 固态

图 14-13 荧光探针

$\lambda_{ex}=246nm$
$\lambda_{em}=490nm$

$\lambda_{ex}=365nm$
$\lambda_{em}=412nm$

图 14-14 氨基酸、羧酸的荧光衍生举例

八、化学发光简介

若某一化学反应产生电子激发态产物，当其返回基态时发出的光称为化学发光。基于这一现象进行分析的方法称为化学发光法（chemiluminescence）。

$$A+B \longrightarrow C^* +D \qquad C^* \longrightarrow C+h\nu_c$$

能产生化学发光的物质很有限，往往含有—CO—NH—NHR 的基团。最常见的化学发光物质是鲁米诺（luminol）。在催化剂存在下，它可以与 H_2O_2 反应生成 3-氨基苯甲酸，并发蓝光（图 14-16）。

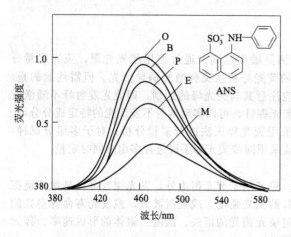

图 14-15　ANS荧光光谱的溶剂极性依存度
O—正辛醇；B—正丁醇；P—正丙醇；
E—乙醇；M—甲醇；W—水

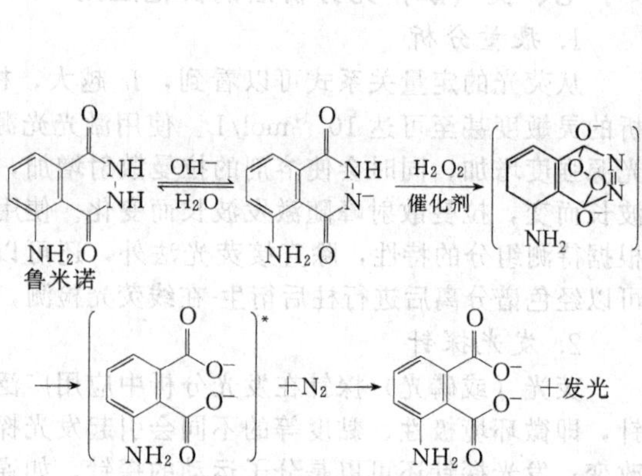

图 14-16　鲁米诺的化学发光

化学发光的仪器很简单。与紫外-可见分光光度计或荧光光谱仪相比，它不需要光源及单色器，只有反应池及光电倍增管。化学发光法选择性高，操作简单，灵敏度高，有利于痕量组分的分析。

化学发光分析法作为一种有效的痕量分析方法，在材料科学、环境科学和生命科学等领域中具有广阔的应用前景。该方法具有灵敏度高、线性范围宽和仪器简单等优点。化学发光法也是药物分析中较为常用的方法之一。将流动注射技术应用到化学发光分析法中是该法在药物分析中的新进展，在近几年的文献中多见报道。流动注射即在热力学非平衡条件下，在液流中重现地处理试样或试剂区带的定量流动分析技术，它具有高效率、高精度和快速分析的特点。将它与化学发光方法结合，可以使流动注射化学发光法同时具有两者的优点。近年来利用流动注射发光法进行药物分析测定的方法见表14-5。

表 14-5　流动注射发光法在药物分析中的应用

测定药物	测定样品	试剂	反应介质 /(mol/L)	线性范围 /(μg/mL)	检出限 /(μg/L)
司帕沙星	药剂	鲁米诺-H_2O_2-Cr^{3+}	$c(H_2SO_4)=0.05$	$1.0\times10^{-6}\sim2.0\times10^{-3}$	6.5×10^{-7}
盐酸异丙嗪	药剂	$Ca(SO_4)_2$	$c(H_2SO_4)=0.015$	$0.1\sim15.0$	4.0×10^{-2}
氨基比林	安痛定注射液	$KMnO_4$	$c(HCl)=2.0$	$0.1\sim80.0$	3.0×10^{-2}
卡托普利	药剂	罗丹明 6G-Ce(Ⅳ)	$c(H_2SO_4)=0.1$	$0.2\sim10.0$	6.7×10^{-2}
利福平	利福平眼药水	Cu^{2+}-H_2O_2	$c(NaHCO_3)=0.30$	$0.4\sim100.0$	7×10^{-2}
延胡锁乙素	药剂	$KMnO_4$-$Na_2S_2O_3$	$c(多聚磷酸)=1.0$	$0.1\sim800.0$	3×10^{-2}
巯嘌呤	合成样品	$KMnO_4$	$c(H_2SO_4)=1.0$	$0.2\sim20$	8.0×10^{-3}
尼莫地平	药剂	CeC-Na_2SO_3	H_2SO_4	$10\sim90$	8.5×10^{-2}
异烟肼	药剂	荧光素-NBS	$c(NaOH)=0.010$	$0.01\sim15.00$	6.0×10^{-2}
头孢氨卡	胶囊	$KMnO_4$	$c(HCl)=1.5$	$0.8\sim25.0$	9.6×10^{-2}
安乃近	针剂及片剂	聚乙二醇-罗丹明 6G	$c(H_2SO_4)=0.75$	$0.01\sim10.00$	3.0×10^{-2}
盐酸利多卡因	药剂	鲁米诺逆胶束溶液	$c(HCl)=0.05$	$0.5\sim30.0$	8.1×10^{-2}
黄芩苷	合成样品及尿样	铁氰化钾-鲁米诺	$c(NaOH)=0.003$	$0.05\sim3.00$	1.0×10^{-3}
己稀雌酚	药剂	KIO_4-鲁米诺	$c(NaOH)=0.03$	$0.0134\sim1.340$	4.0×10^{-3}
磺胺甲基异噁唑	新诺明片剂	Mn(Ⅳ)-甲醛	—	$0.06\sim10$	2.0×10^{-2}

第十五章　红外光谱分析法

第一节　基本理论

19世纪初人们通过实验证实了红外光的存在。20世纪初人们进一步系统地了解了不同官能团具有不同红外吸收频率这一事实。1950年以后出现了自动记录式红外分光光度计。随着计算机科学的进步，1970年以后出现了傅里叶变换型红外光谱仪。红外测定技术如全反射红外、显微红外、光声光谱以及色谱-红外联用等也不断发展和完善，使红外光谱法得到广泛应用。

红外光谱又称为分子振动转动光谱，也是一种分子吸收光谱。当样品受到频率连续变化的红外光照射时，分子吸收了某些频率的辐射，并由其振动或转动运动引起偶极矩的净变化，产生分子振动和转动能级从基态到激发态的跃迁，使相应于这些吸收区域的透射光强度减弱。记录红外光的百分透射比与波数或波长关系的曲线，就得到红外光谱。红外光谱法能进行定性和定量分析，通过谱图解析可以获取分子结构的信息。任何气态、液态、固态样品均可进行红外光谱测定，这是其他仪器分析方法难以做到的。由于每种化合物均有红外吸收，尤其是有机化合物的红外光谱能提供丰富的结构信息，因此红外光谱是有机化合物结构解析的重要手段之一，而且从分子的特征吸收可以鉴定化合物和分子结构。

一、红外光谱的产生

红外光谱是由于分子振动能级（同时伴随转动能级）跃迁而产生的，物质分子吸收红外辐射应满足两个条件。

（1）辐射光子具有的能量与发生振动跃迁所需的跃迁能量相等　以双原子分子的纯振动光谱为例，双原子分子可近似视为谐振子。根据量子力学，其振动能量 E_v 是量子化的：

$$E_v = \left(v + \frac{1}{2}\right)h\nu$$

式中　ν——分子振动频率；

h——普朗克常数；

v——振动量子数，$v = 0, 1, 2, 3\cdots$。

分子中不同振动能级的能量差 $\Delta E_v = \Delta v h \nu$。吸收光子的能量 $h\nu_a$ 必须恰等于该能量差，因此：

$$\nu_a = \Delta v h \nu$$

在常温下绝大多数分子处于基态，（$v=0$），由基态跃迁到第一振动激发态（$v=1$）所产生的吸收谱带称为基频谱带。因为 $\Delta v = 1$，因此，$\nu_a = \nu$，也就是说，基频谱带的频率与分子振动频率相等。

（2）辐射与物质之间有耦合作用　为满足这个条件，分子振动必须伴随偶极矩的变化。红外跃迁是偶极矩诱导的，即能量转移的机制是通过振动过程所导致的偶极矩的变化和交变的电磁场（这里是红外光）相互作用而发生的。分子由于构成它的各原子的电负性的不同，也显示不同的极性，称为偶极子。通常用分子的偶极矩来描述分子极性的大小。当偶极子处在电磁辐射的电场中时，该电场作周期性反转，偶极子将经受交替的作用力而使偶极矩增加和减少。由于偶极子具有一定的原有振动频率，显然，只有当辐射频率与偶极子频率相匹配时，分子才与辐射相互作用（振动耦合）而增加它的振动能，使振幅增大，即分子由原来的基态振动跃迁到较高的振动能级。因此，并非所有的振动都会产生红外吸收，只有发生偶极矩变化（$\Delta\mu \neq 0$）的振动才可能引起可观测的红外吸收光谱，该分子称为红外活性的。

由上述可见，当一定频率的红外光照射分子时，如果分子中某个基团的振动频率和它一致，两者就会产生共振，此时光的能量通过分子偶极矩的变化而传递给分子，这个基团就吸收一定频率的红外光，产生振动跃迁；如果红外光的振动频率和分子中各基团的振动频率不匹配，该部分的红外光就不会被吸收。如果用连续改变频率的红外光照射某试样，由于试样对不同频率的红外光吸收的程度不同，使通过试样后的红外光在一些波数范围内减弱，在另一些波数范围内则仍较强。苯酚的红外吸收光谱如图 15-1 所示。

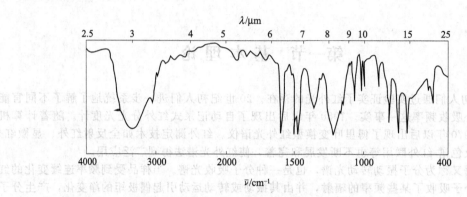

图 15-1　苯酚的红外吸收光谱

二、双原子分子的振动

分子中的原子以平衡点为中心，以非常小的振幅（与原子核之间的距离相比）做周期性的振动，可近似地看做简谐振动。这种分子振动的模型，以经典力学的方法可把两个质量为 m_1 和 m_2 的原子看做刚体小球，连接两个原子的化学键设想成无质量的弹簧，弹簧的长度 r 就是分子化学键的长度（图 15-2）。由经典力学可导出该体系的基本振动频率计算公式：

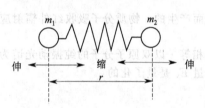

图 15-2　双原子分子振动示意图

$$\nu=\frac{1}{2\pi}\sqrt{\frac{k}{\mu}}$$

$$\tilde{\nu}=\frac{1}{2\pi c}\sqrt{\frac{k}{\mu}}$$

式中，k 为化学键的力常数，其定义为将两个原子由平衡位置伸长单位长度时的恢复力，N/cm，单键、双键和三键的力常数分别近似为 5N/cm、10N/cm 和 15N/cm；c 为光速；μ 为折合质量，单位为 g。

$$\mu=\frac{m_1 m_2}{m_1+m_2}$$

根据小球的质量和原子量之间的关系，上式可写为：

$$\tilde{\nu}=\frac{N_A^{\frac{1}{2}}}{2\pi c}\sqrt{\frac{k}{A_r'}}=1302\sqrt{\frac{k}{A_r'}}$$

式中，N_A 是阿伏加德罗常数，$6.022\times10^{-23}\,mol^{-1}$，$A_r'$ 是折合原子量。如两原子的原子量分别为 $A_{r(1)}$ 和 $A_{r(2)}$，则：

$$A_r'=\frac{A_{r(1)}A_{r(2)}}{A_{r(1)}+A_{r(2)}}$$

对于双原子分子或多原子分子中其他因素影响较小的化学键，用上式计算所得的波数与实验值是比较接近的。所以，影响基本振动频率的直接因素是原子量和化学键的力常数。化学键的力常越大，折合原子量数越小，则化学键的振动频率越高，吸收峰将出现在高波数区；反之，则出现在低波数区。

上述用经典方法来处理分子的振动是宏观处理方法，或是近似处理方法。但一个真实分子的振动能量变化是量子化的。另外，分子中基团与基团之间，基团中的化学键之间都相互有影响，除了化学键两端的原子量、化学键的力常数影响基本振动频率外，还与内部因素（结构因素）和外部因素（化学环境）有关。

三、多原子分子的振动

多原子分子由于组成原子数目增多，组成分子的键或基团和空间结构的不同，其振动光谱比双原子分子要复杂得多。但是可以把它们的振动分解成许多简单的基本振动，即简正振动。

1. 简正振动

简正振动的振动状态是分子质心保持不变，整体不转动，每个原子都在其平衡位置附近做简谐振动，其振动频率和位相都相同，即每个原子都在同一瞬间通过其平衡位置，而且同时达到其最大位移值。分子中任何一个复杂振动都可以看成这些简正振动的线性组合。

2. 简正振动的基本形式

分子的振动可分为伸缩振动和变形振动两大类。沿着原子之间连接方向发生的振动，即键角不变，键长改变的振动，称为伸缩振动，其符号为 ν。同一基团的伸缩振动，需要改变键长，需要能量较高，常在高频率端出现吸收。伸缩振动又分为对称伸缩振动和不对称伸缩振动，分别以符号 ν_s 和 ν_{as} 表示。通常不对称伸缩振动比对称伸缩振动的频率高。

变形振动也称为变角振动，是基团键角发生周期变化的振动，通常以 δ 表示。同一基团的变角振动的频率都出现在其伸缩振动的低频率端，它对环境变化较为敏感，所以一般不把它作为基团频率处理。根据其振动的特点，又可分为面内变形振动和面外变形振动两种。面内变形振动又分为剪式振动和平面振动。面外变形振动也可分为非平面振动和扭曲振动等。

红外光谱常以波数或波长来表征光的频率的单位。波数是指每厘米中所含光波的数目，其符号为 $\tilde{\nu}$，单位为 cm^{-1}。波长是指光波的运动中，两个相邻波的波峰（或波谷）之间的直线距离。一般用符号 λ 表示，单位常用 μm 表示。波数与波长的关系如下：

$$波数\ \tilde{\nu}\ (cm^{-1}) = \frac{10000}{波长\ \lambda}$$

分子的振动形式如图 15-3 所示。

3. 基本振动的理论数

两原子以上的多原子分子可能包含了所有形式的振动。一个由 n 个原子组成的分子其运动自由度应该等于各原子运动自由度的和。确定一个原子相对于分子内其他原子的位置需要 x、y、z 三个空间坐标。则 n 个原子的分子需要 $3n$ 个坐标，即 $3n$ 个自由度。对于非直线型分子，分子绕其重心的转动用去 3 个自由度，分子重心的平移运动又需要 3 个自由度，因此剩余的 $3n-6$ 个自由度是分子的基本振动数。而对于直线型分子，沿其键轴方向的转动不可能发生，转动只需要两个自由度，分子基本振动即简整振动数为 $3n-5$。

(1) 一般观察到的振动数要少于简正振动，原因是：

① 分子的对称性，如 CO_2 的对称伸缩振动无红外活性；

② 两个或多个振动的能量相同时，产生简并；

③ 吸收强度很低时无法检测；

④ 振动能对应的吸收波长不在中红外区。

(2) 也可能出现多于简正振动的情况，这主要由于倍频（overtune）的产生。除了基团由基态向

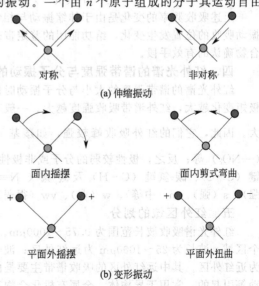

对称 　　 非对称

(a) 伸缩振动

面内摇摆 　　 面内剪式弯曲

平面外摇摆 　　 平面外扭曲

(b) 变形振动

图 15-3 分子的振动形式

+、一分别表示运动方向垂直纸面向里和向外

第一振动能级跃迁产生的基频峰外，还有由基态跃迁到第二、第三激发态所产生的吸收峰，称为倍频峰。此外，还有组合频的产生：两个或两个以上的基频，或基频与倍频的结合，如 $\nu_1 + \nu_2$、$2\nu_1 + \nu_2$ 等产生的振动频率称为组合频。

基频、倍频和组合频的产生可用图 15-4 来说明。设分子有三个简正振动，其振动量子数分别

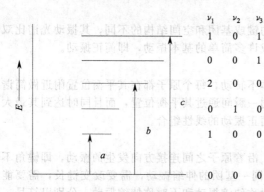

用 ν_1、ν_2、ν_3 表示。从能级（000）到能级（100）的跃迁为 a，即 ν_2、ν_3 保持不变，ν_1 从 0 改变到 1，此跃迁产生与 ν_1 相对应的简正振动的基频吸收。与此类似，从能级（000）到能级（200）的跃迁 b 产生与 ν_1 所对应的简正振动的倍频吸收。从能级（000）到能级（101）的跃迁 c，同时有振动量子数 ν_1 和 ν_2 的变化，此跃迁产生组合频吸收。

（3）振动耦合 两个基团相邻且振动基频相差不大时会产生振动耦合，振动耦合引起的吸收频率称为耦合频率。耦合频率偏离基频，一个移向高频，一个移向低频。

图 15-4 基频、倍频和组合频产生示意

当倍频或组合频与某基频相近时，由于其相互作用而产生的吸收带或发生的峰的分裂现象称为费米共振。费米共振是普遍现象，它不仅存在于红外光谱中，也存在于拉曼光谱中。

含氢基团无论是振动耦合还是费米共振现象，均可以通过氘代而加以鉴别。当含氢基团氘代以后，其折合质量的改变会使吸收频率发生变化，此时氘代前的耦合或费米共振条件不再满足，有关的吸收峰会发生较大的变化。

【例1】CO_2 分子 O=C=O，若无耦合发生，两个羰基的振动频率应与脂肪酮的羰基振动频率相同（约 $1700\ cm^{-1}$）。但实际上 CO_2 在 $2330\ cm^{-1}$ 和 $667\ cm^{-1}$ 处有两个振动吸收峰。CO_2 分子的振动自由度为 $3 \times 3 - 5 = 4$，其对称伸缩无偶极矩变化，无红外活性。而非对称伸缩振动在 $2330\ cm^{-1}$ 处吸收。此外，CO_2 分子的面外弯曲、平面内弯曲能量相同，在 $667\ cm^{-1}$ 处吸收。

【例2】振动耦合对不同醇中 C—O 吸收频率的影响。

	甲醇	乙醇	2-丁醇
C—O (cm^{-1})	1034	1053	1105

上述吸收频率的变化是由于伸缩振动与相邻伸缩振动的耦合之故。由此可见，振动耦合使某些振动吸收的位置发生变化，给功能团的鉴定带来不便。但正因为如此，使红外光谱成为某一特定化合物确认的有效手段。

四、红外光谱的谱带强度与分子振动的关系

红外光谱的谱带强度的大小与分子振动时偶极矩的变化大小有关。分子振动时对称性越小，偶极矩变化越大，红外谱带吸收强度越大。一般来说，极性较大的分子或基团在振动时偶极矩变化较大。因此，它们的红外吸收峰较强，如羰基（ C=O）、氨基（—NH_2）、羟基（—OH）、硝基（—NO_2）等；反之，极性较弱的分子或非极性化学键振动的红外吸收峰的强度较弱，如：碳-碳键（C—C）、碳-氢键（C—H）及氮-氮键（ N≡N）键等。红外吸收峰的强度常定性地用 vs（很强）、s（强）、m（中等）、w（弱）、vw（很弱）、wm（弱到中等）等表示。

五、红外区域的划分

红外光谱吸收波长范围为 $0.75 \sim 1000\ \mu m$。根据仪器技术和应用不同，习惯又将红外区分为三个区域：波长为 $25 \sim 1000\ \mu m$ 为远红外区；波长为 $2.5 \sim 25\ \mu m$ 为中红外区；波长为 $2.5 \sim 0.75\ \mu m$ 为近红外区。其中远红外区的吸收谱带主要是由气体分子的纯转动能级的跃迁、变角振动、骨架振动等引起的，常用于异构体、金属有机化合物、氢键吸附等方面的研究。近红外区主要是由低能电子的跃迁、含有氢原子团伸缩振动的倍频吸收等引起的，在该区主要用于研究稀土和过渡金属的水合物，适用于水、醇、某些高分子化合物及含氢原子团化合物的定量。中红外区是绝大多数有机化

合物和少量的无机离子的基频吸收谱带区，由于基频振动是红外光谱中吸收最强的振动吸收，所以该区最适于进行红外光谱的定性和定量分析，是最常用的红外光谱区，通常说的红外光谱就是指该区的红外光谱。

表 15-1 列出了红外光谱的波长范围与仪器部件的关系。

表 15-1 红外光谱的波长范围与仪器部件的关系

项　　目	电 磁 波 谱 区		
	近 红 外	中 红 外	远 红 外
波数/cm^{-1}	12500～4000	4000～200	200～10
波长/μm	0.75～2.5	2.5～50	50～1000
辐射源	钨丝灯	能斯特灯(氧化锆白炽灯)、碳硅棒、镍铬丝圈	高压汞弧灯
光学系统	一个或两个石英棱镜或棱镜与光栅双单色器	2～4 个平面衍射光栅,带一个前级棱镜单色器或红外滤波器	双光束光栅仪器(最高到 700μm),干涉光谱仪(最高到 1000μm)
检测器	硫化铅光导管	热电偶(电阻)测辐射热计,高莱探测器	高莱探测器(红外气动检测器、热电检测器)

第二节　红外分光光度仪

一、色散型双光束红外分光光度仪

双光束红外分光光度仪是目前使用较广泛的红外分光光度仪，如图 15-5 所示为其结构示意。

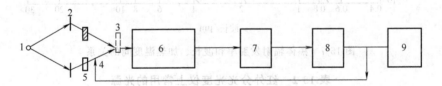

图 15-5 双光束红外分光光度仪结构示意
1—光源；2—样品池；3—扇形镜；4—减光器；5—参比池；
6—单色器；7—测检器；8—放大器；9—记录器

由光源发出的光束对称地分为两束：一束为样品光束，透过样品池；另一束为参比光束，透过参比池，两光束经半圆扇形镜（又称斩光器、斩波器）调制后进入单色器，再交替地投射到检测器上。当两束光强度不等时，将在检测器上产生与光强度差成正比的交流电压信号，该信号的电压经放大、检波等进入记录器。

为了使位于参比光束中的减光器（又称光楔、光梳、参比衰减器）所在位置的透光率恰好与样品透光率相同，设计时，使减光器的透光面积在零到最大值之间呈线性变化。这样与减光器同步的记录器，就可绘出物质的吸收状况。把这两光束强度相等的方法称为双光束零位平衡法。

如图 15-6 所示为典型的双光束红外分光光度仪的光学系统。其主要由光源、减光器、反射镜、狭缝、色散元件、滤光片与检测器等组成。

（1）光源　一个好的红外辐射源在所用的波长范围内，其辐射能量应接近黑体。

如图 15-7 所示为黑体辐射发射率和波长、加热温度间的关系。表 15-2 为红外分光光度仪上常用的光源。

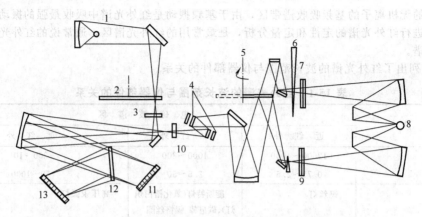

图 15-6 典型的双光束红外分光光度仪的光学系统

1—检测器；2—滤光片；3—出射狭缝；4—滤光片；5—扇形镜；6—减光器；7—参比池；
8—光源；9—样品池；10—入射狭缝；11—光栅2；12—滑动镜；13—光栅1

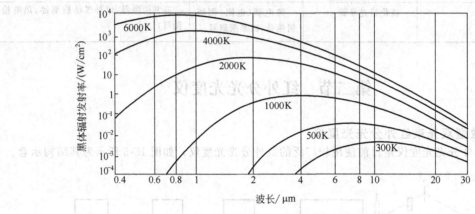

图 15-7 黑体辐射发射率和波长、加热温度间的关系

表 15-2 红外分光光度仪上常用的光源

名　　称	使用波长范围/cm^{-1}	工作温度/℃	使用寿命/h	结　　　　构
能斯特灯	5000~400	1300~1700	2000	ZrO_2、ThO_2 等烧结而成，棒长 25mm，直径 1~2mm
硅碳棒	5000~400	1200~1500	1000	硅碳(SiC)烧成两端粗中间细的实心棒
炽热镍铬丝圈	5000~200	1100		陶瓷棒(ϕ3.5mm)外绕 25~30mm 的镍铬丝
高压汞灯	<200			

　　(2) 减光器　减光器多采用楔形。减光器使透过样品池和参比池的两束光达到平衡。

　　(3) 减光器　用于调节光束，使光束变成交变的光束，以便测量。

　　(4) 反射镜　现代红外分光光度计皆选用反射镜，以达到聚光、发散以及改变光路等目的。而不用透镜。为了提高反射率，反射镜表面镀铝、平面光滑；其镜面需严格防尘、防腐蚀和防擦伤。必要时可用纯净氮气吹洗、清除尘埃等污物。常用的有平面反射镜、球面反射镜、轴外抛物面镜、椭球面镜等。

　　(5) 色散元件　色散元件有棱镜和光栅两种。早期的红外仪器用棱镜作色散元件。棱镜在获得高色散时会引起介质吸收，限制测定波长和分辨效果。均匀的单晶材料较难得到，且价格昂贵。常用于红外光谱仪的棱镜材料有 KCl、NaCl、KBr、CsBr、TlBr、TlI 等卤素盐，易吸潮、较难保存。

目前大部分仪器采用复制闪耀光栅为色散元件。不仅扩大了测量波长范围，同时提高了光谱的分辨率，价格也较棱镜便宜。

$$光栅分辨率\ R = mN$$

式中　m——光栅级数；

　　　N——光栅的刻线总数。

由上式可见，当确定光栅的刻线总数后，可改变光栅的级数来提高分辨率。

（6）滤光片　红外仪器上用滤光片来消除各种杂散光及衍射光栅的多级光谱的重叠干扰。一般仪器中用 5～7 块滤光片。棱镜红外仪器多用透射镜滤光片，光栅仪器中还可用干涉、反射和散射、偏振和吸收等滤光片。

（7）检测器　红外检测器有热检测器、热电检测器和光电导检测器三种。前两种用于色散型仪器中，后两种在傅里叶变换红外光谱仪中多见。

① 热检测器　热检测器依据的是辐射的热效应。辐射被一个小的黑体吸收后，黑体温度升高，测量升高的温度可检测红外吸收。以热检测器检测红外辐射时，最主要的是要防止周围环境的热噪声。一般使用斩光器使光源辐射断续照射样品池。

热检测器最常见的是真空热电偶检测器，其使用波长范围为 2～50μm，时间常数为 0.03s。它是由两种不同的温差电势率的金属（如 Ni、Sb、B 及合金）制成的热容量很小的结点，其表面蒸发镀上一层金黑，以增强对光的吸收。其接受面为 (0.2～0.4)mm×2mm。当吸收辐射时引起结点温度上升，使热电偶的温差电动势增加。测其电动势就等于测量红外辐射的强度。为提高热电偶检测器的灵敏度和防止热辐射与热传导的损失，将热电偶密封于真空度达 0.001Pa 的小室内。其密封窗口常用 KBr、CsI 或 KRS-5 等晶体制成。热电偶可检测 10^{-6}K 的温度变化。表 15-3 为红外光谱仪检测器的特性。

表 15-3　红外光谱仪检测器的特性

名　　称	类　型	工作温度/K	适用波长范围/μm	响应时间/ms
硫酸三甘肽（TGS）或氘化硫酸三甘肽（DTGS）	热电型	295	2～1000	1
汞镉锌（MCT）	光电导型	77	0.8～40	1
硒化铅（PbSe）	光电导型	200	1～5	2
锑化铟（InSb）	光电导型	78	1～1.5	6
硫化铅（PbS）	光电导型	300	1～3	
硅（Si）	P-Ⅳ结型	295	0.65～1.1	

注：最近几年生产的傅里叶变换红外光谱仪最常用的是氘化后的硫酸三甘肽（简称 DTGS）热电型检测器和汞镉锌（MCT）光电导型的检测器。

② 热电检测器　热电检测器使用具有特殊热电性质的绝缘体，一般采用热电材料的单晶片，如硫酸三甘氨酸酯 TGS，氘代或部分甘氨酸被丙氨酸代替。在电场中放一个绝缘体会使绝缘体产生极化，极化度与介电常数成正比。但移去电场，诱导的极化作用也随之消失。而热电材料即使移去电场，其极化也并不立即消失，极化强度与温度有关。当辐射照射时，温度会发生变化，从而影响晶体的电荷分布，这种变化可以被检测。热电检测器通常作成三明治状。将热电材料晶体夹在两片电极间，一个电极是红外透明的，允许辐射照射。辐射照射引起温度变化，从而晶体电荷分布发生变化，通过外部连接的电路可以测量。电流的大小与晶体的表面积、极化度随温度变化的速率成正比。当热电材料的温度升至某一特定值时极化会消失，此温度称为居里点。TGS 的居里点为 47℃。热电检测器的响应速率很快，可以跟踪干涉仪随时间的变化，故多用于傅里叶变换红外光谱仪中。

③ 光电导检测器　光电导检测器采用半导体材料薄膜，如 Hg-Cd-Te 或 PbS 或 InSb，将其置于非导电的玻璃表面密闭于真空舱内。则吸收辐射后非导电性的价电子跃迁至高能量的导电带，从而降低半导体的电阻，产生信号。Hg-Cd-Te 缩写为 MCT，该检测器用于中红外区及远红外区，需冷至液氮温度（77K）以降低噪声。这种检测器比热电检测器灵敏，在 FT-IR 及 GC/FT-IR 仪器中获得广泛应用。

此外，PbS 检测器用于近红外区室温下的检测。

表 15-4 列出了常用于制作棱镜、检测器窗口及吸收池窗口等的红外透光材料的透光范围。

表 15-4　红外透光材料的透光范围

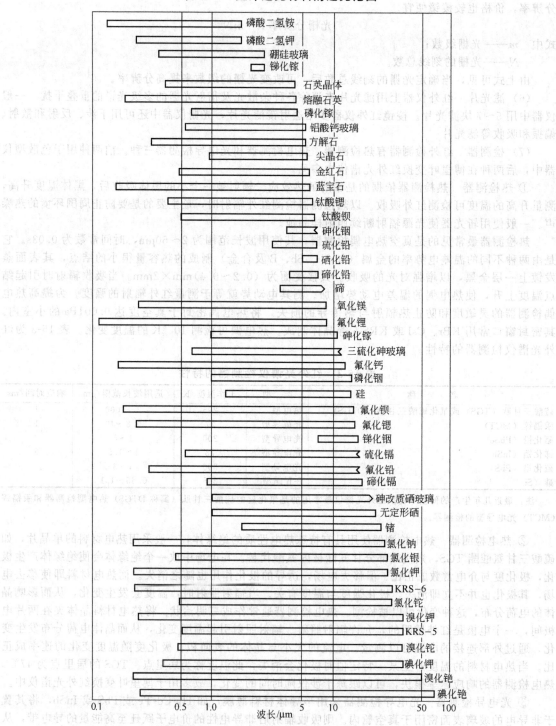

在室温下 2mm 厚的材料透过率≥10％的透射范围

二、微机-色散型红外分光光度仪

采用电学平衡原理设计的双光束红外光谱仪器，能改善和消除以光学平衡原理设计的双光束红外光谱仪器的不足之处。为了根除测量的死区，在参比光束中不设置减光器，直接使参比与样品两个信号，分别与两光束的强度成正比来达到消光补偿。两光束的强度采用双光束电子比率记录系统，到达检测器的光通量大，使测量的精度和灵敏度随之提高。近几年生产的色散型红外光谱仪多采用电比率记录自动平衡系统。

按照电学自动平衡原理设计的仪器，不仅保持了光学平衡器的优点，还提高了信噪比与测定准确度。

20世纪70年代中期，采用电学自动平衡系统设计的光栅色散型红外分光光度仪与微机联用的仪器，将其称为微机色散型红外分光光度仪。由于采用了微机，使仪器的自动化水平提高，实现了仪器操作程序自动化，参数选择最佳化，具有多种数据处理系统。并可以对扫描的光谱进行基线平直、平滑光谱、累加和差光谱等数据处理，以及谱图显示、存储、检索、打印等。

三、红外分光光度仪性能检验

红外分光光度仪对于仪器的波数准确度与波数重复性；仪器的透射比准确度与透射比重复性；仪器的分辨能力；仪器的杂光、仪器的噪声等都有一定的指标。用户在仪器验收调试或日常使用中，需要对仪器性能指标进行检验，以保证仪器的正常运行以及数据准确可靠。

1. 波数准确度与波数重复性的检验方法

波数的校正应按照使用说明书在严格的条件下进行。通常是将已知光谱的一定谱带的位置与实测所得光谱的一定谱带的位置进行对比，再进行波数校正。其校正方法如下。

(1) 聚苯乙烯薄膜法 由于聚苯乙烯薄膜便于保存，且此法操作简便，一般用厚度为0.04mm的聚苯乙烯薄膜片插入样品光束中，在正常的增益和常用的狭缝宽度、常用的扫描速度条件下，进行三次全波段范围内的连续扫描。三次扫描所得的各吸收峰的波数平均值，与聚苯乙烯薄膜的吸收峰波数的标准值（表15-5）之差，即为波数准确度。三次读数的最大值与最小值之差，即为波数的重复性（具有打印装置的仪器以打印的数据为准）。如图15-8所示为聚苯乙烯红外光谱。

表 15-5 聚苯乙烯红外吸收峰的波数

序　号	波数/cm^{-1}	序　号	波数/cm^{-1}	序　号	波数/cm^{-1}
1	3027.1	6	1801.6	11	1069.1
2	2924.0	7	1601.4	12	1028.0
3	2850.7	8	1583.1	13	906.7
4	1944.0	9	1181.4		
5	1871.0	10	1154.3		

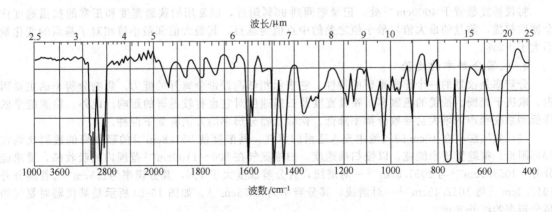

图 15-8 聚苯乙烯红外光谱

(2) 茚的校准法 用0.025mm厚溴化钾液体池盛茚。按相同于聚苯乙烯薄膜法的操作步骤进行，见图15-9及表15-6。

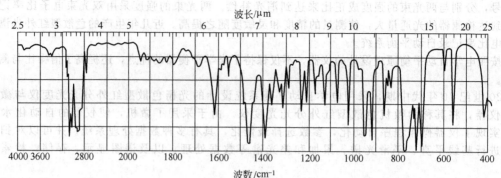

图 15-9　茚的红外光谱

表 15-6　茚的红外吸收峰的波数

序　　号	波　数/cm^{-1}	序　　号	波　数/cm^{-1}
1	3926.5	6	1361.3
2	3139.5	7	1205.2
3	2771.0	8	1018.6
4	1915.0	9	830.5
5	1553.3	10	590.8

2. 透射比准确度与重复性的检验

将仪器波数置于 1000cm^{-1} 处，测量各扇形转板的透射比，每块板测三次。三次平均值与扇形转板的检定值之差，即为透射比准确度。通常要求红外光谱的透射比准确度为 ±1%～±1.5%。表 15-7 为扇形转板的技术规格。

表 15-7　扇形转板的技术规格

序号	名义透射比	实际透射比	实际透射比准确度	序号	名义透射比	实际透射比	实际透射比准确度
1	10	9～11	±0.1	4	70	69～71	±0.014
2	30	29～31	±0.033	5	90	89～91	±0.011
3	50	49～51	±0.02				

用聚苯乙烯薄膜连续扫描三次，观察各波峰和波谷的透射比值。其最大差值即为透射比重复性。通常要求红外光谱仪透射比重复性为 0.75%～1%。

3. 仪器基线的检验

将仪器波数置于 4000cm^{-1} 处，记录笔调到 95% 附近，以常用的狭缝宽度和正常的扫描速度作全波段扫描，测量的最大值与最小值之差的中点值为基点，其最大值和最小值相对于基点的变化量不大于 ±2%。

4. 仪器分辨率的检验

分辨率是仪器的一个非常重要的特性。它表示相邻两谱带分离开的能力。影响分辨率的主要因素，取决于光栅、棱镜的色散率，狭缝宽度及扫描速度对它也有较显著的影响。此外，检测能量的降低和系统噪声的增大会导致分辨率降低。检验仪器分辨率的方法有如下两种。

(1) 氨气法　在 10cm 的气池中充入适量的氨气，其浓度使 951.8cm^{-1} 的吸收峰的透射比约在 50% 附近。狭缝置于窄缝宽，以慢扫描速度，扫描氨气在 900～1100cm^{-1} 范围内的吸收峰，要求能分开。1053.1cm^{-1} 与 1051.5cm^{-1} 一对谱线，且分辨深度大于 1%，其分辨率为 1.5cm^{-1}。若能分开 1013.2cm^{-1} 与 1012.45cm^{-1} 一对谱线，其分辨率为 0.75cm^{-1}。如图 15-10 所示是某仪器对氨气的高分辨率的红外光谱。

(2) 聚苯乙烯法　将聚苯乙烯薄膜片插于红外光谱仪的样品光束中，在正常的缝宽、扫描速度下，在标尺扩展的情况下，在 2800～3200cm^{-1} 波段内进行扫描，得到的聚苯乙烯七条谱线应分辨开。

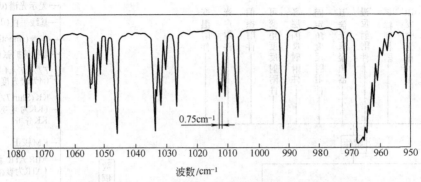

图 15-10　某仪器对氨气的高分辨率的红外光谱

5．杂光的检验

由单色器出口狭缝射到检测器上的非单色光的其他辐射，称为杂光（杂散光）。杂散光影响仪器测量透过率、基线的准确度及定量分析。常用的测量杂光的材料和波段见表 15-8。

表 15-8　常用的测量杂光的材料和波段

材　料	规　格/mm	波段/cm^{-1}	透过率指标/%	材　料	规　格/mm	波段/cm^{-1}	透过率指标/%
玻璃片	30×20×2	1900～1000	≤1	氟化钠片	30×20×6	630～400	
熔石英片	30×20×2	2050～1200		氟化钠片	30×20×6	410～250	≤3
氟化锂片	30×20×6	1140～800	≤1	溴化钾片	30×20×6	240～200	
氟化钙片	30×20×6	760～600	≤2	溴化铯片	30×20×5	200 以下	

分别对各滤光片，按表 15-8 中相应的波段进行扫描，所得透射比即为该波段的杂光。

6．仪器的噪声检验

将仪器波数设置于 1000cm^{-1} 处，在常用的狭缝宽度、正常的增益和快速的响应时间的条件下，将记录笔调至 95% 附近，固定波数，扫描 5min。测得其最大噪声（峰～峰值），即为仪器的噪声，通常要求小于 1%。

四、傅里叶变换红外光谱仪

傅里叶变换红外光谱仪（FTIR）被称为第三代红外光谱仪。现在已成为全功能型的仪器，其核心部件干涉仪的性能、功能附件及计算机软件功能等均有高速的发展。在联机技术方面也进展很快。表 15-9 列举了傅里叶红外光谱仪的功能。

1．傅里叶变换红外光谱仪的工作原理

傅里叶变换红外光谱仪的工作原理如图 15-11 所示。

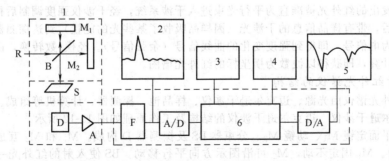

图 15-11　傅里叶变换红外光谱仪的工作原理
R—红外光源；M$_1$—定镜；M$_2$—动镜；B—分束器；S—样品；D—检测器；
A—放大器；F—滤光器；A/D—模数转换器；D/A—数模转换器
1—干涉仪；2—干涉图；3—键盘；4—外部设备；5—光谱；6—计算机

表 15-9　傅里叶红外光谱仪的功能

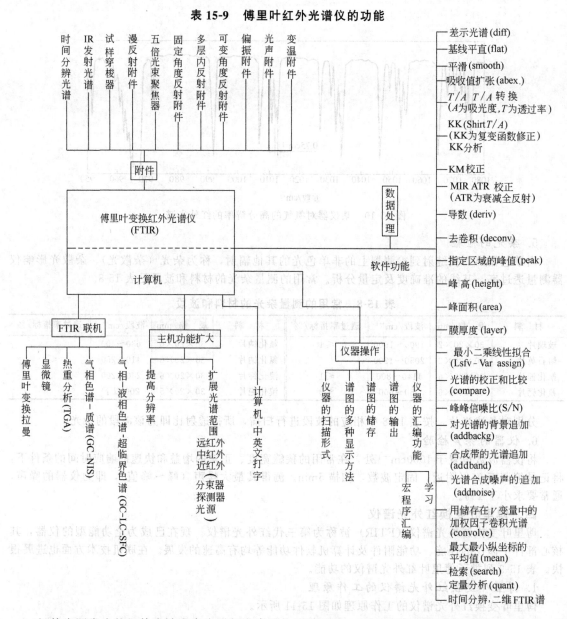

红外光源发出的红外光被准直为平行光束进入干涉系统，经干涉仪强度调制后得到干涉光。干涉光穿过样品后，带有样品信息的干涉光（因样品吸收了某些光的能量）到达探测器上。探测器将干涉光信号转为电信号，即得到强度变化的曲线信号（余弦信号）。经模/数转换，由计算机进行傅里叶变换快速计算，即获得以波数为横坐标的红外光谱图。

2. 傅里叶红外光谱仪的结构

傅里叶红外光谱仪由光源、迈克尔逊干涉仪、样品池、探测器、计算机等组成。

(1) 迈克尔逊干涉仪　迈克尔逊干涉仪的结构及工作原理如图 15-12 所示。

干涉仪由平面定镜 M_1、动镜 M_2、分束器 BS 及探测器 D 构成。M_1 和 M_2 互成直角，它们与分束器成 45°角。M_1 固定不动，M_2 可沿图示方向平行移动。BS 使入射的红外光一半透光，另一半被反射。透过 BS 的光束 Ⅰ 入射到动镜 M_2，另一半 Ⅱ 被 BS 反射到定镜 M_1 上，Ⅰ 和 Ⅱ 又被 M_1 和 M_2 反射回到 BS 上。同理，又被反射和透射至探测器 D 上。在探测器上光Ⅰ和Ⅱ是相干光。当波长为 λ 的单色光进入干涉仪时，M_1 和 M_2 离 BS 的距离相等（即 M_2 处于零位），则光束Ⅰ和Ⅱ到达探测器是同相的，产生相长干涉，亮度最大。当使动镜连续移动，每移动 1/4 λ 距离时，Ⅰ光束的光程变化为 1/2 λ，在探测器上光束Ⅰ和Ⅱ位相差 180°因而相消干涉。即动镜 M_2 移动 1/4 λ 的奇数倍光Ⅰ和Ⅱ都产生相消干涉，亮度最小。而 M_2 移动 1/4 λ 的偶数倍时均产生相长干涉。在上述两种位移之间则产生部分相消干涉。探测器信号对动镜移动距离的关系曲线是一条纯余弦曲线。对于多色光，输出信号是所有余弦波之和。如图 15-13 和图 15-14 所示分别是用迈克尔逊干涉仪获得的单色光图和多色光干涉图。

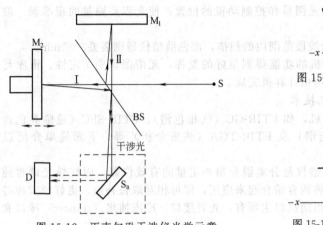

图 15-12 迈克尔逊干涉仪光学示意
M_1—定镜；M_2—动镜；BS—分束器；
D—探测器；S—光源；S_a—样品

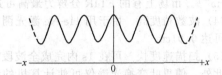

图 15-13 用迈克尔逊干涉仪获得的单色光图

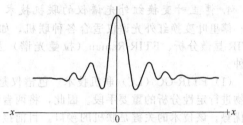

图 15-14 用迈克尔逊干涉仪获得的多色光干涉图

通过样品后，样品吸收了某些光能量使干涉强度曲线发生改变，经计算机进行傅里叶变换，即得到以波数为横坐标的红外光谱图。

（2）光源　傅里叶变换红外光谱仪使用的光源与色散型红外光谱仪基本相同。傅里叶红外光谱仪要求光源发射的红外辐射能量高、发散度小、使用寿命长。常用的光源见表 15-2。

（3）分束器（BS）　分束器是迈克尔逊干涉仪的关键部件。分束器的价格昂贵，在测量中的作用也很重要，因此在使用中应注意保养。不同的红外光谱范围要使用不同种类的分束器，见表 15-10。

表 15-10　分束器分类及适用范围

名　称	适用波长范围/cm^{-1}	名　称	适用波长范围/cm^{-1}
石英近红外	15000～2000	6μm Mylar(膜)远红外	500～50
CaF$_2$ 近红外-Si	13000～1200	12μm Mylar(膜)远红外	250～30
宽范围 KBr-Ge	10000～370	25μm Mylar(膜)远红外	100～20
中红外 KBr-Ge	5000～370		

（4）探测器　傅里叶红外光谱仪通常要使用响应速度快的探测器，这与色散型的红外光谱仪是不同的。表 15-11 列出了傅里叶红外光谱仪中使用的探测器。

表 15-11　傅里叶红外光谱仪中使用的探测器

名　称	类　型	工作温度/K	适用波长范围/μm	响应时间/μs
铁电晶体硫酸三甘肽（TGS）	热电型	295	2～1000	1
汞镉碲（MCT）	光电导型	77	0.8～40	1
硒化铅（PbSe）	光电导型	295	1～5	2
锑化铟（InSb）	光电导型 光伏型	77	1～5.5	6 1
硫化铅（PbS）	光电导型	293 或 195	1～3	—
硅（Si）	P-N 结型	295	0.65～1.1	—

3. 傅里叶变换红外光谱仪的特点

（1）信/噪比高、测量时间短　即测量灵敏度高，可以检测 10^{-9} g 数量级的样品。

（2）光通量大　FTIR 中没有浪费能量的狭缝，其光通量比色散型仪器高出近百倍。这是很重要的优点，特别是在远红外区，能量是珍贵的。

（3）分辨率高　FTIR 在整个光谱范围内分辨力可达 $0.1 \sim 0.005\mathrm{cm}^{-1}$。通常分辨力超过 $0.01\mathrm{cm}^{-1}$。市场上有的 FTIR 分辨力最高可达 $0.002\mathrm{cm}^{-1}$，光谱覆盖范围从 $4 \sim 50000\mathrm{cm}^{-1}$。

（4）波数精度高　由于用 He-Ne 激光测量和控制动镜的位置，使光程差测量的很准确。波数精度可达 $0.01\mathrm{cm}^{-1}$。

（5）扫描速度快　可在 1s 内完成全波段范围内的扫描，而色散型仪器则需要 $3 \sim 5\mathrm{min}$。

此外，傅里叶变换光谱仪可使计算机的功能得到很好的发挥，光谱图识别、定性、谱库与检索、谱图处理、数据处理、定量分析等均由计算机完成。

4. 傅里叶变换红外光谱仪的联机技术

傅里叶变换红外光谱仪适合各种联机，如 FTIR-GC（气相色谱）、FTIR-SFC（超临界色谱）、FTIR-显微分析、FTIR-Raman（拉曼光谱）及 FTIR-TGA（热重分析）等。下面简单介绍以下几种。

（1）FTIR-GC（LC）联机技术　色谱仪是分离混合物并定量的有效仪器，而红外光谱对纯化合物进行定性分析的重要手段。因此，将两者结合起来应用，即可相互取长补短、更好地发挥各自的优势。该技术的关键是联机的接口。目前接口主要有：光管接口、冷冻捕集（trancer）接口和直接析出（direct deposition）接口。

（2）FTIR-显微镜联机技术　该项技术是对样品微区进行红外光谱分析。在联机的显微镜光路中都设置了 3 个 Cassegrain 透镜。其中一个透镜用于将红外光束聚焦在样品上，即光学物镜；第二个透镜用来收集通过样品的红外光束，即聚光镜。Cassegrain 光学物镜和聚光镜为共轴光学系统设计，这样减少了相差，可大大提高信/噪比。第三个 Cassegrain 透镜把通过样品的红外干涉光聚焦到探测器上。同样可提高信/噪比，有利于提高探测器接受能量、提高检测灵敏度。

傅里叶变换红外光谱显微分析技术具有如下特点。

① 测量信/噪比高、灵敏度高，几纳克样品即能得到良好的红外光谱，检测限可达 10ng。

② 能方便地进行微区分析。可根据需要对样品不同部位进行分析；并能直接测量非均相样品的各个相的红外光谱。

③ 样品制备简单。只要把样品放置在显微镜样品台上，即可测量其红外光谱。对于不透光的样品，可直接测定反射光谱。

④ 显微镜光路调整简单。现代的傅里叶变换红外显微镜都采用共轴光路系统，即显微观察与红外光谱分析是同一光路，并且是计算机控制全自动化操作，很容易确定样品待测部位。

⑤ 在检测过程中样品能保持原来的形态和晶体结构。因此，测量后的样品不影响其他分析。

由于傅里叶变换红外显微分析具有上述种种优点，因此，在很多部门都有广泛地应用，如高分子物质、聚合物材料、涂料、催化剂、痕量污染物的鉴定，半导体产品质量的控制，矿物及宝石的鉴定以及生物、医药等部门。

（3）FTIR-热重分析（TGA）联机技术　热重分析（TGA）是用程序控制温度测量样品的质量（或重量）随温度而变化的分析技术，即分析样品的失重或增重与温度或时间之间的函数关系，从而进行样品的定量分析。但该法的不足是不能全面地提供样品的失重或增重部分是何种物质，特别是不能确定失重或增重部分的分子结构、晶态等信息。因此热重分析的功能是分离和定量分析，而傅里叶变换红外光谱则是研究分子结构并进行定性分析，所以两者联机可以优势互补，充分发挥各自的功能，使分析既可定性又可定量。

五、红外光谱仪对实验室的要求及管理使用注意事项

红外光谱仪是价格昂贵的大型的精密分析仪器，它对实验室的要求和管理使用制度，应遵照第一章第二节中对精密仪器室的要求及管理使用制度。红外光谱仪正常工作条件如下：①环境温度 $15 \sim 28℃$；②室内相对湿度不得超过 65％；③室内应无腐蚀性气体与灰尘；④仪器不应受到影响使用的震动和电磁场的干扰；⑤供电电源，电压为 $(220\pm20)\mathrm{V}$，频率为 $(50\pm1)\mathrm{Hz}$。

六、部分红外光谱仪特性一览表

表 15-12 为部分红外分光光度仪特性一览。

表 15-12　部分红外分光光度仪特性一览

生产厂商	型　号	波长范围 /cm^{-1}	分辨率 /(cm^{-1}/1000cm^{-1})	其　他　特　性
天津光学仪器厂	WFD-3型 7型	4000~650		硅碳棒辉光灯、热电或测辐射热电偶、萤石棱镜或光栅、自动记录
	WFD-13型	5000~300	1.5	波数精度±2cm^{-1},透过率精度±1%,杂散光<2%、微机控制,具有多种光谱数据处理功能、峰值打印、光谱平滑、微分光谱、基线校正、光谱合成、差光谱、自动扩展、自检、查询等功能
	WFD-14型	4000~650	2.6	仪器扫描和走纸分别由步进电机推动、自动记录
上海分析仪器厂	7400型	4000~400	1.5	波数精度±2cm^{-1},透过率精度<1.5%、杂散光<1.5%、自动记录光谱
	7650型	4000~650	3.0	波数精度±3cm^{-1},透过率精度<1.5%、杂散光<1%、自动记录光谱
日立（日本）	U-4000型	240~2600nm		紫外、可见、近红外分光光度计、棱镜、光栅双单色器、冷却型 PbS 检测器
	270-30型	4000~400	1.5~6	双光束立特罗衍射光栅、线圈光源、双重窗式真空热电偶
	270-50型	4000~250		微机控制及数据处理系统、显示器、热敏图表打印机
岛津（日本）	FT-IR-4100	4000~400	2	波长精度±0.01cm^{-1}、单光束、双光束、镀锗KBr 分束器、扫描空气轴承干涉仪、热电检测器、He-Ne 激光、彩显、打印机、数据处理系统、自动诊断功能等
北京北分瑞利分析仪器公司（北京第二光学仪器厂）	WQF400 FT-IR	4000~400 7800~400	0.65	波数精度 0.01cm^{-1},扫描速度为 0.2~1.5cm/s,信噪比为 10000∶1,DTGS 与液氮制冷 MOT 检测器、KBr 基片镀锗分束器、高空气冷却红外光源、微机控制与数据处理、彩色显示器、多笔彩色绘图仪、打印机。具有常规分析软件、谱图检索软件、11 种专业谱库、中国药典委员会药品红外谱库、通用 4 万张红外谱库、多组分定量分析软件、傅里叶自卷积积分软件等 附有：红外显微镜、GC/IR 联用接口、漫反射/镜面反射、光声光谱附件等
	WQF-300 FT-IR	4000~400	2	除分辨率为 2cm^{-1},其他技术指标与 WQF-400 相近
Nicolet（美国尼高力公司）	400型 FT-IR 普及型		1	EverGlo 光源、微机控制及数据处理、多种软件包(标准软件包、多组分定量分析、谱图解析、应用文献数据、程控等软件)、FT-IR 标准图库)
	550/750 FT-IR			全光谱范围(近、中、远红外光谱)、专利干涉仪、专利 EverGlo 光源、专利反射镜、双检测器系统、专利双光束。数据处理系统及多种软件,可与 GC、TGA 红外显微镜、发射光谱、光声光谱等联用

生产厂商	型 号	波长范围/cm⁻¹	分辨率/(cm⁻¹/1000cm⁻¹)	其 他 特 性
Perkin-Elmer （美国 P.E 公司）	1725-1760 型 FT-IR	15000～30	0.5	无摩擦电磁驱动的迈克逊干涉仪,双向收集数据,自动调准干涉仪、密封干燥光路、镀铬 KBr 分束器及 CₛI 近红外分束器、恒温陶瓷光源、DTGS 和 MCT 检测器,信噪比3000∶1,扫描速度 0.2～2cm/s。能与红外显微镜、GC、TG、光声光谱等联用,有多种软件
	1600 系列 FT-IR	7800～350	2 或 4	单光束扫描迈克尔逊干涉仪,密封干燥光路、镀铬 KBr 分束器、加热线圈光源。计算机控制与常规数据处理、光谱检索,信噪比 72600∶1,1610 型、1620 型使用钽酸锂(LiTaO₃)检测器、1640 型、1650 型使用恒温氘化硫酸三甘肽(DTGS)检测器
BiO-RAD （美国）	FTS7 FT-IR	中红外区	2	快速扫描迈克尔逊干涉仪,密封干燥光路、KBr 与 CsI 分束器、DTGS 与 MCT 检测器、彩显、绘图仪、打印机、数据处理系统,并有多种软件
BRUKER （德国布鲁克公司）	EQUINOX 型 FT-IR	近红外-中红外	0.5～0.1	波数精度 0.0035～0.0008cm⁻¹,实现了中红外、近红外、远红外、发射光源等测量的全部自动化,采用步进扫描技术,5ms 的时间分辨,真空型与密封干燥型。可与 GC、TGA、TLC、Raman、红外显微镜、拉曼显微镜等联用,486PC 微机控制红外操作系统软件,多任务操作系统

注：1. DTGS——氘化硫酸三甘肽检测器；MCT——汞镉锑检测器；GC——气相色谱仪；TGA——热重分析；TLC——薄层色谱；Raman——拉曼光谱；FT——傅里叶变换；IR——红外。

2. 英国 Unican SP1000 型,Hilger Watts H 的 1200 型；日立 215 型,岛津 450 型；日本分光 IRA-1 型,P.E700 型,Beckman IR-33 型等红外分光光度仪均属中红外光栅分光-微机的红外光谱仪。

第三节　有机物的特征吸收谱带和基团频率

物质的红外光谱是分子结构的反映。谱图中的吸收谱带与分子中各基团的振动形式相对应,具有较强的特征性。多原子分子的红外光谱与结构的关系,一般是通过实验手段得到的。就是通过比较大量已知化合物的红外光谱,从中总结出各种基团的吸收规律。实验表明,组成分子的各种基团,如 O—H、N—H、C—H、C═C、C═O 等都有其特定的红外吸收光谱带,可作为基团的特征,称为特征吸收谱带。分子的其他部分对其吸收谱带位置影响较小,通常把这种能代表基团存在,并具有较高强度的吸收谱带的极大值的波数,称为基团频率（又称特征吸收峰或特征频率）。

一、官能团区和指纹区

通常把中红外光谱的整个范围分成 4000～1300cm⁻¹ 与 1300cm⁻¹～600cm⁻¹ 两个波段。

4000～1300cm⁻¹ 波段的峰是由伸缩振动产生的吸收带,基团的特征吸收谱带一般位于此波段,并且在该波段内吸收峰比较稀疏,它是基团鉴定工作最有价值的波段,称为官能团区。

在 1300～600cm⁻¹ 波段中,除单键的伸缩振动外,还有因变形振动产生的复杂光谱,当分子结构稍有不同时,该波段的吸收谱带就有细微的差异,这种情况像人的指纹一样,每个人都有每个人的特征指纹,因而称为指纹区。指纹区对于区别结构类似的化合物很有帮助。

1. 官能团区

通常又把官能团区分为三个子区。

（1）4000～2500cm⁻¹ 波段　称为 O—H、N—H、C—H 的伸缩振动区。在这个波段有吸收峰,说明化合物中含有氢原子的官能团存在；如 O—H（3700～3200cm⁻¹）、COO—H（3600～

2500cm^{-1}）、N—H（3500～3300cm^{-1}）等。氢键的存在使频率降低，谱带变宽，它是判断有无醇、酚和有机酸的重要依据。C—H伸缩振动分饱和烃和不饱和烃两种。饱和烃C—H伸缩振动在3000cm^{-1}以下；不饱和烃C—H伸缩振动（包括烯烃、炔烃、芳香烃的C—H伸缩振动）在3000cm^{-1}以上。因此，波数3000cm^{-1}是区分饱和烃与不饱和烃的分界线。

（2）2500～2000cm^{-1}波段 称为三键和累积双键区。该区红外谱带较少。主要包括—C≡C—、—C≡N等三键的伸缩振动和 —C=C=C— 、—C=C=O等累积双键的反对称伸缩振动。

（3）2000～1500cm^{-1}波段 称为双键伸缩振动区。该区主要包括 C=O、C=C、C=N、N=O等的伸缩振动。所有的羰基化合物，例如醛、酮、羧酸、酯、酰卤、酸酐等在该区均有强的吸收峰，并且往往是谱图中第一强峰，非常明显。因此， C=O 的伸缩振动吸收带是判断有无羰基存在的主要依据。

苯的衍生物在2000～1667cm^{-1}波段出现C—H面外变形振动的倍频或组合频的吸收谱带，但因强度弱，仅在加大样品浓度时才能呈现。通常可依据该区的吸收情况，确定苯环的取代类型。

2. 指纹区

指纹区可分为两个波段。

（1）1300～900cm^{-1}波段 包括C—O、C—N、C—F、C—P、C—S、P—O、Si—O等单键的伸缩振动和 C=S 、S=O 、P=O 等双键的伸缩振动吸收。

（2）900～600cm^{-1}波段 该区的吸收峰是很有用的。例如：可以指示 —(CH$_2$)$_n$— 的存在。实验证明，当$n \geq 4$时，—CH$_2$—的平面摇摆振动的吸收峰出现在722cm^{-1}，随着n的减小，逐渐移向高波数。此区域内的吸收峰还可以为鉴别烯烃的取代程度和构型提供信息。例如：烯烃为RCH=CH$_2$结构时，在990～910cm^{-1}出现两个强峰；为 RC=CRH 结构时，其顺、反异构分别在690cm^{-1}和970cm^{-1}出现吸收。此外，利用本波段中苯环的C—H面外变形振动吸收峰及2000～1667cm^{-1}波段苯的倍频或组合频吸收峰，可以共同配合来确定苯环的取代类型。图15-15给出不同苯环取代类型在2000～1667cm^{-1}和900～600cm^{-1}波段的光谱。

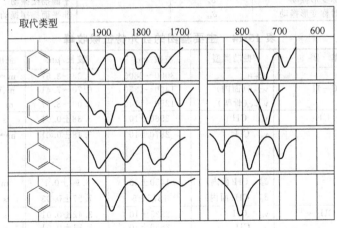

图 15-15 不同苯环取代类型在2000～1667cm^{-1}和900～600cm^{-1}波段的光谱

二、常见基团谱带的一般规律

对于常见基团的主要谱带有以下几条规律。

① 不同分子中相同基团的特征频率大都出现在特定的波段内。基团的特征谱带大多集中在4000～1300cm^{-1}波段，故称为基团的特征吸收区。而1300～650cm^{-1}波段称为指纹区。

② 一个基团可能有几个振动形式。因而一个基团振动产生的吸收峰有一组的相关峰。如：—CH$_3$基团除在2960cm^{-1}和2870cm^{-1}处有伸缩振动吸收峰外，在1460cm^{-1}处有反对称变形振动及1370～1380cm^{-1}波段的对称变形振动吸收峰。用一组相关峰可更正确地鉴别基团。特别是官能团，这是应用红外光谱进行定性分析的一个重要原则。

③ 对同一基团，由于伸缩振动，要改变键长，所需能量较高，键力常数就大；而变形振动，不改变键长，所需能量较低，键力常数小。因此，伸缩振动的吸收波数高于变形振动。

④ 价键越强，则键力常数越大，吸收波数就越高。例如，C—C 键，从单键、双键到三键，其键的强度依次增加，其伸缩振动吸收波数也按 $1500 \sim 700cm^{-1}$，$1800 \sim 1600cm^{-1}$ 和 $2500 \sim 2000cm^{-1}$ 波数递增。

⑤ 与同一键连接的原子越轻，其振动吸收的波数越高。例如：O—H 键和 O—D（氘）键的键强度是一样的。但由于 D 原子量比氢重一倍，所以 O—H 键的伸缩振动吸收谱带出现在 $3600cm^{-1}$，而 O—D 键则位移至 $2630cm^{-1}$。

⑥ 分子中基团的极性越大，吸收峰强度越强；反之强度减弱。例如碳—氧键（C=O）的吸收峰较碳—碳（C—C）键的吸收峰强得多。

⑦ 同一原子（如氢）其连接的原子的电负性逐渐增大，其伸缩振动的频率也依次增大。例如，其振动频率顺序为 O—H＞N—H＞C—H。

⑧ 同一物质，在不同的仪器上测得的红外光谱的吸收强度不同，而光谱中各峰的强弱顺序都应相同。

三、主要基团的特征吸收峰

用红外光谱来确定化合物是否存在某官能团时，首先应该注意在官能团区它的特征峰是否存在。同时也应找到它们相关峰作为旁证。

表 15-13 为振动的类型和形式及其表示符号，表 15-14 则为主要基团的红外特征吸收峰。

表 15-13 振动的类型和形式及其表示符号

振动类型	振动形式	表示符号	振动类型	振动形式	表示符号
伸缩振动		ν	变形振动	变曲振动	δ
	对称伸缩振动	ν_s		面内变曲振动	β
	反对称伸缩振动	ν_{as}		面外变曲振动	γ
变形振动		δ		卷曲振动	τ
	对称变形振动	δ_s		平面摇摆振动	ρ
	反对称变形振动	δ_{as}		非平面摇摆振动	ω

表 15-14 主要基团的红外特征吸收峰

化合物类型	基 团	振动类型	波数/cm^{-1}	波长/μm	强度	注
链状烷烃	C—H	ν_{C-H}	$3000 \sim 2800$	$3.33 \sim 3.57$	m→s	分 ν_{as} 与 ν_s
		ν_{C-H}（面内）	$1490 \sim 1350$	$6.70 \sim 7.41$	m、w	非特征
		ν_{C-C}（骨架）	$1250 \sim 1140$	$8.00 \sim 8.77$	m	
链状烷烃	—CH₃	ν_{as} CH	2960 ± 10	3.38 ± 0.01	s	特征；裂分为
		ν_s CH	2870 ± 10	3.48 ± 0.01	m→s	三个峰
						共振时，裂分为
						两个峰
		δ_{as} CH（面内）	1450 ± 20	6.90 ± 0.1	m	
		δ_s CH（面内）	1375 ± 5	7.27 ± 0.03	s	
	—CH₂—	ν_{as} CH	2925 ± 10	3.42 ± 0.01	s	
		ν_s CH	2850 ± 10	3.51 ± 0.01	s	
		δ_{CH}（面内）	1465 ± 10	6.83 ± 0.1	m	
	—CH—	ν_{CH}	2890 ± 10	3.46 ± 0.01	w	
		δ_{CH}（面内）	约 1340	约 7.46	w	
	—CMe₂—	ν_{C-C}	1170 ± 5	8.55 ± 0.04	s	双峰强度
			$1170 \sim 1140$	$8.55 \sim 8.77$	s	相仿
			约 800	约 12.5	m	
	—CMe₃	δ_{CH}（面内）	$1395 \sim 1385$	$7.17 \sim 7.22$	m	
		δ_{CH}	$1370 \sim 1365$	$7.30 \sim 7.33$	s	骨架振动
		ν_{C-C}	1250 ± 5	8.00 ± 0.03	m	
		ν_{C-C}	$1250 \sim 1210$	$8.00 \sim 8.27$	m	
	—(CH₂)ₙ— 当 $n \geqslant 4$ 时	δ_{CH}（平面摇摆）	$750 \sim 720$	$13.33 \sim 13.88$	m、s	

化合物类型	基 团	振动类型	波数/cm⁻¹	波长/μm	强度	注
烯烃		ν_{CH}	3095~3000	3.23~3.33	m、w	ν_{C-H}
		$\nu_{C=C}$	1695~1540	5.90~6.50	可变	若 C═C═C 则为 2000~1925 cm⁻¹
		δ_{CH}(面内)	1430~1290	7.00~7.75	m	
		δ_{CH}(面外)	1010~667	9.90~15.0	s	中间有数段间隔
	H＼ ／H C═C (顺 式)	ν_{CH}	3040~3010	3.29~3.32	m	
		δ_{C-H}(面内)	1310~1295	7.63~7.72	m	
		δ_{CH}(面外)	690±15	14.50±0.3	s	环状化合物 850~650cm⁻¹
	H＼ ／ C═C ＼H (反 式)	ν_{CH}	3040~3010	3.29~3.32	m	
		δ_{CH}(面外)	970~960	10.31~10.42	s	
	＼ ／H C═C (三取代)	δ_{CH}	1390~1375	7.20~7.27	w	
		δ_{CH}(面外)	840~790	11.89~12.66	s	
炔烃		ν_{CH}	约3300	约3.03	m	
		$\nu_{C≡C}$	2270~2100	4.41~4.76	m	
		δ_{CH}(面内)	约1250	约8.00		非特征
		δ_{CH}(面外)	645~615	15.50~16.25	s	
	—C≡C—H	ν_{CH}	3310~3300	3.02~3.03	m→s	特征
		δ_{CH}(组峰)	1300~1200	7.69~8.33	m、s	
		$\nu_{C≡C}$	2140~2100	4.67~4.76	w、vw	
	R—C≡C—R	$\nu_{C≡C}$	2260~2190	4.42~4.57	w	
		与 C═C 共轭	2270~2220	4.41~4.51	m	
		与 C═O 共轭	约2250	约4.44	s	
芳烃		ν_{CH}	3040~3030	3.29~3.30	m	特征,高分辨呈多重峰(一般为3~4个峰)
		δ_{CH}(面外)的泛频峰	2000~1660	5.00~5.98	w	特征,加大样品量,可判断取代图式
		$\nu_{C=C}$ (骨架振动)	1600~1430	6.25~6.99	可 变	高度特征,确定芳核存在的重要标志之一,由于取代基团影响,个别可达到 1615~1650cm⁻¹
		δ_{CH}(面内)	1225~950	8.16~10.53	w	因峰强度太弱,仅作为在区别三取代时,提供δ_{CH}(面外)的参考峰
		δ_{CH}(面外)	900~690	11.11~14.49	s	特征,确定取代位置最重要峰
		$\nu_{C=C}$ (骨架振动)	1600±5	6.25±0.02	可 变	一般情况下,(1600±5)cm⁻¹峰稍弱,而(1500±25)cm⁻¹峰稍强,两者皆属于强峰,共轭环
			1580±5	6.33±0.02	可 变	
			1500±25	6.67±0.10	可 变	
			1450±10	6.90±0.05	可 变	

化合物类型	基团	振动类型	波数/cm⁻¹	波长/μm	强度	注
芳烃	取代类型（苯环，一取代）X	δ_{CH}（面外）	770～730 710～690	12.99～13.70 14.08～14.49	v、s s	五个相邻 H
	（邻二取代）X—X	δ_{CH}（面外）	770～735	12.99～13.61	v、s	四个相邻 H
	（间二取代）X、X	δ_{CH}（面外）	810～750 725～680 900～860	12.35～13.33 13.79～14.71 11.12～11.63	v、s m→s m	三个相邻 H 三个相邻 H 一个孤立 H（作参考）
	（对二取代）X、X	δ_{CH}（面外）	860～800	11.63～12.50	v、s	二个相邻 H
酮	—CH₂—C(=O)—CH₂— （饱和链状酮）	$\nu_{C=O}$	1715±10	5.83±0.03	v、s	在 CHCl₃ 中低 10～20cm⁻¹
	—CH=CH—C(=O)—R （α、β-不饱和酮）	$\nu_{C=O}$	1675±10	5.97±0.04	v、s	因为 C=O 与 C=C 共轭 所以 降低 40cm⁻¹
	X—CH₂—C(=O)—R （α-卤代酮）	$\nu_{C=O}$	1735±10	5.77±0.03	v、s	
	—C(=O)—C(=O)— （α-二酮）	$\nu_{C=O}$	1720±10	5.81±0.03	v、s	
	—C(=O)—CH₂—C(=O)— （β-二酮）	$\nu_{C=O}$	1700±10	5.88±0.03	v、s	
	—C=C—C(=O)—（OH） （β-二酮烯醇式）	$\nu_{C=O}$	1640～1540	6.10～6.49	v、s	吸收峰宽而强（因共轭螯合作用非正常 C=O 峰）
醛	—C(=O)H	ν_{CH} $\nu_{C=O}$ ν_{C-C} δ_{CH}（面外）	2900～2700 1730±10 1440～1325 975～780	3.46～3.70 5.78～0.03 6.95～7.55 10.26～12.80	w v、s m m	一般为两个峰带 约 2855cm⁻¹ 及约 2740cm⁻¹
脂肪醛	—CH=C—C(=O)H （α、β-不饱和醛）	$\nu_{C=O}$ （骨架振动）	1690±10	5.92±0.03	v、s	ν_{CH}，δ_{CH} 同上

化合物类型	基团	振动类型	波数/cm⁻¹	波长/μm	强度	注
醌	（醌环结构，或1,2）	$\nu_{C=O}$	1675±15	5.97±0.05	v、s	与苯环上取代基有关
酸	R—C(=O)—OH（饱和脂肪酸）	ν_{OH}	3000~2500	3.33~4.00	m	二聚体,宽峰
		$\nu_{C=O}$	1710±10	5.84±0.03	v、s	二聚体
		$\delta_{O—H}$（面内）	1450~1410	6.90~7.10	w	二聚体（或1440~1395cm⁻¹）
		$\nu_{C—O}$	1266~1205	7.90~8.30	m	二聚体
		$\delta_{O—H}$（面外）	960~900	10.41~11.10	w	
	C=C—C(=O)—OH（α、β-不饱和酸）	$\nu_{C=O}$	1710±10	5.84±0.03	v、s	
	X—CH₂—C(=O)—OH（α-卤代脂肪酸）	$\nu_{C=O}$	1730±10	5.78±0.03	v、s	若 X=F 时,在1760cm⁻¹
羧酸盐	—C(O···O)⁻	$\nu_{as}COO^-$	1610~1550	6.21~6.45	v、s	
		$\nu_{s}COO^-$	1400	7.15	v、s	
酯		$\nu_{C=O}$（泛频）	约3450	约2.90	w	
		$\nu_{C=O}$	1820~1650	5.50~6.06	v、s	
		$\nu_{C—O—C}$	1300~1150	7.69~8.70	s	
	R—C(=O)—O—R（饱和酯）	$\nu_{C=O}$	1740±5	5.75±0.01	s	
	C=C—COR（α、β-不饱和酯）	$\nu_{C=O}$	1730~1717	5.78~5.82	v、s	
	—C(=O)—CH₂—COR（β-酮酯类）	$\nu_{C=O}$	1740~1730	5.75~5.78	v、s	
	—C(OH)=C—COR（烯醇型）	$\nu_{C=O}$	约1650	约6.07	v、s	$\nu_{C=C}$ 在1630cm⁻¹,强峰
	—C(=O)—C(=O)—O—R（α-酮酯）	$\nu_{C=O}$	1755~1740	5.70~5.75	v、s	
	RCOC=C（烯醇酯）	$\nu_{C=O}$	1780±20	5.62±0.03	v、s	
	R—C(=O)—O—Ar（苯基酯）	$\nu_{C=O}$	1690~1650	5.92~6.06	s	有时高达1715cm⁻¹
		$\nu_{C—O—C}$	1200±10	8.33±0.02	s	

化合物类型	基团	振动类型	波数/cm⁻¹	波长/μm	强度	注
酸酐	R-C(=O)-O-C(=O)-R	$\nu_{C=O}$	1820±20	5.49±0.03	v、s	两羰基峰通常相隔60cm⁻¹
			1755±10	5.70±0.02	v、s	共轭使峰位降20cm⁻¹
		ν_{C-O}	1170~1050	8.55~9.52	s	
	Ar-C(=O)-O-C(=O)-Ar	$\nu_{C=O}$	1785±5	5.60±0.01	s	两羰基峰通常相隔60cm⁻¹
			1725±5	5.80±0.01	v、s	
酰胺类 伯酰胺	R-C(=O)-NH₂	ν_{NH}	约3500	约2.86	m	呈双峰
		ν_{NH}	约3400	约2.94	m	
		$\nu_{C=O}$	约1690	约5.92	s	
			约1650	约6.06	s	
		δ_{NH}(面内)	1650~1620	6.06~6.17		液态有此峰
			1620~1590	6.17~6.29	s	固态有此峰
仲酰胺	-C(=O)-NH-	ν_{NH}(游离)	3460~3400	2.89~2.94	m	顺、反式:3440~3420cm⁻¹
		ν_{NH}(H键)	3320~3140	3.01~3.19	m	顺式:3180~3140cm⁻¹
		$\nu_{C=O}$(固态)	1680~1630	5.95~6.14	s	
		$\nu_{C=O}$(稀溶液)	1700~1670	5.88~5.99	s	
叔酰胺	-C(=O)-N<	$\nu_{C=O}$	1670~1630	5.99~6.14	s	
醇		ν_{OH}	3700~3200	2.70~3.13	变	溶剂中含水时,因水分子ν_{OH}=3760~3450cm⁻¹,δ_{OH}=1640~1595cm⁻¹,样品压片形成的H键
		δ_{OH}(面内)	1410~1260	7.09~7.93	w	
		ν_{C-O}	1250~1000	8.00~10.00	s	
		δ_{CH}(面外)	720±50	13.33~15.38	s	水的ν_{OH}一般在3450cm⁻¹,液态有此峰
	羟基伸缩频率 游离OH	ν_{OH}	3650~3590	2.74~2.79	变	尖峰
	分子间H键	ν_{OH}(单桥)	3550~3450	2.82~2.90	变	尖峰 稀释移
	分子间H键	ν_{OH}(多聚体)	3400~3200	2.94~3.12	s	宽峰 动
	分子内H键	ν_{OH}(单桥)	3570~3450	2.80~2.90	变	尖峰 稀释无
	分子内H键	ν_{OH}(螯形物)	3200~2500	3.12~4.00	w	宽峰 影响
	—CH₂OH (伯醇)	δ_{OH}(面内)	1350~1260	7.41~7.93	s	
		ν_{C-O}	约1050	约9.52	s	
	CH—OH (仲醇)	δ_{OH}(面内)	1350~1260	7.41~7.93	s	
		ν_{C-O}	约1110	约9.01	s	
	—C—OH (叔醇)	δ_{OH}(面内)	1410~1310	7.09~7.63	s	
		ν_{C-O}	约1150	约8.70	s	

续表

化合物类型	基 团	振动类型	波数/cm^{-1}	波长/μm	强度	注
酚		ν_{OH}	3705~3125	2.70~3.20	s	
		δ_{OH}(面内)	1390~1315	7.20~7.60	m	
		ν_{Ar-O}	1335~1165	7.50~8.60	s	
醚		ν_{C-O}	1210~1015	8.25~9.85	s	
	RCH$_2$—O—CH$_2$R	ν_{C-O}	约1110	约9.01	s	
	(H$_2$C=CH—O)$_2$ (不饱和)	$\nu_{C=C}$	1640~1560	6.10~6.40		
胺类		ν_{NH}	3500~3300	2.86~3.03	m	伯胺强、中;仲胺极弱
		δ_{NH}(面内)	1650~1550	6.06~6.45		
		ν_{C-N}(芳香)	1360~1250	7.35~8.00	s	
		ν_{C-N}(脂肪)	1235~1065	8.10~9.40	m、w	
		δ_{NH}(面外)	900~650	11.1~15.4		
伯胺	R—NH$_2$ (Ar)	ν_{NH}	3500~3300	2.86~3.03	m	两个峰
		δ_{NH}(面内)	1650~1590	6.06~6.29	s、m	
		ν_{C-N}(芳香)	1340~1250	7.46~8.00	s	
		ν_{C-N}(脂肪)	1220~1020	8.20~9.80	m、w	
仲胺	>C—NH—C<	ν_{NH}	3500~3300	2.86~3.03	m	一个峰
		δ_{NH}(面内)	1650~1550	6.06~6.45	v、w	
		ν_{C-N}(芳香)	1350~1280	7.41~7.81		
		ν_{C-N}(脂肪)	1220~1020	8.20~9.80	m、w	
叔胺	C—N<^C_C	ν_{C-N}(芳香)	1360~1310	7.35~7.63		
		ν_{C-N}(脂肪)	1220~1020	8.20~9.80	m、w	
不饱和含N化合物	RCN	$\nu_{C\equiv N}$	2260~2240	4.43~4.46	s	饱和、脂肪族
	α,β-芳香氰	$\nu_{C\equiv N}$	2240~2220	4.46~4.51	s	
	α,β-不饱和脂肪族氰	$\nu_{C\equiv N}$	2235~2215	4.47~4.52	s	
硝基与亚硝基化合物	R—NO$_2$	ν_{as} N<^O_O	1565~1543	6.39~6.47	s	
		ν_s N<^O_O	1385~1360	7.33~7.49	s	
		ν_{C-N}	920~800	10.87~12.50	m	用途不大
	Ar—NO$_2$	ν_{as} N<^O_O	1550~1510	6.45~6.62	s	
		ν_s N<^O_O	1365~1335	7.33~7.49	s	
		ν_{C-N}	860~840	11.63~11.90	s	

注:1. "⋯⋯⋯⋯⋯"线以上为主要相关峰出现区域。

2. 振动形式符号表示参见表15-10。

3. 强度:s——强;m——中等;w——弱。

如图 15-16 和图 15-17 所示分别为常见官能团红外吸收的特征频率和常见有机化合物的红外光谱。

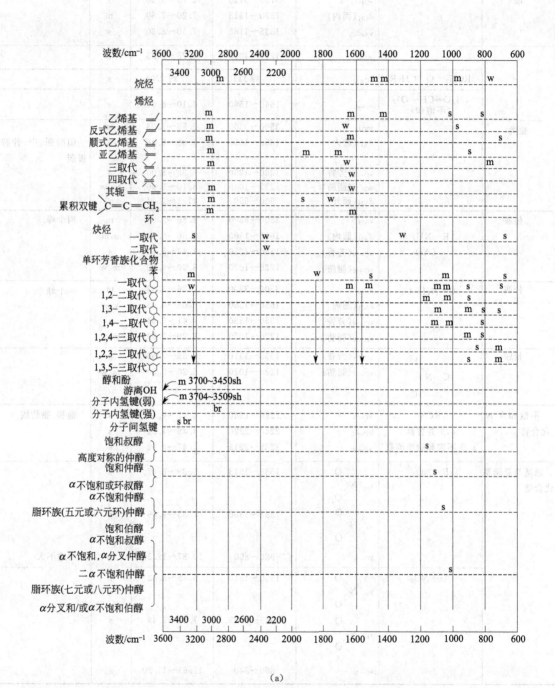

(a)

特征吸收带以粗横线表示：s＝强；m＝中强；w＝弱；sh＝尖峰；br＝宽峰

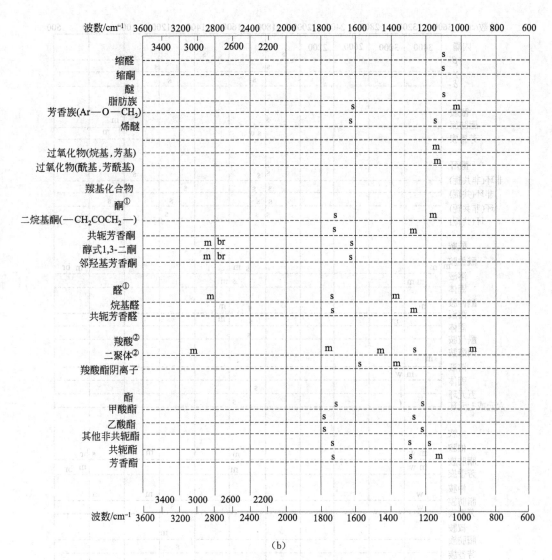

① 脂肪族共轭时，C=O 伸缩振动事实上与共轭芳香族在同样位置出峰；

② 共轭时 C=O 伸缩振动在更低波数区（1710～1680cm⁻¹）出峰，

O—H 伸缩振动（3300～2600cm⁻¹）的峰很宽。

图 15-16

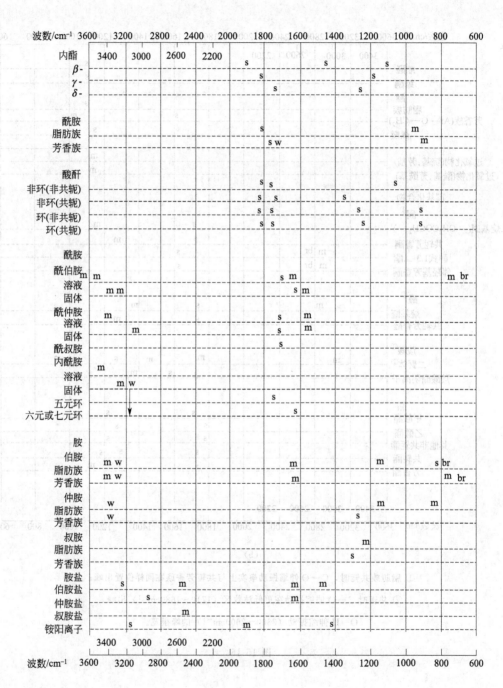

(c)

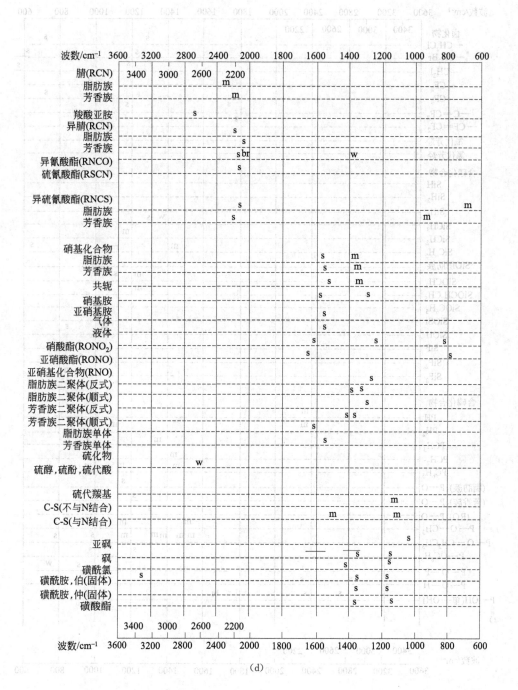

图 15-16

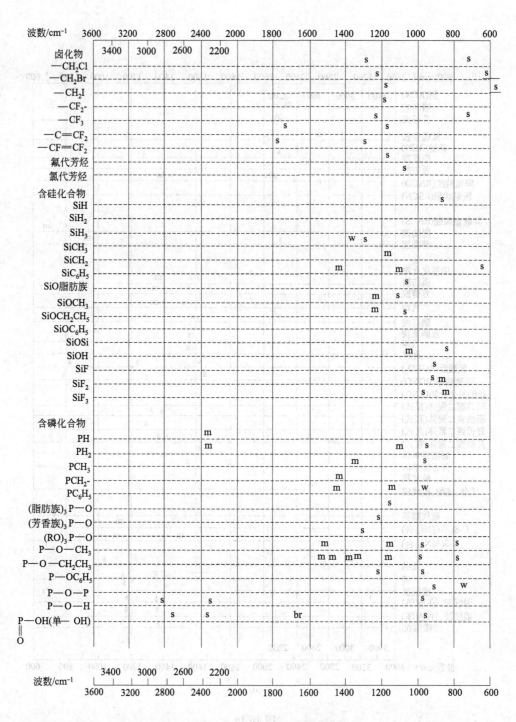

(e)

s＝强；m＝中强；w＝弱；v＝变化

图 15-16　常见官能团红外吸收的特征频率

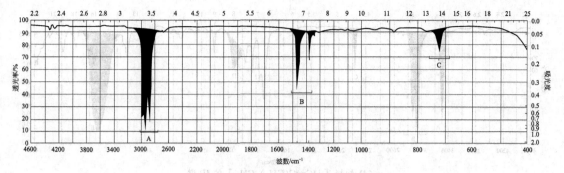

（a）烷烃 [CH₃(CH₂)₁₀CH₃] 的 IR 谱

A—C—H 伸缩：$\nu_{as}CH_3$, 2962cm⁻¹；$\nu_s CH_2$, 2872cm⁻¹；

　　　　　　$\nu_{as}CH_2$, 2924cm⁻¹，$\nu_s CH_2$, 2853cm⁻¹

B—C—H 变角：$\delta_s CH_2$, 1467cm⁻¹；$\delta_s CH_3$, 1378cm⁻¹；

　　　　　　$\delta_{as}CH_3$, 1450cm⁻¹

C—CH₂ 摇摆：pCH₂, 721cm⁻¹

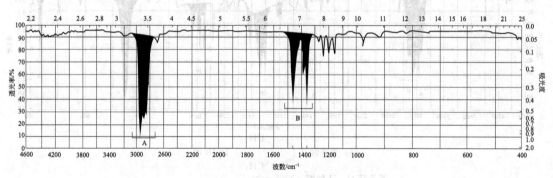

（b）烷烃（CH₃CHCH₂CCH₃）的 IR 谱

A—C—H 伸缩振动；

B—C—H 弯曲振动；

1400～1340cm⁻¹ 为叔丁基和异丙基吸收峰的叠加

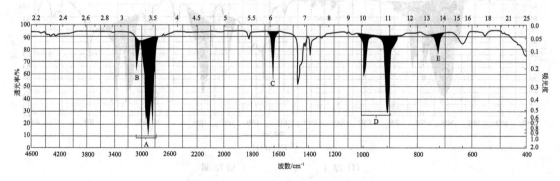

（c）烯烃 [H₂C═CH(CH₂)₇CH₃] 的 IR 谱

A—C—H 伸缩；

B—（烯）C—H 伸缩，3049cm⁻¹；

C—C═C 伸缩，1642cm⁻¹；

D—C—H 面外变角，991cm⁻¹，（烯）909.5cm⁻¹；

E—CH₂ 摇摆，722cm⁻¹

图 15-17

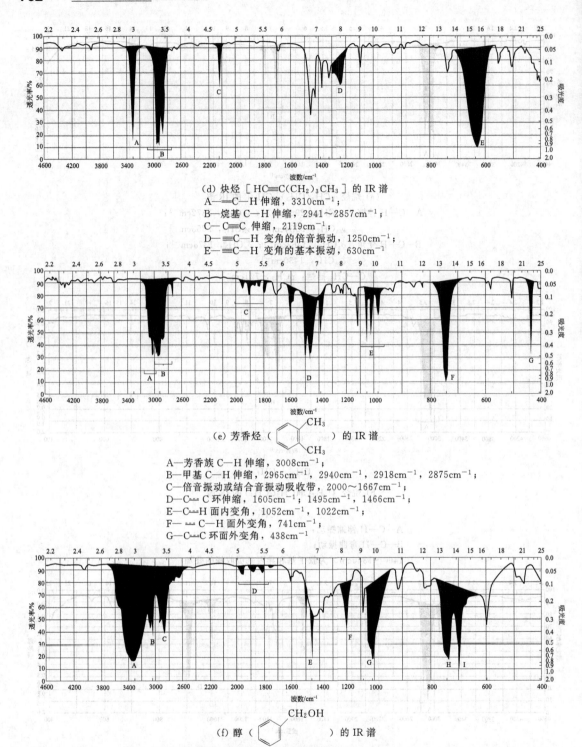

(d) 炔烃〔$HC{\equiv}C(CH_2)_3CH_3$〕的 IR 谱
A—${\equiv}C$—H 伸缩，3310cm^{-1}；
B—烷基 C—H 伸缩，2941~2857cm^{-1}；
C—C${\equiv}C$ 伸缩，2119cm^{-1}；
D—${\equiv}C$—H 变角的倍音振动，1250cm^{-1}；
E—${\equiv}C$—H 变角的基本振动，630cm^{-1}

(e) 芳香烃（ ）的 IR 谱

A—芳香族 C—H 伸缩，3008cm^{-1}；
B—甲基 C—H 伸缩，2965cm^{-1}，2940cm^{-1}，2918cm^{-1}，2875cm^{-1}；
C—倍音振动或结合音振动吸收带，2000~1667cm^{-1}；
D—C${=}$C 环伸缩，1605cm^{-1}；1495cm^{-1}；1466cm^{-1}；
E—C${=}$H 面内变角，1052cm^{-1}，1022cm^{-1}；
F—${=}$C—H 面外变角，741cm^{-1}；
G—C${=}$C 环面外变角，438cm^{-1}

(f) 醇（ CH₂OH ）的 IR 谱

A—O—H 伸缩，3331cm^{-1}，分子间氢键；
B—芳香族 C—H 伸缩，3100~3000cm^{-1}；
C—亚甲基 C—H 伸缩，2980~2840cm^{-1}；
D—倍音振动或结合音振动吸收带，2000~1667cm^{-1}；
E—C${=}$C 环伸缩，1497cm^{-1}，1454cm^{-1}，与约 1471cm^{-1}的剪式振动重叠；
F—含 C—H 面内变角的 O—H 变角，1209cm^{-1}；
G—C—O 伸缩，1023cm^{-1}，伯醇；
H—芳香族 C—H 面外变角，735cm^{-1}；
I—C${=}$C 环变角，697cm^{-1}

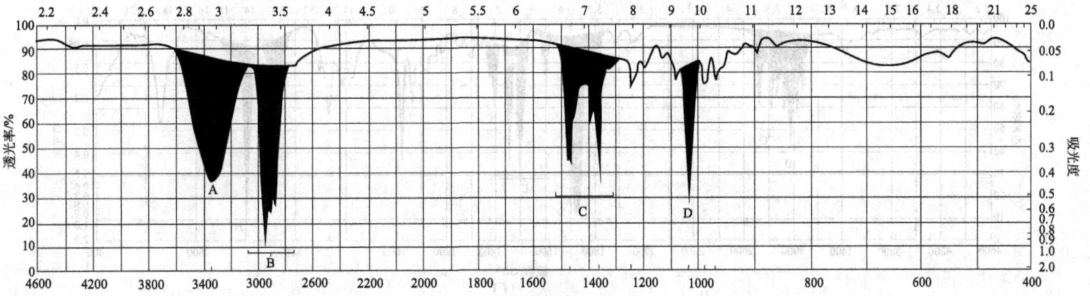

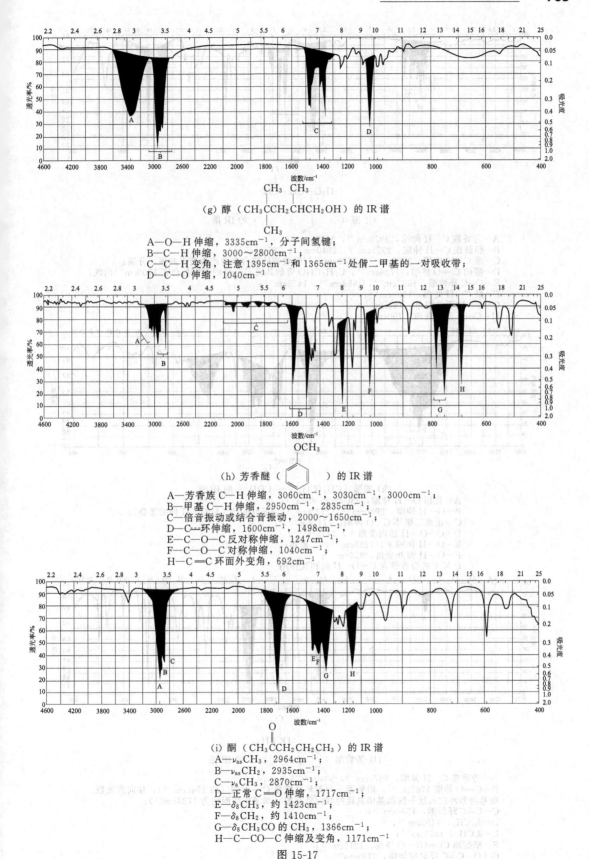

CH$_3$ CH$_3$

(g) 醇（$CH_3CCH_2CHCH_2OH$）的 IR 谱

CH$_3$

A—O—H 伸缩，3335cm^{-1}，分子间氢键；
B—C—H 伸缩，3000～2800cm^{-1}；
C—C—H 变角，注意 1395cm^{-1}和 1365cm^{-1}处偕二甲基的一对吸收带；
D—C—O 伸缩，1040cm^{-1}

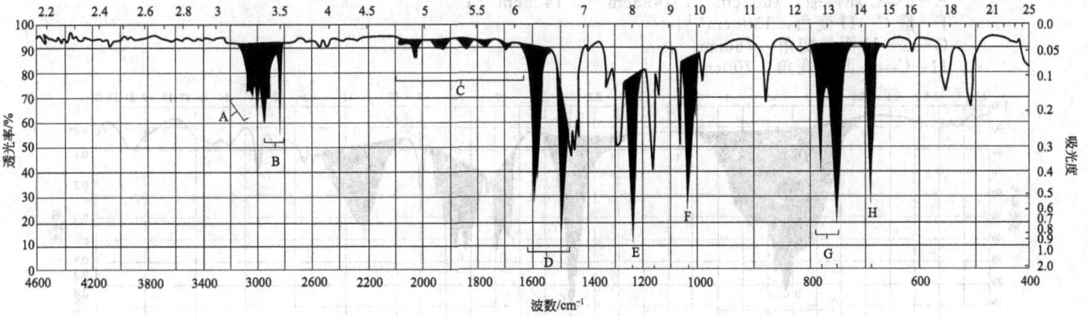

(h) 芳香醚（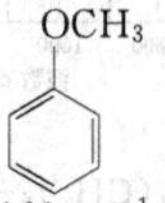）的 IR 谱

A—芳香族 C—H 伸缩，3060cm^{-1}，3030cm^{-1}，3000cm^{-1}；
B—甲基 C—H 伸缩，2950cm^{-1}，2835cm^{-1}；
C—倍音振动或结合音振动，2000～1650cm^{-1}；
D—C┄C 环伸缩，1600cm^{-1}，1498cm^{-1}；
E—C—O—C 反对称伸缩，1247cm^{-1}；
F—C—O—C 对称伸缩，1040cm^{-1}；
H—C ═C 环面外变角，692cm^{-1}

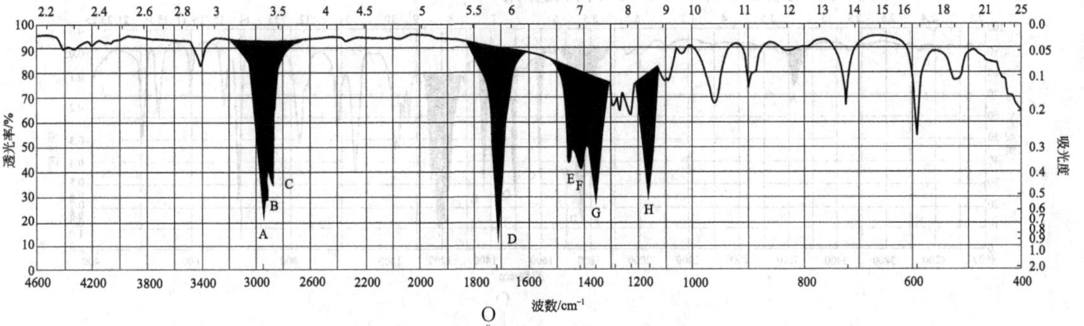

O
‖
(i) 酮（$CH_3CCH_2CH_2CH_3$）的 IR 谱
A—$\nu_{as}CH_3$，2964cm^{-1}；
B—$\nu_{as}CH_2$，2935cm^{-1}；
C—ν_aCH_3，2870cm^{-1}；
D—正常 C ═O 伸缩，1717cm^{-1}；
E—δ_8CH_3，约 1423cm^{-1}；
F—δ_8CH_2，约 1410cm^{-1}；
G—δ_8CH_3CO 的 CH_3，1366cm^{-1}；
H—C—CO—C 伸缩及变角，1171cm^{-1}

图 15-17

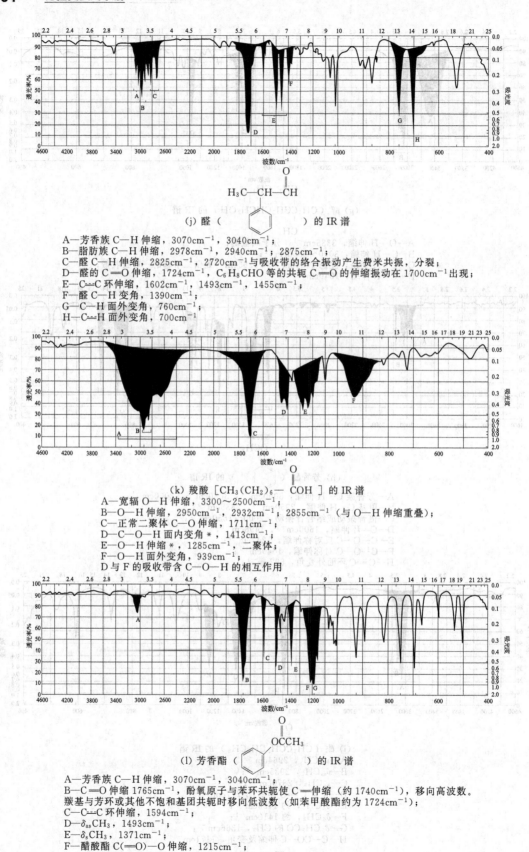

$$\text{H}_3\text{C}-\text{CH}-\text{CH} \overset{\displaystyle \text{O}}{\parallel}$$

(j) 醛（苯基结构）的 IR 谱

A—芳香族 C—H 伸缩，3070cm^{-1}，3040cm^{-1}；
B—脂肪族 C—H 伸缩，2978cm^{-1}，2940cm^{-1}；2875cm^{-1}；
C—醛 C—H 伸缩，2825cm^{-1}，2720cm^{-1}与吸收带的络合振动产生费米共振，分裂；
D—醛的 C=O 伸缩，1724cm^{-1}，C$_6$H$_5$CHO 等的共轭 C=O 的伸缩振动在 1700cm^{-1}出现；
E—C═C 环伸缩，1602cm^{-1}，1493cm^{-1}，1455cm^{-1}；
F—醛 C—H 变角，1390cm^{-1}；
G—C—H 面外变角，760cm^{-1}；
H—C═H 面外变角，700cm^{-1}

(k) 羧酸 [CH$_3$(CH$_2$)$_6$—COH] 的 IR 谱

A—宽辐 O—H 伸缩，3300～2500cm^{-1}；
B—O—H 伸缩，2950cm^{-1}，2932cm^{-1}；2855cm^{-1}（与 O—H 伸缩重叠）；
C—正常二聚体 C—O 伸缩，1711cm^{-1}；
D—C—O—H 面内变角 *，1413cm^{-1}；
E—O—H 伸缩 *，1285cm^{-1}，二聚体；
F—O—H 面外变角，939cm^{-1}；
D 与 F 的吸收带含 C—O—H 的相互作用

(l) 芳香酯（苯基结构）的 IR 谱

A—芳香族 C—H 伸缩，3070cm^{-1}，3040cm^{-1}；
B—C=O 伸缩 1765cm^{-1}，酚氧原子与苯环共轭使 C=伸缩（约 1740cm^{-1}），移向高波数。羰基与芳环或其他不饱和基团共轭时移向低波数（如苯甲酸酯约为 1724cm^{-1}）；
C—C═C 环伸缩，1594cm^{-1}；
D—δ_{as}CH$_3$，1493cm^{-1}；
E—δ_sCH$_3$，1371cm^{-1}；
F—醋酸酯 C(═O)—O 伸缩，1215cm^{-1}；
G—O—C═C 反对称伸缩，1193cm^{-1}

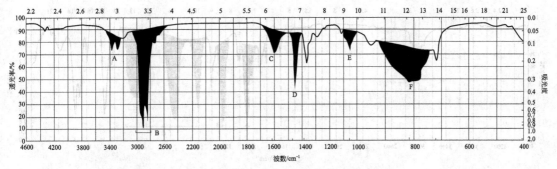

（m）胺［$CH_3(CH_2)_7NH_2$］的 IR 谱

A—N—H 反对称伸缩，3372 cm^{-1}，

　　N—H 对称伸缩，3290 cm^{-1}，

　　氢键结合的伯胺分裂成双峰，3200 cm^{-1} 附近吸收带的肩峰为与 C 吸收带的倍音振动产生费米共振的结果；

B—脂肪族 C—H 伸缩，2925 cm^{-1}，2850 cm^{-1}；$\nu_s CH_2$，2817 cm^{-1}；

C—N—H 变角（剪式），1617 cm^{-1}；

D—$\delta_s CH_2$（剪式），1467 cm^{-1}；

E—C—N 伸缩，1073 cm^{-1}；

F—N—H 纵向摇摆（纯液体），900～700 cm^{-1}

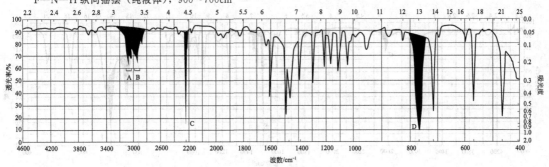

（n）芳香腈（ 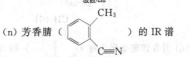 ）的 IR 谱

A—芳香族 C—H 伸缩，3070 cm^{-1}，3030 cm^{-1}；

B—脂肪族 C—H 伸缩，2960 cm^{-1}，2930 cm^{-1}；

C—C≡N 伸缩，2226 cm^{-1}（因与芳环共轭强度增加）；脂肪腈出现在更高波数；

D—C—H 面外变角（芳香环），761 cm^{-1}

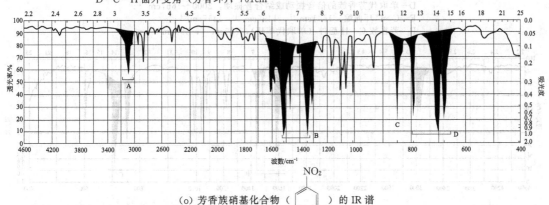

（o）芳香族硝基化合物（ ）的 IR 谱

A—芳香族 C—H 伸缩，3100 cm^{-1}，3080 cm^{-1}；

B—（$ArNO_2$）（N＝O）$_2$ 反对称伸缩，1523 cm^{-1}；

　　（$ArNO_2$）（N $\cdots$ O）$_2$ 对称伸缩，1347 cm^{-1}；

C—（$ArNO_2$）C—N 伸缩，852 cm^{-1}；

D—这些峰是 NO_2 与 C—H 面外变角振动相互作用的结果，

　　不能决定环的取代位置。高极性取代基的芳香族化合物一般无法在此区域确定取代基位置

图 15-17

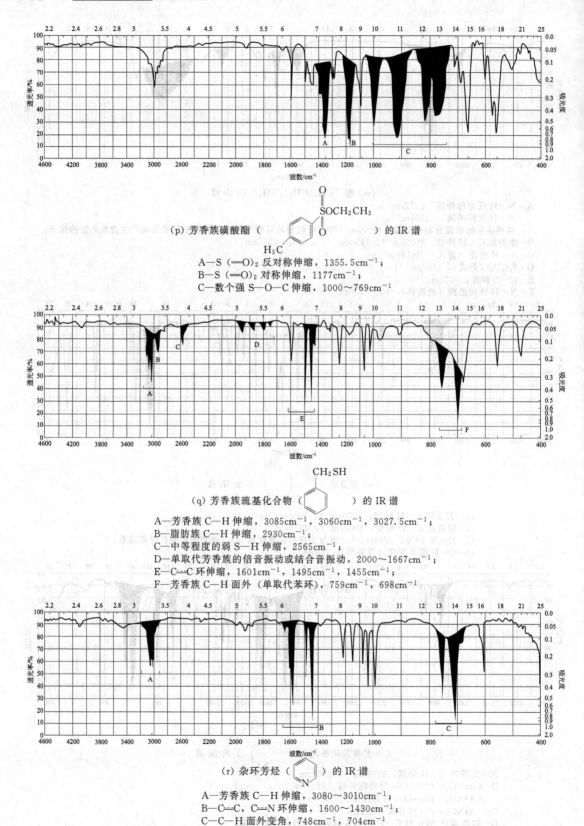

(p) 芳香族磺酸酯（ ）的 IR 谱

A—S（=O)₂ 反对称伸缩，1355.5cm⁻¹；
B—S（=O)₂ 对称伸缩，1177cm⁻¹；
C—数个强 S—O—C 伸缩，1000～769cm⁻¹

(q) 芳香族巯基化合物（ ）的 IR 谱

A—芳香族 C—H 伸缩，3085cm⁻¹，3060cm⁻¹，3027.5cm⁻¹；
B—脂肪族 C—H 伸缩，2930cm⁻¹；
C—中等程度的弱 S—H 伸缩，2565cm⁻¹；
D—单取代芳香族的倍音振动或结合音振动，2000～1667cm⁻¹；
E—C=C 环伸缩，1601cm⁻¹，1495cm⁻¹，1455cm⁻¹；
F—芳香族 C—H 面外（单取代苯环），759cm⁻¹，698cm⁻¹

(r) 杂环芳烃（ ）的 IR 谱

A—芳香族 C—H 伸缩，3080～3010cm⁻¹；
B—C=C，C=N 环伸缩，1600～1430cm⁻¹；
C—C—H 面外变角，748cm⁻¹，704cm⁻¹

图 15-17　常见有机化合物的红外光谱

四、影响基团频率的因素

影响基团频率的因素可分为内部因素与外部因素两类。

1. 分子结构的内部影响因素

（1）取代基的诱导效应　由于取代基具有不同的电负性，通过静电诱导效应，引起分子中电子分布的变化，改变了键力常数，使键或基团的特征频率发生位移。元素的电负性越强，诱导效应越强，吸收峰向高波数段移动的程度越显著。

（2）共轭效应　共轭效应的结果使共轭体系的电子云密度平均化，双键略有伸长，单键略有缩短，单键具有双键特性，双键具有单键特性。双键的吸收频率往低波数方向位移。

（3）氢键效应　氢键的形成往往使基团的吸收频率降低，谱带变宽。

（4）振动偶合　振动偶合是指当两个化学键振动的频率相等或相近并具有一个公共原子时，由于一个键的振动，通过公共原子使另一个键的长度发生变化，产生一个"微扰"，从而形成了强烈的振动相互作用。结果，使振动频率发生变化，一个向高波数移动，一个向低波数移动。

（5）费米共振　当弱的倍频峰位于某强的基频吸收峰附近时，它们的吸收峰强度常常随之增加；或者发生谱峰分裂，这种倍频与基频之间的振动偶合，称为费米共振。

2. 外部影响因素

外部影响因素主要指测定时物质的状态，以及溶剂效应等因素。

同一物质在不同的状态时，分子间相互作用力不同，所得的红外光谱也不同。物质在气态时，分子相互作用力很弱，振动频率最高，此时，可以观察到伴随振动光谱的转动精细结构。液态和固态分子间的作用力较强，在极性基团存在时，可能发生分子间的缔合或形成氢键，导致特征吸收带频率、强度和形状有较大的改变。在溶液中测定光谱时，由于溶剂的种类、溶剂的浓度和测定时的温度等不同，同一物质所测得的光谱也不相同。通常在极性溶剂中，溶质分子的极性基团的伸缩振动频率随溶剂极性的增加而向低波数方向移动，并且强度增大。因此，在红外光谱测定中，尽量采用非极性溶剂。

第四节　样品的制备

现代红外光谱仪都具有高质量的光学系统和先进的电子系统，仪器的操作较为方便和容易。然而，测量结果的准确性，不仅取决于仪器的条件和调试的状态。而且要受到样品本身，以及样品的制备方法、制备条件等诸多因素的影响。因此，要获得高质量的红外光谱图，除了选择最佳的测量参数、充分发挥仪器的功能之外，尚需要选择适当的样品制备方法和条件，以保证红外光谱的测量取得圆满的结果。

一、制备样品应注意的事项

① 样品浓度和厚度的选择。在红外光谱分析中，一般应使光谱中大部分吸收峰的透光率在20%～70%的范围内。因此，应调整样品的浓度（或压片厚度）使之适应测量的要求。样品浓度太稀或压片太薄会使光谱中许多小峰显示不出来；反之，样品浓度过高或压片太厚，会使光谱中某些强的吸收峰超过标尺，给读图带来麻烦。

② 样品中不应含有游离水。因为水在红外区有吸收，对样品峰有干扰。另外，水对窗片等元件有腐蚀作用。

③ 色散型红外光谱分析仪器的灵敏度较低。要求试样中含有的微量不纯物不超出0.1%～1%；若试样中含有的不纯物过高，杂质与组分的红外吸收峰将相互重叠，相互干扰，使谱图难以解析。因此，含不纯物超过1%的试样应预先进行适当的分离（如萃取、重结晶、色谱法等），以除去杂质后再进行红外光谱测量。在试样处理过程中要避免试样的污染、变质（引起化学反应）以及相态结构的变化等。

④ 采用正确的样品制备方法，减少制备样品中产生干扰。选择干扰较少的溶剂或介质。

⑤ 当操作易吸潮的样品池或窗片（如氯化钠或溴化钾）时，要戴上橡皮手套或指套，以防手指上的水分使窗片受潮。

⑥ 当操作有毒的吸收池窗片（如KRS-5的组成为TlBr、TlI）时，必须戴上手套或指套。

二、固体样品的制备

对于固体样品来说能否获得高质量的光谱图，在很大程度上取决于样品的制备方法。若粉末或结晶状的固体样品的颗粒较大，将使入射光发生散射，从而降低达到检测器的光能量。因此，通常将固体样品与具有相近折射率的、在样品特征峰附近呈较小的或不产生红外吸收的物质相混合，并研磨成粒度直径小于 $2\mu m$ 的粉末，然后制成薄片或糊状薄层进行测量。

1. 压片法

压片法具有样品的浓度可以控制、薄片的厚度可以改变、散射光的影响较小等优点。故压片法为应用广泛的固体样品制备方法。

（1）压片法的常规步骤

① 将光谱纯的溴化钾置于真空烘箱或马弗炉中在 200℃ 的温度下干燥约 3h。然后在研钵中磨成粉末，粒度 $<2\mu m$。

② 样品与溴化钾的比例为 1:(100~200)，继续研磨至样品粒度 $<2\mu m$，并混合均匀。

③ 称取上述的混合物 150~200mg，装入特制模具的槽中使其均匀。油压机逐渐加压，在低真空下，加压至约 784MPa 保持约 5min。

④ 关闭真空泵开关，缓慢把油压机压力降至常压。取出压好的透明的薄片。置于红外光谱仪的样品测量架上进行测量。

（2）压片法需要注意的事项

① 样品颗粒大，会造成入射光发生散射。若样品的粒度大于入射光的波长，将强烈地散射入射光。粒度越大，散射越强烈。故采用此法时，必须充分研磨，使样品颗粒直径小于 $2\mu m$。

② 在样品制备过程中溴化钾易吸收水汽，在谱图 $3500cm^{-1}$ 处可能会出现水的吸收峰。当溴化钾量少时，大约在 $1000cm^{-1}$ 附近有时会出现干扰毛刺。上述现象将给分析谱图产生干扰。为了消除该现象，可在制备样品的同时，在相同的条件下，制备一个纯的溴化钾的压片。在测量时作为参比空白，扣除干扰。

③ 压片法采用 KBr 作为固体溶剂的原因是：能使样品获得全部红外区光谱。它与大多数有机化合物的折射率很接近。这样可减少散射造成的能量损失。如果样品与固体溶剂折射率相差较大时，会发生强烈散射，致使光谱基线抬高，严重时会出现吸收峰。

固体溶剂除了用溴化钾（KBr）外，还可用氯化钾（KCl）、碘化钾（KI）、氯化钠（NaCl）等。

2. 调糊法

调糊法也称糊状法，是制备固体样品最简单的方法。几乎所有能研成粉末的样品都可以使用该法。糊状法必须把样品研成细粉（粒子直径约 $2\mu m$）后，滴入几滴溶剂。继续研磨，直至成糊状。然后把糊状样品涂在可拆式液体样品池的窗片上，使其成为均匀薄膜，即可用测量。

本法溶剂常选用液体石蜡（折射率 1.5~1.6）或六氯丁二烯（折射率 1.55）。这两种溶剂的吸收峰在相同的波数上不相重叠。因此，当选用液体石蜡作溶剂有干扰时，可改用六氯丁二烯作溶剂。这样可以获得不相重叠的光谱。

由于该法用溶剂调制样品，样品的浓度可通过溶剂的量来调整。如果样品的吸光度太大，可多滴入溶剂；反之可增加样品量。

3. 粉末法

粉末法是把固体样品研磨至粒度小于 $2\mu m$，加入易挥发的液体，使形成悬浮液。再将悬浮液滴到可拆式液体样品槽的窗片上。当溶剂挥发后，样品在窗片上形成一层均匀的薄层，即可进行测量。

4. 薄膜法

薄膜法是将固体加热熔融，然后涂制成膜或制成膜。也有把固体样品制成溶液，再把溶剂蒸干，而后形成薄膜。

这种方法适用于熔点低，熔融时又不发生分解、升华和化学变化的样品。如低熔点的蜡和沥青等。

本法的缺点是溶剂除不干净将会产生溶剂干扰。有的样品在加热除去溶剂时，引起样品分解；有时谱图上出现干涉条纹。

5. 制备固体样品时器具的清洗

每次测量后，用脱脂棉或纱布蘸上易挥发的溶剂，轻轻地擦拭窗片、压片模具等。常用的溶剂有四氯化碳（CCl₄）、二硫化碳（CS₂）和氯仿等。将器具擦洗干净后，再用干燥空气或氮气吹干或用红外灯烘干，放入保干器内保存，以免受到腐蚀。

乙醇等溶剂一般含水量较多，不宜使用。

三、液体样品的制备

1. 液体池（槽）的种类

常用的液体池有可拆式液体池和固定密封式液体池。特殊用途的液体池有微量液体池、可加热的液体池以及可加压的液体池等。下面简介两种常用的液体池。

（1）可拆式液体池　当测量黏稠的不挥发的液体时，使用可拆式液体池。

这种液体池可根据样品的吸收情况，通过改变间隔片，调节样品的厚度。窗片的间隔片为铅片或聚四氟乙烯片。若测量吸收率大的样品时，也可不使用间隔片，直接把样品放于两个窗片之间进行测量。

这种液体池不适于测量低沸点的样品和定量分析。

（2）密封式固定液体池　这种液体池是特殊结构的、厚度一定的、确保密封的固定池。它适用于测量易挥发的样品及定量分析。

引入池的样品不能带有气泡，否则将使红外光谱的质量受到影响。引入样品时使液体池倾斜约50°，样品的入口处于低端，从入口滴入样品。同时在出口处用注射器向外抽气，直至液体池被注满。立即用塞子堵住入口和出口，即可进行测量。

液体样品常用液膜法制备，该法适用于不易挥发（沸点高于8℃）的液体或黏稠溶液。使用两块 KBr 或 NaCl 盐片，其组合窗板如图 15-18 所示。将液体滴 1～2 滴到盐片上，用另一块盐片将其夹住，用螺丝固定后放入样品室测量。若测定碳氢类吸收较低的化合物时，可在中间放入夹片（spacer，0.05～0.1mm 厚），增加膜厚。测定时需注意不要让气泡混入，螺丝不应拧得过紧以免窗板破裂。使用以后要立即拆除，用脱脂棉蘸氯仿、丙酮擦净。

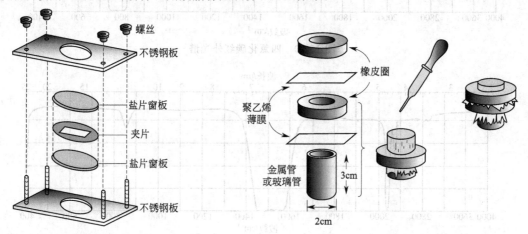

图 15-18　液膜法测定用的组合窗板　　　图 15-19　水溶液的简易测定法

2. 溶液样品的制备

有些样品（液体和固体）的吸收很强，可制成溶液、降低浓度、改变其吸光度。用液体池进行测量，操作较为方便。采用该法的关键是根据所分析的样品光谱的特点选择适当的溶剂。表 15-15 为常用溶剂的红外透明波段。

表 15-15　常用溶剂的红外透明波段

溶剂名称	透　明　波　段/cm⁻¹	溶剂名称	透　明　波　段/cm⁻¹
二硫化碳	4000～2400,1350～625	环己烷	4000～3050,2950～1550,1430～900,820～650
四氯化碳	4000～1630,1450～830	六氯丁二烯	4000～1700,1500～1200
四氯乙烯	4000～1300,1250～1120,1100～950	氟煤油	4000～1200
氯仿	4000～3700;3000～1340,1200～930,910～833	苯	4000～3050,2850～1810,1785～1500,1420～1050,1000～760

水溶液的简易测定法：由于盐片窗口怕水，因此一般水溶液不能测定红外光谱。利用聚乙烯薄膜是水溶液红外光谱测定的一种简易方法。如图 15-19 所示，在金属管上铺一层聚乙烯薄膜，其上

压入一个橡胶圈。滴下水溶液后，再盖一层聚乙烯薄膜，用另一个橡胶圈固定后测定。需注意的是，聚乙烯、水及重水都有红外吸收。

(1) 红外光谱分析对溶剂的要求 红外光谱分析对溶剂的要求为：①样品在溶剂中溶解度要大，并且不起化学反应；②溶剂在测量波段内有较大的透光性和较弱的吸收；③溶剂不腐蚀液体池窗片；④溶剂不产生很强的溶剂效应。溶剂效应就是由于溶剂的作用，使样品的特征峰的位置和强度发生改变。制备样品时，应注意溶剂的纯度。一般情况下溶剂应选用一级试剂或二级试剂。必要时还要对试剂进行适当地处理，除去水分和干扰杂质。例如，三氯甲烷试剂中常含有少量的乙醇作稳定剂，在使用前应除去乙醇，否则乙醇将对测量产生干扰。

(2) 常用溶剂的红外光谱图 红外光谱测量中常用的溶剂有四氯化碳、二硫化碳、$CHCl_3$、$Cl_2C{=}CCl_2$、环己烷、正庚烷、CH_2Cl_2、白油、六氯丁二烯和氟化煤油等。但这些溶剂往往难溶解高聚物或其他材料。这时又多采用甲乙酮、四氢呋喃、乙酸甲酯、二氧六环、丙酮、间二甲苯、对二甲苯、乙醚、吡啶、N,N-二甲基甲酰胺、二甲基亚砜、氯苯、氟化煤油等。它们的红外光谱图如图 15-20～图 15-40。

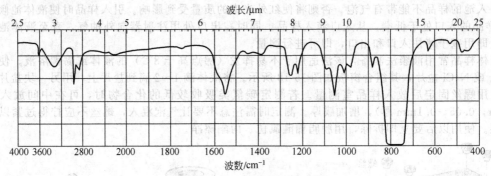

图 15-20 四氯化碳红外光谱

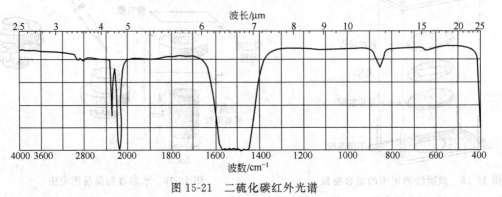

图 15-21 二硫化碳红外光谱

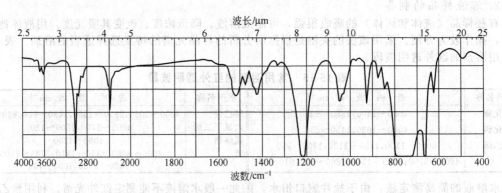

图 15-22 $CHCl_3$ 红外光谱

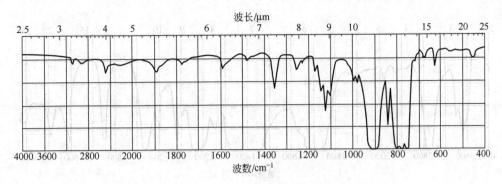

图 15-23 Cl$_2$C=CCl$_2$ 红外光谱

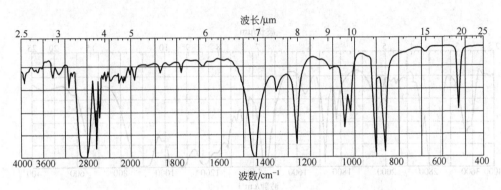

图 15-24 环己烷红外光谱

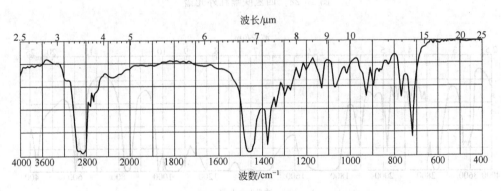

图 15-25 正庚烷红外光谱

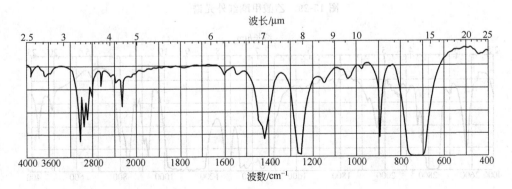

图 15-26 CH$_2$Cl$_2$ 红外光谱

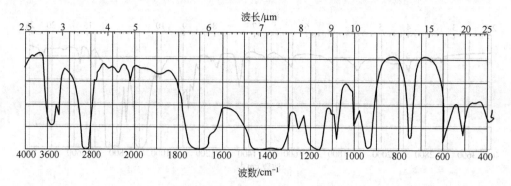

图 15-27 甲乙酮红外光谱

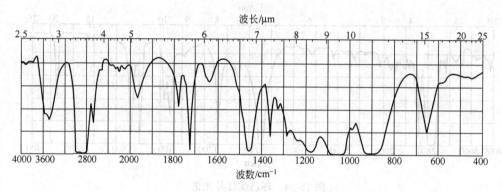

图 15-28 四氢呋喃红外光谱

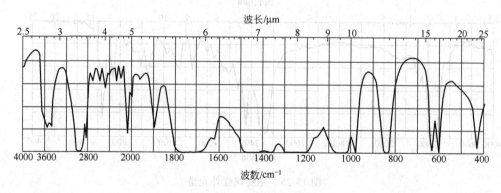

图 15-29 乙酸甲酯红外光谱

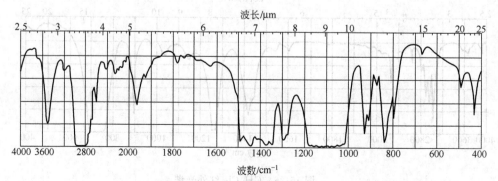

图 15-30 乙醚红外光谱

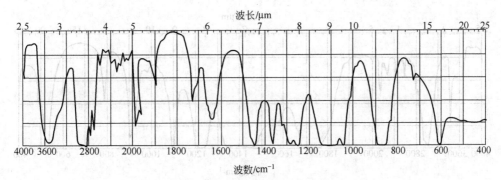

图 15-31　二氧六环红外光谱

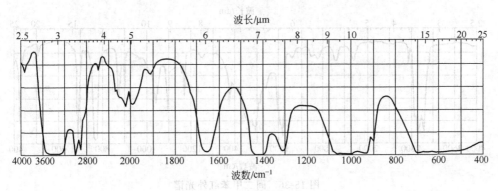

图 15-32　二甲基亚砜红外光谱

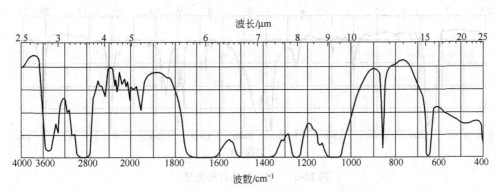

图 15-33　*N*,*N*-二甲基甲酰胺红外光谱

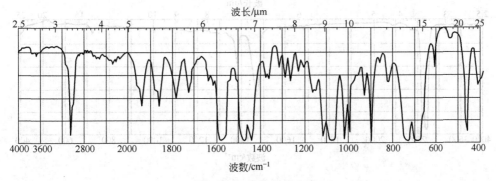

图 15-34　氯苯红外光谱

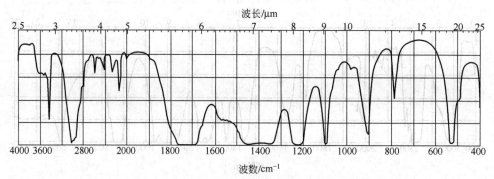

图 15-35　丙酮红外光谱

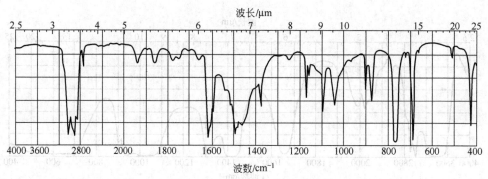

图 15-36　间二甲苯红外光谱

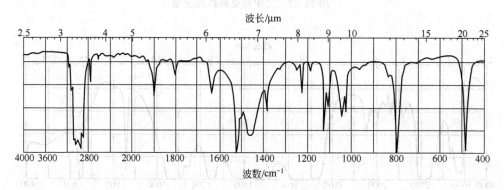

图 15-37　对二甲苯红外光谱

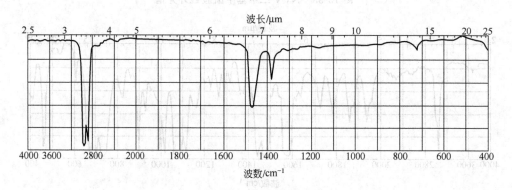

图 15-38　白油红外光谱

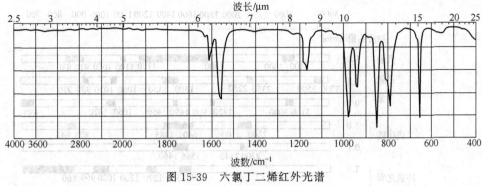

图 15-39　六氯丁二烯红外光谱

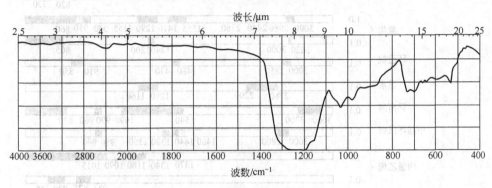

图 15-40　氟化煤油红外光谱

如图 15-41 所示给出了红外测定中常用溶剂的透明范围。

3. 测量时的补偿

在测量液体样品或制备溶液样品时，由于液体池窗片的光反射、溶剂的吸收等往往会对红外光谱的测量产生干扰，影响光谱测绘质量。为了减少这些干扰，应采取一些适当的补偿措施，即以空白作为参比进行测量。测量纯液体样品时，在参比光路上，放置与样品光路上的相同材料、相同厚度的窗片，以补偿样品池窗引起的干扰。

对于溶液样品来说，要消除溶剂的影响，常在参比光路中放置装有溶剂的液体池。即使用相同的溶剂、相同的液体池进行补偿，消除溶剂、液体池的干扰。

4. 液体池的清洗和保管

为了防止样品之间相互干扰，保持液体池清洁，在使用后必须及时清洗液体池。

清洗时，将可拆式液体池拆开，用蘸有易挥发的溶剂如四氯化碳、二硫化碳或氯仿等的脱脂棉或纱布缓慢地擦拭窗片。擦后的窗片用干燥空气或氮气吹干，置于保干器中保存备用。

固定密封式液体池千万不能拆开清洗。因为一旦拆开该种液池，它的厚度就会发生变化，密封将受到损坏。因此，只能把易挥发的溶剂多次引入池内进行清洗，再把溶剂倒光，用干燥空气吹干，置于保干器中保存备用。

用久发雾的溴化钾等盐片，可在平的玻璃板上，加数滴盐片材料的饱和水溶液，用抛光粉进行研磨抛光（抛光粉为 600# 的 Fe_2O_3、TiO_2、Al_2O_3、CeO_2 等或 500# 以上的砂纸）。

四、气体样品

对于气体样品或蒸气压高的液体样品，以及固体或液体样品分解所产生的气体，都需要用气体样品池（玻璃）进行测量。气体池多为可拆式的。以便对发雾或破损的窗片进行更换。

由于气体分子间距离较大，所以测量气体时需要的光程较固体、液体长。一般情况下气体池的光程为 50～100mm。当测量大气污染或测量气体中微量成分时，常使用长光程气体池。这种气体池是利用光学多次反射机构，以增长光程。光程可达 50m。测量气体样品时应注意以下

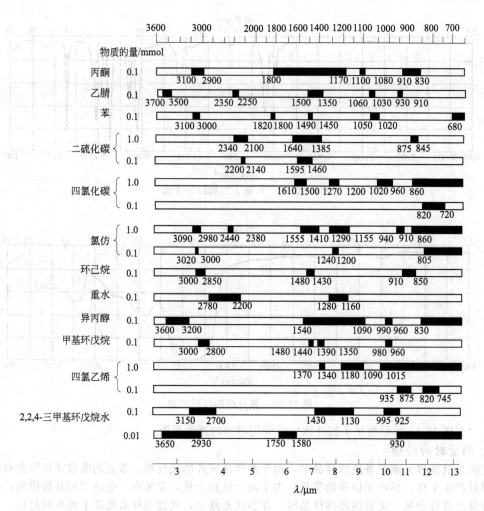

图 15-41　红外测定中常用溶剂的透明范围

事项。

①　气体物质的红外光谱吸收强度常常随气体池中气体的分压、总压而改变。因此，在测量过程中应保持气体样品的总压不变。必要时可将在测量波长处无吸收的惰性气体充入池内来保持总压稳定。

②　为消除干扰，充入样品前应用干燥空气或惰性气体反复冲洗气体池。

③　气体池用水清洗后，应彻底干燥，以防微量水蒸气对测量产生干扰。

④　作定量分析时，应选择较强的不受其他组分、不受水和 CO_2 干扰的特征分析峰。

如图 15-42 所示为气体池结构示意。

五、一些特殊的红外测定技术

在红外光谱测定中常常会遇到一些具有特殊性质的样品，或者对样品的测定有特殊的要求，这时可采用一些专用的附件进行测定。

金属和催化剂的表面吸附物，各种涂层、黏结剂等可采用多次衰减全反射装置测量。

要研究单晶结构、高聚物的立规度、蛋白质等有机晶体结构时，可使用红外偏振器。

要获得高温红外光谱，需要使用能够加热的液体池或气体池。使用低温红外池可获得样品的低温红外光谱。

测量微小或微量样品时可使用红外显微镜。

红外光谱仪还能与气相色谱仪、液相色谱仪、ICP 光谱仪等组成联用仪。

1. 全反射法（ATR）

全反射法可用于样品深度方向及表面分析。利用一个特殊棱镜（如 TlBr 和 TlI 作成的 KRS-5 棱镜在 250cm^{-1} 以上透明），在其两面夹上样品（图 15-43），入射光从样品一侧照射进入（入射角为 35°～50°），经在样品、棱镜中多次反射后到达检测器。此法用于测定不易溶解、熔化、难于粉碎的弹性或黏性样品，如涂料、橡胶、合成革、聚氨基甲酸乙酯等表面及其涂层。可用于表面薄膜的测定。

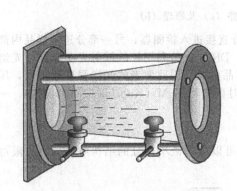

图 15-42　气体池结构示意

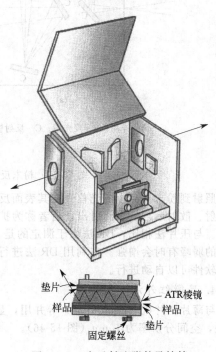

图 15-43　全反射法附件及棱镜

2. 反射吸收法（RAS）

用于样品表面、金属板上涂层薄膜的测定。甚至单分子层的解析。如图 15-44 所示，入射光经反射镜照射到置于样品窗的样品表面，其反射光再经另一个反射镜进入仪器。反射吸收测定的原理是，只有与基板垂直的偶极矩变化可以被选择性地检测。

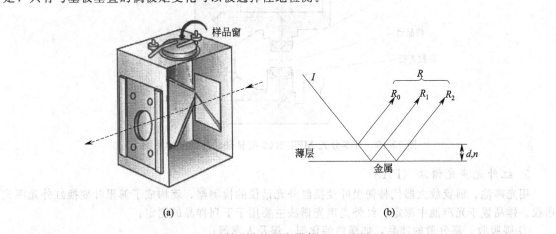

图 15-44　反射吸收法测定附件（a）及原理（b）

3. 粉末反射法（DR）

粉末反射法又称扩散反射法。KBr 压片法适用或不适用的样品都可用 DR 法测定，也用于微小样品、色谱馏分定性、吸附在粉末表面的样品分析（图 15-45）。

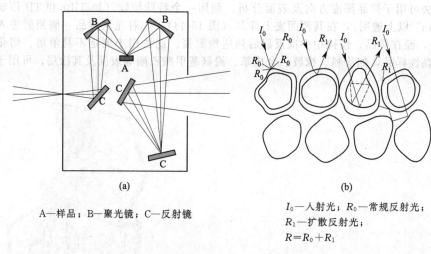

A—样品；B—聚光镜；C—反射镜

I_0—入射光；R_0—常规反射光；
R_1—扩散反射光；
$R = R_0 + R_1$

图 15-45　粉末反射法测定光路（a）及原理（b）

　　照射到粉末样品上的光首先在其表面反射，一部分直接进入检测器；另一部分进入样品内部多次透射、散射后再从表面射出，后者称为扩散反射光。DR 法就是利用扩散散射光获取红外光谱的方法。与压片法相比，DR 法由于测定的是多次透过样品的光，因此两者的光谱强度比不同，压片法中的弱峰有时会增强。在利用 DR 法进行定量分析时要进行 K-M（Kubelda-Munk）变换，一般仪器软件可以自动进行。

4. 显微红外法

　　与薄片切片机（microtome）等并用，显微红外法可以进行微小部分的结构解析。检测限可达 pg 级，空间分辨率为 $10\mu m$（图 15-46）。

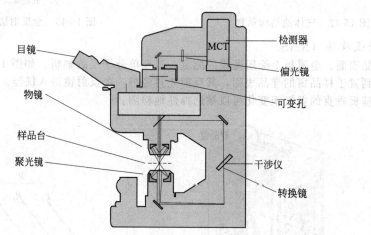

图 15-46　日本分光 MFT-2000 型显微红外的光学系统

5. 红外光声光谱法（PAS）

　　用光声池、前置放大器代替傅里叶变换红外光谱仪的检测器，就构成了傅里叶变换红外光声光谱仪。样品置于光声池中测定。红外光声光谱法主要用于下列样品的测定：

　　① 强吸收、高分散的样品，如深色催化剂、煤及人发等；

　　② 橡胶、高聚物等难以制样的样品；

　　③ 不允许加工处理的样品，如古物表层等。

表 15-16 为各种红外测定技术的适用对象，根据样品性质的不同可以选择适当的测定技术。

表 15-16　各种红外测定技术的适用对象

测定对象	测定方法						
	透过法	ATR法	正反射法	粉末反射法	RAS法	发光法	PAS法
粉末样品	◎	△	×	◎	×	×	◎
块状样品（硬）	△	△	△	△	×	×	◎
块状样品（软）	×	◎	△	△	×	×	◎
金属板上的有机薄膜	×	◎	◎	△	◎	○	○
无机（半导体）材料上的有机薄膜	○	○	◎	△	○	△	○
有机薄膜上的有机薄膜	○	○	×	△	×	×	○
水溶液样品	△	◎	×	×	×	×	×
微小样品	◎	◎	◎	○	○	○	○
表面层	△	○	△	◎	◎	○	◎

注：◎代表很适合；○代表较适合；△代表较困难；×代表困难。

第五节　红外光谱的应用

红外光谱对有机和无机化合物的定性分析具有显著的特征性。每一个功能团和化合物都具有其特征的光谱。其谱带的数目、频率、形状和强度均随化合物及其聚集状态的不同而异。根据化合物的光谱，就如同辨认人的指纹一样，可辨认各化合物及其功能团，能容易地分辨同分异构体、位变异构体、互变异构体。具有分析时间短、需要试样量少、不破坏试样、测定方便等优点。

一、已知物及其纯度的定性鉴定

已知物定性鉴定方法比较简单，同时是红外光谱重要的应用领域。通常将已知物（被鉴定物）和已知物的标准物质（标准样品）在完全相同的条件下，测绘两者的红外光谱。如果两张谱图各吸收峰的位置和形状完全相同，峰的相对强度一样，就可认为样品是该种已知物。如果两谱图图形不一样，或者峰位不对，或者相对强度不一样，只要有微小的差别，则说明两者不是同一物，或者样品不纯含有杂质。

在不可能得到已知物标准样品时，可用已知化合物的红外标准谱图相比较来进行鉴定。但要注意，测试的样品的物态和标准谱图的物态是否相同；物质的结晶状态是否一样；使用的溶剂是否一致；在处理样品时是否引入了杂质（如 H_2O、CO_2 等）；以及使用的仪器的分辨率及测试参数是否相同等的影响。

最常见的红外标准图谱有"萨特勒标准红外光谱集"和"API"红外光谱资料等。

二、未知物结构的测定

测定未知物的结构，是红外光谱法定性分析的另一个重要用途。对于简单的化合物，根据所提供的分子式，利用红外谱图就可定出结构式；对于比较复杂的化合物，只用红外光谱很难确定其结构式，需要与核磁共振、有机质谱、紫外光谱等分析手段配合，才能定出其结构式。

测得未知物的红外光谱图后，就要对谱图进行解析。谱图的解析是非常复杂的。一方面要根据红外光谱的基本原理和经验规律；另一方面还应依靠亲身经历的大量的实际经验。

1. 根据谱图的初步分析，确定化合物的类型

（1）有机物与无机物的判别　观察在 $3000cm^{-1}$ 附近有无饱和与不饱和的—CH 基团的吸收峰。若有，则是有机物。无机物在红外光谱中的吸收峰数目较少，且峰较宽；一般只有 3～10 个峰，有机物的峰数较多。

（2）饱和烃与不饱和峰的判别　以 $3000cm^{-1}$ 为界，低于 $3000cm^{-1}$ 附近有—CH 基团吸收峰，而高于 $3000cm^{-1}$ 附近无吸收峰，则为饱和烃。若在 $3000cm^{-1}$ 两侧均有—CH 基团吸收，则该化合物既含有饱和碳原子，又含有不饱和碳原子。

（3）脂肪族化合物与芳香族化合物的区别　芳香族化合物含有苯环，在 $1600～1450cm^{-1}$ 波段有表征苯环的特征峰，就可进行初步判断。再考虑在 $2000～1650cm^{-1}$ 波段与取代类型有关的倍频峰及高于 $3000cm^{-1}$ 附近苯环上 CH 基团的吸收峰进一步验证。

2. 推断化合物中可能存在的基团或官能团

通常是从特征频率区入手，发现某基团后，再根据指纹区的吸收谱带，进一步验证该基团与其他基团的结合方式。例如，在试样谱图 1740cm^{-1} 处出现强吸收峰，则表示可能有羰基（ $\diagdown$C=O ）存在。随后，在指纹区的 1300～1000cm^{-1} 波段处发现有 C—O 伸缩振动强吸收，则可进一步得到肯定。若在 1700～1600cm^{-1} 出现较尖的中弱吸收，可能含有 C=C 基团，再在 1000～650cm^{-1} 波段有很强的 C—H 变形振动吸收峰，基本上可确定有 C=C 基团。若在 2200cm^{-1} 附近有很尖锐的吸收谱带，可能含有 —C≡C— 或 —C≡N 基团。

若在谱图上缺少某基团的特征吸收谱带，则是该分子中无此基团的象征，这样就可否定该基团的存在，用这种方法可以大大缩小对谱图的分析范围。

3. 不饱和度的计算

计算化合物的不饱和度，对于推断未知物的结构是非常有帮助的。不饱和度表示有机分子中碳原子不饱和的程度。计算不饱和度 u 的经验公式如下：

$$u = 1 + n_4 + \frac{1}{3}(n_3 - n_1)$$

式中，n_1、n_3 和 n_4 分别为分子式中一价、三价和四价原子的数目。根据提供的分子式，计算出化合物的不饱和度。当 $u=0$，表示分子是饱和的；$u=1$ 时，表示分子中有一个双键或一个环；$u=2$ 时，表示分子有一个三键；$u=4$ 为苯环化合物。

分子式通常可用有机元素分析仪获得分子中各元素的比值来求得。

在解析谱图前，收集试样的有关资料和数据，对试样有较透彻的了解。例如，试样的纯度、外观、来源、分子式及其他物理性质（如分子量、沸点、熔点等），这样都能大大节省解析谱图的时间。

4. 红外谱图解析举例

某未知物的分子式为 $C_{12}H_{24}O_2$，试从其红外谱图推测它的结构。

由其分子式可计算出该化合物的不饱和度为 1，即该分子含有一个双键或一个环。

1700cm^{-1} 的强吸收表明分子中含有羰基，正好占去一个不饱和度。

3300～2500cm^{-1} 的强而宽的吸收表明分子中含有羟基，且形成氢键。吸收峰延续到 2500cm^{-1} 附近，且峰形强而宽，说明是羧酸。

叠加在羟基峰上 2920cm^{-1}、2850cm^{-1} 为 CH$_2$ 的吸收，而 2960cm^{-1} 为 CH$_3$ 的吸收峰。从两者峰的强度看，CH$_2$ 的数目应远大于 CH$_3$ 数。720cm^{-1} 的 C—H 弯曲振动吸收说明 CH$_2$ 的数目应大于 4，表明该分子为长链烷基羧酸。

综上所述，该未知物的结构为：CH$_3$(CH$_2$)$_{10}$COOH。

对照如图 15-47 所示官能团的特征频率，其余吸收峰的指认为：1460cm^{-1} 处的吸收峰为 CH$_2$（也有 CH$_3$ 的贡献）的 C—H 弯曲振动；1378cm^{-1} 为 CH$_3$ 的 C—H 弯曲振动；1402cm^{-1} 为 C—O—H 的面内弯曲振动；1280cm^{-1}、1220cm^{-1} 为 C—O 的伸缩振动；939cm^{-1} 的宽吸收峰对应于 O—H 面外弯曲振动。

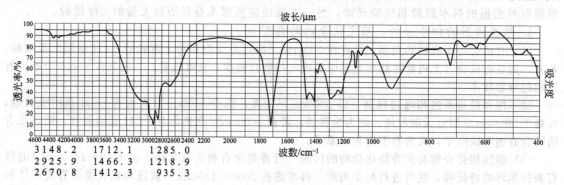

3148.2	1712.1	1285.0
2925.9	1466.3	1218.9
2670.8	1412.3	935.3

图 15-47 化合物 $C_{12}H_{24}O_2$ 的红外光谱

三、红外光谱的定量分析

红外光谱法定量分析是根据物质组分的吸收峰强度的大小来进行的。红外谱带较多，选择余地较大，所以能较方便地对单组分或多组分进行定量分析。但红外光谱的摩尔吸收系数小于10^3，灵敏度较低，只适用于常量组分分析，而不适于微量组分的测定。红外光谱法定量分析的依据与紫外、可见吸收光谱法一样，也是基于朗伯-比尔定律。红外光谱法定量分析可测定气体、液体和固体试样。但定量分析中干扰因素较多，分析结果的误差较大，一般为 5% 左右，并且因红外光谱在绘制时变数较多，吸光系数不宜采用文献值，而应实际测定。

吸光度的测定大多是借助于测定吸收峰尖处的吸光度，即峰高来进行，可分为一点法和基线法两种。

其定量方法通常有标准曲线法、联立方程式求解法、补偿法（即差示法）、吸收强度比法等。

四、非色散型红外分析器及其应用

非色散型的红外分析器，不用棱镜或光栅等色散元件，仅由红外光源，吸收池、干涉滤光片及固态红外检测器等部件组成。结构简单价格便宜，广泛地用于环境监测、钢铁中杂质的测量等。

1. CO_2、CH_4、CO、SO_2 等气体的红外分析器

红外线气体分析器一般是不分光的红外线检测仪器，其波长范围为 $2\sim12\mu m$。

各种气体（除单原子气体如 He、双原子气体如 H_2、N_2 之外）对红外区域的光辐射均能有选择性吸收。当待测气体（如 CO_2）处于光路中一定长度的样品室内，受到一定波长（$4.35\mu m$）的红外线照射后，红外线的能量即被吸收一部分（ΔE）。该吸收遵守比尔定律，参比光束与样品光束能量的差值 ΔE 与气体的浓度成正比。如图 15-48 所示是 Uras 3G 红外线气体分析器的工作原理。

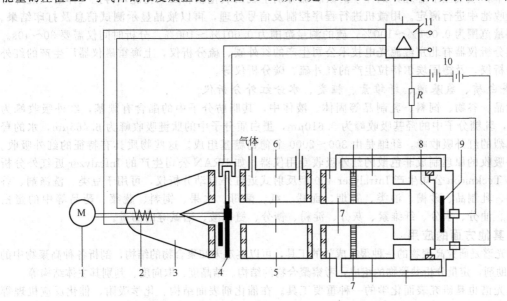

图 15-48　Uras 3G 红外线气体分析器的工作原理

1—切光电机；2—光电耦合器；3—光源；4—切光片；5—参比室；6—测量室；7—接收室；
8—薄膜电容器膜片；9—薄膜电容器定极；10—直流电源；11—电子线路

光源发出的红外光，经分束后成为能量相等的两束平行光，被斩波成为频率一定的断续光束分别通过参比室和样品室。参比室充以不吸收红外线的氮气，而样品室的待测气体则要吸收红外线部分能量，所以在薄膜电容器的膜片和定极接收的能量就有差异，其差值信号经放大处理后，输出的即为气体浓度。

红外线气体分析器适用于冶金、石油、建材、机械等工业，以及交通及环保等部门对环境的或排放的废气进行实时监测。应用范围很广，可测量很多气体，如 CO、CO_2、CH_4、C_2H_2、C_2H_4、C_2H_6、C_3H_8、SO_2、NH_3、NO、NO_2、乙醇、氟里昂等。

国内有许多生产红外线气体分析器的厂商，如北京分析仪器厂、兰州化工自动化研究所及广东

佛山分析仪器厂、南京分析仪器厂、上海雷磁仪器等。重庆仪表九厂研制出双测量通道的红外气体分析器，可同时测量两种气体（均用双光束法）。该仪器用单片机进行参数设定、测量控制及信号处理等。

北京分析仪器厂引进的 MAIHAK 红外线气体分析器功能较多、性能稳定、重现性好（可达满量程的 0.5%）。主要有以下几方面的优点。

① 测量范围大，量程多，在 4 个测量范围内均为线性。

② 双层气室，一台仪器可同时做常量分析和微量分析（10^{-6} 级，即 ppm 级），从 $(0\sim20)\times10^{-6}$ 至 $(0\sim3000)\times10^{-6}$。

③ 应用范围广，可测量多种烃类化合物、氧化物及四氯化碳等。

④ 具有自动改变量程功能，测量时气体浓度有变化，仪器可自动转换至适合的量程。

⑤ 使用中气路发生故障时，该仪器会自动发出信号报警。

⑥ 有差动分析功能，可检测气体浓度变化的相对值。

2. 金属中碳、硫红外分析器

我国国家标准中硅铬合金、钛铁、钒铁、磷铁、钨铁、锰铁、钼铁、金属铬、金属锰、矿物绝缘油等中的碳、硫含量均采用红外线吸收法进行测量。

空气中一氧化碳、水质中总有机碳、锅炉用水、冷却水中的油等国家标准也采用非色散型的红外法进行测定。

分析的简单原理是：已知量的粉末或片状的试样置于坩埚中，在 13.6MHz 高频燃烧炉（高频火花源）中，氧气流下燃烧，试样中的碳和硫分别生成二氧化碳和二氧化硫，再把气体通入红外分析器的吸收池中进行测定。用微机进行程序控制及信号处理，再以液晶显示测试信息及打印结果。其碳的测量范围为 0.001%～100%，硫的测量范围为 0.001%～100%。分析时间仅需要 30～40s。

此类分析仪器有北京红源光电技术公司生产的红外碳、硫分析仪，上海雷磁仪器厂生产的红外碳、硫分析仪，及德国埃尔特拉生产的红外硫、碳分析仪等。

3. 蛋白质、氨基酸、纤维素、糖类、水分红外分析仪

在食品、谷物、饲料、乳制品等固体、液体中，其脂肪分子中的酯含有羰基，红外吸收峰为 5.723μm，乳糖分子中的羟基吸收峰为 9.610μm，蛋白质分子中的肽键吸收峰为 6.465μm，水的羟基也有强烈的红外吸收峰，纤维是由 300～2000 个葡萄糖基组成。这些物质具有特征的红外吸收。根据红外吸收的原理制成非色散的红外吸收专用仪器，如 BRAN 公司生产的 Infralyzer 近红外分析器，日本 Tecknicon 公司生产 Infralyzer 400 型反射式近红外自动分析仪，可用于豆类、洗涤剂、谷物、香料、乳制品、砂糖、油类、香烟、面粉、纸、酵母、水果、饲料、蔬菜、药品等中的蛋白质、脂肪、油分、水分、纤维素、灰分、淀粉、糖分、氨基酸、烟碱等的测量。

五、其他方面的应用

红外光谱是研究高聚物的一种很有成效的工具，可以鉴定未知聚合物的结构，剖析各种高聚物中的添加剂、助剂，定量分析共聚物的组成，考察聚合物的结构、结晶度、取向度、判别其主体结构等。

红外光谱也是研究表面化学的一种重要工具。在催化剂表面结构、化学吸附、催化反应机理等方面应用也相当广泛。

第六节　近红外光谱法

一、概述

近年来随着光电技术、计算机技术的发展，近红外（NIR）光谱技术也得到迅猛地发展。现代近红外分析法是集光谱学、化学计量学、计算机技术等为一体的高新分析技术，被称为分析领域的巨人。由于该法具有独特的优点，如速率快、非破坏性及样品制备简便等，使其不仅用在研究领域而且广泛用于控制生产流程、控制产品质量等在线在位过程监测，在很多国家日趋广泛，有的已达到炽热的程度。

二、基本原理

近红外光的波长范围为 $750\sim2500\text{nm}$，介于可见光与中红外光区域之间。近红外光谱是由样品分子基频振动的倍频和合频吸收近红外光所产生的分子振动光谱。从 $2000\sim2500\text{nm}$ 的综合频带是最强的近红外频带。超过 2500nm 即进入水分频带。

如图 15-49 所示是傅里叶变换近红外光谱法的工作原理示意。其中 K_{ij} 应预先测定，其性状值可用下式计算：

$$Y_i = K_0 + \sum K_{ij} X_{ij}$$

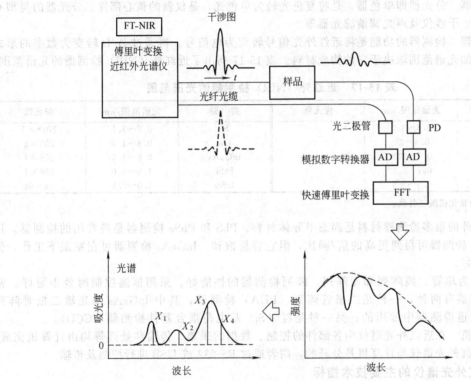

图 15-49　傅里叶变换近红外光谱法的工作原理示意

近红外光谱的谱带复杂、重叠较严重，而吸收强度较弱，但含有丰富的信息，主要是含氢基团（如 C—H、O—H、S—H、N—H 等）振动的特征信息。近红外区有三个频带——合频、一级倍频和二级倍频。

近红外光谱分析法主要有透射光谱分析法和漫反射光谱分析法。波长位于近红外的短波长区域（$0.8\sim1.2\mu\text{m}$）的采用前者，波长位于近红外的长波长区域（$1.3\sim2.5\mu\text{m}$）的采用后者。通常情况下液体样品或透射率大的样品选择透射光谱法；而固体样品及粉末状样品选择漫反射光谱分析法。

与其他测试分析法相比，近红外分析法有许多特殊的优点，主要如下。

① 不需要制备样品，因而不会由于制备样品而产生化学废料，造成污染；同时会减少因样品处理过程而产生的误差。

② 在近红外区大多数物质的摩尔吸光度较低，与中红外相比可以增加光程。若样品用塑料、瓶子等透明的材料包装，在包装内即可对样品进行检测，并能同时检测多个化学成分。

③ 近红外仪器可以采用光纤导管连接探针，将探针直接连接在生产流程或化学反应器中用于监测整个过程，使分析容易进行。

④ 通过应用多变量分析法建立精确的标准曲线，能计算复杂的光谱中组分的浓度并确定其性质。改变标准曲线就可以改变测量对象，进行实时分析和多组分分析。

⑤ 近红外光谱法测量速度快，可在几秒或几分之一秒内获得整个区间的光谱，因此适用于现

场应用。

三、仪器的组成

近红外光谱仪由光源、取样器、分光器、检测器和计算机等部件构成。

(1) 光源 近红外光源应在所需的波长范围内，发射出稳定的、具有一定强度的光辐射。常用光源是卤钨灯。这种光源价格较低，线性度较差。需要用滤光片去除可见光。新型光源发光二极管 (LED)，波长可设定，线性度好。价格较高。

(2) 取样器 取样器是盛样品的组件。液体样品用石英或玻璃样品池。固体样品使用积分球或漫反射探头。现场分析或在线分样常用光纤取样器。

(3) 分光器 分光器即单色器，是将复色光转为单色光，是仪器的核心部件。分光器的类型有滤光片、光栅、干涉仪及声光调谐滤光器等。

(4) 检测器 检测器的功能是将近红外光信号转变为电信号。再通过 A/D 转变为数字的形式输出。检测器的光谱范围取决于它的构成材料。表 15-17 列出了近红外 (NIR) 检测器的光谱范围。

表 15-17 近红外 (NIR) 检测器的光谱范围

类 型	光谱范围/μm	像元数	类 型	光谱范围/μm	像元数
PbS	0.5~3.0		Si	0.7~1.1	2048×1
InGaAs	0.8~25		Ge	0.8~1.6	256×1
InSb	0.7~2.8		InGaAs	0.8~1.6	256×1
DTGS	0.7~5.0		PtSi	1.0~5.0	256×1
PbSe	0.5~5.7		InSb	1.0~5.5	64×64

注：DTGS 为氘化硫酸三甘肽。

用于近红外的很多检测器材料是固态半导体材料。PbS 和 PbSe 检测器是最常用的检测器。用液氮冷却 InSb 检测器可得到更高的信/噪比，但它容易饱和。InGaAs 检测器可在室温下工作，但制冷时运行更好。

检测器分为单管、线阵列和面阵列。阵列检测器的性能好。采用恒温控制时效果更好。常用的阵列检测器有两种，一种是二极管阵列 (PDA) 检测器，其中 InGaAs 基光敏二极管阵列检测器是多通道检测器中常用的；另一种是硅 (Si) 基电荷耦合器件检测器 (CCD)。

(5) 计算机 在近红外光谱仪中各部件的控制、数据的采集、传输和处理等均由计算机完成。现在大多数近红外光谱仪与计算机是分开的，两者通过 RS-232 或 USB 进行控制及传输。

四、近红外光谱仪的主要技术指标

近红外光谱仪的技术指标主要有以下几项。

(1) 波长范围 即仪器能够检测的光谱的波长范围。近红外光谱的波长范围通常分为短波段和长波段，前者为 750~1100nm；后者为 1100~2500nm。不同的波段，仪器的响应特征不同。

(2) 分辨率 近红外光谱仪的分辨率一般在 0.1~10nm 之间。不同的仪器的分辨率不同，主要取决于仪器的分光系统、检测器及狭缝的性能。

(3) 波长准确性 指仪器分光系统测得波长的准确性。一般以仪器测定的一个标准物质的波长与其标准波长之差来表示。通常要求在短波段波数准确度小于 0.5nm，在长波段波数准确度小于 1.5nm。

(4) 波长重现性 指仪器在相同条件下对同一样品进行多次测定，光谱的吸收峰之间的波长标准偏差。通常要求波长重现性小于 0.1nm。

(5) 信噪比 即仪器测定样品的信号强度与噪声强度之比。信/噪比对测量的灵敏度有重要影响，信噪比越高灵敏度越高。

(6) 采样方式 指仪器对样品光谱的采集方式，即测量方式，如采用透射光谱、漫反射光谱或光纤测量等。

(7) 采样间隔 即仪器连续采集 2 个光谱信号之间的波长之差 (即两个波长之间隔)。波长间隔应小于仪器的光学分辨率。

(8) 全谱测量时间 不同类型的分光系统，全谱测量时间相差较大。多通道阵列检测型和声光调谐 (AOTF) 型为毫秒级，傅里叶变换为秒级，光栅扫描型为分级。

五、近红外光谱仪的类型

按分光方式近红外光谱仪主要有以下几种类型。

(1) 滤光片型近红外光谱仪 在近红外区的几个特定的波长处不连续地测量时,常选用滤光片型近红外光谱仪。该类仪器又分为盘式滤光片型和轮式滤光片型。盘式仪器是将若干片(6~8 片)不同透射波长的干涉滤光片安装在片盘上。根据需要选用适当的滤光片获得单色光。轮式仪器将多个滤光片安装在转轮内。通过旋转轮子可在一定的波长范围内,选择不同的测定波长获得光谱数据。该类型的光通量大、测量快、成本低。可选择的波长有限,多用于近红外的长波长区域。采用 PbS 元件检测器。

(2) 光栅型近红外光谱仪 该类仪器采用全息光栅单色器,光通过光栅衍射和多光束干涉而分光。该类仪器是近红外市场常见的仪器,它们能进行全谱扫描,分辨率较高、价格适中。其弱点是光栅机轴长时间运转易磨损,从而影响波长精度和重现性。该类仪器在长波近红外区多使用 PbS 光敏元件检测器;在短波近红外区采用硅基光敏元件检测器。

(3) 傅里叶变换型近红外光谱仪 该类仪器的工作原理与傅里叶变换红外光谱仪类似(见本章第二节),所不同的是测量的光谱范围不同,因而构成仪器的有关部件也不同。该类仪器的光源用钨灯。分束器常用石英分束器,也用 Ca-F 分束器、KBr-Ge 分束器等。检测器常用锗检测器,也有 InSb、InAs 及 InGaAa(铟镓砷)检测器。迈克尔逊干涉仪是仪器的核心。该类仪器具有傅里叶变换光谱仪的优点,主要优点是测量速度快、分辨率良好、波长精度和信噪比高等。该类仪器是近红外光谱仪的主流产品。

(4) 发光二极管(LED)型近红外光谱仪 该类仪器用 LED 做光源,通常设置几个产生不同波长的二极管。该仪器的特点是没有移动部分、体积小而坚固,适用于在线检测或作为手提式仪器。其缺点是波长有限,带宽易改变,精度也有限。

(5) 声光调谐型(AOTF)近红外光谱仪 该类仪器的分光器是由具有较高声光品质因素和较低的声衰减的各向异性双折射晶体制成的。利用双折射晶体的声光衍射来实现分光。对于一定的超声频率,只有很窄的光带被衍射,因而连续改变超声频率即能进行衍射光快速的波长扫描。声光分光器中的双折射晶体常用 TeO_2 晶体、石英晶体、锗晶体等。该类仪器的特点是:波长精度可达 $1×10^{-5}$;波长重复性误差小于 $±0.05nm$;可高速扫描或不连续选择波长;可由无线电频率调节,在毫秒内产生单一波长。没有移动部件,坚固,稳定性强。此外,这种仪器也产生偏振光,可用于取向性物质的检测。

(6) 多通道检测型近红外光谱仪 该类仪器光路固定多通道检测。由光源发出的光通过样品后,经光栅分光,聚焦在多通道阵列检测器的焦面上,同时被检测。由于检测器通道多(多达 2048),并同时检测所有波长的单色光,能在瞬间完成上百次扫描累加,因此,测量的信/噪比和灵敏度较高,同时分辨率良好。光路固定,使波长的精度和重现性有可靠的保证。常用的阵列检测器有二极管阵列(PAD)检测器和电荷耦合器件(CCD)检测器。

如上所述,各种类型的仪器各有特点,结构不同,功能各异。表 15-18 列出了各种类型近红外光谱仪的优缺点。

表 15-18 各种类型近红外光谱仪的优缺点

类 型		优 点	缺 点
固定波长	滤光片型	快速扫描,高动态范围,坚固	有移动部件,带宽变化,波长数目有限,准确度和精度有限
近红外系统	LED 型	无移动部件,快速扫描,高动态范围,坚固	带宽变化,波长数目有限,准确度和精度有限
扫描型近红外系统	全息光栅	快速扫描,高动态范围,坚固,可扩展扫描范围	有移动部件
	干涉仪	快速扫描,大孔径	有移动部件,对环境敏感带宽变化
	AOTF	无移动部件,快速扫描,快速步进	带宽变化,对射频和温度敏感
	多通道(PAD、CCD)	无移动部件,快速扫描,坚固	有限动态范围,对温度敏感,像素变化

表 15-19 部分近红外外光谱仪生产厂家、性能、指标

项目	Spectro Chem 100	Genesis	Infra Prover	Luminar 2000	Quantum 1200 Plus	Magna IR	UV/Vis/NIR	Lambda 900	Lab/Process analyzers
公司	Analyti Chem P. O. Box 677 Rockville.MD 20848 301-924-3025	ATI Mattson 1001 Fourier Dr. Madison WI 53717 800-423-6641	Bran+Luebbe 1025 Busch Pkwy. buffalo Grove, IL 60089 708-520-0700	Brimrose 5020 Campbell Blvd. Baltimore MD 21236 410-931-7201	LT Industries 6110 Executive Blvd Rockville MD 20852 301-468-6777	Nicolet 5225 Verona Rd Madison WI 53711 800-356-8088	On-Line Instruments 130 Conway Dr. Bogart, GA 30622 800-852-3504	Perkin Elmer 761 Main Ave. Norwalk CT 06859 800-762-4000	Perstorp Analytical/ NIRSystems 12101 Tech Rd. Silver Spring, MD 20904 800-343-2036
类型	衍射光栅	FT	FT	AOTF	光栅单色器可见/近红外	FT	双光束,双光栅扫描单色器	光栅单色器 紫外-可见/近红外	全息光栅单色器 可见/近红外
技术	透射,反射	透射,反射	反射,透射 透射反射	反射,透射 透射反射	反射,透射 透射反射	反射,透射 透射反射	反射,透射 透射反射	透射,反射, 漫反射	透射,反射, 浸入
光学	衍射光栅,色散后检测器用光导纤维连接近距离探头和样品池	全密封迈克尔逊角干涉仪,带内部He,Ne波长参考;钨灯光源带CaF₂分束器	偏振干涉仪	AOTF,用软件可选择放长增益为0.3~20nm,双光束设计,用聚乙烯作参考	快速扫描光栅单色器商能量输出	迈克尔逊干涉仪石英-钨光源石英,CaF₂ 或 XT-石英分束器	双光束,双单色器带钨光源,可获得高能量灯	双光束,双单色器钨和氘光源;对近红外为360线/mm的全息光栅器	实验室:预色散单光束衍射光栅;过程:去振动衍射光栅;色散之前和之后的单色器,双通道设计;光导纤维接口
检测器	InAs	珀尔帖效应冷却InAs;LN₂冷却的InSb 或 InGaAs	温度被稳定的PbS	1个样品和1个参比,Si(650~1050nm);TE冷却的InGaAs检测器用于900~1600nm,1000~1850nm,或1200~2200nm	Si,PbS,InGaAs单检测器;Si,InGaAs256 和 512 元素阵列检测器	D-TGS(12500~350cm⁻¹);MCT(1700~600cm⁻¹);PbSe(13000~2000cm⁻¹);InSb(11500~1850cm⁻¹);PbS(10000~4200cm⁻¹)	对紫外-可见用RMT;对近红外用PbS	对近红外用珀尔帖效应冷却的PbS	Si(400~1100nm);PbS(1100~2500nm);InGaAs(900~2200nm);
特性									
光谱采集时间	2s	5 次/s	1.1s/次	随机方式,可达4000 分立波长/s	可达 5 个全扫描/s,相应于 6000 分立波长/s	可达 50 个全扫描/s	不详	对近红外,以0.04~10s 的积分,扫描速率为 9600nm/min,积分 999s	1.8 次/s
光谱范围	1000~2500nm	1000~5000nm用 InAs;1000~3800nm 用 InAs,800~1700nm 用 InGaAs;1000~1700nm 用 InGaAs	1000~2500nm;1000~2200nm 用光导纤维	650 ~ 1050nm;900 ~1600nm;1000~1850nm;1200~2200nm	1200~2400nm;扩展 400 ~ 2400nm;900 ~ 1800nm;400~800nm	400~2500nm	185~2600nm	185~3300nm	400~1100nm;1100~2500nm;400~2500nm

续表

项目	产品 Spectro Chem 100	Genesis	Infra Prover	Luminar 2000	Quantum 1200 Plus	Magna IR	UV/Vis/NIR	Lambda 900	Lab/Process analyzers
分辨率	在1000nm为1nm; 在2000nm为2nm	在1000nm为0.1nm	不详	分别为:1~3nm; 2~6nm;3~7nm; 5~10nm	在近红外区为1nm; 在可见区为0.3nm	$<0.1\text{cm}^{-1}$	不详	在近红外区为±0.3nm	带宽:10nm 数据间隔:2nm
求导/数据预处理	有	有	有	一阶和二阶导数	求导功能,改正功能,Kubelka-Munk	一阶和二阶导数	不详	一阶到四阶导数	有
非线性回归(PLS,PCR等)	PLS,PCR	PLS, PCR, 判别分析	PLS, PCR, 聚类分析	PLS,PCA,PCR, KNN	PLS, PCR, 神经网络,判别分析	PLS,PCR	不详	不详	PLS,PCR
多元线性回归	有	有	没有	有	有	CLS,改进的CLS	不详	不详	有
统计拟合(过程拟合)	有	有	有	不详	内含大量的统计诊断	判别分析,相关性	不详	不详	有
数据处理系统	运行Windows的PC机	运行Windows的PC机;全数据采集、操作,报告,可程序控制	PC机,全数据采集和控制	PC机数据采集和过程软件;自诊断;过程控制语言	PC机,带数据采集和分析,过程测量的基于Windows的软件	PC机,运行数据采集,处理和检验的Windows版软件	系统提供PC机	PC机;用作集控制,数据采集和分析,检验的基于Windows的软件	PC机;数字协处理器;全光谱采集和分析程序;过程采集系统的远程诊断能力
特点	可获得实验室、过程和便携式系统	18×17in 打印,连接光导纤维的外部光束				多光谱范围 (25000~50cm⁻¹)			内部放长校准标准/参考
可选件和附件	光导纤维电缆,电探头,样品池,电探头和光导纤维维探头,池组	手动检验工具和检查标准,分析标准液体和粉末的光导纤维维探头	检验工具;NIST标准,条码阅读,对液体的远距离离开关探头,AOTF滤光,和光栅系统也可获得	光导纤维探头,16探头,AOTF滤光,光导复合器	20通道的复合探头;光导纤维探头和变温光程的过程流动池,TE冷却的InGaAs光电二极管光导纤维检测器,可获得测量各种物质的附件			近红外显微镜,光导纤维维采样,多采样附件	过程通信模板,过程/样品接口;复合器可达6点

注:1in=2.54cm。

　　表 15-19 汇集了有代表性的近红外光谱仪生产厂家、性能、指标。表 15-20 列举了近红外光谱仪的主要生产厂家及其仪器的主要特征。

表 15-20　近红外光谱仪的主要生产厂家及其仪器的主要特征

序号	仪器厂家及网址	仪器主要特征
1	Analytical Spectral Devices Inc, http://www.asdi.com	CCD/PDA；扫描型；InGaAs，光纤，便携式，现场
2	ABB Bomem Inc, http://www.bomem.com	FT-NIR；DTGS/InaAs，实验室
3	Bran+Luebbe Inc, http://www.bran-luebbe.de	AOTS 型；InGaAs，在线；FT 型。PbS，实验室；多组滤光片型
4	Brimrose Corporation of America, http://www.brimrose.com	AOTF-NIR，在线
5	BüCHI Labortechnik AG, http://www.buchi.com	PDA，在线；FT-NIR，实验室
6	Bruker, http://www.bruker.com	FT-NIR，光纤，QA/QC
7	Control Development Inc, http://www.controldevelopment.com	CCD/Si PDA/InGaAs PDA，光纤，在线
8	DICKEY-John Corporation, http://www.dikey-john.com	多组滤光片型 PbS，农用
9	DLK Spectro, http://www.spectrometre.com	InGaAs PDA，1000～24000nm，便携式；接口
10	Foss NIR Systems, http://www.foss-nirsystems.com	扫描型；实验室，在线
11	Integrated Spectronics Pry Ltd, http://www.intspec.com	扫描型；PbS；1300～2500nm，便携式；野外矿物分析
12	J&M Analytische Mess-und Regeltechnik GmbH, http://www.j-m.de	PDA，900～1700nm，光纤，在线，附件
13	Jasco Inc, http://www.jascoinc.com	扫描型，实验室
14	LT Industries, http://www.jascoinc.com	扫描型，实验室
15	Mattson, http://www.mattsonir.com	FT-NIR，实验室
16	MSC Moisture Systems, http://www.moisturesystems.com	烟草、食品等
17	NDC Infrared Engineering Inc, http//www.ndcinfrared.com	烟草、食品等
18	Nicolet, http://www.nicoletindustrial.com	FT-NTR，光纤
19	Ocean Optics Inc, http://www.oceanoptics.com	小型光纤光谱仪，CCD，200～1100nm，附件
20	Optical Soulutions Inc, http://www.optical-solutions.com	InGaAs PDA，1100～2200nm，光纤，便携式，附件
21	Optronic Laboratories, http://www.onlinet.com	InGaAs，800～1600nm
22	Perten Instruments, http://www.perten.com	PDA，400～1700nm，在线；多组滤光片型，实验室
23	PetroMetrix Ltd, http://www.petrometrix.com	在线，实验室，石油化工
24	Polytec PI Inc, http://www.polytecpi.com	PDA，350～2200nm，光纤，在线
25	PP Systems, http://www.ppsystems.com	PDA，350～1100nm，900～2400nm，光纤，便携式，现场
26	StellarNet, Inc, http://www.stellarnet-inc.com	小型光纤光谱仪，PDA/CCD，500～1600nm，附件
27	Zeltex Inc, http://www.zeltex.com	手持式，实验室
28	北京北分瑞利分析仪器有限责任公司, 010-64361320	FT 型，实验室
29	中国石油化工科学研究院, http://www.sinonir.com.cn	CCD，在线；化学计量学光谱分析软件，石化应用模型

　　注：CCD 为电荷耦合器；PDA 为二极管阵列（检测器）；FT 为傅里叶变换；NIR 为近红外；AOTF 为声光调谐型；QA 为质量保证；QC 为质量控制、质量管理。

六、近红外光谱法的应用

　　综上所述，近红外光谱法与其他分析方法相比，有许多独特的优点，如不需要制备样品，不产生化学污染；检测速度快，可在线分析、实时监测等，并且对样品的适性很强，能对固体、液体、胶体及粉末等进行实验室分析或过程监控。因此，在农业、化工、食品、地质、环境保护等领域都有广泛的应用。表 15-21 列出了近红外光谱仪的典型应用范围。

表 15-21　近红外光谱仪的应用范围一览

分析物	可能预测的定量化学成分或定性信息
食品工业	
酒制品	乙醇,糖类,有机酸,含氮量,多苯类,产地鉴别
饮料(可乐,汽水,果汁)	咖啡因,糖分,酸度,果汁真伪区分
乳制品	乳糖,脂肪,蛋白质,含固量,乳酸,灰质
玉米浆	果糖,水分,葡萄糖,多糖类
食用油	脂肪,蛋白质,氧化程度
烘焙食品(饼干,面包)	脂肪,蛋白质,水分,淀粉,麦芽品质
农渔工业	
豆、麦、面粉、稻及其他谷类	脂肪,蛋白质,水分,纤维量,淀粉量,小麦产地,产季鉴别品质分级,谷物老化程度
烟草作物	尼古丁,水分,糖分,多酚类,香料,添加物,产地鉴别
咖啡	咖啡因,水分,绿原酸(chlorogenic acid),产品种类,产地鉴别,品质分级
木材	组织分析,水分,品质分级
水果	糖分,密度,水分,品质分级,损害程度
茶叶	水分,茶黄素,油脂,多元酚,氮值,品质分级
化工与制药业	
汽油炼制	辛烷值(RON,MON,PON),芳香族,苯,乙醇,蒸馏值,挥发值,添加剂;MTBE,Oxygenates,PIONA
高分子及塑料品	一般物性(如密度,黏度,硬度,分子量,结晶度),OH 数目,酸数,水分,添加剂,皂化值,共聚合物成分,残余溶剂量,反应动力学测定,乳化反应进程,树脂熟化度,回收塑料品分类,最终成品分级
制药品	主要成分,水分,结晶测试,粉末粒径分析,乙醇,氨基酸,糖分,原料鉴定,不纯物分析,硬度,分解度,观察合成反应,混合程序鉴定,塑料包装鉴别
化学成品	纯度,水分,观察合成反应,原料鉴定,有机、无机盐的鉴别
天然气	烷类成分分析,水分,总热含量(BTU)
纺织品与人造纤维	水分,含棉及聚酯比例,共聚合物成分,加工用添加剂,染料或其制剂分析,地毯高分子鉴别
造纸	水分,纸浆顶油酸值,皂比值,纸品添加剂
化妆品	油脂混合物分析,原料纯度,香料,蜡成分鉴别,均匀程度
涂料及墨水	原料分析,溶剂纯度,色素品质
生物医学应用	
血液(全血或血清)	血红素带气量,血糖,尿素,三酸甘油酯,脂肪酸,胆固醇,蛋白质
细胞病理	癌细胞判别(乳癌,结肠癌,子宫颈抹片等),含水量,温度变化及酸碱值
发酵反应	乙醇,葡萄糖,乳糖,氨基酸(如 Gluta mine,Asparagine),Biomass,细胞密度,含固量,甘油,氨,观察反应变化,反应动力学追踪
微生物或病素	菌种鉴定
临床医学	血红素带氧量(Non-invasivepO²),心肌蛋白质,Lipoprotein 及 Carotidplaque,尿结石
其他研究	
土壤	有害化学污染物(汽油及芳香族等),含氮量,水分
刑事鉴定	毒品分析,伪钞鉴定
化学废弃物	生物处理反应追踪,废弃物含量
煤炭	水分,灰分,品质分级

第七节　拉曼光谱法

一、概述

拉曼光谱能提供分子振动、转动的信息，并具有很强的特征性。因此，拉曼光谱法也是研究分子结构的重要方法。拉曼光谱与红外光谱有关，但它们产生的机理完全不同，拉曼光谱是散射光谱，红外光谱是吸收光谱，两者各具特点，又互为补充。拉曼光谱与红外光谱配合不仅可以更好地研究分子结构，而且在有些方面拉曼光谱具有更显著的优点。

二、基本原理

1. 拉曼光谱

当强的单色激发光通过样品时，如果样品的分子在振动，分子的极化度发生了变化，于是就产生了拉曼散射效应。在这种情况下，发生两种散射，其中大部分散射光的频率与入射光的频率相同，这种散射称为瑞利散射。而有极少部分散射光（仅有入射光的百万分之一）的频率与入射光的频率不同，这种散射称为拉曼散射。当发生拉曼散射时，光子与分子之间发生了能量交换，使其频率按分子振动频率进行调制，其频率相当于入射光的频率与分子振动频率之和或之差。

拉曼光谱为一系列频率不连续的光谱，对称地向高于和低于入射光频率的两个方向偏移。频率低于入射频率的谱线称为斯托克斯线，频率高于入射光频率的谱线称为反斯托克斯线。在通常情况下斯托克斯线较反斯托克斯线的强度大得多，因此，拉曼光谱分析常采用斯托克斯线。

拉曼谱线的偏移（也称位移）取决于分子振动能级的改变。不同的基团或化学键有不同的振动能级，能级的改变反映了特定振动能级的变化，而与之对应的拉曼谱线是具有特征性的。因此，拉曼光谱提供的信息可以作为分子结构分析的依据。

如图 15-50 所示为四氯化碳的拉曼光谱

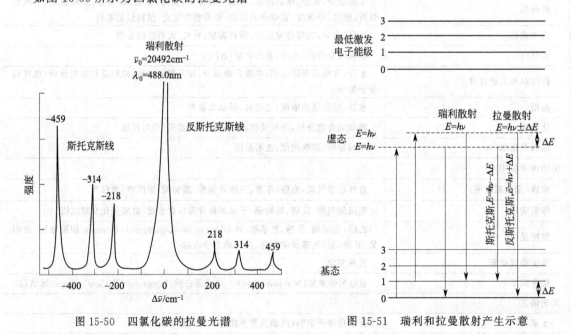

图 15-50　四氯化碳的拉曼光谱　　　　图 15-51　瑞利和拉曼散射产生示意

2. 瑞利和拉曼散射的产生

测定拉曼散射光谱时，一般选择激发光的能量大于振动能级的能量但低于电子能级间的能量差，且远离分析物的紫外-可见吸收峰。当激发光与样品分子作用时，样品分子即被激发至能量较高的虚态（图 15-51 中用虚线表示）。左边的一组线代表分子与光作用后的能量变化，粗线出现的概率大，细线表示出现的概率小，因为室温下大多数分子处于基态的最低振动能级。中间一组线代表瑞利（Rayleigh）散射，光子与分子间发生弹性碰撞，碰撞时只是方向发生改变而未发生能量交换。右边一组线代表拉曼散射，光子与分子碰撞后发生了能量交换，光子将一部分能量传递给样品分子或从样品分子获得一部分能量，因而改变了光的频率。能量变化所引起的散射光频率变化称为拉曼位移。由于室温下基态的最低振动能级的分子数目最多，与光子作用后返回同一振动能级的分子也最多，所以上述散射出现的概率大小顺序为：瑞利散射＞斯托克斯线＞反斯托克斯线。随温度升高，反斯托克斯线的强度增加。

3. 拉曼参数

频率，即拉曼位移，一般用斯托克斯位移表示，是结构鉴定的重要依据。

去偏振度 ρ（depolarization）和 r 对确定分子的对称性很有用。

拉曼光谱的入射光为激光，激光是偏振光。设入射激光沿 xz 平面向 O 点传播，O 处放样品。激光与样品分子作用时可散射不同方向的偏振光，若在检测器与样品之间放一个偏振器，便可分别检测与激光方向平行的平行散射光 $I_{/\!/}$（yz 平面）和与激光方向垂直的垂直散射光 $I_\perp$（xy 平面），如图 15-52 所示。

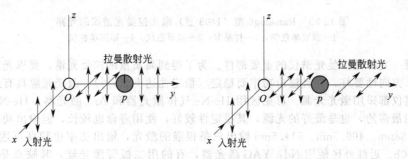

图 15-52　样品分子对激光的散射与去偏振度的测量
p—偏振器；O—物质分子

定义去偏振度：

$$\rho = \frac{I_\perp}{I_{/\!/}}$$

去偏振度与分子的极化度有关。如分子的极化度中各向同性部分为 $\bar{\alpha}$，各向异性部分为 $\bar{\beta}$，则：

$$\rho = \frac{3\bar{\beta}^2}{45\bar{\alpha}^2 + 4\bar{\beta}^2}$$

去偏振度表征了拉曼谱带的偏振性能，与分子的对称性和分子振动的对称类型有关。

拉曼光谱的特点如下：

① 波长位移在中红外区。有红外及拉曼活性的分子，其红外光谱和拉曼光谱近似。

② 可使用各种溶剂，尤其是能测定水溶液，样品处理简单。

③ 低波数段测定容易（如金属与氧、氮结合键的振动 ν_{M-O}、ν_{M-N} 等）。而红外光谱的远红外区不适用于水溶液，选择窗口材料、检测器困难。

④ 由斯托克斯、反斯托克斯线的强度比可以测定样品体系的温度。

⑤ 显微拉曼的空间分辨率很高，为 $1\mu m$。

⑥ 时间分辨测定可以跟踪 $10^{-12} s$ 量级的动态反应过程。

⑦ 利用共振拉曼光谱、表面增强拉曼光谱可以提高测定灵敏度。

其不足之处在于，激光光源可能破坏样品；荧光性样品测定一般不适用，需改用近红外激光激发等等。

三、拉曼光谱仪的结构

拉曼光谱仪需要有强的单色光源、灵敏的检测器及高度聚光且不存在杂散光的光学系统。

拉曼光谱仪由激光光源、样品室、分光系统、检测器和计算机等组成。如图 15-53 所示是 Ramalog6 型（1403 型）激光拉曼光谱仪的光路图。

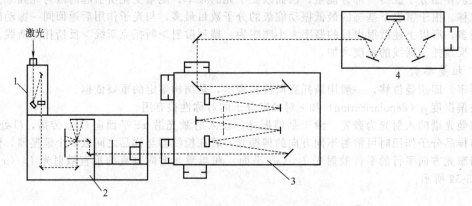

图 15-53　Ramalog6 型（1403 型）激光拉曼光谱仪的光路
1—前置单色器；2—样品室；3—双单色仪；4—第三单色仪

（1）光源　光源是拉曼光谱仪的重要部件。为了得到高质量的拉曼光谱，要求光源具有高单色性、高强度、方向性要好，并且输出功率要稳定（稳定性达±0.5％）。激光光源具有这些特性，现代的拉曼光谱仪都采用激光光源。可见区用 He-Ne 气体激光器和 Ar^+ 激光器。He-Ne 激光器是拉曼光谱仪使用最多的，也是最好的光源，其稳定性较好，使用寿命也较长，但输出功率有限。Ar^+ 激光器可在 488nm、496.5nm、514.5nm 输出三条很强的激光，输出功率也较高可达 3W，但寿命较短，约 1000h。近红外区使用 Nd：YAG 激光器，有的用二极管激光器，其缺点是稳定性较差。最好选择能避开荧光的最短激光波长以不引起样品因光和热而降解。通常用于拉曼光谱的最长波长为 1064nm。如图 15-54 所示是氩离子激光器的结构示意。

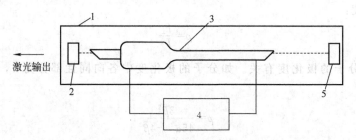

图 15-54　氩离子激光器的结构示意
1—谐振腔；2—部分透光反射镜；3—等离子管；
4—激光电源；5—全反射镜

（2）样品室　样品室的作用是将激光聚焦在样品上，将样品产生的拉曼散射光聚焦在双单色器的入射狭缝上。图 15-53 中的样品室设有样品台、聚焦透镜和收集透镜等。

（3）单色器　由图 15-53 可以看，光路中装有两种单色器：前置单色器和双单色器。前置单色器用于选择不同波长的激光，以适应不同样品的需要，以及清除激光的等离子线和其他杂散光。双单色器由两个全息光栅（1800 线/mm）、六块反射镜及四个狭缝组成，将两个单色器串联使用。这种双光栅单色器一方面使拉曼散射光单色化；另一方面是消除杂散光对拉曼散射光的影响。

除色散型仪器外，有很多类型的傅里叶变换拉曼光谱仪（FT-Raman），该类仪器集中了傅里叶变换光谱和拉曼光谱的特点，使 FT-Raman 具有更多的优点，如荧光背景出现少，拉曼信号更强；

测量操作更方便，即使测量固体、液体样品也不需要烦琐的样品制备，并且在同一台仪器上可以同时测量红外光谱和拉曼光谱。

表 15-22 列举了色散拉曼光谱与傅里叶变换拉曼光谱特点的比较。

表 15-22 色散拉曼光谱与傅里叶变换拉曼光谱特点的比较

项　目	色散 Raman 光谱	FT-Raman 光谱
光源	低功率激光器	高功率激光器
检测器	Si(-70℃下 CCD)	Ge/In、Ca、As
光谱分辨率/cm^{-1}	0.2～4	0.2～1
光谱范围/cm^{-1}	50～5000	60～3650
灵敏度	高	一般
频率准确性	好	较好
运行速度	较快	一般
信噪比	较好	一般
测高温样品	好	一般
测试含水样品	好	它吸收含水样品的散射光
测试荧光物质	较差，或选用不同激发波长	能较好地减弱荧光
联用功能(GC/Raman)	不可以	可以
附件	激光共焦拉曼显微镜	FT 拉曼显微镜

（4）检测器　拉曼光谱仪常用的检测器是 Si（硅）基电荷耦合（CCD）检测器、锗（Ge）和 InGaAs 检测器。CCD 能在可见和近红外区进行有限噪声关闭检测，由于硅的谱带间隙，CCD 在可见区比在近红外区运行得更好。锗和 InGaAs 检测器是有限的噪声检测器。Ge 检测器必须在液氮温度下工作，而 InGaAs 检测器可在室温下工作。

（5）计算机　拉曼光谱仪配备的计算机主要是控制仪器运行和数据处理两大功能。如扫描的方式、范围、速度及次数等参数的选择及仪器控制。数据处理主要是数据的采集、运算、存储和输出等。

（6）微区分析装置的应用　微区分析装置是拉曼光谱仪的一个附件，由光学显微镜、电子摄像管、显像荧光屏、照相机等组成。可以将局部样品的放大图显示在荧光屏上，用照相机拍摄样品的显微图像。如人眼球晶体中白内障病变部位的观测等。

（7）部分拉曼光谱仪的技术指标　表 15-23 汇总了一些常见拉曼光谱仪的生产厂家及技术性能指标。

四、拉曼光谱仪的技术指标

拉曼光谱仪的主要技术指标与红外光谱仪相同，主要是以下几项。

（1）光谱范围　通常指拉曼光谱仪测量的拉曼移位的光谱范围，一般的拉曼光谱仪的光谱范围在 $50～4000cm^{-1}$，也有 $1150～4500cm^{-1}$、紫外到红外、$150～3500cm^{-1}$ 等。研究级的拉曼光谱仪低波数可达 $5～10cm^{-1}$。

（2）波数精度　波数精度取决于双单色器测量的波数的精度。通常在 $±(1～2)cm^{-1}$ 范围之内。

（3）分辨率　常用汞灯的特征谱测定仪器的分辨率。拉曼光谱仪的分辨率大多在 $1～2cm^{-1}$，有的为 $2.5cm^{-1}$，低的达 $0.1cm^{-1}$，也有 $7cm^{-1}$ 的。

五、拉曼光谱与红外光谱的比较

在应用中拉曼光谱与红外光谱通常配合使用。这样可以充分发挥各自的特长，红外光谱信息量大、标准谱图多；拉曼光谱重叠较少，谱带较清晰。此外，每条拉曼谱线均有特征的去偏振度，可获得更多的分子结构的信息。这方面的例子很多，例如，在 $3300cm^{-1}$ 附近—OH 基团有强的红外吸收峰，而—NH$_2$ 基团的吸收峰几乎被湮没。在拉曼光谱中—OH 基团在 $3300cm^{-1}$ 附近谱带很弱，—NH$_2$ 谱带则可辨认。表 15-24 列举了红外光谱与拉曼光谱特点的比较。

表 15-23　部分拉曼光谱仪的生产厂家及技术性能指标

产品牌号	FT-Raman Spectrometer	RFS 100/S	Falcon	Raman 2000	LabRam
公司及地址	Bio-Rad Digilab Division 237 Putnam Ave. Cambridge MA 02139 617-868-4330	Bruker Instruments 19 fortune Dr. Manning Park Billerica, MA 01821 508-667-9580	Chemlcon 7301 Penn Ave. Pittsburgh, PA 15208 412-241-7335	Chromex 2705-B Pan American Fwy, NE Albuquerque, NM 87107 505-344-6270	Dilor-ISA 3880 Park Ave. Edison, Nj 08820 908-494-8660
URL 网址	www.biorad.com	www.bruker.com	www.chemimage.com	www.chromexin c.com	www.isainc.com
类型	60°迈克尔逊干涉仪,傅里叶变换	傅里叶变换	带有 LCTF 的色散成像显微镜	带有单阶卻耳尼-特尔纳单色器的色散型	色散,带有两个可互换光栅
激光器	Nd:YAG	Nd:YAG	Nd:YAG(2W)	二极管激光(300mW)	HeNe(17mW);其他也可供应
抑制端利滤光器	介电	专利技术	全息	介电	改进型全息超窄凹面
收集端光学部件	透镜	镀金	无限校准的显微镜	光纤探头(f/4)	共聚焦显微镜、宏观、远距离超镜头
检测器	液氮冷却 Ge	液氮冷却 Ge	TE-CCD 或室温雪崩光电二极管	TE 冷却 CCD	TE 冷却 CCD
光谱范围/cm⁻¹	150~3500	70~3600	1150~4500	150~3500	450~1050
光谱分辨率/cm⁻¹	0.5	<1	7	2	2.5
数据系统	Win-IR	OPUS 光谱软件	带有 Chemimage 软件的奔腾计算机	带有库功能的 ChromSpec 软件,不包括计算机,但要求至少为 486、25MHz 16Mb RAM,120Mb 硬盘,RS232 串口,和一个用于摄像机接口的 ISA 插槽	Windows 下的 Labspec,用于数据采集,包括线扫描和处理
可选项	全息滤光器、基于镜面的收集光学部件、水平采样温附件、全程固体和液体采样附件	拉曼显微镜、光纤探头、低温附件、各种激光波长;带单光子计数器的快速扫描	宽场共聚焦拉曼成像、光导或直接激光束照明;各种激光波长;带单光子计数器的快速扫描	手持滤光光纤探头;在样品池的固定滤光探头的直接照明;各种自动采样器	光纤输入,用 SuperHead 开发过程方法
特点	镜面眼踪和校准反馈的动态校准系统,合并多参比激光检测器	永久校准扫描仪,有第二个激光器和检测器的第二个通道	实时采样定位和观察;带多输出口;使其在在成像和微探针之间快速选择	可互换的采样灵活性	在谱谱仪内的低功率激光二极管;确认激光器校准;用于线扫描的可调式共聚焦孔

续表

产品牌号	T64000	Holoprobe Serles	Raman 960	Spectrum 2000R	System 2000	Raman 500
公司及地址	Jobin Yvon-ISA 3880 Park Ave. Edison,NJ 08820 908-494-8660	Kaiser Optical Systems 371 Parkland Plaza Ann Arbor,MI48106 313-665-8083	Nicolet 5225 Verona Rd. Madison. WI 53711 608-276-6100	Perkin Elmer 761 Main Ave. Norwalk,CT 06859 203-762-1000	Renishaw 623 Cooper Court Schaumburg,IL 60173 847-843-3666	Spex-ISA 3880 Park Ave. Edison,NJ 08820 908-494-8660
URL 网址	www.isainc.com	www.kosi.com	www.nicolet.com	www.perkinelmer.com	www.renishaw.co.uk	www.isainc.com
类型	色散,带有三个单色器,可作为一个、两个或三个光谱仪使用	色散,带有全息透射光栅	傅里叶变换,动态校准干涉仪	傅里叶变换	色散,全息光栅和用于成像的介电滤光器	色散,单光栅
激光器	任何激光	Nd:YAG (532 或 785nm)或 785nm 二极管激光	二极管泵(1.5W)	Nd:YAG二极管泵	782nm 或 488nm	任何空气冷却激光器
抑制杂散光滤光器	前置单色器,或全息滤光器	全息超凹面	全息超凹面	全息凹面	全息凹面	全息滤光器
收集光学部件	共聚焦显微镜	光纤(f/1.8)	镀金反射	折射(f/0.6)	微观、宏观或远距离光纤	微观、宏观或远距离光纤
检测器	液氮冷缺 CCD,TE冷却 IPDA,或冷却 PMT	TE冷却 CCD	液氮冷缺 Ge 或室温 InGaAs	室温 InGaAs 或液氮温度	TE冷却 CCD(-70℃)	液氮冷却 或 TE冷却 CCD
光谱范围/nm	紫外到红外	依发射激光器	60~3650	室温下最大 3600cm⁻¹	230~1100	0~1500
光谱分辨率/cm⁻¹	低至 0.1	1cm⁻¹用 532nm	不详	0.2	1~4	3
数据系统	光谱采集和数据管理软件包	HoloGRAM 与 Galacticindustries GRAM/32 软件包一起使用	OMNIC E.S.P. 对整个仪器和激光器控制、数据采集、操作、库检索和定量分析	Windows 下的 Spectrum,具有延长二极管寿命的灵敏激光剂量控制	Windows 拉曼环境控制仪器及采集和分析数据;与 GRAM/32 一起使用	Spectra Max Spectroscopy 计算机和软件,用于控制仪器及采集及管理数据
可选项	大样品室	共聚焦拉曼显微镜;多通道全息探针	显微拉曼显微镜;8个采样可选项	采样附件包:专家采样附件,包括制冷样品池、电化学、动力学、偏振、热对流	法布里-伯罗标准具,可供应深0.2cm⁻¹分辨率、耗尽和紫外增强 CCD	共聚焦显微探针
特点	专利型相差校准全息光栅	给出全瞬时光谱的 Holoplex 光栅技术,1064nm 反斯托克斯系统	解释检索结果的专家检索系统,数据库,包括多于14000种化合物 Nicolet/Aldrich 凝聚相, Nicolet 法庭用控制物质数据库和一般工业聚合物	为拉曼光谱仪特殊设计的激光器:10mW~2W激光能量连续变化,具有稳定输出,自动背景扣除	通过介电滤光器直接拉曼成像	不详

表 15-24 红外光谱与拉曼光谱特点的比较

项 目	红 外 光 谱	拉 曼 光 谱
光谱形式	吸收光谱	发射光谱
分子结构与光谱活性	极性分子及基团通常是红外活性的	非极性分子及基团通常是拉曼活性的
分子结构测定范围	适于分子端基的测定	适于分子骨架的测定
测试对象与品种	测试荧光物质方便,测试单晶、金属不便	测试荧光物质不便,测试单晶、粉末及气液样品方便
水溶液测试	有一定限制	不受水的干扰
样品制备	一般需要制样	无需制样
定量分析	可以定量分析	定量分析有些不便
谱库	谱库存谱图及数据有几十万	谱库较少

拉曼活性与分子振动时极化度变化有关,红外活性与分子振动时偶极矩变化有关。一些非极性基团和骨架结构的对称振动有强的拉曼谱带,一些强极性基团的不对称振动有强的红外谱带,而介于两者之间的有机化合物在两个谱带中将都有较弱的谱带产生。通常按下面规则可判别分子为红外活性或拉曼活性。

① 相互排斥规则　凡具有对称中心的分子若是拉曼活性的,则红外是非活性的;反之,若红外是活性的,则拉曼是非活性的。

② 相互允许规则　没有对称中心的分子,其红外或拉曼均为活性的。

③ 相互禁阻规则　即有少数分子其红外和拉曼都是非活性。

表 15-25 列出有机化合物基团的红外和拉曼光谱的特征频率和强度的定性比较。

表 15-25 有机化合物基团的红外和拉曼光谱的特征频率和强度的定性比较

振 动	波数/cm^{-1}	强度	
		拉 曼	红 外
ν_{O-H}	3650~3000	w	s
ν_{N-H}	3500~3300	m	m
$\nu_{\equiv C-H}$	3300	w	s
$\nu_{=C-H}$	3100~3000	s	m
ν_{-C-H}	3000~2800	s	s
ν_{-S-H}	2600~2550		w
$\nu_{C\equiv N}$	2255~2220	m~s	s~o
$\nu_{C\equiv C}$	2250~2100	vs	w~o
$\nu_{C=O}$	1820~1680	s~w	vs
$\nu_{C=C}$	1900~1500	vs~m	o~w
$\nu_{C=N}$	1680~1610	s	m
$\nu_{N=N}$（脂肪族取代基）	1580~1550	m	o
$\nu_{N=N}$（芳香取代基）	1440~1410	m	o
$\nu_{a(C-)NO_2}$	1590~1530	m	s
$\nu_{s(C-)NO_2}$	1380~1340	vs	m
$\nu_{a(C-)SO_2(-C)}$	1350~1310	w~o	s
$\nu_{s(C-)SO_2(-C)}$	1160~1120	s	s
$\nu_{(C-)SO(-C)}$	1070~1020	s	s
$\nu_{C=S}$	1250~1000	s	w
$\delta_{CH_2},\delta_{a}CH_3$	1470~1400	m	m

续表

振　动	波数/cm^{-1}	强　　　　度	
		拉　曼	红　外
δ_{sCH_3}	1380	m~w s(在 C=C)	s~m
$\nu_{CC(芳香族)}$	1600,1580,1500,1450,1000	s~m	m~s
		m~w	m~s
		S 单取代(间位,1.35)	o~w
$\nu_{CC(脂环和脂肪链)}$	1300~600	s~m	m~w
ν_{aC-O-C}	1150~1060	w	w~o
ν_{aC-O-C}	970~800	s~m	w~o
$\nu_{aS_i-O-S_i}$	1110~1000	w~o	w~o
$\nu_{aS_i-O-S_i}$	550~450	vs	s
ν_{O-O}	900~845	s	o~w
ν_{S-S}	550~430	s	o~w
ν_{Se-Se}	330~290	s	o~w
$\nu_{C(芳香碳)-S}$	1100~1080	s	s~o
$\nu_{C(脂肪碳)-S}$	790~630	s	s~o
ν_{C-Cl}	800~550	s	s
ν_{C-Br}	700~500	s	s
ν_{C-I}	660~480	s	s
$\delta_{aCC,脂肪链}$			
Cn　$n=3,4\cdots12$	400~250	s~m	w~o
$n>12$	2495/n		
分子晶体中的晶格			
振动(振动和平移振动)	200~20	vs~o	s~o

注：ν——伸缩振动；δ——弯曲振动；ν_s——对称振动；ν_a——反对称振动；vs——非常强；s——强；m——中等；w——弱；o——非常弱或非活性。

六、拉曼光谱法的应用

1. 在有机物结构分析中的应用

(1) 在烷烃和环烷烃类结构测定中的应用　测定分子骨架连接方式是拉曼光谱的重要应用之一。烃类的碳链和环的骨架振动，拉曼光谱比红外光谱的特征性强得多。不同结构的碳链有不同特征的拉曼线，依此可以确定其结构。同样，环形化合物的环的对称伸缩振动也具有特征的拉曼线，也可表征环烷烃的类型及环的大小。表 15-26 列出烷烃结构单元的特征拉曼线，表 15-27 列出环烷烃的特征拉曼线。

表 15-26　烷烃结构单元的特征拉曼线

结构单元	全对称骨架振动/cm^{-1}	主特征线/cm^{-1}	备　注
$\begin{array}{c} \quad\;C \\ \mid \\ -C-C-C \\ \mid \\ \quad\;C \end{array}$	650~750	1200~1250	季碳原子在链端 1250cm^{-1}，叔碳原子相邻 530cm^{-1}
$\begin{array}{c} \quad C\;\;\;\;\;\;C \\ \mid\;\;\;\;\;\;\mid \\ -C-C-C-C \\ \mid\;\;\;\;\;\;\mid \\ \quad C\;\;\;\;\;\;C \end{array}$	720~750	920~930，1160,1190	支链为乙基 1020~1080cm^{-1}
$\begin{array}{c} \quad C\;\;\;\;\;C \\ \mid\;\;\;\;\;\mid \\ -C-C-C \\ \mid \\ \quad C \end{array}$	800~900	950,1140~1170	
C-C-C$\cdots$C	870~890		1300cm^{-1}强度正比于 CH$_2$ 数

表 15-27 环烷的特征拉曼线

环　　烷	环对称伸缩振动/cm^{-1}	环　　烷	环对称伸缩振动/cm^{-1}
环丙烷	1185	环己烷(椅式)	800
环丁烷	1000	环庚烷	735
环戊烷	890	环辛烷	705
环己烷(船式)	820		

(2) 在顺反异构体的鉴别　例如化合物 $H_4C_4N_4$ 在 1621cm^{-1} 有 C=C 的强的特征拉曼谱线，在 1623cm^{-1} 有强的红外谱带。根据红外和拉曼活性判别规则，凡没有对称中心的分子，其红外光谱和拉曼光谱均为活性的，可确定该化合物为顺式结构：

$$H_3N-C-CN$$
$$\|$$
$$H_2N-C-CN$$

2. 在高聚物分析中的应用

如上所述，非极性基团和骨架结构的对称振动，有强的拉曼谱带。因此，拉曼光谱法适用于具有长链骨架结构的聚合物的结构分析。含有 C=C 结构的聚合物，如聚丁二烯的几个异构的测定，采用拉曼光谱效果很好。1,4-顺式和反式结构的拉曼线分别位于 1650cm^{-1} 和 1664cm^{-1}。1,2-端乙烯结构则位于 1639cm^{-1}。此外，利用拉曼光谱、红外光谱，以拉曼谱带的去偏振度等可以识别聚合物的构型，如单取代乙烯的聚氯乙烯、聚氟乙烯等的立体结构。

3. 在医药和生物高分子研究中的应用

在医药和生物大分子结构研究中，拉曼光谱较红外光谱更具有优势。测定时不需要烦琐的样品处理，有的用片剂即可。近年来拉曼光谱在医药领域获得很大的进展。很多具有生物活性的物质如酶、蛋白质、肽抗体、毒素等都采用拉曼光谱研究其结构，并且取得了很好的效果。

现代的拉曼光谱仪有的装有高灵敏度的 CCD 线阵列检测器、SMA 接口光纤探头，可用于实时反应监测、产品质量确认、远程监测及高散射性物质特性分析等工业应用场合。

4. 在无机材料分析中的应用

用通常的拉曼光谱可以进行半导体、陶瓷等无机材料的分析。如剩余应力分析、晶体结构解析等。拉曼光谱还是合成高分子、生物大分子分析的重要手段。如分子取向、蛋白质的巯基、卟啉环等的分析。直链 CH_2 碳原子的折叠振动频率可由下式确定：$\nu = 2400/N_c$(cm^{-1})。N_c 为碳原子数。此外，拉曼光谱在燃烧物分析、大气污染物分析等方面有重要应用。

如图 15-55 所示是各种碳材料的拉曼光谱。从图中可以看出，不同的碳材料其拉曼光谱不同，因此可以彼此区分。

5. 共振拉曼 RRS（Resonance Raman Scattering）

以分析物的紫外-可见吸收光谱峰的邻近处作为激发波长。样品分子吸光后跃迁至高电子能级并立即回到基态的某一振动能级，产生共振拉曼散射。该过程很短，约为 10^{14}s。而荧光发射是分子吸光后先发生振动松弛，回到第一电子激发态的第一振动能级，返回基态时的发光。荧光寿命一般为 $10^{-8} \sim 10^{-6}$s。

共振拉曼强度比普通的拉曼光谱法强度可提高 $10^2 \sim 10^6$ 倍，检测限可达 10^{-8}mol/L，而一般的拉曼光谱法只能用于测定 0.1mol/L 以上浓度的样品。因此 RRS 法用于高灵敏度测定以及状态解析等，如低浓度生物大分子的水溶液测定。共振拉曼的主要不足是荧光干扰。

例如用共振拉曼确定血红蛋白和细胞色素 c 中 Fe 的氧化态和 Fe 原子的自旋状况（图 15-56）。此时共振拉曼仅取决于四个吡咯环的振动方式，与蛋白质有关的其他拉曼峰并不增强，在极低浓度时并不干扰（图 15-57 和图 15-58）。

6. 表面增强拉曼 SERS（surface-Enhanced Raman Scattering）

表面增强拉曼是用通常的拉曼光谱法测定吸附在胶质金属颗粒如银、金或铜表面的样品，或

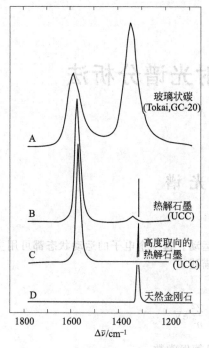

图 15-55　各种碳材料的拉曼光谱

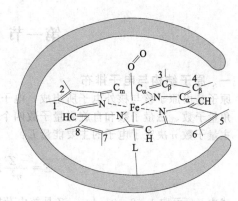

图 15-56　血红蛋白结构示意

轴向配体 L 由氨基酸占据，其反位具有活性

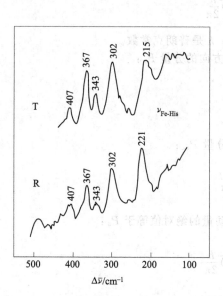

图 15-57　T 型、R 型 11Trdeoxy Hb 的 RRS

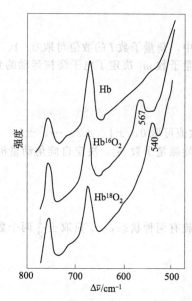

图 15-58　488nm 激发 3×10^{-5} mol/L 的血红蛋白

（Hb）、$Hb^{16}O_2$ 以及 $Hb^{18}O_2$ 的共振拉曼谱

注意 $567cm^{-1}$ 峰的位移

吸附在这些金属片的粗糙表面上的样品。尽管原因尚不明朗，人们发现被吸附的样品其拉曼光谱的强度可提高 $10^3\sim10^6$ 倍。如果将表面增强拉曼与共振拉曼结合，光谱强度的净增加几乎是两种方法增强的和。检测限可低至 $10^{-9}\sim10^{-12}$ mol/L。表面增强拉曼主要用于吸附物种的状态解析等。

第十六章 原子发射光谱分析法

第一节 原 子 光 谱

一、原子结构与电子排布

原子是由原子核与核外电子所组成，电子绕原子核运动。每一个电子的运动状态都可用主量子数、角量子数、磁量子数和自旋磁量子数四个量子数来描述。

主量子数 n 决定了电子的主要能量 E：

$$E = \frac{-Z^2}{n^2} R = -13.6 \frac{Z^2}{n^2} eV$$

式中，n 可取 1、2、3、4…；Z 是核电荷数；R 是里德堡常数。

角量子数 l 决定了体系的角动量 P_1：

$$P_1 = \sqrt{l(l+1)} \frac{h}{2\pi}$$

式中，角量子数 l 的数值可取 0、1、2、…、$n-1$；h 是普朗克常数。

磁量子数 m_1 决定了电子绕核运动的角动量沿磁场方向的分量 P_z：

$$P_z = m_1 \frac{h}{2\pi}$$

m_1 的数值可取 0、± 1、± 2、…、$\pm l$。

自旋磁量子数 m_s，决定自旋角动量沿磁场方向的分量 P_{sz}：

$$P_{sz} = m_s \frac{h}{2\pi}$$

电子自旋有两种状态，m_s 只取 $\pm\frac{1}{2}$ 两个数值。自旋角动量的绝对值等于 P_s：

$$P_s = \sqrt{s(s+1)} \frac{h}{2\pi}$$

式中，$s = |m_s| = \frac{1}{2}$，叫做自旋。

根据主量子数，可把核外电子分为许多壳层，离原子核最近的叫做第一壳层，往远处依次称为第二壳层、第三壳层……，通常用符号 K、L、M、N…来相应地代表 $n=1$、2、3、4…的各壳层。角量子数 l 决定轨道的形状。因此，具有同一主量子数 n 的每一壳层按不同角量子数 l 又分为几个支壳层，这些支壳层通常分别用符号 s、p、d、f、g…来代表。原子中的电子遵循一定的规律填充到各壳层中。根据泡利不相容原理在同一原子中不能有四个量子数完全相同的电子，可以确定原子内第 n 壳层中最多可容纳的电子数目为 $2n^2$。按照最低能量原理（在不违背泡利原理的前提下，电子的排布将尽可能使体系的能量最低）和洪特规则（在 n 和 l 相同的量子轨道上，电子排布尽可能分占不同的量子轨道，且自旋平行）可以确定电子填充壳层的次序。电子填充壳层时，首先填充到量子数最小的能级，当电子逐渐填充满同一主量子数的壳层，就完成一个闭合壳层，形成稳定的结构，次一个电子再填充新的壳层，这样便构成了原子的壳层结构。原子的电子层排布见表 2-22。

二、原子光谱的产生

原子核外的电子在不同状态下所具有的不同能量，可用能级来表示。离核较远的称为高能级，离核较近的称为低能级。在一般情况下，原子处于最低能量状态，称为基态（即最低能级）。当原子获得足够能量后，就会使外层电子从低能级跃迁至高能级，这种状态称为激发态。原子外层电子处于激发态时是不稳定的，它的寿命小于 10^{-8} s，当它从激发态回到基态时，就要释放出多余的能量，若此能量以光的形式出现，即得到发射光谱。

设高能级的能量为 E_2，低能级的能量为 E_1，发射光谱的波长为 λ（或频率 ν、波数 σ），则释放出的能量 ΔE 与发射光谱的波长关系为：

$$\Delta E = E_2 - E_1 = \frac{hc}{\lambda} = h\nu = h\sigma c$$

或

$$\lambda = \frac{hc}{E_2 - E_1}$$

式中，h 为普朗克常数，6.626×10^{-34} J·s；c 为光速，2.997925×10^{10} cm/s。

原子的外层电子由低能级激发到高能级时所需要的能量称为激发电位，以电子伏特表示。原子的光谱线各有其相应的激发电位（表 16-14）。具有最低激发电位的谱线称为共振线，一般来说，共振线是该元素的最强谱线。

原子的外层电子在获得足够能量后，就发生电离。使原子电离所需要的最低能量称为电离电位。原子失去一个电子，称为一次电离。一次电离的原子再失去一个电子，称为二次电离。依此类推，元素的电离电势参见表 3-26。

离子外层电子跃迁时，发射的谱线称为离子线。每条离子线都有相应的激发电位。这些离子线激发电位的大小与电离电位的高低无关。此外，用罗马字 Ⅰ 表示原子发射的谱线；Ⅱ 表示一次电离离子发射的谱线，Ⅲ 表示二次电离离子发射的谱线，例如：Na Ⅰ 589.5923nm 表示原子线；Mg Ⅱ 280.2700nm 表示一次电离离子线。

三、光谱项

外层为一个电子的原子，其能级可由 4 个量子数来规定：主量子数 n，角量子数 l，磁量子数 m，自旋量子数 s，具有多个外层价电子的原子，其情况较为复杂，这时，电子的运动状态需用总角量子数（L）、总自旋量子数（S）以及内量子数（J）来描述。

1. 总角量子数

总角量子数 L 的数值为外层价电子角量子数的矢量和：$\vec{L} = \Sigma \vec{l}$。

其加和规则为：

$$L = |l_1 + l_2|, \quad |l_1 + l_2 - 1|, \quad \cdots, \quad |l_1 - l_2|$$

即由两个角量子数 l_1 与 l_2 之和变到它们之差、间隔为 1、共有 $(2L+1)$ 个不同的数值，例如碳原子，基态的电子层结构为 $(1s)^2 (2s)^2 (2p)^2$，对于其中 2p 两个外层电子，$l_1 = l_2 = 1$ 则 $L = 2$、1、0。对于总角量子数 L，通常用大写字母 S、P、D、F…依次表示 $L = 0$、1、2、3…。

2. 总自旋量子数

总自旋量子数是价电子的自旋量子数的矢量和：$\vec{S} = \Sigma \vec{s}_1$。

其数值可取 0、±1、±2、…、±S（若 S 为整数），或 ±$\frac{1}{2}$、±$\frac{3}{2}$、…、±S（若 S 为分数），共有 $(2S+1)$ 个数值，对于上述基态碳原子的两个 2p 价电子，其值应为 0、±1，共有 3 个不同的数值。应该指出，由于 L 与 S 之间的电磁相互作用，可产生 $(2S+1)$ 个能级稍微有所不同的分裂，是产生光谱多重线的原因，通常以 M 表示，称为谱线的多重性。例如钠，只有一个外层电子，$S=\dfrac{1}{2}$，因此 $M=2\left(\dfrac{1}{2}\right)+1=2$，所以将产生双重线；若为碱土金属，有两个外层电子，它们可能向同一个方向自旋，则 $S=\dfrac{1}{2}+\dfrac{1}{2}=1$，$M=3$，为三重线；或者向相反方向自旋，$S=\dfrac{1}{2}-\dfrac{1}{2}=0$，$M=1$，为单重线。

3. 内量子数

内量子数 J 取决于总角量子数 L 及总自旋量子数 S，为它们的矢量和 $\vec{J}=\vec{L}+\vec{S}$，由于 L 为整数，S 有时为整数，有时为分数，所以 J 值也可以是整数，也可以是分数：

$$J=(L+S),(L+S-1),(L+S-2),\cdots,(L-S)$$

若 $L\geqslant S$，则其数值从 $J=L+S$ 到 $L-S$，共 $2S+1$ 个；

若 $L<S$，则其数值从 $J=S+L$ 到 $S-L$，共 $2L+1$ 个。

例如，若 $L=2$，$S=1$，则 J 可采取 3、2、1 三个数值；若 $L=0$，$S=\dfrac{1}{2}$，则 J 值仅可取 $\dfrac{1}{2}$ 一个数值，J 值又称光谱支项。

4. 统计权重

对于每一个光谱支项又包含着 $2J+1$ 个状态，叫做状态的统计权重，它决定多重线中谱线的强度比。在无外磁场时，它们的能级是相同的。在有外磁场作用时，由于原子磁矩与外加磁场相互作用，分裂为不同的能级，共 $2J+1$ 个。这种在外磁场作用下发生光谱项分裂的现象叫塞曼效应。

5. 光谱项符号

原子的能级通常用光谱项符号来表示：

$$n^{(2S+1)}L_J$$

符号中 n 为主量子数；L 为总角量子数；$2S+1$（即 M）为谱线多重性；J 为内量子数，又称光谱支项。当用光谱项符号 $3^2S_{\frac{1}{2}}$ 来表示钠原子的能级时，表示钠原子的电子处于 $n=3$、$L=0$、$M=2$（即 $S=\dfrac{1}{2}$）、$J=\dfrac{1}{2}$ 的能级状态，这是钠原子的基态光谱项。钠原子第一激发态的光谱项为 $3^2P_{\frac{1}{2}}$ 和 $3^2P_{\frac{3}{2}}$。

四、光谱能级图、光谱选择定则

如图 16-1 所示为钠的能级图，能级图的纵坐标表示能量，单位用 cm^{-1} 或 eV 表示。实际存在的能级用横线表示，能级之间的距离从下至上逐渐减小，顶端附近是密集的横线，表示各激发态。最下面一条横线表示基态。五个纵行以不同的光谱项符号表示。可能发射的谱线用线联结，并以波长值 $\times 10^{-1}$nm 表示，由各种不同的高能级跃迁到同一低能级时发射的一系列谱线，称为线系。

光谱项之间的跃迁不是任意的，它由光谱选择定则来决定，只有符合下列条件的才能跃迁：

① 主量子数的变化，Δn 为整数，包括 0；

② 总角量子数的变化，$\Delta L=\pm 1$；

③ 内量子数的变化，$\Delta J=0$，± 1，但当 $J=0$ 时，$\Delta J=0$ 的跃迁是不允许的；

④ 总自旋量子数 $\Delta S=0$，即不同多重性状态之间的跃迁是禁止的。

例如：钠原子光谱中最强的 NaD 双线，用光谱项表示，则为：

Na 588.995nm　$3^2S_{\frac{1}{2}}-3^2P_{\frac{3}{2}}$

Na 589.592nm　$3^2S_{\frac{1}{2}}-3^2P_{\frac{1}{2}}$

其中 $\Delta n=0$，$\Delta L=1$，$\Delta J=0$，1，$\Delta S=0$，完全符合上述光谱选择定则。如 Na342.71nm $3^2S_{\frac{1}{2},\frac{3}{2}}-4^2D_{\frac{3}{2},\frac{3}{2}}$，其中 $\Delta L=2$，为不符合光谱选择定则的跃迁，称禁戒跃迁，即使发生其谱线强度也很弱。

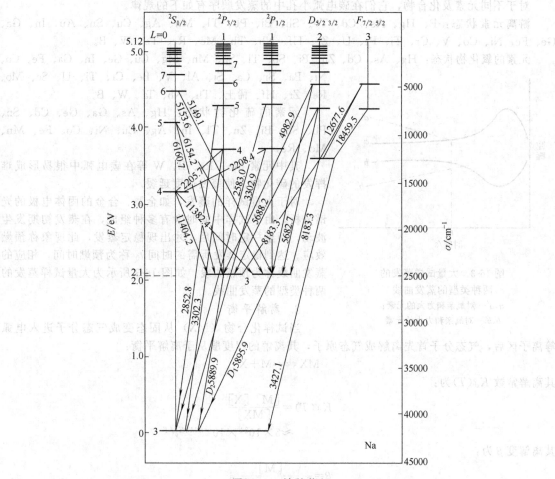

图 16-1　钠的能级

五、试样的蒸发与离解平衡

1. 试样的蒸发

由于元素及化合物在沸点、熔点、化学活性等物理性质、化学性质不同，因而在碳电弧小孔中的蒸发速度各不相同，沸点低的先挥发，沸点高的后挥发，这种现象称为分馏效应或选择挥发，如图 16-2 所示。

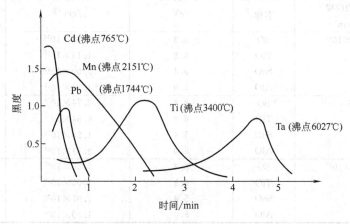

图 16-2　不同元素在碳电弧小孔中的蒸发曲线

对于不同元素及化合物，它们在碳电弧小孔中的蒸发顺序有如下的规律。

游离元素状态：P、Hg、As、Cd、Te、Sb、Bi、Pb、Tl、Mn、Ag、Cu、Sn、Au、In、Ga、Ge、Fe、Ni、Co、V、Cr、Ti、Pt、U、Zr、Hf、Nb、Th、Mo、Re、Ta、W、B。

元素的氧化物状态：Hg、As、Cd、Zn、Bi、Sb、Tl、Sn、Mn、Mg、Cu、Ge、In、Ga、Fe、Co、Ni、Ba、Sr、Ca、Si、Al、V、Be、Cr、Ti、U、Sc、Mo、Re、Zr、Hf、稀土、Th、Nb、Ta、W、B。

元素的硫化物状态：Hg、As、Ga、Ge、Cd、Sn、Pb、Sb、Bi、Zn、Tl、In、Ag、Cu、Ni、Co、Fe、Mn、Mo、Re。

其中元素 Mo、Re、B、W 等在碳电弧中很易形成难挥发的碳化物，使蒸发速度延缓。

对于大量试样的蒸发，如金属、合金的固体电极的光谱分析，由于试样中同时含有多种组成，在蒸发初期发生波动，而至一定时间后，才出现稳定蒸发，此现象称预燃效应。达到稳定蒸发所需的时间 t_0 称为预燃时间，相应的蒸发曲线称为预燃曲线。如图 16-3 所示为大量试样蒸发的两种类型的蒸发曲线。

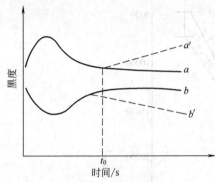

图 16-3 大量试样蒸发的
两种类型的蒸发曲线

a, a'—对氧亲和力大的元素；
b, b'—对氧亲和力小的元素

2. 离解平衡

当试样化合物（MX）从固态变成气态分子进入电弧等离子区后，气态分子首先离解成气态原子，其离解的程度服从于离解平衡：

$$MX \rightleftharpoons M + X$$

其离解常数 $K_d(T)$ 为：

$$K_d(T) = \frac{[M][X]}{[MX]}$$
$$\approx 5 \times 10^{24} \times 10^{-5040E_d/T}$$

其离解度 β 为：

$$\beta = \frac{[M]}{[M] + [MX]}$$

式中，[M]、[X]、[MX] 分别为 M 原子、X 原子及 MX 分子的蒸气密度数，cm^{-3}；$K_d(T)$ 为 MX 分子的离解常数，cm^{-3}；E_d 为 MX 分子的离解能，eV；T 为热力学温度，K。

表 16-1 列出了某些氧化物在不同温度下的离解常数和离解度。

表 16-1 某些氧化物在不同温度下的离解常数和离解度

温 度 /K	氧 化 物		离解能 E_d /eV	离解常数 K_d /cm^{-3}	离 解 度 β
	氧的浓度[①] /cm^{-3}	名称			
4000	5×10^{17}	BO	8.3	2.34×10^{14}	0
		TiO	6.8	1.13×10^{16}	0.02
		SnO	5.4	5.00×10^{17}	0.50
		AlO	5.0	1.38×10^{18}	0.73
5000	3.5×10^{17}	BO	8.3	2.74×10^{16}	0.07
		TiO	6.8	6.54×10^{17}	0.65
		SnO	5.4	1.26×10^{19}	0.97
		AlO	5.0	2.31×10^{19}	0.99
6000	2×10^{17}	BO	8.3	6.50×10^{17}	0.76
		TiO	6.8	1.05×10^{19}	0.98
		SnO	5.4	1.07×10^{20}	1.00
		AlO	5.0	1.50×10^{20}	1.00

① 相应于在大气压中碳电弧下的氧的浓度。

六、玻尔兹曼分布与原子谱线强度

1. 玻尔兹曼分布

在通常温度下，原子处于基态。在激发源高温作用下，原子受到激发，由基态跃迁到原子各级激发态。同时，还会使原子电离，进而使离子激发，跃迁到离子各级激发态。在通常的激发源火焰、电弧、电火花中，是处于热力学平衡状态，每种粒子（原子、离子）在各能级上的分配，遵循玻尔兹曼分布：

$$N_i = N_0 \frac{g_i}{g_0} e^{\frac{-E_i}{kT}}$$

式中，N_i 为单位体积内处于激发态的原子数；N_0 为单位体积内处于基态的原子数；g_i 和 g_0 为激发态和基态的统计权重（统计权重是和这个能级的简并度有关的常数）；E_i 为激发电位；k 为玻尔兹曼常数，其值为 $1.38 \times 10^{-23} J/K$；T 为激发温度，K。

2. 原子和离子谱线强度及其影响因素

设 i、j 两能级间跃迁所产生的原子谱线强度以 I_{ij} 表示，则 $I_{ij} = N_i A_{ij} h\nu_{ij}$。

$$I_{ij} = \frac{g_i}{g_0} A_{ij} h\nu_{ij} N_0 e^{\frac{-E_i}{kT}}$$

式中，N_i 为单位体积内处于高能级 i 的原子数；A_{ij} 为 i、j 两能级间的跃迁概率；h 为普朗克常数；ν_{ij} 为发射谱线的频率。

由上式可见，谱线强度与下列因素有关。

（1）谱线强度与激发电位的关系是负指数关系，激发电位越大，谱线强度就越小。这是由于随着激发电位的增高，处于该激发态的原子数迅速减少。实践证明，绝大多数激发电位较低的谱线都是比较强的，激发电位最低的共振线往往是最强线。

（2）谱线强度与跃迁概率成正比。跃迁概率是指两能级间的跃迁，在所有可能发生的跃迁中的概率，跃迁概率可通过实验数据计算得到。

（3）谱线强度与统计权重 g 成正比。统计权重又称简并度，其数值等于（$2J+1$），J 为内量子数。

（4）激发温度升高，谱线强度增大。但是，由于温度升高，体系中被电离的原子数目也将增多，而中性原子数相应减少，致使原子线强度减弱。沙哈（Saha）指出，电离度χ与激发温度（T）的关系式为：

$$\lg \frac{\chi^2}{1-\chi^2} = \frac{5}{2}\lg T - \frac{5039}{T}V_i - 6.5$$

从式中可见，在一定温度下，元素的电离电位 V_i 越大，则电离度越小；反之，则电离度越大。所以，对于电离能较高的元素，激发温度的变化不会对原子线的强度有很大影响。

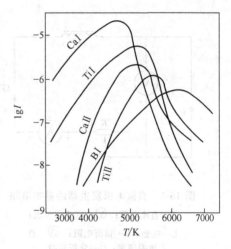

图 16-4　温度对谱线强度的影响

如图 16-4 所示为一些谱线强度与温度的关系曲线。

（5）谱线强度与基态原子数 N_0 成正比，所以在一定条件下，N_0 正比于元素的浓度，因此，谱线强度与元素的浓度应有一定的关系，光谱定量分析就是根据这一关系而建立起来的。

对于离子谱线，其强度除与以上各因素有关外，还与元素的电离电位 V_i 有关。离子线的强度为：

$$I = KN(kT)^{\frac{5}{2}} e^{-\frac{V_i}{kT}} e^{-\frac{E}{kT}}$$

式中，K 为 $\frac{g_1}{g_0}Ah\nu$；N 为中性原子及离子的密度；V_i 为电离电位；E 为激发电位；k 为玻尔兹曼常数；T 为温度。

第二节　棱镜光谱仪与光栅光谱仪

光谱仪通常由光源、检测器及摄谱仪三部分组成。

一、光谱仪的光源

光源的作用，主要是提供试样的蒸发和激发所需的能量，使其产生光谱。

1. 直流电弧发生器

直流电弧发生器的基本电路如图 16-5 所示。

电源 E 可以由直流发电机或硅整流器供给，电压为 220～380V，电流为 5～30A；可变电阻 R 是用以稳定和调节电流的大小；电感 L 用来减小电流的波动。

2. 交流电弧发生器

低压交流电弧发生器的基本电路如图 16-6 所示。它是由小功率的高频电路（Ⅰ）及普通交流的低频电路（Ⅱ），借助于线圈 L_1、L_2 偶合所组成。电源 E 经过调压电阻 R_2 适当降压后，由变压器 B_1 升压至 2.5～3kV，并向电容器 C_1 充电（充电电路为 l_2-L_1-C_1，G' 断路），其充电速率由 R_2 来调节。当电容器 C_1 中所充电的能量达到放电盘 G' 的击穿电压时，放电盘的空气绝缘被击穿，产生高频振荡（振荡电路为 C_1-L_1-G'，l_2 不作用）。振荡的速度可以由放电盘的距离及充电速率来控制，使每交流半周只振荡一次；振荡电压经 B_2 变压器进一步升压达 10kV，通过电容器 C_2 把分析间隙 G 的空气绝缘击穿，产生高频振荡放电（高频电路为 L_2-C_2-G）。当分析间隙 G 被击穿时，电源的低压部分便沿着已经造成的游离气体通道，通过分析间隙 G 进行弧光放电（低压放电电路为 R_1-L_2-G，C_2 不作用）；当电压降至低于维持电弧放电所需的数值时，电弧将熄灭，此时第二个交流半周又开始，分析间隙 G 又被高频放电击穿，随之进行电弧放电，如此反复进行，保证了低压燃弧线路不致熄灭。天津光学仪器厂生产 WPF-2 型交流电弧发生器就属于这一类型。

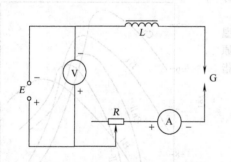

图 16-5　直流电弧发生器的基本电路

E—直流电源；Ⓥ—直流电压表；
L—电感；R—镇流电阻；Ⓐ—直
流安培表；G—分析间隙

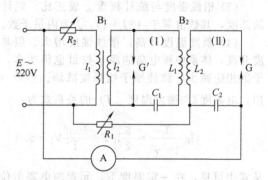

图 16-6　低压交流电弧发生器的基本电路

E—交流电源；B_1，B_2—变压器；R_1，R_2—可变
电阻；C_1—振荡电容；C_2　旁路电容；G'—放
电盘；G—分析间隙；Ⓐ—交流电流表

3. 高压火花发生器

高压火花发生器的线路如图 16-7 所示。

电源电压 E 由调压电阻 R 适当降压以后，经过变压器 B，产生 10～25kV 的高压，然后通过扼流圈 D 向电容器 C 充电，当电容器 C 上的充电电压达到分析间隙 G 的击穿电压时，就通过电感 L 向分析间隙 G 放电，产生火花放电。放电完了以后，又重新充电、放电，反复进行。天津光学仪器厂生产 WPF-2 型光源是一种交流电弧与低压火花两用的光源。

4. 光源选择时考虑的因素

选择光源时，必须针对分析对象的性质和分析的任务要求，考虑如下几个方面。

（1）分析元素的性质 首先要考虑分析元素的挥发性，以及它们电离电位的大小。对一些易挥发及易电离的元素，如碱金属等，采用火焰光源；对一些难激发的元素，选用火花光源；对一些难挥发的元素，则考虑用电弧光源，特别是直流电弧光源更合适，以利于这些难挥发元素的蒸发。

（2）分析元素的含量 对低含量的元素，需要有较高的绝对灵敏度，绝对灵敏度的大小不仅取决于激发温度，而且也取决于被测元素进入分析间隙的量，因此，常采用电弧光源；而对高含量的元素，希望当欲测成分含量变化时，谱线强度有较明显的变化，也就是要求测定的准确度高一些，光源更稳定一些，因此，常采用火花光源。

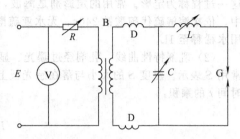

图 16-7 高压火花发生器的线路

E—电源；R—可变电阻；Ⓥ—交流电压表；B—升压变压器；D—扼流圈；C—可变电容；L—可变电感；G—分析间隙

（3）试样的形状及性质 对一些块状的金属、合金试样，既可以用火花光源，又可采用电弧光源；而对一些导电性差的粉末试样，常采用电弧光源。

（4）光谱定性分析和定量分析 对定性分析，为了使微量元素能很好地检出，要求光源的绝对灵敏度高一些，常采用直流电弧；而对定量分析，为了使结果准确度高一些，常采用稳定性较好的火花及交流电弧光源；但当测定痕量元素时，也常采用直流电弧光源。

5. 不同光源性能的比较

不同光源性能的比较及应用范围见表 16-2。

表 16-2 不同光源性能的比较及应用范围

光　源	激发温度/K	蒸发温度	亮　度	放电稳电性	应　用　范　围
火焰光源	1000～5000	略低	小	好	溶液、碱金属、碱土金属
直流电弧光源	4000～7000	高（阳极）	大	较差①	矿物、纯物质、难挥发元素
交流电弧光源	4000～7000	中	中	较好	矿物、低含量金属
高压火花光源	略高于直流约 10000	低	小	好	高含量金属、难激发元素

① 一般常指在金属与合金的光谱分析中放电稳电性差，但对矿物及纯物质光谱分析，且存在合适的光谱缓冲剂时，也可获得较佳的放电稳电性。

二、检测系统

原子发射光谱的检测目前采用照相法和光电检测法两种。前者用感光板，而后者以光电倍增管或电荷耦合器件（CCD）作为接收与记录光谱的主要器件。

1. 感光板

石英或光栅光谱仪最常用的检测器是感光板。

（1）感光板的构造及显影、定影

① 感光板 感光板是由卤化银（常采用溴化银）的微小结晶，均匀地分散在精制的明胶中，并涂布在支持体——玻璃或软片上。感光板的感光层称为感光乳剂。除了溴化银以外，一般还加有增感剂。

② 显影 当乳剂受到光线的作用时，其中卤化银分子将有小部分分解为金属银及卤素，前者形成不可见的潜影中心，这个过程称为曝光。包含有潜影中心的卤化银结晶，在某些还原物质的作用下，很快地被还原成金属银，形成清楚的"像"，这一过程称为显影。而没有潜影中心的卤化银结晶，则还原得很慢，仅产生雾翳。常用的标准显影液（A-B 混合显影液）的配方，是在 700mL 水中，依次序逐渐溶解米吐尔 1g、无水亚硫酸钠 26g、对苯二酚 5g、无水碳酸钠 20g 及溴化钾 1g，最后用水稀释至 1L。

③ 定影 显影以后，应把乳剂中未被作用的溴化银除去。为此，使其溶解于适当的溶液中，

这一过程称为定影。常用的定影剂是海波，即硫代硫酸钠溶液。常用的定影液配方为在 650mL 水中，依次溶解硫代硫酸钠 240g、无水亚硫酸钠 15g、冰乙酸 15mL、硼酸 7.5g、铝明矾 15g，最后用水稀释至 1L。

（2）乳剂特性曲线　乳剂经过曝光、显影、定影以后，就显出黑的谱线来，谱线变黑的程度，常用 S 表示。黑度 S 的大小与落在感光板上的曝光量 H 有关，曝光量 H 的大小等于照度 E 与曝光时间 t 的乘积：

$$H = \int_0^t E \mathrm{d}t = Et$$

式中，E 为照度，$E = \phi/\Lambda$ 为投射于接收器上单位面积内所辐射的功或辐射通量，单位为 lx。曝光量 H 的单位为 lux·s。

黑度 S 与曝光量 H 之间的关系很复杂，常常只能用图解的方法来表示，这种关系的图解曲线，即称为乳剂特性曲线，或乳剂校正曲线。通常以黑度值 S 为纵坐标，曝光量的对数 $\lg H$ 为横坐标作图，所得的乳剂特性曲线如图 16-8 所示。

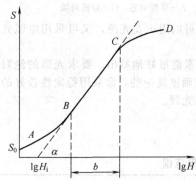

图 16-8　乳剂特性曲线
S_0—雾翳黑度；b—乳剂展度；
α—曲线的直线部分与横轴的夹角

从图 16-8 中看出，曲线可以分为三部分：AB 部分称曝光不足部分；CD 部分为曝光过度部分；BC 部分为曝光正常部分。对于曝光正常部分，S 与 $\lg H$ 之间的关系最简单，可用直线方程式来描述：

$$S = \tan\alpha(\lg H - \lg H_i) = \gamma(\lg H - \lg H_i) = \gamma\lg H - i$$

式中，i 为常数项；$\gamma = \tan\alpha$，称为感光板的反衬度，即乳剂特性曲线中直线部分的斜率；H_i 称为感光板的惰延量，即直线外推至 $S=0$ 时的曝光量。图 16-8 中 b 为直线部分在 $\lg H$ 横坐标上的投影，称为乳剂的展度，表示特性曲线直线部分的曝光量对数的范围。

（3）感光板的反衬度与灵敏度　感光板的反衬度是感光板的重要特性之一，它表示当曝光量改变时，黑度变化得快慢。它的大小，除了与乳剂本身的性质、照明性质有关外，还与显影条件及照射波长等有关。

感光板的灵敏度是表示感光板感光能力的大小的，是感光板的另一重要特性。在白光作用下，普通灵敏度的表示方法，各国都有不同的规定，国产感光板是用产生超过灰雾以上的净黑度为 0.2 时，在乳剂特性曲线上所对应的曝光量的倒数来表示，即：

$$S_{D0+0.2} = \frac{1}{H}$$

式中，S_{D0} 为感光板的灰雾黑度，即在指定的显影条件下，经过显影的感光板与未经显影感光板之间的黑度差。$S_{D0+0.2}$ 表示感光板的灵敏度。常用国产（天津）感光板的型号及性能见表 16-3。

表 16-3　常用国产（天津）感光板的型号及性能

型　号	灵敏度 $S_{D0+0.2}$	反衬度 γ	灰　雾	感光范围/nm
紫外Ⅰ型	12±3	3.0±0.2	<0.06	250～500
紫外Ⅱ型	20±5	2.0±0.2	<0.06	250～500
紫外Ⅲ型	20±5	2.8±0.2	<0.06	200～400
蓝快型	40±15	1.0±0.2	<0.08	250～500
蓝硬型	20±5	2.0±0.2	<0.08	250～500
蓝特硬型	12±3	2.8±0.2	<0.06	250～500
蓝超硬型	1～2	4.0±0.5	<0.06	250～500
黄快型	45±15	1.0±0.2	<0.08	300～600
黄特硬型	13±5	2.5±0.2	<0.08	300～600
红快型	50±20	1.0±0.2	<0.08	300～700
红特硬型	13±5	2.5±0.2	<0.08	300～700

2. 光电倍增管

用光电倍增管来接收和记录谱线的方法称为光电直读法。光电倍增管既是光电转换元件，又是电流放大元件，其结构如图 16-9 所示。

光电倍增管的外壳由玻璃或石英制成，内部抽真空，阴极涂有能发射电子的光敏物质，如 Sb-Cs 或 Ag-O-Cs 等，在阴极 C 和阳极 A 间装有一系列次级电子发射极，即电子倍增极 D_1、D_2 等。阴极 C 和阳极 A 之间加有约 1000V 的直流电压，当辐射光子撞击光阴极 C 时发射光电子，该光电子被电场加速落在第一被增极 D_1 上，撞击出更多的二次电子，依此类推，阳极最后收集到的电子数将是阴极发出的电子数的 $10^5 \sim 10^8$ 倍。

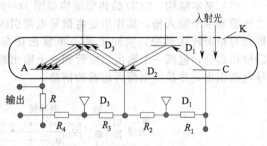

图 16-9　光电倍增管的工作原理

光电倍增管的特性用以下参数表征。

（1）暗电流和线性响应范围　在入射光的光谱成分不变时，光电倍增管的光电流强度 i 与入射光强度成正比，即：

$$i = kI_i + i_0$$

式中，I_i 为对应于该电流的入射光强度；k 为比例系数；i_0 为暗电流。暗电流指入射光强度为零时的输出电流，它由热电子发射及漏电流引起。因此，降低温度及降低电压都能降低暗电流。光电元件的暗电流越小，质量就越好。

（2）噪声和信噪比　在入射光强度不变的情况下，光电流也会引起波动。这种波动会给光谱测量带来噪声。光电倍增管输出信号与噪声的比值，称为信噪比。信噪比决定入射光强度测量的最低极限，即决定待测元素的检出限。只有将噪声减小，才能有效地提高信噪比，降低元素的检出限。

（3）灵敏度和工作光谱区　在入射光通量为 1 个单位（lm）时，输出光电流强度的数值，称为光电倍增管的灵敏度。若用公式表示，灵敏度为：

$$S = \frac{i}{F}$$

式中，i 为输出光电流强度；F 为入射光通量。光电倍增管的灵敏度随入射光的波长而变化。这种灵敏度，称为光谱灵敏度。描述光变灵敏度的曲线，称为光谱响应曲线。根据光谱响应曲线，可以确定光电倍增管的工作光谱区和最灵敏波长。

（4）工作电压和工作温度　在入射光强度不变的情况下，光电倍增管供电电压的变化会影响光电流的强度。因此，必须采用稳压电源供电，工作电压的波动不许超过 0.05%。当电压升高到一定值后，光电倍增管即产生自发放电。这种自发放电会使光电元件受到损坏。因此，工作时不许超过光电倍增管允许的最高电压。此外，工作环境的温度变化也会影响光电流的强度。因此，光电倍增管必须在温度波动不大的环境中工作，特别不能在高温的环境中工作。

（5）疲劳和老化　入射光强度较大或照射时间较长，会引起光电流的衰减。这种现象称为疲劳现象。疲劳后在黑暗中经过一些时间可以恢复灵敏度的，称为可逆疲劳。疲劳后无法恢复灵敏度的，称为不可逆疲劳或老化。在正常情况下，老化过程是进行得很慢的。如果入射光较强，产生超过 1mA 的光电流，光电倍增管就可能因老化而损坏。

3. CCD 检测器

CCD（charge-coupied devices，中文译名是电荷耦合器件）是一种新型固体多道光学检测器件，它是在大规模硅集成电路工艺基础上研制而成的模拟集成电路芯片。由于其输入面空域上逐点紧密排布着对光信号敏感的像元，因此它对光信号的积分与感光板的情形颇相似。但是，它可以借助必要的光学和电路系统，将光谱信息进行光电转换、储存和传输，在其输出端产生波长-强度二维信号，信号经放大和计算机处理后在末端显示器上同步显示出人眼可见的图谱，无需像感光板那样的冲洗和测量黑度的过程。目前这类检测器已经在光谱分析的许多领域获得了应用。

在原子发射光谱中采用 CCD 的主要优点是这类检测器的同时多谱线检测能力，和借助计算机系统快速处理光谱信息的能力，它可极大地提高发射光谱分析的速度。如采用这一检测器设计的全谱直读等离子体发射光谱仪可在 1min 内完成样品中多达 70 种元素的测定；此外，它的动态响应范围和灵敏度均有可能达到甚至超过光电倍增管，加之其性能稳定、体积小、比光电倍增管更结实耐用，因此在发射光谱中有广泛的应用前景。

（1）基本结构　CCD 的典型结构如图 16-10 所示，由三部分组成：①输入部分，包括一个输入二极管和一个输入栅，其作用是将信号电荷引入到 CCD 的第一个转移栅下的势阱中；②主体部分，即信号电荷转移部分，实际上是一串紧密排布的 MOS 电容器，其作用是储存和转移信号电荷；③输出部分，包括一个输出二极管和一个输出栅，其作用是将 CCD 最后一个转移栅下势阱中的信号电荷引出，并检出电荷所运输的信息。

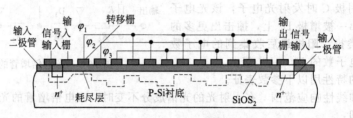

图 16-10　CCD 的典型结构示意

（2）工作过程　如上所述，CCD 由许多紧密排布的 MOS 电容器组成，因此对光敏感，每个 MOS 电容器（现多用光敏二极管）构成一个像元 [图 16-11(a)]。当一束光线投射到任一电容器上时，光子穿过透明电极及氧化层进入 P 型硅衬底，衬底中处于价带的电子吸收光子能量而跃入导带 [图 16-11(b)]，形成电子空穴对。导带-价带见能量差 E_g 称为半导体的禁带宽度。在一定外加电压下，Si-SiO$_2$ 界面上多数截流子-孔穴被排斥到底层，在界面处感生负电荷，中间则形成耗尽层，而在半导体表面形成电子势阱。势阱形成后，随后到来的信号电子就被贮存在势阱中。由于势阱的深浅可由电压大小控制，因此，如果按一定规则将电压加到 CCD 各极上，使贮存在任一势阱中的电荷运动的前方总是有一个较深的势阱处于等待状态，贮存的电荷就沿势阱由浅到深做定向运动，最后经输出二极管将信号输出。由于各势阱中贮存的电荷依次流出，因此，根据输出的先后顺序就可以判别电荷是从哪个势阱来的，并根据输出电荷量可知该像元的受光强弱。

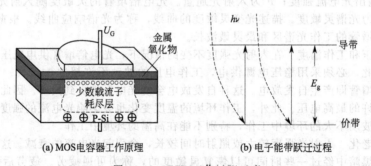

(a) MOS电容器工作原理　　　　(b) 电子能带跃迁过程

图 16-11　CCD 工作过程示意

（3）性能参数　CCD 的性能通常用像元灵敏度或量子效率、光谱响应范围以及读出信噪比等参数衡量。像元灵敏度或量子效率指收集到的电荷数和照射的光子数的比值，在一定光强下，收集的电荷数越多灵敏度越高。DDC 的光谱响应范围与衬底材料有关，不同衬底材料具有不同的 E_g 值。当其用于光谱检测时，只有能量大于 E_g 的光子能产生光谱响应，因此使用时应根据所检测的光谱范围选择合适的 CCD。由于信号电荷在 CCD 内的储存和转移与外界隔离，因此从原理上讲 CCD 是一个低噪声的器件，适于微弱光信号的检测。

目前光谱检测所用的 CCD 多为多面阵型，减少像元尺寸并增大器件面积可有效提高光谱分辨率和响应范围。

三、棱镜摄谱仪（光谱仪）

棱镜摄谱仪是光谱仪的早期仪器。

1. 棱镜摄谱仪的光学系统

棱镜摄谱仪的种类较多，但基本构造和作用原理很相似。它主要由照明系统、准光系统、色散系统（棱镜）及投影系统（暗箱）四部分组成，如图 16-12 所示。

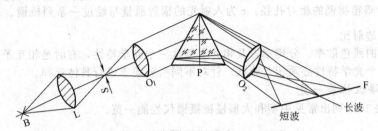

图 16-12　棱镜摄谱仪光学系统
B—光源；L—照明透镜；S—狭缝；O_1—准光镜；
P—棱镜；O_2—暗箱物镜；F—感光板

① 照明系统由透镜 L 组成，可分单透镜及三透镜照明系统两类。为了使从光源 B 所产生的光，均匀地照明于狭缝 S，并使感光板上所得的谱线，每一部分都很均匀，一般常采用三透镜照明系统。

② 准光系统包括狭缝 S 及准光镜 O_1，其作用在于把光源辐射通过狭缝 S 的光，经过准光镜 O_1 成平行光束，照射到棱镜 P 上。

③ 色散系统可以由一个或多个棱镜组成。其作用是把经过准光镜 O_1 后所得的平行光束，照射通过棱镜 P 时，由于棱镜材料对不同波长的光的折射率不同，因而产生了色散。

④ 投影系统包括暗箱物镜 O_2 及感光板 F。其作用是将经色散后的单色光束，聚焦而形成按波长顺序排列的狭缝像——光谱。

2. 棱镜摄谱仪的光学特性

(1) 摄谱仪的线色散率是把不同波长的辐射能分散开的能力。一般用波长差 $d\lambda$ 为一个单位的两条谱线，在焦面上分散开的距离 dx 来表示，即 $dx/d\lambda$（单位为 mm/nm），但在实际工作中常采用线色散率的倒 $d\lambda/dx$（单位为 nm/mm）来表示更为方便。

棱镜摄谱仪线色散率的大小，可用以下公式来表示：

$$\frac{dx}{d\lambda} = \frac{2mf_2\sin\frac{\alpha}{2}}{\sin\theta\sqrt{1-n^2\sin^2\frac{\alpha}{2}}}\times\frac{dn}{d\lambda}$$

式中，m 为棱镜的数目；f_2 为暗箱物镜焦距；α 为棱镜的顶角；θ 为光轴与感光板之间的夹角；n 为棱镜材料的折射率；$dn/d\lambda$ 为棱镜材料的色散率。

(2) 棱镜摄谱仪的理论分辨率可用下式表示。

$$R_0 = \frac{\lambda}{\Delta\lambda} = mb_0\frac{dn}{d\lambda}$$

式中，m 为棱镜数目；b_0 为棱镜底边长；$\dfrac{dn}{d\lambda}$ 为棱镜材料的色散率。但在实际工作中，棱镜摄谱仪的实际分辨率的大小，还与照明情况、谱线宽度、狭缝宽度、感光板性质等条件有关。当棱镜未被全部照明时，其实际分辨率大小为：

$$R = mb\frac{dn}{d\lambda}$$

式中，b 为总的有效的棱镜底边长，$b < b_0$ 故降低了分辨率。对于中型石英摄谱仪的分辨率的好坏，常以是否清楚地分开 Fe 310.0671nm、310.0369nm、309.9971nm 的三条谱线来判断，由：

$$R = \frac{\lambda}{\Delta\lambda} \geqslant \frac{310}{0.0302} > 10000$$

即当仪器的分辨率大于 10000 时，就可清楚地分开 Fe 310.0nm 附近的三条谱线，否则就分不开。

(3) 摄谱仪的集光本领是指摄谱仪的光学系统传递辐射能的能力。集光本领 L 的大小可用下式表示：

$$L=\frac{E}{B}=\frac{\pi}{4}\tau\sin\theta\left(\frac{d_2}{f_2}\right)^2$$

式中，$\frac{d_2}{f_2}$ 为暗箱物镜的相对孔径；τ 为入射光的辐射通量与经过一系列棱镜、透镜后透射光辐射通量之比，即透射比。

棱镜摄谱仪的线色散率、分辨率以及集光本领这三个光学特性，有时是相互矛盾的。因此，在使用时，对这三个光学特性必须相互兼顾，针对不同实验要求进行具体选择。

3. 棱镜摄谱仪性能一览

表 16-4 与表 16-5 列出常见中型和大型棱镜摄谱仪性能一览。

表 16-4　中型棱镜摄谱仪性能一览

生产厂名	型号	棱镜	准光镜	暗箱物镜	波长范围 /nm	感光板
英国 Hilger & Watts	E498	60°柯牛式 折射面长 65mm 高 41mm		f_D600mm $\phi50mm$	200～1000	4cm×25.4cm 35mm 软片
前联邦德国 Fuess	110M	柯牛式 底长 80mm 高 42mm	f_D585mm $\phi52mm$	f_D635mm $\phi64mm$	210～500	6cm×24cm 35mm 软片
法国 JoBin & Yvon	NZ	65°柯牛式 折射面长 45mm 高 35mm	$f1200mm$ $\phi60mm$		226～450	9cm×24cm 35mm 软片
日本岛津	QF-60	60°柯牛式 折射面长 60mm 高 40mm	f_D700mm $\phi50mm$	f_D580mm $\phi50mm$	200～800	4cm×25.4cm 2cm×25.4cm
前民主德国 Jena Zeiss	Q-24	60°柯牛式 底长 63mm 高 44mm	$f540mm$ (258.3nm) $\phi50mm$	$f500mm$ (2853nm) $\phi50mm$	200～580	9cm×24cm
前苏联	ИСП-28 ИСП-30	60°柯牛式 底长 47mm 高 30mm	$f703mm$ $\phi40mm$	$f830mm$ $\phi40mm$	200～600	9cm×24cm

表 16-5　大型棱镜摄谱仪性能一览

生产厂名	型号	棱镜	准光镜	暗箱物镜	波长范围 /nm	感光板	备注
英国 Hilger & Watts	E478	30°立特罗式 石英，折射面 长 94mm 高 56mm	$f1700mm$ $\phi75mm$	自准式	191～800	4cm× 25.4cm	
		29°玻璃立特罗式 折射面长 94mm 高 56mm	$f1700mm$ $\phi75mm$	自准式	370～1200		
日本岛津	QL-170	30°石英立特罗式 折射面长 92mm 高 52mm	$f1700mm$ $\phi75mm$	自准式	190～800	4cm× 25.4cm	
美国 Baush & Lomb	大型 Littrow 摄谱仪	石英直角棱镜 折射面长 95mm 高 57mm，石英、玻璃直角棱镜	$f1827mm$ $\phi75mm$	自准式	210～200 350～1000	4cm× 25.4cm	
前苏联	KCA-1	30°石英直角棱镜 底长 70mm 高 50mm	$f1895.5mm$ $\phi47mm$	自准式	200～400	9cm× 24cm	

续表

生产厂名	型号	棱镜	准光镜	暗箱物镜	波长范围/nm	感光板	备注
前苏联	KCA-1	30°玻璃直角棱镜 底长 120mm 高 70mm	f1684.5mm ϕ67mm	自准式	360～800		
法国 Jobin & Yvon	Z3	65°柯牛石英棱镜 折射面长 70mm 高 52mm	f1980mm ϕ100mm		205～900	23cm×61cm 35mm 软片	
前联邦德国 Fuess	110H	4 个石英棱镜 底边长 4×80mm 高 42mm	f950mm (281nm) ϕ64mm	f950mm (281nm) ϕ74mm	210～800	6cm×24cm 35mm 软片	
前民主德国 ROW	FD-S	Foersterling 式 三玻璃棱镜 边长 205mm	f300mm ϕ52mm	f1200mm ϕ65mm	390～600	9cm× 24cm	
前苏联	ИСП-51	Foersterling 式 三玻璃棱镜 折射角 60° 底边长 210mm 高 54mm	f304mm 1：5	f120mm 1：2.3	360～1000	6.5cm ×9cm	
				f270mm 1：5.6	360～1000		
			f800mm 1：13	f800mm 1：15.5	360～1000	6.5cm ×18cm	
			f1300mm 1：26	自准式	360～1000	6.5cm ×18cm	

四、光栅摄谱仪

光栅摄谱仪是用光栅作色散元件的光谱仪。

1. 光栅摄谱仪的光路系统

光栅实际上就是一系列相距很近且等距平行排列的狭缝阵列，它的色散作用是单缝衍射与多缝干涉的综合结果，多缝干涉决定了各级谱线的位置，单缝衍射决定了各级光谱的相对强度分布。光栅摄谱仪大多采用垂直对称式（艾伯特——法斯提型）光路系统。如图16-13所示为北京光学仪器厂生产的采用垂直对称式光路的 WSP-1 型平面光栅摄谱仪的光路。

从光源 B 发射的光，经过三透镜照明系统 L 及照明狭缝 S，再经反射镜 P 折向球面反射镜 M 下方的准光镜 O_1 上，经 O_1 反射以平行光束射到光栅 G 上，由光栅 G 分光后的光束，经球面反射镜的中央窗口暗箱物镜 O_2，最后按波长排列聚焦于感光板 F 上。旋转光栅台 D，改变光栅的入射角，便改变所

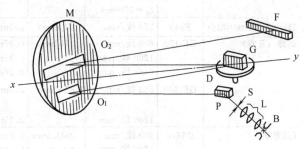

图 16-13　WSP-1 型平面光栅摄谱仪的光路
B—光源；L—三透镜照明系统；S—狭缝；P—反射镜；
M—球面反射镜；O_1—准光镜；G—光栅；
D—光栅台；O_2—暗箱物镜；F—感光板

需的波段范围和光谱级次。这样仪器的主光轴是在暗箱物镜 O_2 的中心与准光镜 O_1 中心连线的中心点 x 和光栅 G 中心点 y 的连线上，即 xy。感光板 F 的中心和入射狭缝 S 的中心，在垂直平面内是对称于主光轴 xy，并位于球面反射镜的焦面上。这种垂直对称式光路的特点是谱面平直、结构紧凑、成像质量好。

2. 光栅摄谱仪的光学特性

（1）光栅方程式：

$$m\lambda = d(\sin\alpha \pm \sin\beta)$$

式中，m=0、±1、±2、±3、…，为衍射光栅的级次（数）；λ 为波长；d 为光栅常数；α、β 分

别为入射角及衍射角；"—"号表示入射角与衍射角在光栅法线的异侧。

（2）光栅摄谱仪的角色散率：

$$\frac{\mathrm{d}t}{\mathrm{d}\lambda}=\frac{nf}{\alpha\cos\beta}$$

式中，t 是光栅相邻两刻痕之间的距离；α 是入射角；β 是衍射角；n 是光谱级次；λ 是入射光波长；f 是暗箱物镜焦距。实际工作中，常用倒数线色散率这一术语，用 $\mathrm{d}\lambda/\mathrm{d}l$ 表示，其意义是指在焦面上每毫米距离内所容纳的波长数，单位是 $10^{-8}\,\mathrm{cm/mm}$。光栅常数 α 越小，即每毫米距离内刻痕越多，物镜焦距越长，光谱级次越高，线色散率越大。

（3）光栅摄谱仪的分辨（率）能力是指能分辨相邻两谱线的能力，可用下式表示：

$$R=\frac{\lambda}{\Delta\lambda}=nN$$

式中，λ 是两谱线平均波长；$\Delta\lambda$ 是根据瑞利判据恰能分辨的两谱线波长差；n 是光谱级次；N 是光栅刻痕总数。如 WSP-1 光栅摄谱仪的光栅长为 95mm，当光栅刻线为每毫米 600 条时，其总的刻线数 $N=95\times600=57000$（条）。所以，它的"一级衍射"光谱的理论分辨率为 $R=57000\times1=57000$。

3．常见光栅摄谱仪

表 16-6 列出了常见光栅摄谱仪性能一览。

表 16-6 常见光栅摄谱仪性能一览

厂名（国家）	型号	光栅	物镜	倒易线色散	一级光谱范围/nm	相板盒/cm	备注
北京光学仪器厂	WSP-1	600 线/mm	1800mm	0.9nm/mm	230～850	9×24	有滤光片
	WSP-2	1200 线/mm	1：21.2	0.45nm/mm	nm		
		2400 线/mm					
上海光学仪器厂	31W I	600 线/mm	2100mm	0.8nm/mm	200～600	9×24	可用滤光片
		1200 线/mm	1：22	0.4nm/mm	330～1000	25×10 等	
		1200 线/mm		0.4nm/mm	200～600		
北京第二光学仪器厂	WPG-100	1200 线/mm	1050mm	0.8nm/mm	200～400	18×9	有滤光片
		$\lambda_b=3000nm$					
		1200 线/mm					
		$\lambda_b=5700nm$			400～800		
Hilger & Watts（英国）	E543	576 线/mm	3400mm	0.5nm/mm	200～1200	48×9	有分级器
岛津（日本）	GE-170	600 线/mm	1700mm	0.97nm/mm	200～1600	4×25.4	有光电直读式
		1200 线/mm		0.48nm/mm			
		2160 线/mm		0.26nm/mm			
	GE-340	600 线/mm	3400mm	0.5nm/mm	200～2500	2×4×25.4	有分级器及光电直读式 GES-340
		1200 线/mm		0.25nm/mm			
（前苏联）	ДФС-8	600 线/mm	2648.5mm	0.6nm/mm	200～1000	18×13	
		1200 线/mm	1：35	0.3nm/mm			
	ДФС-13	600 线/mm	1000mm	0.4nm/mm	200～1000	9×24	
		1200 线/mm	1：40	0.2nm/mm			
Zeiss Jena（德国）	PGS-I	650 线/mm	2070mm	0.74nm/mm	200～2800	9×24	有分级器
			1：28.5				
		1000 线/mm		0.5nm/mm			
Optica（意大利）	BS	1200 线/mm	1200mm	0.68nm/mm	185～1000	9×24	B5C 为光电直读
		2160 线/mm					
JACO Ebert（美国）		590 线/mm	3400mm	0.5nm/mm	215～465		
		$\alpha=58°$					
		285 线/mm		（I）0.5nm/mm	450～700		
		$\alpha=97°$		（II）0.33nm/mm	300～466		可做同位素分析
				（IV）0.25nm/mm	225～350		
		$\alpha=37.6°$		0.04nm/mm	219～240		
		$\alpha=54.1°$		0.02nm/mm	212.5～224.5		

北京光学仪器厂还生产 GSP-1-70 型、WP-075 型光栅摄谱仪及 WPP·I 型微机平面光栅摄谱仪，该仪器由 WSP-1 主机与 WPJ2 型微机程序控制仪组成，微机自动程序控制，实现预燃、曝光、板移自动控制、预燃、曝光时间数字显示。

北京第二分析仪器厂还生产 WP-1 型、WP-1A 型平面光栅光谱仪及 750 系列光电直读光谱仪，波长范围 200～550nm，光栅焦距 750mm，通道数＜40，高压火花发生器，IBM ps/vp 微机数据处理系统，LQ-1600K 打印机，软件功能齐全，英、汉两种文字显示。

北京地质仪器厂生产的 GSPI-70 型摄谱仪和新天精密光学仪器公司生产的 801W 型摄谱仪。

第三节　发射光谱的定性与半定量分析法

一、光谱定性分析法

1. 灵敏线、最后线

由于不同元素的原子，其原子结构不同，它们的电子能级不同，即使同一种元素的原子，它们所处电子能级不同，跃迁时也产生不同的谱线。因而，不同原子各具有特征的光谱线与线组。这是光谱定性分析的根据。

在进行光谱定性分析时，对于被检定的元素，并不要求也不可能找出它的所有谱线，一般只要找出它的一根或几根不受干扰的灵敏线即可。所谓灵敏线，是指一些激发电位低，跃迁概率大的谱线。

表 16-7 列出了元素最灵敏的原子线及一级离子线的波长范围。

表 16-7　元素最灵敏的原子线及一级离子线的波长范围

波长范围/nm	元素	
	原子线	一级离子线
10～200	He、Ne、F、Ar、N、H、Kr、O、Cl、Br、C、P、Rn、S、Hg、As、Se	Li、He、Na、Ne、K(KF)、Rb、O、Kr、Cs、Br、Cl、N、Xe、Se、I、S、As、C、B、Ga、P、In、Sb、Ge、Al、Pb、Au、Pt、Si、Bi、Ti
200～247	Sb、Zn、Te、Cd、Be、Au	Zn、Cd、Cu、Sn、W、Ni、Ag、Pd、Rh、Fe、Ru
247～350	B、Si、Ir、Ge、Pt、Hg、Os、Bi、Sn、Cu、Ag、Pd、Ni、Rh、Co、Re、Ru	Mn、Lu、Hf、Mg、Mo、Cr、V、Nb、Be、Ti、Zr
350～800 (900)	Re、Mo、Al、Yb、Mn、Pb、Nb、Ga、Gd、Ca、Cr、Sm、V、In、Eu、Sr、Zr、Ra、Ti、Tl、Y、Ba、Sc、Na、La、Li、K、Rb、(Cs)	Sm、Sc、Yb、Y、Ra、Ta、Ca、La、Sr、Pr、Eu、Nd、Ba

光谱线的强度，不仅与谱级的性质、激发电位的大小有关，而且与试样中该成分的含量有关。当试样中元素的含量逐渐减小时，光谱线的数目也相应地减少，元素浓度逐步减小，所观察到的最后消失的谱线，称为最后线。一般说来，最后线也是最灵敏线。

2. 定性分析的灵敏度

光谱定性分析的灵敏度与具体实验条件有很大关系，表 16-8 中列出各元素光谱定性分析相对灵敏度的大致范围，相对灵敏度表示该元素在样品中能检出的最小百分含量。

表 16-8　光谱定性分析的相对灵敏度

C、Se	$1～10^{-1}$
As、Ge、Ir、Os、Sm、Te、Th、U、W	$10^{-1}～10^{-2}$
Au、B、Bi、Co、Dy、Er、Eu、Hg、Gd、Ho、La、Mn、Mo、Nb、Nd、P	$10^{-2}～10^{-3}$
Pd、Pr、Pt、Rb、Rn、Ru、S、Sb、Sn、Si、Ta、Tb、Ti、Tl、V、Zn、Zr	
Al、Cd、Cr、Cs、F、Fe、Ga、Ge、In、Mg、Ni、Pb、Sc、Y、Yb	$10^{-3}～10^{-4}$
Ag、Be、Cu、Ba、Sr、Ca	$10^{-4}～10^{-5}$
Cs、K、Li、Na、Rb	$10^{-5}～10^{-6}$

3. 标准光谱图比较法

进行光谱定性分析的常用方法为"标准光谱图"比较法。"标准光谱图"是在一张张放大 20 倍以后的铁光谱图上准确标出 68 种元素的主要光谱线的图片。铁光谱的谱线非常丰富，且在各波段中均有容易记忆的特征光谱，故可作为很好的波长标尺。分析试样时，将试样与纯铁并列摄谱，摄得的谱片置于映谱仪上放大 20 倍，再与标准光谱图进行比较，比较时，将两套铁光谱的谱线对准后，就可由标准光谱图上找出试样中的一些谱线是由哪些元素产生的。

常用的标准谱图有以下两种。

① 哈雷逊（G. R. Harrison）编 "M. I. T. WAVE-LENGTH TABLES"（麻省理工学院十万谱线波长表）。

将 87 个元素的近十万条谱线由 200～1000nm 按波长顺序排列，以七位数字表示出波长值，并列有谱线强度及光谱外观。

② 加里宁（C. A. KAJINHNH）编"元素谱线表"。

4. 光谱定性分析注意事项

① 中型摄谱仪色散率较为适中，可将欲测元素一次摄谱，便于检出。对于十分复杂的样品（谱线干扰严重），可采用大型摄谱仪。

② 采用直流电弧，其阳极斑温度高，有利于试样蒸发，得到较高的灵敏度。

③ 电流控制：先用小电流（5～6A），使易挥发的元素先蒸发，后用大电流（6～20A），直至试样蒸发完毕，这样保证易挥发和难挥发元素都能很好地被检出。

④ 采用较小的狭缝（5～7μm），以免谱线互相重叠。

⑤ 运用哈特曼光栅，哈特曼光栅是一块多孔板，摄谱时移动它的位置，可使铁光谱和不同试样的光谱分段摄在谱板上而不致改变相对位置。

⑥ 摄取炭棒的空白光谱，以检查炭棒的纯度和加工过程中的沾污情况。

⑦ 选用灵敏度高的光谱 II 型感光板。

⑧ 选用炭电极。将样品与炭粉混合在一起而摄谱。装入样品不宜多，约 10mg，否则低电离电位的元素含量多时，会引起弧温下降。上电极常采用圆锥形炭电极，下电极采用内径 2.5mm、孔深 3mm、壁厚 0.5～0.7mm 的电极，放置样品。

阴极层激发可得到较高的检出灵敏度。

⑨ 要求有较高强度的狭缝照明。可用一个短焦距的球面聚光镜，将电弧像聚焦于狭缝上。

二、光谱半定量分析法

半定量分析法是光谱分析法应用最多、最有效的方法。当仅要求知道试样中各种元素的大致含量时，就可用半定量分析法。

（1）谱线强度（黑度）比较法，将被测元素配制成标准系列，将试样与标样在同一条件下摄在同一块感光板上，然后在映谱仪（又称投影仪，上海光学仪器厂生产 8W 型放大 20 倍）上对被测元素灵敏线的黑度与标准样品中该谱线的黑度进行比较，即可得出该元素在试样中的大致含量，例如，分析矿石中的铅，即找出试样和标准系列中铅的灵敏线 283.3nm 相比较，如果试样中的铅线的黑度介于 0.01%，则可以 0.01%～0.001% 表示其结果。

（2）谱线呈现法是基于被测元素谱线的数目，随试样中欲测元素含量的减少而减少。当含量低时，仅有 1～2 条最灵敏的谱线出现，随着试样中含量逐渐增高，一些灵敏的谱线也逐渐出现。因此在固定的工作条件下，用含有不同量被测元素的样品摄谱，把相对应出现的谱线，编成一个谱线呈现表，见表 16-9。在测定时，按上述条件，利用谱线呈现表，就可以很快地估计出样品中几十种元素的半定量结果。

三、元素的光谱与元素周期表关系

元素光谱的复杂性及谱线显现的情况，主要取决于元素基态原子价电子的状态及数目，而这些性质与元素周期表密切有关，因此，随着元素原子序数的增加，元素的光谱化学性质也出现周期性的变化。

表 16-9　铅的谱线呈现

含 Pb 量/%	谱　线　及　其　特　点
0.001	283.307nm 清晰可见,261.418nm 和 280.200nm 谱线很弱
0.003	283.307nm,261.418nm 增强,280.20nm 线清晰
0.01	上述各线均增强,266.317nm 和 287.332nm 线不太明显
0.03	266.317nm 和 287.332nm 线逐渐增强至清晰
0.1	上述各线均增强,不出现新谱线
0.3	显出 239.38nm 淡色宽线,在谱线背景上 257.726nm 不太清晰
1	上述各线均增强,240.195nm,244.383nm,244.621nm,2241.17nm 模糊可见
3	上述各线均增强,322.05nm 与 233.242nm 模糊可见
10	上述各线均增强,242.664nm 和 239.960nm 模糊可见
30	上述各线均增强,出现 311.89nm 和 269.75nm 线

① 同一周期的元素，随着原子序数的增大，外层价电子数也逐渐增加，因此，光谱线数目增加，其谱线强度将逐渐减弱。

② 对于主族元素，大部分具有 s、p 外壳层的电子排列，所以，它们的谱线数目较少，且谱线强度较大；并且对同一族的元素，由于它们的外壳层具有相同数目的电子排列，故它们的元素光谱性质很相似。

③ 对于副族元素铜、银、金、锌、镉、汞，因为其内层 d 电子数已饱和，只剩下外壳层的 s 电子排列，故其谱线较简单，且强度较大；而对其他的副族元素，由于它们具有 d 外壳层的电子排列，故它们的谱线数多，如铁、钨等元素，已知的谱线达 5000 条以上，且强度较弱；对稀土元素以及超铀元素，由于具有 d、f 外壳层的电子排列，因此，它们的谱线更多而强度也就更弱。

④ 同一元素的离子和原子，由于它们外壳层价电子数不同，故它们的离子光谱与原子光谱截然不同；而对原子序数为 $Z+n$ 的 n 级离子和原子序数为 Z 的原子，因为它们的外壳层价电子数及排列相同，故它们的光谱相似，如铍的一级离子光谱 BeⅡ与锂的原子光谱 LiⅠ很相似。

⑤ 元素的共振电位、电离电位、光谱线波长的分布也随着元素原子序数 Z 的增大，而出现周期性的变化。

对同一周期的元素，原子序数越大，共振电位及电离电位也越高，相应的共振线波长越短；对同一族元素，原子序数越大，共振电位及电离电位越低，相应的共振线波长越长。因此，整个周期表中，左下角的元素，金属性最强，共振电位及电离电位最低，其相应的共振线波长最长，处在近红外区；而在右上角的元素，非金属性最强，共振电位及电离电位最高，所以，相对应的共振线波长最短，处在远紫外区；而对大多数元素，具有中等程度的共振电位及电离电位，所以，相对应的共振线波长大部分落在近紫外及可见光区。例如铯的电离电位为 3.89eV，共振线的激发电位为 1.45eV，相应的波长为 852.110nm；而氦的电离电位为 24.58eV，共振线的激发电位为 21.13eV，相应的波长为 58.4331nm。

⑥ 元素及其化合物的熔点、沸点和离解能等性质在元素周期表中也呈现周期性的变化，在光谱分析中这些性质直接影响试样的蒸发及气态分子的离解等过程。

第四节　发射光谱的定量分析法

一、光谱定量分析的基本关系式

设 I 为某分析元素的谱线强度，c 为该元素的含量，实验证明，在大多数情况下，I 为 c 的函数：

$$I=ac^b$$
$$\lg I=\lg a+b\lg c$$

这就是光谱定量分析的数学表达式。以 $\lg I$ 对 $\lg c$ 作图得的曲线，在一定浓度范围内为一直线。

式中，a、b 在一定条件下为常数。b 值取决于谱线的自吸。当谱线强度不大，没有自吸时，$b=1$。有自吸时，$b<1$，自吸越大，b 值越小。常数 a 值受试样组成、形态及放电条件等的影响，在实验中很难保持为常数。故光谱定量分析常采用内标法。

二、内标法与分析线对

在光谱定量分析中，由于试样的蒸发、激发条件以及试样组成等的任何变化，使参数发生改变，直接影响谱线的强度。这种变化往往很难避免，所以在实际光谱分析中，常选用一条比较谱线，用分析线与比较线的强度比进行光谱定量分析，以抵偿这些难以控制的变化因素的影响。所采用的比较线称为内标线，提供这种比较线的元素称为内标元素。

内标元素的含量必须固定，它可以是试样中的基体成分，也可以是以一定的含量加入试样中的外加元素。这种按分析线与内标线强度比进行光谱定量分析的方法称内标法；所选用的分析线与内标线的组合叫做分析线对。

设分析线和内标线的强度分别为 I_1 和 I_2，则：

$$I_1=a_1 c_1^{b_1}$$
$$I_2=a_2 c_2^{b_2}$$

当内标元素的含量为一定值时，c_2 为常数；又当内标线无自吸时，$b_2=1$，此时，内标线强度可视为常数，即 $I_2=a_2$。

分析线对的强度比 R 可用下式表示：

$$R=\frac{I_1}{I_2}=ac^b$$

取对数后得到：

$$\lg R=\lg\frac{I_1}{I_2}=b\lg c+\lg a$$

这就是光谱定量分析内标法进行的基本关系式。

三、定量分析方法

1. 校准曲线法

在确定的分析条件下，用三个或三个以上含有不同浓度被测元素的标准样品与试样在相同条件下测定其激发光谱，以分析线强度 I，或采用内标法以分析线对强度比 R 或 $\lg R$ 对浓度 c 或 $\lg c$ 作校准曲线。再由校准曲线求得试样中被测元素含量。

（1）摄谱法　摄谱法是用感光板来记录光谱。将光谱感光板置于摄谱仪焦面上，接受被分析试样的光谱的作用而感光，再经过显影、定影等过程后，制得光谱底片，其上有许多黑度不同的光谱线，采用测微光度计测量谱线的黑度，进行光谱的定量分析。如上海光学仪器厂生产 9W 型测微光度计，新天精密光学仪器公司生产 WCC 型测微光度计。

感光板上谱线的黑度与作用其上的总曝光量有关，曝光量等于感光层所接受的照度和曝光时间的乘积：

$$H=Et\infty It$$

式中，H 为曝光量；E 为照度；t 为时间；I 为谱线强度。

感光板上谱线的黑度通常用测微光度计进行测量，通过感光板上没有谱线部分的光强 i_0，通过谱线部分的光强为 i，则透光率 T 为：

$$T=\frac{i}{i_0}$$

黑度 S 定义为透过率倒数的对数，故：

$$S = \lg \frac{1}{T} = \lg \frac{i_0}{i}$$

感光板上的黑度 S 与曝光量 H 之间的关系，用实验得到的乳剂特性曲线来表达（见本章第二节二）。

当采用内标法进行定量分析时，分析线对的谱线所产生的黑度，均落在乳剂特性曲线的直线部分，对于分析线黑度 S_1 和内标线黑度 S_2 分别为：

$$S_1 = \gamma_1 \lg H_1 - i_1 = \gamma_1 t_1 \lg I_1 - i_1$$
$$S_2 = \gamma_2 \lg H_2 - i_2 = \gamma_2 t_2 \lg I_2 - i_2$$

在同一块感光板上同一条谱带上，曝光时间相等，即：

$$t_1 = t_2$$

两条谱线的波长一般要求接近，具其黑度都在乳剂特性曲线的直线部分，故：

$$i_1 = i_2$$
$$\gamma_1 = \gamma_2$$

将 S_1 减去 S_2，得到：

$$\Delta S = S_1 - S_2 = \gamma_1 \lg I_1 - \gamma_2 \lg I_2 = \gamma \lg \frac{I_1}{I_2}$$

可见分析线对的黑度差值与谱线相对强度的对数成正比。

内标法中：

$$\lg R = \lg \frac{I_1}{I_2} = b \lg c + \lg a$$

故

$$\Delta S = \gamma \lg \frac{I_1}{I_2} = \gamma \lg R = \gamma b \lg c + \gamma \lg a$$

这是基于内标法原理的以摄谱法进行光谱定量分析的关系式，为了使 a 值不变及与摄谱条件无关，分析元素和内标元素、分析线和内标线必须具备下列一些条件：

① 分析线对应具有相同或相接近的激发电位和电离电位；
② 内标元素与分析元素应具有相接近的沸点、化学活性及相近的原子量；
③ 内标元素的含量是一定的，应不随分析元素的含量变化而变化；
④ 分析线及内标线自吸收要小；
⑤ 分析线和内标线附近的背景应尽量小，且无干扰元素存在；
⑥ 分析线对的波长、强度及宽度也应尽量接近。

(2) 光电直读法　ICP 光源稳定性好（光电直读法和 IPC 光源见本章第五节），一般可以不用内标法，但由于有时试液的黏度等会有差异而引起试样导入的不稳定，也采用内标法。ICP 光电直读光谱仪商品仪器上带有内标通道，可自动进行内标法测定。光电直读法中，在相同条件下激发试样与标样的光谱，测量标准样品的电压值 U 和 U_r，U、U_r 分别为分析线与内标线的电压值；再绘制 $\lg U - \lg c$ 或 $\lg(U/U_r) - \lg c$ 校准曲线；最后，求出试样中被测元素含量。这些都由计算机来处理分析结果。

2. 标准加入法

当测定低含量元素时，找不到合适的基体来配制标准试样时，采用标准加入法比较好。设试样中被测元素含量为 c_x，在几份试样中分别加入不同浓度 c_1、c_2、c_3、$\cdots$、c_i 的被测元素；在同一实验条件下测定其激发光谱，然后测量试样与不同加入量样品分析线对的强度比 R。在被测元素浓度低时自吸系数易 $b=1$，分析线对强度比 $R \propto c$，R-c 图为一条直线，如图 16-14 所示，将直线外推，与横坐标相交截距的绝对值即为试样中待测元素含量 c_x。

由于：

$$R = \frac{I}{I_0} = Ac^b$$

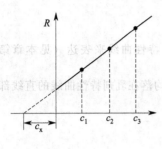

图 16-14　标准加入法

$b=1$，则：

$$R=A(c_x+c_i)$$

$R=0$，则：

$$c_x=-c_i$$

四、光谱定量分析工作条件的选择

（1）光谱仪　对于一般谱线不太复杂的试样，选用中型光谱仪即可，但对谱线复杂的元素（如稀土元素），则需用色散率大的大型光谱仪。

（2）光源　在光谱定量分析工作中，应特别注意光源的稳定性以及试样在光源中的燃烧过程。通常根据试样中被测元素的含量、元素的特性及要求等来选择合适的光源。

（3）狭缝　在定量分析工作中，使用的狭缝宽度要比定性分析中宽，一般可达 $20\mu m$ 左右，这是由于狭缝较宽时，乳剂的不均匀性所引入的误差就会小些。

（4）内标元素及内标线　金属光谱分析中的内标元素，一般采用基体元素，如在钢铁分析中，内标元素选用铁。但在矿石光谱分析中，由于组分变化很大，又因基体元素的蒸发行为与待测元素也多不相同，故一般都不用基体元素作内标，而是定量地加入其他元素作内标。

（5）缓冲剂　试样组分影响弧焰温度，弧焰温度又直接影响待测元素的谱线强度，这种由于其他元素存在而影响待测元素谱线强度的作用称为第三元素的影响，对于成分复杂的样品来说，第三元素的影响往往是很显著的，并引起较大的分析误差。

为了减少试样成分对电弧温度的影响，使弧焰温度稳定，常在试样中加入一些能够稳定弧焰温度的物质，这些物质称为光谱缓冲剂。

作为光谱缓冲剂，应具有增进有规律的挥发、稳定燃烧以及稳定电弧温度三种作用。

光谱缓冲剂根据其作用的不同，可分为以下几类。

① 稳定剂　一般是具有低电离电位、低沸点的物质，如碱金属的盐类氯化钠、氯化钾、碳酸钠、碳酸锂、氟化钠等，以及一些具有中等挥发性的物质，如碳酸钙、氧化铜等，或者它们与炭粉的混合物。其作用在于稳定光源的蒸发、激发的温度，从而减小或消除试样组成的影响。

② 冲淡剂（稀释剂）　一般为具有较简单谱线的纯净的物质，常用的有炭粉及二氧化硅等，其作用在于稀释试样，以使"第三"元素的含量降低，或使分析元素的含量较适宜，而减小试样组成的影响。

③ 增强剂及抑制剂　此类物质一般具有选择的作用，常用的有碱金属的卤化物、氯化银、氯化铵、氧化锑、炭粉等，其主要作用在于使某些元素的谱线增强及某些谱线减弱；或使某些元素的挥发性增强，某些元素的挥发性减弱而消除或减小干扰谱线的出现，从而减小试样组成变化的影响。如氯化钾或氯化钠的存在使 $Li\;\mathrm{II}\;670.7nm$ 谱线大大增强，而使碳及 CN 的带光谱大大减弱。因此氯化钾、氯化钠是锂、铷、铯的增强剂，又是后者的抑制剂。

④ 助熔剂　一般为低熔点物质，常用的有氧化硼、硼酸、硼砂、硫酸氢钾及氯化钠等。其主要作用在于降低试样的熔点，使其更易熔化，而减小或消除试样在蒸发过程中的喷溅及各个成分在固态中扩散行为的差别，从而达到减小试样组成变化的影响。

⑤ 反应剂　一般为卤化物，常用的氯化剂有氯化银、氯化亚铜、氯化铵、氯化铅等；碘化剂有结晶碘、碘化银、碘化铵等；氟化剂有氟化铵、氟化钠、氟化锂、氟化铯、氟化钡、氟化银及聚四氟乙烯等；硫化剂有硫黄及硫化物等；它们的作用在于使某些元素产生热化学反应，改变它们的沸点，使之提前挥发，提高光谱灵敏度，减小谱线重叠干扰。如使镓、锗等以硫化镓、硫化锗形式提前挥发，从而减小了基体铁及铅、锌的干扰，消除了试样中欲测元素化合物形态不同对谱线强度的影响，提高了光谱测定的灵敏度。

表 16-10 列出了测定不同元素时所用的缓冲剂。

表 16-10 测定不同元素时所用的缓冲剂

测定元素	缓 冲 剂	内标元素
稀土元素	85%C 粉+15%BaCO₃+3%Y₂O₃+0.1%Lu₂O₃	Y、Lu
	85%C 粉+15%BaCO₃+0.01%Sc₂O₃	Sc
Nb	C+0.2%Mo₂O₃	Mo
	C+0.5%Co₂O₃	Co
U	85%C 粉+15%BaCO₃+0.1%Lu₂O₃	Lu
Th	PbCl₂+0.2%V₂O₅	V
Hf	80%C 粉+20%Cr₂O₃+0.05%Mo₂O₃	Mo
Zr	80%C 粉+20%Cr₂O₃+0.15%W	W
Be	75%C 粉+25%SrSO₄+0.7%BaCO₃	Ba
	70%C 粉+26%SrSO₄+2%Li₂CO₃	
	SrSO₄+2%Co₂O₃	Co

表 16-11 列出了不同缓冲剂在电弧中的温度。

表 16-11 不同缓冲剂在电弧中的温度

缓冲剂	弧温/K	缓冲剂	弧温/K	缓冲剂	弧温/K
LiF	4070	K₂SO₄	3817	BaF₂	4130
Li₂CO₃	4300	CaF₂	4140	BaCO₃	4260
KF	3820	CaCO₃	4330	BaSO₄	4230
KCl	3890	CaSO₄	4860		
K₂CO₃	3720	BaO	3970		

（6）光谱背景的影响及扣除 光谱的背景，常常是由于灼热的固体辐射的连续光谱、分子辐射的带光谱以及分析线旁边很强的扩散线（如锌、铝、镁、锑、铋、镉、铅等）等影响所产生的。如果试样中含有较大量具有复杂的多线光谱的元素，如铀、钍、钼、钨、铪、锆、铌、钽、稀土等，当摄谱仪色散率较小时，也会形成类似连续光谱的背景。所产生的这些背景的强度分布，可能是均匀的，也可能是不均匀的。

当仅在分析线上出现背景时，分析线强度应包括其背景的强度，如分析线强度远远大于背景强度，此时背景影响较小，可不考虑；但当背景强度与分析线强度相接近时，背景影响严重，使曲线低含量部分明显地向上弯曲，因此必须扣除。当内标线附近出现背景时，由于外界条件的改变对内标线及背景强度的变化产生相似的影响，仅使工作曲线产生平移，故一般可不扣除。

背景的扣除，常采用如下的方法。

设
$$I_{a+b} = I_a + I_b$$

则
$$\lg \frac{I_a}{I_b} = \lg\left(\frac{I_{a+b} - I_b}{I_b}\right) = \lg\left(\frac{I_{a+b}}{I_b} - 1\right)$$

式中，I_a、I_b 分别为分析线强度及背景强度。因此，只要分别测出 S_{a+b} 和 S_b 的黑度值，便可由乳剂特性曲线中求出 $\lg\left(\frac{I_{a+b}}{I_b}\right)$，然后取反对数得到 $\frac{I_{a+b}}{I_b}$ 并减去 I，再取对数，即得 $\lg\frac{I_a}{I_b}$。由于背景的强度 I_b 是常数，故常以 $\lg\frac{I_a}{I_b}$ 代替 $\lg I_a$。

实际上，上述扣除背景的方法，在运算过程中相当麻烦，在生产中均采用光谱计算板的方法来快速地扣除背景。

（7）光谱分析中的标准样品 光谱分析是一种相对的分析方法，在分析时，为了确定元素的含量，必须采用标准物质（或国家实物标准）来对照，才能确定元素的测定值。

有关标准物质及国家实物标准内容见本书第六章第四、五节。

在配制粉末及溶液标准样品时，操作应严格、细致，以防沾污和损失。配制高纯物质标样时，基体中应不含有欲测元素，若无足够纯的基体，应对基体中残存的欲测元素用增量法测定其含量，作为空白，进行结果的校正。用化学试剂溶解试样时，尽量少用硫酸及盐酸为溶剂，因为硫酸盐在灼烧时不易分解，贮存时易吸水，且摄谱时不易点弧、试样飞溅、弧光不稳定；而盐酸的存在，会引起金属氯化物的挥发损失。

第五节　电感耦合等离子体发射光谱

一、电感耦合等离子体光源

电感耦合等离子体发射光谱由电感耦合等离子体光源和光谱仪组成。

1. 等离子体光源分类

在任何一种高温气体中，如果有1%以上的原子或分子被电离，则这个气体就具有可观的电导率。这种由自由电子、离子和中性原子或分子所组成，在总体上呈电中性的气体称为等离子体。在光谱分析中，等离子体光源是特指外观上类似火焰的放电光源。

等离子体光源是近二三十年发展起来的一种新型光源，分类如下。

$$
等离子体光源
\begin{cases}
直流等离子体喷焰（DCP） \\
射频等离子体光源
\begin{cases}
电容耦合高频等离子体炬（CCP） \\
电容耦合微波等离子体炬（CMP） \\
电感耦合高频等离子体炬（ICP） \\
电感耦合微波等离子体炬（MIP）
\end{cases}
\end{cases}
$$

ICP电感耦合等离子体光源的发展最快，已得到广泛应用。包括：ICP-AES（电感耦合等离子体-原子发射光谱）、ICP-AFS（电感耦合等离子体-原子荧光光谱）、ICP-MS（电感耦合等离子体-质谱）等。通常在光谱上把电感耦合等离子体简称为等离子体。ICP等离子体发生器是由高频发生器及等离子体炬管组成。

2. 等离子体炬管

等离子体炬管如图16-15所示。

在高频感应线圈（亦称工作线圈）里面安装了一个由三个同心石英管组合成的等离子体炬管。外管φ18mm，由切线方向通入冷却气，保护炬管，维持稳定等离子体等作用。中间管φ10mm，以轴向（或切向）通入辅助气，可用于调节等离子体火炬的高低，点燃等离子体及保护中心注入管。内管φ5mm，管头孔径φ1.5mm，导入载气，可在等离子体轴部"钻出"一条通道，引进分析样品。

通常炬管通气流量：

冷却气　氩气　10~20L/min

辅助气　氩气　1L/min

载气　　氩气　0.5~1.5L/min

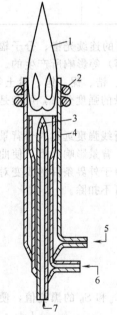

图16-15　等离子体炬管

1—等离子焰；2—感应线圈；
3—试料导入管；4—石英外管；
5—冷却气；6—辅助气；
7—载气+试料雾

3. 高频发生器

高频发生器常见的有两类。

① 自激式高频发生器、振荡器由振荡回路、电子管和整流电流三部组成。具有补偿阻抗变化的能力、结构简单等优点。

② 他激式高频发生器包括晶体振荡器、倍频器及其放大器组成的振荡器，以及功率放大器、桥式定向耦合器、正向功率调节器等。高频功率是通过同轴电缆传输到负载线圈上。这种发生器工作频率稳定，常为石英振荡器频率6.78MHz的4倍或6倍，即27.12MHz或40.68MHz，功率常为0~2.5kW可调，

在商品仪器中应用较为广泛。国内上海新兴机械厂生产自激式 $GP_{3.5}E$ 型 ICP 高频发生器，40.68MHz，3.5kW；铁岭电子设备厂生产自激式 GP_6-DL_3 型 ICP 高频发生器，27.12MHz，2.5kW；保定电子设备厂生产自激式 ICP-D 型高频发生器，27～35MHz 可调，3.5kW。北京新地力技术研究所生产的 ICP-RD_2 自激式发生器 30MHz，1.8kW；晶控高频发生器 ICP-RF-2kW 型，27.12MHz。

当高频发生器与围绕在等离子体炬管外的负载铜管感应线圈（内通水冷却）接通时，高频电流流过线圈，并在炬管的轴线方向上形成一个高频磁场，此时，若向炬管内通入氩气，并用一个感应线圈（常用 Tesla 线圈）产生电火花引燃（点火），气体触发产生电离粒子，当这些带电粒子达到足够的导电率时，就会产生一股垂直于管轴方向的环形涡流电流，这股几百安培的感应电流，瞬间就将气体加热到近万摄氏度的高温，在炬管口形成一个火炬状的、稳定的等离子体火炬。

等离子体火炬的外观是明亮的火焰，在等离子体火炬的不同区域内，温度是不一样的，通常是在感应线圈上 15～30mm 处进行观察和测量。

由于高频电流具有趋肤效应的性质，使等离子体炬形成一个环状的通道，高频电流在等离子体火炬的周围通过，而形成一个电学上被屏蔽的中间通道，当输入样品气溶胶时，不至于引起等离子体的阻抗发生很大的变化，使光源具有高度稳定性。

4. 使用 ICP 光源注意事项

① 为了减小高频电磁场对人体的伤害，ICP 炬管均置于金属制的火炬室中，加以高频屏蔽。

② 高频发生器必须有良好接地，接地电阻小于 4Ω，必须使用单独地线，不能和其他电器设备共用地线，否则高频电流可能影响其他电器设备的正常工作，甚至毁坏其他仪器设备。

③ 由于高频发生器工作时，将一部分功率消耗于振荡管阳极及负载感应线圈上，产生热量，因而必须采用冷却装置。高频负载感应线圈常采用循环水冷却，振荡管多采用空气强制通风冷却。

④ 高频设备具有功率大、高频高压的特点，设备易出现打火、爬电、击穿、烧毁和熔断等事故。其中振荡管是高频设备的核心元件，也是易损元件之一。为延长其使用寿命需注意：使用功率与额定电压应尽可能降低；严格遵守预热灯丝的操作规程；经常检查通冷风、冷却水的设备的良好情况。

5. ICP 光源的特点

① ICP 温度可高达 10000K，可使化合物完全解离成原子状态，有利于难激发元素的测定。

② ICP 具有良好的稳定性，使 ICP-AES 法测量精密度可达到 1% 左右。

③ 基体影响不严重，自吸收现象少，无电极沾污，具有良好的抑制电离干扰效应。

④ 工作曲线线性范围宽，达 5～6 个数量级，可同时进行常量、微量物质分析。

⑤ 谱线强度大、背景小、干扰小、灵敏度高。

6. 进样装置

用等离子体做激发光源时，需要专门的进样装置把试样引入光源。进样装置由雾化器和雾室组成，与火焰原子吸收雾化装置相似，用以产生试剂的气溶胶，并输入等离子体炬管中心管。

表 16-12 列出火焰、石墨炉和 ICP 等各种原子光谱分析方法检出限的比较。

表 16-12 火焰、石墨炉和 ICP 等各种原子光谱分析方法检出限的比较 单位：$\mu g/mL$

元 素	FAE	FAA	NAA	FAF	ICP
Ag	0.002	0.001	0.00001	0.00001	0.004
Al	0.003	0.03^+	0.0001	0.0006^{2+}	0.0002
As	10	0.03	0.0008	0.1	0.02
Au	2.0	0.02	0.0001	0.003	0.04
B	(0.05)	2.5^+	0.02		0.005
Ba	0.001	0.02^+	0.0006	0.008^{2+}	0.00001
Be	1.0	0.002^+	0.000003	0.1	0.0004
Bi	20.0	0.05	0.0004	0.003^{2+}	0.05
Ca	0.0001	0.001^+	0.00004	0.00008^{2+}	0.00002
Cd	0.8	0.001	0.000008	0.000001	0.001
Ce	10.0			$(0.5)^{2+}$	0.002
Co	0.03	0.002	0.0002	0.005	0.002

续表

元　素	FAE	FAA	NAA	FAF	ICP
Cr	0.002	0.002	0.0002	0.001^{2+}	0.0003
Cs	0.6	0.05	0.00004		
Cu	0.001	0.001	0.00004	0.0005	0.0001
Dy	0.05	0.2^+		$(0.3)^{2+}$	0.004
Er	0.07	0.1^+		0.5^{2+}	0.001
Eu	0.0002	0.04^+	0.0005	0.02^{2+}	0.001
Fe	0.005	0.004	0.001	0.008	0.0003
Ga	0.01	0.05	0.0001	0.0009^{2+}	0.0006
Gd	5.0	4.0^+		$(0.8)^{2+}$	0.007
Ge	0.4	0.1^+	0.003	0.1	0.004
Hf	(20.0)			100.0^{2+}	0.01
Hg	10.0	0.5	0.002	0.0002	0.001
Ho	0.1	0.1^+		0.15^{2+}	0.01
In	0.0004	0.03		0.0002^{2+}	0.03
Ir	(0.4)	1.0^+			
K	0.00005	0.003	0.004		
La	(0.01)	2.0^+			0.0004
Li	0.00002	0.001	0.0003	0.0005^{2+}	0.0003
Lu	1.0	2.0^+		3.0^{2+}	0.008
Mg	0.005	0.0001	0.000004	0.0001	0.00005
Mn	0.001	0.0008	0.00002	0.0004^{2+}	0.00006
Mo	0.2	0.03^+	0.0003	0.012^{2+}	0.0002
Na	0.0001	0.0008		0.0001^{2+}	0.0002
Nb	1.0	3.0^+		1.5^{2+}	0.002
Nd	0.7	2.0^+		2.0^{2+}	0.01
Ni	0.02	0.005	0.0009	0.002^{2+}	0.0004
Os	2.0	0.4^+		150.0^{2+}	
P	400	21^+	0.0003	(80)	0.04
Pb	0.1	0.01	0.0002	0.01	0.002
Pd	0.05	0.01	0.0004	0.04	0.002
Pr	0.07	4.0^+		(1.0)	0.03
Pt	4.0	0.005	0.001		0.08
Rb	0.008	0.005	0.0001		
Re	0.2	0.6^+			0.003
Rh	0.03	0.02^+	0.0008	0.15^{2+}	
Ru	0.3	0.06^+		0.5^{2+}	
Sb	0.6	0.03	0.0005	0.05	0.2
Sc	0.8	0.1^+	0.006	0.01^{2+}	0.003
Se	100.0	0.1	0.0009	0.04^+	0.03
Si	3.0	0.1^+	0.000005	0.6	0.01
Sm	0.2	0.6^+		$(0.15)^{2+}$	0.02
Sn	0.1	0.05	0.02	0.05	0.03
Sr	0.0002	0.005^+	0.0001	0.0003^{2+}	0.00002
Ta	4.0	3.0^+			0.03
Tb	(0.03)	2.0^+		$(0.5)^{2+}$	0.02
Te	2.0	0.05	0.0001	0.005	0.08
Th	(10.0)				0.003
Ti	0.03	0.09^+	0.004	0.002^{2+}	0.0002
Tl	0.02	0.02	0.001	0.004^{2+}	0.2
Tm	0.004	0.04^+		0.1^{2+}	0.007
U	(5.0)	20.0^+			0.03
V	0.007	0.02^+	0.0003	0.03^{2+}	0.0002
W	0.6	3.0^+			0.001
Y	0.1	0.3^+			0.00006
Yb	0.0002	0.02^+	0.00007	0.01^{2+}	0.00004
Zn	10.0	0.001	0.000003	0.00002	0.002
Zr	5.0	4.0^+			0.0004

注：FAE 为火焰原子发射光谱法（火焰法）；FAA 为火焰原子吸收光谱法；NAA 为高温石墨炉原子吸收光谱分析法；FAF 为火焰原子荧光光谱法；ICP 为电感耦合等离子体发射光谱分析法。

二、电感耦合等离子体发射光谱仪

ICP 发射光谱仪可分成三大类。

① ICP 摄谱仪 早期商品光谱仪，是采用传统光源（电弧和火花）与摄谱仪组合而成。ICP 摄谱仪，仅把电弧和火花光源换成 ICP 光源。由 ICP 光源与摄谱仪组成。由于 ICP 放电具有较大体积的光源，但进行光谱分析时所采用的观测区的体积（例如高 5mm，直径 1mm）却比一般电弧和火花光源小得多，因此早期摄谱仪与 ICP 光源组合时，将照明系统做相应的调整即可。

② 等离子体多道发射光谱仪 又称光电直读光谱仪（光量计）。

③ 单道扫描等离子体光谱仪 真空型光谱仪，其波长范围 170～800nm，因此，能够分析碳、磷、硫等灵敏线短于 200nm 的元素。

1. 等离子体多道发射光谱仪

光电直读光谱仪是利用光电测量方法直接测定光谱线强度的光谱仪。过去在钢铁等冶炼部门应用较多，目前由于 ICP 光源的广泛使用，光电直读光谱仪才被大规模地应用，现在商品 ICP 光谱仪中光电直读光谱仪已占主要地位。光电直读光谱仪有两种基本类型：一种是多道固定狭缝式；另一种是单道扫描式。本章主要讨论多道固定狭缝式，它又称为光量计。

在摄谱仪中色散系统只有入射狭缝而无出射狭缝。在光电光谱仪中，一个出射狭缝和一个光电倍增管构成一个通道（光的通道），可接收一条谱线。多道仪器时安装多个（可达 70 个）固定的出射狭缝和光电倍增管，可接受多种元素的谱线。单道扫描式只有一个通道，这个通道可以移动，相当于出射狭缝在光谱仪的焦面上扫描移动（多由转动光栅或其他装置来实现），在不同的时间检测不同波长的谱线。目前常用的是多道固定狭缝式。

如图 16-16 所示为光电直读光谱仪（ICP 光量计）示意。从光源发出的光经透镜聚焦后，在入射狭缝上成像并进入狭缝。进入狭缝的光投射到凹面光栅上，凹面光栅将光色散、聚焦在焦面上，在焦面上安装一个个出射狭缝，每一狭缝可使一条固定波长的光通过，然后投射到狭缝后的光电倍增管上进行检测。最后经过计算机处理后打印出数据与显示器显示。全部过程除进样外都是微型计算机程序控制，自动进行。

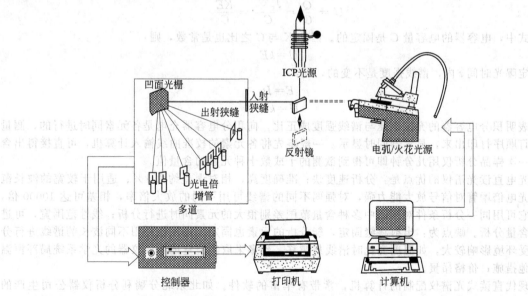

图 16-16 光电直读光谱仪示意

由图 16-16 可看出，光电直读光谱仪主要由三部分构成：光源、色散系统和检测系统。光源在前面已介绍，以下仅讨论色散与检测系统。

（1）色散系统 系统的色散元件采用凹面光栅，并有一个入射狭缝与多个出射狭缝。将光栅刻痕刻在凹面反射镜上就叫做凹面光栅。

罗兰圆：Rowland（罗兰）发现在曲率半径为 R 的凹面反射光栅上存在一个直径为 R 的圆（注意这里 R 为直径），如图 6-17 所示光栅 G 的中心点与圆相切，入射狭缝 S 在圆上，则不同波长的光都成像在这个圆上，即光谱在这个圆上，这个圆叫做罗兰圆。这样凹面光栅既起色散作用，又起聚焦作用。聚焦作用是由于凹面反射镜的作用，能将色散后的光聚焦。

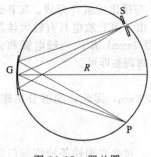

图 16-17　罗兰圆
G—光栅；S—入射狭缝；
P—出射狭缝

综上所述，光电直读光谱仪多采用凹面光栅，因为光电直读光谱仪要求有一个较长的焦面，能包括较宽的波段，以便安装更多的通道，只有凹面光栅能满足这些要求。将出射狭缝 P 装在罗兰圆上，在出射狭缝后安装光电倍增管，一一进行检测。凹面光栅不需借助成像系统形成光谱，因此它不存在色差，由于减少了光学部件而使得光的吸收和反射损失也大大减小。

（2）检测系统　利用光电方法直接测定谱线强度。光电直读光谱仪的检测元件主要是光电倍增管（如第一章所述），它既可进行光电转换又可进行电流放大。

每一个光电倍增管连接一个积分电容器，由光电倍增管输出的电流向电容器充电，进行积分，通过测量积分电容器上的电压来测定谱线强度 I。光电流 i 与谱线强度 I 成正比，即：

$$i = KI$$

式中，K 为比例常数。在曝光时间 t 内积累谱线强度，也就是接收到的总能量为：

$$E = \int_0^t I dt = \frac{1}{K} \int_0^t i dt$$

由光电倍增管输出来的光电流向积分电容器充电，在 t 时间内积累的电荷 Q 为：

$$Q = \int_0^t i dt$$

电容器的电压 U 为：

$$U = \frac{Q}{C} = \frac{\int_0^t i dt}{C} = \frac{KE}{C}$$

式中，电容器的电容量 C 是固定的。因此 K 与 C 之比也是常数，则：

$$U = kE$$

在一定曝光时间 t 内，谱线强度是不变的，则：

$$E = It$$
$$U = kIt$$

该式表明积分电容器的充电电压与谱线强度成正比。向积分电容器充电是各元素同时进行的，测量按预订顺序打印出来，显示器同时显示。一般事先将各元素的校准曲线输入计算机，可直接得出含量。一次样品分析仅用几分钟即可得到欲测的十或数十种元素的含量值。

光电直读光谱仪的优点是：分析速度快；准确度高，相对误差约为 1%；适用于较宽的波长范围；光电倍增管对信号放大能力强，对强弱不同的谱线可用不同的放大倍率，相差可达 10000 倍，因此它可用同一分析条件对样品中多种含量范围差别很大的元素同时进行分析；线性范围宽，可进行高含量分析。缺点为：出射狭缝固定，能分析的元素也固定，也不能利用不同波长的谱线进行分析；受环境影响较大，如温度变化时谱线易漂移，现多采取实验室恒温或仪器的光学系统局部恒温及其他措施；价格昂贵。

现代直读式光谱仪配制的计算机，常带有丰富的软件。如北京北分瑞利分析仪器公司生产的 7502B ICP 光电直读光谱仪的软件有日常样品分析软件，包括建立分析控制表、确定背景扣除位置、求谱线干扰校正系数、最佳实验条件选择、建立工作曲线、扣空白背景值、曲线标准化、定性分析、干扰系数修正、求灵敏度、打印显示分析结果；显示帮助功能软件，能在 CRT 上显示出主分析菜单的各项命令的简单说明；辅助功能操作、手动鼓轮描迹、测全通道暗电流或稳定性、灯精密度测定、光谱仪精密度测定、求检出限；显示或打印仪器操作说明；分析数据管理文件、显示分析控制表名、删除分析控制表、做分析控制表的备份、分析结果管理等。

2. 单道（顺序）扫描等离子体发射光谱仪

（1）单道扫描等离子体发射光谱仪　单道（顺序）扫描等离子体顺序扫描发射光谱仪的光学系统示意如图 16-18 所示。当光栅绕轴转动时，出口狭缝处可获得一个从短波到长波的扫描光谱图。若在出口狭缝处放置一个光电倍增管，则可测得从短波到长波扫描的各波长瞬时谱线强度，根据谱线强度，可算出相应的元素的含量，它是多元素分析仪器。

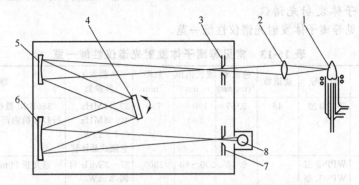

图 16-18　单道（顺序）扫描等离子体顺序扫描发射光谱仪的光学系统示意
1—ICP；2—透镜；3—入射狭缝；4—平面光栅；5—准光镜；
6—投影物镜；7—出射狭缝；8—光电倍增管

为了防止由于室温的变化，引起仪器波长的变化，整个分光器系统置于恒温室中。扫描的控制和数据处理均由计算机来进行。波长精度通常要求达到±0.005nm。

（2）光栅转动的驱动机构　为了覆盖 ICP 光谱仪所需要的整个波段 160～800nm，扫描单色器光栅的相应转动角约为 45°。为了达到足够的谱线分辨率，这个转角大致应以 300000 步数，对光栅转动位置的重现性要求很严，才能保证谱线位置的重现性，以及减小寻找峰位的视窗，同时要求，对全波段进行扫描所需时间应不超过几秒。另外，要求传动机构应非常坚固耐用，能够可靠地工作多年而无需维修。现采用的驱动机构有下面三种。

① 步进电机与齿轮减速机构。多数厂家采用步进电机，步进电机本身坚固耐用和可靠，动作又快，转动准确度和精度都好，遗憾的是，步进电机转一圈的步数少，仅为 25000 步，要转 12 圈才能达到 300000 步，因此，就需一个减速齿轮系统，如精密丝杆/正弦杆机构或蜗轮蜗杆机构。这些机构具有扫描速度慢、精度不高、易磨损等缺点，致使步进电机与齿轮减速机构不是理想的驱动机构。整个系统均置于恒温室内（如 35℃±1℃）。

② 检流计驱动装置。检流计驱动是将数字模拟（D/A）转换器，输出的一个精确的电压数值，按检流计的原理，即用一个弹簧来平衡永久磁场和电磁场之间的吸引力，转变为转角运动。此驱动装置中无齿轮，利用现代新式的 D/A 转换器可以达到 300000 步数，其驱动速度很高。但这个机构要求高精度的温度控制（±0.01℃）以及苛刻的防震措施，使造价上升。

③ 谐波驱动系统为美国贝尔德公司推出的新的光栅驱动机构。具有转速快、定位精确、使用寿命长等优点。

（3）波长扫描模式　通常分为三种方式。

① 峰值搜索方式　该方式即快速对谱线峰值搜索，在分析线±0.10nm 波长范围进行峰值搜索，检出最大峰值后，测量其强度。

② 直接方式　即慢速对谱线峰值搜索，在分析线±0.02nm 波长范围内，仔细地慢速扫描。这种方式常用于定量分析，可提高精密度与准确度，在很狭的范围内扫描，对于谱线复杂的样品，可消除谱线干扰，在峰值确定后，测量其强度。

③ 轮廓方式　在分析线±0.10nm 波长范围内进行谱线搜索，可得到分析谱线轮廓，找出扣除背景的波长位置、是否有谱线干扰等信息。

（4）多功能的软件系统　单道扫描等离子体发射光谱仪都是用计算机进行程序控制及数据采集、处理的。常备有多种功能的软件可供使用。

① 有些仪器带有定性分析、半定量分析软件。

② 波长的驱动、定性与测量的软件以及波长谱库等。

③ 定量分析软件，包括标准曲线及拟合、内标校正、背景校正、基体元素校正、干扰校正、分析条件的选择、分析结果数据统计处理、打印、显示等。

④ 氩气流量的自动控制、ICP 火炬的自动点火、分析条件自动最优化等软件。

3. 常见等离子体发射光谱仪

表 16-13 为常见等离子体发射光谱仪性能一览。

表 16-13　常见等离子体发射光谱仪性能一览

光谱仪名称制造厂家及国别	型　号	通道数	色散率/(nm/mm)	波长范围/nm	焦距/mm	高频发生器参数	特　点
ICP 光电直读光谱仪北京第二分析仪器厂	7502B 型	48	0.55	190～500	750	27.12MHz 40.68MHz 0.7～2kW 它激式晶体管	386IBM 微机，彩显，LQ-1600K 宽行打印机内部恒温(28.0±0.3)℃
北京光学仪器厂	WPP-2 型 WP-2L 型		0.45	200～800	1800	27～35MHz 可调，3.5kW	感光板 90mm×240mm
北京地质仪器厂	WLY-100-1 型	单道扫描	0.4	160～800	1000	40.68MHz 它激式	光栅步进电机驱动，60mm/s，波长 0.001nm，386IBM 微机 LQ-1600K 宽行打印机，英汉显示，有多分析条件选择，波长校正，定性、定量，分析方法编辑数据处理等
Thermo Jarrell-Ash (Allied) 热电佳尔-阿许公司(美国)	Plasma Atomcomps 96～275	50	0.54	168～800	750	ICP 27.13MHz 2kW	由 PDP₃ 计算机控制，自动背景扣除，ASR-33 电传打字机，可同时测定 48 种元素
	70～090		1.1 或 0.54	420～970 210～485	1500		瓦斯尼斯摄谱仪 151cm 暗箱
	Icap 9000 Icap 1100 Icap bIE	单道扫描 61	0.92 0.53	190～800 170～500	750 750	27.12MHz 2kW 27.12MHz 2kW	微机控制及数据处理 彩显 氢化物发生器自动进样器
	IRIS-ICP	直读光谱仪		175～900		27.12 或 40.68MHz 20kW	电荷注射检测器 26 万个检测单元动态响应范围 5 个数量级，全自动点火和操作，微机控制气体流量与压力、分析与计算软件，486 型微机，高彩显及针式打印机
	16/25 型	单道扫描		160～850		27 或 40MHz 20kW	无齿轮电磁驱动装置，160～850nm 全波谱扫描只需 20ms，分析速度 25 个元素/min，386 型微机，彩显，24 针打印机 参数自动控制调节 配有自动进样器，超声波雾化器，氢化物发生器
Spectrose-andia AB (芬兰)	IDES 2080	100 (300 条谱线)	200 0.16 400 0.32 658 0.52 800 0.63	200～800	500	配有多种光源，其中有等离子体	析像管阶梯光栅光谱仪，采用交叉色散，得到高色散率、高光谱级数的二维光谱，聚焦在析像管上，波长准确度 0.001nm，配有小型计算机

光谱仪名称制造厂家及国别	型 号	通道数	色散率/(nm/mm)	波长范围/nm	焦距/mm	高频发生器参数	特 点
Appliecl Research Labosatosies（ARL）（美国）	ICPQ-137	48	0.46	185～410	1000	ICP 27MHz 3kW 晶体振荡	凹面光栅带有计算机分析 ng/g 数量级试样，可装上固体样品直接雾化
	Auanto-meter 33000CA	60(48 条谱线 8 个参比)	0.69 或 0.35	190～610	1000	ICP	24 个样品溶液，自动进样
	3410	单道扫描	0.013	190～800 165～800	1000	27.12MHz 1.5kW	IBM 微机、彩显、多功能软件包、自动进样、氢化物发生器
Baird 贝尔德（美国）	PS-516	60	0.3	173～767		40.68MHz 2kW 晶体管	IBM 计算机控制汞监控，使谱线自动对准各狭缝。多功能软件，干扰修正背景扣除、数据处理、储存等
	2070 与 PSX型	单道扫描	0.5	160～800	1000	40.68MHz 1.0kW	机械调谐与步进电机驱动机构扫描速度 400nm/s IBM 型微机、彩显、图像打印、操作软件、数据处理软件 自动进样器，超声波雾化器，抗 HF 进样系统
Varian 瓦里安中国有限公司（美国）		单道扫描		160～940	750	40.68MHz 1.7kW	11 条汞线进行波长校正，2 个光电倍增管，R928（300～940nm）；R166（160～300nm） 微机控制 ICP 水平范围，氩气流量发生器及整个系统与数据处理。具有自动进样器，稀释器，氢化物发生器，超声波雾化器等
Perkire-Elmer 珀金-埃尔默公司（美国）	Plasma-40	单道扫描		160～800		40.68MHz 0.9kW	分析速度 20 个元素/min IBM 微机控制，打印机
	1000 型 6000 型	单道扫描		160～770	1000	27.12MHz	多功能软件，动态范围 6 个数量级 386 微对全机进行控制，预调步骤及点火程序自动完成，彩显与打印机
	3000	直读光谱仪				40.68MHz 1.5kW 稳定性优于 0.01%	所有操作均由微机自动控制，微机工作站，彩显，激光打印机，多功能多用户软件系统
Labeat Equimpment Co.（美国）	310	60	0.56	190～900	1500	配有多种光源，其中用等离子体光源进行溶液分析	具有阴极射线显示器、打字机或数字显示装置
	V25	40	0.67	170～550	1000		
	2100	30	0.46	188～455	1000		
Spectramelics. Inc（美国）	Spectraspan IV	20(定性可换成暗合)	0.06	190～900	750	DCP	微处理机，应用交叉色散技术，定性分析用 10～13cm 感光板，可 20 个元素同时测定
	AE₂	1	0.06	190～900	750		中阶梯光栅分光计
	DRIO	20(可换成暗合)	0.06	190～900	750		
	RSI	1(可变波长)	0.06	190～900	750		

续表

光谱仪名称制造厂家及国别	型　号	通道数	色散率/(nm/mm)	波长范围/nm	焦距/mm	高频发生器参数	特　　　点
Jobin-Yvon(法国)	J-Y38P	单道	0.01	175~750	1000	27.12MHz 1.5和2.5kW	1m全息光栅单色仪,可配P11/03型计算机和AL36打印机
	JY48P	48	0.69	175~750	1000		带计算机和ASR-33电传打字机,自动进样能同时报出48种元素的浓度
Kontron CMBH(前联邦德国)	ICP Plaspe100		0.46		1000	27.12MHz 2.4kW	Labtest-2100型直读光谱,1m全息光栅,2100条/mm,CRT1000型计算机,手动或自动扫描,强度数字读出
	ICP Systemy	30	0.23~0.46	187~455	1000	ICP	
Spectro 斯派克分析仪器公司(德国)		顺序扫描		165~460	750	27.12MHz 2.5kW	微机控制、自动点火,自动熄灭仪器自动化、数据处理,点阵打印机,彩显、多功能软件,自动进样器,氢化物发生器,防腐蚀进样系统,超声波雾化器
Philip(比利时)	PV8300 (空气)	60 (50线)	0.55或0.28	190~700	1500	ICP	波长范围是指一级光谱,远距离控制流动检测器,转动电极和惰性气分光装置,读出装置
岛津制作所(日本)	ICP-100、1000、1014 (空气型)	30 45	0.52	1.65~460	1000	ICP 27.12MHz 2.5kW 晶体振荡	16位微机、数据处理系统,彩显,打印机图像,自动进样,氢化物发生器,耐腐蚀样品传送系统
	500型	顺序扫描		190~785		27.12MHz 1.4kW	
日立制作(日本)	306型	扫描		190~900 190~540	750	27.12MHz 2.5kW	50条线/min扫描速度微机、彩显、打印机
Labtam 立柏国际有限公司(澳大利亚)	8410型	扫描		170~820		27.12MHz 2kW	步进电机驱动单色器0.0005nm/每步,微机进行仪器控制及数据处理,彩显,具有自动进样,火花激发光源,适用固态样品分析

注:DCP——直流电弧等离子体光源。

三、ICP-AES 应用中的问题

1. 灵敏度、精密度与检出限

光谱分析中的灵敏度是指工作曲线的斜率,即分析物信号测量值 x 对其浓度 c 或绝对量 q 的关系曲线,即:

$$S=\frac{\mathrm{d}x}{\mathrm{d}c} \quad 或 \quad S=\frac{\mathrm{d}x}{\mathrm{d}q}$$

光谱分析中测量的精密度,常用标准偏差来表示。

检出限指净测量值(即扣除空白的测量值)等于空白测量标准偏差3倍时所对应的分析物浓度。精密度参见第五章第一节,灵敏度和检出限参见第十七章第四节八。

2. 样品的预处理

(1)无机固体样品的溶解　有酸溶法、碱溶法、熔融法与微波炉法,见第八章第三节。

(2)有机物的分解　有湿法分解法与干法分解法,见第八章第三节。

(3)液体样品的稀释处理　对液体样品进行适当的稀释,有时可减少干扰,提高分析精密度。对于无机物液体及某些水溶性有机液体,常用水和稀酸(硝酸及盐酸)等为稀释剂。对于有机液体,宜用有机溶剂稀释。有机溶剂的存在,可能使样品溶液黏度和表面张力减小,雾化效率提高,

导致输液效率变化，而过多的有机液体导入，可能起等离子体"中毒"，因其分解需消耗能量，严重时导致 ICP 放电"熄灭"。应选用那些"中毒"效应较小，即允许导入量较大，及光谱干扰较小的有机溶剂为稀释剂，如甲基异丁基酮（MIBK）是油类分析物最常用的稀释剂。

常用的稀释剂有甲基异丁基酮、二甲苯、二异丁基酮、乙醇等。

（4）痕量物质富集方法　有溶液直接浓缩法、蒸馏法、共沉淀法、浮选法、萃取法与离子交换法。

3. ICP 放电操作参数的选择

ICP 的放电特性、分析物在 ICP 放电中的挥发-原子化-激发-电离的行为、干扰情况等，均与 ICP 放电操作参数密切有关。这些参数主要是高频功率、载气流量和观测位置。由于这些参数间的关系存在着许多相互矛盾的情况，所以一般用实验的方法来进行妥善地选择。在选择时，首先应考虑的是较小的非光谱干扰和较大的检出能力（较大的谱线强度与较小的背景），并具有较大的线性范围。其次，应尽可能地兼顾到对多数元素均有较好的分析条件，即顺序扫描分析时的折中条件。

（1）高频功率对检出能力和干扰效应具有不同的影响。增大功率，温度升高，电子密度也增大，谱线强度可能增强，但背景增强更甚。因此，信（号）背（景）比将随着功率的增大出现极大值后而减小，或者一直减小，谱线激发能越低、减小越甚。采用较低的功率，对于降低检出限，有时是有利的，但是，在低功率时，干扰效应较严重。为了减少这种干扰，宜采用较大的功率，显然这种减小可能是以检出能力的损失为代价。因此在实际工作中，对高频功率要妥加选择，要同时考虑检出能力和干扰效应。

（2）载气流量的影响。增大载气流量，使样品溶液吸入速率增大，从而进入等离子体中的分析物量增大，使谱线增强，并有助于 ICP 环状通道结构的形成。但是，过大的载气流量，将使样品稀释，分析物在 ICP 通道中平均停留时间缩短，温度降低，电子-离子连续光谱背景降低，因此，与高频功率的影响相似，谱线发射强度及其信（号）背（景）比随着载气流速的增大可能出现极大值，谱线激发能低的多数原子线，其最佳信背比一般在较高载气流速处出现，而具有较高激发能（或电离能）的谱线（多数离子线）的最佳信背比在较低载气流速处出现。载气流速对于信背比的影响十分敏感，在实际工作中应认真加以选择和控制。

载气流速对干扰效应的影响同样是复杂的，原子线适于较低载气流速，离子线适于较高载气流速。恰好与载气流速对检出限的影响具有相反的行为，故载气流速选择应权衡其利弊。

（3）由于 ICP 放电温度、电子密度、激发态氩原子密度、自吸收和背景吸收等均是空间分布函数，均随观测高度有明显改变。因此谱线强度也随观测高度而变化，这种关系曲线也具有极大值，随元素及谱线性质而异。通常原子谱线和易挥发元素的峰值观测高度较低，而离子线和难挥发元素峰值观测高度较高，但常有反常。

随着观测高度的增大，背景发射将减弱，但自吸收效应将加强。干扰效应与观测高度的关系，检出限与观测高度的关系均是复杂的，在实际工作通过实验来选择。

4. ICP-AES 法的进样

ICP-AES 法常用于测量液体试样，通常试样需经预处理制成溶液。为了提高方法的精密度，通常采用固定（可调）转速的蠕动泵输送样液，再经雾化器进行雾化后进入等离子体火炬中。

ICP-AES 法中要求雾化器有较低的载气流量如 $0.5 \sim 1.5L/min$，具有较低的吸出率，小于 $3mL/min$，具有较高的雾化效率，小的记忆效应、长时间和短时间的稳定性，以及适于高盐分溶液的雾化，并且有较好抗腐蚀的能力。最常用的雾化器为玻璃同轴气动雾化器，如图 16-19 所示。

一定流速的氩气流由外管喷嘴以极高速度喷出，在喷嘴尖端形成局部负压。在负压的作用下，试样溶液从同轴内管喷出，并被氩气流分散成细雾，为了减小雾滴的直径，有的雾化器在喷嘴前 1cm 以内的地方放置一个玻璃球，可将雾滴进一步粉碎。雾化器的雾化效率直接影响测定灵敏度，制作要求比较高。一般毛细管壁厚度为 0.08mm，间隙为 $0.02 \sim 0.04mm$，提升量为 $1 \sim 3mL/min$，载气流速小于 $1L/min$，远小于原子吸收所用的雾化器，雾化效率最高为

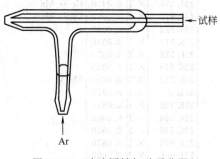

图 16-19　玻璃同轴气动雾化器

$3\%\sim4\%$。

另一种常用雾化器为直角（十字）气动雾化器，样品输入的毛细管与载气进入管成直角，两毛细管喷嘴间垂直距离不应大于 0.1mm，且位置必须严格固定，样品输入管毛细管直径多为 0.5mm 或更小，载气压力不小于 300kPa。

上述两种雾化器的毛细管容易堵塞是存在的主要问题。若毛细管完全堵塞，则很难清除。在雾化过程中，若发生部分堵塞，将导致分析结果的紊乱，特别是在顺序扫描等离子体光谱仪中，一次雾化时间较长，容易发生毛细管部分堵塞现象。这类雾化器根本不适宜高盐分溶液的雾化，高盐分溶液雾化需用特殊设计的高盐分溶液雾化器。

超声波雾化器是借助超声波振动的空化作用，使试液雾化成气溶胶，具有比气动雾化器更细的雾粒（平均直径 2μm）、较高的雾化效率，约为十分之几，可降低检出限几十倍，非常适于水质分析。

氢化物发生器进样法适用于 Ge、Sn、Pb、As、Sb、Bi、Se、Te 及 Hg 等元素的痕量测定。

四、元素的分析线、检出限及干扰元素

表 16-14 列出了 ICP-AES 法元素的分析线、检出限及干扰元素。

五、ICP-AES 法应用实例

原子发射光谱分析是在 19 世纪 60 年代以前提出的，20 世纪 30 年代得到迅速发展的较古老的仪器分析方法，曾经在发现新元素（如 Rb、Cs、Ga、In、Tl、Pr、Nd、Sm、Ho、Tm、Yb、La、He、Ne、Ar、Kr 及 Xe 等）和推进原子结构理论的建立方面做出了重要贡献，在各种无机材料（如金属合金、矿物原料及化学制品等）的定性、半定量及定量分析方面，曾经发挥了重要作用，并继续发挥作用。20 世纪 60 年代以后，电感耦合等离子体、各种新型检测技术及电子计算机的应用，使发射光谱这一古老的分析方法获得了新的生命力，成为公认的现代分析化学方法之一。几乎能定性与定量地分析周期表中的所有元素，广泛地应用各个行业。表 16-15 为 ICP-AES 法应用的实例。

表 16-14 ICP-AES 法元素的分析线、检出限及干扰元素

元素	分析线波长/nm	光谱级数	检出限/×10^{-6}	干扰元素	激发电位/eV	元素	分析线波长/nm	光谱级数	检出限/×10^{-6}	干扰元素	激发电位/eV
Ag	328.068	×1	0.0070	Fe Mn V	3.78	As	193.759	×1	0.0530	Al Fe V	
	338.289	×1	0.0130	Cr Ti	3.66		193.759	×2	0.0530	Al Fe V	
	243.779	×1	0.1200	Fe Mn Ni	9.93		197.262	×1	0.0760	Al V	
	224.641	×1	0.1300	Cu Fe Ni			197.262	×2	0.0760	Al V	
	224.641	×2	0.1300	Cu Fe Ni			228.812	×1	0.0830	Fe Ni	6.77
	241.318	×1	0.2000				228.812	×2	0.0830	Fe Ni	6.77
	211.383	×1	0.3330				200.334	×1	0.1200	Al Cr Fe Mn	
	211.383	×2	0.3330				200.334	×2	0.1200	Al Cr Fe Mn	
	232.505	×1	0.4280				189.042	×1	0.1360		
	232.505	×2	0.4280				189.042	×2	0.1360		
	224.874	×1	0.5000				234.984	×1	0.1420		6.59
	224.874	×2	0.5000				234.984	×2	0.1420		
	233.137	×1	0.6000				199.035	×1	0.1870		
	233.137	×2	0.6000				199.035	×2	0.1870		
Al	309.271	×1	0.0230	Mg V	4.02		200.919	×1	0.4910		
	309.284	×1	0.0230	Mg V			200.919	×2	0.4910		
	396.152	×1	0.0280	Ca Ti V			278.022	×1	0.5260		
	237.335	×1	0.0300	Cr Fe Mn			199.113	×1	0.5450		
	237.312	×1	0.0300	Cr Fe Mn			199.113	×2	0.5450		
	226.922	×1	0.0330			Au	242.795	×1	0.0170	Fe Mn	5.10
	226.910	×1	0.0330				267.595	×1	0.0310	Cr Fe Mg Mn V	4.63
	226.922	×2	0.0330				197.819	×1	0.0380	Al	
	226.910	×2	0.0330				197.819	×2	0.0380	Al	
	308.215	×1	0.0450	Mn V	4.02		208.209	×1	0.0420	Al	
	394.401	×1	0.0470				208.209	×2	0.0420	Al	
	236.705	×1	0.0510				201.200	×1	0.0550		
	226.346	×1	0.0600				201.200	×2	0.0550		
	226.346	×2	0.0600				211.068	×1	0.0630		
	221.006	×1	0.0620				211.068	×2	0.0630		
	221.006	×2	0.0620				191.893	×1	0.0850		
	257.510	×1	0.0750				191.893	×2	0.0850		

续表

元素	分析线波长/nm	光谱级数	检出限/×10⁻⁶	干扰元素	激发电位/eV	元素	分析线波长/nm	光谱级数	检出限/×10⁻⁶	干扰元素	激发电位/eV
Au	200.081	×1	0.0930			Bi	195.450	×1	0.2140		
	200.081	×2	0.0930				195.450	×2	0.2140		
	198.963	×1	0.1500				227.658	×1	0.2500		
	198.963	×2	0.1500				227.658	×2	0.2500		
	195.193	×1	0.1660				190.241	×1	0.3000		
	195.193	×2	0.1660				213.363	×1	0.3000		
B	249.773	×1	0.0048	Fe	4.96		190.241	×1	0.3000		
	249.678	×1	0.0057	Fe	4.96		213.363	×1	0.3000		
	208.959	×1	0.0100	Al Fe			289.798	×1	0.3330		
	208.959	×2	0.0100	Al Fe			211.026	×1	0.3840		
	208.893	×1	0.0120	Al Fe Ni			211.026	×2	0.3840		
	208.893	×2	0.0120	Al Fe Ni		C	193.091	×1	0.0440	Al Mn Ti	
Ba	455.403	×1	0.0013	Cr Ni Ti	2.72		193.091	×2	0.0440	Al Mn Ti	
	493.409	×1	0.0023	Fe	2.51		247.856	×1	0.1760	Fe Cr Ti V	7.69
	233.527	×1	0.0040	Fe Ni V	6.00		199.362	×1	8.8230		
	233.527	×2	0.0040	Fe Ni V			199.362	×2	8.8230		
	230.424	×1	0.0041	Cr Fe Ni		Ca	393.366	×1	0.0002	V	3.15
	230.424	×2	0.0041	Cr Fe Ni			396.847	×1	0.0005	Fe V H	3.12
	413.066	×1	0.0320				422.673	×1	0.0100	Fe	
	234.758	×1	0.0380		5.98		317.933	×1	0.0190	Cr Fe V	7.05
	234.758	×2	0.0380				315.887	×1	0.0300	Cr Fe	7.05
	389.178	×1	0.0570			Cd	214.438	×1	0.0025	Al Fe	
	489.997	×1	0.0810				214.438	×2	0.0025	Al Fe	
	225.473	×1	0.1500				228.802	×1	0.0027	Al Fe Ni	5.41
	225.473	×2	0.1500				228.802	×2	0.0027	Al Fe Ni	
	452.493	×1	0.1570				226.502	×1	0.0034	Fe Ni	
Be	313.042	×1	0.0003	V Ti	3.95		226.502	×2	0.0034	Fe Ni	
	234.861	×1	0.0003	Fe Ti	5.28		361.051	×1	0.2300	Fe Mn Ni Ti	
	234.861	×2	0.0003	Fe Ti			326.106	×1	0.3330		3.80
	313.107	×1	0.0007	Ti	3.95		346.620	×1	0.4280		
	249.473	×1	0.0038	Fe Cr Mg Mn	7.68		231.284	×1	0.6000		
	265.045	×1	0.0047				479.992	×1	0.6000		
	217.510	×1	0.0120				231.284	×2	0.6000		
	217.499	×1	0.0120			Ce	413.765	×1	0.0480	Ca Fe Ti	3.52
	217.510	×1	0.0120				413.380	×1	0.0500	Ca Fe V	
	217.499	×2	0.0120				418.660	×1	0.0520	Fe Ti	
	332.134	×1	0.0210				393.109	×1	0.0600	Cu Mn V	
	205.590	×1	0.0420				446.021	×1	0.0620		
	205.601	×1	0.0420				394.275	×1	0.0680		
	205.590	×2	0.0420				429.667	×1	0.0690		3.40
	205.601	×2	0.0420				407.585	×1	0.0710		
Bi	223.061	×1	0.0340	Cu Tl			407.571	×1	0.0710		
	223.061	×1	0.0340	Cu Tl			456.236	×1	0.0730		
	306.772	×1	0.0750	Fe V	4.04		404.076	×1	0.0750		
	222.825	×1	0.0830	Cr Cu Fe			380.152	×1	0.0750		
	222.825	×2	0.0830	Cr Cu Fe			401.239	×1	0.0750		
	206.170	×1	0.0850	Al Cr Cu Fe Ti		Co	238.892	×1	0.0060	Fe V	
	206.170	×2	0.0850	Al Cr Cu Fe Ti			228.616	×1	0.0070	Cr Fe Ni Ti	

元素	分析线波长/nm	光谱级数	检出限/×10⁻⁶	干扰元素	激发电位/eV	元素	分析线波长/nm	光谱级数	检出限/×10⁻⁶	干扰元素	激发电位/eV
Co	228.616	×2	0.0070	Cr Fe Ni Ti		Cu	221.810	×1	0.0170		
	237.862	×1	0.0097	Al Fe			219.226	×1	0.0170		
	230.786	×1	0.0097	Cr Fe Ni			217.894	×1	0.0170		
	230.786	×2	0.0097	Cr Fe Ni			221.810	×2	0.0170		
	236.379	×1	0.0110		5.74		219.226	×2	0.0170		
	231.160	×1	0.0130				217.894	×2	0.0170		
	231.160	×2	0.0130				221.458	×1	0.0230		
	238.346	×1	0.0140				221.458	×2	0.0230		
	231.405	×1	0.0160			Dy	353.170	×1	0.0100	Mn V	
	231.405	×2	0.0160				364.540	×1	0.0230	Ca Fe Sc V	
	235.342	×1	0.0170				340.780	×1	0.0270	Cr Fe Ti V	
	238.636	×1	0.0210				353.602	×1	0.0300	Ce Hf Sc Ti	
	234.426	×1	0.0210				394.468	×1	0.0310		3.14
	234.426	×2	0.0210				396.839	×1	0.0310		
	231.498	×1	0.0230				338.502	×1	0.0330		
	234.739	×1	0.0230				400.045	×1	0.0350		3.20
	231.498	×2	0.0230				387.211	×1	0.0360		
	234.739	×2	0.0230				407.796	×1	0.0400		
Cr	205.552	×1	0.0061	Al Cu Fe Ni			352.398	×1	0.0400		
	205.552	×2	0.0061	Al Cu Fe Ni			353.852	×1	0.0450		
	206.149	×1	0.0071	Al Fe Ti			357.624	×1	0.0460		
	267.716	×1	0.0071	Fe Mn V	6.18		389.853	×1	0.0500		
	283.563	×1	0.0071	Fe Mg V			238.736	×1	0.0510		
	206.149	×2	0.0071	Al Fe Ti		Er	337.271	×1	0.0100	Cr Fe Ni Ti	
	284.325	×1	0.0086		5.90		349.910	×1	0.0170	Fe Ti V	
	206.542	×1	0.0097				323.058	×1	0.0180	Cu Fe Mn Ti V	
	206.542	×2	0.0097				326.478	×1	0.0180	Cr Fe Mn V	
	276.654	×1	0.0130				369.265	×1	0.0180		
	284.984	×1	0.0140				390.631	×1	0.0210		
	285.568	×1	0.0180				291.036	×1	0.0270		
	276.259	×1	0.0200				296.452	×1	0.0270		
	286.257	×1	0.0200				331.242	×1	0.0300		
	266.602	×1	0.0210				339.200	×1	0.0310		
	286.511	×1	0.0210				338.508	×1	0.0340		
	286.674	×1	0.0230				389.623	×1	0.0420		
	357.869	×1	0.0230			Eu	381.967	×1	0.0027	Ca Cr Fe Ti V	
Cu	324.754	×1	0.0054	Ca Cr Fe Ti	3.82		412.970	×1	0.0043	Ca Cr Ti	
	224.700	×1	0.0077	Fe Ni Ti			420.505	×1	0.0043	Cr Cu Fe Mn V	
	224.700	×2	0.0077	Fe Ni Ti			393.048	×1	0.0057	Ca Fe Ti V	3.36
	327.396	×1	0.0097	Ca Fe Ni Ti V			390.710	×1	0.0077		
	219.958	×1	0.0097	Al Fe			272.778	×1	0.0081		
	219.958	×2	0.0097	Al Fe			372.494	×1	0.0088		
	213.598	×1	0.0120				397.196	×1	0.0094		
	213.598	×2	0.0120				443.556	×1	0.0120		3.00
	223.008	×1	0.0130				281.394	×1	0.0130		4.41
	223.008	×2	0.0130			Fe	238.204	×1	0.0046	Cr V	
	222.778	×1	0.0150				239.562	×1	0.0051	Cr Mn Ni	
	222.778	×2	0.0150				259.940	×1	0.0062	Mn Ti	4.77

续表

元素	分析线波长/nm	光谱级数	检出限/×10⁻⁶	干扰元素	激发电位/eV	元素	分析线波长/nm	光谱级数	检出限/×10⁻⁶	干扰元素	激发电位/eV
Fe	234.349	×1	0.0100			Ge	206.866	×1	0.0600	Al Cr Ni Ti V	
	234.349	×2	0.0100				206.866	×2	0.0600	Al Cr Ni Ti V	
	240.488	×1	0.0110				219.871	×1	0.0630	Al Ca Cu Fe V	
	259.837	×1	0.0120				219.871	×2	0.0630	Al Ca Cu Fe V	
	261.187	×1	0.0120	Cr Mn Ti V			265.158	×1	0.0830		4.67
	234.810	×1	0.0130				204.377	×1	0.0850		
	234.830	×1	0.0130				204.377	×2	0.0850		
	234.810	×1	0.0130				199.889	×1	0.0880		
	234.830	×2	0.0130				204.171	×1	0.0880		
	258.588	×1	0.0150				199.889	×2	0.0880		
	238.863	×1	0.0150				204.171	×2	0.0880		
	263.105	×1	0.0150				259.254	×1	0.1030		
	263.132	×1	0.0150				303.906	×1	0.1030		4.96
	274.932	×1	0.0150				275.459	×1	0.1070		
	275.574	×1	0.0180				270.963	×1	0.1110		4.64
	233.280	×1	0.0200			H	486.133	×1	99.9000		
	273.955	×1	0.0200				434.047	×1	99.9000		
Ga	294.364	×1	0.0460	Cr Fe Mn Ni Ti V	4.31		410.174	×1	99.9000		
	417.206	×1	0.0660	Cr Fe Ti			397.007	×1	99.9000		
	287.424	×1	0.0780	Cr Fe Mg Ti V			388.905	×1	99.9000		
	403.298	×1	0.1110	Ca Cr Fe Mn			383.539	×1	99.9000		
	250.017	×1	0.1870		5.06		379.790	×1	99.9000		
	209.134	×1	0.2720			Hf	277.336	×1	0.0150	Cr Fe Mg Mn Ni V	
	209.134	×2	0.2720				264.141	×1	0.0180	Cr Fe Ti V	5.73
	245.007	×1	0.3000				232.247	×1	0.0180	Fe Ni	
	294.418	×1	0.3190				263.871	×1	0.0180	Cr Fe Mn Ti	
	271.965	×1	0.5260				282.022	×1	0.0180		4.77
	233.828	×1	0.7690				232.247	×2	0.0180	Fe Ni	
	233.828	×2	0.7690				251.269	×1	0.0200		
	265.987	×1	0.8330		4.66		251.303	×1	0.0200		
Gd	342.247	×1	0.0140	Cr Fe Ni Ti			257.167	×1	0.0200		
	336.223	×1	0.0200	Ca Cr Ni Ti V			196.382	×1	0.0200		
	335.047	×1	0.0210	Ca Ni Ti			196.382	×2	0.0200		
	335.862	×1	0.0210	Cr Ni Ti			239.336	×1	0.0210		
	310.050	×1	0.0230				239.383	×1	0.0210		
	376.839	×1	0.0250				235.122	×1	0.0230		
	303.284	×1	0.0270		4.17		246.419	×1	0.0230		
	343.999	×1	0.0300			Hg	194.227	×1	0.0250	Al V	
	358.496	×1	0.0300				194.227	×2	0.0250	Al V	
	364.619	×1	0.0300				253.652	×1	0.0610	Fe Mn Ti	4.88
	301.013	×1	0.0300				296.728	×1	1.7640	Cr Fe Ti V	
	354.580	×1	0.0310				435.835	×1	2.7270	Cr Cu Fe Ni	
	354.936	×1	0.0330				265.204	×1	4.2850		
	308.199	×1	0.0330				302.150	×1	5.0000		
	303.405	×1	0.0340		4.12		365.483	×1	10.0000		
Ge	209.426	×1	0.0400	Al Ca Cr Fe Ni V		Ho	345.600	×1	0.0057	Cr Fe Ti	
	209.426	×2	0.0400	Al Ca Cr Fe Ni V			339.898	×1	0.0130	Fe Cr Ti	
	265.118	×1	0.0480	Cr Fe Mn Tl V	4.85		389.102	×1	0.0160	Ca Cr Er Fe Tm V	3.06

元素	分析线波长/nm	光谱级数	检出限/×10⁻⁶	干扰元素	激发电位/eV
Ho	347.426	×1	0.0180	Ca Cr Fe Mn	
	341.646	×1	0.0180		
	381.073	×1	0.0200		
	348.484	×1	0.0200		
	379.675	×1	0.0250		
	351.559	×1	0.0270		
	345.314	×1	0.0300		
In	230.606	×1	0.0630	Fe Mn Ni Ti	
	230.606	×2	0.0630	Fe Mn Ni Ti	
	325.609	×1	0.1200	Cr Fe Mn V	4.08
	451.131	×1	0.1400	Ar Fe Ti V	
	303.936	×1	0.1500	Cr Fe Mn V	4.08
	410.176	×1	0.4680		
	271.026	×1	0.5550		
	325.856	×1	0.6000		4.08
	207.926	×1	0.7140		
	256.015	×1	0.7140		
	207.926	×2	0.7140		
	293.263	×1	1.5000		4.49
	197.745	×1	1.7640		
	197.745	×2	1.7640		
	275.388	×1	1.8750		
Ir	224.268	×1	0.0270	Cr Cu Fe Ni	
	224.268	×2	0.0270	Cr Cu Fe Ni	
	212.681	×1	0.0300	Cr Cu Fe Ni	
	212.681	×2	0.0300	Al Cu Cr Ni V	
	205.222	×1	0.0610	Al Cu Cr Ni V	
	205.222	×2	0.0610	Al Fe Ni V	
	215.268	×1	0.0680	Al Fe Ni V	
	215.268	×2	0.0680	Al Fe Ni	
	204.419	×1	0.1000	Al Fe Ni	
	204.419	×2	0.1000		
	209.263	×1	0.1070		
	208.882	×1	0.1070		
	209.263	×2	0.1070		
	208.882	×2	0.1070		
	236.804	×1	0.1250		
	254.397	×1	0.1570		
	215.805	×1	0.1760		
	263.971	×1	0.1760		
	215.805	×2	0.1760		
	216.942	×1	0.2300		
K	404.414	×1	30.0000	Ca Cr Fe Ti	3.06
	404.721	×1	37.5000	Ca Fe V	3.06
La	333.749	×1	0.0100	Cr Cu Fe Mg Mn Ti V	4.12
	379.478	×1	0.0100	Ca Fe V	
	408.672	×1	0.0100	Ca Cr Fe	
	412.323	×1	0.0100		

元素	分析线波长/nm	光谱级数	检出限/×10⁻⁶	干扰元素	激发电位/eV
La	398.852	×1	0.0110		
	379.083	×1	0.0110		
	399.575	×1	0.0130		
	407.735	×1	0.0140		
	387.164	×1	0.0150		
	375.908	×1	0.0150		
	404.291	×1	0.0150		
	403.169	×1	0.0150		
	338.091	×1	0.0170		
	442.990	×1	0.0230		
	384.902	×1	0.0250		
	392.922	×1	0.0250		
	492.098	×1	0.0250		
	492.179	×1	0.0250		
	394.910	×1	99.9000		
Li	460.286	×1	0.8570	Fe	
	323.263	×1	1.0710	Fe Ni Ti V	3.83
	274.118	×1	1.5780		
	497.170	×1	2.1420	Cr Fe	
	256.231	×1	4.2850		
	413.262	×1	7.5000		
	413.256	×1	7.5000		
Lu	261.542	×1	0.0010	Al Ca Cr Fe Mn Ni V	4.74
	291.139	×1	0.0062	Cr Fe Ti V	
	219.554	×1	0.0083	Cr Cu Fe V	
	307.760	×1	0.0088	Cr Fe Ti V	
	289.484	×1	0.0100		
	339.707	×1	0.0100		
	350.739	×1	0.0110		
	270.171	×1	0.0120		
	290.030	×1	0.0120		5.81
	275.417	×1	0.0120		
	302.054	×1	0.0130		
	347.248	×1	0.0150		
Mg	279.553	×1	0.0002	Fe Mn	4.43
	280.270	×1	0.0003	Cr Mn V	4.42
	285.213	×1	0.0016	Cr Fe V	4.34
	279.806	×1	0.0150	Cr Fe Mn V	
	202.582	×1	0.0230		
	202.582	×2	0.0230		
	279.079	×1	0.0300	Cr Fe Mn Ti	
	383.826	×1	0.0330		
	383.231	×1	0.0420		
	277.983	×1	0.0500		7.18
	293.654	×1	0.0600		
Mn	257.610	×1	0.0014	Al Cr Fe V	4.81
	259.373	×1	0.0016	Fe	
	260.569	×1	0.0021	Cr Fe	4.75

续表

元素	分析线波长/nm	光谱级数	检出限/×10⁻⁶	干扰元素	激发电位/eV	元素	分析线波长/nm	光谱级数	检出限/×10⁻⁶	干扰元素	激发电位/eV
Mn	294.920	×1	0.0077	Cr Fe V		Nd	415.608	×1	0.1070	Ca Fe	
	293.930	×1	0.0100				410.946	×1	0.1150		
	279.482	×1	0.0120		4.44		386.333	×1	0.1300		
	293.306	×1	0.0130		5.41		386.340	×1	0.1300		
	279.827	×1	0.0160		4.43		404.080	×1	0.1300		
	280.106	×1	0.0210		4.43		417.732	×1	0.1360		
	403.076	×1	0.0440				385.166	×1	0.1570		
	344.199	×1	0.0450				385.174	×1	0.1570		
	403.307	×1	0.0470				394.151	×1	0.1570		
	191.510	×1	0.0510				445.157	×1	0.1570		
	191.510	×2	0.0510				424.738	×1	0.1760		
Mo	202.030	×1	0.0079	Al Fe			395.116	×1	0.1760		
	202.030	×2	0.0079	Al Fe			396.312	×1	0.1760		
	203.844	×1	0.0120	Al V			384.824	×1	0.1870		
	204.598	×1	0.0120	Al			384.852	×1	0.1870		
	203.844	×2	0.0120	Al V			380.536	×1	0.1870		
	204.598	×2	0.0120	Al		Ni	221.647	×1	0.0100	Cu Fe V	
	281.615	×1	0.0140	Al Cr Fe Mg Mn Ti	6.06		221.647	×2	0.0100	Cu Fe V	
	201.511	×1	0.0180				232.003	×1	0.0150	Cr Fe Mn	
	201.511	×2	0.0180				231.604	×1	0.0150	Fe	
	284.823	×1	0.0200				231.604	×2	0.0150	Fe	
	277.540	×1	0.0250				232.003	×2	0.0150	Cr Fe Mn	
	287.151	×1	0.0270		5.86		216.556	×1	0.0170	Al Cu Fe	
	268.414	×1	0.0300				216.556	×2	0.0170	Al Cu Fe	
	263.876	×1	0.0370				217.467	×1	0.0230		
	292.339	×1	0.0370				230.300	×1	0.0230		
Na	588.995	×1	0.0290	Ti	2.11		217.467	×2	0.0230		
	589.592	×1	0.0690	Fe Ti V	2.10		230.300	×2	0.0230		
	330.237	×1	1.8750	Cr Fe Ti			227.021	×1	0.0250		
	330.298	×1	4.2850		3.75		225.386	×1	0.0250		
	285.305	×1	27.2720		4.35		227.021	×2	0.0250		
	285.281	×1	27.2720		4.35		225.386	×2	0.0250		
Nb	309.418	×1	0.0360	Al Cr Cu Fe Mg V	4.52		234.554	×1	0.0310		
	316.340	×1	0.0400	Ca Cr Fe	4.30		234.554	×1	0.0310		
	313.079	×1	0.0500	Cr Ti V			239.452	×1	0.0380		6.85
	269.706	×1	0.0690	Cr Fe V	4.75		352.454	×1	0.0450		
	322.548	×1	0.0710			Os	225.585	×1	0.0004	Cr Fe Ni	
	319.498	×1	0.0730				225.585	×2	0.0004	Cr Fe Ni	
	295.088	×1	0.0750		4.71		228.226	×1	0.0006	Fe	
	292.781	×1	0.0750				228.226	×2	0.0006	Fe	
	271.662	×1	0.0880				189.900	×1	0.0012	Cr	
	288.318	×1	0.0960				233.680	×1	0.0012	Fe Ni	
	210.942	×1	0.0960				189.900	×2	0.0012	Cr	
	272.198	×1	0.1000				233.680	×2	0.0012	Fe Ni	
	287.539	×1	0.1070				206.721	×1	0.0014		
Nd	401.225	×1	0.0500	Ca Cr Ti			206.721	×2	0.0014		
	430.358	×1	0.0750	Ca Fe	2.88		219.439	×1	0.0017		
	406.109	×1	0.0960	Ca Cr Fe Mn			219.439	×2	0.0017		

续表

元素	分析线波长/nm	光谱级数	检出限/×10⁻⁶	干扰元素	激发电位/eV	元素	分析线波长/nm	光谱级数	检出限/×10⁻⁶	干扰元素	激发电位/eV
Os	236.735	×1	0.0019			Pd	244.791	×1	0.1300		
	207.067	×1	0.0021				351.694	×1	0.1360		
	207.067	×2	0.0021				355.308	×1	0.1360		
	248.624	×1	0.0023				247.642	×1	0.1660		
	222.798	×1	0.0027				348.115	×1	0.1660		
	222.798	×2	0.0027				244.618	×1	0.1660		
P	213.618	×1	0.0760	Al Cr Cu Fe Ti			235.134	×1	0.1760		
	214.914	×1	0.0760	Al Cu			346.077	×1	0.1870		
	213.618	×2	0.0760	Al Cr Cu Fe Ti			236.796	×1	0.2000		
	214.914	×2	0.0760	Al Cu			248.653	×1	0.2000		
	253.565	×1	0.2720	Cr Fe Mn Ti		Pr	390.844	×1	0.0370	Ca Cr Fe V	
	213.547	×1	0.3520	Al Cr Cu Ni Ti			414.311	×1	0.0370	Fe Ni Ti V	
	213.547	×2	0.3520	Al Cr Cu Ni Ti			417.939	×1	0.0410	Cr Fe V Th	
	203.349	×1	0.4050				422.535	×1	0.0420	Ca Fe Ti V	
	203.349	×2	0.4050				422.293	×1	0.0470		
	215.408	×1	0.4160				406.281	×1	0.0470		
	215.408	×2	0.4160				411.846	×1	0.0500		
	255.328	×1	0.5760		7.18		418.948	×1	0.0600		
	202.347	×1	0.7890				440.882	×1	0.0610		2.81
	202.347	×2	0.7890				440.869	×1	0.0650		
	215.294	×1	0.8820			Pt	214.423	×1	0.0300	Al Fe	
	215.294	×2	0.8820				214.423	×2	0.0300	Al Fe	
	253.401	×1	1.0000		7.22		203.646	×1	0.0550	Al Cu Fe	
Pb	220.353	×1	0.0420	Al Cr Fe			203.646	×2	0.0550	Al Cu Fe	
	220.353	×2	0.0420	Al Cr Fe			204.937	×1	0.0710	Al Fe Ti V	
	216.999	×1	0.0900	Al Cr Cu Fe Ni			204.937	×2	0.0710	Al Fe Ti V	
	216.999	×2	0.0900	Al Cr Cu Fe Ni			265.945	×1	0.0810	Cr Fe Mg Mn V	4.66
	261.418	×1	0.1300	Cr Fe Mg Mn Ti V			224.552	×1	0.0830		
	283.306	×1	0.1420	Cr Fe Mg	4.37		217.467	×1	0.0830		
	280.199	×1	0.1570				224.552	×1	0.0830		
	405.783	×1	0.2720				217.467	×1	0.0830		
	224.688	×1	0.3330				306.471	×1	0.1200		4.04
	224.688	×2	0.3330				212.861	×1	0.1250		
	368.348	×1	0.3480				212.861	×1	0.1250		
	226.316	×1	0.3890				193.700	×1	0.1360		
	239.379	×1	0.4760		6.50		193.700	×2	0.1360		
	363.958	×1	0.5760				210.333	×1	0.1500		
	247.638	×1	0.5880				273.396	×1	0.1500		
Pd	340.458	×1	0.0440	Fe Ti V			248.717	×1	0.1500		
	363.470	×1	0.0540	Ar Fe Ni Ti			210.333	×2	0.1500		
	229.651	×1	0.0680	Fe Ni		Rb	420.185	×1	25.0000	Fe Mn Ni V	2.95
	229.651	×2	0.0680	Fe Ni			421.556	×1	50.0000	Cr Fe Ni Sr Ti	2.94
	324.270	×1	0.0760	Cu Fe Ni Ti	4.64	Re	197.313	×1	0.0060	Al Ti	
	360.955	×1	0.0850				221.426	×1	0.0060	Cu Fe Mn	
	342.124	×1	0.1000		4.58		227.525	×1	0.0060	Ca Fe Ni	
	248.892	×1	0.1030				197.313	×2	0.0060	Al Ti	
	223.159	×1	0.1200				221.426	×2	0.0060	Cu Fe Mn	
	223.159	×2	0.1200				227.525	×2	0.0060	Ca Fe Ni	

续表

元素	分析线波长/nm	光谱级数	检出限/×10⁻⁶	干扰元素	激发电位/eV	元素	分析线波长/nm	光谱级数	检出限/×10⁻⁶	干扰元素	激发电位/eV
Re	189.836	×1	0.0370	Fe		Sb	217.581	×2	0.0440	Al Fe Ni	
	189.836	×2	0.0370	Fe			231.147	×1	0.0610	Fe Ni	
	204.908	×1	0.0780				231.147	×2	0.0610	Fe Ni	
	228.751	×1	0.0780				252.852	×1	0.1070	Cr Fe Mg Mn V	
	204.908	×2	0.0780				259.805	×1	0.1070		
	228.751	×2	0.0780				259.809	×1	0.1070		
	229.449	×1	0.0830				217.919	×1	0.1570		
	229.449	×2	0.0830				217.919	×2	0.1570		
	202.364	×1	0.0930				195.039	×1	0.1660		
	209.241	×1	0.0930				195.139	×2	0.1660		
	202.364	×2	0.0930				213.969	×1	0.1870		
	209.241	×2	0.0930				213.969	×2	0.1870		
	346.046	×1	0.1150				204.957	×1	0.2000		
Rh	233.477	×1	0.0440	Cr Fe Ni Ti V			204.957	×2	0.2000		
	233.477	×2	0.0440	Cr Fe Ni Ti V			214.486	×1	0.2500		
	249.077	×1	0.0570	Cr Fe Mn			214.486	×2	0.2500		
	343.489	×1	0.0600	V			209.841	×1	0.3440		
	252.053	×1	0.0760	Cr Fe Mn Ti		Sc	361.384	×1	0.0015	Cr Cu Fe Ti	
	369.236	×1	0.0850				357.253	×1	0.0020	Fe Ni V	
	246.104	×1	0.1070				363.075	×1	0.0021	Ca Cr Fe V	
	339.682	×1	0.1250				364.279	×1	0.0027	Ca Cr Fe Ti V	
	352.802	×1	0.1250				424.683	×1	0.0027		
	242.711	×1	0.1250				357.635	×1	0.0037		
	251.103	×1	0.1250				335.373	×1	0.0038		
	241.584	×1	0.1300				337.215	×1	0.0044		
	228.857	×1	0.1420				358.094	×1	0.0045		
	228.857	×2	0.1420				255.237	×1	0.0046		
	365.799	×1	0.1500				431.409	×1	0.0079		
	350.252	×1	0.1500				256.025	×1	0.0081		
Ru	279.535	×1	0.0157	Cr Fe V			356.770	×1	0.0081		
	240.272	×1	0.0300	Fe			364.531	×1	0.0086		
	245.657	×1	0.0300	Cr Fe Mn V			355.855	×1	0.0088		
	267.876	×1	0.0360	Cr Fe Mn Nb	5.76		336.895	×1	0.0094		
	269.206	×1	0.0900				365.180	×1	0.0097		
	266.161	×1	0.0960				432.074	×1	0.0097		
	249.842	×1	0.0960				358.964	×1	0.0110		
	249.857	×1	0.0960				353.573	×1	0.0120		
	349.894	×1	0.1110			Se	196.090	×1	0.0750	Al Fe	
	273.435	×1	0.1150				196.090	×2	0.0750	Al Fe	
	245.644	×1	0.1200				203.985	×1	0.1150	Al Cr Fe Mn	
	271.241	×1	0.1200				203.985	×2	0.1150	Al Cr Fe Mn	
	372.803	×1	0.1200				206.279	×1	0.3000	Al Cr Fe Ni Ti V	
	235.791	×1	0.1420				206.279	×2	0.3000	Al Cr Fe Ni Ti V	
	247.893	×1	0.1500				207.479	×1	1.5780	Al Cr Fe V	
	250.701	×1	0.1570				207.479	×2	1.5780	Al Cr Fe V	
Sb	206.833	×1	0.0320	Al Cr Fe Ni Ti V			199.511	×1	5.0000		
	206.833	×2	0.0320	Al Cr Fe Ni Ti V			199.511	×2	5.0000		
	217.581	×1	0.0440	Al Fe Ni		Si	251.611	×1	0.0120	Cr Fe Mn V	

元素	分析线波长/nm	光谱级数	检出限/×10⁻⁶	干扰元素	激发电位/eV
Si	212.412	×1	0.0160	Al V	
	212.412	×2	0.0160	Al V	
	288.158	×1	0.0270	Cr Fe Mg V	0.08
	250.690	×1	0.0300	Al Cr Fe V	4.95
	252.851	×1	0.0310		
	251.432	×1	0.0370		
	252.411	×1	0.0400		
	221.667	×1	0.0410		
	221.667	×2	0.0410		
	251.920	×1	0.0490		
	198.899	×1	0.0600		
	198.899	×2	0.0600		
	221.089	×1	0.0630		
	221.089	×2	0.0630		
	243.515	×1	0.0830		
	190.134	×1	0.1300		
	220.798	×1	0.1300		
	205.813	×1	0.1300		
	190.134	×2	0.1300		
Sm	359.260	×1	0.0430	Cr Fe Ti V	
	442.434	×1	0.0540	Cr Ca Ti V	
	360.949	×1	0.0570	Cr Fe Ni Ti V	
	363.429	×1	0.0660	Ar Fe V	
	428.079	×1	0.0690		
	446.734	×1	0.0730		
	367.084	×1	0.0750		
	356.827	×1	0.0760		
	373.126	×1	0.0780		
	443.432	×1	0.0830		
	388.529	×1	0.0830		
	330.639	×1	0.0900		
Sn	189.989	×1	0.0250		
	189.989	×2	0.0250		
	235.484	×1	0.0960	Fe Ni Ti V	
	242.949	×1	0.0960	Fe Mn	
	283.999	×1	0.1110	Al Cr Fe Mg Mn Ti V	4.78
	226.891	×1	0.1200		
	224.605	×1	0.1200		
	226.891	×2	0.1200		
	224.605	×2	0.1200		
	242.170	×1	0.1570		
	270.651	×1	0.1660		
	220.965	×1	0.1870		
	220.965	×2	0.1870		
	286.333	×1	0.2140		
	317.505	×1	0.2140		
Sr	407.771	×1	0.0004	Cr Fe Ti	
	421.552	×1	0.0008		

元素	分析线波长/nm	光谱级数	检出限/×10⁻⁶	干扰元素	激发电位/eV
Sr	216.596	×1	0.0083	Al Fe Ni	
	216.596	×2	0.0083	Al Fe Ni	
	215.284	×1	0.0100	Al Fe	
	215.284	×2	0.0100	Al Fe	
	346.446	×1	0.0230		6.62
	338.071	×1	0.0340		
	430.545	×1	0.0620		
	460.733	×1	0.0680		2.69
	232.235	×1	0.1030		
	232.235	×2	0.1030		
	416.180	×1	0.1250		
Ta	226.230	×1	0.0250	Al Fe	
	226.230	×2	0.0250	Al Fe	
	240.063	×1	0.0280	Cr Cu Fe V	
	268.517	×1	0.0300	Cr Fe Mn V	
	233.198	×1	0.0310	Fe Ni	
	228.916	×1	0.0310		
	233.198	×2	0.0310	Fe Ni	
	228.916	×2	0.0310		
	263.558	×1	0.0340		
	238.706	×1	0.0370		5.74
	223.948	×1	0.0430		
	223.948	×2	0.0430		
	267.590	×1	0.0440		
	205.908	×1	0.0440		
	205.908	×2	0.0440		
	219.603	×1	0.0510		
	219.603	×2	0.0510		
	260.349	×1	0.0550		
	248.870	×1	0.0550		
	284.446	×1	0.0570		
Tb	350.917	×1	0.0230	Cr Fe Ti V	
	384.873	×1	0.0550	Ca Cr Mg V	
	367.635	×1	0.0600	Ca Cr Fe Mn Ti V	
	387.417	×1	0.0620	Ca Cr Fe Ti V	
	356.174	×1	0.0630		
	356.852	×1	0.0650		
	370.286	×1	0.0650		
	332.440	×1	0.0850		
	389.920	×1	0.0960		
	374.734	×1	0.1000		
	374.717	×1	0.1000		
	370.392	×1	0.1030		
	329.307	×1	0.1030		
	345.406	×1	0.1110		
Te	215.281	×1	0.0410	Al Fe Ti V	
	214.281	×2	0.0410	Al Fe Ti V	
	225.902	×1	0.1760	Fe Ni Ti V	

续表

元素	分析线波长/nm	光谱级数	检出限/×10⁻⁶	干扰元素	激发电位/eV
Te	225.902	×2	0.1760	Fe Ni Ti V	
	238.578	×1	0.1760	Cr Fe Mo Mn Ni	
	214.725	×1	0.2140	Al Cr Fe Ni Ti V	
	214.725	×2	0.2140	Al Cr Fe Ni Ti V	
	200.202	×1	0.2500		
	200.202	×2	0.2500		
	238.326	×1	0.2720		
	208.116	×1	0.2720		
	208.116	×2	0.2720		
	199.480	×1	0.4760		
	199.480	×2	0.4760		
	225.548	×1	1.1110		
	225.548	×2	1.1110		
	226.555	×1	1.1530		
	226.555	×2	1.1530		
Th	283.730	×1	0.0650	Cr Fe Mg Ni V	
	283.231	×1	0.0710	Cr Fe Mg Ti	
	274.716	×1	0.0830	Cr Fe Mg Mn Ni Ti V	
	401.913	×1	0.0830	Ca Cu Mn	
	318.020	×1	0.0880		
	318.823	×1	0.0930		
	374.118	×1	0.0960		
	294.286	×1	0.0960		
	353.959	×1	0.1000		
	269.242	×1	0.1000		4.60
	339.204	×1	0.1000		
	332.512	×1	0.1070		
	360.944	×1	0.1110		
	311.953	×1	0.1150		
	284.281	×1	0.1300		4.55
	287.041	×1	0.1300		4.55
	256.559	×1	0.1300		
	275.217	×1	0.1300		4.69
Ti	334.941	×1	0.0038	Ca Cr Cu V	
	336.121	×1	0.0053	Ca Cr Ni V	
	323.452	×1	0.0054	Cr Fe Mn Ni V	
	337.280	×1	0.0067	Ni V	
	334.904	×1	0.0075		
	308.802	×1	0.0077		4.07
	307.864	×1	0.0081		
	338.376	×1	0.0081		
	323.657	×1	0.0100		
	323.904	×1	0.0100		
	368.520	×1	0.0110		
Tl	190.864	×1	0.0400	Al Ti	
	190.864	×2	0.0400	Al Ti	
	276.787	×1	0.1200	Cr Fe Mg Mn Ti V	4.48
	351.924	×1	0.2000	Cr Fe Ni V	4.49
Tl	377.572	×1	0.2300	Ca Fe Ni Ti V	3.28
	237.969	×1	0.4280		
	291.832	×1	1.0340		5.21
	223.785	×1	1.3630		
	223.785	×2	1.3630		
	352.943	×1	1.7640		
	258.014	×1	1.7640		
Tm	313.126	×1	0.0052	Cr Ti V	3.96
	346.220	×1	0.0081	Ca Cr Fe Ni V	
	384.802	×1	0.0097	Ca Mg Ti	
	342.508	×1	0.0100	Fe Ti V	
	376.133	×1	0.0110		
	379.575	×1	0.0110		
	336.261	×1	0.0110		
	317.283	×1	0.0130		
	376.191	×1	0.0130		
	313.389	×1	0.0130		
	345.366	×1	0.0150		
	329.100	×1	0.0150		
	344.150	×1	0.0160		
	324.154	×1	0.0180		
	370.136	×1	0.0200		
	370.026	×1	0.0210		
	250.908	×1	0.0210		
	286.923	×1	0.0210		
U	385.958	×1	0.2500	Ca Cr Fe	
	367.007	×1	0.3000	Fe Ni Ti V	
	263.553	×1	0.3330	Cr Fe Mg Mn Ti V	
	409.014	×1	0.3370	Ca Cr Mn V	
	393.203	×1	0.3650		
	424.167	×1	0.4610		
	294.192	×1	0.4830		
	385.466	×1	0.4830		
	290.828	×1	0.5000		
	288.963	×1	0.5000		
	288.274	×1	0.5170		
	256.541	×1	0.5260		
	279.394	×1	0.5350		
	311.935	×1	0.5350		
	330.590	×1	0.5350		
V	309.311	×1	0.0050	Al Cr Fe Mg	
	310.230	×1	0.0064	Fe Ni Ti	
	292.402	×1	0.0075	Cr Fe Ti	
	290.882	×1	0.0088	Cr Fe Mg Mo	
	311.071	×1	0.0100		
	289.332	×1	0.0100		
	268.796	×1	0.0100		
	311.838	×1	0.0120		

元素	分析线波长/nm	光谱级数	检出限/×10⁻⁶	干扰元素	激发电位/eV	元素	分析线波长/nm	光谱级数	检出限/×10⁻⁶	干扰元素	激发电位/eV
V	214.009	×1	0.0150			Yb	222.446	×1	0.0088	Fe Ni	
	214.009	×2	0.0150				222.446	×2	0.0088	Fe Ni	
	312.528	×1	0.0150				211.667	×1	0.0094		
	327.612	×1	0.0150				211.667	×2	0.0094		
	292.464	×1	0.0160				212.674	×1	0.0094		
	270.094	×1	0.0170				212.674	×2	0.0094		
W	207.911	×1	0.0300	Al Cu Ni Ti			218.571	×1	0.0130		
	207.911	×2	0.0300	Al Cu Ni Ti			218.571	×2	0.0130		
	224.875	×1	0.0440	Cr Fe			275.048	×1	0.0170		
	224.875	×2	0.0440	Cr Fe			297.056	×1	0.0170		
	218.935	×1	0.0460	Cu Fe Ti			265.375	×1	0.0210		7.33
	218.935	×2	0.0460	Cu Fe Ti		Zn	213.856	×1	0.0018	Al Cu Fe Ni Ti V	
	209.475	×1	0.0460	Al Fe Ni Ti V			213.856	×2	0.0018	Al Cu Fe Ni Ti V	
	209.475	×2	0.0460	Al Fe Ni Ti V			202.548	×1	0.0040	Al Cr Cu Fe Mg Ni	
	209.860	×1	0.0540				202.548	×2	0.0040	Al Cr Cu Fe Mg Ni	
	209.860	×2	0.0540				206.200	×1	0.0059	Al Cr Fe Ni Ti	
	239.709	×1	0.0550				206.200	×2	0.0059	Al Cr Fe Ni Ti	
	222.589	×1	0.0600				334.502	×1	0.1360	Ca Cr Fe Ti	7.78
	222.589	×2	0.0600				330.259	×1	0.2300		
	220.448	×1	0.0610				481.053	×1	0.2300		
	220.448	×2	0.0610				472.216	×1	0.4280		
	200.807	×1	0.0710				328.233	×1	0.5000		7.78
	200.807	×2	0.0710				334.557	×1	0.7500		7.78
	208.819	×1	0.0730				280.106	×1	0.7500		
	208.819	×2	0.0730				280.087	×1	0.7500		
	248.923	×1	0.0730			Zr	343.823	×1	0.0071	Ca Cr Fe Mn Ti	
Y	371.030	×1	0.0035	Ti V			339.198	×1	0.0077	Cr Fe Ti V	3.82
	324.228	×1	0.0045	Cu Ni Ti	3.99		257.139	×1	0.0097	Cr Fe Hf Mg Mn Ti V	4.91
	360.073	×1	0.0048	Mn			349.621	×1	0.0100	Mn Ni Ti V	
	377.433	×1	0.0053	Fe Mn Ti V			357.247	×1	0.0100		
	437.494	×1	0.0065		3.23		327.305	×1	0.0120		3.95
	378.870	×1	0.0075				256.887	×1	0.0130		
	361.105	×1	0.0075				327.926	×1	0.0140		
	321.669	×1	0.0079		3.97		267.863	×1	0.0150		4.79
	363.312	×1	0.0083				272.261	×1	0.0180		
	224.306	×1	0.0091				273.486	×1	0.0210		
	224.306	×2	0.0091				274.256	×1	0.0210		
	332.789	×1	0.0094		4.14		270.013	×1	0.0250		
	360.192	×1	0.0100				350.567	×1	0.0250		
	417.754	×1	0.0110				355.660	×1	0.0250		
	354.901	×1	0.0130				348.115	×1	0.0250		
	320.332	×1	0.0150		3.98		256.764	×1	0.0270		
Yb	328.937	×1	0.0018	Cu Fe Ti V	3.77		272.649	×1	0.0270		
	369.419	×1	0.0030	Ca Fe Mn Ni Ti V			330.628	×1	0.0270		
	289.138	×1	0.0086	Cr Fe Mg Mn Ti V	4.29		316.597	×1	0.0270		

表 16-15　ICP-AES 法应用实例

样品	被测元素	ICP 主要操作参数				备注
		频率/MHz	功率/kW	载气/(L/min)	高度/mm	
水	17 个元素					
水	Ag、Bi、Cd、Cu、Nb、Ni、Pb、Sn、W					
地面水、排放水	Fe、Zn、Pb					
软、硬、盐水	Al、Be、Cd、Cr、Cu、Fe、Mn、Pb、Zn	27	1.1	1	15	
天然水	Ba、Be、Cd、Co、Cu、Fe、Pb、Li、Mn、Mo、Sr、V、Zn、Ca、Mg、Na、Si	27	1.2	0.5	16	
河水、排放水	Be、Cd、Cr、Cu、Fe、Mn、Ni、Pb、V、Zn	27.12	1.6	1.0	16	
地面水、排放水	Al、As、B、Ba、Be、Cd、CO、Cr、Cu、Fe、Mn、Mo、Ni、Pb、Sr、Ti、V、Zn	33	阳流 0.75A	0.95~1	14	去溶
河水等	Al、As、Ba、Ca、Cd、Cr、Cu、Fe、K、Mg、Mn、Na、Ni、P、Pb、S	27.12	1.25	1.0	14	蒸发浓缩
地面水	Be、Cd、Co、Cr、Cu、Mn、Mo、Ni、Pb、V	27	阳流 0.8A	0.75	18	去溶
河水、海水	Cd、Cu、Fe、Mo、Ni、Pb、V、Zn		1.0(H_2O) 1.5(DIBK)	0.75 0.70	17 14	DIBK 萃取 预富集(pH=2.4)
地面水	Al、Ba、Be、Cd、Co、Cr、Cu、Fe、Mn、Ni、Sr、Zn	27.12	1.0	0.93~1.4	11~27	
水溶液	N(NO_3^-)	27.12	1.20	1.0	15	真空光谱仪
天然水、海水	S(SO_4^{2-})	27.12	1.08	1	17	真空光谱仪
水	P	27.12	1.4	1.0	12	
河水、海水	P		1.0(H_2O) 1.5(DIBK)	0.75 0.70	17 14	DIBK 萃取
海水	Cd、Cu、Fe、Mn、Ni、Pb、V、Zn					二乙基二硫代氨基甲酸钠-$CHCl_3$ 萃取活性炭吸附共沉淀-浮选
海水	Cd、Pb 等	} 27.12	1.2	1	14	
海水等	Cd、Co、Cr(Ⅲ)、Cu、Mn(Ⅱ)、Ni、Pb					
咸水	K、Mg、Na、S					
海水	Cd、Cu、Fe、Mo、Ni、V、Zn	27.12	1.1		18	二硫代氨基甲酸盐-CH_3Cl 萃取，HNO_3 反萃
废水	Al、B、Cr、Cu、Mn	27.12	1.5			
废水	B、Ba、Cd、Cu、Fe、Mn、Mo、Ni、Zn	27.12	0.9	0.4~0.6	4~8	
工业污水	Ag、Cd、Co、Cr、Cu、Fe、Mn、Mo、Sn、Ti、W、Zn、Zr	27.12	1.6	0.85	17.5	
污水	Cd、Co、Cr、Cu、Fe、Mn、V、Zn	30~40	阳流 0.85A	0.55	17	
污水	Al、As、Ba、Ca、Cd、Co、Cr、Cu、Fe、Hg、Mg、Ni、Pb、Sn、Zn	27.12	1.6	1.0	16	
排放水等	Be	(27±10)%	阳流 0.75A	1.0		去溶
地面水	Cd、Cr、Cu、Fe、Mn、Mo、Ni、Pb、V、Zn	(27±10)%	阳流 0.7A	压力 107.87kPa	15	去溶
环境物料等	Al、As、B、Ba、Be、Ca、Cd、Co、Cr、Cu、Fe、Ga、In、Mg、Mn、Mo、Nb、Ni、P、Pb、Sb、Se、Si、Sn、Sr、Ta、Te、Ti、Tl、V、W、Zn	27.12	1.6±0.05	1.1	17	

续表

样　品	被　测　元　素	ICP 主要操作参数				备　　注
		频率 /MHz	功率 /kW	载气 /(L/min)	高度 /mm	
环境物料等	As、Sb、Bi、Ge、Sn、Pb、Se、Te	27	2.7	0.8	10	氢化法
环境物料等	As	27	12			氢化法（干燥-吸收-冷冻）
饮用水等	As		3.5		4	氢化法
水、鱼等	As、Se	27.12	1.4	0.34		氢化法
污水	As	27.12	1.6	1.6	18	氢化法
生物、土壤	Na、K、Ca、Mg、P、Fe、Cu、Zn、Mn、Pb、Sr、Ba	27.12	1.6	1.0	17	
土壤	S、P	36	5	3	16	
土壤	Al、Ca、Co、Fe、Mg、Ni、Pb	27	1.0	1.0	20	
土壤浸取物	Ca、K、Mg、P	}	1.05	0.35	16	
污泥土壤（农业样品）	Ca、K、Mg、Mn、P、Zn					
污泥土壤	Al、B、Be、Ca、Cd、Cr、Cu、Fe、Mg、Mn、Ni、P、Pb、Ti、V、Zn	27.12	0.9			Ar-H$_2$ 混合气体（Ar 93.5%-H$_2$6.5%）为载气
肥料	Al、B、Ca、Cd、Cr、Cu、Fe、K、Mg、Mn、Na、Ni、P、Pb、Zn		1.0	2.0	13	
水溶液	N(NH$_4^+$)	27.12	1.0	2.3	30	在碱性介质中用 NaBrO 将 NH$_4^+$ 气化为 N$_2$ 导入 ICP
生物物料	Al、B、Ba、Ca、Cr、Cu、Fe、K、Mg、Mn、Na、P、Pb、S、Sr、Zn、		1.2	1.0	14	
贝壳	Al、B、Ba、Fe、K、Li、Mg、Mn、Na、P、Sr	27.12	1.2	0.5	11	
植物	Al、B、Cu、Fe、Mn、Zn	27	1	1.0		
人发、人血	Al、As、Ba、Ca、Cd、Co、Cr、Cu、Fe、K、Mg、Mn、Na、Ni、P、Pb	27.12	1.5	1.0	16	湿消化法
人血清	Ca、Cu、Fe、Mg、Mn、P、Zn	30~40	阳流 0.9A	0.5	13.5	血清用 0.1mol/L HCl 稀释
人尿	As、Bi、Sb、Se、Sn、Te	40.68	0.5~1.0	0.4~1.0	16	PDTC 螯合-氢化法
人尿	As、Bi、Cd、Cu、Hg、Ni、Pb、Sb、Se、Sn、Te、U	40(26.7)	1.0(0.85)	1.0(0.65)	10(15)	PDTC 螯合树脂预富集
人尿	Be、Co、Cu、Fe、Hg、Mn、Mo、Ti、Tl、V、Zn	40.68	0.5~2.0	0.7~1.2	16	PDTC 螯合树脂预富集
人尿、葡萄糖	Cr(Ⅲ)、Cr(Ⅵ)	40.68	0.8	0.43	15	PDTC 和 PAAO 螯合树脂预富集
人尿、血液、水	Al	27.12	1.0	1	25	
人血液	Al、Cu、Fe、Mg、P、Pb	7	5.5	2~3.5		N$_2$-Ar-ICP
人血清	Ca、Cu、Fe、Mg、Na、Zn	27.12	1.0	0.4		
人血清	Ca、Cu、Fe、Mg、Zn					微升进样 N$_2$-Ar-ICP
人血清、牛肝、树叶	Cd、Cu、Mn、Pb、Zn					N$_2$-Ar-ICP 石墨管进样
奶粉	P	27.12	1.20	1.3	25	
牛奶、淀粉、啤酒等	P	27.12	1.20	0.8		

续表

样 品	被 测 元 素	ICP 主要操作参数				备 注
		频率/MHz	功率/kW	载气/(L/min)	高度/mm	
奶粉	Al、B、Ba、Be、Cd、Cr、Cu、Fe、Mo、Ni、Sr、V、Zn	27.12	~1.5			蠕动泵进样，用93.5%Ar-6.5%H_2 为载气
鼠血及脏器	Ti	30~40				Ti 材体内埋设残留Ti 的测定
制药胶囊	Ca、Cu、Fe、Mg、P、Zn	27	1	1.0	20	
地化样品	Cu、Pb、Zn、Co、Ni	27	1.0	1.0	20	
硅酸盐岩石	Al、Ba、Ca、Cr、Cu、Fe、Mg、Mn、Na、Si、Ti、Zr	27.12	1.2	1.0	18.26	
地质样品	Al、Ba、Ca、Fe、Mn、Na、Si、Ti		1.2	1.0	14,18,22,26	
硅酸盐岩石	Al、Ca、Fe、K、Mg、Mn、Na、Si、Ti	27.12	1.6	0.7	17.5	
地质样品	Ag、Au、Bi、Cd、Cu、Pb、Zn	27	1.9	151.68kPa	18.5	Aliquat336-MIBK 萃取预富集
岩石	U	27.12	1.0	1.0	20	
硅酸盐岩石	Zr	27.12	1.4	0.85	15	Na_2CO_3＋K_2CO_3 熔融
硅酸盐岩石	B	27.12	1.25	1.6	15	Na_2CO_3 熔融
硅酸盐岩石	Al、Ca、Fe、Mg、Si 等	50	1.2	1.2	15~19	
硅酸盐岩石	Ba、Co、Cr、Cu、Li、Ni、Sc、Sr、V、Zr	27.12	1.6	0.85	17.5	
硅酸盐岩石	Al、Ba、Ca、Fe、Mg、Mn、Ti	30~40	阳流 1A	0.7		
地质样品	Ag、B、Ba、Be、Co、Cr、Cu、Ga、La、Mn、Mo、Nb、Ni、Pb、Sn、Sr、Ti、V、W、Y、Zn、Zr	30~40	阳流 0.9A	0.5	11~12	双高频粉末进样
地质样品	Al、As、B、Ba、Be、Bi、Ca、Cd、Co、Cr、Cu、Fe、Mg、Mn、Mo、Nb、Ni 等	27.12	1.6	0.6~0.7	15	草酸浸取
硅酸盐岩石	Al、Ba、Ca、Cr、Cu、Fe、Mg、Mn、P、Sr、Ti、V、Y、Yb、Zn、Zr、Si	27.12	1.6	1.0	16	
岩石	Be、Cr、Cu、La、Mn、Ni、Ti、V、Zr、Y	33	阳流 0.70A	220.65kPa	16	
铁矿等	Tl	27.12	4.5(最大)		约 10	2-乙基二硫代氨基甲酸铵萃取
铁矾土	Al、Ba、Ca、Ce、Co、Cr、Fe、Hf、Mg、Mn、P、Sc、Si、Ti、V、Zn、Zr	40.68	0.5~1.0	0.8~1.05	16	N_2-Ar-ICP
铬矿	Al、Ca、Cr、Fe、Mg、Mn、Si、Ti、V	7	10(最大)	2.5	15	N_2-Ar-ICP
铬铁矿、菱镁矿	Al、Ca、Cr、Fe、Mg、Mn、Na、Si、Ti	7	15(最大)	2~3		
锆石	Hf、Th、Zr、Y	27.12			15	Th 用 3-正辛基氧膦萃取富集
锆石	Hf、Zr	27		0.55	15	$LiBo_2$ 分解样品
铌铁矿、钽铁矿物等	Nb、Ta、Zr、Fe、Mn、Au、Ir、Os、Pd、Pt、Rh、Ru	27	1.2	0.4	12	
			1.0、1.25	1	20,22,26	巯试金属集等
矿物等	Au、Ir、Os、Pd、Pt、Rh、Ru	27	0.8	1.3	25,30,35	
工艺材料等	Ag、Au、Pd、Pt		1.05	0.5	16	水溶液 DPTU 和二氯乙烷溶液 TPP 萃取
	Sc、La、Ce、Pr、Nd、Sm、Eu、Gd、Tb、Dy、Ho、Er、Tm、Yb、Lu、Y	27.12	1.85	0.5	19	
			2.0	0.5	6	

样　品	被　测　元　素	ICP 主要操作参数				备　注
		频率 /MHz	功率 /kW	载气 /(L/min)	高度 /mm	
矿物等	La、Ce、Pr、Nd、Sm、Eu、Gd、Tb、Dy、Ho、Er、Tm、Yb、Lu	27	1.25～1.5		12	
地质样品等	Sc、La、Ce、Pr、Nd、Sm、Eu、Gd、Tb、Dy、Ho、Er、Tm、Yb、Lu、Y	27	4.5	2.0	12	低品位时用离子交换富集，N$_2$-Ar-ICP
地质样品	Sc、La、Ce、Nd、Sm、Eu、Gd、Dy、Yb、Y		1.1		15～16	直接分析或离子交换富集
地质样品	Sc 及稀土(10^{-9}级)	30～40	阳流 0.72A	0.8		端视法，离子交换富集
地质样品	15 个稀土	27.12	1.15	0.45	14.5	离子交换富集
岩石	15 个稀土	30～40	阳流 0.9A	0.8	12～14	P507 反相萃取色谱富集
冶金炉渣等	Sc、La、Ce、Yb、Y	30～40	阳流 0.76A	0.8	15	
粗矿冶金炉渣等	Al、Ca、Fe、Mg、Mn、Si、Ti	27.12		1.0		ARL31000 光谱仪
杂多酸	As、P、Mo、W	27.12	1.4	0.62	12	
LiBF$_4$	B、Li	50	1.15	1.45	15	
铬酸蚀刻液	Ni	50	1.15	1.45	15	
H$_2$SO$_4$	Sn	50	1.15	1.45	15	
HF（氢氟酸）	Si			1.2		用带石墨注入管的炬管
磷酸盐	P	27.12	1.4	0.5	8	氢化法
卤水、MgCl$_2$等	B	27.5	阳流 0.85A	1.33	12	
硫化物浓缩物	Fe、Cu、Pb、Zn	7	10(最大)	2.5	15	N$_2$-Ar-ICP
阳极泥	Ag、Al、As、Ca、Cd、Co、Cr、Cu、Fe、Mg、Ni 等	7	10(最大)	2.5	15	N$_2$-Ar-ICP
活性炭吸附物	Ag、Au、Cu、Fe、Ni、Si、Ca	7	10(最大)	2.5	15	N$_2$-Ar-ICP
磷酸盐	Mg、P	7	10(最大)	2.5	15	N$_2$-Ar-ICP
陶瓷材料	Mg、Mn、Nb、Ni、Ti、Zr	1.5	2.3			PGS-2 摄谱仪
高铝磁等	Ca、Fe、Mg、Si	30～40	阳流 1.2A	1.0	16	HCl 高压封溶
催化剂（石油炼制）	As、B、Cd、Ce、Cr、Cu、Fe、Hg、Mg、Mn、Mo、Ni、P、Pb、Pd、Pt、Re、Si、Sn、Ti、V、Zn	27.12	1.8	1.6	16	重整催化剂用王水，加氢催化剂用 H$_2$SO$_4$，加氢裂解用 NaOH 溶(熔)样
电解浓缩物	As、Cd、Cu、Fe、Mg、Ni、Pb、Sn、Zn		5(最大)			与 AAS、极谱法及伏安法等比较
焊药	AS、Sn	30	2.5	2.0		熔融盐超声雾化
煤等	Ce、Co、Cu、Fe、La、Mn、Mo、Ni、Pb、Ti、Th、U、V、Zn	40.68	0.5～0.8	0.8～0.9	14～16	HNO$_3$-HClO$_4$ 消解或干法灰化
煤灰	Al、Ca、Fe、K、Mg、Na、P、S、Si、Ti					
高低合金钢	Al、Cr、Cu、Mn、Ni、As、Pb、La、Ce、Pr、Zr、Nb、W	29～30	2,1.75	1.1	18	
普碳钢，低合金钢	La、Ce、Pr、Nd			0.64	15	
钢	Al、La、Ce、Nb、Zr					

续表

样　品	被　测　元　素	ICP 主要操作参数				备　　注
		频率/MHz	功率/kW	载气/(L/min)	高度/mm	
低合金钢	Al、As、Co、Cr、Cu、Mn、Mo、Ni、Si、Sn、Ti、V	27.12	1.6	0.5	16	
高低合金钢等	Cr、Mn、Mo、Nb	27.12	1.6	0.5	16	络合萃取预富集
低合金钢	Cr、Cu、Mn、Mo、Ni、Si、V	27	15(最大)	2～3		
钢	Al、B、Cr、Cu、Mn	27.12	1.5			
钢	Al、Cr、Mn、Ti、W、Ce	50	0.7	1.5	15	
中低合金钢	Al、Co、Cr、Cu、Mn、Mo、Ni、Ti、V、Zr	30～40	阳流 0.75～0.8A 0.85～0.9A	0.6～0.7	15 18	
锡基合金	Al	30～40	阳流 0.80～0.85A	压力 64.72kPa	12.5	采用双雾化器
金属、硅等	B	27.12	2.5			以 BF₃ 蒸馏和 BF₄⁻ 离子萃取
硅轴承合金等	B	27.12	1.1		15	低观测度高可减小光谱干扰
	S(SI180.737nm)	27.12	1.6	1.5	14	
钢	P(PI213.618nm)	27.12	1.4	0.5	10	用中阶梯光栅光谱仪
低合金钢	P(PI214.911nm)	27.12	1.6	0.85	12.5	用二苯甲基二硫代氨基甲酸盐萃取除去 Cu 等光谱干扰
低合金钢	Sn	27.12	3.3	1		氢化法，N₂-ArICP
铁铬合金	Cr(约 53%)、Fe(约 36%)、Al、Ca、Mg、Si	7	10	2.5	15	
铁锰合金	Mn、Fe、Si	7	10	2.5	15	
铝轴承合金	Al₂O₃(约 61%)、Fe₂O₃(约 1.5%)	7	10	2.5	15	
铝合金	Cu、Fe、Mg、Mn、Ti、Zn	36	约 4	3	20～30	
铝合金	Zr		1.2	1		
铝合金	Cu、Fe、Mg、Mn、Ni、Si、Ti	30～40	阳流 0.85A	0.5	16	HNO₃-HCl-HF 溶解
铝基合金	Al、Cr、Cu、Fe、Mg、Mn、Ni、P、Pb、Sb、Sn、Zn		1.2	0.7	18	
铜基合金	Cu、Ag、Al、As、Bi、Cd、Fe、Mn、Ni、P、Pb、Sb、Sn、Zn		1.2	0.7	18	用浓度比校准技术
铁基合金	Fe、Al、As、B、Co、Cr、Cu、Mn、Mo、Nb、Ni、P、Si、Ta、Ti、V、W、Zr		1.2	0.7	18	
铝合金等	Cr、Cu、Fe、Mg、Mn、Ni、Ti、Zn	30～40	阳流 0.8A	0.7	20	
镍基、铁基合金	La、Ce、Pr、Nd	27.12	1.0	1.5	16	
镍合金	Al、B、Co、Cr、Cu、Fe、Hf、Mn、Mo、Nb、Si、Ta、Ti、V、W	27.12	1.4	0.5	18	控波火花进样及浓度比校准技术
磷青铜	P	27.22	1.2	0.8		
钐钴合金	Sm(约 36%)、Co(约 62%)	50	1.15	1.45	15	
锆合金等	Hf	27.12	1.7	0.38	12	用中阶柳光栅光谱仪二阶导数光谱
Fe-Al-Si 合金等薄膜	Fe、Al、Si；Y、Eu；Si	50	1.15	1.45	15	

样　品	被　测　元　素	ICP 主要操作参数				备　　注
		频率 /MHz	功率 /kW	载气 /(L/min)	高度 /mm	
Gd-Ga 石榴石薄膜	Ca、Ge、Fe、Lu、Sm、Y	27.12	1.2	0.5	15	用 H_3PO_4 为腐蚀液
半导体外延薄膜($Ga_{1\sim x}Al_xAs$)	Al、Ga	30～40	阳流 0.8～0.9A	0.8	15	用 H_2SO_4-H_2O_2 等为腐蚀液
高温合金氧化膜	Al、Co、Cr、Fe、Mn、Mo、Ni、Ti	27.12	1.25	1.0	14.5	用 H_3PO_4-H_2SO_4 为腐蚀液(电解)
Al_2O_2、Li_2SO 等	杂质元素	36	2.5(最大)	0.5		
Al	14 个稀土元素	40.68	0.45～0.60	0.96～1.0	16	
MgO	B、Be	36	2.5(最大)	0.5		
TiO_2	B	50	1.15	1.45	15	
$ZnSO_4$	Cd、Cu、Fe、Mn、Ni、Pb	30～40	阳流 1.15A	0.4	17.5	
$SiCl_4$	Co、Cr、Cu、Fe、Mn、Ni、Ti、V	30～40	阳流 0.75A	1.0	15	蒸发除 $SiCl_4$
GeO_2、$GeCl_4$	Ca、Cr、Cu、Fe、Mg、Mn、Ni、Pb、Ti、Zn	30～40	阳流 0.65A	0.8～1.0	15	蒸发除 $GeCl_4$
半导体材料	Co、Cr、Fe、Mn、Ni、Ti、V	30～40	阳流 0.75A	0.5	15	超净试验室中操作
氮化硼	Co、Cr、Cu、Ni、Ti、V	30～40	阳流 0.75A	0.5	15	B 以 $B(OBH_3)_3$ 挥发除去
石墨	Al、Cu、Fe、Si、Ti、V	40.68	0.55	1.6	16	灰化，螯合树脂预富集，石墨管进样
CsCl	Al、Be、Ca、Cr、Cu、Fe、Mg、Mn、Ni、Si、Ti	30～60	阳流 0.67A	0.6	11	
La_2O_3	Al、Cr、Cu、Fe、Mg、Mn、Ni、Ti、V	30～40	阳流 0.8A	0.5	14	
La_2O_3	Al、Ca、Co、Cr、Cu、Fe、Mg、Mn、Ni、Si、Ce、Pr、Nd、Rm、Eu、Gd、Tb、Dg、Ho、Er、Tm、Yb、Lu、Y	30～40	阳流 1.05A	0.42	15	
La_2O_3	Ce、Pr、Nd、Sm、Eu、Gd、Tb、Dy、Ho、Er、Tm、Yb、Lu、Y	30～40	阳流	0.42	15	P506 萃淋树脂预富集
La_2O_3	Ce、Pr、Nd、Rm、Eu、Gd、Tb、Dy、Ho、Er、Tm、Yb、Lu、Y	27.12	1.15	0.45～0.48	16	用中阶梯光栅光谱仪二阶导数光谱
Y_2O_3	La、Ce、Pr、Nd、Sm、Eu、Cd、Tb、Dy、Ho、Er、Tm、Yb、Lu	30～40 27.12	阳流 1.0	0.77 96.53kPa	15～16 14	
U	Ag、Al、Be、Cd、Cr、Cu、Fe、Zn	27.12	0.8～0.9	0.8～1.0	27	石墨棒电热进样
UF_6	Al、Ba、Ca、Cd、Co、Cr、Cu、Fe、Mg、Mn、Mo、Nb、Ni、Sr、Ta、Ti、V、W、Zn、Zr	27.12	2.0(入射)	1.0	15	TEHP 己烷萃取除 U
硝酸铀酰	Cr、Mo、V、W	30～40	阳流 1.1A	0.25～0.35	25	FBP 反相萃取除 U
U、Pb	^{235}U、^{238}U、Pb 同位素	27.12	1.0	1		高分辨仪器
ZrO_2	Hf	27.12	1.4	0.43	20	用中阶梯光栅光谱仪二阶导数光谱
Au	Ni、Ta	27.12	2			
有机磷	Al、Mg	7	5.5	2～3.5		
油脂	Al、Cr、Cu	7	5.5	2～3.5		
润滑油	Ag、Al、Ca、Cr、Cu、Fe、Mg、Mn、Ni、Pb、Si、Sn、Ti、V、Zn	27	2.1	0.9～1.0		用 4-甲基-2-戊酮或 MIBK 稀释

样　品	被　测　元　素	ICP 主要操作参数				备　注
		频率/MHz	功率/kW	载气/(L/min)	高度/mm	
润滑油	Cu、Fe	30～40	阳流 0.85A	0.34	12	用二甲苯等稀释
油类	Ag、Al、B、Ba、Ca、Cr、Cu、Fe、K、Mg、Mn、Mo、Na、Ni、P、Pb、Si、Sn、Ti、V、Zn		1.7	0.7	18.5	用二甲苯稀释
油类	Al、Cu、Fe、Mg、Mn、Si、Zn		1.6	0.7		用二甲苯稀释
润滑油等	Ag、Al、B、Ba、Ca、Cr、Cu、Fe、K、Mg、Mn、Mo、Na、Ni、P、Pb、Si、Sn、Ti、V、Zn					用二甲苯稀释 1∶10（质量比）
渣油	Cd、Cu、Ni、Zn	40.68	0.8～1.0	0.5～0.7	20	用有机溶剂溶解
渣油	As、Se、Hg	40.68	0.7～0.8	0.5	16	氢化法等
甲醇溶剂	Mn	27	1.0	(68.95kPa)	13	
酒类	Al、Ba、Cu、Fe、Mg、Mn、P、Sr	30～40	阳流 0.67A	0.48	15	
有机物	B、C、H、I、P、S、Si	27	约 0.5	0.9	9	GC 进样
有机氟	F	27	1.5			
有机氯、溴	Cl、Br	27	1.75	0.1	6	
H_2S、CH_4	S、C	27	1.75		6	
有机硒化物	Se(196.03mm)		1.2	0.5		
有机试液	U	38	阳流 0.6～0.65A	0.5	18	TBP 萃取液用乙醇稀释

第十七章 原子吸收光谱分析法

第一节 基本原理

原子吸收光谱法，是基于被测元素的原子蒸气对共振波长光的吸收作用，进行定量分析的一种方法。这种方法已广泛地用于低含量元素的定量测定，可对 70 余种金属元素及非金属元素进行定量，表 17-1 为用原子吸收法可以测定的元素，其检测限可达 ng/mL，相对标准偏差为 1%～2%。

表 17-1　用原子吸收法可以测定的元素

周期	族																	
	ⅠA	ⅡA	ⅢB	ⅣB	ⅤB	ⅥB	ⅦB		ⅧB		ⅠB	ⅡB	ⅢA	ⅣA	ⅤA	ⅥA	ⅦA	ⅧA
1	H																	He
2	Li	Be											B	C	N	O	F	Ne
3	Na	Mg											Al	Si	P	S	Cl	Ar
4	K	Ca	Sc	Ti	V	Cr	Mn	Fe	Co	Ni	Cu	Zn	Ga	Ge	As	Se	Br	Kr
5	Rb	Sr	Y	Zr	Nb	Mo	Tc	Ru	Rh	Pd	Ag	Cd	In	Sn	Sb	Te	I	Xe
6	Cs	Ba	La	Hf	Ta	W	Re	Os	Ir	Pt	Au	Hg	Tl	Pb	Bi	Po	At	Rn
7	Fr	Ra	Ac															

镧系	Ce	Pr	Nd	Pm	Sm	Eu	Gd	Tb	Dy	Ho	Er	Tm	Yb	Lu
锕系	Th	Pa	U	Np	Pu	Am	Cm	Bk	Cf	Es	Fm	Md	No	Lr

注：▯ 可用空气-乙炔焰测定；◲ 可用氧化亚氮-乙炔焰测定；▭ 可用间接法测定。

一、原子吸收光谱的性能

当光源发出的辐射通过基态自由原子蒸气，且入射辐射的频率等于原子由基态跃迁到较高能态（通常是第一激发态）所需要能量频率时，原子就从辐射场中吸收能量，产生共振吸收，同时伴随着原子吸收光谱的产生。由辐射光强度减弱的程度即可推算出样品中元素的含量。

原子对辐射的选择吸收是由原子的能级结构决定的。原子吸收光谱的频率（或波长）取决于原子两能级的能量差 ΔE。吸收的辐射波长为：

$$\lambda = \frac{hc}{\Delta E}$$

式中，h 为普朗克常数；c 为光速；ΔE 为跃迁能级之间的能量差。

二、原子谱线的宽度及变宽

吸收谱线或发射谱线并不是几何意义上的线，而是占据相当窄的频率（或波长）范围，即有一定的波长宽度。谱线在无外界影响下仍有一定宽度，称为自然宽度，其数量级约为 10^{-5} nm 宽度。

谱线的自然宽度取决于激发态原子的平均寿命。

由于原子处于无规则的热运动状态中，不规则的热运动与观测器两者之间形成相对位移运动，从而使谱线变宽，称为热变宽或多普勒变宽。由于辐射原子与其他粒子（分子、原子、离子、电子等）间的相互作用而产生的谱线变宽称为压力变宽。凡是由异种粒子相互碰撞作用引起的变宽称罗伦兹变宽。表 17-2 中列举了一些元素的罗伦兹变宽值 $\Delta\lambda_L$ 和多普勒变宽值 $\Delta\lambda_D$。

表 17-2　一些元素的罗伦兹变宽值 $\Delta\lambda_L$ 和多普勒变宽值 $\Delta\lambda_D$

元　素	原子量	波长/nm	2000K/nm		3000K/nm	
			$\Delta\lambda_D$	$\Delta\lambda_L$	$\Delta\lambda_D$	$\Delta\lambda_L$
Na	22.99	589.00	0.0039	0.0032	0.0048	0.0027
Ba	137.24	553.56	0.0015	0.0032	0.0018	0.0026
Sr	87.62	460.73	0.0016	0.0026	0.0019	0.0021
V	50.94	437.92	0.0020		0.0024	
Ca	40.08	422.67	0.0021	0.0015	0.0026	0.0012
Fe	55.85	371.99	0.0016	0.0013	0.0019	0.0010
Co	58.93	352.69	0.0013	0.0016	0.0016	0.0013
Ag	107.37	328.07	0.0010	0.0015	0.0012	0.0013
		338.29		0.0015	0.0013	0.0012
Cu	63.54	324.75	0.0013	0.0009	0.0016	0.0007
Mg	24.31	285.21	0.0018		0.0023	
Pb	207.19	283.31	0.00063		0.0008	
Au	196.97	267.59	0.00061		0.00075	
Zn	65.37	213.86	0.00085		0.0010	

三、基态原子与激发态原子的关系

原子吸收分析是以基态原子对共振线的吸收现象为基础的，原子在各能态间的分配对原子吸收分析有重要的意义。

根据热力学原理，在一定的温度下达到热平衡时，基态和激发态的原子数的分配，可用玻兹曼公式表示：

$$\frac{N_i}{N_0} = \frac{g_i}{g_0}\exp\left(-\frac{E_i}{KT}\right)$$

式中　　K——玻兹曼常数；

E_i——激发能，激发态与基态的能级差；

g_i，g_0——激发态、基态的统计权重；

N_i，N_0——单位体积内激发态、基态的原子数；

T——热力学温度，K。

表 17-3 列举了一些元素共振线的 N_i/N_0 值。从 N_i/N_0 值看出，处于激发态的原子数与处于基态的原子数相比，总是很少的。处于基态的原子数近似地等于总原子数。

表 17-3　一些元素共振线的 N_i/N_0 值

元　素	波长/nm	g_i/g_0	激发能/eV	N_i/N_0		
				2000K	2500K	3000K
Cs	852.10	2	1.46	4.44×10^{-4}	2.4×10^{-3}	7.24×10^{-3}
Na	589.00	2	2.104	0.99×10^{-5}	1.14×10^{-4}	5.83×10^{-4}
Ba	553.56	3	2.239	6.83×10^{-6}	3.19×10^{-5}	5.19×10^{-4}
Sr	460.63	3	2.690	4.99×10^{-7}	1.13×10^{-6}	9.07×10^{-5}
V	437.92		3.131	6.87×10^{-9}	2.50×10^{-7}	2.73×10^{-6}
Ca	422.67	3	2.932	1.22×10^{-7}	3.67×10^{-6}	3.55×10^{-5}
Fe	371.99		3.332	2.29×10^{-9}	1.04×10^{-7}	1.31×10^{-6}
Ag	328.07	2	3.778	6.03×10^{-10}	4.84×10^{-9}	8.99×10^{-7}
Cu	324.75	2	3.817	4.82×10^{-10}	4.04×10^{-8}	6.65×10^{-7}
Mg	285.21	3	4.346	3.35×10^{-11}	5.20×10^{-9}	1.50×10^{-7}
Pb	283.31	3	4.375	2.83×10^{-11}	4.55×10^{-1}	1.34×10^{-7}
Au	267.59	1	4.632	2.12×10^{-12}	4.60×10^{-1}	1.65×10^{-8}
Zn	213.86	3	5.795	7.45×10^{-15}	6.22×10^{-1}	5.50×10^{-10}

四、原子吸收光谱法的定量基础

理论和实践都证明，当使用锐线光源时原子吸收的吸光度与基态原子浓度之间遵循朗伯-比耳定律，即：

$$A = KNL = \lg \frac{I_0}{I}$$

式中，A 为吸光度；I_0 为入射光强度；I 为透射光强度；K 为原子吸收系数；L 为原子吸收层厚度；N 为自由原子总数（近似于基态原子数）。

在实际分析中，当实验条件一定时，N 正比于待测元素的浓度 c。因此，以标准系列作出工作曲线后，即可从吸光度大小，求出待测元素的含量。

第二节　原子吸收分光光度计

原子吸收分光光度计，又叫原子吸收光谱仪，主要由光源、原子化系统、分光系统、检测放大系统四部分组成。其结构如图 17-1 所示。

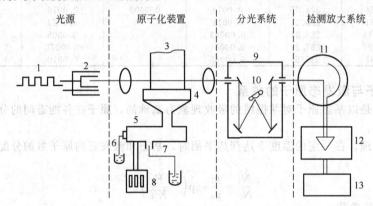

图 17-1　原子吸收分光光度计结构示意

1—电源；2—光源；3—火焰；4—燃烧器；5—雾化器；6—吸样毛细管；7—废液排水管；
8—气体流量计；9—单色器；10—光栅；11—光电倍增管；12—检波放大器；13—读数记录器

一、光源

原子吸收分光光度计光源的作用是辐射基态原子吸收所需的特征谱线。对光源的要求是：发射待测元素的锐线光谱，有足够的发射强度，背景小，稳定性高；原子吸收分光光度计广泛使用的光源有空心阴极灯，偶尔使用蒸气放电灯和无极放电灯。

空心阴极灯又称元素灯，是一种气体放电管，它包括一个由待测元素制成的空腔形阴极和一个

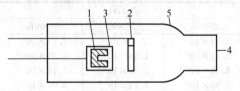

图 17-2　空心阴极灯结构

1—阴极；2—阳极；3—屏蔽管；
4—窗口；5—外壳

钨制阳极。两电极密封于带有石英窗（或玻璃窗）的玻璃管内，管内充有低真空惰性气体，其结构如图 17-2 所示。

当在两电极间施加适当电压（通常 300~500V）时，金属原子便在空腔形阴极的里面和前面的范围内被气化，同时原子被激发到高能级，因而能发射出特征谱线的光。

空心阴极灯有单元素灯和多元素灯。最常使用的是阴极物质由一种元素构成的单元素灯。

空心阴极灯的光强度与灯的工作电流大小有关。增大灯的工作电流，可以增加发射强度。但工作电流过大，会引起一些不良现象，如阴极温度过高、发射谱线变宽、灯寿命缩短等。因此每只阴极灯都限定了最大工作电流。

二、原子化系统

原子化系统的作用是将试样中的待测元素转变为基态原子蒸气。它是原子吸收分光光度计的重要部分，其性能直接影响测定的灵敏度，同时很大程度上还影响测定的重现性。

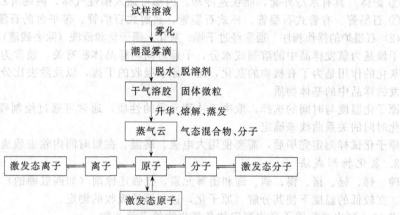

图 17-3　火焰原子化过程示意

1. 火焰原子化系统

（1）火焰原子化过程　将分析样品引入火焰并使其原子化是一个复杂的过程，这个过程直接影响了分析方法的灵敏度和准确度。火焰原子化过程示意如图 17-3 所示。

（2）火焰原子化器　火焰原子化器由雾化器和燃烧器组成。

① 雾化器　雾化器是火焰原子化器的核心构件，其作用是将试样雾化。雾化器的性能对测定精密度有显著影响。因此要求喷雾稳定，雾滴小而均匀。目前普遍采用的是同轴型雾化器。

② 燃烧器　现代原子吸收仪器普遍采用预混合型燃烧器，即将试样雾化后与燃气、助燃气在预混合室充分混合，然后再进入火焰，如图 17-4 所示。其中较大的雾滴凝结在壁上，沿废液排出管排走，而很细的雾滴则进入火焰。燃烧器的火焰孔由长而窄的狭缝组成，以保证产生的火焰稳定，光束长，噪声低。

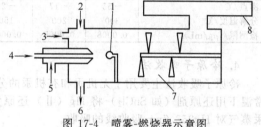

图 17-4　喷雾-燃烧器示意图
1—冲击球；2—燃料气体；3—辅助空气；
4—吸试液毛细管；5—喷雾空气；6—废液
出口；7—扰流器；8—燃烧器

③ 火焰　在火焰原子化法中，火焰是提供使试样中的被测元素原子化的能量。原子吸收所使用的火焰，只要求其温度能使待测元素解离成基态原子即可。如超过所需温度，则激发态原子增加，电离度增大，基态原子数减少，这对原子吸收是不利的。因此在确保待测元素充分分解离为基态原子的前提下，低温火焰比高温火焰具有较高的灵敏度。

2. 石墨炉原子化器（系统）

非火焰原子化器有多种：石墨炉、钽舟、等离子喷焰、激光等。应用最多的是石墨炉原子化器。非火焰原子化器提高了原子化效率，灵敏度比火焰法要高 3～4 个数量级，且可测元素比火焰法要多。因此，近年来得到了较多的应用。

（1）石墨炉原子化器结构　石墨炉原子化器结构如图 17-5 所示。

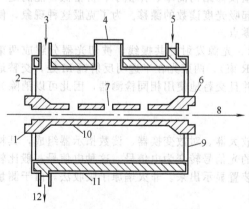

图 17-5　石墨炉原子化器结构
1,6—电接头；2—绝缘体；3—惰性气体入口；
4—可卸窗；5—入水口；7—试样；8—光路；9—绝
缘体；10—石墨管；11—金属套管；12—出水口

石墨炉原子化器由电源、炉体、石墨管三部分组成。

① 电源　能提供低电压（10V）、大电流（400～500A）的供电设备，它能使石墨管迅速加热达到2000℃以上的高温，并能以程序梯度升温方式加热，便于对不同元素选择最佳原子化条件。

② 炉体　具有水冷外套，能快速冷却，内部可通入惰性气体，两端有石英窗，中间有进样孔。

③ 石墨管　有管式石墨管、杯式石墨管，热解式石墨管、带平台的石墨管。

（2）石墨炉的操作程序　通常经过干燥、灰化、原子化和清洗（除去残渣）四个步骤。

干燥是为蒸发样品中的溶剂或水分，干燥时间与样品体积有关，通常为20～60s不等。

灰化的作用是为了有机物的灰化，减少原子吸收的干扰，以及除去比分析元素（或化合物）容易挥发的样品中的基体物质。

原子化温度与时间的选择，取决于待测元素的性质，通常可通过绘制吸收-原子化温度、吸收-原子化时间的关系曲线来确定。

原子化试样测定完毕后，需要使用大电流、高温、在短时间内除去残渣。

3. 氢化物形成法

砷、锑、铋、锗、锡、硒、碲和铅等元素，在强还原剂（如四氢硼钠）的作用下，容易生成氢化物。在较低的温度下使其分解、原子化，进行原子吸收的测定。

表 17-4 列出进行原子吸收测定的各氢化物的有关参数。

表 17-4　进行原子吸收测定的各氢化物的有关参数

参　　数	AsH_3	SbH_3	BiH_3	GeH_4	SnH_4	PbH_4	H_2Se	H_2Te
沸点/℃	−55	−17	−22	−88.5	−52		−42	−18
分解温度/℃	300	200	150	340	150	室温	100	0
检测限/(μg/mL)	0.0008	0.0005	0.0002	0.004	0.0005	0.1	0.0018	0.0015

4. 冷原子吸收法

冷原子吸收法主要用于无机汞和有机汞的分析。这种方法是基于常温下汞有较高的蒸气压。在常温下用还原剂（如 $SnCl_2$）将 Hg（Ⅱ）还原为金属汞，然后把汞蒸气送入原子吸收管中，测量汞蒸气对 Hg253.7nm 吸收线的吸收。

三、分光系统

原子吸收光谱的分光系统是用来将待测元素的共振线与干扰的谱线分开的装置。它主要由外光路系统和单色器构成。外光路系统的作用是将光源发出的共振谱线能正确地通过被测试样的原子蒸气，并投射到单色器的入射狭缝上。单色器的作用是将待测元素的共振谱线与其他谱线分开，然后进入检测装置。

外光路系统分单光束系统和双光束系统。单光束型仪器结构简单、体积小、价格低，能满足一般分析要求，其缺点是光源和检测器的不稳定性会引起吸光度读数的漂移。为了克服这种现象，使用仪器之前需要充分预热光源，并在测量时经常校正零点。

单道双光束型原子吸收光度计结构如图 17-6 所示。光源发射的共振线，被切光器分解成两束光，一束通过试样被吸收（S束）；另一束作为参比（R束），两束光在半透明反射镜 M 处，交替地进入单色器和检测器。由于两束光由同一光源发出，并且交替地使用相同检测器，因此可以消除光源和检测器不稳定性的影响。

四、检测放大系统

原子吸收分光光度计的检测系统主要由检测器、放大器、对数变换器、读数指示器组成，其检测器广泛采用光电倍增管。它的作用是将单色器分出的光信号转变为电信号。这种电信号一般比较微弱，需经放大器放大。信号的对数变换最后由读数装置显示出来。非火焰原子吸收法，由于测量信号具有峰值形状，故宜用峰高法或积分法进行测量。

五、仪器的安装

原子吸收分光光度计是属于贵重精密仪器，有关它对放置房间（环境）要求、安装的要求、管理的要求，参看第一章第二节。除了上述一般要求外，还注意以下几点。

① 主机原子化器上方安装排风罩，以排除原子化时产生的有害身体健康的气体。排风罩离主

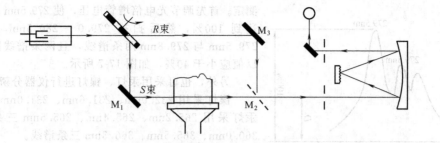

图 17-6　单道双光束型原子吸收光度计

机烟道大约 25cm，排风罩要适中，排风管道应采用防腐材料制作。

② 气体管道应清洁、无油污、耐压、密封，并经常进行试漏检查。燃气管道应装消防回火安全阀。空气管道要安装过滤器及减压阀。

有关可燃气体及气瓶的安全注意事项参看第一章第九节。

③ 雾化室下边的排水管，一定注意经常检查其安全水封，以防回火爆炸。废液排水管应保持畅通。

六、仪器的调试与性能检测

仪器的调试与检测应遵循有关仪器的说明书进行。

1. 光路的调整

（1）光源对光　接通 220V 电源，开启交流稳压器，点燃某元素灯（如铜灯），调单色器波长至该元素最灵敏吸收线位置。调节检测器高压增益，使仪表有一定的输出信号。前后、左右移动灯的位置，使检测器得到最大光强。也可以用一张白纸挡光检查，使空心阴极灯的阴极光斑聚焦成像于燃烧器缝隙中央或稍近单色器一方。

（2）燃烧器对光　燃烧器缝隙位于光轴之下并平行于光轴，可以通过改变燃烧器前后、转角、水平位置来实现。先调节表头指针满刻度，用对光棒或火柴杆插在燃烧器缝隙中央，此时表头指针应从最大回到零，即透光度从 100%～0。然后把对光棒或火柴杆垂直放置在缝隙两端，表头指示的透光度应降至 20%～30%，如达不到上述指标，应对燃烧器的位置再稍微调节，直至合乎要求。也可以点燃火焰，喷雾某元素的标准溶液，调节燃烧器位置，到出现最大吸光度为止。

2. 喷雾器调节

喷雾器中的毛细管和节流嘴的相位位置及同心度是调节喷雾器的关键。毛细管口和节流嘴的同心度越高，雾滴越细，雾化效率越高。一般可以通过观察喷雾状况来判断调整的效果，拆开喷雾器，拿一张滤纸，将雾喷到滤纸上，滤纸稍湿则是恰到好处的位置。

调节撞击球的位置以噪声低、灵敏度高为好。将喷雾器拆开，吸喷蒸馏水，改变撞击球位置，当喷出的雾远而细，并慢慢转动前进时，是它的最佳位置。这项调节难度较大，一般情况下不用调节。

3. 试样提取量的调节

试样提取量是指每分钟吸取试样的体积，表示为 mL/min。试样的提取量与吸光度并不成线性关系，通常在 4～6mL/min 之间有最佳吸收灵敏度，大于 6mL/min 灵敏度反而下降。通过改变喷雾气流速度和聚乙烯毛细管的内径及长度，能调节试样的提取量，以适应各种不同溶液的喷雾。

4. 仪器的波长准确度与波长重复性检测

在仪器光谱带宽度为 0.2nm 时，对砷 193.7nm、铜 324.7nm、铯 852.1nm 谱线进行单向三次测定。测试时缓慢转动波长手轮，读出能量最大时的波长值。三次测定的平均值与波长真实值之差，即为波长准确度。三次测定值中最大值与最小值之差，即为波长重复性。

要求仪器波长准确度不应大于 ±0.5nm；波长重复性不应大于 0.3nm。

波长校正也可采用汞灯的下列谱线进行（nm）：Hg230.2、253.7、296.7、366.3、404.7、435.8、546.1、577.0、579.0、690.7、737.2。

也可选用代表不同波段的元素灯：如 Zn213.9nm；Mg285.2nm；Ca422.7nm；K766.5nm 等。

5. 仪器分辨率的检查

仪器分辨率表示仪器分开相邻两条谱线的能力。在仪器带宽为 0.2nm 时，用锰元素灯在透射比挡

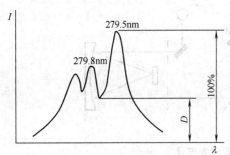

279.5nm

279.8nm

100%

D

I

λ

图 17-7　仪器分辨率的检查

测定。首先调节光电倍增管电压，使 279.5nm 的谱线能量达到 100%，然后扫描 279.0～280.5nm，应能分开 279.5nm 与 279.8nm 两条谱线，且两条谱线间波谷能量 D 值应小于 40%，如图 17-7 所示。

另外，也可采用汞灯、镍灯进行仪器分辨率的测试。

镍灯采用 232.0nm、231.6nm、231.0nm 三条谱线。汞灯采用 265.2nm、265.4nm、265.5nm 三条谱线，或 360.0nm、365.5nm、366.3nm 三条谱线。

6. 仪器基线稳定性的检查

双光束仪器预热 30min，当光谱带宽度为 0.2nm，量程扩展不低于 10 倍，在不点火状态下，将波长调至 324.7nm，定时测量 30min，其最大与最小吸光度之差即为基线稳定性。要求 30min 内，基线漂移不应大于 0.004Abs（吸收值）；当灯电流变化 10% 时，仍应达到此要求。

单光束仪器稳定性检查方法，仅要求仪器与铜元素灯同时预热 30min 外，其余均与双光束仪器稳定性的检查方法相同。

7. 仪器特征浓度的检测

仪器的特征浓度是仪器测量灵敏度的表征。通常要求仪器对铜的特征浓度不应大于0.05μg/mL/1%（塞曼型的原子吸收仪应为 0.15μg/mL/10%）。

将仪器的各项参数调至最佳工作状态，对 0.5μg/mL 铜标准溶液（塞曼型用 1μg/mL）和0.5%硝酸水溶液（体积分数）为空白溶液，进行三次交替测定，并按下式计算：

$$特征浓度\ c_c = \frac{0.0044c}{A} \quad (\mu g/mL/1\%)$$

式中　c——标准溶液浓度；

　　　A——三次平均吸光度。

8. 仪器检出限的检测

将仪器的各项参数调至最佳工作状态，量程扩展不低于 10 倍，仪器积分时间为 3s，对0.5%硝酸水溶液（为空白溶液）进行连续 20 次测量，并按下式计算：

$$检出限\ c_1 = \frac{3\sigma c}{\overline{A}} \quad (\mu g/mL)$$

式中　c——特征浓度测试溶液浓度；

　　　$\overline{A}$——特征浓度测定平均吸收值；

　　　σ——空白溶液 20 次测定的标准偏差。

通常要求仪器对铜的检出限不应大于 0.008μg/mL（塞曼型仪器不应大于 0.012μg/mL）。

9. 石墨炉原子吸收仪检出量的测定

用微量移液管将待测定溶液注入石墨炉中，在最佳工作状态下连续测定三次，按下式计算：

$$检出量（特征量）a_c = \frac{cH \times 0.0044}{\overline{A}}$$

式中　H——进样量，mL；

　　　c——被测标准溶液浓度，μg/mL；

　　　$\overline{A}$——三次测定吸光度平均值。

通常仪器对铜的特征量应不大于 1×10^{-10}g（塞曼型为 2×10^{-10}g）；对镉的特征量不应大于1×10^{-12}g。

10. 仪器测量精密度的检测

将仪器各项参数调到最佳工作状态，对火焰法仪器积分时间为 3s，标尺未扩展，在吸光度 0.3～0.5Abs（吸收值）范围内，对铜（或镉）的标准溶液和空白溶液（0.5%硝酸水溶液）交替进行连续 11 次测定（石墨炉法连续测定 7 次），按下式计算其精密度：

$$精密度 = \frac{s}{\overline{A}} \times 100\%$$

式中　s——测定的标准偏差；

$\overline{A}$——平均吸光度值。

通常仪器，火焰法对铜的精密度不应小于 1％；石墨炉法对铜的精密度不应小于 4％，对镉的精密度不应小于 5％。

11. 仪器边缘能量的检测

在仪器光谱带宽度为 0.2nm，时间常数不大于 1.5s，砷灯和铯灯分别预热 10min，在砷193.7nm 和铯 852.1nm 处，将吸光度示值调至 0.05，测量 5min，其瞬间噪声应小于 0.02Abs（吸光值）。

12. 仪器的背景校正能力

通常要求仪器的背景校正能力，在背景吸收近于 1Abs 时，仪器具有 30 倍以上的背景校正能力。

（1）火焰法　将仪器的各项参数调整到最佳状态，镉元素灯波长处于 228.8nm，调零后，将透射比为 10％的紫外-可见中性滤光片插入光路，读取吸光度值 A_1。然后将仪器处于背景校正工作状态，调零后，再将紫外-可见中性滤光片插入光路，读出吸光值 A_2，计算 A_1/A_2 的比值，即为背景校正能力。

（2）石墨炉法　将仪器的各项参数调整到最佳状态，镉元素灯的波长处于 228.8nm，用微量移液管向石墨炉注入 1.0mg/mL 氯化钠溶液。并读出仪器的吸光度 A_1（溶液注入量使 $A_1 \approx 1$Abs）。然后使仪器处于背景校正工作状态，再向石墨炉注入等量的氯化钠溶液，读出仪器在背景扣除时的吸光度 A_2，A_1/A_2 的比值即为背景校正能力。

13. 其他

对仪器性能要求除上述性能外，还要求仪器在狭缝换挡时，定位应明显可靠，不应引起波长偏差大于 0.3nm。要求气路系统可靠密封，不得漏气。电器自动控制部分应灵活、稳定、可靠，符合电气防护的基本安全要求；仪器所有电镀表面不应有脱皮现象，喷漆表面色泽均匀，不得有明显的擦伤、露底、裂纹、起泡现象。外部露件结合处应整齐，无粗糙不平现象。雾化系统应具有足够抗腐蚀能力，应有防爆安全措施与功能等。

七、国内外常见的原子吸收分光光度计性能

表 17-5 为国内外常见的原子吸收分光光度计性能一览。

表 17-5　国内外常见的原子吸收分光光度计性能一览

生产厂家	型　　号	波长范围/nm	原子化器	背景扣除	其　他　功　能
北京第二光学仪器厂	WFD-Y2 单光束	190~360	火焰	无	
	WPX-1A 单光束		火焰		表头显示结果
	WPF-1B 单光束		火焰、石墨炉	氘灯	
	WFX-1B 单光束				
	WFX-1C 单光束	190~860	火焰		数字显示
	WFX-1D 单光束	190~860	火焰、石墨炉	氘灯	数字显示
	WFX-1E 单光束	190~860	火焰、石墨炉氢化物	氘灯	数字显示，信号经微机处理
北京北分瑞利分析仪器公司（原北京第二光学仪器厂）	FA870-A 多功能单光束	190~860	火焰发射、火焰氢化物		液晶显示，具有紫外-可见分光光度计功能，微机处理信号，具有自动调零、标尺扩展、积分、标样校正、读数延时，重置斜率、平均值等功能
	SAS/727 单光束	190~860	火焰，火焰发射		引进日本精工株式会社产品，数字显示，微机控制升温程序，数字液晶显示
	WFX-1F	190~860	火焰、石墨炉火焰发射、氢化物	氘灯	人机对话方式操作，微机处理信息 CRT 显示测量数据、信息、图形、打印储存一切数据与图形，自动点火、波长自动扫描微机控制仪器参数调整，双背景校正系统等，可配自动进样器

生产厂家	型　号	波长范围/nm	原子化器	背景扣除	其　他　功　能
北京分析仪器厂	GFU-201 双光束 GFU-202 双光束	190~860 190~900	火焰、石墨炉 火焰、石墨炉 氢化物、火焰发射	氘灯 氘灯	微机控制、人机对话菜单式操作,数字积分,峰高峰面积,自动调零,直读浓度值,自动校正四点曲线、统计处理、自动打印数据、信号曲线等
	BFS-2100	190~900	火焰、石墨炉 氢化物	氘灯	具有双光束、单光束、连续背景扣除三种原子吸收方式,火焰发射方式,紫外分子吸收方式,IBM 微机处理数据及仪器控制软件功能,仪器全部电气参数由计算机控制,微机可以单独工作
北京西陵科技有限公司科学仪器厂	GGX-6A 型塞曼	190~900	火焰	塞曼	386 微机实现人机对话操作,彩色或单色显示,24 针打印机及有关中英文多种软件功能
上海分析仪器厂	3200 型双光束 3208 型双光束	190~860	火焰、石墨炉 氢化物,火焰发射	氘灯	微机人机对话操作,具有浓度校正、瞬时、积分、峰面积、统计等功能,自动调零,背景扣除,曲线校直,四位数字显示,打印记录或笔式记录
北京地质仪器厂	310 型双光束 GGX-5 单光束 GGX-1 单光束	190~860 190~900	火焰 火焰		单道双光束,标尺扩展 通过微机实现人机对话操作,数字显示打印输出透过率、吸光值、浓度、灵敏度、检出限、百分含量和标准曲线
	1160B 型单光束	190~870	火焰、石墨炉	氘灯	微机控制火焰气体系统,可自动进样,彩色显示,图像数据打印,微机数据处理与储存系统。与珀金-埃尔默(P.E)公司共同生产
沈阳分析仪器厂	WYX-401 单光束 WYX-403 单光束	200~800 190~860	火焰 火焰、石墨炉 氢化物	阶梯脉冲自吸	曲线校直,标尺扩展 微机、CRT 图像显示,配有打印机,具有对数转换、量程扩展、数值平均、曲线校直、浓度直读、峰高峰面积测量等功能
珀金-埃尔默公司(Perkin-Elmer 公司,美国)	603、703、403、460 型双光束	180~900	火焰	氘灯	峰高峰面积测定、四位数字显字、统计计数等
	3030 型塞曼	190~870	石墨炉	塞曼	键盘控制整个系统,图像数据显示,储存分析条件、信号与分析数据处理,程序升温等
	M3100 型双光束	180~900	火焰、石墨炉 氢化物	氘灯	荧光数码显示,信号与数据处理,图像显示自动进样,流动注射进样等
	5100 型塞曼	190~900	火焰,石墨炉 氢化物	塞曼(石墨炉)氘灯(火焰)	全机由 IBM PC 机控制,全自动多功能连续测定 12 个元素,计算机控制火焰系统,彩昂,打印机,数据分析处理储存
Varian 公司(美国)	Spectraa 双光束 600 250	185~900	火焰、石墨炉 氢化物	氘灯	600 型 486PC 微机,DOS 标准系统、彩显250 型 386PC 微机 DOS 标准系统、彩显微机控制与数据处理
	Spectraa 塞曼型 600Z 840Z 880	185~900	火焰,石墨炉 氢化物	塞曼	486 微机控制与数据处理,可编程序、自动进样,塞曼背景校正,火焰气体微机控制,全自动恒温区加热石墨炉 880-Z 型,8 个空心阴极灯内微机自动旋转选择 840-Z 型 4 个空心阴极灯手动旋转选择 600-Z 型 486 微机与原子吸收主机合成一体,价格比较便宜

生产厂家	型　号	波长范围/nm	原子化器	背景扣除	其　他　功　能
GBC 科学仪器公司（澳大利亚）	GBC 902 双光束	190～900	火焰、石墨炉	超脉冲技术	微机控制与数据处理
Allied 公司（美国）		185～900	火焰、石墨炉		单光束、双光束、内装微机、波长扫描、火焰气体控制系统、图像与参数数据显示、结果储存与打印、背景校正等功能
Philips（飞利浦）公司	Pu 9100 系列 Pu 9200 系列 Pu 9400 系列	180～850	火焰、石墨炉氢化物	氘灯	4 个空心阴极灯座或数码式空心阴极灯全息光栅，斯托克达双光束，图像显示器，打印机，数据处理系统等
日立（日本）	208 型 508 型 〉单光束 518 型	190～900	火焰		标尺扩展表头与数字显示
	170-30 塞曼 180-60/70/80	190～900	火焰，石墨炉	塞曼	配有数据处理仪 CRT，图像显示，袖珍式打印机等
	Z-8200 型/Z-8100 型 Z-6000 型/Z-7000 型/ Z-8000 型	190～900	火焰、石墨炉氢化物	塞曼	微机控制自动进样、控制灯自动转换，可连续分析 8 个元素，自动分析软件用于分析数据的质量管理，可自动检查数据，保证高精度分析结果，具有背景扣除校正、结果编辑功能、精度控制等
	Z-9000 型多元素同时分析	190～860	石墨	塞曼	4 个独立光栅，4 个光电倍增管，四波长双光束偏振塞曼式，同时可测 4 个元素，实现 8 个元素自动测定，自动光谱波长校正
					自动进样器与石墨炉一体化，背景校正，峰高、峰面积、峰宽等信号结果显示。自动校正曲线，删除异常值，显示平均值、标准偏差和相对偏差彩显，各种画面，热敏图像数据打印，多种分析软件功能
岛津（日本）	AA-6108 AA650 单光束	190～900	火焰		单道，标尺扩展
Unican（英国）	Sp-1000	190～850	火焰		双光束，功能较全

八、当前部分原子吸收分光光度计的性能特点及生产厂商

原子吸收分光光度计有四种类型：火焰型原子吸收分光光度计；石墨炉（无火焰）型原子吸收分光光度计；火焰-石墨炉-氢化物等多功能全自动原子吸收分光光度计；特殊专用、携带式原子吸收分光光度计。表 17-5 中所例的原子吸收分光光度计的型号、厂家都较陈旧，下面介绍当前部分新型号的原子吸收分光光度计的性能特性及生产厂家或经销商。

（1）北京北分瑞利分析仪器（集团）有限责任公司，其前身是北京分析仪器厂和北京北分瑞利分析仪器公司（原名北京第二光学仪器厂）。该公司生产的 WFX-810 塞曼原子吸收分光光度计结束了中国没有高端原子吸收仪器的历史，打破了进口厂家在此行业的高端垄断，使国产的原子吸收仪器能真正地替代进口仪器，使中国步入了拥有先进原子吸收仪器的国家行列，该产品是北京瑞利分析仪器有限公司研制生产的高档原子吸收换代产品，具有结构新颖、性能优良等诸多优点，如双灯双原子化器一体化结构的专利技术，火焰与石墨炉原子化器交替使用最短光路，减少光能量损失，分析光源互不干扰，节省测试时间。原子化器无需切换和移动，定位准确，保证分析精度。采用恒定磁场横向塞曼效应背景校正系统。实现全波段双原子化器高背景吸光度（可达 1.8Abs）校正，兼具基线漂移扣除优点，节省预热时间，提高分析精度。主机与石墨炉电源一体化结构，节省仪器空间，减少电能损耗，提高升温效率。石墨炉分析方法配备了自动进样系统，该系统进样量范围 1～100μL，最小进样量 1μL，进样准确度高，重复精度好，可完全代替人工进样的全过程。并具有自动稀释、基体改进剂、自动配置工作曲线、清洗、单步进样与连续自动进样自由切换等一系列自

动化功能，使石墨炉分析方法更加准确、稳定、可靠。具有智能分析质量控制功能的操作软件，结合石墨炉自动进样器实现分析实验全自动化。火焰分析方法的气路控制，采用了流量自动控制系统。该系统直接接收操作软件发送的控制信号，并根据此信号自动设置乙炔气体的流量。该功能使受控气体流量更准确，重复设置性更好，简化了反复调节流量的过程。该系统还具有自动点火功能，以及异常熄火、燃气泄漏、空气欠压、受控气体流量误差过大报警和多项安全自动保护功能，使火焰分析方法的自动化程度及使用安全性得到大幅度提高。仪器具有高性能空心阴极灯供电系统，高性能空心阴极灯具有谱线强度高、背景低的优点，发光强度为普通空心阴极灯的 3～15 倍。有利于提高仪器分析性能。全新电路设计，采用新一代电子原件和电路结构，提高仪器精度和可靠性。计算机全自动控制仪器各项分析参数，如波长、光谱带宽、元素测试条件等的选择调整。操作软件是 Windows'XP 操作系统环境下全汉化应用程序，使用方便，界面友好。多窗口结构设计可实现多个窗口的同时显示。可靠的安全监控防护系统，实现仪器水、气、电供给系统通断、泄漏等意外故障全程监控。

WFX-210/200 型原子吸收分光光度计采用国际领先的富氧火焰分析技术（WFX-210 型也具备）。其他产品还包括 WFX-910 型便携式原子吸收光谱仪；WFX-110A/120A/130A 与 WFX-110B/120B/130B 型原子吸收分光光度计；WFX-310/320 型原子吸收分光光度计为火焰专用型，经济实用，可配石墨炉系统进行无火焰分析；WFX-120C 型火焰型原子吸收分光光度计能对土壤养分中的各种微量元素进行准确测定，能快速检测铜、铁、锰、锌、钙、镁六大元素，完全符合农业部土壤测试标准（FERTREC）要求的通信模块，具有氘灯、自吸背景校正系统。

（2）北京浩天晖科贸有限公司（北京瀚时制作所）是一家集科研、开发、生产、销售、服务为一体的专业化光谱分析仪器制造企业，是由我国原子吸收分析行业著名专家，我国第一台原子吸收分光光度计（原子吸收光谱仪）的研制者吴廷照教授于 1987 年创办的。产品有：CAAM-2001（A）型原子吸收光谱仪，三灯位手动切换，火焰原子吸收光谱仪；CAAM-2001（B）型原子吸收光谱仪，三灯手动切换，火焰+石墨炉原子吸收光谱仪。CAAM-2001（C）型原子吸收光谱仪，六灯位旋转自动切换，火焰原子吸收光谱仪；AAM-2001（D）型多功能原子吸收光谱仪，六灯位手动切换，火焰石墨炉原子吸收光谱仪；WHG-103A 型流动注射氢化物发生器，用于氢化物原子吸收光谱法（HAAS）测定痕量元素〔砷（As）、硒（Se）、锑（Sb）、铋（Bi）、锡（Sn）、铅（Pb）、碲（Te）、锗（Ge）、镉（Cd）、汞（Hg）〕。

（3）1997 年北京海光仪器公司推出的通用型原子吸收光谱仪（GGX-9 型原子吸收分光光度计），该产品具有质量可靠、结构合理、安全性好、自动化程度高、稳定性突出、卓越的性能价格、软件操作方便等优点。GGX-200 型石墨炉原子吸收分光光度计，采用纵向加热石墨炉作为原子化器，采用 Czerny-Turner 型光路和平面衍射光栅，采用连续光源氘灯进行背景校正。

（4）北京东西分析仪器有限公司（北京市东西电子技术研究所）生产的 AA-7001M/7003M 型医用原子吸收分光光度计，采用 HG-01 型陶瓷加热管氢化物发生装置，高灵敏准确分析 As、Pb、Se、Hg 等元素。可配备石墨炉自动进样器，自动配制标准溶液，实现全自动分析。

（5）北京华洋分析仪器有限公司生产有 AA2610 型火焰原子吸收分光光度计，AA2630 型石墨炉原子吸收分光光度计，AA2600 型火焰原子吸收分光光度计。

（6）北京瑞昌汇博科技有限公司生产有 AAS2000A 型火焰原子吸收分光光度计。

（7）北京普析通用仪器有限责任公司生产有 TAS-990 原子吸收分光光度计，TAS-990F 型火焰型原子吸收分光光度计，AS-990G 型石墨炉型原子吸收分光光度计，TAS-990FG 型火焰-石墨炉型原子吸收分光光度计（手动型），TAS-990AFG 型火焰-石墨炉型原子吸收分光光度计（自动型），TAS-986 型原子吸分光光度计，MB5 多通道原子吸收分光光度计，MG2 血液铅镉分析仪（石墨炉原子吸收法）。

（8）上海光谱仪器有限公司推出的 SP-3800 型原子吸收分光光度计。全自动 P-3800 型原子吸收分光光度计具有优良的性价比，是昂贵的进口仪器的最佳替代。SP-3800 系列原子吸收光谱仪采用了先进的功能模块设计和制造工艺设计，使仪器具备了良好的可靠性以及批量生产仪器的可行性。模块化设计更有利于系列化、标准化以及售后服务。仪器工作站软件具有较强的控制功能和应用功能。采用了全波段消色差光学系统，并拥有高性能自吸扣背景、氘灯扣背景技术，对吸光度为

1 的背景，校正能力可达 100 倍以上；对吸光度为 2 背景，校正能力可达 80 倍以上。自动光学能量平衡技术以及独立的火焰、石墨炉测量系统，使仪器具有优良的稳定性。仪器由计算机控制，基于 Windows 操作平台的 Win-AAS 工作站软件，界面友好，操作简便，符合人性化的要求，符合科研、检测等行业需求。

（9）上海森谱科技有限公司主要产品有原子吸收光谱仪 AA6810 系列产品。AA6810 型经济型原子吸收分光光度计（火焰）（AA），6810F/6810GF 型火焰-石墨炉型原子吸收分光光度计（AA），6810GFA 型多元素快速分析原子吸收光谱仪（AA），多元素可以按照用户需求实现自由组合，6810F 型原子吸收分光光度计（火焰）（AA）。

（10）上海精密科学仪器有限公司生产的 4600 型原子吸收分光光度计是由 PC 机及其专用程序进行功能控制和数据处理的单光束火焰-石墨炉串联型一体化仪器，无需机械切换即能实现火焰与石墨炉原子化的自动转换。新型工程塑料、流畅形腔体的雾化室，为吸光度、浓度、发射强度的测定提供了连续、峰高和峰面积三种读数方式，具有原子吸收、背景吸收和扣背景校正三种信号方式，积分时间从 $0.1 \sim 60s$ 任选。仪器的灯电流、负高压、工作波长和燃烧条件的设定均通过 PC 机菜单输入。具有自动增益、背景校正、能量自动平衡、波长扫描、按峰值检索方式自动找峰等功能。所有读数、测量结果、校正曲线和操作条件均可由打印机打出。仪器提供了 $1 \sim 9$ 点标准的浓度校准，可用单一样样进行斜率重调，设有直线回归、曲线拟合、线性和非线性标准加入法测定、基线补偿以及平均值、相对标准偏差等功能。

GA3202 石墨炉系统是原子吸收分光光度计的大型附件。用于无火焰原子吸收分析，由微机进行全面控制。仪器由两部分组成：一是石墨炉电源控制器；二是石墨炉体装置，它安放在原子吸收分光光度计燃烧室（即石墨炉原子化器）中。石墨炉系统有 9 个程序工作步骤，温度、时间、石墨管内外保护气体的开、断等参数可以预先设定，操作方便。石墨炉系统具有大功率升温功能，可以提高元素的测试能力。GA3202 石墨炉系统为该厂生产的 AA320 型、AA370MC 型、AA320N 型等原子吸收分光光度计配套仪器。

其他产品还包括 361MC/CRT 型原子吸收分光光度计，3510 型原子吸收分光光度计，4530F 4530TF 型原子吸收分光光度计，AA320N 型原子吸收分光光度计，4520TF 型原子吸收分光光度计。

（11）上海天美科学仪器有限公司生产的 AA6000 型火焰原子吸收分光光度计具有火焰原子化及氢化物发生法两种测量方式。

（12）沈阳仪通分析仪器有限公司（沈阳分析仪器厂）生产的 WYX-402E/402 型原子吸收分光光度计，可配置 SML-Ⅲ 型石墨炉原子化装置进行无火焰法分析，可配置氢化物发生器进行氢化物法分析，可通过 RS-232 通信接口外配计算机进行数据处理。

（13）江苏省昆山市天瑞仪器公司开发出 AAS8000 系列全自动石墨炉型原子吸收分光光度计与 AAS6000 系列火焰原子吸收分光光度计。

（14）南京科捷分析仪器有限公司生产的 AA4520 型全自动火焰原子吸收光谱仪，主要配置：火焰系统、石墨炉系统、自动进样系统、可搭配氢化物发生器功能。

（15）安徽省合肥市安徽皖仪科技生产的 WYS2000 系列原子吸收分光光度计。

（16）浙江温岭市福立分析仪器有限公司生产的 AA1700 型多功能全自动火焰-石墨炉原子吸收分光光度计，有强大的控制和数据处理能力，采用自动进样器、氢化物发生器等联用技术。

（17）中日合资沈阳华光精密仪器有限公司生产的 LAB600 型全自动原子吸收分光光度计（AAS），具有 8 个元素灯转动式灯仓，火焰、石墨炉、氢化物电加热原子化器自动切换，自动进样器后可以实现多元素全自动无人值守自动分析操作，火焰异常、燃气泄漏、载气压力自动等检测安全措施。

HG-9602A 型原子吸收分光光度计成功实现了准确测量痕量（$\mu g/L$）的汞、砷、铅、硒、锡、锑、碲等普通原子吸收无法测量的元素。双原子化器可自由切换技术及计算机工作站自动测量技术使测量汞、砷、铅、硒等元素的灵敏度提高为 $0.5\mu g/L$，精密度小于 5%，单次测量样品消耗量小于 2mL，样品测量速度每小时可达 100 次。其他产品还包括 HG-9602B 型原子吸收分光光度计；HG-9602 型原子吸收分光光度计；HG-9600A 型原子吸收分光光度计具有原子吸收、火焰发射（可替代火焰光度计)、氘灯背景校正、自动调零等功能，配备计算机工作站；HGS-Ⅱ型石墨炉原子化装置；HGF-Ⅱ微置元素富集器是利用气体动力学原理及流动注射技术构成富集装置，在许多领域内可替代石墨炉法进行痕量元素分析。测量速度快，试样干扰少，可提高火焰原子吸收灵敏度近三个数量级。该富集器是由单片机控制的智能型设备，操作十分方便。

（18）德国耶拿分析仪器股份公司（Analytik Jena AG，简称 AJ 公司）成立于 1990 年，前身为卡尔·蔡司（Carl-Zeiss Jena GmbH）公司的分析仪器部，是德国最大的分析仪器公司之一。推出的 ContrAA（AAS）高分辨火焰-石墨炉一体连续光源原子吸收光谱仪，不用更换空心阴极灯、不用预热，仅用一个高能量氙灯，即可测量元素周期表中 67 种金属元素，同时还可能获得更多的光谱信息，为研究原子光谱的机理提供了分析仪器的保证。2000 年推出 AAS Zeenit 600/650 型石墨炉原子吸收光谱仪，除了继续保持横向加热石墨炉这个传统优势之外，该仪器实现了液体-固体石墨炉原子吸收光谱分析，结合 3 磁场交变塞曼效应背景扣除技术，可变磁场强度为 0.1～1T，最高的交变塞曼调谐频率达 300Hz，使其成为世界上最先进的石墨炉原子吸收光谱仪之一。2004 年推出了 Zeenit700 型火焰-石墨炉联用原子吸收光谱仪，该仪器包括了"横向加热石墨炉技术"、"三磁场塞曼和氘空心阴极灯双扣背景"、"固体进样技术"、"Zeiss 光学技术"等耶拿所有顶尖技术。上海云烨电子科技有限公司经销。

（19）澳大利亚 GBC 科学仪器公司是世界上三个最大的原子吸收仪器制造商之一，是发展最快的公司，销售和服务网络覆盖全球 80 多个国家。GBC 公司制造的原子吸收光谱仪，是在原子吸收光谱仪的发明人 Walsh 博士指导下制造的，产品拥有超脉冲背景校正、多元素空心阴极灯、不对称双光束、自动旋转燃烧头（ABR）等多项专利和技术革新。

SavantAA 系列原子吸收光谱仪是 GBC 第五代产品全自动分析仪器，每天可处理上百个样品。可提供 SavantAA、SavantAAΣ 和 SavantAA Z（塞曼）三种机型，SavantAA 型也可提供无火焰机型专用仪，与石墨炉和氢化物发生器联用分析仪。SavantAA 软件进行仪器控制和数据处理。所有 SavantAA 均通过 USB 接口通信，满足当前计算机的要求。

SavantAA 和 SavantAAΣ 仪器灵敏度和精密度高，双光束光学结构保证长期稳定性，同时具有非对称调幅双光束设计，超脉冲背景校正，8 灯座自动运转和自动预热，自动调整光学短察角度，光谱带宽 0.1～2.0nm，20 档狭缝宽度连续可调，自动选择波长，自动对峰位程序，火焰控制系统，内锁安全系统等。SavantAAΣ 仪器燃烧头自动旋转和水平，高度自动调节，样品自动在线稀释，ESV 彩色石墨炉实际观测，可对整个分析过程进行全面的控制等。功能强大的 GBC Windows 操作软件将多用途操作集于一身，不仅控制着光度计和石墨炉，而且控制着自动进样器、氢化发生器、高盐分析器、汞浓缩仪等附件。"视窗"式设计使操作变得简单，适于初学者的快速掌握。数据处理软件提供积分、平均值、峰高、峰面积等不同测量方式，动态平均模式能自动按特定的精度要求进行分析，平均值和相对标准偏差计算可达 50 次读数，校正曲线点数达 10 点，可以单点做再校正。可选择精确拟合法、线性最小二乘法、浓度最小二乘法、标准加入法和标准内插法。密码设置可保护使用者编辑的实验方法、实验参数和数据结果。软件还有先进的多功能的质量控制系统，灵敏度校正软件可自动补偿测定过程中条件改变带来的误差。

SavantAA Z（Zeeman）型建立了高性能塞曼石墨炉分析的新标准，该仪器特点：磁场强度从 0.6～1.1T，以 0.1T 连续可调，确保最大灵敏度和精度。专利的反塞曼-交变磁场-纵向塞曼调制和超脉冲调制方式，增加了检测的灵敏度。8 灯座自动运转和自动预热，自动调整光学观察角度，自动元素选择。计算机控制光谱带宽 0.1～2.0nm，20 档狭缝宽度和高度连续可调。USB 接口通信，内置数码摄像电子进样观测系统，优化进样和干燥、灰化程序，利于石墨炉分析系统化。采用横向加热全热解平台石墨管，使用寿命长，具有最小的温度梯度等。

独特的磁场强度（MFS）可调功能：由于元素的原子结构不同，磁场分裂条件也不同，其他仪器均采用固定磁场下分裂光束，在固定磁场下只能迁就某些元素，有些元素分裂过度，而有些元素分裂不够，造成灵敏度和线性范围严重下降。SavantAA Zeeman 的磁场强度最大可至 1.1T，从 0.6～1.1T 连续可调，这样确保磁场强度可以优化每一个元素，获得最大灵敏度。而其他固定磁场的石墨炉原子吸收仪则必须在众多元素的灵敏度和线性范围做出妥协，牺牲灵敏度和线性范围，SavantAA Zeeman 石墨炉原子吸收光谱仪针对每个元素都可优化磁场强度，提供最大的灵敏度和最好的线性范围。

　　精确的背景修正-纵向塞曼调制和超脉冲调制方式：传统仪器采用横向塞曼效应，光的传播方向与磁场方向垂直，光路中加有偏光镜，使光强度损耗大。而 GBC 采用纵向塞曼调制，无偏光器，光的传播方向与磁场方向水平，光路中无偏光镜，使光强度较传统仪器增加 50%，从而增加了检测的灵敏度。

　　超脉冲背景校正方式是目前为止最快的背景校正技术。对于所有的背景校正系统，当背景改变很快时，在测量背景与总吸光度之间存在一个时间延迟，通常这种延迟能导致背景校正误差。系统采样速度越慢，时间延迟越长，时间误差也越大。超脉冲背景校正方式每秒样品测定次数达 200 次（大多数校正方式为 50 次/s），测量总吸光值与背景值之间的延迟时间只有 1ms（大多数校正方式为 10ms），使背景校正误差大大降低，内插法背景测量，使背景测量精度得到进一步改善。这种背景校正系统具有最强的扣背景能力，可校正到 2.5Abs 吸光度。具有先进的背景校正技术——唯一真正可以应用于石墨炉 AAS 的氘灯系统。石墨炉设计和精确的温度控制，保证分析仪器稳定的性能。采用独特的全热解石墨管平台设计较通常石墨管寿命提高 3 倍，并减少和消除大多数化学干扰。石墨炉升温速率可达 2500℃/s，确保在分析难熔元素时的最优的原子化条件。具有容易更换、自基准的石墨管的优点。昌信科学仪器公司经销澳大利亚 GBC 科学仪器公司生产的产品。

　　(20) 美国珀金埃尔（PerkinElmer 上海）公司生产 AAnalyst 2/4/6/7/800 型原子吸收光谱仪。AAnalyst 600/800 在采用横向加热技术石墨炉（THGA）的同时，相应地采用了独特纵向 Zeeman 效应背景校正，组成了完美的石墨炉系统，它的优异性能适于追求极低的检出限、分析基体复杂的样品、要求校正结构背景的使用者。HGA 和 THGA 石墨炉系统都使用一体化平台石墨管，这种性能极其优越的石墨管由单块的高强度石墨经过精密的机械加工而成，管和平台都有热解涂层，所有元素——包括高温元素都能在平台上（STPF 条件下）进行原子化。由于平台是圆弧形的，一次进样的最大体积可达 50μL，可进一步降低检出限。石墨炉系统使用了 PerkinElmer 获得专利的 TTC（真实温度控制）技术。仪器独特的反馈控制系统，每隔 10ms 检测一次石墨炉的各个重要参数，包括石墨管两端的电压、石墨管的电阻、石墨管的发射和冷却温度等。并与参比数据对比，据此对加在石墨管上的电源自动、快速做出调整，保证得到恒定的、重复的好数据。"实时"双光束系统只使用一块半透半反射镜，不需要机械斩波器，免除机械噪声对仪器带来不良的影响。样品光束和参比光束同时通过单色器并在完全相同的时间进行测量，有效地增加了积分时间而不增加测量时间，进一步提高读数的稳定性，大大提高了信噪比。PerkinElmer 公司的这种设计划分出了实时双光束与交替双光束的不同时代。性能优越的新型固态检测器与低噪声 CMOS 电荷放大器是最优化固态检测器，其光敏表面能在紫外区和可见区提供最大的量子效率和灵敏度，具有极好的信噪比。即使像 As 和 Ba 这样通常较难测定的元素也能以极高的信噪比进行轻松自如的日常分析。

　　全面兼容国产的氢化物发生器和国产灯，Winlab 32 软件可以用峰面积进行计算，也可以使用峰高进行计算。狭缝的宽度与高度自动选择。检测器：全谱高灵敏度阵列式多像素点 CCD 固态检测器，含有内置式低噪声 CMOS 电荷放大器阵列。样品光束和参比光束同时检测。内置两种灯电源，可连接空心阴极灯和无极放电灯，通过 Winlab32 软件由计算机控制灯的选择和自动准直，可自动识别灯名称和设定灯电流推荐值。可调式通用型雾化器，高强度惰性材料预混室，全钛燃烧头。排液系统前置以利于随时检测。火焰系统具有悬浮液直接进样功能，可以直接分析悬浮奶粉等。石墨炉内、外气流由计算机分别单独控制。石墨管的标准配置为一体化平台（STPF）热解涂层石墨管，石墨炉进样系统具有悬浮液直接进样功能，可以直接分析果酒、果汁、食用植物油、悬浮奶粉等。无论火焰还是石墨炉，均具有与 FIAS、FIMS、气相色谱（GC）、液相色谱（HPLC）、热分析（TA）等仪器联用的功能和接口。FIAS 与紫外联用，具有亚硝酸根、氨基酸的分析功能。具有间接法分析硫酸根、磷酸根、氯离子的能力。

　　(21) 美国 VARIAN 公司生产的各种类型（Varian AA 系列）的原子吸收光谱仪（火焰、石墨炉）为全中文界面软件控制。窄光束设计结合旋转光束合成器，可使光通量提高一倍，火焰和石墨炉原子化技术保持世界领先地位，是高性能和易操作性的完美结合，独特的气锤式气体控制系统，可实现气体调节的全自动化，独有的快速序列式分析模式可使原子吸收的分析速率达到单道 ICP 的分析速率，灵活的在线稀释系统可大大简化分析操作，提高分析效率，全中文的操作软件，为操作者提供了最大便利，高效的背景校正技术（氘灯、塞曼校正）确保瞬时背景信号的准确扣除。深圳市云帆兴烨科技有限公司经销。

在 Varian AA-Duo 型原子吸收光谱仪独创的 AA-Duo 分析模式中，火焰和石墨炉原子吸收具有独立的光路和检测系统，无需转换火焰和石墨炉原子化器，由一套软件完成全自动控制，实现火焰和石墨炉原子吸收同时分析。它使实验室在不增加实验经费的情况下，工作效率成倍提高。配置选择灵活，根据实际情况，选择不同数目灯位，不同背景扣除方式（氘灯和 Zeeman）。通过火焰和石墨炉原子化系统可完成多种元素分析，火焰和石墨炉经过优化参数后，无需转换，下次测定时无需重新调整。上海葵园电子科技有限公司经销。

（22）天美科技有限公司，总部设在香港，生产及研发基地设在上海。生产与经销日立 Z-2000 型原子吸收分光光度计。

Z 系列偏振塞曼原子吸收分光光度计的新概念：全波长、全时段、全信息检测，操作更简单、分析更准确、灵敏度更高。精确的背景校正技术，适用全波长的任何元素，采用双检测器方式获得高精度和高灵敏度，一体化设计，火焰和石墨炉分析无需转换原子化器，优化的 S/N 比，在线分析软件使操作更简单，随机进样器和全自动分析。

Hitachi（日立）Z-2010 原子吸收仪是一台全自动化的仪器，可自动给出分析全过程（进样、干燥、灰化、原子化、清除、冷却）的实时化信息；新改进的火焰雾化器全面提升了塞曼火焰原子吸收的灵敏度，获得了更低的检出限；使操作和应用更为简单，更趋向原液分析；仪器在网络化方面实现了远程终端监控和实时化的视屏传输。

（23）日本岛津（上海）公司 AA-7000 是岛津研发的一款高性能的火焰石墨炉一体机原子吸收分光光度计。双原子化器自动切换。

2008 年推出的 AA-6300C 型双光束火焰、石墨炉原子吸收分光光度计，具有新开发的高光通量、动态光束管理系统。双光束光学系统校正了光源能量漂移的影响，基线稳定性大幅度提高。特殊材质的火焰雾化室及雾化器系统，耐腐蚀性极高，可耐氢氟酸。专利的高灵敏度测定方式，实现了高灵敏度的测定。火焰石墨炉原子化器切换灵活，简单快速。

（24）英国可林公司生产的 KLAS-1000CA 型原子吸收仪，是世界上最小的多功能原子吸收光谱仪，它兼有石墨炉原子吸收法、火焰发射法、蒸气与氢化物原子吸收法多种功能，是自动化程度极高的精密分析仪器之一。

第三节　实验条件的选择及消除干扰

原子吸收光谱法比分光光度法的可变因素多，而且各种实验条件不容易重复。测定时实验条件的选择，对测定的灵敏度、准确度及干扰情况都有很大的影响。

一、实验条件的选择

1. 分析线的选择

原子吸收强度正比于谱线振子强度与处于基态的原子数。因而从灵敏度的观点出发，通常选择元素的共振谱线作分析线。这样可以使测定具有高的灵敏度。但是共振线不一定是最灵敏的吸收线，如过渡元素 Al，又如 As、Se、Hg 等元素的共振吸收线位于远紫外区（波长小于 200nm），背景吸收强烈，这时就不宜选择这些元素的共振线作分析线。当测定浓度较高的样品时，有时宁愿选取灵敏度较低的谱线，以便得到适度的吸光度值，改善标准曲线的线性范围。

2. 狭缝宽度与光谱通带的选择

在原子吸收光谱中，谱线重叠的概率是较小的。因此，在测量时允许使用较宽的狭缝，这样可以提高信噪比和测定的稳定性。但对于谱线复杂的元素（如 Fe、Co、Ni 等），因为在分析线附近还有很多发射线，它们不是被测元素的共振线，因此不被基态原子吸收，这样就会导致测定灵敏度下降、工作曲线弯曲。此时，应选用较窄的狭缝。决定狭缝的宽度的一般原则是在不减小吸光度值的条件下，尽可能使用较宽的狭缝。

合适的狭缝宽度可用实验方法确定：将试液喷入火焰中，调节狭缝宽度，测定不同狭缝宽度时的吸收值。在狭缝宽度较小时，吸收值是不随狭缝宽度的增加而变化的，但当狭缝增宽到一定程度时，其他谱线或非吸收光出现在光谱通带内，吸收值就开始减小。不引起吸收值减小的最大狭缝宽度，就是理应选用的最合适的狭缝宽度。

光谱通带又称单色器通带，是指出射狭缝所包含的波长范围。

$$光谱通带(nm) = 狭缝宽度(mm) \times 倒线色散率(nm/mm)$$

倒线色散率常用于表示单色器的色散能力，它的定义是：在单色器焦面上 1mm 的光谱中所包含的以"nm"为单位的波长数。倒线色散率数值越小，单色器的色散能力越大。

表 17-6 给出了一些元素的共振线波长及光谱通带。

表 17-6 一些元素的共振线波长及光谱通带

元素	共振线/nm	通带/nm	元素	共振线/nm	通带/nm	元素	共振线/nm	通带/nm	元素	共振线/nm	通带/nm
Al	309.3	0.2	Cr	357.9	0.1	Mo	313.3	0.5	Se	196.0	2
Ag	328.1	0.5	Cu	324.7	1	Na	589.0①	10	Si	251.6	0.2
As	193.7	<0.1	Fe	246.3	0.2	Pb	217.0	0.7	Sr	460.7	2
Au	242.8	2	Hg	253.7	0.2	Pd	244.8	0.5	Te	214.3	0.6
Be	234.9	0.2	In	302.9	1	Pr	265.9	0.5	Ti	364.8	0.2
Bi	223.1	1	K	765.5	1	Rb	780.0	1	Tl	377.6	1
Ca	422.7	3	Li	670.9	5	Rh	343.5	1	Sn	286.3	1
Cd	228.8	1	Mg	235.2	2	Sb	217.6	0.2	Zn	213.9②	5
Co	240.7	0.1	Mn	279.5	0.5						

① 使用 10nm 通带时，单色器通过的是 589.0nm 和 589.6nm 双线。若用 4nm 通带测定 589.0nm 线，灵敏度可提高。

② 如为黄铜阴极灯时，为了避免 Cu216.5nm 和 Cu217.8nm 线的干扰，通带应限制在 1nm 以内。

3. 空心阴极灯电流的选择

空心阴极灯的发射特性取决于工作电流。一般商品空心阴极灯均标有允许使用的最大工作电流和正常使用的电流。在实际工作中，通常是通过测定吸收值随灯工作电流的变化来选定适宜的工作电流。选择灯工作电流的原则是保证稳定和合适光强输出的条件下，尽量选用低的工作电流。若空心阴极灯有时呈现的背景连续光谱，使用较高的工作电流是有利的，可以得到较高的谱线强度/背景强度比。

空心阴极灯需要经过预热才能达到稳定的输出，预热时间一般为 10～30min。

4. 原子化条件的选择

(1) 火焰原子化条件的选择 在火焰条件选择之前，应安装和调整空心阴极灯，狭缝及波长的调整，然后按下述步骤进行。

① 按测定元素性质选定火焰种类。不同类型的火焰所产生的火焰温度差别较大，对于难离解化合物的元素，应选择温度较高的空气-乙炔火焰，或氧化亚氮-乙炔火焰。对于易电离的元素，如 K、Na 等宜选择低温的空气-丙烷火焰。

② 按火焰种类选定燃烧器。

③ 按火焰种类选定喷雾器。

④ 助燃气压强的调节，一般是在 0.15～0.2MPa/cm² 之间调定。调定了助燃气的流量，对于特定的雾化器，其吸液量及雾化效率等因素也就固定。在测定过程中，一般不再变动助燃气的流量。

⑤ 选定燃气流量，调定火焰的状态。选择时可用标准溶液吸喷，并改变燃气流量（改变流量时要重新调零）。再根据吸收值-流量变化情况，选用具有最大吸收值的流量范围中最小的流量。

火焰按照燃料气体和助燃气体的不同比例，分为三类。

① 中性火焰 这种火焰的燃气和助燃气的比例与它们之间化学反应计量关系相近，它具有温度高、干扰小、背景低及稳定性好等特点，适用于多数元素的测定。

② 富燃火焰 即燃气与助燃气比例大于化学计量，这种火焰燃烧不完全，温度低，火焰呈黄

色。具有还原性强、背景高、干扰较多、不如中性火焰稳定的特点，适用于易形成难离解氧化物元素的测定。

③ 贫燃火焰 燃气与助燃气比例小于化学计量，这种火焰的氧化性强，温度较低，有利于测定易解离，易电离的元素。

表 17-7 列出了一些预混合火焰在大气中的燃烧特性。

表 17-7 一些预混合火焰在大气中的燃烧特性

燃 料	助燃气	计量反应 ΔH/kJ	室温下的可燃极限(体积分数)/%		燃点/K	燃烧速率/(cm/s)	最高温度/K	
			低	高			计算值	实验值
C_2H_2	空气	$C_2H_2+\frac{5}{2}O_2+10N_2 \longrightarrow$ $2CO_2+H_2O+10N_2+1251$	2.5	80	623	158	2523	2500
C_2H_2	O_2	$C_2H_2+\frac{5}{2}O_2 \longrightarrow 2CO_2+H_2O+1251$	2.0	95	608	1140	3341	3160
C_2H_2	O_2+Ar	$C_2H_2+\frac{5}{2}O_2+10Ar \longrightarrow$ $2CO_2+H_2O+10Ar+1251$				336		
C_2H_2	N_2O	$C_2H_2+5NO \longrightarrow$ $2CO_2+H_2O+\frac{5}{2}N_2+1674$	2.2	67		160	3152	2990
C_2H_2	NO	$C_2H_2+5NO \longrightarrow$ $3CO_2+H_2O+\frac{5}{2}N_2+1702$				87	3363	3368
煤气	空气	煤气$+0.98O_2+3.9N_2 \longrightarrow$ $CO_3+H_2+3.9N_2+453.7$	9.8	24.8	560	55	2113	1980
煤气	O_2	煤气$+0.98O_2+3.9N_2 \longrightarrow$ $CO_2+H_2O+3.9N_2+453.7$	10.0	73.6	450		3073	3013
丙烷	氧	$C_3H_8+5O_2 \longrightarrow 3CO_2+4H_2O+2213$			490		3123	3123
丙烷	空气	$C_3H_3+5O_2+20N_2 \longrightarrow$ $3CO_2+4H_2O+20N_2+2213$	2.1	9.4	510	32	2198	2198
H_2	空气	$H_2+\frac{1}{2}O_2+2N_2 \longrightarrow H_2O+2N_2+241$	4	75	803	310	2373	2318
H_2	O_2	$H_2+\frac{1}{2}O_2 \longrightarrow H_2O+241$	4	94	723	1400	3083	2933
H_2	O_2+Ar	$H_2+\frac{1}{2}O_2+2Ar \longrightarrow H_2O+2Ar+241$				518		
H_2	N_2O	$H_2+N_2O \longrightarrow H_2O+N_2+323$				390	2920	2880
氰	空气	$(CN)_2+O_2+4N_2 \longrightarrow$ $2CO+5N_2+528.3$	7.6	38.0		90		2603
丁烷	空气	$C_4H_{10}+\frac{13}{2}O_2+26N_2 \longrightarrow$ $4CO_2+5H_2O+26N_2+2868$	1.9	84	490	32.6	2203	2168

在完成以上选择后，再选择合适的燃烧器高度。

(2) 燃烧器高度的选择 燃烧器的高度也直接影响测定的灵敏度、稳定性和干扰程度。在火焰中，自由原子的空间分布是不均匀的。因此，应该吸喷标准溶液，调节火焰燃烧器的高度，选取最大吸收值的燃烧高度，从而获得最高的灵敏度。

(3) 石墨炉原子化条件的选择 石墨炉原子化条件的选择，按下述步骤进行：①光源、波长、狭缝宽度的选择基本上与火焰法相同；②仪器光路对光，以获得最大的吸收值；③选择惰性气体及流量；④选择适宜的石墨管的类型；⑤选择干燥温度与时间；⑥选择灰化温度与时间；⑦选择原子化温度与时间；⑧选择清洗温度与时间。

二、干扰及其消除方法

在原子吸收分光光度法中，总体说来，干扰是比较小的，这是由方法本身的特点决定的。但在原子吸收法中，在试样转化为基态原子的过程中，不可避免地受到各种因素的干扰。在某些情况下还是很严重的。在原子吸收法中，干扰效应按其性质和产生的原因，可以分为四类：物理干扰、化学干扰、电离干扰和光谱干扰。

1. 物理干扰及其消除

物理干扰是指试样在转移、蒸发和原子化过程中，由于试样物理特性的变化而引起的吸收强度变化的效应。它主要影响试样喷入火焰的速度、雾化效率、雾滴大小及分布、溶剂与固体微粒的蒸发等。这类干扰是非选择性的，对试样中各元素的测定影响基本相同。

属于这类干扰的因素有：试液的黏度，它影响试样喷入火焰的速度；表面张力，它影响雾滴的大小及分布；溶剂的蒸气压，它影响蒸发速度和凝聚损失；雾化气体的压力，它影响喷入量的多少等。这些因素都将影响进入火焰中的待测元素的原子数量，从而影响吸光度的测定。此外，大量基体元素的存在，总含盐量的增加，在火焰中蒸发和离解时要消耗大量的热量，也可能影响原子化效率。

配制与待测溶液具有相似组成的标准样品，是消除物理干扰的常用而有效的方法。在不知道试样组成或无法匹配试样时，可采用标准加入法或稀释法来减小和消除物理干扰。

2. 化学干扰及其消除

化学干扰是指液相中或气相中被测元素的原子与其他组分之间发生化学作用，从而影响被测元素化合物的解离及其原子化。

典型的例子是待测元素与共存物作用生成了难挥发的化合物，使得参与吸收的基态原子数减少。例如硫酸盐、磷酸盐对测定钙的干扰，就是由于它们与钙形成难挥发的化合物所致。同样，硅、钛形成难离解的氧化物，钨、硼、稀土元素等生成难离解的碳化物，从而使有关元素不能有效离子化，都是化学干扰的例子。化学干扰是一种选择性干扰。

化学干扰是一个复杂的过程，应视具体情况采取相应的对策。消除化学干扰的方法有：改变火焰种类和组成；改良基体；加入释放剂和保护剂；加入缓冲剂；化学分离等。

(1) 改变火焰种类和组成　改变火焰种类和组成，可以改变火焰的温度、氧化-还原性质、背景噪声等情况消除某些化学干扰。

(2) 改良基体　在石墨炉原子化器中，硒在 300~400℃开始挥发，如在干燥之前加入镍，使硒生成硒化镍，可将灰化温度提高到 1200℃。加入基体改进剂后，可提高被测物质的稳定性或降低被测元素的原子化温度从而消除干扰。

(3) 加入释放剂　加入一种过量的金属元素，与干扰元素形成更稳定或更难挥发的化合物，从而使待测元素释放出来。例如磷酸根干扰钙的测定，如果加入 La 或 Sr 之后，La、Sr 与磷酸根离子结合从而将钙释放出来，消除了磷酸盐对钙测定的干扰。

(4) 加入保护剂　保护剂可以与待测元素形成稳定的络合物，使待测元素不与干扰离子生成难挥发化合物，起到"保护"待测元素不受干扰的作用。例如为了消除磷酸盐对钙的干扰，也可以加入 EDTA 络合剂，使 Ca 转化成 Ca-EDTA 络合物，该络合物在火焰中易于原子化，这样也就消除了磷酸盐对钙的干扰。

(5) 加入缓冲剂　在标准溶液和试液中均加入超过缓冲量（即干扰不再发生变化的最低限量）的干扰元素。当加入量达到一定程度时，干扰效应达到"饱和"点，这时干扰效应不再随干扰元素量的变化而变化。例如，在乙炔-氧化亚氮火焰中测钛时，铝会增加钛的吸收。当在标准溶液和试液中均加入 200mg/kg 以上的铝时，铝对钛的干扰趋于恒定。这种方法的缺点是，它显著地降低灵敏度。

加入抑制剂的方法简单有效，得到广泛应用。表 17-8 列出了常用抑制干扰的试剂。

(6) 化学分离　上述几种方法抗干扰无效时，可以考虑用化学分离法：如萃取、离子交换、沉淀等分离手段，从试样中除去干扰元素或把待测元素分离出来。

3. 电离干扰及其消除

在高温下原子电离，使基态原子的浓度减少，引起原子吸收信号降低，此种干扰称为电离干扰。

表 17-8　常用抑制干扰的试剂

试　剂	类　型	防止干扰种类	分析元素
1%Cs 溶液	消电离剂	碱金属	K、Na、Rb
1%Na 溶液	消电离剂	碱金属	K、Rb、Cs
1%K 溶液	消电离剂	碱金属	Cs、Na、Rb
La	释放剂	Al、Si、PO_4^{3-}、SO_4^{2-}	Mg、Ca
Sr	释放剂	Al、Be、Fe、NO_3^-、SO_4^{2-}、PO_4^{3-} Se、F	Mg、Ca、Ba
Mg	释放剂	Al、Si、PO_4^{3-}、SO_4^{2-}	Ca
Ca	释放剂	Al、PO_4^{3-}、F	Mg、Sr
Mg+$HClO_4$	释放剂	Al、P、Si、SO_4^{2-}	Ca
Sr+$HClO_4$	释放剂	Al、P、B	Ca、Mg、Ba
La	释放剂	Al、P、Si、PO_4^{3-}、SO_4^{2-}	Cr、Mg
Fe	释放剂	Si	Cu、Zn
NH_4Cl	保护剂	Al	Na、Cr
NH_4Cl	保护剂	Sr、Ca、Ba、PO_4^{3-}、SO_4^{2-}	Mo
NH_4Cl	保护剂	Fe、Mo、W、Mn	Cr
乙二醇	保护剂	PO_4^{3-}	Ca
氟化物	保护剂	Al	Be
甘露醇	保护剂	PO_4^{3-}	Ca
葡萄糖	保护剂	PO_4^{3-}	Ca、Sr
水杨酸	保护剂	Al	Ca
乙酰丙酮	保护剂	Al	Ca
EDTA	络合剂	PO_4^{3-}、SO_4^{2-}、F^-	Pb
EDTA	络合剂	SO_4^{2-}、Al	Mg、Ca
8-羟基喹啉	络合剂	Al	Ca、Mg
$K_2S_2O_7$	络合剂	Al、Fe、Ti	Cr
Na_2SO_4	络合剂	可抑制 16 种元素的干扰	Cr
Na_2SO_4+$CuSO_4$	络合剂	可抑制 Mg 等十几种元素的干扰	

电离效应随温度升高增加，随被测元素的电离能的增加而降低，随被测元素浓度增高而减小。

为了消除电离作用的影响，一方面可适当降低火焰温度；另一方面应加入较大量的易电离元素，如碱金属钾、钠、铯等，加入的物质称为消电离剂。这些易电离元素在火焰中强烈电离从而减少了被测元素的电离概率。例如在测定钠时，可在标准溶液和试样溶液中均加入 1000mg/kg 的钾或铯，即可消除电离干扰。

4. 光谱干扰及其消除

原子吸收分析法使用了发射单一元素光谱的锐线光源，所以光谱干扰不严重。在原子吸收中的光谱干扰主要是指下列三方面：光谱的重叠干扰、火焰发射光谱干扰、背景干扰。

(1) 光谱的重叠干扰　当共存元素的吸收线波长与分析元素共振发射线的波长很接近时，两条谱线重合或部分重叠，原子吸收分析结果便不正确。若两谱线的波长差为 0.03nm 时，则认为重叠干扰是严重的。表 17-9 列出了一些元素在原子吸收中观察到的谱线重叠。

表 17-9　一些元素在原子吸收中观察到的谱线重叠　　　　　单位：nm

元素分析线	元素干扰线	元素分析线	元素干扰线
Al 308.215	V 308.211	Cd 228.802	As 228.812
Sb 217.023	Pb 216.999	Ca 422.673	Ge 422.657
Sb 231.147	Ni 231.090	Co 252.136	In 252.137
Cu 324.754	Eu 324.753	Ga 403.298	Mn 403.307
Fe 271.902	Pt 271.904	Mn 403.307	Ga 403.298
Hg 253.652	Co 253.649	Si 250.690	V 250.690
Zn 213.856	Fe 213.859	I 206.17	Bi 206.16

光谱重叠干扰很容易克服，当怀疑或已知有可能产生干扰共存元素时，只要另选分析线即可解决问题。

（2）火焰发射光谱干扰　火焰发射是一种直流信号，在近代仪器中使用调制光源和同步检波放大来消除火焰和石墨炉的发射光谱的干扰。

（3）背景干扰　背景干扰主要是由于分子吸收、光散射和火焰气体吸收等造成。

分子吸收是指在原子化过程中生成的气体、氧化物及溶液中盐类和无机酸等分子对光辐射的吸收而产生的干扰，使吸收值增高。

光散射是原子化过程中产生的固体颗粒对光的阻挡引起的假吸收。通常波长短、基体浓度大时，光散射严重，使测定结果偏高。

火焰气体吸收，其波长越短，吸收越强。在空气-乙炔火焰中，波长小于250nm时，如锌、镉、砷等元素有明显吸收，可通过仪器调零来消除。

原子吸收是锐线吸收，当波长改变0.1nm时，吸收值变化很大，而背景吸收是分子吸收，产生波长范围宽，当改变波长甚至5nm时，吸收值变化不大，趋于一定数值。在实际分析中，根据原子吸收与背景吸收的差异，仔细判断是否存在背景干扰，确定扣除办法。

背景干扰扣除方法常用的有：用连续光源氘灯自动扣除背景；用塞曼效应自动扣除背景；用与吸收线邻近的一条非吸收线来扣除背景；用不含待测元素的基体溶液来校正背景吸收等。

第四节　原子吸收光谱法的分析技术

一、取样与防止样品的污染

取样要取有代表性，取样量要适当。参见第八章第一节。

防止样品的沾污是样品处理过程中的一个重要问题。样品污染主要来源有水、大气、容器与所用的试剂。

原子吸收分析中应使用离子交换水，应使用洗净的硬质玻璃容器或聚乙烯、聚丙烯塑料容器；样品处理过程中应注意防止大气对试样的污染。

对于试剂的纯度，应有合理的要求，以满足实际工作的需要。用来配制标准溶液的试剂，不需要特别高纯度的试剂，分析纯即可。对于用量大的试剂，例如用来溶解试样的酸碱、光谱缓冲剂、电离抑制剂、释放剂、萃取溶剂，配制标准基体等试剂，必须是高纯试剂，尤其是不能含有被测元素，否则由此而引入的杂质量是相当可观的，甚至会使以后的操作完全失去意义。

避免被测痕（微）量元素的损失是样品制备过程中的又一个重要问题。由于容器表面吸附等原因，浓度低于$1\mu g/mL$的溶液是不稳定的，不能作为贮备溶液，使用时间不要超过$1\sim 2$天。吸附损失的程度和速度，有赖于贮存溶液的酸度和容器的质料。作为贮备溶液，通常是配制浓度较大（例如$1mg/mL$或$10mg/mL$）的溶液。无机贮备溶液或试样溶液置放在聚乙烯容器里，维持必要的酸度，保持在清洁、低温、阴暗的地方。有机溶液在贮存过程中，应避免它与塑料、胶木瓶盖等直接接触。

二、标准溶液的配制

原子吸收光谱法的定量结果是通过与标准溶液相比较而得出的。配制的标准溶液的组成要尽可能接近未知试样的组成。溶液中含盐量对雾珠的形成和蒸发速度都有影响，其影响大小与盐类性质、含量、火焰温度、雾珠大小均有关。当总含盐量在0.1％以上时，在标准样品中也应加入等量的同一盐类，以期在喷雾时和火焰中所发生的过程相似。在石墨炉高温原子化时，样品中痕量元素与基体元素的含量比，对测定灵敏度和检出限有重要影响。因此，对于样品中的含盐量与基体元素的含量比能达到$0.1\mu g/g$。

原子吸收分析中无机元素的标准溶液配制方法参见第四章第三节。

非水标准溶液，是将金属有机化合物（如金属环烷酸盐）溶于合适的有机溶剂中来配制，或者将金属离子转为可萃取络合物，用合适的有机萃取溶剂萃取。有机相中的金属离子的含量可通过测定水相中其含量间接地加以标定。最合适的有机溶剂是C_6或C_7脂肪族酯或酮，C_{10}烷烃（例如甲基异丁酮、石油溶剂等）。芳香族化合物和卤素化合物不适合作有机溶剂，因为它们燃烧不完全，产生浓烟，会改变火焰的物理化学性质。简单的溶剂如甲醇、乙醇、丙酮、乙醚、低分子量的烃等，因为其易挥发，也不适合作有机溶剂。

三、试样的处理

对于溶液样品，处理比较简单。如果浓度过大，无机样品用水（或稀酸）稀释到合适的浓度范围。有机样品用甲基异丁酮或石油作溶剂，稀释到样品的黏度接近水的黏度。

固体样品与有机固体样品如植物、肥料、食物、生物样品等处理方法参见第八章第一节与第二节。

四、被测元素的分离和富集

原子光谱分析中常用来分离和富集痕量组分的方法是萃取法和离子交换树脂法。参见第八章及第九章第四节与第十九章第一节。

1. 萃取法

螯合萃取和离子萃取有效地应用于原子吸收分光光度法中。螯合剂是一种弱酸，和金属阳离子在水相中合适条件下生成难溶于水而易溶于有机溶剂的螯合物，从而为有机溶剂所萃取。由于螯合物很稳定，萃取率高，有利于痕量组分的分离和富集。由于螯合剂是弱酸，萃取体系的 pH 对萃取率有显著影响。用于痕量组分分离和富集的螯合剂很多，应用条件因具体对象不同而有变化。表 17-10 和表 17-11 分别列出两种螯合剂的应用，作为示例。

表 17-10　萃取噻吩甲酰三氟丙酮（TTA）与金属离子络合物的 pH 值范围

富集元素	pH 值范围	萃取剂	富集元素	pH 值范围	萃取剂
Al	5.5～6	C_6H_6	Nd	>3	C_6H_6
Ba	约 8	C_6H_6	Ni	5.5～8	$C_6H_6:HAC$（1:3）
Be	约 4	二甲苯	Np（Ⅳ）	1mol/L HCl	二甲苯
Bi（Ⅲ）	72.5	C_6H_6	Pa（Ⅴ）	2～6mol/L HCl	C_6H_6
Ca	约 8	C_6H_6	Pd	4.5～8.8	丁醇
Cd	约 7	$CHCl_3$	Pr	>4	C_6H_6
Co（Ⅱ）	7.6～8.8	甲苯	Pt	6～9mol/L HCl	丁醇
Cr（Ⅲ）	5～7	C_6H_6	Pu	0.5～1mol/L HNO_3	C_6H_6
Cu	3～6	C_6H_6	Sc	>1.6	C_6H_6
Dy	约 3	C_6H_6	Sm	3～4	C_6H_6
Eu（Ⅲ）	约 3	C_6H_6	Sr	10～12	甲丁酮
Fe（Ⅲ）	约 2	C_6H_6	Th	>1	C_6H_6
Gd	>3	C_6H_6	Tl（Ⅰ）	约 7	C_6H_6
Hf	2mol/L $HClO_4$		Tl（Ⅲ）	约 4	C_6H_6
Ho	>3	C_6H_6	U（Ⅳ）	3.8～8	C_6H_6
In	2.5～3.5	C_6H_6	V（Ⅳ）	约 4	C_6H_6
Ir（Ⅲ）	>7	C_6H_6	W		C_6H_6
Mg	8	甲基异丁酮	Y	6～9	C_6H_6
Mn	7.8～9.2	甲基异丁酮	Yb		C_6H_6
Mo（Ⅵ）	0.5mol/L HCl	丁醇：苯乙酮（5:8）	Zr	2mol/L $HClO_4$	C_6H_6
Nb	10mol/L HNO_3	二甲苯			

离子萃取又叫离子缔合，是金属以络阴离子或络离子的形式，与萃取剂所形成的较大的阳离子或者阴离子组成缔合体而溶于有机相中。离子萃取的特点是在强酸性介质中进行，萃取容量大，适合用萃取分离基体元素。表 17-12 列出用高分子胺萃取各种金属离子的条件。

2. 离子交换

离子交换法也常用于分离、富集被测痕量元素和除去干扰杂质。表 17-13 列出了某些元素的离子交换条件。

表 17-11 萃取二乙基硫代氨基甲酸钠（DDTG）与金属离子络合物的 pH 值范围

富集元素	pH 值范围	萃取剂	富集元素	pH 值范围	萃取剂
Ag	3	乙酸乙酯	Nb(V)	弱酸性	CCl_4
As(Ⅲ)	4～5.8	CCl_4	Ni	0～10	$CHCl_3$
Bi	1～10	$CHCl_3$	Os	7～9	CCl_4
Cd	3	乙酸乙酯	Re	浓盐酸	乙酸乙酯
Co	6～8	$CHCl_3$	Se	3	乙酸乙酯
Cr(Ⅵ)	0～6	$CHCl_3$	Te(Ⅳ)	$5mol/L [H^+]$	$CHCl_3$
Cu	1～3.5	$CHCl_3$	Tl	3	乙酸乙酯
Fe(Ⅱ)	4～10	CCl_4	Pb	强酸性	乙酸乙酯
Fe(Ⅲ)	0～10	$CHCl_3$	Sb(Ⅲ)	4～9.5	CCl_4
Ga	3	乙酸乙酯	Sn(Ⅳ)	5～6	CCl_4
Hg	3	乙酸乙酯	U(Ⅵ)	6.5～8.5	$CHCl_3$
In	3	乙酸乙酯	V	3	乙酸乙酯
Mn	6.5	乙酸乙酯	W	1～1.5	乙酸乙酯
Mo(Ⅵ)	3	乙酸乙酯	Zn	3	乙酸乙酯

表 17-12 用高分子胺萃取各种金属离子的条件

被萃元素	萃 取 条 件	被分离元素
Ag	在 1～4mol/L HCl 中，Ag 被三异辛胺/甲基异丁酮定量萃取。Fe、Zn、In、Sn、Sb 同时被萃取	Cd、Hg、Pb、Tl、Mn、Co、Nb、Zr、Ta、W、Ir、Ba
Au	在 1.2mol/L H_2SO_4 中，用 5% 三正辛胺或三辛基铵盐的三氯甲烷溶液定量萃取 Au。Pt^{4+}、Pd^{2+}、Mo^{6+} 同时被萃取	Cu、Fe、Co、Ni、Ag
Bi	在 1mol/L KI 和 2～2.5mol/L H_2SO_4 中，用三辛胺/二甲苯萃取 Bi。同时被萃取的还有 Cu、Ag、Au、Zn、Cd、Pd、Pt、Pb、Sn、Hg、In、Tl、Sb	Co、Ga
Cd	在 0.1～6mol/L HCl 中，用三正辛胺、N-十二烯（三烷基甲基）胺/二甲苯萃取 Cd、Zn、Sn^{4+}、Sb^{3+}、Fe^{3+}、Ga	Al、Mn^{2+}、Ca、Mg、Th、Ni、Co
Cu	在 0.5mol/L KI 和 0.2～2mol/L H_2SO_4 中，用 N-十二烯（三烷基甲基）胺/二甲苯萃取 Cu，用 1 mol/L NaOH 反萃取	Ni、Mn、Zn、Al、Ca、Mg、Fe、Ga
Fe	在＜1mol/L HCl 中用三异辛胺/甲基异丁酮萃取 Fe。同时被萃取的还有 Zn、Cd、Ag、Sn、Hg、Pb、Tl	Mn、Co、Zr、Nb、Ba、Ta、Ir
Ga	在 6.5～7.5mol/L HCl 中，用硫代乙醇酸、酒石酸或硫脲掩蔽，用 N-苄基苯胺/氯仿萃取 Ga	Bi^{3+}、In、As^{3+}、Sb^{3+}、Te^{4+}、Cd、Cu、Mn^{2+}、Fe、Cr、V^{5+}、Ti^{4+}、Ce^{4+}、U^{6+}、Th^{4+}、Nb、Ta、Tl^{3+}、Ge^{4+}、Se^{4+}、Sn^{4+}、Al、Mo^{6+}、W^{6+}、Zr^{4+}、La^{3+}、Au^{3+}
Ge	在 9～11mol/L HCl 中，用 N-十二烯（三烷基甲基）胺、月桂（三烷基甲基）胺的二甲苯溶液萃取 Ge^{4+}	Ni、Cd、Zn、Bi、Cu、Mn、Ag、La、As^{5+}、W、RE、碱土金属
Hg	在 1～8mol/L HCl 中，用三辛胺二甲苯溶液萃取 Hg，用≥8mol/L HNO_3 反萃取	
In	在 1～6mol/L HCl 中用三辛胺/甲基异丁酮萃取 In，同时被萃的有 Tl^{3+}、Fe^{3+}、Zn、Ag、Sn、Cd、Hg、Pb、W、Mo、Ta	
Pb	在 0.1～0.5mol/L HBr 或 HI 中，用三辛胺萃取 Pb，用 1mol/L NaOH 反萃取	
Pd、Pt	在 0.05mol/L HCl 中，用三异丁胺/三氯甲烷萃取 Pd、Pt	Ir^{3+}、Rh^{3+}、Ni、Co、Mn
	在 1.5mol/L HCl 中，用 N-235/甲苯萃取 Pd、Pt、Au。用 HNO_3 反萃取 Pt，用氨水反萃取 Pd	Cu、Ni、Co、Se、Te
Re	在 1～6mol/L H_2SO_4 中，用三辛胺、三壬胺的二甲苯或三氯甲烷溶液萃取 ReO_4^-。被萃的 Mo^{6+}，用草酸洗除	Zn、Cd、Co、Ni、Mn^{2+}、Cr^{3+}、Fe、In、Bi、Cu、Al、Ca、Mg、V^{5+}、W^{6+}、Mo^{6+}

被萃元素	萃 取 条 件	被分离元素
Sb	在 1.5～4mol/L HCl 中，用 N-十二烯(三烷基甲基)胺/二甲苯溶液萃取 Sb^{3+}，在大于 6mol/L HCl 中，用上述萃取剂萃取 Sb^{5+}	Co、Cu、Ni、Mn、Al、Mg、Ca、As^{3+}
Sn	在 5～6mol/L HCl 中，用 N-月桂(三烷基甲基)胺的二甲苯溶液萃取 Sn^{4+}。用 0.5～1mol/L HNO_3、稀 H_2SO_4、稀 HCl 反萃	Ni、Al、Mu、Ca、Mg、As^{3+}
Te	在 7～9mol/L HCl 中用三正辛胺/甲苯溶液萃取 Te	Bi
Tl	在 1～3mol/L HCl 中，用 N-苄基苯胺/三氯甲烷萃取 Tl^{3+}，同时萃取 Bi^{3+}	Co、Ni、U^{6+}、Zn、Fe^{3+}、Mn^{2+}、Cu、Be、Te^{4+}、Ge、Rh^{3+}、Os^{8+}、Ce^{4+}、Dy^{3+}、Eu^{3+}、Sm^{3+}、Cd、As、Mo^{6+}、Sc、Al、Pb、Pd、Pt^{4+}、Ca、Mg、Sr、Re^{7+}
W	在 0.2mol/L HCl 中用 0.05mol/L 氯化二甲基苄基烷胺/二氯乙烷(含 5%异戊醇)萃取 W	Se、Te、In、Cu、Sn、Sb
Zn	在 0.5～6mol/L HCl 中，用 N-十二烯(三烷基甲)胺、三异辛胺、三正辛胺的二甲苯溶液萃取 Zn，同时萃取的有 Cd、Fe^{3+}、Ga、Bi、Pb、Cu	Ni、Co、Mn、Al 碱土金属

表 17-13　某些元素的离子交换条件

被分析元素	交 换 条 件
Ag	在 HCl 溶液中用强碱性阴离子交换树脂吸附，2mol/L HCl 淋洗去 Cu，再用 HI 氨水洗脱 Ag 在 EDTA 存在下，用阳离子交换树脂交换，可分离 Ag 和形成稳定 EDTA 络合物的元素
Au	在 10%王水中，国产 717 型阴离子交换树脂交换，交换速度 1～2mL/min，可分离 Fe、Cu、Co、Tl、Sb 等 在 0.1mol/L HCl-60%(体积分数)丙酮中用阳离子交换树脂交换，金络阴离子通过柱，可分离 Cd、Co^{2+}、Cu^{2+}、Ca、Fe^{3+}、Ga^{3+}、In^{3+}、Al、Mg、Ni、Zn
Ca	在 pH=2.5～3.5，EDTA 存在下，用阳离子交换树脂交换，交换速度<1.5mL/min，吸附 Ca，分离 Al、Fe、Mn、Ni、Cu、Mg、Cr、Co、Mo 等，用 2mol/L HCl 洗脱 Ca
Cd	在 0.1mol/L HCl-10%NaCl 中，Cd 和 Zn 吸附在阳离子交换树脂上，可分离 Fe^{3+}、Cu、Mn、Al、Be、Ni、Co、Cr、Ti^{4+}、稀土和碱土金属，用含 2%NaCl 的 2mol/L NaOH 洗脱 Zn 后，用 1mol/L HNO_3 洗脱 Cd
Co	在 9～10mol/L HCl 中，Co、Fe 络阴离子被强碱性交换树脂吸附，与 Ti、Mn、Th、Ni、Cr^{3+}、Al 等分离
Cs、Rb	以 NH_4^+ 型阳离子交换树脂从海水中分离 Cs、Rb
Ga	在 90%甲醇和 10%4.5mol/L HBr 中，Ca、Pb、Bi、In、Cu、Cd 一起吸附在阴离子交换树脂上，用 0.45mol/L HBr 淋洗 Ga、In、Zn。分离 Fe^{3+}、U^{6+}、Cr^{3+}、Mn^{2+}、V^{5+}、Mg、Ca、Sr、Cu、Al、La、Yb、Ti、Zr、Co、Ni 等
In	在 0.5mol/L HCl-30%丙酮水溶液中，In 通过阳离子交换树脂，而 Zn、Pb^{2+}、Ga、Ca、Be、Mg、Ti^{4+}、Mn^{2+}、Fe^{3+}、Al、U^{6+}、Na、Cu^{2+}、Ni^{2+}、Co 被树脂吸附
Ni	在 9mol/L HCl 中，Ni 不形成氯络阴离子，通过阴离子交换树脂，而与 Co、Fe、Cu、Zn、Bi 分离 在 6mol/L HCl-丙酮(1:9)溶液中，Ni 吸附在阳离子交换树脂上，Co^{2+}、Fe^{3+}、Cu^{2+}、Zn、Cd、Hg^{2+}、Pb、Ga^{3+}、In^{3+}、Bi、U^{6+}、V^{5+}、Mo^{6+}、Mn^{2+} 再被分离。Th、Zr、Hf，稀土也被吸附。
Pt、Pd	在 pH=1.5，Pt、Pd 等铂族元素络阴离子通过阳离子交换树脂，交换速度 1～2mL/min，分离 Cu、Fe、Ni、Co、Pb、Be、UO_2^{2+}、Th、Ca、Mg、Al、Zn、Cd、Mn、Cr^{3+} 等 Pd、Pt、Au 在 0.1～6mol/L HCl 中，Ir^{4+} 在 0.1～0.25mol/L HCl 中被阴离子交换树脂吸附，分离 Fe、Co、Ni、Cu。用 5%硫脲和 0.5mol/L HCl 洗脱 Pt、Pd
Se、Te	在 pH=1 时通过阳离子交换树脂可将 Se、Te 同 Cu、Cd、Zn、Ni、Al、Mn、Ca、Sr、Ba、Mg 分离。HCl<0.1mol/L，Se、Te 能被吸附而与铂族元素分离
Tl	在 pH=4 时，EDTA 存在下，Tl^+ 被阳离子交换树脂吸附，同 Cu、Pb、Fe、Zn、Hg、Bi 等分离
Zn	在 0.12mol/L HCl-10%NaCl 中，Zn 被阴离子交换树脂吸附，与 Al、Be、Co、Cr^{3+}、Cu、Fe^{3+}、Mn^{2+}、Ni、Ti、稀土等分离，用 2mol/L NaOH-2%NaCl 溶液洗脱 Zn

五、定量分析

原子吸收光谱法是一种相对测量而不是绝对测量的方法，即定量的结果是通过与标准溶液相比较而得出的。所以为了获得准确的测量结果，应根据实际情况选择合适的分析方法。常用的分析方法有标准曲线法和标准加入法。

1. 标准曲线法

标准曲线法是最常用的基本分析方法，主要适用于组分比较简单或共存组分互相没有干扰的情况。配制一组合适的浓度不同的标准溶液，由低浓度到高浓度依次喷入火焰，分别测定它们的吸光度 A，以 A 为纵坐标，被测元素的浓度 c 为横坐标，绘制 A-c 标准曲线。在相同的测定条件下，测定未知样品的吸光度，从 A-c 标准曲线上用内插法求出未知样品中被测元素的浓度。

2. 标准加入法

对于比较复杂的样品溶液，有时很难配制与样品组成完全相同的标准溶液。这时可以采用标准加入法。

分取几份等量的被测试样，其中一份不加入被测元素，其余各份试样中分别加入不同已知量 c_1、c_2、c_3、…、c_n 的被测元素的标准溶液，然后在测定条件下，分别测定它们的吸光度 A_i，绘制吸光度 A_i 对被测元素加入量 c_i 的曲线。

如果被测试样中不含被测元素，在校正背景之后，曲线应通过原点。如果曲线不通过原点，说明含有被测元素，截距所相应的吸光度就是被测元素所引起的效应。外延曲线与横坐标轴相交，交点至原点的距离所相应的浓度 c_x，即为所求的被测元素的含量。

标准加入法只能用于待测元素浓度与吸光度呈线性关系的范围内才能得到正确的结果。加入标准溶液的浓度要与样品浓度接近，才能得到准确的结果。

六、原子吸收光谱分析中注意事项

① 光源接通之前，检查各插头是否接触良好，调好仪器狭缝位置，仪器面板上的所有旋钮回到零再通电。开机应先开低压，后开高压，关机时则相反。

② 空心阴极灯需预热 20～30min，灯电流由低慢慢升至规定值。灯应轻拿轻放，窗口如有污物或指纹，用擦镜纸轻轻擦拭。

③ 工作中防止毛细管折弯。如有堵塞，可用细金属丝小心消除。普通喷化器不能喷含高浓度氟试样。

④ 日常分析完毕，应在不灭火的情况下喷雾蒸馏水，对喷雾器、雾化室和燃烧器进行清洗。喷过高浓度酸、碱，要用水彻底冲洗雾化室，防止腐蚀。吸喷有机溶液后，先喷有机溶剂和丙酮各 5min，再喷 1% 硝酸和蒸馏水各 5min。燃烧器灯头狭缝有盐类结晶，火焰呈锯齿形，可用硬纸片或软木片轻轻刮去。如有熔珠，难刮去时，可用细砂纸轻轻打磨。

⑤ 实验过程中，要开抽风机，抽去原子蒸气。

⑥ 单色器不能随意开启，严禁用手触摸。光电倍增管需检修时，一定要关掉负高压。

⑦ 点火时，先开助燃气（空气），后开燃气；关闭时，先关燃气，后关助燃气。点燃火焰时，操作人员不能离开。

⑧ 使用石墨炉时，样品注入的位置一定保证一致。工作时，冷却水的压力与惰性气体的流速应稳定。

⑨ 要遵守乙炔的使用规则（参见第一章第十四节）。

⑩ 塞曼型原子分光光度计的原子化器有一个强永久磁铁，因此，操作前应取下机械手表。铁制工具不能与磁铁直接接触，以免减弱磁铁的磁性。

⑪ 进行实验之前，必须对乙炔管路进行检漏试验。把乙炔气体的二次压力调至 0.8MPa，并打开室内管道系统的截止阀。打开通风，以排除未燃烧的乙炔。首先打开电源开关，关闭火焰传感器开关，把燃气旋钮调至"停止"位置，并把燃气开关打向"流量"位置，顺时针方向旋转燃气"压力调节"旋钮，直至压力表读数为 0.7MPa，再把燃气开关打向"停止"位置。在管路中充乙炔压力下保持 3min。然后，由气压表的读数检查气路是否漏气。当气压表读数降低在 0.05MPa 以内，可认为管路不漏气。如果超过此值，应重复检查一次，如果仍超过此值，表明管路漏气，应停止使用。找出漏气原因，并维修好之后，再检查，不漏气，才能进行点火实验。

⑫ 经常清洁空心阴极灯窗口和光路上透镜。

⑬ 测量完毕后，必须将空压机内的污物排出。若污物未排走，可能出现断续闪动的红色火焰，产生噪声。

⑭ 经常清洗燃烧器缝上的污物，可用薄木片或金属片清除铁锈、碳化物及污染物。当燃烧缝严重堵塞时，火焰分裂为几部分或还原焰呈凸凹不平状。

在空气-乙炔火焰中，喷雾蒸馏水时，如果在火焰中出现断断续续的明显的红色闪光，说明除燃烧器头内部污染之外，雾化室内部也已被污染。在这种情况下，应清洁雾化室内部。

⑮ 测定有机溶剂试样后，应清除黏附在雾化室内的试样，特别是在 MIBK 等疏水性有机溶剂试样的测定后，必须用（1＋2）乙醇-丙酮混合液清洗后，再用蒸馏水清洗。测定完之后，要将排液罐内的废液倒掉，重新换上新水。

⑯ 清洗原子化器之前，务必将电源关闭，同时将冷却水、氩气、乙炔气关闭。

石墨炉的清洗、石墨管更换及位置调整等需按照说明书进行。

七、原子吸收分光光度计常见故障及排除方法

表 17-14 为原子吸收分光光度计故障及排除方法。

表 17-14　原子吸收分光光度计故障及排除方法

常见故障	产 生 原 因	排 除 方 法
仪器通电后指示灯不亮、仪器不工作	电源插头与插座接触不好	插好电源插头，接通电源
	保险管松动或保险丝烧毁	拧紧保险管或更换保险丝
	指示灯泡坏了	更换指示灯泡
	电源变压器绕组线断	检修电源变压器
空心阴极灯亮，表头无信号	空心阴极灯辉光异常,正负极接反	调换空心阴极灯两极接线
	当使用进口仪器国产灯时,由于窗口直径不一样,空心阴极灯光斑没进入光路中	重调灯的位置,或用与进口灯一样大的玻璃罩将国产灯套上
	放大器工作不正常	检查放大器电路
	光电倍增管负高压未加上	检查负高压电源
	波长指示不准	重调波长
	印刷电路板没插好	插好印刷电路板
输出能量低	负高压不正常	查找产生负高压的振荡电路及稳压电源
	光电倍增管老化	清除灰尘,检查各电压参数,更换光电倍增管
	空心阴极灯辉光颜色变浅、变淡,光谱强度下降	对灯进行反接处理或更换元素灯
	光学元件受潮发霉	通风除潮、放置硅胶
	没找到最灵敏线	找准波长
灵敏度下降	个别元素灵敏度下降是空心阴极灯问题	使用新灯或对旧灯进行维修
	短波紫外区灵敏度下降是因为灯和燃烧室石英窗口沾污;大多数元素灵敏度下降是由于燃烧器与外光路位置不对	清洗除尘
	灯电流过大,负高压太高	重新调整,选择合适的灯电流和负高压
	燃烧器堵塞	硬纸片揩净
	光谱通带选择不合适	根据元素谱线的疏密选择不同的缝宽
	喷雾效果不好	调整喷雾器和撞击球位置,调整气源压力
回火爆炸	废液排水管漏气	加水封
	燃烧器缝变宽	更换燃烧器
	燃气与助燃气流量比差别过大	调节燃气与助燃气比例
	当氧化亚氮-乙炔火焰或切换过程中,乙炔流量过小	加大乙炔流量
	用氧化亚氮-乙炔火焰测定样品时遇到突然停电的情况	避免突然停电

常见故障	产　生　原　因	排　除　方　法
基线严重漂移	仪器受潮	启开单色器和光电倍增管密封罩,排除潮气并用浸有乙醇溶液的棉花清洗光学元件表面的灰尘,然后将仪器通电除潮并在仪器中放置吸潮硅胶
	仪器没接地线或接地不良,或地线与中线共用	将仪器接好单独的"地"线
	元素灯和灯电源或负高压电源不稳	用铜元素灯做试验,排除引起元素灯、灯电源以及负高压电源不稳定的因素
吸收漂移(即点火后的基线漂移)	喷雾器毛细管堵塞	更换毛细管
	塑料毛细管有气泡	排除管内气泡
	废液排泄口不畅通,造成喷雾室内有积水	疏通排泄口,清除积水
	燃烧器预热不够	通常空气冷却式燃烧器应在点燃火焰吸喷纯水5～10min后才能达到热平衡
	气源压力不稳,乙炔稳压发生器有堵塞,压力不稳	调节气源压力
	刚刚吸喷过有机试剂,未彻底清洗干净	可用乙醇-丙酮溶液洗,然后再用蒸馏水洗
	样品"粒度"过大,有沉淀或夹杂物	调整撞击球和喷嘴位置,提高喷雾质量
	波长偏离共振吸收线	重新调整波长
读数不稳定	喷雾器毛细管堵塞	更换毛细管
	喷雾器内毛细管喷口腐蚀	更换毛细管
	喷雾室内积聚有废液	清除废液
	有机溶剂未彻底清洗干净	先用乙醇-丙酮溶液清洗,再用蒸馏水清洗干净
	火焰燃烧状态不正常,气源压力波动,气体不清洁,里面混有碱金属,在火焰中发射强光谱线	稳定气源压力或换用清洁的气体
	乙炔钢瓶压力小于0.5MPa	提高乙炔压力
	样品溶液"粒度"过大,有沉淀或夹杂物	稀释样品溶液或制取清洁的样品
	燃烧器缝隙部分堵塞或沉淀,有碳和其他无机盐类	清除堵塞物

八、原子吸收光谱法的分析条件

1. 原子吸收光谱法的灵敏度和检出限

原子吸收光谱分析法的灵敏度,是指产生1%吸收或0.0044吸收值时水溶液中某元素的浓度,通常以(μg/mL)/1%表示,可用下式计算:

$$S[(\mu g/mL)/1\%]=\frac{0.0044c}{A}$$

式中　S——灵敏度,(μg/mL)/1%;
　　　c——试液浓度,μg/mL;
　0.0044——1%吸收时的吸收值;
　　　A——试液的吸收值。

在非火焰法(石墨炉法)中,常用绝对灵敏度表示,即某元素在一定的实验条件下产生1%吸收时的质量,以g/1%表示,可用下式计算:

$$S(g/1\%)=\frac{0.0044cv}{A}$$

式中　S——绝对灵敏度,g/1%;
　　　c——试液浓度,g/mL;
　　　v——试液体积,mL;
　0.0044——1%吸收时的吸收值。

原子吸收光谱分析法的检测限,1969年第二次国际原子吸收会议定义检测限是以产生空白溶液信号的标准偏差2倍时的测量信号的浓度来表示。

$$D=\frac{c\times 2\sigma}{A_{m}}$$

式中　D——原子吸收光谱分析法，元素的检测限，$\mu g/mL$；

　　　c——试液某元素的浓度；

　　A_m——试液 10 次测量的吸收值平均值；

　　　σ——空白溶液吸光度的标准偏差。

　　1975 年国际纯化学学会（IUPAC）规定，检测限定义为某元素水溶液，其信号等于空白溶液的测量信号的标准偏差的 3 倍时的浓度。

　　表 17-15 列出了原子吸收光谱法元素分析谱线、光谱项、灵敏度和检出限。

表 17-15　原子吸收光谱法元素分析谱线、光谱项、灵敏度和检出限

被测元素	谱线/nm	基态光谱项	f	光源	火焰	灵敏度 /($\times10^{-6}$/1％吸收)	检出限 /$\times10^{-6}$	石墨炉法灵敏度 /(g/1％吸收)
Ag	328.07	$5^2S_{1/2}$	0.51	HCL	A-Cg	0.05	0.005	1×10^{-12}
	328.07		0.51	HCL	A-A	0.08		
	338.29		0.25	HCL	A-Cg	0.15		
Al	309.27 309.28	$3^2P_{1/2}$	0.23	HCL	N-A	0.7	0.02	1.3×10^{-11}
	308.21		0.22	HCL	N-A	1		
	396.15		0.15	HCL	N-A	0.9		
	394.40		0.15	HCL	N-A	1.4		
	237.34			HCL	N-A	2.3		
As	188.99			HCL	A-H	1		1.9×10^{-11}
	193.70		0.095	HCL	A-H	0.9		
	197.20		0.07	HCL	A-H	1.2		
	197.20		0.07	HCL	A-A	2.1		
Au	242.79	$6^2S_{1/2}$	0.3	HCL	A-Cg	0.3		1.2×10^{-12}
	267.59		0.19	HCL	A-Cg	1.3		
	242.73		0.3	HCL	A-A	0.2		
	267.59		0.19	HCL	A-A	0.4		
B	249.68	$2^2P_{1/2}$	0.32	HCL	N-A	100		3.0×10^{-9}
	249.77		0.33	HCL	N-A	50		
Ba	553.56	6^1S_0	1.4	HCL	N-A	0.3	0.02	5.8×10^{-12}
	305.11			HCL	N-A	4.8		
	455.40	离子线		HCL	N-A	2.0	1.0	
Be	234.86	2^1S_0	0.24	HCL	N-A	0.02		5.6×10^{-12}
Bi	222.83	$6^4S_{3/2}$	0.002	HCL	A-A	1.5		3.1×10^{-11}
	223.06		0.012	HCL	A-A	0.7		
	306.77		0.25	HCL	A-A	2.1		
	227.66			HCL	A-A	9.5		
	206.17			HCL	A-A	5.5		
	202.12			HCL	A-A	50		
	211.03			HCL	A-A	18		
	306.77		0.25	HCL	A-Cg	2		
Ca	422.67	4^1S_0	1.5	HCL	A-A	0.07	0.001	5.0×10^{-12}
	239.86		0.04	HCL	A-A	20		
Cd	228.80	5^1S_0	1.2	HCL	A-Cg	0.03		6.6×10^{-12}
	326.11		0.002	HCL		20		
	228.80		1.2	HCL	A-A	0.025	0.001	
Ce	520.0	$^1G_4$		HCL	N-A	30		4.9×10^{-8}
	569.7			HCL	N-A	39		

被测元素	谱线/nm	基态光谱项	f	光源	火焰	灵敏度/($\times 10^{-6}$/1％吸收)	检出限/$\times 10^{-6}$	石墨炉法灵敏度/(g/1％吸收)
Co	240.72		0.22	HCL	A-A	0.15	0.01	
	242.49		0.19	HCL	A-A	0.18		
	241.16			HCL	A-A	0.27		
	252.14		0.19	HCL	A-A	0.30		
	243.58	$a^4F_{9/2}$		HCL	A-A	0.45		3.3×10^{-11}
	341.26			HCL	A-A	3.0		
	352.68			HCL	A-A	2.2		
	347.40			HCL	A-A	7.5		
	301.76			HCL	A-A	16		
Cr	357.87		0.34	HCL	A-A	0.1	0.003	
	359.35		0.27	HCL	A-A	0.15		
	360.53	a^7S_3	0.19	HCL	A-A	0.22		8.8×10^{-12}
	425.44		0.10	HCL	A-A	0.3		
	427.48			HCL	A-A	0.38		
Cs	852.11	$6^2S_{1/2}$	0.8	MVDL	A-Cg	0.15		1.1×10^{-12}
	455.54			MVDL	A-Cg	20		
Cu	324.75		0.74	HCL	A-Cg	0.1		
	327.40		0.38	HCL	A-Cg	0.2		
	222.57	$4^2S_{1/2}$	0.004	HCL	A-Cg	2		7.0×10^{-12}
	217.89		0.01	HCL	A-Cg	0.4		
	324.75		0.74	HCL	A-A	0.1	0.002	
Dy	421.17			HCL	N-A	1.7		
	419.49			HCL	N-A	3.4		
	418.68	6^5I_3		HCL	N-A	1.1		5.3×10^{-10}
	416.80			HCL	N-A	6.2		
	404.60			HCL	N-A	1.0		
Er	386.28			HCL	N-A	2.3		
	400.80			HCL	N-A	1.4		
	389.27	6^3H_6		HCL	N-A	4.5		8.5×10^{-10}
	415.11			HCL	N-A	2.3		
Eu	462.72			HCL	N-A	3.0		
	466.19	$a^3S_{7/2}$		HCL	N-A	3.0		1.4×10^{-10}
	459.40			HCL	N-A	1.8		
Fe	248.33		0.34	HCL	A-A	0.1	0.01	
	248.81			HCL	A-A	0.2		
	252.28		0.30	HCL	A-A	0.2		
	271.90		0.15	HCL	A-A	0.3		
	302.05/6		0.08	HCL	A-A	0.4		
	296.69	a^5D_4	0.06	HCL	A-A	1.1		8.0×10^{-12}
	371.99		0.04	HCL	A-A	1.0		
	385.99		0.035	HCL	A-A	1.9		
	344.06		0.055	HCL	A-A	2.6		
	382.44		0.007	HCL	A-A	8.7		
	367.99		0.005	HCL	A-A	8.9		
Ga	287.42		0.32	HCL	A-A	2.3	0.07	
	294.42/36		0.29	HCL	A-A	2.4		
	417.12	$4^2P_{1/2}$	0.14	HCL	A-A	3.7		3.8×10^{-11}
	403.30		0.13	HCL	A-A	6.2		
	250.0			HCL	A-A	22		
	254.0			HCL	A-A	28		

被测元素	谱线/nm	基态光谱项	f	光源	火焰	灵敏度/($\times 10^{-6}$/1%吸收)	检出限/$\times 10^{-6}$	石墨炉法灵敏度/(g/1%吸收)
Gd	378.31	$^9D_2$		HCL	N-A	46		8.5×10^{-8}
	368.41			HCL	N-A	38		
	405.82			HCL	N-A	51		
	407.87			HCL	N-A	16	4	
Ge	265.16	4^3P_0	0.84	HCL	N-A	2.2	1.0	1.5×10^{-10}
	259.25		0.37	HCL	N-A	4.3		
	270.96		0.43	HCL	N-A	5.2		
Hf	307.29	a^3F_2	0.02	HCL	N-A	14		
	286.64			HCL	N-A	15	8	
Hg	253.65	6^1S_0	0.03	HCL	A-A	10	0.5	2.5×10^{-10}
			0.03					
	253.65		0.03	HCL	无焰冷蒸气技术		常$< \times 10^{-9}$	
Ho	416.30	$^4I_{15/2}$		HCL	N-A	3.5		6.8×10^{-10}
	410.38			HCL	N-A	2.2		
	405.39			HCL	N-A	2.8		
In	303.97	$5^2P_{1/2}$	0.36	HCL	A-A	0.9	0.05	2.3×10^{-11}
	325.61		0.37	HCL	A-A	0.9		
	410.5		0.14	HCL	A-A	2.6		
	451.13			HCL	A-A	2.8		
	256.02			HCL	A-A	11		
	275.39			HCL	A-A	26		
Ir	208.88	$a^4F_{9/2}$		HCL	A-A	7.7		6.0×10^{-10}
	263.94/97			HCL	A-A	13	2	
	266.48			HCL	A-A	15		
	237.28			HCL	A-A	20		
	254.40			HCL	A-A	34		
K	766.49	$4^2S_{1/2}$	0.69	HCL	A-A	0.05		1.0×10^{-12}
	404.41/72		0.11	HCL	A-A	8.8		
	404.41/72		0.11	HCL	A-H	8.0		
La	357.44	$6^2D_{5/2}$	0.12	HCL	N-A	110		1.9×10^{-7}
	364.95			HCL	N-A	140		
	392.76			HCL	N-A	150		
	403.72			HCL	N-A	200		
	407.92			HCL	N-A	200		
	418.73			HCL	N-A	50		
	494.98			HCL	N-A	53		
	550.13		0.15	HCL	N-A	35		
Li	670.78	$2^2S_{1/2}$	0.7	HCL	A-Cg	0.03		1.0×10^{-12}
	323.26		0.03	HCL	A-Cg	15		
	670.78		0.7	HCL	A-A	0.03		
Lu	331.21	$^2D_{3/2}$		HCL	N-A	21		1.8×10^{-8}
	335.96			HCL	N-A	12		
Mg	285.21	3^1S_0	1.2	HCL	A-A	0.007	0.0001	4×10^{-14}
	202.58		0.3	HCL	A-A	0.3		
	279.55		离子线	HCL		5		

被测元素	谱线/nm	基态光谱项	f	光源	火焰	灵敏度/(×10^{-6}/1%吸收)	检出限/×10^{-6}	石墨炉法灵敏度/(g/1%吸收)
Mn	279.48		0.58	HCL	A-A	0.05	0.002	
	279.83			HCL	A-A	0.09		
	280.11	$a^6S_{5/2}$		HCL	A-A	0.14		$3.3×10^{-12}$
	403.08			HCL	A-A	0.85		
	321.70			HCL	A-A	100		
Mo	313.26		0.20	HCL	A-A	0.8		
	313.26		0.20	N-A	A-A	0.4		
	317.03		0.12		A-A	1.1		
	379.83		0.13	HCL	A-A	1.3		
	319.40	a^7S_3		HCL	A-A	1.4		$5.5×10^{-12}$
	386.41			HCL	A-A	1.7		
	390.30			HCL	A-A	2.4		
	315.82			HCL	A-A	2.8		
	320.88			HCL	A-A	5.9		
Na	589.00/59		0.7	HCL	A-A	0.015	0.002	
	330.23/29	$3^3S_{1/2}$	0.05	HCL	A-A	2.8		$1.4×10^{-12}$
	330.23/29		0.05	HCL	A-H	3.0		
Nb	334.39			HCL	N-A	20	1	
	358.03	$a^6D_{1/2}$		HCL	N-A	22		
	334.91			HCL	N-A	24		
	407.97			HCL	N-A	28		
Nd	463.42			HCL	N-A	35		
	471.90	6^5I_4		HCL	N-A	73		$1.4×10^{-8}$
	489.69			HCL	N-A	48		
	463.42			HCL	N-A	13	2	
Ni	232.00		0.095	HCL	A-A	0.12	0.01	
	231.09			HCL	A-A	0.2		
	234.55		0.05	HCL	A-A	0.5		
	341.48	a^3F_4	0.3	HCL	A-A	0.5		$3.1×10^{-11}$
	352.45		0.12	HCL	A-A	2.5		
	346.17		0.16	HCL	A-A	1.0		
	234.75			HCL	A-A	3.5		
Os	290.90			HCL	A-A	3		
	290.90			HCL	N-A	1		
	305.9			HCL	A-A	5		
	305.9			HCL	N-A	2		
	290.90	a^5D_4		HCL	A-P-B	17		
	283.8			HCL	A-P-B	19		
	305.9			HCL	A-P-B	20		
	323.2			HCL	A-P-B	26		
	326.2			HCL	A-P-B	38		
Pb	283.31	6^3P_9	0.21	HCL	A-A	0.5	0.02	$5.3×10^{-12}$
	217.00		0.39	HCL	A-A	0.2		
Pd	247.64		0.1	HCL	A-A	0.2	0.02	
	244.79	4^1S_9	0.074	HCL	A-A	0.3	0.03	$1.0×10^{-10}$
	276.31		0.071	HCL	A-A	1.0		
Pr	495.14			HCL	N-A	72		
	491.40	$6^4I_{9/2}$		HCL	N-A	19		$1.4×10^{-7}$
	504.55			HCL	N-A	42		
	513.34			HCL	N-A	23		

被测元素	谱线/nm	基态光谱项	f	光源	火焰	灵敏度/($\times 10^{-6}$/1%吸收)	检出限/$\times 10^{-6}$	石墨炉法灵敏度/(g/1%吸收)
Pt	265.94	a^3D_3	0.12	HCL	A-A	2.2	0.1	3.5×10^{-10}
	306.47			HCL	A-A	4.6		
	217.47			HCL	A-A	3.3		
	262.80			HCL	A-A	5.3		
Rb	780.02	$5^2S_{1/2}$	0.8	MVDL	A-Cg	0.1	0.005	5.6×10^{-12}
	420.18			MVDL	A-Cg	10		
	780.02		0.8	MVDL	A-A	0.05		
	794.76			MVDL	A-A	0.1		
	420.18			MVDL	A-A	6.0		
	780.02		0.8	MVDL	A-LPG	0.12		
Re	345.19	$a^6S_{5/2}$	0.06	HCL	N-A	33		
	346.47		0.13	HCL	N-A	20		
	346.05		0.2	HCL	N-A	1.4		
Rh	343.49	$a^4F_{9/2}$	0.73	HCL	A-A	0.35	0.03	6.7×10^{-11}
	369.24		0.58	HCL	A-A	0.6		
	339.68		0.53	HCL	A-A	0.7		
	350.25		0.47	HCL	A-A	1.35		
	365.80		0.82	HCL	A-A	1.75		
	370.09		0.72	HCL	A-A	2.9		
	350.73		0.47	HCL	A-A	8		
Ru	349.89	a^5F_5	0.1	HCL	A-A	0.3		6.7×10^{-10}
	372.80		0.09		A-A	0.25		
Sb	206.84	$5^4S_{3/2}$	0.1	HCL	A-A	1.2		1.2×10^{-11}
	217.59		0.04	HCL	A-A	1.4		
	231.15		0.03	HCL	A-A	2.0		
	231.15		0.03	HCL	A-Cg	1.5		
Se	391.18	$a^2D_{3/2}$		HCL	N-A	0.8		3.3×10^{-11}
	390.75			HCL	N-A	1.1		
	402.37			HCL	N-A	1.2		
	402.04			HCL	N-A	1.7		
	405.45			HCL	N-A	1.7		
	326.99			HCL	N-A	2.0		
	196.03		0.12	HCL	A-A	3	1	
	196.03		0.12	HCL	N-A	5	1.8	
Si	251.61	3^3P_0	0.26	HCL	N-A	1.2	0.08	1.2×10^{-10}
	250.69		0.20	HCL	N-A	3.1		
	251.43		0.54	HCL	N-A	3.8		
Sm	429.67	6^7F_6		HCL	N-A	7	2	5.2×10^{-9}
	476.03			HCL	N-A	29		
	520.06			HCL	N-A	25		
	528.29			HCL	N-A	50		
	511.72			HCL	N-A	55		
Sn	286.33	$5P_0$	0.23	HCL	N-A	5.4		4.7×10^{-11}
	235.48		0.27	HCL	N-A	3.8		
	224.61		0.41	HCL	A-A	2.8		
Sr	460.73	5^1S_9	1.54	HCL	A-A	0.05		5.8×10^{-12}
	467.73		0.76	HCL	A-A	3.5		
	460.73		1.54	HCL	N-A	0.09	0.01	

被测元素	谱线/nm	基态光谱项	f	光源	火焰	灵敏度/($\times10^{-6}$/1%吸收)	检出限/$\times10^{-6}$	石墨炉法灵敏度/(g/1%吸收)
Ta	271.40	$a^4F_{3/2}$	0.05	HCL	N-A	11		
Tb	432.65	$6^6H_{15/2}$		HCL	N-A	7	2	3.7×10^{-8}
	431.88			HCL	N-A	9		
	390.13			HCL	N-A	12		
	406.16			HCL	N-A	14		
	433.84			HCL	N-A	16		
	410.54			HCL	N-A	28		
Te	214.28	5^3P_2	0.08	HCL	A-A	0.5		3.0×10^{-11}
	214.28		0.08	HCL	A-A	0.5		
Th	324.58	$^3F_2$		HCL	N-A	850		
Ti	365.35	a^3F_2	0.22	HCL	N-A	1.6	0.1	2.0×10^{-9}
	364.27		0.25	HCL	N-A	1.8		
	337.14		0.20	HCL	N-A	2.0		
Tl	276.78	$6^2P_{1/2}$	0.27	HCL	A-A	0.5		1.2×10^{-11}
	377.57		0.13	MVDL	A-Cg	3		
Tm	371.79			HCL	N-A	0.7	0.2	1.4×10^{-10}
U	358.49	7^5L_6	2.1	HCL	N-A	100	30	
	351.46		1.2	HCL	N-A	250		
	356.66		1.9	HCL	N-A	130		
	394.38		0.94	HCL	N-A	250		
	348.94		1.2	HCL	N-A	300		
V	318.34 318.40			HCL	N-A	1.0	0.02	2.9×10^{-10}
W	255.13	a^5D_9	0.18	HCL	N-A	5.3	3	
	294.44			HCL	N-A	12		
	400.87			HCL	N-A	18		
Y	410.24	$a^2D_{3/2}$	0.21	HCL	N-A	2	0.3	6.8×10^{-9}
	412.83		0.18	HCL	N-A	5.4		
	407.74		0.27	HCL	N-A	5.7		
	414.29		0.20	HCL	N-A	11		
Yb	398.80	6^1S_0		HCL	N-A	0.25		2.0×10^{-11}
	346.44			HCL	N-A	0.8		
	346.45			HCL	N-A	1.6		
Zn	213.86	6^1S_0	1.2	HCL	A-A	0.02	0.002	8.8×10^{-13}
	213.86		1.2	HCL	A-A	0.015		
	307.59		<0.001	HCL	A-A	150		

注：f——振子强度，原子吸收能力的一个量度；HCL——空心阴极灯；MVDL——金属蒸气放电灯；A-Cg——空气-煤气焰；A-A——空气-乙炔焰；N-A——氧化亚氮-乙炔焰；A-P-B——空气-丙烷-丁烷焰；A-LPG——空气-液化石油气焰。

基态光谱项——$n^{2s+1}L_j$，其中 n 为主量子数；L 为多电子原子角动量量子数；$2s+1$ 称光谱的多重性；s 是多电子原子总自旋量子数，j 光谱支项。

2. 石墨炉原子吸收法分析条件

表 17-16 和表 17-17 分别列出石墨炉原子吸收法分析条件和仪器实验条件。

表 17-16　常见元素石墨炉原子吸收法分析条件

元素	分 析 条 件	
铝（Al）	标准贮备溶液	水 溶 液——Al 溶于尽量少的 HCl 中 有机溶液——环己烷丁酸铝或二乙基己酸铝溶于二甲苯或甲基异丁基酮中
	分析线波长/nm	309.3
	背景校正线波长/nm	307.0
	灰化温度/℃	1400
	原子化温度/℃	2700
	灵敏度/pg	50（用 CH_4 提高灵敏度）
	检出极限/pg	5
砷（As）	标准贮备溶液	水 溶 液——As_2O_3 溶于 0.02mol/L NaOH 或将 KH_2AsO_4 溶于水
	分析线波长/nm	193.7（189.0、197.3）
	背景校正线波长/nm	192.0
	灰化温度/℃	600
	原子化温度/℃	2400
	灵敏度/pg	25（使用无极放电灯）
	检出极限/pg	20（使用无极放电灯）
银（Ag）	标准贮备溶液	水 溶 液——$AgNO_3$ 溶于水中 有机溶液——环己烷丁酸银或 2-乙基己酸银溶于二甲苯或甲基异丁基酮中
	分析线波长/nm	328.1（338.3）
	背景校正线波长/nm	Ne 332.4；Sn 326.2
	灰化温度/℃	450
	原子化温度/℃	2500
	灵敏度/pg	5
	检出极限/pg	0.1
钡（Ba）	标准贮备溶液	水 溶 液——$BaCl_2$ 溶于水 有机溶液——环己烷丁酸钡溶于甲苯或甲基异丁基酮
	分析线波长/nm	553.6
	背景校正线波长/nm	Y557.6，Ne540.0
	灰化温度/℃	1600
	原子化温度/℃	3000
	灵敏度/pg	150（用 CH_4 提高灵敏度）
	检出极限/pg	50
铋（Bi）	标准贮备溶液	水 溶 液——Bi 溶于最少量的 HNO_3 中
	分析线波长/nm	223.1（306.8）
	背景校正线波长/nm	Cd226.5（Al 307.0）
	灰化温度/℃	350
	原子化温度/℃	1900
	灵敏度/pg	40
	检出极限/pg	20
铍（Be）	标准贮备溶液	水 溶 液——Be 溶于少量的 HNO_3 中 有机溶液——硫酸铍溶于二甲苯
	分析线波长/nm	234.9
	背景校正线波长/nm	Sn 235.4
	灰化温度/℃	1500
	原子化温度/℃	2700
	灵敏度/pg	2（用 CH_4 提高灵敏度）
	检出极限/pg	0.5
镉（Cd）	标准贮备溶液	水 溶 液——Cd 溶于最少量的 HNO_3 有机溶液——环己烷丁酸镉溶于二甲苯或甲基异丁基酮
	分析线波长/nm	228.8
	背景校正线波长/nm	226.5
	灰化温度/℃	350
	原子化温度/℃	1900
	灵敏度/pg	1
	检出极限/pg	0.1

元素		分　析　条　件
钙（Ca）	标准贮备溶液	水 溶 液——CaCO₃ 溶于最少量的 HNO₃ 中
		有机溶液——环己烷丁酸钙或 2-乙基己酸钙溶于二甲苯或甲基异丁基酮中
	分析线波长/nm	422.7
	灰化温度/℃	1100
	原子化温度/℃	2600
	灵敏度/pg	4
	检出极限/pg	20
铬（Cr）	标准贮备溶液	水 溶 液——K₂CrO₄ 溶于水
		有机溶液——环己烷丁酸铬或三(1-苯基-1,3-丁二酮)铬溶于二甲苯或甲基异丁基酮中
	分析线波长/nm	357.9
	背景校正线波长/nm	Ne352.0
	灰化温度/℃	1200
	原子化温度/℃	2700
	灵敏度/pg	20
	检出极限/pg	10
钴（Co）	标准贮备溶液	水 溶 液——Co 溶于最少量的 HNO₃ 中
		有机溶液——环己烷丁酸钴溶于二甲苯或甲基异丁基酮中
	分析线波长/nm	240.7
	背景校正线波长/nm	239.3,Sn 242.1
	灰化温度/℃	1100
	原子化温度/℃	2600
	灵敏度/pg	40
	检出极限/pg	5
铜（Cu）	标准贮备溶液	水 溶 液——Cu 溶于最少量的 HNO₃ 中
		有机溶液——双(1-苯基-1,3-丁二酮)铜或环己烷丁酸铜溶于二甲苯或甲基异丁基酮中
	分析线波长/nm	324.8
	背景校正线波长/nm	323.1
	灰化温度/℃	800
	原子化温度/℃	2600
	灵敏度/pg	30
	检出极限/pg	2
铁（Fe）	标准贮备溶液	水 溶 液——Fe 溶于最少量的 HNO₃ 或 H₂SO₄ 中
		有机溶液——三(1-苯基-1,3-丁二酮)铁或环己烷丁酸铁溶于二甲苯或甲基异丁基酮中
	分析线波长/nm	248.3(372.0)
	背景校正线波长/nm	Cu 249.2
	灰化温度/℃	1200
	原子化温度/℃	2500
	灵敏度/pg	25(用 CH₄ 提高灵敏度)
	检出极限/pg	5
铅（Pb）	标准贮备溶液	水 溶 液——Pb 溶于最少量的 HNO₃ 或者 Pb(NO₃)₂ 溶于水中
		有机溶液——环己烷丁酸铅溶于二甲苯或甲基异丁基酮中
	分析线波长/nm	283.3(217.0)
	背景校正线波长/nm	280.1, Cd 283.7(220.4)
	灰化温度/℃	600
	原子化温度/℃	2100
	灵敏度/pg	20
	检出极限/pg	2

续表

元素		分　析　条　件	
锂(Li)	标准贮备溶液	水　溶　液——Li_2CO_3 溶于最少量的 HNO_3 中	
		有机溶液——环己烷丁酸锂溶于二甲苯或甲基异丁基酮中	
	分析线波长/nm	670.8	
	灰化温度/℃	1000	
	原子化温度/℃	2500	
	灵敏度/pg	10	
	检出极限/pg	5	
镁(Mg)	标准贮备溶液	水　溶　液——$MgCO_3$ 溶于最少量的 HNO_3 中	
		有机溶液——环己烷丁酸镁溶于二甲苯或甲基异丁基酮中	
	分析线波长/nm	285.2	
	背景校正线波长/nm	Cd 283.7；Sn 283.9	
	灰化温度/℃	1000	
	原子化温度/℃	2200	
	灵敏度/pg	0.2	
	检出极限/pg	0.02	
锰(Mn)	标准贮备溶液	水　溶　液——Mn 溶于尽量少的 HNO_3 中	
		有机溶液——环己烷丁酸锰溶于二甲苯或甲基异丁基酮中	
	分析线波长/nm	279.5	
	背景校正线波长/nm	Pb 280.1；Cu 282.4	
	灰化温度/℃	1100	
	原子化温度/℃	2600	
	灵敏度/pg	2	
	检出极限/pg	0.2	
汞(Hg)	标准贮备溶液	水　溶　液——Hg 溶于最少量的 HNO_3 中	
		有机溶液——环己烷丁酸汞溶于二甲苯或甲基异丁基酮中	
	分析线波长/nm	253.7	
	背景校正线波长/nm	Cu 249.2	
	原子化温度/℃	850	
	灵敏度/pg	200	
	检出极限/pg	100	
钼(Mo)	标准贮备溶液	水　溶　液——$(NH_4)_6MO_7O_{24} \cdot 4H_2O$ 溶于 10％HCl 中	
	分析线波长/nm	313.3	
	背景校正线波长/nm	311.2	
	灰化温度/℃	1900	
	原子化温度/℃	2700	
	灵敏度/pg	20	
	检出极限/pg	5	
镍(Ni)	标准贮备溶液	水　溶　液——Ni 溶于最少量的 HNO_3 中	
		有机溶液——环己烷丁酸镍溶于二甲苯或甲基异丁基酮中	
	分析线波长/nm	232.0	
	背景校正线波长/nm	231.4	
	灰化温度/℃	1000	
	原子化温度/℃	2700	
	灵敏度/pg	100(用 CH_4 提高灵敏度)	
	检出极限/pg	20	
铂(Pt)	标准贮备溶液	水　溶　液——Pt 溶于最少量的 HNO_3-HCl 中	
	分析线波长/nm	266.0	
	灰化温度/℃	1400	
	原子化温度/℃	2700	
	灵敏度/pg	500	
	检出极限/pg	200	

元素	分 析 条 件	
钾（K）	标准贮备溶液	水 溶 液——K_2CO_3 溶于最少量的 HNO_3 中
		有机溶液——环己烷丁酸钾溶于二甲苯或甲基异丁基酮中
	分析线波长/nm	766.5
	灰化温度/℃	1000
	原子化温度/℃	2200
	灵敏度/pg	5
	检出极限/pg	1
钠（Na）	标准贮备溶液	水 溶 液——Na_2CO_3 溶于最少量的 HNO_3 中
		有机溶液——环己烷丁酸钠溶于二甲苯或甲基异丁基酮中
	分析线波长/nm	589.0
	灰化温度/℃	700
	原子化温度/℃	2000
	灵敏度/pg	1
	检出极限/pg	0.2
硅（Si）	标准贮备溶液	水 溶 液——$Na_2SiO_3 \cdot 9H_2O$ 溶于水中
		有机溶液——八苯基四硅氧烷溶于二甲苯或甲基异丁基酮中
	分析线波长/nm	251.6
	背景校正线波长/nm	Cu,249.2
	灰化温度/℃	1200
	原子化温度/℃	2700
	灵敏度/pg	50
	检出极限/pg	20
锡（Sn）	标准贮备溶液	水 溶 液——Sn 溶于最少量的 H_2SO_4
		有机溶液——丁二锡(2-乙基己酯)$_2$ 溶于二甲苯或甲基异丁基酮中
	分析线波长/nm	224.6(286.3)
	背景校正线波长/nm	Cd 226.5(283.9)
	灰化温度/℃	1000
	原子化温度/℃	2500
	灵敏度/pg	100(用甲烷提高灵敏度)
	检出极限/pg	100
钛（Ti）	标准贮备溶液	水 溶 液——TiO_2 溶于最少量的 H_2SO_4-$(NH_4)_2SO_4$ 中
		有机溶液——四丁基钛溶于丁醇
	分析线波长/nm	364.3,365.4
	背景校正线波长/nm	Ni 362.5
	灰化温度/℃	1300
	原子化温度/℃	2700
	灵敏度/pg	500(用 CH_4 提高灵敏度)
	检出极限/pg	500
钒（V）	标准贮备溶液	水 溶 液——V 溶于最少量的 HNO_3 中
		有机溶液——双(1-苯基-1,3 丁基二酮)代钒溶二甲苯或甲基异丁基酮中
	分析线波长/nm	318.4,318.5
	背景校正线波长/nm	Cu 323.1
	灵敏度/pg	200(用 CH_4 提高灵敏度)
	检出极限/pg	100
锌（Zn）	标准贮备溶液	水 溶 液——Zn 溶于最少量的 H_2SO_4 中
		有机溶液——环己烷丁酸锌溶于二甲苯或甲基异丁基酮中
	分析线波长/nm	213.9
	背景校正线波长/nm	212.5
	灰化温度/℃	500
	原子化温度/℃	2000
	灵敏度/pg	1
	检出极限/pg	0.05

表 17-17　石墨炉原子吸收法仪器实验条件

元素	波长/nm	灯电流/mA	狭缝宽度/nm	进样量/μL	线性区间/($\times10^{-9}$g/mL) 上限	下限	干燥 温度/℃	时间/s	灰化 温度/℃	时间/s	原子化 温度/℃	时间/s	清洗 温度/℃	时间/s
Al	309.3	10	1.3	10	1000	15	60~90	60	800	30	2900	10	3000	5
As	193.7	18	2.6	10	800	20	60~90	60	800	30	2700	10	3000	5
Co	240.7	15	0.2	10	1000	30	60~100	60	800	30	3000	15	3000	3
Cr	359.1	10	1.3	10	2000	10	60~90	60	700	30	3000	15	3000	3
Cu	324.8	7.5	1.3	10	500	20	60~90	60	800	30	2900	10	3000	3
Fe	248.3	15	0.2	10	600	10	60~90	60	800	30	2900	10	3000	3
Mn	279.5	7.5	0.4	10	3000	2	60~90	60	600	30	2800	10	3000	3
Ni	232.0	15	0.2	10	2000	4	60~90	60	800	30	3000	10	3000	3
Sb	217.6	12.5	0.4	10	2000	25	60~90	60	400	30	2500	7	2600	3
Se	196.0	15	1.3	10	1000	3	60~90	60	400	30	2500	7	3000	3
Cd	228.8	7.5	1.3	10	20	0.3	60~90	60	300	30	1700	10	2500	3
Pb	283.3	7.5	1.3	10	1000	6	100~130	60	400	30	2000	7	2400	6
Sn	286.3	12.5	0.4	10	5000	50	60~90	60	500	30	3000	10	3000	3

表 17-18 为各元素在石墨炉原子化器中的热解和原子化温度。

表 17-18　各元素在石墨炉原子化器中的热解和原子化温度

元素	热解温度/℃	原子化温度/℃	元素	热解温度/℃	原子化温度/℃	元素	热解温度/℃	原子化温度/℃
Ag	450	2500	Ge	800	2700	Pt	1400	2700
Al	1400	2700	Hg		850	Pu	1200	2700
As	600	2400	I	500	2000	Rb	1000	2400
Au	500	2400	In	700	2000	Re	1200	2700
Ba	1600	3000	Ir	1200	2700	Rh	1200	2500
Be	1500	2700	K	1000	2200	Ru	1700	2500
Bi	350	1900	Li	1000	2500	S	500	1600
Br	700	2500	Mg	1000	2200	Sb	1000	2000
Ca	1100	2600	Mn	1100	2600	Se	700	2500
Cd	350	1900	Mo	1900	2700	Si	1200	2700
Co	1100	2600	Na	700	2000	Sn	1000	2500
Cr	1200	2700	Ni	1000	2700	Sr	1500	2700
Cu	800	2600	Os	1700	2500	Te	400	2000
Er	1500	2700	P	500	1600	Tl	750	2200
Eu	1200	2700	Pb	600	2700	Ti	1300	2700
Fe	1200	2500	Pd	1400	2600	Zn	500	2000
Ga	700	2500						

第五节　原子吸收光谱法的应用

原子吸收光谱法能分析 70 种元素，它已成为实验室的常规分析方法，广泛地应用于环境卫生、石油化工、冶金矿山、地质、材料、农林生产、食品、医药等各个领域中有关元素的分析。表 17-19 列出采用原子吸收光谱法的部分我国国家标准分析方法。

表 17-19 采用原子吸收光谱法的部分我国国家标准分析方法

分析物质	被测元素	分析物质	被测元素
食品饲料	K、Na、Ca、Mg、Cu、Fe、Zn、Mo、Co	钴	Mg、Zn、Cd、Pb、Ni、Cu、Mn
	Pb、Cd、Cu、Zn(甲基异丁基酮萃取)		As、Sb、Bi、Sn、Pb(电热原子吸收法)
	Pb、Cd(石墨炉法)	焊料	Ag、Zn
	Hg(冷原子吸收法)	锌及合金	Mg、Fe、Cu、Pb、Sb、Cd
	Cd、Se、Cr(石墨炉法)		Al(电热原子吸收法)
	As(氢化物法)	氧化锆、氧化铪	Na
	V_{B12}(测 Co 法)	锆粉	Ca、Mg
锰矿石	Ca、Mg、Co、Ni、Cu、Pb、Zn	钨	Ca、Mg、Na、K
煤灰	K、Na、Ca、Fe、Mg、Mn	钼	Ca、Mg、Na、K
铁矿	Ca、Mg、Cu、Na、K	镓	Zn
锌精矿、铅精矿	Ag		Mg(冷原子吸收法)
铋精矿	Ag、Pb、Cu	铟	Cu、Zn、Fe、Cd、Pb
铜精矿	Mg、Pb、Cd、Zn、Ag	荧光级氧化钇氧化铕	Ca
锌精矿	Pb、Cu、Cd	碳酸锂、氯化锂	Na、K、Ca、Mg、Fe、Pb
铅精矿	Cu、Mg		Ca、Mg、Cu、Zn、Ni、Mn、Cd(离子交换
铝土矿	K、Na、Mn、Cr、Zn		分离)
金精矿	Ag	氧化钐	Ca
锂辉石、锂云母	Li、K、Na、Cs、Rb、Ca、Mg	农用硝酸稀土	As(氢化物法)
铍矿石、绿柱石	Li、Ca		Hg、Pb、Cd
钨精矿	Ca、Cu、Mn	稀土及氧化物	Mg、Na
天青石	Ca、Mg	金	Ag、Fe、Cu、Pb、Bi
石灰石、白云石	Mg、Fe	银	Ag、Cu、Au、Fe、Pb、Bi
铀矿石浓缩物	K、Na、Ca、Mg、Fe、Mo、Ti、V	硒	Mg、Cu、Fe、Ni
钨、钼矿石	Cu、Pb、Zn、Cd、Bi	碲	Na、Mg
铜矿石、铅矿石	Ag、Te	电子玻璃	Li、Na、K、Ca、Sr、Ba、Mg、Mn、Ni
锌矿石	Ag、Te		Co、Zn、Pb、Al、Sb 等
硅酸盐矿石	Li、Rb、Sr、Cu、Pb、Zn	焊料	Mg、Zn、Cd、Bi、Sb、Pb、Fe、Mg
水晶石	Na	阴极碳酸盐	Cu、Sr、Na
铜铁及合金	Mg、Cu、Ni、Mn、Co	耐火材料	Ca、Mg、K、Na、Mn
硅铁	Ca、Al	矿泉水	Na、K、Ca、Mg、Fe、Cu、Mn、Zn、Cr、Pb
金属铬	Al、Fe	陶瓷搪瓷食品用品	As、Pb、Cd
钼铁	Cu	水质	Cu、Zn、Pb、Cd、Na、K、Ca、Mg、Ag、
V_2O_5	Mn、Zn、Ca		Fe、Mn
铝合金	Cu、Zn、Pb、Ni、Mg、Cr、Ca		V(石墨炉法)
金属钙	Fe、Ni、Cu、Mn、Mg	谷物中	Cu、Fe、Mn、Zn、Ca、Cu
	Fe、No、Cu、Mn(萃取分离)	工业循环冷却水、水垢	Ca、Zn、Cu、Mg、K、Na
铝锭	Zn	大气降水	Na、K、Ca、Mg
镉	Pb、Zn、Ag	居民大气中	Pb、Cd
锑	Fe、Pb、Cu	液体燃料油	V(石墨炉法)
锡	Pb、Cu、Zn	汽油	Pb
铅基合金	Ca、Ag、Zn、Mg、Na、Au	工业硫酸	Pb
铜与黄铜	Sb、Bi、Pb、Zn、Ni		汞(无火焰法)
	Cr、Mn、Cd(石墨炉法)	氢氧化钠	Ca
	Fe、Co、Pb、Ni、Sn	氯化钠	Ca、Mg
硅青铜、锡青铜	Zn、Ni、Al、Cu、Ni	硫化橡胶	Zn、Pb、Fe、Mn
铋	Ag、Zn、Pb	色漆清漆	Pb、Sb、Ba、Cd、Cr
白铜	Al、Co、Mg、Zn、Pb		Hg(无火焰法)
镍	Mg、Cd、Co、Cu、Mn、Pb、Zn	二氧化铀粉末	Li、Na、K、Ca、Fe、Ni、Mg、Mn、Zn、Ag
	As、Sb、Bi、Sn(电热原子吸收法)		

第六节 原子荧光光谱分析

一、原子荧光光谱分析简况

原子荧光光谱分析法是 20 世纪 60 年代中期以后发展起来的一种新的痕量分析方法。它是一种通过测量待测元素的原子蒸气在辐射能激发下所产生的荧光发射强度，来测定待测元素含量的一种仪器分析方法。

当自由原子吸收了特征波长的辐射之后被激发到较高能态，接着又以辐射形式去活化，即发射出波长与激发辐射波长相同或不同的辐射。当激发光源停止辐射试样后，再发射过程立即停止，这种再发射的光叫做原子荧光。原子荧光种类多达十余种，如共振原子荧光、非共振原子荧光和敏化原子荧光等。其中共振原子荧光是观察到的最强荧光，荧光线波长与激发光波长相同，在分析中应用最广。

各种元素的原子所发射的荧光波长各不相同，这是各种元素原子的特征。所发射的荧光强度和原子化器中单位体积的该种元素的基态原子数目成正比。如将激发光的强度和原子化条件保持恒定，则可由荧光的强度测出试样溶液中该元素的含量，从而进行原子荧光定量分析。

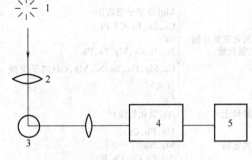

图 17-8　原子荧光分光光度计示意
1—光源；2—透镜；3—原子化器；
4—单色器；5—检测器

二、原子荧光分析仪

原子荧光分析所使用的仪器和原子吸收分析所使用的仪器基本上一样。但光源、原子化器和分光检测系统排成直角形，如图 17-8 所示。

激发光源，常用的是高强度空心阴极灯、无极放电灯、激光等。

原子荧光分析仪对原子化器的要求与原子吸收光谱仪基本相同。

原子荧光光谱分析法具有灵敏度高、干扰少，工作曲线的线性范围宽，可同时进行多元素测定等的优点，故使它在各个领域获得广泛的应用。

表 17-20 列举了部分原子荧光光度计的性能。表 17-21 为原子荧光光谱的应用领域。表 17-22 为原子荧光光谱分析法的部分元素的检出限。

表 17-20　部分原子荧光光度计性能

生产厂家	型号、名称	光源	检出限	构造
北京地质仪器厂	XDY-1、2、3 型双道原子荧光光度计	无极放电灯	As、Sb、Bi、Hg 约 10^{-10} g 精度<5%	微波电源，石英炉原子化器，氢化物发生器 数字显示和记录仪
北京海光仪器公司	AFS 系列双道原子荧光光度计	特制空心阴极灯	Cd≤8×10^{-12} g/mL As、Sb、Bi、Hg≤5×10^{-10} g/mL 冷原子吸收测汞≤5×10^{-11} g/mL 精度 2.5%	屏蔽石英炉原子化器 286～486 微机 彩显(单显)，中英软件，打印机 流动、断续、注射进样装置
北京万能仪器有限公司	2000 系列多道原子荧光光谱仪	特制编码空心阴极灯	As、Sb、Bi、Hg≤5×10^{-10} g/mL Ge、Te、Pb、Sn、Cd≤8×10^{-12} g/mL Zn<8×10^{-9} g/mL Hg<5×10^{-11} g/mL 精度<2%	半自动氢化物发生系统自诊断软件 486 微机、高密彩显 24 针打印机 自动进样器 屏蔽式石英炉原子化器
美国贝尔德	AFS-2000 型等离子体原子荧光光谱仪	空心阴极灯		原子化器-ICP 可测 60 余种元素，一次可测 12 种元素，分析时间 15s 微机控制和数据处理

表 17-21　原子荧光光谱的应用领域

应用领域	具 体 应 用
环境监测	水、土、植物的背景值、污染程度、调查与研究（As、Hg、Pb、Cd 等）
食品	卫生防疫、检疫部门检验（As、Hg、Pb、Cd 等）
临床	血液、组织、头发、尿液中微量元素与人体健康（Se、Ge、Zn、Pb、Hg 等）
药物学	药物检验、中成药微量元素（As、Hg、Pb、Cd 等）
地质	地质普查、地质找矿（As、Sb、Bi、Hg 等）
冶金	金属中有害元素（As、Bi、Pb、Sb、Sn 等）
农业	奶及其制品、种子、肉类（As、Hg、Pb、Cd 等）
化妆品	重金属检测（As、Hg、Pb、Cd 等）
自来水	重金属检测（As、Hg、Pb、Cd、Se、Zn 等）
石油	催化剂中毒（As、Cd、Pb、Hg、Sn 等）
半导体	杂质检测（As、Se、Sn、Ge 等）
材料（无机、金属）	金属检测

表 17-22　原子荧光光谱分析法的部分元素的检出限

元素	波长/nm	火焰法（线光源）/（μg/mL）	无火焰法（线光源）/ng	元素	波长/nm	火焰法（线光源）/（μg/mL）	无火焰法（线光源）/ng
Ag	328.1	0.0001	0.0008	Mn	279.5	0.0005	0.005
Al	396.2	0.07		Mo	313.3	0.06	
As	193.7	0.07		Na	589.6	100	
Au	267.6	0.005	0.5	Ni	232.0	0.001	0.005
Ba	533.4	0.2		Pb	405.8	0.01	0.0002
Be	234.8	0.01		Pd	340.4	1.0	
Bi	302.5	0.01	0.01	Pt	265.9	50	
Ca	422.7	0.003		Ru	369.2	3.0	
Cd	228.8	0.000001	0.000001	Sb	231.1	0.05	0.2
Co	240.7	0.005	0.02	Se	196.0	0.04	
Cr	357.0	0.0003		Si	251.6	0.6	
Cu	324.7	0.0003	0.001	Sn	303.4	0.01	0.1
Fe	248.3	0.0006	3.0	Sr	460.7	0.0008	
Ga	417.2	0.01	0.05	Ti	399.8	0.07	
Ge	265.1	0.1		Tl	377.6	0.008	0.02
Hg	253.7	0.08	0.05	V	318.4	0.07	
In	451.1	0.1		Zn	213.9	0.00002	0.00002
Mg	285.2	0.0001	0.005				

三、AFS 系列原子荧光光谱仪介绍

1. AFS 系列原子荧光光谱仪技术指标

该仪器的技术指标列于表 17-23。将氢化物发生反应与原子荧光技术结合，分析元素通过化学反应，以气体方式被引入专门设计的原子化器中，然后用原子荧光光谱法加以检测。由于大量基体得到分离，原子荧光分析中最难处理的散射干扰问题得到了克服，而最为突出的优点——低检出限和多元素测定能力则得到了充分地发挥。表 17-23 中所列指标为 AFS-2201 型仪器测得。如采用冷原子测定法 Hg 检出限可＜0.005ng/mL；测定 Cd 和 Zn 时采用特殊试剂。

表 17-23　北京海光公司 AFS 系列原子荧光光谱仪的技术指标

测 定 元 素	检出限/(ng/mL)	测定精度 RSD	测量线性范围
As、Sb、Bi、Hg、Sn、Pb、Se、Ge、Te	＜0.4	＜2%	三个数量级
Cd	＜0.008	—	—
Zn	＜8	—	—

2. 仪器的原理及结构

酸化过的样品溶液中砷、铅、锑、汞等元素与还原剂［一般为硼氢化钾（或钠）］反应，在氢化物发生系统中生成氢化物：

$$NaBH_4 + 3H_2O + H^+ \longrightarrow H_3BO_3 + Na^+ + 8H^* + E^{m+} \longrightarrow EH_n + H_2 \text{（气体）}$$

式中，E^{m+} 代表待测元素；EH_n 为气态氢化物（m 可以等于或不等于 n）。

在上述反应中还成功地得到了隔和锌的挥发性物种。

过量氢气和气态氢化物与载气（氩气混合）混合，进入原子化器，通过石英炉的加热，氢气以及气态氢化物燃烧，使待测元素原子化。

待测元素的激发光源（一般为空心阴极灯或无极放电灯）的特征谱线通过聚焦，激发氩氢焰中待测物原子，得到的荧光信号被日盲光电倍增管接收，然后经放大和解调，再由数据处理系统得到结果（图 17-9）。

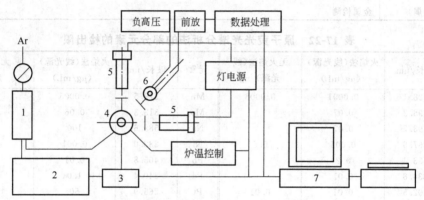

图 17-9　AFS 系列双道原子荧光光度计的原理示意
1—气路系统；2—氢化物发生系统；3—气液分离系统；4—原子化器；
5—高强度空心阴极灯；6—光电倍增管；7—数据处理系统

AFS-230 型全自动双道原子荧光光度计主要由荧光光度计主机、145 位全自动进样器、流动注射氢化物发生以及气液分离系统（AFS 系列的 1201、2201 型仪器采用半自动的氢化物发生系统，120、220 型采用手动进样系统以满足不同用户的需要）、数据处理系统等部分组成。

荧光光度计主机主要有原子仪器、光学系统、电路系统、气路系统四部分。原装微机作为整机的控制和数据采集系统。仪器提供断电保护以及分析方法储存。仪器操作软件采用菜单式结构，仪器参数、测量参数、样品参数、自动进样参数以及流动注射仪参数均由计算机输入并控制。

专家系统提供物理参数、标准溶液配制、样品配制、推荐条件及干扰消除等分析方法。

软件功能还包括：自动仪器故障诊断，自动编码空心阴极灯识别，自动设置分析条件，自动完成工作曲线，自动标准加入法测量，自动统计测量，自动样品测量，自动高浓度清洗，自动回零测量，自动打印报告结果等。

仪器可测定的元素为砷、锑、铋、汞、锡、铅、锗、硒、碲、镉、锌 11 种。

四、目前国内生产的部分原子荧光光度计的厂家和型号

(1) 北京海光公司生产 AFS-9700 型全自动注射泵原子荧光光度计是海光公司 2008 年 10 月份研制成功的。检出限（D.L.）As、Pb、Se、Bi、Sn、Sb、Te、Hg<0.01μg/L，Hg（冷原子法）、Cd<0.001μg/L，Ge<0.05μg/L，Zn<1.0μg/L，Au<3.0μg/L；精密度<1.0%；线性范围大于三个数量级。

AFS-9780 型全自动四灯位注射式氢化物发生原子荧光光度计检出限（D.L.）As、Pb、Se、Bi、Sn、Sb、Te、Sn<0.01μg/L，Hg、Cd<0.001μg/L，Ge<0.05μg/L，Zn<1.0μg/L，Au<3.0μg/L；精密度<1.0%；线性范围大于三个数量级。AFS-9900 型全自动四通道氢化物发生原子荧光光度计。另外还有 AFS-8800 型全自动双道原子荧光光度计、AFS-7100 型全自动四灯位氢化

物发生原子荧光光度计、AFS-2000 型双道原子荧光光度计、AFS-2100 型全自动双道氢化物发生原子荧光光度计、AFS-230E 型全自动双道氢化物发生原子荧光光度计。

（2）北京北分瑞利分析仪器（集团）有限责任公司生产的 AF-630A 环保型三道原子荧光光谱仪与 AF-640A 环保型双道原子荧光光谱仪，主机可脱离自动进样器，实现半自动操作。选配 PDI-10 和引导式工作站系统升级模块，可实现 As、Hg、Se 等元素形态分析。选配 WM-10 "水样中超痕量汞" 测定专用装置，可实现地表水、海水、自来水及水源水等水样中超痕量汞的直接测定。选配 VM-10 型气态汞测定专用装置，可实现空气、天然气、实验室及工作现场等气体中超痕量汞的直接测定。AF-610D2 型色谱-原子荧光联用仪主要用于 As、Hg、Se 等易于蒸气发生元素的形态分析及总量分析。

（3）北京吉天仪器有限公司 AFS-8230 型原子荧光光度计采用模具化、高集程度模块化工艺设计，整个仪器的电子控制（包括自动进样器）全都集成在一块线路板上，且该线路板安装和拆卸都非常方便，这大大提高了仪器的可靠性和稳定性。另外还有 AFS-8330 型全自动六灯位原子荧光光度计；AFS-9330 型顺序注射原子荧光光度计，双道多灯架结构，采用了双光束双检测器，实时扣除光源的漂移和波动，顺序注射进样等技术，实现了自动配制标准曲线和自动稀释高浓度样品；AFS-9230 型内置式顺序注射泵原子荧光光度计；AFS-9130 原子荧光光度计检出限 As、Se、Pb、Bi、Sb、Te、Sn<0.01μg/L，Hg、Cd<0.001μg/L，Ge<0.05μg/L，Zn：<1.0μg/L，相对标准偏差 RSD<1%，线性范围大于三个数量级。

（4）北京金索坤技术开发有限公司生产的 SK-典越型全自动六灯位双道原子荧光光谱仪，可测元素为 As、Sb、Bi、Pb、Zn、Te、Se、Zn、Ge、Cd、Hg。另外还包括 SK-盛析型全自动连续流动进样双道原子荧光光谱仪，SK-锐析型全自动连续流动进样氢化物发生原子荧光光谱仪，SK-2002AZ 型全自动连续流动氢化物发生双道原子荧光光谱仪，SK-2002A 型连续流动氢化物发生双道原子荧光光谱仪，SK-2002B 单道火焰法-氢化法联用原子荧光光谱仪，SK-2003 型双道原子荧光光谱仪，SK-2003Z 全自动火焰法-氢化法联用双道原子荧光光谱仪，SK-2003A 型原子荧光分析仪，SK-拓析型火焰法-氢化法联用原子荧光光谱仪。

（5）江苏天瑞仪器股份有限公司生产的 AFS200T 原子荧光光谱仪是将氢化物发生技术与无色散原子荧光检测系统联用的分析技术，专门用于测试可形成气态氢化物的 As、Sb、Bi、Se、Te、Pb、Sn、Ge，以及可形成挥发性气态组分的 Hg、Cd、Zn 等元素。氢化物发生原子荧光光谱仪具有仪器结构简单、分析灵敏度高、气相干扰少、线性范围宽、分析速度快等优点。

（6）国土资源部地球物理地球化学勘查研究所工厂生产的 XGY-6060 型原子荧光光度计

（7）北京东西分析仪器有限公司（北京市东西电子技术研究所）生产的 AF-7500 型原子荧光光度计

（8）北京普析通用仪器有限责任公司生产的 PF6 原子荧光光度计，具有灵敏度高、多元素同时测量分析、谱线简单、曲线线性好、范围宽等优点，用于 As、Se、Pb、Bi、Te、Sn、Sb、Hg、Cd、Zn、Ge 11 种元素的日常痕量分析。

第十八章　X射线荧光分析法

第一节　X射线的基本知识

一、X射线的产生与X射线谱

X射线是波长范围在$10^{-3} \sim 10$nm的电磁波。

在具有高度真空的X射线管内，当由几万伏高电压加速的高速电子流射到阳极金属（通常称为靶，有铜靶、铁靶等）上时，电子运动突然被阻止，此时在靶面上，电子的动能就部分地转变成X射线辐射能，并以X射线形式辐射出来。从金属靶射出的X射线是由各种波长、各种强度的X射线所组成，是由本质不同的两类X射线谱所组成，即连续X射线谱及特征X射线谱。

1. 连续X射线谱

连续X射线谱是由某一最短波长（短波限）开始的包括各种X射线波长所组成的光谱，如图

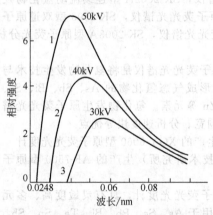

图 18-1　在连续X射线谱中，X射线的强度、短波限与X射线管电压的关系（钨靶X射线管）

18-1所示。曲线1是钨靶X射线管在50kV电压下所发射的连续X射线。纵坐标表示强度，横坐标表示波长，其短波限是0.0248nm。曲线2、3，分别是在40kV与30kV电压下所发射的连续X射线。

当高速运动的电子流轰击金属靶面时，被靶子制止的电子辐射出具有最大能量的X射线光子，即波长最短的短波限。

计算：设eV为一个高速电子的动能；$h\nu$为一个高速电子能量全部转化为X射线光量子的能量；C为光速；V为X射线管电压（V）。其电子能量按下式转变为X射线能：

$$eV = h\nu_{最大} = h\frac{C}{\lambda_{短波限}}$$

$$\lambda_{短波限} = \frac{hC}{eV} = \frac{12400}{V}$$

从上式看出，X射线连续谱中最短波长$\lambda_{短波限}$与X射线管的电压V有关。

连续X射线谱有下列特性。

（1）连续X射线的总强度I为：

$$I = AiZV^2$$

式中，A为比例常数；i为X光管管流，mA；Z为原子序数；V为X射线管管电压，kV。由此看出，在工作需要强度较大的连续X射线时，必须采用原子序数较大的重金属靶子（一般为钨靶）、较大的X射线管管电流及施加高的X射线管电压。

（2）连续X射线中，短波限只与X射线管管电压有关，而和靶子的材料无关。

（3）连续X射线谱中，短波限及强度曲线的最大值都随管电压的增高而向短波方向移动。从图18-1可看出，当X射线管管电压从30kV逐步升至40kV、50kV时，短波限就相应地减小，从0.041nm、0.031nm到0.0248nm。其强度曲线的最大值也跟着向左移动，并逐步增大。连续X射线谱曲线及短波限移动的原因在于，管电压升高后，电子动能变大，因此转化为X射线光量子的

能量也变大，即波长变短，所以短波限向左移动。另外，由于管电压升高，其相应每秒内所产生的 X 射线光量子的数目及每个 X 射线光量子的平均能量都同时增加。所以强度曲线上升并向左移。

2. 特征 X 射线谱

当加于 X 射线管的高电压增到一定的临界数值，使高速运动的电子动能足以激发靶原子的内层电子时，便产生几条具有一定波长的、强度很大的谱线，叠加在连续 X 射线谱上。这些谱线的波长与激发它的电子速度无关，而只随 X 射线管中靶金属的原子序数而变化，是某些被轰击的金属靶元素的特征，故名特征 X 射线。由特征 X 射线组成的光谱称为特征 X 射线谱。如图 18-2 所示为钼的连续 X 射线谱与特征 X 射线谱。

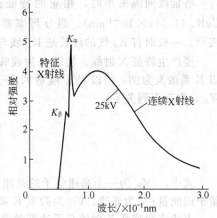

从图 18-2 可以看到电子轰击钼靶时，辐射出两条 K 系特征 X 射线，叠加在钼的连续 X 射线谱上，这两条特征射线的波长是一定的，即 MoK$_\alpha$（钼的 K$_\alpha$ 特征 X 射线）的波长是 0.7107×10^{-1} nm，MoK$_\beta$（钼的 K$_\beta$ 特征 X 射线）的波长是 0.6323×10^{-1} nm。其波长不随管电压而改变。

特征 X 射线产生的机理与发射光谱类似。但是，特征 X 射线产生的原因是原子的内层电子被激发。X 射线管电压越高，电子动能越大，当电压增到某一临界值（不同原子的临界值不同），高速运动的电子将金属靶原子的内层轨道（如 K、L…轨道）上的电子激发到能量较高的外层轨道，甚至把它打出原子之外，这时原子便处于受激状态，外层电子立即跃迁到能级较低的内层轨道上，填补空位。当发生这种跃迁时，该原子能量降低，并释放出量子化的能量（$h\nu$），以 X 射线光量子的形式辐射出来，即为特征 X 射线。

图 18-2 钼的连续 X 射线谱与特征 X 射线谱

由图 18-3 可以看到，当 K 层电子被击出后，所有外层电子都可能跃迁到 K 层空位，同时辐射出 K 系特征 X 射线，其中由 L 层跃迁到 K 层而辐射的 X 射线名为 K$_\alpha$ 射线，由 M 层跃迁到 K 层所辐射的 X 射线名为 K$_\beta$ 射线，由 N 层跃迁到 K 层而辐射的 X 射线名为 K$_\gamma$ 射线等。如是较外层电子跃迁到 L 层，则辐射 L 系特征 X 射线，由较外层电子跃迁到 M 层，则辐射出 M 系特征 X 射线等。

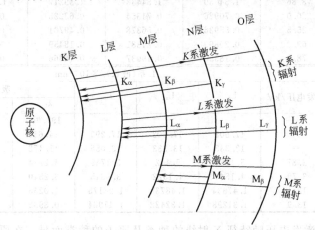

图 18-3 特征 X 射线产生示意

设 E_g、E_L、E_M 分别表示 K、L、M 电子层的能量；λ_{K_α}、λ_{K_β} 分别表示 K$_\alpha$ 及 K$_\beta$ X 射线的波长，则 λ_{K_α} 及 λ_{K_β} 可由下式求出：

$$\Delta E = E_L - E_K = h\nu_{K_\alpha} = h\frac{C}{\lambda_{K_\alpha}}$$

$$\Delta E = E_M - E_K = h\nu_{K_\beta} = h\frac{C}{\lambda_{K_\beta}}$$

即

$$\lambda_{K_\alpha} = \frac{hC}{E_L - E_K} \qquad \lambda_{K_\beta} = \frac{hC}{E_M - E_K}$$

对于每一种元素的原子来说，其各电子层能级的能量是一定的，因此每一种元素的原子，其特征 X 射线的波长都是一定的。

图 18-3 是简化了的特征 X 射线产生图。实际上特征 X 射线还有更精细结构，例如 K 系中 K_α 谱线为 K_{α_1}、K_{α_2} 两条线组成，K_β 为 K_{β_1}、K_{β_2}、K_{β_3} 等谱线组成。这是处于同一电子层上的电子，由于电子的轨道运动和自旋运动相互作用而使能级分裂为支能级的结果。

各能级间隔很小时，相应的特征谱线的波长也相差很小，例如 CuK_{α_1}（1.540×10^{-1} nm），CuK_{α_2}（1.544×10^{-1} nm）。当分辨率差时，K_{α_1}、K_{α_2} 两条线分不开，用 CuK_α（1.542×10^{-1} nm）表示。一般而言 K_α 线的波长是 K_{α_1} 线与 K_{α_2} 线的统计权重的平均值。

要产生特征 X 射线，加于 X 射线管上的电压必须达到某一临界值，这个临界值即为激发电压。以 K 系激发为例，当以 eV_K 能量的电子轰击 K 层电子，将 K 层电子激发到无穷远处所做的功为 W_K，则有下列关系：

$$eV_K = W_K = h\nu_K = \frac{hc}{\lambda_K}$$

$$V_K = \frac{hc}{e\lambda_K} = \frac{12400}{\lambda_K}$$

式中，eV_K 为一个高速电子的动能（激发 K 层电子）；$h\nu$ 为一个高速电子全部转化为 X 射线光量子的能量；c 为光速；V_K 为激发 K 系射线所需施加的最低电压。

上式表明特征 X 射线必须达到激发电压时才能产生，表 18-1 列出某些元素的激发电压、特征 X 射线谱线及吸收边。

表 18-1　某些元素的激发电压、特征 X 射线谱线及吸收边

元素	原子序数	K 系（波长）/$\times 10^{-1}$nm					
		激发电压/kV	K_{α_1}	K_{α_2}	K_{β_1}	λ_K 吸收边	K_α
Mg	12	1.30	—	—	9.5582	9.5117	9.8890
Fe	26	7.10	1.93597	1.93991	1.75653	1.74334	1.9397
Ca	29	8.86	1.54050	1.54433	1.39217	1.38043	1.5419
Mo	42	20.0	0.70926	0.71354	0.63225	0.6198	0.7107
Ag	47	25.5	0.55936	0.56378	0.49701	0.4858	0.5608
W	74	69.3	0.20899	0.21381	0.18459	0.1784	0.2106
Pt	78	78.1	0.18550	0.19037	0.16366	0.1581	0.1871

元素	原子序数	L 系（波长）/$\times 10^{-1}$nm					
		激发电压/kV	L_{α_1}	L_{α_2}	L_{β_1}	λ_L 吸收边/$\times 10^{-1}$nm		
						λ_{L_I}	$\lambda_{L_{II}}$	$\lambda_{L_{III}}$
Mg	12	—	—	—	—	197.300	—	220.534
Fe	26	—	17.602	17.602	17.290	14.650	17.188	17.504
Cu	29	—	13.333	13.333	13.056	11.172	12.841	13.2887
Mo	42	2.87	5.4059	5.412	5.1769	4.2984	4.7215	4.9141
Ag	47	3.79	4.1540	4.1622	3.9345	3.2540	3.5138	3.6983
W	74	12.1	1.47634	1.48738	1.28175	1.0256	1.0739	1.2154
Pt	78	13.9	1.31298	1.32422	1.11984	0.8932	0.9340	1.0732

从表 18-1 看出，激发电压随特征 X 射线的种类及原子的种类而异。在原子内部，电子越靠近原子核，则与核联系越紧密，因此，激发 K 系射线所需电压比激发 L 系要高。同理，L 系的激发电压比 M 系要高。由于这种关系，K 系特征 X 射线总是伴随有 L、M…系射线共同产生。例如用钼靶 X 射线管，当管电压超过 20kV，则不仅超过 Mo 的 K 系激发电压（20kV）（表 18-1），同时也超过 Mo 的 L 系激发电压（2.87kV）。因此，同时产生 Mo 的 K、L 等系特征 X 射线。对于钨靶 X 射线管，当工作电压为 20kV 时，只能发射出 L、M 等系特征谱线，不发射出 K 系特征谱线。另外，同是 K 层电子，当原子序数越高，则原子核对 K 层电子联系也越紧密，激发 K 层电子所需电压也越高。L 系、M 系具有相同情况。

特征 X 射线的强度是管电流（i）与管电压（V）的函数，对 K 系辐射，其关系式如下：

$$I(K\text{系辐射强度})=Ci(V-V_K)^n$$

式中，C 为常数；n 也是常数，其值为 $1.5\sim1.7$；i 为 X 射线管管电流，mA；V 为 X 射线管管电压，kV；V_K 为 K 系激发电压，kV。

特征 X 射线还有一个重要性质，即特征 X 射线的波长与靶元素的原子序数有关。

二、X 射线的散射、衍射与吸收

X 射线射入物质（指晶体）之后，发生一系列复杂的现象，入射 X 射线的一部分能量透射过晶体并产生热能，其余的能量分为两部分：一部分产生散射和次级 X 射线；另一部分 X 射线的能量转移给晶体中的电子，如图 18-4 表示。

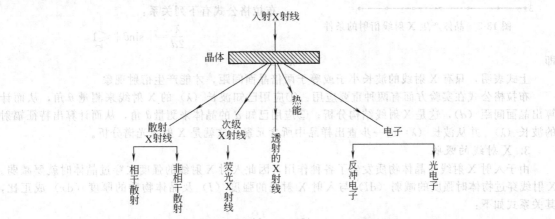

图 18-4　X 射线透过晶体物质所产生的各种效应

1. X 射线的散射

（1）相干散射　X 射线是一束波长很短的电磁波，当它射到晶体上时，X 射线便与晶体中的原子相互作用，迫使原子中常有电荷的电子和原子核跟随着 X 射线电磁波的周期变化的电磁场而振动。由于原子核的质量比电子大得多，原子核的振动可忽略不计，因此主要是原子中的电子跟着一起进行周期振动。这些原子就成了新的电磁波波源，以球面波方式，向四面八方散射出波长和位相与入射 X 射线相同的电磁波，这种现象称为 X 射线相干散射。原子散射 X 射线的能力和原子中所含的电子数目有关，即原子序数越大的元素，其散射能力越强。

（2）非相干散射　当 X 射线与原子中束缚力较弱的电子作用后，产生非弹性碰撞，电子被撞向一边（称反冲电子），而 X 射线光子也偏离了一个角度。此时有一部分光子的能量传递给电子，并转化为电子的动能。因此，光子碰撞后的能量 $h\nu_2$ 必然比碰撞前的能量 $h\nu_1$ 为小，相应地散射 X 射线的波长 λ_2 应比入射 X 射线的波长 λ_1 为长。这种波长变长，同时方向也改变的散射称为非相干散射，或称康普顿-吴有训散射。当元素的原子序数越小，则康普顿-吴有训散射越大。一些超轻元素如 N、C、O 等的相干散射是次要的，而非相干散射成为主要的。

2. X 射线的衍射

晶体是原子（或离子、分子）呈现周期性无限排列的三维空间点阵结构，而且点阵的周期与 X 射线的波长很相近，具有同一数量级（nm）。因此，晶体可以作为 X 射线的光栅，这些很大数目的原子所产生的相干散射会发生干涉现象，干涉结果可以使散射的 X 射线的温度增强或减弱。这种干涉现象是由光栅散射的光线之间存在光程差（Δ）而引起的。只有在光程差为波长的整数倍时，光的振幅才能互相叠加，即光的强度增强，否则就会减弱，甚至散射线完全抵消。由于晶体中各原子所射出的散射线在不同方向上具有不同的光程差，只有在某些方向，即光程差等于入射 X 射线波长（λ）的整数倍时，才能得到最大程度的加强。这种由于大量原子散射波的叠加，互相干涉而产生最大程度加强的光束称为 X 射线的衍射线，最大程度加强的方向称为衍射方向。

晶体可以看成是由许多组平行的晶面族所组成的，每一晶面族都是一组相互平行、晶面间距（d）相等的晶面。

从图 18-5 可见，设有平行晶面 1、2、3，晶面 2 的入射和衍射 X 射线光程比晶面 1 要多走

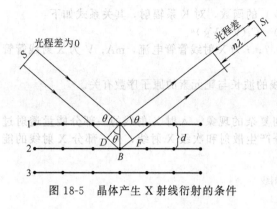

图 18-5　晶体产生 X 射线衍射的条件

$DB + BF$ 一段距离，而 $DB = BF = d\sin\theta$。根据衍射条件，只有当光程差（Δ）为波长的整数倍时，才能互相加强，即：

$$n\lambda = 2d\sin\theta$$

式中，$n = 0$，1，2，3 等整数，分别称为零级、一级、二级、三级衍射等；d 为两个相邻平行晶面的间距，称为晶面间距；θ 为掠射角。此公式称为布拉格公式。

因为 $\sin\theta$ 的绝对值只能等于或小于 1，因此布拉格公式有下列关系：

$$\frac{\lambda}{2d} = |\sin\theta| \leqslant 1$$

即

$$\lambda \leqslant 2d$$

上式表明，只有 X 射线的波长小于或等于两倍晶面间距，才能产生衍射现象。

布拉格公式在实验方面有两种重要应用：①应用已知波长（λ）的 X 射线来测量 θ 角，从而计算出晶面间距（d），这是 X 射线结构分析；②应用已知 d 的晶体来测量 θ 角，从而计算出特征辐射的波长（λ），并从波长（λ）进一步查出样品中所含元素，这就是 X 射线光谱分析。

3. X 射线的吸收

由于入射 X 射线与晶体物质发生了各种作用，因此入射 X 射线的强度在穿过晶体时就要减弱。X 射线穿过物体时强度的减弱（$\mathrm{d}I$）与入射 X 射线的强度（I）及晶体物质的厚度（$\mathrm{d}x$）成正比，其关系式如下：

$$\mathrm{d}I = -\mu_1 I \mathrm{d}x$$

式中，比例常数 μ_1 称为线性吸收系数，它由物质的密度和 X 射线波长所决定。积分上式得：

$$I_x = I_0 \mathrm{e}^{-\mu_1 x}$$

式中，I_x 为通过厚度 x 后的 X 射线强度；I_0 为入射 X 射线强度。设厚度 x 等于 1cm 时，上式可改写成：

$$\mu_1 = \ln\frac{I_0}{I_1}$$

从上式看出，线性吸收系数 μ_1 与 X 射线通过 1cm 厚的物质时的强度的比值有关，当吸收越大时，μ_1 就越大时。在 X 射线荧光分析中经常采用质量吸收系数，即：

$$\mu_m = \frac{\mu_1}{\rho}$$

式中，ρ 为物质密度，$\mathrm{g/cm^3}$。质量吸收系数的定义是：一束平行的 X 射线穿过截面积为 1cm²的 1g 物质时，X 射线强度的减弱系数，其单位为 cm²/g。质量吸收系数 μ_m 的优点是与物质的物理状态无关，不论被 X 射线照射的物质为机械混合物、固熔体还是化合物，μ_m 皆是其组成元素的质量吸收系数的统计权重平均值。设 W_1、W_2…分别为物质中各元素的质量分数，μ_{m_1}、μ_{m_2}…为相应的质量吸收系数，则对于入射 X 射线的总质量吸收系数 μ_m 为：

$$\mu_m = W_1\mu_{m_1} + W_2\mu_{m_2} + \cdots$$

μ_m 与 X 射线波长及吸收物质的元素的原子序数存在下列关系：

$$\mu_m = k\lambda^3 Z^3$$

式中，k 为常数；Z 为原子序数。从上式可以得出下面几点。

（1）当入射 X 射线波长越长，吸收体元素的原子序数越大，则 μ_m 越大；当波长越短，Z 越小，则吸收系数越小，穿透能力越大。一般把易被吸收的长波长 X 射线称作软 X 射线；短波长的 X 射线称作硬 X 射线。

（2）对一定元素而言，随着入射 X 射线波长的增加，质量吸收系数也增加，但到某一界限时，μ_m 突然降低，出现突变，如图 18-6 所示。各元素 μ_m 突变时的波长值，称为该元素的吸收边。如 λ_K 为 K 吸收边，λ_{L_I}、$\lambda_{L_{II}}$、$\lambda_{L_{III}}$ 为 L_I、L_{II}、L_{III} 的吸收边等。一些元素的吸收边见表 18-1。

从图 18-6 看出，X 射线入射到金属钼上，在 X 射线光量子的能量恰好能激发钼原子中 K 层电子时，也就是 X 射线的波长略小于钼的 K 吸收边（0.06198nm），则入射 X 射线大部分为钼原子所吸而产生次级 X 射线，因此入射 X 射线的强度大大减弱，也即 μ_m 为最大。所以在图上就出现 K 点突变（K 吸收边）；当 λ 大于 λ_K，X 射线光量子能量小，不足以激发 K 层电子，因此吸收小，μ_m 也小，图形出现陡然下降。同理 L 吸收边是入射 X 射线激发 L 层电子而产生的，由于 L 电子层有三个支能级，所以有三个 L 吸收边（λ_{L_I}、$\lambda_{L_{II}}$、$\lambda_{L_{III}}$）。这种由于吸收物质原子内部电子的激发，而导致入射 X 射线强度减弱的吸收称作真吸收。

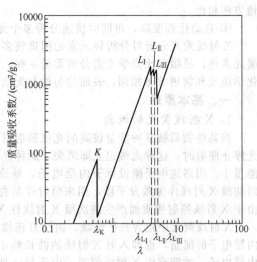

图 18-6　钼的质量吸收系数与波长关系

从上述可以看出，为了获得某种次级特征 X 射线，则入射 X 射线必须具有足够的能量，并可以通过加大 X 射线管管电压来实现。

从表 18-1 中看出，要获得钼的 K 系 X 射线，则作为激发源的 X 射线的电压，至少要高于 20kV。

由以上讨论可以知道，物质对 X 射线的吸收有散射吸收及真吸收两种，而散射吸收主要是由非相干散射造成的。对超轻元素（C、N、O 等）主要是散射吸收，其余元素则以真吸收为主。

三、X 射线仪器设备的分类

X 射线的应用和仪器设备可以概括为四个方面。

（1）X 射线照相技术　如医用的各种射线透视、照相设备、X 射线断层扫描仪；各种无损伤检查仪、X 射线显微镜、X 射线衍射显微镜，安全检查用的扫描仪等。

（2）X 射线衍射方法　是物质分析、鉴定尤其是研究、分析鉴定固态物质的最重要、最有效、用得最普遍的方法，相应的设备是各种晶体分析仪和各种 X 射线衍射仪。

（3）X 射线发射光谱　元素的特征 X 射线谱可用于物质的化学分析，如块状试样的 X 射线荧光分析（XRF）和亚微观颗粒的电子探针微区分析（EPMA）。用于测定局部结构、配位数等。

（4）X 射线吸收谱　分析研究物质的 X 射线吸收谱，尤其是在吸收边区的精细结构（AEFS）和扩展吸收边精细结构（EXAFS）是研究物质微观局部结构的有效技术。可惜在常规的 X 射线源（X 射线发生器）的条件下不易进行。近年来，同步加速器和贮存环作为 X 射线源的发展，推动了 X 射线吸收技术的作用。

第二节　X 射线荧光分析

由于 20 世纪 50 年代开始的电子技术、计数技术和高真空技术的进步，产生了 X 射线荧光分析和电子探针微区分析技术。电子计算机技术的发展，使得 X 射线荧光分析达到完全自动化的程度，可以一次分析几十个元素，在数分钟内得出元素定性、定量分析结果。不但用于室内分析，也可用于野外分析，而且还直接用于生产流程的控制分析，达到控制生产流程的目的。

X 射线荧光分析与光学光谱分析等其他分析比较起来具有以下优点。

① X 射线的特征谱线来自原子内层电子的跃迁，谱线数目大大减少。物质的激发与吸收性质随元素的原子序数呈现均匀的有规则的变化。通常又与元素的化学状态无关，所以具有分析简便的特点。

② 不破坏样品，试样形式可多样化。无论固体、粉末、糊状、液体均可使用。不同的材料如金属、矿物、陶瓷、塑料、橡胶、纺织品、纸张等，不论形状规则与否均可使用。试样大小从可见的斑点或单层薄膜直到大件物体均可分析。

③ 分析的浓度范围很广泛，从常量至痕量浓度均可分析。精确度与准确度高，灵敏度可与其

他方法相比。

④ 自动化程度高，可同时快速分析多个元素。

X射线荧光分析对分析轻元素的困难较多，可分析至原子序数为5的硼，精确度较差。除非金属元素外，灵敏度比光学光谱分析要低一些。在定量分析中对标样的要求严格，要求标样与试样的化学组成和物理状态相同，表面均匀性与光洁程度相似，否则将带来较大误差。

一、基本原理

1. X射线荧光的概念

当某些物质被某种能量较高的光线照射后，这种物质会立即发射出不同强度的可见光，当入射光停止照射时，这种光线也立即消失，此种光线称作荧光。物质产生荧光的能量比入射光所吸收的能量小。用高速电子激发原子内层电子，导致产生X射线。这种X射线称为初级X射线。如果，以初级X射线作为激发手段，用来照射样品物质，那么这种物质立即会发出次级X射线。把这种由于X射线照射物质而产生的次级X射线称X射线荧光。

X射线荧光中包含特征谱线，而没有连续谱线。因为只有入射X射线的能量稍大于样品原子内层电子的能量，也即入射X射线的波长略小于样品原子的吸收边的波长，才能击出样品原子的内层电子，才能产生X射线荧光。由于每一种元素的原子，其各电子层能级的能量是一定的，能级差（ΔE）也是一定的，而X射线荧光产生于原子内层电子的跃迁，因此这种跃迁只能产生有限的几组谱线，即特征X射线谱线。

在实际工作中常常把钨靶X射线管所产生的连续X射线作为激发源。若钨靶X射线管的管电压为50kV，其产生的初级X射线能量不够大，使原子序数大于55的样品物质仅产生极少的K系荧光，甚至没有，对这些分析元素往往采用L系谱线作为分析线。若采用K系分析线，就必须提高钨靶X光管的工作电压，可高到100kV。

初级X射线击出样品原子的内层电子（如K层），其空位必被一个较外层的电子迅速补充，此时，产生的X射线荧光光量子可向原子外辐射，同时也可能在它的行程中继而击出该样品原子的较外层电子，这种电子叫奥格电子，因为击出了较外层电子，引起新的电子跃迁，同时发射了L系、M系等X射线。由于这种情况，减少了样品原子逸出的K系荧光光量子的数目。例如平均每100个Fe原子实际上只能产生32个Fe的K系荧光X射线光量子，$w_K = 0.32$。此w_K为K系荧光产额，就是每一次K系激发，实际所产生的K系荧光X射线光量子的分数概率。荧光产额是指原子中某内电子层中的电子，受X射线照射所产生的空位被外层的电子填充，并辐射出X射线荧光的分数概率。荧光产额（w）可由实验测出，因K电子层仅为一层，故K层的荧光产额（w_K）只与一个电子层有关。L层比较复杂，L层有三个支层（L_I、L_{II}、L_{III}），每个支层的荧光产额w_{L_I}、$w_{L_{II}}$、$w_{L_{III}}$是不一样的，因此L层的平均荧光产额 $\bar{w}_L$ 为

$$\bar{w}_L = N_1 w_{L_I} + N_2 w_{L_{II}} + N_3 w_{L_{III}}$$

此 N_1、N_2、N_3 为L层各支层的相对空位数目，总和等于1，即：

$$N_1 + N_2 + N_3 = 1$$

表18-2列出由实验求得的一部分元素的K、L系荧光产额平均值。表中 w_K 及 w_L 的误差分别为5%～15%及10%～20%。由表看出轻元素的荧光产额低，影响其分析灵敏度。

表 18-2　部分元素的 K、L 系荧光产额平均值

平均K系荧光产额			平均L系荧光产额		
原子序数	元素	w_K	原子序数	元素	w_L
6	C	0.0009	40	Zr	0.057
8	O	0.0022	47	Ag	0.096
12	Mg	0.030	50	Sn	0.115
13	Al	0.040	57	La	0.157
26	Fe	0.32	71	Lu	0.252
29	Cu	0.41	74	W	0.302
47	Ag	0.83	78	Pt	0.353
50	Sn	0.86	92	Cl	0.443

L层X射线荧光产生机理是较复杂，其荧光产额公式也很复杂。M层有5个支层，情况更复

杂，不再详述。

2. X射线波长与元素原子序数的关系

莫斯莱首先发现随着元素的原子序数的增加，特征X射线有规律地向波长变短方向移动。莫斯莱根据这种谱线移动规律、建立了一条关于X射线波长与其元素的原子序数的关系定律，即特征X射线波长倒数的平方根和元素的原子序数成直线关系。其数学关系式如下：

$$\sqrt{\frac{1}{\lambda}} = K(Z-S)$$

式中，K，S为常数，随不同谱线系列（例K、L等）而定；Z是原子序数；λ为X射线波长。

莫斯莱定律揭示了特征X射线波长与元素的原子序数的确定关系，只要测出一系列X射线荧光谱线的波长，并排除其他谱线的干扰，即可知道是何种元素，这就是X射线荧光定性分析的基础。测得谱线强度并与标准样品的同一根谱线强度对比，即可知道该元素的含量，这就是X射线荧光定量分析。

3. X射线荧光分析仪器的分类与X射线荧光分析法的特点及适应范围

(1) X射线荧光分析法与仪器的分类　X射线荧光光谱法是用X射线管发出的初级线束辐照样品，激发各化学元素发出二次谱线（X荧光）。波长色散型荧光光谱仪（WD-XRF）是分光晶体将荧光光束色散后，测定各种元素的含量。而能量色散型X射线荧光光谱仪（WD-XRF）是借助高分辨率敏感半导体检测器与多道分析器将未色散的X射线按光子能量分离X射线光谱线，根据各元素能量的高低来测定各元素的量。通过测定荧光X射线的能量实现对被测样品的分析的方式称为能量色散X射线荧光分析。能量色散型仪器根据选用的探测器不同，可分为半导体探测器和正比计数管两种主要类型。通过测定荧光X射线的波长实现对被测样品分析的方式称为波长色散X射线荧光分析。根据激发方式的不同，X射线荧光分析仪可分为源激发和管激发两种，用放射性同位素源放出的X射线作为原级X射线的X荧光分析仪称源激发仪器；用X射线发生器（又称X光管）产生原级X射线的X荧光分析仪称管激发仪器。在波长色散型仪器中，根据可同时分析元素的多少可分为单道扫描X射线光谱仪、小型多道X射线光谱仪和大型X射线光谱仪。根据分析能力的大小还可分为多元素分析仪器和个别元素分析仪器。

由于波长色散型荧光光谱分析法与能量色散型荧光光谱分析法的原理不同，两种仪器的结构不同。波长色散型荧光光谱仪（WD-XRF），一般由光源（X射线管）、样品室、分光晶体和检测系统等组成。为了准确测量衍射光束与入射光束的夹角，分光晶体系安装在一个精密的测角仪上，还需要庞大而精密且复杂的机械运动装置。由于晶体的衍射，造成强度的损失，要求作为光源的X射线管的功率要大，一般为2～3kW。但X射线管的效率极低，只有1％的电功率转化为X射线辐射功率，大部分电能均转化为热能产生高温，所以X射线管需要专门的冷却装置（水冷或油冷），因此波谱仪的价格往往比能谱仪高。能量色散型荧光光谱仪（WD-XRF）一般由光源（X射线管）、样品室和检测系统等组成，与波长色散型荧光光谱仪的区别在于它不用分光晶体。由于这一特点，使能量色散型荧光光谱仪具有如下优点。

① 仪器结构简单，省略了晶体的精密运动装置，也无需精度调整。还避免了晶体衍射所造成的强度损失。光源使用的X射线管功率低，一般在100W以下，不需要昂贵的高压发生器和冷却系统，空气冷却即可，节省电力。

② 能量色散型荧光光谱仪的光源、样品、检测器彼此靠得很近，X射线的利用率很高，不需要光学聚集，在累积整个光谱时，对样品位置变化影响较小，对样品形状也无特殊要求。

③ 在能量色散谱仪中，样品发出的全部特征X射线光子同时进入检测器，这就奠定了使用多道分析器和荧光屏同时累积和显示全部能谱（包括背景）的基础，也能清楚地表明背景和干扰线。因此，半导体检测器X射线光谱仪能比晶体X射线光谱仪快而方便地完成定性分析工作。

④ 能量色散法的一个附带优点是测量整个分析线脉冲高度分布的积分程度，而不是峰顶强度。因此，减小了化学状态引起的分析线波长的漂移影响。由于同时累积还减小了仪器的漂移影响，提高净计数的统计精度，可迅速而方便地用各种方法处理光谱。同时累积观察和测量所有元素，而不

是按特定谱线分析特定元素。因此，减小了偶然错误判断某元素的可能性。

（2）X射线荧光分析法的特点与适应范围

① 除 H、He、Li、Be 外，可对周围表中从 B 到 U 作元素的常量、微量的定性和定量分析。

② 操作快速方便：在短时间内可同时完成多种元素的分析。

③ 不受试样形状和大小的限制：不破坏试样，分析的试样应该均匀。

④ 灵敏度偏低：一般只能分析含量大于 0.01% 的元素。

二、波长色散的X射线荧光分析仪

当一束含有多种波长的 X 射线荧光射到某种晶体的一组晶面，例如 NaCl 的 200 晶面时，由于该组晶面的面间距是固定的（d 为 2.82×10^{-1} nm），根据布拉格公式 $n\lambda = 2d\sin\theta$，对应于某一入射角 θ_1 的数值，只有一种波长 λ_1 发生衍射（有时也需要考虑强度较弱的高级衍射线）。当转动晶体，使入射角为 θ_2，则相应有 λ_2 衍射线。当入射角 θ 从 0° 逐步转到 90° 时，衍射线波长将按布拉格公式变化，全部 X 射线荧光谱线都依顺序先后产生。其一系列谱线的波长取决于样品中不同的元素，各谱线的强度又与含量有关，这种利用分析晶体转到一定角度来衍射某种波长的 X 射线荧光，从而根据特征谱线以定出所含元素的方法称晶体分光法，又称波长色散法。具有把荧光 X 射线按波长顺序分开成光谱作用的晶体称分析晶体，又称色散元件。采用晶体分光（色散）的称为晶体分光（或波长色散）的 X 射线荧光分析仪。

1. 晶体分光器

根据分光晶体是平面的还是弯曲的可分为平行光束法分光器和聚焦光束法分光器两大类。

（1）平行光束法分光器的 X 射线荧光分析仪的结构示意如图 18-7 所示。分光晶体的 X 射线入射面磨成平面，其表面与所用晶体点阵面平行。根据晶体的衍射原理，当一束平行的 X 射线以 θ 角投射到晶体上时，从晶体表面的反射方向可以观测到波长为 $\lambda = 2d\sin\theta$ 的一级衍射线，以及波为 $\lambda/2$、$\lambda/3$ 等高级衍射线。为了测量不同波长的 X 射线，必须使分光晶体转动，使 θ 角在一定范围内变化，为从 2θ 角方向测量 X 射线，检测器也必须同时做相应的转动，其速率应是晶体转动速率的 2 倍，使检测器始终正对反射光束。

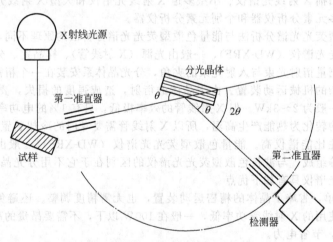

图 18-7　平行光束法分光器的 X 射线荧光分析仪的结构示意

实际上，来自样品的 X 射线荧光是发散的。为得到近似平行的 X 射线束，常使用准直器。它是由一些金属片按一定间距排列成的。金属板平面与晶体转动轴平行。X 射线只能从间隙直线通过，其他方向的 X 射线被金属板吸收。若金属板长度为 l，板之间的间隙为 b，通过准直器后的 X 射线发散角为 $2\Delta\theta$，则：

$$\Delta\theta \approx \frac{b}{l}$$

因而，对于同一波长的 X 射线来说，晶体转角在 $\theta \pm \Delta\theta$ 范围内都能使该波长 X 射线反射，只不过是晶体转角在 θ 位置时，反射的是轴线方向的 X 射线，而晶体转角在其他位置（在 $\theta \pm \Delta\theta$ 范围内）

时，反射的是另外一些方向的 X 射线。这样一来，同一波长 X
射线的强度沿晶体转角就有一定的分布，如图 18-8 所示。半
峰宽 $B \approx \Delta\theta$，实际上，由于晶体本身的晶格缺陷使半峰宽略大
于 $\Delta\theta$。它表明两相邻波长 X 射线互相干扰的程度，通常称为
角分辨率。

减小准直器的间隙或增加准直器的长度能提高分辨率，但
同时不可避免地使通过准直器的 X 射线强度明显降低。因此必
须综合考虑这两种因素，通常准直器的尺寸是 l 为 100mm 左
右，b 为 $0.12 \sim 1.2$mm。

（2）聚焦光束法分光器的 X 射线荧光分析仪的结构示意
如图 18-9 所示。分光晶体被弯曲，使所用的晶体点阵面弯成
曲率半径为 $2R$ 的圆弧形，同时入射表面研磨成曲率半径为 R
的圆弧。第一狭缝、第二狭缝和分光晶体放置在半径为 R 的

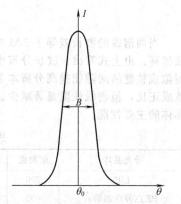

图 18-8　谱线强度沿晶体转角的分布

圆周上，使晶体表面与圆周相切，两狭缝到分光晶体中心的距离相等。用几何方法可以证明：当
X 射线从第一狭缝射向弯晶各点时，它们与点阵平面的夹角都相同，且反射光束又重新会聚于第
二狭缝处。这与光学聚焦相仿，故称之聚焦法。以 R 为半径的圆称为聚焦圆。分光晶体绕聚焦圆
圆心转动到不同位置时，得到不同的掠射角 θ，从而使不同波长的 X 射线反射。与此同时，为了
在反射方向上检测 X 射线，第二狭缝和检测器也必须做相应的转动，其转动速度是晶体转动速度
的两倍。

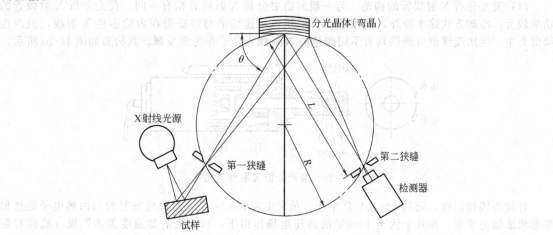

图 18-9　聚焦光束法分光器的 X 射线荧光分析仪的结构示意

聚焦法分光器的角分辨率 B 为：

$$B = \Delta\theta = \frac{b}{4R\sin\theta}$$

式中，b 为狭缝宽度。

波长分辨率 $\Delta\lambda$ 为：

$$\Delta\lambda = \frac{\Delta\theta}{\dfrac{\mathrm{d}\theta}{\mathrm{d}\lambda}}$$

式中，$\Delta\theta$ 为角分辨率；$\mathrm{d}\theta/\mathrm{d}\lambda$ 为角色散率。即单位波长差的谱线被散开的程度。

对布拉格方程微分即得：

$$\frac{\mathrm{d}\theta}{\mathrm{d}\lambda} = \frac{n}{2d\cos\theta}$$

合并上述两式得：

$$\Delta\lambda=\frac{2d\cos\theta}{n}\Delta\theta$$

当两谱线的波长差等于 $2\Delta\lambda$ 时，刚好能完全分开；等于 $\Delta\lambda$ 时，则不能分开。$\Delta\lambda$ 越小，分辨本领越高。由上式看出：波长分辨率 $\Delta\lambda$ 与掠射角 θ 成余弦关系，θ 角增大，$\Delta\lambda$ 变小。减小准直器的间隙或狭缝的间隙能提高分辨本领，但进入分光器的 X 射线强度也随之降低。分辨本领与衍射级数成正比，但谱线强度显著减少。所以，很少使用高次衍射线进行分析。表 18-3 为几种常用分光晶体的主要性能。

表 18-3 常用分光晶体的主要性能

分光晶体	衍射面	$2d/\times10^{-1}$nm	主要测定元素	特　　点
LiF	200	4.02	$K^{19}\sim U^{92}$	晶体缺陷小，反射强度大
PET(异戊四醇)	002	8.74	$Al^{13}\sim Ca^{20}$	易潮解
Ge	111	5.35	$P^{15}\sim Ca^{20}$	能去掉二次衍射，对于 P、S、Cl 反射强度大
ADP(磷酸二氢铵)	101	10.64	Mg^{12}	Mg 的强度大，易潮解
RAP	100	26.12	$F^9\sim Mg^{12}$	Na、F 的信噪比好
LMD(硬脂酸铅)	皂膜	80.5	$B^5\sim Na^{11}$	强度高，表面不可接触

2. X 射线发生器

由高压发生器和荧光分析 X 射线管组成。高压发生器要能供几十伏至 100kV 的高压。

（1）荧光分析 X 射线管的构造　与一般的衍射分析 X 射线管稍有不同，荧光分析 X 射线管的功率较大；冷却方式除水冷外，尚用油冷；使用包括连续谱与特征谱在内的多色 X 射线，但以连续谱为主。使用连续谱可提供具有不同能量的 X 射线光量子作为激发源。其构造如图 18-10 所示。

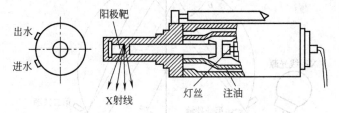

图 18-10　荧光分析 X 射线管构造

灯丝由钨丝制成，施加 $8\sim15$V 低电压，最大电流为 $4\sim5$A。由钨丝发射的自由热电子通过聚焦套聚成细电子束，在几十伏至 100kV 的高压电场作用下，以极大的加速度轰击阳极（或称对阴极）靶面，产生连续的和特征的初级 X 射线。高压加于阴极灯丝和阳极靶之间，采用阳极接地，以保证人身安全。阳极靶面分别镀有 Cr、Mo、W、Rh、Pt 等金属，镀 Cr 称为铬靶，镀 W 称为钨靶等。

高速电子的动能转化为 X 射线辐射的效率很低，仅有不及 1/100 的动能转化为辐射能，其余均转化为热能。因此靶面经常处于炽热状态，随时有使靶面熔化的危险，必须以 $2\sim3.5$L/min 流速的冷水冷却靶面；同时在管套内的夹层中注以硅油或变压器油冷却管体，长期使用后需换油。

X 射线管使用数百小时后，应进行靶纯度检查。如果杂质谱线强度大于靶材特征谱线强度，靶子受污染严重，需换新靶。常见的杂质有 Cr、Fe、Cu、W 等，来源于灯丝、聚焦套与靶托中的元素的挥发。

（2）靶材选择　靶材的原子序数越大，X 射线连续谱越强。当靶材辐射的初级 X 射线的波长靠近分析元素吸收边的短波长一边时，吸收最大，也能够最有效地激发分析元素的特征谱线。在选择靶材时，一般原则是分析重元素用钨靶，分析轻元素用铬靶。

荧光分析 X 射线管有 W、Mo、Rh、Pt、Cr、Ag、Au、W-Cr 等主要的靶材，其中 W-Cr 为双重靶材的 X 射线管，是比较理想的靶材，同时适用于轻、重元素的分析，所分析的元素范围广泛。各种靶材适合的分析元素范围见表 18-4。

表 18-4　各种靶材适合的分析元素范围

靶材	分析元素范围	使用谱线	靶材	分析元素范围	使用谱线
W	$<Z32(Ge)$	K	Cr	$<Z23(V)$ 或 $Z22(Ti)$	K
	$<Z77(Ir)$	L		$<Z58(Ce)$	L
Mo	$Z32(Ge)\sim Z41(Nb)$	K	Rh,Ag	$<Z17(Cl)$ 或 $Z16(S)$	K
	$Z76(Os)\sim Z92(U)$	L	W-Cr	$W>Z22(Ti)$ 或 $Z23(V)$	
Pt	同 W 靶			Cr 轻元素	
Au	$Z72(Hf)\sim Z77(Zr)$	L			

3. X 射线荧光检测器

在 X 射线荧光分析中常用的检测器为正比计数器、闪烁计数器和半导体检测器。

（1）正比计数器　正比计数器有封闭式和气流式两种类型，如图 18-11 所示。

正比计数器由金属圆筒、金属丝、窗口和充填气体组成。金属圆筒为阴极，金属丝为阳极。封闭式计数器的窗口常用 $0.5\sim1$mm 厚的铍，$12\sim15\mu$m 厚的云母制成；气流式的窗口用高聚物材料做成，要薄些。

充填气体由探测气体和淬灭气体两种组分组成。探测气体用 He、Ne、Ar、Kr、Xe 等零族惰性元素；淬灭气体采用甲烷、丙烷、丁烷、异丁烷或卤素气体等。在一定电压下，进入计数器的 X 射线光子与工作气体产生非弹性碰撞而使其电离，产生初始离子-电子对。一个 X 光子产生的离子对

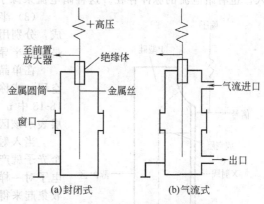

图 18-11　正比计数管构造简图

的数量与光子的能量成正比，与工作气体电离电位成反比。每个初始离子-电子对的电子向阳极移动过程中被高压电场加速，又可使其他原子电离，如此继续进行，即可产生连锁反应，在瞬间内可使电子数目增加 $10^2\sim10^5$ 倍。这种雪崩式的放大作用，使瞬间电流突然增大，高压降低而产生脉冲输出。在一定条件下，脉冲幅度与入射光子能量成正比。实际上，即使是同一波长 X 射线，其每个光子产生的离子-电子对数目也不完全相同，而是围绕某一数值上下波动。因而每个脉冲的幅度也是围绕某一定值上下波动，统计结果表明，同一波长的 X 光子产生的脉冲幅度是高斯分布。其中计数率最高的脉冲幅度与 X 光子的能量有关。脉冲幅度分布范围与检测器的种类、结构及工艺质量有关。用半峰宽表示脉冲幅度分布的范围，称为检测器的能量分辨率，它表明分辨不同能量 X 光子的能力。

（2）闪烁计数器　闪烁计数器是由闪烁体和光电倍增管组成，其构造如图 18-12 所示。闪烁晶

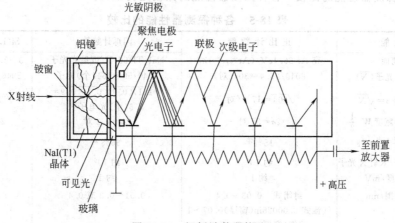

图 18-12　闪烁计数器构造

体为磷光体，采用 0.5％Tl 活化的 NaI 晶体。闪烁晶体外包一层铝片，作为反射可见光的铝镜。晶体与光敏阴极之间嵌以玻璃，玻璃与晶体的折射率是相近的。窗口为铍窗。光电倍增管由光敏阴极与联极组成。光敏阴极由 Ce-Sb 金属化合物制成，联极有 8～14 级，联极之间通过分阻器形成一个电压梯度，电压依次递增，最后一级联极与探测器电路相连。光电倍增管内为真空，同时涂成黑色与外界光线完全隔绝。工作电压为 600～1000V。

闪烁晶体的质量吸收系很大，可吸收包括硬 X 射线在内的全部 X 射线，并放出可见光光子，波长范围与蓝色光相近（约 410nm）。晶体吸收 X 射线后至放出可见光的时间间隔极短，约为 0.25μs。可见光透过玻璃照射到光敏阴极上所发出的光电子，在聚焦电极的作用下，射到第一联极上，发射出次级电子，以后每经过一个级联极，次级电子倍增，直到最后，可倍增到 10^6 倍。

闪烁计数器保持正比性。闪烁计数器的主要缺点是暗（底）电流脉冲高，即使没有 X 射线射入，也有暗电流的脉冲存在。这种暗电流来源于光敏阴极因热离子发射而产生的电子。

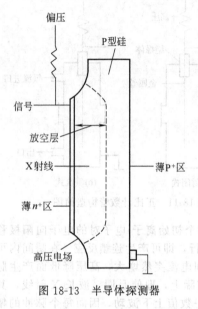

图 18-13　半导体探测器

（3）半导体探测器　由锂漂移的 P 型单晶硅或单晶锗制成，分别用符号 Si（Li）和 Ge（Li）表示。半导体探测器实际是单晶半导体探测器，如图 18-13 所示。

在单晶半导体中，n-区与 p-区之间夹一个补偿区，称为放空层，或称内区和敏感区，以 i 表示。三个区可写为 n-i-p。图 18-13 中 n^+ 表示富电子载流子，p^+ 表示富空穴载流子。放空层表示该区域内的电子和空穴载流子都是放空了的。

当入射的 X 射线光子撞击敏感区（放空层）时，每吸收一个光子就产生大量的电子-空穴对，犹如气体探测器产生离子-电子对一样。这些高度流动的电荷载流子迅速移向两极，并被收集起来得到脉冲信号。

若产生一对电子-空穴对，需 3～3.5eV 的能量。1 个 CuK$_\alpha$ 光子所产生的电子-空穴载流子对数目为 8040/3.5＝2297（个），这与正比计数管只能产生 304 对离子-电子对和闪烁计数管只能产生 161 个可见光子的数目比较起来，很明显，半导体探测器的能量转换效率是很高的，因此探测效率很高。又因为电荷载流子的生命时间长达 10^{-3}s，而电荷收集的时间却又短至 10^{-7}s，故能保持相当高的计数率。

对于能量为 6000～8000eV 的 X 射线光子来说，脉冲高度分布的半宽度可以小至 1.1eV，这样狭窄的峰，能够分辨相邻的元素（$\Delta Z=1$），因此分辨率很高。

半导体探测器的主要不足之处在于锂的高度流动性，甚至在室温下也是如此。锂流动的结果将使探测器变质，所以无论在使用时或不使用时均必须保持在约 77K 的液氮温度之下。

（4）各种探测器性能的比较　各种探测器性能的比较见表 18-5。

表 18-5　各种探测器性能的比较

主 能 性 能	正 比 计 数 管	闪 烁 计 数 管	Si(Li)半导体探测器
有效电离能	充 Ar 26.4eV/(Ar$^+$,e$^-$)对	NaI(Tl)50eV/可见光光子	3～3.5eV/(e$^-$,$\oplus$)对
离解数/CuK$_\alpha$ 光子($\overline{N}$)	8040/26.4＝304(对)	8040/50＝161(个)光子	8040/3.5＝2297(对)
高斯分布偏差 $\sigma=\sqrt{\overline{N}}$	$\sqrt{304}$＝17.5(对)	$\sqrt{161\times0.9\times0.1\times0.9}=$ 3.6(个)光电子①	$\sqrt{2297}$＝47.9(对)
脉冲高度分布半宽度 $W\frac{1}{2}$	$2\sigma=35$ 对	$2\sigma=7.2$ 对	$2\sigma=95.8$(对)
分辨率 $R=\frac{2\sigma}{N}\times100\%$	15％②	66％③	4.3％
自动放大输出电子/入射 X 光子	约 10^6	约 10^6	无
输出脉冲幅度/mV	约 1	约 1	
使用波长范围/nm	封闭式　0.03～0.4 气流式 0.00025in(窗厚)0.07～1 超细(窗厚)0.07～5.0	0.01～0.3 或 0.4	全波

续表

主 能 性 能	正 比 计 数 管	闪 烁 计 数 管	Si(Li)半导体探测器
死时间/μs	$\geqslant 0.2$	$\geqslant 0.1$	
最大有用计数率/(计数/s)	10^5	10^6	
背景/(计数/s)	封闭式约0.5,气流式约0.2	约10	
能谱分辨率(CuK_α)	约15%	约45%	优于正比计数管
寿命	封闭式约10^9计数 气流式无限,需更换窗口与阳极丝		
优点	① 具有正比性,可进行脉冲高度分析 ② 能谱分辨率比闪烁管高两三倍 ③ 使用波长范围很广泛 ④ 分辨时间快,有效强度在$10^5 \sim 10^6$计数/s以上	① 同正比管 ② 输出脉冲幅度较大 ③ 分辨时间较正比管稍快,有效强度在$10^6 \sim 10^7$计数/s以上 ④ 逸出峰不严重	① 同正比管 ② 能谱分辨率最佳 ③ 全波谱范围均可使用 ④ 无脉冲高度分布的漂移
局限性	① 不能分辨相近的波长 a. 用分析晶体能分辨$\Delta Z=1$(低Z)至$\Delta Z=3$(高Z) b. 不用分析晶体(非色散)能分辨$\Delta Z=3$(低Z)至$\Delta Z=6$(高Z) ② 气体放大因子随管压变化大,管压必须高度稳定($\pm 0.1\%$) ③ 脉冲高度分布的漂移与变形严重,特别是气流式尤甚 ④ 逸出峰较严重 ⑤ 气流式管需要经常清洁,并更换窗口与阳极丝	① 不能分辨相近的波长 a. 用分析晶体能分辨$\Delta Z=1 \sim 3$ b. 不用分析晶体能分辨$\Delta Z=6 \sim 10$ ② 能谱分辨率较差 ③ 最大使用波长限于0.4nm ④ 背景高,并随老化与管压升高而增高 ⑤ 寿命受晶体和光电倍增管的限制	① Li漂移大,易使探测器变坏 ② 使用与不使用时均需保持在液氮的低温条件下

① 闪烁管高斯分布偏差计算中的因子:磷光体与光敏阴极间的光学耦合效率约0.9,光敏阴极发射光电子效率约0.1,第一联极收集光电子效率约0.9。

② 正比计数管的分辨率,当考虑气体放大因子的统计涨落时,半宽度以$1.3 \times 2\sigma$计算。

③ 闪烁计数管的分辨率,半宽度以$1.2 \times 2\sigma$计算。

三、能量色散Ｘ射线荧光分析仪

能量色散Ｘ射线荧光分析仪是Ｘ射线荧光分析仪器中的一大类。由于不是波长色散,完全省去了复杂的分光系统,故仪器简单,价格便宜。加上硅(锂)Ｘ射线探测器的出现,以及计算机技术的不断改进和完善,使得能量色散Ｘ射线荧光分析仪得到了迅速发展。广泛应用于地质、矿冶、建筑材料、合金、化工、核工业材料、有毒物质、半导体材料、涂料、药物、食品、犯罪物证等各种样品的分析工作中。这种仪器不仅可以用于样品分析,同时也可用于生产过程的质量监测和生产工艺的控制。

这种仪器具有一系列优点。

① 分析元素范围广。原则上可做全元素分析。可从11号元素分析到92号元素。

② 测试过程中不损坏样品,也不改变样品的性质。特别是做定性和半定量分析更为方便。

③ 分析速度快。它是多元素同时分析,只需几分钟就可给出样品中各种元素的定量分析结果。

④ 可测试固体(块状)、粉末、薄膜、泥浆、液体等各种形态的样品。

⑤ 灵敏度高,可以测量含量从10^{-6}(ppm)至100%的元素。

能量色散Ｘ射线荧光分析仪根据激发源的不同可以分为管激发和源激发两大类。一般管激发多用于多元素同时分析的大型、精密的分析仪,源激发多用于一些专用分析仪或便携式仪器。

四、管激发能量色散Ｘ射线荧光分析仪

1. 工作原理

能量色散Ｘ射线荧光分析仪也是分析样品被激发源激发发出的特征Ｘ射线,但在如何分析的方法上与波长色散Ｘ射线荧光分析仪不同。它不像波长色散那样,利用分析晶体对Ｘ射线进行色散,而是用具有一定能量分辨率的Ｘ射线探测器,探测样品所发出的各种能量特征Ｘ射线,探测

器输出信号幅度与接收到的 X 射线能量成正比。利用能谱仪分析探测器输出信号的能量大小及强度，对样品进行定量、定性分析。

2. 仪器的主要部件及性能

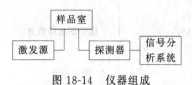

图 18-14　仪器组成

仪器组成如图 18-14 所示。整套仪器由四部分组成。

(1) 激发源　管激发能量色散 X 射线荧光分析仪的激发源由 X 射线管及其高压电源组成。X 射线管多采用小功率、热阴极、薄窗密封式真空 X 射线管。这种管输出 X 射线强度稳定，使用寿命长、结构小型化。与其配套的高压电源一般可采用干式灌封电源。高压电源必须有供给灯丝电流的输出回路。该回路必须处于与高压输出等电位的电平上，保证 X 射线管阳极处于地电位下工作。电源的电压、电流稳定度应高于 0.1%（基准条件下 8h）。

能量色散 X 射线荧光分析仪没有分光系统，探测器可紧挨样品放置，增加了接收辐射的立体角。几何效率提高了 2～3 个数量级。因此，能量色散仪器中可以使用小型、低功率 X 射线管。这种 X 射线管不需要庞大的高功率、高压稳压电源。不需水冷却系统。整个仪器结构更紧凑。

使用 X 射线管做激发源辐射强度大，很容易做到比用放射源激发的仪器强度大几个数量级。便于对样品中微量元素及痕量元素进行分析。

X 射线管所发出的 X 射线由连续谱及靶材特征线两部分组成。不同靶材其能谱及强度都有变化。常用靶材特征线的能量见表 18-6。

表 18-6　常用靶材特征线的能量

材　料		Ag	Mo	Cr	Cu	Rh	W
特征线能量/keV	K_a	22.1	17.48	5.41	8.04	20.2	
	L_a		2.98	2.29		2.7	8.4

靶材原子序数越高，输出连续谱强度越强。

随着原子序数的增加，散射电子增加，会有更多电子轰击管子窗口使其温度升高。这样必须使用较厚的窗以保证安全，从而导致出射 X 射线中软成分减少。综合考虑，在薄窗 X 射线管中多采用钼或铑靶。它们原子序数居中，虽然连续谱强度比钨靶低，但比铬靶等要强，而且可以选用薄铍窗口，对全元素分析有利。

在选用靶材时还要特别注意所用靶材的特征线绝不能干扰被测元谱的特征线。

连续谱散射增加本底，降低了测量下限。一般可采用两种方法降低本底。一种方法是在 X 射线管前加滤光片。所选滤光片只允许对激发感兴趣元素有用的，一个很窄能量段 X 射线通过，从而降低本底。另一种方法是采用二次靶激发。X 射线管发出的初级 X 射线照射在二次靶上，激发出它的特征 X 射线。利用这种特征线激发样品。只有经二次靶及样品两次散射的初级连续谱才能进入探测器形成本底。比滤光片法可更大地降低本底。测量下限比直接激发可提高 5～10 倍。但这种方法所需初级 X 射线强度要大大增强，X 射线管功率要提高，一般在 100～200W 之间。

(2) 探测器　能量色散 X 射线荧光分析仪没有分光系统，样品产生的 X 射线直接进入探测器。这就要求所用探测器必须具备一定的能量分辨能力，而且分辨率的好坏是影响仪器使用范围及性能的关键指标。一般仪器都采用硅（锂）X 射线探测器。硅（锂）X 射线探测器具有能量分辨率大、探测器灵敏、面积小、噪声低、峰与本底比高、探测器效率高、液氮消耗低等优点，广泛使用。

(3) 样品室　为分析原子序数低的元素，必须消除空气对特征 X 射线的吸收，需将样品室抽真空或充氮气。可放多个样品，样品盘转动换样。

(4) 信号分析系统　由一套计算机多道脉冲幅度分析器系统和定性软件定量软件组成。

能量色散的能谱分析依靠脉冲高度分析器来完成，也可用电学线路作互助。

3. 仪器主要指标

① 能量分辨率。

② 峰-本底比。

③ 相对固有误差：用一个含量标称值为 I_0 的标样测量，得出单次指示值 I_0，重复测量 10 次，

得出平均指示值 $\overline{I}$，按公式计算出相对固有误差 E；

$$E = \frac{\overline{I} - I_0}{I_0} \times 100\%$$

④ 长期稳定性：连续工作 8h。

⑤ 检出限。

⑥ 样品盘垂直方向位置变化。

4. 部分生产厂家的产品性能

能量色散 X 射线荧光分析仪的国内、外部分生产厂家及产品主要性能见表 18-7。

表 18-7　能量色散 X 射线荧光分析仪的国内、外部分生产厂家及产品主要产品性能

厂　家	LINK	Tracor		Kevex	BAIRD		北京核仪器厂	西安核仪器厂
型号	XR400	5000	6000	0700	EX6500	EX12000	BH5040A	FJ2810
能量分辨率/eV	135	155	190	155	150	150	160	165
冷却方式	液氮(10L)	液氮	半导体制冷器	液氮(30L)	液氮(30L)	液氮(30L)	液氮(30L)	液氮(30L)
脉冲处理	时变滤波	时变滤波		高斯			高斯	时变滤波
计算机	专用机	286	286	DEC11/73	386 或 486	386 或 486	286	Intel 8088
X 射线管	铑靶	铑靶	铑靶	铑或二次靶	双 X 射线管	二次靶	钼靶	铑靶
X 射线管高压/kV	50	50	50	60	50	50	30	50
光标寻峰	有	有	有	有	有	有	有	有
线系寻峰	有	有	有	有	有	有		有
线性拟合	有	有	有	有	有	有		有
二项式拟合	有	有	有	有	有	有		有
强度修正	有	有	有	有	有	有		有
浓度修正	有	有	有	有	有	有		有
指数修正	有	有	有	有	有	有		有
基本参数法	有	有	有	有	有	有		有
样品座	多个	多个	单个	多个	多个	多个	多个	多个

五、同位素激发 X 射线荧光分析仪

用同位素源产生的 γ 射线或 X 射线作为激发源，产生 X 射线荧光，通过测量 X 射线荧光强度，确定样品中待测元素的含量，是一种简便易行、经济实惠的分析方法。它们的特点是：

① 分析速度快，可以同时给出多种元素分析结果；

② 分析为非接触测量，不破坏样品，可以重复测试，便于同其他分析方法进行对比；

③ 能适应恶劣环境，具有长期使用的稳定性；

④ 体积小，性能价格比高；

⑤ 能应用于工业现场，便于进行在线分析；

⑥ 分析元素范围广，可分析元素周期表上 13～92 号元素；

⑦ 分析含量范围宽，主要用于常量和高含量样品分析，特别设计的装置，也可以进行微量元素分析；

⑧ 同位素源的防护能做到安全可靠。

1. 同位素源激发 X 射线荧光分析仪原理与结构

图 18-15 给出 TF-3912 智能化钙铁煤分析仪的工作原理框图。

仪器由探头和主机组成。探头中包括同位素源、探测器、前置放大器和样品台架。有的仪器根据仪器分析需要，使用滤光片进行能量选择，简化进入探测器的射线能谱。主机就是电子仪器，根据能量色散法的要求，它的特点是：①放大器要有线性放大能力，增益稳定，低噪声，高计数率特性等；②对于不同幅度的脉冲能够分类和计数；③根据分析精度，测量元素数目，对数据处理系统有特殊要求。目前都采用微计算机进行处理。

采用多道脉冲处理系统的仪器如牛津的 Lab-X。如图 18-16 所示为 Lab-X 系统的示意。

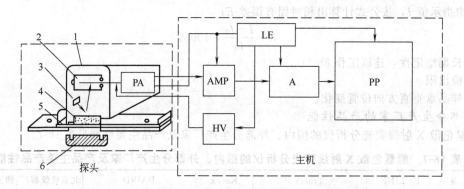

图 18-15　TF-3912 智能化钙铁煤分析仪的工作原理框图

1—上盖；2—正比管；3—同位素源；4—样品；5—样品台架；6—下盖；
PA—前置放大器；AMP—放大器；LE—低压电源；HV—高压电；
A—分析器；PP—数据处理、显示及打印

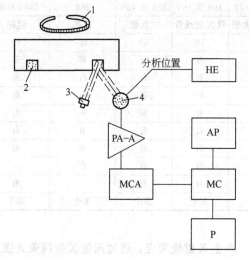

图 18-16　Lab-X 系统的示意

1—电动转盘；2—装样位置；3—同位素源；4—探测器
HE—高压电源；AP—显示器；MC—微计算机；P—打印
机；PA-A—前置放大器和放大器；MCA—多道分析器

2. 激发 X 射线荧光用的同位素源

同位素源按其放射出的射线来分，有 α、β、γ 及 X 射线源。

工业上实用的放射源均为密封源：有点状、圆片状和环状。大多用点状源。

源激发的 X 射线荧光分析仪，一般都用同位素电磁辐射（γ 或 X 辐射）作为激发源，它通常较 X 射线管源有更高的能量，具有更强的穿透能力，样品、光路都可以暴露在空气中，可以直接对固体、粉末、泥浆或液体等各种类型的试样进行分析，尤其是进行流线分析。对激发源的一般要求是：合适的源强，尽量单一的能量；半衰期越长越好；密度（主要是面密度）高且均匀；性能稳定；价格便宜。

激发源若有单一能量，那么对不同的待测元素应选用不同的激发源。例如选用 ^{241}Am 做激发源，可以激发原子序数（Z）从 51～69 的元素，当然对不同元素的激发截面是不同的。

目前可以选用的激发源有：^{55}Fe、^{244}Cm、^{238}Pu、^{109}Cd、^{241}Am、^{153}Gd、^{57}Co，它们的特性见表 18-8。选用这些源，一般可以分析原子序数（Z）从 13～92 的元素。

表 18-8　几种同位素源的特性

同位素源	半衰期/a	辐射类型	激发分析元素范围	
			K 线	L 线
^{55}Fe	2.7	MnKX 射线	Si～V	Nb～Ce
^{244}Cm	17.8	PuLX 射线	Ti～Se	Lb～Pb
^{238}Pu	87.7	ULX 射线	Ti～Y	I～Bi
^{109}Cd	453d	γ,AgKX 射线 AgLX 射线	Cu～Ru	Sm～Np
^{241}Am	433	γ,NpLX 射线	Mo～Tm	
^{153}Gd	241d	γ,EuKX 射线	Tm～Fr Mo～Ce	
^{57}Co	270d	γ,FeKX 射线	Hf-Cf	

3. 源激发 X 射线荧光分析仪的探测器

探测 X 射线的基本问题是实现能量转换，把待测 X 射线的光能转换为便于电子学线路进行记录、处理的电能形式。能量色散型 X 射线荧光分析仪是要求探测器具有良好的能量分辨率和能量线性。常用的 X 射线探测器有正比计数器、闪烁计数器和半导体探测器等，参见本章相关部分。源激发的 X 射线荧光分析更多使用正比计数器和闪烁计数器。需要高计数率的场合（高探测效率），选用闪烁计数器；需要高的能量分辨率时，选用正比计数器。图 18-17 给出测量各种元素 K 线和 L 线的探测器种类。

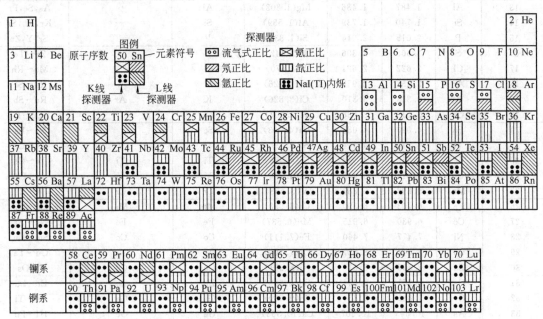

图 18-17　测量各元素 K 线和 L 线的探测器种类

概括起来对探测器的要求是：①具有良好的固有能量分辨率和能量线性；②探测器灵敏区厚度应适当，以保证在较宽能量范围内有较高的探测效率和全能峰效率；③低能探测下限低；④死时间短，高计数率特性；⑤使用方便，工作稳定。

有的场合，既需要高探测效率，又要求高分辨率，这时往往选用配以适当滤光片的闪烁探测器。

4. 滤光片

源激发的 X 射线荧光分析仪的激发源强度较小，而平常采用的正比计数器和闪烁计数器分辨率较低，要区分相邻或者相近元素的特征 X 射线，往往要借助 X 射线能量选择滤光片，简化进入探测器射线能谱，有效地记录待测元素，减少各种干扰射线，减少进入探测器的总计数率。这样各种各样的滤光片往往成为源激发 X 射线荧光分析仪探头的重要组成部分之一。根据物质对 X 射线吸收特点和分析样品的不同要求，可以设计出简单滤光片、吸收限滤光片和平衡滤光片，得到理想的分析结果。

利用在低能场合，物质对光子的质量吸收系数，随着光子能量变化很大：光子能量越低，质量吸收系数越大。例如，0.32mm 厚的铝箔减弱 NiKX 射线（7.5keV）约 280 倍，而减弱 SrKX 射线（14.2keV）仅 2 倍左右，可以在探头中配置简单滤光片，减弱低原子序数元素特征 X 射线对待测高原子序数元素特征 X 射线产生的干扰。

利用元素的吸收系数在吸收限附近发生突变，在突变的短波和长波边相差五六倍之多，可以设计吸收限滤光片，减弱高原子序数元素特征 X 射线对待测低原子序数元素特征 X 射线产生的干扰。例如，钨的 WLα 谱峰为 8.396keV，钽的 TaLα 谱峰为 8.1keV，镍（Ni）的吸收限为 8.331keV，那么可以用镍滤光片，几乎完全吸收掉钨的辐射，剩下一个单一的钽峰，得到理想的分析测量结果。

　　同样利用吸收限的特点，可以在探头中设计平衡滤光片，消除邻近待测元素的基体元素特征 X 射线对待测元素特征 X 射线的干扰，表 18-9 给出待测元素 K_α X 射线平衡滤光片选用元素。

表 18-9　待测元素 K_α X 射线平衡滤光片选用元素

被测元素				滤光片元素(吸收限)/keV		发射干扰谱线的元素	
原子序数	元素	K_α 线能量/keV		吸收滤光片	通过滤光片	K 系谱线	L 系谱线
13	Al	1.487	1.486	Mg(1.303)	Al		As,Se,Pr
14	Si	1.740	1.739	Al(1.559)	Si	—	Kr,Rb,Sr
15	P	2.015	2.014	Si(1.838)	P		Sr,Y,Zr
16	S	2.308	2.306	P(2.142)	S		Zr~Te
17	Cl	2.622	2.621	S(2.470)	Cl		Mo~Rh
18	Ar	2.957	2.955	Cl(2.826)	K	K	Ru~Sb
19	K	3.313	3.310	Cl(2.826)	K	Ar	Ru~Sb
20	Ca	3.619	3.688	K(3.607)	Ca		Cd~I
21	Sc	4.090	4.085	Ca(4.033)	Sc		Sn~Ba
22	Ti	4.510	4.504	Sc(4.496)	Ti	V	Te~Ce
23	V	4.952	4.944	Sc(4.496)	Ti	Ti	Te~Ce
24	Cr	5.414	5.405	Ti(4.964)	V	V	Xe~Pm
25	Mn	5.898	5.887	V(5.463)	Cr	Cr	Ba~Eu
26	Fe	6.403	6.390	Cr(5.988)	Mn	Mn	Ce~Dy
27	Co	6.930	6.915	Mn(6.537)	Fe	Fe	Nd~Er
28	Ni	7.477	7.460	Fe(7.111)	Co	Co	Sm~Lu
29	Cu	8.047	8.027	Co(7.709)	Ni	Ni	Gd~Ta
30	Zn	8.638	8.615	Ni(8.331)	Cu	Cu	Dy-Os
31	Ga	9.251	9.234	Cu(8.980)	Zn	Zn	Er~Lu
32	Ge	9.885	9.854	Zn(9.660)	Ga	Ga	Yb~Tl
33	As	10.543	10.507	Ga(10.363)	Ge	Ge	Hf~Po
34	Se	11.221	11.181	Ge(11.103)	As	As	W~Rn
35	Br	11.922	11.877	As(11.863)	Se	Se,Kr	Os~Ac
36	Kr	12.643	12.597	As(11.863)	Se	Se,Br	Os~Ac
37	Rb	13.394	13.335	Se(12.652)	Br	Br	Pt~U
38	Sr	14.164	14.097	Br(13.475)	Rb	Kr,Rb,Y	Hg~Bk
39	Y	14.957	14.882	Br(13.475)	Rb	Kr,Rb,Sr	Hg~Bk
40	Zr	15.774	15.690	Rb(15.201)	Sr	Sr	Bi~Es
41	Nb	16.614	16.520	Sr(16.106)	Y	Y	At
42	Mo	17.478	17.373	Y(17.037)	Zr	Zr	Fr
43	Tc	18.410	18.328	Zr(17.998)	Nb	Nb	Ac
44	Ru	19.278	19.149	Nb(18.987)	Mo	Mo	Pa
45	Rh	20.214	20.072	Mo(20.002)	Ru	Tc,Ru,Pd,Ag	U
46	Pd	21.175	21.018	Mo(20.002)	Ru	Te,Ru,Rh,Ag	U
47	Ag	22.162	21.988	Mo(20.002)	Rh	Tc,Ru,Rh,Pd,Cd	U
48	Cd	23.172	22.982	Ru(22.118)	Rh	Rh,Ag	Cm
49	In	24.207	24.000	Rh(23.224)	Pd	Pd	Bk
50	Sn	25.270	25.042	Pd(24.347)	Ag	Ag	Cr
51	Sb	26.357	26.109	Ag(25.517)	Cd	Cd	
52	Te	27.471	27.200	In(26.712)	In	In	
53	I	28.610	28.315	In(27.928)	Sn	Sn	—
54	Xe	29.802	29.485	Sn(29.190)	Sb	Sb	
55	Cs	30.970	30.623	Sb(30.486)	Te	Te	
56	Ba	32.191	31.815	Te(31.809)	I	I,La	
57	La	33.440	33.033	Te(31.809)	Cs	I-Ba,Ce,Pr	
58	Ce	34.717	34.276	I(33.164)	Cs	Xe,Cs,La,Pr	—

续表

被 测 元 素			滤光片元素(吸收限)/keV		发射干扰谱线的元素	
原子序数	元素	K。线能量/keV	吸收滤光片	通过滤光片	K系谱线	L系谱线
59	Pr	36.023	35.548	I(33.164)	Ba	Xe-Ce,Nd	
60	Nd	37.359	36.845	Cs(35.959)	Pa	Ba,Pr	
61	Pm	38.649	38.160	Ba(35.410)	La	La	
62	Sm	40.124	39.523	La(38.931)	Ce	Ce	
63	Eu	41.529	40.877	Ce(40.449)	Pr	Pr	
64	Gd	42.983	42.280	Pr(41.998)	Nd	Nb	
65	Tb	44.470	43.737	Nd(43.571)	Sm	Pm,Sm,Dy,Ho	
66	Dy	45.985	45.193	Nd(43.571)	Sm	Pm,Sm,Tb,Ho	
67	Ho	47.528	46.686	Nd(43.571)	Eu	Pm,Sm,Eu,Tb,Dy,Er	
68	Er	49.099	48.205	Sm(46.846)	Gd	Eu,Gd,Ho,Tm	—
69	Tm	50.730	49.762	Eu(48.515)	Tb	Gd,Tb,Er,Yb	
70	Yb	52.360	51.326	Gd(50.229)	Dy	Tb,Dy,Tm,Lu	
71	Lu	54.063	52.959	Tb(51.998)	Ho	Dy,Ho,Yb,Hf	
72	Hf	55.757	54.579	Dy(53.789)	Er	Ho,Er,Lu,Ta	
73	Ta	57.524	56.270	Ho(55.615)	Tm	Er,Tm,Hf,W	
74	W	59.310	57.975	Er(57.483)	Tm	Tm,Ta	—
75	Re	61.121	59.707	Tm(59.335)	Yb	Yb,Ta	
76	Os	62.991	61.477	Yb(61.303)	Lu	Lu,Hf,Ir	
77	Ir	64.886	63.278	Yb(61.303)	HF	Lu,Hf,Ta,Os,Pt	
78	Pt	66.820	65.111	Lu(63.304)	Ta	Hf,Ta,W,Ir,Au	
79	Au	68.794	66.980	Hf(65.313)	W	Ta,W,Re,Pt,Hg	
80	Hg	70.821	68.894	Ta(67.400)	Re	W,Re,Os,Au,Tl	
81	Tl	72.860	70.820	W(69.508)	Os	Re,Os,Ir,Hg,Pb	
82	Pb	74.957	72.794	Re(71.662)	Ir(76.097)	Os,Ir,Pt,Tl,Pb	
83	Bi	77.097	74.805	Os(73.860)	Pt(78.379)	Ir,Pt,Au,Pb,Po	
92	U	98.428	94.648				

5. 源激发 X 射线荧光分析仪电子线路

源激发的 X 射线荧光分析仪是利用探测器和谱仪系统的能量选择性，对不同能量的入射 X 射线进行选择，选择出表征待测元素特征 X 射线能量的线束，对样品中的成分进行分析。测量过程中，首先获得能谱。读出能谱中特征 X 射线峰，就定性地识别出样品中元素成分。对特征峰能谱进行荧光强度计数，并经过数据处理，则得到定量分析结果。测能谱、计数和数据处理，都通过如图 18-18 所示的电子学线路实现。

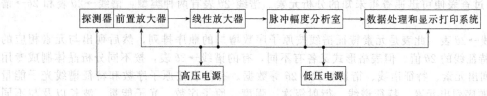

图 18-18　分析仪电子线路框图

前置放大器，一般放在探头中，与探测器紧密相接。除闪烁计数器外，大部分探测器都配置低噪声的电荷灵敏放大器，要求它有良好的传输特性。把荧光元素的特征 X 射线正比例地转换成电信号：电压或电流脉冲。

前置放大器输出的信号一般都还很弱，仍需进一步放大、成形，所以在主机里都设计了主（线性）放大器。能量色散的特点要求主放大器一定是线性的，对它的性能要求是：①线性好；②增益高；③频带宽；④对过载脉冲有很好的恢复特性及抗堆积能力。有的场合将线性放大器这一单元称为脉冲处理器。

脉冲幅度分析器分为单道分析器和多道分析器。单道脉冲分析器主要由输入电路和微分甄别器组成，后者又分为上甄别器、下甄别器和反符合门三部分。其作用是仅当输入脉冲幅度落在上、下甄别阈之间时才能逻辑脉冲输出。

多元素分析仪的脉冲分析一般都采用多道分析器。

随着计算机技术的发展，数据处理、显示、打印都采用微计算机系统。

6. 源激发 X 射线荧光分析仪生产厂家

表 18-10 列出源激发 X 射线荧光分析仪的生产厂家、型号及特点。

表 18-10   源激发 X 射线荧光分析仪的生产厂家、型号及特点

序号	单位名称	典型仪器型号	仪器主要特点及用途
1	上海电子仪器厂	TF-3902 TF-3902A TF-3912	钙铁分析、主要用于水泥厂 钙铁分析、有接口和计算机相连 智能化钙铁煤分析仪
2	国营 262 厂	FJ-2810S XH-5200 XH-5201A	源激发 X 射线荧光分析仪 在线 X 射线荧光分析仪 多元素 X 射线荧光分析仪
3	中国建材院 北京建隆自动化技术有限公司	JL-1 TXD90-1	多道型钙铁分析仪 多元素分析
4	四川大学原子核科学技术研究所	QTHL-1 9203	三元素分析
5	深圳吉立电气公司	QS	智能钙铁分析仪
6	中国原子能研究院	CIAE998	黄金成色分析仪
7	上海爱斯特公司	DM1001	微机化钙铁分析仪
8	重庆地质仪器厂	HYX-1	便携式 X 射线荧光分析仪
9	粤托昆普公司	X-MET880 XMET820	多元素便携式 多元素,台式
10	牛津公司	LabX2000	多元素,台式

六、X 射线荧光的定性分析和定量分析

1. 定性分析

定性分析的基本原理在本章第二节一中已经介绍过。根据选用的分析晶体（$2d$ 值已知）与实测的 2θ 角，计算特征 X 射线的波长，即可鉴定未知的分析元素。一般实验室应备有波长表或谱线-2θ 表，通过查表便可迅速查得未知的分析元素。谱线-2θ 表有两种类型：谱线→2θ 表和 2θ→谱线表。

（1）谱线→2θ 表   此表是元素特征谱线按原子序数增加的顺序排列，然后列出与元素相应的 K 系和 L 系特征线的 2θ 值。但表格形式又各有不同，有的谱线→2θ 表，按不同分析晶体制成专用表格，表中列出元素、特征谱线、衍射级次、2θ 等数据。有的表按原子序数和特征谱线光子能量（keV）增加顺序列出元素、特征谱线、衍射级次、强度、原子序数、光子能量、波长以及与不同晶体对应的 2θ 值。

（2）2θ→谱线表   此表是按波长和 2θ 增加的顺序排列，便于根据实测的 2θ 值迅速地鉴定未知元素。表中列出元素、特征谱线、衍射级次、强度、原子序数、光子能量、波长（$n\lambda$）以及与不同晶体对应的 2θ 值。

2. 定量分析

定量分析中为了得到较高的准确度、精确度和灵敏度，要全面考虑仪器、操作、标样、试样等各种因素，特别是分析对象——样品的因素尤为重要。随分析对象的具体情况不同应区别对待，其分析方法是多样化的。

（1）定量分析中的影响因素　　仪器因素、操作因素较易控制，在此主要讨论试样本身的因素，即试样本身对其激发的 X 射线强度的各种影响因素。

① 基体效应　　基体指分析元素以外的全部其他元素，基体效应是指基体中其他元素对分析元素的影响。这种影响包括吸收和增强两种效应。

吸收效应包括基体对入射 X 射线的吸收和基体对 X 射线荧光的吸收。前者直接影响对分析元素的激发，后者则直接影响分析元素的探测强度。由于基体中各元素的质量吸收系数不同，吸收效应是复杂的。

增强效应是基体元素发射的次级 X 射线波长恰好在分析元素吸收边短波长一边，易被分析元素再吸收，从而激发出附加的特征辐射，使分析元素的特征辐射增强。

克服基体效应的方法有稀释法、薄膜样品法、吸收校正法、数学处理方法。稀释法通常采用轻元素做稀释物，与试样混合均匀，以降低基体效应的影响。薄膜样品法，由于样品很薄，吸收-增强效应可以忽略不计。吸收校正法的方法很多，通常用标样做出工作曲线来校正。数学处理方法虽然计算复杂，但用计算机后，快速简单，备受欢迎。

② 不均匀效应　　多相合金、粉末等非均匀材料的特征 X 射线强度与颗粒大小有关，大颗粒吸收大，小颗粒吸收小，这是颗粒度的影响。还有试样表面粗糙不匀也有影响。主要克服办法是将样品磨细。对于短波长 X 射线来说，要求粒子大小在 200 目以上；对于长波长 X 射线和 AlK_α、MgK_α 等来说，粒子要更细，要求在 400 目以上。

为了克服试样表面粗糙性的影响，要求将粉末样品压实，表面平滑。如块状样品必须刨光，保持一定的光洁度。

③ 谱线的干扰　　X 射线光谱虽然较光学光谱简单，但对复杂样品的谱线干扰仍是不可忽视的。有时会造成严重干扰。在 K 系特征线中，Z 元素的 K_β 线有时与 $Z+1$、$Z+2$、$Z+3$ 元素的 K_α 线靠近，如 23-V K_β 线与 24-Cr K_α 线，48-Cd K_β 线与 51-Sb K_α 线之间部分重叠。K 系与 L 系之间也有干扰，如 As K_α 线与 Pb L_α 线等。长波长的 M 系与 K、L 系之间也有干扰。此外，还有来自不同衍射级次的衍射线之间的干扰。克服办法：a. 选择无干扰的谱线；b. 降低电压至干扰元素激发电压以下，防止产生干扰元素的谱线；c. 适当选择分析晶体、计数管、准直器或调整脉冲高度分析器，提高分辨本领；d. 在分析晶体与探测器之间放置适宜的滤光片，滤去或减弱干扰谱线。

（2）外标法　　人工制作一套标样，使标样的基体组成与试样一致或者相近，再用化学分析方法测定所分析元素的含量，作出分析线强度与含量关系的工作曲线。将测得未知样品的线强度，在工作曲线上查出元素含量。外标法的特点是较简便。但当试样的基体组成复杂或变化较大时，往往不易制得组成相近的人工标样，也不易作出一条线性良好的工作曲线。这时可用稀释法，使标样与试样的稀释比例相同，稀释后再用外标法进行测定。

（3）内标法　　做法是在试样 A 中加入一定量的内标元素 B，作出 I_A/I_B-C_A 的工作曲线。待测未知试样中也加入同等数量的内标元素，测定其强度 I'_A、I'_B，查工作曲线即得元素 A 的含量。必须注意各试样中所加内标元素均为常量，不是变量。

内标元素的选择是一个很重要的问题，因为不同元素有不同的吸收边，吸收各异，严重影响分析结果，应予以合理选择。其选择原则如下所示。

① 试样不含该内标元素。

② 内标元素与分析元素的激发、吸收和增强性质相似。通常，要做到这一点，可在 $Z\pm2$ 的范围内选择两种元素。对于 $Z<23$ 的轻元素来说，可在 $Z\pm1$ 的范围内选择。

③ 两种元素之间不产生选择吸收效应，如图 18-19 所示。

内标元素选择与基体效应如图 18-19 所示。图 18-19 中 A 代表分析元素，S 代表内标元素，M 代表基体元素，直线代表谱线，带钩的线代表吸收边。按 a、b、c、d 四种情况来说明内标元素与基体效应之间的关系。

a. A 与 S 的波长和吸收边均相近，两者又位于两个基体元素 M 之间，任一 M 对 A 和 S 的吸收-增强效应都是同样大小，此种情况最理想。

b. A 与 S 均落在两基体元素 M 之间，但 A 落在 A 与 S 吸收边之间，且靠近 S 吸收边短波长的一边。由于内标元素 S 在试样中为常量，I_S 总是一定的，S 对 A 的吸收也为一定。若工作曲线以 $I_A/$

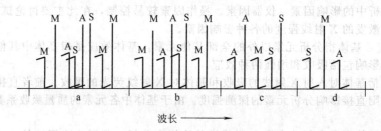

图 18-19 内标元素选择与基体效应

I_S-C_A 作图，强度比与浓度仍保持一定的比例关系。这种情况虽不及第 a 种情况，但仍是可行的。

c. 基体 M 对 A 强烈吸收，但对 S 不吸收，这种情况不能考虑。

d. A 强烈吸收 M，发射 A 的特征辐射，使 A 增强，正是基体增强效应，这种情况也不能考虑。

（4）增量法　在试样中加入不同量的被测元素，测出各自的净强度，作 I_X-C_X 工作曲线。人为地添加被测元素，仍然不会改变强度与含量之间的原来比例关系，但工作曲线不交于坐标原点，所得 Y 轴上的截距代表未知试样的强度。若将工作曲线外推至 X 轴上相交，X 轴上该线段代表被测元素的含量。增量法在一定情况下克服了基体效应的不利影响。

（5）数学方法　外标法、内标法等方法是常用的方法，但是利用标样制作工作曲线是十分费时的工作。特别在基体元素变化范围大而基体效应又复杂的情况下，要作出线性好的工作曲线是不容易的。因此，发展了直接数学计算方法。数学计算法又分经验系数法和基本参数法两种。计算法工作量大，人工计算太麻烦。在计算机发展之后，加上定量软件的应用，目前生产的 X 射线荧光分析仪都已计算机化，随机的定性、定量软件，使分析工作非常方便、快速。

七、近年来部分厂商生产的 X 射线荧光分析仪

（1）西安核仪器厂（国营二六二厂）生产的 FJ-2810G 型能量色散 X 射线荧光分析仪，是工业中广泛应用于质量监测和工艺流程控制的一种元素分析技术，适用于 Na 到 U 各种元素的定量及定性分析，它具有制样简单，固体、液体、粉末状态样品都可进行分析，对样品无损伤、分析时间短、能实现多元素的同时分析，测量范围宽，软件功能完善，结构紧凑，运行可靠，辐射安全性好，分析成本低，操作简单方便等显著优点。

该仪器属国内首创，1991 年荣获国家级新产品奖、部级科技进步奖。1994 年荣获"中国名牌"称号。可以应用于黑色和有色金属、地质采矿、化学科学、环境保护、考古科学、刑侦、薄膜成分和厚度测量、石油化工、建材、半导体、航空、航天、电工电器、汽车制造、煤炭、医药卫生、科学研究等领域。

（2）上海天齐生物科技有限公司生产的 XRF8 全反射 X 射线荧光分析仪。全反射 X 射线荧光（TXRF）分析技术是近年来发展起来的多元素同时分析技术。TXRF 利用全反射技术，使样品荧光的杂散本底比 X 射线荧光能量色散谱仪（EXRF）本底降低约四个量级，从而大大提高了能量分辨率和灵敏度，避免了 EXRF 测量中通常遇到的本底增强或减弱效应；同时 TXRF 技术又继承了能量色散 X 射线荧光法（EXRF）的优越性，成为一种全新的元素分析方法。该技术在分析领域具有强竞争力的分析手段。

在 X 射线荧光谱仪范围内，与波长色散谱仪（WXRF）方法比较，由于 TXRF 分析技术用样很少，也不需要制作样品的烦琐过程，又没有本底增强或减弱效应，不需要每次对不同的基体做不同的基体校准曲线。由于使用内标法，对环境温度等要求很低。因而在简便性、经济性、用样少等方面，都比 WXRF 方法有明显的优越性。

TXRF 技术可以对从氧到铀的所有元素进行分析，一次可以对近 30 种元素进行同时分析。与质谱仪中的 ICP-MS 和 GDMS 以及中子活化分析（NAA）等方法相比较，TXRF 分析方法在快速、简便、经济、多元素同时分析、用样少、检出限低、定量性好等方面有着综合优势。TXRF 元素分析仪已广泛应用于地矿、冶金、化工、食品、生物、医药、环保、法检、考古、高纯材料等各领域内的常量、微量、痕量元素分析测定。特别在半导体工业中的硅片表面质量控制方面，有着不可替

代的优势，目前已在国际上得到广泛应用。

（3）上海艾成实业有限公司 AD2000SM 便携式多道微机化 X 射线荧光分析仪，该仪器采用 512 道多道分析器，单片微机控制，现场快速分析，直接给出测量数据，也可与笔记本电脑和台式计算机组成前、后工作台。采用正比技术管探测器、以同位素源 238Pu 作为激发源，具有分析速度快、分析元素多、分析精度高、操作简单、维护方便等特点。广泛适用于各有色、黑色矿山、选矿厂、质检站、地质部门进行现场快速测量分析。

（4）南京大展机电技术研究所 DZX-600 型 X 射线荧光分析仪，具有可容纳各种形态被测样品的样品室，采用电制冷高分辨率高计数率 SI-PIN 探测器系统。X 射线管激发系统，采用 50kV 的低功率正高压 X 射线发生器作为激发源。由高电压发生器、X 射线发生器及控制显示系统等部分构成。Windows XP/VISTA 操作系统软件，能谱显示，分析元素设置，能量刻度，X 射线高压、电流自动控制，真空自动控制，分析方法可线性拟合、二次曲线、强度校正、含量校正等。

（5）四川新先达测控技术有限公司生产的 IT-3000SM 能量色散 X 射线荧光分析仪，有 IT-3000SMQ 水泥全元素分析、IT-3000SMY 石油岩屑荧光分析仪、IT-3000SMP 便携式 X 射线荧光分析仪、IT-3000SMB 便携式 RoHs 检测仪、IT-3000SYB 能量色散 X 射线荧光分析仪（卤素及 RoHS 检测仪）、IT-2000SM X 射线荧光分析仪、IT-2000SM 便携式 X 射线荧光分析等。

仪器基本特点：采用 X 射线管激，电制冷半导体探测器，多道（2048）脉冲分析器，同时显示和观测谱线、多窗口工作、类型自动识别、自动解谱、自动给出测量结果，可测量粉状、块状、液体状样品，无损检测，性价比高，分析成本低，多层屏蔽保护，辐射安全可靠，分析元素多（Mg～U 全部元素），分析精度高，实现多元素同时分析，操作简单。

（6）郑州泽铭科技有限公司生产的 XRF7 便携能量色散 X 射线荧光分析仪，对不同领域分析需求设有不同专业型号仪器。XRF7 仪器轻便，体积小巧，适合野外作业；仪器内置 GPS 定位系统可自动存储每个采样点地理位置信息；真正实现现场快速、准确、系统的分析检测。

（7）南京永研电子有限责任公司 X 射线荧光分析仪，该仪器可用于固体、液体、粉末的各种形态样品，样品室的环境可选择空气、真空，自动控制，无需人工操作。X 射线管激发系统采用 50kV 的低功率正高压 X 射线发生器作为激发源。使用 SI-PIN 电制冷高分辨率高计数率探测器。Windows XP/VISTA 操作系统，各种图表和趋势图为操作者提供直观的支持，操作简单，使用方便；分析结果可直接输出到 Excel 系统，便于进行统计分析；能显示分析元素设置，能量刻度，X 射线管高压、电流的自动控制，真空控制。分析方法能进行线性拟合，二次曲线，强度校正，含量校正，基本参数、方法。仪器的漂移自动修正，保证仪器的分析结果长期稳定。

（8）牛津仪器（Oxford Instruments）所提供多系列手持式和台式 X 射线荧光光谱仪。X-MET 型手持式 X 射线荧光光谱仪，专为材料鉴定、合金分析和鉴定及有害物质分析设计，这些光谱仪也可用于分析污染土地和矿物中的重金属。此外还包括手持式 X 射线 XRF 元素分析仪荧光光谱仪 X-MET5000；X-MET5100 型仪器，将硅漂移探铡器（SDD）和强大的 45kV X 射线管结合，无需借助复杂的真空泵或氦气罐等附属设备就可以对镁、铝、硅等轻元素进行测量，可以在 1s 内，准确地分析和确定金属合金成分；X-Supreme8000 型、Lab-X 型和 MDX1000 型 XRF 实验室分析仪，可供各种常规化学分析，应用范围广泛。仪器可根据客户的需求提供最优化的解决方案。

（9）美国赛默飞世尔尼通（Thermo Fisher NITON）Niton（尼通）XL2 系列合金分析仪（尼通手持式 XRF 分析仪），该仪器特点是测量精度高，接近实验室级的分析水平，速度快，操作简单，"开机启动-瞄准测试-察看结果"，整个分析过程仅需数秒便可完成。仪器采用坚韧的 LEXAN 塑料密封外壳，重量轻，坚固耐用；密封式一体化设计，防尘、防水、防腐蚀，可在任何地方安全使用。仪器的抗病毒能力强，无损检测。仪器使用 Niton 专有数据管理软件。可实现对仪器的远程操控、自动校准、诊断仪器故障；可与 USB 和 RS-232 等多种仪器连接。有下面等型号供用户选用：Niton XL2-800，Niton XL2-980，Niton XL2-800，Niton XL2-980 等。600W X 射线荧光光谱仪，ARL 9900 系列。

（10）美国伊诺斯（Innov-x System）便携式合金分析仪 Innov-x Alpha-2000，便携式 Innov-x Alpha-4000 X 射线荧光矿石分析仪。

（11）ROHS Validator 能量色散型 X 射线荧光分析。3DFAMILY 型 X 射线炭光分析仪，采用硅 SIPIN 探测器（分辨率为 150eV），实现了无液态氮检出器下高灵敏度的检测功能。配备自动切换的滤光片及透射式 X 射线球管，最大程度地缩小了 X 射线源与被测物体的间距，从而在较低的电压下达到同样的激发效率，同时减少了漫射光的干扰，大大地提高了灵敏度和读数的准确性、重复性。在测定微量成分时，由于 X 射线管的连续 X 射线所产生的散射线会产生较大的背景，致使目标峰的观测比较困难。为了降低或消除背景和特征谱线等的散射 X 射线对高灵敏度分析的影响，此荧光分析仪配置了 4 种可自动切换的滤光片，有效地降低了背景和散射 X 射线的干扰，调整出最具感度的辐射，进一步提高了信号与噪声的比值，从而得到更高的分析灵敏度。能自动过滤背景、自动剥离重叠峰、自动补偿逃逸峰、自动追踪谱图漂移、在电压不稳的情况下，可对扫描谱图的漂移进行自动追踪补偿。定量分析可用基础参数法、标准法、1 点校正法。Rohs 有毒物质测试仪，可检测塑胶类样品和轻质金属材料中的 Pb、Cd、Hg、总 Br 和总 Cr，检出限达到 $5\mu g/g$。精工 ROHS SEA1000A 型能量色散型 X 射线荧光分析仪，具有高灵敏度、高精度（内置波峰分离软件），无需液氮等特点，同时还有精度管理软件有 12 个样品连续自动测量的进样装置。可分析的样品形态为固体、粉末、液体，采用小型空冷式 X 射线管球（Rh 靶），Si 半导体检测器（无需液氮）。

八、X 射线荧光分析的应用

X 射线荧光分析已发展成卓有成效的现代化分析技术，它不但用于室内分析，也用于野外分析，还直接用于生产流程的控制分析。已广泛应用于建材、地质、矿山、冶金、化工、材料、电子、环境监测、医学等领域。

特别是源激发的 X 射线荧光分析仪器，由于体积小、重量轻、分析速度快、使用方便、分析范围广，可对样品中常量和高含量元素做定量分析，又可对低含量和微量做半定量和定量分析，所以应用领域很广。下面介绍一些应用领域。

（1）铜矿选矿流程控制分析。铜矿矿物样品的成分复杂，元素的物理化学状态各不相同，被测元素的含量范围相差很大，试样的颗粒度又不断变化。为了更好地控制选矿流程，要求建立一种能消除试样的基体效应及其颗粒度的影响，又能结合流程进行准确、快速的分析方法。使用配有电子计算机的多道 X 射线荧光光谱仪，就具有简便、快速、准确的优点。如分析 Cu、Fe、S、Si、Al、Mo、Ti 等元素，一次制样，几分钟可完成全分析。可以对不同矿样的尾矿、原矿、中矿和精矿进行分析。仪器的标准化，可消除仪器受温度、大气压、计数管寿命等因素的影响而产生计数漂移、工作曲线变动引起的误差。

计算机打印分析结果，并给管理界限的判断，如离开此界限时，则发出报警信号等。

（2）稀土元素分析。稀土元素具有 4f 电子构型，5d、6s 两层电子层的构型相同，化学性质极相似，用化学分析法和光学光谱分析法分析稀土元素都是很困难的。X 射线荧光分析法分析稀土元素是基于对原子内层电子的激发，便于分析鉴定；取样量小，可低于 15mg，测定灵敏度为 0.02%，相对标准偏差为 ±2%，可用于各种矿石中稀土各元素含量的测定。

（3）水中污染元素的分析。水中污染元素 Cr、Ni、Zn、Cd、Hg、Pb 等的分析，如果用水样直接分析，由于受液体体积限制和液体本身吸收等因素的影响，其分析灵敏度不高，只能测至百万之几的数量级。若采用沉淀法、萃取法、离子交换法等富集方法，其分析灵敏度可以大大提高。

（4）能够快速、准确地测定水泥样品的成分。

（5）测定石油裂解催化剂中 Al、Si、K、Ca、Ti、Fe、Ni、V 及轻稀土 La、Ce、Pr、Nd、Sm 等元素。

（6）便携式 X 射线荧光分析仪，广泛应用于地质资源调查，直接对矿床露头、刻槽取样、钻孔岩和岩屑，进行定量或半定量分析，及时发现和验证异常，划出远景区域。

（7）源激发 X 射线荧光分析仪可用于冶金工业中炉前取样、金属材料的分类和鉴定。

（8）X 射线荧光分析仪可用于测定各种覆盖层（镀层、底层、多层镀层）的厚度及其成分。

（9）金、银等贵重金属成色分析。黄金、白银的成色测定，至今大多仍采用试金石方法，这种方法完全靠操作人员的技术和经验，对被测样品有一定破坏与损耗。用源激发 X 射线荧光分析仪进行黄金、白银成色分析。对样品毫无损坏，测量快速、简便，单次测量，对黄金的测量标准偏差 $\sigma<0.30$，对银 $\sigma<2\%$。这对银行、金银收购、生产加工部门无疑是好帮手。

第十九章　色层分析法和电泳分析法

　　本章主要介绍众多分离方法及高纯物制备技术中效率最高、应用很广的色谱分支中较为经典的色层分析法。经典色谱是现代色谱学的基础，具有仪器设备简单、操作方便且能分离复杂混合物的诸多优点，在现代分析化学中仍有一席之地。色层法也称色谱法、层析法，属于物理化学分离分析方法，主要基于物质的物化性质（吸附能力、溶解度、蒸汽压、渗透性、离子交换、分子形状、立体结构等）的微小差异，使待分析混合物以不同浓度分布在固定相和移动相中作相对移动，组分因在两相中的连续多次分配而扩大了原本的差异，实现了分离、纯化、分析测定及研究的目的。

　　色谱法（色层法）的最大优点是分离效率高，不仅可用于分离性质极相似的物质，还可用于极少量物质的分析鉴定和大量物质的纯化制备。

第一节　色谱法的基本概念与分类

一、色谱法（色层法）的基本概念

　　1. 固定相

　　固定相是色谱的基质。可以是固体物质（吸附剂、凝胶、离子交换剂等），也可以是液体物质（将它们固定在硅胶或纤维素上），基质必须具备能与待分离的化合物进行可逆的吸附、溶解和交换的功能，这是能进行分离的关键。

　　2. 流动相

　　流动相的作用是推动固定相上待分析物质的定向运动。可以是液体、气体及超临界流体等，在柱色谱中称为洗脱剂，薄层色谱中称为展开剂，在分离中起重要作用。

　　3. 迁移率

　　用在一定条件下相同时间中某一组分在固定相中移动的距离与流动相本体移动的距离之比值 R_f 表示（$R_f \geqslant 1$）。但实验中常以在一定条件下相同时间内某物质在固定相中移动的距离与标准物质在固定相中移动距离之比值 R_x（称为相对迁移率）来表示。

　　4. 分辨率或分离度（R_S）

　　两物质之间的分离效果有多种表示方式，在色谱法中广泛采用的是分辨率 R_S。定义为两个洗

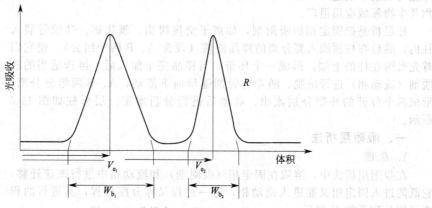

图 19-1　分辨率 R_S 的定义

脱峰顶对应的洗脱体积之差 (V_2-V_1) 与两流出峰在基线上的平均峰宽 $(W_{b_1}+W_{b_2})/2$ 之比（图 19-1），即：

$$R_S=2(V_2-V_1)/W_{b_1}+W_{b_2}$$

式中　W_{b_1}，W_{b_2}——洗脱峰 1 和峰 2 的峰宽；

　　　　R_S——相邻两个洗脱峰相对分离程度的衡量标准。

下标 1 及 2 分别表示两种不同的物质。R_S 值越大两种物质的分离效果越好，$R_S=1$ 时两物质分离较好，纯度可达 98%，而 $R_S=1.5$ 时两组分可以完全分开，每组分的纯度可达 99.8%～100%。

```
                   ┌ 吸附色层法
           柱色层法 │ 分配色层法
                   │ 离子交换色层法
                   └ 凝胶色层法
色层法 ┤
           ┌ 纸上色层法
           │ 薄层色层法
           └ 电泳色层法
```

图 19-2　色层法的类别

二、色谱法（色层法）的分类

标准不同分类不同。

1. 按固相基质分类

色层法的类别如图 19-2 所示。

2. 按流动相的形式分类

有流动相为气体的气相色谱和流动相为液体的液相色谱两种。气相色谱中测定样品要气化。

3. 按分离原理不同分类

可分为吸附色谱、凝胶过滤色谱、离子交换色谱、疏水色谱、反相色谱、亲和色谱等，参见二十章。

第二节　柱层析法

柱层析法的吸附剂为固定相，依吸附力差异进行化合物的分离。常用吸附剂有离子交换树脂、氧化铝、硅胶、硅藻土、羟磷基石灰、活性炭、硅酸镁、聚酰胺等。

吸附剂装在特定柱中流动相为液体（又可称液固色谱），当混合样随流动相经过色谱柱时与固定相发生作用时，由于各组分结构和性质的差异使吸附力不同，因而吸附平衡常数不同，在固定相上滞留的时间或被流动相带着移动的速度不同，吸附弱的移动速度快，随移动相不断移动，在新的固定相相表面进行一次又一次的吸附-解吸过程和新的分配，多次的吸附-解吸平衡过程的结果是吸附力弱的组分在移动相前沿而吸附力强的组分随后，吸附力特别强的会留在固定相中，如此各组分在色谱柱中形成带状分布而实现彼此分离。柱层析技术不仅可以分析小分子、大分子化合物，而且可以分离从无机分子到有机分子、天然物质和合成物质，从一般物质到具有生物活性的物质，几乎所有物质包括基因片段等都可以采用适当的层析方法进行分离和纯化。有的纯度可达 99.99%，柱体积可小到 1mL，大到几千升，能适应从实验室到工厂生产的多种要求。目前柱层析技术已发展到了能够处理菌体发酵液及细胞匀装液中微量的目标产物，因此是一种很有用的分离纯化技术，在药物及生物领域应用很广。

柱层析是把固定相的吸附剂，如离子交换树脂、氧化铝、硅胶等装入柱内，然后在柱顶滴入要分离的样品溶液（设含 A、B 两个组分），使它们首先吸附在柱的上端，形成一个环带。当样品完全加入后，再选适当的洗脱剂（流动相）进行洗脱。随着洗脱剂逐步向下流动，A、B 两组分分离，形成两个分开的环带分别流出，收集后进行分析鉴定。层析柱如图 19-3 所示。

一、吸附层析法

1. 原理

在吸附层析法中，溶质在固定相（吸附剂）和流动相中进行差速迁移，它既能进入固定相又能进入流动相，这一过程又称分配过程，其进行的程度可用分配系数 K 判断：

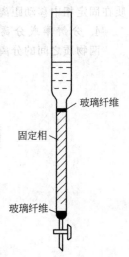

玻璃纤维

固定相

玻璃纤维

图 19-3　层析柱

$$K = \frac{溶质在固定相中的浓度}{溶质在流动相中的浓度}$$

K 在低浓度及一定温度下是常数。当吸附剂一定时，K 值的大小仅取决于溶质的性质。K 值大表示该物质在柱内被吸附的程度大、牢固，移动速度就慢，因而该组分在固定相中停留时间就长，不易被洗脱下来；K 值小的组分在固定相内吸附不牢，移动速度快，容易被洗脱下来；$K=0$ 则表示该组分不进入固定相。因此，混合物中各组分之间的分配系数 K 值相差越大分离效果越好。根据被分离物质的结构性质选择适当的固定相和流动相，使分配系数适当即可实现定量分离。所以，吸附剂及洗脱剂的选择是吸附层析法的关键。

2. 吸附剂

(1) 对吸附剂的要求：①有大的表面积和足够的吸附能力；②对不同组分有不同的吸附量；③在所选用的溶剂及洗脱剂中不溶解；④与试样中的各组分、溶剂及洗脱剂不起化学作用；⑤颗粒均匀并有一定强度，在整个过程中不会碎裂。

(2) 选择吸附剂应考虑的问题是吸附剂的吸附能力。而吸附剂的吸附能力应从被分离物质的分子结构的性质、官能团及吸附剂的类型来考虑。一般来说，极性（亲水性）吸附剂可选择性地吸附不饱和的、芳香族的和其他极性分子，如醇、胺和酸等；非极性吸附剂（如活性炭、硅藻土等）则对极性分子无吸附能力。

(3) 极性吸附剂的吸附能力的顺序为：蔗糖＜纤维素＜淀粉＜柠檬酸镁＜碳酸钠＜碳酸钾＜碳酸钙＜硫酸钙＜磷酸钙＜硫酸镁＜氧化钙＜硅酸＜硅酸镁＜活性炭＜氧化镁＜氧化铝＜漂白土。不过，这个顺序也会随吸附化合物的性质差异及存在的平衡水量的不同而改变。

(4) 常用吸附剂见表 19-1；常用吸附剂的制备和处理见表 19-2。

表 19-1　常用吸附剂

吸附剂名称	吸附能力	分离对象	注意事项
碱性氧化铝 （pH = 9～10）	根据含水量来确定	碱性（如生物碱，胺）和中性化合物	①使用中性洗脱剂无法分离酸性化合物 ②碱性氧化铝有时能对被吸附物质产生不良反应。例如引起醛酮的缩合、酯和内酯的水解、醇羟基的脱水、乙酰糖的脱乙酰化作用
中性氧化铝 （pH=7.5）	根据含水量来确定	生物碱、挥发油、萜类、甾类、蒽醌以及在酸碱中不稳定的苷类，酯类、内酯类等化合物	凡是能在酸性或碱性氧化铝上被分离的物质，都能被中性氧化铝分离
酸性氧化铝 （pH=5～4）	根据含水量来确定	酸性化合物以及对酸稳定的中性化合物	
硅胶	根据含水量来确定	酸性化合物以及中性化合物	当硅胶含水量很高时，可作为分配层析的载体
二氧化镁	中	烃、醇、酮、醚及硝基化合物	
碳酸钙	中	叶绿素	
硫酸钙	中	花色苷、维生素 K_1、脂肪酸、油脂	
硅藻土	中	叶绿素、糖	
滑石粉	弱	有机酸、酚、2,4-二硝基苯腙	

表 19-2　常用吸附剂的制备和处理

吸附剂	适用范围示例	制备和处理法	备注
中性氧化铝	中性氧化铝用以分离生物碱类、挥发油、萜类、油脂、树脂、皂苷、强心苷、甾体、有机酸类及三萜化合物等的分离	取工业纯氢氧化铝 $[Al(OH)_3]$，在 300～400℃（马弗炉中）加热 3h，可得氧化铝 取用上法制成的氧化铝 1g 于试管内，加入 2 倍量的蒸馏水，1 滴酚酞指示剂，振摇，如水溶液或氧化铝表面呈粉红色，表明氧化铝内含有碱性杂质，可用下法除去 将 500g 氧化铝加入 1000mL 预先以水饱和的乙酸乙酯中，充分振摇，放置 2 天后，过滤（滤出的乙酸乙酯可重蒸回收），使氧化铝吸着的乙酸乙酯挥发除去。然后加 1000mL 甲醇浸泡或加热处理，过滤，再用蒸馏水将氧化铝洗涤至中性，在室温干燥后，于 105℃ 烘烤 4h，过筛，收集 80～200 目的颗粒，在 200℃ 活化 4h，可得 I～II 级中性氧化铝（小于 200 目的氧化铝可供薄层层析用）	

续表

吸附剂	适用范围示例	制 备 和 处 理 法	备 注
酸性氧化铝	有机酸类、某些二羧酸氨基酸、酸性多肽类以及酯类等的分离	将工业氧化铝或活性氧化铝 500g，用 1000mL 1%盐酸浸泡 24h，多次振摇，过滤。将氧化铝用蒸馏水洗至 pH=4～5，先在室温放置干燥，再在 105℃烘烤 4h，过筛，最后在 180℃活化 3h	
硅胶	有机酸类、挥发油、萜类、皂苷、甾体、三萜化合物、黄酮类、氨基酸等的分离	方法 1：取市售的水玻璃（偏硅酸钠），用 3 倍量的水稀释，然后在剧烈搅拌下，缓缓加入 10mol/L 盐酸，溶液开始时缓慢地形成悬浮液，然后迅速地转变成粥状，继续搅拌至所有的碎片消失，当混合物呈酸性后，停止加酸。静置 3h 后，用细孔磁漏斗过滤。用水洗涤，勿使沉淀开裂。然后将凝胶悬浮于 0.2mol/L 盐酸中，在室温陈化 2 天后，过滤，用蒸馏水洗至中性。压碎凝胶，过 80 目筛，在 105℃干燥，得不纯的硅胶。将此硅胶 100g，用 500mL 20%乙酸溶液浸泡 2 天后，用细孔磁漏斗过滤。先用 500mL 20%乙酸溶液，然后用热水洗至 pH 值为 6，在 105℃干燥 6h，得层析用硅胶。方法 2：将用于干燥剂的无色大颗粒硅胶粉碎，过筛，取 80～160 目的颗粒硅胶 50g 悬浮于 300mL 浓盐酸中，放置过夜，倾去上层黄色清液，加新的浓盐酸，搅动后再放置，再倾去上层清液，如此反复处理直至上层清液无色为止。然后用砂心漏斗吸滤，将沉淀物悬浮于水中，用倾注法以水洗至无氯离子后，过滤，再用 200mL 95%乙醇洗涤。在室温让乙醇挥发后，在 100℃干燥 24h，得层析用硅胶	也可用作分配柱层析的支持剂。对分离一些酸性或中性成分较好
活性炭	糖类、氨基酸、脂肪酸等的分离	将炭磨碎过筛，加 5～10 倍量的 20%乙酸溶液煮沸数分钟以除去含氮杂质，乘热离心，用热水洗涤多次后备用	用活性炭柱层析时，往往不易将吸附成分完全洗下。如用于分离比较容易氧化的化合物（如维生素丙等），也需经特殊处理
聚酰胺	分离含酚基和羧酸基的成分，如黄酮及其苷类、蒽醌类、有机酸类、酚类、鞣质等	取卡普隆（聚己内酰胺）或尼龙（己二酸己二胺缩聚物）100g，加到 600mL 加热至 50℃的冰乙酸中，继续加热至 90℃，不断搅拌，直至溶解为止，然后逐渐降温，并不断搅拌以防止聚酰胺结块。搅拌至成细粉后，用布氏漏斗减压过滤，并用蒸馏水充分洗涤至无乙酸为止。在室温放置干燥后，通过 40 目筛。于 60℃烘箱干燥 2h 后，根据需要再过 60～200 目筛（柱层析时常用 60～100 目粉末）。将此粉末放入色层管内，用 1:1 的氯仿:甲醇混合液洗涤至洗液无色，让溶剂挥发后，于 105℃干燥	
纤维素	羟基类胡萝卜素、叶绿素、酚类、氨基酸及季铵等的分离	取脱脂棉或滤纸，加适量 5%盐酸，在电炉上加热煮沸 3h，冷却后过滤，用蒸馏水洗至无氯离子后，再用 95%乙醇洗三次，乙醚洗一次，让溶剂挥发后，根据需要过 80～200 筛目，于 105℃干燥 2h	

　　硅胶或其他极性吸附剂可加入适当的附加剂而改善其性质。例如浸渍过硝酸银溶液的硅胶，对于烯烃与饱和烃的分离效果大为提高。一般来说，将 1%～10%附加剂的水溶液或丙酮溶液与吸附剂调成浆状，然后将浆状物在玻片上铺开，在 110℃烘干即可使用。吸附剂的附加剂见表 19-3。

表 19-3　吸附剂的附加剂

附 加 剂	对下列物质有选择性	附 加 剂	对下列物质有选择性
0.1～0.5mol/L 的酸或碱	对 pH 灵敏的化合物	亚硫酸氢钠	醛类
硝酸银	烯属或炔属物料	氯化铁	8-羟基喹啉
硼酸、硼砂、亚砷酸钠、碱性乙酸钠、偏钒酸钠、钼酸钠	多羟基化合物	硫酸铜	胺类
咖啡碱、2,4,7-三硝基芴、苦味酸、三硝基苯	多核芳香烃	亚铁氰化锌	磺胺

　　(5) 氧化铝和硅胶活性的测定：层析用氧化铝和硅胶的活性分为五级，活性级数越大，吸附性

能越小。活性大小与含水量有很大关系，见表 19-4。

表 19-4　氧化铝、硅胶的含水量与活性之间的关系

氧化铝含水量/%	活性级数	硅胶含水量/%	氧化铝含水量/%	活性级数	硅胶含水量/%
0	I	0	10	IV	25
3	II	5	15	V	38
6	III	15			

由此可知，在一定温度下，加热烘烤除去氧化铝和硅胶中所含的水分，即可增加吸附能力，降低活性级数；反之，在氧化铝和硅胶中加入一定量的水分，可使其吸附能力减弱并使活性级数升高。

活性级数一般可采用勃劳克曼测定法，其测定方法如下：在下列六种染料中分别取相邻两种各 20mg，溶于 10mL 纯的无水苯中，再用无水石油醚稀释至 50mL，配成五种溶液。六种染料为：偶氮苯（甲）、对甲基偶氮苯（乙）、苏丹黄（丙）、苏丹红（丁）、对氨基偶氮苯（戊）、对羟基偶氮苯（己）。五种溶液为：甲+乙；乙+丙；丙+丁；丁+戊；戊+己。

在内径 1.5cm 的层析柱底部放入一小团脱脂棉，将要测定活性的氧化铝填至 5cm 高，氧化铝上面用圆形滤纸覆盖。倒入染料溶液 10mL，待液面流至滤纸时，加入 20mL 苯和石油醚的混合溶液（体积比为 1：4）洗脱。洗脱完毕，根据各染料的位置，由表 19-5 查出相应的活性等级。

表 19-5　氧化铝活性等级

活性等级		I		II		III		IV		V
溶液代号		a	a	b	b	c	c	d	d	e
层析柱中染料位置	上层	乙		丙		丁		戊		己
	下层	甲	乙	乙	丙	丙	丁	丁	戊	戊
洗脱出的溶液			甲		乙		丙		丁	
氧化铝含水量/%		0		3		6		10		15

不含黏合剂的硅胶的活性的测定方法与氧化铝类似，洗脱剂用四氯化碳。

目前应用广泛的羟基磷灰石（HA），为密排的六方晶系。一个晶胞中有 10 个 Ca^{2+}，6 个 PO_4^{3-}，2 个 OH^-，化学式为 $Ca_{10}(PO_4)_6(OH)_2$，是一种典型的无机非金属填料，具有良好的吸附选择性、化学稳定性和热稳定性，但力学性能差，在流动液相中易碎，现在改性后制成球形颗粒来改善其力学性能。

3. 洗脱剂

（1）对洗脱剂的要求：①对样品组分的溶解度大；②黏度小、流动性好（使洗脱过程不致太慢）；③对样品及吸附剂无化学作用；④纯度应合格。

（2）洗脱剂的选择　选择洗脱剂时，应考虑吸附剂吸附能力的强弱和被分离物质的极性。一般情况下，用吸附能力小的吸附剂来分离极性强的物质时，选用极性强的洗脱剂容易洗脱下来；用吸附能力大的吸附剂分离极性弱的物质组分，应选用极性小的洗脱剂。不过，还要通过实验验证。

（3）常用洗脱剂极性大小顺序　石油醚＜环己烷＜四氯化碳＜甲苯＜苯＜二氯甲烷＜氯仿＜乙醚＜乙酸乙酯＜正丙醇＜乙醇＜甲醇＜水＜吡啶＜乙酸。

二、离子交换层析法

离子交换色谱（参见第二十一章第七节）是利用离子交换树脂对不同离子具有不同的亲和力，使各种离子在色谱柱上迁移速度不同，而用来分离离子型化合物的方法。固定相常用离子交换树脂，流动相常用水溶液。分离对象是离子型化合物。

离子交换树脂是一种高分子聚合物，具有网状结构的骨架。树脂的骨架部分一般很稳定，对于酸、碱、一般的有机溶剂都不起作用。在网状结构的骨架上有许多可以被交换的活性基团。

离子交换分离法几乎可以用来分离所有的无机离子，也能用于许多结构复杂性质相近的有机化合物的分离和浓集，操作方便，选择性好，缺点是费时较长。

1. 离子交换树脂类别

离子交换树脂可分成两大类：一类是无机离子交换树脂；另一类是有机离子交换树脂，这类主要是用人工合成的带有离子交换功能团的高分子有机聚合物，如图 19-3 所示。

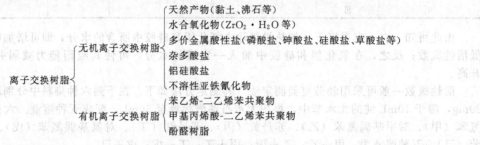

图 19-4　离子交换树脂的类别

理想的离子交换树脂应不溶于水、酸及碱中；化学性质稳定；即基本上不与有机溶剂、氧化剂及其他试剂作用；结构上也应稳定，这样当将它们装入色层柱中不致影响待分离物质溶液与淋洗的流动相的性质；此外，交换基团应该是单一的，且交换容量要大。

离子交换色谱是利用离子交换剂上的荷电基团与待分离的各离子间亲和力不同而通过交换平衡进行分离的柱色谱法。交换剂上的荷电基团吸附待分析溶液中带相反电荷的离子或离子化合物，被吸附的物质物质又可被带同类电荷的离子置换而被洗脱出来。移动速率取决于交换的亲和力、荷电性及待分析物浓度，一般来说，电性越强越易进行交换，即随电价增多而加大，如 $Na^+ < Ca^{2+} < Al^{3+} < Si^{4+}$（常温稀溶液），若价态相同则交换量随交换离子的原子序数的增加而增大，如 $Li^+ < Na^+ < K^+ < Rb^+$。对阴离子交换剂，在常温稀溶液中阴离子与强碱性阴离子交换剂的结合力顺序为：$CH_3COO^- < F^- < OH^- < HCO_2^- < Cl^- < SCN^- < Br^- < CrO_4^{2-} < NO_2^- < I^- < C_2O_4^{2-} < SO_4^{2-} < $ 柠檬酸根。弱碱性阴离子交换剂与阴离子的结合力顺序为：$F^- < Cl^- < Br^- = I^- = CH_3COO^- < MoO_4^{2-} < PO_4^{2-} < AsO_4^{3-} < NO_3^- < $ 酒石酸根 $<$ 柠檬酸根 $< CrO_4^{2-} < SO_4^{2-} < OH^-$。而对两性离子如氨基酸、核苷酸、蛋白质等与离子交换剂的结合力则与其理化性质和在特定条件下的离子状态有关，当 PH<PI（等电点）时能被阳离子交换剂吸附而当 PH>PI 时能被阴离子交换剂吸附，相同 PI 且 PI>PH 时则 PI 越高碱越强，越易被阳离子交换剂吸附。

2. 有机离子交换树脂的结构、交联度、分类与性能

（1）有机离子交换树脂的结构　任何交换树脂从化学结构上都可以认为是两部分组成的：一部分是骨架（也称基体）；另一部分是连接在骨架上的官能团。离子交换官能团也称活性基团，它对离子交换性质有决定性的作用。官能团（功能团）大致有阳离子交换功能团、阴离子交换功能团、螯合型离子交换功能团及其他特种离子交换功能团。所以根据离子交换功能团可分成：阳离子交换剂（树脂）、阴离子交换剂（树脂）、螯合型交换剂（树脂）以及其他特种离子交换剂（树脂）等。

离子交换树脂的骨架可以是有机高分子聚合物，也可以是无机高分子聚合物，但以有机高分子聚合物为骨架的应用最为广泛。

有机离子交换树脂最常用的骨架有苯乙烯-二乙烯苯的单体聚合而成的共聚物；甲基丙烯酸与二乙烯苯的共聚物；苯酚和甲醛经缩合反应得到的酚醛树脂（这是最早的人工合成树脂）。

苯乙烯和二乙烯苯交联所得的树脂就是聚苯乙烯树脂，它是不溶于水的高渗透物质，具有三维的网状结构，如图 19-5 所示，其骨架中的二乙烯苯称为交联剂。

（2）交联度　离子交换树脂中含二乙烯苯的质量分数称为交联度。交联度的大小直接影响树脂的孔隙度和基体网状结构的紧密程度。交联度大的树脂结构紧密、网眼小，大离子难进入这类树脂内，交换反应的速率慢，但选择性高；交联度小的树脂加水后膨胀性大，网状结构的网眼大，交换反应快。实际工作中交联度的选择取决于分离对象及要求。一般来说，只要不影响分离效果，总是尽可能把交联度选大些，这样可以提高离子交换树脂的选择性。

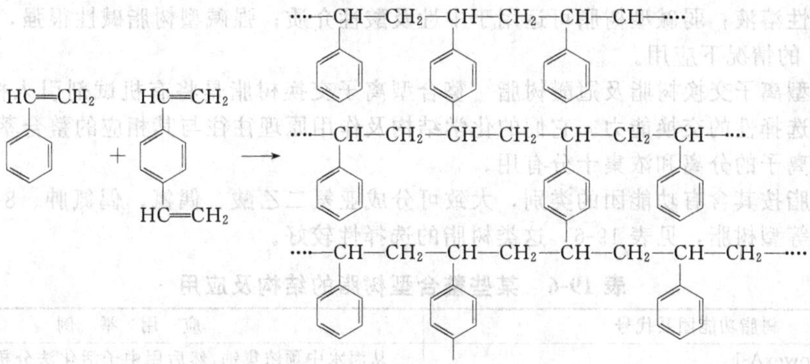

图 19-5　聚苯乙烯树脂的结构

交联度在 1%～4% 的交换树脂一般有以下几个特征：①高度渗透性；②含有大量水分；③交换容量低；④平衡速率高；⑤物理稳定性低；⑥选择性较低，但可透过较大的离子。交联度在 12%～16% 时，特征与上述相反，平均交联度在 8% 左右。例如，在离子交换柱上分离氨基酸时，一般采用交联度为 4% 的离子交换树脂，像 Dowex-50-X_4 等，以连续变化的 pH 和离子强度的洗涤剂分离出 50 个合成的混合氨基酸化合物。对于氨基酸和二肽，采用交联度为 8% 的离子交换树脂最合适，而较高的肽类，需要用 2%～4% 的交联度为好。选择时，只要不影响分离条件，总是选用尽可能高交联度的树脂。在交联度为 16% 的离子交换树脂上分离氨基酸时，只能得到分离度很差的区带，因为这种树脂的孔度太小，氨基酸分子不能快速进入树脂颗粒内。

（3）阳离子交换树脂　典型的阳离子交换树脂是由苯乙烯和二乙烯苯经磺化得到的聚合物，它们大都含有活性基团—SO_3H、—OH、—COOH 等。这类阳离子交换树脂中的 H^+ 可被阳离子交换。它们的化学性质稳定，在 100℃ 时也不受强酸、强碱及氧化剂、还原剂的影响。

由于其中的磺酸基团是高度极性的，所以，可使聚合物有高度的亲水性，当树脂颗粒与水接触时，磺酸基等可电离如下：

$$R—SO_3H + H_2O \longrightarrow R—SO_3^- + H_3O^+$$
$$R—NH_2 + H_2O \longrightarrow R—NH_3 \cdot OH^- + H^+$$

或
$$R—SO_3H + Na^+ \longrightarrow R—SO_3Na + H^+$$
$$R—NH_3OH + Cl^- \longrightarrow R—NH_3Cl + OH^-$$

与普通电解质不同，它们的阴离子连接在固定的聚合物基体上，不能平移，且被与其等价的反离子如 H_3O^+ 所平衡，而这些反离子能和外面液相中的其他离子进行化学计量的交换。

阳离子交换剂在骨架上有酸性功能介质，如磺酸基、羧酸基等，这些介质浸泡在水中时功能基团可解离产生 H^+ 与溶液中的阳离子进行交换。阴离子交换剂在骨架上结合有碱性基团，如季铵基团、叔胺基团等，可解离产生 OH^- 与溶液中的阴离子进行交换。

（4）阴离子交换树脂　当碱性基团引入聚合物中时就可形成阴离子交换树脂，一种常用的阴离子交换树脂是含季铵基 [—$N(CH_3)_3X$] 的强碱型阴离子交换树脂：

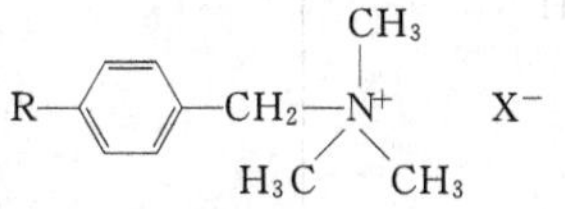

式中，X 为阴离子，可以是 OH^-、Cl^- 或 NO_3^- 等。这类树脂的活性基团是碱性的，其中的 X 可以和其他阴离子交换。

（5）离子交换树脂的分类　离子交换树脂可以根据树脂中活性基团的性质分类。阳离子交换树脂的活性基团是酸性的，依酸性的强弱，可以分为强酸型（含—SO_3H 基团）和弱酸型树脂（含—COOH 基或—OH 基），阴离子交换树脂的活性基团是碱性的，其中含季铵基—NR_3^+ 的称为强碱型的，而含氨基（—NH_2）的则为弱碱型的阴离子交换树脂。

磺酸基型的强酸型树脂，交换速度快，在 pH=1～14 间均可应用；酸性较弱的弱酸型树脂适用于中性及碱性溶液；弱碱型树脂可运用于中性及酸性介质；强碱型树脂碱性很强，交换速度快可在 pH＝1～14 的情况下应用。

（6）螯合型离子交换树脂及冠醚树脂　螯合型离子交换树脂是将有机试剂引入树脂的骨架中，使树脂具有高选择性的交换能力。它们的化学结构及作用原理往往与其相应的螯合萃取剂或沉淀剂相似，对无机离子的分离和浓集十分有用。

螯合型树脂按其含有功能团的类别，大致可分成亚氨二乙酸、偶氮、偶氮胂、8-羟基喹啉、水杨酸、葡萄糖等型树脂，见表 19-6，这类树脂的选择性较好。

表 19-6　某些螯合型树脂的结构及应用

树脂功能团及代号	应 用 举 例
Chelex100；DowexA-1 (结构式)	从海水中预浓集铀，然后用中子活化法分析测定；从海水中浓集 Cd、Zn、Pb、Cu、Fe、Mn、Co、Cr、Ni，然后用石墨炉原子吸收光谱法测定
PDTA-4 树脂 (结构式)	分离 U-Th-Zr、Mn、Ni、Cd、Zn、Co、Pb-Cu；测定矿样中 U、Th；海水中浓集 Zn、Mn、U、Fe、Cr 等
含酮胺羧酸基团树脂 $-COCH_2N[(CH_2)_mCOOH]_2$	分离 Ca、Mg-Pb、La-Th 等
δ-羟基喹啉树脂 (结构式)	Cu、UO_2^{2+}、Fe、Al、Ni 等分离；从裂变产物和镍中分离铀；分离 ^{106}Ru-^{95}Zr-U-^{144}Ce
聚苯乙烯-azo-PAR 树脂 (结构式)	对 Cu、Fe、V、U 有选择吸附性能
含偶氮胂-Ⅰ树脂 (结构式)	从 Pu、Np 中分离浓集 Am、Cm；从海水及矿泉水中浓集测定微量铀
含水杨酸基团树脂	对 Cu、Al、UO_2^{2+} 有选择性测定 Fe、Cu 等
硼树脂 (结构式) $H_3C-N-CH_2-(CHOH)_4CH_2OH$	硼分析，反应堆回路水纯化

树脂功能团及代号	应 用 举 例
含双硫腙基团树脂 NaO₃S—〔苯环〕—N=N—CS—NH—NH—〔苯环〕—SO₃Na	对 Hg(Ⅱ)有选择性
含二硫代氨基甲酸基团树脂 R₁R₂N—C(=S)—SH	可定量提取 Ag^+、Hg^{2+}、Cu^{2+}、Sb^{2+}、Pb^{2+}、Cd^{2+}、Ni^{2+}、Zn^{2+}、Co^{2+} 等
含 2-羟基乙硫醇基团树脂 〔苯环〕—CH₂OCCH₂SH (O)	分离 Zn^{2+}、Cd^{2+}、Pb^{2+}；Pb^{2+}、Bi^{3+}、Hg^{2+}；Sb^{3+}、Sn^{2+}、As^{3+}；可吸附 $Ag(Ⅰ)$、$Bi(Ⅲ)$、$Sn(Ⅳ)$、$Sb(Ⅲ)$、$Hg(Ⅱ)$、$Au(Ⅲ)$ 等
含硫脲基团树脂 [H₃C—CH—〔苯环〕—CH₂—S—C(—NH₂⁺)=NH]ₙ Cl⁻	对贵金属有选择性，用于中子活化法分析陨石中的 Pd、Au、Pt、Os、Ru、Ir、Ag
含酰氨基团树脂	对 U、Th、Zr 以及某些贵金属分离测定
含羟肟基团树脂 〔苯环〕—C(CH₂—N(C₂H₅)₂)=N—OH	对 Cu(Ⅱ)选择性吸附；回收 Cu
XMC—8—4X —CH—CH₂—〔苯环〕—H₂C—NH—〔喹啉环 N〕	对 Pd、Pt 有选择性吸附；从毫克量 Pd、Pt、Au 中分离微克量 Rh 和 Ir
3926I —〔苯环〕—CH₂—N—C—SH	对贵金属有选择性吸附；中子活化分析测定贵金属时分离除去大量贱金属

　　冠醚化合物（环状聚醚类）交换剂不是微溶性的多聚电解质，而是一些不带电的大分子，用这些大分子来交换被束缚在阴离子上（即盐类）的阳离子而生成一些聚醚络合物。聚醚络合物的稳定性取决于阳离子、对应的阴离子、溶剂（流动相）和聚醚环的大小。

　　3. 离子交换树脂的基本性能（溶胀性、交换容量、稳定性）

　　(1) 溶胀性　当干燥的含氢型磺酸基团的阳离子交换树脂浸入水中时，水分子能扩散到树脂内部的网状结构中，树脂内的磺酸基团会在水中解离，磺酸根和氢离子都会进一步发生水合作用，在树脂内形成浓溶液。在渗透压的作用下，外界的水分子不断地进入树脂内，结果使树脂骨架的交联网孔更加扩大，但水分子不断渗入的结果，又会使树脂骨架中碳链上的碳原子之间的化学键发生伸长和弯曲形变，形变的结果反过来又对渗入树脂内的水分子产生排斥的压力，从而使水分子不再能渗入树脂内部，直到最后这两个相反的过程达到平衡，这就是树脂溶胀的过程。溶胀的结果，使干树脂在浸入溶液后发生体积膨胀。

树脂的溶胀性可用膨胀率来表示，即用树脂在浸泡前后的体积之比来表示。也可用其他物理量，如单位质量树脂的含水量或单位质量树脂的湿体积等来表示。

树脂的溶胀性主要与树脂骨架的交联度、交换功能团的性质、交换离子的水合程度等有关。若树脂的交联度越低，含交换功能团的数目越多、交换功能团水合程度越强、外界溶液的离子浓度越低、交换离子价态越低、形成水合离子的半径越大，则树脂的溶胀程度也越大。如果树脂功能团的离解越完全则树脂的溶胀性也越大。因此，强酸和强碱型树脂要比弱酸及弱碱型树脂的溶胀性大得多。强酸型树脂的溶胀性随交联度增加而减小。

一价阳离子对树脂溶胀性的顺序为 $H^+ > Li^+ > Na^+ > K^+ > Cs^+$，这与离子水合半径大小的顺序一致。

不同价态的阳离子对树脂的溶胀性随离子价态增加而降低，即溶胀性 $H^+ > Mg^{2+} > Cr^{3+} > Th^{4+}$。

树脂的溶胀性还与溶剂的极性有关，在极性越大的溶剂中树脂的溶胀性也越大。因此，树脂在非水溶液或水-有机混合溶液中的溶胀性就较小。

（2）交换容量　一定量树脂内含有可交换的离子量叫做交换容量。有全交换容量及工作交换容量两种表示方式，全交换容量用树脂中所含交换功能团的总量表示，这是树脂所能达到的最高交换容量。但实际工作中交换容量还与操作条件有关，即与料液的离子浓度、树脂床高度、树脂粒径、交换基团型式及流速等有关，所以一般都用工作交换容量来表示，这也称为有效交换容量。

交换容量的表示法有两种：①单位质量干树脂所能交换的离子的毫摩尔质量[mmol/g（干树脂）]；②单位体积溶胀后湿树脂所交换的离子的毫摩尔质量[mmol/mL（湿树脂）]。一般阳离子交换树脂是指干燥的氢型树脂的交换容量，而阴离子交换树脂则以干燥的氯型树脂来表示。

但应该注意到交换容量还与 pH 有关，强酸及强碱型树脂适用的 pH 范围较广，而弱酸及弱碱型树脂的交换容量则会显著地受 pH 影响，为此，大大限制了它的应用。

交换容量的测定方法是：用过量的酸将一定量的干树脂中的交换功能团全部转成 H^+ 型，再用水洗去过量的酸。滤干后称取一定量的树脂，向其中加入过量的标准氢氧化钠与之平衡，然后用标准酸滴定与树脂平衡后的碱液的浓度，从下式即可计算出树脂的交换容量。

$$交换容量 = \frac{阳离子交换量（mmol）}{转成\ H^+\ 型的干树脂的质量（g）}$$
$$= \frac{标准氢氧化钠量（mmol）-标准酸量（mmol）}{树脂质量（g）}$$

（3）稳定性　离子交换树脂的稳定性（化学稳定性、物理稳定性及辐照稳定性）决定树脂的使用寿命。树脂的不可逆吸附或沉淀形成等会使树脂"中毒"而影响到它的使用寿命。

① 物理稳定性（机械强度及热稳定性）　树脂的机械强度主要决定于骨架的结构。交联度大的树脂的机械强度和耐磨性都比较好。

在较高的温度下，骨架的交联度易受到破坏，交换功能团也会受到损害。因此，有机离子交换树脂在高温时的热稳定性都比较差，交换容量也下降，使用中应该注意它所允许的受热温度。

② 化学稳定性（抗化学作用能力）　化学稳定性与骨架的结构类型有关，聚苯乙烯骨架的树脂几乎不与一般化学试剂起作用，其化学稳定性比酚醛树脂类更好。

不同型式的树脂有不同的化学稳定性，例如，阳离子交换树脂中 Na^+ 型要比 H^+ 型稳定；OH^- 型的强碱阴离子交换树脂会发生不可逆的降解作用，而使季铵功能团逐渐转变成叔胺、仲胺，以致最后失去交换能力。由此可见，阴离子交换树脂长期放在强碱性溶液中是有害的。

在强氧化剂如高锰酸钾、重铬酸钾及大于 2.5mol/L 的热硝酸溶液中，树脂的稳定性也较差。氧化剂的作用是使树脂骨架的交联度降低，从而增加了树脂的溶胀性，而当存在铁和铜离子时更加严重。

树脂的交联度越低，树脂的稳定性也越差。

③ 辐照稳定性　当树脂受到 $2.58 \times 10^4 C/kg（10^8 R）$ 以上剂量照射后，树脂的外形、酸碱性、交换容量、溶胀性、溶解度、机械强度、离子交换平衡速率、选择性等许多性质都会发生不同程度的变化。

4. 离子交换反应的平衡常数、分配系数、交换历程与影响因素

(1) 离子交换反应及平衡常数 离子交换树脂在溶液中溶胀后，交换功能团所解离出来的离子可在树脂网状结构内部的水中自由移动，并能在树脂与溶液中存在的离子间发生等量的离子交换。这是一个可逆的过程，两相间都保持电中性，最后交换反应达到平衡。例如，当样品溶液从交换柱上端加入后，它的前沿不断地进入到树脂床，溶液中阳离子与阳离子交换树脂上的阳离子可以发生下列交换反应：

$$R^- \!\!-\!\! H_r^+ + M_s^+ \underset{洗脱}{\overset{交换}{\rightleftharpoons}} R^- \!\!-\!\! M_r^+ + H_s^+$$

式中，r 表示树脂相；s 表示溶液相；R 表示树脂基体。

随着溶液的不断下移，上述交换反应将不断进行下去并遵从质量作用定律，直到经过一段时间后就能达到平衡，上述反应的平衡常数为：

$$K = \frac{[H_s^+] \, [M_r^+]}{[M_s^+] \, [H_r^+]}$$

式中省去与树脂连接的部分，仅写可交换离子。推广到一般情况，在树脂和溶液间发生带正电荷分别为 n_1 及 n_2 的阳离子 M_1 与 M_2 之间的离子交换平衡反应为：

$$n_2 M_{1(r)}^{n_1^+} + n_1 M_{2(s)}^{n_2^+} \rightleftharpoons n_2 M_{1(s)}^{n_1^+} + n_1 M_{2(r)}^{n_2^+}$$

$$K = \frac{[M_{2(r)}]^{n_1} \, [M_{1(s)}]^{n_2}}{[M_{1(r)}]^{n_2} \, [M_{2(s)}]^{n_1}}$$

式中，为简化略去电荷符号，[ ] 表示活度。

如果不考虑活度系数，可以把一价阳离子的平衡常数改写成：

$$K_{M_2/M_1} = \frac{[M_{2(r)}] \, [M_{1(s)}]}{[M_{1(r)}] \, [M_{2(s)}]}$$

即

$$K_{M_2/M_1} = \frac{[M_{2(r)}] \, / \, [M_{2(s)}]}{[M_{1(r)}] \, / \, [M_{1(s)}]}$$

式中，K_{M_2/M_1} 称为离子的交换反应的选择系数，它实际上反映了树脂对于离子 M_1 和 M_2 的亲和力的大小。

当 $K_{M_2/M_1} = 1$ 时，表示树脂对两种离子的亲和力相等，即有：

$$\frac{[M_{2(r)}]}{[M_{2(s)}]} = \frac{[M_{1(r)}]}{[M_{1(s)}]}$$

当 $K_{M_2/M_1} > 1$ 时，有 $\dfrac{[M_{2(r)}]}{[M_{2(s)}]} > \dfrac{[M_{1(r)}]}{[M_{1(s)}]}$ 表示树脂对 M_2 的亲和力大于对 M_1 的亲和力。

(2) 分配系数和分离因子（分离因素） 用分配系数 K_d 来表示树脂对不同离子的亲和力要比选择系数更为方便。K_d 是以离子交换达到平衡时，离子在树脂相和溶液相的浓度之比来表示的，即：

$$K_d = \frac{[M_r]}{[M_s]}$$

式中 $[M_r]$——每克干树脂中 M 离子的量；

$[M_s]$——每毫升溶液中 M 离子的量。

K_d 与平衡常数关系：

$$K_d = \frac{[M_{2(r)}]}{[M_{2(s)}]} = K \times \frac{[M_{1(r)}]}{[M_{1(s)}]} \frac{\gamma_{1(r)} \gamma_{2(s)}}{\gamma_{2(r)} \gamma_{1(s)}}$$

式中 γ——活度系数。

用分离因子 α 来表示树脂对两种离子的分离能力要更为方便些。两种离子的分配系数之比称为分离因子。

$$\alpha = \frac{K_{d2}}{K_{d1}}$$

如果分离因子 $\alpha \approx 1$，表示两种离子被树脂吸附的能力相同，因此，它们难于被该种树脂分离；分离因子 α 如果偏离 1，则偏离越大，越易分离它们。

（3）离子交换树脂对离子亲和力的经验关系 离子在离子交换树脂上的选择性系数和分配系数都反映树脂对离子亲和力的大小，它与交换离子本身性质、树脂性质及溶液组成等许多因素有关，大致有下列几条经验关系。

① 树脂的交联度越大，则选择系数越大。

② 离子的原子价越高，树脂对离子的吸附越强，如对氢型阳离子交换树脂，某些离子的选择性顺序为 $Th^{4+}>Ce^{3+}>Ca^{2+}>Na^{+}$；对碱金属和碱土金属原子序数越大，吸附交换亲和力越强；而镧系元素中则相反，即原子序数越大，交换吸附能力越弱；重金属阳离子的选择性差别比较小。

③ 在稀溶液中，相同价态的选择性系数随着水合离子半径的减小而增加（水合作用降低亲和力）。在相同实验条件下，离子的选择系数大致有以下顺序。

一价阳离子：$Tl^{+}>Ag^{+}>Cs^{+}>Rb^{+}>K^{+}>NH_4^{+}>Na^{+}>Li^{+}$。

二价阳离子：$Ba^{2+}>Pb^{2+}>Sr^{2+}>Ca^{2+}>Ni^{2+}>Cd^{2+}>Cu^{2+}>Co^{2+}>Zn^{2+}>Mg^{2+}>UO_2^{2+}$。

三价阳离子：$La^{3+}>Ce^{3+}>Pr^{3+}>Eu^{3+}>Y^{3+}>Sc^{3+}>Al^{3+}$。

阴离子：$Cit^{3-}>SO_4^{2-}>C_2O_4^{2-}>I^->NO_3^->CrO_4^{2-}>Br^->ScN^->Cl^->COO^->Ac^->F^-$。

对于 H^+ 的选择顺序，如果是强酸性树脂，则 $Na^+>H^+>Li^+$；对弱酸性树脂，H^+ 接近 Tl^+。OH^- 在强碱性树脂中介于 Ac^- 与 F^- 之间；对弱碱性树脂则与功能团的碱性强弱有关。

应该注意，以上为经验规律，仅适用于稀溶液，当溶液浓度增高时，这个顺序会有变化。其原因可由离子水合的理论来解释。在稀溶液中离子可以充分水合，当溶液浓度增加时，离子的水合程度降低，而选择性则主要由离子的晶体半径起作用。晶体半径的大小顺序又恰与水合半径大小相反；非水溶剂及水与有机溶剂混合的溶液中有不同规律，有时也可以利用加入有机溶剂的方式来提高分离因素，其原因也可用改变离子水合程度来解释。

进行离子交换时，如果溶液中离子的浓度相等，则亲和力大的先交换上去，亲和力小的后交换上去。

（4）离子交换的历程 由于离子交换反应发生在液相与固相之间，因此是一种反应速率比较慢的交换反应，反应速率会影响到分离效率。当溶液中存在的 A 离子与树脂中的 B 离子发生交换反应时，一般要有以下历程。

① 膜扩散过程 A 离子通过扩散，穿过附着在树脂颗粒周围的相对静止液膜达到树脂表面。静止液膜的厚度与流动相的流速及树脂颗粒的半径有关，其厚度一般在 $10^{-3}\sim10^{-2}$ cm。

② 粒扩散过程 A 离子从树脂表面通过经溶胀的树脂，扩散到树脂颗粒内部。

③ 化学交换反应过程 进入树脂颗粒内部的 A 离子与树脂中的 B 离子发生交换反应。

④ 粒扩散过程 与 A 离子交换后的 B 离子从树脂颗粒内部扩散到树脂表面。

⑤ 膜扩散过程（B 离子的膜扩散过程） B 离子从树脂表面扩散，穿过树脂颗粒周围的静止液膜层进入外界溶液。

按照电中性原理，以上几步必定以相同的速度进行。所以，离子交换的过程可以看成是由膜扩散过程、粒扩散过程及化学交换反应过程三部分组成，其中以化学交换反应速率最快。因而，离子交换反应的速率实际上由膜扩散过程及粒扩散过程决定，如果树脂的交换功能团的交换容量越高，交联度越低，树脂颗粒越细，溶液浓度越低，搅拌速度越慢，则膜扩散过程是决定交换速率的步骤。反之，则粒扩散过程是决定性的步骤。

（5）影响离子交换反应的主要因素

① 树脂颗粒大小 颗粒越细的交换反应速率越快。

② 树脂的交联度 交联度越小反应速率越慢，它会减小树脂内离子的扩散系数，使总的交换反应速率变慢。

③ 温度 增加温度有利于提高粒扩散程度、膜扩散过程，对交换反应速率也有加快的作用。所以，温度可以加快交换反应的速率。

④ 溶液的浓度（流动相） 在稀溶液中，如在 0.01mol/L 以下时，交换反应的速率主要取决于于膜扩散过程。浓度增加时，粒扩散过程将主要取决于反应速率。不过，交换反应速率有极限值。

⑤ 其他因素 如溶液的搅拌速率、树脂类型、溶剂的极性等也会影响交换反应的速率。在非水介质中特别是在非极性的溶剂中，离子交换反应的速率一般是很慢的，有时甚至仅为水中的千分

之一。其原因是在非极性溶剂中树脂的溶胀性很小，或者可能由于在非极性溶剂中，可交换的离子仍被键合在树脂内的功能团上，而不能进行自由扩散运动。

5．应用

离子交换色谱操作简便，无需特殊设备，而且树脂具有再生能力，可以反复使用，因此获得广泛的应用。如药物生产、抗生素、中药的提取及水的纯化等都已普遍使用。

离子交换色谱法制备去离子水（实验用水）的方法是：将天然水先通过氢型阳离子交换树脂柱，再通过氢氧型阴离子交换树脂柱，天然水中含有的 K^+、Na^+、Mg^{2+}、Ca^{2+} 等阳离子以及 Cl^-、Br^-、SO_4^{2-}、CO_3^{2-} 等阴离子分别吸附在阳、阴离子交换树脂上，流出液即为"去离子水"。为提高去离子水的质量，可将多个阴、阳离子交换柱串联使用。其电阻率可大至 $5M\Omega\cdot cm$，可做实验用水。参见第一章第八节二。

三、分配层析法

1．分配系数（K）

分配柱层析法是利用被分离物质中各组分在两种不相混溶的液体之间的分配（即溶解度）不同而达到分离的方法。

当某物质的溶液与不相混的溶剂振荡时，溶质可以分布在两相中，当达到平衡时，可用分配系数 K 来表示。

$$K = \frac{A\ 溶剂中的浓度}{B\ 溶剂中的浓度}$$

2．移动速率（比移值，R_f）

在层析法中，常以 R_f 表示物质的移动速率，其定义为：

$$R_f = \frac{色带中心的移动距离}{洗脱剂前沿的移动距离} = \frac{原点至组分中心的距离}{原点至洗脱剂前沿的距离}$$

色带移动速率 R_f 值又称为比移值，它代表物质的移动速率，可用来比较组分的移动速度，作为定性分析的依据。R_f 值随层析柱内的装填情况与成分不同而变，它取决于被分离物质在两相间的分配系数 K 值及两相间的体积比，即：

$$R_f = \frac{A_1}{A_1 + KA_s}$$

式中　A_1——流动相占有的柱截面积；

A_s——固定相占有的柱截面积；

K——分配系数。

由于两相体积比 A_1/A_s 在同一试验中是常数，故 R_f 主要取决于分配系数，可作为定性分析的依据。

3．分配柱层析的载体（支持体）

载体（支持体）在分配层析中是用来吸着固定相用的。对载体的要求是：①惰性；②没有吸附能力；③能吸留较大量的固定相液体。

常用作载体的物质有两种类型。

① 多孔性物质　载体的整个结构是多孔的，具有很大的表面积，如硅藻土、硅胶及多孔硅珠等。

② 表面多孔或多孔薄层　它们由不可渗透的中心和多孔薄壳表面所组成，像 Zipax（内为玻璃核心，外涂硅胶的薄壳型载体），近年来也用纤维素为载体。

4．分配柱层析中的固定相与流动相

分配柱层析中固定相多为水溶液或与水混合的液体，如水、缓冲溶液、甲酰胺、丙二醇以及它们的混合液等。将它们按一定比例与载体混合后装填层析柱。

分配柱层析中的流动相常用疏水性溶剂，所用溶剂按极性大小及形成氢键的能力分类，其排列顺序与吸附层析柱中的洗脱顺序相似。顺序中较前面的溶剂，兼有电子对给予体和电子对接受体的性质，因此具有较大的形成分子间氢键的能力。顺序中越靠后的溶剂，形成分子间氢键能力

越弱。溶剂形成氢键能力的顺序大致为：水＞甲酰胺＞甲醇＞乙酸＞乙醇＞异丙醇＞丙酮＞正丙醇＞苯酚＞正丁醇＞正戊醇＞乙酸乙酯＞乙醚＞乙酸正丁酯＞氯仿＞苯＞甲苯＞环己烷＞石油醚＞石蜡油。

固定相与流动相的选择主要依据样品组分在两相间的溶解度，即依分配系数而定。

四、凝胶过滤色谱法

凝胶过滤色谱法也可称排阻色谱、分子筛色谱等，是 20 世纪 50 年代发展起来的一种按分子大小进行分离纯化的手段。对酶、蛋白质、多肽、核酸等生物大分子，相对分子质量在 $10^2 \sim 10^8$ 之间的纯化分离有重要应用。它操作限制少，可分离的分子量区间大，很适用于活性大分子的分离，在生化产物的制备技术中应用最广。色谱分离的凝胶为具有三维网状结构的高聚物，颗粒有一定的孔径和交联度，不溶于水而且在水中有较大的膨胀度，具有良好的分子筛功能。含有不同大小尺寸的分子样品进入层析柱后能按分子大小的顺序进行分离，当各种分子的混合样品缓慢流经凝胶柱时，各分子在柱内进行着两种不同的运动，垂直向下的移动及无定向的扩散运动，因为只有小于凝胶网孔径的分子才能进入凝胶颗粒内部，不能进入的较大分子与流动相一起流出凝胶柱，更小的分子则可以任意扩散而进入凝胶颗粒内部的微孔处，在向下移动中不断地进行着从一个颗粒的内部扩散到颗粒间隙，再进入下一个颗粒的无序运动，因此小分子的定向下移速度落后于大分子而形成一个按分子从大到小的从柱内流出的排列分离顺序，这种现象叫分子筛效应。多孔凝胶就像分子筛，不同凝胶孔径也不同，大于凝胶最大孔径的分子就会因位阻效应全部排阻在凝胶颗粒之外，但若全能自由进入凝胶网络孔径的分子，即使分子的大小有别，则分离效果也不会好。凝胶孔径及分子的大小决定该溶质在柱内的停留时间（称保留时间），不同的物质因保留时间不同而分离。

凝胶色谱电凝胶介质的分级范围和多孔性影响到色谱过程的选择性，凝胶颗粒大小很大程度上决定色谱过程的分辨率，介质必须符合的条件为：有较高的机械强度；流动中不会发生体积变化；高化学稳定性；对分离介质为惰性；不受温度、pH、有机试剂等影响；颗粒均匀、亲水、不带电荷、对样品不吸附。

主要的介质如下。

（1）交联葡聚糖凝胶（dextran gel；sephadex G）　它是葡聚糖通过交联剂过氧氯丙烷（即表氯醇）以醚键交联形成的有三维空间多孔网状结构的高分子化合物，不同型号的葡聚糖凝胶用英文字母 G 表示，如 G-25、G-75、G-100 等。G 后面的数字乘以 10 为凝胶吸水量。数字越大表示被分离分子的分子量和分级的范围越大。按交联度大小可分为 8 个等级，交联度越大，网状结构越紧密，孔径和吸水性越小，只能分离分子量较小的物质。用作凝胶过滤色谱固定相，纯化分离多糖、多肽、核酸、酶、抗菌素及水溶性蛋白质等。也用于从溶液中富集高分子化合物和测定高聚物分子量分布，蛋白质溶液脱盐。制备型凝胶用于从中草药及生物发酵液中提取有效成分，纯化抗菌素、干扰素、人工麝香等，也用作吸附色谱、薄层色谱和毛细管电泳的分离介质。Sephadex G 系列中引入羟丙基基团后即可构成 LH 型烷基化葡聚糖凝胶，例如 sephadex G-25 经羟丙基化处理后变成 sephadex LH-20，使之具有亲水性，能吸水膨胀适于分离亲水成分，而且还可用于分离有机溶剂中的亲脂成分。交联葡聚糖可耐 120℃有良好的化学稳定性。

（2）琼脂糖凝胶　琼脂糖凝胶的商品名很多，因不同生产厂家而异，如 sepharose、agarose gel、Bio-Gel A 等，由琼脂分离出来的天然凝胶，是一种大孔凝胶，主要用于分离相对分子质量为 40 万以上的物质，如核酸和病毒等。琼脂糖凝胶由 D-半乳糖和 3,6-脱水-L-半乳糖交替结合而成。琼脂糖凝胶在干燥时易破裂，一般悬浮在 10^{-3} mol/L EDTA 和 0.02％叠氮化钠溶液中。由于链与链之间没有共价交联，只能在低温下（＜40℃）使用。高温下应使用琼脂糖凝胶 sepharose CL，由没有共价交联的琼脂糖与 2,3-二溴丙醇反应生成，可耐受 110～120℃的高压反复灭菌处理。用作凝胶色谱固定相，对蛋白质和多糖的排阻极限达 10^7 U，适合于酶、细胞、蛋白质、单克隆抗体等生物大分子的纯化分离。也用于制备离子交换色谱和亲和色谱的固定相。

混合物的分离程度主要由凝胶颗粒内微孔孔径和待分离物质的分子量区间所决定，凝胶的孔径决定被排阻分子量的下限。没有交联剂存在的凝胶颗粒网孔由琼脂糖的含量决定，当用 2,3-二溴丙醇作交联剂交联后得的 sepharose CL，其孔径与交联度直接相关，增加交联次数可改变孔径大小及适应的分离物的分子量范围，应注意不同状态凝胶的操作条件差异。

此外，还有聚丙烯酰胺凝胶、两种组分共同组成的复合凝胶、交联聚苯乙烯凝胶、聚乙烯醇凝胶等。

五、柱层析的操作

柱层析操作见表19-7。

装柱质量的好坏直接影响到分离效果，填充不均造成流速不匀，从而引起区带扩张使分辨率变坏。操作应按柱内充填介质的不同而区别对待，首先选好合适的柱尺寸和吸附剂种类。常规柱色谱的操作步骤和注意事项如下。

① 装填，有干法和湿法两种。湿法操作是以洗脱剂将吸附剂分散成均匀的悬浊液，将其装入有液体的柱中，要求均匀而无气泡。

② 上样，采取自然沉降方式装样，并且要尽量使样品分布窄。

③ 洗脱，根据分离要求选择洗脱剂，洗脱时必须避免产生搅动现象且柱床不能有干涸处。

④ 样品收集供分析鉴定。

表 19-7　柱层析的操作

操作步骤及要点	简 要 说 明	注 意 事 项
1. 选择层析柱 ①选适宜长度、口径的玻璃管,一端做成紧缩的斜口,或取一支滴定管作层析柱,洗净 ②柱底加少许脱脂棉或玻璃毛 ③将柱子垂直固定在铁支台上	①层析柱的尺寸由吸附剂的用量确定,直柱长与柱直径之比应为10∶1为好 ②固定相的用量根据样品量、柱容量及层析目的而定	①层析柱的内径要均匀 ②若层析柱底部有活塞,不应涂抹润滑油,以免沾污分离产物
2. 选择固定相 根据被分离物质的性质选固定相,一般分离极性大的物质选吸附力小的固定相,分离极性小的物质,应选用吸附力强的固定相。离子型物质选离子交换树脂	常用固定相和氧化铝、硅胶、离子交换树脂等见本章各表	对固定相的要求见本章有关部分
3. 装填层析柱 湿法装柱时: ①将层析柱用溶剂装满 ②称取适量的固定相 ③用溶剂调和固定相 ④装调好的固定相入柱中,让其慢慢地沉降 ⑤打开下端,让溶剂缓慢流出使固定相,装填均匀 ⑥装好柱后在固定相上层盖上少量脱脂棉或玻璃毛	①固定相量一般为被分离量的50倍 ②调和固定相的溶剂可选溶解样品的溶剂、洗脱剂或其他溶剂 ③调好的固定相不能过黏,应有一定的流动性	①不得让柱中的溶剂低于固定相上端表面,至少应高出1mm,以免空气进入吸附剂中影响分离效果 ②若用离子交换树脂,固定相要先用水浸泡,再用盐酸浸泡并洗至中性,将阳(阴)离子树脂转成 H^+(Cl^-)型,再装柱 ③装柱时,应边装边敲打柱身,以使装填的柱均匀,紧密
4. 选择洗脱剂 ①取选好的固定相少许,按薄层析的干铺法铺在载玻片上 ②毛细玻璃管滴加少许欲分离的混合物在载玻片上 ③用不同溶剂进行展开,观察分离情况,选择理想的洗脱剂	选洗脱剂原则 ①分离极性大的物质,选吸附能力较弱的固定相及极性较大的溶剂为洗脱剂 ②分离极性小的物质,选吸附能力较强的固定相和极性较小的溶剂为洗脱剂 ③单一溶剂洗脱不理想时,可加入极性更大或更小的溶剂调节洗脱剂的极性,以达最佳分离效果	①洗脱剂选择可参考相关文献,采用别人用过的同样条件的洗脱剂最为简便,否则应进行筛选实验 ②用薄层层析法筛选洗脱剂时,应采用干铺制板法,湿法制板的实验结果与柱层析的差异较大
5. 清洗层析柱 ①湿法装好柱后即可装选好洗脱剂加到柱中 ②控制流速在1～4滴/s ③连续不断加入洗脱剂以保持柱顶不干	①清洗柱的目的是尽可能除去残留柱中的空气,使固定相均匀和紧密;同时又可洗去柱和固定相中含有的可洗脱杂质,利于分离得到理想效果 ②清洗柱的步骤应尽可能多些,以保证此步操作的效果	

续表

操作步骤及要点	简　要　说　明	注　意　事　项
6. 加样 ①使柱顶端留有 1mm 高的洗脱剂 ②将欲分离的混合物用适量溶剂溶解成溶液，加入柱中 ③以 1～4s 一滴流速让洗脱剂流出 ④使混合物溶液全部吸附在固定相顶端形成很狭的谱带	①溶解混合物的溶剂可以是洗脱剂，也可以是其他溶剂 ②柱顶预留的洗脱剂不可太多，否则谱带变宽	①溶解混合物的溶剂量应尽可能少，而且一定要溶解成溶液，否则分离效果不佳 ②操作中，一定要注意防止空气进入 ③淋洗速度最好根据柱大小、分离因子层、析目的等通过实验选择
7. 洗脱 ①加入洗脱剂 ②保持原来的洗脱速度 ③分别收集流出的各个组分	①若分离混合物有色，则可根据在层析柱上的色带分别接收 ②若分离物无色，则需在分离接收过程中用化学或物理方法对接收液进行鉴别，也可采用分份接收，待层析结束后，再统一鉴别。 ③洗脱时极性小的物质先流出，极性大的物质后流出	①洗脱的整个过程中应始终保持不露出固定相，以免空气进入，影响分离结果 ②若为离子交换柱，则应在洗脱完成后，马上用再生溶液使树脂再生备用

六、部分有机物柱层析体系

表 19-8 为部分有机物柱层析体系。表 19-9 为有机物柱层析体系常用的溶剂和洗脱剂。

表 19-8　部分有机物柱层析体系

被层析物质	吸附剂或支持体①	溶剂(或洗脱剂)
烃类		
脂肪烃和环烷烃	硅胶(苯胺)	异丙醇或苯
脂肪烃		
链烷烃	漂白土(Floridin)	石油醚
正和异链烷烃	活性炭	石油醚
三甲基丁烷和三甲基戊烷	硅胶	石油醚
天然生物链烷烃(不能皂化的)	氧化铝或氧化镁	石油醚
石油馏分	氧化铝、活性炭或硅胶	石油醚
胡萝卜素	氧化铝	石油醚
	石灰	石油醚
		石油醚＋苯甲醚
	氧化镁	石油醚＋丙酮
		四氯化碳
胡萝卜素的顺、反异构体	石灰或氧化镁	石油醚
萜烯	氧化铝、活性炭、氧化镁或硅胶	石油醚
芳香烃		
低分子芳香烃	氧化铝	石油醚
	硅胶	戊烷
稠环的芳香烃	氧化铝或活性炭	石油醚
芳香烃的立体异构体	氧化铝	石油醚
	硅胶	石油醚＋苯
取代的乙烯(顺、反异构体)	氧化铝	石油醚
醇类		
脂肪醇	(另见酯类)	
一元醇	氧化铝	石油醚
	硅胶(用水浸渍过)	四氯化碳＋氯仿＋乙酸(分步洗脱)
一元醇转化成黄原酸酯后	纸	正丁醇＋氢氧化钾
二醇	Celite(NaOH 水溶液)	苯
乙二醇($C_2～C_4$)	硅胶-Celite(用水浸渍过)	正丁醇＋氯仿(分步洗脱法)
多元醇	氧化铝	石油醚
	活性炭	水
羟基类胡萝卜素	(另见酯类)	

被层析物质	吸附剂或支持体①	溶剂（或洗脱剂）
叶黄素	氧化铝	石油醚＋苯
	氧化镁	1,2-二氯乙烷
		石油醚＋丙酮
	糖	石油醚＋正丙醇
	碳酸锌或碳酸钙	苯
	纤维素柱或纸	石油醚＋正丙醇
环烷醇		
一羟基或多羟基化合物	纸	丙酮＋水
酚类	纸	丙酮＋水
	硅胶（用水浸渍过）	异辛烷或环己烷
醛类和酮类		
脂肪族的		
同系物	硅胶	苯
	氧化铝	石油醚＋苯
酮类胡萝卜素		
叶黄素	糖	石油醚＋（正丙醇）
芳香族的	硅酸镁	石油醚＋苯
	氧化铝	石油醚＋苯
转化成 2,4-二硝基苯腙后	硅胶＋Celite	石油醚＋乙醚
	硅胶	石油醚＋乙醚＋苯
		用水饱和的苯
	皂土（膨润土）＋Celite	乙醚＋丙酮
	滑石	石油醚
	纸	异丙醇＋水（3＋1）
羧酸		
脂肪酸	硅胶（氢氧化钠的甲醇溶液）	异辛烷
一元脂肪酸	Celite（在 0.25mol/L 硫酸中浸渍过）	氯仿＋丁醇＋乙醚
$C_6 \sim C_{12}$ 脂肪酸	Hyflo Super Cel（聚硅氧烷）	氯仿-SkellysolveB-水-甲醇
二元脂肪酸	硅胶（在 0.5mol/L 硫酸中浸渍过）	特丁醇＋氯仿
芳香酸	硅胶（甲醇-水-硫酸）	Skellysolve B
酯类		
单酯		
脂肪族的	氧化铝	石油醚
芳香族的	氧化铝	石油醚＋苯
维生素 A 酯	氧化镁	石油醚＋丙酮
叶黄素酯	氧化铝或氧化镁	石油醚
多元酯		
脂肪	氧化铝	石油醚＋苯
	硅胶	石油醚＋乙醚＋三氯乙烯
醚类		
脂肪醚	氧化铝或氧化镁	石油醚
芳香醚	硅胶	石油醚
硝基化合物		
二甲基硝基氨基苯糖苷	氧化铝	甲醇＋水＋吡啶
硝基苯胺	石灰	石油醚

被层析物质	吸附剂或支持体①	溶剂(或洗脱剂)
胺类		
酰化以后	氧化铝	苯
芳香胺	硅胶＋Celite	石油醚(含20%乙醚)
杂环胺	氧化镁	石油醚
含硝基的芳香胺	石灰或氧化铝	石油醚
季铵盐	纸	乙醇＋氨水
氨基酸		
酸性氨基酸	酸性氧化铝	稀盐酸
碱性氨基酸	硅胶	稀盐酸
各种氨基酸	活性炭	水＋丙酮
		水＋苯酚＋乙酸
		吡啶＋乙酸
	硅胶(水)	正丁醇＋氯仿
	纤维素(水)	醇类
	纸	乙醇＋乙酸
	淀粉(水)	正丁醇＋苄醇
	橡胶粉(正丁醇)	缓冲液(用正丁醇饱和)
蛋白质	氧化铝、碳酸钙或磷酸钙	水
	硅胶或Celite	水＋盐
碳水化合物		
糖类的偶氮苯羧酸酯	硅胶	石油醚＋苯
乙酸纤维素	活性炭	石油醚＋丙酮
游离糖	天然漂白土,GDX(多孔聚合物)	醇＋水
	纸	低级醇
其他		
生物碱	高岭土	水
	氧化铝	苯或乙醚
类胡萝卜素	石灰、氧化铝、氧化镁或纸	石油醚
叶绿素(a,a′,b,b′,c,c′,d,d′等)	糖、淀粉或纤维素	石油醚＋正丙醇(或苯)
脂溶性维生素(A、D、E、K)	氧化铝	石油醚＋苯
甾醇	氧化铝	石油醚＋苯＋氯仿＋甲醇
类甾醇	氧化铝	石油醚＋苯＋氯仿
酮类甾醇	硅胶(甲醇-水中浸渍过)	苯＋氯仿,氯甲烷、石油醚(用梯度洗脱法)
煤焦油染料	氧化铝或白垩	水
	纸	乙醇＋水

① 该栏括号中的液体为分配层析的固定相,Celite为一种白色硅藻土。

表 19-9　有机物柱层析体系常用的溶剂和洗脱剂

溶　剂　和　洗　脱　剂	适　于　洗　脱　的　物　质
饱和烃	石油醚、正戊烷、正己烷、正庚烷、环己烷	烃、醇、醛、酮及其2,4-二硝基苯腙、醚、酯、胺(芳香胺、杂环胺)、叶黄素、胡萝卜素、类胡萝卜素、666等
不饱和烃	戊烯、苯、甲苯	醛、酮、生物碱、胺(酰化后)
卤代烃	四氯化碳、氯仿、二氯乙烷、二氯乙烯	低级醇($C_1 \sim C_2$)、某些脂肪酸(用与丁醇的混合溶剂)、叶黄素、类甾醇(混合溶剂)
醚	二乙醚、二异丙醚、苯甲醚	生物碱、醛和酮的2,4-二硝基苯腙
醇、酚	甲醇、乙醇、丙醇、正丁醇、苯酚	季铵盐、游离糖、链霉素
酮	丙酮、甲乙酮、苯乙酮	某些氨基酸、维生素D
酸	乙酸、丙酸、丁酸	青霉素、维生素C、某些氨基酸
酯	乙酸乙酯、乙酸丙酯	某些氨基酸如亮氨酸
水		某些氨基酸、生物碱、多元醇
酸、碱、盐及缓冲溶液		无机离子、酸性氨基酸

第三节 纸 层 析 法

纸上层析法（纸色谱）属于平面（板）色谱法，从 19 世纪 40 年代发展起来，由于能适用于多个学科中多种物质的同时分离分析，成为多个领域的微量分析工具之一。它具有设备简单价廉、操作方便、分离效果好等优点。检测灵敏度也高。无论有机、无机、临床检验、药物、农药、染料、贵金属等的分离、鉴定、定量等方面都有广泛应用，解决了许多理论和实际问题，为多种学科的发展做出了贡献。

一、原理

1. 分离原理

纸色谱法是以纸为载体的液相色谱法，属于分配色谱。操作时，在一张长条的滤纸的一端，滴上待分离的样品溶液，待试样溶液挥发后，将滤纸吊放在一个事先用展开剂（流动相）饱和的容器内，其装置如图 19-6 所示，使滤纸被流动相的蒸气所饱和，然后让流动相从滴样的一端通过毛细管作用流向另一端，在这过程中将各组分逐渐分离。

纸上层析的原理与逆流分配的原理大致相似。滤纸中约 20% 的水分可看作是固定相，与水不相混溶的有机溶剂作流动相。由于有机溶剂在滤纸上的渗透展开（使物质在两相中作无数次重复抽提、溶解的过程，称为展开），滤纸谱图上组分质点的移动可以看做是固定相和流动相之间的连续作用，通过分配系数不同而达到分离的目的。纸色谱法可以有效地分离许多物质。如图 19-7 所示为二元混合物纸色谱，如图 19-8 所示为纸色谱分离中的曳尾现象。

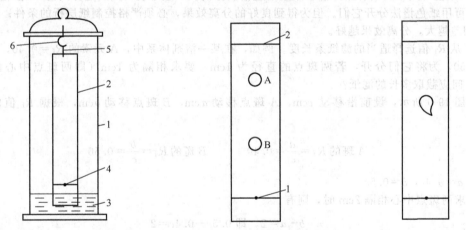

图 19-6 纸色谱分离（上行法）的装置　　图 19-7 二元混合物的纸色谱图　　图 19-8 纸色谱分离
1—色谱筒；2—滤纸条；3—流动相；　　1—原点；2—流动相上升到最　　　　中的曳尾现象
4—原点；5—纱线；6—挂钩　　　　　　高的位置（溶剂前沿）

由于滤纸是由纤维素构成的，滤纸纤维素能吸附约 20% 的水分，其中 6% 的水分通过氢键与纤维素上葡萄糖分子上的多个亲水的羟基结合，将水分子牢牢吸附在纸表面，限制了水分的扩散，滤纸也吸附流动相的有机溶剂。这部分水和与水混溶的溶剂能形成类似不相混溶的两相纸，其本身是惰性的，不参与分离过程，只起着载带水分（即固定相）的作用。分离作用是由组分在疏水的有机溶剂（流动相）和纸上水分（固定相）之间的分配不同而引起的。因此，在纸色谱中，组分的分离是由两相中的分配系数起主导作用的。固定相除水外还可用甲酰胺、缓冲液等。

纸色谱的分离机理除了分配系数差异外，还与滤纸的吸附作用和纤维素中羧基（—COOH）上的氢离子与待分离组分之间的离子交换作用有关，实际上纸色谱的分离机理是很复杂的。

2. 比移值

（1）定义　纸色谱中组分移动的情况通常以比移值（R_f）来表示，其定义为：

$$R_f = \frac{\text{组分移动的距离}}{\text{溶剂前沿的距离}} = \frac{\text{原点至组分色层中心的距离}}{\text{原点至流动相前沿的距离}}$$

在环状纸色谱中的比移值（R_{fc}）：

$$R_{fc} = \frac{\text{圆心到色谱中心间的距离}}{\text{圆心到溶剂前沿的距离}}$$

而且 $R_f = (R_{fc})^2$，使用时要注意区别 R_f 与 R_{fc}。

R_f 值的大小取决于该组分的分配系数 K 值。结构不同的化学物质其极性不同，在同一层析条件下 K 值不同，展开时 R_f 也不同，严格操作条件下 R_f 可为定性参考。

也可用相对比移值 R_m 表示，相对比移值 R_x 是组分的 R_f 值与参考物质 x 的 R_f 值之比。

$$R_m = \frac{\text{组分的 } R_f \text{ 值}}{\text{参考物质 x 的 } R_f \text{ 值}}$$

或

$$R_m = \frac{\text{原点至组分点中心的距离}}{\text{原点至参考物质 x 点中心的距离}}$$

可见 R_f 值总是小于 1，$R_f = 0$ 表示该组分基本上留在原点未移动（表示吸附剂太强），即不被展开；$R_f = 1$，表明该组分随展开剂的流动相一起上升，也就是说该组分在固定相的浓度接近于零。

在一定条件下，R_f 值是物质的特征值，借此，可用 R_f 值定性鉴定物质。不过由于影响 R_f 值的因素很多，进行定性时，最好用已知样品对照。

（2）比移值的作用

① R_f 值可用来判断各组分能否采用纸色谱法分离。一般来说，只要组分间的 R_f 值相差在 0.02 以上就可用纸色谱法分开它们。但为得到良好的分离效果，必须严格控制纸层析的条件；两组分的 R_f 值相差越大，分离效果越好。

② 从 R_f 值选择适当的滤纸条长度。例如，在某一溶剂体系中，A 元素的 $R_f = 0.40$，B 元素的 $R_f = 0.50$，为将它们分开，若两斑点的直径为 1cm，要求相隔为 1cm（即两斑点中心的距离为 2cm），问应截取多长的滤纸？

如图 19-9 所示，设前沿移动 $c$cm，A 斑点移动 $a$cm，B 斑点移动 $b$cm，根据 R_f 值的定义可以有：

$$A \text{ 斑的 } R_f = \frac{a}{c} = 0.40 \qquad B \text{ 斑的 } R_f = \frac{b}{c} = 0.50$$

则 $a = 0.4c$，$b = 0.5c$

要求两斑点中心相隔 2cm 时，则有：

$$b - a = 2, \text{ 即 } 0.5c - 0.4c = 2$$

所以 $c = 20$（cm）

即要达到上述分离要求，前沿至少应上升 20cm，这样就可以知道纸条的长度。在纸色谱中原点还应离纸条下端 4～5cm 的间隔，前沿也应离条上端有 2～3cm 的空间，所以滤纸的长度至少有 27cm 左右。

（3）比移值与分配系数的关系　从图 19-10 可看出，物质 A 的比移值 R_f 为：

$$R_f = \frac{x}{x + y}$$

式中　x——斑点中心到原点距离；

　　　y——斑点中心到前沿的距离；

　$x + y$——原点到溶剂前沿的距离。

当物质 A 在流动相中的溶解度大时，x 值就大，也就是说 x 值与物质 A 在所处体系的流动相（有机相）中的溶解度成正比。如果相反，即物质 A 在固定相中的溶解度大时，x 值就小，而物质 A 在这两种互不相溶的溶剂中的溶解度的比值就是物质 A 的分配系数 K，即

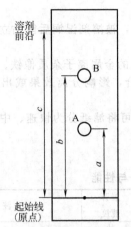

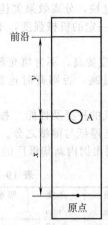

图 19-9　从 R_f 值计算纸条的长度　　　　　图 19-10　比移值 R_f 的计算

$$K = \frac{C_{A(有)}}{C_{A(水)}}$$

因 x 与 $C_{A(有)}$ 成正比，y 与 $C_{A(水)}$ 成正比，故 $K \propto \dfrac{x}{y}$

所以

$$K = \beta \frac{x}{y}$$

式中　β——比例系数。

于是物质 A 的 R_f 值为：

$$R_f = \frac{x}{x+y} = \frac{1}{1+\dfrac{y}{x}} = \frac{1}{1+\dfrac{\beta}{K}}$$

可见，当体系一定时，β 值一定，则 K 越大，R_f 值也越大；反之，K 小，R_f 值也小。

（4）滤纸常数　β 是一个与滤纸有关的常数，称为滤纸常数。

$$\beta = \frac{单位面积滤纸吸附固定相（水）的量}{单位面积滤纸吸附流动相（有机溶剂）的量}$$

滤纸常数计算如下：用实验方法测出某物质的分配系数 K（也可从有关萃取分离的书中查出某物质分配系数 K）。用纸色谱法求出 R_f 值，然后将 K 值及 R_f 值代入上式，就可算出 β 值。但应注意：通过一种物质的 R_f 值求出的滤纸常数 β 值只适用于该种滤纸，并应在同一种物质的展开剂中。

二、纸色谱法的操作方法与条件选择

纸色谱法的基本操作包括选纸、点样、展开、显点定位及定量等步骤。

一般操作时取一条滤纸，在接近纸边的一端，点上一定量的待分离样品溶液，干后悬挂在一个密闭的色谱缸中，流动相通过毛细管作用从点样点的一端，沿着纸条慢慢向下扩散（下行法），或向上扩散（上行法）。点在纸条上的样品溶液中的各组分随着溶剂向前移动，进行两相分配，经过一定时间后，取出纸条，立即划出溶剂到达的前沿线，风干。如果欲分离物质有色，则可看到色斑点，如为无色物质，则必须采用物理或化学方法使之显色。进行定性或定量分析。如要结果理想还应考虑如下几点。

1. **层析用纸的要求、性能及选择**

（1）层析纸的一般要求

① 纸质必须均一，厚薄均匀，且应平整无折痕，否则会使流动相流速不均匀，影响分离效果。

② 纸纤维的紧密程度适中，过松则斑点会扩散；过紧密则流速过慢，使分离时间加长。

③ 有适当的厚度，这样可以保证溶剂有适当的流动速度。太厚的纸流速变慢，耗时太长；太

薄的纸流速又过快，分离效果欠佳。

④ 纸应有一定的机械强度，不易断裂。一般以做成圆筒状，被溶剂湿润后能站立不倒者为合格品。

⑤ 纸质纯度要高，不含填充剂，灰分在 0.01% 以下。常见的金属离子杂质像铁、铜、钙、镁等的含量不得过高，否则有时这些金属离子会与某些组分结合，影响分离效果或出现不相干的斑点。

（2）层析纸的种类及性能　按溶剂在滤纸上的流速不同，可将滤纸分为快速、中速及慢速三种，此外，还有厚纸与薄纸之分。

表 19-10 列出国内新华纸厂的滤纸型号与性能。

表 19-10　国内新华纸厂的滤纸型号与性能

型号	标重 /(g/m²)	厚度 /mm	吸水性(30min 内水上升的距离)/mm	灰分 /(g/m²)	展开速度	注
1	90	0.17	120~150	0.08	快	
2	90	0.16	90~120	0.08	中	相当于 Whatman 1 号
3	90	0.15	60~90	0.08	慢	
4	180	0.34	120~150	0.08	快	
5	180	0.32	90~120	0.08	中	相当于 Whatman 3 号
6	180	0.30	60~90	0.08	慢	

国外的层析纸有美国 Whatman 1 号、2 号、4 号滤纸，德国的 Schleicher and Sohnell 滤纸及日本的东洋滤纸等。

（3）层析纸的选择

① 应根据层析的具体要求选择层析纸。快速滤纸纸质疏松，展开速度快，但斑点易扩散，适于分离 R_f 值差别较大的样品，或在希望很快得到定性分析的结果时选用。慢速滤纸的展开速度慢，斑点紧密，适于较难分离的样品及定量分析时选用。此外，有时还要根据所选用的溶剂性质来确定，如果流动相是黏度大的有机溶剂，如丁醇等，宜用快速滤纸或较薄的滤纸。对黏度小的有机溶剂如己烷、氯仿等，可选用较厚的滤纸或慢速滤纸。

② 选择层析用纸时还应注意厂家及牌号，由于生产方法及条件不尽相同，使纸的质量、吸水性等造成差异，有时 pH 也不相同，甚至同一厂家不同批号的滤纸其性质也可能略有不同，必须在使用中加以注意。

③ 裁纸时要注意方向性，溶剂在纸的纵横两个方向有不同的流速，一般纵向流速快，单向展开时，以纵向裁开为宜。

④ 滤纸都应保存在洁净的环境中，并应避免和各种化学物质及烟雾等接触，吸附在纸上会造成滤纸变性，影响结果的准确性。

2．点样

将滤纸按分离要求裁好，用铅笔在纸边 2~3cm 处划一直线（又称原线），在线上每隔 2cm 处标一个点（称为原点），用点样器（定性分析时可用普通毛细管，定量分析时要用血球计数器或微量注射器）蘸取样品溶液，轻轻点在纸上，点的直径以 0.3~0.5cm 为宜。

点样时必须保持纸的洁净，手勿触及滤纸，并应在洁净的玻璃板上进行操作，切不可将滤纸划毛。

点样量应根据纸的长短、展开时间以及待分离物质的性质决定，通常为 10~30μg。因此，样品的浓度要合适。太浓时斑点易有拖尾现象，降低分辨率；太稀则使斑点模糊不清，难以检出。稀的样品可采用多次点样的办法，不过每点一次都必须用冷风或湿热的风吹干后再点第二次，但也不能吹得过干，以免样品吸牢在滤纸上造成层析变形或拖尾。多次点样时还应注意点样点的重合性，以防出现斑点畸形。点样量还与纸的类型、厚薄及显色剂的灵敏度有关，样品量可从 ng 到 mg 级不等。

溶解样品的溶剂选择也要注意，应避免使用水为溶剂，以免造成斑点扩散和挥发不易。一般选用甲醇、乙醇、丙酮、氯仿等挥发性有机溶剂，且与展开剂极性相近的为最好。

样品与标准必须同时点在一张滤纸条上。

3. 固定相的选择

纸色谱中使用的纸由纤维素组成，它有较强的吸湿性，通常含有 20％～25％的水分，其中 6％～7％的水以氢键的形式与纤维中的羟基结合在一起形成复合物，在一般条件下较难脱去，在此纸纤维起的是惰性载体的作用，吸着在纤维素上的水是作为固定相的。但对极性较小的物质，必须改用甲酰胺、丙二醇、二甲酰胺等作为固定相，以增加它们在固定相中的溶解度，增加分离效果。

4. 展开操作、方法及展开剂

(1) 展开前的操作　应将滤纸与层析缸用溶剂的蒸气饱和，这个过程又称为平衡。如果层析缸内空气中的水汽不足，滤纸也未被水汽饱和，展开时滤纸就会从溶剂中吸收水分，使溶剂的组成发生变化。而层析缸如未用溶剂的蒸气饱和，则在展开时溶剂就会从滤纸表面挥发，溶剂系统中极性较弱的较低沸点的组分更容易挥发，致使溶剂的组成发生变化，严重时会在滤纸上出现几个溶剂前沿，即所谓的"相析离"现象，造成失败。

(2) 展开时的操作　将溶剂加入层析缸内，层析缸必须放平，放入缸内的滤纸不可触及溶剂。然后密闭容器进行平衡，平衡 1～12h，新缸或较大的容器平衡时间应长一些。平衡结束后，将滤纸的一端浸入溶剂中，使溶剂的液面距原线 1cm 左右，此时即进行展开。当溶剂的前沿到达滤纸的另一端 0.5～1cm 时，取出滤纸，用铅笔在溶剂前沿处划一条直线，晾干（或用冷风吹干）。

如果采用饱和溶液系统为展开剂时，如酚水饱和溶液，正丁醇：乙酸：水＝4：1：5等，使用前应先将溶剂的各组分放在分液漏斗中充分混合，然后静置分层。上层为水饱和了的溶剂，下层为溶剂饱和过的水。操作时，以下层为"平衡溶剂"，上层为展开剂，两种溶剂同时放入展开缸中进行平衡。

(3) 展开方法

① 上行法（上升法）中将滤纸的下端浸入溶剂中，溶剂因毛细管现象自下而上地运动，此法操作简单，重现性好，最为常用，但展开时间较长。

② 下行法（下降法）中在层析缸上部有一个盛展开剂的液槽，将滤纸点样的一端浸入槽中，溶剂主要依靠重力作用自上而下地在滤纸上流动，展开速度较上升法快一倍，但 R_f 值的重现性较差，斑点也易扩散。

③ 水平法（环行法或圆形滤纸法）是取一张直径 9～11cm 的圆形滤纸，由中心向圆周处切成与半径相平行、宽约 3mm 的纸条，在中央约 2cm 的圆周上分别点上样品及标准溶液。将切开的纸条折成与滤纸相垂直，然后放在盛有展开剂的小培养皿上，使纸条尾部浸入溶剂中约 1cm，盖上一个大培养皿进行展开。此时，溶剂自纸条尾部上升到滤纸中心，再由中心向四周水平方向流动。由于溶剂流动时向周围扩散，所以展开后的图谱呈弧形，其展开速度介于上升法与下降法之间。

如果展开法（水平）在离心场中进行，即滤纸在展开时不断地绕中心转动，由于离心力的作用，可使展开时间缩短到几十分钟，这种方法称为离心层析法。

当待分离物质种类较多时，可采用"双向展开法"。即在一张方形滤纸的一角点样，先用一种溶剂展开，然后将滤纸转 90°，用另一种溶剂作第二向展开。

(4) 展开溶剂的选择　纸层析时展开溶剂往往不是单一的，常采用两种、三种或三种以上的溶剂按一定比例配制成多元溶剂系统，其中三元溶剂系统最为常用。在多元系统中，各组分按其性能可分为三类：第一类是对被分离物质的溶解度很小的溶剂；第二类是对被分离物质的溶解度很大的溶剂；第三类是用于调节各组分之间的比例或调节整个溶剂系统的 pH。一般来讲，在一个溶剂系统中，第一类溶剂的量应占主要地位，第二类溶剂的量取决于被分离物质，如果该类溶剂含量过多，则会使被分离物质的 R_f 值都趋于 1，太少时则使 R_f 值都很小而不易分开它们。因此，第二类溶剂的量要注意适当，使各个被分离的物质能较均匀地分布在纸上。

纸色谱分离某些化合物的固定相及展开剂见表 19-11。

表 19-11　纸色谱分离某些化合物的固定相及展开剂

化 合 物	固 定 相	展 开 剂
碳氢化合物类	1.5mol/L 氨水-0.75mol/L 碳酸铵(1+1)	正丁醇
	N,N-二甲基甲酰胺	己烷
醇类	5%液体石蜡	二甲基甲酰胺-甲醇-水(4+1+1)
	2%甲酰胺	己烷-苯(2+3)
		氯仿-乙醇(8+2)
酚类	硼酸、乙酸钠	正丁醇用水饱和
	甲酰胺	环己烷
	液体石蜡	甲醇-水(4+1)
		环己烷-氯仿-乙醇(6+24+0.6)
		丁醇-29%-氨水(4+1)
含氧环状化合物类		乙酸-37%盐酸-水(30+3+10)
		酚用水饱和
		间甲酚-乙酸-水(50+2+48)
含氧化合物类	0.1mol/L 磷酸氢二钠溶液	正丁醇-乙酸-水(4+1+5)
	正十一烷	二甲基甲酰胺-甲酰胺(10+4)
糖类	0.05mol/L 四硼酸钠溶液	苯-水(1+1)
		酚用水饱和,加1%氨水
		乙酸乙酯-吡啶-水(2+1+5)
		正丁醇-乙酸-水(4+1+5)
有机酸类		正丁醇-1.5mol/L 氨水(1+1)
	25%甲酰胺	环己烷-苯(21+1)
	正十一烷	丙酮-乙酸-水(80+10+20)
	硅油	四氢呋喃-水(3+1)
		正丁醇-吡啶-二氧六环-水(14+4+1+1)
有机过氧化物及过氧酸类	20%乙二醇	乙醚-石油醚(5+95)
	乙酰化纸	乙酸乙酯-二氧六环-水(20+45+46)
甾类		苯-甲醇-水(2+1+1)
	甲酰胺	己烷-叔丁醇-甲醇-水(100+45+45+40)
		苯-氯仿(6+4)
萜类	氢氧化铝	石油醚-甲苯-甲醇-水(5+5+8+2)
		苯
脂肪及芳香胺类	甲酰胺	己烷-苯(4+1)
		氯仿
		正丙醇-5%碳酸氢盐(2+1)
硝基化合物		乙醇-乙酸-水(20+1+14)
氨基酸类		双向 { I.酚用水饱和(氨气) II.正丁醇-乙酸-水(4+1+5)
肽及蛋白质类		酚用0.3%氨水饱和
		酚-正丁醇-乙酸-水(3+3+2+4)
		吡啶-水(4+1)
嘌呤、嘧啶、核苷酸类		甲醇-盐酸-水(7+2+1)
		丁醇-乙酸-水(4+1+5)
		酚-叔丁醇-乙酸-水(42+3+5+50)
		正丁醇用0.1mol/L 氨水饱和
		乙酸乙酯-25%甲酸(4+3)
生物碱类	0.2mol/L 乙酸缓冲液,pH=5.7	叔戊醇-乙酸缓冲液(1+1)
	甲酰胺	甲苯-氯仿(6+4)
		正丁醇-乙酸-水(4+1+5)
		庚烷-丁酮(1+1)
其他环状含氮化合物类		乙醇-氨水-水(20+1+4)
		正丁醇-甲酸-水(3+1+1)
有机硫化合物类	4%碳酸氢钠溶液	正丙醇-5%氨水(2+1)
		正丁醇-乙醇-二乙胺-水(90+10+0.1+97)
有机磷化合物类		甲醇-乙酸-水(16+3+1)
	甲酰胺	正丁醇-乙酸-水(4+1+5)
维生素类		正丁醇-酚-水(30+160+100)

续表

化 合 物	固 定 相	展 开 剂
抗生素类	0.3mol/L 磷酸缓冲液,pH=3	异丁醇-吡啶-水-乙酸(33+33+33+1) 正丁醇-乙酸-水(4+1+5) 正丁醇用 pH3 磷酸饱和 0.1mol/L EDTA 二钠盐液-正丁醇-氨水(4+1+5)
农药	20% 冰乙酸溶液	己烷
色素	25% 二甲基甲酰胺	石油醚
	5% 橄榄油甲苯液	乙酸-水(1+1)
	溴代萘	吡啶-水(1+1)
	石蜡油	乙醇-水(1+1) 异戊醇-乙醇-氨水-水(4+4+1+2)

　　纸层析分离时，温度对分离影响较大，因为分配系数受温度影响较大，所以纸层析展开时，展开槽最好放在恒温室或恒温箱中。

　　5. 显色、显色剂及显色方法

　　滤纸展开后，样品混合物已被分离，但在多数情况下，被分离物质本身不带颜色，因此，必须进行显色。

　　显色的通常做法是用喷雾器将适当的显色剂喷在已展开的色谱纸上，使检出的离子显出色斑，显斑后的滤纸称为色谱图。从斑点判断确定后就可以进行定量测定。其办法是将斑点剪下，用适当的溶剂将该组分溶出并洗脱下来，再选适当的定量测定它们的方法。最常用的定量方法是分光光度法或极谱法，也可用荧光法进行测定。近来由于光密度仪器的发展已不必将斑点洗脱下来，而采用薄层扫描仪直接测出斑点的吸光度或荧光值。先进的仪器带有数据处理和储存系统，并有图像显示和打印装置，大大提高了方法的准确度、精密度，简化了烦琐的操作，提高了工作效率。

　　纸层析常用显色剂及显色方法见表 19-12。纸层析中某些阳离子的显色剂见表 19-13。纸层析中某些阴离子的显色剂见表 19-14。

表 19-12　纸层析常用显色剂及显色方法

物质	显 色 剂	显 色 方 法
氨基酸	①0.1%～0.5%茚三酮丙酮溶液 ②1%吲哚醌乙醇乙酸溶液 1g 吲哚醌溶于 100mL 乙醇及 10mL 冰乙酸为褪色剂 100mL 20%碳酸钠中加入 40～60g 硅酸钠(Na₂SiO₃·9H₂O),在 60～70℃水浴上加热,搅拌至溶液较为清澈为止	①将滤纸于 105℃加热 5～10min,呈现紫色斑点,此试剂灵敏度高,要求滤纸十分洁净 ②滤纸喷射吲哚醌溶液后,于 100℃加热 5～15min,各种氨基酸呈现不同颜色,然后用底色褪色剂褪去底色
糖类与多元醇	①氨-硝酸银溶液 0.1mol/L 硝酸银溶液加等量的 5mol/L 氨水 ②苯胺-邻苯二甲酸溶液 0.93g 苯胺,1.66g 邻苯二甲酸溶于 100mL 水饱和的正丁醇溶液中 ③联苯胺-高碘酸钠溶液 a.0.1%高碘酸钠溶液 b.0.8g 联苯胺,用 80mL 96%乙醇溶解,再加入 70mL 水,30mL 丙酮,1.5mL 盐酸	①将滤纸于 105℃加热 5～10min,呈现褐色斑点。此法灵敏度高,适用于还原糖,但对非还原糖与多元醇也能显色。此溶液不宜久贮,否则会生成爆炸性的银重氮化合物 ②将滤纸于 105℃加热 15min,不同糖类呈现不同颜色。本试剂具有荧光,也可进行紫外线显示法。此法适用于还原糖 ③先喷溶液 a,再喷溶液 b,蓝色的纸上呈现白色斑点。此试剂对还原糖、多元醇、非还原糖、有机酸都能显色
核苷酸类物质	紫外线显示法	在紫外线照射下,选用 260nm 滤色片,纸上呈现暗斑
有机酸	①0.04%溴甲酚紫乙醇溶液,用 0.1mol/L 氢氧化钠溶液调至 pH 值为 7～8 ②0.04%甲基红乙醇溶液,用 0.1mol/L 氢氧化钠溶液调至 pH 值为 7.5 ③甲基红-溴酚蓝溶液 25mg 甲基红,75mg 溴酚蓝,溶于 200mL 95%乙醇中,用 0.1mol/L 氢氧化钠溶液调至 pH 值为 7.0 ④1%溴甲酚绿无水乙醇溶液	①紫色的纸上呈现黄色斑点 ②黄色的纸上呈现红色斑点 ③蓝色的纸上呈现黄色斑点 ④蓝色的纸上呈现黄色斑点

表 19-13　纸层析中某些阳离子的显色剂

阳离子	显色剂	斑点的颜色	阳离子	显色剂	斑点的颜色
Ag^+	单宁酸	深棕色	$Mo(V)$	二噻茂(dithiole)	紫-棕
Al^{3+}	8-羟基喹啉	黄-绿色荧光(紫外)	$Mo(VI)$	二噻茂	绿
As^{3+}	$Na_2S_2O_4$(连二亚硫酸钠)	橙-棕	NH_4^+	钴(Ⅲ)亚硝酸盐	灰
As^{5+}	$Na_2S_2O_4$	黄	Na^+	乙酸铀酰锌	海绿色荧光(紫外)
Au^{3+}	$SnCl_2$	紫-黑	Ni^{2+}	红氨酸	蓝
Ba^{2+}	玫棕酸①(环己烯二醇四酮)	橙-红	Os	硫脲	红
Be^{2+}	茜素红 S	红-紫	Pb^{2+}	玫棕酸	用 NH_3 处理成粉红色,背景上呈无色斑
Bi^{3+}	$Na_2S_2O_4$	暗棕	Pd	红氨酸	红-紫
Ca^{2+}	8-羟基喹啉	蓝-绿色荧光(紫外)	Pt	红氨酸	红-紫
Cd^{2+}	8-羟基喹啉	黄色荧光(紫外)	Rb^+	钴(Ⅲ)亚硝酸铅	暗棕
Co^{2+}	红氨酸	棕	Rh	$SnCl_2+KI$	棕
Cr^{3+}	茜素	红-紫	Ru	硫脲	蓝
$Cr(VI)$	茜素	红-紫	Sb^{3+}	$Na_2S_2O_4$	橙-棕
Cs^+	钴(Ⅲ)亚硝酸铅	橙-棕	Sb^{5+}	$Na_2S_2O_4$	橙-棕
Cu^{2+}	红氨酸	橄榄绿	Sn^{2+}	二噻茂	粉红
Fe^{2+}	$K_3Fe(CN)_6$	蓝	Sn^{4+}	二噻茂	粉红
Fe^{3+}	$K_3Fe(CN)_6$	绿	Sr^{2+}	玫棕酸	红-橙
Ge^{4+}	8-羟基喹啉	黄色荧光(紫外)	Th^{4+}	茜素 S	红-紫
Hg_2^{2+}	二苯卡巴腙	蓝	Ti^{4+}	槲皮苷(Quercitrin)	棕-橙
Hg^{2+}	二苯卡巴腙	蓝	U^{4+}	槲皮苷	棕
Ir	氯水	棕	$U^{6+}(UO_2^{2+})$	槲皮苷	棕
K^+	钴(Ⅲ)亚硝酸铅	灰-棕	V^{4+}	槲皮苷	黄-棕
La^{3+}	8-羟基喹啉	绿色荧光(紫外)	V^{5+}	槲皮苷	黄-棕
Li^+	乙酸铀酰锌	海绿色荧光(紫外)	$W(VI)$	二噻茂	蓝
Mg^{2+}	8-羟基喹啉	绿色荧光(紫外)	Yb^{3+}	8-羟基喹啉	黄,在紫外光下为暗黑斑点
Mn^{2+}	水杨醛	暗黑斑(紫外)			

① 又称玫瑰红酸。

表 19-14　纸层析中某些阴离子的显色剂

阴离子	试　　　剂	斑点的颜色
AsO_2^-	氨性 $AgNO_3$ 溶液	黄
AsO_4^{3-}	氨性 $AgNO_3$ 溶液	棕
Br^-	$AgNO_3$,然后用紫外光照射或加入$(NH_4)_2S$	暗棕
BrO_3^-	2mol/L HCl 中的 KI(冷)	棕
Cl^-	$AgNO_3$,然后用紫外光照射或加入$(NH_4)_2S$	暗棕
ClO_3^-	2mol/L HCl 中的 KI(温热)	棕
CrO_4^{2-}	氨性 $AgNO_3$ 溶液	砖红
F^-	锆-茜素	紫色背景上的黄斑
$[Fe(CN)_6]^{3-}$	1mol/L H_2SO_4 中的 $FeSO_4$	蓝
$[Fe(CN)_6]^{4-}$	$CuSO_4$	棕红
I^-	H_2O_2	棕
IO_3^-	2mol/L HCl 中的 KI(冷)	棕
IO_4^-	2mol/L HCl 中的 KI(冷)	棕
NO_2^-	2mol/L HCl 中的 KI(冷)	棕
PO_4^{3-}	$(NH_4)_2MoO_4$-HNO_3-$HClO_4$,然后紫外光	黄→蓝
S^{2-}	氨性 $AgNO_3$ 溶液	黑
SCN^-	2mol/L HCl 中的 $FeCl_3$	血红
SO_3^{2-}	1mol/L H_2SO_4 中的 $K_2Cr_2O_7$	橙色背景上的淡绿斑
$S_2O_3^{2-}$	温热 $SbCl_3$ 溶液	橙-红

6. 纸层析的定性方法

由于 R_f 是定性分析的依据，因此样品经展开显色后从组分在色谱图上的位置就可计算出 R_f 值，进行定性鉴定。但应注意所有的 R_f 值都是在一定条件下测定的。

7. 影响比移值 R_f 的因素

影响 R_f 值的因素很多，原因也十分复杂，但大致有以下几个方面。

（1）R_f 与化学结构系有关　化合物的分子结构直接决定化合物在两相中的分配系数大小，一般讲化合物的极性大或亲水性强的，在水中分配量多组分 K 值大，因此，在以水为固定相的纸色谱中 R_f 值小，极性小或亲脂性强则 R_f 值大。但化合物的极性应从整个分子及组成分子的各个基团来考虑，例如糖类的极性大于非糖类的生物碱就是由于糖类分子中含有多个羟基。而同属糖类，当其所含羟基数目不同时则极性也不同。

（2）滤纸种类　用不同型号、批号的滤纸分析同一物质时，其 R_f 值不同。

（3）溶剂系统　以不同溶剂系统的展开剂展开同一物质时有不同的 R_f 值；溶剂系统中各组分的比例不同时，R_f 值也不相同。要获得重现的 R_f 值，必须采用同一比例组分的溶剂系统为展开剂。

（4）温度　温度可影响物质在两相中的溶解度及纸纤维的水合作用，使纸的横截面上的固定相发生量的变化（即引起分配系数变化）；在多元溶剂系统的展开剂中，温度对其中含水量的影响十分显著，这些都使得温度对 R_f 值有很大影响。

对同一溶剂系统，R_f 值的恒定主要取决于含水量的恒定，有些对温度很敏感的溶剂系统，在温度稍低时就会析出水滴，因此，必须严格控制恒温，温度波动应在 $\pm 0.5\,℃$ 以内。

（5）pH　pH 是影响 R_f 值的重要因素。溶剂、样品及滤纸的 pH 都会影响 R_f 值及分离得到的斑点形状。为了防止 pH 的影响，可将滤纸和溶剂用缓冲溶液处理，使其保持一定的 pH，或在溶剂中加入足够量的酸、碱或调节样品溶液的 pH，使 pH 恒定。

（6）展开方式　同一种物质用不同的展开方式层析时，即使其他条件完全相同，所得 R_f 值也不相同。

（7）点样的位置　在展开过程中，滤纸上流动相的量上下并不一致，距离液面越远，流动相的量越少，因此，点样位置越高，R_f 值越小。

（8）样品溶液中杂质的影响　样品中的杂质干扰 R_f 值的测定，使得物质在纯体系时与混合物中的同一物质的 R_f 值之间有偏差。

（9）其他因素　样品溶液的浓度、展开距离的长短、层析缸中有机溶剂蒸气的饱和程度等对 R_f 值都有不同程度的影响。

8. 纸层析的定量方法

（1）斑点面积定量法　实验证明，在一定浓度范围内，圆形或椭圆形斑点的面积与物质量的对数成正比，因此，可用测量斑点的方法来定量。

（2）稀释法　配制一系列不同浓度的标准溶液，对标准系列进行纸上色层法。当斑点显色后，求出该物质能被检出的最低浓度（界限浓度）。然后，取样品溶液按上述方法操作，求出界限浓度，从界限浓度时样品溶液的稀释倍数，即可求得该物质的浓度。不过，这种方法的误差较大，只能作半定量用。

（3）直接比色法与荧光法　用特制的分光光度计、荧光计或薄层扫描仪测量滤纸上斑点的颜色的强度或荧光强度，从工作曲线中求出含量。

（4）剪洗法　剪下滤纸上的斑点，用适当的溶剂洗脱，测出洗脱液的吸光度或荧光强度，从工作曲线中求出含量。

三、应用

纸色谱法可分离样品中的各组分，进行定性、定量分析，也可检测样品中的微量杂质，还可制备某些化合物的少量纯品，比柱色谱、薄层色谱更加简便。在分析水溶性成分如糖类、氨基酸类、无机离子等物质方面的分离效果优于薄层色谱。

纸上色层法已广泛用于下列物质的分离。①无机阳离子：不同价态的金属离子如 As、Co、Cr、

Cu、Fe、Hg、Mo、Tl、U、V 的分离。②无机阴离子：如卤素阴离子分离，磷酸盐、锑酸盐、硼酸盐及硅酸盐的分离；硒和硫含氧酸的分离。③氨基酸：如蛋白质和脲氨基酸的分离，其他氨基酸的分离，含硫氨基酸的分离。④胺类。⑤脂肪族多元胺和氨基醇类。⑥芳香族胺类。⑦胍类及其取代物和有关化合物。⑧酚类：如酚类及其衍生物的分离，萘酚（萘胺）的分离。⑨羰基（碳酰）化合物。⑩脂肪酸：如脂肪酸类和某些卤代衍生物的分离，酚酸类的分离，芳香非-酚酸的分离，酮酸类的分离。⑪糖类：如氨基糖类及其 N-乙酰衍生物的分离。⑫甾酮类。⑬咪唑类（2,3-二氮茂类）。⑭氮杂环化合物及吲哚类和有关化合物。⑮核苷酸类、核苷类及碱类。⑯嘌呤、嘧啶、核苷酸及有关化合物。⑰生物碱。

　　纸色谱出现以来在多个学科领域各种物质的微量离分析中，尤其在生化医学方面应用广泛，建立了多种分离分析方法，解决了许多实际问题，为多种学科的发展做出了很大贡献，但自 20 世纪 70 年代以后薄层色谱法和高效色谱法的发展与普及使纸色谱的应用逐渐减少，已基本上被薄层色谱法所代替。

第四节　薄层色谱法

　　薄层色谱法（thin lager chromatography，TLC）也叫薄层层析法，是 Rirchner 等人在 20 世纪 50 年代以经典的柱色谱和纸色谱法为基础发展起来的一种色谱分析技术。随着仪器技术的进一步发展，各种薄层扫描仪的出现，使之成为一种具有设备简单、操作方便、分离快速、灵敏度高、分辨率好、样品前处理简单等多种优点的分离分析技术，应用十分广泛。

　　与纸色谱一样薄层色谱属于开放型的平面色谱（planar chromatography），通常以吸附剂为固定液，实验时将待分离的混合物点在具有光洁表面的、均匀铺好吸附剂（载体）薄层的玻璃板（金属板、塑料板）上，放在密闭的薄层缸内，按纸色谱相似原理选用合适的展开剂为流动相，使各组分不同速度随展开剂向前移动，样品中的组分不断地被吸附剂（固定相）吸附，又被流动相溶解（解吸），由于吸附剂及流动相对不同组分吸附及解吸能力不同，在流动相移动过程中不同组分移动不同距离，形成不同距离的斑点而达到分离。要较好地分开组分其比移值 R_f 一般选用 0.2～0.8 之间。

　　薄层色谱法的优点：①分离效能高、斑点集中、扩散少；②灵敏度高，能检出几微克甚至几十纳克的物质；③展开速度快，耗时短，20～30min 即可移动几十厘米，展开多个样品一般只需十到几十分钟；④样品前处理简单，且不受被分离物质种类的限制；⑤对样品的负荷量比纸色谱大许多，可多达 50mg；⑥定量分析显色剂及检测方法有多种选择；⑦装置简单，操作方便，价格便宜，在一般化学实验室均可进行；⑧薄层色谱法可以提供原始彩色图像，有更好的可比性、直观性，如果配上高质量的薄层扫描仪，则定量分析的重观性及准确度都可大大提高。因此薄层色谱法已成为应用最广泛的色谱分析方法之一。

　　薄层色谱法可用于多种天然和合成有机物，无机物的分离鉴定；也可用于研究反应历程；化工、食品、中西药物、法医、化妆品、化肥、环境等领域对有效成分的定性、定量分析；合成中间反应的跟踪；纯品中杂质检查，药物稳定性考察（如对分解产物）；药物的生物利用度及代谢过程的研究；毒物及滥用药物的效果检测等广泛领域。

一、分类及原理

1. 薄层色谱法的分类

　　与液相色谱法相似，薄层色谱按机理也可分成吸附、分配、离子交换和凝胶渗透（空间排阻、尺寸排阻）等类。但以吸附薄层法和分配薄层法最有用，其中分配薄层法又可因移动相与固定相的相对极性的差异分为正相分配薄层法和反相分配薄层法两种。在正相分配薄层色谱中，固定相的极性强于移动相的极性，即在正相分配薄层色谱中，极性大的样品组分有较低的迁移率（较小的 R_f 值），极性较小的组分则有较高的迁移率（较大的 R_f 值）；在反相薄层色谱中溶剂组分和吸附剂的作用以及样品组分的迁移率都与正相薄层色谱相反，在展开过程中，溶剂中的非极性组分和吸附剂的作用大，对极性物质迁移的阻力小，因此，极性化合物在反相薄层法中有较大

的 R_f 值。

在分配薄层色谱中层材也是吸附剂,不过在这里吸附剂主要起载体的作用,应用时要加涂固定液才能进行分离。常用的吸附剂有粉末状纤维素,无活性硅胶或者是两者的混合物,硅藻土等。

吸附薄层法是以吸附剂(固定相)和被分离物质之间的吸附作用为基础进行样品分离的薄层形式。主要吸附剂有硅胶和氧化铝,它们都有强烈的活性。依靠这些层材的毛细管作用使移动相运动,当样品中的一种组分比另一组分更强烈地被固定相吸附时,得到分离。分离的程度与吸附剂的表面积有关,一般来说,吸附剂表面积大时有利于分离。

2. 薄层色谱法的分离原理

将薄层板在密闭缸中展开,当流动相不断流过吸附剂时,因吸附剂对不同极性组分吸附力不同,各组分的分配系数也不同,极性大的吸附力大,分配系数也大,在流动中经过一系列的吸附、解吸过程,在一段时间的展开过程中,各组分在薄层板中运行速度不同,从而在薄层板上形成不同距离的斑点而达到分离。

薄层色谱的分离效果可用分离度 R_S 来衡量。R_S 是相邻两斑点的斑点中心至原点的距离之差 (L_1-L_2) 与两斑点的宽度 (W_1, W_2) 总和之半的比值,如图 19-11 所示。

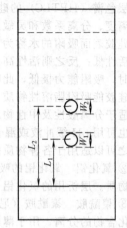

图 19-11 薄层色谱的分离度测定

$$R_S = \frac{L_1-L_2}{(W_1+W_2)/2},\ R_S=1\text{ 时表示相邻两斑点基本分开。}$$

3. 吸附薄层法和分配薄层法的主要特点

表 19-15 列举了吸附薄层法和分配薄层法的主要特点。

表 19-15 吸附薄层法和分配薄层法的主要特点

方 法	吸附薄层法	正相分配薄层法	反相分配薄层法
主要分离对象	疏水(亲脂)弱极性或中等极性有机化合物	亲水无机物、亲水极性有机物	相似的疏水物质
薄层类型	活性吸附剂	含水、缓冲液或极性很强的有机液体的吸附剂,无活性	含非极性固定液的吸附剂,无活性
移动相	多种有机溶剂	用水或缓冲液饱和的有机溶剂	极性溶剂
常用薄层材料	硅胶、氧化铝	纤维素、无活性硅胶	纤维素、硅烷化硅胶
展开距离为 10cm 时所需平均时间/min	20～45	60～90	60～90

二、条件的选择

1. 薄层色谱法对固定相和载体的要求

影响薄层色谱法有效分离混合物的因素很多,但主要有三点:①混合物的性质;②固定相种类;③展开剂的性质等。其中决定的因素是混合物组分的性质,针对要分离的组分考虑选择固定相及展开剂,正确地选择固定相及展开剂才能得到有效的分离。

(1) 薄层色谱法对固定相的要求

① 大的表面积和足够大的吸附能力,一般是多孔的颗粒状、纤维状物质;

② 在所用的溶剂及展开剂中不溶解,与展开剂及样品没有化学作用;

③ 有可逆的吸附性,即既能吸附样品组分,吸附后又易被溶剂解吸;

④ 颗粒均匀,在使用过程中不会变性和碎裂;

⑤ 最好为白色固体,这样可便于观察结果。

(2) 常用的固定相（吸附剂）

① 硅胶　硅胶（$SiO_2 \cdot nH_2O$）为多孔性物质，在其网状多孔结构的分子内可以吸留多量的水分，这部分水称为"结构水"。在活化时，如果加热温度过高即可失去结构水，使网状结构破坏而失去活性。

薄层色谱法要求硅胶的粒度比柱色谱的细，一般粒径 $40\mu m$ 左右，展开距离为 $10\sim15cm$；高效薄层色谱（HPTLC）的硅胶粒度还要小，粒径在 $5\sim10\mu m$，展开距离为 $5cm$。这样可极大地提高分离度、分离系数和灵敏度。

硅胶表面吸附的水称为"自由水"或"游离水"。硅胶的活性取决于自由水的含量，自由水多时，活性低；反之则活性高；加热到 $100℃$ 左右时，自由水即被可逆除去，当自由水含量高达 17% 以上时，吸附能力极低，此时只可用作分配层析的支持体。

硅胶能吸附脂溶性物质，也能吸附水溶性物质。由于它是带酸性的吸附剂（表面 $pH=5$），因此，适于分离酸性及中性物质。国内生产的薄层层析用的硅胶的粒度为 200～250 目，纯度较高。

也可用 pH 缓冲液或混合一定的氧化铝、石膏、淀粉、羧甲基纤维素等，还可改变硅胶的酸碱性使之可以适用于各种物质的分离。因此硅胶在分离吸附剂中已占到 90% 的份额。

② 氧化铝　氧化铝的吸附能力比硅胶强，它略带碱性，适于分离碱性物质或硅胶不能分离的中性物质。层析用的氧化铝一般为 200～300 目，黏合力强，可制软板及硬板。

③ 聚酰胺　聚酰胺（尼龙）是一种用途广泛的有机吸附剂。其优点是吸附能力极大，适于带羟基化合物的分离。用于薄层色谱法的聚酰胺粉末，其颗粒大小为 0.1～0.2mm，即 70～140 目。如将聚酰胺用水、缓冲液及甲酰胺处理，则可作为分配薄层的支持体。

④ 其他　其他固定相还有硅酸镁、滑石粉、氧化钙（镁）、氢氧化钙（镁）、淀粉、蔗糖等，用得较少。

活性炭的吸附性太强，且为黑色，所以很少在薄层色谱法中应用。

(3) 分配色谱对载体的要求

① 表面积大；

② 与展开剂及样品组分不起化学反应或分解作用；

③ 对固定液应具有惰性，对样品组分应无吸附性或弱吸附性。

(4) 常用的载体　常用的载体有纤维素和硅藻土，纤维素有天然纤维素及微晶纤维素两种。天然纤维素既能作吸附剂又可作支持体；微晶纤维素只能作支持体，颗粒为 70～140 目。近年来还发展了离子交换纤维素和葡聚糖凝胶等制成薄层板，这类预制板在生化上应用较多，如分离蛋白质、核酸、酶、糖等物质。硅藻土的粒度为 200 目左右，适用于分离水溶性物质。

2. 薄层色谱法选择固定相的原则

样品的溶解性（水溶性、脂溶性）、酸碱性、极性以及与固定相有无化学变化等是选择固定相应考虑的主要因素。

(1) 薄层类型的选择：一般不论样品的溶解性如何都可以在吸附薄层上分离，所以任何类型的化合物都可首先试用硅胶或氧化铝薄层。但当样品为水溶性化合物，在吸附薄层上分离不好时，可试用纤维素或硅藻土的分配薄层法；当脂溶性化合物在吸附薄层上分离不成功时，则可试用反相分配薄层法。

(2) 硅胶是多孔网状结构的中性及微酸性吸附剂，适于酸性及中性物质的分离；碱性物质能与硅胶作用，造成展开时拖尾或根本无法展开而达不到分离的目的。

(3) 氧化铝一般呈碱性（也可处理后制成酸性和中性，例如与 1:1 的硅胶掺和时可得到中性的化合物），可用于碱性或中性化合物的分离，而不经酸化处理时，对酸性物质的分离效果不好。

(4) 样品的极性是由分子中所含官能团的极性及分子结构决定的，极性越大的物质，硅胶及氧化铝对它们的吸附越牢。

某些化合物的极性顺序大致为：饱和烃＜不饱和烃＜羟基化合物＜酸、碱。由此可见，含双键、三键的烃类化合物比饱和烃类易被吸附；含羟基及羧基的化合物比烃和醚易吸附。但吸附太牢时分离效果也不好，此时常采用掺入不同比例的硅藻土的方法降低吸附性。

在选择固定相时应综合考虑上述因素并通过实验来确定。

3. 薄层色谱法中展开剂的选择原则

展开剂的选择是薄层层析的关键因素之一。可供选择的展开剂种类很多，主要为一些低沸点的有机溶剂，而且除单一溶剂以外，还可配成各种比例的混合溶剂。选择展开剂的主要要求是能最大限度地将样品组分分离。

对吸附薄层法主要应考虑展开剂的极性（极性大的样品分离时需用极性较大的展开剂，极性小的样品宜采用极性小的展开剂），被分离化合物的溶解度也会影响分离效果；对分配薄层法则根据化合物在固定相及流动相之间的溶解度来选定。

展开剂最好用单一溶剂，当然应该根据待分离物质在薄层上的分离效果或改变展开剂的极性，或者可用简单的混合溶剂，不过为寻找最适宜的展开剂往往必须经过多次实验。除通过调节被测组分比移值 R_f 的大小，改变展开剂剂极性外，还可通过改变展板的活化温度达到，调低温度可降低板的活性，此时吸附剂对各组分的吸附力变小，则 R_f 值升高。如果要求展开剂能同时分离几个组分，则各组分的 R_f 值至少差 0.05，仅当分离度 $R_S > 1$ 才可免斑点重叠。

碳＜四氯化碳＜苯＜甲苯＜二氯甲烷＜氯仿＜乙醚＜乙酸乙酯＜丙酮＜正丙醇＜乙醇＜甲醇＜吡啶＜酸。

被分离物质的极性、固定相的吸附活度和展开剂的极性既相互关联又互相制约，只有处理好这三者的关系，才能使样品组分得到很好的分离效果。

图 19-12 中 (1) 为被分离化合物的极性；(2) 为固定相的活度；(3) 为展开剂极性，三个因素各占圆周的 $\frac{1}{3}$。可根据图形正中三角形转动时三个角的指向作选择的参考。具体做法是：先固定三角形的一个顶点指向被分离化合物的极性，然后根据其他两个顶端所指的部位，决定选择吸附剂的活性及展开剂的极性。

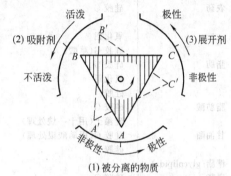

图 19-12 展开剂极性、吸附剂活泼性和被分离物质极性三者关系示意

薄层色谱法分离各类化合物的吸附剂（载体）及展开剂见表 19-16。

表 19-16 薄层色谱法分离各类化合物的吸附剂（载体）及展开剂

化合物	吸附剂（载体）	展 开 剂
叶绿素	硅胶及聚酰胺	异辛烷-丙酮-乙醚(3+1+1)
	纤维素	石油醚-苯-氯仿-丙酮-异丙醇(50+35+10+5+0.17)
	氧化铝	石油醚-丙酮(4+6)
	硅胶 G-氢氧化钙	石蜡油饱和的甲醇
	(1+4)用石蜡油处理	
醛、酮的 2,4-二硝基苯腙	硅胶	己烷-乙酸乙酯(4+1 或 3+2)
	氧化铝	苯或氯仿或乙醚
		苯-己烷(1+1)
生物碱	硅胶	苯-乙醇(9+1)或氯仿-丙酮-二乙胺(5+4+1)
	氧化铝	氯仿,乙醇
		环己烷-氯仿(3+7)加 0.05%二乙胺
	甲酰胺处理的纤维素	苯-正庚烷-氯仿-二乙胺(6+5+1+0.02)
胺	硅胶	乙醇(95%)-氨(25%)(4+1)
	氧化铝	丙酮-正庚烷(1+1)
	硅藻土 G	丙酮-水(99+1)
糖	硅胶(硼酸缓冲液)	苯-乙酸-甲醇(1+1+3)
	硅胶 G	正丙醇-浓氨水(6+2+1)
	纤维素	丁醇-吡啶-水(6+4+3)
		乙酸乙酯-吡啶-水(2+1+2)
	硅藻土 G(0.02mol/L 乙酸钠溶液)	乙酸乙酯-异丙醇-水(65+24+12)或(5+2+0.5)
羧酸	硅胶	苯-甲醇-乙酸(45+8+8)
	聚酰胺	甲醇、乙醇、乙醚
磺胺	硅胶 G	氯仿-乙醇-正庚烷(1+1+1)

化合物	吸附剂(载体)	展 开 剂
食用染料	硅胶 G	丁酮-乙酸-甲醇(40+5+5)
	氧化铝	丁醇-乙酸-水(9+1+1;8+2+1;7+3+3;6+4+4 或 5+5+5)
	纤维素	枸橼酸钠水溶液(2.5%~25%氨水)(4+1)
挥发油	硅胶 G	苯-氯仿(1+1)
黄酮及香豆素	聚酰胺	甲醇-水(8+2 或 6+4)
	硅胶 G(乙酸钠)	甲苯-N-乙基甲酰胺-甲酸(5+4+1)
	硅胶 G	石油醚-乙酸乙酯(2+1)
金属离子	硅胶 G	丙酮-浓盐酸-2,5-己二酮(100+1+0.5)
	氧化铝	甲醇
农药	硅胶 G	环己烷-己烷(1+1)
		四氯化碳-乙酸乙酯(8+2)
	氧化铝	己烷
	硅胶 G(草酸)	氯仿
脂肪	硅胶 G	石油醚-乙醚-乙酸(90+10+1 或 70+20+4)
	氧化铝	石油醚-二乙胺(95+5)
	硅胶	氯仿-甲醇-水(80+25+3)
脂肪酸	硅胶 G	石油醚-乙醚-乙酸(70+30+1 或 2)
	硅藻土(用十一烷处理)	乙酸-乙腈(1+1)
甘油酯	硅胶 G(用硝酸银处理)	氯仿-乙酸(99.5+0.5)
	硅胶 G	氯仿-苯(7+3)
糖脂(glycolipids)		正丙醇-12%氨水(4+1)
磷脂	硅胶 G	氯仿-甲醇-水(60+35+8 或 65+25+4)
核苷酸	纤维素	硫酸铵饱和水溶液-1mol/L 乙酸钠-异丙醇(80+18+2)
	DEAE-纤维素	0.02~0.04mol/L 盐酸水溶液
	DEAE-葡聚糖凝胶	梯度洗脱:开始用 1mol/L 甲酸慢慢加入 0.2mol/L 甲酸铵的 10mol/L 甲酸溶液
	PEI-纤维素	1.0~1.6mol/L 氯化锂溶液
酚	硅酸-硅藻土(1+1)	二甲苯,氯仿或二甲苯-氯仿(1+1,3+1 或 1+3)
	氧化铝(乙酸)	苯
	硅胶(草酸)	己烷-乙酸乙酯(4+1 或 3+2)
	硅胶 G(硼酸)	乙醇-水(8+3)含 4%硼酸及 2%乙酸钠
	聚酰胺	四氯化碳-乙酸(9+1)或环己烷-乙酸(93+7)
氨基酸	硅胶 G	正丁醇-乙酸-水(3 或 4+1+1)
		酚-水(75+25)
		正丙醇-34%氨水(67+33)
	纤维素	正丁醇-乙酸-水(4+1+1)
	氧化铝	正丁醇-乙酸-水(3+1+1)
		吡啶-水(1+1)
多肽及蛋白质	硅胶 G	氯仿-甲醇或丙酮(9+1)
	聚酰胺结合羟基磷灰石	pH=6.5,磷酸钾缓冲液
	葡聚糖凝胶 G-25	水或 0.05mol/L 氨水
	DEAE 葡聚糖凝胶 A-25	磷酸缓冲液
甾体及甾醇	硅胶 G	苯或苯-乙酸乙酯(9+1 或 2+1)
	氧化铝	氯仿-乙醇(96+4)
	硅胶-硅藻土(1+1)	环己烷-庚烷(1+1)
	硅胶(氢氧化钠)	苯-异丙醇
萜	氧化铝	苯或苯-石油醚或乙醇混合液
	硅胶 G	异丙醚或异丙醚-丙酮(5+2 或 9+1)
维生素	氧化铝	甲醇,四氯化碳,二甲苯,氯仿或石油醚
	硅胶 G	甲醇,丙酮或氯仿
	硅胶(石蜡油)	丙酮-石蜡油(水饱和)(9+1)
巴比妥	硅胶	氯仿-正丁醇-25%氨水(70+40+5)
洋地黄化合物	硅胶	氯仿-吡啶(6+1)
多环芳烃	氧化铝	四氯化碳
嘌呤	硅胶	丙酮-氯仿-正丁醇-25%氨水(3+3+4+1)

薄层层析法分离糖、氨基酸、黄曲霉素、核苷酸、有机磷、有机氯等的吸附剂、展开剂及显色剂可参考表 19-17。

表 19-17　薄层层析法分离糖、氨基酸、黄曲霉素、核苷酸、
有机磷、有机氯等的吸附剂、展开剂及显色剂

化合物	吸附剂或支持体	展 开 剂	显 色 剂
糖	浸润 0.02mol/L 乙酸钠的硅藻土 G	①乙酸乙酯+65％异丙醇=65+35 ②乙酸乙酯+异丙醇+水=18+1+1	①茴香醛-硫酸溶液：0.5mL 茴香醛，加 50mL 冰乙酸，再加 1mL 浓硫酸，不同糖出现不同颜色，此试剂宜新鲜配制 ②其他显色剂见纸上层析
	0.1mol/L $\frac{1}{3}$H$_3$BO$_3$ 浸润的硅胶 G	①苯+甲醇+冰乙酸=1+3+1 ②丁酮+甲醇+冰乙酸=3+1+1	
	纤维素	①乙酸乙酯+吡啶+水=2+1+2 ②饱和了水的酚加 1％氨 ③异丙醇+吡啶+乙酸+水=8+8+1+4	
氨基酸	硅胶 G	双向展开： ①{氯仿+甲醇+17％氨水=2+2+2 　酚+水=75+25 ②{正丁醇+乙酸+水=60+20+20 　酚+水=75+25	溶液Ⅰ： 0.2g 茚三酮溶于 50mL 无水乙醇中，加入 10mL 冰乙酸和 2mL 2,4,6-三甲基吡啶 溶液Ⅱ： 0.1g 硝酸铜[Cu(NO$_3$)$_2$·3H$_2$O]溶于 10mL 无水乙醇中
	纤维素	正丁醇+乙酸+水=4+1+5	
	氧化铝	分离氨基酸的钠盐用：异丁醇+乙醇+水=6+4+4	用溶液Ⅰ+溶液Ⅱ=50+3 的混合液喷雾，在 100℃干燥 10min，出现蓝紫色斑点
黄曲霉素	硅胶 G	氯仿+丙酮=8+2	在 365nm 波长的紫外线下显荧光
核苷酸	纤维素	正丁醇+丙酮+乙酸+5％氨水+水=45+15+10+10+20	在 260nm 波长的紫外线下呈现暗斑
有机磷	硅胶 G	己烷+丙酮=4+1	荧光素-溴溶液 溶液Ⅰ：60mg 荧光素溶于 3.6mL 0.1mol/L 氢氧化钾溶液中，加入 180mL 乙醇 溶液Ⅱ：50％(体积分数)溴的四氯化碳溶液
	氧化铝	苯+乙醇=10+0.8	用溶液Ⅰ喷雾，晾干后置于溶液Ⅱ的溴蒸气中数秒，在粉红色的背景上出现黄绿色的斑点
有机氯	氧化铝 G：用 0.1％ 或 0.4％ 的硝酸银调制	①含 1％丙酮的正己烷 ②含 1％丙酮的石油醚	硝酸银显色剂 取 0.1g 硝酸银及 20mL 苯氧乙醇，溶于丙酮中，定容至 200mL，立即加入 30％过氧化氢 3 滴，混合均匀，喷雾后于紫外线下照射 10min，在浅棕色底上呈现棕紫色斑点

三、薄层色谱法的操作步骤

薄层色谱法的一般操作规程为制板、点样、展开、显色四个步骤，由于薄层分离是一种离线操作，只有操作者尽可能保持一致的实验条件，减小人为误差，才能有更好的重现性和精密度。

1. 薄层板的分类与制备

薄层板的制备是薄层色谱法中重要的步骤。首先应把吸附剂均匀地涂布在玻璃板上，使其成为厚度一致的薄层，这个过程叫做铺层（涂布）。只有当分离和比较用的几块薄层板厚度一致时，展开同一化合物的 R_f 值才能保持恒定。因此，要求玻璃板的质量较好，表面光滑、平整。在使用前应该用洗液或洗涤剂浸泡，然后再用自来水、蒸馏水洗净、烘干，不能留有油渍。为此在涂布前要用乙醇脱脂棉擦净后再涂布，否则会影响吸附剂的黏合牢固程度。

（1）薄层板的分类　薄层板可分为硬板（湿板）及软板（干板）两种。在吸附剂或支持剂中加入黏合剂（如煅石膏、淀粉、羧甲基纤维素钠盐）制成的板称为硬板；不加黏合剂的板称为软板。硬板中的吸附剂或支持剂被粘牢在玻璃板上，在喷显色剂时不会被冲散，而且还可用直立方式展开。不含黏合剂的软板易被风吹散，只能放在近水平的场合展开。

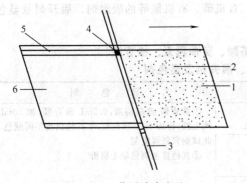

图 19-13　薄层涂布方法

1—玻璃板；2—吸附剂；3—玻璃棒；4—防止
玻璃棒滑动的胶布；5—调节薄层厚度的橡皮
胶布；6—涂好的薄层

（2）薄层的涂布方法　涂布方法有干法涂布及湿法涂布两种。

① 干法涂布　薄层涂布方法如图 19-13 所示。

② 湿法涂布（硬板的制备）　在加入黏合剂的吸附剂或支持体的干粉中加水或其他溶剂，调成糊状，涂布于玻璃板上经干燥后备用。操作步骤是先调浆后涂布。

调浆是制板的重要环节，加水量及调浆时间不仅关系到浆料的黏稠性，也影响到薄层的厚度。一般使吸附剂与蒸馏水用量之比在1：2～1：2.5 为宜。浆料要调和均匀，不可用力过猛，以免产生气泡，影响涂布的均匀性。下面列举一个实例。

取硅胶 G 或氧化铝 10g，加水 15mL，在研钵中研匀，然后再加水 3～5mL，再次研匀后立即涂布；

如材料是纤维素则应取 15g，加水 90mL，搅匀后涂布，一般不加黏合剂。

在某些特定的要求下，为了保持薄层有恒定的 pH，可用缓冲溶液代替水调制涂板。有时为减少显色手续，在制板时可加入显色剂或荧光指示剂。

常用薄层涂布的方法有五种。

① 浸涂法　将玻璃板在调好的浆液中浸一下，使浆液在玻璃板上形成薄的涂层。

② 喷涂法　用喷雾器将浆液均匀地喷在玻璃板上，使其形成薄层。

③ 推铺法　同干法涂布法操作。如图 19-13 所示，两手握住卷有防滑橡皮胶布玻璃棒的两端。把已活化处理过的固定相均匀地铺在干净的玻璃板上，将玻璃棒压在玻璃板上，用力均衡、匀速地向箭头所指的方向推进。防滑的橡皮胶布圈可用塑料布或孔径合适的塑料管制作。

通常用于鉴定或定量分离时，薄层的厚度为 0.25～0.5mm；而当小量制备时其厚度可大些，为 1～2mm。固定相的粒度以 150～200 目为好。

湿法涂布的关键是推进时两手一定要用力均匀，并且中途不可停顿，否则厚度不会均匀一致，影响分离的效果。

④ 倾斜法　为得到性能良好的薄层层析板必须按照下法操作。

用一根宽口吸管，取调好的浆液注在玻璃板上，然后将玻璃板前、后、左、右倾斜，使其浆液流满整个玻璃板，再轻轻敲玻璃板，使薄层均匀。

⑤ 涂布器涂布法　用特制的涂布器涂布。

薄层涂好后，平放，在室温下干燥，不能烘干，以免发生龟裂。薄层的厚度一般为 0.25～0.30mm，当分析高含量的样品时，可厚达 0.4～0.5mm，但不能太薄，否则影响分离效果。

涂布板质量的检查：将板对光观察，板面应均匀一致，表面光滑，细洁无痕并无气泡点；喷雾时，吸附剂不应脱落。

市场上有许多预制薄层板供选用，如纤维预制薄层板、硅胶预制薄层板、聚酰胺预制薄层板等。如读者需要可上网查询。

（3）薄层板的活化　涂布好的吸附薄层板在使用前要进行活化。其目的是使其失去水分子，且有一定的吸附能力。活化方法是先将涂布好并经自然干燥的薄层板放入干燥箱中干燥，活化条件应视薄层的厚度和所需活度而异，制备不同吸附薄层时选用的溶剂及活化条件见表 19-18。

表 19-18　制备不同吸附薄层时选用的溶剂及活化条件

吸　附　剂	选用溶剂	吸附剂：溶剂	活　化　条　件
硅胶 G	蒸馏水	1：2	110～130℃，1h
氧化铝 G	蒸馏水	1：（1～3）	80℃，30min
硅藻土 G	蒸馏水	1：2	110℃，30min
纤维素	95%乙醇或丙酮	1：（5～6）	空气干燥后在 100℃下活化 3～5min
聚酰胺	甲醇	1：（4～10）	60～70℃，1h；或空气中干燥 30min

应该注意的是含有煅石膏的薄层板活化温度不可超过 128℃，否则又会再进一步脱水而影响活性。

已活化的薄层板，应存放在盛有无水氯化钙或变色硅胶的干燥器中，供一周内使用，超过一周则必须再次活化。

分配薄层板则不需活化，一般在经过 12h 的自然干燥后即可使用。如果用甲酰胺作固定相时，在使用前才能在薄层上喷上甲酰胺的丙酮溶液，待丙酮挥发后立即使用，不能存放。

（4）活性的测定　吸附剂的活性影响被分离物质在薄层上的分离效果及 R_f 值。因此，活性应当适中，不可太强或太弱。使用前应对活性进行测定。

① 硅胶薄层活性的测定　称取奶油黄、苏丹红、靛蓝三种色素各 40mg，溶于 100mL 苯中，将此混合液点于薄层板上，用苯展开，在 30～40min 内溶剂前沿上升到 10cm 时，三种色素的 R_f 值分别为 0.58、0.10、0.08 时，表示薄层的活性合格。

② 氧化铝薄层活性的测定　称取偶氮苯 30mg，对甲氧基偶氮苯、苏丹黄、苏丹红及对氨基偶氮苯各 20mg，分别溶于 50mL 重蒸的四氯化碳中。取 20mL 点于氧化铝薄层上，用四氯化碳展开，溶剂上升至 10cm 时根据表 19-19 所列的 R_f 值，确定活性的级别，氧化铝的活性分为五级：I＞II＞III＞IV＞V，一般 II、III 级为宜。

表 19-19　氧化铝活性级别测定表（R_f 值）

色　素	II级	III级	IV级	V级	色　素	II级	III级	IV级	V级
偶氮苯	0.59	0.74	0.85	0.95	苏丹红	0.00	0.10	0.33	0.56
对甲氧基偶氮苯	0.16	0.49	0.69	0.89	对氨基偶氮苯	0.00	0.03	0.08	0.19
苏丹黄	0.01	0.25	0.57	0.78					

在实际工作中最可靠的办法是用标准物质在同一块薄层板展开的方式作对照，这样就可以免去活性试验这一步。

（5）变性薄层板与反相薄层板　制备薄层板时以酸、碱或缓冲溶液代替水来涂布，可得到具有一定酸碱度的薄层的变性薄层板。例如，要制备酸性薄层板时，可用 0.5mol/L 的 $\frac{1}{2}H_2C_2O_4$ 或 0.1mol/L 的 $\frac{1}{3}H_3BO_3$ 溶液；碱性薄层板可用 0.5～1.0mol/L 的氢氧化钠；缓冲溶液可用 0.2mol/L 的磷酸缓冲溶液。

在分配薄层层析法分离脂溶性物质时，可采用反相薄层层析法。此时以极性溶剂为流动相，以极性弱的溶剂为固定相。

反相薄层板是在上述方法制好并干燥的薄层板上，再以硅酮（聚硅氧烷）、十一烷、十四烷、液体石蜡、石油馏分（沸点 240℃）、硅油等浸渍，其操作是将薄层板小心地浸没在含 5%～10% 上述化合物的乙醚或石油醚溶液中，数分钟后取出干燥，除去溶剂。乙醚在室温下挥发除去；以石油醚为溶剂时在 120℃ 加热 25min，即可使用。

2. 点样

在点样前，样品一般都应经过预处理。液体样品可直接萃取，固体样品应粉碎后萃取，或经离子交换法除去杂质后点样。

点样操作和纸上层析点样法相似（见本章第二节二、2）。先将薄层板修整一下，因为涂布好的薄层板往往四周的厚度不均匀，影响展开效果。所以，在点样前应将从干燥器内取出的薄层板修整，刮去边缘约 5mm 宽的涂层。在薄层板底端 1.0～1.5cm 处刮出点样线（原线）。然后用针或铅笔每隔 1～2cm 处轻轻做一个标记作为点样处。

将纯化处理过的样品用合适的溶剂溶解（一般用氯仿、乙醇或其他挥发性溶剂），不宜用水，因为水能降低吸附剂的活性，斑点也易扩散不集中，浓度应控制在 0.01%～1.0%。

点样量因组分含量而异（图 19-14）。一般在定性鉴定时，点样量由显色剂的灵敏度决定，在几至十几微克之间，体积在 0.5～5pL，高性能薄层可多到 50～500nL；定量测定时，点样量在几十到几百微克，制备分离时可点到几十毫克。用稀溶液多次点样时可大些，点样量太少，会使斑点模糊或不显色，太多的样品量，则会造成拖尾或相近 R_f 值的组分分离效果欠佳。

点样时不能触破薄层,最好在较密闭的器皿中进行。如在空气中点样,则速度越快越好,以免薄层吸湿而改变活性。

对大体积稀溶液点样时,可采用条状点样方式,这种点样方式可以提高薄层的载量。

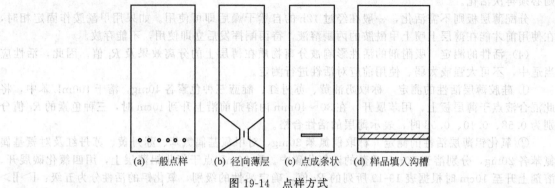

(a) 一般点样   (b) 径向薄层   (c) 点成条状   (d) 样品填入沟槽

图 19-14　点样方式

点式点样(定量)时,点样体积应该相同。如要求样品量不同时,则应采用相同浓度的标准溶液校正。

一批样品与标准应该用相同的点样工具,常用工具为 $10\mu L$ 的微量吸管或微量注射器,并点在同一块薄层板上。

3. 展开

薄层的展开需在密闭的容器中进行。层析缸可用标本缸或长方形的玻璃缸,如采用单一的溶剂展开,且所用的玻璃缸体积较小,则溶剂蒸气易达饱和,展开时间短,所以不必像纸上层析那样预先用溶剂的蒸气饱和。如果展开时用多元溶剂系统,其中极性较弱、沸点较低的溶剂在薄层板的边缘较易挥发,因此,它在薄层两边的浓度要小于中部,即在薄层的两边比中部含有更多的极性较大或沸点较高的溶剂,使位于薄层两边的 R_f 值要比中间的高,即所谓的"边缘效应"。为了减轻或消除边缘效应,可在层析缸内壁贴上浸湿了展开剂的滤纸,使层析缸内溶剂的蒸气的饱和度增加。

薄层层析的展开方式与纸上层析法的展开方式相似,有上升法、下降法、水平法等,其中以上升法最为常用。

层析缸的体积以能容纳薄层板为宜,缸可用立式或卧式。在卧式装置中,缸内外用木块垫起 $10°\sim 30°$ 的角,使展开剂浸入薄层 $0.3\sim 0.5cm$,点样处切不可浸入展开剂中。对于不加黏合剂的薄层板只能采用近水平的展开方式,板与水平面成 $10°\sim 20°$ 角。采用立式装置时,由于空间容积较大,溶剂蒸气不易饱和,为了防止边缘效应,必须在层析缸内壁贴上用展开剂润湿的滤纸。当展开剂上升至一定距离(一般 $10\sim 15cm$)时,可以认为展开完成,取出薄层板,晾开。

展开后组分的 R_f 值应为 $0.15\sim 0.8$,最好是 $0.4\sim 0.5$,否则应改选其他更合适的展开溶剂。

为了增加分离效果,往往采用多次展开梯度或双向展开技术。对成分复杂和化学结构相似的混合物,常用双向展开法。当多次展开时,如果每次展开的流动相不同,则这种技术又称为分段展开技术,这对被测物质中含有极性不同的组分时尤为合适。

最新还发展了运用离心力或泵压力展开方式的离心薄层色谱及超压薄层色谱,但必须有专门的仪器设备。

一些薄层色谱扫描仪已配备有微机控制的自动及全自动展开系统,实现了薄层分离的规范化及自动化,像 Camag AMD(微机控制的多次展开仪)和 Camag ADC 自动展开槽等,大大减小了人类误差和流动相的损失。

使用薄层展开剂,应注意的问题是:①溶剂的纯度必须有保证,有些厂家在氯仿或乙醚中掺入痕量乙醇作保护剂,在薄层展开时,如不经蒸馏提纯则不会得到重现的结果;②溶剂中的水分会因保存条件不同产生差别,特别是那些亲水性的溶剂,最好应存放在干燥器中;③混合溶剂还应注意是否有相互作用和分层现象。单组分溶剂,只要不受污染都可以重复使用,而混合溶剂因挥发性不同，只能使用一次。

4. 薄层的显色

欲使无色化合物显色，可采用物理及化学两种方法。

物理显色是用紫外光照射法；化学显色可采用喷雾显色法和浸渍显色法，前者适用于一般薄层析，后者适用于含有机黏合剂的薄层板。直接喷洒时雾粒要细而均匀，不应有液滴，同时要注意防止将吸附剂吹散而导致实验失败，以采用在展开剂尚未挥发尽时立即喷显色剂的做法较好。

显色剂因被分离组分而异，例如被分离物质中含有羧酸时则可喷指示剂溴甲酚绿等；当含氨基酸时可喷茚三酮显色；含酚羟基时可喷三氯化铁、铁氰化钾试剂。理想的显色剂应符合以下要求：

① 至少可以使微克级物质显色；

② 能给出明确的显示区域，即与本底有明显反差；

③ 显示区域有一定的稳定性，并便于定量。

用于有机化合物的显色剂见表 19-20，用于无机离子的显色剂见表 19-21。

表 19-20 用于有机化合物的显色剂

化 合 物 类 别	显 色 剂
烃类	
脂肪烃、芳香烃、不饱和烃、卤代烃、多环芳烃	四氯邻苯二甲酸酐、荧光素-溴、硝酸银-过氧化氢、甲醛-硫酸
醇类	
脂肪醇、芳香醇、乙二醇	硝酸铈铵、3,5-二硝基苯酰氯、二苯基苦基偕肼、香草醛-硫酸
羰基化合物	
醛类、酮类	品红-亚硫酸、邻联茴香胺、2,4-二硝基苯肼、亚甲蓝、绕丹宁
有机酸	溴甲酚绿-溴酚蓝-高锰酸钾、2,6-二氯酚-靛酚钠、过氧化氢
胺类	茜素、丁二酮单肟-氯化镍、对氨基苯磺酸、硫氰酸钴(Ⅱ)、对二甲氨基苯甲醛-盐酸、1,2-萘醌-4-磺酸钠、葡萄糖-磷酸
含氮化合物	
脂肪族氮化物(氨基氰、胍、脲与硫脲)、含氮杂环	Ehrlich 试剂(对二甲氨基苯甲醛)、4-甲基伞形酮、硝普钠-铁氰化钠
酚类	氯化铁、4-氨基安替比林-铁氰化钾、2,6-二溴苯醌氯亚胺、重氮化联苯胺
硝基与亚硝基化合物	α-萘胺、二苯胺-氯化钯、对氨基苯磺酸-α-萘胺
氨基酸与肽类	靛红-乙酸锌、1,2-萘醌-4-磺酸钠、茚三酮、2,4-二硝基氟苯
甾族化合物	乙酸酐-硫酸、氯磺酸-乙酸、三氯化锑、对甲苯磺酸、香草醛-磷酸、三氟乙酸
含硫化合物	硝普钠、硝普钠-羟胺、靛红-硫酸、叠氮化碘
生物碱	改良碘化铋钾、四苯硼钠、硫酸高铈铵-硫酸、硫酸高铈铵、碘-碘化钾、碘铂酸钾
糖类	邻氨基联苯-磷酸、苯胺-磷酸、联苯胺-三氯乙酸、α-萘酚-硫酸、苯胺-二苯胺-磷酸(还原糖)、蒽酮(酮糖)、双甲酮-磷酸
类脂化合物	罗丹明 6G、α-环糊精(直链)、溴百里酚蓝

表 19-21 用于无机离子的显色剂

显 色 剂	检 出 离 子
茜素	许多阳离子如 Ba^{2+}、Ca^{2+}、Mg^{2+}、Al^{3+}、Fe^{3+}、Zn^{2+}、Ti^{4+}、Th^{4+}、Zr^{4+}、Se^{4+}、Li^+、NH_4^+、Ag^+、Hg^{2+}、Pb^{2+}、Cu^{2+}、Cd^{2+}、Mn^{2+}、Bi^{3+}、Cr^{3+}、Ga^{3+}、In^{3+}、Co^{2+}、Ni^{2+}、Be^{2+}、Pd^{2+}、Sc^{3+}、Pt^{4+}、稀土及 U
番木鳖碱	BrO_3^-、NO_3^-、ClO_3^-
乙二醛-双(2-羟基苯胺)	阳离子
8-羟基喹啉-鞣酸	Al^{3+}、Mg^{2+}、Ca^{2+}、Sr^{2+}、Ba^{2+}、Bi^{3+}、Cd^{2+}
硝酸银	许多阴离子，包括卤素(氟除外)、含硫阴离子、砷酸盐、亚砷酸盐、磷酸盐、亚磷酸盐
辛可宁-碘化钾	Bi^{3+}、Ag^+、Hg^{2+}、Pb^{2+}、Sb^{3+}、V^{2+}、Tl^+、Cu^{2+}、Pt^{4+}
二苯卡巴肼	Ni^{3+}、Co^{3+}、Ag^+、Pb^{2+}、Cu^{2+}、Sn^{4+}、Mn^{2+}、Zn^{2+}、Ca^{2+}
亚铁氰化钾	Cu^{2+}、Fe^{3+}、MoO_4^{2-}、UO_2^{2+}、VO^{2+}、WO_4^{2-}
钼酸铵/氯化锡(Ⅱ)	磷酸盐，亚磷酸盐(蓝色斑)

显 色 剂	检 出 离 子
硫化铵	Ag、Hg、Co、Ni(黑色)；Au、Pd、Pt、Pb、Bi、Cu、V、Ti(棕色)；Cd、As、Sb(黄色)；Sb(橙色)
金精三羟酸	Al、Cr、Li
联苯胺	Au(Ⅰ)、Ti(Ⅲ)、CrO_4^{2-}、Mn(Ⅳ)
溴甲酚紫	除氟化物外的卤化物
二甲氧基马钱子碱/2mol/L NaOH	溴酸盐(深红色)、硝酸盐(红色/黄色)、氯酸盐(红-棕色/红色)
醌茜素/KI	Bi(橙色)；Ag、Hg、Pb、Sb、V、Te(黄色)；Cu(棕色)；Pt(粉红色)
硫酸铜/氯化汞/硫氰酸铵	Zn(红色/紫色)、Cu(黄色)、Fe(Ⅲ)(红色)、Au(橙色)、Co(蓝色)
丁二酮肟	Ni(红色)
二苯卡巴肼	Ni(蓝色)；Co(橙-棕色)；Ag、Pb、Cu、Sn、Mn(橙色)；Zn(紫色)
硫氰酸钾	Au(橙色)；Pt、Mo(橙-红色)；Hg(Ⅰ)(黑色)；Bi、U(黄色)；V、Co(蓝色)；Fe(深红色)；Cr(紫色)；Cu(绿色-黑色)
焦儿茶酚紫	有机锡化合物(淡蓝色)
紫尿酸	Li(红色-紫色)、Na(紫色-红色)、K(紫色)、Be(黄色-绿色)、Mg(黄色-橙色)、Ca(橙色)、Sr(红色-紫色)、Ba(鲜红色)、Co(绿色-黄色)、Cu(黄色-棕色)

四、定性方法和定量方法

1. 薄层色谱的定性方法

样品经层析后，可用组分的比移值 R_f（同纸色谱法定义）与文献值比较的办法定性，或与标准物质的 R_f 值比较（实验条件应相同），也可采用相对比移值 R_m 代替 R_f 值来定性。

$$R_m = \frac{\text{化合物的 } R_f \text{ 值}}{\text{参照标准物的 } R_f \text{ 值}}$$

斑点 R_f 值的测定受很多因素影响，如吸附剂的种类、活性；展开剂极性，展开距离；薄层厚度、均匀性；展开容器内溶剂的饱和程度等。因此要与文献 R_f 值比较来定性。不过要控制一致的操作条件很难，实际常用已知标准物为参照，使之在同一薄层条件下展开，有时为了得到更准确的结果还要必须采用不同的展开条件进行比较。但是如果能设法取出单一斑点组分经红外、核磁、质谱等联测则更佳。

2. 薄层色谱的半定量与定量分析方法

（1）半定量法 早期的定量工作通过目测或测面积的方法进行估计，但方法粗糙、误差大，利用斑点取样处理后进行比色、紫外、光度法等也因操作复杂繁多而低效，使得薄层分析仅停留在半定量的水平上。

① 目测法 将层析显色得到的色点的大小、颜色深浅与标准参照物在相同条件下得到的色点用目视比较法，此法误差较大，只能粗略地定量。

② 测面积法 基于在一定范围内，物质的质量的对数（$\lg \overline{W}$）与斑点面积的平方根（$\sqrt{A}$）成正比的关系。用一张透明的绘图纸覆盖在薄层上，描出斑点的面积，再移到坐标纸上读出斑点所占的格数，与标准参照物的 $\lg \overline{W}$-$\sqrt{A}$ 的工作曲线上查出含量。这种方法必须有相同实验条件的标准参照物的 $\lg \overline{W}$-$\sqrt{A}$ 的工作曲线，比较麻烦。而采用在同一块层析板上同时点上等容量的样品、标准品、样品稀释液三个斑点，同时展开的方法可免去作图的麻烦。可采用下列计算法定量：

$$\lg \overline{W} = \lg \overline{W}_s + \frac{\sqrt{A} - \sqrt{A_s}}{\sqrt{A_d} - \sqrt{A}} \lg d$$

式中，$\overline{W}$ 为稀释前样品溶液的溶质质量；$\overline{W}_s$ 为标准溶液中溶质的质量；A 为样品溶液中溶质斑点的面积；A_s 为标准品斑点的面积；A_d 为稀释溶液斑点的面积；d 为稀释倍数的倒数。

（2）定量分析法 随着分析仪器发展，测定技术已有可对薄层斑点定量测定的薄层扫描仪

（TCL Saner）及薄层光密度计（TLC Densitometer）出现，利用这种仪器对薄层上被分离物质进行直接定量的方法称为薄层扫描法，此法具有简单、快速、准确的优点。各国生产的薄层扫描色谱仪虽然规格、性能各有差异，但其测定基本原理是一样的。即使用一定波长和强度的光束照射薄层的斑点，进行整个斑点扫描，然后用特定的仪器记录斑点在照射前后得到的反射或透射光束的强度变化进行定量分析。

　　根据扫描定量的原理和方法不同大致可以分为吸收测定法和荧光测定法两大类，如图 19-15 所示。透射法扫描和反射法扫描如图 19-16、图 19-17 所示。

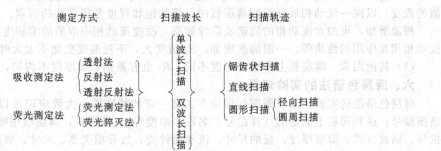

图 19-15　薄层扫描仪功能分类

　　① 吸收测定法　由于薄层是由许多细小颗粒的半透明物体组成的，当薄层扫描仪的光照射到薄层表面时，除透射光及反射光以外，还存在相当多不规则的散射光。与光照射透明溶液不同，样品组分浓度与测量的光密度值之间不遵守比耳定律。样品组分浓度与光密度之间的关系曲线是弯曲的，当浓度高时弯曲更为严重，不便于定量。在低浓度时，可选用曲线的直线部分进行定量，也可利用非线性方程的方法进行定量。

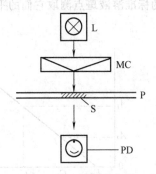

图 19-16　透射法扫描
L—光源；MC—单色器；P—薄层板；
S—斑点；PD—光电检测器

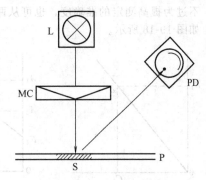

图 19-17　反射法扫描
L—光源；MC—单色器；P—薄层板；
S—斑点；PD—光电检测器

　　② 荧光测定法　样品组分本身有荧光或者经过某种处理能产生荧光，则可用荧光法进行定量。荧光测定法的灵敏度比吸收测定法高 100～1000 倍，最低可测出 10～50pg。但是，荧光测定中干扰因素较多。一般荧光测定法用反射法。

　　③ 洗脱测定法　将经定位后吸附剂的色点部分取下，用适当溶剂将化合物洗脱后进行比色法、分光光度法、极谱法、库仑法、荧光法等定量测定方法定量。

　　洗脱测定法比薄层直接定量法操作步骤多一些，测定所需的时间也长些，但这种方法不要薄层扫描仪等仪器设备，而且测定结果的准确度也较好，因此，还是目前常用的一种方法。

　　透射法是以测定单色光照射斑点后的透射光强度来确定含量，但由于薄层板常为普通玻璃，会吸收波长小于 330nm 的紫外光，应用受限，主要适用于有色斑点的可见光扫描，况且透射光比反射光弱，因此较少应用。

　　测反射光强度时，光电检测器置于 45°角处测反射光强度，此时薄层厚度变化的影响可较小，但薄层表面的影响则较大。

玻璃板不会影响反射光的测定，所以反射法对紫外-可见光范围均可测定，是比较常用的方法。

五、影响比移值的因素

薄层色谱法 R_f 值的精密度与吸附剂的性质、展开条件、薄层涂布方法、点样等诸多因素有关，分别论述如下。

(1) 吸附剂的性质   不同厂家生产的同一型号的吸附剂，其湿度、粒度、孔径分布及 pH 都有所不同，即使同一厂家生产的不同批号吸附剂之间也会有差异，使用时要注意记录和选取。

(2) 展开槽的气氛   展开槽的蒸气的饱和程度、展开槽温度的变化以及污染程度都会引起 R_f 值的改变；以同一流动相展开不同薄层板时，槽的饱和程度是很重要的因素。

槽温增加，可加大流动相的流速及蒸发速率，改变流动相中溶质的溶解度，还会影响吸附剂和流动相相互作用的性质等。一般温度增加，R_f 值变大，不过温度变化不太大时，这种影响不显著。

(3) 其他因素   薄层板上薄层的厚度不同，R_f 也有差别，如厚度不均匀，则 R_f 值重现性差。

六、薄层色谱法的实验记录

薄层色谱法的实验记录及谱图的保持方法有一定的特殊性，大致应记录以下内容：实验日期；谱图编号；点到薄层上的物质（样品号、名称、浓度等）；点样量；薄层板用吸附剂的种类、厂家、批号、制板方式、薄层厚度、板的尺寸；流动相种类；展开槽类型、尺寸、展开距离及形式；温度及干燥方法；检测结果及评价。

谱图用以下方法保存：①在薄层板上盖以透明材料后，用透明纸描下，保存；②盖上透明材料放好。

七、薄层色谱法定量分析的数据处理方法

1. 外标法

外标法是薄层扫描时最常用的定量分析方法，此法同时在薄层板上点上一个或两个已知浓度的标准溶液（称为一点法或两点法），当工作曲线通过原点时选一点法即可，不通过原点时要选用两点法，不过为提高测定的准确度，也可从两个或四个同样量的标准溶液斑点测取它们的平均值进行计算，如图 19-18 所示。

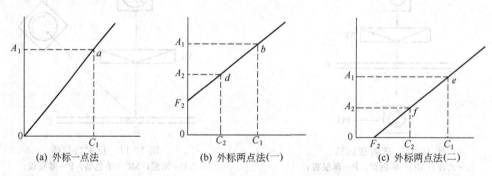

(a) 外标一点法   (b) 外标两点法(一)   (c) 外标两点法(二)

图 19-18   用外标法的工作曲线

2. 内标法

此法与外标法的主要区别在于内标法中面积累计值为被测样品和内标物的面积之比。内标物必须是在被测溶液中不存在，但性质必须与被测物质类似，又极易与被测物质分离的纯物质，因此内标物难以选取，实际应用受到限制。

3. 归一化法

几个组分混合物中组分 1 的含量为：

$$C_1 = [A_1/(A_1 + A_2 + \cdots + A_n)] \times 100\%$$

组分 1 的浓度等于它的斑点面积在总斑点面积中所占的比例，不过这仅运用于各组分性质差别较小及斑点面积在线性范围的情况。

薄层扫描定量分析法具有简便、快速的优点，但其准确度及精密度均不够理想，一般定量分析误差在 $\pm 4\%$ 左右，当然斑点小时可达到 $\pm 2\%$。误差主要来自薄层板性质、操作方法，扫描方式的

散射参数的选择等。为此应尽可能保持一致的实验条件。

八、薄层扫描仪

薄层扫描仪由光源、单色器、样品台、检测器、记录仪等组成。

1. 分类

扫描仪的光学扫描系统有单波长、双波长两种扫描方式。

（1）单波长薄层扫描仪　用单一波长对薄层进行扫描。扫描中也可将单一波长分成单光束及双光束两种方式进行，像日本岛津 CS-920、瑞士 Camag TLC 扫描仪、德国 Zeiss KM3 型属于单波长单光束扫描仪器，它们无法消除因薄层不均匀、显色不均匀及其他因素造成的背景影响，对实验操作条件要求较高，其光路如图 19-19 所示。美国 Schoettel SD3000 型属于单波长、双光束扫描仪，此种仪器将光源发出的光经单色器及棱镜系统分成两条均等的光束：一条照在斑点部分；另一条照在斑点邻近的空白薄层上作为对照，记录两条光束吸光度之差，此时可以部分消除薄层不均匀的影响，由于不是扣除斑点部位的背景，所以仍有一点误差，其光路如图 19-20 所示。

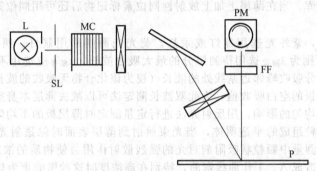

图 19-19　单波长、单光束扫描仪光路
L—光源；SL—狭缝；MC—单色器；P—薄层板；FF—二级滤光片
（荧光测定时用）；PM—光电检测器

（2）双波长薄层扫描仪　采用两束不同波长的光束先后对测定斑点扫描，记录两波长吸光度的差值，测定示意如图 19-21 所示。

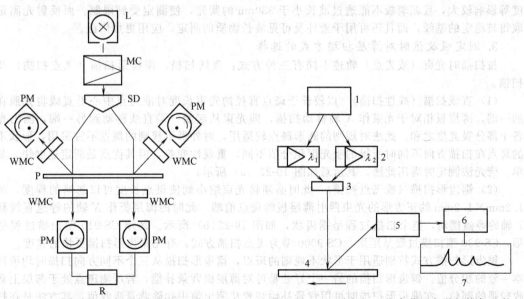

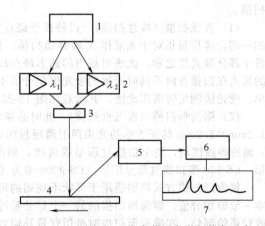

图 19-20　单波长、双光束扫描仪光路
L—光源；MC—单色器；SD—光路切分装置；
WMC—楔形补偿器；PM—光电检测器；
P—薄层板；R—比例调节器

图 19-21　双波长、双光束薄层色谱扫描仪示意
1—光源；2—单色器；3—斩波器；4—薄层板；
5—光电倍增管；6—放大器；7—记录仪

从光源发出的光经过斩波器交替地遮断成两束波长为 $\lambda_{测定}$、$\lambda_{参考}$→狭缝→反射镜→薄层板待测斑点［产生反射光和透射光，反射光由光电倍增管 PMR、透射光经光电倍增管 PMT 倍增接收、（在图 19-21 中透射光路部分省略）］→记录仪（记录两束不同波长光交替照射斑点对两波长吸光度的差值，并可给出斑点待测组分的峰形吸收曲线）。与在相同条件下得到的标准物质扫描曲线的峰面积比较，计算出待测组分的含量。

双波长扫描仪也有双波长双光束及双波长单光束扫描仪两种。岛津的 CS-900、CS-910 型属于双波长、双光束扫描仪，此时两束不同波长的光通过斩波器交替照射到薄层斑点上，记录两者吸光度差值；日本岛津 CS-930 型及瑞士 TLC Ⅱ 型属于双波长、单光束扫描仪。这类仪器是单波长、单光束的光路系统，借助计算机程序完成双波长扫描，此时先将参比波长 $\lambda_{参比}$ 对斑点扫描的结果存入计算机中，再用测定波长 $\lambda_{测定}$ 对斑点扫描，用计算机求出两次吸光度的差值进行定量测定。这种仪器只需一个单色器配合计算机，因此仪器结构比较简单，不过耗时较长。

瑞士 Camag TLC Ⅲ 型扫描仪配有 CATS 软件，可进行屏上积分、多波长扫描、背景扣除，甚至还带有板上光谱图库。当在薄层上加上放射性同位素标记物后还可用同位素检测仪扫描。

2. 光源部分

可见光选用钨灯，紫外光选用氙灯或汞灯，荧光光源则采用氙灯。照射到薄层上的两束光 $\lambda_{测定}$ 及 $\lambda_{参考}$，选择原则为 $\lambda_{测定}$ 选用待测组分的最大吸收波长，$\lambda_{参考}$ 应选用不被测定组分吸收的波长。通常选用被测组分吸收峰邻近基线处的波长（视为该化合物无吸收的波长）为参考波长，这时的吸光度可视为薄层板的空白吸收值，为此双波长测定法可以减去薄层本身空白的吸收值，在一定程度上消除薄层板不均匀的影响。用反射光法进行定量测定时薄层板的不均匀性对其影响较小，但由于薄层是由许多颗粒组成的半透明体，当光束照射到薄层表面时除透射光、反射光外还有散射光，所以，在反射法测量中颗粒状吸附剂对光的强烈散射作用会使物质的浓度 (c) 与吸光度 (A) 关系偏离比尔定律；造成 A-c 工作曲线弯曲，特别在高浓度时这种影响更为显著，必须用散射参数来进行非线性关系的校正。其方法是将修正参数和处理方法存入计算机，由其根据适当的修正程序自动校正后给出准确的定量结果。散射参数根据薄层的类型在实验前选择。现有的扫描仪上设有数个可供参考的散射参数，经校正后一般可将曲线校正为直线，当然在测定浓度不大时能用曲线的直线部分来定量。

当用透射光进行定量分析时，虽透射光强度应比反射光大 2～3 倍，但受薄层厚度、展层均匀度等影响较大，且玻璃板不能透过波长小于 330nm 的紫光，使测定受到限制。而反射光测定法能取得较稳定的基线，而且还可用于紫外及可见波长物质的测定，应用更加广泛。

3. 测定吸收值时对薄层扫描方式的选择

按扫描时光束（或光点）轨迹不同有三种方式：直线扫描、锯齿形扫描（飞点扫描）及圆形扫描。

(1) 直线扫描（线性扫描）　以较长于斑点直径的光束长度对准斑点中心沿直线将光照在薄层的一端，薄层板相对于光束作 X 轴移动扫描，即光束从起始一端直线移动到另一端，测出光束在各个部分吸光度之和。此法对规则的圆形斑点较适用，对外形不规则的斑点不宜采用，形状不规则的斑点在扫描方向不同时所得的吸光度积分值不同，重现性变差，但其优点是测定速度快，装置简单。荧光法测定时需用此法，其示意如图 19-22（a）所示。

(2) 锯齿形扫描（或飞点扫描）　此时必须将光束缩小到使斑点长度可以忽略的程度，例如以 1.2mm×1.2mm 的正方形的光束照射薄层板的斑点前端，此时的薄层板作 X 轴的等速直线移动及 Y 轴的等幅摆动，整个扫描过程呈锯齿状，如图 19-22(b) 所示。岛津 CS-910 型扫描过程呈锯齿形，CS-930 型扫描过程呈矩形，CS-9000 型为飞点扫描方式，有比锯齿形扫描更快的速度。

锯齿形扫描方式特别适用于形状不规则的斑点，锯齿形扫描从三个不同方向扫描时均可得到基本一致的积分值。锯齿形扫描的另一个好处是可对薄层做背景补偿，若所测斑点处于薄层上背景吸收较强的部位，在锯齿形扫描时可用背景补偿装置从测出值中扣除背景吸收值，其方法是在扫描时取扫描振幅外的一点作为背景补偿的零点，用计算机将此测定值从斑点的测定值中减去，借此可得到斑点的真正吸光度值。薄层色谱仪的扫描曲线如图 19-23 所示。

(3) 圆形扫描　运用于圆心式或向心式展开后所得的圆形色谱的扫描测定。扫描时其轨迹可由圆心向圆周方向作径向扫描，也可将光束沿一定半径的圆周方向移动，光束长轴可与圆周一致，也可与圆周垂直。在某些仪器上还配有其他扫描方式，如倾斜扫描和多通道自动扫描（多达30个通道）。

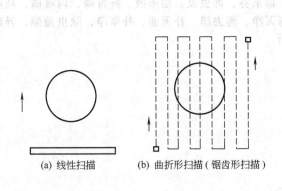

　(a) 线性扫描　　(b) 曲折形扫描（锯齿形扫描）

图 19-22　扫描方式示意

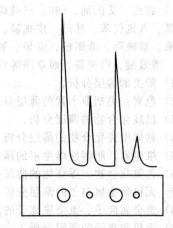

图 19-23　薄层色谱仪的扫描曲线

九、薄层色谱法的应用

与其他分离方法相比，薄层色谱法具有分析速度快、对样品预处理要求低、操作简便等优点，在科研、临床、生产等各个领域应用非常广泛，如环境、医药、食品、化工、生化、毒物、法医检验、农业等。

（1）醇类：醇类及其衍生物、多元醇类化合物等的薄层分析。

（2）生物碱：托品类化合物的薄层分析。

（3）胺类：烷基胺及芳香胺、胺类及亚胺类、芳香胺、肾上腺素及其有关化合物等的薄层分析。

（4）氨基酸：氨基酸和肽类、苯氧羰基衍生物、氨基酸和有关化合物、硫代氨基酸及其衍生物等的薄层分析。

（5）药物：甾族抗炎药物、抗高血压药物、抗生素、大环内酯类抗生素、其他药物如噌啉酚、噌啉酮、阿托品、麻黄素、苯乙胺、咖啡因、海洛因、鸦片、罂粟碱、奎宁、马钱子碱、巴比妥、阿司匹林、大麻醇、安宁等的薄层分析。

（6）有机含硫化合物：防老剂和促进剂、硫醚类化合物、亚砜类化合物、亚硫酰苯胺类化合物等的薄层分析。

（7）糖类：糖类、乙酰基糖类、甲基糖类衍生物、芳香基四-O-乙酰-右旋葡吡喃糖苷衍生物等的薄层分析。

（8）羧酸及其酯：脂肪酸、对甲氧基苯胺二羧酸酐衍生物、二羧酸、羧酸甲酯化合物、苯甲酸、苯酚及其取代物、氨基苯甲酸酯和氨基水杨酸酯、酚酸类化合物、酚二羧酸、羧酸钠盐、羧酸酯防老剂、增塑剂和软化剂等的薄层分析。

（9）染料：花青染料、偶氮染料、脂溶性染料、合成食用色素等的薄层分析。

（10）烃类：芳香烃、多环芳烃、蒽类衍生物、萜类等的薄层分析。

（11）类脂化合物：胆甾醇及其脂肪酸甲酯的薄层分析。

（12）含氮杂环化合物：吡啶类化合物、吲哚类化合物、吲哚类化合物及 2,4-二硝基苯衍生物、咪唑类化合物等的薄层分析。

（13）核苷酸：核苷酸和低聚核苷酸等的薄层分析。

（14）有机碘化合物的薄层分析。

（15）有机过氧化物的薄层分析。

（16）有机锡化合物的薄层分析。

（17）二硫腙有机汞化合物的薄层分析。

（18）羰基化合物：芳香醛、1,2-二酮肟的衍生物、苯醌及其衍生物、天然醌、氨基蒽醌类化合物、多核环状羰基化合物等的薄层分析。

（19）含氧杂环化合物：花青苷和花青素、苯并邻氧苊酮类化合物等的薄层分析。

（20）农药　艾氏剂、666、三硫磷、氯杂嗪、氯丹、滴滴涕、二氯苯醌、狄氏剂、敌菌灵、硫丹、七氯、六氯代苯、林丹、皮蝇磷、草克死、毒杀芬、毒虫畏、稻丰散、蝇毒磷、内吸磷、敌敌畏、乐果、双硫磷、杀螟松、安果、氯胺磷、莠灭净、莠去津、扑灭通、扑草净、除虫菊酯、异除虫菊酯、增效醚、白脱黄、西草净等的薄层分析。

（21）酚类的薄层分析。

（22）色素：类胡萝卜素的薄层分析。

（23）甾族化合物的薄层分析。

（24）萜烯酯类化合物的薄层分析。

（25）维生素、脂溶性维生素的薄层分析。

（26）含氮化合物、爆炸物的薄层分析。

（27）无机物金属离子的薄层分析。

（28）贵金属离子、重金属离子的薄层分析。

（29）无机阴离子的薄层分析。

（30）磷酸盐的薄层分析。

（31）药物的合成（反应监控）、药物分析（中草药及中成药的质量控制、重要药用植物有效成分含量的测定、中成药真伪辨别）。

第五节　电泳分析法

荷电粒子（离子、带电的胶体粒子）在外加电场作用下向导性电极做定向移动的现象称为电泳。因离子或带电粒子所带电荷、分子量、几何体积不同，它们在电场作用下泳动方向、速度及距离不同而得到分离。利用这个原理对某些化学组分进行分离分析的技术，称为电泳技术，是分离鉴定及纯化混合物中带电粒子（包括离子、高分子电解质、胶体粒子、病毒以至活的细胞如细菌、红细胞等）非常有用的技术，广泛用于农业、食品、生物、医学临床、法医鉴定、药物生产中间过程控制、环境等领域。

一、分类

1. 按电泳时有无固体支持物分类

（1）自由电泳　自由电泳是在无支持电解质的溶液中进行，属于这类的有：①显微镜电泳，即在显微镜下直接观察红细胞及细菌的电泳行为；②移动界面电泳，这是最早建立的电泳方法，只能起分离的作用；③柱电泳；④等速电泳；⑤等电聚焦电泳（pH梯度电泳），由多种具有不同等电点的两性电介质在电场中形成pH梯度，将被分离物移动至各等电点的pH处形成很窄的区带而分离，有很高的分辨率，这类电泳一般只进行胶体纯度鉴定及电泳速度的测定，仪器复杂，操作烦琐，应用受限。

（2）区带电泳　将样品加在载体上，在外加电场的作用下，性质不同的各组分以不同的速率向极性相反的电极迁移。与色谱展开不同，它利用样品与载体之间的作用力并结合电泳过程达到样品的分离，因此又称电泳为电色谱，与色谱不同的是仅涉及一个相。电泳时不同离子成分均在均一的缓冲溶液系统中分离成各自独立的区带，经染色或扫描可得出类似的洗脱色谱的峰形图进行分离测定。区带电泳按支持介质种类可分成：①纸电泳，以滤纸为支持介质；②薄膜电泳，以醋酸纤维薄膜、离子交换薄膜等为支持介质；③凝胶电泳，以聚丙烯酰胺凝胶、交联葡萄糖凝胶、琼脂糖凝胶、淀粉凝胶为支持介质；④纤维电泳，以玻璃纤维、聚氯乙烯为支持介质；⑤粉末电泳，以纤维素粉、淀粉、玻璃粉等为支持介质；⑥毛细管电泳（高压毛细管电泳），是近10多年发展起来的一种新的分离分支，是传统电泳技术与色谱技术相结合的产物。

2. 按仪器装置形式分类

① 平板电泳：将支持介质铺在长方形的玻璃板或有机玻璃板上进行电泳，此法最为常用。

② 垂直板电泳：将支持介质铺在平板上，作垂直装置后再进行电泳。

③ 垂直柱形电泳。

④ 连续液流电泳。

⑤ 盘电泳。

3. 按电泳系统组成分类

① 连续电泳　也叫均相电泳，此时电泳系统为相同的介质和缓冲液。

② 不连续电泳　也叫多相电泳，在此电泳系统中使用不同凝胶浓度及孔径的支持介质及不同的缓冲溶液（包括缓冲液组成及 pH 等）。

二、基本原理

在直流电场中带电粒子或本身带有可解离基团的物质颗粒质点（如蛋白质、氨基酸等），受到相反极性电极吸引产生的移动与离子的迁移率有关，对球形颗粒，根据斯托克斯定律，质点在电场中的迁移速度 v_e 与质点的带电荷量 $q^{\pm}$ 及电场强度 E 成正比，与质点的形状及介质的黏度成反比，即：

$$v_e = q^{\pm} \frac{E}{6\pi r \eta}$$

式中，v_e 为迁移速度；$q^{\pm}$ 为质点所带电荷量；r 为质点半径；η 为介质黏度。

不同物质有不同的电泳速度，通常用电泳迁移率 μ_e（淌度）表示，特指质点在单位电场强度下的移动速度，表示为单位电场强度（1V/cm）时（即在每厘米电压下降为 1V 的电场强度下）带电质点每秒移动的距离（泳动速度），单位 $cm^2/(s \cdot V)$，即：

$$\mu_e = \frac{v_e}{E} = \frac{q^{\pm}}{6\pi r \eta}$$

从式中可知迁移率 μ_e 与球形分子大小、介质黏度、质点所带电荷有关。

当电泳时间为 t、质点迁移距离为 d 时，质点的迁移速度为 $\mu_e = \dfrac{d}{tE}$。

若两电极间距离为 L(cm) 时，电位差为 ΔU(V)，则 $E = \Delta U/L$，所以质点的迁移速度 $\mu_e = \dfrac{dL}{t\Delta U}$。电泳分析法就是利用组分质点电泳迁移率 μ_e（淌度）的差别而得到分离。一般情况下，质点所带净电荷越多、粒子越小、越接近球状，泳动速度越快，对于在同一电场中相同时间内 A、B 两种带电质点分离程度可从它们的分离距离 d_A 与 d_B 之差来分辨。

即 $\Delta d = d_A - d_B = (\mu_A - \mu_B) = \dfrac{t\Delta U}{L}$，为了得到良好的分离，$\Delta d$ 值要大，也就是说要求两种质点的迁移率之差 $\Delta d = (\mu_A - \mu_B)$ 要大、电泳时间 t 要长、电位梯度（E/L）要大。

μ_e 是离子的特征数据，相同离子在不同条件下，或不同离子在相同条件下，有不同的电泳迁移率（淌度），这是所有电泳技术分离的根据，也是选择电泳条件的主要依据。在无限稀释溶液测得的淌度称为绝对淌度。在实际溶液中，离子间互相影响，离子形状、大小及所带电荷都与测定绝对淌度的环境不同，因此把实际溶液中测得的淌度称为有效淌度，物质粒子在电场中的迁移速度取决于粒子淌度和电场强度的乘积，所以淌度不同是电泳分离的基础。

三、影响电泳迁移率的因素

1. 被分离物质的性质

被分离组分所带电荷越多，解离度越大；体积越小，电泳速度就越快；越接近球形物质，电泳速度越快。

2. 外加直流电场的电位梯度（E/L）

（E/L）表示单位长度（cm）的平均电位降，按电场强度（E）的大小，电泳又可分成常压电泳（E 在 100～500V，两极相距 20cm，即 $L=20$cm 时，E/L 为 5～25V/cm）和高压电泳（500～30000V）。当 L 一定时两极间所加电压越高，质点的泳动速度越快，分离耗时越短。为缩短分离时间常采用高压电泳方式，但高压必需要求稳定，高压也会使电泳时温度升高，为此，仪器还应具备良好的冷却系统，因电泳时温度不均匀会引起溶液对流，扰乱分离区带，致使变形，也可产生蒸发现象影响分离效果。

3. 支持介质的性质

电泳支持介质（支持物）应为化学惰性，不导电，不带电荷，没有电渗，不吸附电泳物质，热传导度大，结构均匀且稳定。主要影响表现为以下几点。

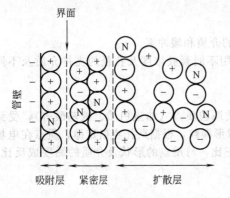

图 19-24　毛细管内壁的双电层

（1）吸附　支持介质表面对被分离组分质点吸附形成离子氛，降低电泳速度，或造成拖尾，因此降低分离效率。

（2）电渗现象　在电场中液体对于一个固体（支持物）做相对移动的现象称为电渗，也是一种特殊形式的电泳。电渗的产生和双电层有关，在有支持介质的区带电泳中，支持物与液体接触时，支持介质固体（相纸、醋酸纤维素、琼脂糖等）往往带有微量的羧基或负电荷，因静电引力使周围液体带上相反电荷，这样在固体和液体界面形成双电层，它们间有电势差，在对液体两端加电压，电泳就发生液体相对于支持介质固体表面的移动现象（即缓冲液带动样品向负极移动）称为电渗，产生的液体整体移动现象称电渗流，如图19-24与图 19-25 所示。

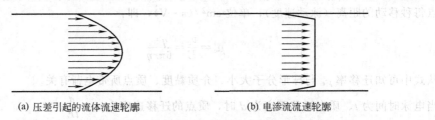

(a) 压差引起的流体流速轮廓　　　　(b) 电渗流流速轮廓

图 19-25　电渗流的流速轮廓与压差引起的液体流速轮廓的对比

例如纸电泳，由于滤纸纤维吸附 OH^- 带负电荷，与纸相接触的水溶液则带正电荷，在电场作用下向负极移动，并携带颗粒质点同时移动。因此电泳时颗粒质点的表观速度是颗粒本身的泳动速度与电渗携带颗粒的移动速度之和，若颗粒原来向负极移动则表观速度比泳动速度快，若原来向正极移动则表观泳动速度比泳动速度慢。

在区带电泳中电渗与电泳同时存在，电渗对所有组分的影响相同，而此时质点的表观泳动速度是本身泳动速度与电渗引起移动速度的代数和，因此电渗影响的是电泳速度，而不影响分析法的分辨率。电渗作用的大小与电位电荷的量成正比，与溶剂的量成反比。电位电荷是牢固地结合在管壁上的、不能被电场作用下迁移的离子或带电基团所带动。

电渗的大小和方向可以用不带电荷的有色染料或有色葡聚糖进行测定，把这类物质的质点加在支持介质的中间区域，通电后即可看到电渗移动的方向和距离。

4. 缓冲溶液的 pH 及离子强度

缓冲溶液是电泳分析中重要的组成部分，它主要起导电作用及保持电泳中 pH 恒定。

（1）缓冲溶液的 pH 可以决定电泳物质的离解程度，也就是决定了颗粒质点的净电荷值。例如对蛋白质及氨基酸等两性物质 pH，离其等电点越远，质点所带电荷越多，电泳速度就越快，选择能使各种蛋白质所带净电荷差异增大的 pH 有利于分离。

（2）缓冲溶液的离子强度是影响带电粒子移动速度的重要因素，缓冲溶液的离子强度 $I = \frac{1}{2}\sum cZ^2$，式中，c 为离子摩尔浓度；Z 为离子价数，不解离的物质不计。缓冲溶液的离子强度越大，溶液的 pH 越稳定，缓冲能力也越大。其电导率也越大，所分载的电流也增大，使样品所载的电流相应减小，即电泳迁移率减小，速度减慢，不过可得到较清晰的分离区带。导电能力增加带来的发热现象对电泳不利。过大的离子强度会降低胶体质点的带电量，不利于对胶体物质的分离。降低离子强度将使电泳速度加快，但过低的离子强度使电泳区带扩散，会降低分辨率。小的离子强度使 pH 不稳定，缓冲能力也下降，适宜的缓冲溶液离子强度参考值为 $0.02\sim0.2mol/L$，最好通过多次实验确定。

其他像缓冲液的黏度，缓冲液与带电质点的相互作用，电泳时温度及电压等也会影响电泳速度，温度升高 1℃，迁移率约增加 2.4%，但温升引起分子运动加剧，自由扩散加快，区带变宽及分辨率下降。冷却不佳、发热严重的电泳系统甚至造成蛋白质变性或凝固，因此散热问题是电泳发展的关键之一。

四、纸上电泳

最早的电泳技术具有价廉、操作方便等优点，但由于电泳时间长及滤纸吸附和电渗作用比较严重造成的拖尾，降低了分辨率，所以已很少用。

1. 纸上电泳的仪器

纸上电泳有高压及常压两类。高压电泳速度快，适于分子量较小的物质的分离鉴定。如氨基酸、多肽、糖类、核苷酸等；常压电泳的电场强度一般在 $50V/cm$ 以下，设备简单，适于高分子量物质的分离鉴定，如蛋白质等。常压电泳应用较广，现叙述于下。

纸上电泳仪包括电源及电泳器两部分。电源为直流稳压电源，在 $100\sim600V$ 范围内可调，最大电流为 $100mA$，即可满足一般要求。电泳时，电场强度与滤纸长度有关，电流则与滤纸的宽度及缓冲溶液的导电能力有关，实验中根据要求进行调整。电泳器的形式很多，平卧式电泳器最常用，一般用有机玻璃制作，基本形状如图 19-26 所示。

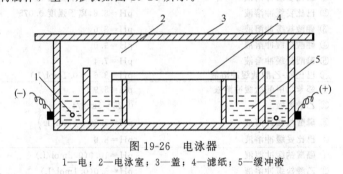

图 19-26　电泳器
1—电；2—电泳室；3—盖；4—滤纸；5—缓冲液

2. 缓冲溶液的选择

(1) 根据样品的性质选择缓冲溶液的 pH。例如，测定蛋白质或多肽的氨基酸组成，多数用 pH 值为 2 左右的缓冲溶液；对碱性氨基酸，如精氨酸和赖氨酸的分离，则用 pH 值为 6.3 的缓冲溶液。缓冲溶液应尽可能选用挥发性的，在烘干过程中即可除去，并且还可避免缓冲溶液对显色剂及紫外吸收带的影响。

(2) 常用的挥发性缓冲溶液见表 19-22。

表 19-22　常用的挥发性缓冲溶液

pH值	配　制　方　法	pH值	配　制　方　法
1.85	80%甲酸+冰乙酸+水=2.5+7.8+89.7	3.2	吡啶+冰乙酸+水=1+9+90
1.9	80%甲酸+冰乙酸+水=15+10+75	3.6	吡啶+冰乙酸+水=1+10+90
2.0	80%甲酸+冰乙酸+水=5+15+80	4.5	吡啶+冰乙酸+水=5+5+90
2.0	1.5mol/L甲酸+2mol/L乙酸=1+1	5.3	吡啶+冰乙酸+水=8+2+90
2.0	0.75mol/L乙酸	5.8	吡啶+冰乙酸+水=9+1+90
2.25	0.75mol/L甲酸+1mol/L乙酸=1+1	6.0	吡啶+冰乙酸+水=10+1+59
2.3	1.0mol/L乙酸	6.5	吡啶+冰乙酸+水=10+0.4+90
2.3	吡啶+冰乙酸+水+80%甲酸=1+10+89+13.5	7.0	三甲基吡啶+1mol/L乙酸+水=0.36+1.85+38.6
2.75	0.2mol/L乙酸	7.0	三甲基胺+水=5+95　以二氧化碳饱和

(3) 低离子强度缓冲溶液的配制见表 19-23。

表 19-23　低离子强度缓冲溶液的配制

pH 值	A/mL	B/mL	pH 值	A/mL	B/mL	pH 值	A/mL	B/mL
2.55	0	0.00	5.50	14.35	18.90	8.50	13.10	9.95
2.75	5.70	20.00	5.75	14.30	17.90	8.75	13.20	9.70
3.00	10.70	29.40	6.00	14.25	17.10	9.00	13.35	9.45
3.25	12.60	33.00	6.25	14.20	16.20	9.25	13.40	9.00
3.50	13.60	33.10	6.50	14.10	15.40	9.50	13.45	8.55
3.75	14.35	32.00	6.75	14.00	14.50	9.75	13.40	8.30
4.00	14.70	30.70	7.00	13.80	13.65	10.00	13.30	8.10
4.25	14.70	28.50	7.25	13.55	12.80	10.25	13.15	7.85
4.50	14.70	25.70	7.50	13.30	11.95	10.50	12.95	7.60
4.75	14.60	23.40	7.75	13.10	11.10	10.75	12.65	7.20
5.00	14.50	21.70	8.00	13.00	10.50	11.00	12.60	6.35
5.25	14.40	20.20	8.25	13.05	10.20			

注：A 为 1mol/L 氢氧化钠溶液；B 为乙酸-磷酸-硼酸混合溶液，每种酸浓度均为 0.4mol/L；使用时按 A 和 B 的量混合，加水定容至 1000mL。

（4）某些物质电泳时常用的缓冲溶液见表 19-24。

表 19-24　某些物质电泳时常用的缓冲溶液

物　　质	缓　　冲　　溶　　液	
蛋白质	① 巴比妥缓冲溶液	pH=8.8,离子强度 0.05
	② 巴比妥缓冲溶液	pH=8.6,离子强度 0.075
	③ 硼酸盐缓冲溶液	pH=8.6
	④ 硼酸盐缓冲溶液	pH=9.0
	⑤ 磷酸盐缓冲溶液	pH=7.4
	⑥ 巴比妥-乙酸盐缓冲溶液	pH=8.6　(0.1mol/L)
氨基酸	① 邻苯二甲酸盐缓冲溶液	pH=5.9
	② 乙酸溶液	0.25～5mol/L
	③ 磷酸盐缓冲溶液	pH=7.2$\left(\frac{1}{15}\text{mol/L}\right)$
	④ 巴比妥缓冲溶液	pH=8.6
糖及其衍生物	① 硼酸钠缓冲溶液	pH=10.0(0.2mol/L)
	② 乙酸盐缓冲溶液	pH=5.0(0.1mol/L)
	③ 磷酸盐缓冲溶液	pH=6.7(0.1mol/L)
核苷酸类物质	① 柠檬酸盐缓冲溶液	pH=2～3
	② 巴比妥-乙酸盐缓冲溶液	pH=2.5
	③ 巴比妥缓冲溶液	pH=8.6
	④ 硼酸盐缓冲溶液	pH=9.0　(0.05mol/L)
	⑤ 乙酸缓冲溶液	pH=3.1
	⑥ 乙酸缓冲溶液	pH=5.0　(0.05mol/L)

3. 纸的选择

应选纸质优良、均匀、吸附力小的滤纸，见本章第二节。

4. 操作步骤

（1）点样　将滤纸裁成长条，每个样品纸宽为 2～3cm。纸的长度根据电源输出最高电压及所需电场强度来估计。在一定电源输出电压下，所需的电场强度越大，则纸应裁得短些，但由于纸较短而分离不良时，则可增加电压或延长时间，这样可以保证一定的电泳距离。

对未知样品，应将样品点在纸中央，或取两条滤纸分别将样品点在纸的两端，使样品在两条滤纸上移动方向相反，这样可以避免它带丢失；对已知样品，原点位置根据经验选择，但必须距缓冲溶液液面 5cm 以上，并在滤纸两端注明正、负极，原点形状一般为星条状，其分离效果可好些，样品少时，点成圆点，以便显色。

点样量由滤纸的厚度、原点宽度、样品溶解度、显色剂的灵敏度以及样品中各组分电泳速度的差别来定。对于未知样品要先做不同点样量的实验，选出最佳量。

点样方式有湿点法与干点法两种。

湿点样法是先将滤纸用喷雾器均匀地喷上缓冲溶液，或将滤纸浸于缓冲溶液中，浸透后取出，夹在两层滤纸中轻压，以吸去多余的缓冲溶液。然后将样品点在纸上（可用毛细管或微量注射点样）。点样时，将滤纸的点样部位用玻璃架架起，注意不要刮伤纸面，点的次数不可太多，如样品浓度低，最好事先浓缩。湿点样法的优点是能保持样品的天然状态。

干点样法与纸上层析法相似。将样品点在滤纸上，每次点完后要用热风吹干（对热不稳定的样品用冷风吹干），多次点样直到样品量足够。然后用缓冲溶液将滤纸喷湿，在点样处最后喷。干点法的优点是在多次点样过程中有浓缩作用，但点样次数过多会使纸面受损，样品也易干坏。

（2）电泳　先将电泳器放平，将等量缓冲液分别加入电泳室内，两液在槽内的液面应保持同一水平，以避免虹吸现象。将点好样的滤纸条平整地放在电泳器的滤纸架上，将滤纸两端下垂浸入槽中的缓冲溶液内。盖紧电泳器盖，以防缓冲液蒸发，盖子最好有一定倾斜度，以防冷凝水珠滴落在电泳纸上。接通电源，调节电压，达符合要求的电场强度进行电泳。

纸上电泳还有双向纸上电泳法和连续纸上电泳法等。

（3）显色　电泳完成后，关闭电源，用镊子将纸条取出，烘干或吹干。显色方法与纸上层析法相同。

（4）定性和定量　与纸上层析法相同，见本章第二节。

5. 纸上电泳的不正常现象及防止方法

（1）滤纸变干不能导电　因为纸上电泳时电流通过滤纸，产生一定热量而使滤纸变干，影响导电效果，为此，要在密闭系统中进行，以防止水分蒸发。

（2）分离组分产生拖尾现象　拖尾现象一般是由吸附现象引起的。其解决方法是：①选用纤维组织均匀、质量高的滤纸；②将滤纸条预先用稀酸或相应的络合剂洗涤，以减少吸附性，检查电渗作用（纸上羧基中的 H^+）。

（3）迁移率重现性不好，迁移速度慢　检查溶液的 pH，因为 pH 影响分离的效果，特别对蛋白质、氨基酸等类化合物。为此，最好选缓冲溶量大的电解液，当电解液的离子强度大时，迁移速度变慢，这时要注意改变电解液的离子强度，尽可能选用离子强度小的电解液，检查电压的稳定性。

（4）电渗速率的校正　电渗作用是带有正电荷的液体在表面带有负（或正）电荷容器或其他物体上流过时产生的现象，它能使中性物质或两性物质在电场中移动。纸上电泳的电渗作用源于滤纸上羧基解离出的 H^+，H^+ 在向阴极移动中产生电渗电流的同时使纸上带有负电荷。因此，在电场中带正电的质点向阴极移动时，迁移率是质点的电泳及电渗速率之和，当质点带负电荷时则迁移率为质点的电泳与电渗速率之差。所以，实验值不是单纯电泳的迁移率，要测定真正的电泳迁移率必须对电渗速率进行校正。校正的方法是在被测物质的旁边放上一滴中性物质（如淀粉、葡萄糖等），然后根据移动情况加以校正。

五、醋酸纤维素薄膜电泳

这是目前较常用的电泳分析技术之一，具有比纸上电泳快速、吸附作用及电渗小、分离区带清晰、分辨率高、样品用量少等优点，广泛用于血清蛋白、血红蛋白、脂蛋白等的分离测定。

醋酸纤维素膜的制备是将纤维素分子中葡萄糖单体上的两个羟基乙酰化成二醋酸纤维素，然后溶解在丙酮及水的混合物中涂成均匀的薄膜，溶剂挥发后即形成醋酸纤维素薄膜。膜厚在 0.15mm 左右为好，此时浸湿后有较大的抗拉能力和柔韧性。为方便于用光度计扫描定量还需用 7 份 95% 的乙醇和 3 份冰乙酸的混合溶液进行透明化处理。分离后区带用染料染色经光度计扫描定量，也可洗脱后经比色定量。但由于醋酸纤维素薄膜的吸水性差，使样品用量受到限制。

六、聚丙烯酰胺凝胶电泳

1. 概论

20 世纪 60 年代 Davis 等科学家发展的电泳技术，分辨力及选择性大大提高。以聚丙烯酰胺凝胶（PAA）为支持介质电泳法，是一种区带电泳法，由于此时凝胶具有支持介质及分子筛的双重功能，使得这种电泳法有更高的分辨能力，已成为目前最高分辨能力的电泳支持介质之一，广泛应用于蛋白质、核酸等高分子物质的分离（细分）、定性、定量，蛋白质及核酸分子量和核酸序列分析，也用于基因变异及同功酶的研究，既适于少量样品的分离鉴定，又可用于较大量分离制备。

聚丙烯酰胺是人工合成物，由单体丙烯酰胺（简称 Acr）和交联剂（或共聚单体）N，N-亚甲基双丙烯酰胺（简称 Bis）通过化学或光化学催化聚合交联而成。聚合时丙烯酰胺（$H_2C=CH_2-CO-NH_2$）单体的双键被打开，通过加成反应形成含有酰氨基侧链的脂肪族长链，通过交联剂 N，N-亚甲基双丙烯酰胺将相邻的两条链以亚甲基桥方式交联起来形成具有三维网状结构的高聚物（凝胶）。在形成凝胶的化学聚合过程中，可以人为地控制聚合条件，使凝胶具有一定大小的孔径和交联度。当待分离样品的分子大小与其孔径大小接近时，当它们通过聚丙烯酰胺凝胶时，受阻滞的程度不同，因而有不同的迁移率，这就是说具有分子筛效应，这就使得净电荷十分相近的物质分离时多一个可变的分离因素。

聚丙烯酰胺凝胶作为区带电泳的支持介质（支持物）有许多优点：①可根据要求在制凝胶过程中通过控制凝胶的浓度制成具有不用孔径大小的凝胶，也可按要求引入其他带电荷的基团制成所需的共聚物；②电泳时除电泳作用外，还具有分子筛的分离功能，使分离效率进一步提高；③电泳时不产生电渗现象，因为它是 C—C—C—C—结合的酰胺高聚物，侧链为不活泼的酰氨基，没有带电的其他离子基团，为化学惰性；④样品用量小，一般 $1\sim100\mu g$，某些样品还可小至纳克级；⑤仪器设备简单、耗时短、分析精度高。

2. 分类

根据凝胶的形状，聚丙烯酰胺凝脉电泳有平板电泳及圆盘电泳两种，平板电泳还可分为垂直板式和水平式两种。从凝胶系统或缓冲液组成可分成连续电泳和不连续的电泳两种。垂直板不连续电泳有更广泛的应用。

3. 影响聚丙烯酰胺凝胶电泳的因素

为了得到好的分离效果要求凝胶必须具有机械强度好、透明度及孔径适当，而凝胶的孔径是电泳的重要参数。这些特性在一定程度上与凝胶的浓度及交联度有关。

聚丙烯酰胺凝胶浓度可按 Hajerteln 定义计算：

$$T=\frac{a+b}{m}\times100\%\qquad C=\frac{b}{a+b}\times100\%$$

式中，T 为单体（Acr）和交联剂（Bis）的总浓度，%；C 为总凝胶成分中交联剂的含量，%；a 为单体（Acr）的质量，g；b 为交联剂（Bis）的质量，g；m 为缓冲溶液的体积，mL。

聚丙烯酰胺的平均孔径与凝胶浓度 T 的平方根成反比，为此要得到较大的凝胶孔径应采用较稀的凝胶浓度。T 值越大，孔径越小；C 越大，孔径越小，T 固定不变，C 值在 5% 时，凝胶的孔径最小，C 大于或小于 5% 时孔径都增大。凝胶的机械强度、透明度与 T 及 Acr 及 Bis 的比值有关，一般情况下，单体用量高时，交联剂的用量应减小。电泳分析中常用的凝胶浓度为 7%～7.5%，这种凝胶力学性能及透明度均好，适于分离相对分子质量范围在 $10^4\sim10^6$ 的生物体内大多数蛋白质分子。而相对分子质量小于 10^4 的较小肽类分子，应采用 15%～30% 的凝胶。相对分子质量大于 10^6 的大分子则应采用 3%～4% 的低浓度凝胶，但这时凝胶机械强度差，加入 0.5% 琼脂糖或 20% 蔗糖可改善机械强度，但不改变孔径大小。最适宜的凝胶浓度最好通过实验确定。

七、等速电泳

等速电泳属于不连续介质电泳技术，始于 20 世纪 20 年代的离子电泳法，70 年代改名为等速电泳，是基于自由界面电泳原理并结合电位梯度分离的一种高效分离分析方法。电泳过程中，当混合物各组分离子达到平衡后，得到各组分清晰界面的区带以等速泳动。具有分辨率高、速度快、重复性好、便于自动化的特点。

1. 等速电泳的原理

与其他电泳技术原理一样是根据样品中各组分的有效迁移率（m_e）的差别进行分离的技术。有效迁移率是所有组分的活度和离子绝对迁移率乘积的总和。

等速电泳中必须采用两种不同的电介质溶液，一种是具有较高迁移率并有一定 pH 缓冲能力的前导离子电解质溶液；另一种是迁移率较低的随后离子电介质溶液，分离试样引入两者之间，因此等速电泳中的电泳溶液不是均一连续的，即为不连续的电泳介质的环境。与样品同号的前导电解质称为前导离子（以 L 表示），尾随样品组分的随后离子又称终末离子（以 T 表示），与样品反号的离子叫对离子（以 P 表示），要求 $m_{e(L)} > m_{e(样品)} > m_{e(T)}$，而且对离子（P）应具有一定的 pH 调控能力。阴离子 A^-、B^- 的等速电泳分离过程如图 19-27 所示，阴离子 B^- 与 A^- 的有效迁移率 $m_{eB} > m_{eA}$。

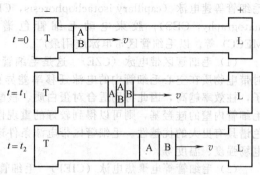

图 19-27　等速电泳分离过程示意
图中所示离子均带负电荷（略去负号）；对离子未
画出；v 为迁移速度，方向如箭头所示

外加电泳电场后，开始时分离按移动界面电泳进行，即前导离子 L^- 首先超过初始区界面，依次为 B^-、A^- 和 T^-。经过一定时间达 t_1 后，由于各种离子返迁移率不同，向正极的电泳速度有快有慢，电泳池内的电介质溶液在电泳过程中形成从负极到正极逐渐增加的离子浓度梯度，因为电位梯度与电导率成反比，故低离子浓度区（低电导区）有较高的电位梯度，为此，在电泳池内电解质溶液的电位梯度从负极向正极减少，所以在电泳中 A^- 的迁移率逐渐减慢，迁移顺序为 $L^- > B^- > A^- > T^-$。随着电泳进行到 t_2 时它们以等速进行形成紧密相连的 A^-、B^- 单组分区带，各区带完全分离，此时各区带不再发生宏观变化，按有效迁移率大小顺序以前导区带速度等速泳动。等速电泳常用标准曲线法定量，即测已知浓度标准试样的区带长度-浓度的标准曲线，将样品在同一条件下泳动，测出试样的区带长度，从标准曲线上查出。

2. 等速电泳的应用

等速电泳可用于蛋白质、氨基酸、核酸、肽类、金属离子和有机离子、无机离子分析，还可用于纯物质的制备。由于等速电泳分离效率高、速度快，某些复杂的试样还可不经预处理直接分析，在医学检验中特别有用。等速电泳还可用于天然毒素的分析及环境样品中空气、水、土壤等的分析（大部分需经预浓缩处理）。

在研究领域，等速电泳可用于酶学研究，测量酶活力以及酶反应、代谢等；等速电泳可分析糖蛋白中唾液酸，研究磷脂对蛋白质组成的影响，分析病毒膜糖蛋白以及酶免疫化学等；在肽化学研究中用来分析低分子量商品肽，氨基酸的氧化还原，肽水解过程中的脱碘等；在核酸化学中可用于分析经高压脉冲和超声处理后的微生物所释放的核苷、腺苷，还可用来监控核苷的合成等。

八、毛细管电泳

毛细管电泳是 20 世纪 80 年代发展起来的一类高效快速分离分析方法，毛细管电泳或高效毛细管电泳（high performance capillary，HPCE）是指以毛细管为分离室，高压直流电场为驱动力的一类新型电泳技术，在毛细管中按各组分电泳迁移率（淌度）差别实现组分分离的新型高效电泳技术。大大提高了分析灵敏度，比毛细管气相色谱高，比高效液相色谱高 2～3 个数量级，它的基本装置是以一根直径为 20～100μm（标准外径为 375μm）、长度为 1m 的弹性熔融石英管为毛细管（或不锈钢空心）柱，柱内充满电解质溶液（也可用液凝胶为支持介质），在毛细管一端滴加 1～10μL 的样品溶液，在管两端加上 20～30kV 的高电压，样品中各组分在电场下以不同泳动速率被分离。

毛细管电泳仪器简单，便于自动化，分离速度快，分离效率高，几十秒到十几分钟即可完成分离；分离效率高达 10^5～10^7 Tp/m（每米理论塔板数）；改变毛细管内填充溶液的种类、浓度、酸度或添加剂，可以建立不同的分析方法；分离时试剂消耗少、环境污染少；分析对象广，具有似乎万能的分析功能或潜力，可用于从无机离子到整个细胞、蛋白质分离，药物的分离和检测等。它的缺点是：制备能力低；检测要求高灵敏度仪器，毛细管则面积大，空积小，管壁对样品的作用影响大，不利于有吸附作用样品（如蛋白质等）的分析；要控制电渗对重现性的影响；毛细管柱制作必须有专门的技术等。

1. 毛细管电泳的分类

按分离模式可分为：毛细管区带电泳（capillary zone electrophoresis，CZE）；毛细管等电聚焦电泳（capillary isoelectric focusing，CIEF）；毛细管凝胶电泳（capillary gel electrophoresis；CGE）。

毛细管等速电泳（capillary isotachophoresis，CITP）；毛细管电色谱（capillary electroosmotic chromatography，CES）；胶束电动毛细管色谱（micellar electrokinetic capillary chromatography，MECC）等。以毛细管区带电泳应用最广。

（1）毛细管区带电泳（CZE）　这是毛细管电泳中最基本也是应用最广的一种电泳方式，电泳时带电物质在空心毛细管中的电泳迁移率差异而得到分离。这种分离模式对扩散系数越小的大分子，柱效率越高，因此特别适合对蛋白质、核酸等大分子的分离检测。如果分离时采用涂层柱屏蔽毛细管内壁的硅羟基，则可以得到较好的重现性，毛细管区带电泳法在分离大分子方面比高压液相色谱具有更大的优越性。毛细管区带电泳条件选择时，应考虑的因素为缓冲溶液组成、pH、电渗、电场强度、温度等。

（2）毛细管等电聚焦电泳（CIEF）　毛细管等电聚焦电泳与普通等电聚焦的分离原理相同，利用不同蛋白质或多肽之间等电点的差异进行分离。对分子中既有酸性基团又有碱性基团的物质，在等电点 PI 相等时，它们在电场中不移动。高于此 pH 时，它们失去了质子带负电荷，在电场作用下移向正极。低于此 pH 时，它们的净电荷为正值向负极移动。此时若在毛细管柱中置一个从一端向另一端 pH 递增的 pH 梯度缓冲溶液，当两性物质（如蛋白质）进入毛细管中在高于它的 PI 的地方，它带负电荷，趋向正极，而毛细管柱中向此方向的 pH 却在逐渐变小，当达 pH＝PI 的部分，此时净电荷为零，速度也变为零，因此等电聚焦电泳中能将不同物质浓缩在不同的等电点处而得到分离。因为是在毛细管内实现等电聚焦过程，便于在线检测，比普通等电聚焦要简单许多，且有极高的分辨率，通常可分离等电点差别小于 0.01 个 pH 单位的两种蛋白质。

（3）毛细管凝胶电泳（CGE）　普通的凝胶电泳在玻璃板上进行，将凝胶装入毛细管中进行的凝胶电泳被称为毛细管凝胶电泳，是以凝胶为支持电介质的区带电泳。凝胶是毛细管电泳的理想介质，具有黏度大、抗对流、减少溶质扩散、区带窄、检出峰尖锐、柱效极高的优点。而在电泳中还会由于溶质和凝胶（或加在凝胶基质中的添加剂）生成络合物而使分离度增加，同时它能防止溶质在毛细管壁的吸附，减少电渗流的因素使得毛细管电泳有可能使组分在柱上实现极好的分离，具有更好的定量分析性能，也更易实现自动化。

目前在毛细管凝胶色谱中常用聚丙烯酰胺凝胶，有时也用琼脂糖凝胶来分离大分子物质，如 DNA 片断。分离除保持毛细管区带的条件外，还应考虑凝胶孔径的大小。如分离 DNA 片断或 DNA 测序时通常使用 5%～10%T 之间的交联或线性聚丙烯酰胺凝胶，此时电泳条件应控制在温度 20～30℃，pH＝6～9（最好 pH＝8.3 左右）电场梯度为 150～400V/cm，否则毛细管寿命会大大缩短。虽然提高温度和电场强度可有效地提高像 DNA 等多种样品的分离度和分析速度，但实际选择条件时要权衡利弊。在毛细管凝胶电泳中还可用的凝胶有甲基纤维素、聚乙二醇等。

CGE 除用于 DNA 测序外，也适用于蛋白质、氨基酸同聚物、寡糖等物质的尺寸分析，但都有各自相应的特殊条件。

（4）毛细管等速电泳（CITP）　与普通等速电泳分离原理相同，基于试样中各组分的电泳迁移率差异而分离，此时将试样引入两种迁移率高低的电解质溶液中间，加上电场后由于各种离子的迁移率不同，向正极迁移的速度不同，所以，在电解质溶液中形成由负极到正极增加的浓度梯度，而电位的梯度与电导率成反比，因此低离子浓度区（即低电导区）有较高的电位梯度，使得电泳池内电解质溶液的电位梯度为从正极向负极增加，在电场下各组分逐渐达到等速状态形成紧紧相邻又彼此分离的区带等速移动直到被检测。

（5）毛细管电色谱（CEC）　毛细管电（动）色谱融合了毛细管电泳与高效液相色谱法的优点。可以看成是 CZE 中的空心柱被色谱固定相填充的结果。它既具有高效液相色谱能够分离不带电荷物质的优点，又具有毛细管电泳法一样不需压力泵就可进行微量试液的高效分离，它依靠的是电渗流产生泵（电渗泵）的功能推动流动相通过固定相，大大地简化了输送系统，而且毛细管电色谱的毛细管分离柱效高于高效液相色谱法。此法可同时分离离子和中性分子，但操作较麻烦。

20 世纪 80 年代毛细管电色谱又发展了填充柱色谱（packed column electrochromatography，PCE）和胶束电动毛细管色谱（micellar electrokinetic capiliary chromatography，MECC）两类技术。在填充柱毛细管色谱中利用电渗流驱动极性溶剂通过反相高效液相色谱毛细管柱，使试样在两相中的分配不同而分离，这是各种电泳技术中最新出现的一种分离分析技术。

（6）胶束电动毛细管色谱（MECC）这种色谱是由于毛细管区带电泳的缓冲液被高于临界胶束浓度的表面活性剂修饰的结果，普通的毛细管电泳法无法分离中性分子，因为它们只随电渗流迁移，而且迁移速率与电渗流迁移速率相同。采用胶束电动毛细管色谱法既可以分离离子型的化合物，也可以分离分子型的中性分子化合物，使得 MECC 法具有广泛的应用前景。

在 MECC 法中，通常在缓冲溶液中加入表面活性剂（离子型或非离子型均可），当所加入的表面活性剂分子的浓度大于临界胶束浓度（即形成胶束的最低浓度）时，表面活性剂分子就会聚集在一起形成一个球体，这就称为胶束，具有三维结构，胶束的共同特点是疏水尾基都指向球的中心，而带电荷的亲水一端（首基）则指向胶束的外表面。常用的表面活性剂有十二烷基硫酸钠（SDS）、十烷基磺酸钠、十二烷基三甲基季铵氯（DTAC）等（浓度在 100mmol/L 以内）。SDS 形成的胶束结构如图 19-28 所示。

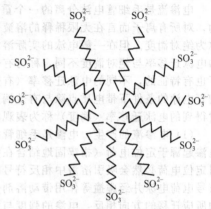

图 19-28 SDS 胶束的结构示意

SDS 分子中疏水的一端聚集在一起形成一个疏水内核（烷基藏于内部），亲水性的一端指向胶束的外表面。由 SDS 形成的胶束是阴离子胶束，它必须向阳极迁移，而强大的电渗流使缓冲液向阴极迁移，由于电渗流速度高于以相反方向迁移的胶束的迁移率，因此形成了快速移动的缓冲液水相和慢速移动的胶束相，慢移动的胶束相相对于电渗流引起的快速移动的水相可视为不移动，这样胶束相就可看做"准固定相"，也就是说在 MECC 系统中实际存在着类似于色谱的两相，当被分析的中性化合物从毛细管一端注入后，就会迅速在水相与胶束相之间建立分配平衡，一部分分子与胶束结合并随胶束相缓慢移动，而另一部分则随电渗流快速移动，由于不同的中性分子在水相和胶束相之间的分配系数有差异，经过一定距离的差速移行后便得到分离，如图 19-29 所示。出峰次序取决于被分析化合物的疏水性，越是疏水性物质，与胶束中心的尾基作用越强，需迁移的时间越长；反之亲水性越强的物质，迁移时间越短。因为不同的离子与胶束的带电荷的首基之间的作用强弱不同，因此不同离子分离的选择性可借此而提高。

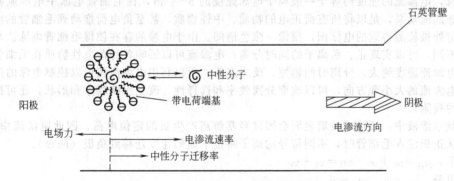

图 19-29 胶束电动毛细管色谱原理示意

在胶束电动毛细管色谱法中，影响分离的因素更多，在缓冲溶液中加入不同的阳离子、阴离子和两性离子、不同的有机溶剂、不同的表面活性剂都可改变分析物质在两相之间的分配系数，其中以加入表面活性剂的影响最大，不同类型的表面活性剂强烈影响分离体系的选择性。使用阳离子表面活性剂可改变胶束表面的电荷符号；使用混合表面活性剂可调节分离度或峰分布；在表面活性剂中加入手性中心则可对光学活性分子进行选择分离；加重金属离子可改变胶束表面的电荷数量。此种电泳法检测中小分子特别有用。在药物分析中有很好应用前景。

电渗流的迁移时间 t_0，可以通过注入不与胶束作用的物质，如丙酮、甲酰胺等测得；胶束的迁移时间 t_{mc}，可用全部溶于胶束的物质，如亲脂染料来测定。

2. 毛细管电泳分离原理

毛细管电泳是把色谱法和电泳法统一起来的一种新的分离分析方法，它结合了电泳的高分辨能力与高效液相色谱的高分离速度，因此有些色谱中的概念名词也被采用。在毛细管电泳中存在的电渗流驱动流体塞式前移，克服了高压液相色谱中以加压力驱动的色谱柱中的流体呈抛物线流型而导致的谱带展宽现象，在毛细管电泳中不存在死体积，不会引起溶质区带的扩散，具有极高的分辨率。柱效高达 $10^6 \, m^{-1}$ 的理论塔板甚至还更高。

电渗流是毛细管电泳分离的一个重要特性。带电粒子在电场作用下产生向相反电性电极的移动，对所有离子而言在无限稀释的溶液中单位电场强度下均有特征的电泳速度——这种电迁移速度称为绝对淌度。但在一般电泳的实际溶液中，由于共存多种离子之间相互影响，形成离子氛，这时的电泳迁移率与绝对淌度不同，称为有效淌度，相同离子在不同条件下，或者不同离子在相同条件下也有特征的，不同的电泳迁移率（有效淌度），这是所有电泳技术进行分离的理论依据。但在毛细管电泳的条件下带电质点除与有效淌度及电场强度有关外，还受到毛细管电渗流流速的影响，这时得到的电泳迁移率（淌度）称为表观淌度，这是毛细管电泳分离的依据。

（1）电渗流的产生　电渗是毛细管中的溶剂在电泳时所加的直流电场作用下产生的定向运动，电渗起源于定位电荷（指牢固地结合在壁上不能在电场作用下迁移的离子或带电基团），因静电吸引定位电荷必然会吸引溶液中相反符号的电荷，使其聚集在周围附近的溶液中，在电场作用下相反符号电荷电泳并经碰撞等作用带动溶剂分子做同向运动形成电渗。电渗流的方向总是与定位电荷的所应迁移的方向相反，电渗的强度与定位电荷的量成正比，与溶剂的量成反比。毛细管越细，对应的电渗流就越强。在两端不封闭的开口毛细管中电渗流为平面塞形，即在整个管截面上为恒定值：

$$\mu_0 = \frac{v_0}{E} = \varepsilon \zeta_0 / \eta$$

式中，μ_0 为电渗率；v_0 为电渗速度；ε 为溶剂的介电常数；ζ_0 为管壁的电动势；η 为黏度。当高压通过含有 pH$>$3 的缓冲溶液的毛细管柱时，石英管内层氧化硅上的硅羟基（$\equiv$Si—OH）离解生成$\equiv$Si—O$^-$ 阴离子，使毛细管壁带上负电荷，缓冲溶液中的阳离子，由于静电吸附分子扩散在固-液界面形成双电层。在电场作用下，双电层的扩散外层中的阳离子向阴极（负极）移动，这种液体相对于固体表面的移动现象称为电渗，溶剂化后的阳离子带动溶剂分子液体做整体的同向流运动叫电渗流，电渗流的速度约等于一般离子电泳速度的 5~7 倍，在毛细管电泳中电渗流就像毛细管区带电泳的流动泵，足以将所有荷正电的物质、中性物质，甚至负电荷推动到毛细管的出口而分离，在特定处被检测得到的电泳图，很像一张色谱图。由于电渗的存在使得毛细管电泳法与传统的电泳技术不同，可以实现正、负离子的同时分离；电渗流可以影响各种荷电性物质在毛细管中的迁移速度，电渗流速度越大，分离时间越短；反之亦反。所以利用电渗流还可以控制电泳的速度。此外，改变电渗流的大小和方向，可以改变分离效率和选择性，改变出峰顺序和形状，还可抑制组分在管壁上的吸附。

在多数水溶液中，石英或玻璃表面会因硅羟基解离产生负的定位电荷，因此电渗流指向阴极。当把样品从正极注入毛细管时，不同符号的离子将按下面的速度迁移到负极（阴极）。

正离子　$\mu_H = \mu_0 + \mu_e$　$v_H = v_0 + v_e$

中性组分　$\mu_H = \mu_0$　$v_H = v_0$

负离子　$\mu_H = \mu_0 - \mu_e$　$v_H = v_0 - v_e$

式中，μ_H 为表观淌度（合淌度）；v_0 为电渗速度；v 为表观速度（合速度）。

典型的毛细管电泳分离次序为：最快的阳离子→次快的阳离子→全部中性分子→最慢的阴离子→逐步加快的阴离子→最快的阴离子。

不过当电渗流速率不足以到超过阴离子向阳极的迁移率时，则此时阴离子还只能向阳极移动而不能被检出。

（2）影响电渗流的因素　在毛细管电泳中，有时希望存在某种电渗，而有时又会不希望电渗的存在。控制电渗流的方向及大小，不仅可以提高分析速度，而且可以改善分离条件，提高重现性。影响电渗流的因素如下所述。

① 电场强度及方向　电渗流速度与电场强度成正比，增加电场强度是提高分析速度的最有效途径，高电场可增加电泳效率，但分离度增加不大，因为要使分离度增加一倍，电压必须加大四倍，此时带来温度上升反使电泳效率下降。当毛细管长度固定时，电渗流速度正比于电泳时所加的工作电压。pH<6 时改变电场方向或强度可以有效地控制电渗的大小和方向，但电压过大产生发热也大，不利分离，一般不能超过 30kV。

② 缓冲溶液的 pH　当内充溶液的 pH 不同时，毛细管内壁硅羟基的电离程度不同，因此表面的电荷特性会变化。pH＝4～10 时，电渗流随 pH 增大而增加，此时缓冲溶液必须有足够的缓冲量，否则结果的重现性变差。pH<2.5 时，电渗流接近零，因为毛细管表面的硅羟基不发生电离，因此吸附及电渗流均很少。

一般缓冲液用水配制，但如改用水/有机混合溶剂，可有效地改善分离度和分离的选择性，并利于难溶于水的样品的分离。常用的有机溶剂挥发性较小为好，如甲醇、乙醇、乙腈、丙酮、甲酰胺等。

③ 加添加剂种类　这是控制电渗最简便的方法（仅当缓冲试剂及 pH 调节剂效果不理想时采用），可加添加剂的种类很多，影响也不尽相同。中性盐类、两性离子、表面活性剂、有机溶剂等的加入均可改变电渗情况，详见表 19-25。加入甜菜碱、肌氨酸等添加剂，可较有效地屏蔽毛细管表面的硅羟基，可减少吸附和电渗流。加入两性添加剂，当 pH＞pI 时可增加电渗。当 pH＝pI 时，两性电解质的净电荷为零，不参与导电，是分离蛋白质类的有效添加剂。其他添加剂有非电解质高分子，如纤维素、聚乙烯醇、多糖、Triton X-100 等，这类添加剂的选择原则应依据相似相溶原理，虽然添加剂可有效改善分离度，但条件难以掌握。

表 19-25　各种添加剂对电渗的影响

添加剂	作用	说明
中性盐类	溶液离子强度增大，使双电层的厚度压缩、变薄，电渗流下降	大量盐、K_2SO_4 等
两性离子	溶液黏度增大、溶液 pH 减小，电渗流下降	四甲基氯化铵等
阳离子表面活性剂	中和部分带负电荷的—Si—O⁻，电渗流下降 阳离子表面活性剂过量时，表面带正电荷，浓度再增加，电渗流增大。改变大小及方向	烷基链越长，影响越大
阴离子表面活性剂	使壁表面负电荷增加，使 ζ 电势增大，电渗流增加	
有机溶剂	溶液的离子强度下降，使双电层变厚，电渗流增大 溶液黏度变小，使电渗流增大 氢键或偶极作用键合到管壁上，使壁表面的净负电荷减小或改变局部黏度，使电渗流减小	
纤维素	增加缓冲溶液黏度，使电渗减小或消失	

④ 对毛细管壁进行化学修饰　修饰的方法由修饰目的而定。例如，通过不同取代基与管壁的硅羟基键合改变毛细管壁电性；用乙二胺对毛细管壁进行动态涂布，改变毛细管壁的电荷的数量甚至符号；对毛细管内壁涂布三甲基硅烷等可屏蔽表面的硅羟基等的方法可明显改变电渗流的大小或方向。常用的涂层有甲基纤维素、多糖、聚乙二醇、聚丙烯酰胺等。

⑤ 其他因素　选用不同材质的毛细管，因其表面带电特性不同，可改变电渗情况。

一般情况下，升高毛细管内温度可使溶液黏度下降，电渗流可增大，但有一定限制，而且只能改变电渗流大小，并不可改变电渗流方向。实际上温度的控制取决于分离效率，大多数生化样品电泳只能在室温或更低温度进行，低温可允许加大电泳时电压，更有利于提高分离度，不过也有某些样品（如糖类）的分离则要求在高温的条件下进行。因此温度选择要视具体样品的缓冲体系而定。

3. 毛细管电泳的分析参数

(1) 迁移时间（保留时间）　从加电场电压开始电泳到质点至检测器所需的时间是该质点的迁移时间，也称保留时间（用 t_k 表示），与毛细管长度成正比，与该质点的表观淌度及外加电压成反比，如下式所示。

$$t_k = \frac{L_{EF}L}{\mu_e U}$$

式中，L_{EF}为毛细管有效长度；L为毛细管总长度；μ_e为e离子的表观淌度；U为外加电压。

（2）分离效率　与色谱法类似，在高效毛细管电泳法中分离效率也用理论塔板数（N）表示。

$$N = \frac{\mu_a E L_{EF}}{2D_a}$$

式中，μ_a为a离子的表观淌度（迁移率）；E为电场强度；L_{EF}为毛细管的有效长度；D_a为溶质的扩散系数。

在高电场及较大的电渗流条件下溶质质点的迁移速度快，扩散少，峰展宽小，理论塔板数高，分离效率也高。

生物大分子由于溶质分子大，扩散系数小，采用高效毛细管电泳法可得到高的分离效率，而且溶质分子越大，扩散系数越小，分离效率则越高。

从检测得到的峰形电泳图上可求出分离效率N：

$$N = 5.54\left(\frac{t_R}{W_{1/2}}\right)^2 = 16\left(\frac{t_R}{W}\right)^2$$

式中，$W_{1/2}$为溶质的半峰宽；W为溶质峰的峰底宽。

两种物质分开的程度称为分离度（R_S），也可从电泳图直接求算：

$$R_S = \frac{2(t_2 - t_1)}{W_2 + W_1}$$

影响分离度的主要因素为：工作电压，组分质点的表观淌度，毛细管的有效长度与总长度之比。毛细管区带电泳是毛细管电泳方法中最基本的分离方式，应用最广，实验条件的选择与控制也是其他电泳技术的基础。主要考虑的实验条件为缓冲溶液组成及 pH、电渗流的控制、电场强度、温度等。

4. 毛细管电泳的一些应用

由于毛细管内径小，表面积和体积的比值大，易于散热，因此毛细管电泳可避免焦耳热的产生，这是毛细管电泳和传统电泳技术的根本区别。它分离模式众多，具有高灵敏度，分析速度快，所需样品量少，分离效率高，在环境分析中得到了迅速的应用，其中主要用于多环芳烃（PAHs）、农药残留物、金属离子和无机阴离子的监测分析。此外，在生物化学、医学领域研究也非常活跃，它的应用包括从氨基酸、肽、蛋白质、核酸及其片段、糖，直到手性分子、有机小分子和无机离子等许多方面。

九、几种电泳仪介绍

电泳仪是进行电泳的分析器，主要组成部分是电源和电泳槽。

电源提供电泳电场，常用可调式直流电源，是交流电源经整流滤波后取得，一般应配有稳压电源，常用电源则可适用于多种开式的电泳，提供 $1 \sim 10V/cm$ 的常压电泳及 $20 \sim 600V/cm$ 的高压电泳。电泳槽是提供盛放缓冲溶液和进行电泳的场合。不同的电泳方法往往需要不同的电泳槽。

1. 聚丙烯酰胺凝胶电泳仪

（1）圆盘电泳仪　以区带电泳原理为基础，不同孔径大小的聚丙烯酰胺凝胶为支持介质，采用不连续电泳基质体系。电泳装置由电泳槽、玻璃管及电泳仪三部分构成，电泳槽为圆形（图 19-30），也有方形。分上下两层，其中注入缓冲溶液，在上下槽的缓冲溶液分别插入正、负电极，上层底

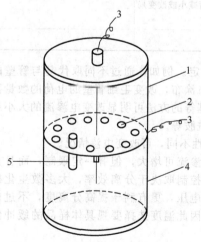

图 19-30　柱状凝胶电泳装置

1—上电极槽；2—小孔；3—铂金电极；
4—下电极槽；5—玻璃管

板中央安装铂丝电极，底部有 6～10 个小孔，供插入装有聚丙烯酰胺凝胶的玻璃管，在孔中插入玻璃管后要使之不发生溶液渗漏。玻璃管内径 5～7mm，外径 7～9mm，长 10cm 左右。玻璃性质应均匀，呈弱碱性，管口用金刚砂磨平。先放入分离胶至一定高度，再在上层放少许浓缩胶后滴样。电泳仪是恒压恒流的电源，一般电压为 300～500V，电流量程为 50mA。电泳完成后小心取出玻璃管中凝胶柱（切忌损伤胶面）→固定和染色→检测（光度计扫描或用放射性记数，或放射性自显影方法定量）。

　　此种仪器构造比较简单，可自制也有生产。

　　蛋白质及核酸的染色方法及步骤见表 19-26～表 19-30。

表 19-26　常用于分析蛋白质的不连续柱状电泳的凝胶系统

项目	高 pH-不连续系统		低 pH-不连续系统	
	贮藏液	配制体积比	贮藏液	配制体积比
分离胶	1mol/L HCl　　48mL Tris　　36.3g 加水至 100mL　pH=8.9	1.25	1mol/L KOH　48.0mL 冰乙酸　17.2mL 加水至 100mL　pH=4.3	1.25
	Acr　　30g Bis　　0.8g 加水至 100mL	x	Acr　　30g Bis　　0.8g 加水至 100mL	x
	TEMED　　0.005		TEMED　　0.005	
	加水	至 9.95	加水	至 9.95
	10% AP	0.05	10% AP	0.05
浓缩胶	1mol/L HCl　　48mL Tris　　5.98g 加水至 100mL　pH=6.7	1.25	1mol/L KOH　48mL 冰乙酸　2.87mL 加水至 100mL　pH=6.7	1.25
	Acr　　30g Bis　　0.8g 加水至 100mL	1.00	Acr　　30g Bis　　0.8g 加水至 100mL	1.00
	TEMED　　0.005		TEMED　　0.005	
	水	7.64	水	7.64
	10% AP	0.10	10% AP	0.10
电极缓冲液	Tris　　6g 甘氨酸　28.8g 加水至 1L　pH=8.3 不稀释或稀释 10 倍		β-丙氨酸　31.2g 冰乙酸　8.0mL 加水至 1L　pH=4.5 不稀释或稀释 10 倍	
电极	上（一） 下（+）		上（+） 下（一）	

注：1. 表中配制体积比，是指总体积为 10 时，各种贮藏液的体积比例量。

　　2. 凝胶贮藏液（Acr＋Bis）的体积比例是 x，它可根据需要（凝胶浓度）从表 19-27 中查出。

　　3. 表中 AP 的配制是 1g AP 加 9L 水，最好用时现配。

　　4. 为了简便，浓缩胶都用 3% 浓度。该胶可用光聚合，而不用 AP。代之的是加入 1～1.5mL 核黄素溶液（4mg 核黄溶于 100mL 水中）。

　　5. Tris 为三羟甲基氨基甲烷，Acr 为丙烯酰胺单体，Bis 为双丙烯酰胺，TEMED 为四甲基乙二胺，AP 为过硫酸铵。

　　表 19-26 中分离胶配制方法的第二项（Acr 30g，Bis 0.8g，加水至 100mL）的取量体积 x 与待配制的凝胶浓度有关，可参考表 19-27。

表 19-27　配制特定浓度凝胶贮藏液体积 x 的取用量参考

待配制凝胶浓度/%	2.5	5.0	7.5	10	13	15	20
x/mL	0.83	1.67	2.50	3.33	4.33	5.00	6.67

表 19-28　与考马斯亮蓝染色法相结合的银染色法步骤

次序	染色步骤	处理时间
*1	40%甲醇-10%乙酸溶液	泡两次，每次 20min
2	0.25%考马斯亮蓝 G_{250} 溶于 50%甲醇-12.5%三氯乙酸溶液	染色，30min
3	5%三氯乙酸溶液（35℃）	脱色三次，每次 10min
4	重复步骤1	泡两次，每次 10min
*5	10%乙醇-5%乙酸溶液（35℃）	泡两次，每次 10min
*6	3.4mmol/L 重铬酸钾-0.0032mol/L 硝酸溶液（35℃）	泡 10min
*7	蒸馏水（35℃）	洗三次，每次 10min
*8	0.012mol/L $AgNO_3$ 溶液（35℃）	泡 30min
*9	蒸馏水	洗 2min
*10	0.25mol/L Na_2CO_3-0.5mol/L 甲醛溶液（35℃）	泡三次，分别为 1min、5min、3min
*11	5%乙酸溶液	泡 5min，蒸馏水

注：1. *表示一般染色步骤。
2. 所有的浸泡均需在缓慢摇动中进行。

表 19-29　蛋白质的几种染色方法

染料	λ_{max}/nm	固定液	染液配制	染色时间	脱色液
氨基黑 10B	620~630	7%乙酸	用 7%乙酸制制的 0.5%氨基黑溶液	1h 左右	7%乙酸
考马斯亮蓝 R_{250}	560~590		考马斯亮蓝 R_{250} 1.25g 加水 227mL、甲醇 227mL、冰乙酸 46mL，溶解后要过滤	10~12h 左右	5%甲醇，7.5%乙酸混合液
		20%磺基水杨酸	0.25%考马斯亮蓝 R_{250} 水溶液	2~4h（T 为 5%~10%）	7%乙酸
考马斯亮蓝 G_{250}	590~610		用 12.5%三氯乙酸配制的 0.1%考马斯亮蓝 G_{250} 溶液	2~3h	7%乙酸
氨基萘酚磺酸（荧光试剂）	紫外光下有色带	在 2mol/L HCl 中浸几秒	0.003%染料溶于 0.1mol/L 磷酸缓冲液，pH 值为 6.8	3min	
过碘酸 Schiff 试剂（糖蛋白染色液）	530		(1)0.08mol/L 过碘酸钠水溶液（pH 值为 5.0 左右） (2)Schiff 试剂：①1g 碱性品红加入煮沸的 20mL 水中，搅 5min，冷却后过滤除去杂质；②在滤液中加 2mL 1mol/L HCl，25℃ 时加入 1g 偏亚硫酸氢钠或钾（现配）；③加 2g 活性炭振荡 1min,过滤得滤液	1. 在（1）液中 4℃ 氧化 45min 2. 1%三氯乙酸-10%乙酸漂洗 30min(4℃) 3. 上述漂洗步骤重复一次，时间为 5min 4. 置试剂 2 中染 2~3h，即呈现红色糖蛋白谱带（一定在暗室反应）	
苯胺蓝（适合酸性多糖类物质）			0.1%甲苯胺蓝（用脱色液配制），用于染琼脂糖凝胶；0.5%甲苯胺蓝（同上法配制），用于染醋酸纤维薄膜	10min	乙酸+乙醇+水=1+5+5 7%乙酸
阿尔辛蓝			0.1%阿尔辛蓝（用 0.6mol/L HCl 配制）	10~15min	分别用 7%乙酸和 0.6mol/L HCl 漂洗（显蓝色）
麝香草酚			(1)0.2%麝香草酚水溶液 (2)80% H_2SO_4-20%乙醇溶液。用于染聚丙烯酰胺凝胶	在（1）液浸泡后，移至（2）液中显色（红色）	

　　为简便起见，通常选用的浓缩胶浓度为 3%，这样可采用光聚合方法制备，不过催化剂要改用表 19-26 注 4 中配制的核黄素溶液，而不是用过硫酸铵（AP）溶液。

　　光聚合时在凝胶管上方 10cm 处挂一个日光灯管，光照 6~7min 后浓缩胶变为乳白色。表示聚合开始，继续照射 0.5h 聚合才能完全。

表 19-30 几种常用的核酸染色法

染料名称	分析对象	染液配制与染色时间	脱 色
焦宁 Y (pyromineY)	核糖核酸(RNA)	0.5%焦宁 Y 溶于乙酸＋甲醇＋水(1＋1＋8)和1%乙酸镧的混合液中,室温染16h	用乙酸＋甲醇＋水(0.5＋1＋8.5)漂洗
亚甲基蓝 (methylene blue)	RNA	在 1mol/mL 乙酸中固定 10～15min,然后用 2%的亚甲基蓝乙酸(1mol/L)溶液染2～4h	用 1mol/L 乙酸溶液漂洗
甲基绿	天然 DNA	0.25%甲基绿溶于(2mol/L)乙酸盐缓冲液(pH=4.1),染 1h	用氯仿反复漂洗至无染液
溴化乙锭 (ethidium bromide)	脱氧核糖核酸(DNA)RNA	0.5μg/mL 溴化乙锭溶液染色 15min	蒸馏水漂洗、紫外灯观察
全染料(stain all)	DNA RNA 蛋白质	0.005g 全染料溶于 5mL 甲酰胺,加 25mL 异丙醇、0.5mL 3mol/L Tris-HCl,pH=8.8,然后加水至100mL,染过夜	避光、水漂洗

银染色法应用较多,因其灵敏度高于考马斯亮蓝法100倍,考马斯亮蓝法结合银染色法灵敏度又可比银染色法提高 2.2～8.6 倍,并可使应用扩大到 SOS-聚丙烯酰胺凝胶体系中。但这类染色均在电泳后进行。为防止小肽类物质在固定、染色中丢失,可采用电泳前或电泳时染色。

(2) 聚丙烯酰胺凝胶垂直板电泳仪 它与圆盘电泳仪不同,处在两块垂直放置的、间隔几毫米的平行玻璃片中制胶,这样制得的胶表面积大,易于冷却、控制温度。电泳完成后便于取出凝胶,方便于采用各种鉴定方法,尤其便于进行放射自显影术。能在同一凝胶板上,同时电泳比较多个样品,而且也便于作双向电泳。

简易垂直板电泳仪和制胶模如图 19-31 所示。凝胶模制法如图 19-32 所示。

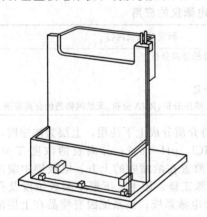

图 19-31 简易垂直板电泳仪和制胶模

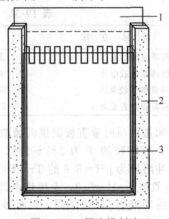

图 19-32 凝胶模制法
1—样品槽模板;2—硅橡胶带;3—玻璃片

凝胶模由三部分组成:①一个 U 形的凹槽用来放置硅橡胶带;②两块长短不等的玻璃板;③样品槽模板。胶带内侧有两条凹槽,用来嵌放两块相应大小的玻璃片,玻璃片之间加上一些垫片形成凝胶膜厚度所需的间隙供灌胶之用,垫片厚度由所需凝胶厚度决定,一般为 2～3mm 厚。灌胶前玻璃片必须洗净、干燥,然后嵌入胶带的凹槽中,装在电极槽上拧紧外部螺丝,夹紧玻璃片。灌胶前先向凝胶模底部灌入用于电泳时的缓冲液配成的 1%琼脂糖,这种薄层胶既可防止凝胶渗漏,又可在电泳时起盐桥的作用,待琼脂凝固后灌入聚丙烯酰胺凝胶制成固状凝胶膜,常用厚度为 1.5mm。

简易垂直板电泳仪由凝胶模及上、下两个电极溶液槽构成,当凝胶模灌制到一定高度时在上端插入加样梳制成加样槽,加样量的大小可由改变加样梳齿的数目得到,这种简易电泳仪适于实验室制作,但不具冷却系统,实验时必须外加恒温设备。

商品化的垂直平板电泳仪有多种形式,国产的垂直板型电泳仪如图 19-33 所示,具有操作简便、不渗漏的优点。这种电泳仪两侧为有机玻璃制成的电极槽,将两片玻璃构成的凝胶模夹在两电极槽之间;在电极槽中装有铂电极及回纹状的玻璃冷凝管,在电泳过程中可以有效地散热,因此可以获得较好的分离效果。

聚丙烯酰胺凝胶电泳仪的应用见表 19-31。不连续聚丙烯酰胺凝胶垂直板型电泳分离示意如图 19-34 所示。

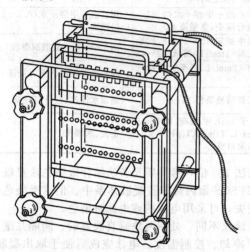

图 19-33 国产的垂直板型电泳仪

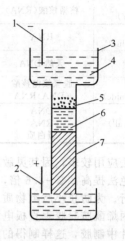

图 19-34 不连续聚丙烯酰胺凝胶垂直板型电泳分离示意
1—上电极；2—下电极；3—上电极槽；4—缓冲液；
5—样品；6—浓缩胶；7—分离胶

表 19-31 聚丙烯酰胺凝胶电泳仪的应用

电 泳 方 法	研究对象及内容
聚丙烯酰胺凝胶圆盘电泳	多肽、蛋白质、核酸、病毒的分离分析
聚丙烯酰胺梯度凝胶电泳	测定蛋白质亚基分子量
SDS-聚丙烯酰胺凝胶电泳	测定多肽、蛋白质的分子量
聚丙烯酰胺凝胶垂直板电泳	DNA 片段的分离、DNA 顺序分析、RNA 分析、天然植物药的分离鉴别

当分离蛋白质时垂直板型聚丙烯酰胺凝胶电泳的支持介质分成上下两层，上层为浓缩胶，下层为分离胶，浓缩胶的 T 为 $2\%\sim3\%$，缓冲液为 Tris-HCl，pH$=6.7$；分离胶的浓度 $T\approx5\%\sim10\%$，缓冲溶液为 pH$=8.9$ 的 Tris-HCl，电泳前将样品放置在浓缩胶的上方，电极槽中缓冲溶液为 Tris-甘氨酸，pH$=8.3$，上槽接电源负极，下槽接电源正极，因上、下层中凝胶浓度及孔径不同，两层缓冲液的 pH 也不同，因而得名为不连续的凝胶电泳系统。该系统因有样品在上层浓缩胶中的浓缩效应（一般可浓缩至几百倍）、中层小孔径的分离胶的分子筛效应及被分离物质本身的电荷效应而使得分离效率得到很大提高。

2. 醋酸纤维素薄膜电泳仪

水平醋酸纤维素薄膜电泳仪器装置如图 19-35 所示。电泳前将已加样的膜片放在电泳仪支架上，在电泳槽内注入缓冲液，用 3～4 层滤纸做盐桥，静置平衡 10min 后进行电泳，此电泳法简单、快速。醋酸纤维素膜电泳可用于检测和分析血浆蛋白、脂蛋白、糖蛋白、甲胎球蛋白、脊髓液、脱氢酶、多肽、体液、核酸及其他生物大分子物质，常用于医学临床的生物化学检测。

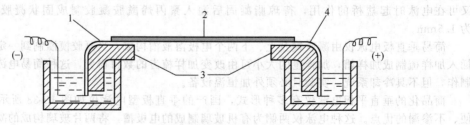

图 19-35 水平醋酸纤维素膜电泳仪
1，4—滤纸桥；2—醋酸纤维素薄膜；3—电极桥支架

3. 等速电泳仪

毛细管等速电泳仪的基本结构见图 19-36，由高压电源、电极槽、检测器等组成。

高压电源恒流范围 $0\sim500\mu A$，恒压范围 $0\sim30kV$；电极槽由有机玻璃制成，电极为铂丝、毛细管为氟塑料管，常用内径 0.5mm、长 $20\sim60cm$，改进的双极型毛细管，加样端用 1mm 大内径，检测端为小内径 0.5mm，因此可延长区带提高分辨率。

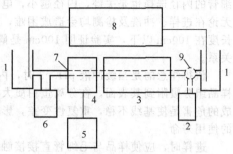

图 19-36　毛细管等速电泳仪的基本结构
1—电极及电极槽；2—进样装置；3—控温装置；
4—检测器；5—记录仪；6—逆流机构；
7—毛细管；8—高压电源；9—进样块

检测器是毛细管等速电泳仪的关键部分，有直流电位梯度检测器、交流电导检测器、后测温检测器、紫外检测器、高频电导检测器。

随着理论进步与技术的改进，最近几年已在许多方面进行改进，如为增加柱的负载量及分离容量，对柱系统采用浓缩瀑布技术，并减小检测体积，多根毛细管联用技术及配置可切换的可变化分离管等；检测系统使用了多种检测系统联用技术，如紫外检测器与通用检测器联用；分离谱带的全紫外吸收扫描技术将等速电泳与紫外分光光度计联用；使用带有二极管阵列的多通道分光光度计检测器，提供荧光、放射性测量、电化学等多种检测器可选择；为此提高了对组分的鉴定能力，缩短分析时间，使得过去难以鉴定的组分的分析鉴定成为可能。此外新型的微量制备系统可满足取出分离区带脱机鉴定，加上进一步操作自动化及数据自动处理系统还可进一步缩短分析时间及提高分析的精确度。

带联机检测的毛细管等速电泳仪可同时分析阳离子、阴离子，并能对同次运行中的样品做多个组分的定量，分析速度快，一般在 $4\sim40min$ 即可完成。因而特别适于临床观察及病人血样的紧急分析，电导率高的液体还可直接分析。

等速电泳非常适用于已知样品组分的定量分析，可用于羧酸、氨基酸、膘呤、嘧啶、有机碱、核苷和核苷酸、蛋白质、无机阳离子及磺酸根、磷酸根等阴离子；还可用于工业生产，制药中如维生素、抗生素、肽类、生物碱类的中间体检测。

4. 毛细管电泳仪

毛细管电泳仪的基本结构由毛细管柱、高压电源、进样系统、控温系统、数据采集和数据处理系统组成，如图 19-37 所示。

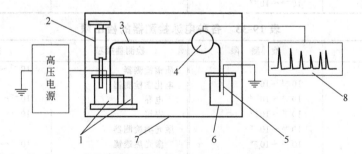

图 19-37　毛细管电泳仪示意
1—高压电极槽与进样系统；2—填灌清洗系统；3—毛细管；4—检测器；
5—铂丝电极；6—低压电极槽；7—恒温系统；8—数据处理系统

现有的毛细管电泳系统配有操作软件及积分软件，检测的全过程由电脑控制，毛细管柱两端分置于两个缓冲溶液池之间，一端接进样系统；另一端连接在线检测。分别插在两个缓冲液池中的电极，由高压电源提供电泳的高压电场（极性可按需变），一般在几千伏以上，此时在毛细管中会产生大量焦耳热，会使区带展宽，降低分辨率，实验中采用经温控的风冷或液冷装置带走毛细管柱中的热量，维持电泳过程温度稳定。

毛细管柱是毛细管电泳的核心部件，目前使用的毛细管柱，主要由融熔的石英材料制成，石英能透过紫外线，使得在线检测成为可能，制作时为增加毛细管柱的韧性，多在外壁涂有一层聚合物，但此涂层不能透过紫外线及可见光，影响在线检测性能，为此检测窗口处的涂层必须刮掉。毛细管的内径选择也是关键，内径越小，电泳时产生的焦耳热越少，分辨率越高，不过太小的管径，无论在进样、冲洗及检测均会造成困难，降低测定灵敏度。目前商售的毛细管柱内径在 $25\sim75\mu m$，长度在 100cm 以下，实验证明 100cm 是阈值，在此范围内，分离效果与毛细管柱长度近似有正比关系。

值得注意的是当缓冲液 pH>3 时，内壁产生的负电荷除了产生电渗流外，还会将带正电荷的样品组分吸附到其表面，在分离蛋白质大分子时情况尤为严重，加之这种吸附过程通常不可逆，造成的危害是使基线不稳，重复性变差，影响定性、定量的准确度和精密度，并会严重影响毛细管柱的使用寿命。

进样时，应使样品与毛细管直接接触以减小死体积，毛细管检测窗口的内径是检测时光线通过的距离，距离越短，检测器的灵敏度越低。紫外光检测器是毛细管电泳中最常用的检测器，有单波长、多波长监控检测及多波长快速扫描三种方式。快速扫描时可做出相应的吸收光谱对迁移时间三维图谱，用于峰的定性，可较全面地显示物质对波长的紫外吸收特征，也可帮助确认或检查组分的杂质。

毛细管电泳仪的电源采用（$0\sim\pm30$）kV 连续可调的直流电源，其电源极性可变，用来提供分离的驱动力，电极为 $0.5\sim1mm$ 的铂丝。

常用毛细管长 $60\sim70cm$，内径 $20\sim75\mu m$，标准外径 $375\mu m$。由于电泳仪要求进样时不能有死体积，进样时应尽可能使样品与毛细管直接接触。清洗毛细管是保证电泳高效、高重现性的必要条件，常采用正压或负压方式实现毛细管的填灌及清洗。温度变化会影响迁移速度以及结果重现性，为此电泳时毛细管经风冷或液冷方式控温，一般恒定在 $20\sim35℃$ 间（视分离物要求）。

电泳结果检测方法有紫外吸收、光吸收、电化学、化学发光、荧光、放射化学等方法，不同类别的检测器有不同的检测限，文献报告的各种检测器检测灵敏度与检出限见表 19-32 和表 19-33。

表 19-32　几种电泳检测方法的灵敏度　　　　　　单位：mol/L

检　测　方　式	灵　敏　度	检　测　方　式	灵　敏　度
直接吸收法	$10^{-5}\sim10^{-6}$	电导法	$10^{-5}\sim10^{-7}$
间接吸收法	$10^{-4}\sim10^{-5}$	伏安法	$10^{-8}\sim10^{-9}$
普通荧光法	$10^{-7}\sim10^{-8}$	放射化学	$10^{-9}\sim10^{-11}$
激光诱导荧光	$10^{-9}\sim10^{-12}$	化学发光	$10^{-7}\sim10^{-8}$
激光间接荧光	$10^{-6}\sim10^{-7}$		

表 19-33　各种电泳检测器的检出限　　　　　　单位：mol/L

检测器类型	检　测　限	检测器类型	检　测　限
紫外检测器		质谱检测器	$10^{-5}\sim10^{-9}$
普通	$10^{-4}\sim10^{-6}$	电化学检测器	
轴向照射	$10^{-6}\sim10^{-8}$	电导	$10^{-7}\sim10^{-8}$
Z 型	$10^{-6}\sim10^{-7}$	安培	$10^{-7}\sim10^{-8}$
多次反射池	$10^{-6}\sim10^{-8}$	激光类检测器	
二极管阵列	$10^{-4}\sim10^{-6}$	激光热透镜	$10^{-5}\sim10^{-8}$
荧光检测器		激光诱导毛细管振动	10^{-7}
普通	$10^{-5}\sim10^{-8}$	激光拉曼	$10^{-5}\sim10^{-7}$
激光诱导荧光	$10^{-7}\sim10^{-9}$	化学发光检测器	10^{-9}
包层流池	$10^{-9}\sim10^{-12}$	折射检测器	$10^{-5}\sim10^{-7}$
二极管阵列	$10^{-5}\sim10^{-7}$	同位素检测器	$10^{-5}\sim10^{-9}$
电荷耦合器件	$10^{-9}\sim10^{-12}$		

第二十章　气相色谱法

色谱法是利用试样中各组分在固定相和流动相中不断地分配、吸附和脱附，或利用在两相中其他作用力的差异，而使各组分得以分离、分析的一大类分离分析方法的总称。

色谱广泛应用于物质的分离、分析、浓缩、回收、纯化与制备。

第一节　气相色谱法简介

一、色谱分类、特点、国内外重要色谱会议、期刊和网站

1. 色谱分类

色谱的分类方法有以下几种。

（1）按两相状态分为：

气相色谱 $\begin{cases} 气-固色谱 \\ 气-液色谱 \end{cases}$　　液相色谱 $\begin{cases} 液-液色谱 \\ 液-固色谱 \end{cases}$

（2）按固定相性质分为：

柱色谱 $\begin{cases} 填充柱色谱，包括吸附、分配、凝胶、离子交换等色谱 \\ 开管柱（毛细管柱）色谱 \end{cases}$

薄层色谱

（3）按分离原理分为：

吸附色谱

分配色谱 $\begin{cases} 液液分配（又分反相、正相色谱） \\ 气液分配 \end{cases}$

凝胶色谱（空间排斥色谱）

离子交换色谱、离子对色谱离子色谱

生物亲和色谱

（4）从动力学的角度看又可分为冲洗法、顶替法和迎头法。

（5）按使用领域分为：

分析用色谱

制备用色谱

流程用色谱

表 20-1 和表 20-2 列出了色谱法分类及其缩写。

表 20-1　色谱法分类及其缩写（一）

按两相状态分		按分离原理分		按 方 法 分	
色 谱 法	缩　写	色 谱 法	缩　写	色 谱 法	缩　写
液相	LC			平板	FBC
				纸	PC
				薄层	TLC
				高效薄层	HPTLC
				柱	LCC
				高压（高效）液相	HPLC
液-液	LLC	分配			

续表

按两相状态分		按分离原理分		按 方 法 分	
色 谱 法	缩 写	色 谱 法	缩 写	色 谱 法	缩 写
液-固	LSC	反相	RPC		
		吸附			
		离子交换	IEC		
		亲和			
		疏水			
		凝胶渗透	GPC		
		离子交换	IEC		
高压(高效)液相	HPLC			柱	CC
				程序升温气相	PTGC
气相	GC			程序升压气相	PPGC
气-液	GLC	分配			
气-固	GSC	吸附			

表 20-2 色谱法分类及其缩写（二）

分类依据	固定相	流动相	色谱法名称(简称)	
两相状态	固态	气态	气-固色谱法(GSC)	气相色谱法(GC)
	液态	气态	气-液色谱法(GLC)	
	固态	液态	液-固色谱法(LSC)	液相色谱法(LC)
	液态	液态	液-液色谱法(LLC)	
固定相使用方式	装在柱中	气态	气相色谱法(GC)	
	装在柱中	液态	液相色谱法(LC)	
	涂在平板上	液态	薄层色谱法(TLC)	
	滤纸	液态	纸色谱法(PC)	
流动相特性	装在柱中	高压液体	高压液相色谱法(HPLC)	
	装在柱中	超临界液体	超临界色谱法(CFC)	
分离对象	分离离子型化合物		离子色谱法(IC)	
驱动力	利用电压、驱动样品移动		电色谱(EC)	
			毛细管电脉(CZE)	
分离机理	利用固定相对被分离组分吸附性能的差异,进行分离	气态	吸附色谱法	气-固吸附色谱法(GSC)
		液态		液-固吸附色谱法(LSC)
	利用被分离组分在两相中分配系数的差异进行分离	气态	分配色谱法	气-液分配色谱法(GLC)
		液态		液-液分配色谱法(LLC)
	利用离子交换作用分离离子型化合物	液态	离子交换色谱法(IEC)	
	利用惰性多孔物质为固定相分离体积不同的组分	液态	体积排阻色谱法(VEC)	

2. 色谱法的特点

（1）色谱法的优点

① 分离效率高　几十种甚至上百种性质类似的化合物可在同一根色谱柱上得到分离，能解决许多其他分析方法无能为力的复杂样品分析。

② 分析速度快　一般而言，色谱法可在几分钟至几十分钟的时间内完成一个复杂样品的分析。

③ 检测灵敏度高　随着信号处理和检测器制作技术的进步，不经过预浓缩可以直接检测 10^{-9} g 级的微量物质。如采用预浓缩技术，检测下限可以达到 10^{-12} g 数量级。

④ 样品用量少　一次分析通常只需数纳升至数微升的溶液样品。

⑤ 选择性好　通过选择合适的分离模式和检测方法，可以只分离或检测感兴趣的部分物质。

⑥ 多组分同时分析　在很短的时间内（20min 左右），可以实现几十种成分的同时分离与定量。

⑦ 全自动化　现在的色谱仪器已经可以实现从进样到数据处理的全自动化操作。

⑧ 应用范围广　几乎可以用于有机（包括部分无机）物质的分离和测定，甚至有生物活性的生物大分子都可以进行分离。

（2）色谱法的缺点　定性分析功能较差，分析方法的建立比较困难，分析条件的选择因素多，且相互关联、制约。为克服这一缺点，已经发展起来色谱法与其他多种具有定性能力的分析技术的联用。

3. 不同色谱技术的比较

不同的色谱技术间有相似之处，也有明显不同。以下对气相色谱法（GC）、高效液相色谱法（HPLC）、超临界流体色谱法（SFC）、薄层色谱（TLC）和毛细管电泳（CE）做一比较，见表20-3。

表 20-3　各种色谱技术的比较

色谱技术	GC	HPLC	SFC	TLC	CE
固定相：	固体吸附剂；黏稠液膜	固体吸附剂	固体吸附剂	硅胶；氧化铝	胶束；添加剂
溶质分子与固定相分子间作用力	键合分子层　有	键合分子层	键合分子层	键合分子层	有
流动相：	气体	液体	高密度气体	液体	液体
溶质分子与流动相分子间作用力	无-微	有	弱	有	有
酸碱性	—	有	无-微	有	有
升温	可以	可以	可以		
驱动方式	压差	压差	压差	毛细现象	电渗流
控制分离的因素：分子量	分子量小的先流出	SEC分子量大的先流出	—		分子量小的先流出
溶质极性/官能团	有影响	影响大	有影响	影响大	有影响
适用对象：气体	可以	—	—		—
液体	可以	可以	可以	可以	—
固体（溶剂可溶）	可以	可以	可以	可以	
专一性样品	气体样品；挥发性液体；异构体；化学稳定的样品	液体样品；热不稳定的样品；异构体；离子性样品	相对分子质量约10000的低聚物	液体样品	离子/中性样品/分子量大的样品
分离通道	柱子	柱子	柱子	平面	柱子
检测器：通用型：	TCD,FID	示差折射；蒸发光散射	FID	显色剂显色（碘或硫酸）	电导
选择性	ECD,FPD	荧光	UV		UV,荧光

4. 国内外主要色谱会议

（1）国内主要色谱会议

① 北京国际分析测试及仪器展览会，每2年在北京召开1次。

② 全国色谱学术报告会，每2年召开1次。

③ 全国毛细管电泳及相关微纳分离学术报告会，每2年召开1次。

④ 全国离子色谱会议，每2年召开1次。

（2）国外主要色谱会议

① 国际毛细管色谱会议（International Symposium on Capillary Chromatography），每年召开1次，自1975年在意大利举行第1届国际毛细管色谱会议以来，该会议每年在美国或意大利交替举行，2007年6月5日首次在美国、意大利以外的国家——中国大连举行。

② 国际离子色谱会议（International Ion Chromatography Symposium），每年召开1次。

5. 国内外与色谱有关的主要期刊和色谱网站

(1) 国内外主要色谱期刊

① Analytical Chemistry。

② Journal of Chromatography A。

③ Journal of Chromatography B。

④ Journal of Separation Science。

⑤ Chromatographia。

⑥ Journal of Chromatographic Science。

⑦ Analytical and Bioanalytical Chemistry。

⑧ LC·GC。

⑨ The Analyst。

⑩ Trend in Analytical Chemistry。

⑪ Analytica Chimica Acta。

⑫ Journal of Analytical and Applied Pyrolysis。

⑬ Environmental Science and Technology。

⑭ Biomedical Chromatography。

⑮ Journal of Analytical Chemistry。

⑯ Journal of High Resolution Chromatography and Chromatography Communication。

⑰ Journal of Liquid Chromatography。

⑱ Electrophoresis。

⑲ 分析化学（日本）。

⑳ 分析化学。

㉑ 色谱。

㉒ 分析测试学报。

㉓ 分析科学学报。

㉔ 分析试验室。

㉕ 高等学校化学学报。

㉖ 药物分析杂志。

㉗ 化学通报。

㉘ 中国药学。

(2) 国内外主要色谱网站

① http：//www. sepu. net（中国色谱网）。

② http：//www. chrom-china. corn（《色谱》杂志网站）。

③ http：//www. dicp. ac. cn（大连化学物理研究所网站）。

④ http：//www. instrument. com. cn（仪器信息网）。

⑤ http：//www. agilent. com（安捷伦科技公司网站）。

⑥ http：//www. agilent. com. cn（中国安捷伦科技公司网站）。

⑦ http：//www. shimadzu. com（日本岛津公司网站）。

⑧ http：//www. varian. com（瓦里安公司网站）。

⑨ http：//www. perkin-elmer. com（PE 公司网站）。

⑩ http：//www. elsevier. com（荷兰 Elsevier 出版公司，有多种色谱方面的杂志，如 Anal. Chim. Acta，J. Chromatogr. A，J. Chromatogr. B，Chromatographia 等）。

⑪ http：//www. ull. chemistry. uakon. edu/chensep（各种分离技术）。

⑫ http：//www. J-chrom-sic. com（色谱科学杂志网站）。

⑬ http：//members. aol. com/cic4urgc/related. htm（链接多家色谱公司的网址）。

⑭ http：//members. aol. com/cic4urgc/index. htm（AOL 公司）。

⑮ http：//www. chrompack. com（Chrompack 公司）。

⑯ http：//www. chemwed. com（化学网站，链接很多有用的网址，包括电子杂志、数据库等）。

⑰ http：//www. scimedia. com/chem-ed/sep（分离科学，气相色谱）。

⑱ http：//www. chemistry. org/portal/a/c/s/l/home. html（美国化学会网站）。

⑲ http：//pubs. acs. org（美国化学会出版物网站）。

⑳ http：//www. dekker. com/sdek/issues～db＝enc～content＝t713172962（色谱百科全书）。

㉑ http：//www. lcgcmag. com（LC. GC 杂志）。

㉒ http：//www. ourworld. compuserve. com/homepage/strige/homepage. htm（色谱仪器）。

㉓ http：//www. mdgc. com（色谱仪器）。

㉔ http：//www. bjb. dicp. ac. cn/sepu/sepu. htm（中国色谱杂志）。

㉕ http：//www. 54si. com（中国色谱仪器网）。

㉖ http：//www. anatechweb. com（中科院兰州化物所色谱中心）。

㉗ http：//www. 54pc. com（中国分析仪器网）。

㉘ http：//chem. pku. edu. cn/paal（北京大学色谱组）。

二、基本理论

气相色谱法的基本原理是利用混合物中各组分在流动相和固定相中具有不同的溶解及解析能力（指气-液色谱），或不同的吸附和脱附能力（指气-固色谱）。当两相做相对运动时，样品各组分在两相中受上述各种作用力的反复作用，从而使混合物中的组分得到分离。当组分 A 离开色谱柱的出口进入检测器时，记录仪就记录出组分 A 的色谱峰，当组分 B 离开色谱柱进入检测器时，记录仪就记录出组分 B 的色谱峰。

三、塔板理论

1. 流出曲线方程

物质在平衡状态下分配于互不相溶的两相间的原理，已被用于蒸馏、萃取等分离技术中。在气-液色谱体系中，物质也是在两相间进行分配，其分配行为可用类似于精馏塔的塔板理论加以描述。把色谱柱比作一般的蒸馏柱或蒸馏塔，柱内有若干个想象的塔板，物质在每个塔板上的气相和液相之间达成一次次分配平衡。经过这样多次地分配之后，挥发度大的组分与挥发度小的组分彼此分离，挥发度大的组分先从塔顶逸出。在柱内每达成一次分配平衡所需的柱长（H）称为塔板高度。显然，塔板数越多，该柱的柱效率也就越高。这种半经验的理论处理，基本上能与实验结果相一致。

根据塔板理论导出的色谱中的流出曲线方程如下：

$$c = \frac{\sqrt{n}W}{\sqrt{2\pi}V_R} e^{-\frac{n}{2}\left(1-\frac{V}{V_R}\right)^2}$$

式中，c 为流出物的浓度；n 为理论塔板数；W 为进样量；V_R 为保留体积；V 为载气体积。

当 n 很大时，流出曲线就趋向于正态分布曲线（即高斯分布曲线，也称误差分配函数）：

$$C = \frac{C_0}{\sqrt{2\pi}\sigma} e^{\frac{-(t-t_R)^2}{2\sigma^2}}$$

与流出曲线方程比较，得 $\sigma = V_R/\sqrt{n} = t_R/\sqrt{n}$，$\sigma$ 为标准偏差。

塔板理论解释了色谱流出曲线是高斯分布曲线的形状；当 $V = V_R$ 时，组分浓度为极大值——峰高；保留体积时为峰值，并由上式导出理论塔板数的计算公式。

2. 理论塔板数 n 与塔板高度 H

塔板数 n 反映了柱效率，用于评价各种柱的参数，并比较它们对分离的效能。塔板数 n 可用下式计算：

$$n = 5.54\left(\frac{t_R}{Y_{1/2}}\right)^2 = 16\left(\frac{t_R}{Y}\right)^2 = 16\left(\frac{V_R}{Y}\right)^2$$

色谱柱的柱效率和色谱峰的扩张程度，常用相当于一个理论塔板的柱的高度，称塔板高度（H）来表示。

$$H = \frac{L}{n}$$

式中，L 为色谱柱的长度；H 为塔板高度。

3. 有效塔板数 $n_{有效}$ 与有效塔板高度 $H_{有效}$

有时计算出来的理板塔板数 n 很大、H 很小，但色谱柱表现出来的实际操作性能却很差，特别对那些流出较早的组分。因此仅根据理论塔板数的大小，还不能真实反映分离程度的优劣，因而提出了有效（理论）塔板数 $n_{有效}$ 和有效（理论）塔板高度 $H_{有效}$ 作为柱效率的指标。其计算式为：

$$n_{有效} = 5.54\left(\frac{t'_R}{Y_{1/2}}\right) = 16\left(\frac{t'_R}{Y}\right)^2$$

$$H_{有效} = \frac{1}{n_{有效}}$$

式中，t'_R 为校正保留时间；$Y_{1/2}$ 为半峰宽；Y 为峰宽。

因此，用有效塔板数或有效塔板高度作为色谱柱效率的指标，可用来评价分离条件选择的好坏，$n_{有效}$ 越大，说明该物质在该柱中达到分配平衡的次数越多，柱的效率越高。

4. 选择性——相对保留值

选择性是指固定液对于两个相邻难分离组分的相对保留值，也就是某一难分离物质对校正保留值之比，以 $r_{2.1}$ 表示：

$$r_{2.1} = \frac{t'_{R2}}{t'_{R1}}$$

$r_{2.1}$ 数值越大表示难分离物质对越容易分离。

四、速率理论——范氏方程

塔板理论能描述色谱过程的流出曲线的形状、塔板数与塔板高度及保留值等特性。但由于塔板理论的假设不完全符合色谱实际运行过程，所以只能定性给出塔板高度 H 的概念，而不能找出影响塔板高度 H 的因素。速率理论仍用塔板高度的概念，进一步把色谱分配过程与分子扩散和气、液两相中的传质过程联系起来，这样不仅能解释一些色谱现象，而且对于如何选择合适的操作条件以获得满意的塔板高度与分离度等具有实用指导意义。

范得姆特理论（即范氏方程）其基本式为：

$$H = A + \frac{B}{u} + Cu$$

式中，H 为塔板高度；A 为涡流扩散项；B 为分子扩散坝；C 为传质阻力；u 为通过色谱柱载气的线速度；Cu 为传质项。

对填充柱的范氏方程展开式为：

$$H = 2\lambda d_p + \frac{2\gamma D_g}{u} + \frac{0.01k^2}{(1+k)^2} \times \frac{d_p^2}{D_g}u + \frac{2k}{3(1+k)^2} \times \frac{d_f^2}{D_l}u$$

该式与上例的基本式比较，可得出以下结论。

（1）涡流扩散项 $A = 2\lambda d_p$。其中 λ 是和填充柱填充均匀性有关的因素，称填充不规则因子；d_p 是填充物平均颗粒直径，即粒度，单位为 cm。对于空心柱，$A = 0$。填充柱 A 与填充物颗粒大小（d_p）和填充均匀性（λ）有关，而与载气性质、线速和组分无关。因此使用适当粒度（100～120目）和颗粒均匀的载体，并尽量填充均匀，是减小涡流扩散、提高柱效的有效办法。

（2）分子扩散项 $B/u = 2\gamma D_g/u$。其中 γ 是由于柱内填充物而引起气体扩散路径弯曲的因子，称弯曲因子。对填充柱，$\gamma<1$；对空心柱，$\gamma=1$；D_g 是组分在载气中的分子扩散系数，单位为 cm^2/s；u 是载气在柱温、柱压下的线速，单位为 cm/s。

由于柱内存在浓度梯度，气相中运动着的组分分子产生沿轴纵向扩散，所以，B/u 项也称为纵向扩散项。

下面是影响纵向扩散的几个因素。

① 分子扩散与组分在气相中滞留的时间成正比，滞留时间越长，分子扩散面积越大。当载气流速较小时，B/u 值大，滞留时间长，此时分子扩散引起色谱峰的扩张现象不可忽视；当 u 较大时，此项可以忽略。

② 对填充柱通常 $\gamma<1$；硅藻土载体 $\gamma=0.5\sim0.7$；空心柱 $\gamma=1$。

③ 气相扩散系数 D_g 随载气和组分性质、温度、压力而变化，通常为 $0.01\sim1cm^2/s$。液相扩散系数 D_1 较 D_g 小 $10^4\sim10^5$ 倍，所以组分在液相的分子扩散可忽略。

④ D_g 近似地与载气分子量的平方根成反比，所以对于既定的组分，采用分子量较大的载气可减少分子扩散；对于选定的载气，则分子量较高的组分会有较小的分子扩散。

（3）传质项 Cu。它是气相传质阻力项 $C_g u$ 和液相传质阻力项 $C_1 u$ 之和。对填充柱气相传质阻力系数 C_g 为：

$$C_g = \frac{0.01k^2}{(1+k)^2} \times \frac{d_p^2}{D_1}$$

液相传质阻力系数 C_1 为：

$$C_1 = \frac{2}{3} \times \frac{k}{(1+k)^2} \times \frac{d_f^2}{D_1}$$

式中，d_f 为固定液的液膜厚度；D_1 为组分在液相的扩散系数；k 为分配比（分配容量）。

气相传质阻力项 $C_g u$，表示气液或气固两相进行质量交换，也就是浓度分配时，在气相与两相界面间组分分子进行交换传质的阻力。传质阻力越大，所需时间就越长，引起峰形的扩张越大。u 增大，气相传质阻力增大。H 增大，柱效率则降低。

液相传质阻力项 $C_1 u$，指组分从气-液界面到液相内部并发生质量交换达到平衡，然后又返回气-液界面的传质过程。这个过程也需要一定时间，在此时间内，气相中组分的其他分子仍随载气不断地向柱口运动，这样也造成峰形的扩张。传质阻力与载气流速 u 成正比，又与组分及固定液的性质、固定液用量及分布状态、柱温等有关。

在色谱分析中，尤其是在快速分析高流速时，液相传质阻力是影响塔板高度的主要因素，气相传质阻力往往数值较小，涡流扩散和分子扩散可以忽略。在选择操作条件时需要充分重视液相传质项。

五、柱操作条件的选择

多用塔板数 n、$n_{有效}$ 或塔板高度 H、$H_{有效}$ 来评价柱操作条件的好坏。从柱效率角度来说，塔板数 n 总是越多越好，至于究竟多到什么程度才能满足实际分离的需要，则要根据总分离效率指标 R 来决定。

1. 载气流速和种类

（1）载气流速 载气流速影响分离效率并决定了分析时间。对某一填充柱和某一组分，流速对柱效率的影响如图 20-1 所示，图中 H 为塔板高度，$\bar{v}$ 为载气流速。曲线有一个最低点，该点的流速是最佳流速。最佳流速与载气种类、组分性质、色谱柱子等条件有关。

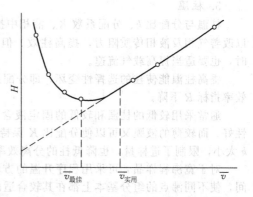

图 20-1 塔板高度与载气流速的关系

在最佳流速 $\bar{v}_{最佳}$ 下虽然柱效率最高，但分析时间较长。实际工作中，为了加快分析速度，往往采用比最佳流速大的实用流速 $v_{实用}$。对于内径 $3\sim4mm$ 的填充柱，常用流速为 $20\sim80mL/min$。

（2）载气种类 载气对塔板高度 H 的影响，主要表现于组分在载气流中的扩散系数 D_g。D_g 近似地与载气分子量的平方根成反比，即分子量较小的载气有较大的 D_g。当载气流速较小时，应采用分子量较大的氮或氩作载气，以便提高柱效率。

在快速分析中往往用氢或氦作载气，因为氢、氦的黏度较小，可减少柱子压降，操作控制较为方便。

载气种类的选择还应考虑对检测器的适应性。如热导检测器常用 H_2、He 和 N_2；氢焰检测器和火焰光度检测器常用 N_2 和 H_2；电子捕获检测器常用 N_2 等。

2. 载体

① 要求载体表面具有多孔性、表面积大和孔径分布均匀。

② 载体粒度的减小有利于提高柱效，但颗粒太小，不仅不易填充均匀，还致使填充不规则因子 λ 增大，而使塔板高度 H 增大。同时，柱压增高，容易漏气，给仪器装配带来困难。

一般填充柱要求载体颗粒直径是柱直径的 1/10 左右，即 $60\sim80$ 目或 $80\sim100$ 目为好。

③ 载体颗粒要求均匀，筛分范围要窄，以降低 λ 值，减小塔板高度 H。一般使用载体颗粒的筛分范围约为 20 目的间距。

3. 固定液及配比

固定液的性质和配比对塔板高度 H 的影响反映在传质项中，即是与分配比 k、液膜厚度 d_f 和组分在液相中的扩散系数 D_l 等有关。一般选用的固定液对分析样品要有较大的分配系数 K 值，对被分离物质对有较大的相对保留值 $r_{1.2}$。此外还要求固定液的黏度小、蒸气压力低等。

为了改善液相传质，减小塔板高度 H，可采用低固定液配比，以减少液膜厚度 d_f，并且有利于在较低的温度下分析沸点较高的组分，以及缩短分析时间。但是在确定配比时，要注意载体的表面性质，配比太低，固定液不足以覆盖载体表面而会出现载体的吸附现象，反而会降低柱效。一般填充柱的配比是 $5\%\sim25\%$；空心柱液膜厚度 d_f 为 $0.2\sim0.4\mu m$。

4. 进样条件

进样速度必须很快，使样品能全部气化并被带入柱中。若进样时间过长，样品原始谱带变宽，则馏出峰半峰宽必也变宽，甚至变形。

原则上，要求在选择的气化室温度下，样品能瞬间气化而不分解。由于色谱进样量为微升级，近于无限稀释的情况，故气化温度可比样品最难气化组分的沸点略低些；若进样量增多，气化温度就要高些。一般选择比柱温高 $50\sim100℃$。样品气化不良，将使峰形前沿平坦，后沿陡峭呈伸舌形，同时峰的半峰宽变大。

5. 柱温

柱温与分配比 k、分配系数 K、液相中扩散系数 D_l、气相中扩散系数 D_g 等有关。提高柱温可以改善气相及液相传质阻力，提高柱效。但是提高柱温也会加剧分子扩散。因此在提高柱温的同时，也要适当提高载气流速。

提高柱温能使柱的选择性变坏，即分配系数 K 变小，分配比 k 及相对保留值 $r_{2.1}$ 变小，总分离效率指标 R 下降。

通常采用较低的柱温和较低的固定液含量，较低的柱温使组分有较大的分配系数 K 值，选择性好。而较薄的液膜又可以使分配比 K 保持一适当值。否则若 K 太大，使分析时间延长，分配比 k 太小，限制了进样量，也降低柱的分离效率。

对于宽沸程样品，可采用程序升温的方法。这样能兼顾高、低沸点组分的分离效果和分析时间，使不同沸点的组分基本上都在其较合适的平均柱温下进行分离。

具体柱温选择应根据不同的实际情况而定，通常有下面几点经验可供参考。

① 高沸点的混合物（沸点 $300\sim400℃$），希望柱温在不太高的温度下操作，可用小于 3% 的低固定液含量和高灵敏度检测器。使用柱温可低于沸点 $150\sim200℃$，即在 $200\sim230℃$。

② 对于沸点不太高的混合物（沸点 200～300℃），在中等柱温下操作。固定液含量 5%～10%，柱温比其平均沸点低 100℃，即 150～180℃。

③ 对于沸点在 100～200℃的混合物，柱温选在其平均沸点 2/3 左右，固定液含量 10%～15%。

④ 对于气体、气态烃等低沸点物质，柱温选在其沸点或沸点以上，以便能在室温或 50℃以下进行分析，固定液含量一般在 15%～25%。

六、色谱术语

如图 20-2 所示为是单一组分的色谱，表 20-4 列出了色谱分析中常用的术语和参数，借以了解色谱中有关术语及其具体内容。

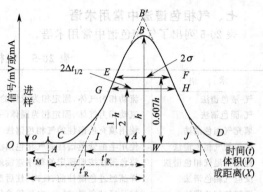

图 20-2　单一组分的色谱

表 20-4　色谱分析中常用的术语和参数

术语和参数	定　义	计算公式
色谱图	组分在色谱柱上的流出曲线	
区域宽度		
半高峰宽($W_{h/2}$)	峰高一半处的色谱峰的宽度	$W = 4\sigma$
峰宽(W)	在流出曲线拐点处作切线,与基线相交的线段的距离	$W_{h/2} = 2\sqrt{2\ln 2}\sigma = 2.354820\sigma$
标准偏差(σ)	峰宽的 1/4	
保留值		
死时间(t_M)	不被固定相吸附的流动通过色谱柱的时间	$t'_R = t_R - t_M$
死体积(V_M)	色谱柱不被固定相占用的空间、进样系统管道和检测系统的总体积	$V'_R = V_R - V_M$
保留时间(t_R)	从进样到色谱峰顶出现时的时间	$t_R = t_M(1+K)$
调整保留时间(t'_R)	保留时间减去死时间所得的值	$V_N = jV'_R$
保留体积(V_R)	从进样到色谱峰顶出现时,通过色谱系统的流动相体积	
调整保留体积(V'_R)	保留时间减去死体积所得的值	
净保留体积(V_N)	经压力修正的调整保留体积	
分离效率		
柱效率	组分通过色谱柱后,区域宽度增加了多少.用理论塔板数和理论塔板高度表示	$K = \dfrac{t'_R}{t_M}$
溶剂效率	表征固定相对某两个组分分离的能力,用相对保留值表示	$r_{i,s} = \dfrac{k_{(i)}}{k_{(s)}} = \dfrac{t'_{R(i)}}{t'_{R(s)}} = \dfrac{V'_{R(i)}}{V'_{R(s)}} \neq \dfrac{t_{R(i)}}{t_{R(s)}}$
保留因子(K)	平衡状态下组分在固定相与流动相中的质量之比,旧称容量因子	$R = \dfrac{2[t_{R(2)} - t_{R(1)}]}{W_{(1)} + W_{(2)}}$
相对保留值($r_{i,s}$)	在一定色谱条件下组分与标准品或组分 A 与组分 B 的调整保留时间之比,又称分离因子	$= \dfrac{2[V_{R(2)} - V_{R(1)}]}{W_{(1)} + W_{(2)}}$
分离度(R)	表示色谱柱在一定条件下对混合物综合分离能力的指标	$= \dfrac{\sqrt{n}}{2} \times \dfrac{a-1}{a} \times \dfrac{K}{1+K}$
折合塔板高度(h_r)	单位粒径上的理论塔板高度	$h_r = \dfrac{H}{d_p}$　$u_r = \dfrac{ud_p}{D_m}$
折合速度(u_r)	以粒间扩散速度为单位的流动相速度	
色谱峰检测		
基线	正常操作条件下,仅有流动相通过检测器系统时产生的响应信号曲线	
基线噪声(N)	由于各种因素使基线短时间发生波动的信号值,单位:mV 或 mA	
基线漂移	基线在一段时间内产生的偏移,单位:mV/h 或 mA/h	
响应值(R)	组分通过检测器所产生信号的量	
信噪比	响应信号与噪声的比值	$S = \dfrac{\Delta R}{\Delta Q}$
灵敏度(S)	检测器中质量变化 ΔQ 时信号量 R 的变化率。ΔR 的单位为 mV,S 的单位随 ΔQ 的单位取值而变化	$D = \dfrac{2N}{S}$
检测限(D)	随单位体积流动相或在单位时间内进入检测器的组分所产生的信号等于基线噪声 2 倍时的量	
最小检测量	组分能产生 2 倍于噪声信号的量为检测器对该组分的最小检测量	
最小检测浓度	最小检测量和进样量的比值	
响应时间	进入检测器的组分输出达到其真值 63% 所需的时间	
线性范围	检测器响应信号与被测物质的量呈线性关系的范围	

七、气相色谱法中常用术语

表 20-5 列出了气相色谱中常用术语。

表 20-5 气相色谱中常用术语

术　语	定　义
气-液色谱法	流动相为气体,固定相为液体的色谱法
气-固色谱法	流动相为气体,固定相为固体(一般指吸附剂)的色谱法
填充气相色谱法	使用填充色谱柱的气相色谱法
毛细管气相色谱法	使用毛细管色谱柱的气相色谱法
程序升温气相色谱法	将色谱柱按照预定的程序连续地或分阶段地进行升温的气相色谱法
反应气相色谱法	样品经过色谱柱前、柱内、柱后反应区,进行化学反应的气相色谱法
裂解气相色谱法	样品经过高温、激光、电弧等途径,裂解为较小分子后进入色谱柱的气相色谱法,是反应气相色谱法的一种
顶空气相色谱法	对密闭系统中与液体(或固体)样品处于热力学平衡状态的气相组分,进行气相色谱分析的方法;可测定样品中挥发性组分
制备气相色谱法	用能处理较大量样品的色谱仪器,进行分离、切割和收集组分,以获取纯化合物的气相色谱法
多维气相色谱法	将两个或更多个色谱柱组合,通过切换,可对组分进行正吹、反吹或切割等操作的气相色谱法
洗脱色谱法	将样品加到色谱柱的上端,流动相连续通过柱中固定相;流动相与固定相的作用力比与样品组分的作用力弱,从而使样品组分按其与固定相作用力由弱到强的顺序从色谱柱下端流出,达到分离
迎头色谱法	此法样品本身就是流动相,样品连续流经色谱柱,在固定相上吸附力(或溶解力)最弱的组分首先以纯物质的状态流出色谱柱,然后按着组分吸附力(或溶解力)从弱到强的顺序,依次流出其他组分
顶替色谱法	流动相是置换剂,它对固定相的吸附力(或溶解力)比样品组分强。样品加到色谱柱后,使置换剂流经色谱柱,则按吸附力(或溶解力)从弱到强的顺序,依次将组分顶替出色谱柱
填充柱色谱仪	使用填充色谱柱的气相色谱仪
毛细管柱色谱仪	使用毛细管柱的气相色谱仪
GC-MS 联用仪	由气相色谱仪与质谱仪组合成的仪器,GC 仪器分离的样品组分在 MS 仪器上测定
GC-FTIR 联用仪	由气相色谱仪与傅里叶变换红外光谱仪组合成的仪器,GC 仪器分离的样品组分,进入傅里叶变换红外光谱仪,绘出相应组分的气态红外光谱图,得到定性结果
反应色谱仪	用于反应色谱法的气相色谱仪,它有能使组分发生变化的部件
裂解色谱仪	属于反应色谱仪的一种,有能使样品裂解的装置,裂解生成的低分子量产物在色谱柱中被分离,经检测器鉴定
流程气相色谱仪	用于生产过程的质量控制,能按设定程序自动连续地测定样品组分的气相色谱仪
多维气相色谱仪	用于多维气相色谱的仪器
化学键合相	用化学反应方法将有机特定基团以共价键连接在硅胶、氧化铝、硅藻土等基质上制成的固定相
固定液	固定相的组成部分,即涂渍在载体或色谱柱内壁表面上起分离作用的液体物质
载体	承载固定液的惰性固体称为载体,又称为担体
液体固定相	气-液色谱法的固定相,由固定液和载体组成
涂渍溶液	用适当溶剂溶解固定液制成含一定浓度固定液的溶液,用于涂渍在载体或毛细管柱内壁上
吸附柱	用具有吸附活性的固定相,如硅胶、氧化铝、分子筛、活性炭等,填充而成的色谱柱
毛细管柱	内径一般为 0.1~0.5mm 的气相色谱柱
空心柱	柱内壁有固定相的开口的毛细管柱
涂壁空心柱	内壁上直接涂渍固定液的空心柱
处壁空心柱	广义的处壁空心柱是指柱内壁进行物理或化学方法处理的空心柱,狭义的是指化学处理的空心柱,现多用后者
多孔层空心柱	内壁上有吸附剂或惰性固体的空心柱
涂载体空心柱	内壁上沉积载体后涂渍固定液的空心柱,是多孔层空心柱的一种
填充毛细管柱	将吸附剂或载体装入玻璃管拉成内径为 0.25~0.5mm 的毛细管柱
化学键合空心柱	用固定液与柱内壁的基团通过共价键合的方法制备的空心柱
化学交联空心柱	用固定液在柱内壁通过聚合(交联)的方法制备的空心柱
液相载荷量	在填充柱中,固定液与固定相(包括固定液和载体)的相对量,用质量分数表示
涂渍效率	最小理论板高与理论板高的百分比,表征空心柱柱效的理想化程度
柱流失	固定液随载气流出柱外的现象

续表

术　语	定　义
柱寿命	色谱柱能在良好分离状态下使用的极限时间
老化	将色谱柱用通载气和加温(高于操作温度,低于固定液最高使用温度)处理使其性能稳定的过程
脱活	使物质丧失活性称为脱活
柱容量	又称为柱负荷,分析用色谱柱的柱容量是不引起色谱峰前伸和柱效下降情况下的最大进样量;制备色谱柱的柱容量是指不影响收集物纯度前提下的最大进样量
热导检测器	当载气和色谱柱流出物通过热敏元件时,由于两者的热导率不同,使阻值发生差异而产生电信号的器件
氢火焰离子化检测器	能使通入的有机物在氢火焰中燃烧生成离子并在电场作用下产生电信号的器件
氮磷检测器	一种火焰离子化检测器,在其喷嘴附近放置了碱金属化合物,能增加含氮或含磷化合物所生成的离子,从而使电信号增强
火焰光度检测器	将含硫或含磷化合物在富氢火焰中产生的特征波长的光转化为电信号的器件
电子俘获检测器	使载气分子在^{3}H 或^{63}Ni 等辐射源所产生的β粒子的作用下离子化,在电场中形成稳定的基流,当含电负性基团的组分通过时,捕获电子使基流减小而产生电信号的器件
光离子化检测器	利用高能量的紫外线使电离电位低于紫外线能量的组分离子化,在电场作用下产生电信号的器件
微波等离子体(发射光谱)检测器	用微波等离子体激发化合物,使所含元素产生特征发射光谱,经分光系统能同时检测多种元素的器件
柱温	色谱分析时色谱柱的温度,由于色谱柱被置于色谱炉内加热,故炉温即为柱温
程序升温	进行色谱分析时,开始的柱温低,终止时柱温高,称为程序升温。柱温从开始到终止期间,升温速率无变化的为线性程序升温,升温速率有变化的为非线性程序升温或多阶程序升温
气化室	使样品瞬时气化及预热载气的部件
分流阀	按一定比例将气流分成数部分的部件
分流比	样品在气化室中完全气化并与载气充分混合后,一部分进入色谱柱,其余部分放空,这两部分载气量的比值称为分流比
反吹	一些组分被洗脱后,将载气反向通过色谱柱,使尚未被洗脱的另一部分组分向相反方向移动的操作
柱切换	改变载气流动方向,使样品进入另一个色谱柱进行色谱分离的操作

第二节　气相色谱仪

一台完整的气相色谱仪,有气路系统、进样系统、分离系统、检测系统和信号记录及数据处理系统等。如图 20-3 为气相色谱流程示意,如图 20-4 所示为氢火焰离子化检测器操作流程,如图 20-5 所示为毛细管柱气相色谱流程。

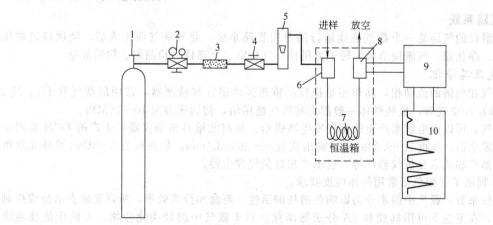

图 20-3　气相色谱流程示意
1—载气钢瓶;2—减压阀;3—净化器;4—气流调节阀;5—转子流速计;
6—气化室;7—色谱柱;8—检测器;9—放大器;10—记录器

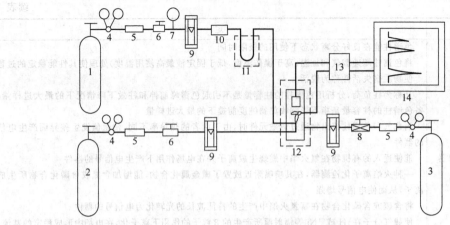

图 20-4　氢火焰离子化检测器操作流程

1—载气钢瓶（N₂）；2—氢气钢瓶；3—空气钢瓶；4—减压阀；5—干燥器；6—稳压阀；7—压力表；
8—针形阀；9—转子流量计；10—进样器及气化室；11—色谱柱（虚线表示恒温室）；
12—氢火焰离子化检测器（虚线表示恒温室）；13—微电流放大器；14—记录器

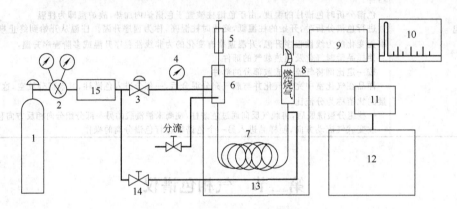

图 20-5　毛细管柱气相色谱流程

1—高压气瓶；2—减压阀；3—稳压阀或稳流阀；4—柱入口压力表；5—注射器；6—进样器；7—色谱柱；8—检
测器；9—检测器静电计；10—记录仪；11—模数转换器；12—数据系统；13—尾吹气柱箱；14—尾吹气
流量调节针阀（当尾吹气与载气不是同一气体时，需要一个单独的尾吹气流量调节系统）；15—净化管

一、气路系统

气相色谱仪的气路是一个载气连续运行的密闭管路系统，载气从气源出来后，顺次经过减压阀、压力表、净化器、气流调节阀、转子流量计、气化室、色谱柱、检测器、然后放空。

1. 载气及其净化

载气是气相色谱的流动相，其作用是把样品输送到色谱柱和检测器。常用的载气有 H_2、N_2、Ar、He、CO_2 和空气等，这些气体一般都由高压气瓶供给，初始压力为 $10\sim15MPa$。

其中氢气，可以由电解水产生的氢气发生器供给。如河北雄县精华仪器厂生产的 DCH 系列全自动超纯氢发生器，纯度达 99.9999%，输出流量 $0\sim300mL/min$，最高压力 0.6MPa，另外北京市第二环保仪器厂和北京分析仪器厂等，也出产超纯氢气发生器。

表 20-6 列出了气相色谱常用气体纯度要求。

从色谱柱来看，载气中的水分会影响色谱柱的活性、寿命和分离效率，所以要除去水分或控制一定的含量，在室温下可用硅胶和 5A 分子筛净化。对于载气中的烃类化合物，可使用活性炭净化。净化用的干燥管通常为内径 50mm，长 $200\sim250mm$ 的金属管。

从检测器来看，热导池检测器、氩离子化检测器要求载气中水分含量控制在 $(30\sim50)\times10^{-6}$ g/mL；氢火焰离子化检测器要求把载气、燃气、助燃气中的烃类组分除去；电子捕获检测器，要除去载气中电负性强的组分（如氧的含量要尽量低）。通常用硅胶、分子筛、活性炭按顺序分段填充的干燥管。

表 20-7 列出了 4A、5A 分子筛的吸附特性。表 20-8 列出了活性炭对各种烃类的吸附效果。

表 20-6　气相色谱常用气体纯度要求

气体类型	功　能	是否与样品接触	纯 度 要 求			
空气	气压动力	否	≤99.998%			
氮气	气压动力	否	≤99.998%			
			检测限的要求			
			痕量 $0 \sim 10^{-6}$	$10^{-6} \sim 10^{-3}$	$0.1\% \sim 1\%$	$1\% \sim 100\%$
氢气	载气或检测器燃料气	是	99.9999%	99.9995%	99.9995%	99.999%
氢气/氮气	检测器燃料气	是	99.9999%	99.9995%	99.9995%	99.999%
甲烷/氩气或氮气	ECD用载气或尾吹气	是	99.9999%	99.9999%	99.9999%	——
空气	检测器用氧化气	否	99.9995%	99.9995%	99.9995%	99.999%
氮气、氦气或氩气	载气或尾吹气	是	99.9999%	99.9995%	99.9995%	99.999%

注：≤99.998%，低纯度，专用或工业气体；99.999%，高纯级（UHP/Zero Grade）；99.9995%，超纯级（Ultra-Pure Grade）；99.9999%，研究级（Research Grade）。

表 20-7　4A、5A 分子筛的吸附特性

4A、5A能吸附的物质	5A能吸附、4A不能吸附的物质	4A、5A均不能吸附的物质
H_2O、CO_2、CO、H_2S、SO_2、NH_3、N_2、O_2、CH_4、甲醇、乙醇、乙烷、乙烯、乙炔、丙烯、正丙醇、环氧乙烷。N_2O_2 要低于 $-30℃$ 时吸附	$C_3 \sim C_{14}$烷烃、$C_4 \sim$ 较高的烯烃、正丁醇及较高级正构醇、环丙烷、氟里昂 12	异丁烷、异构烷、异丙醇及芳烃环己烷及所有四元环、HCl_4、六氯丁二烯、氟里昂 11、氟化氯化硫、四氟化硼

表 20-8　活性炭对各种烃类的吸附效果

物　质	效　率	物　质	效　率	物　质	效　率
丙酮	极好	乙酸甲酯	极好	酚	极好
次氯酸	极好	氯苯	极好	醛	差
乙醇	极好	甲醇	极好	高锰酸钾	极好
胺类	很好	氯	极好	乙酸丙酯	极好
无机酸类	无	溴甲烷	极好	乙二醇	极好
氨	差	氯代酚	极好	丙醇	极好
碘	极好	氯甲烷	极好	氯丙烷	极好
乙酸戊酯	极好	叶绿素	极好	溴化氢	满意
乙酸异丙酯	极好	甲乙酮	极好	氯化氢	差
戊醇	极好	甲酚	极好	次氯酸钠	极好
异丙醇	极好	溶解的油	极好	氟化氢	无
苯	极好	硝基苯	极好	溶剂	极好
酮类	极好	硝基甲苯	极好	碘化氢	满意
乙酸丁酯	极好	乙酸乙酯	极好	硫酸	满意
丁醇	极好	乙醇	极好	硒化氢	满意
乳酸	极好	有机酸	极好	硫化氢	满意
有机副产物	很好	氯乙烷	极好	甲苯	极好
来苏水	极好	草酸	极好	三氯乙烯	极好
次氯酸钙	极好	乙醚	极好	二甲苯	极好
硫醇	极好	臭氧	极好		
二氧化碳	无	氟化物	差		

2. 载气流速的控制

为了保持气相色谱分析的准确度，载气的流量要求恒定，其变化小于 1%，通常用减压阀、稳压阀、针形阀等来控制气流的稳定性。

(1) 减压阀 装在高压气瓶的出口,用来将高压气体调节到较小的工作压力。通常将10~15MPa压力减小到0.1~0.5MPa。

由于气相色谱中所用载气流量较小,一般在100mL/min以下,所以单靠减压阀来控制流速是比较困难的,通常在减压阀输出气体的管线中还要串联稳压阀、针形阀或稳流阀,以精确地控制气体的流速。

(2) 稳压阀 用以稳定载气的压力,其结构如图20-6所示。

腔A与腔B通过连动杆由孔的间隙相连通,当调节手柄逆时针转动打开阀门至一定开度后,系统达到平衡。如果进气口压力 p_1 有了微小上升,腔B气压随之增加,波纹管向右伸张,阀针也同时右移,减小了阀针与针座的间隙,因此气流阻力加大,则出口压力 p_2 降回至原来的平衡状态;若进气口压力有微小下降时,系统也能自动恢复原有平衡状态,从而达到稳压的效果。

使用这种稳压阀时进气口压力不得超过0.6MPa,出气口压力一般在0.1~0.3MPa时稳压效果最好。稳压阀不工作时,应顺时针转动放松调节手柄,使阀关闭,以防止波纹管、压簧长期受力疲劳而失效。

(3) 针形阀 用来调节载气流量,也可用它来控制燃气和空气的流量。如图20-7所示,在调节手柄1上连接一个直轴阀杆,在轴的下端有呈尖锥形的阀针5,通过改变阀针与阀门的相对位置来控制流量。当调节手柄依逆时针方向转动时,阀针与阀门的间隙增大,气体阻力减小,因此从针阀流出的气体流量增大。当调节手柄依顺时针方向转动时,使阀针密封圈将阀门压住,针形阀就关闭。在阀杆中间凹槽处嵌入一个氟橡胶垫圈,即密封环4,其表面涂以硅油和真空脂,当阀杆移动时,密封环与阀体内壁始终紧密接触,使阀体保持密封状态。当针形阀不工作时,应使针形阀全开(此点和稳压阀相反),以防止阀针密封圈粘在阀门入口处,也可防止压簧长期受压而失效。

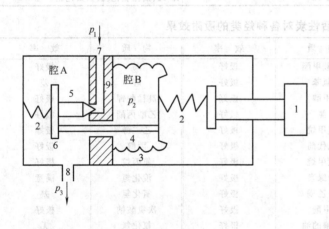

图 20-6 稳压阀

1—调节手柄;2—压簧;3—波纹管;4—连动杆;5—针阀;
6—阀针座;7—进气口;8—出气口;9—阀座

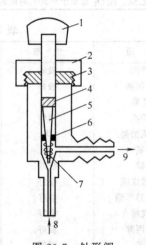

图 20-7 针形阀

1—调节手柄;2—螺帽;3—密封垫圈;4—密封环;5—阀针;6—阀针密封圈;7—压簧;
8—进气口;9—出气口

由于针形阀结构简单,当进口压力发生变化时,处于同一位置的阀针,其出口的流量也发生变化,所以用针形阀不能精确地调节流量。

(4) 稳流阀 当用程序升温进行色谱分析时,由于色谱柱温不断升高引起色谱柱阻力不断增加,也会使载气流量发生变化。为了在气体阻力发生变化时,也能维持载气流速的稳定,需要使用稳流阀来自动控制载气的稳定流速。稳流阀的结构如图20-8所示,它可看作是由流量控制器和针形阀两个部分组合而成。

流量控制器是由阀芯1(球形或碟形阀针)、橡皮隔膜2(隔膜上为A腔,隔膜下为B腔)、压簧3构成。流量控制器与针形阀4和上游反馈管线5组成一个闭环自动控制系统。由于流量控制器的作用使载气通过针形阀的入口 p_1 和出口 p_2 有恒定的压力差，从而使稳压阀输出流量保持不变。

稳流阀的输入压力为 0.03～0.3MPa，输出压力为 0.01～0.25MPa，输出流量为 5～400mL/min。当柱温从50℃升至300℃时，若流量为40mL/min，此时的流量变化可小于±1%。

使用稳流阀时，应使其针形阀处于"开"的状态，从大流量调至小流量。气体的进、出口不要反接，以免损坏流量控制器。

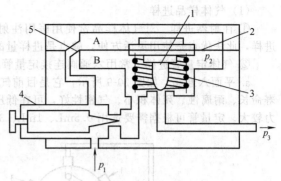

图 20-8 稳流阀
1—阀芯；2—橡皮隔膜；3—压簧；
4—针形阀；5—上游反馈管线

3. 载气流速的测量

（1）转子流量计 这是目前色谱仪中普遍采用的流速计，其结构简单、操作方便，使用时可靠、安全。

转子流量计是由一个内径上口大下口小的锥形管和一个能在管内自由旋转的转子组成。

当气体自下端进入转子流量计又从上端流出时，转子随气体流动方向而上升，由于管子稍呈锥形，转子上升后，转子与管内壁间的环形孔隙就增大，转子一直上升到环形孔隙所造成的转子顶和底部的压力差，恰能与转子的重量相平衡为止，根据转子的位置就可确定气体流速的大小。对于一定的气体，气体的流速和转子的高度并不成直线关系，转子流量计上只标出管子的均匀刻度，可采用校正曲线的方法（通常以皂膜流速计为标准），标出转子位置和流速之间的关系曲线。对不同的气体（H_2、N_2、空气）应使用与其对应的转子流量计。在色谱仪中，当更换色谱柱时，由于不同的色谱柱阻力差别大，此时对校正曲线也有影响，必要时需重新进行校正。

（2）皂膜流速计 这是目前用于测量气体流速的基准仪器，皂膜流速计由一根带有气体进口的量气管和橡皮滴头组成。使用时先向橡皮滴头中注入肥皂水，挤动橡皮滴头就有皂膜进入量气管。当气体自流量计底部进入时，就顶着皂膜沿管壁自下而上移动，用秒表测定皂膜移动一定体积时所需的时间，就可计算出气体的流速（mL/min），测量精度可达1%。

在许多色谱仪中还使用弹簧式压力表来指示载气进入色谱柱前的压力，即柱前压。

二、进样系统

1. 进样方法

进样量的多少、进样时间的长短、进样量的准确度和重复性等都对气相色谱的定性、定量工作产生很大影响。通常要求进样量要适当，进样速度要快，进样方式要简便、易行。

表 20-9 列出了常用气相色谱进样口和进样技术。

表 20-9 常用气相色谱进样口和进样技术

进样口和进样技术	特 点
填充柱进样口	最简单的进样口。所有气化的样品均进入色谱柱，可接玻璃和不锈钢填充柱，也可接大口径毛细管柱进行直接进样
分流/不分流进样口	最常用的毛细管柱进样口。分流进样最为普遍，操作简单，但有分流歧视和样品可能分解的问题。不分流进样虽然操作复杂一些，但分析灵敏度高，常用于痕量分析
冷柱上进样口	样品以液体形态直接进入色谱柱，无分流歧视问题。分析精度高，重视性好。尤其适用于沸点范围宽或热不稳定的样品，也常用于痕量分析（可进行柱上浓缩）
程序升温气化进样口	将分流/不分流进样和冷柱上进样结合起来，功能多，适用范围广，是较为理想的 GC 进样口
大体积进样	采用程序升温气化或冷柱上进样口，配合以溶剂放空功能，进样量可达几百微升，甚至更高，可大大提高分析灵敏度，在环境分析中应用广泛，但操作较为复杂
阀进样	常用六通定量引入气体或液体样品，重线性好，容易实现自动化。但进样对峰展宽的影响大，常用于永久气体的分析，以及化工工艺过程中物料流的监测
顶空进样	只取复杂样品基体上方的气体部分进行分析，有静态顶空和动态顶空（吹扫-捕集）之分，适合于环境分析（如水中有机污染物）、食品分析（如气味分析）及固体材料中的可挥发物分析等
裂解进样	在严格控制的高温下将不能气化或部分不能气化的样品裂解成可气化的小分子化合物，进而用 GC 分析，适合于聚合物样品或地矿样品等

（1）气体样品进样

① 注射器进样 对气体样品常使用医用注射器（一般用 0.25mL、1mL、2mL、5mL 等规格）进样，此法优点是使用灵活方便，缺点是进样量的重现性差（一般相对误差为2%～5%）。

② 气体定量管进样 常用六通阀连接定量管进样。常用的六通阀有两种。

a. 平面六通阀 如图 20-9 所示，它是目前气体定量阀中比较理想的阀件，它的使用温度较高、寿命长、耐腐蚀、死体积小、气密性好，可在低压下使用。其缺点是阀面加工精度高，转动时驱动力较大。定量管可根据需要选用 0.5mL、1mL、3mL、5mL 等数种。

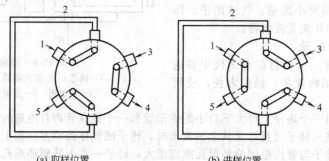

(a) 取样位置　　　　　　　(b) 进样位置

图 20-9　平面六通阀结构、取样和进样位置

1—气样入口；2—定量管；3—载气入口；4—主色谱柱；5—气样出口

平面六通阀由阀座和阀盖（阀瓣）两部分组成，阀盖和阀座由弹簧压紧，以保证气密性。阀座上有 6 个孔，阀盖内加工有 3 个通道，在固定位置下阀盖内的通道将阀座上的孔两个两个地全部连通，这些孔和阀座上的接头相通，再外接管路，当转动阀盖时，就可达到气路切换的目的。当阀盖在取样位置时，可使气样进入定量管；当阀盖转动 60°达进样位置时，载气就将定量管中的样品带入色谱柱。

b. 拉杆六通阀 拉杆六通阀（图 20-10）由阀体和阀杆两部分组成。阀体为一个圆柱筒，体上有 6 个孔。阀杆是一根金属棒，上有四道间隔不同的半圆槽并有相应的耐油橡胶密封圈，与阀体密封。阀杆有两个动作，推进时可完成取样操作；拉出（6mm）时就完成进样操作。

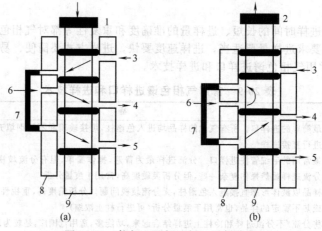

(a)　　　　　　　　　　(b)

图 20-10　拉杆六通阀取样、进样位置

1—推（取样）；2—拉（进样）；3—气样入口；4—至色谱柱；
5—气样出口；6—载气入口；7—定量管；8—阀体；9—阀杆

（2）液体样品进样 液体样品多采用微量注射器进样，常用的微量注射器有 1μL、2μL、5μL、10μL、50μL、100μL 等规格。液体进样后，为使其瞬间气化，必须正确选择气化温度，液体进样一般是通过气化室将溶剂和样品转化为蒸气使其进入色谱柱。

（3）固体样品进样 固体样品通常用溶剂溶解后，用微量注射器进样。对高分子化合物进行裂解色谱分析时，常将少量高聚物放入专门的裂解炉中进行。

（4）毛细管柱进样法 毛细管柱容量只有 $10^{-9}\sim10^{-6}$g，不会引起毛细管柱超载的进样量只能在 $10^{-3}\sim10^{-2}\mu$L 范围，如此微量的进样量，是无法采用微量注射器获得重复准确的进样结果的。因此，必须研究和设计特殊的进样系统。

① 分流进样 分流进样器的示意如图 20-11 所示，经预热的载气分两路：一路向上冲洗注射隔膜；另外一路以较快的速度进入气化室，此处使样品与载气混合，并在毛细管柱入口处进行分流。常规毛细管柱分流比一般为 （1∶50）～（1∶500）；对大内径厚液膜毛细管柱一般为 （1∶5）～（1∶50）。

分流进样是一种简单易行、应用广泛的进样方法，它适用范围广，对于沸点在 340℃ 以下、浓度为 50～100mg/kg 的样品，只要操作参数（包括气化温度、柱温、进样速度、进样量、载气流速、分流比等）选择适当，均可得到满意的定量结果。一般相对标准偏差为 0.2%～2%。进样量和分流比调节方便，且能在较宽的范围内变化，进样器结构简单，操作方便，便于自动化。存在的问题是对热不稳定的化合物会导致分解和热重排，不适用稀溶液中痕量组分的定量，对宽沸程、高分子量（大于 C_{35} 烷烃）和强极性样品非线性分流严重。

操作时应掌握要点：每次进样体积必须精确重复，因为进样体积不同会引起气化室内蒸气压力的波动，从而改变分流比。因气化室内温度不均，每次进样时，必须严格控制针头插入深度一致，使得每次的蒸发速度相同。选用溶剂应对所有组分有相同的溶解度。柱温和程序升温中柱子初温必须选择适当，且温度重复。

② 不分流进样 当样品组分的沸点较高，沸程范围接近 $C_{10}\sim C_{20}$ 的烃类化合物，组分在稀溶液中的浓度低于 0.01% 时，宜选用不分流进样，而且最好选用氢作载气，有更好的色谱性能和较大数值的最佳流速，能更有效地把样品送入柱内。在溶剂峰前流出的低沸点组分不宜选用不分流进样。如图 20-12 所示是不分流进样系统示意，与分流进样系统不同之处在于分流管和分流阀之间有一个缓冲空间。在进样时分流电磁阀关闭。经过一段时间（一般为 30～90s）大部分溶剂和溶质进入色谱柱，电磁阀打开，将气化室中的剩余溶剂和溶质通过分流阀吹走。

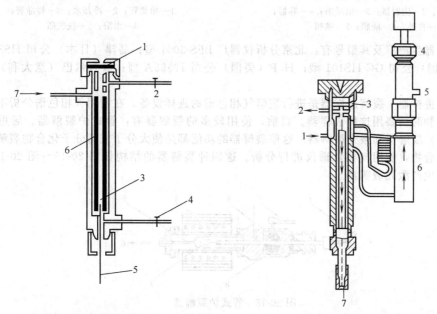

图 20-11 分流进样
1—隔膜；2，4—针形阀；3—分流点；5—毛细管柱；6—气化室；7—载气入口

图 20-12 不分流进样
1—载气入口；2—清扫气出口；3—垫圈；4—分流阀；5—分流气出口；6—缓冲器；7—毛细管柱

③ 冷柱头进样 一些热稳定性差和化学稳定性差的样品组分，如许多生物样品，宜选用冷柱

头进样。因为如果采用分流或不分流进样，容易引起样品分解或重排。一些极性强的样品组分，如含硫、氮等化合物，采用石英针头，可大大提高进样系统的惰性。

（5）顶空进样 顶空进样是采用气态进样，从而免除了大量样品基体对柱系统的影响，也便于自动化。对于血液、污水、胶体等不均匀混合物及固体样品（包括全溶、不全溶和不溶性高分子聚合物）中微量或痕量易挥发物的分析，以及溶液中的某些气体分析等，宜选用顶空进样法。例如血中毒物、酒、饮料、奶制品等的挥发气味、食品添加剂中的残留溶剂、香精香料成分、聚合物中挥发性物质以及环境水中卤化烃的分析等，选用顶空进样分析为好。

顶空进样可以用简单的静态顶空进样瓶如图 20-13 所示，也可以用吹扫-捕集动态顶空自动进样方式，如图 20-14 所示。

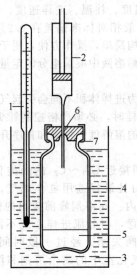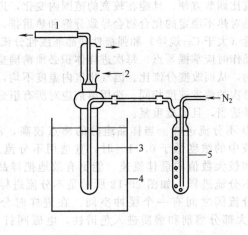

图 20-13 静态顶空进样瓶
1—温度计；2—注射器；3—恒温浴；4—容器；
5—样品；6—隔膜；7—螺帽

图 20-14 吹扫-捕集动态顶空自动进样方式
1—捕集管；2—冷却水；3—样品管；
4—水浴；5—洗气瓶

顶空进样器生产厂及其型号有：北京分析仪器厂 BFS-3001 型；岛津（日本）公司 HSS-3A/2B 型；P. E（美国）公司 GC-HS101 型；H. P（美国）公司 19395A 型；卡劳尔巴（意大利）HS250 型等。

（6）裂解进样器 裂解进样器是进行裂解气相色谱的进样设备，在利用气相色谱分析不挥发的大分子和高聚物时就要用这种进样器。目前，使用较多的裂解器有：管式炉裂解器、居里点裂解器、热丝（带）裂解器和激光裂解器。这些裂解器的功能都是使大分子或高分子化合物裂解为低分子可挥发的化合物，能用气相色谱仪进行分析。这四种裂解器的结构如图 20-15～图 20-18 所示。四川仪表九厂生产激光裂解器。

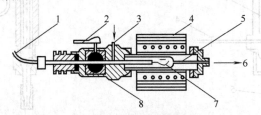

图 20-15 管式炉裂解器
1—热电偶；2—手柄；3—载气；4—管式炉；5—石英管；6—色谱柱；7—铂舟；8—球闸

2. 气化室

气化室的作用是将液体或固体样品瞬间气化为蒸气。要求气化室死空间小，热容量大，载气在进入气化室与样品接触前最好经过足够的预热。

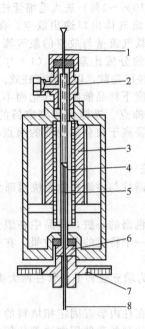

图 20-16　居里点裂解器

1—铁磁丝；2—石英管；3—高频线圈；
4—样品；5—锥形连接管；6—密
封圈；7—连接环；8—接色谱柱

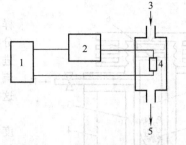

图 20-17　热丝（带）裂解器

1—电源；2—定时器；3—载气；4—铂
丝线圈（样品）；5—接色谱柱

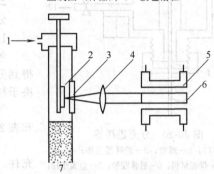

图 20-18　激光裂解器

1—载气入口；2—样品；3—窗片；4—透镜；
5—氙灯；6—红宝石；7—色谱柱

气化室用金属制作，如图 20-19（a）所示。

有些气化室内部衬有石英管，如图 20-19（b），使样品经石英管直接进入色谱柱，可防止样品与金属块接触引起吸附或催化作用。

当使用开口管柱（俗称毛细管柱）时，由于柱内壁涂渍或键合的固定相的量很少，柱容量低，为防止对样品超载，必须使用专门制作的分流进样器，其结构如图 20-20 所示。

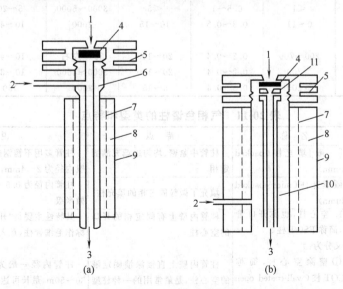

(a)　　　　　　　　　　(b)

图 20-19　气化室结构

1—进样口；2—载气入口；3—载气和样品气出口（至色谱柱）；4—硅橡胶垫；5—螺帽；6—气化室体；7—电热丝；8—保温材料；9—保温外壳；10—石英管；11—金属垫片

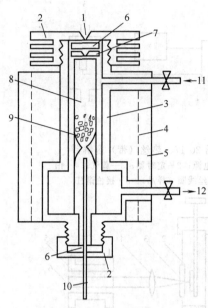

图 20-20　分流进样器

1—进样口；2—螺帽；3—进样器主体；4—电热丝；5—保温材料；6—硅橡胶垫；7—金属垫片；8—玻璃内衬管；9—玻璃微球；10—毛细管柱；11—载气入口；12—分流气体出口

当样品注入分流进样器以后，仅有极少部分的（微量）样品（占进样量的 10%～1%）进入毛细管柱，其余绝大部分样品随载气由分流气体出口逸出放空。在分流进样时，进入毛细管柱内的载气流量与放空的载气流量之比称为分流比。分析时使用的分流比范围为（1:10）～（1:100）。这样可避免毛细管柱的超载，以保持高柱效。

要求在气化温度下样品能瞬间气化而不分解。气化温度的选择与样品的沸点、进样量和鉴定器的灵敏度有关。气化温度并不一定要高于被分离物质的沸点，但应比柱温高 50～100℃。

三、分离系统

分离系统由色谱柱与柱温控制系统两部分组成。

1. 色谱柱

色谱柱是气相色谱的心脏，样品中各组分在色谱柱中得到分离，因此，一个特定的分离效果，在很大程度上取决于柱的选择。

气相色谱柱分为填充柱和毛细管柱两大类，见表 20-10 和表 20-11。

（1）填充柱　在柱内装着固定相填料的色谱柱称为填充柱。由于填充柱的制备和使用方法都比较容易掌握，而且有多种填料可供选择，能满足一般样品的分析要求，因此，填充柱是应用最普遍的一种色谱柱。填充柱的外形分为 U 形和螺旋形两种，材料常用不锈钢管和玻璃管制成。

表 20-10　色谱柱的分类及特征

分　类	比渗透率 /$\times 10^{-7}$ cm²	柱内径 /mm	柱　长 /m	理论塔板数 /（板/m）	平均线速 /（cm/min）	进样量 /mg
填充柱						
常规填充柱	1～3	2～6	1～10	1000	5～20	0.1～10
微填充柱	<1	0.5～1	<5	3000～5000	5～20	0.05～1
填充毛细管柱	0～11	0.3～0.5	10～15	2000	10～40	0.05～1
开管柱						
固体涂渍毛细管柱	200～700	0.2～0.4	20～100	2500 左右	10～40	1/100
涂壁毛细管柱	>200	0.2～0.4	20～100	3000～4500	10～30	<1/100
多孔层毛细管柱	>200	0.3～0.4	5～15	2000	150	0.01～0.2

表 20-11　气相色谱柱的类型和特点

类　型	名　称	特　点	说　明
填充柱（packed column）	[一般]填充柱（packed column）	柱管中紧密、均匀地填充满固定相	柱管多用不锈钢或玻璃管弯制而成，一般内径为 2～4mm，长 1～6m
填充于固定相的色谱柱	微填充柱（micro-packed column）	填充了微粒固定相的填充柱	柱管内径为 0.5～1mm，固定相粒径在微米级
毛细管柱（capillary column） 内径一般为 0.1～ 0.5mm 的色谱柱	1. 空心柱，也称开口管柱，简称 FSOT 柱。又分为：	柱管内壁上有固定相的开口的空心柱	其特性主要是"开口性"而非"细小性"，称作毛细管柱，是人们的习惯性叫法
	①壁涂空心柱，简称 WCOT 柱（wall-coated open tubular column）	柱管内壁上直接涂渍固定液的空心柱，是最常用的一种柱型	柱管内径一般为 0.25mm，柱长常为 30～50m，最长可达 100m
	②多孔层空心柱，简称 PLOT 柱	内壁上有多孔层固定相的空心柱	过去常用涂载体空心柱（support-coated open tubular column），简称 SCOT 柱

续表

类型	名称	特点	说明
毛细管柱（capillary column）内径一般为 0.1～0.5mm 的色谱柱	2. 小内径毛细管柱（microbore column）	内径小于 $100\mu m$ 的弹性石英毛细管柱	多用于进行快速分析
	3. 大内径毛细管柱（megao-bore column）	内径为 $320\sim530\mu m$，液膜厚度为 $5\sim8\mu m$ 的毛细管柱	柱子负载容量[①]大,有时可代替填充柱
	4. 集束毛细管柱（multi capillary column）	由多个小内径毛细管柱组成的毛细管束	具有负载容量大、分析速度快的特点,适用于工业分析

① 负载容量（loading capacity）指在柱效能下降不超过 10% 的情况下,色谱柱容许的最大进样量。

填充柱的缺点是渗透性较差,传质阻力较大,柱子不能过长,故其分离效果受到一定限制。

（2）**毛细管柱** 又称毛细管柱,是指柱径在 1mm 以下,固定相涂布在柱管内壁上而中间为空心的色谱柱。开口管柱能得到很高的分离度,样品用量少,多采用石英或玻璃拉制成毛细管,经内表面处理,以提高其惰性、热稳定性,再涂渍固定液或键合固定液而成毛细管柱。柱外表层涂上聚酰亚胺保护膜,石英毛细管柱具有一定强度和柔性。

色谱柱见本章第三节气相色谱固定相。

2. **柱温控制**

柱箱控温在色谱系统中要求最高,柱箱温度波动会引起保留时间的明显变化,实验表明如柱温变化 1℃,对 10min 的保留时间会改变 5%。一台好的气相色谱仪柱箱应该具有以下性能:①控温范围要宽,一般应在 $-100\sim500$℃;②控温精度要好,一般应<0.2℃;③柱箱容积要大,以便容纳更多的色谱柱;④热容要小、保温效果要好;⑤加热功率要大,以便满足快速升温的要求。

（1）**控温要求** 为了适应在不同温度下使用色谱柱的要求,通常把色谱柱放在一个恒温箱中（也叫柱炉或色谱炉）,以提供可以改变的、均匀的、恒定的温度。恒温箱使用温度为 $0\sim400$℃,要求箱内上下温度差在 3℃ 以内,控制点的控温精度在 $\pm(0.1\sim0.5)$℃。

为保证箱内温度均匀,一般采用空气浴恒温,由于空气的比热容甚小,为使箱内部上下温度均匀,可用鼓风机使空气对流。这种恒温箱的优点是升温快,易于变温和自动控制。也易于获得高温（$400\sim500$℃）。

（2）**连续式温控线路** 常采用铂丝电阻作为热敏元件,通过测温交流（或直流）电桥、电压放大、相敏检波等组成的温度控制单元,以可控硅作为执行元件,控制加热或降温,以实现恒温的要求。

（3）**程序升温** 它包括初温、程序升温、保持和终温等程序,这可通过微机进行控制。通常分线性程序升温,一阶线性程序升温和多阶线性程序升温。

（4）**柱温选择的原则**

① 高沸点混合物（$300\sim450$℃）,当采用薄液膜和高灵敏度检测器时,可选用 $180\sim260$℃柱温。

② 中等沸点混合物（$200\sim300$℃）,柱温比其平均沸点约低 120℃,可选用 $80\sim200$℃柱温。

③ 低沸点混合物（$100\sim200$℃）,柱温可选在比其平均沸点低 50℃ 左右,即 $50\sim100$℃柱温。

④ 对于气体样品,在气-液分配毛细管柱上则可在 50℃ 或室温下分析。如果采用气-固吸附毛细管柱,则柱温要相应提高,具体应根据气样中组分多少,兼顾分析速度和灵敏度等因素而定。

四、检测系统——检测器与记录仪

检测系统包括检测器与记录仪。

（1）**检测器** 它是构成气相色谱仪的关键部件之一。其作用是把被色谱柱分离的样品组分,根据其物理的或化学的特性,转变成电信号（电压或电流）。经放大后,由记录仪记录成色谱图。有关检测器的内容详见本章第五节。

（2）**记录仪** 常用的是电子电位差计,它是直接测量并记录直流电动势的二次仪表,在色谱分析中选用记录仪时应注意以下几点要求。

① **满标量程** 即电子电位差计的测量范围。热导池检定器因无放大器,宜用较灵敏的、满标

量程为 0～5mV 的电子电位差计；氢火焰或离子化检测器则宜选用满标量程 0～10mV 的电子电位计。

② 全行程时间　指记录笔行走满刻度所需要的时间。一般选用全行程时间为 1s 的电子电位差计。

③ 阻抗匹配　如 EWC-01 型记录仪规定输入阻抗小于 100Ω，否则影响测量精度，灵敏度降低。

④ 记录纸速　通过变速齿轮调节，填充柱走纸速度要求为 1～2cm/min，毛细管柱要求走纸速度快些。

五、数据处理系统

数据处理系统通常是使用数据处理仪和色谱工作站。

1. 积分仪

数字积分仪的基本原理是，色谱峰通常为电压对时间的变化曲线，而电压对时间积分即得峰面积：

$$A = \int_{t_1}^{t_2} U \mathrm{d}t$$

但这个积分必须数值化。数字积分法首先用电压-频率变换器（简称 U-f 变换器），将输入电压变换为输出脉冲频率，两者之间具有下述线性关系：

$$U = Kf$$

式中，U 为电压；f 为脉冲频率；K 为比例常数。

代入上式得：

$$A = K \int_{t_1}^{t_2} f \mathrm{d}t$$

此式指出，峰面积正比于峰的开始时间（t_1）至终止时间（t_2）内 U-f 变换器的输出脉冲个数。

实际上，数字积分法是把色谱流出曲线下的面积，切成许多面积一定的小区间，然后积分这些区间，以求峰面积。

U-f 变换器的作用，就是当某一区间内电压、时间值大于一定数值时，产生一个脉冲讯号，在 U-f 变换器中，最小计数单位为 μV·s，即在 1s 内有 1μV 电压就能产生 1 个脉冲信号。这样计数器只要计数 t_1～t_2 时间内的总脉冲个数，就能求出峰面积来。在数字积分仪里，到每一峰终止时，峰面积的计数就被打印机打印出来。典型的数字积分仪原理如图 20-21 所示。

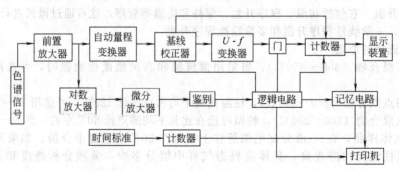

图 20-21　典型的数字积分仪原理

图 20-21 表明，输入信号首先在前置放大器中放大 10 倍。放大后的信号分为两路：一路进入基线校正器，零点校正后由 U-f 变换器将信号转变为正比于电压的脉冲计数；另一路信号经对数放大器输入微分放大器将其微分，然后利用微分波形，检测色谱峰的起点、终点和峰的最高点。在 U-f 变换器后有一个门，如果色谱峰起点信号输入就打开，终点信号输入就关闭。在门打开的时间内，由 U-f 变换器出来的脉冲就进入计数器被计数。当峰结束后门就关闭，此时计数器里的计数，就作为峰面积输入记忆电路被储存起来。另外，由一个非常稳定的振荡器产生时间标准，这个部件每 0.01min 或每 1s 发出一个脉冲。当进样开始时，立即按一下面板上的"启动"开关，则时间计数器

就开始计数脉冲，当峰的顶点被检测出来后，时间计数脉冲就输入到记忆线路里，作为峰的保留时间储存起来，到峰终点信号出现时，记忆线路里的峰面积和峰保留时间就在打印机上打印出来。

2. 数据处理仪

随着计算机和微电子技术的发展，色谱仪已和微处理机融为一体，使现代色谱仪发生了重大的变化，微机能对仪器的工作状态和操作参数进行实时检测，并能对温度、压力、流量、阀体的开关和柱切换时间、进样量、进样时间以及检测器的放大和信号衰减的时间程序、供电状况等进行高精度的控制，从而大大提高色谱分析的精度、速度和智能化程度。但更常用、更重要的功能是对色谱图及数据进行处理，常见的色谱数据处理仪具有下列功能。

① 将气相色谱（GC）检测器输出的模拟信号通过 A/D 快速转换为数字量，并存入软盘。

② 进行基线平滑和噪声滤波，以利正确识峰和消除基线漂移等对定量带来的影响。

③ 从谱图中识别出色谱峰。

④ 求取峰参数，包括保留时间、峰高、峰面积、半峰宽、峰的对称性、峰的偏斜度（峭度）和峰的分离度等。

⑤ 可在屏幕上展示所需大小的不同色谱图以利于比较。

⑥ 求各峰的保留指数，供鉴别组分。

⑦ 可选用不同定量方法，计算各组分含量。

⑧ 分析文件参数，常包括最小半峰宽、最小峰面积、峰上升下降的斜率、检测器的灵敏度、走纸速度等可以自行设定。

⑨ 打印报告，包括组分名称、保留时间、峰高、半峰宽、峰面积和相关的百分含量。

3. 色谱工作站

色谱工作站比数据处理仪的功能更多、更完善，下面列举北京分析仪器厂生产的 BF-9202 色谱工作站（通用型、3.0 版），它具有下列功能。

① 全汉字功能和状态提示、拼音或区位码汉字输入、下拉式菜单、多窗口、鼠标操作、兼容国际标准 Windows 式操作。

② 适用于国内外各厂家的气相色谱仪（毛细管、填充柱）、液相色谱仪、氨基酸分析仪以及凝胶色谱仪等。

③ 采集与数据处理分为前后台方式作业并行工作。即在采集的同时可进行数据处理打印等其他操作，可扩充的 24 路 D/O（开关量输出）用于读取仪器状态、控制外部事件和遥控信号输入等。

④ 可与色谱仪同步启动，并以批命令方式自动完成采样、积分处理、组分匹配、定量、绘制谱图、打印报告的全过程，用户只需按 F9 键即可。

⑤ 使用内标法、外标法或修正面积归一法进行校正定量，可用单点或多点线性校正。校正点数不受限制，内标组分个数不受限制，并可交叉引用，可在屏幕上观察校正曲线。

⑥ 多样化的谱图输出：屏幕上谱图可显示基线及切割情况，可灵活无级放大或缩小显示谱图；可对多个谱图进行重叠、对比显示，以观察其细微差别；可按用户指定的纸速和衰减以及保留时间范围，在打印机上绘制清晰谱图；可同时打印出组分的中文名称、面积、定量结果；屏幕窗口显示的内容（谱图、校正曲线、参数表）可直接拷贝到打印机上。

⑦ 使用直观易读的参数表来编辑分析参数（方法），并可以文件的形式存储特定的分析方法（数目不限），每种方法对应一种样品的分析。

⑧ 样品的采集时间和能够处理的峰个数不受限制，30Hz 的采样频率足以胜任毛细管色谱的窄峰处理，适用于复杂样品和超长时间的分析，如石油、白酒等分析。

⑨ 可将色谱条件记录于参数文件中打印出来。

⑩ 文字报告可以显示在屏幕上或输出到打印机上。

⑪ 高精度、双通道。每一通道均采用独立的电路板和 A/D 转换电路，彻底消除了通道间信号串扰。微机输入端与色谱仪采用光电隔离，提高了微机抗干扰能力，采样速度 30 次/s（可调），重复性优于 0.2%，线性度优于 0.1%，动态范围 10^6。

⑫ 永久保存全部原始数据（30 点/s），随时可对样品进行再分析而不必重新进样。用户可根据需要建立样品数据库，以便对样品数据进行管理或后处理。

⑬ 采用通用微机，保留微机全部的功能及其兼容性，并且加有汉字系统为进行分析方法研究开发、实验室管理、分析数据管理等提供方便。主机可选用 286、386、486 微机，硬盘 40～400M，喷墨或 24 针宽行打印机。

国内常见的色谱数据处理仪或色谱数据工作站见表 20-12。

表 20-12　国内常见的色谱数据处理仪或色谱数据工作站

生 产 厂 家	型 号	生 产 厂 家	型 号
上海市计算机开发研究所	CDMC-4 色谱数据处理机		CR4A、CR5A
	CDMC-5		CR6A、CR4AD
	CDMC-1EX	惠普公司（美国）	HP3390,3392,数据处理机（英文）
	CDMC-11A 色谱数据工作站		3362A、B 数据处理系统（英文）
北京分析仪器厂	BF-9202 色谱工作站（汉字）		3365 色谱工作站
大连江申分离科学技术公司	JS-3030 通用汉字色谱工作站（中文）	美国沃特斯公司（Waters）	730 数据处理机
北京科学仪器研制中心	KYKY-SPS1 色谱数据处理系统（汉字）	美国贝克曼公司	427 记录积分仪
奥特赛恩斯（天津）仪器有限公司	AS1 色谱数据工作站（英文）	Gilson	Gilson 数据分析系统
上海分析仪器厂	1900 色谱数据处理机（英文）	卡劳尔巴（意大利）	Moga 积分仪，色谱工作站
岛津公司（日本）	CR2A,CR3A 色谱数据处理机（英文）		

六、常见气相色谱仪的性能

国外几种典型气相色谱仪主要性能和特点见表 20-13，国产气相色谱仪主要功能和特点见表 20-14。

表 20-13　国外几种典型气相色谱仪主要性能和特点

制造商	型号	适应范围	色谱柱箱	气体气路控制	常规进样系统的种类	检测器	可选附件	主要特点
日本岛津公司	GC-2010型	主要用于毛细管柱分析，适合不同领域、不同分析对象、常量至微量及某些样品的痕量分析	1. 室温＋4～450℃ 2. －50～450℃（使用制冷剂） 3. 温度梯度±2℃ 4. 程升降温阶数 20	EPC 控制 1. 压力设定范围:0～970kPa 2. 压力升降程序阶数:7 3. 在温度程序中，色谱柱平均线速度可恒定	1. 分流/不分流进样 2. 全量程直接进样 3. 柱头/PTV 进样,最大升温速率 250℃/min,可编程 7 段, 450～500℃ 冷却时间约 8min	1. FID:最高使用温度约 450℃ 检测限:3pg/s（十二烷） 动态范围:10^7 2. TCD:约 400℃ S=20000mV・mL/mg（癸烷） 动态范围:10^5 3. ECD:最高使用温度约 350℃ 检测限:8fg/s（γ-666） 动态范围:10^4 4. FPD:最高使用温度约 350℃ 检测限 P:0.2pg/s（磷酸三丁酯） S:4pg/s（十二烷硫醇） 动态范围:P,10^4; S,10^3 5. NPD:最高使用温度约定 450℃ 检测限 N:0.3pg/s（偶氮苯） P:0.03pg/s（马拉硫磷） 动态范围:N、P,10^3	1. 自动进样系统 2. 顶空进样分析 3. 自动 SPME 4. 热裂解分析 5. 模拟蒸馏 GCPONA 等分析附件及软件 6. 色谱数据处理机和色谱工作站	1. 全新 FPD 设计，与 GC-17A 比较，灵敏度提高了 5 倍 2. 气路 EPC 控制 3. 工作界面中英文可选 4. 支持快速分析 5. 色谱分析流程和色谱图显示 6. 有较强的自诊断功能

续表

制造商	型号	适应范围	色谱柱箱	气体气路控制	常规进样系统的种类	检测器	可选附件	主要特点
日本岛津公司	GC-2014型	可配用填充柱和各种类型毛细管柱,具有高扩散性,易实现多功能、多元的组合,适合于当前各种分析对GC的需要	1. 室温+10～420℃,使用CO_2时为-50～420℃ 2. 容积:15.8L 3. 控温精度:设定值的±1% 4.温度梯度:<2℃ 5. 程升降温数:20 6. 冷却速度:300～50℃ <6min 柱容纳数:毛细管柱:2支 填充柱:4支	1. 备有用于填充柱和毛细管柱分析的EPC 2.主机备有安装手动流量控制的箱,为了降低投入成本也可以选择载气EPC和检测器辅助器的手动控制 3. 除安装常温切换阀外,柱箱双开门结构可以安装3个可保温阀 4. EPC双填充柱流量范围:0～100mL/min。程序阶段:7 保持程序升温的流量稳定 5. 毛细管柱分析采用EPC,可以实现柱前压力、流量、线速度、分流经的数字设定,压力流量程序控制、恒定线速度等功能	1. 备有:①双填充柱;②单填充柱;③分流/不分流;④直接等四种进样单元可供选用 2. 最多可装3个进样单元(配五种检测器) 3. 各种进样单元的基本性能和功能同GC-2010型	1. 常用的5种检测器:FID、TCD、ECD、FPD、NPD,同GC-2010型 2. 填充柱和毛细管柱用的NPD结构略有不同 3. 检测器最高使用温度上限除与GC-2010型略有差别外,其他主要性能基本相同	基本同GC-2010型	1. 色谱柱箱比较宽大,可同时安装填充柱、毛细管柱 2. 填充玻璃柱与GC-7、GC-9、GC-12、GC-14、GC-15、GC-16系列通用 3. 仪器设计适应各种不同需要,通过色谱柱、进样系统和检测器的组合,实现仪器功能可扩展性 4. 新型的FPD,通过更换喷嘴,可适合填充或毛细管分析的不同需要 5. 大屏幕显示器可以同时显示色谱流程和色谱图,图解式人机对话除工作效率高外,不易产生误操作 6. 定时自检功能可确认系统工作状态,预防意外停机。主要自检功能:①隔垫;②衬管;③温度传感器;④供气压力;⑤载气控制状态;⑥点火工作;⑦直流电源;⑧A/D转换器等
美国PE公司	Clarus 520型 GC	适用范围基本同前,可配套质谱仪或傅里叶红外光谱仪,提供更多的样品信息(分子结构、分子量和同分异构体等内容)	温度范围:50～450℃	可选配4、6、8、10通气体进样控制阀	1. 柱头进样器 2. 气体六通阀进样	1. TCD:工作温度100～350℃ 最小检测浓度<1pprr(壬烷)(1ppm=1×10⁻⁶) 信号滤波常数:50、200、800,≥0.32mm毛细管柱不加尾吹气 2. NPD:工作温度100～450℃ 检测限 N:5×10⁻¹³g/s P:5×10⁻¹⁴g/s 信号滤波常数:50、200、500 3. ASD(电化学、硫化学检测器) 最小检测浓度:10ppb S (1ppb=10⁻⁹) 选择性≥10⁶ S/g CO_2 对硫元素响应特性:等物质的量 4. FPD:工作温度250～450℃ 检测限: S:1×10⁻¹¹g/s P:1×10⁻¹²g/s 5. 信号滤波常数:50、200、800 毛细管柱不加尾吹气 6. PID:工作温度100～250℃ 最小检测浓度<10pg(苯) 信号滤波常数:50、200、800 7. FLCD(电导检测器) 工作温度100～450℃ 检测限:5×10⁻¹³g Cl/s 小于10pg苯 线性范围:10⁷ 紫外光源 信号滤波常数:50、200、800	1. Turbo Matrix 热脱附仪可用于大气和固体中小于C_{40}的痕量分析,具有二次热脱附功能 2. 所有附件实现中文全触摸彩屏控制	可选配多项任务、多窗口、多用户的色谱数据处理软件、色谱工作站,可同时控制八台GC和LC。选择标准化的网络软件,可实现图谱和数据资料的共享

续表

制造商	型号	适应范围	色谱柱箱	气体气路控制	常规进样系统的种类	检测器	可选附件	主要特点
美国PE公司	Clarus 600型GC	在Clarus 520型GC适用范围的基础上,创新的设计使柱箱具有更快升降温速率,缩短了分析周期提高工作效率	50～450℃,带冷却剂-90～450℃。最大升温速率140℃/min,450℃降到50℃小于2min,且具有软冷却设定功能。升温程序:9阶10个平台	2.可选常规气路或EPC(PPC)控制,进样口参数设定包括:压力、流量、线速度和分流比。可以带预排切割附件。可选配4、6、8、10通气体进样控制阀	同Clarus 520型GC	基本同Clarus 520型GC	1.智能化内置式自动进样器,可分别对两个进样器进样,待机不占进样器进样,方便换样。三种进样速度:0.5μL,5μL,50μL,三种规格进样针 2.Turbo Matrix顶空进样器(可配捕集阱自动进样) 3.Turbo Matrix热脱附仪可用于大气和固体中小于C$_{40}$的痕量分析,具有二次热脱附功能 4.预排切割附件(PreVent™) 5.所有附件都能实现中文全触摸彩屏控制	1.创新的双层柱箱设计,使柱箱内空气流动更加合理,提高了分析效率,与常规色谱相比,升降温速率更大 2.柱箱风扇设有速度补偿,实现升降温风扇速度不同 3.具有软冷却设定功能,消除快速降温对色谱柱流失影响,改善下一次进样色谱基线的毛刺现象 4.自动进样器的预洗功能,可在待机之前完成洗针和取样,缩短分析的循环时间 5.PPC可以补偿由于外界温度或压力变化引起的载气流量变化,确保分析结果的重现性 6.PreVent技术可实现三个功能:溶剂吹扫模式、时间节省模式和隔离模式 7.其余同Clarus 520型GC
美国安捷伦公司	6890N	多柱型、多种进样系统、多检测器,主要用于微量、痕量和超痕量毛细管柱分析		1.最多13路EPC控制 2.压力设置精度为68.94Pa 3.EPC气路控制,支持实现高效的快速色谱分析 4.通过EPC控制实现了保留时间锁定,在任何情况变化时保留时间重复性可达百分之几到千分之几	1.分流/不分流毛细管柱进样器 2.隔膜吹扫填充柱进样器 3.冷柱头进样器 4.具有溶剂排除的冷柱头进样器 5.程序升温气化进样器(PTV) 6.挥发性物质分析接口 7.可选配的进样系统有:①冷却进样系统;②程序升温预柱	1.质量型选择性检测器(MSD) 2.FID 3.TCD 4.微池ECD 5.单波长或多波长的FPD 6.NPD 7.由合作者提供的检测器主要有PF-PD、ELCD、AED、PID、DID、SCD、NCD	1.7683自动液体进样器 2.G1888顶空进样器 3.7694E顶空进样器 4.吹扫和捕集系统 5.气体和液体进样阀 6.二维色谱技术系统 7.由合作者提供的可选附件如下 ①室内空气进样器和预浓缩器 ②热脱附系统 ③热解器	1.6890N型属于网络型气相色谱仪 2.可通过保留时间锁定功能确保分析结果的一致性 3.通过选择配置可实现GC快速分析 4.网络功能实现实验室内或现场信息共享,另外可对多台分析仪器进行连接通信与控制,实现工作的灵活快速与时间的节省 5.6890N网络化GC具有高效数据处理能力 ①配备安捷伦化学工作站,可显示校正和记录多达四种信号的数据,对需建立和报告复杂物质分析的效率特别高 ②配备安捷伦的Ceritx化学分析质量保证/质量控制网络化系统,可针对特定的实验室环节提供切实所需的内容 6.多种配置的选择有效地加强了功能,提高了仪器的适应性,大大扩展了应用范围和分析工作的效率

续表

制造商	型号	适应范围	色谱柱箱	气体气路控制	常规进样系统的种类	检测器	可选附件	主要特点
美国瓦里安公司	CP-3800GC	可扩宽三通道气相色谱仪同时安装三个进样器和三个检测器,气路控制手动和EPC可选,适用范围同上	液态CO₂制冷,最高使用温度约450℃	气体气路控制手动或EPC任选,并支持多阀多柱多检测器系统的配置	填充柱和毛细管柱进样系统任选,主要进样系统如下。1. 1177分流/不分流进样器 2. 1041填充柱进样器 3. 1079(PTV)进样器 4. 结合自动进样器,可实现SPUE固相微萃取进样 5. 结合1079PTV,使用Chromatoprobe固体直接进样杆,可实现固体、液体、浆状物直接进样	可选配的检测器主要有FID、TCD、ECD、NPD(TSD)、PF-PD及MS通用和选择性检测器	1. 8400/8410自动进样器,无需启动机座即可实现对两个独立的进样器进行自动进样,并能实现液体、顶空和固相微萃取进样 2. Combi PAL自动进样器,在顶空进样时无需用六通阀、定量管和传送线 3. Velocitx XPT吹扫捕集自动进样器	1. 属于多类型柱,进样器、检测器、气路控制EPC和多种可选附件的智能化,稳定度较高 2. PFPD-脉冲式火焰光度检测器,灵敏度比常规FPD高近100倍,最小检测浓度可达几十个ppb(1ppb=1×10⁻⁹),且定量工作简单 3. 备有预选配置好的石化工业专题分析系统(多维分析),几十种解决方案供用户定制 4. 全中文化的Star色谱工作站,实现多达四台仪器控制和数据处理 5. 使用工业标准的Ethenet连接,可实现全球通信
美国PE公司	Clarus 520型GC	适用范围基本同前,可配套质谱仪或傅里叶红外光谱仪,提供更多的样品信息(分子结构、分子量和同分异构体等内容)	温度范围:50~450℃	1. 填充柱进样器,可选常规气路或EPC控制 2. 毛细管柱分流/不分流进样器;常规气路 3. PTV毛细管柱分流/不分流进样器可选常规气路或EPC控制,温度程序三阶,升温速率≤200℃/min	1. 填充柱进样器 2. 毛细管柱分流/不分流进样器 3. PTV毛细管柱分流/不分流进样器 4. 预排/切割大体积进样器 5. 高压脉冲进样器	1. FID:工作温度100~400℃ 检测限＜3×10⁻¹² g/s(壬烷)信号滤波常数:50、200、800,毛细管柱不加尾吹气 2. ECD:工作温度100~450℃ 保护温度:470℃。放射源:15mCi ⁶³Ni 检测限＜5×10⁻¹⁴ g/s(全氯乙烯)信号滤波常数:200、800	1. 智能化内置式自动进样器,可分别对两个进样器进样,待机不占进样器,进样方便,手动进样,三种进样速度,0.5μL、5μL、50μL,三种规格进样针 2. Turbo Matrix顶空进样器(可配捕集阱自动进样)	1. 全球第一台采用互动式彩色图形化触摸屏幕控制界面的气相色谱仪,取代传统的键盘操作界面 2. 可选附件:自动进样器、顶空进样器、热脱附仪等,除全新触摸彩屏控制方便操作外,其他智能化稳定度较高 3. 有较成熟的用于石化等工业分析的专用气相色谱仪的配置与方法

制造商	型号	适应范围	色谱柱箱	气体气路控制	常规进样系统的种类	检测器	可选附件	主要特点
美国热电公司	TRACE GC Ultra	适用于：研究开发中心、质量控制或质量分析实验室	色谱柱箱：室温+4～450℃，液氮-99℃，程升7节8段，升温速率0.1～120℃/min，控温精度：0.01℃。450～500℃降温用4min，50～450℃升温用7min	独立的电子压力和流量控制系统，最高压力1000kPa。控制精度：0.1kPa。自动检漏功能，自动柱评价功能，确保仪器之间或柱之间，方法移植时保留时间的重视	分流/不分流进样，最大进样量50μL。PTV最大进样量250μL，并可增加反吹和切割功能。冷柱头进样口，二次空气冷却技术专利，一次最大进样量250μL。通用或带隔垫清洗的填充柱进样口	FID　最高使用温度：450℃　最低检测限：2pg/s　动态范围：10⁷　TCD　最高使用温度：450℃　最低检测限：600pg C_2H_6/He　动态范围：>10⁶　ECD　最高使用温度：400℃　最低检测限：0.01pg/s 六氯苯　动态范围：10⁶　PID　最高使用温度：400℃　最低检测限：1pg苯　动态范围：>10⁵　NPD　最高使用温度：450℃　最低检测限：N 0.05pg/s，P 0.02pg/s　动态范围：>10⁴　无铷珠设计　FPD　最高使用温度：350℃　最低检测限：P，0.1pg/s，S，5pg/s，S_N，0.1pg/s　动态范围（P）：P，10⁴，S，10³　O-FID 用于烃类混合物中含氧化物的检测　PDD（脉冲放电检测器）：高纯气中杂质分析检测限可达ppb 线性动态范围：10⁵ 无放射性源	1. 超快速分析，比常规分析快20倍，使用超速加热色谱柱，升温速率可达1200℃/min。用于快速模拟蒸馏分析，可大大地缩短分析时间　2. 液体自动进样器：AS3000（105位）系列　3. Tri-Plus自动进样器，三维机械手，液体、顶空和液体+顶空一体自动进样，可同时一台GC，两个进样口或两台三进样口自动进样　4. 副柱箱，175℃，可安装阀和色谱柱等　5. 数据系统　6. 其他可选件：Merlin垫（无进样垫进样口）、挥发性组分测定包（Vip2000）、热脱附、吹扫捕集、H_2感应器、甲烷转化器等	1. 可同时配置或操作两个进样口和三个检测器　2. 可实现超快速分析　3. 八个独立加热系统　4. 电子压力和流量控制系统（DPFC）　5. 自动检漏功能　6. 自动色谱柱评价功能　7. 可派生多种特殊用途的专用色谱仪

表 20-14　国产气相色谱仪主要功能和特点

制造厂商	型号	仪器类型			最高柱温/℃	程序升温阶数	色谱柱类型		填充柱进样方法			毛细管柱进样方法			可选配的检测器	仪器的主要特点
		单检测器	多功能仪器	专用仪器			填充柱	毛细管柱	六通阀进样	柱头进样	衬管气化进样	大口径柱进样	分流/不分流进样	冷柱头进样		
北分天普	TP-2060T	✓			300		✓	✓	✓						TCD	可二次开发成各种专用气相色谱仪
	TP-2060F	✓			300	单阶	✓	✓	✓	✓		✓	✓		FID	
	TP-2080		✓		400	5	✓	✓	✓	✓		✓	✓		TCD FID	微机控制，键盘输入，大屏幕显示

续表

制造厂商	型号	仪器类型			最高柱温/℃	程序升温阶数	色谱柱类型		填充柱进样方法			毛细管柱进样方法			可选配的检测器	仪器的主要特点
		单检测器	多功能仪器	专用仪器			填充柱	毛细管柱	六通阀进样	柱头进样	衬管汽化进样	大口径柱进样	分流/不分流进样	冷柱头进样		
北分瑞利	SP-3400		√		420	4	√	√	√	√			√		TCD FID ECD TSD(NPD) FPD	微机控制,全键盘操作。气体样品能全自动分析,分析过程中,检测器的量程、衰减和自动调零可时间编程。可储存四种分析方法;SP3430型为专用电力油气全自动分析 GC;SP3440型为专用香型白酒分析 GC
	SP-3420A		√		400	4	√	√	√	√			√		TCD FID ECD TSD(NPD) FPD	
	SP-3430			√	350		√		√						TCD FID	
	SP-3440			√	400		√			√					FID	
	SP-2100		√		400	5	√	√	√	√			√		TCD FID ECD FPD	微机控制,大屏幕显示,键盘操作(仅六键输入)
	SP-1000	√			350	8	√	√	√	√			√		TCD FID	微机控制,键盘操作,可二次开发成各种专用 GC
	FHCO4-8731			车载	>100			√		√					双 FPD	微机控制,四路数字压力显示,符合军标要求
上海精料	GC-112A	√			400	5	√	√	√	√			√		TCD FID	微机控制,键盘操作
	GC-122	√			400	5	√	√	√	√		√	√	√	TCD FID ECD NPD FPD	双 FPD
上海精科	GC-112A			√	399		√			√					TCD FID	GC112A 配甲烷化装置,可二次开发电子油气专用分析
	GC-112A-G			√	399		√			√					TCD	GC112A 开发成汽油芳烃分析,即多维色谱带反吹
	GC-102M		√		300		√								TCD FID	
	GC-102AF(AT)	√			399		√	大口径	√	√		√	√		TCD FID	微机化,键盘输入
	GC-102NJ			√	300		√			√					FID	白酒分析专用仪
	GC-128		√		450	6	√	√					√		μ-TCD μ-FID ECD NPD FPD	嵌入式微机控制,专利气路程序控制
东西电子	GC-4001A 至 GC-40034A	√	√	√	400	8	√	√	√	√			√		TCD FID ECD FPD NPD	微机化多维色谱,自动程序分析,自动进样阀、反吹、预切、甲烷化、裂解炉、热解吸仪,可配制成多种成套仪器
	GC-4085			煤矿井			√	√		√					TCD FID	微机自动控制,1~32 个采样点巡回分析,柱预切,甲烷化,获煤矿安全标志

续表

制造厂商	型号	单检测器	多功能仪器	专用仪器	最高柱温/℃	程序升温阶数	填充柱	毛细管柱	六通阀进样	柱头进样	衬管汽化进样	大口径柱进样	分流/不分流进样	冷柱头进样	可选配的检测器	仪器的主要特点
重庆川仪二厂	SC-2000		✓		400	9	✓	✓	✓	✓	✓	✓	✓		TCD FID ECD NPD FPD	可二次开发成多种专用仪器,实现多维色谱分析,可配双 FID
	SC-3000	✓		✓	400	9	✓	✓	✓	✓	✓		✓		TCD FID	两检测器任意组合构成单检或双检专用仪器:如天然气全分析,白酒分析等
重庆川仪二厂	SC-5000	✓			400	9	✓	✓	✓	✓	✓		✓		TCD FID ECD FPD NPD	单片机控制,可二次开发成多种通用或专用 GC
浙江福立	GC-9790 系列		✓		399	5	✓	✓		✓	✓		✓	✓	TCD FID ECD FPD NPD	可二次开发组合成多种不同用途的专用仪器,如 GC97905D 为电力系统专用 GC
	GC-979Ⅱ	✓	✓		399	8	✓	✓		✓	✓		✓		TCD FID ECD NPD FPD	可实现 PC 机控制,大屏幕英文显示,直接数字输出信号。模块化设计,可配电子信号显示
	GC-9750	✓			350	8		✓				✓	✓		FID	大规模集成电路,电子控制,双重超温保护
上海天美	GC-789Ⅱ		✓		399	3	✓	✓	✓	✓	✓		✓		TCD FID ECD FPD NPD	键盘输入,进样背压阀控制,可任装两种检测器
	GC-7890	✓			399	3	✓	✓	✓	✓	✓	✓	✓		TCD FID ECD FPD NPD	任选一种检测器,填充柱进样器,可安装大口径毛细管柱
	GC-7900		✓		399	9	✓	✓	✓	✓	✓	✓	✓		TCD FID ECD FPD NPD	配有反控 GC 的工作站,大屏幕液晶显示:温度、压力、流量和检测信号,可同时装三种进样器和检测器
北京佳分	GC-9900		✓		350	2	✓	✓	✓	✓			✓	✓	TCD FID ECD NPD	数字化控制,中文键盘,可同时安装两套填充柱和一套分流/不分流进样器
	GC-990D			✓	350		✓			✓					TCD FID	专用白酒分析设计,中文键盘操作,也可以根据用户要求配置成其他专用 GC

续表

制造厂商	型号	仪器类型			最高柱温/℃	程序升温阶数	色谱柱类型		填充柱进样方法			毛细管柱进样方法			可选配的检测器	仪器的主要特点
		单检测器	多功能仪器	专用仪器			填充柱	毛细管柱	六通阀进样	柱头进样	衬管汽化进样	大口径柱进样	分流/不分流进样	冷柱头进样		
上海海欣	GC-920		✓		399	5	✓	✓	✓	✓	✓		✓	✓	TCD FID ECD FPD	微机控制，全键盘操作，填充柱和毛细管柱可同时安装，并能同时安装三个检测器
	GC-950	✓			399	5	✓	✓	✓	✓	✓				TCD FID	微机控制，键盘操作，可根据需要配制成不同用途的仪器
	GC-960	✓			399		✓	✓	✓	✓	✓				TCD FID ECD FPD	可配置成恒温单检测器不同应用领域的专用 GC
上海计算机所	GC-200A	✓			350		✓			✓	✓				TCD FID	恒温、填充柱 GC
	GC-200 Ⅱ		✓		400	5	✓		✓	✓	✓				TCD FID ECD	
上海科创	GC-88 系列	✓			350	3	✓		✓	✓	✓				TCD FID	可用于高纯气体(10^{-6}级)分析，配甲烷化炉可进行程升气体分析(配高灵敏度 TCD)
	GC-9800 系列	✓	✓	✓	400	3	✓		✓	✓	✓				TCD FID ECD FPD CCD	实用型，可根据需要组成不同用途的单双检测器或甲烷化装置的微量 CO、CO_2 分析，可恒温和程升操作。CCD 为催化检测器
	GC-900A		✓	✓	400	3	✓	✓	✓		✓		✓		μ-TCD FID ECD FPD	微机化，键盘操作，电子质量流量显示，微型毛细管系统
上海伍丰	GC-522		✓		400	5	✓	✓	✓	✓	✓	✓	✓	✓	TCD FID ECD	中文键盘输入，仪器可输出数字信号，PC 机反控，可同时安装三个检测器和三个进样器。毛细管分流有背压控制
山东鲁南瑞红	SP-6890		✓		400	5	✓	✓	✓	✓	✓	✓	✓	✓	TCD FID ECD NPD	液晶显示，键盘操作，六路控温，可同时安装四个检测器。仪器有三套检测系统
	SP-680A	✓		✓	399	3	✓	✓			✓	✓		✓	TCD FID	可根据需要，配备单双检测器和不同柱分流系统
	SP-200B		✓		399	5	✓	✓			✓	✓	✓	✓	TCD FID ECD FPD NPD	大屏幕 LCD 显示，对检测器信号可自动调零和信号显示，流量数字显示方便，且稳定分流比

续表

制造厂商	型号	仪器类型			最高柱温/℃	程序升温阶数	色谱柱类型		填充柱进样方法			毛细管柱进样方法			可选配的检测器	仪器的主要特点
		单检测器	多功能仪器	专用仪器			填充柱	毛细管柱	六通阀进样	柱头进样	衬管汽化进样	大口径柱进样	分流/不分流进样	冷柱头进样		
山东鲁南瑞红	SP-6801系列	✓		✓	399		✓			✓	✓				TCD FID	单片机控制,恒温单检测器
	SP-9890专用			✓	399		✓								TCD FID	用于变压器油溶解气分析,一次进样分离三检测器检测,大液晶显示控温参数和载气流量
山东滕海	GC-2000		✓		399	3	✓	✓	✓	✓			✓		TCD FID ECD FPD NPD	微机、键盘、双柱、双气路
	GC-2000A	✓			399	3	✓	✓	✓	✓			✓		TCD FID ECD FPD NPD	五种检测器,独立脱卸式结构。除TCD外均为单气路
	GC-2001		✓		399	✓	✓	✓	✓	✓			✓		TCD FID ECD FPD NPD	基本同于GC2000外,升降温快,LCD大屏显示,内容丰富直观,还有自诊和文件存储等功能
上海金凯德	GC-2050		✓		400	5	✓	✓	✓	✓		✓	✓		TCD FID	微机大屏幕全中文键盘操作,可显示质量流量和输出曲线。有中文记事本功能(十项内容)
北京普瑞	GC-7800		✓		399					✓	✓		✓		TCD FID ECD FPD NPD	有压力流量实时测量显示,检测器信号可以自动调零和显示
	GC-7900		✓		399	5	✓	✓		✓	✓		✓		TCD FID ECD FPD NPD	具有大液晶显示外,其他同上
	GC-6890	✓			399		✓	✓		✓	✓				TCD、FID	单检测器、单填充柱或毛细管柱分析
北京京鲁伟业	GC-7800		✓		399	5	✓	✓		✓	✓		✓		TCD FID ECD FPD NPD	微机控制,柱流量和柱前压数字显示;检测信号自动调零和显示;可同时安装三个检测器
杭州科晓	GC-1690系列	✓	✓		399	5	✓	✓		✓	✓	✓	✓	✓	TCD FID	可根据用户需要,可配备成高达十种不同规格的GC

第三节　气相色谱固定相

在气相色谱分析中,分离过程是在色谱柱内完成的,因此,色谱柱就像色谱仪的心脏。在影响柱分离效果的诸因素中,用来填充色谱柱的固定相的选择又是关键的问题,必须使各组分在选定的固定相上，有不同的吸附分配，否则便无法分离。

一、固体固定相

气固色谱柱填充的是活性固体吸附剂，通常称为固体固定相。它分析的主要对象是永久性气体和低分子量烃类等气态混合物。新的和改良的吸附剂已用于分析高沸点和极性样品。

表 20-15 为气相色谱常用固体固定相的性能。参见第十九章第一节一、2。

表 20-15 气相色谱常用固体固定相的性能

吸附剂	主要化学成分	结晶形式	比表面/(m^2/g)	极性	最高使用温度/℃	活化方法	分离特征	备 注
活性炭[①]（炭黑）	C	无定形炭（微晶炭）	300～500	无	<300	先用苯（或甲苯、二甲苯）浸泡，在 350℃用水蒸气洗至无浑浊，最后在 180℃烘干备用	分离永久性气体及低沸点烃类，不适于分离极性化合物	加入少量减尾剂或极性固定液（<2%），可提高柱效，减少拖尾，获得较对称峰形
石墨化炭黑	C	石墨状细晶	≤100	无	>500	先用苯（或甲苯、二甲苯）浸泡，在 350℃用水蒸气洗至无浑浊，最后在 180℃烘干备用	分离气体及烃类，对高沸点有机化合物也能获得较对称峰形	
硅胶	$SiO_2 \cdot nH_2O$	凝胶	500～700	有	随活化温度而定，可>500	用（1+1）盐酸浸泡 2h，再用水洗至无氯离子，最后在 180℃烘干备用。也可在 200～900℃下烘烤活化，冷至室温备用	分离永久性气体及低级烃	随活化温度不同，其极性差异大，色谱行为也不同；在 200～300℃活化，可脱去水 95% 以上
氧化铝	Al_2O_3	主要为 α 及 γ-Al_2O_3	100～300	弱	随活化温度而定，可>500	在 200～1000℃下烘烤活化，冷至室温备用	主要用于分离烃类及有机异构物，在低温下可分离氢的同位素	随活化温度不同，含水量也不同，从而影响保留值和柱效率
分子筛[②]	$x(MO) \cdot y(Al_2O_3) \cdot z(SiO_2) \cdot nH_2O$	均匀的多孔结晶	500～1000	有	400	在 350～550℃下烘烤活化 3～4h（注意：超过 600℃ 会破坏分子筛结构而失效）	特别适用于永久性气体和惰性气体的分离	化学组成：M 代表一种金属元素，随晶型不同而分为 A、X、Y、B、L、F 等几种型号。天然泡沸石也属此类

① 活性炭——上海、太原、抚顺等地均有生产；多孔硅胶、细孔硅胶——青岛海洋化工厂、天津试剂二厂生产。
② 分子筛 3A、4A、5A、10X、13X、NaY、CaY 型——上海试剂厂、大连红光化工厂生产。

二、液体固定相——固定液

在气液色谱中，固定相是液体，它是一种高沸点有机物液膜，很薄地、均匀地涂在惰性固体支持物（即载体）上。

1. 对固定液的要求

① 固定液涂在载体上，要求在操作温度下呈液体状态。通常用最高使用温度来表明允许使用最高操作温度。

② 在操作柱温下固定液的黏度要低，以保证固定液能均匀地分布在载体上。一般降低柱温会增加固定液的黏度而降低柱效，故对某些固定液有低限温度，如真空润滑脂 L 的低限温度为 75℃，聚苯醚（六环）为 75℃，二甲基硅橡胶或硅弹性体为 100～125℃。

③ 在柱温下要有足够的化学稳定性与热稳定性。

④ 固定液与组分不发生不可逆反应，且有适当的溶解能力，否则组分起不到分配作用。

⑤ 对样品中各组分应有足够的分离能力和高的柱效，特别是对于难分离物质既有较大的选择性，又可在一定的时间内分离出尽可能多的单独色谱峰。

2. 选择固定液的原则

（1）相似性 所选固定液的性质应与被分离组分有某些相似性，如官能团、化学键、极性等。性质相似时，组分和固定液分子间的作用力大、溶解度大、分配系数也大、在柱内保留时间长；反之，溶解度小、分配系数小，这样的组分可先流出。对非极性物质的分离一般选用非极性固定液。在非极性柱上，组分和固定液间的作用力为色散力，没有特殊选择性，色散力大小基本相同，所以组分按沸点顺序流出。对于同系物按碳数顺序流出，低沸点或低分子组分先流出。如果样品兼有极性和非极性组分，则同沸点的极性组分先流出。

对于中等极性物质选用中等极性固定液。组分和固定液的作用力为色散和诱导力，没有特殊选择性。组分基本上按沸点顺序流出。若样品兼有极性和非极性组分，则极性组分后流出。

对于强极性物质选用强极性固定液。分子间主要是定向力，按极性顺序流出。若兼有极性和非极性组分，则极性的后流出。如在聚乙二醇柱子上，汽油中的烷烃甚至在芳烃苯之前流出。

必须注意，相似性原则并不是在所有场合都适用，例如分析 $C_1 \sim C_5$ 醇的混合物时，发现用癸二酸二（2-乙基己基）酯固定液比用聚乙二醇 400 固定液好，这就不能只从极性和官能团考虑，还应考虑影响柱效的其他因素。

（2）样品组分与固定液有特殊的作用力 如能形成氢键的物质选用能形成氢键的固定液，流出顺序由形成氢键的难易程度决定。如胺类能与三乙醇胺形成氢键，故多用三乙醇胺分析低分子量的伯、仲、叔胺。一甲胺、二甲胺、三甲胺的沸点依次为 −6.5℃、7.4℃、3.5℃，但流出顺序先是不易形成氢键的三甲胺，最后流出的是最易形成氢键的一甲胺。

（3）混合固定液 对于一种复杂的混合物，只用一种固定液往往很难分离更多的组分，把不同性质的固定液按一定比例混合使用，有助于达到这样的分离目的。

常用的混合方法有三种。

① 混合涂渍 把混合的固定液涂布于载体上，装柱使用。

② 填料混合 把涂有不同固定液的填料按一定比例混合后装柱使用。

③ 串联或并联 把不同固定相的柱子，按适当长度串联或并联使用。

通常选用固定液的选择原则见表 20-16。

表 20-16 通常选用固定液的选择原则

被 测 物	固 定 液	先流出色谱柱	后流出色谱柱
非极性	非极性	沸点低	沸点高
极性	极性	极性小	极性大
极性＋非极性	极性	非极性	极性
氢键	极性或氢键	不易形成氢键	易形成氢键

三、常用固定液的分类

用于色谱的固定液已有上千种之多，为了选择和使用固定液，故需对固定液进行分类。

1. 按极性分类

此法以 β,β'-氧二丙腈的相对极性为 100，角鲨烷的相对极性为 0，其他固定液的相对极性可由实验得到，以 20 为一级用"+1"表示，把相对极性 $0 \sim 100$ 分为五级。非极性（即相对极性为 0）以"−1"表示。此分类的示例见表 20-17。气相色谱常用固定液见表 20-18 和表 20-19。

表 20-17 固定液的相对极性和级别

固定液名称	相对极性	级别	固定液名称	相对极性	级别
β,β'-氧二丙腈	100	+5	1,2-丁二醇亚硫酸酯	54	+3
N-(甲基乙酰基)-β-氨基丙腈	87	+5	N-β-羟基丙基吗啉	50	+3
丙二醇碳酸酯	83	+5	二丁基甲酰胺	43	+3
二甲基甲酰胺	80	+4	羟乙基月桂醇	36	+2
聚乙二醇 600	78	+4	邻苯二甲酸二壬酯	25	+2
苯乙腈	64	+4	SE-30	13	+1
二乙基甲酰胺	62	+4	阿皮松	7	+1
环氧丙基吗啉	57	+3	角鲨烷	0	−1

表 20-18　气相色谱常用固定液

名　称	相对极性	最高使用温度/℃	溶　剂	参考用途	编号或类似的商品型号
鲨鱼烷（异三十烷）		140	无水乙醚	分析饱和烃非极性基准固定液	SO
真空润滑脂 L		300	苯、氯仿、二氯甲烷、石油醚	分析高沸点非极性物质	Apiegonl L
甲基硅橡胶	+1	300	氯仿	分析高沸点弱极性物质	SE-30 JXR Silicone
甲基乙烯基硅橡胶	+1	300	苯	分析高沸点弱极性物质	SE-33 W-98
甲基聚硅氧烷油（常温为固体）	+2	250～350	甲苯	分析高沸点弱极性物质	Silicone DC（200～500）
二甲基聚硅氧烷油（常温为液体）	+2	250～350	甲苯	分析高沸点弱极性物质	OV-1 OV-101
苯基甲基聚硅氧烷油	+2	360	氯仿、苯、丙酮	分析高沸点弱极性物质	DC-(550～710) OV-(3～61)
癸二酸二异辛酯	+2	125	丙酮、无水乙醚	分析弱极性物质	Octoil S PlexoL201
六环聚苯醚	+3	200～250	甲苯 氯仿	分析烃类及芳类	OS-124 OS-138 Polysev
丁二酸乙二醇聚酯	+4	200	氯仿	分析脂肪酸酯类	LAC₃R-728 LAC₄R-777
聚乙二醇（相对分子质量1500～20000）	+4	120～200	氯仿、甲醇	分析极性样品醇、醛、酮等	PEG（相对分子质量1500～20000）Carbowax
β,β'-氧二丙腈	+5	100	甲醇、丙酮	极性基准固定液	ODPN

表 20-19　国产气相色谱固定液

序号	类号[①]	中 文 名 称	英 文 名 称
1	1	正癸烷	*n*-decane
2	1	正十六烷	*n*-hexadecane
3	1	正十八烷	*n*-octadecane
4	1	正二十烷	*n*-eicosane
5	1	正三十六烷	*n*-hexatriacontane
6	1	角鲨烷	squalane
7	1	角鲨烯	squalene
8	1	高温油脂 L	
9	1	高温油脂 N	
10	1	高温油脂 M	
11	1	凡士林	vaseline
12	1	真空油脂	vacuum grease
13	1	羊毛脂	lanalin
14	1	三苯甲烷	triphenyl methane
15	1	二苯甲烷	diphenyl methane
16	1	苄基联苯	
17	1	4,4'-双异丙基联苯	4,4'-di-*iso*-propyl diphenyl
18	2	甲基硅油 I	methyl silicone oil
19	2	甲基硅油 350	
20	2	甲基硅油 1000	

续表

序号	类号①	中 文 名 称	英 文 名 称
21	2	甲基硅油 15M	
22	2	甲基硅橡胶	methyl silicone gum
23	2	甲基硅橡胶	
24	2	甲基硅橡胶	
25	2	乙烯基硅橡胶 01	vinyl methyl silicone gum-01
26	2	苯基硅油 03	phenyl methyl silicone oil-03
27	2	苯基硅油 05	phenyl methyl silicone oil-05
28	2	苯基硅油 10	phenyl methyl silicone oil-10
29	2	苯基硅油 17	phenyl methyl silicone oil-17
30	2	苯基硅油 20	phenyl methyl silicone oil-20
31	2	苯基硅油 23	phenyl methyl silicone oil-23
32	2	苯基硅油 25	phenyl methyl silicone oil-25
33	2	苯基硅油 35	phenyl methyl silicone oil-35
34	2	苯基硅油 45	phenyl methyl silicone oil-45
35	2	苯基硅油 50	phenyl methyl silicone oil-50
36		苯基甲基三硅氧烷 50	phenyl methyltrisiloxane 50
37		苯基甲基三硅氧烷 62.5	phenyl methyltrisiloxane 62.5
38	2	二苯基硅橡胶 05	diphenylmethyl silicone gum 5
39	2	氰乙基硅油 12	cyanoethy methylsilicone oil-12
40	5	正十六醇	n-cetyl alcohol
41	5	甘油	glycerol
42	5	双甘油	digycerol
43	5	乙二醇	ethylone glycol
44	5	二乙二醇	diethylene glycol
45	5	三乙二醇	triethylene glycol
46	5	四乙二醇	tetraethylene glycol
47	5	D-山梨醇	d-sorbitol
48	5	2-苄氧基乙醇	2-benzyloxy ethanol
49	5	1,2-丙二醇	propylene glycol
50	5	季戊四醇	pentaerythritol
51	5	二苯甲酮	benzophonone
52	5	苯甲醇	benzylalcohol
53	5	1,4-丁二醇	butandiol
54	5	二乙二醇二乙醚	diethylene glycol diethylether
55	5	环己酮	cyclohexanone
56	5	二苄醚	dibenzyl ether
57	3	聚乙二醇 200	polyethylene glycol 200
58	3	聚乙二醇 300	polyethylene glycol 300
59	3	聚乙二醇 400	polyethylene glycol 400
60	3	聚乙二醇 600	polyethylene glycol 600
61	3	聚乙二醇 1000	polyethylene glycol 1000
62	3	聚乙二醇 1500	polyethylene glycol 1500
63	3	聚乙二醇 2000	polyethylene glycol 2000
64	3	聚乙二醇 4000	polyethylene glycol 4000
65	3	聚乙二醇 6000	polyethylene glycol 6000
66	3	聚乙二醇 12000	polyethylene glycol 12000
67	3	聚乙二醇 20M	
68	3	聚苯醚	polyphenyl ether
69	4-1	邻苯二甲酸二乙酯	diethylphthalate
70	4-1	邻苯二甲酸二丁酯	di-n-butyl phthalate

序号	类号①	中　文　名　称	英　文　名　称
71	4-1	邻苯二甲酸二异丁酯	di-*iso*-butyl phthalate
72	4-1	邻苯二甲酸二戊酯	di-*n*-amyl phthalate
73	4-1	邻苯二甲酸二辛酯	di-*n*-octyl phthalate
74	4-1	邻苯二甲酸二异辛酯	di-*iso*-octyl phthalate
75	4-1	邻苯二甲酸二壬酯	di-*n*-nonyl phthalate
76	4-1	邻苯二甲酸二癸酯	di-*n*-decyl phthalate
77	4-1	邻苯二甲酸二异癸酯	di-*iso*-decyl phthalate
78	4-1	邻苯二甲酸四氢糠醇酯	di-(tetrahydrofurfuryl) phthalate
79	4-1	癸二酸二丁酯	dibutyl sebacate
80	4-1	癸二酸二辛酯	di-*n*-octyl sebacate
81	4-1	癸二酸二异辛酯	di-*iso*-octyl sebacate
82	4-1	癸二酸二壬酯	di-*n*-nonyl sebacate
83	4-1	四氯邻苯二甲酸二异辛酯	di-*iso*-octyl tetrachlorophthalate
84	4-3	磷酸三丁酯	tri-*n*-butyl phosphate
85	4-3	磷酸二丁酯	di-*n*-butyl phosphate
86	4-3	磷酸三甲苯酯	tri-*o*-tolylphosphate
87	4-3	磷酸三-α-萘酯	tri-α-naphthyl phosphate
88	4-3	磷酸三-β-萘酯	tri-β-naphthyl phosphate
89	4-3	磷酸三苯酯	triphenyl phosphate
90	4-2	丁二酸乙二醇聚酯	ethylene glycol succinate polyester
91	4-2	丁二酸丁二醇聚酯	butylene glycol succinate polyester
92	4-2	丁二酸新戊二醇聚酯	neopentyl glycol succinate polyester
93	4-2	己二酸乙二醇聚酯	ethylene glycol adipate polyester
94	4-2	己二酸新戊二醇聚酯	neopentyl glycol adipate polyester
95	4-2	己二酸丙二醇(1,2)聚酯	1,2-propylene glycol adipate polyester
96	4-2	戊二酸乙二醇聚酯	ethylene glycol glutarate polyester
97	4-2	癸二酸丙二醇(1,2)聚酯	1,2-propylene glycol sebacate polyester
98	4-2	癸二酸新戊二醇聚酯	neopentyl glycol sebacate polyester
99	4-2	四氯邻苯二甲酸乙二醇聚酯	ethylene glycol tetrachloro-phthalate polyester
100	4-4	单硬脂酸乙二醇 400 聚酯	polyethylene glycol 400 monosiearate
101	4-4	单脂桂酸乙二醇 400 聚酯	polyethylene glycol 400 monolaurate
102	4-2	癸二酸乙二醇聚酯	polyethylene glycol sebacate
103	4-2	环氧树脂 812	epoxy resin-812
104	4-2	环氧树脂 728	epoxy resin-728
105	4-2	邻苯二甲酸乙二醇聚酯	ethylene glycol-*o*-phthalate polyester
106	4-2	间苯二甲酸乙二醇聚酯	ethylene glycol-*m*-phthalate polyester
107	4-1	丁二酸二乙酯	diethyl succinate
108	4-1	丁二酸二异丙酯	diisopropyl succinate
109	4-1	丁二酸二丁酯	di-*n*-butyl succinate
110	4-1	丁二酸二异丁酯	di-*iso*-butyl succinate
111	4-1	丁二酸二辛酯	di-*n*-octyl succinate
112	4-1	丁二酸二异辛酯	di-*iso*-octyl succinate
113	4-4	β-丁酮酸乙酯	ethyl acetoacetate
114	4-4	γ-丁内酯	γ-butyrolactone
115	4-4	单丁酸甘油酯	glycerol mono-butyrate
116	4-1	己二酸二辛酯	di-*n*-octyladipate
117	4-4	己酸丙烯酯	propylene carbonate
118	4-4	柠檬酸三丁酯	tributyl citrate
119	4-4	柠檬酸三异丁酯	tri-*iso*-butyl citrate
120	4-4	己二酸二甲氧乙基酯	di(2-methoxyethyl)adipate
121	4-4	十一酸甲酯	methyl undecanate
122	4-4	月桂酸甲酯	methyl laurate
123	4-4	双月桂酸二乙二醇酯	diethylene glycol dilaurate
124	4-4	棕榈酸甲酯	methyl palmitate
125	4-4	棕榈酸季戊四醇酯	pentaerythritol palmitate

序号	类号①	中 文 名 称	英 文 名 称
126	4-4	油酸乙酯	ethyl oleate
127	4-4	单硬脂酸甘油酯	glycerol monostearate
128	4-4	乙酰乙酸乙酯	ethyl acetoacetate
129	4-4	棕榈酸新戊二醇酯	neopentyl glycol palmitate
130	6-1	苯乙腈	benzyl cyanide
131	6-1	戊二腈	glutarenitrile
132	6-1	β,β'-氧二丙腈	β,β'-oxydipropionitrile
133	6-1	β,β'-硫二丙腈	β,β'-thiodipropionitrile
134	6-1	β,β'-亚氨基二丙腈	β,β'-iminodipropionitrile
135	6-1	双(2-氰乙氧基)乙烷	1,2-bis(2-cyanoethoxy)ethane
136	6-1	三(2-氰乙氧基)丙烷	1,2,3-tris(2-cyanoethoxy)propane
137	6-1	四(2-氰乙氧基甲基)甲烷	tetra(2-cyanoethyl methyl)methane
138	6-1	四(2-氰乙氧基)丁烷	1,2,3,4-tetra(2-cyanoethoxy)butane
139	6-1	六(2-氰乙氧基)己烷	1,2,3,4,5,6-hexakis(2-cyanoe thoxy)hexane
140	6-1	双(2-氰乙氧基)丙烷	1,2-bis(2-cyanoethoxy)propane
141	6-2	硝基苯	nitrobenzene
142	6-2	α-硝基萘	α-nitronaphthalene
143	6-2	2,4-二硝基氯代苯	2,4-dinitro-chloro-benzene
144	6-3	乙醇胺	ethanol amine
145	6-3	二乙醇胺	diethanol amine
146	6-3	三乙醇胺	triethanol amine
147	6-3	二甲基甲酰胺	dimethyl formamide
148	6-3	二苯基甲酰胺	n-diphenylformamide
149	6-3	双(2-氰乙基)甲酰胺	n-bis(2-cyanoethyl)formamide
150	6-3	六甲基磷酰三胺	hexamethyl phosphoric triamide
151	6-3	聚酰胺 I	polyamide I
152	6-3	聚酰胺 II	polyamide II
153	6-3	四羟乙基乙二胺	tetrakis(2-hydroxyethyl)ethylene diamine
154	6-3	α-萘胺	α-naphthyl amine
155	6-4	异喹啉	iso-quinoline
156	6-4	7,8-苯并喹啉	7,8-benzoquinoline
157	6-4	甲酰吗啉	4-formyl morpholine
158	7	二甲基环丁砜	sulfolane
159	7	二甲基亚砜	dimethyl sulfoxide
160	7	二甲基砜	dimethyl sulfone
161	7	4,4-二氨基二苯砜	4,4-diaminodiphenyl sulfone
162	8	α-氯代萘	α-chloronaphthalene
163	8	氯代十八烷	octadecyl chloride
164	8	4-氯联苯	4 chlorodipheny
165	8	氟橡胶 I	fluoro gum I
166	8	氟橡胶 II	fluoro gum II
167	8	氟橡胶 III	fluoro gum III
168	8	聚全氟醚油	polyperfluoroether oil
169	8	聚三氟氯乙烯油 10 号	polytrifluorochloroethylene oil
170	8	聚三氟氯乙烯蜡	polytrifluorochloroethylene wax
171	8	β,β'-二氯乙醚	β,β'-dichloro ether
172	5	癸二酸	sebacic acid
173	9	氯化锂	lithium chloride
174	9	氯化铯	caesium chloride
175	4-4	斯盘 80	span 80
176	4-4	吐温 80	tween 80
177	10	有机皂土 34	bentone 34

① 固定液按化学组成分为 10 大类，其中第 4、6 类又分若干小类如 4-1。

2. 按特征常数（麦克雷诺兹常数）分类

麦克雷诺兹（McReynolds）挑选了 10 种具有代表性的物质为基准物，在 226 种固定相上测定其特征常数后，制得麦克雷诺兹常数表，见表 20-20。它对固定液的选择提供了很有用的数据。表 20-20 中 ΔI 为物质（M）在该固定液和非极性固定液上保留指数的差值；把五种 ΔI 值之和称为总极性，其平均值叫平均极性。保留指数见本章第五节。

表 20-20 226 种固定相的麦克雷诺兹常数（ΔI）

编号	固定相名称	英文名称	中文名称	苯	丁醇	2-戊酮	硝基丙烷	吡啶	平均极性	相似组数	最高温度/℃	溶剂①
1	squalane	squalane	角鲨烷	0	0	0	0	0		1		
2	squalane	squalane	角鲨烷	1	1	1	2	2	1	1	140	B
3	hexatriacontane	hexatiacontane	三十六烷	12	2	—3	1	11	5	1	100	B
4	nujal	nujal	医用润滑油	9	5	2	6	11	7	1	100	T
5	mineraloil	high M. W. alkanes and cycloalkanes	矿物油	10	5	3	7	13	8	1	100	T
6	liquid paraffin	liquid paraffin	液体石蜡	11	6	2	7	13	8	1	100	T
7	Convoil 20	Convoil 20	康威-20	14	14	8	17	21	15	1	150	B,C
8	Apiezon M	saturated hydro carbon	阿皮松 M	31	22	15	30	40	28	1	270～300	B,C
9	Apiezon L	saturated hydro carbon	阿皮松 L	32	22	15	32	42	29	1	240～300	B,C
10	Apiezon L treated	saturated hydro carbon	阿皮松 L（处理过的）	32	24	16	31	43	29	1	300	B,C
11	polybutene 32	polybutene 32	聚丁烯-32	21	29	24	42	40	31	1		
12	montan wax	montan wax	褐煤蜡	19	58	14	21	47	32	1		
13	polybutene 128	polybutene 128	聚丁烯-128	25	26	25	41	42	32	1		
14	Apiezon L	saturated hydro carbon Applied Science Laboratories	阿皮松 L	35	28	19	37	47	35	1	300	B,C
15	DC 330	silicone DC330	甲基硅油 DC 330	13	51	42	61	36	41	2	250	C
16	SF 96	methyl siloxane	甲基硅油 SF 96	12	53	42	61	37	41	2	250	C
17	Apiezon J	saturated hydro carbon	阿皮松 J	38	36	27	49	57	41	1	300	B,C
18	Apiezon N	saturated hydro carbon	阿皮松 N	38	40	28	52	58	43	1	300	B,C
19	SE 30	methyl siloxane polymer	甲基硅橡胶 SE-30	15	53	44	64	41	43	2	300	C
20	E-301	methyl silicone	甲基硅橡胶 E-301	15	56	44	66	40	44	2	350	C
21	OV-1	methyl silicone	甲基硅橡胶 OV-1	16	55	44	65	42	44	2	350	C
22	UCL-46	silicone L 46	甲基硅油 DCL-46	16	56	44	65	41	44	2	300	C
23	SE-31	methyl vinyl siloxane	乙烯基甲基硅橡胶 SE-31	16	54	45	65	43	45	2	300	C
24	W982	methyl vinyl siloxane	乙烯基甲基硅橡胶 W982	16	55	45	66	44	45	2	300	C
25	SE33	methyl vinyl siloxane	乙烯基甲基硅橡胶 SE-33	17	54	45	67	42	45	2	300	C
26	M and B silicone oil	silicone oil (May & Baker CO.)	硅油（M、B）	14	57	46	67	43	45	2	200	
27	DC 200	dimethyl polysiloxane	甲基硅油 DC 200	16	57	45	66	43	45	2	250	C
28	OV-101	dimethyl silicone	甲基硅油 OV-101	17	57	45	67	43	46	2	350	A
29	DC 410	methyl silicone	甲基硅橡胶 DC 410	18	57	47	68	44	47	2	300	A
30	DC silastic 401	silicone DC 401	甲基硅橡胶 DC 401	17	58	47	66	44	47	2	300	A
31	versilube F-50	chloro phenyl methyl poly siloxane	三氯苯基甲基聚硅氧烷 F-50	19	57	48	69	47	48	2	300	C

编号	固定相名称	英文名称	中文名称	苯	丁醇	2-戊酮	硝基丙烷	吡啶	平均极性	相似组数	最高温度/℃	溶剂①
32	DC-11	silicone grease	甲基硅酯 DC-11	17	86	48	69	56	55	2	300	C
33	DC-510	silicone DC-510	苯基甲基聚硅氧烷 DC-510	25	65	60	89	57	59	2	300	C
34	SE-52	diphenyl siloxane dimethyl siloxane copolymer	二苯基硅氧烷-二甲基硅氧烷共聚物 SE-52	32	72	65	98	67	67	2	300	C
35	SE-54	methyl phenyl vinyl siloxane	苯基乙烯基甲基硅橡胶 SE-54	33	72	66	99	67	67	2	300	C
36	DC-560	methyl o-chloro phenyl siloxane polymer	氯苯基甲基硅氧烷 DC-560	32	72	70	100	68	68	2	200	A
37	DC-556	silicone DC-556	苯基甲基硅油 DC-556	37	77	80	118	79	78	2	200	C
38	butyl stearate	butyl stearate	硬脂酸丁酯	41	109	65	112	71	80	4	150	C
39	OV-3	methyl phenyl silicone	苯基甲基聚硅氧烷 OV-3	44	86	81	124	88	85	2	350	C
40	beeswax	beeswax	蜂蜡	43	110	61	88	122	85	4		C
41	fluorolube HG-1200	chlorofluorocarbon polymer	氯氟碳聚合物 HG-1200	51	68	114	144	118	99	3	200	A
42	Kel F Wax	poly trifluoro chloro ethylene wax	聚三氟氯乙烯蜡	55	67	114	143	116	99	3	200	A
43	Apiezon H	sturated hydrocarbon	阿皮松 H	59	86	81	151	129	101		300	B、C
44	butoxy ethyl stearate	butoxy ethyl stearate	硬脂酸丁氧乙酯	56	135	83	136	97	101	4	150	B
45	halocarbon wax	halocarbon wax	卤碳蜡	55	71	116	143	123	102	3	150	B、C
46	OV-7	methyl phenyl(20%)silicone	苯基甲基聚硅氧烷 OV-7	69	113	111	171	128	118	2	350	A
47	DC 550	phenyl methyl poly sil-oxane(Supelco Inc.)	苯基甲基硅油 DC-550	74	116	117	178	135	124	2	300	A
48	Apiezon W	saturated hydrocarbon	阿皮松 W	82	135	99	155	154	125		300	B、C
49	dinonyl sebacate	dinonyl sebacate	癸二酸二壬酯	66	166	107	178	118	127	4	150	C、A
50	octoil S	di-(2-ethyl hexyl) sebacate	癸二酸二异辛酯	72	167	107	179	123	130	4	125	A
51	dioctyl sebacate	dioctyl sebacate	癸二酸二辛酯	72	168	108	180	123	130	4	150	A
52	diethex sebacate	di(2-ethylhexyl) sebacate	癸二酸二(2-乙基己基)酯	72	168	108	180	125	131	4	125	A
53	DC 703	phenyl methyl silicones M. W. 570	苯基甲基聚硅氧烷 DC703	76	123	126	189	140	131	2		
54	DC 702	silicone DC 702	苯基甲基聚硅氧烷 DC702	77	124	126	189	142	132	2		
55	DC 550	phenyl methyl poly siloxane(Dow Corning)	苯基甲基硅油 DC550	81	124	124	189	145	133	2		
56	diisodecyl adipate	diisodecyl adipate	己二酸二异癸酯	71	171	113	185	128	134	4		
57	DINA	DINA	二硝基氧乙基硝胺	73	174	116	189	129	136	4		
58	ditridecyl phthalate	ditridecyl phthalate	苯二甲酸二(十三烷基)酯	75	156	122	195	140	138	4		
59	diethex tetraclphth	bis(2-ethylhexyl tetrachlorophthalate)	四氯苯二甲酸二(2-乙基己基)酯	109	132	113	171	168	139			
60	DEG stearate	diethylene glycol stearate	硬脂酸二乙二醇酯	64	193	106	143	191	140	5		

编号	固定相名称	英文名称	中文名称	苯	丁醇	2-戊酮	硝基丙烷	吡啶	平均极性	相似组数	最高温度/℃	溶剂①
61	octyl decyl adipate	octyl decyl adipate	己二酸辛基癸基酯	79	179	119	193	134	141	4		
62	dilauryl phthalate	dilauryl phthalate	邻苯二甲酸二月桂酯	79	158	120	192	158	141	4		
63	diisooctyl adipate	di（2-ethylhexyl）adipate(FMC corporation)	己二酸二异辛酯	76	181	121	197	134	142	4		
64	TMP tripe largonate	trimethylolpropane tripelargonate	三壬酸三羟甲基丙烷酯	84	182	122	197	143				
65	diisooctyl adipate	diisooctyl adipate	己二酸二异辛酯	78	187	126	204	140	147	4	150	A
66	diisodecyl phthalate	diisodecyl phthalate	邻苯二甲酸二异癸酯	84	173	137	218	155	153	4	150	M
67	OV-11	methyl phenyl silicone	甲基苯基聚硅氧烷 OV-11	102	142	145	219	178	157	2	350	A
68	dinoyl phthalate	dinoyl phthalate	邻苯二甲酸二壬酯	83	183	147	231	159	161	4	130	M
69	triton X-400	triton X-400	屈拉通 X-400	68	334	97	176	131	161			
70	triethex phosphate	triethyl hexyl phosphate	磷酸三(2-乙基己基)酯	71	288	117	215	132	165			
71	DC 710	phenyl methyl poly siloxane	苯基甲基聚硅氧烷 DC710	107	149	153	228	190	165	2	225	A
72	flexol GPE	flexol GPE	"弗来苏"GPE	93	210	140	224	162	166	4		
73	dioctyl phthalate	dioctyl phthalate	邻苯二甲酸二辛酯	92	186	150	236	167	166	4	150	A
74	diethex phthalate	di(2-ethylhexyl)phthalate	邻苯二甲酸二(2-乙基己基)酯	92	186	150	236	167	166	4		
75	dioctyl phthalate	di-n-octyl phthalate	邻苯二甲酸二正辛酯	96	188	150	236	172	168	4	150	A
76	hallcomid M-18	N,N′-dimethyl stearamide mixed with myristic and palmitic derivatives	二甲基硬脂酸胺与十四烷十六烷酸混合	79	268	130	222	146	169		150	
77	diisooctyl phthalate	diisooctyl phthalate	邻苯二甲酸二异辛酯	94	193	154	243	174	172	4	150	A
78	buoctyl phthalate	butyloctyl phthalate	邻苯二甲酸丁基辛基酯	97	194	157	246	174	174	4		
79	OV-17	methyl phenyl（50：50）silicone	苯基甲基聚硅氧烷 OV-17	119	158	162	243	202	177	2	350	A
80	hallcomid M-180 L	hallcomid M-180 L	二甲基硬脂酸酰胺	89	280	143	239	165	183		150	A
81	flexol 8N8	flexol 8N8	"弗来苏"8N8	96	254	164	260	179	191			
82	SP-392	SP-392	苯基甲基聚硅氧烷 SP-392	133	169	176	258	219	191	2		
83	Span 60	Span 60	斯盘 60	88	263	158	200	258	193	5		
84	versamid 930	polyamide resin	聚酰胺树脂 930	108	309	137	208	207	194	6		
85	hercoflex 600	polypropylene glycol sebacate	癸二酸丙二醇聚酯	112	234	168	261	194	182	4		
86	versamid 930	polyamide resin	聚酰胺树脂 930	109	313	144	211	209	197	6		
87	versamid 940	polyamide resin	聚酰胺树脂 940	109	314	145	212	209	198	6		
88	zinc stearate	zinc stearate	硬脂酸锌	61	231	59	98	544	201			
89	ucon LB-550-X	poly propylene glycol	聚丙二醇 LB-550-X	118	271	158	243	206	199	8	200	M

编号	固定相名称	英文名称	中文名称	苯	丁醇	2-戊酮	硝基丙烷	吡啶	平均极性	相似组数	最高温度/℃	溶剂①
90	Span 80	sorbitan-monooleate	斯盘 80	97	266	170	216	268	203	5	150	T
91	ucon 50-HB-1800X	polyalkyleneglycol ether	聚亚烷基二醇醚	123	275	161	249	212	204	8	200	M
92	caster wax	caster wax	蓖麻蜡	108	265	175	229	246	205	5		
93	Flexol B-400	Flexol B-400	弗来苏 B-400	121	248	169	259	217	210	8		
94	OV-22	methyl phenyl silicone	苯基甲基聚硅氧烷 OV-22	160	188	191	283	253	219	2	300	C
95	Triton X-200	Triton X-200	屈拉通 X200	117	289	172	266	237	216	8		
96	PPG 2000	polypropylene glycol	聚丙二醇 2000	128	294	173	264	226	217	8		
97	esynex	epoxy plasticiser	环氧增塑剂	136	257	182	285	227	218	4		
98	trimer acid	AC₅₄ tribasic acid containing about 10% of AC₃₆ dibasic acid	五十四碳烷三元酸	94	271	163	182	378	217		200	M
99	Pluracol P2010	Pluracol P2010	浦卢拉科 P2010	129	295	174	266	227	218	8		
100	Atpet 200	Atpet 200	阿特派 200	108	282	186	235	289	220	5		
101	Ucon LB 1715	polypropylene glycol	聚丙二醇 1715	132	297	180	275	235	224	8	200	M
102	dibutoxyet adipate	dibutoxyet adipate	己二酸二丁氧乙基酯	137	278	198	300	235	230	4		
103	thanol PPG1000	thanol PPG1000	聚丙二醇 PPG1000	131	314	185	277	243	230	8		
104	actyltribu citrate	acetyltribu citrate	柠檬酸乙酰基三丁酯	135	268	202	314	233	230	4		
105	diethex phthalate	di(2-ethyl hexyl)phthalate	邻苯二甲酸二(2-乙基己基)酯	135	354	213	320	235	231	4		
106	didecyl phthalate	didecyl phthalate	邻苯二甲酸二癸酯	136	255	213	320	235	232	4	150	A
107	Elastex 50-B	Elastex 50-B	埃拉斯蒂 50-B	140	255	209	318	239	232	4		
108	dicyclohexyl phth	dicyclohexyl phthalate	邻苯二甲酸二环己基酯	146	257	206	316	245	234	4		
109	OV-25	methyl phenyl silicone	甲基苯基聚硅氧烷 OV-25	178	204	208	305	280	235	7	300	C
110	pluronic L81	ethylene oxide propylene oxide block copolymer	环氧乙烷环氧丙烷嵌段共聚物 L81	144	314	187	289	249	237	7		
111	OS 124	poly phenyl ether	聚苯醚 OS-124	176	227	224	306	283	243	7	200	
112	tributyl citrate	tributyl citrate	柠檬酸三丁酯	135	286	213	324	262	244	4	150	M
113	GESR 119	silicone GESR119	聚硅氧烷 GESR119	166	238	221	314	299	248	7		
114	OS 138	polyphenyl ether	聚苯醚 OS-138	182	233	228	313	293	250	7	200	C
115	diethoxyet sebacate	diethoxyet sebacate	癸二酸二(2-乙氧基乙基)酯	151	306	211	320	274	252	9		
116	dibutoxyet phth	bis(2-dibutoxyetyl) phthalate	邻苯二甲酸二(2-丁氧基乙基)酯	151	282	227	338	267	253	4		
117	dibutoxyet phth	di(butoxyethyl) phthalate	邻苯二甲酸二(2-丁氧基乙基)酯	157	292	233	348	272	260	4		
118	tri(butoxyethyl)PO₄	tri(butoxyethyl)PO₄	磷酸三(2-丁氧基乙基)酯	141	373	209	341	274	268			
119	zonyl E-91	fluoro alkyl ester of camphoric acid	樟脑酸氟烷酯	130	250	320	377	293	274			
120	NPG Sebacate	neopentyl glycol sebacate(Supelco Inc.)	癸二酸新戊二醇酯	172	327	225	344	326	279	9	230	C
121	squalene	squalene	角鲨烯	152	341	238	329	344	281	5	140	B

编号	固定相名称	英文名称	中文名称	苯	丁醇	2-戊酮	硝基丙烷	吡啶	平均极性	相似组数	最高温度/℃	溶剂①
122	Ucon 50-HB-280X	polyalkylene glycol ether	聚亚烷基二醇醚	177	362	227	351	302	284	8	200	M
123	Polytergent J-300	Polytergent J-300	波里特律 J-300	168	366	227	350	308	284	8		
124	tricresyl phosphate	tricresyl phosphate	磷酸三甲苯酯	176	321	250	374	299	284	9	120	A
125	SAIB	sucrose acetate hexaisobutyrate	乙酸六异丁酸蔗糖酯	172	330	251	378	295	285	9		
126	Paraplex G25	Paraplex G25	帕拉普来克 G25	189	328	239	368	312	297	9		
127	Ethomeen 18/25	amine derived from soya bean	大豆胺	176	382	230	353	323	293	8		
128	Polytergent J 400		波里特津 J400	180	375	234	366	317	294	8		
129	Oronite NIW		奥罗奈特 NIW	185	370	242	370	327	299	8		
130	QF-1	fluoroalkyl siloxane polymer	三氟丙基甲基聚硅氧烷 QF-1	144	233	355	463	305	300	10		
131	PPG Sebacate	poly propylene glycol sebacate	癸二酸丙二醇聚酯	196	345	251	381	328	300	9		
132	Ucon 50HB660	polyalkylena glycol	聚亚烷基二醇醚	193	380	241	376	321	302	8	200	M
133	OV-210	methyl siliconewith 50% trifluoropropyl groups	三氟丙基甲基聚硅氧烷 OV-210	146	238	358	468	310	304	10	275	A
134	Ucon 50HB 3520	polyalkylene glycol ether	聚亚烷基二醇醚	198	381	241	379	323	304	8	200	M
135	Ethofat 60/25	poly ethylene mono stearate containing an average of 15 ethylene oxide unit average M. W. 938	厄曹费	191	382	244	380	333	306	8	125	C
136	Ethomean S125	amine derived from soya bean	大豆胺	186	395	242	370	339	306	8		C
137	Igepal CO630		依格伯 CO 630	192	381	253	382	344	310	8		C
138	LSX-3-0295	trifluoro propyl methyl and vinyl silicone copolymer	三氟丙基乙烯基甲基聚硅氧烷	152	241	366	479	319	311	10		C
139	Pluronic P85	ethylene oxide propylene oxide block copolymer	环氧乙烷-环氧丙烷嵌段共聚物 P85	201	390	247	388	335	312	10		C
140	Pluronic P65	ethylene oxide propylene oxide block copolymer	环氧乙烷-环氧丙烷嵌段共聚物 P65	203	394	251	393	340	316	8		M
141	Tergitol NPX		透吉托 NPX	197	386	258	389	351	316	8		M
142	Ucon 50-HB-2000	polyalkylene glycol	聚亚烷基二醇醚	202	394	253	392	341	316	8	200	M
143	Cresyl diphenyl P04		磷酸甲苯基二苯基酯	199	351	285	413	336	317	9		M
144	emulphor ON 870	polyxy ethylene glycol (polyscience Co.)	聚乙二醇十八醚	202	395	251	395	344	317	8		M
145	emulphor ON 870	polyxy ethylene glycol (polysci-ence Co. Supel Co. In.)	聚乙二醇十八醚	202	396	251	395	345	318	8		M
146	polytergent B-350		波里津特 B-350	202	392	260	395	353	320	8		M
147	pluronic L35	ethylene oxide propylene oxide block copolymer	环氧乙烷-环氧丙烷嵌段共聚物 L35	206	406	257	398	349	323	8		M
148	polytergent G 300		波里特津 G300	203	398	267	401	360	326	8		M
149	Igepal CO-710		依格伯 CO710	205	397	266	401	361	326	8		M
150	triton X-100	octylphenory polyethoxy ethanol	屈拉通 X 100	203	399	268	402	362	327	8	190	M

编号	固定相名称	英文名称	中文名称	苯	丁醇	2-戊酮	硝基丙烷	吡啶	平均极性	相似组数	最高温度/℃	溶剂①
151	polyglycol 15-200	polyglycol 15-200	聚乙二醇 15-200	207	410	262	401	354	327	8	50	C、M
152	Stepan DS 60		史蒂潘 DS 60	97	550	303	338	402	338			M
153	diethoxyet phth	di(2-ethyloxy ethyl) phthalate	邻苯二甲酸二(2-乙氧基乙基)酯	214	375	305	446	364	341	9		M
154	Ucon 50 HB 5100	polyalkylene glycol	聚亚烷基二醇醚	214	418	278	421	375	341	8	200	M
155	siponate DS 10	sodiumdodecyl benzene sulphonate	十二烷基苯磺酸钠	99	569	320	344	388	344			M
156	renex 678	polyoxy ethylene alkaryl ether	聚环氧乙烷基芳基醚	223	417	278	427	381	354	8		M
157	Igepal CO 730		依格伯 CO 730	224	418	279	428	379	346	8		M
158	XE 60	cyano ethyl methyl silicone polymer	氰乙基甲基硅橡胶 XE 60	204	381	340	493	367	357	9		M
159	OV-225	methyl silicone with 25% phenyl and 25% cyano propyl groups	氰丙基苯基甲基硅橡胶 OV-225	228	369	338	492	386	363	9	205	M
160	bis(ethoc-thoet) phth	di (butyoxy ethoxy ethyl phthalate)	邻苯二甲酸二(丁氧乙氧乙基)酯	233	408	317	470	389	363	9		C
161	NPGA	neopentyl glycol adipate	己二酸新戊二醇酯	232	421	311	461	424	370	11	230	C
162	NPGA	neopentyl glycol adipate(supelco Inc.)	己二酸新戊二醇酯	234	425	312	462	438	374	11	730	M
163	ucon 75 H 90000	ucon 75 H 90000	聚丙二醇 Ucon 75 H 90000	255	452	299	470	406	376	8		M
164	Pluronic F 88	ethylene oxide propylene oxide block copolymer	环氧乙烷环氧丙烷嵌段共聚物 F88	262	461	306	483	419	386	8		M
165	Igepal CO 880		依格伯 CO 880	259	461	311	482	426	388	8	200	C
166	Surfonic N 300	nonyl phenyl ethylene oxide adduct	壬基苯酚和环氧乙烷加合物	261	462	313	484	427	389	8	150	M
167	Pluronic F 68	fluronic F68	环氧乙烷-环氧丙烷嵌段共聚物 F 68	264	465	309	488	423	390	8		
168	Triton X-305	poly ethylene glycol with poly oxyethylene	屈拉通 X-305	262	467	314	488	430	392	8	250	M
169	HIEFF 8 BP	cyclo hexane dimethanol succinate	丁二酸环己烷二甲醇酯	271	444	330	498	463	401	11	250	C
170	CHDMS	cyclo hexane dimethanol succinate	丁二酸环己烷二甲醇酯	269	446	328	493	481	403	11	250	C
171	CW4000 monostearate	carbowax 1000 monostearate	单硬脂酸聚乙二醇酯	280	486	325	512	449	410	8		
172	zonyl E-7	fluoro alkyl ester camphoric acid	樟脑酸氟烷酯	223	359	468	549	465	413			C
173	paraplex G 40		帕拉普来克 G 40	282	459	355	528	457	416	12		M
174	CW 4000 monostearate	carbo wax 4000 monostearate	单硬脂酸聚乙二醇酯	282	496	331	517	467	419			M
175	Ouadrol	N, N, N, N-tetraks (2-hydroxy propyl)ethylene diamine	四(2-羟基丙基)乙二胺	214	571	357	472	489	421		150	C
176	NPGS	neopentyl glycol succinate(supalco Inc. 1309)	丁二酸新戊二醇酯	272	467	365	539	472	423	12	230	C
177	NPGS	neopentyl glycol succinate(supalco Inc. 1309)1083	丁二酸新戊二醇酯	272	469	366	539	474	424	12	230	C

续表

编号	固定相名称	英文名称	中文名称	苯	丁醇	2-戊酮	硝基丙烷	吡啶	平均极性	相似组数	最高温度/℃	溶剂①
178	NPGS	neopentyl glycol succinate(supalco Inc. 1309) Chem. Ros. Ser.	丁二酸新戊二醇酯	275	472	367	543	489	429	12	230	C
179	Igepal CO 990	igepal CO 990	依格伯 CO 990	298	508	345	540	475	433	8	200	C
180	EGSP-Z	phenyl silicone ethylene succinate polymer	丁二酸乙二醇酯-苯基硅氧烷聚合物	308	474	399	548	549	456	12	230	C
181	Carbowax 20 M	polyethylene glycol 20M	聚乙二醇-20 M	322	536	368	572	510	462	8	200	C、M
182	Carwax 20 MT-PA	polyethylene glycol 20M tripropyl adipate	己二酸三丙基聚乙二醇酯	321	537	367	573	520	464	8		
183	Epon 1001	epoxy resin	环氧树脂	284	489	406	539	601	464	12	200	C
184	Carbowax 6000	polyethylene glycol 6000	聚乙二醇 6000	322	540	369	577	512	464	8	225	C、M
185	MER-21	MER-21	默尔-21	322	541	370	575	512	464	8		
186	PEG 4000	polyethylene glycol 4000 (Jefferson chem. Co.)	聚乙二醇 4000	325	551	375	582	520	471	8	200	C、M
187	Etglycol Isophth	ethylene glycol isophthalate	间苯二甲酸乙二醇酯	326	508	425	607	561	485	15	210	C
188	XF 1150	cyano ethyl 50% polysiloxane	氰乙基甲基聚硅氧烷 XF 1150	308	520	470	669	528	499			C、M
189	Sorbitol Hexaacetate		六乙酸山梨醇酯	335	553	449	652	543	506			C、M
190	FFAP	product of reaction between carbowax 20M and 2-nitroterephthalicacid	二硝基苯二甲酸聚乙二醇酯	340	580	397	602	627	509	13		M
191	STAP	STAP	STAP	345	586	400	610	627	514	13		M
192	Carbowax 1000	polyethylene glycol 1000	聚乙二醇 1000	347	607	418	626	589	517	13	150	C、M
193	sucrose octaacetate	sucrose octaacetate	八乙酸蔗糖酯	344	570	461	671	569				M
194	MER 2			381	539	456	646	615	527			M
195	PEG 600	polyethylene glycol 600	聚乙二醇 600	350	631	428	632	605	529	13	60	C、M
196	butanediol succinate		丁二酸丁二醇酯	370	571	448	657	611	531	14	230	C
197	EGA	ethylene glycol adipate (supelco Inc.)	己二酸乙二醇酯	372	576	453	655	617	534	14	210	C
198	EGA	ethylene glycol adipate (supelco Inc. 1045)	己二酸乙二醇酯	372	577	455	658	619	536	14	210	C
199	etglycol adipate	ethylene glycol adipate (Chem. Rrs. Ser.)	己二酸乙二醇酯	371	579	454	655	633	538	14	210	C
200	butanediol succinate	butanediol succinate	丁二酸丁二醇酯	369	591	457	661	629	541	14	230	C
201	PDEAS	phenyl diethanolamine succinate polymer	丁二酸苯基二乙二醇酯	386	555	472	674	654	548	14	230	C
202	Reoplex 400	polypropylene glycol adipate	己二酸丙二醇聚酯	364	619	449	647	671	550	14	220	A
203	LACIR-296	diethylene glycol adipate poly ester	己二酸二乙二醇聚酯	377	601	458	663	655	551	14	210	C
204	DEG Adipate	diethylene glycol adipate	己二酸二乙二醇聚酯	378	603	460	665	658	553	14	210	C
205	Carbowax 1540	polyethylene glycol 1540	聚乙二醇 1540	371	639	453	666	641	554	13	150	C、M
206	Resoflex R 296	propylene adipate polyester	己二酸丙烯聚酯	380	609	463	668	667	557	14		C、M

编号	固定相名称	英文名称	中文名称	苯	丁醇	2-戊酮	硝基丙烷	吡啶	平均极性	相似组数	最高温度/℃	溶剂[①]
207	LAC-2-R 446	polydiethylene glycol-pentaerythritol adipate	己二酸二乙二醇季戊四醇交联聚酯	387	616	471	679	667	564	14	200	A
208	EGSS-Y	ethylene succinate methyl siloxana polymer	丁二酸乙二醇酯-甲基硅氧烷聚合物	391	597	493	693	661	567	15		C、M
209	Hyprose SP-80	octakis（2-hydroxy propyl）sucrose	八(2-羟丙基)蔗糖(酯)	336	742	492	639	727	587		225	M
210	ECNSS-M	cyano ethyl silicone ethylene succinate polymer	丁二酸乙二醇酯-氰乙基硅氧烷聚合物	421	690	581	803	732	645		210	C
211	diglycerol	diglycerol	双甘油	371	826	560	676	854	657		150	C
212	DEGS Supelco 1045	diethylene glycol succinate	丁二酸二乙二醇酯	470	705	588	788	779	660	15	200	C
213	EGSS-X	ethylene succinate methyl siloxane polymer	丁二酸次乙酯甲基硅氧烷聚合物	484	710	585	831	778	678	15		C
214	DEGS	ethylene succinate methyl siloxane polymer（211）（Poly. Sci. Corp.）	丁二酸二乙二醇酯	492	733	581	833	791	686	15	200	C
215	ET glycol phthalate	ethylene glycol phthalate	邻苯二甲酸二乙二醇酯	453	697	602	816	872	688	15	200	C
216	DEGS supelco 1303	diethylene glycol succinate	丁二酸二乙二醇酯	496	746	590	837	835	701	15	200	C
217	DEGS	diethylene glycol succinate	丁二酸二乙二醇酯	499	751	593	840	860	709	15	200	C
218	LAC-3-r-728	diethylene glycol succinate polyester	丁二酸二乙二醇酯	502	755	597	849	852	711	15	200	C
219	glycol succinate	glycol succinate(Chem. Res. ser.)	丁二酸二乙二醇酯	536	775	636	897	864	742	15	200	C
220	THEED	N，N，N，N-tetrakis（2-hydroxyethyl）-ethylene diamine	四(2-羟乙基)乙二胺	463	942	626	801	893	745		150	C
221	tetracyano ethoxy PE	tetracyano ethylated pentaery thritol	四氰乙基季戊四醇	526	782	677	920	837	748	16	150	C
222	EGS	ethylene glycol succinate（Supulco Inc. 1303）	丁二酸乙二醇酯	537	787	643	903	889	752	15	200	C
223	TCEP	1，2，3，tris（cyano ethoxy）propane(app. Sci. Lab.)	三(2-氰乙氧基)丙烷	593	857	752	1028	915	829	16	100	M
224	TCEP	1，2，3，tri-（2-cyano ethyoxy）propane（Eastman. Org. Chem.）	三(2-氰乙氧基)丙烷	594	857	750	1031	917	832	16	100	M
225	cyanoethyl sucrose		氰乙基蔗糖	647	919	797	1043	976	870	16		
226	BCEF	N，N，bis(2-cyanoethyl) formamide	双(2-氰乙氧基)甲酰胺	690	991	853	1110	1000	929	16	125	M

① 溶剂：A——丙酮；B——二氯甲烷；C——氯仿；M——甲醇；T——甲苯。

3. 耐高温固定液

由于有时要分析一些分子量较大、热稳定好的样品，如分离含100个碳以上脂肪烃、原油中的有机金属化合物、聚合物中的添加剂、环境中的多环芳烃、食品中的三甘油酸酯等，通常都要求能耐325℃以上的色谱柱。柱温高于325℃以上下班的色谱称为高温色谱。市售耐高温色谱柱所用的耐高温气相色谱固定液见表20-21。

表 20-21　市售耐高温色谱柱所用耐高温气相色谱固定液

生产厂家	毛细管柱	固 定 液	使用温度范围 t/℃
Chrompack	耐高温聚酰亚胺涂层 弹性石英毛细管柱	端羟基聚二甲基硅氧烷 端羟基 50％苯基甲基硅氧烷 端羟基 65％苯基甲基硅氧烷	0～430 0～430 0～370
Nihon Chromato Work Lid	PAS 金属涂层 弹性石英毛细管柱	聚二甲基硅氧烷 聚苯基甲基硅氧烷	−20～450 −20～450
Quadrex Crop	铝涂层 弹性石英毛细管柱	端羟基聚二甲基硅氧烷 端羟基 5％苯基甲基聚硅氧烷 端羟基 50％苯基甲基聚硅氧烷 端羟基 65％苯基甲基聚硅氧烷	0～430 0～430 0～400 0～400
Scientific glass Engineering	铝涂层 弹性石英毛细管柱	聚硅氧烷-碳硼烷	10～480
Supeleo	聚酰亚胺涂层 弹性石英毛细管柱	聚二甲基硅氧烷	−20～350

四、合成固定相

1. 高分子小球固定相

高分子多孔微球固定相是一种新型合成有机固定相，又称聚合物固定相。本身既是载体又是固定液，可用高温活化后直接用于分离，也可作为载体涂上固定液后再用于分离。

这类固定相主要是由苯乙烯（单体）、二乙烯苯（交联剂）在稀释剂存在下，用悬浮（乳液）聚合法合成的共聚物。

高分子多孔微球固定相，天津试剂厂生产的商品名称为 GDX。上海试剂一厂生产的称为有机载体。国外商品，以乙基苯乙烯与对二乙烯苯为主体的称 Porapak 系列；以苯乙烯与二乙烯苯为主体的称 Chromosorb 系列。其特性与生产厂家列于表 20-22 与表 20-23 中。

表 20-22　国内生产的高分子小球固定相

名 称	化学组成	颜色	表观密度/(g/mL)	比表面积/(m²/g)	极性	最高使用温度/℃	分 离 特 征
GDX-101	二乙烯苯、苯乙烯等共聚	白	0.28	330	很弱	270	适用于分析烷烃、芳烃、醇、酮、醛、醚、酯、酸、卤代烷、胺、腈等，特别是轻气体和低沸点化合物
GDX-102	二乙烯苯、苯乙烯等共聚	白	0.20	680	很弱	270	通用型,适用于分析沸点较高的化合物
GDX-103	二乙烯苯、苯乙烯等共聚	白	0.18	670	很弱	270	通用型,适用于分析沸点较高的化合物,还可分离正丙醇-叔丁醇
GDX-104	二乙烯苯、苯乙烯等共聚	半透明	0.22	590	很弱	270	通用型,较适用于气体分析,如半水煤气
GDX-105	二乙烯苯、苯乙烯等共聚	透明	0.44	610	很弱	270	适用于气体中微量水及永久气体等分析
GDX-201	二乙烯苯、苯乙烯等共聚	白	0.21	510	很弱	270	通用型,较适用于较高沸点化合物的分析,水峰稍有拖尾
GDX-202	二乙烯苯、苯乙烯等共聚	白	0.18	480	很弱	270	通用型,较适用于较高沸点化合物的分析,水峰稍有拖尾,还可分离正丙醇-叔丁醇,保留时间较短
GDX-203	二乙烯苯、苯乙烯等共聚	白	0.09	800	很弱	270	通用型,较适用于较高沸点化合物的分析,水峰稍有拖尾,还可分离乙酸-苯-乙酐,保留时间最短
GDX-301	二乙烯苯、三氯乙烯共聚	白	0.24	460	弱	250	适用于分析乙炔-氯化氢
GDX-401	二乙烯苯、含氮杂环单体共聚	乳白	0.21	370	中等	250	适用于氯化氢中微量水、甲醛水溶液及氨水等的分析

名　称	化学组成	颜色	表观密度/(g/mL)	比表面积/(m²/g)	极性	最高使用温度/℃	分离特征
GDX-403	二乙烯苯、含氮杂环单体共聚	乳白	0.17	280	中等	250	适用于分析水溶液中氨和甲醛及低级胺中水等
GDX-501	二乙烯苯、含氮极性单体共聚	淡黄	0.33	80	较强	270	适用于 C_4 烃异构物的分离
GDX-502	二乙烯苯、含氮极性单体共聚	白	—	—	较强	250	适用于 $C_1 \sim C_2$ 烃和 CO、CO_2 的分析,能完全分离乙烷、乙烯和乙炔
GDY-601	含强极性基团的聚二乙烯苯	黄	0.3	90	强	200	能分离环己烷-苯
401 有机载体	二乙烯苯、苯乙烯等共聚	白	—	—	很弱	270	相当于 GDX-101
402 有机载体	二乙烯苯、苯乙烯等共聚	白	—	—	很弱	270	相当于 GDX-102
403 有机载体	二乙烯苯、苯乙烯等共聚	白	—	—	很弱	270	相当于 GDX-103
404 有机载体	二乙烯苯、含氮极性单体共聚	—	—	—	较强	270	相当于 GDX-501
TDX-01	碳化聚偏氯乙烯	黑	0.60～0.65	800	无	>500	适用于稀有气体、永久性气体及 $C_1 \sim C_4$ 烃的分离
炭分子筛	碳化聚偏氯乙烯	黑	—	—	无	>500	适用于稀有气体、永久性气体及 $C_1 \sim C_4$ 烃的分离

表 20-23　国外生产的高分子小球固定相

名　称	化学组成	颜色	表观密度/(g/mL)	比表面积/(m²/g)	孔径/nm	极性	最高使用温度/℃	分离特征	产地
akupak	聚 2,6-二苯基对苯醚	白	—	—	—	很弱	400～450	与 Porapak 系列相似	荷兰
amberlite XAD-1	聚芳烃微球	白	—	—	—				美国
amberlite XAD-2	聚芳烃微球	白	—	290～330	8～95				美国
amberlite XAD-4	聚芳烃微球	白	—	约 750	～5				美国
carbon molecuiar sieve	碳化聚偏氯乙烯(俗称炭分子筛)	黑	—	—	—	无	1400		美国
carbosieve B	碳化聚偏氯乙烯(俗称炭分子筛)	黑	—	—	—	无			美国
chromosorb-101	苯乙烯-二乙烯苯共聚	白	0.3	30～40	350	弱	250	适用于分离酸、二元醇、饱和醇、烷、酯、酮、醛、醚、氟化物	美国
chromosorb-102	苯乙烯-二乙烯苯共聚	白	0.29	300～400	8.5	中等	275	适用于分离永久气体、低分子量化合物、氟化物,对水及乙醇不拖尾	美国
chromosorb-103	交联聚苯乙烯	白	0.32	15～25	350	中等	250	适用于分离 $C_1 \sim C_6$ 胺类水溶液	美国
chromosorb-104	丙烯腈-二乙烯苯共聚	白	0.32	100～200	60～80	强	250	适用于分析水中微量 H_2S 及 NH_3,含氮、硫、氧化合物、腈、硝基烃、二酚	美国
chromosorb-105	聚芳族高聚物	白	0.34	600～700	40～60	中等	250	适用于分离烃中甲醛、乙炔、水及沸点在 200℃以下的有机物	美国

名　称	化学组成	颜色	表观密度/(g/mL)	比表面积/(m²/g)	孔径/nm	极性	最高使用温度/℃	分离特征	产地
chromosorb-106	交联聚苯乙烯	白	—	—	—	弱	—	适用于分离 $C_2 \sim C_5$,脂肪酸和醇	美国
chromosorb-107	交联聚丙烯酸酯	白	—	—	—	中等	—	适用于分析甲醛水溶液	美国
Par-1	苯乙烯-二乙烯苯共聚	白	0.69	100～300	20	弱	250	适用于分析微量强极性化合物	美国
Par-2	苯乙烯-二乙烯苯共聚	白	0.67	250～300	9	弱	250	适用于分析微量强极性化合物	美国
Phase Pak P,Q	交联聚苯乙烯	白	—	—	—	弱	<200	适用于分析微量强极性化合物	美国
Porapak-P	苯乙烯-二乙烯苯共聚	白	0.28	120	10^3	弱	250	适用于分析烷烃、芳烃、醇、酮、醛、醚、酯、酸、卤代烷、腈、胺等,特征分离乙烯-乙炔	美国
Porapak-Ps	Porapak-P 硅烷化产品	白	—	—	—	弱	250	适用于分析烷烃、芳烃、醇、酮、醛、醚、酯、酸、卤代烷、腈、胺等,特征分离乙烯-乙炔,拖尾减少	美国
Porapak-Q	乙基乙烯苯、二乙烯苯共聚	黄	0.25～0.35	600～840	40～75	很弱	250	同 Porapak-P,特征分离正丙醇-叔丁醇	美国
Porapak-Qs	Porapak-Q 硅烷化产品	白				很弱	250	适用于分析烷烃、芳烃、醇、酮、醛、醚、酯、酸、卤代烷、腈、胺等,特征分离乙烯-乙炔,对某些极性化合物拖尾减少	美国
Porapak-R	苯乙烯-二乙烯苯-极性单体共聚	白	0.33	547～780	7.6	强	250	适用于分析活性物质如氯及氯化氢中水	美国
Porapak-S	苯乙烯-二乙烯苯-极性单体共聚	白	0.35	536～470	7.6	中等	300	适用于分析极性气体	美国
Porapak-T	苯乙烯-二乙烯苯-极性单体共聚	白	0.44	306～450	9.1	最强	200	适用于分析极性分析	美国
Porapak-N	苯乙烯-二乙烯苯-极性单体共聚	白	0.39	437	—	中等	200	适用于分析甲醛水溶液中组分	美国
Sephadex	各种葡聚多醣经环氧氯丙烷交联后的甲基化产物	—	—	—	—	从极性到非极性	—	对有机溶剂有选择性	荷兰
Synachrom	苯乙烯-二乙烯苯共聚	白	—	620	4.5	弱	250	与 Porapak-P 相似	捷克
Tenax	聚 2,6-二苯基对苯醚	白	0.667	18.6	72	很弱	400～450	与 Porapak 系相似	荷兰

目前,高分子多孔微球固定相已在色谱分析中广泛使用,实例很多。其主要优点为:

① 可按样品性质选择合适的孔径大小及表面性质的固定相,使色谱柱处于最佳条件下操作;

② 虽具有较大的比表面积,但对极性物质无有害的吸附活性,因此极性组分能出对称峰;

③ 由于不存在液膜,无流失现象,在最高温度下无热降现象,对高灵敏度检测器也能获得稳定的基线,有利于大幅度程序升温操作,适用于宽沸点组分的分离;

④ 由于是机械强度和腐蚀性较好的均匀圆球,能在色谱柱中填充均匀,重现性好,有助于减

少涡流扩散；

⑤ 该类固定相对于试样过负荷时恢复极快，因此适于制备色谱。

2. 键合固定相

键合固定相也称化学键合（多孔微球）固定相，它是采用化学反应中官能团取代的方法，使固定液与球形多孔硅胶进行化学反应，从而获得各种特殊化学键合型的多孔微球固定相。

化学键合固定相的特点有以下几点。

① 化学键合固定相具有良好的热稳定性。如 β, β'-氧二丙腈、PEG-400 及正辛烷，用一般液相涂渍法时，在 $80 \sim 90 \, ℃$ 就开始流失。若用化学键合法将固定液结合上去，则 β, β'-氧二丙腈在 $135 \, ℃$ 才开始流失；PCG-400 则在 $150 \, ℃$ 开始流失；正辛烷在 $160 \, ℃$ 开始流失。

② 具有均匀的液相结合分布，对极性物和非极性物都获得良好对称的峰形。

③ 在键合相载体表面有一层很薄的液膜，其表面分子键长小于几百纳米（nm）。因此液相传质阻力小，传质速率快，分析速度可达 50 塔板数/s 柱效通常在 3000～4000 塔板数/m。

表 20-24 列出了美国 Waters 公司的化学键合型固定相。上海试剂厂、天津试剂厂皆生产化学键合固定相。

表 20-24　美国 Waters 公司的化学键合型固定相

名　称	商品名	英文名称	最高使用温度/℃	选择性或分析对象	备　注
β, β'-氧二丙腈/多孔二氧化硅小球 C		β, β'-dipropionitrile/"porasil C"	135	$C_1 \sim C_3$ 烃、游离脂肪酸和酯、脂肪醛	
聚乙二醇 400/多孔二氧化硅小球 C		carbowax400/"porasil C"	150	脂肪酸	
聚乙二醇 400/多孔二氧化硅小球 S		carbowax400/"porasil S"	200	热稳定性增加，保留值 2～3倍于前一固定相	
正辛烷/多孔二氧化硅小球 C	Durapaks（美国 Waters）	n-octane/"porasil C"	160	对极性化合物选择性保留较前三者强，有高分离效率，能快速分离 C_4 烃所有 7 个组分	"porasil" 是多孔二氧化硅小球；C 型表面积 $50 \mathrm{m}^2/\mathrm{g}$；S 型表面积 $300 \mathrm{m}^2/\mathrm{g}$
聚乙二醇 4000/多孔二氧化硅小球 S		carbowax 4000/"porasil S"	200		
低 K' 值聚乙二醇 400/多孔二氧化硅小球		low K' carbowax 400/"porasil"		对高分子量化合物保留时间短	
异氰酸苯酯/多孔二氧化硅小球 C			60	$C_1 \sim C_3$ 烃	

五、载体

载体也称担体、固体支持物。把固定液涂到载体表面上，形成一均匀的薄膜，就构成固定相。

1. 对载体的要求

① 单位质量的载体有较大的表面积。

② 具有化学惰性，即不得与样品组分起化学反应。

③ 热稳定性好。

④ 有一定的机械强度，使固定相在制备和填充过程中不易粉碎。

⑤ 有合适的孔隙结构、最好能制成球状颗粒，以利于两相间快速传质和填充均匀。

⑥ 表面没有吸附性，但有较好的浸润性。

完全满足上述要求的载体是没有的。而且某一种优点，往往带来另一种缺点，例如表面积越大，则吸附活性越强，故应根据分析任务，选用合适的载体。

2. 载体的处理方法

载体表面往往有吸附中心和催化作用点，会造成色谱峰形成拖尾或假峰。为改善载体表面性质，需对载体进行处理。表 20-25 列出了载体的处理方法。表 20-26 为硅藻土载体改性前后性能比较。

表 20-25 载体的处理方法

方 法	目 的	操 作
酸洗法	分析酸类和酯类化合物时，用此法可除去铁等金属氧化物的碱性作用点	6mol/L盐酸加热浸泡载体20~30min，然后用水冲洗至中性，烘干备用。酸洗后的载体降低了吸附性，但增加了载体的催化性
碱洗法	分析胺等碱性物质时，用此法可除去Al₂O₃红色载体的酸性作用点	5% KOH-甲醇溶液浸泡回流载体，再用水冲洗至中性，烘干备用。碱洗载体可能会分解非碱性的酯类
硅烷化	分析极性和氢键型化合物（如水、醇、胺等）时，用二甲基二氯硅烷处理载体，硅烷与载体表面的硅醇、硅醚基团起反应，可除去氢键结合能力，以消除色谱峰拖尾现象	载体酸洗后在110℃干燥2h；然后称取10g二甲基二氯硅烷，溶于200mL甲苯中，倒入50g载体，减压同时不断摇动以驱掉载体表面气泡；再恢复至常压静置10min，抽滤（滤液可用作处理柱管用）；再用200mL甲苯分几次洗涤，最后用200mL甲醇处理；处理过的载体晾干后在80℃烘箱中烘2h。硅烷化好的载体适合涂渍非极性或弱极性固定液，在270℃以下使用
釉化	硅藻土釉化后载体的吸附性能低，强度大	载体在20g/L Na₂CO₃溶液中浸泡两昼夜，烘干后先在870℃下煅烧3.5h，然后升温至980℃煅烧40min，烘干后即可使用。釉化后的载体吸附性能低，强度大

表 20-26 硅藻土载体改性前后性能比较

处理方法	表面化学结构	比表面	孔 径	催化、吸附性能	使用温度/℃	固定液涂覆难易	备 注
未处理	表面有 —Si—OH 基及无机杂质	—	—	有	>500	易	
酸碱洗	可除去表面无机杂质，降低表面的催化性能	无改变	无改变	稍有减弱	>500	易	
硅烷化	使表面的 —Si—OH 基变为硅醚基	略有减小	略有减小	大大减少	<350	对亲水性固定液难涂匀	涂渍量较硅烷化前为少
釉 化	载体内细孔被硼砂所填充	减小	细孔大大减少	明显减少	200	易	涂渍量较釉化前为少

3. 固定液的涂渍

根据样品性质选定了固定液和载体后，确定固定液浓度，然后把固定液涂渍在载体表面。

固定液浓度通常在3%~20%之间，在分离挥发性小的样品及快速分析时，液相涂渍量可以稍低。

涂渍时一般先把固定液溶解在有机溶剂里，如乙醚、二氯甲烷、丙酮、甲醇、氯仿、苯等。溶剂用量以刚能浸过载体为限。为了加速固定液的完全溶解，可在低于该溶剂沸点20℃以下的水浴中加热，然后迅速倒入载体。轻轻摇荡使载体和固定液混合均匀，在适当温度下让溶剂均匀地挥发掉，固定液就均匀地分布在载体表面上。操作时应注意，溶剂挥发温度不可超过其沸点，否则挥发太快，固定液不易涂渍均匀。也不可用玻璃棒搅拌，以避免破坏载体粒度和液膜。最好将涂好的载体小心放在室内干燥通风处过夜，让其自然挥发，第二天即可装柱老化。

4. 分离柱的装填

装柱前，空柱必须干净。填柱时，先将柱一头用石英棉（或玻璃棉）堵住，接上安全瓶和真空泵。柱另一头接上漏斗，填料从漏斗中加入。开动真空泵，填料即通过漏斗不断地被抽进柱中，同时要不断地轻轻敲振柱子各部，使填料在柱内尽量填充均匀，敲振不要用力过猛，以防载体被敲碎。然后，在柱两端出口处填上少许石英棉（毛），再进行老化实验。

5. 分离柱的老化

所有新柱在使用前需进行老化处理，以除去溶剂、水分及柱材料制备过程中残留的挥发性物质。老化常在安装柱的色谱炉内进行，但必须将连接检测器的一端拆开，以免污染检测器，一般在高于操作温度 $20\sim30℃$、通载气下加热至少 24h。涂聚硅氧烷的柱子，开始可不通载气，高温下先加热老化几小时，然后，再通载气老化。老化聚乙二醇柱时，必须注意载气中应不含氧，否则柱温升高后会氧化固定液而毁坏柱子。

毛细管柱需在高温下（$>200℃$）使用，应按下列顺序老化。以升温速率 $1\sim2℃/min$ 升至固定液允许的最高使用温度。并在 $100℃$、$150℃$、$200℃$、$250℃$、$300℃$ 时保持恒温 25h 左右。然后，在通 N_2 情况下，关闭加热电源，不要打开炉门，让其在炉内自然冷却到室温，这样不易使柱内液膜破裂。在高于室温时，柱内必须不断通载气。

表 20-27 为几种主要气相色谱载体性能比较。

表 20-27　几种主要气相色谱载体性能比较

载体类型	化学组成及结构	比表面积 /(m²/g)	催化、吸附性能	使用温度 /℃	固定液涂覆难易	用　　途	备　　注
硅藻土	多孔的硅藻土烧结物，含 SiO_2 60%～90%，Al_2O_3 39%～5%，Fe_2O_3＜10%，其余为少量 CaO、MgO 等碱土金属	1～10	有	一般＞500，硅烷化者＜350	易	为目前在填充柱中应用最广泛的载体	用硅烷化、釉化处理后可使催化吸附性能减至极小
玻璃球	一般用硬质玻璃制成小球，表面多孔或平滑，化学组成随品种而异	≤10	小	250	易	当固定液含量≤5%（质量分数）时，能在较低温度下分析较高沸点的化合物	可进行硅烷化处理，以进一步减少其吸附性能
硅石(石英)球	SiO_2＞90%	≤10	小	500	易	当固定液含量≤5%（质量分数）时，能在较低温度下分析较高沸点的化合物	可用硅烷化处理改性
氟塑料	聚四氟乙烯或聚三氟氯乙烯塑料小球或无定形粉末	≤10	很小	＜180	难	适用于分离强腐蚀性和强极性化合物	
石墨化炭黑	石墨化的炭细晶小球	＜100	小	＞500	易	适用于分离化学活性高、极性强的化合物	
其他各种吸附剂	参看各种吸附剂及聚合物固定相	有＞500 者	强	无机吸附剂＞500 有机吸附剂 250～350	易		

表 20-28 为几种载体的化学组成。表 20-29 为红色、白色载体的物理性质。

表 20-28　几种载体的化学组成　　　　　　单位：%

成　分	C-22	Celite 545	Chromosorb P	Chromosorb W	6201	405
	红色	白色	红色	白色	红色	白色
SiO_2	89.7	89.9	89.2	91.2	74.3	89.9
Al_2O_3	5.1	3.6	5.1	4.1	13.3	4.9
Fe_2O_3	1.55	1.65	1.50	1.15	1.55	0.35
TiO_2	0.30	0.30	0.30	0.25	0.47	0.40
CaO＋MgO	2.20	2.45	1.90	1.05	4.26	4.95
$Na_2O＋K_2O$	—	—	0.9	3.6	0.9	3.6

表 20-29　红色、白色载体的物理性质

物 理 性 质	红色载体	白色载体	物 理 性 质	红色载体	白色载体
pH 值	6~7	8~7	孔隙性	0.8	0.9
密度/(g/mL)	2.26	2.20	表面积/(m²/g)	3.5~4.0	1~1.3
自由降落密度/(g/mL)	0.41	0.21	液相负荷/%	30~40	20~30
堆密度/(g/mL)	0.47	0.24	总羟基浓度/(羟基/m²)	4×10^{19}	2.5×10^{19}
孔隙直径/μm	0.4~1	8~9			

表 20-30 为红色、白色载体性能比较。

表 20-30　红色、白色载体性能比较

硅藻土载体	制造特点	表面酸度	孔径	分离特征	备　注
红色载体	由天然硅藻土与适当黏合剂烧制而成	略呈酸性,pH<7	较小	为通用载体,柱效较高,液相负荷量大,但在分离极性化合物时往往有拖尾现象	浅红色、粉红色载体均属此类
白色载体	由天然硅藻土与助熔剂(如 Na_2CO_3 等)烧制而成	略呈碱性,pH>7	较小	为通用载体,柱效及液相负荷量均仅及红色载体一半稍强,但在分离极性化合物时拖尾效应较小	灰色载体也属于此类,仅所用助熔剂酸碱性不同

表 20-31 为载体选择参考。

表 20-31　载体选择参考

固 定 液	样 品	选用硅藻土载体	备　注
非极性	非极性	未经处理过的载体	
非极性	极性	酸、碱洗或经硅烷化处理的载体	当样品为酸性时,最好选用酸洗载体;为碱性时用碱洗载体
极性或非极性,固定液含量<5%(质量分数)时	极性及非极性	硅烷化载体	
弱极性	极性及非极性	酸洗载体	
弱极性,固定液含量<5%(质量分数)时	极性及非极性	硅烷化载体	
极性	极性及非极性	酸洗载体	
极性	化学稳定性低者	硅烷化载体	对化学活性和极性特强的样品,可选用聚四氟乙烯等特殊载体

表 20-32 为国内外载体性能与产地。

表 20-32　国内外载体性能与产地

商 品 型 号	性 能 和 用 途	产 地
红色硅藻土载体		
6201 载体	适宜于分析非极性物质	大连红光化工厂
6201 硅烷化	催化吸附性小	大连红光化工厂
6201 釉化	经硼砂釉化处理,催化吸附性小	大连红光化工厂
Sterchamol	比表面积 4.1~6m²/g	德国
Rysorb	组分为 76%SiO₂,20%Fe₂O₃+Al₂O₃	
C-22 保温砖	或 Sil-O-Ce122,与 Sterchamol 相似	美国
Chromosorb P	比表面积 4.0m²/g(组分为 SiO₂ 90.6%,Al₂O₃4.4%,Fe₂O₃ 1.6%,TiO₃0.2%,CaO0.6%,MgO0.6%,Na₂O+K₂O1.0%,水分 0.3%),适用于分析烃类化合物	美国
Chromosorb R	与 Chromosorb P 相似,比表面积 4~4.8m²/g,孔径 0.4~2.0μm	美国
Anakrom P	原料是煅烧的硅藻土	美国 Analabs,Inc.
Gas Chrom R	原料是 C-22 保温砖,过筛除去细粉	美国 Applied Science Lab.,Inc.

商 品 型 号	性 能 和 用 途	产 地
Diatomite	J. J. 公司制备的保温砖	英国
Diatoport P		美国 F&M Scientific.
Chezasorb	比表面积 $(3.0 \pm 0.5)\,m^2/g$,平均孔径 $0.5 \sim 0.9\,\mu m$（SiO_2 90%～95%, Al_2O_3 3.5%, Fe_2O_3 1.5%, TiO_2 0.09%, CaO + MgO 0.3%～0.5%, Na_2O+K_2O 0.5%～1.0%)	捷克
Porolith	组分为 60%SiO_2＋39%Al_2O_3	德国
酸洗红色硅藻土载体		
Chromosorb P(A. W.)	酸洗的 Chromosorb P	美国
Gas Chrom(R. A.)	酸洗的 Gas Chrom R	美国
Anakrom(P. A.)	酸洗的 Anakrom P	美国
酸、碱洗红色硅藻土载体		
Gas Chrom(R. P.)	酸和醇-碱洗 Gas Chrom R	美国
硅烷化红色硅藻土载体	惰性不如白色载体,适宜分析中等极性物质	
Chromosorb P(HMDS)	六甲基二硅氨烷处理	美国
Chromosorb P(A. W. DMCS)	酸洗和二甲基二氯硅烷处理	美国
Gas Chrom R. Z.	酸洗和硅烷化后的 C-22 保温砖	美国
405	白色硅藻土载体	大连红光化工厂
釉化红色硅藻土载体		
301 载体 ⎰ 釉化载体 ⎱	性能介于红色载体与白色载体之间,适应于分析中等极性化合物	上海试剂一厂 大连红光化工厂
302 釉化	由 202 载体釉化处理,再经高温灼烧而成	上海试剂一厂
303 釉化	由 101 载体釉化处理,再经高温灼烧而成	上海试剂一厂
304 釉化	由 102 载体釉化处理,再经高温灼烧而成	上海试剂一厂
201	红色硅藻土载体	上海试剂一厂
201 酸洗	201 载体经盐酸处理而成	上海试剂一厂
202	红色硅藻土载体	上海试剂一厂
202 酸洗	202 载体经盐酸处理而成	上海试剂一厂
101	白色硅藻土载体	上海试剂一厂
101 酸洗	101 载体经盐酸处理而成	上海试剂一厂
101 硅烷化	101 载体经六甲基二硅氨烷处理而成	上海试剂一厂
102	白色硅藻土载体	上海试剂一厂
102 酸洗	102 载体经盐酸处理而成	上海试剂一厂
102 硅烷化	102 载体经六甲基二硅氨烷处理而成	上海试剂一厂
Celite 545		美国
Chromosorb W	比表面积 $1.0\,m^2/g$,性能与 Celite 类似	美国
Chromosorb W-H. P.	惰性、柱效高,适用于分析药物和麻醉剂	美国
Chromosorb A	比表面积 $2.7\,m^2/g$,制备色谱用,可涂覆 25%的固定液	美国
Chromosorb G	比表面积 $0.5\,m^2/g$,机械强度和红色载体相似,英 J. J. 公司生产的 M 型载体与此相似	美国
Gas Chrom S	原料是 Celatom 硅藻土	美国
Gas Chrom CL	原料是 Celite 硅藻土	美国
Anakrom U	筛分较细(范围为 10 目)	美国
Chromaton N	SiO_2 93%, Al_2O_3 3.3%, Fe_2O_3 0.04%, TiO_2 0.01%, CaO + MgO 0.1%, Na_2O+K_2O 3.4%, 比表面积 $1\,m^2/g$	捷克
Embacel	比表面积 $1.1\,m^2/g$	英国 May&Baker
Celatom	Celite 型的硅藻土	美国 Eagle Picher Co.
Aeropak	高效惰性载体,比 Chromosorb W 好	美国 Varian
酸洗白色硅藻土载体		
Celite(A. W.)	盐酸洗	美国

续表

商 品 型 号	性 能 和 用 途	产 地
Chromosorb W(A. W.)	盐酸洗	美国
Gas Chrom(A)	酸洗 Celatom	美国
Gas Chrom(CL. A.)	酸洗 Celite	美国
Anakrom(A)	酸洗	美国
酸洗和碱-醇洗的白色硅藻土载体		
Gas Chrom P	酸洗碱-醇洗 Celatom	美国
Gas Chrom CL. P	酸洗和碱洗 Celite	美国
Anakrom AB	酸洗和碱醇洗 Anakrom U	美国
Diatomite C	J. J. 公司制备的 Celite	英国
硅烷化白色硅藻土载体		
Chromosorb W (A. W. -DMCS)	酸洗和二甲基二氯硅烷处理	美国
Gas Chrom Q (A. B. W. DMCS)	酸洗、碱洗和二甲基二氯硅烷处理,特别适用于分析甾族化合物	美国
Gas Chrom Z (A. W. -DMCS)	酸洗和二甲基二氯硅烷处理	美国
Gas Chrom(CL. H.)	用 HMDS 处理的 Celite	美国
Gas Chrom(CL. S.)	用酸洗和 DMCS 处理的 Celite	美国
Anakrom(A. S.)	用酸洗 Anakrom U 后再硅烷化	美国
Anakrom(ABS)	酸碱洗和硅烷化 Anakrom U	美国
氟载体 701	由四氟乙烯制成	上海试剂一厂
Teflon-6(40~60 目)	比表面积 $0.5m^2/g$,聚四氟乙烯	美国 Du Pont
Fluoropak-80	比表面积 $1.3m^2/g$,聚四氟乙烯	美国 Florocarbon Co.
Kel-F(50~80 目)	比表面积 $2.2m^2/g$,聚三氟氯乙烯	美 国 Minnesota Mining and Manufacturing Co.
Chromosorb T	用 Teflon 6 塑料粉制得	美国
Fluoroport T	原料为 Teflon 6	美国 Applied Science Lab. ,Inc.
Tee-Six	原料为 Teflon 6	美国 Analabs,Inc.
Gas Pak-F	涂有聚四氟乙烯的硅藻土载体	美 国 Chemical Research Services Inc.
Haloport	比表面积 $0.2m^2/g$	美国 Hewlettpackarb F&M Scientific Div.
Polychrom	性能与 Chromosorb T 相似,比表面积 $10m^2/g$	前苏联
玻璃微珠硅烷化	经六甲基二硅氮烷处理的玻璃微珠	上海试剂一厂

六、毛细管柱
1. 分类

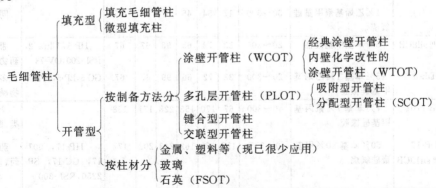

（1）填充毛细管柱　一般柱内径≤1.0mm。把粒度与柱径比值为 0.2~0.3 的载体或吸附剂松散地装入玻璃原料管中，然后拉制成毛细管，此时固体微粒将部分嵌入柱子内壁，构成牢固的固体

层。其渗透性介于普通填充柱与开管柱之间，理论塔板数为 3000～4000。柱子性能良好，与普通填充柱相比，具有速度快、柱效高、保留温度低等优点。大都以吸附型为主，适合于分离气体组分和低分子量的烃类。

（2）微型填充柱　也称细直径填充柱。将已拉好直径小于 1mm 的毛细管柱填入涂有固定液的细粒填料（30～50μm），填料粒度与柱径比值小于 0.2。因固定液含量低，颗粒很细，间隙度小，柱效高，理论塔板数可达 4000～6000。载气线速对柱效影响小，因此有利于快速分析。又因样品容量大，对测定复杂混合物中痕量组分也很有用。但柱阻力大，柱长受到限制，对系统的气密性等问题，特别是高反压下的进样问题，均难以解决，限制了这类柱型的广泛应用。

（3）涂壁开管柱（WCOT）　涂壁开管柱一般都先经过内壁的化学处理，以增加表面浸润性和减少活性，然后再涂渍固定液。这类柱子也有人称为 WTOT 柱，柱效高、柱渗透性好，可使用长柱子，是分离复杂混合物的有效工具，也是当今柱技术发展的重点。

（4）多孔层开管柱（PLOT）　在管壁上涂有一层多孔性物质，如硅藻土、二氧化硅等惰性物质，可以先沉渍在管壁上，然后再涂渍各种固定液；也可以将这些载体和固定液混合一次涂在管壁上，制成分配型的载体涂层开管柱。这两类柱型的柱容量较经典的 WCOT 柱高，柱流失小，有利于比较小的组分的分离和痕量组分的测定，应用广泛。但因相比大，柱长有限（标准柱长 15m），柱子的总柱效不如 WCOT 柱。

（5）键合型开管柱　将固定液用化学键合的方法与玻璃表面的硅羟基反应，键合到毛细管内壁上，从而大大提高柱子的热稳定性和固定液的使用上限温度。

（6）交联型开管柱　被涂渍在柱壁上的固定液在自由基引发或高能辐射诱导下，产生原位分子间共价连接交联，使固定液固化。它具有耐高温、柱效高、热和化学稳定性好、抗溶剂冲洗能力强、柱寿命长等优点，特别适合与质谱、红外等仪器联用，有利于微量组分的分离和定量。

（7）石英开管柱　用高纯度熔融氧化硅或天然石英为柱材制成的毛细管柱。为了保持柔性，柱子外表面涂有一层聚酰亚胺高分子材料或金属（如铝）保护层，柱子惰性好，不易脆断，便于操作，应用日益广泛。

2. 毛细管柱常用固定液及其性能

表 20-33 列出了毛细管柱常用固定液及其性能。

表 20-33　毛细管柱常用固定液及其性能

名　称	交联键合相	化　学　组　成	使用温度/℃	McReynolds 常数					平均极性	McReynolds 常数相近的固定液	应用范围
				X′	Y′	Z′	U′	S′			
OV-1	DB-1	100%甲基硅橡胶	100～350	16	55	44	65	42	44	BP-1，SPB-1	酚类、胺、硫化物、农药
SE-30		100%甲基硅橡胶	50～300	15	53	44	64	41	43	GB-1，RSL-150	烃类、PCB。
OV-101	CPᵗᵐsil5CB①	100%甲基硅油	0～350	17	57	45	67	43	34	SP-2100，HP-101	氨基酸衍生物、香精油
SE-33		1%乙烯基聚甲基硅氧烷	50～300	17	54	45	67	42	45		同 OV-1、SE-30
SE-52	CPᵗᵐsil8CB	5%苯基甲基硅油	20～300	32	72	65	98	67	67	HP-5，Ultra 2，RSL-200，OV-73	脂肪酸甲酯、药物
SE-54	DB-5	5%苯基 1%乙烯基甲基硅胶	20～300	33	72	66	99	67	67	GC-5，BP-5，SPB-5	多卤化合物、生物碱
OV-1701	DB-1701	7%苯基 7%氰丙基甲基硅橡胶	40～300	67	170	153	228	171	158		天然产物、酒类、酚类
OV-17	DB-17 CPᵗᵐsil19CB	50%苯基 50%甲基聚硅氧烷	0～375	119	158	162	243	202	177	HP-17，007-17，GC-17，SP-2250，RSL-300	药物、甾体、农药、二元醇
OV-210	DB-210	三氟丙基甲基聚硅氧烷	0～275	146	238	358	468	310	304		甾族、农药

续表

名 称	交联键合相	化 学 组 成	使用温度/℃	McReynolds 常数					平均极性	McReynolds 常数相近的固定液	应用范围
				X′	Y′	Z′	U′	S′			
OV-225	DB-225 CP^{tm}sil43CB³	25％氰丙基 25％苯基甲基聚硅氧烷	0～275	228	369	338	492	386	363	BP-15, SP-2300, GB-60,XE-60,RSL-500,HP-225	脂肪酸甲酯,醛醇乙酸酯
Garbo-wax20M	CP^{tm}wax57CB	聚乙二醇	60～220	322	536	368	572	510	462	HP-20M	游离脂肪酸酯、香精油
Superox-4		聚乙二醇胶	50～300	322	536	368	572	510	462		二元醇、溶剂
FFAP		聚乙二醇 20M 与 α 硝基对苯二甲酸反应物	50～250	340	580	397	602	627	509	HP-FFAP, OV-351-SP-1000	酸、醇、醛、酮、腈、丙烯酸酯
DEGS		聚二乙二醇丁二酸酯	20～200	496	746	590	837	835	700		分离饱和与单不饱和脂肪酸酯

① sil 表示交联。

第四节 气相色谱常用的检测器

一、对检测器的要求

一般要求检测器对不同的分析对象、不同的样品浓度以及在不同的色谱操作条件下都能够准确、及时、连续地反映馏出组分的浓度变化。具体要求有以下几点。

① 稳定性好，敏感度高，便于进行痕量分析。

② 死体积小，响应快，可用于快速分析和接毛细管柱。

③ 应用范围广，要求一个检测器能对多种物质产生信号，又能适应同一物质的不同浓度，线性范围宽，定量准确方便。

④ 结构简单、安全、价廉等。

二、检测器的性能指标

气相色谱检测器分为浓度型与质量型两种。TCD 与 ECD 为浓度型检测器；FID 为质量型检测器。

1. 检测器的灵敏度

灵敏度又称响应值，是指一定量的物质通过检测器时所给出的信号（响应）大小，常用 S 表示。

(1) 浓度型检测器，灵敏度 S 为 1mL 载气中含有 1mg 样品时，所产生信号的电压，单位为 mV·mL/mg。

(2) 质量型检测器 灵敏度 S 为 1s 内有 1g 物质通过检测器时，所产生的信号的电压（或电流），单位为 mV·s/g。

2. 敏感度 (M)

敏感度称检测限，又称检测器的最小检出量。指单位体积（或时间）内有多少量的物质进入检测器，才能引起恰能辨别的响应信号。一般认为能辨别的响应信号最小应等于检测器噪声的两倍，所以，敏感度可用下式计算：

浓度型 $\qquad M_g = \dfrac{2R_n}{S_g}$ $\qquad\qquad$ 质量型 $\qquad M_t = \dfrac{2R_n}{S_t}$

式中 M_g, M_t——浓度型与质量型检测器的敏感度，mg/mL 或 g/s；

$\qquad$ S_g, S_t——浓度型与质量型检测器的灵敏度，mV·mL/mg 或 mV·s/g；

$\qquad$ R_n——检测器的噪声，mV。

这里需要注意的是，敏感度不应和色谱定量分析的最小检知量 (m_{min}) 混淆，敏感度是用来衡量检测器性能的指标，只与检测器性能有关。m_{min}是指产生色谱峰等于两倍噪声时的色谱进样量，它不仅与检测器性能有关，还和柱效以及操作条件有关。

3. 线性范围

检测器的线性范围，是指组分浓度（或质量）与检测器的响应保持线性增加的范围，即响应值随组分浓度变化曲线上的直线部分。在线性范围内操作，重复性好、结果准确。

4. 稳定性

检测器在长期使用中要求性能稳定，即主要指标如敏感度、噪声、线性范围等基本不变。另外，也希望检测器操作、调整方便，稳定时间短，以利于实际使用。

表 20-34 列出了常见气相色谱检测器，表 20-35 列出了常见气相色谱检测器的主要技术指标，表 20-36 列出了常见气相色谱检测器选用不同种类载气的优缺点，表 20-37 列出了常用气相色谱检测器性能比较。

表 20-34 常见气相色谱检测器

检测方法	检 测 器	工作原理	适 用 范 围
物理常数法	热导检测器 TCD	热导率差异	所有化合物
	气体密度天平 GDB	密度差异	所有化合物
电离法	火焰电离检测器 FID	火焰电离	有机物
	氮磷检测器 NPD	热表面电离	氮、磷化合物
	电子俘获检测器 ECD	化学电离	电负性化合物
	光电离检测器 PID	光电离	所有化合物
	氦电离检测器 HID	氦电离	电离能低于 19.8eV 的化合物
	氩电离检测器 AID	氩电离	电离能低于 11.8eV 的化合物
	离子迁移率检测器 IMD	离子迁移率	所有有机物
	微波等离子体检测器 MPD	微波电离	所有有机物
光度法	原子发射检测器 AED	原子发射	多元素（也具选择性）
	原子吸收检测器 AAD	原子吸收	多元素（也具选择性）
	原子荧光检测器 AFD	原子荧光	某些有机金属化合物
	火焰光度检测器 FPD、DFPD	分子发射	硫、磷化合物
	化学发光检测器 CLD	化学发光	氮、硫、多氯烃和其他化合物
	分子荧光检测器 MFD	分子荧光	具荧光特性化合物
	火焰红外发射检测器 FTRE	火焰红外发射	环境和工业污染物
	傅里叶变换红外光谱 FTIR	分子吸收	红外吸收化合物（结构鉴定）
	紫外检测器 UVD	电子吸收	紫外吸收化合物
电化学法	电导检测器 ELCD	电导变化	卤、硫、氮化合物
	库仑检测器 CD	电流变化	无机物和烃类
	氧化锆检测器 ZD	原电池电动	氧化、还原性化合物或单质
质谱法	质量选择检测器 MSD	电离和质量色散相结合	所有化合物（结构鉴定）

表 20-35 常见气相色谱检测器的主要技术指标

检 定 项 目	检测器名称				
	TCD	FID	FPD	NPD	ECD
载气流速稳定性(10min)/%	1	—	—	—	1
柱箱温度稳定性(10min)/%	0.5	0.5	0.5	0.5	0.5
程序升温重复性/%	2	2	2	2	2
基线噪声	≤0.1mV	≤$1×10^{-12}$A	≤$5×10^{-12}$A	≤$1×10^{-12}$A	≤0.2mV
基线漂移(30min)	≤0.2mV	≤$1×10^{-11}$A	≤$1×10^{-10}$A	≤$5×10^{-12}$A	≤0.5mV
灵敏度/(mV·mL/mg)	≥800	—	—	—	—
检测限	—	$5×10^{-10}$g/s	≤$5×10^{-10}$g/s(硫) ≤$1×10^{-10}$g/s(磷)	$5×10^{-12}$g/s(氮) $1×10^{-11}$g/s(磷)	≤$5×10^{-12}$g/mL
定量重复性/%	3	3	3	3	3
衰减器误差/%	1	1	1	1	1

表 20-36　常见气相色谱检测器选用不同种类载气的优缺点

检测器	载　　气				
	H_2	He	N_2	Ar	O_2
TCD	灵敏度高，成本低，危险性大	灵敏度中等，安全，成本高	大多数样品灵敏度低，易出"N"、"W"峰，成本低	峰形好，灵敏度低，成本低	
FID	分析周期短，成本低，危险性大	安全，分析周期短，成本高	峰形好，流量范围窄，成本低，安全		高纯度时，比氮气成本高
ECD	氚源有损寿命，基流大，不宜用	需加甲烷运行，成本高，麻烦，分析时间短	流量范围选择窄，有利于分离，成本低	需加甲烷，成本高，麻烦	
FPD	富氢焰工作需加补充氮，不方便	安全，分析周期短，成本高	峰形好，流量范围窄，成本低，安全	同 N_2，高纯度比氮气成本高	
NPD	流量调节精度差，不宜用	有利于分析条件选择，运行成本高	峰形好，流量范围窄，成本低，安全	同 N_2，高纯度比 N_2 成本高	

注：1. 某些特殊的检测器选择载气受到一定的限制，如 FID 必须用 He 作载气；脉冲放电检测器用载气 He 时，必须加入某些稀有气体等。

2. 选用辅助气，不同种类有利有弊，如 FID 用氧助燃灵敏度略高，但危险，且成本略高；用 N_2+O_2 人造空气纯净度高，但成本也高；FPD 用氧助燃调节使用方便，灵敏度高，但对铝件有腐蚀作用。具体选用可根据本身现有条件加以考虑。

表 20-37　常用气相色谱检测器性能比较

检测器	响应特性	噪声水平/A	基流/A	敏感度/(g/s)	线性范围	响应时间/s	最小检测器/g
TCD	浓度型	$0.005\sim$ $0.01mV$	无	$1\times10^{-6}\sim$ $1\times10^{-10}g/mL$	$1\times10^4\sim1\times10^5$	<1	$1\times10^{-4}\sim$ 1×10^{-6}
FID	质量型	$1\sim5\times10^{-14}$	$1\times10^{-11}\sim$ 1×10^{-12}	$<2\times10^{-12}$	$1\times10^6\sim1\times10^7$	<0.1	$<5\times10^{-13}$
ECD	一般为浓度型	$1\times10^{-11}\sim$ 1×10^{-12}	3H:$>1\times10^{-6}$ 63Ni:1×10^{-9}	$1\times10^{-14}g/mL$	$1\times10^{-2}\sim1\times10^{-5}$ 与操作方式有关	<1	1×10^{-14}
FPD	测磷为质量型，测硫与浓度平方成比例	$1\times10^{-9}\sim$ 1×10^{-10}，与光电倍增管有关	$1\times10^{-6}\sim$ 1×10^{-9}，与光电倍增管有关	磷:$<1\times10^{-12}$ 硫:$<1\times10^{-11}$	磷:$>1\times10^3$ 硫:$>5\times10^2$ 在双对数坐标纸上	<0.1	$<1\times10^{-10}$
TID	质量型	$<5\times10^{-14}$	$<2\times10^{-11}$	氮:$<1\times10^{-13}$ 磷:$<1\times10^{-14}$	$1\times10^4\sim1\times10^5$	<1	$<1\times10^{-13}$
PID	质量型	$(1\sim5)\times10^{-14}$	$<1\times10^{-10}$	1×10^{-13}	$1\times10^{-7}\sim1\times10^8$	<0.1	$<1\times10^{-11}$

三、热导池检测器（TCD）

热导池检测器不论对有机物还是无机物都能响应，其灵敏度一般在 $10^3\sim10^4 mV\cdot mL/mg$，敏感度为 $10^{-5}\sim10^{-6} mg/mL$，线性范围为 $10^4\sim10^5$。

1. 检测原理及结构

热导池检测器是利用载气中混入其他气体或蒸气时，热导率发生变化的原理制成的。其结构如图 20-22 所示。敏感元件为钨丝或铼钨丝等。在通恒定电流以后，钨丝温度升高，其热量经四周的载气分子传递至池壁。当被测物与载气一起进入热导池时，由于混合气的热导率与纯载气不同（通常是低于载气的热导率），钨丝传向池壁的热量也发生变化，致使钨丝温度改变（通常是升高）。其电阻也随之改变，这一电阻值的改变，使电桥输出端产生不平衡电位而输出信号。若样品组分的热导率比载气热导率小，出正峰，反之则出负峰。两者差值越大，灵敏度越高。

表 20-38 列出了一些气体和蒸气的热导率。

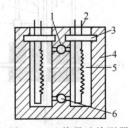

图 20-22　热导池检测器
1—载气入口；2—导线；3—绝缘密封帽；4—池体；5—热敏元件（钨丝）；6—载气入口

表 20-38　一些气体和蒸气的热导率[①]

化合物	热导率(λ)		化合物	热导率(λ)		化合物	热导率(λ)		化合物	热导率(λ)	
	0℃	100℃		0℃	100℃		0℃	100℃		0℃	100℃
空气	5.8	7.5	氧化氮	5.7	—	正丁烷	3.2	5.6	乙醇		5.3
氢	41.6	53.4	二氧化硫	2.0	—	异丁烷	3.3	5.8	丙酮	2.4	4.2
氦	34.8	41.6	硫化氢	3.1	—	正己烷	3.0	5.0	乙醚	3.10	
氧	5.9	7.6	二硫化碳	3.7	—	环己烷	—	4.3	乙酸乙酯	1.61	4.1
氮	5.3	7.5	氨	5.2	7.8	乙烯	4.2	7.4	四氯化碳	—	2.2
氩	4.0	5.2	甲烷	7.2	10.9	乙炔	4.5	6.8	氯仿	1.6	2.5
一氧化碳	5.6	7.2	乙烷	4.3	7.3	苯	2.2	4.4	二氯甲烷	1.6	2.7
二氧化碳	3.5	5.3	丙烷	3.6	6.3	甲醇	3.4	5.5	甲胺	3.8	—

① 单位为 $4.1868 \times 10^{-5} \text{W}/(\text{cm} \cdot \text{K})$。

2. 影响灵敏度的因素

① 在允许的工作电流范围内，工作电流越大灵敏度越高。电桥电流不可太大，否则稳定性下降，噪声增加，热丝寿命缩短。

② 用氢气或氦气作载气，一般比用氮气时灵敏度要高。

③ 当工作电流固定时，在操作条件许可的范围内，池体温度低、灵敏度高。

④ 灵敏度还与热导池的结构、热敏材料、热敏元件外形等有关。

3. 操作注意事项

① 在热丝电流接通之前，检测器务必通入载气，如果没有载气流来散热，钨丝非常容易烧断。

② 在换柱或换进样隔膜等情况下，气流系统通大气之前，都要断开钨丝电流。否则少量空气漏入系统会氧化并毁坏钨丝。

③ 钨丝受腐蚀会引起噪声过大，基线漂移或使电桥无法平衡。如果腐蚀严重，必须予以更换。

④ 噪声过大和基线漂移也可能是由于高沸点组分在钨丝上冷凝引起的。处理办法是将热导池体冷至室温，把柱拆开，注射进足够的溶剂，使之充满通道，保留过夜。在使用前进行彻底清洗、干燥。

⑤ 热导池检测器是对载气流速灵敏的检测器。载气流速应该用稳压稳流阀来控制。在程序升温时，气瓶压阀必须保持足够高压力，以确保基线稳定。

⑥ 为延长热导池的寿命，在使用一段时间后，把参考臂和检测臂对换一下，参考臂未接触过样品，很少腐蚀，可以延长使用时间。

⑦ 检测器温度一般与气化温度接近，或与程序升温最高柱温接近即可。

⑧ 有些气体混合物在某一浓度范围内（如 20% N_2 在 H_2 中），热导池的效应不成线性关系，必须注意。

四、氢火焰离子化检测器（FID）

氢火焰离子化检测器对有机化合物有响应，对 H_2S、SO_2、CO、CO_2、COS、CS_2、H_2O、NH_3 及其他无机物无响应。氢火焰离子化检测器有很高的灵敏度（$10^6 \sim 10^7$ mV·s/mg），敏感度为 $10^{-10} \sim 10^{-12}$ g/s，线性为 $10^6 \sim 10^7$，性能稳定，经久耐用，其死体积几乎为零，响应快，特别适于和毛细管柱相配合使用，故成为最常用的检测器。

1. 检测原理及结构

氢火焰离子化检测器的结构如图 20-23 所示。它的主要部件是离子室，离子室大都用不锈钢制成，在离子室的下部，有气体入口和氢火焰喷嘴，在喷嘴的上下部，放有一对电极（收集阳极和阴极），两极上施加一

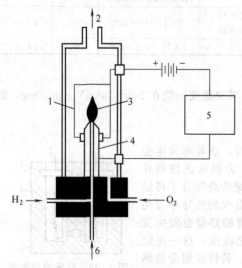

图 20-23　氢火焰离子化检测器的结构
1—收集阳极；2—放空；3—火焰；4—阴极；
5—放大记录；6—试样

定的电压。工作时，首先在空气存在时，用点火线圈通电，点燃氢焰。当被测组分由载气带出色谱柱后，与氢气在进入喷嘴前混合，然后进入离子室火焰区，生成正负离子，在电场作用下，它们分别向两极定向移动，从而形成离子流。此离子流即基流，经放大后送至记录仪记录。

2. 影响灵敏度的因素

① 实验证明，用氮气作载气比用其他气体（如 H_2、He、Ar）作载气时的灵敏度要高。

② 在一定范围内增大氢气和空气的流量，可提高检测器的灵敏度。然而，氢气流量过大有时反而降低灵敏度。一般空气与氢气之比为 10：1；氮与氢之比为 1：1，但考虑到基流随氢气的增加而上升，所以氮氢比应比理论值略高，如 1：0.85 或 1：0.9。

③ 把空气和氢气预混合，从火焰内部供氧，这是提高灵敏度的一种有效方法。

④ 收集极与喷嘴之间的距离为 5～7mm 时，往往可获得较高灵敏度。

⑤ 维持收集极表面清洁，检测高分子量物质时适当提高检测室温度等也是提高灵敏度的措施。

3. 喷嘴和收集极的清洗

当氢火焰离子化检测器使用一段时间后，遇到点不着火（如果不是气体流速问题或空气中含水量大）、分析运行中途自动熄火，或样品信号明显变小（即灵敏度下降）时，则需要清洗检测器中喷嘴和收集极。先将这些部件拆下，用金属通丝穿过喷嘴的小孔，将喷嘴浸泡在己烷溶液中片刻，再浸泡在（1+1）丙酮-乙醇溶液中。最后用低速干燥空气吹干收集极和喷嘴，放烘箱内 110℃ 烘干，重新装上即可使用。检测器温度应高于 100℃，以免积水造成熄火。

五、电子捕获检测器（ECD）

电子捕获检测器的灵敏度达 10^{-14} g/mL。最小检测量可达 10^{-14} g，线性范围近 $10^2 \sim 10^5$。适用于分析含卤素、硫、磷、氮等化合物。在农药、大气、水质污染、食品添加剂等的分析中得到广泛的应用。

1. 检测原理与结构

电子捕获检测器是根据电负性物质分子能捕获自由电子的原理制成的。

常用于 ECD 的放射源有 ^{63}Ni 和 ^{3}H 两种。表 20-39 列出了它们的性能比较。

表 20-39 ECD 常用放射源性能比较

项 目	^{3}H	^{63}Ni	项 目	^{3}H	^{63}Ni
半衰期/年	12.5	92	物理特性	气体	固体
衰变类型	纯β⁻	纯β⁻	毒害	很低	中等
射程/mm	5～10	45	最高使用温度②/℃	225（³H-钛源）	350～400
粒子能量/keV	18	67		300（³H-钪源）	
活度/(Ci/g)①	9800	5	一般使用剂量/mCi	500～1000	10～15

① 居里（Ci）即放射性强度单位，1Ci 为一定的放射性物质每秒有 3.7×10^{10} 个原子发生衰变，即每秒产生 β 粒子 3.7×10^{10} 个。

② ³H 是气态，通常把 ³H 吸附在特殊金属上，制成放射源。国内有两种产品：一种是把 ³H 吸附在镀有镀膜的基层上，称为 ³H-钛源；另一种是把 ³H 吸附在镀有钪的不锈钢的基片上，称 ³H-钪源。最高使用温度依赖于不同金属的吸附特性。

电极电子捕获检测器的结构如图 20-24 所示，在检测器池体内，装有一个圆筒状 β 放射源 ³H 或 ⁶³Ni，为负极，一根不锈钢棒为正极。两极间施加直流或脉冲电压，当载气（如 N_2）进入检测池后，放射源的 β 射线将其电离为自由基和低能电子：

$$N_2 \longrightarrow N_2^+ + e$$

这些电子在电场作用下，向正极运动，形成恒定的电流即基流，当电负性物质进入检测器后，就能捕获这些低能电子，产生稳定的负离子 AB^-，并且放出能量 E，这一过程的反应如下：

$$AB + e \longrightarrow AB^- + E$$

从而使基流下降，产生负信号——倒峰。

不难理解，被测组分的浓度越大，倒峰越大；组分中电负性元素的电负性越大，捕获电子的能力越强，倒峰也越大。

2. 操作注意事项

① 载气纯度对灵敏度影响很大，要用高纯氮（纯度＞99.999%）作载气，以防电负性物质

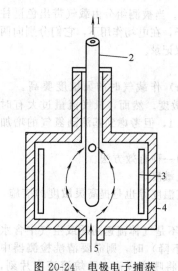

图 20-24 电极电子捕获
检测器的结构

1—放空；2—阳极；3—放射
源；4—阴极；5—接色谱柱

（氧、水等）干扰。气路系统密封性要好，不使用时气路系统的进口和出口都应密闭。要用高温色谱专用的硅橡胶做垫片。第一次开机时，应用大流量的高纯氮吹扫管路至少 24h，然后再把气流接到载气入口处，使用时载气一直保持正压，中途短时间停机，不要关掉载气。更换色谱柱或气化室的硅橡胶时要尽可能快，漏入空气，会使基流下降，线性范围变窄，噪声增高，灵敏度下降。

② 检测器的温度应保持在柱温以上，以防止样品或流失的固液冷凝在检测器里。但切勿超过最高使用温度，否则氚源会流失，这是极危险的。

③ ECD 是依据基流减小获得检测信号。为获高分离度，进样量必须适当。通常希望产生的峰高不超过基流的 30%，当样品浓度大时，应适当稀释后再进样。分析电负性强的样品（如 CCl_4）时，其量一定不要超过 $10^{-9}g$。

④ 溶剂要充分纯化，尽可能不采用有很强电负性的溶剂，如丙酮、乙醇、乙醚和含氯溶剂，非用不可时一定要把色谱柱充分老化。

⑤ 操作人员应具备操作放射源的基本知识。

六、火焰光度检测器（FPD）

火焰光度检测器（FPD）又叫硫磷检测器，它是一种对含磷、硫的有机化合物具有高选择性和高灵敏度的检测器，检测器主要由火焰喷嘴、滤光片、光电倍增管等构成，其结构如图 20-25 所示。

当样品在富氢焰（$H_2 : O_2 > 3 : 1$）中燃烧时，含硫有机化合物发生如下反应：

$$RS + 2O_2 \longrightarrow SO_2 + CO_2$$

$$2SO_2 + 8H \longrightarrow 2S + 4H_2O$$

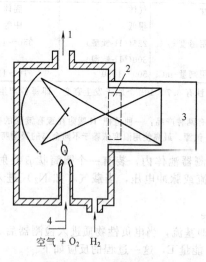

图 20-25 火焰光度检测器

1—放空；2—滤光片；3—光电倍
增管；4—来自色谱柱

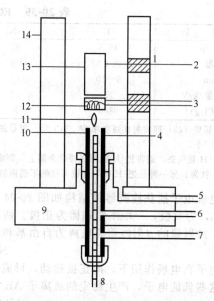

图 20-26 热离子检测器

1—绝缘体；2—信号收集极；3—碱金属加热极；
4—毛细管柱末端；5—空气；6—氢气；7—补
充气；8—毛细管柱；9—检测气加热块；10—火
焰喷嘴；11—微焰；12—玻璃/陶瓷珠加
热线圈；13—收集极；14—检测器简体

在适当的温度下，生成具有化学发光性质的激发态 S_2^* 分子：

$$S+S \xrightarrow{390℃} S_2^*$$

当激发态 S_2^* 分子回到基态时，发射出波长为 394nm 的特征光。

$$S_2^* \longrightarrow S_2 + h\nu$$

含磷有机化合物在富氢焰中进行与上述反应相类似的反应，形成能化学发光的 HPO 碎片，发出波长为 526nm 的特征光，这种特征光经干涉滤光片选择后，由光电倍增管接收，经放大把信号记录下来，若采用双光路火焰光度检测器，可以同时检测硫和磷两种化合物。

七、热离子检测器（TID）

（1）热离子检测器的结构　热离子检测器早期也称为碱焰离子化检测器（AFID），也有称为氮磷检测器（NPD），其结构示意如图 20-26。它与氢火焰离子化检测器（FID）极为相似，不同之处只是在火焰喷嘴上方有一个含碱金属盐的陶瓷珠，所用碱金属有 Na、Rb 和 Cs。

（2）热离子检测器的性能　其本质上是氢火焰离子化检测器的火焰上加上碱金属盐，使之产生微弱的电流，电流的大小与火焰的温度有关，火焰的温度又与氢气的流量有关，所以必须很好地选择和控制氢气的流量。热离子检测器所用氢气的流量有严格的规定，氢气量变化 0.05% 将使热离子改变 1%。热离子检测器的灵敏度和基流还取决于空气和载气的流量，通常，流量的增加，灵敏度降低。载气的种类也对灵敏度有一定影响，用氮做载气要比用氩做载气提高灵敏度 10%，其原因是用氩时，使碱金属盐过冷造成样品分解不完全。板间电压在 300V 左右时才能有效地收集正负电荷，收集极必须是负极，其位置必须进行优化调整。碱金属盐的种类对检测器的可靠性和灵敏度有影响，通常对可靠性的优劣次序是 K>Rb>Cs；对氮的灵敏度为 Rb>K>Cs。

八、光离子检测器（PID）

（1）PID 的结构　光离子检测器的总体结构示意如图 20-27 所示，检测器的检测池如图 20-28 所示。PID 的激光光源是特制的、具有不同能量的紫外光灯，使用最多的是 10.2eV，能量比它高的有 11.7eV，比它低的还有 9.5eV 和 8.3eV。紫外光通过窗口把能量传递给检测池，图 20-28 中没有画出光源。第三代 PID 的（样品池）检测池体积小到 50μL。

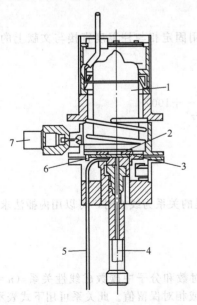

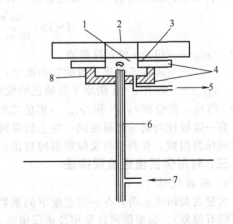

图 20-27　光离子检测器总体结构的示意
　　1—紫外光灯；2—样品池；3—加速电极；
　　4—载气入口；5—排气口；
　　6—收集极；7—到静电计

图 20-28　光离子检测器的检测池
　　1—样品池；2—紫外光窗口；3—密封垫；4—检测离子室；5—色谱柱流出物出口；6—毛细管柱；7—补充气入口；8—检测器底座

（2）PID 的性能　a. PID 是基于各种化合物的电离电位小于或等于紫外光的辐射能量时就可电离为正离子和电子，在电场作用下形成电流，光子能量决定检测器的选择性，光子强度决定检测器的灵敏度；b. 使用最多的是 10.2eV 的紫外灯，因为它具有较高的光子强度，足以激发多种有机和无机化合物，能量为 9.5eV 和 8.3eV 的灯只用于少数化合物，具有较强的选择性。

第五节　气相色谱定性分析

一、用已知物直接对照法

（1）保留时间或保留体积法　在一定的固定相和操作条件（如柱温、柱长、柱内径、载气流速等）不变时，任何一种物质都有确定的保留时间 t_R 或保留体积 V_R，可作定性的指标，确切地说，真正表示组分特性的是校正保留时间 t'_R 或校正保留体积 V'_R。但是，因为 t^0_R 和 V^0_R 在一定条件下固定不变，所以实际上仍用 t_R 和 V_R 来定性。t_R、t'_R 随载气流速的变化而改变，使用时注意控制载气流速，而保留体积 V_R 或 V'_R 可不受流速变化的影响。

测定时只要在相同的操作条件下，分别测出已知物和未知样品的保留值，在未知样品色谱图中对应于已知物保留值的位置上，若有峰出现，则可判定样品可能含有此已知物组分。

利用未知物的保留值与已知物保留值定性，是气相色谱分析中最常用的简便方法。

（2）比保留体积 V_g 法　比保留体积 V_g 为 0℃ 时单位质量固定液的校正保留体积。V_g 仅是温度的函数，与柱长、柱内径、固定液含量、流速等无关，是比较准确的定性方法。但要准确测定比保留体积 V_g 的绝对值比较困难，必须严格控制操作条件，知道固定液的质量。但固定液总有流失的问题，故比保留体积 V_g 在使用上不大方便。

（3）相对保留值法　只要实验测出 $t'_{R(1)}$ 和 $t'_{R(2)}$，就可方便地求出已知物和未知样品的相对保留值（$\gamma_{2,1}$），进行比较定性。

（4）加入已知物增加峰高法。

（5）双柱（多柱）定性法　有时几种物质在同一色谱柱上偶有相同保留值，无法定性，则可用性质差别较大的双柱定性。

二、保留指数法

保留指数的重现性较其他保留值数据好，可根据所用固定相与柱温度直接与文献上的数据对照，不需标准样品。

任何物质的保留指数（I）都能够按下式计算：

$$I = 100 \frac{\lg t'_{R(i)} - \lg t'_{R(n_Z)}}{\lg t'_{R(n_{Z+1})} - \lg t'_{R(n_Z)}} + 100Z$$

式中　$t'_{R(i)}$——组分 i 校正保留值；

　　　n_Z——具有 Z 碳原子数的正构烷烃；

　　　n_{Z+1}——具有 $Z+1$ 碳原子数的正构烷烃。

组分 i 的 $t'_{R(i)}$ 值应在 $t'_{R(n_Z)}$ 和 $t'_{R(n_{Z+1})}$ 的值之间。

有一定极性的同一物质在同一柱上的保留指数与柱温的关系为线性时，可以用内插法求不同温度下的保留指数，有利于与文献数据的对比。

三、利用保留值经验规律法

1. 碳数规律

大量实验结果证明，在一定温度下同系物保留值的对数和分子中碳数成线性关系（$n=1$ 或 2 时可能有偏差）。保留值可以采用校正保留值、比保留值或相对保留值。此关系可用下式表示：

$$\lg V_g = A_1 n + C_1$$

式中　A_1，C_1——与固定液和被分析物质分子结构有关的常数；

　　　n——组分分子中的碳原子数目。

当知道了某一同系物中几个物质的保留值，便可进行线性回归，求得 A_1、C_1 值，或作出直线，从而确定未知物的保留值，最后与所得色谱图对照进行定性。

2. 沸点规律

具有相同碳原子数的碳链异构体的保留值的对数与其沸点成线性关系，即有：

$$\lg V_g = A_2 T_b + C_2$$

式中　A_2，C_2——实验确定的经验常数；

　　　　T_b——物质的沸点。

与碳数规律一样，对各异构体也可以根据其中几个已知物的保留值的对数与沸点作图，或计算得到线性回归方程，求出 A_2、C_2 值。再根据未知物的沸点便可求出其相应的保留值，最后与色谱图上的未知峰对照定性。

四、化学反应定性法

1. 柱前预处理法

有些具有官能团的化合物，能与特征试剂起反应，生成相应的衍生物，则在处理后的样品色谱图上，使该类物质的色谱峰提前、后移或消失。比较处理前后样品的色谱图就可以确认该组分属于哪类（族）化合物。

① 酚类（羟基化合物）与乙酸酐作用，生成相应的乙酸酯，色谱峰提前。

② 卤代烷与乙醇-硝酸银反应，生成白色沉淀，色谱图上卤代烷峰全部消失。

③ 伯胺、仲胺与三氟乙酸酐作用，生成胺类乙酰物，在该条件下伯胺、仲胺色谱峰消失，而叔胺峰不变化。

④ 油样中的烷烯芳烃，加入 HBr 使烯烃加成，色谱峰后移，可用作族组成分析。

2. 柱上选择除去法

如果把化学试剂涂到载体上，装在一个短柱内，串联于分析柱之前，称为前柱。利用试剂与样品中某类组分进行化学反应生成低挥发性产物，从而由色谱图上除去某些物质的色谱峰。

如果把吸附剂装到前柱里，利用其吸附作用也能除去某类物质，起到同样作用。适用于色谱定性分析的某些除去剂见表 20-40。

表 20-40　适用于色谱定性分析的某些除去剂

除 去 剂	除 去 物 质	备注[①]
5A 分子筛	正构烷烃和其他直链分子	1
乙酸汞-Hg(NO₃)₂-乙二醇	烯烃	2
马来酐-硅胶	二烯烃	1
1mol/L Hg(ClO₄)₂-2mol/L HClO₄,(1+1)	烯烃、炔烃	2
20%HgSO₄-20%H₂SO₄	烯烃、炔烃	2
4%AgNO₃-95%H₂SO₄	芳烃、烯烃、炔烃	2
40X 分子筛	芳烃	1
硼酸	醇类	2
NaOH-石英	酚类	1
FFAP（聚乙二醇-20M 与 2-硝基对苯二甲酸反应产物）	醛类	2
NaHSO₄-乙二醇	醛类	2
联苯胺	醛类、酮类	2
邻联(二)茴香胺	醛类	2
磷酸	环氧化物	2
氧化锌	酸类	1
聚酰胺（versamide 900）	烷基、苯基卤化物	2
NaBr-Al₂O₃	具有酮、醇官能团的有机物	1

① 备注栏中：1 表示除去剂直接装在前柱里；2 表示除去剂涂到载体上再装于前柱里。

3. 柱后流出物分类试剂定性法

采用粗直径（6～10mm）色谱柱，用冷阱收集柱后分离的单组分，利用分类试剂定性，或将柱后分离物通过 T 形毛细管分流器，直接通入官能团检测管，利用显色、沉淀等现象，对未知物进行定性。只要更换装有不同试剂的试管，就可粗略地对样品进行鉴定。表 20-41 为官能团分类试验。

表 20-41 官能团分类试验

样　品	试　剂	反应颜色	检测极限/μg	试验化合物
醇类	$K_2Cr_2O_3$-HNO_3	蓝色	20	$C_1 \sim C_8$
	硝酸高钴	琥珀色	100	$C_1 \sim C_8$
醛类	2,4-二硝基苯肼	黄色沉淀	20	$C_1 \sim C_6$
	品红试剂	桃红色	50	$C_1 \sim C_6$
酮类	2,4-二硝基苯肼	黄色沉淀	20	$C_3 \sim C_8$
酯类	羟肟酸试剂	红色	20	$C_1 \sim C_6$
硫醇	亚硝基铁氰化物	红色	50	$C_1 \sim C_9$
	靛红	绿色	100	$C_1 \sim C_9$
硫醇	$Pb(OAc)_2$	黄色沉淀	100	$C_1 \sim C_9$
硫醚	亚硝基铁氰化钠	红色	50	$C_2 \sim C_{12}$
二硫化物	亚硝基铁氰化钠	红色	50	$C_2 \sim C_{12}$
	靛红	绿色	100	$C_2 \sim C_{12}$
胺类	兴斯伯试剂	橙色	100	$C_1 \sim C_4$
	亚硝基铁氰化钠	红色	50	$C_1 \sim C_4$
		蓝色		二乙胺、二戊胺
腈类	羟肟酸试剂	红色	40	$C_2 \sim C_5$
芳烃	$HCHO$-H_2SO_4	酒红色	20	$\phi H \sim \phi C_4$
不饱和烃	$HCHO$-H_2SO_4	酒红色	40	$C_2 \sim C_8$
卤代烃	C_2H_5OH-$AgNO_3$	白色沉淀		

五、检测器的选择性定性法

不同类型的检测器对组分的选择性和灵敏度各不相同。如电子捕获检测器只对卤素、氧、氮等电负性物质有响应，电负性越强，检出灵敏度越高。热导池检测器灵敏度较低，但对无机气体和各类有机物都有信号反应。氢火焰离子化检测器只对含碳的有机物非常灵敏，而对无机气体或水基本上无信号反应。电子捕获检测器对卤素、硫、磷、氮等灵敏度高。利用检测器这些特点，可以对未知物进行大致分类、定性。

色谱定性工作中，也常采用单柱双检测器或双柱双检测器配合使用。

六、与其他仪器联用定性法

（1）色谱-质谱联用　由于质谱灵敏度高、扫描速度快并能准确测得未知物分子量，因此色谱-质谱联用技术是目前解决复杂未知物定性问题的最有效工具之一。

（2）色谱-红外光谱联用　红外光谱对纯物质有特征性很高的红外光谱图，并且这些标准谱图已被大量地积累下来。因此红外光谱已被广泛和有效地用于定性鉴定色谱流出峰。

现代色谱-傅里叶变换红外光谱联用仪，具有扫描速度快、灵敏度高、样品用量少、借助电子计算机进行控制与数据处理以及谱带的辨认和检索等功能，每当一个色谱峰出完后，就可立即知道该流出峰的组分的定性结果。因而大大地降低了工作人员的工作量，减少主观误差，使得分析复杂样品的时间大为缩短。

第六节　气相色谱定量分析

定量分析的依据是：检测器对某一组分 i 的响应信号（如峰高 h_i 或峰面积 A_i）与该组分通过检测器的量（m_i）成线性关系。其表达式为：

$$m_i = f_i A_i$$

式中　f_i——比例系数，定量分析中称为校正因子。

一、色谱峰面积的测量方法

色谱峰的测量方法，早期有剪纸称重法、求积仪测峰面积法等。随着微处理机的迅速发展，目前气相色谱已普遍配有电子积分仪或微处理机。参见本章第二节五。

1. 对称峰面积的测量

(1) 峰高乘半高峰宽法   峰高乘半高峰宽法测量峰面积是最方便的常用方法。当色谱峰为对称峰时，可把色谱峰近似看作一个等腰三角形，利用等腰三角形面积的计算方法，来计算色谱峰的面积。

$$A = hY_{\frac{1}{2}}$$

式中 A——色谱峰面积；

h——峰高；

$Y_{\frac{1}{2}}$——峰高一半处的峰宽（半宽度）。

理论计算表明这样计算出来的峰面积只有真实峰面积的 0.94。在相对计算中该系数可以约去，不影响定量结果。在绝对测量时，如计算色谱仪的灵敏度就应乘上校正值 1.065。此时色谱峰面积应为：

$$A = 1.065hY_{\frac{1}{2}}$$

(2) 峰高乘保留时间法   对同系物样品，其色谱峰的半高峰宽和保留时间成线性关系，即有：

$$Y_{\frac{1}{2}} = bt_R \qquad A = hbt_R$$

式中 b——斜率，在作相对测量时可约去。

所以可用峰高与保留时间的乘积表示色谱峰面积。这种方法最适用于测量比较窄的色谱峰面积，因为测定色谱峰的保留值比测量半高峰宽误差要小。

2. 不对称峰面积的测量

不对称峰面积一般可用峰高乘平均峰宽法来计算。取 $0.15h$ 处和 $0.85h$ 处所对应的峰宽 $Y_{0.15}$ 和 $Y_{0.85}$ 的平均值乘峰高来近似计算峰面积。

$$A = \frac{h}{2}(Y_{0.15} + Y_{0.85})$$

3. 大峰上的小峰面积的测量

(1) 峰形锐的小峰   峰形锐的小峰往往在大峰前沿位置上流出，故该小峰的峰形较窄，而且大多正立于基线上，如图 20-29 所示。一般从峰顶 A 作基线的垂线交大峰轨迹线于 B，以 AB 为小峰峰高，然后按峰高乘半高峰宽法近似计算其峰面积。

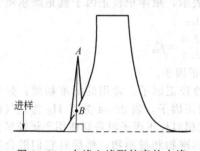
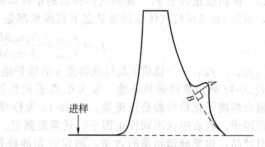

图 20-29 大峰上峰形较窄的小峰　　　　图 20-30 变挡漂移基线的确定

(2) 峰形宽的小峰   峰形宽的小峰往往在大峰拖尾位置上流出，故小峰的峰形较宽，而且大多非正立于基线上。此类小峰一般是从峰顶 A 作大峰轨迹的垂线交于 B，如图 20-30 所示。以 AB 为小峰峰高，然后根据其对称性程度选用前述适当的方法近似计算该小峰面积。

4. 基线漂移时峰面积的测量

基线漂移时，一般从峰顶作漂移基线的垂线得其峰高，然后根据峰形的对称性选用前述适当的方法，近似计算该漂移基线上色谱峰的峰面积。

5. 未完全分离色谱峰面积的测量

在色谱分析中，一般要求相邻两色谱峰的分离度大于 0.5，这时，通常可直接用峰高乘半峰宽

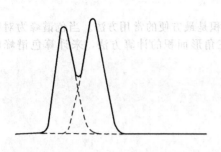

图 20-31 未完全分离色谱峰面积的测量

经校正的峰面积来计算物质的含量。

单位峰面积所代表物质的量 f_i，称为绝对校正因子：

$$f_i = \frac{m_i}{A_i}$$

求 f_i 值时可以用已知量的纯物质测得。实际工作中，由于向气相色谱仪注入准确已知量的物质比较困难，多采用相对校正因子 f_i 来作定量校正因子。

相对校正因子 f_i' 是指某物质的绝对校正因子 f_i 与标准物质的绝对校正因子 f_s 的比值：

$$f_i' = \frac{f_i}{f_s}$$

(1) 质量校正因子 f_w'

$$f_w' = \frac{f_{i(w)}}{f_{s(w)}} = \frac{A_s m_i}{A_i m_s}$$

式中 A_i，A_s——物质 i 和标准物质 s 的峰面积；

m_i，m_s——物质 i 和标准物的质量。

(2) 摩尔质量校正因子 f_m' 如果单位以摩尔表示，则：

$$f_m' = \frac{f_{i(m)}}{f_{s(m)}} = \frac{A_s m_i M_s}{A_i m_s M_i} = f_w' \times \frac{M_s}{M_i}$$

式中 M_i，M_s——被测物和标准物的分子量；

$f_{i(m)}$，$f_{s(m)}$——物质 i 及标准物质的摩尔质量校正因子。

(3) 体积校正因子 f_v 如果气体样品的单位以体积表示，则体积校正因子就是摩尔质量校正因子，因为 1mol 任何气体在标准状态下其体积都是 22.4L：

$$f_v' = \frac{f_{i(v)}}{f_{s(v)}} = \frac{A_s m_i M_s \times 22.4}{A_i m_s M_i \times 22.4} = f_m'$$

式中 $f_{i(v)}$，$f_{s(v)}$——物质 i 及标准物质 s 的体积绝对校正因子。

等方法近似计算其峰面积。

如果样品复杂，很难达到分离度大于 0.5 时，则可按图 20-31 所示的方法，作出其对称峰边后，再按峰高乘半高峰宽等方法近似计算其峰面积。

二、定量校正因子

气相色谱分析中，由于同一检测器对不同的物质有不同的响应值，所以两个等量的物质得出的峰面积往往不相等，不能用峰面积直接进行比较。为解决此问题，可以选定一种物质做标准，用校正因子把其他物质的峰面积校正成相当于这个标准物质的峰面积，然后用这种

表 20-42 列出常用的热导池、氢火焰离子化检测器的校正因子。常用的标准物质：热导池是苯，氢火焰离子化检测器是正庚烷。表 20-43 为热导池校正因子，表 20-44 为以 H_2 为载气的热导池校正因子。若表中找不到校正因子，就需要测定。测定相对校正因子时最好使用色谱纯试剂，实在没有纯品，也要确知物质的含量。测定时先准确称量标准物和被测物，然后将它们混合均匀进样，测出它们的峰面积，便可计算得到相对校正因子。

表 20-42 常用的热导池、氢火焰离子化检测器的校正因子

化 合 物 名 称	沸 点 /℃	相对分子质量	热导池		氢焰离子化质量校正因子
			摩尔校正因子	质量校正因子	
饱和烃					
甲烷	−160	16	2.80	0.45	1.03
乙烷	−89	30	1.96	0.59	1.03
丙烷	−42	44	1.55	0.68	1.02

续表

化 合 物 名 称	沸 点 /℃	相对分子质量	热 导 池		氢焰离子化质量校正因子
			摩尔校正因子	质量校正因子	
丁烷	−0.5	58	1.18	0.68	0.91
戊烷	36	72	0.95	0.69	0.96
己烷	68	86	0.81	0.70	0.97
庚烷	98	100	0.70	0.70	1.00
辛烷	126	114	0.63	0.71	1.03
壬烷	151	128	0.57	0.72	1.02
癸烷	174	142	0.50	0.71	
十一烷	196	156	0.51	0.79	
十四烷	254	198	0.42	0.85	
C$_{20}$～C$_{36}$				0.72	
异丁烷	−12	58	1.22	0.71	
异戊烷	28	72	0.98	0.71	0.95
新戊烷	10	72	1.01	0.73	
2,2-二甲基丁烷	50	86	0.86	0.74	0.96
2,3-二甲基丁烷	58	86	0.86	0.74	0.97
2-甲基戊烷	60	86	0.83	0.71	0.95
3-甲基戊烷	63	86	0.84	0.73	0.96
2,2-二甲基戊烷	79	100	0.75	0.75	0.98
2,3-二甲基戊烷		100			0.97
2,4-二甲基戊烷	81	100	0.78	0.78	0.98
2,3-二甲基戊烷	90	100	0.74	0.74	1.01
3,5-二甲基戊烷	86	100	0.75	0.75	
2,2,3-三甲基丁烷	81	100	0.78	0.78	0.98
2-甲基己烷	90	100	0.74	0.74	0.98
3-甲基己烷	92	100	0.75	0.75	0.98
3-乙基戊烷	93	100	0.76	0.76	0.98
2-甲基庚烷	117.6	114			1.03
3-甲基庚烷	118.9	114			0.99
4-甲基庚烷	117.7	114			0.98
2,2-二甲基己烷	106.8	114			0.99
2,3-二甲基己烷	115.6	114			1.01
2,4-二甲基己烷	109.4	114			1.01
2,5-二甲基己烷	109.1	114			0.99
3,4-二甲基己烷	117.7	114			1.01
3-乙基己烷	118.5	114			1.00
2-甲基 3-乙基戊烷	115.7	114			1.02
2,2,3-三甲基戊烷	109.8	114			0.98
2,2,4-三甲基戊烷	99	114	0.68	0.78	1.00
2,3,3-三甲基戊烷	114.8	114			0.99
2,3,4-三甲基戊烷	113.5	114			1.01
2,2-二甲基庚烷		128			1.03
3,3-二甲基庚烷	137.0	128			1.00
2,4-二甲基-3-乙基戊烷	136.7	128			1.01
2,2,3-三甲基己烷	131.7	128			0.99
2,2,4-三甲基己烷	126.5	128			1.01
2,2,5-三甲基己烷	124.1	128			1.01
2,2,3-三甲基己烷		128			1.00

化 合 物 名 称	沸 点 /℃	相对分子质量	热导池		氢焰离子化质量校正因子
			摩尔校正因子	质量校正因子	
2,3,5-三甲基己烷	131.4	128			1.04
2,4,4-三甲基己烷	130.7	128			0.99
2,2,3,3-四甲基戊烷	140.3	128			1.00
2,2,3,4-四甲基戊烷	133.0	128			1.01
2,3,3,4-四甲基戊烷	141.6	128			1.01
3,3,5-三甲基庚烷	115.7	142			1.01
2,2,3,4-四甲基己烷	154.3	142			0.99
2,2,4,5-四甲基己烷	147.9	142			1.00
不饱和烃					
乙烯	−104	28	2.08	0.59	0.98
丙烯	−48	42	1.55	0.63	
异丁烯	−7	56	1.22	0.68	
1-正丁烯	−6	56	1.23	0.70	
2-反丁烯	1	56	1.18	0.66	
2-顺丁烯	4	56	1.15	0.64	
3-甲基-1-丁烯	20	70	1.01	0.71	
2-甲基-1-丁烯	31	70	1.01	0.71	
1-戊烯	30	70	1.02	0.71	
2-反戊烯	36	70	0.96	0.67	
2-顺戊烯	37	70	1.02	0.71	
2-甲基-2-戊烯	39	70	1.04	0.75	
2,4,4-三甲基-1-戊烯	101	112	0.63	0.71	
丙二烯	−35	40	1.89	0.76	
1,3-丁二烯	−4	54	1.25	0.67	
环戊二烯	43	66	1.47	0.97	
异戊间二烯	34	68	1.09	0.74	
1-甲基环己烯	110	96	0.87	0.84	
丙炔	−23	40	1.72	0.69	
双环戊二烯	170	132	1.32	1.00	
4-乙烯基环己烯	130	108	0.77	0.83	
环戊烯	44	68	1.24	0.84	
降冰片烯		9	0.89	0.83	
降冰片二烯		92	0.90	0.83	
环庚三烯		92	0.96	0.89	
1,3-环辛二烯		108	0.76	0.85	
1,5-环辛二烯		108	0.76	0.83	
1,3,5,7-环辛四烯		104	0.88	0.91	
环十二三烯(TTT)		162	0.60	0.97	
环十二三烯		162	0.65	1.06	
1-己烯	63.5	84			1.01
2-辛烯	146.9	126			0.97
1-癸烯	170.8	140			0.99
乙炔	−83.6	26			0.94
芳烃					
苯	80	78	1.00	0.78	0.89
甲苯	110	92	0.86	0.79	0.94
乙苯	136	106	0.78	0.82	0.97
间二甲苯	139	106	0.76	0.81	0.96
对二甲苯	138	106	0.76	0.81	1.00
邻二甲苯	144	106	0.79	0.84	0.98
异丙苯	152	120	0.70	0.85	1.03

化 合 物 名 称	沸 点/℃	相对分子质量	热 导 池		氢焰离子化质量校正因子
			摩尔校正因子	质量校正因子	
正丙苯	159	120	0.69	0.83	0.99
1,2,4-三甲苯	169	120	0.67	0.80	1.03
1,2,3-三甲苯	176	120	0.67	0.81	1.02
1,3,5-三甲苯	165	120	0.67	0.80	1.02
对乙基苯	163	120	0.67	0.81	1.00
顺丁基苯	171	120	0.63	0.85	1.00
反丁苯					0.98
正丁苯	183.3	134			1.02
1-甲基-2-乙基苯	165.2	120			0.98
1-甲基-3-乙基苯	161.3	120			0.99
1-甲基-4-乙基苯	162.0	120			1.00
1-甲基-2-异丙基苯	178.4	134			1.01
1-甲基-3-异丙基苯	175.2	134			0.99
1-甲基-4-异丙基苯	177.3	134			1.01
联苯	254	154	0.59	0.91	
邻三联苯	332	230	0.46	1.06	
间三联苯	363	230	0.44	1.00	
对三联苯	383	230	0.45	1.03	
三苯基甲烷	359	244	0.43	1.05	
萘	218	128	0.72	0.92	
四氢化萘	207	132	0.69	0.91	
1-甲基四氢化萘	234	146	0.63	0.93	
1-乙基四氢化萘	242	160	0.59	0.94	
反十氢化萘	186	138	0.67	0.92	
顺十氢化萘	195	138	0.66	0.91	
环烷					
环戊烷	49	70	1.03	0.72	0.96
甲基环戊烷	72	84	0.87	0.73	0.99
1,1-二甲基环戊烷	88	98	0.81	0.79	0.97
乙基环戊烷	103	98	0.79	0.78	1.00
顺1,2-二甲基环戊烷	100	98	0.89	0.78	1.00
反1,2-二甲基环戊烷	91	98	0.80	0.78	0.99
反1,3-二甲基环戊烷	91.7	98			1.00
顺1,3-二甲基环戊烷	90.8	98			1.00
1,2,4-三甲基环戊烷(CTO)	116	112	0.74	0.83	
1,2,4-三甲基环戊烷(CCT)	109	112	0.70	0.78	
1-甲基-反2-乙基环戊烷		112			0.99
1-甲基-顺2-乙基环戊烷	128.1	112			1.00
1-甲基-顺3-乙基环戊烷		112			1.03
1-甲基顺3-乙基环戊烷		112			1.00
1,1,2-三甲基环戊烷	113.7	112			0.97
1,1,3-三甲基环戊烷	104.9	112			0.96
反1,2-顺3-三甲基环戊烷	110.4	112			1.00
反1,2-顺4-三甲基环戊烷	109.3	112			1.02
顺1,2-反3-三甲基环戊烷		112			1.02
顺1,2-反4-三甲基环戊烷	116.7	112			1.01

化 合 物 名 称	沸 点 /℃	相对分子质量	热导池		氢焰离子化质量校正因子
			摩尔校正因子	质量校正因子	
异丙基环戊烷	126.4	112			1.02
正丙基环戊烷	131	112			1.03
反 1,2-二甲基环己烷	123.4	112			0.99
顺 1,2-二甲基环己烷	129.7	112			1.01
反 1,4-二甲基环己烷	119.4	112			1.01
1-甲基-反 4-乙基环己烷	149.1	126			1.02
1-甲基-顺 4-乙基环己烷	152.6	126			1.04
1,1,2-三甲基环己烷	145.2	126			0.99
异丙基环己烷	154.6	126			1.02
环庚烷	150.7	112			0.99
环己烷	81	84	0.88	0.74	0.99
甲基环己烷	101	98	0.83	0.82	0.99
1,1-二甲基环己烷	120	112	0.71	0.79	0.97
1,4-二甲基环己烷	119～124	112	0.69	0.77	
乙基环己烷	132	112	0.69	0.78	0.99
正丙基环己烷	155	126	0.63	0.80	
1,1,3-三甲基环己烷	139	126	0.72	0.91	
杂原子化合物					
吡咯	131	67	1.16	0.78	
己胺	132	101	0.96	0.97	
环氧乙烷	11	44	1.72	0.76	
环氧丙烷	35	58	1.25	0.73	
甲基硫醇	7	48	1.69	0.81	
乙基硫醇	35	62	1.15	0.72	
1-丙基硫醇	68	76	0.99	0.75	
四氢呋喃	66	72	1.20	0.87	
噻吩烷	119	88	0.77	0.86	1.75
硅酸乙酯	165	208	0.48	0.995	
乙醛	21	44	1.54	0.68	
乙二醇乙醚	135	90	0.93	0.84	2.02
丙醛		60	1.282	0.77	
正丁胺	77	73	0.88	0.64	
正戊胺	104	87	0.66	0.57	
吡咯啉	90	69	1.2	0.83	
吡咯烷	89	71	1.1	0.78	
吡啶	115	79	1.0	0.79	
1,2,5,6-四氢吡咯		83	0.97	0.81	
呱啶	106	85	0.98	0.83	
乙腈	79	53	1.28	0.68	2.56
丙腈	97	55	1.19	0.65	
正丁腈	118	69	0.95	0.66	
苯胺	184	93	0.88	0.82	1.03
三甲胺	3	59			2.13
三丁胺	211.0				1.85
二乙胺	56				1.64
二正丁胺	159				1.03
喹啉	238	129	0.52	0.67	

化 合 物 名 称	沸 点 /℃	相对分子质量	热 导 池		氢焰离子化质量校正因子
			摩尔校正因子	质量校正因子	
反十氢喹啉	203	139	0.85	1.19	
顺十氢喹啉	206	139	0.85	1.19	
丙酮	56	58	1.16	0.68	2.04
丁酮	80	72	1.02	0.74	1.64
二乙基酮	102	86	0.91	0.78	
3-己酮	124	100	0.81	0.81	
2-己酮	127	100	0.77	0.77	
3,3-二甲基-2-丁酮	106	114	0.85	0.97	
甲基正戊酮	155	114	0.75	0.86	
甲基正己酮	173	128	0.68	0.87	
环戊酮	131	84	0.94	0.79	
环己酮	157	98	0.80	0.79	1.38
2-壬酮	195	142	0.62	0.84	
甲基异丁酮	118	100	0.85	0.86	1.40
甲基异戊酮	127	114	0.72	0.83	
乙基丁基甲酮					1.40
二异丁基酮					1.02
丁醛	74.7				1.61
庚醛	153				1.30
辛醛	171				1.28
癸醛	207~209				1.25
甲酸	100.7				1.00
乙酸	118.2				4.17
丙酸	141				2.5
丁酸	162.5				2.09
己酸	205.4				1.58
庚酸	223.0				1.64
辛酸	237				1.54
甲醇	65	32	1.82	0.58	4.35
乙醇	78	46	1.39	0.64	2.18
正丙醇	97	60	1.2	0.72	1.67
异丙醇	82	60	1.18	0.71	1.89
正丁醇	117	74	1.05	0.78	1.52
异丁醇	108	74	1.04	0.77	1.47
仲丁醇	100	74	1.03	0.76	1.59
叔丁醇	83	74	1.04	0.77	1.35
3-甲基-1-戊醇	153	86	0.93	0.80	
2-戊醇	119	88	0.91	0.80	
3-戊醇	116	88	0.92	0.81	
2-甲基-2-丁醇	102	88	0.94	0.83	
正己醇	157	102	0.85	0.81	1.35
3-己醇	135	102	0.80	0.80	
2-己醇	140	102	0.77	0.77	
正庚醇	176	116	0.78	0.91	
5-癸醇	210	158	0.54	0.86	1.19
2-十二烷醇	255	186	0.51	0.93	
环戊醇	139	86	0.92	0.79	
环己醇	161.5	100	0.89	0.89	

化 合 物 名 称	沸 点 /℃	相对分子质量	热 导 池		氢焰离子化质量校正因子
			摩尔校正因子	质量校正因子	
2,5-己二醇		118	0.79	0.93	
1,6-己二醇	250	118	0.83	0.98	
1,10-癸二醇	179	174	0.93	1.62	
1,12-癸二醇		174	0.91	1.58	
癸醇	231	158			1.19
辛醇		130			1.17
戊醇	138	88			1.39
C₁₄-二醇		230	0.78	1.80	
甲基戊醇	157.5				1.54
甲基异丁基甲醇					1.35
乙酸甲酯	57.1	75			5.0
乙酸乙酯	77	88	0.9	0.79	2.64
乙酸异丙酯	89	102	0.83	0.84	2.04
乙酸正丁酯	126	116	0.74	0.86	1.81
乙酸正戊酯	148	130	0.69	0.89	
乙酸异戊酯	142	130	0.69	0.90	1.61
乙酸正庚酯	192	158	0.59	0.93	
乙酸异丁酯	117.2				1.85
乙酸另丁酯	112				1.92
乙醚	35	74	0.91	0.67	
二异丙基醚	67	102	0.77	0.79	
二正丙基醚	91	102	0.76	0.78	
乙基正丁基醚	91	102	0.77	0.79	
二正丁基醚	142	130	0.63	0.81	
二正戊基醚	190	158	0.55	0.86	
氩		40	2.38	0.95	
氮		28	2.38	0.67	
氧		32	2.5	0.80	
二氧化碳		44	2.08	0.92	
一氧化碳		28	2.38	0.67	
四氯化碳		154	0.93	1.43	
硫化氢	−62	34	2.63	0.89	
氨	−33	17	2.38	0.42	
水	100	18	3.03	0.55	
羰化铁		195	0.67	1.3	

表 20-43 热导池校正因子

化 合 物 名 称	相对分子质量	摩尔校正因子	质量校正因子
溴代乙烷	109	1.02	1.11
1-溴代丙烷	123	0.93	1.15
2-溴代丙烷	123	0.93	1.15
1-溴代丁烷	137	0.84	1.15
2-溴代丁烷	137	0.86	1.18
1-溴-2-甲基丙烷	137	0.87	1.19
1-溴代戊烷	151	0.78	1.18

续表

化 合 物 名 称	相对分子质量	摩尔校正因子	质量校正因子
碘代甲烷	142	1.04	1.47
碘代乙烷	156	0.94	1.47
1-碘代丙烷	170	0.86	1.45
1-碘代丁烷	184	0.78	1.43
2-碘代丁烷	184	0.81	1.49
1-碘-2-甲基丙烷	184	0.82	1.51
1-碘代戊烷	198	0.73	1.43
二氯甲烷	90	1.16	0.90
氯仿	119	0.93	1.10
四氯化碳	154	0.83	1.28
二溴甲烷	174	0.93	1.64
氯溴甲烷	129	1.00	1.28
1,2-二溴乙烷	188	0.86	1.61
1-溴-2-氯乙烷	143	0.91	1.32
1,1-二氯乙烷	99	0.97	0.96
1,2-二氯丙烷	113	0.89	1.01
顺 1,2-二氯乙烯	97	1.00	0.97
2,3-二氯丙烯	111	0.91	1.01
三氯乙烯	131	0.87	1.14
氟代苯	96	0.95	0.92
间二氟苯	114	0.94	1.06
邻氟甲苯	110	0.86	0.94
对氟甲苯	110	0.86	0.94
间氟甲苯	110	0.85	0.93
1-氯-3-氟代苯	130	0.84	1.09
间溴-2,2,2-三氟甲苯	225	0.69	1.49
氯代苯	112	0.86	0.97
1-氟代己烷	104	0.81	0.84
1-氯代丁烷	92	0.90	0.83
2-氯代丁烷	92	0.92	0.86
1-氯-2-甲基丙烷	92	0.93	0.86
2-氯-2-甲基丙烷	92	0.96	0.89
1-氯代戊烷	106	0.81	0.86
1-氯代己烷	120	0.75	0.90
1-氯代庚烷	134	0.68	0.91
邻氯甲苯	127	0.78	0.99
氯代环己烷	119	0.83	0.99
溴代苯	157	0.81	1.27
苯	78	1.00	0.78
苄基氯	127	0.59	1.33
2,4-二氯甲苯	161	0.53	2.86
3,4-二氯甲苯	161	0.56	1.11
二氯甲苯	161	0.96	0.65
邻氯代苄基氯	161	0.62	1.00
对氯代苄基氯	161	0.62	1.00
乙酸正十四酯	244	1.08	2.63
乙酸正十六酯	272	1.00	2.93
三乙酸甘油酯	218	1.09	2.37
乙酸十八酯	300	0.94	2.83
2,5-癸二醇	118	0.79	0.93

化 合 物 名 称	相对分子质量	摩尔校正因子	质量校正因子
1,6-癸二醇	118	0.83	0.98
乙酸十八烯酯	298	0.96	2.86
乙酸十八二烯酯	297	0.99	2.94

表 20-44　以 H_2 为载气的热导池校正因子

化 合 物 名 称	摩尔校正因子	质量校正因子	化 合 物 名 称	摩尔校正因子	质量校正因子
正戊烷	0.98	0.71	二乙基醚	0.99	0.74
正己烷	0.81	0.70	丙酮	1.12	0.65
正庚烷	0.76	0.76	二氯甲烷	1.15	1.03
正辛烷	0.66	0.75	氯仿	1.01	1.20
正壬烷	0.54	0.69	四氯化碳	0.89	1.37
苯	1.00	0.78	二硫化碳	1.19	0.52
甲苯	0.86	0.79	甲醇	1.70	0.54
环己烷	0.95	0.80	乙醇	1.45	0.67

三、定量方法

1. 外标法

当色谱操作条件严格控制不变时，在一定进样量的范围内，物质的浓度与峰高成线性关系，配制一系列不同浓度的已知样品，分别注进同样体积的样品，根据所得色谱峰高，作出标准曲线。分析未知样品时，注进与制作标准曲线同样体积的样品，按所测得色谱峰高，从标准曲线上查出未知样品浓度。

本法定量不用校正因子，不必加内标物，比较方便，常用于日常控制分析。分析结果的准确性主要取决于进样量的重复性和操作条件的稳定程度。对气体样品采用六通阀进样，体积较大、较为准确。对液体样品，要进注完全相同体积的量存在困难、仅在进行液体样品痕量组分分析时进样量大才用此法。

2. 归一化法

若待测样品各组分在色谱操作条件下都能出峰，并已知待测组分的相对校正因子，可以用归一化法计算各组分含量。

$$P_i = \frac{m_i}{m} \times 100\% = \frac{A_1 f'_1}{A_1 f'_1 + A_2 f'_2 + A_3 f'_3 + \cdots + A_n f'_n} \times 100\%$$

式中　f'——相对质量校正因子或相对摩尔校正因子；

　　　P_i——与 f' 相对应的样品组分含量，%（质量分数或摩尔分数、体积分数）；

　　　m——进样量；

　　　m_i——i 物质量；

　　　n——样品中的组分数；

　　　A_n——各组分的峰面积。

此法要求：①样品中各组分都必须馏出并可测出其峰面积，不能有未馏出或不产生信号的组分；②某些不需要定量的组分也需测出其峰面积及 f' 值。

归一化法的显著优点：①不必准确知道进样量 m，尤其是液体样品，进样量少，不易量准时，显得更为方便；②此法较准确，仪器及操作条件稍有变动，对结果影响较小；③多组分分析时较内标法、外标法简便；④用峰高 h_i 代替峰面积 A_i，进样误差仍然对分析结果没有影响；⑤若各组分的 f'_i 值近似或相同（如分析同分异构物，氢火焰离子化分析同系物，热导池以 H_2 或 He 作载气时）可不必求出 f'_i 值，而直接把面积归一化即可。

3. 内标法

内标法是选择一种样品中不存在的物质（纯）作内标物，定量地加入已知质量的样品中，测定内标物和样品中组分的峰面积，引入质量校正因子，就可计算样品中待测组分的质量分数。

$$w_i = \frac{m_i}{m} \times 100\% = \frac{A_i f_i m_s}{A_s f_s m} \times 100\% - \frac{A_i}{A_s} \times f_m \times \frac{m_s}{m_i} \times 100\%$$

式中　w_i——某组分的质量含量，%；

　　　　m——样品质量，g；

　　　　m_i——组分 i 的质量，g；

　　　　m_s——加入内标物的质量，g；

　　　　A_i——组分 i 的峰面积；

　　　　A_s——内标物 s 的峰面积；

　　　　f_i——组分 i 的校正因子；

　　　　f_s——内标物 s 的校正因子；

　　　　f_m——待测组分对内标物的质量校正因子。

　　内标物选择条件：①内标物和样品互溶；②内标物和样品组分峰能分开；③内标峰尽量和被测峰靠近，内标物的量也要接近被测组分含量，最好性能也相近。

　　内标法是常用的比较准确的定量方法。分析条件不必像外标法那样严格，进样量也不必严格控制。缺点是每次分析都要称取样品和内标物的质量，不适于快速控制分析。

　　除上述三种定量方法外，还有内标标准曲线法、加入法、转化法及冷冻收集法等。

　　表 20-45 列出了气相色谱定量方法的允许标准偏差，表 20-46 列出了气相色谱定量方法的对比，表 20-47 列出了气相色谱定量方法的计算方法。

表 20-45　气相色谱定量方法的允许标准偏差

试样浓度/%	标准偏差 σ/%	试样浓度/%	标准偏差 σ/%
0.01~0.05	<100	3~10	3~5
0.05~0.5	<50	10~30	2~3
0.5~3	5~10	>30	<2

表 20-46　气相色谱定量方法的对比

项　　目	归一化法	内　标　法	外　标　法
样品称重	不需要	不需要	需要
进样量	不需准确	不需准确	需准确
操作条件	一次分析需稳定	一次分析需稳定	全部分析需稳定
出峰要求	所有组分	内标及所测组分	所测组分
校正因子	需要	需要	不需要
适用范围	常量分析	微量组分精确测定	工厂常规分析

表 20-47　气相色谱定量方法的计算方法

方法名称	定　　义	计算公式	适用范围	优缺点[①]
归一法（normalization method）	试样中全部组分都显示出色谱峰时，测量的全部峰值经相应的校正因子校准并归一后，计算各组分含量的方法	$$w_i = \frac{f_i A_i}{\sum (f_i A_i)}$$ 式中，f_i 为 i 组分的校正因子；A_i 为 i 组分的峰面积	1. 要求测定样品中的所有组分时用此法 2. 样品中所有组分都出峰，各峰均已定性，且已知其校正因子时才能用此法	1. 方法准确，进样量不必准确，操作条件变化时对结果影响很小 2. 所有组分必须都出峰
内标法（internal standard method）	在已知量的试样中加入能与所有组分完全分离的已知量的内标物质，用相应的校正因子校准待测组分的峰值，并与内标物质的峰值进行比较，求出待测组分含量的方法	$$w_i = \frac{m_s A_i f_i}{m A_s}$$ 式中，m_s、A_s 为内标物质的质量和峰面积；m 为样品质量；A_i 为组分 i 的峰面积；f_i 为组分 i 对内标物质 s 的校正因子	1. 只测样品中某一或某几个组分时用此法 2. 不测定的组分是否出峰均可用此法 3. 必须有内标物质——样品中没有的、能溶于样品又不与样品反应的物质；其峰宜位于待测组分附近，大小亦宜近似	1. 方法准确，进样量不必准确，操作条件变化对结果无影响 2. 每次测定必须称量；内标物的选择、用量，需经过预测试验才能确定

方法名称	定　义	计算公式	适用范围	优缺点
外标法（external sdandard method)	在相同的操作条件下，分别将等量的试样和含待测组分的标准试样进行色谱分析，比较试样与标准试样中待测组分的峰值，求出待测组分含量的方法	$w_i = E_i \dfrac{A_i}{A_E}$ 式中，E_i 为标准试样中组分 i 的含量；A_E 为标准试样中组分 i 的峰面积；A_i 为试样中组分 i 的峰面积	1. 凡可用、宜用内标法的均可用此法 2. 作批量样品时，尤宜采用本法	1. 不必求校正因子，不必另选标准物 2. 进样量（试样、标准样）必须准确、相等；操作条件必须稳定

第七节　气相色谱法一般故障的检查和排除

气相色谱分析中故障的发生主要来自分析条件、操作技术、样品和仪器四大因素。故障可能来自某一因素，也可能来自几种因素，若能正确选择和控制好分析条件，掌握与熟练操作技术，了解样品性质，精心使用和保养好仪器，则可减少故障的发生。

气相色谱法常见故障的可能原因和排除方法列于表 20-48 中。

表 20-48　气相色谱法常见故障的可能原因和排除方法

基线形状	故障可能原因	排除方法
电源不通	插头接触不好 电源保险丝烧断 仪器的保险丝烧断	检查各插头是否插紧并处理 更换电源的保险丝
点不着火	喷嘴堵塞 点火装置有故障 进入检测器的燃烧气与助燃气的比例不当 氢气管路漏气	排除堵塞物或更换喷嘴 修理点燃装置 点火时氢气流量应大些 排除漏气现象
色谱峰、检测器、汽化室不升温	未通电或电热丝烧断 温控元件有故障	检查电源、检测电热丝 更换损坏元件
基线呈台阶状	气流管路中有障碍物，使气流周期性地脉动 直流电器的开关信号造成的影响	清除障碍物 用屏蔽线将其隔开
进样后不出峰	检测器或放大器电源断路 记录器输入线接错 没有载气流 气化室温度太低，样品不能气化 记录器失灵 注射器漏气和堵塞 进样口橡皮垫漏气 柱连接松动 氢焰检测器灭火 没有供给检测器电压（所有离子化检测器）	检查并接通电源 改正记录器接线，并注意输入线屏蔽接地 供给载气检查，若气路系统堵塞，设法排除，若气瓶无气，更换 升高气化温度 参看记录器维修的说明，设法修理 修理或更换 更换橡皮垫 拧紧 重新点火 供给电压，检查接到检测器的电缆线
保留值正常、灵敏度太低	衰减过分 进样量太少 进样技术差，样品漏掉 注射器漏气或堵塞 载气系统有漏气处（个别情况在注射垫处） TCD 桥流太低 检测器室没有供给电压	减少衰减 增加进样量 重复进样，提高进样操作技术 检修或更换 找出漏气处 增加桥流 供给电压

基 线 形 状	故障可能原因	排 除 方 法
保留值增加、灵敏度低	载气流速降低	增加载气流速,载气系统可能有堵塞处,检查钢瓶压力是否太小
	注射器漏气	查明排除
	注射口橡皮垫漏气	更换橡皮垫
	柱温降低	检查柱温控制器,排除故障
出反峰	记录仪输入线接反,倒相开关位置改变	改正记录仪接线,或改变换向开关位置
	样品注射在有毛病的柱上	更换合适的柱
	在双柱系统中,进样时弄错柱子	改变进样口
	热导检测器的电源接反	此时电流表指针方向不对,改变电源接线
恒温操作进基线不规则漂移	仪器放置位置不适宜	仪器应改放地方,不应放置在热源和空气调节风扇附近,以及易受气流和环境温度变化影响的地方
	仪器没有很好接地	确保仪器和记录器接在很好的地线上
	柱填充物流失	重新老化柱。注意:在希望的操作条件下,某些柱有相当流失是可能的。在特别情况下,即操作在高灵敏度时,能观察到柱流失使基线漂移是允许的
	载气漏气	检查找出漏气点
	柱出口到检测器的连接管被污染	清洗
	TCD 池体被污染	清洗池体
	检测器底座被污染(指离子化检测器)	清洗检测器的底座或整个检测器
	检测器室的温度没有稳定(指 TCD)	确保检测器恒温箱的盖子等盖紧,使箱周围没有任何间隙让室内空气进去影响控温
	载体调节阀有毛病,或操作不当	检查载气调节稳压阀和稳流阀,确保操作适当,另外应保证让气源有足够的压力
	H₂ 和空气调节阀有毛病(仅指 FID)	检查 H_2 和空气的流量,确保适当的流速
	热导检测元件有毛病(仅指 TCD)	更换热导检测元件
	放大器失灵(指 FID)	参看放大器检修说明
	记录器失灵	拆去记录仪的输入导线,用一段铜线把记录器的输入短路,如果基线仍然如此,说明是记录器的毛病。可检查记录器的增益和阻尼调节旋钮的位置是否适当、接地情况和放大器,详细参考记录器的说明书
	热导检测器供给的电源部件失灵	检修或更换
等温时,基线向一定方向漂移 或	检测器的炉温有变动,未达平衡	对于 TCD 由于检测器很大,当检测器箱温度改变时,温度达到平衡很慢,允许有足够时间使基线稳定
	由于系统漏气,柱后的流量在减小(仅指 TCD)	当存在很小的漏气时,将使一个很小的空气流扩散到检测器里,空气中的 O_2 使元件逐渐氧化,电阻改变。这个作用常常是极轻微的、很难发现。建议使用 392~588kPa 压力检漏查出
	TCD 元件失灵	更换检测器
	TCD 桥流电源失灵	检修或更换
	放大器失灵(离子化检测器)	检修

基 线 形 状	故障可能原因	排 除 方 法
基线正弦波漂移（周期较短）	检测器恒温箱隔热有缺点 检测器恒温箱温度控制失灵 柱箱温度控制失灵 柱箱温度保护控制调得太低 载气流调节器有毛病 载气源压力太低，使调节器不能正常工作 双柱色谱仪的补偿不良	确保恒温箱保温良好 检修控温部件并注意控温铂电阻位置是否适当和对地短路 检修控温部件并注意控温铂电阻位置是否适当和对地短路 温度保护旋钮必须调到比希望使用的柱箱温度要高 检修或更换 更换 检查两柱的流速并加以调节，使之互相补偿
程序升温时，基线上升	当温度升高时，柱中固定相流失增加 在操作中两个柱的流速不平衡 柱被污染	使两个柱补偿操作和老化色谱柱 平衡两柱流速 预先老化柱子
程序升温时基线不规则变动	色谱柱出现固定相流失 柱没有充分的老化 在双柱操作中，两路载气不平衡 柱被污染	将色谱柱老化，或在降低温度下用低固定液含量的柱子 再老化柱子 平衡柱流速 重新老化柱子
基线呈阶梯、不回到零，在衰减到正确位置时，出现扁平阶梯峰，记录笔用杆拨动不回原处	记录仪的增益和阻尼调的位置不合适 仪器和（或）记录器没有适当地接地 含有交流成分的信号输入给记录仪 当试样中含有较高卤素、氧、硫等成分时，使热导池受到腐蚀	参考记录仪说明书，调增益和阻尼的位置适当，此时记录笔用手指拨动比较困难 确保仪器和记录仪很好地接地 在地线与记录仪输入线之间加接滤波，不能把电容跨接在输入信号的正负两端 更换热敏元件或热导池
基线不回到零	记录器调零不对 热导池平衡未调好 TCD稳压电源损坏 由于柱固定相流失严重，本底信号太大（特别是FID） 检测器沾污（FID和ECD） 放大器失灵 记录仪接线错误 记录仪失灵	把记录器输入短接，调整零点可参考记录器说明书 调池平衡 检修电源 改用低流失的柱子 清洗检测器 检修 检查接线，注意信号线和屏蔽线的接法 检修记录仪
基线出现无规律的尖刺	由于开门、关门、风扇等引起大气压的迅速改变 灰尘或异物进入FID火焰里燃烧 检测器或信号线沾污，绝缘性变坏（离子化检测器） TCD稳定电源失灵 FID放大器失灵 电源电压波动 载气不干净 色谱柱填充物松动 电子部件有接触不良处	把仪器放置在最不易受环境变化影响的地方，并注意不要把仪器放在热源和空调风扇附近 加强气体过滤装置，吹洗检测器 用适当的溶剂清洗检测器绝缘部件或信号线接触点 检修或更换 检修 选用稳压装置 净化载气 使色谱柱填充紧密 轻敲各电子部件，以确定接触不良处的位置，然后加以修复

基 线 形 状	故障可能原因	排 除 方 法
基线有规律地出现尖刺或小峰	载气气路中有气泡等冷凝液 TCD 排气口的皂膜流速计阻力太大 从氢气发生器来的水污染了 H_2 气管路(对 FID) 电源有起伏 氢焰离子头有冷凝水	加热气路,驱除冷凝液 除去排气管中的肥皂液 除去管路中的水或更换过滤器 加接稳压电源 除水
基线噪声太大	柱被污染或固定相大量流失 载气被污染 载气流量太大 载气流路漏气 接头松动 接地不好 开关接触点沾污 记录仪的滑线电阻弄脏	重新老化柱 更换过滤剂,加强载气过滤 降低载气流量 堵漏和修理 拧紧接头螺丝 改进接地 清洗被污染的触点,在清洗的同时并旋转开关的轴 清洗滑线电阻
基线噪声太大	记录仪失灵 气化室脏 柱到检测器间的连接管路脏 TCD 检测器脏 TCD 检测器的热丝坏 TCD 的桥流不稳定,供给电源失灵 氢气流速太高或太低(FID 检测器) 空气流量太高或太低(FID 检测器) 空气和氢气污染(FID)检测器 FID 检测器离子头有冷凝水 检测器输出信号线污染(离子化检测器) 离子化检测器绝缘零件脏 离子化检测器底座、电及和盖脏 氢焰头漏气 氢焰极化电压中交流声大	使记录仪的输入端短路,若仍有噪声,按记录仪说明书检修 清洗气化室,更换硅胶垫 清洗管路 清洗 TCD 更换热丝 修理桥流线路 调整氢气流速 调整空气流速 更换或再生空气、氢气的过滤剂 把检测器温度升高超过 100℃,除水 清洗或更换 用适当的溶剂清洗 用适当溶剂清洗 紧固或换垫圈 修理放大器中极化电压线路
拖尾峰	气化温度太高或太低 气化室脏(样品或硅胶垫残留物) 柱温太低 进样技术太差 使用了不合适的柱,使样品和固定相或担体发生相互作用 同时有两个峰流出	调到合适的温度 清洗 增加柱箱的温度,但不能超过柱内固定相的最高温度 提高技术 更换合适的柱,换用高固定相含量的柱或极性更大的固定液,惰性更大的载体 改变操作条件,必要时更换色谱柱
前突峰("伸舌"峰)	柱超负荷,即在柱内径和长度一定时,样品量太大 样品在系统中冷凝 进样技术欠佳 载气流速太低 进样口汽化温度太低 两个峰同时出现 试样与固定相中的载体有作用 进样口沾污	减少进样量 适当升高气化室、色谱柱和检测器的温度 重复进样,提高技术 适当提高载气流速 升高进样口的温度,以缩短气化时间 改变操作条件(如降低柱温等),必要时更换色谱柱 换用惰性载体或增加固定液含量 清洗

基线形状	故障可能原因	排除方法
峰分不开	柱温太高 柱太短 柱液流失,柱失效 柱不合适,即选择的固定相和载体不合适 载气流量太大 进样技术差	降低柱温 增长柱子 换柱 选用不同柱子 减少载气流量 重复进样,提高技术
圆顶峰	进样量过大,超过检测器线性范围(特别是ECD检测器容易出现) 记录仪灵敏度太低 检测器被沾污 载气漏泄严重	减少进样量 适当调节记录仪灵敏度 清洗 检查漏泄处,堵漏
平顶峰	离子化检测器所用静电计输入达到饱和 记录仪的滑线电阻或驱动记录笔的机械部分有故障 超过记录仪测量范围	减少进样量,通过输入范围的选择旋钮减小放大器的灵敏度 检修记录仪 改变记录仪量程或减少进样量
怪峰(指正常峰之外所出现的峰) Ⅰ Ⅱ Ⅲ	前一次进样的高沸点物质流出 载气不纯,其中的杂质在柱温低时凝聚,当温度高时就会出现(图Ⅰ) 液体样品中的空气峰(图Ⅱ) 注射溶剂后从柱上洗脱下来的"记忆峰"(图Ⅱ) 样品分解(图Ⅲ) 样品被污染(图Ⅲ) 样品和柱中的载体或固定液相互作用(图Ⅰ~Ⅲ) 玻璃器皿、注射器被污染(图Ⅰ~Ⅲ) 进样口橡皮垫上的沾污物流出来	加长进样间隔时间,待所有峰都流出后,再进下次样 更换或再生载气的净化剂(使用TCD检测器时常出现这样现象) 当用注射器进样时,是正常现象 使用多种溶剂或调整柱子 降低进样口温度或更换柱子 将样品瓶及注射器等清洗干净,更换样品(另外取样)或将样品净化 更换不同的柱 容器和注射器专用或清洗 在高于操作温度下老化橡皮垫,必要时进行更换
出峰后记录笔突然降至正常基线以下	进样量太大 样品中含氧量太多,超过助燃空气 氢气和空气中断 载气流速太高 火焰喷嘴脏 由于后面压力波动,H₂发生器被反冲关闭	减少进样量 用惰性气体稀释样品 重调氢气或空气 确定适当的载气流速 清洗 重调H₂发生器,检查管路堵塞处
在峰后出现负的尖端	ECD检测器被沾污 电子捕获检测器负载过多	清洗检测器 减少进样量或对试样进行稀释
大拖尾峰	样品被沾污(特别是被样品容器的橡皮帽所沾污) 柱温太低 气化温度过低	把样品容器塞包裹一层金属箔或使用不被溶解的容器塞(如玻璃、聚乙烯等) 适当升高柱温 适当升高气化温度
	电源干扰 记录仪滑线电阻局部接触不良 插接线接触不良,接地不良	排除附近干扰 清洗记录仪滑线电阻 插接牢固,机壳接地

基 线 形 状	故障可能原因	排 除 方 法
基线抖动	记录仪灵敏度过高 热导电流交流声大(24V 直流电源)	调整记录仪灵敏度和阻尼 检修电源
基线波动(周期较长)	风扇电机振动,影响气流不稳 检测器控温精度差 仪器周围空气波动大 稳压阀不稳压 感温铂电阻迟钝	检修风扇 检修检测器控温,加强保温 减少环境空气流动 检修稳压阀 用 HF 腐蚀铂电阻玻璃外套
基线波动(周期较短) 不规则 有规则	检测器恒温箱绝热不良 检测器恒温箱温度控制失效 柱温控制失效 柱温控制中感温元件放得太低 载气流速控制失效 载气钢瓶气压太低	检修恒温箱 检修温度控制系统使其达到灵敏度要求 检修柱温控制系统 适当改变感温元件放置位置 修理稳压阀或针形阀 换钢瓶
基线严重漂移并有波动	固定相流失 难挥发组分逐渐馏出 热导钨丝元件沾污	增加柱的老化时间,降低柱温 选择合适柱子 清洗或更换钨丝
氢焰基线毛粗	氢焰灵敏度太高 气流不稳,火焰跳动 使用 FID 时 3 种气流速失调	调整灵敏度 调整火焰大小 按比例调流速
FID 灵敏度逐渐下降	由于流失的聚硅氧烷固定相在 FID 燃烧造成 SiO_2 于收集极	清洗喷嘴
ECD 灵敏度逐渐下降	放射源受到污染 放射源逸失	使用纯化的载气,勿使污染物进入检测器 检测器使用温度不可太高
保留值不重复	进样技术不佳 漏气、特别是微漏 漏气流速控制不好 柱温未达平衡 柱温控制不好 程序升温过程中,升温重复性欠佳 程序升温过程中,流速变化较大 进样量太大 柱温过高,超过固定液的上限或太靠近温度下限 色谱柱破损	提高进样技术 进样口橡皮垫要经常换,特别是在高温情况下 增加柱入口压力 柱温升至工作温度后还应留一段时间平衡 检查炉子封闭情况 每次重新升温时,应有足够的等待时间,使起始温度一致 控制流速 减少进样量或适当溶剂将样品稀释 重新调节柱温 更换色谱柱
色谱柱出口无气体或气体流小	色谱柱断裂 载气分流过大 隔热垫漏气	从色谱柱出口到入口逐段试漏,找出漏气部分进行处理

第八节　气相色谱法的应用

气相色谱分析是迅速发展起来的一种分离分析技术,气相色谱仪具有分离效能高、分析速度快、样品用量少等特点,气相色谱仪器不仅本身价格便宜,而且保养与使用成本也很低,仪器易于自动化,可以在很短的分析时间内获得准确的分析结果。气相色谱的分离度和检测灵敏度比液相色谱高。正是因为气相色谱的这些优势，因而被广泛应用于石油、化工、有机合成、医药卫生、环境保护、食品、材料等工业生产、科研、生产控制和产品质量监督等方面，并不断丰富、发展和提高。表 20-49 是气相色谱在各领域的应用。

表 20-49　气相色谱在各领域的应用

应用领域	分析对象举例
石油和石油化工	油气田勘探中的地球化学分析、原油分析、汽油中各种烷烃和芳香烃分析、汽油添加剂分析、油品分析、炼油厂气分析、含硫和含氮化合物分析、工艺过程色谱分析
环境	饮用水分析(多环芳烃、农药残留、有机溶剂等)、水资源分析(包括淡水、海水和废水中的有机污染)、大气污染分析(有毒有害气体、气体硫化物、氮氧化物等)、土壤分析(有机污染等)、固体废弃物分析
食品	食品主要成分分析(蛋白质、脂肪、糖、维生素等)、食品添加剂分析(防腐剂、乳化剂、稳定剂等)、食品污染物分析(农药残留如黄曲霉素、有机氯等)、香精香料分析、食品包装材料中挥发物的分析
生物	植物中萜类分析、微生物中胺类分析、脂肪酸类分析、脂肪酸酯类分析等
药物和临床	药的有效成分分析(镇痛剂、兴奋剂、抗生素等)、尿中孕二醇和孕三醇测定、尿中胆甾醇测定、儿茶酚胺代谢产物的分析、血液中乙醇、麻醉剂以及氨基酸衍生物的分析、血浆中的睾丸激素分析、某些挥发性药物的分析、血液中汞形态分析
法医学	血液中乙醇分析、尿中可卡因分析、安非他命分析、奎宁及其代谢物分析、火药成分分析、纵火样品中的汽油分析
物化参数测定	比表面和吸附性能研究、溶液热力学分析、蒸气压的测定、络合常数测定、反应动力学研究、维里系数测定
聚合物分析	单体分析、添加剂分析、共聚物组成分析、聚合物结构表征、聚合物中的杂质分析、热稳定性研究

第二十一章　高效液相色谱法

第一节　高效液相色谱法简介

一、高效液相色谱的特点、分类、术语

1. 高效液相色谱的特点

高效液相色谱法简写为 HPLC，是 20 世纪 60 年代后期迅速发展起来的新型色谱分析技术，是分析、分离、纯化与制备物质的优良方法，它具有如下特点。

① 应用范围广：凡是能溶解在溶剂中的化合物，一般都能利用高效液相色谱法进行分离、分析，有 75％～80％ 的有机物可用高效液相色谱法分析。

② 分离效能高：采用高效能的色谱柱，柱效可达 10^5 塔板数/m，故适于分离复杂的多组分混合物。

③ 分离速度快，分离时间短。

④ 分析灵敏度高。

⑤ 测定精度高等。

2. 高效液相色谱的分类

表 21-1 列出了 HPLC 按分离机理的分类，表 21-2 列出了 HPLC 分离方法的选择，表 21-3 列出了高效液相色谱、经典柱色谱、气相色谱的性能比较。

表 21-1　HPLC 按分离机理的分类

类　型	主要分离机理	主要分析对象或应用领域
吸附色谱	吸附能，氢键	异构体分离、族分离、制备
分配色谱	疏水分配作用	各种有机化合物的分离、分析与制备
凝胶色谱	溶质分子大小	高分子分离、分子量及其分布的测定
离子交换色谱	库仑力	无机离子、有机离子分析
离子排斥色谱	Donnan 膜平衡	有机酸、氨基酸、醇、醛分析
离子对色谱	疏水分配作用	离子性物质分析
疏水作用色谱	疏水分配作用	蛋白质分离与纯化
手性色谱	立体效应	手性异构体分离、药物纯化
亲和色谱	生化特异亲和力	蛋白、酶、抗体分离，生物和医药分析

表 21-2　HPLC 分离方法的选择

选择依据	试样性质特征	分离分析方法
相对分子质量	相对分子质量＞2000	凝胶色谱法
	相对分子质量＜2000，但同时相对分子质量相差＞10％	凝胶色谱法
	相对分子质量＜2000 的水溶性电解质	离子交换色谱法，酸性物质用阴离子交换树脂，碱性物质用阳离子交换树脂
	相对分子质量＜2000 的水溶性非电解质	反相色谱法
	相对分子质量＜2000 的非水溶性物质	弱极性物质选用反相色谱法，极性物质选用正相色谱法

续表

选择依据	试样性质特征	分离分析方法
溶解性	水溶性样品	离子交换色谱法或液液分配色谱法
	微溶于水,但在酸或碱存在下能很好离心的化合物	离子交换色谱法
	油性样品	液固色谱法
	非极性化合物	液固色谱法
化学结构特点	离子型化合物	离子交换色谱法、空间排阻色谱法和液-液分配色谱法
	异构体	液固色谱法
	同系物	液液分配色谱法
	高分子聚合物	空间排阻色谱法

表 21-3　高效液相色谱、经典柱色谱、气相色谱的性能比较

项　目		高效液相色谱法	经典柱色谱法	气相色谱法
色谱柱	柱长 l 柱内径 d 柱效能 n	$10\sim25cm$(填充柱) $3\sim6mm$ $10^3\sim10^4 m^{-1}$	$10\sim200cm$ $10\sim50mm$ $20\sim50 m^{-1}$	$1\sim4m$(填充柱) $1\sim4mm$ $10^2\sim10^3 m^{-1}$
	柱长 l 柱内径 d 柱效能 n	$5\sim10m$(毛细管柱) $0.001\sim0.03mm$ $10^4\sim10^5 m$		$10\sim100m$(毛细管柱) $0.2\sim0.5mm$ $10^3\sim10^4 m^{-1}$
	柱温 t	常温	常温	常温$\sim300℃$
固定相	分离机理	吸附、分配、筛分、离子交换、亲和等多种原理、可供选用的固定相种类多	吸附、分配、离子交换等原理,可供选用的固定相种类少	主要依据吸附、分配两种原理。可供选用的固定相种类极多
	粒径/μm	$20\sim5$	$200\sim20$ $30\sim200$	$100\sim25$
	筛目/目	$300\sim2500$		$60\sim120$
流动相	种类	液体。可为离子型、极性、弱极性、非极性溶液,可与被分样品产生相互作用并能改善分离选择性	液体、有机溶剂	气体、惰性不与被分析样品相互作用
	动力黏度/Pa·s 输送压力/MPa	10^{-3} $40\sim50$	$0.001\sim0.1$	10^{-5} $0.1\sim0.5$
检测器	选择型 通用型	UVD(紫外吸收检测器) FD(荧光检测器) RID(折射率检测器)		ECD(电子俘获检测器) FPD(火焰光度检测器) NPD(氮磷检测器) FID(火焰离子化检测器) TCD(热导检测器)
样品	样品方式 样品量/g 完成分析时间/h	样品制成溶液 $10^{-6}\sim10^{-2}$ $0.1\sim1.0$	样品制成溶液 $10^{-3}\sim0.1$ $1\sim20$	样品加热气化或裂解 $10^{-9}\sim10^{-3}$ $0.1\sim1.0$
方法类型 (按分离原理分类)		吸附色谱法(adsorption chromatography) 分配色谱法(partition chromalography) 离子色谱法(ion chromatography) 体积排除色谱法(size exclution chromatography,SEC) 亲和色谱法(affinity chromatography)	吸附色谱法 分配色谱法 离子交换色谱法(ion exchange chromatography,IEC)	气固色谱法(gas solid chromatography,GSC) 气液色谱法(gas liquid chromatography,GLC) 反应气相色谱法(reaction gas chromatography) 裂解气相色谱法(pyrolysis gas chromatography,PyGC) 顶空气相色谱法(headspace gas chromatography,HSGC)

项　　目	高效液相色谱法	经典柱色谱法	气相色谱法
优缺点	1. 可分析几乎所有物质,包括对热不稳定的物质,高沸点、分子量大的物质,生物活性物质,合成或天然的高分子化合物	1. 适用范围不受样品限制,但柱子类型有限,故适用范围有限	1. 只能直接分析挥发性、热稳定物质,占已知化合物的$20\% \sim 25\%$
	2. 柱效能高,但受柱长限制,柱效难以很高	2. 柱效低	2. 柱效高,柱效n可达$50000\mathrm{m}^{-1}$
	3. 设有较高灵敏度的通用检测器	3. 没有检测设备	3. 有灵敏度高的通用型检测器(如 FID、TCD)和高灵敏选择性检测器(如 ECD)
	4. 分析速度快,能在线检测	4. 分析速度慢,不能在线检测	4. 分析速度快,能在线检测
	5. 流动相多数有毒,运行费用高;仪器价格昂贵,操作相对复杂		5. 流动相为气体,无毒,易于处理;仪器价格低于 HPLC,操作较易

3. 液相色谱术语

表 21-4 列出了液相色谱术语。

表 21-4　液相色谱术语

术　　语	定　　义
液相色谱法	用液体作为流动相的色谱法
液-固色谱法	用固体(一般指吸附剂)作为固定相的液相色谱法
液-液色谱法	将固定液涂渍在载体上作为固定相的液相色谱法
正相液相色谱法	固定相的极性较流动相的极性强的液相色谱法
反相液相色谱法	固定相的极性较流动相的极性弱的液相色谱法
高效液相色谱法	使用高压泵,具有高分离效能的柱液相色谱法
凝胶色谱法	用化学惰性的多孔性物质作为固定相,试样组分按分子体积(严格来讲是流体力学体积)进行分离的液相色谱法
凝胶过滤色谱法	用水或水溶液作为流动相的凝胶色谱法
凝胶渗透色谱法	用有机溶剂作为流动相的凝胶色谱法
亲和色谱法	以连接在基体上的配位体作为固定相,使其与蛋白质或其他大分子发生高选择性可逆相互作用,利用亲和力进行分离的液相色谱法
离子色谱法	以含特定离子的水溶液作为流动相,流出液通过抑制柱(或不通过抑制柱),在降低流动相背景信号的条件下分离离子的液相色谱法
离子对色谱法	用形成离子对化合物进行分离的液相色谱法
液相色谱仪	液相色谱法用的装置
色谱柱	内有固定相用以分离混合组分的柱子
预柱	置于色谱柱前内有填充剂的柱管,如保护柱、预饱和柱、浓缩柱等
保护柱	用于除去有害物质,以延长柱寿命的预柱
预饱和柱	使流动相在进入色谱柱前被固定液饱和,以防止色谱柱内固定液流失而具有较高固定液含量的预柱
浓缩柱	用以富集痕量组分的预柱
往复泵	用电动机驱动活塞在液缸内做往复运动,从而输送流动相的部件
注射泵	用电动机驱动,液缸内活塞以一定的速率向前推进,从而输送流动相的部件
气动泵	用气体作动力驱动活塞输送流动相的部件
蠕动泵	用挤压富有弹性的软管的方式,来输送流动相的部件
总体性能检测器	响应值取决于流出液某些物理性质的总变化的检测器
溶质性能检测器	响应值取决于流出液中组分的物理或化学特性的检测器
(示差)折射率检测器	利用流出液和流动相之间折射率的差异而产生电信号的检测器
荧光检测器	利用组分在光源激发下发射荧光而产生电信号的检测器

术　语	定　义
紫外可见光检测器	利用组分在紫外可见光波长范围内有特征吸收而产生电信号的检测器
电化学检测器	通过色谱柱流出液的电化学过程而产生电信号的器件
蒸发(激光)光散射检测器	利用激光器作光源,测量高分子溶液散射光强度的电信号的器件,是一种分子量检测器
固定相	色谱柱内、载体上不移动的、起分离作用的物质
固定液	固定相的组成部分,指涂渍在载体表面起分离作用的物质
载体	负载固定液的惰性固体物质
柱填充剂	用于填充色谱柱的粒状固定相或连续床固定相
化学键合相填充剂	用化学反应在载体表面键合特定基团的填充剂
薄壳型填充剂	在惰性核表面有一均匀多孔薄层的填充剂
多孔型填充剂	颗粒表面的孔延伸到颗粒内部的填充剂
吸附剂	具有吸附活性并用于色谱分离的固体物质
流动相	在液相色谱中用以携带试样以及展开或洗脱组分的液体
洗脱(淋洗)剂	在柱液相色谱法中用作流动相的液体
改性剂	加入流动相中能改变分离性能的少量试剂或溶剂
柱外体积	从进样系统到检测器之间除色谱柱以外的流路部分中流动相所占有的体积
粒间体积	色谱柱填充剂颗粒间隙中流动相所占有的体积
(多孔填充剂的)孔体积	色谱柱中多孔填充剂的所有孔洞中流动相所占有的体积
负载容量	在柱效能下降不超过 10% 的情况下色谱柱的最大进样量
渗透极限	凝胶色谱法中,能够在柱上进行分离的高分子的最低分子量值
排除极限	凝胶色谱法中,能够在柱上进行分离的高分子的最高分子量值
拖尾因子	在峰高 5% 的峰宽与峰极大到前伸沿之间 2 倍距离之比
柱外效应	从进样系统到检测器之间色谱柱以外的流路部分,由于进样方式、柱后扩散等因素对柱效能所产生的影响
管壁效应	组分在流动相内移动的过程中,由于色谱柱中央和边缘部分的流速不一致所产生的径向扩散的影响
间隔臂效应	配位体与基体之间连接的间隔臂分子的间隔长度,对配位体与大分子之间的亲和力所产生的影响
等度洗脱	用单一的或一定组成的流动相连续洗脱的过程
梯度洗脱	间断地或连续地改变流动相的组成或其他操作条件,从而改变其色谱洗脱能力的过程
(再)循环洗脱	色谱柱流出组分,经过再循环装置又送入色谱柱进行再分离,以增加分离程度的洗脱过程
线性溶剂强度洗脱	流动相中溶剂强度参数较强或较弱的组分的体积分数随时间或洗脱体积呈线性的变化
程序溶剂	按照预定程序连续地或分阶地改变流动相组成的一种技术
程序压力	按照预定程序连续地或分阶地增加操作系统压力的一种技术
程序流速	按照预定程序连续地或分阶地改变流动相移动速度的一种技术
匀浆填充	用适当的溶剂将填充剂配制成均浆悬浮液,在高压下填充色谱柱的方法
阀进样	样品的计量管连接在输送流动相的进样阀的旁路上,通过阀的切换,使流动相通过计量管注入试样的进样操作
柱上富集	样品通过色谱柱时,便痕量组分在色谱柱上逐渐增加的分离技术
流出液	在色谱过程中,通过色谱柱后流出的液体
柱寿命	色谱柱保持在一定的柱效能条件下使用的期限
柱流失	固定液随流动相流出柱外的现象
活化	在一定的温度条件下,加热处理吸附剂使其具有适度活性的过程
脱气	除去流动相中溶解的气体的操作
沟流	色谱柱填充层出现开裂的槽沟,使携带组分的流动相顺着槽向下流出,而不能与固定相充分有效接触的现象
过载	进样量超出柱容量时,产生不对称峰形的现象。此时溶质在填料上的吸附为非线性吸附,通常随着进样量增加,溶质的保留时间减少
畸峰	形状不对称的色谱峰,前伸峰、拖尾峰都属于这类
拖尾峰	后沿较前沿平缓的不对称的峰
前伸峰	前沿较后沿平缓的不对称的峰

续表

术　语	定　义
假峰	除组分正常产生的色谱峰以外,由于仪器条件的变化等原因而在谱图上出现的色谱峰,即并非由试样所产生的峰。这种色谱峰并不代表具体某一组分,容易给定性、定量带来误差
反峰	也称倒峰或负峰,即出峰的方向与通常的方向相反的色谱峰
拐点	色谱峰上二阶导数等于零的点
分离因子	在相同操作条件下,两个相邻组分的调整保留值之比
分离度	两个相邻色谱峰的分离程度,以两个组分保留值之差与其平均峰宽值之比表示

二、色谱分离过程

当样品注入色谱柱后,流动相载着样品流过色谱柱时,样品中各组分即在流动相和固定相间进行多次反复地分配。由于各组分的物理、化学性质不同,各组分沿着色谱柱的移动速度也不同,即产生差速移动,移动最快的组分最先流出色谱柱,移动最慢的组分最后流出色谱柱,以致使各组分彼此分离。检测器按照各组分到达的顺序分别检测,输出信号,记录器则逐个记录色谱图及其保留时间等。

由于同一组分中各分子在色谱柱中流过的路径不同,使各分子离开柱子的时间也不尽相同,从而使各组分的谱带具有一定的宽度,而且大部分都以对称的形式离开柱子,而使谱带呈现正态分布,使色谱流出曲线形成高斯曲线,参见第二十章第一节塔板理论。

三、色谱带的扩展

色谱保留时间、保留体积、死时间、校正保留时间、校正保留体积、死体积、比保留体积、相对保留值、分配系数、容量因子、理论塔板数、理论塔板高度、有效塔板数、流出曲线方程等见第二十章第一节。色谱带的扩展与操作条件的选择参见第二十章第一节。

在色谱分离过程中,组分的分子在移动过程中由于扩散作用而有不同的移动速度,使谱带发生扩展。影响谱带扩展的因素主要有以下几方面。

1. 柱内谱带扩展

影响谱带扩展的柱内因素如下所示。

(1) 涡流扩散　由于柱填料颗粒间的间隙不均匀而导致涡流扩散,使组分分子的流动速度不同,从而引起谱带展宽。

(2) 流动相的传质速率不同　在填料颗粒的间隙,流动相移动的速度是不同的。接近颗粒表面的流动得慢,因此使组分分子流出柱的时间产生差异。

(3) 固定相的传质速率不同　溶入固定相的组分分子,由于进入固定相的深度不同,使处于相表面的分子较快地进入流动相;反之,较晚地进入流动相。以致使组分分子离开色谱柱的时间产生差异,使谱带扩展。

(4) 组分分子纵向扩散　在流速较低时,组分分子的纵向扩散,也能引起谱带扩展。对于液相色谱来说,当流速大于 0.5cm/s 时,对谱带扩展的影响可忽略不计。

2. 柱外谱带扩展

高效液相色谱的流路系统的死体积,如进样器、连接管接头、检测器等死体积对谱带的扩展也产生影响,导致色谱峰变宽,柱效下降。因此,为了减少对柱效的影响,应尽可能减小柱外死体积。

四、色谱柱的渗透性

渗透性表示流动相通过柱子的难易程度。在高效液相色谱中,由于使用液体流动相,其黏度较气体流动相大,填料粒子又很细,因此,为了保证柱子能在较低压力下正常操作,希望渗透性大些好。渗透性与洗脱剂的流速、柱长、流动相的黏度成正比,与柱压降成反比。在同样的柱长、相同的溶剂、相同的流速时,柱压降越小、渗透性越大越好。

第二节　高效液相色谱仪

一、高效液相色谱仪器

高效液相色谱仪主要有两类:分析型和制备型。虽然功能不同、性能各异,但其基本组件是相似的。如图 21-1 所示是高效液相色谱仪器的示意。表 21-5 列出了高效液相色谱仪器的主要部件。

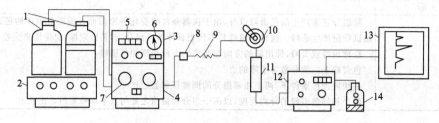

图 21-1　高效液相色谱仪的示意

1—贮液罐；2—搅拌、超声脱气器；3—梯度淋洗装置；4—高压输液泵；5—流动相流量显示；
6—柱前压力表；7—输液泵泵头；8—过滤器；9—阻尼器；10—六通进样阀；11—色谱柱；
12—紫外吸收（或折射率）检测器；13—记录仪（或数据处理装置）；14—回收废液罐

表 21-5　高效液相色谱仪器的主要部件

名称	功能	技术要求	常用类型	说明
贮液罐	贮存流动相	容积：0.5～2.0L 材质：耐腐蚀	玻璃、不锈钢、氟塑料	1. 使用过程中要密闭 2. 所有溶剂入罐前均需过滤（G_4 号过滤漏斗） 3. 插入贮液罐的管端应有孔径为 $0.45\mu m$ 的过滤头
脱气装置	除去流动相中溶解的气体		吹氮脱气法 超声脱气法　离线 真空脱气法 超声波脱气法 在线真空脱气法	在线真空脱气法，是将真空脱气装置串接到贮液系统中，并结合膜过滤，实现在线连续脱气，适用于多种溶剂系统
输液系统 高压泵	将流动机输入色谱中输液动力	要求输送的流动相压力、流量稳定、精度高、重现性好 耐压：40～50MPa 流量： 填充柱——0.1～10mL/min 微孔柱——0.01～1mL/min 精度——优于 $0.5\%～1\%$ 工作方式：连续 8～24h 泵体材料：耐腐蚀	恒流式：注射泵；往复泵 恒压式：又称气动放大泵	泵体常用耐酸不锈钢
辅助装置	为色谱柱提供稳定、无脉动、流量准确的流动相	1. 管道过滤器：孔径 2～3μm 2. 脉动阻尼器 3. 流量、压力测量、调节、显示装置	不锈钢烧结材料制成 有螺旋状不锈钢管式、三通式、可调弹簧式、波纹式	发现堵塞，可浸入稀硝酸溶液中，超声振荡 10～15min
色谱柱	样品分离	直形不锈钢柱管，内壁经抛光、钝化 1. 管内径：4.6mm 或 3.9mm 管长：10～50cm 2. 柱内径：0.5～1.0mm 3. 柱内径：5～10mm 管长：20～50mm	标准填充柱（分析柱） 微孔填充柱 制备柱	钝化方法：依次用氯仿、甲醇、水清洗后，用 50% 硝酸溶液浸泡至少 10min 标准填充柱： 填料粒径为 5～10μm 时，粒效 $n=5000～10000m^{-1}$ 填料粒径若为 3～5μm 柱长宜减至 5～10cm

续表

名称	功能	技术要求	常用类型	说　明
检测器	监测柱后流出组分性质及浓度的变化,提供色谱分析依据	紫外吸收检测器(UVD) 池体积:1～10μL 线性范围:10^5 最小检出量:约 1ng 最小检出浓度:10^{-10}g/mL 可用于梯度洗脱	UVD 分三种类型 1. 固定波长式:254nm 或 280nm 2. 可变波长式:190～600nm 范围连续可调 3. 光二极管陈列式(PDAD):同时检测 180～600nm 波长范围内的全部信号	属选择型检测器,对流动相流量和温度不敏感
		折射率检测器(RID) 池体积:3～10μL 线性范围:10^4 最小检出量:约 1μg 最小检出浓度:10^{-7}g/mL	也称示差折射率检测器(DRD),又分类如下 1. 偏转式:池体积约 10μL 2. 反射式:池体积约 3μL 但在不同折射率范围(1.31～1.44;1.40～1.60)时需更换流通池	属通用型检测器,对流动相流量和温度均很敏感 反射式应用较多
梯度洗脱装置	将两种或两种以上的溶剂按预定程序混合成所需比例,以改变极性	混合流动相组成可按程序连续或间断可调 流量精度高 洗脱曲线重现性好	高压(内)梯度装置:各单一溶剂分别用泵增压后再进入混合室,输至柱系统 低压(外)梯度装置:将溶剂先混合再泵入柱系统	优点:各单溶剂分别泵入混合室,独立控制,可获得任意比例的梯度程序,必须使用恒流泵 优点:仅需一台高压泵
数据处理装置	设定操作参数,下达操作指令,收集分析资讯,绘制色谱图,打印分析结果	微处理机:直接连接色谱仪,具有程序、分析方法、数据储存器、谱图记录、显示、数据、处理等功能 色谱工作站:具有自行诊断、参数控制、智能化数据和谱图处理、自动化操作等功能		微处理机是色谱分析数据专用仪器 色谱工作站是微型个人电脑,功能更齐全,具有网络运行功能

二、输液系统

输液系统的作用是向柱子提供压力高、流速稳定的流动相。它以高压泵为核心,由溶剂贮液罐、脱气装置、过滤器、梯度洗脱装置、阻尼器等组成。为了实施系统流量、压力的测量和程序控制,在输液系统的输出通路上还需安装不同类型的传感元件。

1. 高压泵

现代液相色谱仪采用高压泵来输送洗脱液(即流动相),使待测样品得以移动,以致被分离。

(1) HPLC 仪的高压泵的性能

① 流量恒定,并能进行调节。

② 压力稳定,无脉动,以保证基线的稳定。正常操作压力在 10MPa 左右,但要能达到 35～50MPa 的高压。

③ 泵及输液系统应具有耐腐蚀性,可以适应各种溶剂的输送。

④ 泵的滞留体积小,操作和维护方便,特别是流量的调节,高压密封及单向阀的清洗和更换简单易行等。

(2) 高压泵的种类　按照高压输液泵的工作性能可分为恒流泵和恒压泵两类;按照泵的结构,又可分为机械泵和气动泵。机械泵多用于恒流输送;气动泵主要用于恒压输送。恒流泵更适合用于分析工作。

常用高压泵的性能见表 21-6 中。

表 21-6 常用高压泵的性能

种 类		工作原理	优 点	缺 点
机械泵	螺旋注射泵	电机驱动传动螺旋,将柱塞推入或退出液缸,进行吸液或排液功能	流量稳定,无脉冲,流量与柱的阻力及流动相的黏度无关,流量控制较易,柱条件不变时重现性好	间歇式吸液,更换溶剂和清洗不便,多用于小流量及不常改变液体品种的输液系统
	柱塞往复泵	电机驱动偏心轮,使柱塞在液缸内往复运动,在进出口单向阀配合下完成吸液、排液动作	能连续输送溶剂,流量控制较易,活塞直径小,易密封,脉冲不明显,价格适中,是高效液相色谱中应用最广泛的泵	输送溶剂有微小脉冲,输出流量随压力增高而降低
气动泵	直接气压泵又称盘管泵	用高压气体顶压液体	操作简单,无脉冲,故障较少	最高压力及输液量有限
	气压活塞泵又称气液放大泵	高压汽缸压缩活塞推动液体,加压	连续输液无脉冲,压力稳定,能以恒流方式输送液流,流量易控制,流速较高	吸液为间歇式,给分析带来不便,主要用于色谱柱的高压填充

2. 梯度洗脱装置

样品是一个含有不同种类组分的复杂混合物,采用一种纯的或固定组成的混合溶剂难以实现满意的分离。因此在样品分析过程中,需要不断调整混合溶剂的组成,改变溶剂的强度或溶剂的选择性。如果溶剂组成随洗脱时间按一定规律变化,则称这种洗脱过程为梯度洗脱。它类似于气相色谱的程序升温。

梯度洗脱是采用两种(或多种)不同洗脱能力的溶剂,在分离过程中按一定程序连续改变流动相的浓度配比和极性的一种洗脱模式。梯度洗脱技术能够有效提高分离度、缩短分析时间、改善峰形、降低最小检测量并提高分析精度。

按照流动相混合状态,梯度洗脱装置可以分为高压梯度和低压梯度两种模式。表 21-7 列出了不同梯度洗脱系统的比较。

表 21-7 不同梯度洗脱系统的比较

特 性	二元高压梯度	二元低压梯度	多元低压梯度
洗脱范围	较广	较广	广
梯度重现性	较好	好	较好
成本	较高	低	低
改变流动相	较容易	容易	较容易
力学性能	较简单、较可靠	简单、可靠	较简单、较可靠
自动化难易程度	容易	容易	较容易
对溶解气体敏感性	较敏感	敏感	敏感
梯度准确性	较准确	准确	较准确
不同溶剂混合能力	较强	较强	强
对操作者的依赖性	较大	较大	较大
方便性	方便	方便	较方便

三、进样系统

进样系统是将分析样品引入色谱柱的装置。高效液相色谱仪进样器设计要满足以下要求:
① 耐高压(高效液相色谱仪通常要在 35MPa 或更高压力下工作);
② 进样重复性好;
③ 死体积小;
④ 进样量正确度高,可根据需要选择不同的进样量;
⑤ 与溶剂接触的部分具有很好的耐腐蚀性;
⑥ 进样时要求色谱柱系统流量波动要小,便于自动化等。

高效液相色谱中,进样方式有手动注射进样、进样阀进样和自动进样等。表 21-8 和表 21-9 列出了不同类型进样方式的比较，表 21-10 列出了不同结构设计自动进样器的特点。

表 21-8　不同类型进样方式的特征

进样装置	优 点	缺 点
注射器进样装置	结构简单,造价低,操作方便,进样量可变,不易引起色谱峰扩展,柱效高	进样量小,操作压力不能过高,重复性差,难以自动化
阀进样装置	进样量可变范围大,分析和制备通用。进样重复性好,可直接在高压下不需停流把样品送入色谱柱,如装上电动或气动驱动装置可实现自动化	阀死体积较大,易引起谱峰展宽,柱效比注射器进样下降约 10%,为使阀的高压密封性能好,制造工艺要求高,故价格较高,维修较复杂
自动进样器	智能化程序进样,准确、可靠	价格较高,维修复杂

表 21-9　注射器进样和阀进样的比较

性　能	注射器(有隔膜)	微型进样阀	性　能	注射器(有隔膜)	微型进样阀
重现性	—	++	常规操作,自动化	—	++
高压	—	++	输入大的样品体积(>10mL)	++	—
改变样品体积	++	+	输入非常小的样品体积	—	++
成本	++	+	在高温下的适用性	—	+
谱带扩展(对最佳系统)	++	++			

注:"++"表示最佳;"+"表示满意;"—"表示不满意或在某些情况下有效。

表 21-10　不同结构设计自动进样器的特点

特点	拉式自动进样器	推式自动进样器	集成进样环自动进样器	特点	拉式自动进样器	推式自动进样器	集成进样环自动进样器
机械简单	++	0	—	改变进样体积	—	++	—
清洗容易	—	+	+	针密封问题	+	0	—
随机通道	—	+	+	注射器精度要求	+	—	—
保存样品	—	0	++	滞后体积的影响	+—	0,—	0

注:"++"表示特点;"+"表示优点;"—"表示缺陷;"0"表示一般。

四、分离系统

1. 分离系统的构成

分离系统包括固定相、流动相、色谱柱和色谱柱恒温箱,分离效能取决于固定相、流动相和色谱柱的精心设计和配合。色谱柱是高效液相色谱仪的核心部件,要求分离效能高、柱容量大、分析速度快,而这些性能不仅与柱中固定相有关,也和它的外部结构、装填及使用技术等有关。

2. 色谱柱分类

色谱柱是高效液相色谱仪分离的核心部件。热力学因素和动力学因素是影响组分在色谱柱中分离的关键。为得到满意的分离,首先必须考虑固定相的性质及其与溶质间相互作用的强弱,这取决于色谱柱填料的选择。高效液相色谱柱可按其分离模式及分离的规模进行分类。

表 21-11 列出了不同的液相色谱用色谱柱填料,表 21-12 列出了液相色谱的不同柱型,表 21-13 列出了按照色谱模式分类的分离原理及应用范围,表 21-14 列出了常用 HPLC 色谱柱的性能和用途。

表 21-11　不同的液相色谱用色谱柱填料

种　类	固定相(填料)	特　点
反相(与离子对)固定相	C_{18}(十八烷基或 ODS)	稳定性好,保留能力强,用途广
	C_8(辛基)	与 C_{18} 相似,但保留能力降低
	C_4	保留能力弱,多用于肽类与蛋白质分离
	C_1,三甲基硅烷,(TMS)	保留最弱,不稳定
	苯基,苯乙基	保留适中,选择性有所不同
	CN(氰基)	保留值适中,正相与反相均可使用
	NH_2(氨基)	保留弱,用于烃类,稳定性不够理想
	聚苯乙烯基	1<pH<13 流动相中稳定;对某些分离峰形好,柱寿命长

种　类	固定(填料)	特　点
正相色谱固定相	CN(氰基)	稳定性好,极性适中,用途广
	OH(二醇基)	极性大于 CN
	NH₂(氨基)	极性强,稳定性不够理想
	硅胶	耐用性好,价廉,操作不够方便,用于制备色谱较多
尺寸排阻色谱固定相	硅胶	耐用性好,作吸附剂用
	硅烷化硅胶	吸附性弱,溶剂兼容性好,适用于有机溶剂
	OH(二醇基)	不够稳定,凝胶过滤色谱使用
	聚苯乙烯基	广泛用于凝胶渗透色谱,水和强极性有机溶剂不相溶
离子交换色谱固定相	键合相	稳定性与重现性均不理想
	聚苯乙烯基	柱效不高,稳定,重现性好

表 21-12　液相色谱的不同柱型

柱型	柱内径	流动相流速	样品容量	柱型	柱内径	流动相流速	样品容量
制备柱	4in(约 100mm)	960mL/min	2.5g	细内径柱	2.1mm	0.2~0.4mL/min	0.05~0.2mg
制备柱	2in(约 50mm)	240mL/min	600mg	微柱	0.8~1.0mm	25~60μL/min	50~500μg
制备柱	1in(约 25mm)	61mL/min	150mg	毛细管柱	0.1~0.5mm	1~15μL/min	1~50μg
半制备柱	9mm	11mL/min	25mg	纳米柱(Nano)	≤0.1mm	≤1μL/min	≤1μg
常规柱	4.6mm	0.5~2.0mL/min	0.2~7mg				

表 21-13　按照色谱模式分类的分离原理及应用范围

柱类型	种　类	分　离　原　理	应　用　对　象
反相	C_{18}、C_8、C_4、C_1、苯基	由于溶质疏水性不同导致溶质在流动相和固定相之间分配系数差异而分离	大多数有机物,多肽、蛋白质、核酸等生物大、小分子,样品一般溶于水中
正相	SiO_2、CN、NH_2	由于溶质极性不同导致在极性固定相上吸附强弱差异而分离	中、弱和非极性化合物,样品一般溶于有机溶剂中
离子交换	强阳、弱阳、强阴、弱阴	由于溶质电荷不同及溶质与离子交换固定相库仑作用力的差异而分离	离子和可离解化合物
凝胶	凝胶渗透、凝胶过滤	由于分子尺寸及形状不同使得溶质在多孔填料体系中滞留时间差异而分离	可溶于有机溶剂或水的任何非交联型化合物
疏水	丁基、苯基、二醇基	由于溶质的弱疏水性及疏水性对流动相盐浓度的依赖性使溶质得以分离	具弱疏水性及疏疏水性随盐浓度而改变的水溶性生物大分子
亲和	种类较多	由于溶质与填料表面配基之间的弱相互作用力即非成键作用力所导致的分子识别现象而分离	多肽、蛋白质、核酸、糖缀合物等生物分子及可与生物分子产生亲和相互作用的小分子
手性	手性色谱	由于手性化合物与配基间的手性识别而分离	手性拆分

表 21-14　常用 HPLC 色谱柱的性能和用途

类　型	商　品　名		极　性	分离方式	分析对象
	国内产品	国外产品			
硅胶类	YWG-G3P	μPorasil			脂溶性成分
	YWG-5	Merkosorb SI-60			生物碱类
		Micropak SI-5	强	正相-吸附	强心苷类
		Zorbax Sil			三环系抗抑郁药
烷基键合相	YWG-C_{14}	Lichrosorb RP-18			有机酸类
	YWG-C_{18}	Partisil ODS-2			有机碱类
	YWG-C_{21}	Zorbax-ODS			极性化合物
		μ Bondapak C_{18}	弱	反相-分配	水杨酸类
					巴比妥类
		Durpak ODS			儿茶酚胺类
		Nucleosil C_{18}			酚类
		Lichrosorb RP-8			抗生素类
		Nucleosil C_8			水溶性维生素

续表

类 型	商 品 名		极 性	分离方式	分析对象
	国内产品	国外产品			
腈基	YWG-CN	μ Bondapak CN			碱性化合物
键合物	YQG-CN	Micropak CN		反相-分配	不饱和化合物
	YBG-CH	Zorbax CN	中等	正相-吸附	芳烃类
		Nucleosil CN			多环芳烃类
氨基	YWG-NH₂	μ Bondapak NH₂			抗生素、糖类
键合相	YQG-NH₂	Lichrosorb NH₂	强	反相⎫分配 正相⎭	核苷酸类
	YBG-NH₂	Nucleosil-NH₂			胺类、有机酸类
		Micropak NH₂		离子交换	多羟类化合物
苯基键合相	YWG-C₆H₅	μ Bondapak phenyl	弱	反相-分配	抗生素、酚类
离子交	YW-SO₃H	Partisil SAX			生物碱类
换类	YWG-R₄NCl	Partisil SCX	强	离子交换	有机酸类
		Zorbax WAX			水溶性维生素
		μ Bondapak AX			抗生素

3. 柱材料及规格

通常按内径大小分为三种：小于 2mm 的称为细管径柱或微管径柱；2～5mm 是常规 HPLC 色谱柱；大于 5mm 的称为半制备柱或制备柱。

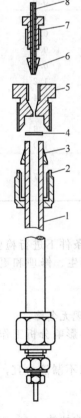

HPLC 色谱柱与柱接头大都用 316 号或 314 号不锈钢制成，具有耐腐蚀、抗氧化、耐压等优点。此外，也有氟塑料、玻璃和玻璃衬里等材料的色谱柱。

HPLC 色谱柱通常是直管形，长度在 5～40cm 之间，特殊需要时可以增长，柱的内壁高度抛光。

如图 21-2 所示是普通色谱柱结构示意，由柱管、末端接头、卡套（又称密封环）和过滤筛板等组成。靠接头与压帽的挤压和一定角度的配合，使密封环紧紧抱住柱管，与接头之间形成线密封，使其不漏液。多孔筛板是用烧结不锈钢或烧结镍制成，孔径 0.2～20μm，孔的大小取决于填料粒度。接头的设计要求死体积尽可能小，管道与接头处应当平整、对接，使其成流线型，没有死角。其中零死体积和小死体积接头是 HPLC 色谱柱系统常采用的结构。

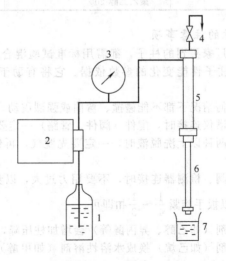

图 21-2 普通色谱柱
　　结构示意

1—柱管；2—压帽；
3—卡套；4—筛板；
5—接头；6—卡套；
7—螺丝；8—输液管

图 21-3 湿法装柱流程
1—溶剂瓶；2—高压泵；3—压力表；
4—放空阀；5—匀浆罐；
6—色谱柱；7—废液瓶

4. 色谱柱的填充法

HPLC 色谱柱的填充法通常有两种：干法填充和湿法填充。前者适合颗粒直径（d_p）大于 $20\mu m$ 的刚性填料；后者适于颗粒直径（d_p）小于 $20\mu m$ 的填料。

干法填充是把所需要的填料以少量、等量多次倒入柱内，并以适当的力和频率垂直轻叩柱子，这样可以使柱床紧密、均匀。

湿法填充，一般是把填料和一种所谓的匀浆溶剂按一定比例 [如 $10\%\sim15\%$（质量浓度）] 混合。这种匀浆溶剂应当具有合适的黏度和密度，使粒子在其中不易沉降；且有良好的分散能力，有利于消除结团效应；还应当不与填料发生不可逆化学吸附或反应；最后又易于洗除。配好的匀浆在超声波下处理数分钟，使其高度分散，然后用泵在 $40\sim80MPa$ 的压力下，通过一种加压溶剂（如己烷或甲醇）迅速压入柱内。此时填料即在柱内淤积成一个紧密均匀的填充床。

装填后的色谱柱应用标准混合物测定柱效。

如图 21-3 所示为湿法装柱流程；表 21-15 为装柱时常用的匀浆溶剂的性质。

表 21-15 装柱时常用的匀浆溶剂的性质

方　　法	溶　　剂	密度/(g/cm³)	黏度/mPa·s
平衡密度法	二碘甲烷	3.3	2.9
	1,1,2,2-四溴乙烷	3.0	—
	二溴甲烷	2.5	1.0
	四氯乙烯	1.6	0.9
非平衡密度法	四氯化碳	1.6	1.0
	三氯甲烷	1.5	0.6
	三氯乙烯	1.5	0.6
	四氢呋喃	0.9	0.5
	二氧六环	0.8	1.2
	异丙醇	0.8	2.4
	乙醇	0.8	1.2
	甲醇	0.8	0.6
	水	1.0	1.0
黏滞法	环己醇	0.96	
	乙二醇	1.11	1.7
	聚乙二醇-200	1.1	

5. 使用色谱柱的注意事项

① 不论从哪个厂家买到的柱子，都需用标准试验混合物，在标准试验色谱条件下进行检验，此数据将作为检定柱子性能变化的参数依据。它将有助于决定什么时候需要再生、修理和更换柱子。

② 色谱柱在任何情况下都不能碰撞、弯曲或强烈震动。

③ 当柱子和色谱仪连接时，配件（阀件、管路）一定要清洗干净，否则易出现无名峰。

④ 配制两种或两种以上洗脱液时，一定要先脱气，再使用，以免产生气泡，影响分析工作的正常进行。

⑤ 柱子与进样阀、检测器连接时，不要用力过大，以免压紧螺丝时折断。以不漏液为宜，通常先用手拧紧，再以扳手旋紧 $\frac{1}{4}\sim\frac{1}{3}$ 扣即可。

⑥ 高黏度的溶剂（如乙醇、异丙醇等）会增加柱压降，使样品谱带扩宽，影响柱效。

⑦ 由脂溶性溶剂（如己烷）换成水溶性溶剂（如甲醇）时，要用泵打入两性溶剂二氯甲烷或异丙醇过渡一下。

⑧ 样品最好用溶剂萃取法、吸附法、膜过滤法等提纯。

⑨ 要严格控制进样量，以免超负荷，影响分离工作的进行。

⑩ 每天分析工作结束后，要洗去柱系统中残留的样品，以免时间长了污染柱子。

⑪ 一种样品分析结束后，在换新样品前要洗去柱系统中残留的样品，以免影响新样品的分离。

⑫ 如果用一定酸碱度的缓冲溶液或盐溶液作流动相，每天用完后要用纯水或纯甲醇冲洗柱子，直到流出液为中性或无离子为止。

⑬ 如果分析的样品吸附性较强，或含有溶解度较差的组分，这类样品分析工作结束后，换新样品之前应清洗或更换烧结不锈钢片，以免影响新样品的分析效果。

⑭ 进新样品之前，先打进一针流动相，检查是否有上次样品的残留物。

⑮ 换新溶剂时，记录笔可能满刻度漂移，待稳定后将笔调至零点，即补偿因不同溶剂引起的不同本底电流的变化。

⑯ 无论何时都不能将柱接头拆卸下来，以免损伤柱子。

6. 色谱柱的再生

色谱柱在失活或不可逆污染后，可通过下述方法再生，见表 21-16 和表 21-17。再生后需测定柱效和 k' 值。

表 21-16　吸附柱、硅胶柱再生方法

溶剂次序	冲洗体积数①	溶剂次序	冲洗体积数①	溶剂次序	冲洗体积数①
二氯甲烷	10	水②	20	干燥二氯甲烷	20
甲醇	20	甲醇	20	干燥己烷③	20

① 冲洗体积数单位为柱死体积。

② 有时可用 1%～5%乙酸水溶液，以除去碱性物质和无机物。

③ 只有高吸附活性时才使用。

表 21-17　反相柱（—C_{18}、—C_6H_5 和—CN）的再生法

溶剂次序	冲洗体积数/mL	溶剂次序	冲洗体积数/mL	溶剂次序	冲洗体积数/mL
蒸馏水	75	甲醇	75	甲醇	75
二甲基亚砜	四次 200μL	氯仿	75		

也可用下列方法再生色谱柱。

（1）正相柱再生法　用下列洗脱剂，按极性递增的顺序，每种洗脱用 30mL 进行冲洗。

①庚烷→②氯仿→③乙酸乙酯→④丙酮→⑤甲醇。

（2）反相柱再生法　用下列洗脱剂，每种溶剂用 30mL，按下列顺序进行漂洗。

①纯水→②0.1mol/L 乙二胺四乙酸钠盐→③纯水→④甲醇→⑤甲酮/氯仿（1∶1）→⑥甲醇→⑦纯水。

清洗时洗脱剂的 pH 应在色谱柱允许的 pH 的范围内。

7. 色谱柱恒温箱

在高效液相色谱分析中，温度的影响往往容易被忽略。现在随着分析样品日益复杂化和多样化，人们对分析结果准确度和精密度的要求不断提高，柱温的控制日益受到人们的重视。色谱柱恒温箱已成为高效液相色谱仪器的重要配套设备。正确地控制色谱柱的温度，对于提高色谱柱柱效，改善色谱峰分离度，缩短保留时间，以达到理想的分析效果，具有不可忽视的作用。

色谱柱恒温装置一般由温度控制器和恒温箱两部分组成。不同厂家的色谱柱恒温装置结构设计差别较大，功能也有所不同。常见的色谱柱恒温箱有卧式和立式两种结构，设有不同柱长的安装位置，多数具有加热功能，也有些为满足特殊分离的需要，同时具有加热和冷却两种功能。如 HP1100 高效液相色谱仪的柱温箱可以实现从 10～80℃柱温的精确控制。对凝胶渗透色谱的分离模式，其柱温可从室温至 150℃，实现精确控温。

五、检测系统

检测器连在液相色谱柱的出口，样品在色谱柱中分离后随同流动相连续地流经检测器，根据流动相中样品量或样品浓度可以输出一个信号，来定量表示被测组分含量或浓度的变化，最终得到样品中各个组分的含量。检测器是色谱分析工作中定性定量分析的主要工具。

液相色谱检测器可分为通用型和选择型两类。

（1）通用型检测器（总体检测器） 对溶质和流动相都有响应，如示差折射检测器、电导检测器等。这类检测器应用范围广，但因受外部环境（如温度、速度）变化影响大，因而灵敏度低。通用型检测器不能进行梯度洗脱，因为洗脱液组成的任何改变都将有明显的响应。

（2）选择型检测器（溶质型检测器） 包括紫外吸收检测器、荧光检测器等。只要溶剂选择得当，仅对溶质响应灵敏，而对流动相没有响应。这类检测器对外界环境的波动不敏感，具有很高的灵敏度，但只对某些特定的物质有响应，因而应用范围窄。

六、控制系统及数据处理系统

现代的 HPLC 仪大多是多功能、全自动的操作系统，设有微机程序控制系统和数据分析、处理系统。能够选择和控制各种实验参数，如自动进样、恒温、恒流、恒压、洗脱梯度、流速梯度、自动调零、测量保留时间、测量峰高、峰面积、定量分析等。并能在显示器 CRT 上显示和打印机上打印出这些参数、色谱图和分析报告。

下面以岛津 LC-6A 高效液相色谱仪的装置为例说明它们的功能。

1. 岛津高效液相色谱仪的 SCL-6A 型控制器

SCL-6A 型控制器分别控制该系统的 SIL-6A 型自动进样器、LC-6A 型溶剂输送泵、CTO-6A 型色谱柱箱、SPV-6AV 型检测器、流路选择阀 FCV-2AH 和 FCV-3AL，并且和 C-R3A 或 C-R4A 型数据处理系统相连接，构成了全自动高效液相色谱仪。

SCL-6A 控制器的主要功能及技术规格如下。

① 显示器装有 152.4cm（6in）单色 CRT 显示屏，可显示选择参数、时间程序、梯度程序的图像以及显示参数的实测值和控制值。可显示字符 56 字 20 行。

② 键盘操作部分具有数字键、12 个功能键、6 个汇编键。

③ 时间程序：可设定流量程序、梯度程序和波长程序。可存储 10 个程序文件，10 个文件的程序步数合计为 130 步。时间设定：0.01～650min，间隔为 0.01min。

另外，在执行程序中可以进行部分修改、插入或删除。可强制暂停。

④ LC-6A 型溶剂输送泵的控制，最多可连接 3 台溶剂输送泵。可设定溶剂的控制方式、流量程序和梯度程序。流量设定范围为 0～9.9mL/min，间隔为 0.01mL/min，对于梯度控制则为 0.1mL/min。

可控制泵的上限压力 50MPa，下限压力 0MPa；可监测实时泵压。可采用等度淋洗或二元、三元梯度淋洗。浓度设定为每种溶剂 0～100%，间隔为 1%；梯度精度为 ±1%（浓度范围为 10%～90%）。梯度曲线有线性梯度、阶跃梯度、指数梯度及其间相互任意结合。最佳流量为 0.3～3.0mL/min。参数设定包括总流量、B 溶剂的浓度、C 溶剂的浓度；B 溶剂的梯度曲线及 C 溶剂的梯度曲线。

⑤ SIL-6A 型自动进样器的控制设定项目为样品号（1～100）、进样量（1～500μL，间隔 1μL）、重复进样次数（1～30 次）、分析周期（0.01～650min，间隔 0.01min）。控制程序步骤数为 1～102 步。

⑥ CTO-6A 型色谱柱箱的控制设定项目为柱箱温度、上限温度、监测实际温度、监测易燃溶剂泄漏并能发出警报。

⑦ SPD-6AV 型紫外-可见分光光度检测器控制的设定项目为可在 195～700nm 范围内任意选择波长、可设定时间程序改变测定波长、当波长改变时可自动校正基线。

⑧ 有对高压流路选择阀 FCV-2AH 和低压流路选择阀 FCV-3AL 的控制器。

⑨ 与 C-R3A 型或 C-R4A 型数据处理系统连接，并且在使用 PC-14N 电流回路接口时，可打印出控制器所设定的参数和程序的内容，而且可以利用 BASIC 程序来控制仪器所有系统。能够更高速地获取数据和更大容量的记忆数据。

当使用 RS-232C 接口时，能把数据输出到外部计算机；或从外部计算机向该系统传送数据。

⑩ 当切断电源时，存储的内容可得到保护。另外，具有自行诊断仪器的性能及安全报警的功能。

2. 岛津 C-R4A 色谱数据处理系统

岛津 C-R4A 是集数据处理机、CRT 显示器、打印机和驱动器为一体的数据处理系统。

（1）主要特点　①有多种操作功能；②有先进的数据处理功能；③能借助 C-R4A 的 BASIC 程序控制分析装置，实现分析系统自动化；④可以同时记录两个通道；⑤装配有双软盘驱动器；⑥具有菜单式操作程序。

（2）具有多种软件功能

① 色谱的处理　可以自动或手动设定峰处理参数。依据色谱的噪声状态能自动求出峰检测灵敏度。若扩大峰宽，峰检测灵敏度和半峰宽两参数会自动变更。可以自动校正基线漂移，能处理分离不好的色谱峰分离，以及删除不需要峰和拖尾峰等。

可获得色谱图尖峰和宽峰的高精度的数据，可测定半峰宽为 0.25s 的尖峰；可测定包络线上的峰面积（峰高）。

② 峰处理参数主要是 WIDTH 最小峰宽、DRIFT 基线偏移度、SLOPE 峰检测灵敏度、MIN·AREA 最小峰面积、T·DBL 参数变更时间、STOP·TM 分析终止时间等。

③ 色谱峰的存储及再分析功能。能存储所有的色谱图。在改变峰处理参数后，可以进行峰形的再处理及色谱图的再记录。也可预先把背景基线存储起来，进行背景基线的校正。

④ 用时间程序分析，可自动改变参数及进行下列几项处理：

a. 在分析中可以自动变换记录器的灵敏度；

b. 设定负峰区间，可测定负峰面积；

c. 设定基线保持区间，可消除负峰的影响；

d. 设定不需要峰的除去区间（LOCK），可以消除中间不需要的峰；

e. 设定拖尾峰处理区，可以只处理该区内的拖尾峰。

⑤ 峰的准确鉴定。可用保留时间和相对保留时间进行峰的鉴定；可用 TIME BAND（时间带）法和 TIME WINDOW（时间窗）法来鉴定峰。

⑥ 通过分析标准试样，可自动绘制工作曲线，自动计算校正因子；可取数次分析的平均值来确定工作曲线；可以把相同结构的同系物进行归纳分组。

⑦ 计算功能。具有面积归一法、校正面积归一法、带有比例系数的校正面积归一法、内标法、校正曲线法（即外标）、指数计算法及多内标法七种功能。

⑧ 可以把分析条件、工作参数、时间程序、色谱图及分析报告等显示在显示器上并用打印机打印出来。

积分仪、数据处理机和色谱工作站见二十章第二节。

七、常见高效液相色谱仪

表 21-18（a）～表 21-18（c）列出了常见高效液相色谱仪的性能和应用领域。

表 21-18（a）　常见高效液相色谱仪性能 （一）

生产厂家	型号名称	式样	泵	检测器	其他性能
上海分析仪器厂	1600 型高效液相色谱仪	整机式	压力 1.96～24.51MPa 流量 0.1～5mL/min	紫外,固定波长 254nm	
北京分析仪器厂	SY-204 型液相色谱仪	整机式	压力 19.61MPa 流量 0.1～5mL/min	紫外,固定波长 254nm	
	SY-5000 系列液相色谱仪[引进（美国）Varian]	整机式	压力 34.32MPa 流量0.1～15 mL/min 单柱塞往复泵	紫外,荧光	手动、自动进样,梯度淋洗,室温至 140℃,过压保护装置
天津市科学器材公司、仪器实验厂	YZS-3 型液相制备色谱仪		压力 4.90MPa	紫外, 差示折光	不锈钢柱 ϕ22mm×200mm、ϕ40mm×300mm,C$_{18}$硅胶,单、双、三笔记录仪
北京理化分析测试中心	FIC 系列离子色谱仪	组合式		电导,光度	高压泵,六通阀,柱后反应,蠕动泵,主要用于阴离子、碱金属、碱土金属、过渡元素的分析
北京历元电子仪器公司	EP 系列离子色谱仪	组合式	单柱塞、双柱塞平流泵	电导	微机控制,数据显示,可测:F$^-$、Cl$^-$、Br$^-$、NO$_2^-$、PO$_4^{3-}$、SO$_4^{2-}$、Li$^+$、Na$^+$、K$^+$、NH$_4^+$、Ca^{2+}、Mg^{2+}

生产厂家	型号名称	式样	泵	检测器	其他性能
大连江申分离科学技术公司	JS-2000 系列高效液相色谱仪 JS-2500 系列离子色谱仪	组合式	平流(双柱塞)泵 Waters 产 510 泵 Gilson 产 302 泵	紫外(可变波长),电导立式箱	采用江申通用汉化色谱工作站,X-Y 记录仪
岛津 (日本)	LC-6A LC-8A 液相色谱仪 LC-10A	组合式	压力 0.98~49.03MPa 流量0.01~5mL/min	紫外-可见,荧光,电导、电化学、差示折射	数据处理器,馏分收集器,CRT 显示器,打印机,自动进样器
日立	L-6200 型液相色谱仪	整机式	数字输入 1~10mL/min		梯度淋洗,液晶显示,对话操作,打印机
日本分光 JASCO	高效液相色谱仪	组合式	PU980/986/987	紫外、荧光,光电二极管阵列	自动进样器,积分仪,系统控制器
HP (惠普公司)	1090 系列液相色谱仪	整机式	0~40.20MPa 1~5000μL/min	荧光,差示折射,二极管阵列,固定波长,可变波长	一~四元梯度淋洗,数据处理工作站,图像打印机,8 通积分仪,可编程序检测器
	1050 系列液相色谱仪	组合式	双柱塞串联泵 39.23MPa 0.001~9.999μL/min	可编程序,可变波长 二极管阵列 (三个波长)	可编程序自动进样器(0.1~100μL) 一~四元梯度淋洗,数据处理工作站,图像打印机
P. E.(惠普公司)	1000 型 4000 型液相色谱仪 235 型	整机式	41.19MPa 0.01~10.00mL/min	可编程序,紫外-可见,二极管阵列,池 8μL	梯度淋洗,液晶显示,彩显,六通阀进样,自动进样,可编程序三维图像显示
H. P. (珀金-埃尔默公司)	100 型 250 型液相色谱仪 480 型	组合式	41.19MPa 0.01~10.00mL/min	紫外-可见,二极管阵列,多科检测,自动扫描二极管阵列	梯度淋洗,彩显,数据处理机,自动进样,三维图像显示,打印机
Beckman Co. (贝克曼公司)	334 型梯度高效液相色谱仪	组合式	柱塞式 40MPa 0.001~1.00mL/min	可变波长紫外-可见,多通,扫描式	积分仪,双笔记录,控制器,三元梯度淋洗,安全保护装置
Waters (沃特斯公司)	LC 液相色谱仪 150 型凝胶色谱仪 氨基酸分析仪 500A 制备色谱仪	组合式	29.42MPa 0.1~9.9mL/min	紫外-可见(固定波长、可调波长),差示折射、荧光	全自动进样装置,控制器、数据处理机,记录器,打印机
Gilson (吉尔森)	GiAPD 高效液相色谱仪(多功能系统生化制备系统) 自动氨基酸分析仪 SF3 超临界流体色谱仪 制备液相色谱仪	组合式	单柱塞泵 0.25~200mL/min	单波长,双波长,自动扫描,自诊,程控的紫外-可见检测器、荧光检测器	视窗式操作,四元梯度淋洗,谱图放大,再分析,比较,显示柱效,统计分析,馏分收集器,彩显,微机,鼠标菜单式,程序,数据处理器,积分仪,记录仪
Dionex (戴安公司)	DX300 系列液相色谱仪(超临界流体色谱系统毛细管电泳系统)DX-100 型离子色谱仪	组合式	34MPa 0.01~10.00mL/min	可选择波长,紫外可见,荧光,电导脉冲安培	自动控制,数据处理,四元梯度淋洗
美中互利工业公司	200 型痕量有机分析 400 型液相色谱仪	组合式		紫外、可见、电化学	笔记录仪,工作站,微机控制
北京天利科技有限公司	分析与制备液相色谱仪	组合式	单活塞泵 0.01~8.00mL/min	紫外等七种检测器	IBM 微机,控制分析程序与数据处理,自动进样器,梯度淋洗
LKB (瑞士)	液相色谱仪	组合式	1~35MPa 0.01~5.00mL/min	可变波长,紫外、可见,电化学(玻碳电极)	液晶显示时间与压力,安全报警系统,控制系统、梯度淋洗

续表

生产厂家	型号名称	式样	泵	检测器	其他性能
Carlo Erba (卡劳尔巴)	微型液相色谱仪 超临界流体色谱仪 高温毛细管色谱仪 氨基酸分析仪	整体式	柱塞泵 0.001～4000μL/min	紫外,可见,可 编程序,双波长	四元梯度淋洗,触摸式键盘, 指令对压力、流量、梯度淋洗、 操作等控制
Philip (飞利浦公司)	PU4100 型液相色谱仪 4101 型制备液相色谱仪	组合式	双柱塞泵 40MPa 0.001～5.00mL/min	紫外,数字显 示,电化学(玻碳 电极),差示折光	数据处理系统,二极管数据 系统,四元梯度淋洗

表 21-18(b)　常见高效液相色谱仪性能 (二)

生产厂家	型　号	梯度	流量 /(mL/min)	压力 /MPa	进样	柱炉	检测器	备　注
Anspec(美国)	Sentinel Ⅱ	有	0.1～10	50	自动	有	UV-VIS、FL、EC、 RI、Cond	自动溶剂最佳化
	WH-LC	无	0.1～20	50	阀	无	UV-VIS、FL、EC、 RI、Cond	常规分析用
Applied	300	有	0.01～30	50	阀	有	UV-VIS、FL	配 429 积分仪
Biosystem(美国) (原 Kratos)	500	有	0.01～30	50	自动	有	UV-VIS、FL	配 650 数据控制 系统
Autochrom（美 国）	M320	有	0.02～50	42	阀	无	UV-VIS	自控,单泵梯度
	M300	有	0.02～50	42	阀	无	UV-VIS	手控,单泵梯度
Beckman(美国)	Syst. Gold ProteinⅡ	有	0～60	42	阀	有	UV-VIS、RI、FL、Rad	专用微机控制
	Syst. Gold Method Dev	有	0～30	42	自动	有	FL、Rad	IBM XT/AT 控制
Sep Tech(美国)	ST/800C	有	0～350	28	阀、泵	无	UV-VIS、RI	易于扩展到制备级
	ST/800B	有	0～800	13	阀、泵	无	UV-VIS、RI	易于扩展到制备级
Showa Denko(日 本,美国)	Shodex OA	有	0～10	50	阀	有	UV-VIS、RI、Cond、 EC、CL、US	
	Shodex AP	无	0～500	35	泵	无	UV-VIS	泵自动进样
Spectra Physics (美国)	System 6	有	0.01～10	42	阀	有	UV-VIS、RI、FL	微机自动控制,也提 供惰性泵
	System 5	无	0.01～10	42	阀	有	UV-VIS、RI	全自动 GPC 系统
Tracor(美国)	945/951/925	无	0.01～40	71	阀	有	LC/FID	通用氢火焰检测器
	981/955	有	0.01～9.9	42	阀	无	UV-VIS、PC	二、三元梯度,CRT 程控
Varex(美国)	VERS Aprep-XT	有	0～10	42	阀、泵	无	UV-VIS、RI、LS	IBM XT/AT 控制, 最大柱
ISCO(美国)	2360	有	0.01～10	42	阀, 自动	有	UV-VIS、FL	IBM 机控制,有 15 种流动池供选择,单泵 三元梯度
	2350	有	0.01～10	42	阀, 自动	有	UV-VIS、FL	双泵二元梯度,其余 同上
JASCO(日本,美 国)	8000 系列	有	0.01～10	50,14	阀	有	UV-VIS、FL、RI、EC	配智能软件,有 SFC 备件
Knauer KG（德 国）		有	0～50	35	阀	有	UV-VIS、UV、FL、 EC、RI、Cond、Visc/RI	自动进样,气动装柱 泵 (100MPa), GPC (160℃)
Micromeritics(美 国)	7610	有	0～5	51	阀	无	UV-VIS、UV、RI	单泵三元梯度,有微 孔柱系统
	7620	有	0～10	51	阀	无	UV-VIS、UV、RI	双泵二元梯度

续表

生产厂家	型 号	梯度	流量 /(mL/min)	压力 /MPa	进样	柱炉	检测器	备 注
Milton Roy（美国）	4000 系列	有	0~40	42	阀	无	UV-VIS、FL、RI、Cond	全部或部分智能化微机控制
Perkin-Elmer	自动 DA-LC 系统	有	0.01~10	43	阀	无	DA-UV、FL、UV-VIS、3D-三功能	四元梯度，1~2000μL 变体积自动进样
	Iso Pure LC 系统	有	0.01~10	43	阀	无	UV、UV-VIS	四元溶剂钛泵，生物分离兼容 LC 系统
Pharmacia LKB（瑞典，美国）	2150	有	0.01~5	36	阀，自动	有	UV、UV-UIS、RI、EC	惰性钛泵、微机控制
	2249	有	0.01~10	42	阀，自动	有	UV、UV-VIS、RI、EC	微机控制
Bio-Rad（美国）	700	有	0~30	42	阀	有	UV-VIS、FL、RI	六泵，六个 A/D 通道，IBM 机控制，钛泵 0~120mL/min
	402	有	0~10	42	阀	有	UV-VIS、EC、RI	二元梯度，四个 A/D 通道，自动制冷进样，钛泵 0~40mL/min
Biotronik（德国）	BT3000 系列	有	0~9.9	42	阀	无	UV、FL、EC、RI	可配自动进样器
Dionex（美国）	4005 i BioLC	有	0.1~9.9	28	阀	有	UV-VIS、EC、Cond、FL	柱后反应器、四元梯度、自动进样
EM/Hitachi（美国，日本）	6200 LC	有	0.01~10 (30)	42	阀	无	UV-VIS、FL、DA-UV	自动进样，有制备系统
ESA（美国）	Coulochem LC/EC	无	0~9.9	42	阀	无	UV-VIS、EC	有 EC 优化系统
	400	有	0~9.9	50	阀	有	UV-VIS、EC、Cond、FL	可提供全自动型
Gilson（美国，法国）	4000/5000 系列	有	0~100	71	阀，自动	无	UV-VIS、UV、FL、EC、RI	IBM PS/2 或 AT 控制
	7000 系列	有	0~100	71	计量泵	无	UV-VIS、UV、FL、EC、RI	可重复进样，馏分收集
Gow-Mac（美国）	80-650	无	0.3~3 0.5~5	14	阀	无	UV-254	
	80-850	有	2~500 1~220	28	阀	无	UV EM	尺寸 1m×5cm
	ECONOPREP	有	1~220	28	阀，泵	无	UV、RI、LS、EM	基本型廉价制备 HPLC 系统
Varian（美国）	5000LC	有	0.1~15	35	阀	有	UV-VIS、RI、DA-UV、FL、Cond	单泵比例阀吸液，机器人进样，柱后反应器
	5500LC	有	0.01~15	42	阀	有	UV-VIS、RI、DA-UV、FL、Cond	
Waters（美国）	650	有	0.5~80 0.1~45	3.5	阀	有	UV-VIS	非金属接液部件，输液微机控制
	高压梯度系统	有	0.1~45	42	阀，自动	有	UV-VIS、DA-UV	微机控制，有 AT-LAS 光谱库
	266	无	0~10	35	阀	有	UV、UV-VIS、Cond、EC	非金属接液部件，能直接测定 10^{-9} 级普通阴离子

注：本表中所用各种检测器符号的意义：CL——化学发光；Cond——电导；DA-UV——光电二极管阵列紫外；EC——电化学；EM——蒸发质量；FL——荧光；LC/FID——液相色谱用氢焰检测器；LS——激光散射；PC——光导；Rad——放射性；RI——差示折射；UV——紫外；UV-VIS——紫外可见分光光度计；Visc/RI——黏度折射计。

表 21-18(c)　常见高效液相仪器系统及应用领域

厂　商	型　号	软　件	信　息	应 用 领 域
Agilent Technologies	Agilent1200 系列	ChemStation Plus	集成经济高通量 HPLC,毛细管到制备流速,GPCSEC、LC/MSD,或 LC/MSD 离子阱	生物药物研究、高通量应用、药物 QA/QC、聚合物表征、食品检测
Alltech Associates	N/A	AllChrom	模块 HPLC 和 IC 系统	IC,ELSD 2000 检测器
Amersham Pharmacia Biotech	AKTAdesign	UNICORN	蛋白质纯化系统平台、控制软件和色谱柱	高通量生物分子提纯
Beckman Coulter	System Gold	32Karat	细内径 HPLC 系统,可处理 1μL/min 到分析流速	微径应用和自动方法开发
Bioanalytical Systems	psilon	ChromGraph	模块化等度梯度 HPLC 系统,分析型到细内径	专用 LC 仪器,包含样品制备(微秀析和超滤)、电化学、药物代谢物研究、药代动力学研究、药物分析、神经科学、环境科学、临床化学、法庭化学
D-Star Instruments	DIS-等度与 DGS-系列(二元梯度)	Star-Chrom	经济型(最低不到 6000 美元)HPLC 系统,固定和可变波长 UV-vis 检测器,软件	环境 HPLC 系统,教学、常规 QC
Dionex Corp.	Summit	CHROMELEON	不锈钢 HPLC 系统	通用 HPLC;药物、生物技术、高通量、化学和环境应用
Dionex Corp.	BioLC	CHROMELEON	组合 HPLC 和 IC 系统,非金属 PEEK	分析蛋白质、肽、糖、氨基酸和核酸
Gilson	NEBULA 系列 215 分析系统	UniPoint	集成馏分收集和进样分析和制备 HPLC 系统,流速达 30mL/min,多路探测(同时 8 个样品),微体积选件	高通量药物开发、药物代谢研究、QC、目标化合物分离提纯
Hitachi Instruments	LaChrom 2000	ChromSword Auto	HPLC 模块,可与 M-8000 3DQ 离子阱 LC/MS 连接	高通量纯化,药物开发,天然产物与食品分析
Isco	CombiFlash Sq1600	Foxy Jr.	序列闪蒸色谱,满足有机物提纯的高通量分析	高通量纯化,药物开发,农业化学品,天然产物分析
Isco	ProTeam LC System 210	Foxy Jr.	低压梯度 LC 系统,带程序功能馏分收集器	蛋白质和其他生物样品分析
Jasco	LC-1500 系列	Jasco/Borwin	模块化 HPLC 系统,适合高压 SFC 的高压流通池	手性分离与检测(旋光与圆二色)选件,药物开发,代谢组学研究
LC-Packings	UltiMate	UltiChrom	集成细内径、毛细管和纳米-HPLC 系统	细内径 HPLC 系统 LC/MS,灵敏生物分析,组合化学,高通量筛选和常规毛细管 HPLC
PerkinElmer Instruments	200 系列	Turbochrom	集成的可与"MS"联用的 HPLC 系统,控温微盘自动进样器与微流量泵选件	分析蛋白质、寡糖、多糖、药物和药代动力学样品,细内径 LC/MS 适合分析飞克(fg)级特定结构和分子量的标记和极性化合物
Shimadzu Scientific Instruments	LC-2010	CLASS-VP	齐全的 HPLC 系统,15s 快速进样,微流量选件,自动化制备 LC/MS(prepSTAR),流速 0.1～150mL/min	药物、QC、研究
Shimadzu Scientific Instruments	HPLC VP 系列	INA	半微量 HPLC 模块;配备 API 四级杆 QP8000a MS 检测器 LC/MS	验证与生产,GMP/GLP 兼容,四极杆 LC/MS
Shimadzu Scientific Instruments	Prominence LC-20A	LCsolution	模块化集成装置,网络系统	齐全的检测器与附件

厂商	型号	软件	信息	应用领域
Sonntek	CHANC	CHANC	小型集成微量、分析和半制备 HPLC	便携式 HPLC-UV 检测器；QA,常规分析/半制备提纯,生物色谱
TermoQuest HPLC, LC/MS Division	Suveyor	Xcalibur	ThermoQuest 的 MS 检测器集成设计的 HPLC	FASTn LC/MSn 系统,药物开、蛋白组、代谢产物、临床和方法开发
	Spectra SYSTEM LC	ChromQuest	模块 HPLC 系统,优化细内径型	R&D,QA 和方法建立
Varian,Inc.	ProStar	Star 工作站	分析、制备和生物 HPLC 模块,全自动、集成或单元部件	药物、环境及化学 R&D 和 QA,完善的、符合 GLP 的数据处理软件
Waters Corp.	Breeze	Breeze	二元梯度(等度)简易型 HPLC,自动或手动进样,可选检测器、分子柱和新 Breeze 软件	经济型 HPLC,食品饮料、学术和非控制环境
	Alliance	Millennium32 或 MassLynx (LC/MS)	集成 HPLC,包括数据控制柱塞驱动和连续流动 Waters 溶剂管理系统,高通量、溶解和 LC/MS	宽范围应用、生物分离、聚合物、药物、QA/QC,氨基甲酸酯和离子分析
	CapLC	MassLynx	毛细管 HPLC 系统,二元溶剂梯度(四元可选)自动 XYZ 取样管理,柱温箱,DAD 检测器和 MS 接口毛细管	生物制药、药物、工业中小量样品常规分析应用
大连依利特分析仪器有限公司	P230 系列	EChrom2000	模块化 HPLC 系统,具有 UV-vis、RI、DAD 检测器,高压与低压梯度、半制备到制备系统	分析检测到制备提纯应用
上海伍峰科学仪器有限公司	LC100	LC100	高压梯度、UV 与 RI 检测器	分析检测等应用
北京东西分析仪器有限公司	LC-5510	LC-5510	UV 检测,等度与高压梯度	分析检测等应用
浙江福立分析仪器有限公司	FL2200-2	FL2200-2	等度、高压与低压梯度,UV 检测器	分析检测等应用
北京谱析通用仪器有限责任公司	L6	LCWin1.0	等度与高压梯度,UV 检测器	分析检测等应用
北京创新通恒科技有限公司	P3000		等度与高压梯度、高压制备系统	分析检测与制备提纯
北京优联光电技术有限公司	UC-3200	UC3269	一体化 HPLC 系统,高压与低压梯度	分析检测应用

第三节　高效液相色谱固定相及流动相

一、固定相

固定相又称柱填料，HPLC 主要采用 $3\sim10\mu m$ 的微粒固定相。

1. 对固定相的要求

① 具有良好的化学稳定性，不易溶解。

② 耐高压，通常要求能承受约 60MPa 压力。

③ 传质速度快，渗透性能好，色谱柱的渗透率不应随柱的压力而变化。

④ 填料的粒度分布应尽可能窄，粒度分布越窄柱效越高。

表 21-19 列出了理想 HPLC 固定相的基本要求。

表 21-19 理想 HPLC 固定相的基本要求

指标	符号	单位	范围	理论最佳值	测量方法
比表面积	SBET	m^2/g	150～500	320	氮气或者氩气低温吸附脱附法
平均孔径	D	nm	10～30	10	
孔容	V_p	cm^3/g	<2.0	1.2	
平均粒径	D_p	μm	3～7	3.8	激光计数显微镜
粒径分布	—	μm	±1	±0.5	显微镜分析
孔隙率	ε	—	≥0.42	≤0.84	色谱法
痕量金属	—	$\mu g/mL$	—	≤500	ICP，AAS
密度	σ_s	g/cm^3	0.4～0.6	0.45	比重计法
微粒形状			不规则形	球形	显微法
表面 pH 值				3≤pH≤7	分散溶液测定 pH 值
—OH 基团的浓度	α_{OH}	$\mu mol/m^2$	8	5≤α_{OH}≤8	光谱法和化学法

2. 固定相的分类

(1) **按化学组成分类**

① 微粒硅胶和以此为基质的各种化学键合相是目前 HPLC 填料中占统治地位的类型，它具有良好的机械强度，容易控制孔结构和表面积，有较好的化学稳定性和表面化学反应专一性等优点。主要缺点是只能在 pH＝2～7.5 范围内的流动相条件下使用。碱度过大，特别是当有季铵离子存在时，硅胶易于粉碎溶解；酸性过大，连接有机基团的化学键容易断裂。

② 高分子微球，基体是苯乙烯和二乙烯苯的共聚物或聚乙烯醇、聚酯类型化合物。主要优点是能耐较宽的 pH 范围，例如 pH＝1～14；化学惰性好。但柱效比硅胶基质的固定相低得多，往往需要升温操作。不同溶剂的收缩率也不同。主要用于离子和离子交换色谱、凝胶渗透色谱。

③ 微粒多孔碳填料，正处于研究阶段，它具有完全非极性的均匀表面，是一种天然"反相"填料，可以在 pH＞8.5 的条件下使用。

(2) **按结构和形状分类** 按结构可分为薄壳型和全孔型两类；按形状则分为无定形和球形两类。

(3) **按填料表面改性分类** 分为吸附型和化学键合相两类。

商品化学键合相填料有以下几种表面官能团：C_{18} 烷基、C_8 烷基、乙基、苯基、氰基、氨基、硝基、二醇基、醚、离子交换以及不对称碳原子的光学活性键合相等。

(4) **按液相色谱洗脱模式** 可分为反相、正相、离子交换和凝胶渗透等。

(5) **按分离机理分类**

① 表面具有活性吸附中心的吸附固定相。

② 表面具有活性链合基团的键合固定相。

③ 表面具有离子交换基的离子交换固定相。

④ 利用内部孔穴大小对物质进行分离的凝胶固定相。

表 21-20 列出了液相色谱主要填料基质比较。

表 21-20 液相色谱主要填料基质比较

项目	无机基质	有机基质
种类	氧化硅、氧化铝、氧化锆、氧化钛、氧化铈、氧化钍、氧化镁等无机氧化物及复合无机氧化物、分子筛、羟基磷灰石、石墨化炭等	聚羟基甲基丙烯酸丙酯(PHAM)、2-羟基甲基丙烯酸与二甲基丙烯酸酯的共聚物(HEMA)、聚乙烯醇(PVA)等亲水性聚合物；聚苯乙烯-二乙烯基苯交联共聚物(PS-DVB)、聚二乙烯基苯(DVB)、聚甲基丙烯酸酯等疏水性聚合物或烷基配体改性 PS-DVB、PHAM、HEMA、PVA 等；葡聚糖、琼脂糖、纤维素、糊精等
优点	机械强度高，溶胀性小，耐高压，可通过表面改性引入多种功能基	化学稳定性好，使用 pH 值范围宽；表面性质均匀，溶质和固定相之间较少发生非特征性吸附；蛋白质等生物活性物质的回收率高；具有较好的重复性和独特的选择性；易获得较高的柱容量(吸附容量、离子交换容量等)

项目	无 机 基 质	有 机 基 质
缺点	表面性质比较复杂，容易导致溶质分子非特征性吸附和多保留机理，改性固定相稳定性和重复性不够理想	固定相机械强度不高，随流动相中有机溶剂变化会溶胀，微生物存在时易降解，耐高温性能较差，色谱柱效比较低

3. 固定相（色谱柱）及分离方法的选择

根据样品的结构与性质，选择合适的色谱柱及分离方法，见表 21-21。

4. 其他基质材料的固定相

（1）多孔石墨化碳固定相 多孔石墨化碳（porous graphited carbon，PGC）是 HPLC 中性能优良的固定相。它是石墨化结晶程度较低的碳素物质，由 $3\sim10\mu m$ 的碳微晶组成的具有海绵状结构，呈球形粒子，颗粒小、粒度均匀，孔多而比表面积适度（约 $150m^2/g$）。PGC 适合分离带有不同甲基侧链的苯及胺类的衍生物；对于邻甲酚、对甲酚及间甲酚三个异构体的效果优于 ODS 柱。在医药领域可用于分离结构相似的抗生素及甾族化合物等。

用 PGC 作固定相时，流动相选用甲醇/水系统。

表 21-21 HPLC 固定相及分离方法的选择

样品	分子量	溶解度	极性	分离模式	固定相	流动相	应用举例
样品	$M_W < 2000$	水溶性	离子型	IEC 或 IC	IE	缓冲液	无机、有机离子
			强极性可解离	IPC	C_{18}、C_8	MeOH、ACN+缓冲液+离子对试剂	儿茶酚胺、氨基酸、表面活性剂
				RP-IS	C_{18}、C_8	MeOH、ACN+磷酸盐/乙酸盐缓冲液	有机酸、镇定药、抗生素、氯化酚、肽
		油溶性	中等非极性	RP	C_{18}、C_8 等	MeOH、ACN、THF/H_2O	芳烃、乙二醇、油脂、杀虫剂、酯、酮、PCB
			中等极性	极性链合相	NH_2、CN	水/MeOH、ACN、非水正相	糖、染料
			非极性	LSC	硅胶	烷烃+极性改性剂	醇、甾体、巴比妥盐、维生素、染料、农药
				非水反相	C_8、C_{18}	MeOH、THF、ACN/丙酮	三甘酯
	$M_W > 2000$	油溶性		有机相 GPC	凝胶	THF、甲苯、二氯苯	聚苯乙烯等有机高分子
		水溶性		水相 GFC	亲水凝胶	水、磷酸盐、NaCl	聚乙二醇、多糖、聚丙烯酸
				IEC	IE	缓冲液	酶、蛋白质、核酸
				RP-HIC	C_4、苯基		

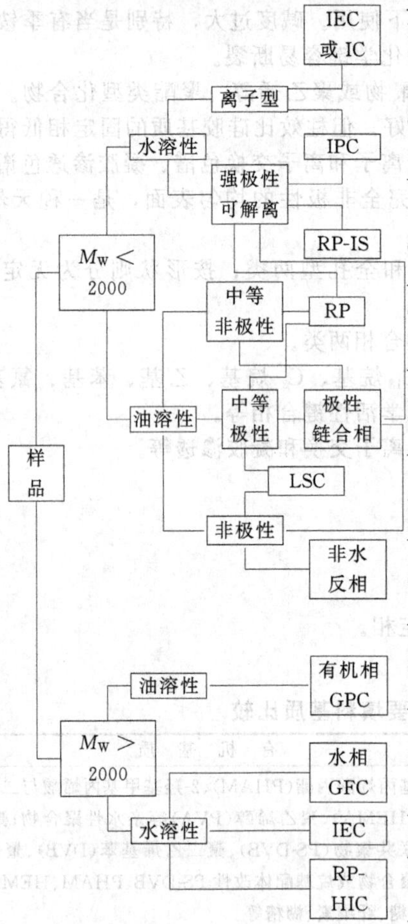

注：M_W——分子量；IEC——离子交换色谱；IC——离子色谱；IPC——离子对色谱；RP-IS——反相离子抑制色谱；LSC——液固吸附色谱；GPC——凝胶渗透色谱；GFC——凝胶过滤色谱；RP-HIC——反相憎水色谱；MeOH——甲醇；ACN——丙烯腈；THF——四氢呋喃；PCB——氯杀螨。

(2) 壳聚糖固定相 壳聚糖（chitosan）是甲壳素（chitin）经碱水解而制得的氨基多糖天然高分子化合物。甲壳素是自然界广泛存在的天然资源。

壳聚糖具有阴离子交换剂的功能。壳聚糖固定相分离苯酚及其衍生物的效果良好。酚类的羟基能与壳聚糖形成偶合离子，当酚分子进入色谱柱时，由于酚分子上的取代基 R 的结构不同或位置不同时，阴离子的碱性存在着差异，致使它们与壳聚糖之间的结合的强弱也不相同，使它们在柱中呈现差速移动而被分离。壳聚糖固定相除用于分离酚类及其衍生物外，也可用于分离蛋白质、肽、核酸以及纯化酶等。流动相使用甲醇-水系统，也可用磷酸盐缓冲液等。表 21-22 列出了在壳聚糖键合（B）和壳聚糖涂层交联（C）柱上的蛋白质保留值 k' 与流动相 pH 值的变化情况。

表 21-22 壳聚糖键合(B)和壳聚糖涂层交联(C)柱上的蛋白质保留值 k' 与流动相 pH 值的变化情况

蛋白质	pH=2.5		pH=3.5		pH=4.5		pH=6.0		pH=7.0	
	B	C	B	C	B	C	B	C	B	C
BSA	0.10	0.35	0.84	0.63	0.92	0.80	1.00	0.85	0.75	0.94
Ins	0.82	0.78	0.92	0.79	1.02	0.90	0.97	0.79	0.85	0.80
Lys	0.83	1.10	1.45	1.50	0.94	0.83	0.92	0.81	0.78	0.80
RNase	0.20	0.49	0.30	0.55	0.65	0.79	2.16	1.06	1.90	0.82
Chym	0.18	0.46	0.42	0.51	1.50	1.50	3.80	1.65	5.95	2.40
Cyt-C	0.59	0.54	0.46	0.58	1.06	0.80	2.10	3.38	7.97	10.7

(3) 聚苯乙烯包夹硅基固定相 为了弥补化学键合相的一些不足，色谱工作者研制了包夹硅基固定相。聚苯乙烯包夹硅基固定相的特点如下。

① 对碱性混合物和强极性混合物分离的选择性良好，并能获得对称的色谱峰。

② 此固定相适用于 pH 范围较宽的流动相。在洗脱液的 pH 较高（如 pH=7.5）的液体时稳定性较好，柱寿命较长。

使用该柱分离碱混合物（如苯胺及其衍生物）或极性混合物（如苯甲醛、苯甲醇及苯甲酸等）时，流动相用甲醇-水系统。

(4) 无孔硅胶反相键合固定相 无孔硅胶反相键合固定相是以无孔硅胶做基质，表面化学键合非极性的 C_8 或 C_{18} 的固定相。此固定相是实心球形微粒，粒径均一，通常为 1~3μm。在柱管内排列整齐而紧密，粒间的空隙分布也很均匀。溶质分离在微粒的表面和微粒的间隙内进行。因此，该类固定相在分离生物大分子时，克服了多孔填料传质速度缓慢等缺点，使其在分离生物大分子如蛋白质、胰岛素、核糖核酸酶、溶菌酶等时，具有柱效高、速度快及选择性良好等优点，适用于生物大分子的分离和纯化。

(5) 十四烷基胺硅胶键合反相固定相（TABP） 十四烷基胺硅胶键合反相固定相可同时分离碱性、中性和酸性有机化合物。由于其硅醇基的活性受到抑制，使碱性化合物的分离得到改善，拖尾减少、峰形对称性良好，表 21-23 列举了某些酸性、碱性和中性化合物在 TABP 上的色谱数据。

表 21-23 某些酸性、碱性和中性化合物在 TABP 上的色谱数据

项 目	硫脲	苯胺	苯酚	对甲苯胺	N,N-二甲苯胺	苯甲酸乙酯	甲苯	乙苯
容量因子	0	0.41	0.71	1.11	1.78	2.18	2.48	4.11
柱效(塔板数/m)		32000	33000	33000	40000	40000	46000	42000
不对称因子		1.26	1.15	1.21	1.10	1.08	1.03	1.18

色谱条件：流动相(甲醇＋水)=(65＋35)(体积比)，柱温 30℃，流速 0.6mL/min，检测波长 254nm，保留时间 2.38min。

(6) BDS-C_{18} 固定相 BDS-C_{18} 固定相是普通 C_{18} 键合相经碱去活处理，屏蔽了普通 C_{18} 固定相上裸露的硅羟基，从而减少了对碱性和强极性化合物的吸附作用，消除了色谱峰变宽、峰拖尾等不良影响。BDS-C_{18} 固定相适用于分离生物样品如核酸水解物嘌呤、嘧定碱基等。流动相可选用磷酸盐缓冲液如 KH_2PO_4-H_3PO_4。依不同的样品调缓冲溶液的 pH 至最佳。用乙腈做有机调节剂。

(7) 酰胺型反相色谱键合固定相 酰胺型反相色谱键合固定相是长链烷基中引入一个极性酰氨

基团，使其具有静电屏蔽效应，消除残留硅醇基的作用，从而使该类固定相不仅能分离一般样品，同时也适用于分离碱性化合物。大连化学物理研究所黄晓佳等研制的酰胺型辛烷基键合固定相（AOBP），柱效较高，分离碱性化合物效果好，在 pH 值 2.5～7.5 的范围内可长期稳定地使用。

（8）十八碳键合钛胶固定相（ODT） 十八碳键合钛胶固定相是以 TiO_2 多孔微球为基质，与十八碳三甲氧基硅烷化学键合的十八碳键合钛胶固定相（ODT）。钛胶表面上的羟基比硅胶少，与 ODS 相比较，其疏水性较小，当利用疏水性分离化合物时，在相同色谱条件下样品组分在 ODT 柱上的容量因子要小些。由于钛胶表面呈弱酸性，碱性化合物（如胺类）在 ODT 固定相上分离效果很好，而且峰形对称，这是 ODS 柱无法比拟的。此外，富电子的中性化合物在 ODT 柱上也能得到良好的分离。

（9）烷基（C_8）醚型键合固定相（OEBP） C_8-醚型键合固定相（OEBP），由于引入的环己基的空间立体保护作用，不封尾也能很好地抑制硅醇基的活性，削弱亲硅醇基效应。从而在分离有机化合物时，使用简单的甲醇-水流动相也能产生较好的柱效。测量苯及衍生物时柱效达 49100 塔板/m；在测量碱性化合物如氨茶碱等时也能获得较高的柱效和对称的峰形。该固定相抗水解性能良好，在 pH＝2.5～7.5 条件下能长期稳定地使用。

（10）冠醚键合固定相 冠醚是王冠状的含有空腔的大环聚醚类化合物，环的外沿有亚乙基（—CH_2—CH_2—），呈亲脂性，环内沿有富电子的杂原子如氧、氮、硫等。冠醚对金属离子具有选择性络合的功能。

硅胶键合冠醚固定相有许多优点，主要是以下几方面。

① 冠醚固定相选择性强、应用范围宽，可用于有机物和无机离子的分离，也能同时分离阳离子和阴离子。

② 冠醚为电荷中性化合物，在流动相中不需要加入离子化试剂即能将阳离子从冠醚柱上洗脱下来。因此，本底电导相对较低，检测灵敏度较高。

③ 可以通过使用不同种类或不同环腔的冠醚改变分离的选择性。

硅胶键合冠醚固定相可分离有机物，如键合二氮杂 18C6 固定相分离硝基酚、核苷酸等效果很好。

手性冠醚固定相在对映体的分析中有重要的作用，已报道有上百种手性冠醚用于手性化合物的拆分。手性联萘基冠醚适用于分离甜味剂天冬酰胺对映体、氨基膦酰基烷链酸对映体、氨基酸及其衍生物、氨基醇以及二肽、三肽等对映体。

在低 pH 条件下，质子化的氨基酸及氨基化合物（如芳胺、烷基胺等）能与冠醚形成主客体络合物。由于不同化合物中氨基的空间位阻不同，活性也存在着差异，与冠醚形成的络合物的稳定常数也不同，因此，在柱内产生差速移动而被分离。

由于杂冠醚中的氮、硫原子的电负性较氧小，使这类冠醚对过渡金属离子及重金属离子的选择性较好。

冠醚固定相分离阳离子是基于阳离子与冠醚环形成络合物的强弱不同而被分离的。碱金属离子在冠醚及其衍生物固定相上保留顺序如下。

15C5，18C6 为：$K^+ > Rb^+ > Cs^+ > Na^+ > Li^+$。

21C7，24C8 为：$Cs^+ > Rb^+ > K^+ > Na^+ > Li^+$。

穴醚为 $K^+ > Rb^+ > Na^+ > Cs^+ > Li^+$。

冠醚固定相分离阴离子的机理是基于离子交换而不是配位交换。在分离时将金属阳离子加入流动相，阳离子与固定相冠醚形成带正电荷的络合物，构成阴离子交换中心。阴离子在这类固定相上的保留顺序与其他离子交换柱不同。它们的保留顺序如下：$SCN^- > I^- > NO_3^- > Br^- > Cl^- > F^- > SO_4^{2-}$。这种保留顺序与冠醚的类型无关。而流动相中的阳离子的种类对柱容量影响较大，并且不同的阳离子对冠醚固定相的交换性能的影响也不同，如将 NaOH 加入流动相中对阴离子的分离要比加入 LiOH 好得多。

二、流动相

1. 溶剂的极性、强度及其参数

流动相的极性、溶质与溶剂分子间的相互作用力有以下几种。

① 色散力 瞬间偶极矩导致的分子间的作用力。

② 偶极作用　永久或诱导偶极分子间的相互作用力。

③ 介电作用　溶质分子与一个有较大介电常数的溶剂分子间的静电作用力。

④ 氢键作用　质子（或氢键）接受体和质子（或氢键）给予体之间的相互作用力。

这四种力是溶质和溶剂分子间出现的总的相互作用，其作用程度称为溶剂的"极性"。溶质和溶剂间的作用力越强，溶剂洗脱该物质的能力就越强。

溶剂的极性和强度是溶剂的两个重要参数。溶剂的极性是溶质和溶剂分子间相互作用形成的，其作用的程度称为溶剂的极性。溶剂的极性参数以 P' 表示。P' 是基于 Rohrschneider 的实验溶解度数据。溶剂的极性对分离的影响较大，如果溶剂的极性参数 P' 变化 2 个单位，容量因子 k' 差不多能有 10 倍的变化。

在正相色谱情况下，可用下式表示这种关系：

$$\frac{k_2'}{k_1'}=\frac{10(P_1'-P_2')}{2}$$

在反相色谱情况下：

$$\frac{k_2'}{k_1'}=\frac{10(P_2'-P_1')}{2}$$

这说明选择适当的溶剂强度，可以调整所需要的 k' 值范围。

混合溶剂的极性参数 P' 具有算术加和性，例如，对于二元溶剂系统，设 a 为非极性组分，b 为极性较强的组分，则此混合溶剂的极性参数 P_{ab}' 为：

$$P_{ab}'=\phi_a P_a'+\phi_b P_b'$$

式中　ϕ ——溶剂组分的体积分数。

溶剂的强度是指溶剂将溶质从柱上洗脱下来的能力。溶剂强度的大小与固定相有关。例如乙腈对于氧化铝或氧化硅固定相来说是弱溶剂；而对于 C_{18} 固定相则是较强的溶剂。溶剂的强度常用参数 ε^0 表示。ε^0 值越大表示溶剂的洗脱能力越强。采用反相色谱法时，增加洗脱强度可减少保留时间；反之，降低洗脱强度可延长保留时间。使用正相色谱柱时，选用极性较小的溶剂分离效果较好。降低溶剂的极性可使保留时间延长。

P' 和 ε^0 的顺序基本一致。常见有机化合物的极性次序为：氟代烷＜烷（烯）烃＜卤代烷＜醚＜酯＜酮、醛＜醇＜胺＜酸。

2. 流动相溶剂的选择

在 HPLC 中流动相又称为淋洗液（剂）、洗脱液或载液。在分离过程中它不仅起淋洗的作用，同时作为一个分配相参与分离过程，对溶质保留的选择性有重要的影响。

在选择流动相溶剂时应综合考虑分离过程、检测方法、输液系统的承受能力及溶剂的性质等诸多的因素。

（1）溶剂的性质

① 溶剂的黏度　溶剂黏度小，有利提高柱的渗透性；黏度大，液相传质慢，柱效低。同时增加柱压，黏度增大 1 倍，柱压也相应增加 1 倍。过高的柱压将给设备和操作带来不良的影响。

② 溶剂的沸点　通常沸点低的溶剂要比沸点高的溶剂的黏度小。低沸点的溶剂在泵室易形成气泡，从而影响泵和检测器的精度。一般情况下，柱温应低于溶剂沸点 20～50℃。

③ 混溶性　烃类不溶于水、甲醇和乙腈；而一些醇、乙腈和四氢呋喃均溶于水。互不相溶的溶剂组成的流动相会导致柱压升高。

溶剂的溶解度参数 δ 是指 Hildebrand 溶解度参数，也是溶剂极性大小的量度。极性溶剂的 δ 值大，非极性溶剂的 δ 值小。

（2）其他因素　选择溶剂时除考虑上述的溶剂的性质之外，还要使选择的溶剂与色谱系统相适应，主要有以下几方面。

① 溶剂中不应含有与固定相有不可逆吸附的物质。最好使用不含氯离子的流动相，因氯离子会侵蚀不锈钢。酸度过大的流动相会侵蚀多孔镍过滤板。

② 溶剂要与检测相匹配，采用紫外-可见吸收检测器时，应选择在使用的波长下吸收很小或没有吸收。若采用示差折射检测器时，应选择折射率与样品差别较大的溶剂做流动相，以利于提高检

测的灵敏度。

③ 溶剂的纯度：不能认为液相色谱的流动相都应使用十分纯的溶剂。关键是能否满足分离和检测的要求，以及使用不同批号的试剂时，能否使得到的色谱数据保持良好的重现性。进行痕量组分分析时，要用纯度较高的溶剂。用紫外检测器时，使用波长越短（如 200nm），要求溶剂纯度越高。

④ 选择溶剂时，也要考虑其毒性、易燃性及可压缩性等。

表 21-24 为溶剂的互溶度数（M）。

表 21-24　溶剂的互溶度数（M）[①]

溶　剂	M	溶　剂	M	溶　剂	M	溶　剂	M
正癸烷	29	二氯甲烷	20	环己酮	28	甲氧基乙醇	13
异辛烷	29	二氯乙烷	20	硝基苯	14、20	乙腈	11,17
正己烷	29	丁醇	15	苯乙腈	15,19	乙酸	14
环己烷	28	四氢呋喃	17	二氧六环	17	二甲基甲酰胺	12
丁醚	26	乙酸乙酯	19	乙醇	14	二甲基甲砜	9
三乙胺	26	异丙醇	15	吡啶	16	甲醇	12
甲苯	23	氯仿	19	丙酮	15、17	甲酰胺	3
对二甲苯	24	乙酸甲酯	15、17	苯甲醇	13	水	—
苯	21	甲乙酮	17				

① M 的用法：a. 任何一对 M 值相差不超过 15 的溶剂可以任何比例互溶（15℃以上）；b. M 值相差 16 的溶剂对互溶温度有临界值，即 25℃ 和 75℃，一般是 50℃；c. M 值相差>17 的溶剂对视为不互溶对，或至少应在 75℃ 以上。

表 21-25 列出了液相色谱常用有机溶剂的基本性质与互溶性。

表 21-25　液相色谱常用有机溶剂的基本性质与互溶性

介电常数	紫外截止波长/nm	折射率（20℃）	黏度（25℃）/mPa·s	沸点/℃	溶剂名称	异辛烷	正己烷	正庚烷	二乙醚	环己烷	乙酸乙酯	甲苯	氯仿	四氢呋喃	苯	丙酮	二氯甲烷	二氧杂环乙烷	正丙醇	乙醇	二甲基甲酰胺	乙腈	乙酸	二甲亚砜	甲醇	水
1.94	210	1.3914	0.50	98	异辛烷																					
1.88	195	1.3749	0.31	69	正己烷																					
1.92	200	1.3876	0.41	98	正庚烷																					
4.33	218	1.3524	0.24	34	二乙醚																					
2.02	200	1.4262	1.00	76	环己烷																					
6.02	256	1.3724	0.45	76	乙酸乙酯																					
2.38	284	1.4969	0.59	110	甲苯																					
4.81	245	1.4458	0.57	60	氯仿																					
7.58	212	1.4072	0.55	65	四氢呋喃																					
2.27	278	1.5011	0.65	80	苯																					
20.70	330	1.3587	0.36	56	丙酮																					
8.93	233	1.4241	0.44	40	二氯甲烷																					
2.25	215	1.4224	1.37	101	二氧杂环乙烷																					
20.33	210	1.3856	2.30	98	正丙醇																					
25.80	210	1.3610	1.20	78	乙醇																					
36.70	268	1.4305	0.92	153	二甲基甲酰胺	×	×	×																		
37.50	190	1.3411	0.38	82	乙腈	×	×	×																		
6.30	230	1.3720	1.26	118	乙酸																					
4.70	260	1.4830	2.24	189	二甲亚砜	×	×	×	×																	
32.70	205	1.3284	0.55	65	甲醇	×	×	×		×																
81.10	210	1.3330	1.00	100	水	×	×	×	×	×	×	×		×	×											

表 21-26 列出了部分溶剂的压缩系数。

表 21-26　部分溶剂的压缩系数

溶剂(纯)	压缩系数/×10⁻⁶bar⁻¹	溶剂(纯)	压缩系数/×10⁻⁶bar⁻¹	溶剂(纯)	压缩系数/×10⁻⁶bar⁻¹
丙酮	126	乙醇	114	甲醇	120
乙腈	115	乙酸乙酯	104	1-丙醇	100
苯	95	戊烷	120	甲苯	87
四氯化碳	110	己烷	150	水	46
氯仿	100	异丁醇	100		
环己烷	118	异丙醇	100		

注：$1bar=10^5Pa=0.1MPa$。

3. 高效液相色谱中常用溶剂的物理和色谱常数

表 21-27(a) 和表 21-27(b) 列出了 HPLC 常用溶剂的物理和色谱常数。

表 21-27(a)　HPLC 常用溶剂的物理和色谱常数（一）

溶　剂	紫外截止波长/nm	折射率(20℃)	黏度 η(20℃)/mPa·s	溶剂强度 ε^0 (SiO₂)	沸点/℃
邻二甲苯	290	1.505	0.81	0.20	144
1,4-二噁烷	215	1.420	1.44(15℃)	0.43	107
二乙基胺	275	1.386	0.33	—	56
二乙基硫醚	290	1.443	0.45	—	92
二乙基丙醚	220	1.369	0.38(25℃)	0.22	68
正丁醇	210	1.399	0.74	0.30	142.2
正丙醇	200	1.381	0.44	0.30	89.6
2-丁酮	330	1.379	0.42(15℃)	0.39	80
4-甲基-2-戊酮	335	1.396	0.42(15℃)	0.33	118
1-戊醇	210	1.410	4.1	0.47	138
二甲亚砜	265	1.478	2.47	0.48	189
吡啶	330	1.510	0.97	—	115
2-丁氧基乙醇	220	1.420	3.15(25℃)	—	170

表 21-27(b)　HPLC 常用溶剂的物理和色谱常数（二）

溶　剂	相对的 k' (SiO₂＋庚烷)	紫外极限波长/nm	折射率(20℃)	密度(20℃)/(g/mL)	黏度 η(20℃)	极性参数 P'	介电常数(20℃)	溶剂强度 ε^0 (SiO₂)	偶极矩 μ (25℃)	沸点/℃	相对分子量	溶解度参数 δ
正戊烷	0	205	1.358	0.6214	0.23		1.844	0	0.00	35.4	72.15	7.1
正庚烷	0	195	1.375	0.6548	0.32	0.2	1.880	0	0.09	68.7	86.18	7.3
正辛烷	0	210	1.397	0.6985	0.55		1.948	0	0	125.7	114.23	7.0
环己烷	0.05	200	1.427	0.7739	1.00	—0.2	2.023	0.03	0	80.7	84.16	8.2
四氯化碳	0.14	265	1.466	1.5844	0.97	1.6	2.238	0.11	0	76.7	153.82	8.6
二硫化碳	0.25	380	1.626	1.2555	0.37		2.641	0.20	0	46.3	76.14	10.0
氯仿	0.66	245	1.443	1.4799	0.57	4.1	4.806	0.26	1.15	61.1	119.38	9.1
氯苯	1.13	300	1.525	1.1009	0.80	2.7	5.708	0.23	1.54	131.7	112.56	9.6
苯	1.13	280	1.501	0.8737	0.65	2.7	2.284	0.25	0.00	80.1	78.12	9.2
碘甲烷	1.13	350	1.531	2.2649	0.52		7.00	0.35	1.48	42.4	141.94	9.9
甲苯	1.20	285	1.496	0.8623	0.59	2.4	2.379	0.23	0.31	110.6	92.14	8.9
二氯甲烷	1.30	232	1.424	1.3168	0.44	3.1	9.08	0.32	1.14	39.8	84.39	9.6
四氯乙烯	1.30	280	1.438	1.3292	0.90		3.42	—	0.80	87.2	133.41	
正溴丁烷	1.38	350	1.440	1.2686	—				2.08	101.3	137.03	—
1,2-二氯丙烷	1.38	230	1.439	1.1590	—			0.25	2	96	112.99	
溴乙烷	1.44	350	1.424	1.4505	0.41	2.0	9.39	0.29	1.90	38.4	108.97	8.8
异溴丙烷	1.51	350	1.425	1.3060	0.54		9.46	—	2.04	59.4	123.00	
1,2-二氯乙烯	1.52	230	1.445	1.2463	0.79		9.2	0.38	1.76	83.8	96.94	9.7
1,2-二氯乙烷	1.80	225	1.445	1.2458	0.89		10.65	0.38	1.86	83.5	98.96	9.7
苯乙醚	3.12	300	1.507	0.9605	1.36	3.3	4.22	0.32	1.245	170.0	122.17	
苯甲醚	3.85	300	1.517	0.9893	1.13	3.8	4.33	0.38	3.73	153.8	108.14	9.7
2-硝基丙烷	5.47	380	1.394	0.9829	0.77		25.52	0.41	3.60	120.3	89.10	
硝基乙烷	8.90	380	1.392	1.0446	0.68	5.2	28.06	—	3.56	114.1	75.07	
硝基甲烷	13.56	380	1.394	1.1313	0.67	6.0	35.87	0.49	1.18	101.2	61.04	11.0
正丁醚	43.6	210	1.399	0.7641	0.74	2.1	3.083	—	1.23	142.2	130.23	
正丙醚	51.8	200	1.381	0.7419	0.44		3.39	0.30	1.7	89.6	102.18	
丁酸甲酯	56.9	250	1.388	0.898	—		5.60	—	1.84	102.0	102.13	
乙酸正丁酯	62.0	254	1.396	0.8764	0.77		5.01	0.33	1.78	126.1	116.16	8.7
乙酸正丙酯	64.6	260	1.384	0.8830	0.56		6.00			101.6	102.13	

续表

溶 剂	相对的 k' (SiO$_2$+ 庚烷)	紫外极限波长 /nm	折射率 (20℃)	密度(20℃) /(g/mL)	黏度 η (20℃)	极性参数 P'	介电常数 (20℃)	溶剂强度 ε^0 (SiO$_2$)	偶极矩 μ (25℃)	沸点 /℃	相对分子量	溶解度参数 δ
丙酸甲酯	67.6	260	1.377	0.915	—		5.50	—	1.7	79.7	88.10	
乙酸乙酯	87.3	260	1.370	0.8946	0.47	4.4	6.02	0.38	1.88	77.1	88.10	8.6
乙醚	90	215	1.353	0.7076	0.23	2.8	4.34	0.38	1.15	34.5	74.12	7.4
乙酸甲酯	94	260	1.362	0.928	0.37		6.68	0.46	1.61	56.3	74.04	9.2
甲乙酮	150	330	1.318	0.7997	0.43	4.7	18.51	0.39	2.76	79.6	72.11	9.3
丙酮	156	330	1.359	0.7844	0.32	5.1	20.70	0.47	2.69	56.5	58.08	9.4
四氢呋喃	160	225	1.408	0.8842	0.55	4.0	7.58	0.35	1.75	66.0	72.11	9.1
正丙醇	168	205	1.380	0.7998	2.3	4.0	20.3	0.63	3.09	97.2	60.10	10.2
异丙醇	193	205	1.380	0.7813	2.3	4.0	19.9	0.63	1.66	82.3	60.10	11.4
乙醇	377	205	1.361	0.7850	1.20	4.3	24.6	0.68	1.66	78.3	46.07	11.2
甲醇	546	205	1.329	0.7866	0.60	5.1	33.6	0.73	2.87	64.7	32.04	12.9
水	1146	180	1.333	0.9971	1.00	10.2	80.3	—	1.86	100.0	18.02	21.0
乙腈		190			0.38	5.8		3.1		81.6		

4. 溶剂的处理方法

(1) 纯化　HPLC 的溶剂还没有统一的规格指标，但常用溶剂免不了有杂质，使用前应当纯化。

HPLC 的用水，必须是全玻璃系统二次蒸馏水或用纯化水设备制备的纯水（见第一章第八节）。常用有机溶剂的纯化精制见第一章第十节六。

国产的分析纯乙腈，有较大的紫外吸收本底，来源于其中的丙酮、丙烯腈、丙烯醇和某些噁唑化合物，采用 KMnO$_4$-NaOH 氧化裂解和甲醇共沸，以及活性炭和酸性氧化铝吸附，可以获得波长在 200nm 以上相当透明的乙腈，适用于液相色谱。

烃类溶剂中的微量烯烃会增加紫外吸收的本底，可通过浸透 AgNO$_3$ 的硅胶柱除掉。

四氢呋喃中的 BHT 抗氧化剂（3,5-二叔丁基-4-羟基甲苯）沸点较高，可通过一次蒸馏除去，最好现蒸现用，时间长了会氧化。

与水不相溶的有机溶剂含有的微量极性杂质，如 CHCl$_3$ 中的稳定剂乙醇，可通过水萃取，然后用无水 Na$_2$SO$_4$ 干燥的办法除去。

许多液-固色谱使用的亲油性有机溶剂中的微量水，可用分子筛床干燥。

(2) 过滤　在液相色谱的分离中，由于大量的溶剂通过柱子，溶剂中微小的不溶颗粒将沉积在色谱柱中，堵塞流动相的通过，增加流动相的阻力，使柱压升高，柱效降低。因此，进柱的流动相和样品溶液均需经 0.45μm 的微孔滤膜过滤。色谱纯试剂也不例外（除非在标签标明"已滤过"）。

用滤膜过滤时，特别要注意分清有机相（脂溶性）滤膜和水相（水溶性）滤膜。有机相滤膜一般用于过滤有机溶剂，过滤水溶液时流速低或滤不动。水相滤膜只能用于过滤水溶液，严禁用于有机溶剂，否则滤膜会被溶解。溶有滤膜的溶剂不得用于 HPLC。对于混合流动相，可在混合前分别过滤，如需混合后滤过，首选有机相滤膜。目前已有商品化混合型滤膜出售。表 21-28 列出了常用的材料与化学试剂的相容性。

表 21-28　常用的材料与化学试剂的相容性

中文名	英文名	尼龙膜	聚四氟乙烯 (PTFE, polytetra fluoroethylene)	聚偏氟乙烯 (PVDF, polyvinylidene fluoride)	醋酸纤维膜	硝基纤维素膜	再生纤维素膜
冰乙酸	acetic, glacial	●	√	√	×	×	√
25%乙酸	acetic, 25%	●	√	√	●	√	√
浓盐酸	hydrochloric, concentrated	×	×	√	×	×	√
25%盐酸	hydrochloric, 25%	●	√	√	√	√	√

续表

中文名	英文名	尼龙膜	聚四氟乙烯 (PTFE, polytetra fluoroethylene)	聚偏氟乙烯 (PVDF, polyvinylidene fluoride)	醋酸纤维素膜	硝基纤维素膜	再生纤维素膜
浓硫酸	sulfuric, concentrated	×	✓	●	×	×	●
25%硫酸	sulfuric, 25%	×	✓	●	×	×	✓
浓硝酸	nitric, concentrated	×	✓	●	×	×	×
25%硝酸	nitric, 25%	×	✓	●	●	●	✓
25%磷酸	phosphoric, 25%	×	✓	✓	●	✓	✓
25%甲酸	formic, 25%	×	✓	✓	●	✓	✓
10%三氯乙酸	trichloroacetic, 10%	●	✓	✓	✓	✓	✓
25%氢氧化铵	ammonium hydroxide, 25%	✓	✓	✓	✓	✓	○
3mol/L 氢氧化钠	sodium hydroxide, 3mol/L	✓	✓	✓	×	×	○
98%甲醇	methanol, 98%	✓	✓	✓	✓	●	✓
98%乙醇	ethanol, 98%	✓	✓	✓	✓	●	✓
70%乙醇	ethanol, 70%	✓	✓	✓	✓	●	✓
异丙醇	isopropanol	✓	✓	✓	✓	✓	✓
正丙醇	n-propanol	✓	✓	✓	✓	✓	✓
戊醇	amyl alcohol	✓	✓	✓	×	✓	✓
丁醇	butyl alcohol	✓	✓	✓	✓	✓	✓
苯甲醇	benzyl alcohol	✓	✓	✓	●	●	✓
乙二醇	ethylene glycol	✓	✓	✓	✓	✓	✓
丙二醇	propylene glycol	✓	✓	✓	✓	✓	✓
甘油	glycerol	✓	✓	✓	✓	✓	✓
己烷	hexane	✓	✓	✓	✓	✓	✓
甲苯	toluene	✓	✓	✓	✓	✓	✓
苯	benzene	✓	✓	✓	✓	✓	✓
汽油	gasoline	✓	✓	✓	✓	✓	✓
二氯甲烷	methylene chloride	●	✓	✓	✓	●	✓
氯仿	chloroform	●	✓	✓	×	✓	✓
三氯乙烷	trichloroethane	✓	✓	✓	✓	✓	✓
三氯乙烯	trichloroethylene	✓	✓	✓	✓	✓	✓
氯苯	chlorobenzene(mono)	✓	✓	✓	✓	✓	✓
四氯化碳	carbon tetrachloride	✓	✓	×	●	✓	✓
丙酮	acetone	✓	✓	×	×	×	✓
环己酮	cyclohexanone	✓	✓	×	×	✓	✓
甲乙酮	methyl ethyl ketone	✓	✓	●	●	✓	✓
异丙基丙酮	isopropylacetone	✓	✓	×	✓	●	○
甲基异丁酮	MIBK	✓	✓	×	✓	✓	✓
乙酸乙酯	ethyl acetate	✓	✓	✓	✓	✓	✓
乙酸甲酯	methyl acetate	●	✓	✓	✓	✓	✓
乙酸戊酯	amyl acetate	✓	✓	✓	●	✓	✓
乙酸丁酯	butyl acetate	✓	✓	✓	✓	×	✓
乙酸丙酯	propyl acetate	●	×	✓	✓	✓	✓
乙酸乙氧乙酯	2-ethoxyethyl acetate	●	●	✓	✓	●	✓
苯甲酸苄酯	benzyl benzoate	✓	✓	○	✓	✓	✓
乙醚	ethyl ether	✓	✓	✓	●	●	✓
二氧六环	dioxane	✓	✓	●	×	×	●
四氢呋喃	tetrahydrofuran(THF)	✓	✓	●	×	×	●
二甲亚砜	DMSO	●	✓	✓	✓	✓	●
二甲基甲酰胺	dimethyl formamide(DMF)	✓	✓	×	✓	✓	●
乙酰二乙胺	diethyl acetamide	✓	✓	✓	×	✓	✓
三乙醇胺	triethanolamine	✓	✓	✓	✓	✓	✓
苯胺	aniline	●	✓	●	×	●	✓
吡啶	pyridine	✓	✓	✓	✓	✓	✓
乙腈	acetonitrile	✓	✓	✓	✓	✓	✓
10%苯酚	phenol aqueous, 10%	×	✓	●	×	●	✓
30%甲醛	formaldehyde solution, 30%	✓	✓	✓	●	✓	●
30%过氧化氢	hydrogen peroxide, 30%	×	✓	✓	✓	✓	✓
硅油	silicone oil	✓	✓	✓	✓	✓	✓

注：✓——推荐使用；×——不推荐使用；●——有限制性使用；○——无应用说明。

（3）脱气 流动相中溶解的气体会对 HPLC 的分离产生以下危害。

① 不利检测。气泡进入检测器，会引起光吸收或电信号的变化，导致基线突然跳动。

② 溶解氧会导致荧光淬灭及荧光基线的漂移，还可能引起某些样品氧化降解，或使溶液的 pH 变化等。

脱除溶解气体的办法，主要有超声波振荡法、煮沸法或抽空法等。

5. 等度淋洗与梯度淋洗

（1）等度淋洗 当试样中的混合物比较简单时，常采用等度淋洗，即冲洗时流动相的组成和浓度恒定不变，也能快速地分离组分。这种流动相的组成和浓度恒定不变的淋洗，称为等度淋洗。

（2）梯度淋洗 当试样混合物的容量因子范围很宽时，用等度淋洗时间太长，且后面的峰太扁平，不便检测。这时就需要梯度淋洗，即溶剂强度随时间的增长而增加。梯度淋洗往往从流动相中溶剂强度最弱的 A 开始，逐渐加入一种强度大的溶剂 B，最终达到一定的溶剂强度水平（纯溶剂 B 或 A-B 混合物）。梯度淋洗的形式可以是线性的、凸形或凹形的、阶梯形的或线性＋阶梯形的，如图 21-4 所示。对于吸附色谱，以凹形梯度效果为好；对于分配色谱则以线性程序为好；对于离子交换色谱，梯度淋洗主要通过改变缓冲溶液中盐含量来实现。而一般的凝胶色谱则不需要应用梯度淋洗技术。

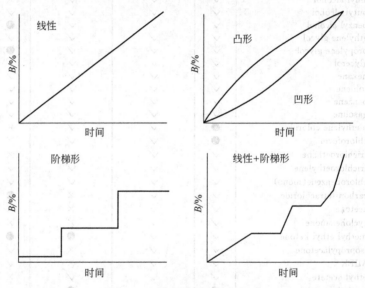

图 21-4 梯度淋洗的各种形式

梯度操作的溶剂系统可以是二元、三元，甚至四元的。但最常用的是二元溶剂梯度。

6. 常用液相色谱缓冲盐

液相色谱分析中，尤其是反相色谱分离离子性化合物时，流动相 pH 的控制非常重要。表 21-29 列出了液相色谱常用缓冲盐种类与性质。

表 21-29 液相色谱常用缓冲盐种类与性质

缓冲盐种类	pK_a	适用 pH 值范围
磷酸盐	$pK_{a_1} = 2.1$	$1.1 \sim 3.1$
	$pK_{a_2} = 7.2$	$6.2 \sim 8.2$
	$pK_{a_3} = 12.3$	$11.3 \sim 13.3$
柠檬酸盐	$pK_{a_1} = 3.1$	$2.1 \sim 4.1$
	$pK_{a_2} = 4.7$	$3.7 \sim 5.7$
	$pK_{a_3} = 5.4$	$4.4 \sim 6.4$
甲酸盐	3.8	$2.8 \sim 4.8$
乙酸盐	4.8	$3.8 \sim 5.8$

续表

缓冲盐种类	pKₐ	适用 pH 值范围
Tris	8.3	7.3～9.3
氨盐	9.2	8.2～10.2
硼酸盐	9.2	8.2～10.2
三乙胺	10.5	9.5～11.5

磷酸盐是最常用的缓冲盐，图 21-5 给出了它的缓冲溶液的缓冲量，即不同存在形式随 pH 的变化趋势。通常流动相 pH 应控制在缓冲盐 pKₐ 值±1 范围内，保证有足够的缓冲容量。其他缓冲溶液也类似。

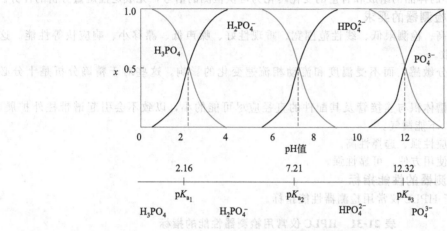

图 21-5　磷酸盐缓冲液的缓冲量

基于样品和柱填料不同，缓冲液的浓度一般在 10～100mmol/L 水平。如包含极性基团适合 100% 水流动相的 C_{18} 柱比传统的 ODS 柱更适合低浓度缓冲液。如果控制 pH 值低至 2～3，可以用具有挥发性的强有机酸如三氟乙酸（TFA），如果控制 pH 值低至 4～5 之间，可以选择乙酸盐或者柠檬酸盐。

使用缓冲溶液的另外一个主要问题就是要注意盐在有机溶剂中的溶解度问题。因为无机盐在有机溶剂中的溶解度通常比较低，尤其是进行梯度洗脱时，如果盐浓度太高，可能就使盐结晶析出，出现堵塞或者磨损柱塞杆与密封圈造成漏液。表 21-30 是磷酸钾在甲醇、乙腈和四氢呋喃三种溶剂与水的混合溶液中的溶解度，可以作为判断缓冲溶液溶解度的参照，有助于消除配制缓冲溶液中的不确定性。

表 21-30　磷酸钾溶液（pH 7）在甲醇、乙腈和四氢呋喃
三种溶剂与水的混合溶液中的溶解度　　　　单位：mmol/L

溶剂 B/%	溶　剂		
	甲　醇	乙　腈	四氢呋喃
0	>50	>50	>50
10	>50	>50	>50
20	>50	>50	>50
30	>50	>50	>50
40	>50	>50	50
50	>50	>50	25
60	>50	45	15
70	35	20	10
80	15	5	<5
90	5	0	0

对于大多数缓冲盐而言，通常有如下几条规律：

① 所有的缓冲盐在甲醇中的溶解性最好，在四氢呋喃中最差；

② 在所有溶剂中，pH＝5.0 的乙酸铵的溶解性最好，而 pH＝7.0 的磷酸钾最差；

③ 在有机溶剂 B 从 50％～70％范围内每增加 10％，缓冲盐的溶解度约降低 1 倍。

第四节　高效液相色谱检测器

HPLC 仪的检测器是用于连续监测被色谱系统分离后的柱流出物的组成和含量变化的装置，其作用是将柱流出物中的样品的组成和含量的变化转化为可供检测的信号，完成定性定量分析的任务。

一、HPLC 对检测器的要求

① 具有灵敏度高、检测限低、线性范围宽、重现性好、噪声低、漂移小、响应快等性能。这是检测器的主要参数。

② 应对待测组分敏感，而不受温度和流动相流速变化的影响。这些对于精确分析是十分必要的。

③ 检测器的液槽体积与连接管及其配件的直径应尽可能的小，以致不会引起谱带柱外扩展，而且连接处应密封，不能漏气。

④ 对样品的适应性强、选择性高。

⑤ 价格便宜，使用方便，可靠性强。

二、HPLC 检测器的性能指标

表 21-31 列出了 HPLC 仪常用检测器性能指标。

表 21-31　HPLC 仪常用检测器性能的指标

性　　能	检　　测　　器							
	紫　外 (吸光度)	示差折射 (示差单位)	放射性 (计数)	电化学 /μA	红　外 (吸光度)	荧　光 (强度)	电　导 /$\mu\Omega$	蒸发光散射 (质量)/ng
类型	选择性	通用性	选择性	选择性	选择性	选择性	选择性	通用性
用于梯度洗脱	可以	不可以	可以	不可以	可以	可以	不可以	可以
线性动态上限	$2\sim3$	10^{-3}		2×10^{-5}	1		1000	
线性范围(最大)	10^5	10^4	很大	10^6	10^4	约 10^3	2×10^4	约 10
在±1％噪声下满标灵敏度	0.002	2×10^{-6}		2×10^{-9}	0.01	0.005	0.05	
对于适当样品的灵敏度	2×10^{-10} g/mL	1×10^{-7} g/mL	50cpm[②] ^{14}C/mL	10^{-12} g/mL	10^{-6} g/mL	10^{-11} g/mL	10^{-8} g/mL	
对流速的敏感性[①]	不敏感	不敏感	不敏感	敏感	不敏感	不敏感	敏感	不敏感
对温度的敏感性	低	很大	很小	1.5％/℃	低	低	2％/℃	不敏感

① 由于对温度变化敏感，所以某些检测器对流量也敏感。

② cpm 为每分钟计数。

三、紫外-可见吸收检测器 (UV-VIS)

紫外-可见吸收检测器是 HPLC 中用得最早、最广泛的检测器之一，几乎所有的 HPLC 仪中都配有这种检测器。它具有高的选择性和灵敏度，而且对环境温度、冲洗液流速的波动、组成的变化不甚敏感。因此，无论等度或梯度冲洗都可使用，对吸收物质的检测限可达 10ng。

(1) 原理　紫外-可见吸收检测器实质上就是一种简单的分光光度计，其检测原理参见第十三章。

(2) 结构　紫外-可见吸收检测器有固定波长式、可变波长式和快速扫描多波长三种。

固定波长式中，用得最多的是 UV-254nm，其次是 UV-280nm、UV-265nm 等，其结构就是一台简易的、固定波长的双光束或单光束的分光光度计。光源为氘灯，其比色池常是池体体积为 8μL 的 U 形或 Z 形的流动池。设计时应尽量考虑减小紊流、光散射和流量、温度等因素对检测器稳定性的影响。接受元件常用光电管或光电倍增管。

可变波长式与固定波长式的不同点是波长可以任意选择，也可以在分析过程中改变波长。单光束、双光束分光光度计的结构见第十三章。

快速扫描的多波长 UV 检测器，是用线性二极管阵列（DAD）装置来检测紫外光，参见本节九。DAD 分析器把冲洗物的透射光，采用光栅单色器分散到几百个二极管阵列上，每个二极管对应一个特定的波长，可检测每一个二极管上信号的大小。使用这类检测器在一次色谱操作中可同时获得色谱信号、时间和各组分的 UV 吸收光谱的三维谱图，提供了组分定量和定性的色谱信息。有些仪器用硅光电倍增管（SIT）代替二极管阵列，进行快速扫描。

（3）波长下极限 在选择检测器波长时，一般都选择待分析样品有最大吸收的波长处进行检测，以获得最大的灵敏度和抗干扰能力。另外，选择测定波长时，必须考虑到所用流动相的组成。因为每种溶剂都有一定的透过波长下（极）限值，超过了这个波长，溶剂的吸收会变得很强，就不可能测出待测样品的吸收强度。表 21-27(b) 列出了 HPLC 中常用的试剂的紫外极限波长，此值一般是指溶剂在以空气为参考时，样品池厚度（即光程长）为 1cm 的条件下，恰好产生 1.0 的消光值（OD）时相应的波长（nm）。换句话说就是溶剂的透过率为 10% 时相应的波长。

表 21-32 列出了紫外吸收检测器可检测的无机阴离子。

表 21-32 紫外吸收检测器可检测的无机阴离子

S^{2-}	NO_3^-	AsO_3^{2-}	ClO_3^-（很弱）
SO_3^{2-}	N_3^-	AsO_2^-	BrO_3^-
SCN^-	SeO_3^{2-}	Cl^-（很弱）	IO_3^-
$S_2O_3^{2-}$	SeO_4^{2-}	Br^-	ClO_4^-
NO^{2-}	$SeCN^-$	I^-	

四、示差折光检测器

示差折光检测器也称折射率检测器，是一种通用型检测器，是基于连续测定色谱柱流出物折射率的变化以测定样品浓度的检测器。溶液的折射率是溶液（洗脱液）和溶质（样品）各自的折射率乘以各自的摩尔浓度之和。溶有样品的流动相（洗脱液）和流动相本身之间折射率之差即表示样品在流动相中的浓度。其检测限可达 $10^{-6} \sim 10^{-7}$ g/mL。表 21-27(b) 列出了常用溶剂在 20℃时的折射率。

按照折射率检测器的结构不同可分为反射式和偏转式两种。偏转式测量折射率的范围较宽（1.06～1.75），池体较大，一般只适于制备色谱和凝胶色谱中使用。通常 HPLC 都使用反射式，其体积很小，一般为 5μL，如图 21-6 所示。

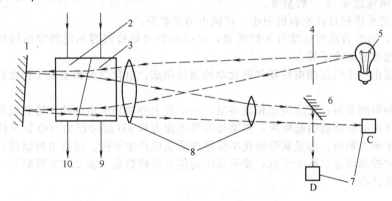

图 21-6 液相色谱示差折光检测器

1—反射镜 A；2—参考池；3—敏感检测池；4—狭缝窗；5—光源；6—反射镜 B；
7—光电池；8—瞄准透镜；9—柱流速；10—参考流速

折射率检测器对温度的变化非常敏感，大多数溶剂的折射率的温度系数约为 5×10^{-4}，因此，检测器必须恒温至 ±0.001℃，才能获得精确的结果。另外，流动相流速的波动，洗脱液配比的变化，都会明显地影响折射率，故这种检测器不能用于梯度淋洗。因灵敏度不高，也不能用于痕量分析。

五、荧光检测器

荧光检测器是基于测定在激发光照射下待测组分（荧光物质）所发射的荧光强度来确定物质浓度的方法，参见第十四章。

荧光检测器最大的特点是灵敏度高。它比紫外-可见检测器的灵敏度高 $10 \sim 1000$ 倍以上，是现代液相色谱最灵敏的检测器之一。它的选择性强、干扰少，对温度和压力的变化不敏感。适合作痕量分析，可达 10^{-9} 级。

荧光检测器的不足之处是通用性较差，仅适用于少数发射荧光的物质；同时普遍存在荧光熄灭效应。

典型的荧光检测器是直角形结构，与荧光光度计相似，见第十四章第二节。荧光检测器主要由五部分组成：①光源，常用氙灯或碘钨灯；②激发光路系统；③样品池，直接检测时样品池安装在色谱柱后，用柱后衍生法检测时样品池安装在反应器的后面；④荧光光路系统；⑤荧光测量系统。

荧光检测器常用于生化、医药卫生、食品、饲料以及环境污染的监测等领域，测定氨基酸、肽、胺类、多环芳烃、维生素等物质。

使用荧光检测器时，应注意流动相不应在激发波长和荧光波长处产生强烈的吸收，流动相中不应含有荧光抑制和荧光熄灭物质。

在岛津 RF-535 型荧光检测器中装有高强度的氙（Xe）灯（150W）；在激发光路和荧光光路都设有大口径凹面的、能校正像差的全息光栅，可降低杂散光的影响，使本底很低，从而保证灵敏度很高；其激发单色器和荧光单色器的波长范围为 $220 \sim 650$nm；样品池是 12μL 方形的石英流动样品池。

六、电化学检测器

高效液相色谱仪使用多种电化学检测方法，有安培法、电导法、库仑法以及伏安法等。其中最常用、最成功的是安培法。电化学检测法是以电活性的待测组分的浓度与电极信号之间的线性关系为基础的。

安培检测器是在恒定的外电压的作用下，测量待测电活性物质在电极表面发生氧化还原反应而引起电流变化的一种方法。安培检测器具有如下特点：

① 噪声低，在一定的电位下待测溶液的本底信号很小；

② 灵敏度高，可测量 10^{-12}g 数量级的样品浓度；

③ 选择性好，由于每种物质的电极电位不同，只要选择不同的电压，即可控制电解反应，提高选择性；

④ 线性范围宽达 $4 \sim 5$ 个数量级；

⑤ 电解池的死体积可以控制得很小，可减小谱带扩展；

⑥ 响应快，适合自动和连续分析的需要，可以检测电导检测器不能测定的物质，如羧酸、芳香胺、酚以及过渡金属离子等。

安培检测器由一个恒定的电位器和电化学检测池构成。电化学检测池由工作电极、参比电极和对电极组成。

当选用这种检测器时，要求流动相能导电，在电极上必须是电惰性的，待测组分应具有电解活性。因流动相流速的波动能引起噪声；流动相的导电能力和 pH 缓冲能力对电化学检测器的选择性和应用能力产生重大影响；痕量氧等电化学活性物质也能产生干扰、降低电极活性。因此，在测量过程中应准确地控制流速、减少干扰，使测量中的信号保持稳定。表 21-33 列举了一些能用电化学检测器检测的化合物。

表 21-33　一些能用电化学检测器检测的化合物[①]

氧　　化	还　　原	氧　　化	还　　原	氧　　化	还　　原
酚、醛化合物	酮	过氧化物	共轭酯	杂环化合物	芳香性卤素
肟	醛	氢基过氧化物	共轭腈		硝基化合物
二羟基化合物	肟	芳胺、二胺	共轭不饱和物		杂环化合物[②]
硫醇	共轭酸	嘌呤	活性卤素		

① 一般来说不能检测的化合物包括：醚、脂肪烃、醇和羧醇。

② 与结构有关。

七、化学发光检测器

化学发光检测器是近几年开发的高灵敏度的检测器。其原理是基于某些物质在常温下进行化学反应，生成处于激发态的中间体或反应产物。当它们从激发态返回基态时，发射光子。由于物质激发态的能量是来自化学反应，故称为化学发光。当被分离的组分从色谱柱中冲洗出来后，立即与适当的化学试剂相混合，引起化学反应，导致发光物质产生辐射。其光强度与该物质的浓度成正比。这种检测器不需要光源，也不需要复杂的光学系统，只要用恒流泵，将化学发光试剂以一定的流速打进混合器中即可，使之与柱流出物迅速而又均匀地混合，产生光辐射，再通过光电倍增管将产生的光信号变成电信号进行检测。化学发光检测器具有以下特点。

① 由于化学发光检测器不设置光源，故没有杂散光的干扰，也不会因光源不稳定而产生信号波动，从而可以降低噪声、提高信噪比。

② 灵敏度比荧光检测器提高 2 个数量级以上。检测限可达 10^{-12} g 级，而且设备比荧光检测器简单，价格便宜。

③ 具有良好的线性范围，至少可达 4 个数量级，而且测量精度很高。

④ 与其他检测器相比，流动池略大些，可以提高响应值，提高信噪比，并且不会引起色谱峰扩展。

⑤ 与其他检测器相比，化学发光检测器系统设备简易，试剂易得，操作方便。

化学发光检测器中输送化学发光物质的流速必须严格控制，同时要避免发生荧光，以免淬灭化学发光。化学试剂的浓度、缓冲液的离子强度和 pH 等可影响发光的强度和半衰期。表 21-34 列出了采用化学发光检测器所能检测的发光物质及发光体系。

表 21-34　采用化学发光检测器所能检测的发光物质及发光体系

可 测 物	化学发光体系	可 测 物	化学发光体系
多环芳香烃	TCPO	羧酸或伯胺	ABEI
儿茶酚胺	TCPO 或草酸盐-过氧化物	丹磺酰胺酸	草酸盐-过氧化物
氨基酸	TCPO、DNPO 或鲁米诺	多环藏香族	草酸盐-过氧化物
蛋白质	鲁米诺	胆碱、乙酰胆碱	固化酶-TCPO
抗坏血酸	光泽精	多环芳香族、氮杂环	氧-臭氧
肌酸激酶	荧光素酶	氮族杂环、肼	氧-臭氧
叶绿素	次氯酸钠、过氧化物	叠氮化物、硫化物	氧-臭氧

注：TCPO——2,4,6-三氯苯基草酸酯；DNPO——双(2,4-二硝基苯基)草酸酯；ABEI——N-(4-氨丁基)-N-乙基异鲁米诺。

八、电导检测器

电导检测器用于测量水溶液流动相中一些离子型组分。通常离解常数 pK<7 的阴、阳离子的检测采用这种检测器。故电导检测器是离子色谱主要的通用检测器。

电导检测器的作用原理是基于在低浓度时，溶液的电导与待测离子的浓度呈线性关系。在外加电压的作用下，以高频交流检定系统测量流动相溶液的导电性，从而获得待测离子的浓度，参见第二十三章第三节。

这种检测器只能测量处于离子状态下的组分，要求流动相为水或极性溶剂。

电导检测器具有灵敏度高、噪声小、线性响应范围宽以及洗脱液流速对信号的影响较小等优点。

电导检测器由电导池、电导计和记录仪组成。电导池的体积很小，一般为 $1.4\sim6\,\mu\text{L}$。电极是由铂或不锈钢制成的。常用的电导检测器有两极微型检测器和五电极电导检测器两种。这两种电导检测器都能消除双层电容和电解效应的影响。

在使用电导检测器时，应注意使电导池保持清洁。如发现有污染，应用 50% 的硝酸处理数分钟。温度对电导率影响较大，每升高 1℃，电导率增加 2%～2.5%。因此，测量时应监视温度的变化，采取补偿措施。应将检测器置于绝热恒温设备之中。当采用单柱式离子色谱分离分析样品时，用五电极电导检测器测量较稳定，灵敏度较高，线性也好，测量的准确性亦可保证。

九、二极管阵列检测器（DAD）

与传统的紫外检测器相比，二极管阵列检测器可以在一次运行中同时采集不同波长的色谱图，便于组分的定性和定量。二极管阵列检测器运行结束后，能显示任一所需波长（通常在190～400nm之间）的色谱图。因此二极管阵列检测器与单一波长紫外检测器相比，能够提供更多的样品组成信息，而且每个峰的紫外光谱图可作为最终 HPLC 方法选择最佳波长的重要依据，也可以通过比较一个峰中不同位置的 UV 光谱，估计峰纯度。

二极管阵列检测器是由一组光电二极管组成。与紫外检测器相比，它的样品池与光栅的相对位置正相反，因此这种结构被称为倒置光学系统。二极管阵列检测器的光路如图 21-7 所示。

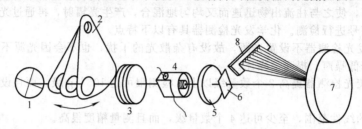

图 21-7　二极管阵列检测器光路
1—光源；2—光闸；3，5—透镜；4—检测池；
6—狭缝；7—光栅；8—二极管阵列

二极管阵列检测器的功能如下。

① 在整个波长范围内一次进样能检测出样品中所有组分，即可以在多波长下测定不同的组分，而不降低各组分的检测灵敏度。

② 在全波长范围内可确定所有峰的最大吸收波长，并可获得保留时间-波长-吸光度的三维谱图。

③ 每个色谱峰可在选定的谱库内检索并保存数据，使定性准确。

④ 二极管阵列检测器能给出多种信号及光谱信息，随时判定峰纯度。

⑤ 二极管阵列检测器具有峰抑制功能，用一个参比波长，使未分离峰进行定量。

综上所述，二极管阵列检测器具有以下优点。

① 全波长范围内，同时测定所有组分的最大吸收波长，使样品检测灵敏度高，可靠性增加。

② 分辨率高。由于该检测器能给出多种信号及完整的光谱信息。区分微小的差别的色谱峰，从而使高分辨测量得到保证。光学分辨率可达 1.2nm。使同系物的峰也清晰明显。

③ 扫描速度非常快，信噪比高，基线噪声在 5×10^{-5} 以内，使分析既快速又可靠。

此外，也具有线性范围宽、数据处理功能多等优点。

表 21-35 列出了主要 HPLC 用 DAD 检测器性能比较。

表 21-35　主要 HPLC 用 DAD 检测器性能比较

项目	型号									
	HP1100 DAD	168Diode Array	PDA-100	170 DAD	L-7455	Series 200	SPD-M10AVP	UV6000LP	ProStar 330	20/20 DAD
厂家	Agilent	Beckman	Dionex	Gilson	Hitachi	PerkinElmer	Shimadzu	Thermo Sep.	Varian	Groton
波长范围/nm	190~650	190~600	190~800	190~700	190~800	190~700	190~800	190~800	190~800	190~700
阵列数	1024	512	1024	1024	512	512	512	512	512	512
分辨率/(nm/二极管)	0.7	0.8	0.6	0.5	0.1~0.2nm(UV)到5nm(可变)	1.0	1.2	1.2	0.1~0.2nm(UV)到5nm(可变)	1.0
狭缝宽度/nm	1,2,4,8,16(可编程)	4	1	1,2,4,8,16	1,2,4,8,16	4	1.2	1.2	1,2,4,8,16	1
散射装置	光栅	光栅	光栅	光栅	透镜	光栅	光栅	光栅	透镜	光栅
光谱分辨率/nm	1	<5	1.9(254nm)	1	1nm(UV)到5nm(可变)	4	1.2	1.2	1nm(UV)到5nm(可变)	4

项目	HP1100 DAD	168Diode Array	PDA-100	170 DAD	L-7455	Series 200	SPD-M10AVP	UV6000LP	ProStar 330	20/20 DAD
噪声/Au	$\pm1\times10^{-5}$ (254nm, 750nm)	1×10^{-4} (254nm)	$\pm0.8\times10^{-5}$ (254nm)	$\pm1\times10^{-5}$ (254nm)	1.5×10^{-5}	1×10^{-5}	$\pm0.8\times10^{-5}$ (250nm, 600nm)	$\pm0.3\times10^{-5}$ (254nm)	1.5×10^{-5} (254nm)	$<2\times10^{-5}$ (254nm)
漂移/(Au/h)	2×10^{-3} (254nm)	$<2\times10^{-3}$ (254nm)	$<5\times10^{-4}$ (254nm)	2×10^{-3} (254nm)	1.0×10^{-3}	1×10^{-4} (254nm)	$<1\times10^{-3}$ (250,600nm)	1×10^{-3} (254nm)	1×10^{-3} (254nm)	0.5×10^{-3} (254nm)
池规格	10mm, $13\mu L$	10mm, $11\mu L$	9mm, $10\mu L$	10mm, $13\mu L$	10mm, $18\mu L$	10mm, $12\mu L$	10mm, $10\mu L$	50mm, $10\mu L$	10mm, $18\mu L$	10mm, $15\mu L$

十、蒸发光散射检测器

蒸发光散射检测器（ELSD）是通用型质量检测器，通过测量样品颗粒散射光而检测的。其结构如图 21-8 所示。主要由雾化器、加热漂移管（即蒸发器）、光散射池、放大器及激光源等组成。洗脱液进入雾化器被惰性气体雾化成气溶胶，流入加热漂移管内，溶剂蒸发，不挥发的样品组分成雾状颗粒（液滴），高速进入光散射池，在散射池内样品颗粒散射光源发出的光经检测器产生电信号。ELSD 的检测方式有两种：一种是柱流出物全部进入漂移管，即不分流式；另一种是柱流出物经一个弯管，大颗粒沉积后由废气管排出，小颗粒进入蒸发管，即分流式。前者用于检测低挥发性样品，后者用于检测半挥发性或含水溶剂。

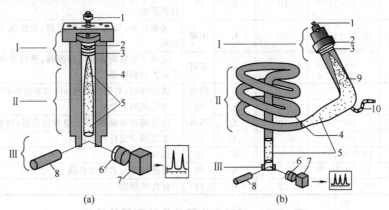

图 21-8　两种类型的 ELSD

Ⅰ—雾化过程；Ⅱ—蒸发过程；Ⅲ—检测过程

1—柱流出物；2—氮气；3—雾化器；4—加热漂移管；5—样品滴管；
6—光检测器；7—放大器；8—激光源；9—雾化管；10—废气排出

ELSD 检测器的特点如下：不需要衍生可检测不带发色团的化合物，即响应不受官能团的影响。与通用型的示差检测器相比，灵敏度更高，稳定性更好。检测限通常达 10ng。响应不受溶剂成分及温度变化的影响，用梯度洗脱时也可获得平直的基线，而且也能使用有紫外吸收的溶剂，可消除溶剂的干扰峰。该类检测器多用于检测非挥发性物质，尤其是糖类、脂类、甾族化合物、高聚物及表面活性剂等。

ELSD 要求色谱流出液中的溶剂是可蒸发的有机溶剂或水，不允许含有无机酸、碱或盐、表 21-36 列出了 ELSD 常用的流动相溶剂或有机改性剂。

ELSD 也存在一些不足，如耗气量大（大约每 24h 1 钢瓶气体）；对于某些样品（如磷脂）检测器线性范围较窄，质量与峰面积有时不呈线性关系，常需要通过计算机模拟来校正响应；挥发性样品溶质无法检测，或响应极弱，只有降低蒸发温度才能准确定量。

表 21-36　ELSD 常用的流动相溶剂或有机改性剂

正相色谱流动相	CH_3OH，CH_3CN，H_2O
反相色谱流动相	$CHCl_3$，CH_2Cl_2，$(C_2H_5)_2O$，C_6H_{14}
流动相有机改性剂	NH_4OH，$(C_2H_2)_3N$，NH_4Ac，$HCOOH$，CH_3COOH，CF_3COOH，HNO_3

十一、旋光检测器

旋光检测器是以旋光计（偏振计）做检测器。该检测器采用激光光源。激光束准直后通过起偏器产生平面偏振光，经调制器和色谱池后到检偏振器，检出的偏振信号经光敏管转为电信号，经放大后输出。

将旋光检测器用于液相色谱仪时，不同流动相色谱系统，仅在原有的检测器前或后串联一个旋光检测器，不经手性分离即可测定手性化合物。若液相色谱仪使用双通道色谱数据处理机一次进样可得到两个检测数据。该检测器也适用于液相色谱的小孔径、长光程的色谱池，亦能满足池容积小、灵敏度高的要求。旋光灵敏度可达几微弧度；定量范围可达 $50\mu g/L \sim 50 mg/L$。

旋光检测器主要用于手性化合物的检测中，如生物生化、医药分析中的麻黄碱、维生素、激素等，也用于非甾体消炎药、食品及农药的测定、鉴别等。

十二、HPLC 仪检测器性能比较

HPLC 仪中常见检测器的基本特征和主要特点见表 21-37。HPLC 仪不常用检测器的性能见表 21-38。

表 21-37　HPLC 仪中常见检测器的基本特性和主要特点

检测器	检测下限/(g/mL)	线性范围	选择性	梯度淋洗	主要特点
紫外-可见光	10^{-10}	$10^3 \sim 10^4$	有	可	对流速和温度变化敏感；池体积可制作得很小；对溶质的响应变化大
荧光	$10^{-12} \sim 10^{-11}$	10^3	有	可	选择性和灵敏度高；易受背景荧光、消光、温度、pH 和溶剂的影响
化学发光	$10^{-13} \sim 10^{-12}$	10^3	有	困难	灵敏度高；发光试剂受限制；易受流动相组成和脉冲的影响
电导率	10^{-8}	$10^3 \sim 10^4$	有	不可	是离子性物质的通用检测器；受温度和流速影响；不能用于有机溶剂体系
电化学	10^{-10}	10^4	有	困难	选择性高；易受流动相 pH 和杂质的影响；稳定性较差
蒸发光散射	10^{-9}		无	可	可检测所有物质
示差折射	10^{-1}	10^4	无	不可	可检测所有物质；不适合微量分析；对温度变化敏感
质谱	10^{-10}		无	可	主要用于定性和半定量
原子吸收光谱	$10^{-10} \sim 10^{-13}$		有	可	选择性高
等离子体发射光谱	$10^{-8} \sim 10^{-10}$		有	可	可进行多元素同时检测
火焰离子化	$10^{-12} \sim 10^{-13}$	10^4	有	可	柱外峰展宽

表 21-38　HPLC 仪不常用检测器的性能

检测器	选择性	对合适的样品的检测极限	对流量敏感性	用于梯度	线性范围	说明
传送（火焰离子化）	所有含 C—H 的化合物	5×10^{-10} g/s（约 2×10^{-8} g/mL）	不	可以	1×10^5	溶剂在传送器上蒸发
传送（电子捕获）	捕获电子的种类	2×10^{-12} g/s	不	可以	5×10^2	溶剂在传送器上蒸发
火焰光度计	含 S 和 P 的化合物	2×10^{-8} g/mL(P) 2×10^{-7} g/mL(S)	不	不	$>5\times10^3$	特别适于水溶性流动相
热能分析器	含 N—NO 和 N 的化合物	$<1\times10^{-8}$ g/mL			$>10^5$	很贵
原子吸收	含金属的化合物和磷酸盐	4×10^{-8} g/mL 1×10^{-7} g/mL	不		$>2\times10^3$	以与 Mg 络合为准
质谱	通用	$<1\times10^{-9}$ g/s	不	可以	宽	一般限于易挥发化合物。仪器贵
火焰发射	金属离子，含金属的化合物	1×10^{-7} g/mL(Na$^+$)	敏感		$>10^2$	
化学荧光	某些过渡金属离子	6×10^{-12} g/mL(Cu^{2+})	不			
光电离	通用	1×10^{-11} g/s	不	可以	10^4	流出液必须可蒸发，电离电位 <10.2 eV
小角光散射	通用	5×10^{-4} g/mL（对于 $M_W^{\circledcirc}=10^4$）	不		$>10^3$	仅适用于大分子和粒子
沉淀光散射	能做成不溶性的溶质	$<1\times10^{-6}$ g/mL	敏感	可以		

检测器	选择性	对合适的样品的检测极限	对流量敏感性	用于梯度	线性范围	说明
电解电导	卤素、S、P	5×10^{-9} g/mL(Cl) 1×10^{-8} g/mL(P) 3×10^{-7} g/mL(S)	不	可以	1×10^5	
介电常数(电容率)	通用	0.1×10^{-6} g/mL	不	不	$>10^4$	
等离子体色谱法	通用	1×10^{-11} g/s	不			柱流出液分流器；溶剂蒸发
黏度计	通用	1×10^{-6} g/mL ($M_W = 10^4$)	敏感	不	$>10^2$	仅适用于大分子
密度计	通用	1×10^{-6} g/mL	敏感	不	$>10^3$	还未用于高效柱
热传导	通用	1×10^{-6} g/mL	敏感	不		
密度天平	通用	1×10^{-6} g/mL	敏感	不	10	
蒸气压	通用	5×10^{-6} g/mL	敏感	不		响应与质量摩尔浓度成正比
吸附热	通用	2×10^{-6} g/mL	敏感	不		溶质的吸附和解吸
等离子体发射	过渡金属(络合物)	5×10^{-3} g/mL			$>10^3$	
电石英天平	通用	$<3 \times 10^8$ g/s	不	可以	$>10^3$	质量检测溶剂蒸发，不连续，只用于大分子

① M_W 表示分子量。

第五节　高效液相色谱类型及应用

高效液相色谱包括多种分离模式。从不同角度出发，可以得到不同的分类结果。按色谱过程的分离机制，可将高效液相色谱法分为吸附色谱、分配色谱、空间排阻色谱、离子交换色谱及亲和色谱等类别。按流动相与固定相极性的差别，可分为正相色谱和反相色谱两种。本节主要介绍液-固吸附色谱法、液-液分配色谱法、反相色谱法、离子抑制色谱和离子对色谱法、凝胶色谱法。

一、液-固吸附色谱法

1. 原理

固定相为吸附剂的高效液相色谱法称为液-固吸附色谱法。其原理是基于吸附剂对样品中不同组分有不同的吸附作用，致使各组分流出色谱柱的时间不同而得以分离。

吸附色谱的作用机理可用下式表示。

$$X_m + nS_a \Longleftrightarrow X_a + nS_m$$

式中　X_m——流动相中组分的分子；

　　S_a——吸附剂（固定相）中溶剂分子；

　　X_a——吸附剂（固定相）中组分分子；

　　S_m——流动相中溶剂分子。

当吸附达到平衡时，吸附平衡系数 K 用下式表示：

$$K = \frac{[X_a][S_m]^n}{[X_m][S_a]^n}$$

吸附平衡系数 K 表示：如果组分在固定相中的吸附性强，则被吸附的溶剂分子将相应地减少。显然，组分的吸附系数越大，其保留值就越大。

2. 固定相

表 21-39 列出了液-固色谱法常用的固定相的物理性质。

表 21-39 液-固色谱法常用的固定相的物理性质

类型	商品名称		形状	粒度 /μm	比表面积 /(m²/g)	平均孔径 /nm	生产厂家
全多孔硅胶	YQG		球形	5～10	300	30	北京化学试剂研究所
	YQG-1		球形	37～55	400～300	10	青岛海洋化工厂
	Lichrospher Si-100		球形	5～10	370	10	E. Merck(德国)
	Zorbax SIL		球形	6～8	300～250	6～8	Du Pont(美国)
	Vydac HS		球形	5,10,20	500～300	8～10	Separation Group(美国)
	TSK gel LS-310		球形	5～15	380～250	8～50	东洋曹达(日本)
	Nucleosil		球形	5～10,15～63	450～200	5,10,30,400	Macherey-Nagel(德国)
	Supeleosiol		球形	3,5	170～75	10～30	Supelco(美国)
	DG 1-4		球形	37～75	500～25	10,200,400,800	天津化学试剂二厂
	Porasil A-D		球形	37～75	500～25	10,200,400,800	Waters(美国)
	Micor Pak Si-150		球形	5	550	15	Varian(美国)
	Econosphere		球形	3,5,10	200	8	Alltech(美国)
	YWG-1		无定形	5,7,10	300	6～8	青岛海洋化工厂
	μ-Porasil		无定形	10	400	约10	Waters(美国)
	Lichrosorb Si-60,100		无定形	5,10	500～400	6～10	E. Merck(德国)
	Econosil		无定形	5,10	450	6	Alltech(美国)
	Biosil		无定形	2～10	400	<10	Bio-Rad(美国)
	Micro Pak Si-10,60		无定形	5,10	500	6	Varian(美国)
	Polygosil		无定形	5,7,10 15～63	450～35	6,10,30,50	Macherey-Nagel(德国)
薄壳硅胶	YBK		球形	25～37～50	14～7～2	5～50	上海试剂一厂
	Zipax		球形	37～44	1	80	Du Pont(美国)
	Corasil Ⅰ,Ⅱ		球形	37～50	14～7	5	Waters(美国)
	Perisorb A		球形	30～40	14	6	E. Merck(德国)
	Vydac SC		球形	30～40	12	5.7	Separation Group(美国)
堆硅积胶	YDG		球形	3,5,10	300	10	上海试剂一厂
全多孔氧化铝	Spherisorb AY		球形	5,10,30	100	15	Chrompak(荷兰)
	Sphersorb AX		球形	5,10,30	175	8	Chrompak(荷兰)
	Lichrosorb ALOX-T		无定形	5,10,30	70	15	E. Merck(美国)
	Micro Pak-AL		无定形	5,10	70		Varian(美国)
	Bio-Rad AG		无定形	74	200		Bio-Rad(美国)
全多孔苯乙烯-二乙烯基苯共聚微球	交联度 /%	40	球形	15	269	200～500	Phamacia(瑞典):MonoBeads、SOURCE Hitachi(日本):3011 Yanaco(日本):Gel-5510 Waters(美国):U-Styragel
		50	球形	15	431	50～200	
		60	球形	15	463	30～50	
		80	球形	15	644	10～30	
		97	球形	15	674	10～30	

3. 流动相

液-固吸附色谱中使用的流动相主要是非极性烃类（如己烷、庚烷）。某些极性有机溶剂（如二氯甲烷、甲醇等）作为缓冲剂加入其中，进行所谓正相色谱操作。极性越大的组分保留时间越长。表 21-27 列出了 HPLC 中常用的一些非极性和极性溶剂的溶剂强度 ε^0、极性参数 P' 及物理性能，可作为流动相选择时的依据。表 21-40 为液-固吸附色谱中常用溶剂在氧化铝上的溶剂强度参数 ε^0。

表 21-40　液-固吸附色谱中常用溶剂在氧化铝上的溶剂强度参数

溶　剂	ε^0	溶　剂	ε^0	溶　剂	ε^0	溶　剂	ε^0	溶　剂	ε^0
氟烷	约 0.25	二硫化碳	0.15	溴乙烷	0.35	三乙胺	0.54	乙腈	0.65
正戊烷	0.00	四氯化碳	0.18	乙醚	0.38	丙酮	0.56	吡啶	0.71
异辛烷	0.01	二甲苯	0.26	氯仿	0.40	二氧六环	0.56	二甲亚砜	0.75
石油醚	0.01	异丙醚	0.28	二氯甲烷	0.42	乙酸乙酯	0.58	正丙醇,异丙醇	0.82
正癸烷	0.04	2-氯丙烷	0.20	1,2-二氯乙烷	0.44	乙酸甲酯	0.60	乙醇	0.88
环己烷	0.04	甲苯	0.29	四氢呋喃	0.45	苯胺	0.62	甲醇	0.95
环戊烷	0.05	1-氯丙烷	0.30	甲乙酮	0.51	二乙胺	0.63	乙二醇	1.10
1-戊烯	0.08	苯	0.32	1-硝基丙烷	0.53	硝基甲烷	0.64		

（1）混合溶剂　液-固吸附色谱中广泛使用混合溶剂（二元、三元体系）。不同的纯溶剂有不同的溶剂强度 ε^0 值。可以利用不同组成的混合溶剂获得任意所需要的 ε^0 值。如图 21-9 所示为硅胶上混合溶剂的溶剂强度 ε^0 值。由图可见，为了获得溶剂强度 $\varepsilon^0=0.3$ 的混合溶剂，可从图中的虚线选出六种溶剂组成。其次，混合溶剂能解决许多难分离的课题，因为流动相溶剂组成上的某些改变会显著地影响选择性的变化。

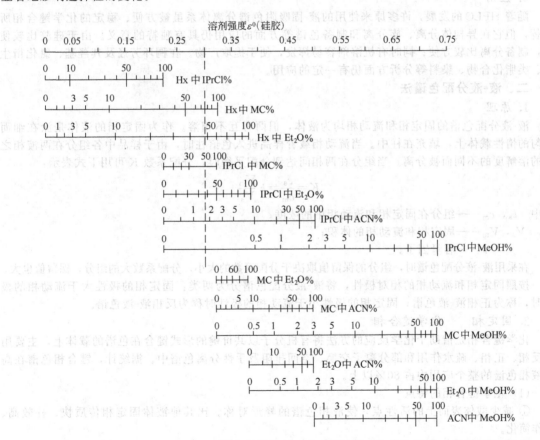

图 21-9　硅胶上混合溶剂的溶剂强度 ε^0
Hx—己烷；IPrCl—2-氯丙烷；MC—二氯甲烷；Et$_2$O—乙醚；
ACN—乙腈；MeOH—甲醇

对以硅胶为固定相的液-固吸附色谱法，当欲分离不同类型的有机化合物时，所选用的作为流动相的溶剂，应具有适当的溶剂强度参数。表 21-41 提供的溶剂强度参数可供参考。

表 21-41 在硅胶吸附剂上分离各种有机化合物适用的溶剂强度参数

有机化合物的类型	最佳的 ε^0 值		有机化合物的类型	最佳的 ε^0 值	
	无水溶剂	50%水饱和溶剂		无水溶剂	50%水饱和溶剂
芳烃	0.05～0.25	-0.2～0.25	酮类①	0.3	0.1
卤代烷烃或芳烃	0～0.3	-0.2～0.1	醛类①	0.2	0.1
硫醇类,二硫化物	0	-0.2	砜类①	0.3～0.4	0.2
硫化物	0.1	-0.1	醇类①	0.3	0.2
醚类	0.1	0	酚类①	0.3	0.2
硝基化合物①	0.02～0.3	0.1	胺类①	0.2～0.6	0～0.4
酯类①	0.2	0.1	酸类①	0.4	0.3
腈类①	0.2～0.3	0.1	酰胺类	0.4～0.6	0.3～0.5

① 指单官能团化合物,对多官能团化合物需较大的 ε^0 值。

② 叔胺需小的 ε^0 值,对伯胺和仲胺需较大的 ε^0 值。

(2) 水的影响 由于硅胶或氧化铝具有不均一的表面能,所以能吸附微量的水或其他极性分子,会使吸附剂活性大大降低。虽然水在非极性和弱极性溶剂中的溶解度很小,但含水量的微小变化会导致柱负荷和保留值的显著变化。为得到重复的保留值数据,流动相的含水量一定要严格控制。其办法是使用干燥溶剂(如己烷用分子筛脱水)和一定量的被水饱和的溶剂(己烷与水摇匀,放置一昼夜以上)相混合。

4. 应用

随着 HPLC 的发展,许多原来使用的液-固吸附色谱分离体系虽被方便、稳定的化学键合相所代替,但它在异构体分离、族分离和制备色谱等方面的应用仍具有独特的意义。由于硅胶比较便宜,制备分离比较方便;同时有机溶剂容易挥发,便于提取产物。在稠环芳烃及其羟基、氯化衍生物、类脂化合物、染料等分析方面仍有一定的应用。

二、液-液分配色谱法

1. 原理

液-液分配色谱的固定相和流动相均为液体,但两者互不相溶。作为固定相的液体是涂在细而均匀的惰性载体上,填充在柱中。当流动相载着样品进入色谱柱时,由于样品中各组分在两液相之间的溶解度的不同而被分离。当组分在两相间达到分配平衡时,分配系数 K 可用下式表示:

$$K = \frac{c_s}{c_m} = k \frac{V_m}{V_s}$$

式中 c_s, c_m——组分在固定相和流动相中的浓度;

V_s, V_m——固定相和流动相的体积;

k——容量因子。

在采用液-液分配色谱时,组分的保留值取决于分配系数的大小,分配系数大的组分,保留值也大。

按照固定相和流动相的相对极性,将液-液分配色谱分为两类:固定相的极性大于流动相的极性时,称为正相液-液色谱;固定相的极性小于流动相的极性时称为反相液-液色谱。

2. 固定相——化学键合相

化学键合相是借助于化学反应的方法将有机分子以共价键的形式键合在色谱的载体上,主要用于反相、正相、疏水作用和部分离子交换、空间排阻及手性分离色谱中。据统计,键合相色谱在高效液相色谱的整个应用中占 80% 以上。

(1) 化学键合相的特点

① 减少载体表面上的活性点,使液相色谱的峰形对称。比其他液体固定相传质快、柱效高、操作简化。

② 耐溶剂冲洗,柱子寿命延长,使用的溶剂范围扩大。

③ 使色谱柱具有良好的化学稳定性和热稳定性,从而使分离分析具有良好的重现性。

④ 易于采用高速梯度淋洗。

⑤ 可以键合不同的有机分子,以适应多种分离的要求。表面改性灵活,容易获得重复、稳定的产品。

由于化学键合相具有上述显著优点,原来使用吸附剂和载体上涂渍有机固定液的液-液色谱,大量地被键合相色谱所取代。某些离子交换树脂也采用了离子交换键合相，使高效液相色谱发生了巨大的变革。

（2）化学键合反应的类型　要形成化学键合固定相，有两个必要条件：一是所用的基质材料应有某种化学反应活性，例如许多 3～5 价金属氧化物表面具有化学反应的官能团，如硅胶、氧化铝、硅藻土等；二是有机液相分子应含有能与基质表面发生反应的官能团。由于硅胶表面存在足够的可反应的硅醇基，可以进行键合反应，加上硅胶具有强度高、孔结构和表面积易于控制、有较好的化学稳定性等优点，它是各种化学键合相的理想基质材料。

键合反应通常可使用下面 4 种。

① 硅氧硅碳键型（ $\equiv$ Si—O—Si—C 或 $\equiv$ Si—O—Si—R ）是硅胶与有机硅烷反应的产物：

$$\equiv Si-OH + X-\underset{\underset{R_2}{|}}{\overset{\overset{R_1}{|}}{Si}}-R \xrightarrow{pH=2\sim7.5} Si-O-\underset{\underset{R_2}{|}}{\overset{\overset{R_1}{|}}{Si}}-R + HX$$

② 硅氧碳键型（ $\equiv$ Si—O—C ）是硅胶与醇类反应的产物：

$$\equiv Si-OH + HO-R \xrightarrow[3\sim8h]{150\sim250℃} \equiv Si-OR + H_2O$$

③ 硅碳键型（ $\equiv$ Si—C ）是卤代硅胶与格氏试剂反应的产物：

$$\equiv Si-OH + SOCl_2 \longrightarrow Si-Cl + SO_2 + HCl$$

$$\equiv Si-Cl + RXMg \longrightarrow Si-R + MgXCl$$

④ 硅氮键型（ $\equiv$ Si—N ）是卤代硅胶与胺类反应的产物：

$$\equiv Si-Cl + H_2N-R \longrightarrow \equiv Si-NHR + HCl$$

在上述 4 种反应中以第一种化学键合相最为稳定，因而应用也最广泛。

（3）常用的化学键合固定相　化学键合固定相分为极性键合相、非极性键合相和离子交换键合相三种，HPLC 中常见的化学键合固定相列于表 21-42 中。

表 21-42　HPLC 中常见的化学键合固定相

类　型		牌　号　名　称	官能团	粒度/μm	形状①	简　要　说　明
	弱极性	Nucleosil-NMe₂	二甲氨基	5、10	s	也可作弱阴离子交换,分离酸、酚
		Li Chrosorb DIOL	二醇基	10	i	7.1%C,不封端
		Fe-Sil-X-1	氟乙基	13±5	i	羰基化合物分析
极 性 键 合 相	中等极性	YWG-CN	氰基	10	i	8%C
		μ-Bondapak CN	氰基	10	i	9%覆盖量
		Partisil 10 PAC	氰基,氨基	10	i	氨基：氰基＝2：1,70℃稳定
		Nucleosil NO₂	硝基	5、10	s	用于有双键亲和力的样品分析
		Vydac Polar TP	氰基	10	s	
		Micro Pak CN	氰基	5、10	i	
		Intelsil CN-3	氰基	5	s	用于非水系统
		Intelsit CN	氰基	5、10	s	14%C,不封端
		Eclipse XDBCN	氰基	5	s	4.0%C,封端
		Hypersil-BDSCN	氰基	3、5、8	s	封端
	强极性	YWG-NH₂	氨基	10	i	碱性去活 4.0%C,封端
						也有 20～30μm 制备柱填料
		Li Chrosorb NH₂	氨基	5、10	i	用于糖类和肽分析
		μ-Bondapak NH₂	氨基	10	i	9%覆盖量
		Hyperersil-APS	氨基	5、10	s	也可于反相
		Hypersil NH₂	氨基	5、10	s	1.9%C,封端
		Inertsil PH-3	苯基	3、5、8	s	9.5%C,不封端
		Hypersil-BDS C₆H₅	苯基	3、5、8	s	碱性去活 5%C,封端
非 极 性 键 合 相	长链	YWG-C₁₈H₃₇	C₁₈硅烷	10	i	也有 20～30μm 制备柱填料
		YQG-C₁₆	C₁₈硅烷	5	s	一氯硅烷键合,15%C
		Micro Pak CH	C₁₈硅烷	10	i	聚合层,22%C
		Partisil ODS	C₁₈硅烷	5、10	i	5%C
		Partisil ODS₂	C₁₈硅烷	5、10	i	16%C,单分子层,未封尾
		Zorbax ODS	C₁₈硅烷	6	s	15%C,散装填料 8μm
		μ-Bondapak C₁₈	C₁₈硅烷	10	i	10%C
		Li Chrosorb RP-18	C₁₈硅烷	5、10	i	22%C,部分聚合,pH=1～9
		Li Chrosorb RP-18	辛基	5、10	s	12.5%C,不封端
		Supelcosil LC-18	C₁₈硅烷	5	s	11%C,HMDS 封尾
		Nucleosil C₁₈	C₁₈硅烷	5、10	s	15%C

类　型		牌　号　名　称	官能团	粒度/μm	形状①	简　要　说　明
非极性键合相	短	Li Chrosorb RP-s	C_{18}硅烷	5、10	i	13%～14% C,pH=1～9
		Nucleosil C_8	C_{18}硅烷	5、10	s	15%C
		Zorbax C_8	C_{18}硅烷	6	s	15%C
		YWG-C_6H_5	苯基硅烷	10	i	7%C
		μ-Bondapak Phenyl	苯基硅烷	10	i	16%C
		Li Chrosorb RP-2	二甲基硅烷	5、10	i	5%C
		Wter Spherisorb ODS1	C_{18}硅烷	3、5、10	i	6.2%C,不封端
		Nova-Pak	C_{18}硅烷	4		7%C,封端
		Ultrasphere-ODS	C_{18}硅烷	3、5	s	封端
		Hypersil ODS	C_{18}硅烷	3、5、10	s	10%C,封端
		Hypersil BDS C_8	辛基	3、5、8		碱性去活 7%C,封端
		Hypersil BDS C_{18}	C_{18}硅烷	3、5		碱性去活 11%C,封端
		Resolve C_{18}	C_{18}硅烷	5、10		10%C,不封端
		Symmetry C_{18}	C_{18}硅烷	3、5、10	s	19%C,封端
		Kromasil 100 C_{18}	C_{18}硅烷	5、10	s	19%C,封端
		Inertsil ODS3	C_{18}硅烷	3、5、8	s	15%C,封端
	链	Eclipse XDB C_8	辛基	5	s	封端
		Eclipse XDB Phenyl	苯基	5	s	封端
		Gemini C_{18}	C_{18}硅烷	5		封端
		XTerra® MSC$_{18}$	C_{18}硅烷	3.5、5	s	封端
		XTerra® MSC$_8$	辛基	3.5、5	s	封端
		XTerra® RP$_{18}$	C_{18}硅烷	2.5、3.5、5、10	s	封端
		XTerra® RP$_8$	辛基	2.5、3.5、5、10	s	封端
		XTerra® Phenyl	苯基	2.6、5、2.1	s	封端
		SunFirl™ HILIC	C_{18}硅烷	3、5	s	封端
		UPLC™ BEH C_{18}	C_{18}硅烷	1.7	s	封端
离子交换键合相	阳离子	YWG-SO_3H	磺酸基	10	i	
		Partisil 10 SCX	磺酸基	10	i	pH=1.5～7.5
		Li Chrosorb AN	磺酸基	5、10	i	孔径 10nm
		Zorbax SCX	磺酸基	7	s	pH=2～9
	阴离子	YWG-R_4NCl	季铵基	10	i	
		Li Chrosorb AN	季铵基	5、10	i	孔径 10nm
		Nucleosil SB	季铵基	5、10	s	pH=1～9
		Vydac 301 TP	季铵基	10	s	pH=1～9

① s 代表球形，i 代表非球形。

3. 流动相

在液-液分配色谱中：表征溶剂洗脱能力特征的是溶解度参数 δ，见表 21-27（b）。吸附色谱中溶剂强度参数 ε^0 不适用于液 液分配色谱。溶解度参数 δ 可用作液-液色谱中溶剂相对强度的指标。极性强的溶剂（如甲醇），有大的 δ 值；而非极性溶剂（如正己烷）的 δ 值小。利用 δ 值的大小，比较溶剂的强度，可用来控制溶质的容量因子 k' 值。对于正相色谱，流动相的强度随极性的增加而增大，即增大 δ 值，就增大了溶剂的强度，溶质的容量因子 k' 值就要减小。而对于反相色谱，流动相的强度随极性的增加而减小，即增大 δ 值，就减小了溶剂强度参数，溶质的容量因子值反而要增加。

4. 应用

在液-液分配色谱中，流动相和固定相均为液体。作为固定相的液体是涂在或键合在很细的惰性载体上，可用于极性、非极性、水溶性、油溶性、离子型和非离子型等各种类型样品的分离和分析。

三、反相色谱

反相色谱通常指以具有非极性或弱极性固定相，以比固定相极性更强的溶剂为流动相的色谱分离。

1. 固定相

在反相高效液相色谱中的固定相，大量使用的是各种烃基硅烷的化学键合硅胶。烷基的链长可

以是 C_2、C_4、C_6、C_8、C_{16}、C_{18}、C_{22} 等。最常用的是 C_{18}，又称 ODS，即十八烷基硅烷键合硅胶。烷基链长增加，碳含量成比例增加，溶质的保留值增长，有较大的容量因子 k'。

长链烷基键合相 C_{16}、C_{18}、C_{22} 等，含有较高的碳量和更好的疏水性，所以对于各种类型的样品分子结构有更强的适应能力。适用于从以非极性的芳烃到强极性的氨基酸、肽、儿茶酚胺和许多药物的分析。

苯基键合相和短链烷基键合相性质相近，在分离芳香化合物时具有特色。

表 21-43 列出了部分极性键合相的性能。表 21-44 列出了部分十八烷基键合相的性能。表 21-45 列出了部分非极性键合相和反相填料。

表 21-43　部分极性键合相的性能

商　品　名　称	生产厂家	功能基	粒度/μm	说　　　明
μ-Bondapak CN	⑯	氰基	10	9％C,柱负荷 20～60mg
Chromosorb LC-8	⑦	氰丙基	5	基体为 Chromosorb LC-6
CPS-Hypersil	⑫	氰丙基	3、5、10	单分子层,适用于 pH=3～8
GYQG-CN	④	氰基	5	
Li Chrosorb CN	⑪	氰基	5、7、10	
Micropak CN	⑬	氰基	10	基体为 Li Chrosorb SI 60
Nova-Pak CN	⑯	氰基	4	基体为球形硅胶,6nm 孔,3％C
Nucleosil CN	⑭	氰基	5、10	覆盖度 6$\mu mol/m^2$
Partisil PAC	⑮	氰基、氨基	5、10	氰基：氨基=1：2
Polygosil CN	⑭	氰基	5、10	覆盖度 6$\mu mol/m^2$
RSIL CN	⑤	氰丙基	5、10	5％C
Spherisorb CN	⑲	氰基	5、10	覆盖度 0.5mmol/g
Supelco CN,-PCN	⑳	氰丙基	5	氰丙基二甲基硅烷反应
Vydac501TP	㉒	氰基	10	
YWG-CN	③	氰基	10	8％C
Zorbax CN	㉔	氰基	6	散装填料是 8μm
Alltech NH_2	⑤	氨基	10	
APS-Hypersil	⑫	氨丙基	3、5、10	
μ-Bondapak NH_2	⑯	氨基	10	覆盖量 9％(W),pH=2～8
Chromosorb LC-9	⑦	氨基	10	密度 0.68g/mL
Finepak SIL NH_2	⑨	氨丙基	10	单分子层
GYQG-NH_2	④	氨丙基	5	
Li Chrosorb NH_2	⑪	氨基	5、7、10	
Micropak NH_2	⑬	氨丙基	10	基质为 Li Chrosorb SI 60
Nucleosil NH_2	⑭	氨基	5、10	
Polygosil NH_2	⑭	氨基	10	
RSIL NH_2	⑤	氨丙基	5、10	负荷量 6％
Spherisorb NH_2	⑲	氨丙基	5、10	2％C,pH<8
YWG-NH_2	③	氨丙基	10	8％C,也有 20～30μm 的
Zorbax NH_2	㉔	氨基	6	散装填料是 8μm
Nucleosil N(CH_3)$_2$	⑭	二甲氨基	5、10	弱碱性,分离弱酸,酚类
Polygosil 60-D-N(CH_3)$_2$	⑭	二甲氨基	5、10	
Li Chrosorb DIOL	⑪	二醇	5、7、10	用于极性强的化合物分离
Nucleosil-OH	⑭	羟基	7、5	用水可润湿
Nucleosil NO_2	⑭	硝基	5、10	用于双键亲和力色谱

注：1. 大多数色谱试剂厂家都有—C_{18}、—C_8、—C_6H_5、—CN、—NH_2、—SO_3^-、—NR_3^+ 等各种键合相。

2. 键合相的基质材料由各商品名称判断，例如 YWG-CN 的基质为 YWG 硅胶；Li Chrosorb CN 为 Li Chrosorb Si100。特殊情况另有说明。

3. 生产厂家代号：①青岛海洋化工厂；②上海试剂一厂；③天津试剂二厂；④北京化学试剂研究所；⑤Alltech；⑥Bio-Rad；⑦JohnsManville；⑧Chrompack；⑨日本分光（JASCO）；⑩日立（Hitachi）；⑪E. Merck；⑫Shandon；⑬Varian；⑭Macherey-Nagel；⑮Whatman；⑯Waters；⑰Perkin-Elmer；⑱Rhone Poulenc；⑲Phase Separations；⑳Supelco；㉑Beckman/Altex；㉒Separation group；㉓YMC（山村）；㉔Du Pont；㉕Brownlee；㉖岛津（Shimadzu）；㉗Synchrom；㉘东洋曹达（Toyo Soda）；㉙Nomura Kagaku；㉚昭和电工（Showa Denko）；㉛Hamilton；㉜Benson；㉝Pharmacia；㉞Dionex；㉟Pierce。

表 21-44　部分十八烷基键合相的性能

商 品 名 称	生产厂家	粒度/μm	C/%	说　明
Aquapore RP-300	㉕	10		孔径 30nm,表面积 100m²/g
Bio-Sil ODS-10	⑥	10	15	中等负荷
μ-Bondapak C₁₈	⑯	10	11	基质为 μ-Porasil
Chromosorb LC-7	⑦	3、5、10	15	单分子层
Chrom Spher C₁₈	⑧	5		
GYQG-C₁₈	④	5	8	
Finepak SIL C₁₈	⑨	5、10		单分子层,Finepak C₁₈T 封尾
Hitachi Gel 3050 系列	⑩	5~15		3053,3063 均为 5μm ODS
Hypersil ODS	⑫	10	9	单分子层,封尾
Li Chrosorb RP-18	⑪	5、10	22	适合于 pH=1~9
Li Chrospher RP-18	⑪	5、10		孔径 10nm
Micropak CH	⑬	10	22	基质为 Li Chrosorb SI 60,聚合型
Micropak MCH	⑬	5、10	12	单分子层,有封尾的和未封尾的之分
Micropak-Protein C₁₈	⑬	10	8	30nm 孔,表面积 100m²/g
Nova-Pak C₁₈	⑯	4	7	基体为 600nm 球形硅胶,封尾
Nucleosil C₁₈	⑭	5、7、10	15	k′是 C₈ 的 2 倍,pH=1~9
ODS-Sil-X-1	⑰	13		
Partisil ODS-1	⑮	5、10	5	用于极性较强的溶质
Partisil 10 ODS-2	⑮	10	15	保留值大,温度达 70℃
Partisil ODS-3	⑮	5、10	10	封尾
Polygosil C₁₈	⑭	5、7、10	11	k′是 C₈ 的 2 倍,pH=1~9
KYWG-C₁₈	③	10		
KYWG-C₈	③	10		
Resolve-C₁₈	⑯	5、10	12	基体为球形硅胶,未封尾
ROSIL C₁₈	⑤	3、5、8	15	封尾
ROSIL C₁₈ HL	⑤	5、10	18	高碳含量,封尾
ROSIL C₁₈ LL	⑤	5、10	9	低碳含量,封尾
Shim-Pack PC₁₈	㉖	10		
Spherisorb ODS₁	⑲	3、5、8、10	7	覆盖量 0.3mmol/g,封尾
Spherisorb ODS₂	⑲	3、5、10	12	覆盖量 0.5mmol/g
Supelcosil LC-18	⑳	3、5	11.3	用 HMDS 封尾
Supelcosil 318-DB	⑳	5	10	30nm 孔,钝化适合于碱性物质
Supelcosil 518-DB	⑳	5	3.1	50nm 孔,钝化适合于碱性物质
Synchro Pak RP-P-18	㉗	6、5		30nm 孔
TSK-GEL ODS-120	㉘	5、10		ODS-120T 是封尾过的
Vydac-201 C₁₈	㉒	5、10	10	30nm 孔,3.35μmol/m²,未封尾
YQG-C₁₈,YQG-C₁₆	③	5	14	
YWG-C₁₈H₃₇	③	10	10	
Zorbax ODS	㉔	6	15	散装填料是 8μm,单分子层

注：生产厂家代号同表 21-43。

表 21-45　部分非极性键合相和反相填料

商 品 名 称	生产厂家	功能基	C/%	说　明
Alltech C₈	⑤	辛烷		
Chrom Spher C₈	⑥	辛烷		
Develosil C₈	㉙	辛烷		
Li Chrosorb RP-8	⑪	辛烷	14	最好用于中等极性样品
Li Chrospher RP-8	⑪	辛烷		孔径有 10nm、50nm、100nm、400nm 之分
MOS-Hgpersil	⑫	辛烷		单分子层,一般用途
Nucleosil C₈	⑭	辛烷	12	一般用途,pH=1~9
Polygosil C₈	⑭	辛烷	12	一般用途,pH=1~9
Protesil 300-C₈	⑮	辛烷	7.5	30mm 孔径,表面积 200m²/g
Radial Pak C₈	⑯	辛烷		用于 RCM-100 径向压缩柱
Resolve C₈	⑯	辛烷	6	球形基体,9nm 孔

续表

商品名称	生产厂家	功能基	C/%	说明
RSIL-C$_8$-D	⑤	辛烷		钝化
Spherisorb C$_8$	⑥	辛烷	6	覆盖度 0.6mmol/g
Supelcosil LC-8	⑳	辛烷	6.6	用二甲基硅烷反应，HMDS 封尾
Supelcosil 308-DB	⑳	辛烷	6.5	30nm 孔
Supelcosil 508-DB	⑳	辛烷	1.7	50nm 孔
Sychropak RP-P-C$_8$	㉗	辛烷		
Ultrasphere-Octyl	㉑	辛烷	6.5	单分子层，封尾
Vydac 208TP C$_8$	㉒	辛烷	8	33nm 孔
Zorbax C$_8$	㉔	辛烷	15	散装填料粒度 8μm
Hypersil SAS	⑫	C$_3$	3	
Li Chrosorb RP-2	⑪	DMS		用于极性化合物分离
RoSIL C$_3$	⑤	TMS		
Spherisorb C$_1$	⑲	C$_1$	2	覆盖量 0.6mmol/g
Supelcosil LC-1	⑳	TMS	2.5	
Supelcosil LC-301	⑳	TMS	2.2	30nm 孔
SynchroPak RP-P-C$_4$	㉗	C$_4$		30nm 孔
Vydac 214-TP-C$_4$	㉒	C$_4$	4	33nm 孔
YMC-C$_4$	㉓	C$_4$		
μ-Bondapak Phenyl	⑯	苯基	10	适合于极性较强的样品
Nucleosil Phenyl	⑭	苯基	10	非极性化合物和脂肪酸
Protesil-300 DP	⑮	二苯基	8	30nm 孔，蛋白质分离
RSIL Phenyl	⑤	苯基	5	最好用于非极性化合物
YWG-C$_6$H$_5$	③	苯基	7	
Shodex Polymerpak	㉚	PS-DVB		高分子微球，反相吸附，pH 宽
Hamilton PRP-1	㉛	PS-DVB		
Hitachi Gel 3011	⑩	PS-DVB		含—CH$_2$—OH 基，pH＝2～11
Finepak Gel 110	⑨	PS-DVB		
Benson BN	㉜	PS-DVB		也可用于排斥色谱，交联度有 4、7、8、10 之分

注：生产厂家代号同表 21-43。

2. 流动相

反相色谱法对流动相的要求与一般液相色谱法一样，要求溶剂具有黏度小、沸点适中、化学稳定性强、紫外吸收本底小、对于样品的溶解范围较宽等特性。反相色谱法常用的流动相为极性溶剂，如水和能与水互溶的有机溶剂。表 21-46 列出了反相色谱中常用的极性溶剂及其相关性质。

表 21-46　反相色谱中常用的极性溶剂及其相关性质[①]

溶剂	相对分子质量	b. p. /℃	n^{25}	UV 下限[②] /nm	ρ^{20} /(g/cm^3)	η^{20} /mPa·s	ε	μ /D	γ /(×10^{-5}N/cm)	E[③]	MAC[④] /(mg/m^3)
水	18.0	100	1.333	170	0.998	1.00	78.5	1.84	73		
甲醇	32.0	65	1.326	205	0.792	0.58	32.7	1.66	22	1.0	200
乙醇	46.1	78	1.359	205	0.789	1.19	24.5	1.68	22	3.1	
乙腈	41.0	82	1.342	190	0.787	0.36	38.8	3.27	29	3.1	50
异丙醇	60.1	82	1.375	205	0.785	2.39	19.9	1.63	21	8.3	400
四氢呋喃	72.1	66	1.404	210	0.889	0.51	7.58	1.70	28		200
丙酮	58.1	56	1.357	330	0.791	0.32	20.7	2.72	23	8.8	1000
二噁烷	88.1	101	1.420	215	1.034	1.26	2.21	0.45	33	11.7	50

① b. p. 为沸点；n^{25} 为 25℃时的折射率；UV 为紫外检测下限；ρ^{20} 为 20℃时的密度；η 为黏度；ε 为介电常数；μ 为偶极矩；γ 为表面张力。
② 此值指以空气为参比，在 1cm 光程长下溶剂产生 1.0 吸光度（OD）时的波长。
③ E 值是在 C$_{18}$ 键合相上测得的溶剂强度，以水做流动相，各溶剂与甲醇在其上保留值之比。
④ MAC 为空气中最大允许浓度。

根据溶剂强度，可以得出用于反相色谱溶剂的洗脱强度顺序为：水＜甲醇≤乙腈＜乙醇≈丙酮≈乙酸乙酯≈二氧六环＜异丙醇≈四氢呋喃＜丙醇＜二氯甲烷（最强）。

3. 正相色谱法与反相色谱法的比较

表 21-47 列出了正相色谱法与反相色谱法的比较，表 21-48 列出了正相色谱和反相色谱的主要特征。

表 21-47　正相色谱法与反相色谱法的比较

项　　目	正相色谱法	反相色谱法
固定相	强极性	非极性
流动相	弱-中等极性	中等-强极性
出峰顺序	极性弱的组分先出峰	极性强的组分先出峰
保留值与流动相的关系	随流动相极性增强保留值变小	随流动相极性增强保留值变大
适于分离的物质	极性物质	弱极性物质

表 21-48　正相色谱和反相色谱的主要特征

色谱类型	优　点	缺　陷
正相色谱	(1)通过改变流动相或柱填料,可使分离选择性有很大改善(尤其对无机填料,如硅胶) (2)使用非水流动相时,色谱柱很稳定 (3)许多有机化合物在正相溶剂中 (4)使用低黏度溶剂,有较低的压降 (5)适用于在水溶液中易分解的样品 (6)对于具有不同官能团的化合物,硅胶柱比 C_{18} 柱具有更大的选择性;正相的极性键合相柱比反相的 C_{18} 具有更相近的选择性	(1)离子型样品更适于在反相中分离 (2)溶剂强度的控制比反相色谱更烦琐 (3)正相色谱柱的塔板数有时低于反相柱 (4)低沸点溶剂更易蒸发或成泡(尤其在柱温较高时) (5)对于无修饰的硅胶: ①由于柱填料对水的保留,会导致保留值发生变化 ②由于溶剂分层和硅胶柱对水的保留,使梯度洗脱无法进行 (6)有机溶剂的成本和处理费用更高
反相色谱	(1)可用于分离分析各种类型的化合物,从离子型到非离子型 (2)分离系统易于操作 (3)因固定相是化学键合型,因此化学性质稳定,分离的重现性较好 (4)因表面能很小,分析迅速,且平衡时间短 (5)流动相强度大于配制样品溶液的溶剂,可在色谱柱头浓缩 (6)反相液相色谱可测定各种物理化学性质参数,如疏水性、解离常数、配合常数等 (7)对于同系物或含碳数不同的化合物,反相比正相具有更大选择性 (8)对于异构体,硅胶柱比 C_{18} 柱具有更大选择性;极性键合相比 C_{18} 柱具有更大选择性	(1)离子型样品更适于在反相中分离 (2)溶剂强度的控制比反相色谱更烦琐 (3)正相色谱柱的塔板数有时低于反相柱 (4)低沸点溶剂更易蒸发或成泡(尤其在柱温较高时) (5)对于无修饰的硅胶: ①由于柱填料对水的保留,会导致保留值发生变化 ②由于溶剂分层和硅胶柱对水的保留,使梯度洗脱无法进行 (6)有机溶剂的成本和处理费用更高

四、离子抑制色谱和离子对色谱

当分离可解离的化合物,如有机酸或有机碱时,如用正相色谱分离,在硅醇基上有强烈的吸附,甚至不能流出,有时虽然能流出,但峰形拖尾;用反相分离时在柱上的保留值又太小。遇到这种情况可采用离子抑制色谱或离子对色谱法进行分离分析。它是通过调整流动相的 pH 的范围,或者加入有机改性剂离子对试剂来改变组分在流动相中的溶解度,使可解离的化合物在最佳状态下得到分离。

1. 离子抑制色谱

离子抑制色谱法用于分离可解离的化合物。下面以分离有机碱为例说明离子抑制色谱的原理。当有机碱,如胺类注入反相色谱分离系统时,以水溶液作流动相,在洗脱过程中发生解离的反应如下：

$$R-NH_2 + H_2O \Longleftrightarrow R-NH_3^+ + OH^-$$

若调整流动相的 pH 在弱酸的范围内，使上式向解离方向移动，使有机碱在流动相中的溶解度增加；反之，使 pH 在弱碱的范围内，则抑制了有机碱的解离。这样，可以通过调整流动相的 pH，使容量因子 k' 值向有利于有机碱（或有机酸）与其他组分分离的方向变动，这就是离子抑制色谱的原理。

离子抑制色谱法常用于分离有机化合物的弱碱、弱酸以及一些两性化合物。如生物碱、肾上腺素、去甲肾上腺素等。有机酸如香草酸、香草扁桃酸、3,4-二羟基苯甲酸等。

如图 21-10 所示为容量因子 k' 与流动相 pH 值的关系。表 21-49 为图 21-10 中几个化合物的名称和结构。

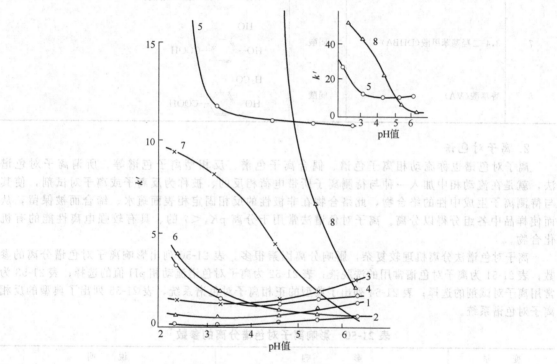

图 21-10　k' 与流动相 pH 值的关系

1~3—有机碱；4~5—两性分子；6~8—有机酸

色谱柱：YQG-C$_{16}$，5μm，250mm×4.6mm.　流动相：0.1mol/L KH$_2$PO$_4$ 缓冲液

化合物名称和结构见表 21-49

表 21-49　图 21-10 中几个化合物的名称和结构

No.	名　　称	类　型	结　　构　　式
1	肾上腺素(E)	弱碱	HO— OH HO— —CH—CH$_2$NHCH$_3$
2	去甲肾上腺素(NE)	弱碱	HO— OH HO— —CH—CH$_2$NH$_2$
3	多巴胺(DA)	弱碱	HO— HO— —CH$_2$—CH$_2$NH$_2$

No.	名　称	类型	结　构　式
4	酪氨酸(Tyr)	两性	HO—⟨benzene⟩—CH$_2$—CH(NH$_2$)—COOH
5	色氨酸(Trp)	两性	⟨indole⟩—CH$_2$—CH(NH$_2$)—COOH
6	香草扁桃酸(VMA)	弱酸	H$_3$CO, HO—⟨benzene⟩—CH(OH)—COOH
7	3,4-二羟基苯甲酸(DHBA)	弱酸	HO, HO—⟨benzene⟩—COOH
8	香草酸(VA)	弱酸	H$_3$CO, HO—⟨benzene⟩—COOH

2. 离子对色谱

离子对色谱也称流动相离子色谱、偶合离子色谱、反相型离子色谱等。所谓离子对色谱法，就是在流动相中加入一种与待测离子所带电荷相反的、被称为反离子或离子对试剂，使其与待测离子生成中性的络合物，此络合物在非极性的反相固定相表面疏水、缔合而被保留，从而使样品中各组分得以分离。离子对色谱法常用于分离 $pK_a<7$ 的、具有较强电离性能的有机化合物。

离子对色谱法分离机理较复杂，影响分离因素很多。表 21-50 列出影响离子对色谱分离的参数；表 21-51 为离子对色谱常用的洗脱液；表 21-52 为离子对色谱流动相 pH 值的选择；表 21-53 为常用离子对试剂的选择；表 21-54 列出了典型的正相离子对色谱系统，表 21-55 列出了典型的反相离子对色谱系统。

表 21-50　影响离子对色谱分离的参数[①]

变　量	影　响	说　明
离子对的性质	疏水性越大的离子保留值越大	可以使用改变烷基链的方法
离子对的浓度	增加浓度,增加保留值,但到一定限度后,再进一步增加导致保留值减小	许多疏水离子对使柱达到平衡时间长
有机改进剂的类型	改进剂是非极性时,保留值减少	洗脱次序是:乙腈＞甲醇
有机改进剂的浓度	保留值随改进剂浓度的增加而减少	一般增加 1％将导致容量因子减少 2～3 倍
固定相	疏水的固定相有较大的保留值	IPC[②] 以使用 PS-DVB[③] 为固定相为佳
pH	pH 变化影响溶质解离,离解度较大,保留值较高,酸性物质 pH＝7～7.5,碱性物质 pH＝3～4 形成离子对	硅胶固定相不能在碱性中分离、PS-DVB 固定相没有 pH 限制
温度	温度增加保留值减小	柱效增加,但柱的选择性下降
离子强度和配衡离子浓度	增加离子强度和配衡离子浓度减小保留值	可能由于离子对的破坏,改变了双电层和可能形成胶束

① 为了改变离子对试剂对固定相的亲和力，增加流动相的疏水性，调节保留值，常在流动相中加入一些有机改进剂，如乙腈、甲醇、异丙醇等。

② IPC 表示离子对色谱。

③ PS-DVB 表示聚苯乙烯-二乙烯苯。

表 21-51　离子对色谱常用的洗脱液

分　离　组　分	离子对试剂	含量 /mmol	有机改进剂 乙腈/%	其他改进剂
F^-、Cl^-、NO_2^-、Br^-、NO_3^-、SO_4^{2-} 等	TBAOH	2.0	8	
I^-、CNS^-	TBAOH	2.0	15	
芳香族、磺酸盐	TBAOH	2.0	20	
烷基磺酸盐、硫酸盐（<C_8）	TBAOH	2.0	28	
$Fe(CN)_6^{3-}$、$Au(CN)_2^-$ 等	TBAOH	2.0	30	0.5mmol/L Na_2CO_3
烷基磺酸盐、硫酸盐（>C_8）	NH_4OH	10.0	30	
氨、乙醇胺	己烷磺酸	2.0		
烷基胺、烷醇胺	己烷磺酸、辛烷磺酸			
季胺	己烷磺酸、高氯酸			

注：TBAOH——疏水性的离子对试剂。

表 21-52　离子对色谱流动相 pH 值的选择

溶　质　类　型	流动相 pH 值	说　　明
强酸（pK_a<2），如磺酸染料	2~7.4	这类溶质在该 pH 范围都解离,实际选择的 pH 取决于共存的其他溶质的类型
弱酸（pK_a>2），如羧酸,氨基酸	6~7.4	溶质是解离的,k' 取决于离子对的性质
	2~5	（溶质解离）被抑制,k' 取决于未解离溶质的性质
强碱（pK_a>8），如季胺	2~8	溶质在整个 pH 范围内解离,类似强酸
弱碱（pK_a<8），如儿茶酚胺	6~7.4	解离被抑制,k' 取决于未解离溶质的性质
	2~5	溶质是解离的,k' 取决于离子对的性质

表 21-53　常用离子对试剂的选择

离　子　对　试　剂	主　要　应　用　对　象
季铵类（如四甲铵、四丁铵、十六烷基三甲铵）	强酸、弱酸、羧酸、磺酸染料、氢化可地松及其酸
叔胺（如三辛胺）	磺酸盐、羧酸等
烷基（如甲烷、戊烷、己烷、庚烷）磺酸盐、樟脑磺酸盐	强碱、弱碱、儿茶酚胺、肽、鸦片碱、菸酸菸酰胺等
高氯酸	可与很多碱性物质（如有机胺、甲状腺碘代氨基酸、肽等）生成稳定的离子对
烷基（如辛烷、癸烷、十二烷）硫酸盐	与烷基磺酸盐相似,选择性有不同
季铵类和氢氧化铵	阴离子分离
脂肪族磺酸	阳离子分离
疏水离子对试剂	亲水性样品
亲水离子对试剂	疏水性样品

表 21-54　典型的正相离子对色谱系统

固定相[①]	流　动　相	对（反）离子	样　品
pH=9.0	环己烯/$CHCl_3$/正戊醇	N,N-二甲基-5H-二苯并[a,d]环庚烯-5-丙胺	羧酸类
0.1mol/L $HClO_4$	磷酸三丁酯、乙酸乙酯、丁醇、CH_2Cl_2 和（或）正己烷组成的各种混合液	ClO_4^-	胺类
HPO_4^{2-}/PO_4^{3-} 缓冲液	丁醇/CH_2Cl_2/己烷	甲丁基铵正离子	羧酸类
0.1mol/L $HClO_4$	二氯甲烷、三氯甲烷、丁醇和（或）戊醇	ClO_4^-	胺类
pH=5~6	CH_2Cl_2 和（或）$CHCl_3$	苦味酸盐[②]	胺类
pH=6~8.5	丁醇/庚烷	四丁基铵正离子	磺胺类
0.2~0.25mol/L $HClO_4$	丁醇/CH_2Cl_2/己烷	ClO_4^-	胺和季铵盐化合物

续表

固定相①	流 动 相	对(反)离子	样 品
0.1mol/L 甲磺酸	丁醇/CH_2Cl_2/已烷	$CH_3SO_3^-$	胺类
pH＝8	丁醇/CH_2Cl_2/已烷	四丁基铵正离子	羧酸类
pH＝7.4	CH_2Cl_2/$CHCl_3$/丁醇和(或)戊醇	四丁基铵正离子,四戊基铵正离子	葡萄糖醛酸和共轭磺酸盐

① 含有各种盐和离子对(反)的缓冲水溶液。
② 为检测无紫外吸收的化合物用的可显色的离子对(反)。

表 21-55 典型的反相离子对色谱系统

固 定 相	流 动 相①	对(反)离子	样 品
1. 键合相			
ODS-Silica②	0.1mol/L $HClO_4$/水/乙腈	ClO_4^-	胺类
Lichrosorb RP-2②	pH＝7.4	四丁基铵正离子	羧酸
μ-Bondapak C_{18}②	甲醇/水;pH＝2~4	四丁基铵正离子	染料
2. 皂色谱			
SAS-Silica②	水/丙醇和(或)CH_2Cl_2	十六烷基三甲基铵离子	磺酸
ODS-Silica②	水/甲醇/H_2SO_4	十二烷基磺酸负离子	胺类
3. 有机固定相			
正戊醇	pH＝7.4	四丁基铵正离子	羧酸和磺酸盐
4. 液体离子交换剂			
二-(2-乙基己基)磷酸/$CHCl_3$	pH＝3.8	二(乙基己基)磷酸盐	酚类
三正辛基胺	0.05mol/L $HClO_4$	三十八烷基铵正离子	羧酸和磺酸盐

① 除特别指明外,均指加有缓冲剂的水溶液。
② 指反相分配填料,不能用有机固定相。

五、凝胶色谱法

凝胶色谱法,又称空间排阻色谱法(SEC),或称分子排阻色谱法,也称尺寸排阻色谱法,主要用于较大分子的分离。与其他液相色谱方法原理不同,它不具有吸附、分配和离子交换作用机理,而是基于试样分子的尺寸和形状不同来实现分离。按流动相类型,凝胶色谱可以分为两类:当流动相为有机溶剂时称凝胶渗透色谱(GPC);当流动相为水溶液时,称为凝胶过滤色谱(GFC)。

1. 原理

凝胶色谱的固定相是多孔物质,如多孔凝胶、交联聚苯乙烯、多孔玻璃、多孔硅胶等。试样是按照其中各组分分子大小的不同而分离的。大于填料微孔的分子,由于不能进入填料微孔,而直接通过柱子,最先流出柱外,在色谱图上最早出现;小于填料微孔的组分分子,可以渗透到微孔中不同的深度,分子最小的组分,保留时间最长。

2. 特点

① 色谱带很窄,便于检测。因此,通用型的折射检测器,也常用于凝胶色谱测量中。

② 分离时洗脱较简便,不用梯度淋洗。

③ 可以预测特定的样品分离时间,减少洗脱中时间的浪费,有利于使用自动进样装置。

④ 可以根据分子的大小预测洗脱情况,对于鉴定未知样品组分较为有利;根据保留时间,可以提供有关分子结构的信息。

⑤ 在分离中样品组分不会粘在柱子上,因此,凝胶色谱柱的使用寿命较长。

⑥ 凝胶色谱法常在较高温度下工作,以便提高扩散速度、减少黏度,以利于提高组分的溶解度。

⑦ 不能分辨分子大小相近的化合物。一般来说,分子量的差别需在10%以上时才能得到分离。此法分离度很低,在整个色谱图内只能容纳少数几个谱带,所以这种方法不能分离复杂的化合物,它主要用来获得分散性聚合物的分子量分布情况。

3. 凝胶色谱柱填料的种类

凝胶的种类很多,按照其使用的强度可分为刚性材料、半刚性材料和软性凝胶三种。刚性凝胶如硅胶、多孔玻璃等;半刚性凝胶如聚苯乙烯凝胶;软性凝胶如多聚葡萄糖、网状交联的聚丙烯酰胺等。

根据凝胶对溶剂的适用范围可分为亲水性（如聚丙烯酰胺凝胶）、亲油性（如羟基丙酸酯衍生物凝胶）以及两性凝胶。亲水性凝胶主要用于分离生物化学体系的样品；亲油性凝胶主要用于分离高分子材料；两性凝胶对于水和有机溶剂均适用。色谱柱的填料见表 21-56～表 21-59。

表 21-56　常用国产凝胶渗透色谱柱的填料

名　称	牌　号	供应厂商	有机胶	无机胶	软胶	半硬胶	硬胶	亲油性	亲水性	两性	备注
交联聚苯乙烯	NGX	天津化学试剂二厂	√		√	√		√			
	JD	吉林大学化工厂	√				√	√			高效
	NGW	天津化学试剂二厂	√				√	√			
多孔硅胶	NDG	天津化学试剂二厂		√			√	√			高效
	NWG			√			√	√			
交联葡聚糖	交联葡聚糖凝胶	上海东风生化厂	√		√				√		
羟丙基化交联葡聚糖	交联葡聚糖凝胶 LH-20	上海东风生化厂	√		√					√	
琼脂糖凝胶	珠状琼脂糖	上海东风生化厂	√		√				√		

注：天津化学试剂二厂生产的 NDG 系列（1～6L）孔径为 100～150nm；分子渗透排斥极限 $4×10^4～5×10^6$，粒度 120～400 目，表面用六甲基二硅胺处理。

表 21-57　国外部分凝胶渗透色谱柱的填料

商品名称	生产厂家	粒度 /μm	平均孔径 /nm	相对分子质量排斥极限	说　　明
Benson BN-X	㉜	7～10		$1500×4$ $500×7$	
Bio-Beads S	⑥	10	400		交联度 12%
Chromex E-1	㉑		1000		也可以作为反相填料
Chromex E-20				$1.5～20×10^3$	
Chromex E-100				$100～10^5$	
Chromex E-2000				$10^4～2×10^6$	
Finepak Gel 101	⑨	8	3000		柱效 4 万塔板数/m
HSG	㉖	10	$4×10^2;4×10^3;4×10^4;4×10^5;2×10^6;8×10^6$		填充柱尺寸 500mm×8mm
Shodex A	㉚	10	$5×10^3;7×10^4;5×10^5;5×10^7$		AD-800 系列,溶剂 DMF A-800 系列,溶剂 THF
μ-Spheragel	㉑		500	<2000	柱效 1.8 万塔板数/m,样品容量为每根柱子
			1000	$100～5000$	
μ-Spheragel	㉑		5000	$5000～10^4$	200～500mg
			10^4	$10^3～5×10^4$	
			10^5	$10^5～5×10^5$	
			10^6	$10^5～5×10^6$	
			10^7	$<10^6$	
μ-Styragel	⑯	10	1000	$0～700$	孔径 1000nm 的柱子,1.2 万塔板数/mm,每根柱子负荷 10mg
			5000	$500～10^4$	
			10^4	$10^3～2×10^4$	
			10^5	$10^4～2×10^5$	
			10^6	$10^5～2×10^6$	
			10^7	$10^6～2×10^7$	
Micropak TSK H 型	⑬	8×10	400	$50×10^3$	柱尺寸 300mm×8mm 和 500mm×8mm,用 THF 或其他溶剂装柱
			2500	$50～6×10^3$	
			10^4	$10^3～6×10^4$	
			10^5	$5×10^3～4×10^5$	
			10^6	$2×10^3～4×10^6$	
			10^7	10^7	
			10^8	10^8	

注：1. 本表中填料基质均为 PS-DVB。

2. 对聚苯乙烯而言的。

3. 生产厂家代号与表 21-43 相同。

表 21-58 国外部分凝胶过滤色谱柱的填料

商品名称	生产厂家	基质	粒度/μm	平均孔径/nm	相对分子质量极限	说明
μ-Bondagel E	⑯	硅胶		1250	$(0.02\sim5)\times10^4$	醚基键合相,也可用于吸附和分配色谱
				5000	$(0.05\sim5)\times10^5$	
				10000	$(5\sim20)\times10^5$	
				混合	$(0.02\sim20)\times10^5$	
Chromegapore	㉑	硅胶	10	600、1000、5000、10000		600m 的基质是无定形,其余为球形,有钝化柱和蛋白质柱
CPG	㉟	多孔玻璃	5~10	400	$(1\sim8)\times10^3$	可用到 pH=8 的非水相和水相,Glycophase G 有丙三醇涂层
				1000	$(1\sim30)\times10^3$	
				2500	$(2.5\sim125)\times10^3$	
				5500	$(1.1\sim35)\times10^4$	
				15000	$(1\sim10)\times10^5$	
				25000	$(2\sim15)\times10^5$	
Ion-Pak	㉚	磺化 PS-DVB	10~15		$1\times10^3; 5\times10^3; 5\times10^4;$ $5\times10^5; 5\times10^6; 5\times10^7$	S-800 系列只有预装柱
Li Chrospher	⑪	硅胶	10	1000	$(5\sim8)\times10^4$	10nm 的孔体积 1.2mL/g,其余 0.8mL/g
				5000	$(3\sim6)\times10^5$	
				10000	$(0.6\sim1.4)\times10^6$	
				40000	$(2\sim5.8)\times10^6$	
Li Chrospher DIOL	⑪	硅胶	10	4000		二醇相
OH-Pak	㉚	羟基化聚酯	15~20		$5\times10^4; 4\times10^5; 2\times$ $10^6; 10^7$	B-800 系列只有预装柱
蛋白质柱	⑯	硅胶		600	2×10^4	柱尺寸 300mm×7.9mm
				1250	8×10^4	
				2500	5×10^5	
RSIL-PP	⑤	硅胶	10	1000		乙酰氨丙基键合相,10%覆盖度
				2000		
				5000		
Synchropak GPC	㉗	硅胶	10	1000	1×10^5	
				3000	5×10^5	
				5000	2×10^6	
				10000	4×10^7	
				40000	10^8	
TOYO PEARL HW 系列	㉘	亲水聚乙烯			5×10^3 5×10^7	
TSK 1000PW	㉘	羟基化聚醚	10		1000(PEG)	最好用于水溶性聚合物,如糖类、类脂、蛋白质等
TSK 2000PW			10	500	4000	pH=1~13,球形,柱尺寸为 300mm×7.5mm 和 500mm×7.5mm
TSK 3000PW			13	2000	5×10^4	
TSK 4000PW			13		2×10^5	
TSK 5000PW			17	10000	10^6	

注:生产厂家代号与表 21-43 相同。

表 21-59 常见的多糖型凝胶过滤色谱填料

产品	相对分子质量分离范围(球蛋白)	粒度/μm	耐压/MPa	最高流速/(cm/h)	特性/应用
Superdex 30 prep grade	<10000	22~44	0.3	90	重组蛋白、肽类、多糖、小蛋白等
Superdex 75 prep grade	3000~7000	22~44	0.3	90	重组蛋白、细胞色素
Superdex 200 prep grade	10000~600000	22~44	0.3	90	单抗、大蛋白
Superose 6 prep grade	$5000\sim5\times10^6$	20~40	0.4	40	肽类蛋白、多糖、寡核苷酸、病毒
Superose 12 prep grade	1000~300000	20~40	0.7	40	肽类蛋白、多糖
Sephacryl S-100 HR	1000~100000	25~75	0.2	60	肽类、激素、小蛋白
Sephacryl S-200 HR	5000~250000	25~75	0.2	60	蛋白(如小血清蛋白、白蛋白)、血液抗体、单体(IgG/MAB)
Sephacryl S-300 HR	$10000\sim1.5\times10^6$	25~75	0.2	60	蛋白(如膜蛋白和血清蛋白)、血液抗体、单抗(IgG/MAB)

续表

产　品	相对分子质量分离范围(球蛋白)	粒度/μm	耐压/MPa	最高流速/(cm/h)	特性/应用
Sephacryl S-400 HR	$20000\sim8\times10^6$	$25\sim75$	0.2	50	多糖,具延伸结构的大分子如蛋白多糖、脂质体<25000bp DNA 限制片段
Sephacryl S-500 HR	葡聚糖 $40000\sim2\times10^7$	$25\sim75$	未经测试	40	<25000bp DNA 限制片段,如 DNA 限制片段
Sephacryl S-1000 HR	葡聚糖 $5\times10^5\sim$ 1×10^8	$40\sim105$	0.1	300	巨大多糖分子、蛋白多糖;小颗粒分子如膜结合囊或病毒
Sepharose 6 Fast Flow	$10000\sim4\times10^6$	$45\sim165$	0.1	250	巨大分子,如 DNA 质粒、病毒
Sepharose 4 Fast Flow	$60000\sim20\times10^6$	$45\sim165$	0.005	15	巨大分子,如重组乙型肝炎表面抗原、病毒
Sepharose CL-2B	$70000\sim40\times10^6$	$60\sim200$	0.005	26	蛋白、大分子重合物、病毒核酸、蛋白多糖、分子量和测量,特别是不能溶解/凝集于水溶液的分子
Sepharose CL-4B	$60000\sim20\times10^6$	$45\sim165$	0.012	26	大蛋白、肽类、多糖,特别是不能溶解/凝集于水溶液的分子及分子的测定
Sepharose CL-6B	$10000\sim4\times10^6$	$45\sim65$	0.02	30	蛋白、肽类、多糖,特别是不能溶解/凝集于水溶液的分子及分子的测定

4. 凝胶色谱柱的选择

在凝胶色谱中分离效率的好坏主要取决于柱填料,故选择柱填料十分重要。选择凝胶柱填料主要考虑两个方面:①凝胶的孔径及其分布应与待测样品分子的大小相匹配;②凝胶应与选择的流动相相适应。在这些因素中凝胶孔径是考虑的主要参数,孔径小的填料只适应分离小分子的物质。若待测样品分子量分布范围较窄,通常使用单一孔径的柱子即可;若待测样品分子量分布范围较宽,应选择分布范围较宽的柱子。

凝胶孔径选择后,可将两个或更多个柱子串联起来使用;可增加塔板数、提高分离度,但分离的分子量的范围是相同的。

5. 流动相的选择

凝胶色谱虽然不需要用流动相的改变来控制分离度,但是流动相对分离还是有影响的。如凝胶的性能可以受到流动相的影响,有些溶剂能使凝胶的孔径略有变化。故凝胶色谱要求组成流动相的溶剂具备下列性能。

① 对待测样品应具有充分的溶解能力。

② 在分离温度下具有较低的黏度。黏度低有利于降低色谱柱的压力降。

③ 流动相应与柱填料相匹配。如聚苯乙烯作柱填料时,不能使用强极性溶剂(如水、丙酮、乙醇、二甲基亚砜等)。对于非极性的刚性凝胶填料,流动相必须加盐以保持恒定的离子强度。对于硅胶填料,使用含水流动相时,必须保持 pH 值在 $2\sim8$ 的范围内,否则硅胶将产生降解。

④ 流动相应能够消除样品与固定相之间的作用力。如有的凝胶中含有少量的羧基官能团,在溶剂中有时会产生阳离子交换作用。这时需要调整流动相,使其中离子强度达到 $0.05\sim0.1$mol/L,即可消除离子交换作用。若组分与羧酸官能团的作用太强时,需要用 0.1mol/L 的无机酸作流动相,以抑制羧酸的解离。

常用的凝胶色谱流动相见表 21-60。

表 21-60　常用的凝胶色谱流动相

溶　剂	沸点/℃	动力黏度/mPa·s	折射率(20℃)	使用温度/℃	典型的分析应用(聚合物)
氯仿	61.7	0.58	1.446	室温	硅聚酯,N-乙烯吡咯烷酮聚合物、环氧树脂、脂族聚合物、纤维素
间甲酚	202.8	20.8	1.544	$30\sim135$	聚酯、聚酰胺、聚亚胺酯
十氢萘	191.7	2.42	1.4758	135	聚烯烃

续表

溶　剂	沸点/℃	动力黏度/mPa·s	折射率(20℃)	使用温度/℃	典型的分析应用(聚合物)
二甲基甲酰胺	153.0	0.90	1.4280	室温~85	聚丙烯腈、一些聚苯并咪唑、纤维素、聚亚胺酯
邻二氯苯	180	1.26	1.5515	室温~100	聚乙烯,聚丙烯
邻氯代苯酚	175.6	4.11	1.5473(40℃)	室温~100	尼龙,聚酯
二甲基亚砜	189	2.24	1.4770	室温~100	
二氧六环	101.3	1.44	1.4221	室温~60	环氧树脂
六氟异丙醇				室温~40	聚酯、聚酰胺
1,1,2,2-四氯乙烷				室温~100	低分子量聚硫化物
四氢呋喃	66	0.55	1.4072	室温~45	一般聚合物(聚氯乙烯、聚苯乙烯)、聚丙烯酸酯、聚芳醚、环氧树脂、纤维素
甲苯	110.6	0.59	1.4969	室温~70	高弹体和橡胶、聚乙烯基酯
1,2,4-三氯苯	213	1.89(25℃)	1.5717	130~160	聚烯烃
三氟乙醇	73.6	1.20(38℃)	1.291	室温~40	聚酰胺
水(及缓冲液)	100	1.00	1.3330	室温~65	生物物质、生物聚合物、聚电解质,如聚乙烯酯

6. 应用

凝胶色谱主要用在以下几个方面。

(1) 分子量及其分布的测定　凝胶色谱应用最多的是测定分子量。适于分离分析分子量 $M_w >$ 2000 的高分子化合物,特别是非离子型化合物。常用于测定聚合物分子量的分布。

(2) 生物化学方面的应用　在生物化学领域内,许多物质适合采用凝胶色谱分离分析。如对于蛋白质、核酸以及酶等的分离不仅可以定量洗脱,而且酶不会失活。另外,对于血清、肽的混合物、多糖混合物等也有较好的分离效果。

第六节　衍生化技术、定性、定量和应用

一、衍生化技术

在液相色谱的分析过程中,有的样品不能或难以直接分离和检测。如液相色谱仪的检测器是紫外-可见检测器,而样品的待测组分在紫外-可见区没有吸收,或者吸收很弱,这时应采用一种称为衍生化的技术,就是在色谱分析过程中使用具有特殊官能团的化学试剂(称为衍生化试剂)与待测样品进行化学反应(称为衍生化反应),将特殊的官能团引入到样品中,使样品转变成相应的衍生物,然后再进行分离和检测。

通过衍生化反应可以改善样品的色谱特性,改善色谱分离效果,提高检测的选择性和灵敏度,有利于样品的定性和定量分析。有时通过衍生化也可以使那些在分离过程中不稳定的化合物起到保护作用。

按衍生化反应的方式可分为色谱柱柱前衍生和柱后衍生两种。

柱前衍生是待测组分先通过衍生化反应,转化成衍生化产物,然后经过色谱柱进行分离,最后测定。柱前衍生的优点是不必严格限制衍生化反应的条件,可以允许较长的反应时间及使用各种形式的反应器。其缺点是一个复杂组分的样品经过衍生化反应后,有时可能产生多种衍生化产物,给色谱分离带来困难。

柱后衍生是针对柱前衍生的某些缺点,加以改进的衍生法,即把多组分样品先注入色谱柱进行分离,当各个组分从色谱柱流出后,分别与衍生化试剂进行反应,生成带有显色官能团的衍生化产物,再进入检测器。这种方法的优点是不会由于增加衍生反应步骤给色谱分离带来困难。柱后衍生的例子,如氨基酸分析仪,氨基酸分别从色谱柱分离流出后,与显色剂茚三酮相遇,在一定条件下,

发生显色反应，生成有色的衍生物，在 440nm 和 570nm 处被检测。

1. 对衍生化反应的要求
① 衍生化反应要既迅速又完全，便于计算衍生物的含量及定量计算。
② 衍生反应的生成物在分析过程中性能要稳定。
③ 柱前反应要便于分离待测化合物。
④ 柱后反应不能破坏已分离的样品带。
⑤ 反应产物的谱带扩展要小，并且没有特异的副反应。

2. 对衍生化试剂的要求
① 衍生化试剂的纯度要高，试剂中不能含有杂质，以免带到反应中。必要时将试剂精制。
② 试剂必须能保证生成所要求的衍生物。
③ 试剂必须与流动相相适应。
④ 试剂的性能要稳定。

3. 衍生化反应的类型
常用的衍生化反应有下面几个类型。
① 用于紫外-可见检测的紫外衍生化试剂见表 21-61～表 21-63，金属离子显色反应见表 21-64。

表 21-61　检测脂肪族的醇、醛、酮、羧酸常用的紫外衍生化试剂

化合物类型	衍生化试剂	衍生物	λ_{max}/nm	摩尔吸收 ε_{254}	方法特点
R—OH	O_2N —CO—Cl (O_2N)	O_2N —CO—OR (O_2N)	254	>10⁴	柱前衍生、反相或吸附色谱
	H_3CO —CO—Cl	H_3CO —COOR	262	1.6×10⁴	柱前衍生、反相色谱
RCOR'	O_2N —CH_2—O—NH_2	O_2N —CH_2—O—N=C(R)(R')	254	6.2×10³	柱后衍生吸附色谱
R—COOH	Br— —CO—CH_2Br	Br— —$COCH_2OOCR$	260	1.8×10⁴	柱后衍生
	O_2N —CH_2—C(N CH(CH₃)₂)(NH·CH(CH₃)₂)	O_2N —CH_2OOCR	265	6.2×10³	柱前衍生、反相色谱
R—COOH	$COCH_2Br$	$COCH_2OOCR$	248	1.2×10⁴	柱前衍生反相色谱
酮酸	O_2N —$NHNH_2$ (NO_2)	O_2N —NHN=C(R)(R') (NO_2)	254 或 406～430		柱前衍生、反相色谱

表 21-62　检测氨基酸常用的紫外衍生化试剂

方法名称	衍生化试剂	衍生物	检测波长/nm	方法特点
PTH 氨基酸分析法	异硫氰酸苯酯（PITC）	PTH 氨基酸	269 或 254	柱前，反相色谱
Dabth 氨基酚分析法	4-二甲氨基-4-异硫氰基偶氮苯	Dabth 氨基酸	440	柱前，反相或吸收色谱
Dabsyl 氨基酸分析法	4-二甲氨基-4-二氯磺酰基偶氮苯	磺酰胺衍生物 Dabsyl 氨基酸	460～490	柱前，反相色谱

续表

方法名称	衍生化试剂	衍生物	检测波长/nm	方法特点
茚三酮法	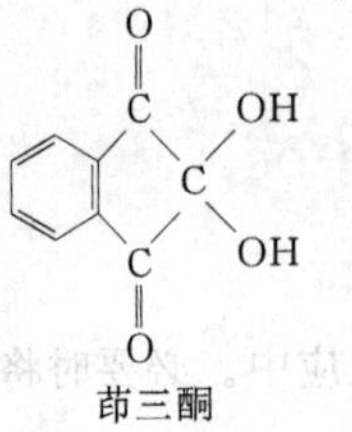 （茚三酮结构式）茚三酮	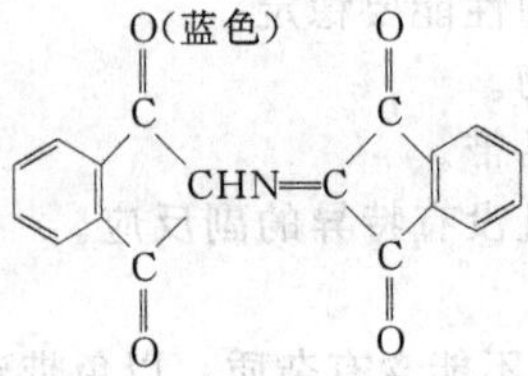 （蓝色衍生物结构式）	570 440 （脯氨酸） 羟脯氨酸	柱后,离子交换色谱

表 21-63　检测胺类化合物常用的紫外衍生化试剂

化合物类型	衍生化试剂	衍生物	λ_{max}/nm	摩尔吸收 ε_{254}	方法特点
R—NH$_2$	 O$_2$N—C$_6$H$_4$—COCl	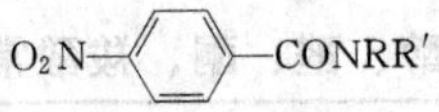 O$_2$N—C$_6$H$_4$—CONRR′	254	>10^4	柱前衍生,吸附或反相色谱
RR′NH 多胺	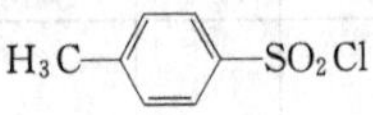 H$_3$C—C$_6$H$_4$—SO$_2$Cl	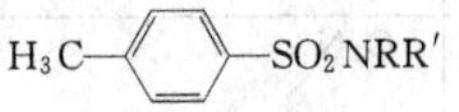 H$_3$C—C$_6$H$_4$—SO$_2$NRR′	224	10^4	柱前衍生,吸附或反相色谱
	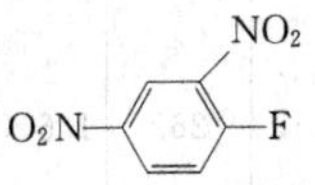 （O$_2$N,NO$_2$,F苯环）	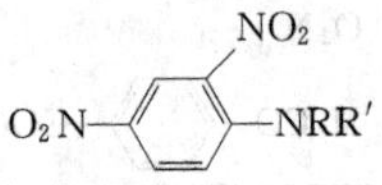 （O$_2$N,NO$_2$,NRR′苯环）	350	>10^4	柱前衍生,吸附色谱
	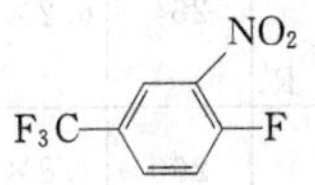 （F$_3$C,NO$_2$,F苯环）	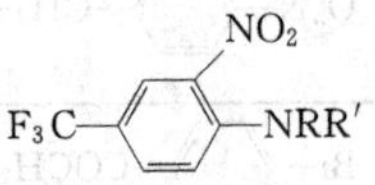 （F$_3$C,NO$_2$,NRR′苯环）	242		柱前衍生,反相色谱

表 21-64　用紫外-可见检测的金属离子显色反应

金属离子	偶氮胂Ⅰ	偶氮胂Ⅲ	PAR	金属离子	偶氮胂Ⅰ	偶氮胂Ⅲ	PAR
Th(Ⅳ)		✓	✓	Co(Ⅱ)			✓
Zr(Ⅳ)	✓	✓		Ni(Ⅱ)			✓
Hf(Ⅳ)	✓	✓	✓	Cu(Ⅱ)		✓	✓
Al(Ⅲ)	✓		✓	Zn(Ⅱ)		✓	✓
Cr(Ⅲ)	✓	✓		Cd(Ⅱ)			✓
La(Ⅲ)	✓			Hg(Ⅱ)			✓
Bi(Ⅲ)		✓	✓	Pd(Ⅱ)		✓	
Fe(Ⅲ)		✓	✓	Mg(Ⅱ)			✓
Fe(Ⅱ)		✓	✓	Ca(Ⅱ)		✓	
V(Ⅳ)		✓		Ba(Ⅱ)	✓		
Mn(Ⅱ)		✓		Sr(Ⅱ)	✓		

注：PAR 为 4-(2-吡啶基偶氮) 间苯二酚。

② 用于荧光检测的常用的荧光衍生化试剂及方法特点见表 21-65 及表 21-66。

表 21-65 用于检测氨基酸的荧光衍生化试剂

名　称	结　构	适用的化合物	衍生物结构	检测波长/nm		方法特点
				E_X	E_M	
1-二甲氨基萘-5-磺酰氯（丹酰氯，DNS-Cl）		RNH₂、RR′NH、氨基酸 R—CN、Ar—OH	以伯胺为例	340	530	柱前、反相色谱、灵敏度高
邻苯二甲醛（OPA）		氨基酸、多肽		340	455	柱后、离子交换色谱
4-苯基螺[呋喃-2(3H)-1-酞酰]-3,3′-二酮（荧光胺 Fluram）		RNH₂、氨基酸、多肽	以伯胺为例	390	475	柱前、（室温下）离子交换色谱
7-氟-4-硝基苯并-1,2,9噁二唑（NBDF）		氨基酸、亚氨基酸、生理性伯胺		470	530	柱前或柱后反相色谱
芴甲氧羰基氯（FMOC-Cl）		氨基酸				

注：E_X 为荧光激发波长；E_M 为荧光发射波长。

表 21-66 用于检测儿茶酚胺及其他化合物的荧光衍生化试剂

名　称	结　构	适用的化合物	衍生物结构
乙二胺（ED）	H₂N—CH₂—CH₂—NH₂	儿茶酚胺类	以去甲肾上腺素为例
1,2-二苯基乙二胺（DPE）		儿茶酚胺类	以肾上腺素为例
4-溴甲基-7-甲氧基香豆素（BrMmc）		R—COOH、胆汁酸前列腺素	

续表

名　称	结　构	适用的化合物	衍生物结构
9-氨基菲	NH$_2$ 结构图	R—COOH	NH—COR 结构图
9-蒽重氮甲烷（ADAM）	CH$_2$N$_2$ 结构图	R—COOH、前列腺素	CH$_2$OOCR 结构图
溴乙酰芘	COCH$_2$Br 结构图	R—COOH、胆汁酸-3-磺酸	以 R—COOH 为例 COCH$_2$OOCR 结构图
1-二甲氨基萘-5-磺酰肼（丹酰肼）	H$_3$C　CH$_3$ N SO$_2$NHNH$_2$ 结构图	R C=O、(H)R′ 甾体激素还原糖	以羰基化合物为例 N(CH$_3$)$_2$ SO$_2$NHN=C R R′(H) 结构图
1,3-环己二酮	O O 结构图	脂肪醛	O R O N H 结构图
7-氯-4-硝基苯并-1,2,9-噁二唑（NBD-Cl）	O$_2$N Cl N N O 结构图	RNH$_2$、RR′NH、R—SH、Ar—OH	以伯胺为例 O$_2$N NHR N N O 结构图
9-氯甲基蒽（9-CMA）	CH$_2$Cl 结构图	R—COOH	CH$_2$OOCR 结构图
3-溴甲基-6,7-二甲氧基-1-甲基-2(1H)-喹喔酮	H$_3$CO CH$_2$Br H$_3$CO N N O CH$_3$ 结构图	R—COOH，前列腺素	H$_3$CO CH$_2$OOCR H$_3$CO N N O CH$_3$ 结构图
9,10-菲醌	O O 结构图	含有胍基的化合物	N NH$_2$ N H 结构图

名　称	结　构	适用的化合物	衍生物结构
二苯乙醇酮		含有胍基的化合物（包括含精氨酸残基的多肽与蛋白质）	
N-(对-苯-1,3-氧氮杂茂)苯马来酰亚胺		R—SH	
氨基乙磺酸	$NH_2CH_2CH_2SO_3H$	还原糖及非还原糖	
乙醇胺	$HO—CH_2CH_2—NH_2$	糖类	
甘氨酰胺	$H_2N—CH_2—CO—NH_2$	糖皮质激素	

③ 用于电化学检测的衍生化试剂列于表 21-67。

表 21-67　用于电化学检测的衍生化试剂

试剂名称	结　构	适用化合物	方　法
N-(4-二甲氨基苯基)-马来酰亚胺（DAPM）	$(H_3C)_2N$—	含巯基化合物如 N-乙酰半胱氨酸、青霉胺	柱前
N-(4-苯氨基苯基)-马来酰亚胺（APM）		谷胱甘肽、半胱氨酸等	柱前
N-(1-苯氨基-4-萘基)-马来酰亚胺（ANM）			柱前
二茂铁类	Ⅰ:R＝Cl　Ⅱ:R＝CN　Ⅲ:R＝N　Ⅳ:R＝Cl　Ⅴ:R＝N₃	含羟基化合物	柱前
对-硝基苯肼、2,4-二硝基苯肼		含羰基化合物	柱前
N-(4-苯氨基苯基)-异马来酰亚胺		胺类化合物	柱前
三硝基苯磺酸		胺类化合物	柱前

用于电化学检测的衍生化技术，在无机阳离子分析中应用也很多。如用二乙基三胺五乙酸（DTPA）作络合剂分离 Pb^{2+}、Cd^{2+}、Hg^{2+}、Cu^{2+}、Zn^{2+}、Ni^{2+}、Co^{2+} 等阳离子已经取得很好的效果。由于 DTPA 络合物稳定性很好，这种方法可用于检测碱土金属和稀土金属等。

二、定性分析法

在液相色谱的分析中，对于样品的定性方法很多，但单独依靠色谱分析对每个被分离的组分进行定性是比较困难的，这是色谱分析的不足之处。很多 HPLC 的定性方法和气相色谱的类似，下面简单介绍几种。

1. 已知标准物质定性法

当标准物质已知时，往往采用对照保留值的方法定性。该法的依据是在一定的固定相和操作条件（如柱温、柱压、流动相的流速及洗脱强度等）下，任何物质都有一个确定的保留值。保留数据是物质的特征数据，可作为定性的参数，这是最简单的定性方法。在选定的操作条件下，即在同一根色谱柱和同一次实验中，在柱温、柱压、洗脱液的流速等操作条件严格一致时，把标准物和未知样品分别在该分离系统中进行分离，并且重复测量其保留值。然后比较两者的保留值是否一致，可以确定未知样与已知标准物是否相同。

这种定性方法虽然简单，但是对于复杂样品来说，在采用该法时，则需与其他方法配合使用，才能得到可靠的结果。当样品比较复杂时，由于样品的基体效应会稍微改变某些组分的保留值，这时可利用标准加入法。如果待测组分与标准样品相同，则待测样品的组分的保留值在加入标准样品后不应发生变化，并且待测组分的峰高和峰面积应增加。

2. 利用检测器的选择性定性法

高效液相色谱仪的各种检测器是根据物质的不同性质进行检测的，很多检测器都具有选择性。有的专用性很强，只对某些特定的物质有灵敏的响应。如电导检测器只能检测呈离子状态的组分；荧光检测器只有检测发射荧光的物质时才有响应；电化学检测器只适用于具有氧化还原性的组分；对于紫外检测器来说，只有当分子中含有 π 电子或含有未成键的电子时才能被检测，否则没有响应。

根据待测组分在一个选择性检测器上的响应，做出初步的判断，然后在另一个检测器上做进一步的验证，可使定性较为可靠。

3. 双波长吸收比定性法

任何具有紫外、可见吸收发色团的纯化合物在选定的两个波长下都有其特征吸收比值（即该吸收比值为常数）。该法的可靠性取决于波长的选择和吸收值的差值，波长应选择在具有最大吸收差值处。若采用多波长吸收比法，可以提高吸收比法的选择性和灵敏度，使组分的鉴定更容易。

表 21-68 列出了某些血液蛋白质的保留时间和吸收比值。

表 21-68　某些血液蛋白质的保留时间和吸收比值

蛋　白　质	保留时间/min		吸收比值(A_{280}/A_{254})		蛋　白　质	保留时间/min		吸收比值(A_{280}/A_{254})	
	标样	人血清样	标样	人血清样		标样	人血清样	标样	人血清样
免疫球蛋白(IgG)	4.6	4.5	2.47	2.51	血清蛋白(SA)	11.0	10.9	1.74	1.84
铁传递蛋白	7.2		2.22		前白蛋白(PA)	12.8		—	
α_1-酸性糖蛋白	10.3		2.41						

4. 双柱定性法

若样品的未知组分与标样在两个不同分离模式（如极性不同）的色谱柱上色谱峰的变化规律相同（如 t_R 值），则可确定该未知组分与标样是同一化合物。双柱法用于生物样品和一些低分子官能团的定性是非常有效的。

5. 利用紫外检测器全波长扫描功能定性法

物质的紫外吸收光谱基本上反映了物质分子中生色团和助色团的特性。可利用这些特征对于在紫外区有吸收的待测组分进行结构分析和定性鉴定，见第十三章及本章第二节。

6. 利用色谱流出物的定性方法

收集色谱流出物中各种组分，采用其他检测方法对待测组分进行定性，这也是色谱定性的常用方法。

现代液相色谱仪都可配置组分自动收集器收集分离的组分，并尽快地进行分析，以免组分发生化学变化。若不能马上分析应将收集的组分充入纯氮气或纯氩气，并保存在阴暗的低温处。

测定标样和组分的色谱流出物的导数光谱，通过观察分析比较两者的导数光谱图，若两者的导数光谱基本一致，可确定待测组分与标样为同一种物质。若两者导数光谱差别较大则需要用其他方法进行鉴定，否则不能定性。

组分的鉴定方法有红外光谱法、质谱法、核磁共振法、化学显色反应法等。

另外，可利用液相色谱-质谱联用仪、液相色谱-傅里叶红外光谱联用仪、液相色谱-拉曼光谱联用仪、液相色谱-ICP发射光谱联用仪等进行定性分析。由于这些大型仪器都采用微机控制，具有完善的数据处理系统及谱库检索系统，对未知组分的定性是很方便的。其缺点是成本高、费用大。

三、定量分析法

高效液相色谱的定量分析的依据是在一定的操作条件下，组分在检测器的响应信号——色谱图上的峰高（或峰面积）与待测组分的浓度（或质量）成正比。这种关系可写为下式：

$$W_i = f_i A_i$$

式中　W_i——待测组分的质量；

A_i——其峰面积；

f_i——定量校正因子。

在定量分析中要得到高精度的分析结果，在测量过程中要求做到：

① 准确地测量色谱峰的面积；

② 准确地求出定量校正因子 f_i；

③ 选择正确的定量计算方法。

在定量分析中，可以使用峰面积定量法，也可使用峰高定量法。但峰高法比峰面积法所要求的分离度要低些。而峰面积法的精度受仪器和操作参数变化的影响较小，对于不对称的峰和对分析精度要求较高时，使用峰面积法较多。

1. 峰面积的测量方法

峰面积测量的常用方法有以下几种。

（1）峰高乘半峰宽法　这是测量峰面积的简单而有效的方法。当色谱峰形近似于高斯分布，即色谱峰为对称峰时，可采用此法。将峰高 h 与半峰宽 $Y_{1/2}$ 的乘积认为是峰面积 A，可用下式表示：

$$A = h Y_{1/2}$$

按此式计算的峰面积为实际峰面积的 0.94 倍。实际峰面积应为：

$$A = 1.065 h Y_{1/2}$$

因此，进行绝对测量时，应由此式得出结果；进行相对测量时 1.065 可略去。

该法不适合于不对称的峰，也不适宜很窄的、很小的峰的测量。

（2）积分仪法　见第二十章第二节。

（3）数据处理系统　见第二十章第二节。

2. 定量方法——外标法与内标法

定量方法中使用最多的是外标法和内标法。

（1）外标法　外标法也称标准工作曲线法。采用该法时，用待测组分的纯样品配制一系列与待测组分接近的不同浓度的溶液，称标准溶液。取一定量的标准溶液进样分析，由标准溶液色谱图的峰高（或峰面积）与该溶液的浓度作关系图，即标准工作曲线。然后，测量样品的峰高（或峰面积），从标准工作曲线上找出相应的浓度，计算出样品组分的含量。

外标法是定量分析中最简单的方法，计算也较为方便。但测量结果的准确度主要取决于进样量的重现性和操作条件的稳定性。

标准工作曲线应是通过原点的一条直线。否则表示有系统误差存在，应进行系统误差的校正。当标准工作曲线通过原点时，可采用单点标准法，即不必绘制多点的标准曲线，只要配制一个与待测组分浓度较接近的标准溶液，然后定量进样。待测组分的含量可由下式计算得到。

$$c_i = \frac{A_i}{A_s} c_s$$

式中　c_s，A_s——标准溶液的浓度（%）和峰面积，均为已知；

c_i，A_i——待测组分的浓度（%）和峰面积；

令 $K_i = c_s / A_s$，代入上式可得：

$$c_i(\%)=K_iA_i$$

（2）内标法　内标法是把已知质量的内标物加入准确称取的试样中，用待测组分和内标物峰面积之比作为分析参数。待测组分的含量，由内标和试样的质量及其在色谱图上的峰面积之比求出。数学式如下：

$$c_i(\%)=\frac{A_i}{A_s}\times\frac{W_s}{W}f_i\times100\%$$

式中　f_i——组分的质量校正因子；

　　W_s，W——内标和试样的质量；

　　A_i，A_s——待测组分和内标的峰面积。

内标法是色谱定量分析常用的方法，它可消除由进样产生的误差，测量结果较为准确。

内标法的关键是选择合适的内标物，对内标物的要求是：

① 内标峰应在待测组分峰的附近，或者在几个待测组分峰的中间，并且要与待测组分峰完全分离；

② 内标加入量应接近待测组分；

③ 内标物应与待测组分的物理及物理化学性质相近，且性质稳定，易得纯品。

下面叙述内标法定量的具体步骤。

① 质量校正因子的测定　先用分析天平准确称取内标物的质量 W_s（g）和待测组分 i 的标准样品的质量 W_a（g），再加入一定的溶剂混合，得到一个混合标样。取任意体积（μL）的混合标样注入色谱柱，得到色谱峰面积 A_a（待测组分 i 标样峰面积）及峰面积 A_s（内标物峰面积）。由下式可计算出组分 i 相对于内标物的质量校正因子：

$$f_i=\frac{\dfrac{A_a}{W_a}}{\dfrac{A_s}{W_s}}$$

② 试样的测定　用分析天平准确称取含有组分 i 的被测物 W_i（g），再用分析天平准确称取内标物 W_s（g），将其混合，用一定量溶剂配制成混合溶液。取任意体积（μL）注入色谱柱分离。由色谱图获得被测组分 i 的峰面积 A_i，内标物峰面积为 A_s，按下式可算出被测物中组分 i 的含量：

$$c_i(\%)=\frac{A_i}{A_s}\times\frac{W_s}{W_i}f_i\times100\%$$

四、应用

HPLC 法具有柱效高、灵敏度高、分离速度快、应用面广等优点，适用于挥发性小或无挥发性、热稳定性差、极性强的物质，特别是那些具有某种生物活性的物质等，提供了非常适合的分离分析环境，因而广泛地应用于生物化学、生物医学、临床药物、石油化工、合成化工、环境监测、食品、饲料，以及商检、法检、质量检验与监督等许多分析检验部门。该法不仅是一种有力的分析工具，而且是分离、纯化、制备物质的重要手段。

1. 应用范围

HPLC 可分析约 80% 的有机化合物，其余 20% 的有机化合物，包括永久性气体、易挥发低沸点及中等分子量的化合物，只能用气相色谱法进行分析。依据样品分子量和极性推荐各种 HPLC 分离方法的应用范围如图 21-11 所示。

2. 应用领域

表 21-69 列出了 HPLC 在各领域的主要应用，表

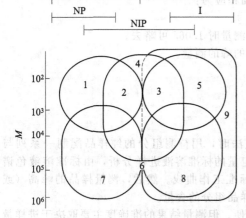

图 21-11　依据样品分子量和极性推荐各种
HPLC 分离方法的应用范围
M—分子量；P—极性；WI—水不溶；
WS—水溶；NP—非极性；
NIP—非离子型极性；I—离子型
1—吸附色谱性；2—正相分配色谱法；
3—反相分配色谱法；4—键合相色谱法；
5—离子色谱法；6—体积排阻色谱法；
7—凝胶渗透色谱法；8—凝胶过滤色谱法；
9—亲和色谱法

21-70 列出了 HPLC 在环境监测中的应用实例。

表 21-69 HPLC 在各领域的主要应用

应用领域	分析对象
环境	常见无机阴离子和阳离子、多环芳烃、多氯联苯、硝基化合物、有害重金属及其形态、除草剂、农药、酸沉降成分
农业	土壤矿物成分、肥料、饲料添加剂、茶叶等农产品中无机和有机成分
石油	烃类族组成、石油中微量成分
化工	无机化工产品、合成高分子化合物、表面活性剂、洗涤剂成分、化妆品、染料
材料	液晶材料、合成高分子材料
食品	无机阴离子和阳离子、有机酸、氨基酸、糖、维生素、脂肪酸、香料、甜味剂、防腐剂、人工色素、病原微生物、霉菌毒素、多核芳烃
生物	氨基酸、多肽、蛋白质、核糖核酸、生物胺、多糖、酶、天然高分子化合物
医药	人体化学成分、各类合成药物成分、各种天然植物和动物药物化学成分

表 21-70 HPLC 在环境监测中的应用实例

研究对象	仪器	污染物种类
飘尘	HPLC,紫外、荧光检测器	16 种 PAH
柴油机排出物	HPLC,HRGC/MS	50 多种硝基多环芳烃
柴油机烟尘	HPLC,GC/MS,HRMS	150 多种 PAH 及其衍生物
煤、煤油、柴油	HPLC,荧光检测器	17 种 PAH
大气	HPLC,紫外、荧光检测器	甲醛、甲酸
沥青烟道颗粒	HPLC	BaP
大气	HPLC	苯胺
降水	HPLC,紫外检测器	五氯苯酚
原油	HPLC,荧光检测器	芳烃
水、废水	HPLC,紫外、荧光检测器	13～14 种 PAH
废水	HPLC,荧光检测器	直链烷基磺酸钠(LAS)
废水	HPLC,紫外检测器	多氯联苯(PCBs)
煤焦油	LC,GC,GC/MS,DB-5、OV-101、SE-30 FSOT	鉴定 12 大类 400 余种化合物,对其中脂肪烃、PAH、NPAH、酚类定量
废水	HPLC,紫外检测器	测定 7 种酚类
废水	HPLC,可见-紫外检测器	17 种有机酸
废水	HPLC	苯胺,苯并噻唑
水、废水	HPLC,荧光检测器	15 种 PAH
水、废水	HPLC,紫外检测器	10 多种氮杂环化合物
水	HPLC/GC	除莠剂,Atrazine
炭黑	HPLC,DAD 光电二极管检测器	9 种硝基多环芳烃
水	HPLC,紫外检测器	Cu^{2+},Co^{2+},Ni^{2+},Hg^{2+},硒
海水	HPLC/AAS	20 多种金属元素
煤焦油	HPLC,紫外检测器	16 种酚类
煤液化油	HPLC,示差折射检测器	饱和烃,1～4 环 PAH,芴
煤液化油	HPLC,光声光谱检测器	氯-4-(二甲氨基)偶氮苯异构体
生油提馏物	HPLC,化学发光检测器	8 种 PAH
土壤	HPLC,紫外检测器	多氯联苯
土壤	HPLC,紫外检测器	7 种 PAH
土壤等	HPLC,紫外检测器	166 种农药
土壤	HPLC	20 多种氨基甲酸酯类农药
土壤	IC,电位电量法	Cu^{2+},Zn^{2+},Ni^{2+},Co^{2+},Cd^{2+}
土壤	IC/AAS	5 种砷化合物
花生、玉米等	HPLC,紫外检测器	$AFT(B_1,B_2,G_1,G_2)$
鱼	HPLC	有机氯化合物

注：表中 PAH 为多环芳烃,AFT 为黄曲霉毒素。

第七节　离子色谱法

一、概述

离子色谱（ion chromatography，IC）是高效液相色谱的重要分支，是分离分析离子型化合物的液相色谱。按照分离方式离子色谱可分为高效离子交换色谱（简称 HPLC）、离子排斥色谱（简称 HPICE）和离子对色谱（简称 MPIC）等。

离子色谱以无机混合物为主要分析对象，与传统无机化合物分析方法相比，离子色谱有以下优点：

① 分析速度快，可在数分钟内完成 1 个试样的分析；

② 分离能力高，选择性好，在不同分离柱上的适宜的条件下，可使常见的各种阴离子混合物或阳离子混合物完全分离；

③ 灵敏度高，使用电导检测器，通常能达到 $\mu g/mL \sim ng/mL$ 级，甚至可达 pg/mL 级。

缺点：离子色谱的缺点是电离常数 $pK_a > 7$ 的离子，虽可用离子色谱分离，但因电导率太低，难于检测；两性物质如氨基酸，也较难用离子色谱分析（氨基酸分析除用阴离子交换色谱直接分析测定外，还可用阳离子交换色谱分离-柱后衍生测定、柱前衍生反相高效液相色谱法测定）；在抑制

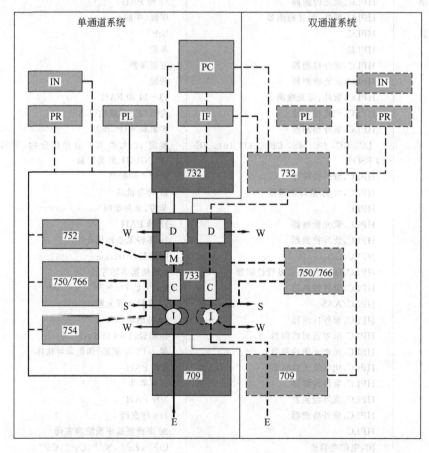

图 21-12　瑞士 Metrohm 公司的 Metrohm IC 离子色谱仪工作流程

C—分离柱；D—检测器；E—流动相；I—样品注入阀；IF—接口；IN—积分仪；M—抑制器组件；PC—
PC 机；PL—记录仪；PR—打印机；S—样品管；W—废液管；709—IC 泵；732—检测器；733—分离中心；
750—自动进样器；752—蠕动泵；754—自动渗析单元；766—IC 自动进样系统（有样品富集功能）

柱中发生副反应的离子，如过渡金属和重金属离子，以氢氧化物沉淀在抑制柱上，不能用离子色谱分析。

二、离子色谱仪的结构及分离的基本原理

1. 结构

离子色谱仪的结构与 HPLC 仪基本相同，由流动相输送系统、分离系统、检测器及数据处理系统等组成。在采用抑制法时，需要在分离柱后设置抑制柱系统。如图 21-12 所示是瑞士 Metrohm 公司的 Metrohm IC 离子色谱仪工作流程图。

在 IC 分离系统中通常使用的流动相是酸、碱、盐或络合剂，因此接触流动相的部件最好采用能防止酸碱腐蚀的材料（如玻璃、聚四氟乙烯等）制作。现在许多 IC 仪的生产商采用抗腐蚀的 PEEK 材料来制造管道、泵、阀、柱子及接头等，称为全塑系统。表 21-71 列出了部分生产离子色谱仪的厂商及仪器型号。

表 21-71　部分生产离子色谱仪的厂商及仪器型号

序　号	厂　家	仪器型号	仪器的特点
1	DIONEX CORP 美国戴安公司	DX-500	全塑(PEEK 材料)系统 1～4 元梯度泵;每个单元都可编程运行并有数据缓冲区;化学抑制型电导率检测;自身再生抑制器
		DX-100	全塑(PEEK 材料)系统 总体结构,操作方便,适于常规分析用
2	WATERS CORP 美国沃特斯公司	Action	惰性(PEEK 工程聚合物)材料,1～4 元梯度泵系统。非化学抑制型单柱系统
3	SHIMADZU CORP 日本岛津公司	LC-10A	积术式,由 CDD-6A 电导率检测器与 LC-10AD 液相泵(1～4 元梯度泵)、CTO-10A 脱气单元等组合成。非化学抑制型,单柱系统
4	METROHM CORP 瑞士万通公司	792 型	积木式,电导率检测器;低脉冲双活塞泵;化学抑制,自动连续再生;单通道,阴阳离子顺序分析
		MIC-2 型	低脉冲双活塞泵,化学抑制,自动连续再生,电导率检测器,温度可调,稳定性优于 0.01℃,7 个量程,可连安培、UV/VIS 等检测器 自动样品预富集,检测范围 $10^{-6} \sim 10^{-9}$ 单通道阴阳离子顺序分析
5	上海分析仪器厂	2001	积木式,全塑聚酰亚胺高强质工程塑料双往复恒流泵,化学抑制型电导,电导、紫外/可见分光(波长连续可变)检测器
6	青岛崂山电子仪器实验所	ZIC-1 ZIC-3	双往复平流泵;五电极电导池;阴离子分析用化学抑制型电导率,电渗析抑制器;阳离子分析用非抑制型单柱法
7	北京市理化分析测试中心	FIC-2 FIC-3	积木式,单柱塞泵,阴离子分析用化学抑制型电导率,纤维抑制器;阳离子分析用非抑制型,单柱法。电导和可见分光(干涉滤光片)检测器

2. 离子交换色谱（IC）分离机理

离子交换色谱（IC）是基于离子在具有带电荷功能团的固定相（固定的离子作用点及其对应的反离子）和流动相中的离子（流动相离子和待测样品中的离子）之间的亲和作用力的不同而得到分离。

当待测样品的组分在流动相中解离为离子时，可与固定相离子交换树脂上的离子进行可逆交换。由于这些待测离子与树脂上的离子相互交换作用的强弱不同，致使它们离开柱子的时间不同而被分离。现以磺酸基（—SO_3Na）阳离子交换树脂为例说明阳离子交换色谱的过程。当样品中的阳离子 M^+ 与树脂上的阳离子进行交换时，可用下式表示：

$$M^+ + (-SO_3^- Na^+) \rightleftharpoons (-SO_3^- M^+) + Na^+$$

交换达到平衡时，分配系数 K 用下式表示：

$$K = \frac{[-SO_3^- M^+][Na^+]}{[-SO_3^- Na^+][M^+]}$$

从上式可以看出 K 值越大，表示组分的离子与离子交换剂的相互作用越强，其保留值也就越大。

同理，阴离子交换过程也遵循这一规律。

三、离子色谱仪的主要部件和功能

1. 输液泵

IC 泵与 HPLC 泵的结构和作用基本相同，不同的是制作 IC 泵的材料要具有抗腐蚀性，通常用 PEEK 材料。此外，对泵的流速和压力的要求不同，IC 泵流速准确到 $0.01mL/min$，而 HPLC 为 $0.001mL/min$。IC 泵常在低于 15MPa 压力下工作，而 HPLC 的泵通常在压力高于 15MPa 状态下工作。

2. 进样阀

IC 的进样阀的类型和结构与 HPLC 的基本相同。应用最多的是六通阀，其进样量由装在进样阀上的定量管来控制。定量管可以更换，以改变进样的体积。Rheodyne 型六通阀的结构和工作原理如图 21-11 所示。

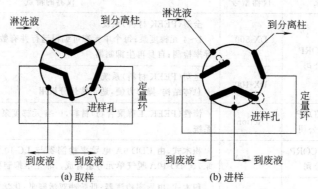

(a) 取样   (b) 进样

图 21-13　Rheodyne 进样阀的结构和工作原理

3. 抑制柱

抑制柱是用来降低淋洗液的背景电导率，并将样品离子转变成具有高电导率的物质，从而提高样品离子的检测灵敏度及增加检测的信/噪比。

（1）阴离子分析用抑制柱，一般由强酸性的阳离子交换树脂制成。在这种抑制柱上，洗脱液离子和样品阳离子与抑制柱上的氢离子进行交换，使样品阴离子转换成具有高电导率的相应酸，而碱性洗脱液中的氢氧根离子交换成具有低电导率的水，反应式如下。

洗脱液：$Na^+OH^- + R^+ - SO_3^- H^+ \longrightarrow R^+ - SO_3^- Na^+ + H_2O$。

样品：K^+Cl^-，$K^+NO_3^- + R^+ - SO_3^- H^+ \longrightarrow R^+ - SO_3^- K^+ + H^+Cl^- + H^+NO_3^-$。

这样，高度离子化的阴离子，到达以水为背景电导率的电导率检测池中易被测量。

（2）阳离子分析用的抑制柱，常使用带 OH^- 交换基团的强碱性阴离子交换树脂，以使冲洗剂和样品中的阴离子与抑制柱的 OH^- 基进行交换，如用 HNO_3 作冲洗剂，在阳离子分离柱上分离 $NaNO_3$ 和 KCl 的混合物，这时在抑制柱上发生如下反应。

冲洗剂：$H^+NO_3^- + R - OH^- \longrightarrow R - NO_3^- + H_2O$。

样品：$Na^+NO_3^-$，$K^+Cl^- + R - OH^- \longrightarrow R - NO_3^-$，$R - Cl^- + Na^+OH^-$，$K^+OH^-$。

抑制柱将冲洗剂中具有高电导性的 H^+ 转换成低电导性的水分子，而将样品中的阳离子转换成具有高电导性能的氢氧化物。

（3）离子色谱常用的冲洗剂及相应的抑制反应见表 21-72。

抑制柱的类型很多，使用较多的有：填充抑制柱、空心纤维膜抑制柱、微膜抑制柱及悬浮填充柱后反应抑制柱等。其中可分为非连续工作的填充床型抑制系统和连续工作的膜抑制系统。膜抑制型可以连续工作，但膜表面易中毒而影响抑制的容量。Metrohm 采用旋转式填充床型抑制系统，有三支等效的抑制单元，其中一支工作，另一支再生，第三支用纯水漂洗。每次分析完毕，旋转到已漂洗的柱上，这样即可连续地使用。DIONEX 采用自身再生抑制器，离子交换膜加电解功能，不需要再生液，死体积小，抑制容量高。也有采用电化学方法进行再生，可连续工作，检测器电解产生的水合氢离子（H_3O^+）自动置换洗脱液中的反离子。

表 21-73 列出了离子色谱中三种抑制柱性能的比较。

表 21-72　离子色谱常用的冲洗剂及相应的抑制反应

冲　洗　剂	冲洗剂离子	抑制柱树脂	抑制反应的产物
阴离子分析			
NaOH	OH^-	R^-H^+	$R-Na^+ + H_2O$
苯酚钠	ϕO^-	R^-H^+	$R-Na^+ + \phi OH$
$Na_2CO_3/NaHCO_3$	CO_3^{2-}/HCO_3^-	R^-H^+	$R-Na^+ + H_2CO_3$
谷氨酸钠盐	$glut^{2-}$	R^-H^+	$R-Na^+ + R-glut\,H$
阳离子分析			
HCl	H^+	R^+OH^-	$R^+Cl^- + H_2O$
$AgNO_3$	Ag^+	R^+Cl^-	$R^+NO_3^- + AgCl\downarrow$
$Cu(NO_3)_2$	Cu^{2+}	RNH_2	$RNH_2 \cdot Cu(NO_3)_2$
吡啶·HCl	PyH^+	R^+OH^-	$R^+Cl^- + Py + H_2O$
苯胺·HCl	NH_3^+	R^+OH^-	$R^+Cl^- + \phi NH_2 + H_2O$
对苯二胺·HCl	$p\text{-}PDAH_2^{2+}$	R^+OH^-	$R^+Cl^- + p\text{-}PDA + H_2O$
间苯二胺·HCl	$m\text{-}PDAH_2^{2+}$	R^+OH^-	$R^+Cl^- + m\text{-}PDA + H_2O$

注：glut—谷氨酸根；Py—吡啶；ϕ—苯环，PDA—苯二胺。

表 21-73　离子色谱中三种抑制柱性能的比较

性　　能	类　　　型		
	填　充　型	中空纤维型	微　膜　型
产生年份	1975 年	1983 年	1985 年
连续生产性	不能	能	能
灵敏度	极好	极好	极好
交换容量	高	低	高（比中空纤维型高 100 倍）
死体积/μL	2000	200	45
重复性	一般	好	很好
梯度冲洗能力	没有	没有	有

抑制法大多用于阴离子分离分析中，阳离子分析中采用抑制法较阴离子色谱法困难得多，而且抑制柱的使用寿命更短。

4. 检测器

IC 检测器可分为电化学和光学两类。电导率、安培、脉冲和积分安培为电化学检测器。紫外-可见检测器和荧光检测器为光学检测器。其中电导率检测器是应用最多、最广的通用型检测器，它对于分子型的物质如水、乙醇和非解离型的弱酸等几乎没有响应或响应很小，因此可以大大降低洗脱液的背景电导率，而使检测待测离子的灵敏度提高。电导率检测器常用于检测酸式解离常数或碱式解离常数均小于 7 的化合物。

除电导率检测器外，上述的其余几种均为选择性检测器，它们具有良好的选择性，可用于梯度洗脱和高浓度的洗脱液。表 21-74 列出 IC 检测器的性能，表 21-75 列举了几个主要厂家 IC 电导率检测器的性能。

表 21-74　IC 检测器的性能

项　　目	电导率检测器	安培检测器	紫外-可见检测器	荧光检测器
检测限/（g/mL）	3×10^{-10}	10^{-12}	10^{-10}	10^{-12}
线性范围	10^4	10^6	10^5	10^2
应用	通用型	能发生电化学反应的化合物	对紫外-可见光有吸收的离子	氨基酸及芳香族化合物

表 21-75　几个主要厂家 IC 电导率检测器的性能

项　目	美国 DIONEX DX-500 型	美国 WATERS Action 型	日本 SHIMADZU LC-10A 型	上海分析仪器厂 2001 型	青岛崂山电子仪器实验所 ZIC-3 型	北京理化分析测试中心 FIC 型
池驱动	双极脉冲	五电极	两电极	双极脉冲	五电极	双极片
线性范围	10^5			10^4	10^3	10^3
满刻度输出/(μS/cm)	0.01~3000	0.005~1000	0.1~5120	0.1~1000	1~500	0.1~10000
噪声	干池<1nS/cm 湿地<10nS/cm	<5nS	4nS	<1nS		1nS
池体积/μL	1.0	1.4			1.4	
抑制器	自身再生抑制器	无	无	微膜抑制器	填冲柱和电渗析抑制器 阳离子分析用单柱	纤维管抑制器 阳离子分析用单柱

离子色谱分离除采用一系列通用性、选择性的检测器外，也可以联用元素选择性检测器，如 ICP-AES 或 ICP-MS，或者联用结构选择性的检测器，如 MS。有关各类检测器和联用技术的性质见表 21-76。

表 21-76　有关各类检测器和联用技术的性质

项　目	电导率	安培	紫外可见	荧光	示差折射	放射性	电势	原子光谱	MS
检测下限	好	好	好	极好	差	极好	好	极好	极好
线性范围	好	一般	好	极好	差	好	极好	好	好
选择性	差	极好	一般	极好	差	好	极好	极好	极好
通用性	极好	差	差	差	极好	差	差	一般	好
信息的识别	差	一般	一般	一般	差	差	差	差	极好
梯度兼容性	差	差	好	好	差	好	一般	好	一般
可靠性	极好	差	极好	好	好	差	一般	好	一般
处理方法	极好	差	极好	极	好	好	一般	差	差
价格	好	好	好	一般	差	差	极好	差	差

5．分离柱

IC 仪采用的填充分离柱，其结构和连接方式与 HPLC 的基本相同；有关柱的理论与 HPLC 的液-固色谱相似，但柱填料及分离机理可能不同。分离柱是 IC 仪的重要部件，其填料（固定相）尤为关键。参见本节四。分离机理参见本节二、2.。

6．数据处理部件

用于 IC 仪的记录仪、积分仪和色谱工作站等均与 HPLC 的相似，其中仅有色谱工作站的软件稍有不同。

四、离子交换色谱的固定相

高效率的离子交换色谱要求填料的颗粒细小而均匀、尽量呈球形，颗粒大小分布范围要尽可能窄。颗粒的直径为 2~10μm。

1．离子交换剂的基质

离子交换剂的基质通常有下列几种。

（1）改性有机共聚物树脂　有机共聚物树脂中应用最广泛的是聚苯乙烯-二乙烯苯（PS-DVB）型树脂或异丁烯酸酯聚合物（MMA）。按照树脂的物理结构又可分为四种：微孔型离子交换树脂、大孔型离子交换树脂、薄壳型离子交换树脂和表面多孔覆盖型离子交换树脂。

（2）硅胶微球离子交换剂　也就是键合相离子交换剂，是以硅胶做载体的离子交换剂。主要有全多孔硅胶型和表面覆盖硅胶型。键合相离子交换剂具有很多优点：如硅胶骨架坚硬，在有机溶剂中不发生明显的缩、胀；能承受高压，分析速度快；孔径、表面积、交换容量等物理参数易控制；易获得 $10\mu m$ 以下的微粒，是 HPLC 中离子交换色谱常用的固定相。其缺点是不耐酸和碱，只能在 pH＝2～7 的范围内使用。

（3）螯合树脂　这类树脂的最大特点是选择性好，其中具有代表性的是亚氨二乙酸螯合树脂。

2. 阳离子色谱固定相

硅胶基质类的交换剂分为直接功能化和表面涂覆聚合物两类。直接磺酸基团的强酸性交换剂为前者，后者是在硅酸盐的表面涂覆"预聚物"。经交联固定，再通过功能化作用形成不同性能的交换剂，如聚丁二烯马来酸（PBDMA）交联而得到的弱酸性阳离子剂，色谱效率高。

基质为苯乙烯-二乙烯苯聚合物的阳离子交换剂的功能团是磺酸基团。此类交换剂可以直接或通过不同长度的间隔基键合芳香类基团，这类交换剂的色谱效率相当好。

薄壳型直接功能化的阳离子交换剂具有双层结构，基质颗粒表面有一个全磺化的薄层，在薄层的外表通过静电引力和范德华力凝聚一层全胺化乳胶薄层，再在胺化乳胶薄层上覆盖磺化乳胶层。这种胺化乳胶薄层形成共价键改性方式，交换速度快、分离效率高，可同时分离碱金属和碱土金属的离子。

表 21-77 列出了常见的阳离子交换柱固定相。

表 21-77　常见的阳离子交换柱固定相

结构	形状	粒径/μm	材质	交换容量/(mmol/L)	柱尺寸/mm
表面薄膜型	球状	20	聚苯乙烯	0.02	3×300
表面薄膜型	球状	10	聚苯乙烯	0.01	4.6×250
表面薄膜型	球状	10	聚苯乙烯	0.03	4.6×50
表面薄膜型	球状	15	聚苯乙烯	0.02	4.6×300

3. 阴离子色谱固定相

阴离子交换柱的固定相（离子交换剂）通常是在表面磺化的薄壳型阳离子交换树脂上，采用物理或化学的方法（如凭借静电引力和范德华力）牢固地覆盖上一层粒度更小的阴离子乳胶微粒（粒度一般为 0.05～0.4μm）制成，即可缩短分析时间，又有较长的柱使用寿命。表 21-78 列出了常见的阴离子交换柱的固定相。

表 21-78　常见的阴离子交换柱固定相

结 　 构	形状	粒径/μm	材质	交换容量/(mmol/L)	柱尺寸/mm
表面覆盖型	球状	20	聚苯乙烯	0.02	3×250
表面覆盖型	球状	10	聚苯乙烯	0.02	4.6×250
全多孔硅胶型	球状	12	硅胶	0.1	4.6×250
全多孔硅胶型	球状	6	硅胶	0.3	4.6×50
全多孔硅胶型	球状	10	硅胶	0.1	4.6×50
全多孔聚丙烯酸酯型	球状	10	聚丙烯酸酯	0.02	4.6×300

用于阴离子分离的功能团均为含氮功能团。这些功能团通常是转换含胺结合团形成的，即氨基通过转换含胺结合团键合在聚合物表面上。这些功能团的优点是化学稳定性极佳，并且种类很多。在这些功能团中最重要的两类即：三甲胺类（TMA）和二甲基乙醇胺类（DMEA）。有文献上称 TMA 功能团为类型Ⅰ，DMEA 功能团称为类型Ⅱ。TMA 类由三甲胺衍生而来，DMEA 由二甲基乙醇胺衍生而来。此外，还有三乙醇胺（TEA）、乙基二甲胺（EDMA）、甲基二乙醇胺（DEMA）及二甲基氨基乙醇（DMAE）等类型。

除上述的阴离子交换固定相和阳离子交换固定相外，还有含有阴、阳离子双官能团的固定相，如 Dionex 公司生产的 Ionpac CS 5A 同时含有亲水性很强的季铵盐型阴离子交换基和磺酸型阳离子交换基。这种柱通常用于分离过渡金属离子、稀土金属离子和分离含氧阴离子。

表 21-79 列举了离子交换剂的官能团，表 21-80 列出了 Dionex 公司生产的抑制型离子交换色谱用部分商品化离子交换柱的功能基的类型，表 21-81 列出了以硅胶为基质的键合型离子交换剂，表 21-82 列出了常用离子交换剂的性能，表 21-83 列出了常用离子交换色谱柱的固定相。

表 21-79　离子交换剂的官能团

类　型	缩　写	官　能　团	基质材料	类　型
	S	$-SO_3^-$	树脂	强酸性
	SM	$-CH_2SO_3^-$	树脂	强酸性
阳离子	SE	$-C_2H_4SO_3^-$	纤维素、葡聚糖	强酸性
交换剂	SP	$-C_3H_6SO_3^-$	葡聚糖	强酸性
	P	$-PO_3^{2-}$	纤维素、树脂	中强度酸性
	C	$-COO^-$	亲水合成胶、树脂	弱酸性
	CM	$-CH_2COO^-$	纤维素、葡聚糖、树脂	弱酸性
	TAM	$-CN_2N^+(CH_3)_3$	树脂	强碱性
	HEDAM	$-CH_2N^+(CH_3)_2C_2H_4OH$	树脂	强碱性
	TEAE	$-C_2H_4N^+(C_2H_5)_3$	纤维素	强碱性
	QAE	$-C_2H_4N^+(C_2H_5)_2CH_2CH(OH)CH_3$	葡聚糖	强碱性
	GE	$-C_2H_4NHC=N^+H_2$ $\mid$ NH_2	纤维素	中强度碱性
阴离子	MP	$-C_3H_4N^+CH_3$	树脂	强碱性
交换剂	DEAE	$-C_2H_4N^+H(C_2H_5)_2$	纤维素、葡聚糖	中强度碱性
	ECTEOLA	不稳定胺的混合物	纤维素	中等/弱碱性
	AE	$-C_2H_4N^+H_3$	纤维素	弱碱性
	PEI	$-(C_2H_4N^+H_2)_nC_2H_4N^+H_3$	纤维素	弱碱性
	AAM	$-N^+HR_2$	树脂	弱碱性
	PAB	$-CH_2C_6H_6N^+H_3$	纤维素	弱碱性

表 21-80　Dionex 公司生产的抑制型离子色谱用部分商品化离子交换柱的功能基的类型

色 谱 柱	粒子直径 /μm	交联度[①] /%	胶乳直径 /nm	胶乳交联度[②] /%	柱交换容量[③] /μeq	功 能 基
阴离子交换剂						
IonPac AS4A	15	4	180	0.5	20	烷基醇季铵
IonPac AS4A-SC	13	55[④]	160	0.5	20	烷基醇季铵
IonPac AS5	15	2	120	1.0	20	烷基醇季铵
IonPac AS7	10	2	530	5.0	100	烷基季铵
IonPac AS9-SC	13	55[④]	110	20[⑤]	30	烷基季铵
IonPac AS9-HC	9	55[④]	90	18	190	烷基季铵
IonPac AS10	8.5[⑥]	55[④]	65	5	170	烷基醇季铵
IonPac AS11	13	55[④]	85	6	45	烷基醇季铵
IonPac AS12A	9.0	55[④]	140	0.2	52	烷基醇季铵
IonPac AS14	9.0	55[④]	N/A[⑦]	N/A[⑦]	65	烷基醇季铵
OmniPac PAX-100	8.5	55[④]	60	4.0	40	烷基季铵
阳离子交换剂						
IonPac CS3	10	2	300	5	100	磺酸
IonPac CS5A	9	55[④]	140 76	10 2	20 40	磺酸和烷基季铵
IonPac CS10	8.5	55[④]	200	5	80	磺酸
IonPac CS12A	8.0	55[④]	N/A[⑦]	N/A[⑦]	2800	羧酸和磷酸
IonPac CS14	8.0	55[④]	N/A[⑦]	N/A[⑦]	1300	羧酸
OmniPac PCX-100	8.5	55[④]	200	5.0	120	磺酸

① 除非有说明，一般指 PS-DVB 树脂。

② 阴离子交换胶乳是 VBC-DVB，而阳离子交胶乳是 PS-DVB，除非有特殊注明。

③ 给出的交换容量是对 250mm×4.0mm 内径柱而言。

④ 树脂由 EVB-DVB 组成，是 100% 与 HPLC 溶剂相容。

⑤ 胶乳是缩水甘油乙氧基甲基丙烯酸酯的聚合物，pH 值在 2～11 内稳定。

⑥ 200nm 孔径的全大孔树脂。

⑦ 接枝树脂。

表 21-81 以硅胶为基质的键合型离子交换剂

阳离子交换剂		阴离子交换剂		两性离子交换剂
键合基团	类型	键合基团	类型	键合基团
$-SO_3H$	强酸性	$-CH_2N(CH_3)_3Cl$	强酸性	$-CH-CH_2-CH_2-NH_2$
$-COOH$	弱酸性	$-CH_2N(C_2H_5)_3Cl$	强碱性	$\quad\vert$
$-CH_2COOH$	弱酸性	$-CH_2N(CH_3)_3C_2H_4OHCl$	强碱性	$\quad$ COOH
$-CH_2OH$	弱酸性	$-CH_2NH(CH_3)_2Cl$	强碱性	$-(CH_2)_3O-CH_2$
$\quad\vert$		$-CH_2NH_2$	中强碱性	$-CH-CH_2$
CH_2OH				$\quad\vert\quad\quad\vert$
				$\quad$ OH NH$_2$

表 21-82 常用离子交换剂的性能

分 类	强酸性阳离子 交换树脂		强碱性阴离子 交换树脂		螯 合 树 脂
交换基	$R-SO_3H$		$R-R_3'NOH$		$R-N\begin{matrix}CH_2COOH\\CH_2COOH\end{matrix}$
标准交联度/DVB%	8		8		
特殊交联度	2、4、10、12、16		1、2、4、10、16		
离子型	Na^+ 或 H^+		Cl^- 或 OH^-		Na^+
形状	球形		球形		球形
标准粒度/目	20～50,50～100,100～200		20～50,50～100,100～200		50～100
密度/(g/L)	Na^+型 $\quad H^+$型		700		800
	850 $\quad$ 800				
含水率/%	46 $\quad$ 53		43		76.2
容积变化/%	$Na^+\longrightarrow H^+\approx+8\%$		$Cl^-\longrightarrow OH^-\approx+20\%$		$Na^+\longrightarrow H^+\approx-55\%$
有效 pH 值范围	0～14		0～14		>2
选择性	$Na^+/H^+\approx1.2$		$Cl^-/OH^-\approx25$		$Cu^{2+}/Na^+\approx100$
					$Pd\gg Cu\gg Fe\gg Ni>$
					$Pb\gg Mn\gg Ca=Mg>Na$
交换容量	Na^+型 $\quad H^+$型		Cl 型		
CaCO$_3$/(g/L)	95 $\quad$ 85		66		33
CaCO$_3$(干态)(mmol/g)	4.8 $\quad$ 5.0		3.5		
CaCO$_3$(湿态)(mmol/mL)	1.9 $\quad$ 1.7		1.33		如 $Cu(NH_3)_4^{2+}\approx0.33$
耐热温度/℃	150		OH^-型 $\quad Cl^-$型		
			60 $\quad\quad$ 150		
溶剂	不溶		不溶		不溶
抗氧化性	15%热 HNO$_3$ 缓慢氧化		15%热 HNO$_3$ 缓慢氧化		良好
抗还原性	良好				良好
相当商品	强酸 1(-8)		强碱 201(-8)		南开 D-401
	Dowex50(-8)		Dowexl(1-8)		Dowex A-1

表 21-83 常用离子交换色谱柱的固定相

类型	商品名称	生产厂家[①]	粒度 /μm	官能基	交换容量 /(mmol/g)	说 明[②]
阴离子（硅胶基质）	Li Chrosorb-AN	[⑪]	10	$-NR_3^+$	0.55	在 10nm 硅胶上
	Micro Pak AX	[⑬]	5、10	$-NR_2$		核酸组成分析
	Micro Pak SAX	[⑬]	10	$-NR_3^+$		通用阴离子交换
	Nucleosil SB	[⑭]	5、10	$-NMe_3^+\,Cl^-$	约 1	pH=1～9
	Nucleogen DEAE	[⑭]	7、10	DEAE		孔径有 6nm、50nm、400nm 之分,核酸组成分析
	Partisil 10 SAX	[⑮]	10	$-NR_3^+$	<1	14000N/m,pH=1.5～7.5
	RSIL AN	[⑤]	5、10	$-NR_3^+$	<1	负荷量 7%
	Spherisorb SAX	[⑲]	5、10	$-NMe_3^+$		0.4mmol/g

续表

类型	商品名称	生产厂家[①]	粒度/μm	官能基	交换容量/(mmol/g)	说明[②]
阴离子（硅胶基质）	Synchropak AX-100				64	孔径分别为10nm、30nm、50nm，交换容量单位为 mg(蛋白)/g
	AX-300	㉗	5、10	多胺	93	
	AX-500				59	
	TSK DEAE-3SW	㉘	10	二乙氨基	0.3	24nm 孔
	TSK DEAE-2SW	㉘	5	二乙氨基	0.3	13nm 孔
	YWG-$R_4N^+Cl^-$	③	10	—$NMe_3^+Cl^-$	<1	
	Vydac 301 TP	㉒	10	—NR_3^+	0.2	pH=1～9
	Zorbax SAX	㉔	7	—NR_3^+	<1	pH=2～9
阴离子（树脂基质）	Aminex A-27	⑥	13±2	—NR_3^+	3.2	交联度8%，核酸组成分析
	A-28		9±2			
	A-29		7±2			
	Benson BA-X	㉜	7～10	—$NR_3^+Cl^-$	5	用于糖类、氨基酸分析
	Benson BWA	㉜	7～10	—$NR_2H^+Cl^-$	5	
	Hitachi Gel 3011N	⑩	10～15	—NR_3^+		核苷酸、有机酚糖类分析
	Mono Q	㉝	10	—NR_3^+	0.3	有机树脂基质[②]
	Polyanion	㉝	10	多胺	1.0	有机树脂基质
	Shodex Axpak	㉚				用稀乙酸装柱
	TSK DEAE-5PW	㉘	10、15	—$N(C_2H_5)_2$	0.3	100nm 孔
阳离子（硅胶基质）	Li Chrosorb KAT	⑪	10	—SO_3^-	1.2	10nm 孔硅胶上
	Nucleosil SA	⑭	5、10	—$SO_3^-Na^+$	约1	pH=1～9
	Partisil-10 SCX	⑮	10	—SO_3^-	约1	NH_4^+ 型供货
	RSIL-CAT	⑤	5、10	—SO_3^-		负荷量5%
	Synchropak CM300	㉗		羧甲基		30nm 孔
	TSK Gel CM	㉘	10	羧甲基	0.3	24nm 孔
	Vydac 401TP	㉒	10	—SO_3^-	约1	金属、胺类、含 N 碱
	YWG-$SO_3^-H^+$	③	10	—$SO_3^-H^+$	<1	
	Zorbax SCX	㉔	6～8	—SO_3^-	5	pH=2～9，核酸组成，水溶性维生素
阳离子（树脂基质）	Aminex A-5	⑥	17±2	—SO_3^-	5	交联度8%，氨基酸分析用
	A-7		7～11			
	A-8		5～8			
	A-9		11～12			
	Aminex HPX-87	⑥	9	—SO_3^-	5	H^+ 型用于有机酸，Ca^{2+} 型用于糖分析，HPX-42 是 $22\mu mCa^{2+}$ 型的交联度均为8%，用于氨基酸分析
	Beckman AA-10	㉑	8±1	—SO_3^-	5	
	W-1		12±2.5			
	W-2		9.5±2			
	W-3		8.5±2.5			
阳离子（树脂基质）	Benson BC-X	㉜	7～10	—$SO_3^-Na^+$	5.2	交联度4%～32%
	Benson BCOOH	㉜	7～10	—COOH	10	蛋白质、药物分析
	Dionex DC-1A	㉞	14±2	—SO_3^-	5	交联度8%，氨基酸分析
	Dionex DC-4A		9±0.5			
	Dionex DC-6A		11±1			
	Hamilton HC	㉛	10～15	—$SO_3^-Na^+$	5	糖分析用 Ca^{2+} 型
	Hitachi Gel 3011C	⑩	10～15	—COOH		pH=2～11，胺类分析
	Hitachi Gel 3011S		10～15	—SO_3^-		核酸组成分析，用于氨基酸分析的是 5μm
	Mono S	㉝	10	—SO_3^-	0.15	有机树脂基质，用于生物大分子分析
	Shodex Cxpak	㉚		—SO_3^-		用柠檬酸缓冲液装柱，用于氨基酸、糖类分析
	TSK Gel SP5PW	㉘	10、15	—SO_3^-	0.3	100nm 孔
	YSQ-$SO_3^-Na^+$	③	20～25	—$SO_3^-Na^+$		

① 生产厂家代号与表21-43相同。
② 树脂基质的离子交换剂除另有说明者外，均为 PS-DVB 共聚物。

　　随着离子色谱的广泛应用，阴离子色谱柱除了进行常规无机和有机阴离子分析之外，还可以用于醇类、糖类和氨基酸的分析，这类色谱柱通常采用乳胶附聚型阴离子色谱固定相，但与常规的阴离子色谱柱在性能上却还有一些差异。表 21-84 列出了特定分离用的阴离子色谱柱。

表 21-84　特定分离用的阴离子色谱柱

分离柱	制造商	尺寸(长度×内径)/mm	颗粒直径	交联度/%	乳胶交联度/%	容量/(mmol/g)	最大流速/(mL/min)	最大操作压力/MPa	溶剂稳定性/%	用途
CarboPac MA1	Dionex	250×4 250×9	7.5μm 聚氯乙基苯乙烯/二乙烯苯大孔季铵树脂	15	—	1.45/4mm 色谱柱	0.5 (4mm)	14	0	糖醇、单糖、双糖
CarboPac PA1	Dionex	250×4 250×2 250×9 250×22	10μm 聚苯乙烯/二乙烯苯附聚 500nm 季铵盐乳胶	2	5	0.1/(4mm)	1.5 (4mm)	28	<2	单糖、双糖和线状多糖
CarboPac PA10	Dionex	250×4 250×2 250×9	10μm 聚苯乙烯/二乙烯苯附聚 460nm 双功能季铵盐乳胶	55	5	0.1/4mm 色谱柱	1.5 (4mm)	25	<90	高灵敏度的单糖、双糖
CarboPac PA20	Dionex	150×3	6.5μm 聚乙基苯乙烯/二乙烯苯附聚 240nm 季铵乳胶	55	5.2	0.065/3mm 色谱柱	0.5 (3mm)	25	<100	单糖、双糖
CarboPac PA20	Dionex	150×3	6.5μm 聚乙基苯乙烯/二乙烯苯附聚 130nm 季铵乳胶	55	5	0.065/3mm 色谱柱	0.5 (3mm)	21	100	单糖、双糖
CarboPac PA100	Dionex	250×4 250×2 250×9 250×22	8.5μm 聚乙基苯乙烯/二乙烯苯附聚 275nm 季铵乳胶	55	6	0.09/4mm 色谱柱	2.0 (4mm)	28	<90	聚合糖
Carbo Pac PA200	Dionex	250×3	5.5μm 聚乙烯苯乙烯/二乙烯苯附聚 43nm 季铵乳胶	55	6	0.09	0.5	28	100	聚合糖
Amino Pac PA1	Dionex	250×4	10μm 非孔苯乙烯/二烯苯树脂附聚 180nm 季铵乳胶	55	55	0.09/4mm 色谱柱	1	23	<10	氨基酸
Amino Pac P10	Dionex	250×2 250×4 250×9 250×22	8.5μm 微孔型苯乙烯/二烯基苯树脂附聚 80nm 季铵盐乳胶	55	1	0.06/2mm 色谱柱	0.25 (2mm)	28	100	氨基酸
Metrosep Carb 1250/4.6	Metrohm	250×4.6	5μm 聚苯乙烯/二乙烯共聚物带季铵功能基		—	1.530 (μmol Cl⁻)	1.5	15	<50	单糖、双糖、糖醇、寡糖
Metrosep Carb 1150/4.0	Metrohm	150×4.0	5μm 聚苯乙烯/二乙烯共聚物带季铵功能基		—	0.7 (μmol Cl⁻)	1.2	12	<50	快速单糖、双糖、糖醇、多糖
ESA Sucrebead 1	Shiseido	250×2.0	PS-DVB 材料							单糖和双糖

续表

分离柱	制造商	尺寸 (长度×内 径)/mm	颗粒直径	交联 度/%	乳胶 交联 度/%	容量 /(mmol/g)	最大流 速/(mL /min)	最大操 作压力 /MPa	溶剂 稳定 性/%	用途
RCX-10	Hamilton	250×2.1 250×4.1 250×4.6	7μm			—		2		单糖和双 糖及寡糖
RCX-30	Hamilton	250×2.1 250×4.1 250×4.6 150×4.6	7μm			—		2		单糖和双 糖

4. 离子交换剂的性能、交联度与交换容量

离子交换剂应具有不易溶解、化学性质稳定性，还必须具有适当的交换量、耐高压以及有良好的色谱特性（如传质速度快）等。为了适应这些要求，色谱用的离子交换剂常制成刚性好、热稳定性好、溶胀和收缩最小、粒度小而表面均匀的球状颗粒。

（1）交联度 在离子色谱中应用最广泛的是聚苯乙烯型树脂，它是聚苯乙烯（PS）和二乙烯苯（DVB）的共聚物（PS/DVB）。由于二乙烯苯的加入，使长链的聚苯乙烯构成为立体网状结构。二乙烯苯的相对含量决定了离子交换树脂骨架的交联度，它被称为交联剂，它在混合物中的含量称为交联度，以"-X"表示，如 Dowexl（-8）表示该树脂的交联度是8%。一般树脂的交联度为4%～12%，离子交换色谱中也有16%的。交联度的大小会严重影响树脂的性能。

交联度对树脂性能的影响列于表 21-85。

（2）交换容量（Q） 表示离子交换剂的交换能力，即每克干燥的离子交换剂所能交换的量（mmol）。交换容量取决于树脂上所含的可交换基团的数量。交换基团越多，交换容量越大。溶液的 pH 对交换容量也有影响。交换容量对树脂性能的影响列于表 21-86。

表 21-85 交联度对树脂性能的影响

性　　能	交　联　度	
	大	小
在水中溶解度	小	大
网状结构中的孔隙	小	大
离子交换反应速率	慢	快
大离子及水合半径大的离子进入树脂的速率	慢、难	快、易
有效交换容量	小	大
离子交换选择性	好	差
对水的溶胀程度	小	大

表 21-86 交换容量对树脂性能的影响

高容量树脂 （用于离子交换色谱）	低容量树脂 （用于离子色谱）
容量为 3～5mmol/g	容量为 0.02mmol/g
溶胀大	溶胀小
扩散通道多	扩散通道少
不易完全毒化	易完全毒化
进样浓度高	进样浓度低
洗脱液的浓度高	洗脱液的浓度低
峰宽	峰窄

依据交换容量，离子交换剂分为：

① 低容量交换剂，$Q < 100\mu mol/g$；

② 中等容量交换剂，$100 < Q < 200\mu mol/g$；

③ 高容量交换剂，$Q > 200\mu mol/g$。

五、离子交换色谱的洗脱液

与 HPLC 的分离一样，洗脱液对分离效果有重要影响。在选择洗脱液时通常要考虑以下几方面的因素，如洗脱液离子的化学性质、浓度及 pH、洗脱液缓冲溶液的缓冲容量、有机改进剂的含量以及洗脱液与检测器的兼容性，如果用紫外-可见检测器，洗脱液在所选择的波长范围内应吸收很小或没有吸收。

1. 阳离子色谱的洗脱液

（1）抑制型电导率检测阳离子色谱的洗脱液 抑制型电导率检测阳离子色谱法，要求洗脱液必须能有效地将样品阳离子从分离柱上置换出来，并能在抑制柱中顺利地进行交换反应，降低它们的电导率，提高样品阳离子检测的灵敏度。表21-87列举了在磺化官能团固定相上常用的洗脱液。

表21-87　在磺化官能团固定相上常用的洗脱液

固定相	待测离子	洗脱液	固定相	待测离子	洗脱液
磺酸基团	NH_4^+、碱金属离子	HCl、HNO_3	磺酸基团	碱金属和碱土金属离子	HCl＋2,3-二氨基丙酸
磺酸基团	碱土金属离子	乙二胺(pH<5)			

酸洗脱液的浓度与阳离子交换剂的类型和容量有关。分离碱金属离子时，一般为几个毫摩尔每升，而分离二价阳离子时除使用质子化的乙二胺外，也使用间苯二胺盐，如0.001mol/L间苯二胺 0.025mol/L HNO_3。同样，通过改变洗脱液的pH可改变2,3-二氨基丙酸的洗脱能力。

(2) 非抑制型电导率检测阳离子色谱的洗脱液　在阳离子色谱中，碱土金属离子和过渡金属离子在阳离子交换柱上保留作用很强，若增加无机酸洗脱液的浓度，势必使洗脱液的腐蚀性更强，使抑制效果得不到保证，这样，不仅使检测不灵敏，同时也使抑制柱的寿命缩短。现在阳离子交换色谱法大多都采用非抑制法。该法具有可选用淋洗液的种类很多以及更能发挥色谱分离功能等优点，近年来该法发展很快。

在非抑制离子色谱系统中可采用具有选择性络合能力的洗脱剂（或称络合剂），主要是二元羧酸（即络合有机酸），如酒石酸、草酸、吡啶二羧酸（PDCA）及α-羟基异丁酸等。待测离子与络合剂阴离子形成稳定性金属络合物。由于形成络合物的选择性、稳定常数的差别而被分离。目前，含有络合基的洗脱液在阳离子色谱分离中应用最多，效果良好。表21-88列出非抑制型电导率检测阳离子色谱法的洗脱液及应用实例。

表21-88　非抑制型电导率检测阳离子色谱法的洗脱液及应用实例

固定相	待测离子	洗脱液
强酸型固定相(—SO_3H)	NH_4^+、碱金属离子、烷基胺等	分别以草酸、氨基磺酸、酒石酸、柠檬酸、芳香酸等
	碱土金属离子	乙二胺的硝酸盐
	碱土金属、过渡金属和稀土金属离子	乙二胺-络合有机酸(酒石酸、α-羟基异丁酸、草酸或柠檬酸)，pH<5
弱酸型固定相(—COOH)	一价和多价阳离子同时测定,如碱金属、碱土金属和过渡金属离子	一般用络合有机酸(酒石酸、柠檬酸、草酸、吡啶二羧酸、α-羟基异丁酸)做洗脱液。或用ED-TA-2,6-吡啶二羧酸

2. 阴离子色谱的洗脱液

(1) 抑制型电导率检测阴离子色谱的洗脱液　作为抑制型阴离子色谱的洗脱液应具备以下两个条件：其一是能将样品中的阴离子从分离柱中洗脱出来；其二是在抑制柱进行反应生成电导性很低的水或其他弱电解物质。表21-89列举了抑制型电导率检测阴离子色谱常用的洗脱液。

表21-89　抑制型电导率检测阴离子色谱常用的洗脱液

洗脱剂	洗脱剂离子	强度	抑制器反应生成物
$Na_2B_4O_7$	$B_4O_7^{2-}$	非常弱	H_3BO_3
NaOH	OH^-	弱	H_2O
$NaHCO_3$	HCO_3^-	弱	H_2CO_3
Na_2CO_3	CO_3^{2-}	中等	H_2CO_3

在上述洗脱液中最常用的是碳酸氢盐和碳酸盐混合制备的缓冲溶液。只要改变两者的浓度或配比，即可改变缓冲溶液的洗脱能力及其选择性。含有四硼酸钠的洗脱液使用较少，只有分离弱保留物质如氟化物、甲酸盐或乙酸盐时才使用。氢氧化钠（NaOH）洗脱液使用也很少，只有分析难洗脱的物质时使用。增加氢氧化钠的浓度可提高其取代势，但也将对抑制柱产生损耗。

(2) 非抑制型电导率检测阴离子色谱的洗脱液　非抑制型电导率检测阴离子色谱可作为洗脱液

的种类很多。洗脱液不仅影响被测离子的分离效果，也影响待测离子检测的灵敏度。因此选择适当洗脱剂，对分析结果来说也是很重要的。常用的洗脱液有以下几类：芳香羧酸及其盐、脂肪族羧酸、芳香磺酸、氢氧化物及葡萄糖酸盐-硼酸盐等。表 21-90 列举非抑制型电导率检测离子色谱的洗脱液。

表 21-90　非抑制型电导率检测离子色谱的洗脱液

洗　脱　液	分　离　实　例
苯甲酸盐（钠或钾）	弱保留的一价阴离子
邻苯二甲酸及其盐	二价阴离子及强保留的一价阴离子
对羟基苯甲酸（调节 pH，改变淋洗强度）	无机阴离子（AsO_4^{3-}，SeO_4^{2-}，MoO_4^{2-} 等）
邻羟基苯甲酸（调 pH）	无机阴离子（如 Cl^-、NO_2^-、Br^-、NO_3^-、SO_4^{2-}）
邻磺基苯甲酸萘磺酸盐	Cl^-、NO_3^-、SO_4^{2-}、SeO_4^{2-}、$S_2O_3^{2-}$、SCN^- 等，F^-、Cl^-、NO_2^-、NO_3^-、SO_4^{2-}、$S_2O_3^{2-}$、I^-、SCN^- 等及多聚磷酸盐和多羧酸盐
烟碱酸、琥珀酸、富马酸及柠檬酸等	F^-、Cl^-、Br^-、I^-、ClO_3^-、BrO_3^-、IO_3^-、$H_2PO_4^-$、NO_3^- 等
氢氧化钾（钠）	弱酸离子，如 CN^-、S^{2-}、AsO_3^{3-}、SiO_3^{2-} 等弱的有机酸等
EDTA 等络合剂	与 EDTA 形成的络阴离子可同时和无机阴离子在阴离子交换柱上分离，这样 EDTA 可同时分离阴、阳离子
葡萄糖酸盐-硼酸盐混合水溶液	$H_2PO_4^-$、HCO_3^- 等弱酸阴离子

在上述洗脱液中，邻苯二甲酸及其盐是应用最普遍的洗脱液，既可用于分离不同价态的无机阴离子和分离有机酸，也可同时分离无机阴离子和有机酸。

六、离子排斥色谱法（IEC）

离子排斥色谱法（IEC）主要用于分离分析弱酸或弱碱，其中最常用的是分离羧酸类、糖类及氨基酸类等。

1. 离子排斥色谱分离机理

离子排斥色谱的分离一般认为是 Donnan 排斥作用的结果。在 IEC 中常用的固定相是全磺酸化的 H^+ 型阳离子交换剂，磺酸功能团与反离子 H^+ 呈电中性。在水体系洗脱液中，由于功能团的亲水性而形成水合壳层，与带负电荷的 Donnan 膜类似。离子不能通过该膜而被排斥出去，未离解的分子可通过该膜被固定相保留，在两相间进行分配。当用强无机酸（如 H_2SO_4）作流动相分离羧酸时，羧酸在洗脱液中呈未离解状态，可通过 Donnan 膜被保留。当样品中各组分随洗脱液进入排斥柱时，由于各组分通过柱的速度不同而相互分离。

2. 离子排斥色谱的固定相

离子排斥色谱的固定相常用低交联的 PS/DVD 聚合物，该聚合物是全磺酸化的高容量的阳离子交换剂。硅基离子交换剂和薄壳型填料使用得较少。

表 21-91 列出了离子排斥色谱固定相的结构和技术性能。

表 21-91　离子排斥色谱固定相的结构和技术性能

分　离　柱	制造商	颗粒直径/μm	交联度/%	尺寸（长度×内径）/mm	最大流速/(mL/min)	应　用
IonPac ICE-AS1	戴安	7.5	8	250×9	1.5	一价有机酸分析柱
IonPac ICE-AS5	戴安	7	8	250×4	1.0	特别适用于羟基有机酸的分析
IonPac ICE-AS6	戴安	8	8	250×9	1.25	用于复杂基体中有机酸、醇类等化合物的分析
IonPac ICE-Broate	戴安	7.5	8	250×9		专门用于硼酸根离子的分析
PRP-X300	Hamilton	3.7		(50,100,150,250)×(1,2.1,4.1,4.6,10)	8.0	不同类型的有机酸分析
ORH-801	Interaction Chemical	8		300×6.5	1.5	不同类型的有机酸分析以及糖和醇的分析

分离柱	制造商	颗粒直径/μm	交联度/%	尺寸(长度×内径)/mm	最大流速/(mL/min)	应用
ION-300	Interaction Chemical	8		300×7.8	1.0	三羧基循环中的有机酸分析以及糖和醇的分析
ION-310	Interaction Chemical			150×6.5		有机酸快速分析
ARH-601	Interaction Chemical			100×6.5		芳香有机酸分析
COREGEL-64H	Interaction Chemical			300×7.8		糖、醇、有机酸的分析
COREGEL-87H	Interaction Chemical		8	300×7.8 100×7.8		糖、醇、有机酸的分析
WA1 WINE ANLISIS	Interaction Chemical			300×7.8		酒类中糖、醇及有机酸分析柱
TSKgel Super-IC-A/C	Tosoh			1500×6.0		阴、阳离子同时分析

3. 离子排斥色谱的洗脱液

可作为离子排斥色谱洗脱液的有纯水、稀无机酸、有机酸三类。在选择时也要考虑所用的分离柱的特性、检测的方式以及是否采用抑制柱等方面的因素。用纯水做洗脱液的优点是背景电导率低，但洗脱强度较小。分离有机酸时，通常不用纯水，因为水会增加吸收。然而水对碳酸和硼酸的分离效果很好。采用光度检测法时，常用不吸收紫外光的稀硫酸和稀高氯酸做洗脱液。由于会增加吸收，通常不采用有机酸水溶液。为了降低洗脱液的背景电导率，用酸性较弱的无机酸（如硼酸）或选用本底电导率较低的酸作洗脱液，如烷基磺酸、全氟丁酸等。采用阳离子色谱抑制柱时，可用稀盐酸做洗脱液。采用全氟磺化膜抑制器时，用稀硝酸做洗脱液。选用稀硫酸做洗脱液时，无需抑制也可获得良好的色谱图。表 21-92 列举了低分子羧酸高效离子排斥色谱分析实例。

表 21-92　低分子羧酸高效离子排斥色谱分析实例

色谱柱	淋洗液[①]	抑制器	检测方式	分析对象
Dionex HPIEC-AS I	5mmol/L HCl	Ag 型抑制柱	电导率检测	甲酸、乙酸、丙酸、马来酸、丙二酸、乳酸
	10mmol/L HNO_3	全氟磺化膜抑制器	柱后酸碱指示剂光度法	乙酸、丙酸、丁酸等有机酸
	1mmol/L H_2SO_4	纤维膜抑制器	电导率检测	乙酸、丙酸、丁酸、柠檬酸、丙二酸、琥珀酸等
	1mmol/L HCl	非抑制型	IEPC/MS[②]	乙酸、丙酸、丁酸等
	1.00mmol/L J	AMMS-IEC	电导率检测	甲酸、乙酸、丙酸、丁酸、酒石酸、苹果酸、乙醇酸等
HPIEC-AS2	1mmol/L K	AFS-2	电导率检测	甲酸、乙酸、丙酸
	2mmol/L HCl	Dionex ISC	电导率检测	甲酸、乙酸、柠檬酸盐
HPIEC-AS5	1.6mmol/L 庚氟丁酸	AMMS-IEC	电导率检测	Cl^-、草酸、丙酮酸、乙酸、丙酸等 13 种有机酸
HPIEC-P/N30888	0.1mmol/L HNO_3	非抑制型	电导率检测	甲酸、乙酸、丙酸、丁酸
TSK SCX(5μm)	1mmol/L 硫酸或+M	非抑制型	电导率检测	糖类、低分子羧酸、醇类
TSKgel SCX(10μm)	2%磷酸做流动相	非抑制型	紫外,210nm	甲酸、乙酸、丙酸
	0.5mmol/L F 或 F+N	非抑制型	电导率检测	甲酸、乙酸、丙酸、丁酸等
	0.8mol/L 硼酸	非抑制型	紫外、电导	甲酸、乙酸、柠檬酸等
	1mmol/L 氢碘酸	氧化还原抑制器	电导率检测	甲酸、乙酸、丙酸、丁酸等
Aminex HPX-87-H	0.005mol/L 硫酸	非抑制型	折射检测	甲酸、乙酸、丙酸等
	3mmol/L 硫酸+M	非抑制型	紫外,210nm	甲酸、乙酸、丙酸、丁酸等 18 种有机酸
	0.0045mol/L 硫酸	非抑制+EDTA	紫外,210nm	乙酸

色谱柱	淋洗液①	抑制器	检测方式	分析对象
YSG-SO3H (15~20μm)	O 或 P	非抑制型	电导率检测	甲酸、乙酸、丙酸、丁二酸 等 8 种有机酸
	0.33mol/L 硼酸或纯水	非抑制型	电导率检测	甲酸、乙酸、丙酸
	去离子水	非抑制型	电导率检测	乙酸、丙酸
	0.4mol/L Q＋0.2mmol/L R	非抑制型	电导率检测	甲酸、乙酸、乳酸
YSG-01-SO3H	蒸馏水	非抑制型	库仑恒电位	C_1~C_6 脂肪酸
YEW SCS 5-252	1mmol/L $HClO_4$	纤维膜抑制器	电导率检测	一、二价脂肪酸
20％交联磺化树脂	0.0004mol/L HCl	Ag 型树脂抑制器	电导率检测	甲酸、乙酸、丙酸、丙二酸、 顺丁二烯酸
Waters lon Exclusion 柱(2 支)	1mmol/L 辛烷基磺酸	非抑制型	电导率检测	甲酸、乙酸、丙酸及一价无 机阴离子
天津阳树脂 (15~20μm)	去离子水	非抑制型	库仑检测	甲酸、乙酸、丙酸、丁酸、异 戊酸、戊酸、己酸
Spherisorb hexyl	0.0033mol/L 磷酸	非抑制型	紫外、210nm	乙酸、丙酸、柠檬酸等 11 种有机酸
Hamilton HC-X8.0	0.0015mol/L 硫酸	非抑制型	紫外、210nm	甲酸、草酸、核糖酸,乙二 醇酸等

① 淋洗液一栏中各符号代表的淋洗剂分别为：J——辛烷基磺酸＋2％2-丙醇；K——TDFHA（tridecafluoroheptanoic acid)＋1％异丙醇；M——10％乙腈；N——5％乙腈；O——0.4mol/L 硼酸＋0.25mmol/L 硝酸；P——0.2mol/L 硼酸＋0.1mmol/L 硝酸；Q——硼酸；R——硝酸；F——苯甲酸盐。

② IEPC/MS 表示离子排斥色谱与质谱联用检测。

七、离子色谱法的应用

离子色谱法作为一种分离、分析离子的高效液相色谱法，由于其具有操作简便、分析速度快、选择性好，对阴、阳离子分析灵敏度高，尤其是对阴离子、过渡金属离子及稀土金属离子分析的独特的优点，已广泛地应用于许多领域，如环境、水电、石油、化工、医药、食品及半导体等。有些方法已被列为国家标准分析方法，有时是唯一有效的方法。表 21-93 按分离和检测方式将离子色谱法的应用列于其中，在确定分析方案时可供选择和参考。如图 21-14 和图 21-15 所示是分离常见阴、阳离子的色谱图及色谱条件。表 21-94 列举了离子色谱法在单糖分析中的应用。

表 21-93 离子色谱的应用

属	性		分析离子	分离方式	检测器
无机阴离子	亲水性	强酸	ClO^-	阴离子交换	安培
			F^-, Cl^-, NO_2^-, Br^-, SO_3^{2-}, NO_3^-, PO_4^{3-}, SO_4^{2-}, PO_2^-, PO_3^-, ClO_2^-, BrO_3^- 低分子量有机酸	阴离子交换	电导率，紫外
			AsO_4^{3-}, SeO_4^{3-}, SeO_3^{2-}	阴离子交换	电导率
		弱酸	AsO_3^{3-}, SO_3^{2-}	离子排斥	安培
			BO_3^-, CO_3^{2-}	离子排斥	电导率
			SiO_3^{2-}	阴离子交换离子排斥	可见分光（柱后衍生）
	疏水性		CN^-, HS^-,（高离子浓度基体）	离子排斥	安培
			CN^-, HS^-,（碱性溶液）	阴离子交换	安培
			I^-, BF_4^-, $S_2O_3^{2-}$, SCN^-, ClO_4^-	阴离子交换	电导率
				离子对	电导率

属	性	分 析 离 子	分 离 方 式	检 测 器
无机阴离子	缩聚磷酸盐多价螯合剂(EDTA,NTA)	未络合	阴离子交换	电导率(柱后衍生)
		络合	阴离子交换	电导率
	金属络合物	$Au(CN)_2^-$,$Au(CN)_4^-$,$Fe(CN)_6^{4-}$,$Fe(CN)_6^{3-}$	离子对	电导率
		EDTA-Cu	阴离子交换	电导率
有机阴离子	羧酸 一元、二元、三元酸 C<5	一元酸 脂肪酸,C<5	离子排斥	电导率
		脂肪酸,C<5 芳香酸	离子对 阴离子交换	电导率,紫外
		加上无机阴离子	阴离子交换	电导率
		一元酸+醇	离子排斥	电导率,安培
		羟基羧酸+二元、三元酸+醇	离子排斥	电导率,安培
	磺酸	烷基磺酸盐,C<8 甲苯、二甲苯、苯磺酸	离子对 阴离子交换	电导率,紫外
		烷基磺酸盐,C>8 芳香磺酸	离子对 离子交换	电导率,紫外
	醇 酚		阴离子交换	紫外
			离子对	
		脂肪醇 C<6	离子排斥	安培
无机阳离子	碱金属、碱土金属、铵、胺	Li^+,Na^+,K^+,Rb^+,Cs^+,Mg^{2+},Ca^{2+},Sr^{2+},Ba^{2+},NH_4^++胺类	阳离子交换	电导率
	过渡金属	Cu^{2+},Ni^{2+},Zn^{2+},Co^{2+},Cd^{2+},Pb^{2+},Mn^{2+},Fe^{2+},Fe^{3+},Sn^{2+},Sn^{4+},Cr^{3+},V^{4+},V^{5+},UO_2^{2+}	阴离子交换、阳离子交换	可见分光(柱后衍生)
		Al^{3+}	阳离子交换	可见分光(柱后衍生)
		$Cr^{6+}(CrO_4^{2-})$	阴离子交换	可见分光(柱后衍生)
	镧系金属	La^{3+},Ce^{3+},Pr^{3+},Nd^{3+},Sm^{3+},En^{3+},Gd^{3+},Tb^{3+},Dy^{3+},Ho^{3+},Er^{3+},Tm^{3+},Yb^{3+},Lu^{3+}	阴离子交换 阳离子交换	可见分光(柱后衍生)
有机阳离子	低分子	烷基胺(分子量<三丙胺)等 烷醇胺、乙醇胺、二乙醇胺	阳离子交换 离子对	电导率,安培
	高分子	烷基胺(分子量>三丙胺) 芳香胺、环乙胺、季铵	阳离子交换 离子对	电导率,紫外
低分子量有机分子		抛光剂	离子对,阳离子交换+离子对	电导率,紫外
		染料和染色剂	阳离子交换+反相	电导率,紫外
	农药	阳离子农药	阳离子交换+反相	紫外
	除草剂	苯氧基乙酸	阳离子交换+反相	电导率,紫外
		三嗪($C_3H_3N_3$)	阳离子交换+反相	电导率,紫外
	药物		阳离子交换+反相 阴离子交换+反相	紫外
	芳香烃		阳离子交换+反相 阴离子交换+反相	紫外
	氨环化合物	芳香胺、环己胺	阳离子交换+反相 离子对	紫外 电导率

续表

属　　性		分析离子	分离方式	检测器
生物样品	糖类	糖醇、还原单糖和双糖	阴离子交换	安培
		单糖、二糖和三糖线型均聚物	阴离子交换	安培
		支链低聚糖	阴离子交换	安培
	氨基酸		阴离子交换	荧光或紫外(柱后衍生)
	核酸	单标(双标)DNA,RNA	阴离子交换	紫外
		嘧啶(HC＝CHCH＝NCH＝N) 嘌呤 $C_5H_4N_4$	反相＋阴离子交换	紫外
		核苷	反相＋阳离子交换	紫外
		核苷酸	阴离子交换	紫外
	蛋白质肽		阴离子交换,反相	紫外
	维生素		阳离子交换＋反相 阴离子交换＋反相	紫外

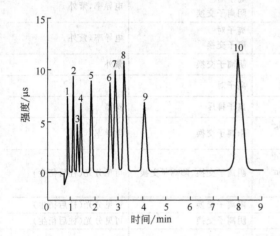

分离柱：IonPAC AS9
淋洗液：1.8mmol/L Na_2CO_3 1.7mmol/L $NaHCO_3$
流速：2mL/min
进样量：50μL
检测器：抑制型电导
峰 (μg/mL)：1—F^- (1.0)；2—ClO_2^- (5.0)；3—BrO_3^- (5.0)；4—Cl^- (1.5)；5—NO_2^- (6.0)；6—Br^- (10)；7—ClO_3^- (15)；8—NO_3^- (15)；9—HPO_4^{2-} (20)；10—SO_4^{2-} (25)

图 21-14　阴离子的分离

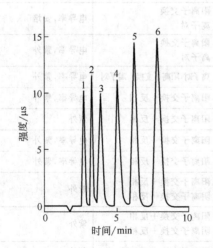

分离柱：IonPAC CS12
淋洗液：20mmol/L HCl 或 20mmol/L 甲基磺酸
流速：1mL/min
检测器：抑制型电导
进样量：25μL
峰 (μg/mL)：1—Li^+ (1)；2—Na^+ (4)；3—NH_4^+ (10)；4—K^+ (10)；5—Mg^{2+} (5)；6—Ca^{2+} (10)

图 21-15　阳离子的分离

表 21-94　HPIC 在单糖分析中的应用

柱　　型	流动相	温度/℃	流速/(mL/min)	可应用的现成柱($\phi \times L$)/cm		检　　测
阴离子交换剂 （季铵，硼酸型）	硼酸缓冲液	65	1.0	Hitatchi No. 2633	(0.8×8)	柱后衍生荧光
				Durrum DA-X8-11	(0.3×25)	柱后衍生荧光
				Bio-Rad Aminex A-14	(0.9×99)	UV199nm
				Bio-Rad Aminex A-25	(0.9×25)	柱后衍生荧光
阴离子交换剂 （氨型，OH⁻型）	乙腈/水	25	2.5	Waters μBondapak Carbohydrate	(0.4×30)	RI
				Whatman Particil 10-PAC	(0.4×25)	柱前衍生 UV
				Varian MicroPak NH$_2$	(0.4×30)	RI
				Merck Lichrosorb NH$_2$	(0.4×25)	RI
				Supelco Supercosil LC-NH$_2$	(0.46×25)	RI
阳离子交换剂 （Ca^{2+}型）	水	85	0.6	Bio-Rad Aminex Q-15S	(0.9×50)	RI
				Bio-Rad Aminex HPX-87C	(0.78×30)	RI
				Waters Sugar-PaK1	(0.4×30)	柱后衍生 UV

注：RI 为折射法。

第八节　超临界流体色谱

　　超临界流体色谱（supercritical fluid chromatography）简称 SFC，SFC 是以超临界流体做流动相的色谱过程。超临界流体是指物质高于其临界点，即高于其临界温度和临界压力时的一种物态。它既不是气体，也不是液体，但兼有气体的低黏度、液体的高密度以及介于气、液之间的扩散系数的特征。从理论上讲，用超临界流体做流动相的色谱过程，既可分析气相色谱不适应的高沸点、低挥发度、热不稳定的样品，它又比高效液相色谱有更快的分析速度和更高的单位时间柱效率。与气相色谱仪不同，超临界流体色谱仪的工作压力较高，一般为 7.0～45.0MPa；与高效液相色谱仪也不一样，超临界流体色谱仪的色谱柱温度较高，一般从常温到约 250℃。操作过程中，它既可进行压力（或密度）的程序变化，又可进行温度的程序（升温或降温）控制，使分离分析过程中温度和压力等实验参数得到最佳的匹配。SFC 可以选用气相色谱或液相色谱用的检测器，又可方便地与质谱、傅里叶红外光谱在线联用，从而使其在定性、定量方面有较大的选择范围，因而 SFC 成为近代色谱发展中的一个重要领域。

　　超临界流体色谱法与气相色谱法比较具有以下优点。

　　由于超临界流体的扩散系数比气体小得多，因此 SFC 的谱带宽度比气相色谱要窄。

　　SFC 中流动相的作用类似液相色谱中的流动相，因此流体不仅携带待测组分移动，而且与溶质会产生相互作用力，参与选择竞争，因而更有利于组分的分离。

　　把溶质分子溶解在超临界流体中看做类似于挥发，这样，SFC 可以用比气相色谱更低的温度来实现对大分子物质、热不稳定化合物及高聚物等的有效分离。

　　SFC 与液相色谱相比，由于超临界流体黏度低，可使其流动速率比 HPLC 快得多，因此分离时间缩短。其柱效一般比 HPLC 要高，当平均线速率为 0.6cm/s 时，SFC 法的柱效可为 HPLC 法的 4 倍左右；在最小理论塔板高度下，SFC 的载气线速率是 HPLC 法的 3 倍左右。

一、超临界流体色谱仪的基本流程和重要部件

1. 超临界流体色谱仪的基本流程

超临界流体色谱仪基本流程如图 21-16 所示。它大体上分成三个部分。

① 流动相系统　包括流动相贮罐、流动相干燥净化管，流动相加压、计量装置。

② 分离系统　包括色谱柱、恒温箱、进样与分流装置。

③ 检测系统　包括检测器、微处理机、记录、显示和打印装置。

通常是以二氧化碳为流动相，以毛细管柱或微型填充柱为分离柱，用氢火焰离子化检测器进行检测的 SFC 流程。如果采用填充柱（柱内径≥2mm）做分离柱，则无需如图 21-16 所示流程中柱前分流口，而在限流器 14 的出口分流，即把尾吹气 17 改为分流出口。如果流动相为超临界正戊烷等，它们在氢火焰离子化检测器中有很高的灵敏度，而使流动相的检测器本底太高，应改用紫外检测器，此时如图 21-16 所示流程中限流器应放置在紫外检测器的出口。

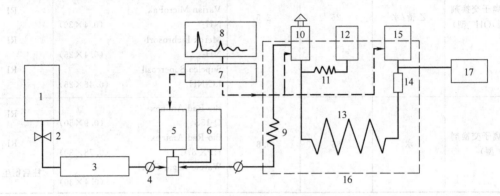

图 21-16　SFC 仪器流程

1—流动相贮罐；2—调节阀；3—干燥净化管；4—截止阀；5—高压泵；
6—泵头冷却装置；7—微处理机；8—显示打印装置；9—热交换柱；
10—进样阀；11—分流阻力管；12—分流加热出口；13—色谱柱；
14—限流器；15—检测器；16—恒温箱；17—尾吹气

SFC 流程兼有气相色谱和高效液相色谱两方面的特点，它既有气相色谱的恒温箱，又有高效液相色谱的高压泵，整个系统基本上都处于高压状态，要保证正常的工作，要求系统有很好的气密性。微处理机的作用是对系统的压力（或密度）、温度进行恒参数或程序变参数的控制。另外，它还可用于进样时间的控制、检测信号的采集、数据处理以及显示打印等功能。流程中恒温箱的使用温度一般为 50～250℃，点温度控制优于±1%；检测器的使用温度一般不超过 400℃，点温度波动<1℃；分流出口温度一般为 200～350℃。整个流动相系统要求连接可靠、紧凑、耐压，并要求死体积尽可能小。所用毛细管色谱柱在高压操作时要不漏气、不炸裂。色谱柱试压时要注意安全防护。

2. 超临界流体色谱仪中的进样系统

SFC 中填充柱通常都采用进样阀，如 Rheodyne 7010、7520 等型号，不分流直接进样，样品不损失，重复性也较好。但毛细管柱由于柱容量小，一般都采用分流进样。商品仪器中动态分流（dynamic split）和时间分流（timed split）法用得较多。动态分流法和气相色谱中毛细管柱的动态分流法一样，通过改变与色谱柱并联的放空流路的阻力来调节样品的分流比。一般分流比大时，进样重复性和样品的均匀性就较好，但缺点是样品的损失较大。所谓时间分流是利用阀件的快速转动，通过微机触发把进样时间控制在很短的时间，一般为毫秒级；这样在进样阀样品管中的样品，实际上只有很少一部分在进样时间内被带到色谱柱里，通过这种方法实现的样品分流也存在动态分流法相类似的缺陷。

进样的重复性、准确性与所用进样方法、样品的性质、溶剂的性质、流动相的溶解度、超临界流体的密度和温度等参数有关。

3. 超临界流体色谱仪中的高压泵

（1）高压泵的作用　提供稳定的流动相的压力和流量。

（2）高压泵种类

① 螺旋注射泵　利用步进电机驱动传动螺旋，推动柱塞在缸体内前进或后退，以完成所需的排液或吸液的功能。这种泵缸体的容积一般为 50～250mL。这种泵的优点是流量稳定、无脉动；缺点是排液、吸液只能交替进行，不能同时完成，流动相更换时需彻底清洗罐体，较费时。为了克服吸液、排液不同步的缺点，可采用双缸双螺旋注射泵的方法，但这种泵造价较贵。

② 柱塞往复泵　这种泵是利用特殊设计的偏心凸轮，驱动柱塞在缸体内往复运动，在进出口单向阀的协同配合下同时完成吸液和排液的功能。这种泵通常有单柱塞、双柱塞或三柱塞之分，以适应不同的需求。这种泵的缺点主要是脉动较大。但采用双柱塞往复泵以及精心设计的偏心凸轮可使脉动降得很低。

（3）对高压泵的要求　工作压力≥40.0MPa，流量能在 0.01～5.00mL/min 范围内调节，长期操作压力、流量稳定可靠，并能快速进行程序升压或程序升密度，程序升压或程序升密度曲线重现性好，压力脉动应尽可能小，另外还要求泵体耐腐蚀，维护使用方便。

4. 超临界流体色谱仪中的限流器

限流器是超临界流体色谱仪中不可缺少的部件之一，它的作用有以下两个。

① 使限流器的两端（入口端色谱柱；出口端检测器）保持在不同的状态，即使色谱柱中的流动相和固定相都保持在超临界状态，而使检测器工作处于常压气态。

② 能通过限流器迅速实现变相，即迅速实现色谱柱的流出物（包括流动相和样品）相变和转移。

一个好的限流器应该能稳定地保持两端的相差别，迅速地、定量地实现流体的相变和大分子、难挥发、极性样品的转移。

限流器通常由 10μm 石英毛细管制作而成。

5. 超临界流体色谱仪中的色谱柱

（1）超临界流体色谱仪中色谱柱柱型

① 毛细管柱　毛细管柱大多为内径 50μm 或 100μm 的石英毛细管，液膜厚度为 0.25μm 至几微米。长 10～20m 的交联毛细管柱，耐压 40～60MPa。

② 微粒填充柱　同高效液相色谱相似，在 SFC 中也使用微粒填充柱（填料直径 3～10μm），柱内径一般为 2.0～4.6mm，长度一般为 10～20cm。

③ 微型微粒填充柱　通常用内径 250～530μm 的厚壁石英柱，内部紧密填充 3～10μm 的微粒填料，一般使用长度为 20～100cm 不等。

（2）超临界流体色谱柱的特性

① 在 SFC 中使用的填充柱、微型填充柱在柱进口端都需填装过滤器，以防止进样时进口端压力的瞬时波动，造成填料反冲至进样器。

② 填充柱一般所用柱长较短，通常填料直径 5μm 的填充柱的分析时间仅是内径 50μm 毛细管柱的百分之几，适合于样品组分较不复杂的快速分析。

③ 微粒填充柱的柱压降要比毛细管柱大得多，填料直径 5μm 的填充柱的单位柱长度的柱压降为 50μm 毛细管柱的近 1000 倍。因而相同柱压降时，内径 50μm 毛细管柱的柱效约为 5μm 填料的填充柱的 500 倍，细内径的毛细管柱更有利于复杂样品的分析。

④ 填充柱另一个特点是它的柱容量大，一般高于毛细管柱容量的千倍以上，因此填充柱还十分有利于少量样品的制备。微型微粒填充柱是介于毛细管柱和填充柱之间的一种柱型，可望成为兼有两者优点的一种新柱型。

（3）超临界流体色谱柱中的填料　所用的微粒填料大多为化学键合相填料，有辛基、十八烷基、苯基、氰基、氨基、全氟烷基、二醇基等以硅胶为基质的化学键合相，粒度为 3～10μm，比表面 50～500m²/g，孔径 5～50nm，孔隙度 20%～70%。用填充柱分析极性样品时，大多数需在流动相中添加极性的改性剂。

（4）超临界流体色谱中的毛细管柱　毛细管柱所用的固定相大多为含 100% 甲基的聚硅氧烷如 OV-1、SE-30、SPB-1、SB-Methyl-100 等，含苯基的聚硅氧烷如 DB-5、SB-Phenyl-5、OV-73 等，含二苯基的聚硅氧烷如 SB-Phenyl-25、SB-Phenyl-30，含乙烯基的甲基聚硅氧烷如 SE-33，含乙烯基、苯基、甲基聚硅氧烷如 SE-54，含 50% 辛基、甲基聚硅氧烷如 SB-Octyl-50，含 50% 壬基、甲基聚硅氧烷如 SB-Nonyl-50 以及极性固定相 PEG-20M。含 50％辛基或 50％壬基的甲基聚硅氧烷固定相可在超临界氨条件下使用。

6. 超临界流体色谱仪中的检测器

色谱检测器是测量瞬时反应色谱流出物浓度（或含量）及其变化的一种装置。它响应快，灵敏的，特征的，能准确提供色谱柱出口组分及其含量微小变化的信息。

由于超临界流体在临界点以上是高密度的流体，而在常温、常压或常压、一定温度下都是气体。流体的这种性质给 SFC 流出物的检测带来极大好处。原则上它既可使用高效液相色谱中的检测器，又可使用气相色谱中多种检测手段，这样检测方法比较灵活多样。

SFC 中用得最多的检测器是氢火焰离子化检测器（即 FID）和紫外检测器（即 UVD），这两种检测器的结构和详细情况参见第十九章第四节。另外它能和质谱（MS）、傅里叶变换红外光谱（FTIR）联用。

不同的超临界流体和不同检测器、检测方法的匹配情况见表 21-95。

表 21-95 不同的超临界流体和不同检测器、检测方法的匹配情况

流 动 相	检 测 方 法			
	FID	UVD	MS	FTIR
二氧化碳	＋	＋	＋	＋/－
二氧化碳加醇类改性剂	－	＋	＋/－	－
氟里昂	－	＋	/	＋/－
六氟化硫	＋/－	/	/	＋/－
氨	/	＋	/	/
氙气	＋	/	/	/

注：1. "＋"表示匹配；"＋/－"表示尚可匹配；"－"表示不匹配；"/"表示尚不清楚。

2. 六氟化硫燃烧产物有腐蚀性。

3. 氙气价格昂贵。

超临界流体色谱（SFC）中常用检测器的最小检测量见表 21-96。

表 21-96 SFC 中常用检测器的最小检测量

样 品	最 小 检 测 量			
	UVD/pg	FID/pg	SCD/ng	ECD/pg
蒽	90	90	5.0(马拉硫磷)	0.27(2,3,4 三氯联苯)
芘	200	60	4.0(甲基对硫磷)	0.30(2-溴联苯)
正十六烷		60		
正二十四烷		50		

注：SCD 为硫化学发光检测器；ECD 为电子捕获检测器。

SFC 和 MS 联用可检测 0.1pg 联苯化合物，并可检测相对分子质量接近 6000 的生物样品。

光离子化检测器（即 PID）、氮磷检测器（即 NPD）等也用于 SFC 流出物的检测。

7. 超临界流体色谱仪中的微机控制和数据处理

利用微型计算机通过相应的输入、输出（即 I/O）接口，完成对各部件的控制和数据交换。打印机、键盘、显示器由微机系统的通用接口控制；温度、压力（和/或密度）则需专用的控制接口。同样，检测信号采集也需专用数据采集接口。通过不同的接口，仪器的硬件系统和有关的计算机程序就可通过键盘输入指令，设定有关实验参数，例如温度、压力或密度的多阶程序控制，完成检测信号的采集和处理，并打印色谱流出曲线和定性（如保留时间）、定量（如峰面积和含量等）实验结果。

另外利用计算机的软件系统还可提供故障诊断、分析方法推荐、分析操作条件优化、标准图谱检索及数据联网等功能。

8. 超临界流体色谱仪与高效液相色谱仪的差别

超临界流体色谱仪与高效液相色谱仪很相似，主要差别有以下几点。

①超临界流体色谱仪的色谱柱放在一个恒温的色谱炉内。这点类似于气相色谱中的柱箱,目的是为了提供对流动相的精确温度控制。

②高效液相色谱仪只在柱入口处加高压,而超临界流体色谱仪整个体系都处于高压中。可以使流动相处于高密度状态,保证其具有强的洗脱力。因此,超临界流体色谱仪需要精密的程序升温控制设备。以CO_2为例,压力由7MPa升至9MPa,分析时间可缩短5倍。

③超临界流体色谱仪比高效液相色谱仪多了一个限流器装置(或称反压装置、流量阻力器)。实际上,限流器可看成柱末端的延伸部分。

一般使用内径5~10μm、调整至合适的长短(2~10μm)的毛细管。目的是维持色谱柱内恒定的温度和压力,同时使柱子的出口压力降至大气压力,而使流体转换为气体,进入检测器进行检测。当用紫外、荧光检测器时,因其本身可在高压下操作,故可在检测器出口处接限流器降压。

9. 超临界流体色谱仪部分厂家和主要性能

表21-97列出了部分商品化超临界流体色谱仪的部分厂家与主要性能。

表 21-97　部分商品化超临界流体色谱仪的部分厂家与主要性能

型　号	类型	主　要　性　能	说　明
HP-G 1205A	SFC	双柱塞往复泵,泵头半导体制冷,最大压力40.0MPa,最大压升10.0MPa/min,毛细管柱入口端压力脉动<0.2MPa,流量范围0.001~5.00mL/min,柱箱温度(-40~450℃)±1%,可配FID、NPD、ECD、HP 1050多波长检测器,可同时显示三个波段谱图,可变限流器,可匹配毛细管或填充柱,自动进样系统,HP MS-DOS ChemStation微机控制和数据系统	美国HP公司生产,有商品化SFE仪,有限流器、色谱柱等各种零配件
Lee Scientific 600	SFC	165mL高容量注射泵,最大压力42.2MPa,最大压升25.2MPa/min,压力重复性0.01MPa,柱箱温度,室温至450℃,精度0.1℃,配FID,多孔烧结式限流器,时间分流式自动进样,微机控制	美国Lee Scientific公司生产,有商品化SFE仪,以毛细管SFC性能好著称
SFC-8000	SFC	80mL注射泵,最大压力40.0MPa,精度<1%,最大压升3.0MPa/min,柱箱温度20~350℃,配FID,微机控制配SFC-801数据工作站	北京先通科学仪器研究所及济南市精益仪器研究所生产,有商品SFE仪,提供各种色谱柱压环;SFC/MS接口

二、超临界流体色谱的流动相

1. 超临界流体的物理性质及特点

物质随着温度和压力的不同,在气、液、固三种状态间变化。某些纯物质具有三相点和临界点,其相图如图21-17所示。

由相图可以看出,物质在三相点时,气、液、固三者处于平衡状态。当温度达到超临界点以上时,无论压力如何变化,物质都不会以确定的液体存在,这一温度叫做超临界温度,与此温度对应的物质的蒸气压称为临界压力。在相图上,临界温度和临界压力对应的点叫临界点。在临界温度和临界压力以上,物质既不是液体,又不是气体,被称为超临界流体。

超临界流体的物理性质介于气体和液体之间,无论是从液体还是从气体变成超临界流体时,都没有相变发生,但超临界流体具有对分离极为有利的物理性质。

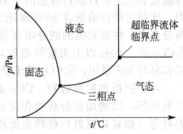

图 21-17　纯物质的相图

超临界流体的扩散系数、黏度和溶解能力随着密度的变化而变化,因此可以在色谱操作中采用程序升压技术来调节分离选择性,这类似于气相色谱中程序升温和高效液相色谱中梯度洗脱的功能。由此可见,超临界流体色谱的流动相对分离有较大的贡献,虽不及高效液相色谱流动相对分离的影响那么大,但比气相色谱中载气的影响大。

超临界流体色谱和气相色谱、高效液相色谱最大、最根本的差别在于所使用的流动相不同,不同的流动相的性质，决定了不同色谱过程的性质。表 21-98 给出了一般条件下不同物态的物理性质。

表 21-98　一般条件下不同物态的物理性质

物　态	密度/(g/cm³)	黏度/[g/(cm·s)]	扩散系数/(cm²/s)
气体(常温、常压)	$(0.6\sim2.0)\times10^{-3}$	$(1\sim3)\times10^{-4}$	$0.1\sim0.04$
超临界流体(临界点)	$0.2\sim0.5$	$(1\sim3)\times10^{-4}$	0.7×10^{-3}
临界温度(4倍临界压力)	$0.4\sim0.9$	$(3\sim9)\times10^{-4}$	0.2×10^{-3}
液体(常温)	$0.6\sim1.6$	$(0.2\sim3)\times10^{-2}$	$(0.2\sim2)\times10^{-5}$

从表 21-98 可清楚看出，超临界流体有接近于液体的密度，因此它具有接近于液体的溶解能力。60℃、30.0MPa 时，超临界二氧化碳几乎可溶解二氯甲烷能溶解的样品。这就十分有利于用 SFC 分析高沸点、难挥发的样品。由毛细管色谱理论可知，在一定条件下，单位保留时间的色谱柱效率和流动相的扩散系数成正比，即扩散系数越大则单位保留时间的色谱柱效率就越高。这样与高效液相色谱相比，SFC 的流动相有较大的扩散系数，因此它有更高的单位保留时间的柱效率。

2. 常用超临界流体色谱流动相及其主要特性

表 21-99 列出了几种常用的超临界流体色谱流动相及主要特性。

表 21-99　几种常用的超临界流体色谱流动相及主要特性

名　称	沸　点/℃	临界温度 T_c/℃	临界压力 p_c/MPa	临界密度 ρ_c/(g/cm³)	密度 ρ/(g/cm³)	溶解度参数/(MPa)$^{1/2}$
正己烷	69.0	231.6	2.97	0.233	0.388	10.0
正戊烷	35.5	196.5	3.37	0.237	0.393	10.4
1-丁烯	−6.3	134.9	3.65	0.221	0.401	10.6
正丁烷	−0.5	152.0	3.80	0.228	0.388	10.8
氟里昂-13	−80.0	28.9	3.92	0.580	1.010	11.0
丙烷	−88.0	96.7	4.25	0.217	0.375	11.3
六氟化硫	−63.8	45.5	3.76	0.738	1.315	11.3
乙烯	−104.0	9.2	5.04	0.217	0.365	11.9
乙烷	−88.0	32.2	4.88	0.203	0.352	11.9
氙气	−107.1	16.6	5.84	1.113	1.893	11.9
氧化亚氮	−89.0	36.4	7.24	0.452	0.764	14.7
二氧化碳	−78.5	31.1	7.39	0.466	0.803	15.3
氨	−33.4	132.4	11.3	0.235	0.358	19.0
水	100.0	374.1	23.0	0.344		

其中 CO_2 是最常用的，主要原因是：①CO_2 的临界温度为 31℃，临界压力为 7.39MPa，都是易于实现的色谱操作条件，对于普通超临界流体色谱仪器来说，可以在很宽的仪器操作条件范围内选择温度和压力，以获得理想的分离性能；②在超临界条件下，CO_2 对有机化合物具有良好的溶解能力，比如它可以溶解含 30 个碳原子的链烷烃以及含 6 个苯环的多环芳烃；③CO_2 极易挥发，故在制备分离中，柱后收集的馏分很容易除去流动相而获得纯物质；④CO_2 无色、无味、无毒，环境友好；⑤CO_2 在 190nm 以上无紫外吸收，可使用 GC 的 FID 检测器，也可使用 HPLC 的紫外吸收检测器，还容易与 MS 联用；⑥CO_2 易于获得，与 GC 和 HPLC 所用流动相相比，成本非常低。

对于强极性的化合物，CO_2 的溶解能力是有限的，此时可以加入一些有机改性剂，如甲醇和二氧六环，以增加被分析物在流动相中的分配，改善分离效果。表 21-99 所列的其他超临界流体因为有毒（如氧化亚氮）或样品使用范围窄而使用很少。需要指出，超临界氙气作为流动相与红外光谱检测器非常匹配，因为氙气没有红外吸收，故可获得丰富的样品红外吸收信息。使用氙气的最大缺点是成本太高。

3. 超临界流体色谱流动相的选择

在超临界流体色谱中流动相的选用要考虑以下两点。

① 要考虑流动相对被分析样品的溶解能力。样品的溶解度参数和流动相的溶解度参数值越接近，其互溶性就越好。显然，超临界流体的溶解度参数是其密度的单调上升函数，即流体密度越高，则其溶解度参数值越大。

② 要考虑流动相的腐蚀性、毒性以及和所用检测方法的匹配。至今在 SFC 中用得最多的流动相是二氧化碳，一方面这是由于它的临界参数比较合适，柱温 40～50℃ 已超过临界温度，在适当压力下即可达到高密度；另一方面它又有成本低、无毒、不燃烧、容易纯化、纯态时腐蚀性很小等特点，化学上惰性，而且它和检测方法匹配的性能也较好。它可以方便地和氢火焰离子化检测器、紫外检测器、质谱以及傅里叶变换红外光谱联用，它的不足是二氧化碳是非极性的流动相，它对极性样品的溶解性能较差。六氟化硫流动相主要用于烷、烯、芳烃的族分离，另外当六氟化硫和傅里叶变换红外光谱联用时，可获得比用二氧化碳做流动相时更多的光谱信息。用氟里昂-13 做流动相对多环芳烃有较好的选择性。氙气是单分子气体，和傅里叶变换红外光谱联用时，流动相氙气本身无红外吸收，样品的红外信息就要丰富得多，另外氙气的临界参数也比较合适，氙气作为流动相的最大缺点是它的价格过于昂贵。

4. 超临界流体色谱极性流动相

可选用的极性流动相较少，表 21-100 中氨是极性流动相，用于胺类、氨基酸类、小肽、单糖、多糖、核苷等分离有较好的性能。但氨是一种腐蚀性气体，化学性质非常活泼，而且有毒、可燃。使用氨做流动相时，分离系统、流动相系统以及检测器都需要有防腐蚀、防化学反应和适当的安全措施。超临界氨对极性样品有较好的溶解能力，但它却不是一种理想的流动相。

为了获得有实用意义的极性流动相，人们采取了混合流动相的做法，即在非极性二氧化碳流动相中添加改性剂以提高超临界流体的极性。表 21-100 给出了常用的改性剂以及流体改性后和不同检测方法匹配的情况。

表 21-100　常用的改性剂以及流体改性后和不同检测方法匹配的情况

二氧化碳流体中改性剂	适用检测方法	二氧化碳流体中改性剂	适用检测方法
甲醇	UVD、MS	二甲亚砜	UVD
脂肪醇	UVD、MS	乙腈	UVD、MS
四氢呋喃	UVD、MS	二氯甲烷	UVD、MS
2-甲氧基乙醇	UVD	甲酸	FID、UVD、MS
脂肪醚	UVD	水	FID、UVD、MS

注：1. UVD 为紫外检测器；MS 为质谱仪；FID 为氢火焰离子化检测器。
2. 甲酸有腐蚀性。

二氧化碳流体添加改性剂后不但增加了流体的极性，还增加了对极性样品的溶解度，而且对色谱分离柱还有去活性的作用。用得最多的改性剂是脂肪醇类。一般情况下，长链脂肪醇比短链的影响大，直链的比支链的作用强。二氧化碳流体用改性剂改性后，它的临界参数会发生明显的变化。

添加改性剂大致有两种方法。一种是预混合，即预先在二氧化碳流体里配置好一定浓度的改性剂，然后通过高压泵输送到分离系统，此时改性剂的浓度是恒定的。用这种方法一是不能做改性剂梯度分析；二是在更换流动相时要彻底清洗所使用的容器。另一种添加改性剂的方法是使用两台高压泵，一台泵压缩二氧化碳；另一台泵用于压缩改性剂，并通过二氧化碳流体和改性剂的预混合器使两者充分混合输送到分离系统。后一种方法不仅可以改变改性剂的含量，而且可以通过调节两台泵的流量进行改性剂的梯度分析。常用改性剂的浓度一般≤10%（质量分数）。

三、超临界流体色谱的应用

超临界流体色谱是气相色谱和高效液相色谱分析方法的重要补充，它可用于气相色谱和高效液相色谱难于分离、难于检测的一些组分。

超临界流体色谱的优点为：①可以分离不适于气相色谱的高沸点、低挥发性试样，如热敏性物质，生物大分子等；②具有比高效液相色谱更高的柱效和分离速度，其应用领域非常广泛。

在食品工业中它主要用于分析油脂，如脂肪酸、不饱和脂肪酸、羟基脂肪酸甲酯、甘油单酸酯、甘油二酸酯、甘油三酸酯以及油脂在加工、贮藏过程中产生的加氢、氧化、过氧化物。糖类分析包括单糖、双糖、三糖等，分析食品中胆甾醇、维生素 E 及天然的香味成分等。在天然产物和生化样品分析中包括各种种子、豆子中的油脂、维生素、不同构形的叶红素、多元酚、倍半萜烯、类固醇、三磷酸肌醇酯、胆甾醇脂、甾类激素以及低聚糖等。在药物分析中较广泛地应用于如巴比妥酸盐、苯并二氮杂草、磺胺药、兽用抗生素、抗癌药、抗癫药等。在聚合物分析中已应用于分析平均相对分子质量达 10000 的聚甲基硅氧烷和 PEG 2000。已用于环境样品中多氯联苯、多环芳烃、农药防莠剂以及对映体的分析与分离。

如图 21-18 和图 21-19 所示是超临界流体色谱应用的两个示例。

(1) 超临界流体色谱的等压与程序升压法分离各类胆甾酸酯。

① 色谱条件　色谱柱，DB-1；流动相，CO_2 流体，90℃；检测器，FID。

② 分析结果　其色谱图如图 21-18 所示。

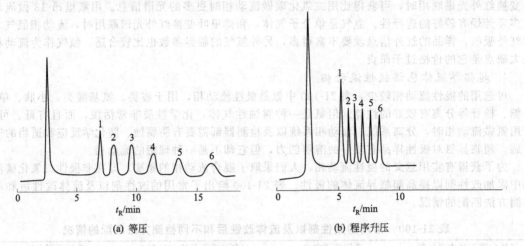

(a) 等压　　　　(b) 程序升压

图 21-18　SFC 法分离各类胆甾酸酯的色谱图
1—胆甾辛酸酯；2—胆甾癸酸酯；3—胆甾月桂酸酯；4—胆甾十四碳烷酸酯；
5—胆甾十六碳烷酸酯；6—胆甾十八碳烷酸酯

(2) 超临界流体色谱法测定鱼油中的脂肪酸。

① 色谱条件　色谱柱：将油脂先皂化，再将脂肪酸转变为其脂肪酸甲酯后进行分析。50cm× 245μm（I. D.）石英毛细管，o,p,p-DCBP-涂层，填充去活化氰丙基聚甲基硅氧烷和银络合物颗粒。流动相：CO_2 流体，85℃，压力程序为 16～25MPa，每分钟升高 0.15MPa。检测器：FID（350℃）。

② 分析结果　其超临界流体色谱图如图 21-19 所示。

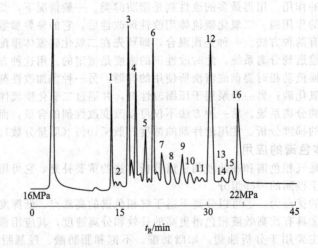

图 21-19　CPL-30 鱼油中脂肪酸甲酯的 SFC 色谱图
1—14:0；2—15:0；3—16:0；4—16:1n-7；5—18:0；6—18:1n-9；
7—16:4n-4；8—20:1n-9；9—18:4n-3；10—22:1n-11；
11—20:4n-6；12—20:5n-3；13—22:4n-3；14—22:4n-3；
15—22:5n-3；16—22:6n-3

其中 14、15、16、18、20、22 等数字表示脂肪酸的碳原子数目。n 表示双键，如 $4n$-3 表示 4 个双键，第一个双键位置（由羧基开始）在第 3 个碳原子上。

第九节 高效液相色谱法一般故障的检查和排除

高效液相色谱法常见故障的可能原因和排除方法列于表 21-101 中。

表 21-101 高效液相色谱法常见故障的可能原因和排除方法

症　状	可　能　原　因	排　除　方　法
不规则的噪声（产生于系统流路） 正常基线 流动池中有气泡	检测器流通内有较大气泡	排气泡，清洗检测池或在检测器废液排放口加适当的背压（为预防气泡，流动相要脱气或通氦气） 在检测器废液排放口加一个适当的管路，产生少许背压
	流路中有少量气泡	排气泡（为预防气泡，流动相要脱气或通氦气）
	系统不稳定或没达到化学平衡	使系统所有部件（如柱和检测器）都有适当的时间获得稳定和化学平衡 如果使用自动梯度洗脱，要有足够的平衡时间获得好的再现性 如使用离子对试剂，在首次使用时需要足够的时间和溶剂体积，色谱柱才能达到足够的平衡
	流动相被污染	不使用这些流动相并且进行以下操作 (1)用溶剂清洗贮液器清洗/更换溶剂入口过滤器，用 6mol/L HNO_3、水、甲醇超声清洗过滤器； (2)建议用 HPLC 级试剂 (3)冲洗并重新平衡系统
不规则的噪声（产生于系统流路） 基线不稳 流通池泄漏	检测器流通池漏	移开检测器盖子检查泄漏，如果看不到，按下面步骤进行 (1)用可溶性好的非缓冲液溶剂清洗检测器，然后用甲醇清洗 (2)通氮气或氦气，慢慢将检测池吹干 (3)监测基线噪声，如果噪声消失，表明检测池内部漏，需修理/更换检测池
	色谱柱被污染	为证明可能的原因，更换系统的色谱柱或使用一根同类的被证明性能好的色谱柱换流动相监测基线 如果问题仍然存在，可能原因如下 (1)溶剂的性质（如不互溶） (2)流动相被沾污 (3)保护柱或管路过滤器被沾污
短期（min 或 s）有规则的噪声（产生于流路系统） 正常基线 流动相调节不合适	泵压不稳/泵脉冲	如果泵压仍不稳，见泵故障排除法
	调节溶剂不适当	(1)属于柱内部属性，泵入 5~10 倍柱体积的 100%A 溶剂，监测基线。使得有足够量的恒定组成的溶剂平衡色谱柱并通过检测池 (2)打进去一些预混合溶剂（如体积比为 50：50 或 95：5 或使用的混合物），监测基线

症　状	可能原因	解决方法
检测器流通池有气泡 / 流动相调节不合适	调节溶剂不适当	如果基线在100%A溶剂时基线变好，而当运行混合溶剂时噪声依旧大，那就是混合问题。解决方法如下 (1)如果溶剂不互溶，可以选择/改用互溶性好的溶剂 (2)如果泵的比例阀或高压混合器故障，参见泵故障排除方法 (3)如果泵后调节溶剂不适当，可采用增加混合管路或混合室的方法，这种混合取决于故障的严重程度(注意采用时尽量减小体积，以避免带来死体积的增加与梯度洗脱的不准确) (4)使用预先混合的溶剂
	泵入口管路松或堵塞	检查管路如果松，旋紧；如果弯曲，调直；如果堵塞，更换
	泵太脏或已失灵	见泵故障排除
	泵柱塞磨损	见泵故障排除
长期有规则的噪声(min或h)(产生于系统流路) / 温度不稳	室温不稳	稳定环境温度，如果问题继续存在，采用以下办法 (1)使用柱恒温装置(比环境温度高5℃以上) (2)将系统或柱置于温度稳定的环境中 (3)系统避免阳光直射
	流动相回收使用	除非特殊需要，不使用回收溶剂
基线漂移(产生于系统流路) / 柱被污染	系统不稳或没有达到化学平衡	参见上述"不规则的噪声"解决办法
	室温不稳	参见上述"长期有规则的噪声"解决办法
	流动相污染或分解	参见上述"不规则的噪声"解决办法
	流动相脱气不够或没通保护气体	脱气/通氮气，重新平衡系统 氮气量要有限制，以免带出流动相
	检测池泄漏	参见上述"不规则的噪声"解决办法
	柱污染	参见上述"不规则的噪声"解决办法
	系统泄漏	检查所有接头，如果发现泄漏处，旋紧(不要过紧)，如果仍有泄漏，更换接头与垫圈
	固定相流失	为证实问题存在，用一段连接管路代替色谱柱，通流动相监测基线 试验中如需要增加系统背压使用合格管路(φ0.23cm)代替连接管 确信操作条件适合色谱柱(如溶剂相容性，pH范围等)；如果操作条件对柱子有影响，则进行以下操作 (1)另选流动相； (2)另选色谱柱
基线漂移(产生于系统流路) / 柱被污染	测定的波长选择错误(对溶剂)	使用分光光度计证明背景吸收，如果背景值高，说明流动相中含有紫外吸收化合物导致基线漂移 使用的流动相应在紫外截止波长以外，或更换溶剂
	样品组分保留太长	用强度合适的溶剂清洗色谱柱
	溶剂体系未达平衡(梯度洗脱中)	用流动相继续冲洗，走梯度空白扣除基线漂移

症　状	可 能 原 因	解 决 方 法
出现脉冲式噪声 流路中有气泡	系统流路中有小气泡	参见上述"不规则的噪声"解决办法
	泵头有空穴现象	见泵故障排除
	检测池不干净	清洗/检测池逆流
	泵接地/自动进样器电源线不当	使用专用的、有屏蔽的信号线
无规则噪声(产生于检测器) 灯故障 操作灵敏度太高	检测器没有稳定	检测器灯应有适当时间稳定(直到基线稳定) 检测器平衡时间的变化取决于使用的检测器种类和参数(如波长、灵敏度、电压/电流等)
	检测器灯	按检测器说明书检查灯的能量,如果能量低于指标,换灯 有些检测器可以调整灯能量以补偿能量损失
	检测池被污染	参见检测器故障排除
	检测器电路问题	检测器故障,与供应商联系
	检测器与数据处理系统信号线连接不好	将连接线接好
	检测器接地不好	使用专用的、有屏蔽的信号线
	周围使用设备的影响	使用单独电源,远离有强电磁波、强磁场的设备
	数据处理装置灵敏度设置太灵敏	调到灵敏度合适的位置
有规则短期(min 或 s)噪声,产生于检测器 周围设备的影响	周围使用设备的影响	参见上述"不规则噪声"解决办法
	检测器内部控温器不合适(开/关过于频繁)	正确设置检测器内部控温参数
长期(min 或 h)有规则的噪声(产生于检测器) 温度故障	室温波动	稳定室温至系统完全平衡,如果问题继续存在,则进行以下步骤 (1)将检测器置于无空气对流的恒温环境中 (2)检测器避免阳光直射
	周围使用设备的影响	参见上"不规则噪声"解决办法
基线漂移(产生于检测器) 稳定不充分	检测器不稳定	参见上述"不规则噪声"解决办法
	室温变化	参见上述"长期有规则的噪声"解决办法
	检测池被污染	参见检测器故障排除
出现脉冲式噪声 灯故障	检测器灯	参见上述"不规则噪声"解决办法
	周围使用设备的影响	参见上述"不规则噪声"解决办法
	检测器电路问题	检测器故障,与供应商联系

症　状	可　能　原　因	解　决　方　法
每次进样时的保留时间不重复	系统不稳或未达到化学平衡	应有足够时间使所有的部件(如检测器、柱等)达到平衡,注意使用的操作条件(如流动相、检测器参数设置、检测器类型等) 如果进行的是梯度洗脱,在两次进样期间应有足够的时间,以保证重现性 如使用离子对试剂,应保证第一次使用时要有足够的时间和足够的溶剂体积,使色谱柱达到平衡
	由于气泡、各部件磨损等原因引起泵压或泵脉冲输液不稳定	如果压力不稳继续存在,见泵故障排除法
	进样体积太大或样品浓度太高(过载)平衡被破坏	减小进样体积或流动相稀释样品;如果使用弱溶剂进样体积可达柱死体积的 10%,如果使用强溶剂进样体积可达柱死体积的 1%
	室温波动大	稳定环境温度,如果问题继续存在,则进行如下操作 (1)用柱恒温箱(室温 5℃以上) (2)将系统置于恒温、空气对流小的环境
	溶剂配比不合适	解决步骤如下 (1)流动相预混合、过滤和脱气 (2)用溶剂平衡色谱柱 (3)至少进标准样三次,比较保留时间的重现性,如果保留时间重现性好,表明是溶剂配比的问题
	柱被污染	更换一根同样类型已知性能良好的色谱柱进行分析和观察,如果保留时间重复性好,证明是柱被污染,如果保留时间仍不重复,可能因为以下原因 (1)溶剂不互溶 (2)流动性被污染 (3)保护柱或过滤器被污染
保留时间连续向一个方向增大或减小	泵流速变化	设置适当的流速值
	室温变化	参见"保留时间不重复"的解决方法
	系统没有达到平衡	参见"保留时间不重复"的解决方法
保留时间连续向一个方向增大或减小	柱被污染	参见"保留时间不重复"的解决方法
	流动相脱气不够彻	溶剂脱气/充氦气保护,重新平衡体系 注意氦气流量不要太大,以免带出流动相
	流动相被污染	放弃使用被污染流动相并进行如下操作 (1)清洗溶剂贮液瓶,清洗/更换溶剂入口过滤器。用 6mol/L 硝酸、水(重复三次)、甲醇超声清洗过滤器 (2)使用 HPLC 级试剂 (3)重新平衡系统
	溶剂进口处过滤器或进口管路有堵塞	检查堵塞管路,需要时更换,清洗溶剂入口过滤器的砂芯,需要时更换
	系统泄漏	检查所有的接头,旋紧漏液接头(不要过紧);如果泄漏仍存在,更换接头和垫圈
保留时间变化至一个新的恒室值(重复但不正确)	样品的流动相不正确或组成不对	配制新的流动相
	泵流速改变	设置合适的流速
	由于泵不稳导致输液流速不正确	用称重法测量流速的准确性,如果测得值与设置值不同,证明是泵的问题,参见泵故障排除
	室温变化	参见"保留时间不重复"的解决方法
	柱恒温箱温度设置有误	设置正确的温度
	使用的色谱柱类型或尺寸不正确	用一个新的相同的色谱柱做比较

续表

症　状	可　能　原　因	解　决　方　法
保留时间变化至一个新的恒室值(重复但不正确)	流动相中有稳定剂或稳定剂改变	使用无防腐剂的溶剂
	柱被污染	参见"保留时间连续向一个方向增大或减小"的解决方法
	系统的梯度延迟时间设置之不正确	流路系统有无变化(如梯度混合气的加入),如果有变化重新计算新的延迟时间
无峰 正常峰	检测器选择错误(如波长、灵敏度、自动回零等)	设置正确的检测器参数
	检测器输出没回零	检测器基线回零
	由于电源、电路检测池造成的检测器问题	参见检测器故障排除
	检测器与数据处理装置线路连接错误	检查检测器输出信号,正确连接
	使用错误的流动相	配制新的流动相 如果问题发生时系统压力很高,则表明样品中有沉淀
 无峰	样品降解	验证样品的完整性,检查样品处理过程,更换新的样品
色谱峰比预期的小(灵敏度降低) 正常峰	进样体积错误	改变到合适的进样体积
	进样器样品定量环大小不合适	检查进样器样品定量环,如需要,更换合适尺寸的样品定量环
	检测器设置不当(如波长、灵敏度等)	设置正确的检测器参数
	检测器输出没回零	检测器基线调零
 灵敏度低的峰	检测器信号与数据处理系统不匹配	参见上述"无峰"故障排除法
色谱峰比预期的小(灵敏度降低) 正常峰	检测器灯故障	按检测器诊断步骤检查灯能量,如果灯能量低于指标要求(与新灯比较),更换灯 有些检测器可以调整灯能量以补偿能量损失
	进样问题(瓶号错、进样体积不合适、进样错误、针头阻塞)	参见进样器故障排除法
 灵敏度低的峰	样品黏度太大	稀释样品,慢速抽取样品

症　　状	可 能 原 因	解 决 方 法
峰变宽(保留时间短的峰) 正常峰 $t \longrightarrow$ 宽峰(保留时间短的峰) $t \longrightarrow$	进样体积太大或样品浓度太高(样品过载)，平衡破坏	减小进样体积或用流动相稀释样品,如果使用弱溶剂,进样体积可达柱死体积的10%;如果使用强溶剂,进样体积可达柱死体积的1%
	管路内径错误,管路切割时操作不当,接头与套圈不合适	见管路的故障排除内容
	过滤器、保护柱入口、柱入口或连接管路有部堵塞	检查这些部件的堵塞情况,更换堵塞管路,清洗相关部件
	进样器问题(如阀漏、针头阻塞或损坏,进样孔被堵住)	参见进样器故障排除法
	使用了错误的进样器样品定量环	检查进样器样品定量环,如需要,更换合适尺寸的样品定量环
	检测器时间常数设置错误	设置正确的参数
峰变宽(所有的峰) 正常峰 $t \longrightarrow$ 宽峰 $t \longrightarrow$	柱或保护柱被污染	清洗柱或保护柱,如果问题继续存在,更换
	柱性能下降或失效	检查柱效(N),如果柱效降低(与新柱比),更换
	保护柱性能下降	换保护柱芯
	对于流动相来说样品溶剂太强	解决方法如下 (1)用流动相溶解样品 (2)用弱溶剂稀释 (3)减小进样量
	使用错误的柱(类型或尺寸)	用一个新的、相同规格的色谱柱作比较
	室温变化	使用柱恒温箱 温度变化可导致保留时间变化(再现性好,但值不正确)
	系统没稳定或未达到化学平衡	应有足够时间使所有的部件(如检测器、柱等)达到平衡,注意使用的操作条件(如流动相、检测器参数设置、检测器类型等)
	记录仪走纸速度不合格	调整到合适的纸速
出现双峰/肩峰 正常峰 $t \longrightarrow$ 双/肩峰 $t \longrightarrow$	保护柱或柱入口处部分阻塞	见上述"峰变宽"的故障排除方法
	柱或保护柱被污染	清洗柱或保护柱,如果问题继续存在,更换
	柱性能下降	见上述"峰变宽"的故障排除方法
	保护柱失效	换保护柱芯
	进样体积太大或样品浓度太高(样品过载)，平衡破坏	见上述"峰变宽"的故障排除方法
前延峰 正常峰 $t \longrightarrow$ 前延峰 $t \longrightarrow$	进样体积太大或样品浓度太高(样品过载)，平衡破坏	见上述"峰变宽"的故障排除方法
	对于流动相来说样品溶剂太强	见上述"峰变宽"的故障排除方法
	柱或保护柱被污染	清洗柱或保护柱,如果问题仍然存在,则更换
	柱性能下降	见上述"峰变宽"的故障排除方法
	保护柱失效	换柱芯

症　状	可　能　原　因	解　决　方　法
拖尾峰 正常峰	柱或保护柱被污染	清洗柱或保护柱,如果问题仍然存在,则更换
	柱性能下降	见上述"峰变宽"的故障排除方法
	保护柱失效	换柱芯
拖尾峰	进样器问题(如阀漏等)	见进样器故障的排除方法
	检测器时间常数设置错误	设置正确的时间常数
平头峰	检测器参数错误(如波长、灵敏度、自动回零)	设置正确的参数
	记录仪输入电压错误	调整记录仪输入电压
	进样体积太大或样品浓度过高	见上述"峰变宽"的故障排除方法
出现负峰(所有峰)	连接数据处理系统信号线接反	正确连接
	记录仪或检测器信号极性相反	改变极性设置
	光学系统没平衡(RI检测器)	参见仪器使用手册
出现一个或几个负峰	离子对分离体系对峰的影响	在流动相中溶解样品
正常峰	样品中有比流动相的折射率低的组分(只限于RI检测器)	检测负峰是否由于样品或溶剂杂质所致 如果负峰影响分析结果,改进方法 如果负峰是由于溶剂杂质所致,使用新处理的溶剂
	使用的流动相吸收高	使用流动相稀释样品,如果问题继续存在,调整流动相使负峰不干扰分析结果 使用紫外截止波长外的流动相或改变溶剂
负峰	自动进样器注射进空气	参见上述进样器故障的排除方法

第二十二章 质谱分析法

第一节 概　　述

一、质谱与质谱分析法

质谱分析法（mass spectrometry，MS）是通过对样品离子的质量和强度的测定来进行物质定性、定量及确定结构的一种分析方法。

按照离子的质量对电荷比值（即质荷比）的大小依次排列所构成的图谱，称为质谱。质谱不同于紫外光谱（UV）、红外光谱（IR）和核磁共振谱（NMR），从本质上看，质谱不是光谱，而是带电粒子的质量谱。

从第一台质谱仪的出现，至今已有 90 多年的历史。早期的质谱主要用于测定原子量、同位素的相对丰度以及研究电子碰撞过程等物理领域。20 世纪 50 年代末，贝农（Beynon）和麦克拉弗蒂（Mclafferty）等提出了官能团对分子化学键的断裂有引导作用之后，质谱法在测定有机物结构方面的重要性才确立起来。至今质谱仪和质谱技术得到飞速发展，质谱仪汇集了当代先进的电子、高真空和计算机等技术，已经制造出高分辨率和高灵敏度的仪器。气相色谱-质谱联用（GC-MS）、高效液相色谱-质谱联用（HPLC-MS）、喷雾液相-质谱联用（LC-MS）、动态快原子轰击液相色谱-质谱联用（LC-MS）、等离体发射光谱-质谱联用（ICP-MS）以及其他新技术的发展和应用，如串联质谱（常简称 MS/MS）、二次离子质谱（SIMS）、热电离同位素质谱、加速器质谱、激光共振电离飞行时间质谱（LRIS-TOF）、时间分辨光电离质谱（TPIMS）、傅里叶变换回旋共振质谱、火花源质谱与辉光放电质谱等，大大扩展了质谱的应用范围。为了弥补电子轰击（EI）和化学电离（CI）离子源的不足，到目前为止，已发展了多种软电离技术，其中应用最广的是 1981 年 Barber 创立的快原子轰击（FAB），此外还有场解吸电离（FD）、等离子解吸（PD）、激光解吸（LD）、电喷雾电离（ESI）和热喷雾（TSI）等。随着电离技术和质谱仪器的不断改进和日渐成熟，质谱已成为原子能、石油化工、电子、冶金、医药、食品、地学、材料科学、生命科学及环境科学领域中不可缺少的分析仪器之一，正发挥着越来越重要的作用。

二、质谱分析法的内容

按研究对象来划分，质谱分析大致可分为以下几个分支。

1. 同位素质谱分析

质谱分析是从同位素分析作为起点的。这方面的工作包括发现元素的新的同位素及测定同位素含量两个方面。早期的质谱分析工作集中于元素的天然同位素发现及丰度测定。这方面数据的积累为确立目前通用的以 ^{12}C 为基准的原子量单位体系提供了基础。这是质谱对物理学和化学的一大贡献。目前这方面的分析、研究工作已基本结束，同位素分析集中到特定环境下的同位素含量测定上。

质谱既可分析元素的稳定同位素，也能分析某些放射性同位素；既可测定相对含量，也可测定绝对含量。被分析的样品可以是气体，也可以是液体或固体，还可以进行微区分析。质谱是同位素地质学研究的重要工具。通过测定地质样品（岩石、矿物、化石等）中某些同位素的含量，可确定其形成年代，为地质学及考古工作提供可靠的信息。

同位素质谱分析在研究宇宙样品的成分及同位素构成的工作中起着十分重要的作用。

用有机质谱仪分析同位素标记化合物是研究有机反应历程以及生物体的新陈代谢机理，特别是人体内的代谢过程的有效方法。

2. 无机质谱分析

质谱在无机分析中的工作主要包括无机物的定性、定量及材料的表面分析等。用火花源质谱分析法，原则上可测定周期表上从氢到铀的全部元素，检测绝对灵敏度可达 $10^{-12} \sim 10^{-13}$ g，分析无机材料中的杂质，灵敏度达 10^{-9} 级。用质谱法检测某些性质相近的元素，如锆、铪、铌、钽等，得到的数据比其他方法更为可靠。另外，质谱与感应耦合等离子体法（ICP）的联用已获成功，使得元素的检测更加方便有效。

对固体样品进行"立体"分析（包括微区分析、表面分析、纵深分析、逐层分析等）是无机质谱分析的另一个重要领域。专门进行这种分析的设备也越来越完善。二次离子法（SIMS）为此提供了必要的手段。用火花探针法也进行了这方面的工作。

3. 有机质谱分析

有机质谱分析虽起步较晚，但发展十分迅速，是有机化合物结构与成分分析的主要工具。它与核磁共振波谱、红外吸收光谱、紫外吸收光谱一起被称为有机结构分析的"四大谱"。而且它提供了有机化合物最直观的特征信息，即分子量及官能团碎片结构信息。在某些条件下，这些信息足以确定一个有机化合物的结构。在高分辨条件下，将质谱信号通过计算机运算，可以获知其元素组成。因此，质谱仪还具有元素分析的功能。质谱已被广泛应用于各种有机化合物的结构分析。

由于与分离型仪器（气相色谱仪、液相色谱仪）联用的成功，质谱已成为复杂混合物成分分析的最有效工具。这些混合物包括天然产物、食品、药物、代谢产物、污染物等。它们的组分可多至数百个甚至上千个，含量也可千差万别。用别的方法分析这类样品所耗费的时间使人们难以承受，有时则根本不可能进行。而用色谱-质谱联用法则有可能在较短的时间内对这些组分进行定性分析。结合裂解方法，色谱-质谱联用还可分析高分子样品的成分。

石油族组分的定量分析是有机质谱分析的又一个重要方面。石油工业界用这方面的数据来评价石油及其产品的品质。

有机质谱法应用于生物化学、生物医学领域的研究工作已成为当前质谱学发展的热点。用质谱分析糖、核酸、多肽、蛋白质方面的许多成功的研究工作都标志着它作为一种生化分析方法将占据重要的地位。其他方面的进展包括大分子量生物样品的直接质谱分析及微量甚至痕量样品的质谱分析，后者在法庭科学中起着重要作用。用质谱进行临床医学研究也取得了成果。

4. 气体质谱分析

主要有呼气质谱仪、氦质谱检漏仪等。

三、质谱的表示方法

质谱的表示方法有三种：质谱图、质谱表和元素图。质谱图有两种：峰形图（图 22-1）和棒图（标准质谱图）（图 22-2），目前大部分质谱都用棒图表示。

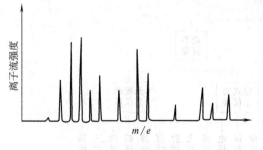

图 22-1 峰形质谱图

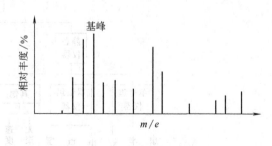

图 22-2 棒图（标准质谱图）

在图 22-2 中，横坐标表示质荷比，纵坐标表示相对丰度，以质谱中最强峰的高度作为 100%，然后用最强峰的高度去除其他各峰高度，这样得到的百分数称作相对丰度。用相对丰度表示各峰的高度，其中最强峰称为基峰。

质谱除了用棒图表示外，还可以用表和元素图的形式表示，目前文献中也常以表的形式发表质谱数据，表 22-1 为甲苯的质谱。

元素图是由高分辨率质谱仪所得结果，经一定程序运算直接得到的，由元素图可以了解每个离子的元素组成。

表 22-1　甲苯的质谱

m/e	基峰相对强度/%	m/e	分子离子峰相对强度/%
38	4.4		
39	5.3		
45	3.9		
50	6.3	92(M)	100
51	9.1	93($M+1$)	7.23
62	4.1	94($M+2$)	0.29
63	8.6		
65	11		
91	100(基峰)		
92	68(分子离子峰)		
93	4.9($M+1$)		
94	0.21($M+2$)		

四、质谱仪的分类

根据仪器的用途，可将质谱仪分为有机质谱仪、无机质谱仪和同位素质谱仪和气体分析质谱仪四种。

按性能可分为三类：①低分辨质谱，分辨率从几百到几千，质量数精确到整数，单聚焦质谱仪和四极质谱仪均属此类；②中分辨质谱，分辨率为 $1\times10^4\sim3\times10^4$，质量数可精确到小数第三位；③高分辨质谱，分辨率在 5×10^4 以上。

另一种分类方法是根据仪器的质量分析器的类型区分。这种分类法将仪器分为静态仪器和动态仪器两大类。静态仪器的质量分析器采用稳定磁场，按空间位置把不同质荷比的离子分开。动态仪器则用变化的电磁场构成质量分析器，按时间或空间分离不同质荷比的离子。

在质谱仪器发展历史上，曾经有过很多种类的质谱仪。表 22-2 基本上总结了各种不同类型的质谱仪。但现在由质谱仪器公司提供的商品质谱分析仪器只有双聚焦磁型、四极滤质器型、傅里叶变换回旋共振型和飞行时间质谱型 4 种。它们各有优点和缺点。磁场型双聚焦质谱仪能达到较高的分辨率，可以用来进行离子的精密质量测定；四极滤质器的优势在于结构非常简单，具有小型、低

表 22-2　质谱仪器的分类

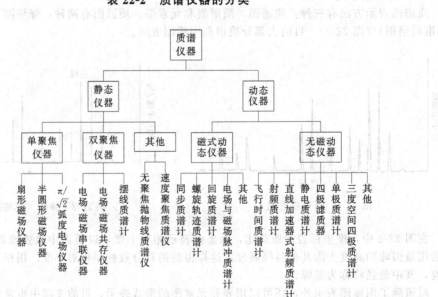

价格的特征；傅里叶变换离子回旋共振质谱比扫描型质谱具有更高的灵敏度和分辨率，但价格昂贵；飞行时间质谱仪的最大特点是检测离子的质量数没有上限，适用于大分子化合物的分析。了解了各类仪器的特点，就可以根据应用目的进行选择。

表 22-3 列出了部分有机质谱仪型号及生产厂家。

表 22-3 部分有机质谱仪型号及生产厂家

生产厂	磁 质 谱			四极质谱	离子阱质谱	飞行时间质谱	离子回旋共振质谱	备 注
	高分辨	中分辨	低分辨					
Finnigan MAT 公司	8200 系列 MAT731, 711 MAT95S™ MAT900™	MAT312, 212	MAT111, 112CH5	MAT-44 4500 4600 系列 1200 INCOS XL SSQ 7000 TSQ7000	Magnum 系列 GCQ™ LCQ™	LASERMAT 2000 VISION 2000		
VG 公司	ZAB AUTO- SPEC	7070 系列	16HC	12-12F MD 800 TRIO1000, 2000 QUATTRO Platform		Tof Spec		已并入 Fisons 集团
Hewlett-Packard 公司				HP 5970 HP 5971A HP 5972A HP 5989				
Perkin-Elmer 公司				QMASS910				
岛津公司		9020-DF	LDB-9000	QP 1000 QP 2000 QP 5000		MALDI Ⅰ MALDI Ⅲ		飞行时间质谱仪是 Kratos 公司并入岛津公司后推出的
Bruker 公司					ESQUIRE	Protein TOF™ Polymer TOF™ Bench TOF™ REFLEX™	FT-MS	
Kratos 公司	MS 902 MS 50 MS 50S CONCEPT	MS 30 MS 80 MS 890	MS 25					前身是 AEI 公司,现已并入岛津公司
日本电子 JEOL		JMS-01 D 300 DX 300						
日立		M-80 M-80A	PMU-6					

第二节 质谱仪的基本结构

一、质谱仪组成框图

质谱仪是能产生离子，并将这些离子按其质荷比进行分离记录的仪器，它由五大部分组成，即进样系统、离子源、质量分析器、检测记录系统及真空系统，如图 22-3 所示。

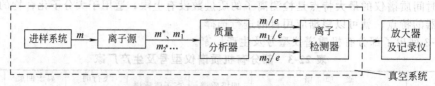

图 22-3　质谱仪的组成方框图

质谱分析的一般过程是：通过合适的进样装置将样品引入并进行气化，气化后的样品进入离子源进行电离，电离后的离子经适当加速后进入质量分析器，按不同的质荷比进行分离，然后到达检测记录系统，将生成的离子流变成放大的电信号，并按对应的质荷比记录下来而得到质谱图。

二、真空系统

质谱仪必须在良好的真空条件下才能正常操作，一般要求质量分析器的真空优于 $10^{-4}Pa$。

质谱仪器要求高真空的原因如下。

① 离子的平均自由程必须大于离子源到收集器的飞行路程。

② 氧气分压过高影响电子轰击离子源中灯丝的寿命。

③ 离子源内高的气压可能引起高达数千伏的加速电压放电。

④ 高的气压产生的高本底会干扰质谱图及分析结果。

⑤ 电离盒内的高气压导致离子-分子反应，改变质谱图样。

⑥ 电离盒内的高气压会干扰轰击电子束的正常调节。

以上诸因素中，第④、⑤两项与气体种类有关，而其余各项则取决于气体总压。为了保证质谱仪器正常而有效工作，其中任何一项不满足都将使整个系统失败。

高真空的实现一般是由机械泵和油扩散泵或分子涡轮泵串联完成。机械泵作为前级泵先将体系抽到 $10^{-1}\sim10^{-2}Pa$，然后再由油扩散泵或分子涡轮泵继续抽到高真空。油扩散泵比较便宜，但会产生一定的本底；操作不当，可能造成反油，污染离子源和质量分析器。使用分子涡轮泵可以克服油扩散泵的缺点，但价格较高。

三、进样系统

质谱仪的进样系统要求能在既不破坏离子源的高真空工作状态，又不改变化合物的组成和结构的条件下，高效重复地将样品引入离子源。目前常用的进样系统有以下几种。

1. 直接进样系统

（1）直接进样装置　它是利用一个推杆（或称探头）将样品送到离子源的电离盒样品口，然后使样品气化的进样系统，主要用于固体与高沸点液体样品进样。由于样品在电离盒旁边气化，大部分样品蒸气能进入电离盒，因此样品利用率高于其他几种进样系统。同时，由于气化位置与电离区域很近，样品一旦气化，很快被电离，能比较有效地防止样品热分解。

直接进样装置主要由推杆、样品管（也称作样品坩埚，一般是石英或黄金制成的毛细管）、闸阀、预抽室等部分组成，如图 22-4 所示。

样品的加热气化有两种方式——间接加热和直接加热。所谓间接加热就是利用电离盒本身的温度（一般在 $150\sim250℃$ 之间），所能达到的温度较低。直接加热是在推杆顶端或在电离盒旁边样品管所能达到的位置安装加热器。

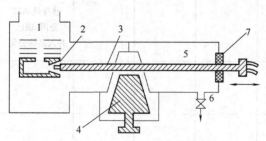

图 22-4　直接进样装置
1—离子源；2—样品管；3—样品推杆；4—闸阀；
5—预抽室；6—接真空泵；7—真空密封

（2）全玻璃进样系统　其示意如图 22-5 所示，这种进样系统在做有机化合物的混合物的定量分析时是必不可少的，也称为全玻璃定量进样系统。有机气体进样一般也要通过这样的进样系统。

2. 间接进样系统

间接进样系统也叫贮气罐进样系统。它是先将气态样品或液、固态样品的蒸气贮存在贮气罐中，然后通过加热的导管进入电离盒的一种进样系统。间接进样系统对气、液、固态样品的分析均适用。由于贮气罐的体积较大，允许样品在较长时间内以稳定的流量进入质谱离子源，所以这种进样系统特别适合于半定量和定量分析，但不适用于热稳定性差的样品。又因为贮气罐中的样品蒸气只有少量进入电离盒，所以间接进样系统的样品利用率很低，为 $1\%\sim2\%$。少于 $100\mu g$ 的微量样品一般不能得到足够的离子流强度。它的灵敏度比直接进样系统低 $2\sim3$ 个数量级。

间接进样系统如图 22-6 所示。贮气罐的体积一般为几毫升到几升，放置在一个可以调节温度的恒温箱中。制作间接进样系统的材料一般是玻璃或内衬珐琅的金属。

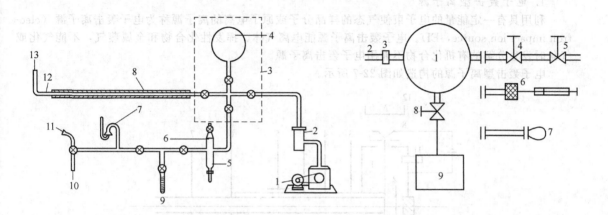

图 22-5　全玻璃进样系统
1—机械泵；2—扩散泵；3—加热炉；4—气化样品贮器；
5—固体进样口；6—液体进样隔膜；7—压力计；
8—加热带；9—参比化合物；10—去前级泵；
11—气体进样口；12—分子漏孔；13—去离子源

图 22-6　间接进样系统
1—贮气罐；2—通电离盒的管道；3—分子漏孔；
4,5—气体进样阀；6—硅橡胶垫圈；
7—样品管；8—抽气阀；9—真空泵

3. 色谱进样

质谱仪器是一种高灵敏度、高效的定性分析仪器，对混合物的分析常常无能为力，而色谱对混合的有机化合物有很强的分离能力。若将色谱分离后的各个单一组分直接送入离子源内（即将这两种仪器串联在一起，将色谱仪器经过特殊的接口装置作为质谱仪的一种进样装置），这种联用仪器成为有机化合物分析的最强有力的工具之一。这种方法快速、方便、可靠，是复杂混合物分析的最有效方法。有关气相色谱-质谱（GC-MS）和液相色谱-质谱（LC-MS）联用仪将在本章第四节、第五节中详细介绍。

四、离子源

离子源的作用是将进样系统引入的气态样品分子转化成离子。由于离子化所需要的能量随分子不同差异很大，因此，对于不同的分子应选择不同的离解方法。

使分子电离的方式很多，因此有各种各样的离子源，表 22-4 列出了质谱研究中的几种离子源的基本特征。

表 22-4　质谱研究中的几种离子源的基本特征

名　称	简称	类型	离子化试剂	应用年份
电子轰击离子化(electron bomb ionization)	EI	气相	高能电子	1920 年
化学电离(chemical ionization)	CI	气相	试剂离子	1965 年
场电离(field ionization)	FI	气相	高电势电极	1970 年
场解吸(field desorption)	FD	解吸	高电势电极	1969 年
快原子轰击(fast atom bombandment)	FAB	解吸	高能电子	1981 年

名　　称	简称	类型	离子化试剂	应用年份
二次离子质谱（secondary ion MS）	SIMS	解吸	高能离子	1977 年
激光解吸（laser desorption）	LD	解吸	激光束	1978 年
电流体效应离子化（离子喷雾，electrohydrodynamic ionization）	EH	解吸附	高场	1978 年
热喷雾离子化（thermospray ioization）	ES 或 ESI		荷电微粒能量	1985 年

不论何种离子源都必须满足以下一些要求：①产生的离子流稳定性高，强度能满足测量精度；②离子束的能量和方向分散小；③记忆效应小；④质量歧视效应小；⑤工作压强范围宽；⑥样品和离子的利用率高。

1. 电子轰击型离子源

利用具有一定能量的电子束使气态的样品分子或原子电离的离子源称为电子轰击离子源（electron impact ion source，EI）。电子轰击离子源能电离气体、挥发性化合物和金属蒸气，不能气化或气化时发生分解的有机化合物不能用电子轰击离子源。

电子轰击型离子源的构造如图 22-7 所示。

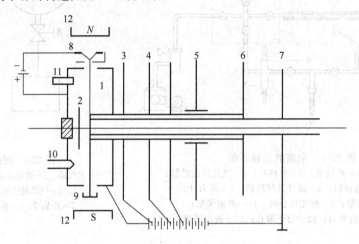

图 22-7　电子轰击型离子源的构造

1—电离盒；2—推斥极；3—引出机；4—聚焦极；5—Z 向偏转极；
6—总离子流检测极；7—主狭缝；8—灯丝；9—电子收集极；
10—电离盒加热器；11—热电偶；12—永久磁铁

在高真空条件下，当电流通过阴极时，灯丝（通常用钨丝或铼丝制成）温度高达 2000℃左右，炽热的灯丝发射出电子。电子在电离电压（即加在电离盒和灯丝上的电压差）下加速，获得能量，并经栅极聚焦成束，经电子入射口进入电离盒，在电离盒中电子与气态的样品分子或原子相互作用，当电子能量高于样品的电位时，样品分子或原子发生电离。永久磁铁产生的磁场使电子在电离盒内做螺旋运动，增加了电子与气态分子或原子之间作用的概率，从而提高电离效率。穿过电离盒的电子被电子收集极收集。离子在电离盒中一旦形成，就立即在推斥极和引出极作用下被拉出电离盒。聚焦极和 Z 向偏转极使离子聚焦成束。在检测正离子时，电离盒加数千伏的正高压，推斥极电位稍高于电离盒的电位；如检测负离子，则电离盒加负电压。狭缝通常接地。因此，电离盒和狭缝之间的电压差等于电离盒上所加电压，这一电压称为加速电压。单电荷离子在电离盒和狭缝之间的加速电场中获得电势能，然后转化为动能，并以一定速度进入质量分析器。

在电子轰击离子源中，被测物质的分子（或原子）或是失去价电子生成正离子：

$$M+e \longrightarrow M^+ +2e$$

或是捕获电子生成负离子：

$$M+e \longrightarrow M^-$$

一般情况下，生成的正离子是负离子的 10^3 倍。当电子能量较小（即电离电压较小，如 $7\sim14eV$）时，电离盒内产生的离子主要是分子离子。当加大电子能量（如加大到 $50\sim100eV$），产生的分子离子会部分发生断裂，成为碎片离子。可用降低电子能量的方法来简化谱图，也可用加大电子能量的方法来得到更多的碎片离子峰。为了获得重复的、可比较的质谱图，轰击电子能量一般定为 70eV，到目前为止，已积累了数十万个化合物的标准谱图。

电子轰击型离子源是应用最广泛的一种离子源，其优点是结构简单，易于操作，电离效率高，谱线多，信息量大，再现性好；缺点是某些化合物的分子离子峰很弱，甚至观察不到。

2. 化学电离源

化学电离源（chemical ionization source，CI）是通过样品分子和反应气（或反应试剂）离子之间的分子-离子反应使样品分子电离。化学电离源和电子轰击源一样，必须首先使样品气化，然后再电离，所以不能解决热不稳定和难挥发化合物的分子量测定。常见的反应试剂见表 22-5。可以根据分析对象的特点和分析要求选择反应试剂。

表 22-5　常见的反应试剂

类　　型	反 应 试 剂	主要反应离子	质子亲和势/(kJ/mol)	电离能/eV
质子化反应试剂	氢	H_3^+	428	
	甲烷	CH_5^+、$C_2H_5^+$	536.699	
	水	H_3O^+	708	
	丙烷	$S\text{-}C_3H_7^+$	749	
	甲醇	$CH_3OH_2^+$	762	
	丙酮	$(CH_3)_2COH^+$	790	
	异丁烷	$T\text{-}C_4H_9^+$	813	
	氨	NH_4^+	846	
	甲胺	$CH_3NH_3^+$	884	
	三甲胺	$(CH_3)_3NH^+$	929	
电荷交换试剂	氦	He^+		24.6
	氮	N_2^+		21.6
	氩	Ar^+		15.8
	一氧化碳	CO^+		14.0
	二氧化碳	CO_2^+		12.8
	二硫化碳	CS_2^+		约10.0
	苯	$C_6H_6^+$		9.2

假设样品是 M，以甲烷（CH_4）做反应气，说明化学电离的基本原理和过程。

将样品和 CH_4 混合后送入电离源，由于源中 CH_4 的压力大约是样品蒸气压的 10^3 倍，先用能量大于 50eV 的电子使反应气体 CH_4 电离，发生一级离子反应

$$CH_4 + ne \longrightarrow CH_4^+ + CH_3^+ + CH_2^+ + C^+ + H_2^+ + H^+ + ne$$

生成的 CH_4^+ 和 CH_3^+ 约占全部离子的 90%。

电离生成的 CH_4^+ 和 CH_3^+ 很快与大量存在的、未被电离的 CH_4 作用，发生二级离子反应：

$$CH_4^+ + CH_4 \longrightarrow CH_5^+ + CH_3 \cdot$$
$$CH_3^+ + CH_4 \longrightarrow C_2H_5^+ + H_2$$

生成的 CH_5^+ 和 $C_2H_5^+$ 活性离子与样品分子 M 进行分子-离子反应生成准分子离子。如果样品分子的质子亲和势大于反应气的质子亲和势时，样品作为一个质子接受体生成质子化的分子离子 $[M+1]^+$；如果样品的质子亲和势小于反应气的质子亲和势则生成 $[M-1]^-$。

$$M + CH_5^+ \longrightarrow [M+1]^+ + CH_4$$
$$M + C_2H_5^+ \longrightarrow [M+1]^+ + C_2H_4$$

或

$$M + CH_5^+ \longrightarrow [M-1]^+ + CH_4 + H_2$$
$$M + C_2H_5^+ \longrightarrow [M-1]^+ + C_2H_6$$

此外,下列反应也存在:

$$M+C_2H_5^+ \longrightarrow [M+29]^+$$

$$M+C_3H_5^+ \longrightarrow [M+41]^+$$

在生成的这些离子中,以 $[M+1]^+$ $[M-1]^+$ 的丰度为最大,成为主要的质谱峰,通常为基峰。

目前用于分析的化学电离源有中气压、低气压和大气压化学电离源三种。其中最常用的是中气压化学电离源、源的结构与电子轰击源相似。

3. 快原子轰击源

快原子轰击源(fast atomic bombardment,FAB)是另一种常用的离子源,它主要用于极性强、分子量大的样品分析。其工作原理如图 22-8 所示。

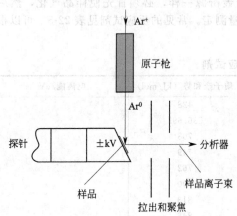

图 22-8 快原子轰击源示意

氩气在电离室依靠放电产生氩离子,高能氩离子经电荷交换得到高能氩原子流,氩原子打在样品上产生样品离子。样品置于涂有底物(如甘油)的靶上。靶材为铜,原子氩打在样品上使其电离后进入真空,并在电场作用下进入分析器。电离过程中不必加热气化,因此适合于分析大分子量、难气化、热稳定性差的样品,例如肽类、低聚糖、天然抗生素、有机金属络合物等。FAB 源得到的质谱不仅有较强的准分子离子峰,而且有较丰富的结构信息。但是,它与 EI 源得到的质谱图很不相同:其一是它的分子量信息不是分子离子峰 M,而往往是 $(M+H)^+$ 或 $(M+Na)^+$ 等准分子离子峰;其二是碎片峰比 EI 谱要少。

FAB 源主要用于磁式双聚焦质谱仪。

4. 电喷雾源

电喷雾源(electron spray ionization,ESI)是近年来出现的一种新的电离方式。它主要应用于液相色谱-质谱联用仪。它既作为液相色谱和质谱仪之间的接口装置,同时又是电离装置。它的主要部件是一个多层套管组成的电喷雾喷嘴。最内层是液相色谱流出物,外层是喷射气,喷射气常采用大流量的氮气,其作用是使喷出的液体容易分散成微滴。另外,在喷嘴的斜前方还有一个补助气喷嘴,补助气的作用是使微滴的溶剂快速蒸发。在微滴蒸发过程中表面电荷密度逐渐增大,当增大到某个临界值时,离子就可以从表面蒸发出来。离子产生后,借助于喷嘴与锥孔之间的电压,穿过取样孔进入分析器(图 22-9)。

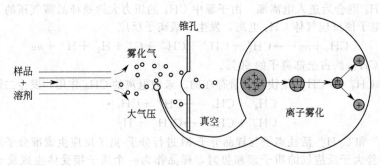

图 22-9 电喷雾源示意

加到喷嘴上的电压可以是正,也可以是负。通过调节极性,可以得到正或负离子的质谱。其中值得一提的是电喷雾喷嘴的角度,如果喷嘴正对取样孔,则取样孔易堵塞。因此,有的电喷雾喷嘴设计成喷射方向与取样孔不在一条线上,而错开一定角度。这样溶剂雾滴不会直接喷到取样孔上,使取样孔比较干净,不易堵塞。产生的离子靠电场的作用引入取样孔,进入分析器。

电喷雾电离源是一种软电离方式,即便是分子量大、稳定性差的化合物,也不会在电离过程中发生分解，它适合于分析极性强的大分子有机化合物，如蛋白质、肽、糖等。电喷雾电离源的最大特点是容易形成多电荷离子。这样，一个相对分子质量为 10000 的分子若带有 10 个电荷，则其质比只有 1000，进入一般质谱仪可以分析的范围之内。根据这一特点，目前采用电喷雾电离，可以测量相对分子质量在 300000 以上的蛋白质。

5. 场致电离源

应用强电场可以诱发样品电离。场致电离源（FI）由电压梯度为 $10^7 \sim 10^8$ V/cm 的两个尖细电极组成。流经电极之间的样品分子由于价电子的量子隧道效应而发生电离，电离后被阳极排斥出离子室并加速经过狭缝进入质量分析器。

场致电离源形成的离子主要是分子离子，碎片离子少，可提供的结构信息少，通常将其与电子轰击源配合使用。对于那些在电子轰击条件下不生成或只生成很弱的分子离子峰的样品，场致电离源 FI 是一个极有用的补充。

6. 场解吸电离源

场解吸电离源（FD）的作用原理与场致电离源相似，不同的是进样方式，在这种方法中，分析样品溶于溶剂，滴在场发射丝上，或将发射丝浸入溶液中，待溶剂挥发后，将场发射丝插入离子源，在强电场作用下样品不经气化即被电离。场解吸电离源适用于不挥发和热不稳定化合物的分子量的测定。

7. 火花源

对于金属合金或离子型残渣之类的非挥发性无机试样，必须使用不同于上述离子源的火花源。火花源类似于发射光谱中的激发源，向一对电极施加约 30kV 脉冲射频电压，电极在高压火花作用下产生局部高热，使试样仅靠蒸发作用产生原子或简单的离子，经适当加速后进行质量分析。火花源对几乎所有元素的灵敏度都较高，可达 10^{-9} 数量级，可以对极复杂样品进行元素分析，但由于仪器设备价格昂贵，操作复杂，限制了使用范围。

8. 大气压电离源

大气压电离源是利用一个处于大气压下的毫居里级的 ^{63}Ni 放射源使气体电离产生初级离子，然后经过一系列的离子-分子反应使样品电离。与传统的离子源的最大差别在于大气压源是在大气压下工作的，因此在结构上它必须独立于处在高真空状态的质量分析器等质谱仪器的其他部分。从这个意义上说，它是一个"外部"源。在应用上，它适合于气相色谱、液相色谱与质谱联用技术。

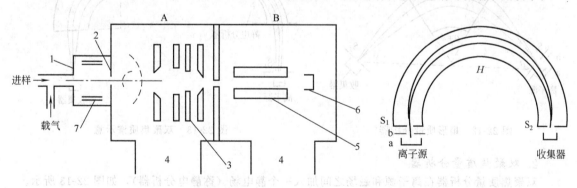

图 22-10　大气压电离源　　　　　　　图 22-11　半圆形质量分析器
1—离子源，常压，200～400℃；2—微孔；3—聚焦透镜；4—高抽速真
空泵；5—四极滤质器；6—电子倍增器；7—^{63}Ni 放射性箔
A—离子/气体喷射分离区，0.1～0.01Pa；B—质量分析区，$10^{-4} \sim 10^{-5}$Pa

图 22-10 给出了一个大气压电离源的基本结构。当色谱流出物进入离子源时，^{63}Ni 放射源使载气或载液电离，在源中生成的初级离子与未电离的分子发生一系列离子-分子反应，使样品电离。这与化学电离源中发生的过程相同。离子经过小孔进入质谱仪的透镜系统以及质量分析器。^{63}Ni 放射源与质谱仪器高真空区域靠一个直径为 25μm 的微孔连接，微孔可让离子通过，同时既保证离子源的压强处于工作范围，又维持透镜区的真空要求。透镜系统配备大抽速的泵，维持 $10^{-1} \sim 10^{-2}$Pa 的

真空。质量分析器的真空为 $10^{-4} \sim 10^{-5}$ Pa。

9. 激光解吸源

激光解吸源（laser description，ID）是利用一定波长的脉冲式激光照射样品使其电离的一种电离方式。被分析的样品置于涂有基质的样品靶上，激光照射到样品靶上，基质分子吸收激光能量与样品分子一起蒸发到气相并使样品分子电离。激光电源源需要有合适的基质才能得到较好的离子产率。因此，这种电离源通常称为基质辅助激光解吸电离（matrix assisted laser description ionization，MALDI）。MALDI 特别适合于飞行时间质谱仪（TOF），组成 MALDI-TOF。MALDI 属于软电离技术，它比较适合于分析生物大分子，如肽、蛋白质、核酸等。得到的质谱主要是分子离子、准分子离子，碎片离子和多电荷离子较少。MALDI 常用的基质有 2,5-二羟基苯甲酸、芥子酸、烟酸、α-氰基-4-羟基肉桂酸等。

五、质量分析器

质量分析器是将离子源产生的离子按其质量和电荷比的不同，在空间的位置、时间的先后或轨道的稳定与否方面进行分离，以便得到按质荷比大小顺序排列成的质谱图。质量分析器是质谱仪器的核心。

1. 单聚焦质量分析器

单聚焦质量分析器由电磁铁组成，两个磁极由铁芯弯曲而成，磁极间隙尽量减小，磁极面一般呈半圆形（图 22-11）或扇形（图 22-12）。

在离子源 a 中产生的离子被施于 b 板上的可变电位所加速，经由狭缝 S_1 进入磁场的磁极间隙，受到磁场 H 的作用而作弧形运动，各种离子运动的半径与离子的质量有关，因此磁场即把不同质量的离子按质荷比的大小顺序分成不同的离子束，这就是磁场引起的质量色散作用。同时磁场对能量、质量相同而进入磁场时方向不同的离子还起着方向聚焦的作用，但不能对不同能量的离子实现聚焦。

由于磁场的能量色散作用，单聚焦质量分析器只能进行对分辨率要求不高的测试工作。

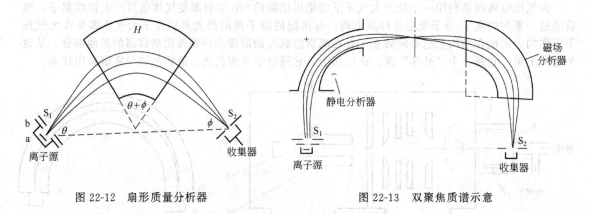

图 22-12　扇形质量分析器　　　　　　　图 22-13　双聚焦质谱示意

2. 双聚焦质量分析器

双聚焦质量分析器在离子源和磁场之间加入一个静电场（称静电分析器），如图 22-13 所示。

令加速后的正离子先进入静电场 E，这时带电离子受电场作用发生偏转，要保持离子在半径为 R 的径向轨道中运动的必要条件是偏转产生的离心力等于电场，即：

$$eE = \frac{mv^2}{R}$$

所以

$$R = \frac{m}{e} \times \frac{v^2}{E} = \frac{2}{eE} \times \frac{1}{2}mv^2$$

式中　v——离子被加速后的速度；

　　　　e——电子所带的电荷量；

　　m——离子质量；

　　R——径向轨道的半径。

　　当固定 E，由上式可知，只有动能相同的离子才能具有相同的 R，因此静电分析器只允许符合上式的一定动能的离子通过。即挑出了一束由不同的 m 和 v 组成，但具有相同动能的离子（这就叫能量聚焦），再将这束动能相同的离子送入磁场分析器实现质量色散，这样就解决了单聚焦质量分析器所不能解决的速度聚焦问题。

　　双聚焦质量分析器可同时实现方向聚焦和能量聚焦，具有较高的分辨率。

　　3. 飞行时间质量分析器

　　飞行时间质量分析器的工作原理是：获得相同能量的离子在无场的空间漂移，不同质量的离子，其速度不同，行经同一距离之后到达收集器的时间不同，从而可以得到分离。飞行时间质量分析器的构造如图 22-14 所示。

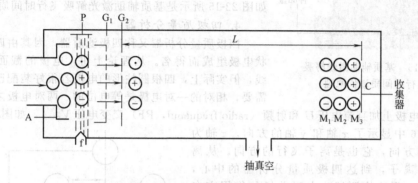

图 22-14　飞行时间质量分析器的构造

　　由阴极发射的电子，受到电离室 A 上正电位的加速，进入并通过 A 到达电子收集极 P，电子在运动过程中撞击 A 中的气体分子 M 并使之电离，在栅极 G_1 上施加一个不大的负脉冲（-270V），把正离子引出电离室 A，然后在栅极 G_2 上施加直流负高压 V（-2.8kV），使离子加速而获得动能 E。

$$E=\frac{1}{2}mv^2=eV$$

由上式可得离子的速度 v 为：

$$v=\sqrt{\frac{2eV}{m}}$$

　　离子以速度 v 飞行长度为 L 的既无电场又无磁场的漂移空间，最后到达离子接收器 C，所需时间 t 为：

$$t=\frac{L}{v}$$

把离子速度公式代入上式得：

$$t=L\sqrt{\frac{m}{2eV}}$$

或

$$\frac{m}{e}=\frac{2Vt^2}{L^2}$$

　　当 L、e、v 等参数不变的情况下，离子的质荷比与离子飞行时间的平方成正比，因此，该种类型的质量分析器可以按照时间实现质量分离，其最大特点是既不需要磁场又不需要电场，只需要直线漂移空间，因此结构简单，分析速度快，缺点是分辨率低。

　　化学电离源适于高分子量及不稳定化合物的分析，它具有谱图简单、灵敏度高（比电子轰击源高 1~2 个数量级）、可以通过改变反应气实现较高的选择性等优点。缺点是碎片少，可提供的结构

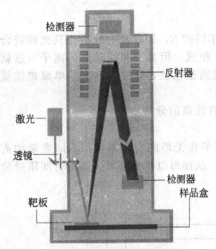

图 22-15　基质辅助激光解吸
飞行时间质谱仪原理

信息少。

造成分辨率低的主要原因在于离子进入漂移管前的时间分散、空间分散和能量分散。这样，即使是质量相同的离子，由于产生时间的先后、产生空间的前后和初始动能的大小不同，达到检测器的时间就不相同，因而降低了分辨率。目前，通过采取激光脉冲电离方式、离子延迟引出技术和离子反射技术，可以在很大程度上克服上述三个原因造成的分辨率下降。现在，飞行时间质谱仪的分辨率可达 20000 以上，最高可检质量超过 300000，并且具有很高的灵敏度。目前，这种分析器已广泛应用于气相色谱-质谱联用仪、液相色谱-质谱联用仪和基质辅助激光解吸飞行时间质谱仪中。如图 22-15 所示是基质辅助激光解吸飞行时间质谱仪原理。

4. 四极质量分析器

四极质量分析器又称四极滤质器，因其由四根平行的棒状电极组成而得名。从理论上讲，电极的截面最好为双曲线，但实际上，四根圆柱形的电极若很好装配已能完全满足需要，相对的一对电极是等电位的。两对电极之间的电位则是相反的。电极上加直流电压 U 和射频（radio frequenul，RF）交变电压 $V_{\cos\omega t}$，如图 22-16 所示。

图 22-16 中显示了 x 轴和 y 轴的方向。z 轴为垂直纸面的方向，它也是离子飞行的方向。从离子源出来的离子，到达四极质量分析器的中心，沿 z 轴飞行，到达检测器。由于电场的作用方向垂直于 z 轴，离子要沿 z 轴飞行需给离子一些动能，这靠离子源比四极质量分析器电位略高（n 伏）来完成。

离子在四极质量分析器中的运动可以准确求解。这是因为在电极间任一位置（x、y、z）处的电位 ϕ 可用下式表示：

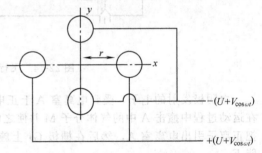

图 22-16　四极质量分析器示意

$$\phi=\frac{x^2-y^2}{r^2}(U+V_{\cos\omega t})$$

式中　r ——电场中心至电极端点的距离；

　　　t ——时间；

　　　U——直流电压；

　　　V——交流电压幅值；

　　　ω——圆频率。

当质荷比为 m/e 的离子从乙方向进入电场时，由于电场的作用，其运动轨迹可用下述方程描述：

$$m\frac{d^2x}{dt^2}+\frac{2e(U+V_{\cos\omega t})}{r^2}x=0$$

$$m\frac{d^2y}{dt^2}-\frac{2e(U+V_{\cos\omega t})}{r^2}y=0$$

$$m\frac{d^2z}{dt^2}=0$$

设

$$\omega t=2T$$

$$\frac{8eU}{mr^2\omega^2}=a$$

$$\frac{4eV}{mr^2\omega^2}=q$$

则描述运动轨迹的方程分别变成了马绍方程（Mathieus equation）：

$$\frac{\mathrm{d}^2 x}{\mathrm{d}t^2} + (a + 2q\cos 2T)x = 0$$

$$\frac{\mathrm{d}^2 y}{\mathrm{d}t^2} - (a + 2q\cos 2T)y = 0$$

离子在四极质量分析器中的运动也可用图 22-17 表示。

图 22-17 的巧妙之处就在于把离子在四极质量分析器中运动的稳定与否，仅用两个参数 a 和 q 来限定。图中封闭曲线所限定的区域是稳定区，在这个区域中的任一点，离子的运动是稳定的，即离子在与 z 轴垂直的截面上的运动范围有限，可沿 z 轴方向飞行而到达检测器。封闭曲线的外则为不稳定区。处于不稳定区的任意一点的离子，在四极质量分析器中运动时，会撞到某一根电极上，因而不能到达检测器。

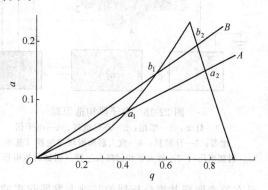

图 22-17　四极质量分析器稳定性图

在操作仪器时，可变化的实验参数有 U、V、ω 三个。一般固定 ω，且保持 $\dfrac{a}{q} = \dfrac{2U}{V}$ 为常数（同时增加或降低 U 和 V），因此这就表现为图 22-17 中过原点的一条直线，称为扫描线。当扫描线的斜率低时（如 A），通过四极质量分析器的离子质量范围宽；反之，当扫描线的斜率逐渐增加时，通过四极质量分析器的离子质量范围就越来越窄。其极限情况就是扫描线通过稳定区的顶点。从 q 的表达式可知，扫描线与稳定区右侧的交点（a_2，b_2）具有相对低的质量，与左侧的交点（a_1，b_1）具有相对高的质量。

为取得高的分辨率，扫描线的斜率大，近于稳定区的顶点。

如果 U/V 保持常数，U、V 皆从最低值开始逐渐增大，质量从小到大的离子顺次通过四极质量分析器。

四极质量分析器另一种操作方式为仅用射频电压。由于 $U=0$，因而 $a=0$，扫描线即是通过原点的水平线。在此情况下，除极少量的低质量离子之外，所有的离子均通过质量分析器。利用这个性质，这样的四极质量分析器用作串联质谱中的碰撞室。

从上面的分析可知，四极质量分析器和扇形磁场的质量分析器在原理上是截然不同的。后者靠离子动量的差别而把不同质荷比的离子分开，而四极质量分析器则是完全靠质荷比把不同的离子分开。当离子带单位电荷时，则由离子的质量差别而将其分开。

四极质量分析器的性能在不断提高，新一代的仪器质量范围可达 4000，甚至更高。四极质量分析器型质谱仪目前已成为最主要的商品仪器之一。从数量上讲，它已取代磁场型仪器而居第一，而且有继续增长的趋势。

四极质量分析器有以下几个突出优点。

① 结构简单、体积小、重量轻，价格便宜，清洗方便，操作容易。

② 仅用电场而不用磁场，无磁滞现象。扫描速度快，这使得它适合与色谱联机，也适合于跟踪快速化学反应等场合。

③ 操作时的真空度要求相对较低，因而特别适合同液相色谱联机。

四极质量分析器的缺点：

① 分辨率不够高；

② 对较高质量的离子有质量歧视效应。

5. 离子阱质量分析器

离子阱的结构如图 22-18 所示。离子阱的主体是一个环电极和上下两端盖电极，环电极和上下两端盖电极都是绕 z 轴旋转的双曲面，并满足 $r_0^2 = 2z_0^2$（r_0 为环形电极的最小半径，z_0 为两个端盖电极间的最短距离）。直流电压 U 和射频电压 V_{rf} 加在球电极及端盖电极之间，两端盖电极都处于地电位。

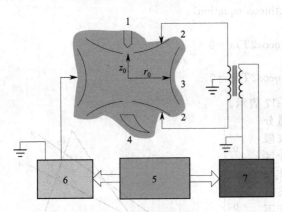

图 22-18　离子阱构造原理

1—灯丝；2—端帽；3—环形电极；4—电子倍增器；5—计算机；6—放大器和射频发生器（基本射频电压）；7—放大器和射频发生器（附加射频电压）

与四极杆分析器类似，离子在离子阱内的运动遵守马蒂厄微分方程，也有类似四极杆分析器的稳定图。在稳定区内的离子，轨道振幅保持一定大小，可以长时间留在阱内，不稳定区的离子振幅很快增长，撞击到电极而消失。对于一定质量的离子，在一定的 U 和、V_{rf} 下，可以处在稳定区。改变 U 或 V_{rf} 的值，离子可能处于非稳定区。如果在引出电极上茄负电压，可以将离子从阱内引出，由电手倍增器检测。因此，离子阱的质量扫描方式与四极杆类似，是在恒定的 U/V_{rf} 下，扫描、V_{rf} 获取质谱。

离子阱的特点是结构小巧，质量轻，灵敏度高，而且还有多级质谱功能。它可以用于 GC-MS，也可以用于 LC-MS。

6. 傅里叶变换离子回旋共振分析器

傅里叶变换离子回旋共振分析器（FTICR）是在原来回旋共振分析器的基础上发展起来的。因此，首先叙述一下离子回旋共振的基本原理。假定质荷比 m/e 的离子进入磁感应强度为 B 的磁场中，由于受磁场力的作用，离子做圆周运动，如果没有能量的损失和增加，圆周运动的离心力和磁场力相平衡，即：

$$\frac{mv^2}{R}=Bev$$

将上式整理后得：

$$\frac{v}{R}=\frac{Be}{m}$$

或

$$f=\frac{Be}{m}$$

式中　f——离子运动的回旋频率，rad/s。

由上式可以看出，离子的回旋频率与离子的质荷比成线性关系，当磁场强度固定后，只需精确测得离子的共振频率，就能准确得到离子的质量。测定离子共振频率的办法是外加一个射频辐射，如果外加射频频率等于离子共振频率，离子就会吸收外加辐射能量而改变圆周运动的轨道，沿着阿基米德螺线加速，离子收集器放在适当的位置就能收到共振离子。改变辐射频率，就可以接收到不同的离子。但普通的回旋共振分析器扫描速度很慢，灵敏度低，分辨率也很差。傅里叶变换离子回旋分析器采用的是线性调频脉冲来激发离子，即在很短的时间内进行快速频率扫描，使很宽范围的质荷比的离子几乎同时受到激发。因而扫描速度和灵敏度比普通回旋共振分析器高得多。如图 22-19 所示是这种分析器的结构示意。

分析室是一个立方体结构，它是由三对相互垂直的平行板电极组成，置于高真空和由趋导磁体产生的强磁场中。第一对电极为捕集极，它与磁场方向垂直，电极上加有适当正电压，其目的是延长离子在室内滞留时间；第二对电极为发射极，用于发射射频脉冲；

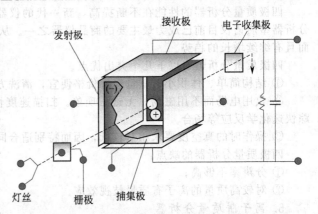

图 22-19　傅里叶变换离子回旋共振分析器的结构示意

第三对电极为接收极，用来接收离子产生的信号。样品离子引入分析室后，在强磁场作用下被迫以很小的轨道半径做回旋运动，由于离子都是以随机的非相干方式运动，因此不产生可检出的信号。如果在发射极上施加一个很快的扫频电压，当射频频率和某离子的回旋频率一致时共振条件得到满足。离子吸收射频能量，轨道半径逐渐增大，变成螺旋运动，经过一段时间的相互作用以后，所有离子都做相干运动，产生可被检出的信号。做相干运动的正离子运动至靠近接收极的一个极板时，吸收此极板表面的电子，当其继续运动到另一极板时，又会吸引另一极板表面的电子。这样便会感生出"相电流"（图22-20），相电流是一种正弦形式的时间域信号，正弦波的频率和离子的固有回旋频率相同，其振幅则与分析室中该质量的离子数目成正比。如果分析室中各种质量的离子都满足共振条件，那么，实际测得的信号

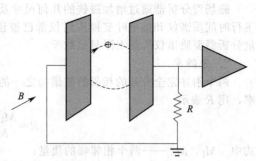

图 22-20 相干运动的离子在收集极上产生相电流

是同一时间内作相干轨道运动的各种离子所对应的正弦波信号的叠加。将测得的时间域信号重复累加、放大并经模数转换后输入计算机进行快速傅里叶变换，便可检出各种频率成分，然后利用频率和质量的已知关系，便可得到常见的质谱图。

利用傅里叶变换离子回旋共振原理制成的质谱仪称为傅里叶变换离子回旋共振质谱仪（fourier transform ion cyclotron resonance mass spectrometer），简称FT-MS。FT-MS有很多明显的优点。

① 分辨率极高，商品仪器的分辨率可超过 1×10^6，而且在高分辨率下不影响灵敏度，而双聚焦分析器为提高分辨率必须降低灵敏度。同时，FT-MS的测量精度非常好，能达到百万分之几，这对于得到离子的元素组成是非常重要的。

② 分析灵敏度高。由于离子是同时激发、同时检测，因此比普通回旋共振质谱仪高4个量级，而且在高灵敏度下可以得到高分辨率。

③ 具有多级质谱功能。

④ 可以和任何离子源相连，扩宽了仪器功能。

此外还有诸如扫描速度快、性能稳定可靠、质量范围宽等优点。当然，另一方面，FT-MS由于需要很高的超导磁场，因而需要液氦，仪器售价和运行费用都比较贵。

六、离子检测系统

离子检测系统的作用是将从质量分析器出来的只有 $10^{-9}\sim10^{-12}$ A 的微小离子流加以接收、放大，以便记录。最常用的有法拉第杯、电子倍增器及照相底片等。

① 法拉第杯是加有一定电压的筒状或平板状金属电极，离子流通过入口狭缝落在电极上，产生的电流，经转换成电压后进行放大记录。法拉第杯的优点是简单可靠，无质量歧视效应，配以合适的放大器可以检测约 10^{-15} A 的离子流，但其响应时间较长。适用于精密定量测定（如同位素测定）。

② 电子倍增器的种类很多，可检测出由单个离子直到大约 10^{-9} A 的离子流，可实现高灵敏度、快速测定。现代质谱计常用隧道电子倍增器，因为体积较小，多个隧道电子倍增器可以串列起来，可同时检测多个质荷比不同的离子，从而大大提高了分析效率。

③ 照相检测主要用于火花源双聚焦质谱仪，其优点是无需记录总离子流强度，也不需要整套的电子线路，且灵敏度可以满足一般分析要求，但其操作麻烦，效率不高。

七、质谱仪器主要指标

1. 质量范围

质量范围指质谱仪器所检测的离子的质荷比范围。对单电荷离子而言，这就是离子的质量范围。在检测多电荷离子时，所检测的离子的质量则因离子的多重电荷而扩展到了相应的倍数。实际上，质量范围的下限从零开始，所以一台仪器的质量范围就是这台仪器所能测量的最大的质荷比。这是一个非常重要的参数，因为它决定了可测量的样品的分子量。

质量测定范围与加速电压有关，降低加速电压，可扩大质量范围，但加速电压不能无限制地降低，还需维持一个较大的值，以使仪器能获得所要求的灵敏度及分辨率。因此，每台仪器都存在一个质量上限。质量范围的提高在很大程度上还要归功于新的电离方法的出现。只有像快原子轰击、铯二次离子法、激光解吸、等离子体电离及电喷雾等手段才能使大分子有较地离子化。

磁场型分析器通过增加磁铁的几何尺寸及提高场强等方法，已有质量范围超过20000的报道。飞行时间质谱仪和傅里叶变换质谱仪都已被证明能达到较高的质量上限（大于10000）。而四极质量分析器型质谱仪质量上限只达数千。

2. 分辨率

两个刚好完全分开的相邻的质谱峰之一的质量数与两者质量数之差的比值，规定为仪器的分辨率，用 R 表示

$$R = \frac{M_2(\text{或 } M_1)}{M_2 - M_1} = \frac{M}{\Delta M}$$

式中　M_1，M_2 ——两个相邻峰的质量；

　　　ΔM ——两峰质量数之差。

所谓正好分开，目前国际上有两种定义。

(1) 10%谷的定义　若两峰重叠后形成的谷高为10%（在两峰等高的情况下，意味着两峰各以5%的高度重合），则认为两峰正好分开。

(2) 50%谷的定义　若两峰在50%峰高处相交，则认为两峰正好分开。

在实际测量中，不易找到两峰等高，且谷高正好为10%（或50%）。实际分辨率计算公式为：

$$R_{10\%} = \frac{M}{\Delta M} \times \frac{a}{b}$$

式中　a——两峰中心线之间的距离；

　　　b——其中一峰在高度为5%峰高处的峰宽。

分辨率是衡量仪器性能的一个极其重要的指标。高的分辨率不仅可以保证高质量数离子以整数质量分开，而且当测量的离子精度足够高时，例如达到 $0.001 \sim 0.0001 a_{m\mu}$，可以借助计算机进行精密质量计算，获得离子的元素组成，为解析质谱数据提供极为有用的信息。

傅里叶变换质谱、磁场型质谱仪都能达到很高的分辨率，飞行时间质谱和四极质量分析器均无法达到较高的分辨率。

3. 灵敏度

灵敏度表明仪器出峰的强度与所用样品量之间的关系。它是一台仪器的电离效率、离子传输率及检测器效率的综合反应。

质谱仪的灵敏度有绝对灵敏度、相对灵敏度和分析灵敏度等几种表示方法：①绝对灵敏度是指仪器可以检测到的最小样品量；②相对灵敏度是指仪器可以同时检测的大组分与小组分含量之比；③分析灵敏度则指输入仪器的样品量与仪器输出的信号之比。

一般来说，仪器的灵敏度与分辨本领是一对矛盾，磁场型仪器提高分辨率的最有效办法是调小离子源及接收器狭缝，这将使一大部分离子无法到达接收器，从而降低了灵敏度。四极质量分析器的灵敏度和分辨本领两者之间也有反比例关系。傅里叶变换质谱仪是一个例外，它的灵敏度不会随分辨率提高而降低。这一方面是因为仪器不存在狭缝、透镜等；另一方面分辨率的提高必须增加检测时间，这也有助于灵敏度的提高。

质量稳定性主要是指仪器在工作时质量稳定的情况，通常用一定时间内质量漂移的质量单位来表示。例如某仪器的质量稳定性为：$0.1 a_{m\mu}/12h$，意思是该仪器在12h之间，质量漂移不超过 $0.1 a_{m\mu}$。

质量精度是指质量测定的精确程度。常用相对百分比表示，例如，某化合物的质量为 $1520473 a_{m\mu}$，用某质谱仪多次测定该化合物，测得的质量与该化合物理论质量之差在 $0.003 a_{m\mu}$ 之内，则该仪器的质量精度为百万分之二十（20×10^{-6}）。质量精度是高分质谱仪的一项重要指标，对低分辨质谱仪没有太大意义。

八、计算机系统

现代的质谱仪都配有完善的计算机系统，它不仅能快速准确地采集数据和处理数据，而且能监控仪器各单元的工作状态，实现仪器的全自动操作，并能代替人工进行化合物的定性和定量分析。

1. 数据的采集和简化

一种化合物可能有数百个质谱峰，若每个峰采数 15～20 次，则每次扫描采数总量在 2000 次以

上，这些数据是在几秒之内采集的，必须在很短的时间内把这些数据收集起来，并进行运算和简化。经过简化后每个峰由两个数据——峰位（时间）和峰强表示，并存储起来。

2. 质量数的转换

质量数的转换就是把获得的峰位（时间）谱转换为质量谱（即质量数-峰强关系图）。对于低分辨率质谱仪先用参考样（全氟煤油，PEK）做出质量内标，而后用指数内插及外推法，将峰位（时间）转换成质量数［质荷比（m/e）］。在作高分辨质谱图时，未知样和参考样同时进样，未知样的谱峰夹在参考样的谱峰中间，并能很好地分开。按内插和外推法，用参考物的精确质量数计算出未知物的精确质量数。

3. 扣除本底或相邻组分干扰

利用"差谱"技术将样品谱图中的本底谱图或干扰组分的谱图扣除，得到所需组分的真正谱图，以便于解析。

4. 谱峰强度归一化

把谱图中所有峰的强度对最佳峰（基峰）的相对百分数列成数据表或给出棒图（质谱图）。也可将全部离子强度之和作为 100，每一谱峰强度用总离子强度的百分数表示。归一化有利于和标准谱图比较，便于谱图的解析。

5. 标出高分辨质谱的元素组成

计算机可以给出高分辨质谱的精确质量测量值；按该精确质量计算得到的、差值最小的元素组成；测量值与元素组成的计算值之差。

6. 用总离子流对质谱峰强度进行修正

色谱分离后的组分在流出过程中浓度在不断变化，质谱峰的相对强度在扫描时间内也会变化，为纠正这种失真，计算机系统可以根据总离子流的变化（反映样品浓度变化）自动对质谱峰强度进行校正。

7. 谱图的累加、平均

使用直接进样或场解析电离时，有机化合物的混合物样品蒸发会有先后的差别，样品的蒸发量也在变化。为观察杂质存在情况，有时需给出量的估算。计算机系统可按选定的扫描次数把多次扫描的质谱图累加，并按扫描次数平均。这样可以有效地提高仪器的信噪比，也提高了仪器的灵敏度。

8. 输出质量色谱

计算机系统将每次扫描所得质谱峰的离子流全部加和，以总离子流（TIC）输出，称为总离子流图或质量色谱图。根据需要可扣除指定的质谱峰后输出（称为重建质量色谱图）。输出的单一质谱峰的离子流图，称为质量碎片色谱图。

9. 单离子检测和多离子检测

在有机质谱仪中，由计算机系统控制离子加速电压"跳变"，实现一次扫描中采集一个指定离子或多个指定离子的检测方法称为单离子检测或多离子检测，主要用于有机质谱的定量分析。

10. 谱图检索

利用计算机存储大量已知有机化合物的标准谱图，这些标准谱图绝大多数是用电子轰击型离子源（EI），70eV 电子束轰击，在双聚焦磁质谱仪或四极质量分析器型质谱仪上作出的这两种仪器测出的质谱具有可比性。被测有机化合物样品的质谱图是用同样的电离条件（EI 电离，70eV 电子束轰击）得到的，然后用计算机按一定的程序与计算机内存的标准谱图对比，计算出它们的相似性指数，最后给出几种较相似的有机化合物名称、分子量、分子式、结构式和相似性指数。目前，大多数质谱仪厂家提供的谱库内存有有机化合物标准谱图数十万张。有关谱图较详细的检索内容参见本章第四节。

第三节 有机质谱

一、有机质谱中的离子

1. 分子离子

一个分子不论通过何种电离方法，使其失去一个外层价电子而形成带正电荷的离子，称为分子离子或母离子，质谱中相应的峰称为分子离子峰或母离子峰。通式为：

$$M+e \longrightarrow M^{\overset{+}{\cdot}} + 2e$$

式中，$M^{\overset{+}{\cdot}}$ 表示分子离子。

分子离子峰一般位于质荷比最高位置，它的质量数即是化合物的分子量。质谱法是目前测定分子量最准确而又是用样品量最少的方法。

在质谱中，用"+"或"$\overset{+}{\cdot}$"表示正电荷，前者表示分子中有偶数个电子，后者表示有奇数个电子。正电荷位置要尽可能在化学式中明确表示，这有利于判断以后的开裂。正电荷一般都在杂原子上、不饱和键的 π 电子系统和苯环上。当正电荷位置不明确时可用 []⁺ 或 []$\overset{+}{\cdot}$ 表示，若化合物结构复杂，可在化学式的右上角标出 ⌐ 或 ⌐$\overset{+}{\cdot}$。

表 22-6 列出了常见分子离子的元素组成。

表 22-6 常见分子离子的元素组成

m/z	元 素 组 成
16	CH_4
17	H_3N
18	H_2O
26	C_2H_2
27	CHN
28	C_2H_4, CO, N_2
30	C_2H_6, CH_2O, NO
31	CH_5N
32	$CH_4O, H_4N_2, N_4Si, O_2$
34	CH_3F, H_3P, H_2S
36	HCl
40	C_3H_4
41	C_2H_3N
42	C_3H_6, C_2H_3O, CH_2N_2
43	C_2H_5N, HN_3
44	$C_2H_4O, C_3H_8, C_2HF, CO_2, N_2O$
45	C_2H_7N, CH_3NO
46	$C_2H_6O, C_2H_3F, CH_6Si, CH_2O_2, NO_2$
48	C_2H_5F, CH_4S, CH_5P
50	C_4H_2, CH_3Cl
52	C_4H_4, CH_2F_2
53	C_3H_3N, HF_2N
54	C_4H_6, F_2O
55	C_3H_5N
56	$C_4H_8, C_3H_4O, C_2H_4N_2$
57	C_3H_7N, C_2H_5NO
58	$C_3H_6O, C_4H_{10}, C_2H_2O_2, C_2H_6N_2$
59	$C_3H_9N, C_2H_5NO, CH_5N_3$
60	$C_3H_8O, C_3H_5F, C_2H_8N_2, C_2H_4O_2, C_2H_8Si, C_2H_4S, C_2HCl, CH_4N_2O, COS$
61	$C_2H_7NO, CH_3NO_2, CClN$
62	$C_3H_7F, C_2H_7P, C_2H_6C_2, C_2H_5S, C_2H_3Cl$
64	$C_2H_2F_2, C_2H_5FO, C_2H_5Cl, SO_2$
66	$C_5H_6, C_2H_4F_2, CF_2O, F_2N_2$
67	C_4H_5N, CH_3F_2N, ClO_2
68	$C_5H_8, C_4H_4O, C_3H_4N_2, C_3O_2, CH_2ClF$
69	$C_4H_7N, C_3H_3NO, C_2H_3N_3$
70	$C_5H_{10}, C_4H_6O, C_3H_6N_2, CH_2N_4, CHF_3$
71	C_4H_9N, C_3H_5NO, F_3N
72	$C_4H_8O, C_5H_{12}, C_3H_4O_2, C_4H_5F$
73	$C_4H_{11}N, C_3H_7NO, C_2H_3NS, C_2H_7N_3$

m/z	元 素 组 成
74	$C_4H_{10}O,C_3H_6O_2,C_3H_{10}N_2,C_3H_6S,C_2H_6N_2O,C_3H_{10}Si,C_3H_3Cl,C_2H_6N_2O,C_2H_2O_3,CH_6N_4$
75	$C_3H_9NO,C_2H_5NO_2,C_2H_2ClN$
76	$C_3H_6O_2,C_3H_8S,C_3H_5Cl,C_4H_9F,C_4N_2,C_3H_9P,C_3H_5FO,C_2H_4O_3,C_2H_4OS,CH_8Si_2,CH_4N_2S,CS_2$
77	CH_3NO_3
78	$C_6H_6,C_3H_7Cl,C_4H_2N_2,C_2H_6OS,C_2H_3ClO,C_2H_3FO_2,CF_2N_2,CH_6N_2O_2$
79	C_5H_5N
80	$C_6H_8,C_4H_4N_2,C_3H_6F_2,C_2H_5ClO,C_2H_2ClF,CH_4O_2S,HBr$
81	$C_5H_7N,C_3H_3N_3,C_2H_5F_2N$
82	$C_6H_{10},C_4H_6N_2,C_5H_6O,C_2H_4ClF,C_2H_2N_4,C_2HF_3,CClFO$
83	$C_5H_9N,C_3H_5N_3,C_4H_5NO$
84	$C_6H_{12},C_5H_8O,C_4H_8N_2,C_4H_4O_2,C_2H_4N_4,C_4H_4S,C_2H_3F_3,CH_2Cl_2$
85	$C_5H_{11}N,C_4H_7NO,C_3H_3NS,CH_3H_5$
86	$C_5H_{10}O,C_4H_6O_2,C_6H_{14},C_4H_{10}N_2,C_4H_6S,C_4H_3Cl,C_3H_6N_2O,C_2H_2N_2S,CHClF_2,HF_2OP,Cl_2O,F_2OS$
87	$C_5H_{13}N,C_4H_9NO,C_3H_9N_3,C_3H_5NS,C_3H_2ClN,ClF_2N,F_3NO$
88	$C_5H_{12}O,C_4H_8O_2,C_4H_{12}N_2,C_4H_8S,C_3H_8N_2O,C_3H_4O_3,C_4H_{12}Si,C_4H_5Cl,CF_4$
89	$C_4H_{11}NO,C_3H_7NO_2,C_3H_4ClN$
90	$C_4H_{10}O_2,C_4H_{10}S,C_4H_7Cl,C_3H_6O_3,C_3H_{10}OSi,C_3H_6OH,C_3H_3ClO,C_2H_6N_2O_2,C_2H_6N_2S,C_2H_2O_4,C_4H_{11}P$
91	$C_2H_5NO_3,CH_5N_3S,C_3H_6ClN$
92	$C_7H_8,C_4H_9Cl,C_3H_5ClO,C_2H_4O_2S,C_3H_9O_3,C_3H_9FSi,C_5H_4N_2,C_6H_4O$
93	$C_6H_7N,C_5H_3NO,C_4H_3N_3$
94	$C_5H_6N_2,C_7H_{10},C_6H_6O,C_3H_7ClO,C_2H_2S_2,C_2H_6O_2S,C_3HF_3,C_2H_3ClO_2,C_2Cl_2,CH_3Br$
95	$C_5H_5NO,C_6H_9N,C_4H_5N_3,C_2F_3N$
96	$C_7H_{12},C_6H_9O,C_5H_8N_2,C_5H_4O_2,C_4H_4N_2O,C_2H_2Cl_2,C_3H_3F_3,C_2H_6F_2Si$
97	$C_5H_7NO,C_6H_{11}N$
98	$C_7H_{14},C_6H_{10}O,C_5H_6O_2,C_4H_6N_2O,C_3H_6N_4,C_5H_{16}N_2,C_5H_6S,C_4H_2O_3,C_2H_4Cl_2,C_2HClO_2,CCl_2O$
99	$C_6H_{13}N,C_5H_9NO,C_4H_5NS,C_4H_5NO_2,CH_3F_2NS$
100	$C_6H_{12}O,C_5H_8O_2,C_7H_{16},C_4H_4O_3,C_3H_4N_2S,C_5H_{12}N_2,C_6H_9F,C_5H_{12}Si,C_4H_4OS,C_3H_4N_2O_2,C_2H_3F_3O,C_2CF_4$
101	$C_6H_{15}N,C_5H_{11}NO,C_4H_7NO_2,C_4H_7NS,C_2H_3N_3S$
102	$C_6H_{14}O,C_5H_{10}O_2,C_5H_{10}S,C_4H_{10}N_2O,C_4H_6O_3,C_2H_2F_4,C_3H_6N_2S,C_8H_6,CHCl_2F,CHF_3S,HF_2PS,Cl_2S$
103	$C_4H_9NO_2,C_7H_5N,C_5H_{13}NO,C_4H_{13}N_3,C_4H_6ClN,C_2H_2ClN_3$
104	$C_5H_{12}O_2,C_5H_{12}S,C_5H_9Cl,C_4H_8O_3,C_4H_8OS,C_8H_8,C_6H_{13}F,C_6H_4N_2,C_4H_{12}N_2O,C_4H_{12}OSi,C_4H_5ClO,C_3H_8N_2S,$
	$CClF_3,SiF_4$
105	$C_7H_7N,C_3H_7NO_3,C_4H_{11}NO_2,C_4H_8ClN,CBrN$
106	$C_8H_{10},C_5H_{11}Cl,C_6H_6N_2,C_7H_6O,C_4H_{10}O_3,C_4H_7ClO,C_4H_{10}OS,C_3H_6O_2S,C_2H_3Br$
107	$C_7H_9N,C_6H_5NO,C_2H_5NO_4$
108	$C_6H_8N_2,C_8H_{12},C_7H_8O,C_4H_9ClO,C_3H_9ClSi,C_3H_3ClO_2,C_6H_4O_2,C_3H_8S_2,C_2H_5Br,C_2H_4O_3S,SF_4$
109	$C_6H_7NO,C_7H_{11}N,C_2H_4ClNO_2$
110	$C_8H_{14},C_7H_{10}O,C_5H_6N_2O,C_3H_4Cl_2,C_7H_7F,C_6H_6O_2,C_4H_6N_4,C_2H_6O_3S,C_2H_7O_3P,C_3H_7ClO_2,C_6H_{10}N_2$
111	$C_7H_{13}N,C_6H_9NO,C_5H_5NO_2,C_4H_5N_3O,C_2ClF_2N,C_6H_6FN,C_5H_9N_3,C_5H_5NS$
112	$C_8H_{16},C_7H_{12}O,C_6H_8O_2,C_6H_{12}N_2,C_6H_8S,C_5H_8N_2O,C_5H_4O_3,C_4H_4N_2O_2,C_3H_6Cl_2,C_5H_5FO,C_6H_5Cl,C_5F_4OS,$
	$C_3F_4,C_3H_3F_3O,CH_2BrF$
113	$C_7H_{15}N,C_6H_{11}NO,C_5H_7NO_2,C_5H_7NS,C_5H_4ClN,C_3H_3NO_2,C_2H_6F_2NP$
114	$C_7H_{14}O,C_6H_{10}O_2,C_8H_{18},C_6H_{14}N_2,C_4H_6N_2O_2,C_5H_6OS,C_6H_4F_2,C_5H_6O_3,C_6H_7Cl,C_4H_6N_2S,C_2H_4Cl_2O,$
	$C_2HCl_2F,C_2HClF_2,C_2HF_3O_2$
115	$C_6H_{13}NO,C_7H_{17}N,C_5H_9NO_2,C_5H_9NS,C_4H_5NOS,C_3H_5N_3S,C_5H_{13}N_3$
116	$C_6H_{12}O_2,C_7H_{16}O,C_6H_{12}S,C_9H_8,C_6H_{16}N_2,C_6H_{16}Si,C_6H_9Cl,C_5H_{12}N_2O,C_5H_8O_3,C_4H_8N_2O_2,C_4H_4O_4,$
	$C_4H_8N_2S,C_4H_4S_2,C_2H_3Cl_2F,C_2ClF_3$
117	$C_8H_7N,C_6H_{15}NO,C_5H_{11}NO_2,C_5H_8ClN,C_4H_7NO_3,C_3H_4ClN_3$
118	$C_6H_{14}O_2,C_6H_{14}S,C_5H_{10}O_3,C_9H_{10},C_7H_{16}N_2,C_5H_{10}OS,C_6H_{15}P,C_7H_{15}F,C_6H_{11}Cl,C_5H_{14}OSi,C_4H_{10}N_2O_2,$
	$C_4H_6O_4,C_4H_3ClS,C_4H_{10}N_2S,C_4H_{14}Si_2,C_3H_3Br,C_2H_2ClF_4,CHCl_3$

m/z	元　素　组　成
119	C_7H_5NO, $C_6H_5N_3$, C_8H_9N, $C_4H_9NO_3$, C_4H_9NOS
120	C_9H_{12}, C_8H_8O, $C_4H_8O_2S$, $C_4H_8S_2$, $C_7H_8N_2$, $C_6H_{13}Cl$, $C_5H_{12}O_3$, $C_6H_4N_2O$, $C_5H_4N_4$, $C_4H_8O_4$, C_5H_9OCl, $C_4H_{12}O_2Si$, C_3H_5Br, CCl_2F_2
121	$C_8H_{11}N$, C_7H_7NO, $C_6H_7N_3$, $C_4H_3N_5$, C_7H_4FN
122	$C_8H_{10}O$, $C_7H_{10}N_2$, $C_7H_6O_2$, $C_4H_7ClO_2$, $C_4H_{10}S_2$, C_9H_{14}, C_3H_7Br, C_8H_7F, $C_6H_6N_2O$, $C_4H_{10}O_2S$, $C_4H_4Cl_2$, $C_3H_6O_3S$, $C_2H_6N_2S_2$, C_2H_3BrO
123	C_7H_9NO, $C_6H_5NO_2$, $C_8H_{13}N$, $C_6H_9N_3$, $C_4H_4F_3N$, $C_3H_9NO_2S$
124	C_9H_{16}, $C_8H_{12}O$, $C_7H_8O_2$, C_7H_8S, $C_6H_8N_2O$, $C_5H_8N_4$, $C_4H_9ClO_2$, $C_4H_6Cl_2$, $C_3H_8O_3S$, C_8H_9F, $C_7H_{12}N_2$, C_7H_5FO, $C_5H_4N_2O_2$, $C_4H_6F_2O_2$, $C_3H_5ClO_3$, C_2H_5BrO, $C_2H_4S_3$
125	$C_7H_{15}N$, $C_6H_{11}N_3$, C_6H_7NS, $C_7H_{11}NO$, $C_6H_7NO_2$, $C_2H_8NO_2P$, $C_2H_4ClNO_3$
126	C_9H_{18}, $C_8H_{14}O$, $C_4H_8Cl_2$, $C_7H_{10}O_2$, $C_5H_6N_2O_2$, C_7H_7Cl, $C_6H_{10}N_2O$, $C_6H_6O_3$, $C_7H_{10}S$, $C_3H_4Cl_2O$, $C_2H_6S_3$, $C_7H_{14}N_2$, C_7H_7FO, C_6H_6OS, $C_4H_6N_4O$, $C_4H_5F_3O$, $C_3H_2N_6$, $C_2Cl_2O_2$
127	$C_7H_{13}NO$, $C_8H_{17}N$, C_6H_2ClN, $C_5H_9N_3O$, $C_5H_5NO_3$, $C_6H_9NO_2$, $C_4H_5N_3S$, C_2Cl_2FN
128	$C_8H_{16}O$, C_9H_{20}, $C_7H_{12}O_2$, $C_7H_{12}S$, $C_8H_4N_2$, $C_6H_8O_3$, C_6H_8OS, C_6H_5ClO, $C_4H_4N_2OS$, $C_3H_6Cl_2O$, $C_{10}H_8$, $C_2H_6Cl_2Si$, $C_2H_2Cl_2O_2$, CH_2BrCl, $C_2H_5ClO_2S$, $C_8H_{13}F$, HI
129	$C_8H_{19}N$, $C_7H_{15}NO$, $C_6H_{11}NO_2$, C_9H_7N, $C_7H_3N_3$, $C_6H_{15}N_3$, $C_5H_7NO_3$, C_5H_7NOS, $C_4H_7N_3S$, $C_4H_4ClN_3$, $C_4H_3NO_2S$
130	$C_7H_{14}O_2$, $C_8H_{18}O$, $C_6H_{10}O_3$, $C_8H_6N_2$, $C_{10}H_{10}$, C_9H_6O, $C_7H_{14}S$, $C_6H_{14}N_2O$, C_6H_4ClF, $C_5H_6O_4$, $C_5H_6S_3$, $C_3H_5Cl_2F$, $C_5H_{10}N_2O_2$, $C_3H_6N_4S$, $C_3H_2ClF_3$, $C_3H_2N_2O_2S$, C_2HCl_3, $CHBrF_2$
131	C_9H_9N, $C_7H_{17}NO$, $C_5H_9NO_3$, $C_7H_5N_3$, $C_6H_{17}N_3$, $C_6H_{13}NO_2$, $C_4H_9N_3S$, CF_4NOS
132	$C_7H_{16}O_2$, $C_6H_{12}O_3$, $C_{10}H_{12}$, C_9H_8O, $C_7H_{16}S$, $C_8H_8N_2$, $C_6H_{16}OSi$, $C_5H_8O_4$, $C_6H_{12}OS$, C_6H_9ClO, $C_5H_{12}N_2O_2$, $C_5H_{12}N_2S$, $C_5H_8O_2S$, $C_5H_5ClO_2$, $C_4H_4OS_2$, $C_3H_{12}Si_3$, $C_3H_4N_2S_2$, $C_2H_3Cl_3$, $C_2Cl_2F_2$, $C_2F_4O_2$
133	$C_9H_{11}N$, C_8H_7NO, $C_7H_7N_3$, $C_5H_{11}NO_3$, $C_4H_7NO_2S$, C_3H_4BrN, $C_2H_3ClF_3N$
134	$C_9H_{10}O$, $C_{10}H_{14}$, $C_6H_{14}O_3$, $C_6H_6N_4$, $C_5H_{10}O_2S$, $C_8H_6O_2$, $C_8H_{10}N_2$, C_8H_6S, $C_7H_{15}Cl$, $C_7H_6N_2O$, $C_6H_{14}OS$, $C_6H_{11}ClO$, $C_5H_{11}ClSi$, $C_5H_{10}S_2$, $C_5H_7ClO_2$, $C_3H_3F_5$, $C_3Cl_2N_2$, $C_2H_2Cl_2F_2$
135	$C_9H_{13}N$, C_8H_9NO, C_7H_5NS, $C_5H_5N_5$, $C_7H_5NO_2$, $C_6H_5N_3O$, $C_4H_9NO_2S$, C_3H_6BrN, $C_3F_3N_3$
136	$C_9H_{12}O$, $C_{10}H_{16}$, $C_8H_8O_2$, C_4H_9Br, $C_8H_{12}N_2$, $C_8H_{12}Si$, C_8H_8S, C_6H_5Cl, $C_7H_8N_2O$, $C_7H_4O_3$, $C_5H_{12}S_2$, $C_6H_4N_2O_2$, $C_6H_4N_2S$, $C_5H_{12}O_4$, $C_5H_{12}OS$, $C_5H_9ClO_2$, $C_5H_4N_4O$, C_2HClF_4, CCl_3F
137	$C_8H_{11}NO$, $C_9H_{15}N$, $C_7H_7NO_2$, C_7H_7NS, C_7H_4ClN, $C_6H_7N_3O$, $C_5H_6F_3N$, $C_5H_3N_3S$, $C_3H_7NO_5$
138	$C_{10}H_{18}$, $C_9H_{14}O$, $C_8H_{10}O_2$, $C_9H_{10}S$, $C_7H_6O_3$, $C_6H_6N_2O_2$, C_8H_7Cl, $C_7H_{10}N_2O$, C_7H_6OS, $C_6H_{10}N_4$, $C_5H_6N_4O$, $C_4H_{11}O_3P$, $C_4H_{10}O_3S$, C_3H_7BrO, $C_3H_6S_3$, $C_2H_3BrO_2$, C_2F_6
139	C_7H_9NS, $C_9H_{17}N$, $C_7H_{13}N_3$, $C_7H_9NO_2$, $C_6H_5NO_3$, $C_5H_5N_3O_2$, C_6H_5NOS
140	$C_9H_{16}O$, $C_{10}H_{20}$, C_8H_9Cl, $C_8H_{12}O_2$, $C_8H_{12}S$, $C_7H_8O_3$, $C_5H_{10}Cl_2$, C_7H_8OS, C_8H_9FO, $C_8H_{16}N_2$, $C_8H_6F_2$, C_7H_5ClO, $C_6H_8N_2O_2$, $C_6H_8N_2S$, $C_6H_4O_4$, $C_6H_4S_2$, $C_4H_6Cl_2O$, C_2H_2BrCl
141	$C_8H_{15}NO$, $C_7H_{11}NO_2$, $C_6H_{11}N_3O$, $C_6H_7NO_3$, $C_9H_{19}N$, $C_7H_{15}N_3$, $C_5H_7N_3S$, $C_4H_6F_3NO$, $C_4H_3F_4N$
142	$C_8H_{14}O_2$, $C_9H_{18}O$, $C_{10}H_{22}$, $C_6H_6O_4$, $C_8H_{14}S$, $C_3H_4Cl_2O_2$, C_7H_7ClO, $C_{11}H_{10}$, $C_9H_{15}F$, $C_8H_{18}N_2$, $C_7H_{14}N_2O$, $C_7H_{10}O_3$, $C_6H_{10}N_2O_2$, $C_6H_6O_3S$, $C_5H_6N_2OS$, $C_4H_8Cl_2O$, $C_4H_5ClF_2O$, C_2H_4BrCl, C_2HBrF_2, CH_3I
143	$C_{10}H_9N$, $C_8H_{17}NO$, $C_7H_{13}NO_2$, $C_9H_{21}N$, $C_7H_{10}ClN$, $C_6H_{13}N_3O$, $C_6H_9NO_3$, C_6H_9NOS, $C_5H_9N_3S$, C_2Cl_3N
144	$C_8H_{16}O_2$, $C_9H_{20}O$, $C_9H_8N_2$, $C_7H_{12}O_3$, $C_6H_8O_4$, $C_{10}H_8O$, $C_{11}H_{12}$, $C_8H_{16}S$, $C_8H_{13}Cl$, $C_7H_{16}N_2O$, $C_7H_{12}OS$, $C_6H_9ClN_2$, $C_5H_8N_2O_3$, $C_3H_3Cl_3$
145	$C_{10}H_{11}N$, C_9H_7NO, $C_8H_7N_3$, $C_7H_{15}NO_2$, $C_6H_{11}NO_3$, $C_5H_{11}N_3S$, $C_3H_3N_3O_2S$
146	$C_8H_{18}O_2$, $C_7H_{14}O_3$, $C_8H_{18}S$, $C_6H_{10}O_4$, $C_6H_{10}O_2S$, $C_{11}H_{14}$, $C_{10}H_{10}O$, $C_9H_{10}N_2$, $C_{10}H_7F$, $C_8H_6N_2O$, $C_7H_{18}OSi$, $C_7H_{14}OS$, $C_7H_6N_4$, $C_6H_{14}N_2O_2$, $C_6H_4Cl_2$, $C_5H_6OS_2$, $C_3H_5Cl_3$, $C_3H_3BrN_2$, C_2HCl_3O, $CHBrClF$
147	$C_{10}H_{13}N$, C_9H_9NO, $C_8H_9N_3$, $C_8H_5NO_2$, $C_7H_5N_3O$, $C_6H_{13}NO_3$, $C_5H_9NO_4$, $C_2H_2BrN_3$
148	$C_{11}H_{16}$, $C_{10}H_{12}O$, $C_9H_8O_2$, $C_7H_8N_4$, $C_9H_{12}N_2$, $C_6H_{12}O_2S$, $C_8H_{17}Cl$, $C_8H_8N_2O$, $C_8H_4O_3$, C_9H_8S, $C_7H_{16}O_3$, $C_7H_{16}OS$, $C_7H_4N_2O_2$, $C_6H_{12}O_4$, $C_6H_4N_4O$, $C_5H_8O_3S$, C_3HF_5O, $C_2H_3ClO_2$, C_2Cl_3F, $CBrF_3$
149	$C_{10}H_{15}N$, $C_9H_{11}NO$, $C_7H_7N_3O$, $C_8H_{11}N_3$, $C_8H_7NO_2$
150	$C_{10}H_{14}O$, $C_9H_{10}O_2$, $C_6H_{14}S_2$, $C_8H_{10}N_2O$, $C_6H_{11}ClO_2$, $C_5H_{11}Br$, $C_{11}H_{18}$, $C_8H_{14}N_2$, $C_9H_{10}S$, $C_8H_6O_3$, $C_7H_6N_2S$, $C_6H_{14}O_4$, $C_6H_{14}O_2S$, $C_6H_6N_4O$, $C_6H_2F_4$, C_3F_6, $C_2H_2Cl_3F$
151[①]	（见 $m/z137$）$C_7H_5NO_3$
152	（见 $m/z138$）C_8H_5ClO, $C_6H_{10}Cl_2$, CCl_4

m/z	元 素 组 成
153	(见 $m/z139$) $C_9H_{15}NO,C_7H_5ClNO$
154	(见 $m/z140,C_{10}H_{18}O$ 数据库的最高出现率) $C_8H_7ClO,C_2ClF_5,C_8H_{10}OS$
155	(见 $m/z141$) $C_8H_{13}NS$
156	(见 $m/z142$) $C_7H_5ClO_2,C_6H_5Br,C_6H_4O_5$
157	(见 $m/z143$) C_5H_4BrN
158	(见 $m/z144$) CF_6S
159	(见 $m/z145$) $C_6H_9NS_2,C_5H_6ClN_3O$
160	(见 $m/z146$) $C_7H_{20}Si_2,C_6H_9Br,C_5H_{16}Si_3$
161	(见 $m/z147$) $C_6H_5Cl_2N$
162	(见 $m/z148$) $C_{10}H_7Cl,C_8H_6N_2S,C_6H_{11}Br,C_4F_6,C_6H_4Cl_2O,CHBrCl_2$
163	(见 $m/z149$) $C_7H_9N_5,C_3H_2BrNS,CCl_3NO_2$
164	(见 $m/z150$) $C_9H_8NS,C_8H_8N_2O_2,C_8H_5ClN_2,C_7H_{16}O_4,C_6H_4N_4O_2,C_5H_9BrO,C_5H_8O_2S_2,C_2Cl_4,CBrClF_2$
165	(见 $m/z137,151$) $C_6H_7N_5O$
166	(见 $m/z138,152$) $C_{13}H_{10},C_8H_6O_2,C_8H_6O_2S,C_8H_8S_2,C_6H_6N_4O_2,C_6H_6N_4S,C_3H_6N_2O_6,C_3ClF_5,C_3F_6O$
167	(见 $m/z139,153$) $C_7H_{13}N_5,C_7H_5NO_4,C_7H_5NS_2$
168	(见 $m/z140,154$) $C_{13}H_{12},C_9H_{16}N_2O,C_8H_8O_4,C_8H_8O_2S,C_8H_8S_2,C_6H_4N_2O_4,C_6HF_5,C_3H_5I,C_2HCl_3F_2,Cl_4Si$
169	(见 $m/z141,155$) $C_8H_8ClNO,C_7H_7NO_2S$
170	(见 $m/z142,156$) $C_9H_{16}NO_2,C_8H_{10}S_2,C_3H_6S_4,C_2Cl_2F_4,C_2F_6S$
171	(见 $m/z143,157$) $C_7H_9NO_2S,C_6H_9N_3O_3,C_5H_2CiN_3S$
172	(见 $m/z144,158$) $C_{12}H_9F,C_8H_6Cl_2,C_8H_9ClO_2,C_8H_8O_3S,C_6H_8N_2O_2S,C_6H_5BrO,C_6H_4O_6,CH_2Br_2$
173	(见 $m/z145,159$) $C_6H_4ClNOS,C_5H_8ClN_5$
174	(见 $m/z146,160$) $C_{11}H_{10}S,C_{10}H_6O_3,C_{10}H_6OS,C_9H_6N_2O_2,C_6H_4BrF,C_5F_6$
175	(见 $m/z147,161$) $C_8H_5N_3O_2,C_5H_9N_3S_2,C_7H_{10}ClNO_2$

① 如上所见,可能性最大的分子离子,其组成式往往会落入同系物的系列,故对质量高于 150 的离子,所列出的组成式不包括那些比它低 14u（CH_2）而已列入低一级的同系物质量表中的组成式。

2. 碎片离子与分子的断裂

若分子离子具有过剩的能量,其中一部分会进一步发生键的断裂,产生质量较低的离子,这就是碎片离子。在一张质谱图上看到的峰大部分是碎片离子峰。碎片离子的形成与化学结构有关,了解碎片形成规律,即根据碎片可把分子结构"拼凑"起来。

质谱碎片离子的解析可提供重要的分子结构的信息,因此有必要了解一些离子的断裂规律与机理。

简单断裂反应发生时,只有一根化学键断开,产生的碎片离子是分子中原已存在的结构单元。由于分子离子是奇电子离子,它经简单断裂产生一个自由基和一个正离子,显然这个正离子是偶电子离子。

(1) 按照 Mclafferty 的观点,简单断裂的机理有三种。

① 自由基引发（α 断裂反应）,它是由电子强烈的成对倾向造成的。

含饱和杂原子的化合物:

$$R\overbrace{-CR_2\overbrace{-\dot{\overset{+}{Y}}R}}\xrightarrow{\alpha} R\cdot + R_2C=\overset{+}{Y}R$$

含不饱和杂原子的化合物:

$$R'-CR\overbrace{=\overset{\cdot\,+}{Y}}\xrightarrow{\alpha} R\cdot + CR\equiv Y^+$$

$\frown$ "鱼钩"表示一个电子的转移; $\curvearrowright$ "箭头"表示一对电子的转移。

烯烃（烃丙基断裂）:

$$R\overbrace{-H_2C-CH\overbrace{\cdot}^{+}-CH_2}\xrightarrow{\alpha} R\cdot + H_2C=CH-\overset{+}{CH_2}$$

② 电荷引发（诱导效应、i 断裂）。

$$R\overbrace{-\dot{\overset{\cdot\,+}{Y}}-R'}\xrightarrow{i} R^+ + \dot{Y}R'$$

$$\underset{R'}{\overset{R}{\diagdown}}C \mathop{=}\limits^{\cdot\cdot}\overset{+}{Y} \xrightarrow{i} R^+ + R\mathop{-}\overset{\cdot}{C}\mathop{=}Y$$

进行 i 断裂时，一对电子发生转移，因而原来带电荷的位置发生变化，生成稳定的 R^+，进行 i 断裂的倾向是：卤素＞O，S≫N，C。

③ 当化合物不含 O、N 等杂原子，也没有 π 键时，只能发生 σ 断裂。

$$R\mathop{-}R' \xrightarrow{\sigma} R\cdot + R'^+$$

(2) 简单断裂的规律性较强，现归纳如下。

① 简单断裂易发生在与杂原子相连的 α 碳键上，正电荷通常留在杂原子上。有机醇、酸、酯、胺等容易发生 O、N 附近的 α 键断裂，生成较强的 O、N 原子的偶电子离子碎片。醚类化合物常发生醚键断裂，生成碎片峰的强度由其结构和稳定性所决定。卤化物发生在 C—X 键处断裂，正电荷在两个碎片上的概率皆可能。

$$R\mathop{-}\underset{\underset{R'}{|}}{CH}\mathop{-}\overset{\cdot\cdot}{O}H \longrightarrow R\cdot + CHR' \mathop{=}\overset{+}{O}H$$

$$R'\mathop{-}CH_2\mathop{-}\overset{\cdot\cdot+}{O}\mathop{-}R \longrightarrow R'\cdot + HC_2 \mathop{=}\overset{+}{O}R$$

$$R'\mathop{-}CR_2\mathop{-}\overset{\cdot+}{N}H_2 \longrightarrow R'\cdot + R_2C \mathop{=}\overset{+}{N}H_2$$

$$R\mathop{-}\underset{\overset{\|}{O}}{\overset{\cdot\cdot}{C}}\mathop{-}O\mathop{-}R' \longrightarrow \begin{array}{l} R\mathop{-}C \equiv O^+ + \overset{\cdot}{O}R' \\ R\cdot + O \mathop{=}\overset{+}{C}\mathop{-}OR' \end{array}$$

② 含双键的化合物的断裂通常易在 β 键断裂，正电荷留在含双键的碎片上，但离子中双键发生位移。

$$R_1\mathop{-}CH_2\mathop{-}CH\mathop{=}CH\mathop{-}R_2 \longrightarrow R_1\cdot + HC_2\mathop{=}CH\mathop{-}\overset{+}{CH}\mathop{-}R_2$$

③ 邻接苯环的 C—C 键易断裂，与杂芳环的情况类似。

④ 碳链分支处易发生断裂，分支越多，越易断裂。这是由于碳原子具有下列的稳定顺序：

$$^+CR_3 > {}^+CHR > {}^+CH_2R > {}^+CH_3$$

⑤ 饱和环易在环与侧链连接处断开。

⑥ 当在分支处有几种断裂的可能时，将优先丢失较大的烷基自由基，这就是 Stevenson 规则。例如：

$$H_7C_3\mathop{-}\underset{\underset{C_2H_5}{|}}{\overset{\overset{CH_3}{|}}{\overset{\cdot+}{C}}}\mathop{-}\overset{\cdot\cdot}{O}H \longrightarrow \begin{array}{ll} H_5C_2\mathop{-}\underset{}{\overset{\overset{CH_3}{|}}{\overset{+}{C}}}\mathop{-}OH & 100\% \\ H_7C_3\mathop{-}\underset{\underset{C_2H_5}{|}}{\overset{\overset{CH_3}{|}}{\overset{+}{C}}}\mathop{-}OH & 50\% \\ H_7C_3\mathop{-}\underset{}{\overset{\overset{C_2H_5}{|}}{\overset{+}{C}}}\mathop{-}OH & 10\% \end{array}$$

3. 重排离子

重排同时涉及至少两个化学键的变化。在进行重排反应的时候，既有键的断裂，又有键的生成，生成新的离子。这个离子一般为奇电子离子，其质量数也与分子离子峰一样遵守氮规则。在一张质谱图中，当分子离子峰为偶数质量时，出现另一个偶数质量峰，则有可能是重排离子峰。分析它与分子离子峰间的质量数差，可以正确解释分子结构中易丢失的中性碎片和重排离子的结构。下面介绍几种常见的重排反应。

(1) 麦氏（Mclafferty）重排　这种重排通常发生在六元环中，γ 氢重排到不饱和基团上并伴随 β 键的断裂，生成两个不饱和碎片。一般可表示为：

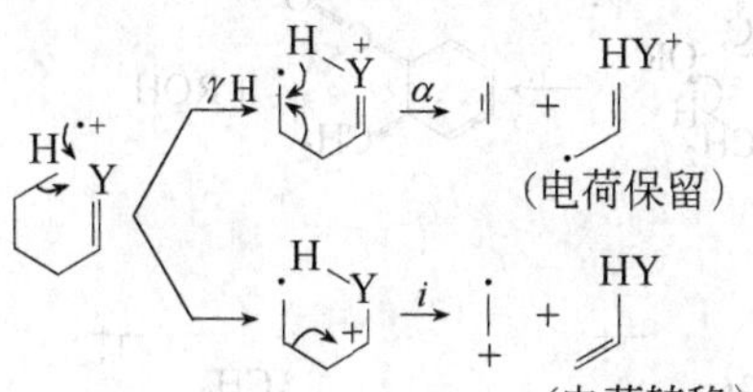

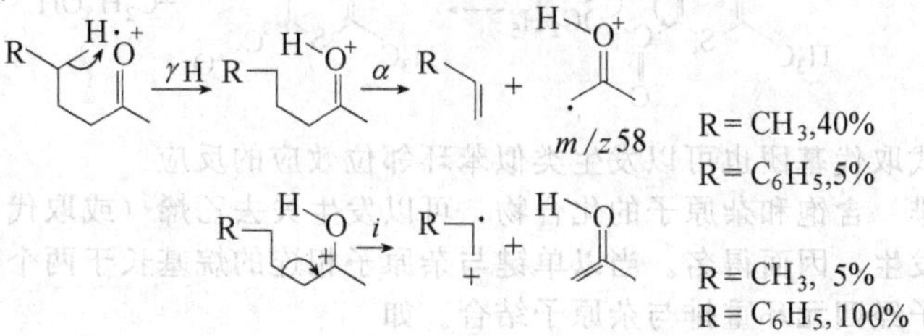

只要分子中存在不饱和基团或杂原子的基团以及 γ 氢，就很容易发生麦氏重排。重排后生成的离子若满足条件仍可继续重排。

(2) 逆 Dies-Alder 重排（RDA）　在有机化学中发生在两个烯烃的加成反应中双键的重排称为 Dies-Alder 反应，而在质谱中环烯化合物的裂解则恰好是 Dies-Alder 反应的逆过程，这种重排反应为：

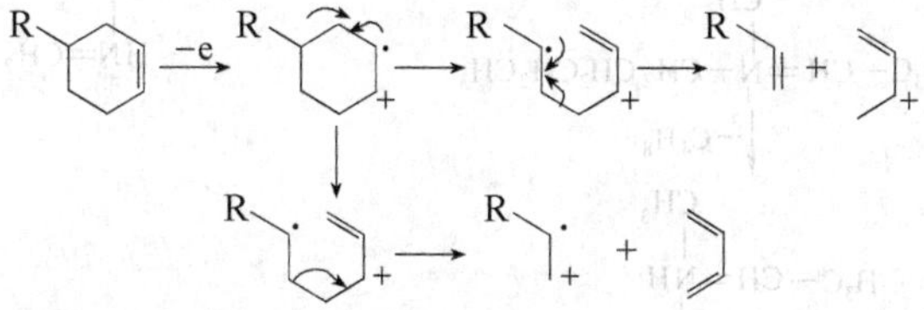

对于具有环内双键的化合物，RDA 反应也可进行，如：

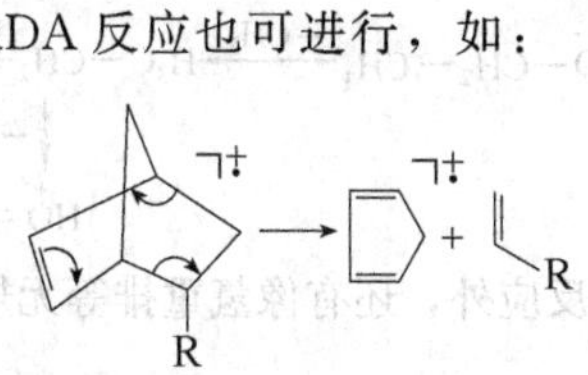

(3) 某些含杂原子化合物，通过重排失去中性分子，如醇失去水或醇失去水及乙烯。

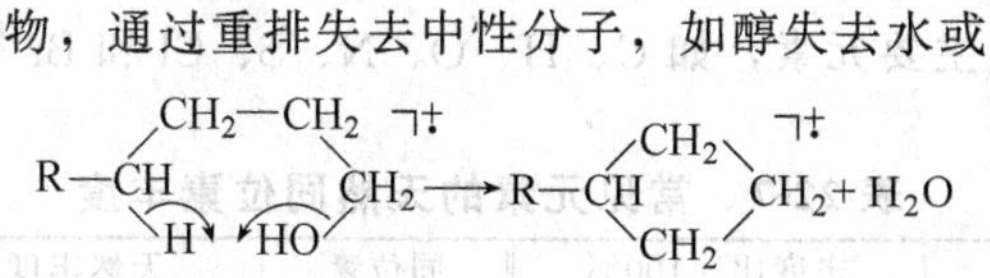

正丁醇以上的伯醇在失水的同时失去乙烯：

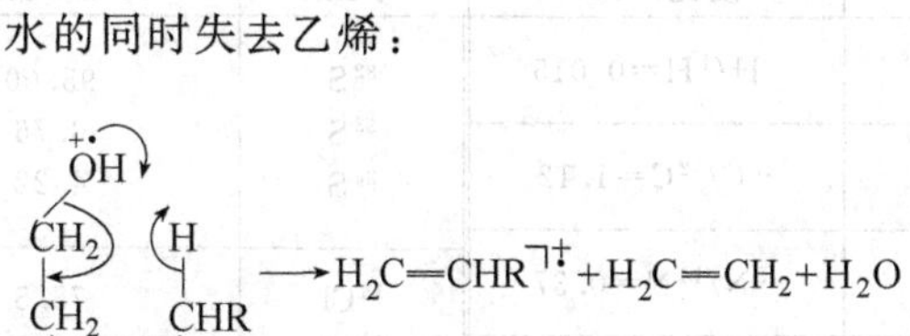

卤化物失卤化氢也属于这样的例子。可失去的中性分子还有 HCN、H_2S、CH_3COOH、

CH_3OH、$H_2C=C=O$、CO、NO 等。

苯环上两个邻位取代基容易共同消去小分子,这称为苯环的"邻位效应",如:

杂芳环也有邻位效应:

双键上两个顺式取代基团也可以发生类似苯环邻位效应的反应。

(4)四元环重排 含饱和杂原子的化合物,可以发生失去乙烯(或取代乙烯)的重排。这个过程通过四元环迁移发生,因而得名。当以单键与杂原子相连的烷基长于两个碳时,杂原子在与碳链断裂的同时,氢原子经四元环重排与杂原子结合。如

除了上面讨论的几种有规律的重排反应外,还有像氢重排等无规律重排,在解析谱图时一定要注意。

4. 同位素离子

组成有机化合物的一些主要元素,如 C、H、O、N、S、Cl 和 Br 等都具有同位素,它们的天然同位素丰度见表22-7。

表 22-7　常见元素的天然同位素丰度

同位素	天然丰度/%	丰度比×100%	同位素	天然丰度/%	丰度比×100%
^1H	99.985	$^2H/^1H=0.015$	^{32}S	95.00	$^{33}S/^{32}S=0.80$
^2H	0.015		^{33}S	0.76	
^{12}C	98.9	$^{13}C/^{12}C=1.12$	^{34}S	4.22	$^{34}S/^{32}S=4.44$
^{13}C	1.11				
^{14}N	99.63	$^{15}N/^{14}N=0.37$	^{35}Cl	75.5	$^{37}Cl/^{35}Cl=32.4$
^{15}N	0.37		^{37}Cl	24.5	
^{16}O	99.76	$^{17}O/^{16}O=0.37$	^{79}Br	50.5	$^{81}Br/^{79}Br=98.0$
^{17}O	0.037	$^{18}O/^{16}O=0.20$	^{81}Br	49.5	
^{18}O	0.204				

大多数元素都是由具有一定自然丰度的同位素组成。这些元素形成化合物后，其同位素就以一定的丰度出现在化合物中。因此，化合物的质谱中就会有不同同位素形成的离子峰，通常把由重同位素形成的离子峰叫同位素峰。例如，在天然碳中有两种同位素：^{12}C 和 ^{13}C，两者丰度之比为 $100:1.1$，如果由 ^{12}C 组成的化合物质量为 M，那么，由 ^{13}C 组成的同一化合物的质量则为 $M+1$。同样一个化合物生成的分子离子会有质量为 M 和 $M+1$ 的两种离子。如果化合物中含有一个碳，则 $M+1$ 离子的强度为 M 离子强度的 1.1%；如果含有两个碳，则 $M+1$ 离子强度为 M 离子强度的 2.2%。这样，根据 M 与 $M+1$ 离子强度之比，可以估计出碳原子的个数。氯有两个同位素 ^{35}Cl 和 ^{37}Cl，两者丰度比为 $100:32.5$，或近似为 $3:1$。当化合物分子中含有一个氯时，如果由 ^{35}Cl 形成的质量为 M，那么，由 ^{37}Cl 形成的质量为 $M+2$。生成离子后，离子质量分别为 M 和 $M+2$，离子强度之比近似为 $3:1$。如果分子中有两个氯，其组成方式可以有 $R^{35}Cl^{35}Cl$、$R^{35}Cl^{37}Cl$、$R^{37}Cl^{37}Cl$，分子离子的质量有 M、$M+2$、$M+4$，离子强度之比为 $9:6:1$。同位素离子的强度之比，可以用二项式展开式各项之比来表示：

$$(a+b)^n$$

式中 　a——某元素轻同位素的丰度；
　　　　b——某元素重同位素的丰度；
　　　　n——同位素个数。

例如，某化合物分子中含有两个氯，其分子离子的三种同位素离子强度之比，由上式计算得：

$$(a+b)^n = (3+1)^2 = 9+6+1$$

即三种同位素离子强度之比为 $9:6:1$。这样，如果知道了同位素的元素个数，就可以推测各同位素离子强度之比。同样，如果知道了各同位素离子强度之比，则可以估计出元素的个数。

5. 亚稳离子

质谱中的离子峰不管是强还是弱，一般都是很尖锐的，但有时会出现一些矮而宽，呈土包形的峰，质荷比通常不是整数，这种峰被称为亚稳离子峰。

亚稳离子的产生要从离子本身的寿命来考虑，若某一离子的平均寿命小于 $5 \times 10^{-6} s$ 时，它在脱离电离室后，在向质量分析器飞行的过程中会发生开裂形成亚稳离子 m^*。

在电离室内形成的碎片离子称为正常离子，假设正常离子和亚稳离子都是由 m_1^+ 开裂形成的，则可表示为：

正常离子　　　　　　　$m_1^+ = m_2^+ + $ 中性碎片 $(m_1 - m_2)$
亚稳离子　　　　　　　$m_1^+ = m^* + $ 中性碎片 $(m_1 - m_2)$

在质量上 $m^* = m_2^+$，但两者的运动速度不相等。由此看来，生成的亚稳离子 m^* 运动速度与 m_1^+ 运动速度相同，而在质量分析器中按 m_2^+ 发生偏转，因而在质谱中记录的位置既不在 m_1^+，也不在 m_2^+，而在 m^* 处，亚稳离子的表观质量 m^* 与其真实质量 m_2^+ 和原离子质量 m_1^+ 间的关系为：

$$m^* = \frac{m_2^2}{m_1}$$

已知 m_2^+ 和 m_1^+，就可计算出 m^*。如果能找到 m^*，就可确证有 $m_1^+ \rightarrow m_2^+$ 的开裂，这对解析质谱及推测分子结构很有帮助。

6. 多电荷离子

在电离过程中，分子或其碎片失去两个或两个以上电子形成 $m/2e$、$m/3e$ 等多电荷离子，在质谱中可能出现在非整数位置上，芳香族化合物、有机金属化合物或含共轭体系化合物易产生多电荷离子，如苯的质谱图中 $m/e = 37.5$ 和 38.5 就是双电荷离子峰。

7. 奇电子离子和偶电子离子

带有未成对电子的分子离子或碎片离子称为奇电子离子或自由基离子；外层电子完全成对的离子称为偶电子离子。

二、分子离子峰的判别和确定分子量

1. 分子离子峰的判别

若有机化合物产生的分子离子足够稳定,质谱中位于质荷比最高位置的峰就是分子离子峰,但有时因分子离子不稳定,或与其他离子或分子碰撞产生质量数更高的离子等原因,给分子离子峰的识别造成困难,此时可根据下述方法来辨认分子离子峰。

(1) 从化合物结构来判断分子离子峰的强度。分子离子峰的强弱甚至消失,主要取决于分子离子的稳定性,而稳定性又与化合物的结构类型有关,各类化合物的分子离子稳定性次序如下:

芳香族>共轭链烯>脂环化合物>烯烃>直链烷烃>硫醇>酮>胺>酯>醚>酸>支链>烷烃>腈>伯醇>叔醇>缩醛

若已知化合物的类型,根据预见的强度和观察到的强度是否基本一致来判断分子离子峰。分子离子峰一定是质谱中质量数最大的峰,多数情况下,质谱高质量端较强峰是分子离子峰。

(2) 有机化合物通常由 C、H、O、N、S 和卤素等原子组成,其相对分子质量应符合氮规则,即分子中含有偶数氮原子或不含氮原子时,其分子量应为偶数;含有奇数氮原子时,其分子量应为奇数。如不符合上述规律,则必然不是分子离子峰。

(3) 判断最高质量峰与他邻近碎片离子峰之间的质量差是否合理。以下质量差不可能出现: 3~14,19~25(含氟化合物例外),37、38、50~53、65、66。如果出现这些质量差,最高质量峰就不是分子离子峰。

(4) 根据断裂方式来判断分子离子峰。如醇的质谱经常看到最高质量处有相差 3 个质量单位的两峰,这两峰分别由 M—CH_3 和 M—H_2O 产生。假设这两峰的 m/e 分别为 m_1 和 m_2,则该化合物的分子量为 m_1+15 或 m_2+18。

(5) 醚、酯、胺、酰胺、腈、氨基酸酯和胺醇等 $M+1$ 峰显著,而醛、醇或含氮化合物 $M-1$ 峰较大。

(6) 改变实验条件检验分子离子峰。

应该特别注意的是,有些化合物容易出现 $M-1$ 峰或 $M+1$ 峰,另外,在分子离子很弱时,容易和噪声峰相混,所以,在判断分子离子峰时要综合考虑样品来源,性质等其他因素。如果经判断没有分子离子峰或分子离子峰不能确定,则需要采取其他方法得到分子离子峰,常用的方法如下。

① 降低电离能量 通常 EI 源所用电离电压为 70V,电子的能量为 70eV,在这样高能量电子的轰击下,有些化合物就很难得到分子离子。这时可采用 12eV 左右的低电子能量,虽然总离子流强度会大大降低,但有可能得到一定强度的分子离子峰。

② 制备衍生物 有些化合物不易挥发或热稳定差,这时可以进行衍生化处理。例如有机酸可以制备成相应的酯,酯类容易气化,而且容易得到分子离子峰,可以由再推断有机酸的分子量。

③ 采取软电离方式 软电离方式很多,有化学电离源、快原子轰击源、场解吸源及电喷雾源等。要根据样品特点选用不同的离子源。软电离方式得到的往往是准分子离子,然后由准分子离子推断出真正的分子量。

此外,由其他谱图(如紫外、红外谱等)所得的样品官能团的信息及分析和较低质量数的离子的关系也可帮助判别。

2. 由 EI 谱确定分子量

在电子离子源质谱(EI谱)中,双电荷及多电荷离子的峰很少,因而在一般情况下离子的质荷比在数值上就等于离子的质量。据此,找出了 EI 谱中的分子离子 $M^{\ddot{+}}$ 的峰,也就确定了分子量。

分子离子是分子电离而尚未碎裂的离子,因此分子离子峰应为 EI 谱中质量数最大的峰,一般也就是谱中最右端的峰。

分子离子峰的判别见本节二、1。

3. 由电喷雾离子化源质谱(ESI谱)多电荷离子峰簇求分子量

此处讨论针对高分子量的化合物,它们通过电喷雾电离,得到多电荷离子形成的峰簇。峰簇通

常处于 $500\sim3000\, m/e$ 范围之内。由于生成多电荷离子，常使检测的离子的真正质量可达 $1\times10^5\, U$ 以上。

由 ESI 所得多电荷离子峰簇示意如图 22-21 所示。

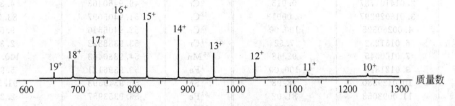

图 22-21　由 ESI 所得多电荷离子峰簇示意

当电喷雾时，样品分子（分子量为 M）会与 n 个带电质点（其质量为 X）相结合，在 ESI 谱上，离子的"表观"质荷比为：

$$\frac{M+nX}{n}=\frac{m}{e}$$

式中　m/e——离子在 ESI 谱中出现的位置；

其他参数前面已叙述。

由于 n 有一系列数值，因而谱图中呈现一个峰簇。任取相邻的两个峰即可求出样品分子量 M。

4. 解析软电离的谱图而得到分子量

在此主要针对中、低分子量的样品。

（1）化学电离源质谱　化学电离可以用于 GC-MS 联用方式，也可以用于直接进样方式，对同样化合物两者得到的 CI 质谱是相同的。化学电离源得到的质谱，既与样品化合物类型有关，又与所使用的反应气体有关。以甲烷作为反应气，对于正离子 CI 质谱，既可以有 $(M+H)^+$，又可以有 $(M-H)^-$，还可以有 $(M+C_2H_5)^+$、$(M+C_3H_5)^+$；异丁烷作反应气可以生成 $(M+H)^+$，又可以 $(M+C_4H_9)^+$。用氨作反应气可以生成 $(M+H)^+$，也可以生成 $(M+NH_4)^+$。

如果化合物中含电负性强的元素，通过电子捕获可以生成负离子。或捕获电子之后又产生分解形成负离子，常见的有 M^-、$(M-H)^-$ 及其分解离子。

CI 源也会形成一些碎片离子，碎片离子又会进一步进行离子-分子反应。但 CI 谱和 EI 谱会有较大差别，不能进行库检索。解释 CI 谱主要是为了得到分子量信息。解释 CI 谱时，要综合分析 CI 谱、EI 谱和所用的反应气，推断出准分子离子峰。

（2）快原子轰击源质谱　快原子轰击质谱主要是准分子离子，碎片离子较少。常见的离子有 $(M+H)^+$、$(M-H)^-$。此外，还会生成加合离子，最主要的加合离子有 $(M+Na)^+$、$(M+K)^+$ 等，如果样品滴在 Ag 靶上，还能看到 $(M+Ag)^+$，如果用甘油作为基质，生成的离子中还会有样品分子和甘油生成的加合离子。

FAB 源既可以得到正离子，也可以得到负离子。在基质中加入不同的添加剂，会影响离子的强度。加入乙酸、三氟乙酸等会使正离子增强，加入 NH_4OH 会使负离子增强。

（3）电喷雾质谱　电喷雾源既可以分析小分子，又可以分析大分子。对于相对分子质量在1000 以下的小分子，通常是生成单电荷离子，少量化合物有双电荷离子。碱性化合物如胺易生成质子化的分子 $(M+H)^+$，而酸性化合物，如磺酸，能生成去质子化离子 $(M-H)^-$。由于电喷雾是一种很"软"的电离技术，通常很少或没有碎片。谱图中只有准分子离子，同时，某些化合物易受到溶液中存在的离子的影响，形成加合离子。常见的有 $(M+NH_4)^+$、$(M+Na)^+$ 及 $(M+K)^+$ 等。

5. 由高分辨质谱数据定分子式

自 1962 年起，国际上把 ^{12}C 的原子量定为整数 12，其他有机化合物常见同位素原子量的测定不断精确（表 22-8）。

表 22-8　元素及稳定同位素的精确相对原子质量及天然丰度

符号	精确相对原子质量	天然丰度/%	符号	精确相对原子质量	天然丰度/%
^{1}H	1.007825037	99.985	^{51}V	50.9439625	99.76
^{2}H	2.014101787	0.015	^{50}Cr	49.9460463	4.31
^{3}He	3.016029297	0.00013	^{52}Cr	51.9405097	83.76
^{4}He	4.00260325	100.00	^{53}Cr	52.9406510	9.55
^{6}Li	6.0151232	7.52	^{54}Cr	53.9388822	2.38
^{7}Li	7.0160045	92.48	^{55}Mn	54.9380463	100.00
^{9}Be	9.0121825	100.00	^{54}Fe	53.9396121	5.90
^{10}B	10.0129380	18.98	^{56}Fe	55.9349393	91.52
^{11}B	11.0093053	81.02	^{57}Fe	56.9353957	2.25
^{12}C	12.00000000	98.892	^{58}Fe	57.9332778	0.33
^{13}C	13.003354839	1.108	^{59}Co	58.9331978	100.00
^{14}N	14.003074008	99.635	^{58}Ni	57.9353471	67.76
^{15}N	15.000108978	0.365	^{60}Ni	59.9307890	26.16
^{16}O	15.99491464	99.759	^{61}Ni	60.9310586	1.25
^{17}O	16.9991306	0.037	^{62}Ni	61.9283464	3.66
^{18}O	17.99915939	0.204	^{64}Ni	63.9279680	1.16
^{19}F	18.99840325	100.00	^{63}Cu	62.9295992	69.09
^{20}Ne	19.9924391	90.92	^{65}Cu	64.9277924	30.91
^{21}Ne	20.9938453	0.257	^{64}Zn	63.9291454	48.89
^{22}Ne	21.9913837	8.82	^{66}Zn	65.9260352	27.81
^{23}Na	22.9897697	100.00	^{67}Zn	66.9271289	4.11
^{24}Mg	23.9850450	78.60	^{68}Zn	67.9248458	18.56
^{25}Mg	24.9858392	10.11	^{70}Zn	69.9253249	0.62
^{26}Mg	25.9825954	11.29	^{69}Ga	68.9255809	60.2
^{27}Al	26.9815413	100.00	^{71}Ga	70.9247006	39.8
^{28}Si	27.9769284	92.18	^{70}Ge	69.9242498	20.52
^{29}Si	28.9764964	4.71	^{72}Ge	71.9220800	27.43
^{30}Si	29.9737717	3.12	^{73}Ge	72.9234639	7.76
^{31}P	30.9737634	100.00	^{74}Ge	73.9211788	36.54
^{32}S	31.9720718	95.018	^{76}Ge	75.9214027	7.76
^{33}S	32.9714591	0.750	^{75}As	74.9215955	100.00
^{34}S	33.96786774	4.215	^{74}Se	73.9224771	0.96
^{36}S	35.9670790	0.017	^{76}Se	75.9192066	9.12
^{35}Cl	34.968852729	75.4	^{77}Se	76.9199077	7.50
^{37}Cl	36.965902624	24.6	^{78}Se	77.9173040	23.61
^{36}Ar	35.967545605	0.337	^{80}Se	79.9165205	49.96
^{38}Ar	37.9627322	0.063	^{82}Se	81.916709	8.84
^{40}Ar	39.9623831	99.600	^{79}Br	78.9183361	50.57
^{39}K	38.9637079	93.08	^{81}Br	80.916290	49.43
^{40}K	39.9639988	0.012	^{78}Kr	77.920397	0.354
^{41}K	40.9618254	6.91	^{80}Kr	79.916375	2.27
^{40}Ca	39.9625907	96.92	^{82}Kr	81.913483	11.56
^{42}Ca	41.9586218	0.64	^{83}Kr	82.914134	11.55
^{43}Ca	42.9587704	0.13	^{84}Kr	83.9115064	56.90
^{44}Ca	43.9554848	2.13	^{86}Kr	85.910614	17.37
^{46}Ca	45.953689	0.0032	^{85}Rb	84.9117996	72.15
^{48}Ca	47.952532	0.179	^{87}Rb	86.9091836	27.85
^{45}Sc	44.9559136	100.00	^{84}Sr	83.913428	0.56
^{46}Ti	45.9526327	7.95	^{86}Sr	85.9092732	9.86
^{47}Ti	46.9517649	7.75	^{87}Sr	86.9088902	7.02
^{48}Ti	47.9479467	73.45	^{88}Sr	87.9056249	82.56
^{49}Ti	48.9478705	5.51	^{89}Y	88.9058560	100.00
^{50}Ti	49.9447858	5.34	^{90}Zr	89.9047080	51.46
^{50}V	49.9471613	0.24	^{91}Zr	90.9056442	11.23
			^{92}Zr	91.9050392	17.11
			^{94}Zr	93.9063191	17.40
			^{96}Zr	95.908272	2.80
			^{93}Nb	92.9063780	100.00
			^{92}Mo	91.906809	15.05
			^{94}Mo	93.9050862	9.35

符　号	精确相对原子质量	天然丰度/%	符　号	精确相对原子质量	天然丰度/%
95Mo	94.9058379	14.78	131Xe	130.905076	21.18
96Mo	95.9046755	16.56	132Xe	131.904148	26.89
97Mo	96.9060179	9.60	134Xe	133.905395	10.44
98Mo	97.9054050	24.00	136Xe	135.907219	8.87
100Mo	99.907473	9.68	133Cs	132.905433	100.00
96Ru	95.907596	5.68	130Ba	129.906277	0.101
98Ru	97.905287	2.22	132Ba	131.905042	0.097
99Ru	98.9059371	12.81	134Ba	133.904490	2.42
100Ru	99.9042175	12.70	135Ba	134.905668	6.59
101Ru	100.9055808	16.98	136Ba	135.904556	7.81
102Ru	101.9043475	31.34	137Ba	136.905816	11.32
104Ru	103.905422	18.27	138Ba	137.905236	71.66
103Rh	102.905503	100.00	138La	137.907114	0.089
102Pd	101.905609	0.80	139La	138.906355	99.911
104Pd	103.904026	9.3	136Ca	135.90714	0.193
105Pd	104.905075	22.6	138Ce	137.905996	0.250
106Pd	105.903475	27.1	140Ce	139.905442	88.48
108Pd	107.903894	26.7	142Ce	141.909249	11.07
110Pd	109.905169	13.5	141Pr	140.907657	100.00
107Ag	106.905095	51.35	142Nd	141.907731	27.09
109Ag	108.904754	48.65	143Nd	142.909823	12.14
106Cd	105.906461	1.22	144Nd	143.910096	23.83
108Cd	107.904186	0.89	145Nd	144.912582	8.29
110Cd	109.903007	12.43	146Nd	145.913126	17.26
111Cd	110.904182	12.86	148Nd	147.916901	5.74
112Cd	111.9027614	23.79	150Nd	149.920900	5.63
113Cd	112.9044013	12.34	144Sm	143.912009	3.16
114Cd	113.9033607	28.81	147Sm	146.914907	15.07
116Cd	115.904758	7.66	148Sm	147.914832	11.27
113In	112.904056	4.16	149Sm	148.917193	13.84
115In	114.903875	95.84	150Sm	149.917285	7.47
112Sn	111.904823	0.95	152Sm	151.919741	26.63
114Sn	113.902781	0.65	154Sm	153.922218	22.53
115Sn	114.9033441	0.34	151Eu	150.919860	47.77
116Sn	115.9017435	14.24	153Eu	152.921243	52.23
117Sn	116.9029536	7.57	152Gd	151.919803	0.20
118Sn	117.9016066	24.01	154Gd	153.920876	2.15
119Sn	118.9033102	8.58	155Gd	154.922629	14.73
120Sn	119.9021990	32.97	156Gd	155.922130	20.47
122Sn	121.903440	4.71	157Gd	156.923967	15.68
124Sn	123.905271	5.98	158Gd	157.924111	24.87
121Sb	120.9038237	57.25	160Gd	159.927061	21.90
123Sb	122.904222	42.75	159Tb	158.925350	100.00
120Te	119.904021	0.089	156Dy	155.924287	0.0524
122Te	121.903055	2.46	158Dy	157.924412	0.0902
123Te	122.904278	0.87	160Dy	159.925203	2.294
124Te	123.902825	4.61	161Dy	160.926939	18.88
125Te	124.904435	6.99	162Dy	161.926805	25.53
126Te	125.903310	18.71	163Dy	162.928737	24.97
128Te	127.904464	31.79	164Dy	163.929183	28.18
130Te	129.906229	34.49	165Ho	164.930332	100.00
127I	126.904477	100.00	162Er	161.928787	0.136
124Xe	123.90612	0.096			
126Xe	125.904281	0.090			
128Xe	127.9035308	1.919			
129Xe	128.9047801	26.44	164Er	163.929211	1.56
130Xe	129.9035095	4.08			

符 号	精确相对原子质量	天然丰度/%	符 号	精确相对原子质量	天然丰度/%
^{166}Er	165.930305	33.41	^{188}Os	187.955850	13.2
^{167}Er	166.932061	22.94	^{189}Os	188.958156	16.1
^{168}Er	167.932383	27.07	^{190}Os	189.958455	26.4
^{170}Er	169.935476	14.88	^{192}Os	191.961487	41.0
^{169}Tm	168.934225	100.00	^{191}Ir	190.960603	38.5
^{168}Yb	167.933908	0.140	^{193}Ir	192.962942	61.5
^{170}Yb	169.934774	3.03	^{190}Pt	189.959937	0.012
^{171}Yb	170.936338	14.31	^{192}Pt	191.961049	0.78
^{172}Yb	171.936393	21.82	^{194}Pt	193.962679	32.8
^{173}Yb	172.938222	16.13	^{195}Pt	194.964785	33.7
^{174}Yb	173.938873	31.84	^{196}Pt	195.964947	25.4
^{176}Yb	175.942576	12.73	^{198}Pt	197.967879	7.23
^{175}Lu	174.940785	97.40	^{197}Au	196.966560	100.00
^{176}Lu	175.942694	2.60	^{196}Hg	195.965812	0.146
^{174}Hf	173.940065	0.199	^{198}Hg	197.966760	10.02
^{176}Hf	175.941420	5.23	^{199}Hg	198.968269	16.84
^{177}Hf	176.943233	18.55	^{200}Hg	199.968316	23.13
^{178}Hf	177.943710	27.23	^{201}Hg	200.970293	13.22
^{179}Hf	178.945827	13.79	^{202}Hg	201.970632	29.80
^{180}Hf	179.946561	35.07	^{204}Hg	203.973481	6.85
^{180}Ta	179.947489	0.0123	^{203}Tl	202.972336	29.50
^{181}Ta	180.948014	99.9877	^{205}Tl	204.974410	70.50
^{180}W	179.946727	0.126	^{204}Pb	203.973037	1.37
^{182}W	181.948225	26.31	^{206}Pb	205.974455	25.15
^{183}W	182.950245	14.28	^{207}Pb	206.975885	21.11
^{184}W	183.950953	30.64	^{208}Pb	207.976641	52.38
^{186}W	185.954377	28.64	^{209}Bi	208.980388	100.00
^{185}Re	184.952977	37.07	^{232}Th	232.03805381	100.00
^{187}Re	186.955765	62.93	^{234}U	234.04094740	0.0058
^{184}Os	183.952514	0.018	^{235}U	235.04392525	0.715
^{186}Os	185.953852	1.59	^{238}U	238.05078578	99.28
^{187}Os	186.955762	1.64			

利用一般的 EI 质谱很难确定分子式。在早期，曾经有人利用分子离子峰的同位素峰来确定分子组成式。有机化合物分子都是由 C、H、O、N 等元素组成的，这些元素大多具有同位素，由于同位素的贡献，质谱中除了有质量为 M 的分子离子峰外，还有质量为 $M+1$，$M+2$ 的同位素峰。由于不同分子的元素组成不同，不同化合物的同位素丰度也不同，贝农（Beynon）将各种化合物（包括 C、H、O、N 的各处组合）的 M、$M+1$、$M+2$ 的强度值编成质量与丰度表，如果知道了化合物的分子量和 M、$M+1$、$M+2$ 的强度比，即可查表确定分子式。例如，某化合 $M=150$（丰度 100%），$M+1$ 的丰度为 9.9%，$M+2$ 的丰度为 0.88%，求化合物的分子式。根据贝农表可知，$M=150$ 化合物有 29 个，其中与所给数据相符的为 $C_9H_{10}O_2$。这种确定分子式的方法要求同位素峰的测定十分准确。而且只适用于分子量较小、分子离子峰较强的化合物，如果是这样的质谱图，利用计算机进行库检索得到的结果一般都比较好，不需再计算同位素峰和查表。因此，这种查表的方法已经不再使用。

利用高分辨质谱仪可以提供分子组成式。因为碳、氢、氧、氮的相对原子质量分别为 12.000000、10.07825、15.994914、14.003074，如果能精确测定化合物的分子量，可以由计算机轻而易举地计算出所含不同元素的个数。目前傅里叶变换质谱仪、双聚焦质谱仪、飞行时间质谱仪等都能给出化合物的元素组成。

分子量的测定除上述方法外，还有峰匹配法，以及 20 世纪 80 年代末期以来，连续有人用低分辨质谱仪器——四极质谱仪测得样品的精确分子质量。

三、质谱的解析

1. 质谱解析的一般程序

(1) 解析分子离子区

① 确认分子离子峰，注意它对基峰的相对强度，从而判断化合物类型。

② 注意分子离子质量的奇偶数，由氮规则推测分子中含氮原子数。

③ 由 $(M+1)/M$ 及 $(M+2)/M$ 数值大小，判断分子中是否含 Cl、Br、S 元素，并推算分子式。或由高分辨质谱所得精确分子量推定分子式。

④ 由分子式计算不饱和度。确定化合物中环和双键的数目。

(2) 解析碎片离子

① 找出相对丰度较大的离子峰，注意其 m/e 的奇偶性，对照表 22-9 列出的常见碎片离子，并根据开裂规律，分析这些主要离子峰的归属。

② 鉴定高质量端丢失中性碎片的特征。如有 $(M-18)$ 峰，则表示失去一分子水，可能有羟基存在，该化合物为醇。从分子离子失去的中性碎片见表 22-10。

表 22-9　有机化合物质谱中一些常见碎片离子（正电荷未标出）

质荷比 m/e	碎 片 离 子	质荷比 m/e	碎 片 离 子
14	CH_2	48	CH_2S+H
15	CH_3	49	CH_2Cl
16	O	51	CHF_2
17	OH	53	C_4H_5
18	H_2O, NH_4	54	$CH_2CH_2C\equiv N$
19	F, H_3O	55	$C_4H_7, CH_2{=}CHC{=}O$
26	$C\equiv N$	56	C_4H_8
27	C_2H_3	57	$C_4H_9, C_2H_5C{=}O$
28	$C_2H_4, CO, N_2(air), CH{=}NH$	58	$H_3C-\overset{\overset{O}{\|}\,+}{C}-CH_3, C_2H_5CHNH_2, (CH_3)_2NCH_2,$ $C_2H_5NHCH_2, C_2H_5S$
29	C_2H_5, CHO		
30	CH_2NH_2, NO		
31	CH_2OH, OCH_3		
32	$O_2(Air)$		
33	SH, CH_2F	59	$(CH_3)_2COH, CH_2OC_2H_5, \overset{\overset{O}{\|}}{C}{-}OCH_3,$ $H_2NC{=}O+H, CH_3OCHCH_3 CH_3CHCH_2OH$ CH_2
34	H_2S		
35	Cl		
36	HCl		
39	C_3H_3		
40	$CH_2C\equiv N, Ar(Air)$	60	$\overset{\overset{O}{\|}}{HCCH}+H \cdot CH_2ONO$ OH
41	$C_3H_5 CH_2C\equiv N+H, C_2H_2NH$		
42	C_3H_6		
43	$C_3H_7, CH_3C{=}O, C_2H_5N$	61	$\overset{\overset{O}{\|}}{HC}{-}OCH_3+2H, CH_2CH_2SH, CH_2SCH_3$
44	$H_2C{-}\overset{\overset{H}{\|}}{C}{=}O+H, CH_3CHNH_2, CO_2, NH_2C{=}O,$ $(CH_3)_2N$	65	C_5H_5
45	$\overset{\overset{CH_3}{\|}}{CHOH}, CH_2CH_2OH, CH_2OCH_3$ $\overset{\overset{O}{\|}}{HC}{-}OH, CH_3CH{-}O+H$	65	C_5H_6
		67	C_5H_7
		68	$CH_2CH_2CH_2C\equiv N$
46	NO_2	69	$C_5H_9, CF_3, CH_3CH{=}CHC{=}O, CH_2{=}C(CH_3)C{=}O$
47	CH_2SH, CH_3S		

质荷比 m/e	碎片离子	质荷比 m/e	碎片离子
70	C$_5$H$_{10}$	93	CH$_2$Br，⟨benzene⟩OH，C$_7$H$_9$，⟨pyrrole⟩—C=O，⟨phenoxy⟩O，C$_7$H$_9$（萜烯）
71	C$_5$H$_{11}$，C$_3$H$_7$C=O		
72	H$_5$C$_2$C⁺H(O)(CH$_3$)，C$_3$H$_7$CNNH$_2$(O)，(CH$_3$)$_2$N=C=C，C$_2$H$_5$NHCHCH$_3$ 及其异构体	94	⟨phenoxy⟩O+H，⟨pyrrole NH⟩—C=O
73	59 碎片的同系物	95	⟨furan O⟩—C=O
74	H$_2$C—C(O)CH$_3$+H	96	CH$_2$CH$_2$CH$_2$CH$_2$CH$_2$C≡N
75	—C(O)—OC$_2$H$_5$+2H，CH$_2$SC$_2$H$_5$，(CH$_3$)$_2$CSH，(CH$_3$O)$_2$CH	97	C$_7$H$_{13}$，⟨thiophene S⟩—CH$_2$
77	C$_6$H$_5$	98	⟨furan O⟩—CH$_2$O+H
78	C$_6$H$_5$+H	99	C$_7$H$_{15}$，C$_6$H$_{11}$O
79	C$_6$H$_5$+2H，Br	100	C$_4$H$_9$C⁺(CH$_2$)+H，C$_5$H$_{11}$CHNH$_2$
80	⟨pyrrole NH⟩—CH$_2$，CH$_3$SS+H	101	—C(O)—OC$_4$H$_9$
81	⟨furan O⟩—CH$_2$，C$_6$H$_9$⟨benzene⟩	102	H$_2$CC(O)—OC$_3$H$_7$+H
82	CH$_2$CH$_2$CH$_2$CH$_2$C≡N，CCl$_2$，C$_6$H$_{10}$	103	—C(O)—OC$_4$H$_9$+2H，C$_5$H$_{11}$S，CH(OCH$_2$CH$_3$)$_2$
83	C$_6$H$_{11}$，CHCl$_2$，⟨thiophene S⟩	104	C$_2$H$_5$CHONO$_2$
85	C$_6$H$_{13}$，C$_4$H$_9$C=O，CClF$_7$	105	⟨benzene⟩—C=O，⟨benzene⟩—CH$_2$CH$_2$，⟨benzene⟩—CHCH$_3$
86	H$_7$C$_3$C⁺(CH$_2$)+H，C$_4$H$_9$CHNH$_2$ 及其异构体	106	⟨benzene⟩NHCH$_2$
87	H$_7$C$_3$CO，73 碎片的同系物，CH$_2$CH$_2$C(O)COCH$_2$	107	⟨benzene⟩—CH$_2$O，⟨CH$_2$-benzene⟩OH，⟨benzene⟩OH
88	H$_2$C—C(O)—OC$_2$H$_5$+H	108	⟨benzene⟩—CH$_2$O+H，⟨pyrrole N-CH$_3$⟩—C=O
89	—C(O)—OC$_3$H$_7$+2H，⟨benzene⟩—C	109	⟨cyclohexene⟩—C=O
90	CH$_3$CHONO$_2$，⟨benzene⟩—CH	111	⟨thiophene S⟩—C=O
91	⟨benzene⟩—CH$_2$，⟨benzene⟩—CH+H，⟨benzene⟩—C+2H，(CH$_2$)$_4$Cl，⟨pyridine N⟩	119	CF$_3$CF$_2$，⟨benzene⟩—C(CH$_3$)$_2$，⟨benzene CHCH$_3$⟩—CH$_3$，⟨benzene C=O⟩—CH$_3$
92	⟨pyridine N⟩—CH$_2$，⟨benzene⟩—CH$_2$+H	120	⟨cyclohexadiene C=O⟩=O

质荷比 m/e	碎片离子	质荷比 m/e	碎片离子
121	CH₂O〔benzene〕CH₂ C₉H₁₂(萘烯) ; C=O / OH ; N=O / NH	135	(CH₂)₄Br
123	C=O / F	138	CO / OH +H
125	S→O	139	Cl
127	I	149	C=O O +H C=O
131	C₃F₅, ; CH=CH—C=O	154	

表 22-10 从分子离子失去的中性碎片

由分子离子减去的质量数	失去的碎片	由分子离子减去的质量数	失去的碎片
1	H	55	H₂C=CHCHCH₃
15	CH₃	56	H₂C=CHCH₂CH₃, CH₃CH=CHCH₃, 2CO
17	HO	57	C₄H₉
18	H₂O	58	NCS, (NO+CO), CH₃COCH₃
19	F		
20	HF	59	CH₃OC , CH₃CNH₂ , S(H)
26	CH≡CH, C≡N		
27	CH₂=CH, HC≡N		
28	CH₂=CH₂, CO, (HCN+H)		
29	CH₃CH₂, CHO	60	C₃H₇OH, S
30	NH₂CH₂, CH₂O, NO		
31	OCH₃, CH₂OH, CH₃NH₂	61	CH₃CH₂S
32	CH₃OH, S	62	(H₂S 或 H₂C=CH₂)
33	HS, (CH₃ 和 H₂O)	63	CH₂CH₂Cl
34	H₂S	64	C₅H₄, S₂, SO₂
35	Cl		
36	HCl, 2H₂O	68	H₂C=C(CH₃)—CH=CH₂
37	H₂Cl(或 HCl+H)	69	CF₃, C₅H₉
38	C₃H₂, C₂N, F₂	71	C₅H₁₁
39	C₃H₃, HC₂N	73	CH₃CH₂OC
40	H₃C≡CH	74	C₄H₉OH
41	H₂C=CHCH₂	75	C₆H₃
42	H₂C=CHCH₃, H₂C=C=O, CH₂—CH₂—CH₂, NCO, NCNH₂	76	C₆H₄, CS₂
		77	C₆H₅, CS₂H
		78	C₆H₄, CS₂H₂, C₅H₄N
43	C₃H₇, CH₃C, CH₂=CH₂—O, (CH₃ 和 H₂C=CH₂), HCNO	79	Br, C₅H₅N
44	H₂C=CHOH, CO₂, N₂O, CONH₂, NHCH₂CH₃	80	HBr
45	CH₃CHOH, CH₃CH₂O, CO₂H, CH₃CH₂NH	85	CClF₂
46	(H₂O 和 H₂C=CH₂), CH₃CH₂OH, NO₂	100	F₂C=CF₂
47	CH₃S	119	F₃C—CF₂
48	CH₃SH, SO, O	122	C₆H₅COOH
49	CH₂Cl	127	I
51	CHF₂	128	HI
52	C₄H₄, C₂N₂		
53	C₄H₅		
54	H₂C=CH—CH=CH₂		

③ 鉴定所有可能存在的低质量端离子系列。每一类化合物往往出现一系列谱峰，如饱和脂肪族烃类化合物出现 m/e 为 29、43、57、71 等 "烷基系列" 峰；芳香族化合物出现 m/e 为 39、51、65、77 等 "芳香系列" 峰，由此可以推断化合物的结构类型。常见的离子系列见表 22-11。

表 22-11　常见离子系列

官能团[①]	代学式	指数 Δ[②]	m/e 值					
烷基	$C_nH_{2n+1}^+$	+2	15	29	43	57	71	85
醛、酮	$C_nC_{2n-1}IO^+$	+2		29	43	57	71	85
胺	$C_nH_{2n+2}N^+$	+3		30	44	58	72	86
醚、醇	$C_nH_{2n+1}O^+$	+4		31	45	59	73	87
酸、酯	$C_nH_{2n-1}O_2^+$	+4			45	59	73	87
硫醇、硫化物	$C_nH_{2n+1}S^+$	+5		33[③]	47	61	75	89
氯代烷基	$C_nH_{2n}Cl^+$	-6		35	49	63	77	91
腈	$C_nH_{2n-2}N^+$	-1		40	54	68	82	96
烯基、环烷基 烯烃、环烷烃	$C_nH_{2n-1}^+$	0	27	41	55	69	83	97
烷基-Y[④]	$C_nH_{2n}^+$	+1	28	42	56	70	84	98
芳烃	C_nH_m	-8~-2	38	39	50~52	63~65	75~78[⑤]	

① 与一个饱和脂肪族子结构相连。
② Δ=质量-14n+1（Dromey，1976 年）。
③ H_2S^+ 离子。
④ 其中 HY 是一个电离能高的分子。
⑤ 在特定的谱图中所有这些峰可能都很弱，附近有时还有其他峰。

④ 注意有无特征离子存在。许多特殊的质量数只有少数具有特征结构的基团才能产生，这类特征离子有助于判断分子的可能碎片。其中一些熟知的特征离子有胺的 m/e 30、苯基的 m/e 77、苯酰基的 m/e 105 和邻苯二甲酸酯的 m/e 149 等。

⑤ 找出亚稳离子。利用 $m^* = m_2^2/m_1$，确定 m_1 及 m_2 两种离子的关系，判断开裂过程。

⑥ 利用高分辨质谱的数据，确定重要碎片离子的元素组成。

（3）列出部分结构单元　在上述两步分析的基础上，列出部分结构单元，并找出剩余的结构。

（4）组成可能的结构式　以所有可能方式把各部分结构单元连接起来，组成可能的结构式，并根据质谱及其他光谱数据肯定最合理的结构式。

2. 标准质谱图集和质谱计算机检索

（1）常用标准谱图图集和索引

①《Registry of Mass Spectral Data》，1~4 卷（1974 年）。由 E. Stenhagen 等编，John Wiley 出版。共收集 18806 个化合物，相对分子质量从 16.0316~1519.8609。记载项目有：化合物名称，精密相对分子质量，分子式，质谱和文献。附有元素组成索引。

②《Eight Peak of Mass Spectral》，1~2 卷（1970 年）。由 Imperial Chemical Industries 和 Mass Spectrometry Data Center 编，Mass Spectrometry Data Center 出版，共收集 17124 个化合物。记载项目有：化合物名称，相对分子质量，元素组成，8 个主要峰的 m/e 和相对强度，化合物号码。附有相对分子质量索引，元素组成索引和最高峰索引。

③《Atlas of Mass Spectral Data》，1 卷（1969 年）。

④《Index of Mass Spectral Data》，（1963 年）。

（2）质谱计算机检索　计算机辅助谱图解析方法有谱图库检索、人工智能和图像识别，其中以库检索应用最广。

库检索的基本做法是把未知物谱图和谱库中的标准谱进行比较，比较前两者都需要统一格式进行简化。根据简化方法和匹配方法不同而产生各种检索系统。目前一些实用的质谱检索系统见表 22-12。

表 22-12　目前一些实用的质谱检索系统

系　　统	特　　点
OCETH	用二进制位编码系统编码质谱与离子系列谱检出 10 个化合物名称及相似指数
STIRS	以检索方法为主,用时辅以图像识别技术,以 29468 个化合物的质谱为数据库,用分类质谱数据表示质谱,程序通过 15 项比较来鉴定质谱或指出未知物的某些结构特征
PBM	使用概率相似性指数和反检索,有 32403 个化合物的 41429 张图
MIT/KB	检索系统以 $m/e=6$ 开始,m/e 每相隔 14 取两最强峰作为质谱指纹,特别适用于有质量歧视和有浓度变化系统,如 GC/MS 系统
MSSS	按人机对话执行:①峰-强度检索;②相对分子质量检索;③完整分子式检索;④部分分子式检索和完全质谱输出

3. 质谱解析实例

【例】某化合物的质谱如图 22-22 所示,其分子离子区的质谱数据是 $m/e=134$（30.4%）、$m/e=135$（3.4%）,试推测其结构。

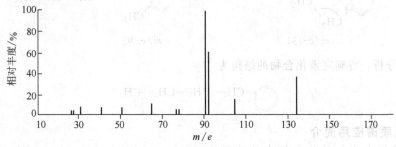

图 22-22　某化合物的质谱图

解:第一步,对分子离子区进行分析。

① 分子离子峰为 $m/e=134$ 峰,相对丰度相当大,故该化合物可能为芳香烃或含共轭双烯的化合物。相对分子质量为 134,偶数,可知化合物中不含氮或含偶数个氮原子。

② $(M+1)/M=3.4\times100/30.4=11.2$,分子可能有 10 个 C 原子;$(M+2)/M\approx0$,可知分子中不含 Cl、Br、S 和 Si。查贝农表(表中给出了含有 C、H、O 和 N 的化合物的 $M+1$ 峰及 $M+2$ 峰的预测强度)相对分子质量为 134 栏,可确定分子式为 $C_{10}H_{14}$。

③ $C_{10}H_{14}$ 的不饱和度为 4,说明分子中含有苯环。

第二步,对碎片离子进行分析。

① 由 $m/e=91$、77、65 和 51 的碎片离子峰可确定在化合物的分子中有 H_5C_6—CH_2 结构单元存在;由 $m/e=92$ 峰(麦氏重排),可断定与苯环相连的链至少有三个键,并有 γ 氢原子。

② 最重要的质量丢失。$m/e=91$ 的基峰是由分子离子失去质量为 43（134−91＝43）的碎片而生成,该碎片的组成为 C_3H_7、C_2H_5N 或 CH_3C≡O,这就是说该化合物是由质量为 91（C_6H_5—CH_2）及 43 的两个碎片所组成。$C_6H_5CH_2$—C_2H_5N 不符合氮规则,可以排除;$C_6H_5CH_2$—$COCH_3$ 含有一个氧原子及一个双键,而第一步确定的分子式中不含氮,加之饱和度不符,故排除。所以,可确定该化合物的组成为 $C_6H_5CH_2$—C_3H_7。

第三步,提出可能的结构式。

$$
\begin{array}{cc}
\text{CH}_2\text{—CH—CH}_3 & \text{CH}_2\text{—CH}_2\text{—CH}_2\text{—CH}_3 \\
\text{CH}_3 & \\
(a) & (b)
\end{array}
$$

结构式（a）难以解释 $m/e=105$ 峰,不可能是（a）。只有（b）式能解释质谱图上的所有离子峰。

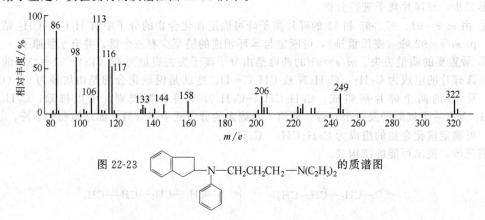

通过上述分析，可确定该化合物的结构为：

$$\text{C}_6\text{H}_5—\text{CH}_2—\text{CH}_2—\text{CH}_2—\text{CH}_3$$

四、有机质谱应用简介

1. 有机质谱在有机结构分析中的应用

（1）结构鉴定　对于已知结构或合格产品的鉴定，一般是先做样品的质谱图，然后查对标准图谱，如果分子量对得上，主要碎片峰能够得到合理的解释，则可获得肯定的结果。

例如，人工合成一种治疗心律不齐的药，可能的结构为：

用质谱给予鉴定，实验测得的质谱如图 22-23 所示。

图 22-23 的质谱图

最大的 m/e 峰是 322，与该化合物的分子量一致，即为分子离子峰。再看质谱图上的主要碎片离子峰是否能得到合理的解释。

如果电离发生在右边的氮原子上，则开裂过程为：

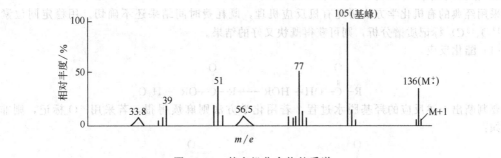

如果电离发生在左边的氮原子上，则为

从上述分析结果可以看出，图 22-23 的主要碎片离子都得到较合理的解释，故可认为合成的化合物确为上述结构。

（2）推测未知物的结构 对于未知物的结构测定，最好是采用红外、核磁、质谱等谱图数据综合分析，因为它们各有所长，可从不同的角度提供信息。但是在某些情况下，如样品量很少（< 1mg），此时只有用质谱来解决问题。

【例】某有机化合物只含 C、H 和 O，它的红外光谱 IR 在 $3100 \sim 3700 \mathrm{cm}^{-1}$ 间无吸收，其质谱如图 22-24 所示，试推测其结构。

图 22-24 某有机化合物的质谱

解：

① 分子离子区的分析 因为最高 $m/e = 136$ 为偶数，与只含 C、H、O 相符，所以可认为是分子离子峰，而且相当强，试样可能是芳烃。

由质谱图或质谱数据表可以看出，$(M+1)/M = 9.0\%$，查贝农表得知可能的化合物式子有下列四个。

$$C_9 H_{12} O (\Omega = 4)$$

$$C_8H_8O_2 (\Omega=5)$$
$$C_7H_4O_3 (\Omega=6)$$
$$C_5H_{12}O_4 (\Omega=0)$$

② 碎片离子的分析 $m/e=105$ 为基峰，推测为苯甲酰基离子（$C_6H_5—C≡O^+$）。$m/e=39$、50、51 及 77 各峰为芳香环的特征峰，进一步肯定了苯环的存在。

亚稳峰 $m/e=56.5$ 表明有 $m/e=105 \longrightarrow m/e=77$ 的开裂过程，因为 $77^2/105=56.5$。$m/e=33.8$ 的亚稳峰表明有 $m/e=77 \longrightarrow m/e=51$ 的开裂过程，因为 $51^2/77=33.8$。上述开裂过程可表示为：

$$C_6H_5—C≡O^+ \xrightarrow{-CO} C_6H_5^+ \xrightarrow{-C_2H_2} C_4H_3^+$$
$$m/e=105 \qquad m/e=77 \qquad m/e=51$$

（3）结构式的确定 若分子中含有 $C_6H_5\overset{+}{C}O$，则其不饱和度应为 5，故 $C_9H_{12}O$、$C_7H_4O_3$ 和 $C_5H_{12}O_4$ 可排除，余下只有 $C_8H_8O_2$ 式符合。由 $C_8H_8O_2$ 减去 C_6H_5CO，剩下的基团为 $—OCH_3$ 或 $—CH_2OH$，因此可能的结构式有两种，即：

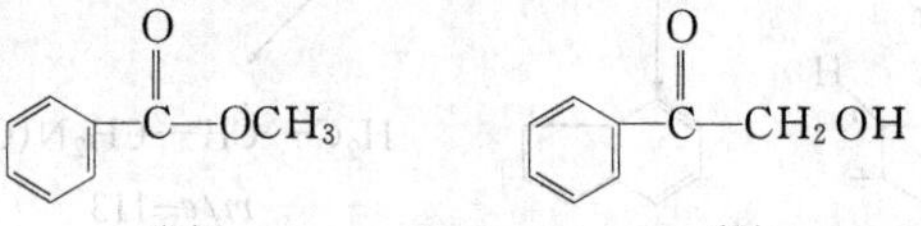

（a）   （b）

因在红外光谱 IR$3100\sim3700cm^{-1}$ 处无吸收，故无 $—OH$，（b）式不可能，于是可确定样品的结构式为（a）。

（4）用开裂规律核实所推结构式

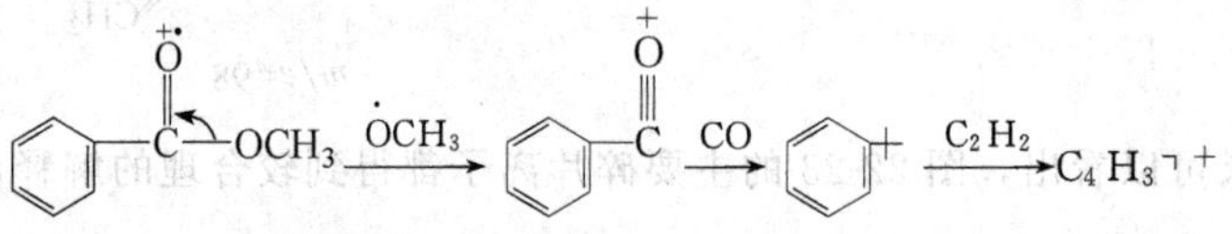

$$m/e=136 \qquad m/e=105 \qquad m/e=77 \qquad m/e=51$$

经过上述分析可以确认该未知物的结构式为：

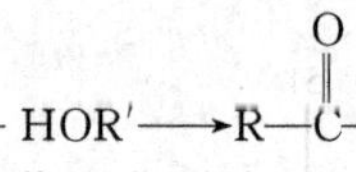

2. 有机质谱在研究有机反应机理方面的应用

采用经典的有机化学方法研究有机反应机理，既耗费时间结果还不确切。用稳定同位素（D、^{15}N、^{18}O、^{13}C）标记质谱分析，则可获得既快又好的结果。

（1）酯化反应

$$R—\overset{O}{\overset{\|}{C}}—OH + HOR' \longrightarrow R—\overset{O}{\overset{\|}{C}}—OR' + H_2O$$

要判断出上述反应的羟基脱水过程，若用化学方法则麻烦得很，若采用 ^{18}O 标记，则非常方便，如：

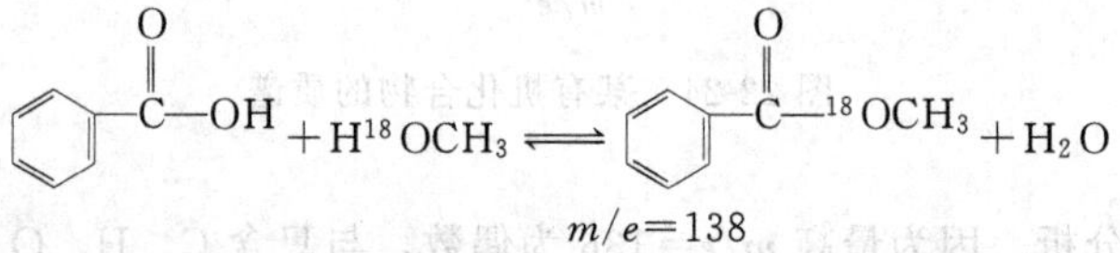

$$m/e=138$$

出现 $m/e=138$ 的峰，则证明羧酸贡献出羟基。

（2）开环反应 如 的开环用质谱说明很简单。

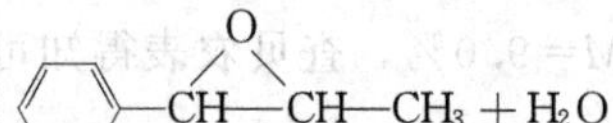

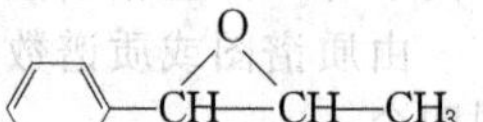

H_2O^{18} 可能出现两种情况。

$$\alpha 位开裂 \quad m/e=109$$

$$\beta 位开裂 \quad m/e=107$$

质谱分析结果：在 H^+ 中，开环反应发生在 α 位，出现 $m/e=109$ 峰；而在 OH^- 中，α 位和 β 位开环的可能都有，与构型有关。

顺式：苄基断裂 $\begin{cases} 30\% \ (\alpha 位) \\ 70\% \ (\beta 位) \end{cases}$。

反式：苄基断裂 $\begin{cases} 90\% \ (\alpha 位) \\ 10\% \ (\beta 位) \end{cases}$。

3. 有机质谱在定量分析中的应用

对于多组分混合物的定量分析，质谱法是一种非常有用的手段，它能分析气体、易挥发性的及低挥发性的有机混合物。

在用质谱法进行定量分析时，首先要满足以下三点：

① 样品中每一组分最少有一个特征峰，它不受其他组分的影响；

② 每种组分对相同 m/e 碎片离子峰峰高的贡献具有线性加和性；

③ 每种组分的特征峰及灵敏度与这个组分的纯品所得结果相同。

在满足上述要求的前提下，才可以合理地计算混合物中各组分的含量。

(1) 定量分析的基本原理 在适当条件下，质谱峰高与组分的分压成正比，即：

$$I_i = S_i p_i$$

式中 I_i——i 组分某一特征峰的离子流强度；

p_i——i 组分的分压；

S_i——i 组分某一特征峰的压强灵敏度系数，即单位压强所产生的离子流强度。

灵敏度系数与仪器的操作条件（如轰击电流、磁场强度及温度等）有密切关系。所以，在定量分析未知样品时，一定要在与测定 S_i 相同的操作条件下进行。

若用峰高 h_i 取代式 $I_i = S_i p_i$ 中的 I_i，则：

$$h_i = A_i S_i p_i$$

式中 A_i——i 组分某一特征峰的相对丰度。

(2) 定量分析方法

① 绝对法 对于组分数较少，且各组分的分子离子峰或基峰互不叠加的混合物，可采用此法或相对法。其计算公式为：

$$X_i \% = \frac{p_i}{p_{总}} \times 100\% = \frac{I_i / S_i}{\sum_{i=1}^{n} p_i} \times 100\%$$

式中 X_i——i 组分的摩尔分数；

$p_{总}$——样品的总压强，由进样前样品贮存器的压力给出。

绝对法需要分别测定各组分的压强灵敏度系数及样品的总压强，因为 S_i 易受仪器条件变化的影响，故需随时校正，比较麻烦。

② 相对法 为克服绝对法易受仪器条件变化影响这一缺点，对于已知样品组分的情况，可采用相对法进行定量分析。

若样品含有 n 个组分，从其中选取一个组分作为基础，先用已知组成的混合物测定各组分相对 K 组分的相对压强灵敏度 S_{ik}，再由 S_{ik} 计算 $X_i \%$。

因为 $I_i = S_i p_i, \quad I_k = S_k p_k$

所以

$$S_{ik} = \frac{S_i}{S_k} = \frac{I_i p_k}{I_k p_i}$$

对于未知样品，由上式得：

$$p_i = \frac{I_i p_k}{I_k S_{ik}}$$

$$X_i\% = \frac{p_i}{p_{\text{总}}} \times 100\% = \frac{I_i p_k / I_k S_{ik}}{\frac{p_k}{I_k} \sum_{i=1}^{n} I_i / S_{ik}} \times 100\% = \frac{I_i / S_{ik}}{\sum_{i=1}^{n} I_i / S_{ik}} \times 100\%$$

由于 S_{ik} 不受仪器条件的影响，所以该法准确度较高。

③ 解联立方程法　解联立方程法，也称为裂片法，适用于各组分的特征峰互相重叠的情况。目前应用较广，例如煤、柴油馏分的组成分析，重油中饱和烃类的测定等。

对于含有 n 个组分的混合物，根据式 $I_i = S_i p_i$，可以写出下列方程式：

$$S_{11} p_1 + S_{12} p_2 + \cdots + S_{1n} p_n = I_1$$

式中　S_{11}，S_{12}，$\cdots$，S_{1n}——第 1、2、$\cdots$、n 号组分在 m_1/e 特征离子峰的灵敏度系数；

p_1，p_2，$\cdots$，p_n——第 1、2、$\cdots$、n 号组分在未知混合物中的分压；

I_1——未知混合物试样质谱图中 m_1/e 特征离子峰的峰强度。

同样，对于质量数为 m_2、m_3、$\cdots$、m_n 的特征离子峰，其峰强度分别为 I_2、I_3、$\cdots$、I_n，因此可以列出一系列方程式：

$$S_{21} p_1 + S_{22} p_2 + \cdots + S_{2n} p_n = I_2$$
$$S_{31} p_1 + S_{32} p_2 + \cdots + S_{3n} p_n = I_3$$
$$\vdots \qquad \vdots$$
$$S_{n1} p_1 + S_{n2} p_2 + \cdots + S_{nn} p_n = I_n$$

解这些联立方程即可求出未知数 p_1、p_2、$\cdots$、p_n，在实际分析时选择的特征离子峰数目往往大于组分数 n，这时可用最小二乘方法处理求解。

求得 p_i 后，则：

$$X_i = \frac{p_i}{\sum_{i=1}^{n} p_i} \times 100\%$$

第四节　气相色谱-质谱联用（GC-MS）

将气相色谱仪和质谱仪连接起来，利用气相色谱作为样品混合物的分离手段，把分开的样品组分再送入质谱仪中进行质谱分析，这就是色谱-质谱联用的意图。气相色谱发挥它本身的特点对混合物进行分离和定量分析；质谱按照分离时间的顺序对每个组分进行质谱分析。对于质谱而言，气相色谱具质谱的进样与分离系统；对于气相色谱而言，质谱是气相色谱的鉴定器与分析器。这样既发挥了各自的优势，也弥补了各自的不足。至今，色谱-质谱联用已成为一种重要的分离分析手段。使用 GC-MS 使有机物的定性和结构分析工作有了新的突破，并极大地提高工作效率。

混合物的直接定性分析，如致癌物的分析、工厂污水分析、农作物中农药残留量的分析、中草药成分分析和香味成分的分析等许多色谱仪无能为力的分析课题，GC-MS 分析可以发挥独特的作用。

一、气相色谱-质谱（GC-MS）联用仪的构成

GC-MS 由气相色谱仪、接口、质谱仪组成。

气相色谱仪由进样器、色谱柱、检测器（GC-MS 联用，质谱仪就是检测器）及控制色谱条件的微处理机四部分组成。

与气相色谱联用的质谱仪类型多种多样，主要体现在质量分析器的不同，其中有四极杆质谱仪、磁质谱仪、离子阱质谱仪及飞行时间质谱仪等。

GC-MS 联用的主要问题是如何解决色谱与质谱相连的接口。因为气相色谱的柱出口压力一般

为大气压（约 1.01×10^5 Pa），而质谱仪是在高真空下（一般低于 10^{-3} Pa）工作。两者压差达到 10^8 Pa 以上，所以必须有一个合适的接口，使两者压力基本匹配，才能达到联用的要求。这种接口通常称分子分离器。常用的分子分离器有隙透型、半透膜型、喷射型、开口分流型等。

另外，还必须配备数据处理、控制系统及谱库等。

二、GC-MS 的工作原理

GC-MS 具有灵敏度高、样品用量少、分析速度快等优点。使用 GC-MS 不仅提高分析工作效率，关键在于能解决某些其他分析方法无能为力的分析课题。

GC-MS 的工作原理如图 22-25 所示。

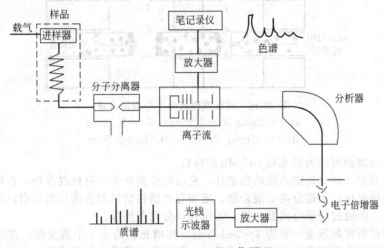

图 22-25　GC-MS 的工作原理

当一个样品用微量注射器注入气相色谱仪的进样器后，样品在加热器中被加热气化，由载气载着样品气通过色谱柱，进行分离，每种组分以不同的保留时间离开色谱柱。

在色谱仪出口，载气已完成它的使命，需设法筛去，仅让分析组分进入质谱仪的离子源。分子分离器的作用就是尽可能地把载气筛去，只让分析组分通过。因为这时分析组分的量甚微，进入质谱仪时，不至于严重破坏质谱仪的真空。

组分的中性分子进入质谱仪的离子源后，被电离为带电离子，还会有一部分载气（GC-MS 操作中用氦气作载气）进入离子源。这部分载气和质谱仪内残余气体分子一起被电离为离子，并构成质谱的本底。组分离子和本底离子一起被离子源的加速电压加速，射向质谱仪的分析器中。在进入分析器前，设置一个总离子检测极，收集总离子流的一部分。总离子检测极收集的离子流经过放大器放大并记录下来，得到该组分的色谱峰，该图称为总离子流色谱图（TIC）。总离子色谱峰由低到峰顶再下降的过程，就是某组分出现在离子源的过程。目前，绝大多数质谱仪都与数据系统连接，得到的质谱信号可通过计算机接口，输入计算机。在进行 GC-MS 操作时，从进样起，质谱仪开始在预定的质谱范围内，磁场作自动循环扫描，每次扫描给出一组质谱，存入计算机，计算机算出每组质谱的全部峰强总和，作为再现色谱峰的纵坐标。每次扫描的起始时间 t_1、t_2、t_3……作为横坐标。这样每一次扫描给出一个点，这些点连线给出一个再现的色谱峰。它和总离子色谱峰相似。数据系统可给出每个再现色谱峰峰顶所对应的时间——保留时间。

再现的色谱峰可以计算峰面积，进行定量分析。

利用再现的色谱峰，可任意调出色谱上任何一点所对应的一组质谱。色谱峰顶处可获得无畸变的质谱。

三、分子分离器

分子分离器（这里指色谱与质谱的接口）是 GC-MS 的重要组成部分，其作用有两方面：①使气相色谱仪出口的压力适应质谱仪真空的需要；②提高分析组分与载气比值。

分子分离器有许多种，这里仅介绍一种性能较好的喷射式分子分离器。

如图 22-26 所示是两级喷射式分子分离器示意。它有两对喷嘴，第一对喷嘴的直径为 0.1mm

和0.25mm，两者之间间隔为1.5mm。第二组的两个喷嘴直径分别为0.25mm和0.5mm，它们之间的距离为0.5mm。第一组抽低真空，第二组抽高真空。当载气（氦气）和样品组分分子从第一喷嘴射出时，由于样品组分分子量总是大于氦分子，因此样品组分以较大的惯性进入第二喷嘴，而氦气则优先被抽走；剩余的氦气和样品组分分子在第三喷嘴再次喷射，氦又被优先抽走，结果样品组分以较大的浓度进入质谱仪，这就是喷射式分子分离器的工作原理。

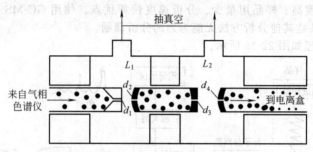

图 22-26　两级喷射式分子分离器示意

$d_1 = 0.1mm$；$d_2 = 0.25mm$；$L_1 = 1.5mm$；

$d_3 = 0.25mm$；$d_4 = 0.5mm$；$L_2 = 0.5mm$

喷射式分子分离器可作为填充柱 GC-MS 的接口。

毛细管色谱柱是一种分离能力强的色谱柱，它可以分离复杂的有机混合物，在很多情况下，毛细管柱可以分离填充柱，不能分离的混合物。毛细管色谱柱的气相色谱仪与质谱仪的连接有三种方法：①直接连接；②通过分子分离器连接；③用开口分流器连接。

毛细管色谱柱所需的流量一般为1~2mL/min，比填充柱约小1个数量级。在离子源处有适当抽速时，毛细管柱和质谱仪直接连接是可能的。一般商品化的质谱仪离子源处配有高效分子涡轮。

四、GC-MS 分析条件的选择和数据的采集

1. 分析条件的选择

在 GC-MS 分析中，色谱的分离和质谱数据的采集是同时进行的。为了使每个组分都得到分离和鉴定，必须设置合适的色谱和质谱分析条件。

色谱条件包括色谱柱类型（填充柱或毛细管柱）、固定液种类、气化温度、载气流量、分流比、温升程序等。设置的原则是：一般情况下均使用毛细管柱，极性样品使用极性毛细管柱，非极性样品采用非极性毛细管柱，未知样品可先用中等极性的毛细管柱，试用后再调整。当然，如果有文献可以参考，就采用文献所用条件。

质谱条件包括电离电压、电子电流、扫描速度和质量范围等，这些都要根据样品情况进行设定。为了保护灯和倍增器，在设定质谱条件时，还要设置溶剂去除时间，使溶剂峰通过离子源之后再打开灯和倍增器。

在所有的条件确定之后，将样品用微量注射器注入进样口，同时启动色谱和质谱，进行 GC-MS 分析。

2. GC-MS 数据的采集

有机混合物样品用微量注射器由色谱仪进样口注入，经色谱柱分离后进入质谱仪离子源，被电离成离子。离子经质量分析器和检测器之后即成为质谱信号并输入计算机。样品由色谱柱不断地流入离子源，离子由离子源不断地进入分析器并不断地得到质谱，只要设定好分析器扫描的质量范围和扫描时间，计算机就可以采集到一个个的质谱。如果没有样品进入离子源，计算机采集到的质谱各离子强度均为0。当有样品进入离子源时，计算机就采集到具有一定离子强度的质谱，并且计算机可以自动将每个质谱的所有离子强度相加。显示出总离子强度，总离子强度随时间变化的曲线就是总离子色谱图，总离子色谱图的形状和普通的色谱图是相一致的。它可以认为是用质谱作为检测器得到的色谱图。

质谱仪扫描方式有两种：全扫描和选择离子扫描。全扫描是对指定质量范围内的离子全部扫描并记录，得到的是正常的质谱图，这种质谱图可以提供未知物的分子量和结构信息。可以进行库检

索。质谱仪还有另外一种扫描方式，称为选择离子监测（select ion monitoring，SIM）。这种扫描方式是只对选定的离子进行检测，而其他离子不被记录。它的最大优点：一是对离子进行选择性检测，只记录特征的、感兴趣的离子，不相关的干扰离子统统被排除；二是选定离子的检测灵敏度大大提高。在正常扫描情况下，假定 1s 扫描 2～500 个质量单位，那么，扫过每个质量所花的时间大约是 1/500s，也就是说，在每次扫描中，有 1/500s 的时间是在接收某一质量的离子。在选择离子扫描的情况下，假定只检测 5 个质量的离子，同样也用 1s，那么，扫过一个质量所花的时间大约是 1/5s。也就是说，在每次扫描中，有 1/5s 的时间是在接收某一质量的离子。因此，采用选择离子扫描方式比正常扫描方式灵敏度可提高大约 100 倍。由于选择离子扫描只能检测有限的几个离子，不能得到完整的质谱图，因此不能用来进行未知物定性分析。但是如果选定的离子有很好的特征性，也可以用来表示某种化合物的存在。选择离子扫描方式最主要的用途是定量分析，由于它的选择性好，可以把由全扫描方式得到的非常复杂的总离子色谱图变得十分简单。消除其他组作造成的干扰。

（1）总离子色谱图　计算机可以把采集到的每个质谱的所有离子相加得到总离子强度，总离子强度随时间变化的曲线就是总离子色谱图（图 22-27），总离子色谱图的横坐标是出峰时间，纵坐标是峰高。图中每个峰表示样品的一个组分，由每个峰可以得到相应化合物的质谱图；峰面积和该组分含量成正比，可用于定量。由 GC-MS 得到的总离子色谱图与一般色谱仪得到的色谱图基本上是一样的。只要所用色谱柱相同，样品出峰顺序就相同。其差别在于，总离子色谱图所用的检测器是质谱仪，而一般色谱图所用的检测器是氢焰、热导等。两种色谱图中各成分的校正因子不同。

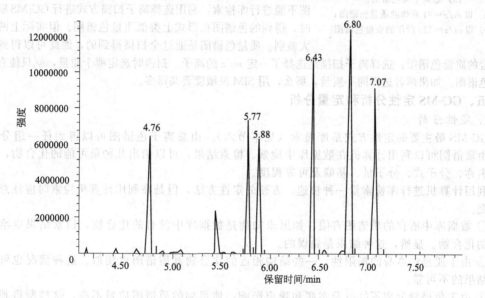

图 22-27　某样品的总离子色谱图

（2）质谱图　由总离子色谱图可以得到任何一个组分的质谱图。一般情况下，为了提高信噪比。通常由色谱峰峰顶处得到相应质谱图。但如果两个色谱峰有相互干扰，应尽量选择不发生干扰的位置得到质谱，或通过扣本底消除其他组分的影响。

（3）库检索　得到质谱图后可以通过计算机检索对未知化合物进行定性。检索结果可以给出几个可能的化合物，并以匹配度大小顺序排列出这些化合物的名称、分子式、分子量和结构式等。使用者可以根据检索结果和其他的信息，对未知物进行定性分析。目前的 GC-MS 联用仪有几种数据库。应用最为广泛的有 NIST 库和 Willey 库，前者目前有标准化合物谱图 13 万张，后者有近 30 万张。此外还有毒品库、农药库等专用谱库。

（4）质量色谱图（或提取离子色谱图）　总离子色谱图是将每个质谱的所有离子加和得到的。同样，由质谱中任何一个质量的离子也可以得到色谱图，即质量色谱图。质量色谱图是由全扫描谱中提取一种质量的离子得到的色谱图，因此，又称为提取离子色谱图。假定作质量为 m 的离子的质量色谱图，如果某化合物质谱中不存在这种离子，那么该化合物就不会出现色谱峰。一个混合物样品中可能只有几个甚至一个化合物出峰。利用这一特点可以识别具有某种特征的化合物，也可以通过选择不同质量的离子作质量色谱图，使正常色谱不能分开的两个峰实现分离，以便进行定量分析（图 22-28）。由于质量色谱图是采用一种质量的离子作色谱图。

因此，进行定量分析时也要使用同一离子得到的质量色谱图测定校正因子。

（5）选择离子监测（select ion monitoring，SIM）　一般的扫描方式是连续改变 V_{d} 使不同质荷比的离子顺序通过分析器到达检测器。而选择离子监测则是对选定的离子进行跳跃式扫描。采用这种扫描方式可以提高检测灵敏度。由于这种方式灵敏度高，因此适用于量少且不易得到的样品分析。利用选择离子方式不仅灵敏度高，而且选择性好，在很多干扰离子存在时，利用正常扫描方式得到的信号可能很小，噪声可能很大，但用选择离子扫描方式，只选择特征离子，噪声会变得很小，信噪比大大提高。在对复杂体系中某一微量成分进行定量分析时，常常采用选择离子扫描方式。由于选择离子扫描不能得到样品的全谱。因此，这种谱图不能进行库检索，利用选择离子扫描方式进行 GC-MS 联用分析时，得到的色谱图在形式上类似质量色谱图。但实际上两者有很大差别。质量色谱图是通过全扫描得到的，因此可以得到任何一

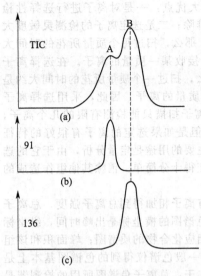

图 22-28　利用质量色谱图分开重叠峰
(a) 总离子流色谱图；
(b) 以 $m/z=91$ 所作的质量色谱图；
(c) 以 $m/z=136$ 所作的质量色谱图

个质量的质量色谱图；选择离子扫描是选择了一定 m/z 的离子。扫描时选定哪个质量，就只能有哪个质量的色谱图。如果两者选择同一质量，那么，用 SIM 灵敏度要高得多。

五、GC-MS 定性分析和定量分析

1. 定性分析

GC-MS 最主要的定性方式是库检索（见本节六）。由总离子色谱图可以得到任一组分的质谱图，由质谱图可以利用计算机在数据库中检索。检索结果，可以给出几种最可能的化合物，包括化合物名称、分子式、分子量、基峰及可靠程度。

利用计算机进行库检索量一种快速、方便的定性方法，但是在利用计算机检索时应注意以下几个问题。

① 数据库中所存的质谱图有限，如果未知物是数据库中没有的化合物，检索结果也给出几个相近的化合物。显然，这种结果是错误的。

② 由于质谱法本身的局限性，一些结构相近的化合物其质谱图也相似。这种情况也可能造成检索结果的不可靠。

③ 由于色谱峰分离不好以及本底和噪声影响，使得到的质谱图质量不高，这样所得到的检索结果也会很差。

因此，在利用数据库检索之前，应首先得到一张很好的质谱图，并利用质量色谱图等技术判断质谱中有没有杂质峰；得到检索结果之后，还应根据未知物的物理、化学性质以及色谱保留值、红外、核磁谱等综合考虑，才能给出定性结果。

2. 定量分析

GC-MS 定量分析方法类似于色谱法定量分析。由 GC-MS 得到的总离子色谱图或质量色谱图，其色谱峰面积与相应组分的含量成正比，若对某一组分进行定量测定，可以采用色谱分析法中的归一化法、外标法、内标法等不同方法进行。这时，GC-MS 法可以理解为将质谱仪作为色谱仪的检测器，其余均与色谱法相同。与色谱法定量不同的是，GC-MS 法可以利用总离子色谱图进行定量之外，还可以利质量色谱图进行定量。这样可以最大限度地去除其他组分干扰。值得注意的是，由于质量色谱图是用一个质量的离子做出的，它的峰面积与总离子色谱图有较大差别，在进行定量分析过程中，峰面积和校正因子等都要使用质量色谱图。

为了提高检测灵敏度和减少其他组分的干扰，在 GC-MS 定量分析中质谱仪经常采用选择离子扫描方式。对于待测组分，可以选择一个或几个特征离子，而相邻组分不存在这些离子。这样得到的色谱图，待测组分就不存在干扰，同时有很高的灵敏度。用选择离子得到的色谱图进行定量分析，具体分析方法与质量色谱图类似。但其灵敏度比利用质量色谱图会高一些，这是 GC-MS 定量分析中常采用的方法。

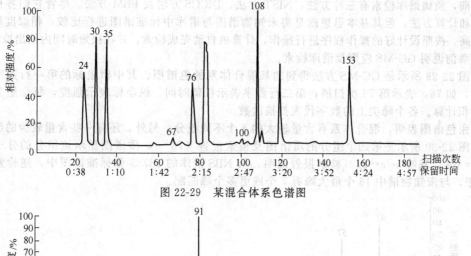

图 22-29 某混合体系色谱图

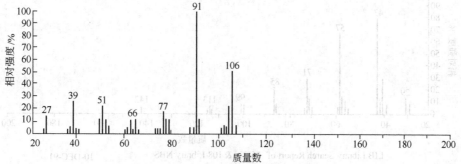

LIB Library Search Report of TGCIS & 76 Libraty:NBS   10-DEC-91
38785 Library spectra compared for BEST REVERSE FIT
92 matched 7 or more of the 16 largest peaks in the unknown

Fit	Entry	Compound Name	Reference
1	1672	BENZENE, 1,2-DIMETHYL-	95-47-6
2	1675	BENZENE, 1,3-DIMETHYL-	108-38-3
3	1674	BENZENE, 1,4-DIMETHYL-	106-42-3
4	1673	BENZENE, ETHYL-	100-41-4
5	1679	CYCLUPENTENE, 1-ETHEHYL-3-METHYLENE-	61142-07-2
6	1678	1,3CYCLOPENTADIENE,5-(1-METHYLETHYLIDEME)-	2175-91-9
7	4681	TETRACYCLO 3 3 1 02,8 04,6 NONAN-3-ONE	1903-34-0
8	4697	2,4,6-CYCLOHEPTATRIEN-1-ONE, 2,3 -DIMETHYL-	53951-51-2
9	8925	SPIRO 2 4HEPTANE,1-ETHENYL -5-(1-PROPENYLIDENE)-	74793-03-6
10	2984	1,3,5-CYCLOHEPTATRIENE,7-ETHYL-	17634-51-4
11	5053	BENZENE,(NITROMETHYL)-	622-42-4
12	1680	1-CYCLOOCTEN-5-YNE,(Z)-	66633-23-6
13	3171	HYDROXYLAMINE,O-(PHENYLMETHYL)-	622-33-3
14	10044	UREA,(PHENYLMETHOXY)-	2048-50-2
15	7086	BENZENEETHANOL ,ALPHA , BETA-DIMETHYL-	52089-32-4

Fit	Elements	Bpk	Mwt	pur	mix	REV
1	C8.H10.	91	106	990	990	996
2	C8.H10.	91	106	976	976	981
3	C8.H10.	91	106	969	977	970
4	C8.H10.	91	106	960	968	962
5	C8.H10.	91	106	948	949	956
6	C8.H10.	91	106	889	951	906
7	C9.H10.O.	91	134	771	775	897
8	C9.H10.O.	91	134	807	830	895
9	C12.H16.	106	160	748	748	881
10	C9.H12.	91	120	701	701	862
11	C7.H7.N.O2	91	137	843	846	857
12	C8.H10.	91	106	817	885	826
13	C7.H9.N.O.	91	123	794	850	823
14	C8.H10.N2.O2.	91	166	759	773	818
15	C10.H14.O.	91	150	719	844	811

图 22-30 第四个组分的质谱图及检索报告
图中英文为仪器打印结果

六、谱库检索

现今全部商售的质谱仪都配有计算机系统，并且可根据需要选择合适的谱库，在必要时，可以很方便地进行检索。

商售谱库的存量不一。20 世纪 80 年代初，美国国家标准局 NBS 建立的谱库有 38000 多张标准谱图，现在不少公司的谱库存量已高达 20 万～30 万张谱图。

目前，质谱谱库检索有三种方法：NIST 方法、INCOS 方法及 PBM 方法。尽管它们各自有一定的运行和计算方法，但其基本思想就是将未知物谱图与谱库中标准谱图进行比较，相似度越高，可信度越高。按照设计好的操作程序进行操作，计算机自动完成检索，并在很短时间内给出检索报告。

现举例说明 GC-MS 应用及谱库检索。

如图 22-29 所示是 GC-MS 方法得到的某混合体系的色谱图。其中横坐标的第一行数字表示扫描次数，如 76，表示第 76 次扫描；第二行数字表示保留时间。纵坐标表示强度，每个组分的含量由峰面积计算。各个峰尖上的数字代表扫描次数。

这张色谱图表明，混合体系有含量较大的 8 个不同组分，另外，还有一些含量较少的组分。

如图 22-30 所示是第四个组分的质谱图及检索报告（76#），质谱图显示该组分的分子离子峰为 $m/e=106$，基峰 $m/e=91$。检索报告说明：从 NBS 谱库的 38785 张标准谱图中，逆检索最好的有 92 张，与未知物谱中 16 个最大峰有 7 个或更多个峰匹配。

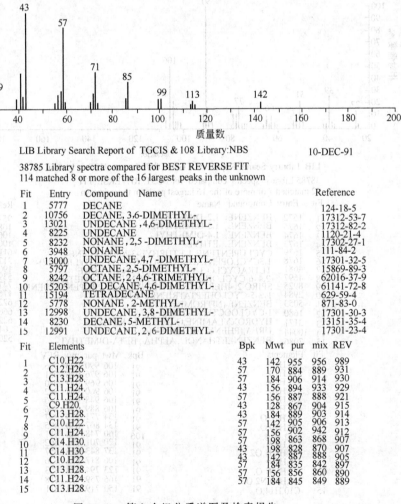

LIB Library Search Report of TGCIS & 108 Library:NBS　　　　10-DEC-91

38785 Library spectra compared for BEST REVERSE FIT
114 matched 8 or more of the 16 largest peaks in the unknown

Fit	Entry	Compound Name	Reference
1	5777	DECANE	124-18-5
2	10756	DECANE, 3,6-DIMETHYL-	17312-53-7
3	13021	UNDECANE, 4,6-DIMETHYL-	17312-82-2
4	8225	UNDECANE	1120-21-4
5	8232	NONANE, 2,5-DIMETHYL-	17302-27-1
6	3948	NONANE	111-84-2
7	13000	UNDECANE, 4,7-DIMETHYL-	17301-32-5
8	5797	OCTANE, 2,5-DIMETHYL-	15869-89-3
9	8242	OCTANE, 2,4,6-TRIMETHYL-	62016-37-9
10	15203	DO DECANE, 4,6-DIMETHYL-	61141-72-8
11	15194	TETRADECANE	629-59-4
12	5778	NONANE, 2-METHYL-	871-83-0
13	12998	UNDECANE, 3,8-DIMETHYL-	17301-30-3
14	8230	DECANE, 5-METHYL-	13151-35-4
15	12991	UNDECANE, 2,6-DIMETHYL-	17301-23-4

Fit	Elements	Bpk	Mwt	pur	mix	REV
1	C10.H22	43	142	955	956	989
2	C12.H26	57	170	884	889	931
3	C13.H28	57	184	906	914	930
4	C11.H24	43	156	894	933	929
5	C11.H24	57	156	887	888	921
6	C9.H20	43	128	867	904	915
7	C13.H28	43	184	889	903	914
8	C10.H22	57	142	905	906	913
9	C11.H24	57	156	902	942	912
10	C14.H30	57	198	863	868	907
11	C14.H30	43	198	828	870	907
12	C10.H22	43	142	887	888	905
13	C13.H28	57	184	835	842	897
14	C11.H24	57	156	856	860	890
15	C13.H28	57	184	845	849	889

图 22-31　第六个组分质谱图及检索报告
图中英文为仪器打印结果

给出 15 种可能化合物的名称和元素组成供选择，同时给出基峰、分子量、纯检索、混合检索和逆检索的相似度。相似度最大值为 1000，但对任何检索结果，都不可能达到 1000，按逆检索相似度由大到小依次排列。

由检索结果来判断是哪一种化合物时，原则上基峰和分子量完全一致，三种相似度最高的为第一选择。因此，第四个组分是 1,2-二甲基苯。

如图 22-31 所示是第六个组分的质谱图及检索报告（108#）。根据检索报告，可以肯定地判定这个组分是正癸烷。

如图 22-32 所示是第八个组分的质谱图及检索报告（153#）。

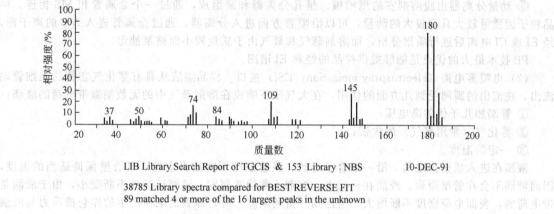

LIB Library Search Report of TGCIS & 153 Library : NBS　　　10-DEC-91

38785 Library spectra compared for BEST REVERSE FIT
89 matched 4 or more of the 16 largest peaks in the unknown

Fit	Entry	Compound Name	Reference
1	12385	BENZENE, 1,2,3-TRICHLORO-	87-61-6
2	12386	BENZENE, 1,2,5-TRICHLORO-	108-70-3
3	12387	BENZENE, 1,2,4-TRICHLORO-	120-82-1

Fit	Elements	Bpk	Mwt	pur	mix	REV
1	C6.H3.CL3.	180	180	980	981	989
2	C6.H3.CL3.	180	180	949	951	979
3	C6.H3.CL3.	180	180	919	964	940

图 22-32　第八个组分质谱图及检索报告
图中外文为仪器打印结果

检索报告提供三种可能化合物，而且三种化合物相似度差别不大，因此，只靠质谱来识别同分异构体是很难的，但肯定是这三种化合物之一。对于本例，从其他信息得知，这个组分是 1,3,5-三氯代苯。

第五节　液相色谱-质谱联用（LC-MS）

常见的 LC-MS 术语实际指 HPLC-MS，即高效液相色谱和质谱联机，适用于极性强、挥发度低、分子量大及热不稳定的混合体系。

一、液相色谱-质谱联用仪（LC-MS）的构成

液相色谱-接口-质谱仪构成 LC-MS 联用仪的三大部分。另加上计算机系统。

液相色谱在第二十一章已作了详尽的叙述，质谱仪在本章第一、二节已有介绍，这里仅对接口予以简要说明。

常见的液相色谱是高压-液相-分子的体系，而质谱是高真空-气相-离子的体系。因此，LC-MS 联用需要解决的主要问题是：①在样品进入质谱之前需除去 LC 流动相中大量溶剂；②使 LC 分离出来的物质电离。LC-MS 接口就是要承担这种使命，完成上述两种体系间的转换。早期的 LC-MS 接口技术的发展偏重于溶剂的去除，样品的电离则依旧通过在真空环境中采用电子轰击电离（EI）

和化学电离（CI）等方法完成。近年来发展起来的多种接口技术，在大气压条件下同时完成溶剂的去除和样品的电离，从而极大地推动了 LC-MS 的发展和应用。目前，已商品化并得到应用的接口主要有下列几种。

(1) 粒子束接口　粒子束（particle Beam，PB）接口技术主要是根据流体力学原理，利用样品与溶剂的动量不同，将它们彼此分开。该技术包括形成气溶胶、脱溶剂和动量分离三个过程。

① 气溶胶的形成是通过喷嘴完成的。喷嘴的基本结构是内外两层套管，当 LC 流出物经喷嘴内层毛细管到达喷口时，在外层套管中的惰性气体推动下，喷射成雾状。

② 脱溶剂过程是在加热到 40～50℃ 的脱溶剂室内进行。

③ 动量分离器由脱溶剂室的尾喷嘴、锥孔分离器和泵组成，通过一个金属管和 MS 相连。样品粒子因质量较大具有较大的动量，可以沿喷管方向进入分离器，通过金属管进入 MS 的离子源，经 EI 或 CI 电离后进行质谱分析，而溶剂蒸气和氧气由于质量较小而被泵抽走。

PB 技术最大的优点是能够提供样品的经典 EI 谱图。

(2) 电喷雾电离（electrospray ionization，ESI）接口　样品溶液从具有雾化气套管的毛细管端流出，在流出的瞬间受到几方面的作用，在大气压下喷成在溶剂蒸气中的无数细微带电荷的液滴：

① 管端加几千伏的高电压；

② 雾化气（常用氮气）的吹带；

③ 一定的温度。

液滴在进入质谱仪之前，沿一根管子运动。该管是被不断抽真空的，且管壁保持适当的温度，因而液滴不会在管壁凝聚。液滴在运动中，溶剂不断快速蒸发，液滴迅速地不断变小，由于液滴是带电荷的，表面电荷密度不断增大。当达到"雷利限度"时，即表面电荷产生的库仑推斥力与液滴表面张力大致相等，则发生"库仑爆炸"，把雾滴炸碎，从而把样品离子从液滴中解吸出来。产生的离子可能具有单电荷或多电荷，这和样品分子中酸性和碱性基团的数量有关。通常小分子得到带单电荷的准分子离子（因有离子分子反应）；生物大分子则得到多种多电荷离子，在质谱图上得到多电荷离子的峰簇。由于检测多电荷离子，这使质量分析器检测的质量可提高几十倍甚至更高。

大气压下形成的离子，主要在电位差的驱动下，进入质谱真空区。随样品离子进入质谱的少量溶剂，由于动量小而且呈电中性，将在进入质量分析器前被抽走。

电喷雾电离是很软的电离方法，它通常没有碎片离子峰，只有整体分子的峰。这对于生物大分子的质谱测定是十分有利的。

(3) 大气压化学电离（atmospheric pressure chemical ionization，APCI）接口　大气压化学电离接口技术是通过喷嘴下游的针状电晕高压放电，使空气中的中性分子以及溶剂分子电离，形成反应离子，这些反应离子再与样品分子发生离子-分子反应，从而产生样品的准分子离子。

APCI 是将 CI 的原理引申到大气压下进行的电离技术。同传统的 CI 相比，这一条件下 CI 的效率更高。APCI 无需加热样品使之气化，因而有更宽的应用范围。

APCI 主要用来分析分子量较小的非极性或弱极性化合物。它的缺点是由于产生大量的溶剂离子，与样品离子一起进入质谱仪，造成较高的化学噪声。

电喷雾电离和大气压化学电离都是很软的电离方法，易于得到样品的分子量。为得到进一步的结构信息需进行碰撞诱导断裂 CID，这在 HPLC 与 MS 的接口中可完成。通过对其中电压的调节，可以得到不同断裂程度的质谱。

(4) ESI 和 APCI 的比较　ESI 和 APCI 在实际应用中表现出它们各自的优势和弱点。这使得 ESI 和 APCI 成为了两个相互补充的分析手段。ESI 和 APCI 的比较见表 22-13。

表 22-13　ESI 和 APCI 的比较

比较项目	ESI	APCI
可分析样品	蛋白质、肽类、低聚核苷酸；儿茶酚胺、季铵盐等；含杂原子化合物如氨基甲酸酯等；可用热喷雾分析的化合物	非极性/中等极性的小分子，如脂肪酸、邻苯二甲酸等；含杂原子化合物如氨基甲酸酯、脲等；可用热喷雾、粒子束技术分析的化合物
不能分析样品	极端非极性样品	非挥发性样品；热稳定性差的样品

续表

比 较 项 目	ESI	APCI
基质和流动相的影响	对样品的基质和流动相组成比 APCI 更敏感;对挥发性很强的缓冲液也要求使用较低的浓度;出现 Na^+、K^+、Cl^-、CF_3COO^- 等离子的加成	对样品的基质和流动相组成的敏感程度比 ESI 小;可以使用稍高浓度的挥发性强的缓冲液;有机溶剂的种类和溶剂分子的加成影响离子化效率和产物
溶剂	溶剂 pH 对在溶剂中形成离子的分析物有重大的影响;溶剂 pH 的调整会加强在溶液中非离子化分析物的离子化效率	溶剂选择非常重要并影响离子化过程;溶剂 pH 对离子化效率有一定的影响
流动相流速	在低流速(<100μL)下工作良好;高流速下(>750μL)比 APCI 差	在低流速(<100μL)下工作不好;在高流速下(>750μL)好于 ESI
碎片的产生	CID 对大部分的极性和中等极性化合物可产生显著的碎片	比 ESI 更为有效并常有脱水峰出现

二、LC-MS 的工作原理

如图 22-33 所示是 LC-MS 联用示意。从 LC 柱出口的流出液,先通过一个分离器,如果所用的 HPLC 柱是微孔(1.0mm)柱,全部流出液可直接通过接口,如果用标准孔径(4.6mm)HPLC 柱,流出液被分离,仅有 5% 流出液被引进源内,剩余部分进行紫外吸收光谱的测定,其数据输入计算机后,该剩余部分可收集在馏分收集器内;当流出液经过接口时,接口将承担起除去溶剂和离子化的功能。产生的离子,在加速电压的驱动下进入质谱仪中的质量分析器。整个系统由计算机控制。

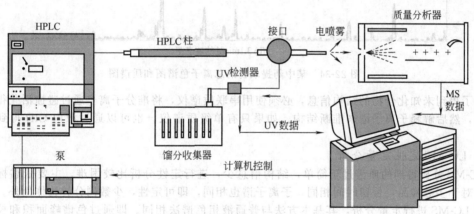

图 22-33　LC-MS 联用示意

三、LC-MS 分析方法

1. LC 分析条件的选择

LC 分析条件的选择要考虑两个因素:使分析样品得到最佳分离条件并得到最佳电离条件。如果两者发生矛盾,则要寻求折中条件。LC 可选择的条件主要有流动相的组成和流速。在 LC 和 MS 联用的情况下,由于要考虑喷雾雾化和电离,因此,有些溶剂不适合于作流动相。不适合的溶剂和缓冲液包括无机酸、不挥发的盐(如磷酸盐)和表面活性剂。不挥发性的盐会在离子源内析出结晶,而表面活性剂会抑制其他化合物电离。在 LC-MS 分析中常用的溶剂和缓冲液有水、甲醇、甲酸、乙酸、氢氧化铵和乙酸铵等。对于选定的溶剂体系,通过调整溶剂比例和流量以实现好的分离。值得注意的是对于 LC 分离的最佳流量,往往超过电喷雾允许的最佳流量,此时需要采取柱后分流,以达到好的雾化效果。

质谱条件的选择主要是为了改善雾化和电离状况,提高灵敏度。调节雾化气流量和干燥气流量可以达到最佳雾化条件,改变喷嘴电压和透镜电压等可以得到最佳灵敏度。对于多级质谱仪,还要调节碰撞气流量和碰撞电压及多级质谱的扫描条件。

在进行 LC-MS 分析时,样品可以利用旋转六通阀通过 LC 进样,也可以利用注射泵直接进样,样品在电喷雾源或大气压化学电离源中被电离，经质谱扫描，由计算机可以采集到总离子色谱和质谱。

2. LC-MS 数据的采集和处理

与 GC-MS 类似，LC-MS 也可以通过采集质谱得到总离子色谱图（图 22-34）。此时得到的总离子色谱图与由紫外检测器得到的色谱图可能不同。因为有些化合物没有紫外吸收，用普通液相色谱分析不出峰，但用 LC-MS 分析时会出峰。由于电喷雾是一种软电离源，通常很少或没有碎片，谱图中只有准分子离子，因而只能提供未知化合物的分子量信息，不能提供结构信息，很难用来做定性分析。

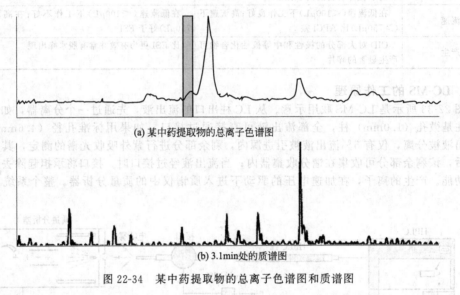

(a) 某中药提取物的总离子色谱图

(b) 3.1min处的质谱图

图 22-34　某中药提取物的总离子色谱图和质谱图

为了得到未知化合物的结构信息，必须使用串联质谱仪，将准分子离子通过碰撞活化得到其子离子谱，然后解释子离子谱来推断结构。如果只有单级质谱仪，也可以通过源内 CID 得到一些结构信息。

3. LC-MS 定性定量分析

LC-MS 分析得到的质谱过于简单，结构信息少，进行定性分析比较困难，主要依靠标准样品定性，对于多数样品，保留时间相同，子离子谱也相同，即可定性，少数同分异构体例外。

用 LC-MS 进行定量分析，其基本方法与普通液相色谱法相同。即通过色谱峰面积和校正因子（或标样）进行定量。但由于色谱分离方面的问题，一个色谱峰可能包含几种不同的组分，给定量分析造成误差。因此，对于 LC-MS 定量分析，不采用总离子色谱图，而是采用与待测组分相对应的特征离子得到的质量色谱图或多离子监测色谱图，此时，不相关的组分将不出峰，这样可以减少组分间的互相干扰，LC-MS 所分析的经常是体系十分复杂的样品，比如血液、尿样等。样品中有大量的保留时间相同、分子量也相同的干扰组分存在。为了消除其干扰，LC-MS 定量的最好办法是采用串联质谱的多反应监测（MRM）技术，即对质量为 m_1 的待测组分做子离子谱，从子离子谱中选择一个特征离子 m_2。正式分析样品时，第一级质谱选定 m_1，经碰撞活化后，第二级质谱选定 m_2。只有同时具有 m_1 和 m_2 特征质量的离子才被记录。这样得到的色谱图就进行了三次选择：LC 选择了组分的保留时间，第一级 MS 选择了 m_1，第二级 MS 选择了 m_2，这样得到的色谱峰可以认为不再有任何干扰。然后，根据色谱峰面积，采用外标法或内标法进行定量分析。此方法适用于待测组分含量低、体系组分复杂且干扰严重的样品分析。比如人体药物代谢研究，血样、尿样中违禁药品检验等。如图 22-35 所示是采用 MRM 技术分析的例子，图 22-35(a) 为样品的总离子色谱图，图 22-35(b) 为选定特征离子 $m/z=309$ 和 $m/z=2411$ 后，利用 MRM 得到的色谱图。

如图 22-36 所示是用 LC-MS 分析某蛋白质得到的总离子流图。横坐标上下两行数字分别表示保留时间和扫描次数，纵坐标表示相对强度（%）。

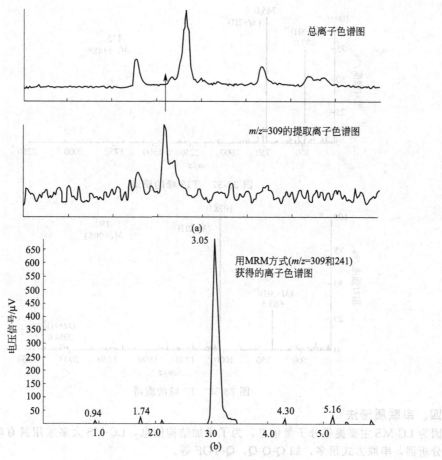

图 22-35 MRM 技术用于定量分析

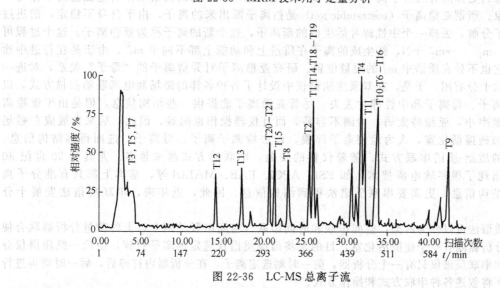

图 22-36 LC-MS 总离子流

如图 22-37 和图 22-38 所示分别是图 22-35 中 T15 峰和 T9 峰的质谱图。

LC-MS 联用仪是分析分子量大、极性强的样品（如蛋白质等）不可缺少的分析仪器，它已在生物化学（多肽、蛋白质、核酸结构）、临床医学（某些疾病诊断）、环保、化工、中药研究等领域中得到广泛的应用。

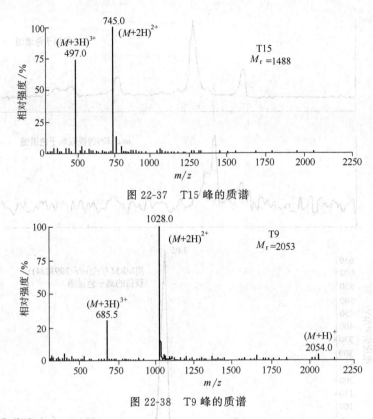

图 22-37 T15 峰的质谱

图 22-38 T9 峰的质谱

四、串联质谱法

因为 LC-MS 主要提供分子量信息，为了增加结构信息，LC-MS 大多采用具有串联质谱功能的质量分析器，串联方式很多，如 Q-Q-Q，Q-TOF 等。

为了得到更多的有关分子离子和碎片离子的结构信息，早期的质谱工作者把亚稳离子作为一种研究对象。所谓亚稳离子（metastable ion）是指离子源出来的离子，由于自身不稳定，前进过程中发生了分解，丢掉一个中性碎片后生成的新离子，这个新的离子称为亚稳离子。这个过程可以表示为：$m_1^+ \longrightarrow m_2^+ + N$，新生成的离子在质量上和动能上都不同于 m_1^+，由于是在行进中途形成的，它也不处在质谱中 m_2 的质量位置。研究亚稳离子对弄清离子的"母子"关系，对进一步研究结构十分有用。于是，在双聚焦质谱仪中设计了各种各样的磁场和电场联动扫描方式，以求得到子离子、母离子和中性碎片丢失。尽管亚稳离子能提供一些结构信息，但是由于亚稳离子形成的概率小，亚稳峰太弱，检测不容易，而且仪器操作也困难，因此，后来发展成在磁场和电场间加碰撞活化室，人为地使离子碎裂，设法检测子离子、母离子，进而得到结构信息。这是早期的质谱-质谱串联方式。随着仪器的发展，串联的方式越来越多。尤其是 20 世纪 80 年代以后出现了很多软电离技术，如 ESI、APCI、FAB、MALDI 等，基本上都只有准分子离子，没有结构信息，更需要串联质谱法得到结构信息。因此，近年来，串联质谱法发展十分迅速。

串联质谱法可以分为两类：空间串联和时间串联。空间串联是两个以上的质量分析器联合使用，两个分析器间有一个碰撞活化室，目的是将前级质谱仪选定的离子打碎，由后一级质谱仪分析。而时间串联质谱仪只有一个分析器，前一时刻选定离子，在分析器内打碎后，后一时刻再进行分析。以下将叙述各种串联方式和操作方式。

1. 串联质谱的主要串联方式

质谱-质谱的串联方式很多，既有空间串联型，又有时间串联型。空间串联型又分磁扇型串联、四极杆串联、混合串联等。如果用 B 表示扇形磁场，E 表示扇形电场，Q 表示四极杆，TOF 表示飞行时间分析器，那么串联质谱主要方式如下。

（1）空间串联

① 磁扇型串联方式 BEB、EBE、BEBE 等。

② 四极杆串联 Q-Q-Q。

③ 混合型串联：BE-Q、Q-TOF、EBE-TOF。

（2）时间串联

① 离子阱质谱仪。

② 回旋共振质谱仪。

无论是哪种方式的串联，都必须有碰撞活化室，从第一级 MS 分离出来的特定离子，经过碰撞活化后，再经过第二级 MS 进行质量分析，以便取得更多的信息。

2. 碰撞活化分解

利用软电离技术（如电喷雾和快原子轰击）作为离子源时，所得到的质谱主要是准分子离子峰，碎片离子很少，因而也就没有结构信息。为了得到更多的信息，最好的办法是把准分子离子"打碎"之后测定其碎片离子。在串联质谱中采用碰撞活化分解（collision activated dissociation，CAD）技术把离子"打碎"。碰撞活化分解也称为碰撞诱导分解（collision Induced dissociation，CID），碰撞活化分解在碰撞室内进行，带有一定能量的离子进入碰撞室后，与室内惰性气体的分子或原子发生碰撞，离子发生碎裂。为了使离子碰撞碎裂，必须使离子具有一定动能，对于磁式质谱仪，离子加速电压可以超过 1000V，而对于四极杆、离子阱等，加速电压不超过 100V，前者称为高能 CAD，后者称为低能 CID。两者得到的子离子谱是有差别的。

3. 串联质谱法工作方式和主要信息

三级四极质谱仪（Q-Q-Q）的工作方式和主要信息如下。

三级四极质谱仪有三组四极杆，第一组四级杆用于质量分离（MS1），第二组四极杆用于碰撞活化（CAD），第三组四极杆用于质量分离（MS2）。主要工作方式有四种（图 22-38）。

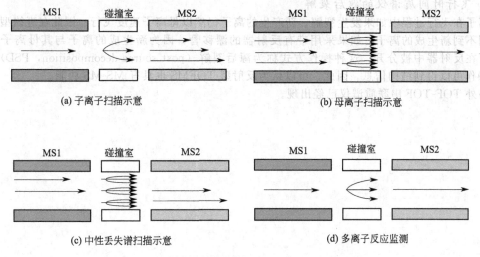

(a) 子离子扫描示意　　　　　　　　　(b) 母离子扫描示意

(c) 中性丢失谱扫描示意　　　　　　　(d) 多离子反应监测

图 22-39　三级四极质谱仪四种 MS-MS 工作方式

如图 22-39（a）所示为子离子扫描方式，这种工作方式由 MS1 选定质量，CAD 碎裂之后，由 MS2 扫描得子离子谱。如图 22-39（b）所示为母离子扫描方式，在这种工作方式，由 MS2 选定一个子离子，MS1 扫描，检测器得到的是能产生选定子离子的那些离子，即母离子谱。如图 22-39（c）所示是中性丢失谱扫描方式，在这种方式是 MS1 和 MS2 同时扫描。只是两者始终保持一定固定的质量差（即中性丢失质量），只有满足相差-固定质量的离子才得到检测。如图 22-39（d）所示是多离子反应监测方式，由 MS1 选择一个或几个特定离子（图中只选一个），经碰撞碎裂之后，由其子离子中选出一特定离子，只有同时满足 MS1 和 MS2 选定的一对离子时，才有信号产生。用这种扫描方式的好处是增加了选择性，即便是两个质量相同的离子同时通过了 MS1，但仍可以依靠其子离子的不同将其分开。这种方式非常适合于从很多复杂的体系中选择某特定质量，经常用于微小成分的定量分析。

4. 离子阱质谱仪 MS-MS 工作方式和主要信息

离子阱质谱仪的 MS-MS 属于时间串联型，它的操作方式如图 22-40 所示。在 A 阶段，打开电子门，此时基础电压置于低质量的截止值，使所有的离子被阱集，然后利用辅助射频电压抛射掉所有高于被分析母离子的离子。进入 B 阶段，增加基频电压，抛射掉所有低于被分析母离子的离子。以阱集即将碰撞活化的离子。在 C 阶段，利用加在端电极上的辅助射频电压激发母离子，使其与阱内本底气体碰撞。在 D 阶段，扫描基频电压，抛射并接收所有 CID 过程形成的子离子，获得子离子谱。以此类推，可以进行多级 MS 分析。由离子阱的工作原理可以知道，它的 MS-MS 功能主要是多级子离子谱，利用计算机处理软件，还

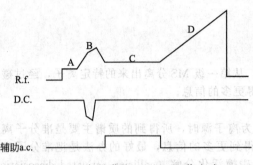

图 22-40　离子阱的 MS-MS 工作方式

可以提供母离子谱、中性丢失谱和多反应监测（MRM）。

5. 傅里叶变换质谱仪的 MS-MS 功能

FTMS 的扫描方式是依据快速扫频脉冲对所有离子"同时"激发。具有 MS-MS 功能的 FTMS，其快速扫频脉冲可以选择性的留下频率"缺口"，用频率"缺口"选择性地留下欲分析的母离子，其他离子被激发并抛射到接收极。然后使母离子受激，使其运动半径增大又控制其轨道不要与接收极相撞。此时母离子在室内与本底气体或碰撞气体碰撞产生离子。然后再改变射频频率接收子离子。还可由子离子谱中选一个离子再做子离子谱。由于离子损失很少。因此，FTMS 可以做到 5～6 级子离子谱。

6. 飞行时间质谱仪的源后裂解

离子在飞行过程中如果发生裂解，新产生的离子仍然以母离子速度飞行。因此在直线型漂移管中观测不到新生成的离子。如果采用带有反射器的漂移管，因为新生成的离子与其母离子动能不同，可在反射器中被分开。这种操作方式称为源后裂解（post source decomposition，PSD）。通过 PSD 操作可以得到结构信息。因此，可以认为反射型 TOFMS 也具有 MS-MS 功能。

另外 TOF-TOF 串联质谱仪已经出现。

第二十三章　电化学分析法

电化学分析是利用物质的电化学性质测定物质成分的分析方法。它是仪器分析法的一个重要组成部分，以电导、电位、电流和电量等电化学参数与被测物质含量之间的关系作为计量的基础。通过测量电化学参数得到样品组成、含量的信息，经仪器对信息处理后即可对样品进行定性定量分析。

电化学分析法大致可以分成五类，见表23-1。

表 23-1　电化学分析法分类

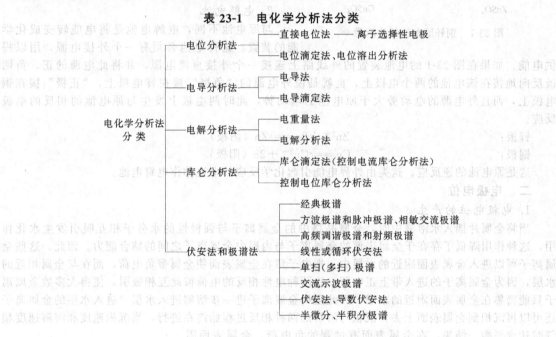

第一节　电化学基础知识

一、原电池和电解电池

1. 原电池、阳极、阴极

把一片锌放在硫酸铜溶液中，此时锌会慢慢地被溶解，同时在锌片上会有铜析出，实际进行反应如下。

氧化反应：　　　　　　　　　　　$Zn \longrightarrow Zn^{2+} + 2e$

还原反应：　　　　　　　　　　　$Cu^{2+} \longrightarrow Cu - 2e$

人们把能够从化学能直接转变成电能的装置叫做原电池。原电池包括两个浸在溶液中的电极和电解溶液，在电极和溶液之间进行着氧化、还原反应。典型的电化学电池如图23-1所示。进行氧化反应的电极称为阳极（锌电极）；进行还原反应的电极称为阴极。两个电极分别浸入不同电解质溶液中就构成两个半电池，在上述电池中锌和锌盐溶液，铜和铜盐溶液分别为两个半电池。在锌半电池中，金属锌可以溶解成锌离子，可将两个电子留在电极上使电极带有负电荷，或者溶液中的锌离子也可以在电极上淀积成金属锌而使电极缺乏电子，在电极上建立平衡状态，同样，铜半电池中

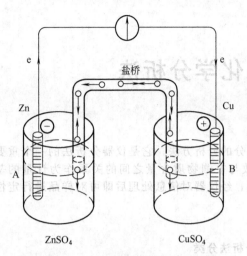

图 23-1 铜锌原电池结构示意

也会建立平衡状态，当将这两个半电池通过盐桥连接起来后就组成电池。由于锌半电池的负电荷比铜半电池的多，这时如果用导线将两个电极连接起来，电子就会从锌电极流向铜电极，连在外线路上的电流表就会指示有电流流过，这种电池可以自发地工作，称为原电池，此时锌电极上的金属锌会不断因氧化而溶解，电子从锌电极流向铜电极，溶液中的铜离子得到电子被还原，在铜电极上沉淀出来，电流从铜电极流向锌电极。所以，原电池中的阴极（铜电极）是电池的正极，阳极（锌电极）是电池的负极。

原电池中要有化学反应才能保持电池运转，所以，电池中的物质浓度必然会随电池的充放电产生变化，将化学能转变成电能。

2. 电解电池

与原电池不同，电解电池是将电能转变成化学能的装置。这种电池必须有一个外接电源，用以提供电能。如果在图 23-1 的电池装置的外线路上连接一个外接直流电源，并将此电源的正、负两极反向地接在该电池的两个电极上，也就是说外电源的"负极"接在锌电极上，"正极"接在铜电极上，而且外电源的电动势大于原电池的电动势，此时两电极上发生与原电池的相反的电极反应。

锌极： $Zn^{2+} + 2e \Longrightarrow Zn$（阴极）

铜极： $Cu \Longrightarrow Cu^{2+} + 2e$（阳极）

这是原电池的逆反应。这类由外界电能引起化学反应的电池称作电解电池。

二、电极电位

1. 电极电位的产生

当将金属片插入水溶液中时，金属晶格中的金属离子与强极性的水分子相互吸引发生水化作用，这种作用降低了存在于金属表面的金属离子与内层中金属离子之间的结合能力。因此，这些金属离子可以进入金属表面附近的水层中，把电子留在金属表面使金属带负电荷，而在与金属相近的水层，因为金属离子的进入带上正电荷。这两种电性相反的电荷彼此互相吸引，使得大多数金属离子只能密集在金属表面附近的水层，因此阻碍金属离子进一步溶解进入水层。进入水层的金属离子还可以再沉积到金属表面上去，沉积与溶解的两种相反过程始终在进行，当沉积速度和溶解速度相等时达到平衡。结果，在金属表面有过剩的负电荷，金属表面附近的水层中有过剩的带有正电荷的金属离子，它们之间形成一个双电层，也就是说在金属和溶液界面之间产生一个电位差，如图23-2所示。这个电位差称为金属的电极电位，不同的金属有不同的电极电位。

电极电位取决于溶液中氧化还原体系的氧化还原能力，体系的还原能力越强（即给出电子的能力越强）则平衡时的电极电位越负（负值越大）；反之如体系的氧化能力越强则平衡时电极电位的正值越大。

金属除了在纯水中可以产生电位差外，当将它们浸入含有金属离子的溶液中，也有相同的现象产生。不过当金属插入含有该种金属离子的溶液中时，由于溶液中已有同种金属离子，所以会有利于金属离子沉积到金属表面的过程，这样金属与溶液之间在较小的电位差下就可以建立平衡。如果金属很活泼，它的离子容易进入溶液；如果金属不活泼，此时它的金属离子就难于进入溶液。相反，溶液中的金属离子沉积到金属表面上的速度会超过金属溶解的速度，这样金属表面就会带上

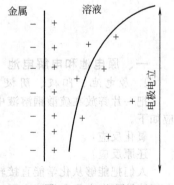

图 23-2 双电层

正电荷。因此，金属与溶液之间电位差的大小和极性的"正"、"负"，主要取决定于金属的种类和溶液中该种金属离子的浓度。此外，还与溶剂的性质和温度有关。一般情况下，金属越活泼以及它们在溶液中该种金属离子的浓度越小，则金属电极带负电荷的倾向越大，金属与溶液界面之间的电位差越大（越负）；反之，金属越不活泼及它们在溶液中的离子浓度越大，则金属带正电荷的倾向越大（越正），两者的符号相反。

除了金属与该金属离子溶液可以组成半电池外，溶液中如同时存在着一对氧化还原体系时，可借助惰性电极（如铂电极）构成半电池。这时作电极的惰性金属本身并不参加电极反应，而只是作为一种导体存在。氧化还原体系可以通过铂电极得到或者给出电子，使之形成双电层。这时铂电极上究竟带何种电荷，取决于氧化还原体系中哪种倾向大，若氧化还原体系中氧化态的氧化性越强，即越易得到电子，平衡时铂电极带正电荷，而相界的电位差就越大（越正）；反之，若还原态的还原性越强（即给出电子的倾向越大），平衡时，铂电极就可以带上负电荷，两相界的电位差越负。

电极电位符号的表示方法规定如下。

① 电池的半反应（电极反应）写成还原过程：$Ox+ne \Longrightarrow Red$，其中 Ox 为氧化型；Red 为还原型。

② 电位符号的规定：电位的符号和金属与标准氢电极构成电池时金属所带的静电荷的符号一致。例如，铜与铜离子溶液组成电极时，金属铜带正电，所以，其电极电位为正；锌和锌离子溶液组成电极时，金属锌带负电荷，则其电极电位为负值。

2. 电池的图解式及其规定

IUPAC（国际纯粹及应用化学联合会）规定电池要用图解式表示。如铜锌电池可用图解式表示如下：

$$Zn \mid ZnSO_4（浓度）\parallel CuSO_4（浓度）\mid Cu$$

图解的表示法有几条规定。

① 左边的电极上进行氧化反应，右边的电极上进行还原反应。

② 电极的两相界面及不相混的两种溶液之间的界面都用单竖线"$\mid$"表示；当两种溶液通过盐桥连接并已消除液接电位时，则用双竖线"$\parallel$"表示。开头及末尾的单线两边是电极材料，如锌、铜。

③ 电解质写在两电极之间。

④ 气体及均相反应，反应物质本身不能直接作为电极，可用惰性材料（铂、金、碳等）作电极，用以传导电流。

⑤ 电池中的电解质溶液应注明活度（或浓度），如为气体，则还应注明压力和温度。如不注明则都认为是 25℃ 及 101325Pa（1 标准大气压）条件。

【例】 $Zn \mid Zn^{2+}（0.1mol/L）\parallel H^+（1mol/L）H_2（101325Pa）\mid Pt$

⑥ 电池电动势的符号：电池电动势的符号取决于电流方向，如上述铜锌电池接通时，在电池内部的电流方向是从左到右，也即电流方向是从右边的铜电极（阴极）通过外电路流向左边的锌电极（阳极），电池反应为：

$$Zn+Cu^{2+} \Longrightarrow Zn^{2+}+Cu$$

这个反应能自发进行，是自发电池，电动势为正值。

反之，当电池式写为：

$$Cu \mid Cu^{2+}（浓度或活度）\parallel Zn^{2+}（浓度或活度）\mid Zn$$

电池反应为：

$$Cu+Zn^{2+} \Longrightarrow Cu^{2+}+Zn$$

该反应不能自发进行，要使反应进行必须外加电能。人们把这类电池的电动势定为负值，即锌电极的电极电位比铜负。由此可见，如果电池右边的电极是电池的正极，则该电池的电动势为正值。电池电动势计算时用右边电极的电位值减去左边电极的电位值，即：

$$E_{电池}=\varepsilon_右-\varepsilon_左$$

式中，$E_{电池}$ 为电池的电动势；$\varepsilon_右$ 为右电极的电极电位；$\varepsilon_左$ 为左电极的电极电位。

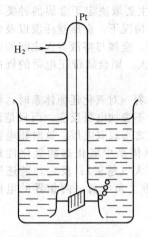

图 23-3 标准氢电极的结构

3. 标准氢电极——参考电极

为统一标准国际上规定以标准氢电极（SHE）作为标准参比电极，并人为地规定，在任何温度下，标准氢电极的相对平衡电势都为零。这种氢电极是由氢离子活度为1的酸性溶液及氢气压力为 1.0×10^5 Pa、以 Pt 为惰性电极所构成的，如图 23-3 所示。这种氢电极称为标准氢电极，是参考电极的一级标准。

电极反应为：$2H^+ + 2e \Longrightarrow H_2$。因为氢是气体状态，不能直接作为电极，所以通常采用在铂片上镀一层疏松多孔的黑色金属铂（铂黑）的方式提高对氢气的吸收量，使氢气在溶液中达到饱和。由于氢电极制备困难，使用不便，所以实用中常采用某些经标准氢电极标定过的二级标准电极作为二级标准。最常用的二级标准电极有 Ag-AgCl 电极、饱和甘汞电极（SCE）及其他甘汞电极等。这些二级标准电极的标准电极电位与溶液中的 Cl^- 的活度有关。

4. 电极电位的测定

任何电池都是由两个电极构成的。目前还无法测定单个电极的绝对电位值，而只能测量电池的电动势。于是人们统一以标准氢电极（SHE）作标准，并人为地规定它的电极电位为零。然后，把它与待测的电极组成电池，测得电池的电动势即为该电极的电极电势。通用的标准电极电位值都是相对的，是相对于标准氢电极的电位。

测定时将标准氢电极与待测电极组成电池：

标准氢电极 ‖ 待测电极

测得此电池的电动势，就是待测电极的电极电位。若待测电极进行的是还原反应，待测电极为正极，标准氢电极为负极，测得电动势为正值，即待测电极的电位比氢电极的电位为正。电极电位为正值。若待测电极上进行氧化反应，待测电极为负极，氢电极为正极，测得电动势为负值，即待测电极的电位比标准氢电极为负，电极电位为负值。

三、能斯特公式

能斯特根据热力学原理导出电极电位与溶液组成的关系式，称为能斯特（Nernst）公式，表示如下。

$$E = E_{Ox/Red}^{\ominus} + \frac{RT}{nF} \ln \frac{a_{Ox}}{a_{Red}} \tag{23-1}$$

式中，E 为电极电位；$E^{\ominus}$ 为待测溶液中的标准电极电位；R 为气体常数，8.3145J/(mol·K)；T 为热力学温度，K；F 为法拉第常数，96485C/mol；n 为氧化还原反应电子数；a_{Ox} 为氧化态活度；a_{Red} 为还原态活度。

当溶液的浓度很低时，可用浓度代替活度，此时，能斯特公式可写成：

$$E = E_{Ox/Red}^{\ominus} + \frac{RT}{nF} \ln \frac{[Ox]}{[Red]} \tag{23-2}$$

式中，[Red] 表示还原态浓度；[Ox] 表示氧化态浓度。

当氧化态与还原态的活度均等于1时，此时的电极电位即为待测溶液的标准电极电位 $E_{Ox/Red}^{\ominus}$，简写为 $E^{\ominus}$。

例如，锌电极 Zn/Zn^{+2}（$a_{Zn^{+2}} = 1$）的标准电极电位为 -0.763V，写成 $E_{Zn/Zn^{+2}}^{\ominus} = -0.763$V。

如果电极反应有多种物质参加时，其电极电位可用下列通式表示：

$$aA + bB + \cdots + ne \Longrightarrow cC + dD + \cdots$$

25℃时

$$E = E^{\ominus} + \frac{0.059}{n} \lg \frac{a_A^a a_B^b}{a_C^c a_D^d} \tag{23-3}$$

式中，E 为平衡电极电位；$E^{\ominus}$ 为电极体系的标准电极电位；n 为参加电极反应的电子数；a_A、a_B、a_C、a_D 分别代表物质 A、B、C、D 的活度（如果溶液中的物质浓度较低时，可用浓度代替活度）。

只要知道作用物的浓度就可以计算出电极电位的数值。

【例 1】$Zn \mid ZnSO_4$（$0.01mol/L$）的电极电位：

$$E = E^{\ominus} + \frac{0.059}{2}\lg[Zn^{2+}] = -0.76 + \frac{0.059}{2}\lg[0.01] = -0.82(V)$$

【例 2】以 Ag 电极插入 $AgNO_3$ 溶液中作为电池的一极，另一极为饱和甘汞电极（SCE），两个半电池之间用 NH_4NO_3 盐桥连接，测得 Ag 为正极、饱和甘汞电极为负极，其电池的电动势为 $0.400V$（$25℃$），求该溶液中的 Ag^+ 浓度？

解： $E_{Ag^+/Ag} = E^{\ominus}_{Ag^+/Ag} + \frac{RT}{nF}\ln[Ag^+]$

因为 $E_{SCE} = +0.201V$；$E^{\ominus}_{Ag^+/Ag} = 0.799V$

$$E_{电池} = E_{Ag^+/Ag} - E_{SCE} = E^{\ominus}_{Ag^+/Ag} - E_{SCE} + \frac{RT}{nF}\ln[Ag^+]$$

$25℃$时，$\lg[Ag^+] = \dfrac{0.400 - 0.799 + 0.201}{0.0591} = -2.67$

所以 $[Ag^+] = 2.12 \times 10^{-3} mol/L$

从能斯特方程式可以说明以下内容。

① 标准电极电位 $E^{\ominus}$ 的数值大小取决于电极材料，不同材料有不同的氧化还原电势，因此它们的 $E^{\ominus}$ 也不相同。

② $E^{\ominus}$ 一定时，电极电位取决于反应物与生成物的浓度（活度）比。

③ 条件电极电位（$E^{\ominus\prime}$）：由于活度是活度系数（f）与浓度的乘积，用此关系代入能斯特方程后有：

$$E = E^{\ominus} + \frac{RT}{nF}\ln\frac{f_{Ox}}{f_{Red}}\frac{[Ox]}{[Red]} = E^{\ominus} + \frac{RT}{nF}\ln\frac{f_{Ox}}{f_{Red}} + \frac{RT}{nF}\ln\frac{[Ox]}{[Red]} \tag{23-4}$$

合并前两项后用 $E^{\ominus\prime}$ 表示，即有：

$$E^{\ominus\prime} = E^{\ominus} + \frac{RT}{nF}\ln\frac{f_{Ox}}{f_{Red}}$$

所以
$$E = E^{\ominus\prime} + \frac{RT}{nF}\ln\frac{[Ox]}{[Red]} \tag{23-5}$$

$E^{\ominus\prime}$ 是氧化态与还原态的浓度为 1 时的电极电位，又称为条件电位。显然条件电位会随反应物质的活度系数不同而异，它包含离子强度、络合效应、水解效应和 pH 等因素的影响，所以，条件电位与溶液中各电解质成分有关。以浓度表示的实际电位由于包括了溶液中除了待测离子以外的其他物质存在，它们虽然有的并不直接参加电极反应，但常常会显著地影响电极电位值，因此在分析化学中条件电位常比标准电极电位有更大的实际价值。

四、电极的分类

按组成及作用机理不同，电极可分成五类。

1. 第一类电极

非金属、金属及其离子溶液组成的电极体系。

(1) 第一类金属电极　由金属及其离子溶液组成的电极体系，其电极电位取决于金属离子的活度。

电极表示式：　　　　　　　　$M \mid M^{n+}$ （$a_{M^{n+}}$）

电极反应：　　　　　　　　$M^{n+} + ne \Longrightarrow M$

电极电位为：　　　　$E_{M^{n+}/M} = E^{\ominus}_{M^{n+}/M} + \frac{RT}{nF}\ln a_{M^{n+}}$

(2) 第一类非金属电极　由非金属及其离子溶液组成的电极体系，其电极电位取决于离子的活度。

电极表示式：　　　　　　　　$Se \mid Se^{2-}$ （$a_{Se^{2-}}$）

电极反应：　　　　　　　　$Se + 2e \Longrightarrow Se^{2-}$

电极电位：　　　　$E_{Se/Se^{2-}} = E^{\ominus}_{Se/Se^{2-}} - \frac{RT}{2F}\ln a_{Se^{2-}}$

2. 第二类电极

由金属及其难溶物（盐、络离子、氧化物、氢氧化物）所组成的电极体系，它能间接地反映金属与其难溶物的阴离子活度。

电极表示式：$\qquad$ M，MA/A^{n-}　或　M/MA/A^{n-}

式中，MA 为难溶化合物；A 为阴离子或络合基。

电极反应：$\qquad$ MA$+ne \Longrightarrow$M$+$A^{n-}

电极电位：$\qquad E_{MA,M}=E_{MA,M}^{\ominus}+\dfrac{RT}{nF}\ln\dfrac{a_{MA}}{a_M a_{A^{n-}}}$

当式中 $a_M=a_{MA}=1$ 时，简化为：

$$E_{MA,M}=E_{MA,M}^{\ominus}-\dfrac{RT}{nF}\ln a_{A^{n-}}$$

由以上可见，第二类电极的电位取决于溶液中该金属难溶化合物阴离子的活度。第二类电极的再现性及稳定性均较好，常用作参比（参考）电极。

【例 3】 氯离子可与 Ag$^+$ 生成难溶的 AgCl，在有 AgCl 饱和的 Cl$^-$ 溶液中，用 Ag 电极可以指示溶液中 Cl$^-$ 的浓度（这是常用的 Ag-AgCl 参考电极）。

电极表示式：$\qquad$ Ag，AgCl｜Cl$^-$

电极反应：$\qquad$ AgCl$+$e$\Longrightarrow$Ag$+$Cl$^-$

25℃时，$\qquad E_{Ag^+/Ag}=E_{AgCl/Ag}-0.059\lg a_{Cl^-}$

【例 4】 在纯汞上覆盖一层汞和甘汞（Hg$_2$Cl$_2$）的糊状物，上层溶液为 KCl，便可制成甘汞电极。

电极表示式：$\qquad$ Hg，Hg$_2$Cl$_2$｜Cl$^-$

电极反应：$\qquad$ Hg$_2$Cl$_2+2$e$\Longrightarrow$2Hg$+2$Cl$^-$

电极电位：$\qquad E_{Hg_2Cl_2,Hg}=E_{Hg_2Cl_2,Hg}^{\ominus}-\dfrac{RT}{F}\ln a_{Cl^-}$

【例 5】 氰离子能与银离子生成二氰合银络离子，银电极能指示氰离子的活度。

电极表示式：$\qquad$ Ag｜Ag(CN)$_2^-$，CN$^-$

电极反应：$\qquad$ Ag(CN)$_2^-+$e$\Longrightarrow$Ag$+2$CN$^-$

25℃时电极电位：

$$E_{Ag(CN)_2^-/Ag}=E_{Ag^+/Ag}+0.059\lg\dfrac{a_{Ag^+}}{a_{Ag}}=E_{Ag^+/Ag}+0.059\lg K+0.059\lg\dfrac{a_{Ag(CN)_2^-}}{a_{CN^-}^2}$$
$$=E_{Ag(CN)_2^-/Ag}^{\ominus}-0.059\lg a_{CN^-}^2$$

式中，$K=\dfrac{a_{Ag^+}\cdot a_{CN^-}^2}{a_{Ag(CN)_2^-}}$，为络合物的不稳定常数。

3. 第三类电极

第三类电极是指金属与两种具有共同阴离子的难溶盐或难离解的络离子构成的电极体系。

电极表示式：$\qquad$ M｜Mx，Nx｜N$^+$

例如 $\qquad$ Ag｜CdS，Ag$_2$S｜Cd^{2+} 电极

此电极中 Ag$_2$S 覆盖在银电极上，然后放入 Ag$_2$S 及 CdS 的饱和溶液中，该电极可响应溶液中的 Cd^{2+} 活度。因为电极可看成是银电极响应 Ag$^+$ 的活度，而它通过 Ag$_2$S 溶度积为硫离子的活度所确定；溶液中的硫离子活度通过 CdS 的溶度积由镉离子的活度所确定。所以，这种电极也能反映溶液中镉离子的活度。

另一种这类电极是用银电极指示溶液中的钙离子的活度（通过草酸银与草酸钙两种难溶盐来实现）。

电极表示式：$\qquad$ Ag｜Ag$_2$C$_2$O$_4$，CaC$_2$O$_4$｜Ca^{2+}

电极电位（25℃时）：$\qquad E_{Ag^+/Ag}=E_{Ag^+/Ag}^{\ominus}+0.059\lg a_{Ag^+}$

在此溶液中的 Ag$^+$ 浓度受难溶盐 Ag$_2$C$_2$O$_4$ 的溶度积制约：

$$a_{Ag^+} = \left[\frac{K_{sp\,Ag_2C_2O_4}}{a_{C_2O_4^{2-}}}\right]^{\frac{1}{2}}$$

$$a_{C_2O_4^{2-}} = \frac{K_{sp\,CaC_2O_4}}{a_{Ca^{2+}}}$$

代入银电极的能斯特方程中有（25℃时）：

$$E_{Ag^+/Ag} = E_{Ag^+/Ag}^{\ominus} + \frac{0.059}{2}\lg\frac{K_{spAg_2C_2O_4}}{K_{spCaC_2O_4}} + \frac{0.059}{2}\lg Ca^{2+} = E' + \frac{0.059}{2}\lg a_{Ca^{2+}}$$

式中，$E' = E_{Ag^+/Ag}^{\ominus} + \dfrac{0.059}{2}\lg\dfrac{K_{spAg_2C_2O_4}}{K_{spCaC_2O_4}}$

因此，在草酸银和草酸钙饱和的含有钙离子的溶液中，Ag 电极就可以指示钙离子的活度。

此外，还有用 EDTA 络合金属离子的第三类电极，在电位滴定中是很有用的指示电极。这种电极的结构是把汞电极插入含有微量的 Hg^{2+}-EDTA 络合物（限量为 1×10^{-6} mol/L）及另一种能被 EDTA 络合的金属离子 M^{n+} 的水溶液中，这种电极可以响应 M^{n+}，可用作络合滴定的指示电极。

不过，由于第三类电极为三相体系，涉及三相间的平衡，达到平衡的速度较慢，所以，较少应用。

4. 零类电极（惰性金属电极）

铂和金等贵金属的化学性质较稳定，通常在分析溶液中不参与化学反应，但其晶格间的自由电子可与溶液进行交换。所以，惰性金属电极可以作为溶液中氧化态和还原态取得电子或释放电子的场所，它能指示出存在于溶液中的氧化态和还原态活度的比值。此外，它可以用在有气体参与的电极反应。

这类电极本身不参与电极反应，仅起传递电子和传导电流的作用。

【例 6】$Pt \mid Ox, Red$

电极反应：
$$Ox + ne \rightleftharpoons Red$$

电极电位：
$$E_{Ox/Red} = E_{Ox/Red}^{\ominus} + \frac{RT}{nF}\ln\frac{a_{Ox}}{a_{Red}}$$

【例 7】$Pt \mid Fe^{2+}, Fe^{3+}$

电极反应：
$$Fe^{3+} + e \longrightarrow Fe^{2+}$$

电极电位：
$$E_{Fe^{3+}/Fe^{2+}} = E_{Fe^{3+}/Fe^{2+}}^{\ominus} + \frac{RT}{F}\ln\frac{a_{Fe^{3+}}}{a_{Fe^{2+}}}$$

【例 8】$Pt, H_2 \mid H^+$

电极反应：
$$H^+ + 2e \rightleftharpoons H_2$$

电极电位：
$$E = E^{\ominus} + \frac{RT}{F}\ln\frac{a_{H^+}}{p_{H_2}}$$

式中，p 为压力。

5. 膜电极

具有敏感膜且能产生膜电位的电极称为膜电极，它能指示溶液中相关离子的活度。膜电位起源于被膜分隔在两边的不同成分的溶液，其测量体系为：

参比电极 1｜溶液 1｜膜｜溶液 2｜参比电极 2

测量时需有两个参比电极，体系的电位差取决于膜的性质及溶液 1、溶液 2 中的离子活度。膜电位产生的机理不同于以上几类电极，这类电极不存在电子的传递和转移过程。而是由于离子在膜与溶液界面上扩散的结果。电极的膜可以是固态或液态，是离子导体，可以制成多种离子选择性电极，这些离子选择性电极的膜电位与响应离子的活度符合能斯特公式的关系。

第二节　电位分析法

利用电极电位与测定离子活度的关系测定物质浓度的电化学分析方法，称为电位分析法。

电位分析法可分成两大类。

（1）电位法（直接电位法） 根据测得的某一电极的电极电位，从能斯特公式的关系中直接求出待测离子的浓（活）度的方法。用玻璃电极测量溶液的 pH 及用离子选择电极测量待测离子的浓（活）度等都属于这一类。

（2）电位滴定法 根据滴定过程中某电极电位的变化来确定终点，然后从消耗的滴定剂体积及浓度来计算待测物质的含量。也就是说用电位法来指示滴定的终点的方法，属于电容量分析法。

用于直接电位测量的装置一般由指示电极及参比电极（电位恒定）的电位测量单元组成，插入待测溶液构成原电池，其电动势与离子活度有函数关系，从而求出待测物的含量。指示电极的性能直接决定了该方法的灵敏度、准确度和选择性。随着科学技术的发展利用多种技术对电极进行修饰，尤其是 1991 年日本发现纳米材料以来，人们进一步应用纳米技术及多学科的交叉制得了多种修饰电极，实现了更高甚至超高的灵敏度，极好的选择性，更加小型和微型化，使得直接电位法的领域不断扩大深入到化学、食品、毒物、农药、环境、工业过程控制、医药检验、生命科学、临床诊断等许多领域。

一、指示电极、参考电极

1. 指示电极与参考电极

到目前为止还不能直接测出单独电极的电极电位，仅能用与电学中电位测量相似的相对比较测量法，即把不同待测电极电位的氧化还原体系与某一特定的氧化还原体系（标准氢电极或甘汞电极）组成原电池分别测其电动势来决定电极电位，因此在原电池中必须包括两个电极：指示电极（待测电极）与参考电极。电位分析法的准确度取决于两电极的性能及电动势的测定精度。

电位中指示电极用来反映待测离子的活（浓）度，响应电化学反应及随待测离子的活（浓）度而变化的电极电位值而对非待测离子不响应；指示电极除要求选择性好外还要服从能斯特方程。参考电极要求电极电位确定已知、稳定且其数值不随溶液中待测离子的浓度而变。

电位法中构成原电池的两个电极：一个电极用来反映离子浓（活）度，响应电化学反应，它的电位数值随待测离子的浓（活）度而变化，这样的电极称为指示电极；另一个电极在测量过程中，其电极电位保持恒定，它只是作为测量电位的标准，其电位也不受测定溶液组成而变化，也就是说，在测量过程中即使有小电流流过时，其电极电位仍保持稳定，这类电极称为参比电极（参考电极）。

2. 电位法的测定方法

电位法测定时，要将指示电极与参比电极同时浸入分析试液中组成电池体系，然后在电流接近于零的情况下，测量指示电极的平衡电位，据此求出待测离子的浓（活）度。在电极电位的测量过程中，要选用能保证指示电极恒定的测量方法，否则就会有错误的结果。如果测量中有电流流过指示电极，就意味着发生了电极反应，电极表面的化学组成就会发生变化，造成测定结果不准，所以，要用电位计与对消法来测量电极电位，而不能用一般的伏特计，确保指示电极的电位不发生任何可察觉的变化。

3. 常用的参考电极

（1）甘汞电极 常用的部分国产甘汞电极如图 23-4 所示。

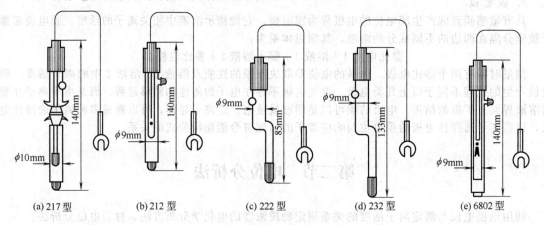

图 23-4 常用的部分国产甘汞电极

甘汞电极的结构如图 23-5 所示。

甘汞电极的电极电位在一定温度下取决于 Cl^- 的活度，当电极内 KCl 溶液的浓度一定时，电极电位值是一定的。KCl 溶液的浓度为 1.0mol/L 时称为标准甘汞电极（或当量甘汞电极）；KCl 溶液为饱和状态时，称为饱和甘汞电极，简称 SCE，甘汞电极的电位随温度不同而不同。

甘汞电极属第二类电极，它构造简单，电极电位稳定（即使有微量测量电流通过，电位也几无变化），使用方便，应用广泛。但使用时温度变化有滞后现象（指温度变化后，要数小时才能达到稳定值），故在温度变化大时，进行校正。

甘汞电极在使用时要注意保持 KCl 溶液的液面高度，不用时将两个橡皮小帽套上。使用一周后，应将 KCl 溶液更新。

（2）银-氯化银电极　将镀有一薄层氯化银的银丝浸于一定浓度的 KCl 溶液中构成银-氯化银电极，其构造如图 23-6 所示。

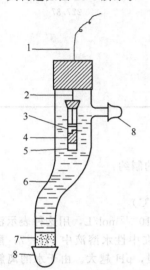

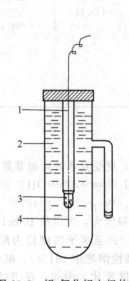

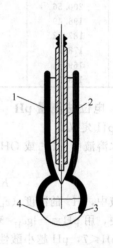

图 23-5　甘汞电极的结构
1—导线；2—铂丝；3—汞；4—糊状物；
5,7—砂芯；6—氯化钾；8—橡皮帽

图 23-6　银-氯化银电极构造
1—导线；2—氯化钾溶液；
3—汞；4—银丝

图 23-7　pH 玻璃电极构造
1—高阻玻璃；2—Ag-AgCl 电极；
3—含 Cl^- 的缓冲溶液；4—玻璃膜

此电极的原理与甘汞电极的相同。其半电池组成是：

$$Ag，AgCl（固）｜KCl$$

电极反应：

$$AgCl + e \Longleftrightarrow Ag + Cl^-$$

Ag-AgCl 电极有比甘汞电极更为简单的结构，而且还具有在较高温度时电极电位仍相当稳定的特点。

常见的参考电极的电极电位见表 23-2。参考电极电位与温度的关系见表 23-3。

表 23-2　常见的参考电极的电极电位

电极种类	电位值[①]（25℃）/V	电极种类	电位值[①]（25℃）/V
Hg/Hg_2Cl_2(Sat)[②],KCl(Sat)[SCE][③]	+0.244	Hg/Hg_2SO_4(Sat),0.05mol/L H_2SO_4	+0.614
Hg/Hg_2Cl_2(Sat),1.0mol/L KCl[NCE][④]	+0.281	Ag/AgCl(Sat),KCl(Sat)	+0.199
Hg/Hg_2Cl_2(Sat),0.10mol/L KCl	+0.336	Ag/AgCl(Sat),1.0mol/L KCl	+0.227
Hg/Hg_2SO_4(Sat),K_2SO_4(Sat)	+0.64	Ag/AgCl(Sat)KCl(0.10mol/L)	+0.290

① 电位值相对于标准氢电极。
② Sat——饱和溶液。
③ SCE——饱和甘汞电极。
④ NCE——标准甘汞电极。

表 23-3 参考电极电位与温度的关系

温度 /℃	$E^{\ominus}$(AgCl;Ag) /mV	$E^{\ominus}$(AgBr;Ag) /mV	$E^{\ominus}$(AgI;Ag) /mV	$E^{\ominus}$(Hg$_2$Cl$_2$;Hg) /mV	$(E^{\ominus\prime}+E_{接界})$(KCl$_{饱和}$ Hg$_2$Cl$_2$;Hg) /mV
0	236.55	81.28	−146.37	274.0	259.18
5	234.13	79.61	−147.19	272.1	
10	231.42	77.73	−148.22		253.87
15	228.57	75.72	−149.42	270.9	
20	225.57	73.49	−150.81		247.75
25	222.34	71.06	−152.44	268.0	244.53
30	219.04	68.56	−154.05		241.18
35	215.65	65.85	−155.90	265.0	
40	212.08	63.10	−157.88		234.49
45	208.35	60.12	−159.98	260.5	
50	204.49	57.04	−162.19		227.37
55	200.56			256.1	
60	196.49				
70	187.82				
80	178.7				
90	169.5				
95	165.1				

二、电位法测量 pH

1. pH 定义

在水溶液中，H$^+$ 或 OH$^-$ 的浓（活）度受到水的离解常数 K_W 的制约：

$$H_2O \Longrightarrow H^+ + OH^-$$

$$K_W = a_{H^+} a_{OH^-} \approx c_{H^+} c_{OH^-} = 10^{-14} \quad (25℃)$$

在水溶液中，H$^+$ 的浓度（c_{H^+}）的变化幅度大，可以从 10mol/L 到 10^{-15}mol/L，用这种表示法有很多不便，用 pH$=-\lg c_{H^+}$ 来表示溶液中的氢离子浓度较为简便，在中性水溶液中 pH$=7$；酸性溶液中 pH<7，pH 越小酸性越强；在碱性溶液中 pH>7，碱性越强，pH 越大。由于水的离解常数 K_W 是温度的函数，所以 pH 也随温度变化。例如，在中性溶液条件下，25℃ 时，pH 值为 7，60℃ 时为 6.5，0℃ 时为 7.5。

2. 玻璃电极的构造和性质

玻璃电极制造方便、种类繁多，在工业过程控制及研究中得到广泛应用。玻璃电极是非晶体膜电极，其构造如图 23-7 所示。

玻璃电极的玻璃膜是由一种特定配方的对 H$^+$ 敏感的玻璃吹制成的球形膜，玻璃膜敏感层的厚度约 0.1mm。玻璃球内装有一定 pH 的溶液，通常是 0.1mol/L 盐酸溶液或含有氯化钠的缓冲溶液为内参比溶液，银-氯化银丝为内参比电极。玻璃膜的内阻很高，为 100～500MΩ。

测量溶液的 pH 时，将玻璃电极插到被测定的溶液中，同时再插入另一支参比电极（常用饱和甘汞电极），这电极也叫外参比电极，与玻璃电极及溶液组成电池；该电池的电动势为 ε。

Ag｜AgCl，内部溶液（pH$_{内}$）｜球外被测溶液（pH$_{外}$），KCl，Hg$_2$Cl$_2$｜Hg

内参比电极   玻璃膜   外参比电极

玻璃电极

该电池的电动势 ε 与球外溶液的 pH 有下列关系：

$$\varepsilon = b + 0.059\text{pH} \quad (25℃)$$

上述电池的总电位由以下几部分组成：

① 内部的 Ag-AgCl 电极的电位（内参比电极电位）；

② 内玻璃表面与溶液界面间的电位；

③ 不对称电位（有 10～30mV）；

④ 玻璃膜外表面与溶液界面间的电位。

但是在测定过程中，对已定的电极，①～③ 三项都为恒值，只在 ④ 项随测试溶液的 pH 而变化。玻璃电极的电池电动势 ε 式中的 b 项为一个常数，而且，由于 b 项的存在，就不能直接用它来测定溶液的 pH，而应设法消去 b 项。为此，在测定 pH 时，必须先用已知 pH 的标准缓冲溶液，测出上述电池的电动势 ε_s，确定 b 值。

$$\varepsilon_s = b + 0.059 pH_s$$

下脚标 s 表示标准缓冲溶液。然后再测定未知溶液电池的电动势 ε，才能计算出未知溶液的 pH。

$$\varepsilon = b + 0.059 pH$$

所以

$$pH = pH_s + \frac{\varepsilon - \varepsilon_s}{0.059}$$

可见，被测溶液的 pH 是以标准缓冲溶液的 pH 为标准的。用来校正仪器的标准缓冲溶液的 pH 与被测溶液的 pH 最好相近，一般相差应在 3 个 pH 单位以内。

pH 玻璃电极有许多优点：

① 在 pH 值从 1~9 的范围内，测定结果比较准确，一般 pH 计误差在 ±0.1pH，精密 pH 计误差可在 0.01~0.02pH；

② 测定 pH 时不受氧化剂及还原剂影响，H_2S、HCN、砷化物等可以毒害其他的指示电极，但对玻璃电极却没有影响；

③ 可在有色、浑浊溶液中应用；

④ 也可用于非缓冲溶液，不过重现性较差。

部分国产玻璃电极的性能见表 23-4。

表 23-4　部分国产玻璃电极的性能

型　号	pH 值测量范围	测量温度/℃	pH 值零电位	内阻(25℃)/MΩ	备　　注
211	0~10	5~45	7±1	≤70	与 212 型甘汞电极配套。适用于 24 型酸度计和 21-1 型自动电位滴定计
221	0~10	5~45	7±1	≤70	与 222 型甘汞电极配套，适用于 25 型、HSD-2 型、DH-1 型酸度计
231	0~14	5~60	7±1	≤120	与 232 型甘汞电极配套。适用于 PHS-2 型酸度计和 ZD-2 型自动电位滴定计
241	0~13	10~80	7±1	≤500	
251	0~14	0~60	7±1	≤70	与信号源内阻为 1000MΩ 以上的酸度计配用
微量电极			7±1		
GE64-1	0~14	10~80	7±1	≤500	
65-1	1~13	5~60	7±1	≤120	适用于 pH-29A 型携带式酸度计
280 复合电极 65-1A	1~13	5~60	2±1	≤120	适用于 pHS-29A 携带式酸度计
复合电极					

3. 玻璃电极的理论

（1）玻璃电极的响应机理　已有多种理论解释玻璃膜对 H^+ 的响应机理，但比较普遍接受的是离子交换理论，它不仅适用于 pH 玻璃电极，而且还适用于所有非晶体膜电极，这些电极能够响应都是由于敏感膜中存在离子交换物质。

玻璃电极是用特殊配方的玻璃制成的，常用来制造玻璃电极的考宁（Corning）015 玻璃的成分为 Na_2O 21.4%、CaO6.4%、SiO_2 72.2%（摩尔分数）。这种玻璃的结构是由固定的带负电荷的硅与氧形成空间网状结构的骨架，骨架网格中存在体积较小，但活动能力较强的阳离子（主要是一价的钠离子），它起着导电作用。硅酸盐玻璃结构如图 23-8 所示，溶液中体积小的氢离子能进入网络，取代钠离子的点位，但阴离子都被带负电荷的硅氧载体所排斥，高价和体积大的阳离子也不能进入网络。纯石英是没有电极性质的，普通的玻璃由于与氢离子之间没有线性响应关系也不能制成电极，只有把适当的碱金属氧化物引入玻璃成分中后，才能显示出对 H^+ 响应的专属性。实际上，起导电作用的主要是那些阳离子。

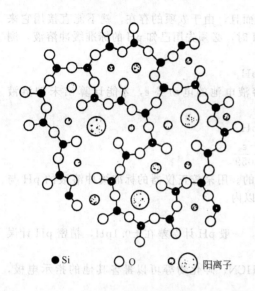

● Si　　○ O　　⊙ 阳离子

图 23-8　硅酸盐玻璃结构

玻璃电极在使用前，要在水溶液中浸泡 24h，当玻璃膜在水溶液中浸泡时，水向膜内渗透，当经过较长时间后，达到平衡后形成水化胶层，其厚度为 $10^{-4} \sim 10^{-5}$ mm。在水化胶层中，硅氧结构与氢离子的键合强度大于与钠离子的键合强度的 10^{14} 倍。因此，在玻璃表面与溶液之间可以产生下列离子交换反应：

$$H^+ + Na^+ GL^- \rightleftharpoons Na^+ + H^+ GL^-$$
　　溶液　玻璃　　　　溶液　玻璃

此反应的平衡常数很大，有利于向右进行，反应的结果使得玻璃表面的点位，在酸性溶液中或在中性溶液中基本上全可被来自溶液中的氢离子所占有，它与硅氧基结合形成比较稳定的离子键，在玻璃表面形成一层类似于硅酸（$H^+ GL^-$）的结构，这就是水化胶层。胶层中的 Na^+ 可与溶液中 H^+ 进行交换；而在水化胶层的内部，氢离子的数目逐渐减少，使未被取代的 Na^+ 的点位相应增加；在玻璃膜的中部则仍是干玻璃区域，其点位全为 Na^+ 所占有，如图23-9所示的情况。

	$E_{外}$		$E_{扩散}$		$E_{扩散}$		$E_{内}$	
外部溶液	水化胶层		干玻璃层		水化胶层		内部溶液
表面点位被 H^+ 交换	←—10^{-4}mm—→ 点位被 H^+ 和 Na^+ 占有		←—0.1mm—→ 点位为 Na^+ 占有		←—10^{-4}mm—→ 点位为 H^+ 和 Na^+ 占有		表面点位被 H^+ 交换

图 23-9　玻璃膜中离子分布

在玻璃主体层中，由电荷最少、离子半径最小的 Na^+ 传导电流；表面水化胶层中是离子的扩散传导电流；中间过渡层中 ≡SiOH 的活动性较差，电阻最大，其电阻率是干玻璃层的 1000 倍。

H^+ 的交换反应发生在水化胶层的表面与溶液接触的部分，溶液中的 H^+ 能穿过胶层-溶液界面进行交换，但不能进入内层玻璃。也就是说水化胶层表面 ≡SiOH 的离解平衡是决定膜电位的因素。

$$\equiv SiO^- H^+ + H_2O \rightleftharpoons SiO^- + H_3O^+$$
　　水化胶层　溶液　　水化胶层　溶液

H_3O^+ 在水化胶层表面与溶液界面进行扩散，破坏了界面附近原来正负电荷的均匀分布，于是，在两相界面形成双电层结构，从而产生电位差。水化胶层得到或失去 H^+ 都将影响到界面上的电位。由于阴离子及其他阳离子都难以进出玻璃膜表面，所以，玻璃膜对氢离子具有选择性响应。由以上讨论可见，玻璃膜上的电位不是源于电子交换，而是源于质子交换。因此，玻璃电极测定 pH 时，就不受氧化剂或者还原剂的干扰。玻璃电极的内、外水化胶层与干玻璃之间还存在着扩散电位，但如果内、外水化胶层的结构相同，则内、外界面上的两个扩散电位数值相等，但符号相反，可以相互抵消。因此，玻璃电极的膜电位可以认为只与内、外两种溶液和水化胶层界面上的相间电位有关。

（2）玻璃电极产生"钠差"的原因　当玻璃电极在测定 pH 较高或 Na^+ 浓度较高的溶液时，由于水溶液中 H^+ 的浓度较小，这时，在电极-溶液界面进行交换的除了 H^+ 外还有 Na^+，不管是 H^+ 还是 Na^+ 进行离子交换所产生的电位，全都会反映到电极电位上。所以，从电极电位得到的 H^+ 活度增加（即包含了 Na^+ 的活度），使测得的 pH 偏低，而产生"钠差"。通常可以用改变玻璃成分的办法来减小"钠差"。

（3）产生"酸差"的原因　在 pH 值小于 1 的酸性溶液中，以及某些非水溶液中，玻璃电极的 pH 响应也会偏离理论值，但其偏离的方向与"钠差"的相反，即所测得的 pH 大于真实值，不过，"酸差"比"钠差"受温度的影响要小。

"酸差"来源于水分子活度的降低和玻璃电极对 H^+ 的吸附（盐酸溶液比磷酸或硫酸的影响大）。

（4）不对称电位　实验表明，玻璃电极中即使内、外参比电极为同一类型，而且具有相同的电位，同时在玻璃电极球体的内、外都装有相同 pH 的溶液时，在玻璃电极内、外参比电极之间仍然有电位差，玻璃电极仍有电位，这电位就是不对称位。

实际上任何能改变玻璃膜任一边的组成或其离子交换性质的因素，都会使玻璃膜两边的表面性质产生差异，这都会产生不对称电位。一般可归纳为下列几种原因：

① 膜表面吸水情况改变；

② 膜表面过干使水化胶层失水；

③ 擦伤或其他原因导致两边胶层情况不同；

④ 吸附外界离子、油污或其他表面活性物质等而改变了水化胶层的性质。

对同一支电极，它的不对称电位也会随使用时间而缓缓改变。一般不对称电位约有几十毫伏。使用中可采用标准 pH 缓冲溶液校正的办法来消除不对称电位的影响。

4. 测量 pH 的仪器

由于玻璃电极内阻很大，有 $10^9 \Omega$ 或更大，如果要使电位测量能准确到 0.5mV 时，电流就要小到 5×10^{-14}A，这样小的电流通过电极时，对电极电位的影响虽然不会太大，但是，要测量这样小的电流，就不是一般的仪器能够达到的，而要用专门设计的 pH 计。

常用的 pH 计有两种类型：电子毫伏表型 pH 计和电位计型 pH 计两种。

（1）电子毫伏表型 pH 计　电子毫伏表型 pH 计又称直读式 pH 计，它是利用放大线路，将玻璃电极与外参比电极之间的电位差转变成电流，用电流计直接指示 pH。它的优点是读数迅捷，可作连续测定之用，如雷磁 25 型，pHS-1 及 pHS-2 型等。

（2）电位计型 pH 计　电位计型 pH 计是一种精密的电位计，它的指零装置是连接在放大线路上的微安计，而 pH 的刻度刻在电位计的电位滑线上。测量的第一步是校准电位滑线 ABCD（图23-10）；第二步用已知 pH 标准溶液校准仪器；测量未知溶液时，调节 pH 刻度盘使电流为零，pH刻度盘上的读数就是未知溶液的 pH。

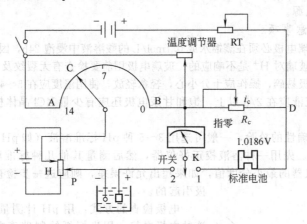

图 23-10　电位计型 pH 计原理

表 23-5 为部分国产常用 pH 计性能一览。

表 23-5　部分国产常用 pH 计性能一览

产 品 名 称 及 型 号	量　　程		精 度	生 产 厂
	pH 值	/mV		
雷磁迷你 1 型 2 型 pH 计（数显）	0～14		±0.2pH	上海雷磁仪器厂
pHS-3B 型精密 pH 计（数显）	0～14.000	0～±1999	±0.01pH	上海分析仪器厂
pHS-29A 型 pH 计	2～12	0～±1000	0.1pH	上海雷磁仪器厂
				厦门第二分析仪器厂
pHS-25 型 pH 计	0～14	0～±1400	0.1pH	江苏电分析仪器厂

续表

产品名称及型号	量程		精度	生产厂
	pH 值	/mV		
pHB-4 型便携式数字 pH 计	0～14	0～±1400	0.02pH	上海雷磁仪器厂
pHSJ-4 型微机 pH 计	0～14.000	0～1999.0	0.001pH	上海三信仪表厂
pHS-3C 型酸度计	0～14.00	0～±1600	0.01pH	上海雷磁仪器厂 上海仪表元件厂
pHS-4 型酸度计	0～14.000	0～±1600	±0.01pH	江苏电分析仪器厂
402pH/mV 计	0～14.00	0～±1999	0.01pH	上海创业仪器厂
P-1 型笔式 pH 计	0～14.0		<0.2pH	江苏分析仪器厂
100 型笔式 pH 计	0～14.00		<0.02pH	
LB-2 便携式 pH 计	0～14		<0.02pH	河南济源市自动化仪器仪表厂

5. pH 的测量操作

pH 的测量操作按 pH 计使用说明逐步进行, 通常有以下几步。

① 按仪器要求接好电源, 选择 pH 挡或 mV 挡。

② 接好 pH 玻璃电极及参比电极, 电极距离要适当; 甘汞电极应比玻璃电极位置稍低 (防止玻璃球损坏)。

③ 用 pH 标准溶液 (其配制方法参见第四章第五节) 定位, 调节定位旋钮到与其一致的数值。测量过程中应转动测量烧杯加速读数稳定。

④ 洗净擦干后换上待测溶液, 稳定后读取溶液的 pH。注意: 定位旋钮在调好后不可任意调节, 如不慎被碰动, 则应用 pH 标准溶液重新定位。

⑤ 测量完成后, 复原仪器, 并应将玻璃电极洗净后浸于干净的蒸馏水中。甘汞电极洗净擦干后套上橡皮塞, 关闭电源。

6. pH 测定的注意事项

(1) 初次使用的玻璃电极必须在蒸馏水或 0.1mol/L 的酸溶液中浸泡 24h, 因为玻璃电极的 pH 响应和吸水量有关, 干燥的玻璃对 H^+ 是不响应的; 玻璃电极用前要检查有无裂纹及内参比电极有没有浸入内参比溶液中。玻璃电极易碎, 操作应十分小心, 轻拿轻放, 使用温度应在 5～45℃ 之间。

(2) 甘汞电极内充液应在 2/3 以上, 饱和甘汞电极还应有少量 KCl 晶体析出。盐桥细管内应无气泡及断路现象。

(3) pH 计示值准确性的校验, 一般可选用 3～5 种 pH 标准溶液 (如 pH 值分别为 1.68、3.56、4.01、6.86、9.18 等)。先用一种溶液校正好仪器, 然后测量其他几种标准溶液的 pH, 多次重复读数的误差不能大于仪器的最小分度值, 如果超出允许误差, 则应进一步检查确定是由仪器还是电极引起的。

电极检查的方式: 用 pH 计测量上述各种标准缓冲溶液的电极电势, 用坐标纸绘制玻璃电极的 $\Delta E/\Delta pH$ 曲线, 如图 23-11 所示, 在电极测量的范围内应为直线, 根据标准溶液的 pH_s 和测得的电动势 E_s 的大小, 按下式算出电极的电化转换系数 k:

$$k = \frac{E_{s_2} - E_{s_1}}{pH_{s_2} - pH_{s_1}}$$

式中, E_{s_1}, E_{s_2} 分别为两种标准缓冲溶液的电动势。

测量时还要注意温度, 如果电化转换系数比理论值 0.0001983T 低许多时, 则说明电极已失效或漏电严重。

如图 23-11 所示 ΔE、ΔpH 分别为两种不同 pH 标准缓冲溶液的电动势及 pH 差值。

(4) 使用中各电极接头应保持干净, 若沾上油污, 可

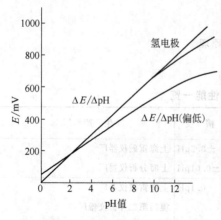

图 23-11 玻璃电极的 $\Delta E/\Delta pH$ 曲线

用 5%～10% 的氨水或丙酮清洗电极，当附着某些不溶性沉淀物时，可用 0.1mol/L HCl 清洗，但绝不可用脱水的溶剂（如 H_2SO_4 或铬酸洗液）清洗，否则会影响电极的氢功能。

（5）碱性溶液、有机溶剂及含硅的溶液会使电极"衰老"，在测完上述溶液后，应立即将电极取出清洗干净，或者在取出后放在 0.1mol/L HCl 溶液中浸泡一下加以矫正，不能用玻璃电极测试浓度超过 2mol/L 的碱溶液。

（6）甘汞电极的电位与温度有关，并有滞后效应，所以甘汞电极使用中要防止温度骤变。Hg_2Cl_2（甘汞）在高于 78℃ 时要分解，因此，甘汞电极只能在 0～70℃ 间使用和保存。

（7）酸度计的检验：不同指标的仪器达到不同级别，其精度也不相同（表 23-6）。

表 23-6　酸度计的检验项目和要求

仪器级别	最小分度值 pH	仪器示值准确性（基本误差）			仪器示值重现性（重复性误差）	指示器刻度正确性 $\left(\dfrac{\Delta pH_L}{3pH}\right)$	温度补偿器正确性 $\left(\dfrac{\Delta pH_t}{3pH}\right)$	仪器输入阻抗误差 $\left(\dfrac{\Delta pH_R}{3pH}\right)$
		pH<3	3<pH<10	pH>10				
0.02	0.02	±0.03	±0.02	±0.06	0.01[①]	±0.01	±0.01	0.01
0.05	0.05	±0.05	±0.05	±0.08	0.03	±0.03	±0.03	0.02
0.1	0.1	±0.1	±0.1	±0.1	0.05	±0.05	±0.05	0.03

① 用 25℃ 饱和氢氧化钙检定时为 0.02pH。

（8）玻璃电极的"钠差"和"酸差"：各种类型的玻璃电极都有相应的 pH 适用范围，一般玻璃电极适用于 pH 值为 1～9 的范围，在酸度过高的溶液中，pH 读数偏高，即会引入"酸差"；当 pH>10 或在含 Na^+ 浓度较大的溶液中，pH 读数偏低，即引入"钠差"。

三、离子选择性电极的定义、分类

离子选择性电极可以作为电位法测定溶液中某种特殊离子活度的指示电极，也就是说，某种特定离子的选择性电极，能在多种离子存在的混合溶液中，选择性地响应该种特定的离子，指示出这种离子活度变化的情况，测定离子的活度或浓度。

pH 玻璃电极实际上就是离子选择电极的一种，它可称为氢离子选择性电极。正是由于对氢离子选择性电极研究的启发，发现当玻璃的成分改变时，还可制成对某些一价阳离子电极。已制成的玻璃选择性电极有钠、钾、银、锂等阳离子选择性电极。

随着膜材料研究的发展，离子选择性电极技术也得到迅速发展，用氟化镧单晶制成了性能良好的氟离子选择性电极，建立了快速分析氟离子的方法。离子选择性电极已作为一种分析工具而广泛用于水、污水及各种体液、各种浓度的阳离子、阴离子单组分的直接测定或连续监测。它具有响应快、价格便宜及便于计算机联用，进行连续、自动监测的优点。因此，在科学研究、生化药物检验、海洋监测等方面有广阔的应用前景。

1. 定义

IUPAC 推荐定义为："离子选择性电极是电化学的敏感体，它的电势与溶液中给定离子活度的对数成线性关系。这种装置不同于包含氧化还原反应的体系"，也就是说，所有的离子选择性电极的电位不是由氧化还原反应形成的，而是由于在敏感膜两边的电位不同引起的。为此，离子选择性电极可以称为"膜电极"，可看成是能将待测离子的活度转换成单位（或电流）信号的传感器。除玻璃膜外，还有许多材料可以制成膜电极，这些膜材料统称为电活性物质，它们在溶液中既能提供电荷传递，又对某种离子有专属的选择性。由于它们有多种结构和制作方式，因而离子选择性电极有多种类型。

离子选择电极的结构与玻璃电极相似，一般由敏感膜、内参比电极和内参比溶液组成。膜材料和内参比液中均含有相同的待测离子，在溶液中基于离子交换扩散作用，电极膜和溶液界面经扩散改变了两相界面的电荷分布，从而形成电双层产生膜电位，而其中的内参比电极有固定的电极电位，所以离子选择电极的电极电位就能指示出溶液中待测离子的活度变化，其关系由能斯特方程决定。

2. 分类

离子选择性电极按离子传感器的不同而分类如下：

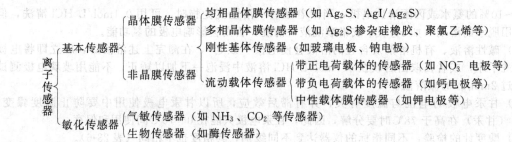

四、离子选择性电极的结构和响应机理

1. 晶体电极

晶体电极的活性材料多为晶体物质，依组成及制备方式不同可分成均相晶体膜及非均相（多相）晶体膜两类。

（1）（均相）晶体膜电极　晶体膜电极是用单一晶体或两种晶体混合压片制成的，有氟电极、AgCl、AgBr、AgI、Ag_2S 以及 Ag_2S-CuS、AgI-Ag_2S 电极等。由于自然界能够或适用于离子选择性电极性能要求的单晶品种较少，所以出现了将一种或多种多晶粉末，在压模具中用每平方厘米数吨至数十吨压力制成膜片做成电极，因此实际上它们并非是均相的。这些在膜中除了电活性物质外，不含其他惰性载体材料的也归入均相膜电极类。

（2）多相晶体膜电极　将晶体材料分散在惰性载体（如硅橡胶、聚苯乙烯、聚氯乙烯）中，经单体交联或固化而制成的电极称为非均相晶体膜电极（多相晶体膜电极）。在这类电极制作中，晶体粉末与惰性材料（载体）间有一定的比例。晶体粉末过量时膜的强度差；不足时，电极膜的电阻又过高，甚至会失去响应特性。这类电极使用时均有特殊要求，如以硅橡胶为惰性材料的电极，用前必须在一定浓度的响应离子溶液中浸泡活化。

（3）电极的构成　电极由膜片和电极杆构成，电极杆材料一般是塑料管，例如，可用聚氯乙烯加工成一定的形式，使电极膜片密合封在管的一端，膜边缘与管壁之间的缝隙可加少量硅橡胶粘接剂密封，以防溶液渗漏。电极内部可用全固态接触或用内参比溶液，后者对电极膜及电极管之间密封的要求较高。电极膜片外表需抛光至镜面光洁度（可用金相砂纸，也可用抛光膏或优质牙膏在抛光机上抛光）。电极内部接触导线或内参比电极要用屏蔽线。

（4）响应机理　这两类电极虽然制作方式有较大差异，但它们的响应机理却相同，不过惰性载体的作用尚待进一步研究。其响应机理一般用晶体中离子传导及膜表面上相同离子间的扩散作用来解释。晶体膜表面不存在离子交换作用，因此，这类电极不必在用前浸泡活化。晶体膜电极的干扰，主要不是由于共存离子进入膜相参与响应，而且由于晶体表面的化学反应，共存离子可与晶格离子形成难溶盐或络合物，从而改变了膜的表面性质。例如，氯化银为敏感膜的氯离子选择性电极，当测定溶液中有溴离子或碘离子共存时，就影响它对氯离子的响应。这是由于 Br^- 或 I^- 能与敏感膜中的 Ag^+ 生成比 AgCl 更难溶解的 AgBr 或 AgI 所致。所以，电极的选择性与构成膜物质的溶度积及共存离子与晶格离子形成难溶物的溶度积的相对大小有关。晶体膜电极的检测限取决于膜物质本身的溶解度，并可据此计算出来。

表 23-7 列举了多种晶体膜电极的品种和性能。

表 23-7　晶体膜电极的品种和性能

电　极	膜材料	线性响应范围/(mol/L)	pH 值适用范围	主要干扰离子
F^-	$LaF_3 + Eu^{2+}$	$5 \times 10^{-7} \sim 1 \times 10^{-1}$	$5 \sim 6.5$	OH^-
Cl^-	$AgCl + Ag_2S$	$5 \times 10^{-5} \sim 1 \times 10^{-1}$	$2 \sim 12$	$Br^-, S_2O_3^{2-}, I^-, CN^-, S^{2-}$
Br^-	$AgBr + Ag_2S$	$5 \times 10^{-6} \sim 1 \times 10^{-1}$	$2 \sim 12$	$S_2O_3^{2-}, I^-, CN^-, S^{2-}$
I^-	$AgI + Ag_2S$	$1 \times 10^{-7} \sim 1 \times 10^{-1}$	$2 \sim 11$	S^{2-}
CN^-	AgI	$1 \times 10^{-6} \sim 1 \times 10^{-2}$	>10	I^-
Ag^+, S^{2-}	Ag_2S	$1 \times 10^{-7} \sim 1 \times 10^{-2}$	$2 \sim 12$	Hg^{2+}
Cu^{2+}	$CuS + Ag_2S$	$5 \times 10^{-7} \sim 1 \times 10^{-1}$	$2 \sim 10$	$Ag^+, Hg^{2+}, Fe^{3+}, Cl^-, Cd^{2+}$
Pb^{2+}	$PbS + Ag_2S$	$5 \times 10^{-7} \sim 1 \times 10^{-1}$	$3 \sim 6$	$Cd^{2+}, Ag^+, Hg^{2+}, Cu^{2+}, Fe^{3+}, Cl^-$
Cd^{2+}	$CdS + Ag_2S$	$5 \times 10^{-7} \sim 1 \times 10^{-1}$	$3 \sim 10$	$Pb^{2+}, Ag^+, Hg^{2+}, Cu^{2+}, Fe^{3+}$

(5) 氟离子选择性电极　氟离子选择性电极是典型的晶体膜电极，敏感膜是 LaF_3 单晶薄片。为了提高膜的导电性常在其中掺杂少量 Eu^{3+} 和 Ca^{2+}。二价离子的引入使 LaF_3 晶格的缺陷增多，从而增加了导电性。这种敏感膜的电极的电阻一般小于 $2M\Omega$，电极以 Ag-AgCl 为内参比电极，内参比溶液的 NaF 浓度为 1×10^{-3} mol/L 及 0.1mol/L 的 NaCl 和少许 AgCl，如图 23-12 所示。

氟电极的电位 E_F 为：

$$E_{F^-}=E_{内参}+E_M=0.2223-\frac{RT}{F}\left[\ln a_{Cl^-(内)}-\ln a_{F^-(内)}+\ln a_{F(外)}\right]$$

由于内参比电极电位与膜内氟离子及氯离子的活度都是常数，用 b 代替它们后有：

$$E_{F^-}=b+0.059pF_{(外)}\quad(25℃)$$

氟电极对 F^- 的线性响应范围为 $5\times10^{-7}\sim1\times10^{-1}$ mol/L。电极的选择性很高，PO_4^{3-}、Ac^-、NO_3^-、SO_4^{2-}、HCO_3^- 和卤素离子等都不干扰，唯一干扰离子为 OH^-，当 $[OH^-]>[F^-]$ 时有干扰，这是因下列化学反应引起的：

$$LaF_3（固）+3OH^-\Longrightarrow La(OH)_3（固）+3F^-$$

反应中会释放出 F^- 而增高分析试样中 F^- 的含量，实验证明，电极使用的最适宜测定的溶液 pH 值范围为 $5\sim5.5$。过低的 pH，由于形成 HF 或 HF_2^- 而影响到 F^- 活度的准确测定。实际工作中常用柠檬酸盐的缓冲溶液来控制测试溶液的 pH。而且柠檬酸盐还可与铁、铝等离子形成络合物而消除它们与 F^- 生成络合物的干扰。

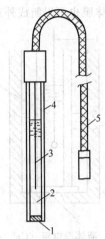

图 23-12　氟离子选择性电极
1—氟化镧单晶膜；2—内参比溶液 (NaF-NaCl)；
3—内参比电极；4—塑料管；5—接线

氟电极除了测定 F^- 外，还可以间接测定 Al^{3+}、Fe^{3+}、Ce^{4+}、Li^+、Th^{4+} 等。氟离子选择性电极已成为固体废物、水质和环境空气质量、监测氟化合物的标准分析方法。

2. 非晶体电极

(1) 玻璃膜电极（固定基体电极）　除 H^+ 电极以外，用不同的玻璃组成已制成了一系列玻璃膜电极用于测定 Li^+、Na^+、Ag^+、Tl^+、Rb^+、Cs^+ 及 NH_4^+ 等，见表 23-8。

表 23-8　玻璃膜电极成分及选择比

被测离子	玻璃成分	选择比	响应浓度范围 /(mol/L)
Na^+	$11\%Na_2O$、$18\%Al_2O_3$、$71\%SiO_2$	$K_{K^+,Na^+}-2800(pH=11)$ $K_{K^+,Na^+}-300(pH=7)$	$1\times10^{-7}\sim1$
Na^+ K^+ Li^+	$10.4\%Li_2O$、$22.6\%Al_2O_3$、$67\%SiO_2$ $27\%Na_2O$、$5\%Al_2O_3$、$68\%SiO_2$ $15\%Li_2O$、$25\%Al_2O_3$、$60\%SiO_2$	$K_{K^+,Na^+}-10^5$ $K_{Na^+,K^+}-20$ $K_{Na^+,Li^+}-3$ $K_{K^+,Li^+}-1000$	$10^{-7}\sim10^{-3}$ $5\times10^{-6}\sim1$
Ag^+ H^+	$11\%Na_2O$、$18\%Al_2O_3$、$71\%SiO_2$ $1\%\sim4\%CaO$、$1\%\sim4\%BaO$、$2\%\sim3\%La_2O_3$、$24\%\sim26\%Li_2O$、$2\%Cs_2O$、$63\%\sim67\%SiO_2$	$K_{Na^+,Ag^+}-1000$	

(2) 流动载体膜电极　晶体膜及玻璃膜作为交换膜，它们实际上属于特殊固化的离子交换剂骨架。常温下骨架只能在平衡位置附近作某种形式的振动，网络结构的亲和力限制其中金属离子的流动，影响到固体电极测定的灵敏度，为此人们将固定膜改成流动液体膜而制成流动液体膜电极。

流动载体膜电极又称液体薄膜电极，这类电极的敏感膜是液体，是金属络合剂溶于与水互溶的有机溶剂中，渗入多孔塑料膜内，形成与水不能互溶的液体离子交换膜，载体可在膜中流动。

依载体带电与否，可分成三种：阳性液膜电极、阴性液膜电极、中性载体膜电极，它们的代表分别为 NO_3^- 电极、Ca^{2+} 电极和 K^+ 电极。

这类电极用浸有活性物质（溶在有机溶剂中）的惰性微孔膜作为敏感膜，膜经过疏水处理。用时接上电极杆及导线即制成膜电极，电极有双层体腔，在中间圆形的体腔内贮存内参比溶液，下端环形腔内贮存活性物质溶液，并均与敏感膜接触。惰性微孔膜可以是聚四氟乙烯、聚偏氟乙烯、醋酸纤维、玻璃砂片或素陶瓷等。Ag-AgCl 作内参比电极，当响应离子为阴离子时，内参比溶液是其碱性盐及 KCl 溶液；为阳离子时，用氯化物溶液为内参比溶液。

流动载体膜也可以制成外观类似于固态的"固化"膜，此时将活性物质先溶入有增塑作用的有机溶液中，再溶入聚氯乙烯（PVC）的四氢呋喃溶液中，然后倾注到下端垫有玻璃板的玻璃环中，待四氢呋喃挥发后，即可得到以 PVC 为支持体的薄膜，将此薄膜切成圆片，粘接在有机玻璃管的一端，配上内参比电极便制成所需电极，这种电极也叫做 PVC 电极。

典型的流动载体膜电极是带负电荷的流动载体电极，结构如图 23-13 所示。

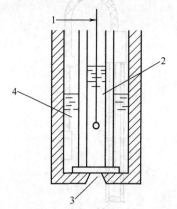

图 23-13　液体膜电极（Ca²⁺ 电极）
1—Ag-AgCl 电极；2—0.1mol/L CaCl₂ 琼胶；
3—乙酸酯微孔滤膜；4—液体离子交换体

这类电极用二癸基磷酸根 $[(RO)_2PO_2]^-$ 作载体。它与钙离子生成二癸基磷酸钙 $[(RO)_2POO]_2Ca$，当其溶于癸醇或苯基磷酸二辛酯等有机溶剂中时，即可得到离子缔合型的活性物质，这就是对钙离子有响应的敏感膜。在膜相中 Ca^{2+} 可自由地与溶液中的 Ca^{2+} 产生交换作用，可设想在两相界面存在着 Ca^{2+} 的化学梯度，可驱使 Ca^{2+} 从一相进入另一相中，迁移的结果是在两相出现剩余电荷，它们集中在界面两侧形成相间电位。

钙离子选择电极内外界面发生下列反应：

$$[(RO)_2PO_2^-]_2Ca^{2+} \longrightarrow 2(RO)_2PO_2^- + Ca^{2+}$$
$$\text{有机相} \qquad\qquad \text{有机相} \quad\; \text{水相}$$

其中，$R=C_7\sim C_{16}$，若为癸基则 $R=C_{10}$。进行离子交换反应时 Ca^{2+} 可以自由通过水相和有机膜，而带有负电荷的 $(RO)_2PO_2^-$ 则被限制在有机膜内，与玻璃电极中的硅酸根相似起定位基作用，但与硅酸根在电极膜中固定不动的情况不同，它可以在有机相中自由运动。这类电极内阻小、灵敏度高、响应时间短。

这类电极膜电位产生机制为有机相中的离子剂与水相中的待测离子发生离子交换反应，改变了相界面的电荷分布产生膜电位。

除了做 Ca^{2+} 选择性电极的烷基磷酸盐外，带负电的载体还有羧基硫醚 $R—S—CH_2COO^-$、四苯硼酸盐 $(C_6H_5)_4B^-$ 等，前者用于制造 Ca、Pb 电极，后者与许多有机阳离子缔合而用来制作各种药物电极。

对阴离子有响应的液态膜电极，应采用带有正电荷的载体，有以下三类。

① 𬬭类阳离子　主要是季铵和季𬱖及季𬭩盐的大阴离子。

② 邻二氮杂菲（L）与过渡金属的络阳离子　如 FeL_3^{2+}、NiL_3^{2+} 络离子等。

③ 碱性染料类阳离子　亚甲基蓝、结晶紫、乙基紫、亮绿等。这些带正电荷的载体可与许多无机阴离子（如 Cl^-、NO_3^-、ClO_4^- 等）及有机阴离子（苯甲酸、十六烷基苯磺酸、糖精等）缔合，也能与络阴离子 $[如 BF_4^-、TaF_4^-、Zn(SCN)_4^{2-}、AuCl_4^-$ 等]缔合，制成相应的离子选择性电极。

带电流动载体膜商品电极类型及性能见表 23-9～表 23-12。表 23-13 是某些离子选择性电极的应用。

（3）中性载体膜电极　中性载体膜电极的形式和构造与带电荷流动载体膜电极类似，它们的载体都是完全可以移动的。主要区别在于：在带电荷载体膜电极中，载体本身是带电的有机离子，与响应离子生成离子型化合物。而在中性载体膜电极中，载体是不带电荷的中性分子，它们是以其中的未成对电子与响应离子结合成为络阳离子而带电。

中性载体膜是由中性大分子配位体作为电活性物质溶于有机溶剂构成敏感膜。这类中性分子具有孤对电子，可与某些阳离子选择性地形成配位体取代原来阳离子周围的水化层，将阳离子包裹在大分子的环状结构中形成配位体，它能溶解于有机溶剂中。阳离子可在界面间自由移动进行离子交换反应，对特定阳离子产生选择性响应。目前已经成功地制备了 K^+、Na^+、NH_4^+、Ca^{2+} 等离子选择电极。

表 23-9　带负电荷的离子选择性电极（传感器）

响应离子	离子交换体	电极性能	
		响应范围	选择系数
Ca^{2+}	二辛基苯基磷酸钙溶于苯基磷酸二辛酯	$10^{-1}\sim10^{-5}$	$Na^+\ 10^{-5}$，$K^+\ 10^{-6}$，$Li^+\ 10^{-4}$，$Mg^{2+}\ 0.032$，$Ba^{2+}\ 0.020$，$Zn^{2+}\ 125$，$Cu^{2+}\ 0.07$，$CO^{2+}\ 0.042$，$Mn^{2+}\ 0.38$
水硬度 $(Ca^{2+}+Mg^{2+})$	二癸基磷酸钙溶于癸醇中	$10^{-1}\sim10^{-5}$	$Na^+\ 10^{-1}$，$K^+\ 10^{-1}$，$Ba^{2+}\ 0.94$，$Sr^{2+}\ 0.54$，$Cu^{2+}\ 3.1$，$Ni^{2+}\ 1.4$，$Zn^{2+}\ 3.5$，$Fe^{2+}\ 3.5$
K^+	4-对氯苯硼酸盐	$10^{-1}\sim10^{-5}$	$Rb^+\ 2$，$Cs^+\ 0.4$，$NH_4^+\ 0.3$，$Na^+\ 10^{-3}$，$Li^+\ 10^{-3}$，$Ca^{2+}\ 10^{-3}$，$Mg^{2+}\ 10^{-3}$
Cu^{2+}	$R\text{-}S\text{-}CH\text{-}COO^-$	$10^{-1}\sim10^{-5}$	$Ns\ 5\times10^{-4}$，$K^+\ 5\times10^{-4}$，$Mg^{2+}\ 1\times10^{-3}$，$Ca^{2+}\ 2\times10^{-3}$，$Sr^{2+}\ 3\times10^{-3}$，$Ba^{2+}\ 1\times10^{-3}$，$Zn^{2+}\ 3\times10^{-2}$，$Ni^{2+}\ 1\times10^{-2}$，$H^+\ 10$，$Fe^{2+}\ 1.4\times10^2$
Zn^{2+}	2-正辛基苯基磷酸锌	$10^{-2}\sim10^{-5}$	$Li^+\ 0.79$，$Na^+\ 0.01$，$K^+\ 0.0020$，$Rb^+\ 0.0040$，$Cs^+\ 0.0025$，$Mg^{2+}\ 0.32$，$Ca^{2+}\ 1.6\times10^3$，$Sr^{2+}\ 40$，$Ba^{2+}\ 0.40$，$Cu^{2+}\ 0.25$，$Pb^{2+}\ 12.6$，$Cd^{2+}\ 1$，$H^+\ 50$
UO_2^{2+}	二（2-乙基己基）磷酸双氧铀酰	$10^{-1}\sim10^{-4}$	$Ca^{2+}\ 0.0027$，$Cd^{2+}\ 0.0027$，$Mg^{2+}\ 0.0025$，$Zn^{2+}\ 0.0064$，$Cu^{2+}\ 0.0093$，$Al^{3+}\ 0.0029$，$Fe^{3+}\ 0.42$，$Ni^{2+}\ 0.006$

表 23-10　邻菲洛林与过渡金属络合物离子选择性电极

响应离子	离子交换体	电极性能	
		响应范围	选择系数
NO_3^-	$Ni\,(O\text{-}Phen)_3^{2+}$	$10^{-1}\sim10^{-5}$	$ClO_4^-\ 10^3$，I_{20}^-，$Br^-\ 0.9$，$NO_2^-\ 6\times10^{-2}$，$HCO_3^-\ 2\times10^{-2}$，$Cl^-\ 6\times10^{-3}$，$F^-\ 9\times10^{-4}$，$SO_4^{2-}\ 6\times10^{-4}$，$H_2PO_4^-\ 3\times10^{-4}$，$PO_4^{3-}\ 3\times10^{-4}$
ClO_4^-	$Fe\,(O\text{-}Phen)_4^{2+}$	$10^{-1}\sim10^{-5}$	$I^-\ 1.2\times10^{-2}$，$F^-\ 2.5\times10^{-4}$，$NO_3^-\ 1.5\times10^{-3}$，$OH^-\ 1.0$，$Cl^-\ 2.2\times10^{-4}$，$Br^-\ 5.6\times10^{-4}$，$SO_4^{2-}\ 1.6\times10^{-4}$，$Ac^-\ 5.1\times10^{-4}$
BF_4^-	$Ni\,(O\text{-}Phen)_3^{2+}$	$10^{-1}\sim10^{-5}$	$I^-\ 20$，$NO_3^-\ 0.1$，$Br^-\ 4\times10^{-2}$，$Ac^-\ 4\times10^{-3}$，$F^-\ 10^{-3}$，$Cl^-\ 10^{-3}$，$SO_4^{2-}\ 10^{-3}$，$HCO_3^-\ 4\times10^{-3}$

表 23-11　季铵盐体系的离子选择性电极（传感器）

响应离子	活性物质组分	电极性能	
		线性测量范围/(mol/L)	选择系数 K
NO_3^-	溴化四月桂胺	$10^{-1}\sim5\times10^{-6}$	$Cl^-\ 1\times10^{-3}$，$SO_4^{2-}\ 3.8\times10^{-5}$，$HPO_4^{2-}\ 6\times10^{-5}$，$I^-\ 81$，$Br^-\ 0.25$，$NO_2^-\ 1.6\times10^{-2}$，$Ac^-\ 7.4\times10^{-5}$，$HCO_3^-\ 3.6\times10^{-4}$，$ClO_4^-\ 4.8\times10^3$
BF_4^-	2%三庚基十二烷基氟硼酸铵+68%邻苯二甲酸二(乙基己基)酯+30%PVC	$10^{-1}\sim10^{-6}$	$SO_4^{2-}\ 2.5\times10^{-6}$，$F^-\ 3\times10^{-6}$，$Cl^-\ 6\times10^{-5}$，$Br^-\ 1\times10^{-3}$，$NO_3^-\ 6.5\times10^{-3}$，$I^-\ 0.12$，$CNS^-\ 0.52$，$ClO_4^-\ 7.3$，柠檬酸离子 9×10^{-5}
CO_3^{2-}	1%三辛基甲基氯化铵溶于三氟乙酰基-对丁苯中的液膜电极	$10^{-2}\sim10^{-7}$	$SO_4^{2-}\ 1.5\times10^{-4}$，$NO_3^-\ 0.29$，$HPO_4^{2-}\ 2.6\times10^{-4}$，$ClO_4^-\ 25$，$Cl^-\ 1.9\times10^{-4}$，$Ac^-\ 2.6\times10^{-2}$，$BO_3^{3-}\ 4.8\times10^{-2}$
ClO_4^-	甲基三庚辛氯化铵溶于癸醇-1中	$10^{-1}\sim10^{-5}$	$Cl^-\ 8\times10^{-3}$，$NO_3^-\ 3$，$SO_4^{2-}\ 10^{-2}$，$ClO_3^-\ 0.16$，$PO_4^{3-}\ 5\times10^{-2}$
Cl^-	二硬脂酸二甲基铵离子		$ClO_4^-\ 32$，$NO_3^-\ 4.2$，$I^-\ 17$，$Br^-\ 1.6$，$OH^-\ 1.0$，$Ac^-\ 0.32$，$HCO_3^-\ 0.19$，$SO_4^{2-}\ 0.14$，$F^-\ 0.1$
SO_4^{2-}	以三辛基甲基氯化铵溶于三氟乙酰基-对丁苯加入 2-氨基吡啶的涂丝电极	$10^{-1}\sim10^{-5}$	加入 2-氨基吡啶电极选择性有提高

续表

响应离子	活性物质组分	电极性能	
		线性测量范围/(mol/L)	选择系数 K
$FeCl_4^-$	甲基三辛基氯化铵与 $FeCl_4^-$ 缔合后的 PVC 涂丝电极	$10^{-1}\sim10^{-4}$	Ni^{2+}、Mg^{2+}、Co^{2+}、Mn^{2+}、Ca^{2+}、Al^{3+} 以及小于 10^{-1} mol/L 的 NO_3^-、F^-、SO_4^{2-} 均不干扰，Zn^{2+}、Hg^{2+}、Fe^{2+}、Sn^{2+} 的干扰程度为：$Zn^{2+}<Hg^{2+}<Fe^{2+}<Sn^{2+}$
HgI_4^{3-}	三辛基甲基氯化铵	$10^{-1}\sim10^{-4}$	
$ZnCl_4^{2-}$	三辛基甲基氯化铵	$10^{-1}\sim10^{-5}$	Ca^{2+}、Mg^{2+}、Al^{3+}、Ni^{2+}、Mn^{2+}、Cr^{3+}、Co^{2+}、Fe^{2+}、Ba^{2+}、SO_4^{2-}、Ac^-、F^-、$H_2PO_4^-$ 不干扰，下列离子干扰程度：$Br^-<NO_3^-<I^-<ClO_4^-$，$Cu^{2+}<Cd^{2+}<Fe^{3+}<Hg^{2+}$
ReO_4^-	以"7402"①为活性物质，邻苯二甲酸二丁酯为增塑剂的 PVC 膜电极	$10^{-1}\sim5\times10^{-6}$	F^- 7.1×10^{-4}，Cl^- 1.7×10^{-4}，Br^- 4.9×10^{-4}，I^- 1.0×10^{-2}，NO_3^- 1.1×10^{-4}，Ac^- 8.5×10^{-5}，ClO_4^- 5.7×10^{-1}，SO_4^{2-} 1×10^{-6}，CO_3^{2-} 2.1×10^{-5}
TaF_6^-	三庚基十二烷基氟钽酸铵＋邻苯二甲酸二(乙基己基)酯＋PVC	$10^{-1}\sim5\times10^{-7}$	F^-、SO_4^{2-} 不干扰，Cl^- 6×10^{-7}，Br^- 1×10^{-5}，NO_3^- 4×10^{-5}，CNS^- 4×10^{-3}，ClO_4^- 1×10^{-2}，大量 Fe^{3+}、Cr^{3+}、Ni^{2+}、Al^{3+} 不干扰

① "7402" 分子式为 R_3NCH_3Cl（$R=C_9\sim C_{11}$ 烷基）。

可用作中性载体的敏感膜活性物质有：大环抗生素类、如缬氨霉素、巨环内酯放线菌素等；环巨醚类（又称冠醚化合物）；开链酰胺等几类。

中性载体膜电极主要响应碱金属及碱土金属的离子，这类电极的性能见表 23-12。它们的电阻（内阻）为 $2\sim10M\Omega$，比带电荷流动载体的高。

表 23-12 常见中性载体膜电极及性能

离子电极	中性载体	线性响应范围/(mol/L)	主要干扰离子
K^+	4,4-二叔丁基二苯并 30-冠-10	$1\times10^{-6}\sim1\times10^{-5}$	Rb^+、Cs^+、NH_4^+
	缬氨霉素	$1\times10^{-5}\sim1\times10^{-1}$	Rb^+、Cs^+、NH_4^+
	二甲基二苯并 30-冠-10	$1\times10^{-5}\sim1\times10^{-1}$	Rb^+、Cs^+、NH_4^+
Na^+	三甘酰双苄苯胺	$1\times10^{-4}\sim1\times10^{-1}$	K^+、Li^+、NH_4^+
	四甲氧苯基 24-冠-8	$1\times10^{-5}\sim1\times10^{-1}$	K^+、Cs^+
Li^+	开链酰胺	$1\times10^{-5}\sim1\times10^{-1}$	K^+、Cs^+
NH_4^+	类放线菌素＋甲基类放线菌素	$1\times10^{-5}\sim1\times10^{-1}$	K^+、Rb^+
Ba^{2+}	四甘酰双二苯胺	$5\times10^{-6}\sim1\times10^{-1}$	K^+、Sr^{2+}

表 23-13 某些离子选择性电极的应用

离子电极	测定离子	浓度范围/(mol/L)	pH 值范围	局限性	应用
AgI 电极	CN^-	$10^{-2}\sim10^{-6}$	$0\sim14$	S^{2-} 不能存在；$I^-<10CN^-$	电镀废水、焦化污水、矿质水
氟电极	F^-	$10^0\sim10^{-6}$	$5\sim5.5$	OH^- 干扰	饮用水、海水、工业污水
AgI 或 Hg_2I 电极	Hg^{2+}	$10^{-3}\sim10^{-7}$		Ag^+ 干扰，CN^-、Br^- 有一定干扰	天然水、工业污水
氯电极	Cl^-	$10^0\sim10^{-5}$	$0\sim14$	S^2 不能存在，CN^-、I^-、Br^- 仅能存在微量	农田用水、饮用水、工业锅炉水
溴电极	Br^-	$10^0\sim5\times10^{-6}$	$0\sim14$	在强还原溶液中无效，S^{2-} 不能存在，CN^-、I^- 痕量	天然水、海水、工业污水
碘电极	I^-	$10^0\sim5\times10^{-8}$	$0\sim14$	在强还原溶液中无效，S^{2-} 不能存在	海水、天然水、矿水、血液
硫电极	S^{2-} 或 Ag^+	$10^0\sim10^{-7}$	$0\sim14$	Hg^{2+} 干扰	地面水、海水、废水
镉电极	Cd^{2+}	$10^{-1}\sim10^{-7}$	$1\sim14$	游离 Pb^{2+} 或 Fe^{3+} 不能超过 Cd^{2+} 量；Ag^+、Hg^{2+}、Cu^{2+} 不能存在	海水、饮用水
铅电极	Pb^{2+}	$10^{-1}\sim10^{-7}$		$Fe^{3+}<0.1Pb^{2+}$	海水、天然水、酒、饮用水
铜电极	Cu^{2+}	$10^0\sim10^{-8}$	$0\sim14$	Ag^+、Hg^{2+} 不能存在，$Fe^{3+}<0.1Cu^{2+}$	海水、天然水
钙电极	Ca^{2+}	$10^0\sim10^{-5}$	$5.5\sim11$		海水、土壤、血液

3. 气敏电极

气敏电极（气敏传感器）是一种气体传感器，可用来测定溶液中的气体含量。

这种气体敏感器可以说是一个完整的电化学电池，是基于界面反应的气敏化电极。由作指示电极的离子选择电极和参比电极组成复合电极，在离子选择电极周围覆盖一薄层的电解质溶液，电极的端口由能透气的高分子敏感薄膜封装以隔开外部待测试液的渗入，仅允许气体通过。测定时待测气体分子扩散通过膜层进入电解质层并在膜与离子选择电极间隙腔中与离子发生化学反应，达到平衡时消耗或形成的离子选择电极检测。渗透膜是该类电极对气体选择性响应的关键。气体传感器可检测的气体多达数百种，已商品化的气体传感器可检测 O_2、CO_2、CO、H_2S、Cl_2、HCN、NO、NO_2、乙醇等约数十种物质，主要用于安全及环境监测。

气敏电极的作用原理是利用待测气体对某一化学平衡的影响，使平衡中某特定离子的活度发生变化，据此来求算分析试液中被测气体的分压，求出含量。

按结构特点，气敏电极可分成两类，即隔膜式和气隙式，如图 23-14 和图 23-15 所示。

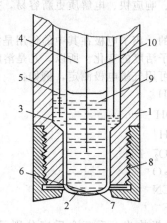

图 23-14　隔膜式气敏电极

1—电极管；2—气透膜；3—中介液（0.1mol/L NH_4Cl）；
4—离子电极（pH 玻璃电极）；5—Ag-AgCl 参比电极；
6—离子电极的敏感膜（玻璃膜）；7—中介液薄层；
8—可卸电极头；9—离子电极的内参比溶液；
10—离子电极的内参比电极

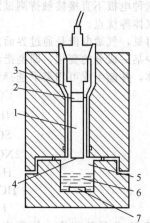

图 23-15　气隙式气敏电极

1—离子电极（pH 玻璃电极）；2—Ag-AgCl 参比电极（环式）；3—中介液（含非离子型表面活性剂的氯化铵溶液）；4—离子电极敏感膜及其上附着的中介液薄层；
5—气隙；6—待测试液；7—磁搅拌棒

以测二氧化碳的气敏电极为例，其主要部件是微孔气体渗透膜，它是由醋酸纤维、聚四氟乙烯、聚偏氟乙烯等材料制成的。膜憎水，但能透气体。在测定 CO_2 时，CO_2 气体透过气体渗透膜（气透膜），与中介溶液（中间电解质溶液）接触。中介液是 0.01mol/L 的 $NaHCO_3$。于是，CO_2 与 H_2O 作用生成碳酸，从而影响到碳酸氢钠的电离平衡，反应如下。

$$CO_2 + H_2O \xrightarrow{K_s} H_2CO_3 \qquad (K_s \text{ 为反应平衡常数})$$

$$K_s = \frac{a_{H_2CO_3}}{p_{CO_2}} \qquad (23\text{-}6)$$

$$a_{H_2CO_3} = K_s p_{CO_2} \qquad (23\text{-}7)$$

碳酸及碳酸氢根离子之间的解离平衡为：

$$H_2CO_3 \xrightleftharpoons{K_1} HCO_3^- + H^+$$

$$a_{H^+} = \frac{K_1 a_{H_2CO_3}}{a_{HCO_3^-}} \qquad (23\text{-}8)$$

代入前式有：

$$a_{H^+} = \frac{K_1 K_s p_{CO_2}}{a_{HCO_3^-}} \qquad (23\text{-}9)$$

由于 K_1、K_s 均为常数，HCO_3^- 浓度较高，可以认为在反应中浓度不变，其活度也可看成是常数：

$$a_{H^+} = K p_{CO_2} \qquad (23\text{-}10)$$

因此，中介溶液中的氢离子活度与试液中的 CO_2 的分压成正比，即可以用 pH 玻璃电极来指示氢离子活度，其电位为：

$$E_{玻} = K + \frac{RT}{F}\ln a_{H^+} = 常数 + \frac{RT}{F}\ln p_{CO_2} \qquad (23\text{-}11)$$

这样，就间接测得 CO_2 的含量。导管式结构的传感器再配上自动化系统还可以用于血中气体分析。

测量方法：将气敏电极浸入试液，并控制试液的酸碱性，使待测气体可扩散通过气透膜。中介溶液中放入参比电极，再将其与离子指示电极组成电池即可。

如图 23-15 所示的气隙式气敏电极，用空气膜代替气透膜与中介液隔开，也就是说，在离子电极膜表面附着的薄层中介液，与待测试液液面间存在一个空气气隙，然后，试液中溶解的气体（例如为 CO_2 气体）扩散进入空气气隙，到达并附着在离子电极敏感膜表面的一层中介液中，发生反应，使平衡移动。

由于这种电极不直接接触待测试液，所以有使用寿命长、响应快、电解质更新容易，并可同时测量多种气体等优点。

从上可见，气敏电极是通过界面发生化学反应进行工作的。离子电极在其中的作用是指示界面化学反应中某一成分的变化，即是指示中介液薄层中某一离子活度的变化。所以，凡是溶解在水溶液中的气体，并能生成可用离子选择性电极检出的离子，均可用气敏电极测定，例如：

$$CO_2 + H_2O \Longleftrightarrow HCO_3^- + H^+$$
$$NH_3 + H_2O \Longleftrightarrow NH_4^+ + OH^-$$
$$SO_2 + H_2O \Longleftrightarrow HSO_3^- + H^+$$
$$2NO_2 + H_2O \Longleftrightarrow NO_3^- + NO_2^- + H^+$$
$$H_2S + H_2O \Longleftrightarrow HS^- + H_3O^+$$
$$HCN + H_2O \Longleftrightarrow H_3O^+ + CN^-$$
$$HF + H_2O \Longleftrightarrow H_3O^+ + F^-$$

凡是可溶于 H_2O 释放出 H^+ 的反应，都可以用 pH 玻璃电极检出；后三个反应分别可用 S^{2-}、CN^-、F^- 等离子选择性电极来检出。

此外，还可用 Pd、Au、Ag 等贵金属掺杂或涂覆上金属氧化物如 SnO_2 的混合薄膜。CNTs 还可与聚合物如聚乙烯亚胺、聚氨基苯磺酸、3-氨丙基三乙氧基硅烷、聚苯乙烯、聚氨基苯甲醚、苯乙烯、4-乙烯基吡啶、聚甲基丙烯酸甲酯、聚乙二醇等形成复合物，进一步改善传感器的气敏响应，提高测定的灵敏度和选择性。利用这类电极测定以下化合物，测定下限有：硝基甲苯 $42.8\mu g/m^3$，NO_2 $21.4\mu g/m^3$ 甚至低至 $4.9\mu g/m^3$，甲醛 $16mg/m^3$，水蒸气 $9.64mg/m^3$，SF_6 量级为 $\mu g/m^3$。

常用气敏电极的性能与品种见表 23-14，其应用见表 23-15。

表 23-14　常用气敏电极的性能与品种

气敏电极	离子指示电极	中介溶液	化学反应平衡	检测限/(mol/L)	试液 pH 值	干扰
CO_2[①]	H^+	0.01mol/L $NaHCO_3$	$CO_2 + H_2O \Longleftrightarrow H^+ + HCO_3^-$	10^{-5}	≤4	
NH_3[②]	H^+	0.01mol/L NH_4Cl	$NH_3 + H_2O \Longleftrightarrow NH_4^+ + OH^-$	10^{-6}	≥11	挥发性胺
NO_2[③]	H^+	0.02mol/L $NaNO_2$	$2NO_2 + H_2O \Longleftrightarrow$ $NO_3^- + NO_2^- + 2H^+$	5×10^{-7}	柠檬酸缓冲液	SO_2,CO_2
SO_2[④]	H^+	0.01mol/L $NaHSO_3$	$SO_2 + H_2O \Longleftrightarrow H^+ + HSO_3^-$	10^{-6}	HSO_4^-缓冲液	Cl_2,NO_2 HCl,HF
H_2S[⑤]	S^{2-}	柠檬酸盐缓冲液 pH=5 或 0.1～0.2mol/L磷酸盐	$H_2S \Longleftrightarrow HS^- + H^+$	10^{-8}	≤5	O_2(用抗坏血酸还原)
HCN[⑥]	Ag^+	$KAg(CN)_2$	$Ag(CN)_2^- \Longleftrightarrow Ag^+ + 2CN^-$	10^{-7}	≤7	H_2S
HF[⑦]	F^-	1mol/L H^+	$HF \Longleftrightarrow H^+ + F^-$	10^{-3}	≤2	
HAc	H^+	0.1mol/L $NaAc$	$HAc \Longleftrightarrow H^+ + Ac^-$	10^{-3}	≤2	
Cl_2	Cl^-	HSO_4^-缓冲液	$Cl_2 + H_2O \Longleftrightarrow 2H^+ + ClO^- + Cl^-$	5×10^{-3}		

① 薄膜为微孔聚四氟乙烯。② 薄膜为 0.1mm 的微孔聚四氟乙烯。③ 薄膜为 0.025mm 的微孔聚丙烯。④ 薄膜为 0.025mm 的硅橡胶。⑤ 薄膜为微孔聚四氟乙烯。⑥ 薄膜为微孔聚四氟乙烯。⑦ 薄膜为微孔聚四氟乙烯。

表 23-15　一些气敏电极传感器的应用

被测气体	指标电极 (传感器)	使用上限 /(mol/L)	检测下限 /(mol/L)	试液适宜 的 pH 值	干　扰	应　用
CO_2	CO_2 传感器	1	约 10^{-5}	<4		血,发酵
NH_3	NH_3 传感器	1	约 10^{-6}	>12	挥发性胺	土,水
SO_2	SO_2 传感器	5×10^{-2}	5×10^{-6}	<0.7	Cl_2、NO_2、HCl、HF、 HNO_3	烟道气、食品、酒、燃料 中硫
NO_2/NO	NO_2/NO 传感器	10^{-2}	约 10^{-6}	<0.7		烟道气、大气、食品
HF	氟离子电极	1	10^{-6}	<2		大气、蚀刻槽、钢除锈
H_2S	Ag_2S 电极	10^{-2}	10^{-8}	<5	需用抗坏血酸还原 O_2	纸浆液、发酵
HCN	Ag_2S 电极		约 10^{-7}	<7	H_2S 需用 Pb^{2+} 除去	电镀槽、电镀废液

4. 碳纳米管电极

随着纳米材料（纳米线、碳纳米管）的出现，在气体分析中由于它们的高比表面及体积比，响应快、工作温度低、灵敏度高的气敏特性及易于微型化等优点使得纳米材料得到应用。已报道的纳米气体传感器可检测多种气体或有机蒸气，如 NO_2、NH_3、CO_2、CH_4、O_2、乙醇、四氢呋喃、苯、甲苯、环己烷等。

碳纳米管（CNTs）的气体传感器可以通过化学气相沉积法、丝网印刷法以及交叉电极的涂布法制得，制出的纳米气敏传感器可用于测定硝基甲苯、甲苯、甲醛、NO_2、NH_3、SF_6、SO_2、HF、N_2 以及对 H_2 的定性分析。检测下限对 NO_2、硝基甲苯分别为 $21.4\mu g/m^3$ 和 $42.8\mu g/m^3$，对 NH_3 在 $6.6\sim52.6mg/m^3$ 内可测。由于 CNTs 通常对许多气体分子如 H_2、CO 等不发生相互作用而无法测定，但是通过贵金属、氧化物、聚合物等对 CNTs 进行物理和化学修饰、掺杂或复合等手段可提高对希望测定的气体产生敏感性，这进一步开拓了 CNTs 的应用范围。例如 Peng、Bai 等在单壁碳纳米管 SWCNTs 上修饰以某些化学元素，如用 B、N 原子取代 SWCNTs 上的部分 C 原子，可以用来测定 CO、HCOH、HCN，如在顶端接上活性基团如羟基、羧基等则可用于 NO 的测定。

总之，纳米材料制成的气体传感器具有高灵敏度、低工作温度和小的传感器尺寸等性能，明显优于常规传感器的性能，但在制备和分离上有较大难度而且恢复性效果欠佳，有些测定的条件限制也多，仍需进一步改进和完善。

5. 酶电极

（1）酶电极（酶传感器）结构及固定技术　酶电极是一种敏化电极，其作用原理是将生物酶涂布在离子选择性电极或其他电流型传感器的敏感膜上，通过酶催化作用，使待测物质产生能在该电极上响应的离子或化合物，间接地测定该物质。例如：脲酶能催化分解脲产生氨或铵离子，有如下反应：

$$CO(NH_2)_2 + H_2O \xrightarrow{\text{脲酶}} 2NH_3 + CO_2$$

或

$$CO(NH_2)_2 + H_3O^+ + H_2O \xrightarrow{\text{脲酶}} 2NH_4^+ + HCO_3^-$$

上述反应式可得到不同产物 NH_3、CO_2、NH_4^+ 等可以采用相应的离子选择电极来检测它们，间接地得到脲的含量。

酶电极的结构如图 23-16 所示。

制作酶电极时，首先应选用合适的指示电极，其次要制成具有催化活性的水不溶性酶膜，然后把它固定在电极表面（这步又称为酶的固定化）。常用的固定化技术有以下六种。

① 夹心法　夹心法是最简单的固定酶的方法。将酶溶液夹在基础电极与渗透膜（双层微滤膜、超滤膜、透析膜）之间，这种处理方法简单，不需化学处理、生物固定量大、响应快、易重现，在微生物及组织膜中应用多。

② 表面吸附法　利用载体与生物活性物质之间的静电吸附力（范德华力、氢键、离子键等）使生物材料固定，是一种较简单的固定化技术，可用的载体材料有玻璃及活性炭。物理吸附一般不需要化学试剂活化，清洗步骤也少，仅需对电极表面进行处理（抛光、清洗等），对酶的活性影响较小，但由于结合力弱，所以对溶液的 pH、温度、离子活度及基础电极基底等条件敏感，而且被

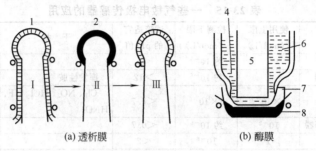

图 23-16　酶电极的结构

1—尼龙网；2—酶层；3—透析膜；4—参比电极；5—玻璃电极；
6—电极内液；7—气体可透过膜；8—酶膜

固定的酶牢固性差，容易从电极表面脱落而使用寿命短。

③ 包埋法　包埋法是将酶分子包埋在高分子材料的三维空间网状结构中形成稳定的酶敏感膜。包埋过程一般不发生化学反应，对酶的活性影响不大且可人为地对膜的孔径及几何形状加以控制，包埋的酶也不易泄漏，酶的浓度也可大些，是目前应用较广的一种固定方法。天然及合成的高分子材料如琼脂糖凝胶、脂质体纤维、聚丙烯酸衍生物、聚砜、聚吡咯、聚四氟乙烯等均可用作包埋的合成材料，按结构特点和性能有电生聚合物、氧化还原型聚合物、离子交换聚合物、高分子聚合物和溶胶-凝胶等。由于固定方法可按人们要求的预设性和对固性化酶进行选择，所以有很大的发展空间。

④ 交联法　一般利用生物的特异反应将具有双功能团的试剂即交联剂与酶分子之间、酶分子与凝胶/聚合物之间交联，形成网状结构而使酶固定在—NH$_2$、—COOH、—SH、—OH、咪唑基、酚基等基团上。最常用的交联剂戊二醛能在一般条件下与蛋白质的自由氨基反应，用这种方法制备酶电极时，制备条件如 pH、离子强度、温度及反应时间等应严格控制，而膜的厚度影响扩散速度从而影响输出信号和响应速率。

⑤ 共价键合法　利用生物活硅分子与非水溶性载体的共价键合能力，首先活化基础电极表面，引入活泼的重氮基、亚氨基和卤素等即可达到活化电极表面的目的；其次再通过这些活化基，键合生物分子中的氨基、疏基和羟基等使生物材料固定在载体上。疏基的单分子层也可采用自组装多层酶网络形式共价键合到电极表面。通常电极表面的共价键合较吸附法困难，常要求在低温、低离子强度和一定 pH 条件下进行。

生物素/抗生物素蛋白中四个生物素分子与一个抗生物素分子因强的键合作用可以形成夹心式组装，其中生物素的亲水部分可与碳纤维电极表面共价键合，借此可控制酶在电极表面的位置及膜的厚度。Anzai 等用葡萄糖氧化酶与伴刀豆球蛋白的生物亲和力组装了葡萄糖氧化酶多层膜，得到的葡萄糖氧化酶电极对 β-葡萄糖响应快速。Darder 等用共价键合法将脱氧酶修饰在金电极表面的辛基二硫代硝基苯的自组装层上，修饰后的电极表面为静电和疏水环境而增加了酶层的稳定性，据此制成的果糖传感器能使用 25 天，检测液中存在的抗坏血酸并不影响测定。

⑥ 电化学键合法　用电化学方法键合酶制成酶电极集多种固化法为一体，方便、简单、稳定、抗干扰、重现性好。电化学聚合制备生物传感器通常在中性溶液中进行，在酶聚合单体、介质和辅酶同时存在的条件下，利用恒电势或电势循环扫描法使单体电氧化或电还原聚合到基础电极上，通过吸附或静电作用酶和介体等物质可以同时嵌入聚合膜中且易调控聚合层的厚度与酶的聚合量，所以重现性好。此法对膜性质的选择余地也大，有些高分子膜本身的选择性就好，这对抗干扰极为有利。例如 Sung 和 Bae 用电化学聚合法将葡萄糖氧化酶掺杂在聚吡咯中制得的敏感膜，酶还可保持原来的活性。这种加上修饰而制成的葡萄糖生物传感器在葡萄糖浓度为 20mmol/L 时仍有灵敏的电流信号，响应速率也快可小于 30ms。

近年来酶固定化的方法已大大发展，还可用厚的溶胶层包裹、低温溶胶-凝胶封装、酶与碳糊或石墨粉-环氧树脂基体的混合、酶与催化性金属粒子（如 Pt、Rh）的共沉淀。这种共沉淀及聚合过程可以小型化，从而制成微小的传感器。电聚合方法能够在膜生长的过程中将酶包裹在膜内或将酶共价键合到单体上，再将单体聚合到膜上。这种制作方法可减少制作污染和增加抗干扰能力。

酶电极是以酶作为敏感分子识别材料，是一种电化学生物传感器。酶电极是把一个固定化的敏感薄膜与工作电极组成能量交换系统，就是说在工作电极（离子选择电极、气敏电极、氧化还原电极等）的开口端或表面紧密地"贴"上一层酶膜就构成酶电极。当将开口端浸入溶液时，待测物质扩散进入酶膜内层发生酶促反应，产生或消耗某种电活性物质，这种物质与待测物之间有严格的化学计量关系，而电活性物质的变化量可以电流或电位两种模式输出而被计量。与酶膜相结合而成的酶电极具有酶的不溶性、专属性和特征性，当结合上电化学系统其高灵敏性、高选择性、高催化率能够更好发挥，因此能用于许多复杂的分析测试工作。对 CO_2、NH_4^+、CN^-、F^-、H_2O_2、SCN^-、I^-、NO_3^-、S^{2-} 等有选择响应。目前在临床检验中用于对氨基酸、葡萄糖、尿素、尿酸、胆固醇、蔗糖等的测定。

由于酶是一种有特殊活性的催化剂但又难于纯化，制成酶电极时易失活而影响使用效果。随着科技的发展，人们改进而研制出利用在动植物组织中大量存在的各种酶，将这些组织紧贴于基础工作电极上构成类似酶电极的所谓"组织电极"。由于组织细胞中的酶处于较理想的天然环境而性质稳定，一般的生物组织都具备一定的膜结构有一定的力学性能，便于固定而制成敏感膜，且具有经济、制备方便和使用寿命较长的优点，在生物学领域中有极好的应用前景。结合生物化学与电化学构成的酶电极、组织电极可统称为生物电极。

酶电极的优异特性主要来自酶的高催化性能和催化作用的专一性。酶催化反应的反应速率比非催化反应的要高 $10^8 \sim 10^{20}$ 倍（以分子比表示）；一种酶仅对某一种或某几种物质（通常把酶作用的物质称为酶的底物）有催化性。但酶本身也有其缺点，即活性保持难度大。强酸、强碱及高温均可导致酶失去活性，所以酶电极的使用寿命短，一般是自制。在制作过程中必须十分重视酶在敏感元件表面的微环境。

酶电极将酶与底物作用的情况通过电化学信号输送出来。酶电极的测量有电势型和电流型两种。电势型酶电极测量原理基于将酶促反应引起的物质的量变化转化成电势信号。信号的大小与待测物浓度的对数呈线性关系。主要的基础电极可以是 pH 电极、氨气敏电极、CO_2 电极及其他离子选择电极。基础指示电极关系到酶电极的响应时间、灵敏度与检测下限；而固定酶膜的厚度、状态、致密性、孔径大小、电荷及亲水性等关系到酶电极的响应、稳定性、寿命等性能。由于电势型酶电极的有效使用范围不仅和待测物质的溶解度有关，更重要的是受限于所选用的基础电极（指示电极）本身的检测限，所以一般在 $10^{-5} \sim 10^{-2}\,mol/L$ 之内。

电流型酶电极是基于酶促反应产生的物质在电极上发生氧化还原反应而伴随的电流信号。该信号在一定条件下与被测物质的浓度呈线性关系。这类测量所选用的基础电极（指示电极）主要有氧电极、过氧化氢电极、金属电极及碳材料电极等。

第一代电流型酶电极的基础是氧化还原反应，这类电极发展最快，但因基于氧化还原性能来指示待测成分，所以当实验条件如溶液 pH、温度等稍有变化，就会使响应电流下降而降低检测限。

为此产生了第二代酶电极，人们增加了电极表面的化学修饰层或其种类，改进了抗干扰能力，改善了测定化学物质的范围。用作化学修饰的修饰剂称为电子转移媒介体，它必须具备促进电子传递过程、降低工作电势和降低其他共存活性物质干扰的能力。因此经修饰的基础电极变成了经改装的信号转换器。可作修饰用的电子转移媒介体很多，主要有两类：一类是含有过渡金属元素的化合物或络合物，它们是通过可变化的价态起到传递电子的作用；另一类是那些含有大 π 键的环或者环有相连的双键，且这些双键容易打开或恢复，因此可以通过改变双键的状态来实现电子的传递。常见的有二茂铁及其衍生物、钌及锇等金属的络合物、铁氰酸盐、醌类、有机染料等。第二代酶电极由于需要引入媒介体，这就不可避免地会带来污染，会影响到电极的响应性能。

为克服这些缺点近年来发展了第三代酶电极，它是通过酶本身在电极上的直接催化来实现电子传递过程的，可以认为这是一种无试剂的生物传感器。因为酶是一种大分子的电活性物质，电活性中心又深埋于分子内部，一般情况下如不经特殊处理直接吸附到电极表面，会发生某些形变从而影响到酶电极间直接电子转移造成分析检定的困难。蛋白质（酶）也是一类典型的生物大分子，是生命过程的重要组成部分，用它们制成的传感器敏感膜能实现与电极间的直接电子转移，不需要向分析液中添加电子传递媒介体就能提高测定的灵敏度和选择性，这在生命科学、环境科学、分析化学中具有重要的实践意义。已实现电子直接传递的有过氧化物酶、氧化酶、氢化酶、脱氢酶、对甲酚甲基羟化酶、超氧化物歧化酶等。人们对蛋白质（酶）或电极进行修饰得到了能直接电子转移的理想界面，众多文献报道了对悬汞滴、金、ITD、石墨、玻璃碳、碳糊电极、纳米管、金纳米粒等的修饰，均得到直接电子传递的界面。

用不同的电极材料或对电极上蛋白质（酶）进行修饰可以暴露蛋白质（酶）的电活性中心，建立起理想的接触界面，实现蛋白质与电极间的直接电子传递；通过这样对电极表面的修饰能得到可期望的电化学性质。修饰的方法有两种：一种是自组装技术；另一种即涂层技术。自组装技术是使某些物质通过静电吸附或共价键合形式在无外界干扰的情况下在固-液、固-气界面上自发地组成一种具有特定物理化学性质和热力学稳定性且高度有序的单分子层，这称为"表面分子的自组装"。自组装的过程可以使固体表面带上特需的官能团，这种方式可以实现修饰电极的功能多样化，提高检测的灵敏度和选择性，开辟了制备生物传感器的新途径。鉴于不同的官能团对蛋白质在电极表面上形成的结构及吸附取向不同，有的甚至可以在电极表面自组装形成双官能团，在其中一个官能团可将含有—SH或—SR、—SSR、—NR$_2$、—PR$_3$等基团的促进剂固定在电极表面；而另一个官能团则利用来使蛋白质分子在电极表面形成有利于电子传递的某种取向，这就提高了电子传递的速率和电极的其他性能。

传感器是获取和处理的装置，由识别系统、转换系统、数据处理系统三部分组成。酶传感器还在不断发展改进。在现代科学中的生物、医学、农药、环境等要求对多种生物类物质作出识别和检定，目前又发展了能选择性地测量这一类底物的大分子生物传感器及多种其他类型的生物传感器。例如动物组织传感器、细胞传感器、微生物传感器和免疫传感器。这类生物传感器的识别系统是生物分子，具有分子识别功能的生物活性物质，有蛋白质、细肥、酶、抗体、有机物分子等，利用这些物质和欲识别物质之间的亲和性，如酶-底物、抗原-抗体、激素-受激体等，只要某一方对应物固定在电极上就可选择性地测识对应的另一方。

某些微生物细胞内酶体系有很高的活性，不断繁殖的酶使该类生物膜有长期保有的活性，因而这类电极有较长的使用寿命，加之多种微生物的天然酶系列可活化再生、活性高、稳定性好、制得方便，使微生物传感器能克服酶电极寿命有限的缺点而得到广泛应用。

鉴于生物学、医学的需要发展了一种类似组织切片为敏感膜的生物组织电极。因为许多动植物组织中有丰富的多种酶，在适宜条件下也有稳定的活性，当为测定某种物质又难于找到合适的膜时直接利用生物组织切片做成生物传感器就应运而生了。切片可用植物的根、茎、叶，动物的肾、肝、肌肉等得到，它们制作简单，一般不需要固定化技术，经适当装配即可。测定某种对象，可将适当的动植物组织紧密地贴在基础电极上即构成与酶电极相似的所谓组织电极。因在组织细胞中的酶处于天然理想的环境中，所以组织电极性质稳定重现性好而且生物组织本身的膜结构有一定的力学性能，易于固定成膜，制作的电极简单、方便、经济。

例如微生物电极（微生物传感器），利用微生物为固定膜构成某种气体微生物传感器。由于微生物繁殖时对氧有好气和厌气两种情况，利用好氧微生物电极的呼吸活性可了解微生物的活动状态；而厌氧微生物的繁殖不需要氧气，但有代谢产物，据此可了解这类微生物的活动状态。分别将两类微生物吸附在多孔纤维膜上再固定在氧电极透气膜上或固定在如对 H_2、CO_2、CH_4 等敏感的基础电极上，即可通过测定有关气体的量来确定所关联有机物的浓度。在环境监测中这种微生物传感器可用于现场化学需氧量的测定，时间可从五天缩短到 18min。

酶电极因为结合了离子选择电极与特种固定化的生物酶，所以兼具电化学电极响应快、操作简便的优点和酶电极的特性，在测定待测物质上方便、快速、高效，因而在环境、生物医学、生物化学、农药等领域得到了广泛应用。

（2）酶传感器性能、品种、应用见表 23-16 和表 23-17。

五、离子选择性电极的基本特性

1. 膜电位的产生

在两相界面上有离子、电子、双极分子等带电粒子时，由于它们在两相界面分布不均匀，这样就出现了正负电荷分离，因此产生界面电位差，这在离子选择性电极中称为膜电位，是由扩散电位与道南电位构成的。

表 23-16 生物、微生物传感器测定对象、传感组织、微生物或酶源、检测电极

测定对象	传感物源	电极	测定对象	传感物源	电极
乳酸	乳酸氧化酶	O_2、H_2O_2	H_2O_2	牛肝、土豆	O_2
硝酸	硝酸还原酶	NH_3	$S_2O_3^{2-}$	硫氰酸酶	CN^-
亚硝酸	亚硝酸还原酶	NH_3	乙酰胆碱	乙酰胆碱酰酶	pH
酚	酚-2-羟基氧化酶	H_2O_2	麦芽糖	淀粉酶	Pt
苯酚	酪氨酸酶	Pt	丙酮酸	稻谷	CO_2
丙酮酸	丙酮酸氧化酶	O_2、CO_2、H_2O_2	L-氨基酸	L-氨基酸酶	O_2、I_2、NH_3、H_2O_2
尿酸	尿酸氧化酶	O_2、CO_2、H_2O_2	L-谷氨酸	谷氨酸氧化酶	O_2、NH_3、H_2O_2
尿酸	鱼肝	NH_3	L-精氨酸	精氨酸酶	NH_3
尿素	大豆,杰克豆	NH_3、CO_2	L-赖氨酸	赖氨酸脱羧酶	CO_2
尿素	脲酶	NH_3、CO_2	蔗糖	转化酶＋变旋光酶＋葡萄糖酶	O_2
L-谷氨酰胺	猪肾	NH_3			
L-天冬氨酸	天冬酰胺酶	NH_4^+	谷酰胺	黄色八叠球菌	NH_3
胆固醇	胆固醇氧化酶	O_2、H_2O_2	青霉素	青霉素酶	pH
乙醇	乙醇氧化酶	O_2、H_2O_2	酪氨酸	甜菜	O_2
胺	单胺氧化酶	O_2、NH_3、H_2O_2	丙酮酸	玉米、稻谷	CO_2
磷酸根	土豆	O_2	氨基酸	氨基酸氧化酶	O_2、NH_3、H_2O_2
半光氨酸	黄瓜叶	NH_3	鸟嘌呤	兔肝、鼠脑	NH_3
葡萄糖	葡萄糖氧化酶	O_2、H_2O_2	腺苷	鼠小肠黏膜细胞	NH_3
葡萄糖	荧光假单细胞	O_2	多巴胺	香蕉、鸡肾	NH_3
同化糖	乳酸发酵短杆菌	O_2	BOD	丝孢酵母	O_2
醋酸	芸苔丝孢酵母	O_2	精氨酸	链球菌	NH_3
氨	硝化菌	O_2	天冬氨酸	短杆菌	NH_3
维生素 B_{12}	大肠杆菌	O_2	头孢菌素	弗氏柠檬酸细菌	pH
谷氨酸	大肠杆菌	CO_2	烟酸	阿拉伯糖乳杆菌	pH
谷氨酸	黄瓜	CO_2	赖氨酸	大肠杆菌	CO_2
磷脂质	磷脂酶	Pt	嘌呤	鼠脑	NH_3
扁桃苷	葡萄糖苷酶	CN^-	中性脂质	蛋白质酶	pH
硝基化合物	硝基还原酶＋亚硝基还原酶	NH_4^+	苦杏仁苷	苦杏仁苷酶	CN^-
			亚硝基化合物	亚硝基还原酶	NH_3

表 23-17 某些酶电极的品种与性能

测定物质	酶	指示电极或检测物	测定范围/(mol/L)
葡萄糖	葡萄糖氧化酶	O_2	$1\times10^{-4} \sim 2\times10^{-2}$
脲	脲酶	NH_3	$1\times10^{-5} \sim 1\times10^{-2}$
胆固醇	胆固醇氧化酶	H_2O_2	$1\times10^{-5} \sim 1\times10^{-2}$
L-谷氨酸	谷氨酸脱氢酶	NH_4^+	$1\times10^{-4} \sim 1\times10^{-1}$
L-赖氨酸	赖氨酸脱羧酶	CO_2	$1\times10^{-4} \sim 1\times10^{-1}$

（1）扩散电位（E_d） 两种成分或活度不同的溶液接触时，由于活度梯度的存在，发生扩散过程，组成电解质的阴离子和阳离子的迁移速度不同，必然造成正负电荷分离，产生电位差，如图 23-17 所示：图中为两种互相接触但浓度不同的盐酸溶液，若 $c_2 > c_1$，则 HCl 会从 2 向 1 扩散，扩散中 H^+ 的迁移速度快于 Cl^-，因此，在两溶液界面上电荷分布不均匀，溶液 1 的正电荷多，溶液 2 所带的负电荷多，电位梯度产生电位差。这个电位差又会影响到扩散过程，带正电荷的溶液 1 对 H^+ 有静电排斥力，使其扩散速度减慢，最后，达到稳态。这是建立在一定时间内的平衡状态，两溶液界面有稳定的界面电位差，这种电位差就叫做扩散电位。离子选择性电极的敏感膜，将电极内部的内参比溶液与外部的溶液隔开时，膜内就存在扩散电位。

$$E_d = -\frac{RT}{F}(t_+ - t_-)\ln\frac{a_{(2)}}{a_{(1)}} \qquad (23-12)$$

式中 t_+，t_-——正负离子的迁移数。

上式中只有当正、负离子的迁移数相等时，扩散电位才能消除。

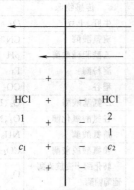

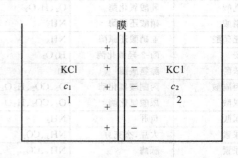

图 23-17　扩散电位示意　　　　　　　　　　图 23-18　道南电位示意

这类扩散属于自由扩散，即正、负离子都可以扩散通过界面而没有强制性和选择性。

(2) 道南电位（E_D）当有渗透膜时，与上面的情况不同，它至少可以阻止一种离子从一相扩散到另一相。如图 23-18 所示，渗透膜仅允许少量 K^+ 通过（当 $c_2 > c_1$ 时），而 Cl^- 不能通过，于是造成两相界面电荷分布不均匀，产生双电层，因而有电位差，这一电位称为道南（Donnan）电位（E_D）。

道南电位有强制性和选择性，它服从以下公式。

对阳离子的道南电位：

$$E_D = E_1 - E_2 = \frac{RT}{F} \ln \frac{a_{+(2)}}{a_{+(1)}} \tag{23-13}$$

对阴离子扩散的道南电位：

$$E_D = \frac{RT}{F} \ln \frac{a_{-(1)}}{a_{-(2)}} \tag{23-14}$$

式中　　　　E_D——道南电位；

$a_{\pm(1)}$，$a_{\pm(2)}$——膜界面两边阳离子与阴离子的活度。

在离子选择电极中，膜与溶液两相界面上的电位具有道南电位的性质。

2. 膜电位的能斯特关系

离子选择性电极属于膜电极，膜电位来源于膜与敏感离子的溶液所建立的相界面电位差。当离子选择电极插入分析溶液时，敏感膜上存在两个膜与溶液界面：即膜与膜内溶液 a_i^{II} 及膜与外溶液 a_i^{I} 之间的两个界面。a_i 为膜敏感的离子活度；每个相界面都存在一个电位差，整个膜上的电位差为两个相界电位（E_D）及膜内扩散电位（E_d）的代数和，即称为膜电位。

外溶液（Ⅰ）　　　　　膜相　　　　　内溶液（Ⅱ）

$\qquad\qquad\qquad\qquad\overleftrightarrow{\quad E_d \quad}$

扩散电位

界面　　　　　　　　　1　　　　2

相界电位　　　　$E_D^{(1)}$　　　　$E_D^{(2)}$

$$E_M = E_D^{(1)} + E_d + E_D^{(2)} \tag{23-15}$$

由于敏感膜材料种类很多，膜电位产生的机理复杂。理想的、最简单的情况下，膜电位可简化表示为：

$$E_M = \frac{RT}{nF} \ln \frac{a_i^{I}}{a_i^{II}} \tag{23-16}$$

式中　a_i^{I}，a_i^{II}——膜内外溶液中 i 离子的活度；

n——敏感膜敏感离子所带的电荷。

因为膜内溶液中 i 离子的活度 a_i^{II} 为常数。可以得到离子选择电极的能斯特关系为：

$$E = E^{\ominus} \pm \frac{RT}{n_i F} \ln a_i = E^{\ominus} \pm 2.303 \times 10^3 \frac{RT}{n_i F} \lg a_i \tag{23-17}$$

式中 "+"——阳离子选择性电极；

"−"——阴离子选择性电极；

$E^{\ominus}$——离子选择性电极的标准电位，它是内参比电极电位、膜内界面电位、不对称电位和膜内扩散电位等常数项的代数和；

a_i——膜外溶液中 i 离子的活度，上角标 I 被删去。

在离子选择性电极测定时，以离子选择性电极与参比电极组成原电池，以此原电池的电动势的 E 与待测试液中离子活度的对数（或负对数 pa）作图，可得到离子选择电极的线性适用范围，也就是能斯特响应范围。

3. 电位选择性系数与选择比

(1) 电位选择性系数 (K_{ij}^{pot}) 离子选择性电极采用"选择性"而不用"专一性"这个术语，是由于这类电极都不是专属特定离子的电极。敏感膜会对多种离子有不同程度的响应关系，只是响应程度有差异。

电极的选择性主要是由电极膜活性材料的性质决定的。电极对各种离子响应的选择性用电位选择性系数 (K_{ij}^{pot}) 来表示。用扩展的能斯特公式来描述：

$$E_M = K + \frac{RT}{ZF} \ln \left(a_i + K_{ij}^{pot} a_j^{Z_i/Z_j} \right) \tag{23-18}$$

式中 K_{ij}^{pot}——电位选择性系数，它表示共存离子 j 对响应离子 i 的干扰程度；

K——常数项，包含离子的标准电极电位、参比电极电位及液接电位；

a_i，a_j——相应离子的活度；

Z_i，Z_j——相关离子的电荷数。

K_{ij}^{pot} 的数值越小，表示电极对 i 离子的选择性比对 j 离子的好。例：$K_{ij}^{pot}=10^{-2}$ 时，表示溶液中仅有 i、j 两种离子，而电极对 i 离子的敏感性比 j 离子大 100 倍，但当 $K_{ij}^{pot}=100$ 时，则表示该电极对 j 离子的响应比对 i 离子的响应大 100 倍，这时 j 离子是主要响应离子，i 离子为干扰离子。

电位选择性系数是实验数据，而不是一个严格的常数，它因对溶液中离子活度的测量方式不同而不同。所以，它只用作估计电极对各种离子响应情况及干扰的程度，而不能用来校正干扰引起的电位误差。

(2) 选择比 ($k=K_{ji}$) 选择性系数也可以用选择性常数的倒数（选择比）来表示，即 $k=K_{ji}=\frac{1}{K_{ij}^{pot}}$，它表示溶液中干扰离子 j 的活度 a_j 对主要离子的活度 a_i 的比为多大时，离子选择性电极对 j 和 i 两种离子的活度响应电位相等。例如，国产 TW402 型硝酸根电极的 $K_{NO_3^-, SO_4^{2-}}^{pot}=4.15 \times 10^{-5}$，则 $K_{SO_4^{2-}, NO_3^-}=24400$，这就是说当 $a_{SO_4^{2-}}$ 约为 $a_{NO_3^-}$ 24000 倍时，干扰离子 SO_4^{2-} 对电极响应与 NO_3^- 的响应电位相等。可见与 K_{ij}^{pot} 相反，K_{ji} 越大，电极的选择性越好。

离子选择性系数能用来判断对各种离子选择性的好坏，也可粗略地估计在某一浓度下，干扰离子对主要离子电极响应所产生的百分误差（$\Delta\%$）：

$$\Delta\% = \frac{K_{ij}^{pot} a_j^{Z_i/Z_j}}{a_i} \times 100 \tag{23-19}$$

【例】 pNa 玻璃电极的 $K_{Na^+, H^+}^{pot}=30$，问在测定 pH=6，Na^+ 为 $a_{Na^+}=10^{-3} mol/L$ 的溶液时，会引入多大误差？

解： 引入的百分误差 $\Delta\%$ 可计算如下。

$$\Delta\% = \frac{K_{Na^+, H^+}^{pot} a_{H^+}}{a_{Na^+}} \times 100 = \frac{30 \times 10^{-6}}{10^{-3}} \times 100 = 3$$

电位选择性系数是离子选择性电极的重要技术指标，为此，一般商品电极都应有对主要干扰离子的选择性系数的数据。

4. 离子选择性电极的响应斜率和检测限

(1) 响应斜率 以离子电极的电位 φ（或电池的电动势 E），对响应离子活度（或浓度）的负对数 pa（或 pc）作图，得到的曲线叫校正曲线，以电位为纵坐标（坐标上端电位较正），pa 为横坐标（坐标左端离子活度值较高）作图，所得曲线即为校正曲线（图 23-19）。曲线中 CD 直线段是电极的线性响应范围；直线 CD 的斜率为电极的响应斜率 S_i，当斜率与理论值 $2.303 \times 10^3 RT/ZF$（mV/pa）基本相符时，就称电极具有能斯特响应，25℃时，$S_i = 59.16/Z_i$（mV）。在离子电极的文献中也称为"级差"，它表示离子活度变化一个数量级时电位的变化值，$Z = 1$ 时，级差为 59.16mV，$Z = 2$ 时级差为 29.58mV。离子电荷越大，级差越小，这就是说，离子电荷越大时，直线的斜率越小，其响应的灵敏度越低。由校正曲线求得的实际响应斜率常有偏离，引起偏离的因素较为复杂，主要为共存离子的响应，电极膜的制备方法和溶解度及试剂空白对待测离子的贡献等因素。

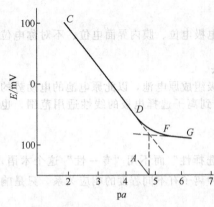

图 23-19 校正曲线及检测下限的确定

(2) 检测限 从图 23-19 可见，在离子活度低到一定限度时，电位与 pa 之间的函数关系偏离直线，甚至不再随浓度降低而变化（曲线的 FG 区），这表示已到了离子选择性电极的检测下限。可采用作图的方法求出"实际检测下限"，如图 23-19 中求出 A 点为实际检测下限。

卤化银电极的检测限取决于卤化银的溶解度，其近似值为 $[K_{sp(AgX)}]^{\frac{1}{2}}$，凡能影响膜溶解度的因素都将直接影响电极的检测下限，包括温度及溶剂成分等。因此，有关检测下限的报道时还必须说明试液成分、温度等实验条件。直接电位法测定的上限通常为 1mol/L。

5. 电极的响应时间

膜电位产生是由于响应离子在敏感膜表面扩散建立双电层结构的结果，因此，当离子选择性电极从一种活度值的试液转入另一活度值的试液中时，电极建立这种平衡有一定的时间，这就是响应时间。电极响应时间由离子电极与参比电极接触试液的时间算起（或由试液中离子活度发生改变时算起）到电极电位达到稳定状态值相差 1mV 时所经过的时间。电极响应实际上为一个动力学平衡的电极过程，所以响应时间也称为电极电位平衡时间。凡是影响电池中各部分达到平衡的因素都会影响响应时间。大致因素如下。

① 扩散层厚度是重要影响因素，可通过搅拌来减小。

② 将电极预先放在待测溶液浓度相近的溶液中平衡一下，可缩短响应时间，据此，在每次测量后都洗到空白值的做法是不可取的，但测过浓溶液后测稀溶液还是要适当洗涤的。

③ 稀溶液响应慢（有的达数小时），浓溶液响应快。

④ 与共存离子种类及浓度有关，共存不干扰离子往往缩短响应时间，例如碘离子电极的响应时会因 Cl^- 而缩短。共存干扰离子时，会增加响应时间，测氟离子时存在 OH^- 干扰离子时响应时间延长。

⑤ 升温，响应变快，因为利于离子交换平衡，加速电荷在膜内传输。

⑥ 电极膜薄，光洁度好的电极响应快。

由于影响响应时间的因素很多，实验中应尽可能与测标准溶液的条件一致。电极响应时间是离子选择电极的重要参数，尤其在连续监测体系中人们总希望电极能迅速准确地跟踪离子浓度的变化。

6. 电极的稳定性

电极的稳定性是指电极在恒定条件下，测定的电势值可以保持恒定的时间，目的是决定和判断校正曲线究竟多长时间需重新测定。电极的稳定性用电极的漂移程度及重现性的好坏来度量。

(1) 电极的漂移程度 漂移指在恒定组成和温度下，离子电极与参比电极构成电池时，电位随时间缓慢而有序变化的程度。一般情况下在 24h 的漂移应小于 2mV，优良的电极可达 1mV。习惯上观察电极在 10^{-3}mol/L 的溶液中，24h 后的电位漂移值（参比电极应是稳定的）。随着电极使用时间的增加，电极性能下降、漂移增大。

（2）重现性　通常规定在（25±2）℃，10^{-3} mol/L 浓度的溶液转移至 10^{-2} mol/L 的溶液中，三次重复电位读数值的平均偏差。

电极重现性与电极的性能有关，有的电极还有"记忆效应"。电极重现性和稳定性将直接影响电极的寿命，一般情况下，电极寿命在一年以上，液膜电极的寿命短，只有几个月或更短，酶电极的寿命最短。

不对称电位请参见玻璃电极的不对称电位。

六、离子选择性电极的分析技术——直接电位法

1. 离子强度调节缓冲溶液

离子选择电极的电位取决于离子活度而非浓度。因为：

$$E_i = E' + S_i \lg a_i \tag{23-20}$$

$$S_i = \pm \frac{2.303}{Z_i F} RT$$

式中　E——离子选择电极的电位。

但是，实验测得的是两电极的电位差，即电池的电动势，也就是下列电池的电动势。

参比电极｜盐桥｜分析溶液｜离子选择性电极

则有

$$E_{电池} = E_i - E_参 + E_j = E' + S_i \lg a_i - E_参 + E_j = (E' - E_参 + E_j) + S_i \lg a_i$$

式中　E_i，$E_参$——离子选择性电极、参考电极电势；
　　　E_j——液接电位。

所以

$$E_池 = E^0 + S_i \lg a_i \tag{23-21}$$

浓度与活度的关系为：

$$a_i = f_i c_i \tag{23-22}$$

式中　f_i——i 离子的活度系数，取决于溶液的离子强度，在一定范围内，可由 Debye-Hückel 公式计算。

$$E_i = E' + S_i \lg f_i + S_i \lg c_i \tag{23-23}$$

$$E_池 = E^0 + S_i \lg f_i + S_i \lg c_i \tag{23-24}$$

若在一系列分析测量过程中，保持离子强度不变，则 f_i 不变，这样 $S_i \lg f_i$ 项也可归入常数项中得到：

$$E_i = 常数 + S_i \lg c_i \tag{23-25}$$

$$E_池 = 常数 + S_i \lg c_i \tag{23-26}$$

这样，就得到离子选择性电极（或它与参比电极组成电池的电动势）与离子浓度的直接关系。上两式成立的前提是：标准溶液与待测试液有相同的离子强度。通常，实验中采用加入不影响电极电位的、惰性的、高浓度的盐溶液的方法来调节，确保测定标准溶液及待测试液有相同的离子强度。由于每种离子选择性电极各有适宜的 pH 工作范围，为了消除某些离子对测定的干扰，常常还要加入络合剂。因此，实验中采用将上述溶液配成具有缓冲及络合能力的混合溶液，称为离子强度调节溶液（ISA）来调节离子强度及测定的 pH 条件和消除干扰。

在用氟电极测量溶液中的氟离子浓度时，就加入由多种试剂组成的总离子强度调节剂（简称 TISAB）来调节离子强度、维持 pH 和消除 Al^{3+}、Fe^{3+} 等干扰。常用的消除测定 F^- 的总离子强度调节液见表 23-18。

表 23-18　常用的消除测定 F^- 的总离子强度调节液

介　质	TISAB-1	TISAB-2	TISAB-3[②]	介　质	TISAB-1	TISAB-2	TISAB-3[②]
H_2O	500mL	500mL	500mL	$NaNO_3$		170g(或 85g)	
冰乙酸	57mL			$NaAc \cdot 3H_2O$		68g	
NaCl	58g		60g	DCTA[①]			17.65g
柠檬酸钠（二水合物）	0.3g	92.4g	300g				

① DCTA 为二氨基环己基四乙酸。

② DCTA 应在逐滴加入 40% NaOH 等完全溶解后再加入其他试剂。

氟电极的所有三种总离子强度调节剂，最后均用 NaOH 调节 pH 值在 5～5.5 之间，并稀释到 1L 备用。

Al^{3+} 含量很高时，采用 TISAB-3；Fe^{3+} 及硅酸盐浓度高时，推荐 TISAB-2；Mg^{2+}、Ca^{2+}、Cl^-、SO_4^{2-}、NO_3^-、PO_4^{3-} 浓度高时，采用 TISAB-1 更好。

ClO_4^-、BF_4^-、NO_3^- 电极常用 Na_2SO_4 调节离子强度。

离子强度调节缓冲溶液的主要作用：①维持离子强度，使活度系数为常数；②保持测定溶液的 pH；③消除干扰；④稳定液接电位。

选择离子强度调节剂的原则：①掩蔽干扰效果好；②对响应特性、检测限、pH 及电极寿命等影响小；③试剂易得、价廉、对环境污染小。

2. 直读仪器——离子计法

测定固定试样中的某一成分时，可使用根据能斯特公式原理设计的离子计，如 pH 计、pNa 计、氟离子计等。

测定时，利用校正曲线上相应的几个固定标准溶液校正离子选择电极后，即可在仪表上直接读得待测试液中检测离子的 pX 值，据此，可查表或计算出相应的活度（或浓度）。

离子计的操作步骤类似于 pH 计的操作，见本节前面所述，详细资料见各种离子计的使用说明书。

pX 的定义（类似于 pH 值）：

$$pX = -\lg a_x$$

$$E = E^\ominus + \frac{2.303RT}{Z_x F} pX \tag{23-27}$$

式(23-27) 表明，测出的电池电动势正比于 pX，截距为 $E^\ominus$，斜率为 $2.303 \dfrac{RT}{Z_x F}$。

$E^\ominus$ 值不同时，能斯特关系曲线平移。

测量时，用离子计的"定位"旋钮将仪器刻度调至某标准溶液的相应值，此步，可以消去 $E^\ominus$ 的影响。一般采用与待测离子活度相近的标准溶液进行仪器的定位校正。

当所用的离子选择性电极的能斯特斜率与理论值（即 $2.303RT/Z_x F$）不相符时，可采用两个标准溶液用仪器的斜率校正钮校正后再测定。

3. 工作曲线法（校正曲线法）

用系列已知活度（或浓度）的标准溶液，测定时将离子计与一个适宜的参比电极组成电化学电池，测电池电动势，绘制 $E_{池}$-$-\lg a_i$（或 $-\lg c_i$）曲线，也可用离子电极的电极电位 $E - \lg a_i$（或 $-\lg c_i$）关系曲线，得到校正曲线，作图时，横坐标向右 pA（$-\lg a_i$）减小（活度增加），纵坐标向上电位增加。测定中采用从稀到浓的测定顺序，测出样品溶液的电位值，即可从校正曲线上查出样品溶液的离子浓度。

校正曲线法适用于大批样品的分析。标准系列的配制及试液的处理应考虑两种情况：①测定试液中除待测离子外，还有含量较高，但组成基本恒定的其他离子时，可配一系列组成与试液相似的标准溶液，使两者具有相近的总离子强度及活度系数；②当试样组成的差异较大时，就必须在标准系列及待测试液中都加入总离子强度调节缓冲溶液（TISAB）等。

由于 E 值易受温度、搅拌情况、液接电位及电极膜表面状态的影响。所以，离子选择性电极法得到的校正曲线，不及分光光度法等得到的校正曲线稳定，校正曲线受上述影响会产生平移。为此，在实际分析时，可采用每次验证校正曲线上 1～2 个点，在取直线部分时，作一条通过这两个点与原校正曲线平行的直线，以此线作为计算含量的依据。

标准溶液可用基准试剂及离子交换得到的纯水来配制。

4. 加入法

加入法通常是将已知的小体积标准溶液，加入已知较大体积的待分析试样中，根据加入标准前后电位的变化，求算待分析样品中被测离子的浓度。由于加入标准后，试液的组成基本不变，所以有较高的准确度。

加入法常用于组成较复杂而样本量又不多的样品分析。

加入法有两种：①一次加入；②连续多次标准加入。

（1）一次加入法 在加入标准溶液前有：

$$E_x = E^\ominus \pm S \lg c_x \tag{23-28}$$

式中 x——未知成分。

向体积为 V_x 未知待分析试样中，加入浓度为 c_s 小体积（V_s）的标准溶液，c_s 一般要比待测的未知离子的浓度大 50～200 倍；V_s 应比 V_x 小 20～50 倍，这样可保证加入标准后，待分析试样溶液的组成，即离子强度不发生显著变化。测电动势可得到：

$$E_s = E^{\ominus\prime} \pm S \lg \frac{c_s V_s + c_x V_x}{(V_s + V_x)} \tag{23-29}$$

由于加入法前后溶液的离子强度不变，所以：

$$E^0 \approx E^{0\prime}$$

解式(23-28) 和式(23-29) 并整理、重排后有：

$$c_x = c_s \frac{V_s}{V_x + V_s} \left[10^{\Delta E/S} - \frac{V_x}{V_s + V_x} \right]^{-1} \tag{23-30}$$

式中，$\Delta E = E_s - E_x$。

公式(23-30) 是一次标准加入法的精确计算公式。

由于加入的标准溶液体积较小，可以认为 $V_x + V_s \approx V_x$，这样公式(23-30) 就可近似计算如下：

$$c_x = \frac{c_s V_s}{(V_s + V_x)} (10^{\Delta E/S} - 1)^{-1} \approx \frac{c_s V_s}{V_x} (10^{\Delta E/S} - 1)^{-1} \tag{23-31}$$

由加入标准溶液后电池电动势的变化值 ΔE，及已知的电极的能斯特斜率 S，从公式(23-30) 或公式(23-31) 即可求出被测试样中待测离子的浓度 c_x。在用加入法测定中，ΔE 的数值至少应在 30～40mV，这样可以减小测量及计算的误差。

【例】在 50mL 含有过量络合剂的 Ag^+ 试液中，加入 5mL 1mol/L $NaNO_3$，以校正斜率 $S=58$mV，pAg^+ 测得电位为 45mV，加入 0.5mL 1g/L Ag^+ 的标准溶液后，测得电位为 75mV，即可求算此溶液含 Ag^+ 为：

$$c_x = \frac{0.5 \times 1000}{50} (10^{30/58} - 1)^{-1} = 4.37 \ (mg/L)$$

测的相对误差 RE 可用下式计算

$$RE = \frac{\Delta c_x}{c_x} \times 100\% \approx \frac{dc_x}{c_x} \times 100\%$$

对一价离子电子电极，$\Delta E \geq 15$mV，测量误差为 ± 0.2mV 时，方法误差为约 2%；对二价离子，$\Delta E \geq 8$mV，测量误差为 ± 0.2mV 时，方法误差为约 4%。

（2）连续多次标准加入法及格氏作图法 多次标准加入法可以用计算机求解，也可以采用数学线性化的作图法（格氏作图法）求解。下面介绍格氏作图法。

从测量过程中连续多次加入标准溶液后，测出相应的 ΔE 与 V_s 作图，即可求解结果，方法的准确度较一次标准加入法为高。其原理如下：

$$E^{\ominus\prime} \pm E_s = -S \lg \frac{c_s V_s + V_x c_x}{V_x + V_s}$$

$$10^{(E^{\ominus\prime} \pm E)/S} = -\left(\frac{c_s V_s + V_x c_x}{V_x + V_s} \right)$$

$$(V_x + V_s) \times 10^{\pm E/S} = -(c_x V_x + c_s V_s) \times 10^{-E^{\ominus\prime}/S} \tag{23-32}$$

式(23-32) 中 $E^{\ominus\prime}$ 及 S 均为常数，将 $10^{-E^{\ominus\prime}/S}$ 以常数 K 表示，则有：

$$(V_x + V_s) \times 10^{\pm E/S} = -K(c_s V_s + c_x V_x) \tag{23-33}$$

通常是连续加入 3～5 次标准溶液，据式(23-32) 可用 $(V_x + V_s) \times 10^{\pm E/S}$ 对 V_s 作图，得到一条直线，如图 23-20 所示。当 $(V_x + V_s) \times 10^{\pm E/S} = 0$ 时，也就是直线与 V_s 轴相交时，可得到 $(c_x V_x + c_s V_s) = 0$，设交点处的 V_s 值为 V（是负值），按下式求出 c_x：

$$c_x = -\frac{V c_s}{V_x} \tag{23-34}$$

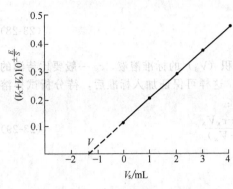

图 23-20 连续标准加入法

从得到的 V 按式(23-34)即可求出被测的未知离子浓度 c_x。

实际上,有专门的格氏(Gran)计算图纸,处理数据则可以大大简化,如图 23-21 所示。图中反对数坐标轴为 E,横坐标为 V_s,根据图 23-20 的关系设计计算图时,固定 $S=58mV$,试液体积 V_x 为 100mL,图中已校正了由于加入标准溶液而增大试液体积所引起的电位影响。这样,就可以根据加入标准溶液后,所得到的电动势 E 值对 V_s 作图,即可得到直线关系。延长直线与横坐标的左边线段,得到交点 V,同样,用公式(23-34)即可计算出 c_x。

5. 离子选择性电极法测定的注意事项

① 注意测定过程中的温度变化,如果搅拌器发热,应采用石棉板或水浴隔热。

② 晶体膜电极性能欠佳时,可用 400 号金相砂纸或绒布加抛光膏(优质牙膏也可)抛光加以改善,但抛光后应在待测离子的稀标准溶液中浸泡活化一下。

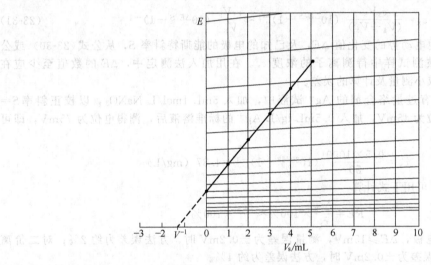

图 23-21 格氏作图法

活性载体膜电极,用前要在相应离子的稀标准溶液中浸泡,使其形成稳定的水合膜,以增加电极的稳定性。

③ 测定顺序应该从稀到浓。若对从高浓度到低浓度的溶液进行测定,必须事先洗到低浓度的电位值以下。

④ 保持一系列测定条件的一致性,如离子强度、温度、pH、搅拌速率等。电极的几何位置也应保持一致。

⑤ 电极完成最后测量后,一律清洗到本底值,用滤纸吸干后,按各电极保存要求,妥善保存。

⑥ 玻璃电极及参比电极注意事项见前。

七、电位滴定法

与普通容量分析法一样,向待测样品试液中滴加与待测物质起反应的滴定剂,但是不同处在于它以电位突跃指示终点,滴定过程中监测插入溶液中的指示电极的电位变化,若滴定按化学计量进行,反应达终点时,待测物质浓度突变引起电极电位的"突跃",用这种方法确定滴定终点的方法称为电位滴定法。

电位滴定法选用离子选择性电极可以极大地增加可测定的离子和化合物的范围。凡与离子选择电极响应的离子能发生化学反应的各类化合物,都能用电位滴定法测定。

1. 电位滴定法的原理与特点

电位滴定法是用电位法来指示滴定分析到达终点的方法。它具有下列优点：

① 准确度高，滴定精度（相对）达 0.2%；

② 适于测定有色或浑浊溶液；

③ 适于非水体系的测定；

④ 可用于连续和自动滴定，并适于微量分析。

在电位滴定法中，凡是能指示容量滴定过程中被滴定溶液的活（浓）度变化的电极，都可作为电位滴定法的指示电极。因此，经典电极及离子选择性电极均可用于电位滴定法中。例如，酸碱滴定中可用 pH 玻璃电极；氧化还原滴定、沉淀或络合滴定，可根据不同的沉淀或络合反应选用不同的指示电极。如 $AgNO_3$ 滴定 Cl^- 时，既可选 Ag 丝电极，也可用 Ag^+ 选择性电极作指示电极。

利用离子选择电极作指示电极的电位滴定法与直接电位法相比有下列优点：①直接电位法中的一些影响因素可忽略，因为滴定测量的是电位相对值而不是绝对值；②在滴定终点有较大电位突跃，对测定中电极电位不稳定所引起的误差很小；③无响应电极的离子可以间接测定；④当存在干扰离子时，只要滴定剂与被测离子有选择性响应也可较准确地测定；⑤对电极响应的斜率要求不高，因电极电位变化仅用来指示终点。

2. 滴定终点的确定

以电池的电动势 E（或指示电极的电位）对滴定体积 V 作图，可得到经典的滴定曲线，如图 23-22 所示。图 23-22（a）为滴定的 E-V 曲线；图 23-22（b）为一次微商的滴定曲线；图 23-22（c）为二次微商的滴定曲线。对反应物系数相等的反应，曲线突跃的中点（转折点）即为滴定的终点。

如果滴定的突跃不明显并难于辨认时，可利用一次微商（$\frac{\Delta E}{\Delta V}$-$V$）或二次微商（$\frac{\Delta^2 E}{\Delta V^2}$-$V$）的曲线的方法确定终点。一次微商 $\frac{\Delta E}{\Delta V}$ 最大值与二次微商 $\frac{\Delta^2 E}{\Delta V^2} = 0$ 处所对应的滴定体积为终点体积。

自动电位滴定有两种类型：①自动控制滴定终点，当到达终点时，可自动关闭滴定装置，并显示出滴定剂的用量；②自动记录滴定曲线，并自动运算和显示达到滴定终点时的体积，还可用微机进行控制。

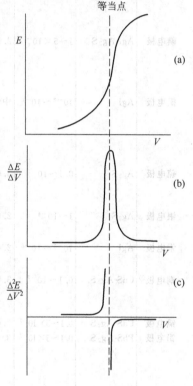

图 23-22　电位滴定曲线

八、离子选择电极法的应用

① 可用于多种阳、阴离子及有机离子、生物样品的测定。

② 可用于工业过程的流程控制及环境保护监测设备中的传感器。

③ 能制成微型电极，甚至直径小于 $1\mu m$ 的超微型电极，用于单细胞分析及活体监测。

④ 可用于测定多种化学平衡常数，如离解常数、络合物稳定常数、溶度积常数、活度系数等。表 23-19 为部分离子选择电极的性能和应用。

表 23-19　部分离子选择电极的性能和应用

类别及电极	膜材料	测定浓度/(mol/L)	pH 值范围	干扰离子(k_{ij})	应　　用
1. 固体膜电极 氟电极	LaF_3-PrF_3	$1\sim5\times10^{-7}$	$5\sim7$	Al^{3+}、Fe^{3+}、OH^- 以及常见阳、阴离子不干扰	测定水质、尿、血、骨灰、电镀液、水泥、炉渣、黄铁矿、磷矿、大理石等中的 F^-，测定有机物硅酸乙酯中 $Si(IV)$、大气、水质、土壤及植物中的氟

类别及电极	膜材料	测定浓度/(mol/L)	pH值范围	干扰离子(k_{ij})	应 用
氯电极	$AgCl-Ag_2S$	$1\sim5\times10^{-5}$	2.0~12.0	NO_3^-(1.5×10^{-4})、HPO_4^{2-}(1×10^{-4})、SO_4^{2-}(6.6×10^{-5})、CN^-(2×10^{-2})、Br^-（4）、I^-（200）、S^{2-}、NH_4^+	测定水质、土壤、铜锌电镀液,硅酸盐中微量 Cl^-
	Hg_2Cl_2-橡胶-石墨	2.2×10^{-6}	<3	NO_3^-(2.8×10^{-5})、SO_4^{2-}(5.5×10^{-4})、ClO_4^-(10^{-2})、SO_3^{2-}(8.7×10^{-1})、HSO_3^-（0.9）、Ac^-(5.3×10^{-2})、Br^-(1.6×10^{-2})	水质中 Cl^-
溴电极	$AgBr-Ag_2S$	$1\sim5\times10^{-6}$	2.0~11.0	HPO_4^{2-}(1.6×10^{-4})、NO_3^-(3.8×10^{-4})、CO_3^{2-}(10^{-3})、SO_4^{2-}(1.5×10^{-4})、Cl^-(2.6×10^{-3})、I^-（2.6）、CN^-（2.6）、SCN^-（0.5）、$S_2O_3^{2-}$（2.7）	测定光色玻璃中 Br^-
碘电极	$AgI-Ag_2S$	$1\sim5\times10^{-7}$	2.0~12.0	NO_3^-(2×10^{-7})、HPO_4^{2-}(8.3×10^{-7})、SO_4^{2-}(7.2×10^{-7})、Cl^-(2.1×10^{-6})、Br^-(10^{-6})、S^{2-}、CN^-、Ag^+、Hg^{2+} 都有干扰	测定有机物中 I^-、海带中 I^-
氰电极	AgI	$10^{-2}\sim10^{-6}$	中性或碱性	PO_4^{3-}(9×10^{-6})、NO_3^-(2×10^{-6})、SO_4^{2-}(4×10^{-6})、SO_3^{2-}(2×10^{-4})、F^-(4×10^{-7})、Cl^-(6×10^{-6})、Br^-(2×10^{-4})、I^-（2.0）、S^{2-}、Hg^{2+} 均干扰	测定工业废水中氰化物电镀、化工等含 CN 废气
硫电极	Ag_2S	$0.1\sim10^{-7}$	2.0~12.0	—	测定工业废气中 S^{2-}、工业废水中硫化物、二氧化钛中 S^{2-}、地表水中微量氰化物
银电极	Ag_2S	$1\sim10^{-6}$	2.0~11.0	要与硫电极分开使用	纯 Pb 中 Ag^+、电影制片厂废水中 Ag^+
汞电极	AgI	$10^{-2}\sim10^{-6}$	2.0~12.0	Ag^+、Cl^-、Br^-、I^-、CN^- 都有干扰。要与碘电极,氰电极分开使用	汞矿石、土壤中 Hg^{2+}、污水中的 Hg^{2+} 及总汞
铜电极[①]	$CuS-Ag_2S$	$0.1\sim10^{-7}$	3.0~5.0	Pb^{2+}（0.042）、Cd^{2+}（0.316）、Fe^{3+}（0.55）、Bi^{3+}（1.137）、Hg^{2+}(5.7×10^6)、Ag^+(2.7×10^7)、S^{2-} 干扰	测定镀铜液中 Cu^{2+}、废水中 Zn^{2+} 的电位滴定
镉电极	$CdS-Ag_2S$	$0.1\sim5\times10^{-7}$	3.0~10.0	Hg^{2+}、Pb^{2+}、Ag^+、S^{2-} 干扰	天然水及工业废水中的镉
铅电极	$PbS-Ag_2S$	$0.1\sim5\times10^{-7}$	3.0~6.0	Mg^{2+}(4×10^{-6})、Ca^{2+}(5.5×10^{-6})、Sr^{2+}(4×10^{-6})、Ba^{2+}(1.6×10^{-5})、Co^{2+}(6.3×10^{-5})、Zn^{2+}(2×10^{-5})、Cd^{2+}(6×10^{-7})、Ni^{2+}(4×10^{-2})、Cu^{2+}(10^{-6})、Mn^{2+}(10^{-5})、Fe^{2+}(2.7×10^{-5})、Fe^{3+}（2.7）	废水中 SO_4^{2-}、Pb^{2+} 汽油中四乙基铅、工业及生活饮用水中的硫酸根
2. 玻璃膜电极					
钠电极	玻璃	$1\sim5\times10^{-7}$	2.0~12.0	H^+（20）、K^+（0.03~0.05）	测定土壤、血中 Na^+
钾电极	玻璃	$1\sim5\times10^{-4}$	3.0~10.0	Na^+（0.1）、NH_4^+（0.2）	测定水质、血、水泥中 K^+
3.液膜、聚乙烯膜电极					
硝酸根电极	季铵盐邻硝基苯十二烷醚液膜	$1\sim10^{-5}$	2.5~10.0	NO_2^-(4×10^{-2})、SO_4^{2-}（<10^{-5}）、$S_2O_3^{2-}$(2.1×10^{-4})、CO_3^{2-}(3.7×10^{-4})、Ac^-(2.7×10^{-4})、$H_2PO_4^-$(2.9×10^{-4})、HPO_4^{2-}(1.4×10^{-4})、EDTA 二钠盐(5.7×10^{-5})、柠檬酸根(3.6×10^{-5})、酒石酸根(1.3×10^{-5})、抗坏血酸根(4.6×10^{-5})	测定水质中 NO_3^- 大气中氧化氮

续表

类别及电极	膜材料	测定浓度/(mol/L)	pH 值范围	干扰离子(k_{ij})	应 用
钾电极	PVC膜	$0.1\sim10^{-5}$	$3.5\sim10.5$	Li^+(10^{-3})、Na^+(4.4×10^{-3})、NH_4^+(8.5×10^{-2})、Ca^{2+}(3×10^{-4})、Mg^{2+}(2×10^{-4})、Ba^{2+}(3.1×10^{-4})	生物体中 K^+
钙电极	PVC膜	$0.1\sim5\times10^{-6}$	$5.0\sim10.0$	Na^+(4×10^{-3})、K^+(4×10^{-3})、Mg^{2+}(4.5×10^{-3})、Ba^{2+}(10^{-2})、Sr^{2+}(1.2×10^{-2})、Pb^{2+}(10^{-2})、Cu^{2+}(10^{-2})	生物体中 Ca^{2+}
钡电极	PVC膜	$1\sim10^{-5}$	—	Ni^{2+}(1.2×10^{-4})、Sr^{2+}(1.2×10^{-2})、Na^+(4.0×10^{-2})、Ca^{2+}(10^{-3})、Cd^{2+}(3.5×10^{-4})、Mg^{2+}(7.7×10^{-5})、K^+(0.32)	—
4. 气敏电极					
氨电极	—	$0.1\sim10^{-5}$	>11	具有特效性	测定废水、土壤中氨、有机氮、钢铁中氮、废水中氨氮、甲醛
氢氰酸电极	—	$10^{-3}\sim10^{-6}$	$6.88KH_2PO_4^-$ Na_2HPO_4 缓冲液	具有特效性，S^{2-} 的干扰加 Pb(Ac)$_2$ 除去	测定废水中氰化物
SO_2 电极	—	$10^{-2}\sim10^{-5}$	$Na_2SO_4^-$	具有特效性	测定水质、空气及烟道气中 SO_2
H_2S 气敏电极	—	$10^{-2}\sim10^{-6}$	H_2SO_4 缓冲液 柠檬酸及柠檬酸钠缓冲液 pH3.1~3.2	—	污水中 S^{2-}

① 铜电极干扰离子所用值为 k_{ji}，而 k_{ji} 与 k_{ij} 互为倒数。

第三节 电导分析法

电导分析法是以测量溶液中的电导值为基础的定量分析方法。它可以分为直接电导法和电导滴定法两类。

它以电解质溶液中的正、负离子迁移为基础。溶液的导电能力与溶液中正、负离子的电荷、数目及它们在电场中的迁移速率有关。在规定的电导池中测得的电导值可以确定物质的含量，但溶液的电导值是共存离子各单独电导值的总和，不能单独区分它们的种类，对溶液中共存的非电解质（包括有机物、细菌、悬浮杂质）不能指示，电解质浓度过大时测定误差则较大。

一、电解质溶液的导电性质

1. 电导与电导率

在一定浓度的电解质溶液中，插入两个电极，接上直流电源，溶液中的正、负离子在电场作用下产生迁移，正、负离子分别向电性相反的方向运动，溶液的这种性能称为溶液的导电性，电解质通过溶液的总电量，是正、负离子导电量的总和。

电解质的导电能力常用电导（G）来表示，电导是电阻的倒数，单位是西门子（S）

$$G=\frac{1}{R}$$

在一定温度下，溶液的电阻（R）与两电极间的距离 l 成正比，而与电极的截面积（A）成反比，即：

$$R=\rho\frac{l}{A}$$

式中 ρ——电阻率，$\Omega\cdot cm$。

$$G=\frac{1}{R}=\frac{1}{\rho}\frac{A}{l}=\kappa\frac{A}{l} \tag{23-35}$$

比例常数 κ 称为电导率，是电阻率的倒数，单位是西门子/厘米（S/cm）

由式（23-35）可见，溶液的电导率即为长度为 1cm、截面积为 $1cm^2$ 的导体的电导。对于电解质导体，其电导率相当于 $1cm^3$ 的溶液，在距离为 1cm 的两电极间的电导。

电解质的电导是离子导电的结果。因此，电导率通常随离子浓度、离子迁移速度、离子电荷等的增大而增大。在强电解质溶液中，溶液浓度达到一定值后，浓度继续再增加，正、负离子间的相互吸引力也增加，使离子迁移速度减慢，电导率降低。在弱电解质中，电导随浓度的变化有一个极大值。

2. 摩尔电导

摩尔电导指含有 1mol/L 电解质溶液在距离为 1cm 的两电极间的电导。

若含有 1mol 溶质，体积为 V（cm^3）的溶液，电导率为 κ（S/cm），则其摩尔电导为：

$$\lambda = \kappa V$$

如溶液的物质的量的浓度为 c（mol/L），则有：

$$V = \frac{1000}{c}$$

合并上两式可得到：

$$\lambda = \kappa \frac{1000}{c} \tag{23-36}$$

或

$$\kappa = \frac{\lambda c}{1000} \tag{23-37}$$

式（23-37）即为电导率（比电导）与摩尔电导的关系式。摩尔电导 λ 的单位是西门子·厘米^2/摩尔（$S \cdot cm^2/mol$）。

电解质溶液的摩尔电导随浓度增大而降低。

当溶液无限稀释时，摩尔电导达一极限值，此值称为无限稀释时的摩尔电导，以 λ_0 表示。它是溶液中所有离子摩尔电导的总和，即：

$$\lambda_0 = \lambda_+^0 + \lambda_-^0 \tag{23-38}$$

式中　λ_+^0，λ_-^0——正、负离子无限稀释时的摩尔电导。

在一定溶剂中，一定温度时，离子在无限稀释溶液中的摩尔电导是一个常数，与溶液中共存的其他离子无关。它反映了电解质中离子的专属性，数值只与温度有关。表 23-20 列举了常见离子水溶液中无限稀释时的摩尔电导。

表 23-20　常见离子水溶液中无限稀释时的摩尔电导（25℃）　单位：$S \cdot cm^2/mol$

阳 离 子	λ_+^0	阴 离 子	λ_-^0
H^+	349.8	OH^-	197.6
Li^+	38.69	Cl^-	76.34
Na^+	50.11	Br^-	78.3
K^+	73.52	I^-	76.8
NH_4^+	73.4	NO_3^-	71.44
Ag^+	61.92	HCO_3^-	44.5
Tl^+	74.7	HCO_2^-	54.6
$\frac{1}{2}Mg^{2+}$	53.06	$CH_3CO_2^-$	40.9
$\frac{1}{2}Ca^{2+}$	59.50	$ClCH_2CO_2^-$	39.8
$\frac{1}{2}Sr^{2+}$	59.46	$CH_3CH_2CO_2^-$	35.8
$\frac{1}{2}Ba^{2+}$	63.64	$CNCH_2CO_2^-$	41.8
$\frac{1}{2}Cu^{2+}$	54	$CH_3(CH_2)_2CO_2^-$	32.6
$\frac{1}{2}Zn^{2+}$	53	$C_6H_5CO_2^-$	32.3
$\frac{1}{3}La^{3+}$	69.5	$HC_2O_4^-$	40.2

阳 离 子	λ^0_+	阴 离 子	λ^0_-
$\frac{1}{3}Co(NH_3)_6^{3+}$	102.3	$\frac{1}{2}C_2O_4^{2-}$	24.0
$\frac{1}{3}Fe^{3+}$	68.4	$\frac{1}{2}SO_4^{2-}$	80
$\frac{1}{2}Pb^{2+}$	69.5	$\frac{1}{3}Fe(CN)_6^{3-}$	101
$\frac{1}{2}Ni^{2+}$	52	$\frac{1}{4}Fe(CN)_6^{4-}$	111
		IO_4^-	54.38
		ReO_4^-	54.68
		ClO_4^-	67.32 ± 0.06
		BrO_3^-	55.78 ± 0.05

表 23-21 是几种电解质在水溶液中的摩尔电导（25℃）。

表 23-21　几种电解质在水溶液中的摩尔电导（25℃） 单位：S·cm²/mol

化 合 物	物质的量浓度/(mol/L)							
	无限稀	0.0005	0.001	0.005	0.01	0.02	0.05	0.1
$AgNO_3$	133.36	131.36	130.51	127.20	124.76	121.41	115.24	109.14
$\frac{1}{2}BaCl_2$	139.98	135.96	134.34	128.02	123.94	119.09	111.48	105.19
$\frac{1}{2}CaCl_2$	135.84	131.93	130.36	124.25	120.36	115.65	108.47	102.4
$\frac{1}{2}Ca(OH)_2$	257.9			232.9	225.9	213.9		
$\frac{1}{2}CuSO_4$	133.6	121.6	115.26	94.07	83.12	72.20	59.05	50.58
HCl	426.16	422.74	421.36	415.80	412.00	407.24	399.09	391.32
KBr	151.9		146.09	143.43	140.48	135.68	131.39
KCl	149.86	147.81	146.95	143.35	141.27	138.34	133.37	128.96
$KClO_4$	140.04	138.76	137.87	134.16	131.46	127.92	121.62	115.20
$\frac{1}{3}K_3Fe(CN)_6$	174.5	166.4	163.1	150.7				
$\frac{1}{4}K_4Fe(CN)_6$	184.5		167.24	146.09	134.83	122.82	107.70	97.87
$KHCO_3$	118.0	116.10	115.34	112.24	110.08	107.22		
KI	150.38		144.37	142.18	139.45	134.97	131.11
KIO_4	127.92	125.80	124.94	121.24	118.51	114.14	106.72	98.12
KNO_3	144.96	142.77	141.84	138.48	132.82	132.41	126.31	120.40
$KReO_4$	128.20	126.03	125.12	121.31	118.49	114.49	106.40	97.40
$LaCl_3$	145.8	139.6	137.0	127.5	121.8	115.3	106.2	99.1
$LiCl$	115.03	113.15	112.40	109.40	107.40	104.65	100.11	95.86
$LiClO_4$	105.98	104.18	103.44	100.57	98.61	96.18	92.20	88.56
$\frac{1}{2}MgCl_2$	129.40	125.61	124.11	118.31	114.55	110.04	103.08	97.10
NH_4Cl	149.7		146.8	143.5	141.28	138.33	133.29	128.75
$NaCl$	126.45	124.50	123.74	120.65	118.51	115.51	111.06	106.74
$NaClO_4$	117.48	115.64	114.87	111.75	109.59	106.96	102.40	98.43
NaI	126.94	125.36	124.25	121.25	119.24	116.70	112.79	108.78
$NaOOCCH_3$	91.0	89.2	88.5	85.72	83.76	81.24	76.92	72.80
$NaOOCC_2H_5$	85.9		83.5	80.9	79.1	76.6		
$NaOOCC_3H_7$	82.70	81.04	80.31	77.58	75.76	73.39	69.32	65.27
$NaOH$	247.8	245.6	244.7	240.8	238.0			
$\frac{1}{2}Na_2SO_4$	129.9	125.74	124.15	117.15	112.44	106.78	97.75	89.98
$\frac{1}{2}SrCl_2$	135.80	131.90	130.33	124.24	120.24	115.54	108.25	102.19
$\frac{1}{2}ZnSO_4$	132.8	121.4	114.53	95.49	84.91	74.24	61.20	52.64

二、电导的测量

电导分析所用的仪器为电导仪，其结构和使用方法简单。国产有 DDD-32D 型工业电导仪，液晶显示、量程为 $0\sim10^4\,\mu S/cm$；DDS-11 型电导仪，量程 $0\sim10^5\,\mu S/cm$（$\infty\sim10\Omega$），表头显示；DDS-304/307 型数字显示电导仪，量程为 $0\sim10^5\,\mu S/cm$ 等可供选用。电导仪可方便地测出溶液的电导、电导率或电阻值。

溶液的电导（G）、电导率（κ）、电极面积（A）、两电极间距离（l）之间存在下列关系：

$$\kappa = G\frac{l}{A} \tag{23-39}$$

在测电导率时，电极面积与两电极间的距离不易测量，况且，两极不平行时，l 就更无法确定，所以电导池常数 l/A 的数值，不是直接测出来的，而是利用某已知电导率的电解质溶液的测定电导值，然后根据式(23-39)计算出来的。通常采用 KCl 溶液为标准电导溶液，它在各种浓度的电导率均经精确测定，见表 23-22。

表 23-22   KCl 溶液在不同浓度不同温度下的电导率 κ　　　　　单位：S/cm

温度/℃	1mol/L	0.1mol/L	0.01mol/L	温度/℃	1mol/L	0.1mol/L	0.01mol/L
0	0.06541	0.00715	0.000776	19	0.10014	0.01143	0.001251
5	0.07414	0.00822	0.000896	20	0.10207	0.01167	0.001278
10	0.08319	0.00933	0.001020	21	0.10400	0.01191	0.001305
15	0.09252	0.01048	0.001147	22	0.10594	0.01215	0.001332
16	0.09441	0.01072	0.001173	23	0.10789	0.01239	0.001359
17	0.09631	0.01095	0.001199	24	0.10984	0.01264	0.001386
18	0.09822	0.01119	0.001225	25	0.11180	0.01288	0.001413

测定电导的注意事项如下。

① 使用 $50\sim2500\,Hz$ 的交流电源，因为当直流电位通过电解质溶液时，电极上会发生电解作用，使溶液组分浓度发生变化，电阻（电导）也随之变化，造成测量误差。

② 测电导率大于 $10\,\mu S/cm$ 的溶液时，必须采用铂黑电极。为增大面积以提高测定灵敏度。铂黑电极是在铂电极上镀了一层黑色的金属铂细粉，所以称为铂黑电极。

③ 对无法测量电导的溶液，像纯水，应选用光亮的铂电极及电导池常数小的电导电极。

④ 温度对电导率有影响，一般升温 1℃，电导率约增大 2%。

⑤ 空气中某些杂质，如 CO_2、NH_3 等会被溶液吸收，影响电导测定准确度。

如果电导池在导电过程中不发生电极极化及电解过程且由浓度梯度引起的扩散过程可以忽略不计，这样电解质溶液的导电可认为完全是由溶液中正、负离子在外加电场作用下分别向异性电极迁移的结果，此时溶液的导电性能才能成为进行导电分析的定性定量根据。

电导分析的主要误差来源如下。

① 温度影响　温升 1℃电导值约增加 1.5%～2.5%，可以进行校正；

② 杂质离子的影响　电导分析用的蒸馏水电导率应小于 $10^{-6}\,S/cm$，使用玻璃器皿或硬质塑料器皿，空气中可溶性气体应少。

③ 电极极化的影响　这是直流电导的主要误差来源；可采用高电压（大于 100V）电源使极化电动势误差减小，或用铂黑电极。

三、电导法和电导滴定及其应用

1. 电导法的应用

电导测定时只要将待测试液放在电导池中，将电导电极插入试液中，然后由电导仪读出电导值（或电阻值）。测定时要保持温度不变，或按溶液的温度关系进行校正。

电导法的主要应用如下。

(1) 水质纯度的测定　由于水中主要杂质为可溶性无机盐，它们在水中以离子状态存在，通过测定水的电导率，借此鉴定水的纯度，并以电导作为水质纯度的标准。此法常用于检查实验室用水及工厂锅炉用水、水质环境污染程度的监测等。电导法是检验水质的最优选的方法。

普通蒸馏水的电导率约为 $2 \times 10^{-6} S/cm$（电阻率约为 $500 k\Omega \cdot cm$）；离子交换纯水的电导率应小于 $5 \times 10^{-7} S/cm$（电阻大于 $2 M\Omega \cdot cm$）。

（2）大气监测　大气中含有 SO_2、SO_3、H_2S、NH_3、HCl、CO 等气体。经吸收后，测其电导值，可用以监测上述气体的含量。但测定一种气体时应除去其他气体，以防干扰。

（3）钢铁中碳和硫的快速测定　国产 DFY-12 型高速定碳定硫仪就是根据这个目的设计的。其原理如下。

将钢铁样品在高温燃烧炉中通氧燃烧，使样品中的硫、碳分别生成 SO_2 及 CO_2，然后连同剩余的氧通入定碳、定硫仪中。气体中的 SO_2 首先被盛有微酸性的 $K_2Cr_2O_7$ 溶液的电导池吸收，吸收反应如下：

$$SO_2 + H_2O \Longrightarrow H_2SO_3$$

$$3H_2SO_3 + K_2Cr_2O_7 + H_2SO_4 \Longrightarrow Cr_2(SO_4)_3 + K_2SO_4 + 4H_2O$$

溶液的电导因此发生变化，变化量与 SO_2 有函数关系。据此，从电导率的变化求得 SO_2 的含量，测量过 SO_2 的余气，通入盛有 $Ba(OH)_2$ 溶液的电导池中，反应如下：

$$Ba(OH)_2 + CO_2 \Longrightarrow BaCO_3 \downarrow + H_2O$$

电导池中的电导率的变化与 CO_2 的含量有函数关系。据此，可求得 CO_2 的含量。

实际工作中常采用以标准钢样测出电导值，然后作出电导值对碳及硫的两条工作曲线，然后将试样得到的电导值求算出碳、硫的含量，这可用于控制流程分析。

在合成氨的生产流程中，由于 CO 和 CO_2 的含量超过一定限度时，会使催化剂中毒，而影响生产正常进行。为此，要对它们进行流程中监测，这也可采用电导法进行，其原理如下。

用固定浓度的 $NaOH$ 作电导吸收液，将它不断连续通过电导池，在一定温度下，应是恒值。当将 CO 氧化成 CO_2，通入电导池时，与吸收液 $NaOH$ 发生如下反应：

$$CO_2 + 2NaOH \Longrightarrow Na_2CO_3 + H_2O$$

由于 CO_3^{2-} 的摩尔电导较 OH^- 的小许多，所以电导液的电导值会发生显著变化，从变化值可以求出气样中 CO 的含量。

测定时，采用电解草酸产生的 CO_2 作为标准，使其通入另一个电导池，经 $NaOH$ 吸收后，再与试样比较，然后由仪表直接显示结果，此法的灵敏度很高，可以测定含有 $10^{-4}\%$ 的 CO 和 CO_2。

（4）在农业上的应用　可用电导分析测定土壤中可溶性盐分总量；估计土壤肥力，因为 pH 接近中性的非盐渍土的电导率可以作为土壤肥力的综合考察指标，绝大多数情况下土壤的电导与肥力水平明显正相关。

2. 电导滴定法

在滴定的过程中，用电导变化来确定滴定终点的方法，称为电导滴定法。滴定中，滴定剂与溶液中被测离子生成 H_2O、沉淀、难离解的化合物等，使溶液的电导产生变化，在等当点时，滴定曲线出现转折点，以此指示终点到达。

电导滴定一般用于酸碱滴定和沉淀滴定。酸碱电导滴定的主要特点是，能用于滴定极弱的碱或酸（$K=10^{-10}$），如硼酸、苯酚、对苯二酚等，并能用于滴定弱酸盐或弱碱盐以及强、弱混合酸，这是普通容量分析及电位滴定法中都无法实现的。

原则上，凡能引起离子数目及种类改变的化学反应都能用于电导滴定，但如果大量无关电解质存在时，会影响到终点的准确判断。滴定过程中还要注意温度恒定，如果滴定反应伴随有较大热效应，此体系也不适于电导滴定分析。

电导滴定法曾用来测定过 Cl^-、I^-、Br^-、CrO_4^{2-}、MoO_4^{2-}、WO_4^{2-}、SeO_3^{2-}（滴定剂是 $AgNO_3$）和 MoO_4^{2-}、WO_4^{2-}、CrO_4^{2-}［滴定剂是 $Pb(NO_3)_2$］；还可滴定 Ba^{2+}、Sr^{2+}、Ca^{2+}、Pb^{2+}（滴定剂是 Li_2SO_4）。

电导分析法除用于分析外，还能用于测定弱电解质的离解常数、微溶盐的溶度积以及络合物的配位数等，此外，还可在液相色谱法中作检测器。

电导滴定法的应用示例见表 23-23。

表 23-23 电导滴定法应用示例

滴定的物质	浓度范围 /(mol/L)	试 剂	精密度	条 件
酸类,强的 ($pK_a<2$)	$10^{-1}\sim10^{-5}$	NaOH	$0.1\sim1$	CO_2 不存在
酸类,弱的 ($pK_a 2\sim6$)	$10^{-1}\sim10^{-4}$	NH_3 水溶液	$0.1\sim1$	CO_2 不存在
酸类,很弱的 $pK_a<10^{-7}$	$10^{-1}\sim10^{-4}$	LiOH	$0.5\sim5$	在 75% C_2H_5OH 中滴定 H_2O-不溶酸类,CO_2 不存在
Ag^+	$10^{-1}\sim10^{-4}$	NaCl 或 LiCl	0.2	中性的或稀酸溶液
	$10^{-1}\sim10^{-3}$	Na_2CrO_4 或 $Li_2C_2O_4$	0.5	中性溶液
	$10^{-4}\sim10^{-6}$	10^{-3} mol/L H_2S 水溶液	$1\sim5$	中性溶液,CO_2 不存在
Al^{3+}		NaOH	1	在酸性(SO_4^{2-})溶液中滴定,在滴定曲线中呈现三个突跃
				分析是基于第一个突跃(中和过量的 H^+)和第三个突跃(AlO_2^- 的形成)之间消耗掉的试剂
As^{3+}	$10^{-4}\sim10^{-5}$	C_2H_5OH 中的 I_2	$3\sim12$	在稀 HCO_3^- 溶液中滴定,用光亮的 Pt 电极
Ba^{2+}	$10^{-1}\sim10^{-3}$	Li_2SO_4 或 Li_2CrO_4	$0.1\sim1$	30% C_2H_5OH 每次加入试剂后需等待几分钟以便稳定读数
碱类,强的	$10^{-1}\sim10^{-5}$	HCl	$0.1\sim1$	CO_2 不存在
碱类,弱的 (NH_3 等)	$10^{-1}\sim10^{-4}$	HAc	$0.1\sim1$	CO_2 不存在
碱类,很弱的 (吡啶,生物碱等)	10^{-3}	HCl	0.5	CO_2 不存在,在 75% C_2H_5OH 中滴定 H_2O-不溶性的碱类
碱类,弱酸的盐	$10^{-2}\sim10^{-6}$	HCl 或 Cl_3CCOOH	$0.1\sim1$	CO_2 不存在
Be^{2+}	$10^{-2}\sim10^{-4}$	NaOH	$2\sim3$	Cl^- 或 NO_3^- 溶液,CO_2 不存在,在 80℃ 滴定在滴定曲线中呈现两个突跃:第一个突跃是作为中和过量的 H^+
Bi^{3+}	$10^{-4}\sim10^{-6}$	10^{-3} mol/L H_2S 水溶液	$1\sim5$	中性溶液,CO_2 不存在
Br^-	$10^{-1}\sim10^{-5}$	$AgNO_3$	$0.2\sim10$	中性或微酸性溶液,为了滴定很稀溶液加至相当于 90% C_2H_5OH
CN^-	$10^{-1}\sim10^{-3}$	$AgNO_3$	0.2	中性溶液,在滴定曲线中有两个突跃第二个突跃[形成 $3Ag(CN)_2^-$]给出更精密的结果
	10^{-2}	$Hg(ClO_4)_2$	0.1	中性溶液,在滴定曲线中发生两个突跃,相当于 $Hg(CN)_4^{2-}$ 和 $Hg(CN)_2$ 利用第一个突跃,在 Cl^- 存在的情况下可以测定 CN^-
CNO^-	$10^{-1}\sim10^{-2}$	$AgNO_3$	0.5	中性溶液
CO_3^{2-}	$10^{-2}\sim10^{-4}$	HCl	$0.5\sim1$	在 OH^- 溶液中发生三个突跃为中和 OH^-、CO_3^{2-} 以及 HCO_3^-,分析基于第三个突跃是最精确的。慢慢地加入试剂以阻止过饱和
	$10^{-2}\sim10^{-3}$	$BaCl_2$	0.1	
Cd^{2+}	10^{-1}	$Li_4Fe(CN)_6$	0.5	Pb^{2+} 不干扰
	10^{-1}	EDTA	0.5	Ac^- 缓冲液,pH=5
	$10^{-4}\sim10^{-6}$	10^{-3} mol/L H_2S 水溶液	$1\sim5$	中性溶液,CO_2 不存在
Cl^-	$10^{-1}\sim10^{-5}$	$AgNO_3$	$0.2\sim10$	为了滴定很稀的溶液加至总计为 90%的 C_2H_5OH
	$10^{-1}\sim10^{-4}$	$Hg(ClO_4)_2$	$0.1\sim1$	中性或微酸性溶液
非金属氯化物 PCl_3, PCl_5, BCl_3, $SiCl_4$, S_2Cl_2		有机羧酸,包括氨基多羧酸 EDTA:试样 1:4 和 1:2 一羧酸:试样为 1:1 二羧酸:试样为 1:2 和 1:1		在 N,N-二甲替甲酰胺中滴定,无机酸和有机溶剂无影响,存在 10%或更多水时,终点不明显
CO^{2+}	10^{-2}	EDTA	0.2	Ac^- 缓冲液,pH=5

滴定的物质	浓度范围 /(mol/L)	试 剂	精密度	条 件
Cr^{6+}	10^{-2}	$Li_3Fe(CN)_6$	1	稀酸性溶液
	$10^{-2}CrO_4^{2-}$	$BaCl_2$	0.2	中性溶液
	$10^{-3}Cr_2O_7^{2-}$	$Fe(NH_4)_2(SO_4)_2$ 0.2mol/L H_2SO_4	0.1	0.2mol/L H_2SO_4 溶液
Cu^{2+}	$10^{-1}\sim10^{-2}$	$Li_2C_2O_4$	0.1	中性溶液
	$10^{-1}\sim10^{-3}$	EDTA	0.2	稀 Ac^- 缓冲液,pH5
	$10^{-3}\sim10^{-5}$	$10^{-3}mol/L$	$1\sim5$	中性溶液,CO_2 不存在
F^-	$10^{-1}\sim10^{-3}$	$AlCl_3$	$1\sim3$	在含有 50 倍过量的 NaCl 的 30%～50% C_2H_5OH 中滴定,沉淀组成是 Na_3AlF_6
Fe^{2+}	$10^{-2}\sim10^{-3}$	$K_2Cr_2O_7$	0.2	在 0.1mol/L H_2SO_4 中滴定
	10^{-2}	$KMnO_4$	1	在 0.1mol/L H_2SO_4 中滴定
$Fe(CN)_6^{-3}$	$10^{-1}\sim10^{-2}$	$AgNO_3$	1	中性溶液
$Fe(CN)_6^{-4}$	$10^{-1}\sim10^{-2}$	$Pb(NO_3)_2$	0.1	中性或稀酸性溶液
	0.2 以 K 盐形式存在	$ZnCl_2$	0.2	在 100℃滴定中性溶液,沉淀具有 $K_2ZnFe(CN)_6$ 的组成
H^+	见 前 面 的 酸 类			
Hg^{2+}	$10^{-1}\sim10^{-2}$	NaOH	1	假使用 $HgCl_2$ 溶液滴定 NaOH,准确度有所改善 pH3,CO_2 不存在
	$10^{-4}\sim10^{-6}$	$2\times10^{-3}mol/L$ H_2S 水溶液	$0.5\sim5$	
I^-	$10^{-1}\sim10^{-4}$	$AgNO_3$	$0.2\sim1$	在 2% NH_3 存在下滴定,以阻止来自 Cl^- 和少量 Br^- 的干扰
IO_3^-	$10^{-2}\sim10^{-4}$	HCl	0.5	含有少量过量的 KI 和 $Na_2S_2O_3$ 的中性溶液
K^+	5×10^{-3}	$NaB(C_6H_5)_4$	0.5	pH 5～10
Mg^{2+}	$10^{-1}\sim10^{-2}$	NaOH	1	
	$10^{-1}\sim10^{-2}$	EDTA	0.2	NH_3 缓冲液,pH10
NO_3^-	5×10^{-1}	HAC 中的硝酸灵 $(C_{20}H_{16}N_4)$	0.5	稀酸溶液
Ni^{2+}	10^{-2}	在 C_2H_5OH 中的丁二酮肟	1	NH_3 缓冲液,比加过量的丁二酮肟和用饱和的 Ni^{2+} 反滴定要好些
OH^-	见 前 面 的 碱 类			
过氧化物	$10^{-1}\sim10^{-3}$ H_2O_2	$KMnO_4$	1	0.05mol/L H_2SO_4 溶液
PO_4^{3-}	$10^{-1}\sim10^{-3}$	$BiOClO_4$	0.2	0.3mol/L $HClO_4$ 溶液,As 不存在,少量的大多数金属不干扰在 $10^{-2}mol/L$ NaAc 存在下滴定
	$10^{-2}\sim10^{-3}$	$UO_2(Ac)_2$	0.3	
Pb^{2+}	$10^{-1}\sim10^{-4}$	$Li_2C_2O_4$、$K_4Fe(CN)_6$ 或 Na_2CrO_4	0.2	中性溶液
	$10^{-4}\sim10^{-6}$	$10^{-3}mol/L$ H_2S 水溶液	$1\sim5$	中性溶液,CO_2 不存在
	10^{-2}	EDTA	0.2	Ac^- 缓冲液,pH5
SCN^-	$10^{-1}\sim10^{-5}$	$AgNO_3$	$0.2\sim10$	中性或微酸性溶液,为了滴定很稀的溶液加至总计为 90% 的 C_2H_5OH
	$10^{-1}\sim10^{-3}$	$Hg(ClO_4)_2$	0.1	中性溶液,滴定曲线中有两个突跃,第二个突跃[形成了 $Hg(SCN)_2$]给出精密的结果
SO_4^{2-}	$10^{-1}\sim10^{-4}$	在 1% HAc 中的 $Ba(Ac)_2$	$0.2\sim2$	20% C_2H_5OH,大量的 NO_3^- 干扰
$S_2O_3^{2-}$	$10^{-1}\sim10^{-2}$	$Pb(NO_3)_2$	0.5	中性溶液
Se^{4+}	$10^{-2}\sim10^{-3}$ SeO_3^{2-}	$Pb(NO_3)_2$ 或 $AgNO_3$	$0.5\sim1$	中性溶液
	$10^{-1}\sim10^{-2}$ SeO_4^{2-}	$Pb(NO_3)_2$ 或 $BaCl_2$	0.5	50% C_2H_5OH
Sr^{2+}	10^{-2}	EDTA	0.2	NH_3 缓冲液,pH10
	$10^{-1}\sim10^{-2}$	$Li_2C_2O_4$	1	中性溶液

滴定的物质	浓度范围 /(mol/L)	试 剂	精密度	条 件
Ti^+	5×10^{-3}	Na_2CrO_4	0.2	中性溶液
	10^{-2}	$NaB(C_6H_5)_4$	0.5	中性溶液
	$10^{-1} \sim 10^{-2}$	KSCN	0.5	中性溶液
U^{4+}	$10^{-2} \sim 10^{-3}$	$KMnO_4$	1	$0.2 \sim 0.5mol/L$ H_2SO_4 溶液
V^{3+}	$10^{-2} \sim 10^{-3}$	$KMnO_4$	1	稀 H_2SO_4 溶液
V^{5+}	10^{-2} VO_4^{-3}	$AgNO_3$	1	中性溶液
	$10^{-2} \sim 5 \times 10^{-3}$ VO_4^{3-}	$Co(NH_3)_6Cl_3$	1	中性溶液,沉淀具有 $[Co(NH_3)_6][V_2O_7]_3$ 的组成
	$10^{-2}VO_3^-$	$Co(NH_3)_6Cl_3$	1	中性溶液,沉淀具有 $Co(NH_3)_6(VO_3)_3$ 的组成
Zn^{2+}	$10^{-2} \sim 10^{-3}$	NaOH	0.5	溶液含有的 H^+ 应当相当于存在的 Zn^{2+}。在滴定曲线中有两个突跃:第一个突跃是对 H^+ 的中和;第二个突跃为关于 $Zn(OH)_2$ 的沉淀
	10^{-2}	EDTA	0.2	Ac^- 缓冲液,pH=5
对氯苯甲酸、苦味酸、苯酚和二乙基丙二酰脲邻苯二酸,己二酸(测定效果好)	$0.5 \sim 1.0mmol$	0.10mol/L 1,3-二苯胍 (DPG)	$-2.9\% \sim +3.9\%$ 不等,其中氯苯甲酸误差为0	用乙二醇单甲醚作为溶剂
有机硫化物 乙硫醇 噻吩 硫代 8-羟基喹啉		有机羟酸 噻吩+C_6H_5COOH= 2+1 和 1+1		在二甲基甲酰胺介质中滴定苯中噻吩,可加 10 倍于苯的二甲基甲酰胺

第四节 电解和库仑分析法

一、电解分析法

电解分析是应用最早的电化学分析方法,它包括电重量法和电解分离法。

它属于电化学分析的另一类分析方法,与库论分析、伏安分析、极谱分析等建立在各种电解池反应基础上的分析方法不同。

1. 电解现象

在电解池的两个电极上,加上一个直流电压,使溶液中有电流流过。此时,在电极上发生电极反应,这一过程称为电解。例如,在硫酸铜溶液中,浸入两个铂电极,用导线将它们分别与直流电源的正、负极相连,只要加在两电极间的电压足够大,就可观察到下列电极反应发生。

阴极:$Cu^{2+} + 2e = Cu\downarrow$

阳极:$2H_2O = 4H^+ + O_2\uparrow + 4e$

在阴极析出金属铜,阳极上有氧气放出。

与外电源负极相连的电解池的负极为阴极,电解时发生还原反应;与外电源的正极相连的电解池的正极为阳极,电解时,发生氧化反应。

2. 分解电压与析出电压

按如图 23-23(a) 所示的电解装置,逐步增加两个电极上的电压,观察电流随增加电压变化的情况,得到如图 23-23(b) 所示的电流与电压变化的曲线。

从电流电压曲线图可看出,起初几乎没有电流流过,调节电阻 R 使外加电压增加,则电流缓缓增加,当外电压增大到某一值时,即到图 23-23(b) 中的 D 点以后,通过电解池的电流就明显增大,在两电极上发生连续不断的电极反应,电流随电压的增加而直线上升。图 23-23(b) 中 D 点对应的电压就是分解电压,分解电压是指被电解的物质在两电极上产生迅速的、连续不断的电极反应

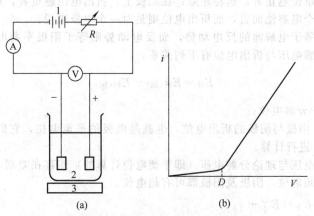

图 23-23 电解池和电流电压曲线

Ⓐ—电流表；Ⓥ—电压表；R—可调电阻；
1—直流电源；2—搅拌子；3—电磁搅拌器

所需的最小外加电压。对可逆过程来说，某种物质的分解电压在数值上等于它本身所构成的自发电池的电动势。在电解法中，此电动势称为反电动势。外电动势的方向与外加电压的方向相反，它阻止电解进行。只有当外加电压足以克服这个反电动势时，电解才能进行。

表 23-24 列出几种电解质溶液在铂电极上的分解电压。

表 23-24 几种电解质溶液（1mol/L）在铂电极上的分解电压　　　　单位：V

电解质	分解电压	电解质	分解电压	电解质	分解电压
$ZnSO_4$	2.35	$CdSO_4$	2.03	$HClO_4$	1.65
$ZnBr_2$	1.80	$CdCl_2$	1.88	HCl	1.31
$NiSO_4$	2.04	$CoSO_4$	1.92	HBr	0.94
$NiCl_2$	1.85	$CoCl_2$	1.78	HI	0.52
$Pb(NO_3)_2$	1.52	H_2SO_4	1.67	NaOH	1.60
$AgNO_3$	0.70	HNO_3	1.69	KOH	1.67
$Cd(NO_3)_2$	1.98	H_3PO_4	1.70	NH_4OH	1.74

如果在改变外加电压的同时，测量通过电解池的电流与阴极电位的关系，测量阴极电位的装置见图 23-24 可以得到图 23-25 表示的曲线。图 23-25 中的 D' 点的阴极电位就是某一物质的析出电位。析出电位是指使物质在阴极上产生迅速、发生不断的电极反应而被还原析出所需的最正的阴极电位，或是氧化物质在阳极上被氧化出来时所需的最负的阳极电位。对可逆过程来说，等于平衡时的电极电位。平衡的电极电位遵守能斯特公式。

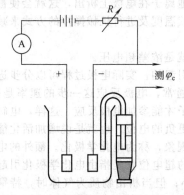

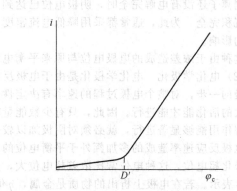

图 23-24 具有测量阴极电位装置的电解池　　　　　　　图 23-25 析出电位

φ_c—阴极电位　　　　　　　　　　　　　　　　　　φ_c—阴极电位

在阴极上，析出电位越正者，越易还原；在阳极上，析出电位越负者，越易氧化。

分解电压是对整个电解池而言，而析出电位则是对一个电极来说。

分解电压数值上等于电解池的反电动势，而反电动势则等于阳极平衡电位与阴极平衡电位之差。对可逆过程，分解电压与析出电位有下列关系：

$$E_分 = E_{析(阳)} - E_{析(阴)}$$

式中 　　　　$E_分$——分解电位；

$E_{析(阳)}$，$E_{析(阴)}$——阳极与阴极的析出电位，也就是电极的平衡电位，它们可以通过能斯特公式进行计算。

不过，实际分解电压与理论分解电压（即平衡电位计算的）间存在差别，所相差的电压称为超电压。超电压来源于超电位，阴极及阳极都可有超电位。

阳极的实际电位 $E_+ = E_+^\ominus + \eta_+$。

阴极的实际电位 $E_- = E_-^\ominus + \eta_-$。

式中 　$E_+^\ominus$，$E_-^\ominus$——正极和负极的平衡电位；

　　η_+，η_-——阳极和阴极的超电位。

3. 电解方程式

电解过程中，电解池的两个电极上的外加电压（$E_外$），电解池负极的实际电位 E_-，正极的实际电位 E_+，与电解电流及电解池内阻 r 之间有如下关系：

$$E_外 = (E_+ - E_-) + ir \tag{23-40}$$
$$E_反 = E_+ - E_-$$

方程（23-40）称为电解方程式，从此式可见，当外加电压大于反电压时，电解才可继续进行，也就是说有正电流。

由于超电压的存在，电解时，若要使阳离子在阴极析出（即还原成金属），外加到阴极上的电位就必须比理论值更负一些。

4. 极化现象

当电流通过电极与溶液界面时，电极电位偏离平衡电位的现象，称为极化现象。它又可以分为浓差极化及电化学极化两种。

（1）浓差极化　电解时，电极表面附近的那部分金属离子首先在电极上沉积，而溶液中的金属离子来不及扩散到电极表面附近，使得电极表面附近的金属离子浓度 c^s 与本体溶液的金属离子浓度 c^0 不同。但是，电极电位却取决于电极表面的浓度，所以，电极电位就不再等于平衡时的电极电位，两者之间存在偏差，这种现象就叫做浓差极化。总的电极表面的浓度 $c^s < c^0$。对阴极来说，将使阴极的电位较平衡值更负；对阳极言，则将使阳极电位较平衡时更正。浓差极化现象的存在，当被测离子还没有电解完全时，阴极电位已达到足以使其他离子在电极上析出，这就会使被测离子不能沉积完全。为此，通常都采用降低电流密度、增高溶液温度及进行机械搅拌的方式来减小浓差极化的影响。

这种由于浓差造成的电极电位与原来平衡电位的差值就是浓差超电压。

（2）电化学极化　电化学极化是由于电极反应的速率引起的。实际电极过程可以分步进行，速率最慢的一步，对整个电极过程的速率有决定性的作用。通常，电极反应这一步的速率是很慢的，要较大的活化能才能进行。因此，只有少数能量较大的离子才能参加电极反应。这样，电解时，为使电解作用能够显著进行，就必须对阴极加以较平衡电位更负的电位，也就是说增加活化能。这种由于电极反应速率造成的多加额外于平衡电位的阴极电位现象，称为电化学极化。额外的电位差值就是极化超电位，这种电位常比浓差超电位大，如不指明的超电位就是指由电化学极化引起的，用符号 η 表示。若在电极上析出的物质是金属，η 值一般很小；但当析出物质为气体时，特别当阴极上析出为氢时，阳极上析出为氧时，则 η 值都很大。表 23-25 表示氢和氧在某些金属上的超电位。氢和氧释放的超电势对电分析工作者特别重要。

表 23-25 25℃时在各种电极上形成氢和氧时的超电位

电极组成	超电位(电流密度 0.001A/cm²)/V		超电位(电流密度 0.01A/cm²)/V		超电位(电流密度 0.1A/cm²)/V	
	H₂	O₂	H₂	O₂	H₂	O₂
平滑的 Pt	0.024	0.721	0.068	0.85	0.676	1.49
镀了铂的 Pt	0.015	0.348	0.030	0.521	0.018	0.76
Au	0.241	0.673	0.391	0.963	0.793	1.63
Cu	0.479	0.422	0.581	0.580	1.269	0.793
Ni	0.563	0.353	0.747	0.519	1.241	0.835
Hg	0.9		1.1		1.1	
Zn	0.716		0.746		1.229	
Sn	0.856		1.077		1.231	
Pb	0.52		1.090		1.262	
Bi	0.78		1.05		1.23	

氢在几种阴极上析出的超电位，见表 23-26，氢在铂电极上析出的超电位比其他金属小。因此，在酸性溶液中不能用铂电极定量地沉积出比氢更活泼的轻金属。氢在汞表面上析出的超电位很大，用汞作阴极时，水溶液中很活泼的碱金属、碱土金属也能在其表面上还原成汞齐。

表 23-26 氢在几种阴极上析出的超电位　　　　　　　　　　　单位：V

阴 极	溶 液	$a^{①}$	$b^{②}$	$c^{③}$
pt(光亮)	1mol/L H₂SO₄	0.000002	0.16	
Pd	1mol/L H₂SO₄	0.00000	0.04	
Ir	1mol/L H₂SO₄	0.0026	0.2	
Au	1mol/L H₂SO₄	0.017	0.4	1.0
Co	0.005mol/L H₂SO₄	0.067	0.2	
Ag	1mol/L H₂SO₄	0.097	0.3	0.9
Ni	1mol/L H₂SO₄	0.14	0.3	0.7
Fe	1mol/L H₂SO₄		0.3	
Cr	1mol/L H₂SO₄		0.4	
Cu	1mol/L H₂SO₄	0.19	0.4	0.8
Sb	1mol/L H₂SO₄	0.23	0.4	
Al	0.005mol/L H₂SO₄	0.30		
As	1mol/L H₂SO₄	0.37		
Bi	1mol/L H₂SO₄	0.39	0.4	
Ta	1mol/L H₂SO₄	0.39	0.4	
Cd	0.005mol/L H₂SO₄	0.39		
	1mol/L H₂SO₄			1.22
Sn	0.005mol/L H₂SO₄	0.40		
	1mol/L H₂SO₄		0.5	1.2
Pb	1mol/L H₂SO₄	0.40	0.5	1.2
Zn	0.01mol/L Zn(CH₃COO)₂	0.48	0.7	1.2
Hg	1mol/L H₂SO₄	0.8	1.2	1.3

① 第一个可见气泡。
② 电流密度 0.01A/cm²。
③ 电流密度 0.1A/cm²。

5. 离子析出的顺序及完全程度

电解液中存在多种离子时，何种离子首先析出？一般可以根据分析时的离子浓度，从能斯特公式计算后进行判断，析出电位较正的离子首先在电极上析出。

当电解 A、B 两种二价离子时，若 A 离子的电位较正，则首先在电极上析出。但是，随着电解的进行，A 离子浓度因析出而不断降低，由 A 离子决定的阴极电位不断变负，通常认为当溶液中的离子浓度为原来的 $10^{-5} \sim 10^{-6}$ 倍时，电解即进行完全，计算可知，这时的阴极电位将较开始析出时的电位负 0.15～0.18V。如果这时还没有到 B 离子的析出电位，则 B 离子不能析出，这种情况下，A、B 两种离子可以完全分离。据此，电解时，要使共存的二价离子完全分离，它们的析出电位至少应差 0.15V。同理，分离两种共存的一价离子，它们的析出电位必须相差在 0.30V 以上。

二、电解分析法的应用

电解分析法是基于电解沉积在铂电极上的金属的重量分析的方法，也称为电重量法。电重量分析法可以分为恒电流电解法和控制电位电解法两种。电解分析法虽然可以避免化学分析中的过滤、灼烧等手续，但由于需要对电极称重，麻烦而不易自动化和仪器化，因此影响到它的实际应用。

1. 恒电流电解法

在恒定电流的条件下进行电解，然后直接称量电极上析出物质量进行的分析方法。这种方法也可用以分离。

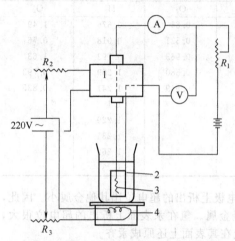

图 23-26 恒电流电解的基本实验装置
1—搅拌电机；2—铂网（阴极）；3—铂螺旋丝（阳极）；4—加热器
Ⓐ—电流表；Ⓥ—电压表；R_1—电解电流控制；R_2—搅拌速率控制；R_3—温度控制

恒电流电解的基本实验装置如图 23-26 所示。用直流电源作为电解电源，加于电解池的两极上，调节可变电阻 R_1，可以改变电流的大小，电流由电流表 A 指示。也可用恒电流仪，这种仪器电流不随负载而变，保持恒定。铂网为阴极、螺旋形铂丝作阳极并兼作搅拌（也可改用电磁搅拌器）。

根据电解的物质量，控制电流在 0.5～2A 之间，并在电解时维持电流恒定，电流越小，得到沉积金属的镀层越均匀和牢固，但耗时较长。电解中由于物质析出，电流不断降低，在整个实验过程中，应注意不断调节可调电阻 R_1 保持电流恒定。

恒电流电解中，为缩短电解时间、沉积完全而且金属镀层光滑、紧密，应注意掌握下列实验条件。

① 控制阴极电位低于氢在该电极的析出电位。可采用加入去极化剂的方式稳定阴极的电位。若电解中有气体放出时会使电极沉积物变成海绵状或容易脱落。

② 电流密度不可过高，避免因沉积速度过快造成海绵状沉积物而脱落。最佳电流密度在 0.01～0.1A/cm² 之间。

③ 适当增高温度，降低溶液黏度，并进行充分搅拌，减小浓差极化。

④ 控制 pH 值，过大酸度造成金属析出困难。

⑤ 加络合剂使金属镀层光滑，并增加致密性。例如，在含有大量氰或氨溶液中电解时，就可得到较好的金属镀层。

恒电流电解法在金属分析中常被用来测定 Cu、Pb、Ag、Ni、Zn、Cd、Sn、Pb、Bi、Sb 及 Hg 等，其中有的元素应在碱性或络合剂条件下进行电解。

2. 控制（恒）电位电解法

控制阴极或阳极电位为定值的电解法称为控制电位电解法。试液中存在两种以上金属离子，当它们之间有足够的析出电位差时，就可以利用控制阴极电位电解法进行测定或分离。

如图 23-27 所示为控制阴极电极电位电解装置示意。当溶液中为 A、B 两种共存离子时，可得到如图 23-28 所示的电流与阴极电位的关系曲线。图中 a、b 两点分别为 A、B 两种离子的析出电位。为分离它们，首先将阴极电位控制在负于 a 而正于 b，即控制在 d 点，此时 A 离子析出、B 离子则不能，这样可以达到分离 A、B 两种离子的目的。

控制阴极电解与恒电位电解装置不同之处，在于它具有测量及控制阴极电位的部分。电解过程中，阴极电位可用电位计或电子毫伏计准确测量，并且通过变阻器 R 来调节加于电解池两端的电压，以使阴极电位保持在特定数值（或一定范围）以内。有专门生产的自动恒电位控制仪，它可以自动控制电极电位在某一定值。

在电解中电流和时间服从特定的关系，当电解时仅一种物质在电极上析出，并且电流效率为 100% 时，电流与时间有如下关系，如图 23-29 所示。

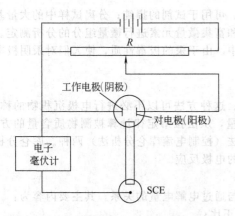

图 23-27 控制阴极电极电位电解装置示意

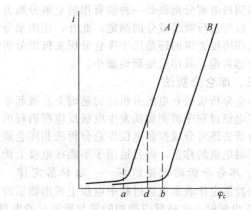

图 23-28 电流与阴极电位的关系曲线

$$i_t = i_0 \times 10^{-Kt} \qquad (23\text{-}41)$$

式中　i_0——开始电解的电流；

$\quad\quad i_t$——电解到 t 时的电流；

$\quad\quad K$——与电极及溶液性质等因素有关的常数。

$$K(\mathrm{min}^{-1}) = \frac{26.1DA}{V\delta} \qquad (23\text{-}42)$$

式中　D——扩散系数，$\mathrm{cm^2/min}$；

$\quad\quad A$——电极面积，$\mathrm{cm^2}$；

$\quad\quad V$——溶液体积，$\mathrm{cm^3}$；

$\quad\quad \delta$——扩散层厚度，cm。

常数 26.1 已包括扩散系数中将秒转变为分的换算因子 60 在内。

式(23-41)中 t 以 min 为单位，D、δ 分别为通常值 $10^{-5}\,\mathrm{cm^2/s}$ 和 $2 \times 10^{-3}\,\mathrm{cm}$。从上两式表示可见增大 K 值可以缩短电解时间。

控制电位电解法与恒电流电解法相比，主要优点是选择性高。

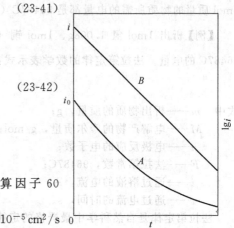

图 23-29 电流与时间关系

A—i-t；B—$\lg i$-t

一般讲共存一价离子与待测元素的析出电位相差 0.35V，二价离子相差为 0.20V 以上时，都可以达到互不干扰的分离目的。已用于 Ag、Cu 的分离测定；Cu 与 Bi、Pb、Ag、Ni 等的分离；Bi 与 Pb、Sn、Sb 等的分离及 Cd 与 Zn 的分离等。

3. 汞阴极电解法

利用氢在汞电极上有很大的超电位，用汞代替铂为阴极进行电解，这样许多在氢以前析出的金属离子，可以在汞阴极上被还原沉积出来。可用汞阴极电解法分离的元素见表 23-27。

表 23-27　可用汞阴极电解法分离的元素

I a	II a	III a	IV a	V a	VI a	VII a		VIII a		I b	II b	III b	IV b	V b	VI b	VII b	0
H																	He
Li	Be											B	C	N	O	F	Ne
Na	Mg											Al	Si	P	S	Cl	A
K	Ca	Se	Ti	V	Cr	Mn	Fe	Co	Ni	Cu	Zn	Ga	Ge	As	Se	Br	Kr
Rb	Sr	Y	Zr	Nb	Mo	Te	Ru	Rh	Pd	Ag	Cd	In	Sh	Sb	Te	I	Xe
Cs	Ba	La^a	Hf	Ta	W	Re	Os	Ir	Pt	Au	Hg	Tl	Pb	Bi	Po	At	Rn
Fr	Ra	Ac^b															

注：▢ 定量沉积的元素；▢ 分离不完全的元素 Ru Mn、Sb；▢ 定量分离但不进入汞内的 Pb、Os、As、Se、Te。

汞阴极电解分离法是一种很有用的电解分离方法。可用于试剂的提纯；分离试样中的大量基体成分，以便进行微量成分的测定；此外，还用来分离和富集微量元素进行微量组分的分析测定。不过，汞作阴极更多的还是用于库仑分析及极谱分析法中。由于汞的极毒性质，使人们对汞阴极电解法不太感兴趣，其用途逐渐地缩小。

三、库仑分析法

库仑分析法是在电解分析法的基础上发展起来的。这种方法可以不必进行电极沉积物的称重，而根据电解过程中被测物质发生电极反应所消耗的电量，从法拉第定律计算被测物质含量的方法。库仑分析法还可分成控制电位库仑分析法和库仑滴定法（控制电流库仑分析法）两种。库仑分析法避免了对电极的称量，而且适用于不能在电极上析出的电极反应。

1. 库仑分析的理论依据——法拉第定律

法拉第定律表示电解过程中电极上析出物质的量与通过电解电量的关系。其主要内容为：

① 电解时，电极反应产物的量与所通过的电量成正比；

② 不同物质的溶液中通过相同电量时，电极反应产物的量与其摩尔质量成正比，而且每析出1mol 质量的物质所需的电量都是 96487C（库仑），通常称为法拉第常数，常用 F 表示。

【例】析出 1mol 氢 1.008g，1mol 铜（1/2 Cu）31.77g，1mol 氧（$\frac{1}{2}$ O）8.000g 等，都需要96487C 的电量。法拉第定律的数学表示式：

$$m = \frac{M}{nF}it \tag{23-43}$$

式中　m——析出物质的质量，g；

$\quad$ M——电解产物的摩尔质量，g/mol；

$\quad$ n——电极反应的电子数；

$\quad$ F——法拉第常数，96487C；

$\quad$ i——通过溶液的电流，A；

$\quad$ t——通过电流的时间，s。

法拉第定律是自然科学中最严格的定律之一，它不受温度、压力、电解质溶液浓度、电极材料和形状、溶剂性质等因素的影响。如果实验中被测物质以 100% 的电流效率进行电极反应，则可以根据所消耗的电量（库仑数），求得被测物质的量，这就是库仑分析法的基础。

电流效率 η 是指电解过程中通过一定电量时电极上实际析出物的量 m 与根据法拉第定律计算出的理论析出量 m_0 之比，$\eta = m/m_0$。

如果 η 小，会给库仑分析造成误差，为减小误差要求：

① 电极必须是惰性电极，物质本身不参加反应，如 Pt 等；

② 由于电解液中有 H^+ 与 OH^-，为此利用 pH 值调节在各个电极上的超电压控制 H_2 在电极析出副反应，这样就可进行比 H^+ 的标准电位为低的金属的库仑分析。

2. 控制（恒）电位库仑分析法

当溶液中存在多种离子时，可以用恒电位库仑分析法对某种离子做定量分析，电极电位控制值可由 Nernst 方程式计算，多离子同时电解时离子在电极上析出的顺序取决于电极电位。如果待测离子在阴极上还原，则电解时电极电位较待测离子为高的其他阳离子较先在电极上析出。通过调节电源电压可使电解电极的电位控制在希望的数值，使相应的离子在电极上发生氧化还原反应。

其基本装置与控制电位电解法相似，如图 23-30 所示。由工作电极、对电极和参比电极三电极体系共同组成电位测量与控制系统。控制电位库仑分析仪，在电解过程中控制工作电极的电位在恒定值，使被测物质以 100% 的电流

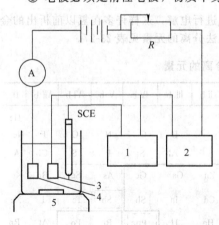

图 23-30　控制电位库仑法的基本装置
1—电子毫伏计；2—库仑计；3—工作电极（阴极）；4—对电极（阳极）；5—搅拌器

效率进行电解。当电解电流趋于零时，指示该物质已被电解完全，然后从与之串联在电路上的库仑计，精确地读取使该物质全部电解所需的电量，最后根据法拉第定律算出含量。常用的工作电极有铂、银、汞、碳等。

从公式（23-41）可知，控制电位电解时，电流随时间变化，并为时间的指数函数。所以，电解过程中所消耗的电量不能简单地根据电流与时间的乘积来计算，而要采用库仑计或电流-时间积分仪进行测量。

控制电位库仑法的应用如下。

① 测定的无机物 Ag^+、Ag、Cd、In 连续测定、Am^{3+}、As^{3+}、Au^{3+}、Bi^{3+}、Br^-、Cd^{2+}、Cu^{2+}、Zn^{2+}、Ca^{2+}、Cl^-、Co^{2+}、Cr^{3+}、Eu^{3+}、Fe^{3+}、Fe^{2+}、$Fe(CN)_6^{3-}$、I^-、$Fe(CN)_6^{4-}$、H_2O_2、Mn^{2+}、Mo^{6+}、Ni^{2+}、Np、Os^{6+}、Pb^{2+}、Pu^{4+}、SCN^-、Ru、Se^{2+}、Se^{4+}、Sn^{4+}、Te^{2-}、Te^{4+}、Tl^+、U^{4+}、U^{6+}、V^{4+}、V^{6+}、Yb^{3+} 等。

② 测定的有机物 二溴甲烷、三溴甲烷、三氯甲烷、三碘甲烷、四氯化碳、二溴乙烷、丙烯基溴、碘苯、六氯化苯、DDT、硝基甲烷、硝基丙烷、硝基苯、二硝基苯、氯硝基苯、硝基苯胺、硝基苯甲酸、硝基环己烷、间硝基苯酚、硝基对苯二酸、硝基对二甲苯、苦味酸、三氯乙酸、抗坏血酸、噻吩、有机过氧化物等。

控制电位法不仅灵敏度高，而且准确度也好。控制电位库仑法测定示例见表 23-28。

表 23-28　控制电位库仑法测定示例

电极反应	电解质溶液	电极	电势/V	测定范围/mg	准确度	备　　注
$Bi^{3+} \rightarrow Bi$	0.4mol/L 酒石酸钠 0.1mol/L 酒石酸氢钠 0.1~0.3mol/L NaCl	Hg	−0.35	13~105	±0.7mg	在 −0.24V $Cu^{2+} \rightarrow Cu$ 的预先还原反应之后
$Co^{2+} \rightarrow Co$	1mol/L 吡啶 0.3~0.5mol/L Cl^-	Hg	−1.20	10~100	±0.5mg	在 −0.95V $Ni^{2+} \rightarrow Ni$ 的预先还原反应之后
$Cu^{2+} \rightarrow Cu$	0.4mol/L 酒石酸钠 0.1mol/L 酒石酸氢钠 0.1~0.3mol/L NaCl	Hg	−0.24	6~75	±0.7mg	单独测定或在 Bi^{3+} 存在下
$Ni^{2+} \rightarrow Ni$	1mol/L 吡啶 0.3~0.5mol/L Cl^-	Hg	−0.95	10~100	±0.5mg	单独测定或有 Co^{2+} 存在
$Pb^{2+} \rightarrow Pb$	0.5mol/L NaCl	Hg	−0.50	41~207	±0.9mg	Cd^{2+} 不干扰
$Pu^{4+} \rightarrow Pu$		Hg 或 Pt		0.5~2	±1%~±0.1%	在预先电解氧化到 Pu^{4+} 之后
$UO_2^{2+} \rightarrow U^{IV}$ （反应堆燃料）	1mol/L 柠檬酸 0.10mol/L $Al_2(SO_4)_3$，用 KOH 调至 pH=4.5	Hg	−0.60	0.0075~0.75	±2.2%~0.06%	
$As^{3+} \rightarrow As^{5+}$	强酸(pH<3)	Pt	+1.0~1.2	17~85	±1%	
$Cr^{2+} \rightarrow Cr^{3+}$	6mol/L HCl	Hg	−0.4	0.005~0.1	±1%~±0.1%	高价 Cr 先在 −1.10V 还原为 Cr^{2+}
$Eu^{2+} \rightarrow Eu^{3+}$	0.1mol/L HCl	Hg	−0.1	1~10	优于 ±0.3%	先在 −0.8V 将 Eu^{3+} 还原为 Eu^{2+}
$Tl^+ \rightarrow Tl^{3+}$	1mol/L H_2SO_4	Pt	+1.34	30~100	±0.03%	溶液中含有 Ag^+ 作阴极去极化剂
$Cl^- + Ag \rightarrow$ $AgCl + e$	以甲醇为溶剂	Ag	+0.20	10~40	约 ±0.1mg	可测出所有三种卤化物
$Br^- + Ag \rightarrow$ $AgBr + e$		Ag	0.00	20~60		
$I^- + Ag \rightarrow$ $AgI + e$		Ag	−0.05	31~65		

3. 控制（恒）电流库仑分析法（库仑滴定法）

（1）原理和装置　实验中用恒定的电流流过电解池，工作电极上以 100% 的电流效率进行电解，产生能与被分析物质进行定量化学反应的物质进行滴定反应，借助于指示剂或其他电化学方法来指示滴定终点，这是与容量分析法有相似之处，但差别在于滴定剂是由恒电流电解产生的，而不是由滴定管加入的。因此，称为库仑滴定法。恒电流电解产生滴定剂过程中所消耗的电量（Q），可以简单地从电流（I）与时间（t）的乘积（$Q=It$）求得，因此，又称为恒电流库仑分析法。

库仑滴定的装置框图如图 23-31 所示。库仑滴定装置由恒电流源、计时器、电解池、终点指示器等部件组成。恒电流源供给可调的电解电流，电流值是通过精密电阻 R_2，用精密电位差计测定；计时器记录滴定时所消耗的时间，即电解起始到滴定终点间的时间。电解池用电磁搅拌器搅拌，对电极（E_1）常置于隔离室中，以防其他电极反应干扰；工作电极 E_2 产生滴定剂，工作电极为负极时，产生还原反应，电解产生还原剂滴定剂；工作电极为正极时，产生氧化反应，电解产生氧化剂滴定剂，电解池中还有两个电极是安培法指示终点的电极。为防止空气中氧的干扰，在电解液中可通氮气保护。

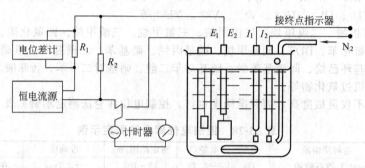

图 23-31　库仑滴定的装置框图

（2）库仑滴定法中指示终点的方法　有化学指示剂法、电位法、库仑滴定法、动态库仑分析法、安培法（死停法）等。

① 化学指示剂法　与容量分析一样，可用通常用的指示剂，如甲基橙、酚酞、百里酚蓝等。

② 电位法　与电位滴定法相同，利用在电解池中配置指示电极与参考电极为指示系统，从电位突跃指示终点到达。

（3）库仑滴定法　其特点：①不必配制标准溶液，滴定剂由电解产生，边产生边滴定，所以可用那些不稳定的滴定剂，像 Cl_2、Br_2、Cu^+、Mn^{3+} 等，扩大了应用范围；②可用于常量组分及微量组分的分析测定，灵敏度及准确度都较高，方法的相对误差约为 0.5%。对由计算机控制的精密库仑滴定法，准确度可达 0.01% 以下，且能作为标准定量方法。

（4）动态库仑分析法　动态库仑分析法也称微库仑分析法，与恒电位库仑滴定相似，也是利用电生中间体滴定被测物质，不过微库仑法与传统的控制电位库仑及恒电流库仑滴定不同，它可以根据指示系统的变化自动调节产生的电流，所以是一种动态库仑技术，又因它能灵敏地用于微量测定所以也称微库仑法。微库仑法具有快速灵敏、较高选择性以及能自动指示终点且具有跟踪滴定等优点，因响应速率较快，可用作微库仑鉴定器，与气相色谱联用，已广泛应用于环境监测分析、石油化工、医学临床等领域。其原理是利用经放大的指示电极电位信号控制工作电极的电解电流来控制产生滴定剂的量，指示电极能立刻响应消耗掉的电生滴定剂又产生信号推动电解系统工作直至滴定完成。

微库仑仪是由微库仑滴定池与微库仑放大器一起构成闭环自动控制系统，如图 23-32 所示，由指示电极（为 Pt 片）和参考电极（为 Pt 丝）组成电极对，工作电极电生适量的滴定剂，电极对产生的电位信号通过反向串联的、预置设定的外加偏置电压输入微库仑放大器，当输入的电位差为零时仪器处于平衡状态，电极对之间无电流通过，此时放大器的输出电压也为零。当有任何能与电生滴定剂发生反应的物质进入微库仑滴定池后，导致电生滴定剂浓度变化，随之使指示电极电位发生变化，平衡被破坏，放大器输出不再为零，工作电极上流过的电解电流又产生滴定剂。此过程反复进行，直至电生出足够的滴定剂，使指示电极对的电位信号达到预设的偏置电压，即电解液中滴定剂浓度恢复到最初的平衡状态为止。总之，动态库仑法属于需要预设终点的定点滴定。

动态库仑分析测定中电极反应物质的量按法拉第定律直接与电量成正比，这样就将物质的定量测定转成电量的测定，所以可将定量分析过程看成电对流时间的积分（积分时间从 $0 \sim t$）：

$$Q = \int_0^t i \, \mathrm{d}t$$

由于微库仑滴定中越接近终点时电解产生电滴定剂的速率越慢，一般不会造成恒电流电位法中因电极反应速率慢于电生滴定剂产生速率而难于正确确定终点，可以一次找到终点。因此，动态库仑分析是目前最快的库仑分析新方法之一。微库仑池结构示意如图 23-33 所示。

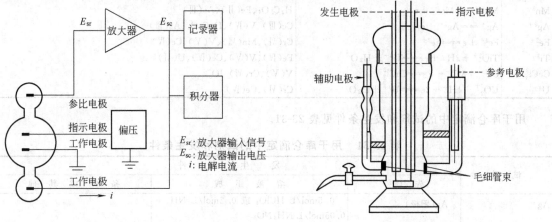

图 23-32 微库仑仪工作原理　　　　　　图 23-33 微库仑滴定池结构示意

（5）电流库仑分析应用　微库仑滴定是能够相当准确地测定微量，甚至痕量杂质的分析方法。因为被测物物质的量为 1×10^{-10} mol，电流滴定的电解时间为 10s 时其电流值为 $0.965 \mu A$，这是可以准确测定的，而且方法灵敏，便于自动化。库仑滴定适用于测定难以获得的反应物质（如气态物质）、挥发性物质（像氯、溴、碘）及不稳定的化学物质钛（Ⅲ）、铜（Ⅰ）等。库仑滴定可采用中和、沉淀、氧化还原及络合反应，已用的滴定剂有 30 多种，常用的有 Ag、卤素、Sn（Ⅱ）、Cr（Ⅱ）、CN^-、Ti（Ⅲ）等，可用的非水库仑滴定有碘量法、铈量法及中和法。但库仑滴定法更多地用于阴离子测定（例如卤素离子、硫离子、氰离子），也适用于某些氧化还原离子［如 As（Ⅲ）、Sb（Ⅲ）］等。在环保测定中用于大气、水质，以微库仑滴定法测定有害物质如 SO_2、O_3、NO_x（NO 及 NO_2）等。

库仑分析因其技术简便、快速、准确、灵敏且易于实现自动化故在环境监测中得到广泛应用，例如测定工业废水中铬（Cr^{6+}）和砷（As^{3+}）、污水中的化学耗氧量（COD）、制革污水中挥发酚、甲醛、大气中 SO_2、氮氧化物、一氧化碳、臭氧和总氧化剂等污染物种。微库仑法还在临床中测定抗环血酸，油品中的溴值。

库仑滴定法可采用酸碱、氧化还原、沉淀及络合等类反应进行滴定，典型应用实例见表 23-29 和表 23-30。

表 23-29　中和、沉淀和络合反应库仑滴定类型示例

被测物种	发生电极反应	次级分析反应
酸	$2H_2O + 2e \Longrightarrow 2OH^- + H_2$	$OH^- + H^+ \Longrightarrow H_2O$
碱	$H_2O \Longrightarrow 2H^+ + \frac{1}{2}O_2 + 2e$	$H^+ + OH^- \Longrightarrow H_2O$
Cl^-、Br^-、I^-	$Ag \Longrightarrow Ag^+ + e$	$Ag^+ + Cl^- \Longrightarrow AgCl_2$ 等
硫醇	$Ag \Longrightarrow Ag^+ + e$	$Ag^+ + RSH \Longrightarrow AgSR + H^+$
Cl^-、Br^-、I^-	$2Hg \Longrightarrow Hg_2^{2+} + 2e$	$Hg_2^{2+} + 2Cl^- \Longrightarrow Hg_2Cl_2$ 等
Zn^{2+}	$Fe(CN)_6^{3-} + e \Longrightarrow Fe(CN)_6^{4-}$	$3Zn^{2+} + 2K^+ + 2Fe(CN)_6^{4-} \Longrightarrow K_2Zn_3[Fe(CN)_6]_2$
Ca^{2+}、Cu^{2+}、Zn^{2+} 和 Pb^{2+}	$HgNH_3Y^{2-} + NH_4^+ + 2e \Longrightarrow Hg + 2NH_3 + HY^{3-}$	$HY^{3-} + Ca^{2+} \Longrightarrow CaY^{2-} + H^+$ 等

表 23-30　氧化还原库仑滴定示例

试　剂	发 生 电 极 反 应	被 测 物 质
Br_2	$2Br^- \Longrightarrow Br_2 + 2e$	As(Ⅲ)、Sb(Ⅲ)、U(Ⅳ)、Tl(Ⅰ)、I^-、SCN^-、NH_3、N_2H_4、NH_2OH、酚、苯胺、8-烃基奎宁、芥子气
Cl_2	$2Cl^- \Longrightarrow Cl_2 + 2e$	As(Ⅲ)、I^-
I_2	$2I^- \Longrightarrow I_2 + 2e$	As(Ⅲ)、Sb(Ⅲ)、$S_2O_3^{2-}$、H_2S
Ce^{4+}	$Ce^{3+} \Longrightarrow Ce^{4+} + e$	Fe(Ⅱ)、Ti(Ⅲ)、U(Ⅳ)、As(Ⅲ)、I^-、$Fe(CN)_6^{4-}$
Mn^{3+}	$Mn^{2+} \Longrightarrow Mn^{3+} + e$	$H_2C_2O_4$、Fe(Ⅱ)、As(Ⅲ)
Ag^{2+}	$Ag^+ \Longrightarrow Ag^{2+} + e$	Ce(Ⅲ)、V(Ⅳ)、$H_2C_2O_4$、As(Ⅲ)
Fe^{2+}	$Fe^{3+} + e \Longrightarrow Fe^{2+}$	Cr(Ⅵ)、Mn(Ⅶ)、V(Ⅴ)、Ce(Ⅳ)
Ti^{3+}	$TiO^{2+} + 2H^+ + e \Longrightarrow Ti^{3+} + H_2O$	Fe(Ⅳ)、V(Ⅴ)、Ce(Ⅳ)、U(Ⅵ)
$CuCl_3^{2-}$	$Cu^{2+} + 3Cl^- + e \Longrightarrow CuCl_3^{2-}$	V(Ⅴ)、Cr(Ⅵ)、IO_3^-
U^{4+}	$UO_2^{3+} + 4H^+ + 2e \Longrightarrow U^{4+} + H_2O$	Cr(Ⅵ)、Ce(Ⅳ)

用于库仑滴定中的试剂和发生条件见表 23-31。

表 23-31　用于库仑滴定中的试剂和发生条件

试　剂	发 生 条 件 先 质[①]	溶 液 组 成	条 件 或 其 他
Ag^+	Ag(阳极)	0.5mol/L $HClO_4$ 或 0.2mol/L NH_3 + 0.05mol/L NH_4NO_3	
Ag^{2+}	0.1mol/L $AgNO_3$	5mol/L HNO_3	Au 阳极,0℃,i/A[②] $= 2\sim25$
Bi^{3+} (痕量)	稀的铋汞齐 (0.2mol/L)	pH=1.3 的无氧高氯酸	发生电流为 0.35mA,用氮气通过溶液
Br_2	Br^-	H_2SO_4,$HClO_4$ 或 HCl(pH<5)	
Br^-	离子-交换膜		
BrO^-	1mol/L Br^-	$Na_2B_4O_7$ 缓冲液,pH=8~8.5(避免试剂中的 NH_3)	
Ca^{2+}	离子-交换膜		
Ce^{4+}	饱和的 $Ce_2(SO_4)_3$	>3mol/L H_2SO_4	$i/A = 1\sim10$
Cl_2	0.1~2mol/L Cl^-	HCl,H_2SO_4 或 $HClO_4$(pH<1)	
Cl^-	离子-交换膜		
Cu	饱和的 Cu^+	1mol/L $NaI + CH_3COOH$ 或苯邻二甲酸缓冲液,pH=3.5	
Cu^+	Cu^{2+}	1~3mol/L HCl	
Cu^{2+}	Cu 阳电极	K_2SO_4 或 $(NH_4)_2SO_4$,pH=5~8	已用 $K_4Fe(CN)_6$ 滴定,证明在这些溶液对于 Cu 的阳极溶解的电流效率为常数,并接近 100%
Fe^{2+}	Fe^{3+}	1mol/L $H_2SO_4 + 0.1mol/L$ H_3PO_4	为了电位法测定终点$[Fe^{3+}]$/$[$未知物$] < 10^3$
亚铁氰根	铁氰化物	无 pH 限制(铁氰化物溶液不稳定)	
铁氰根	亚铁氰化物	无 pH 限制	
$Fe(EDTA)^{2-}$	$Fe(EDTA)^-$	NaAc 至 pH>2	
H^+	H_2O	1mol/L Na_2SO_4	
	H_2O	于 CH_3CN 中的 0.05mol/L $LiClO_4 \cdot 3H_2O +$ 氢醌(0.1g/100mL)	
	CH_3COOH	于 $(CH_3CO)_2O$-CH_3COOH(6:1)中的 0.1mol/L $NaClO_4$	Hg 阳极
Hg^+	Hg 或镀 Hg 的 Au 阳极	0.5mol/L $NaClO_4 + 0.02mol/L$ $HClO_4$	
Hg^{2+}	Hg 或镀 Hg 的 Au 阳极	PO_4^{3-} 缓冲液或 NaOH,pH=9~12	仅仅内部发生(内电解)
$HSCH_2COO^-$	$Hg(SCH_2COO)_2$	CH_3COOH-$NaCOOCH_3$ 或 $NH_3NH_4COOCH_3$ 缓冲液 pH=5~10	Hg 阴极,N_2 气氛中
$H_2(EDTA)^{2-}$	离子-交换膜		

试 剂	发 生 条 件		
	先 质[①]	溶 液 组 成	条 件 或 其 他
H(EDTA)$^{3-}$	0.02mol/L HgNH$_3$ (EDTA)$^{2-}$	0.05mol/L NH$_4$NO$_3$＋NH$_3$ 至 pH 值为 8.5	Hg 阴极，N$_2$ 气氛中 $i/A<1.5$
I$^-$	离子-交换膜		
I$_3^-$	I$^-$	pH≤9	
卡尔费歇尔试剂 (Karl Fischer)	I$_2$	阳极电解质的发生溶液最适宜的组成：含有 0.35mol/L KI 及 7mol/L SO$_2$ 的吡啶溶液，每 15mL 该发生溶液密封于 25mL 棕色安瓶中，阴极电解质的抗衡溶液，最适宜为 0.1～1mol/L KI 甲醇溶液和 0.05～2mol/L SO$_2$ 在混合的吡啶或在甲醇中的溶液，每 25mL 密封于 25mL 棕色安瓶中	在 107.1mA 电解电流时，溶液应具有足够的电导，而且也不应有任何氧化 KI 或还原 I$_2$ 或产生两者的物质，每毫克水耗电量 0.71C 一对电解质溶液理论上可以滴定液体试样中 0.5g 的水或气体，固体试样中 1.2g 的水
Mn^{3+}	＞0.2mol/L Mn^{2+}	6mol/L H$_2$SO$_4$	N$_2$ 的气氛中，$i/A=1～4$
OH$^-$	H$_2$O	1mol/L Na$_2$SO$_4$	
	内部发生：H$_2$O	0.04～0.05mol/L KBr	Ag 阳极，$i/A<5$
Pb^{2+}	0.03mol/L 的铅汞齐	0.1mol/L HCl 或 HClO$_4$ 用 KOH 调整至 pH=3.5	$i/A=0.25$
S$_2$O$_4^{2-}$	0.01mol/L HSO$_3^-$	邻苯二酸缓冲液 pH=3～5	Hg 阴极，$i/A=1$
Sn^{2+}	0.2mol/L SnCl$_4$	3～4mol/L NaBr＋0.2mol/L HCl	不要加以净化的铂电极，$i/A=$ 10～85
Sn^{2+}	0.2mol/L Sn^{4+} (0.2mol/L SnCl$_4$)	1mol/L HCl	Sn 阴极，$i/A=1～30$ 电流效率 100%
Ti^{3+}	0.6mol/L TiOSO$_4$	6～8mol/L H$_2$SO$_4$	$i/A=3$
U^{5+}	UO$_2$Cl$_2$ 或 UO$_2$(ClO$_4$)$_2$	HCl 至 pH=1.5～2.5	在 [UO$_2^{2+}$]=0.1mol/L 时，$i/A<$ 2.5，＞0.03mol/L 的 NO$_3^-$ 有干涉
U^{4+}	UO$_2$SO$_4$	0.25mol/L H$_2$SO$_4$	在 [UO$_2^{2+}$]=0.1mol/L 时，$i/A<2$
V^{4+}	NaNO$_3$	0.5～3mol/L H$_2$SO$_4$	

① 先质：即电解产生试剂的原始物质或称电极反应产物的母体。
② i/A 为电流密度 mA/cm^2。

表 23-31 中除非另外指出采用的先质浓度为 0.05～0.1mol/L，发生电极为 Pt 电极，其面积为 2～5cm^2，使发生电流升到大约为 50mA。通过电流密度对先质浓度的比率为 0.5（μA/cm^2）/（mmol/L）的估计，即可算出这些条件的变化。在某些情况下，电流密度小于上述数值时电流效率才为 100%。

第五节　伏安和极谱分析法

极谱分析法是 1922 年海洛夫斯基首先开发的一个电化学分析法，是一种特殊的电解分析方法。利用记录电解池在电解过程中的电流-电压曲线或电位-时间曲线的方法进行测定。严格讲以滴汞为工作电极时称为极谱分析法，而以其他电极为工作电极时称为伏安分析法，但一般不作严格区分而统称为伏安法。工作电极用汞在分析中受到许多限制，在实践中发展了多种工作电极如固体电极、膜电极、复合电极、修饰电极、微电极等；在方法上出现了催化、络合物吸附、溶出伏安以及引入交流微扰等；在分析手段上也出现了一系列的新的仪器和设备，如扫描示波、方波、脉冲极谱仪、恒电位/恒电流仪、阻抗分析仪以及将多种设备和计算机有机地结合在一起的电化学工作站等，使伏安分析法的选择性和灵敏度均有极大提高，在现代的微量、痕量分析、医学、药物、生化及环境等领域中得到了广泛的应用。

一、经典（直流）极谱法的基本原理

1. 基本装置

直流极谱法的装置如图 23-34 所示。

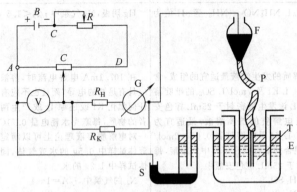

图 23-34　直流极谱法的装置
F—贮汞瓶；P—连接优质聚乙烯管；T—滴汞电极用的毛细管；
ACD—分压滑线；B—直流电池（电源）；R，C—可调电阻；
Ⓥ—伏特表；G—微安计；R_H，R_K—电阻；
E—电解池；S—甘汞电极

毛细管直径约为 0.05mm；参比电极可以是饱和甘汞电极或银-氯化银电极等，滴汞电极一般为负极，汞滴流速为每滴 3～5s。

极谱装置主要有三部分组成：即电压装置、电流计及电解池。电压装置提供可变的外加电压，它由直流电源（3～5V）、可调电阻 R、分压滑线 ACD 及电压表等组成。可调电阻用来调节分压滑线两端的电压，改变 C 点的位置即可改变加到电解池两个电极上的电压；电流计部分还包括电流计及分流器（可调电阻 R_H 及 R_K）。

滴汞电极为工作电极，上端与贮汞瓶连接，下端通过塑料管与毛细管连接，工作时与参考电极同时插入待分析试液中，即放在电解池内。

极谱分析中，外加电压与两个电极的电极电位有下列关系：

$$E_{外} = E_a - E_c + iR \tag{23-44}$$

式中　E_a——阳极（可以是饱和甘汞电极等）的电位；
　　　E_c——滴汞阴极的电位；
　　　R——回路中的电阻。

由于极谱分析中的电流 i 很小，一般小于 100μA，所以，iR 项可以忽略不计，这样公式（23-44）可以写成：$E_{外} = E_a - E_c$ 或 $E_{外} = -E_c$（相对于 SCE 或 VS、SCE）。也就是说滴汞电极的电位是相对于参考电极而言的，数值上就等于外加电压，只是符号不同，这样表示起来就比较方便。

2. 极谱过程的特点

极谱电解池中，使用的一个电极是滴汞电极，它的电位随外加电压变化而变化，叫指示电极。由于电极面积很小，电流密度较大，易产生浓差极化，所以也称极化电极。另一电极是面积很大的汞池电极或饱和甘汞电极等，叫参比电极。它的电位恒定，不受外加电压变化。电极面积大、电流密度小，电极表面不产生浓差极化，是去极化电极。

滴汞电极是一种理想的极化电极，极谱过程就可看成是一个完全控制了工作电极（滴汞电极）电位的电解过程，借此，使标准电位不同的金属离子，在不同的电位下析出，产生不同的极谱波，减少离子间的干扰，在同一溶液中可以同时测定多种金属离子。

极谱电解电流的大小，主要取决于指示电极上电极反应的速率、指示电极的面积和被测离子的浓度。在一定的极谱条件下，电解电流的大小，正比于被测离子的浓度。极谱电流一般很小，以 μA 为单位，当这数量级的电流通过电解池时，实际上可以认为不会改变主体溶液中的被测离子浓度。

极谱波的形状如图 23-35 所示；一般测定离子浓度在 10^{-3}～10^{-5} mol/L 之间，其中加入比被测离子浓度大 50～100 倍的惰性介质，称支持电解质。电解液除氧后，加入少量极大抑制剂，进行极谱测定，可得到相应的极谱波，叫极谱图。图中纵坐标是极谱电流，横坐标为外加电压，即是滴汞电极的电极电位。图中 ab 段为残余电流 i_r，abcde 段称为极谱波，峰高一半处的电位（c 点）称半波电位，以符号 $E_{1/2}$

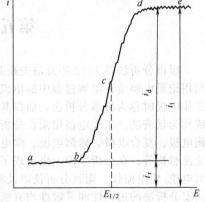

图 23-35　极谱波的形状

表示，de 段为极限电流 i_1，极限电流 i_1 减去残余电流 i_r 为扩散电流 i_d。

残余电流是在未达到金属离子的分解电压之前的电流，由滴汞电极表面的充电电流和底液中微量杂质的电解电流产生的。

如果还原离子是 Tl^+，则在外加电压加到 0.3V（即到图上的 b 点）时，Tl^+ 开始在滴汞电极上还原为金属铊，并形成汞齐，其电极反应如下：

阴极：$$Tl^+ + e + Hg \longrightarrow Tl\,(Hg)$$

阳极：$$2Hg + 2Cl^- \longrightarrow Hg_2Cl_2 + 2e$$

此阶段滴汞电极的电位可表示为：

$$E_{de} = E_{析出(Tl)} = E^{\ominus} + 0.059\lg\frac{[Tl^+]}{[Tl(Hg)]} \tag{23-45}$$

式中，[Tl (Hg)] 是 Tl 在汞齐中的浓度，当外加电压继续增加时，电流急剧上升，这是因为滴汞电极的电位进一步变负时，Tl^+ 的还原量增加，式(23-45) 中的 $Tl^+/Tl\,(Hg)$ 的比值不断变小，滴汞电位越负，滴汞电极表面附近的 Tl^+ 迅速地被还原，电解电流急剧上升，得到曲线的 bc 部分。滴汞电极表面附近的 Tl^+ 浓度 c^s，低于溶液中的 Tl^+ 的浓度 c^0，出现了浓差极化现象，使得还原电流的大小受 Tl^+ 浓差扩散控制，这种由扩散控制的电流称为扩散电流（i_d）。达 d 点时，电极表面附近的 Tl^+ 下降到 0，即（$c^s \rightarrow 0$），电极表面浓度 c^s 与溶液中浓度 c^0 产生浓度差为最大，达到完全浓差极化，为极限电流。当 $c^s \rightarrow 0$ 时，数学上表示式 $i_d = K(c^0 - c^s)$ 可写成 $i_d = Kc^0$，此式表明扩散电流与溶液中的 Tl^+ 浓度成正比，这是极谱定量分析的基础。

在极谱分析中，由于加在滴汞电极与甘汞电极两端的是直流电压。因此，它还可使离子在电场力的作用下产生迁移，这种因迁移产生的电流叫迁移电流，它与被测物质的浓度没有定量关系。为此，在极谱分析中要加入大量惰性电解质来消除它们。

最常用的无机支持电解质有无机酸、碱金属的无机盐等，因为碱土金属的还原电位很负，在 $-1.8 \sim -2.2V$ 之间（VS·SCE），四甲基铵盐可以达到更负的还原电位(约 $-2.6V$)。

3. 极谱波方程式

极谱波可分成两类：可逆波与不可逆波。对可逆波来说，电极反应的速率比电活性物质从溶液向电极表面的扩散速度快许多。所以，极谱波上任何一点的电流都是受扩散控制的扩散电流，电极反应没有明显的过电流，电极表面均能迅速达到平衡电位，得到很好的极谱波形（如 ∫ 形状），能斯特公式完全适用。

当电极反应速率慢于扩散速度时，极谱波上的电流就受电极反应速率控制。这时要使电活性物质在电极上反应产生电流，就需要一定的活化能，也就是说，要增加额外的电压，表现出明显的过电位，所得到的极谱波差，形状如"∫"，不能简单地应用能斯特公式。

极谱波是电流-电位关系曲线，它是描述扩散电流与滴汞电极的电位的关系的方程式，称为极谱波方程式。对于不同的反应类型（可逆、不可逆、还原后形成汞齐与否，或者仅还原到低价状态或络离子状态等），其极谱波方程式是不同的。极谱波方程式在理论研究上有重要意义。以下仅介绍最简单的一种，即金属还原为生成汞齐的情况，其电极反应为：

$$M^{n+} + ne + Hg \rightleftharpoons M\,(Hg)$$

假设电极反应是可逆的，且已消除迁移电流，则从法拉第定律及能斯特方程可以推导出极谱波方程为：

$$E_{de} = E^{\ominus} - \frac{RT}{nF}\ln\frac{f_a k_s}{f_s k_a} - \frac{RT}{nF}\ln\frac{i}{i_d - i} \tag{23-46}$$

式中　E_{de}——滴汞电极的电极电位；

$E^{\ominus}$——体系的标准电极电位；

R——气体通用常数；

n——电极反应转移的电子数；

F——法拉第常数；

$f_s(f_a)$——金属离子在溶液中（或汞齐）中的活度系数；

$k_s(k_a)$——扩散电流与金属离子在溶液中（或在汞齐中）的扩散速度成正比的比例系数；

i——扩散电流；

i_d——极限扩散电流。

上式也可写成：

$$E_{de} = E^\ominus - \frac{RT}{nF} \ln \frac{D_s^{1/2}}{D_a^{1/2}} - \frac{RT}{nF} \ln \frac{i}{i_d - i} \qquad (23\text{-}47)$$

式中　D_s——金属离子在溶液中的扩散系数；

D_a——金属在汞齐中的扩散系数。

4. 半波电位与对数分析曲线

当 $i = 1/2 i_d$ 时，滴汞电极电位值即为半波电位，用符号 $E_{1/2}$ 表示，代入式(23-47) 中有：

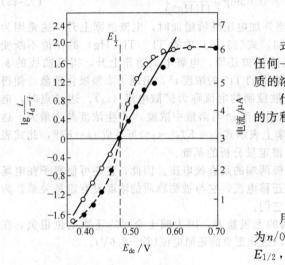

图 23-36　对数分析曲线

$$E_{de} = E_{1/2} = E^\ominus - \frac{RT}{nF} \ln \frac{D_s^{1/2}}{D_a^{1/2}} \qquad (23\text{-}48)$$

式(23-48) 可见，在一定组分和浓度的溶液中，任何一种物质的可逆半波电位都是一个常数，与该物质的浓度无关，仅与该物质的种类有关。

代式(23-48) 到式(23-47) 中，可以得到极谱波的方程式为：

$$E_{de} = E_{1/2} - \frac{RT}{nF} \ln \frac{i}{i_d - i}$$
$$= E_{1/2} - \frac{0.059}{n} \lg \frac{i}{i_d - i} \quad (25\,^\circ\!\text{C})$$
$$(23\text{-}49)$$

用 $\lg[i/(i_d - i)]$ 对 E_{de} 作图，可以得到一条斜率为 $n/0.059$ 的直线。当对数项为零时的电位，即为 $E_{1/2}$，如图 23-36 所示。即为对数分析曲线。

从对数分析曲线可以准确地求出半波电位与反应的电子数，该图还可以用来判断极谱波的性质，即当对数分析曲线不为直线或其斜率不等于 $n/0.059$（25℃，n 设为已知），说明可逆极谱波方程已不适用，此波已不是可逆波了。

$E_{1/2}$（半波电位）是极谱波的一个重要参数，当底液的组成及温度一定时，每一种物质的半波电位是定值，它不随待测物的浓度而变化，因此，可以作为定性分析的参考。

5. 半波电位 $E_{1/2}$ 与标准电极电位 $E^\ominus$ 的关系

从公式(23-49) 可见，半波电位与标准电极电位密切相关，大致可分成三种情况。

① $E_{1/2}$ 与 $E^\ominus$ 基本一致　均相氧化还原反应的可逆波属于这一类；金属离子还原为金属并生成汞齐，且与汞的亲和力不大的，其可逆波的 $E_{1/2}$ 也基本上与 $E^\ominus$ 相等。

② $E_{1/2}$ 较 $E^\ominus$ 为正　当金属离子还原为金属并生成汞齐，且与汞的亲和力特别大的，其 $E_{1/2}$ 比 $E^\ominus$ 正许多。碱金属和碱土金属属于这一类。

③ $E_{1/2}$ 较 $E^\ominus$ 为负　不可逆还原波的 $E_{1/2}$ 比 $E^\ominus$ 负，属于这类的有 Fe^{2+}、Co^{2+}、Ni^{2+} 等，它们还原为金属，但不生成汞齐，此时，电极反应有过电位，所以 $E_{1/2}$ 比 $E^\ominus$ 负。

应该注意的是，当有 H^+ 或 OH^- 参加电极反应时，$E_{1/2}$ 还与 pH 值有关。

一般来说，$E_{1/2}$ 与 $E^\ominus$ 的关系可以作为判别极谱波可逆性的参考。

二、扩散电流方程式——尤考维奇方程式

捷克科学家尤考维奇（Ilkovič）从理论上导出在滴汞电极上极限扩散电流的方程式，称为尤考维奇方程式，它是极谱分析中定量的理论基础。数学表示式如下：

$$i_d = K_s n D^{1/2} m^{2/3} t^{1/6} c \qquad\qquad (23\text{-}50)$$

式中　n——电极反应电子数；

D——被测物质在溶液中的扩散系数，cm^2/s；

c——被测物质在溶液中的浓度，$mmol/L$；

　　m——毛细管中汞的流速，mg/s；

　　t——测量电流的电压下滴汞的滴下时间，s；

　　i_d——极限扩散电流，μA；

　　K_s——常数，当 i_d 代表最大电流时，$K_s=708$，当 i_d 代表平均电流时，$K_s=607$。

三、影响扩散电流的因素

　　极谱分析中，只有保持扩散电流方程式中的常数项 K_s 不变时，极限扩散电流与浓度才有正比关系。影响 K_s 值的因素大致如下。

1. 扩散电流 i_d 与浓度关系

　　当其他因素不变时，$i_d \propto c$。在较好的情况下，对同一种系列浓度的溶液 K_s 的误差不超过 $\pm 0.2\%$。

2. 毛细管特性的影响

　　扩散电流方程式表明，i_d 与 $m^{2/3} t^{1/6}$ 成正比，m 与 t 的任何改变都会使 i_d 值变化，m 与 t 都是毛细管特性。所以，$m^{2/3} t^{1/6}$ 又称为毛细管特性常数，它与毛细管内径及汞高有关，当毛细管内径固定时，贮汞瓶的高度直接影响这数值的大小。汞高 h 越高，汞柱压力越大，汞在毛细管内的流速 m 越大，滴下时间 t 就越小。也就是说流速与汞柱压力 p 成正比，而滴下时间 t 与汞柱压力 p 成反比，数学上有 $m=k_1 p$，$t=k_2/p$，而 $m^{2/3} t^{1/6}=(k_2^{1/6} k_1^{2/3}) p^{1/2}$，由于 $i_d \propto m^{2/3} t^{1/6}$，所以，$i_d \propto p^{1/2}$，扩散电流的大小与汞柱压力的平方根成正比，设汞柱压力以汞柱的高度 h（cm）表示，因此：

$$i_d \propto h^{1/2} \tag{23-51}$$

　　在实际操作中，应保持汞柱高 h 不变。因为，h 增加 1cm，i_d 平均约增加 2%。在分析时，标准溶液和未知溶液应该在同一 h 下，同一支毛细管的情况下，记录极谱图，才能得到准确的测定结果。而扩散电流与汞柱高的平方根的反比关系，也可作为验证电极反应是否受扩散控制的方法之一。非扩散控制的极谱电流常数与汞滴面积（为 $0.85 m^{2/3} t^{2/3}$）成正比。

　　在尤考维奇方程式中有：

$$I=607nD^{1/2}=\frac{\overline{i_d}}{m^{2/3} t^{1/6} c} \tag{23-52}$$

　　式中，$\overline{i_d}$ 为平均扩散电流值；其余符号与式（23-52）相同。$I=607nD^{1/2}$，I 是常数，称为扩散电流常数。可用它来判断同一溶液不同实验室的结果相符的程度，不同仪器、不同毛细管有不同的 i_d 值，但 I 值都应该相同，也就是说 I 值与毛细管特性无关。为此，在发表极谱数据时，应列出所使用的毛细管特性常数 $m^{2/3} t^{1/6}$ 的数据，以便他人核对数据。

3. 温度及溶液组分的影响

　　扩散电流方程中除 n 项以外，其他各项都受温度影响，但以扩散系数 D 项受温度影响最大。在室温时，i_d 的温度系数约为 $+1.3\%/℃$，因此，为使温度变化引起的 i_d 值改变不大于 1 时，必须将温度变化控制在 $\pm 0.5℃$ 的范围内。但实际工作中是将标准及试样在同一条件下测定，也就在室温变化不大的时间段中测定，这样就不必用恒温装置来控制温度。

　　扩散系数与溶液性质有关，溶液黏度越大物质的扩散系数就越小，i_d 也会随之减小；溶液组分不同，则黏度不同，所以改变溶剂及络合剂等溶液组分的因素都将影响被测离子的扩散系数。在极谱测定中，应保持标准溶液与被测试样溶液有基本一致的组分。

四、极谱分析的干扰电流及消除方法

　　极谱分析中，除了扩散电流与被测定物质有定量关系外，其他因素引起的干扰电流都与被测离子的浓度没有定量关系。因此，它们都将直接影响到分析结果的准确性，实验必须设法消除。

1. 残余电流

　　由溶液中微量杂质的电解电流及滴汞电极充电电流产生。充电电流一般在 10^{-7} A 的数量级，这与 10^{-5} mol/L 的物质产生的扩散电流相当，而且叠加在极谱的扩散电流上。实验中可从底液的残余电流用作图法从扩散电流中扣除。不过充电电流部分却无法扣去。因此，普通极谱法中测定离子的浓度就不能低于 10^{-5} mol/L。

2. 迁移电流

由于极谱电解池中正、负离子之间的电场力,会使所有带电离子产生迁移,迁移及扩散到电极上的离子发生电极反应时,都会产生电流。由离子迁移而产生的电流称为迁移电流,它与被测离子的浓度没有严格的定量关系,干扰正常扩散电流的测定,实验中必须设法消除。消除迁移电流的方法是在测定溶液中加入大量支持电解质,加入量一般要比被测物质浓度大50~100倍。凡是在待测离子还原以前没有电极反应的物质都可用作消除迁移电流的物质。实际应用中,由于处理分析试样所用的酸、碱、溶剂,及试样中存在的大量其他物质的浓度,就远大于被测定物质的浓度,所以,一般不用再加支持电解质。

3. 极谱极大

极谱分析中常有一种特殊现象发生,有些物质进行极谱测定时,电流-电压曲线上,物质开始还原的电位处,有一个电流迅速升高到很高的数值,然后又很快地下降到扩散电流的数值,此后波形保持扩散电流不再改变。这种畸形波称为极谱极大,如图23-35所示。极谱极大受多种因素影响,其高度并不重现,与被分析物质浓度也无定量关系,但它影响扩散电流及半波电位的准确测定,所以实验中应设法除去。

极谱极大来源于汞滴生长过程中表面产生的切向运动,而引起汞滴表面附近溶液的剧烈搅动,结果使可还原(或可氧化)的物质迅速到达电极表面,产生极大的电流。

极谱极大可用表面活性物质来抑制,由于表面活性物质能吸附在汞滴表面上,使汞的表面张力差异减小。因此,避免了切向运动现象,极大得到消除。但其加入量要通过实验确定,加入量要小,并且要固定。

可作极大抑制剂的表面活性物质有:明胶、聚乙烯醇、三通 X-100 及某些有机染料,如酸性品红、甲基红等,如图 23-37 所示。

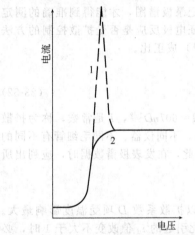

图 23-37 0.1mol/L KCl 中 Pb^{2+} 的极大
1—不加甲基红;2—加入甲基红

4. 溶解氧的干扰

室温时,氧在溶液中的溶解度为 8mg/L,在极谱测定中氧也会在电极上还原,产生两个还原波,其电极反应如下。

第一个波:$O_2 + 2H^+ + 2e = H_2O_2$ $E_{1/2} \approx -0.2V$

第二个波:$H_2O_2 + 2H^+ + 2e = 2H_2O$ $E_{1/2} = -0.8V$

它在多数金属离子的还原范围内。由于氧波不可逆,波形倾斜、延伸很长,占了从 $0 \sim -1.2V$ 的极谱分析的最常用的电位区间。因此,干扰测定,必须在极谱分析前除去。除氧的方法大致有下列几种。

① 在电解液中通入高纯 H_2、N_2、CO_2 等气体,其中 CO_2 仅适用于酸性电解液中除 O_2。

② 在中、碱性电解液中,可用加入 Na_2SO_3 的办法来除 O_2。在酸性溶液中 SO_3^{2-} 在滴汞电极上产生还原波,因此,不适用。

③ 在强酸性溶液中,可加入 Na_2CO_3 使其生成 CO_2 除 O_2,或者加入还原铁粉,与酸作用生成 H_2 的方式来除 O_2。

极谱分析中,除了上述四种干扰电流外,还会碰到诸如波重叠、前放电物质太浓(前还原物质浓度大于被测离子 10 倍以上时)、氢还原波干扰等,可采用加入适当的络合剂、改变溶液的组成等方式来改善和消除干扰。

五、极谱定量方法

1. 波高的测量

极谱分析中用波高的相对值代表扩散电流的大小,而不必知道扩散电流的绝对数值。为此,波高的准确测量是保证分析结果的准确度的必要条件之一。

最常用的测量波高的办法是平行线法和三切线法。

2. 工作曲线法

与所有工作曲线测定法相似，配置一套标准溶液，在相同的条件下（温度、支持电解质、极谱仪、滴汞电极等）测定标准及待分析试样的极谱波、量出波高，从标准溶液的工作曲线上查找待测试样溶液的浓度。

3. 标准加入法

分析较复杂的样品及要求较高的分析精度时，常用标准加入法。具体做法是：取 V_x（mL）分析试样溶液，浓度待测，设为 c_x，测得波高为 h，然后向该溶液中加入浓度为 c_s 的标准溶液 V_s（mL），得到波高为 H，则待分析未知试样的浓度 c_x，可由式(23-53)计算。

$$h = kc_x$$

$$H = k\left(\frac{V_x c_x + V_s c_s}{V_x + V_s}\right)$$

整理后可得：

$$c_x = \frac{c_s V_s h}{H(V_x + V_s) - hV_x} \tag{23-53}$$

六、其他类型极谱法

1. 经典（直流）极谱法

除了上述的可逆极谱波外，还有几种极谱波，简单介绍如下。

(1) 不可逆极谱波　由于电极反应速率慢于扩散速率产生的一类极谱波。氧化还原体系与电极电位间的平衡建立缓慢，所以，得到不可逆极谱波，其波形比较平坦。

(2) 络合物极谱波　金属离子 M^{n+} 可与中性配体 L 生成络合物 ML_p^{n+}。ML_p^{n+} 可在电极上可逆还原产生络合物极谱波。

(3) 动力波　在极谱电流中，电流的大小不再由去极剂的扩散速率或电极反应速率所控制，而是由电极周围反应层内进行的化学反应的速率来决定，这类极谱波称为动力波。又可分为前行动力波、随后动力波和催化波、吸附波等。催化波还可分为平行催化波和氢催化波等。有的有很高的灵敏度。

2. 直流极谱技术的新发展

直流极谱技术的新发展大致有下列四种。

(1) 控制滴汞时间的快速直流极谱　改滴汞速度从 2～5s 到 0.05～1s，扫描速度从 1～3mV/s 到几百毫伏每秒，可减少吸附对扩散电流测定的干扰并加快分析速度，但由于充电电流会随扫描变快而加大，所以此法提高灵敏度有限制。

(2) 电流取样直流极谱　利用现代电子技术在汞滴下落前 5～20ms，记录极谱电流（汞滴速：1 滴/5s），电势扫描速度近似于 5mV/滴汞时间，在每个汞滴的末期加扫描电势可消除因汞滴不断滴落与生成所形成的震荡并改善信噪比减小充电电流的影响，从而提高测定的灵敏度和降低检测限。

(3) 静态汞滴电极　设法使汞滴在 50～200ms 中快速长大，在滴落前汞滴面积随时间的变化可看成恒定（看成静态），此时测量极谱电流可减小充电电流的影响，使灵敏度提高 1～2 个数量级。

(4) 微分直流极谱　改变极谱图的形式，将 i-E 图改作成 $\mathrm{d}i/\mathrm{d}E$-E 图，电流对电势微分后对电势的图形变成峰形。这样对可逆波经一级或二级微分的测定下限甚至可达 $10^{-7}\mathrm{mol/L}$。

3. 交流示波极谱法

这种极谱法可用于微量成分的定性及定量测定以及电极吸附现象和反应可逆性的鉴别。

4. 单扫描示波极谱法

经典的直流极谱的电压扫描速度很慢，通常为 0.2V/min，记录的极化曲线是许多滴汞的平均电流，而单扫描示波极谱法则在线性扫描的直流电压上叠加一个线性脉冲的锯齿波，并且加在汞滴生长的后期，此时电极表面积的改变已很小，在一汞滴上以 0.25V/s 的扫描速度完成一个测定过程，随着电势的变化电极的极化速率不断变化，电极表面的反应物浓度不断下降，因扩散层中反应

图 23-38　三角波扫描电压

物的浓度差不断增大，扩散电流不断升高。当达到完全浓差极化时极谱电流达到极限值，但此时扩散层厚度也不再增加而扩散电流开始下降，可得到一个峰状的波形。由于扫描速度快，所以极化曲线采用长余辉的阴极射线示波器来记录。滴汞下落后期加扫描电压可以减小一部分充电电流，但扫描速度太快，也要使充电电流增加。这种极谱法可使测定下限达到 $5 \times 10^{-7} \, \mathrm{mol/L}$。

扫描极谱法除了有单扫描示波极谱法外，还有一种导数示波极谱法。这是由于测定某些电极反应可逆性差的金属离子时，或者存在大量先还原物质时，单扫描示波极谱的波形欠佳，改用导数示波极谱法后，往往可以得到清晰的波形，因此，可以提高测定的精确度和重现性。很多催化波、络合物吸附波都是用导数示波极谱法得到的。

5. 循环伏安法

循环伏安法与单扫描示波极谱法相似，都是以快速线性扫描的形式施加外加电压，所不同处是不再加锯齿波电压，而改加三角波电压，如图 23-38 所示，起始电压开始沿某一方向变化，当达到终止电压 E_1 时，又反方向扫回到起始电压，成一个等腰三角形，电压扫描速度从每秒数毫伏到 1V 可选。这样就可以得到如图 23-39 所示的极化曲线（i-E 曲线）。曲线包括两个分支，当前半支是去极剂在电极上还原的阴极过程，则在后半支扫描的过程中还原产物又重新被氧化，这是一个阳极化过程，产生氧化电流。因此，一次三角波扫描可以完成还原和氧化过程的循环。扫描过程可以是单次或多次往返循环，所以称为循环伏安法（线性变位循环伏安法），但扫描电势的区间一定要包含去极剂的半波电势。循环伏安法中两个方向的扫描速率可以相等，也可以不等，但常用的是大小相等方向相反的周期性变化的三角波，对可逆与不可逆过程及伴随化学反应的过程均可应用，从图形可以辨别过程的性质。循环伏安曲线上有两组重要的测量参数：①阴、阳极峰的峰值电流及它们的比值；②阴、阳极峰值的电势差。因为在正向扫描时起始电势处法拉第电流为零，可看成基线电流（零电流），而当进行反向扫描时阴极电流并未衰减至零，此时阳极波的峰

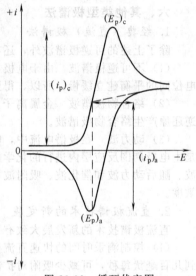

图 23-39　循环伏安图

电流就不能以基线为准而应以阴极电流衰减曲线为基准。当电势换向时阴极反应达到完全的浓差极化，此时的阴极电流可以认为是暂态的极限扩散电流，即按 $i \propto t^{-1/2}$ 规律衰减。当反向扫描时，在最初开始的电势范围还原态的再氧化反应不能马上开始，此时电流仍为阴极电流衰减曲线，因此阳极峰电流只能以阴极电流衰减曲线的延长线为基准来求算。循环伏安法是很有用的电化学研究方法，常用于研究电极反应的性质、机理及电极过程动力学参数等，是基础电化学理论研究的重要手段之一。从不同的循环伏安曲线形状及阴极、阳极峰电位的差别可作为对体系的可逆程度的参考，借此可助于判断体系反应的难易程度。如果改测电流-电势电线为电流-时间曲线，则可从电流峰下覆盖的面积所代表的电化学反应消耗的电量中得到电活性物质的利用率、吸附性等信息。循环伏安法在各种电活性物质的电极反应过程、电化学生物传感器和电催化过程的研究中是必不可少的手段，在电分析化学中占重要地位。循环伏安法还常用于表征电极状态，了解电极的预处理效果，在各种修饰电极活性的表征中常用。

6. 交流极谱法

直流极谱法有两大缺点：①存在电容电流使得直流极谱法测定的下限不能低于 $10^{-5} \, \mathrm{mol/L}$；②直流极谱只适于研究标准速率常数小于 $2 \times 10^{-2} \, \mathrm{cm/s}$ 的电极反应，但实际上多数电极反应的速率常数远大于这个数值。因此，应用受到限制，交流极谱法及其他极谱方法就是为解决这两个问题提出来的。

（1）**交流极谱法**　它是在直流极谱法极化电位上叠加一个小振幅的交流正弦电压。交流极谱电流的产生如图 23-40 所示，显示在直流极化电压上叠加的交流电压振幅为 10～50mV（峰到峰），频率≤100Hz，这时流经电解池的电流由三部分组成：直流极化电压产生的直流电流；叠加交流电压引起的充电电流和电活性物质还原的交流电流三部分。如图 23-41 所示的交流极谱波形是在滤去直流电流后得到的，为一个峰形波。普通（基波）交流极谱具有较高的分辨率，许多在直流极谱上为可逆的反应，在交流极谱上就不一定可逆，甚至不可逆，这便可以研究电极反应速率快得多的反应的电极过程动力学。

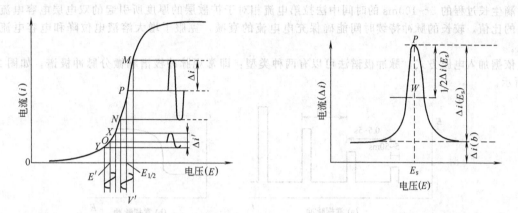

図 23-40　交流极谱电流的产生　　　　　　图 23-41　交流极谱波的波形

（2）**相敏交流极谱法**　相敏交流极谱法是在交流极谱技术上发展起来的。交流极谱中检测灵敏度仍制约着检测限的降低，为此人们借助电容电流超前电容电压 π/2 相角而法拉第电流只超前 π/4 的差别，用相敏检测器在所加交流电势相角为 0°或 180°处电容电流几乎降低到零时测量电流的方法来提高灵敏度。它可以完全消除充电电流的影响，把检测限提高 15～20 倍，但要用三电极系统消除溶液 iR 降。

（3）**二次谐波交流极谱（$2f$）**　由于法拉第电流具有非线性性质，它含有较大的高次谐波成分，但电容电流为线性的，几乎不含有高次谐波成分，当测量通过电解池的电解电流的高次谐波成分时，便可提高法拉第电流对电容电流的比值，减小电容电流对测定下限的影响。二次谐波交流极谱（$2f$），就是通过测量电解池的两倍于基波频率的电流来进行极谱测定的。

7. 方波极谱法

在交流极谱中将正弦波改成小振幅的方波，叠加在直流线性扫描电压上，选择在充电电流最小时（方波电压每改变方向之前的一瞬间）记录通过电解池的交流极谱法称为方波极谱法，方波极谱中电压与时间的关系曲线如图 23-42 所示，可得到类似于交流极谱的极谱波形。方波极谱法中既保留了交流极谱的优点，又进一步消除了电容电流的影响，提高了测定的灵敏度，测定下限可达 10^{-7}mol/L。随着科技发展，20 世纪 80 年代开始方波技术又得到进一步的改进，在加方波的同时结合一个阶梯波施加到指示电极上，记录前一波与后一波的末期电流得到两电流的示差信号，并提高扫描速率使方波更快，得到对称性更好的波形，称方波伏安法。

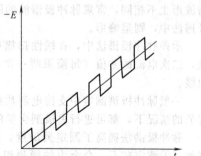

图 23-42　方波极谱中电压与时间关系曲线

这种方法可更好地扣除背景电流使基线电流为零，且可扣除溶液中不可避免的氧波影响，现在生产的计算机化的仪器中都已用上这种技术，称为 Osteryoung 方波。

在交流极谱法中存在两种电容电流：一种是由汞滴面积变化产生的；另一种是交流电流周期变化引起的电双层充放电周期变化的结果，方波极谱法设法降低了它们的影响，因此，使得测定灵敏度对可逆体系可以达到 $10^{-8} \mathrm{mol/L}$ 的范围。

8. 脉冲极谱法

方波极谱法中检测灵敏度已得到很大提高，但微小的电容电流限制灵敏度的进一步提高。为消除电容电流，要求电解池的内阻 $<100\Omega$，这样支持电解质的浓度就必须在 $1\mathrm{mol/L}$ 左右，这对分析微量成分不利；此外，方波极谱法中存着毛细管噪声产生的电流干扰测定结果，对不可逆体系测定的灵敏度要比可逆体系低一个数量级以上。因此，发展了减小这些缺点的脉冲极谱法。脉冲极谱波法中改成在一个汞滴上只加一个电压脉冲，宽度为 $40\sim80\mathrm{ms}$，且在加电压的后期测量电流，因为在汞滴生长过程的 $5\sim100\mathrm{ms}$ 的时间中法拉第电流相对于扩散层的厚度所引起的双电层电容电流有较大的比值，较长的脉冲持续时间能确保充电电流的衰减，克服了增大溶液电位降和电容电流的缺点。

依据加入电压方式，脉冲极谱法可以有两种类型：即常规脉冲极谱和微分脉冲极谱，如图 23-43 所示。

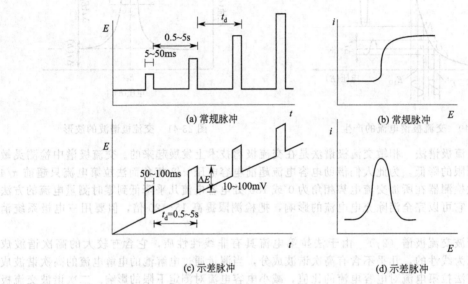

图 23-43　常规和示差脉冲方法的加压方式及所得波形

常规脉冲极谱与微分脉冲极谱的区别在于：前者加入的脉冲幅度随时间线性地增加，每个脉冲的间歇时间，回到起始电位；后者是每次加入叠加在线性扫描电压上为等幅脉冲。因此，它们的极谱波形也不相同，常规脉冲极谱波的图形，类似于直流极谱法，为台阶形（ ），而微分脉冲极谱法中，则呈峰形。

示差脉冲极谱法中，在线性扫描中叠加一个等幅的脉冲，对所加的等幅脉冲前后各测一次电流，二次电流的差值（每滴汞测一次电流差）对电压作图可得到一个在接近 $E_{1/2}$ 处为高值的峰形曲线。

一般脉冲极谱测定中支持电解质的浓度可以低到 $10^{-3}\sim10^{-2}\mathrm{mol/L}$，甚至可以在没有支持电解质的情况下，都可进行去极剂含量的测定，这就大大减小了支持电解质杂质的干扰。

脉冲极谱法提高了测定灵敏度，使测定的下限 $5\times10^{-9}\mathrm{mol/L}$。因此，得到了广泛的应用。例如：①测定矿石、合金中的微量组分，不必分离，可直接进行测定，灵敏度可达 $0.002\mu\mathrm{g/mL}$；②测定纯物质中的微量杂质含量，如测定高纯 NaCl 中的重金属杂质，最低可以测出 $0.1\mathrm{ng/g}$ 的痕量杂质、Cu、Pb、Cd、Zn、Mn 等；③可用于有机物和药物分析，如四环素等；④用于病理、生理研究，如血中铅的分析，可用于铅中毒的诊断；⑤环境污染物的分析，例如水中微量硝基苯的测定，灵敏度可达 $0.2\mu\mathrm{g/g}$；⑥研究电极过程。

9. 几种极谱法的检测下限

几种极谱法的检测下限见表 23-32。

表 23-32　几种极谱法检测下限

方　　法	检测下限 /(mol/L)	定量测定下限 /(mol/L)	方　　法	检测下限 /(mol/L)	定量测定下限 /(mol/L)
古典极谱	2×10^{-6}	6×10^{-6}	快速相敏交流极谱	约 1×10^{-6}	约 2×10^{-6}
快速极谱	3×10^{-6}	6×10^{-6}	交流桥极谱	1×10^{-6}	约 2×10^{-6}
断续极谱	1×10^{-6}	2×10^{-6}	方波极谱	4×10^{-8}	约 8×10^{-8}
单扫描示波极谱	1×10^{-7}	2×10^{-7}	方波交流桥极谱	5×10^{-8}	1×10^{-7}
单扫描示差波极谱	5×10^{-8}	1×10^{-7}	示波方波极谱	2×10^{-8}	4×10^{-8}
脉冲极谱	5×10^{-9}	1×10^{-9}	高频极谱	2×10^{-6}	4×10^{-8}
相敏交流极谱	5×10^{-7}	1×10^{-6}			

10. 新极谱分析法

新极谱分析法包括半微分极谱法、半积分极谱法、1.5 次微分极谱法、2.5 次微分极谱法等。新极谱法采用固体电极为工作电极，克服了经典极谱及示波极谱中充电电流等的影响，所得电流随电解时间变化，电流-电位曲线为峰形，对称性好，灵敏度及分辨率均得到提高。比经典极谱高三个数量级。

新极谱法的电流-电位理论曲线如图 23-44 所示。

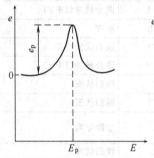 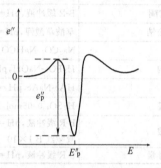

（a）e-E 曲线，其纵坐标为电极反应产生的电流的半微分值，横坐标为电极电位值，E_p 为峰电位，e_p 为峰高

（b）e'-E 曲线，其纵坐标为电流的 1.5 次微分值，横坐标为电极电位值，E'_p 为负峰电位，e'_p 为峰高

（c）e''-E 曲线，其纵坐标为电流的 2.5 次微分值，横坐标为电极电位值，E''_p 为负峰电位，e''_p 为负峰高

图 23-44　新极谱法的电流-电位曲线

其中峰电位 E_p、E'_p、E''_p 不随测定离子浓度而变，在一定实验条件下为常数，对不同物质有特征值，是定性分析的依据。

峰高 e_p、e'_p、e''_p 与被测离子浓度、电极面积、扫描速率成正比，是定量分析的根据。

新极谱法已推广用于各类极谱法，如包括经典极谱法、示波极谱法等在内的线性扫描极谱法，阶梯波极谱法、循环伏安法及溶出伏安法中，由于具有半积分、半微分和多重半微分等特点，灵敏度得到进一步提高，灵敏度及分辨能力优于微分脉冲极谱，而仪器更简单。

七、极谱分析法的应用

1. 无机物极谱分析

周期表中大多数能起电极反应的物质均可用极谱法测定，常用于周期表中长周期偏右部分元素的测定，如 Cr、Mn、Fe、Co、Ni、Cu、Zn、Cd、Tl、Sn、Pb、As、Sb、Bi 等。这些元素的还原势分布于 0~1.6V 的范围内，往往可以在一次极谱测定中同时分析若干元素，例如在氨性溶液中 Cu、Cd、Ni、Zn、Mn 同时测定。

稀土元素中的铈、钐、铕、镱以及钒、铬、钼、钨、铀等都可用极谱法进行测定。

非金属元素像 Cl^-、Br^-、I^-、CN^-、S^{2-}、OH^-、$S_2O_3^{2-}$ 等可用汞溶解的氧化波进行定量分析。

无机极谱分析主要用于测定金属中微量杂质金属元素、合金的金属成分、矿石中的金属元素、工业制品、药物、食物中金属元素，以及初等植物体中、海水中微量及痕量金属元素和水中溶解氧等。

2. 有机物极谱分析

凡能在电极上进行氧化或还原反应的有机化合物，都有可能用极谱进行测定，见表 23-33。

能被还原的有机化合物有下面几类：①硝基、亚硝基、偶氮、偶氮羟基化合物；②醛、酮、醌类化合物；③不饱和化合物；④卤化物；⑤其他，如含氧或含氮的杂环化合物、过氧化合物、硫化物、砷化物等。

能被氧化的有机化合物有：①氢醌及其有关化合物；②维生素 C 等有机酸；③含硫化合物。

表 23-33 部分有机物的极谱测定应用

待测物	底液	检测下限/(mol/L)	测定方法
5-甲氧基吲哚乙酸	NH_3-NH_4Cl,pH=9.2	9×10^{-7}	方波
氢溴酸右美沙芬	B-R 缓冲液,pH=6.5	5.6×10^{-7}	微分脉冲阳极溶出伏安法
福美双	酒石酸缓冲液,pH=5.3 K_2SO_4,3.0×10^{-2} mol/L Cu^{2+},4.0×10^{-6} mol/L	2.0×10^{-9}	二阶导数
三聚氰胺	KOH-Na_2SO_4	0.1mg/L	二阶导数
α-山竹黄酮	B-R 缓冲液,pH=3.1	5.0×10^{-6}	微分脉冲(DPV)
γ-山竹黄酮	B-R 缓冲液,pH=3.1	2.0×10^{-6}	微分脉冲(DPV)
头孢曲松钠	草酸草酸钾,pH=4.5	0.23mg/L	示波
懈皮素	Na_2CO_3-$NaHCO_3$,pH=9.5	2.0×10^{-6}	线扫伏安
头孢呱酮	H_3PO_4-NaOH,pH=1.0	4.95×10^{-9}	微分脉冲(DPV)
紫草素	HAc-NaAc,pH=4.3	5.0×10^{-7}	线扫伏安
司帕沙星	H_2SO_4 0.05mol/L	2.0×10^{-7}	线扫伏安
透明质酸	B-R 缓冲液,pH=5.5 吡啰红 B 1×10^{-3} mol/L	28mg/L	二阶导数
硫酸软骨素	B-R 缓冲液,pH=5.0	1.9mg/L	线扫伏安

注：B-R 缓冲液即 Britton-Robinson（B-R）系列缓冲溶液。

第六节 溶出伏安法

溶出伏安法是一种灵敏度高、成本低的痕量分析、成分分析法。它的测定范围可达 $10^{-6}\sim10^{-11}$ mol/L，而且有较好的精度，检出限可达 10^{-12} mol/L，可与无火焰原子吸收光谱法的灵敏度相比，而设备成本却远低于它。

一、溶出伏安法的基本原理

溶出伏安法包括电解富集和电解溶出两个过程，工作电极只能是悬汞滴或其他固体微电极，然后将工作电极固定在产生极限扩散电流的电位上进行预电解，使被测定的物质富集在工作电极上。为提高富集效果，缩短测定时间，应增加搅拌或将电极旋转，以加快被测物质离子到达电极表面的速度。预电解过程可以看成为恒定电位电解过程，如果电解时间不长、被电解溶液的体积不太小，则电解富集的结果不会使溶液的浓度发生显著的变化。

预电解的富集过程完成后，再进行溶出测定过程，这时要停止搅拌，静止片刻后，逐步改变工作电极电位，使富集在电极上的物质溶出，电位变化的方向，应使电极反应与电解富集过程的电极反应相反，可记录得到一条峰形的电流-电位曲线，称为溶出曲线，如图 23-45 和图 23-46 所示。峰电流 i_p 的大小与被测物质的浓度有定量关系。

溶出伏安法有两种，当电解富集时在较负的电位而溶出时，则向较正电位的方向变化溶出的，称为阳极溶出伏安法（简称 ASV）；相反，当电解富集的电位比较正，而溶出时向较负的电位方向变化的溶出伏安法称为阴极溶出伏安法（简称 CSV）。

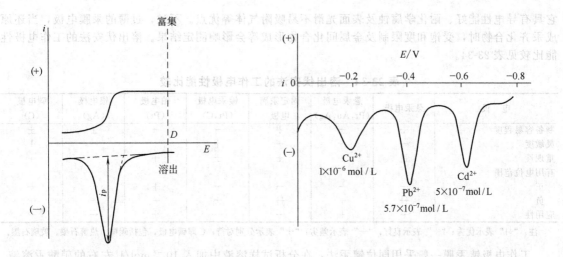

图 23-45　阳极溶出伏安法极化曲线　　　　图 23-46　盐酸底液中镉、铅、铜的溶出伏安曲线

二、溶出伏安法的峰电流性质

对于不同的工作电极，有不同的溶出峰电流与被测浓度的定量关系式。

① 对悬汞滴电极，峰电流 i_p 与浓度的关系式如式（23-54）所示。

$$i_p = KAn^{2/3}D^{1/2}v^{1/2}c \qquad (23\text{-}54)$$

式中　i_p——溶出峰电流；

K——常数；

A——电极面积；

n——电极反应电子数；

D——被测电活性物质的扩散系数；

v——电位扫描速度；

c——溶液中被测物质的浓度。

② 对汞膜电极，峰电流 i_p 与浓度的关系式如式（23-55）所示。

$$i_p = kn^2Alvc \qquad (23\text{-}55)$$

式中　l——汞膜厚度。

其余符号同式（23-54）。

实验中工作电极面积 A 和电解溶液体积 V 与峰电流 i_p 之间，服从下面关系式

$$i_p = K_1\frac{A}{v}Q \qquad (23\text{-}56)$$

式中　Q——电活性物质的总量。

从式（23-56）可知，电极面积大、电解溶液体积小，即 A/v 的比值大时，有较大的峰电流值。

电位扫描速度也可以提高测定的灵敏度，不过增加电位扫描速度会增大充电电流，所以，实验中应选择适当。

峰电流公式是溶出伏安法定量分析的基础。

三、伏安法的工作电极

溶出伏安法最常用的是各种汞电极，如悬汞滴电极、汞膜电极、银球镀汞膜电极、玻璃炭汞膜电极等。

悬汞滴电极容易制备，它具有简单、经济、重现性好等优点，但也有缺点，例如易于滴落，A/v 比小，预电解后在溶出前必须静止 30s，以让汞滴表面与内部浓度均匀而费时等。

汞膜电极可用铂丝烧成球在镀银后沾汞，或银球镀汞后备用。汞膜电极的优点是 A/v 比大，可用高速搅拌，增加预电解时电沉积的速度；也可直接旋转电极，一般用 3600r/min，溶出峰形较窄；使用方便等优点。但重现性不及悬汞滴电极好。

其他汞膜电极，还有蜡浸石墨电极、玻璃炭镀汞膜电极等，其中以玻璃炭镀汞膜电极为最好，

它具有导电性能好、耐化学腐蚀及表面光滑不易吸附气体等优点。不过，过薄的汞膜电极，当还原成汞齐化合物时，受饱和度限制及金属间化合物形成等会影响测定结果。溶出伏安法的工作电极性能比较见表23-34。

表 23-34　溶出伏安法的工作电极性能比较

电　极	悬汞电极	悬汞电极 (Pt,Au,Ag)	固定汞滴 电极	镀汞电极 (Pt,C)	铂电极 (Pt)	银电极 (Ag)	碳电极 (C)
制备容易程度	+	±	+			±	±
灵敏度	−	−	−	+	+	−	+
重现性	++	+	±	±	+	+	+
有用电位范围							
正	−	−	−	−	+		+
负	++	+	++	±	−		+
应用性	+	+	−	−	±		+

注："++"表示优秀；"+"表示良好；"−"表示差劣；"±"表示分别对待；C即碳电极，包括碳糊、热解石墨、玻璃石墨。

　　工作电极镀汞膜一般采用同位镀汞法，在分析试样溶液中加入 10^{-4} mol/L左右的硝酸汞溶液。在预电解过程中，在玻璃炭工作电极上将析出与形成薄层汞膜。

　　吸附伏安溶出法以伏安溶出和吸附溶出两种技术进行检测，可很大程度上扩大在痕量金属测定分析中的应用。该技术包括分子的形成、吸附性积聚和金属的表面活性络合物的还原。与一般溶出伏安法相同包括被测物在电极上的富集和电化学溶出两个过程，所不同的是富集过程不是通过沉积而是一种以物质的吸附作用为富集手段的电分析法，此过程螯合剂的选择，生成络合物必须是表面活性和电化学活性的，其特点是吸附时间短、还原效力高和有非常低的检测限。表23-35与表23-36为吸附伏安法测定的部分有机化合物与无机离子。

表 23-35　吸附伏安法测定的部分有机化合物

化合物	电解质	检测限/(mol/L)	工作电极
可卡因	1mol/L NaOH	10^{-6}	SMDE
	5mol/L NaOH	5×10^{-8}	SMDE
可卡因	0.05mol/L NaOH	10^{-6}	SMDE
罂粟碱	1mol/L NaOH	10^{-7}	SMDE
阿托品(颠茄碱)	0.05mol/L NaOH	10^{-6}	SMDE
异丙基-2[1-(1-甲基)-正丙基]4,6-二硝基酚氨基甲酚酯	pH=6.1,Britton-Robinson 缓冲液	5.88×10^{-9}	HMDE
2-甲基硫代-4-乙胺基-6-异丙氨基-1,3,5-三嗪	pH=3.5,Britton-Robinson 缓冲液	7.89×10^{-10}	HMDE
2-甲基硫代-4,6-双异丙氨基-1,3,5-三嗪	pH=3.5,Britton-Robinson 缓冲液	3.94×10^{-9}	HMDE
三氯联苯	pH=6.5,Britton-Robinson 缓冲液,含20%(体积分数)甲醇	1×10^{-8}	HMDE
地谷新(异羟基洋地黄毒苷原)	0.005mol/L NaOH	2.3×10^{-10}	SMDE
毛地黄毒苷	0.005mol/L NaOH	8×10^{-10}	SMDE
毛地黄毒苷配基	0.005mol/L NaOH	7.5×10^{-10}	SMDE
翠(甾)酮	0.005mol/L NaOH	1.6×10^{-10}	SMDE
甲基翠(甾)酮	0.005mol/L NaOH	2×10^{-10}	SMDE
孕甾酮	0.05mol/L NaOH	3.3×10^{-10}	SMDE
核黄素	0.001mol/L NaOH	4×10^{-8}	SMDE
黄素单核苷酸(FMN)	0.001mol/L NaOH	4×10^{-8}	SMDE
咯嗪(alloxazion)	0.001mol/L NaOH	4×10^{-8}	SMDE
硫脲及其他硫脲衍生物	pH=5~6,0.1mol/L NaClO$_4$	4×10^{-9}	HMDE
维生素 B$_{12}$	0.1mol/L NH$_4$Ac	4×10^{-9}	HMDE
半胱氨酸	pH=3.5,Britton-Robinson 缓冲液(1.2×10^{-5}mol/L Cu^{2+})	1×10^{-10}	铂球镀银 汞膜电极

续表

化合物	电解质	检测限/(mol/L)	工作电极
十二烷基磺酸盐	1mol/L NaOH	10^{-5}	SMDE
十二烷基磺酸钠	1mol/L NaOH	10^{-6}	SMDE
	5mol/L NaOH	10^{-7}	
英特卡因(intercaine)	0.05mol/L NaOH	10^{-7}	SMDE
柏卡因(percaine)	0.4mol/L NaCl 0.1mol/L H_2SO_4	10^{-8}	SMDE
2-甲基-4,6-二硝基苯酚	pH＝6.1,Britton-Robinson 缓冲液	4.86×10^{-10}	HMDE
甲氨蝶呤(methotrexate)	pH＝3～10,B-R 缓冲液	方波 2×10^{-9} DPP 3×10^{-10}	HMDE
乳清酸(维生素 B_{13})	pH＝10.5,0.15mol/L NaH_2BO_3	2×10^{-9}	HMDE
腺嘌呤	pH＝10.5,0.05mol/L NaH_2BO_3	2×10^{-9}	HMDE
甲胺磷	0.01mol/L NaAc	1.4×10^{-6}	汞膜电极
舒乐安定	pH＝9.3,0.1mol/L NH_3-NH_4Cl	3×10^{-6}	SMDE
奋乃静	pH＝9.4,B-R 缓冲液	5×10^{-6}	碳糊电极
毛地黄毒苷	0.12mol/L NaH_2BO_3	3.2×10^{-10}	HMDE
胞嘧啶	0.15mol/L NaH_2BO_3	2.0×10^{-12}	HMDE
地高辛	1.0×10^{-3} mol/L NaOH	1.0×10^{-8}	HMDE
小牛脑腺嘧	0.15mol/L NaH_2BO_3	1.0×10^{-10}	HMDE
心律平	pH＝6.47,磷酸盐缓冲液	5×10^{-9}	HMDE
香兰素	0.1mol/L HCl	2.0×10^{-11}	HMDE
食用色素(柠檬黄)	pH＝8.6～9.0,NH_4OH-NH_4Cl	2.0×10^{-6}	HMDE
氟哌啶醇	pH＝9.25,NH_3-NH_4Cl	2.0×10^{-7}	HMDE
维生素 B_2(核黄素)	0.219mol/L NH_4Ac	5×10^{-9}	HMDE
硫辛酸(lipoic acid)	0.1mol/L NH_4Ac	1×10^{-7}	HMDE

注：SMDE 为静汞电极；HMDE 为悬汞电极。

表 23-36　吸附伏安法测定的部分无机离子

被测金属	工作电极	络合剂	检测限/(mol/L)
Zr	静止汞滴	铬紫 RS	2×10^{-10}
Mn	静止汞滴	铬黑 T	6×10^{-10}
Ga	静止汞滴	铬紫 RS	1×10^{-9}
Cr	静止汞滴	DTPA	4×10^{-10}
Ti	静止汞滴	二羟基偶氮染料	7×10^{-10}
Al	静止汞滴	铬紫 RS	5×10^{-9}
		茜素 S	6×10^{-10}
Fe	静止汞滴	邻苯二酚	2×10^{-10}
		铬黑 T	5×10^{-8}
Cu	静止汞滴	邻苯二酚	1×10^{-11}
V	静止汞滴	邻苯二酚	1×10^{-10}
		没食子酸	1×10^{-7}
Co	静止汞滴	丁二酮肟	1×10^{-10}
Co	静止汞滴	亚硝基萘酚	5×10^{-8}
U	静止汞滴	邻苯二酚	2×10^{-9}
U	静止汞滴	噻吩甲酰三氟丙酮	4×10^{-7}
La,Ce,Pr	静止汞滴	甲酚酞	2×10^{-10}
Eu	静止汞滴	二甲酚橙	5×10^{-10}
Nb	静止汞滴	邻菲罗啉	1×10^{-8}
Sn	静止汞滴	8-羟基喹啉、甲基橙	3×10^{-7}
Se	静止汞滴	邻苯二酚	5×10^{-10}
Ni	静止汞滴	丁二酮肟	4×10^{-10}
Te	静止汞滴	硫氰酸盐	5×10^{-11}

四、伏安法的应用

伏安法是一种应用很广的方法之一，除了用于金属的测定外，还可测定一些阴离子，如 Cl^-、Br^-、I^-、S^{2-} 等。可测定的元素达 40 余种，如图 23-47 所示。

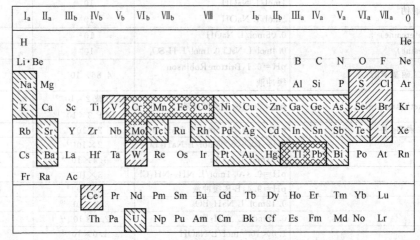

图 23-47　溶出伏安法能测定的元素

阴极溶出法；　　阳极溶出法；　　阴极或阳极溶出法

溶出伏安法已应用如下。

① 水中杂质的测定如 Cu、Pb、Zn、Cd、Co、Ni、Fe、Bi、Ag、Hg、Au、In、Sb 等。

② 纯金属中杂质的测定，如银中的 Cu、Bi、In、Zn、Pb、Sb；铝中的 Cu、Pb、Cd、Zn、Cu、Cd、Ca；钡中 Cu、Pb、Zn；镉中的 Sn、Pb、Tl、Cu、Bi、Sb、Zn、Ag；钴中 Pb、Cu、Bi、Cd、Zn、Sb、Te；铁中的 Cu、Pb、Cd、Bi、Zn、Ni、Co；汞中的 Zn、Cd、Pb、Cu；铟中的 Ri、Cd、Zn、Cu、Pb、Tl 等。

③ 半导体材料中杂质元素的测定，如砷、镓类中的 Cu、Pb、Tl、Zn、Bi、Cd、Sn、Li；锗、硅类中的 Bi、Sb、Cd、Pb、Au、Zn 等；硒、碲、锌类中的 Cu、Pb、Cd、S、Sb、Zn、Br 等。

④ 薄膜材料中杂质元素的测定，如硅上 SiO_2 膜中的 Zn、Pb、Cu、Bi、Cd、Sb、In、Sn、Fe、Li、K、Na 等。

⑤ 晶体合金材料中杂质元素的测定，如 Cd_3As_2、Li 晶体中的 Li。

⑥ 矿物中微量元素的测定如矿石中 Tl、Ag，硫化矿石中的 Ag、Au 等。

⑦ 无机酸、碱、盐中的杂质元素的测定：如盐酸中 Cd、Cu、Pb、Bi、As 等，KOH 中 Sb、Cu、Pb、Zn、Mn 等。

⑧ 有机物中杂质元素的测定，如 HCOOH 中的 Pb。

第七节　伏安法中电极的进展

伏安法能否进行与工作电极的关系极大，工作电极应有高的信噪比和重现性，所以选择时应考虑目标分析物的氧化还原性质、测量适应的电位区间、本底电流的性质以及电极的几何形状。早期应用的电极有汞、碳、贵金属（主要为 Pt、Au）。汞电极（滴汞、悬汞、汞膜、合金汞齐）氢过电位高、阴极使用电位宽、易重现、适于测定多数金属离子，但在正向电位方向上因汞本身被氧化，尤其是汞膜电极存在汞损失，而使测定受到限制。以汞为电极能同时分析多种痕量金属离子优点明显，但汞是高毒性物质，呈液体状态，流动性大且易挥发，是一种对环境不友好的物质。非汞电极，包括金属电极（Pt、Au、Ag、Cd、Cu）和非金属电极（石墨、玻璃碳）。这类电极可静止、可旋转、氢的过电位低 [$-0.2 \sim -0.5$V（vs. SCE）]、适应的阳极电位较宽，但背景电流大，表面吸附现象严重，使重现性不好。优点是适于非水介质中能对有机物质进行测定，虽然这类电极众多但是都不及汞或汞膜电极性能好。近 20 年来人们为替代汞电极开发对环境友好且性能又好的应用电极上取得了较大进展。例如锑膜、铋膜等非汞电极对某些金属离子的测定取得了好的效果。多种修饰电极，特别是含纳米材料的修饰电极的出现大大扩展了伏安法应用的范围。

一、Bi 膜电极和 Sb 膜电极（预镀或同位镀）

Bi 的毒性较低，可以和重金属形成合金，对溶解氧不敏感，本体 Bi 电极和铋粉碳糊电极都有很好的电化学分析能力。如果在 Bi 膜电极上修饰了 Nation 等聚合物可提高电极的抗干扰能力，修饰上碳纳米管等纳米材料还可以进一步提高测定的灵敏度。据报道，以预镀 Bi 膜修饰 Pt 电极用差分（示差）脉冲伏安法测定痕量铅、镉，其下限分别达到 $0.38\mu g/L$ 和 $0.82\mu g/L$。但对于那些溶出电位正于铋的，不能用 Bi 膜电极进行测定。

锑的毒性也比系低，Hocevar 报道，酸性介质中 Sb 膜也有与 Bi 膜类似的溶出伏安性能，经富集 2min 后测定 Cd 和 Pb 的下限可分别达 $0.8\mu g/L$ 和 $0.2\mu g/L$，但在电位负于 1.2V（vs. SCE）和正于 $-0.12V$（vs. SCE）时会因为还原生成气态锑化氢和 Sb 本身氧化溶出而不能运用。

文献报道，Sb 膜修饰玻璃碳电极差分溶出伏安法测 Sn 的下限达 $0.5\mu g/L$。

二、碳电极

碳电极由于适用电位范围宽（$+1\sim-1.2V$）、背景电流低、电极表面性质较易控制、本身有较好的化学惰性，所以适用测定的范围广。不过碳电极表面的电子转移速率要低于金属表面，而且由于碳为六元环状结构并以 sp^2 杂化轨道键合，其表面基平面与棱上的密度不一样，棱上点位与平面点位的电子转移和吸附能力也不相同，处于棱上的点位反应活性更高，不同的棱/面比值其电子转移速度不同，其背景电流也有差异，除这些微观结构引起的差异外，电极表面的清洁程度、活性基团存在的数量均对电极的电化学活性有影响。多种碳材料，如玻璃碳、碳纤维、碳糊、碳复合材料（环氧树脂石墨、蜡灌石墨、聚氯三氟乙烯石墨等）均可应用。尤其是玻璃碳电极因其优异的力学性能及电性能、宽的电位区间、化学惰性、抛光易、重现性好等特点而被普遍使用。

碳糊电极是用石墨粉与各种不溶于水的有机溶剂（如液体石蜡、石蜡油、硅油、溴化萘等）混合调成糊状而成，易于制备、易于更新表面、背景电流也低、方便用修饰剂修饰，但它的组成会影响到电极的反应性能。

三、金刚石和类金属金刚石薄膜电极

当金刚石掺杂了硼后降低了电阻率从绝缘体变成有较好导电性的导体，性质介于半导体与金属导体之间，能很好地应用于电化学测量中。利用化学气相沉积法制成的硼掺杂金刚石膜电极具有很宽的测定电位（可达 3V），对 O_2、Cl_2、H_2 有高的过电位，背景电流低（比 GC 低一个量级），电化学活性不必通过化学处理取得。已用于氯代酚的流动分析检测和细胞色素 c 的测定中。

类金属金刚石（diamond like carbon，DLC）薄膜是一种具有金刚石结构的非品碳膜（a-C），含有大量的 sp^3 结构和少量的 sp^2 结构，sp^3 含量＞50％的 DLC 薄膜又称四面体非晶态（ta-C），具有许多优秀的特性，如极高的硬度、电阻率、电绝缘强度和热导率、高红外透射性和光学折射率、较好的生物力学性能和生物相容性。最近几年，DLC 薄膜的电化学特性的研究逐渐兴起。DLC 薄膜修饰传感器具有宽电化学窗口、低的背景电流、高化学稳定性、耐腐蚀以及高信噪比等优异的电化学性能。例如，以硅片和聚四氟乙烯为基底材料，高纯石墨为靶材，掺杂 Pt 元素和 Au 元素，制成 a-C/Pt 和 a-C/Au 电化学气体传感器，采用计时安培法对各种气体检测进行了研究。结果显示，该传感器能够很好地检测 H_2S、SO_2、Cl_2、NO_2 和 HCl 等气体，在生物检测、痕量金属检测以及环境气体检测等领域有很好应用。

四、微电极及超微电极

1. 微电极

电极小型化有助于扩大伏安法在生命生物科学上的应用前景。微电极是指那些至少在一维尺寸上小达 $25\mu m$ 的电极。微小电极适于非常小的样品分析，用于神经化学活性物质的活体检测（碳纤维微电极可刺激多巴胺释放），用于活体的氮氧化物检测，纳米类电极可深入单细胞检测。由于微电极上总电流很小，能用于高内阻低介电常数的溶液（如苯、甲苯）、气相或固相超临界 CO_2、离

子化的导电聚合物（聚吡咯、聚噻吩、聚苯胺）及有机介质中的分析测定；在没有支持电介质的条件下可用于溶出伏安法测定贵金属。微电极表面积较小，可在很大程度上减小双电层电容及电化学电池的 RC 时间常数，适用于有很快的电子转移动力学和偶联化学反应的体系。由于向电极表面或从电极表面向外扩散所形成的电流密度随着电极尺寸的减小而增加，这既增加了电活性组分的传质速率又减小了充电电流，提高了信噪比，增加了测定灵敏度。

2. 超微电极

已发展了更小的微电极，至少包括一维尺寸小达微米（10^{-6} m）和纳米（10^{-9} m）两类电极。近年来可将 Pt、Au、W、碳纤维和碳纳米管等制成圆环、圆盘、圆柱、球形、半球形、阵列等超微电极（ultra micro electrode，UME），但由于电极尺寸从微米级降至纳米级，表面积急剧减小，因此电流强度很小（为 $10^{-9} \sim 10^{-12}$ A）。一般应用在生物单细胞分析中，如利用对氨基苯磺酸掺杂的 DNA 聚合修饰碳纤维超微电极可选择性测定尿酸，检测限达 $0.5\mu mol/L$。

五、化学修饰电极

20 世纪 70 年代发展起来的化学修饰方法制备的多种修饰电极（chemically modified electrodes，CMEs），在电极表面涂覆单分子、多分子离子或聚合物膜，突破了电化学从单纯裸电极/电介质溶液界面的研究范围，开创了从化学状态上改变电极行为的研究。由此制成的各种电化学传感器极大地发展了电分析化学灵敏、快速、操作简单的优点并进一步提高了方法的选择性、灵敏度利检测限，拓展了电分析化学的应用领域。化学修饰电极可按人们期望的目的对电极表面进行分子水平的设计，将电极表面进行分子裁剪，微结构设计，以共价键合、吸附、高分子聚合、薄膜镀层、气相沉积、电沉积、丝网印刷、分子离子印迹等物理化学方式将具有某些功能的化学基团或化合物以单分子层（含亚分子层）或多分子层修饰到玻璃碳、贵金属、导电玻璃、碳纳米材料等表面，获得了人们期盼的如加速电子转移速率、增加富集能力、改善电极反应可逆性、减少测定干扰等要求，使分析电化学深入应用到农业、环境、生物、生命科学等领域。修饰电极方法已经成为电分析化学的前沿。

1. 电极修饰方法

用什么作修饰剂以及采用的修饰方法直接关系到修饰电极的理论研究以及分析测定的重现性及稳定性。修饰方式有以下几类。

(1) 利用吸附作用进行电极修饰的吸附法　吸附法是通过非共价作用将修饰剂固定在电极表面的一种简单而方便的修饰方法，只要将基底电极浸入溶液中就会发生固-液界面的自然吸附现象，利用基底电极与修饰剂之间的平衡吸附、静电吸附、LB（Langmuir-Blodgett）膜吸附等方式，将期望的特定官能团吸附在基底电极表面。其中 LB 膜吸附方式是基于不溶于水的表面活性物质能在水面上形成一层排列有序的单分子层，当基底电极浸入含有这种活性物质的水溶液中取出时基底电极表面就能够形成这种排列有序的分子膜。凡含有不饱和键、共轭双键、苯环等有机物和聚合物，其中的 π 键电子能与电极表面互相接近共享而吸附，吸附强度随环键的增加而增大。由于吸附属于微观过程，对可用作基底电极的玻璃、玻璃碳、金属、热解石墨、碳糊等有特殊的处理要求，例如电极表面要经过一系列的抛光、各种介质、溶剂浸泡、超声波清洗后才能得到牢固的吸附型修饰电极。吸附型修饰电极使用的修饰剂有多个配位体，所以有利于测定选择性和灵敏度的提高。例如 8-羟基喹啉修饰的玻璃碳电极，测定 Tl(I) 的灵敏度可达 10^{-10} mol/L，但此修饰玻璃碳电极必须经过下列步骤：Al_2O_3 悬浮液抛光，稀硝酸、丙酮、蒸馏水、超声波等的清洗，烘干或自然干燥，再用 0.05mol/L 的 8-羟基喹啉乙醇溶液浸渍，最后取出烘干方能制成。这种制备方法虽简单快速，但因吸附层不够牢固和难以控制电极表面的微观结构，故对制备的实验技术要求较高。

(2) 聚合物修饰法　聚合物修饰这是最广泛的一类。因为聚合物修饰电极具有三维空间结构，可提供许多可以利用的势场和活性基，大大增加电化学响应信号。由于有机物的韧性性质可增加膜的牢固性并方便机械加工。可用的聚合物大致有惰性聚合物、氧化还原聚合物、导电聚合物、离子交换聚合物、分子印迹聚合物等几类。

惰性聚合物有聚邻苯二胺、聚乙酸乙酯、苯胺的 N 基取代衍生物、亚苯基氧化物等。这类化合物本身为非活性且不会结合其他活性基团，在很宽的电位区间不产生氧化还原电流，在电极过程中仅起一种势垒阻挡层的作用，据此可排除测定溶液中某些共存物的干扰，修饰中不仅可作为固定化酶的载体，同时还可作为修饰电极的保护膜层，从而提高了测定的选择性和稳定性。

　　氧化还原型聚合物，如二茂铁类聚合物、有机染料聚合物、醌、酚、醚类聚合物、卟啉、酞菁类聚合物等。这类聚合物本身含有氧化还原中心，膜内部组成均匀，其中氧化还原中心可作为电子转移媒介体提高电子传递速度而加快电催化反应速率，一般通过含有氧化还原中心的单体在电极上直接聚合。氧化还原型聚合物修饰电极中，有机染料聚合物修饰电极的稳定性、选择性、催化性能高，因而应用较多和广泛。染料分子多数有大的杂环共轭体系，具有自由基聚合的特点。

　　导电聚合物，如聚吡咯、聚噻吩、聚苯胺等。这类聚合物主链上的单键和双键可形成大的共轭大环体系，π电子流动产生导电能力，使导电聚合物膜具有离子和电子双重导电特性，不仅具有金属、无机半导体的电学、光学特征和电化学氧化还原性，还因有机聚合物本身所具的韧性增加了机械性和便于加工，电化学信号会因增加了膜的牢固性而更稳定。如果在聚合时配上各种化学或生物功能基团、分子识别剂或电化学催化剂（如络合剂或电子转移媒介质）等大分子有机阴离子作掺杂，则制成的复合聚合物修饰电极有更好的电化学测定性能。离子交换聚合物，像聚磺化苯乙烯、聚乙烯吡啶、Nafion等本身不具电活性，借助形成薄膜的离子交换或静电作用，可以把阳离子吸引到薄膜上而固着在电极表面。其中以Nafion最佳。Nafion是一种性质优良的具离子交换作用的全氟化合物（全氟化磺酸酯），其中起离子交换作用的磺酸基是"亲水基"，氟骨架部分形成"憎水基"，所以对阳离子选择性高，结合牢固。离子化后Nafion可选择性地与阳离子发生交换作用，而排斥中性分子和阴离子。Nafion膜也可当作保护膜或隔离膜，保护电极修饰物脱落和减少溶液中离子的干扰。Nafion膜在水合作用、磺酸基团的静电力及氟碳骨架弹力的平衡作用下形成离子簇多孔网状结构，孔径大约5nm，离子簇结构之间由1nm的通道相连，提供阳离子的传输通路，Nafion膜像"分子筛"一样只能通过特定的离子或分子。此膜离子化后带负电，对离子的选择性由所带的电性决定，电荷的排斥力会像分子筛那样将干扰的阴离子隔离。Nafion膜的稳定性高，化学惰性强，常用来制成复合膜，某些活性物质一旦进入膜中能强化膜的牢固程度，即使有大量支持电解质存在时也不易脱落，若将某些有催化作用又具电活性的配合物固定到此膜中，则无疑增加了待测被催化物的测量灵敏度和选择性；如果将某些期望的络合剂或螯合剂与Nafion共同修饰在基础电极表面，则会因络合反应或离子交换等多种作用起到富集和分离效果，同样提高了待测物的测量灵敏度和选择性。

　　电极表面聚合物薄膜修饰层也可用聚合物单体通过对电极直接滴涂、浸蘸、旋转涂覆等方式制备。浸蘸涂法是直接将基底电极浸入含有一定浓度聚合物的溶液中适当时间后取出，确保以自然方式形成薄膜层；滴涂方式只需在基底电极表面用微量注射器滴上已知量的稀聚合物溶液靠其自然挥发方式形成薄膜，涂膜的量可以控制；旋涂方式适于旋转圆盘电极，在电极旋转过程中将适量聚合物溶液滴至中心，待其干燥形成薄膜，过多部分被甩掉。膜的厚度随滴加、干燥次数而增加可加以适当控制。聚合物膜还可以制成双层或多层。除浸蘸涂法外这种方法的优点是能较好地控制成膜的形态和厚度，在微型电化学传感器中有许多应用。由于在聚合物涂层上电活性或化学活性中心较多，涂层较牢固，使用寿命也较长。

　　（3）共价键合修饰电极法　以化学反应的方法将修饰剂共价键合到电极表面的方法。电极表面首先要经过预处理，预处理的方法依次是物理的（抛光、清洗、干燥）、化学的（氧化剂氧化），有时用等离子侵蚀的方法，目的是使电极表面产生有电活性的含氧基团，如羟基、羧基、酸酐等活性基团。对预处理后的石墨、玻璃碳电极再将表面的含氧基团依次与酰氯试剂、胺类作用生成肽键，用以固定R活性基团；也可将电极表面的羧基设法转变成—OH，然后与含R活性基团的有机硅化合物作用，通过生成硅氧基—Si—O—R引入活性基团而键合到电极表面。对金属及氧化物电极则可利用有机硅化合物将活性基团键合修饰到电极表面。

　　（4）电化学聚合和电化学沉积法　在溶液中通过电化学氧化还原方式使活性单体直接在预处理后电极表面聚合。方法可用恒电流法、恒电位法和循环伏安法。循环伏安法能够得到良好的修饰膜层且可用控制循环周次数来达到所要求的膜厚度，并能根据现场CV图监控聚合膜的形成过程；恒电流法可根据聚合过程中的聚合电量控制薄膜的厚度；恒电位法不能控制电化学聚合的速率，影响到电极的重现性而较少使用。利用电化学氧化还原方法往电极表面生成难溶物的薄膜即所谓电化学沉积法，这种方法制备的修饰膜在使用时中心离子和外界离子氧化态的变化不会对膜造成破坏从而稳定性较好。

　　（5）自组装修饰电极法　在前面讨论"酶电极"可已经介绍过自组装。自组装要通过吸附作用、共价或配位作用、π-π键堆积作用、氢键、静电力等作用，按一定的方法和步骤才能将所希望的修饰物（构膜材料）自发地组装到电极表面上去。常用的修饰物大致有烷烃、长链脂肪酸、含硫有机物、有机硅、二磷酯等活性剂。

利用吸附方法的自组装是利用固-液两相界面的化学吸附力，将附有某种表面物质的基片浸入含有表面活性剂的溶液中，此时活性剂分子的亲水性一端与基片表面物质发生自动、连续的化学反应，通过化学键与基片表面连接将活性剂分子自组装形成紧密有序的二维单分子膜。例如，在首位自组装学者 Sagiv 的自组装膜中，硅烷（OTS）分子中的 Si—Cl 键与吸附有水的玻璃基片表面相遇而水解为 Si—OH 键，水解产物经该键吸附在基片的表面，并与基片表面原有的 Si—OH 键发生缩聚、脱水，在基片表面通过 Si—O—Si 共价键形成二维网络，从而自组装形成单分子膜。共价键或吸附方式均可自组装。

共价键自组装方式，如利用烷烃硫醇与 Au 的固有化学吸附性可形成高度有序的单层膜。此时 Au 在溶液的界面上与烷烃硫醇中的 S 原子发生强烈的配位键合，即烷烃硫醇通过 Au-S 键在 Au 电极表面形成烷烃硫醇自组装单层膜。与 Au 配位的一端决定了膜的稳定性，而在另一端的烷基尾端则决定了膜表面的化学功能。

共价键合自组装通常的做法是事先对固体基底材料进行预处理，引入键合基，进行有机合成，在电极表面键合上特定的功能基团，此时活性分子与基底材料（电极表面）发生共价键合（一般会有几个中间试剂）。基底材料可以是碳、金属、金属氧化物或者是具有导电性能的非金属材质，中间试剂可以是酰胺、酯、酮、醚（卤基、氧基）等。这类电极性能较稳定使用寿命也长。

还有一些其他的自组装方式，如可在有机相中进行的氢键自组装成膜方式以及可以选择性地引入所希望材质如生物大分子、导电聚合物、感光聚合物等以期实现特定目的的静电自组装方式等。自组装方式可得到层状超分子结构复杂的薄膜，膜层的厚度及性质可以通过改变成膜分子的链长及改变端基活性基团的办法来达到理想的稳定性，制备方法简单因而得到广泛的应用。

2. 化学修饰电极的优异特性

（1）电催化作用　在电极作用下电极表面的修饰物能促进或抑制在电极上发生的电子转移作用称为化学修饰电极的电催化作用。其实质是电极在修饰后可降低氧化型和还原型反应的自由能。在电场作用下电极修饰可达到促进或抑制电极上的电子转移作用，经修饰后的电极既能对反应物进行活化并降低过电位，又能增加电流密度，促进电子的传递，提高传递速率和改善选择性。修饰剂的适当选择可以达到调节电极电势的大小和改变电化学反应的方向的目的。

修饰电极电催化的机理依据催化剂的性质可以分为氧化还原型和非氧化还原型两类。

氧化还原型电催化特指被固定在电极表面的修饰物在催化过程中发生了氧化还原反应而成为反应物的电荷传递媒介，进而促进反应物的电子转移。此时在电极表面修饰物的氧化态（O）很容易接受电子变成还原态（R），该还原态产物又很容易将反应物（A）还原为目标产物（B）而同时本身又回到氧化态（O），借此实现了对目标产物的电催化，即：

$$O + ne（电极表面）\longrightarrow R$$
$$R + A \longrightarrow B + O$$

通过 R 实现了 $A + ne \longrightarrow B$ 的转移过程。

在非氧化还原型修饰电极的电催化过程中，固定在电极表面的催化剂只起活性中心的作用而没有氧化还原发生。此时，在电极表面的修饰物是通过降低反应的过电位的方式加速了电化学反应的发生，甚至可以增加可逆程度。

（2）增加选择性富集和分离能力　当修饰剂选为或设计为具有离子交换富集能力的有机物或聚合物时，修饰电极能与待分析物质有络合反应、静电键合或发生离子交换而提高富集和分离能力。因此，这类修饰电极可以用于溶出伏安法、电位溶出法、脉冲溶出法中的工作电极而大大提高了检测的灵敏度利选择性。此外，修饰电极还有选择性渗透、专一结合和媒介作用等优点，可用于多种电化学传感器中。

化学与生物传感器件在目前分析研究中是特别活跃的一个领域。

在分析中的传感器是一种由识别元件和信号变换器构成的小型装置，用于样品中待测物的直接分析检测。电化学传感器采用电极作为换能元件，它能将电化学反应池中的电化学信号转成电量信号（电势、电流、阻抗等）并传递出来供处理。按处理方式的不同有电流型、电势型和电导型等。

20 世纪 70~80 年代后发展起来的微伏安技术、化学修饰技术、纳米技术、电化学生物传感器等加之与物理化学、生命科学、信息科学、计算机技术及电化学方法的交叉应用，又进一步把电化学界面电极表面的组成结构深入到分子、原子水平。不仅在分析检测的灵敏度、选择性、重现性方面有很大提高，而且在现场实时在线分析、免疫分析、生物活体甚至单细胞分析等方面也取得了很大发展。生物传感器是特殊的化学传感器，它以生物活性物质如酶、抗体、抗原、核酸、细胞、生物组织等固定或保持在适当的基础电极表面而构成，能将识别信号定量转换成电信号。分析测量的选择性由生物敏感材料决定；灵敏度由传感器的电子传导能力决定；而重现性和稳定度则与固定化技术密切相关。

六、电分析化学中的纳米材料修饰电极及应用

纳米材料可对多种电极进行修饰，对改变电极性质有特殊能力，使电极原有的物理化学性质得到很大提升，它的优良吸附性在很大程度上降低了电极电位，提高了电化学反应速率、测量的灵敏度和选择性，修饰了纳米材料的电极还可以进一步用含有某种特定功能基团的有机物或生物大分子修饰，两者结合在电极上形成复合膜，特别在各种生物传感器的制备上获得了广泛应用，更扩大了电化学分析的应用领域。

纳米粒子是指维度尺寸介于 1~100nm 范围的微小颗粒，处在原子簇和宏观物体的交界过渡区域，大小介于宏观物体和微观粒子（原子、分子）之间，与大多数重要的生物分子如蛋白质、核酸等能尺寸相近，属于亚微观范畴。纳米材料是指三维空间中至少有一维处于纳米尺度（1~100nm）范围内的材料或是由它们作为基本单元组装而成的结构材料，包括晶体、非晶体、准晶体、片状层状结构，可以是金属、氧化物、无机化合物和有机化合物。处于该尺寸的材料表现出许多既不同于微观粒子又不同于宏观物体的特性，具有多种特殊效应：小尺寸效应、表面效应、介电限域效应、量子效应、宏观量子隧道效应。纳米粒子的表面原子数与粒子总体原子数之比随粒径的变小而急剧增加，当粒径达到 1nm 时表面原子数与总体原子数之比超过 90%，原子几乎全部集中到粒子表面，此时粒子的比表面积、表面能和结合能都发生了很大变化，由于表面原子周围缺少相邻的原子，有许多悬空键，显示不饱和性质，因而随着纳米粒子中表面原子数的增加而呈现活性表面，化学活性大大增强；当纳米粒子的尺度与传导电子的波长相当时，原有的边界条件受破坏，化学活性、催化性及许多物理性质与宏观本体状态大不相同；当粒子的尺度小到一定程度时，大块材料中连续的能带将分裂成分立的能级，而能级间的距离随粒子的尺寸减小而增大，当热能、电场能、磁能比平均的能级间距还小时，就会出现一系列与宏观物体截然不同的反常性质。利用纳米材料对电极进行修饰时，除了可将材料本身的物化特性引入电极界面外，同时也会使其拥有纳米材料的大比表面积，粒子表面带有较多功能基团等特性，从而能极大降低电氧化反应的过电位，对某些物质的电化学行为产生特有的催化效应，使得用纳米材料修饰的电极必然带来许多性能上的改进。

不同纳米颗粒的尺度、结构形状、表面电荷及修饰情况差异等均可具有不同的化学及生物化学性质。常见的用于电极修饰的纳米颗粒有两类：一类以无机分子为媒介物的纳米颗粒，如贵金属的金、铂、铑纳米颗粒，二氧化硅、二氧化钛、二氧化锆、二氧化锰、硫化镉等无机氧化物、硫化物纳米颗粒、富勒烯、碳纳米管、簇等；另一类以有机大分子为主要构成单元，如脂质体、树枝状大分子、分子胶束、聚合物纳米颗粒等。

纳米金、纳米 ZrO_2、纳米 TiO_2 等掺杂的复合电极在化学、生物、医药、农业、环境、食品安全等方面得到了广泛的应用。例如，用纳米金固载在联苯胺上修饰玻璃碳电极用伏安法测定 H_2O_2 下限为 0.35mmol/L，有较宽线性范围和好的稳定性；用金核-铂壳/聚乙烯吡咯烷酮纳米修饰电极测定甲醛，检测限 $4\mu g/g$。

碳纳米管（CNTs）又名巴基管（bucky tube），是日本科学家饭岛澄男（Sumi C Iijima）1991 年在高分辨透射电镜（HRTEM）下发现的一种针状管形的碳单质，它的结构可以看成为碳原子形成的石墨烯片卷曲而成的无缝中空同心圆柱，其表面 C—C 原子间以 sp^2 杂化为主，有高度的疏水性。CNTs 是一类具有优异的几何、机械、电子和化学性能的纳米材料。主要有单壁纳米管（SWCNTs）和多壁纳米管（MWCNTs）。MWCNTs 是由多个单壁纳米碳管同心嵌套自组装而成的，由于在帽端边缘的缺失增加了电催化和电化学反应活性；SWCNTs 可以轻易地通过共轭及疏水作用力与某些化合物进一步形成新的纳米结构。例如，具有 π-π 共轭的单链 DNA（SSDNA）通过碱基与单壁纳米碳管（SWCNTs）结合形成两种物质的复合物，用来测定 DNA；用电化学方法

将普鲁士蓝修饰在 MWCNTs 玻璃碳电极上制成的测定 H_2O_2 的传感器，测定下限达 1.4×10^{-6} mol/L，曾用于医用消毒液中 H_2O_2 的测定；用多壁碳纳米管修饰玻璃碳电极扫描伏安法测定抗菌素诺氟沙星，检测限为 3.0×10^{-8} mol/L；用聚亚甲基蓝/碳纳米管修饰电极通过阳极溶出伏安法测定 Sn^{2+}，检测限为 0.1×10^{-3} mmol/L；再如把碳纳米管分散于 Nafion 和壳聚糖等高聚物中用以修饰基础电极制成多种电化学传感器。

碳纳米管发现后其他物质如金属、无机氧化物、硫化物、聚合物等的纳米线、纳米棒、纳米片、纳米带、纳米管等纳米有序阵列也已相继被制得。各种纳米材料修饰电极的研究正方兴未艾。不过，人们还是应该注意到纳米粒子的两重性，它的广泛应用背后给环境和人类健康、安全带来的潜在风险！

化学修饰电极在测定有机物中的应用见表 23-37～表 23-39。

表 23-37　化学修饰电极在测定有机物中的应用

待测物	修饰剂/基底电极	检测下限/(mol/L)	测定方法
DA	聚 L-色氨酸	1.6×10^{-7}	伏安法
DA	聚茜素红	8×10^{-7}	线扫伏安
DA	聚精氨酸	5×10^{-8}	伏安法
DA	聚 L-赖氨酸	1×10^{-9}	伏安法
DA	聚藏红 T	8×10^{-6}	伏安法
DA	聚茶碱 Nafion	5×10^{-8}	伏安法
DA	胆碱 Nafion	1×10^{-7}	伏安法
DA	聚偶氮	2.5×10^{-7}	伏安法
DA	聚荧光素	2.1×10^{-7}	伏安法
DA	聚 α-吡啶甲酸	7.0×10^{-8}	伏安法
DA	聚吲哚-6 甲酸	4.0×10^{-8}	伏安法
DA	聚丙烯酸	8×10^{-8}	伏安法
DA	聚咖啡酸	2×10^{-7}	伏安法
DA	聚马尿酸	1.0×10^{-7}	伏安法
DA	土豆组织	1.8×10^{-6}	DPV
DA	香蕉-茄子组织	3.2×10^{-7}	DPV
DA	苹果汁 Nafion	8×10^{-7}	DPV
左旋 DA	三核钌络氨	8.5×10^{-5}	伏安法
抗坏血酸	聚中性红	8×10^{-6}	伏安法
肾上腺素	亚甲绿	1.0×10^{-8}	电催化
组氨酸	Al_2O_3	4×10^{-7}	DPV
色氨酸	聚酰胺	2.4×10^{-8}	DPV
氨基酸	碳糊	$1.0g/L$	DPV
α-苯酚	皂土	3×10^{-5}	DPV
阿昔洛韦	乙二胺	$77\mu g/L$	DPA
喷昔洛韦	乙二胺	$12\mu g/L$	DPA
乙醇尿酸	Ag 掺杂聚 L-酪氨酸	3×10^{-7}	伏安法
葡萄糖	泛醌	6.7×10^{-6}	DPV

注：DA 为多巴胺。

表 23-38　化学修饰电极分析测定应用

待测物	修饰剂/电极	检测限/(mol/L)	测定方法
Ag(Ⅰ)	氨羧络合剂/GC	1×10^{-6}	线扫伏安
Ag(Ⅰ)	聚乙烯酰胺膜/GC	1×10^{-8}	溶出伏安
Ag	角蛋白	2×10^{-8}	溶出伏安
Ag	亚胺乙酸，乙二胺四乙酸/GC	1×10^{-6}	CV
Al	羟基蒽醌磺酸	$20\mu g/L$	吸附溶出
Au	聚丙烯脒硫氰酸盐膜/GC	1×10^{-8}	溶出伏安
Be	铍试剂	3×10^{-9}	吸附溶出
Bi	吡啶(2,3,6)并苯醌	2×10^{-7}	线扫伏安
Co(Ⅱ)	聚 8-喹啉膜/Pt	10^{-6}	CV

待测物	修饰剂/电极	检测限/(mol/L)	测定方法
Co	邻菲罗啉	1.2×10^{-9}	DPV
Co	肟	6×10^{-12}	吸附溶出
Cr	二乙基五乙酸	4×10^{-10}	吸附溶出
Cu（Ⅰ）	2,9-二甲基-1,10-邻菲罗啉/碳糊	5×10^{-9}	脉冲伏安
Cu（Ⅱ）	聚吡咯-N-二硫代羧酸盐膜/GC	1ppm	CV
Cu	对氨基苯甲酸/GC	2×10^{-5}	CV
Cu	甲壳素	1×10^{-9}	溶出伏安
Cu	氧化硅	2×10^{-9}	溶出伏安
Fe	酸性媒染紫罗兰 RS	7×10^{-10}	吸附溶出
Fe	5-腺苷单磷酸/Pt	1×10^{-8}	阴极溶出
In	Eu^{3+} 掺杂普鲁士蓝铋膜/GC	$2\mu g/L$	差分脉冲溶出
Mg	8-羟基喹啉	8×10^{-6}	电位溶出
Mn	铬黑 T	6×10^{-10}	吸附溶出
Mo	8-羟基喹啉	1×10^{-10}	吸附溶出
Mo	十六烷基三甲基溴化铵	$0.04\mu g/L$	溶出伏安
Ni	丁二酮肟	1×10^{-10}	吸附溶出
Pb	Nafion α,γ-联吡啶/GC	$0.1\mu g/L$	方波溶出
Pb	酸性铬蓝 K	5×10^{-12}	溶出伏安
Pt	甲踪	1×10^{-12}	吸附溶出
Ti	苯基乙醇酸	7×10^{-12}	吸附溶出
Tl	Nafion 8-羟基喹啉/GC	$1\mu g/L$	吸附溶出
U	8-羟基喹啉	2×10^{-10}	吸附溶出
V	儿茶酚	1×10^{-10}	吸附溶出
Zr	α-亚硝基-β-萘酚	1×10^{-10}	电位分析

表 23-39　纳米材料修饰传感器的测定应用

待测物	修饰剂/基底电极	底液	线性范围/(mol/L)	测定法
DA	L-丝氨酸碳纳米管/导电玻璃	PBS,pH=6.0	$1.0 \times 10^{-6} \sim 2.0 \times 10^{-4}$	DPV
DA	十六烷基三甲基溴化铵碳纳米管/GC	PBS,pH=7.0	$2.0 \times 10^{-6} \sim 2.0 \times 10^{-3}$	DPV
DA	多壁碳纳米管 DA 印迹/GC		$5.0 \times 10^{-7} \sim 2.0 \times 10^{-4}$	
DA	DNA 单壁碳纳米管联苯胺/GC	PBS,pH=7.0	$1.0 \times 10^{-6} \sim 3.0 \times 10^{-4}$	方波伏安
抗坏血酸	多壁碳纳米管壳聚糖/GC	PBS,pH=6.0	$4.0 \times 10^{-6} \sim 2.0 \times 10^{-3}$	半微分伏安
抗坏血酸	十六烷基三甲基溴化铵碳纳米管/GC	PBS,pH=7.0	$4.0 \times 10^{-5} \sim 1.0 \times 10^{-3}$	DPV
大黄酸	纳米金碳纳米管/石墨	PBS,pH=7.4	$1.8 \times 10^{-4} \sim 2.5 \times 10^{-3}$	安培法
大黄酸	多壁碳纳米管双十六烷基磷/GC	HAc/NaAc 缓冲液,pH=4.7	$0.2 \sim 2.8\mu g/ml$	CV
葡萄糖	载 Pt 碳纳米管葡萄糖氧化酶/GC	PBS,pH=7.0	$2.5 \times 10^{-3} \sim 1.0 \times 10^{-2}$	计时安培
葡萄糖	纳米 Cu/GC	NaOH 缓冲液	$1.0 \times 10^{-6} \sim 3.9 \times 10^{-4}$	计时安培
葡萄糖	多壁碳纳米管聚丙烯胺葡萄糖氧化酶/Pt	0.1mmol/L PBS	$5.0 \times 10^{-4} \sim 2.0 \times 10^{-2}$	安培法
葡萄糖	聚天菁 B 纳米 Cu/GC	50mmol/L,NaOH 缓冲液	$10\mu mol/L \sim 10mmol/L$	安培法
氯霉素	纳米金 TiO_2 纳米针/GC	PBS,pH=7.0	$8.0 \times 10^{-7} \sim 1.0 \times 10^{-4}$	DPV
甲胎蛋白	纳米金纳米铁氰化镍 anti-甲胎蛋白/GC	PBS,pH=7.0	$1.0 \sim 10.0ng/mL$ $10.0 \sim 200.0ng/mL$	安培法
鸟嘌呤	单壁碳纳米管鸟嘌呤/GC	PBS,pH=6.0	$1.0 \times 10^{-8} \sim 5.0 \times 10^{-5}$	CV
间苯二胺	多壁碳纳米管纳米金/GC	H_2SO_4,pH=2.2	$3.0 \times 10^{-8} \sim 1.0 \times 10^{-6}$	线扫伏安
甲醛	金核 Pt 壳(纳米)聚乙烯吡咯烷酮/Au	0.5mol/L H_2SO_4	$0.01 \sim 4mg/g$	CV
甲醛	纳米金/Ti	0.1mol/L NaOH	$1 \times 10^{-3} \sim 2 \times 10^{-2}$	CV
H_2O_2	普鲁士蓝多壁碳纳米管/GC	PBS+KNO_3,pH=2.0	$2.9 \times 10^{-6} \sim 8.8 \times 10^{-2}$	CV
H_2O_2	联苯胺纳米金/GC		$1.2 \times 10^{-6} \sim 5.5 \times 10^{-4}$	CV
NO_2^-	碳纳米管/GC 陶瓷	H_2SO_4,pH=0.96	$5.0 \times 10^{-5} \sim 3.0 \times 10^{-3}$	DPV
Cl^-	纳米 Ag/掺碳凝胶	0.1mol/L KNO_3	$2.0 \times 10^{-7} \sim 4.2 \times 10^{-5}$	DPV

注：PBS 为磷酸盐缓冲液；DPV 为微分脉冲；CV 为循环伏安；GC 为玻璃碳电极；DA 为多巴胺。

第八节　电化学阻抗谱

人们知道在物质的物理化学测量中常应用各种各样的谱，它们有的用来表征该物质材料的组成，有的则用来表征物质材料的理化性质。例如发射光谱，若是用一个高能的电弧或火花来气化金属样品则将辐射出光，以波长作横坐标展示该发射光的谱线能唯一地表征该金属样品的元素组成。而所谓电化学阻抗谱则是：在待测样品上施加一个频率在依次变化的交流信号电压（或电流），则待测样品的阻抗，也即其电压/电流的比值 Z 将根据该待测样品在不同频率下的物理化学性质的关系而变化。如果所施加的交流电压（或电流）是一个很小的非破坏性的信号，在很宽的频率范围内同时测量施加在样品上的交流电压及流过样品的交流电流，从而计算得其阻抗响应则同样可用来对材料的理化性质予以表征。

电化学阻抗谱（electrochemical impedance spectroscopy，EIS）简称为"阻抗"，它用于许多应用领域，包括材料研究、腐蚀研究、电池开发以及生物医学等研究。下面对使用该技术的一些好处简要地进行讨论。EIS 电化学阻抗谱能给出非常详细的发生在待测体系中各种电化学过程及反应的有关信息，由于这些反应及过程有不同的阻力或时间常数，所以在频率扫描下它们有不同的响应。该技术的强大能力在于它能辨别和区分由于接触电阻、溶液电阻、电极反应电阻（电荷转移阻抗）、双电层电容、扩散效应之间所产生的各种影响。这些影响或效应通常在所作的波特（Bode）及复平面（Nyquist）图的曲线中有特征形状。用曲线拟合软件分析这些曲线能提取到待测体系中有关的信息，在许多场合下用任何其他方法是困难或不可能取得的。为了避免对待测体系产生较大的影响，该技术通常施加的交流信号幅度极低，所以测量是非破坏性的。另一方面对待测体系施加小幅度交流信号，也称扰动，这种扰动与体系的响应之间近似地成线性关系。另外，所加的扰动一般采用单纯的正弦波，这是因为正弦波在数学上是唯一被定义的。这一切对结果的数学处理就变得相应地简单。

典型的阻抗测试系统，包括一台交流测量单元例如频响分析仪 FRA，锁相放大器或频谱分析仪及一台恒电位/恒电流仪。对于某些测试如在生物医学研究中，因为在测试过程中没有必要保持一个特别的直流电压电平，系统中恒电位仪是不需要的。此时可以用阻抗分析仪，使测试可以在更高的频率一直到数十兆赫兹下进行且能得到更好的精度。另一方面，如果待测样品有很高的阻抗（>100MΩ），此时最好在系统中配一台恒电位仪，因为它们有高阻抗的参考输入端并有更好的电流灵敏度。

阻抗测试可在许多应用领域中使用，包括实验室或野外腐蚀研究中涂层及缓蚀剂的性能、电池材料研究、传感器开发以及生物医学中细胞组织的阻抗和药物的效果研究等。

阻抗，本身就属于交流电测量中的概念，交流电的测量和直流电的测量有很大的不同，因为交流电是幅度和极性随时间作周期变化的，所以测量中涉及幅度的变化及相位的变化。在了解阻抗谱以前首先要弄清交流电、交流电路（包含有电阻、电容及电感）的基本性质和它们常用的表示方法。

一、正弦交流电路的基本性质

正弦交流电流 i 随时间 t 作正弦波变化，可用下式表示：

$$i = I_m \sin\omega t \tag{23-57}$$

式中，I_m 为电流的幅值；ω 为正弦波的角频率。

$$\omega = 2\pi f \tag{23-58}$$

式中，f 为正弦波的频率。当正弦交流电通过不同的电路或元件时，其上的幅值和相位是不一样的。

对于纯电阻电路，在电阻 R 上的电位降为：

$$U_R = I_m R \sin\omega t \tag{23-59}$$

式中，电压幅值为 $I_m R$，而电流与电压的相位相同。对于纯电容电路，在电容 C 上的电位降为：

$$U_C = \frac{Q}{C} = \frac{1}{C}\int i \mathrm{d}t = \frac{1}{C}\int I_m \sin\omega t \mathrm{d}t \tag{23-60}$$

式中，Q 为电容 C 上的电量。积分可得：

$$U_C = -\frac{I_m}{\omega C}\cos\omega t = \frac{I_m}{\omega C}\sin\left(\omega t - \frac{\pi}{2}\right) \tag{23-61}$$

式中，$1/\omega C$ 称为容抗，故电压幅值为 $I_m/\omega C$。由式(23-60)、式(23-61)可知电容上的电压及电流波形同为正弦波，但电压相位落后于电流相位 $\pi/2$。对于一纯电感电路，若电感的感抗值为 L，当正弦交流电通过电感时，在电感上的电位降为：

$$U_L = \frac{L\mathrm{d}i}{\mathrm{d}t} = \frac{L\mathrm{d}(I_m\sin\omega t)}{\mathrm{d}t} = \omega L I_m\cos\omega t \tag{23-62}$$

这里，电感的感抗为 ωL，因此电压幅值为 $\omega L I_m$，式(23-62)也可写为：

$$U_L = \omega L I_m\sin\left(\omega t + \frac{\pi}{2}\right) \tag{23-63}$$

所以，电感上的电压波形也为正弦波，但电压相位超前电流相位 $\pi/2$。

由上可知，当正弦交流电通过具有电阻、电容、电感三者串联组成的电路时，其电路两端的交流电压波形可用以下通式表示：

$$U = U_m\sin(\omega t + \phi) \tag{23-64}$$

式中，U_m 为电压幅值；ϕ 为电压与电流之间的相位差。

正弦交流电可以用多种数学方式来表示，若用矢量或复数来表示电路的复阻抗 Z，则：

$$Z = R + jX \tag{23-65}$$

式中，R 为实部；jX 为虚部，$j = -1^{1/2} = \sqrt{-1}$；X 称为电抗，例如称 X_C、X_L 分别为容抗和感抗。复阻抗简称阻抗，阻抗 Z 的模 $|Z|$ 为：

$$|Z| = (R^2 + X^2)^{\frac{1}{2}} \tag{23-66}$$

阻抗的幅角 ϕ 也即电压与电流之间的相位差为：

$$\phi = \tan^{-1}\frac{X}{R} \tag{23-67}$$

若阻抗用复平面图（图23-48）来表示，则： 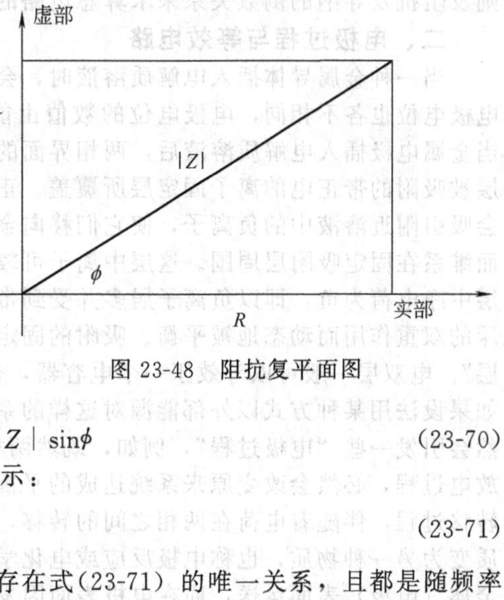
图23-48 中：

$$R = |Z|\cos\phi \tag{23-68}$$

$$X = |Z|\sin\phi \tag{23-69}$$

图 23-48 阻抗复平面图

$$Z = |Z|\cos\phi + j=|Z|\sin\phi \tag{23-70}$$

复阻抗的倒数称为复导纳，简称导纳，通常用 Y 表示：

$$Y = \frac{1}{Z} \tag{23-71}$$

阻抗和导纳可统称为阻纳 G，由于阻抗和导纳之间存在式(23-71)的唯一关系，且都是随频率变化的矢量，用变量为频率 f 或其角频率 ω 的复变函数来表示。所以阻纳 G 的一般表示式为：

$$G(\omega) = G'(\omega) + jG''(\omega) \tag{23-72}$$

式中，G' 为阻纳的实部；G'' 为阻纳的虚部。对于式(23-65)也可表示为：

$$Z = Z' + jZ'' \tag{23-73}$$

式中，Z' 为阻抗的实部；Z'' 为阻抗的虚部。显然，对导纳同样有：

$$Y = Y' + jY'' \tag{23-74}$$

Y' 及 Y'' 分别称为导纳的实部与虚部。根据复数法则及式(23-71)，有：

$$Z = \frac{1}{Y} = \frac{Y'}{Y'^2 + Y''^2} - \frac{jY''}{Y'^2 + Y''^2} \tag{23-75}$$

故根据研究需要，阻抗复平面图也可变换成类似的导纳复平面图。

总结正弦交流电的基本性质有以下几点。

① 正弦交流电涉及频率、幅度、相位三个参量，通常在一定频率下要测量的两个量即幅度及相位。

② 数学表示方法有以下四种：

直角坐标 $a+jb$

极坐标 $|Z|^\phi$

指数函数 $|Z|e^{j\phi}$ 或 $|Z|\exp(j\phi)$

三角函数 $|Z|(\cos\phi+j\sin\phi)=a\cos\phi+b\sin\phi$

③ 纯电阻 R 的阻抗为 $Z_R=R=Z'_R$，$Z''_R=0$，导纳为 $Y_R=1/R=Y'_R$，$Y''_R=0$，故纯电阻的阻纳只有实部没有虚部，也即其相位角 ϕ 总是为零，与频率无关。

④ 纯电容 C 的阻抗为 $Z_C=1/j\omega C=-j(1/\omega C)$，$Z'_C=0$，$Z''_C=-1/(\omega C)$，导纳为 $Y_C=j\omega C$，$Y'_C=0$，$Y''_C=\omega C$，故电容的阻纳只有虚部没有实部。由于阻纳的实部为零，$\tan\phi=\infty$，故相位角 ϕ 为 $\pi/2$，与频率无关。它的阻抗和导纳的模分别为：

$$|Z_C|=\frac{1}{\omega C}, \quad |Y_C|=\omega C$$

⑤ 纯电感的阻抗为 $Z_L=j\omega L$，$Z'_L=0$，$Z''_L=\omega L$，导纳为 $Y_L=1/j\omega L=-j(1/\omega L)$，$Y'_L=0$，$Y''_L=-(1/\omega L)$，它们也只有虚部没有实部。由于 Z'_L 与 Y'_L 为零，而 $-Z''_L$ 与 Y''_L 为负值，故 $\tan\phi=-\infty$，相位角 ϕ 为 $-\pi/2$，与频率无关。它的阻抗和导纳的模分别为：$|Z_L|=\omega L$，$|Y_L|=1/\omega L$。

⑥ 当电阻、电容、电感串联组合时，总阻抗为各部分阻抗的复数和；当各元件关联组合时，总导纳为各部分导纳的复数和；当电路由各种元件构成复杂的串并联网络时，应根据前述串并联法则及阻抗及导纳的倒数关系来求算总电路的阻纳。

二、电极过程与等效电路

当一种金属导体插入电解质溶液时，会产生电极电位。不同的金属及不同的电介质溶液产生的电极电位也各不相同，电极电位的数值由能斯特方程来描述（见前面电化学基础知识）。事实上，当金属电极插入电解质溶液后，两相界面的金属侧带有过剩的负电荷，而紧靠金属的另一侧，由一层被吸附的带正电的离子固定层所覆盖。正的和负的离子在溶液相中运动，被吸附的正离子固定层会吸引附近溶液中的负离子，使它们移向金属表面而形成一层弥散的移动层，它松散地被静电吸引而维系在固定吸附层周围。这层中离子可较自由地移入或离开，其中一些为正离子，但总体来说该层中净电荷为负，即以负离子居多并受到带正电荷的固定层的吸引及受到金属过剩负电荷的微弱排斥的双重作用而动态地被平衡。吸附的固定层（＋）与弥散的移动层（－）一起构成所谓的"电双层"。电双层一般可以等效于一个电容器，也称为电双层电容。这样构成的系统也可称为电极系统。如果设法用某种方式以外部能源对这样的系统进行干扰，设法在金属电极上抽出或注入电子，则必然会引发一些"电极过程"，例如，既然两相界面处存在着电双层，则必然会发生电双层电容的充放电过程，必然会改变原来系统达成的平衡，会加速或改变两相界面上得到或失去电子的电荷传递转移过程，伴随着电荷在两相之间的转移，不可避免地会在两相界面上发生化学变化，即由一种物质变为另一种物质，也称电极反应或电化学反应过程。当电极反应发生时，必有液相中的反应物向金属（电极）表面运送，而在电极表面因发生化学反应所生成的反应产物，如果不沉积在金属电极上而留在液相中，则也会因浓度差异而离开界面反应区，向着电介质溶液中部扩散，即发生所谓传质过程。还有，会发生溶液中离子的电迁移，或金属电极电子导体中的电子的导电过程等。事实上，电极过程是很复杂的，涉及一系列步骤如吸附、电荷转移、前置化学反应、后置化学反应、脱附、扩散等。这些过程都有自身的特点、阻力及影响因素，各过程之间相互有联系，但在研究过程中则视所施加外源干扰的性质和程度，有些过程可能发生也可能不发生，例如传质过程在一定条件下就可能不会发生。

要研究一个电极系统及其电极过程就必须将该电极系统与参考电极和辅助电极构成一个电化学电池，其中辅助电极（也称对电极）只提供控制电流而不作研究对象，为完成控制电路而设置。参考电极提供相对于研究电极（也称工作电极）的一个稳定的参考电位，而所有的控制及施加的干扰则发生在参考电极与研究电极之间，另外若忽略电子导体本身（金属电极、金属导线等）的阻抗并再假定只有电化学反应步（电极过程为电化学步骤所控制）而无浓差扩散的传质过程步的话，则这样的系统可用（图 23-49）"等效电路"来表示。

图 23-49 中，R_e 为参考电极至工作电极之间的电解质溶液电阻，除与电解质有关外还取决于

电极之间的距离。这与电极过程中的离子导电过程有关。

C_d 为工作电极电双层电容，I_C 为充电电流，这与电双层的充放电过程，即因外部施加干扰电极电位改变时电双层两侧电荷密度发生变化的过程有关。I_C 为非法拉第电流。

Z_F 为法拉第阻抗，与电化学反应过程，即电荷转移过程相联系，发生在工作电极与电解质之间，只与待研究工作电极表面性质、面积、反应粒子的活化能、反应物的活度、所加电极电位等有关，而与电极之间的距离无关。I_F 为法拉第电流。

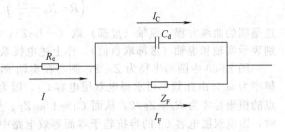

图 23-49　简单电极系统的阻抗示意

严格来说，I_F 与 I_C 有密切关系，不可分离，但通常为处理简单起见令：$I = I_F + I_C$。

电极表面发生的反应至少总是存在着两个：一个是还原反应 $Ox + ne \longrightarrow Red$，其反应速率常数为 k_f（正向）；另一个是与还原反应方向相反的氧化反应 $Red \rightarrow Ox + ne$，其反应速率常数为 k_b（反向）。当电流 I 流过电极系统时，电极平衡电位 E_0，也即外电流 $I = 0$ 时的电极电位被偏离，若电极电位向负方向移动则称为产生了阴极极化。阴极极化的结果是提高了还原反应的速率，同时又降低了氧化反应的速度；反之，则称为产生了阳极极化。所以，极化电位 E 可表示为：

$$E = E_0 + \Delta E \tag{23-76}$$

电荷传递服从指数活化-塔菲尔（Tafel）定律，它反映了法拉第电流 I_F 与极化电位 E 之间的关系：

$$I_F = I_0 \exp \frac{\alpha n F E}{RT} \tag{23-77}$$

式中，F 为法拉第常数，96500；n 为电化学反应中电子 e 的计量系数；R 为气体常数；T 为热力学温度；α 为传递系数；I_0 为常数。I_0 反映了电极反应本身的速率及电极反应进行的难易程度，在平衡电位 E_0 下还原反应速率和氧化反应速率相等，此时 $i(还) = i(氧) = I_0$，故称为表观交换电流或简称交换电流。事实上，法拉第电流是多个变量的函数：

$$I_F = f(c_i^*, E_{ref}, T, P, A, \Omega) \tag{23-78}$$

式中，c_i^*、E_{ref}、T、P、A、Ω 分别为粒种 i 在溶液本体中的浓度、参考电极与工作电极之间的电位差、温度、压力、电极表面面积及电极旋转速度。实际测量时这 6 个量均可分别用作控制变量。

根据上述电极系统等效电路可以写出该系统的阻抗表示式：

$$\begin{aligned} Z &= R_e + \frac{1}{j\omega C_d + Y_F} = R_e + Z_F(1 + j\omega C_d Z_F) \\ &= R_e + \frac{Z_F(1 - j\omega C_d Z_F)}{1 + \omega^2 C_d^2 Z_F^2} \\ &= R_e + \frac{Z_F}{1 + \omega^2 C_d^2 Z_F^2} - \frac{j\omega C_d Z_F^2}{1 + \omega^2 C_d^2 Z_F^2} \end{aligned} \tag{23-79}$$

式(23-79)中的实部和虚部分别为

$$ReZ : R = R_e + \frac{Z_F}{1 + \omega^2 C_d^2 Z_F^2} \tag{23-80}$$

$$ImZ : X = \frac{-\omega C_d Z_F^2}{1 + \omega^2 C_d^2 Z_F^2} \tag{23-81}$$

将式(23-80)和式(23-81)消去频率，得

$$\omega C_d Z_F = -\frac{X}{R - R_e}$$

再代入式(23-80)，得：

$$(R - R_e)^2 - (R - R_e)Z_F + X^2 = 0$$

改写成二次曲线标准方程：

$$\left(R-R_e-\frac{Z_F}{2}\right)^2+X^2=(Z_F/2)^2 \tag{23-82}$$

这是圆的曲线方程。纵轴（虚部）取（$-ImZ$）；横轴（实部）取为（ReZ），有时也用 Z' 和 Z'' 来分别表示实轴和虚轴（虚部取负值），作上述电极系统的阻抗复平面图，如图 23-50 所示。

图 23-50 中圆的半径为 $Z_F/2$，圆心在实轴 ReZ 上，其坐标为（$R_e+Z_F/2$, 0），半圆顶点处的频率为 ω_0，由此频率可求得电双层电容 C_d。因为由式（23-80）可见，只有当 $\omega_0 C_d Z_F=1$ 时半圆顶点的横坐标才为 $R_e+Z_F/2$，从而 $C_d=1/\omega_0 Z_F$。另外从复平面图上也可看到当频率 ω 趋于无穷大时，因电双层电容 C_d 的容抗趋于零而等效电路中法拉第阻抗 Z_F 被 C_d 所短路，所以此时电极系统的阻抗即为溶液电阻 R_e，人们常用阻抗谱高频端处的数据求取溶液电阻 R_e。当频率 ω 趋于零时电双层电容 C_d 的容抗趋于无穷大，而等效电路中 Z_F 与 C_d 的并联阻抗趋近于 Z_F，此对电极系统的总阻抗为 R_e+Z_F，在无传质过程的场合人们也用阻抗谱低频端处的数据来估计电极反应的法拉第阻抗 Z_F。

除了用阻抗的复平面（Nyquist）图来表示待测系统的阻抗谱外，也可用常见的波特（Bode）图来描述待测系统在不同频率下的阻抗及相位特性，如图 23-51 所示。

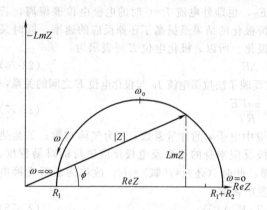

图 23-50　只有电化学极化而无传质过程
的电极系统阻抗复平面图
（$R_1=R_e$，$R_2=Z_F$）

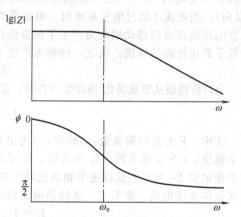

图 23-51　相应于图 23-50 的简单电极系
统阻抗的波特图

三、有传质过程参与时电极系统的交流阻抗谱

1. 电极表面电化学反应模型

首先假设在质量传递过程控制下电极表面所发生的唯一反应为氧化还原反应，并且电极表面两相间的电荷转移是近乎理想的、准可逆的。令还原态粒种的浓度为 c_R，它从溶液本体向着电极表面扩散；氧化态粒种的浓度为 c_O，它从电极表面向着溶液本体扩散。则根据扩散第二定律，有：

$$\frac{\partial c_O}{\partial t}=D_O\left(\frac{\partial^2 c_O}{\partial x^2}\right) \tag{23-83}$$

$$\frac{\partial c_R}{\partial t}=D_R\left(\frac{\partial^2 c_R}{\partial x^2}\right) \tag{23-84}$$

这里假定氧化态及还原态粒种向着垂直于电极表面的 x 方向线性地扩散。其中，D_O 及 D_R 为扩散系数，则可引入下面的初始条件和边界条件：

初始条件：$t=0$；$x\geqslant 0$；$c_O(x,0)=c_O^*$；$c_R(x,0)=c_R^*$。

边界条件：$t\geqslant 0$；$x\to\infty$；$c_O(x,t)\to c_O^*$；$c_R(x,t)\to c_R^*$。

上述边界条件为离电极表面无限远处，实际上离电极足够远处粒种的浓度已达到溶液本体的浓度。

边界条件：

$$t\geqslant 0；x=0；D_O(\partial c_O/\partial x)(0,t)=-D_R\left(\frac{\partial c_R}{\partial x}\right)(0,t)=\frac{I_F(t)}{nFA} \tag{23-85}$$

此边界条件为电极表面处，因为没有吸附并根据质量与电荷平衡及扩散第一定律，氧化态粒种通量与还原态粒种通量相等，即阳极电流与阴极电流相等且等于法拉第电流 $I_F(t)$。另外，根据非均相动力学定律并假定电极表面处粒种浓度与溶液本体中的浓度相等，则有：

$$I_F(t) = nFA[k_f c_O(0,t) - k_b c_R(0,t)] \tag{23-86}$$

式中，k_f 及 k_b 分别为氧化还原反应的正向速率常数及反向速率常数（见前）：

$$k_f = k_f^{\ominus} \exp\left(\frac{-\alpha nFE}{RT}\right)$$

$$k_b = k_b^{\ominus} \exp\left[\frac{(1-\alpha)nFE}{RT}\right] \tag{23-87}$$

式中，$k_f^{\ominus}$ 及 $k_b^{\ominus}$ 为标准常数，与电极电位 E 无关，α 为传递系数。

在标准电极电势 $E^{\ominus}$ 下，速率常数彼此相等，所以：

$$k_f^{\ominus} \exp\left(\frac{-\alpha nFE}{RT}\right) = k_b^{\ominus} \exp\left[\frac{(1-\alpha)nFE}{RT}\right] = k_s \tag{23-88}$$

这样，就有：

$$I_F(t) = nFAk_s \left\{ c_O(0,t) \exp\left[\frac{-\alpha nF(E-E^{\ominus})}{RT}\right] - c_R(0,t) \exp\left[\frac{(1-\alpha)nF(E-E^{\ominus})}{RT}\right] \right\} \tag{23-89}$$

及

$$E^{\ominus} = \left(\frac{RT}{nF}\right) \ln\left(\frac{k_f^{\ominus}}{k_b^{\ominus}}\right) \tag{23-90}$$

在平衡电位 E_0 下，电极处于静止状态，总法拉第电流 $I_F = 0$，而表观交换电流 I_0 可由下式给出：

$$I_0 = nFA(E_0)k_f c_O(0,t) = nFA(E_0)k_b c_R(0,t) \tag{23-91}$$

此时，电极表面不存在浓度梯度：

$$I_F(t) = nFAD_O\left(\frac{\partial c_O}{\partial x}\right)(0,t) = -nFAD_R\left(\frac{\partial c_R}{\partial x}\right)(0,t) = 0 \tag{23-92}$$

故在 $E = E_0$ 时，有：

$$c_O(0,t) = c_O^*; c_R(0,t) = c_R^* \tag{23-93}$$

及

$$I_0 = nFAc_O^* k_f^{\ominus} \exp\left(\frac{-\alpha nFE_0}{RT}\right) = nFAc_R^* k_b^{\ominus} \exp\left[\frac{(1-\alpha)nFE_0}{RT}\right] \tag{23-94}$$

因此必有：

$$E_0 = \left(\frac{RT}{nF}\right)\left(\frac{\ln k_f^{\ominus}}{k_b^{\ominus}} + \frac{\ln c_O^*}{c_R^*}\right) \tag{23-95}$$

$$E_0 = E^{\ominus} + \left(\frac{RT}{nF}\right) \ln \frac{c_O^*}{c_R^*} \tag{23-96}$$

式(23-86) 除以式(23-94)，可得：

$$I_F = I_0 \left\{ \frac{c_O}{c_O^*} \exp\left[\frac{-\alpha nF(E-E_0)}{RT}\right] - \frac{c_R}{c_R^*} \exp\left[(1-\alpha)nF(E-E_0)RT\right] \right\} \tag{23-97}$$

与式(23-88) 的 k_s 不一样，交换电流 I_0 不能单独用来表征电化学反应动力学特性，因为 I_0 与反应粒种的浓度有关，用 I_0 表示电极反应的特征时必须注明反应体系的浓度。显然，对于不同体系使用 I_0 来进行比较是不方便的。要用 k_s 来比较，k_s 为电极反应标准速率常数，即反应物的活度为 1 时电极反应的速率。在 $E = E^{\ominus}$ 时 k_s 可看作反应粒种越过活化能位垒的速率。

对理想的可逆系统来说（这里的可逆指的是电极反应的难易，交换电流 I_0 大，表示电极平衡不易遭到破坏，也即电极反应可逆性大），速率常数 k_f 及 k_b 以及交换电流 I_0 可考虑为无限大。这样，如果假设相比与扩散而言电荷转移足够地快速，而电极表面能保持在这种假想条件或者称为准平衡的条件下时，则电极表面的边界条件仍可以使用能斯特方程来代替式(23-86)：

$$\frac{c_O(0,t)}{c_R(0,t)} = \exp\left[\frac{nF(E-E^{\ominus})}{RT}\right] \tag{23-98}$$

但是，必须记住和小心，不要将上述关系式应用于非平衡条件，因为式(23-98) 仅在平衡条件下或者是理想可逆体系下才成立。

假设现在对该体系施加一个小的干扰 $\Delta E \exp(j\omega t)$，与之相应的电流变化为 $\Delta I_F \exp(j\omega t)$，由

式(23-86) 加上微分方程式(23-83) 及式(23-84) 在消去 exp (jωt) 项后，可得：

$$\frac{\Delta I_F}{nFA} = \frac{-\alpha nF}{RT} k_f c_O'(0) \Delta E + k_f \Delta C_O(0) - \left[\frac{(1-\alpha)nF}{RT}\right] k_b c_R'(0) \Delta E - k_b \Delta c_R(0) \tag{23-99}$$

$$j\omega \Delta c_i(x) = D_i \frac{\partial^2 \Delta C_i(x)}{\partial x^2} \tag{23-100}$$

$$c_i(x, t) = c_i'(x) + \Delta c_i(x) \exp(j\omega t) \tag{23-101}$$

式中，Δc_i 为粒种 c_i 的微小波动，下标 i 仅代表氧化态 O 或还原态 R；$c_i'(x)$ 为直流极化下距表面为 x 时粒种的浓度，这样：

式(23-99) 和式(23-100) 导致了两个非常重要的概念：电荷转移阻抗和 Warburg 阻抗。

2. 电荷转移或电荷迁移阻抗 R_{ct}

电荷转移阻抗由下式定义：

$$\frac{1}{R_{ct}} = \left(\frac{\partial I_F}{\partial E}\right)_{Ci} \tag{23-102}$$

根据式(23-86) 可变为：

$$\frac{1}{R_{ct}} = \frac{nF}{RT}[-\alpha k_f c_O' - (1-\alpha)k_b c_R'] nFA \tag{23-103}$$

式中，$c_i' = c_i(0, t \to \infty)$

在非平衡条件下，此值归纳出平衡条件下的电荷转移阻抗的概念。事实上，在平衡条件下用式(23-97) 减去式(23-103) 就可再次得到著名的电荷转移阻抗 R_{ct}：

$$R_{ct} = \frac{RT}{nF} \times \frac{1}{I_0} \tag{23-104}$$

对理想的可逆过程来说 I_0 为无限大，所以，从式(23-104) 可见 R_{ct} 趋于零。

3. Warburg 阻抗

在微扰 $\Delta E \exp(j\omega t)$ 下，电极系统表面的浓度波动 $\Delta c_i(0, t)$ 可以由方程式(23-100) 的一般解得到。在消去 exp (jωt) 项后，可得：

$$\Delta c_i(x) = M_i \exp\left[x\left(\frac{j\omega}{D_i}\right)^{\frac{1}{2}}\right] + N_i \exp\left[-x\left(\frac{j\omega}{D_i}\right)^{\frac{1}{2}}\right] \tag{23-105}$$

式中，积分常数 M 及 N 可由边界条件计算得到。

4. 无限厚扩散层条件下的 Warburg 阻抗

在 $x = \infty$ 时式(23-105) 中右边第一项为零，所以：

$$\Delta C_i(x) = N_i \exp\left[-x\left(\frac{j\omega}{D_i}\right)^{\frac{1}{2}}\right] \tag{23-106}$$

通过式(23-85) 并代入式(23-106)，可得：

$$\Delta I_F(t) = -N_O nFAD_O \left(\frac{j\omega}{D_O}\right)^{\frac{1}{2}} \exp(j\omega t) = N_R nFAD_R \left(\frac{j\omega}{D_R}\right)^{\frac{1}{2}} \exp(j\omega t) \tag{23-107}$$

取边界条件 $x = 0$ 从而消去 N，变成：

$$\frac{\Delta c_O(0)}{\Delta I_F} = \frac{-1}{nFAD_O}\left(\frac{j\omega}{D_O}\right)^{\frac{1}{2}} \tag{23-108}$$

$$\frac{\Delta c_R(0)}{\Delta I_F} = \frac{1}{nFAD_R}\left(\frac{j\omega}{D_R}\right)^{\frac{1}{2}} \tag{23-109}$$

联合式(23-108)、式(23-109)、式(23-103)、式(23-99)，得：

$$\Delta I_F = \frac{\Delta E}{R_{ct}} - [k_f(D_O)^{-\frac{1}{2}} + k_b(D_R)^{-\frac{1}{2}}] \Delta I_F(j\omega)^{-\frac{1}{2}} \tag{23-110}$$

从而可以得到电极系统的阻抗：

$$Z(\omega) = \frac{\Delta E}{\Delta I_F} = R_{ct}[1 + \lambda(j\omega)^{-\frac{1}{2}}] \tag{23-111}$$

$$\lambda = k_f(D_O)^{-\frac{1}{2}} + k_b(D_R)^{-\frac{1}{2}}$$

式(23-111) 中的 $R_{ct}\lambda\ (j\omega)^{-1/2}$ 就是通常所称的 Warburg 阻抗，是 Warburg 在 1899 年首先提出的。它是在正弦交流电干扰下电极表面区产生浓差极化，也即传质过程的交流阻抗。此值与频率有关，从式(23-111) 可以看到：频率升高时 Warburg 阻抗减小，高频极限处 $Z(\omega)=R_{ct}$。

5. Warburg 阻抗的性质

令 $Z_W=R_{ct}\lambda(j\omega)^{-1/2}$，则根据 Euler 公式：

$$j^{\pm n}=\exp\left(\pm\frac{jn\pi}{2}\right)=\cos\left(\frac{n\pi}{2}\right)\pm j\sin\left(\frac{n\pi}{2}\right) \tag{23-112}$$

有：$n=1/2$；$\cos(\pi/4)=\sin(\pi/4)=2^{1/2}/2$

$$j^{-\frac{1}{2}}=\cos\left(\frac{\pi}{4}\right)-j\sin\left(\frac{\pi}{4}\right)=\frac{2^{\frac{1}{2}}(1-j)}{2} \tag{23-113}$$

因此，Warburg 阻抗 Z_W 可改写为：

$$\begin{aligned}Z_W&=R_{ct}\lambda(2\omega)^{-\frac{1}{2}}(1-j)\\&=R_{ct}\lambda(2\omega)^{-\frac{1}{2}}-jR_{ct}\lambda(2\omega)^{-\frac{1}{2}}\end{aligned} \tag{23-114}$$

即实部 Z'_W 和虚部 Z''_W 完全相等，在阻抗的复平面图上是一条倾斜角为 $\pi/4$ 也即 45°的直线。另外，阻抗的实部和虚部均与 $(\omega)^{1/2}$ 成反比，当 $\omega=0$ 时，两者均为无穷大，此时极化电阻 R_P，定义为：

$$R_P=(Z_F)_{\omega=0} \tag{23-115}$$

是无限值，测不到 R_P。

四、电极系统带传质过程的等效电路和阻抗谱

如果把由电解质电阻 R_e、电荷转移电阻 R_{ct}、电双层电容 C_d 及 Warburg 阻抗 Z_W 均考虑进去，则可以将该电极系统的等效电路示于图 23-52。

对于图 23-52 等效电路的总阻抗为：

$$Z=R_e+\frac{1}{j\omega C_d+\dfrac{1}{R_{ct}+Z_W}} \tag{23-116}$$

将式(23-114) 代入并展开，在低频时展开式中的 $(\omega)^{-1/2}$ 项保留，而 $\omega^{1/2}$、ω 及 ω^2 等高次项予以忽略简化，最终可得❶：

---

❶ 式(23-117) 及式(23-118) 的推导如下。

根据图 23-47 及式(23-116)，已知：

$$Z_W=R_{ct}\lambda(2\omega)^{-1/2}(1-j)$$

令 $R_{ct}=R, R_{ct}\lambda=a, (2\omega)^{-1/2}=b, C_d=C$

又 $b^2=1/2\omega$ 所以 $\omega b^2=1/2$，$j^2=-1$ 则：

$Z=R_e+1/[j\omega C_d+1/(R_{ct}+Z_W)]=R_e+1/\{j\omega C_d+1/[R_{ct}+R_{ct}\lambda(2\omega)^{-1/2}(1-j)]\}=R_e+P$

$P=1/\{j\omega C+1/[R+ab(1-j)]\}=R+ab(1-j)/j\omega C[R+ab(1-j)+1]$

利用 $A^2-B^2=(A+B)(A-B)$，则：

$P=[R+ab(1-j)]\{1-[j\omega C[R+ab(1-j)]]\}/\{1^2-[j\omega C[R+ab(1-j)]^2]\}$

在低频时上式分母中 ω^2 项可忽略，分母为 1，则：

$P=[R+ab(1-j)]\{1-[j\omega C[R+ab(1-j)]]\}$

令 $K=R+ab(1-j), K^2=[R+ab(1-j)]^2$，因 $(1-j)^2=-2j$，所以

$\qquad K^2=R^2+2abR(1-j)-2ja^2b^2$

$P=K(1-j\omega CK)=K-j\omega CK^2=K-j\omega C[R^2+2abR(1-j)-2ja^2b^2]$

$\quad=R+ab-abj-j\omega CR^2-j2abCR\omega+j^2\omega C(2abR+2a^2b^2)$

$\quad=R+ab-\omega C(2abR+2a^2b^2)-j(ab+\omega CR^2+2abCR\omega)$

$\quad=R+ab-2abR\omega C-2a^2b^2\omega C-j(ab+\omega CR^2+2abCR\omega)$

$\quad=R+ab-2abR\omega C-a^2C-j(ab+\omega CR^2+2abCR\omega)$

在低频时忽略其中的 ω 项或 $\omega^{1/2}$ 项，得 $P=R+ab-a^2C-jab$，于是

$Z=R_e+R_{ct}[1+\lambda(2\omega)^{-1/2}]-R_{ct}^2\lambda^2C_d-jR_{ct}\lambda(2\omega)^{-1/2}$

其中的实部及虚部，即分别为式(23-117) 和式(23-118)。

实部
$$Re(Z) = R_e + R_{ct}[1 + \lambda(2\omega)^{-\frac{1}{2}}] - R_{ct}^2\lambda^2 C_d \qquad (23\text{-}117)$$

虚部
$$Im(Z) = R_{ct}\lambda(2\omega)^{-\frac{1}{2}} \qquad (23\text{-}118)$$

在 Warburg 阻抗的复平面图（图 23-53）上可以看到，在低频区的直线以 45°角外推至实轴并得在实轴上的截距 R_{WO}：

$$R_{WO} = R_e + R_{ct} - R_{ct}^2\lambda^2 C_d \qquad (23\text{-}119)$$

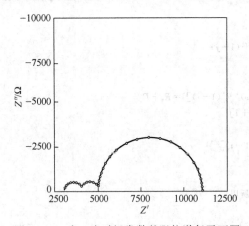

图 23-52　电极系统带传质过程的等效电路　　　图 23-53　无限厚扩散层情况下电化学阻抗的复平面图

由于受电荷转移、电双层、扩散参数等有关数据的影响，阻抗谱图中的曲线可能会有各种形状。因此，用简单的 45°直线外推法来求取电化学参数是比较困难的。

一个实际的电化学系统的阻抗谱有时是复杂的，以上仅仅是对最简单的理想过程所作的介绍。实际过程复平面图上在实轴上方的容抗弧也不会是严格的半圆，电双层电容也不是理想的电容，有时实际过程的复平面阻抗谱图中还会出现感抗弧（在实轴的下方），在电化学反应过程中的感抗弧很难想象能找出像电双层电容一样代表有物理意义的，能表征电极过程阻力的等效电感元件。但阻抗谱本身所反映的各种形状及特征必然和所发生的电化学过程的内在规律有关。例如，通过复平面图上有多少个容抗弧，或感抗弧，或更有效地通过相位对频率（ϕ 对 $\lg f$）的波特图上出现多少个峰（相位为负）或谷（相位为正）就能直观地认定阻抗谱包含有多少个时间常数，而有多少个时间常数则该电化学过程中有多少个状态变量。参见示意图 23-54 及图 23-55。

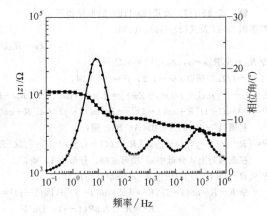

图 23-54　有三个时间常数的阻抗谱复平面图　　图 23-55　与图 23-54 相对应的阻抗
谱波特图——模与相位对频率图

所以，实际上一般都是通过阻抗谱的测量来确定状态变量的个数再通过对阻抗谱的解析来求取相应的参数。若再了解了状态变量变化速度的快慢、它们在电极过程中起的作用是相当于容抗弧的作用还是相当于感抗弧的作用等，这对于探讨和研究电极反应的机理是十分重要的。

解析阻抗谱常用等效电路方法，而且目前已有许多拟合等效电路的应用软件来求取电化学反应中的有关参数。等效电路虽比较直观，对简单的近乎理想的电极过程处理、对涉及非法拉第电流引起的非法拉第阻纳问题如涂层研究中的阻抗问题的解析处理比较方便，但是等效电路也有其固有的缺点，除了难于理解的在电化学反应过程中出现等效电感元件外，有时同一个阻抗谱可以用不同的等效电路来拟合，这种不唯一性恰恰说明等效元件物理意义的不明确性。我国学者曹楚南、张鉴清将阻抗谱与电极电位有关的状态变量联系起来，提出了不同于一般电化学阻抗谱的理论推导，他们的著作《电化学阻抗谱导论》是对电化学领域阻抗谱研究的新贡献。

五、阻抗谱的测量方法

可以有各种方法来测量交流阻抗，这些方法各有不同的能力。

交流电桥法已经存在了很长一段时间，而且可以获得好和精确的结果，但缺点是受到高频和低频带宽的限制。另外，测量也很费时间，因为测量时要切换参比元件并必须在检测计上找到"零点"读数。

李萨茹图方法要用示波器来估计正弦信号的幅度和相位移。该方法的精度取决于测量者在示波器显示屏上能否精确地测出信号幅度。该方法测量特别慢而且通常不精确。

相敏检测法用锁相技术，测量时要将锁相环锁定待测信号。该技术能得到精确的读数，但当频率低于 10 Hz 时该技术对测量难以胜任。

由于快速傅里叶变换可同时测量多个频率点，所以分析瞬时数据时很有用，但除非分析频率经过仔细选择，否则它能受到不希望的谐波响应的影响。另外在较宽频率范围下测量电容性样品时其动态范围也是一个问题。该技术不适合测量非线性系统。

目前，较常用的是频响分析方法，也称单正弦波相关法。在对电化学体系测量时，为了对体系能在各种直流条件下进行有效控制，需要用频响分析仪和恒电位仪配合。由频响仪通过恒电位仪向待测电池上施加正弦波交流干扰信号，并由恒电位仪对待测电池进行直流控制，再将由恒电位仪放大了的、加在电池上和流过电池的交流电压及电流信号送回频响仪进行分析。它是一种数字系统采用数字相关技术，能在很宽的频率范围内进行快速、精确的测量。直流及谐波能完全被抑制，噪声在选择适当的积分时间下能被消除。还有，该技术适合于测量线性和非线性系统。

数字相关技术可以用下面的数学式来表示：若在一个待测系统上施加一个正弦波交流干扰信号 $A\sin(\omega t)$，则该待测系统会输出一个响应信号。响应信号的数学式可以用一个复杂的方程，包含直流分量、各次谐波失真发量及随机噪声等的线性叠加来代替：

$$\Psi(t) = B_0 + B_1\sin(\omega t + \phi_1) + B_2\sin(2\omega t + \phi_2) + \cdots + \text{Noise} \tag{23-120}$$

式中，B_0 为直流分量；B_1 为基波（这正是人们需要得到的）；B_2，B_3…为高次谐波或失真分量，Noise 为噪声。

设响应信号为：

$$\Psi = r\sin(\omega t + \phi) \tag{23-121}$$

$$\Psi = a\sin(\omega t) + b\cos(\omega t) \tag{23-122}$$

其中

$$r = \text{sqr}(a^2 + b^2); \phi = \tan^{-1}\left(\frac{b}{a}\right) \tag{23-123}$$

如果频响仪还同时发生了同频率的 $\sin(\omega t)$ 及 $\cos(\omega t)$ 和待测系统的响应信号混频（相乘），则：

$$\Psi \times \sin(\omega t) = a\sin^2(\omega t) + b\sin(\omega t)\cos(\omega t)$$

$$= \frac{a}{2} - \frac{a}{2}\sin(2\omega t) + \frac{b}{2}\sin(2\omega t) \tag{23-124}$$

$$\Psi \times \cos(\omega t) = a\sin(\omega t)\cos(\omega t) + b\cos^2(\omega t)$$

$$= \frac{a}{2}\sin(2\omega t) + \frac{b}{2} + \frac{b}{2}\cos(2\omega t) \tag{23-125}$$

对式(23-124)进行积分，积分限为 $0 \sim 2\pi/\omega$，即对完整的周期积分：

$$\frac{1}{T}\int[\Psi \times \sin(\omega t)]\mathrm{d}t = \frac{1}{T}\left[\frac{at}{2}\right]_{\frac{0 \sim 2\pi}{\omega}} = \frac{a}{2} \tag{23-126}$$

类似地，对式(23-125)进行积分，可得

$$\frac{1}{T}\int[\Psi \times \cos(\omega t)]\mathrm{d}t = \frac{1}{T}\left[\frac{bt}{2}\right]_{\frac{0 \sim 2\pi}{\omega}} = \frac{b}{2} \tag{23-127}$$

计算出的结果有两个："a" 实部幅度（同相）和 "b" 虚部结果（相移 90°）。由 a 及 b 从式(23-123)

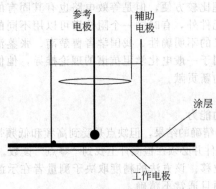

图 23-56 涂层研究用电化学池示意
电解液常用 3.5%NaCl 溶液

中可求出模 r 及相位 ϕ。

步骤中相乘及积分就是所谓的"相关技术"，在仪器中是应用数字技术完成的。从上述的数学推导可以证明所有那些寄生分量、高次谐波均被积分消除，而为了消除噪声分量应使用适当数量的积分周期。

六、阻抗谱的应用

现在举一个利用阻抗谱来研究防腐涂层的例子。涂层研究用电化学池示意如图 23-56 所示。涂层对金属免保护是大家所熟知的，但涂层的好坏，使用什么样的涂层为好只有通过比较才能检定，而阻抗谱法正是研究涂层好坏的一个有效方法。

图 23-57 中三条曲线，带三角的、带点的和不带点的实线，分别代表涂层较差、差及很差三种情况。从图 23-57(a) 中可以看到如果涂层质量很差则阻抗不高，尤其在低频处阻抗很低并几乎不变，随着频率的继续下降相位角趋近于零，在阻抗谱复平面图上曲线几乎缩减至实轴上的一个点，接近于电解质溶液电阻。

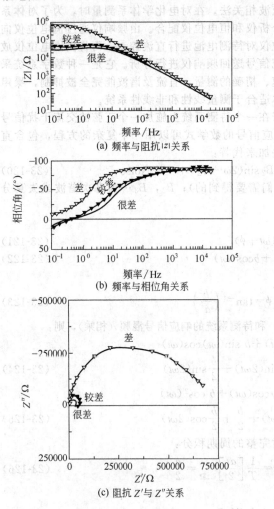

(a) 频率与阻抗 |Z| 关系

(b) 频率与相位角关系

(c) 阻抗 Z' 与 Z'' 关系

图 23-57 较差和很差涂层阻抗谱（波特图及复平面图）的比较

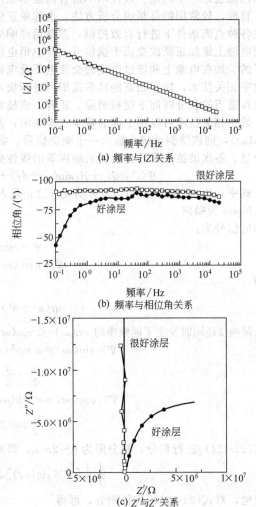

(a) 频率与 |Z| 关系

(b) 频率与相位角关系

(c) Z' 与 Z'' 关系

图 23-58 好及很好涂层阻抗谱（波特图及复平面图）的比较
图中，方块线代表极好的涂层

如图 23-58 所示为涂层质量很好时的情况比较。

涂层通常被认为是一种隔绝层，通过涂层来阻止或延缓水溶液渗入被涂金属达到保护金属免受腐蚀的目的。因此，好的涂层应具有高阻抗。

从 $|Z|$ 对 $\lg f$ 的图中［图 23-58(a)］可以看到，好的涂层是一条斜线，在相位角（°）对 $\lg f$ 的图中［图 23-58(b)］表现为很宽的频率范围内，相角为 $-90°$ 的恒定值，这表明涂层为电阻很大、电容很小的隔绝层。在阻抗复平面图上可等效为一个小电容和一个很大电阻并联的复合元件，而极好的涂层，涂层电阻极大，其性质与一个纯电容相当，在复平面图上阻抗谱表现为贴近虚轴的一条直线。

从上可见，电化学阻抗谱（EIS）是可用来表征有机涂层的电学性质及其对金属表面附着力的现代流行方法。原有用来研究聚合物/金属附着力有效性的方法，许多是机械的扯脱、弯曲、剥离等试验，因此是破坏性的。阻抗技术的独特优点是可即时得到与涂层性质有关的数据，方法是非破坏性的，可让人们详细了解附着失效的可能机理。显然，不同的有机涂层将给出不同的保护和附着级别，但涂层会受到极性分子穿透的影响，例如含水环境中的水分子导致了电化学腐蚀使附着失效。测量涂层对金属表面的附着力已成为材料科学及工程中相当感兴趣的问题，而阻抗技术提供了一种富有生命力的替代方法，可得到有关有机涂层的附着力及性能的详细信息。

前已说过阻抗抗测量在大多数情况下对所研究的现象只有极小或没有影响，而对各种各样的化学及物理性质则是一个灵敏的指示器。在涉及从有机涂层分析、阻蚀剂研究、传感器研究到电池、燃料电池及一般材料的表征等数百种应用中阻抗测量可深入了解事物的内在本质。事实上任何液体或固体材料当在其上施加一个电压时就有电流流过。如果施加到材料上的是一交变（交流）电压的话，则施加电压与流过电流的比值 (V/I) 就是所谓的阻抗。在许多材料中，特别是那些通常不被认为是电子导电体的，阻抗随施加电压的频率变化而变化在某种意义上是与液体或固体的性质相关联的。这可以是由材料的物理结构、材料内部发生的化学过程，或者由两者的联合所引起的。因此，如果测量是在一个合适的频率范围内进行并且其结果图形表示在合适的坐标轴上得到电化学阻抗谱，就可把测量结果与材料的物理利化学性质联系起来。

在作为能源的电池来说，用测量阻抗的方法来决定电池的负荷状态是人们所熟知的，如测定完全充电、部分充电及完全放电状态下的电池阻抗。阻抗测量不仅给出了有关电池负荷状态的信息，也给出了有关电池健康状态的信息。通过检验多次充/放电循环后阻抗变化的趋势，可早在电池实际失效前就能辨认出失效的方式。

在腐蚀分析中，电化学技术提供的数据是对短期症断难于奏效的、传统的取样及布盐试验法的一种补充。电化学系统的腐蚀速率及电荷迁移性质能快速地通过阻抗数据及动电位分析技术来预测。腐蚀速率基本上取决于电化学反应、温度、电极材料、表面面积及化学环境等因素。有两种征兆控制着反应速率：一是电荷迁移（活化能）；二是质量迁移效率。电荷迁移的能力控制着腐蚀反应的性质及等级。质量迁移是电解质从溶液本体扩散到电极表面的能力。阻抗分析能比较不同的腐蚀体系以及各种腐蚀抑制剂和阻挡涂层的有效性。可以应用的各种电化学分析技术包括线性极化电阻（LPR）、电化学噪声（ECN）、谐波分析及电化学阻抗谱（EIS）。在被分析物腐蚀最小的情况下每种技术均可得到有价值的数据。

阻抗谱的另一个应用是经常见到的、对修饰电极性能的表征及由此开发和研究新的灵敏高效的电化学传感器，特别是纳米技术应用于电极表面后，阻抗谱更是得力的研究工具。它主要研究修饰电极的性质以及在修饰膜-电解液界面上进行的电荷转移和电子传递的动力学过程，比较在不同的极化电位下电化学过程的阻抗谱-复平面阻抗图，从溶液电阻 R_s、电荷传递电阻 R_c 的关系和变化趋势上往往就可以得到非常有用的信息。

总之，电化学阻抗谱的应用领域非常广泛，已远远超出电化学过程的研究。

电化学方面，包括基础电化学研究、电化学分析、电化学合成、电涂及电沉积、超电容、新型电池及燃料电池的开发研究、腐蚀领域中的抗蚀、缓蚀、涂层、阳极溶解和钝化、钝化金属的孔蚀过程研究等。

材料研究方面，包括陶瓷（高压应用）、铁电/压电材料、液晶（显示器，光学开关元件）、多孔材料（组成，粒度，相变）、黏胶及环氧树脂材料、绝缘材料、半导体材料、聚合物及合成材料、膜材料（导电膜，隔膜性能）、凝胶/金刚石为基质的材料、有机无机敏感材料及传感器研究等。

生物医学方面，包括生物传感器研究、癌变研究、皮肤，组织移植及成活、缓释药物等。阻抗谱的应用还在继续发展，阻抗谱与物性的关系的研究还在继续深入。

第九节　电化学工作站

20世纪90年代后计算机技术已越益成熟，将电化学测试系统与计算机相联就应运而生。电化学工作站即是由电化学测试系统、数据传输接口、测试分析应用软件及通用型计算机有机地结合而成的一种新的电化学分析平台。

电化学测试系统通常是指恒电位/恒电流仪、阻抗分析仪等设备，这些仪器中均含有数据采集、储存等芯片，当然也还包括了适用于测试对象的可以是两电极、三电极、四电极的电化学电池；数据传输接口是电化学测试系统和微机之间沟通的桥梁，目前广泛使用的是 GPIB 即通用接口总线（general purpose interface Bus）是国际通用的仪器接口标准和以太网（ethernet），后者可以通过网络系统远程操控测试设备；应用软件是根据不同的测试对象和要完成的测试目的所编制的各种程序及命令，它们把预设的实验参数通过微机经数据传输接口和传输线按序送给电化学测试系统中的每一台仪器单元，采集测得和储存的数据再经传输接口和传输线依次送回微机，由微机进行处理并实时显示和获得最终测量结果。

电化学工作站一般要针对测试对象和目的进行适当配置。比如研究电化学反应过程、定性定量分析反应物或反应产物，则必须要配置恒电位/恒电流仪；如研究测量材料性能，则只需配置频响分析仪和阻抗分析仪；而能满足绝大多数电化学研究需要，对主要应用于化学与物理电源开发、功能材料、腐蚀与防护、电化学沉积、电化学分析、交流阻抗测试、电化学机理研究、有机电合成基础研究、电化学基础教学、超微电极上的稳态电流测量、生物电化学（传感器）及冶金、制药、环境分析等领域的研究及测试的电化学工作者而言，除需配置恒电位/恒电流仪、频响分析仪/阻抗分析仪和相应的测控、分析、处理软件外，还要顾及一些附加的功能扩展设备，如高输入阻抗介面、多通道工作介面、大电流、高槽压输出介面等以满足不同的需要。

国内外商品化的电化学工作站很多，适用范围和功能也不尽相同。选择电化学工作站时要注意它的应用领域、仪器配置，包括测试分析软件、硬件参数指标（电位/电流控制范围、电位/电流控制精度和灵敏度、数采 AD/DA 的速率和分辨率、最大输出槽压及电流等）、阻抗测量指标（信号发生器的频率响应、信号幅值、扫描波形和方式、直流偏压范围，信号分析器积分时间的最大、最小值以及直流偏压的补偿范围等），注意电化学工作站的功能方面是否和研究需要相匹配。

以下列出某些应用领域及可能需要的技术测量功能。

(1) 伏安分析　线性扫描伏安法（LSV）、循环伏安法（CV）、阶梯伏安法（SCV）、差分脉冲伏安法（DPV）、常规脉冲伏安法（NPV）、方波伏安法（SWV）、交流伏安法（ACV）、溶出伏安法、常规差分脉冲伏安法（DNPV）、差分脉冲电流检测（DPA）、双差分脉冲电流检测（DDPA）、计时电位法（CP）、计时电流法（CA）、计时电量法（CC）等功能。

(2) 暂态极化　任意恒电位方波、任意恒电流方波、多电位阶跃（VSTEP）、多电流阶跃（ISTEP）等功能。

(3) 腐蚀测量　开路电位测量（OCP）、恒电位极化、恒电流极化（计时电位法，CP）、动电位扫描（Tafel 极化曲线）、线性极化曲线（LPR）、循环极化曲线（依击穿电流回扫）、动电流扫描、电化学噪声测量、电偶腐蚀测量（零阻电流计）、氢渗透监测等功能。

(4) 交流阻抗　电化学阻抗（EIS）-频率扫描、电化学阻抗（EIS）-时间扫描、电化学阻抗（EIS）-电位扫描、电化学阻抗（EIS）-极化扫描等。

部分电化学工作站的型号、生产厂家或代理公司见表23-40。

表 23-40　部分电化学工作站的型号、生产厂家或代理公司

仪器型号	厂家(公司)
CS 系列	武汉科思特有限公司
EC 系列,MC 系列	武汉高仕睿联科技有限公司(中国)
CHI 系列	上海辰华有限公司
KL 系列	天津兰力科化学电子高技术有限公司(中国)
RST5200	郑州世瑞思 Senscon(中国)
VMP3	华洋科仪 Biologic 法国
PAR2273	EG&G(普林斯顿)美国
1260/1287,CellTest	Solatron 英国
PGSTAT 系列	Autolab 瑞士万通
Zennium	Zahner 德国

第十节　有关电分析仪器国内主要网站与生产销售公司

一、有关电分析仪器国内主要网站

（1）中国分析仪器网 http//www. 54pc. com　进入该网站的首页，选电化学类仪器网页，将有国内外各种型号的 pH 计、滴定仪、Zeta 电位仪、氧化还原测定仪、电化学工作站、电泳仪、极谱仪、伏安仪、电导仪、库仑仪、电解仪、水分测定仪、水质分析仪、恒电位仪、离子计（离子测定仪）、传感器等仪器项可选择。

（2）仪器信息网 http：//www. instrument. com. cn　进入该网站的首页，选化学分析仪器网页后，再选电化学仪器网页，将有国内外生产与经销的各种型号的电化学仪器的信息，如 pH 计，有实验室用的台式 pH 计、实验室用的便携式 pH 计、多功能 pH 计、现场用的笔式 pH 计四大类。电位滴定仪有单道与双通道全自动电位滴定仪、专用滴定仪、在线滴定仪、多功能电位滴定仪、温度滴定仪。卡式水分测定仪、电导仪、电化学工作站、库仑仪、电华学仪器的零部件、电化学仪器控制软件、各种电极（金电极、铂电极、旋转圆盘电极、玻璃碳电极、复合电极）电极架、电解池等。

（3）中国实验科学器材网 www. shuoguang. com　有 pH 计、酸度计、电导仪、离子浓度计、伏安仪、库仑仪、氧化还原仪、电化学多用仪、多功能微机电分析仪、余氯总氯分析仪、极谱仪、电解分析仪、滴定仪、电极等。

二、国内生产电分析仪器的公司

国内外生产电分析仪器的专业公司有很多，下面只介绍两个国内生产电分析仪器的公司。

（1）上海精密科学仪器有限公司雷磁仪器厂　该公司生产销售各种型号的 pH 计、恒电位仪、定碳定硫分析仪、数字酸度计、电导仪、钠离子浓度计、离子活度计、溶解氧分析仪、自动滴定仪、碱浓度计、微量溶解氧分析仪、库仑定氧仪、浊度仪、电解分析仪、复合氧化还原电极、甘汞电极、恒电位仪、钛合金电极、各种传感器。

（2）江苏江分电分析仪器有限公司　该公司生产销售点分析仪器有甘汞电极、pH 电极、传感器、pH 计、库仑仪、钠电极、水分测定仪等。

第二十四章 计算机技术在分析化学中的应用

第一节 计算机技术在分析化学中的应用概述

计算机技术是 20 世纪科学技术公认的最具革命意义的最伟大的成果之一。它对推动科学、技术和社会生产的发展起到了难以估量的作用。计算机已渗入人类生产和生活的几乎一切领域，成为人类必不可少的工具。计算机技术在分析化学中的应用主要涵盖三个方面：微型计算机硬件在分析仪器中的应用、计算机软件的应用以及计算机网络技术的应用（图 24-1）。

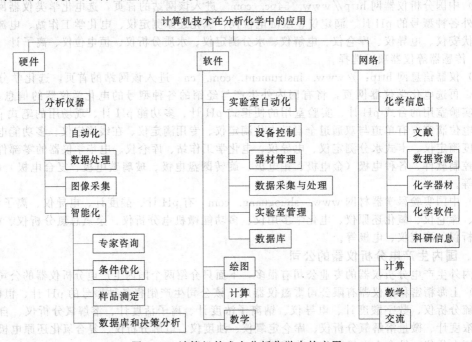

图 24-1 计算机技术在分析化学中的应用

按应用类型分类，微型计算机硬件在分析化学中的应用主要包括提高分析仪器数据处理能力、提高分析仪器自动化程度、发展分析仪器数字图像处理功能和使分析仪器趋于智能化。"智能化"的分析仪器一般包括分析专家咨询、分析条件优化、样品测定、数据库和决策分析等系统。

计算机软件在分析化学上的应用主要包括实验室自动化、绘图、化学计算和化学教学。实验室自动化主要包括实验仪器设备的自动化操作和控制、实验室仪器设备与材料的管理、实验数据收集与处理的计算机化、各实验室之间的计算机联网和统一管理以及计算机数据库技术五个方面。

计算机网络在分析化学上的应用主要包括获取化学信息、使用网络内的计算资源、开展远程交互式教学和开展信息远程交流。计算机网络的迅速发展，使化学工作者通过互联网可获得文献、化学化工数据资源、化学试剂和有关材料以及仪器设备、计算机化学软件和学术会议信息等各种科学信息。近年来网络技术在分析化学领域中的作用越来越重要，为化学实验员的交流提供了良好的平台，成为解决实际问题的重要工具之一。

第二节　微型计算机在分析仪器中的应用

一、分析化学的发展

科学技术的发展为分析化学的内容带来了巨大的变化。过去，分析化学一直是以化学方法为主；而今天，毫无疑问则是以仪器方法为主；过去，是以无机物分析为主，目前，则更注重于有机及生物物质的分析。现今的科学技术已对分析仪器提出了越来越高的要求。人们不仅要求及时、精密、可靠地获得有关物质的成分与结构的定量数据，而且要求对物质的状态、价态、结构、微区与薄层等进行纵深分析。现代分析仪器不仅要解决有关测量数据的获取问题，更需要解决的是如何从大量数据中提取有用信息的问题。这些为计算机技术在现代分析仪器中的广泛应用开辟了广阔的前景。如图 24-2 所示是分析仪器的发展过程，具体内容介绍参见第十二章一。

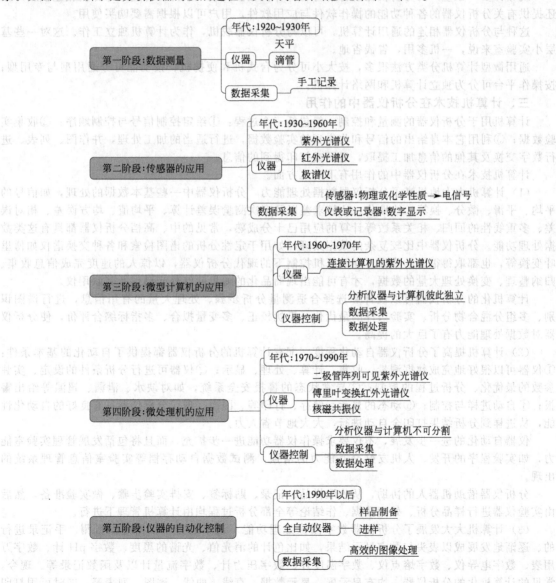

图 24-2　分析仪器的发展过程

二、化验室计算机的分类

1. 专用计算机

它是为扩大与提高分析仪器的功能与性能而专门设计的，它的辅件配置与软件也是根据分析仪器性能与用途的需要而确定的。20世纪80年代中期前生产的分析仪器用的计算机大都属于这种类型。专用计算机只能配合分析仪器使用而不能单独工作。专用计算机与分析仪器结合形式大概分成两类：一类是计算机与分析仪器组装成为一个整体；另一类是分立式的，计算机控制器、数据处理器、显示器、打印机与分析仪器分立组装，根据需要情况，然后把它们连接起来使用。

2. 通用计算机

20世纪90年代以后，计算机的性能大幅度地提高，而价格又逐渐地下落，加上软件的大量开发，生产出性能优良、内存很大、运算速度快得多媒计算机、工作平台与工作站。因此，许多分析仪器的生产厂家直接把通用计算机与分析仪器连接，通过软件的开发应用，使分析仪器计算机化。大大地提高了分析仪器性能，逐步地向智能化分析仪器方向前进。

现今许多厂家生产的分析仪器上都留有与计算机相接的接口，可以与通用计算机相连接。厂家还提供有关分析仪器的各种功能的操作软件与应用软件，用户可以根据需要购买使用。

这种与分析仪器相连的通用计算机，可以与分析仪器脱机，作为计算机独立工作。这对一些基层小实验室来说，一机多用，省钱省地。

通用微型计算机分类方法很多，按大小可分为台式机和便携机；按功能可分通用型与专用型；按操作平台可分为独立计算机和网络计算机。

三、计算机技术在分析仪器中的作用

计算机用于分析仪器的测量和控制一般包括三个过程：①给定控制信号与控制顺序；②收集实验数据；③利用它本身给出的信号和收集到的实验数据，进行适当的加工处理，并作图、列表、进行数字交换及其他的信息加工提取，显示或打印得到的信息。

计算机技术在分析仪器中的作用有下列几方面。

(1) 计算机大大地提高了分析仪器数据处理能力 分析仪器中一些基本数据的处理，如信号的平均、平滑、微分、换算、线性化、比较求差以及多次测量误差计算、平均值、均方误差、相对误差、多重线性的回归、相关系数等计算的应用已十分成熟，常见的中、高档分析仪器都具有这类数据处理功能。分析仪器中比较复杂的数据处理，如用于定性分析的谱图检索和各种交换谱仪如傅里叶变换等，也都取得很好的成果。在计算机控制下的现代分析仪器，以惊人的速度完成信息收集、归纳整理、变换处理大量的数据，才有可能出现商品化的傅里叶红外光谱仪及其联用仪。

计算机化的分析仪器可以设计和选择合适测量分析步骤、处理大量的有用信息，进行谱图识别、多组分混合物分析、实验条件的最优化、干扰校正、多变量拟合、多指标综合评价，使分析仪器对数据处理能力有了巨大的提高。

(2) 计算机提高了分析仪器自动化程度 配有计算机的分析仪器都提供了自动化的基本条件：①仪器可以很好地完成数据测量、收集、计算、处理、显示；②仪器可进行分析条件的设定、实验参数的最优化、分析过程的控制；③异常状态的警报安全系统，如对缺水、泄漏、超温等给出警报；④自动进样与控制；⑤动态的显示、储存、打印等。因而，现代分析仪器具有良好的自动化性能，从进样到分析结果打印全自动进行，大大地节省人力。

仪器自动化的进一步发展，不仅要求操作仪器功能进一步扩充，而且将包括发展管理实验室能力，如实验程序的开发、人机友好交互能力的增强，测试数据自动存档等实验室信息管理系统的出现。

分析仪器借助机器人的协助，从收取样品、记录、贴标签、安排实验步骤、做实验准备，然后由实验仪器进行样品分析、处理数据、作结论等全部分析过程均由计算机管理下进行。

(3) 计算机大大发展了分析仪器数字图像处理功能 最早的分析仪器是以目测、手记录进行的、逐渐地发展成以表头与数字显示结果，如比色计的消光值、光谱的黑度、数字 pH 计、数字万用表、数字电导仪、数字熔点仪、数字温度计、数字压力计、数字流量计以及函数记录等。现今，常见的计算机化的分析仪器，均有显示屏，显示数据、直线、曲线、谱图、列表等，同时可用打印机打印出来。

　　为了更加直观、方便、准确地表达某些化学信息，分析仪器测量结果常用谱图（图像）表示。图像处理系统配上有关的计算机应用软件与各种分析仪器的联用，已成为现代分析仪器的一个重要发展方向。

　　数字图像处理系统与其应用软件已成为现代分析仪器（扫描电镜、透射电镜、显微镜、能谱仪、波谱仪、电子探针、离子探针等）的一个重要组成部分，这使得图像清晰、分辨率高。分析工作者能及时、精密、可靠地获得有关物质的表观、成分、结构与物理数据。

　　（4）计算机使分析仪器趋于智能化　智能化是现代分析仪器及其计算机的重要发展方向之一。从信息科学的角度来看，信息技术的发展可分为四个层次，即"数码化"、"自动化"、"最优化"、"智能化"。计算机与分析仪器的结合，在数码化、自动化、最优化三个方面都取得了重大进展，并相对比较成熟。智能化是信息技术的最高层次，它包括理解、推理、推断与分析等一系列功能，是数值、逻辑与知识的综合分析结果。当今智能化的分析仪器仍处于初级阶段，它只是把计算机技术与传统分析仪器结合起来，仅能适应被测参数的变化、自动补偿、自动选择量程、自动校准、自寻故障、自动进行有限的数据处理，使分析过程由手工操作转向自动化的过程。

　　目前称为"智能化"的分析仪器一般包括四个系统。

　　① 分析专家咨询系统　它是一种知识传递系统。日常分析的专家咨询系统通常包括：被测元素的基本物理参数、试样处理方法、标准溶液配制、常用的分析条件、干扰情况、方法灵敏度、线性范围等。

　　② 分析条件优化系统　可以采用单参数或多参数同时的优化方法，对分析条件进行优化。

　　③ 样品测定系统包括操作参数的设置和控制、分析信号的收集、储存和实时处理、分析结果的输出、储存，分析报告单打印等。

　　④ 数据库和决策分析系统　将分析仪器所得的结果，不断累积建库。然后，根据需要，利用数据库中数据为依据进行决策分析和判断。

四、分析仪器的基本结构与计算机化

　　所有分析仪器除了具有本身的特性外，从分析化学原理看，它们还具有一些共性，即基本组成十分相似。如图 24-3 所示为一般分析仪器的基本组成，图 24-3 中实线的方框表示每个分析仪器的必要组成，而虚线方框表示可选择的部分，箭头表示物料流或信号流。

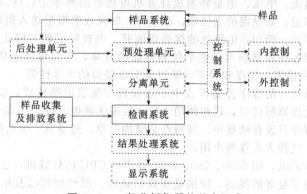

图 24-3　一般分析仪器的基本组成

　　分析仪器中所有的系统均可通过计算机的控制，而实现计算机化。由于仪器各单元一般是采用控制电路，各种测量信号，如温度、压力、流量、液位、pH 等均可通过适当的变换器转变成电信号。检测器能将物质数量与性质的变化信号转换为电信号，然后经放大器放大输出，其中调零、量程变化等操作也均由电路控制；温度的变化可用测温元件转换为电信号；流量变化可由流量变送器转换成电信号；气路或流动相的开关也可由电磁阀控制，因而引入计算机实现单元操作自动化，在目前条件下已不是难事。至于计算机化的另一组成部分——报告结果自动化，主要涉及数据处理及显示，本来就是计算机最基本的功能，加上配合现代数字图像处理技术，附加自动进样器等外围设备，使分析仪器全面实现计算机化不仅有可能，而且已成为事实。表 24-1 列出适宜于计算机化并且已大部分实现了计算机化的各类仪器。

表 24-1　适宜于计算机化并且已大部分实现了计算机化的各类仪器

电化学仪	电位仪、极谱仪、伏安分析仪、电重量分析仪、库仑分析仪、电导分析仪、示渡极谱仪、介电常数分析仪等
波谱仪	紫外、可见、红外、拉曼、荧光、磷光、火焰光谱、发射光谱、棱磁共振、顺磁共振、X 射线光谱、电子能谱、质谱仪等
热分析仪	热重量分析仪、差热分析仪、热滴定仪、燃烧法分析仪、热始分析仪、导热分析仪等
色谱仪	液相、气相、薄层色谱仪等

第三节　微型计算机在各类计算机化分析仪器中的应用

一、计算机在电化学分析仪器中的应用

传统电化学仪器本质上是模拟性质的，其中波型发生器、恒电位、恒电流、电流电位测量与转换，以及信号的记录与输出四个主要部分均以模拟方式工作。这类仪器的优点是仪器结构简单、工作可靠，但缺点是仪器功能很难扩展，几乎没有数据处理和分析的功能。

随着计算机的迅速发展，给电分析仪器带来新的生机，计算机技术已被广泛地运用于各种电分析仪器，出现了许多带计算机的电分析仪器，如计算机离子计、计算机 pH 计、计算机自动电位滴定仪、计算机极谱仪、计算机溶出分析仪和计算机库仑计等。这些仪器自动化程度高，实验过程、数据采集、处理、绘图和输出全由计算机程序控制，仪器具有功能多等特点。如瑞士 Metrohn 公司生产的 693 型极谱伏安分析仪与 695 型自动采样器联合使用，可实现包括标样加入、样品稀释和混合、样品的导入、测量电解池的废液排空和清洗等全自动操作。如美国 BAS 公司生产的 BAS-100B/W 电化学工作站，可以进行伏安法、溶出法、库仑法、斜波和阶跃电位法、交流伏安法和交流阻抗等 38 种电化学分析法的检测。整个工作站分为三大部分：模拟部分、接口部分和计算机部分。其中模拟部分与经典分析仪器没有本质的区别；接口部分是连接模拟部分和计算机部分的关键，它主要由三个独立单元组成，即 A/D、D/A 和 I/O。其中 A/D 是将模拟信号，即从恒电位仪中输出的属模拟量的电流、电压、电量转换成计算机可接收的数字量；D/A 接口是将计算机按一定时间顺序发出的数字量，如设定的电位值、波形等，转换成模拟量送入恒电位仪；I/O 接口是发出和接收控制信号的单元。例如，电解池的接通或断开、电极的旋转与停止、除氧气体的通与断、电流测量量标的变换等各种控制信号。整个仪器性能的好坏，很大程度上依赖于接口的性能与指标，如 A/D、D/A 变换精度、速度和噪声水平以及 I/O 接口的可靠性等。

早期的仪器由特殊设计的程序控制器或中小规模数字集成电路构成，实现仪器的全部控制功能。随着由简单的微处理器所代替，最初使用 4 位，后来逐渐被 8 位、16 位、32 位微处理器代替，固化所有程序于可编程序只读存储器中，其特点是结构简单、造价低，但功能有限，一旦固化，很难或不能更改。目前，这种方式逐渐少用。

早期使用的 8 位计算机，如 6800、280、8088 等多种 CPU 的计算机，已被 32 位、奔腾系列的计算机代替，其功能有了显著的提高，特别是在数据处理、图形处理以及结果分析、软件功能上。所以，近年来已有不少厂家生产计算机化的电分析仪器，已取消了中间的微处理器，而是把电分析仪器直接连接通用型计算机，直接使用计算机中的硬件和软件资源。与仪器连接的计算机还可以脱机使用，即可与分析仪器脱离连接，作为计算机使用，一机多用，颇受用户欢迎。

目前电分析仪器上的商品软件，多由 C 语言和 PASCAL 语言及部分汇编语言编写，操作环境为 DOS 或 Windows，菜单也越来越完善，所有方法的选择、参数设置、仪器操作、数据显示、图形处理等均可在屏幕上实现。

二、计算机在原子吸收分光光度计中的应用

目前的原子吸收、发射光谱仪几乎都配备有计算机系统，它们已能对被分析元素的各种分析条件和仪器操作条件，如波长、狭缝宽度、元素灯电流、光源参数及其正确位置、供气系统的各种参数、分析曲线形状等进行自动选择。

1. 原子吸收分光光度计专用计算机按功能的分类

原子吸收分光光度计专用计算机的主要功能是接收仪器输出的检测信号，并向仪器发出控制信号，然后处理所接收的检测信号和控制信号，最后输出处理结果。按在其中的应用功能分有简易的、半自动化的和全自动化的三类原子吸收微处理系统。

（1）简易的原子吸收微处理系统　这类计算机无控制作用，在仪器中单纯作为测量信号的微处理器，如自动调零和对数转换等，并打印出测量结果。这些微处理系统存储量小，主控程序约 4～10K、内存（RAM）约 2～4K。

WY-403 型与 P-E 703 型原子吸收分光光度计的微处理机相似，均属于此类型。

其工作原理是当主机输出一个模拟量信号（0～1V）后，经模数 A/D 转换，将其输出信号按大小转变为不同的脉冲数，并送入 8 位微处理机 WT 进行数据处理。A/D 转换位数为 12 位（二进制），转换精度≤±0.2%。微处理机采用 MC 6800 系列，是一种不能输入信号的专用机。专用程序 EPROM 为 10K，活动存储器 RAM 为 1K，可扩展到 4K。经微处理机处理后，用 12 位的数模转换 D/A，将数字脉冲换成模拟信号再送给记录仪，其转换精度为±0.5%。WT 处理后的信号经外设接口，可控制六位十进制数字显示器（小数点可浮动）和数字打印机。

该仪器的微处理器具有以下功能：①可将被测元素原子吸收的电信号，进行 A/D 转换，输送给微处理机进行数据处理，直接显示、打印、绘图；②可在 0.1～60s 的积分时间内选 1～10 次平均数；③可避行火焰法的平均测量和石墨炉的峰值、峰面积测量，进行平均数计算、统计和误差分析；④可建立空白及三种标准浓度的标准曲线，也可进行浓度直读输入 0.01～99 扩展因子，对测量结果进行扩展；⑤火焰法测定时，可连续读取吸收值，并有错误显示、报警和自检功能。

（2）半自动化的原子吸收微处理系统　这类仪器有美国 P-E 公司的 3030，日本日立制作所的 180-60、180-70、180-80、Z-6000、Z-7000 和 Z-8000，美国 IL 公司的 IL 551 及 VIDE 012 型。它们多采用阴极射线管（CRT）作显示器，使用 BASIC 语言，通过通用键盘进行数据输入，进行分析结果的显示与分析数据的存储。这种仪器存储量较大，能充分利用 8 位微处理器的全部存储空间（64K）。如日立 Z-8000 型原子吸收分光光度计拥有多种功能的数据处理装置进行运算，机内有图像显示器，并配有单独的键盘，以菜单方式进行操作测量。机内存储有 43 个元素的分析条件，供分析时随时取用。有过电流、过热、停水保护措施，并具有 8 种校正曲线补偿法，而且可以在显示校正曲线的同时监控测试结果和打印浓度、测量误差及工作曲线。此外，可以对分析条件及工作曲线进行最佳校正。

Z-8000 日立塞曼效应原子吸收分光光度计的主菜单如下：

> ELEMENT（元素）：输入被分析元素符号
> DATA：输入分析日期
> SAMPLE：输入样品名称
> OPERATOR：输入操作者姓名
> ATOMIZATION：火焰、石墨炉原子化方法（任选）

当选定被分析元素后，仪器提供 INSTRUMENTAL CONDITION 测试条件的子菜单（测试条件可从中选择），见表 24-2。

表 24-2　测试条件的主菜单

项　　目	设定值（举例）
LAMP CURRENT（灯电流）	10.0mA
WAVE LENGTH（波长）	766.5nm
SLIT（狭缝宽度）	1.3nm
ATONUZER（原子化器）	空气-C_2H_2
OXIDANT（助燃气）-（AIR）	156.9kPa（压力）、9.5L/min（流量）
FUEL（燃气）-（C_2H_2）	29.42kPa、23L/min
BURWER　HEIGHT（燃烧器高度）	7.5mm
AUTO　SAMPLER（自动进样）	NO

当仪器测试条件选定后,选设定 CALCULATION 计数子菜单上的项目见表 24-3。

表 24-3 计数子菜单上的项目

项 目	供 选 内 容
MEASUREMENT MODE(测量方式)	吸收值、浓度、发射光谱、标准加入法
ZEEMAN A. AMODE(塞曼原子吸收模式)	塞曼和背景
CALCULATION(计算)	峰高、峰面积、积分
CALCULATION TIME(计算时间)	$0.5 \sim 20.0s$
DELAY TIME(延迟时间)	$0 \sim 100.0s$
NO. OF REPLICATE(重复测量次数)	$1 \sim 20$
STATISTICS(统计)	平均值、标准偏差、相对标准偏差
INITIAL SAMPLE NO(开始样品号)	$1 \sim 999$
UNIT(单位)	$10^{-6}、10^{-9}$、%、mg/L
BLANK(空白)	
STANDARD 1. 2. 3. 4. 5	

石墨炉的温度控制程序子菜单(参数,可根据实验情况任意选择)见表 24-4 如下。

表 24-4 石墨炉的温度控制程序子菜单

NO STAGE(步骤数)	TEMPERATURE(温度)/℃		TIME(时间)
	开始	结束	/s
1. DRY(干燥)	80	120	20.0
2. ASH(灰化)	400	400	15.0
3. ATOM(原子化)	2800	2800	7.0
4. CLEAN(清洗)	2900	2900	3.0

(3) 全自动化原子吸收微处理系统 全自动化原子吸收分光光度计也称智能化仪器,例如美国 P-E 公司的 5000 型、5100 型,澳大利亚的 AA-975 型,日立的 Z-9000 型等。该类仪器可对被分析元素的分析条件、仪器操作条件(波长、狭缝宽度、换元素灯后的灯电流及正确位置、原子化器的正确位置、供气系统的各种参数、进样、积分时间和分析曲线的方式等)进行自动选择,并可按顺序自动分析 $4 \sim 16$ 种元素。它们的分析条件可事先在一个"磁性卡片读出器"记录下来,工作时只要将它送入仪器,便能自动调节工作条件,进行顺序测定。全部分析测定结束后,自动停机,自动记录分析结果,并画出测试得到的各种分析曲线图形。

2. 原子吸收分光光度计专用计算机按结构分类

(1) 通用计算机加专用接口和软件 这种专用机在结构上有较大的灵活性,并具有专用和通用两种功能。其主要缺点是成本稍高。

(2) 与原子吸收分光光度计彼此独立的专用计算机 这种专用计算机由于功能设置合理,所以成本较低。它将接口、数据处理和结果融为一体,所以又可称为原子吸收分光光度计通用数据处理器。但是它们还有独立的方面,一旦仪器发生故障,计算机或仪器都可以独立使用。

(3) 与原子吸收分光光度计一体化的专用计算机 像北京第二光学仪器厂生产的 WFX-IE 型和 WFX-IF2 型原子吸收分光光度计既属于专用计算机(数据处理),在结构上又属于第三类专用机。

3. 原子吸收分光光度计与计算机的接口

计算机与原子吸收分光光度计的接口是非常复杂的电子部件,因为要与专用计算机连接,其技术性很强,首先要解决 A/D 转换和分析数据传递两个问题。

(1) A/D 转换 又称模/数转换。因为计算机只能接收 0 和 1 所组成的数字码信号,对于原子吸收分光光度计所输出的在时间和空间上都是连续的检测信号,即模拟量信号,不经过 A/D 转换是不能送入计算机的。A/D 转换可以分为两个过程:一个是采样过程;另一个是量化过程。采样过程是以一定的时间间隔对模拟量信号进行周期性读数。t 为采样周期,每次读数的时间 t 为一定的。这样,一条连续的曲线就变成了由一些孤立的短线组成的离散曲线。量化过程是将每次读取的吸收值按一定比值换算成整数值,于是就得到了 nt-D 对应表,这就完成了 A/D 转换。

（2）分析数据的传送 原子吸收分光光度计与专用计算机之间按照上述要求连接了 A/D 转换器后，给仪器向计算机输送数据沟通了渠道，并提供了可能性。但是要真正实现数据的传送，还必须解决一个如何传送的问题。为此，必须通过软件告诉仪器，通过 A/D 口向计算机送数。其次，还应解决何时送数的问题。目前，原子吸收分光光度计专用计算机与仪器传送数据的时间和方式有下面三种。

① 程序控制方式 该方式就是将计算机从原子吸收分光光度计中取数值直接写入计算机的工作程序中。当 CPU 执行程序中遇到取数语句时，就到语句规定的地点去取数。

② 中断传送方式 这种传送方式中，计算机不必时时检查原子吸收分光光度计的工作情况，只管执行程序所规定的内容。当原子吸收分光光度计准备好数据后，就主动向 CPU 发出"取数中断请求"，请求计算机中断原程序的执行，到规定的地址去取数，待数据取完后又继续执行原来的程序。

③ DMA 传送方式 这是原子吸收分光光度计和专用计算机之间的一种高速传送数据的方式。就是在 DMA 控制器的控制下，将原子吸收分光光度计的数据不经过 CPU 而直接送入计算机的存储器内，这可以提高数据采集和存储速度。

4. 原子吸收分光光度计的计算机控制

（1）控制内容 计算机对分析仪器的控制目的是实现分析操作自动化。其控制内容主要有分析操作过程的自动控制，分析操作参数的自动选择，仪器的操作监督及故障诊断。

原子吸收分析样品时，大致有如下过程：制样→选光源→选波长→调狭缝→进样→原子化→测吸收值→重复测量→取平均值→输出结果。要实现分析过程的自动化，首先必须对上述过程中每一个操作单元都实现自动化。然后，将这些操作单元根据实际需要按一定顺序连接起来，以形成整个过程的自动化。

制样：目前主要以手工操作为主，人工配制。

选光源时，首先将各元素编号，然后将与被测元素相对应的空芯阴极灯一个个同时安装在多个灯座架上，每个灯的位置又赋予一个与此相对应的相同元素的相同编号。计算机可以根据编码，自动选择与被测元素相对应的空芯阴极灯的最佳灯电流。

选波长：计算机通过快速扫描，首先将被测元素的特征波长置于狭缝位置，然后再在此位置附近进行往返慢速扫描，寻找被测元素特征浓度的峰值位置。

狭缝选择：计算机通过快速和慢速扫描，一方面得到被测元素特征波长峰值位置；另一方面，也得到了该谱线的宽度。计算机可以根据被测谱线的宽度，自动选择和调节狭缝宽度。

进样装置的控制：全自动进样器主要是将自动进样装置和自动换样装置分别进行控制，然后将两者匹配起来。全自动进样可自动按选定进样量、进样次数，依次按样品号顺序进样，目前主要仅可与石墨炉原子化器配合使用。在应用石墨炉时，通常由一个专用计算机担任石墨炉原子化系统的程序控制，它包括取样→干燥→灰化→原子化→清洗→通知读数等操作步骤。

在应用在火焰原子化时，计算机主要用于选择燃气和助燃气的种类，并控制其流量，也可用于对气路系统的安全监控。

（2）控制原理 第一种控制方法是开关量和电脉冲数字量的控制，是最简单的控制方法，如启动或关闭某个系统，定时执行某项任务等都采用这种方法控制。它通常采用对电脉冲计数，并将所计的脉冲数与规定的数值进行比较，达到规定数值时执行某一任务，未达到规定数值时执行另一任务。

第二种控制方法是电模拟量控制。计算机首先通过模/数（A/D）转换，对被控对象进行采样，然后将所得数值与计算机内所存的规定数值进行比较，看两者之差是否在允许误差范围，如果超出误差范围，计算机可根据超出的程度发出调节指令，经过 D/A 转换器进行控制，然后重复上述过程。

第三种控制方法是非电模拟量控制，对压力、流量和波长等多采用这种控制法，一般为传感器和步进电机两种。

（3）操作参数的自动选择 为了得到最佳分析结果，对不同试样和不同待测元素的许多仪器参数，如特征波长、灯电流、燃气及助燃气流量、火焰高度、石墨炉测样品时的干燥、灰化和原子化温度都是不同的。因此，计算机对仪器操作参数要进行优化标准、优化项目和优化方法三个问题的优化选择与控制。目前多用信噪比作为优化标准。优化项目在火焰中是选择灯电流和燃气及助燃气的流量。石墨炉法中是选择样品的干燥、灰化和原子化的温度及时间。常用的优化方法有单项优化法和多项优化法两种。单项优化法是在固定其他参数的情况下，计算机自动改变一个参数并找出具有最大信噪比的那个参数值，即为最优化操作参数值。

多项同时优化法是用计算机自动改变几项参数进行 $n+1$ 次测量，得到 $n+1$ 个数据，然后按单纯形法计算下一次实验的几个参数的优化值。计算机再按通过计算得到的几项优化参数值调节实验，得到一组新的信噪比，去掉 $n+1$ 次实验中信噪比最小的那次结果，组成新的单纯形。重复上述过程，直至所得到的信噪比变化不大为止。这时所得到的几项参数值就是最优化值。

(4) 操作仪器的监督和故障诊断　当仪器操作完成自动化后，计算机对仪器操作监控和故障诊断是必不可少的。对原子吸收分光光度计的监督，主要包括仪器各部分是否运行正常，操作步骤是否按规定程序进行，操作参数是否在允许范围等。如果操作者遗漏了某一项目或给错了操作参数，按错了操作键等，计算机都会拒绝接受错误的命令并停止工作。

对仪器电子线路的故障诊断或者对计算机系统的故障诊断是：将仪器或计算机系统主要测试点的参数正常值，先存入计算机内，然后将这些测试点与计算机连接起来，并定时测定这些数据的参数值，与计算机内存入的数值相比较。若超出误差范围，计算机就随时发出故障报警和显示故障点。计算机自身的诊断是一种专用的自检程序，它收集计算机主要测试点的参数值和状态，并随时与正常值比较，然后做出故障情况或故障部位的诊断与显示。

5. 原子吸收分光光度计的计算机的数据处理

(1) 原始数据的平滑　原子吸收分光光度计专用计算机通过 A/D 转换后收集的检测信号，通常需要对其进行平滑处理，以进一步提高分析结果的信噪比。

在火焰法中一般采用等权重平均法，其计算公式为：

$$\overline{Y_i} = \frac{y_{i-m} + \cdots + y_{i-1} + y_i + y_{i+1} + \cdots + y_{i+m}}{2m+1}$$

在石墨炉法中多采用不等权重平均法，计算公式为：

$$\overline{Y_i} = \frac{a_m y_{i-m} + \cdots + a_1 y_1 + a_0 y_i + b_1 y_{i+1} + \cdots + b_m y_{i+m}}{a_m + \cdots + a_1 + a_0 + b_1 + \cdots + b_m}$$

式中，$a_m \cdots a_0$、$b_1 \cdots b_m$ 均为常数，称为权重因子。

(2) 背景的自动校正。

(3) 数据的取舍　当一个试量经过多次重复测量时，由于受到某种偶然因素的影响，在一组数据中有可能出现一个或几个异常值，为保证分析的精确度，必须剔除异常值，然后再取平均值。

(4) 工作曲线　标定是根据原子吸收分光光度法的基本原理，即吸光度与元素浓度成正比，$A_1 = KX_1$。所谓标定，就是用已知不同浓度 X_s 的标准物质求出 K 值。在实际应用中只有浓度在一定范围内变化时，A_1 与 X_1 才有线性关系，超过一定范围，曲线就会弯曲。因此，计算机就要分别不同情况，用不同方法求 K 值。X_1 在线性范围内时：

$$A_1 = KX_1 + b$$

X_1 在非线性范围内时：

$$A_1 = a + bx_1 + cx_1^2 + \cdots + mx_1^n$$

(5) 计算分析　结果的算术平均值、标准偏差、变异系数，采用最小二乘法进行曲线的回归等。

(6) 分析结果的输出　分析结果的输出常用 LED（液晶显示）、屏幕显示、绘图打印机打印。输出常分为以下两部分。

① 原始数据储存　输出内容包括仪器操作条件，如空心阴极灯种类、灯电流、狭缝宽度、波

长、火焰种类，燃气和助燃气的流量、燃烧器长度、测量火焰高度、信号处理方法、预喷时间、积分时间、重复测量次数、信号输出放大倍数、绘图方式、走纸速度、标准样品数及其编号和标准浓度值等。也可绘制每次测量信号的图形和标准工作曲线、打印曲线方程及其系数。

② 分析报告单　输出的主要内容包括选送单位、选送日期、分析结果（样品号、浓度值、吸光度值、标准偏差和变异系数等）、分析者、审校者以及出示数据报告日期等。

6. 部分国产半自动原子吸收分光光度计简介

北京第二光学仪器厂生产的 WFX-1F 型系列原子吸收分光光度计是技术比较先进、软件功能较全的产品。原子化器配有单缝燃烧器、石墨炉原子化器、氢化物发生器及火焰发射燃烧头。检测方式有单光束光电倍增管检测、自吸收效应及氘灯背景校正系统。这种仪器能进行石墨炉法、火焰法及火焰发射分析。测量方式有吸光度、浓度、发射光强度。读数方式有瞬时值、积分值、峰值、峰面积值。显示方式有 CRT 显示数值和信号图形并可打印保存。处理功能有元素编号、波长扫描、自动点火、自动调零、标尺扩展、读数延时、重置斜率、统计平均、工作曲线拟合、背景校正等。

北京分析仪器厂生产的 GFU-202C 型计算机双光束原子吸收光谱仪，具有标准 RS-232C 接口、PC 机 CRT、人机对话式菜单操作系统，操作简便，带有高灵敏度和低噪声火焰及石墨炉原子化器，气路系路中有可靠的误操作自动断气、回火保护等安全措施。分析方式有单光束、双光束、连续背景扣除、背景吸收、火焰发射等。测量方式有数字积分、连续积分、峰高、峰面积等。同时还有自动调零、浓度直读、自动校正四点曲线、参数、数据、曲线等打印功能。计算机工作站由条件设置、仪器调节、分析方法、参数存取、工作曲线、分析结果等菜单组成。所有功能键的操作，用汉字在屏幕上提示。

北京地质仪器厂生产的有 GGX-5 型计算机火焰原子吸收分光光度计，采用计算机控制、数字显示、对话框式操作，可输出百分含量、透光率 T、吸收值 A、浓度 c 及灵敏度 S、检测限 DL 等。处理方式有峰高、峰面积及选值读出三种。对数据有平均值、标准偏差及相对标准偏差等处理。北京地质仪器厂与 P-E 公司合作生产的 1100B 型原子吸收分光光度计，火焰气体由计算机控制以确保安全性，并配有石墨炉、自动进样器和计算机。可自动设定波长、光谱带宽、狭缝高度和自动进样。该仪器可以对各种原子化技术进行数据处理，进行平均时间积分、非平均积分（峰面积）及峰高测量，自动调零及 8 个标准点浓度校正，结果可用图像显示及打印。

三、计算机在色谱分析中的应用

1. 计算机控制的气相色谱仪

计算机控制的气相色谱仪见表 20-13 及表 20-14。

计算机控制的气相色谱仪内容包括以下几个方面。

（1）温度监控　包括柱箱及辅助温度，对柱箱要求能进行程序升温控制。配用冷却剂时还可进行低温控制。辅助加热区（进样器、检测器、阀区等）的温度控制，用一小块电路板就可实现数字化和键盘操作。当超过柱箱的最高温度时，仪器会报警、自动断路。常用的温度传感器是铂电阻，加热系统常用可控硅脉冲产生电路。

（2）流量的控制与监视　配合流量传感器对载气或其他辅助气做数字监控，有时只作定量监视。

（3）实时控制功能　在色谱运行中可对进样系统、阀的切换、检测器的选择等进行控制。

（4）仪器的自检系统　在仪器启动后，仪器能进行自检，如有故障，会指示故障所在，以便检修。

（5）编辑时间程序　设定仪器自动启动时间，仪器终止时间，仪器休息时间。设定多阶程序升温选择、开关阀门选择、自动进样等，仪器可按时间程序自动进行操作。

（6）其他　储存、修正、转录文件及操作参数。

2. 计算机控制的液相色谱仪

计算机控制的液相色谱仪参见表 21-18. 及第二十一章第二节一中的图 21-1。

计算机控制液相色谱仪的内容与气相色谱仪相似，只是控制的流动相是溶剂，通过微处理器控制输液泵，实现单元或多元溶剂的稳流或梯度淋洗。有的液相色谱仪包括柱系统、进样系统、检测器、数据收集和数据处理等，全部操作都用一台计算机控制，即所谓"工作站"控制。

如日本岛津制作所生产的 LC-IOA 液相色谱仪，全部操作可由 SCL-IOA 系统控制器控制，可控制内容有：

① 控制高、低压多元溶剂的混合单元流动相的流量或压力；

② 控制多元溶剂的梯度淋洗；

③ 控制柱箱的柱温及其液漏检查系统；

④ 控制自动进样器；

⑤ 控制馏分收集器；

⑥ 控制紫外可见检测器；

⑦ 可与 CR4A 数据处理仪相连接，CR-4A 数据处理仪由打印机、彩色显示器、键盘、专用计算机（包括两个软盘驱动器）等组成；

⑧ 可与折射率、荧光、电导、电化学、光电二极管阵列等检测器相连。

如图 24-4 所示为用微处理机控制的液相色谱仪示意。

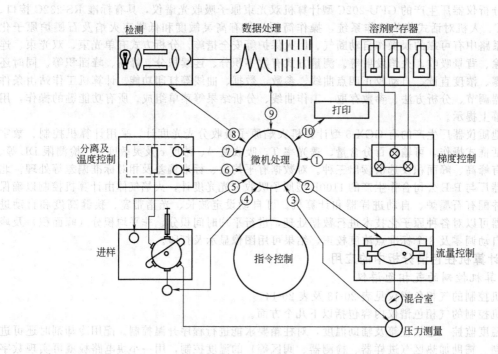

图 24-4 用微处理机控制的液相色谱仪示意

3. 计算机化的色谱处理装置

通常色谱信号是利用记录仪记录色谱图，色谱图由许多色谱峰组成。为了对各组分进行定性和定量计算，需测定各色谱峰的峰高、峰面积、保留时间等。对它们测量的精度，直接决定定量和定性的准确性及可靠性。色谱数据处理装置的基本任务，就是精确可靠地测定峰面积（峰高）和保留时间，并按测得的峰面积和保留时间进行定性和定量计算。为保证测定的准确性，要克服影响峰面积测定的多种不利因素，如已有基线漂移的自动校正、干扰峰的滤除（设定最小峰面积、最小峰高、最小峰宽、时间区域闭锁等）及重叠峰的分解等。

计算机化色谱数据处理装置现有下列三种类型。

（1）普及型数字积分仪 它的主要功能是测定色谱的峰面积、峰高、保留时间，进行基线校正、重叠峰处理及定性和定量的计算等。测量结果用小型（行式）打印机记录。由于这种产品价廉实用，能够满足色谱数据处理的基本要求，所以现在仍有很多用户。

（2）中级型色谱数据处理装置 它除了具有普及型的功能外，还内装宽行热敏打印/绘图机。能绘出色谱曲线，在峰上打印出保留时间等参数，并可利用打印机进行人机对话操作和分析报告制表。

(3) 高级色谱数据处理装置——色谱工作站　工作站由数据采集板、色谱仪控制板和计算机软件组成。可适用于气相色谱、液相色谱、超临界色谱、离子色谱等仪器的控制、各种检测器的数据采集及处理。其主要功能如下。

① 具备积分仪（也称数据处理机）的全部功能。

② 数据的永久储存。

③ 强有力的谱图再处理功能：谱图相加、相减、比较、谱峰放大、缩小、人工调整峰起落点。

④ 丰富的谱图打印功能。

⑤ 单通道、双通道数据采集可供选择。

⑥ 液相色谱仪的梯度淋洗控制。

⑦ 气相色谱仪的程序升温控制。

⑧ 超临界色谱仪的压力梯度及程序升温控制。

⑨ 智能化软件系统，包括如下子系统。

a. 液相色谱专家系统

ⓐ 柱系统推荐软件包　替代色谱专家推荐分析样品应当采用的色谱方法（如应选择的柱子、流动相、添加剂和检测器等），用户仅需回答组成样品分子的基本结构单元，即输入组成分子的基团个数（碳数、官能团个数等），系统就能推荐出采用的柱系统类型。同样，用户仅需回答样品所属类型以及所处基质类型，系统就能推荐样品应采用预处理的方法以及柱系统的相应选择。

ⓑ 谱图库　快速、方便地检索当今国际最先进色谱方法的分离谱图，便于实际样品分离条件的参考。库中的基本操作分为：对谱图的操作，允许用户增加、减小或插入任意谱峰；显示色谱条件操作，允许用户查询关于该谱图所采用的填料、柱尺寸、柱温、冲洗剂类型及组成、添加剂、冲洗模式、检测器等信息；谱图检索操作，允许用户正向或逆向检索关于此类样品的一系列谱图。

b. 色谱条件优化及离线色谱数据计算软件包　可用于色谱条件最优化和各种色谱参数、数据的处理与计算。

有关色谱分析用的数据数理仪（积分仪、数据处理装置、色谱工作站）的功能及原理见本书第二十章第二节五、数据处理系统。国内常见的色谱数据处理仪和工作站参见表 20-12。

4. 色谱的软件与数据库

(1) 多维色谱系统的控制　多维色谱系统是以多柱和多通阀组成的色谱系统，系统要求切换十分精确，有时要按系统的压力和流量进行必要的计算来控制切换程序，用人工操作极为困难，必须由微处理机来实现自动控制。

(2) 保留指数定性软件　在高效程序升温毛细管色谱分析中，常给出数百个色谱峰，通过色谱-质谱联用、色谱-红外联用以及文献数据等手段，可以对这些色谱峰进行定性鉴定。但是在常规分析中，受流动相控制及程序升温重复性限制，对某些保留值相差很小（$<5s$）的物质的辨认十分困难。特别是对组分含量变化大的样品，难于做出定性分析判断。采用保留指数进行定性是克服上述困难的有效途径。保留指数的定性，首先是识别出参考峰（通常为碳数不同的正构烷烃），输入各参考峰的保留时间后，计算软件就能计算出各组分的保留指数，并进行检索定性。

(3) 样品性质的计算软件　物质的性质是由其组成决定的，因而通过组成数据可以计算样品的性质。例如，汽油的闪点、密度、蒸气压和辛烷值等。天然气的物理性质也可以由天然气组成计算。

(4) 色谱数据库　利用计算机的存储能力，可以储存各种色谱数据：定性数据（保留值）、定量数据（校正因子等）、色谱计算方式（各种色谱的参数的计算公式）、色谱图、色谱文献等。这些数据可为发展色谱理论和实际应用提供很多方便。

四、计算机在分光光度计中的应用

微型计算机引入分光光度计以后，增加了光度法测量的精密度、准确度和灵敏度，使得仪器的操作更加简单和方便。

1. 光度计专用计算机的分类

分光光度计专用计算机的分类相似于原子吸收分光光度计专用计算机的分类，按其功能和复杂性可分为如下 3 类。

（1）简易型的微处理系统　它们仅对测量结果进行数字化及简单计算，以数字（液晶）显示并打印结果。

（2）中档的半自动化分光光度计　微处理器系统能进行光源切换、波长扫描、测量参数与工作曲线的屏幕显示，数据（包括色谱图）的加、减、乘、除，微分导数的运算，结果的显示打印等。

（3）高档的全自动分光光度计　微处理系统波长扫描，参数的自动选择及最优化，定性及定量软件、多功能软件包，数据处理与数据库。彩色显示、打印以及能与自动化学处理单元连接的整机完全自动化。

按照计算机与分光光度计的连接方式分类可分成两类：一类是计算机在分光光度计内部，为整体式的；另一类是计算机作为一个独立部件，通过接口与分光光度计连接。这种计算机可以是专用机，也可以是通用机，通用机可以脱离分光光度计，单独作为计算机使用。

2. 分光光度计中计算机的功能

UV-340 型仪器功能系统如图 24-5 所示。

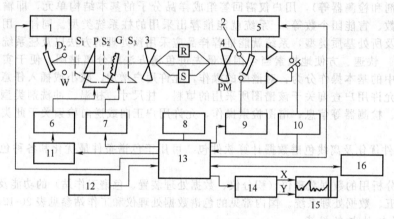

图 24-5　UV-340 型仪器功能系统

W—钨灯；D₂—氘灯；S₁，S₂，S₃—狭缝；P—棱镜；G—光栅；R—参比池；S—样品池；PM—光电倍增管

1—光源切换；2—硫化铅接受器；3—扇形板 1；4—扇形板 2；5—接受器切换；6—脉冲电机；

7—狭缝控制；8—门；9—高压控制；10—A/D 变换；11—电机控制；12—操作

开关；13—微型计算机；14—D/A 变换；15—XY 记录器；16—监控装置

（1）自动控制功能

① 光源切换紫外区光源常用氘灯，可见区光源常用钨丝灯，两光源切换时要求光源准确地在同一光路上，且被测的吸收光谱具有连续性。

② 自动调节狭缝合适的宽度。

③ 波长定位与波长扫描通常要用计算机来检查波长驱动机构是否运行正常，波长是否准确。常用的波长驱动机构是用同步电机转动凸轮机构，而凸轮机构又推动杠杆，转动光栅，改变光栅对光束的入射角及出射角，使单色光依次地通过单色器的出射狭缝，这就可完成波长的扫描过程。通常用计算机来确定波长的位置，确定波长扫描的区间及波长扫描的速度。

④ 控制扇形镜（斩波器）的旋转速度，进行光束的调制或变向。

⑤ 利用氘灯法或塞曼法进行光谱背景的校正。

⑥ 控制记录纸的走纸速度、走纸方向及记录笔的起落（记录笔升起——不记录，降落——记录）。

⑦ 样品池的自动更换（可多至 6 个样品）。

⑧ 与自动化学处理单元连接，能进行自动取样、稀释、加试剂、恒温等操作，可使整个分析过程自动化。操作者只要由功能键盘输入实验所需的全部参数，整个过程就可在计算机控制下自动

进行，分析结果可以打印输出。若过程中发生故障，仪器自动停机，并打印故障原因。

（2）数据处理功能

① 可在任何波长完成 $0T$、$100\%T$（透光率）调整、自动进行本底校正和基线校正。

② 完成原始数据的平滑，峰谷检测（峰/谷图形）、吸收曲线的绘制、局部放大。

③ 测光范围的设定、扩大和缩小。

④ 光谱之间的运算，加、减、乘、除与图谱重叠。

⑤ 光谱多次重复测量，取平均值的功能。

⑥ 光谱的导数（微分）1～4 阶，光量的积分。

⑦ 多次测量值的标准偏差。

⑧ 吸收值与浓度的换算。

⑨ 图形坐标轴的变换，横轴 mm、K/cm、eV、Hz；纵轴吸收值与透光率。

⑩ 定量程序标准曲线法与标准样品加入法。直线或曲线的回归分析，两个波长的基线校正，统计误差计算，相关系数的计算，多组分定量分析。

a. 时间扫描程序　固定波长下的吸收值或透光率随时间变化求出其时间变化率（为研究化学动力学用）。

b. 多波长测定程序　可连续测定 2～4 个波长下的吸光度或透光率，求出其差值和比值，可用于多色或浑浊溶液的测定。

c. 数据包　记忆定量、工作曲线等的各种测试条件和光谱、时间扫描等数据。

d. 专用软件包　如快速准确地进行水质测定的软件包，蛋白质程序的程序包，DNA/蛋白酶活性分析软件，凝胶扫描分析软件。

（3）显示功能

① 中低档仪器中常用液晶数字显示，显示内容包括：扫描起始和结束波长；测光范围的上限与下限；测定波长值和测光值（吸光度或透光率）；扫描速度、波长、测光值的现时显示。

② 中高档仪器中常用屏幕显示，显示内容随仪器档次不同而异，大致有以下内容。

a. 操作参数波长、狭缝、测光区间、标准溶液及样品号等。

b. 各种测量值吸收值、透光率、工作曲线样品值，计数的误差汇总表、试验报告等。

③ 打印功能常用的打印设备有 F/记录仪（单笔和多笔），仅可打印波长及吸收值；中档打印机，可打印各项测量的数据等，还可打印样品名称、输入注释、实验日期、实验人员等。

高档的打印设备可打印和绘出全部屏幕显示的内容，并可以打印三维多色图像。

国内外常见的计算机化的分光光度计参见表 13-12。

五、计算机在红外光谱中的应用

20 世纪 80 年代中期，由于计算机迅速发展，干涉分光的傅里叶变换红外光谱仪得到发展并形成商品生产，取代了光栅分光的红外光谱仪。1986 年前后，国际上大多数厂家宣布停止生产光栅红外光谱仪，全面转入生产干涉分光的傅里叶变换红外光谱仪。计算机化的傅里叶变换红外光谱仪的功能参见表 15-12。

傅里叶变换红外光谱仪主要由干涉仪和计算机两部分组成。若没有能快速采集、归纳、整理、变换、计算、处理大量信息数据的计算机，根本就不可能产高分辨率、广阔光谱范围、快速的傅里叶变换红外光谱仪，也不可能完成它与气相＋液相色谱超临界色谱、显微镜、热重分析、气相色谱-质谱、傅里叶变换拉曼光谱等仪器的联机。

计算机在红外光谱中使用有以下四个优点。

（1）红外光谱中数据处理的方式方法已有 25 种以上，有差示光谱、基线平直、平滑、吸收值扩张、吸光度与透光度的变换、导数、去卷积、指定区域的峰值、峰高、峰面积、膜厚度、最小二乘法线性拟合、光谱的校正和比较、峰信噪比、对光谱背景校正、合成带光谱的校正、加权因子卷积光谱、最大最小纵坐标的平均值等软件功能，参见表 15-12。

（2）使红外光谱的定量分析得以发展与应用，现有 14 种定量分析的软件包，如最小二乘法、非负最小二乘法、K 矩阵法、P 矩阵法、修正矩阵法、主因子分析法、Rosenbrock 法、卡尔曼滤波法、岭回归法、偏最小二乘法、线性规划法、非线性规划法、共轭梯度法、坐标轮换法等。

（3）20世纪90年代初，已存入计算机的红外光谱谱库的谱图数量已近9万张（全峰和谱峰），并已分类入库，便于应用单位分别购买所需的谱库。如Sadtler的傅里叶红外光谱检索谱库，有固定专业内容的软件包形式的谱库已达46种以上。还有各种有机化合物的凝聚相和气相光谱库，实用商品谱库等。检索方式有谱峰检索、全谱检索、给出主要基团检索，检索出的光谱附有相似度值。

（4）二维红外光谱是最近几年发展起来的新功能，利用计算机的三维绘图功能，给出分子在微扰作用下，用红外光谱研究分子相关性。

六、有机质谱仪的计算机系统

现代有机质谱仪都配有完善的计算机系统，它不仅能快速准确地采集数据和处理数据，而且能监控仪器各单元的工作状态，实现仪器的全自动操作，能代替人工进行有机化合物的定性、定量分析，并具有下列功能。

（1）数据采集和简化。一个有机物样品可能有数百个质谱峰，若每个峰采数15～20次，则每次扫描系数总量在2000次以上，这些数据是在很短的时间内收集起来的，并进行处理和简化，最后变成峰位（时间）和峰强储存起来，经过简化后每个峰用两个数据——峰位（时间）和峰强表示。

（2）质量数的转换。质量数的转换就是把获得的峰位（时间）谱转换为质量谱（即质量数-峰强关系图）。对于低分辨率质谱仪，先用标样（全氟煤油）作出质量内标，而后用指数内插及外推法，将峰位（时间）转换成质量数（质荷比，离子质量与电荷比）。在作高分辨质谱图时，未知样和标样同时进样，未知样的谱峰夹在标样谱峰的中间，并能很好地分开。按内插和外推法，用标样的精确质量数计算出未知物的精确质量。

（3）扣除本底或相邻组分的干扰。利用"差"谱技术将样品谱图中的本底谱图或干扰组分的谱图扣除，得到所需组分的真正谱图，便于解析。

（4）谱峰强度归一化。把谱图中所有峰的强度对基峰（最强峰）的相对百分数列成数据表或给出棒图（质谱图）。也可将全部离子强度之和作为100，每一谱峰强度用总离子强度的百分数表示。

（5）标出高分辨率质谱的元素组成。

（6）根据总离子流的变化（反映样品中某组分的浓度变化）自动对质谱峰强度进行校正。

（7）按选定扫描次数，把多次扫描的质谱图累加，并按扫描次数取平均，可有效地提高仪器的信噪比，提高仪器的灵敏度。

（8）计算机系统可将每次扫描所得质谱峰的离子流全部加和，以总离子流输出，绘出总离子流图或称质量色谱图。可输出质量碎片色谱图。

（9）进行单离子检测和多离子检测。

（10）谱库内存储约10万多张有机化合物的标准谱图，可进行自动检索，给出相似化合物的名称、分子量、分子式、结构式和相似性系数。

第四节　计算机软件在分析化学中的应用

计算机技术的不断发展，其先进性、功能性和实用性日益增强，应用范围越来越广阔。化学工作者除了具有化学、化工专业知识外，还应熟练掌握与本专业相关的计算机应用技术，例如化学实验或化工生产中的数据处理以及实验设计等各种模块的设计制作。各软件公司推出了许多实用的化学软件，众多的化学软件不仅功能不同，使用方法及复杂程度也有很大的差异。

一、分析化学中应用的软件类型

化学工作者应用的软件按功能分类主要包括办公、绘图、计算、教学、实验室管理和化工过程的优化和模拟软件（图24-6）。其中，办公软件中常用的是Office系列软件，主要包括Word、Excel和PowerPoint。此外，因目前参考文献大多采用pdf格式，Adobe系列软件也会经常使用。绘图软件可以绘制曲线、图形、化学图形和化学图谱。计算软件可以进行简单计算，也可进行化学运算，有些软件还具有化学辅助功能，可以计算和预测物质性能和各种谱图。各类教学软件为分析化

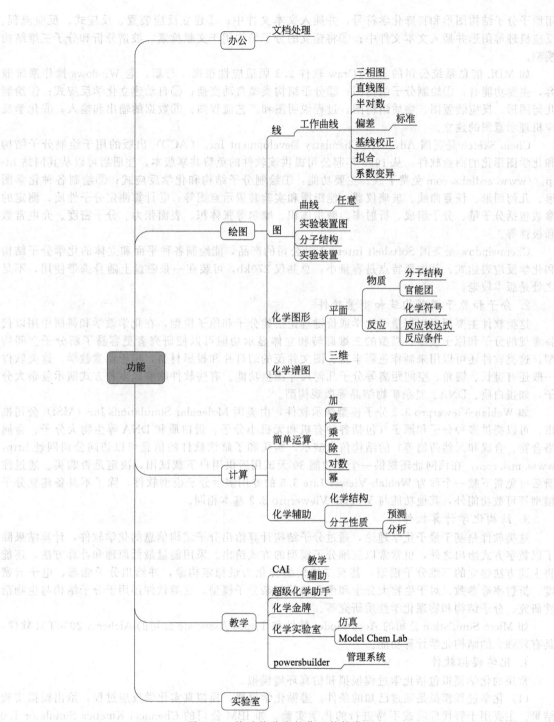

图 24-6　按功能分类的化工软件类型

学教学和课程自学提供了有利的工具。实验室管理软件在药品管理和实验规范化方面具有良好的促进作用。而化工过程优化和模拟软件则在化工过程设计和调控方面发挥的重要作用。

常见的化学软件主要用于以下 10 个方面。

1. 化学物质结构的图形化表述软件

这类软件主要用于化学类课题的科学表述，如研究论文中化学思想和概念的科学表述、实验记录和学术会议演讲材料中化学问题的图形表述等。使用上述软件可以解决以下问题：①能够建立使用原子分子结构图形和特殊化学符号，并插入文本文件中；②建立反应装置、反应式、反应流程、反应机理等图形并插入文本文件中；③将建立的分子结构用于文献检索、波谱分析和分子三维结构模型。

如 MDL 信息系统公司的 ISIS/Draw 软件 2.3 版适应性很强，与新、老 Windows 操作系统兼容，主要功能有：①绘制分子结构图；②分子结构类型自动变换；③自动建立化学反应式；④绘制几何图形、反应装置图、物质结构图、过程说明图和工艺流程图；⑤数据的输出和输入；⑥化学反应机理示意图的建立。

Chem Sketch 是美国 Advanced Chemistry Development Inc.（ACD）出版的用于绘制分子结构和化学图形化的商业软件，从 1999 年起公司提供该软件的免费共享版本，注册后可以从其网站 http://www.acdlabs.com 免费下载。主要功能：①绘制分子结构和化学反应式；②绘制各种化学图形、几何图形、任意曲线、玻璃仪器、能级图和实验装置示意图等；③计算测定分子性质。测定的参数包括分子量、分子组成、折射率、摩尔体积、摩尔等张体积、表面张力、分子密度、介电常数和极性等。

Chemwindow 是美国 Softshell Intern. Ltd 公司的产品，能绘制各种平面和立体的化学分子结构和化学反应表达式。其主要特点是容量小，总共仅 270kb，可装在一张磁盘上随身携带使用，不足之处是版本较老。

2. 分子和原子模型构筑和测量软件

这类软件主要用来根据量子化学或价键理论搭建分子和原子模型，在化学教学和科研中用以代替常规的分子和原子模型。模型的三维旋转和立体显示功能可以使研究者更容易了解分子空间构型。这类软件还可以用来制作色彩丰富、图文并茂的幻灯片和投影材料，用于课堂教学。这类软件一般还有键长、键角、空间距离等分子几何尺寸测量功能。有些软件能够以多种方式演示复杂大分子，如蛋白质、DNA、复杂矿物结晶等微观构型。

如 Weblab-Viewerpro 3.2 分子模型演示软件，由美国 Molecular Simulations Inc（MSI）公司推出。可以提供多种分子和原子（包括各种有机和无机小分子、蛋白质和 DNA 等生物大分子、金属络合物、合成和天然药物等）的结构信息演示，购买和了解该软件的信息可以访问公司网址 http://www.msi.com，在该网址还提供一个全功能 30 天试用版供用户下载试用，决定是否购买。通过注册后可免费下载一个称为 Weblab-Viewer Lite 3.5 的专用演示分子模型软件，除了不具备建立分子模型等可数功能外，其他功能与 Weblab-Viewerpro 3.2 基本相同。

3. 结构化学计算软件

这类软件是基于量子化学理论，通过分子结构计算给出分子结构信息的化学软件，计算结果除了以数字方式给出之外，也常常以三维分子模型的方式给出。采用能量最低原理和计算方法，还能将上述方法建立的三维分子模型，甚至二维模型转化为最稳定构象，并给出分子能态、电子云密度、折射率等参数。对于生物大分子和聚合物等复杂分子模型，这类软件还用于分子结构与生物活性研究、分子结构和物理化学性质研究等。

如 Micro Simulation 公司的 Accu Moder 软件和 Tripos Associate 公司的 Alchemy 2000TM 软件，具有较强大的结构化学计算功能。

4. 化学模拟软件

常用的化学模拟包括化学过程模拟和仿真环境模拟。

(1) 化学过程模拟是通过已知的条件，遵循化学规律，模拟真实化学反应过程，给出模拟实验结果。主要用于替代危险或不易进行的化学实验。如 IBM 公司的 Chemical Kinetics Simulator 1.0 软件，是用随机模拟方法解决反应动力学问题的重要工具。

(2) 仿真环境模拟通过多媒体技术模拟现实，给出仿真环境。该类软件主要用于大型化学仪器的操作演示、微观过程分析等。如美国 MRILAB 软件公司的 Basics of NMR Spectroscopy 多媒体电子图书，用计算机多媒体方式介绍了 NMR 单位、NMR 教学方法、电子自旋和 NMR、傅里叶交换、化学位移自旋偶合、NMR 仪器、一维 NMR、二维 NMR、固态 NMR 等内容。

5. 化学数据库软件

以存储、管理和智能化检索大量化学数据的软件称化学数据库软件。该类软件供使用者查询化学信息和数据，包括各种波谱数据库、化学参数数据库、化学产品数据库、化学文献数据库，以及实验室信息管理系统、化学试题等。大型化学数据库可在计算机网络上查找。

6. 化学数据处理软件和实验设计软件

该类软件一般都具有强大的计算功能和含有大量实用教学工具，具有绘制各种图形、表格等结果输出手段，并能进行数值分析。具有利用教学方法设计实验方案，以最少的实验工作量，获取最有代表性的实验结果的能力。该类软件主要用于实验数据的收集和处理，实验数值分析、实验设计、谱图分析等。

采用数理统计方法来科学地设计实验，处理实验数据和表述实验结果，是科学工作者，特别是从事实验科学的人员必备的基本技能，数理统计在化学化工领域主要应用有以下三个方面。

(1) 实验设计方法，这里所指的实验设计是一种数学处理方法，是制定一种方案使实际实验过程中获得的实验数据具有最大限度的代表性。目的是科学设计实验方案，用最低的代价（时间、费用、风险和人力）获得尽可能全面的实验结果，从中获得最佳实验条件。常用的实验设计方法包括正交设计、均匀法设计和因子套设计等。

(2) 实验数据的分析检验是一种检验实验中获得的数据是否准确可靠的一种数学处理方法。包括各种数据可信度分析、相关性分析、误差估计等。

(3) 实验数据的回归分析是一种寻找实验条件与实验结果之间相关性的一种数学方法。包括线性回归、非线性回归和多元回归等。通过对实验数据的回归处理，可以将化学规律以数学表达式的方式表示，比其他方法更加清晰准确。

Stat Soft 公司推出的 STATISTICA for Windows 软件，是一个通用型的数理统计软件，不仅可用于化学，而且也应用于其他学科领域，包括社会统计学。对于化学工作者，采用 STATISTICA for Windows 数学统计软件能够完成化学实验的设计、实验数据可靠性分析、变量间的相关性分析和实验结果的科学表述等任务。

7. 化学教学软件

该类软件以化学教学为目的，运用计算机的多媒体、数据库、交互式、计算和模拟功能，使很多枯燥难懂的化学问题转变为妙趣横生的描述。

计算机辅助色谱教学软件，如 HP 公司的 GC and LC Training, Software 和 Chem SW 公司的 Interactive Training™软件包，其功能是通过动画、图形、文字和交互式操作等进行色谱理论、色谱仪操作、色谱仪结构和色谱分析方法建立等教学训练。Chem SW 公司的 Interactive Training™ 软件包还有原子吸收光谱训练软件，包括原子理论（电磁辐射、原子能级、电子构型、原子线光谱和带光谱、Boltyman 和 Saha 分布、温度对吸收强度的影响、对吸收线形状的影响因素）；原子吸收分析仪器装置（空心阴极灯、溅射和自吸现象）；火焰原子化法（火焰分区、燃料与氧化剂配比、火焰化学、预混合、样品雾）；电热原子化法（程序升温过程、干扰产生、自动进样和背景扣除）；单光束和双光束仪器结构、单位器、检测器；原子吸收分析方法和仪器操作过程（样品制备、灰化、熔融、溶解、氢化和汞冷蒸气样品制备技术；影响因素控制、离子化影响、化学反应影响、电热原子化器结构影响和本底校正方式等；使用标准加入法进行定量分析；分析示例）练习和答案。

Interactive Training™软件包还有等离子体发射光谱（ICP-ASP）软件，包括原子光谱理论、仪器示意图、等离子体性质、等离子体火区射频发生器、样品的引入、波长选择、样品分析过程、与质谱联用技术等。

电化学辅助教学软件，有 Chew SW 软件公司推出的 Chemical Training Sevies 软件，包括 4 个相对独立的程序：有机化学、库仑分析、pH 滴定和电化学电池等。

南开大学等学校开发了无机和有机化学教学课程软件。

大连理工大学研制了多媒体仪器分析实验模拟仿真 CAI 软件和多媒体分析化学 CAI 软件。

8. 化学化工设备仪器控制软件

这类软件是为控制大型、成套化工设备或实验室精密仪器而设计的。用来控制外界条件和反应、测试过程等。这类软件多数由化工设备或仪器生产厂家来开发，随硬件设备一同销售给用户的。

9. 化工计算机辅助设计绘图 CAD 软件

AutoCAD 软件是美国 Autodesk 公司推出的通用计算机辅助绘图和设计软件。1982 年 10 月开发出 AutoCAD 第一版本 1.0 版，它广泛应用于机械、建筑、电子、航天、船舶、石油化工、土木工程、冶金、地质、农业气象、纺织、轻工等工程设计领域。通过编制计算机辅助绘图软件，将图形显示在屏幕上，用户可以用光标对图形直接进行编辑和修改。

10. 化学专家系统软件

这类软件属于人工智能化产物，能够指导化学工作者完成某些难度较大的工作。这类软件的特点是将人类创造的科学知识进行系统归纳，用于指导科学实践，起到一名经验丰富的化学家的作用。化学专家系统一般包括智能化数据库部分、实验设计部分、逻辑判断及科技咨询部分和知识学习功能等。目前开发的计算机专家系统根据解决问题的方式可以分为决策型、预测型、解释型和设计型。决策型专家系统可以根据输入的已知条件，经过查询、逻辑推理和计算给出解决问题的方案。预测型专家系统则是通过对已有条件的分析处理，给出可能发生的结果和程度。解释型专家系统则是对某些现象，根据科学规律给出合理的理论解释。设计型专家系统能够给出从事某实验或工程的具体或初步设计方案。

二、计算机软件技术在分析化学中的应用

1. 计算机在化学实验室自动化方面的应用

计算机的介入程度已经成为各种化学实验室现代化程度高低的标志之一。大量计算机硬件和技术的介入，一方面使化学实验室的自动化、集约化和网络化程度越来越高，大大提高了实验工作效率和水平；另一方面对实验室工作人员驾驭计算机的能力提出了更高的要求。因此，可以说掌握计算机在实验室的应用技术将是 21 世纪每个现代化学实验室工作人员的必然要求。计算机在各种化学实验室中的应用除了常规的文字处理、网络信息传递和化学计算等应用之外，归纳起来，主要包括以下 5 个方面。

(1) 实验仪器设备的自动化操作和控制　随着化学仪器设备的现代化，当前大多数先进的实验仪器设备都有计算机控制部分，不仅红外、质谱等大型仪器如此，容量分析、电化学分析和许多物理化学常数测定等小型仪器也都逐渐实现计算机控制。

此外，实验室利用一台计算机（工作站）对实验室的主要仪器或所有仪器进行集约化控制也是当前的发展方向。

利用实验室局部网络技术，可以在实验室内实现信息共享和资源的集约化管理。

(2) 实验室仪器设备与材料的管理　利用计算机的存储、检索、记忆，计算和提示输出等方面的特点，对化学实验室使用和存储的大量材料、仪器设备和其他信息进行实时和动态管理，提高实验室的操作和管理水平。这方面应用包括以下几方面。

① 实验室信息管理系统主要用于化学实验室中人事、设备、材料、任务、数据等信息的自动化管理。如人员组成、责任分工、人员档案；设备的规格、数量、生产厂家和工作状况；实验室各种试剂材料的储备数量、采购计划和使用处理方案；实验室承担的任务计划和完成情况、研究成果，实验报告和出具鉴定文件，以及对样品编号、取样时间、送样单位、分析要求、分析方法、分析人员、分析结果及分析报告等的全面管理。

② 化学药品与材料管理系统可以对实验室存储和使用各种规格的化学试剂、溶剂和实验材料、实验室的合成产品、中间产物进行保存与管理。

③ 仪器设备维护校正管理系统能够将实验室所有不同种类的仪器设备的使用状况、维护和维修过程、当前技术参数等记录在一个动态管理软件内，该软件能够储存每台仪器设备，甚至是一个零部件的详细信息，如产品的系列号、财产登记号、状态描述、型号、生产厂和销售商信息、使用注意事项和仪器设备类型等，还可以记录仪器设备的安装和使用位置、目前状态（如良好、带毛病使用、待修、报废等）、管理单位和使用者姓名、电话、住址，以及使用说明书存放位置等信息。

使用过程中仪器设备出现的任何问题和故障也可随时记录下来，当需要时，可立即列出记录的所有存在问题和故障现象，供维修人员参考。当故障排除后还可以记录诸如维修方法、人员、时间和维修费用等内容，为今后维护和维修提供参考。软件还提供自动日历提示功能，提示某仪器设备的定期维护和检查时间。

（3）实验数据收集与处理的计算机化　主要是指实验数据的在线和离线收集处理。从化学实验室中获得的数据往往是大量、零散并需要进行复杂数学处理的。对这些从仪器中获得的原始数据进行收集、整理，数学处理往往是相当麻烦的。目前这类任务都可由计算机来完成。其内容包括：①原始实验数据的计算收集——主要由各种仪器与计算机之间的接口电路等硬件和软件完成；②数据的处理系统，指将各种原始数据进行诸如分类、统计、处理、傅里叶变换、小波变换、误差估计、可信度分析、相关性分析、线性和非线性拟合等数学处理；③由各种数据库为主要组成的存储、传输、检索、鉴定和数据分析系统，帮助实验人员做出科学与正确的实验结论。

（4）各实验室之间的计算机联网、统一管理　可完成全厂、全单位、全地区、全系统、全国甚至全世界分析检验的大协作任务。

（5）数据库　化学实验室常用的数据库包括化学物质结构信息数据库、物理化学数据库和分析化学用光谱数据库三类。另外还有一些专业性数据库如毒物数据库等。

20 世纪中叶以来，由于红外、紫外-可见、核磁共振和质谱等波谱分析方法的创立与发展，给有机化合物的结构鉴定提供了强有力的分析工具，被称为分析化学的"四大谱"。由于波谱分析方法对有机化合物的结构特征反应灵敏、相关性强、定性准确，因此已被广泛应用于有机化合物的结构分析。目前常说的用于分子结构分析的标准参数数据库主要是指红外、紫外-可见、核磁共振和质谱四大谱的数据库。现已建立了多种波谱数据库，收集的标准化合物谱图近百万张，给分子结构鉴定创造了良好条件，但是数量如此庞大的标准数据库也给检索查询带来了相当大的困难。采用计算机数据库技术是解决这一问题的最好办法。计算机波谱数据库可以将输入的被测物波谱图与数据库中数量巨大的标准谱图进行一一对照，可以在几分钟，甚至几秒钟的时间内完成对照检索任务，而人工完成同样任务往往需花费数天。利用计算机进行标准谱图检索和进行未知物谱图与标准谱图的对比分析必须具备以下条件：首先应该拥有包括大量标准分析数据的、具有严格相互关系的、可以由计算机识别检索的计算机化数据库；其次是建立具有智能检索、谱图对比、显示输出等功能的软硬件系统；最后是拥有可以自动或手动输入计算机的样品分析测试数据。

2. 计算机图形化技术在化学中的应用

（1）绘制分子结构图，可表达各种官能团、自由基、价态、荷电状态和电荷转移等。绘制的分子结构或结构片段可以在三维空间内做任意旋转。

（2）绘制化学符号和反应条件说明、化学反应表达式。

（3）绘制各种几何图形，如反应装置图、物质结构图、过程说明图、工艺流程图、化学反应机理示意图等。

（4）绘制任意曲线，绘制各种能级图和实验装置。

（5）提供各种分子和原子（包括各种有机和无机的小分子、蛋白质和 DNA 等生物大分子、金属络合物、合成和天然药物）的结构信息演示图。

3. 计算机在化学计算上的应用

分子和原子结构信息一方面可以从实验数据经过变换计算得到，称为半经验结构化学计算；另一方面可以从基础化学数据作为起点，完全通过理论计算得到，称为从头结构化学计算。两者都需要大量的复杂数学处理和计算。难度都很大，因此需要强有力的计算工具——计算机。20 世纪 30 年代完成了氢分子的电子结构计算，50 年代开始用刚刚发展起来的电子计算机开展了结构化学计算，至今人们可以用计算机很轻松地计算分子数达到数百的中型分子结构。

分子电子云数据（电子密度、空间分布、自旋状态等）、几何数据（键长、键角、两点间距离、原子和分子轨道形状等）和能量数据（环张力、热力学能等），大都是通过计算获得的。

另外，在物理化学、分析化学中也都存在大量的计算问题，需要借助计算机才能实现。如傅里叶变换方法在分析化学上的应用等，由此产生了新一代强大的红外光谱、质谱、核磁共振谱等新型分析仪器。

4. 计算机在化学教学中的应用

随着科学技术的进步和教育的发展，在教育领域不断采用新的教学技术和手段，替代传统教育方法已成为一种趋势。计算机作为新型媒体介入教学领域，为教育手段的现代化提供了强有力的武器。在化学教学中引入计算机技术至少可发挥以下作用。

（1）利用计算机的图形化和多媒体功能，将分子和原子的微观特性实现宏观化显示。计算机在图形显示和多媒体方面的优点可以将难以理解和认识的结构化学、量子化学、化学动力学等概念直观形象化，可大大提高教学效果，提高学生的学习兴趣。化学反应和色谱分离过程的动画描述，有利于学生理解其运行机制，将有机分子的构象分析变为形象化显示。

（2）通过计算机的交互性，可进行有问有答交互式教学。通过教学软件将要讲授的内容，根据内容之间的相互关系进行交互连接，形成一个有机的整体，用文字、图像、声音、动画等多媒体手段，构成一个有问有答、有讲解、可查询的教学体系。

（3）利用计算机的强大计算能力，可以对学生需要了解的复杂计算问题快速给出答案。

（4）利用计算机模拟功能，模拟现代仪器分析过程和仪器操作过程，用于现代仪器分析教学、演示仪器分析过程和原理。

第五节　计算机网络在分析化学中的应用

一、计算机网络在化学上的应用

有关分析化学文献及其检索可参考本书第二十五章。

化学工作者通过计算机网络，利用网络功能可以开展以下工作。

1. 获取化学信息

计算机网络的迅速发展，使化学工作者通过互联网可获得各种化学信息。

（1）进行文献检索，获得一次文献（期刊、报告、专刊和书籍），二次文献（各种索引、文摘、检索工具等），三次文献（各种手册、词典等）等信息。网上提供全文或详细摘要。

（2）获得化学化工数据资源，包括各种化学物质的波谱数据、色谱数据、晶体数据、标准数据和物理化学参数。远程访问各类大型数据库。

（3）获得化学试剂和有关材料以及仪器设备供应信息，包括各个化学试剂、仪器设备和生产科研所需材料的供应商的供货信息，如价格、规格、包装、运输、质量、购买途径等，这些信息主要分布在由主要供货商或协会建立的产品目录数据库中。

（4）获取计算机化学软件的信息。网络是获取化学软件的重要途径，可以在网络上免费下载的共享软件包括各个大学编写的共享软件、化学软件公司提供的商业测试版和定时演示版软件、各种放弃版权保护的商业软件。还可以通过网络了解、咨询和订购商业化的化学软件。

（5）其他化学信息资源，包括学术会议信息、人才供需信息、继续教育信息、政府政策法规、科研和教学机构信息、科学家信息等。

2. 使用网络内的计算资源

通过网络可进行远程登录，使用网络内的大型或超级计算机，具有特殊功能的处理部件，高分辨率的激光打印机、大型绘图仪、大容量外部存储器等。一般通过网上注册或信函申请账号。采取网上登录方法，可使用世界各地的计算资源。有些大型计算机可以免费使用。

3. 开展远程交互式教学

在互联网上不仅可以获得有关化学教学课软件购置信息和性能介绍，还可以直接下载一些大学编写的共享课软件和一些软件公司提供的试用版课件。

比较重要的站点如下。

美国加利福尼亚州立大学站点（http://www.chem.ucal.edu/chempointers-html），它链接了很多著名大学化学化工院系的站点。

英国利物浦大学的 CII Chemisty 网站（http://www.liv.ac.uk/ctichem/），专门提供了一个化学教育软件目录。

加拿大 Simon Fraser 大学化学系网站，设有一个称为 Chem CAI, Intrudactional Software for Chemistry 的网页（http://www.sfu.ca/chemed/），专门连接一些化学教学软件资源。

瑞士著名的 Bruker 公司的网站（http://www.bruker.de/）提供各种分析仪器训练软件。

Model Science Software 公司推出的 Model Chemlab V2.0 pro 软件产品，主要用于模拟化学实验室操作，可以在计算机单机或网络上完成基本的化学实验操作，被称为网上化学实验室。该软件提供形象直观的化学实验仪器，包括常见的烧杯、漏斗、酒精灯、滴定管、各种烧瓶、量筒、试管、温度计等，可以如同在真正的实验室一样，将上述仪器进行不同组合，进行化学实验。典型的实验过程包括滴定、倾析、加热、冷热水浴、混合、温度测定、称量、指示剂使用、pH 的测定、气体收集和设备的标定等操作。使用者可以根据软件提供素材自己组建不同用途的化学实验室。该软件是商业软件，但公司网址上有免费演示版软件提供下载，主页网址为 http://model science. com。

4. 开展信息远程交流

通过互联网，可以用 E-mail 投稿发表论文、通信、电子邮件，可以与世界各地科学家讨论课题、发表学术见解或求得别人帮助。参加网上会议，订阅网络学术杂志，浏览网上图书馆，进行网上化学实验等。

二、与化学有关的部分重要互联网网址

有关分析化学文献、标准文献及化学化工信息网可参见本书第二十五章第三节～第五节。

Chem Guid (http://www. fiz-chemie. de/en/datenbanken/chemguid, http://www. fch. de：81/chemguide/)。

中国科学院科技文献全文数据库系 (http://lcc. icm. ac. cn/fulltext/database. html)。

ChIN (The inter national Chemical Information Network) 国际化学信息网 (http://Chin. icm. ac. cn)。

ChIN 是中国科学院化工冶金研究所计算机化学开放实验室建立的化学网站，是目前国内化学信息资源型网站中比较成功的网站。

化学类数据库 (http://chem. itgo. com/database. html)。

科学数据库 (http://www. cnc. ac. cn/sdb/indexs. html)。

CALIS 特色数据库 (http://www. lib. situ. edu. cn/calistsk. htm)。

中国国家图书馆主页网址 (http://www. nlc. gov. cn)。

美国国家标准局的 WebBook 和 Chemistry WebBook (http://webbook. nist. gov：)。

Physical Chemistry(URL：www. ch. umist. ac. uk/physical. htm)。

Annual Review of Physical Chemistry(URL：physchem. annualreviews. org/)。

Inorganic Chemistry(URL：w3. rz-berlin. mpg. de/ae/ac. html)。

Inorganic Chemistry Resources(URL：www. wsu. edu/-wher/and/)。

Current Organic Chemistry Home page(URL：www. bscipubl. demon. co. uk/coc/index. html)。

Bio-organic Chemistry(URL：bocwww. chem. run. nl/)。

Aes Publications Division：Analytical Chemistry Home Page (URL：Pubs. acs. org/journals/ancham/index. html)。

Environmental Analytical Chemistry。

(URL：www. gbhap-us. com/journals/128/128-top. htm)。

LLNL Chemistry and Material Science(URL：www-cms. linl. gov/)。

美国化学会 (American Chemistry Society Chem Center)(http://www. acs. org/)。

美国化学会新建 (1996) Chem Center 网站 (http://www. chem Center. org)。

美国工程索引 (ED) 的美国工程信息公司网 (http://www. ei. org)。

清华大学有镜像网址 (http://www. lib. tsinghua. edu. cn/NEW/home 5 frame. htm)。

英国皇家化学会 Chem Soc (http://www. chemsoc. org/)。

中国科学技术信息网 STI (http://www. sti. ac. cn)。

中国化学化工教育科研网 CCNET (http://www. ccnet. org cn)。

STN 全称为 Scientific and Technical Information Network，STN easy (http://stneasy. cas. org) (北美) 或 (http://stneasy-japan. cas. org)(日本)。

DIALOG 数据库网址 (http://www. dialog. com)。

美国科学信息研究所 ISINET 的文献检索系统。

Web of Science（http://www.isinet.com/isi/wos）。

Chemistry Server（http://www.isinet.com/ics/）。

万方数据库（http://db.sti.ac.cn）。

ACS Publications Division：Analyfical Chemistry Home Page（Pubs.acs.org/journals/ancham/index.html）。

Analytical Chemistry at Chemical Analysis，com（www.chemicalanalysis.com/chemanaly.htm）。

Analytical Chemistry Books（www.chemistry.co.nz/book-store-analytical.htm）。

Analytical Chemistry Services（www.ctleng.com/anal.html）。

仪器信息网（www.instrument.com.cn）。

中国试剂网（www.reagent.com.cn）。

化学试剂网（http://003.ebc.com.cn）。

中国分析仪器网（www.54PC.com）。

第二十五章 分析化学文献及其检索

第一节 科技文献检索概述

一、文献及其相关的概念

(1) 文献的定义 在我国1983年颁布的国家标准《文献著录总则》中规定：文献是记录有知识的一切载体，这个定义揭示了文献包含有知识内容、信息符号、载体材料和记录方式等要素。化学文献是记录有化学知识的一切载体，它是科技文献的重要组成之一，具有科技文献的共性。

(2) 信息概念 信息是当今世界上使用频率最高，最时尚的词语之一，其含义十分广泛。人们对于信息都有一定的概念，它是普遍存在于自然界、人类社会及人们思维活动中，是客观事物本质特征的反映。不同的事物的本质特征千差万别，这些特征通过一定的物质形式，如声波、电磁波、热辐射、气味、颜色、语言、文字和图像等提供给人们。

总之，信息不是事物本身，也不是某种实体，而是事物存在或运动变化过程中产生的东西，或者说它是事物存在的方式、形态或运动状态的客观反映。信息具有客观、普遍性、无限性、扩充性、转换性、加工性、共享性和传递性等特点。

(3) 知识的定义 知识是人类在生产实践、科学实验和社会实践中所获的认识和经验的总和。换而言之，知识是人类通过信息对自然界、人类社会及人们思维方式与运动规律的认识与概括，它是人的大脑通过思维重新组合和系统化的信息综合体，是信息中最有价值的部分。知识一旦产生，就以声像信息、实物信息和文献信息等形式加以传播。因此，人们不仅可以通过信息感知和认识世界，而且能将获取的信息转变成知识进而去改造世界。文献中包含的知识就指这类信息综合体。

(4) 情报的定义 情报是为解决某个特定问题从一定文献资料中提取或经过传递获得的知识。因此，情报具有知识性、传递性和针对性等特点，可见情报只是文献中提取的知识。

(5) 信息、知识、文献和情报之间的关系 综上所述，信息是客观存在，其范围最大，信息被人们所认识的部分就是知识，被记录在特定的载体中就形成文献，而情报是从文献抽出的为解决某个问题的知识，这就是它们之间的关系。但目前在实际使用中，人们对文献检索和信息搜索并没有很严格的区别。

二、科技文献的功能

科技文献作为一个整体，它在人类社会实践中的作用主要有如下几个方面。

① 它是汇聚和储存人类知识财富的宝库，供人类世代享用，有知识累积的功能。

② 它是记载和传播科技信息的主要工具，有信息传递的功能。

③ 它作为衡量各学科领域、个人、团体或国家的学术水平和贡献大小的依据，有评价的功能。

④ 它是科技人才培育和在职科技人员知识更新的载体和资源，有教育功能。

三、科技文献的分类

为了有效地记录、传播和储存科技知识，人类先后发明了各种记录物质和技术，产生了各类文献类型。它的分类可以有不同的标准，下面介绍几种情况。

1. 按文献的载体分类

(1) 印刷型 以纸质材料为载体，采用各种印刷技术，把文字、图像记录在纸张上面而形成的文献。它既是文献信息资源的传统形式，也是现代文献资源的主要形式之一。它的主要特点是便于阅读和流通，但因载体材料所存储的信息密度低，占据空间大，难于实现加工和利用的自动化。

（2）缩微型　以感光材料为载体，采用光学技术把文字、图像记录存储在感光胶片上形成的文献类型。它有缩微平片、缩微胶卷和缩微卡片之分。它的主要特点是存储密度高（存储量高达22.5万页的全息缩微平片已问世），体积小，重量轻（仅为印刷型的1/1000），便于收藏；生产迅速，成本低廉（只有印刷型的1/15～1/10）；但需借助缩微阅读机才能阅读，设备投资大。现在可以通过计算机缩微输入机（CIM），把缩微品上的信息转换成数字信息存储在计算机中，使其转换为磁带备用，也可以通过计算机缩微输出机（COM），把来自计算机中的信息转换成光信号，摄录在缩微平片或胶卷上，摄录速度可达每秒12万字符，大大缩短了缩微型信息资源的制作周期。

（3）声像型　以磁性或光学材料为载体，采用磁录技术或光刻技术，将声音和图像记录存储在磁性或光学材料上形成的文献类型。它主要包括唱片、录音录像带、电影胶卷和图像记录存储幻灯片等。它的特点是存储密度高，用有声语言和图像传递信息，内容直观，表达力强，易被接受和理解，但需借助于一定的设备才能阅读。

（4）电子型　按其载体材料、存储技术和传递方区分，主要有联机型、光盘型和网络型之分。联机型以磁性材料为载体，采用计算机技术和磁性存储技术，把文字或图像信息记录在磁带、磁盘、磁鼓等载体上，使用计算机及其通信网络，通过程序控制将存入的有关信息读取出来。光盘型以特殊光敏材料制成的光盘为载体，将文字、声音、图像等信息刻录在光盘盘面上，使用计算机和光盘驱动器，将有关的信息读取出来。网络型是利互联网中的各种网络数据库读取有关信息。电子文献资源具有存储信息密度高、读取速度快、易于网络化和网络化程度高度、远距离传输信息、使人类知识信息的共享能得到最大限度实现的特点在文献资源的各种不同载体中已逐步占有主导地位。

2．按文献的来源特性分类

（1）一次文献　这是第一次发表的、新的、先进的科技信息文献，不管创作时是否参考或引用了他人的著作，也不论以何种形式发表，均属于一次文献，也可称为原始文献或第一手资料。阅读性图书期刊论文、科技报告、会议论文、专利说明书、技术标准和部分学位论文，都属于一次文献。另外还有一些未公开的文献，如实验记录、日记、备忘录、内部报告、技术档案、信件以及第一次的译文也归入一次文献，但这些文献有保密性质，由个人或单位保存，别人很难获得。

（2）二次文献　这是把分散的、无组织的一次文献经过加工、提练和压缩之后获的文献。它是为了便于管理和利用一级文献而编辑、出版和累积起来工具性文献，也称第二手资料。它包括目录、题录、文摘、索引、百科年鉴、手册和名录等。

（3）三次文献　对有关的一次和二次文献进行广泛的收集和深入的分析研究之后，综合概括而成的产物，具体包括述评、综述或进展报告、数据手册、分科大全、教科书和专著等。

3．按文献的出版物分类

（1）科技图书　科技图书可以分为两大类：一是阅读性图书，包括教科书、专著和文集等；二是参考工具书，包括百科全书、大全、年鉴、手册、辞典、指南、名录和图册等。

阅读性图书给人们提供各种系统、完整和连续性的知识，参考工具书则给人们提供各种经过验证而浓缩的离散性的知识。它们都是重要的科技信息来源，各有各的用途。

（2）科技期刊　科技期刊是伴随近代科学产生而出现的一种文献出版物。经过300多年的发展和演变，科技期刊的类型越来越多，不同类型的期刊，其学术地位和信息价值往往差别很大。广义的期刊包括杂志、报纸、年度报告、年鉴、丛书以及学会会议录、学报和纪要等。期刊按其内容性质和出版机构区分有以下十大类型。

① 学术性、技术性刊物　主要刊登科研和生产方面的学术性论文、研究报告、临床报告等原始性文献，如学报（acta）、纪事（annales）、论文集（proceedings）、通报（bulletin）、进展（progress）、汇刊（transactions）和评论（reviews）等。

② 快报性刊物　专刊登最新科研成果的短文，或预报将要发表论文的摘要，如各种快报、短讯和快讯（letters，communication，bulletin）等。

③ 消息性刊物　一般刊载学术机构或厂商企业有关的新闻消息。这类刊物的名称在英文刊物常带有 news 或 newsletter 等。

④ 数据性刊物　主要刊载各种实验数据、统计资料和技术规范等方面的内容。这些刊物的英

文名称常带有 data 或 event 等字。

⑤ 检索性刊物　这是专门报道二次文献的一类期刊。

⑥ 学会刊物　这类刊物由学术团体主办，编辑力量较强，稿件来源于本专业学术领域的专家，学术性强，学术水平较高。

⑦ 国际组织和政府部门刊物　由国际组织或政府部门出版，一般能反映国际学术界或某国家某学术领域的研究任务、水平和动态。

⑧ 出版商期刊　这类期刊数量最多，但是由出版商出版的学术性刊物，学术水平参差不齐，其中小部分刊物的学术水平可与学会刊物相媲美，受到学术界的重视。

⑨ 行业期刊　这类刊物由行业组织或大公司出版，主要登载公司新闻、市场新闻和商业广告，内容涉及行业各厂商的新技术、新产品、新设计、新工艺和新设备，目的在于推销产品，开拓市场。

⑩ 厂刊（又称内部刊物）　一般由公司企业内部出版发行，面向公司的职员和顾客，起到宣传公司企业产品的作用，内容主要是企业新闻、产品介绍，也有一些新技术信息。

科技期刊为科技专家提供的信息约占 70%，是科学家之间公开交流的主要渠道。

（3）科技报告　科技报告是报道研究工作和开发调查工作进展情况或成果的一类文献。一般报告都有编号，作为报告本身及机构的识别代码。可以说科技报告是一种典型的团体或机关出版物。从内容上看，科技报告比在期刊上发表的论文更详细、全面深入，它可以包括方案的比较与选择、成功与失败两方面的体会、原始数据、图表、处理过程与结果等。大部分科技报告属于保密或控制发行，小部分可以半公开或公开发行。因此，人们称为"难得文献"或"灰色文献"。

（4）科技会议文献　各种专业会议是科学家交流信息的重要场所，会议的报告汇编或会后在期刊上专集发表的论文，都是文献的重要组成部分。还有少数综述或展望性的三次文献。这类文献专业性强，会议文献多数内容属于一次文献，比较集中，反映有关学科发展的水平和趋势。

（5）政府出版物　政府出版物是各国政府部门及机构所发表的文件，包括行政性文件和科技文献两大类。后一类包括各部门机构主管的研究工作报告和技术政策文件，占 30%～40%。政府出版物对于了解一个国家的科技和经济政策及其演变很有参考价值。

（6）专利文献　专利制度是一种用法律形式保护发明创造者利益的制度。一切与专利制度有关的文件均属专利文献，包括专利说明书、专利局公报、专利文摘、专利分类与检索工具书以及申请专利的文件、专利法律和制度文件等。其中最重要的文件是专利说明书，它是科技信息的重要来源。它具有创新技术，是一次文献。但有时，专利在关键技术上是含糊不清的，有的发明者为了抢先取得专利权，其专利技术并不完全成熟，实施时还有一些问题要解决。

（7）学位论文　学位论文是高等院校硕士和博士研究生的学位论文。它一般不是正式出版物，其学术水平参差不齐，多数论文发表在期刊上。

（8）标准文献　经过公认的、权威当局或机构批准或认定的科技标准文件，均属于标准文献之列。广义的标准文献包括产品质量规格、性能指标及测试方法、标准化期刊、专著和法律和标准化会议文件等。技术标准从适用范围分类有：国际标准、国家标准、部颁标准、行业标准、企业标准；按标准的成熟程度可分为法定标准、推荐标准、试行标准和标准草案等。

（9）产品资料　产品资料是指国内外厂商为推销产品而印发的商业宣传品，包括产品样本、目录、说明书、厂商介绍、厂刊或外贸刊物、技术座谈资料等。它图文并茂，形象直观，出版发行快，多数由厂商赠送。这类资料是订购必不可少的技术资料，对科技人员也有参考价值。

（10）科技档案　技术档案与前面的出版物不同，是只供科研单位和企业内部使用的文献。其内容包括任务书、协议书、审批文件、研究计划与方案、技术措施和指标、有关调查的资料、图纸、工艺过程等。这类文献属于内部控制使用，且有保密性，一般不易获得。

四、科技文献的检索

科技文献的数量庞大，而且增长速度越来越快，这给文献的管理和使用带来越来越大的困难。为了使文献便于管理和使用，就需编制检索工具或建立检索系统，使科技文献由博而约，以约驭博，并能根据用户的不同需要，以各种方式把文献提供给用户。

1. 文献检索的语言

文献检索语言又称标引语言、索引语言、概念标识系统等。它是文献检索系统存储和检索信息时共同使用的一种约定性语言，以达到信息存储和检索的一致性，提高检索效率。因此，信息检索语言与其他语言相比，其突出的特点是：①具有必要的语义和语法规则，能准确地表达科学技术领域中的任何标引和提问的中心内容及主题；②具有表达概念的唯一性，即同一概念不允许有多种表达方式，不能模棱两可；③具有检索标识与提问特征及进行比较和识别的方便性；④既适用于手工检索系统又适用于计算机检索系统。

检索语言按表述文献内容特征划分，可分为分类语言和主题语言。分类语言包括体系分类语言、组配分类语言和混合分类语言。主题语言包括标题词语言、单元词语言、叙词语言和关键词语言。在文献的标引存储和检索应用过程中，目前应用得最广的是体系分类语言、叙词语言和关键词语言。

(1) 体系分类语言 体系分类语言是按照一定的观点，以学科分类为基础，用逻辑分类的原理，结合文献的内容特征，运用概念划分的方法，按知识门类从总到分，从上到下，层层划分，逐级展开组成分类表，并以分类表来标引、存储信息和检索信息。体系分类语言的特点是，能较好地体现学科的系统性，反映事物的平行、隶属和派生关系，适合于人们认识事物的习惯，有利于从学科或专业的角度进行选择性检索，达到较高的查全率；采用国际上广泛使用的拉丁字母和阿拉伯数字作为概念标识的分类号，比较简明，便于组织目录系统。但是，由体系分类语言编制的体系分类表，由于受自身结构特点的限制，存在着某些明显的不足之处。尽管如此，体系分类语言仍然广泛地应用于信息的存储与检索。目前，国际上通用的体系分类是《国际十进分类法》（UDC），国内通用的体系分类是《中国图书馆图书分类法》，简称《中图法》，它由基本部类和基本大类以及简表、详表、通用复分表组成，见表25-1和表25-2。

表25-1 《中图法》基本部类和基本大类

基 本 部 类	基 本 大 类
1. 马克思主义、列宁主义、毛泽东思想	A. 马克思主义、列宁主义、毛泽东思想、邓小平理论
2. 哲学	B. 哲学、宗教
3. 社会科学	C. 社会科学总论，D. 政治、法律，E. 军事，F. 经济，G. 文化、科学、教育、体育，H. 语言，I. 文字，J. 艺术，K. 历史、地理
4. 自然科学	N. 自然科学总论，O. 数理科学和化学，P. 天文学、地理地球科学，Q. 生物科学，R. 医药、卫生，S. 农业科学，T. 工业技术，U. 交通运输，V. 航空、航天，X. 环境科学、安全科学
5. 综合性图书	Z. 综合性图书

表25-2 《中图法》T工业技术大类简表（二级类目表）

TB 一般工业技术	TJ 武器工业	TP 自动化技术、计算机技术
TD 矿业工程	TK 能源与动力工程	TQ 化学工业
TE 石油、天然气工业	TL 原子能技术	TS 轻工业、手工业
TF 冶金工业	TM 电工技术	TU 建筑工业
TG 金属学与金属工艺	TN 无线电电子学、电信技术	TV 水利工程
TH 机械、仪表工业		

(2) 主题词 主题词是采用表达某一事物或概念的名词术语，是用于标引、存储、检索的一种检索语言。根据选词原则，词的规范化处理、编制方法和使用规则的不同，主题语言可分为标题词语言、关键词语言、单元词语言和叙词语言。

① 标题词语言 标题词语言是主题词语言中使用最早的一种，它是一种规范化的检索语言。标题词是从自然词汇中选取的词，经过规范化处理的、表示事物概念的词、词组或短语。标题词按字顺排列，词间语义关系用参照系统显示，并以标题词表的形式体现。

由于使用标题词语言编制的标题词表中的主、副标题词已事先固定组配，在标引和检索时，只能选用已定型的标题词作标引词和检索词，其反映的主题概念必然受到限制。由于现代科技主题的内涵和外延越来越复杂，几乎不可能用一对主副标题词完全确切地表达出来，因而需要补充其他的主副标题词其结果不仅增加了标引和检索的工作量，而且还降低了标引和检索的准确率，直接影响到检索系统存储信息和所得检索结果的质量以及检索的效率。因此，标题词语言已不适应于现代信息检索系统，1993 年，已由《工程索引叙词表》（EI thesaurus）取代了著名的标题词语言——《工程主题词表》（SHE）。

② 关键词语言　关键词语言是直接从原文的标题、摘要或全文中抽选出来的、有实质意义的、未经规范化处理的自然词汇，作为信息存储和检索依据的一种检索语言。运用关键词语言编制的关键词索引，其关键词按字顺排列构成索引条目，所选的关键词都可作为标引词在索引中进行轮排，作为检索的入口词进行检索。但关键词索引不显示词间的关系，不能进行缩检和扩检，对提高检索效率有一定的限制。关键词表达事物概念直接、准确，能及时反映新事物新概念。关键词语言已被广泛地应用于手工检索和计算机检索系统的索引编制，并采取了编制禁用词表和关键词表等方法，以提高关键词选取的准确性，并对词间关系进行控制，以提高检索效率。关键词索引的主要类型有题内关键词索引、题外关键词索引、普通关键词索引、词对式关键词索引、双重关键词索引等。如美国的《化学题录》（CT）中的题内关键词索引和《化学文摘》（CA）中的关键词索引是典型的例子。

③ 单元词语言和叙词语言　单元词语言是在标题词语言基础上发展起来的一种规范化检索语言。单元词又称元词，是能表达主题，最小的、最基本的、字面上不能再分的词汇单位（如"计算机"、"软件"等），作为主题概念的标识。单元词具有相对的独立性，词与词之间没有隶属关系和固定组合关系，检索时根据需要进行组配。由于单元词的专指度较低，词间无语义关系，对查准率有较大的影响，现已被叙词语言取代。

叙词语言是以自然语言为基础，以概念组配为基本原理，并经过规范化处理，表达主题的最小概念单元，作为信息存储和检索依据的一种检索语言。叙词语言吸收了其他检索语言的优点，并加以改进。例如，叙词语言吸收了体系分类语言的等级关系，编制了词族表；吸收了标题词语言的规范化处理方法和参照系统，达到了一词一义，发展了词与词之间的逻辑关系，形成语义网络，编制了叙词表；吸收了单元词语言的组配原理，并取代了单元词语言；吸收了关键词语言的轮排方法，编制了各种叙词索引。因而，叙词语言在直观性、单义性、专指性、组配性、多维检索性、网络性、语义关联性、手检与机检的兼容性、符合现代科技发展的适应性诸方面，都较其他检索语言更加完善和优越。叙词语言已成为受控语言的主流，至今国外的叙词表已有上千种，国内也有上百种。我国最有影响的叙词表是《汉语主题词表（简称汉表）》。

2．文献检索的途径

文献检索总是根据文献的某种特征，从各个不同的角度进行的。根据文献的不同特征就可以按照不同的途径，使用上述方法进行检索。总体来说，文献的检索途径是根据文献的描述内容来确定的。从理论上讲，文献描述的每一项都可以作为检索途径，但从人们工作的实践来看，人们使用的检索途径主要包括以下两大类：一是根据文献内部特征的不同，检索途径以文献内容特征进行检索的两种主流检索途径（即分类途径和主题途径）；二是以文献外部特征进行检索的基本途径（如责任者、文献名、文献原有序号、文种、发表时间）。

（1）外部特征途径

① 题名途径　利用书、刊、杂志、文章的名称查找文献，是最直接、方便的途径。题名途径是一种重要的检索途径，图书书名是《图书在版编目数据》国家标准（GB/T 12451—2001）中明确规定了的四大检索途径之一。

② 著者途径　根据文献的外部特征，利用责任者/著者（个人或单位著者）目录和著者索引进行检索的途径。国外比较重视著者途径的利用，许多检索工具都把著者索引作为最基本的索引工具。它是按著者的姓名字顺，将有关文献排序而成。以著者为线索可以系统、连续地掌握他们的研究水平和研究方向，同一著者的文章往往具有一定的逻辑联系。同时，著者途径能满足一定的选择性检索要求。已知课题相关著者姓名，便可以依著者索引迅速准确地查到特定的资料。著者也是《图书在版编目数据》国家标准（GB/T 12451—2001）中明确规定了的四大检索点之一。

③ 序号途径　根据文献的序号特征，利用其序号索引进行检索的途径。许多文献具有唯一或

一定的序号，如专利号、文摘号、国际标准图书编号（ISBN）、电子元件型号等，根据各种序号编制成了不同的序号索引，在已知序号的前提下，利用序号途径能查到所需文献，满足特性检索的需要。利用序号途径，需对序号的编码规则和排检方法有一定的了解，往往可以从序号判断文献的种类、出版的年份等，有助于文献检索的进行。序号途径一般作为一种辅助检索途径。

④ 出版发行者途径　出版发行者项是文献固有的外部特征，利用出版发行者途径作辅助检索途径，可以迅速缩小检索的范围，找到特定的满足需要的文献。

此外，还有一种根据引证关系建立起来的检索途径，即引文途径，从严格的意义上说，引文途径也是一种外部特征途径。这种途径是将文献写作过程中的引文作为组织检索系统的依据，供用户从引证关系入手对文献进行检索。

（2）内容特征途径

① 分类途径　分类途径是一种根据文献的内容特征，利用分类目录或分类索引查找文献的途径。分类检索途径在我国具有悠久的历史。许多目录大多以分类方法编排，也称为体系分类途径。体系分类索引是指利用文献的体系分类法所建成的索引系统。利用这一途径检索文献，首先要明确课题的学科属性、分类等级，获得相应的分类号，然后逐类查找。按分类途径检索文献便于从学科体系的角度获得较系统的文献线索，即具有选择性检索功能。它要求检索者对所用的分类体系有一定的了解，熟悉分类语言的特点，熟悉学科分类的方法，注意多学科课题的分类特征。分类途径同样是《图书在版编目数据》国家标准（GB/T 12451—2001）中明确规定的四大检索点之一。

② 主题途径　根据文献的主题特征，利用各类主题目录和索引进行检索的途径。主题途径在我国的使用没有像分类途径那样普及。主题目录和主题索引就是将文献按表征其内容特征的主题词组织起来的索引系统。利用主题途径检索时，只要根据所选用主题词的字顺（字母顺序、音序或笔划顺序等）找到所查主题词，就可查得相关文献。主题途径具有直观、专指、方便等特点，不必像使用分类途径那样，先考虑课题所属学科范围、确定分类号等。主题途径表征概念较为准确、灵活，不论主题多么专深都能直接表达和查找，并能满足多主题课题和交叉边缘学科检索的需要。具有特性检索的功能。主题途径是《图书在版编目数据》国家标准（GB/T 12451—2001）中明确规定的四大检索点之一。

③ 其他途径　其他途径是指时序途径、地域途径、分子式途径、化学物质途径等。也可以将它们分别归于上面提到的两种途径之列。a. 文献外部特征途径包括著者途径（个人或团体）、题名途径（书、刊、论文标题）、序号途径（专利号、标准号、报告号）、其他途径（时间、出版发行者、引文关系）；b. 文献内容特征途径包括分类途径（分类号）、主题途径（关键词、标题词、单元词、叙词）、其他途径（分子式、杂原子、化学物质）。

进行文献检索时，只有根据课题的需要，选择特定的检索工具，再选用相应的检索途径，才能获得相关的文献。

3. 文献检索的方法

（1）常用法　常用法也称工具法，就是利用文摘或题录等各种文献检索工具查找文献的方法。常用法根据时间范围又分为顺查法、倒查法和抽查法。

① 顺查法　以所查课题起始年代为起点，由远而近地按时间顺序的查找方法。查找前要确定该课题研究的历史背景，从研究开始的年代查起，一年一年或一卷一卷地通过检索工具查找。这种方法比较费时，问题发生的起始时间不容易很快确定，但查得的文献比较齐全。

② 倒查法　这是一种由近而远逆时间顺序的查找方法。从近期往远期查找，一般将注意力放在查找近期文献上。因为近期文献不仅反映了现在的研究水平，而且一般都引用、论证和概述了早期的文献资料。因此，查找时不必一年一年地查找完，只要查到基本掌握所需文献即可。

③ 抽查法　与顺查法相比，倒查法比较省时省力，但有可能漏查一些有用的文献。根据课题研究的特点，抓住该课题研究发展迅速，出版文献较多的年代，抽取一段时间（几年或十几年）或一段时间内的几个点，再进行顺时查找的检索方法。使用抽查法，检索时间较少，查得文献较多，但也有漏检文献的可能，并要求检索者对课题研究的历史情况有较多的了解和掌握。

（2）追溯法　从已有的文献后所列的参考文献着手，逐一追查原文，再从原文所附的参考文献逐一检索，获得一批相关文献的方法。它是科研人员常喜欢用的一种简便的获得文献的途径。其优点是：在没有检索工具或检索工具不齐全的情况下，借助此法可较快地获得一批相关文献。但是，原文作者所引用的参考文献有一定局限性，也不可能全部列出相关文献，有的参考文献相关性不大。这种方法的漏检和误检的可能性较高，但仍不失为一种简便的获得相关文献的方法。

（3）循环法　这是追溯法和常用法的结合。具体地说，采用这种方法查找文献时，既要利用一般检索工具书刊，又要利用文献后附的参考文献进行追溯，交替使用，直到获得满意的相关文献为止。

实际课题的检索选用哪一种方法，要根据具体情况而定：一是根据课题研究的需要；二是视所能利用的检索工具和检索手段。在检索工具书刊比较丰富的条件下，可以利用常用法；在获得针对性很强文献的条件下，即可利用追溯法获得相关性较强的文献；获悉研究课题出版文献较多的年代即可利用抽查法。总之，只有视条件的可能和课题的需要选用相应的检索方法，才能迅速地获得相关的文献，完成课题检索的任务。

4. 文献检索的程序

文献检索工作是一项实践性和经验性很强的工作，对于不同的项目，可能采取不同的检索方法和程序。检索程序与检索的具体要求有密切关系，大致可分为以下几个步骤。

（1）分析待查项目，明确主题概念　首先应分析待查项目的内容实质、所涉及的学科范围及其相互关系，明确要查证的文献内容、性质等，根据要查证的要点抽提出主题概念，明确哪些是主要概念，哪些是次要概念，并初步定出逻辑组配。

（2）选择检索工具　选择恰当的检索工具，是成功实施检索的关键。选择检索工具一定要根据待查项目的内容、性质来确定，选择的检索工具要注意其所报道的学科专业范围、所包括的语种及其所收录的文献类型等。在选择时，要以专业性检索工具为主，再通过综合型检索工具相配合。如果一种检索工具同时具有机读数据库和刊物两种形式，应以检索数据库为主，这样不仅可以提高检索效率，而且还能提高查准率和查全率。为了避免检索工具在编辑出版过程中的滞后性，还应该在必要时补充查找若干主要相关期刊的现刊，以防止漏检。

（3）确定检索途径和检索词　一般的检索工具都根据文献的内容特征和外部特征提供多种检索途径，除主要途径外还应充分利用分类途径、著者途径等多方位进行补充检索，以避免单一种途径不足所造成的漏检。不同的检索途径，选用不同的检索词。

（4）查找文献线索，索取原文　应用检索工具实施检索后，获得的检索结果即为文献线索，对文献线索进行整理，分析其相关程度，根据需要，可利用文献线索中提供的文献出处，索取原文。

5. 文献检索系统

文献检索系统是拥有一定的存储、检索技术装备，存储有经过加工的各类文献，并能为用户检索所需要的文献服务的工作系统。检索系统由下列要素构成：①数据库；②存储和检索设备及软件；③系统工作人员；④信息用户。因而，信息检索系统具有收集、加工、存储和检索信息的功能。文献检索系统可分为手工检索系统、机械检索系统和计算机检索系统。目前，常用的是手工检索系统和计算机检索系统。

（1）手工检索系统　手工检索系统又称为传统检索系统，是用人工查文献的检索系统。检索人员使用各种书本式的目录、题录、文摘和各种参考工具书等检索工具，查寻所需的文献资料。检索人员可与之直接对话，具有方便、灵活、判断准确，可随时根据需求修改检索策略，查准率高的特点。但由于全凭人的手工操作，检索速度受到限制，也不便于实现多元概念的检索。

（2）计算机会检索系统　计算机检索系统又称现代化检索系统，是用计算机技术、电子技术、远程通信技术、光盘技术、网络技术等构成的存储和检索科技文献的系统。存储时，将大量的各种信息以一定的格式输入到系统中，加工处理成可供检索的数据库。检索时，将符合检索需求的提问式输入计算机，在选定的数据库中进行匹配运算，然后将符合提问式的检索结果按要求的格式输出。它的主要特点是：检索速度快，能大大提高检索效率，节省人力和时间，采用灵活的逻辑运算和后组式组配方式检索，能提供远程检索服务，按使用的设备和采用的通信手段，可分为联机检索系统、光盘检索系统和网络检索系统。

联机检索系统主要由系统中心计算机和数据库、通信设备、检索终端等组成，能进行实时检索，具有灵活、不受地理限制等优点，但检索费用较高。光盘检索系统主要由光盘数据库、光盘驱动器、计算机服务器及用户终端等组成，具有易学易用、检索费用低的优点，根据使用的通信设备，又可分为单机光盘检索系统和光盘网络检索系统。网络检索系统是将若干计算机检索系统用通信线路联结以实现资源共享的有机体，是现代通信技术、网络技术和计算机技术结合并高度发展的产物，它使各大型计算机信息系统变成网络中的一个节点，每个节点又可联结很多终端设备，依靠通信线路把每个节点联结起来，形成纵横交错、相互利用的信息检索网络。目前，联机检索系统和光盘检索系统都可与互联网连接融入网络检索系统。

6. 计算机检索技术

计算机检索技术是指利用现代信息检索系统，如联机数据库、光盘数据库和网络数据库检索有关信息，而采用的相关技术，主要有布尔检索、词位检索、截词检索和限制检索四种检索技术。

(1) 布尔检索　利用布尔逻辑算符进行检索词的逻辑组配，是常用的一种检索技术。

① 布尔逻辑算符的形式及含义

a. 逻辑与　逻辑与是一种具有概念交叉或概念限定关系的组配，用"＊"或"AND"算符表示。如要检索"大气污染控制"方面的有关信息，它包含了"大气污染"和"控制"两个独立的概念。"控制——control"和"大气污染——air pollution"，可用"逻辑与"组配，即"air pollution AND control"表示两个概念应同时包含在一条记录中，"逻辑与"组配的结果如图 25-1(a) 所示。A 圆代表只包含"air pollution"的命中记录条数（619），B 圆代表"air pollution"的命中的记录条数（23290），两圆相重叠部分为"air pollution 和 control"两个概念同时包含在同一条记录中的命中条数（54）。由图 25-1(a) 可知，使用"逻辑与"组配技术检索，缩小了检索范围，增强了检索的专指性，提高检索结果的查准率。

b. 逻辑或　逻辑或是一种具有并列关系的组配，用"＋"或".OR"算符表示。如要检索聚氯乙烯方面的信息，这个概念的英文名可用"PVC 和 polyvinyl chlorinde"两个同义词来表达，采用逻辑与组配即"PVC OR polyviny chlorinde"，表示两个并列的同义概念分别在一条记录中出或同时在一条记录中出现。这一组配的检索结果如图 25-1(b) 所示。A、B 两圆及其相交部分均为检索命中的条数（364）。由图 25-1(b) 可知，使用逻辑或检索技术，扩大了检索范围，也提高检索信息的查全率。

c. 逻辑非　逻辑非是一种具有概念排除关系的组配，用"－"或"NOT"算符表示。

例如，检索"不包括核能的能源"方面的信息，用"逻辑非"组配，即"能源 NOT 核能"，表示从"能源"检索出的记录中排除含有"核能"的记录。"逻辑非"组配结果如图 25-1(c) 所示。A 圆代表"能源"的命中数（25283），B 圆代表"核能"的命中数（4945），A 圆减去 A、B 两圆相交的部，才分为命中的记录条数。由图 25-1(c) 可知，使用"逻辑非"可排除不需要的概念，能提高检索信息的查准率，但也易将相关的信息剔除，影响检索信息的查全率。因此，使用"逻辑非"检索技术时要慎重。

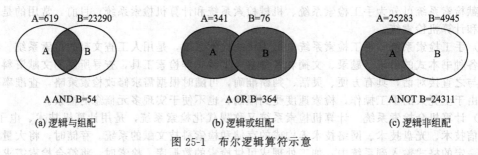

(a) 逻辑与组配　　　(b) 逻辑或组配　　　(c) 逻辑非组配

图 25-1　布尔逻辑算符示意

② 布尔逻辑算符的运算次序　用布尔逻辑算符组配检索词构成的检索提问式，逻辑算符 AND、OR、NOT 的运算次序，在不同的检索系统中有不同的规定。在有括号的情况下，括号内的逻辑算符先执行。在无括号的情况下，有如下的种 4 处理顺序：按 NOT-AND-OR 的顺序执行；按 AND-NOT-OR 顺序执行；按 OR-AND-NOT 顺序执行；按三种算符在提问式中的排列顺序执行，即谁在前就先执行。检索人员必须事先了解检索系统的有关规定，以免因逻辑运算次序处理不当而造成错误的检索结果。

（2）词位检索　词位检索是以数据库原始记录中的检索词之间的特定位置关系为对象的运算，又称全文检索。词位检索是一种可以不依赖叙词表而直接使用自然词进行检索的一种技术，这种检索技术增强了选词的灵活性，采用具有限定检索词之间位置关系功能的位置逻辑算符进行组配运算，可弥补布尔检索技术只定性规定参加运算的检索词在检索中的出现规律，满足检索逻辑即为命中结果，而不考虑检索词间关系是否符合需求，且易造成误检的不足。在不同的检索系统中，位置逻辑算符的种类和表达形式不完全相同，使用词位检索技术时，应了解所用检索系统的位置逻辑算符的使用规则，这里以网络数据库常用的位置逻辑算符为例说明其检索技术。

① 邻位检索　邻位检索技术中，常用的位置逻辑算符有（W）与（nW）；（N）与（nN）两对。

a.（W）与（nW）算符　两词之间使用（W），表示两词的相邻关系，其中间就不允许有其他词或字母插入，但允许有空格或标点符号，且词序不能颠倒。使用（W）算符连接的检索词，已构成一个固定的词组，显然此算符有较强的严密性。例如，gas(W)chromatograph 表示检索所命中的文献中包含有 gas chromatograph 和 gas-chromatograph(nW)。在两个检索词中间，表示其间可插入 n 个词（n=1,2,3,…），但词序不能颠倒，由于它允许两词之中可插 n 个词，因而其严密性略逊于（W）。例如，LASER(1W)PRINTER，表示检索结果中含有 LASER、PRINTER、LASER AND-PRINTER 和 LASER COLOUR PRINTER 的命中条目。

b.（N）与（nN）算符　两词之间使用（N）也表示其相邻关系，两词之间不能插入任何词，但两词词序可以颠倒。例如，"WASTE WATER（N）TREATMENT"，表示检索结果中具有"WASTE WATER TREATMENT" 和 "TREATMENT WASTE WATER" 形式的均为命中记录。（nN）除具备（N）算符的功能外，不同之处是允许两词之间可插入 n 个词（n=1, 2, 3, …）。

② 子字段和同字段检索　使用邻位检索，显然能使检索结果更为准确，但由于人们使用语言词汇的角度有差异，同一概念的表达可能会出现不同的形式，为提高查全率，可采用子字段检索技术。子字段包括文摘字段中的一个句子或标题字段的副标题等。子字段检索使用的位置逻辑算符是（S）。在两词之间使用（S），表示两词必须同时出现在记录的同一子字段中，不限制它们在此子段中的相对次序，中间插入词的数量也不限。例如，"HIGH（W）STRENGTH（S）STEEL" 表示只要在同一个句子中检索出含有 "HIGH STRENGTH 和 STEEL" 形式的均为命中记录。对子字段的检索结果进一步扩大，可采用同字段检索技术。同字段检索中使用的位置逻辑算符是（F）。在两词之间使用（F），表示两词必须同时出现在同一个字段中，词序可以变化。例如，"AIR（W）POLLIJUTION（F）CONTROL"，表示只要在同一字段中检索出含有 "AIR POLLUTION 和 CONTROL" 形式的均为命中记录。

以上位置逻辑算符用于 Dialog 系统，在检索提问式中可连用，使用顺序为（W)-(S)-(F），查准率高低的顺序为 W＞S＞F。

③ 邻近检索　用于网络数据库，常用的位置逻辑算符有：同句、同段、NEAR、WITHINn、SAME 等。NEAR 表示两词之间不得多于 9 个词，词前后位置任意；WITHINn 表示两个检索词之间可包含其他词，两词间距最多 "n−1" 个词，词的顺序任意。SAME 要求检索词在同一个句子中，这里所指的同一个句子是两个句号之间的字符串，检索词在句子中的顺序任意。例如，air-NEAR pollution，air WITHIN 5 pollution，air SAME pollution。

（3）截词检索　截词检索是预防漏检，提高查全率的一种常用检索技术，大多数系统都提供截词检索的功能。截词是指在检索词的合适位置进行截断，然后使用截词算符进行处理，可节省输入的字符，又可达到较高的查全率。尤其在西文检索系统中，使用截词算符处理自然词，对提高查全率的效果非常显著。在截词检索技术中，较常用的是后截词和中截词。按所截断的字符数分为无限截词和有限截词两种。截词算符在不同的系统中，有不同的表达形式。

① 后截词　后截词从检索性质上，是满足词的前部一致的检索，它有无限后截词和有限后截词两种。

a. 有限后截词　主要用于拉丁语种词的单、复数和动词的词尾变化等。如英文 book 用 book$ 处理，表示后截一个字母，可检索出含有 book 和 books 的记录，"$" 为有限后截词符号。

b. 无限后截词　主要用于同根词。如 Solubility 用 solub * 处理，可检索出 solubilize，solubilization，soluble 等同根词的记录，"＊" 为无限后截词符号。

　　② 中截词　中截词也称屏蔽词。一般来说，中截词仅允许有限截词，主要用于英国、美国拼写不同的词和单复数拼写不同的词。如 organi? ation，可检索出含有 organisation 和 organization 的记录。由此可知，中截词使用的符号为 "?"，即用 "?" 代替那个不同拼写的字符。

　　从以上各例可知，使用截词检索具有隐含的布尔逻辑或（OR）运算的功能，可简化检索过程。

　　(4) 限制检索　使用截词检索，简化了布尔检索中的逻辑或功能，并没有改善布尔检索的性质。使用位置检索，只能限制检索词之间的相对位置，不能完全确定检索词在数据库记录中出现的字段位置。尤其在使用关键词进行全文检索时，需要用字段限制查找的范围，以提高信息的查准率。在现代检索系统中，常用的字段代码有标题（TD）、文摘（AB）、叙词或受控词（DE 或 CT）、标识词或关键词（ID 或 KW）、作者（AU）、语种（LA）、刊名（JN）、文献类型（DT）、年代（PY）等。这些字段代码在不同的系统中有不同的表达形式和使用规则，在进行字段限制检索时，应参阅系统及有关数据库的使用说明，避免产生检索误差。

第二节　互联网上的文献检索概述

　　互联网是通过标准通信方式（TCP/IP 协议）将世界各地的计算机和计算机网络互联而构成的一个结构松散、交互式的巨型网络。它是世界上最大的信息资源库，其中大部分资源是免费的。互联网上的信息资源库具有信息更新速度快，随时都在刷新的特点，用户得到的信息总是新的。此外，因互联网中的万维网 WWW 信息系统（又称 Web 信息系统），采用客户机/服务器的模式，以超文本的方式链接分散在互联网上 WWW 服务器中的信息。用户通过 WWW 浏览器可以方便地访问网上遍布世界各地的 WWW 服务器中的信息。WWW 信息服务的特点是在网上进行多媒体信息的收集、分类、存放、发布和交流，并向网上的用户提供信息检索及其他交互式服务。它与传统的网络信息服务的区别在于：从提供信息的形式上，WWW 服务器上提供的是多媒体信息，在页面设计上具有结构合理、可读性强、用户界面友好程度高等优点，而传统网络信息服务提供的信息是单一的。从信息内容上看，WWW 服务器上提供的信息是包罗万象的，而传统网络信息服务提供的信息大部分是行业性的。从提供信息服务的情况看，WWW 服务器上提供的信息更具有及时性，入网费用也低于传统的网络信息服务，在网页展现的各种链接，可随时让用户获得更多的相关信息。

一、互联网常用的文献检索方法

1. 直接访问法

　　直接访问法就是已经知道要查找的文献可能存的网址（URL），利用浏览器直接连接到其主页上进行浏览查找。其优点是目的性强、节省时间，缺点是信息量少。

2. 漫游法

　　漫游法是指从一个网页上通过感兴趣的条目链接到另一个网页上，在整个互联网上无固定目的地进行浏览。其优点是无需特定的网址，通过无止境的链接在网上可能发现一些意想不到的有用信息；缺点是用户在漫游过程中往往会失去方向，花费了大量时间、精力之后可能最终却一无所获。

3. 检索法

　　检索法是指依靠专业的网络信息检索软件，将网络上的信息与用户选定的检索词相匹配，以快速获取相关信息的方法。有效的检索需要学会怎样使用检索软件和相关技能，才能取得令人满意的结果。

二、互联网上的文献检索工具

　　互联网上的文献检索工具多种多样，按照其检索机制可分为：主题指南（目录型检索工具）、图书馆的网络导航（学科导航）、搜索引擎等。从功能上来看，主题指南和图书馆的网络导航类似图书中的目录，而搜索引擎则更像索引。

1. 主题指南

主题指南是在广泛搜集网络资源及进行加工整理的基础上，按照某种主题分类体系编制的一种可供检索的等级结构式目录。在每个类目及子类目下提供相应的网络资源站点网址，并给予简单的描述。通过浏览该目录，在目录体系导引下检索到有关的信息，主题指南因此也叫目录型检索工具。它较适合于对不熟悉领域的一般性浏览或检索。概况性强、类属明确的主题，其检索质量较高，但人工操作成本较高，获得内容相对较少，收录不全面，新颖性不足。现在，此类主题指南往往与计算机检索软件结合起来提供检索服务。以等级式主题指南类搜索引擎的形式提供检索服务。

2. 图书馆的网络导航

许多图书馆从协调整个网络资源的角度出发，对互联网上的相关学术资源进行搜集、评价、分类、组织和有序化整理，并对其进行简要的内容揭示，建立分类目录式资源组织体系、动态链接学科资源数据库和检索平台，发布于网上，为用户提供学科信息资源导航和检索服务。图书馆的网络导航具有专业性、易用性、准确性、时效性和经济性等优势，所含内容切合主题，学术价值较高。其不足之处是所建立的数据库规模较小，在某些类目收集的文件数量有限，更新滞后。常用的国外学术性网络导航系统有加利福尼亚州大学图书馆的 INFOMINE、麻省理工学院图书馆的 Virtual Reference Collection 等，国内比较有影响的"CALIs重点学科网络资源导航门户"。

3. 搜索引擎

搜索引擎使用自动索引软件来发现、收集并标引网页，建立数据库；以 Web 形式提供检索界面，供用户输入关键词、词组或短语等检索项；代替用户在数据库中找出与提问相匹配的记录；按一定的相关度排序返回结果。搜索引擎强调的是检索功能，而非主题指南那样的导引、浏览。搜索引擎适合于检索特定的信息及较为专深、具体或类属不明确的课题，信息量大且新，速度快，但检索结果准确性相对较差。其代表有 Google、百度等。

三、搜索引擎

1. 搜索引擎的工作原理

（1）搜集信息　搜索引擎的信息搜集基本都是自动的，它利用称为网络蜘蛛（Spider）的网页抓取程序顺着网页中的超链接连续地抓取网页。由于互联网中超链接的应用很普遍，理论上，从一定范围的网页出发，就能搜集到绝大多数的网页。

（2）整理信息　搜索引擎整理信息的过程称为"建立索引"，它需要将搜集起来的信息按照一定的规则进行编排，建立索引文件，另外还要去除重复网页、分析超链接、计算网页的重要度等。

（3）提供检索服务　用户输入关键词进行检索，搜索引擎从索引数据库中找到匹配该关键词的网页并向用户返回信息。为了便于用户判断，搜索引擎除了提供网页标题和网页链接外，还会提供一段来自网页的摘要信息。

2. 搜索引擎的类型

按照信息搜集方法和服务提供方式的不同，主要可分为下列三种类型。

（1）全文搜索引擎（Full Text Search Engine）　全文搜索引擎是通过从互联网上提取各个网站的信息（以网页文字为主）而建立的数据库中，检索与用户查询条件匹配的相关记录，然后按一定的排列顺序将结果返回给用户，具代表性的有 Google、百度等。从搜索结果来源的角度，全文搜索引擎又可细分为两种：一种是拥有自己的检索程序，并自建网页数据库，搜索结果直接从自身的数据库中调用；另一种则是租用其他引擎的数据库，并按自定的格式排列搜索结果，如 Lycos。该类搜索引擎的优点是信息量大、更新及时、无需人工干预，缺点是返回信息过多，有很多无关信息，必须从结果中进行筛选。

（2）目录式搜索引擎（Search Index/Directory）　值得一提的是，目前全文搜索引擎和目录式搜索引擎有相互融合渗透的趋势，如 Google 就借用 Open Directory 目录提供分类查询。而像 Yahoo 这些老牌目录索引则将人工编制的等级式主题目录和计算机检索软件提供的关键词等检索手段结合起来，完成网络信息资源的组织任务，形成一种特有的等级式主题指南类搜索引擎。

（3）元搜索引擎（Meta Search Engine）　元搜索引擎又称集合型搜索引擎，它没有自己的数据库，而是将用户的查询请求，同时向多个独立的搜索引擎递交，将返回的结果进行重复排除、重新排序等处理后，作为自己的结果返回给用户。这类搜索引擎的优点是返回结果的信息量更大、更全，缺点是只能提交简单的检索，不能传送使用布尔逻辑或其他运算符来限制或改进结果的高级检索提问式，用户需要做更多的筛选。元搜索引擎中具有代表性是有 WebCrawler、InfloSpace 等。

3. 搜索引擎的基本检索功能

(1) 初级检索功能

① 逻辑与功能　多个字词之间用一个空格隔开（逻辑与的关系，无需添加 AND）进行检索，搜索引擎会返回包含所有搜索字词的网页。要进一步限制搜索，只需加入更多字词。注意，对于 Google，字词键入的顺序会影响搜索结果。

② 逻辑或功能　如果几个搜索词中任意一个出现在结果中就满足搜索条件时，可在关键词之间使用大写的 OR 连接符，对于百度是用的"｜"连接符。注意，连接符与搜索词之间必须有空格。

③ 逻辑非功能　如果发现在搜索结果中，有很多网页包含不希望看到的某些特定词，可以使用减号去除这些网页。注意，前一个关键词和减号之间必须有空格，否则，减号会被当成连字符处理，而失去减号逻辑非功能。减号和后一个关键词之间，有无空格均可。

④ 词组搜索　当输入较长的搜索词时，搜索引擎会自动将整个字符串做拆字处理。若需要得到精确、不拆字的搜索结果，可在关键词前后加上双引号。

⑤ 字母大小写　搜索引擎不区分字母大小写，输入的所有字母都会视为是小写的。

⑥ 禁用词　为提高查准率，搜索引擎将常用的一些介词、冠词、数字和单个字母等高频词作为禁用词，在检索时自动忽略，如果必须使用禁用词时可用加号（＋）或引号（""）标识。

(2) 高级检索功能

① 将搜索范围限定在特定站点中——site　如果知道某个站点中有需要的信息，可将搜索范围限定在这个站点中，提高搜索效率。其方法是在搜索内容的后面，加上"site：站点域名"。注意，"site："后面的站点域名不要带"http://"。另外，"site："和站点名之间无空格。

② 限定搜索的文件类型——filetype　很多有价值的重要文档在互联网上存在的方式往往不是普通的网页格式，而是 office 文档或者 PDF 文档。搜索引擎支持对 Office 文档（包括 Word、Excel、Powerpoint）、Adobe PDF 文档、RTF 文档进行全文搜索。要搜索这类文档，只需要在普通的检索词后面，加一个；"filetype"来对文档类型进行限定。"filetype："后面，可以跟 DOC、XLS、PPT、PD 和 RTF 等文件格式。

③ 将搜索范围限定在 URL 链接中——inurl　网页 URL 中的某些信息常有某种有价值的含义，如果对搜索结果的 URL 做某种限定，可获得良好的效果。其方法是在"inurl："后加需要在 URL 中出现的关键词。注意"inurl："和后面的关键词之间无空格。

④ 将搜索范围限定在网页标题中——intitle　网页标题通常是对网页内容提纲挈领式的归纳，将搜索内容限定在网页标题中，有时能获得良好的效果。使用的方式，用"intitle："加搜索内容中特别关键的词。注意，"intitle："和后面的关键词之间无空格。

⑤ 将搜索范围限定在网页（body）部分中——intext　即只搜索网页（body）部分中包含的文字，而忽略标题、URL 等的文字。其方法是用"intext："，后加需要在网页（body）部分中出现的关键词。注意，"intext："和后面的关键词无空格。

4. 搜索引擎的检索技巧

(1) 分析搜索的主题　在开始搜索之前，要确切了解所要查询的目的和要求，包括确定需要的信息类型（文本、图片、音频、视频等）、查询方式（分类检索、关键词检索等）、查询范围（所有网页、新闻、论坛等）、查询语言（中文、外文）等。

(2) 选择合适的搜索引擎　一般来说，如果是搜索英文信息，使用 Google 会更为有效，搜索中文信息则倾向于使用百度，如果是查找可以确定类别的信息，建议使用 Yahoo。要注意的是，不同的搜索引擎其信息覆盖范围会有差异，搜索结果不佳时有必要尝试更换搜索引擎。

(3) 提取恰当的关键词　关键词代表着要搜索主题的特征，选择一个恰当的关键词是搜索成功的关键。首先应该避免出现错别字等输入错误；其次要避免概念宽泛的词，尽量选用规范的专指词、特定概念或专业术语等具体的关键词，还要注意要同义词、近义词、相关词或同一术语的不同表达方式；再次可以通过使用多个关键词来提高查准率，但要注意它们之间的逻辑关系是否合理。

（4）根据搜索结果及时调整搜索策略　通常情况下，一次搜索并不能得到满意的结果，如果在前两页中都没有满意的结果，就应该考虑调整搜索策略，重新搜索，而不是无谓地继续往下翻页。要善于从返回的结果当中发现与目标信息密切相关的、有价值的线索，然后调整组成新的提问式，再继续搜索，如此持之以恒地追踪下去，肯定能得到满意的结果。当搜索结果数量太多且准确性不高时，可以通过增加密切相关的搜索词来对结果进行进一步的提炼；当所得搜索结果数量太少时，可以通过使用同义词、近义词来扩大检索范围。

（5）相关搜索　搜索结果不理想，可能是因为搜索词选择不恰当，可以通过搜索引擎提供的"相关搜索"，"相关搜索"提供了与搜索主题很相似的一系列查询词，它排布在搜索结果页的下方，按搜索热门度排序。

（6）使用高级搜索或高级搜索语法，提高搜索效率　大多数搜索引擎都提供高级检索功能，它在默认值、灵活性、定位精确性、条件限定以及检索词间的逻辑组配等方面都优于普通搜索功能，特别适合于不熟悉信息检索技术的新手或者当搜索主题复杂，限定条件繁多的情况下使用。而高级搜索语法则可以对搜索范围、站点、文件类型、主题信息范围进行精确控制。两种方法有一定的共通性，均可以显著提高搜索效率。

（7）直接到信息源查找　在搜索诸如政府工作报告、政策白皮书等信息时，如直接用搜索引擎搜索无法得到满意结果，可尝试直接到信息源网站去查找。可先查发布相关信息的机构名称，再检索得到该机构的官方网站地址，然后利用"site：站点域名"高级搜索语法或用该机构网站提供的站内搜索、主题分类等途径查找相关信息。

（8）网页快照　每个被收录的网页，搜索引擎都会自动生成临时缓存页面，称为网页快照。因为临时缓存页面是保存在搜索引擎自己的数据库里，所以当遇到网站服务器暂时故障或网络传输堵塞时，访问快照要比常规链接的速度快很多。而在搜到访问不了的"死链网页"或过期文件时，往往通过网页快照也还能查阅到其文本内容。另外，符合搜索条件的词语会在网页快照上以加亮的形式突出显示（百度的网页快照还提供关键字精确定位功能），以便于快速查找到相关资料。网页快照只会临时缓存网页的文本内容，所以那些图片、音乐等非文本信息，仍是存储于原网页。

（9）对搜索结果进行适当的筛选、鉴别　检索只是手段，最终目的是要找到真正有价值的信息。在检索结束之后，应对检索结果进行筛选、鉴别。因为即使是与目标密切相关的结果仍然有优劣之分，而搜索引擎按照它自己规则排列的优先次序也许与需求并不一致，所以适当的筛选必不可少。一般来说可以通过综合比较排序、网址链接、文字说明等来做判断。由于网上的信息很杂，搜索出的结果可能与自己的目标不相关，所以要注意把握自己的主题方向，只看最相关的内容，以免迷失。

第三节　分析化学文献和检索工具

一、分析化学文献的特点

分析化学文献和检索工具除了具有科技文献的共性之外，还有它自身的特点。

（1）数量庞大、积累迅速　据有关的统计，至 2007 年底，化学文献的总数约为 2.61 千万项；分析化学文献的总数至 2007 年底约为 1.56 百万项。文献积累的速度用倍增期表示，它是文献总数增加一倍所需的时间（年）。化学文献从 1910～1975 年的倍增期为 14.5 年，分析化学文献的倍增期从 1915～1970 年为 13.9 年。从这些估计的数字可以见，化学和分析化学文献的数量是很庞大的，其积累速度也是很快的。

（2）代谢周期短　化学文献（包括分析化学文献）的代谢周期相当短。代谢周期用半衰期表示，即现存的文献被引用的论文数目经过一个时期之后，其中有半数再不被引用了。这个时期称为半衰期，以年为单位。据统计，化学文献的半衰期为 9.3 年，分析化学文献的半衰期低于 7 年。文献的半衰期很短，说明知识的新陈代谢快。

（3）形式多样　分析化学文献种类很多，包括各类文献，如图书、期刊、学位论文、报告、政府出版物、专利、产品目录等。

(4) 分布广泛 化学（包括分析化学）属于基础学科，它渗透到物理、生物、地质学等基础学科以及工、农、医、法律等行业和学科。分析化学或化学文献发表在本专业期刊或图书中的数量略小于分散在上述各学科和行业的专业期刊或图书中的数量。

(5) 文种较多 分析化学文献以英国、德国、俄罗斯、法国、中国、日本和捷克等文字发表。目前如果掌握英国、德国和法国三种语言的阅读能力，只能读到约40％的分析化学文献。可见要全面掌握分析化学文献，在语言文字上存在一定的困难。

综上所述，要迅速、准确和全面查阅和掌握分析化学文献是十分困难的事，分析化学家必须学会驾驭文献的本领。近年来有不少介绍化学文献的使用方法的书籍，这对分析化学工作者查阅和使用文献有很大的帮助。

二、分析化学文献

对分析化学而言，最主要的一级文献来自期刊论文。由于篇幅所限，仅介绍国内外主要的分析化学期刊。目前，大多数期刊不仅出版印刷版，而且出版数字网络版。

1. 中国主要的分析化学期刊

根据中国化学文献协作组1986年的统计，全国登载化学科研成果的各专业期刊有512种这个数字远远超过了发达国家同类情况。形成这种分散的局面，除了化学文献自身的特点之外，我国的科技期刊品种过多是重要的因素。下面介绍国内一些重要的分析化学期刊。

(1)《分析化学》（Analytical Chemistry） 中国科学院和中国化学会主办的专业性学术刊物，1972年创刊，月刊，主要报道我国分析化学的科研成果和国内外分析化学的进展及动向。刊登内容包括研究报告、工作简报、国内外分析化学新进展和学术论文及学术活动信息等。网址：http://www.analchem.cn

(2)《分析科学学报》（Journal of Analytical Science） 1985年创刊，双月刊，由武汉大学等主办。该刊主要报道分析化学的科研成果和新进展、新趋势，包括新理论、新方法和新技术等。栏目有研究报告、研究简报、仪器研制、技术交流与实验技术、动态与信息之窗等。网址：http://www.chinainfo.gov.cn/periodical

(3)《化学试剂》（Chemical Reagents） 1979年创刊，月刊，由中国分析测试协会和全国化学试剂信息站主办，主要报道国内外化学试剂方面的科研成果、研究动态、发展水平及生产经营动态等。主要栏目有研究报告与简报、专论与综述、试剂介绍、经验交流等。网址：http://www.chinareagent.com.cn

(4)《分析测试学报》 1982年创刊，月刊，由广州分析测试中心和中国分析测试协会主办，主要登载质谱学、光谱学、色谱学、波谱学、电子显微学及电化学等方面的分析测试新理论、新方法、新技术及其在各学科领域中的应用成果，反映国内外分析测试的进展和动态。网址：http://www.fxcsxb.com

(5)《理化检验》（物理分册和化学分册） 化学分册1965年发刊，双月刊，由中国机械工程学会、理化检验学会和上海材料研究所主办，该刊侧重登载黑色、有色金属及其原材料的化学分析与仪器分析的科研新成果、新技术和新方法等。网址：http://www.mat-test.com

(6)《分析仪器》 1970年创刊，双月刊。由北京分析仪器研究所和中国仪器仪表学会分析仪器分会主办，有综述与进展、研究报告、仪器与装置、仪器分析应用技术、讨论与研究、知识介绍、经验交流和信息与通信等栏目。网址：http://www.fenxiyiqi.org

(7)《分析试验室》（Chinese Journal of Analysis Laboratory） 1982年创刊，月刊。由北京有色金属研究总院和中国分析测试协会主办。其主要栏目有研究报、研究简报、仪器装置与设备和综述等，内容侧重于无机分析和有色金属分析方面。网址：http://analab.cn

(8)《色谱》（Chromatography） 1984年创刊，月刊，由中国化学会色谱专业委员会主办。它主要报道色谱科学的基础研究成果及其交叉学科的重要应用研究成果与进展，以及色谱仪器与部件研制和开发成果。网址：http://www.chrom-china.com

(9)《质谱学报》 1980年创刊，双月刊。由中国物理学会质谱学分会和北京中科科技发展有限责任公司主办。其主要栏目有研究报告、研究简报、综述、讲座、技术交流、新仪器介绍和实

用信息等。网址：http://zpxb. periodicals. net. cn

（10）《光谱学与光谱分析》（Spectroscopy and Spectral Analysis） 1981 年创刊，月刊，由中国光学学会主办。该刊主要登载激光光谱测量、红外、紫外、可见光谱发射光谱、吸收光谱、激光显微光谱、光谱化学分析、国内外光谱分析最新进展、开创性研究论文、综述、研究简报、问题讨论和书评等。网址：http://www.coscn.org

（11）《冶金分析》 1981 年创刊，月刊，由钢铁研究总院和中国金属学会主办，主要刊登冶金及材料分析技术和方法的最新研究成果。网址：http://yejinfenxi. cn

（12）《药物分析》 1981 年创刊，月刊。由中国药学会主办，主要栏目有论著、交流、综述等。刊登化学药物、中药与天然药物、抗生素、蛋白质、多肽类药物、生物技术药物等的分析以及质量标准研究、临床药物分析、药物分析基础理论与实践及新技术新方法的应用，并及时报道国家重大药物研究课题的最新成果。网址：http://yufxzz. periodicals. net. cn

（13）《环境化学》（Environmental Chemistry） 1982 年创刊，双月刊，由中国科学院生态环境研究中心主办，主要刊登包括大气、土壤、水体、生态、工程和人体健康等方面，涉及大气、水和土壤环境化学、环境分析化学、污染生态化学、污染控制和绿色化学的科研和技术开发的成果。网址：http://hjhx. periodicals. net. cn

2. 国际核心分析化学期刊

国际上最有影响的期刊，也称核心期刊。在《科学引文索引》（SCI） 1980～1984 版的 "Guide and List of Source Publication" 上列出分析化学核心期刊，现介绍其中一部分，主要以英文出版的期刊。

（1）《Analyst，with Analytical Abstract and Proceedings》（化验师，附分析文摘及会议录） 1869 年创刊，月刊。英国化学学会（The Chemical Society）出版，刊登分析化学理论和实践的原始研究论文以及技术应用的评论文章。其内容涉及与分析科学相关的领域，包括分析化学、食品化学、环境化学、生物化学、生物技术、工业化学与医药化学等。网址：http://www. rsc. org/Publishing/Journals/an/index. asp

（2）《Analytical Chimica Acta，with Cumulative Indexes》（分析化学学报，附累积索引） 1947 年创刊，月刊。荷兰 Elsevie 科学出版社出版。刊载基础与应用研究论文以及简讯、书评，稿件来自各国，多用英文，间用德文、法文发表论文。

（3）《Analytical Chemistry》（分析化学） 1949 年创刊，月刊。美国化学学会出版，主要登研究论文，还设有检测仪表、新书、新闻、新产品、厂商产品目录简介、化学试剂等专栏。该刊每年 4 月和 8 月分别增版《综述》和《实验室指南》各一册。网址：http://pubs. acs. org/journals/ancham/index. html

（4）《Analitycal Letters—Part，A：Chemical Analysis；Part，B：Clinical and Biochemical Analysis》（分析快报，A 辑：化学分析；B 辑：临床与生化分析） 1967 年创刊，月刊。Marcel Dekker，Inc.，New York 出版，A 辑和 B 辑交替出版。登载分析化学、分析生物化学、电化学、临床化学、环境化学、分离以及光谱学重要研究进展和简短论文。

（5）《American Laboratory》（美国实验室） 1969 年创刊，月刊。主要刊载新进展、新知识与新动态，还预告学术会议等。由美国 International Scientific Communications 公司主办。

（6）《Chromatographia》（色谱法） 1968 年创刊，月刊。Frieder，Viewegr Sohn Verlagsgesellschafmbtt 出版，登载有关色谱技术方面的研究论文，以及有关新产品介绍、书评等。稿件来自各国，多用英文发表。

（7）《CRC Critical Reviews in Analytical Chemistry》（化学橡胶公司分析化学评论） 美国化学橡胶公司出版，季刊。刊载分析化学领域新成就和新进展。每期一个或几个专题。网址：http://tandf. co. uk/journals/authors/batauth. asp

（8）《Ion-selective Electrode Reviews》（离子选择性电极评述） 1979 年创刊，半年刊。英国 Pergamon Press 出版。

（9）《Jolurnal of Chromatography，incl，Biomedical Applications，Chromatography Reviews & Cumulative Author & Subject Indexes》（色谱分析杂志，包括：色谱分析法的生物医学应用、色谱

分析法评论、著者和主题累积索引）　1958 年创刊，周刊。荷兰 Elsevier Scientific Publishing 出版，刊载色谱分析法、电泳和其他相关方法的研究论文、评论、简讯、札记、文献题录、色谱数据、技术新进展和会议消息等。

(10)《Journal of Analytical Chemistry of the USSR》（前苏联分析化学杂志）　1962 年创刊，半月刊。美国 Plenum Publishing Corp 出版，是前苏联分析化学杂志的俄文版的英文译版。

(11)《Journal of Chromatographic Science》（色谱科学杂志）　1963 年创刊，月刊。美国 Preston Publication 出版，刊登色谱技术在化学、石油、食品、饮料、医学、毒物学、生物化学、空气与水污染以及农药等方面应用的实验研究成果，并介绍有关仪器和配件的新产品，附有索取新产品说明书读者服务卡。

(12)《Journal of Electroanalytical Chemistry and Interfacial Electrochemistry, with Biochemistry and Bioenergetics》（电分析化学与界面化学杂志，附生物电化学与生物能学）　1959 年创刊，半月刊。瑞士 Elsevier Sequoia 出版。国际性科学杂志，专门刊载电极过程动力学、界面结构、电解质性质、胶体与生物电化学等方面的原始论文以及最新进展的评论、研究短讯。

(13)《Journal of Liquid Chromatography》（液相色谱法杂志）　1978 年创刊，月刊。美国 Marcel Dekker 出版。刊载液相色谱法在生物、环境以及生命科学上的应用的研究论文，包括理论、实验方法、应用实例、成果和探讨等。

(14)《Journal of Association of Official Analytical Chemistry》（官方分析化学家协会杂志）　1918 年创刊，双月刊。由官方分析化学家协会主办。内容涉及农业与公共卫生方面的分析基础与应用研究成果。

(15)《International Journal of Environmental Analytical Chemistry》（国际环境分析化学杂志）　1972 年创刊，英国 Gordon and Breach Science 出版社主办。每卷 4 期，每年出版卷数不等。发表原始性研究报告。

(16)《Microchemical Journal》（微量化学杂志）　1957 年创刊，季刊。美国 Academic Press, Inc. 出版，内容涉及无机、有机、生化、物化与临床化学中微量分析操作的研究。

(17)《Radiochemical and Radioanalytical Letter》（放射化学和放射分析化学快报）　1969 年创刊，每年 5～6 卷，每卷 6 期。匈牙利科学院与 Elsevier 出版社合作出版。刊载辐射测量、放射化学与辐射化学技术、核素生产、标记化合物合成、分离技术、放射性元素化学、活化分析和同位素稀释等。

(18)《Radiochemica Aeta》（放射化学学报）　1962 年创刊，每年 2 卷，每卷 4 期。涉及核科学中化学有关的各方面内容。

(19)《Separation and Purification Methods》（分离与纯化方法）　原名《Progress of Separation and Purification》，1972 年创刊，半月刊。Marcel Dekker 出版，登载关于化学分离和纯化的研究论文等。

(20)《Separation Science and Technology》（分离科学与技术）　1978 年创刊，第 13 卷起改为现名，月刊。美国 Marcel Dekker 出版，（原名《Separation Science》（分离科学）刊载化学分离理论与实践的研究论文，涉及吸附、离心、色谱、结晶、扩散、蒸馏、电解、过滤、浮选、离子交换和沉淀等分离方法。

(21)《Talanta: An International Journal of Analytical Chemistry》（塔兰塔：国际分析化学杂志）　1958 年创刊，月刊。刊登研究论文和简报，稿件来自各国，多以英文发表。英国 Pergamon Press Ltd. 出版。

(22)《Thermochimica Acta》（热化学学报）　1970 年创刊，Elsevier Science Publishers 出版，每年 30 期。刊载各种物质的热分析化学与热力学数据。

(23)《TrAc: Trends in Analytical Chemistry》（分析化学趋势）　1981 年创刊，月刊。荷兰 Elsevier Science Publishers 出版。主要登载有关分析化学各种分析方法的应用和技术方面的评论。年底增出一期内容提要补充本。

3. 一次文献的其他来源

分析化学的一次文献的主要来源是期刊，其他来源一般说来是次要的。下面简要介绍与分析化学有关的其他一次文献。

（1）科技报告　目前仅中国科学院图书馆收藏的科技报告就有 200 种左右，其中最重要的是美国政府出版的 4 种。

① PB 报告　美国出版局（Publication Board）出版的科技报告，由此而得名 PB 报告。第二次世界大战后，美国政府为了系统地整理和充分利用德国、意大利、日本、奥地利等战败国的科技成果，1946 年开始出版 PB 报告。Publication Board 多次更改名称，但 PB 报告的名称一直沿用，报告的内容几乎包括自然科学与工程技术各领域。1950 年前的 PB 报告主要内容是战败国的技术资料，1951 年以后是美国政府科研机构及合同机构的科技报告，内容涉及尖端科技（包括国防和民用），1975 年后，PB 报告内容侧重于民用工程技术。

② AD 报告　Armed Services Technical Information Agency（即美国武装部队技术情报局）出版文献的缩称，也称 ASTIAD。该出版局隶属美国国防部，1963 年改组成为 Defence Documentation Center for Science and Technical Information（美国国防科技情报中心），隶属空军部。凡属国防系统的研究所及其合同单位的技术报告，均由此中心统一整理、分类和编辑出版 AD 报告。提出报告的单位共有 1 万多个，其中重要的有 2000 多个。AD 报告的内容十分广泛，几乎涉及所有科技领域。1975 年后，按不同密级编排，如 AD-A 表示公开发表，AD-B 表示内部控制发行，AD-C 表示机密或秘密级，AD-D 表示申请专利未核准，AD-P 表示（P 代表 Preprint）会议文集预印本等。它的检索工具主要是美国《政府报告通报和索引》。

③ AEC-ERDA-DOE　是美国原子能委员会-美国能源研究与开发总署-美国能源部所属各单位及各合同单位的研究报告，也有一部分国外的能源文献。它的检索工具为《核子科学文摘》，继之为《能源研究文摘》。

④ NASA 报告（前身是 NACA 报告）　NSCA 是 National Advisory Committee for Aeronautics（美国国家航空咨询委员会）的缩写。NASA 报告来源于 NASA（National Aeronautics and Space Administration，美国国家航空航天局）所属的研究中心、实验室以及合同单位的技术报告。它的主要检索工具为《宇航科技报告》（STAR）。

（2）政府出版物　政府出版物中，美国政府的出版物 GP（Government Publication）是受到各国重视的政府出版物。它大部是公开发行，少部内部使用。在美国 GP 内可以找到一部分 PB、AD、ERDA 和 NASA 报告，而且还有美国国家科学院（National Academy of Science）、国家标准局（National Bureau of Standard，NBS）、国防部（Department of Defence，DOD）、国家科学基金（National Science Foundation，NSF）、国家卫生研究所（National Institute of Health，NIH）、地质调查所（National Bureau of Mines，NBM）、农业部（Department of Agriculture，DOA）等机构的文献。

（3）专利说明书（Patent Specification）　专利可以分为以下几种：专利；未审专利；补充专利；防卫性专利等。

专利说明书大致包括以下项目。

① 标识　包括题目、专利号、发明人、申请日期、批准日期、国际专利分类号、本国专利分类号、核查范围及有关文献。

② 正文　顺序描述专利技术的领域、现有的技术介绍、发明目的、内容、优点和效益以及最佳实施方案等，有的还附上图及数据表。

③ 权项　用法律语言归纳发明的核心技术特征，确切划定要求保护范围。

（4）会议文献　参加各种专业学术会议是获得科技信息的有效途径。分析化学规模最大的国际会议是每年召开一次的匹兹堡（Pittsburgh）分析化学会议。在中国举办的最大的分析化学学术会议是北京分析测试学术会议，从 1985 年开始举办，每两年一次。为了解学术会议的消息，可以从各国学术团体主办的刊物上找到。如 Chemical and Engineering News（化学与化工新闻，美国），Chemistry and Industry（化学与工业，英国）和化学通信（中国）等。国际会议论文集在北京国家图书馆的目录中可以查到，在全国各地的图书馆目录也能查到。中国化学学会所属分析化学委员会及各分析化学专业委员会也召开全国性的专业分析化学会议，但在图书馆的目录中未专门设立会议论文集的目录，在书名目录中可以查到。

三、化学和分析化学检索工具

文献的查阅和利用必须依靠检索工具的帮助，下面介绍重要的化学和分析化学检索工具。

1. 美国化学文摘（简称 CA）

CA 创办于 1907 年，由美国化学会化学文摘服务社编辑。它摘录全世界 150 多个国家 14000 多种有关的期刊的论文以及 30 多个国家的专利说明书，每年摘录量约 50 万条文献。它是世界上的化学化工文摘索引类期刊，每期由文摘和索引组成。目前 CA 有网络版，网址：http：//info. cas. org.

（1）CA 的文摘　从 1907～1961 年，一年出版一卷，共 52 期；1962 年起，一年出版两卷，每卷 26 期。文摘内容分为五大部分，80 个类目，其中 1～20 类目为生物化学；21～34 为有机化学；35～46 为高分子化学，47～64 为应用化学与化工，65～80 为物理化学、无机化学和分析化学。单期载生物化学和有机化学；双期刊登其余的化学类目。每期文摘按期刊论文（包括技术报告、学位论文、会议文献、档案资料等一级文献）、图书、专利和参考目录等顺序排列。CA 文摘的著录格式随着文献的类型不同而有不同的格式。下面举例说明。

期刊论文文摘著录格式举例：

89：22066ot ① Computer Control System for Water and Wastewater treatrnent Plants ②. Kashiwagi, Masahik；Mori, Shonji, Harada, Toshiaki ③. (omika works, Hitachi, Ltd. Omika, Japan) ④ Hitachi Rev ⑤、1978 ⑥，27（3）⑦，146～52 ⑧（Eng）⑨，……（文摘内容略）

现按以上标注的顺序说明如下。

① 文摘号，每条文摘只有一个号，每卷从 0001 号开始编。文摘号最后是英文小写字母，是计算机编排时所采用的核对字母。文摘号前的数字标记 CA 的卷号。

② 论文标题，一律用英语，摘自其他文种必须译成英文。

③ 作者姓名，以姓在前，名在后顺序排列，如超过 9 位作者，只列 9 位，后加 "et al."，中国、日本、俄罗斯等国家作者姓名均以拉丁字母音译。

④ 作者工作单位或论文发寄单位，加圆括号。

⑤ 刊物名称用斜体缩写名，全名称可查来源索引。

⑥ 出版年，非英语刊名用拉丁文拼音表示，或原刊自己的英文名称。

⑦ 刊物的卷数，圆括号内为期数。有的刊物有卷无期，有的刊则有期无卷，按原刊只标出卷或期。

⑧ 论文在原刊上的起止页码。

⑨ 原文的文种缩写加圆括号。

会议文集和资料汇编的文摘著录格式举例如下。

96：4753c ① Investigation with Polarizing Microsoopy for the Classification of Urinary Stones from Humans and Dogs ②. Hicking, Wilhelm；Hesse, A；Gebbardt, M；vahlensieck, W ③ (Urol. Univesitats-klin, 5300 Bonn, 1 Fed. Rep. Ger) ④ Urolithiasi S；Olin. Basic Res，（Proc. int. Symp.）4th ⑤ 1980（Pub. 1951）⑥，901-6 ⑧（Eng）⑨. Edited by Smith, Lynwood H；Roberson, William G；Finlayson, Birdwell ⑩. Plenun；New York, N. Y ⑪.

按以上标注的顺序说明（凡标注号和含义都与上例相同者不再说明）。

⑤ 会议名称。

⑥ 会议时间（年），圆括号内是资料出版时间（年）。

⑩ 资料汇编者姓名，一般为主编或总编辑，最多只列出前三名。

⑧ 出版社、地点、国别。若有多家出版社出版此资料，文献只列出有版权的出版社。

专利文摘的著录格式举例：

59：75247 ①；Methanol ②. Marschner, Friedeman；Supp, Emil；Pockrandt, Guenter ③ (Metallgesell-schaft A, G) ④ U. S. . 4087499 ⑫（Cl. 260 − 449.5；co7c29/26），⑬，02May 1975 ⑥，Appl. 608300 ⑭，27Aug 1975 ⑮ 499 ⑧.

上例标注说明（凡标注号和含义都与以上例相同者，不再说明）。

② 专利标题，CA 采用的专利标题与专利说明书中的原标题完全不同，有时将主题扩大或改写，以突出专利说明书的中心思想。

⑥ 专利公布日期或批准日期。

⑧ 专利页数，包括未标页码的专利首页、图等在内的总页数。

⑫ 专利号，前半部是专利国别名称缩写。

⑬ 专利分类号，置于圆括号内。对于美国专利分类号，除了本国分类号，还有国际分类号，两者之间用分号隔开。其他国家只有国际专利分类号。

⑭ 专利申请号，号前用缩写 Appl. 表示。

⑮ 专利申请日期。

（2）CA 的索引　CA 学会索引的使用方法很重要。从 CA 每年 50 多万条的文摘中找到所需的几条，CA 大量采用缩写词，必须使用 CA 索引，否则既费时间，也很难找到。CA 现有的索引有 6 种编排方式：期索引、卷文摘索引、累积索引（10 卷累积一次）、卷辅助索引、指导性索引和资料来源索引。CA 的索引种类列于表 25-3。

表 25-3　化学文摘索引一览

索引名称	代号	期索引	卷索引	卷辅助索引	累积索引	指导性索引	资料来源索引
关键词主题索引	KW	✓					
专利号索引	P	✓	✓		✓		
专利对照索引	P	✓	✓		✓		
著者索引	A	✓	✓		✓		
化学物质索引	CS	✓	✓		✓		
普通主题索引	GS	✓	✓		✓		
分子式索引	F		✓		✓		
环系索引	RS			✓			
杂原子索引	HAIC			✓			
索引指南	IG					✓	
索引指南增刊	IG Sup.					✓	
登记号索引	RN					✓	
期刊一览表							✓
CA 资料来源索引	CASSI						

注："✓"表示第一列的各种索引中包含有右边各列中的某种索引。

CA 于 1963 年，58 卷开始在期索引中编制关键词主题索引。关键词是文献标题中能够反映文献内容的名词，每篇标题中可能有几个，不顾这些关键词的文法关系，只按其字母顺序编制索引。关键词索引只提供文摘号，由文摘号再找文摘内容。关键词索引使用时，要注意以下几点：

① 元素符号不能作关键词，如 Cu（铜）不能当关键词，而元素名称 Copper（铜）可以作为关键词；

② 化合物分子式不能作为关键词；

③ 复杂化合物以其母体结构名称为关键词或尽可能用商品名、俗名、习惯名称，其目的是为了缩短篇幅和便于查阅；

④ 表示有机化合物的取代基位置及异构体现象的缩写词，字母和数字从略；

⑤ 被 CA 列为同义词的词不作关键词，如 ethylene oxide 与 oxirane 是同义词，是同一种物质，只能用前者不能用后者。

（3）主题词索引　主题索引是将一个时期分散于 CA 各期中的有同一主题的文献条理化和规范化之后，根据情况赋予适当的主题（或标题），按英文字顺序排列而编制的较详细反映文献内容的一种索引。为了进一步说明主题，有时还增加副标题。副标题有：表示事物概念的副标题；化学官能团副标题；说明语与索引标题连用而成的新标题。

主题索引使用举例：欲查找有关"聚氯乙烯的悬浮聚合法制备"方面的文献。CA 中聚合物是与其单体排列在一起，单体在先，聚合物在后。因此，在 Ethylene, chloro（氯乙烯）下可找到 polymers（聚合物）。现用 1971 年 75 卷的主题索引来查找这个例子。在这卷的 1511～1512 页上可以找到：

Ethylene ① 〔74-85-1〕 analysis

Ethylene ①, chloro ②, - [75-01-4] ③, analysis ④

Ethylene, chloro, [75-01-4], biological Studies Ethylene ①, chloro- ②, polyrners, preparation ③ polymer ⑤ [9002-86-2]

In ag. suopenoion P141373j

Catalysis for ash-free ⑤ P110735g ⑥

In fluid：zed bed P217498q

Manuf. of, in Suspension, of fine particle size, F89069y, Propeties

Suspension P21773t

Suspension, two-Stage, P21458u.

① 主题词, 即索引标题, 表示母体化学物可以有取代基, 也可以没有取代基。

② 取代基。

③ CA 登录号, 方括号 "〔 〕" 中为登录号。

④ 副标题。

⑤ 说明语 (逐级以梯形排列, 每一级的说明语都按英文字母顺序排列)。

⑥ 文摘流水号。

先查主题词, 而后查副标题, 再查说明语, 从而找到文摘号。本例子找到的文摘号 141373j、89069y、21773t 和 21458u, 用这些文摘号到 75 卷文摘部分找到相应的文摘摘要内容。

由于主题索引过于庞大, 自 1976 年 76 卷开始, 主题索引分为普通主题索引和化学物质主题索引两个部分。

(4) 普通主题索引 (The General Subject Index)　包括除专门的化学物质索引之外的主题索引, 有如下 8 个方面：化学物质大类；分类与定义明确的化学物质；岩石 (与矿石有区别)；物理化学概念与现象；各种化学反应；生物化学与生物学 (专门的生化制品除外)；化学工程与化工装置及过程；动植物的俗名与学名。

普通主题索引举例如下。

Amines ① properties ②

　　Acidity consts. Of calcn. Of ③, 89402n ④

Mold (fungus) ⑤

　　Aflatoxin Bl metab. by, 55080r

Molds (forms) ⑤

　　Clay-bonded, R109330h

Pine (Pinus) ⑥

　　DNA of, genetics in relation to, 147863b

Plastics①

　　Acrylic-vinyl blends, fire proifing agents for, p136722d

　　Structural foams, processing and properties of, R60279s

Plastics, film

　　Manuf. ot decrative p60729p.

① 主题词, 即索引标题。

② 副标题。

③ 说明语。

④ 文摘流水号。

⑤ 形近释义, 放在圆括号内, 本例中 mold 与 molds 词形差一个 "s", 但词义不同, 前者为霉素 (fungus), 后者为模具 (forms)。

⑥ 同义词放在主题词后的圆括号内。

(5) 化学物质索引 (Chemical Suject Index)　化学物质索引所收编的化学物质必须具备三个条件：组成原子和原子数已知；价键清晰；主体化学结构明确。属于本索引收编的化学物质包括所有已知的化学元素和化合物、矿物、金属的合金、化合物的混合物和聚合物、抗生素、酶、蛋白质、多糖类和基本粒子等。它按化学物质名称的英文字母顺序排列，其后跟着 CAS 的登录号，随后再注说明语和文摘号。

应用举例：查找"食品中苯甲酸的测定"，首先确定主词"benzoic acid"，然后查普通副标题"analysis，"最后查说明词 detn. of in food，后边的文摘号（81：41804d），即为所需的文摘号。下面列出，在第 9 次化学物质累积索引中查到此文摘号的索引部分如下：

Benzoic acid① ［65-85-0］②

  76：B1246g 85：R28695b③

Benzoic ［65-85-0］, analysis④

  detn. of, in food. ⑤ 81：41804d

Benzoic acid ［65-85-0］, Biological studies

  Catalase inhibitium by, in soils. 77：125946y 等。

此例标注如下：①主题词；②CAS 登记号；③文摘流水号；④普通副标题；⑤说明语，位于主题词之下，对主题词和副标题起说明解释的作用，使之能表达一个完整的内容。

一般使用最新的累积索引，找到化合物的名称，再找副题，再次找说明词，最后在说明词后边就是所需的文摘号。

（6）著作者索引（Author Index） 著作者指个人或团体著作者。在某一个领域从事工作多年，总会了解自己同行的名家或最有影响的团体。为了掌握同行工作的近况和动向，利用这一索引最方便。CA 的每期著作者索引，只列出著作者名称和文摘号，但各卷著者索引和累积著者索引都加列论文题目。著作者索引的编排规则如下。

索引著录，按著者名称、论文题目和文摘号顺序编排；个人著者姓名除中国、日本、朝鲜、越南等少数国家姓在前，名在后之外，绝大多数国家都是名在前，姓在后。CA 在编制著者索引时，一律采用姓在前，名在后的顺序；以个人命名的团体著者，其名称的姓部分也采取姓在先名在后的规则；同姓著者按其名的带头字母顺序排列；女性著者婚前婚后的姓不同，婚后用夫姓。CA 将其两姓分别列出。如在 Petrova A. I（婚前姓）下，说明 See Ivanova, A. I（婚后姓）；拉丁语系的非英语的姓名不译；德文的姓名不译，只改元音 a 成 ae，o 改 oe，u 改 ue；丹麦文和挪威文 θ 改为 oe.；俄罗斯、日本等国家的著者姓名都一律音译成拉丁；中国的著者姓名按汉语拼音拼写。

举例：Bailey Meter Co ①, Apparatus for measuring flowing sarnples ②, 82③: P④67871w⑤.

例标注：①著者名称；②原始文献标题；③CA 卷号；④P 为专利（R 为综述，B 为书籍）；⑤文摘号。

（7）CA 专利索引（CA Patent Index） CA 专利索引先后出版有专利号索引（Numerical Patent Index）、专利对照号索引（Patent Concordance）和专利索引（Patent Index）三种。CA 专利号索引 1938 年开始出版，有期、卷和十卷累积索引，按照专利国别简称的字母顺序排列，给出专利号和文摘号。一项专利发明创造可能同时或先后在几个国家申请并取得专利权，为了避免重复报道，CA 于 1963 年 58 卷开始编制这种专利对照号索引。它在每个专利号后面注明与此号相当的其他国家的专利号和 CA 文摘。CA 从 94 卷开始将上述两种索引合并而成为专利索引，在内容上增加了同族专利，即在每条专利之下，收集了"同等专利"和"相关专利"两类文献，并采用国际通用的国别名和文献种类的代码，以便与其他专利检索工具联用。

专利号索引举例：

FR① （France）

2281933② A₁③ see BE 825797 A₁④

2433588 A₁ see US483983 A₁

US （Uniteds State of America）

4183983 A₁ 92：13327k⑤

    FR 2433588 A₁⑥

    GB 2028379 （Related） ⑦

例标注如下。

①"世界标准化组织"制定的国别代码与全称。

② 专利号码，由小而大顺序排列。

③ 文献种类代号，A，表示发明申请专利。

④ see（参见），表示法国专利 2281933A$_1$，并不是 CA 首次摘录的，可在本期索引 BE 825797A$_1$ 处找到相应的 CA 文摘号和同族专利。

⑤ 文摘号。

⑥ 法国专利文摘 FR2433588A$_1$ 与美国专利 US 4183983A$_1$ 是同等专利。

⑦ "Related"（相关），表示英国专利 GB 2028379A$_1$，与美国专利 US 4183983A$_1$。在内容上有一定联系。

2. 分析化学文献的检索工具

（1）《Analytical Abstracts》（分析文摘，英文）　简称 AA，是由 The Society for Analytioal Chemistry 编辑出版，1954 年创刊，每年 12 期。其前身是 Analyst（化验师）杂志的附录。AA 收录世界各国约 360 多种期刊、技术报告、会议文献和专刊等。1987 年的报道量为 13000 条。内容包括普通分析化学和无机、有机、生化、药化、食品、农业、空气、水、废液等方面的分析和分析仪器及技术。AA 文摘按类名编排，每期不附索引，每年出作者、主题和专利年度索引。AA 是分析化学最重要的文摘索引，但其文摘覆盖面不如 CA。作为全面检索，AA 尚显不足。

（2）《分析化学文摘》　于 1960 年创刊，中国科技情报研究所重庆分所编辑出版，每年 6 期。早期只登原苏联的化学文摘分析化学部分的中译文摘，1964 年以后增加自编文摘，1966 年 9 月停刊，1973 年 1 月复刊。内容包括一般问题、有机与无机分析及应用分析。文摘条文主要是外刊翻译来的，自编内容仅占小部分，故时差达 1~2 年。它仅有主题索引。

（3）《分析仪器文摘》　于 1969 年创刊，由北京分析仪器研究所编辑出版，季刊，内容涉及国内外分析仪器发展趋势和动态，分析仪器的原理、制造与调校技术，分析仪器在各学科和行业的应用，以及新产品、新工艺、新材料和新技术在分析仪器中的应用等。

（4）《中国无机分析化学文摘》　于 1984 年创刊，冶金工业出版社编辑出版，内容包括一般问题、质（重）量分析与容量分析、光度法、电化学分析、光谱分析、色谱分析、物相。

（5）分析化学分支学科的文摘（期刊式检索工具）如下。

a.《Electroanalytical Abstracts》（电分析文摘）　于 1963 年创刊，双月刊，英文，由意大利 Laboratorio di Polarografia ed Electrochimica Preparatiya del Consiglis Nazionale delle Ricerche Pavoda 编，Birklauser Verlag，Basel 出版。文摘按类编排，出年度主题和作者索引。

b.《Gas Chromatography Literature Abstracts and Index》（气相色谱文献文摘及索引）　于 1968 年创刊，每年 12 期，英文，由美国 Preston Technical Abstract Company 编辑出版。文摘按自编分类体系排列，有 60 多个类号，每期文摘前有主题索引。

c.《Liquid Chromatography Literature Abstracts》（液相色谱文献文摘）　于 1971 年创刊，每年 6 期，英文，由美国 Preston Technical Abstract Company 编辑出版。

d.《Thermal Analysis Abstracts》（热分析文摘）　于 1972 年创刊，每年 6 期，英文，由 Heydon and Son 编辑出版。

e. 英国 Science and Technology Agency 是以编辑出版小型文摘而著称的公司，下面列出由该公司 1970 年以后出版的期刊式检索工具的名称。

《Thin-Layer Chromatography Abstracts》（薄层色谱文摘）。

《Ray Fluorescence Spectrometry Abstracts》（X 射线荧光光谱文摘）。

《Nuclear Magnetic Resonance Spectrometry Abstracts》（核磁共振波谱文摘）。

《Laseo-Raman and Infrared Spectrometry Abstracts》（激光-拉曼及红外光谱文摘）。

《Liquid chromatography Abstracts》（液相色谱文摘）。

《Neutron Activation Analysis Abstracts》（中子活化分析文摘）。

《Infrared Spectroscopy Abstracts》（红外光谱学文摘）。

《Gas Chromatography-Mass Spectrometry Abstracts》（气相色谱-质谱文摘）。

《Atomic Absorption and Flame Emission Spectrometry Abstract》（原子吸收与火焰发射光谱文摘）。

《Atomic Absorption and Emission Spectrometry Abstracts》（原子吸收与发射光谱文摘）。

《X-Ray Diffraction Abstracts》（X射线衍射文摘）。

《Electron Spin Resonance Spectroscopy Abstracts》（顺磁共振波谱文摘）。

《Electron Microscopy Abstracts》（电子显微技术文摘）。

《Mössbauer Spectrometry Abstracts》（穆斯堡尔波谱学文摘）。

f. 附录或检索工具举例：《Journal of Chromatography》（国际色谱杂志）1958年开始，由Elsevier出版社出版。它实际上是国际理论与应用色谱文献题录，包括液相、气相、平面和电泳四大色谱类型。1986年以后，改为每年6期组成一卷。此目录附有主题与化合物类别索引。

3. 追踪最新动态的检索工具

大型的检索工具由于时间落后于期刊3~5个月，为了尽快了解最新的科技发展动态，还出现了所谓警报服务（Alerming Service）性检索工具。这类检查工具主要向读者提供最新动态，虽然信息较粗糙，但时间仅落后于期刊几星期之内。最重要的有以下3种。

① 《Chemical Titles》（化学题录）。

② 《Current Contents：Physical and Chemical Science》（物理与化学当今目录）。

③ 《Current Abstracts of Chemistry and Index Chemicus（CAC & IC）》（当今化学文摘与索引）

4. 专利文献检索工具

世界性的专利文献检索工具有以下两种。

① 《World Patents Index》（世界专利索引，简称WPI），1974年创刊，由英国Derwent服务社编辑出版。

② 《Central Patents Index》（中央专利索引，简称CPI），1963年创刊，也由英国Derwent服务社编辑出版。

各国还有自己的专利文献检索工具如：《Official Cazette》（美国专利公报）1872年创刊，月刊。还有日本、德国及英国的专利文摘等。

《专利文献通报》是中国专利局统一规划，全国各省市23个单位共同协作编辑出版的中文专利检索刊物，1985年创刊。它将国际专利分类表中118个大类的技术内容编成45个分册，以文摘和题录混编形式报道国内收藏的美国、英国、日本、前苏联、德国、法国等国家以及欧洲专利组织、国际专利组织的专利文献，1986年起增加中国专利文献。45个分册中有41个为双月刊，1个为半月刊，3个为年刊，全年出版250期，年报道量达40多万件。

中国专利检索工具还有《发明专利公报》、《实用型专利公报》和《外观设计专利公报》3种，并与相应专利说明同时出版。公报每期附有"国际专利分类号索引"、"专利号码索引"和"申请人索引"，每年出版"年度累积索引"。

四、化学与分析化学参考书

参考书在这里指百科全书（Encyclopedia）、专著全书（Treatise）、丛书（Series of Monographs）和手册大全（Handbook）等。参考书是三级文献，可为读者提供某一学科或某一学科领域的较全面、系统的基本知识、理论、技术和方法等。

1. 百科全书

这里介绍几本重要的化学、化工百科全书。

① R. E. Kirt and D. F. Othmer's，《Encyclopedia of Chemical Technology》（化工百科全书）是美国John Wiley & Sons出版的化工百科全书，反映美国1945年以后的化学业的情况。第3版在1978~1981年间完成。由于化学是化工的基础，在此全书中有许多化学的条目，在第4版扩充分析化学部分，有一个大条目名称Analytical Methods，在本书的第4版的第一卷中。目前本全书共有27卷，并有网络版。

② 《Ullmann's, Ecyclopedia der Technischen Chemie》（乌尔曼化工百科全书）是最早的一套百科全书，1914年起，由德国化学出版社出版，第4版（1972~1984年）共25卷，1984年起由原德文版改英文，《Ullmann's Encyclopedia of Industrial Chemistry》出第5版。此书也有单独一卷涉及分析方法，其篇幅比前书超出一倍左右。

③ Snell F. D. , Hilton C. L, Ettre L. S. ，《Encyclopedia of Industrial Chemical Analysis》（工业

化学分析百科全书）。由 Wiley-Interscience 于 1966～1974 年间出版，共 20 卷。这是一本分析化学百科全书，内容很详细。

2．全书、丛书与大全

（1）Kolthoff I. M, Elving P. J，《Treatise on Analytical Chemistry》（分析化学全书）第 1 版，1959～1977 年；第 2 版，1978 年～，Wiley-Interscience 出版社出版。这是分析化学各领域的全面、系统且较为深入的全书，由有关专家分头执笔撰写，在材料的选择方面各有特色。全书分三部分，第一部分为"理论与实践"，第二部分为"化学元素和有机化合物的分析"，第三部分为"工业中的分析化学"。每部分分成若干大类（Section），每类又分为若干章（Chapter），每章自成体系。第 2 版的第一部分已出版，第二、三部分还未出版。本书是很有参考价值的分析化学大型参考书。

（2）Wilson and wilson，《Comprohensive Analytical Chemity》（分析化学全书），1968 年～，由荷兰 Elsevier 出版社出版，执笔者是西欧各国的分析化学家，目前已接近完成。全书的内容反映20 世纪 80 年代分析化学的发展水平。本书共 20 卷，每卷分 4 册，内容覆盖 Kolthoff 全书的第一部分，且较新颖。

（3）高小霞主编，《分析化学丛书》，科学出版社 1986 年开始出版，共六卷 29 册，这是我国分析化学界编写的第一套分析化学丛书。

（4）Elving J. P. 主编，《Chemical Analgsis：A Series of Monographs on Analytical Chemistry：and Its Application》（分析化学：分析化学及其应用的专著丛书），John Wiley & Sons 出版社（美国）。

（5）《Pergamon Series in Analytical Chemistry》（培格曼分析化学丛书），Pergamon 出版社出版（英国）。

（6）David Hercules 主编，《Modoro Analytical Chemistry》（现代分析化学），Plenum 出版社（美国）。

（7）Chalmers R. A 主编，《Series in Analytical Chemistry》（分析化学丛书），John Wiley 出版社出版（美国）。

（8）《Chromatographic Science Series》（色谱科学丛书），Marcel Dekker 出版社出版（美国）。

（9）Fresenius W. and Jander G. 主编，《Handbook der Analytischen Chemie》（分析化学大全）Verlag Chemie OHG 出版，1948～1950 年。这是唯一的一套分析化学大全，但内容较陈旧。

（10）《Gmelin's Handbook der Anorganischen Chemie》（格梅林无机化学大全），第 1 版由 Leopold Gemlin 主编（1817～1819 年），第 4 版有英译本（1848～1866），第 6 版起（1871～1886 年）改为现在的书名，并由 Karl Kraut 主编。本书分析化学部分，在每种元素的卷中都包括元素分离、检出和测定三方面内容，这些内容加在一起，实际上是无机分析大全。

五、化学与分析化学工具书

1．手册类工具书

（1）Weast R. C. 主编，《CRC Handbook of Chemistry and Physies》（化学橡胶公司化学与物理手册），由美国化学橡胶公司（CRC）出版。它创始于 1913 年，每 4 年累积增订并再版一次，只第一次世界大战和第二次世界大战期间停止过几年，至 2008 年已出版了第 88 版。它是化学和物理手册中最著名的一种。目前还有 CD-ROM 版，可在互联网上搜索。

（2）《Handbook of Analytical Chemistry》（分析化学手册），Pradyot Patnaik 编著，2004 年发行第 2 版。

（3）朱良漪主编，《分析仪器手册》，化学工业出版社，1997 年出版。

（4）刘光启、马连湘、刘杰主编，《化学化工物理数据手册》，化学工业出版社，2002 年出版。

（5）张铁醒主编，《化验工作实用手册》，化学工业出版社 2003 年出版。

（6）张寒琦主编，《实用化学手册》，科学出版社 2001 年出版。

（7）《Handbook of Analytical Chemistry》（分析化学手册），Meies L. 主编，McGraw Hill 公司出版，1963 年第 1 版。本书是分析化学的第一本手册，2004 年，出版第 2 版。

（8）Steere N V 主编，《CRC Handbook of Laboratory Safety》（CRC 实验室安全手册），1971年 CRC Press 出版（第 2 版）。

（9）Bretherick 主编，《Handbook of Reactive Chemical Hazards》（反应性化学危险品手册），英国 Butterworths 出版社 1985 年出版。这是一本较新的介绍化学危险品的性质与安全保护知识的手册，很有参考价值。

（10）张铁桓主编，《化验员手册》（第 2 版），中国电子出版社 1996 年出版。

（11）简明化学试剂手册编写组编，《简明化学试剂手册》，上海科技出版社，1989 年出版。

（12）日本分析化学会主编，《分析化学数据手册》，罗明窗、陆恩泽译，地质出版社 1982 年出版。

（13）漆德瑶等编著，《理化分析数据处理手册》，中国计量出版社 1990 年出版。

（14）（美）杜克斯著，《分析化学实验室质量保证手册》，徐立强等译校，上海翻译出版公司 1988 年出版。

（15）傅献彩主编，《实用化学便览》，南京大学出版社 1989 年出版。

（16）程能林编著，《溶剂手册》，化学工业出版社 1994 年出版。

（17）韩广旬等编，《有机制备化学手册（上、下）》，化学工业出版社 1980 年出版。

（18）俞志明主编，《化学危险品实用手册》，化学工业出版社 1992 年出版。

（19）《分析化学手册》，杭州大学化学系分析化学教研室、成都科技大学化学系现代分析教研组和中国医学科学院药物研究所合编，化学工业出版社出版 1979～1989 年间出版第 1 版，共 5 个分册。它是国内内容较全面的、篇幅最大的一套分析化学手册．1997～2000 年间，修订增补，出版第 2 版，共分 9 分册。再版时，多数分册都是编著个人署名。

（20）夏玉宇主编，《化学实验室手册》第一版、第二版，化学工业出版社，2003 年、2008 年出版。

2. 光谱图谱集、数据表和物理常数表

化合物的物理常数、化学热力学常数、结晶化学常数、相图、光谱图和质谱图等都是分析化学工作者参考的资料。这里列出一些重要的综合性、专业性的图谱和数据表集。

（1）《光谱线波长表》，冶金部科技情报产品标准研究所编译，中国工业出版社，1971 年出版。

（2）伏契克编，《无机去极剂半波电位表》，章咏华等译，科学出版社 1961 年出版。

（3）《Sadtler Reference Spectra Collection》（萨德勒标准光谱集），美国 Sadtler Research Laboratory 收集编辑出版。这是一套连续出版的大型综合性光谱图谱方面的最大谱集，包括紫外、可见、红外等光谱标准谱图。目前可以通过网站搜索（http：//www.salter.com）。

（4）Crassell J G. Ritchey W M. 主编，《CRC Atlas of Spectral Data and Physical Contants for Organic Compounds》（有机化合物光谱数据与物理常数图表集），CRC 出版社 1975 年出第 2 版。本书名为图谱集，但只有数据表，这是一本有机化合物鉴定的宝贵工具书。

（5）Frankcel M.，Patai S. 主编，《Tables for Identification of Organic Compounds》（有机化合物鉴定用表），CRC 1964 年出第 2 版。

（6）《American Petroleum Institute Project-44》（简称 API-44，美国石油学会项目 44 号），包括红外、紫外、质子核子、质谱和拉曼光谱 5 种图谱的汇编，1977 年由 Texas A & M 大学出版社出版。

（7）Phillips J P，Feue H，Thyagarujan R S 编，《Organic Electronic Spectral Data》（有机电子光谱数据），John Wiley and Sons 出版，1946～1975 年共出版 20 卷。该书共收录 30 万种化合物紫外光谱数据，卷末有数据来源索引，但没有积累索引。

（8）Pouchert C J. 编，《The Aldrich Library of Infrared Spectra》（艾德里希红外谱库），Aldrich Chemical Co. 1981 年出版第 3 版。全卷汇集 12000 余张各种有机化合物的红外光谱图，并附有分子式索引。

（9）Pauchort C J. 编，《The Aldrich Library of NMR Spectra》（艾德里希核磁共振谱库），Aldrich Chemical Co. 1983 年出版第 2 版，该书汇编了以 60MHz 仪器摄取的 8500 余张 NMR 谱图。

（10）Beitmaier E，Haar G，Voelte W 编，《Atlas of Carbon-13 NMR Data》（碳-13 核磁共振图表集），2 卷，（英）Heyden1979 年出版，该书共收 3017 种化合物的 C-13NMR 谱图。

（11）Imperial Chemical Industries Ltd. 和 Mass Spectrometry Data Center 合编，《Eight Peak

Index of Mass Spectra》（质谱八峰索引），Mass Spectrornetry Data center 1983 年出第 3 版。该书三卷共七册，拥有 66720 多种化合物的质谱数据，这是质谱鉴定的重要工具书。

（12）Stenhagen E，Abrahamsson S，Mclafferty F. W 编，《Registry of Mass Spectral Data》（质谱数据登记），John Wiley and Sons1974 年出版。共 4 册，包括 18806 张质谱图。

（13）Heller SR，Milne GWA 编，《EPA/NIH Mass Spectral Data Base》，（美国环保局/美国国立卫生研究所，质谱数据库），美国政府出版局 1978 年出版，收集 2556 张质谱图，1980 年补编入 8807 张质谱图，附有名称、CA 登录号和分子式三种索引。

（14）Covnu A，Massor R 主编，《Compilation of Mass Spectral Data》（质谱数据汇编），（英）Helyden1975 年出版，含约 1 万种化合物的质谱数据。

（15）John Wiley and Sons Inc. 主编，《Registry of Mass Spectral Daata》（Voluume 1～9），wiley-Interscience Publication1988 年出版。

（16）Lenga R. E 主编，《The Sigma-Aldrich Library of Chemical Safety Data》（西格玛-艾德里希化学品安全数据库），Sigma-Aldrich1988 年出版第 2 版。本书提供 14500 种化合物的安全处理参考文献。

（17）Kortum G，Vogel W，Andrussow K 编，《Dissociation Constants of Organic Acid in Aqueous Solutions》（有机酸在水溶液中的离解常数），London Butterworths 1961 年出版。

（18）Parrin DD 编，《Dissociation Constants of Organic Base in Aqueous Solutions》（有机碱在水溶液中的离解常数），London Butterworths 出版社 1965 年出版。

六、化合物词典

化学合词典这里列出 5 部。

（1）Heilbron 主编，《Dictiooary of Organic Compounds》（简称 DOC，有机化合物词典），Chapman and Hall 出版，1982 年出版第 5 版。正文 5 卷，索引 2 卷，以后每年出版补篇。本书第 3 版有中译本。

（2）《汉译海氏有机化合物辞典（I-W）》，中国科学院自然科学名词编订室编，科学出版社 1965 年出版。

（3）《The Merck Index-An Encyclopedia of Chemcals and Drugs》（默克索引——化学试剂与药物百科全书），Merck 公司 1983 年出版第 10 版。本书并非一般索引，而是一本小型百科全书。

（4）黄荣茂等编译，《化学化工百科辞典》，世界图书出版公司北京分公司 1992 年出版。

（5）顾翼东主编，《化学辞典》，上海辞书出版社 1989 年出版。

七、试剂目录和购物指南

实际上化学工作者对于产品目录和购物指南都很重视，它不仅可供购物和订货参考，而且往往也有不少化学和化工方面的新信息，因此，它是很重要的文献形式之一。以下列出一些试剂目录和购物指南。

（1）北京化学试剂公司编，《化学试剂目录手册》，北京工业大学出版社 1993 年出版。

（2）《化学试剂目录》，上海试剂总厂，1987 年出版。

（3）中国医药公司上海化学试剂采购供应站编，《试剂手册》，上海科学技术出版社 1984 年出版。

（4）《Aldrich Catalog Handbook of Fine Chemical》（艾德里希精细化学品目录），美国 Aldrich Chemical Co. Inc. 出版（地址：940 Saint Paul Avenue，Milwamkee，Wisconsin，53233，U. S. A）。

（5）《Sigma Biochemical and Organic Compounds for Research and Diagnostic Clinical Reagents》（西格玛研究与临床诊断用生化及有机试剂），美国 Sigma Chemical Co.（地址：P. O. Box：14508，St. Louis MO 63178，U. S. A.）1988 年出版。

（6）《Fhcka Chemie AG》，CH-9470 Buchs Switzerland 1988 年出版。

（7）《International Laboratory，Asian/Australian Edition Buyer's Guide Edition》（国际实验室，亚洲/澳洲版，用户指南版），1988～，每年 6 期，每年 12 月出用户指南（地址：International Laboratory，Inquiry Processing Service，I. S. C. Honse，37～43，Woodside Road Amersham，Bucks HP6 6AA，England.）。

第四节　标准文献及其检索

一、标准文献概述

标准文献是指由技术标准、工作标准、管理标准及其他具有标准性质的文件所组成的一种特定形式的科技文献体系。通常所说的标准，就是指技术标准。所谓技术标准，是人们在从事科学实验、工程设计、生产建设等中对产品和工程建设质量、规格、检验方法等方面所做的统一规定，以供人们共同遵守和使用。它是生产技术活动中经常利用的一种范性技术文献。

1. **标准文献的分类**

(1) **按使用范围分类**

① 国际标准　国际标准化组织（ISO）、国际电工委员会（IEC）、世界卫生组织（WHO）、联合国粮农组织（FAO）等国际机构所制定的标准。其中最有权威、应用最广的国际标准是 ISO 和 IEC。这类标准适用于参加国际组织的各成员国。

② 区域标准　世界某一区域标准化团体通过的标准为区域标准。如欧洲计算机制造商协会（ECMA）标准。这类标准适用于世界某一地区的某些行业。

③ 国家标准　由全国性标准组织制定，必须在全国范围内统一的标准为国家标准。如中国国家标准（GB）；美国国家标准（ANSI）；日本标准（JIS）。

④ 行业标准　对没有国家标准而又需在全国某个行业范围内统一的技术要求所制定的标准。如中国化工标准（HG）；中国国家军用标准（GJB）。

⑤ 地方标准　省（直辖市、自治区）级标准化部门，依据某地区的特殊情况制定的在该地区范围内统一的标准，为地方标准。目前地方标准很少，绝大部分都下放给企业。

⑥ 企业标准　指由企业制定的标准。一般在国家标准和行业标准尚未颁布或企业为了提高产品质量制定的比国家标准要求更高的"内控标准"。

(2) **按内容分类**

① 基础标准　如有关术语、词汇、符号、代号、命名、单位、标准直径、产品分类和各种参数等方面的标准。

② 产品标准　如有关产品的形状、尺寸、材料、质量、性能、要求和分类等方面的标准。

③ 方法标准　如有关产品试验、检验、分析和测定等方面以及技术条件之类的标准。

(3) **按强制性与推荐性分类**

① 强制性标准　国家要求必须强制执行的标准，即标准所规定的内容必须执行，不允许以任何理由或方式加以违反、变更。对于违反了强制性标准的行为，国家将依法追究当事人的法律责任。

② 推荐性标准　它是国家鼓励自愿采用的、具有指导作用而又不宜强制执行的标准。

2. **标准文献的特征及利用**

标准文献与其他各种文献相比有如下特性。

(1) **统一的产生过程和编排格式**　标准文献的产生不是自发的而是自觉的过程。它是按照既定的标准化计划和编排任务书有组织、有步骤地完成的标准化科研成果。标准文献通常是将科研、设计、研制工作的成果加以浓缩、提炼形成的文件。为了便于编导、审查、使用，各国标准化机构对其出版的标准文献都有一定的格式要求。一般由著录部分、引言部分、标准正文和附录部分组成。

(2) **约束性**　标准文献在一定条件下具有法律性质，这是同其他许多种类文献的最大区别所在。在我国，各级标准在规定范围内具有约束力，特别是强制性标准是技术上的法律，有关单位必须贯彻执行。

(3) **明确的应用范围和用途**　标准文献是供国民经济各部门使用的技术文件。任何一种标准，首先必须明确规定其适用范围、用途、对象以及有效期限。

(4) **时效性**　标准是以科学、技术和先进经验的成果为基础编制的。随着科学技术的发展和时间的推移，新的技术和产品层出不穷，必然会对现行标准产生巨大的影响。因此，要对标准进行修改、补充和废除，更新换代，以尽量适应科学技术的发展。为了保证标准的时效性，许多国家都对标准的使用期限以及复审周期作了严格的规定。在我国，规定每隔 3～5 年复审一次，当一种标准有新的版本出现时，必须依照其规定时限执行。

（5）可靠性　标准文献是集体劳动的结晶，其内容是经过严格的科学论证，精确的科学计算，并以现代科学的综合成果和先进经验为基础获得的。因此，它在科学上是可信的，技术上是可行的，经济上是合理的。

由上可见，标准文献是一种重要的科技资源，因此具有较高的利用价值。一个国家的标准文献，反映该国的经济政策、技术政策、生产水平、加工工艺水平、标准化水平、自然条件、资源情况等内容，对于全面了解该国的工业发展情况是一种重要的参考资料。某些国外的标准对于我国研制新产品，改造老产品，改进技术操作水平，可起到借鉴的作用；进口设备可按标准资料进行装配和维修，有些零部件可按其技术标准的形状、尺寸、误差、材料等配制；标准中的术语、词汇、定义也是翻译工作和字典编辑工作的参考资料；外贸方面的检验工作也是以技术标准为依据的。因此标准文件有着非常重要的不可代替的作用。

标准文献的最大优点是对标准化对象的详尽、情报资料的无比完整性和可靠性，是一般期刊论文、专利及其他文献所不能比拟的。技术标准及其他标准性质文件中所包括的技术情报，适于直接应用。

然而，标准文献也有其不足之处，它的技术新颖性和及时性逊于专利等文献。一般而言，从标准化水平与科技发展的相互关系看，技术标准是一种新科技或新产品发展到一定阶段的产物，标准本身的科技水平大多数以标准化对象的技术发展水为上限。因此，标准的水平不可能超越制定标准时的科技发展水平，而且为了保持相对稳足性，它所反映的只能是当时所达到的技术水平。

二、中国技术标准文献

1988 年 12 月，我国发布了《中华人民共和国标准化法》，从 1989 年 4 月 1 日起实施。把标准分为四级：国家标准、行业标准、地方标准和企业标准。国家标准是最高级别标准，其他级别标准必须是在没有国家标准的情况下才能制定。一旦发布了国家标准，相应的下级标准自行废止。应指出的是标准的级别并不代表水平的高低，一些高要求的产品质量标准往往存在于企业标准之中。

1. 标准的代号和编号

在《中华人民共和国标准化法》颁布后，国家技术监督局发布了国家标准、行业标准和地方标准等几个管理办法，其中重申或重新规定了标准的编号方法。

（1）各级标准的代号

① 国家标准的代号，用"国标"两个汉语拼音的第一个字母"G"和"B"结合而成，以"GB"表示强制性国家标准，以"GB/T"表示推荐性国家标准。

② 行业标准代号，以行业名称前两个字的汉语拼音头一个字母组成，如化工行业的标准代号为"HG"。

③ 地方标准的代号由汉语拼音字母"DB"，加上省、自治区、直辖市行政区域代码前两位数，再加斜线组成强制性地方标准代号；再加"T"则组成推荐性地方标准代号。例如山西省强制性地方标准代号和省推荐性地方标准代号：DB14/和 DB14/T。

④ 企业标准的代号由汉语拼音字母"Q"加斜线和企业代号组成。企业代号由上级主管部规定，可用汉语拼音字母或阿拉伯数字或两者兼用组成。在"Q"和斜线"/"之间可加上带圆括号的归口行业代号。

（2）标准的编号　标准编号是由"标准代号＋顺序号＋年代号"组成。

2. 中国标准文献分类法

中国的标准文献采用专用分类法，即《中国标准文献分类法》（简称《中标法》，CCS）。《中标法》，以专业划分为主，适当地结合学科分类。其类目结构采用二级编列形式。一级类目以专业为主，共划分为 24 个大类，以字母标记。二级类目，采取非严格等级制的分类方法，以便充分利用类号和保持各类文献量的相对平衡，二级类目用阿拉伯数字标记。分类法的分类体系原则上由二级组成，分类号以拉丁字母和阿拉伯数字相结合的等长码形式表示。

3. 标准文献及检索工具

(1) 标准文献

①《中国国家标准汇编》　"汇编"由中国标准出版社编辑部编，是一部大型综合性国家标准全集。此书收集公开发行的全部现行国家标准，从 1983 年起，分若干册陆续出版。"汇编"按国家标准号顺序编排，凡遇到顺序号短缺，除特殊注明外，均为作废标准号或空号。由于标准的动态性，每年有相当数量的国家标准被修订，这些国家标准的修订信息无法在已出版的《中国国家标准汇编》中得到反映。为此，自 1995 年起，新增出版被修订的国家标准的汇编本。每年的修订汇编本，视篇幅分设若干册，但不占总的分册号，仅在封面和书脊上说明"×××年修订-1，-2，-3，…"等字样，作为对《中国国家标准汇编》的补充。修订的国家标准汇编本的各分册中的标准，其标准号仍使用旧号，只是变更了年代号，其排列也按顺序号由小到大排列（不连续）；如有遗漏的，均在当年最后一分册中补齐。

②《中国国家标准分类汇编》　该汇编也是中国标准出版社编辑出版的一个大型国家标准全集，1993 年开始陆续按专业类别分卷出版，共 15 卷。一级类设为卷（按《中国标准文献分类法》分类，有些一级类合并为一卷出版），二级类按类号编成若干分册，按标准顺序号排列。其中化工（G 卷）包括了化学工业现行国家标准。

③《中华人民共和国强制性国家标准》　该标准由国家质量技术监督局编制，正文部分按 CCS 编排，正文后附有标准顺序号索引。

④《化学工业标准汇编》　该汇编按专业类别由中国标准出版社分册出版，每册汇集有关的国家标行业标准等。

(2) 标准检索工具　《中华人民共和国国家标准目录及信息总汇》，由国家质量技术监督局编，中国标准出版社每年出版一次。该书是查找国家标准的主要检索工具之一。自 1999 年版起，每年上半年出版新版，载入截至上一年度批准发布的全部现行国家标准信息，同时补充载入国家标准清理、整顿、复审、补充、修改和更正等相关信息。

本目录正文部分按《中国标准文献分类法（CCS）》以题录的形式编排。在每条题录中列出了该标准的中标类号、标准编号、标准名称、采用情况及代替标准。在本书目录中，列出了 CCS 大类的代号（字母）及所在正文页码；在正文中的每大类前，设页列出该大类的二级类目分类号及类名；在正文部分后附有：①被废止的国家标准目录；②国家标准修改、更正、勘误通知信息；③国家标准顺序号索引。该目录可以从分类和标准号，两种途径查找国家标准。

4. 其他标准出版物

(1)《中国标准化年鉴》　从 1985 年起，国家质量技术监督局编辑和出版的《中国标准化年鉴(CSBS Year-Book)》，起到向国内外有关方面宣传标准化的意义和作用，介绍新中国成立以来标准化的基本情况和主要成就，年鉴的最后部分，分别按分类和标准号公布当年发布的国家标准。

(2)《中国标准化》　《中国标准化》是期刊，月刊，中国标准出版社编辑出版，原名《标准化通讯》，1984 年起改为现名。凡是新制订或新修订的国家标准在此刊后面都有报道，借助它可查阅最近颁布的国家标准。

(3)《标准新书目》　《标准新书目》是月刊，中国标准出版社出版。此书目可查阅国内新出版的标准。

三、国际标准

1. ISO 简介

国际标准化组织（International Organization for Standardization，ISO）成立于 1947 年 2 月，是世界上最大的国际标准化专门机构。它的主要任务是制定和颁发 ISO 标准，协调国际性的标准化工作。我国于 1978 年 9 月以中国标准化协会（CAS）名义正式加入了 ISO。ISO 下设 178 个技术委员会（TC）、639 个分技术委员会（SC）和 1430 个工作组（简称 WG）。这些机构负责包括制订标准在内的一切国际标准化工作。ISO 标准一般必须经 ISO 全体成员国协商、表决后才正式生效。

2. ISO 标准

ISO 标准只包括机械、化学化工、金属和农业等学科领域，不包括电子、电气等学科领域。后者的"电工标准"由国际电工委员会（IEC）专门负责。其中化工领域的标准约占 30%。国际标准化组织颁布的标准都有"ISO"为标准代号，其编号结构是"标准代号＋序号＋年份"。

ISO 标准的版本的文件使用英文和法文。ISO 的所有标准每隔 5 年将重新审订，因此在使用时要用最新的标准版本。

3. ISO 标准的检索工具

ISO 标准的主要检索工具是《ISO Catalogue》（国际标准化组织标准目录，或称为 ISO 标准目录）。它是英、法文对照版，每年出版一次，每季度出版一次补充目录。

1988 年以前，《ISO 标准目录》正文以 TC（国际标准专业技术委员会）分类排列，在各 TC 类号下再按标准号大小顺序排列。

1988 年版的《ISO 标准目录》，开始采用全新的分类体系，类目基本上按十进分类号的顺序排列，共 39 大类（一级类目），每一大类设若干小类（二级类目）。一、二级类目分别用 3 位和 4 位阿拉伯数字标记。39 个大类，均同时加注对应的国际十进制分类号（UDC 分类号）。

该目录后附有两个索引。

①《UDC/TC Index》（国际十进分类号与技术委员会类号对照索引） 该索引用于从国际十进分类号查找技术委员会类号，以便用分类途径检索。

②《Subject Index》（主题索引） 该索引以主题词的字母顺序编排，列出该主题所在的标准号，以便从主题途径检索。

4. ISO 标准的检索方法

《ISO Catalogue》（ISO 标准目录）的主要检索方法有 3 种。

（1）按 TC 的分类号检索 1988 年以前，用此途径检索要了解 ISO 技术委员会的体系，才能比较有效地找到所需的类目。例如要查找化学方面的标准文献，就可查 TC47；1988 年以后，按全新的分类体系（39 大类）进行检索，例如要查找有机化学方面的标准文献，就可查分类号 110。

（2）按国际十进分类号（UDC）检索 利用《UDC/TC Index》，找到相应的 TC 类号，然后再按 TC 类号，逐号查找所需的标准。

（3）按主题方法检索 可根据所需标准的主题概念，利用 Subject Index，就能查到有关的标准文件。

第五节 互联网上的化学化工信息资源与搜索

一、互联网上的化学化工信息资源

国际互联网的发展和商业化给化学化工工作者搜索和发表化学化工信息带来极大的方便。随着网络化的化学资源的迅速增长，在网络上搜索化学化工信息成为与利用图书馆、手工查阅文献资料同等重要的文献调研基本技能。

1. 互联网的基本服务功能

互联网的基本服务功能是电子邮件（E-mail）、远程登录（Telnet）和文件传输（FTP）。随着网络技术的发展，它的服务功能越来越强劲，服务项目也越来越多。目前人们最常用到的互联网的功能与项目：电子邮件、文件传输、万维网（World Wide Web）、远程登录、电子公告栏（BBS）、Gopher 查询、邮件列表（Mailing List）、网络专题讨论（Usenet News）和广域信息服务（Wais）等重要的途径。互联网已经成为化学化工工作者获取或发表化学化工信息的重要途径。虽然，互联网的出现并没有改变传统的主动获取信息的方式，但它使得搜索对象超越了地域的限制，从而扩大了搜索对象的范围，并且获得信息更加及时。以前只能访问身边的专家、教授，或查找本地图书馆的资料，现在从网络上，访问对象扩大到世界各地的专家、教授、网站和入网的各国的图书馆、高校和科研单位以及政府部门等。

2. 互联网上的化学化工信息资源

互联网上的化学化工信息资源主要有：化学化工信息数据库、化学化工专利库、网络化学化工期刊、网络会议、网络教育、化学化工应用软件、讨论组和邮件列表等。可以从互联网上查询化学化工文献、数据、图表、化学试剂、化工原料、设备与仪器、应用计算机软件、学术会议消息、有关政策、人才招聘和教育等方面的信息。

二、互联网上的搜索引擎和专业站点

如同到图书馆检索化学化工文献一样，在互联网上查找化学化工文献资料也需要搜索工具。这种搜索工具主要有两大类：互联网通用资源搜索引擎（Search Engine），如 Google（谷歌）、百度和 Yahoo（雅虎）等；互联网的化学化工专业站点，如 CAS 网站（American Chemistry Society 美国化学会网站）和 ChIN（Chinese Information Network，中国知网）网站等，两类搜索工具各有优势与不足。前者的优势在于信息更新及时，又是专业站点的信息搜索资源之一，但其弱点是所索引的信息面宽广，面向大众的信息居多，专业信息较少，涉及的专业信息也较粗浅。因此，用户在搜索中常遇到检索结果中包含有兴趣的信息不多的问题。后者是采用人工和网络技术相结合的方法对网络上的化学化工信息按不同的主题进行系统的收集、分类和编制索引，并建立专业数据库的网站。因此，其优势在于专业性强，但其时效性较差。用户在使用两类搜索工具时应该利用其各自的优势，结合使用。

三、通用搜索引擎举例

1. Google（谷歌）

Google 是迄今全球最大的网上搜索引擎，它支持多达 132 种语言（包括简体中文和繁体中文），可访问超过 13 亿的 web 文件；Google 的中文搜索引擎是收集亚洲网站最多的搜索引擎之一。它的速度极快，有 8000 多台服务器和 200 多条 T3 级带宽。

Google 网页还有许多功能，如它的网页排序技术（Page-Rank），可以保证命中率高的搜索结果排列在所列结果的前面。Google 智能型的"手气不错"功能，提供可能最符合要求的网站。Google 的"网页缓存（Cached）"功能，当搜索内容站点或网页时可以提供互联网上已经删除的网页。Google 的"相似网页"功能，可提供与这一网页性质类似的网页及其他有类似资料的网站，帮助读者快速找到大量资料。

Google 有几种网页，其中一般搜索 Google 和学术搜索 Google 均有中文及英文的网页，对我国读者十分方便。Google 的中英文网站的网址如下①http：//www. google. com（英文）；②http：//www. google. cn（中文）。

Google 学术搜索，可快速搜索中文学术文献，如专家评审文献、论文、书籍、预印本、摘要和技术报告等，它在索引中涵盖了来自多方面的信息，其来源包括万方数据资源系统、维普资讯、主要大学的学术期刊、公开的学术期刊、中国大学的论文以及网上可以搜索到的各类文章。Google Scholar 同时提供了中文版界面，供中国用户更方便地搜索全球的学术科研信息。

2. 百度

百度有目前世界上最大的中文搜索引擎，总量超过 3 亿页以上，并且还在保持快速的增长。百度搜索引擎具有高准确性、高查全率、更新快以及服务稳定的特点，能够帮助广大用户快速地在浩如烟海的互联网信息中找到自己需要的信息。

在百度的首页中，对最常用的搜索频道作了超链接处理，其中包括新闻、网页、图片、知道等，但百度的搜索频道远远不止这些，通过首页中的超链接"更多"，将看到百度的非常具有特色的细分搜索频道清单，如 MP3、图片、常用搜索、贴巴、知道和百科等都是非常有特色的频道。百度百科是全球最大的开放式中文百科全书。百度百科也是一部全民撰写的百科全书。百科与百度贴巴、百度知道共同构筑了一个完整的知识搜索体系，成为网页搜索的有益补充，极大地提升用户的搜索体验。截至 2008 年 12 月，已收录词条近 150 万余条，涉及人物、文化、技术、历史、艺术、教育、地理、社会、生活、自然、科学和体育等方面。百度的网址是广大网民都知道的：http：//www. baidu. com。

3. Yahoo（雅虎）

Yahoo 搜索技术（YST—Yahoo! Search Technology）是一个涵盖全球 120 多亿网页（其中雅虎中国为 12 亿网页）的强大数据库，拥有数十项技术专利、精准的运算能力，支持 38 种语言，近

10000 台服务器，服务全球 50% 以上互联网用户的搜索求。雅虎是全球第一家提供互联网导航服务的网站，也是最为人熟悉及最有价值的互联网品牌之一，其网络每月为全球超过一亿八千万用户提供多元化的网上服务。

雅虎搜索是国际两大顶级网页搜索引擎之一，也是全球使用频率最高的搜索引擎之，它拥有全球第一的海量数据库。2004 年，阿里巴巴雅虎引入 YST 技术，并迅速成长为中国搜索市场的第二名。除了中文搜索之外，雅虎搜索凭借其遍布全球的网站渠道，也可以支持中国用户完成包括英文在内 38 种语言的搜索。雅虎搜索有中文和英文网页，其搜索结果有所差异。网址：中文网站—http：//cn. yahoo. com；英文网站—http：//search. yahoo. com。

四、化学化工网站举例

互联网上的站点若包括有对其他站点的连接列表，即被称为宏站点或称为互联网资源导航系统。宏站点的特点在于专业性强、主题明确、组织得当和可信度高等。对于化学化工用户来讲，化学化工宏站点是网络上信息查询的最重要工具。

1. ChIN——中国国家数字图书馆化学信息门户

ChIN（Chemical Information Network）是国内最好的化学化工站点。它是由中国科学院化学冶金研究所与联合国教科文组织（UNESCO）的合作项目建立的。它的界面很简单，开列出所收集的资源的类别。目前提供中、英文两种版本。化学数据库（Chemical Databases）和化学软件（Chemical Software）是 ChIN 的重点收集专题，内容较详细。其他专题有：化学会议信息（Meeting List in Chemistry）、化学类机构与团体信息（Chemical Organizations）、化学讨论组介绍（Introductions to Chemical Mailing List）、网络专利服务及信息（Patent Services and Information on Internet）和图书信息等。它的特点是为大多数所连接的互联网的化学化工资源建立简介网页（Summary Page）。它简要介绍资源的特点、资源原网址链接、相关信息链接、资源的新的进展等。ChIN 还内建网页全文检索系统，共有五个数据库：网页导航系统全文数据库、化学软件导航系统全文数据库、化学数据库导航系统全文数据库、化学专利导航系统全文数据库和化学电子杂志导航系统全文数据库。每个数据库都为用户提供三种检索方式：简单检索方式、布尔检索方式和高级检索方式。ChIN 的网址：http：//www. chinweb. com. cn。

2. 美国化学会网站

美国化学会（American Chemical Society，CAS）网站是化学领域最具权威的网站。它主要向美国化学会会员服务，但用户可以通过互联网申请该会的会员，每年交纳会费，即可以入网登录。CAS 作为美国化学会的下属机构化学文摘服务社，其主要数据库是众所周知的化学文摘数据库及其相关的信息资源，包括化学、化工、生物技术、生命科学和药学等各类信息，其中专利信息更为突出。CAS 网址：http：//www. cas. org。

CA 网络数据库的搜索可进入其网站（http：//info. cas. org）操作。该站的信息每天更新。用户进入其主页后，可选择 STN 或 STN Easy 开始 CA 网络版的搜索，STN 提供 3 种搜索方式。

（1）简单搜索 单击页面顶部的"Easy Search"按钮，在综合性的类目数据库框中输入检索式，单击"Easy Search"按钮。

（2）高级搜索 单击页面顶部的"Advanced Search"按钮，从页面的下拉菜单中选择数据库类型，在左边的框中选择搜索途径（如关键词、化学物名称或专利号等）输入检索词，单击"Browes Index"按钮，看输入的检索词是否包括在所选的数据库中，然后，单击选择运算符（and/or/not/near…），最后单击"Search"按钮进行搜索。

（3）CAS 号码搜索 输入要查的化学物名称或其 CAS 注册号，即可以搜索到这种物质的有关记录。

3. 中国知网

中国知网（China National Knowledge Infrastructure；简称 CNKI 工程），可提供用户同时对期刊、报纸、论文、会议论文等多个数据库进行文献检索，它收录的资源包括期刊、博士硕士论文、会议论文、报纸等学术与专业资料，覆盖理工学科、社会科学、电子信息、技术、农业和医学等广泛学科领域。下面列出目前用户可访问的主要数据库。

（1）中国优秀硕士论文全文数据库 1999 年至今，收录了 305 个机构 44 万篇硕士论文全文，机构包括中国科学院部分研究机构和高等院校。

(2) 中国博士论文全文数据库　1999 年至今，收录了 305 个机构 6 万篇博士论文全文，机构包括中国科学院部分研究机构和高等院校。

(3) 中国重要会议论文全文数据库　1999 年至今，收录我国 300 个一级学会、协会和其他同级别学术机构或团体所主持召开的国际性和全国性会议的会议论文全文。

(4) 中国重要报纸全文数据库　2000 年至今，收录国内公开发行的 430 多种重要报纸的全文，每年精选 120 万篇，目前已超过 698 万篇。

(5) 中国年鉴全文数据库　1999 年至今，收录国内公开发行的 750 多种年鉴全文，目前已超过 234 万篇。

(6) 中国学术期刊网络出版总库　1994 年至今，部分自创刊开始，收录国内出版的学术期刊 6642 种。

(7) 中国引文数据库　1979 年至今，收录了中国学术期刊（光盘版）电子杂志社出版的所有源数据库产品的参考文献，并揭示各种类型文献之间的相互引证关系。中国知网网址：http：//ww. cnki. net。

五、网络图书馆

互联网上的图书馆是获取图书、杂志资料的重要途径之一。读者只要得到某一图书馆的网址，就可以上网访问该图书馆，查找自己需要的资料。目前，国内外图书馆特别是大学学图书馆都已提供了公众访问的终端供使用，但有些图书馆需要图书卡和口令才能访问。以下扼要介绍国内外的几个著名的网络图出馆。

1. 中国国家图书馆（原北京图书馆）

这是国内入网最早的图书馆之一（http：//www. mlc. gov. cn），它是搜集、加工、存储、开发、交流和传播知识信息的综合性研究型图书馆，是国家总书库。现在其馆藏居亚洲首位，是世界第 5 大国家图书馆，它的网上服务内容丰富，项目很多。

2. 中国科学院文献情报中心（原中国科学院图书馆）（http：//www. las. ac. cn）

这是具有多种服务功能的综合性科技图书馆和自然科学情报中心，收藏各类文献 600 万余册（件）。其主页上包含有书目查询、图书馆分类、读者建议、建议定书、新书通告、读者记录查询、百科全书、English Vrsion 等选项。

3. 国家科技图书文献中心（http：//www. nstl. gov. cn）

这是一个虚拟式的科技信息资源机构，可免费查询该系统提供的二次文献检索服务。注册用户还可方便地要求系统以各种方式（电子邮件、传真、邮寄等）提供所需要的一次文献（收费）。

4. 美国国会图书馆（The Lihrary of Congres）（http：//www. loc. gov. ）

美国国会图书馆始建于 1800 年，随看 WWW 服务加入了"LC Marvel Gopher"，并与不少特殊站点相连接，其连接信息包括 LC Marvel Gopher 介绍、设施、出版物及服务、版权、美国国会、公开的政府信息、全球电子图书馆和国会图书馆 LOCIS 的在线系统及其他网络资源。还有查询 LC Marval Gopher 菜单的方法等。

5. 英国不列颠（大英）图书馆（The British Library）（http：//www. bl. uk）

不列颠图书馆是世界最大的图书馆之一，1993 年起建立数字图书馆，提供网络和数字化服务。它的网上信息服务主要方式是联机公共检索系统（Online Public Access Catalogue System，缩写 OPAC 系统），其主页上显示：Online Collections Exhibitions、Digital Lihrary Services 和 Infonnation Reading Rooms 等内容。

六、技术标准文献的网上检索

技术标准文献是建立数据库并上网较早的科技文献。在互联网上可搜索和下载的化学化工标准资料的站点非常多，以下介绍一些技术标准文献的服务网站。

1. 中国标准服务网（http：//www. cssn. net. cn）

中国标准服务网是世界标准服务网（简称 WSSN）（http：//www，wssn. net）在中国的分站，有丰富的标准信息资源。它含有中国国家标准、国际标准以及发达国家标准 15 种。由中国国家质量技术监督局标准化司提供，具有完整性和权威性并且更新及时，可以保证标准信息的时效性。它也提供文本复印、文本传真、电子文本传输和文本邮寄服务。在该服务网检索系统中，可以进行高级检索，也可以进行字段检索。系统提供多项检索字段，如标准号、标题、主题词、标准分类号、采用关系等。在所选中的字段中输入相应的具体内容就可进行检索。用户经过免费注册后可在线查询各类数据库的信息，得到标准号和标准名称。要得到标准全文，则需交费。

2. Thomson Reuters（托马斯路透社）（http：www. techstreet. com）

托马斯路透社是提供工业标准和技术图书的免费英文搜索网站，它拥有世界 500 多家出版商的工业标准和技术图书数据库，并可下载 10000 多项标准文献。

3. 中国标准化信息网（http：//www. china-cas. org）

网站传播我国标准化工作现状、企业采用标准、技术及产品等信息，是我国与国外进行标准化信息交流的重要渠道，免费提供标准的简介。

4. 中国标准化研究院网（http：//www. cnis. gov. cn）

网站由中国标准研究院主办。它提供国家标准目录查询，查询字段有类别、类号、标准编号、标准名称、采标情况和代替标准及提供国家强制性标准摘要查询（查询时需要输入完整的标准名称）。

5. 国家标准化管理委员会网（http：//www. sac. gov. cn）

网站提供了国家标准、ISO 标准、IEC 标准的免费查询，用户可以获得中国国家标准目录、中国国家建筑标准目录等有关标准的目录信息；了解标准化最新动态、新近批准及修改的标准公告信息、国家标准计划、标准项目进展情况等最新信息；同时可以较为全面地了解我国的标准化实施和管理情况，包括标准管理体制、制定程序等标准化有关知识，有关标准出版、发行、档案管理的国内外法律法规条款，有关标准化机构和专业标准委员会的基本情况和标准化大事等。

6. 国际标准化组织网（ISO 在线）（http：//www. iso. org/iso/home. htm）

ISO 在线网于 1995 年开通，其内容几乎覆盖了 ISO 的全部工作。它所设置的栏目主要有：ISO 简介、ISO 成立、ISO 技术工作和 ISO 目录等。进入 ISO 标准目录，可以检索所需的 ISO 标准。检索方法有：①关键词检索；②ISO 号检索；③ICS（国际标准分类号）检索；④技术委员会或分技术委员会分类检索。

7. 中国国家标准咨询服务网（http：//www. chinagb. org）

中国国家标准咨询服务网，提供中国国家标准、行业标准、地方标准及国际标准、外国标准的全方位咨询服务，包括标准信息的免费在线查询、标准有效性的确认、标准文献翻译等各种相关服务。进入检索界面后，输入要查询的信息后，点击"标准查询"按钮即可进行查寻。如果知道标准名称或是关键词，选择按标准名称查询，输入相关信息后点击"标准查询"按扭。如果知道标准编号，选择按标准编号查询。因网站支持模糊查询，输入的关键字越少，查询出的范围越广。

8. 中国标准出版社网（http：//www. bzcbs. com）

中国标准出版社是出版发行国家标准、行业标准、国际标准及有关标准化读物的专业出版机构，隶属于国家质量监督检验检疫总局，是中国唯一以出版标准文本为主导业务的出版机构。它原名称技术标准出版社，1983 年更名为中国标准出版社。

9. 中国标准咨询网（http：//www. chinastandard. tom. cn）

中国标准咨询网由中国技术监督情报协会、北京超星公司、北京中工技术开发公司合作建立。网站提供了国家标准、ISO 标准、IEC 标准、JIS 标准、DIN 标准、BS 标准、ASME 标准、AFNOR 标准、ASTM 标准、UL 标准等国内外标准数据库检索，同时提供国家技术监督局质量抽查信息、质量认证信息、技术监督法规等相关信息。此外，还提供标准全文服务。用户可以下载标准专用阅读器，在网上直接阅读全文；也可以通过邮寄或传真方式索取国内外标准全文。

七、专利文献的网上检索

专利文献是在网上免费传播最广的科技文献，一般通过各国专利局网站均可获得有关专利文献信息。下面介绍几个常用的专利信息网站。

1. 中华人民共和国国家知识产权局网（http：//www. sipo. gov. cn/sipo/）

中华人民共和国国家知识产权局网是国家知识产权局建垚的官方网站，该网站可提供 1985 年

9 月以来公布的全部中国专利信息，包括发明、实用新型和外观设计 3 种专利的著录项目及摘要，用户无需注册即能免费浏览、下载到各种说明书全文及外观设计图形。三种专利文献独立建库。网站的内容每周更新。此外，该网站还提供一些其他相关服务。如国内外专利申请、专利审查和专利保护等服务。通过相关链接，还可以进入地方知识产权局网站、政府网站以及一些国家和地区专利局的网站。

2. 中国专利信息网（http：//patent. com. cn）

中国专利信息网是由国家知识产权局专利检索咨询中心建立的网站。它创建于 1997 年 10 月，是国内外最早的专利信息网站。该网站收录了 1985 年以来公开的全部中国发明、实用新型和外观设计专利的题录和文摘信息。网站提供简单检索、菜单检索和逻辑组配检索 3 种检索方式，用户可根据自己需要进行选择。免费注册会员只能检索中国专利文摘数据库，免费浏览专利说明书的首页，付费可索取专利说明书全文。

3. 中国知识产权网（http：//www. cnipr. com）

中国知识产权网是由中国知识产权出版社建立的网，它创建于 1999 年 6 月，其数据库收录有 1985 年以来公开的全部中国发明、实用新型和外观设计专利。中国知识产权网提供两种检索：一种是免费的基本检索；另一种是针对收费会员的高级检索。基本检索提供了申请号、专利号、申请人、专利人、公开日、公告日、公开号、公告号、IPC 分类号、摘要以及申请人、专利权人地址和专利名称等检索入口。高级检索则提供了包括基本检索 8 个检索入口在内的 18 个检索入口，检索结果更丰富、全面，并可下载专利说明书全文和外观设计图形。

4. 世界知识产权数字图书馆网（http：//www. wipo. int）

世界知识产权数字图书馆（IPDL）是由世界知识产权组织建立的电子图书馆，它提供世界各国知识产权数据库的检索服务，用户可以免费获得专利说明书全文。IPDL 提供的数据库有 PCT 国际专利数据库商标数据库、设计数据库等。其中 PCT 国际专利数据库于 1998 年 6 月建立，向用户提供免费服务。数据库内容包括 1997 年至今的 PCT 国际专利、专利题录、说明书扉页信息、文摘和附图。PCT 国际专利的检索方式有简单检索、高级检索和机构检索。

第六节　怎样查阅分析化学文献

在了解化学及分析化学文献的类型及其检索工具之后，紧随其后的问题是如何应用各种检索工具，从文献的"海洋"中，快速、准确地找到自己所需的文献、知识和信息、这的确不是一件容易的事。查阅文献需要一定的理论指导，也要掌握一定的方法，并通过查阅实践，取得经验。有时更重要的目的是从文献中发现问题或不足，以便在自己工作中改进并创新。因此，在查阅文献的过程中，要注意分析、思考，以便弃粗取精，去伪存真，把握重点，有效地利用文献。

一、要掌握科技文献检索的基础知识

科技工作者，不论是高级专家、教授或是普通技术员、实验员，在他们的业务活动中总会遇到自己不懂的或新的问题，或者需要查找有关的数据、图表和技术标准等，为了解决问题，可以向别人求教，从中得到一些启发和帮助。科技文献是他人和前人已发表的知识和经验宝库，掌握查阅文献的方法，可以从文献中获得解决的思路、方法、数据和图表等，可见科技文献检索能力是科技工作者必须具备的基本功。只有通过学习文献检索的基本知识和实际练习，才能掌握查阅文献的方法。具体讲，有如下几点主要内容。

（1）要了解各类文献的功能　要学会查阅文献，就要了解各类文献的功能，特别是自己所从事的专业范围有哪些重要的期刊、专利、专著和图书等及其各自的功能和特点。这样才能知识，自己所要的信息可从哪些文献中去查阅。

（2）学会各种检索工具的使用方法　文献的类型和内容是极其丰富的，查阅必须借助各种检索工具。不懂得使用检索工具，查阅文献就像大海捞针一样。因此学会使用各种与自己专业有关的检索工具是查阅文献的重要环节。

（3）要了解文献储存机构　图书馆、信息中心和资料室等既是文献储存机构，也是文献的采集

和传播服务机构。查阅文献都在这些机构里进行。熟悉这些单位的组织、管理方式、储存文献的范围以及服务项目等，是很必要的。

(4) 要了解国内外著名的科研机构或团体及其领军人物　每个科技工作者都要了解本专业的著名科研机构或团体及其领军人物，就可以通过著作者姓名，随时跟踪搜索他们的工作动态和发展。此外，通过他们的学术论文或综述文章所引的参考文献，可以找到有价值的参考资料。

(5) 学习互联网上的文献搜索知识　互联网上对各种信息、电子期刊、电子书籍等各类科技文献进行搜集、分类、存储和编制搜索工具，并建立各类专业数据库和专业网站，为用户提供快捷登录和检索系统。这给科技工作者提供搜索和获取科技文献更加快捷、有效的途径与工具。随着计算机技术和网络技术的进步，互联网上的文献数据库将更丰富，其搜索工具将更人性化，为用户提供更好的服务项目和产品。这也要求科技工作者要不断跟进互联网的发展，坚持不间断地学习和掌握互联网上文献搜索的知识。

(6) 要提高英文阅读能力　众所周知，大多数科技文献及其检索工具是以英文发表或出版的，以其他语言文字发表的文献，通常也有英文摘要，因而科技人员的英文水平高低，直接影响其查阅文献的能力。为了能顺利地查阅专业文献，化学工作者要努力提高自己的英文水平。

二、文献检索前的准备工作

为节省时间和精力，要做到有的放矢。检索前必须首先弄清楚下列问题，做好准备工作。

① 明确待查信息的目的，需要查什么，准备做什么用。例如，要查阅的文献信息是学术数据信息还是技术、仪器或化学试剂等信息，对信息急需到什么程度等。

② 是否已掌握了一定的信息资料，是否仔细研读过，现有的资料中有没有提供可以进一步查找的线索？

③ 查找的时间范围有什么考虑，准备普查还是查近期或者只查某一段时间内的文献？

④ 查找地域范围有什么要求，国内的或国际范围的，还是只限于某一个或几个国家的？

⑤ 准备查哪类文献？专利文献、期刊论文，还是包罗无遗？

⑥ 用什么检索工具查阅最有效？用综合性检索工具，还是专业性强的小型检索工具？本单位和本地区有什么可供检索的工具书？分析它们对所查课题的针对性如何。

⑦ 采用机检或网上检索前是否做过手工检索？准备查什么数据库？制定的检索策略是否准确无误？选定的检索词（主题词、关键词及限定词）是否符合所用文档的规范？

⑧ 除用主题词途径检索外，是否还考虑通过登录号、分子式、化学结构、部分结构、著者、机构名称、专利号等其他途径检索？

⑨ 准备采用什么方法进行检索？用追溯法，还是直接法或其他方法？

⑩ 检索计划和待查途径，即检索设想是否请有关专家审阅或咨询过，这一点往往是很重要的，它可以少走弯路，避免出现差错。

三、文献检索中的决断

(1) 着手使用某一检索工具（数据库）时，首先要掌握以下几点：①该检索工具的检索途径；②主题索引的结构特点；③文摘著录格式，特别是原始文献的出处；④文摘中的缩写字和符号等。

(2) 检索过程中选筛信息必须做到心中有数。

(3) 在检索系统和数据库确定的前提下，查全率要求较高的，选择检索词范围要宽一些，专指度要低一些；查准率要求较高的，检索词的主题范围要窄一点，专指度就高一些。

(4) 在使用搜索引擎时，应先查看引擎说明，了解查询技巧。网页检索时，一般选择"高级检索"界面，以保证查准率。在完成一次检索时，应使用多个搜索引擎，以保证查全率。

(5) 仔细记录和保存检索结果，最好用计算机存储，以备建立专题文献资料档案。

(6) 查不到适合的信息时，对有间接参考价值的信息也应该记录下来。

(7) 查清原始文献在国内外的收藏单位，决定是从网上下载，还是其他方式索取。

四、检索后的分析和利用

① 对收集到的文献资料，经初步鉴别和筛选后，加以分类和排序。

② 选出重要文献仔细研读，通过分析、对比、推论和综合，进一步判断它们的新颖性和使用价值。

③ 进一步摘录文献中有参考价值的内容。

④ 必要时，对获得的文献信息进行归纳（自己留作素材）或写出综述或评论。

五、计算机检索服务项目

许多较大型的图书馆、各种类型的信息咨询服务中心以及信息经纪商（如联机信息服务商）为用户提供计算机文献检索服务项目，如开展导读、专题文献联机检索、数据咨询、可以为用户提供编制专题书目、研究动态信息和原文提供服务等。采用计算机检索，可以在几分钟内完成一个课题的全面检索，不仅节省时间和免去人工检索的辛苦，而且在查阅范围、查全率和查准率方面都比人工检索优越得多。但计算机文献检索需要有人的指挥和配合，否则收不到预期的效果；对于文献的分析和利用，目前计算机还做不到，只有研究人员才有这种能力。以下扼要介绍计算机检索服务项目。

(1) 定题情报检索（Selective Dissemination of Information，简称 SDI） SDI 服务是针对某一个检索课题，利用计算机定期地在新到的文献检索磁带或网络数据库上进行检索后，将结果提供给用户。我国已引进许多种检索磁带、光盘或建立科技文献数据库，开展定题情报提供服务。这种 SDI 服务分为两类：标准 SDI 和用户委托 SDI。标准 SDI 是在广泛调查用户的信息需求的情况，选择覆盖面较广的检索课题，建立通用型的检索提问文档，向用户征订，把检索结果定期提供给用户。根据用户自己确定的检索课题，建立专用的检索提问文档，定期或一次性地提供给用户检索结果，这就是用户委托 SDI。

(2) 追溯检索（Restrospective Search，简称 RS） RS 服务是根据用户的要求，对专题文献进行彻底、详细的追溯检索，把与专题有关的文献目录甚至包括一些必要原文提供给用户的服务方式。当用户要开展某一项新的研究课题或新工程设计等以及发表论文和申请专利之前需要 RS 服务。

(3) 数据（事实）咨询服务 用户在遇到新概念、缩写词或符号不清楚其含义，或想了解某单位或个人的背景材料时，需要某方面的数据或某种资料来源，数据（事实）咨询服务可以解决问题。但是，如果检索磁盘或数据库中没有用户所需的数据或事实，那么计算机检索不能解答，在这种情况下，只有依靠有关的专家来解答。

(4) 国际联机检索服务 目前世界上最大的联机情报检索系统有三家。DIALOG 系统设立在美国加利福尼亚州，存储 260 多个文档，专业面很广，包括自然科学、社会科学、经济和商业各个领域。ORBIT 系统是美国系统发展公司（SDO）建立的，存储 80 多个文档，其中"WPI"文档是有权威性的自建文档，其余的文档与 DIALOG 系统重复。ESAIRS 系统是欧洲空间组织情报检索中心建立的，存储 80 多个文档。我国有十多个部委、科学院、研究所和大学的图书馆相继设立国际联机终端与上述三个系统联网。利用国际联机终端，可以及时解决某些课题急需的信息或文献，时效性好。现在用户也可以通过互联网访问这些服务机构但国际联机的费用较高，凡是国内已引进的文档磁带可供检索的话，一般不用国际联机检索服务。

六、计算机检索方法

计算机检索（包括联机检索和互联网检索），只能用一定的程序进行，用户必须与检索服务人员配合或自主编制检索方案和程序。

(1) 选择检索文档 当用户确定检索的课题之后，要选择检索的文档。计算机检索服务部门或互联网的网站主页，都有"文档一览表"，各种文档也配有书本检索工具，用户必须选择合适的检索文档，这是计算机检索的首要步骤。

(2) 选择检索词 检索词是与检索课题有关的各种主题词，选择得是否合适将直接影响检索结果的质量。下面还要专门讨论。

(3) 编写检索式 编写检索式主要是把检索词用布尔逻辑算符、位置逻辑算符和限制符号等组配成计算机能执行的检索程序。检索式的编写因课题的不同性质和检索要求，有不同的检索途径。化学文献的检索式有两种主要类型。

① 从普通主题出发检索，可使用《Index Guide》（索引指南）和《CA Headings List》（CA 主题词表），把非规范化的名称和关键词转换成规范的主题词，然后再编检索式。

② 从化学物质出发检索，可使用化合物的国际化学命名法规范要检索化合物的全称，最好使

用 CA 化合物的登录号，编写检索式。因为登录号是唯一识别号，专指性强，检索命中率高。化合物的登录号可以从《Index Guide》找到。然后，再由化合物名称或登录号为检索词编写检索式。

七、选择检索词的方法和编写检索式的知识

在手工或计算机检索时，用户要选择检索词并编写检索式。因此，扼要地介绍一下检索词的选择方法和检索式的编写知识是很必要的。

(1) 选择检索词的方法　检索词也是标引词。某一领域中，一切可以用来描述信息内容和信息要求的词汇或符号及其使用规则构成的供标引或检索的工具，都是检索词或标引词。有些标引词如分子式、著作者和专利号等是专一性的，不存在选择的问题。主题索引和关键词索引是计算机检索服务中使用的索引，在确定检索课题或领域之后，就要选择检索词，可以帮助人们按照不同的检索目的选择检索词。目前国际上把检索词的逻辑关系归纳为三种：等级关系（即包含与被包含，上位与下位关系）；等同关系（即词义相同或相近关系）；类缘（相关）关系（即上面两种关系之外的逻辑关系，如交叉和反对关系等）。按照检索词的逻辑关系，可有如下几种选择检索词的方法。

① 上取法　按检索词的等级关系，向上取一些合适的上位词，此法又称扩展法。

② 下取法　按检索词的等级关系，向下取一些合适的下位词。

③ 旁取法　从等同关系的词中取同位词或相关词。

④ 邻取法　浏览邻近的词，选取一些含义相近的词作为补充检索词。

⑤ 追踪法　通过审阅已检出的文献，从其中选择可供进一步检索的其他检索词。

⑥ 截词法　截去原检索词的词缀（前缀或后缀），仅用其词干或词根作为检索词，又称词干检索法。

(2) 编写检索式的知识　当检索式用于计算机检索系统时，有以下几种不同的检索式构造方法，可供不同检索要求的用户选择。

① 专指构造法　在检索式中使用的检索词是专一性的，以提高检索式的查准率。

② 详尽构造法　将检索问题中包含的全部（或绝大部分）要选的检索词都列入检索式中，或在原检索式中再增加一些检索词，进一步检索。

③ 简略构造法　减少原检索式所含的检索要素或检索词，再进一步检索。

④ 平行构造法　将同义词或其他具有并列关系的平行词编入检索式，使检索范围拓宽。

⑤ 精确构造法　减少检索式中平行词的数量，保留精确的检索词，使检索式精确化。

⑥ 非主题限定法　对文献所用的语言、发表时间和类型等非主题性限制，缩小检索的范围。

⑦ 加权法　分别给编入检索式中的每一个词一个表示重要性大小的数值（即权重）限定，检索时，对含有这些加权词的文献进行加权计算，总权重的数值达到预定的阈值的文献才命中。

在编写检索式时，各种算符的灵活运用也很重要，应在实际检索中注意积累经验。

八、检索手段的选择

检索手段有人工检索和计算机检索两类。计算机检索又分为联机检索、脱机光盘检索和互联网搜索。人工检索，费用低并且灵活性高，但速度慢。联机检索速度快、效率高，但费用高，又不如人工检索灵活。脱机检索比人工检索快，比联机检索便宜，但效率低些。用户可以根据检索的目的要求和条件，选择合适的检索手段，有时可多种手段配合使用，充分利用各种检索手段的优势。以期获得良好的检索结果。

第七节　参考资料

一、化学文献检索的参考书目

最近几年出版的化学化工文献检索的参考书较多，现将编写本章时，所用的参考书列出，以供读者参考。

① 孙亦樑，官宜文编著．分析化学文献简介．北京：北京大学出版社，1991．

② 徐向春编著．化学文献及查阅方法．第 4 版．北京：科学出版社，2009．

③ 朱传方，辜清华编著．化学化工文献检索与应用．北京：化学工业出版社，2010．

④ 伍丽娜编著．现代化学化工文献检索项目教程．北京：化学工业出版社，2010.

⑤ 陈英编著．科技信息检索．第 4 版．北京：科学出版社，2009.

⑥ 洪全主编，金渝光等副主编．信息检索与利用．北京：清华大学出版社，2009.

二、国外化工类信息网

（1）全球化工产品供求及价格网（http：//www. allchem. com）　由 Allchem 公司创建，用于各种工业用化工原料的购买和销售，收录全球化工市场和世界范围内化工商业活动的最新信息。其栏如下栏目：①化工产品（价格表、产品目录、新销售商信息）；②最近可供商品；③求购商品；④生产化工产品的原料等。

（2）美国化工商品及生产商系统（http：//www. chem. com）　该系统是化工行业的商业性网站，在网上可以查询化工商品、生产厂商、批发商和分销商等。本网站主要栏目有：①公司主页；②产品目录（有 4 种查询产品的检索方式）；③供应商目录；④化工设备公司与服务机构；⑤化工设备目录；⑥化工产品销售；⑦公司目录；⑧化工产品批发商目录等。

（3）欧洲 Chem Expo 网（http：//www. chem expo. com）　Chem Expo 网是化工行业的综合信息系统，是互联网的虚拟商贸网，买卖双方可在此进行信息交换和发布、商务管理，并提供客户服务。本站栏目有：①查询（包括公司信息、产品供销商、人事信息的查询）；②新闻信息；③展示台；④人事关系。

（4）Chem Cross 化工电子商务网（http：//www. chemcross. com）　该网是亚洲最大的化工电子商务网站，由亚洲 60 多个行业顶级的化工企业出资建立；于 2000 年 10 月正式对外提供服务。总部设在美国休斯敦，在主要的世界石化贸易地（汉城、上海、东京和台北）都设有分支机构。如想阅览本网站的内容和进行商务贸易，必须成为该网的商务组成员。

（5）哈龙在线交易网（http：//www. halontradet. org）　它是联合国环境署开通的新的 BZB（企业对企业电子商务）网站，其主要对象是防火系统、火灾控制机构和其他与防火相关组织的管理者和操作人员。

三、国内化工类信息网

（1）中国化工信息网（http//www. cheminfo. gov. cn）　该网是中国化工信息中心建立的多方位综合信息服务系统，资料来源于新华社、中央各部委及中国化工信息中心所掌握的大量技术、经济、市场、海关、政务及统计方面的信息。该网栏目有：①石油化工；②化工市场；③化工科技；④化工专题；⑤专家论坛；⑥化工期刊。

（2）中国化工网（http：//sr2. chemnet. com. cn）　化工字典现词汇量 30 万条。可以输入产品中文名称、产品英文名称或者 CAS 登记号（即美国化学文摘登记号）进行检索。例如，输入一个完整的产品中文名称（或一部分）进行检索。

（3）化工行业现状及发展动态咨讯网（http：//www. chemdevelop. com）　由中化国际咨询公司（原化工部规划院）建立，主要栏目有：①化工行业动态；②专家论坛；③化工项目进展；④化工热点分析；⑤化工市场分析；⑥科技成果汇编；⑦上市公司；⑧技术经济信息；⑨相关行业信息。

（4）中华网（http：//www. cheminio. net. cn 或 http//www. chembb. com）　该网是由辽宁省中华咨询有限公司与沈阳中化电子商务信息发展有限公司合作开发运营的化工专业的信息网站。该网站涉及的行业范围包括农用化学、无机化工、有机化工、精细化工、橡胶塑料、油品、化纤、医药、涂料、化工机械及综合信息。共设有 21 个栏目。

（5）21 世纪化工网（http：//www. 21chem. com）　本网站是国际上从事化工研究、生产和贸易人员进行讨论工作、交换信息和友情联络的场所，化学化工行业的工作人员，可以利用本网站掌握国内和国外化工信息，寻求合作机会和商机等。本站采用英文、中文简体、日文和韩文作为网上语言。本网站设有如下栏目：化工市场咨询、产品登记、网上交易（买/卖）、信息、新技术和项目、申请新技术买卖等。

（6）中国化工在线（http：//chemsino. com）　中国化工在线是上海讯博石化信息技术有限公司开发创建的。本网站的主要栏目有：化工新闻、化工引擎、化工股讯、专题跟踪、化工百科、网上交流、供求信息、专利服务、调研报告、化工书市、数据库、解决方案等。其内容涉及的化工产品有基本有机原料、塑料树脂、合成纤维、合成橡胶、胶乳弹性体、精细石化产品。本站为收费网站。

(7) 中国化工安全信息网 (http：//www.chemsafety.com.cn) 中国化工安全信息网是由中国化工信息中心创建的，主要内容有安全生产方面的方针政策、法规、标准、国内外事故消息与经典案例分析，安全管理经验，安全技术，化学事故应急救援动态，系统介绍化学品在生产、使用、储存和运输过程中的安全信息。本站包括如下主要栏目：要闻、事故速递、化工经济、案例分析、安全法规、行业动态、化学品管理、安全期刊摘要、《化工安全与环境》电子版、安全技术、供求信息、协会动态、应急救援、安全教育、论文精选等。

(8) 中国化工企业互联网 (http：//www.cpcp.com.cn) 该网与国家经贸委、国家统计局、中国石油石化集团公司、中国海洋石油公司、中国新星石油公司和30个省（区市）化工企业联网。主要提供以下3项信息：①化工生产经营分析；②中国化工生产信息；③产品价格及供求信息。

(9) 中国化工装备网 (http：//www.chemp.net) 该网站为用户提供四项免费服务。免费随时为网员单位提供产品资料的更新服务；免费为每一位网站访问者提供数据库全部资料的网上查询服务；免费为所有人员提供电话信息查询服务；免费为网员或非网员国内外发布求货信息。

(10) 化工热线网 (http：//www.chemol.com.on) 该网站专门为国内外的化工企业及高等院校、科研机构提供免费数据库查询服务和各种信息服务，并可以在化工热线上发布信息，为中国的化工企业提供网上商机。

(11) 中国化工市场七日讯信息网 (http：//www.qrx.cn) 该信息网建于1998年11月，是一家为广大化工行业的产、供、销服务的化工专业网站，在全国有较高的知名度和市场影响力。

(12) 中国化轻信息网 (http：//www.cclmc.com.cn) 由中国化工轻工总公司和中国轻工物资流通协会创办。网上主要报道化工、石化（包括有机、无机化工原料，石化基本原料，塑料原料，化纤原料，橡胶及制品等）信息，同时也报道轻工产品、五金矿产、纺织品、医药原料方面的信息。

(13) 化工外贸网 (http：//www.chemchina.com) 该网是中国永晖化工集团和韩国的 B to B 电子商务公司合资创立的化工电子商务门户网站，在充分利用两公司在中国、韩国、欧洲、美洲、俄罗斯、中东、港澳等地已有的实体和业务关系的基础上，发展成为环球纵向的化工贸易网站。该网站向中外客户提供进出口直销平台，以及诸如贮运、退税、报关等一揽子配套服务。本站有化工产品数据库，详尽描述了约18万种化工产品的上游、下游的相关产品，是外商了解中国化工市场的窗口。

(14) 中国化工进口网 (http：//www.chinachemical.net) 该网是服务于化工厂家、商家及贸易公司进出口信息类网站。该网可提供如下服务：①帮助化工产品制造厂把产品推向国际市场以及寻找价廉物美的国外化工原料；②帮助进出口贸易公司寻找良好的国内外货源以及国内外买家；③帮助国外商家在中国寻找好的产品和合作伙伴，并把国外产品引入中国市场。

(15) 工程建设信息服务网 (http：//www.cein.gov.cn) 工程建设项目信息服务网是由全国化工设计情报中心站和中国勘探设计协会建设项目总承包工作委员会联合主办的全国性信息服务网。本站服务对象为工程建设有关的厂家、施工企业、工程公司和销售公司，主要服务内容有：①提供工程建设项目信息（以月刊形式）；②提供工程设计情报简讯（以周刊形式）；③为网员单位免费提供《全国化工设计情报中心站成员单位通讯录》和《建设项目总承包工作委员会委员单位通讯录》；④免费刊登网员单位的产品价格信息。

四、国内化工电子商务网

(1) 中国万维化工城 (http：//www.chem.com.cn) 中国万维化工城是由中国化工信息中心建立在国际互联网上的大型交易中心。它既是全国化工产品供求信息的服务系统，同时也是化工产品的交易系统。设有如下一些栏目：①供求信息；②交易市场；③企业之窗；④统计信息；⑤新闻中心；⑥万维书屋；⑦商务交流。

(2) 中化信息商务网 (http：//www.chemhot.com) 该网是中国化工信息网的姊妹网。它为化工、石油和石化行业创建了一个进行商务交易活动的全新环境。其主要栏目有：交易大盘；会员注册；商务教程；图书资料专卖店等。

(3) 中国化工网（http：//china. chemnet. com） 它是国内开创的较早的化工专业性网站，目前已经拥有 2500 多家入网化工企业，是目前全国较具权威性的化工产品数据库。该网服务项目有：①发布信息，提供信息查询服务，共汇集了国内外 1000 多家厂商近 10 万条的产品数据，每天发布约 3000 条产品供求信息，还可查询入网化工企业的网址；②提供面向全球的化工产品在线交易平台，企业可以进行产品的国内外交易，为原材料的采购节约时间，控制成本。

(4) 易创化工网（http：//www. chempages. com） 该网以发展电子商务为主要方向，构筑以用户为中心的网上交易平台、信息及工作平台，为化工及相关企业提供电子商务的解决方案、行业信息和增值服务。

(5) 中国化工电子商务网（http. //www. ccecn. com） 中国化工电子商务是由青岛大圣化工原料公司投资，青岛承旺电子商务有限公司经营管理的大型专业化网站。自 1999 年创建以来，在北京等 10 余个国内城市设了分站。目前开通的服务内容有：网上公司建立、在线贸易推广、在线贸易撮合、网上广告和其他配套服务。现有栏目有行业新闻、市场价格、市场动态、分析与预测、进出口信息、企业名录和行业网站。涉及的专业有无机原料、有机原料、农药化肥、医药化学品、涂料、合成纤维、塑料及树脂、化工机械、化学试剂、化学助剂、催化剂、生物化学品、颜料、燃料、胶黏剂、橡胶及制品、实验仪器等。

(6) 中昊化工网上交易中心（http：//www. sccn. cn） 该中心是国内首家现代化的国家级化工网上交易市场，拥有世界先进的电子网络设备和技术，为化工行业供应商、销售商和用户之间进行电子交易，提供基础条件和服务平台。客商可以通过 Web 站点实现电子交易。

(7) 化工易贸网（http：//www. chemagse. com） 化工易贸网是一个专业性网上实行化工交易中心网站，已开通的服务有：①交易平台，用户可以在网上发布自己的供求信息和联系方式，根据网中特有的信息反馈功能和及时通知服务，可以在网上，也可以通过手机、电话和传真等方式及时了解报价及其他有关信息，从而快速、低成本地达成交易；②信息平台，及时、准确地提供国内及国际的市场行情及产品价格，跟踪报道业界最新动态，由资深人员对化工产品的市场运势进行及时评论、分析和预测；③商务平台，大型数据库汇集了全球众多化工企业和产品的详细资料，可按品名、公司、产地、海关编号等关键字便捷地查到所需的商务信息。

五、国内各化工专业网

(1) 中国无机化工专业网（http：//www. aais. org. cn） 该网由全国无机盐信息总站、中国化工学会无机酸、碱、盐专业委员会创办，收录的内容为国内外无机盐及相关产品技术与市场信息。由本站可以检索的信息栏目有：化工企业、化工产品、产品价格、科技成果、文献资料、化工标准、化工专利和环境保护等。

(2) 中国化肥信息网（http：//www. china-fertinfo. com. cn） 中国化肥信息网是由中国化工信息中心化肥部开发的专业性化肥信息网站。其内容包括化肥的生产信息、流通信息、施肥信息及进出口信息，所发布的信息跨越了从化肥生产到最终施用的全过程。它是化肥生产厂家、农资贸易公司、农业三站以及与化肥有关人员了解化肥信息的最佳途径。

(3) 中国农药网（http：//www. pesticide. com. cn） 中国农药网由中国农药工业协会农药市场信息中心主办，是国内唯一的大型综合性农药互联网网站。本站为用户提供的主要服务有：农药信息（共分 10 大类）、与农药有关的单位目录（包括单位名称、法人、联系人、地址、电话、网址等）、农药的供求快讯、农药论坛等。

(4) 中国农药信息网（http：//www. chinapesticide. gov. cn） 该信息网是为农药行业内部相互沟通和交流的专业性信息网站，设 7 个栏目供信息检索和查找。

(5) 中国塑料网（http：//www. chinaplastics. net） 中国塑料网是由扬子新型塑料研究所主办的塑料专业网站，主要面向塑料行业的研究开发、生产、技术和贸易。本站设置的主要栏目有：供求市场、技术市场、塑料论坛、企业之窗、国外塑料、会展预告等。

(6) 中国塑胶信息网（http：//www. plasticschina. com） 该网是亚洲国际传媒有限公司创办的塑胶专业信息网站，主要栏目有：塑料和橡胶的行业新闻、国际动态、分析预测、科技动态、市场行情和供求热线。相关栏目有：塑料和橡胶行业的政策法规、展会信息、行业论文、企业之窗、网上书店和网上征订。

(7) 中塑在线 (http：//www.zlep.net) 中国塑料信息网是由中国塑料城信息中心创建的，涵盖塑料原料、塑料制品、塑料机械、塑料模具等支网。本站栏目有：新闻中心、原料区、制品区、机械区、中塑商城、企业之窗。

(8) 中国塑料制品网 (http：//www.cppi.net) 该网是中国塑料信息网的支网，本站包含的塑料制品有：玩具、医疗制品、人造合成革、皮件、鞋类、文具用品、泡沫制品、建材、薄膜制品、包装容器、光学仪器、运动器材、车辆配件、农渔制品、家庭用品、机械五金零件、电子电工器材、丝带编织制品、家具电木制品、其他塑料制品等。

(9) 中国环氧树脂网 (http：//www.exoxy-e.com) 该网是环氧树脂领域的生产企业、经销商以及使用环氧树脂客户之间相互交流的信息平台。网站有环氧树脂专业的大型网上数据库，任何用户可以在任何时间、任何地点按照厂名、商标名、环氧树脂种类检索到本站的会员厂家的资料。

(10) 中国涂料在线 (http：//www.coatingol.com) 中国涂料在线网是由中国涂料工业协会主办的专业性信息网．该网站的主要内容有：国内国际涂料、颜料、涂料原料新闻；中国涂料企业名录大全；中国涂料相关企业名录；产品技术资料数据库；专利配方工艺数据库；专业人员档案数据库等。

(11) 中国涂装网 (http：//www.China-patinting.net) 全国涂装标准化分技本委员会秘书处和成都祥和磷化公司合作组建与管理。该网内容覆盖涂装设备、涂装工艺设计、涂装前处理材料、涂料（油漆）、涂装辅助设备和涂装技术、涂装标准和涂装人才等各个方面。

(12) 全国日用化学工业信息网 (http：//cicdci.net.cn) 该网是由全国日用化学工业信息中心组建的全国性信息网站。它面向表面活性剂、洗涤剂、化妆品、香精香料、口腔卫生用品及相关行业领域。栏目主要设有行业经纬、市场广角、产品花絮、数据参考和供求信息，涉及日用化学工业及相关行业的技术、市场、产品和设备等方面的信息。

(13) 中国胶粘剂在线 (http：//www.adhol.net) 该网由四川省高分子材料工程技术研究中心和成都正光集团公司共同投资组建，是胶黏剂及高分子材料专业的商务网。该网建有胶黏剂专卖店、胶黏技术、胶黏剂应用、行业新闻、胶黏百科、产品专递和供求信息等80多个栏目，供生产企业、商业公司、使用厂家、研究单位的专业人员使用，并提供BZB电子商务功能。

(14) 中国胶黏剂产业信息网 (http：//www.bondch com) 它是一家为胶黏剂行业提供互联网信息服务的专业网站，该网站的主要栏目有：行业信息、学术中心、专业书店、国内外专利、企业名录、产品展示。

(15) 中国催化剂信息咨询网 (http：//www.ccicn.com.on) 该网是国内唯一的报道全球催化剂产品、技术、市场、企业经营和经济信息的网站。它的主要服务项目有：①服务业务，包括信息发布与查询、企业宣传、中介咨询、市场预测等；②信息查询，包括产品和企业查询、产品和企业注册；③供需市场，包括产品供应和需求、技术成果转让、招商与合作；④信息报道等。

(16) 橡胶国际网 (http：//www.rubbet99.com) 该网是中国首家为橡胶行业提供安全、高效、多功能、系统配套的BZB电子商务平台的专业网站，该网的宗旨是利用互联网进行橡胶网上电子交易，推动中国橡胶电子商务事业的发展，主要栏目有：交易中心、供求热线、在线服务、资料库等。

(17) 中国化工设备网 (http：//www.ccen.net) 中国化工设备网是有关化工设备方面的专业性网站，其主要栏目有：行业新闻、供求信息、公司名录、产品大全、维修市场、专业软件、专利检索、在线服务等。

(18) 中国泵网 (http：//www.bengfao.com) 该网由上海惊鸿信息技术有限公司创建，主要内容为泵阀的信息服务、电子商务服务和企业应用服务。

六、国内化工相关行业网

① 石化行业信息网 (http：//www.cpci.com.cn)。

② 世界石油网 (http：//www.worldoilweb.com)。

③ 中国医药数字图书馆 (http：//www.pharmadl.com)。

④ 全国医药信息网 (http：//www.cpi.gov.cn)。

⑤ 中国医药化工信息网 (http：//www.pharm-chemnet.com.cn)。

⑥ 中国化纤经济信息网（http：//www. cfei. com）。

⑦ 中国纤维企业网（http：//www. chinafiber. com）。

⑧ 中国化纺信息网（http：//www. chemfiber. com）。

⑨ 中国印染信息网（http：//www. cdfn. com cn）。

⑩ 中国粉体工业信息网（http：//www. chinapowder. com）。

⑪ 新材料产业网（http：//www. materials. net. cn）。

⑫ 中国清洗资源网（http：//energy. nstl. gov. cn）。

⑬ 表面工程信息网（http：//www. csec-mp. com）。

⑭ 中国防腐蚀工程技术网（http：//www. cacet. net）。

七、分析化学中常见名词缩写与中英文全称对照表

分析化学中常见名词缩写与中英文全称对照表见附录。

八、分析化学常见期刊全名与缩写对照表

分析化学常见期刊全名与缩写对照表见附录。

第二十六章 科技文件的写作

第一节 科技文件概述

一、科技文件的种类

以特定的科技术语来表达人们的技术思想、对自然界的认识和改造情况的文字、图像材料统称为科技文件。它是生产建设和科学研究活动的依据、记录或总结，是进行科学技术交流必不可少的工具。

常见的科技文件如下。

① 科学论文　是以特定的概念和严密的逻辑论证来表达某一科研成果的文字材料，是科技文件中用得最为广泛的一种。

② 科技报告　是表达技术思想和技术成果的文字材料，它常常可以起到与科学论文同样的作用。

③ 说明书　是说明工程、工业产品等设计、施工、用途、外形、结构等情况的文字材料。如设计说明书、制造与安装说明书、产品说明书、设备或仪器使用说明书、各种计算的说明书等。

④ 计算书　是一种确定技术指标和计算构筑物、产品等设计数据和配方的文字材料。

⑤ 技术标准　是对产品和零部件的质量、规格、生产过程和检验方法及包装运输、贮存方式等所做的技术规定，是评估产品质量、从事生产和建设的共同依据与标准，如国际标准、区域性标准、国家标准、部标准、行业企业标准等。

⑥ 技术鉴定证书　它具有规定的统一格式，是对某一技术成果如新产品、新材料、新设备、新工艺等的鉴定结论，是申报发明、进行批量生产的依据。

⑦ 综合评述　是对某一科技领域在一定时期内进展情况进行总结的综合性情报资料，又在一定程度上反映评述者本人的见识和水平的科技报告。一篇优秀的综合评述，既总结既往，又开辟未来，常常孕育和产生新的科研课题。

⑧ 科技协作合同　是双方或几方为了完成某一特定的科技任务而共同签订的表达各方的权利与义务的契约。如科研合同、新产品试制合同、新技术推广应用合同和科技咨询合同等，它以书面方式签订，便于在执行中有据可查，当双方或多方有争执时，应以此为据进行协商，或请求有关的国家机构予以仲裁。

⑨ 专利申请文件　有规定的统一格式，是为了取得发明创造专利权而向专利局呈报的有科技发明内容的文字材料。

二、科技文件的编写要求

科技文件的编写应注意以下几点。

(1) 首先要求科技文件的科学性、准确性　取材应确凿可靠，概念、定义务须正确、严谨，事实、人物、数据、图表、公式、符号、单位等均须核对无误。写作应用普通语体，要文句通顺、层次分明、重点突出、结构严谨、繁简得当，合乎逻辑和汉语语法。

(2) 书写字迹要工整、清晰易辨勿潦草　简化汉字应以国务院 1986 年 10 月公布的《简化汉字总表》为准。切忌写别字、错字，如将"圆周"写成"园周"、"零部件"写成"另部件"、"解决"写成"介决"等。勿用自创和不符规定的简化字，如敃（数）、厡（原）、囬（围）、玪（验）、耕（构）、迠（建）、靣（面）、转（转）、灱（煤）、圹（场）等。尤其要注意易混淆的字，书写一定要清楚。如设、没；顶、项；铅、铝；温、湿；时、吋；沈、沉；特、持；坏、环；干、千、于等。

(3) 科技文件中的科技名词和术语　应采用正式颁布的标准名词术语，避免用俗名或地方性的名称。科技名词术语，采用全国自然科学名词委员会公布的名词，可查科学出版社和其他专业出版社出版的辞典（词典）和词汇。同一份文件内，科技名词和术语要前后统一。各种数字符号、物理量符号及其他符号、代号都应符合国家的有关法令和标准。在书写各类符号、代号时，不能与文字夹杂使用，如"铁棒每米质量"不能写成"铁棒每 m 质量"，"其高度大于宽度"不能写成"其高度＞，宽度"，"铁的百分含量"不能写成"铁的％含量"等。当是作者自定符号、记号、缩写词等第一次出现时，须加以说明，给以明确定义。

(4) 计量单位　应采用中华人民共和国法定计量单位，切勿使用已被淘汰的计量单位（见本书第二章第一节），计量单位在文字叙述中用中文名称，在公式、图表中则用符号。单位名称和符号的书写方式，一律采用国际通用符号。

(5) 外文符号与字母　外文符号与字母应以印刷体书写。许多外文字母的大小写、形状相同或相仿，容易混淆，务必注意。例如：英文字母 Cc, Kk, Pp, Ss, Vv, Ww, Xx, Zz 等。有些英文、俄、希腊和数字，如书写不清，容易弄错，如 И（俄）N（英）；3（数字）З（俄）；Z（英）、2（数字）；ω（希）、W（英）；a（英）、α（希）；β（希）、B（英、俄）；r（英）、γ（希）；0（零）、O（英、俄）等。还有一些代表符号，如酸碱度 pH（p 小写，H 大写），一氧化碳 CO（C 和 O 均为大写），元素 Co（C 大写，o 小写），初始浓度 c_0（c 小写，0 下角零）等也应书写清楚，必要时加标注。

按照正规要求，外文符号有采用正体与斜体之分。

采用正体外文符号者如下。

① 计量单位符号字母一般用小写体，如 m（米）、kg（千克）、mol（摩）、s（秒）；若单位名称来源于人名，则其符号用大写正体，如 A（安）、K（开）、J（焦）、W（瓦）、C（库）、V（伏）等，有两个字母者，第一个用大写体，如 Pa（帕），用非物理量符号作上标或下标。

② 化学元素符号，如 C、H、O、Ag 等。

③ 数学运算符号及缩写，如 sin、cos、in、lg、lim、exp 等。

④ 人名、地名、机构名及其缩写等。

下列情况时外文符号采用斜体。

① 物理量符号如长度 L、质量 m、时间 t、电流 I、热力学温度 T、发光强度 I、力 F、压力 p、体积 V 等。用表示物理量的符号作上标或下标时，如 C_p 中的 p，Σ_n、α_n、O_n 中的 n 等。

② 一般事物和未知量的代号，如 a、b、c、A、B、C 和 x、y、z 等。

③ 生物分类学中属以下的拉丁文命名。

(6) 公式　可广义理解为包括数学式、方程式、化学结构式和文字式等，公式应在纸上居中书写，公式前有"因为"、"所以"、"即"等简短词句时，可以与公式同行写在左边顶格，后面不加任何标点符号。较长的公式转行时，最好在等号处（数学式、方程式）或箭头处（化学反应式）转，也可在"＋"、"－"号处转。"＋"、"－"号应写在转行开始处。公式中符号的意义和计量单位，应注释在公式的下面，用"式中"两字，须另行顶格写，后空一字，不加任何标点，开始写说明文字，符号与解释文字之间用两字线，文字较长需转行时，上下行的文字在两字线后对齐，文末尾加分号，最后一行文末尾加句号。在同一文件中，所使用的符号意义应该相同。若有两个以上公式时，应在公式后面以带圆括号的阿拉伯数字顺序编号。

(7) 标点符号　文件中的标点符号应按国家标准《标点符号用法》正确使用，书写清楚，标注于规定位置。句号（。）、逗号（，）、顿号（、）、分号（；）、冒号（：）、问号（？）、感叹号（！）以及括号（　）与引号（"　"）的一半约占一格位置，前三种置于格内左下方，后五种置于格内正中。引号则置于格内上方居中处，破折号（——）与省略号（……）占两格居中书写，如在行末而仅余一格时，可伸出格外，不必转行，引号外面套引号时，外面用双引号（"　"）、里面用单引号（'　'），括号外面套括号时，外面用方括号［　］、里面用圆括号（　）。

在复合单位中用作分隔时，采用圆点（·）、居中书写、不单占一格，如千瓦·小时。表示外文缩写时，圆点写于字母的右下方，如 M. F. Smith。小数点也用圆点，写于两数字之间偏下处，不单占一格，如 83.5%。

半字线一般作连接号用时，不占格，写在两字之间，如图 1-1、表 7-6。中外文之间一般不用连接号，如 X 射线不写成 X-射线，α 葡萄糖不写成 α-葡萄糖。一字线，占一格，一般用作化学键，如 $H_3C—CH_2—CHO$，或表示起止，如广州—北京。两字线、占两格，用作引出引线如 T——溶液的温度℃等。

(8) 图 用实验曲线图表示实验结果，具有简单、直观、容易比较等优点，它是科技论文、科技报告等科技文件的重要组成部分。绘制实验曲线图通常经过以下几个步骤。

① 选择合适的图纸 常用的图纸有直角坐标纸、对数坐标纸和三角形坐标纸等。

② 选择坐标分度 是指沿坐标轴选择每一单位长度所代表的数值，分度应遵循易读、匀称以及尽量使图形呈直线的原则。

③ 按数描点 若自变量与因变量的误差可以忽略不计的情况下，图内的坐标点最好采用圆形点。当自变量与因变量的误差相同时，圆点要有足够的大小，应能粗略地表示出误差范围，即圆点的直径是自变量与因变量的绝对误差。如果只是因变量有误差，可以用线段长短表示其误差。如果自变量与因变量的绝对误差不同，可以用带中心点的矩形表示，矩形的横边表示自变量的绝对误差，纵边表示因变量的绝对误差。

④ 依点画线 若统计数字的点和实验数据不充分、不足以反映自变量与因变量的对应关系时，可用直线连接各点成折线。若实验数据充分，成连续变化的点，均应描成光滑的曲线，并使曲线尽可能通过所有的点，使处于曲线两边的点数大致相等。

⑤ 图中标记说明 为了使读者无需查阅正文就能读懂图而加说明。

对图稿的一般要求如下。

a. 图稿的画法和尺寸、符号标注方法等应符合国家有关制图标准的规定和印刷制版的要求。

b. 图稿中的文字和符号要用铅笔书写，便于出版社加工制板。

c. 图稿中的名词、术语、字母符号均要与正文一致。

d. 绘制的图稿，根据图的难易程度，图幅不宜过大。

e. 图中的设备或部件名称、曲线的说明尽量采用图注。注序用阿拉伯数字编号，紧接图题下方居中写，注序后加一字线，然后写注文。各注文之间用分号分开，末注文尾不用标点。

⑥ 插图必须与科技文件密切配合，可有可无的图应删略，图稿中线条、文字和符号均需校核无误。

(9) 表格 表格是表示实验数据的另一种重要形式，其优点是形式紧凑，便于查找、对比，可以表示多个变量。凡是难以用图表示的，都可以用表格表示。

表格无固定形式，应根据内容以紧凑、易读为准。表头的设计要求简明扼要，尽量少用斜线。表内数字或文字有连续重复时，不要写"同上"或"同左"字样，也不得用符号"″"，而应连续重复写清。表内数据的对应位置要对齐，空位画一横线"—"，表示没有数据。表内文字起行空一格，转行顶格，最后一句不要句号。计量单位尽量集中于表头项目内，如全表为同一个单位，可写在表题后面。表中物理量与单位之间平排时，用斜线"/"隔开。

表注的注序可用阳码①、②、③或 a、b、c 等编号，分别标在应加注的右上角和注文的前面，以表示呼应，注文紧接表下书写，注末加句号。

第二节 科技报告与科学论文的写作

一、科技报告与科学论文的区别

科技报告与科学论文在内容和形式上有相同点，也有不同之处。它们的相同点是，都是一次性文献（或叫原始文献），阐述的内容都是科学研究中的新发现，都有报道事实的性质。对于某些公开发表的科技报告，也可以说是科学论文，两者的体裁结构也相同。

它们的不同点如下。

① 科学论文侧重于解释事实和在学术上的探讨，通常刊登在学术性刊物上，供同行的专家、

工作人员阅读。科技报告则侧重于报告事实，一般是刊登在技术性刊物上，它的读者对象既有同行的专家、工作人员，又有主管部门的管理人员。

②　在内容的程度上，科学论文只是记述、论证研究课题中有创造性的部分，科技报告通常记述的是研究的全过程，也可以细分成几种类型，如初期报告、进展报告、终结报告等。

③　科技报告的保密性较强，内容比较专深、具体。上报主管部门的科技报告，还必须按有关部门的规定格式撰写。许多最新的研究课题与尖端学科的资料，往往首先在科技报告上反映，并以保密的方式内部控制发行。而科学论文则是公开发表的。

④　科学论文的主要作用是传播、交流研究成果，并取得优先权。科技报告的主要作用则是向科研课题资助单位和主管部门汇报科研课题的进展情况。

二、科技报告与科学论文的体裁结构

科技报告和科学论文的体裁结构，根据要表述的内容而有些差异。一般的通用模式为：标题、摘要、前言、目录、正文、结尾（结论）、参考文献、谢辞和附录等。

（1）标题　标题是文章内容的高度概括或"窗口"，是读者寻觅有用资料的向导，同时也是图书、资料管理人员进行分类时的重要依据。为此，标题应具备准确性、简洁性和鲜明性。

准确性就是用词要恰如其分，反映实质、表达出研究的范围和达到的深度。

简洁性是指在能把内容表达清楚的前提下，标题应越短越好。但若标题太短，致使它不能反映出文章的实质内容而令人费解，使图书资料管理人员无法根据标题进行分类；有的标题很长，但删去一些字后、内容又表达不清，遇到这种情况，可以采用设置主标题与副标题的办法处理。

鲜明性是要一目了然，不费解、无歧义，便于引证、分类，便于选定关键词等。若文章的标题含糊不清，就会给图书管理人员和情报人员作索引、分类时带来困难，容易张冠李戴，弄错类别，同时也给读者造成不便，分不清文章属于哪个范畴，是否与自己的研究方向有关。

（2）摘要　摘要又称提要、概要、简介等。它是文章内容的摘录，摘要应具有独立性和自含性，即不阅读报告论文就能获得必要的信息，要求简短、精练和完整。

简短是指篇幅要短，短的可以十几个字，长的不宜超过 300～500 字，一般摘要的字数为正文的 5%～10%。精练则是指摘要中要包含文章内容的精华。完整则是指它可以独立成篇。

摘要的种类有多种，有报道性摘要、指示性摘要、倾向性摘要、题录式摘要、分析性摘要等。其中最常用的是报道性和指示性摘要。

报道性摘要通常较长，约在 300 字。应用性研究的科学论文适于写成这种摘要。摘要中包括目的、范围、实验方法与装置、结果与结论，其中结果和结论是重点。

指示性摘要只叙述文章内容的精华，而不涉及研究方法、结果和结论，其篇幅通常只有 30～50 字。综述、科研总结报告等，通常都用这类摘要。

（3）前言　前言又称引言、绪言等，是写在正文前面的文字。它的作用是引出所论问题的来龙去脉，回答为什么要写该文，以提起读者的注意。通常前言中包括研究的背景、目的、意义、范围、方法和成果的意义等。

背景是指该项研究在以往的开展情况，前人已做了哪些工作，现在进展到何种程度，以及还有哪些问题尚待解决，使读者了解到该项研究在所属领域中所处的位置和重要程度。

目的是回答为什么要开展这项研究课题，使读者可以据此判断是否有必要阅读该文。

范围是指研究课题所涉及的范围，或所取得的成果的适用范围。

方法是指研究课题所采用的实验方法、实验途径。

意义是自我评价，可根据文件内容决定是否要写。在自我评价中，要实事求是，做到名副其实。使用"世界先进水平"、"前所未有"、"国内外首创"、"填补空白"等的词语时，一定要谨慎，不可言过其实。

前言要言简意赅、条理清晰、容易理解。其篇幅因文章的性质而异。在杂志上发表的科学论文或科技报告，其前言都比较简短，一万字的文章前言仅 300～500 字。学位论文的前言通常写得较长些。

（4）目录与关键词　目录是文章内容的纲要，目录中所列标题应与正文的标题一致，正文中标题过于复杂的，在目录中可以适当简化。

关键词是为了文献标引工作从报告、论文中选取出来用以表示全文主题内容信息款目的单词或术语。

每篇报告、论文选取 3～8 个词作为关键词，以显著的字符另起一行，排在摘要的左下方。为了国际交流，应标注与中文对应的英文关键词。

(5) 正文　正文是文章的主体，其写法因文章的内容而异，没有固定的格式。但全部报告、论文的格式要求划一，层次分明。以试验研究为主的科技报告或科学论文，其正文一般应记述以下内容。

① 实验所用的原材料及其制备方法、化学成分和物理性质。

② 实验所用的设备、仪器、装置等，如果是通用设备，只需注明名称、规格、型号即可。如果是自制设备，则需给出试验装置图，并应详细说明测试、计量所用仪器的精度。

③ 说明实验所采用的方法及实验的全过程，操作步骤及其注意事项，自己设计的新方法、新步骤应详细介绍，但要突出重点。如果引用他人的方法，只需说明其方法的名称，并在右上角注出参考文献的序号，以备读者查阅。

以上三点的详略程度，应以读者能再现实验，并可得出与文中相符的结果为准。如果是公开发表的文章，涉及专利或保密方面的内容，则均应删除。并可采用代号或轮廓图来表示实验装置的关键部位，也可只提供外观图片等。

④ 实验结果与分析。实验结果包括实验中测得的数据和观察到的现象，进行整理和加工，从中选出最能反映事物本质的数据或现象，并制成图、表或拍成图片。分析是指从理论（机理）上对实验所取得的结果进行剖析和解释，阐明自己的新发明或新见解。在实验结果与分析中要说明结果的可信度、再现性、误差、与理论或解析结果的比较、经验式的建立、指出尚存在的问题以及今后发展与应用的可能性等。

(6) 结尾　结尾是指文章正文之后的结论、结语、总结等，它是整个研究过程的结晶，是全篇文章的精髓，是读者最关心的部分。

写结论时应注意以下几点。

① 抓住本质，揭示事物发展的客观规律和内在联系。

② 重点突出，观点明确，要写得简短。

③ 评价要恰当，不得超出文章正文所论及的范畴。

④ 文字要精练、准确。在得不出明确的结论时，要指明有待进一步探讨的问题。

(7) 参考文献。参考文献是科技报告和科学论文的重要组成部分，一般置于结尾。它具有三个作用：①分清成果的归属，哪些成果是作者取得的，哪些是引用他人的，以免造成都是作者的成果的错觉；②它除了说明正文中的观点、数据、公式、图表等的来源外，还可提供读者查找原著的线索，引导读者作进一步研究时的参考；③提供依据，使读者确信文章的内容。

凡是文中引用他人的文章、论点、图、数据等，均应在正文引用处按先后次序，用带方括号的阿拉伯数码 [1]、[2]、[3]、[1～3] 等。写在有关正文的右上角，并在参考文献项目中列出参考文献的出处。

参考文献来源有期刊、会议记录及资料汇编、科学报告、档案资料、学位论文、书、专利等。

参考文献的书写格式应执行 GB 7714—1987 的规定。GB 7714—1987 中著录规定与过去习惯使用的参考文献著录规则有许多不同之处，读者要多加注意，特别要注意的是著录规定中的项目次序与"."、","、":" 等标点符号的正确使用。下面列举一些常见的书写格式，所列项目均为完全式，根据具体情况，有时省去若干项。

① 图书

a. 著录格式

［序号］主要责任者. 书名：其他题名信息. 其他责任者. 版次（第一版不注）. 出版地：出版者，出版年：引文页码.

说明：翻译图书译者按其他责任者处理。

b. 著录示例

［1］姜圣阶等. 合成氨工学. 第 2 版. 北京：化学工业出版社，1984：110.

[2] 赵凯华, 罗蔚茵. 新概念物理教程: 力学. 北京: 高等教育出版社, 1995.

说明: 当书名中含有其他题名信息时, 要在其前加冒号 ":", 下同; 如无确指页码时可免除最后的页码项, 下同.

[3] 梁星宇. 橡胶工业手册: 第 3 卷. 第 2 版. 北京: 化学工业出版社, 1992.

[4] Fakirov S: Handbook of Thermoplastic Polyesters: Vol 2. Weinheim: WILEY-VCH Verlag GmbH, 2002.

说明: 卷次作其他题名信息处理.

[5] 张立德. 高新技术科普丛书: 纳米材料. 北京: 化学工业出版社, 2000.

[6] 德赖弗 W E. 塑料化学与工艺学. 江璐霞, 张菊华译. 北京: 化学工业出版社, 1993: 623.

② 图书中析出的文献

a. 著录格式 [序号] 析出文献主要责任者. 析出文献题名. 析出文献其他责任者//图书主要责任者. 图书题名: 其他题名信息. 版次(第一版不注). 出版地: 出版者, 出版年: 析出文献页码.

b. 著录示例

[1] 俞福良. 高级脂肪醇//《化工百科全书》编辑委员会, 化学工业出版社《化工百科全书》编辑部. 化工百科全书: 第 5 卷. 北京: 化学工业出版社, 1993: 623.

[2] 白书农. 植物开花研究//李承森. 植物科学进展. 北京: 高等教育出版社, 1998: 146-163.

③ 连续出版物中析出的文献 连续出版物主要指期刊和报纸, 而在科技图书中整体或整份引用期刊和报纸的情况非常少见(期刊、报纸整体著录文献的项目、格式参见国家标准 GB/T 7714—2005《文后参考文献著录规则》有关规定), 绝大多数情况都是引用期刊或报纸中的某一篇文章, 因此大多为连续出版物中析出的文献. 为了方便读者和著录规范, 作者务必提供析出题名即文章题目.

a. 著录格式

ⓐ 期刊中析出的文献 [序号] 析出文献主要责任者. 析出文献题名. 刊名: 其他题名信息, 年, 卷(期): 页码.

ⓑ 报纸中析出的文献 [序号] 析出文献主要责任者. 析出文献题名. 报名, 出版年-月-日(版页).

b. 著录示例

[1] 王慧等. 多相催化精馏合成碳酸二甲酯. 石油化工, 2003, 32 (12): 1017.

说明: 当期刊本身只有期次而无卷次时, 出版年与期次间仍用逗号 "," 隔开.

[2] 李晓东, 张庆红, 叶瑾琳. 气候学研究的若干理论问题. 北京大学学报: 自然科学版, 1999, 35 (1): 101-106.

说明: 当刊名中含有其他题名信息时, 要在其前加冒号 ":".

[3] 姚士英. 智能油罐含水率测定仪问世. 中国化工报, 1997-05-15 (3).

④ 科技报告与学位论文

a. 著录格式 原则按图书对待, 只是题名相当于书名, 登载、发布报告或学位论文的相应学校或非出版机构相当出版者, 为了读者便于识别, 建议著录 "文献类型标志"[具体标志代码见(8) 电子文献].

b. 著录示例

[1] World Health Organization. Factors Regulating the Immune Response: Report of WHO Scientific Group [R]. Geneva: WHO, 1970.

[2] 刘三生. 硫化时间对轮胎力学性能的影响 [D]. 北京: 北京化工大学材料科学研究所, 1994.

⑤ 专利文献

a. 著录格式 [序号] 专利申请者或所有者. 专利题名. 专利国别 专利号. 公告日期或公开日期.

说明：专利题名有时可省略。

b. 著录示例

[1] 彭世杰等. 苯二甲酸稀土制备方法与用途. CN 1283607A. 2001-02-14.

[2] Tachibana R, Shimizu S, Kobayshi S, et al. Electronic Watermaking Method and System. US 6915001. 2002-04-25.

说明：示例 [1] 中的"CN"为专利文献中的国家代码，此例表示"中国"。

日本专利文献的著录格式如示例 [3]～[5] 所示。

[3] 田早苗（日腾工業株式会社）. 公開特許公報. 昭 60-183148（1985）.

[4] 山本信工（ライオン（株））. 特許公報. 平 3-60429（1991）.

[5] Tsukma T（Ota Seivaku Co）. JP-Kokai 76-31687. 1976.

说明：JP 为特許公報，JP-Kokai 为公開特許公報。

⑥ 标准文献

a. 著录格式　严格讲，应按图书类文献著录要求诸项著录，在特殊情况下，也可简化为以下格式。

[序号] 标准代号　分类号—年代号

b. 著录示例

[1] 中华人民共和国国家质量监督检验检疫总局，中国国家标准化管理委员会第七分委员会. GB/T 7714—2005 文后参考文献著录规则. 北京：中国标准出版社，2005.

也可简化为 [1] GB/T 7714—2005 文后参考文献著录规则.

还可简化为 [1] GB/T 7714—2005.

[2] GB 175—1999.

[3] ISO 638—81.

[4] ASTM D 329—76.

⑦ 会议文献

a. 著录格式　可将会议论文集或汇编作为图书处理，多数属图书中析出的文献。

[序号] 作者（或报告人）. 题名// 编者. 会议文献名或会议名. 出版地：出版者，出版年：页码.

b. 著录示例

[1] 中国力学学会. 第 3 届全国实验流体力学学术会议论文集. 天津：[出版者不详]，1990.

[2] 程宇，陈曙. 铌酸催化剂的结构和酸性催化性质// 王祥生等编. 第四届全国高校有机化工学术会议论文集. 大连：大连理工大学出版社，1994：131.

⑧ 电子文献　电子文献是指以数字方式将图、文、声、像等信息存储在磁、光、电介质上，通过计算机、网络或相关设备使用的知识内容或艺术内容的文献信息资源，包括电子图书、期刊、报纸、数据库、电子公告等。本《须知》规定，必要时，可引用和著录无纸介质出版形式的电子图书、期刊、标准、专利等读者可以查到的境内电子文献，或虽有纸介质出版形式但只便于从网上查询到的境外电子文献。

a. 著录格式　在上述图书、期刊、标准、专利著录格式的基础上，必须在方括号内注明文献类型标志，有时还要根据需要注出引用日期（在方括号内）、获取和访问途径。

著录网络电子文献时，必须包含作品责任人、题名、引用日期和完整的访问路径。

常用文献的类型标志代码为：

普通图书（M），会议录（C），汇编（G），报纸（N），期刊（J），学位论文（D），报告（R），标准（S），专利（P），数据库（DB），计算机程序（CP），电子公告（EB），磁带（MT），磁盘（DK），光盘（CD），联机网络（OL）。

b. 著录示例

[1] 赵耀东. 新时代的工业工程师 [M/OL]. 台北：天下文化出版社，1998：23-28 [1998-09-26]. http：//www.ie.nthu.edu.tw/info/ie.newie.htm（Big5）.

[2] 傅刚，赵承，李佳路. 大风沙过后的思考 [N/OL]. 北京青年报，2000-04-12 [2005-07-12]. http：//www.bjyouth.com.cn/Bqb/20000412/GB/4216%5ED0412B1401.htm.

除了上述文献著录项目和格式外，还应提醒读者注意以下几点。

a. 作者应按顺序写。作者姓名，不分文种，一律姓在前，名在后。作者不超过三人时，原则上可全部照录。当作者较多时，需要省略，则可用某某"等"（中文）或"et al"（英文）。

b. 期刊名称缩写应按照习惯写法，或公开出版的有关杂志的缩略语词典中的写法，不要随意书写。例如美国化学会志，不能写成 JACS 或 J. A. C. S，应写成 J. Am. Chem. Soc.。

c. 参考文献顺序用阿拉伯数字排写。出版的次数，一律用阿拉伯数字表示。如第 2 版；修订 2 版或 2nd ed.、3rd. ed（英文）。

d. 未发的作品可分别在页码后注为"待发表"、"排印中"等字样。"待发表"、"排印中"等均要注于圆括号（　）内。

⑨ 谢辞　在科技报告和科学论文中常常附有致谢的内容，这部分内容放于结尾与参考文献之间，其作用是向在研究过程及撰稿过程中曾给予帮助、支持、指导的人们以及有关部门致以谢意。通常对以下人员和部门应予致谢：①研究或实验等的协助者、指导者；②参加讨论者；③实验装置、器具、材料等方面的提供者；④论文中使用的某些数据、图、表、资料、照片等的提供者。总之给予实质性帮助的部门和个人，应将其帮助的内容在致谢中写明。

⑩ 附录　有些科学论文或科技报告，需要附录（附件），它通常放在参考文献之前。可放入附录的内容包括：事例记载、详细数据、数学运算的中间步骤、实例、证件、照片、辅助说明、辅助图表、扩大分析、信件副本、交流副本、文中提及的广告、推荐的附属读物等。总之，凡是放在正文显得臃肿、累赘而又舍去不得的内容部分，以及必要的说明性资料等均可放入附录内。

三、撰写科技报告应注意的事项

撰写科技报告时，除应遵守编写科技文件应注意事项外还应注意以下几点。

① 详略得当，主次分明。科技报告不是实验记录，而是以实验记录为素材，经过加工后制成的产品。

② 供公开发表用的科技报告，必须符合保密规定，涉密内容应一律删除，投稿前应征得科研资助部门及主管部门的同意。

③ 上报管理部门的科技报告，一定要按照规定的格式和要求逐项认真填写，不能敷衍了事。因为主管部门了解科研进展情况是为了做出相应的决策，如提供经费、增加人力、提供实验场地、实验的设备，或者削减经费收缩研究、中止课题等。如果科技报告写得含糊不清，主管领导部门就难于做出正确的判断，甚至会做出错误的决定，给工作带来损失。

④ 文字通俗易懂。向主管部门汇报使用的科技报告，尤其要注意这一点。因为主管部门中虽然有许多专家，但由于学科众多，范围广泛，任何人都不可能做到门门通晓。所以，在写科技报告时，一定要注意读者对象。

⑤ 科技报告中的语句宜短不宜长。长句子即使行家看起来都很费力，外行人则更会感到费解及烦闷，将会降低科技报告的质量。

附　录

一、部分分析仪器学术团体和国家级分析测试技术中心单位

团 体 名 称	联 系 地 址	邮 政 编 码
中国化学会色谱专业委员会	中国医科院药物所	100050
中国化学会分析化学学科委员会	厦门大学化学系	361005
中国物理学会质谱分会	北京 2724 信箱	100080
中国生物物理学会生物物理仪器与实验技术专业委员会	中科院生物物理所	100101
中国光学学会光学测试分会	南京理工大学光电系	210014
中国光学学会光谱分会	北京钢铁研究总院	100081
中国计量测试学会在线检测技术专业委员会	上海市技术监督局	200040
中国声学学会环境声学分会	中科院声学研究所	100080
中国分析测试协会	北京三里河路 54 号	100045
中国质谱学会	中科院化学所	100080
中国色谱学会	中科院大连化学物理所	116011
中国气象学会大气化学与污染气象学分会	中科院大气物理研究所	100029
中国地质学会岩矿测试专业委员会	地矿部测试技术研究所	100037
中国矿物岩石地球化学学会微束分析分会	中科院广东地球化学研究所	510640
中国微生物学会分析微生物学分会	军事医学科学院五所	100071
中国环境科学学会环境监测分析分会	北京市环境监测中心站	10004
中国系统工程学会过程系统工程专业委员会	中国化工经济技术发展中心	100723
中国机械工程学会理化检验分会	上海市邯郸路 99 号	200437
中国机械工程学会环境保护分会	北京首体南路 2 号机械院内	100044
中国金属学会理化检验分会	北京钢铁研究总院	100081
中国有色金属学会理化检验分会	中国有色金属研究总院	100081
中国稀土学会稀土理化检验分会	中国有色金属研究院 501 室	100088
中国核学会核电子与核探测技术分会	中科院高能物理所	100039
中国药学会药物分析分会	中国药学会学会工作部	100810
中国营养学会营养分析分会	中国预防医学科学院营养卫生研究所	100050
中华医学会检验学会	北京人民医院肝病科	100044
中国仪器仪表学会过程检测控制仪表分会	上海工业自动化仪表研究所	200233
中国仪器仪表学会实验室仪器分会	中科院声学研究所	100080
中国仪器仪表学会分析仪器分会	北京分析仪器研究所	100095
中国仪器仪表学会分析仪器分会电化学分析仪器专业委员会	上海华东师范大学	200062
中国仪器仪表学会过程分析仪器专业委员会	北京化工研究院	100013
中国仪器仪表学会离子色谱专业委员会	中科院生态环境研究中心	100085
中国仪器仪表学会化学传感器专业委员会	上海师范大学化学系	200234
中国仪器仪表学会流动注射分析专业委员会	中科院沈阳应用生态研究所	110015
中国仪器仪表学会湿度与水分专业委员会	武汉仪器仪表集团公司	430014
中国仪器仪表学会光谱分析专业委员会	上海分析仪器总厂	200031
中国仪器仪表学会黏度分析专业委员会	国家标准物质中心	100013
中国分析仪器产品质量监督检验中心	北京海淀区温泉	100095
国家气体产品质检中心	国家标准物质研究中心	100013
国家地质实验测试中心	地矿部测试技术研究所	100037
国家食品质量监督检验中心	轻工总会食品发酵研究所	100027

团　体　名　称	联　系　地　址	邮政编码
国家副食品质量监督检验测试中心	内贸部食品检测科学研究所	100037
中国肉类食品综合研究中心	北京永定门外洋桥 70 号	100075
中国药品生物制品检定所	北京天坛西里 2 号	100050
国家体委兴奋剂检测中心	北京朝阳区安定路 1 号	100029

二、部分与分析化学及分析仪器有关的中国杂志、出版物

期　刊　名　称	国内邮发代号	主办单位地址	邮政编码
波谱学杂志	38-30	武汉市 71010 信箱	430071
传感器技术	14-203	哈尔滨市 44 信箱	150001
电测与仪表	14-43	哈尔滨市哈平路 128 号	150040
电子与仪表		上海市肇家滨路 750 号	200030
电子与自动化	4-212	上海科学技术情报所	200031
分析测试技术与仪器	54-90	中科院兰州化学物理研究所	730000
分析测试学报		辽宁大连西岗区三元街 71 号	116011
分析测试仪器通讯	82-68	北京百万庄 26 号	100037
分析化学	12-6	中科院长春应用化学物理所	130022
分析实验室	82-431	北京新街口外大街 2 号	100088
分析仪器	6-90	北京分析仪器研究所	100095
材料保护	38-30	武汉材料保护研究所	430030
高等学校化学学报	12-40	长春市解放大路 117 号吉林大学校内	130023
光谱学与光谱分析	2-369	北京海淀学院南路 6 号	100081
光谱实验室	14-3	北京学院南路 76 号 24 楼	100081
光学技术	2-830	北京理工大学	100081
光学仪器		上海市长岭路 115 号	200093
国外分析仪器与应用	18-120	北京分析仪器研究所	100095
工业仪表与自动化装置	52-49	西安市劳动路北口	710082
化工学报	2-370	北京朝阳区惠新里 3 号	100029
化工自动化与仪表	54-27	兰州西固中路 584 号	730060
化学传感器		江苏姜堰 822 信箱	225500
化学通报	2-28	北京 2709 信箱	100080
化学学报	4-209	上海松林路 354 号	200032
核电子学与探测技术		北京 8800 信箱	100020
核化学与放射化学	82-162	北京市 275 信箱 65 分箱	100037
核技术	4-245	上海 800-204 信箱	100717
红外	4-290	中科院上海技术物理研究所	200083
红外技术	64-26	昆明物理研究所	650223
环境保护	2-605	北京崇文区北岗子街 8 号	100062
环境科学	2-821	北京 2871 信箱	100085
计量技术	2-796	北京和平里西街甲 2 号	100013
计量与测试技术	62-198	成都市东风路北二巷 5 号	610061
计量学报	2-798	北京 1413 信箱	100013
理化检验（化学分册）	4-182	上海邯郸路 99 号	200437
色谱	8-43	中科院大连化学物理研究所	116001
上海环境科学	4-381	上海钦州路 508 号	200233
上海计量测试		上海长乐路 1227 号	200031
现代科学仪器	18-130	北京市三里河路 52 号	100864
岩石学报	8-33	北京德胜门外祁家豁子 9825 信箱	100029
岩矿测试	2-313	地矿部岩矿测试技术研究所	100037
真空	8-30	沈阳市沈河区万柳塘路 2 号	110042

续表

期 刊 名 称	国内邮发代号	主办单位地址	邮政编码
功能材料	78-6	重庆 1512 信箱	630700
中国仪器仪表	82-11	北京广外大街甲 397 号	100055
仪表技术	4-351	上海市龙江路 225 号	200082
仪表技术与传感器	8-69	沈阳市大东区北海街 242 号	110043
仪器仪表与分析监测	18-36	北京市仪器仪表总公司	100011
仪器仪表学报	2-369	中国仪器仪表学会	100011
自动化与仪器仪表	78-8	重庆市 1506 信箱	630708
自动化仪表	4-304	上海漕宝路 103 号	200437
质谱学报	自发行	北京市太平路 27 号	100850
石油化工	2-401	中国化工学会石油化工专业委员会	100013
石油炼制与化工	2-332	北京学院路 18 号	100083
食品科技	2-681	北京市宣武区菜市口狮子店 11 号	100053
食品与发酵工业	2-331	北京市朝阳区霄云路 32 号	100027
生物化学与生物物理进展报	2-816	中科院生物物理所内	100101
物理	2-805	北京 603 信箱	100080
微生物学通报	2-817	海淀区中关村北一条 13 号	100080

三、部分国内分析仪器生产厂商及研究单位

单 位	详 细 地 址	邮政编码
北京分析仪器厂	北京海淀温泉	100095
北京北分瑞利分析仪器公司	北京东直门外西八间房	100015
中科院北京科学仪器研制中心	北京中关村蓝旗营北二条 13 号	100080
北京检测仪器厂	北京广安门外鸭子桥 39 号	100055
北京地质仪器厂分析仪器分厂	北京东三环北路 2 号	100027
北京海光仪器公司	北京东三环北路 2 号	100027
北京市通用仪器设备公司	北京海淀区土城北路 59 号院内	100083
八方分析测试新技术研究所	北京白石桥路 46 号	100081
北京市埃尼姆生命科学技术公司	北京中关村路 19 号	100080
北京百峰新技术开发股份有限公司	北京海淀区增光路 50 号	100037
北京市理化分析测试中心	北京西三环北路 27 号	100081
北京潮声技术开发公司	北京海淀区大有庄 100 号 92 楼	100091
北京埃尔特公司	北京西直门外高粱桥斜街	100081
北京历元电子仪器公司	北京双榆树南里甲 8 号	100086
北京淀松光子技术有限公司	北京海淀区半壁店 61 号	100039
北京苏晖仪器有限公司	北京无线电工业学校院内	100016
北京泰立化电子技术有限公司	北京市北四环西路 21 号	100080
北京先通科学仪器技术公司	北京中关村南三街 18 号	100080
北京市东西电子技术研究所	北京颐和园安河桥大街 16 号	100091
北京市电脑技术应用研究所	北京西直门南大街 16 号	100035
相马科学仪器(北京)有限公司	北京中关村南三街 18 号	100080
北京海淀土壤分析仪器厂	北京海淀区闵庄 129 号	100080
钢铁研究总院	北京市学院南路 76 号	100081
北京新技术应用研究所	北京西直门南大街 16 号	100035
国家分析测试中心	北京市学院南路 76 号	100081
北京光电设备厂	北京月坛南街 3 号	100037
北京中惠普分析技术研究所	北京市西四南大街羊皮市胡同	100034
北京先驱威峰技术开发公司	北京海淀体育中心西台 103 室	100080
华阳测控技术有限公司	北京海淀区皂君庙甲七号	100081
北京创元技贸公司	北京市海淀区大有庄 100 号	100091

单　位	详　细　地　址	邮政编码
北京分析仪器研究所	北京市海淀区温泉	100095
北京光学仪器厂	北京通县西门	101149
北京市六一仪器厂	北京阜成门外定慧西里 17 号	100036
北京科普仪器厂	北京景山后街 11 号	100009
北京核仪器厂	北京大北窑东环北路 42 号	100020
北京真空仪表厂	北京朝阳门外中纺街 32 号	100020
北京朝阳区北苑检测分析仪器厂	北京安定门外北苑村	100012
北京海淀华电化学分析仪器研究所	北京海淀区海淀街莺房 25 号	100080
北京曙光特种玻璃仪器厂	北京安定门外大屯	100101
天津分析仪器厂	南开区黄河道 471 号	300100
天津第二分析仪器厂	南开区黄河道密云一支路 5 号	300112
天津光学仪器厂	天津市南郊灰堆五里堆	300222
天津大学精密仪器系	天津南开区七里台	300072
上海精密科学仪器公司	上海江西中路 450 号	200002
上海红宇电子设备厂	上海水电路 194 号	200083
上海分析仪器总厂	上海苍梧路 8 号	200233
上海天平仪器总厂	上海苍梧路 10 号	200233
上海雷磁仪器总厂	上海安亭昌吉路 149 号	201805
上海电子光学技术研究所	上海市漕溪路 41 号	200233
上海雷磁仪器厂新泾分厂	上海哈密路 750 号	200335
惠普上海分析仪器有限公司	上海苍梧路 12 号	200233
上海祥盛昌自控测试仪器有限公司	上海进贤路 218 号	200020
上海市计算技术研究所	上海愚园路 546 号	200040
上海天美科学仪器有限公司	上海漕溪路 190 号华林大楼 9 层	200233
上海物理光学仪器厂	上海苍梧路 7 号	200233
上海医用分析仪器厂	上海市粤秀路 353 号	200072
鸡西市分析仪器厂	鸡西市园林路 8 号	158100
丹东射线仪器(集团)股份有限公司	丹东市振兴区振五街 190 号	118000
成都东方仪器厂	成都青羊宫望仙场街 267 号	610072
贵阳新天精密光学仪器公司	贵阳市新添寨(贵阳市 85 信箱)	550018
厦门分析仪器厂	福建省厦门市胡里山大学路	361005
厦门大学科学仪器系	福建省厦门市胡里山	361005
佛山分析仪器厂	广东省佛山市建新路 97 号	528000
江苏徐州仪表二厂	徐州市黄河南路 41 号	221002
沈阳分析仪器厂	沈阳市铁西区保工北街 68 号	110026
中科院沈阳科学仪器研制中心	沈阳市和平区三好街 96 号	110003
沈阳肇发自动分析研究所	沈阳市沈河区文化路 72 号	110015
沈阳玻璃仪器厂	沈阳市铁西区云丰街二段 13 号	110021
大连分析仪器厂	大连市黑石礁村尖山街 86 号	116023
大连江申分离科学技术公司	大连市西岗区三元街 71 号	116011
大连依利特仪器有限公司	大连市中山路 161 号	116011
旅顺仪表元件厂	大连市旅顺顺山街 1 号	116041
承德市仪表厂	承德市东兴路 18 号	067000
高密分析仪器厂	山东省高密市南关路 86 号	261500
山东招远自动化仪表厂	招远市金城路 87 号	265400
鲁南化工仪器厂	山东省滕州市荆河中路 64 号	277500
山东电讯七厂	济宁市文大街 4 号	272101
青岛崂山电子仪器实验所	青岛李村青峰路 4 号	266100
青岛照相机总厂	山东青岛市延安 3 路 204 号	266071
山东省化学研究所	济南市文化东路 80 号	250014

续表

单　位	详　细　地　址	邮政编码
石油大学（华东）仪表厂	山东省东营市泰安路 149 号	257062
太原分析仪器厂（无线电七厂）	太原市柳巷 116 号	030002
太原科峰分析仪器厂	太原市新建路 219-7 号	030002
河南鹤壁市仪表厂	鹤壁市汤河街 47 号	458000
南京分析仪器厂	南京市中华路 16 号	210001
南京第三分析仪器厂	浦口津浦新村 139 号	210031
无锡高速分析仪器厂	江苏无锡钱桥	214151
江苏电分析仪器厂	泰县姜堰	225500
江苏泰县分析仪器二厂	泰县姜堰罗塘镇北村 18 号	225500
金坛分析仪器厂	常州市金坛县东门大街 67 号	213200
宜兴市仪器仪表总厂	江苏宜兴市和桥镇永昌路南首	214211
江苏昆山淀山湖检测仪器厂	昆山市淀山湖堤闸站	215345
江苏宜兴市光玻分析仪器厂	宜兴市和桥镇农贸路口	214211
杭州金港仪器仪表有限公司	杭州市打铁关绍兴路 51-2 号	310004
新安江分析仪器厂	浙江建德市梅城总府街 14 号	311604
建德市梅城电化学分析仪器厂	浙江建德市梅城勤俭路 23 号	311604
武汉仪器仪表研究院	武汉市惠济二路 8 号	430010
国营二六五厂	武汉市青山区冶金大道 9 号	430080
武汉分析仪器厂	武汉市汉口中山大道 502 号	430033
四川分析仪器厂	重庆北碚澄江镇	630701
成都仪器厂	成都市人民中路三段三号	610031

四、希腊字母及其读音

大写	小写	英文注音	国际音标注音	大写	小写	英文注音	国际音标注音
A	α	Alpha	′ælfə	N	ν	Nu	nju:
B	β	Beta	′beitə	Ξ	ξ	Xi	ksai
Γ	γ	Gamma	′gæmə	O	o	Omicron	ou′maikrən
Δ	δ	Delta	′deltə	Π	π	Pi	pai
E	ϵ	Epsilon	′epsilən	P	ρ	Rho	rou
Z	ζ	Zeta	′zi:tə	Σ	σ	Sigma	′sigmə
H	η	Eta	′eitə	T	τ	Tau	to:
Θ	θ	Theta	′θi:tə	γ	υ	Upsilon	′ju:psilən
I	ι	Iota	ai′outə	Φ	φ	Phi	fai
K	κ	Kappa	′kæpə	X	χ	Chi	kai
Λ	λ	Lambda	′læmdə	Ψ	ψ	Psi	p′sai
M	μ	Mu	mju:	Ω	ω	Omega	′oumiegə

五、分析化学中常见名词缩写与中英文全称对照

a	atto-渺	alk.	alkaline（not alkali）碱性（的）（不是碱）
A	ampere 安培		
A	angstrom unit 埃（单位）（＝0.1nm）	alky.	alkalinity 碱度
abs.	absolute 绝对（的）；无水（的）	a. m.	ante meridiem 上午
abstr.	abstract 提要；文摘；提取物	amt.	amount 量
Ac	acetyl（CH_3CO, not CH_3COO）乙酰基（CH_3CO，非 CH_3COO）	amu	atomic mass unit 原子质量单位
		anal.	analysis，analytical（ly）分析（的）
a. c.	alternating current 交流	anhyd.	anhydrous 无水（的）
addn.	addition 另外	AO	atomic orbital 原子轨道
addnl.	additional（ly）另外的（地）	app.	apparatus 装置
alc.	alcohol，alcoholic 乙醇；乙醇的	approx.	approximate（ly）近似的（地）
aliph.	aliphatic 脂肪族（的）	approxn.	approximation 近似

aq.	aqueous 水（的）	compn.	composition 组成
arom.	aromatic 芳香（的）	conc.	concentrate 浓缩；浓缩液
assoc.	associate 缔合	concd.	concentrated 浓缩（的）
assocd.	associated 缔合（的）	concg.	concentrating 浓缩（的）
assocg.	associating 缔合（的）	concn.	concentration 浓度，浓缩
assocn.	association 缔合	cond.	conductivity 电传导性；传导率；电导率
asym.	asymmetric（al）(ly) 非对称（的）（地）	const.	constant 常数
at.	atomic (not atom) 原子的（不是原子）	contg.	containing 包括；包含
atm	atmosphere (the unit) 大气压（单位）[＝9.81×10^{4}Pa]	cor.	corrected 校正
		CP	chemically pure 化学纯
atm.	atmosphere, atmospheric 大气；大气（的）	crit.	critical 临界（的）；有鉴定（的）
ATPase	adenosinetriphosphatase 三磷酸腺苷	cryst.	crystalline (not crystallize) 结晶体（的）（不是形成结晶）
av.	average 平均（的）	crystd.	crystallized 结晶（的）
b	(followed by figure denoting temperature)（b 后的数字表示温度）boils at, boiling at 在……沸（similarly b$_{13}$, at 13 mm pressure)（例如 b$_{13}$，表示压力为 13mmHg＝1733.2Pa 下的 b）	crystg.	crystallizing 结晶（的）
		crystn.	crystallization 结晶
		cwt	hundredweight $\frac{1}{20}$ 吨（＝115 英磅或 100 美磅）
bbl	barrel 桶	d-	deci- (10^{-1}) 分
bcc.	body centered cubic 体心立方	d.	density (d^{13}, density at 13℃ referred to water at 4℃; d^{20}_{20}, at 20℃ referred to water at the same temperature) 密度（d^{13} 指 13℃时与水在 4℃时的质量比，d^{20}_{20} 指在 20℃时与水在同一温度下的质量比）
BeV of GeV	billion electron volts 10 亿电子伏特		
BOD	biochemical oxygen demand 生化耗氧量		
μB	Bohr magneton 波尔磁子		
b. p.	boiling point 沸点		
Bq	becquerel 贝克勒尔（放射性强度单位，1Bq＝1s^{-1}＝2.703×10^{-11}Ci)		
		D	Debye unit 德拜单位
Btu	British thermal unit 英国热单位	da-	deka- (10^1) 十
Bu	butyl (normal)（正）丁基	d. c.	direct current 直流
bu	bushel 蒲式耳（容量单位）(＝36.4L)	decomp.	decompose 分解
Bz	benzoyl (C_5H_5CO 非 $C_6H_5CH_2$) 苯甲酰基	decompd.	decomposed 分解（的）
		decompg.	decomposing 分解（的）
c-	centi- (10^{-2}) 厘	decompn.	decomposition 分解
C	coulomb 库仑	degrdn.	degradation 降解
℃	degree Celsius (centigrade)（摄氏）度	deriv.	derivative 衍生物；导致
cal	calorie 卡（＝4.1868J)	det.	determine 测定
calc.	calculate 计算（的）	detd.	determined 测定（的）
calcd.	calculated 计算过（的）	detg.	determining 测定（的）
calcg.	calculating 计算（的）	detn.	determination 测定
calcn.	calculation 计算	diam.	diameter 直径
CD	circular dichroism 圆二色性	dil.	dilute 稀释
c. d.	current density 电流密度	dild.	diluted 稀释（的）
cf.	compare 比较	dilg.	diluting 稀释（的）
Ci	curie 居里（＝3.7×10^{10}Bq)	diln.	dilution 稀释
clin.	clinical (ly) 临床的（地）	dissoc.	dissociate 解离
CoA	coenzyme A 辅酶 A	dissocd.	dissociated 解离（的）
COD	chemical oxygen demand 化学耗氧量	dissocg.	dissociating 解离（的）
coeff.	coefficient 系数	dissocn.	dissociation 解离
com.	commercial (ly) 商业的（地）	distd.	distilled 蒸馏（的）
compd.	compound 化合物	distg.	distilling 蒸馏（的）

distn.	distillation 蒸馏	
DNase	deoxyribonuclease 脱氧核糖核酸酶	
d. p.	degree of polymerization 聚合度	
dpm	disintegration per minute 每分钟衰变数	
DTA	differential thermal analysis 差示热分析	
E-	exa- (10^{18})	
ECG	electrocardiogram 心电图	
ED	effective dose 有效剂量	
EEG	electroencephalogram 脑电图	
e. g.	for example 举例	
elec.	electric, electrical (ly) 电 (的);电学 (的)	
emf.	electromotive force 电动势	
emu	electromagnetic unit 电磁单位	
en	ethylenediamine (used in Werner complexes only) 1,2-乙二胺 (只在Werner 络合物中应用)	
equil.	equilibrium (s) 平衡	
equiv.	equivalent (the unit) 当量 (单位) [≈ (1mol/L) ×离子价数]	
equiv.	equivalent 相当于	
esp.	especially 尤其是	
est.	estimate 估计	
estd.	estimated 估计 (的)	
estg.	estimating 估计 (的)	
estn.	estimation 估计	
esu	electrostatic unit 静电单位	
Et	ethyl 乙基	
et al.	and others 等等	
etc.	et cetera 等等	
eV	electron volt 电子伏特	
evap.	evaporate 蒸发	
evapd.	evaporated 蒸发 (的)	
evapg.	evaporating 蒸发 (的)	
evapn.	evaporation 蒸发	
expt.	experiment 试验,实验	
exptl.	experimental 试验 (的),实验 (的)	
ext.	extract 提取物,萃取物	
extd.	extracted 提取 (的),萃取 (的)	
extg.	extracting 提取 (的),萃取 (的)	
extn.	extraction 提取,萃取	
F	farad 法拉	
°F	degree Fahrenheit 华氏度 $\left[x°F = \dfrac{5}{9}(x-32)℃ \right]$	
f-	femto- (10^{-15}) "尘"	
fcc.	face centered cubic 面心立方体	
fermn.	fermentation 发酵	
f. p.	freezing point 凝固点	
FSH	follicle-stimulating hormone 促卵包激素	
ft	foot 英尺 (=0.3048m)	
ft-lb	foot-pound 英尺-磅 (1 磅=0.45kg)	

g	gram 克	
(g)	gas, only as in H_2O (g) (气) [只用于如 H_2O (气) 中]	
g	gravitational constant 重力常数	
G*	gauss 高斯 (≈10^{-4}T)	
G-	giga- (10^9) "京"	
gal	gallon 加仑 (=4.54L)	
gr.	grain (weight unit) 谷 (质量单位) (= 64.8mg) 或 1/7000lb	
Gy	gray (adsorbed radiation dose) 戈瑞 (吸收剂量单位)	
h	hour 时	
h-	hecto- (10^2) 百	
H	henry 亨利	
ha*	hectare 公顷 (=$10^4 m^2$)	
Hb	hemoglobin 血红蛋白	
hcp	hexagonal close-packed 六方密堆集	
Hz	hertz (cycles/sec) 赫 (兹) (周/秒)	
ID	inhibitory dose 抑制剂量	
i. e.	that is 即	
lg	immunoglobulin 免疫球蛋白	
i. m.	intramuscular (ly) 肌肉内 (的)	
in.	inch 英寸 (=0.0254m)	
inorg.	inorganic 无机 (的)	
insol.	insoluble 不溶解 (的)	
i. p.	intraperitoneal (ly) 内腹膜的	
IR	infrared 红外	
irradn.	irradiation 照射	
IU	International unit 国际单位	
i. v.	intravenous (ly) 静脉内 (的)	
J	joule 焦耳	
k-	kilo- (10^3) 千	
K	kelvin 开尔文	
L	liter 升	
(l)	liquid, only as in NH_3 (l) 液体 [只用于如 NH_3 (l) 中]	
lab.	laboratory 实验室	
lb	pound 磅 (=0.45kg)	
LACO	linear combination of atomic orbitals 原子轨道线性组合	
LD	lethal dose 致死量	
LH	luteinizing hormone 促黄体激素	
liq.	liquid 液体	
lm	lumen 流明 (发光单位)	
lx	lux 勒 (克司)	
m	meter 米	
m-	milli- (10^{-3}) 毫	
m.	melts at, melting at 在…熔融	
m	molal (质量) 摩尔 (的)	
M	molar (体积) 摩尔 (的)	
M-	mega- (10^6) 兆	

manuf.	manufacture 制造	polymn.	polymerization 聚合（作用）
manufd.	manufactured 制造（的）	pos.	positive（ly）正（的）
manufg.	manufacturing 制造（的）	powd.	powdered 粉末状的
math.	mathematical（ly）数学（的）	ppb	parts per billien 十亿分之几
max.	maximum（s）极大	ppm	parts per million 百万分之几
Me	methyl（not metal）甲基（非指金属）	ppt.	precipitate 沉淀
mech.	mechanical（ly）（not mechanism）机械（的），力学（的）（非机理）	pptd.	precipitated 沉淀（的）
		pptg.	precipitating 沉淀（的）
metab.	metabolism 代谢	pptn.	precipitation 沉淀
mi*	mile 英里（＝1609.3m）	Pr	propyl（normal）（正）丙基
min	minute 分钟	prep.	prepare 制备
min.	minimum（s）极小	prepd.	prepared 制备（的）
misc.	miscellaneous 杂（的）	prepg.	preparing 制备（的）
mixt.	mixture 混合物	prepn.	preparation 制备
MO	molecular orbital 分子轨道	prodn.	production 生产
mo	month 月	psi	pounds per square inch lb/in² （＝0.45kg/6.45×10⁻⁴m²）（下同）
mol	mole（the unit）摩尔（单位）		
mol.	molecule，molecular 分子，分子（的）	psia	pounds per square inch absolute lb/in²（绝对压力）
m. p.	melting point 熔点		
mph	miles per hour 每小时英里	psig	pounds per square inch gage lb/in²（表压）
μ	micro-（10⁻⁶）微		
MSH	melanocyte-stimulating hormone 促黑（素细胞）激酶	py	pint 品脱（＝0.57L）
		purifn.	purification 纯化
Mx	maxwell 麦克斯威（磁量单位）	py	pyridine（used in Werner complexes only）吡啶（只用于 Werner 络合物中）
n-	nano-（10⁻⁹）纳		
n	refractive index（n_D^{20} for 20℃ and sodium D light）折射率（n_D^{20} 为 20℃ 时钠 D 线）	qt*	quart 夸脱（＝1.14L）
		qual.	qualitative（ly）定性（的）
		quant.	quantitative（ly）定量（的）
		R	roentgen 伦琴（＝2.58×10⁻⁴C/kg）
N	newton 牛顿	redn.	reduction 还原（作用）
N	normal（as applied to concentration）当量（用于浓度时）（我国已废除，见前用 mol 代替）	ref.	reference 参比
		rem	roentgen equiavalent man 人伦琴当量
		rep	roentgen equivalent physical 物理伦琴当量
neg.	negative（ly）负（的）		
no.	number 数	reprodn.	reproduction 生殖，再生
obsd.	observed 观察（的）	resoln.	resolution 分辨率，分离度
Oe	oersted 奥斯特［约（1000/4π）A/m］	resp.	respective（ly）分别（的）
Ω	ohm 欧姆	RNase	ribonuclease 核糖核醇酶
org.	organic 有机（的）	rpm	revolutions per minute r/min
oxidn.	oxidation 氧化（作用）	RQ	respiratory quotient 呼吸商
oz	ounce 盎司（＝28.35g）	s	second（time unit only）秒（时间单位）
p-	pico-（10⁻¹²）皮［可］	(s)	solid, only as in AgCl（s）固体［只用于如 AgCl（s）中］
P	poise 泊（＝0.1Pa·s）		
P-	peta-（10¹⁵）拍，千兆	S	siemens 西门子
Pa	pascal 帕（斯卡）	sapon.	saponification 皂化
p. d.	potential difference 电位差	sapond.	saponified 皂化（的）
Ph	phenyl 苯基	sapong.	saponifying 皂化（的）
phys.	physical（ly）物理（的）	sat.	saturate 饱和
p. m.	post meridiem 下午	satd.	saturated 饱和（的）
polymd.	polymerized 聚合（的）	satg.	saturating 饱和（的）
polymg.	polymerizing 聚合（的）	satn.	saturation 饱和

s. c.	subcutaneous (ly) 皮下	tbs	tablespoon 汤匙
SCE	saturated calomel electrode 饱和甘汞电极	TEAE-cellulose	triethylaminoethyl cellulose TEAE 纤维素
SCF	self-consistent field 自洽场	tech.	technical (ly) 技术 (的)
sec	secondary (with alkyl group only) 仲，第二 (的) (只用于与烷烃基连接时)	temp.	temperature 温度
sep.	separate (ly) 分离，分别	*tert*	tertiary (with alkyl group only) 叔，第三 (的) (只用于与烷烃基连接时)
sepd.	separated 分离 (的)	theor.	theoretical (ly) 理论 (的)
sepg.	separating 分离 (的)	thermodn.	thermodynamic (s) 热力学
sepn.	separation 分离	titrn.	titration 滴定
sol.	soluble 可溶 (的)	tsp	teaspoon 茶匙
soln.	solution 溶液	USP	United States Pharmacopeia 美国药典
soly.	solubility 溶解度	UV	ultraviolet 紫外 (的)
sp.	specific (used only to qualify physical constant) 比 (只适用于鉴定物理常数)	V	volt 伏特
		vs.	versus 与…相对
sp. gr.	specific gravity 比重 [旧称]	vol.	volume (not volatile) 体积 (非指挥发)
sr	steradian 立体角	W	watt 瓦特
St	stokes 斯托克斯 ($=10^{-4} m^2/s$)	Wb	weber 韦 (伯)
std.	standard 标准	wk	week 星期
sym.	symmetric (al) (ly) 对称 (的)	wt.	weight 重量
T	tesla 特 (斯拉) (磁通量密度，磁感应强度)	yd	yard 码 ($=0.91m$)
		yr	year 年 (国际单位用 a 表示)
T-	tera- (10^{12}) 垓，兆兆		

六、分析化学常见期刊全名与缩写对照

各检索工具对同一期刊有不同缩写，此表引自 Analytical Abstracts，AA，1987。

Abstr. Bulg. Sci. Lit. Chem.	Abstracts of Bulgarian Scientific Literature, Chemistry [*Eng.*]
Abstr. Bull. Inst. Pap. Chem.	Abstract Bulletin of the Institute of Paper Chemistry [*Eng.*]
Abstr. Rom. Sci. Tech. Lit.	Abstracts of Romanian Scientific and Technical Literature [*Eng.*]
Acta Aliment.	Acta Alimentaria [*Eng.*]
Acta Chim. Hung.	Acta Chimical Hungarica [*Eng.*]
Acta Pharm. Fenn.	Acta Pharmaceutica Fennica [*Eng.*, *Finnish*]
Acta Pharm. Hung.	Acta Pharmaceutica Hungarica [*Hung.*]
Acta Pharm. Jugost.	Acta Pharmaceutica Jugoslavica [*Eng.*, *Ger.*, *Serbo-Croatian*]
Acta Pharm. Turc.	Acta Pharmaceutica Turcica [*Eng.*, *Turk.*]
Acta Pol. Pharm.	Acta Poloniae Pharmaceutica [*Pol.*]
Afinidad	Afinidad [*Eng.*, *Span.*]
Agric. Biol. Chem.	Agricultural and Biological Chemistry [*Eng.*]
Am. Ind. Hyg. Assoc. J.	American Industrial Hygiene Association Journal [*Eng.*]
Anal. Biochem.	Analytical Biochemistry [*Eng.*]
Anal. Chem.	Analytical Chemistry [*Eng.*]
Anal. Chim. Acta	Analytica Chimica Acta [*Eng.*, *Fr.*, *Ger.*]
Anal. Instrum. (*N. Y.*)	Analytical Instrumentation [*Eng.*]
Anal. Lett.	Analytical Letters [*Eng.*, *Fr.*, *Ger.*]
Anal. Proc. (*London*)	Analytical Proceedings [*Eng.*]
Anal. Sci.	Analytical Sciences [*Eng.*]
Analusis	Analusis [*Eng.*, *Fr.*]
Analyst (*London*)	Analyst [*Eng.*]

An. Bromatol.	Anales de Bromatologia [*Span.*]
An. Fis.	Anales de Fisica [*Eng.*, *Span.*]
Ser. B	Series B: Metodos e Instrumentos
Angew. Chem., Int. Ed. Engl.	Angewandte Chemie, International Edition in English [*Eng.*]
Ann. Chim. (*Rome*)	Annali di Chimica [*Eng.*, *Ital.*]
Ann. Clin. Biochem.	Annals of Clinical Biochemistry [*Eng.*]
Ann. Ist. Super. Sanita	Annali dell' Istituto Superiore de Sanita [*Eng.*, *Fr.*, *Ital.*]
Ann. Occup. Hyg.	Annals of Occupational Hygiene [*Eng.*]
Ann. Pharm. Fr.	Annales Pharmaceutiques Francaises [*Fr.*]
An. Quim.	Anales de Quimica [*Eng.*, *Span.*]
Ser. A	Serie A: Quimica Fisica y Quimica Tecnica
Ser. B	Serie B: Quimica Inorganica y Quimica Analitica
Autibiot. Med. Biotekhnol.	Antibiotiki i Meditinskaya Biotekhnologiya [*Eng.*, *Russ.*]
Appl. Microbiol. Biotechnol.	Applied Microbiology and Biotechnology [*Eng.*] (*formerly* European Journal of Applied Microbiology and Biotechnology)
Appl. Phys. B	Applied Physics, Part B [*Eng.*]
Appl. Radiat. Isot.	Applied Radiation and Isotopes [*Eng.*]
Appl. Spectrosc.	Applied Spectroscopy [*Eng.*]
Appl. Sarf. Sci.	Applied Surface Science (1985) [*Eng.*]
Aqnaline Abstr.	Aqualine Abstracts [*Eng.*]
Arch. Biochem. Biophys.	Archives of Biochemistry and Biophysics [*Eng.*]
Arch. Enriron. Contam. Toxieol.	Archives of Environmental Contamination and Toxicology [*Eng.*]
Arch. Pharm. (*Weinheim, Ger.*)	Archiv der Pharmazie [*Ger.*]
Arzneim. -Forsch.	Arzneimittel-Forschung [*Eng. Ger.*]
Atmos. Enriron.	Atmospheric Environment [*Eng.*]
At. Spectrosc.	Atomic Spectroscopy [*Eng.*]
Aust. Stand.	Australian Standard [*Eng.*]
Beitr. Tabakforsch. Int.	Beiträge zur Tabakforschung International [*Eng.*, *Ger.*]
Biochem. Cell Biol.	Biochemistry and Cell Biology [*Eng.*, *Fr.*]
Biochem. J.	Biochemical Journal [*Eng.*]
Biochem. Med.	Biochemical Medicine [*Eng.*]
Biochem. Med. Metab. Biol.	Biochemical Medicine and Metabolic Biology [*Eng.*]
Biochem. Soc. Trans.	Biochemical Society Transactions [*Eng.*]
Bioelectrochem. Bioenerg.	Bioelectrochemistry and Bioenergetics [*Eng.*]
Biomed. Enriron. Mass Spectrom.	Biomedical and Environmental Mass Spectrometry [*Eng.*]
Biomed. Chromatogr.	Biomedical Chromatography [*Eng.*]
Biopharm. Drug Dispos.	Biopharmaceutica & Drug Disposition [*Eng.*]
Bios (*Nancy*)	Bios. Nancy [*Fr.*]
Biosci. Rep.	Bioscience Reports [*Eng.*]
Boll. -Soc. Ital. Biol. Sper.	Bollettino dell Societa Italiana di Biologia Sperimentale [*Hal.*]
Br. Corros. J.	British Corrosion Journal [*Eng.*]
Br. Med. J.	British Medicaf Journal [*Eng.*]
BSI News	British Standards Institution News [*Eng.*]
Bull. Chem. Soc. Jpn	Bulletin of the Chemical Society of Japan [*Eng.*, *Ger.*]
Bull. Environ. Contam. Toxicol.	Bulletin of Environmental Contamination and Toxicology [*Eng.*]

Bull. Inst. Chem. Res.，*Kyoto Univ.*	Bulletin of the Institute for Chemical Research，Kyoto University [*Eng.*]
Bull Narc.	Bulletin on Narcotics [*Eng.*]
Bull. Scl.，*Sed. A*：(*Zagreb*)	Bulletin Scientifique，Section A：Science Naturelles，Techniques et Medicales (Zagreb) [*Eng.*，*Fr.*，*Ger.*]
Bull. Soc. Chim. Belg.	Bulletin des Societes Chimiques Belges [*Eng.*，*Fr.*]
Bull. Soc. Chim. Fr.	Bulletin de la Societe Chimiques de France [*Eng.*，*Fr.*]
Bunko Kenkyu	Banko Renkyu (Pesearch in Spectroscopy) [*Eng.*，*Japan*]
Bunseki Kagaku	Bunseki Kagaku (Analytieal Chemistry) [*Eng.*，*Japan*]
Can. J. Biochem. Cell Biol.	Canadian Journal of Biochemistry and Cell Biology [*Eng.*，*Fr.*]
Can. J. Chem.	Canadian Journal of Chemistry [*Eng.*，*Fr.*]
Can. J. Spectrosc.	Canadian Journal of Spectroscopy [*Eng.*，*Fr.*]
Carbohydr. Res.	Carbohydrate Research [*Eng.*]
Carcinogenesis (*London*)	Carcinogenesis (London) [*Eng.*]
Cereal Chem.	Cereal Chemistry [*Eng.*]
Cereal Foods World	Cereal Foods World [*Eng.*]
Cesk. Farm.	Ceskoslovenska Farmacie [*Czech*，*Slo*]
Chem. Abstr.	Chemical Abstracts [*Eng.*]
Chem. Anal. (*Warsaw*)	Chemia Analityczna [*Eng.*，*Ger.*，*Pol.*，*Russ.*]
Chem. Br.	Chemistry in Britain [*Eng.*]
Chem. Eng. News	Chemical & Engineering News [*Eng.*]
Chem. Ind. (*Duesseldorf*)	Chemische Industrie [*Ger.*]
Chem. Ind. (*London*)	Chemistry and Industry [*Eng.*]
Chem. Lett.	Chemistry Letters [*Eng.*，*Fr.*，*Ger.*，*Japan*]
Chem. Listy	Chemicke Listy [*Czech*]
Chem. Mag. (*Rijswijk*，*Neth.*)	Chemisch Magazine [*Neth.*]
Chemosphere	Chemosphere [*Eng.*，*Fr.*，*Ger.*]
Chem. Pap.	Chemical Papers [*Eng.*]
Chem. Pharm. Bull.	Chemical and Pharmaceutical Bulletin [*Eng.*，*Fr.*，*Ger.*]
Chem. Prum.	Chemicky Prumysl [*Czech*]
Chem. Rundsch.	Chemisch Rundschau [*Ger.*]
Chem. -Tech. (*Heidelberg*)	Chemie-Technik [*Ger.*]
Chem. Tech. (*Leipzig*)	Chemische Technik [*Ger.*]
Chem. Weekbl.	Chemisch Weekblad [*Neth.*，*Eng*]
Chem. -Ztg.	Chemiker-Zeitung [*Ger.*]
Chimia	Chimia [*Eng.*，*Fr.*，*Ger.*]
Chromatographia	Chromatographia [*Eng.*，*Fr.*，*Ger.*]
Clays Clay Miner.	Clays and Clay Minerals [*Eng.*]
Clin. Biochem. (*Ottawa*)	Clinical Biochemistry [*Eng.*]
Clin. Chem. (*Winston-Salem*，N. C.)	Clinical Chemistry [*Eng.*]
Clin. Chim. Acta	Clinica Chimica Acta [*Eng.*，*Fr.*，*Ger.*]
Clin. Sci.	Clinical Science [*Eng.*]
Clin. Sci.，*Suppl*	Clinical Science，Supplement [*Eng.*]
Collect. Czech. Chem. Commun.	Collection of Czechoslovak Chemical Communications [*Eng.*，*Fr.*，*Ger.*，*Russ*]
Commun. Soil Sci. Plant Anal.	Communications in Soil Science and Plant Analysis [*Eng.*]
Comput. Appl. Biosci.	Computer Applications in the Biosciences [*Eng.*]

Comput. Enhanced Spectrosc.	Computer Enhanced Spectroscopy [*Eng.*]
Connaiss. Vigne Vin	Connaissance de la Vigne et du Vin [*Fr.*]
CRC Crit. Rev. Anal. Chem.	CRC Critical Reviews in Analytical Chemistry [*Eng.*]
Croat. Chem. Acta	Croatica Chemica Acta [*Eng.*, *Fr.*, *Ger.*, *Russ.*]
Curr. Awareness Part. Technol.	Current Awareness in Particle Technology [*Eng.*]
Curr. Sci.	Current Science [*Eng.*]
Dokl. Akad. Nauk SSSR	Doklady Akademii Nauk SSSR [*Russ.*]
Dokl. Bolg. Akad. Nauk	Doklady Bolgarskoi Akademii Nauk [*Eng.*, *Fr.*, *Ger.*, *Russ.*]
Drug Metab. Dispos.	Drug Metabolism and Disposition [*Eng.*]
Dtsch. Apoth. -Ztg.	Deutsche Apotheker-Zeitung [*Ger.*]
Dtsch. Lebensm. -Rundsch.	Deutsche Lebensmittel-Rundschau [*Eng.*, *Ger.*]
Ecletica Quim.	Ecletica Quimica [*Eng.*, *Port.*]
Eisei Kagakn	Eisei Kagaku (Hygienic Chemistry) [*Japan.*]
Electrophoresis(Weinheim, Fed. Repnb. Ger.)	Electrophoresis [*Eng.*, *Fr.*, *Ger.*]
Enriron. Sci. Technol.	Environmental Science and Technology [*Eng.*]
Erdoel Kohle, Erdgas, Petrochem.	Erdöl und Kohle, Erdgas, Petrochemie [*Eng.*, *Ger.*]
Euro Abstr.	Euro Abstracts [*Eng.*, *Fr.*, *Ger.*, *Ital.*]
Eur. J. Biochem.	European Journal of Biochemistry [*Eng.*]
Eur. Spectrosc. News	European Spectroscopy News [*Eng.*]
Erperientia	Experientia [*Eng.*]
FABAD Farm. Bilimler Derg.	FABAD Farmasotik Bilimler Dergisi [*Eng.*, *Turkish*]
Farbe Lack	Farbe+Lack [*Ger.*]
Farmaco, Ed. Prat.	Farmaco, Edizione Pratica [*Eng.*, *Fr.*, *Ital.*]
Farmatsiya (Moscow)	Farmatsiya. Moscow [*Russ.*]
Farm. Obz.	Farmaceuticky Obzor [*Czech*, *Sta.*]
Farm. Zh. (Kiev)	Farmatsevtichnii zhurnal (Kiev) [*Ukrain.*]
Fenxi Huaxue	Fenxi Huaxue (Analytical Chemistry) [*Ch.*]
Fenxi Shiyanshi	Fenxi Shiyanshi (Analytical Laboratory) [*Ch.*]
Fert. Technol.	Fertilizer Technology [*Eng.*]
Fette, Seifen, Anstrichm.	Fette, Seifen, Anstrichmittel [*Eng.*, *Ger.*]
Finn. Chem. Lett.	Finnish Chemical Letters [*Eng.*, *Fr.*, *Ger.*]
Flarour Fragrance J.	Flavour and Fragrance Journal [*Eng.*]
Food Addit. Contam.	Food Additives and Contaminants [*Eng.*]
Food Chem.	Food Chemistry [*Eng.*]
Food Chem. Toxicol.	Food and Chemical Toxicology [*Eng.*]
Food Flarour., Ingredients, Process., Packng.	Food Flavourings, Ingredients, Processing, Packaging [*Eng.*]
Forensic Sci. Int.	Forensic Science International [*Eng.*, *Fr.*, *Ger.*]
Fresenius' Z. Anal. Chem.	Fresenius' Zeitschrift für Analytische Chemie [*Eng.*, *Ger.*]
Fuel Energy Abstr.	Fuel and Energy Abstracts [*Eng.*]
Fundam. Appl. Toxicol.	Fundamental and Applied Toxicology [*Eng.*]
Gazi Univ, Eczacilik Fak. Derg.	Gazi Universitesi Eczacilik Fakultesi Dergisi [*Eng.*]
Gazz. Chim. Ital.	Gazzetta Chimica Italiana [*Eng.*]
GC-MS News	GC-MS News [*Japan.*, *Eng.*]
Gig. Sanit.	Gigiena i Sanitariya [*Russ.*]
G. Ital. Chim. Clin.	Giornale Italiano di Chimica Clinica [*Eng.*, *Ital.*]

GIT Fachz. Lab.	GIT Fachzeitschrift für das Laboratorium [*Ger.*]
GIT Suppl.	GIT-Supplement [*Ger.*]
Glas. Hem. Drus. Beograd	Glasnik Hemijskog Drustva Beograd [*Eng.* , *Serbo-Croatian*]
Grasas Aceites (*Serille*)	Grasas y Aceites [*Span.*]
Guangpuxue Yu Guangpu Feuxi	Guangpuxue Yu Guangpu Fenxi (Spectroscopy and Spectral Analysis) [*Ch.*]
Herba Pol.	Herba Polonica [*Pol.*]
HRC CC, J. High Resolut. Chromatogr. Chromatogr. Commun.	HRC & CC, Journal of High Resolution Chromatography and Chromatography Communications [*Eng.*]
Huaxue Shiji	Huaxue Shiji (Chemical Reagents) [*Ch.*]
Huaxue Tongbao	Huaxue Tongbao (Chemical Bulletin) [*Ch.*]
Huaxne Xuebao	Huaxue Xuebao (Journal of Chemistry) [*Ch.*]
Hutn. Listy	Hutnicke Listy [*Czech*]
IARC Monogr. Eral. Carcinog. Risk Chem. Humans.	IARC Monographs on the Evaluation of the Carcinogenic Risk of Chemicals to Humans [*Eng.*]
IARC Sci. Publ.	IARC Scientific Publications [*Eng.*]
Indian Drugs	Indian Drugs [*Eng.*]
Indian J. Biochem. Biophys.	Indian Journal of Biochemistry & Biophysics [*Eng.*]
Indian J. Chem.	Indian Journal of Chemistry [*Eng.*]
Sect. A	Section A: Inorganic, Physical, Theoretical & Analytical
Indian J. Exp. Biol.	Indian Journal of Experimental Biology [*Eng.*]
Indian J. Mar. Sci.	Indian Journal of Marine Sciences [*Eng.*]
Indian J. Pharm. Sci.	Indian Journal of Pharmaceutical Sciences [*Eng.*]
Indian J. Pure Appl. Phys.	Indian Journal of Pure and Applied Physics [*Eng.*]
Indian J. Technol.	Indian Journal of Technology [*Eng.*]
Indian J. Text. Res.	Indian Journal of Textile Research [*Eng.*]
Int. Arch. Occnp. Enriron, Healih	International Archives of Occupational and Environmental Health [*Eng.* , *Ger.*]
Int. Biotechnol. Lab.	International Biotechnology Laboratory [*Eng.*]
Int. Clin. Prod. Rer.	International Clinical Products Review [*Eng.*]
InTech	InTech [*Eng.*]
Intelligent Instrum. Compnt.	Intelligent Instruments and Computers-Applications in the Laboratory [*Eng.*]
Int. J. Appl. Radiat. Isot.	International Journal of Applied Radiation and Isotopes [*Eng.* , *Fr.* , *Ger.* , *Russ.*]
Int. J. Enriron. Anal. Chem.	International Journal of Environmental Analytical Chemistry [*Eng.* , *Fr.* , *Ger.*]
Int. J. Mass Spectrom. Ion Processes	International Journal of Mass Spectrometry and Ion Processes [*Eng.* , *Fr.* , *Ger.*]
Int. Lab.	International Laboratory [*Eng.*]
Int. Pharm. Abstr.	International Pharmaceutical Abstracts [*Eng.*]
Int. Sugar J.	International Sugar Journal [*Eng.*]
Ion-Sel. Electrode Rev.	Ion-Selective Electrode Reviews [*Eng.*]
Isotopenpraxis	Isotopenpraxis [*Ger.*]
Izr. Akad. Nauk Gruz. SSR, Ser. Khim.	Izvestiya Akademii Nauk Gruzinskoi SSR, Seriya Khimicheskaya [*Russ.*]
Izr. Akad. Nauk Kaz. SSR, Ser. Khim.	Izvestiya Akademii Nauk Kazakhskoi SSR, Seriya Khimicheskaya [*Russ.*]

Izr. Akad. Nank SSSR，Ser. Khim.	Izvestiya Akademii Nauk SSSR，Seriya Khimicheskaya [*Russ.*]
Izv Khim.	Izvestiya po Khimiya [*Bulg.*，*Eng.*，*Fr.*，*Ger.*，*Russ.*]
Izv. Sib. Otd. Akad. Nank SSSR，Ser. Khim Nank	Izvestiya Sibirskogo Otdeleniya Akademii Nauk SSSR，Seriya Khimicheskikh Nauk [*Russ.*]
Izv. Vyssh. Uchebn. Zared.，Khim Khim. Tekhnol.	Izvestiya Vysshikh Uchebnykh Zavedenii，Khimiya i Khimicheskaya Tekhnologiya [*Russ.*]
J. Agric. Food Chem.	Journal of Agricultural and Food Chemistry [*Eng.*]
J. Anal. Appl. Pyrolysis	Journal of Analytical and Applied Pyrolysis [*Eng.*]
J. Anal. Toxicol.	Journal of Analytical Toxicology [*Eng.*]
J. Antibiot.	Journal of Antibiotics [*Eng.*]
JAOCS，J. Am. Oil Chem. Soc.	Journal of the American Oil Chemists' Society [*Eng.*]
J. Assam Sci. Soc.	Journal of the Assam Science Society [*Eng.*]
J. Assoc. Off. Anal Chem.	Journal of the Association of Official Analytical Chemists [*Eng.*]
J. Assoc. Public Anal.	Journal of the Association of Public Analysts [*Eng.*]
J. Autom. Chem.	Journal of Automatic Chemistry [*Eng.*]
J. Chem. Inf. Comput. Sci.	Journal of Chemical Information and Computer Sciences [*Eng.*]
J. Chem. Soc.，Chem. Commun.	Journal of the Chemical Society，Chemical Communications [*Eng.*]
J. Chem. Soc.，Perkin Trans. 2	Journal of the Chemical Society，Perkin Transactions 2：Physical Organic Chemistry [*Eng.*]
J. Chem. Technol. Biotechnol.	Journal of Chemical Technology & Biotechnology [*Eng.*]
J. Chin. Chem. Soc.（Taipei）	Journal of the Chinese Chemical Society. Taipei [*Eng.*]
J. Chromatogr.	Journal of Chromatography [*Eng.*，*Fr.*，*Ger.*]
J. Chromatogr.，Biomed. Appl.	Journal of Chromatography. Biomedical Applications [*Eng.*]
J. Chromatogr.，Chromatogr. Rev.	Journal of Chromatography，Chromatography Reviews [*Eng.*]
J. Chromatogr.，Sci.	Journal of Chromatographic Science [*Eng.*]
J. Clin. Chem. Clin. Biochem.	Journal of Clinical Chemistry and Clinical Biochemistry [*Eng.*，*Ger.*]
J. Electroanal. Chem. Inter facial Electrochem.	Journal of Electroanalytical Chemistry and Interfacial Electrochemistry [*Eng.*，*Fr.*，*Ger.*]
J. Electrochem. Soc.	Journal of the Electrochemical Society [*Eng.*]
J. Electrochem. Soc. Indin	Journal of the Electrochemical Society of India [*Eng.*]
J. Environ. Sci. Health	Journal of Environmental Science and Health [*Eng.*]
Part A	Part A：Environmental Science and Engineering
Part B	Part B：Pesticides，Food Contaminants，and Agricultural Wastes
J. Food Sci.	Journal of Food Science [*Eng.*]
J. Food Sci. Technol.	Journal of Food Science and Technology [*Eng.*]
J.，Forensic Sci. Soc.	Journal. Forensic Science Society [*Eng.*]
Jikeikai Med. J.	Jikeikai Medical Journal [*Eng.*]
J. Immunol. Methods	Journal of Immunological Methods [*Eng.*]
J. Indian Chem. Soc.	Journal of the Indian Chemical Society [*Eng.*]
J. Inst. Brew.	Journal of the Institute of Brewing [*Eng.*]
J. Inst. Chem.（India）	Journal of the Institution of Chemists（India）[*Eng.*]
J. Labelled Compd. Radiopharm.	Journal of Labelled Compounds & Radiopharmaceuticals [*Eng.*，*Fr.*，*Ger.*]
J. Less-Common Met.	Journal of the Less-Common Metals [*Eng.*，*Fr.*，*Ger.*]
J. Lipid Res.	Journal of Lipid Research [*Eng.*]
J. Liq. Chromatogr.	Journal of Liquid Chromatography [*Eng.*]

J. Micronutr. Anal.	Journal of Micronutrient Analysis [*Eng.*]
J. Nat. Prod.	Journal of Natural Products [*Eng.*]
J. Pharmacobio-Dyn.	Journal of Pharmacobio-Dynamics [*Eng.*]
J. Pharm. Biomed. Anal.	Journal of Pharmaceutical and Biomedical Analysis [*Eng.*]
J. Pharm. Pharmacol.	Journal of Pharmacy and Pharmacology [*Eng.*]
J. Pharm. Sci.	Journal of Pharmaceutical Sciences [*Eng.*]
J. Phys. E	Journal of Physics E: Scientific Instruments [*Eng.*, *Fr.*, *Ger.*]
J. Radioanal. Nucl. Chem.	Journal of Radioanalytical and Nuclear Chemistry [*Eng.*, *Fr.*, *Ger.*]
J. Res. Natl. Bur. Stand. (*U. S.*)	Journal of Research of the National Bureau of Standards [*Eng.*]
J. S. Afr. Inst. Min. Metall.	Journal of the South African Institute of Mining & Metallurgy [*Eng.*]
J. Sci. Food Agric.	Journal of the Science of Food and Agriculture [*Eng.*]
J. Sci. Ind. Res.	Journal of Scientific and Industrial Research [*Eng.*]
J. Serb. Chem. Soc.	Journal of the Serbian Chemical Society [*Eng.*]
J. Soc. Dyers Colour.	Journal of the Society of Dyers and Colourists [*Eng.*]
J. Steroid Biochem.	Journal of Steroid Biochemistry [*Eng.*, *Fr.*, *Ger.*]
J. Therm. Anal.	Journal of Thermal Analysis [*Eng.*, *Fr.*, *Ger.*]
J. Trace Microprobe Tech.	Journal of Trace and Microprobe Techniques [*Eng.*]
J. Univ. Kuwait, Sci.	Journal of the University of Kuwait, (Series) Science [*Eng.*]
J.-Water Pollut. Control Fed.	Journal-Water Pollution Control Federation [*Eng.*]
Kem.-Kemi	Kemia-Kemi [*Eng.*, *Finnish*]
Kexue Tongbao (*Foreign Lang. Ed.*)	Kexue Tongbao (Foreign Language Edition) (Science Bulletin) [*Eng.*, *Fr.*, *Russ.*]
Khim. Ind. (*Sofia*)	Khimiya i Industriya [*Bulg.*]
Kunststoffe	Kunststoffe [*Ger.*]
Lab. Pract.	Laboratory Practice [*Eng.*]
Leatherhead Food R. A. Abstr.	Leatherhead Food R. A. Abstracts [*Eng.*]
Lipids	Lipids [*Eng.*]
Magy. Kem. Foly.	Magyar Kemiai Folyoirat [*Hung.*]
Magy. Kem. Lapja	Magyar Kemikusok Lapja [*Hung.*]
Mass Spectrom. Rer.	Mass Spectrometry Reviews [*Eng.*]
Med. Aromat. Plants Abstr.	Medicinal & Aromatic Plants Abstracts [*Eng.*]
Med. Lab. Sci.	Medical Laboratory Sciences [*Eng.*]
Med. Lar.	Medicina del Lavoro [*Eng.*, *Fr.*, *Ital.*]
Med. , Sci. Law	Medicine, Science and the Law [*Eng.*]
Microchem. J.	Microchemical Journal [*Eng*]
Mikrochim. Acta	Mikrochimica Acta [*Eng.*, *Fr.*, *Ger.*]
Mineral. Abstr.	Mineralogical Abstracts [*Eng.*]
Mitt. Geb. Lebensmittelunters. Hyg.	Mitteilungen aus dem Gebiete der Lebensmitteluntersuchung und Hygiene [*Eng.*, *Fr.*, *Ger.*]
Mod. Paint Coat.	Modern Paint and Coatings [*Eng.*]
Monatsh. Chem.	Monatshefte fur Chemie [*Eng.*, *Ger.*]
Monatsschr. Brauwiss.	Monatsschrift fur Brauwissenschaft [*Ger.*]
Nahrung	Nahrung [*Eng.*, *Ger.*, *Russ.*]
Xature (*London*)	Nature [*Eng.*]
XBS Update	NBS Update [*Eng.*]

Nippon Kagaku Kaishi	Nippon Kagaku Kaishi (journal of the Chemical Society of Japan) [*Japan*]
North. Dir. Rep. ND-R- U. K. At. Energy Auth.	Northern Division Report, United Kingdom Atomic Energy Authority [*Eng.*]
Nucl. Instrum. Methods Phys. Res.	Nuclear Instruments & Methods in Physics Research [*Eng.*, *Fr.*, *Ger.*]
Sect. A	Section A: Accelerators, Spectrometers, Detectors and Associated Equipment
Sect. B	Section B: Beam Interactions with Materials and Atoms
Nutr. Abstr. Rev.	Nutrition Abstracts and Reviews [*Eng.*]
N. Z. J. Technol.	New Zealand Journal of Technology [*Eng.*]
Occup. Saf. Health	Occupational Safety and Health [*Eng.*]
Oil Gas J.	Oil and Gas Journal [*Eng.*]
Org. Mass Specirom.	Organic Mass Spectrometry [*Eng.*, *Fr.*, *Ger.*]
Pak. J. Sci. Res.	Pakistan Journal of Scientific Research [*Eng.*]
Perfums. Cosmet. , Aromes	Parfums, Cosmetiques, Aromes [*Eng.*, *Fr.*]
Pestic. Sci.	Pesticide Science [*Eng.*]
Pharm. Acta Helv.	Pharmaceutica Acta Helvetiae [*Eng.*, *Fr.*, *Ger.*]
Pharmazie	Pharmazie [*Eng.*, *Ger.*]
Pharm. Weekbl.	Pharmaceutisch Weekblad [*Eng.*, *Fr.*, *Ger.*]
Pharm. Weekbl. , Sci. Ed.	Pharmaceutisch Weekblad, Scientific Edition [*Eng.*]
Phys. Med. Biol.	Physics in Medicine and Biology [*Eng.*]
Pigm. Resin Technol.	Pigment & Resin Technology [*Eng.*]
Proc. -Indian Acad. Sci. , Chem. Sci.	Proceedings-Indian Academy of Sciences, Chemical Sciences [*Eng.*]
Proc. Natl. Acad. Sci. U. S. A.	Proceedings of the National Academy of Sciences of the United States of America [*Eng.*]
Prog. Anal. Spectrosc.	Progress in Analytical Spectroscopy [*Eng.*]
Prostaglandins	Prostaglandins [*Eng.*]
Prum. Potrarin	Prumysl Potravin [*Czech*, *Slo.*]
Pure Appl. Chem.	Pure and Applied Chemistry [*Eng.*, *Fr.*]
Quim. Anal. (Barcelona)	Quimica Analitica [*Span.*]
Recl: J. R. Neth. Chem. Soc.	Recueil: Journal of the Royal Netherlands Chemical Society [*Eng.*]
Ref. Zh. , Khim. , 19GD	Referativnyi Zhurnal, Khimiya. Sections G and D [*Russ.*]
Reprod. , Nutr. , Deu	Reproduction, Nutrition, Developpement [*Eng.*, *Fr.*]
Res. Ind.	Research and Industry [*Eng.*]
Reu Agroquim. Technol. Aliment.	Revista de Agroquimica y Technologia de Alimentos [*Span.*]
Reu Anal. Chem.	Reviews in Analytical Chemistry [*Eng.*]
Reu Chim. (Bucharest)	Revista de Chimie [*Rom.*]
Reu Cienc. Biol. (Harana)	Revista de Ciencias Biologicas [*Eng.*, *Span.*]
Reu Cienc. Farm.	Revista de Ciencias Farmaceuticas [*Port.*]
Reu Cienc. Quim.	Revista de Ciencias Quimicas [*Eng.*, *Span.*]
Reu Farm. Bioquim. Univ. Sao Paulo	Revista de Farmacia e Bioquimica da Universidade de Sao Paulo [*Port.*]
Reu Metal. (Madrid)	Revista de Metalurgia [*Span.*]
Reu Roum. Biochim.	Revue Roumaine de Biochimie [*Eng.*, *Fr.*, *Ger.*, *Russ.*]
Reu Roum. Chirn.	Revue Roumaine de Chimie [*Eng.*, *Fr.*, *Ger.*, *Russ.*]
Riu Ital. Sostanze Grasse	Rivista Italiana delle Sostanze Grasse [*Eng.*, *Ital.*]
S. Afr. J. Chem.	South African Journal of Chemistry [*Eng.*]

Scand. J. Work，*Environ. Health*	Scandinavian Journal of Work，Environment and Health [*Eng.*]
Scanning Electron Microsc.	Scanning Electron Microscopy [*Eng.*]
Sci. Pharm.	Scientia Pharmaceutica [*Ger.*]
Sci. Tools	Science Tools [*Eng.*]
Sep. Purif. Methods	Separation and Purification Methods [*Eng.*]
Sep. Sci. Technol.	Separation Science and Technology [*Eng.*]
Shitsuryo Bunseki	Shitsuryo Bunseki (Mass Spectroscopy) [*Eng.*，*Japan*]
Shokuhin Eiseigaku Zasshi	Shokuhin Eiseigaku Zasshi (Food Hygiene Journal) [*Eng.*，*Japan*]
SIA，*Surf. Interface Anal.*	SIA，Surface and Interface Analysis [*Eng.*]
Solvent Extr. Ion Exch.	Solvent Extraction and Ion Exchange [*Eng.*]
Spectra 2000	Spectra 2000 [*Eng.*，*Fr.*]
Spectra-Phys. Chromatogr. Rev.	Spectra-Physics Chromatography Review [*Eng.*]
Spectrochim. Acta	Spectrochimica Acta [*Eng.*，*Fr.*，*Ger.*]
Part A	Part A：Molecular Spectroscopy
Part B	Part B：Atomic Spectroscopy
Spectroscopy (*Ottawa*)	Spectroscopy [*Eng.*，*Fr.*]
Spectroscopy (*Springfield*，*Oreg.*)	Spectroscopy [*Eng.*]
Spectrosc. Lett.	Spectroscopy Letters [*Eng.*]
Swed. J. Agric. Res.	Swedish Journal of Agricultural Research [*Eng.*，*Fr.*，*Ger.*]
Taehan Hwahakhoe Chi	Taehan Hwahakhoe Chi (Journal of the Korean Chemical Society) [*Eng.*，*Korean*]
Talanta	Talanta [*Eng.*，*Fr.*，*Ger.*]
Tappi J.	Tappi Journal [*Eng.*]
Ther. Drug Monit.	Therapeutic Drug Monitoring [*Eng.*]
Thermochim. Acta	Thermochimica Acta [*Eng.*，*Fr.*，*Ger.*]
TrAC，*Trends Anal. Chem.*（*Pers Ed.*）	Trends in Analytical Chemistry (Personal Edition) [*Eng.*]
Tr. Inst. -Mosk. Khim. -Tekhnol. Inst. im D. I. Mendeleera	Trudy Instituta-Moskovskii Khimiko-Tekhnologicheskii Institut imeni D. I. Mendeleeva [*Russ.*]
Ukr. Khim. Zh.（*Russ Ed.*）	Ukrainskii Khimicheskii Zhurnal [*Russ.*]
Vacuum	Vacuum [*Eng.*]
Vestn. Leningr. Univ.，*Fiz*，*Khim*	Vestnik Leningradskogo Universiteta. Fizika，Khimiya [*Russ.*]
Vestn. Mosk. Univ.，*Ser. 2*：*Khim.*	Vestnik Moskovskogo Universiteta. Seriya 2：Khimiya [*Russ.*]
World Surf. Coat. Abstr.	World Surface and Coatings Abstracts [*Eng.*]
World Text. Abstr.	World Textile Abstracts [*Eng.*]
X-Ray Spectrom.	X-Ray Spectrometry [*Eng.*，*Fr.*，*Ger.*.]
Yakugaku Zasshi	Yakugaku Zasshi (Journal of Pharmacy) [*Japan*]
Yaowu Fenxi Zazhi	Yaowu Fenxi Zazhi (Chinese Journal of Pharmaceutical Analysis) [*ch.*]
Yaoxue Tongbao	Yaoxue Tongbao (Chinese Pharmaceutical Bulletin) [*ch.*]
Yugosl. Chem. Pap.	Yugoslav Chemical Papers [*Eng.*]
Zavod. Lab.	Zavodskaya Laboratoriya [*Russ.*]
Z. Chem.	Zeitschrift für Chemie [*Ger.*]
Zentralbl. Pharm. Pharmakother. Laboratoriumsdiagn.	Zentralblatt für Pharmazie，Pharmakotherapie und Laboratoriumsdiagnostik [*Ger.*]

Z. Gesamte Hyg. Ihre Grenzgeb.	Zeitschrift für die Gesamte Hygiene und Ihre Grenzgebeite [*Ger.*]
Zh. Anal. Khim.	Zhurnal Analiticheskoi Khimii [*Russ.*]
Zh. Prikl. Khim.　(Leningrod)	Zhurnal Prikladnoi Khimii. Leningrad [*Russ.*]
Zh. Prikl. Spektrosk.	Zhurnal Pirkladnoi Spektroskopii [*Russ.*]
Z. Natur forsch. B: Anorg. Chem. Org. Chem.	Zeitschrift für Naturforschung, Teil B: Anorganische Chemie, Organische Chemie [*Eng. , Ger.*]

参 考 文 献

[1] 夏玉宇主编. 化学实验室手册. 第2版. 北京：化学工业出版社，2008.
[2] 杭州大学化学系分析化学教研室. 分析化学手册. 第2版. 第一分册. 基础知识与安全知识. 北京：化学工业出版社，1997.
[3] 杭州大学化学系分析化学教研室. 分析化学手册. 第二分册. 化学分析. 第2版. 北京：化学工业出版社，1997.
[4] 柯以侃，董慧茹编. 分析化学手册. 第三分册. 光谱分析. 北京：化学工业出版社，1998.
[5] 彭图治，王国顺编. 分析化学手册. 第四分册. 电分析化学. 北京：化学工业出版社，1999.
[6] 朱良漪主编，黄骏雄编著. 分析仪器手册. 北京：化学工业出版社，1997.
[7] 张铁垣，程泉寿，张仕斌编. 化验员手册. 第2版. 北京：中国电子出版社，1996.
[8] 李良贸，胡虔珍编著. 化验（实验）室常用仪器设备实用指南. 南昌：江西科学技术出版社，1996.
[9] 常文保，李克安编. 简明分析化学手册. 北京：北京大学出版社，1981.
[10] 刘珍主编. 化验员读本——化学分析（上、下册）. 第2版. 北京：化学工业出版社，1994.
[11] 中国石油化工总公司生产部质量处编. 化验工必读——仪器分析基础（上、下册）. 北京：中国石油化工出版社，1993.
[12] John Dean A. Lange's Handbook of Chemistry. 15th ed. New York：McGraw-Hill Book Compang，1999.
[13] David R. Lide Handbook of Chemistry and Phgsics. 79th Baca Raton，Arbor，Londen，Tokyo CRC Press，1998.
[14] 韩永志主编. 标准物质手册. 北京：中国计量出版社，2000.
[15] 韩永志主编. 中华人民共和国标准物质目录. 北京：中国计量出版社，2000.
[16] 茅以升主编. 现代工程师手册. 北京：北京出版社，1986.
[17] 孙丕均等编. 实验室法定计量单位实用手册. 北京：中国标准出版社，1992.
[18] 北京化学试剂公司编. 化学试剂目录手册. 北京：北京工业大学出版社，1993.
[19] 简明化学试剂编写组编. 简明化学试剂手册. 上海：上海科学技术出版社，1989.
[20] 程能林编著. 溶剂手册. 第3版. 北京：化学工业出版社，2003.
[21] 刘光启，马连湘，刘杰主编. 化学化工物性数据手册. 北京：化学工业出版社，2002.
[22] 张铁垣主编. 化验工作实用手册. 北京：化学工业出版社，2003.
[23] 张寒琦主编. 实用化学手册. 北京：科学出版社，2001.
[24] 袁一主编. 化学工程师手册. 北京：机械工业出版社，1999.
[25] 夏玉宇编著. 食品卫生质量检验与监察. 北京：北京工业大学出版社，1993.
[26] 夏玉宇，宋丹编著. 饲料质量分析检验. 北京：化学工业出版社，1994.
[27] 李岩，夏玉宇主编. 商品检验手册——商品检验概论. 北京：化学工业出版社，2003.
[28] 靳敏，夏玉宇主编. 商品检验手册——食品检验技术. 北京：化学工业出版社，2003.
[29] 朱燕，夏玉宇主编. 商品检验手册——饲料品质检验. 北京：化学工业出版社，2003.
[30] 卫生部药典委员会编. 中华人民共和国药典（2000年版）. 二部. 北京：化学工业出版社，人民卫生出版社，2000.
[31] 金浩主编. 标准物质及其应用技术. 北京：中国标准出版社，1990.
[32] 梁燕君主编. 商品质量检验. 北京：中国标准出版社，1994.
[33] 俞志明主编. 化学危险品实用手册. 北京：化学工业出版社，1992.
[34] 朱旺华等编著. 近代分析化学. 北京：高等教育出版社，1991.
[35] 张家骅等编著. 放射性同位素X射线荧光分析. 北京：原子能出版社，1981.
[36] 高鸿主著. 分析化学前沿. 北京：科学出版社，1991.

[37]　李永生等编著. 流动注射分析. 北京：北京大学出版社，1986.

[38]　中华人民共和国国家标准目录及信息总汇 2009（上、下）. 北京：中国标准出版社，2009.

[39]　北京大学化学学院分析化学教学组编著. 基础分析化学实验. 北京：北京大学出版社，2010.

[40]　韩德刚，高执棣，高盘良编著. 物理化学. 第 2 版. 北京：高等教育出版社，2009.

[41]　彭崇慧，冯建章，张锡瑜编著. 李克安，赵风林修订. 定量化学分析简明教程. 第 3 版. 北京：北京大学出版社，2009.

[42]　刘虎威编. 实用色谱技术问答. 北京：化学工业出版社，2009.

[43]　叶宪曾，张新祥等编著. 仪器分析教程. 北京：北京大学出版社，2007.

[44]　肖能庆，余瑞元，袁明秀，陈丽蓉等编著. 生物化学实验原理与方法. 第 2 版. 北京：北京大学出版社，2005.

[45]　翁诗甫编著. 傅里叶变换红外光谱仪. 北京：化学工业出版社，2005.

[46]　刘虎生，邵宏翔编著. 电感耦合等离子体质谱技术与应用. 北京：化学工业出版社，2005.

[47]　邢其毅，裴伟伟，徐瑞秋，裴坚编著. 基础有机化学. 第 3 版. 北京：高等教育出版社，2005.

[48]　李克安主编. 分析化学教程. 北京：北京大学出版社，2005.

[49]　[美] 迪安 J A 主编. 分析化学手册. 常文保等译校. 北京：科学出版社，2003.

[50]　李元宇，常文保编著. 生化分析. 北京：高等教育出版社，2003.

[51]　北京大学化学学院有机化学研究所编，关烨第，李翠娟，葛树丰修订. 有机化学实验. 第 2 版. 北京：北京大学出版社，2002.

[52]　北京大学化学学院物理化学实验教学组编著. 物理化学实验. 第 4 版. 北京：北京大学出版社，2002.

[53]　浙江大学，南京大学，北京大学，兰州大学编著. 综合化学实验. 北京：高等教育出版社，2001.

[54]　李安模，魏继中编著. 原子吸收及原子荧光光谱分析. 北京：科学出版社，2001.

[55]　严宣申，王长富编著. 普通无机化学. 第 2 版. 北京：北京大学出版社，1999.

[56]　[美] 约瑟夫·王著. 分析电化学. 朱永春，张玲等译. 北京：化学工业出版社，2009.

[57]　钱沙华，韦进宝编著. 环境仪器分析. 北京：中国环境科学出版社，2004.

[58]　董绍俊，车广礼，谢远武著. 化学修饰电极. 北京：科学出版社，2003.

[59]　杨根元主编. 实用仪器分析. 北京：北京大学出版社，2010.

[60]　魏福祥主编. 仪器分析及应用. 北京：中国石油化工出版社，2007.

[61]　高向阳主编. 新编仪器分析. 北京：科学出版社，2009.

[62]　曾泳淮主编. 分析化学（仪器分析部分）. 第 3 版. 北京：高等教育出版社，2010.

[63]　龚竹青. 现代电化学. 长沙：中南大学出版社，2010.

[64]　吴守国，彭倬斌. 电分析化学原理. 合肥：中国科技出版社，2006.

[65]　贾梦秋，杨文胜主编. 应用电化学. 北京：高等教育出版社，2004.

[66]　陶映初，陶举训编著. 环境电化学. 北京：化学工业出版社，2003.

[67]　Claude Gabrielli, Identification of Electrochemical Processes by Frequency Response Analysis, Technical Report，1984.

[68]　刘永辉. 电化学测试技术. 北京：北京航空学院出版社，1987.

[69]　曹楚南，张鉴清著. 电化学阻抗谱导论. 北京：科学出版社，2002.

[70]　鞠熀先，邱宗荫，于世家等著. 生物分析化学. 北京：科学出版社，2007.

[71]　鞠熀先著. 电分析化学与生物传感技术. 北京：科学出版社，2006.

[72]　张学化，鞠熀先，约瑟夫·王主编. 电化学与生物传感器. 张书圣，李雪梅，杨涛等译. 北京：化学工业出版社，2009.

[73]　王佳兴等. 生化分离介质的制备与应用. 北京：化学工业出版社，2008.

[74]　田亚平. 周楠迪主编. 生化分离原理与技术. 北京：化学工业出版社，2010.

[75]　何忠效，张树政主编. 电泳. 第 2 版. 北京：科学出版社，1999.

[76]　丁明玉等编著. 现代分离方法与技术. 北京：化学工业出版社，2006.

[77]　孙亦樑，官宜文编著. 分析化学文献简介. 北京：北京大学出版社，1991.

[78]　徐向春编著. 化学文献及查阅方法. 第 4 版. 北京：科学出版社，2009.

[79]　朱传方，辜清华编著. 化学化工文献检索与应用. 北京：化学工业出版社，2010.

[80]　伍丽娜编著. 现代化学化工文献检索项目教程. 北京：化学工业出版社，2010.

[81]　陈英编著. 科技信息检索. 第 4 版. 北京：科学出版社，2009.

[82]　洪全主编，金渝光等副主编. 信息检索与利用. 北京：清华大学出版社，2009.

[83] 周春山，符斌主编. 分析化学简明手册. 北京：化学工业出版社，2010.

[84] 张铁垣，杨彤主编. 化验工作实用手册. 第2版. 北京：化学工业出版社，2008.

[85] 张庆合主编. 高效液相色谱实用手册. 北京：化学工业出版社，2008.

[86] 湖南大学组织编写. 色谱分析. 北京：中国纺织出版社，2010.

[87] 严衍禄主编. 现代仪器分析. 第3版. 北京：中国农业大学出版社，2010.

[88] 任晓棠，温红珊主编. 仪器分析技术. 武汉：华中科技大学出版社，2010.

[89] 杜斌，郑鹏主编. 实用现代色谱技术. 郑州：郑州大学出版社，2009.

[90] 李梦龙，蒲雪梅主编. 分析化学数据速查手册. 北京：化学工业出版社，2009.

[91] 董慧茹主编. 仪器分析. 第2版. 北京：化学工业出版社，2010.

[92] 王永华编著. 气相色谱分析应用. 北京：科学出版社，2007.

[93] 李晓燕，张晓辉主编. 现代仪器分析. 北京：化学工业出版社，2008.

[94] 张寒琦等编. 仪器分析. 北京：高等教育出版社，2009.

[95] 杨根元主编. 实用仪器分析. 北京：北京大学出版社，2010.

[96] 吴方迪，张庆合编著. 色谱仪器维护与故障排除. 北京：化学工业出版社，2008.

[97] 于世林编著. 高效液相色谱方法与应用. 北京：化学工业出版社，2005.

[98] 刘虎威编著. 气相色谱方法及应用. 北京：化学工业出版社，2007.

[99] 朱岩主编. 离子色谱仪器. 北京：化学工业出版社，2007.

[100] 武杰，庞增义等编著. 气相色谱仪器系统. 北京：化学工业出版社，2006.

[101] 李彤，张庆合，张维冰编著. 高效液相色谱仪器系统. 北京：化学工业出版社，2005.

[102] 马广慈，唐任寰，郑斯成等. 药物分析方法与应用. 北京：科学出版社，2000.

[103] 北京大学化学系仪器分析教学组. 仪器分析教程. 北京：北京大学出版，1997.

[104] 许金生. 仪器分析. 南京：南京大学出版社，2003.

[105] 刘约权. 现代仪器分析. 北京：高等教育出版社，2001.

[106] 朱明华. 仪器分析. 第3版. 北京：高等教育出版社，2000.

[107] 武汉大学化学系. 仪器分析. 北京：高等教育出版社，2001.

[108] 国家环保局程秉珂主编. 空气和废气监测分析方法. 北京：中国环境科学出版社，1990.

[109] 国家环保局魏复盛主编. 水和废水监测分析方法. 第3版. 北京：中国环境科学出版社，1989.

[110] 刘约权，李贵深主编. 实验化学. 北京：高等教育出版社，2000.

[111] 赵文元，王亦军编著. 计算机在化学化工中的应用技术. 北京：科学出版社，2001.

[112] 赵亚军主编. 天平、砝码、秤检定与维修. 北京：中国计量出版社，2000.

[113] 李梦龙等编著. Internet与化学信息导论. 北京：化学工业出版社，2001.

[114] 蒋子刚，顾雪梅编著. 分析测试中的数理统计与质量保质. 上海：华东化工学院出版社，1991.

[115] JB/T 6851—1991. 分析仪器质量检验规则.

[116] JB/T 6777—1993. 紫外可见分光光度计.

[117] JB/T 6780—1993. 原子吸收分光光度计.

[118] JB/T 6779—1993. 红外分光光度计.

[119] JB/T 6778—1993. 紫外可见近红外分光光度计.

[120] JB/T 6859—1993. pH计和离子计试验方法.

[121] ZBN 50001—1988. 分析仪器常用图形符号.

[122] ZBN 50002—1988. 分析仪器常用文字符号.

[123] 杜宝中编著. 环境监测中的电化学分析方法. 北京：化学工业出版社，2003.

[124] 骆巨新主编. 分析实验室装备手册. 北京：化学工业出版社，2003.

[125] 王正萍，周雯编. 环境有机污染物的监测分析. 北京：化学工业出版社，2003.

[126] 邓桂春，臧树良编. 环境分析与监测. 沈阳：辽宁大学出版社，2001.

[127] 杨若明编著. 环境中有毒有害物质的污染与监测. 北京：中央民族大学出版社，2001.

[128] 时红，孙新忠等编著. 水质分析方法与技术. 北京：地震出版社，2001.

[129] 吴忠标编著. 大气污染监测与监督. 北京：化学工业出版社，2002.

[130] 张俊秀主编. 环境监测. 北京：中国轻工业出版社，2000.

[131] 何燧源主编. 环境污染物分析监测. 北京：化学工业出版社，2001.

[132] 宋业林编著. 水质化验员实用手册. 北京：中国石化出版社，2003.

[133] 刘德生主编. 环境监测. 北京：化学工业出版社，2001.

[134]　丛浦珠，苏克曼主编. 分析化学手册. 第九分册. 质谱分析. 北京：化学工业出版社，2000.

[135]　何美玉编著. 现代有机与生物质谱. 北京：北京大学出版社，2002.

[136]　董慧茹主编. 仪器分析. 北京：化学工业出版社，2000.

[137]　宁永成编著. 有机化合物结构鉴定与有机波谱学. 第2版. 北京：科学出版社，2000.

[138]　汪正范等编著. 色谱联用技术. 北京：化学工业出版社，2001.

[139]　王秀萍主编. 仪器分析技术. 北京：化学工业出版社，2003.